Beyer/Walter
Lehrbuch der Organischen Chemie

Beyer · Walter

Lehrbuch der Organischen Chemie

von Prof. em. Dr. Wolfgang Walter
Institut für Organische Chemie der Universität Hamburg

21., völlig neu bearbeitete und erweiterte Auflage

Mit 138 Abbildungen und 20 Tabellen

S. Hirzel Verlag Stuttgart 1988

CIP-Kurztitelaufnahme der Deutschen Bibliothek:

Beyer, Hans:
Lehrbuch der Organischen Chemie / Beyer; Walter. – 21.,
völlig neubearb. u. erw. Aufl. / von Wolfgang Walter. –
Stuttgart: Hirzel, 1988.
ISBN 3-7776-0438-0

NE: Walter, Wolfgang [Bearb.]

Printed in Germany

Satz, Druck und Bindung: Triltsch, Würzburg
Einbandgestaltung: Hans Hug, Stuttgart

Vorwort zur 21. Auflage

Die 21. Auflage ist gegenüber ihrer Vorgängerin so intensiv überarbeitet worden, daß ein völliger Neusatz erforderlich war. Im Zusammenhang damit wurde die im Prinzip unveränderte Gliederung des Buches durch eine erweiterte und auf 4 Stellen begrenzte Dezimalklassifikation übersichtlicher gestaltet: Die durch 2 Positionsziffern markierten Unterkapitel erscheinen in den Kolumnentiteln der linken Seiten und die 11 Kapitel sind durch ein seitliches Sichtregister leichter auffindbar.

Der Speicher der Chemical Abstracts in Columbus, Ohio, enthält alle Verbindungen, die seit 1962 in dem Werk registriert wurden. Am 18. Januar 1988 betrug die Anzahl der organischen Verbindungen 8 865 200; sie steigt täglich um etwa 1000. Auf dieser Grundlage wurde auf S. 2 der 21. Auflage festgestellt, daß ihre Zahl die Neunmillionengrenze überschritten hat, denn es gibt eine große Menge organischer Verbindungen, die vor 1962 entdeckt und seither nicht in den Chemical Abstracts registriert wurden, weil sie in der Literatur seit 1962 nicht wieder erwähnt worden sind.

Einige der Verbindungen, die in dieser Auflage erstmalig behandelt werden, seien unter besonderer Berücksichtigung von Naturstoffen erwähnt: Teichosäuren, Pseudosaccharide, Polyketide, Xanthan, Turgorine, Dodekahedran, Rifampicin als Makrolidantibiotikum, Hernandulcin als natürlicher und Aspartam als ein aktueller, synthetischer Süßstoff, Phorbol als ein natürliches Co-Carcinogen, Hopan und Hopanoide als molekulare Fossilien, DNA-Gyrase und die als Heilmittel bedeutsamen Gyrasehemmer, die Transportform des Cholesterins im Organismus im Hinblick auf Lipoproteine, Antikörpermoleküle und monoklonale Antikörper sowie der Zusammenhang zwischen Retroviren und AIDS.

Das rasante zahlenmäßige Wachstum der organischen Verbindungen hängt eng zusammen mit der Entwicklung neuer Konzepte und Methoden. Auch von ihnen konnten wie von den neuen Verbindungen nur vergleichsweise wenige aufgenommen werden: die Syntheseplanung und die Retrosynthese, der Elektronentransfermechanismus (SET), Anti-*Bredt*-Verbindungen, homoaromatische Verbindungen und eine vertiefte Darstellung des Mechanismus der *Wittig*-Reaktion unter Erläuterung der Pseudorotation apicaler und äquatorialer Liganden an einem trigonal-bipyramidalen Zentrum. An neuen synthetischen Methoden findet man die *McMurry*-Reaktion, die *Swern*-Oxidation, die enantioselektive Synthese von Aminosäuren nach *Schöllkopf* und die stereoselektive Epoxidierung mit der *Sharpless*-Reaktion. An neuen Reagenzien und reaktiven Zwischenstufen seien erwähnt: *Lawesson*-Reagens, Diphosgen, „Protonenschwamm“, „Hydridschwamm“, DBN und DBU als Dehydrohalogenierungsmittel, der *Wilkinson*-Katalysator, Trimethylsilylcyanid zur Gewinnung geschützter Cyanhydrine und die Trimethylsilylenolether sowie Dicarbanionen als präparativ wertvolle Zwischenstufen. Als Beispiele elektrochemischer Verfahren wurden die Elektrohydrodimerisierung und die C-C-Verknüpfung zu Biphenylderivaten sowie die Elektrooxidation *p*-substituierter Toluole aufgenommen.

Außer durch die oben erwähnten stereoselektiven Synthesemethoden wurde der stürmischen Entwicklung der Stereochemie an vielen Stellen des Buches Rechnung getragen; so durch die von *Mislow* vorgenommene begriffliche Trennung zwischen stereogenem Zentrum und seiner chirotopen Umgebung, was zu einer Klärung der Verhältnisse am „pseudoasymmetrischen Kohlenstoffatom“ beiträgt, weiterhin durch die Anwendung des CIP-Systems auf enantiotope Flächen, die chiralen Cyclophane und das Erreichen der Grenze der (Z)-(E)-Spezifikation bei den Betweenanen, enantiospezifische chromatographische Trennverfahren, das Konzept der Chirone, die enantioselektive Hydrolyse prochiraler Dicarbonsäureester, die chiralen Hilfsstoffe SAMP und RAMP zur stereoselektiven α-Alkylierung chiraler Hydrazone und einen bei Pheromonen auftretenden synergistischen Effekt von Enantiomeren.

Intensiv überarbeitet wurden die Abschnitte über Polymerisationsreaktionen und makromolekulare Verbindungen. Neu aufgenommen wurden dabei die Koordinative Kettenpolymerisation, die Gruppen-Transfer-Polymerisation, Ungesättigte Polyesterharze, Blockpolymere und Pfropfpolymere.

Neu geschrieben wurde das Unterkapitel Organische Übergangsmetallkomplexe (2.45), die Abschnitte Elektronenspinresonanz (1.8.6) und Organische Titanverbindungen (2.20.4); stark erweitert gegenüber dem knappen Text der 20. Auflage wurden die Unterabschnitte ^{13}C-NMR-Spektroskopie (1.8.5.2) und *Merrifield*-Synthese (8.2.1.4).

Ein Lehrbuch dieser Art muß im Bereich der Nomenklatur vermitteln zwischen den zahlreichen gewachsenen und gesetzten Formen, die sich in der Literatur vorfinden, damit der Leser Informationen erhält, mit denen er sich in älteren Arbeiten orientieren kann. Ein großzügiger Gebrauch von Synonyma dient diesem Ziel. In Übergangssituationen lassen sich Doppelläufigkeiten in der Nomenklatur nicht immer vermeiden. Hierfür ein Beispiel: Die IUPAC-Regeln, die in diesem Buch als Grundlage verwendet werden, sind hinsichtlich der Porphyrine kürzlich geändert worden in dem Sinne, daß der Grundkörper nicht mehr *Porphin* genannt werden soll, wie das seit Jahrzehnten üblich ist, sondern *Porphyrin.* Dieser Name war bisher für die Substitutionsprodukte des Porphins allgemein eingeführt. In diesem Fall wurde auf die neue IUPAC-Empfehlung hingewiesen (S. 710), im übrigen aber bis auf eine Ausnahme (S. 715) der auf der traditionellen Nomenklatur beruhende Text unverändert gelassen. Im Bereich der Lipide wurden die biochemische Sondernomenklatur der ungesättigten Fettsäuren sowie die stereospezifische Numerierung (*sn*) der Phosphoglyceride aufgenommen, die in der Literatur weite Verbreitung gefunden haben.

Anlaß zur Sorge gibt die ständig wachsende Flut neuer Abkürzungen und Akronyme, von denen oben einige Proben gegeben wurden. Ein Beispiel für die Situation sei mit der Photoelektronenspektroskopie geliefert, die in diesem Buch mit PE-Spektroskopie abgekürzt wird; dafür findet man in der Literatur die folgenden Akronyme: PES, UPES, UVPES, UPS und UVPS, ohne daß die von der IUPAC gegebene Empfehlung, Abkürzungen und Akronyme an einer auffälligen Stelle zu definieren*), immer beachtet wird. In diesem Buch geschieht das im Sachregister, wo bei mehreren Hinweisen auf ein Akronym die Fundstelle, welche die Definition enthält oder erschließt, *kursiv* gedruckt ist. So findet man das Akronym IUPAC auf S. 54 und erfährt, wie es dazu kam.

*) Use of Abbreviations in the Chemical Literature [Recommendations (1979). Pure and Appl. Chem. *52,* 2229 (1980)].

In der 17. Auflage war das Symbol I für das π-Elektronensextett des Benzols eingeführt worden. Dies ist bei kondensierten Ringsystemen inkonsequent benutzt worden, wie für Naphthalin, in dem durch II 12 π-Elektronen statt der vorhandenen 10 symbolisiert werden. Daher werden in dieser Auflage für kondensierte Aromaten wieder *Kekulé*-Formeln wie III verwendet.

I

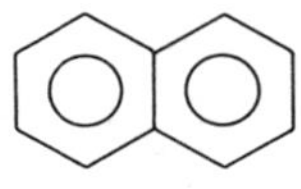
II

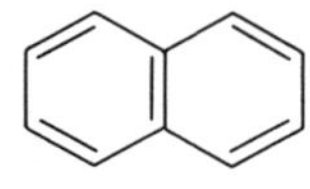
III

Allen Lesern, die mir Hinweise auf Fehler oder Unklarheiten in der 20. Auflage gegeben haben, sage ich an dieser Stelle meinen Dank. Für wertvolle Ratschläge und Hinweise danke ich den Kollegen: Prof. Bayer (Tübingen), Prof. Berg (Tübingen), Dr. Franck (Stuttgart), Prof. Francke (Hamburg), Dr. Fresenius (Darmstadt), Dr. Hühnerfuss (Hamburg), Prof. Huisgen (München), Prof. Kaminsky (Hamburg), Prof. Kreutzkamp (Hamburg), Dr. Krische (Stockholm), Dr. Kausch (Hamburg), Prof. Laszlo (Lüttich), Prof. Margaretha (Hamburg), Prof. Matthies (Hamburg), Prof. Metzger (Marseille), Dr. Metzger (Oldenburg), Prof. Rücker (Bonn), Prof. Schaumann (Hamburg), Dr. Schenck (Ludwigshafen), Prof. Schiemenz (Kiel), Prof. Strähle (Tübingen) und Prof. Voß (Hamburg).

Mein besonderer Dank gilt Frau A. Kuhlmann, deren engagierte und zuverlässige Mitarbeit von großer Bedeutung für die Herstellung des Manuskriptes und der Register war.

Dem Verlag danke ich für seine Anregungen und für das verständnisvolle Eingehen auf meine Wünsche und ich hoffe, daß die neue Auflage, welche die fünfte von mir bearbeitete ist, viele alte Freunde des Beyer/ Walter erreicht und ihm neue Leser gewinnt.

Allen Lesern bin ich dankbar für Kritik und Anregungen, die der Weiterentwicklung des Werkes nützen können.

Hamburg, im Frühjahr 1988 — Wolfgang Walter

Aus dem Vorwort zur 1. Auflage

Durch die Entwicklung der chemischen Elektronentheorie und ihre weitgehende Anwendung auf dem Gebiet der organischen Chemie wurde die Abfassung eines „Lehrbuches der organischen Chemie“ notwendig, das diese modernen theoretischen Anschauungen berücksichtigt. Ich habe mich dabei eng an die in Deutschland meist angewandte Nomenklatur und Symbolisierung von F. ARNDT, B. EISTERT und EUGEN MÜLLER gehalten, zumal diese Schreibweise unter Benutzung der mesomeren Grenzformeln meiner Erfahrung nach dem Studierenden, der sich erstmalig damit vertraut machen will, leichter verständlich wird als die der englischen Schule. Mit der Zugrundelegung der Elektronentheorie und ihrer Erläuterung in den ersten Kapiteln wird der Studierende schon frühzeitig in die neuzeitliche Denkweise der chemischen Bindungsverhältnisse eingeführt. Ohne ihre Beherrschung ist heute das Studium von Originalarbeiten und moderner Literatur undenkbar.

Ausgehend von diesem Grundsatz, habe ich mich bemüht, das sehr umfangreiche Gebiet der organischen Verbindungen möglichst logisch und systematisch anzuordnen. Hierbei diente mir der Aufbau meiner Experimentalvorlesung über organische Chemie und der einiger Spezialkollegs als Grundlage. Die bewährte Einteilung in aliphatische, carbocyclische, aromatische und heterocyclische Verbindungen wurde beibehalten.

Innerhalb dieser großen Abschnitte erfolgt die Gliederung der Stoffklassen in erster Linie nach ihrer chemischen Konstitution bzw. ihrem Reaktionsvermögen. Jede einzelne Stoffgruppe wird, soweit irgend möglich, nach Vorkommen, Struktur, Darstellung, Eigenschaften, Reaktionsfähigkeit und technischer Verwendung angeordnet. Daran schließt sich die Behandlung ihrer wichtigsten Derivate. Die physikalisch-chemischen Methoden, die in neuerer Zeit bei der Strukturermittlung organischer Verbindungen immer breitere, erfolgreiche Anwendung finden, werden an den betreffenden Stellen erwähnt.

Dieses Lehrbuch soll nicht nur das Verlangen der Chemiestudierenden nach Vermittlung eines umfangreichen Wissensstoffes unter Berücksichtigung der modernen Elektronentheorie erfüllen und ihnen zum Selbststudium dienen, sondern darüber hinaus dem Chemiker in der Industrie sowie den Studierenden der Medizin, Pharmakologie, Pharmazie und Biologie Tatsachenmaterial und Einblicke in die elektronentheoretische Denkweise vermitteln. Auch den Pädagogen mit Chemie als Hauptfach wird es beim Studium eine Hilfe sein. Große chemische Fortschritte, besonders auf dem Gebiet der Naturstoffe, sind heute fast nur noch durch enge Zusammenarbeit der verschiedenen Fachrichtungen möglich.

Greifswald, im Frühjahr 1953 HANS BEYER

Inhaltsverzeichnis

1 Allgemeiner Teil 1

2 Aliphatische Verbindungen 53

3 Alicyclische Verbindungen 387

4 Kohlenhydrate 425

6 Isoprenoide (Terpene und Steroide) 663

8 Aminosäuren, Peptide und Proteine 821

9 Chemie und Funktion der Nucleinsäuren 851

10 Enzyme 879

1 Allgemeiner Teil

1.1 Einleitung

Die Entwicklung der organischen Chemie begann im 17. Jahrhundert, als neben den Mineralien auch Stoffe des Pflanzen- und Tierreiches in die chemischen Untersuchungen einbezogen wurden. Nähere Einblicke in ihre elementare Zusammensetzung waren jedoch erst möglich, nachdem *Lavoisier* (1774) aufgrund von Verbrennungsversuchen an Metallen (Quecksilber, Blei) festgestellt hatte, daß jede Verbrennung mit einer Aufnahme von Sauerstoff verbunden ist. Bei Stoffen pflanzlichen und tierischen Ursprungs entstanden als Verbrennungsprodukte stets Kohlendioxid und Wasser, womit die Elemente Kohlenstoff und Wasserstoff als Bausteine nachgewiesen waren. Zuweilen traten hierbei auch Stickstoff bzw. Stickoxide auf, was auf die Anwesenheit von Stickstoff in einigen Naturstoffen hindeutete. Nahm man die Verbrennung unter Luftausschluß vor, so zeigte die Bildung von Kohlendioxid und Wasser das Vorhandensein von Sauerstoff in der betreffenden Substanz an.

Mit der Ermittlung der qualitativen Zusammensetzung chemischer Verbindungen begann die eigentlich wissenschaftliche Bearbeitung chemischer Probleme. Anfangs wurden die vor allem von *Scheele* seit der Mitte des 18. Jahrhunderts aus pflanzlichen oder tierischen Produkten isolierten Säuren, wie Oxalsäure, Äpfelsäure, Weinsäure, Citronensäure, Milchsäure, Harnsäure sowie die aus Fetten oder Ölen gewonnenen Fettsäuren, analysiert. Hierbei ergab sich einmal eine weitgehende chemische Verwandtschaft der aus Pflanzen und Tieren stammenden organischen Stoffe und zum anderen ein sehr unterschiedliches chemisches Verhalten zu den anorganischen Substanzen. Diese Erkenntnis führte im Laufe der Zeit zu einer immer stärkeren Gegenüberstellung der organischen und anorganischen Verbindungen.

Die Bezeichnung „Organische Chemie" wurde als definierter Begriff erstmalig von *T. Bergman* (1784) geprägt. *Berzelius* (1808) verglich den pflanzlichen und tierischen Organismus mit einer chemischen Werkstatt, in der die einzelnen Organe die lebenswichtigen Stoffe erzeugen. Da man zu jener Zeit mit diesen Substanzen lediglich Abbaureaktionen durchführen konnte, nahm man an, daß ihr Aufbau nur im lebenden Organismus möglich sei. Diese als *Vitalismus* bezeichnete Auffassung wurde aus heutiger Sicht im Jahre 1828 durch die Harnstoffsynthese von *Wöhler* widerlegt, dem es gelang, Ammoniumcyanat durch Erhitzen in Harnstoff überzuführen:

$$\underset{\text{Ammoniumcyanat}}{[NH_4]^{\oplus}\,[OCN]^{\ominus}} \longrightarrow \underset{\text{Harnstoff}}{OC(NH_2)_2}$$

Damit war erstmalig eine körpereigene Substanz, die *Rouelle* (1773) als wichtiges Stoffwechselprodukt aus dem Harn isoliert hatte, aus anorganischem Material dargestellt worden.
Die Konsequenzen aus dieser Entdeckung hinsichtlich des Vitalismus wurden nur sehr langsam gezogen. Erst als in der Folgezeit nicht nur bereits bekannte, aus der belebten Natur isolierte Stoffe, sondern auch neuartige, nicht natürlich vorkommende organische Substanzen synthetisiert wurden, setzte sich die Erkenntnis durch, daß auch die organische Chemie einer breiten präparativen Bearbeitung zugänglich ist. Als Ergebnis weiterer Untersuchungen wurde in der Mitte des 19. Jahrhunderts die Anwesenheit von *Kohlenstoff* als Grundvoraussetzung für eine organische Substanz festgestellt. Dies führte dazu, die organische Chemie als „Lehre von der Chemie der Kohlenstoffverbindungen" zu definieren (*Gmelin, Kolbe, Kekulé*).
Die organischen Verbindungen enthalten nur wenige Elemente, nämlich außer Kohlenstoff vor allem *Wasserstoff, Sauerstoff* und *Stickstoff.* Ferner können auftreten: Schwefel, Phosphor, Halogene, Calcium, Magnesium, Eisen, Kobalt und andere. Grundsätzlich läßt sich – abgesehen von den Edelgasen – fast jedes Element des Periodensystems in organische Verbindungen einbauen.
Die chemischen Eigenschaften und die Reaktionsfähigkeit organischer Verbindungen unterscheiden sich wesentlich von denen anorganischer Substanzen. Während diese sich meist auch bei hohen Temperaturen durch große Beständigkeit auszeichnen, sind organische Verbindungen vielfach gegen Temperatureinflüsse und chemische Agentien empfindlich und erleiden leicht chemische Umwandlung bzw. Zersetzung. Daher erfordert das organisch-chemische Arbeiten eine grundlegend andere Methodik und Technik. Hinzu kommt, daß im Gegensatz zu den rasch verlaufenden Ionenreaktionen anorganischer Prozesse die Umsetzungen organischer Verbindungen an eine längere Zeitdauer gebunden sind. Nach der *van't Hoff-Regel* steigert eine Temperaturerhöhung um 10 K die Reaktionsgeschwindigkeit durchschnittlich um das Zwei- bis Dreifache. Daher werden die organisch-chemischen Umsetzungen in den einzelnen Lösungsmitteln vielfach in der Wärme, z. T. bei Siedetemperatur, durchgeführt. Eine weitere Methode, um die Reaktionsgeschwindigkeit organischer Prozesse zu erhöhen, ja oft erst den Ablauf einer bestimmten Umsetzung zu ermöglichen, besteht in der Anwendung von *Katalysatoren,* die häufig anorganischer Natur sind.
Aus den angeführten Gründen ist die Sonderstellung der organischen Chemie nicht nur eine Frage didaktischer Zweckmäßigkeit, sondern in der Struktur und im chemischen Verhalten der Kohlenstoffverbindungen begründet. Wenn auch die Zahl der organischen Verbindungen ständig zunimmt und die Neunmillionengrenze überschritten hat, zieht sich doch eine gesetzmäßig fundierte Systematik des Aufbaus wie ein roter Faden durch die Chemie der Kohlenstoffverbindungen und erleichtert die Erkenntnis organisch-chemischer Zusammenhänge.
Zum Schluß dieser einleitenden Bemerkungen sei auf die große Bedeutung der organischen Chemie für Biochemiker, Biologen, Mediziner und Pharmazeuten hingewiesen. Obwohl die Experimentierkunst des organischen Chemikers den lebenden Organismus an Variationsmöglichkeiten weit übertroffen hat, behält sich die Natur noch viele Feinheiten des biochemischen Zusammenwirkens organischer Stoffe vor. Ein Vordringen in dieser Richtung kann nur durch wissenschaftliche Gemeinschaftsarbeit erfolgen, denn wenn Antibiotika, Metaboliten und andere Naturstoffe synthetisiert werden sollen, müssen chemische und biologische Syntheseschritte in Betracht gezogen werden. Mit Hilfe der *Isotopenmarkierung* ist es möglich, tiefere Einblicke in die Mechanismen der Lebensvorgänge des Tier- und Pflanzenreichs und in die Biogenese der Naturstoffe zu gewinnen. Eng damit verbunden ist die rasante Entwicklung der *Biochemie* und der

Molekularbiologie, die sowohl für die biologischen Wissenschaften als auch für die Medizin wachsende Bedeutung erlangten. Auch die *Chemotherapie* hat durch die Zusammenarbeit der einzelnen Disziplinen – besonders auf dem Gebiet der Antibiotika, der Tuberkulostatika und Cytostatika – wertvolle Bereicherungen erfahren. Die so erzielten Forschungsergebnisse und ihre praktische Anwendung führen in steigendem Maß zur Beherrschung der Natur durch den Menschen und fördern bei verantwortungsbewußter Anwendung die Entwicklung der Menschheit.

1.2 Die reine Substanz

Das Ziel des organisch-präparativen Arbeitens und der wissenschaftlichen Forschung ist darauf gerichtet, chemisch reine Substanzen zu isolieren, die meist kristallin oder flüssig, seltener gasförmig sind. Eine reine Substanz besteht ausschließlich aus Molekülen der gleichen Art. Sie kann daher, durch welche Operation auch immer, nicht weiter gereinigt werden. Aus diesem Grunde ist die vitalistische Auffassung, daß „natürliches" Coffein oder „natürliche" Vitamine eine andere Wirkung hätten als die synthetischen Verbindungen, mit denen sie identisch sind, unhaltbar.
Im Gegensatz zu den anorganischen Ionenreaktionen verlaufen die organisch-chemischen Prozesse nur selten quantitativ, sondern sind aufgrund der mehrfachen Reaktionsmöglichkeiten und der längeren Reaktionsdauer – besonders in der Wärme – fast stets von Nebenreaktionen begleitet, die zu einem Substanzverlust führen und somit die Ausbeute an dem Hauptprodukt vermindern. Die Steigerung der Ausbeute der einzelnen Umsetzung gehört zu den zentralen Problemen der Organischen Chemie.
Um die genaue Charakterisierung einer Substanz und die Ermittlung ihrer stöchiometrischen Zusammensetzung zu ermöglichen, müssen die Hauptprodukte aus dem zunächst anfallenden mehr oder weniger komplizierten Reaktionsgemisch von den meist amorphen oder harzigen, häufig dunkelgefärbten Begleitstoffen abgetrennt und in reiner Form isoliert werden. Hierzu dienen folgende grundlegende Methoden, die der organische Chemiker im Praktikum erlernen und beherrschen muß [1].

1.2.1 Kristallisation

Diese Trennmethode beruht auf der unterschiedlichen Löslichkeit fester organischer Verbindungen in den einzelnen Lösungsmitteln. Sind die Begleitsubstanzen in dem gewählten Lösungsmittel leichter löslich als das Hauptprodukt, so bereitet dessen Isolierung keine besonderen Schwierigkeiten. Es kristallisiert aus der heiß gesättigten Lösung aus, während die Verunreinigungen in der erkalteten Lösung, der „Mutterlauge",

[1] Vgl. *B. L. Karger* et al. An Introduction to Separation Science, 2nd Ed. (Wiley, New York 1981).

gelöst bleiben. Infolge der unterschiedlichen Kristallisationsgeschwindigkeit tritt eine fast vollständige Abscheidung der relativ reinen Substanz häufig erst nach Stunden oder Tagen ein. Aus übersättigten Lösungen läßt sich die erwartete organische Verbindung oft durch Eintragen von *Impfkristallen* als Kristallisationskeime ausfällen. Durch Eindampfen der Mutterlauge können die Ausbeuten an Hauptprodukt oft erhöht bzw. auch Nebenprodukte isoliert werden. Nicht selten führt erst mehrfaches Umkristallisieren aus verschiedenen Lösungsmitteln – zuweilen unter Zugabe von *Aktivkohle* als Adsorbens der Verunreinigungen – zur reinen Substanz. Dieses Trennverfahren versagt, wenn die Substanz mit den Begleitstoffen *Mischkristalle* bildet.

Die Wahl des geeigneten Lösungsmittels ist oft von entscheidender Bedeutung. Am gebräuchlichsten sind Wasser, Alkohole, Aceton, Ether, Toluol, Chloroform, Eisessig und Essigester. Weiterhin werden Petrolether, Dimethylformamid, Dichlormethan, Schwefelkohlenstoff, Chlorbenzol, Nitrobenzol, Pyridin, Dioxan, Tetrahydrofuran, Dimethylsulfoxid u. a. verwendet.
Salzartige organische Verbindungen sind im allgemeinen in Wasser und in Alkoholen leicht löslich. Durch vorsichtige Zugabe von Ether oder Petrolether kann man sie aus alkoholischen Lösungen wieder ausfällen.
Ein weiteres wertvolles Hilfsmittel der Kristallisation bildet die Kombination verschiedener Lösungsmittel, z. B. Alkohole, Aceton, Dioxan oder Eisessig mit Wasser; Aceton, Ether, Chloroform oder Toluol mit Petrolether, Pyridin mit Wasser, Alkohol oder Ether.

1.2.2 Destillation und Rektifikation

Unter der *einfachen Destillation* versteht man das Verdampfen einer Flüssigkeit und die Kondensation des Dampfes zum Destillat. Im Laboratorium bedient man sich dieser Methode, um eine Flüssigkeit von Verunreinigungen oder von wesentlich höher siedenden Substanzen abzutrennen.
Die Trennung von Gemischen basiert auf den unterschiedlichen Siedepunkten der einzelnen Flüssigkeiten und gelingt um so leichter, je größer die Differenz ihrer Siedepunkte ist. Bei dieser *fraktionierten Destillation* wird das Gemisch in einzelne Fraktionen zerlegt, deren erneute Destillation zu dem erwünschten Reinheitsgrad führt. Die Methode versagt bei *azeotropen* Gemischen, die einen konstanten Siedepunkt aufweisen, der höher oder niedriger sein kann als der jeder einzelnen Komponente.
Während man bei einfachen Destillationen im Gleichstrom arbeitet, erfordert die Trennung von Gemischen, insbesondere mit nahe beieinanderliegenden Siedepunkten, die Anwendung des *Gegenstromprinzips.* Diese Methode bezeichnet man als *Rektifikation.* Hierbei wird zwischen Destillierblase und Kondensator als Zwischenstück eine Rektifizierkolonne eingeschaltet. In dieser langen Säule steigen die heißen Dämpfe nach oben, und zugleich fließt eine kältere Flüssigkeitsmenge zurück, wobei ein Stoff- und Wärmeaustausch erfolgt. Die Dämpfe kühlen sich ab, und höher siedende Anteile werden kondensiert. Durch die freiwerdende Kondensationswärme werden niedriger siedende Anteile verdampft. Es kommt somit innerhalb der Kolonne zu einer stufenweisen Anreicherung der niedriger siedenden Komponenten in den aufsteigenden Dämpfen und der höher siedenden Komponenten im Rücklauf. In der Industrie werden bevorzugt Bodenkolonnen verwendet, im Laboratorium benutzt man meist Kolonnen mit Füllkörpern sehr verschiedener Form. Aus den Gleichgewichtskurven der zu trennenden Gemische läßt sich die Anzahl der „theoretischen Böden" einer Kolonne errechnen, die für den gewünschten Trenneffekt erforderlich sind. – Bei hochsiedenden oder leicht zersetzlichen Flüssigkeiten führt man die Destillation im Vakuum bei etwa 16 mbar (16 hPa) durch.

1.2.3 Destillation und Sublimation im Fein- und Hochvakuum

Temperaturempfindliche Substanzen, die schonend kontinuierlich destilliert werden sollen, oder auch hochsiedende Substanzen, die durch Kolbendestillation nicht mehr getrennt werden können, erfordern besondere Trennmethoden im Feinvakuum (1 bis 10^{-3} mbar/1 bis 10^{-3} hPa) oder im Hochvakuum (10^{-3} bis 10^{-6} mbar/10^{-3} bis 10^{-6} hPa).
Hierzu zählt die *Dünnschichtdestillation*, bei der aus einem Flüssigkeitsfilm heraus verdampft wird, der kontinuierlich von oben nach unten über den Mantel eines innen beheizten Rohres läuft. Ein weiteres konzentrisches Rohr bildet die Kondensationsfläche. Diese Methode kann in Abhängigkeit von dem jeweiligen Siedepunkt und der thermischen Stabilität der Flüssigkeit vom Normaldruck bis zu 10^{-3} mbar (10^{-3} hPa) angewendet werden.
Das Prinzip der Dünnschichtdestillation im Bereich des Hochvakuums ($< 10^{-3}$ mbar/10^{-3} hPa) wird als *Molekulardestillation* bezeichnet. Hierbei ist der Weg, den die aus der Flüssigkeit austretenden Moleküle bis zur Kühlfläche zurückzulegen haben, kleiner als ihre mittlere freie Weglänge, d. h. der Weg, den ein Molekül zurücklegen kann, ohne mit einem anderen zusammenzustoßen. Nach diesem Verfahren lassen sich Fette, hochmolekulare Stoffe, Vitamine, Hormone u. a. unzersetzt destillieren. Eine weitere Besonderheit dieses Verfahrens ist, daß Verbindungen gleichen Dampfdrucks sich aufgrund ihrer unterschiedlichen Molmasse trennen lassen.
Unter *Sublimation* versteht man das Verdampfen einer festen Substanz und ihre Abscheidung ohne vorherige Verflüssigung nach dem Schema: fest → gasförmig → fest. Diese Art der Reinigung kommt vor allem für Substanzen in Frage, die sich sehr schwer lösen oder auch durch wiederholtes Umkristallisieren nicht rein isolierbar sind. Die Sublimation wird zweckmäßig im Fein- oder Hochvakuum ausgeführt. Man erhält hierbei meist sehr saubere Sublimate und kann auch bei kleinsten Substanzmengen verlustfrei arbeiten.

1.2.4 Zonenschmelzen[1]

Die Methode des *Zonenschmelzens* ermöglicht die verlustlose Trennung und Reinigung von Substanzen durch Kristallisation aus der Schmelze, wobei das unterschiedliche Kristallisationsvermögen von Grundsubstanz und Beimengungen ausgenutzt wird. Das in Form eines Barrens angeordnete verunreinigte Material wird durch ein Rohr gezogen, in dem abwechselnd Heiz- und Kühlzonen hintereinander angeordnet sind. Dadurch wird es in bestimmten Abständen in schmalen Zonen aufgeschmolzen. Die Schmelzzonen wandern dann durch den Barren und transportieren die Beimengungen, die den Schmelzpunkt der Grundsubstanz erniedrigen, meist unter Ausbildung eines eutektischen Gemisches an das zuletzt erstarrende Ende. Verunreinigungen, die den Schmelzpunkt erhöhen, reichern sich oft unter Mischkristallbildung am zuerst erstarrenden Ende an. Die gereinigte Grundsubstanz befindet sich im mittleren Teil des Barrens. Es erfolgt praktisch eine vielfache Umkristallisation mit einem in derselben Richtung liegenden Reinigungseffekt. Mit Hilfe dieser schonenden Methode, die auch den kontinuierlichen Betrieb gestattet, können noch wenige Milligramm gereinigt werden.

---

[1] Vgl. *H. Schildknecht*, Zonenschmelzen (Verlag Chemie, Weinheim 1964).

1.2.5 Wasserdampfdestillation

Dieses Reinigungsverfahren findet sowohl im Laboratorium als auch in der chemischen Industrie weitgehend Anwendung. Es beruht darauf, daß viele Substanzen, deren Siedepunkte wesentlich höher liegen als der des Wassers, durch eingeblasenen Wasserdampf in Abhängigkeit von ihrem Dampfdruck verflüchtigt und anschließend im absteigenden Kühler mit ihm zusammen wieder kondensiert werden. Ist die zu reinigende Substanz in Wasser praktisch unlöslich, so werden sich die beiden Dampfdrucke gegenseitig kaum beeinflussen. Sobald jedoch beim Erhitzen die Summe der Partialdampfdrucke beider Substanzen dem jeweiligen Atmosphärendruck entspricht, tritt Sieden ein. – Sehr schwer flüchtige Substanzen lassen sich mit „überhitztem" Wasserdampf übertreiben und somit rein gewinnen.

1.2.6 Extraktion

Eine weitere Methode zur Reinigung und Isolierung organischer Verbindungen ist die *Extraktion*, bei der aus einem Gemisch fester oder flüssiger Substanzen durch ein selektiv wirkendes Lösungsmittel die eine oder andere Substanz extrahiert wird. Auf diese Weise lassen sich z. B. aus wäßrigen Lösungen mit leicht flüchtigen Lösungsmitteln, wie Ether, Chloroform u. a., die nicht mit Wasser mischbar sind, organische Substanzen herauslösen und durch Abdestillieren des Lösungsmittels wieder gewinnen. Als hochwirksames und schonendes Extraktionsmittel haben sich hochverdichtete, überkritische Gase erwiesen[1].

1.2.7 Adsorptionschromatographie[2]

Dieses von *Day*, *Engler* und *Tswett* entwickelte Verfahren hat sich bei der Trennung und Isolierung *farbiger* Naturstoffe, wie der Carotinoide und Chlorophylle, die sich durch fraktionierte Kristallisation nicht trennen lassen, besonders bewährt (*Zechmeister, R. Kuhn, Karrer*). Derartige chemisch ähnlich gebaute, meist verschiedenfarbige Substanzen besitzen in Lösung ein sehr unterschiedliches, aber reversibles Haftvermögen gegenüber bestimmten Adsorptionsmitteln. Ihre Trennung beruht auf der verschiedenen Wanderungsgeschwindigkeit der gelösten Stoffe durch ein aus der *stationären Phase* (dem Adsorptionsmittel) und der *beweglichen Phase* (dem Lösungsmittel) bestehenden System. Zwischen beiden Phasen stellt sich für jede Substanz ein charakteristisches Gleichgewicht zwischen der Konzentration im Lösungsmittel und der am Adsorbens ein. Als *Adsorbentien* dienen Aluminiumoxid (standardisiert nach *Brockmann*), Silicagel, Calciumcarbonat, Calciumoxid, Puderzucker, Cellulosepulver u. a. Die Trennschärfe einer stationären Phase kann bedeutend verbessert werden, wenn man auf den Träger eine Substanz aufbringt, die spezifisch mit *einem* Bestandteil des zu trennenden Gemisches reagiert oder mit ihm einen Komplex bildet. Diese als *Affinitätschromatographie* bezeichnete Technik bewährt sich bei der Isolierung von Enzymen[3].

---

[1] Vgl. *G. Wilke*, Extraktion mit überkritischen Gasen – ein Vorwort. Angew. Chem. *90*, 747 (1978) und folgende Arbeiten bis S. 802.

[2] Vgl. *E. Heftmann*, Chromatography, 2nd Ed. (Reinhold Publishing Corporation, New York 1967); *G. Schwedt*, Chromatographische Trennmethoden (Thieme Verlag, Stuttgart 1979).

[3] Vgl. *W. H. Scouten*, Affinity Chromatography (Wiley, New York 1981).

Bei der praktischen Ausführung saugt man das in einem organischen Lösungsmittel gelöste Stoffgemisch langsam durch eine mit einem oder mehreren Adsorptionsmitteln gefüllte Säule **(Säulenchromatographie).** Danach wird das *Chromatogramm entwickelt,* d. h. die zunächst unscharf ausgebildeten Farbzonen werden durch Nachwaschen mit demselben oder meist einem anderen Lösungsmittel auseinandergezogen. Nach mechanischer Trennung der einzelnen Zonen der Säule läßt sich die jeweilige Substanz durch ein geeignetes Lösungsmittel herauslösen und somit rein isolieren.

Andererseits kann man auch eine *Verdrängungsentwicklung* durchführen, wobei ein Elutionsmittel benutzt wird, das eine größere Affinität zur festen Phase besitzt und daher die zu trennenden Substanzen in der Reihe abfallender Haftfestigkeit durch die Säule vor sich herschiebt.
Mit Hilfe der Durchlaufchromatographie lassen sich auch *farblose* Stoffgemische trennen. Hierbei werden die in der Säule getrennten Stoffe wieder eluiert und die abtropfenden Fraktionen gesondert aufgefangen, am besten mittels eines automatischen Fraktionssammlers. Aus den verschiedenen Fraktionen lassen sich die einzelnen Stoffe in reiner Form isolieren bzw. nachweisen.

1.2.8 Gel-Chromatographie

Diese Methode ermöglicht die Abtrennung großer Moleküle von kleineren an einem Gel (Sephadex) als stationärer Phase, das Poren aufweist, in welche die kleineren Moleküle eindringen können (Hohlraumdiffusion). Moleküle, die größer als die Poren sind, wandern mit dem Lösungsmittel durch die Säule und treten als erste im Eluat auf. Da die größeren Moleküle von den kleineren abgesiebt werden, bezeichnet man derartige stationäre Phasen als *Molekularsiebe.* Sie ermöglichen die Trennung von Verbindungen mit relativen Molekülmassen zwischen 700 und 200 000.

Durch Anlegen einer elektrischen Spannung kann die Trennschärfe der Methode drastisch erhöht werden[1]. Sie wird als *zweidimensionale* (2 D) *Gelelektrophorese* in der Protein- und Nucleinsäurechemie mit großem Erfolg angewandt.

1.2.9 Verteilungschromatographie

Bei diesem Verfahren handelt es sich um eine chromatographische Anwendung des *Craig*schen Gegenstromverteilungs-Prinzips, das auf der fraktionierten Verteilung von Substanzen zwischen zwei nur begrenzt mischbaren flüssigen Phasen beruht, von denen die stationäre an einem Träger (Silicagel, Kieselgur u. a.) haftet (**C**ounter **C**urrent **C**hromatography, CCC). Die *bewegliche Phase* wird bei *konstanter Temperatur* unter *erhöhtem Druck* (40 – 200 bar/4 – 20 MPa) mit *kontrollierter Geschwindigkeit* durch die Säule gepumpt, an deren Ende die austretenden Verbindungen z. B. durch UV-Photometrie bestimmt werden. Diese Technik heißt Hochleistungs-Flüssig-Chromatographie[2], die Abkürzung HPLC leitet sich von der englischen Bezeichnung **H**igh **P**erformance (oder **P**ressure) **L**iquid **C**hromatography ab. Sie ist auch auf Adsorptions-, Ionenaustausch- und Gelchromatographie anwendbar.
Wenn die stationäre Phase Wasser enthält und als bewegliche Phase organische Lösungsmittel verwendet werden, nimmt die Wanderungsgeschwindigkeit der zu trennen-

---

[1] Vgl. *P. H. O'Farrel,* High Resolution Two-Dimensional Electrophoresis of Proteins, J. Biol. Chem. *250,* 4007 (1975).
[2] Vgl. *H. Engelhardt,* High Performance Liquid Chromatography (Springer-Verlag, Berlin 1979); *O. Heisz,* Hochleistungs-Flüssigkeits-Chromatographie (Hüthig Verlag, Heidelberg 1987).

den Substanzen mit abnehmender Wasserlöslichkeit zu. Das Verfahren kann auch mit hochverdichteten, überkritischen Gasen als beweglicher Phase betrieben werden (**Su**percritical **F**luid **C**hromatography, SFC) .

1.2.10 Papierchromatographie (PC)

Eine spezielle Art der Verteilungschromatographie ist die von *Consden, Gordon* und *Martin* (1944) entwickelte Methode der Papierchromatographie, die sich besonders zur Trennung von Aminosäuren bewährt hat. Als Träger der wäßrigen Phase fungiert die Cellulose in Form von besonders präpariertem Filtrierpapier, das etwa 6 – 7% Feuchtigkeit aufnehmen kann. Ein Tropfen des gelösten Substanzgemisches wird an das obere Ende des Papierstreifens gebracht und eingetrocknet. Das Papier wird in einer geschlossenen Kammer dem Dampf eines mit Wasser begrenzt mischbaren, wassergesättigten organischen Lösungsmittels, wie z. B. Butanol, Amylalkohol, Phenol oder Collidin ausgesetzt. Durch die Kapillaraktivität des Filterpapiers wird nun das Lösungsmittelgemisch angesaugt und das Substanzgemisch in der einen Richtung getrennt („eindimensionales“ Chromatogramm). Reicht dieses Verfahren zur Trennung nicht aus, so wiederholt man dieselbe Operation mit einem anderen Lösungsmittel in der zur ersten senkrechten Richtung („zweidimensionales“ Chromatogramm). Das Verhältnis der Wanderungsstrecke der Substanz vom Aufgabepunkt zur Wanderungsstrecke der Lösungsmittelfront bezeichnet man als R_f*-Wert.* Er hängt von verschiedenen Variablen ab, wie Temperatur, Zusammensetzung der beiden Phasen, Beschaffenheit des Papiers usw. Man kann diese Chromatogramme von Substanzgemischen mit Hilfe der auf- oder absteigenden Methode bzw. mittels Rundfiltertechnik erzeugen. Aus den Chromatogrammen lassen sich die einzelnen Substanzen des Gemisches, meist nach Anfärben mit einem geeigneten Reagens (Entwickler), als voneinander getrennte Flecken oder Ringe sichtbar machen, aus deren Größe die Menge der jeweiligen Verbindung abgeschätzt werden kann.

Diese mit ganz geringen Substanzmengen (5 – 50 µg) durchgeführte Analyse hat beispielsweise auf dem Gebiet der Proteine, der Hormone und Antibiotika wertvolle Einblicke in den Aufbau derartiger Naturstoffe vermittelt.

Eine weitere Trennmethode ist die Papierelektrophorese, bei der eine Wanderung von Ampholyten in Pufferlösungen mit Filtrierpapier als Trägersubstanz erfolgt. Sie wird meist in der Eiweißchemie benutzt, und zwar lassen sich die Kolloidteilchen (Proteine) aufgrund ihrer verschiedenen Wanderungsgeschwindigkeit im elektrischen Feld gut trennen. Liegen kleinere Ionen vor, so spricht man von Ionophorese.

1.2.11 Dünnschichtchromatographie (DC)[2]

Das Grundprinzip der Dünnschichtchromatographie wurde schon von *Ismailow* und *Schraiber* (1938) erkannt, fand jedoch erst breitere Anwendung in der Praxis, als es *Stahl* (1956) gelang, dieses neue Trennverfahren zu einer sicher arbeitenden Laborato-

[1] Vgl. *U. van Wasen* et al., Physikalisch-chemische Grundlagen und Anwendungen der Fluidchromatographie, Angew. Chem. *92,* 585 (1980).

[2] Vgl. *K. Randerath,* Dünnschicht-Chromatographie, 2. Aufl. (Verlag Chemie, Weinheim 1965); *E. Stahl,* Dünnschicht-Chromatographie, Ein Laboratoriumshandbuch, 2. Aufl. (Springer-Verlag, Berlin 1967); *F. Geiss,* Fundamentals of Thin Layer Chromatography (Hüthig Verlag, Heidelberg 1987).

riumsmethode zu entwickeln. Hierbei bringt man etwa 250 µm dicke Schichten von *Adsorbentien* (Kieselgel, Aluminiumoxid u. a.) auf Glasplatten oder Metallfolien auf. Dann wird am unteren Rand – analog wie bei der Papierchromatographie – die Lösung der zu trennenden Substanzen aufgetragen. In einer Trennkammer, die 0,5 cm hoch mit Laufmittel gefüllt ist, erfolgt die Trennung der einzelnen Substanzen, die dann in geeigneter Weise nachgewiesen werden. Durch Variation und entsprechende Präparation der Adsorptionsschichten gelingt die Analytik sowohl bei *hydrophilen* als auch *lipophilen* Substanzgemischen. Der große Vorteil des Verfahrens ist neben hoher Trennschärfe die Geschwindigkeit des Trennvorgangs, der meist nur 10–30 Minuten beansprucht.

Die Dünnschichtchromatographie eignet sich sowohl zur Trennung von Vitaminen, Terpenen, Steroiden und Pigmenten als auch von Aminosäuren, Zuckern, Nucleotiden, Nucleinsäuren, Alkaloiden, Arzneimitteln und sogar für anorganische Anionen und Kationen.
Der Trennvorgang kann auch mit Hilfe der Elektrophorese oder in einer Kombination Elektrophorese–Chromatographie durchgeführt werden, wenn es sich um die Identifizierung hochmolekularer Stoffe handelt.

1.2.12 Gaschromatographie (GC)[1]

Dieses Trennverfahren entspricht im Prinzip den bisher besprochenen chromatographischen Methoden, mit dem Unterschied, daß der Stoffaustausch hier zwischen einer gasförmigen und einer festen bzw. flüssigen Phase erfolgt. Man unterscheidet demnach zwischen der Gasadsorptionschromatographie und Gasverteilungschromatographie (*James* und *Martin,* 1952). Diese Methoden können zur Trennung von Substanzgemischen verwendet werden, die sich bis zu einer Temperatur von 500 °C (775 K) unzersetzt verdampfen lassen. Die Trennsäule wird entweder mit einem festen *Adsorptionsmittel* (Aktivkohle, Aluminiumoxid, Kieselgur, Molekularsiebe) oder einem mit einer nicht flüchtigen Flüssigkeit imprägnierten Trägermaterial gefüllt. Sie kann auch als Kapillare aus Glas, Quarz oder Metall ausgebildet sein, deren innere Oberfläche mit der flüssigen stationären Phase imprägniert wird. Durch Änderung der Polarität der stationären Phase können unterschiedliche Trennwirkungen erzielt werden. Man läßt das zu analysierende Gemisch gasförmig mit einem inerten Trägergas, vorwiegend Wasserstoff, Stickstoff, Helium oder Argon, hindurchströmen. Je nach der Affinität zur stationären Phase werden die Substanzen mehr oder weniger stark zurückgehalten und treten am Ende der Säule getrennt aus. Die Trennleistung dieser Anordnung entspricht einer Destillationskolonne mit bis zu fünftausend theoretischen Böden je Meter, an geeigneten stationären Phasen lassen sich sogar Enantiomere vollständig trennen (vgl. S. 348 *f.*). Der Nachweis der Komponenten erfolgt in Detektoren (Wärmeleitfähigkeitsmeßzelle, Ionisationsdetektor oder Massenspektrometer). Mit Hilfe der Gaschromatographie lassen sich sowohl qualitative Analysen als auch quantitative und präparative Trennungen durchführen.

Das Verfahren hat sich besonders in der Technik bei der kontinuierlichen Überwachung einiger Produktionsprozesse bewährt; es hat in der quantitativen C,H,N-Analyse alle anderen Methoden verdrängt. Darüber hinaus ermöglicht die Gaschromatographie unter Ausnutzung der Selektivität der stationären Phase Aussagen über die Konstitution unbekannter flüchtiger Substanzen.

---

[1] Vgl. *R. Kaiser,* Chromatographie in der Gasphase, Bd. *1–4,* 3. Aufl. (Bibliographisches Institut, Mannheim/Zürich 1973, 1975); *K. Metzner,* Gaschromatographische Spurenanalyse (Moderne Spurenanalytik, Bd. *3*), (Akademische Verlagsgesellschaft, Geest & Portig, K.G., Leipzig 1977).

In der angelsächsischen Literatur findet man folgende Abkürzungen: glc (von gas-liquid chromatography) und vpc (von vapor-phase chromatography). GC-MS ist die Abkürzung für die Kombination der Gaschromatographie mit dem Massenspektrometer als Detektor.

1.2.13 Kriterien der reinen Substanz

Die richtige Anwendung und manuelle Beherrschung der oben erwähnten Methoden zur Isolierung und Reindarstellung organisch-chemischer Substanzen stellt oft an die Kunst des Chemikers hohe Anforderungen, besonders beim Arbeiten mit kleinen Mengen. Hat man im Verlauf einer Untersuchung eine chemisch reine Verbindung isoliert, so müssen zu ihrer Charakterisierung einige physikalische Eigenschaften ermittelt werden.

Allgemein gilt die **Regel:** Chemisch reine Substanzen zeichnen sich durch einen scharfen und konstanten Schmelzpunkt bzw. Siedepunkt aus, sofern sie sich nicht vorher zersetzen oder *flüssige Kristalle* bilden. Letztere haben zwei Schmelzpunkte; bei dem tieferen bildet sich eine trübe Flüssigkeit, die sich bei dem höheren plötzlich klärt (*Klärungspunkt*[1]).

Um den Reinheitsgrad einer kristallinen organischen Substanz festzustellen, bestimmt man zunächst ihren *Schmelzpunkt*, der nicht nur eine wichtige Konstante für neue kristalline Verbindungen ist, sondern auch zur Identifizierung bereits bekannter Substanzen dient. Zeigen zwei Verbindungen den gleichen Schmelz- und Mischschmelzpunkt, so sind sie als identisch anzusehen. Liegen dagegen zwei verschiedene Substanzen A und B vor, so wird ihr Mischschmelzpunkt infolge der gegenseitigen Verunreinigung niedriger sein.

Bei der Bestimmung des *Mischschmelzpunkts*, die auch im Mikromaßstab durchführbar ist, werden drei Schmelzpunktsröhrchen, die die Substanzen A, B und A + B enthalten, an demselben Thermometer befestigt und alle drei Schmelzpunkte nebeneinander unter völlig gleichartigen Bedingungen beobachtet. – Diese Mischprobe versagt bei *isomorphen* Stoffen.

Die Reinheit einer organischen Flüssigkeit ist an ihrem *Siedepunkt* erkennbar, der unter gleichen äußeren Bedingungen konstant bleibt, sofern bei der Destillation keine Zersetzung eintritt. Dieses Kriterium versagt, wenn ein azeotropes Gemisch vorliegt.

Zur weiteren Charakterisierung organisch-chemischer Verbindungen dienen die Dichte (*d*), der *Brechungsindex* (*n*) und andere physikalische Konstanten[2].

---

[1] Vgl. *D. Demus* et al., Flüssige Kristalle in Tabellen, 2. Aufl. (VEB Deutscher Verlag für Grundstoffindustrie, Leipzig 1976); *G. W. Gray,* Molecular Structure and the Properties of Liquid Crystals (Academic Press, New York 1962); *G. A. Jeffrey,* Carbohydrate Liquid Crystals, Accounts Chem. Res. *19,* 168 (1986).

[2] Tabelliert z. B. in *D'Ans-Lax,* Taschenbuch für Chemiker und Physiker, 3. Aufl. (Springer-Verlag, Berlin 1964); *R. C. Weast,* Handbook of Chemistry and Physics (CRC Press, Cleveland, Ohio) erscheint jährlich.

1.3 Qualitative organische Elementaranalyse

Sobald eine neue organische Verbindung rein dargestellt ist, schließt sich als nächste Aufgabe die Bestimmung der in ihr enthaltenen Elemente an. Hierfür kommen folgende *Nachweismethoden* in Betracht:

1.3.1 Kohlenstoff

Beim Erhitzen organischer Substanzen tritt der Kohlenstoff vielfach elementar auf, indem sie entweder verkohlen oder unter Rußbildung verbrennen. Liegen jedoch unzersetzt flüchtige, hochschmelzende oder kohlenstoffarme Verbindungen vor, so versagt diese Vorprobe.
Zum sicheren Nachweis des Kohlenstoffs wird die Substanz mit ausgeglühtem, feinem Kupfer(II)-oxid gemischt und verbrannt. Hierbei bildet sich *Kohlendioxid*, das beim Einleiten in Barytwasser die übliche Fällung von *Bariumcarbonat* gibt:

$$2\,CuO + C = 2\,Cu + CO_2 \qquad Ba(OH)_2 + CO_2 = BaCO_3 + H_2O$$

1.3.2 Wasserstoff

Der Nachweis des Wasserstoffs in organischen Verbindungen erfolgt in der gleichen Weise durch Oxidation mit Kupfer(II)-oxid zu *Wasser*, das sich an den kälteren Teilen des Reagenzglases kondensiert:

$$CuO + H_2 = Cu + H_2O$$

1.3.3 Stickstoff

Stickstoff wird zuverlässig nachgewiesen durch die ***Lassaigne*-Probe (1843):** Man erhitzt die zu untersuchende Substanz in Glühröhrchen mit einem linsengroßen Stück *Natrium*, das mit dem vorhandenen Kohlenstoff und Stickstoff Natriumcyanid bildet. Dann zieht man mit Wasser aus, filtriert und kocht die alkalische Lösung mit wenig Eisen(II)-sulfat. Das entstandene Natriumhexacyanoferrat(II) setzt sich beim Ansäuern mit verdünnter Salzsäure mit Eisen(III)-ionen im Überschuß, die in Form von Eisen(III)-chlorid-Lösung zugegeben werden, zu *„unlöslichem Berliner Blau"* um. Ist nur wenig Stickstoff in der Substanz enthalten, so resultiert eine blaugrüne Lösung, aus der sich erst nach längerem Stehenlassen ein blauer Niederschlag abscheidet:

$$Fe^{2\oplus} + 6\,CN^{\ominus} \rightarrow [Fe(CN)_6]^{4\ominus} \qquad 4\,Fe^{3\oplus} + 3\,[Fe(CN)_6]^{4\ominus} \rightarrow \underset{\text{unlösliches Berliner Blau}}{Fe_4^{III}[Fe^{II}(CN)_6]_3}$$

Sowohl die Struktur als auch die Deutung der Farbe des *Berliner Blaus* waren lange Zeit umstritten. Erst in neuerer Zeit wurde mit Hilfe des *Mößbauer*-Effekts[1] nachgewiesen, daß das *unlösliche*

[1] Vgl. *E. Fluck* et al., Der *Mößbauer*-Effekt und seine Bedeutung für die Chemie, Angew. Chem. *75*, 461 (1963); *R. L. Mößbauer*, Gammastrahlen-Resonanzspektroskopie und chemische Bindung, Angew. Chem. *83*, 524 (1971).

Berliner Blau die obige Zusammensetzung besitzt und den Eisenatomen definierte Oxidationsstufen, nämlich + 2 und + 3, zugeordnet werden können. Die tiefe Farbe ist also weder auf oszillierende Valenzen noch auf Mesomerie zurückzuführen.

1.3.4 Schwefel

Die qualitative Prüfung auf Schwefel wird wie die auf Stickstoff durchgeführt. Beim Erhitzen der S-haltigen Substanz mit *Natrium* entsteht Natriumsulfid. Versetzt man das wäßrige Filtrat mit Bleiacetat und Essigsäure, so fällt schwarzes *Bleisulfid* aus. Bei Anwesenheit von wenig Schwefel färbt sich die Lösung nur dunkelbraun.
Zu einer zweiten Probe des Filtrats kann man einige Tropfen einer in der Kälte frisch bereiteten Lösung von Natriumpentacyan-nitrosyl-ferrat(II), $Na_2[Fe^{II}(CN)_5NO] \cdot 2\,H_2O$, hinzufügen und beobachtet bei Anwesenheit von Schwefel eine *Rotviolettfärbung* durch das entstandene Komplexsalz $Na_4[Fe(CN)_5NOS]$.

1.3.5 Halogene

Zum Nachweis der Halogene in organischen Verbindungen dient die ***Beilstein*-Probe.** Man erhitzt einen vorher ausgeglühten *Kupferdraht* mit einigen Körnchen der zu untersuchenden Substanz in der nichtleuchtenden Bunsenflamme. Bei Anwesenheit von Halogenen zeigt die Flamme die charakteristische *grüne* bis *blaugrüne Farbe* der verdampfenden Kupferhalogenide.

1.3.6 Übrige Elemente

Andere in organischen Verbindungen vorhandene Elemente, z. B. Phosphor, Arsen oder Metalle, werden nachgewiesen, indem man die Substanz entweder durch Erhitzen mit rauchender Salpetersäure im Einschlußrohr oder durch Verschmelzen mit 1 Teil Kaliumnitrat und 2 Teilen Natriumcarbonat oxidativ zerstört. Der mit Wasser verdünnte Rückstand enthält nur noch anorganische Bestandteile, die sich nach den üblichen Methoden der qualitativen anorganischen Gruppenanalyse trennen und identifizieren lassen.

1.4 Quantitative organische Elementaranalyse

An die qualitative Analyse einer organischen Verbindung schließen sich die quantitativen Bestimmungen der einzelnen Elemente an, die heute in analytischen Laboratorien – meist im Mikromaßstab – durchgeführt werden.

1.4.1 Kohlenstoff, Wasserstoff und Stickstoff

Die quantitative Elementaranalyse dieser beiden Elemente wurde im Prinzip von *J. v. Liebig* (1831) entwickelt und später von *F. Pregl* (1912) und anderen Analytikern verfeinert.

Die **C-H-Analyse** entspricht dem qualitativen Nachweis beider Elemente, und zwar verbrennt man eine genau abgewogene Menge der zu analysierenden Substanz in einer geeigneten Apparatur im Sauerstoffstrom durch eine glühende Kupfer(II)-oxid-Schicht, wobei der Kohlenstoff in *Kohlendioxid* und der Wasserstoff in *Wasser* übergeht.
Die N-Analyse wird in der gleichen Weise durchgeführt. Dabei bildet sich vorwiegend elementarer Stickstoff und wechselnde Mengen an Stickoxiden; diese werden durch eine Schicht von glühendem Kupfer zu Stickstoff reduziert. Kohlendioxid, Wasser und Stickstoff werden dann gaschromatographisch bestimmt. Das Verfahren erfordert lediglich eine genaue Einwaage der zu analysierenden organischen Verbindung in einer Menge von 1 – 3 mg mittels einer Ultra-Mikrowaage. Analog läßt sich gesondert eine direkte Bestimmung von *Sauerstoff* durchführen[1].
Durch die gaschromatographische Methode ist das Verfahren zur quantitativen Bestimmung des Stickstoffgehalts einer organischen Verbindung nach *Dumas* (1830) völlig verdrängt worden. Dagegen wird die *Kjeldahl*-Methode (1883) noch benutzt. Dazu erhitzt man eine bestimmte Substanzmenge mit konz. Schwefelsäure in Gegenwart von *Aufschlußkatalysatoren* (Selenstaub, Kupfer(II)-sulfat oder Quecksilber(II)-oxid) in einem *Kjeldahl*-Kolben. Dabei wird die Substanz oxidativ zerstört und der Stickstoff als Ammoniumsulfat gebunden. Dann macht man die Lösung mit Natronlauge alkalisch, destilliert das *Ammoniak* in eine vorgelegte 0,1 n HCl und titriert die überschüssige Säure mit 0,1 n NaOH zurück.

Die *Kjeldahl*-Methode ist nicht allgemein anwendbar, sie versagt teilweise bei Nitroso-, Nitro- und Azoverbindungen. Ihr Hauptanwendungsgebiet liegt bei den Serienanalysen in den Laboratorien der Stickstoffindustrie sowie der Lebensmittel- und Agrikulturchemie.

1.4.2 Schwefel

***Schöniger*-Methode**[2] (1961). Diese Mikromethode zeichnet sich durch einen geringen apparativen Aufwand aus. Die auf einem aschefreien Filtrierpapier eingewogene Substanzmenge wird an einem Platindrahtnetz im sauerstoffgefüllten Kolben verbrannt und die Verbrennungsgase werden in 3prozentigem Wasserstoffperoxid absorbiert. Die gebildete *Schwefelsäure* wird maßanalytisch bestimmt.

1.4.3 Halogene (Chlor, Brom, Iod)

1.4.3.1 *Wurzschmitt*-Methode[3] (1950). In eine Nickelbombe werden Ethylenglykol, die abgewogene Substanzmenge und Natriumperoxid eingebracht und gezündet. Dann spült man das Reaktionsgemisch mit destilliertem Wasser heraus und bestimmt Chlorid bzw. Bromid *argentometrisch* oder *potentiometrisch*. Iod, das zu Iodat oxidiert wird, bestimmt man in üblicher Weise *iodometrisch*.

[1] Vgl. *F. Ehrenberger* und *S. Gorbach*, Methoden der organischen Elementar- und Spurenanalyse (Verlag Chemie, Weinheim 1973).
[2] Vgl. *W. Schöniger*, Die Kolbenmethode in der organischen Mikroelementaranalyse. Z. analyt. Chem. *181*, 28 (1961).
[3] Vgl. *B. Wurzschmitt* et al., Die Metallbombe als Hilfsmittel in der Elementaranalyse, Fortschr. chem. Forsch. *1*, 485 (1950).

1.4.3.2 *Schöniger*-Methode. Sehr gut lassen sich auch die Halogene (Chlor und Brom) nach dem bei der Schwefelbestimmung beschriebenen Verfahren elementaranalytisch quantitativ bestimmen. Hierbei werden die Verbrennungsgase in perhydrolhaltiger, schwach alkalischer Lösung absorbiert. Das in der Absorptionsvorlage befindliche Chlorid bzw. Bromid kann *argentometrisch* oder *potentiometrisch*[1] bestimmt werden.

1.5 Ermittlung chemischer Formeln

1.5.1 Verhältnisformel

Die Grundlage zur Aufstellung der chemischen Formel einer unbekannten organischen Substanz bilden die aus der quantitativen organischen Elementaranalyse ermittelten Prozentzahlen der einzelnen Elemente, die am Aufbau der Substanz beteiligt sind. Dividiert man die gefundenen Gewichtsprozente jeweils durch das Atomgewicht des betreffenden Elements, so kommt man zu dem Atomverhältnis der unbekannten Verbindung. Am einfachsten läßt sich das an einem Beispiel erklären. Durch die quantitative Elementaranalyse seien folgende Prozentzahlen ermittelt worden:

		Atomgewicht	Quotient
	C = 40,82%	C = 12	40,82 : 12 = 3,40
	H = 8,63%	H = 1	8,63 : 1 = 8,63
	N = 23,75%	N = 14	23,75 : 14 = 1,69
Summe	= 73,20%		
Differenz	O = 26,80%	O = 16	26,80 : 16 = 1,67
Endsumme	= 100,00%		

Es resultiert somit das *Atomverhältnis:* C : H : N : O = 3,40 : 8,63 : 1,69 : 1,67.
Dividiert man die errechneten Quotienten durch die kleinste Zahl, in diesem Fall durch 1,67, so verhalten sich C : H : N : O = 2 : 5 : 1 : 1. Die einfachste Verhältnisformel ist demnach C_2H_5NO, jedoch besitzen die Vielfachen $C_4H_{10}N_2O_2$, $C_6H_{15}N_3O_3$ bzw. allgemein $C_{2n}H_{5n}N_nO_n$ (n = 1, 2, 3, 4 usw.) das gleiche Atomverhältnis. Um zu entscheiden, ob die untersuchte Substanz der einfachen Verhältnisformel oder einem Vielfachen davon entspricht, muß das Molekulargewicht der Verbindung bestimmt werden, das mit der Basiseinheit Stoffmenge folgendermaßen definiert ist:
Die Einheit der Stoffmenge ist das *Mol.* 1 Mol ist die Menge eines Stoffes, in der ebenso viele durch seine chemische Formel gegebene Einheiten enthalten sind wie es Atome in exakt 12 g des reinen Kohlenstoffisotops ^{12}C gibt. Derartige Einheiten können Moleküle, Atome, Ionen, Elektronen etc. sein. Das *Molekulargewicht* oder die *relative Molekülmasse* einer Verbindung ist gleich der Summe der Atomgewichte (relativen

[1] Vgl. *G. Ingram*, Mikrochim. Acta *43*, 877 (1956).

Atommassen)[1]. Es ist das Verhältnis der Masse von 1 Mol ihrer Moleküle zur Masse eines Mols ^{12}C.
Ein Mol einer Verbindung ist folglich die Stoffquantität, deren Masse in Gramm gleich dem Zahlenwert ihrer relativen Molekülmasse ist (g/relative Molekülmasse = 1). Diese Stoffquantität besitzt die Molmasse z. B. Wasser = 18,12 g. Bruchteile oder Vielfache eines Mols werden in g/Mol angegeben. 1 Mol enthält $6{,}022 \cdot 10^{23}$ Teilchen; die Zahl ist die *Avogadro*-Zahl N_A, sie wurde früher auch als *Loschmidt*-Zahl bezeichnet.

1.5.2 Bestimmung der relativen Molekülmasse bzw. der Molekularformel

Um den systematischen Gedankengang weiterzuführen, seien kurz die wichtigsten physikalischen Methoden der Bestimmung der relativen Molekülmasse erwähnt, denen das Verhalten der organischen Substanzen in verdünnten Lösungen zugrunde liegt.

1.5.2.1 Messung der Gefrierpunktserniedrigung (Kryoskopie)

a) ***Beckmann*-Methode.** Wird eine organische Substanz in einem Lösungsmittel gelöst und die Lösung durch Abkühlen zum Erstarren gebracht, so sinkt der Erstarrungspunkt proportional der Konzentration der gelösten Substanz. Die Erniedrigung des Gefrierpunkts hängt also nur von der Anzahl der gelösten Moleküle ab. Löst man z. B. zwei verschiedene Substanzen mengenmäßig im Verhältnis ihrer relativen Molekülmassen in je 1000 g Lösungsmittel, so besitzen beide Lösungen den gleichen Gefrierpunkt, da in diesem Fall die Zahl der gelösten Moleküle gleich groß ist. Auf dieser Tatsache basiert das *Raoult*sche *Gesetz:* Äquimolekulare Lösungen desselben Lösungsmittels haben den gleichen Erstarrungspunkt.
Daraus folgt, daß die *Gefrierpunktserniedrigung,* die 1 Mol irgendeiner Substanz in 1000 g eines bestimmten Lösungsmittels bewirkt, jeweils für das betreffende Lösungsmittel eine Konstante E_g darstellt. Der Wert der kryoskopischen Konstanten beträgt z. B. für Wasser 1,853 K, Eisessig 3,90 K und Benzol 5,10 K.
Mittels dieser kryoskopischen Konstanten läßt sich die relative Molekülmasse einer unbekannten organischen Verbindung ermitteln. Löst man z. B. *a* Gramm der Substanz in *b* Gramm eines Lösungsmittels mit der kryoskopischen Konstanten E_g und bestimmt in der *Beckmann*-Apparatur die Gefrierpunktserniedrigung Δt, so läßt sich die relative Molekülmasse M_r nach folgender Gleichung berechnen:

$$M_r = \frac{E_g \cdot a \cdot 1000}{b \cdot \Delta t}$$

b) ***Rast*-Methode.** Sie basiert ebenfalls auf der Gefrierpunktserniedrigung, und zwar wird die relative Molekülmasse einer unbekannten Verbindung vereinfacht in einem erweiterten Schmelzpunktröhrchen mit einem in zehntel Grade eingeteilten Normalthermometer bestimmt. Als Lösungsmittel dient *Campher* mit der sehr hohen kryoskopischen Konstanten $E_g = 40$ K. Die Schmelz- bzw. Erstarrungstemperatur des reinen Camphers liegt bei 177 °C (450 K). Würde man 1 Mol der zu untersuchenden Substanz in 1000 g Campher lösen, so läge der Erstarrungspunkt bei 137 °C (410 K). In der Praxis geht man vor, wie unter a) beschrieben.
Die Methode ist nur dann brauchbar, wenn sich die betreffende Substanz in Campher löst, damit chemisch nicht reagiert und bei der Schmelztemperatur beständig ist. Anstelle von Campher kann

[1] Vgl. Manual of Symbols and Terminology for Physicochemical Quantities and Units (Butterworths, London 1970).

man auch andere Lösungsmittel mit hoher Gefrierpunktsdepression verwenden, z. B. *Camphen* (Schmp. 49 °C [322 K], $E_g = 31$ K).

1.5.2.2 Messung der Siedepunktserhöhung (Ebullioskopie)

Äquimolekulare Lösungen des gleichen Lösungsmittels haben nach dem *Raoult*schen *Gesetz* nicht nur den gleichen Gefrierpunkt, sondern auch den gleichen Siedepunkt. Folglich läßt sich die relative Molekülmasse einer unbekannten Verbindung analog durch Messung der Dampfdruckerniedrigung bzw. einfacher durch die ihr proportionale Erhöhung des Siedepunkts bestimmen. Die *ebullioskopische Konstante* E_s (1 Mol Substanz in 1000 g Lösungsmittel) ist im allgemeinen kleiner als die kryoskopische Konstante E_g, z. B. beträgt sie für Wasser 0,515 K, Benzol 2,57 K und Eisessig 3,07 K. Man verfährt wie unter **1.5.2.1** a) beschrieben und setzt die ermittelte Siedepunktserhöhung Δt sowie E_s statt E_g in die Formel für M_r ein.

1.5.2.3 Messung der Temperaturdifferenz zwischen Lösung und Lösungsmittel im Dampfdruckosmometer

Die Lösung einer Substanz hat einen niedrigeren Dampfdruck als das reine Lösungsmittel. Infolgedessen kondensiert sich Lösungsmittel auf einem Tropfen der Lösung, wenn in einem abgeschlossenem, gut isoliertem System unmittelbar neben diesem ein Tropfen des Lösungsmittels angeordnet wird. Dadurch bildet sich eine geringe Temperaturdifferenz zwischen beiden Tropfen aus, aus der die relative Molekülmasse des gelösten Stoffes aus einer Konzentrationsreihe mittels einer Eichkurve berechnet werden kann.

Obgleich die Bestimmungen der relativen Molekülmasse oft keine sehr genauen Werte ergeben, ist das für die Aufstellung der *Molekular-*, *Brutto-* oder *Summenformel* nicht entscheidend, denn sie muß entweder mit der Verhältnisformel identisch oder das 2-, 3- bis n-fache von ihr sein. Es ist demnach meistens leicht festzustellen, welchem dieser Werte die gefundene relative Molekülmasse am nächsten kommt.

Sehr genau läßt sich das Molekulargewicht bzw. die relative Molekülmasse unbekannter organischer Verbindungen mit Hilfe der *Massenspektrometrie* ermitteln.

1.5.2.4 Spezielle Methoden für makromolekulare Verbindungen

Zur Bestimmung der relativen Molekülmasse makromolekularer Stoffe sind die oben erwähnten Methoden nicht geeignet. Als *makromolekular* oder *hochpolymer* bezeichnet man Verbindungen, deren relative Molekülmasse in der Größenordnung von 10^4 und darüber liegt, und die z. T. kolloide Lösungen bilden. Zur Ermittlung ihrer relativen Molekülmasse verwendet man entweder die direkte Messung des osmotischen Drucks oder spezielle Methoden[1]. Als besonders geeignet haben sich die Bestimmung der Diffusionsgeschwindigkeit, der Sedimentationsgeschwindigkeit in der Ultrazentrifuge und die Messung der Viskosität sowie des Streulichts (*Tyndall*-Phänomen) hochmolekularer Lösungen erwiesen. Sämtliche Verfahren ergeben jedoch nur ein *durchschnittliches Molekulargewicht,* da die Einzelmoleküle von synthetischen Hochpolymeren in der Regel keine einheitliche Größe besitzen und zum anderen bei Naturstoffen in Abhängigkeit vom pH-Wert Aggregationen eintreten, die die Molekülgröße ebenfalls verändern. Daher ist man bis heute über die relative Molekülmasse von Naturstoffen, z. B. der Polysaccharide, Proteine und Nucleinsäuren, nur angenähert unterrichtet.

---

[1] Vgl. *Houben-Weyl,* Methoden der organischen Chemie, 4. Aufl., Bd. *3/1,* S. 371 ff. (Thieme Verlag, Stuttgart 1955).

1.5.3 Struktur- und Konstitutionsformel

Die nach einer der obigen Methoden ermittelte Summenformel (Molekularformel) sagt noch nichts über die Stellung und Bindung der einzelnen Atome im Molekül aus. So gibt es organische Verbindungen, die trotz gleicher Summenformel ein sehr unterschiedliches physikalisches und chemisches Verhalten zeigen. Die Ursache für diese Erscheinung ist in der Verschiedenartigkeit der Atomanordnung zu suchen. Erste Einblicke in die Wechselbeziehungen der Atome gewannen *Kekulé* und *Couper* (1857), die unabhängig voneinander feststellten, daß sich die Atome der einzelnen Elemente nicht willkürlich, sondern nur mit einer ganz bestimmten Anzahl anderer Atome verbinden. Sie ordneten daher jedem Atom eine bestimmte Anzahl von Affinitätseinheiten zu, für die sie den Ausdruck „Atomigkeit" prägten. Je nachdem, ob das betreffende Atom eine oder mehrere Affinitätseinheiten besaß, unterschied man damals zwischen ein- und mehratomigen Elementen. Gleichzeitig stellte *Kekulé* rein empirisch aus der stöchiometrischen Zusammensetzung organischer Verbindungen die „Vieratomigkeit" des Kohlenstoffs fest. Darüber hinaus erkannte er, daß die Kohlenstoffatome sich unter Absättigung je einer Affinitätseinheit auch miteinander verbinden können. Später wurde die „Atomigkeit" durch den Begriff *Valenz* oder *Wertigkeit* ersetzt. Zur formelmäßigen Wiedergabe dieser Valenzen führte *A. Crum Brown* (1865) den Bindestrich ein. Im Jahre 1861 prägte *Butlerow* erstmalig den *Begriff der chemischen Struktur* und verstand darunter die Art und Weise der gegenseitigen Bindung der Atome in einem Molekül. Gleichzeitig stellte er die These auf, daß die chemischen Eigenschaften der Stoffe von ihrer Struktur bestimmt werden[1]. Einen weiteren wichtigen Beitrag für die organische Strukturlehre leistete *van't Hoff* (1874), der aus der optischen Aktivität bestimmter Kohlenstoffverbindungen folgerte, daß die Valenzrichtungen des Kohlenstoffatoms nicht in einer Ebene, sondern räumlich angeordnet sein müssen.
Diese bedeutsamen Erkenntnisse und die systematische Weiterentwicklung der experimentellen organisch-chemischen Forschung führten zu der heute gültigen *Strukturtheorie* der organischen Verbindungen. Seitdem ist es eine der wichtigsten Aufgaben des organischen Chemikers, von jeder neuen chemischen Verbindung die richtige Struktur- und Konstitutionsformel zu ermitteln. Erst aus der *Konstitutionsformel*, die angibt, welche Atome in einem Molekül vorhanden sind und wie sie miteinander verbunden sind, kann man auf die Natur der betreffenden organischen Verbindung, z. B. Alkohol, Aldehyd, Keton, Carbonsäure, Ester, Amin, Amid usw., schließen. Aufgrund der unterschiedlichen Reaktivität läßt sich die einzelne Verbindung durch Überführung in *Derivate* bzw. durch eine unabhängige *Synthese*, die stets der sicherste Konstitutionsbeweis ist, näher charakterisieren. In neuerer Zeit gewinnen physikalische Methoden wie Massenspektrometrie, IR- und NMR-Spektroskopie steigende Bedeutung für die Konstitutionsaufklärung.
Die *Strukturformel* enthält Informationen über die gegenseitige Lage der Atome zueinander, die über die Konstitutionsformel hinausgehen. Die *Röntgenstrukturanalyse* ist eine besonders wichtige Methode zur Aufstellung von Strukturformeln.

Die *Konstitutionsformel* gibt Aufschluß über den *materiellen Aufbau* (Art und Anzahl der Atome) und über die *Topologie* einer Verbindung (Verbundenheit der Atome). Die *Strukturformel* gibt weitergehende Information über die *Geometrie* und *Topographie* der Verbindung.

[1] Vgl. *C. A. Russell*, The History of Valency (Leicester Univ. Press, 1971).

1.6 Arten der chemischen Bindungen

Zum Verständnis der Konstitutionsformeln ist es erforderlich, sich zunächst Klarheit über den Bau der Atome und deren Bindungsarten in den Molekülen sowie über die Besonderheit des Kohlenstoffatoms zu verschaffen.
In älteren Vorstellungen über die chemischen Bindungskräfte wurde der Zusammenhalt der Atome im Molekül auf ihre gegenseitige Anziehung zurückgeführt, für die einige Forscher (*Davy*, 1807; *Berzelius*, 1812) elektrische und später (*Kekulé, Kolbe*) mechanische Kräfte als Ursache annahmen. Obwohl die chemische Bindung zwischen den einzelnen Atomen durch den Bindestrich in den Konstitutionsformeln eine Symbolisierung erfahren hatte, blieb die Deutung der eigentlichen Bindungskräfte noch viele Jahrzehnte ein ungelöstes Problem. Erst neuere Befunde über den Atombau erhärteten die Auffassung, daß die *chemische Bindung* durch Wechselwirkung elektrischer Kräfte quantenmechanisch zustande kommt[1].

1.6.1 Atombau[2]

Für das chemische Verhalten der Atome, das den Chemiker in erster Linie interessiert, ist die Struktur der Elektronenhülle maßgebend. Erste Einblicke in ihren recht komplizierten Bau waren mit Hilfe der älteren Quantentheorie (*Planck, Bohr, Sommerfeld*) aufgrund spektrometrischer Daten möglich. So ergab die Auswertung der Linienspektren einfacher Elemente, daß die Elektronen in der Hülle gruppenweise verschiedene *Energieniveaus* (K-, L-, M-, N-Schale usw.) besitzen. Innerhalb dieser Schalen stehen nach der älteren Auffassung im *Rutherford-Bohr-Sommerfeld*-Atommodell den Elektronen verschiedene kreisförmige bzw. elliptische Bahnen zur Verfügung, die als *s-*, *p-*, *d-* und *f*-Bahnen bezeichnet werden. Dieses Atommodell gibt zwar ein anschauliches Bild von der Bewegung der Elektronen um den Kern, es wird aber den wirklichen Verhältnissen nicht gerecht.
Eine befriedigende Theorie der chemischen Bindung vermochte erst die neuere Quanten- oder Wellenmechanik (*de Broglie, Schrödinger, Heisenberg, Dirac*) zu geben, in den die verschiedenen Zustände (*Wellenfunktionen*) der sich um den Kern bewegenden Elektronen mathematisch durch angenäherte Lösungen der *Schrödinger*-Gleichung beschrieben werden. Da sich die Quantenmechanik in kurzer, leicht faßlicher Form nicht darstellen läßt, sollen hier nur einige Ergebnisse hinsichtlich des Aufbaus der Elektronenhülle von Atomen und Molekülen angeführt werden. Danach ist es prinzipiell unmöglich, den Elektronen bestimmte kreisförmige oder elliptische Bahnen zuzuweisen. Statt dessen ist man lediglich in der Lage, die räumlichen Bereiche anzugeben, in denen sich ein Elektron mit großer Wahrscheinlichkeit aufhält. Diese räumlichen Berei-

[1] Vgl. *C. A. Russell*, The History of Valency (Leicester Univ. Press, 1971).

[2] Vgl. *R. McWeeny, Coulsons* Chemische Bindung, 2. Aufl. (S. Hirzel Verlag, Stuttgart 1985); *E. Heilbronner* und *H. Bock*, Das HMO-Modell und seine Anwendung, 3 Bände (Verlag Chemie, Weinheim 1968–1970); *M. J. S. Dewar*, The Molecular Orbital Theory of Organic Chemistry (McGraw-Hill, New York 1969); *P. W. Atkins*, Quanta: A Handbook of Concepts (Clarendon Press, Oxford 1974); *W. Kutzelnigg*, Einführung in die Theoretische Chemie, 2 Bände (Verlag Chemie, Weinheim 1975, 1978); *M. Klessinger*, Elektronenstruktur organischer Moleküle (Verlag Chemie, Weinheim 1982); *J. M. Jedder* et al., Pictorial Orbital Theory (Pitman Publishing IUC. Marshfield, Mass. 1985).

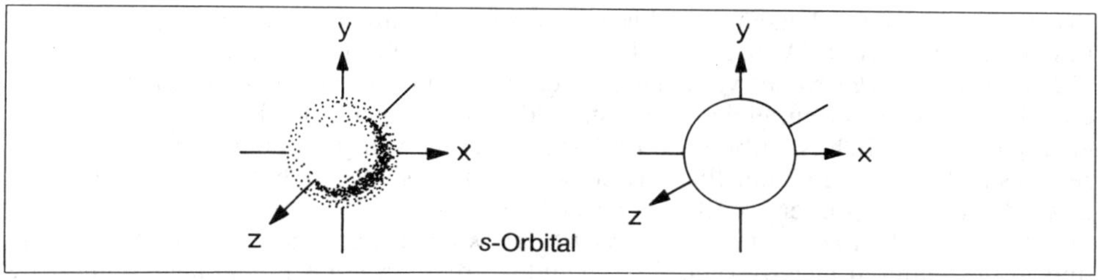

Abb. 1. Abb. 2.

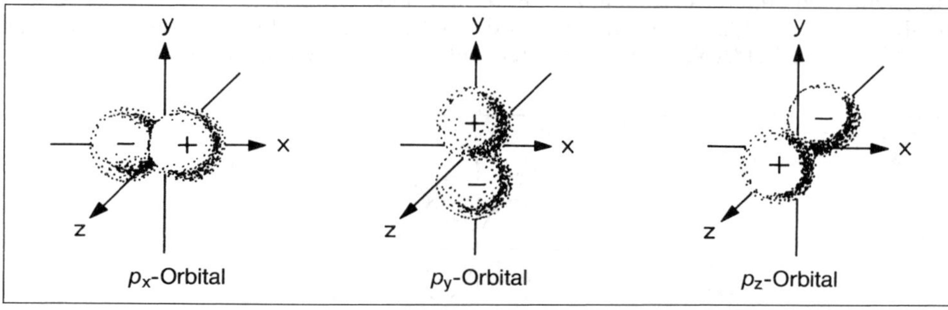

Abb. 3.

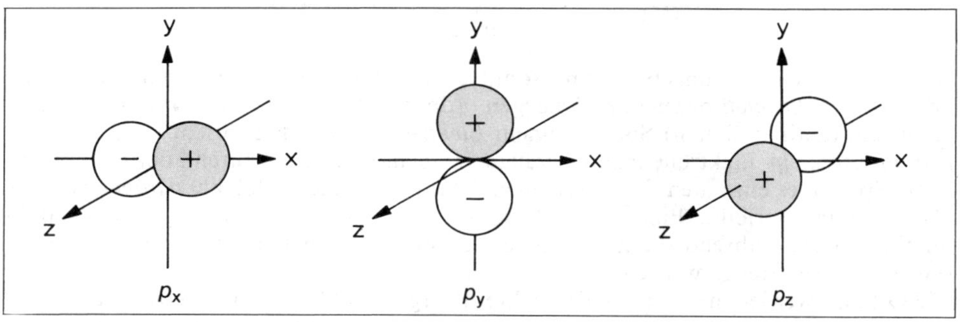

Abb. 4.

che werden im angelsächsischen Schrifttum „*orbitals*" genannt und sollen im folgenden als „*Orbitale*" übernommen werden. Das Elektron „besetzt" somit ein Orbital und bewegt sich nicht auf einer definierten Bahn. Von den möglichen Grundtypen seien nur die für den organischen Chemiker wichtigen *s*-, *p*- und *d*-Orbitale näher besprochen.
Eine Vorstellung von den **Atom-Orbitalen** vermittelt folgendes Gedankenexperiment: Wäre man in der Lage, den momentanen Aufenthaltsort eines Elektrons über einen längeren Zeitraum zu bestimmen – in Wirklichkeit ist dies aufgrund der *Heisenberg*schen Unschärfebeziehung grundsätzlich unmöglich – und zeichnerisch festzuhalten, so würden sich für jedes Atomorbital Elektronenverteilungen ergeben, wie sie in den Abb. 1 und 3 dargestellt sind. Dabei sollen die dargestellten Oberflächen einen Bereich einschließen innerhalb dessen das Elektron mit 90%iger Wahrscheinlichkeit anzutreffen ist. Oft wird auf die räumliche Darstellung verzichtet und das Orbital nur im Schnitt gezeichnet (Abb. 2 und 4).

Wie aus Abb. 1 bzw. 2 ersichtlich, besitzt ein *s*-Orbital die Form einer Kugel, dagegen besteht ein *p*-Orbital (Abb. 3 und 4) aus zwei Orbitallappen, die durch eine Ebene (*Knotenfläche, nodal plane*) voneinander getrennt sind, in der die Wahrscheinlichkeit, ein Elektron anzutreffen, gleich Null ist. Während aufgrund der Kugelsymmetrie nur ein *s*-Orbital möglich ist, gibt es drei *p*-Orbitale, die jeweils längs der *x*-, *y*- oder *z*-Achse eines rechtwinkligen Koordinatensystems orientiert sind. Die betreffenden *p*-Orbitale werden als p_x-, p_y- oder p_z-Orbitale bezeichnet.
Die *Werte der Wellenfunktionen* der *p*-Orbitale sind in der einen Kugelhälfte positiv und in der anderen negativ (vgl. Abb. 3 und 4), d. h. an der Knotenfläche ändert die Wellenfunktion ihr Vorzeichen.
Bei Elementen höherer Perioden, z. B. Phosphor und Schwefel, können sich auch *d*-Orbitale an den Bindungen beteiligen. An den Übergangsmetallkomplexen sind immer *d*-Orbitale beteiligt. Abb. 5 zeigt eines der fünf *d*-Orbitale, das d_{xy}-Orbital.

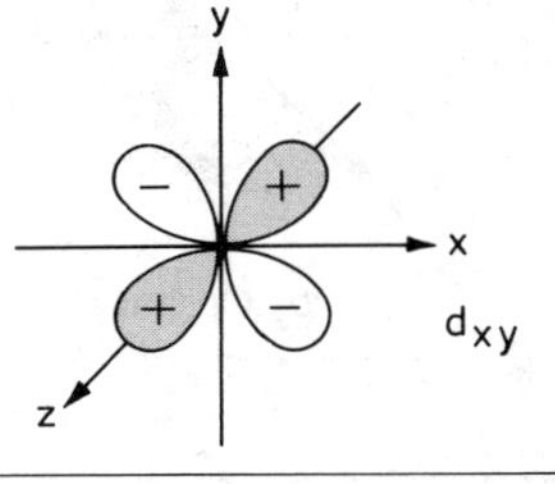

Abb. 5.

Einzelelektronen, die ungepaart und somit einsam bleiben, werden auch als *einsame* oder *freie Elektronen* bezeichnet. Dagegen ordnen sich zwei Elektronen mit entgegengesetztem (antiparallelem) Spin zu einem *Elektronenpaar*. Man spricht vom *Spinkompensationsprinzip*. Elektronenpaare erzeugen *Diamagnetismus*, während der unkompensierte Spin eines einsamen Elektrons einem Atom oder einem Molekül *paramagnetische* Eigenschaften verleiht. Eine solche Substanz wird in ein inhomogenes Magnetfeld hineingezogen, während diamagnetische Verbindungen in Bereiche geringerer Feldstärke herausgetrieben werden.
Die Orbitale werden in der Reihenfolge ihrer Energie mit Elektronen besetzt (Tab. 1, Aufbauprinzip). Dabei gilt das *Pauli*-Prinzip, nach dem jedes Orbital maximal mit zwei Elektronen besetzt werden kann, wenn diese antiparallelen Spin besitzen. Solange innerhalb einer Schale Orbitale gleicher Energie (*entartete Orbitale*) zur Verfügung stehen, werden diese nur einfach besetzt, wobei der Zustand mit der niedrigsten Energie erreicht wird, wenn die ungepaarten Elektronen parallelen Spin aufweisen (Tab. 2). Dieser besitzt die höchste *Multiplizität*[1] (1. *Hund*sche Regel, Spin-Korrelation).
Die einzelnen Elektronen sind unter Berücksichtigung ihres jeweiligen Spins als Pfeile gekennzeichnet. In der drittletzten Spalte ist der Grundzustand der Elektronen in der gebräuchlichen Kurzschreibweise angegeben. Man vermerkt die zu jedem Energieniveau gehörenden Elektronen durch Anfügen eines Exponenten.
Beim *Wasserstoffatom* befindet sich das eine Elektron in dem in der K-Schale einzig möglichen 1 *s*-Orbital. Das zweite, beim *Heliumatom* hinzukommende Elektron diffe-

[1] Für n ungepaarte Elektronen ist die Multiplizität $n + 1$ (Singulett: $n = 0$, Dublett: $n = 1$, Triplett: $n = 2$).

Tabelle 1. Energieniveaus der Atom-Orbitale

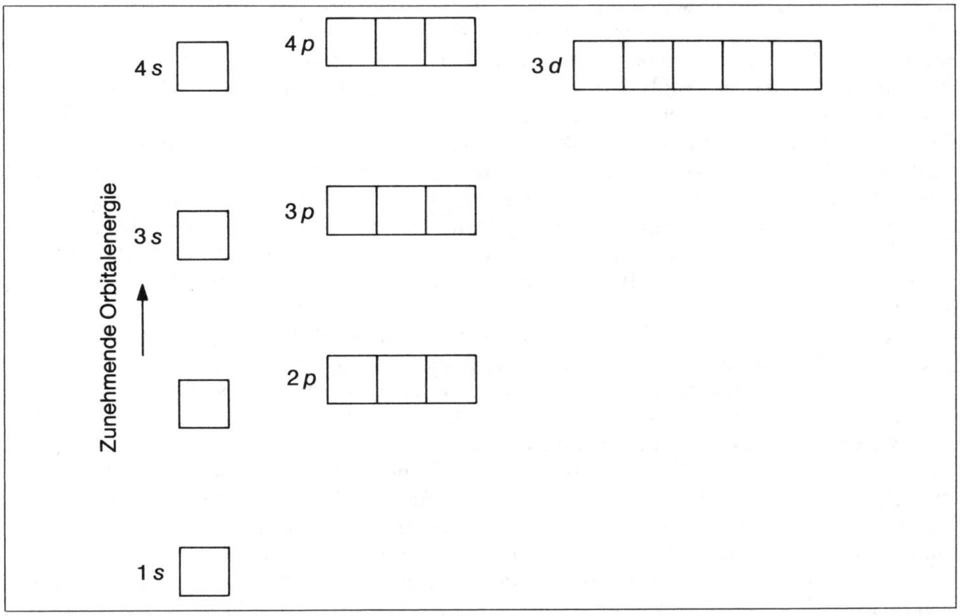

Tabelle 2. Elektronenkonfiguration der Elemente der ersten beiden Perioden

Element	Orbitale					Grundzustand	Angeregter Zustand	Stöchio-metrische Wertigkeit gegenüber H
	K-Schale	L-Schale						
	1 *s*	2 *s*	2 p_x	2 p_y	2 p_z			
H	↑					1 s^1		1
He	↑↓					1 s^2		0
Li	↑↓	↑				1 s^2 2 s^1		1
Be	↑↓	↑↓				1 s^2 2 s^2	1 s^2 2 s^1 2 *p*	2
B	↑↓	↑↓	↑			1 s^2 2 s^2 2 p^1	1 s^2 2 s^1 2 p^2	3
C	↑↓	↑↓	↑	↑		1 s^2 2 s^2 2 p^2	1 s^2 2 s^1 2 p^3	4
N	↑↓	↑↓	↑	↑	↑	1 s^2 2 s^2 2 p^3		3
O	↑↓	↑↓	↑↓	↑	↑	1 s^2 2 s^2 2 p^4		2
F	↑↓	↑↓	↑↓	↑↓	↑	1 s^2 2 s^2 2 p^5		1
Ne	↑↓	↑↓	↑↓	↑↓	↑↓	1 s^2 2 s^2 2 p^6		0

riert nur im Spin. Damit ist die Besetzung der K-Schale mit zwei Elektronen gemäß dem *Pauli*-Prinzip abgeschlossen. Beim *Lithiumatom* wird das dritte Elektron vom 2 *s*-Orbital der L-Schale aufgenommen und im *Berylliumatom* durch ein weiteres kompensiert. Beide Elektronen haben antiparallelen Spin und bilden ein Elektronenpaar. Vom *Boratom* an erfolgt der Einbau des neu hinzutretenden Elektrons in eines der 2 *p*-Orbitale. Da beim Vorliegen energetisch gleichwertiger Orbitale diese zunächst nur einfach besetzt werden, tritt das neu hinzukommende Elektron des *Kohlenstoffatoms* nicht mit dem beim Bor bereits vorhandenen 2 p_x-Elektron zu einem Elektronenpaar zusammen, sondern besetzt das 2 p_y-Orbital (*Hund*sche Regel). Dasselbe gilt sinngemäß für das *Stickstoffatom*. Erst vom *Sauerstoffatom* ab beginnt die Doppelbesetzung der 2 *p*-Orbitale. Der Sauerstoff liegt im Grundzustand also als Diradikal vor, dies gilt auch für das Sauerstoffmolekül, das ein Diradikal mit 2 ungepaarten Elektronen ist (Triplettsauerstoff).

Vergleicht man die in der letzten Spalte für jedes Element eingetragene, experimentell ermittelte stöchiometrische Wertigkeit gegenüber Wasserstoff mit der Elektronenanordnung, so erkennt man, daß sie beim Wasserstoff, Lithium, Stickstoff, Sauerstoff und Fluor mit der Anzahl der einsamen Elektronen übereinstimmt. Eine *Ausnahme* bilden die Elemente Beryllium, Bor und Kohlenstoff, bei denen die Anzahl der einsamen Elektronen um zwei kleiner ist als die stöchiometrische Wertigkeit. Dieser Widerspruch ist durch folgende Annahme zu beheben, mit der auch eine rechnerische Behandlung des Problems auf quantenchemischer Grundlage möglich ist: Beryllium, Bor und Kohlenstoff gehen bei chemischen Reaktionen mit anderen Atomen in einen *angeregten Zustand* über, in dem jeweils ein Elektron des doppelt besetzten 2 *s*-Orbitals durch Energiezufuhr in ein noch unbesetztes 2 *p*-Orbital gehoben wird. Das läßt sich am Beispiel des Kohlenstoffs folgendermaßen veranschaulichen:

Tabelle 3. Angeregter Zustand am Beispiel des Kohlenstoffes

1s	2s	$2p_x$	$2p_y$	$2p_z$		1s	2s	$2p_x$	$2p_y$	$2p_z$
↑↓	↑↓	↑	↑		→	↑↓	↑	↑	↑	↑
$1s^2$	$2s^2$	$2p^2$			→	$1s^2$	$2s^1$	$2p^3$		

Der zur Hebung des Elektrons erforderliche rechnerische Energieaufwand (etwa 377 – 418 kJ/Mol) wird von der bei der chemischen Bindung freiwerdenden Energie überkompensiert. Im angeregten Zustand hat demnach das Berylliumatom zwei, das Boratom drei und das Kohlenstoffatom vier Einzelelektronen, die sich in verschiedenen Orbitalen befinden, d. h. ungepaart sind, was aus der vorletzten Spalte der Tabelle 2 hervorgeht.

Sieht man von den beiden ersten Elementen, Wasserstoff und Helium, mit einem bzw. zwei Elektronen und der damit verbundenen Auffüllung der K-Schale durch nur zwei Elektronen ab, so zeigt Tabelle 2, daß die Anzahl der Elektronen in den folgenden Perioden regelmäßig von 1 – 8 ansteigt. Gleichzeitig erkennt man, daß die Edelgase keine einsamen Elektronen, sondern nur einsame Elektronenpaare aufweisen. Demzufolge muß die stöchiometrische Wertigkeit und damit das reaktive Verhalten der Elemente weitgehend von der Elektronenanordnung in der äußersten Schale bzw. dem Vorhandensein einsamer Elektronen abhängen. Diese Überlegung führte *Kossel* und *Lewis* zur Aufstellung des *Oktettprinzips*. Dieses besagt, daß das chemische Reaktionsvermögen der Atome durch ihr Bestreben, die Oktettkonfiguration der Edelgase anzunehmen, bedingt ist. In Anlehnung an den klassischen Valenzbegriff bezeichnet man deshalb die in der Tabelle 2 in der L-Schale angegebenen Einzelelektronen als **Valenzelektronen.** Es ist nun zu untersuchen, welche Möglichkeiten die einzelnen Atome besitzen, um in den stabilen Edelgastyp („Achterschale", Oktettkonfiguration) überzugehen.

Bei den Übergangsmetallen wird der Edelgastyp erst nach dem Einbau von 18 Elektronen erreicht (vgl. das Periodensystem auf der 3. Umschlagseite). Viele Übergangsmetallkomplexe sind nach der Achtzehn-Elektronenregel gebaut.

1.6.2 Ionenbindung (Ionenbeziehung)

Die eine Möglichkeit zur Ausbildung der Edelgaskonfiguration ist bei bestimmten Atomen durch Aufnahme bzw. Abgabe von Elektronen gegeben. Treten beispielsweise Natrium und Chlor miteinander in Wechselwirkung, so nimmt das neutrale Natriumatom durch Abgabe des einen Valenzelektrons die Oktettkonfiguration des nächstniederen Edelgases, d. h. des Neons, an, während das neutrale Chloratom das Valenzelektron des Na-Atoms in seine Elektronenhülle aufnimmt und somit die Außenschale des nächsthöheren Edelgases, nämlich des Argons, aufbaut. Das entstehende Salz, Natriumchlorid, besteht aus elektrisch geladenen *Ionen,* und zwar aus dem Kation $Na^{\oplus}$ und dem Anion $Cl^{\ominus}$.

$$Na^{\bullet} + \cdot\underset{\cdot\cdot}{\overset{\cdot\cdot}{Cl}}: \longrightarrow Na^{\oplus} + :\underset{\cdot\cdot}{\overset{\cdot\cdot}{Cl}}:^{\ominus}$$

Im Kristall bilden diese Ionen ein kubisch flächenzentriertes Gitter, das durch elektrostatische Kräfte zusammengehalten wird. Die *Ionenbindung* bezeichnet man auch als *heteropolare* oder *elektrovalente Bindung.* In verdünnten Lösungen liegen die Ionen frei beweglich vor; statt von einer Bindung spricht man besser von einer *Ionenbeziehung,* um damit zum Ausdruck zu bringen, daß kein Ion mit einem bestimmten Gegenion verbunden ist.

1.6.3 Atombindung

Die andere Möglichkeit zur Erreichung der Edelgaskonfiguration besteht in der Vereinigung je eines einsamen Elektrons zweier Atome zu einem Elektronenpaar, ohne daß das einzelne Elektron seinen jeweiligen Atomverband verläßt. Ausgehend vom *Oktettprinzip* stellte *Lewis* die Hypothese auf, daß z. B. im H_2- oder Cl_2-Molekül der Edelgastyp durch Spinkompensation der beiden einsamen Elektronen zu einem *Bindungselektronenpaar* oder Bindungsdublett zustande kommt. Man sagt auch: Das Bindungselektronenpaar wird beiden Atomen „anteilig" (engl. shared). Die so miteinander verknüpften Atome bleiben elektrisch neutral.

$$H\cdot + \cdot H \longrightarrow H:H \qquad :\underset{\cdot\cdot}{\overset{\cdot\cdot}{Cl}}\cdot + \cdot\underset{\cdot\cdot}{\overset{\cdot\cdot}{Cl}}: \longrightarrow :\underset{\cdot\cdot}{\overset{\cdot\cdot}{Cl}}:\underset{\cdot\cdot}{\overset{\cdot\cdot}{Cl}}:$$

Beim Wasserstoffmolekül bildet sich der Heliumtyp, beim Chlormolekül der doppelte Argontyp aus. Das gemeinsame Elektronenpaar stellt die Oktettkonfiguration in beiden Atomen her. Zum Unterschied von der Ionenbindung liegt hier die *eigentliche* chemische Bindung von Atom zu Atom, die *Atombindung* (*C. A. Knorr*) vor, die man auch als *homöopolare* oder *covalente Bindung* (*Langmuir*) bezeichnet.

Die Atombindung kommt nach der Quantenmechanik dadurch zustande, daß sich das Elektronenpaar im Anziehungsbereich beider Atomkerne befindet[1]. Insofern ist es nicht mehr sinnvoll, die Wahrscheinlichkeit für den Aufenthalt der Elektronen durch die einzelnen Atom-Orbitale wiederzugeben, sondern diese bilden durch Überlappung **Molekül-Orbitale.** In ihnen erstreckt sich die Aufenthaltswahrscheinlichkeit über die beiden zu bindenden Kerne. Auch für sie muß das *Pauli*-Prinzip gelten; eine Bindung tritt nur ein, wenn die beiden Elektronen, die das neue Molekül-Orbital besetzen, antiparallelen Spin haben. Eine *chemische Bindung* ist demnach als Kombination von Atom-Orbitalen zu Molekül-Orbitalen mit gegenseitiger Überlappung zu definieren.
Für das Wasserstoffmolekül, bei der sich zwei 1 *s*-Orbitale überlappen, kann man das Molekülorbital (MO) (Abb. 6a, b) wie folgt veranschaulichen:

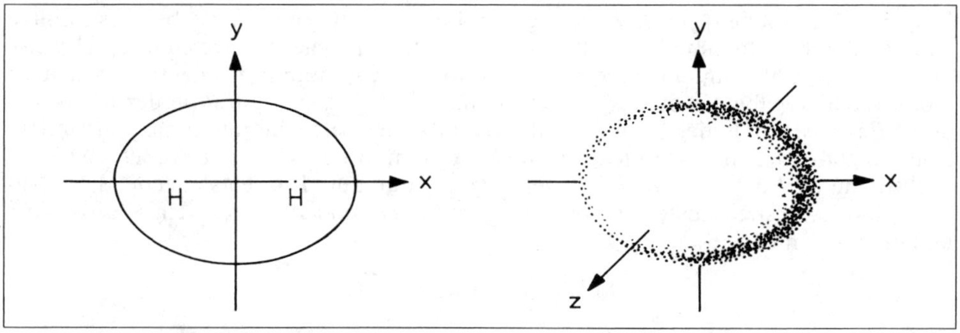

Abb. 6a. Molekülorbital des Wasserstoffs. Abb. 6b. Molekülorbital des Wasserstoffs.

Im Fall des Chlormoleküls überlappen sich z. B. die zwei einfach besetzten 3 p_x-Orbitale in Richtung ihrer maximalen Ausdehnung. Die Molekülachse liegt dann in der *x*-Richtung.
Derartige Bindungen, bei denen die Molekülorbitale rotationssymmetrisch um die Kernverbindungslinie liegen, werden als **σ-Bindungen** bezeichnet.
In Hinblick auf die Spektroskopie sowie Betrachtungen über die Erhaltung der Orbitalsymmetrie (s. S. 107 *f.*) ist zu beachten, daß bei der Kombination zweier äquivalenter Atomorbitale stets zwei Molekülorbitale entstehen, nämlich ein *bindendes* und ein *antibindendes* Orbital. Die bindende Kombination ist durch eine positive Überlappung und eine erhöhte Elektronendichte zwischen den Atomkernen gekennzeichnet. Sie kommt nur dann zustande, wenn sich Orbitallappen mit *gleichen* Vorzeichen (der Wellenfunktion) gegenüberstehen. Dagegen ist die antibindende Kombination durch eine Knotenfläche der Wellenfunktion zwischen den Atomkernen charakterisiert, in diesem Fall besitzen die Orbitallappen entgegengesetzte Vorzeichen. Die *antibindenden Orbitale* werden durch einen Stern symbolisiert, z. B. σ^*.

1.6.4 C–H- und C–C-Bindung

Überträgt man diese Betrachtungsweise auf das C-Atom bzw. die C–H- und C–C-Bindung, so ergibt sich folgendes Bild: Im angeregten Zustand des Kohlenstoffatoms (vgl. S. 22) befindet sich je ein Elektron im kugelsymmetrischen 2 *s*-Orbital und in den

[1] Dies ist eine stark vereinfachte Aussage. Eine vertiefte und leicht verständliche Darstellung der mit ihr verbundenen Probleme gibt *W. Kutzelnigg*, Angew. Chem. *85*, 551 (1973).

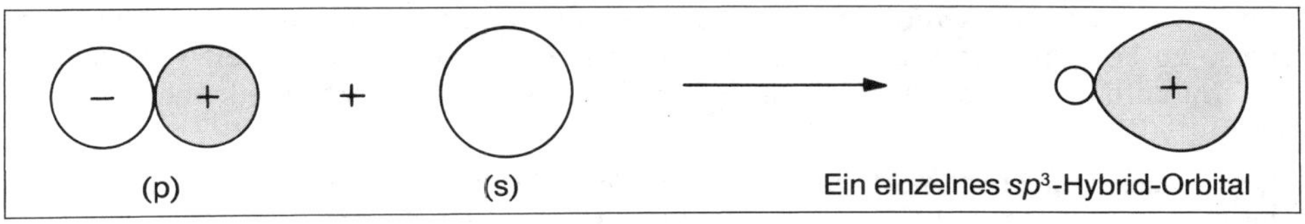

Abb. 7

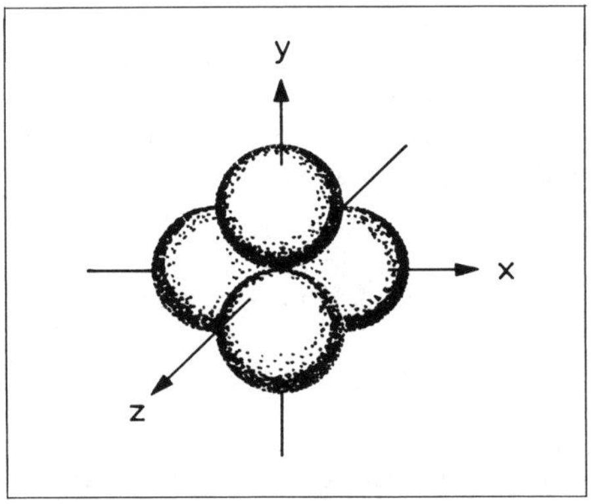

Abb. 8. sp^3-Hybrid-Orbital des Kohlenstoffs.

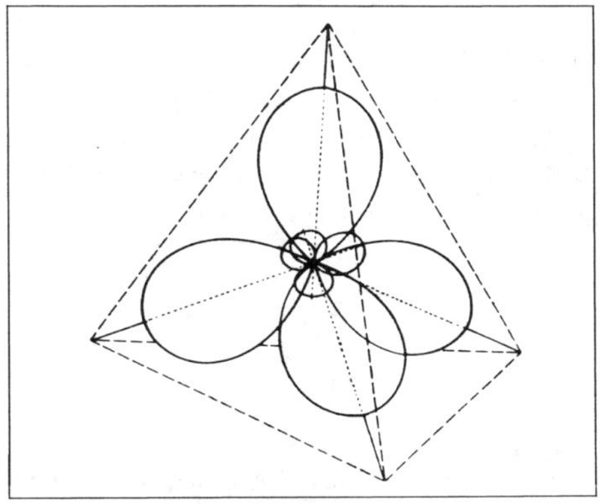

Abb. 9. sp^3-Hybrid-Orbital des Kohlenstoffs.

$2\,p_x$-, $2\,p_y$- und $2\,p_z$-Orbitalen. Durch Überlappung mit den kugelsymmetrischen $1\,s$-Orbitalen von vier H-Atomen würde ein Methanmolekül resultieren, bei dem drei H-Atome fester gebunden sind als das vierte, da die drei $2\,p$-Orbitale stärker gerichteten Charakter besitzen als das kugelsymmetrische $2\,s$-Orbital. In Wirklichkeit sind die Bindungen der vier H-Atome im Methan jedoch völlig gleichwertig. Diesem Tatbestand hat *Pauling* durch Einführung des Konzepts der *Hybridisierung* (*Bastardisierung*) Rechnung getragen. Er konnte zeigen, daß sich aus dem kugelsymmetrischen $2\,s$-Orbital und den drei rechtwinklig aufeinanderstehenden $2\,p$-Orbitalen (p_x, p_y, p_z) des Kohlenstoffs vier völlig gleichwertige sp^3-Hybrid-Orbitale aufbauen lassen. Man spricht von der **sp^3-Hybridisierung** des Kohlenstoffs.

Ein einzelnes sp^3-Hybrid-Orbital hat die in Abbildung 7 schematisch dargestellte Form. Es besitzt stärker gerichteten Charakter als ein p-Orbital und kann sich daher mit anderen Orbitalen noch wirkungsvoller überlappen.

Die vier sp^3-Hybrid-Orbitale erstrecken sich in Richtung auf die Ecken eines Tetraeders, was durch Abbildung 8 und 9 wiedergegeben wird. Diese Anordnung bleibt auch bei der Ausbildung von Bindungen erhalten, z. B. entsteht bei Überlappung der sp^3-Hybrid-Orbitale mit den kugelsymmetrischen $1\,s$-Orbitalen von vier Wasserstoffatomen das Methanmolekül, dessen H-Atome die Ecken eines Tetraeders besetzen. In seinem Zentrum steht das C-Atom, so daß die Valenzwinkel 109°28′ betragen.

Es sei an dieser Stelle ausdrücklich betont, daß es sich bei der Hybridisierung lediglich um eine *Beschreibung* bestimmter Moleküleigenschaften, z. B. der Bindungslängen und Valenzwinkel, handelt. Die Ursache für die tetraedrische Anordnung der Bindungen im Methan hat man in der sog. **Elektronenkorrelation**[1] zu suchen, d. h. die Elektronen

[1] Vgl. *R. J. Gillespie*, The Valence-Shell Electron Pair Repulsion (VSEPR) Theory of Directed Valency, J. chem. Educ. *40*, 295 (1963); *W. Kutzelnigg* in *H. F. Schaefer* III (Ed.), Methods of Electronic Structure Theory (Plenum Press, New York 1977).

haben aufgrund der Abstoßung gleichsinniger Ladungen die Tendenz ihre Bewegungen so zu koordinieren, daß sie sich im zeitlichen Mittel möglichst weit voneinander entfernt aufhalten. Dies enspricht für vier σ-Elektronenpaare der tetraedrischen Anordnung.

Diese Voraussetzung trifft nicht für alle organischen Verbindungen zu. Es mehren sich Beobachtungen von 4-bindigem Kohlenstoff, dessen Liganden nicht tetraedrisch angeordnet sind[1]. Die Grenzen des einfachen Hybridisierungskonzepts werden im Bereich der Metall- und Nichtmetallorganischen Verbindungen erkennbar[2].

Der Aufbau der höheren Alkane, z. B. des Ethans, H_3C-CH_3, vollzieht sich in der Weise, daß sich nur je drei sp^3-Hybrid-Orbitale der beiden C-Atome mit den 1 s-Orbitalen von sechs H-Atomen überlappen und die restlichen zwei sp^3-Hybrid-Orbitale sich unter Bildung einer C – C-Bindung (Abb. 10) gegenseitig durchdringen, insgesamt also sieben σ-Bindungen resultieren.

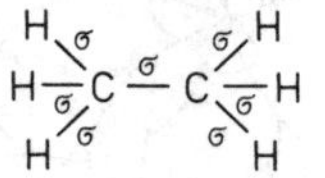

Ethan

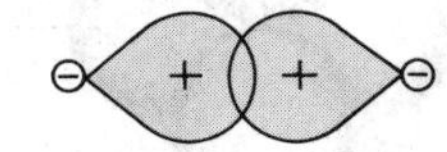

Abb. 10. C–C-Bindung

Mit Hilfe des Konzeptes der Hybridisierung lassen sich auch für die Erklärung von Mehrfachbindungen zwischen zwei C-Atomen brauchbare Modellvorstellungen entwickeln, die auf der Annahme einer sp^2- bzw. sp-Hybridisierung beruhen.

Statt der Symbolisierung der Elektronenpaare durch Doppelpunkte nach *Lewis* schlug *R. Robinson* vor, den *Bindestrich* der alten *Couper*schen Konstitutionsformeln als bindendes Elektronenpaar zu interpretieren. In den *vollständigen Elektronenformeln* berücksichtigt man noch die freien oder einsamen Elektronenpaare (engl. lone pairs) durch *Querstriche* am Atomsymbol (*Eistert, P. Baumgarten*). Der Punkt bleibt demnach vorwiegend als Symbol für ein ungepaartes Elektron bestehen.

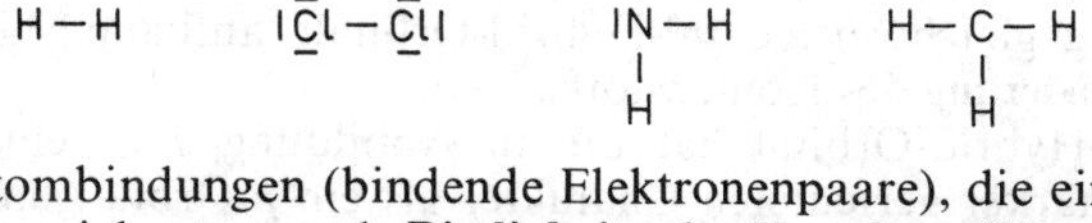

Die Anzahl der Atombindungen (bindende Elektronenpaare), die ein Atom gegenüber anderen betätigt, bezeichnet man als **Bindigkeit** oder Kovalenz. Diese stimmt bei einfachen binären Verbindungen mit der stöchiometrischen Wertigkeit der Atome überein, z. B. sind die H-Atome im Wasserstoffmolekül und die Cl-Atome im Chlormolekül 1bindig, das N-Atom im Ammoniak 3bindig und das C-Atom im Methan 4bindig. Wie im folgenden jedoch gezeigt wird, können Atome mit einsamen Elektronenpaaren, z. B. Stickstoff, Sauerstoff und Schwefel, noch zusätzlich Bindungen eingehen, d. h. ihre Bindigkeit erhöhen.
Bemerkenswert ist, daß die Atome der ersten Achterperiode des Periodensystems aufgrund des hier streng gewahrten Oktettprinzips maximal 4bindig auftreten (*Regel der maximalen Bindigkeit*).

---

[1] Vgl. *F. A. Cotton* et al., J. Amer. Chem. Soc. *99*, 7886 (1977); *D. Seebach* et al., Angew. Chem., *91*, 845 (1979).
[2] Vgl. *P. von R. Schleyer* et al., Stabilization of Planar Tetracoordinate Carbon, J. Amer. Chem. Soc. *98*, 5419 (1976).

1.6.5 Oniumkomplexe

Besondere Bedeutung gewinnt der Begriff der Bindigkeit bei Verbindungen höherer Ordnung, wie sie unter anderen die Oniumkomplexe darstellen. So besitzt z. B. das Ammoniakmolekül neben den drei Atombindungen, die durch Kopplung der drei Einzelelektronen des N-Atoms mit je einem Elektron der drei H-Atome entstanden sind, noch ein *einsames* (ungebundenes) Elektronenpaar. Obwohl das N-Atom bereits Oktettkonfiguration aufweist, ist es nur 3bindig; jedoch hat sein einsames Elektronenpaar die Tendenz, in ein bindendes überzugehen. Ammoniak wirkt somit als *Elektronendonator* und besitzt *nucleophile* (kernsuchende) Eigenschaften. Bei der Umsetzung von Ammoniak mit Salzsäure, deren Proton als *Elektronenakzeptor* fungiert, entsteht Ammoniumchlorid, das in ein positiv 1wertiges *Ammonium-Ion* und ein negativ 1wertiges *Chlorid-Ion* dissoziiert:

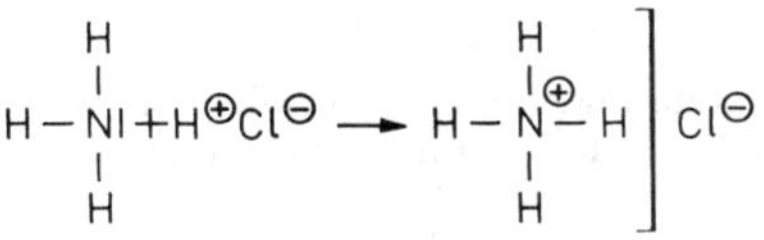

Folglich bildet sich eine Atombindung nicht allein durch Kopplung zweier Einzelelektronen der Atome, sondern auch dadurch, daß der eine Partner beide Bindungselektronen liefert. Im Komplex sind die vier H-Atome völlig gleichartig gebunden. Derartige einfach positiv geladene Komplex-Ionen, in denen das Zentralatom (hier N-Atom) über die Zahl seiner Valenzelektronen hinaus noch eine weitere Bindung betätigt, bezeichnet man als *Oniumkomplexe.* Zu ihnen zählen auch die Oxonium- und Sulfoniumkomplexe mit 3bindigem Sauerstoff bzw. Schwefel.

1.6.6 Polare Atombindung

Die gemeinsame Anteiligkeit zweier Atome an einem Bindungselektronenpaar bleibt nur dann ideal gewahrt, wenn die verknüpften Atome gleiche Elektronenaffinität besitzen, z. B. wenn sie – wie im H_2- oder Cl_2-Molekül – identisch sind. Die in der organischen Chemie für die meisten Reaktionen ausschlaggebenden Bindungen des Kohlenstoffs mit anderen Atomen (N, O, S usw.) sind jedoch Bindungen zwischen Atomen *verschiedener Elektronenaffinität.* In diesen Bindungen ist das Bindungselektronenpaar nicht symmetrisch zwischen den beiden Atomen verteilt, sondern das Atom mit der größeren Anziehungskraft wird es stärker beanspruchen als das andere. Dieses Bestreben der Atome, innerhalb des Molekülverbandes Elektronen zu sich heranzuziehen, bezeichnet man auch als ihre **Elektronegativität**[1]. Sie ist abhängig von dem Anteil der positiven Kernladung des betreffenden Elements, die trotz der Abschirmung durch die inneren Elektronenschalen auf die Valenzelektronen wirksam ist. Da die positive Kernladung der Elemente in den Achterperioden von links nach rechts ansteigt, ohne daß dabei die Zahl der inneren Elektronen zwischen Kern und Valenzelektronen vermehrt wird, nimmt die Elektronegativität im Periodensystem von links nach rechts zu. Dagegen fällt sie innerhalb der einzelnen Gruppen des Periodensystems von oben nach unten ab, da die elektrostatische Wirkung des Kernfeldes auf die Valenzelektronen mit

[1] Vgl. *G. Simons* et al., Nonempirical Electronegativity Scale, J. Amer. Chem. Soc. *98,* 7869 (1976).

zunehmender Abschirmung durch innere Elektronen und mit steigendem Atomradius geringer wird.

Dadurch, daß das elektronegativere Atom das Bindungselektronenpaar näher zu sich heranzieht und sich somit negativ auflädt, wird das Partneratom positiviert. Eine derartige Bindung bezeichnet man als **polare Atombindung.** Sie erzeugt im Molekül eine **Polarität,** d. h. es bildet sich ein elektrischer *Bindungsdipol* aus, dessen Stärke durch Messung des Dipolmoments bestimmt werden kann.

Unter dem *Dipolmoment* μ versteht man das Produkt aus der Ladung e und dem Abstand a der Ladungsschwerpunkte:

$$\mu = e \cdot a.$$

Die SI-Einheit zur Messung des Dipolmomentes ist das *Coulomb* · Meter (Cm), es ist mit der früher gebräuchlichen Einheit *Debye* (D) durch folgende Gleichung verknüpft:

$$\mu = 1\ (\mathrm{D}) = 3{,}336 \cdot 10^{-30}\ \mathrm{Cm}$$

Fallen die Schwerpunkte der Ladungen eines Moleküls bei Abwesenheit eines äußeren elektrischen Feldes zusammen, so ist $a = 0$ und damit auch das Dipolmoment $\mu = 0$.

Eine *polare Atombindung* kann in der Weise symbolisiert werden, daß man die unterschiedliche Ladungsverteilung durch die Zeichen δ^+ und δ^- markiert, die einen zahlenmäßig nicht näher definierten Bruchteil der Elementarladung andeuten. Dies sei am Beispiel der Atombindungen des Kohlenstoffs mit den Elementen der ersten Achterperiode des Periodensystems veranschaulicht:

$$\overset{\delta+}{\mathrm{Li}}-\overset{\delta-}{\mathrm{C}}\quad \overset{\delta+}{\mathrm{Be}}-\overset{\delta-}{\mathrm{C}}\quad \overset{\delta+}{\mathrm{B}}-\overset{\delta-}{\mathrm{C}}\quad \mathrm{C}-\mathrm{C}\quad \overset{\delta+}{\mathrm{C}}-\overset{\delta-}{\mathrm{N}}\quad \overset{\delta+}{\mathrm{C}}-\overset{\delta-}{\mathrm{O}}\quad \overset{\delta+}{\mathrm{C}}-\overset{\delta-}{\mathrm{F}}$$

Die in der Mitte stehende Kohlenstoff-Kohlenstoff-Bindung besitzt eine symmetrische Elektronenverteilung, ist daher *unpolar* und kann unter bestimmten Reaktionsbedingungen, vor allem in unpolaren Lösungsmitteln oder in der Gasphase, *homolytisch* gespalten werden, z. B.

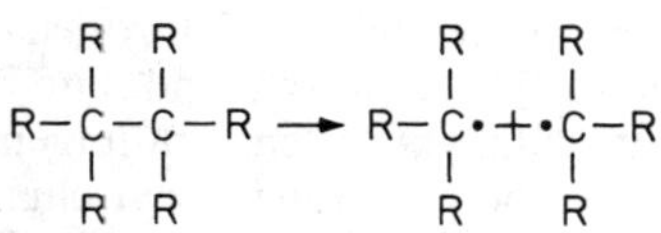

(R = H oder organischer Rest)

Die beiden Bruchstücke enthalten je ein Einzelelektron und werden als **freie Kohlenstoffradikale** bezeichnet.

Alle anderen Bindungen der obigen Reihe sind *polar,* und zwar nimmt die Polarität nach den Seiten hin zu. Sie kann durch stark polare Lösungsmittel bzw. Reaktionspartner von außen zusätzlich erhöht werden, d. h. die Bindung erfährt eine noch weitergehende **Polarisierung.** Im Extremfall erfolgt eine völlige Aufspaltung in Ionen (*Heterolyse*), wobei je nach der Richtung der Polarisierung zwei Möglichkeiten bestehen:

1.6.6.1 Ist das C-Atom mit einem stärker elektronegativen Atom verbunden, so kann sich dieses unter Mitnahme des Bindungselektronenpaares ablösen und das C-Atom bleibt als dreibindiges **Carbenium-Ion**[1] mit einem Elektronensextett zurück, z. B.

---

[1] Vgl. *G. A. Olah,* Carbokationen und elektrophile Reaktionen, Angew. Chem. *85,* 183 (1973).

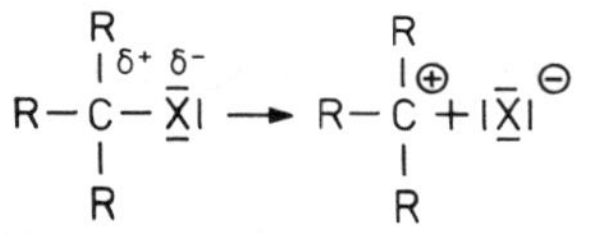

(R = H oder organischer Rest, X = Halogen)

Carbenium-Ion

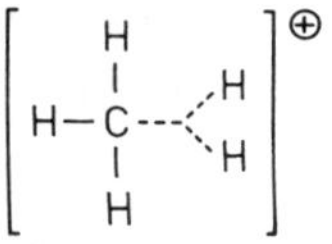

Carbonium-Ion

Von *Olah*[1] sind Verbindungen mit 5fach koordiniertem Kohlenstoff vom Typ $CH_5^{\oplus}$ beschrieben worden, die in Analogie zu den Ammoniumionen als **Carbonium-Ionen** bezeichnet werden. Man hat also zwei Klassen von **Carbokationen** zu unterscheiden, die Carbenium-Ionen und die Carbonium-Ionen.

Letztere können durch normale Strukturformeln nicht beschrieben werden, da für fünf C–H-Bindungen nur 8 Elektronen zur Verfügung stehen. Mit der Formulierung von Dreizentrenbindungen kann das Oktettprinzip gewahrt werden. Diese werden durch gestrichelte Linien symbolisiert, die von den drei beteiligten Atomen ausgehen und sich treffen. Diesem Treffpunkt der gestrichelten Linien entspricht *kein* zusätzliches Atom[2].

1.6.6.2 Umgekehrt wird eine Bindung zwischen dem C-Atom und einem Atom geringerer Elektronegativität so gespalten, daß das Bindungselektronenpaar am C-Atom verbleibt und sich ein **Carbanion**[3] bildet, z. B.

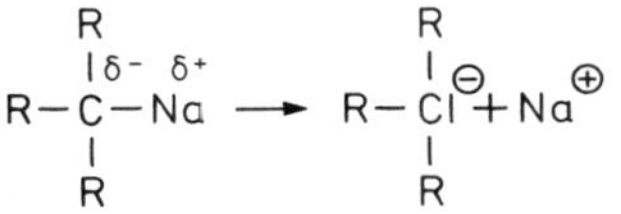

$(R = C_6H_5)$

Carbanion

Im deutschen Schrifttum bezeichnet man das Carbanion auch als *Carbeniat-Ion.*

Die polaren Atombindungen stellen somit einen Übergangstyp zwischen unpolarer Atombindung und Ionenbeziehung dar und sind für das chemische Verhalten organischer Verbindungen von entscheidender Bedeutung.

1.7 Funktionelle Gruppen und induktiver Effekt

Da organisch-chemische Reaktionen bevorzugt an polaren Atombindungen erfolgen, wobei der Kohlenwasserstoff meist nicht angegriffen wird, bezeichnet man die reaktionsfähigen Stellen in einem Molekül als **funktionelle Gruppen.** Von diesen seien die wichtigsten hier angeführt.

---

[1] Vgl. *H.-D. Martin,* „Fünfbindiger" Kohlenstoff, Chemie in unserer Zeit *12,* 71 (1978).

[2] Zu weiteren Formulierungen vgl. *P. Vogel,* Carbocation Chemistry, S. 62ff., (Elsevier, Amsterdam 1985).

[3] Vgl. *R. B. Bates,* Carbanion Chemistry (Springer-Verlag, Berlin 1983).

$-OH$	$-NH_2$	$-NO_2$	$-SO_3H$
Hydroxylgruppe	Aminogruppe	Nitrogruppe	Sulfonylgruppe

$>CO$	$-COOH$	$-CN$
Carbonylgruppe	Carboxylgruppe	Nitrilgruppe (Carbonitrilgruppe)

Eine analoge Funktion üben die Halogenatome aus.

In enger Beziehung zu den funktionellen Gruppen steht ihre induktive Wirkung auf den Kohlenwasserstoffrest, die man allgemein als *induktiven Effekt* (I-Effekt) bezeichnet und die hier in ihren Grundzügen beschrieben werden soll.
I-Effekt. Seine Wirkung basiert auf der unterschiedlichen Elektronegativität der Atome in einer polaren Atombindung. Die dadurch entstehenden Partialladungen rufen innerhalb des Moleküls elektrostatische Feldwirkungen hervor, die dazu führen, daß auch an benachbarten bzw. entfernter liegenden Atomen die *Elektronendichte* verändert wird. Atome oder funktionelle Gruppen mit größerer Elektronegativität als die des Kohlenstoffs entziehen diesem Elektronen und verringern somit dessen Elektronendichte, man sagt sie lösen einen **– I-Effekt** aus. Demgegenüber bewirken Atome oder Atomgruppen mit geringerer Elektronegativität eine Erhöhung der Elektronendichte am benachbarten C-Atom. In diesem Fall spricht man vom **+ I-Effekt.**
Die Wirkung des I-Effekts deutet man außer durch δ^+ und δ^- auch durch folgende Bindungspfeile an, z. B.

$H_3C \rightarrow OH$	$H_3C \leftarrow Li$
–I-Effekt	+ I-Effekt

Der *I-Effekt* wird zur Erklärung zahlreicher organisch-chemischer Reaktionen herangezogen, worauf bei den jeweiligen Stoffklassen näher eingegangen wird.
An dieser Stelle sei nur eine der induktiven Wirkungen der obengenannten funktionellen Gruppen angeführt, die sämtlich auf das benachbarte C-Atom mehr oder weniger *elektronenanziehend* wirken (*– I-Effekt*). Dieser Elektronensog wirkt sich auch auf die Reaktivität der am C-Atom haftenden H-Atome aus. Das C-Atom sucht die mangelnde Elektronendichte in der Weise zu kompensieren, daß es die Bindungselektronen der C–H-Bindungen näher zu sich heranzieht. Dies führt zu einer Lockerung bzw. größeren Reaktionsfähigkeit der H-Atome und läßt sich formelmäßig am Beispiel der *Nitro-Gruppe* wie folgt veranschaulichen:

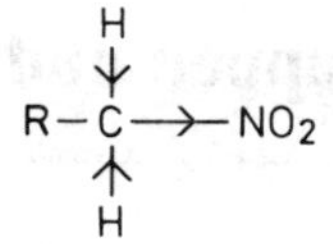

Zu den Atomen oder Atomgruppen, die als *Elektronendonatoren* wirken und einen *+ I-Effekt* auslösen, zählen vor allem die *Metallatome* in metallorganischen Verbindungen und in speziellen Fällen auch die *Alkylgruppen*, z. B. in Carbenium-Ionen, Carbonsäuren und in Aromaten.

Neben dem I-Effekt üben noch andere Effekte wesentliche Einflüsse auf die Reaktivität der Moleküle aus, jedoch sollen ihre Wirkungen erst in späteren Kapiteln beschrieben werden.

1.8 Physikalische Methoden der Strukturaufklärung

Bei der Strukturermittlung organischer Verbindungen bedient man sich in der modernen Forschung in steigendem Maß der spektroskopischen Methoden. Hierbei werden verschiedene Molekularprozesse, z. B. Elektronenanregungen sowie Anregungen von Schwingungen und Rotationen, die eine Folge der Wechselwirkung zwischen organischem Molekül und elektromagnetischer Strahlung sind, mit Hilfe von Spezialgeräten verfolgt und registriert. Da die verschiedenen Moleküle in Abhängigkeit von ihrer Struktur elektromagnetische Strahlung ganz bestimmter Wellenlänge absorbieren, lassen sich aus den aufgezeichneten Absorptionsspektren Rückschlüsse auf die Anwesenheit bestimmter Atome oder Atomgruppierungen, die Art der Bindungen zwischen den Atomen und die intermolekularen Wechselwirkungen der Moleküle ziehen. Die schematische Darstellung in Tabelle 4 zeigt den *Bereich des elektromagnetischen Spektrums,* der für die Untersuchung von Moleküleigenschaften organischer Verbindungen von besonderem Interesse ist.

Tabelle 4. Für die Untersuchung von Moleküleigenschaften interessante Bereiche des elektromagnetischen Spektrums

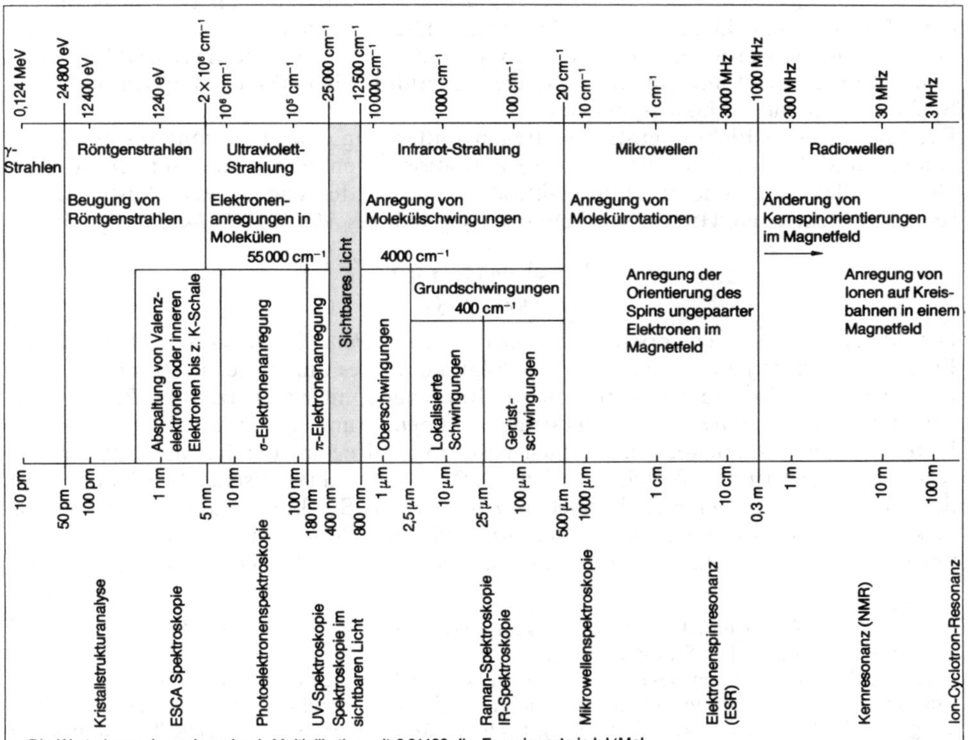

Die Werte in cm^{-1} ergeben durch Multiplikation mit 0,01196 die Energiewerte in kJ/Mol.

Da die Auswahl der zum Rüstzeug des organischen Chemikers gehörenden spektroskopischen Methoden sowie vor allem die konkrete Deutung der einzelnen Spektren jeweils ein spezielles Studium erfordern, soll hier auf eine ausführliche Beschreibung ihrer theoretischen Grundlagen verzichtet werden. Dies ist um so mehr vertretbar, da ausgezeichnete Monographien[1] auf diesem Gebiet erschienen sind. Das schließt jedoch nicht aus, die wesentlichsten Merkmale zu skizzieren und an einigen Stellen charakteristische Spektren zu interpretieren. Die wichtigsten Werte der UV-, IR- und NMR-Spektroskopie werden in Tabellen zusammengefaßt.
Eine wertvolle Bereicherung zu den in den Laboratorien seit langem routinemäßig aufgenommenen UV-, IR- und NMR-Spektren stellt die Massenspektrometrie dar. Obwohl sie erst später als jene auf die organische Chemie angewendet wurde, erscheint es heute sinnvoll, die Strukturaufklärung unbekannter Verbindungen mit der Aufnahme des Massenspektrums zu beginnen, um einmal die relative Molekülmasse und zum anderen aus den Fragmenten genaue Informationen über die Struktur der betreffenden Verbindung zu ermitteln. Im Anschluß daran folgen dann die speziellen spektroskopischen Analysen.

1.8.1 Massenspektrometrie[2]

Bei diesem Verfahren wird die organische Verbindung im Hochvakuum verdampft, durch Elektronenbeschuß ionisiert und in Bruchstücke zerschlagen. Als Zerfallsprodukte treten hierbei vorwiegend *positiv geladene Ionen* auf, daneben aber auch ungeladene Radikale und kleinere Neutralmoleküle. Die verschiedenen, in der Ionenquelle erzeugten Ionen werden in einem Trennsystem im Verhältnis von Massenzahl und Ladung (m/e) getrennt und einem Empfänger zugeführt. Man erhält so ein den optischen Spektren ähnliches „Massenspektrum“.
Die Energie eines Elektronenstrahls, die zur Entfernung eines Elektrons aus einem organischen Molekül erforderlich ist, wird Ionisationspotential genannt und beträgt etwa 10 eV. π-Elektronen und einsame Elektronenpaare werden leichter zum Austritt angeregt als σ-Elektronen. Hierbei wird ein positiv geladenes *Molekül-Radikal-Ion* gebildet:

$$M + e^{\ominus} \rightarrow M^{\oplus}\!\!\cdot + 2\,e^{\ominus}$$

Molekül-Ion

Die Massenzahl $M^{\oplus}$ entspricht der *relativen Molekülmasse* der Verbindung. Da die Elektronenenergie jedoch meist 70 eV beträgt, kommt es durch die zusätzliche Energie im Molekül-Ion $M^{\oplus}\!\!\cdot$ zum Aufbrechen von Bindungen unter gleichzeitiger Bildung positiv geladener *Fragment-Ionen.* Derartige Fragmentierungen sind mit chemischen Abbaureaktionen vergleichbar und folgen bestimmten Regeln. Bei Kenntnis dieser Gesetzmäßigkeiten ist es möglich, aus dem Auftreten charakteristischer Bruchstücke auf die Anwesenheit spezieller funktioneller Gruppen bzw. Struktureinheiten zu schließen.
Es kann zuweilen vorkommen, daß kein *Molekül-Ionen-Signal* $M^{\oplus}\!\!\cdot$ im Spektrum erhalten wird, weil das Molekül bei der Ionisierung sofort in Bruchstücke zerschlagen wird.

---

[1] Vgl. *D. H. Williams* und *I. Fleming,* Strukturaufklärung in der organischen Chemie, 5. neubearb. Aufl. (Thieme Verlag, Stuttgart 1985).

[2] Vgl. *G. Spiteller,* Massenspektrometrische Strukturanalyse organischer Verbindungen. – Eine Einführung (Verlag Chemie, Weinheim 1966); *J. Seibl,* Massenspektrometrie (Akademische Verlagsgesellschaft, Frankfurt am Main 1970); *G. W. A. Milne,* Mass Spectrometry. Techniques and Applications (R. E. Krieger, Publ. Comp., New York 1979).

Jedes Fragment-Ion besitzt ein bestimmtes Verhältnis der Masse zur Ladung, also einen definierten *m/e-Wert*. Da die meisten Ionen die Ladung 1 besitzen, ist der m/e-Wert im allgemeinen der relativen Masse des Ions gleichzusetzen. Andererseits spiegelt die Intensität eines Signals die Häufigkeit des entsprechenden Ions wider. Besonders charakteristische Fragment-Ionen werden nach *Spiteller* als *Schlüsselbruchstücke* bezeichnet. Die Spaltung der Moleküle tritt vorwiegend so ein, daß

1. Fragmentionen gebildet werden, in denen die positive Ladung durch Mesomerie oder induktive Effekte stabilisiert ist oder
2. Fragmentionen, die durch Eliminierung energiearmer Neutralteile (H_2O, H_2S, NH_3, C_2H_2, HCN, CO, CO_2, N_2, SO_2 u. a.) entstehen.

Aus den *Massenspektren aliphatischer Kohlenwasserstoffe* sieht man z. B., daß in Übereinstimmung mit der abgestuften Stabilität *tertiärer, sekundärer* und *primärer Carbenium-Ionen* eine Bindungsspaltung bevorzugt an den C-Atomen mit der größten Verzweigung auftritt (s. Abb. 11 u. 12).

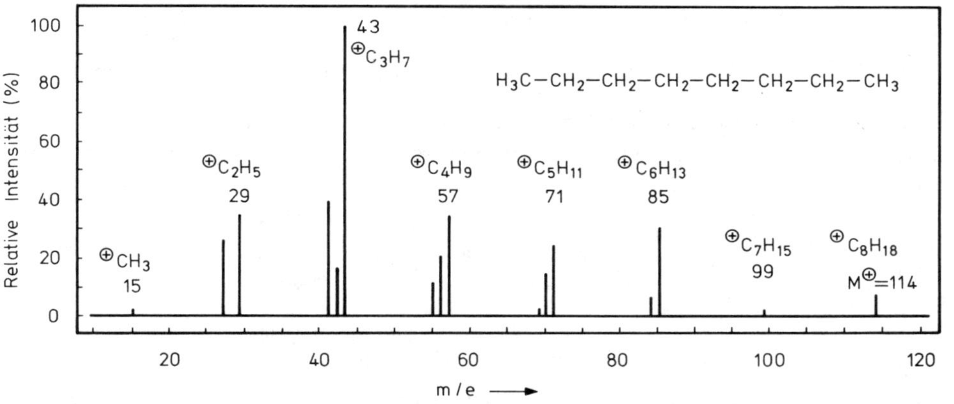

Abb. 11. Massenspektrum des *n*-Octans.

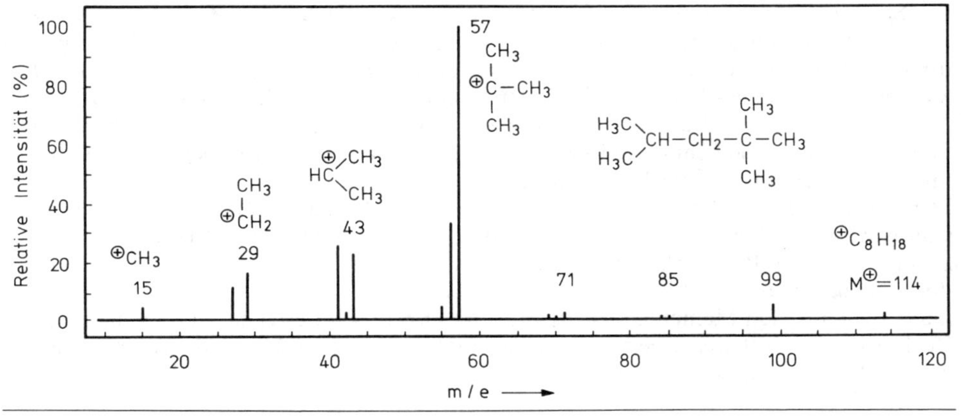

Abb. 12. Massenspektrum des Isooctans.

Die *Doppelbindungen in Olefinen* erleichtern eine Fragmentierung in Allylstellung, wobei das energiearme *Allyl-Kation* gebildet wird:

$$H_2C{=}CH{-}CH_2{-}R + e^{\ominus} \rightarrow 2\,e^{\ominus} + H_2C \cdots \overset{\oplus}{C}H \cdots CH_2 + R\cdot$$

Heteroatome mit einem einsamen Elektronenpaar begünstigen die Aufspaltung der benachbarten C–C-Bindung einer aliphatischen Verbindung, da sie das entstehende Kation infolge ihres *nucleophilen* Charakters stabilisieren:

$$R{-}CH_2{-}CH_2{-}X + e^{\ominus} \rightarrow 2\,e^{\ominus} + R{-}\dot{C}H_2 + \left[\overset{\oplus}{C}H_2{-}X \longleftrightarrow CH_2{=}\overset{\oplus}{X}\right] \quad X = \overline{O}H, \overline{N}H_2, \overline{S}H$$

Bei bestimmten Bruchstücken können darüber hinaus *Umlagerungen* erfolgen, die stets zur Bildung noch *stabilerer Ionen* – zuweilen unter gleichzeitiger Abspaltung eines Neutralmoleküls – führen. Beispielsweise tritt beim massenspektrometrischen *Abbau von Benzylverbindungen* bevorzugt das im Vergleich zum Benzyl-Kation stabilere *Tropylium-Ion* auf:

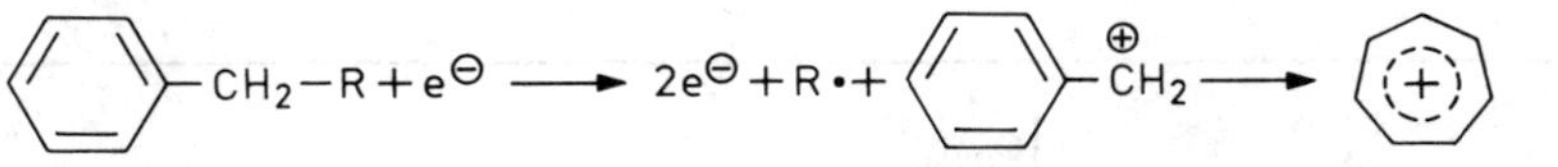

Enthält eine organische Verbindung eine Mehrfachbindung z. B. $>C{=}O$, $>C{=}NR$ usw., in γ-Stellung zu einer CH-Gruppierung, so tritt meist die sog. *McLafferty-Umlagerung* ein:

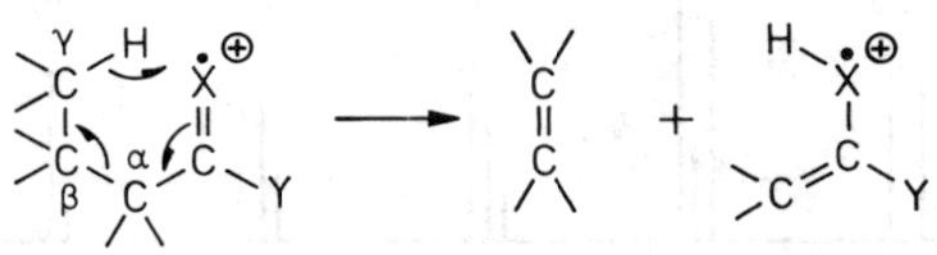

: Homolyse

$X = CH_2$, O, S, NR
$Y = OH$, SH, NH_2 . . .

Sie verläuft über einen 6gliedrigen, cyclischen Übergangszustand, wobei ein H-Atom auf das ungesättigte Ladungszentrum *übertragen* und ein *Alken eliminiert* wird.
Die Anwendung der Massenspektrometrie in der organischen Chemie ist sehr vielfältig. So lassen sich mittels der *Hochauflösungs*massenspektroskopie Rückschlüsse auf die elementare Zusammensetzung bzw. die Struktur einer neuen organischen Verbindung ziehen. Andererseits kann man mit Hilfe des Massenspektrums die *Identität* zweier Verbindungen beweisen. Darüber hinaus eignet sich die Massenspektroskopie für die qualitative und quantitative Analyse von Gemischen bzw. für die *Spuren-* und *Isotopenanalyse;* und schließlich lassen sich mit ihrer Hilfe *Isotopeneffekte*[1] feststellen und damit Kenntnisse über Reaktionsmechanismen gewinnen.
Den intensivsten Peak im Massenspektrum bezeichnet man als *Basis-Peak.* Seine Intensität wird willkürlich = 100 gesetzt, und alle anderen Signale werden relativ darauf bezogen. Der Basis-Peak ist nur bei besonders stabilen organischen Verbindungen gleich dem Molekül-Peak.
Da die chemischen Elemente aus einem Isotopengemisch bestehen, in dem das leichteste Isotop grundsätzlich überwiegt, findet man neben dem Molekül-Peak und neben den Peaks der Fragment-Ionen stets einen oder mehrere *Isotopen-Peaks* mit höherem

[1] Vgl. *A. V. Willi,* Isotopeneffekte bei chemischen Reaktionen (Thieme Verlag, Stuttgart 1983).

m/e-Wert. Die Intensitätsverhältnisse einer derartigen Gruppe von Peaks entsprechen der natürlichen Häufigkeit der einzelnen Isotope in den isotopomeren Molekülen. Die Bestimmung der Isotopenzusammensetzung aus dem Massenspektrum eignet sich zur *Ermittlung der Summenformel* einer organischen Verbindung. Wegen des relativ großen Anteils an schweren Isotopen bei den Elementen Schwefel, Chlor und Brom sind Verbindungen, die diese Elemente enthalten, besonders gut zu identifizieren.
Da die Ionisation durch Elektronenstoß bei empfindlichen Verbindungen zu sehr starker Fragmentierung führt, gewinnen schonendere Ionisierungsmethoden an Bedeutung. Bei der *chemischen Ionisation* werden die zu untersuchenden Moleküle durch Protonenübertragung von Reaktandionen, z. B. $[CH_5]^{\oplus}$, ionisiert (CID = **C**ollision **I**nduced **D**ecomposition). Diese werden in einem Reaktandgas, z. B. Methan, durch Elektronenstoß erzeugt. Im Gegensatz zu den Elektronenstoßmassenspektren beobachtet man bei diesem Verfahren meist intensive $[M + H]^{\oplus}$-Ionen; die Fragmentierung wird dagegen unterdrückt[1].

1.8.2 IR-Spektroskopie[2]

Im Bereich der IR-Absorptionsspektren werden Übergänge zwischen Molekülzuständen, vor allem die Schwingungs- und Rotationsvorgänge der Moleküle, registriert. Diese Spektren sind für den organischen Chemiker äußerst wichtig, da man daraus Aussagen über Art und Lage der Bindungen sowie über das Vorhandensein bestimmter funktioneller Gruppen erhält.
Zu diesem Zweck wird die zu untersuchende Substanz entweder in fester Form oder in Lösung mit Infrarotlicht (vgl. Tab. 4) durchstrahlt und der Absorptionsverlust, der bei bestimmten Frequenzen auftritt, im IR-Spektrometer aufgezeichnet.
Die einzelnen Atome oder Atomgruppierungen in einem Molekül können verschiedenartige Schwingungen gegeneinander ausführen. Dabei hat man zwischen *Gerüstschwingungen,* an denen das Gesamtmolekül teilnimmt, und sog. lokalisierten Schwingungen zu unterscheiden. Schwingungen in der Bindungsachse werden als *Valenz-* oder *Streckschwingungen* bezeichnet, während man bei Winkeländerungen, von *Deformations-* oder *Biegeschwingungen* spricht. Beide Schwingungsarten seien mit je einem Beispiel an der Methylengruppe schematisch dargestellt (Abb. 13).
Bei gleichen Atomgruppierungen liegt das *Absorptionsmaximum* der Valenzschwingungen stets bei höheren Wellenzahlen als das der Deformationsschwingungen.

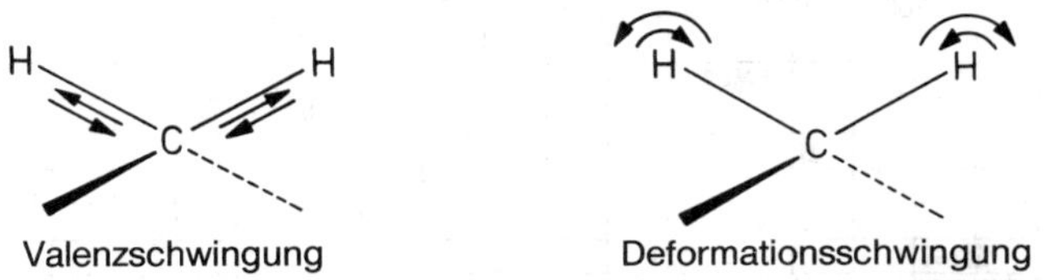

Abb. 13. Schwingungsarten einer Methylengruppe

[1] Vgl. *W. J. Richter* et al., Chemische Ionisation – ein stark an Bedeutung gewinnendes massenspektrometrisches Analysenverfahren, Angew. Chem. *90,* 449 (1978); *K. Biemann* et al., in Mass Spectrometry in the Analysis of Large Molecules, *C. J. McNeal* (Ed.), 131 (Wiley, New York 1986).
[2] Vgl. *L. J. Bellamy,* The Infrared Spectra of Complex Molecules (Chapman and Hall, London 1975); *J. Weidlein* et al., Schwingungsspektroskopie (Thieme Verlag, Stuttgart 1982).

Eine optische Schwingungsanregung ist jedoch nur dann möglich, wenn sich bei dem Schwingungsvorgang die Symmetrie der Ladungsverteilung des Moleküls ändert, d. h. ein elektrisches Feld entsteht, das mit dem der Strahlung in Wechselwirkung treten kann. Ein derartiger schwingender Dipol absorbiert aus dem elektromagnetischen Spektrum nur die Schwingung, die die gleiche Frequenz wie der Dipol besitzt. Bei Molekülen mit hoher Symmetrie treten daher im IR-Spektrum nur wenige Banden auf, da ein Teil der Schwingungen aus obengenannten Gründen *IR-inaktiv* ist. Dies sei am Beispiel des *Acetylens*, H – C ≡ C – H, erläutert:

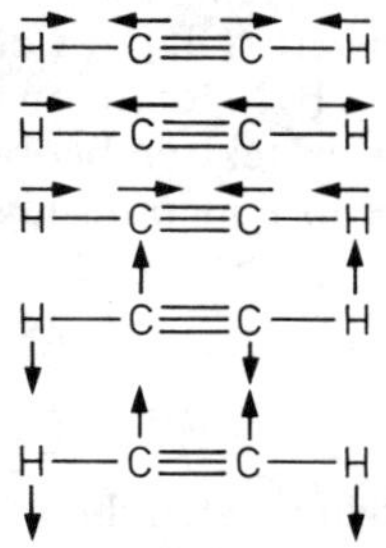

(C–H-Valenzschwingung) IR-inaktiv

(C–H-Valenzschwingung) 3287 cm^{-1}

(C≡C-Valenzschwingung) IR-inaktiv

(Deformationsschwingung) IR-inaktiv

(Deformationsschwingung) 729 cm^{-1}

Die Lage der Absorptionsbanden im IR-Spektrum wird im allgemeinen in *Wellenzahlen* (Schwingungen pro cm) und ihre *Intensität* mit stark (s), mittel (m), wenig intensiv (w), variierend (v) oder mit Schulter angegeben.
Die wichtigsten Grundschwingungen organischer Moleküle liegen im *Bereich* 4000 – 400 cm^{-1}. Zu den in dieser Region registrierten Informationen gehören vor allem die charakteristischen Absorptionsbanden der einzelnen *funktionellen Gruppen* bei 4000 – 1450 cm^{-1}. Sie liegen in eng begrenzten Wellenzahlbereichen und variieren nur etwas in Abhängigkeit von dem organischen Rest, an dem sich die funktionelle Gruppe befindet. Somit läßt sich neben der Identifizierung der funktionellen Gruppen selbst auch eine gewisse Aussage über ihre strukturelle Umgebung treffen (vgl. Tab. 5).

Tabelle 5. Einige wichtige Absorptionsbanden im IR (Valenzschwingungen: ν)

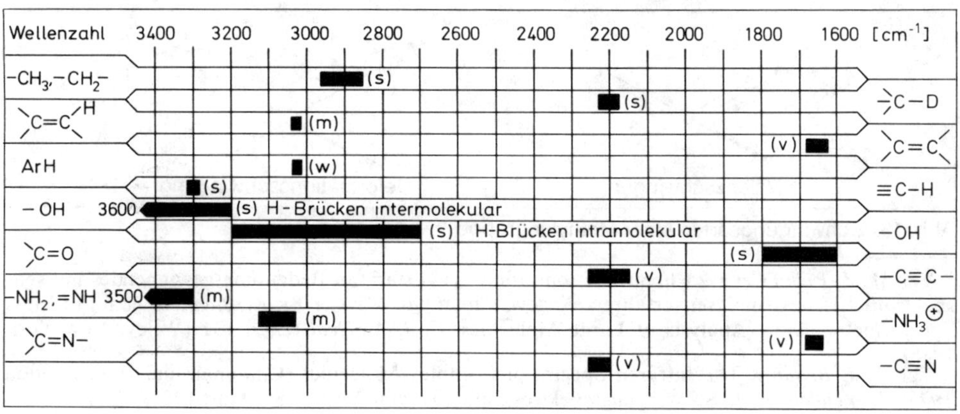

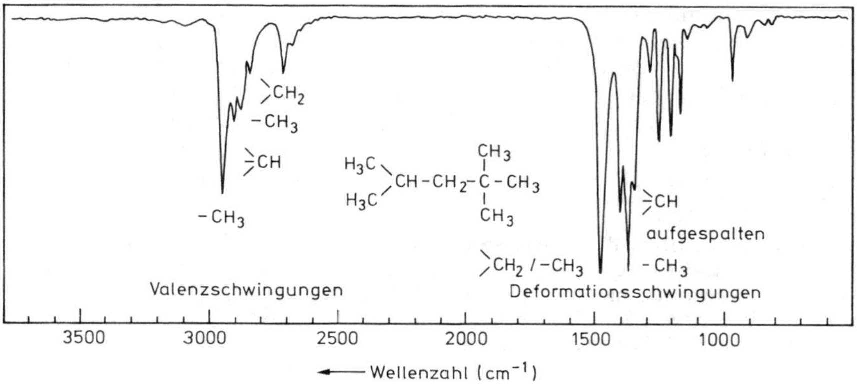

Abb. 14. IR-Spektrum des Isooctans.

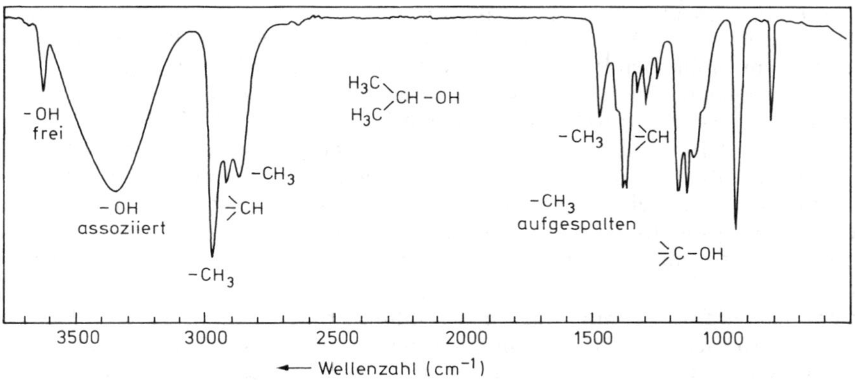

Abb. 15. IR-Spektrum des Isopropylalkohols.

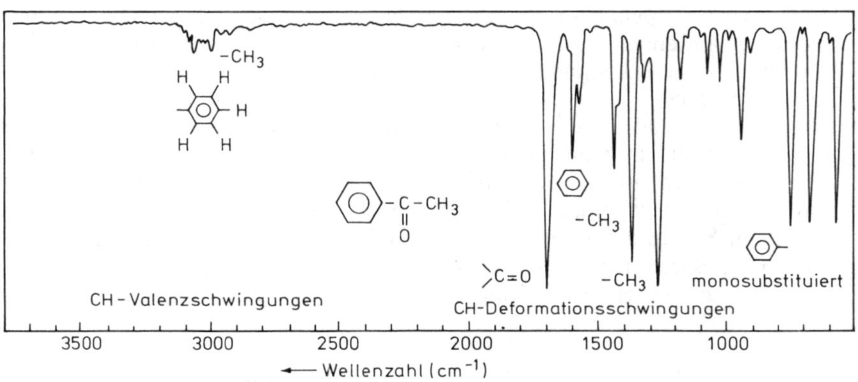

Abb. 16. IR-Spektrum des Acetophenons.

Andererseits kann man mit Hilfe der IR-Spektroskopie auch die *Identität* zweier Substanzen beweisen. Hierbei wird besonders die „fingerprint region" des Spektrums von 1450 – 650 cm^{-1} ausgewertet, die die Moleküle als Ganzes charakterisiert (Gerüstschwingungen). In begrenztem Umfang wird die IR-Spektroskopie auch für die quantitative Analyse herangezogen. Hierfür eignet sich besonders die *Fourier-Transformations-IR-Spektroskopie*[1].
Als Beispiele seien die IR-Spektren von Isooctan, Isopropylalkohol und Acetophenon angeführt (s. Abb. 14 – 16).

Eng verwandt mit der IR- ist die ***Raman*-Spektroskopie,** die ebenfalls für bestimmte Atomgruppierungen charakteristische Frequenzen zeigt. Sie hat durch die Einführung des *Lasers* als Lichtquelle an Bedeutung gewonnen und stellt eine wertvolle Ergänzung der IR-Spektroskopie dar, da hierbei auch die IR-inaktiven Schwingungen *Raman*-spektroskopisch erfaßt werden[2]. Dafür fehlen andererseits mehrere IR-aktive Schwingungen.

1.8.3 UV-Sichtbar-Spektroskopie

Im sichtbaren und ultravioletten Spektralbereich (vgl. Tab. 4, S. 31) führen die Absorptionen organischer Moleküle zu Elektronenübergängen aus Orbitalen mit bindenden oder nicht-bindenden Elektronen in leere, nicht-bindende oder antibindende Orbitale, also Übergängen zwischen diskreten Energieniveaus. Derartige Absorptionen sind von Schwingungs- und Rotationsübergängen begleitet. Die Wellenlänge der Absorption ist ein Maß für den Abstand zwischen den Energieniveaus. Je kurzwelliger, also energiereicher, die für die Elektronenanregung aufgenommene elektromagnetische Strahlung ist, um so weiter liegen die Orbitale energetisch auseinander. So ist für die Anregung von σ-Elektronen energiereichere Strahlung erforderlich als für die Anregung der Elektronen einsamer Elektronenpaare oder von π-Elektronen (vgl. Tab. 4, S. 31).
Man bezeichnet eine Gruppierung, die Strahlung absorbiert und dadurch Elektronenübergänge verursacht, als *Chromophor*. Gewöhnlich sind nur solche Chromophore für die praktische Untersuchung von Bedeutung, deren Absorptionsmaxima langwelliger als 200 nm sind. Selbst der $\pi \rightarrow \pi^*$-Übergang einer isolierten C = C-Doppelbindung liegt mit einem Absorptionsmaximum von annähernd 190 nm noch außerhalb dieser Grenze. Von Bedeutung sind demnach nur Chromophore *konjugierter Systeme,* da durch Konjugation das Energieniveau des höchsten besetzten π-Orbitals (HOMO) angehoben und das des niedrigsten antibindenden (unbesetzten) π^*-Orbitals (LUMO), vgl. S. 108*f.*, erniedrigt wird. Je mehr konjugierte Doppelbindungen ein *Polyen* enthält, um so geringer wird die Energiedifferenz zwischen dem höchsten bindenden und dem niedrigsten antibindenden π-Orbital. Das bedeutet, daß immer langwelligere Strahlung ausreicht, um ein π-Elektron anzuregen. Die Tabelle 6 zeigt einige ungesättigte organische Verbindungen, bei denen die *Verschiebung der Absorptionsmaxima* in Abhängigkeit von der Anzahl konjugierter Doppelbindungen deutlich wird.
Es ist zu erkennen, daß die Spektroskopie im UV- und sichtbaren Bereich des elektromagnetischen Spektrums im wesentlichen nur für die Charakterisierung einer Reihe ungesättigter aliphatischer Verbindungen und Aromaten herangezogen werden kann.

---

[1] Vgl. *P. R. Griffiths,* Fourier Transform Infrared Spectroscopy (Wiley, New York 1986).
[2] Vgl. *S. K. Freeman,* Applications of Laser Raman Spectroscopy (Wiley, New York 1974).

Tabelle 6

Verbindung	Absorptionsmaximum [nm]	Übergang
Ethylen	190	$\pi \rightarrow \pi^*$
1,3-Butadien	217	$\pi \rightarrow \pi^*$
trans-2,4,6,8-Decatetraen	273, 283, 296, 310	$\pi \rightarrow \pi^*$
trans-α-Carotin	445, 474	$\pi \rightarrow \pi^*$
Benzol	184, 204, 255	$\pi \rightarrow \pi^*$
Naphthalin	220, 276, 311	$\pi \rightarrow \pi^*$
Anthracen	253, 356	$\pi \rightarrow \pi^*$
Pyridin	175, 194, 251	$\pi \rightarrow \pi^*$
Formaldehyd	270	$n \rightarrow \pi^*$

Aus der Tabelle 6 ist erkennbar, daß sowohl Benzol (Abb. 17) als auch Pyridin, die 6 delokalisierte π-Elektronen besitzen und deren Molekülorbital-Energien fast gleich sind, im UV-Spektrum ganz ähnliche Absorptionsmaxima aufweisen.
Der Informationsgehalt eines derartigen Spektrums ist für die Strukturanalyse wesentlich geringer als der eines IR-Spektrums. Die Spektren weisen nur eine geringe Anzahl breiter Banden auf.

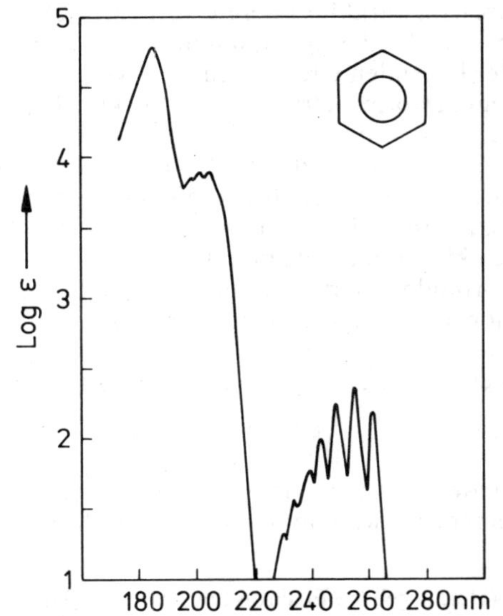

Abb. 17. UV-Spektrum des Benzols.

Andererseits wird die UV-Sichtbar-Spektrophotometrie im Gültigkeitsbereich des *Lambert-Beer*schen Gesetzes mit hoher Empfindlichkeit bei der *quantitativen Analyse* angewendet.

1.8.4 Photoelektronenspektroskopie (PE-Spektroskopie)[1]

Läßt man Strahlung höherer Energie, also kürzerer Wellenlänge als bei der UV-Spektroskopie, auf Moleküle einwirken, so kommt es zu einer Emission von Elektronen. Diese besitzen nach dem Verlassen des Moleküls eine kinetische Energie, die von ihrem Bindungszustand abhängt. Dabei gilt die Beziehung:

$$T_e = h\nu - I$$

Das heißt, daß die kinetische Energie T_e der emittierten Elektronen um so größer wird, je geringer die Ionisierungsenergie (I) des jeweiligen Elektrons ist.
Das Spektrometer zeichnet auf, wieviele Elektronen einer bestimmten kinetischen Energie von der Probe emittiert werden (Zählrate). Man erhält so ein *Photoelektronenspektrum* (*PE-Spektrum*), wie es in Abb. 18 für das Ethylen dargestellt ist.
In Abb. 18 ist die Zählrate gegen die *Ionisierungsenergie* aufgetragen. Diese ist für das Molekül charakteristischer als die kinetische Energie der Photoelektronen, mit der sie gemäß $T_e = h\nu - I$ zusammenhängt. Die so ermittelten Ionisierungsenergien entsprechen der Differenz zwischen dem Grundzustand des Moleküls und den verschiedenen Zuständen seines Radikalkations. Sie können nach einem von *A. Koopmanns* formulierten Theorem mit den Orbitalenergien verglichen werden, die man aus quantenchemischen Rechnungen (nach der SCF-Methode) erhält.
Das Spektrum in Abb. 18 zeigt vier Banden, die von Elektronen herrühren, welche den vier obersten besetzten Orbitalen zugeordnet werden können. Die z. B. mit einer Helium-Gasentladungsröhre eingestrahlte Energie von 21,22 eV = 2050 kJ/Mol reicht zu deren Abspaltung aus. Sie reicht aber nicht, um die noch fester gebundenen Elektronen aus den energetisch tiefer liegenden Orbitalen des Ethylens zu entfernen. Man bezeichnet die mit dieser Anregungsform betriebene PE-Spektroskopie als UPS (**U**ltraviolet **P**hotoelectron **S**pectroscopy) (*Turner*).
Die geringste Orbitalenergie besitzen die π-Elektronen des Ethylens. Ihnen wird die Bande bei 10,51 eV = 1014 kJ/Mol zugeordnet, die anderen sind σ-Elektronen mit höherer Orbitalenergie zuzuordnen. In erster Näherung liefert die Methode direkt die Energien besetzter Molekülorbitale, während die UV-Sichtbar-Spektroskopie nur *Energiedifferenzen* der Orbitale liefert, zwischen denen Elektronenübergänge erfolgen. Substitution, Konjugation und sterische Effekte beeinflussen die Ionisierungsenergie erheblich.
Bei der Photoionisation entsteht aus dem Molekül ein Radikalkation gemäß:

$$M \xrightarrow{h\nu} M^{\cdot\oplus} + e$$

Die Feinstruktur der Banden in Abb. 18 ist unter anderem darauf zurückzuführen, daß bei der Ionisation angeregte Schwingungszustände des Radikalkations auftreten. Aus

[1] Vgl. *C. R. Brundle* et al. (Herausgeber), Electron Spectroscopy: Theory, Techniques and Application (Academic Press, New York 1977); *H. Bock* et al., Photoelektronenspektren von Nichtmetallverbindungen und ihre Interpretation durch MO-Modelle, Angew. Chem. *85,* 773 (1973); Photoelektronenspektren und Moleküleigenschaften, Angew. Chem. *93,* 425 (1981).

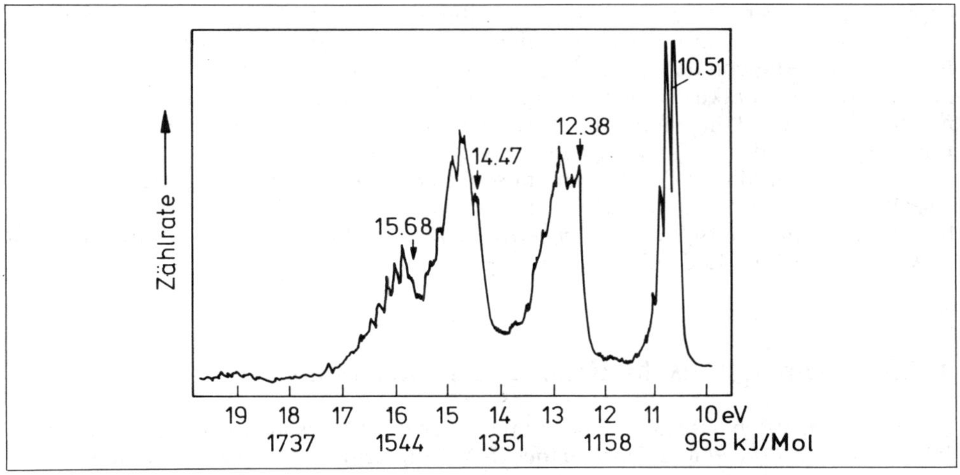

Abb. 18. PE-Spektrum des Ethylens.

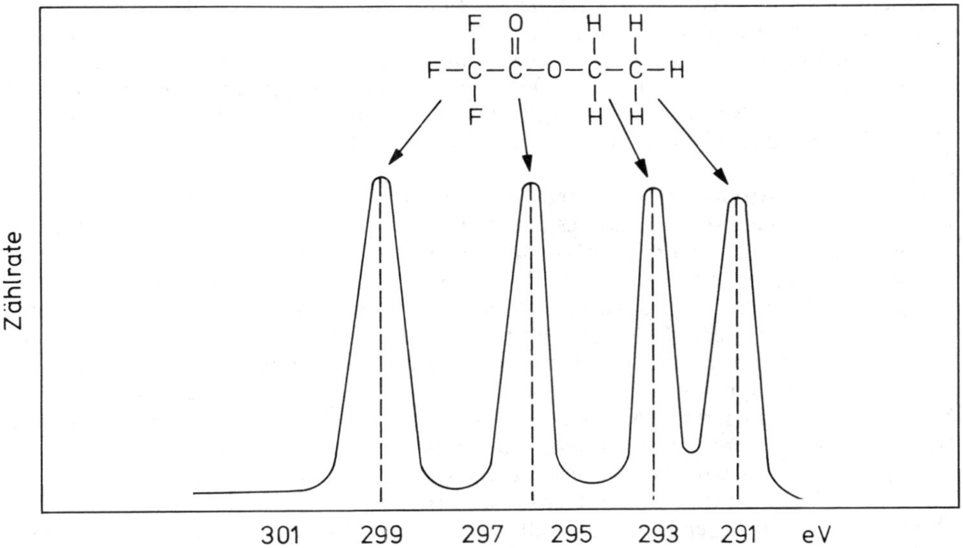

Abb. 19. ESCA-Spektrum der 1s Elektronen der C-Atome im Trifluoressigsäureethylester.

der Schwingungs-Feinstruktur können Aussagen über die Bindungsverhältnisse in den Radikalkationen abgeleitet werden.
Mit *Röntgenstrahlen* hinreichender Energie (über 1000 eV) lassen sich *Elektronen aus allen Orbitalen* freisetzen. Die von *Siegbahn* eingeführte Methode heißt **ESCA** (**E**lectron **S**pectroscopy for **C**hemical **A**nalysis)[1] oder **XPS** (**X**-Ray **P**hotoelectron **S**pectros-

[1] Vgl. *C. Nordling*, ESCA: Elektronenspektroskopie für Chemische Analyse, Angew. Chem. *84*, 144 (1972).

copy); man verwendet zur Anregung z. B. die Mg K^{α}-Linie (1245 eV). So gelingt es, selbst *1 s Elektronen* im innersten Bereich der Elektronenhülle der schweren Elemente nachzuweisen, die von den Chemikern meist vernachlässigt werden, da sie an der chemischen Bindung praktisch nicht beteiligt sind. Die Ionisierungsenergie dieser Elektronen hängt von der Umgebung ab, in der sich das betreffende Atom befindet, wie das ESCA-Spektrum des Trifluoressigsäureethylesters in Abb. 19 zeigt.
Man erkennt, daß die 1 s Elektronen um so fester gebunden sind, je wirksamer die Valenzelektronen durch andere elektronenanziehende Gruppen beansprucht werden. Der bereits erwähnte unterschiedliche *induktive Effekt* der Substituenten auf die einzelnen C-Atome ist in Abb. 19 deutlich zu erkennen.

1.8.5 Kernmagnetische Resonanzspektroskopie[1]

Die kernmagnetische Resonanz oder nuclear magnetic resonance (NMR) wurde im Jahre 1946 von *Purcell* und *Bloch* entdeckt. Mit dieser Methode registriert man die unter bestimmten Bedingungen eintretende Wechselwirkung zwischen Atomkernen und elektromagnetischer Strahlung des Radiowellenbereichs in einem starken homogenen Magnetfeld. In der organischen Chemie haben die *protonenmagnetische Resonanzspektroskopie* (^{1}H-NMR-Spektroskopie) und die ^{13}C-NMR-Spektroskopie eine weite Verbreitung gefunden. Atome mit *ungerader* Ordnungszahl, z. B. $^{1}_{1}$H, $^{19}_{9}$F, $^{31}_{15}$P, sowie die Isotopen $^{13}_{6}$C, $^{15}_{7}$N, besitzen ein *magnetisches Moment.* Bei Atomkernen mit *gerader* Anzahl von Protonen und Neutronen, z. B. $^{12}_{6}$C, $^{16}_{8}$O, $^{32}_{16}$S, ist das magnetische Moment dagegen gleich Null. Sie üben daher keinen störenden Einfluß auf das Verhalten von ^{1}H und ^{13}C aus.
Bringt man nun Atomkerne mit einem von Null verschiedenen magnetischen Moment, z. B. Protonen, in ein starkes äußeres Magnetfeld, so können die magnetischen Momente dieser Protonen energetisch unterschiedliche Orientierungen einnehmen. Sie können entweder *parallel* oder *antiparallel* zu dem angelegten Magnetfeld eingestellt sein, d. h. diesem gleichgerichtet (stabiler Zustand niedriger Energie) oder entgegengerichtet (instabiler Zustand höherer Energie). Die Energiedifferenzen zwischen den unterschiedlich orientierten Kernmomenten sind eine Funktion der Größe des kernmagnetischen Moments des entsprechenden Atomkerns sowie der Stärke des angelegten äußeren Magnetfelds und liegen im Energiebereich langwelliger elektromagnetischer Strahlung (Radiowellen). Entspricht die Energie der eingestrahlten Radiowelle gerade dieser Energiedifferenz, so tritt *magnetische Resonanz* zwischen dem schwingenden Feld der Radiowelle und dem rotierenden Kern ein, wobei das magnetische Moment unter Absorption der entsprechenden Radiowellenfrequenz in die energiereichere Form „umklappt". Den entgegengesetzten Prozeß, nämlich die Abgabe magnetischer Energie in Form von thermischer Energie, bezeichnet man als „Relaxation".
Im Gegensatz zur UV- und IR-Spektroskopie sind die Energiedifferenzen bei der NMR-Spektroskopie keine moleküleigenen Konstanten. Da das angelegte Magnetfeld am Atomkern infolge des Einflusses der induzierten magnetischen Sekundärfelder der Elektronen verstärkt oder geschwächt sein kann, treten die Protonen mit unterschiedli-

[1] Vgl. *H. Günther,* NMR-Spektroskopie, 2. Aufl. (Thieme Verlag, Stuttgart 1983); 40 Jahre Kernresonanz, Chemie in unserer Zeit *20,* 173 (1986); *R. J. Abraham* et al., Proton and Carbon-13 NMR Spectroscopy (Heyden, London 1978): *R. E. Ernst* et al., Principles of Nuclear Magnetic Resonance in one and two Dimensions (Clarendon Press, Oxford 1987).

cher elektronischer Umgebung nacheinander in Resonanz, wenn man das angelegte Feld ($H_0 = 1{,}4$ oder 2,35 Tesla) bei konstanter Radiowellenfrequenz (60 oder 100 MHz) kontinuierlich verändert.

1.8.5.1 ¹H-NMR-Spektroskopie. NMR-Spektren organischer Verbindungen werden in Lösung, z. B. in CCl_4 oder $CDCl_3$, aufgenommen. Um bei der Auswertung der Resonanzsignale von Spektren einen *Bezugspunkt* zu haben, fügt man außerdem *Tetramethylsilan* (TMS), $(CH_3)_4Si$, als Vergleichssubstanz hinzu (innerer Standard). Diese Verbindung besitzt wegen der 12 chemisch äquivalenten Protonen nur eine scharfe Linie im NMR-Spektrum, deren Lage willkürlich als Nullpunkt einer Skala definiert wird. TMS ist als Vergleichssubstanz auch deshalb gut geeignet, weil es keine intermolekularen Wechselwirkungen hervorruft. Hinzu kommt, daß die Protonen der meisten organischen Verbindungen bei tieferem Feld in Resonanz treten als die von TMS. Um jedoch NMR-Spektren von 60 MHz- oder 100 MHz-Geräten miteinander vergleichen zu können, muß die Skala frequenz- bzw. feldunabhängig sein. Zu diesem Zweck sind die *Parameter* δ bzw. τ ($\tau = 10 - \delta$) für die **chemische Verschiebung** (chemical shift) festgelegt worden.

$$\delta = \frac{\text{Resonanzfrequenz der Substanz in Hz}}{\text{Betriebsfrequenz des Gerätes in MHz}}$$

Ihre Angabe erfolgt in ppm (parts per million).
Die Lage von Protonenresonanzsignalen im ¹H-NMR-Spektrum wird durch verschiedene Faktoren beeinflußt. Einmal besitzen die die C–H-Bindung vermittelnden σ-Elektronen ein dem angelegten Magnetfeld H_0 entgegengerichtetes magnetisches Moment, was zu einer Schwächung des äußeren Magnetfeldes unmittelbar am Ort des Protons (Abschirmung) führt. Zum anderen kann das induzierte magnetische Sekundärfeld der π-Elektronen von Alkenen, Alkinen und Aromaten durch seine räumliche Ausdehnung das äußere Magnetfeld am Ort des Protons schwächen oder verstärken (*Anisotropieeffekt*). Die Art des Einflusses derartiger Sekundärfelder auf ein Proton (*Abschirmung* oder *Entschirmung*) ist von dessen räumlicher Position abhängig (s. Abb. 20 u. 21).

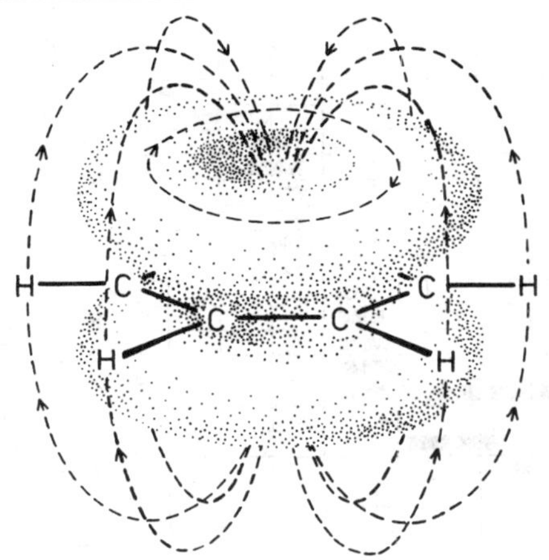

Abb. 20. Benzol.

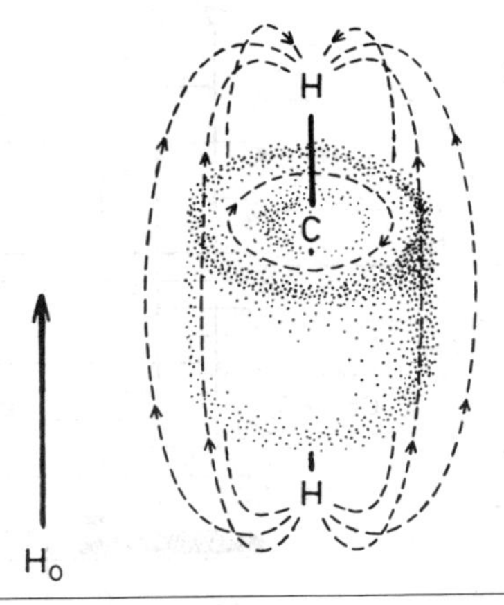

Abb. 21. Acetylen.

Induktive Effekte, intermolekulare Wechselwirkungen (*van der Waals*-Kräfte, Wasserstoffbrücken) und andere Einflüsse verändern die Elektronendichte und somit die Stärke der induzierten Sekundärfelder an bestimmten Orten im Molekül, was an den Verschiebungen von Resonanzsignalen im NMR-Spektrum zu erkennen ist. Man unterscheidet *paramagnetische* Verschiebungen (nach tieferem Feld = niedrigere τ-Werte bzw. höhere δ-Werte) und *diamagnetische* Verschiebungen (nach höherem Feld = höhere τ-Werte bzw. niedrigere δ-Werte) von Resonanzsignalen. Paramagnetische Verschiebungen resultieren aus verminderter Abschirmung (engl. deshielding) der Protonen durch die Sekundärfelder der Elektronen, diamagnetische Verschiebungen dagegen aus verstärkter Abschirmung (engl. shielding). Die Tabelle 7 zeigt einige charakteristische Werte der chemischen Verschiebungen von Protonen in wichtigen organischen Verbindungstypen. Sie erstrecken sich im Gegensatz zu den anderen Kernen nur auf einen schmalen Bereich von etwa 15 ppm, da Protonen keine p-Elektronen haben, die einen paramagnetischen Einfluß ausüben können, durch den größere Tieffeldverschiebungen auftreten würden (vgl. Tab. 8).
Bei aliphatischen Kohlenwasserstoffen läßt sich die zunehmende paramagnetische Verschiebung von Protonen an einem *primären, sekundären* und *tertiären* C-Atom erkennen. Weiterhin wird deutlich, daß olefinische, acetylenische und aromatische Protonen zu tieferem Feld verschoben sind als die Protonen von Alkanen. Darüber hinaus erfahren aromatische Protonen gegenüber olefinischen und acetylenischen Protonen eine weitere paramagnetische Verschiebung, da z. B. der in einem starken Magnetfeld induzierte Ringstrom der π-Elektronen des betreffenden Aromaten ein magnetisches Sekundärfeld erzeugt, das im Bereich der Protonen das äußere Feld verstärkt, also die Abschirmung vermindert. Dieser Effekt sei am Beispiel des *Benzols*, das ein π-Elektronensextett besitzt und mesomeriestabilisiert ist (s. auch Struktur des Benzols, S. 469 *ff.*), in Abbildung 20 demonstriert. Auch die Protonen des *Acetylens* sind durch das Sekundärfeld der π-Elektronen entschirmt (Abb. 21).
Während die Lage eines Resonanzsignals im NMR-Spektrum Aussagen über die elektronische Umgebung von Protonen zuläßt, kann man aus der Fläche des Signals die

Tabelle 7. Einige typische δ-Werte (τ-Werte) der ^{1}H-NMR-Spektroskopie

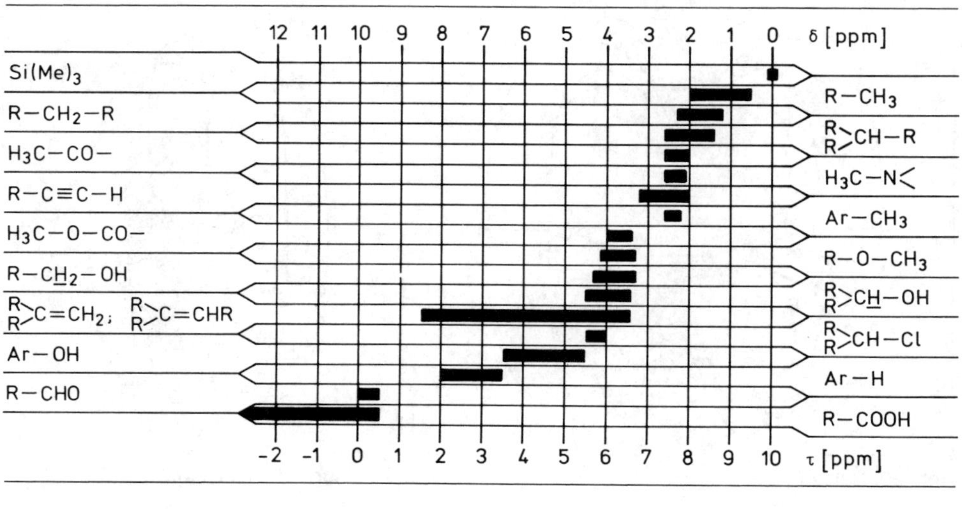

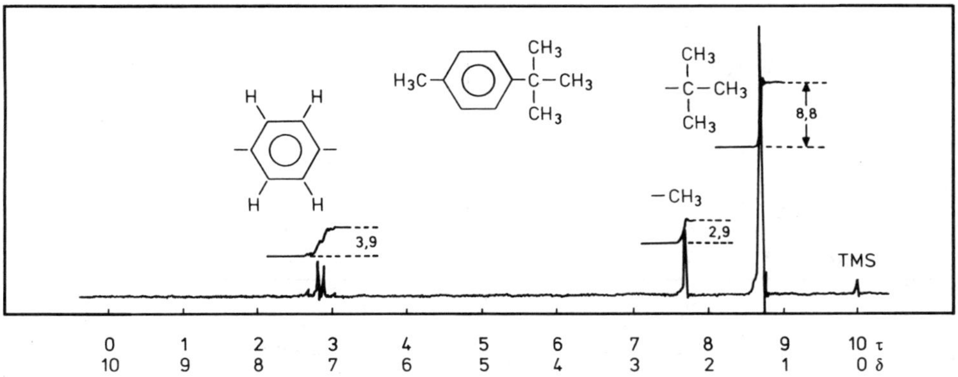

Abb. 22. NMR-Spektrum des 4-*tert.*-Butyltoluols.

Anzahl der Protonen ermitteln, von denen es herrührt. *Die Fläche eines Peaks* ist der Anzahl der Protonen proportional. Aus diesem Grunde registriert man bei der Aufnahme eines NMR-Spektrums mit Hilfe eines elektronischen Integrators gleichzeitig Stufenkurven, deren Stufenhöhe der Fläche des dazugehörigen Resonanzsignals proportional ist. Somit lassen sich bei bekannter Summenformel weitgehende Aussagen über Art und Anzahl der Protonen verschiedener Struktureinheiten eines organischen Moleküls machen. Aus dem NMR-Spektrum des 4-*tert.*-Butyltoluols (Abb. 22) läßt sich das Obengesagte gut erkennen.

Chemisch äquivalente Protonen zeigen untereinander keine magnetische Wechselwirkung, jedoch tritt eine Kopplung der magnetischen Momente (*Spin-Spin-Kopplung*) zwischen Protonen benachbarter C-Atome auf. (Das magnetische Moment jedes Protons hat zwei Orientierungen im Feld und damit zugleich auch gegenüber den magnetischen Momenten der Protonen der Nachbargruppe.) Derartige Wechselwirkungen führen je nach Anzahl der verschiedenartigen Kopplungsmöglichkeiten zur Aufspaltung der Resonanzsignale (*Spin-Multiplizität*) in Dubletts, Tripletts, Quartetts usw. Die Spin-Multiplizität für ein Proton läßt sich aus dem Produkt $(n_1 + 1)$ $(n_2 + 1)$ . . . errechnen, wobei für n_1, n_2 . . . usw. die Anzahl chemisch äquivalenter Protonen in unmittelbarer Nachbarschaft dieses Protons einzusetzen ist. Dies sei am Beispiel der Alkohole Ethanol (Abb. 23), *n*-Propylalkohol, Isopropylalkohol und *tert.*-Butylalkohol näher erläutert.

Im Ethanol sind die beiden Methylenprotonen $(n_1 = 2)$ sowohl der Methylgruppe als auch der OH-Gruppe benachbart, so daß sich für die Methylgruppe und die OH-Gruppe jeweils ein *Triplett* von drei Linien ergibt (Abb. 23a). Die Methylenprotonen koppeln einerseits mit den drei chemisch äquivalenten Protonen der Methylgruppe $(n_1 = 3)$ und zum anderen mit dem Proton der OH-Gruppe $(n_2 = 1)$, was zur Ausbildung eines *Oktetts* führt.

Das Resonanzsignal der CH_2-Gruppe ist wegen des induktiven Effekts der OH-Gruppe (verminderte Abschirmung) gegenüber dem der Methylprotonen nach tieferem Feld verschoben (Abb. 23).

Andererseits wird durch Spuren von *Säuren* (oder Basen) ein schneller intermolekularer Austausch der OH-Protonen der Alkohole katalysiert. Dies hat ein Ausbleiben der Spin-Spin-Kopplung des OH-Protons mit den benachbarten Protonen der Methylen-

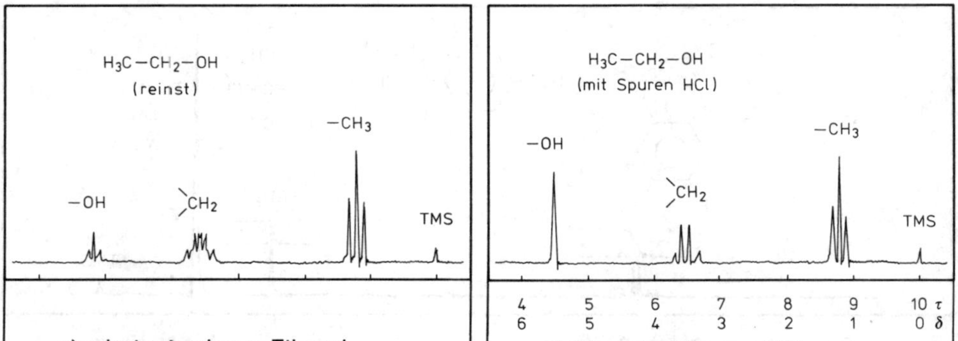

a) reinstes trockenes Ethanol.

b) Ethanol mit Spuren HCl.

Abb. 23. NMR-Spektrum des Ethanols.

gruppe zur Folge. Daher erscheinen z. B. die Protonen der Methylengruppe im NMR-Spektrum des Ethanols als *Quartett*, und auch das Signal der OH-Gruppe ist nicht mehr aufgespalten (Abb. 23 b).

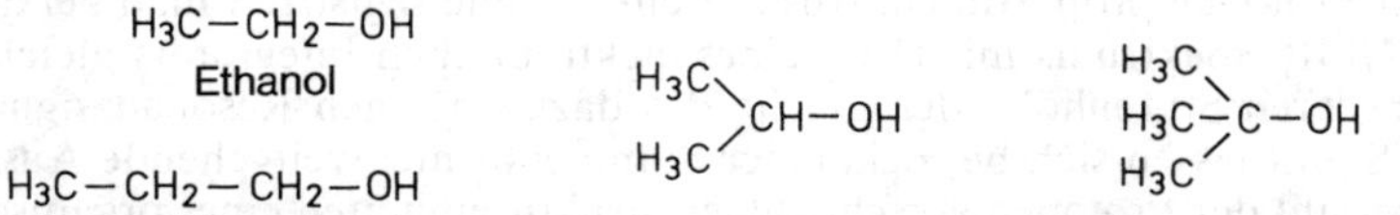

Ethanol

n-Propylalkohol

Isopropylalkohol

tert.-Butylalkohol

Die drei Methylprotonen des *n*-Propylalkohols koppeln nur mit den beiden zur OH-Gruppe *β*-ständigen Methylenprotonen ($n_1 = 2$), woraus sich für die CH_3-Gruppe ein *Triplett* ergibt. Dagegen sind die Protonen der *β*-ständigen Methylengruppe selbst von zwei unterschiedlichen Gruppen chemisch äquivalenter Protonen umgeben ($n_1 = 3$, $n_2 = 2$), was sich in einer 12fachen Aufspaltung des Resonanzsignals dieser beiden Protonen widerspiegelt. Für die *α*-ständige CH_2-Gruppe ($n_1 = 2$, $n_2 = 1$) wird ein *Sextett* und für die OH-Gruppe ein *Triplett* registriert.

Für die sechs chemisch äquivalenten Methylprotonen beim Isopropylalkohol ergibt sich ein *Dublett*, da ihnen nur ein Methinproton ($n_1 = 1$) benachbart ist, während man für das Methinproton selbst wegen $n_1 = 6$, $n_2 = 1$ ein *Multiplett* (14fache Aufspaltung) und für die OH-Gruppe ($n_1 = 1$) ein *Dublett* erhält.

Der *tert.*-Butylalkohol zeigt dagegen nur ein sehr starkes Signal für alle neun chemisch äuqivalenten Methylprotonen und ein nicht aufgespaltenes OH-Signal.

In Gegenwart von Säuren oder Basen ist beim *n*-Propylalkohol und Isopropylalkohol wie beim Ethanol keine Spin-Spin-Kopplung mit dem OH-Proton mehr möglich, wodurch sich die Aufspaltung der betroffenen Signale verringert bzw. ausbleibt.

Außer durch die Multiplizität wird die Spin-Spin-Kopplung durch Kopplungskonstanten *J* charakterisiert, die in Hz angegeben werden. Die Zahl der Bindungen, über die hinweg die Kopplung wirksam ist, wird für die hier vorliegenden vicinalen H-H-Kopplungen als ^3J-Kopplung gekennzeichnet. Sie liegt in offenkettigen Verbindungen zwischen 2 und 10 Hz.

1.8.5.2 ^{13}C-NMR-Spektroskopie. Durch Einführung der *Fourier-Transformationsmethode*[1] ist für das mit einer natürlichen Häufigkeit von 1,11% vorkommende Kohlenstoffisotop die *^{13}C-NMR-Spektroskopie* allgemein zugänglich geworden[2]. Von den sich über

[1] Vgl. *H. O. Kalinowski*, ^{13}C-NMR-Spektroskopie (Thieme Verlag, Stuttgart 1984).
[2] Vgl. *E. Breitmaier* u. *W. Voelter*, Carbon 13 NMR-Spectroscopy, 3. Aufl. (Verlag Chemie, Weinheim 1987).

Tabelle 8. Einige typische δ-Werte der ^{13}C-NMR-Spektroskopie. Innerer Standard $(CH_3)_4$ Si
▥ konjugiert

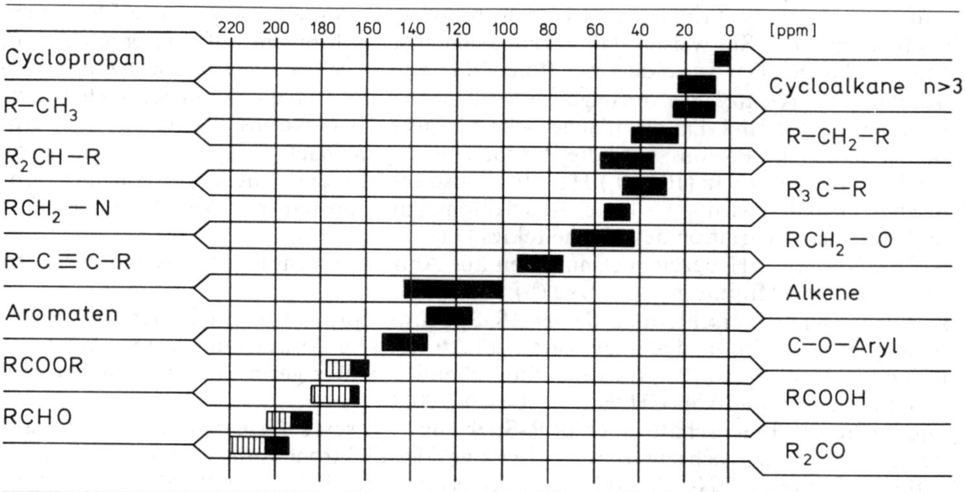

350 ppm erstreckenden chemischen Verschiebungen gibt Tabelle 8 eine Auswahl aus dem Bereich zwischen 0 und 220 ppm. Ein Vergleich mit Tabelle 7 zeigt weitgehende Ähnlichkeit in der Richtung der chemischen Verschiebungen entsprechender Gruppierungen; in konjugierten Systemen tritt paramagnetische Verschiebung auf.
Die ^{13}C-Verschiebungen sind nicht auf das benachbarte (α) Kohlenstoffatom beschränkt, sondern erstrecken sich über weitere Bindungen. Im allgemeinen entschirmt ein Substituent das α- und β-Kohlenstoffatom, während die γ-Position abgeschirmt wird; dieser *γ-Effekt* ist in cyclischen Verbindungen ausgeprägter als in offenkettigen.
Die $^{1}J_{(C-H)}$-Kopplungskonstanten liegen zwischen 120 und 250 Hz. Sie stehen bei Kohlenwasserstoffen im Zusammenhang mit der Hybridisierung (vgl. S. 96).

Zur Aufklärung komplizierter NMR-Spektren haben sich paramagnetische *Lanthanoidverbindungen* als hilfreich erwiesen[1]. In Gegenwart bereits kleiner Mengen dieser Verbindungen verschieben sich die Signale der Gruppen, mit denen diese *Verschiebungsreagenzien* (LIS = **L**anthanide **I**nduced **S**hift) Komplexe bilden. Auch mit *Benzol* lassen sich Signalverschiebungen erreichen (ASIS = **A**romatic **S**olvent **I**nduced **S**hift).

1.8.6 Elektronenspinresonanz[2]

Beim Studium *freier Radikale* bedient man sich als wichtigster Methode der **E**lektronen**s**pin**r**esonanz (ESR) identisch mit **E**lectron **P**aramagnetic **R**esonance (EPR), die nach dem gleichen Prinzip wie die NMR-Spektroskopie arbeitet. Die ESR-Spektren geben über den Radikalcharakter und über die Wahrscheinlichkeit des örtlichen Aufenthalts des ungepaarten Einzelelektrons im Bereich des ganzen Moleküls Auskunft.

[1] Vgl. *R. E. Sievers* (Ed.) NMR-Shift-Reagents (Academic Press, New York 1973).
[2] Vgl. *J. E. Wertz* et al., Electron Spin Resonance. Elementary Theory and Practical Applications (Chapman and Hall, London 1986).

Bei der Messung der ESR-Spektren wird das magnetische Moment des Elektrons benutzt, so daß man ein analoges Verfahren wie bei der NMR-Spektroskopie verwendet. Aufgrund des *Pauli*-Prinzips sind jedoch in normalen Molekülen stets alle Elektronen spinkompensiert. Sie weisen daher kein magnetisches Moment auf und ergeben kein ESR-Spektrum. Das ist anders bei freien *Radikalen* (vgl. S. 613 *ff.*) sowie *Radikalanionen* und *Radikalkationen*, die ungepaarte Elektronen besitzen und somit geeignete Untersuchungsobjekte sind. Da das magnetische Moment des Elektrons aber fast 200mal größer ist als das des Protons, wird die Resonanzbedingung nach Anlegen eines Feldes von 0,3 T bei etwa 10 GHz ($10 \cdot 10^9$) Hz erfüllt, also im Mikrowellenbereich. Aus meßtechnischen Gründen wird anstelle des Absorptionssignals dessen erste Ableitung registriert und zwar unter Variation des Magnetfeldes H (vgl. Abb. 24).

Als *Linienbreite* ΔH bezeichnet man den aus Abb. 24 ersichtlichen Abstand zwischen Maximum und Minimum der Kurve (b).

Der chemischen Verschiebung der NMR-Spektroskopie entspricht in der ESR-Spektroskopie der *g-Faktor* des ungepaarten Elektrons. Die Abweichung vom g-Wert des freien Elektrons ($g_e = 2{,}0023$) ist in organischen Radikalen gering, der g-Faktor beträgt z. B. für das Allylradikal ($CH_2=CH-CH_2\cdot$) 2,0026.

Die wichtigste Eigenschaft eines ESR-Spektrums ist seine *Hyperfeinstruktur*, die auf der magnetischen Wechselwirkung (*Kopplung*) des Elektronenspins mit den Kernspins, z. B. von Protonen, ^{14}N-, ^{13}C- oder anderen Kernen mit $I \neq 0$ beruht. Abb. 25 zeigt als Beispiel das ESR-Spektrum des Radikalanions von Benzol: $C_6H_6^{\ominus\bullet}$.

Die sechs äquivalenten Protonen des Radikalanions geben (n + 1) = 7 Linien mit den relativen Intensitäten 1:6:15:20:15:6:1. Sie sind allgemein aus dem in Abb. 26 gezeigten *Pascal*schen Dreieck zu entnehmen. Der Abstand zwischen den Signalen wird wie in der NMR-Spektroskopie durch eine *Kopplungskonstante a* charakterisiert. Im Radikalanion des Benzols ist $a = 0{,}375$ mT (Millitesla).

Im Ethylradikal $CH_3-CH_2\bullet$ liegen zwei äquivalente Protonen der CH_2-Gruppe und drei der CH_3-Gruppe vor. Die Gesamtlinienzahl ergibt sich nach der Formel (n_1 + 1)

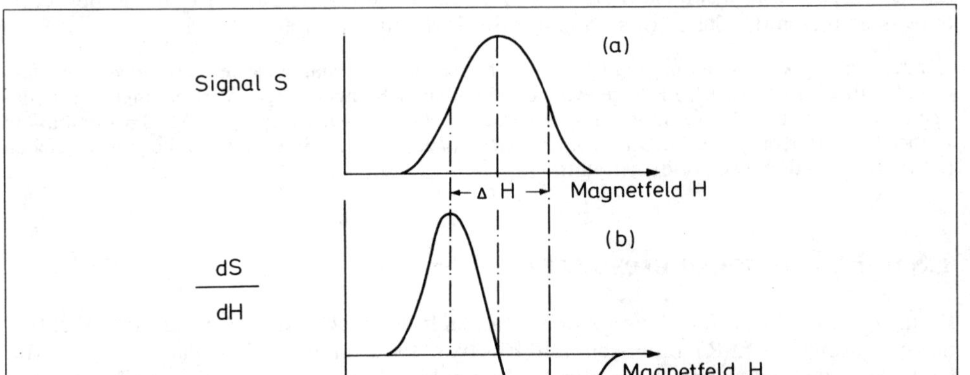

Abb. 24. ESR-Signal; a) Absorptionssignal, b) erste Ableitung.

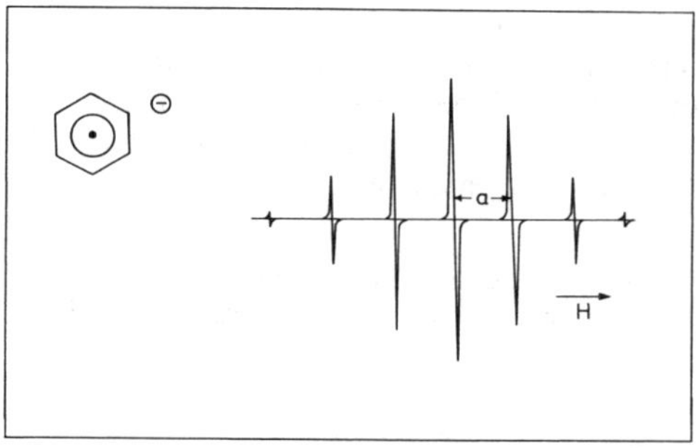

Abb. 25. ESR-Spektrum des Radikalanions von Benzol.

	n
1	0
1 1	1
1 2 1	2
1 3 3 1	3
1 4 6 4 1	4
1 5 10 10 5 1	5
1 6 15 20 15 6 1	6
1 7 21 35 35 21 7 1	7

Abb. 26. Das *Pascal*sche Dreieck der Binomialkoeffizienten für $(1 + x)^n$.

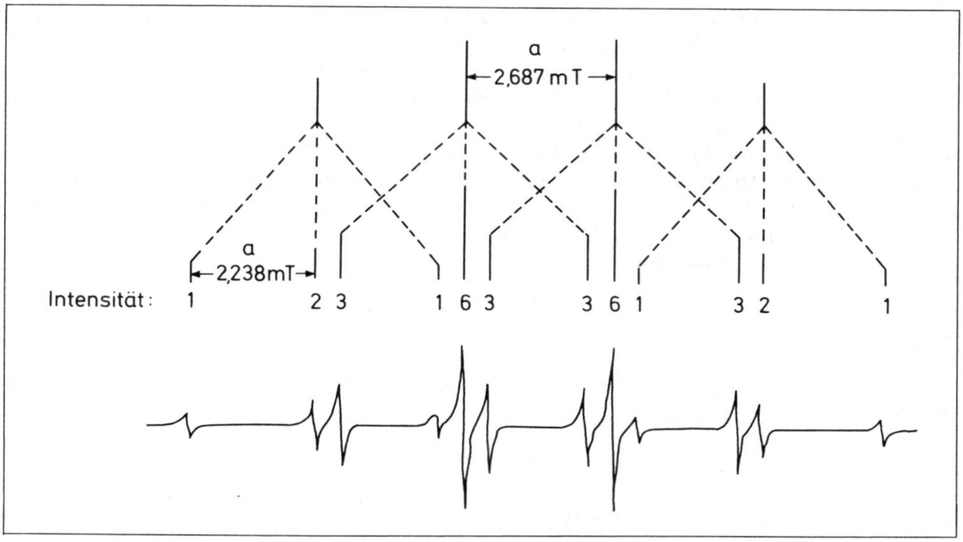

Abb. 27. ESR-Spektrum des Ethylradikals mit Signalzuordnung.

$(n_2 + 1)$ zu $(2 + 1)(3 + 1) = 12$; sie ist aus dem in Abb. 27 gezeigten Spektrum zu entnehmen.

Die Intensitäten der Signale ergeben sich aus der in Abb. 26 angegebenen Rekonstruktion.

Jeder der beiden überlagerten Signalsätze weist für sich die den Binomialkoeffizienten entsprechenden Intensitäten auf. Die Kopplungskonstanten entnimmt man den jeweiligen Linienabständen.

Der große Unterschied in den Kopplungskonstanten der beiden Radikale wird durch die Anwendung der *McConnell*-Gleichung $a = Q \cdot \varrho$ verständlich; $Q \approx 2{,}3 - 2{,}7$ ist darin ein empirischer Parameter, und ϱ ist die sogenannte *Spindichte* oder *Spinpopulation*, die sich aus quantenchemischen Rechnungen als Aufenthaltswahrscheinlichkeit des ungepaarten Elektrons an den C-Atomen der π-Radikale ergibt. Für das Ethylradikal ist die *McConnell*-Gleichung mit $\varrho \approx 1$ am α-C-Atom nahezu erfüllt, das heißt, das ungepaarte Elektron ist fast vollständig am Kohlenstoffatom der CH_2-Gruppe lokalisiert, wie es die Formel $CH_3-CH_2\cdot$ zeigt. Der überraschende Befund, daß auch die Methylprotonen eine Hyperfeinstruktur hervorrufen, ist auf Hyperkonjugation zurückzuführen. – Für das Benzol-Radikalanion ergibt sich mit Q = 2,25 an jedem Kohlenstoffatom eine Spinpopulation von 1/6. Hier also ist das ungepaarte Elektron delokalisiert (vgl. S. 471 *f.*).

Das Verfahren ist weiterentwickelt worden und ermöglicht in der Sättigungs-Transfer-Spektroskopie Aussagen über Molekülbewegungen (Rotationen, Translationen), die mit anderen Methoden nicht gewonnen werden können[1].

1.8.7 Ionen-Cyclotron-Resonanz (ICR)[2]

Eine Kombination der *Massenspektroskopie* und der *NMR-Spektroskopie* ist die *Ionen-Cyclotron-Resonanz.* Bei diesem Verfahren werden Ionen, die in einem Magnetfeld auf einer durch das Verhältnis e/m definierten Kreisbahn rotieren, einer elektromagnetischen Strahlung im Radiowellenbereich ausgesetzt. Wenn die *Radiowellenfrequenz* mit der *Rotationsfrequenz* der Ionen im Cyclotron übereinstimmt, absorbieren die Ionen Energie und erhöhen ihre Umlaufgeschwindigkeit. Die Kreisbahn wird dabei zu einer wachsenden Spirale, während die Frequenz konstant bleibt. Bei diesen Umläufen können Reaktionen in der Gasphase beobachtet werden.
Wenn durch Elektronenbeschuß in einem Gemisch eines Alkohols, z. B. von *tert.*-Butylalkohol, und Wasser $OH^{\ominus}$-Ionen erzeugt werden, so kann man diese bei der für $e/m = 1/17$ charakteristischen Cyclotronfrequenz beobachten. Erfolgt nun während der Messung die Säure-Base-Reaktion,

$$(H_3C)_3COH + OH^{\ominus} \rightarrow (H_3C)_3CO^{\ominus} + H_2O$$

tert.-Butylalkohol *tert.*-Butylalkoholat

so tritt eine neue für das *tert.*-Butylalkoholat-Ion charakteristische Frequenz von $e/m = 1/73$ auf. Die Gegenreaktion

$$(H_3C)_3CO^{\ominus} + H_2O \rightarrow (H_3C)_3COH + OH^{\ominus}$$

wird nicht beobachtet. Daraus folgt, daß im Gegensatz zur *wäßrigen Lösung* (vgl. S. 114) in der *Gasphase tert.*-Butylalkohol eine *stärkere Säure* als *Wasser* ist.

1.8.8 Kristallstrukturanalyse

Wertvolle Einblicke in die Struktur eines Moleküls kann man auch durch Röntgenstrahlbeugung[3] oder Neutronenbeugung[4] gewinnen, aus deren Ergebnissen sich nicht nur die räumliche Anordnung der Atome im Molekül (Atomabstände, Valenzwinkel u. a.), sondern auch die vollständige Struktur kompliziert gebauter Verbindungen, wie

[1] Vgl. *L. R. Dalton,* Advanced Electron Paramagnetic Resonance and Saturation Transfer Spectroscopy (Wiley, New York 1979).
[2] Vgl. *T. A. Lehman* et al., Ion Cyclotron Resonance Spectrometry (Wiley, New York 1976).
[3] Vgl. *C. Krüger* et al., Hochauflösende Röntgen-Strukturanalyse – eine experimentelle Methode zur Beschreibung chemischer Bindungen, Angew. Chem. *97,* 241 (1985); *J. D. Dunitz,* X-ray Analysis and the Structure of Organic Molecules (Cornell University Press, 1979).
[4] Vgl. *G. Will,* Kristallstrukturanalyse und Neutronenbeugung, Angew. Chem. *81,* 307, 984 (1969).

Vitamin B_{12}, Proteine und Nucleinsäuren, ermitteln läßt. Die Röntgenstrukturanalyse erfordert auch bei Verwendung hochwertiger Computer einen großen Aufwand, doch wird sie in steigendem Maße angewandt. Eine große Zahl von Röntgenstrukturinformationen ist in einer Datenbank verfügbar[1].

Als weitere Methoden der Strukturaufklärung haben sich die Bestimmung des Dipolmoments[2], der spezifischen Drehung (Polarimetrie), der optischen Rotationsdispersion[3] (ORD) und des Circulardichroismus[3] (CD) sowie die Polarographie[4] bei der Lösung spezieller Konstitutionsprobleme bewährt. Für die unmittelbare Strukturbestimmung gasförmiger Moleküle eignen sich die Elektronenbeugung[5] und die Mikrowellenspektroskopie[6], die außer genaueren Angaben über die räumliche Lage der Atome zueinander Informationen über Schwingungen und Rotationen in den freien Molekülen liefern.

Ein erfolgreiches Arbeiten auf dem Gebiet der Organischen Chemie ist nur möglich bei sinnvoller Anwendung der vorstehend kurz umrissenen Methoden. Dafür ist es zweckmäßig, sich während der praktischen Ausbildung über die Anwendbarkeit dieser Methoden zur Lösung der auftretenden Probleme Rechenschaft abzulegen.

1.9 Einteilung des Stoffgebiets der organischen Chemie

Für eine systematische Behandlung der organischen Verbindungen ergeben sich zwei Möglichkeiten. Einmal kann man sie nach funktionellen Gruppen einteilen und damit deren Reaktionsfähigkeit besonders betonen, wobei der reaktive Einfluß der verschiedenen Kohlenstoffreste erst in zweiter Linie interessiert. Eine konsequente Durchführung dieser Einteilung stößt jedoch – vor allem bei den Heterocyclen – auf Schwierigkeiten. Da es sich um eine typische Wechselwirkung zwischen funktioneller Gruppe und Kohlenwasserstoffrest handelt, kann man andererseits auch das Gemeinsame der Kohlenstoffgerüste, die ebenfalls für das unterschiedliche chemische Verhalten der Verbindungen von Bedeutung sind, als Systematik in den Vordergrund stellen. Die letztere bewährte Betrachtungsweise liegt diesem Lehrbuch zugrunde, und zwar wird die organische Chemie hier in folgende große Verbindungsklassen eingeteilt:

[1] "Cambridge File", vgl. *O. Kennard* et al., Systematic Analysis of Structural Data as a Research Technique in Organic Chemistry, Accounts Chem. Res. *16,* 146 (1983).
[2] Vgl. *O. Exner,* Dipole Moments in Organic Chemistry (Thieme Verlag, Stuttgart 1975).
[3] Vgl. *P. Crabbé,* ORD and CD in Chemistry (Academic Press, New York 1972); *G. Snatzke,* Circulardichroismus und optische Rotationsdispersion – Grundlagen und Anwendung auf die Untersuchung der Stereochemie von Naturstoffen, Angew. Chem. *80,* 15 (1968).
[4] Vgl. *P. Zuman,* Polarography in Organic Chemistry, Fortschr. chem. Forsch. *12,* 1 (1969); *H. W. Nürnberg* et al., Polarographische und Voltammetrische Methoden in Methodicum Chimicum *1/1,* 606 (Thieme Verlag, Stuttgart 1973).
[5] Vgl. *O. Bastiansen* et al., Strukturbestimmung freier Moleküle durch Elektronenbeugung, Angew. Chem. *77,* 877 (1965).
[6] Vgl. *T. M. Sudgen* et al., Microwave Spectroscopy of Gases (van Nostrand. London 1965).

Aliphatische Verbindungen

Diese Stoffklasse besteht aus geraden bzw. mehr oder weniger verzweigten Kohlenstoffketten. Ihr Name leitet sich von den zuerst näher untersuchten Fettsäuren ab (*aliphos* = Fett).

Alicyclische Verbindungen

Hierbei handelt es sich um verschieden große Kohlenstoffringe, die man sich durch Cyclisierung der aliphatischen Verbindungen entstanden denken kann.

Aromatische Verbindungen

Sie enthalten als typisches Merkmal den Benzolring und besitzen „aromatischen Charakter". Der Klasse der Aromaten folgen am Schluß die „Nichtbenzoiden Aromaten".

Heterocyclische Verbindungen

In dieser großen Stoffklasse sind ein oder mehrere C-Atome in Kohlenstoffringen durch sog. Heteroatome wie Stickstoff, Sauerstoff oder Schwefel usw. ersetzt.

Naturstoffe

Die wichtigsten Naturstoffgruppen der „Kohlenhydrate", „Terpene und Steroide", „Aminosäuren, Peptide und Proteine", „Nucleinsäuren", „Enzyme" sowie die „Stoffwechselvorgänge" werden in besonderen Abschnitten behandelt.
Bei der nun folgenden Beschreibung der organischen Verbindungen, ihrer Synthesen[1], Eigenschaften und grundlegenden Reaktionen werden aus didaktischen Gründen in erster Linie die Struktur- und Konstitutionsformeln benutzt. Zur theoretischen Deutung der Konstitutionen und Reaktionsmechanismen[2] sollen die vollständigen Elektronenformeln herangezogen werden. Häufig ist auch die Stereochemie[3] für die Eigenschaften und die Reaktivität einer organischen Verbindung von entscheidender Bedeutung.

---

[1] Vgl. *L. F.* and *M. Fieser,* Reagents for Organic Synthesis, Vol. 1 – 12 (Wiley, New York 1967 – 1986).

[2] Vgl. *E. S. Gould,* Mechanismus und Struktur in der organischen Chemie, 2. Aufl. (Verlag Chemie, Weinheim 1964); *J. Hine,* Reaktivität und Mechanismus in der organischen Chemie, 2. Aufl. (Thieme Verlag, Stuttgart 1966); *P. Sykes,* Reaktionsmechanismen der organischen Chemie – Eine Einführung, 7. Aufl. (Verlag Chemie, Weinheim 1976).

[3] Vgl. *E. L. Eliel,* Stereochemie der Kohlenstoffverbindungen (Verlag Chemie, Weinheim 1966); *K. Mislow,* Einführung in die Stereochemie (Verlag Chemie, Weinheim 1967); *W. Bähr* et al., Organische Stereochemie (Springer-Verlag, Berlin 1973); *G. Natta* et al., Struktur und Verhalten von Molekülen im Raum (Verlag Chemie, Weinheim 1976); *B. Testa,* Grundlagen der Organischen Stereochemie (Verlag Chemie, Weinheim 1983).

2 Aliphatische Verbindungen

Als einfachste Verbindungen dieser Art sind die aliphatischen **Kohlenwasserstoffe** zu nennen, die aufgrund ihrer Konstitution und chemischen Reaktivität in Alkane, Alkene und Alkine eingeteilt werden.

2.1 Alkane (Paraffine), C_nH_{2n+2}

Die Stammverbindung der Aliphaten ist das Methan, CH_4.

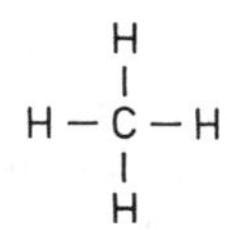

Räumlich läßt sich das Methanmolekül auf verschiedene Weise veranschaulichen, und zwar durch den Kohlenstofftetraeder (Abb. 28 a) bzw. das Kugel-Stab-Modell (Abb. 28 b) oder mit Hilfe der Kalotten nach *Stuart-Briegleb* (Abb. 28 c).
Sind mehrere C-Atome durch einfache Atombindungen kettenförmig miteinander verknüpft und die restlichen Valenzen durch H-Atome abgesättigt, so besitzen diese Koh-

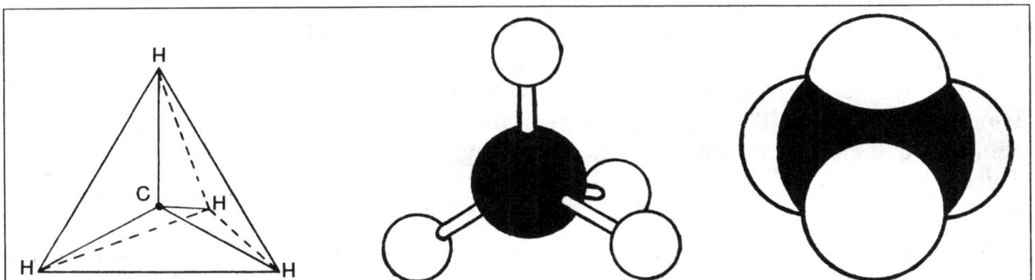

Abb. 28 a Abb. 28 b Abb. 28 c

Raummodelle des Methans.

lenwasserstoffe an den Enden der Kette je drei und an allen übrigen C-Atomen je zwei H-Atome, d. h. n C-Atome haben stets (2n + 2) H-Atome. Dies sind *gesättigte Kohlenwasserstoffe* mit der allgemeinen Summenformel C_nH_{2n+2}, die früher auch als Grenzkohlenwasserstoffe bezeichnet wurden, da hier die Sättigungsgrenze mit Wasserstoff erreicht ist. Nach den *IUPAC-Regeln*[1] werden sie Alkane genannt; im technischen Schrifttum ist dafür der ältere Name Paraffine (*parum affinis* = wenig reaktionsfähig) geläufig.

Diese Bezeichnung ist überholt, da die Paraffine unter bestimmten Reaktionsbedingungen der Protonierung, Halogenierung, Nitrierung, Sulfochlorierung und Sulfoxidation sowie der Oxidation zu Fettsäuren zugänglich sind.

Zwei aufeinanderfolgende Kohlenwasserstoffe dieser Reihe differieren stets um eine CH_2-Gruppe. Man sagt, sie bilden eine **homologe Reihe,** die mit folgenden geradkettigen (*normalen*) Alkanen beginnt. (In der von Propan ab angeführten *Skelettformel* bedeutet ein Knick eine CH_2-Gruppe, das Ende eines Striches markiert eine CH_3-Gruppe):

			Sdp.
Methan	CH_4		−161,5 °C (111,7 K)
Ethan	H_3C-CH_3		−88,6 °C (184,6 K)
Propan	$H_3C-CH_2-CH_3$;		−42,2 °C (231,0 K)
n-Butan	$H_3C-CH_2-CH_2-CH_3$;	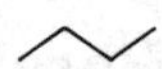	−0,5 °C (272,7 K)
n-Pentan	$H_3C-CH_2-CH_2-CH_2-CH_3$;		36,1 °C (309,3 K)
n-Hexan	$H_3C-CH_2-CH_2-CH_2-CH_2-CH_3$;		68,8 °C (342,0 K)

Es folgen *n*-Heptan, C_7H_{16}, *n*-Octan, C_8H_{18}, *n*-Nonan, C_9H_{20}, *n*-Decan, $C_{10}H_{22}$, *n*-Undecan, $C_{11}H_{24}$, *n*-Dodecan, $C_{12}H_{26}$, *n*-Icosan, $C_{20}H_{42}$, *n*-Henicosan, $C_{21}H_{44}$, *n*-Docosan, $C_{22}H_{46}$, *n*-Tricosan, $C_{23}H_{48}$, *n*-Hentricontan, $C_{31}H_{64}$ usw. 1952 wurde ein gesättigter Kohlenwasserstoff mit 100 C-Atomen synthetisiert (*n*-Hectan). Aus der *Röntgenstrukturanalyse* fester *n*-Alkane folgt, daß ihre C-Ketten gestreckt und die einzelnen C-Atome *zickzackförmig* angeordnet sind.

Als *Alkylgruppen* bezeichnet man die Reste, die nach Entfernen eines H-Atoms aus den Alkanen zurückbleiben, z. B. Methyl-, $-CH_3$, oder die Ethylgruppe, $-CH_2-CH_3$. In den Formeln werden die Alkylgruppen häufig durch den Buchstaben R symbolisiert.

Während bei den ersten drei Alkanen der homologen Reihe nur eine geradkettige Anordnung der C-Atome möglich ist, existieren vom Butan mit der Summenformel C_4H_{10} *zwei* Kohlenwasserstoffe, das normale oder *n*-Butan und das Isobutan.

Beide *Isomere* unterscheiden sich nur durch die Atomanordnung, und zwar besitzt *n*-Butan eine gerade und Isobutan eine verzweigte Kohlenstoffkette.

Isomerie (*Berzelius*, 1830). Isomere Verbindungen weisen bei gleicher Summenformel verschiedene chemische und physikalische Eigenschaften auf (gr. *isos:* gleich; *meros:* Teil).

---

[1] Die „International Union of Pure and Applied Chemistry" entwickelt die Genfer Nomenklatur weiter. Nomenclature of Organic Chemistry. 1979 Edition. (Pergamon Press, Oxford); Deutsche Ausgabe, Band *1* (Verlag Chemie, Weinheim 1975); vgl. *P. Fresenius,* Organisch chemische Nomenklatur, 2. Aufl. mit Beilage „Aktualisierung" (Wissenschaftliche Verlagsgesellschaft, Stuttgart 1983).

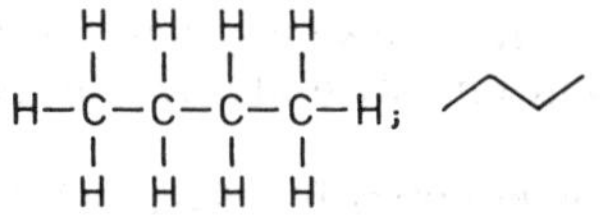

n-Butan

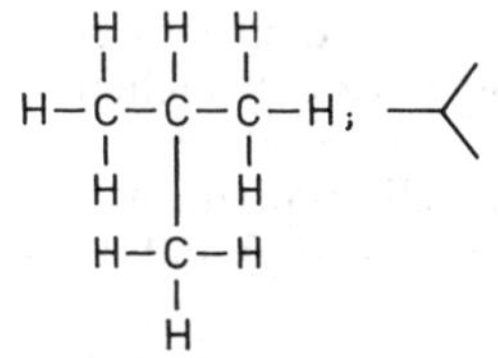

Isobutan
(Sdp. –11,7 °C [261,5 K])

Beruht die Isomerie auf der unterschiedlichen Atomanordnung, so spricht man von **Konstitutionsisomerie** oder Stellungsisomerie. Bereits an diesem einfachen Beispiel erkennt man die Vorteile der Konstitutionsformel gegenüber der Summenformel.

Die wichtigsten Alkane

2.1.1 Methan

Methan findet sich vor allem im *Erdgas* der Erdölquellen; ferner als *Grubengas,* eingeschlossen in Steinkohlenflözen, bei deren Abbau aus Methan und Luftsauerstoff explosive Gasgemische („schlagende Wetter") entstehen können. Im Gemisch mit Kohlendioxid entweicht Methan dem Bodenschlamm der Seen und Sümpfe als *Sumpfgas,* das durch anaerobe Vergärung cellulosehaltiger Pflanzenreste gebildet wird (*Methangärung*). Auch bei der Vergärung von Fäkalien und Schlammabsitzstoffen (Stadtabwässer) entsteht Methan, das in einigen Großstädten als Heizgas (*Biogas*) verwendet wird. Der Methangehalt der Atmosphäre beträgt 1,3 ppm; er hat sich seit 1750 etwa verdoppelt und steigt zur Zeit um 1 – 2% pro Jahr.

Darstellung

2.1.1.1 Methan kann *direkt aus den Elementen* im elektrischen Lichtbogen zwischen Kohleelektroden in Wasserstoffatmosphäre bei etwa 1200 °C (1475 K) erhalten werden (*Bone* und *Jerdan*):

$$C + 2\,H_2 \rightleftarrows CH_4 \quad \Delta H = -75\ \text{kJ/Mol}$$

Die Ausbeute an Methan ist jedoch gering, da es oberhalb 1000 °C (1275 K) zerfällt.

2.1.1.2 Technisch wird Methan heute aus dem Erdgas sowie aus Kokereigasen und den Abfallgasen der Erdölraffination gewonnen.

Eigenschaften. Methan ist ein farb- und geruchloses Gas, das mit schwach leuchtender Flamme brennt. Methan und Sauerstoff geben im Molverhältnis 1:2 ein leicht entzündliches, explosives Gasgemisch („schlagende Wetter"):

$$CH_4 + 2\,O_2 \rightarrow CO_2 + 2\,H_2O \quad \Delta H = -803\ \text{kJ/Mol}$$

Verwendung. Methan ist der Hauptbestandteil des Erdgases und der bei der Erdölraffination anfallenden leicht flüchtigen Anteile, die zum Teil abgefackelt werden (Flare-

gas). Es tritt auch in den bei der Verkokung oder Schwelung von Steinkohle, Braunkohle, Torf und Holz entweichenden Gasen auf und wird als *Heiz-* oder *Stadtgas* verwendet.
In der Technik stellt man aus Methan und Wasserdampf bei etwa 800 °C (1075 K) am Nickelkontakt *Wasserstoff* und *Kohlenmonoxid* her:

$$CH_4 + H_2O \overset{(Ni)}{\rightleftharpoons} CO + 3\,H_2 \qquad \Delta H = +205\ kJ/Mol$$

Nicht umgesetztes Methan kann mit Luft zu weiterem *Synthesegas* umgewandelt werden (Sekundär-Reaktor).

$$CH_4 + 1/2\,O_2 \rightarrow CO + 2\,H_2$$

Methan dient als Ausgangsstoff bei einer Reihe wichtiger technischer Synthesen, z. B. von Methyl- und Methylenchlorid (Methylendichlorid), von Methanol und Formaldehyd sowie von Acetylen, Blausäure und Schwefelkohlenstoff.

Die *Herstellung von Ruß* basiert z. B. auf der unvollständigen Verbrennung von Methan (aus Erdgas) oder Anthracenöl (aus Steinkohlenteer) mit Luft oder auf der thermischen Spaltung des Methans in Kohlenstoff und Wasserstoff:

$$CH_4 + O_2 \rightarrow C + 2\,H_2O \qquad\qquad CH_4 \rightarrow C + 2\,H_2$$

Der in feinster Verteilung anfallende, amorphe Kohlenstoff (*Gasruß*) wird in der Kautschukindustrie als Füllstoff für Autoreifen, in der Farbenindustrie als Pigment für Druckerschwärze, Stempelfarben und Schminken sowie zur Herstellung elektrischer Trockenbatterien verwendet.

2.1.2 Ethan

Ethan, H_3C-CH_3, tritt im Erdgas sowie in Abgasen der Erdölverarbeitung auf und wird daraus technisch gewonnen. Es ist ein farbloses, brennbares Gas, das als *Heizgas* benutzt wird.

Darstellung[1]

2.1.2.1 *Durch Zersetzung von Diethylzink mit Wasser* (*Frankland*, 1850):

$$Zn(C_2H_5)_2 + 2\,H_2O \rightarrow Zn(OH)_2 + 2\,C_2H_6$$

2.1.2.2 ***Kolbe*-Elektrolyse-Methode** (1849). Bei der Elektrolyse einer konzentrierten Natriumacetatlösung entwickelt sich an der Kathode Wasserstoff und an der Anode Ethan und Kohlendioxid:

$$\begin{matrix} H_3CCOO^{\ominus} \\ H_3CCOO^{\ominus} \end{matrix} \xrightarrow[-2e]{} \begin{matrix} CH_3 \\ | \\ CH_3 \end{matrix} + 2\,CO_2$$

Es handelt sich um eine *anodische Decarboxylierung*, bei der intermediär *Methylradikale*, $\cdot CH_3$, auftreten, die sich sofort zu Ethan dimerisieren.

[1] Die angegebenen Methoden sind nicht auf die Darstellung von Ethan beschränkt; vgl. auch *Houben-Weyl*, Methoden der Organischen Chemie, 4. Aufl. Bd. *5/1 a* (Thieme Verlag, Stuttgart 1970).

Kolbes Verfahren ist die erste *organische Elektrosynthese,* diese gewinnt vor allem in der Technik zunehmend an Bedeutung.

2.1.2.3 *Wurtz*-Synthese (1855). Aus Methylhalogeniden und Natrium entsteht über Methylnatrium als Zwischenprodukt Ethan, z. B.

$$CH_3I + 2\,Na \rightarrow CH_3Na + NaI$$
$$CH_3Na + ICH_3 \rightarrow \underset{\text{Ethan}}{H_3C{-}CH_3} + NaI$$

Die *Wurtz*-Reaktion (gesprochen Würtz-Reaktion) wird jedoch in erster Linie zur Darstellung höherer Alkane aus den betreffenden Alkylhalogeniden verwendet. Geht man von zwei verschiedenen Alkylhalogeniden aus, so entsteht ein Kohlenwasserstoffgemisch. Am leichtesten reagieren Alkyliodide, es folgen die Alkylbromide und -chloride.

2.1.2.4 *Corey-House*-Synthese: Lithiumdialkyl-Cuprate reagieren mit Alkylhalogeniden zu Alkanen[1]. Dabei ist es möglich, Kohlenwasserstoffe mit ungerader Zahl von Kohlenstoffatomen zu erzeugen, z. B.

$$(H_3CCH_2CH_2CH_2)_2CuLi + H_3C(CH_2)_6Cl \rightarrow \underset{n\text{-Undecan}}{H_3CCH_2CH_2CH_2(CH_2)_6CH_3}$$

2.1.3 Propan und Butane

Propan, $H_3C{-}CH_2{-}CH_3$, *n*-Butan, $H_3C{-}CH_2{-}CH_2{-}CH_3$, und Isobutan, $H_3C{-}CH(CH_3){-}CH_3$, treten in den Erd- und Crackgasen auf. Sie fallen in großer Menge bei der *Erdölraffination* an und bilden eine wichtige Rohstoffquelle für die Petrolchemie. In Stahlflaschen komprimiert, dienen sie als *Heizgas.*
Von diesen Kohlenwasserstoffen leiten sich durch Wegnahme eines H-Atoms an verschiedenen C-Atomen jeweils *zwei Alkylgruppen* ab, die folgendermaßen benannt werden:

$-CH_2-CH_2-CH_3$

n-Propyl-

$-CH_2-CH_2-CH_2-CH_3$

n-Butyl-

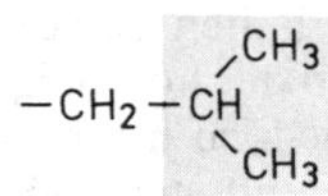

Isobutyl-

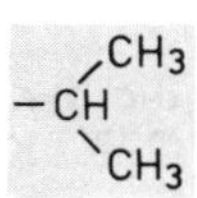

Isopropyl-

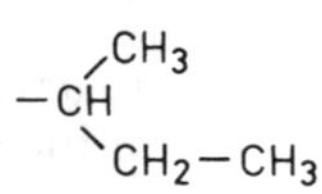

sek.-Butyl-

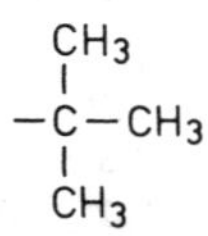

tert.-Butyl-

Die Vorsilbe Iso- bezeichnet also in der Nomenklatur der Kohlenwasserstoffe zwei endständige Methylgruppen am Ende einer Kohlenstoffkette.

[1] Vgl. *G. H. Posner,* Substitution Reactions Using Organo Copper Reagents, Org. Reactions *22,* 253 (1975).

2.1.4 Pentane und höhere Homologe

Vom Pentan, C_5H_{12}, existieren *drei* Isomere, die man nach den *IUPAC-Regeln* in der Weise bezeichnet, daß die längste C-Kette (Hauptkette) durchnumeriert und jede Verzweigung gesondert gekennzeichnet wird, und zwar so, daß man die Zählung an dem Kettenende beginnt, das der Verzweigungsstelle am nächsten steht:

			Sdp.
$H_3C-CH_2-CH_2-CH_2-CH_3$;		*n*-Pentan	36 °C (309 K)
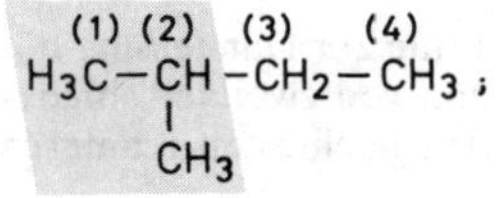	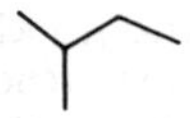	2-Methyl-butan (Isopentan)	28 °C (301 K)
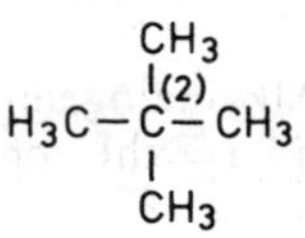		2,2-Dimethyl-propan (Neopentan)	9,4 °C (282,6 K)

Je nachdem, ob das einzelne C-Atom nur mit einem weiteren C-Atom verbunden ist und somit noch 3 H-Atome trägt oder mit 2 bzw. 3 anderen C-Atomen verknüpft ist, unterscheidet man **primäre, sekundäre** und **tertiäre C-Atome.** Ein mit 4 C-Atomen verbundenes Kohlenstoffatom, wie z. B. das C-Atom 2 im 2,2-Dimethylpropan, nennt man ein **quartäres C-Atom**. Eine Sonderstellung nimmt Methan ein, dessen C-Atom mit 4 H-Atomen verknüpft ist.

Bei den *höheren Homologen* steigt die Zahl der Isomeren rasch an, z. B. existieren vom Heptan 9 Isomere; vom Octan lassen sich theoretisch 18 und vom Dodecan 355 Konstitutionsisomere ableiten[1].

Eigenschaften. Die ersten vier Alkane sind bei gewöhnlicher Temperatur gasförmig, *n*-Pentan sowie seine höheren Homologen bis zum *n*-Heptadecan flüssig und die höheren fest. Während die gasförmigen und festen Alkane geruchlos sind, haftet den flüssigen der typische Benzingeruch an. In Wasser sind sie sämtlich unlöslich; ihr chemisches Verhalten ist wenig differenziert.

Innerhalb der homologen Reihe der *n*-Alkane beobachtet man ein Ansteigen der *Siedepunkte,* jedoch nimmt die Differenz zwischen den Siedepunkten zweier benachbarter *n*-Alkane mit steigender relativer Molekülmasse ab. Daraus folgt, daß sich die niederen Glieder der Reihe leichter durch fraktionierte Destillation trennen lassen als die höheren.

Die Siedepunkte der *n*-Alkane liegen ausnahmslos höher als die der isomeren, verzweigten Kohlenwasserstoffe, z. B. siedet *n*-Butan bei −0,5 °C (272,7 K), Isobutan bei −11,7 °C (261,5 K).

Auch die *Schmelzpunkte* der *n*-Alkane mit bis zu 24 C-Atomen zeigen ein gesetzmäßiges Verhalten. Abgesehen vom Methan, schmelzen die *n*-Alkane mit gerader Anzahl von C-Atomen relativ höher als die mit ungerader C-Zahl. Dies ist auf die unterschiedliche Gitterstruktur der *n*-Alkane mit gerader und ungerader Anzahl von C-Atomen zurückzuführen.

---

[1] Vgl. *H. R. Henze* et al., The Number of Isomeric Hydrocarbons of the Methane Series. J. Amer. Chem. Soc. *53*, 3077 (1931).

2.1.5 Konformationen des Ethans

Im Zusammenhang mit dem räumlichen Bau der Alkane sei auf den Begriff der *Konformation* (*Haworth*, 1929) hingewiesen, der wichtige Erkenntnisse über die gegenseitige Lage der Atome in einem Molekül im gasförmigen oder flüssigen Zustand vermittelt (Konformationsanalyse).
Als **Konformationen** eines Moleküls bezeichnet man die räumlichen Strukturen, die sich nur durch Drehung um eine Einfachbindung unterscheiden und nicht miteinander zur Deckung zu bringen sind. *Konformere* sind im allgemeinen nicht isolierbar.
Betrachtet man z. B. das Ethanmolekül, so sollten sich die beiden Methylgruppen um die C–C-Achse völlig frei drehen können. Es zeigte sich jedoch, daß die freie Drehbarkeit um Einfachbindungen gewissen Beschränkungen unterliegt.
Nähere Untersuchungen ergaben, daß von den geometrisch möglichen Anordnungen nur einige energetisch begünstigt sind. Die *Energiebarriere*, die bei der Rotation zu überwinden ist, beträgt nach *Pitzer* etwa 13 kJ/Mol und bewirkt, daß die meisten Moleküle die energieärmste und stabilste Konformation einnehmen. Beim Ethan ist diese dadurch charakterisiert, daß die 6 H-Atome bestrebt sind, sich soweit wie möglich voneinander zu entfernen, d. h. sich in Richtung der C–C-Achse „auf Lücke" (*staggered* oder Staffel-Form) auszurichten. Demgegenüber stehen sich die 6 H-Atome in der Konformation mit geringster Stabilität räumlich am nächsten; im Grenzfall würden sie sich überdecken. In diesem Fall spricht man von der Atom-Atom-Konformation (ekliptische oder verdeckte Form). Denkt man sich die Bindungsachse der beiden C-Atome senkrecht zur Papierebene orientiert, so lassen sich die energetisch begünstigte *Atom-Lücke-Konformation* (Abb. 29) und die ungünstigere energiereichere *Atom-Atom-Konformation* (Abb. 30) der Ethanmoleküle durch Projektionsformeln symbolisieren, in denen der Schnittpunkt der drei ausgezogenen Bindungen das obere, der Kreis das untere C-Atom darstellt (*Newman*-Projektion). Räumlich kann man beide Konformationen auch durch *Stuart-Briegleb*-Kalotten (Abb. 31 u. 32) veranschaulichen.
Beim *n*-Butan sind sechs ausgezeichnete Konformationen (Rotationsformen) denkbar, und zwar drei gestaffelte und drei verdeckte, die sich durch eine Drehung des rückwärtigen C-Atoms um jeweils 60° unterscheiden (Abb. 33–38). Im folgenden sind die sechs Konformationen in der *Newman*-Projektion symbolisiert, wobei das vordere C-Atom als feststehend zu denken und das hintere jeweils um den Torsionswinkel φ (jeweils 60°) gedreht ist. Weitere in der Literatur gebräuchliche Bezeichnungen sind unter jeder Konformation vermerkt[1].

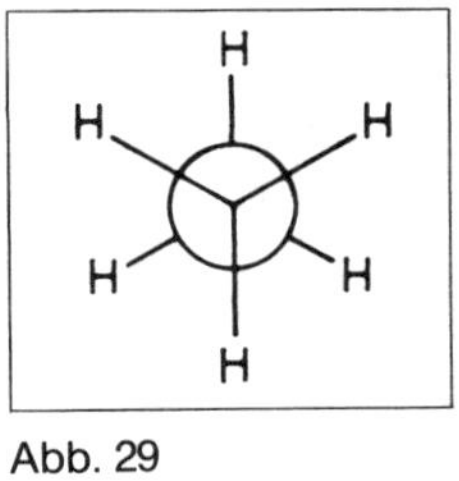

Abb. 29

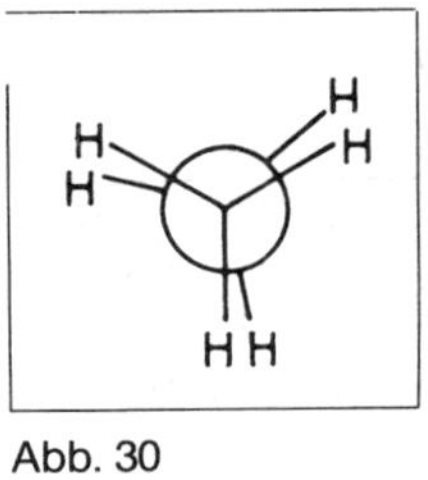

Abb. 30

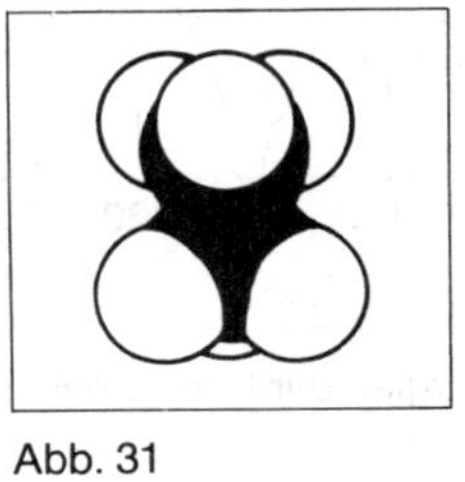

Abb. 31

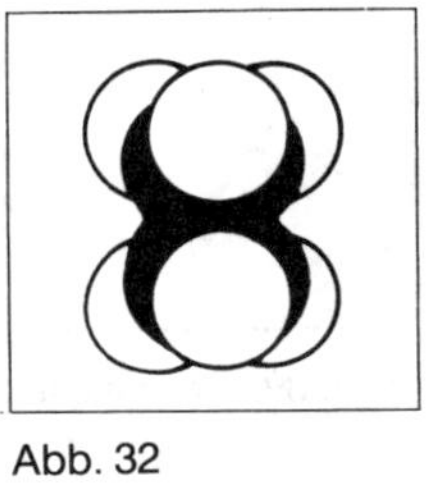

Abb. 32

[1] Zur Nomenklatur in der Stereochemie vgl. IUPAC, Nomenclature of Organic Chemistry. Section E: Stereochemistry (Recommendations 1974), (Pergamon Press, Oxford 1979).

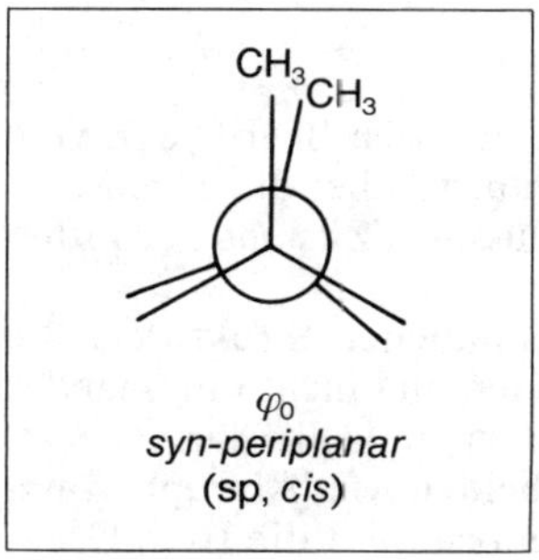

Abb. 33

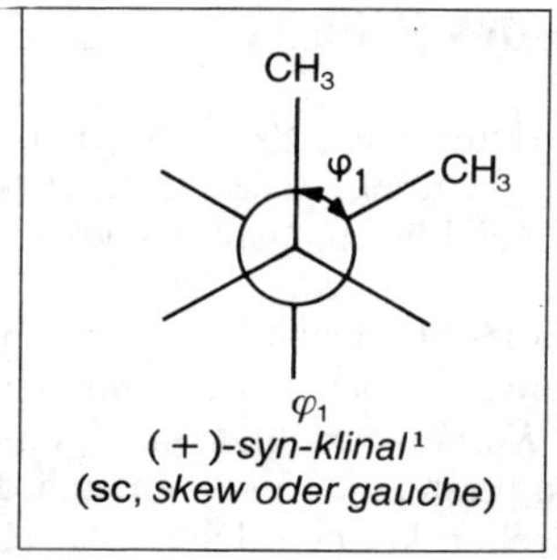

Abb. 34

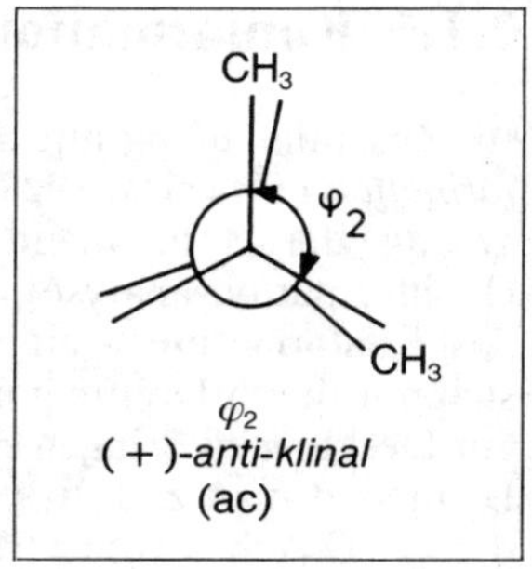

Abb. 35

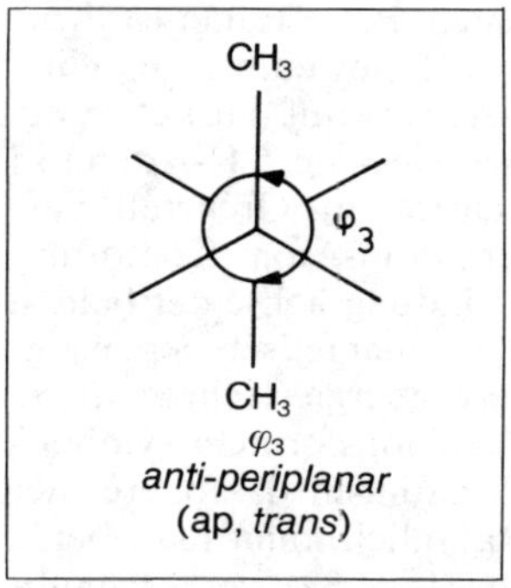

Abb. 36

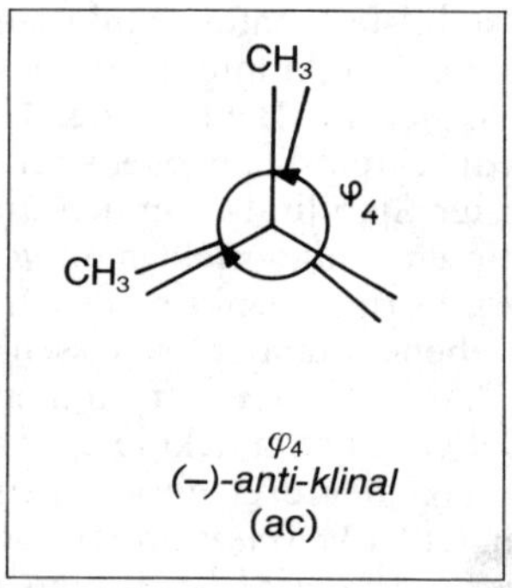

Abb. 37

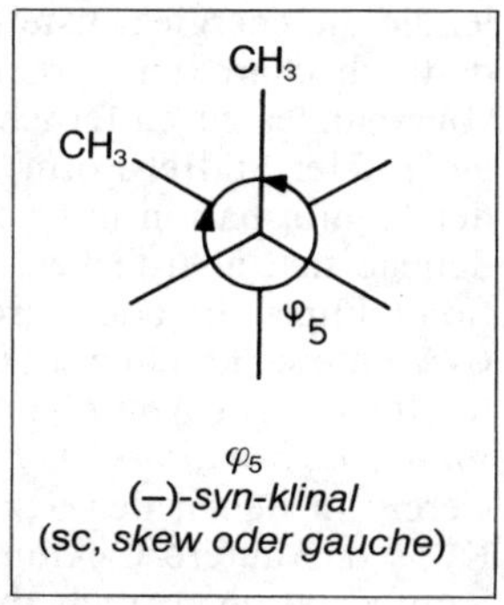

Abb. 38

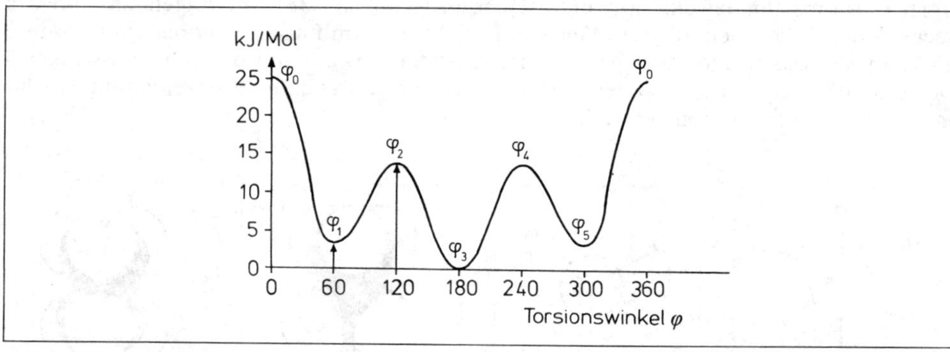

Abb. 39. Potentielle Energien der Konformationen des *n*-Butans

[1] gr.: *klinein* = neigen.

Wie eine Betrachtung an Molekülmodellen zeigt, sind die Formen φ_1 (Abb. 34) und φ_5 (Abb. 38) sowie φ_2 (Abb. 35) und φ_4 (Abb. 37) Spiegelbildisomere und damit energetisch gleichwertig.
Aus Elektronenbeugungsaufnahmen geht hervor, daß im gasförmigen Zustand etwa 75% *n*-Butan-φ_3 neben 25% *n*-Butan-φ_1 bzw. *n*-Butan-φ_5 vorliegen. Danach ist die φ_3-Form (Abb. 36), in der die Methylgruppen am weitesten voneinander entfernt sind, die stabilste (Abb. 39). Es folgt die φ_1 (φ_5)-Form (Abb. 34 bzw. 38), in der die Methylgruppen zwar auch auf Lücke stehen, jedoch eine stärkere Wechselwirkung aufeinander ausüben können. Die verdeckten Konformationen φ_0 und φ_2 bzw. φ_4 sind nicht nachweisbar. Sie sind ekliptisch und liegen auf den Spitzen von Energiebarrieren (gr.: *ekleipsis* = Mondfinsternis).

Die *Konformationsanalyse*[1] hat nicht nur bei Alkanen und deren Substitutionsprodukten, sondern vor allem bei Cyclohexanderivaten Bedeutung erlangt.

Aliphatische Verbindungen 2

2.2 Alkene (Olefine), C_nH_{2n}

Die Alkene bilden eine *homologe Reihe* mit der Summenformel C_nH_{2n}, enthalten also 2 H-Atome weniger als die entsprechenden Alkane. Da nicht alle C-Atome vollständig mit Wasserstoff abgesättigt sind, zählen sie zu den *ungesättigten Kohlenwasserstoffen.*
Die Konstitutionsaufklärung dieser Kohlenwasserstoffe bereitete lange Zeit große Schwierigkeiten, da man der Vierbindigkeit des Kohlenstoffs gerecht werden mußte. Angesichts des umfangreichen chemischen Tatsachenmaterials kam man zu dem Schluß, daß sich die Eigenschaften und Reaktionen der Alkene am besten durch die Annahme einer **C=C-Doppelbindung** deuten lassen.
Auf der Basis dieses Postulats sind die ersten Kohlenwasserstoffe dieser homologen Reihe folgendermaßen zu formulieren:

		Sdp.
$H_2C=CH_2$	Ethylen, Ethen	−103,7 °C (169,5 K)
$H_3C-CH=CH_2$	Propen (Propylen)[2]	−47,7 °C (225,5 K)
$H_3C-CH_2-CH=CH_2$	1-Buten (Butylen)	−6.5 °C (266,7 K)
$H_3C-CH=CH-CH_3$	2-Buten, *cis*-Form	3,7 °C (276,9 K)
$H_3C-C(CH_3)=CH_2$	Isobuten (Isobutylen)	6.6 °C (279,8 K)
$H_3C-CH_2-CH_2-CH=CH_2$	1-Penten	30,0 °C (303,2 K)
$H_3C-CH_2-CH=CH-CH_3$	2-Penten, *cis*-Form	36,5 °C (309,7 K)

[1] Vgl. *H. H. Lau,* Prinzipien der Konformationsanalyse, Angew. Chem. *73,* 423 (1961); *E. L. Eliel* et al., Conformational Analysis (Interscience Publishers, New York 1981).
[2] *Propylen* ist als IUPAC-Name noch für das Diradikal $CH_3-\dot{C}H-\dot{C}H_2$ zugelassen.

		Sdp.
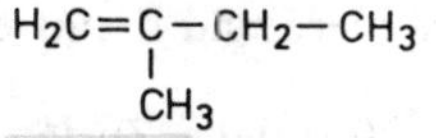	2-Methyl-1-buten	31,0 °C (304,2 K)
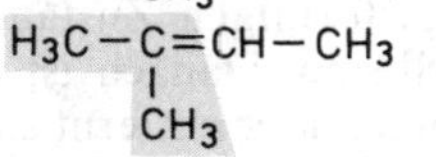	2-Methyl-2-buten	38,5 °C (311,7 K)
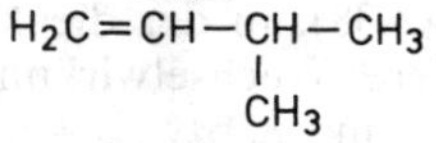	3-Methyl-1-buten	20,1 °C (293,3 K)

Ethylen, C_2H_4, wurde früher auch „Olefin" genannt, da es mit Halogenen ölige, wasserunlösliche Flüssigkeiten, z. B. 1,2-Dibrom-ethan, bildet (*gaz oléfiant* = ölbildendes Gas). Daher bezeichnet man die gesamte Stoffklasse nach dem ersten Glied der Reihe als *Ethylene* oder allgemein *Alkylene* bzw. – besonders in der technischen Literatur – als *Olefine* oder genauer als *Monoolefine.* Nach den *IUPAC-Regeln* spricht man nicht von Alkylenen, sondern von *Alkenen.* Die Endsilbe „en" weist auf den ungesättigten Charakter einer organischen Verbindung hin.

Bei Kettenverzweigungen ist zu beachten, daß man grundsätzlich den Kohlenwasserstoff mit der längsten C-Kette zugrunde legt, diese durchnumeriert und den Ausgangspunkt der C=C-Doppelbindung durch die vorangestellte Zahl angibt, wie das vorstehend bei den Anfangsgliedern der homologen Reihe vermerkt ist.

1-Buten und 2-Buten sind in bezug auf die Lage der C=C-Doppelbindung *konstitutionsisomer;* insgesamt gibt es drei konstitutionsisomere Butene. Bei den homologen Pentenen, Hexenen usf. erhöht sich die Zahl der Isomeren weiter gegenüber der der Alkane, da die C = C-Doppelbindung immer mehr Positionen einnehmen kann. Die *Alkenylgruppen,* die man sich durch Ablösen eines H-Atoms aus den Alkenen entstanden denken kann, heißen: Vinyl-, $-CH=CH_2$, 1-Propenyl-, $-CH=CH-CH_3$, 2-Propenyl-, *Allyl-*, $-CH_2-CH=CH_2$, 1-Butenyl-, $-CH=CH-CH_2-CH_3$, Gruppe usw.
Als *Alkylidengruppen* bezeichnet man Gruppen, die mit einem Kohlenstoffatom eines Moleküls durch eine Doppelbindung verknüpft sind: Ethyliden $=CHCH_3$ und Isopropyliden (in der vorstehenden Formel von 2-Methyl-2-buten grau unterlegt).

Die wichtigsten Alkene[1]

2.2.1 Ethylen (Ethen) und Propen

Während Ethen (Ethylen) und seine Homologen früher technisch durch Dehydratisierung von Alkoholen dargestellt wurden, gewinnt man sie heute vornehmlich aus den Crackgasen der Erdöldestillate. Ethylen ist das größte organische Massenprodukt der chemischen Industrie; die Weltproduktion liegt über 25 Millionen t pro Jahr.

---

[1] Vgl. *S. Patai, J. Zabicky,* The Chemistry of Alkenes, 2 Bände (Interscience Publishers, New York 1964, 1970); *Houben-Weyl,* Methoden der Organischen Chemie, 4. Aufl. Bd. *5/1 b* (Thieme Verlag, Stuttgart 1972).

Ethylen ist ein Pflanzenhormon (Phytohormon), das vielfältige Wirkungen auf den Pflanzenstoffwechsel hat. Seine Vorstufe in der Pflanze ist die *1-Amino-cyclopropan-1-carbonsäure*.

Darstellung

2.2.1.1 Aus Ethanol. Im Laboratorium *durch Erhitzen mit konz. Schwefelsäure* (Phosphorsäure oder Zinkchlorid), wobei intermediär das Ethylhydrogensulfat (Ethylschwefelsäure) entstehen kann, das bei 150 °C (425 K) in Ethylen und Schwefelsäure zerfällt.

$$\underset{\text{Ethanol}}{H_3C-CH_2-O-H} + H_2SO_4 \underset{}{\overset{-H_2O}{\rightleftharpoons}} \underset{\text{Ethylhydrogensulfat}}{H_3C-CH_2-O-SO_3H} \overset{425\,K}{\rightleftharpoons} \underset{\text{Ethen}}{H_2C=CH_2} + H_2SO_4$$

Die säurekatalysierte Eliminierung von Wasser (Dehydratisierung) aus Alkoholen beginnt mit der Protonierung des einsamen Elektronenpaars am Sauerstoff zum *Oxonium-Ion*. Aus diesem bildet sich unter Wasseraustritt ein *Carbenium-Ion*, das dann unter Abgabe eines Protons in das Alken übergeht:

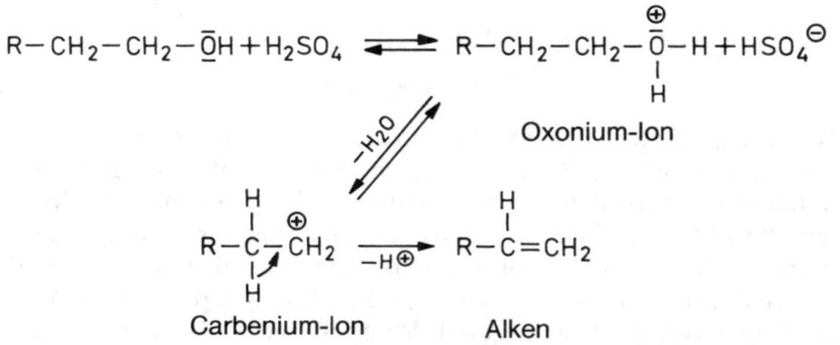

Das Proton wird dabei auf ein Alkoholmolekül übertragen unter Rückbildung des reaktiven *Oxonium-Ions*. Die Eliminierung des Protons bei der Alkenbildung erfolgt am leichtesten am *tert.* C-Atom und nimmt in der Reihenfolge *sek.* > *prim.* C-Atom ab. (*Saytzeff*-Regel, 1875), d. h. *tert.* Alkohole werden besonders leicht dehydratisiert, und es entsteht bevorzugt das Olefin mit der größten Anzahl von Alkyl-Gruppen (vgl. S. 160).

2.2.1.2 Thermische Crackung. Bei der Pyrolyse von Kohlenwasserstoffgemischen (Rohbenzinen) bei etwa 1000 °C (1275 K) und Normaldruck in Gegenwart von Wasserdampf – zur Verhinderung der Koksbildung – entstehen Ethylen sowie höhere Mono- und Diolefine. Aus Ethan erhält man durch thermische Dehydrierung Ethylen:

$$H_3C-CH_3 \rightarrow H_2C=CH_2 + H_2$$

Mit steigender Kettenlänge der *n*-Paraffine erfolgt bei dieser radikalisch verlaufenden Benzinpyrolyse bevorzugt eine Aufspaltung der C–C-Bindungen gegenüber den C–H-Bindungen, z. B. geht Propan in Propen, Ethylen, Methan und Wasserstoff über:

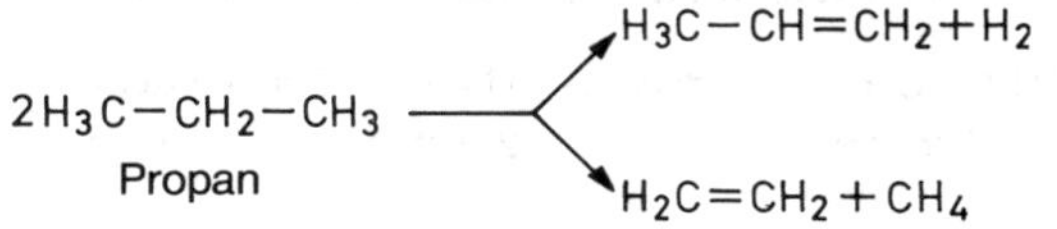

Mit Hilfe dieses Verfahrens (*steam cracking*) gewinnt man aus Rohbenzin Ethylen, Propen und im C_4-Schnitt die isomeren Butene sowie Butadien in hoher Reinheit, die als wichtige Ausgangsstoffe für die petrolchemische Weiterverarbeitung dienen.

Durch Verwendung manganhaltiger Katalysatoren (Träger MgO) kann die Reaktionstemperatur auf 725 °C (1000 K) gesenkt und die Ethylenausbeute bedeutend erhöht werden.

2.2.2 Butene, Isobuten und Homologe

1-Buten und **2-Buten** sind in der C_4-Fraktion der Crackgase enthalten und dienen als Ausgangsmaterial für die Butadien-Synthese.
1-Buten und höhere geradkettige 1-Monoolefine sind aus Ethylen in Gegenwart von Trialkylaluminiumverbindungen zugänglich:
Mülheimer Olefinsynthese (*K. Ziegler*[1]). Bei der Einwirkung von Ethylen auf Triethylaluminium bei 100 – 120 °C (375 – 395 K) und etwa 100 bar (10 MPa) schieben sich die Ethylenmoleküle zwischen Aluminium und Ethylgruppen ein unter Bildung höhermolekularer Trialkylaluminiumverbindungen folgender Zusammensetzung:

$$Al\begin{cases}(CH_2-CH_2)_x-C_2H_5\\(CH_2-CH_2)_y-C_2H_5\\(CH_2-CH_2)_z-C_2H_5\end{cases}$$

Die Hydrolyse dieser festen Trialkylaluminium-Verbindungen führt je nach der Gesamtkohlenstoffzahl zu einem Paraffingemisch, aus dem Weich- und Hartparaffin bis zu polyethylenähnlichen Kohlenwasserstoffen (s. S. 79) gewonnen werden können.
In Konkurrenz zu obiger „Wachstumsreaktion" tritt jedoch – besonders bei höherer Temperatur und in Anwesenheit von metallischem Nickel, Kobalt oder Platin – eine „Verdrängungsreaktion" ein, bei der Ethylen die Alkylgruppen vom Aluminium verdrängt unter Freisetzen geradzahliger **1-Monoolefine,** z. B. von 1-Buten, 1-Hexen, 1-Octen, 1-Decen usf.:

$$al-(CH_2-CH_2)_n-CH_2-CH_3+H_2C=CH_2 \xrightarrow[(Hitze)]{(Ni)}$$

$$al-CH_2-CH_3+H_2C=CH-(CH_2-CH_2)_{n-1}-CH_2-CH_3$$

al = Al-Äquivalent α-Alkene (Alfene)

Die auf diese Weise zugänglichen 1-Monoolefine oder α-Alkene mit 12 – 18 C-Atomen, *Alfene* genannt, dienen unter anderem als Ausgangsmaterial zur Fabrikation von *Poly-α-olefinen* als hochwertigen Schmierölkomponenten, z. B. Poly-α-decen. Analog gewinnt man aus Propen mit Tripropylaluminium bei etwa 200 °C (475 K) und 100 bar (10 MPa) durch *Dimerisierung* 2-Methyl-1-penten, $H_3C-CH_2-CH_2-C(CH_3)=CH_2$, das als Ausgangsstoff für die Isoprensynthese dient (s. S. 103 *f.*).

Olefin-Metathese (Olefin-Disproportionierung). Bei der Umsetzung von *Propen* an wolfram- oder molybdänhaltigen *Katalysatoren* bei 120 – 210 °C (395 – 485 K) und 25 bis 30 bar (2,5 bis 3 MPa) stellt sich das folgende *Gleichgewicht* ein:

$$\underset{\text{Propen}}{2\,H_3C-CH=CH_2} \rightleftharpoons \underset{\text{2-Buten}}{H_3C-CH=CH-CH_3} + \underset{\text{Ethen}}{H_2C=CH_2}$$

[1] Vgl. Metallorganische Synthese höherer aliphatischer Verbindungen aus niederen Olefinen in Praxis und Theorie, Angew. Chem. *72,* 829 (1960).

Diese 1967 von *Calderon* entdeckte Reaktion ist grundsätzlich bei allen Kohlenwasserstoffen mit olefinischen Doppelbindungen möglich, sie läßt sich formal als *Austausch von Alkylidengruppen* = CHR beschreiben:

Die Reaktion verläuft über sauerstoffhaltige *Carbenkomplexe* mit dem Metall[1]: $RCH{=}M\lessgtr^{O}$ (vgl. S. 376 *f.*).

Isobuten (Isobutylen) ist der Ausgangsstoff für die Isooctan-Synthese und wird technisch zu Polyisobuten polymerisiert. Es läßt sich entweder *durch Dehydratisierung von Isobutylalkohol* bzw. *tert.-Butylalkohol* oder *durch katalytische Dehydrierung von Isobutan* darstellen:

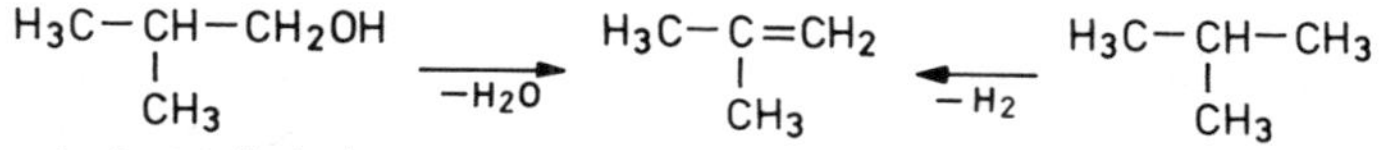

Isobutylalkohol — Isobuten — Isobutan

Physikalische Eigenschaften

Die Alkene besitzen große Ähnlichkeit mit den Alkanen. Die niederen Glieder mit 2–4 C-Atomen sind gasförmig, die mittleren mit 5–15 C-Atomen flüssig und die höheren fest. Sie sind mit Wasser nicht mischbar und brennen mit leuchtender Flamme.

2.2.3 Die C=C-Doppelbindung

Gemäß dem in den 60er Jahren des vorigen Jahrhunderts aufgestellten C=C-Doppelbindungssymbol war anzunehmen, daß die beiden C-Atome in den Alkenen durch zwei Bindungen zusammengehalten werden. Sie sollten daher fester miteinander verbunden sein als die C-Atome einer C–C-Einfachbindung. Im Gegensatz hierzu erweist sich jedoch die C=C-Doppelbindung bei einer Reihe von *Additions-* und *Oxidationsreaktionen* als eine sehr reaktionsfähige Stelle des Moleküls.
Das Bestreben der C=C-Doppelbindung des Ethylens, unter Aufnahme anderer Atome in den gesättigten Zustand der C–C-Einfachbindung vom Ethantyp überzugehen, rechtfertigt somit die Bezeichnung „ungesättigte" Kohlenwasserstoffe.
Die C=C-Doppelbindung wird meist mit Hilfe der Hybridisierung durch das *Hückel*-Modell beschrieben. Wie auf S. 25 ausgeführt wurde, werden bei der sp^3-Hybridisierung vier völlig gleichwertige sp^3-Hybrid-Orbitale formuliert, die durch Überlappung mit den Orbitalen anderer Atome vier tetraedrisch angeordnete σ-Bindungen eingehen. Kombiniert man dagegen nur zwei 2 *p*-Orbitale, z. B. p_x *und* p_y, mit dem 2 *s*-Orbital des Kohlenstoffs (Abb. 40), so resultiert die **sp^2-Hybridisierung.** In diesem Fall erhält man drei sp^2-Hybrid-Orbitale, die sich in einer Ebene unter einem Winkel von 120 °C (*trigonal*) anordnen (Abb. 41).
Durch Überlappung zweier sp^2-Hybrid-Orbitale bildet sich zwischen den beiden C-Atomen eine σ-Bindung aus. Die restlichen vier sp^2-Hybrid-Orbitale gehen durch Überlappen mit je einem *s*-Orbital des Wasserstoffatoms vier C–H-σ-Bindungen ein

[1] Vgl. *R. R. Schrock* et al., J. Amer. Chem. Soc. *102*, 4515 (1980).

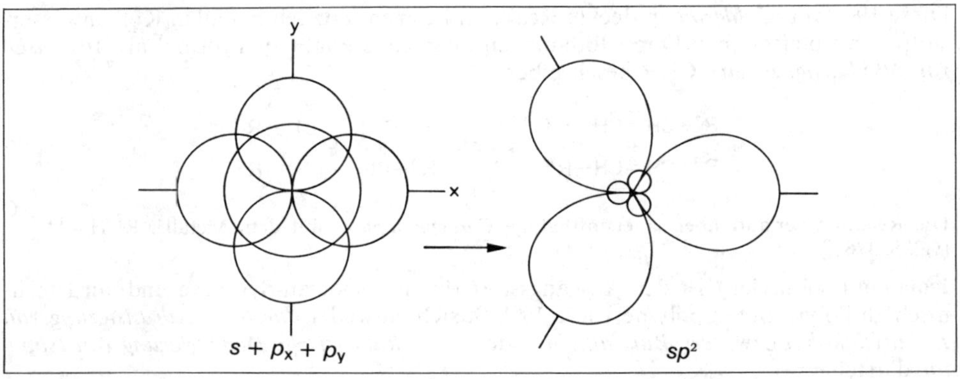

Abb. 40

Abb. 41

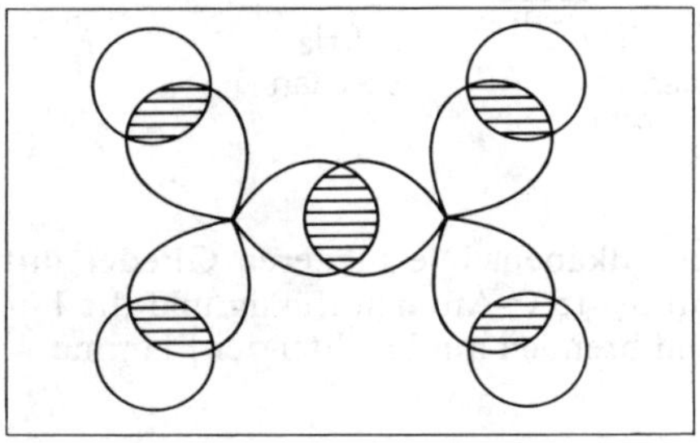

Abb. 42

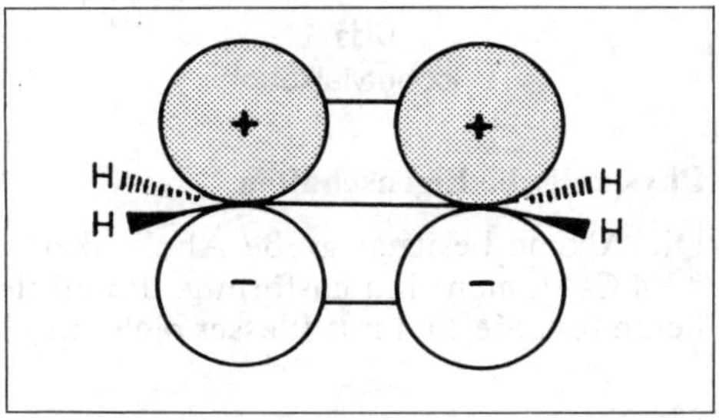

Abb. 43

(Abb. 42). Die beiden p_z-Orbitale, die an der Hybridisierung nicht teilgenommen haben, können sich nun ebenfalls, wenn auch in geringerem Maß, überlappen, und zwar senkrecht zur Richtung ihrer größten Ausdehnung und nur dann, wenn beide p_z-Orbitale in einer Ebene liegen. Diese Überlappung wird schematisch durch Querstriche zwischen den p-Orbitalen angedeutet (Abb. 43). Man spricht in diesem Fall von einem π-Elektronenpaar bzw. von der **π-Bindung.** Diese läßt sich hinsichtlich ihrer Elektronenverteilung durch Abb. 44 veranschaulichen. Aus Abb. 43 und 44 entnimmt man, daß die π-Bindung in der Molekülebene eine Knotenebene hat, die eine Spiegelebene ist. Die σ-Bindungen sind dagegen rotationssymmetrisch zur Kernverbindungslinie.

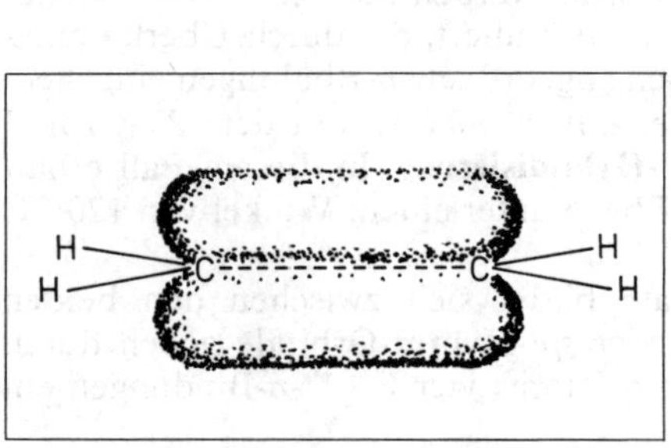

Abb. 44

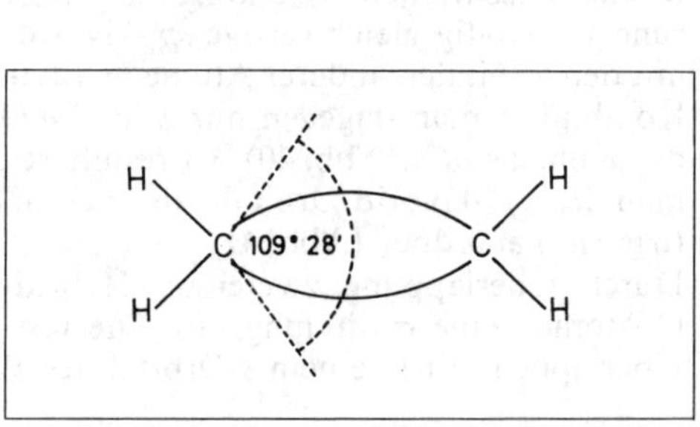

Abb. 45

Analog der wellenmechanischen Betrachtungsweise der σ-Bindungen ergeben sich auch für die π-Bindungen *bindende* und *antibindende* Molekülorbitale; die antibindenden werden mit π^* bezeichnet (vgl. S. 24).

Im Gegensatz zu dem eben beschriebenen $\sigma\pi$-Modell wurde versucht, die C=C-Doppelbindung quantenmechanisch mit Hilfe *äquivalenter Orbitale*[1] zu deuten, eine Vorstellung, die einer 1885 von *A. v. Baeyer* vorgeschlagenen sehr nahekommt. Man geht davon aus, daß die beiden C-Atome – wie im Ethan – sp^3-hybridisiert vorliegen, jedoch sollen hier je *zwei* sp^3-Hybrid-Orbitale zwischen den C-Atomen miteinander überlappen. Da diese Überlappung nur unter einem Winkel erfolgen kann, entstehen hierbei gebogene Molekül-Orbitale (*Bananen-Bindungen* oder „*bent bonds*"). Die restlichen zwei sp^3-Hybrid-Orbitale an jedem C-Atom liegen dann folgerichtig in einer Ebene und bilden beim Überlappen mit den s-Orbitalen von vier H-Atomen das Ethylenmolekül (Abb. 45).

2.2.4 Die cis-trans-Isomerie der Ethylene

Aufgrund der Studien am Tetraedermodell des Kohlenstoffs sagte *van't Hoff* im Jahre 1874 die Existenz *stereoisomerer* Ethylenderivate voraus. Sie wurde erstmalig am Beispiel Maleinsäure-Fumarsäure bewiesen (*Wislicenus*, 1887).
Sowohl das $\sigma\pi$-Modell des Ethylens (Abb. 44) als auch das Modell mit Bananenbindungen (Abb. 45) sind mit einer ebenen Anordnung aller 6 Atome des Ethylens im Einklang und sagen die Existenz von 2 isomeren 1,2-Dichlorethenen voraus.
Tatsächlich gibt es *zwei stereoisomere* 1,2-Dichlor-ethene. Die so unterscheidbaren Moleküle sind *Diastereoisomere* oder kürzer *Diastereomere* (vgl. S. 348). In diesem Falle handelt es sich um *cis-trans-Isomerie*, und zwar spricht man von der *cis*-Form, wenn die Substituentenpaare auf einer Seite, also benachbart liegen, und von der *trans*-Form, wenn sie sich diametral gegenüberstehen[2].
Unter **Stereoisomerie** versteht man die unterschiedliche räumliche Anordnung der Atome (oder Atomgruppen) in einem Molekül bei gleichartiger Verkettung der Atome.

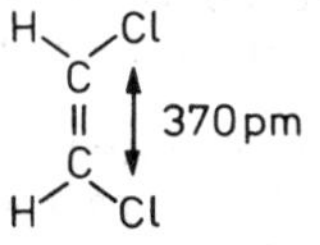

cis-1,2-Dichlor-ethen
(Sdp. 60,3 °C [333,5 K])
$\mu = 6{,}17 \cdot 10^{-30}$ Cm

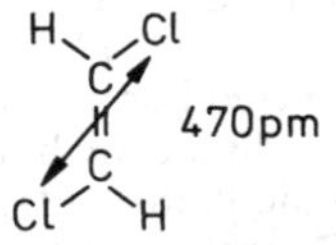

trans-1,2-Dichlor-ethen
(Sdp. 48,4 °C [321,6 K])
$\mu = 0$

Mit Hilfe der Röntgenstrahlbeugung konnte der *Kernabstand* der beiden Cl-Atome in den beiden isomeren 1,2-Dichlor-ethenen ermittelt werden. Er beträgt bei *cis*-1,2-Dichlor-ethen 370 pm, bei *trans*-1,2-Dichlor-ethen 470 pm und entspricht den berechneten Werten.
Die spezifische Anordnung der Atome oder Atomgruppen an der C=C-Doppelbindung von *cis-trans*-Isomeren bezeichnet man auch als **Konfiguration.**
Die *cis-trans*-isomeren Verbindungen unterscheiden sich in ihrem physikalischen und chemischen Verhalten. Welche der beiden Konfigurationen vorliegt, läßt sich z. B.

[1] Vgl. *L. Pauling*, Die Natur der chemischen Bindung, 3. Aufl., S. 133 ff. (Verlag Chemie, Weinheim 1968).
[2] Diese Art von Stereoisomerie bezeichnete man früher als *geometrische* Isomerie.

durch die Messung des *Dipolmoments* ermitteln. Sind die beiden Substituenten gleich, so weist die *trans*-Form stets ein Symmetriezentrum auf, da sich die Teilgruppenmomente vektoriell kompensieren. Das Dipolmoment μ der *trans*-Form ist dann gleich Null. Demgegenüber besitzt die *cis*-Form ein endliches Dipolmoment, z. B. beträgt es beim *cis*-1,2-Dichlor-ethen $6{,}17 \cdot 10^{-30}$ Cm. Weiterhin kann man die *cis-trans*-Isomeren vom Typ RHC=CHR mit Hilfe des *IR-Spektrums* unterscheiden, und zwar zeigt die *trans*-Verbindung eine starke Bande bei 970−960 cm^{-1}.
Im allgemeinen ist die *trans*-Form *energieärmer* als die *cis*-Form, jedoch sind die Energiedifferenzen meist gering. Beispielsweise ist *trans*-2-Buten um 5,4 kJ/Mol energieärmer und damit stabiler als *cis*-2-Buten. Beide lassen sich gaschromatographisch trennen.

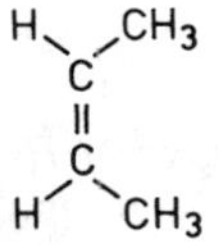

cis-2-Buten
(Sdp. 3,73 °C [276,88 K])

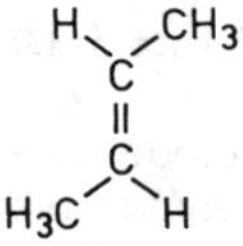

trans-2-Buten
(Sdp. 0,96 °C [274,11 K])

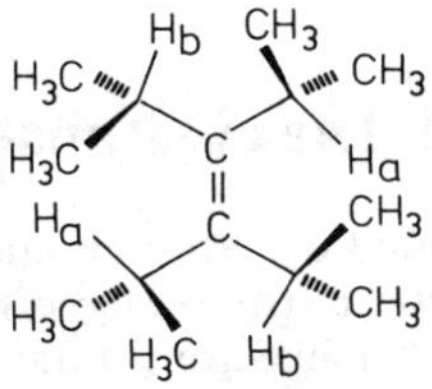

Tetraisopropylethen

Eine *Ausnahme* bilden die 1,2-Dichlor-ethene; hier ist die *cis*-Form um etwa 5 kJ/Mol energieärmer als die *trans*-Form (*Stuart*).

Um *trans*- in *cis*-Formen umzulagern, ist eine *Isomerisierungsenergie* von etwa 250 kJ/Mol erforderlich, die meist durch Wärme oder UV-Licht zugeführt wird. Hierbei stellt sich zwischen den *cis-trans*-Isomeren in Abhängigkeit von den Versuchsbedingungen ein *Gleichgewicht* ein[1].

Man kann die *cis-trans*-Umlagerung so deuten, daß zunächst im Anregungszustand eine *Homolyse* des π-Elektronenpaars der C=C-Doppelbindung in zwei Einzelelektronen erfolgt, wodurch eine Drehung der Molekülhälfte um 180° ermöglicht wird. Anschließend bildet sich das C=C-Bindungssystem in der isomeren Form zurück.
Im *Tetraisopropylethen* sind die Methinprotonen bei tiefer Temperatur in zwei Paaren in der Ebene so angeordnet, daß die Protonen H_a in die Richtung der Doppelbindung weisen, die Protonen H_b dagegen von der Doppelbindung wegweisen. Sie können nur durch synchrone Rotation aller vier Isopropylgruppen ineinander überführt werden. Die Erscheinung heißt *Zahnradeffekt* (engl. *gear effect; Kwart, Roussel*), weil sich die Methylgruppen wie die Zähne von Zahnrädern aneinander vorbeidrehen müssen. Die Isomerisierungsenergie beträgt 70 kJ/Mol und steht bereits bei Raumtemperatur zur Verfügung.

Die obige Terminologie der *cis-trans*-Isomerie erweist sich jedoch beim Vorliegen verschiedener Substituenten als nicht ausreichend. Daher wurde von der IUPAC[2] eine andere generelle Kennzeichnung dieser Isomeren eingeführt, zumal die *cis-trans*-Isomerie nicht allein auf die C=C-Doppelbindung beschränkt ist, sondern auch für die C=N-Doppelbindung (s. *syn-anti*-Isomerie bei Oximen) und N=N-Doppelbindung (s. S. 567*f.*) gilt. Betrachtet man unter diesem Gesichtspunkt noch einmal die geometrische Anord-

[1] Hier ergeben sich Abgrenzungsprobleme zwischen den Begriffen *Konfiguration* und *Konformation;* vgl. IUPAC-Regeln, J. Org. Chem. *35,* 2849 (1970).
[2] Vgl. *Beilsteins* Handbuch der organischen Chemie, 4. Aufl., 4. Ergänzungswerk-Bd. *1,* S. X*ff.*

nung der Doppelbindungen, so ergibt sich allgemein für die Lage der Substituenten a – d an der A = B-Doppelbindung folgendes Bild:

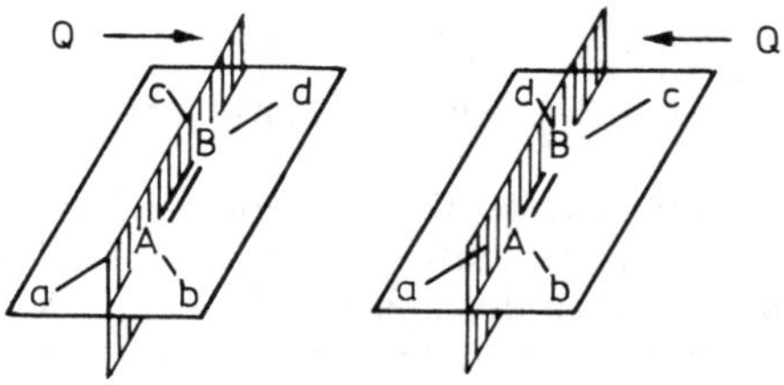

Diese Spezifizierung sei am 1-Brom-1,2-dichlor-ethylen näher erläutert. Die vier Substituenten werden nach dem *Cahn-Ingold-Prelog*-System gemäß ihrer Atomnummer in folgender Reihenfolge fallender Priorität angeordnet: Br, Cl, H (vgl. s. 275*f.*). Die beiden Isomeren sind somit wie folgt zu formulieren:

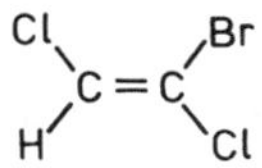

(*Z*)-Form

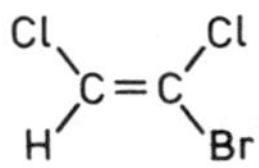

(*E*)-Form

Die *Z-E*-Spezifikation besagt, daß der Substituent mit höherer Priorität an dem einen C-Atom und der Substituent mit höherer Priorität an dem anderen C-Atom, in diesem Fall Br und Cl, entweder auf der gleichen Seite oder auf verschiedenen Seiten der Ebene Q liegen. Die erste Konfiguration, in der die höheren Prioritäten auf der gleichen Seite liegen, bezeichnet man als *(Z)-Form* (von zusammen) und die, in der sie sich diametral gegenüberstehen, als *(E)-Form* (von entgegen).
Als weiteres Beispiel soll noch das 1-Brom-2-chlor-1-iod-ethylen mit den fallenden *Prioritäten* I, Br, Cl, H erwähnt werden, das folgende ***Z-E*-Isomerie** aufweist:

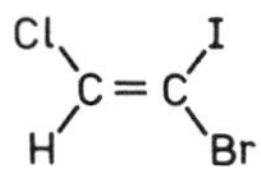

(*Z*)-Form

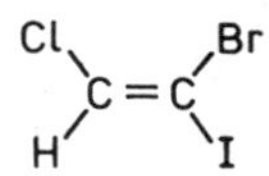

(*E*)-Form

Zu beachten ist, daß die *Z-E-Namen* oft nicht mit den früher verwendeten *cis-trans*-Formulierungen identisch sind.

Chemische Eigenschaften. Typisch für die Reaktivität der Alkene sind die Additionsreaktionen, zu denen auch die Polymerisationsreaktionen gehören. Erstere dienen z. T. zum chemischen Nachweis der C = C-Doppelbindung.

2.2.5 Additionsreaktionen

Allgemein verlaufen die Additionen an Alkene nach dem *elektrophilen* (kationoiden) *Ionenmechanismus,* d. h. der Primärschritt der Reaktion besteht in dem Angriff eines elektrophilen Partners $X^{\oplus}$, meist eines Kations mit einer Elektronenlücke, auf die C = C-Doppelbindung. Dabei nimmt man zunächst die Bildung eines π-Komplexes oder *Carbonium-Ions* an, der sich dann in ein *Carbenium-Ion* umlagern kann:

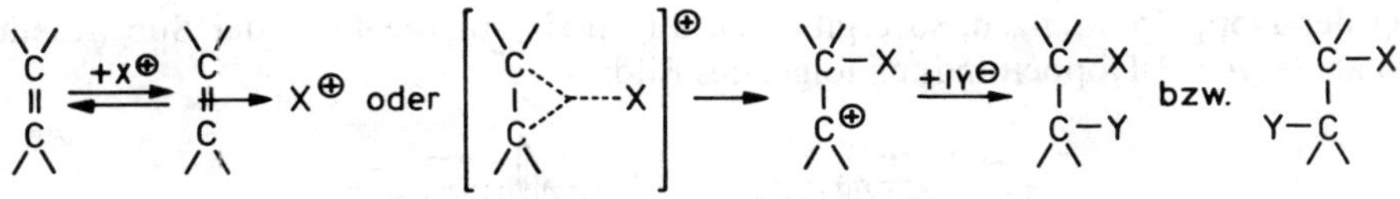

π-Komplex Carbonium-Ion Carbenium-Ion

In der nächsten Reaktionsstufe erfolgt die Addition eines *nucleophilen* Partners $|Y^{\ominus}$, der die Elektronenlücke am C-Atom auffüllt. Bei diesem Schritt bestehen zwei Möglichkeiten, entweder kann $|Y^{\ominus}$ von der gleichen Seite wie $X^{\oplus}$ (*cis*-ständig) oder von der „Rückseite" (*trans*-ständig) herantreten. Geht man von 1,2-disubstiuierten oder cyclischen Alkenen aus, so kann man unterschiedliche Addukte erhalten (s. S. 73).

Die hier verwendete Bezeichnung *cis* und *trans* hat mit der *cis-trans*-Isomerie der Alkene nichts zu tun und darf mit dieser nicht verwechselt werden.

Zu den wichtigsten *Additionsreaktionen* an der C=C-Doppelbindung zählen die folgenden:

2.2.5.1 *Bei der Addition von Brom oder Chlor* an Alkene entstehen vicinale Dibrom- oder Dichlorverbindungen der Alkane:

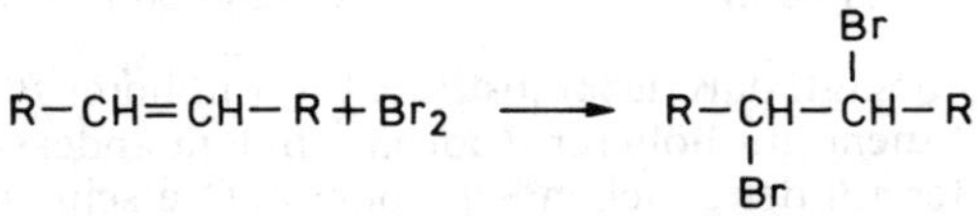

Hierbei erfolgt primär Addition eines Brom-Kations an die C=C-Doppelbindung zu einem π-Komplex, der in ein *Bromonium*-Ion übergeht, aus dem sich unter Aufnahme eines Bromid-Anions das *trans*-Addukt bildet:

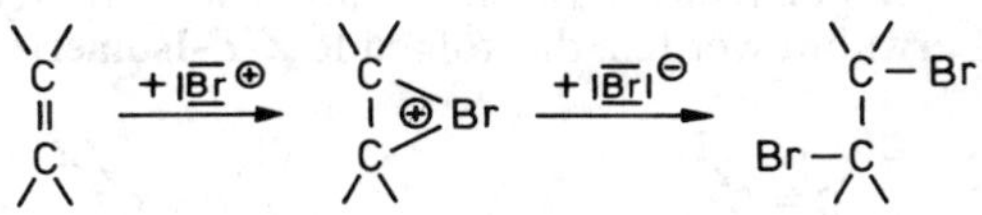

Bromonium-Ion

Die Entfärbung einer Bromlösung dient zugleich als *qualitativer Nachweis* für die C=C-Doppelbindung. Als Lösungsmittel werden meist Chloroform, Tetrachlormethan oder Eisessig verwendet.
Läßt man Chlor oder Brom auf Alkene der Formel $R-CH=CH-CH_3$ bei höherer Temperatur in der Gasphase einwirken, so erfolgt lediglich *Substitution* in der Methylgruppe, ohne daß die C=C-Doppelbindung durch Halogen abgesättigt wird, z. B. geht Propen unter der Einwirkung von Chlor bei etwa 500 °C (775 K) in Allylchlorid über:

$$H_2C=CH-CH_3 + Cl_2 \rightarrow H_2C=CH-CH_2Cl + HCl$$

Propen Allylchlorid (2-Propenylchlorid)

2.2.5.2 Die *Anlagerung von Halogenwasserstoffsäuren* an Alkene ist eine Methode zur Darstellung von Alkylhalogeniden. Am leichtesten reagiert Iodwasserstoff, es folgen Brom- und Chlorwasserstoff, z. B.

$$H_2C=CH_2 + HI \rightarrow H_3C-CH_2I$$

Ethylen Ethyliodid

Derartige Additionen verlaufen ebenfalls nach dem *elektrophilen Ionenmechanismus* und hängen vorwiegend von der Polarität der H–X-Bindung ab.

Regioselektive Reaktionen (*Markownikow*-Regel). Besitzen die beiden C-Atome der Doppelbindung eine verschiedene Anzahl von H-Atomen, so wandert das Halogen vorzugsweise an das wasserstoffärmere C-Atom, z. B. führt die Addition von Iodwasserstoff an Propen zu Isopropyliodid:

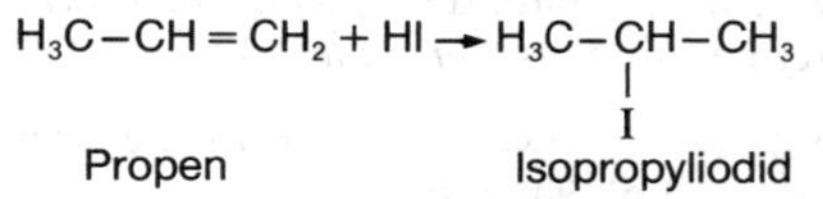

Die Aussage der *Markownikow*-Regel (1870) ist komplementär zur *Saytzeff*-Regel.

Man bezeichnet Reaktionen, bei denen eine chemische Veränderung vorwiegend an einer von mehreren möglichen Stellen eintritt, als regioselektive Reaktionen[1]. In diesem Falle bildet sich durch elektrophile Addition des Protons der Iodwasserstoffsäure an die C=C-Doppelbindung ein *Carbenium-Ion*, an das sich dann das nucleophile Iodid-Anion unter Bildung von Isopropyliodid addiert:

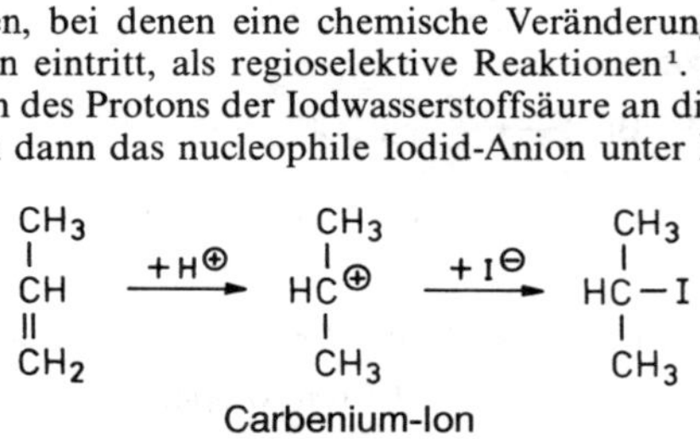

Für das intermediär auftretende Carbenium-Ion sind zwei Strukturen denkbar, und zwar kann die positive Ladung am mittel- oder endständigen C-Atom lokalisiert sein. Da Alkylgruppen als *Elektronendonatoren* fungieren können, begünstigen sie die Delokalisierung der positiven Ladung. Hieraus folgt, daß die Stabilität der Carbenium-Ionen in der Reihenfolge primär < sekundär < tertiär ansteigt und somit bei der obigen Reaktion die Bildung des sekundären Carbenium-Ions kinetisch begünstigt ist (vgl. S. 103*f.*). Das Isopropyl-Kation kann in Lösung mit Hilfe der *NMR-Spektroskopie* nachgewiesen werden.

Abweichungen von der *Markownikow*-Regel werden bei *Allylverbindungen* beobachtet[2], z. B. entsteht bei der Addition von Bromwasserstoff an Allylbromid unter den üblichen Reaktionsbedingungen ein Gemisch von 1,2- und 1,3-Dibrom-propan:

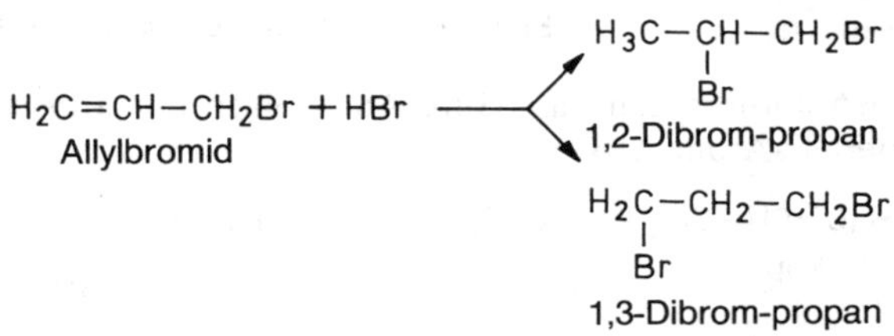

[1] Diese Definition ist allgemeiner als die *Markownikow*-Regel, vgl. *A. Hassner*, J. Org. Chem. *33*, 2684 (1968).

[2] Die Abweichung von der *Markownikow*-Regel bei der Anlagerung von Halogenwasserstoffsäuren an 3,3,3-Trifluorpropen, $F_3C-CH=CH_2$, die nur in Gegenwart von $AlCl_3$ verläuft, ist wahrscheinlich auf ein intermediär auftretendes Allylkation, $F_2\overset{\oplus}{C}-CH=CH_2$ (vgl. S. 106), zurückzuführen; vgl. *P. C. Myrhe* et al., J. Amer. Chem. Soc. *92*, 7596 (1970).

Die Bildung des 1,2-Dibrom-propans entspricht der Regioselektivität der *Markownikow*-Regel und somit der ionischen Addition. Die genaue Untersuchung des Reaktionsverlaufs ergab jedoch, daß neben dem ionischen auch der radikalische Mechanismus auftreten kann.

2.2.5.3 Peroxideffekt. Im Jahre 1933 konnten *Kharasch* und *Mayo* zeigen, daß die Addition von Bromwasserstoff an Alkene bei Anwesenheit geringer Mengen von Diacylperoxid zu einer der *Markownikow*--Regel widersprechenden Anlagerung führt, z. B. im obigen Fall zu 1,3-Dibrom-propan, dem *„Anti-Markownikow"-Produkt*. Diese Wirkung der Peroxide bezeichnet man als *Peroxideffekt.*

Der Reaktionsmechanismus ist so zu deuten, daß die Peroxide primär in freie Radikale zerfallen, die dann folgende *Kettenreaktion* auslösen, z. B.

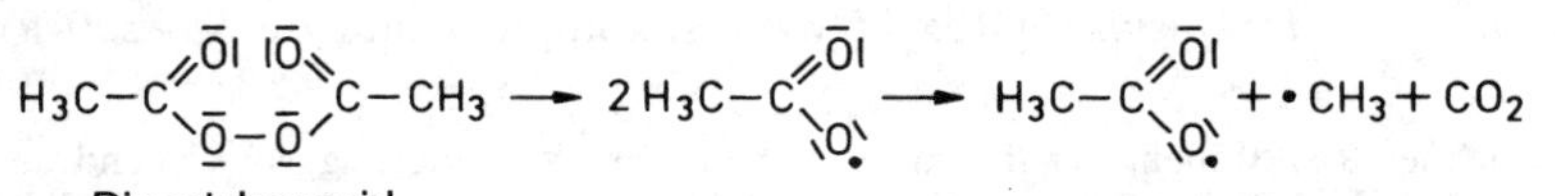

Diacetylperoxid

$H_3CCOO\cdot + HBr \longrightarrow H_3CCOOH + \cdot Br$ Start

$H_3C-CH=CH_2 + \cdot Br \longrightarrow H_3C-\dot{C}H-CH_2Br$ (1)

Propen

$H_3C-\dot{C}H-CH_2Br + HBr \longrightarrow H_3C-CH_2-CH_2Br + \cdot Br$ (2)

1-Brom-propan

(1), (2): Kette

In der Startreaktion werden Bromatome erzeugt, die mit dem Alken, z. B. Propen, unter Bildung eines neuen Kohlenstoff-Radikals reagieren. Hierbei tritt das Br-Atom an das endständige C-Atom, da sekundäre C-Radikale stabiler als primäre sind (+ I-Effekt der Alkylgruppen). Der Kettenabbruch erfolgt durch Rekombination der freien Radikale.
Diese durch Peroxide ausgelösten Kettenreaktionen lassen sich im allgemeinen nur mit Bromwasserstoff durchführen, da mit Chlorwasserstoff die Reaktion (2) der Kette und mit Iodwasserstoff die Reaktion (1) stark endotherm verläuft.

2.2.5.4 Die *Anlagerung von konz. Schwefelsäure* an Alkene führt schon in der Kälte zu *Alkylhydrogensulfaten*, z. B.

$$H_2C=CH_2 + H-OSO_3H \longrightarrow H_3C-CH_2-O-SO_3H$$

Ethylen — Ethylhydrogensulfat (Ethylschwefelsäure)

Bei höheren Alkenen addiert sich das Säure-Anion nach der *Markownikow*-Regel an das wasserstoffärmere C-Atom, z. B.

$$H_3C-CH=CH_2 + H-OSO_3H \longrightarrow H_3C-\underset{\displaystyle OSO_3H}{\underset{|}{C}H}-CH_3$$

Propen

Da die Alkylschwefelsäuren durch Hydrolyse leicht in Alkohole überführbar sind, läuft die Reaktion indirekt auf eine Addition von Wasser an die C=C-Doppelbindung hinaus (vgl. S. 184, 190*f*.). Technisch dient dieses sog. *Schwefelsäure-Verfahren* zur Herstellung von Alkoholen aus Alkenen.

2.2.5.5 Die *Anlagerung von hypochloriger Säure* an die C=C-Doppelbindung verläuft regioselektiv und führt zu Chlorderivaten der Alkohole (*Chlorhydrine)*, z. B.

$$H_2C=CH_2 + HO-Cl \longrightarrow H_2CCl-CH_2-OH$$

Ethylen — 2-Chlor-ethanol

2.2.5.6 Ebenso läßt sich *Nitrosylchlorid*, ONCl, bzw. *Nitrosylbromid*, ONBr, an Alkene addierten, z. B.

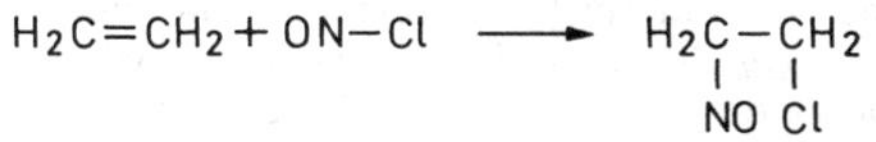

1-Chlor-2-nitrosoethan

Die Nitrosoalkylhalogenide liegen normalerweise in dimerer Form vor.

2.2.5.7 Die Einwirkung von *Oxidationsmitteln* auf Alkene führt zu verschiedenen Reaktionsprodukten.

a) Die *Epoxidation von Ethylen* gelingt mit Luft oder Sauerstoff in Gegenwart von Silber als Katalysator bei 220 – 280 °C (495 – 555 K) und erhöhtem Druck unter Bildung von *Ethylenoxid (Oxiran)*, das auf diesem Wege technisch dargestellt wird.

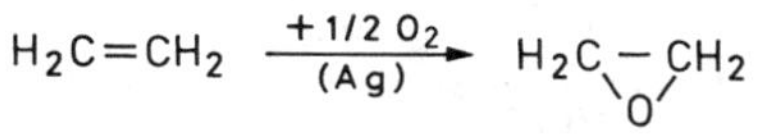

Ethylenoxid

Diese Reaktion ist bisher *nicht* auf höhere Alkene übertragbar.

b) ***Prileschajew*-Reaktion** (1909). Bei der Einwirkung von Persäuren, z. B. von m-Chlorperbenzoesäure, auf Alkene in indifferenten Lösungsmitteln entstehen in fast quantitativer Ausbeute die *Epoxide (Oxirane):*

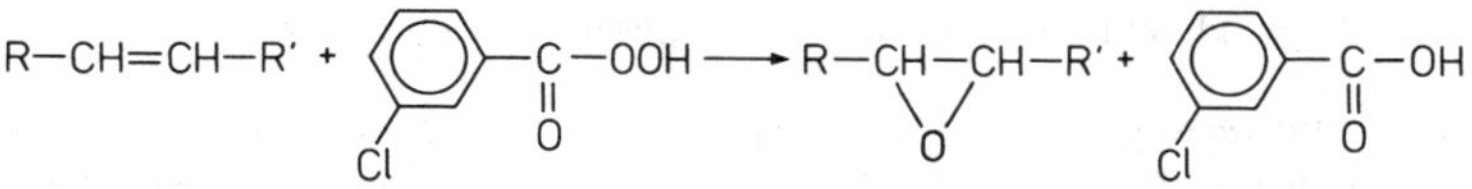

m-Chlorperbenzoesäure Epoxid

Die Reaktion verläuft stereospezifisch. So entsteht aus dem *(E)* oder *(Z)*-Cycloocten jeweils nur ein stereoisomeres Epoxid.

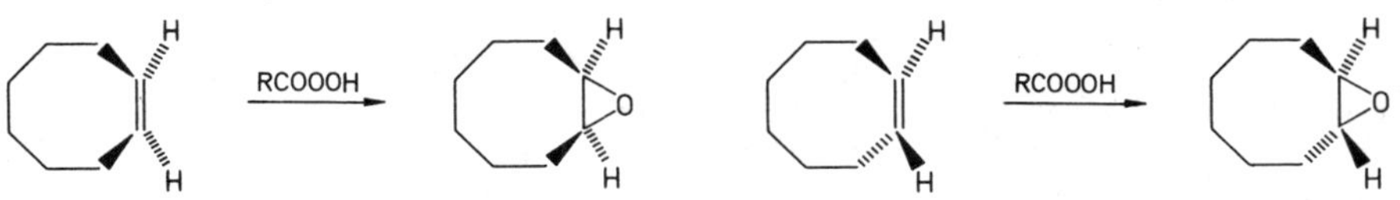

(*Z*)-Cycloocten *cis* Epoxid (*E*)-Cycloocten *trans* Epoxid

Analog verläuft die *Hydroxylierung von Alkenen mit Wasserstoffperoxid* in Gegenwart von Eisessig, die nach folgendem *Mechanismus* über die Epoxide zu *Glykolen* (1,2-Diolen) führt:

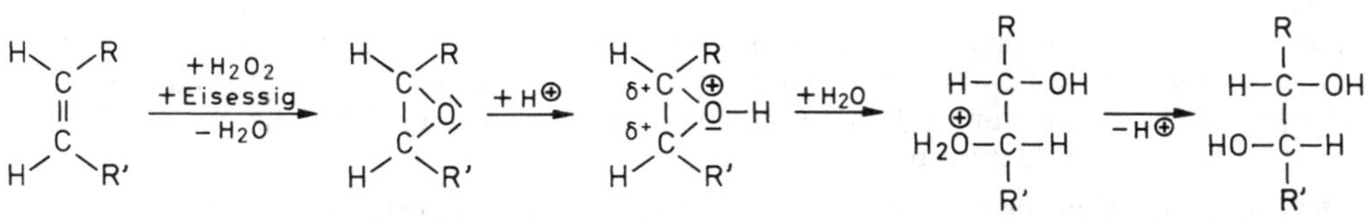

Epoxid Glykol

Aus Eisessig und Wasserstoffperoxid bildet sich in einer Gleichgewichtsreaktion zunächst Peressigsäure, die die C=C-Doppelbindung *elektrophil* unter Bildung eines Epoxids angreift. Die in der sauren Lösung erfolgende Protonierung des Epoxids erhöht die Polarität der C–O-Bindungen und erleichtert damit den *nucleophilen* Angriff eines Wassermoleküls. Dieser kann aus sterischen Gründen nur von der „Rückseite" her, d. h. *trans-ständig*, erfolgen. Unter Abgabe eines Protons entsteht dann das betreffende Glykol.

c) *Bei der Oxidation von Alkenen* mit Osmium(VIII)-oxid oder schwach alkalischer Kaliumpermanganatlösung entstehen primär unter *cis-Addition* cyclische Ester, die im ersten Fall isoliert werden können. Ihre Hydrolyse führt ebenfalls zu Glykolen:

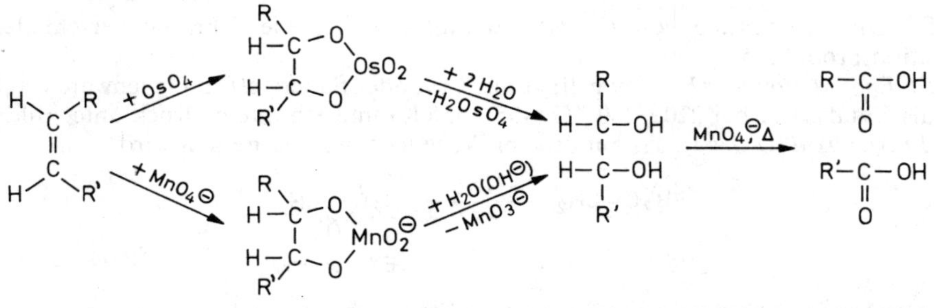

Bei höherer Temperatur geht die Oxidation mit Kaliumpermanganat weiter, und zwar erhält man unter Spaltung der Kohlenstoffkette meist die betreffenden Carbonsäuren.

***Baeyer*-Probe:** Die Entfärbung einer Kaliumpermanganatlösung unter Abscheidung von braunem Mangan(IV)oxid-Hydrat und Bildung von Glykol kann ebenfalls als *qualitativer Nachweis* für C=C-Doppelbindungen benutzt werden, jedoch ist dieser nicht sehr spezifisch.

2.2.5.8. Die *Ozonisierung der C=C-Doppelbindung* wird nach *Harries* (1904) durch Einleiten von Ozon in eine wasserfreie Lösung der ungesättigten Substanz erreicht. Als Lösungsmittel kommen Petrolether, Chloroform, Tetrachlormethan oder Eisessig in Frage. Hierbei bilden sich die in trockenem Zustand explosiven Ozonide, deren Konstitution von *Staudinger* (1925) postuliert und von *Pummerer* (1938) und *Rieche* (1942) bestätigt wurde, z. B.

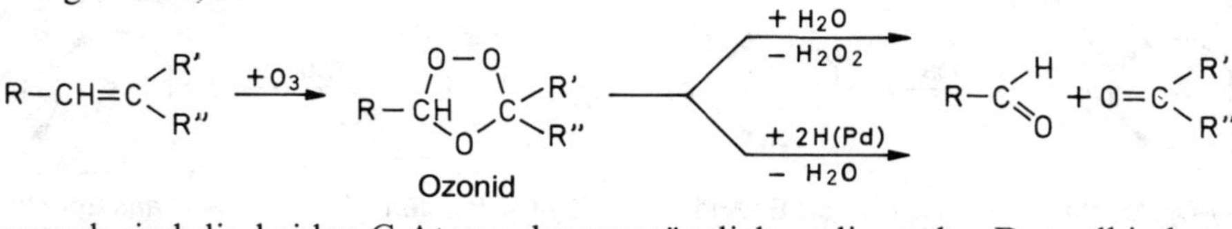

Demnach sind die beiden C-Atome der ursprünglich vorliegenden Doppelbindung in den Ozoniden über eine Peroxid- und eine Sauerstoffbrücke verbunden. Bei der Hydrolyse der Ozonide werden die Brückenbindungen unter Bildung von Aldehyden bzw. Ketonen aufgespalten. Da das dabei entstehende Wasserstoffperoxid auf den Aldehyd teilweise oxidierend wirkt, werden die Ozonide besser durch katalytische Hydrierung gespalten.
Die Ozonidspaltung ist für die *Konstitutionsermittlung* von Alkenen wichtig, da die Spaltprodukte zuverlässigen Aufschluß über die Lage der C=C-Doppelbindungen in der betreffenden Substanz geben. Das Ozon wird durch dunkle Entladungen aus Luftsauerstoff erzeugt (Ozonisator).

Die Bildung der Ozonide wird von *Criegee* wie folgt erklärt: Aus dem Alken und Ozon entsteht zunächst durch *1,3-dipolare Cycloaddition* ein instabiles „Primärozonid" (1,2,3-Trioxolan, „Molozonid“), das spontan in das Carbonyloxid und die Carbonylverbindung zerfällt. Diese beiden Komponenten vereinigen sich dann unter 1,3-dipolarer Cycloaddition zu dem eigentlichen Ozonid (1,2,4-Trioxolan)[1]:

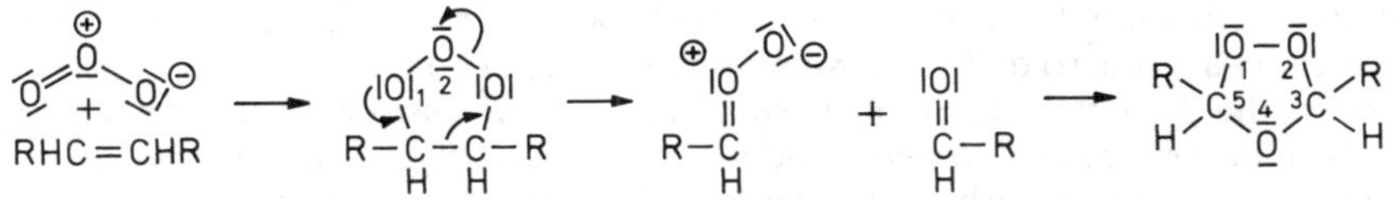

Primärozonid Carbonyloxid Carbonylverbindung Ozonid

2.2.5.9 *Die katalytische Hydrierung der C=C-Doppelbindung* in Alkenen zu Alkanen kann bei Raumtemperatur und geringem Wasserstoff-Überdruck in Gegenwart von Platinschwarz (*Willstätter*) oder Palladium (*Paal* und *Skita*) unter heterogener Katalyse durchgeführt werden:

$$R{-}CH{=}CH{-}R \xrightarrow{+\,2\,H} R{-}CH_2{-}CH_2{-}R$$

Im Laboratorium benutzt man vielfach den PtO_2-Katalysator nach *Adams*, der durch Verschmelzen von Hexachloroplatin(IV)-säure mit Natriumnitrat darstellbar ist. Zu Beginn der Hydrierung erfolgt Reduktion des Platin(IV)-oxids zu hochaktivem, feinsuspendiertem Platin. Als weiterer Katalysator hat sich *Raney*-Nickel, das durch Einwirkung von warmer Natronlauge auf eine Nickel-Aluminium-Legierung gewonnen wird, bewährt.

Zur homogenen Katalyse der Hydrierung mit *Wilkinson* Katalysator bei Raumtemperatur mit Wasserstoff von normalem Druck vgl. S. 381*ff.*

In der Technik werden außer Nickel (*Sabatier* und *Senderens*) auch andere Metalle, z. B. Eisen, Chrom, Kobalt oder Kupfer, als *Hydrierungskatalysatoren* verwendet. Da diese Metalle eine geringe Aktivität aufweisen, erfordern sie Temperaturen von 200–300 °C (475–575 K) und hohe Drucke. Derartige Hydrierungen finden meist in der Dampfphase statt.

2.2.5.10 Über die *Addition von Diboran* an Alkene (s. S. 182*f.*).

2.3 Polymerisation der Alkene und Vinylderivate

Die Polymerisation ist eine der wichtigsten Umsetzungsmöglichkeiten der Alkene und ihrer Derivate und läßt sich allgemein folgendermaßen formulieren:

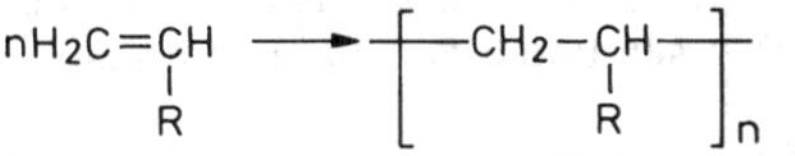

Monomeres Polymerisat oder Polymeres

[1] Vgl. *R. Criegee*, Mechanismus der Ozonolyse, Angew. Chem. *87*, 765 (1975); *R. Huisgen*, Chemie in unserer Zeit *12*, 49 (1978); *P. S. Bailey*, Ozonation in Organic Chemistry, 2 Bände (Academic Press, New York 1982).

Der entscheidende Schritt ist die Aktivierung einer C=C-Doppelbindung, die auf verschiedene Weisen erfolgen kann. Ist diese erreicht, so wächst die Kette in der Regel geradlinig fort unter Bildung von *Linearmolekülen* (Fadenmolekülen). Unter bestimmten Bedingungen kann die Kette von einer Stelle aus auch in zwei verschiedenen Richtungen weiterwachsen, so daß es zu *Kettenverzweigungen* kommt.
Substanzen, die die Polymerisation zu *Makromolekülen*[1] auslösen, bezeichnet man entweder als *Initiatoren* bzw. *Aktivatoren* oder auch als *Katalysatoren,* die zwar meist während der Polymerisation verbraucht werden, aber nur in katalytischen Mengen erforderlich sind. Man unterteilt sie in *drei Hauptgruppen,* je nachdem, ob sie eine Radikal-, Ionen- oder koordinative Kettenpolymerisation einleiten. Die Radikalbildung kann bei einigen Monomeren auch thermisch oder durch kurzwellige Strahlung angeregt werden.

2.3.1 Radikalkettenpolymerisation

Diese Polymerisationsart ist die wirtschaftlichste, weil sie in wäßriger Emulsion oder Suspension durchgeführt werden kann. Es entstehen dabei Makromoleküle mit einer großen Streuung der Kettenlängen. Ausgelöst wird die Polymerisation meist durch Initiatoren (*Radikalbildner*), zu denen vor allem Sauerstoff, Wasserstoffperoxid und organische Peroxide, wie Diacylperoxide oder Cumylhydroperoxid, sowie aliphatische Azoverbindungen, z. B. das α, α'-Azo-isobutyronitril (1,1'-Dimethyl-1,1'-dicyan-azoethan),$(H_3C)_2(CN)C-N=N-C(CN)(CH_3)_2$, zählen.

Der *Mechanismus der Radikalkettenpolymerisation* läßt sich wie folgt formulieren:

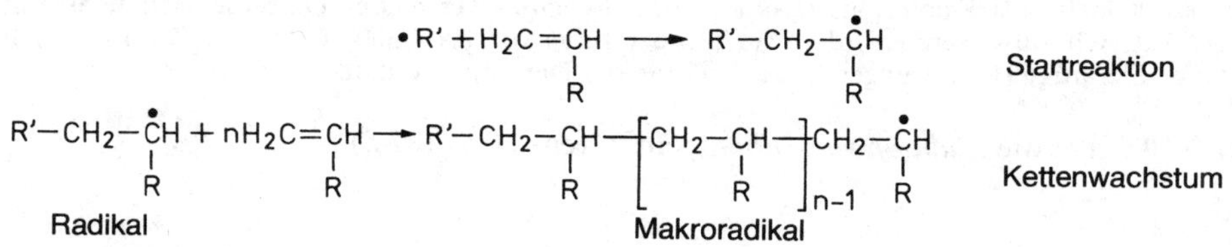

Danach erfolgt die Aktivierung der C=C-Doppelbindung durch das aus dem *Initiator* entstandene *freie Radikal* •R' unter Bildung eines neuen Radikals, das die „Wachstumsreaktion" einleitet. Diese führt unter Addition neuer Monomerer zum Makroradikal, das durch Kettenabbruch in das stabile Makromolekül übergeht. Die Kettenabbruchreaktionen können sehr verschiedener Natur sein. Die Regioselektivität des Kettenwachstums hängt vorwiegend von sterischen Effekten ab[2].
Sämtliche Radikalkettenpolymerisationen lassen sich durch *Inhibitoren (Antioxidantien),* z. B. Hydrochinon, Pyrogallol, Thiophenole u. a., verlangsamen oder gar verhindern. Diese werden daher als *Regler* sehr rasch verlaufender Polymerisationen oder als *Stabilisator* für monomere Vinylverbindungen verwendet.

Eine wichtige Funktion der *Regler* ist die *Kettenübertragung,* bei der das Wachstum eines Makroradikals abgeschlossen und eine neue Kette gestartet wird:

[1] Vgl. *H.-G. Elias,* Makromoleküle (Hüthig und Wepf Verlag, Basel 1981); *Houben-Weyl,* Methoden der organischen Chemie, Makromolekulare Stoffe, 4. Aufl., E 20 (Thieme Verlag, Stuttgart 1987); *A. Franck* et al., Kunststoffkompendium (Vogel-Buchverlag, Würzburg 1987).
[2] Vgl. *B. Giese,* Knüpfung von CC-Bindungen durch Addition von Radikalen an Alkene, Angew. Chem. *95,* 771 (1983); Radicals in Organic Synthesis: Formation of Carbon Bonds (Pergamon Press, Oxford 1987).

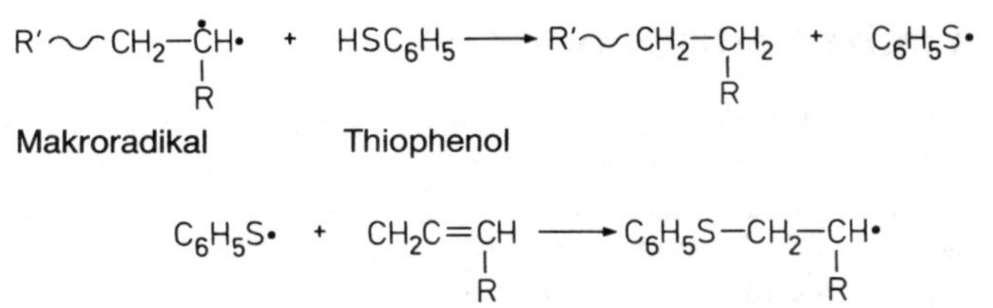

Auf diese Weise lassen sich Makromoleküle von ziemlich einheitlicher Kettenlänge erzeugen.

2.3.2 Ionenkettenpolymerisation

Die zweite Polymerisationsart sind die Ionenkettenpolymerisationen, die durch kationische (*elektrophile:* saure) oder anionische (*nucleophile:* basische) Initiatoren gestartet werden. Wasser würde derartige Initiatoren sofort zerstören; deshalb kann die Ionenkettenpolymerisation nur in organischen Lösungsmitteln durchgeführt werden, mit denen die Initiatoren nicht reagieren.

2.3.2.1 Kationische Polymerisation. Zu den Katalysatoren des kationischen Reaktionstyps gehören die *Lewis*-Säuren, wie Borfluorid, Aluminiumchlorid, Titan(IV)-chlorid und Zinn(IV)-chlorid, die jedoch nur in Gegenwart von Säure- oder Wasser-Spuren die Polymerisation einleiten. So führt die Reaktion eines geeigneten Alkens, z. B. eines Vinylethers, mit *Borfluorid* zu einem *Carbenium-Ion,* das die kationische Ionenkettenpolymerisation auslöst:

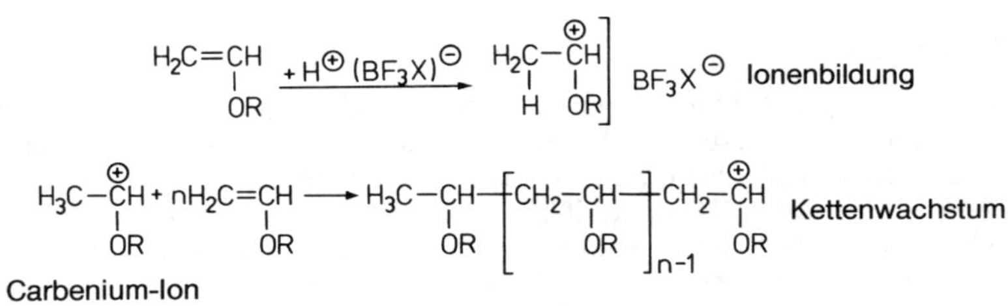

Der Abbruch der Ketten wird durch Anionen bewirkt.

2.3.2.2 Anionische Polymerisation. Die Katalysatoren des anionischen Reaktionstyps sind basischer Natur, z. B. Metallalkyle, Alkoholate, Metallamide oder Metallhydroxide. Läßt man *Natriumamid* auf ein geeignetes Alken (R″=COOR, CN) einwirken, so bildet sich nachstehendes *Carbanion,* das die anionische Ionenkettenpolymerisation auslöst:

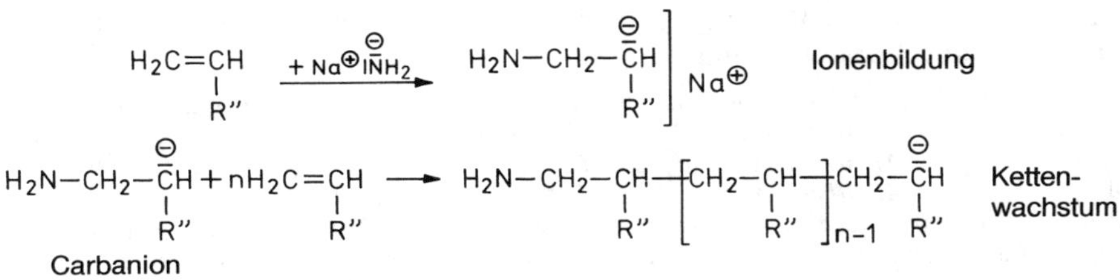

Der Kettenabbruch erfolgt durch Kationen.

2.3.3 Koordinative Kettenpolymerisation

Bei der als *Ziegler-Natta-Katalysatoren* bezeichneten Gruppe metallorganischer Mischkatalysatoren spielt sich die Kettenreaktion an einem Metallkomplex ab. In dem folgenden Schema ist er als Al/Ti abgekürzt, der Zusammensetzung des ersten *Ziegler-Katalysators* entsprechend. Die Monomeren werden mit E bezeichnet und in der Reihenfolge numeriert, mit der sie in die Reaktion eintreten:

$$Al/Ti \xrightarrow{E_1} Al/Ti{-}E_1 \xrightarrow{E_2} Al/Ti{-}E_2{-}E_1 \rightarrow \rightarrow \rightarrow Al/Ti{-}E_n - - - E_2{-}E_1$$

Der grundlegende Unterschied der koordinativen Kettenpolymerisation gegenüber den vorher behandelten Polymerisationsarten besteht darin, daß die Kette nicht von dem freien *Ende* her wächst, sondern vom *Anfang* her; jedes neue Monomere wird nämlich zunächst koordinativ an den Metallkomplex gebunden, dort aktiviert und zwischen den Metallkomplex und die wachsende Kette eingebaut. Dabei kann es so ausgerichtet werden, daß eine *stereoreguläre Polymerisation* eintritt. Der Kettenabbruch kann z. B. durch thermische Spaltung der Bindung zwischen Al/Ti und E_n erfolgen.

2.3.4 Polymerisation der Alkene

Die Polymerisation der Monoolefine führt in Abhängigkeit von den jeweils eingesetzten Katalysatoren und dem damit verbundenen Polymerisationsgrad zu öligen oder festen Polymerisaten.

2.3.4.1 Polyethylen

Die Polymerisation des Ethylens kann nach dem ionischen, radikalischen oder koordinativen Mechanismus verlaufen. Als Lösungs- oder Verdünnungsmittel werden meist aliphatische, cycloaliphatische oder aromatische Kohlenwasserstoffe benutzt.

a) In Gegenwart von *Lewis*-Säuren ($AlCl_3$, BF_3) läßt sich Ethylen in einem Lösungsmittel bei 30 – 50 bar (3 – 5 MPa) *kationisch* in niedermolekulare Polymere (Molmasse ~ 400) überführen, die wegen ihrer hohen Viskosität und ihres niedrigen Erstarrungspunkts als Schmieröle verwendet werden. Da Aluminiumchlorid zugleich isomerisierend wirkt, entstehen hierbei stark verzweigte Paraffine.

b) **Hochdruckverfahren der ICI** (Imperial Chemical Industries).

Die *Radikalkettenpolymerisation* von Ethylen zu hochmolekularen Produkten gelingt durch Anwendung sehr hoher Drucke (1000 – 2000 bar; 100 – 200 MPa) bei etwa 200 °C (475 K) unter genauer Dosierung des als *Initiator* wirksamen Sauerstoffs (0,05 – 0,1%). Der Prozeß verläuft kontinuierlich mit 10 – 15proz. Ausbeute bei einem Durchgang. Das flüssige Polyethylen wird auf Normaldruck entspannt und das aus der Schmelze erstarrte Produkt granuliert.

Hochdruckpolyethylen besteht aus langkettigen, verzweigten Alkanen mit einer relativen Molekülmasse von über 10 000, zeichnet sich durch hohe Elastizität und Biegsamkeit aus und ist z. B. als *Baylon* (Bayer), *Mirathen* (Leuna), *Lupolen* (BASF), *Hostalen* (Hoechst), *Polythen* (Wolff Walsrode AG) und *Alkathen* (ICI) im Handel. Es schmilzt bei etwa 115 °C (390 K), ist in der Wärme verformbar und findet vielseitige Verwendung für Folien, Filme, Haushaltsgeräte, Schutzgehäuse, Armaturen, Zahnräder und andere Maschinenteile sowie als Isoliermaterial für elektrische Geräte und Kabel. Wegen seiner geringen Dichte wird es allgemein LDPE (**L**ow **D**ensity **P**olyethylene) genannt.

c) Führt man die Polymerisation von Ethylen in Methanol als Lösungsmittel mit Dibenzoylperoxid als *Initiator* bei 110–120 °C (385–395 K) und 200–300 bar (20–30 MPa) durch, so entstehen *Polymere vom Wachstyp* (Lupolen N) mit einer relativen Molekülmasse von 2000–3000.
d) **Mitteldruckverfahren** (Phillips-Petroleum Comp.).
Bei diesem Prozeß wird Ethylen bei 150–180 °C (425–455 K) und 35 bar (3,5 MPa) in einem Lösungsmittel, z. B. einer Xylolfraktion, am Chrom(VI)-oxid/Aluminiumsilikat-Kontakt polymerisiert. Es entsteht ein fast vollständig linear gebautes, kristallines Polyethylen (Marlex) von der relativen Molekülmasse 5000–20 000.
e) **Mülheimer-Normaldruckverfahren** (*Ziegler*-Verfahren).
1957 gelang *K. Ziegler*[1] die Polymerisation von Ethylen bei Normaldruck und niedrigen Temperaturen (70 °C [345 K]) in Gegenwart *metallorganischer Mischkatalysatoren*, z. B. einer Triethylaluminium-Titan(IV)-chlorid-Kombination z. B. in Isododecan. Im Gegensatz zum Hochdruckpolyethylen besteht das so gewonnene bis zu 80% *kristalline* Polyethylen aus fast unverzweigten Paraffinketten, deren relative Molekülmasse zwischen 10 000 und 6 Millionen variieren kann. Technische Bedeutung besitzen besonders die Polymerisate mit relativen Molekülmassen von 50 000–100 000.

$$n\,H_2C=CH_2 \longrightarrow [-CH_2-CH_2-CH_2-CH_2-]_{n/2}$$

Normaldruckpolyethylen

Dieser Thermoplast übertrifft in seiner Dichte deutlich das LDPE und heißt daher auch HDPE (**H**igh **D**ensity **P**oly**e**thylene). Er eignet sich wegen der erhöhten Steifheit des Materials besonders für im Spritzgußverfahren herstellbare Produkte, z. B. für Haushaltsgegenstände und Rohre sowie als Faserstoff für Filtertücher. In der pharmazeutischen Technologie wird er im Gemisch mit Paraffinöl zur Herstellung einer „Vaseline" verwendet, die sich durch einen stabilen Fließpunkt auszeichnet (*Plastibase*).

2.3.4.2 Polypropylen

Propen wird in großer Menge aus den Crackgasen mit Hilfe der Druckdestillation gewonnen. Es kann *nur* durch koordinative Kettenpolymerisation zu Makromolekülen verknüpft werden.
a) **Stereoreguläre Polymerisation**[2] (*Natta*-Verfahren).
Im Jahre 1956 konnte *Natta* die *stereoreguläre* Polymerisation unsymmetrischer Monoolefine, wie Propen, Vinylether und Styrol, in Gegenwart modifizierter *Ziegler*-Katalysatoren, z. B. von Aluminiumtriethyl und violettem α-Titan(III)-chlorid, als koordinative Kettenpolymerisation durchführen. Hierbei arbeitet man mit heterogenen Initiatorsystemen und erhält z. B. aus Propen bis zu 95% *isotaktisches* Polypropylen vom Schmp. 176 °C (449 K).
Die Kettenabschnitte isotaktischer Polymerer weisen eine regelmäßige Wiederholung von monomeren Einheiten mit tertiären C-Atomen gleicher Konfiguration auf. Denkt man sich die C-Atome der Hauptkette zickzackförmig in einer Ebene angeordnet, so stehen die Substituenten ($R=CH_3$) in diesem Fall entweder alle oberhalb oder unterhalb der Ebene (Abb. 46).

---

[1] Vgl. *K. Ziegler* et al., Das Mülheimer Normaldruck-Polyethylen-Verfahren, Angew. Chem. *67*, 541 (1955) und *71*, 623 (1959); *K. Ziegler*, Folgen und Werdegang einer Erfindung, ebenda *76*, 545 (1964).
[2] Vgl. *G. Natta*, Von der stereospezifischen Polymerisation zur asymmetrischen autokatalytischen Synthese von Makromolekülen, Angew. Chem. *76*, 553 (1964).

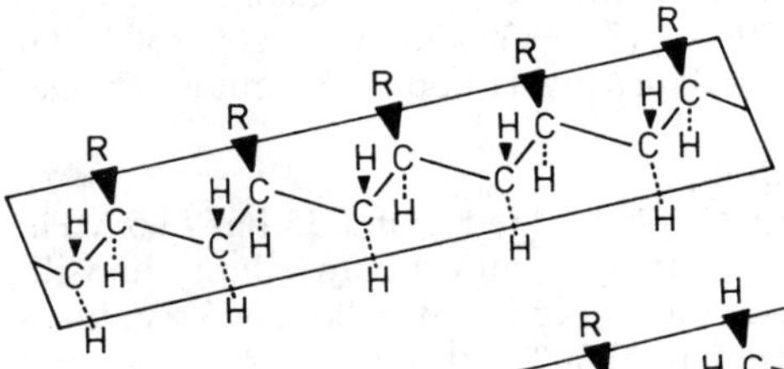

Abb. 46

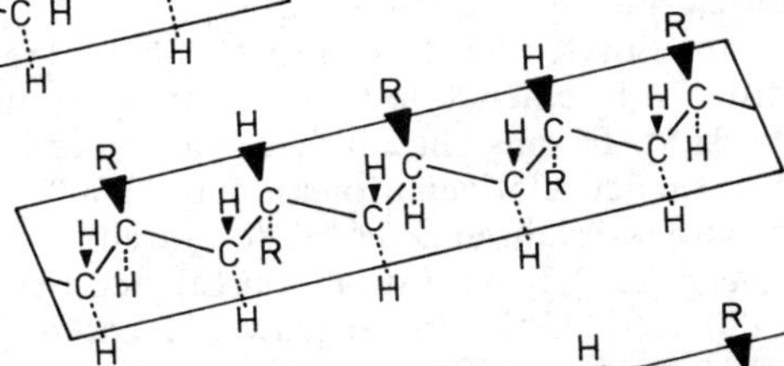

Abb. 47

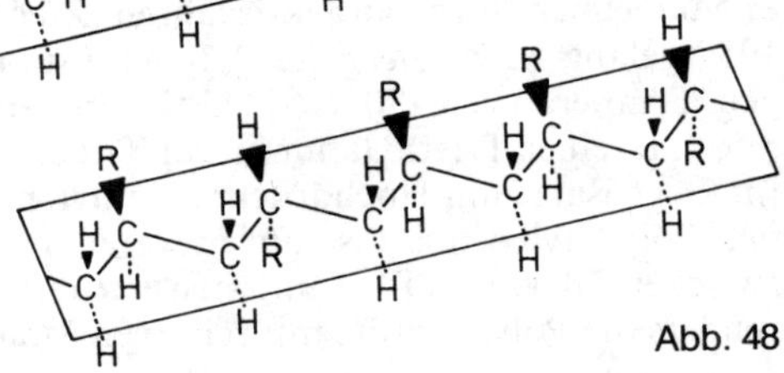

Abb. 48

Die regelmäßige Abfolge der Seitenketten ist darauf zurückzuführen, daß das Monomere bei der Koordination im Metallkomplex stereochemisch in gleicher sterischer Anordnung in das Molekül eingeführt wird[1].

Neben der isotaktischen Anordnung der Substituenten R können diese auch alternierend oberhalb und unterhalb der Ebene (Abb. 47) oder ganz unregelmäßig angeordnet sein (Abb. 48). Im ersten Fall spricht man von *syndiotaktischen,* im zweiten von *ataktischen* Polymeren, allgemein von *Taktizität.*
Bei richtiger Wahl der Polymerisationsbedingungen lassen sich z. B. aus Propen Polymere mit isotaktischer, syndiotaktischer oder ataktischer Struktur erhalten. Die ersten beiden sind kristallin, das ataktische Polymere ist wegen seiner unregelmäßigen Struktur amorph.

Isotaktisches Polypropylen ist härter, steifer und klarer als Polyethylen und wird z. B. zur Fabrikation von Fasern und Filmen verwendet. Handelsnamen sind: *Hostalen PP* (Hoechst), *Vestolen P* (Hüls), *Moplen* (Montecatini, Italien) und *Pro-fax* (Hercules Inc., USA).

b) Bei der *Copolymerisation* von Propen mit Ethylen in Gegenwart spezieller *Ziegler-Natta*-Katalysatoren, z. B. von Diethylaluminiumchlorid und Triethylorthovanadat, $OV(OC_2H_5)_3$, erhält man kautschukähnliche *Elastomere* (EPM), die sich mit Peroxiden vernetzen lassen (*Natta*, 1957).

Mit einem Dien, z. B. 5-Ethylidennorbornen (S. 399) als drittem Polymerisationspartner (Terpolymerisation) erhält man Produkte, die in den Seitenketten noch Doppelbindungen enthalten (EPDM) und somit vulkanisierbar sind. Bei Alterung im Bereich der Doppelbindungen in den Seitenketten wird die Hauptkette *nicht* geschädigt.

2.3.4.3 Poly-1-buten

Wie Propen läßt sich auch 1-Buten mit *Natta*-Katalysatoren stereoregulär zu *isotaktischem* Poly-1-buten polymerisieren:

---

[1] Vgl. *W. Kaminsky* et al., Polymerisation von Propen und Buten mit einem chiralen Zirconocen und Methylaluminoxan als Cokatalysator, Angew. Chem. *97,* 507 (1985).

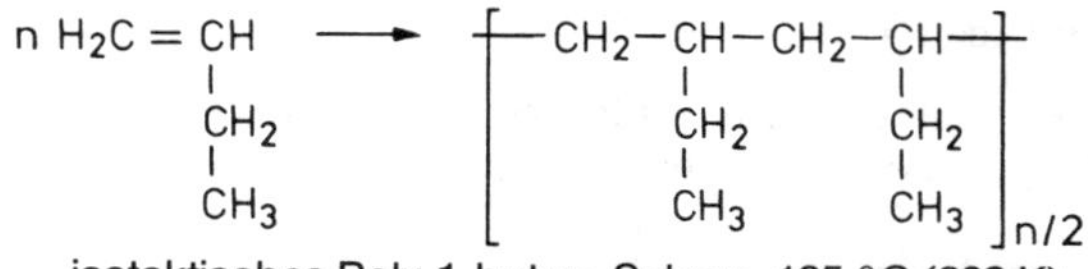

isotaktisches Poly-1-buten, Schmp. 125 °C (398 K)

Dieses kristalline Polymerisat (Vestolen BT) zeichnet sich durch hohe Zug- und Zerreißfestigkeit aus und ist daher besonders zur Herstellung von Folien und Rohren geeignet.

2.3.4.4 Polyisobuten

Isobuten, das aus der C_4-Fraktion der Crackgase und synthetisch zugänglich ist, polymerisiert weder durch Licht oder Wärme noch durch Radikalbildner, sondern nur bei niedrigen Temperaturen in Gegenwart von *Lewis*-Säuren.
a) Die *kationische Polymerisation* des Isobutens verläuft bei −80 °C (195 K) mit *Borfluorid* als Katalysator und führt mit steigendem Polymerisationsgrad von Schmierölen über klebrige Massen zu kautschukartigen Produkten (Oppanol B, Vistanex).

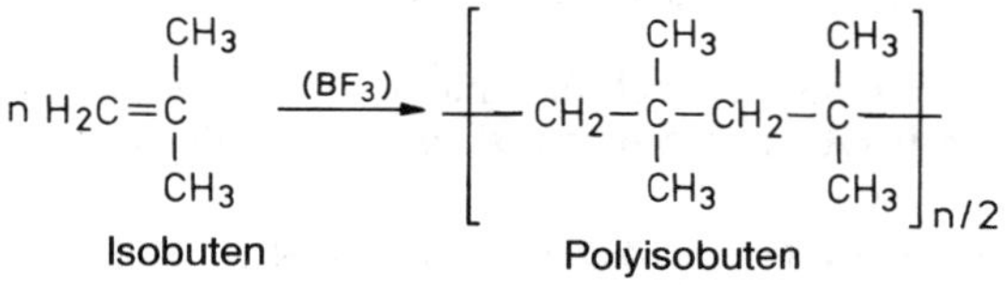

Isobuten Polyisobuten

Diese Polymeren besitzen im Gegensatz zum Kautschuk keine Doppelbindungen im Molekül, sind daher gegen Luftsauerstoff beständig und mit Schwefel nicht vulkanisierbar. Sie werden zum Auskleiden von Gefäßen und als Isoliermaterial für Kabel benutzt.

b) Bei der *Copolymerisation* von Isobuten mit geringen Anteilen von Isopren oder Butadien (1−5%) bei −80 °C (195 K) mit *Aluminiumchlorid* als Katalysator entsteht vulkanisierbarer *Butylkautschuk* (IIR), der nur wenige Doppelbindungen im Molekül enthält. Er wird wegen seiner äußerst geringen Gasdurchlässigkeit zur Fabrikation von Kraftfahrzeugschläuchen verwendet.

2.3.5 Polymerisation der Vinylverbindungen

Zu den leicht polymerisierbaren Vinylverbindungen zählen Vinylchlorid, $H_2C=CHCl$, Vinylidendichlorid, $H_2C=CCl_2$, Vinylether, $H_2C=CH-OR$, und Vinylacetat, $H_2C=CH-O-COCH_3$. Durch die einseitige Substitution eines oder zweier H-Atome im Ethylen durch Atome oder Atomgruppen, die gegenüber dem C-Atom eine größere Elektronegativität aufweisen, ist die C=C-Doppelbindung mehr oder weniger stark polar und somit die ionische Polymerisation begünstigt. Man sollte daher erwarten, daß sich diese Verbindungen vorwiegend nach dem ionischen Mechanismus polymerisieren. Dies ist jedoch nur bei den Vinylethern der Fall. Vinylhalogenide oder Vinylacetat polymerisieren sich bevorzugt nach dem Radikalmechanismus.

Ferner gehören die Acrylsäurederivate, Styrol (Vinylbenzol) und Tetrafluorethylen zu den leicht polymerisierbaren Ethylenderivaten, die jedoch erst in den diesbezüglichen Kapiteln näher behandelt werden.

2.3.5.1 Polyvinylchlorid (PVC)

Die Polymerisate des Vinylchlorids zählen zu den wichtigsten *Thermoplasten.* Das Monomere wird aus Acetylen oder Ethylen gewonnen, es wirkt *carcinogen.*

Darstellung des Vinylchlorids

a) *Durch Anlagerung von Chlorwasserstoff an Acetylen* bei 200 °C (475 K) unter Druck in Gegenwart von Quecksilber(II)-chlorid auf Aktivkohle:

$$\underset{\text{Acetylen}}{HC \equiv CH + HCl} \xrightarrow{(Hg^{2\oplus})} \underset{\text{Vinylchlorid (Sdp. } -13{,}8\ ^\circ\text{C [259,4])}}{H_2C = CHCl}$$

b) Aus dem *Ethylen* der Crackgase *durch Addition von Chlor, wobei 1,2-Dichlor-ethan* entsteht, und anschließende HCl-Abspaltung am Aluminiumoxid-Kontakt bei 300–350 °C (575–625 K):

$$\underset{\text{Ethylen}}{H_2C = CH_2} \xrightarrow{+\,Cl_2} \underset{\text{1,2-Dichlor-ethan}}{ClH_2C-CH_2Cl} \xrightarrow[-\,HCl]{(Al_2O_3)} \underset{\text{Vinylchlorid}}{H_2C = CHCl}$$

Vorwiegend gewinnt man das 1,2-Dichlor-ethan *durch oxidative Chlorierung* (Oxochlorierung) *von Ethylen* mit HCl und Sauerstoff in der Gasphase mit $CuCl_2$ als Katalysator:

$$H_2C = CH_2 + 2\,HCl + 1/2\,O_2 \rightarrow ClH_2C-CH_2Cl + H_2O \qquad \Delta H = -239\ \text{kJ/Mol}$$

Die *Polymerisation des Vinylchlorids wird radikalisch* in Gegenwart von Peroxiden – meist in wäßriger Emulsion oder Suspension – unter Bildung von festem Polyvinylchlorid (PVC) durchgeführt:

$$\underset{\text{Vinylchlorid}}{n\ H_2C{=}\underset{\displaystyle Cl}{\underset{|}{CH}}} \longrightarrow \underset{\text{Polyvinylchlorid}}{\left[CH_2-\underset{\displaystyle Cl}{\underset{|}{CH}} \right]_n}$$

Zur weiteren Verarbeitung läßt man das *PVC*-Pulver, das 56,6% Chlor enthält und bei etwa 80 °C (355 K) zu erweichen beginnt, bei 150–170 °C (420–440 K) zusammensintern und preßt es in Formen. Da bei der thermischen Beanspruchung von *PVC* Chlorwasserstoff entsteht und dieser den weiteren Zerfall katalysiert, werden als *Stabilisatoren* Salze schwacher Säuren, z. B. Natriumcarbonat oder organische Zinnverbindungen zugesetzt.

PVC findet vielseitige technische Anwendung, z. B. für Haushaltsgegenstände, Platten, Rohre, Ventile und Hähne sowie für Apparateauskleidungen. Durch Zusatz von *Weichmachern,* z. B. von Phthalsäureestern (Palatinole) oder Adipinsäureestern erhält man Weich-*PVC* mit einer Elastizität, die es zur Fabrikation von Kunstleder, Regenmänteln, Fußbodenbelag und Schläuchen geeignet macht.

Für Spezialzwecke, die eine niedrigere Verarbeitungstemperatur und erhöhte Löslichkeit des Materials verlangen, wird Vinylchlorid mit Vinylacetat, Vinylethern, Acrylsäureestern oder Acrylnitril *copolymerisiert.*

2.3.5.2 Polyvinylidenchlorid

Vinylidendichlorid, $H_2C{=}CCl_2$, Sdp. 37 °C (310 K), erhält man durch Reaktion von Chlor mit Vinylchlorid oder 1,2-Dichlorethan zu *1,1,2-Trichlor-ethan,* aus dem mit Natronlauge Chlorwasserstoff abgespalten wird:

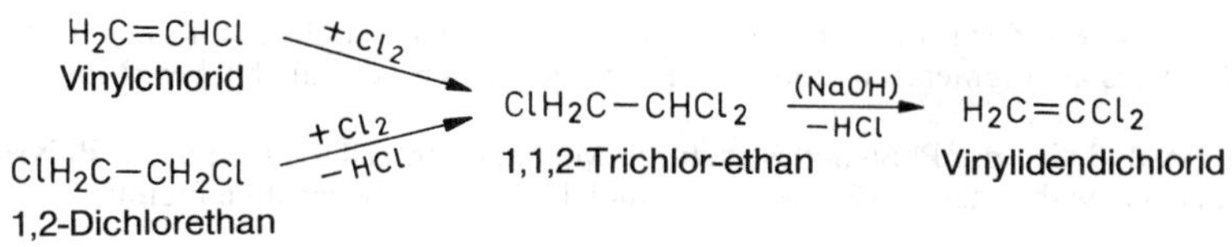

Die *Polymerisation* des Vinylidendichlorids geht in analoger Weise wie beim Vinylchlorid vor sich:

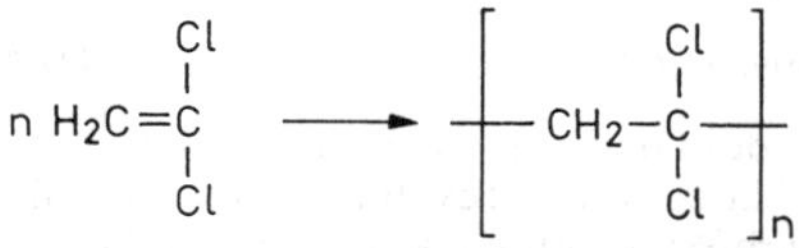

Polyvinylidenchlorid

Für technische Zwecke führt man eine *Copolymerisation* von Vinylidendichlorid mit Vinylchlorid durch. Die dabei entstehenden Polymerisate (Diophan, Vertan) werden als Folien oder Fasern zu Filtertüchern, Transportbändern und säurefesten Tauen verarbeitet. Das Copolymerisat (Diorit) aus Vinylidendichlorid und Acrylnitril dient u. a. zur Herstellung von Borsten.

2.3.5.3 Polyvinylether

Vinylether, $H_2C{=}CH{-}OR$, gehören zu den Enolethern (vgl. S. 216), sie werden technisch *durch Addition eines Alkohols an Acetylen* hergestellt (s. Vinylierung).
Die *Polymerisation* der Vinylether[1] erfolgt mit *Borfluorid* als Katalysator nach dem *kationischen* Mechanismus:

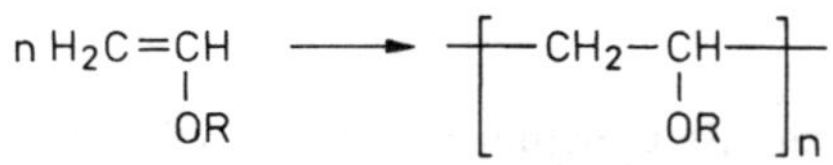

Polyvinylether

Bei der *Copolymerisation* mit anderen Vinylmonomeren lassen sich die Vinylether auch *radikalisch* polymerisieren.
Die Polyvinylether (Lutonale) werden als Appreturmittel für Textilien, als Lackrohstoffe, Leim- und Klebstoffe und der Polyvinylisobutylether als Lederfettungsmittel (Densodrin) benutzt.

2.3.5.4 Polyvinylacetat

Vinylacetat, $H_2C{=}CH{-}O{-}COCH_3$, Sdp. 72 °C (345 K)/970 mbar (970 hPa), wird technisch *durch Addition von Essigsäure an Ethylen* in Anwesenheit von Palladiumsalzen, Kupfer und Sauerstoff (*oxidative Acetylierung*) hergestellt:

$$\underset{\text{Ethylen}}{H_2C{=}CH_2} + \underset{\text{Essigsäure}}{H_3CCOOH} + \tfrac{1}{2}\,O_2 \xrightarrow{\text{(Kat.)}} \underset{\text{Vinylacetat}}{H_2C{=}CH{-}O{-}COCH_3} + H_2O \quad \Delta H = -176\ \text{kJ/Mol}$$

Vinylacetat polymerisiert sich leicht unter Einwirkung von Wärme, Licht oder Peroxiden zu *Polyvinylacetat:*

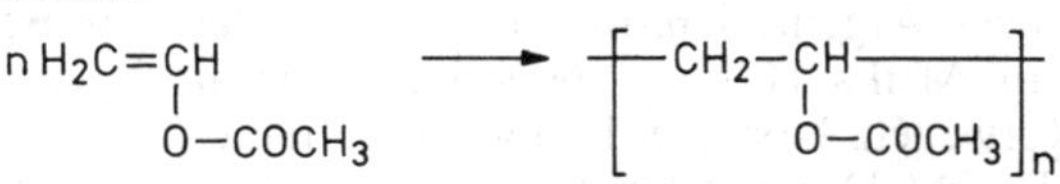

Polyvinylacetat

[1] Vgl. *G. Natta* et al., Stereospezifische Polymerisation von Vinyläthern, Angew. Chem. *71*, 205 (1959).

Diese Polymerisate (Mowilith) sind in organischen Lösungsmitteln gut löslich und werden in Form von Latices als Pigmentbindemittel für Anstrichfarben oder als Kleber (Mowicoll, Vinalit) verwendet.
Interessant ist, daß sich die Polyvinylester durch Methanol unter Umesterung zu **Polyvinylalkoholen** spalten lassen, wobei das Gerüst der makromolekularen Kette erhalten bleibt:

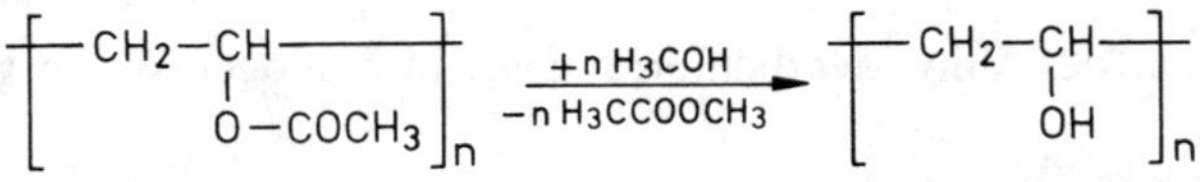

Polyvinylacetat Polyvinylalkohol

Technisch werden etwa 50% des Polyvinylacetats zu Polyvinylalkohol verarbeitet, der wegen seiner stärkeähnlichen Eigenschaften in der Textilindustrie, sowie als Haftvermittler für die lichtempfindliche Schicht der Farbfernsehröhre und als Schutzkolloid verwendet wird. Auf direktem Wege ist Polyvinylalkohol nicht darstellbar, da der monomere Vinylalkohol, $H_2C{=}CHOH$, sich sofort zu Acetaldehyd isomerisiert.

2.4 Erdölchemie

Zur Erdölindustrie gehören die Gewinnung des Erdöls sowie des Erdgases und die damit verbundene Erzeugung von Benzin, Dieseltreibstoff, Heizöl, Schmieröl, Paraffin und Bitumen.
In engem Zusammenhang damit steht – besonders in erdölarmen Ländern – die Gewinnung synthetischer Treibstoffe auf der Basis von Braun- und Steinkohle, die daher in diesem Kapitel mitbehandelt werden soll.

2.4.1 Erdöl und Erdgas

Das *Erdöl*, dessen Entstehung hauptsächlich auf die bakterielle Zersetzung organischer Stoffe maritimen Ursprungs zurückgeht, zählt zu den natürlichen, fossilen Rohstoffen[1]. Seine wirtschaftliche Bedeutung verdankt es den vielseitigen Veredelungsmöglichkeiten.
Die *Hauptvorkommen* an Erdöl liegen im Mittleren Osten (Saudi-Arabien, Kuwait, Iran, Irak, Abu-Dhabi), in Nordamerika (Texas, Pennsylvanien, Kalifornien, Alaska, Mexiko, Kanada), in der Sowjetunion (Ural-Wolga-Gebiet, Kaukasus, Sibirien), in Südamerika (Venezuela, Argentinien, Brasilien, Chile, Peru), in Fernen Osten (China, Indien, Malaysia), in Afrika (Libyen, Nigeria, Algerien, Ägypten), in Westeuropa (Großbritannien, Norwegen, Nordsee, Italien) und kleinere in Deutschland (Emsland, Hannover, Mecklenburg)[2]. Die gesicherten Erdölreserven werden heute auf mindestens

[1] Vgl. *J. M. Hunt*, Petroleum Geochemistry and Geology (Freeman, San Francisco 1979).
[2] Vgl. Weltatlas Erdöl und Erdgas, 3. Aufl. (Westermann Verlag, Braunschweig 1982).

$90 \cdot 10^9$ Tonnen geschätzt[1], davon etwa 50% im Mittleren Osten; die gesicherten Erdgasreserven auf $100 \cdot 10^{12}$ m^3, davon 40% in der Sowjetunion und 14% in den Vereinigten Staaten.

Die *Zusammensetzung der Erdöle* ist je nach der Herkunft sehr verschieden. Sie stellen ein komplexes Gemisch aus Kohlenwasserstoffen der Paraffin-, Naphthen- und Aromaten-Reihe dar. Während z. B. das pennsylvanische Erdöl hauptsächlich aus Paraffinen besteht, enthält die sowjetische und rumänische Naphtha bis zu 80% cyclische Kohlenwasserstoffe, die Naphthene. Danach unterscheidet man zwischen *paraffinbasischen* und *naphthenbasischen* Erdölen. Erstere enthalten verhältnismäßig wenig aromatische Kohlenwasserstoffe, naphthenbasische sind reicher daran.

Die wichtigsten Naphthene sind *Cyclopentan* und *Cyclohexan* sowie deren Alkylderivate.

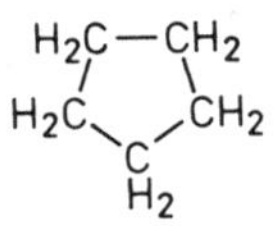
Cyclopentan

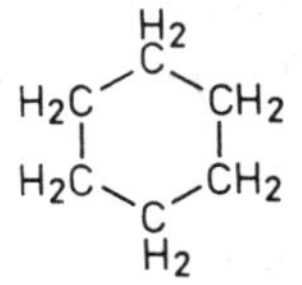
Cyclohexan

Eine Sonderstellung nehmen die indonesischen Erdöle ein, in denen bis zu 40% aromatische Kohlenwasserstoffe, wie *Benzol, Toluol, Xylole* (Dimethylbenzole) und höhere Homologe, vorkommen.

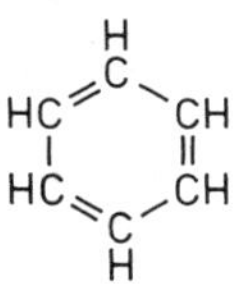
Benzol

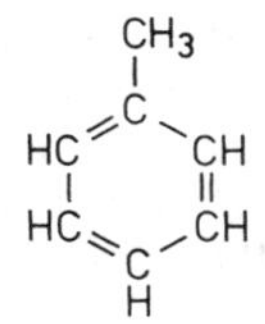
Toluol (Methylbenzol)

Erdöle enthalten zwischen 0,1 und 10% organisch gebundenen *Schwefel*, der in Form von Mercaptanen, Sulfiden, Disulfiden, Thiacyclen, Thiabicyclen und Thiophenderivaten vorliegen kann. Ferner finden sich geringe Mengen *stickstoffhaltiger* Basen, wie Pyridin- und Chinolinderivate, sowie als *sauerstoffhaltige* Verbindungen die Naphthensäuren im Erdöl. Letztere wurden als Abkömmlinge des Cyclopentans erkannt (*Markownikow, Nenitzescu*).

Förderung des Erdöls. Da die Öllager im Erdinnern unter hohem Druck stehen, genügt die mechanische Anbohrung, um das tiefbraune, durch Sand und Wasser verunreinigte *Rohöl* an die Oberfläche zu fördern. Reicht der Druck nicht aus oder läßt er nach, wird es zutage gepumpt. Die erste grobe Trennung des Öls vom *Erdgas* (Naturgas) erfolgt im Separator.

Erdgas und Erdgasbenzin. Die im Erdgas vorhandenen Benzinanteile (*Erdgasbenzin*) werden durch Komprimieren oder durch Absorption in Öl aus dem Gas entfernt. *Erdgas* besteht vorwiegend aus Methan, daneben können Ethan, Propan, Butan und Isobutan sowie Stickstoff, Schwefelwasserstoff, Kohlendioxid und Helium auftreten. In letzter Zeit wurde eine Reihe neuer, riesiger Erdgasvorkommen entdeckt, u. a. in der Nordsee und in den Niederlanden (Groningen). Zu seiner Verarbeitung wird das Erdgas durch Rohrleitungen den großen Industriezentren zugeführt oder auch als *Fernheiz-*

[1] Bei der Schätzung wird vorausgesetzt, daß die gesicherten Lagerstätten nur zu 30% ausgenutzt werden können.

gas verwendet; es hat etwa den doppelten Heizwert wie das Stadtgas. Die Kohlenwasserstoffe im Erdgas lassen sich unter Druck verflüssigen und durch Tieftemperaturdestillation trennen.
Technisch dient Erdgas als Brenn- und Heizstoff sowie als Ausgangsbasis für die Herstellung von Acetylen, Blausäure, Ruß und von Wasserstoff bzw. *Synthesegas* (vgl. S. 56). Die Erzeugung von *Synthesegas* durch *Kohlevergasung* mit Wasserdampf und Sauerstoff gewinnt trotz des hohen Energiebedarfes an Bedeutung (vgl. S. 373).

Technische Verarbeitung des Rohöls. Das Erdöl wird entweder in der Nähe der Ölfelder aufgearbeitet oder durch Ölleitungen (Pipelines) und Tanker zu den Raffinerien befördert.
Bei der fraktionierten atmosphärischen Destillation werden aus dem Rohöl außer Gas (CH_4, C_2H_6) und *Flüssiggas* (C_3H_8, C_4H_{10}) folgende Fraktionen aufgefangen:

Bis 200 °C (475 K) Rohbenzin[1] (straight-run-Benzine)
175–350 °C (445–625 K) Mitteldestillate (Petroleum und Gasöl)
über 350 °C (625 K) atmosphärischer Rückstand (schweres Heizöl)

Durch Vakuumdestillation werden aus dem atmosphärischen Rückstand noch folgende Fraktionen gewonnen:

Vakuumgasöl
Wachsdestillat
Vakuumrückstand (Bitumen)

Das Rohbenzin wird nach dem Siedebereich in Leichtbenzin – bis etwa 100 °C (375 K) siedend – und Schwerbenzin unterteilt. Es besteht aus isomeren Paraffinen, Naphthenen und Aromaten mit 5 bis ca. 12 C-Atomen in von der Provenienz stark abhängigem Verhältnis. Es liefert bei erneuter Fraktionierung Spezialbenzine (*z. B. Petrolether,* 25–80 °C [300–355 K]) und *Testbenzine* (Lackbenzine, Ligroine) (60–140 °C [355–415 K]).
Diese Benzinfraktionen dienen als Lösungs- und Extraktionsmittel für Öle, Fette und Harze, z. B. in chemischen Reinigungen.
Zu den Mitteldestillaten gehören: Petroleum (Kerosin 175–280 °C [450–555 K]), heute vorwiegend als Treibstoff für Düsenflugzeuge verwendet, sowie Dieseltreibstoff und leichtes Heizöl, die zu 90% unter 360 °C (630 K) sieden müssen.
Vakuumgasöle und Wachsdestillate sind Ausgangsmaterial für die Gewinnung von Schmieröl und Paraffinöl (Weißöl). Dabei werden durch Raffinationsverfahren unerwünschte Bestandteile (Paraffin, kondensierte Aromaten) entfernt. Schwere Schmierölkomponenten gewinnt man durch Extraktion von Vakuumrückständen mit verschiedenen Lösungsmitteln (Entasphaltierung).
Das bei der Schmierölraffination erhaltene Paraffin kann durch Oxidation und Sulfochlorierung weiter umgesetzt werden sowie zur Herstellung von Kerzen und Imprägnierungsmitteln verwendet werden.
Das Bitumen wird unter anderem zur Asphaltierung von Straßen, zur Kohlebrikettierung und zur Herstellung von Dachpappe verwendet.

[1] Häufig findet man die Bezeichnung *Naphtha* für Rohbenzin oder Fraktionen daraus. In der russischen Literatur bedeutet das Wort Naphtha Erdöl.

2.4.2 Treibstoffe aus Erdöl

Die fortschreitende Motorisierung und der damit verbundene Aufschwung der Automobil- und Flugzeugindustrie führten zu einem ständig steigenden Bedarf an Treibstoffen, vor allem an Benzin. Diese Tatsache stellte die Erdölchemie in bezug auf Qualität und Klopffestigkeit der Benzine vor immer neue Aufgaben.

Unter „Klopfen" des Motors versteht man die vorzeitige Entzündung eines Benzin-Luft-Gemisches bei der Kompression, womit ein beträchtlicher Energieverlust verbunden ist. Um die Leistung eines Motors durch erhöhte Kompression bei gleichzeitiger Abnahme des Treibstoffverbrauchs steigern zu können, ist die Herstellung klopffester Benzine erforderlich. Als Maß für die Güte eines Benzins wurde im Jahre 1927 die *Octanzahl* eingeführt, indem man willkürlich dem *n*-Heptan, das ganz besonders zum Klopfen neigt, die Octanzahl 0 und dem Isooctan, das sich erst bei höherer Kompression entzündet, die Zahl 100 zuteilte.

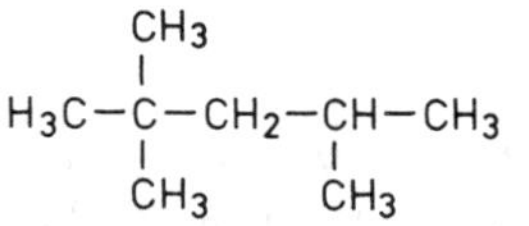

Isooctan (2,2,4-Trimethyl-pentan)

Die Octanzahl eines beliebigen Benzins gibt demnach den Prozentgehalt an Isooctan eines *n*-Heptan-Isooctan-Gemisches an, das die gleiche Klopffestigkeit besitzt.
Das Klopfen des Motors läßt sich auch durch bestimmte *Additive,* die dem Benzin in geringer Menge beigemischt und hier auch als *Antiklopfmittel* (Inhibitoren) bezeichnet werden, verhindern. Das wichtigste Antiklopfmittel ist *Tetraethylblei,* $Pb(C_2H_5)_4$, dem als Bleiausträger halogenierte Kohlenwasserstoffe, z. B. 1,2-Dichlor- bzw. 1,2-Dibrom-ethan u. a., zugesetzt werden, um Bleiablagerungen in den Zylindern der Motoren zu vermeiden. Der Bleigehalt der Auspuffgase belastet die Umwelt ebenso wie die Stickstoffoxide (NO_x) und die nicht vollständig verbrannten Kohlenwasserstoffe. Die Herstellung von bleifreiem Benzin mit vergleichbarer Klopffestigkeit ist mit höheren Kosten verbunden, da die auf S. 88*f.* angegebenen Veredlungsverfahren in größerem Umfang angewandt werden müssen.
Die Zündwilligkeit eines Dieselkraftstoffes wird durch die *Cetanzahl* charakterisiert. Hierbei wird dem *n*-Hexadecan (Cetan), $C_{16}H_{34}$, der Wert 100 und dem α-Methylnaphthalin, $C_{11}H_{10}$, als sehr zündträgem Mischungsbestandteil der Wert 0 zugeteilt.

Da die erhöhte Nachfrage nach Kraftstoffen und leichtem Heizöl durch Destillation des Rohöls nicht gedeckt werden konnte, wurden Crack-Verfahren zur Überführung von schwerem Heizöl in Kraftstoffe und leichtes Heizöl entwickelt (Konversionsverfahren).

2.4.2.1 Thermische Crackung (1913). Dieses erstmalig in den USA angewandte Verfahren bewirkt die thermische Spaltung von Mitteldestillaten und Destillationsrückständen in ein Gemisch niedrigsiedender Kohlenwasserstoffe. Die Crackung erfolgt bei etwa 400 bis 500 °C (675 – 775 K) unter Variation des Druckes von 1 bar (0,1 MPa) (Dampfphase) bis zu 85 bar (8,5 MPa) (Flüssigphase).
Bei der *radikalisch* verlaufenden Crackung findet nicht nur Spaltung der höheren Paraffine in niedermolekulare, sondern gleichzeitig auch Dehydrierung zu Olefinen statt. Ein besonders hoher Nutzeffekt wird dadurch erreicht, daß man Erdöldestillate kleinerer Siedeintervalle der „selektiven" Crackung unterwirft. Die so gewonnenen Benzine zeichnen sich durch relativ hohe Klopffestigkeit aus; ferner fallen hierbei $C_2 – C_4$-Olefine für die Petrolchemie an.

2.4.2.2 Katalytische Crackung (*Houdry*-Verfahren, 1934). Führt man den Crackprozeß in der Dampfphase bei etwa 500 °C (775 K) und niedrigen Drucken (2 bar; 0.2 MPa) in Gegenwart von Katalysatoren (Al_2O_3/SiO_2) durch, so lassen sich Vakuumdestillate und Mitteldestillate in *Crackbenzine* überführen, die beträchtliche Mengen an Olefinen, Isoparaffinen und Aromaten enthalten und eine Octanzahl von über 90 aufweisen.

Da bei allen katalytischen Crackungen der Katalysator nach einiger Zeit infolge unvermeidlicher Koksabscheidung inaktiv wird, muß er kontinuierlich regeneriert werden. Man arbeitet daher nicht mit stationären Katalysatoren, sondern besser im Fließbett- oder im Wirbelschicht-Verfahren.

2.4.2.3 Hydrierende Spaltung (Hydrocrackung). Bei diesem Verfahren werden die bei der katalytischen Crackung ablaufenden Reaktionen von Hydrierungen überlagert, so daß die Ausbeute an gesättigten Kohlenwasserstoffen ansteigt. Schwefelhaltige Verbindungen werden zu gesättigten Kohlenwasserstoffen und Schwefelwasserstoff umgesetzt.

2.4.2.4 Katalytisches Reformingverfahren. Bei diesem Veredelungsprozeß unterwirft man Schwerbenzine einer kurzfristigen Behandlung an Kontakten bei Temperaturen über 500 °C (775 K) und erhöhten Drucken (15 – 70 bar; 1.5 – 7 MPa) in Anwesenheit von Wasserstoff. Dabei laufen folgende Hauptreaktionen ab: Dehydrocyclisierung von Paraffinen zu Aromaten, Umwandlung von Alkylcyclopentanen zu Cyclohexanen, Dehydrierung der Cyclohexane zu Aromaten. Es können Oktanzahlen von über 100 erreicht werden.

Beim **Platforming-Verfahren** (1949) wird ein Pt/Al_2O_3-Katalysator verwendet. Bessere Ausbeuten an flüssigen Kohlenwasserstoffen erreicht man mit bimetallischen Katalysatoren, z. B. $Rh/Pt/Al_2O_3$ (Rheniforming). Die so gewonnenen Benzine besitzen eine Octanzahl von 80 – 90 und sind zugleich eine wertvolle Rohstoffquelle zur Herstellung von Benzol, Toluol und Xylolen für die Petrolchemie.

2.4.2.5 Weitere Verfahren zur Gewinnung hochklopffester Treibstoffe. Da die einzelnen Erdöldestillate sehr verschiedene Zusammensetzung aufweisen, lassen sich nicht alle Fraktionen durch Cracken oder Reformieren auf Benzine mit hoher Octanzahl verarbeiten. Andererseits werden infolge erhöhter Kompression und gesteigerter Drehzahlen der Benzinmotoren immer höhere Anforderungen an die Güte der Treibstoffe gestellt. Dies führte zur Ausarbeitung weiterer Veredelungsverfahren.

a) Polymerisation. Hierbei werden die beim Crackprozeß anfallenden Gase, die auch einen wesentlichen Anteil an Olefinen besitzen, auf wichtige Zwischenprodukte und flüssige Brennstoffe weiter verarbeitet. Die *Polymerisation der Olefine* liefert in Gegenwart von Schwefelsäure (oder Phosphorsäure) als Katalysator die *Polymerbenzine.* Technisch wird z. B. Isobuten aus der C_4-Fraktion der Crackverfahren durch Einleiten in 70proz. Schwefelsäure bei etwa 30 °C (300 K) gelöst und das *tert.*-Butylsulfat kurze Zeit unter Druck auf 100 °C (375 K) erhitzt, wobei unter Dimerisierung zwei isomere Isooctene (Diisobutene) neben trimeren Isobutenen entstehen. Das Gemisch der Diisobutene wird durch Rektifikation abgetrennt (Ausbeute etwa 75%). Die Isooctenfraktion läßt sich katalytisch quantitativ zu einem technischen Isooctan mit der Octanzahl 92 bis 97 hydrieren, das vor allem als Mischkomponente in Flugzeugbenzinen verwendet wird.
Di- und Triisobuten konnten durch einstufige *Oligomerisierung* des Isobutens im C_4-Gemisch in Gegenwart bestimmter saurer Kationenaustauscher gewonnen werden.

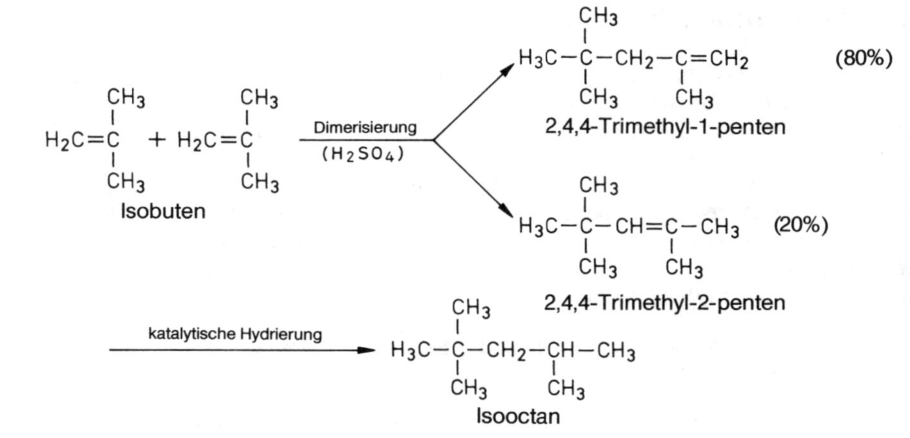

b) Alkylierung. Nach dieser Methode lassen sich Isoparaffine (meist Isobutan) mit Olefinen in Gegenwart von *Borfluorid* zu höheren Isoparaffinen umsetzen (*Ipatiew,* 1935). In der Technik führt man die Alkylierung unter dem katalytischen Einfluß von Schwefelsäure oder wasserfreier *Flußsäure* bei −10 °C (265 K) bis +35 °C (310 K) durch (*Morrell,* 1939), z. B. entstehen aus Isobutan und Propen folgende drei Kohlenwasserstoffe:

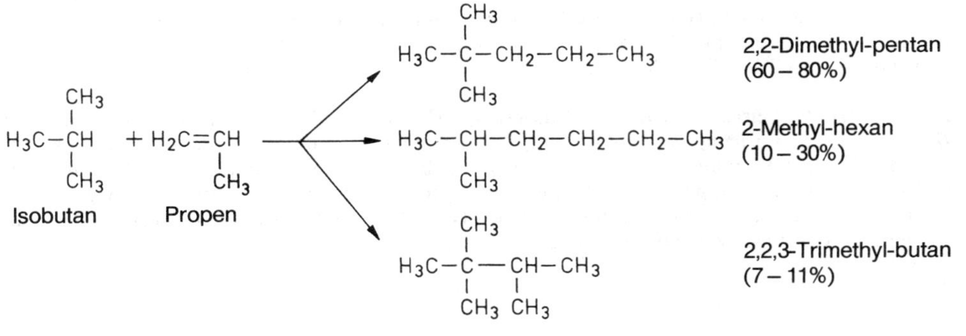

Die *Alkylat-Benzine* besitzen eine hohe Octanzahl.
Die Alkylierung ist nicht auf Isoparaffine beschränkt; in Gegenwart von *Aluminiumchlorid* als Katalysator können auch *n*-Paraffine – mit Ausnahme von Methan und Ethan – durch Olefine „alkyliert" werden.

c) Isomerisierung. Dieses Verfahren ermöglicht die Umwandlung von *n*-Paraffinen in Isoparaffine, wobei unter Einwirkung von *Lewis*-Säuren als Katalysatoren ein Austausch von Wasserstoff gegen die Alkylgruppe erfolgt. So läßt sich z. B. *n-Butan* in Gegenwart von *Aluminiumchlorid* bei 25 °C (300 K) in einer Gleichgewichtsreaktion in *Isobutan* überführen:

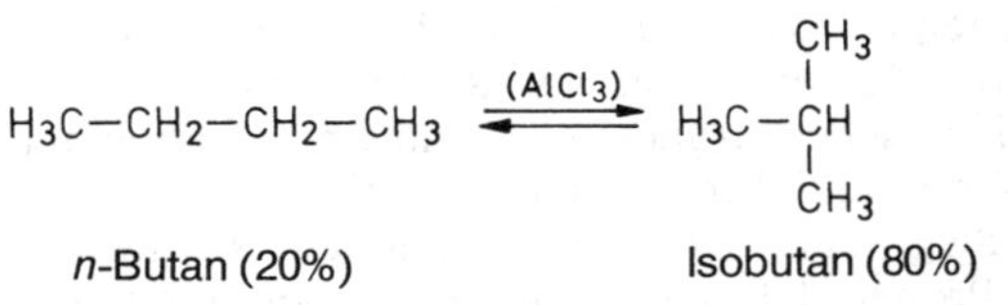

Da die Octanzahl durch Kettenverzweigung wesentlich erhöht wird, kommt der Isomerisierung von Destillatparaffinen eine besondere Bedeutung zu (vgl. Reforming-Verfahren).

2.4.3 Treibstoffe aus Kohle

In Deutschland, das nur über relativ geringe Erdölvorkommen verfügt, wurde der Treibstoffbedarf – abgesehen von Importen – bis vor etwa 40 Jahren größtenteils aus dem fossilen Rohstoff Kohle gedeckt. Die Umwandlung von Braun- und Steinkohle in Benzin und Dieselöl war daher ein wirtschaftlich wichtiges Problem, das entweder durch die Kohlehydrierung (*Bergius*) oder durch die *Fischer-Tropsch*-Synthese gelöst wurde. Für die Wirtschaftlichkeit beider Verfahren sind die Preise von Kohle und Erdöl maßgebend. Die *Verfahren der chemischen Veredelung von Braun- und Steinkohle* haben angesichts von Spannungen zwischen Erdölförderung und -verbrauch neue Entwicklungsmöglichkeiten.

2.4.3.1 Schwelung der Kohle. Die Schwelung der *Braunkohle* bei etwa 600 °C (875 K) führt zu Schwelteer, Schwelbenzin (Leichtöl), Mittelöl, Schwelgas und Schwelwasser; als Rückstand hinterbleibt Schwelkoks.
Durch Extraktion geeigneter bitumenreicher Braunkohlen mit organischen Lösungsmitteln, z. B. Ethanol-Benzol, gewinnt man das *Montanwachs,* ein Wachs-Harz-Gemisch vom Schmp. 80 bis 90 °C (355 – 365 K), das vielseitige Verwendung findet.
Bei der Schwelung der *Steinkohle* (Tieftemperaturverkokung) bei 450 – 600 °C (725 – 875 K) entstehen – außer Schwelkoks – *Schwelteer, Schmieröle* und Schwelbenzin. Hochwertige Dieselöle und Benzine lassen sich daraus erst durch raffinierende Hydrierung erhalten. Dieses Verfahren hat gegenüber dem der Braunkohle an Bedeutung verloren.

2.4.3.2 TTH-Verfahren (Tieftemperaturhydrierung). *Braunkohlenschwelteere* lassen sich durch raffinierende Hydrierung am WS_2/NiS-Kontakt in flüssiger Phase stufenweise bei 350 °C (625 K) und 300 bar; 30 MPa in Dieselöl, Schmieröl, Benzin sowie Flüssig- und Hartparaffin umwandeln.

2.4.3.3 DHD-Verfahren (Druck-H_2-Dehydrierung). Hierbei werden vor allem wasserstoffreiche *Braunkohlenschwelbenzine am* MoO_3/Al_2O_3-Kontakt oder neuerdings am Pt/Al_2O_3-Kontakt bei etwa 500 °C (775 K) unter einem Wasserstoffpartialdruck von 25 – 35 bar; 2,5 – 3,5 MPa der Dehydrierung unterworfen, wobei sowohl die Naphthene als auch die *n*-Paraffine unter Cyclodehydrierung in Aromaten übergehen. Die erhaltenen DHD-Benzine können durch Zugabe von *Tetraethylblei* auf eine Octanzahl von etwa 90 gebracht werden.

2.5 Petrolchemie

Während die Erdölchemie sich allgemein mit den Prozessen der Verarbeitung und Veredelung der Erdöle befaßt, versteht man unter der *Petrolchemie* im speziellen die industrielle Erzeugung chemischer Grundstoffe und Chemikalien der Aliphaten- und Aromatenchemie aus Erdöl und Erdgas. Die wichtigsten Ausgangsstoffe sind – neben *Methan* aus dem Erdgas – die bei der Crackung und Raffinierung anfallenden *Monoolefine* wie Ethylen, Propen, 1-Buten, 2-Buten und Isobuten sowie die durch Dehydrierung der Naphthene und Cyclodehydrierung der *n*-Paraffine zugänglichen *Aromaten* wie Benzol und dessen Alkylderivate.

Tabelle 9. Petrolchemische Produkte aus Ethylen und Propen.

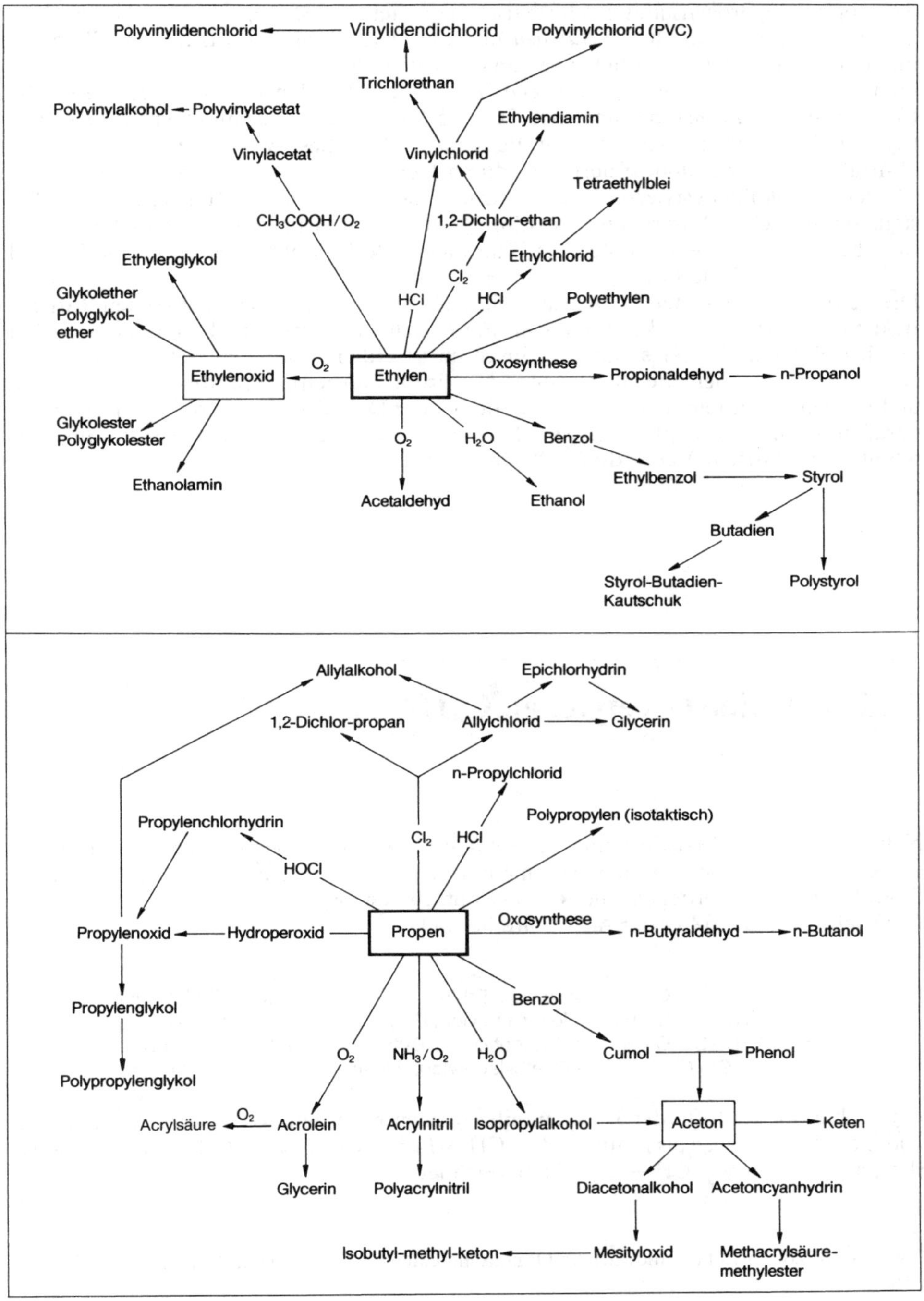

Als erste Petrolchemikalie wurde in den USA (1920) *Isopropylalkohol aus Propen* über das Isopropylhydrogensulfat großtechnisch hergestellt (s. S. 119). Es folgte die analoge Synthese von *2-Butanol* aus *n-Butenen* und die Darstellung der aus diesen Alkoholen durch Dehydrierung erhältlichen Ketone (*Aceton, Butanon*). Im Jahre 1930 begann man mit der Erzeugung von *Ethylenoxid* aus dem Ethylen der Raffineriegase. Die *Chlorierung von Propen* bei über 500 °C (775 K) führte zur technischen Synthese von *Glycerin*. Desgleichen konnte das für die Kautschuksynthese wichtige *Butadien* aus den C_4-Fraktionen der Erdölraffineriegase durch Dehydrierung gewonnen werden. Ferner wurden Erdölkohlenwasserstoffe als Ausgangsmaterialien für die Herstellung von Plasten, synthetischen Fasern und Textilhilfsmitteln eingesetzt. Großtechnische Bedeutung besitzt die in neuester Zeit stark anwachsende Produktion von *Polyethylen* und *Polypropylen* auf Erdölbasis.
Die Petrolchemie hat sich in Deutschland nach 1948 im Zuge der wachsenden Raffineriekapazität rasch entwickelt[1]. Obwohl die einzelnen chemischen Reaktionen erst bei den betreffenden Stoffklassen näher ausgeführt werden, soll die vorstehende Tabelle 9 eine Übersicht über die Bedeutung der Erdölverarbeitungsprodukte aus Ethylen und Propen vermitteln. Die Aromaten, die bei der Dehydrierung und Cyclisierung von paraffinischen und naphthenischen Kohlenwasserstoffen anfallen, werden im Abschnitt „Aromatische Verbindungen" näher charakterisiert.

2.6 Alkine (Acetylene), C_nH_{2n-2}

Neben den Alkenen existiert eine weitere *homologe Reihe* ungesättigter Kohlenwasserstoffe, die Acetylene, mit der Summenformel C_nH_{2n-2}. Charakteristisch für diese Stoffklasse ist das Vorliegen einer **C≡C-Dreifachbindung.**
Die wichtigsten Vertreter der Acetylenreihe sind:

		Sdp.
$H-C\equiv C-H$	Acetylen, Ethin	− 83,6 °C (189,6 K)
$H_3C-C\equiv C-H$	Methylacetylen, Propin	− 27,5 °C (245,7 K)
$H_3C-CH_2-C\equiv C-H$	Ethylacetylen, 1-Butin	+ 18 °C (291 K)
$H_3C-C\equiv C-CH_3$	Dimethylacetylen, 2-Butin	+ 27,2 °C (300,4 K)

Die Kohlenwasserstoffe der Acetylenreihe werden nach den *IUPAC-Regeln* als *Alkine* und die *Alkinylgruppen* als Ethinyl-, $-C\equiv CH$, 1-Propinyl-, $-C\equiv C-CH_3$, und 2-Propinyl-(Propargyl-)Gruppe, $-CH_2-C\equiv CH$, bezeichnet.

[1] Vgl. *K. Weissermel* et al., Industrielle Organische Chemie, 2. Aufl. (Verlag Chemie, Weinheim 1978).

Acetylen[1]

2.6.1 Darstellung

2.6.1.1 Die Bildung des Acetylens *aus den Elementen* ist eine stark endotherme Reaktion und erfordert extrem hohe Temperaturen, z. B. tritt Acetylen bei der trockenen Destillation der Steinkohle zu 0,06% auf.
Synthetisch läßt sich Acetylen im elektrischen Lichtbogen zwischen Graphit- oder Kohleelektroden in einer Wasserstoffatmosphäre darstellen (*Berthelot*), jedoch erhält man bei etwa 2500 °C (2800 K) nur etwa 4% Acetylen.

$$2\,C + H_2 \rightleftarrows HC{\equiv}CH \qquad \Delta H = +226\ \text{kJ/Mol}$$

2.6.1.2 Früher wurde Acetylen großtechnisch fast ausschließlich *aus Calciumacetylenid (Calciumcarbid),* das aus Calciumoxid (Kalk) und Koks im Lichtbogen bei etwa 2200 °C (2475 K) gewonnen wird, *durch Zersetzung mit Wasser* hergestellt (*Wöhler*, 1862).

$$CaO + 3\,C \rightleftarrows CaC_2 + CO \qquad \Delta H = +461\ \text{kJ/Mol}$$
$$CaC_2 + 2\,H_2O \rightarrow HC{\equiv}CH + Ca(OH)_2 \qquad \Delta H = -130\ \text{kJ/Mol}$$

Durch die billigeren petrolchemischen Verfahren zur Darstellung des Ethylens verliert die Acetylengewinnung zunehmend an Bedeutung.

2.6.1.3 Lichtbogenverfahren. Hierbei wird Methan oberhalb 1400 °C (1675 K) kurze Zeit der Pyrolyse unterworfen. Da Acetylen oberhalb 1000 °C (1275 K) rasch wieder in die Elemente zerfällt, müssen die Reaktionsgase mit Wasser abgeschreckt werden.

$$2\,CH_4 \rightarrow HC{\equiv}CH + 3\,H_2 \qquad \Delta H = +398\ \text{kJ/Mol}$$

Die Ausbeute an Acetylen (etwa 15%) läßt sich dadurch steigern, daß die aus dem elektrischen Lichtbogen mit 1500 °C (1775 K) austretenden Gase nicht mehr – wie bisher – ausschließlich mit Wasser, sondern in der ersten Phase mit Flüssiggas abgeschreckt werden. Dadurch erhält man 25–30% Acetylen und als zusätzliche Spaltgase Ethylen und Wasserstoff sowie Ruß.
Das Acetylen wird durch selektive Lösungsmittel wie **N-M**ethyl-2-**p**yrrolidon (NMP) oder **Dim**ethyl**f**ormamid (DMF) aus dem Gasgemisch herausgelöst.

2.6.1.4 ***Sachsse-Bartholomé*-Verfahren.** Durch unvollständige Verbrennung von Methan mit Sauerstoff bei etwa 1500 °C (1775 K) erhält man nach Abschrecken mit Wasser 8–9% Acetylen und ein Restgas (56% H_2 + 25% CO), das als *Synthesegas* verwendet wird.

Das *Sachsse-Bartholomé*-Verfahren verläuft mit einer Energieausbeute von 75%, während sie bei der Acetylengewinnung aus Calciumcarbid nur 50% und beim Lichtbogenverfahren 66% beträgt.

---

[1] Vgl. *H. G. Viehe*, Chemistry of Acetylenes (Verlag Dekker, New York 1969); *V. Jäger* und *H. G. Viehe, Houben-Weyl*, Methoden der Organischen Chemie, 4. Aufl., Bd. *5/2 a* (Thieme Verlag, Stuttgart 1977).

2.6.1.5 Plasma-Verfahren. Im Stadium der Versuchsanlagen befindet sich ein Verfahren, Acetylen durch thermische Crackung von Kohlenwasserstoffen mit hocherhitztem Wasserstoff zu gewinnen. Zu diesem Zweck wird Wasserstoff im elektrischen Lichtbogen auf 3500–4000 °C (3775–4275 K) erhitzt und das erzeugte heiße Gas (Plasma) in einem von der Entladungszone des Lichtbogens getrennten Reaktionsraum mit gasförmigen oder verdampften Kohlenwasserstoffen (Benzinen) im Überschuß (etwa 15%) umgesetzt. Als Endprodukte entstehen Acetylen und Ethylen (zusammen über 70%) sowie Methan und Wasserstoff.

2.6.1.6 *Höhere Acetylenkohlenwasserstoffe* lassen sich in einer Eliminierungsreaktion aus 1,2-Dibrom-alkanen durch Erhitzen mit alkoholischer Kalilauge oder besser mit Natriumamid darstellen, z. B.

$$\underset{\text{1,2-Dibrom-propan}}{H_3C{-}CHBr{-}CH_2Br} + 2\,NaNH_2 \longrightarrow \underset{\text{Methylacetylen}}{H_3C{-}C{\equiv}C{-}H} + 2\,NaBr + 2\,NH_3$$

Auf diesem Wege erhält man *Stearolsäure* aus Ölsäureester:

$$H_3C(CH_2)_7{-}CH{=}CH{-}(CH_2)_7{-}COOCH_3 \xrightarrow{Br_2} H_3C(CH_2)_7{-}\underset{Br}{\underset{|}{CH}}{-}\underset{Br}{\underset{|}{CH}}{-}(CH_2)_7{-}COOCH_3$$

$$\xrightarrow[\text{2. HCl}]{\text{1. KOH, n-}C_5H_{11}OH} \underset{\text{Stearolsäure}}{H_3C(CH_2)_7{-}C{\equiv}C{-}(CH_2)_7COOH}$$

Physikalische Eigenschaften. Reines Acetylen ist ein farbloses, narkotisch wirkendes Gas von etherischem Geruch, das mit helleuchtender Flamme brennt und – im Gegensatz zu Ethylen und Ethan – in Wasser ziemlich löslich ist; leichter löst es sich in Aceton. Es ist gegenüber seinen Bausteinen Kohlenstoff [fest] und Wasserstoff thermodynamisch instabil:

$$HC{\equiv}CH \longrightarrow 2[C] + H_2 \qquad \Delta H = -226\ \text{kJ/Mol}$$

Verflüssigtes Acetylen explodiert daher heftig bei Stoß oder beim Erhitzen. Im Gemisch mit Luft ist Acetylen außerordentlich explosiv, und zwar bei einem Acetylengehalt von 3–70%. Der unangenehme Geruch des technischen Acetylens rührt von Verunreinigungen wie Schwefelwasserstoff, Phosphorwasserstoff sowie organischen Schwefel- und Phosphorverbindungen her.

2.6.2 Die C≡C-Dreifachbindung

In Analogie zur C=C-Doppelbindung läßt sich auch die C≡C-Dreifachbindung durch ein $\sigma\pi$-Modell beschreiben. Hierbei wird nur ein *p*-Orbital, z. B. p_x, mit dem *s*-Orbital hybridisiert (Abb. 49 und 50), was zu einer *linearen* Anordnung der beiden *sp*-Hybrid-Orbitale führt. Es liegt also eine **sp-Hybridisierung** des Kohlenstoffs vor. Im Acetylen überlappen sich je ein *sp*-Hybrid-Orbital an den beiden C-Atomen zu einer C–C-σ-Bindung und die beiden restlichen mit je einem *s*-Orbital des Wasserstoffs zu zwei C–H-σ-Bindungen (Abb. 51). Die an jedem C-Atom verbleibenden zwei *p*-Orbitale durchdringen sich paarweise, d. h. jeweils die p_y- *und die* p_z-Orbitale in zwei senkrecht zueinander orientierten Ebenen. Auf diese Weise entstehen zwei π-Bindungen, wie sie in Abb. 52 schematisch dargestellt sind. Da sich die beiden π-Elektronenpaare

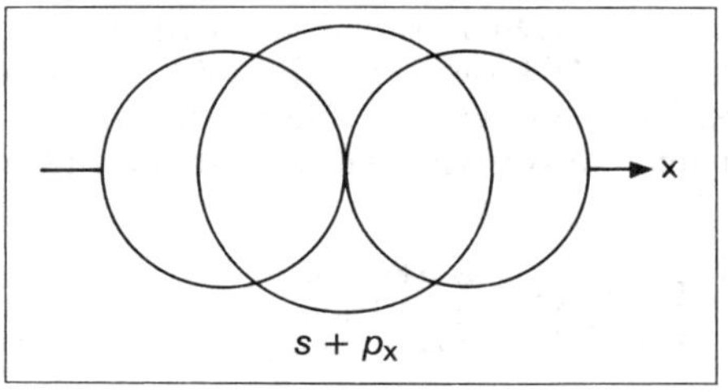

Abb. 49

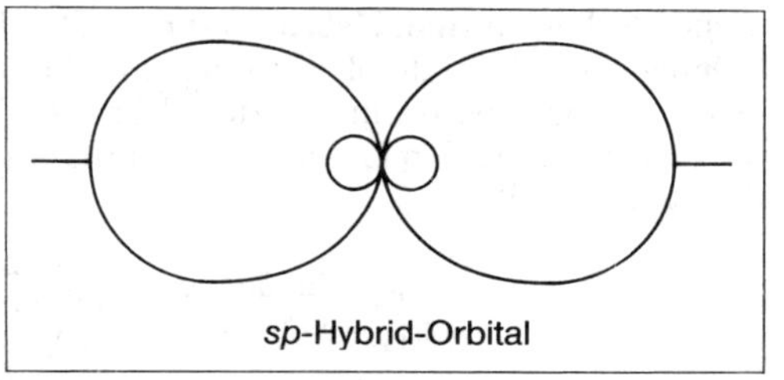

Abb. 50

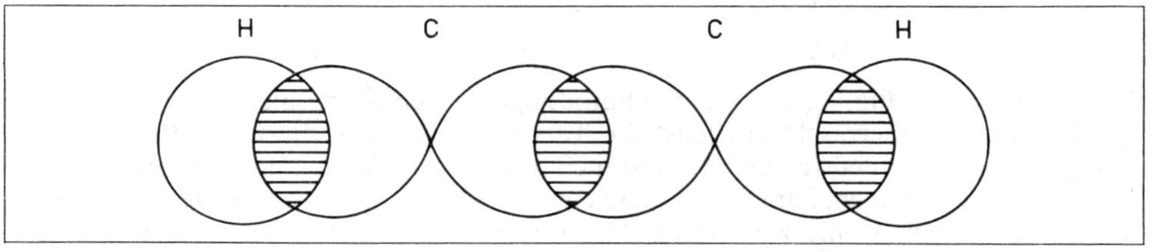

Abb. 51

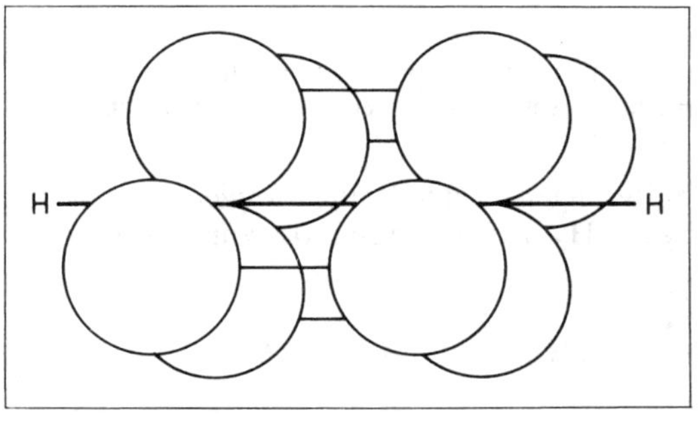

Abb. 52

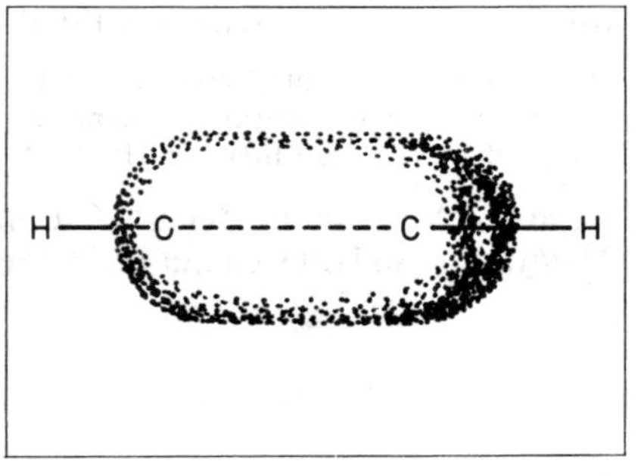

Abb. 53

jedoch prinzipiell nicht voneinander unterscheiden, resultiert eine *Elektronenverteilung*, die rotationssymmetrisch um die σ-Bindung (Kernverbindungslinie) angeordnet ist (Abb. 53, vgl. S. 43, Abb. 21).

Andererseits kann auch die C≡C-Dreifachbindung wie die C=C-Doppelbindung mit Hilfe *äquivalenter* Orbitale beschrieben werden, wobei sich in diesem Fall an jedem C-Atom drei sp^3-Hybrid-Orbitale zu *Bananenbindungen* überlappen. Die beiden restlichen sp^3-Hybrid-Orbitale liegen dann zwangsläufig auf einer Geraden (Abb. 54).

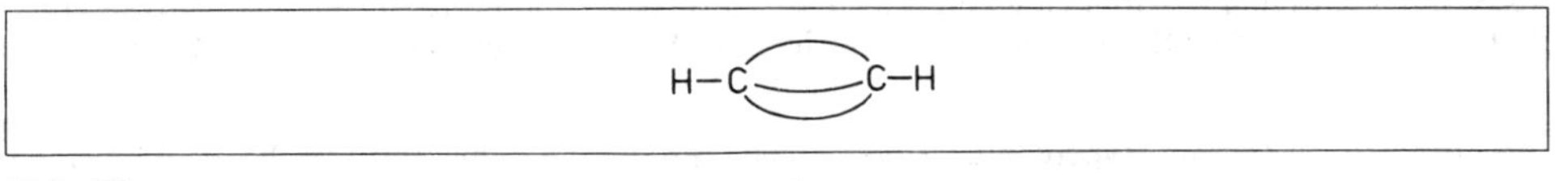

Abb. 54

Bindungslängen und Hybridisierung[1]. Die Bindungslängen in organischen Molekülen können mit Hilfe der Elektronenstrahlbeugung, der Mikrowellen-, IR- oder *Raman*-Spektroskopie bestimmt werden. Für die *Kernabstände* sowie die Bindungsenthalpien zwischen den beiden C-Atomen im Ethan, Ethylen und Acetylen wurden die folgenden Werte ermittelt:

C–C-	Bindungs-längen	153,4 pm	Bindungs-enthalpien	346 kJ/Mol
C=C-		133,7 pm		602 kJ/Mol
C≡C-		120,7 pm		836 kJ/Mol

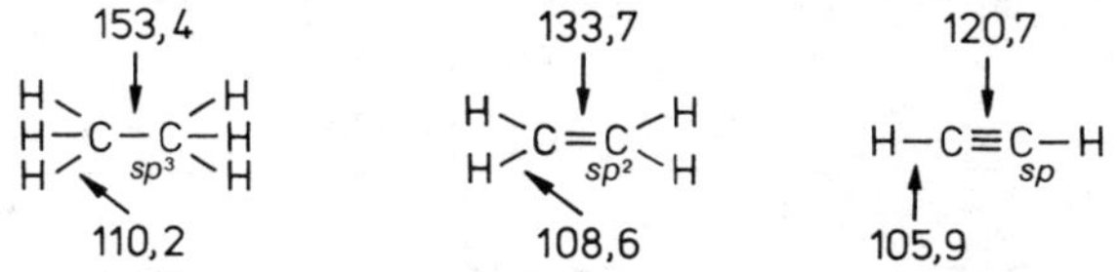

Während die Verkürzung der Mehrfachbindungen durch die zusätzlichen π-Bindungen verständlich ist, überrascht zunächst die Tatsache, daß auch die C–H-Bindungen in den genannten Kohlenwasserstoffen keinen konstanten Wert aufweisen. Wie neuere Untersuchungen zeigen, hängt die Länge einer Bindung eng mit der *Hybridisierung* der an ihr beteiligten Atome zusammen. Mit zunehmendem *s*-Anteil an der Hybridisierung des C-Atoms verringert sich der C–H-Kernabstand. Diese Verkürzung ist der Änderung des *s*-Anteils direkt proportional und daher beim Übergang vom Ethylen (33% *s*-Anteil) zum Acetylen (50% *s*-Anteil) etwa doppelt so groß wie beim Übergang vom Ethan (25% *s*-Anteil) zum Ethylen.

Der prozentuale *s*-Anteil einer C–H-Bindung steht mit der Kopplungskonstanten zwischen ^{13}C und ^{1}H in folgendem Zusammenhang: $^{1}J_{(CH)}$ = 500% *s*-Anteil; die folgenden Werte belegen dies. $^{1}J_{(CH)}$ Ethan: 125 Hz; Ethen 156 Hz; Acetylen: 248 Hz.

Auch die Verkürzung der C–C-Einfachbindungen in der Reihe *Propan, Propen* und *Methylacetylen* läßt sich auf die Änderung des Hybridisierungsgrades zurückführen:

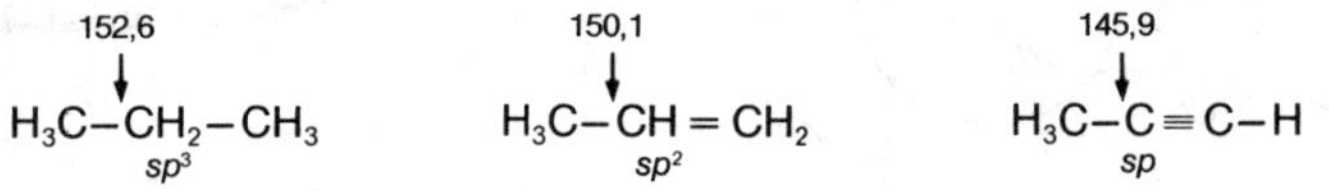

Analoges gilt für kumulierte C=C-Doppelbindungen sowie für Einfach- und Doppelbindungen zwischen Kohlenstoff und Heteroatomen, wie Halogen, Sauerstoff oder Stickstoff.

Mit der Verkürzung der Bindungen ist folgerichtig eine Vergrößerung der *Bindungsenthalpien* verbunden. Auch die *Elektronegativität* des C-Atoms nimmt mit dem Hybridisierungsgrad in der Reihenfolge $sp^3 < sp^2 < sp$ zu, was sich u. a. in dem sauren Charakter der H-Atome im Acetylen äußert.

Aus dem Anwachsen der Elektronegativität mit steigendem Hybridisierungsgrad folgt ferner, daß ein *sp*- bzw. sp^2-C-Atom auf ein benachbartes sp^3-hybridisiertes C-Atom elektronenanziehend wirkt, d. h. die Gruppen

$$-C{\equiv}CH \quad \text{bzw.} \quad -CH{=}CH_2$$

lösen am gesättigten C-Atom einen merklichen –I-Effekt aus. So besitzt z. B. die Vinylessigsäure, $H_2C{=}CH{-}CH_2{-}COOH$, bei der im Vergleich zur Essigsäure ein H-Atom der Methylgruppe

[1] Vgl. *M. J. S. Dewar*, Hyperconjugation (Ronald Press Co., New York 1962); *W. Kutzelnigg* et al., σ and π Electrons in Theoretical Organic Chemistry, Fortschr. chem. Forsch. *22* (1971).

durch die $H_2C{=}CH$-Gruppe ersetzt ist, infolge des –I-Effekts der Vinylgruppe eine doppelt so hohe *Acidität* wie die Essigsäure. (Näheres s. –I-Effekt bei chlorierten Essigsäuren.)

Chemische Eigenschaften. Die Acidität des Acetylens selbst ist so gering, daß sie in wäßriger Lösung nicht beobachtet werden kann. In flüssigem Ammoniak aber können im Gegensatz zu den Alkenen die H-Atome an der C≡C-Dreifachbindung des Acetylens durch Metallatome ersetzt werden (Metallierung), z. B.

$$H{-}C{\equiv}C{-}H \xrightarrow[-NH_3]{+NaNH_2} H{-}C{\equiv}CNa$$

Die *Grignard*-Verbindung (vgl. S. 187) des Acetylens kann mit Ethylmagnesiumbromid in Tetrahydrofuran hergestellt werden:

$$H{-}C{\equiv}C{-}H + C_2H_5MgBr \rightarrow H{-}C{\equiv}CMgBr + C_2H_6$$

Derartige Metallverbindungen heißen *Acetylide (Acetylenide)* oder auch *Carbide.* Beim Einleiten von Acetylen in eine ammoniakalische Lösung von Silber- oder Kupfer(I)-salzen bildet sich ein farbloser bzw. rotbrauner Niederschlag der Acetylide Ag_2C_2 bzw. Cu_2C_2, die polymer vorliegen und in *trockenem Zustand heftig explodieren.*

$$2\,[Ag(NH_3)_2]^{\oplus}NO_3^{\ominus} + HC{\equiv}CH \rightarrow AgC{\equiv}CAg + 2\,NH_4NO_3 + 2\,NH_3$$

Die Fällungsreaktionen von Silber- bzw. Kupferacetylid dienen zum *qualitativen Nachweis* des Acetylens und seiner Abkömmlinge vom Typ R–C≡CH.
Während Alkali- und Erdalkalicarbide sich schon mit Wasser zerlegen lassen, werden die Schwermetallacetylide erst mit verdünnter Salzsäure zu Acetylen bzw. zu einem Gemisch von Kohlenwasserstoffen hydrolysiert.

2.6.3 Additionsreaktionen

Ähnlich wie bei den Alkenen zeigt sich der *ungesättigte* Charakter der Alkine in zahlreichen glatt verlaufenden Additionsreaktionen, jedoch führt hier die *sp*-Hybridisierung mit ihrer rotationssymmetrischen Ladungsverteilung der beiden π-Elektronenpaare zu einer verringerten Reaktionsfähigkeit der C≡C-Dreifachbindung gegenüber elektrophilen Reagenzien. Dafür tritt die Reaktivität des Acetylens gegenüber nucleophilen Agenzien (Alkoholat-Ionen, Amine) stärker in den Vordergrund[1].

2.6.3.1 Die *katalytische Hydrierung* der Alkine mit Wasserstoff in Gegenwart von Platin, Palladium oder Nickel verläuft über die Alkene zu den Alkanen, z. B.

$$\underset{\text{Acetylen}}{HC{\equiv}CH} \xrightarrow{+2\,H} \underset{\text{Ethylen}}{H_2C=CH_2} \xrightarrow{+2\,H} \underset{\text{Ethan}}{H_3C{-}CH_3}$$

Die Ethylenstufe kann unter besonderen Reaktionsbedingungen gefaßt werden.

2.6.3.2 Die *Addition von Chlor* (oder Brom) an Acetylen führt stufenweise über *(E)*-1,2-Dichlorethen zu *1,1,2,2-Tetrachlor-ethan:*

[1] Vgl. *F. Bohlmann,* Struktur und Reaktionsfähigkeit der Acetylenbindung, Angew. Chem. *69,* 82 (1957).

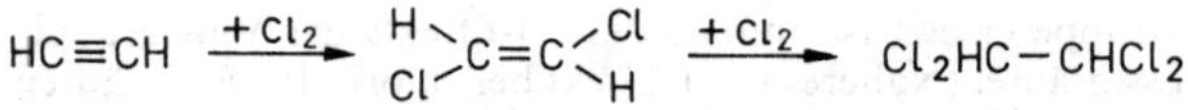

Acetylen *trans*-1,2-Dichlor-ethylen 1,1,2,2-Tetrachlor-ethan
(*E*)-1,2-Dichlor-ethen

Diese Reaktion wird durch Licht oder Metallhalogenide, z. B. $FeCl_3$, $SbCl_5$, katalysiert.
Tetrachlorethan, Sdp. 146 °C (419 K), ist ziemlich giftig und feuchtigkeitsempfindlich. Daher wird mit Calciumhydroxid Chlorwasserstoff abgespalten und das weniger giftige, beständige **Trichlorethylen** (TRI) vom Sdp. 87 °C (360 K) hergestellt, das technisch als Lösungsmittel für Fette, Öle, Harze und Lacke verwendet wird.

$$2\ Cl_2HC{-}CHCl_2 + Ca(OH)_2 \rightarrow 2\ ClHC{=}CCl_2 + CaCl_2 + 2\ H_2O$$

Trichlorethylen

2.6.3.3 Auch die *Addition von Halogenwasserstoffsäuren* an Acetylen erfolgt stufenweise und dient vor allem zur Darstellung von Vinylhalogeniden, z. B.

$$HC{\equiv}CH \xrightarrow{+HI} H_2C{=}CHI \xrightarrow{+HI} H_3C{-}CHI_2$$

Acetylen Vinyliodid 1,1-Diiod-ethan

Die regioselektive Addition in der zweiten Reaktionsstufe entspricht der *Markownikow*-Regel; dabei entsteht eine *geminale* (gem.) Diiodverbindung.

2.6.3.4 Durch *Anlagerung von Wasser* an Acetylen unter katalytischer Wirkung von Quecksilber(II)-sulfat in Schwefelsäure entsteht zunächst der unbeständige Vinylalkohol, der sich unter Protonenwanderung zu *Acetaldehyd* umlagert und damit stabilisiert:

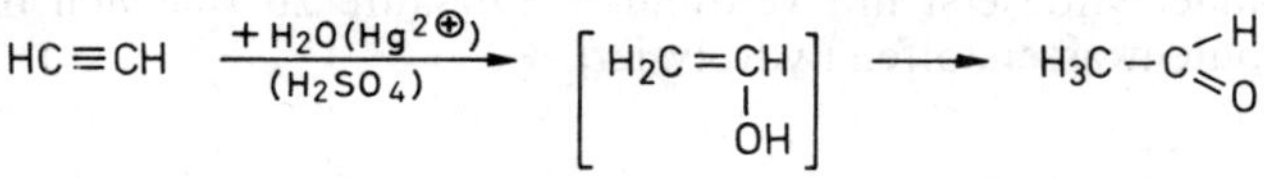

Acetylen Vinylalkohol Acetaldehyd

2.6.3.5 Acetylen läßt sich in einer salzsauren Lösung von Kupfer(I)-chlorid und Ammoniumchlorid zu *Vinylacetylen* (1-Buten-3-in) dimerisieren (*Nieuwland*, 1931):

$$H{-}C{\equiv}C{-}H + H{-}C{\equiv}C{-}H \xrightarrow{(CuCl,\ NH_4Cl)} H_2C{=}CH{-}C{\equiv}C{-}H \qquad \Delta H = -264\ kJ/Mol$$

Vinylacetylen

2.6.3.6 Acetylen kann in Gegenwart von *Ziegler-Natta*-Katalysatoren mit sich selbst zu einem *Polyen* mit durchgehend konjugierten Doppelbindungen (vgl. S. 106*f.*) polymerisiert werden:

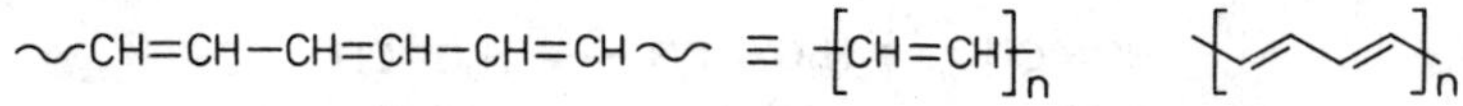

Polyen trans-Form

Das als *Polyacetylen* bezeichnete Polymere liegt bei Raumtemperatur in der trans-Form vor und zeigt eine elektrische Leitfähigkeit von etwa 10^{-9} S/cm, die man durch Dotieren, z. B. mit AsF_5 oxidativ oder mit Na reduktiv, auf etwa 10^4 S/cm erhöhen kann; das entspricht etwa der Leitfähigkeit von Quecksilber.

Verwendung. Handhabungssicher kommt Acetylen als *Dissous-Gas* in Stahlflaschen (12 – 20 bar; 1,2 – 2 MPa), die mit porösen Massen wie Kieselgur, Bimsstein oder Holzkohle sowie mit Aceton gefüllt sind, in den Handel. Aceton löst bei 15 °C (290 K) unter Normaldruck etwa das 25fache seines Volumens an Acetylen, bei 12 bar (1,2 MPa) das 300fache. Das *Acetylen-Knallgas*, ein Gemisch von Acetylen mit reinem Sauerstoff, erzeugt eine Temperatur von 2800 °C (3075 K) und wird zum autogenen Schneiden und Schweißen von Stahlteilen benutzt.

In der chemischen Großindustrie ist Acetylen ein wichtiges Ausgangsprodukt für organische Synthesen, es verliert gegenüber dem Ethylen, das in der Petrolchemie anfällt, als Rohstoffbasis ständig an Bedeutung. Die Ursache hierfür ist darin zu suchen, daß die Bildung der C=C-Dreifachbindung stets erschwerte Reaktionsbedingungen erfordert und die Energiekosten wesentlich höher liegen als beim Ethylen.

2.6.4 *Reppe*-Synthesen[1]

Die vier von *Reppe* aufgefundenen Hauptreaktionen der Acetylenchemie sind:

2.6.4.1 Vinylierung. Diese Reaktion basiert auf der Umsetzung von Acetylen bzw. dessen Monosubstitutionsprodukten mit organischen Verbindungen, die funktionelle Gruppen mit beweglichen H-Atomen tragen: $-OH$, $-SH$, $-NH_2$, $=NH$, $-CONH_2$ oder $-COOH$. Hierbei geht die C≡C-Dreifach- in eine C=C-Doppelbindung (Vinylgruppe) über, z. B. führt die Addition von Ethanol an Acetylen bei 130–180 °C (400 bis 450 K) unter Druck mit Alkoholat als Katalysator zum **Ethylvinylether:**

$$\underset{\text{Acetylen}}{HC{\equiv}CH} + H{-}OC_2H_5 \longrightarrow \underset{\text{Ethylvinylether}}{H_2C{=}CH{-}O{-}C_2H_5}$$

Durch Addition von Carbonsäuren erhält man **Vinylester,** z. B. aus Stearinsäure in Gegenwart von Zinkstearat bei 155 °C (428 K) mit verdünntem Acetylen bei 10–15 bar (1–1,5 MPa) Stearinsäurevinylester:

$$\underset{\text{Stearinsäure}}{C_{18}H_{37}COOH} + HC{\equiv}CH \longrightarrow \underset{\text{Stearinsäurevinylester}}{C_{18}H_{37}COO{-}CH{=}CH_2}$$

Der *Mechanismus* der Vinylierung ist folgendermaßen zu deuten: Primär wird das Alkoholat-Anion an die C≡C-Dreifachbindung *nucleophil* addiert; das intermediär auftretende *Carbanion* reagiert dann mit einem Alkoholmolekül unter Rückbildung des Alkoholat-Anions zum Vinylether:

$$HC{\equiv}CH \xrightarrow{+\ |\overline{O}R^{\ominus}} \underset{\text{Carbanion}}{H\overset{\ominus}{\underline{C}} = \overset{H}{C}{-}\overline{O}R} \xrightarrow[-\ominus|\overline{O}R]{+\ H{-}\overline{O}R} \underset{\text{Vinylether}}{H_2C = CH{-}\overline{O}R}$$

2.6.4.2 Ethinylierung. Hierunter versteht man die Addition von Acetylen bzw. seinen Monosubstitutionsprodukten an Aldehyde oder Ketone in Gegenwart von *Kupferacetylid* als Kontaktsubstanz, wobei die C≡C-Dreifachbindung erhalten bleibt. Mit Acetylen selbst kann die Reaktion ein- oder doppelseitig erfolgen.

---

[1] Vgl. *W. Reppe*, Neue Entwicklungen auf dem Gebiet der Chemie des Acetylens und Kohlenoxyds (Springer-Verlag, Berlin 1949).

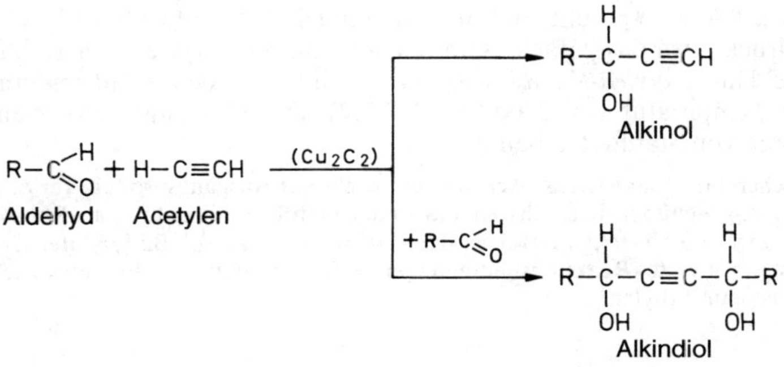

Die Anlagerung von Acetylen an Aldehyde führt daher entweder zu **Alkinolen** oder **Alkindiolen.** Bei höheren Aldehyden nimmt die Tendenz zur Bildung von Alkindiolen ab. In analoger Weise reagieren Ketone.

2.6.4.3 Cyclisierung. Die cyclisierende Polymerisation von Acetylen vollzieht sich unter dem Einfluß selektiv wirkender Katalysatoren und führt zu Cyclopolyalkenen von der Summenformel $C_{2n}H_{2n}$, wobei $n \geqq 3$ ist.
Schon im Jahre 1866 beobachtete *Berthelot,* daß sich Acetylen bei hohen Temperaturen (400−500 °C [675−775 K]) zu **Benzol** *trimerisiert* (s. Struktur des Benzols):

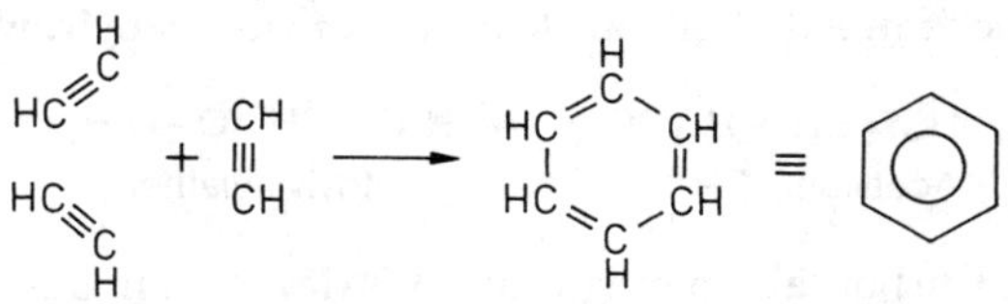

Die Ausbeute ist allerdings gering; als Nebenprodukte entstehen Biphenyl, Naphthalin und andere aromatische Kohlenwasserstoffe.
Die Ausbeute an Benzol kann wesentlich gesteigert werden, wenn man Acetylen mit *Triphenylphosphin-nickelcarbonylen,* z. B. $[(C_6H_5)_3P]_2Ni(CO)_2$ als Katalysator bei 60−70 °C (335−345 K) und 15 bar (1,5 MPa) − am besten in Benzol selbst − zur Reaktion bringt. Diese Cyclisierung liefert 88% Benzol neben 12% Styrol (Vinylbenzol), $C_6H_5-CH=CH_2$, jedoch wird sie technisch nicht durchgeführt.

Außer der Trimerisierung gelang *Reppe*[1] mit Nickelcyanid als Katalysator an Tetrahydrofuran die *Tetramerisierung* von Acetylen zu **Cyclooctatetraen** (Ausbeute 80 bis 90%).

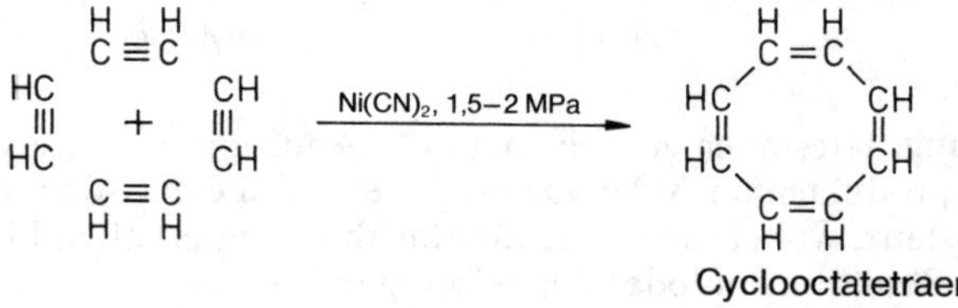

[1] Vgl. *W. Reppe* et al., Cyclisierung acetylenischer Verbindungen, Angew. Chem. *81,* 717 (1969).

2.6.4.4 Carbonylierung. Bei diesen Druckreaktionen zwischen Acetylen und Kohlenmonoxid in Gegenwart von Verbindungen mit *acidem* H-Atom, wie Wasser oder Alkoholen und *Metallcarbonylen*, vor allem $Ni(CO)_4$, als Katalysator erhält man ungesättigte Carbonsäuren oder deren funktionelle Derivate, z. B.

$$HC{\equiv}CH + CO + H{-}OH \rightarrow H_2C{=}CH{-}COOH \quad \text{Acrylsäure}$$
$$HC{\equiv}CH + CO + H{-}OR \rightarrow H_2C{=}CH{-}COOR \quad \text{Acrylsäureester}$$

Das Verfahren verliert zur Zeit seine technische Bedeutung zugunsten der katalytischen Oxidation von Propen.

Da das Arbeiten mit Acetylen unter Druck erhebliche Gefahren in sich birgt, sind entsprechende Sicherheitsvorkehrungen zu treffen.
Eine Übersicht über die wichtigsten, vom Acetylen ausgehenden Reaktionen, die zum Teil erst in späteren Kapiteln behandelt werden, vermittelt die nachstehende Tabelle 10. In ihr sind Produkte, bei deren Herstellung in zunehmendem Maße andere Rohstoffe als Acetylen verwendet werden, in [ ] gesetzt.

Tabelle 10. Technische Synthesen mit Acetylen.

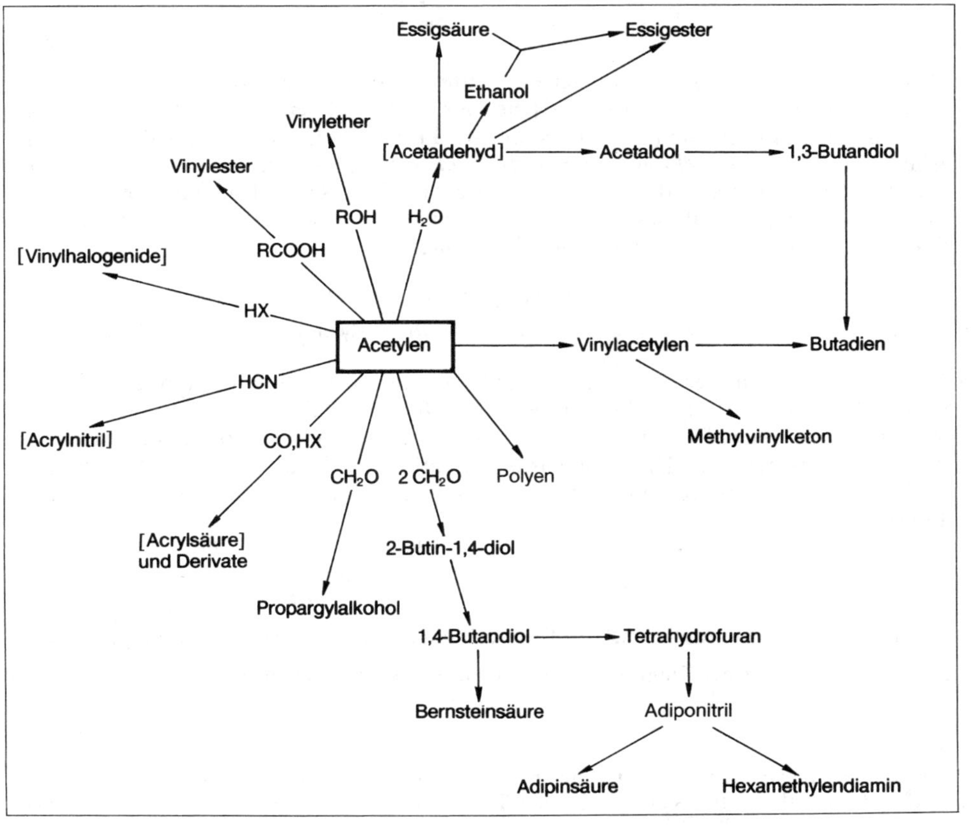

2.7 Kohlenwasserstoffe mit zwei oder mehr C = C-Doppelbindungen (Polyene)

Bei den Kohlenwasserstoffen mit zwei C=C-Doppelbindungen hat man je nach ihrer Lage zueinander drei verschiedene Verbindungstypen zu unterscheiden:
a) Die *kumulierte* (angehäufte) Doppelbindung: $H_2C=C=CH_2$, *Allentyp;*
b) die *konjugierte* Doppelbindung: $H_2C=CH-CH=CH_2$, *Dientyp;*
c) die *isolierte* Doppelbindung: $H_2C=CH-(CH_2)_n-CH=CH_2$, *Diolefintyp.*

2.7.1 Allene

Allen (Propadien), $H_2C=C=CH_2$ (Skelettformel: =·=), der einfachste Kohlenwasserstoff mit kumulierten C=C-Doppelbindungen, ist *aus 2,3-Dichlor-1-propen durch Dechlorierung mit Zinkstaub* in Ethanol/Wasser darstellbar (Ausbeute 80%):

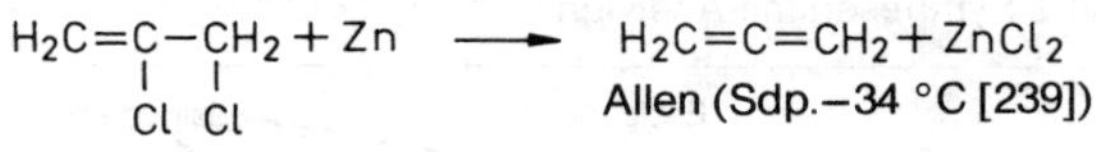

Das Allen[1], das zwei sp^2-hybridisierte C-Atome und ein *sp*-hybridisiertes C-Atom besitzt, vereinigt in sich sowohl olefinischen als auch acetylenischen Charakter, der besonders bei Additions- und Polymerisationsreaktionen in Erscheinung tritt.
Allen kann bei der *Crackung von Erdölfraktionen* bzw. speziell des *Propens* und *Isobutens* gewonnen werden, jedoch tritt es hier stets im Gemisch mit seinem Isomeren, dem *Methylacetylen,* auf, z. B. besteht das Gleichgewichtsgemisch bei 300 °C (575 K) in der Gasphase aus etwa 20% Allen und 80% Methylacetylen:

$$\underset{\text{Allen}}{H_2C=C=CH_2} \rightleftarrows \underset{\text{Methylacetylen}}{H_3C-C\equiv CH}$$

Diese Isomerisierung erfolgt aber nur in Gegenwart von Katalysatoren, am wirksamsten ist Aktivkohle. Reines Allen ist bis 400 °C (675 K) stabil.
Verbindungen vom Allentyp mit mehreren kumulierten C=C-Doppelbindungen werden **Kumulene** genannt. Das einfachste aliphatische Kumulen ist das **Butatrien,** das durch Debromierung von 1,4-Dibrom-2-butin mit Zink dargestellt wurde (*Schubert,* 1954):

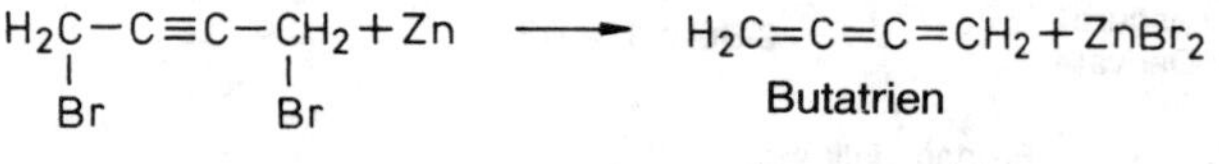

Es ist eine niedrig siedende, luftempfindliche Flüssigkeit, die sich leicht polymerisiert.

Auf die Stereochemie der Kumulene wird in der aromatischen Reihe näher eingegangen.

---

[1] Vgl. *S. R. Landor* (Ed.), The Chemistry of the Allenes (Academic Press, New York 1982); *L. Brandsma* et al., Synthesis of Acetylenes, Allenes and Cumulenes (Elsevier, Amsterdam 1981).

2.7.2 Diene

Die drei wichtigsten Diene sind:

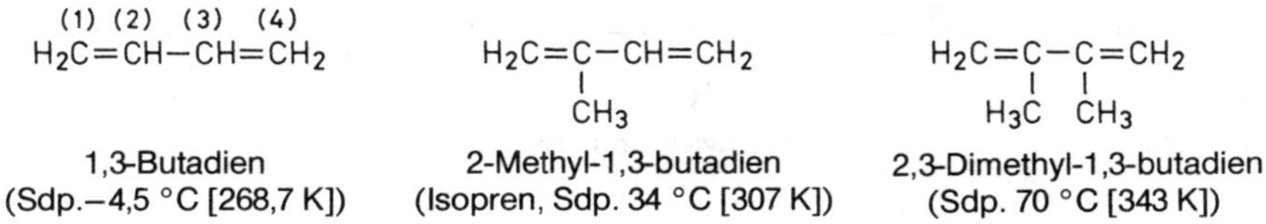

2.7.2.1 Butadien

Butadien besitzt technisch als Baustein des synthetischen Kautschuks Buna und theoretisch als Modellsubstanz für Kohlenwasserstoffe mit *konjugiertem Bindungssystem* Bedeutung.

Darstellung. a) Von den früheren technischen Herstellungsverfahren, in denen fast immer die C_4-Kette des Butadiens aus C_2-Einheiten aufgebaut wurde, sei als Beispiel das folgende erwähnt. Acetaldehyd dimerisiert sich in schwach alkalischer Lösung zu Acetaldol, das durch katalytische Hydrierung in 1,3-Butandiol übergeht, das zu Butadien dehydratisiert wird:

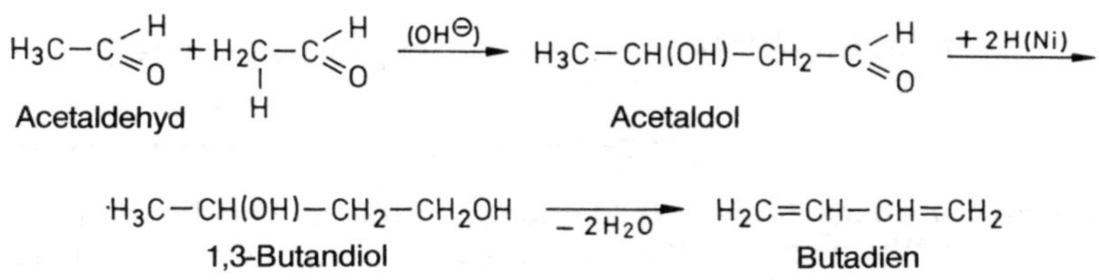

b) Technisch wird Butadien aus der *C_4-Fraktion der Crackgase* gewonnen, die bei der Erzeugung von Ethylen durch steam cracking anfallen und etwa 13% Butadien enthalten. Die Isolierung erfolgt durch Extraktivdestillation mit Acetonitril oder N-Methyl-2-pyrrolidon.

2.7.2.2 Isopren

Isopren ist der Baustein des Naturkautschuks und kann daraus durch trockene Destillation erhalten werden (*Williams*, 1861).

Darstellung. Isopren wird technisch auf verschiedenen Wegen gewonnen, z. B.:

a) *Aus der C_5-Fraktion* des Erdöls durch extraktive Destillation.

b) *Durch Dimerisierung von Propen* mit *Ziegler*-Katalysatoren zu 2-Methyl-1-penten, das bei der Crackung in Isopren und Methan gespalten wird:

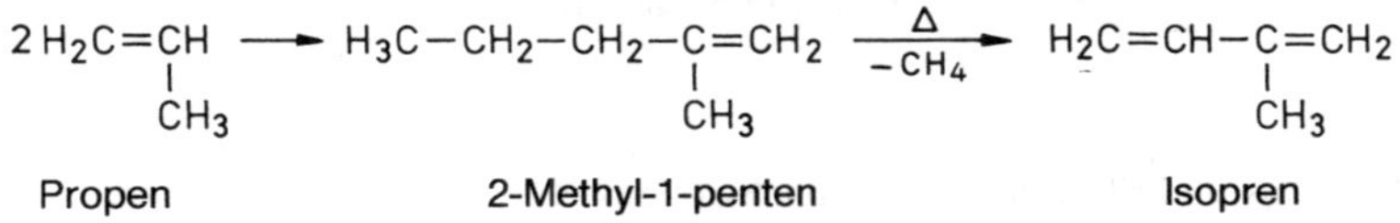

c) *Durch Dehydratisierung von 3-Methyl-1,3-butandiol,* das durch *Prins*-Reaktion[1] aus Isobuten und Formaldehyd erhalten wird:

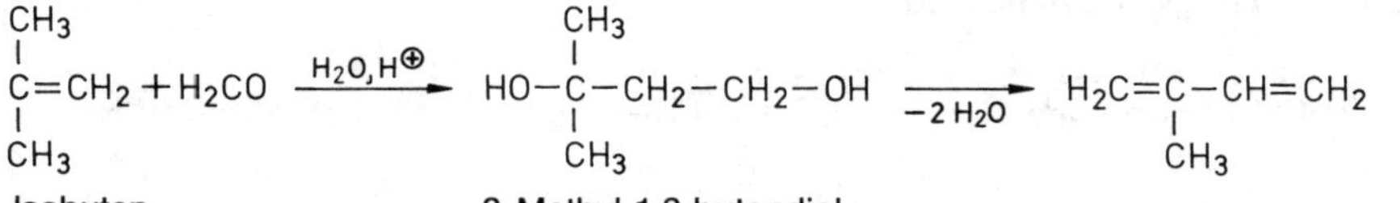

Isobuten 3-Methyl-1,3-butandiol

2.7.3 1,2- und 1,4-Addition; Mesomerie

Bei Diolefinen mit zwei isolierten Doppelbindungen, z. B. 1,4-Pentadien, $H_2C{=}CH{-}CH_2{-}CH{=}CH_2$, verlaufen die Additionsreaktionen von Brom, Wasserstoff oder Chlor- bzw. Bromwasserstoff analog den Monoolefinen. Anders verhalten sich dagegen die *Diene,* deren C=C-Doppelbindungen *in Konjugation* stehen.
Bei der *Einwirkung von Brom auf Butadien* erfolgt die Addition des ersten Brommoleküls wesentlich rascher als die des zweiten, so daß die Dibromidstufe abgefangen werden kann. Dabei lagert sich das Brom nicht nur an die C-Atome *einer* Doppelbindung (*1,2-Addition*), sondern auch an die Enden des konjugierten Systems an, wobei zwangsläufig zwischen den C-Atomen 2 und 3 eine neue C=C-Doppelbindung entsteht (*1,4-Addition*).

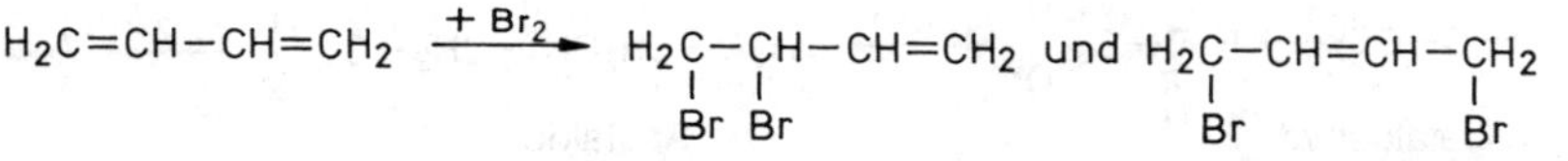

3,4-Dibrom-1-buten 1,4-Dibrom-2-buten

Der *Reaktionsverlauf* der 1,2- und 1,4-Addition von Brom an Butadien läßt sich folgendermaßen deuten: Wie beim Ethylen greift ein Brom-Kation eine π-Bindung *elektrophil* an, wobei über einen π-Komplex ein Carbenium-Ion entsteht. In diesem Fall ein substituiertes **Allyl-Kation** (vgl. S. 110), das sich durch eine einzige Strukturformel nicht mehr befriedigend beschreiben läßt; es kann eingrenzend durch zwei **Grenzformeln** (Grenzstrukturen; contributing structures) wiedergegeben werden. Der dazwischen stehende *Doppelpfeil* ↔ soll andeuten, daß *kein Gleichgewicht* zwischen verschiedenen Molekülarten, sondern ein *echter Zwischenzustand* (*Arndt,* 1924) vorliegt. Man spricht in derartigen Fällen von **Mesomerie** (*Ingold,* 1934) oder von **Resonanz** (*Heisenberg,* 1926; *Pauling*).

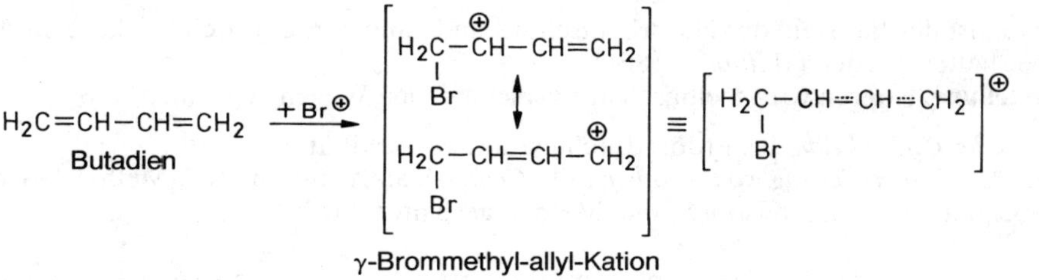

γ-Brommethyl-allyl-Kation

[1] Vgl. *D. R. Adams* et al., The *Prins* Reaction, Synthesis *1977,* 661.

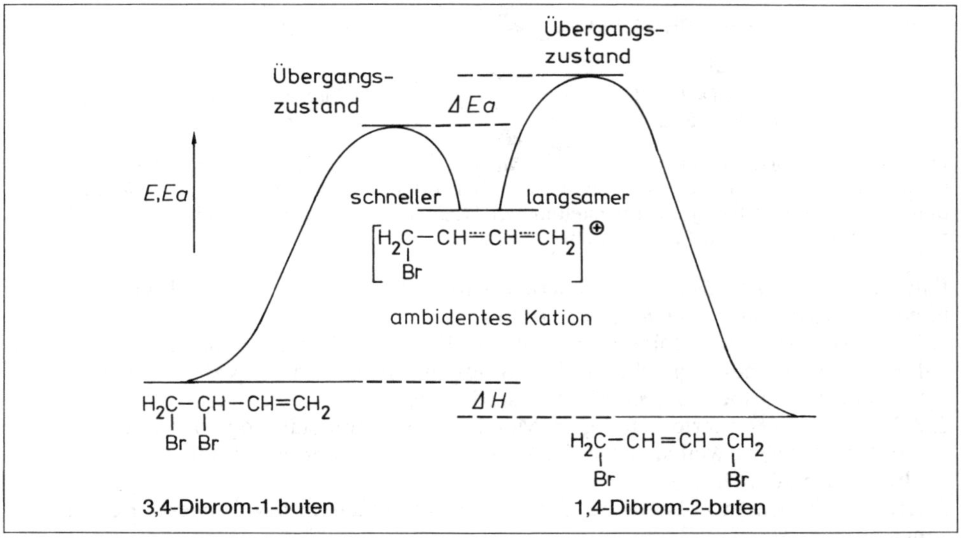

Abb. 55. Kinetische (ΔE_a) und thermodynamische (ΔH) Effekte bei der Bromaddition an Butadien.

Das mesomere Brommethyl-allyl-Kation kann durch Bromid-Anionen sowohl in α- als auch in γ-Stellung *nucleophil* angegriffen werden, so daß es zur Bildung von *3,4-Dibrom-1-buten* und *1,4-Dibrom-2-buten* kommt; da das mesomere Kation zwei reaktive Stellen besitzt, bezeichnet man es als *ambident* (vgl. Abb. 55).

Da die 1,2-Addition gegenüber der 1,4-Addition wegen der geringeren Aktivierungsenergie E_a schneller verläuft, also kinetisch begünstigt ist, erhält man bei niederen Temperaturen in unpolaren Lösungsmitteln bevorzugt das 1,2-Addukt, vgl. Abb. 55. Höhere Temperaturen oder die Anwesenheit saurer Katalysatoren führen zur Bildung des thermodynamisch stabileren 1,4-Addukts (stärker exotherme Reaktion ΔH). Das 1,2-Addukt ist in diesem Fall nach der IUPAC-Nomenklatur als 3,4-Dibrom-1-buten zu bezeichnen.

Bei der technischen Darstellung von *Chloropren aus Butadien* wird der geschilderte Zusammenhang zwischen *kinetischer* und *thermodynamischer Steuerungsmöglichkeit* in der Praxis folgendermaßen ausgenützt. Wenn Butadien in der Gasphase bei etwa 300 °C (570 K) mit Chlor umgesetzt wird, erhält man ein Gemisch aus 1,2- und 1,4-Dichlorbutenen. Nur aus dem 1,2-Addukt kann aber Chloropren dargestellt werden:

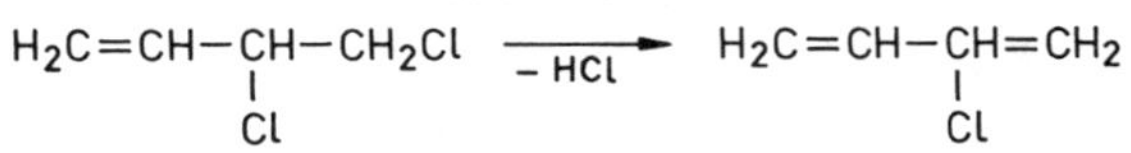

3,4-Dichlor-1-buten — 2-Chlor-butadien (Chloropren)

Das für diese Reaktion ungeeignete 1,4-Addukt kann durch Erhitzen mit katalytischen Mengen von Kupfer(I)-chlorid zum 1,2-Addukt isomerisiert werden. Das Gleichgewicht wird dabei ständig durch das Abdestillieren des leichter flüchtigen 1,2-Adduktes in der beabsichtigten Weise, zugunsten des thermodynamisch benachteiligten Isomeren, verschoben.

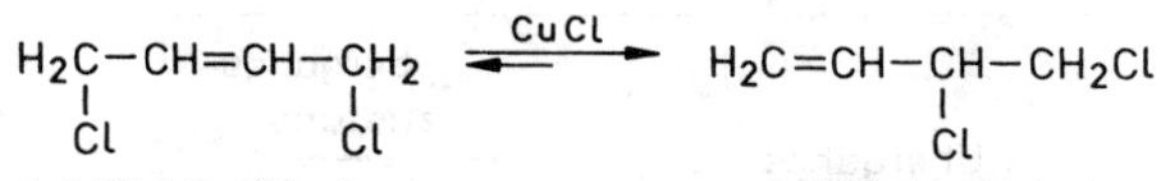

1,4-Dichlor-2-buten
1,4-Addukt, Sdp. 155 °C (428 K)

3,4-Dichlor-1-buten
1,2-Addukt, Sdp. 123 °C (396 K)

Die Mesomerievorstellung ist nicht auf Kationen beschränkt, sondern auch auf Anionen (z. B. das Carboxylat-Anion) und Neutralmoleküle (z. B. Benzol) anwendbar, die konjugierte Mehrfachbindungen aufweisen oder in Nachbarstellung zu Doppelbindungen Atome mit freien Elektronenpaaren bzw. Elektronenlücken enthalten.

Um zu vermeiden, daß der **Mesomeriebegriff** an Prägnanz verliert und willkürlich gehandhabt wird, sind *folgende Regeln* zu beachten:

1. Die Atomkerne der Moleküle müssen in den Grenzformeln annähernd die gleiche Position zueinander einnehmen. Die Bindungslängen und die Valenzwinkel der einzelnen Grenzformeln dürfen nicht zu stark voneinander abweichen.
2. Alle an der Mesomerie beteiligten Molekülpartien müssen möglichst in einer Ebene (coplanar) liegen, weil sich die dazu senkrecht stehenden *p*-Orbitale nur so wirksam überlappen können.
3. Die Grenzformeln müssen die gleiche Anzahl gepaarter bzw. ungepaarter Elektronen enthalten.
4. Bei der Beschreibung eines mesomeren Bindungssystems dürfen nur Grenzformeln vergleichbaren Energieinhalts berücksichtigt werden, also im wesentlichen nur solche mit der maximal möglichen Zahl von Atombindungen.

Der *Energieinhalt* einer mesomeren Verbindung ist stets geringer, als er den fiktiven Grenzformeln entsprechen würde, so daß ein Molekül *durch Mesomerie stabilisiert* wird.

Ähnlich wie die Halogenaddition verläuft die *Addition von Halogenwasserstoff,* z. B. Chlorwasserstoff, *an Butadien,* wobei ein Gemisch von *3-Chlor-1-buten* und *1-Chlor-2-buten* entsteht. Auch hier überwiegt bei niederen Temperaturen und unpolaren Lösungsmitteln das 1,2-Additionsprodukt, bei höheren Temperaturen in polarem Medium dagegen das 1,4-Addukt. Primär erfolgt eine *Protonierung* des Butadiens am C-Atom 1 unter Bildung eines stabilisierten Carbenium-Ions. An dieses mesomere Methyl-allyl-Kation lagert sich dann das Chlorid-Anion *nucleophil* in α- oder γ-Stellung an:

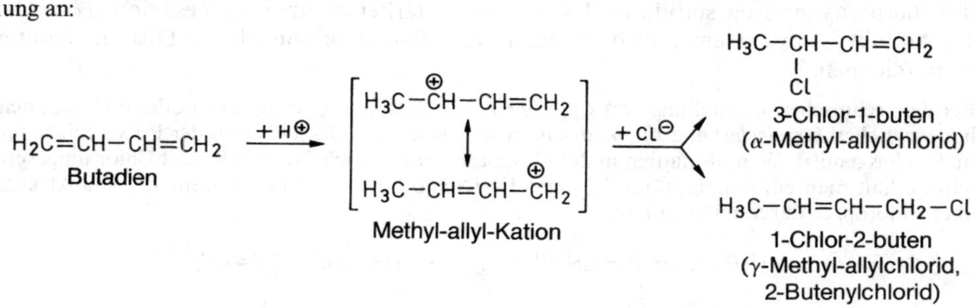

Struktur des Butadiens. Die beiden konjugierten C=C-Doppelbindungen, die im Butadien durch eine C–C-Einfachbindung verknüpft sind, lassen sich wie im Ethylen durch Überlappung der *p*-Orbitale an den C-Atomen 1 und 2 sowie 3 und 4 beschreiben. Die Länge dieser Bindungen entspricht mit 133,7 pm der im Ethylen. Dagegen ist die zentrale Einfachbindung im Butadien gegenüber der im *n*-Butan von 153,3 pm auf 147,6 pm verkürzt.

Früher hat man diese Erscheinung so interpretiert, daß sich im Butadien auch die *p*-Orbitale an den mittelständigen C-Atomen 2 und 3 überlappen und die zentrale Bindung dadurch einen gewissen Doppelbindungscharakter annimmt, der durch eine entsprechende Grenzformel beschrieben wurde. Zu dieser Annahme besteht nach *Dewar* kein Anlaß, da die Länge der C–C-Einfachbindungen vom Hybridisierungszustand der beteiligten C-Atome abhängt. Die zentrale Bindung im *Butadien* befindet sich zwischen sp^2-hybridisierten C-Atomen und muß daher zwangsläufig kürzer sein als die entsprechende Bindung im *n-Butan* (sp^3-Hybridisierung).
Entsprechend ist die zentrale Bindung im 1,3-Butadiin, die sich zwischen *sp*-hybridisierten C-Atomen befindet, mit 137,6 pm gegenüber der im Butadien weiter verkürzt; auch hier ist die Schrumpfung der Bindung der Änderung des *s*-Anteils der Hybrid-Orbitale direkt proportional (vgl. S. 96).

153,3	147,6	137,6
$H_3C-CH_2-CH_2-CH_3$	$H_2C=CH-CH=CH_2$	$HC\equiv C-C\equiv CH$
sp^3 sp^3	sp^2 sp^2	sp sp
n-Butan	Butadien	Butadiin

Bezüglich der Rotation um die zentrale C–C-Einfachbindung sind beim Butadien zwei *ebene Konformationen* bevorzugt, die man als *s-trans (transoide)* und *s-cis (cisoide)* Form bezeichnet (*s* von *single*). Die Energieschwelle für die Rotation beträgt 20,5 kJ/Mol, bei Raumtemperatur liegt der überwiegende Teil der Moleküle in der um 9,6 kJ/Mol energieärmeren *transoiden* Form vor.

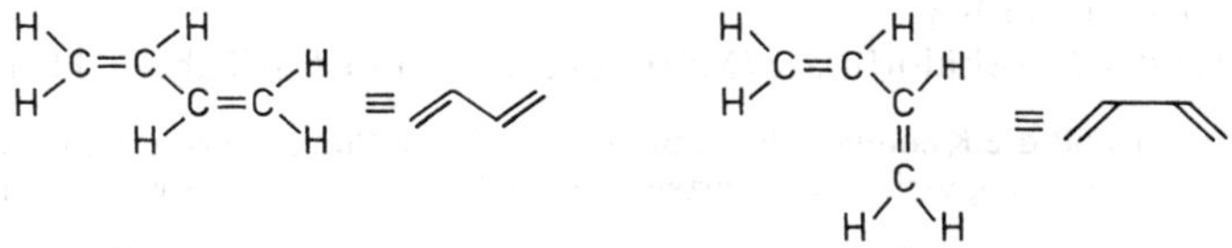

s-trans *s-cis*

Konformationen des Butadiens

Auch in längerkettigen **Polyenen,** $H_2C=CH-(CH=CH)_n-CH=CH_2$, spielt – entgegen früheren Ansichten – die Delokalisierung der π-Elektronen und damit die Beschreibung dieser Verbindungen durch Mesomerie keine Rolle. Die Bindungslängen alternieren und werden auch mit zunehmender Kettenlänge nicht angeglichen. Besonderheiten treten lediglich bei cyclisch-konjugierten Kohlenwasserstoffen vom Typ des Benzols („Cyclohexatrien") auf, die später im Zusammenhang mit deren aromatischem Charakter besprochen werden.

2.7.4 *Woodward-Hoffmann*-Regeln[1]

Der Ausgangspunkt für die Auffindung des *Prinzips der Erhaltung der Orbitalsymmetrie* (*Woodward-Hoffmann*-Regeln) waren Überlegungen zur Deutung des stereochemischen Ablaufs intramolekularer Cycloadditionen und Cycloreversionen oder elektrocy-

[1] Vgl. *R. Hoffmann* und *R. B. Woodward,* The Conservation of Orbital Symmetry, Accounts Chem. Res. *1,* 17 (1968); *D. Seebach,* Die „*Woodward-Hoffmann*-Regeln", Fortschr. chem. Forsch. *11,* 177 (1969); *R. B. Woodward* und *R. Hoffmann,* Die Erhaltung der Orbitalsymmetrie, Angew. Chem. *81,* 797 (1969); vgl. *M. J. S. Dewar,* Aromatizität und pericyclische Reaktionen, Angew. Chem. *83,* 859 (1971); *N. Trong Anh,* Die *Woodward-Hoffmann*-Regeln (Verlag Chemie, Weinheim 1972); *A. P. Marchand* et al., Pericyclic Reactions (Academic Press, New York 1977).

clischer Reaktionen; dabei wird zwischen den Enden eines linearen Systems mit konjugierten Doppelbindungen eine Einfachbindung gebildet, oder es erfolgt die Umkehr dieser Reaktion.
Als Beispiel seien der Übergang von Cyclobuten- in Butadien-Derivate sowie die Rückreaktion angeführt:

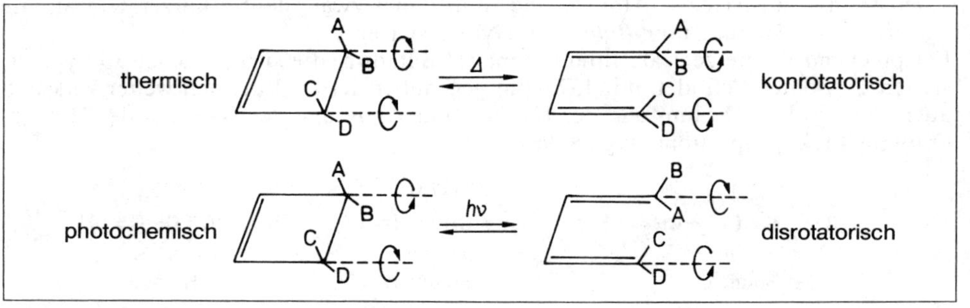

Abb. 56

Bei dieser Reaktion kann die Drehung der Substituenten (A-D) entweder gleichsinnig (*konrotatorisch*) oder gegensinnig (*disrotatorisch*) erfolgen. Welche der beiden Drehungen erfolgen wird, kann durch Anwendung des Prinzips der Erhaltung der Orbitalsymmetrie vorausgesagt werden.
Die Symmetrie der Molekülorbitale (MO) des *Butadiens* ist in Tabelle 11 dargestellt.

In den MO-Bildern sind die Knotenflächen durch einen fetten Punkt markiert. Die die MO-teilende Symmetrieebene wurde gestrichelt eingezeichnet. HOMO und LUMO werden als *Grenzorbita-*

Tabelle 11. Bezeichnung der Wellenfunktionen des Butadiens.

Bindungszustand des Niveaus		Schematisierte MO-Wellenfunktion	Bezeichnung der Wellenfunktion	MO-Bild	Knotenflächen	Symmetrie
antibindend		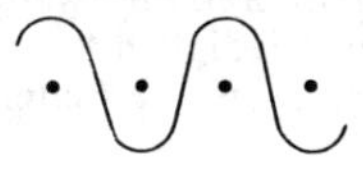	ψ_4	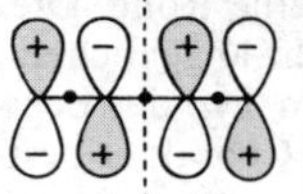	3	A
	tiefstes unbesetztes MO(LUMO)a)		ψ_3	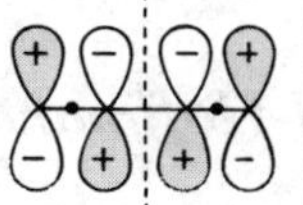	2	S
bindend	höchstes besetztes MO (HOMO)b)	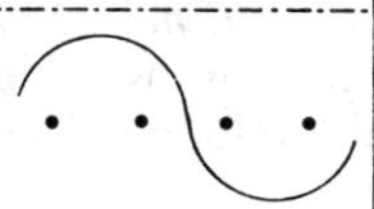	ψ_2	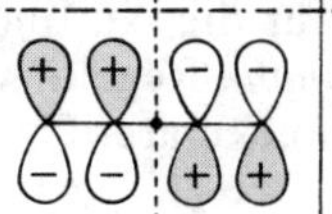	1	A
			ψ_1	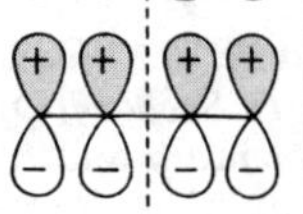	0	S

S = symmetrisch A = antisymmetrisch
a) LUMO: engl.: lowest unoccupied MO; b) HOMO: engl.: highest occupied MO

le (engl.: *frontier orbitals:* FMO) bezeichnet, weil zwischen ihnen die Grenze (—·—·—· in Tabelle 11) verläuft, die bindende Orbitale von antibindenden trennt[1].

Für *elektrocyclische Reaktionen* lassen sich folgende Regeln aufstellen:

1. Die Symmetrie des höchsten besetzten Molekülorbitals (HOMO) bestimmt den Ablauf der *thermischen* Reaktionen. Für das oben angeführte Beispiel ergibt sich in bezug auf das oberste besetzte Niveau zwangsläufig eine *konrotatorische* Drehung, da nur sie zur Überlappung von Orbitalen gleichen Vorzeichens der Wellenfunktion und damit zur Ausbildung einer σ-Bindung führt.

oberstes besetztes Orbital des Butadiens (HOMO)

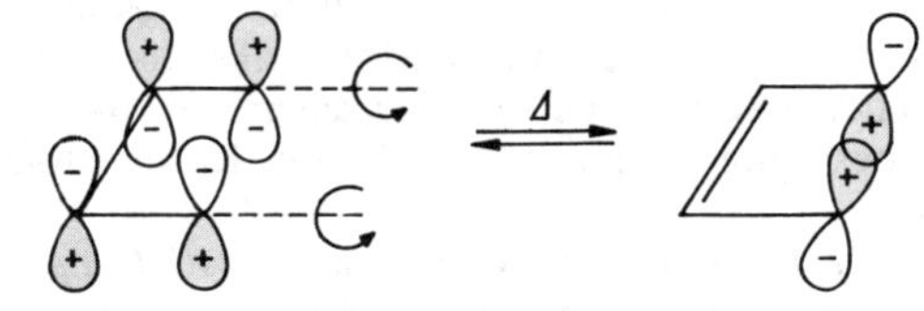

2. Für *photochemische* elektrocyclische Reaktionen ist die Symmetrie des untersten unbesetzten (angeregten) Orbitals (LUMO) ausschlaggebend. Für obiges Beispiel resultiert hier ein *disrotatorischer* Reaktionsablauf.

unterstes unbesetztes (angeregtes) Orbital (LUMO)

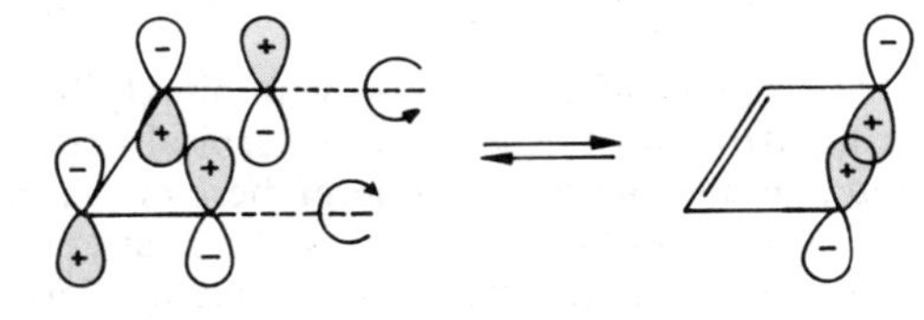

Die Grenzorbitale eignen sich vorzüglich für die Anwendung der *Woodward-Hoffmann*-Regeln. Sie sind aber, wegen der mit ihrer Anwendung verbundenen Vereinfachungen, mit Recht kritisiert worden. Für zuverlässigere Aussagen ist die Aufstellung von Korrelationsdiagrammen erforderlich. Dazu sei auf die einschlägigen Monographien bzw. die Originalliteratur hingewiesen (vgl. S. 107).

Die Wanderung einer σ-Bindung innerhalb eines Systems von π-Bindungen wird *sigmatrope Reaktion* genannt[2]:

$$\underset{\displaystyle H_2C}{\overset{R}{|}}\!\!-(CH{=}CH)_n-CH{=}CH_2 \longrightarrow H_2C{=}CH-(CH{=}CH)_n-\underset{\displaystyle CH_2}{\overset{R}{|}}$$

Dabei verschieben sich die π-Bindungen. Anfangs- und Endpunkt der Gruppe R werden durch Ziffern in [ ] bezeichnet, z. B. [1,5] für die folgende Wasserstoffverschiebung im *1,3-Pentadien:*

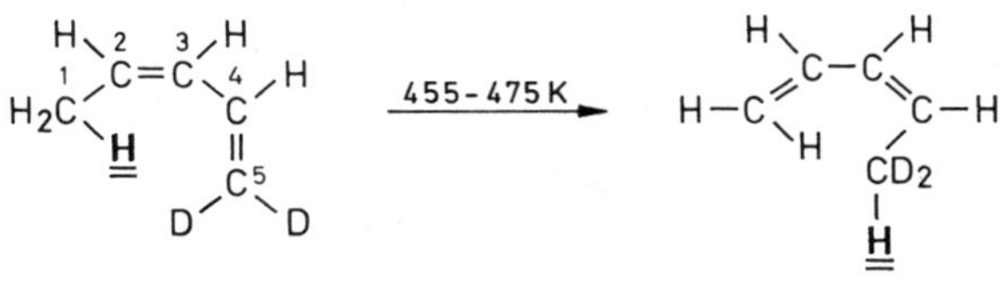

---

[1] Vgl. *K. Fukui,* Recognition of Stereochemical Paths by Orbital Interaction, Accounts Chem. Res. *4,* 57 (1971).

[2] Vgl. *J. J. Gajewski,* Energy Surfaces of Sigmatropic Shifts, Accounts Chem. Res. *13,* 142 (1980).

Die Stereochemie dieser Reaktion, in der die wandernde Gruppe auf der gleichen Seite des Systems verbleibt, läßt sich mit Hilfe der *Woodward-Hoffmann*-Regeln deuten, wenn man für den *Übergangszustand* (vgl. S. 128 *f.*) folgendes annimmt:

1. Das Wasserstoffatom ist gleichzeitig an den Anfangs- und den Endpunkt der Wanderung gebunden.
2. Die Bindung wird über ein Wasserstoffatom und ein Radikal des π-Systems vermittelt.

Dann kann man von den Grenzorbitalen des π-Elektronensystems ausgehen, an dem sämtliche Kohlenstoffatome des reagierenden Molekülbereichs beteiligt sind. Dies ist bei ungeladenen Verbindungen immer eine ungerade Zahl von Kohlenstoffatomen.
Das einfachste derartige System ist die *Allylgruppe*, deren Molekülorbitale in der Notierung der Tabelle 11 wie folgt angegeben sind:

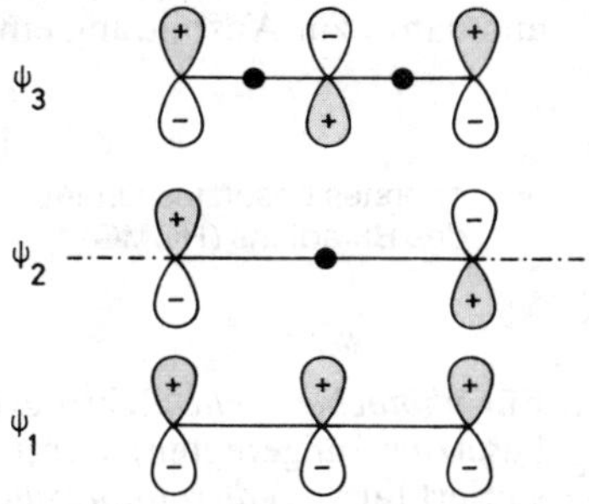

Für das Allylkation $[H_2C{=}CH{-}\overset{\oplus}{C}H_2 \leftrightarrow H_2\overset{\oplus}{C}{-}CH{=}CH_2]$, das nur zwei π-Elektronen besitzt, ist ψ_1 das HOMO; für das Allylanion $[H_2C{=}CH{-}\overset{\ominus}{C}H_2 \leftrightarrow H_2\overset{\ominus}{C}{-}CH{=}CH_2]$ mit seinen 4 π-Elektronen ist es ψ_2. Dieses Orbital liegt auf der Grenze zwischen dem bindenden und dem antibindenden Energiebereich; es ist *nichtbindend*: NBMO (**N**on**b**onding **MO**)[1]. Im Allylradikal ist das NBMO nur mit einem Elektron besetzt.
In ψ_2 verläuft eine Knotenebene durch das mittlere C-Atom. Das *NBMO des Pentadienylradikals ist* ψ_3. Aus Tabelle 11 entnimmt man, daß dieses Orbital zwei Knotenflächen aufweisen muß. Es ist daher wie folgt zu schreiben:

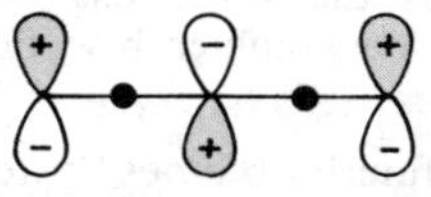

NBMO des Pentadienylradikals

Man sieht an den Vorzeichen der Orbitallappen an den Enden des Systems, daß das Wasserstoffatom im Pentadienylradikal auf der gleichen Seite (*suprafacial*) vom Anfangs- zum Endpunkt der Verschiebung gelangen kann.

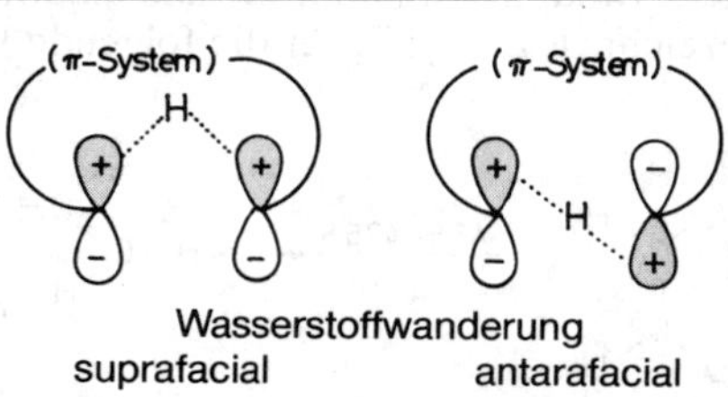

Abb. 57

[1] Vgl. *M. J. S. Dewar* et al., The PMO-Theory of Organic Chemistry (Plenum Press, New York 1975).

Diese Reaktion ist energetisch bevorzugt. Anders verhält es sich beim NBMO des Allylradikals. Hier müßte sich das Wasserstoffatom auf die andere Seite des Systems verschieben (*antarafacial*). Das ist wegen der ungünstigen Geometrie im Übergangszustand schwierig, und thermische sigmatrope [1,3] Verschiebungen sind noch nicht beobachtet worden.

Dagegen werden die nicht konjugierten 1,5-Diene beim Erhitzen isomerisiert (*Cope-Umlagerung*):

Die *Cope*-Umlagerung kann nur beobachtet werden, wenn das 1,5-Dien nicht symmetrisch ist, so daß keine *entartete Umlagerung* wie beim 1,5-Hexadien vorliegt. Das ist z. B. der Fall beim *3-Methyl-1,5-hexadien*, das sich bei 300 °C (575 K) in *1,5-Heptadien* umlagert:

3-Methyl-1,5-hexadien 1,5-Heptadien

Es handelt sich um eine sigmatrope [3,3] Reaktion, die über den oben angedeuteten cyclischen Übergangszustand verläuft. In diesem stehen sich die NBMO's von zwei Allylradikalen gegenüber.

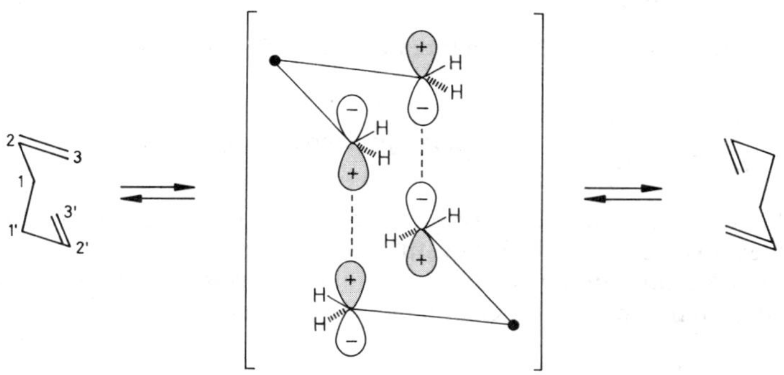

2.7.5 Diolefine

Das als Beispiel für die *Cope*-Umlagerung verwendete *1,5-Hexadien* (*Diallyl*) ist ein Molekül mit isolierten Doppelbindungen. Es kann aus *Allylchlorid* durch Umsetzung mit Magnesium (in Analogie zur *Wurtz*-Synthese) dargestellt werden:

$$2\,H_2C{=}CH{-}CH_2Cl + Mg \xrightarrow{\text{Ether}} H_2C{=}CH{-}CH_2{-}CH_2{-}CH{=}CH_2$$

Allylchlorid 1,5-Hexadien, Sdp. 59,5 °C (332,7 K)

Normalerweise reagieren isolierte Doppelbindungen unabhängig voneinander. Die *Cope*-Umlagerung ist ein instruktives Beispiel für eine konzertierte Reaktion, das davor warnt, das Wort „isoliert“ zu wörtlich zu nehmen.

2.8 Einwertige Alkohole (Alkanole)

Als „einwertige" Alkohole bezeichnet man Verbindungen, in denen eine OH-Gruppe direkt mit einem sp^3-hybridisierten Kohlenstoffatom verbunden ist, das entweder mit Wasserstoff oder mit weiteren Kohlenstoffatomen verknüpft ist. Sie leiten sich von den Alkanen durch Austausch eines H-Atoms gegen die OH-Gruppe ab und bilden als „gesättigte" Alkohole oder Alkanole eine *homologe Reihe* von der Summenformel $C_nH_{2n+1}-OH$.

Die Nomenklatur der Alkohole erfolgt auf zweierlei Art: Entweder hängt man an den Namen des betreffenden Alkans die Endung „ol" an, z. B. Methanol, Ethanol, Propanol, Butanol usw., oder man setzt vor das Wort Alkohol den Namen der Alkylgruppe, z. B. Methyl-, Ethyl-, Propyl-, Butylalkohol usw. Eine ältere Bezeichnung für Methanol ist „Carbinol".

Die ersten Vertreter der einwertigen gesättigten Alkohole sind:

H_3C-OH Methylalkohol, Methanol, Carbinol, Holzgeist

H_3C-CH_2-OH Ethylalkohol, Ethanol, Weingeist

Im Propan, $H_3C-CH_2-CH_3$, kann sowohl ein H-Atom in der Methyl- als auch in der Methylengruppe durch die Hydroxylgruppe ersetzt sein; dementsprechend gibt es *zwei konstitutionsisomere* Propanole:

$H_3C-CH_2-CH_2-OH$ *n*-Propylalkohol, *n*-Propanol, 1-Propanol

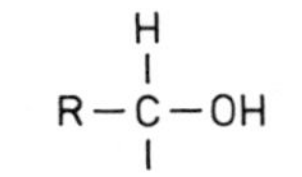

Isopropylalkohol, 2-Propanol

Von den Alkoholen mit 4 und 5 C-Atomen, denen die isomeren Butane bzw. Pentane zugrunde liegen, existieren 4 bzw. 8 Konstitutionsisomere.

Innerhalb dieser Verbindungsklasse unterscheidet man **primäre, sekundäre** und **tertiäre Alkohole,** je nachdem, ob die OH-Gruppe an einem *prim., sek.* oder *tert.* C-Atom haftet.

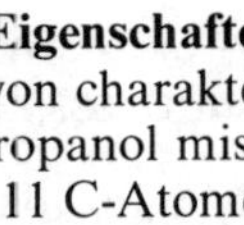

prim. Alkohol

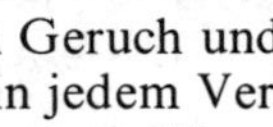

sek. Alkohol

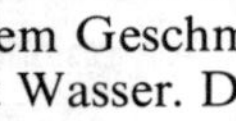

tert. Alkohol

Methanol ist auch *primär,* nimmt jedoch eine Sonderstellung ein, da die CH_2OH-Gruppe nur mit einem H-Atom verbunden ist.

Physikalische Eigenschaften. Die niederen einwertigen Alkohole sind farblose, neutrale Flüssigkeiten von charakteristischem Geruch und brennendem Geschmack. Methanol, Ethanol und Propanol mischen sich in jedem Verhältnis mit Wasser. Die mittleren Alkohole mit 4–11 C-Atomen sind ölige, mit Wasser nur begrenzt mischbare Flüssigkeiten, die höheren fest, geschmack- und geruchlos und in Wasser unlöslich. Mit steigender relativer Molekülmasse der Alkohole übertrifft der Einfluß der Kohlenstoffkette

mehr und mehr den der OH-Gruppe, so daß die höheren Alkohole in ihren physikalischen Eigenschaften den Alkanen ähneln.
Die ersten fünf normalen *primären* Alkohole haben folgende *Siedepunkte:*

Methanol	Sdp. 64,7 °C (337,9 K)	*n*-Butanol	117,8 °C (391,0 K)
Ethanol	78,4 °C (351,6 K)	*n*-Pentanol	138,0 °C (411,2 K)
n-Propanol	97,2 °C (370,4 K)		

Die Differenz zwischen den Siedepunkten zweier in der *homologen Reihe* aufeinander folgender Alkohole bis zu dem mit 10 C-Atomen beträgt fast regelmäßig 18 – 20 K, dann wird sie geringer. Dies läßt auf einen gleichartigen räumlichen Bau der normalen primären Alkohole schließen. – Von zwei konstitutionsisomeren Alkoholen besitzt der normale stets den höheren Siedepunkt.

2.8.1 Die Wasserstoffbindung (Wasserstoffbrücke)[1]

Die relativ hohen Siedepunkte der einwertigen Alkohole sind – wie der des Wassers – auf *Molekülassoziation* zurückzuführen. Die nähere Untersuchung ergab, daß diese Assoziation an das Vorhandensein der H-Atome in den OH-Gruppen gebunden ist. Es kommt dabei zur Ausbildung einer *Wasserstoffbindung* (*Latimer* und *Rodebush,* 1920) oder *Wasserstoffbrücke (Huggins,* 1937) zwischen dem H-Atom der OH-Gruppe in dem einen Molekül und dem einsamen Elektronenpaar des O-Atoms eines zweiten. Demnach werden die Alkoholmoleküle über Wasserstoffbrücken zusammengehalten und bilden Ketten folgenden Typs:

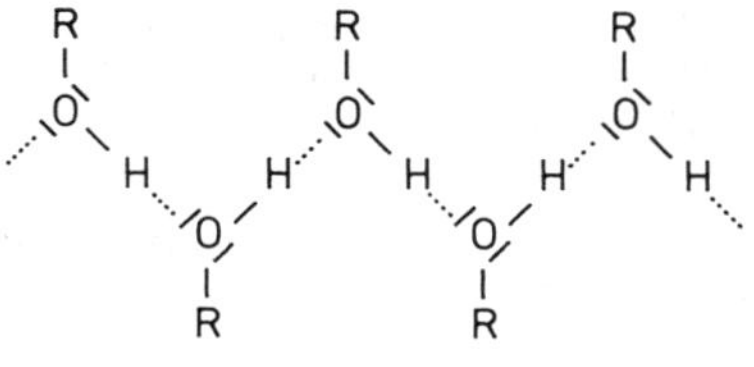

(Die Wasserstoffbrücken sind durch punktierte Linien angedeutet.)

Es liegt ein dynamisches Gleichgewicht vor, in dem ständig Wasserstoffbrücken abreißen und andere sich neu bilden. Im Dampfzustand wie auch in sehr verdünnter Lösung unpolarer Lösungsmittel liegen die Alkoholmoleküle jedoch weitgehend *monomer* vor. Das zeigt u. a. das *IR-Spektrum* einer 0,03proz. Lösung von Ethanol in Tetrachlormethan (Abb. 58), dessen scharfe Absorptionsbande bei 3640 cm^{-1} der Valenzschwingung der *freien* OH-Gruppe des Alkohols zuzuordnen ist. Die Ausbildung von *Wasserstoffbrücken* zwischen den Alkoholmolekülen hat mit steigender Konzentration eine Verschiebung des Maximums der OH-Valenzschwingung um ca. 300 cm^{-1} zur Folge. So beobachtet man im IR-Spektrum einer 0,75proz. bzw. 3proz. Lösung von Ethanol in Tetrachlormethan neben der intensitätsgeschwächten Valenzschwingungsbande der freien OH-Gruppe eine breite, starke Assoziationsbande bei 3600 bis 3200 cm^{-1}.

Aus dem Intensitätsverhältnis der beiden in Abb. 58 gezeigten Banden läßt sich der *Assoziationsgrad* von Alkoholen abschätzen.

[1] Vgl. *P. Schuster* et al., The Hydrogen Bond, 3 Bände (North Holland Publishing Co., Amsterdam 1976); *C. Reichardt*, Solvent Effects in Organic Chemistry (Verlag Chemie, Weinheim 1979).

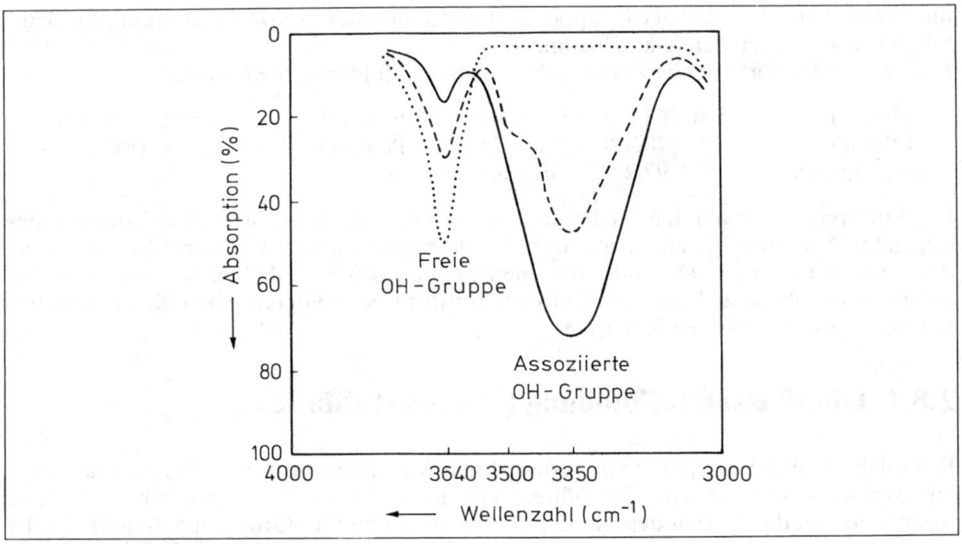

Abb. 58. Ethanol in Tetrachlormethan
— 3%; --- 0,75%; . . . 0,03%

Die Trennung der Wasserstoffbindung erfordert die Zufuhr eines bestimmten Energiebetrages, der ihrer *Bindungsenthalpie* entspricht. Der experimentell ermittelte Wert beläuft sich auf etwa 21 – 29 kJ/Mol, ist also erheblich kleiner als der einfacher Atombindungen, die Bindungsenthalpien zwischen 150 – 500 kJ/Mol besitzen. Die Wasserstoffbrücken treten z. B. auch in Carbonsäuren, Aminen, Chelaten, Peptiden und Nucleinsäuren auf.

Chemische Eigenschaften. In den Alkoholen liegt infolge der größeren Elektronegativität des Sauerstoffs eine *polare* Atombindung vor:

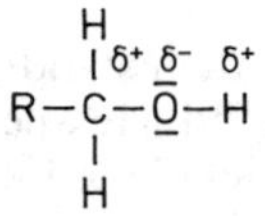

(R = Alkylgruppe)

Die Polarität der C–O-Bindung ist jedoch nicht so stark, daß in wäßriger Lösung eine Dissoziation in ein Carbenium-Ion und ein OH-Anion erfolgt. Vielmehr sind die Alkohole als *äußerst schwache Säuren* aufzufassen, in denen das H-Atom der OH-Gruppe durch Metalle, z. B. Natrium, ersetzt werden kann; sie zeigen demnach ein dem Wasser analoges Verhalten. Die salzartigen Verbindungen nennt man *Alkoholate;* sie sind jedoch nur unter Ausschluß von Feuchtigkeit beständig:

$$R{-}\underline{\overline{O}}{-}H + Na \rightarrow R{-}\underline{\overline{O}}|^{\ominus} Na^{\oplus} + 1/2\, H_2$$

Mit Wasser reagieren Alkoholate zu dem betreffenden Alkohol und dem Metallhydroxid:

$$R{-}\underline{\overline{O}}|^{\ominus}\, Na^{\oplus} + H_2O \rightleftharpoons R{-}\underline{\overline{O}}{-}H + Na^{\oplus}\, OH^{\ominus}$$

Dies steht im klaren Gegensatz zum Verhalten in der Gasphase (vgl. S. 50).

An die Stelle von Kristallwasser kann auch *Kristallalkohol* treten, z. B. bindet ein viel gebrauchtes Trockenmittel, das Calciumchlorid, nicht nur Wasser zum Hexahydrat, $CaCl_2 \cdot 6\,H_2O$, sondern z. B. auch Methanol bzw. Ethanol. Daher können alkoholische Lösungen *nicht* mit Calciumchlorid getrocknet werden.

2.8.2 Oxidationsprodukte der Alkohole

Besonders charakteristisch ist die Einwirkung von Oxidations- oder Dehydrierungsmitteln auf einwertige Alkohole, wobei sich die primären, sekundären und tertiären Alkohole grundlegend voneinander unterschieden.

Für den *Mechanismus* dieser Reaktionen gibt es zwei Möglichkeiten. Einerseits können die H-Atome, die am gleichen C-Atom wie die OH-Gruppe des Alkohols haften, durch Sauerstoff sukzessiv zur Hydroxylgruppe oxygeniert, d. h. „hydroxyliert" werden; die Einführung von Sauerstoff wird auch als *Oxygenierung* bezeichnet[1]. Da nach der *Erlenmeyer*-Regel zwei OH-Gruppen an einem C-Atom im allgemeinen nicht existenzfähig sind, spaltet sich aus diesen sofort Wasser ab unter Bildung einer C=O-Gruppe.

Demnach gehen *primäre* Alkohole zunächst in die entsprechenden *Aldehyde* und dann in die *Carbonsäuren* über, z. B.

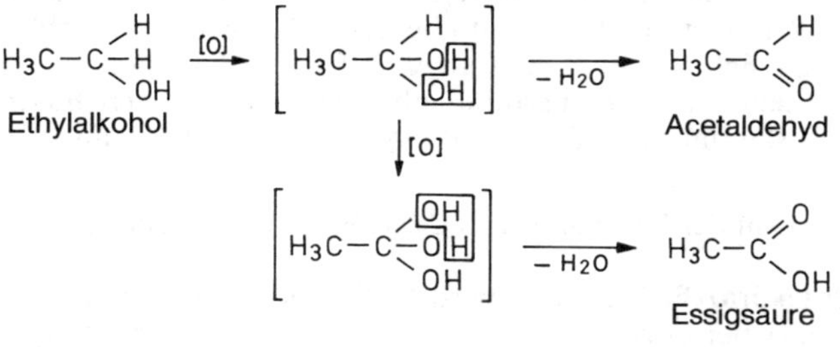

Andererseits ergibt sich aus Beobachtungen *H. Wielands,* daß *primäre* Alkohole häufig auch ohne Anwesenheit von Sauerstoff durch *Wasserstoffakzeptoren,* z. B. Palladium, in Aldehyde übergeführt werden:

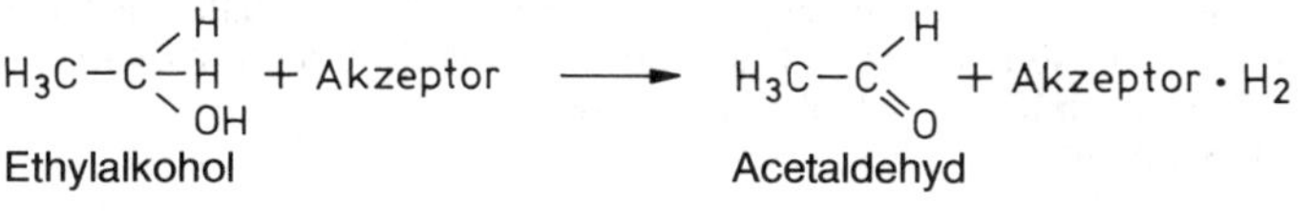

Da dem Alkohol hierbei nur 2 H-Atome entzogen werden, spricht man in diesem Fall von einer *Dehydrierung* statt von Oxidation oder Oxygenierung.

Auch die Umwandlung des Acetaldehyds zu Essigsäure kann als Dehydrierung gedeutet werden, sofern man als Zwischenstufe das instabile Hydrat des Aldehyds annimmt:

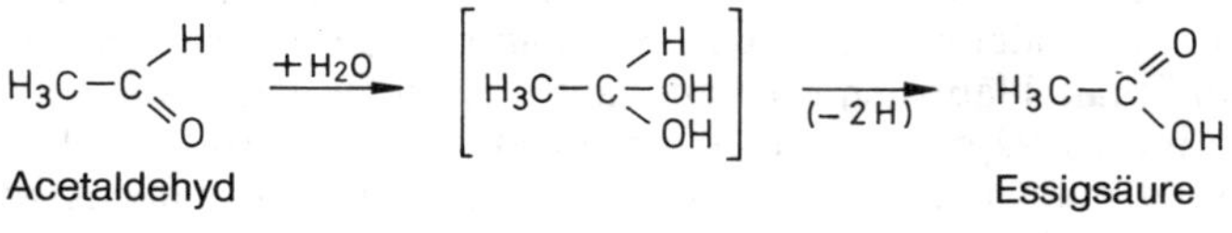

[1] Vgl. *Houben-Weyl,* Methoden der organischen Chemie, 4. Aufl., Bd. *4/1 a* (Thieme Verlag, Stuttgart 1981).

Die Dehydrierung *sekundärer* Alkohole führt zu **Ketonen,** z. B. entsteht aus Isopropylalkohol Aceton:

$$\underset{\text{Isopropylalkohol}}{(H_3C)_2C\begin{matrix}\diagup H\\ \diagdown OH\end{matrix}} \xrightarrow[-2\,H]{} \underset{\text{Aceton}}{(H_3C)_2C{=}O}$$

Die *tertiären* Alkohole, $(R)_3C-OH$, lassen sich ohne Aufspaltung des Moleküls *nicht* oxidieren.

Die wichtigsten einwertigen Alkohole

2.8.3 Methanol (Methylalkohol, Carbinol)

Darstellung

2.8.3.1 Methanol wurde zuerst *durch trockene Destillation des Holzes* gewonnen (*Boyle*, 1661), wobei unter Entweichen brennbarer Gase, wie Wasserstoff, Kohlenmonoxid und Ethylen, eine wäßrig-teerige Flüssigkeit übergeht; als Rückstand verbleibt Holzkohle. Das Destillat setzt sich wie folgt zusammen: 1,5–3% Methanol, 10% Essigsäure, 0,5% Aceton neben Acetaldehyd, Essigsäuremethylester, organischen Basen und Holzteer. (Das Methanol stammt aus den Methoxylgruppen der Hemicellulosen und des Lignins.)

Die Essigsäure wird mit Calciumhydroxid als Calciumacetat (Graukalk) ausgefällt.

2.8.3.2 Hochdruckprozeß. Technisch wird Methanol aus Kohlenmonoxid und Wasserstoff (Synthesegas) bei etwa 400 °C (675 K) und 200 bar (20 MPa) am ZnO/Cr_2O_3-Kontakt hergestellt (*A. Mittasch, M. Pier* und *K. Winkler*):

$$CO + 2\,H_2 \xrightarrow{(ZnO/Cr_2O_3)} H_3COH \qquad \Delta H = -119\ \text{kJ/Mol}$$

Während man unter den obigen Bedingungen fast reines Methanol erhält, entstehen bei gleichem Druck und einer um 30–40 K höheren Temperatur am alkalisierten ZnO/Cr_2O_3-Kontakt neben Methanol (etwa 50%) auch höhere Alkohole, wie *n*-Propanol (2%) und vor allem Isobutylalkohol (11%) (Isobutylöl-Synthese).

2.8.3.3 Niederdruck-Verfahren der ICI. Bei dieser Methanolgewinnung benutzt man einen Cu/Zn/Al-Katalysator und arbeitet mit *Synthesegas* bei etwa 250 °C (525 K) und 50 bar (5 MPa). Sie benötigt weniger Energie als der Hochdruckprozeß.

Eigenschaften. Methanol ist eine mit nichtleuchtender, blaßblauer Flamme brennende Flüssigkeit, die mit anderen organischen Lösungsmitteln unbegrenzt mischbar ist. Im Gegensatz zum Ethanol läßt sich Methanol aus wasserhaltigen Lösungen durch fraktionierte Destillation in 99proz. Reinheit gewinnen. Um daraus „absolutes“ Methanol darzustellen, setzt man metallisches Magnesium zu, das sich unter Alkoholatbildung auflöst. Das Magnesiummethylat wird durch das restliche Wasser in unlösliches Magnesiumoxid und Methanol gespalten (Magnesiumverfahren):

$$2\,H_3COH \xrightarrow[-H_2]{+\,Mg} (H_3CO)_2Mg \xrightarrow{+\,H_2O} MgO + 2\,H_3COH$$

Methanol wird im Organismus zu *Ameisensäure* und *Formaldehyd* oxidiert. Darauf beruht seine *Giftwirkung*, die zu schweren Dauerschäden führt (Erblindung; tödliche Dosis für den Menschen etwa 25 g).

Verwendung. Methanol wird vielseitig verwendet, z. B. als Treibstoffzusatz, als Lösungsmittel, zur Darstellung von Formaldehyd, Polyestern, Klebstoffen und Anilinfarben sowie als *Methylierungsmittel*[1].

2.8.4 Ethanol (Ethylalkohol)

Darstellung

2.8.4.1 *Aus Ethylen*

a) Technisch durch *Absorption von Ethylen* (aus den Crackgasen) *in konz. Schwefelsäure* bei 55 – 80 °C (330 – 355 K), wobei in exothermer Reaktion Ethylhydrogensulfat und Diethylsulfat entstehen (Schwefelsäureverfahren):

$$H_2C=CH_2 \xrightarrow{+\,HO-SO_3H} \underset{\text{Ethylhydrogensulfat}}{C_2H_5O-SO_3H} \xrightarrow{+\,C_2H_4} \underset{\text{Diethylsulfat}}{(C_2H_5O)_2SO_2}$$

Das Reaktionsgemisch wird mit der äquivalenten Menge Wasser bei 70 – 100 °C (345 – 375 K) hydrolysiert und Ethanol abdestilliert. Daneben bilden sich etwa 2% Diethylether:

$$C_2H_5OSO_3H + H_2O \rightarrow C_2H_5OH + H_2SO_4$$
$$(C_2H_5O)_2SO_2 + 2\,H_2O \rightarrow 2\,C_2H_5OH + H_2SO_4$$
$$(C_2H_5O)_2SO_2 + C_2H_5OH \rightarrow \underset{\text{Diethylether}}{(C_2H_5)_2O} + C_2H_5OSO_3H$$

b) *Die Hydratisierung des Ethylens zu Ethanol* ist großtechnisch auch durch überschüssigen Wasserdampf bei 300 °C (575 K) unter Druck in Gegenwart von Phosphorsäure auf Kieselgel durchführbar:

$$H_2C=CH_2 + H_2O \xrightarrow{(H_3PO_4)} H_3C-CH_2-OH \qquad \Delta H = -48\ \text{kJ/Mol}$$

2.8.4.2 *Durch Hydrierung von Acetaldehyd* bei 100 – 130 °C (375 – 405 K) am Nickel-Kontakt zu Ethanol:

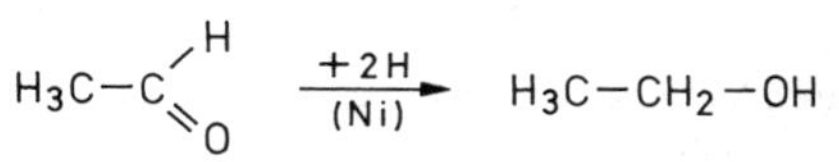

2.8.4.3 *Durch alkoholische Gärung*

Unter **Gärung** versteht man durch Mikroorganismen hervorgerufene, biochemische Prozesse.

Bei der „alkoholischen Gärung" werden *Zucker* (Hexosen), $C_6H_{12}O_6$, vornehmlich die Monosaccharide Glucose (Traubenzucker) und Fructose (Fruchtzucker), in Gegenwart von Hefepilzen, die den Enzymkomplex *Zymase* enthalten, zu *Ethanol* und *Kohlendioxid* abgebaut:

$$C_6H_{12}O_6 \xrightarrow{(\text{Zymase})} 2\,C_2H_5OH + 2\,CO_2 \qquad \Delta H = -105\ \text{kJ/Mol}$$

---

[1] Vgl. *F. Asinger*, Methanol – Chemie und Energierohstoff. Die Mobilisation der Kohle (Springer-Verlag, Berlin 1986).

Unter einem Enzym oder *Ferment* versteht man einen spezifischen, in kleinsten Mengen wirksamen organischen Katalysator. Es hat sich herausgestellt, daß Enzyme Proteine sind.

Eigenschaften. Beim Destillieren geht Ethanol nie wasserfrei, sondern als konstant siedendes (*azeotropes*) Gemisch von 95,6% Ethanol und 4,4% Wasser bei 78,2 °C (351,4 K) über. Das Wasser läßt sich durch Destillieren über gebranntem Kalk entfernen. Um wasserfreien „absoluten" Alkohol technisch darzustellen, setzt man vorher *Benzol* (Sdp. 80,1 °C [353,3 K]) zu. Bei der Destillation geht zunächst bei 64,9 °C (338,1 K) ein ternäres Gemisch (Benzol-Alkohol-Wasser) über, das das gesamte Wasser enthält, dann folgt bei 68,2 °C (341,4 K) ein binäres Gemisch (Benzol-Alkohol), und schließlich bleibt „absoluter" Alkohol zurück, der bei 78,4 °C (351,6 K) siedet (*Young*-Verfahren). Anstelle von Benzol kann auch *Trichlorethylen* verwendet werden (Drawinol-Verfahren). – Um geringe Feuchtigkeitsmengen (bis zu 1%) aus dem Ethanol zu entfernen, wendet man das *Magnesiumverfahren* an.
Ethanol ist eine wasserähnliche Flüssigkeit von eigenartigem Geruch und brennt mit blaßblauer Flamme, auch dann, wenn es bis zu 50% mit Wasser verdünnt ist. Der Wassergehalt eines Alkohols kann durch die Bestimmung des spezifischen Gewichts festgestellt werden (Alkoholometer).

Verwendung. Ethanol wird als Lösungsmittel sowie in kohlenhydrat- und holzreichen Ländern als wichtiges Ausgangsmaterial verwendet, z. B. zur Oxidation über Acetaldehyd zu Essigsäure und Essigsäureanhydrid, zur Herstellung von Farben, Riechstoffen und pharmazeutischen Präparaten sowie als Treibstoffzusatz. In der Medizin benutzt man Ethanol zur Konservierung anatomischer Präparate.

Besondere Bedeutung kommt den *Alkoholaten (Metallalkoxiden*[1]) bei organischen Synthesen zu, und zwar verwendet man als *Kondensationsmittel* vornehmlich Natriummethylat (Natriummethanolat), H_3CONa, oder Natriumethylat (Natriumethanolat), C_2H_5ONa, die sich beim Auflösen von metallischem Natrium in überschüssigem Alkohol unter Entwicklung von Wasserstoff bilden. Da sich die Lösung des Natriumethylats allmählich unter Bildung von Aldehydharz braun färbt, gibt man dem beständigeren *Natriummethylat* oft den Vorzug. Daneben haben sich *Magnesiumethylat*, $Mg(OC_2H_5)_2$, und *Aluminiumethylat*, $Al(OC_2H_5)_3$, die durch Einwirkung von amalgamiertem Magnesium oder Aluminium auf Ethanol darstellbar sind, sowie die Alkoholate höherer, meist verzweigter Alkohole, z. B. *Kalium* und *Aluminium-tert.-butylat*, bei Synthesen bewährt.
Ein großer Teil des Ethylalkohols dient zur Fabrikation alkoholischer Getränke, die man in *destillierte* und *nichtdestillierte* unterteilt. Zu den ersteren gehören die verschiedenen Branntweine, zu den zweiten Biere und Weine.
Die *Branntweine* werden durch Vergärung stärke- oder zuckerhaltiger Rohmaterialien und Destillation (Brennen) gewonnen. So entstehen aus Getreide (Weizen, Roggen) die *Kornbranntweine*, aus Rohrzuckermelasse *Rum*, aus Reis *Arrak*, aus Gerste und Mais *Whisky*, aus den verschiedenen Obstsorten die entsprechenden *Branntweine* (Kirsch-, Zwetschgenbranntwein u. a.) und aus Weintrauben *Kognak* (Weinbrand). Der Alkoholgehalt beträgt durchschnittlich 30 – 50%.
Beim *Bierbrauen* wird die Stärke der Gerste enzymatisch verzuckert und der Zucker durch Hefe vergoren. Der Alkoholgehalt des Bieres beträgt 3 – 6%.
Die *Weine* bilden sich bei der alkoholischen Gärung des Traubenzuckers durch Hefepilze, die bereits auf den Trauben vorhanden sind. Nach dem Auspressen *(Keltern)* der reifen Weintrauben wird der Traubensaft (*Most*) der Gärung überlassen. Die Weine enthalten 8 – 10% Alkohol.
Ethylalkohol wirkt in kleinen Mengen anregend, dann narkotisch und in größeren Quantitäten giftig, er kann sogar lebensgefährlich sein. Für gewerbliche Zwecke wird er durch Zusatz von Butanon oder Pyridin ungenießbar gemacht (vergällt).

---

[1] Vgl. *D. C. Bradley* et al., Metal Alkoxides (Academic Press, New York 1978).

2.8.5 Propanole (Propylalkohole)

***n*-Propanol** ist eine farblose, angenehm riechende Flüssigkeit von Sdp. 97,2 °C (370, 4 K). Es wird technisch durch die *Oxosynthese* aus *Ethylen* hergestellt (vgl. S. 206).
Isopropylalkohol, eine bei 82,4 °C (355,6 K) siedende, farblose Flüssigkeit, wird technisch *aus dem Propen der Crackgase,* z. B. durch Absorption in Schwefelsäure und nachfolgende Hydrolyse des Esters gewonnen (Schwefelsäureverfahren):

$$\underset{\text{Propen}}{H_3C-CH=CH_2} \xrightarrow{+\,H_2SO_4} \underset{\text{Isopropylhydrogensulfat}}{(H_3C)_2CH-O-SO_3H} \xrightarrow[-\,H_2SO_4]{+\,H_2O} \underset{\text{Isopropylalkohol}}{(H_3C)_2CH-OH}$$

Als Nebenprodukt entsteht Diisopropylether, $(H_3C)_2CH-O-CH(CH_3)_2$.

Propanol und Isopropylalkohol werden vielfach als Lösungsmittel verwendet, letzteres wird dem Motorenbenzin zum Schutz gegen Vergaservereisung zugesetzt; beide Alkohole wirken giftiger als Ethanol. Technisch dient Isopropylalkohol als Ausgangsstoff für Aceton.

Aliphatische Verbindungen 2

2.8.6 Butanole (Butylalkohole)

Die vier *isomeren* Butanole sind:

		Sdp.
$H_3C-CH_2-CH_2-CH_2-OH$	*n*-Butylalkohol, *n*-Butanol, 1-Butanol	117,5 °C (390,7 K)
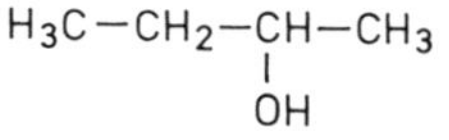	*sek.* Butylalkohol, 2-Butanol	99,5 °C (372,7 K)
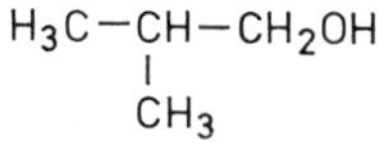	Isobutylalkohol, Isobutanol, 2-Methyl-1-propanol	108,4 °C (381,6 K)
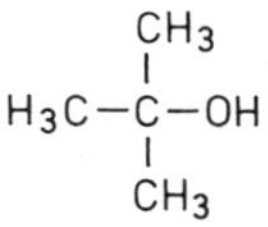	*tert.* Butylalkohol, 2-Methyl-2-propanol	82,5 °C (355,7 K)

***n*-Butanol** bezeichnet man meist als „Butanol“.

Darstellung

2.8.6.1 Technisch *durch Druckhydrierung von Crotonaldehyd* am Kupfer-Kontakt:

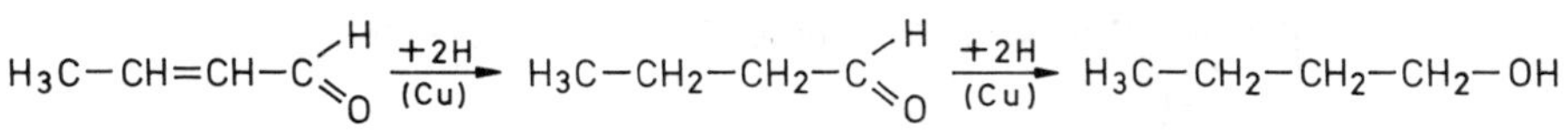

Crotonaldehyd *n*-Butyraldehyd *n*-Butanol

2.8.6.2 Durch die *Oxosynthese* aus Propen.

Eigenschaften und Verwendung. *n*-Butanol ist mit Wasser nur begrenzt mischbar und hat wie Methanol und Ethanol technische Bedeutung. Es dient als Lösungsmittel für Harze, als Egalisierungsmittel für Nitrolacke sowie als Esterkomponente, z. B. für Essigsäure (Butylacetat) und für Phthalsäure (Butylphthalat).

Der *sek.*-**Butylalkohol** wird technisch *aus der Butenfraktion der Crackgase* nach dem *Schwefelsäureverfahren* gewonnen:

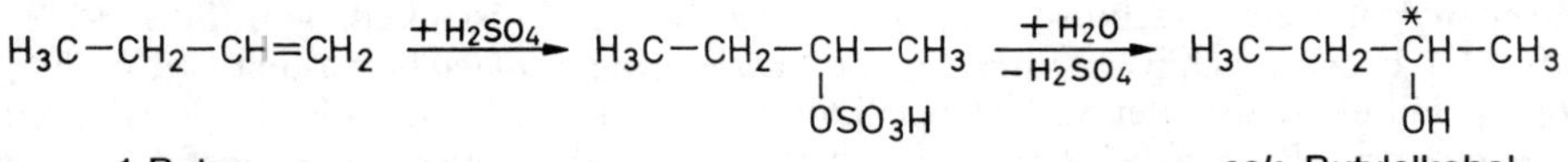

1-Buten *sek.*-Butylalkohol

Im Laboratorium läßt er sich aus *Acetaldehyd und Ethylmagnesiumbromid* darstellen (vgl. S. 188):

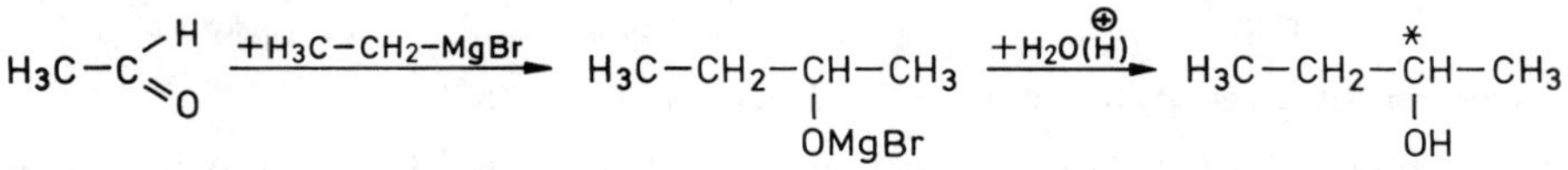

Auf die allgemeine Bedeutung dieser Methode zur Herstellung von Alkoholen sei schon an dieser Stelle hingewiesen.
Der *sek.*-Butylalkohol enthält ein *asymmetrisches C-Atom* (*); seine Racemform ist in *Enantiomere*[1] spaltbar.

Isobutylalkohol kommt in dem giftigen „Fuselöl" vor und wird technisch durch die *Oxosynthese* gewonnen.
Der *tert.*-**Butylalkohol** ist als einziger Alkohol dieser Reihe bei gewöhnlicher Temperatur fest, Schmp. 25,5 °C (298,7 K), und wird *aus dem Isobuten der Crackgase* nach dem *Schwefelsäureverfahren* gewonnen. Durch Umsetzung mit Schwefelsäure und Wasserstoffperoxid erhält man daraus das *tert.*-Butylhydroperoxid (TBHP): $(H_3C)_3COOH$, Sdp.$_{15}$ 33 °C (306 K).

2.8.7 Pentanole (Pentyl- oder Amylalkohole)

Zur Darstellung der Pentanole eignet sich die Methode der *Hydroxymercurierung* (vgl. S. 190*f.*).
Die wichtigsten Vertreter dieser Stoffgruppe sind **1-Pentanol** (*n*-Pentyl- oder *n*-Amylalkohol), $H_3C-(CH_2)_3-CH_2OH$, Sdp. 138 °C (411 K), das stärker berauschend und giftiger als Ethanol wirkt, sowie die beiden im *Gärungsamylalkohol* vorkommenden isomeren Pentanole. Diese treten als Nebenprodukte der alkoholischen Gärung im „Fuselöl" auf und wirken stark gesundheitsschädigend. Sie werden jedoch nicht aus den vergärbaren Zuckern, sondern aus den *Eiweißstoffen*, die in den stärkehaltigen Ausgangsmaterialien (Kartoffeln, Getreidearten) enthalten sind, gebildet.
Der **Gärungsamylalkohol** besteht aus den folgenden beiden *Isomeren:*

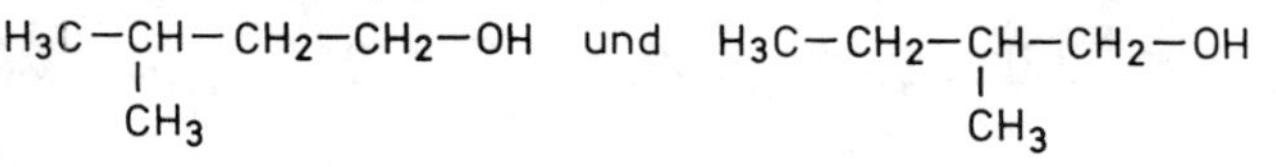

3-Methyl-1-butanol (85%) (Isopentylalkohol) 2-Methyl-1-butanol (15%)

[1] Die früher übliche Bezeichnung *optische Antipoden* ist weitgehend durch das Wort Enantiomeres oder Enantiomer verdrängt worden.

2.8.8. Optische Isomerie

Im *2-Methyl-1-butanol* liegt eine Substanz vor, die wie der *sek.*-Butylalkohol die Ebene des linear polarisierten Lichts um einen bestimmten Winkel dreht, d. h. *optische Aktivität* aufweist. Diese physikalische Erscheinung wurde von *Pasteur* (1848) an den optisch aktiven Weinsäuren näher untersucht, wobei er feststellte, daß beide Säuren in Lösung die Polarisationsebene um den *gleichen* Betrag, jedoch im *entgegengesetzten* Sinne drehen. Die eine dreht nach rechts (+), die anderen nach links (−). Weiterhin zeigte sich, daß die Kristallformen der beiden optisch aktiven Weinsäuren *enantiomorph* sind, d. h. gleiche Flächen und Winkel aufweisen, sich aber nicht zur Deckung bringen lassen. Sie verhalten sich wie *Gegenstand* und *Spiegelbild* und werden auch als *Enantiomere* bezeichnet. Demnach ist die Ursache der optischen Aktivität im räumlichen Bau der betreffenden Verbindungen zu suchen. Im Jahre 1860 postulierte *Pasteur,* daß alle optisch aktiven Moleküle *asymmetrisch*[1] gebaut sein müssen; durch ihre Raummodelle läßt sich *keine Symmetrieebene* legen.
Im Jahre 1874 entdeckten *van't Hoff* und *le Bel* unabhängig voneinander, daß sämtliche bis dahin bekannten, optisch aktiven organischen Verbindungen mindestens ein asymmetrisches Kohlenstoffatom, d. h. ein mit 4 verschiedenen Atomen oder Atomgruppen verbundenes C-Atom enthalten. Aus dieser Tatsache folgerte *van't Hoff,* daß die 4 Substituenten eines C-Atoms nicht in einer Ebene liegen können, sondern in den Ecken eines Tetraeders lokalisiert sind, in dessen Mittelpunkt das C-Atom steht.
Betrachtet man unter diesem Gesichtspunkt das 2-Methyl-1-butanol, so besitzt das C-Atom 2 vier verschiedene Liganden (H, CH_3, C_2H_5 und CH_2OH) und ist somit *asymmetrisch* gebaut.

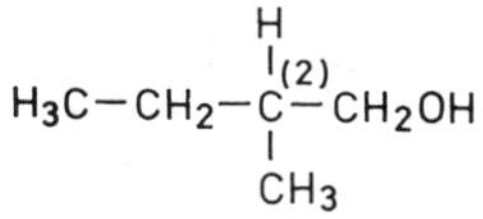

2-Methyl-1-butanol

Das Auftreten zweier *optisch isomerer* Formen des 2-Methyl-1-butanols läßt sich am besten am Tetraedermodell veranschaulichen (Abb. 59 u. 60):

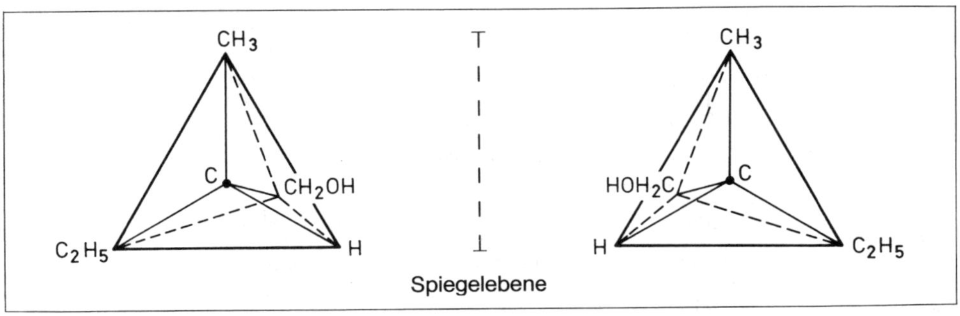

Abb. 59 Abb. 60

---

[1] *Pasteur* schrieb *dissymétrique,* das ungenau mit *asymmetrisch* übersetzt wurde.

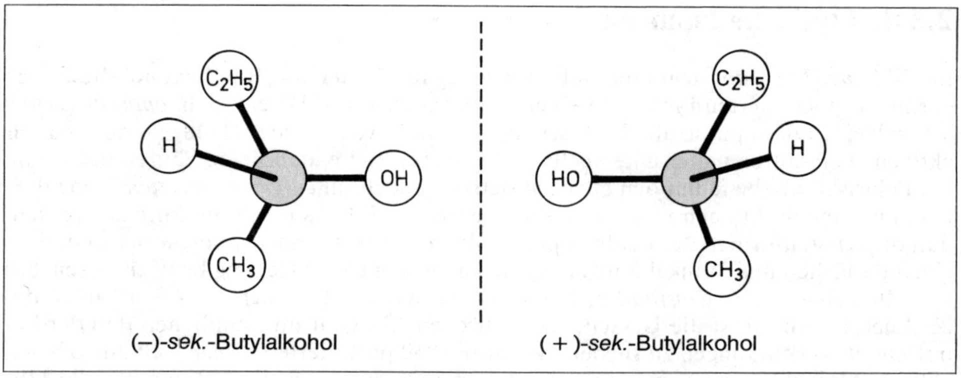

Abb. 61

Beide Raummodelle verhalten sich wie Gegenstand und Spiegelbild und lassen sich nicht miteinander zur Deckung bringen. Man spricht daher von **Spiegelbildisomeren** bzw. **Enantiomeren.** Derartige Verbindungen drehen die Ebene des linear polarisierten Lichts um den gleichen Betrag, aber in entgegengesetzter Richtung.
Somit existiert neben (–)-2-Methyl-1-butanol, das im Gärungsamylalkohol auftritt, noch (+)-2-Methyl-1-butanol.
Man kann die *Enantiomeren*, z. B. des *sek.*-Butylalkohols, *sterisch* auch durch die Kugel-Stab-Modelle veranschaulichen (Abb. 61).
Anstelle der Raummodelle benutzt man jedoch meist die *Fischer*-Projektionsformeln, in denen die waagerecht am Asymmetriezentrum stehenden Substituenten – im obigen Fall H und OH – *vor* der Papierebene und die senkrecht am Asymmetriezentrum befindlichen *hinter* der Papierebene zu denken sind. Eine weitere Symbolisierung markiert die waagerechten Bindungen durch ausgezogene Striche bzw. keilartige Dreiecke und die *in* oder *hinter* der Papierebene liegenden Substituenten durch punktierte Linien. Es ergeben sich somit für die *Formulierung Enantiomerer* folgende Möglichkeiten, die am Beispiel des *sek.*-Butylalkohols wiedergegeben seien.

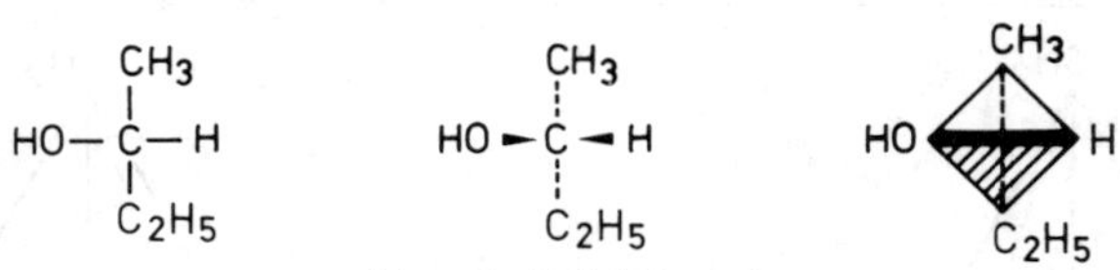

(–)-*sek.*-Butylalkohol

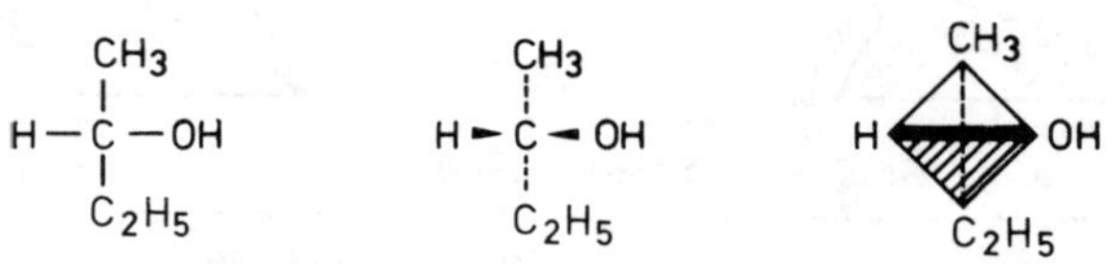

(+)-*sek.*-Butylalkohol

Man überzeuge sich davon, daß nicht nur bei der Vertauschung von H und OH, wie in den obigen Formeln, sondern bei *jeder einmaligen* Vertauschung zweier Liganden Enantiomere entstehen (Permutationsisomerie).

Bei der Rotation der *Fischer*-Projektionsformeln um 180° bleibt die *Konfiguration* unverändert, z. B.

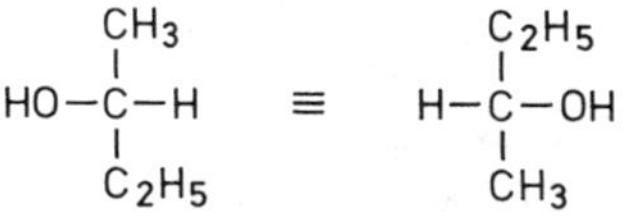

Definitionsgemäß wird das Kohlenstoffatom 1 der Hauptkette Kopf der *Fischer*-Projektionsformel; dieses ist stets auch das Kohlenstoffatom der höchsten Oxidationsstufe (vgl. S. 285).

Außer den beiden Enantiomeren gibt es stets die **Racemform** (racemic modification), die ein Gemisch aus gleichen Teilen der Rechts- und Linksform ist. In der Lösung der Racemform kompensieren sich die Drehungssinne der Enantiomeren, d. h. sie ist *optisch inaktiv.* Der Name „racemisch" stammt von der Traubensäure (Acidum racemicum) her, an der diese Erscheinung zuerst beobachtet wurde.
Es hat sich gezeigt, daß Asymmetrie zwar eine hinreichende, aber keine notwendige Bedingung für die Existenz von Enantiomeren ist; es können z. B. in Molekülen mit C_2 und D_2 Symmetrie immer Drehachsen vorliegen (vgl. S. 314): daher nennt man ein Molekül, das außer Drehachsen kein Symmetrieelement enthält, *chiral.* Das Wort **„Chiralität"**, welches Händigkeit (gr. *cheir:* die Hand) bedeutet, bringt die notwendige und hinreichende Bedingung für die Existenz von Enantiomeren genau zum Ausdruck. Chiralität ist die Eigenschaft eines Modells oder eines Moleküls; optische Aktivität wird nur beobachtet, wenn eine hinreichende Menge homochiraler Moleküle vorliegt. Das *asymmetrische Kohlenstoffatom* ist ein **Chiralitätszentrum** (*Prelog*) oder ein **stereogenes Atom** (*Mislow*)[1].

Mislow hat eine begriffliche Trennung zwischen dem stereogenen Zentrum und seiner Umgebung vorgeschlagen, die er z. B. für den *sek.*-Butylalkohol als chirotop bezeichnet, weil sich das stereogene zentrale Kohlenstoffatom in einer chiralen Umgebung befindet, in der die Vertauschung zweier Liganden das Enantiomere erzeugt. Seine *lokale Symmetrie* ist chiral. Die an das zentrale Kohlenstoffatom des *sek.*-Butylalkohols gebundenen Liganden sind ebenfalls chirotop, aber *nicht* stereogen. Stereogene Atome kommen auch mit achiraler lokaler Symmetrie vor, z. B. ein Kohlenstoffatom des 1-Brom-2-chlor-1-iod-ethylens. Bei der Vertauschung der beiden Liganden an einem solchen Kohlenstoffatom entstehen *Diastereomere* und *nicht Enantiomere.* Die Umgebung eines solchen stereogenen Zentrums ist *achirotop* (in diesem Falle *diastereotop*), vgl. S. 69.

Die Enantiomeren unterscheiden sich lediglich in ihrer Wirkung auf das polarisierte Licht. Sie stimmen, sofern sie sich in einer achiralen Umgebung befinden, in allen anderen chemischen und physikalischen Eigenschaften überein und lassen sich daher mit chemischen und physikalischen Methoden nicht trennen. In einem chiralen Medium (z. B. Cellulosepulver, chirales Lösungsmittel) verhalten sie sich verschieden und können unter günstigen Umständen getrennt werden. Alle biologischen Vorgänge laufen in einer chiralen Umgebung ab, daher zeigen Enantiomere oft verschiedene biologische Aktivität (vgl. L- und D-Asparagin, S. 825).

Bestimmung der spezifischen Drehung (*Biot,* 1836), Polarimetrie. Durchstrahlt man die Lösung einer optisch aktiven Verbindung mit linear polarisiertem Licht, so ist die Drehung der Polarisationsebene proportional dem Prozentgehalt p (g aktive Substanz in 100 g Lösung) bei einer Dichte d bzw. der Konzentration c (g aktive Substanz in 100 ccm Lösung) der Lösung und der durchlaufenen Schichtlänge l in Dezimetern. Als Maß für den Ablenkungswinkel α, bezogen auf 1 g aktive

[1] Vgl. *K. Mislow* et al., Stereoisomerism and Local Chirality, J. Amer. Chem. Soc. *106,* 3319 (1984).

Substanz in 1 ccm Lösung bei einer Schichtlänge von 1 dm, ergibt sich die *spezifische Drehung:*

$$[\alpha]_\lambda^t = \frac{\alpha \cdot 100}{l \cdot p \cdot d} = \frac{\alpha \cdot 100}{l \cdot c}$$

Die spezifische Drehung ist keine Stoffkonstante, sondern hängt von der Temperatur t und der Wellenlänge λ des verwendeten Lichtes ab. Meist wird sie für monochromatisches Natriumlicht (D-Linie, 589,3 nm) bei einer Temperatur von 20 °C (293 K) angegeben und dann mit $[\alpha]_D^{20}$ bezeichnet. Diese Größe kann zur Charakterisierung einer optisch aktiven Substanz herangezogen werden. Sie ist noch von der Konzentration der Lösung und von der Art des Lösungsmittels abhängig.
Überwiegt in einem Gemisch das eine Enantiomere, so ist die *optische Reinheit* in % durch $100 \cdot [\alpha]/[\alpha]_0$ definiert. Dabei ist $[\alpha]$ die spezifische Drehung des Enantiomerengemisches und $[\alpha]_0$ die des reinen Enantiomeren.
Die *Enantiomeren-Reinheit* (enantiomeric excess, ee) ergibt sich daraus für R > S zu:

$$\text{ee}\,[\%] = \frac{R-S}{R+S} \cdot 100$$

R und S sind die Deskriptoren des *CIP*-Systems für die beiden Enantiomeren (vgl. S. 276). Enantiomerenreine Verbindungen (ee = 100%) werden *homochirale Verbindungen* genannt.

Wenn die spezifische Drehung einer chiralen Verbindung nicht bekannt ist, kann die ee durch NMR-Spektroskopie mit Hilfe eines *chiralen Verschiebungsreagenzes* (LIS) bestimmt werden, denn in diesem Medium sind die Verschiebungen der NMR-Signale der Enantiomeren nicht äquivalent.

2.8.9 Höhere Alkohole, $C_nH_{2n+1}OH$

Die in Naturprodukten als Ester organischer Säuren vorkommenden höheren, einwertigen Alkohole sind sämtlich *primär*, z. B. findet man in Pflanzenölen: *n-Hexylalkohol*, $C_6H_{13}OH$, Sdp. 157,5 °C (430,7 K), *n-Octylalkohol*, $C_8H_{17}OH$, Sdp. 194,5 °C (467,7 K), und *n-Dodecyl-* oder *Laurylalkohol*, $C_{12}H_{25}OH$, Schmp. 26 °C (299 K). Ferner seien die in natürlichen Wachsen auftretenden „Wachsalkohole“ erwähnt, zu denen der *n-Hexadecyl-* oder *Cetylalkohol*, $C_{16}H_{33}OH$, Schmp. 50 °C (323 K) (im Walrat), der *Cerylalkohol*, $C_{26}H_{53}OH$, Schmp. 79,5 °C (352,7 K) (im chinesischen Wachs), und der *Myricylalkohol*, ein Gemisch von $C_{30}H_{61}OH$ und $C_{32}H_{65}OH$ (im Bienenwachs), gehören.

Auf die Herstellung der „Fettalkohole“ aus den höheren Fettsäuren und ihre Verwendung als Ausgangsstoffe für synthetische Waschmittel wird später eingegangen.

2.8.10 Ungesättigte Alkohole (Alkenole und Alkinole)

Die einwertigen, ungesättigten Alkohole leiten sich strukturell von den Alkenen und Alkinen ab, in denen ein H-Atom durch die Hydroxylgruppe ersetzt ist. Sofern die OH-Gruppe am doppelt gebundenen C-Atom haftet, spricht man von **Enolen,** die meist unbeständig sind, z. B. geht der instabile *Vinylalkohol* (Ethenol) sofort in Acetaldehyd über. Dagegen sind der *Allylalkohol*, 2-Propenol, $H_2C{=}CH{-}CH_2{-}OH$, und der sich vom Propin ableitende *Propargylalkohol*, 2-Propinol, $HC{\equiv}C{-}CH_2{-}OH$, in denen die OH-Gruppe an einem gesättigten C-Atom haftet, relativ stabil.

Allylalkohol kommt im Knoblauchöl (Allium sativum) vor und ist eine bei 97 °C (370 K) siedende, stechend riechende Flüssigkeit, die mit Wasser mischbar ist. Er dient als Zwischenprodukt für organische Synthesen; seine Ester, z. B. Allylphthalat, lassen sich zu Kunstharzen polymerisieren.

Darstellung

2.8.10.1 Im Laboratorium *durch Erhitzen von Glycerin mit Ameisensäure,* wobei intermediär ein Ameisensäureester auftritt:

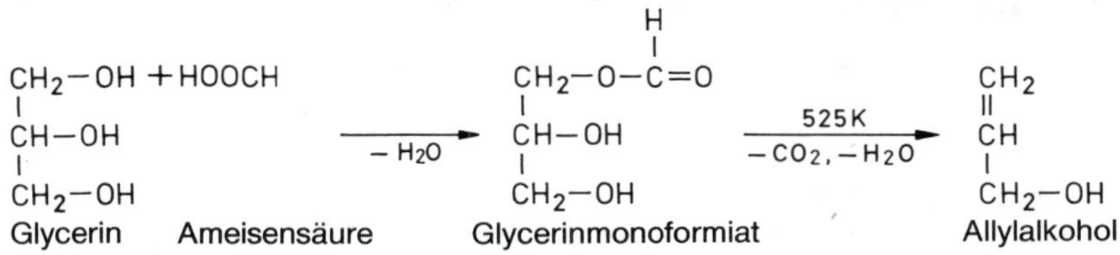

2.8.10.2 Technisch *durch alkalische Hydrolyse von Allylchlorid:*

$$H_2C=CH-CH_2-Cl + NaOH \rightarrow H_2C=CH-CH_2-OH + NaCl$$

2.8.10.3 oder *durch katalytische Isomerisierung von Propylenoxid:*

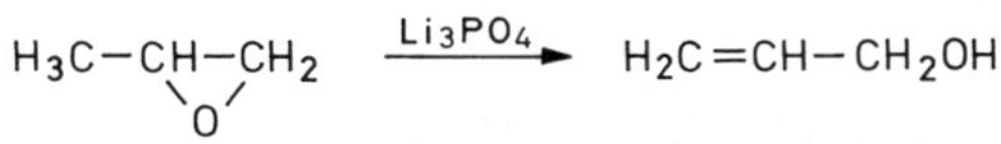

Propargylalkohol (2-Propinol), eine angenehm riechende Flüssigkeit vom Sdp. 114 °C (387 K), wird technisch *aus Acetylen und Formaldehyd* in Gegenwart von *Kupferacetylid* nach dem *Reppe*-Verfahren neben 2-Butin-1,4-diol dargestellt:

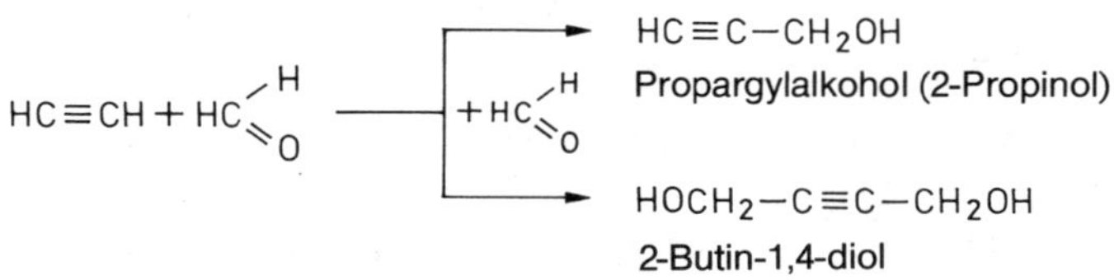

In Analogie zum Acetylen bildet Propargylalkohol eine explosive Ag-Verbindung („argyl" von *argentum* = Silber).
Steigende technische Bedeutung gewinnt das *1,4-Butandiol,* $HO(CH_2)_4OH$, das aus 2-Butin-1,4-diol durch katalytische Hydrierung dargestellt wird.
Höhere ungesättigte Alkohole mit mehreren C=C-Doppelbindungen, z. B. Geraniol, Linalool, Farnesol und Phytol, finden sich in „ätherischen Ölen" (s. Terpenalkohole).

Das Weibchen des Seidenspinners (Bombyx mori) sendet eine Substanz aus, die die Männchen aus großer Entfernung anlockt. Die Verbindung ist ein doppelt ungesättigter Alkohol, *Bombykol* genannt (*Butenandt*).

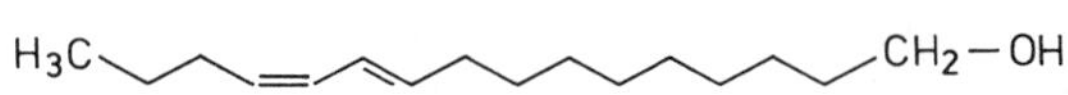

Derartige Substanzen, die das Verhalten von Tieren beeinflussen, werden als *Pheromone* bezeichnet (griech: pherein = tragen, Hormon = Wirkstoff). Es handelt sich also um Stoffe, die durch die Luft an den Wirkort getragen werden. Sie gehören zu den aktivsten biologischen Wirkstoffen und sind besonders bei Insekten weit verbreitet[1].

2.9 Halogenderivate der Alkane

Während die direkte Einführung der OH-Gruppe in Alkane nicht gelingt, ist ihre *Halogenierung* unter bestimmten Bedingungen möglich, wobei ein oder mehrere H-Atome des Alkans durch Halogene (Chlor, Brom) substituiert werden.
Unter **Substitution** versteht man allgemein den wechselseitigen Austausch gleichwertiger Atome oder Atomgruppen.
Speziell hat man zwischen mono- und höherhalogenierten Alkanen zu unterscheiden, von denen die ersteren als *Alkylhalogenide* bezeichnet werden. Eine Sonderstellung in bezug auf Darstellung und chemisches Verhalten nehmen die fluorierten Kohlenwasserstoffe ein.

2.9.1 Alkylhalogenide (Halogenalkane)

Die Anfangsglieder der *homologen Reihe* $C_nH_{2n+1}X$ (X = Halogen) sind die Methyl- und Ethylhalogenide, die man sich durch Substitution eines H-Atoms im Methan bzw. Ethan durch ein Halogenatom entstanden denken kann. Vom Propan und den höheren Alkanen leiten sich – in Analogie zu den Alkoholen – mehrere *konstitutionsisomere* Alkylhalogenide ab, z. B.

$H_3C-CH_2-CH_2-Cl$ *n*-Propylchlorid, Sdp. 46,6 °C (319,8 K)

$H_3C-\underset{\displaystyle Cl}{\underset{|}{C}H}-CH_3$ Isopropylchlorid, Sdp. 34,8 °C (308,0 K)

Die Zahl der Isomeren steigt mit wachsender Kettenlänge an.

Darstellung

2.9.1.1 Eine sowohl in der Technik als auch im Laboratorium vielfach angewandte Methode zur Darstellung der Alkylhalogenide ist die *Umsetzung von Alkoholen mit Halogenwasserstoffsäuren.* Am leichtesten reagiert Iodwasserstoff; bei Brom- bzw. Chlor-

[1] Vgl. *R. Rossi,* Insect Pheromones, Synthesis, *1977,* 817–836 und *1978,* 413–434.

wasserstoff sind meist höhere Temperaturen oder *Katalysatoren,* z. B. konz. Schwefelsäure oder wasserfreies Zinkchlorid, erforderlich. Letztere bewirken eine raschere Einstellung des nachstehenden *Gleichgewichts:*

$$R-OH + H-X \rightleftharpoons R-X + H_2O$$
$$\text{Alkohol} + \text{Säure} \rightleftharpoons \text{Ester} + \text{Wasser}$$

Diese Reaktion bezeichnet man als **Veresterung** der Säuren bzw. als **Esterbildung.** Somit sind die Alkylhalogenide als *Ester der Halogenwasserstoffsäuren* aufzufassen.
Die Umkehr der Esterbildung ist die *Hydrolyse,* die in Anlehnung an die Seifenbildung aus Fetten auch als *Verseifung* bezeichnet wird.

2.9.1.2 Im Laboratorium stellt man die Alkylhalogenide oft auch *durch Umsetzen von Alkoholen mit Phosphorhalogeniden* (PCl_3, PCl_5, PBr_3 PI_3 usw.) dar, z. B.

$$3\,C_2H_5-OH + PBr_3 \longrightarrow 3\,C_2H_5-Br + H_3PO_3$$

Ethylbromid (Sdp. 38,4 °C [311,6 K])

Hierbei läßt man das Phosphor(III)-bromid durch Eintragen von Phosphor und Zutropfen von Brom erst in der Reaktionslösung entstehen und trennt dann das entstehende Ethylbromid durch Destillation ab.

Anstelle der Phosphorhalogenide benutzt man auch *Thionylchlorid,* das zunächst mit dem Alkohol ein instabiles Chloralkylsulfit bildet. Dieses zerfällt schon bei geringem Erwärmen in Alkylchlorid und Schwefeldioxid:

$$R-OH + SOCl_2 \xrightarrow[-HCl]{} \left[RO-\underset{\underset{O}{\|}}{S}-Cl \right] \longrightarrow R-Cl + SO_2$$

2.9.1.3 *Hunsdiecker*-Reaktion. Hierbei werden die Silbersalze von Carbonsäuren mit Brom (oder Iod) – am besten in Tetrachlormethan – decarboxyliert unter Bildung der Alkylhalogenide:

$$R-COOAg + Br_2 \longrightarrow R-Br + AgBr + CO_2$$

Dieses Verfahren dient besonders zur selektiven Darstellung offenkettiger oder cyclischer Monoalkylhalogenide und verläuft über *Radikale* in einer Kettenreaktion (vgl. S. 128).

2.9.1.4 Auf die Bildung der Alkylhalogenide *durch Anlagerung von Halogenwasserstoffsäuren an Alkene* wurde bereits hingewiesen.

2.9.1.5 Halogenierung von Alkanen. In der Technik spielt die direkte *Chlorierung des Methans* in der Gasphase eine bedeutende Rolle und führt unter stufenweiser Substitution zu nachstehenden Derivaten:

$$CH_4 \xrightarrow[-HCl]{+Cl_2} CH_3Cl \xrightarrow[-HCl]{+Cl_2} CH_2Cl_2 \xrightarrow[-HCl]{+Cl_2} CHCl_3 \xrightarrow[-HCl]{+Cl_2} CCl_4$$

CH_3Cl	CH_2Cl_2	$CHCl_3$	CCl_4
Methylchlorid (37)	Methylenchlorid (41)	Chloroform (19)	Tetrachlorkohlenstoff (3)
Chlormethan	Dichlormethan	Trichlormethan	Tetrachlormethan

Die Zahlen hinter den Namen geben die Ausbeuten in Mol-% an, die bei einem äquimolaren Verhältnis von Cl_2 und CH_4 erhalten werden.
Durch Variation der Versuchsbedingungen (Photohalogenierung, thermische bzw. katalytische Halogenierung oder Zugabe von *Inhibitoren*, z. B. Hydrochinon) kann eines der chlorierten Methane zum Hauptprodukt werden.
Entsprechend lassen sich auch höhere Alkane chlorieren bzw. bromieren, z. B. entstehen bei der *Chlorierung von Propan* zwei Monochlorsubstitutionsprodukte in etwa gleicher Menge:

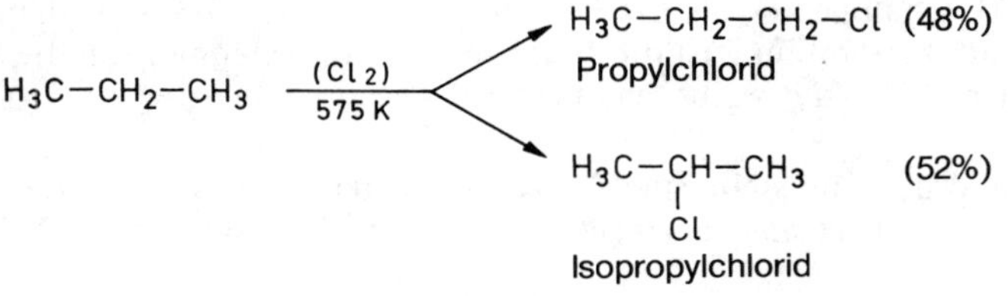

Eine *Iodierung* der Alkane ist auf diesem Wege nicht zu erreichen.
Substitutionen, die unter dem Einfluß des Lichts oder in Gegenwart von Peroxidkatalysatoren stattfinden, verlaufen nach dem *radikalischen* Mechanismus.
Bei der *Photochlorierung* von Alkanen tritt als Startreaktion eine Aufspaltung des Chlormoleküls in zwei Chloratome (Homolyse) ein, die als Radikale aufzufassen sind. Das Chloratom entreißt dem Kohlenwasserstoff ein H-Atom unter Bildung von Chlorwasserstoff und es bleibt ein Alkylradikal zurück, das nun mit einem Chlormolekül zum Alkylchlorid reagiert. Das hierbei freiwerdende Chloratom tritt erneut in die Kettenreaktion ein. Stößt ein Chloratom z. B. mit einem Alkylradikal zusammen, so erfolgt Kettenabbruch.

$|\overline{\underline{Cl}}-\overline{\underline{Cl}}| \longrightarrow |\overline{\underline{Cl}}\bullet + \bullet\overline{\underline{Cl}}|$	Start $\Delta H = +242$ kJ/Mol
$RH + \bullet\overline{\underline{Cl}}| \longrightarrow H-\overline{\underline{Cl}}| + R\bullet$	Kette
$R\bullet + |\overline{\underline{Cl}}-\overline{\underline{Cl}}| \longrightarrow R-\overline{\underline{Cl}}| + \bullet\overline{\underline{Cl}}|$	
$R\bullet + \bullet\overline{\underline{Cl}}| \longrightarrow R-\overline{\underline{Cl}}|$	Kettenabbruch

Obgleich in den Alkanen die C–C-Bindungsenthalpien deutlich niedriger sind als die der C–H-Bindungen (346 kJ/Mol gegenüber 414 kJ/Mol), werden durch die Radikale fast ausschließlich C–H-Bindungen angegriffen. Die Kohlenstoffkette eines Alkans ist nämlich von C–H-Bindungen umschlossen, so daß ein Angriff der Radikale auf die C–C-Bindungen durch sterische Hinderung erschwert ist.

Eigenschaften. Methyl- und Ethylchlorid (Sdp. −23,7 °C [249,5 K] bzw. + 12,3 °C [285,5 K]) sowie Methylbromid (Sdp. + 3,5 °C [276,7 K]) sind bei gewöhnlicher Temperatur gasförmig, die höheren Glieder der homologen Reihe meist flüssig und nur wenige fest. Die niederen Alkylhalogenide haben einen süßlichen Geruch und brennen mit grüngesäumter Flamme. Sie sind in Wasser fast unlöslich, mischen sich aber mit Alkoholen oder Ether.

Verwendung. Die Bedeutung der Alkylhalogenide liegt vor allem auf synthetischem Gebiet. Sie dienen als Ausgangsstoffe für die Herstellung einer Vielzahl organischer Stoffklassen (Alkane nach *Wurtz*, Alkene, Alkohole, Mercaptane, Ether, Thioether, Amine, Nitrile sowie für *Grignard*- und *Friedel-Crafts*-Reagenzien).
Methylchlorid und Methyliodid werden zuweilen als *Methylierungsmittel* verwendet.

Ethylchlorid (*Chloraethyl*[1]) kann als *Lokalanästhetikum* (Vereisung) bei Sportverletzungen und kleineren Operationen benutzt werden; technisch dient es als Ausgangsstoff für die Fabrikation von Tetraethylblei, $Pb(C_2H_5)_4$, das noch als *Antiklopfmittel* benutzt wird.

2.9.2 Mechanismen der nucleophilen Substitution am gesättigten C-Atom (*C. K. Ingold*, 1930)

Auf die Darstellung der Alkylhalogenide aus Alkoholen sowie ihre Hydrolyse zu Alkoholen wurde bereits hingewiesen. Kinetische Untersuchungen derartiger Reaktionen haben zu konkreten Aussagen über ihre *Mechanismen* geführt.

$$|Y^{\ominus} + R{-}X \rightleftharpoons R{-}Y + |X^{\ominus}$$

Die Spaltung der polaren Bindung zwischen Kohlenstoff und dem Liganden X erfolgt in der Weise, daß das Bindungselektronenpaar beim X verbleibt und ein *Carbenium-Ion* entsteht. An dieses lagert sich das Anion $|Y^{\ominus}$ mit seinem einsamen Elektronenpaar an. Man sagt, der neueintretende Substituent ist *nucleophil* (kernsuchend) und bezeichnet diesen Reaktionstyp daher als *nucleophile Substitution,* die durch das Zeichen S_N symbolisiert wird.
Zu den wichtigsten *anionischen nucleophilen* Substituenten zählen:

$$|Y^{\ominus} = {}^{\ominus}|\underline{O}H,\ {}^{\ominus}|\underline{O}R,\ {}^{\ominus}|\overline{N}H_2,\ {}^{\ominus}|\underline{\overline{S}}R \text{ und } {}^{\ominus}|C{\equiv}N|$$

Die Abspaltung von $X^{\ominus}$ und die Anlagerung von $Y^{\ominus}$ können entweder gleichzeitig (*synchron*) oder nacheinander (*stufenweise*) erfolgen.

2.9.2.1 S_N2-Reaktion. Im ersten Fall sind beide Reaktionspartner am Primärschritt beteiligt; er verläuft *bimolekular* (Symbol S_N2), und zwar hat man sich den Substituentenaustausch so vorzustellen, daß in dem gleichen Maß, wie die C–X-Bindung gelokkert wird, die C–Y-Bindung entsteht. Hierbei wird intermediär die Bildung eines *Übergangszustands (transition state)* angenommen, bei dem die drei Substituenten R^1, R^2 und R^3 mit dem zentralen C-Atom in einer zur Papierebene senkrechten Ebene liegen. Die Liganden X und Y bewegen sich auf einer Geraden, die auf dieser Ebene senkrecht steht:

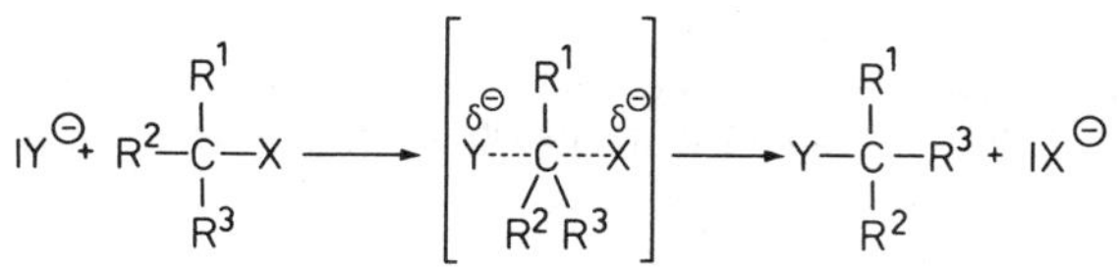

Edukte Übergangszustand Produkte

Die in die Reaktion eintretenden Verbindungen werden *Edukte,* die nach Abschluß der Umsetzung vorliegenden Verbindungen werden *Produkte* genannt.
Der *Reaktionsverlauf* kann graphisch dadurch verdeutlicht werden, daß man die potentielle Energie *E* der *Reaktionspartner* während des *Reaktionsablaufes* in einem *Energiediagramm* oder *Energieprofil* gegen einen Parameter aufträgt, den man als *Reaktionskoordinate* bezeichnet (Abb. 62)[2].

---

[1] Arzneimittelname außerhalb der INN-Kurzbezeichnungen (Kursivdruck), vgl. S. 140.

[2] Diese Darstellungsform ist bereits früher in Abb. 39 (S. 60) und Abb. 55 (S. 105) verwendet worden. In Abb. 39 wurde sie zur Verdeutlichung von Bewegungen innerhalb eines Moleküls verwendet.

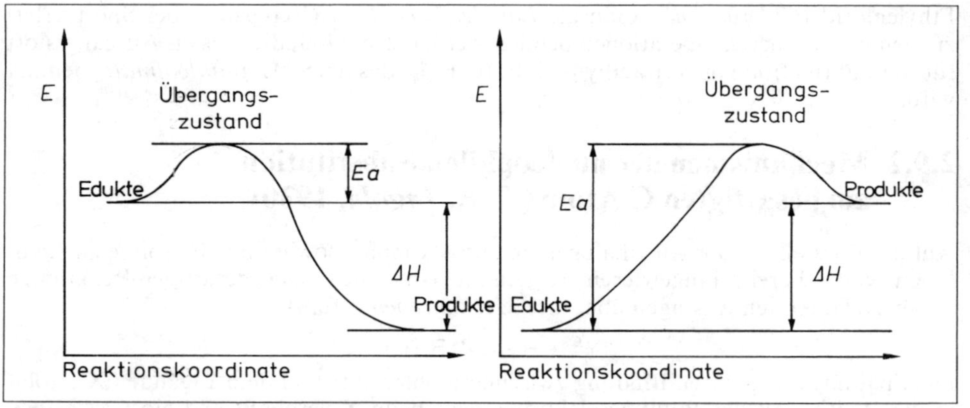

Abb. 62. Energiediagramme von S_N2-Reaktionen. a) energetisch begünstigte Reaktion: exotherm (ΔH negativ), b) energetisch benachteiligte Reaktion: endotherm (ΔH positiv)

Man erkennt aus Abb. 62, daß die S_N2-Reaktion unabhängig davon, ob sie exotherm oder endotherm ist, über eine *Energiebarriere zwischen den Edukten und Produkten* verläuft. Die Höhe der Barriere ist die *Aktivierungsenergie* E_A. Sie ist um so größer, je mehr Energie erforderlich ist, um die Geometrie des Übergangszustandes zu erreichen, den man sich auf ihrem Gipfel zu denken hat. Aus Abb. 62 erkennt man weiter, daß der Übergangszustand den weniger stabilen Reaktionspartnern ähnlich ist (*Hammond*-Postulat). Bei exothermen Reaktionen bildet sich ein „früher Übergangszustand", der den Edukten ähnlicher ist als den Produkten. Bei endothermen Reaktionen ist er den Produkten ähnlicher als den Edukten.
Die Energie, welche zur Aufweitung der C–X-Bindung bis zum Übergangszustand erforderlich ist, liefert einen entscheidenden Beitrag zu E_A. Daher verlaufen Reaktionen, bei denen keine Bindungen gelöst werden müssen, oft ohne Aktivierungsenergie: z. B. die *Radikalrekombinationen*, die zum Kettenabbruch führen (Abb. 63).

Die in diesem Buch verwendeten *eindimensionalen* Energiediagramme sind sehr vereinfachte Darstellungen. Man erkennt dies, wenn man zu einem *dreidimensionalen Bild* übergeht; dann liegt der Übergangszustand auf dem Höhepunkt einer Paßstraße, die über einen Sattel zwischen zwei Bergketten verläuft[1].

2.9.2.2 S_N1-Reaktion. Die zweite Möglichkeit für den Reaktionsablauf ist dadurch gegeben, daß zunächst die C–X-Bindung völlig gespalten wird, bevor der neue Substituent $|Y^{\ominus}$ herantritt. Hier verläuft der geschwindigkeitsbestimmende Primärschritt *monomolekular* (Symbol S_N1). Der Gesamtverlauf ist somit als *Zweistufenprozeß* zu deuten:

$$R_3C{-}X \rightleftharpoons R_3C^{\oplus} + |X^{\ominus} \quad \text{(langsam)}$$

$$R_3C^{\oplus} + |Y^{\ominus} \longrightarrow R_3C{-}Y \quad \text{(rasch)}$$

---

[1] Vgl. *K. Müller*, Reaktionswege auf mehrdimensionalen Energiehyperflächen, Angew. Chem. *92*, 1 (1980).

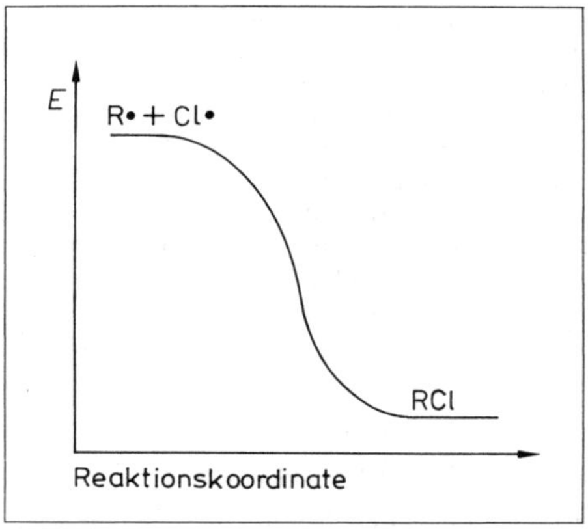

Abb. 63. Energiediagramm einer Radikalrekombination

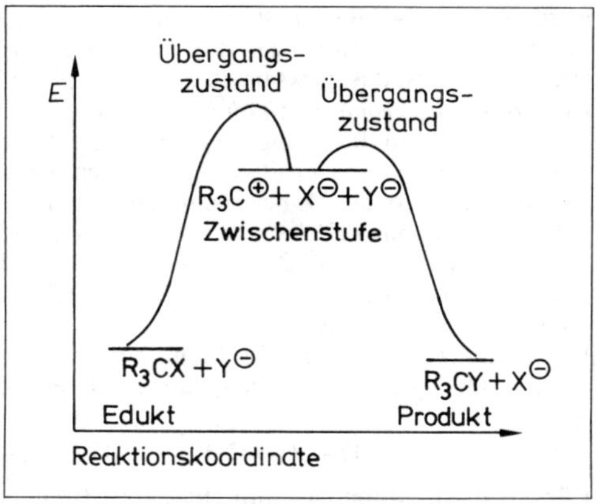

Abb. 64. Energiediagramm einer S_N1-Reaktion

Die Energiediagramme, z. B. Abb. 64, sollen andeuten, welche Änderungen der potentiellen Energie im System der reagierenden Moleküle auftreten. So zeigt Abb. 64 eine höhere Barriere zwischen dem Edukt und der *reaktiven Zwischenstufe* als zwischen dieser und dem Produkt. So wird zum Ausdruck gebracht, daß der geschwindigkeitsbestimmende Schritt der S_N1-Reaktion zwischen Edukt und Zwischenstufe liegt.

Eine reaktive Zwischenstufe kann in der Regel nicht beobachtet werden, doch sie übersteht mindestens 5 Molekülschwingungen, bevor sie weiterreagiert. Der Übergangszustand hat eine noch kürzere Lebensdauer.

Welcher der beiden Mechanismen abläuft, hängt von verschiedenen Faktoren ab, z. B. von den sterischen Verhältnissen der Alkylgruppe, von der nucleophilen Aktivität der Substituenten X und Y, von der Polarität des Lösungsmittels und der Stabilität des intermediär auftretenden Carbenium-Ions. Als Lösungsmittel dienen meist wäßriges Aceton, Ethanol, Acetonitril, wäßriges Dioxan, Dimethylformamid oder Dimethylsulfoxid. Die beiden Grenzfälle der S_N1- und S_N2-Reaktion sind nur in Ausnahmefällen zu beobachten. Es gibt viel mehr Reaktionen, die über *Ionenpaare* oder *Präassoziationen* verlaufen und durch den einen oder den anderen Grenzfall nur unvollkommen zu beschreiben sind[1].

2.9.2.3 Beispiele für die *nucleophile Substitution.*

a) *Alkalische Hydrolyse der Methylhalogenide.* Aus kinetischen Messungen geht hervor, daß diese Reaktion *bimolekular* verläuft (S_N2-Mechanismus):

$$H_3C{-}\overline{\underline{X}}| + {}^{\ominus}|\overline{\underline{O}}H \longrightarrow H_3C{-}\overline{\underline{O}}H + |\overline{\underline{X}}|^{\ominus}$$

Die Geschwindigkeit der Reaktion hängt von der Konzentration *beider* Reaktionspartner ab. Die Verseifungsgeschwindigkeit steigt in der Reihe $F < Cl < Br < I$ rapide an. Damit ist die Eigenschaft der Halogenidanionen gekennzeichnet, als *Abgangsgruppe* (austretende Gruppe, nucleofuge Gruppe, leaving group) die Reaktion zu beeinflussen. Diese Fähigkeit kann mit der Stärke der Säure H–X verknüpft werden: Je stärker die Säure H–X – je schwächer basisch also das Anion $X^{\ominus}$ – ist, desto besser wirkt X als Abgangsgruppe. Damit kann die Definition verallgemeinert

[1] Vgl. *W. P. Jencks,* Accounts Chem. Res. *13,* 161 (1980).

werden: z. B. ist die Trifluormethansulfonylgruppe (Triflat-Gruppe) CF_3SO_2- als Abgangsgruppe viel wirksamer als die Methansulfonylgruppe, und der Fluorsulfonsäuremethylester (FSO_2OCH_3) ist das wirksamste gut zugängliche Methylierungsmittel (magisches Methyl).
b) *Veresterung primärer Alkohole mit Halogenwasserstoffsäuren.* Während die Basizität der Halogenid-Anionen in der Reihenfolge $F^{\ominus} > Cl^{\ominus} > Br^{\ominus} > I^{\ominus}$ abnimmt, steigt parallel dazu ihre nucleophile Aktivität an, da großvolumige Ionen weniger solvatisiert sind und leichter polarisiert werden als kleine Ionen. Daher reagieren primäre Alkohole nur mit HI glatt, während die Veresterung mit HBr oder HCl saure Katalysatoren erfordert. Alkylfluoride sind auf diesem Wege gar nicht zugänglich. Es muß also zwischen Basizität und Nucleophilie klar unterschieden werden. Die erstere ist eine thermodynamische, durch Gleichgewichtsreaktionen gekennzeichnete Größe, die letztere eine kinetische.
Die katalytische Wirkung der Säure beruht auf einer *Protonierung* des Alkohols, wodurch die gegenüber $OH^{\ominus}$ bessere Abgangsgruppe H_2O entsteht.

$$R-CH_2-\overline{O}H \xrightarrow{+H^{\oplus}} R-CH_2-\overset{\oplus}{\underline{O}}H_2 \xrightarrow{+Br^{\ominus}} R-CH_2Br + H_2O$$

Für das Iodid-Anion ist somit charakteristisch, daß es sowohl leicht nucleophil angreifen als auch wieder verdrängt werden kann. Diese Eigenschaft läßt sich dazu ausnutzen, um andere nucleophile Substitutionen durch Iodwasserstoffsäure zu katalysieren.
c) *Alkalische Hydrolyse höherer 2-Brom-alkane,* $R-CH_2-\overset{*}{C}HBr-CH_3$. Bei diesen Halogenverbindungen ist zu beachten, daß der Substituentenaustausch an einem *Chiralitätszentrum* * stattfindet. Da der Angriff des neu eintretenden Substituenten von der „Rückseite" des Tetraeders her erfolgt (vgl. Abb. 65), tritt bei der Substitution eine Umkehr der Konfiguration (*Inversion, Epimerisierung*) ein, da die Gruppen R^1, R^2, R^3 in der im Übergangszustand durchlaufenen trigonalen Bipyramide (vgl. Abb. 72a, S. 177) in einer Ebene liegen und dann die Seite wechseln. Somit sind sämtliche Reaktionen dieser Art, die nach dem S_N2-Mechanismus verlaufen, von der 1893 entdeckten *Walden*- Umkehr begleitet. Andererseits kann man aus einer beobachteten Inversion auf eine S_N2-Reaktion schließen.

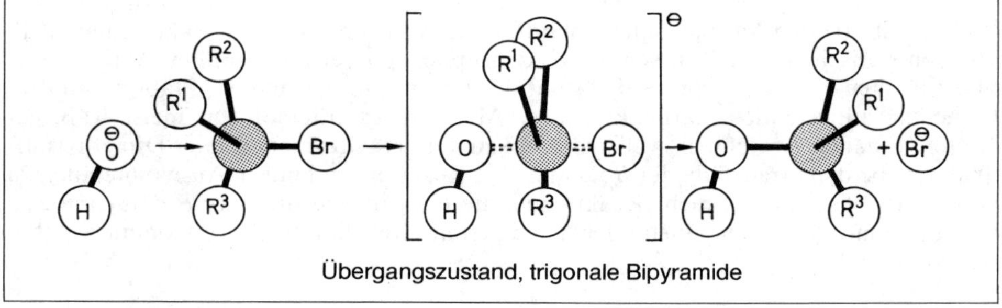

Abb. 65. Stereochemie der S_N2-Reaktion

d) *Alkalische Hydrolyse des tert.-Butylbromids,* $(H_3C)_3C-Br$. Die Dissoziation des *tert.*- Butylbromids ist dadurch begünstigt, daß das entstehende Carbenium-Ion durch den +I-Effekt der Alkylgruppen stabilisiert wird. Die Verseifung verläuft somit nach dem S_N1-Mechanismus, und zwar nimmt die Geschwindigkeit in dem Maß zu, wie die Polarität des Lösungsmittels und damit seine Fähigkeit zur Solvatation der Ionen erhöht wird. Dies zeigt sich darin, daß *tert.*-Butylbromid in 50proz. wäßrigem Ethanol viel rascher hydrolysiert wird als in reinem Ethanol. Der neu eintretende Substituent übt keinen Einfluß auf die Reaktionsgeschwindigkeit aus, da er an dem geschwindigkeitsbestimmenden Schritt nicht beteiligt ist (vgl. Abb. 64):

$$(H_3C)_3C-Br \rightleftharpoons (H_3C)_3C^{\oplus} + Br^{\ominus}$$

$$(H_3C)_3C^{\oplus} + H_2O \longrightarrow (H_3C)_3C-OH_2^{\oplus} \longrightarrow (H_3C)_3C-OH + H^{\oplus}$$

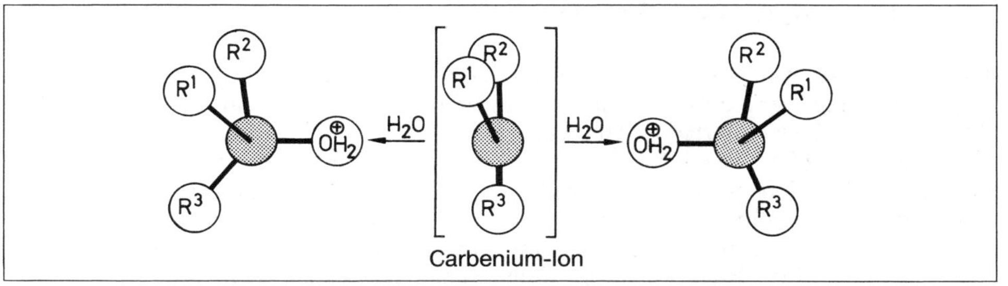

Abb. 66. Stereochemie der S_N1-Reaktion

Über *den sterischen Ablauf der S_N1-Substitution* bei Alkylhalogeniden mit *chiralem Reaktionszentrum* lassen sich keine generellen Aussagen machen. Unter der Annahme, daß die drei Substituenten R^1, R^2 und R^3 im intermediär auftretenden *Carbenium-Ion* in eine ebene Anordnung übergehen, ist die Wahrscheinlichkeit der Anlagerung des Wassermoleküls für beide Seiten der Ebene gleich groß (Abb. 66). Dies hätte eine vollständige *Racemisierung* zur Folge.
Tatsächlich überwiegt jedoch in Abhängigkeit von der Konstitution des Alkylhalogenids und vom Lösungsmittel die eine oder die andere optisch aktive Form.
e) *Alkalische Hydrolyse von Allylchlorid.* Auch diese Reaktion verläuft nach dem S_N1-Mechanismus. Der ausschlaggebende Faktor hierfür ist die *Mesomeriestabilisierung* des intermediär auftretenden Allyl-Kations:

$$\underset{\text{Allylchlorid}}{H_2C{=}CH{-}CH_2{-}Cl} \xrightarrow{-Cl^{\ominus}} \underset{\text{Allyl-Kation}}{\left[H_2C{=}CH{-}\overset{\oplus}{C}H_2 \longleftrightarrow H_2\overset{\oplus}{C}{-}CH{=}CH_2\right]}$$

$$\xrightarrow{+OH^{\ominus}} \underset{\text{Allylalkohol}}{H_2C{=}CH{-}CH_2{-}OH}$$

Auf das mesomere Allyl-Kation ist auch die erhöhte Reaktivität der Allylhalogenide zurückzuführen.
Wenn ein unsymmetrisches Allylkation auftreten kann, verläuft die Reaktion häufig unter Umlagerung, z. B.

$$(H_3C)_2C{=}CH{-}CH_2Cl \xrightarrow{Ag_2O,\,H_2O} \left[(H_3C)_2C{=}CH{-}\overset{\oplus}{C}H_2 \longleftrightarrow (H_3C)_2\overset{\oplus}{C}{-}CH{=}CH_2\right]$$

$$\longrightarrow (H_3C)_2C{=}CH{-}CH_2OH\ (15\%) + (H_3C)_2\overset{\displaystyle OH}{\overset{|}{C}}{-}CH{=}CH_2\ (85\%)$$

Das aus dem 4-Chlor-2-methyl-2-buten überwiegend entstandene 2-Methyl-3-buten-2-ol ist das Ergebnis einer **Allylumlagerung.**
f) *Verhalten des Vinylchlorids,* $H_2C{=}CH{-}Cl$. Im Gegensatz zum Allylchlorid ist Vinylchlorid sehr reaktionsträge. Dies hängt mit der unterschiedlichen Hybridisierung der C-Atome zusammen, an denen das Cl-Atom haftet. Da *sp^2*-hybridisierte C-Atome eine höhere Elektronegativität besitzen als *sp^3*-hybridisierte, ist die Differenz der Elektronegativitäten zwischen Kohlenstoff und Chlor im Vinylchlorid geringer als in anderen Alkylhalogeniden.
Mit der verminderten Polarität der Bindung sinkt die Reaktionsfähigkeit, da der Angriff eines nucleophilen Reagenses erschwert wird. So läßt sich Vinylchlorid nicht verseifen; auch mit Silbernitrat in Ethanol fällt kein Silberchlorid aus. Ähnlich wie die Vinylhalogenide verhalten sich die *Alkinylhalogenide,* $R{-}C{\equiv}C{-}X$, und *Halogenaryle,* $C_6H_5{-}X$, die ebenfalls gegen Hydrolyse resistent sind.

2.9.3 Eliminierungsreaktionen

Hierunter versteht man den Austritt zweier Atome oder Atomgruppen aus einem Molekül, ohne daß diese durch andere ersetzt werden. In den meisten Fällen erfolgt die Abspaltung an benachbarten C-Atomen.

Da jedes *nucleophile* Agens zugleich eine *Base* ist, kann es nicht nur das positive oder positivierte C-Atom nucleophil angreifen, sondern auch die Ablösung eines Protons bewirken. Synchron hiermit findet die Abspaltung des Anions $X^{\ominus}$ unter Bildung eines Alkens statt. Da das Proton aus dem zum Substituenten β-ständigen C-Atom stammt, bezeichnet man diese Reaktion als **β-Eliminierung.** Der Primärschritt verläuft auch hier *bimolekular*, d. h. nach dem $E2$-Mechanismus.

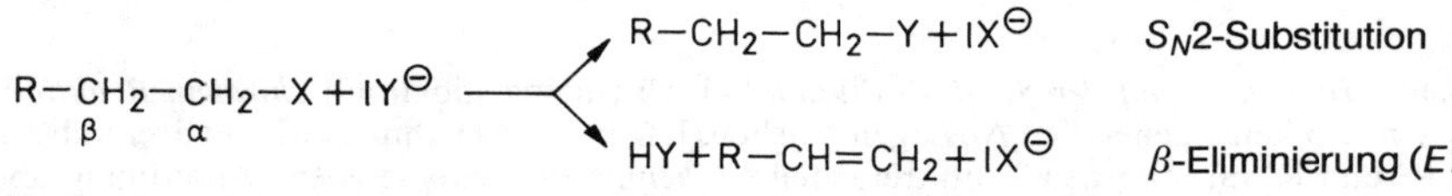

Zu diesem Reaktionstyp gehören z. B. die Abspaltung von Halogenwasserstoffen aus Alkylhalogeniden durch Basen oder die säurekatalysierte Dehydratisierung von Alkoholen.

Die Eliminierungsreaktionen sind abhängig von der Struktur des Alkyls R und erfolgen um so leichter, je verzweigter R ist, d. h. die *Reaktionsgeschwindigkeit* nimmt von den primären über die sekundären zu den tertiären Alkylhalogeniden zu. Im Gegensatz zur S_N2-Reaktion ist der Einfluß der sterischen Hinderung bei der β-Eliminierung gering.

Bei der Einwirkung einer Base auf *tert.*-Butylchlorid erfolgt unter Austritt eines Protons eine $E2$-Eliminierung zum Isobuten:

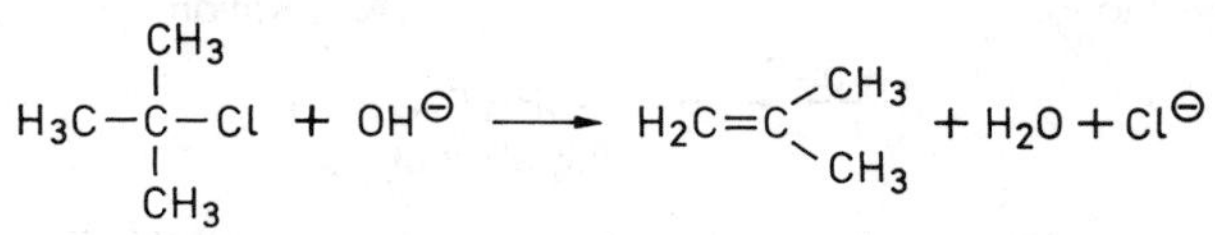

tert.-Butylchlorid Isobuten

In Analogie zur S_N1-Reaktion sind auch *monomolekulare* Eliminierungsreaktionen (Symbol $E1$) bekannt, bei denen zunächst das Anion $X^{\ominus}$ abdissoziiert wird. Als Beispiel sei *die säurekatalysierte Hydrolyse* des *tert.-Butylbromids* angeführt, wobei neben der Substitution auch eine β-Eliminierung erfolgt ($E1$-Mechanismus):

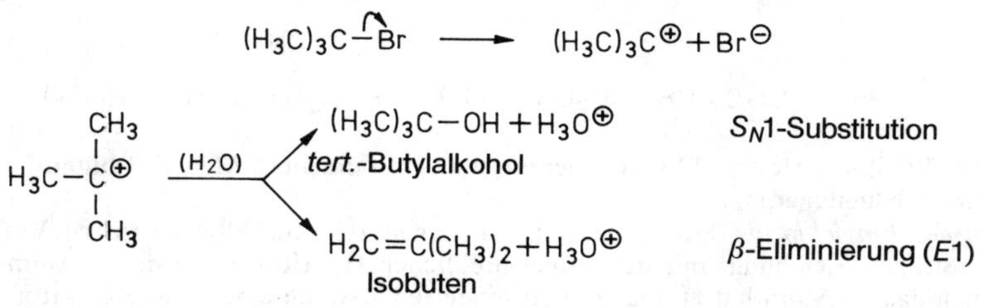

Nucleophile Substitutionen und Eliminierungen stehen somit in einem engen genetischen Zusammenhang und sind vielfach Konkurrenzreaktionen.

Die strukturellen Einflüsse bei der $E1$-Reaktion ähneln denen der S_N1-Reaktion, d. h. die *Reaktionsgeschwindigkeit* steigt in der Reihe $F < Cl < Br < I$ (immer bessere Abgangsgruppe) und für das Alkyl R in der Reihenfolge *prim.* < *sek.* < *tert.* (immer wirksamere Stabilisierung des Carbenium-Ions).

Außer den β-Eliminierungen kennt man auch einige **α-Eliminierungen,** bei denen die beiden abgespaltenen Atome oder Atomgruppen von demselben C-Atom stammen[1].

Das bekannteste Beispiel ist die *Hydrolyse von Chloroform mit starken Basen:*

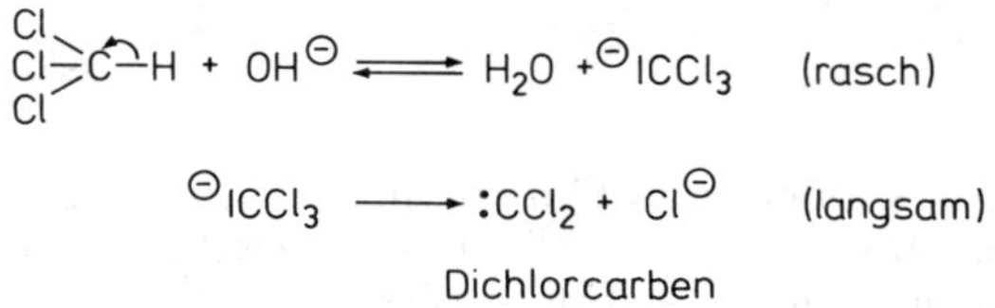

Demnach erfolgt die Abspaltung von Chlorwasserstoff am C-Atom des Chloroforms in einem *Zweistufenprozeß* unter Bildung von *Dichlorcarben.* Die erhöhte Acidität des H-Atoms im Chloroform ist auf die elektronenanziehende Wirkung der drei Cl-Atome zurückzuführen. Die Existenz des in Substanz nicht isolierbaren Dichlorcarbens, das am C-Atom nur ein Elektronensextett besitzt, läßt sich durch bestimmte Folgereaktionen nachweisen.

2.9.4 Phasentransfer-Katalyse (PTC)[2]

Dichlorcarben wird unter seinen Bildungsbedingungen leicht hydrolysiert:

$$:CCl_2 \xrightarrow{H_2O,\ OH^\ominus} \underset{\text{Formiat-Ion}}{HCOO^\ominus} + CO + Cl^\ominus$$

Diese Störung kann durch Anwendung der *Phasentransfer-Katalyse* behoben werden. Die beiden *Phasen* bestehen aus *50%iger Natronlauge* und *Chloroform.* Durch Zusatz geringer Mengen eines Tetraalkylammoniumsalzes ($TAA^\oplus Cl^\ominus$, vgl. S. 160) wird an der Phasengrenzfläche der folgende, schematisch dargestellte Prozeß eingeleitet:

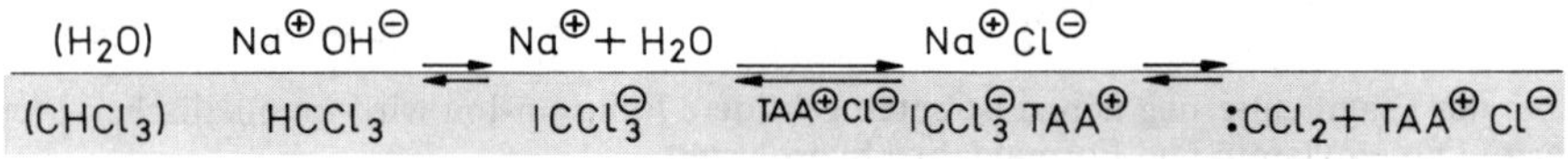

Die für die α-Eliminierung erforderliche Base verbleibt also in der wäßrigen Phase, die organische Phase aber, in der das Dichlorcarben entsteht, enthält nur das unschädliche $TAA^\oplus Cl^\ominus$; es kann also störungsfrei mit einem in der organischen Phase angebotenen Partner reagieren.
Die Methode wurde seit 1965 besonders von *Makosza* entwickelt und hat sich für Reaktionen mit organischen Anionen hervorragend bewährt. Durch Verwendung von *chiralen Ammoniumsalzen* als Katalysator (vgl. S. 812) können asymmetrische Alkylierungen mit hoher Selektivität (ee 84–95%) erzielt werden.

2.9.5 Fragmentierungsreaktionen[3]

Neben der nucleophilen Substitution und der Eliminierung ist beim Austritt eines Substituenten aus einem Molekül unter Mitnahme des Bindungselektronenpaars noch ein

[1] Vgl. *W. Kirmse,* Zwischenstufen der α-Eliminierung, Angew. Chem. *77,* 1 (1965).
[2] Vgl. *E. V. Dehmlow,* Fortschritte der Phasentransfer-Katalyse, Angew. Chem. *89,* 521 (1977); Phase Transfer Catalysis (Verlag Chemie, Weinheim 1980); *W. E. Keller,* Phase Transfer Reactions, Fluka-Compendium, 2 Bände (Thieme Verlag, Stuttgart 1986, 1987).
[3] Vgl. *C. A. Grob* et al., Angew. Chem. *79,* 1 (1967) und *81,* 543 (1969).

weiterer Reaktionsablauf möglich, der nach *Grob* als *Fragmentierung* bezeichnet wird. Darunter versteht man den Zerfall einer 1,3-disubstituierten Kohlenstoffkette in folgende Bruchstücke:

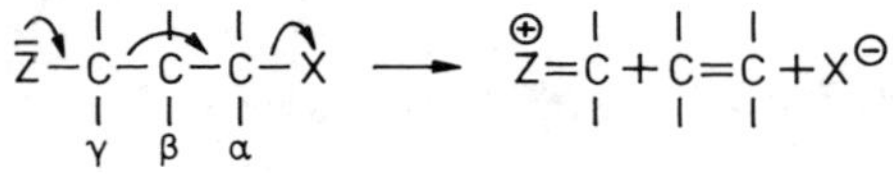

Z = OH, NH_2 u. a.
X = Halogen u. a.

Hierbei wird ähnlich wie bei der *β*-Eliminierung die Bindung zwischen dem *β*- und *γ*-ständigen C-Atom gelöst, zugleich bildet sich zwischen dem *α*- und *β*-ständigen C-Atom eine Doppelbindung aus. Das zurückbleibende Fragment wird durch die Elektronendonatorwirkung der *γ*-ständigen funktionellen Gruppe (Z) stabilisiert. Der Vorgang kann stufenweise oder synchron mit dem Austritt des Substituenten X erfolgen.

Führt man z. B. die alkalische Hydrolyse des 1,1-Dimethyl-3-dimethylamino-*n*-propylchlorids durch, so erfolgt schon bei 0 °C (273 K) über das primär entstehende *Carbenium-Ion* nebeneinander Substitution (38%), Eliminierung (9%) und Fragmentierung (44%):

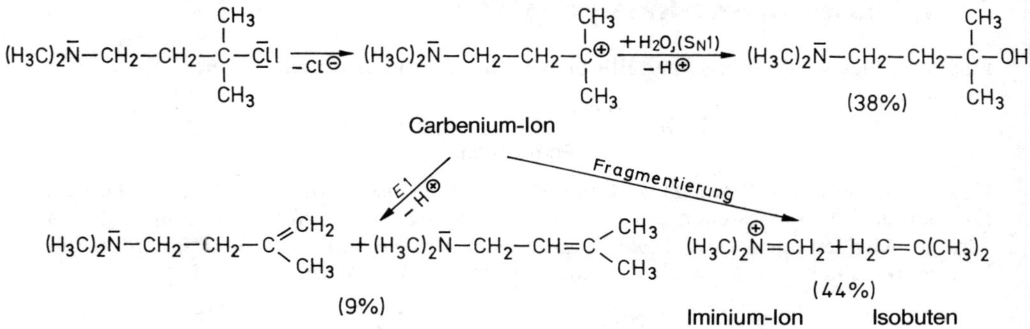

Das bei der Fragmentierung neben Isobuten gebildete Iminium-Ion wird im alkalischen Medium weiter zu Dimethylamin und Formaldehyd hydrolysiert.

2.9.6 Höherhalogenierte Alkane

Die wichtigsten Vertreter dieser Stoffklasse sind die *Methylenhalogenide*, die *Halogenoforme* (Chloroform, Bromoform, Iodoform) sowie *Tetrachlor-* und *Tetrabrommethan*. Die fluorierten Alkane und Alkene werden im nächsten Kapitel gesondert behandelt.

Darstellung

2.9.6.1 Die *Methylenhalogenide* lassen sich durch *partielle Reduktion der Halogenoforme* erhalten, z. B. entsteht aus Iodoform mit alkalischer Natriumarsenit-Lösung in sehr guter Ausbeute Methyleniodid:

$$CHI_3 + Na_3AsO_3 + NaOH \rightarrow CH_2I_2 + NaI + Na_3AsO_4$$

Technisch wird Methylenchlorid durch Methanchlorierung hergestellt (vgl. S. 127 *f.*).

2.9.6.2 *Chloroform* (Trichlormethan) kann technisch außer durch Methanchlorierung auf folgenden Wegen gewonnen werden:

a) *Durch Einwirkung von Chlorkalk auf Ethanol (oder Aceton)* in wäßriger Lösung. Hierbei übt Chlorkalk eine doppelte Funktion aus, indem er zunächst Ethanol zu *Acetaldehyd* dehydriert und diesen dann zum *Chloral* (Trichloracetaldehyd) chloriert. Durch das anwesende Calciumhydroxid wird Chloral in Chloroform und Calciumformiat gespalten (*Liebig* und *Soubeiran*, 1831).

Der *Reaktionsverlauf* läßt sich durch folgende Formelreihe wiedergeben:

$$\underset{\text{Ethanol}}{H_3C-CH_2OH} \xrightarrow[-2\,HCl]{+Cl_2} \underset{\text{Acetaldehyd}}{H_3C-CHO} \xrightarrow[-3\,HCl]{+3\,Cl_2} \underset{\text{Chloral}}{Cl_3C-CHO} \xrightarrow{+OH^{\ominus}} \underset{\text{Chloroform}}{CHCl_3} + \underset{\text{Formiat-Ion}}{HCOO^{\ominus}}$$

Ausgehend von Aceton, findet *Chlorierung zum Trichloraceton* und nachfolgend Spaltung in Chloroform und Calciumacetat statt:

$$\underset{\text{Aceton}}{H_3C-CO-CH_3} \xrightarrow[-3\,HCl]{+\,3\,Cl_2} \underset{\text{Trichloraceton}}{H_3C-CO-CCl_3} \xrightarrow{+\,OH^{\ominus}} \underset{\text{Chloroform}}{CHCl_3} + \underset{\text{Acetat-Ion}}{CH_3-COO^{\ominus}}$$

Analog lassen sich *Bromoform*, $CHBr_3$, und *Iodoform*, CHI_3, darstellen.

b) Sehr reines Chloroform erhält man beim *Erhitzen von Chloralhydrat oder Trichloressigsäure mit Alkali:*

$$\underset{\text{Chloralhydrat}}{Cl_3C-CH(OH)_2} + NaOH \rightarrow \underset{\text{Chloroform}}{CHCl_3} + HCOONa + H_2O$$

$$\underset{\text{Trichloressigsäure}}{Cl_3C-COOH} + NaOH \rightarrow CHCl_3 + NaHCO_3$$

Nimmt man die alkalische Spaltung des Chloralhydrats in schwerem Wasser (D_2O) vor, so entsteht das für die NMR-Spektroskopie als Lösungsmittel vielfach verwendete $CDCl_3$ (Chloroform-*d*, Deuterochloroform).

2.9.6.3 *Tetrachlormethan* (Tetrachlorkohlenstoff, Kohlenstofftetrachlorid) wird technisch durch Chlorierung chlorhaltiger organischer Rückstände (Rückstands-Chlorolyse) gewonnen, ist aber auch *aus Chlor und Schwefelkohlenstoff* am Eisen-Kontakt darstellbar:

$$CS_2 + 3\,Cl_2 \xrightarrow{(Fe)} CCl_4 + S_2Cl_2$$

Eigenschaften und Verwendung. Die mehrfach halogenierten Alkane zeigen ein ähnliches chemisches Verhalten wie die Monoalkylhalogenide. Wegen ihrer Giftigkeit ist bei der Verwendung Vorsicht geboten.

Methylendichlorid (Methylenchlorid, Dichlormethan), CH_2Cl_2, ist eine bei 40,6 °C (313,8 K) siedende Flüssigkeit, die als Lösungsmittel verwendet wird.

Methylendibromid, CH_2Br_2 (Sdp. 96,5 °C [369,7 K]), und **Methylendiiodid,** CH_2I_2 (Sdp. 181 °C [454 K]), sind farblose, nicht entflammbare Flüssigkeiten, die wie Methylendichlorid vielfach als Ausgangsstoffe bei organischen Synthesen benutzt werden.

Chloroform, $CHCl_3$, ist eine farblose, süßlich riechende Flüssigkeit vom Sdp. 61,2 °C (334,4 K), die sich in Wasser wenig löst und sich mit Ethanol und Ether mischt.

Da Chloroform beim Einatmen Bewußtlosigkeit hervorruft (*Simpson*, 1848), wurde es früher in der Medizin als *Narkosemittel* verwendet. Bemerkenswert ist, daß sich Chloroform bei längerem Stehenlassen an feuchter Luft, namentlich im Licht, unter Bildung des äußerst giftigen Phosgens, $COCl_2$, zersetzt. Daher bewahrte man Chloroform in braunen Flaschen auf und fügte dem Narkosechloroform etwa 1% Ethanol zu, mit dem das entstehende Phosgen sofort zu dem unschädlichen Kohlensäurediethylester, $OC(OC_2H_5)_2$, reagiert.

Chlorpikrin (Nitrochloroform), eine bei 112 °C (385 K) siedende Flüssigkeit, entsteht bei der Einwirkung von konz. Salpetersäure auf Chloroform und wird als *Insektizid* verwendet.

$$CHCl_3 + HNO_3 \rightarrow Cl_3C{-}NO_2 + H_2O$$

Bromoform, $CHBr_3$, siedet bei 149,5 °C (422,7 K) und ähnelt in seinen chemischen Eigenschaften weitgehend dem Chloroform.

Iodoform, CHI_3, bildet gelbe Blättchen vom Schmp. 119 °C (392 K), die sich nicht in Wasser, aber in Ethanol und Ether lösen; es besitzt einen charakteristischen Geruch. Seine Bildung dient zum *Nachweis von Ethanol oder Aceton* bzw. von Verbindungen, die die Gruppierung H_3C-CO- enthalten.

Iodoformprobe: Man versetzt die zu prüfende Flüssigkeit mit Iod und Kalilauge. Bei Anwesenheit obiger Verbindungen fällt ein gelber, kristalliner Niederschlag von Iodoform aus:

$$C_2H_5OH + 4\,I_2 + 6\,KOH \rightarrow CHI_3 + HCOOK + 5\,KI + 5\,H_2O$$

$$R{-}COCH_3 + 3\,I_2 + 4\,KOH \rightarrow CHI_3 + R{-}COOK + 3\,KI + 3\,H_2O$$

Tetrachlormethan (Tetrachlorkohlenstoff, Kohlenstofftetrachlorid), CCl_4, ist eine farblose, süßlich riechende Flüssigkeit vom Sdp. 76,7 °C (349 K) und wird als unentflammbares Extraktions- und Lösungsmittel für Fette, Öle und Harze benutzt. Ferner dient es als Bestandteil von Fleckenwassern und als Füllstoff in „Tetra"-Feuerlöschgeräten.

Tetrabrommethan (Tetrabromkohlenstoff, Kohlenstofftetrabromid), CBr_4, ist eine kristalline Substanz vom Schmp. 92,5 °C (365,7 K) und läßt sich *aus Aceton und Natriumhypobromit* neben Bromoform darstellen.

2.9.7 Fluorierte Kohlenwasserstoffe[1]

Einige *Fluorchlorkohlenwasserstoffe der Methan- und Ethanreihe* (FCKW) werden wegen ihres niedrigen Siedpunkts, ihrer Ungiftigkeit und chemischen Widerstandsfähigkeit als *Kältemittel* für Haushaltskühlschränke und Aggregate von Klimaanlagen sowie als *Treibmittel* für Aerosole und Plastikschäume verwendet. Sie sind unter den Namen *Freons* oder CFC von Chlorofluorocarbons (USA) und *Frigene* (Deutschland) bekannt. Zu den wichtigsten Kältemitteln zählen: *Trichlorfluormethan,* CCl_3F, (*Frigen* 11, CFC 11, Sdp. 24,9 °C [298,1 K]), *Dichlordifluormethan,* CCl_2F_2 (*Frigen* 12, *Halon* 122, Sdp. −30 °C [243 K]), *Chlordifluormethan,* $CHClF_2$ (*Frigen* 22, Sdp. −40 °C [233 K]), *1,2,2-Trichlor-1,1,2-trifluor-ethan,* $CClF_2-CCl_2F$ (*Frigen* 113, Sdp. +48 °C [321 K]) und *1,2-Dichlor-1,1,2,2-tetrafluor-ethan,* $CClF_2-CClF_2$ (*Frigen* 114, Sdp. + 3,5 °C [276,7 K]).

Das Bezifferungssystem der *Frigene* beruht im Prinzip auf einer dreistelligen Zahl, die folgendermaßen verschlüsselt ist. Die letzte Ziffer bezeichnet die Anzahl der Fluoratome; die vorletzte gibt die um eins vermehrte Anzahl der Wasserstoffatome an. Die erste der drei Ziffern drückt die um eins verminderte Anzahl der Kohlenstoffatome im Molekül aus; bei den Methanderivaten ist sie Null und wird weggelassen. Alle übrigen Atome des Moleküls sind als Chloratome anzusehen.
Werden die Produkte als *Feuerlöschmittel* verwendet, so benutzt man zur Kennzeichnung ein Zahlensystem hinter der Bezeichnung *Halon,* bei dem die 1. bis 5. Ziffer die Zahl der C, F, Cl, Br und I Atome angibt: z. B. Halon 1211 = CF_2ClBr.

---

[1] Vgl. *R. D. Chambers,* Fluorine in Organic Chemistry (Wiley, New York 1974).

Die niedermolekularen Frigene gelangen aufgrund ihrer chemischen Stabilität und ihrer großen Flüchtigkeit in höhere Schichten der Atmosphäre und reagieren in der Ozonschicht, z. B. auf folgende Weise:

$$CF_2Cl_2 \xrightarrow{h\nu} CF_2Cl + Cl$$
$$Cl + O_3 \rightarrow ClO + O_2$$
$$ClO + O \rightarrow Cl + O_2$$

Es besteht daher die Gefahr, daß die Schutzwirkung der Ozonschicht gegenüber der harten UV-Strahlung aus dem Weltraum beeinträchtigt wird[1]. Die Frigene absorbieren so viel stärker im IR als CO_2, daß ihre steigende Konzentration in ähnlicher Weise zur Erwärmung der Erdatmosphäre beitragen kann wie der Anstieg der CO_2-Konzentration (vgl. S. 352)[2].

Darstellung

2.9.7.1 Eine *direkte Fluorierung von Alkanen* ist nur schwer durchführbar, da die hochexotherme Reaktion meist explosionsartig verläuft und fast stets zu einem Gemisch perfluorierter Verbindungen führt.

2.9.7.2 ***Swarts*-Reaktion.** Hierbei verwendet man anstelle von Fluor die weniger reaktionsfähigen *Metallfluoride*, wie Silber-, Quecksilber(I)- oder Kaliumfluorid, als *Fluorierungsmittel.* Diese bewirken in Alkylmonohalogenverbindungen eine Austauschreaktion des Halogens gegen Fluor, z. B. werden Alkylhalogenide am besten durch Quecksilber(I)-fluorid in *Alkylfluoride* übergeführt:

$$2\,R{-}X + Hg_2F_2 \rightarrow 2\,R{-}F + Hg_2X_2 \qquad X = Cl, Br, I$$

2.9.7.3 Technisch gewinnt man die Chlorfluoralkane durch Fluorierung der entsprechenden Chloralkane mit wasserfreiem Fluorwasserstoff an *Festbettkatalysatoren* aus *Aluminium- oder Chromfluoriden.*

$$CCl_4 \xrightarrow[-\,HCl]{HF,\ Katalysator} \underset{\text{Dichlor-difluormethan}}{CCl_2F_2} + \underset{\text{Trichlor-fluormethan}}{CCl_3F}$$

2.9.7.4 Technisch gewinnt man Tetrafluorethylen durch *Pyrolyse von Chlordifluormethan* (*Freon* 22), das aus Chloroform und wasserfreiem Fluorwasserstoff in Gegenwart von Antimon(V)-chlorid darstellbar ist:

$$\underset{\text{Chloroform}}{2\,CHCl_3} \xrightarrow[-2\,HCl]{+\,2\,HF(SbCl_5)} \underset{\text{Chlordifluormethan}}{2\,CHClF_2} \xrightarrow[-2\,HCl]{(975\,K)} \underset{\text{Tetrafluorethylen}}{F_2C=CF_2}$$

2.9.7.5 Sehr allgemein anwendbar ist die **Elektrofluorierung** (*Simons*). Die *anodische Fluorierung* wird in *wasserfreier Flußsäure* bei einer Spannung durchgeführt, die noch

---

[1] Vgl. *S. C. Wofsy* et al., Freon Consumption, Implications for Atmospheric Ozone, Science *187,* 535 (1975); *F. Zabel,* Das antarktische Ozonloch – anthropogene Ursachen?, Chemie in unserer Zeit *21,* 141 (1987).

[2] Vgl. *R. A. Rasmussen* et al., Science *232,* 1623 (1986).

nicht zur Freisetzung von elementarem Fluor ausreicht. Sie führt zu perfluorierten Verbindungen, z. B.:

$$H_3C{-}COOH \xrightarrow[-8^{\ominus},\ -\frac{1}{2}O_2,\ -4\,H^{\oplus}]{4\,F^{\ominus}} CF_3COF$$

Trifluoracetylfluorid

Es ist ein besonderer Vorteil der Methode, daß funktionelle Gruppen bei der Fluorierung unverändert bleiben.

2.9.7.6 Ein wertvolles *Fluorierungsmittel* ist das Schwefeltetrafluorid, SF_4, das in Ketonen oder Carbonsäuren den Sauerstoff gegen Fluor austauscht, z. B.:

$$R{-}\underset{\underset{O}{\|}}{C}{-}R' + SF_4 \longrightarrow R{-}CF_2{-}R' + SOF_2$$

Keton

$$R{-}C\begin{matrix}\nearrow O\\ \searrow OH\end{matrix} \xrightarrow[-SOF_2,\ -HF]{+SF_4} R{-}C\begin{matrix}\nearrow O\\ \searrow F\end{matrix} \xrightarrow[-SOF_2]{+SF_4} R{-}CF_3$$

Carbonsäure Acylfluorid

Im Gegensatz zu Phosphor(V)-halogeniden reagiert Schwefeltetrafluorid mit dem primär entstandenen Acylfluorid gleich weiter zum Fluorkohlenwasserstoff. Sofern C=C-Doppel- oder C≡C-Dreifachbindungen im Ausgangsmolekül vorhanden sind, werden diese von SF_4 nicht angegriffen[1].

Vorsicht: SF_4 ist flüchtig (Sdp. −38 °C, 235 K) und *sehr giftig.*

Eigenschaften. Tetrafluorethylen ist ein farbloses Gas (Sdp. −78,4 °C [194,8 K]) und läßt sich in Gegenwart von Peroxid als *Initiator* bei Überdruck zu *Polytetrafluorethylen* polymerisieren:

$$nF_2C=CF_2 \rightarrow [-CF_2-CF_2-CF_2-CF_2]_{n/2} \quad \text{Polytetrafluorethylen (PTFE)}$$

Dieser Kunststoff, der unter den Namen *Teflon* (USA), *Hydeflon* (Deutschland) und *Fluon* (Großbritannien) im Handel ist, zeichnet sich durch relativ hohe Hitzebeständigkeit und chemische Widerstandsfähigkeit aus. Seine Verarbeitung erfordert wegen des hohen Erweichungspunkts (>250 °C [525 K]) spezielle Sintermethoden. Er wird für die Fabrikation von Dichtungen und Rohren sowie für wasserabweisende Filme, Schutzanstriche und Elastomere verwendet. Vollständig fluorierte Polymere, die im Spritzguß verarbeitet werden können, erhält man z. B. durch Copolymerisation von *Tetrafluorethylen* mit *Hexafluorpropylen.*
Als *Narkosemittel (INN:* ***Halothan***[2]*)* wird 2-Brom-2-chlor-1,1,1-trifluor-ethan, $F_3C{-}CHBrCl$, in der Anästhesie verwendet, es wirkt 3- bis 4mal stärker als Ether.

---

1 Vgl. *C.-L. J. Wang*, Fluorination by Sulfur Tetrafluoride, Org. Reactions *34*, 319 (1985).
2 Von der Weltgesundheitsorganisation (WHO) empfohlene Kurzbezeichnungen für Arzneimittel sind als INN (International Non-proprietary Names) gekennzeichnet und durch fetten Kursivdruck hervorgehoben.

2.10 Ester anorganischer Säuren

Als Ester der Halogenwasserstoffsäuren wurden bereits die *Alkylhalogenide* beschrieben.
Während bei der Umsetzung von Alkoholen mit Halogenwasserstoffsäuren zu Alkylhalogeniden die OH-Gruppe des Alkohols abgespalten wird und mit dem Proton der Säure Wasser bildet, kann bei den Sauerstoffsäuren die Wasserbildung auch aus der OH-Gruppe der Säure und dem Proton des Alkohols erfolgen:

$$R{-}OH + H{-}X \rightleftharpoons R{-}X + H_2O$$

$$RO{-}H + HO{-}SO_3H \rightleftharpoons RO{-}SO_3H + H_2O$$

Dieser *Mechanismus* wurde bei den Carbonsäuren nachgewiesen.

2.10.1 Ester der Schwefelsäure

Die Schwefelsäure vermag sowohl saure als auch neutrale Ester zu bilden.
Die *sauren* Ester, z. B. die *Ethylschwefelsäure* (Ethylhydrogensulfat) erhält man *aus Ethanol und konz. Schwefelsäure:*

$$C_2H_5OH + H_2SO_4 \rightleftharpoons C_2H_5OSO_3H + H_2O$$

Ethylschwefelsäure

Der Reaktionsverlauf ist noch nicht vollständig geklärt.
Die Ethylschwefelsäure tritt als Zwischenprodukt bei der Ethylendarstellung auf und ist umgekehrt durch Anlagerung von konz. H_2SO_4 an Ethylen zugänglich.

Reine Ethylschwefelsäure wird aus Ethanol und Schwefeltrioxid bei 0 °C (273 K) erhalten, wobei zunächst Addition von SO_3 an das O-Atom des Alkohols erfolgt:

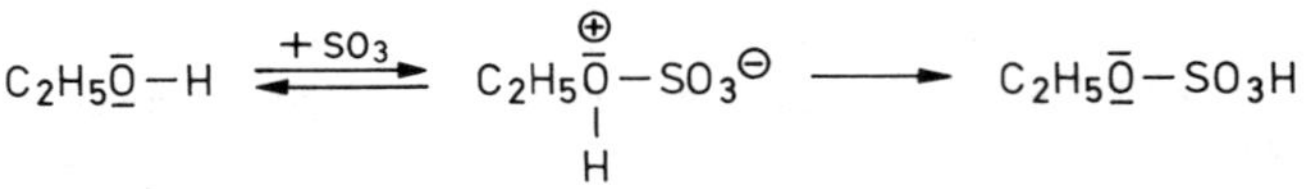

Ihr Bariumsalz ist im Gegensatz zu Bariumsulfat in Wasser löslich.

Wichtiger sind die *neutralen* Ester, vor allem das *Dimethylsulfat,* $(H_3C)_2SO_4$, das technisch aus Dimethylether und Schwefeltrioxid gewonnen wird:

$$(H_3C)_2O + SO_3 \rightleftharpoons (H_3CO)_2SO_2$$

Dimethylsulfat, $(H_3C)_2SO_4$, ist eine bei 188 °C (461 K) siedende Flüssigkeit, deren Dämpfe stark giftig wirken, und die vor allem als *Methylierungsmittel* verwendet wird. Hierbei werden *acide* H-Atome von Hydroxyl-, Mercapto-, Amino- oder Iminogruppen in Gegenwart von Alkali gegen die Methylgruppe ausgetauscht, z. B.:

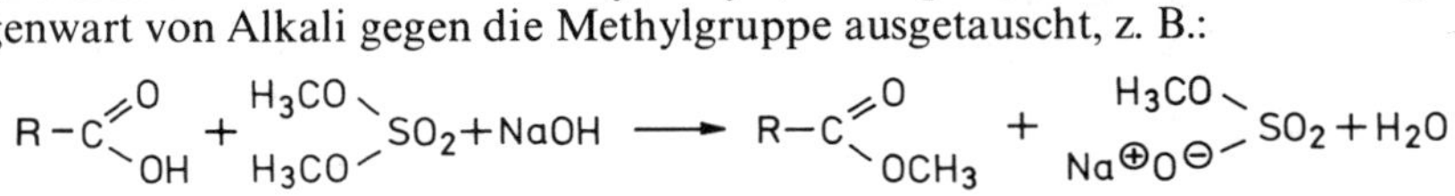

Carbonsäuremethylester

Gewöhnlich gibt Dimethylsulfat bei dieser Reaktion nur eine Methylgruppe ab.
Neuerdings wurde beobachtet, daß Dimethylsulfat auch *carcinogen* wirken kann.

Diethylsulfat, $(C_2H_5)_2SO_4$, wird durch *Einleiten von Ethylen* (im Überschuß) in kalte *konz. Schwefelsäure* dargestellt:

$$2\,C_2H_4 + H_2SO_4 \rightleftharpoons (C_2H_5O)_2SO_2$$

Es ist eine bei 208 °C (481 K) siedende, giftige Flüssigkeit und kann zur *Ethylierung* benutzt werden.

2.10.2 Ester der Salpetersäure

Die Salpetersäureester sind aus *Alkoholen und konz. Salpetersäure* zugänglich, z. B.

$$C_2H_5O{-}H + HO{-}NO_2 \rightleftharpoons C_2H_5O{-}NO_2 + H_2O$$

Ethylnitrat (Sdp. 88,7 °C [361,9 K])

Als Nebenreaktion tritt eine Oxidation des Alkohols ein; die hierbei entstehende salpetrige Säure kann die Weiteroxidation explosionsartig beschleunigen. Um sie zu zerstören, setzt man etwas *Harnstoff* zu:

$$O{=}C(NH_2)_2 + 2\,O{=}N{-}OH \rightarrow 3\,H_2O + 2\,N_2 + CO_2$$

Die Alkylnitrate sind angenehm riechende Flüssigkeiten, die beim Erhitzen über ihren Siedepunkt sehr häufig explodieren, so daß bei der Destillation größte Vorsicht geboten ist.

Zu den technisch wichtigen Salpetersäureestern gehören *Nitroglycerin* und *Nitrocellulose.*

2.10.3 Ester der salpetrigen Säure

Die Ester der salpetrigen Säure, z. B. **Ethylnitrit** und **Isopentylnitrit,** bilden sich bei der *Einwirkung von Distickstofftrioxid auf Alkohole* bzw. bei der *Umsetzung der Alkohole mit wäßriger Natriumnitritlösung* unter Zutropfen einer äquivalenten Menge von konz. Salzsäure bzw. Schwefelsäure, z. B.:

$$2\,C_2H_5O{-}H + N_2O_3 \rightleftharpoons 2\,C_2H_5O{-}NO + H_2O$$

Ethanol — Ethylnitrit (Sdp. 17 °C [290 K]

$$C_5H_{11}O{-}H + HO{-}NO \rightleftharpoons C_5H_{11}O{-}NO + H_2O$$

Isopentylalkohol — Isopentylnitrit (Sdp. 97 °C [370 K])

Da die Alkylnitrite von Mineralsäuren leicht wieder gespalten werden, verwendet man sie in der präparativen Chemie anstelle von Alkalinitrit, um salpetrige Säure auch im organischen Lösungsmitteln zur Reaktion zu bringen (s. Diazotierung).

In der Medizin dient Isopentylnitrit zum Lösen von Krampfzuständen, z. B. bei *Angina pectoris.*

***Barton*-Reaktion:** Bei der Bestrahlung von Alkylnitriten, die in 4-Stellung Wasserstoffatome aufweisen, spielt sich die folgende Radikalreaktion ab:

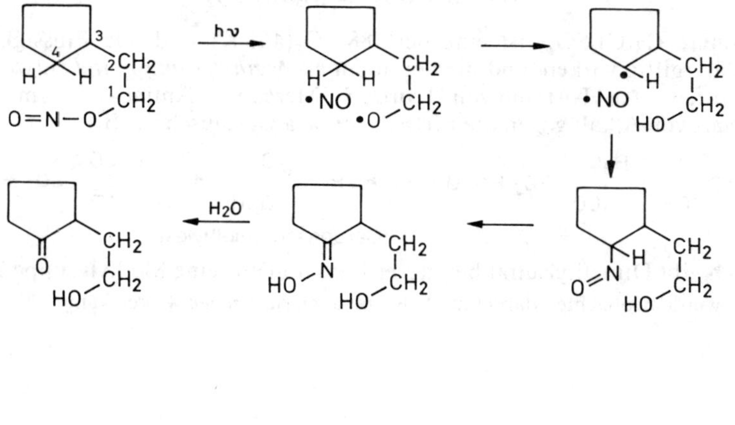

Das Ergebnis ist eine Oximgruppe in der 4-Stellung, die leicht zu einer Carbonylgruppe hydrolisiert werden kann. Von dieser Möglichkeit der Einführung einer funktionellen Gruppe an einem nicht aktivierten C-Atom macht man in der Steroidchemie häufig Gebrauch.

2.10.4 Ester der Phosphorsäure[1]

Von der *Ortho*-Phosphorsäure kennt man drei Reihen von Estern:

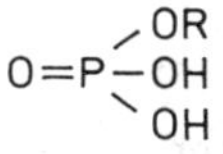

Monoalkylphosphat (Monoalkyldihydrogenphosphat)

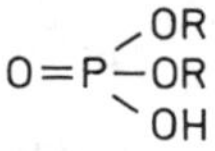

Dialkylphosphat (Dialkylhydrogenphosphat)

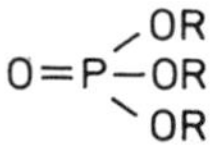

Trialkylphosphat

Präparative Bedeutung besitzen vor allem die *neutralen Phosphorsäureester,* die sich aus Phosphorchloridoxid und dem betreffenden Alkohol darstellen lassen:

$$O{=}PCl_3 + 3\,H{-}OR \rightarrow O{-}P(OR)_3 + 3\,HCl$$

Die neutralen Ester sind ziemlich hochsiedende Flüssigkeiten, z. B. siedet *Trimethylphosphat* bei 197 °C (470 K) und *Triethylphosphat* bei 215 °C (488 K).
Technisch wird *Trikresylphosphat,* Schmp. 78 °C (351 K), als *Weichmacher für PVC*-Plaste und Nitrocellulose verwendet; dabei ist die große Giftigkeit des Trikresylphosphats zu beachten.

Einige Ester der Phosphor- und Thionphosphorsäure der aromatischen Reihe sind als *Insektizide*[2] bei der Schädlingsbekämpfung wirksam, von denen das [4-Nitro-phenyl]-diethylthionphosphat (Parathion, E 605) und [3-Chlor-4-nitrophenyl]-dimethyl-thionphosphat (Chlorthion) angeführt seien:

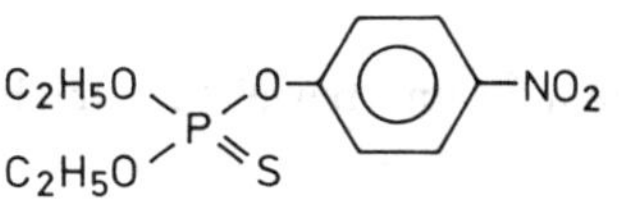

Parathion

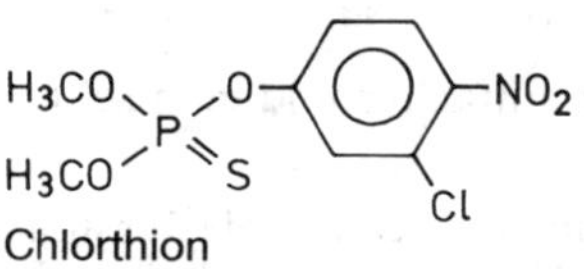

Chlorthion

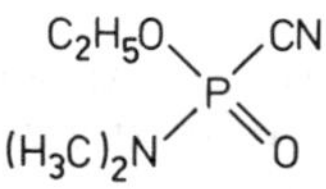

Tabun

Der chemische Kampfstoff Tabun ist Cyan-dimethylamino-ethylphosphat.

Bestimmte Monoester der Phosphorsäure und Polyphosphorsäuren, vor allem das Adenosintriphosphat (ATP) sind bei enzymatischen Phosphorylierungen im Organismus lebenswichtig.
Die *Phospholipide* sind Diester der Phosphorsäure.

2.10.5 Ester der Borsäure

Aus *Borsäureanhydrid und Methanol* entsteht beim Erwärmen der flüchtige *Borsäuretrimethylester,* der mit grüner Flamme brennt und zum *analytischen Nachweis* der Borsäure dient:

$$B_2O_3 + 6\,H_3COH \xrightleftharpoons{H^{\oplus}} 2\,B(OCH_3)_3 + 3\,H_2O$$

Wenig konz. Schwefelsäure katalysiert die Veresterung der Borsäure.

---

[1] Vgl. *Houben-Weyl,* 4. Auflage *12/2,* S. 143 (1964).
[2] Vgl. *G. Schrader,* Die insektiziden Phosphorsäureester, Angew. Chem. *69,* 86 (1957).

2.11 Ether

Diese Stoffklasse kann man entweder als Anhydride der Alkohole oder als Abkömmlinge des Wassers, in dem beide H-Atome durch Alkylreste ersetzt sind, auffassen.

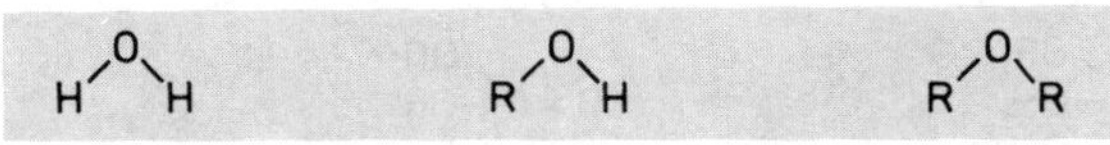

Wasser Alkohol Ether

Je nachdem, ob die Alkylgruppen gleich oder verschieden sind, spricht man von *einfachen* (R–O–R) oder von *gemischten* Ethern (R–O–R′).
Der Name der einzelnen Ether setzt sich aus den jeweiligen Alkylgruppen und Anhängen des Wortes „Ether" zusammen, z. B. Dimethylether, $H_3C-O-CH_3$, Diethylether, $C_2H_5-O-C_2H_5$, Ethylmethylether, $H_3C-O-C_2H_5$. Nach den IUPAC-Regeln werden die Ether auch als Alkoxy-alkane bezeichnet. Die größere Gruppe wird als Stamm verwendet, z. B. Ethylmethylether = Methoxyethan.
Das wichtigste Glied der Reihe ist der **Diethylether,** meist „Ether" genannt.

2.11.1 Darstellung

2.11.1.1 *Williamson*-Synthese (1850). Bei dieser Methode werden Alkalialkoholate mit Alkylhalogeniden umgesetzt, z. B.

$$R-\overline{\underline{O}}|^{\ominus}Na^{\oplus} + I-R' \rightarrow R-O-R' + NaI$$

Sie wird zur Darstellung einfacher und gemischter Ether benutzt und beweist zugleich die Struktur der Ether.

Diese nach dem *S_N2-Mechanismus* verlaufende Substitution ist von der Alkylgruppe abhängig, so daß zuweilen auch eine *E*2-Reaktion eintreten kann, z. B.:

$$H_3C-I + (H_3C)_2CH-O^{\ominus} \longrightarrow (H_3C)_2CH-OCH_3 + I^{\ominus} \quad (S_N2)$$

Methyliodid, Isopropylalkoholat-Ion → Isopropylmethylether

$$(H_3C)_2CH-I + H_3CO^{\ominus} \longrightarrow H_3C-CH=CH_2 + H_3COH + I^{\ominus} \quad (E2)$$

Isopropyliodid, Methoxylat-Ion → Propen

2.11.1.2 Diethylether entsteht beim *Erhitzen von Ethanol* (im Überschuß) mit *konz. Schwefelsäure* auf etwa 130 °C (400 K), wobei als Nebenprodukt Ethylen auftritt:

$$2\,C_2H_5OH \xrightarrow[-H_2O]{(H_2SO_4)} C_2H_5-O-C_2H_5$$

Nach *Meerwein* handelt es sich bei dieser Etherbildung um eine $H^{\oplus}$-Ionen-Katalyse. Primär bildet der Alkohol mit dem Proton der Säure ein *Oxonium-Ion,* in dem die C–O-Bindung stark polar ist, so daß die Alkylgruppe als Kation an das O-Atom eines zweiten Alkoholmoleküls wandern kann. Das so entstehende Dialkyloxonium-Ion stabilisiert sich unter Protonenabspaltung zu Ether:

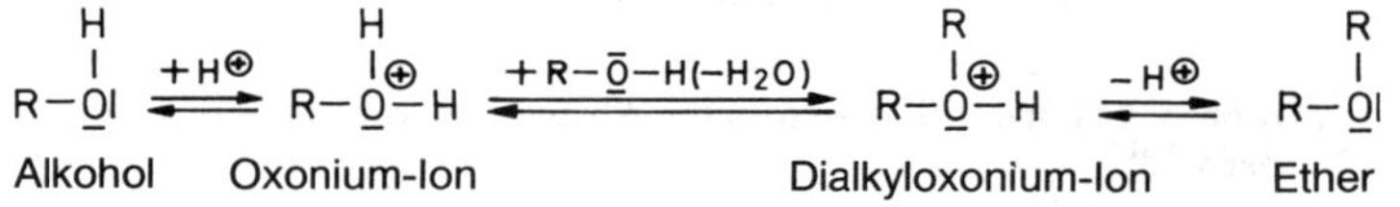

2.11.1.3 Technisch führt man die *Dehydratisierung von Ethanol* zu Diethylether am Aluminiumoxid-Kontakt bei etwa 300 °C (575 K) durch:

$$2\,C_2H_5OH \xrightarrow[-H_2O]{(Al_2O_3)} H_5C_2{-}O{-}C_2H_5$$

In Ländern mit synthetischer Ethanoldarstellung fällt genug Ether als Nebenprodukt an, so daß sich die Synthese erübrigt.

2.11.2 Eigenschaften

Ether sind meist leichtbewegliche Flüssigkeiten von großer Flüchtigkeit und Brennbarkeit. Während die Alkohole noch weitgehend die Eigenschaften des Wassers zeigen, ist dies bei den Ethern nicht der Fall. Sie enthalten keine an Sauerstoff gebundenen H-Atome und können sich demnach nicht über H-Brücken assoziieren. Dies geht eindeutig aus der Gegenüberstellung der Siedepunkte von Alkoholen und Ethern mit gleicher Summenformel hervor:

Ethanol	+ 78,4 °C	(351,6 K)	Dimethylether	−24,9 °C	(248,3 K)
n-Butanol	+117,5 °C	(390,7 K)	Diethylether	+34,6 °C	(307,8 K)

Die Siedepunkte der Ether liegen wesentlich tiefer.
Diethylether ist in Wasser nur wenig, in Alkoholen gut löslich. Da Salze oder salzartige Verbindungen sich nicht in Ether lösen, können sie aus alkoholischen Lösungen durch Zugabe von Ether ausgefällt werden. Gegen *Natrium* sind die meisten Ether bei gewöhnlicher Temperatur völlig beständig; daher verwendet man Natrium (in Drahtform) als *Trockenmittel* zur Herstellung „absoluten" Ethers. Die Dämpfe des Diethylethers sind leicht entflammbar und bilden mit Luft explosive Gemische.
Bei längerem Aufbewahren von Ethern an der Luft und im Licht entstehen schwerflüchtige *Peroxide*, die beim Abdampfen zu gefährlichen **Explosionen** führen können. Die Peroxide sind durch Schütteln einer Probe des Ethers mit essigsaurer Kaliumiodid-Lösung an der Iodabscheidung leicht erkennbar. Durch Zugabe einer Lösung von Titan(III)-sulfat in 50proz. Schwefelsäure oder von Eisen(II)-salzen lassen sie sich reduktiv zerstören.

Die Autoxidation des Diethylethers zu hochexplosiven Peroxiden verläuft nach einem *Radikal-Mechanismus:*

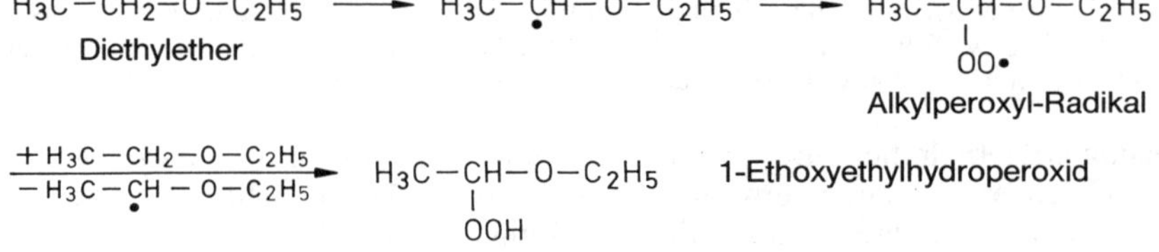

Das hier nicht faßbare Hydroperoxid läßt sich jedoch aus Hydroxyethylhydroperoxid, $H_3C-CH(OOH)-OH$, und Ethanol in Gegenwart von Phosphor(V)-oxid darstellen (*Rieche*).

1-Ethoxyethylhydroperoxid kondensiert sich unter Abspaltung von Ethanol zum hochexplosiven polymeren „Etherperoxid":

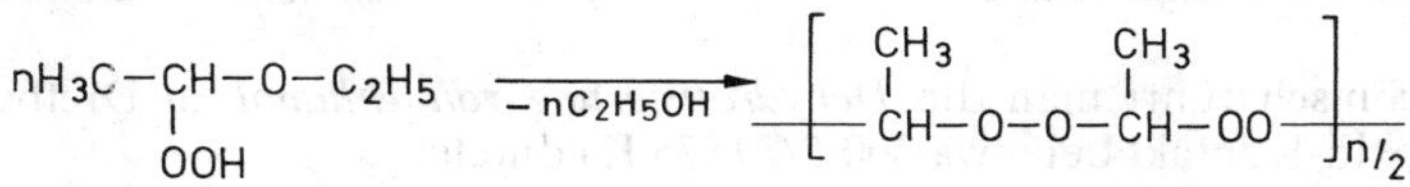

Hydroperoxid

Autoxidationsvorgänge wie dieser treten auch bei Kohlenwasserstoffen auf.

Bei der *Einwirkung von konz. Salzsäure* (oder konz. Schwefelsäure) auf Ether lagert sich das Proton der Säure an das einsame Elektronenpaar des Ethersauerstoffatoms unter Bildung eines *sekundären Oxoniumsalzes* an:

sek. Oxoniumchlorid

Die Bezeichnung „*sek.*" bezieht sich hier nicht auf die C-Atome, sondern auf den Sauerstoff. In dem Oxonium-Ion ist das O-Atom *3bindig*. Zwischen dem Komplex- und dem Chlorid-Anion besteht eine Ionenbeziehung (vgl. Oniumkomplexe).

Außer *sek.* Oxoniumsalzen konnte *Meerwein* auch *tertiäre Oxoniumsalze* darstellen, z. B. durch Umsetzung von Borfluorid-Etherat mit Alkylfluoriden:

tert. Oxonium-tetrafluoroborat

Die *tert.* Oxoniumsalze reagieren leicht mit *nucleophilen* Gruppen, z. B. mit einem freien Elektronenpaar der Thioether unter Bildung von Sulfoniumsalzen.

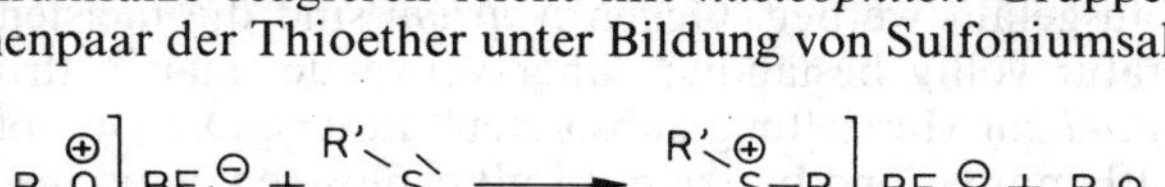

Trialkyl-sulfonium-tetrafluoroborat

Die *tert.* Oxoniumsalze eignen sich daher als *Alkylierungsmittel.*

Eine Spaltung der Sauerstoffbrücke in den Ethern läßt sich durch Erhitzen mit Iodwasserstoffsäure (Dichte 1,7) unter Bildung von Alkyliodiden erreichen:

$$R-O-CH_3 + HI \rightarrow H_3CI + R-OH$$

Auf dieser Reaktion beruht die *quantitative Bestimmung von Alkoxylgruppen,* wie OCH_3, OC_2H_5, nach *Zeisel.* Hierbei wird die alkoxylhaltige Substanz mit Iodwasserstoffsäure erhitzt, das entweichende Methyl- bzw. Ethyliodid in einer alkoholischen Silbernitratlösung aufgefangen und das abgeschiedene Silberiodid gravimetrisch oder maßanalytisch bestimmt.

Verwendung. Diethylether wird im Laboratorium vielfach zum *Ausethern* von Substanzen aus wäßrigen Lösungen verwendet, ist aber in der Technik durch andere, weniger flüchtige, nicht brennbare Lösungsmittel verdrängt worden. Er kann infolge seiner großen Verdunstungskälte zur Erzeugung tiefer Temperaturen benutzt werden, z. B. ergibt die Mischung mit Kohlensäureschnee eine Temperatur von −80 °C (190 K).

Diethylether hat einen angenehm süßlichen Geruch und ruft bei längerem Einatmen Bewußtlosigkeit hervor (*Jackson* und *Morton*, 1846). Er wird daher in der Medizin als *Narkosemittel* (*Aether pro narcosi*) angewendet. Die *Hoffmanns*tropfen (1 Teil Ether und 3 Teile Ethanol) wirken als *Belebungsmittel.*

***tert.* Butylmethylether** wird in großen Mengen aus *Isobuten* und Methanol hergestellt:

$$(H_3C)_2C=CH_2 + H_3COH \xrightarrow{H_2SO_4} (H_3C)_3COCH_3$$

Isobuten — *tert.* Butylmethylether (Sdp. 55 °C [328 K])

Die Verbindung ist wesentlich stabiler gegen Sauerstoff als Diethylether, sie wird als Lösungsmittel in der Chromatographie und als Antiklopfmittel in Treibstoffen verwendet.

Aliphatische Verbindungen 2

2.12 Alkanthiole (Mercaptane)

Die Alkanthiole (Mercaptane) sind die schwefelhaltigen Analoga der Alkohole und lassen sich als Monoalkylderivate des Schwefelwasserstoffs, R−S−H, auffassen. Die SH-Gruppe bezeichnet man als *Mercapto-*, *Sulfhydryl-* oder *Thiolgruppe.* Die Chemie der Thiole ähnelt in vielen Punkten denen der Alkohole.

Mercaptane und andere organische Schwefelverbindungen können bis zu mehreren Prozenten im Erdöl vorkommen und erschweren dessen Raffination, vor allem durch Kontaktgiftwirkung.

2.12.1 Darstellung

2.12.1.1 *Durch Erhitzen von Alkylhalogeniden mit Alkalihydrogensulfid* in ethanolischer Lösung mit einem Überschuß von Schwefelwasserstoff, z. B.

$$H_3C-Br + Na-SH \xrightarrow{(H_2S)} H_3C-SH + NaBr$$

Methanthiol (Methylmercaptan) (Sdp. 5,9 °C [279,1 K])

Technisch wird Methylmercaptan *aus Methanol und Schwefelwasserstoff* bei etwa 400 °C (675 K) am wolframaktivierten Al_2O_3-Kontakt hergestellt:

$$H_3COH + H_2S \xrightarrow{Al_2O_3/K_2WO_4} H_3C-SH + H_2O$$

2.12.1.2 *Durch Destillation* einer wäßrigen Lösung *von Kaliumalkylsulfat und Kaliumhydrogensulfid,* z. B.

$$C_2H_5-O-SO_3K + K-SH \rightarrow C_2H_5-SH + K_2SO_4$$

Ethanthiol (Ethylmercaptan) (Sdp. 35 °C [308 K])

Beide Reaktionen verlaufen in Analogie zur Synthese der Alkohole nach dem S_N2-Mechanismus.

2.12.1.3 *Durch Erhitzen von S-Alkyl-isothiuroniumsalzen,* die aus Thioharnstoff und Alkylhalogeniden zugänglich sind, *mit Natronlauge,* z. B.

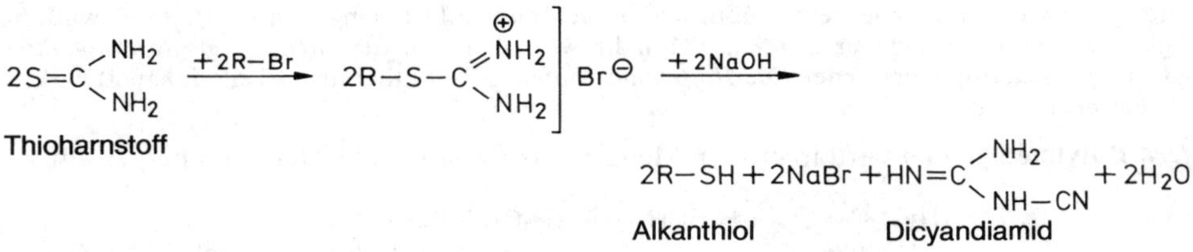

2.12.2 Eigenschaften und Verwendung

Die Alkanthiole sind mit Ausnahme des gasförmigen Methylmercaptans Flüssigkeiten von äußerst widerlichem Geruch. Infolge des Fehlens intermolekularer Wasserstoffbrücken sieden sie erheblich niedriger als die entsprechenden Alkohole, z. B. siedet Ethanthiol bei 35 °C (308 K) (Ethanol bei 78,4 °C; [351,6 K]). Wie der Schwefelwasserstoff reagieren die Thiole schwach sauer und lösen sich in verdünnten Laugen:

$$R{-}S{-}H + NaOH \rightleftharpoons R{-}\overline{\underline{S}}|^{\ominus}Na^{\oplus} + H_2O$$

Ihre Salze, die *Mercaptide,* neigen weniger zur Hydrolyse als die Alkoholate. Charakteristisch sind die in Wasser schwer löslichen *Quecksilbersalze:*

$$2\,R{-}S{-}H + HgO \rightarrow (R{-}S)_2Hg + H_2O$$

Von dieser Reaktion leitet sich der Name *Mercaptane* ab (*corpus mercurium captans* = Quecksilber fällender Körper, *Zeise* 1834).

Ähnlich wie Schwefelwasserstoff werden auch die Mercaptane durch Luftsauerstoff langsam zu Disulfiden oxidiert, z. B.

$$C_2H_5{-}S{-}H + H{-}S{-}C_2H_5 + 1/2\,O_2 \rightarrow \underset{\text{Diethyldisulfid}}{C_2H_5{-}S{-}S{-}C_2H_5} + H_2O$$

Bei Anwendung stärkerer Oxidationsmittel (z. B. HNO_3) entstehen aus Alkylmercaptanen die *Alkansulfonsäuren.*
Methylmercaptan dient als Ausgangsstoff für Synthesen, z. B. der Aminosäure Methionin und des Dimethylsulfoxids. Es läßt sich ferner in Polymere und Plaste einbauen.

2.13 Dialkylsulfide (Thioether)

Die den Ethern analogen Thioether leiten sich vom Schwefelwasserstoff ab, in dem beide H-Atome durch Alkylgruppen ersetzt sind. Je nachdem, ob die beiden Alkyle gleich oder verschieden sind, unterscheidet man *einfache* (R – S – R) und *gemischte*

Thioether oder Dialkylsulfide (R – S – R′). Sie sind durch die folgenden S_N2-Reaktionen leicht zugänglich.

2.13.1 Darstellung

2.13.1.1 *Durch Erhitzen von Alkylhalogeniden mit Alkalimercaptiden,* z. B.

$$H_3C{-}Br + Na^{\oplus}\,|\overset{\ominus}{\underline{S}}{-}CH_3 \rightarrow H_3C{-}S{-}CH_3 + NaBr$$

Dimethylsulfid (Sdp. 37,3 °C [310,5 K])

Auf diese Weise sind auch gemischte Dialkylsulfide zugänglich.

2.13.1.2 *Durch Erhitzen von Alkylhalogeniden mit Kaliumsulfid,* z. B.

$$C_2H_5{-}Cl + K{-}S{-}K + Cl{-}C_2H_5 \rightarrow C_2H_5{-}S{-}C_2H_5 + 2\,KCl$$

Diethylsulfid (Sdp. 92 °C [365 K])

β, β′-Dichlor-diethylsulfid, $Cl-CH_2-CH_2-S-CH_2-CH_2-Cl$, wurde im ersten Weltkrieg als Kampfstoff der „Gelbkreuzgruppe“ unter dem Namen *Senfgas* oder *Lost* eingesetzt. Die Dämpfe der bei 217 °C (490 K) siedenden Flüssigkeit üben eine zerstörende Wirkung auf die Bronchien und die Haut (Blasenbildung) aus. *Lost* wirkt stark *carcinogen,* die Verbindung kann durch Chlorkalk unschädlich gemacht werden.

2.13.2 Eigenschaften

Die Dialkylsulfide sind in Wasser unlösliche, penetrant riechende Flüssigkeiten. Mit Halogenen, Halogenalkanen oder Metallsalzen bilden sie salzartige Additionsverbindungen, die in Analogie zu den Oxoniumsalzen als *Sulfoniumsalze* bezeichnet werden, z. B.:

Trialkylsulfoniumiodid

Die Bindungsverhältnisse entsprechen denen der Oxoniumsalze, das S-Atom ist 3bindig.

Die aus den Sulfoniumiodiden mit feuchtem Silberoxid darstellbaren Sulfoniumhydroxide sind starke Basen, die beim Erhitzen in Dialkylsulfide, Alken und Wasser zerfallen, z. B.:

$$(C_2H_5)_3\overset{\oplus}{S}|]OH^{\ominus} \rightarrow (C_2H_5)_2S + C_2H_4 + H_2O$$

Sulfoniumsalze, die am S-Atom drei verschiedene Substituenten tragen, lassen sich in *Enantiomere* spalten, z. B.:

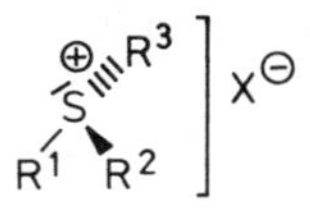

$R^1 = CH_3$
$R^2 = C_2H_5$
$R^3 = CH_2COOH$

Daraus folgt, daß auch das S-Zentralatom eine tetraedrische Gruppierung seiner Substituenten anstrebt, wobei das einsame Elektronenpaar am Schwefel die Funktion des vierten Substituenten übernimmt (s. S. 167).

2.13.3 Sulfoxide und Sulfone

Durch *Oxidation der Dialkylsulfide* mit der berechneten Menge Wasserstoffperoxid oder verdünnter Salpetersäure erhält man die *Sulfoxide,* die durch einen Überschuß von Wasserstoffperoxid, durch konz. Salpetersäure oder Kaliumpermanganat leicht zu *Sulfonen* weiter oxidiert werden:

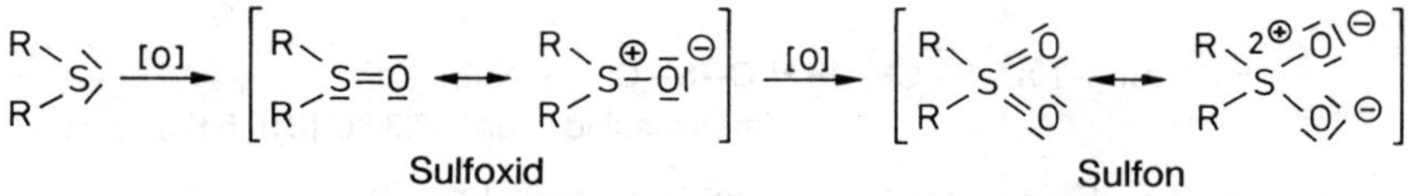

Technisch stellt man die Sulfoxide und Sulfone durch katalytische Oxidation der Dialkylsulfide mit Luftsauerstoff her.

Beide Stoffklassen werden meist mit S=O-Doppelbindung formuliert, da der Schwefel als Element der 3. Periode über energetisch günstige, leere Orbitale oberhalb der 3*p*-Orbitale verfügt und daher in der Lage ist, seine Elektronenschale zum Dezett bzw. Dodezett zu erweitern. Es gibt aber starke Argumente für die Formulierung der Sulfoxide und Sulfone mit semipolaren $S^{\oplus}-O^{\ominus}$-Bindungen (vgl. S. 154)[1].

***Pummerer*-Umlagerung.** Unter der Einwirkung von Säureanhydriden lagern sich *Sulfoxide* zu *Dialkylsulfiden* um:

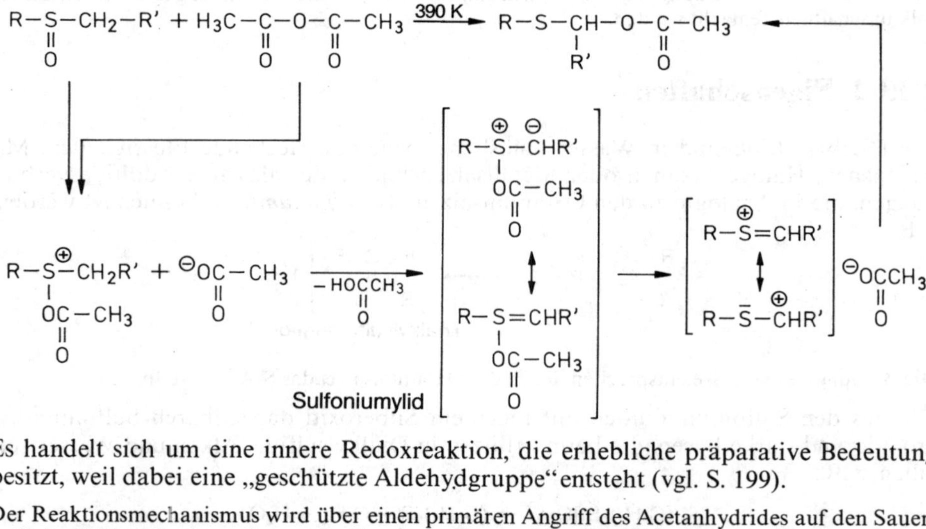

Es handelt sich um eine innere Redoxreaktion, die erhebliche präparative Bedeutung besitzt, weil dabei eine „geschützte Aldehydgruppe" entsteht (vgl. S. 199).

Der Reaktionsmechanismus wird über einen primären Angriff des Acetanhydrides auf den Sauerstoff des Sulfoxides formuliert. Aus diesem Zwischenprodukt wird ein Proton auf das Acetation übertragen, wodurch ein Sulfoniumylid entsteht, aus dem der Acetatrest abgelöst werden kann. Dadurch entsteht ein durch Mesomerie stabilisiertes Carbenium-Ion, welches durch das Acetation unter Bildung des Endproduktes angegriffen werden kann. Das Ergebnis ist eine α-Umlagerung der Sauerstoffunktion.

Dimethylsulfoxid (DMSO), $(H_3C)_2SO$, ist eine farblose, hygroskopische Flüssigkeit vom Sdp. 189 °C (462 K), mischbar mit Wasser, Alkoholen, Aceton, Chloroform und

[1] Vgl. *H. Kwart* et al., d-Orbitals in the Chemistry of Silicon, Phosphorus and Sulfur (Springer-Verlag, Berlin 1977).

Benzol, aber nicht mit Paraffinen. Es dient als Lösungsmittel für *PVC*, Polyacrylnitril sowie deren Copolymere, Polyurethane, Terylen, Perlon und Cellulosederivate. Dimethylsulfoxid gehört – wie Dimethylformamid – zu den *nucleophilen aprotischen* (oder aprotonischen) Lösungsmitteln. Wegen seiner Nucleophilie solvatisiert es Kationen wie $H^{\oplus}$, $Na^{\oplus}$ oder $K^{\oplus}$ relativ gut, nicht aber Anionen, so daß diese in Dimethylsulfoxid besonders reaktiv sind (nackte Anionen).
Dimethylsulfoxid ist mit *Natriumhydrid* leicht *metallierbar:*

$$H_3CSOCH_3 + NaH \longrightarrow \underset{\text{Methylsulfinylcarbanion}}{H_3CSOCH_2^{\ominus} Na^{\oplus}}$$

Das entstandene Methylsulfinylcarbanion ist als nucleophiles Reagens vielseitig verwendbar. Es ist z. B. in der Lage, *Carbonsäureethylester* unter Verdrängung der Alkoholat-Gruppe anzugreifen[1].

$$RCOOC_2H_5 + H_3CSOCH_2^{\ominus} Na^{\oplus} \longrightarrow \underset{\alpha\text{-Ketosulfoxid}}{RCOCH_2SOCH_3} + C_2H_5O^{\ominus}\ Na^{\oplus}$$

Das entstandene *α-Ketosulfoxid* kann mit *Aluminiumamalgam* in 90%igem Tetrahydrofuran (THF) zum entsprechenden *Keton* reduziert werden:

$$RCOCH_2SOCH_3 \xrightarrow{\text{Al/Hg, 90\% THF}} RCOCH_3$$

Die *Pummerer*-Umlagerung läßt in ihrem Ablauf deutliche Ähnlichkeiten mit den Eigenschaften und Reaktionen des Dimethylsulfoxids erkennen. Dem Leser wird empfohlen, sich dieses klarzumachen. Die vielseitige Anwendung von Dimethylsulfoxid als selektives Oxidationsmittel (*Kornblum*, 1957) ist von erheblicher präparativer Bedeutung (vgl. S. 194).

2.14 Aliphatische Sulfonsäuren, Sulfonylchloride, Sulfin- und Sulfensäuren

Die *homologe* Reihe der *Alkansulfonsäuren*, $C_nH_{2n+1}SO_3H$, leitet sich von den Alkanen ab, indem ein Wasserstoffatom durch die *Sulfonylgruppe*, $-SO_3H$, ersetzt wird. Aus den Alkansulfonsäuren lassen sich die *Alkansulfonylchloride*, $R-SO_2Cl$, darstellen, die bei der Reduktion in die *Alkansulfinsäuren* mit der Gruppierung $-SO_2H$ übergehen.

2.14.1 Alkansulfonsäuren

Die Alkansulfonsäuren sind stark hygroskopische Substanzen, deren *Acidität* an die der Mineralsäuren heranreicht; die *Trifluormethansulfonsäure* ist sogar stärker als Perchlor-

[1] Vgl. *T. Durst*, Dimethylsulfoxide (DMSO) in Organic Synthesis, Adv. Org. Chem. *6*, 285 (1969).

säure, sie gehört zur Gruppe der Supersäuren[1]. Die Alkali-, aber auch Erdalkalisalze der Alkansulfonsäuren lösen sich in Wasser. Im Gegensatz zu den aromatischen sind die aliphatischen Sulfonsäuren nicht durch direkte Sulfonierung von Alkanen mit Schwefelsäure herstellbar. Die Monosulfonsäuren höherer Paraffine dienen als Ausgangsmaterial für die Herstellung synthetischer Waschmittel.

Darstellung

2.14.1.1 *Durch Oxidation von Mercaptanen* mit Salpetersäure, z. B.:

$$\underset{\text{Methylmercaptan}}{H_3C{-}SH} \xrightarrow{+\,\frac{3}{2}\,O_2} \underset{\text{Methansulfonsäure}}{H_3C{-}SO_3H}$$

2.14.1.2 *Durch nucleophile Umsetzung von Alkyliodiden mit Alkalisulfit,* z. B.:

$$C_2H_5{-}I + K_2SO_3 \rightarrow \underset{\text{Salz der Ethansulfonsäure}}{C_2H_5{-}SO_3^{\ominus}K^{\oplus}} + KI$$

2.14.1.3 *Durch Sulfoxidation der Alkane.* Bei der Einwirkung von Schwefeldioxid und Sauerstoff auf höhere Alkane in Gegenwart von *Radikalbildnern* (UV-Licht, Ozon und Persäuren) entsteht ein Gemisch verschiedener Alkansulfonsäuren, da der Eintritt der Sulfonylgruppen innerhalb der Alkankette nach statistischer Verteilung erfolgt:

$$R{-}H + SO_2 + 1/2\,O_2 \rightarrow R{-}SO_3H$$

Aus *Methansulfonylchlorid* erhält man durch *Elektrofluorierung* und Hydrolyse die *Trifluormethansulfonsäure.*

$$\underset{\text{Methansulfonylchlorid}}{H_3CSO_2Cl} \xrightarrow[-6\ominus,\,-3\,H^{\oplus}]{3\,F^{\ominus}} \underset{\text{Trifluormethansulfonylchlorid}}{F_3CSO_2Cl} \xrightarrow[-HCl]{H_2O} \underset{\text{Trifluormethansulfonsäure}}{F_3CSO_3H}$$

2.14.2 Alkansulfonylchloride, Alkansulfin- und Alkansulfensäuren

Durch Umsetzung von Alkansulfonsäuren mit Phosphor(V)-chlorid entstehen die *Alkansulfonsäurechloride,* aus denen durch Reduktion *Sulfinsäuren* bzw. *Mercaptane* darstellbar sind, z. B.:

$$R{-}SO_2{-}OH + PCl_5 \longrightarrow \underset{\text{Alkansulfonylchlorid}}{R{-}SO_2Cl} + POCl_3 + HCl$$

$$R{-}SO_2Cl \xrightarrow{(2\,H)} \underset{\text{Alkansulfinsäure}}{R{-}SO_2H} + HCl$$

$$R{-}SO_2Cl \xrightarrow{(6\,H)} \underset{\text{Alkanthiol}}{R{-}SH} + HCl + 2\,H_2O$$

---

[1] Vgl. *R. J. Gillespie,* Fluorosulfuric Acid and Related Superacid Media, Accounts Chem. Res. *1,* 202 (1968).

Setzt man die Alkalisalze der Sulfinsäuren mit Alkyliodiden um, so bildet sich nicht der zu erwartende Sulfinsäureester, sondern das Sulfon.

$$R-\underline{S}O_2^{\ominus}Na^{\oplus} + R'-I \longrightarrow \begin{matrix} R \\ R' \end{matrix}\!\!>SO_2 + NaI$$

Der Schwefel im Sulfinatanion zeigt also eine größere Nucleophilie als der Sauerstoff.

2.14.2.1 Sulfochlorierung. Bei der Einwirkung von Schwefeldioxid und Chlor (1 : 1) auf Alkane im UV-Licht oder unter energiereicher Strahlung (^{60}Co) entstehen *Alkansulfonylchloride* (*Reed,* 1936), z. B.:

$$R_2CH-CH_3 + SO_2 + Cl_2 \longrightarrow R_2CH-CH_2-SO_2Cl + HCl$$

Diese *Radikalkettenreaktion* läßt sich – in Analogie zur Chlorierung – wie folgt deuten:

$$|\overline{Cl}-\overline{Cl}| \xrightarrow{h\nu} |\overline{Cl}\cdot + \cdot\overline{Cl}| \quad \text{Startreaktion}$$

$$R-H + \cdot\overline{Cl}| \longrightarrow R\cdot + H-\overline{Cl}|$$

Bevor das Alkylradikal jedoch mit einem Chloratom reagiert, wird es von einem SO_2-Molekül unter Bildung eines Sulfonylradikals abgefangen, das mit einem Chlormolekül Alkansulfonylchlorid bildet:

$$R\cdot + SO_2 \longrightarrow R-\underset{\bullet}{S}O_2$$

$$R-\underset{\bullet}{S}O_2 + |\overline{Cl}-\overline{Cl}| \longrightarrow R-SO_2-\overline{Cl}| + |\overline{Cl}\cdot$$

Als Kettenabbruch kann folgende Reaktion angesehen werden:

$$R-\underset{\bullet}{S}O_2 + R\cdot \longrightarrow \underset{\text{Sulfon}}{R-SO_2-R}$$

Bei der Sulfochlorierung höherer Paraffine treten stets Isomerengemische auf, da der Angriffspunkt der Reaktion statistisch verteilt ist. Daneben findet in geringem Maß eine Chlorierung der Kohlenstoffkette statt.

Technisch führt man auf diese Weise langkettige Paraffine in ihre Sulfonylchloride (Mersolat H, Levapon T) über, die als Ausgangsmaterial für Wasch- und Netzmittel, Gerbereihilfsstoffe und Weichmacher (Mesamoll) dienen.

Die **Alkansulfensäuren,** R–S–OH, lassen sich als primäre Oxidationsstufen der Alkanthiole auffassen, sind jedoch infolge Selbstoxidation instabil und in Substanz nur in wenigen Ausnahmefällen isolierbar. Als relativ beständige Derivate existieren dagegen Sulfensäurechloride, R–S–Cl, Sulfensäureester, R–S–OR′ und Sulfensäureamide, R–S–NH_2.

2.15 Nitroalkane (Nitroparaffine)

Die Nitroverbindungen leiten sich von den Alkanen ab, indem ein H-Atom durch die *Nitrogruppe*, $-NO_2$, ersetzt wird, d. h. der Stickstoff haftet direkt am Kohlenstoff. Das einfachste Glied dieser Stoffklasse ist das Nitromethan.

Die *Nitroalkane* (oder *Nitroparaffine*) sind *isomer* mit den Alkylestern der salpetrigen Säure, den *Alkylnitriten*, in denen das Sauerstoffatom die Bindung zum C-Atom übernimmt, z. B.:

$H_3C{-}NO_2$	$H_3C{-}O{-}NO$
Nitromethan (Sdp. 101 °C [374 K])	Methylnitrit (Sdp. −12 °C [261 K])

Abgesehen von der großen Differenz der *Siedepunkte,* zeigen beide Verbindungen ein sehr unterschiedliches chemisches Verhalten. Während die Nitroalkane z. B. bei der Reduktion in *primäre* Amine übergehen, entstehen aus den Alkylnitriten mit nascierendem Wasserstoff der betreffende Alkohol und Ammoniak (oder Hydroxylamin):

$$R{-}NO_2 \xrightarrow{+6\,H} R{-}NH_2 + 2\,H_2O$$
$$R{-}O{-}NO \xrightarrow{+6\,H} R{-}OH + NH_3 + H_2O$$

Da der Stickstoff maximal 4bindig auftritt, ist die Nitrogruppe durch die folgenden Grenzformeln zu beschreiben:

Die obige Formel zeigt eine covalente N – O-Einfachbindung, der eine Ionenbeziehung überlagert ist; das bezeichnet man als **semipolare Bindung.**

Nach dem *Molekül-Orbital-Modell* überlappt sich in der Nitrogruppe ein *p*-Orbital des N-Atoms mit jeweils einem *p*-Orbital der beiden O-Atome, wobei Molekül-π-Orbitale entstehen, die sich über alle drei Atomkerne erstrecken (Abb. 67).

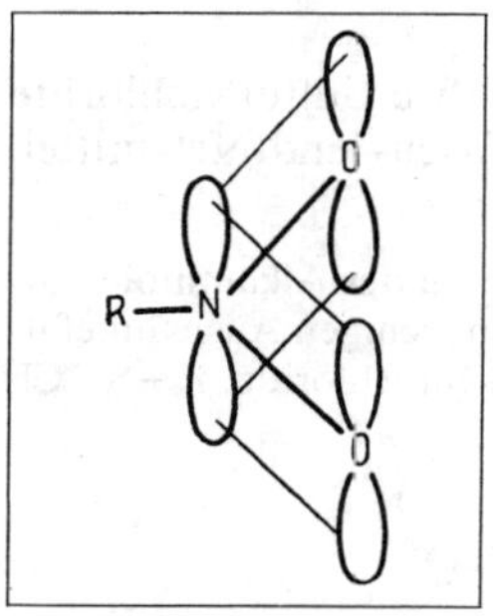

Abb. 67

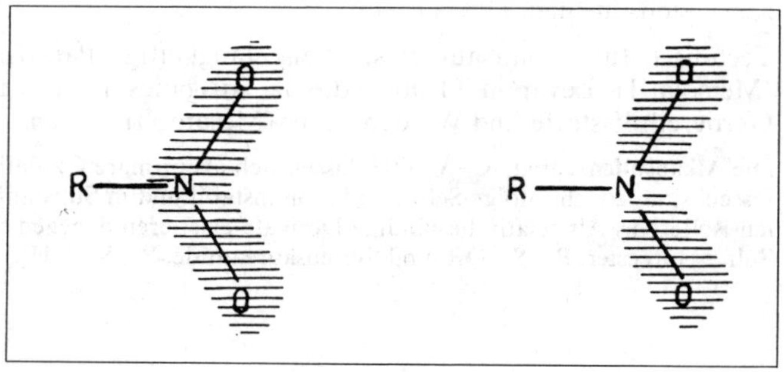

Abb. 68

Die vier π-Elektronen (zwei von der N=O-Doppelbindung und zwei vom anderen O-Atom) verteilen sich auf die zwei energieärmsten Molekül-Orbitale (vgl. *Pauli*-Prinzip), die in Abb. 68 schematisch in der Aufsicht wiedergegeben sind. Das zweite Molekül-Orbital unterscheidet sich vom ersten durch eine weitere Knotenfläche, die durch das N-Atom hindurchgeht. An Hand des Orbitalschemas auf S. 110 kann man sich klarmachen, daß hier ein Analogon zum Allylanion vorliegt.

Außer den Mononitroalkanen existieren auch Polynitroalkane, zu denen z. B. Trinitromethan (Nitroform), $HC(NO_2)_3$, und Tetranitromethan, $C(NO_2)_4$, gehören.

2.15.1 Darstellung

2.15.1.1 Die *direkte Nitrierung von Alkanen* durch Salpetersäure ist nur erfolgreich in der Gasphase bei 400 – 500 °C (675 – 725 K) und kurzer Verweilzeit durchzuführen (*Hass*, 1936), z. B.:

$$CH_4 + HO{-}NO_2 \rightarrow H_3C{-}NO_2 + H_2O$$

Nitromethan

Bei der Nitrierung höherer Alkane, z. B. von Propan, entsteht ein Gemisch verschiedener Nitroverbindungen:

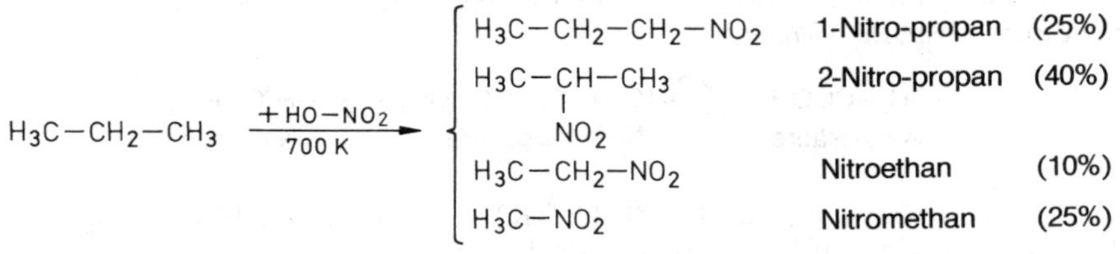

Die Gesamtausbeute beträgt 35 – 45%. Das Nitroalkangemisch besitzt durchschnittlich die oben angegebene prozentuale Zusammensetzung. Mit Hilfe dieses Verfahrens lassen sich die niederen *primären* Nitroalkane auch technisch darstellen.

Aus den obigen Abbauprodukten folgt, daß bei der *Dampfphasennitrierung* zugleich eine Crackung der Alkane stattfindet. Die jeweiligen Spaltstücke werden in einer *Radikalkettenreaktion* nitriert:

$$R{-}H \rightarrow R\cdot + \cdot H \quad \text{bzw.} \quad R{-}R' \rightarrow R\cdot + \cdot R'$$

$$R\cdot + H\overline{O}{-}NO_2 \rightarrow R{-}NO_2 + \cdot\overline{O}H$$

$$R{-}H + \cdot\overline{O}H \rightarrow R\cdot + H_2O$$

2.15.1.2 Im Laboratorium stellt man die *prim.* und *sek.* Nitroalkane durch Erhitzen der Alkylbromide oder -iodide mit Natriumnitrit in Dimethylformamid als Lösungsmittel bei Gegenwart von Harnstoff her (*Kornblum*):

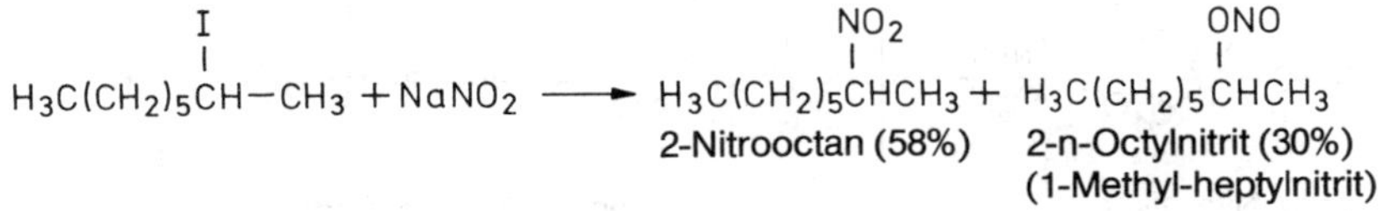

Die Alkylnitrite sind durch fraktionierte Destillation leicht abtrennbar. Die Ausbeuten an *prim.* Nitroalkanen sind höher, wenn man anstelle von Natrium-, Silbernitrit verwendet (*V. Meyer*), z. B.:

$$H_3C(CH_2)_6CH_2I + AgNO_2 \rightarrow \underset{(83\%)}{H_3C(CH_2)_6CH_2NO_2} + \underset{(11\%)}{H_3C(CH_2)_6CH_2ONO}$$

Im Nitrit-Ion liegt ein typisches *ambifunktionelles* (ambidentes) *Anion* vor, in dem sowohl die beiden O-Atome als auch das N-Atom als *nucleophile* Reaktionszentren fungieren können:

$$[{}^{\ominus}|\overline{O}{-}\overline{N}{=}\overline{O} \leftrightarrow \overline{O}{=}\overline{N}{-}\overline{O}|^{\ominus}]$$

Die Verteilung der Reaktionsprodukte hängt von vielen Faktoren ab und hat sich noch nicht übersichtlich deuten lassen. Es sei auf die Deutungsversuche von *Kornblum*[1] und *Pearson*[2] hingewiesen, die auf ganz verschiedenen Konzepten beruhen.

2.15.1.3 *Tertiäre* Nitroalkane werden am besten durch Oxidation von *tert.* Alkylaminen mit Kaliumpermanganat erhalten (*Kornblum*):

$$R_3C{-}NH_2 \xrightarrow[-H_2O]{+3O} R_3C{-}NO_2$$

2.15.1.4 *Nitromethan* läßt sich durch Erhitzen von Chloressigsäure mit wäßriger Natriumnitritlösung darstellen, wobei die intermediär auftretende Nitroessigsäure sofort Kohlendioxid abspaltet (*Kolbe*):

$$\underset{\text{Chloressigsäure}}{Cl{-}CH_2{-}COOH} \xrightarrow[-NaCl]{+NaNO_2} \underset{\text{Nitroessigsäure}}{[O_2N{-}CH_2{-}COOH]} \xrightarrow[-CO_2]{} \underset{\text{Nitromethan}}{H_3C{-}NO_2}$$

2.15.1.5 *Tetranitromethan* (Sdp. 126 °C [399 K]) entsteht bei der Einwirkung von rauchender Salpetersäure auf Essigsäureanhydrid in der Kälte:

$$(H_3CCO)_2O + 4\,HNO_3 \rightarrow C(NO_2)_4 + H_3CCOOH + CO_2 + 3\,H_2O$$

2.15.2 Eigenschaften

Die Nitroalkane sind farblose, angenehm riechende Flüssigkeiten, die sich in Wasser nur wenig lösen. Im Gegensatz zu den tertiären gehen die *primären* und *sekundären* Nitroalkane in wäßrigem Alkali langsam unter Salzbildung in Lösung. Aus alkoholischer Natronlauge fallen die Natriumsalze in fester Form aus. Somit besitzen die *primären* und *sekundären* Nitroverbindungen *saure* Eigenschaften. Hierbei übt die Nitrogruppe einen −I-Effekt aus, der die leichte Ablösbarkeit des Protons am α-C-Atom bewirkt. Das entstehende Anion ist *mesomeriestabilisiert*, wobei die negative Ladung über das C-Atom und die O-Atome der Nitrogruppe delokalisiert ist, z. B.:

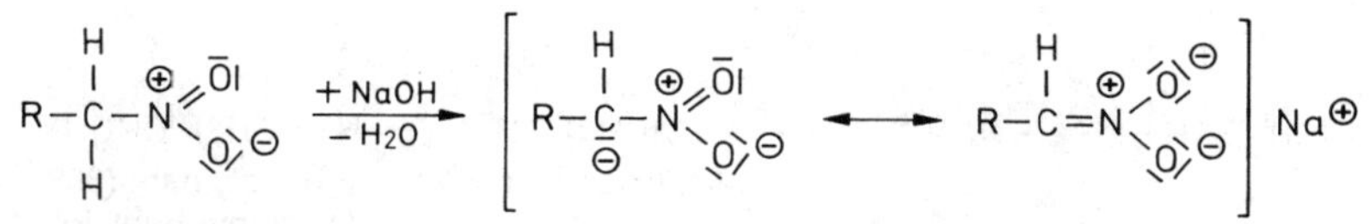

prim. Nitroalkan Anion der Nitroverbindung

Säuert man die alkalische Lösung einfacher aliphatischer Nitroverbindungen, z. B. von *Nitromethan*, an, so erhält man das Nitroalkan zurück.

Beim *Phenylnitromethan* isoliert man zunächst eine *isomere* Verbindung, die stark sauer reagiert und in wäßriger Lösung den elektrischen Strom leitet. Sie wird als *aci*-Phenylnitromethan oder als *Nitronsäure* bezeichnet, ist metastabil und wandelt sich in kurzer Zeit *irreversibel* in die Normalform um.

---

[1] Vgl. *N. Kornblum* et al., J. Amer. Chem. Soc. *77*, 6269 (1955).

[2] Vgl. *R. G. Pearson* et al., J. Amer. Chem. Soc. *89*, 1827 (1967).

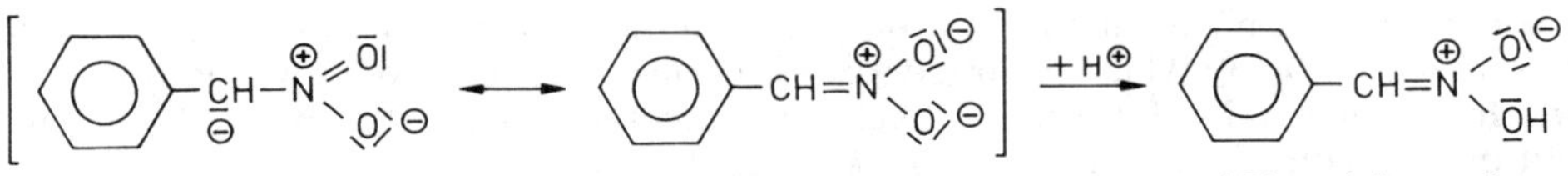

Anion des Phenylnitromethans — *aci*-Phenylnitromethan

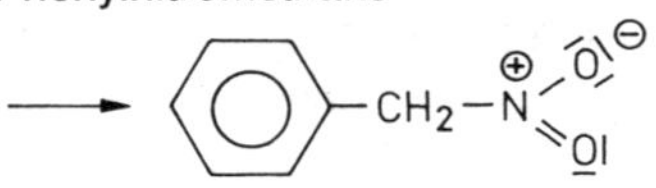

Phenylnitromethan

In einigen Fällen konnte auch ein *Gleichgewicht* zwischen der Normal- und der *aci*-Nitro-Form nachgewiesen werden. Man spricht dann von der **Nitro-*aci*-Nitro-Tautomerie,** wobei man unter *Tautomerie* ein Gleichgewicht zwischen zwei isomeren Verbindungen versteht, die durch Platzwechsel eines Protons bei gleichzeitiger Verschiebung der Bindungen ineinander übergehen. So liegt das *p*-Nitrophenyl-nitromethan in wäßrigem Methanol zu 0,79%, in Pyridin zu 16% in der *aci*-Nitro-Form vor, die *mesomeriestabilisiert* ist:

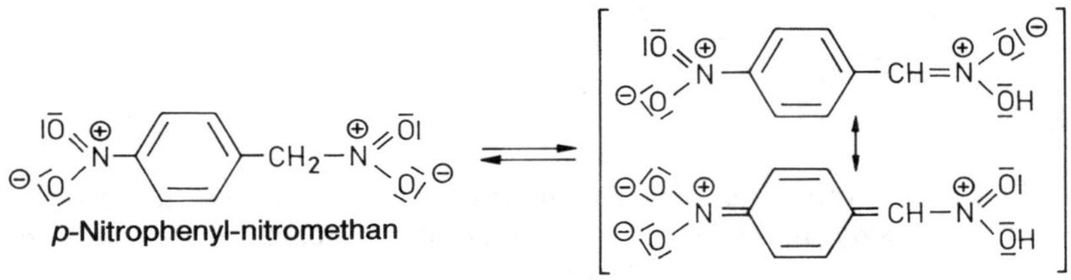

p-Nitrophenyl-nitromethan

Tautomerie — Mesomerie

Mit Carbonylverbindungen reagieren die Nitroalkane unter dem Einfluß von Basen zu *β*-Nitroalkoholen, z. B.:

$$H_3C{-}CHO + H_3CNO_2 \xrightarrow{OH^{\ominus}} H_3C{-}CH(OH){-}CH_2{-}NO_2$$

Acetaldehyd — Nitromethan — 1-Nitro-2-propanol

2.15.2.1 Nitroalkan-Spaltung (*V. Meyer*). Die C–N-Bindung in *prim.* und *sek.* Nitroverbindungen läßt sich mit starken Mineralsäuren spalten, wobei intramolekular ein Redoxprozeß stattfindet. *Primäre* Nitroalkane gehen hierbei über die Hydroxamsäure in die entsprechende *Carbonsäure* und *Hydroxylamin* über, das auf diesem Wege aus 1-Nitro-propan technisch gewonnen wird:

$$H_3C{-}CH_2{-}CH_2{-}NO_2 \xrightarrow{(H^{\oplus})} H_3C{-}CH_2{-}C{\left(=O\right)}{-}NHOH \xrightarrow{+H_2O} H_3C{-}CH_2{-}COOH + NH_2OH$$

1-Nitro-propan — Hydroxamsäure — Propionsäure — Hydroxylamin

2.15.2.2 *Aci*-Nitroalkan-Spaltung (*Nef*-Reaktion). Ketone bzw. Aldehyde erhält man in Ausbeuten bis zu 85% beim Behandeln der Salze der entsprechenden Nitroverbindungen mit 50proz. Schwefelsäure. Als Nebenprodukt entsteht hierbei Distickstoffmonoxid (Lachgas), z. B.:

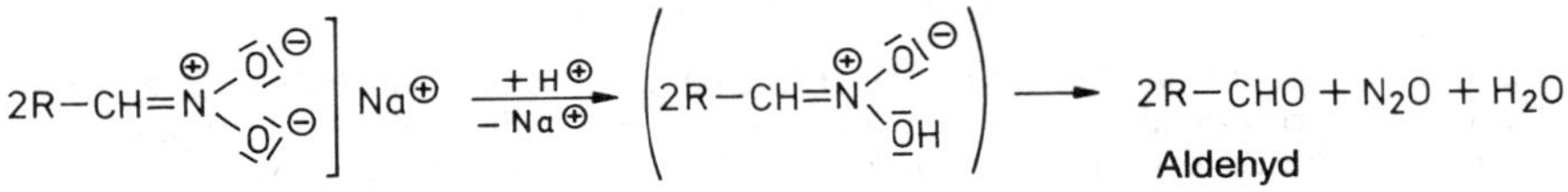

Aldehyd

Verwendung. Die niederen *prim.* Nitroalkane sind flüssig und dienen als ausgezeichnete Lösungsmittel für Vinylharze, Polystyrol, Nitro- und Acetylcellulose sowie Polyacrylnitril. In steigendem Maß werden sie auch für Synthesen verwendet, z. B. erhält man aus Nitromethan durch Chlorieren das *Insektizid* Chlorpikrin:

$$H_3C{-}NO_2 + 3\,Cl_2 \rightarrow Cl_3C{-}NO_2 + 3\,HCl$$

Chlorpikrin

2.16 Aliphatische Amine

2.16.1 Monoamine

Die Stoffklasse der Amine leitet sich vom Ammoniak ab, in dem die drei H-Atome sukzessiv durch Alkylgruppen ersetzt werden. Dabei entstehen *primäre, sekundäre* und *tertiäre* Amine:

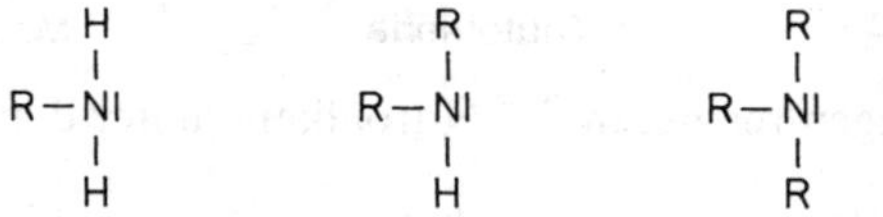

prim. *sek.* *tert.* Amin

Im Gegensatz zu den bisher erwähnten Kohlenstoffverbindungen bezieht man die Bezeichnung *primär, sekundär* und *tertiär* bei den Aminen auf das N- und nicht auf das C-Atom, z. B. ist *tert.* Butylamin ein *prim.* Amin. Die Alkylreste bei *sek.* und *tert.* Aminen können gleich oder verschieden sein.

Die Gruppierung $-NH_2$ wird als *Aminogruppe*, $=NH$ als *Iminogruppe* bezeichnet.

Das einsame Elektronenpaar am Stickstoffatom verleiht den Aminen *basische* und auch *nucleophile* Eigenschaften. Sie addieren leicht ein Proton einer Säure unter Salzbildung, z. B.:

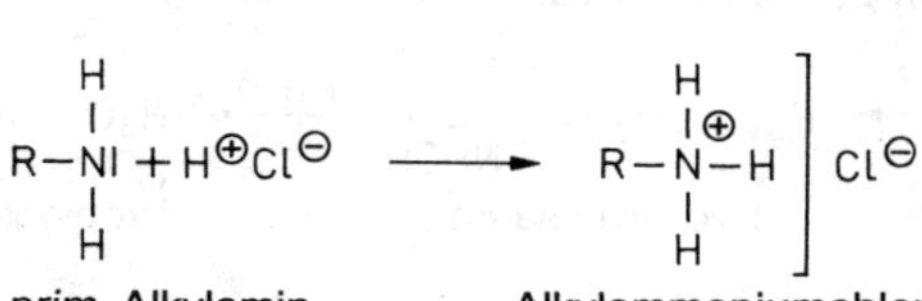

prim. Alkylamin Alkylammoniumchlorid

Das Proton kann auch dem Wasser entstammen, mit dem die Amine folgendes *Gleichgewicht* ausbilden und auf dem die alkalische Reaktion wäßriger Aminlösungen beruht, z. B.:

$$R{-}NH_2 + H_2O \rightleftharpoons R{-}\overset{\oplus}{N}H_3 + OH^{\ominus}$$

Die Amine sind basischer als Ammoniak. Die Basizität hängt sowohl von der Anzahl als auch von der Art der Alkylgruppen ab, und zwar sind die *sekundären* Amine stärker basisch als die *primären,* jedoch fällt die Basizität bei den *tertiären* merklich ab. Diese Tatsache wird damit erklärt, daß die *Solvatation* in tertiären Ammonium-Ionen sterisch stärker behindert ist als in sekundären oder gar in primären Ammonium-Ionen. Eine Stütze für die Annahme eines *Solvatationseffekts* ergibt sich aus der Basizität *tertiärer* Amine in Chloroform. In diesem Lösungsmittel ist sie größer als die der sekundären und primären Amine. Das gleiche gilt für die Basizität in der Gasphase[1].

Da die Wasserkonzentration bei dem großen Wasserüberschuß im obigen Gleichgewicht als konstant anzusehen ist, ergibt sich für die Berechnung der *Basizitätskonstante* K_b folgende Gleichung:

$$K_b \approx \frac{[R\overset{\oplus}{N}H_3][OH^{\ominus}]}{[RNH_2]}$$

Um die Zehnerpotenzen zu umgehen, benutzt man für die Basenstärke besser den pK_b-Wert, der durch folgende Beziehung festgelegt ist:

$$pK_b = -\log_{10} K_b$$

Andererseits kann die Stärke einer Base auch durch den pK_a-Wert angegeben werden, der mit dem pK_b-Wert durch folgende Gleichung verknüpft ist:

$$pK_a + pK_b = 14{,}00 \ (25\ °C\ [298\ K])$$

Dies sei an folgenden Beispielen erläutert:

	Ammoniak	Methylamin	Dimethylamin	Trimethylamin
	NH_3	H_3C-NH_2	$(H_3C)_2NH$	$(H_3C)_3N$
pK_b	4,75	3,34	3,27	4,19
pK_a	9,25	10,66	10,73	9,81

Der pK_a-Wert gibt eine *einheitliche Skala* für die Stärke der Säuren und Basen. Er ist ein Maß dafür, wie leicht die konjugate Säure $R-NH_3^{\oplus}$ der Base $R-NH_2$ gemäß dem Gleichgewicht

$$R-\overset{\oplus}{N}H_3 + H_2O \rightleftharpoons R-NH_2 + H_3O^{\oplus}$$

ein Proton abgibt, d. h. ein Maß für die Acidität von $R-NH_3^{\oplus}$. In erster Näherung ist der pK_a-Wert gleich dem pH-Wert einer halbneutralisierten Lösung der Base.

Prim. und *sek.* Amine können auch als sehr schwache Säuren wirken, z. B. bilden sie bei der Umsetzung mit Phenyllithium in etherischer Lösung ein Lithiumsalz:

$$(C_2H_5)_2\overline{N}H + C_6H_5Li \rightarrow (C_2H_5)_2\overset{\ominus}{\underline{\overline{N}}}|\,Li^{\oplus} + C_6H_6$$

Wird ein *tertiäres* Amin mit einem Alkylhalogenid erhitzt, so entsteht das entsprechende *Tetraalkylammoniumsalz*, z. B.:

$$R_3N| + R-I \rightarrow R_4N]^{\oplus}I^{\ominus}$$

Aus den Salzen lassen sich mit feuchtem Silberoxid die *quartären* Ammoniumhydroxide in Freiheit setzen, die in wäßriger Lösung vollständig dissoziiert sind:

$$R_4N]^{\oplus}I^{\ominus} + AgOH \rightarrow R_4N]^{\oplus}OH^{\ominus} + AgI$$

[1] Vgl. *E. M. Arnett*, Gas-Phase Proton Transfer – a Breakthrough for Solution Chemistry, Accounts Chem. Res. *6*, 404 (1973).

Ihre *Basizität* entspricht der von Alkalihydroxiden. In festem Zustand sind sie hygroskopisch und ziehen aus der Luft leicht Kohlendioxid an.
Charakteristisch ist das *Verhalten der Tetraalkylammoniumhydroxide bei der trockenen Destillation.* Hierbei zerfällt z. B. Tetramethylammoniumhydroxid in Trimethylamin und Methanol:

$$(H_3C)_4N]^{\oplus}OH^{\ominus} \rightarrow (H_3C)_3N| + H_3COH$$

2.16.1.1 *Hofmann*-Eliminierung[1]. Bei dieser Reaktion werden *höhere* Tetraalkylammoniumhydroxide in *tert.* Amin, Alken und Wasser gespalten, und zwar tritt bei Anwesenheit einer Ethylgruppe stets Ethylen als Spaltprodukt auf (*β-Eliminierung*), z. B.:

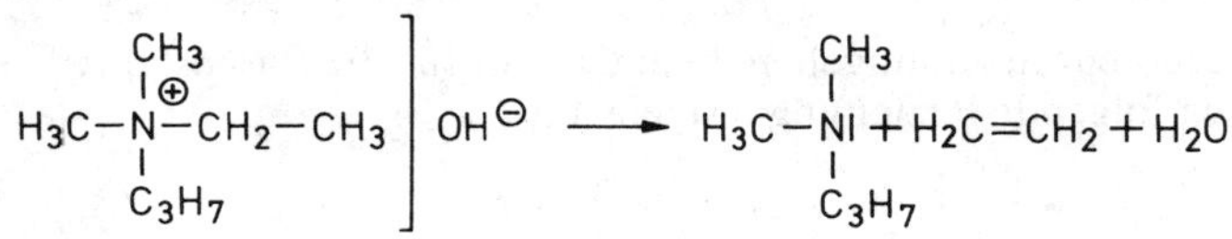

Enthält die quartäre Ammoniumbase Substituenten, aus denen bei der Eliminierung mehrere isomere Olefine entstehen können, so bildet sich überwiegend das Alken mit der geringsten Zahl von Alkylgruppen (*Hofmann*-Regel):

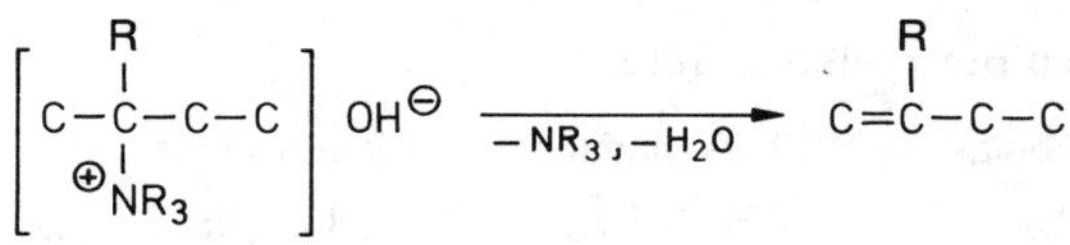

Bei der *β*-Eliminierung des entsprechenden Alkylhalogenides erhält man nach der *Saytzeff*-Regel überwiegend das stärker verzweigte Isomere.

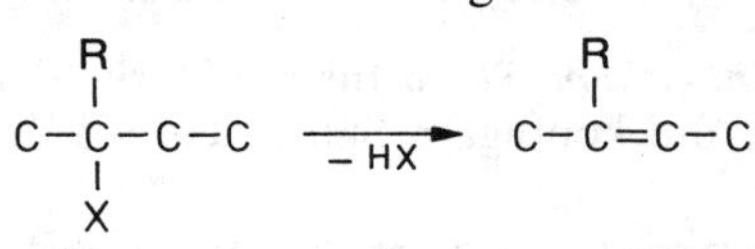

Ungewöhnlich schonend lassen sich *Dehydrohalogenierungen* mit den bicyclischen Amidinen 1,5-Diazabicyclo [4.3.0]-5-nonen (DBN) und 1,8-Diazabicyclo [5.4.0.]-7-undecen (DBU) als Protonenakzeptoren durchführen.

Darstellung

2.16.1.2 *Durch Reduktion der Nitroalkane* mit Zinn und Salzsäure, Zinn(II)-chlorid oder katalytisch angeregtem Wasserstoff, z. B.

$$\underset{\text{Nitroethan}}{H_3C-CH_2-NO_2} \xrightarrow[-H_2O]{+4\,H} [H_3C-CH_2-NHOH] \xrightarrow[-H_2O]{+2\,H} \underset{\text{Ethylamin}}{H_3C-CH_2-NH_2}$$

Als Zwischenstufe können die Alkylderivate des Hydroxylamins auftreten.

2.16.1.3 Technisch durch *katalytische Hydrierung der Nitrile unter Druck,* wobei primäre (aber auch sekundäre) Amine entstehen. Um vorwiegend *primäre* Amine zu erhalten, hydriert man in Gegenwart von viel Ammoniakgas:

$$\underset{\text{Nitril}}{R-C\equiv N} \xrightarrow[(475\,K)]{+4\,H\,(\text{Ni oder Co})} \underset{\textit{prim. }\text{Amin}}{R-CH_2-NH_2}$$

[1] Vgl. *A. C. Cope,* Org. Reactions *11,* 317 (1960).

2.16.1.4 *Durch Einwirkung von Ammoniak auf Alkylhalogenide* in wäßriger oder alkoholischer Lösung (*A. W. v. Hofmann*, 1850).
Die dabei erfolgende Alkylierung des Ammoniaks führt zu einem Gemisch von *prim.*, *sek.* und *tert.* Aminen sowie *quart.* Ammoniumsalzen, da das Alkylhalogenid außer mit Ammoniak auch mit den Aminen reagiert, z. B.

$$NH_3 \xrightarrow{+CH_3I} [H_3C-\overset{\oplus}{N}H_3]\,I^{\ominus} \xrightarrow[-NH_4I]{+NH_3} H_3C-NH_2 \qquad \text{Methylamin}$$

$$H_3C-NH_2 \xrightarrow{+CH_3I} [(H_3C)_2\overset{\oplus}{N}H_2]\,I^{\ominus} \xrightarrow[-NH_4I]{+NH_3} (H_3C)_2NH \qquad \text{Dimethylamin}$$

$$(H_3C)_2NH \xrightarrow{+CH_3I} [(H_3C)_3\overset{\oplus}{N}H]\,I^{\ominus} \xrightarrow[-NH_4I]{+NH_3} (H_3C)_3N \qquad \text{Trimethylamin}$$

$$(H_3C)_3N \xrightarrow{+CH_3I} [(H_3C)_4\overset{\oplus}{N}]\,I^{\ominus} \qquad \text{Tetramethylammoniumiodid}$$

Das Gemisch wird stark alkalisch gemacht und destilliert, wobei die Amine übergehen und die *quartären* Ammoniumverbindungen zurückbleiben.

Die *Trennung* der Amine läßt sich entweder durch fraktionierte Destillation oder durch Umsetzung mit Benzolsulfonylchlorid, $C_6H_5-SO_2Cl$, erreichen. Bei dieser Reaktion bilden nur die *prim.* und die *sek.* Amine gut kristallisierende *Benzolsulfonamide*, von denen die der *prim.* Amine in Alkali löslich sind:

$C_6H_5-SO_2-NHR$	$C_6H_5-SO_2-NR_2$
löslich in Alkali	unlöslich in Alkali

Die Alkalilöslichkeit ist darauf zurückzuführen, daß das H-Atom der Alkylaminogruppe durch den –I-Effekt der benachbarten SO_2-Gruppe *sauren* Charakter annimmt. Die *„Benzolsulfochlorid-Methode"* wird auch zur Unterscheidung primärer und sekundärer Amine verwendet (*Hinsberg*, 1890). Durch Kochen mit starken Mineralsäuren lassen sich die Benzolsulfonylreste wieder abspalten und so die einzelnen Amine isolieren.

Die Darstellung tertiärer Amine nach diesem Verfahren ist dadurch benachteiligt, daß das stärker basische sekundäre Amin der weiteren Reaktion durch bevorzugte Salzbildung entzogen werden kann, z. B.

$$[R_2\overset{\oplus}{N}(R)H]\,X^{\ominus} + R_2NH \rightleftharpoons R_2N-R + [R_2\overset{\oplus}{N}H_2]\,X^{\ominus}$$

Setzt man dem Reaktionsgemisch eine Hilfsbase zu, die stärker als das sekundäre Amin ist, so läßt sich das sekundäre Amin rascher alkylieren. Die Hilfsbase darf aber trotz ihrer Stärke nicht nucleophil genug sein, um selbst alkylierend zu wirken. Das Ethyl-diisopropylamin (*Hünig*sche Base) $C_2H_5-N[CH(CH_3)_2]_2$, besitzt diese Eigenschaften und hat deshalb große Bedeutung in der präparativen Chemie gewonnen.

2.16.1.5 Technisch werden *Methylamine aus Methanol und Ammoniak* am Al_2O_3-Kontakt bei 450 °C (725 K) und 15 bar (1,5 MPa) gewonnen. Das entstehende Reaktionsgemisch (Mono-, Di- und Trimethylamin) wird durch Druckdestillation getrennt.

2.16.1.6 Bei den folgenden vier Namenreaktionen[1] geht man von Carbonsäuren oder deren Derivaten aus und erhält ausschließlich *primäre Amine*, die um ein C-Atom ärmer sind als die betreffende Carbonsäure.

[1] Vgl. *H. Krauch* und *W. Kunz*, Reaktionen der organischen Chemie, 5. Aufl. (A. Hüthig Verlag, Heidelberg 1976); *W. Uhl* et al., Namen- und Schlagwortreaktionen in der organischen Chemie (Vieweg, Braunschweig 1984).

a) ***Hofmann*-Abbau**[1] der Carbonsäureamide (1881). Man löst das Säureamid in einem geringen Überschuß der wäßrigen Natriumhypobromit-Lösung (Brom + Natronlauge) und erwärmt rasch auf etwa 70 °C (345 K), wobei unter Umlagerung und Abspaltung von Kohlendioxid das *primäre* Amin entsteht:

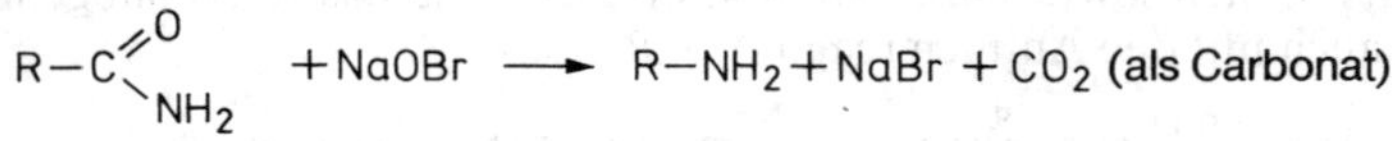

Der *Reaktionsmechanismus* läßt sich wie folgt deuten:

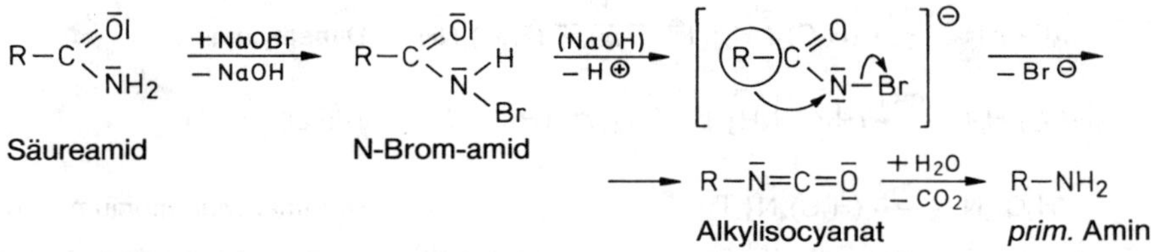

Primär erfolgt Substitution eines H-Atoms der Amidgruppe durch Brom unter Bildung eines isolierbaren N-Halogenamids, aus dem mit überschüssigem Alkali in der Wärme ein Proton abgespalten wird. Das so entstehende, instabile Anion lagert sich um, und zwar so, daß sich *gleichzeitig* mit der Lösung der Bindung zwischen Stickstoff und Brom die Alkylgruppe mit seinem Elektronenpaar nucleophil in die am Stickstoff entstehende Elektronenlücke einschiebt. Die Gleichzeitigkeit der beiden Vorgänge ist wie folgt zu begründen. Wenn das Bromidion vor der Wanderung der Alkylgruppe völlig abgelöst würde, müßte das dann entstehende *Acylnitren* mit Wasser zu einer Hydroxamsäure reagieren:

Diese Reaktion wird nicht beobachtet.
Die Hydrolyse des bei der Umlagerung gebildeten Alkylisocyanats führt unter CO_2-Abspaltung zum *prim.* Alkylamin. Bei dieser Reaktion hat *Wurtz* (1849) die Amine entdeckt.
b) ***Curtius*-Abbau**[2] der Carbonsäureazide (1894). Beim Erwärmen der Säureazide in alkoholischer Lösung wandert analog a) die Alkylgruppe gleichzeitig mit der fortschreitenden Abspaltung des elementaren Stickstoffs nucleophil an das noch im Molekül verbleibende Stickstoffatom. Das Ergebnis ist die Umlagerung zum Alkylisocyanat, das sogleich Alkohol addiert und in das betreffende Urethan übergeht. Durch saure oder alkalische Hydrolyse der Urethane erhält man *primäre* Amine:

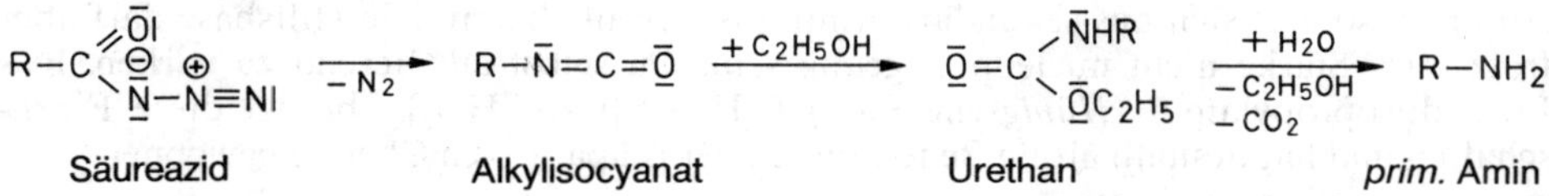

Nur bei der photochemischen Zersetzung der Carbonsäureazide sind Reaktionsprodukte nachweisbar, die darauf hindeuten, daß die Reaktion zum Teil über die Stufe des Acylnitrens abläuft.
c) ***Lossen*-Abbau** der Hydroxamsäuren (1875). Bei der thermischen Dehydratisierung von Hydroxamsäuren in indifferenten Lösungsmitteln oder besser in Gegenwart von Phosphor(V)-oxid oder Essigsäureanhydrid entsteht z. B. über eine Acetylverbindung unter *nucleophiler* Umlagerung Alkylisocyanat, dessen Hydrolyse zu *primärem* Amin führt:

[1] Vgl. *E. S. Wallis* und *J. F. Lane*, The *Hofmann* Reaction, Org. Reactions *3*, 267 ff. (1946).
[2] Vgl. *P. A. S. Smith*, The *Curtius* Reaction, Org. Reactions *3*, 337 ff. (1946).

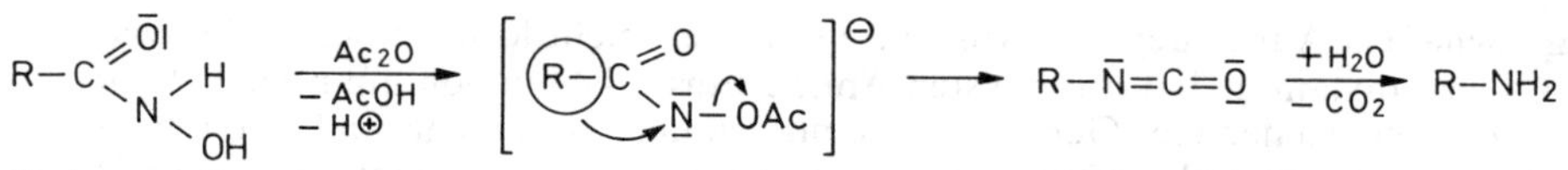

Hydroxamsäure | Alkylisocyanat | *prim.* Amin

d) ***Schmidt*-Reaktion**[1] der Carbonsäuren (1923). Bei der Einwirkung von Stickstoffwasserstoffsäure auf Carbonsäuren in Gegenwart von konz. Schwefelsäure erhält man *primäre Amine:*

$$R{-}COOH + HN_3 \xrightarrow{(\text{konz. } H_2SO_4)} R{-}NH_2 + CO_2 + N_2$$

Die Reaktion verläuft wahrscheinlich über folgende Zwischenstufen:

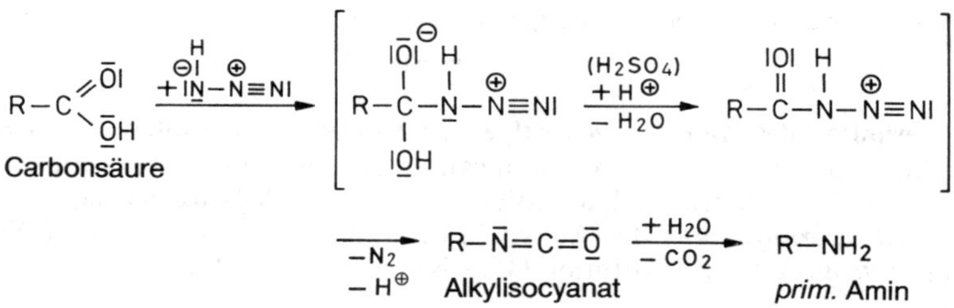

Primär lagert sich HN_3 *nucleophil* an das C-Atom der Carboxylgruppe an, dann bildet sich unter Abspaltung von Wasser und Stickstoff durch *nucleophile* Umlagerung Alkylisocyanat, das hydrolysiert wird.

2.16.1.7 *Durch Reduktion der Säureamide mit Lithiumalumiumhydrid*[2] entstehen Amine, die die gleiche Anzahl von C-Atomen wie die Carbonsäureamide aufweisen (*Schlittler*):

$$\underset{\text{Säureamid}}{R{-}CO{-}NH_2} \xrightarrow[-H_2O]{+4H(LiAlH_4)} \underset{\text{Amin}}{R{-}CH_2{-}NH_2}$$

2.16.1.8 *Gabriel*-Synthese (1887). Beim Erhitzen von Alkylhalogeniden mit Phthalimidkalium bildet sich N-Alkyl-phthalimid, das durch Umsetzung mit Hydrazin in das *primäre* Amin und Phthalhydrazid gespalten wird:

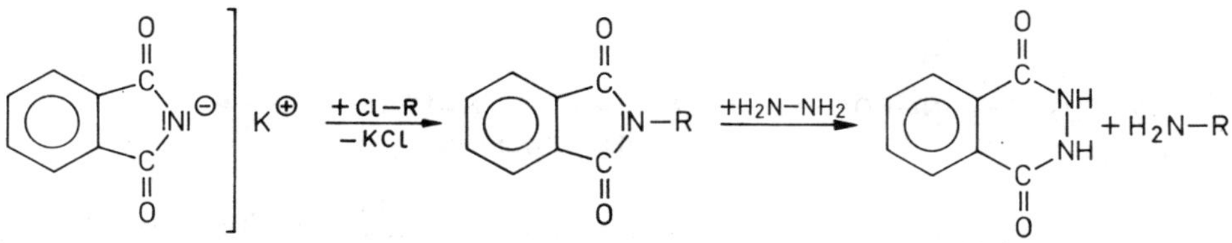

Phthalimidkalium | N-Alkyl-phthalimid | Phthal-hydrazid | *prim.* Amin

[1] Vgl. *H. Wolff*, The *Schmidt* Reaction, Org. Reactions *3*, 307 ff. (1946).

[2] Vgl. *N. G. Gaylord*, Reduction with Complex Metal Hydrides (Wiley, New York 1965); *A. Hajós*, Complex Hydrides (Elsevier, New York 1979).

Eigenschaften. Außer den gasförmigen, in Wasser leicht löslichen drei Methylaminen und dem Ethylamin sind die meisten Amine Flüssigkeiten von ammoniakähnlichem, aber weniger stechendem Geruch. Nur einige höhere Homologe sind fest. Obwohl die Amine dem Ammoniak stark ähneln, unterscheiden sie sich von ihm durch ihre *Brennbarkeit*, die auch zu ihrer Entdeckung geführt hat. Außerdem lösen sich die Salze der Amine im Gegensatz zu den Ammoniumsalzen in absolutem Ethanol. – Die Methylamine finden sich im Holzessig und in der Heringslake; der typische Geruch der Seefische und Hummer rührt vom Trimethylamin her.

Isonitrilreaktion: Eine charakteristische *Nachweismethode* für *primäre* Amine ist ihre Umsetzung mit Chloroform und Alkali, die zur Bildung der widerlich riechenden Isonitrile (Isocyanide) führt (*Reaktionsmechanismus* s. S. 375):

$$R{-}NH_2 + HCCl_3 + 3\,NaOH \longrightarrow \underset{\text{Isonitril}}{R{-}\overset{\oplus}{N}{\equiv}\overset{\ominus}{C}|} + 3\,NaCl + 3\,H_2O$$

2.16.1.9 Verhalten der Amine gegen salpetrige Säure: Die Umsetzung von *prim., sek.* und *tert.* Aminen *mit salpetriger Säure* in saurer Lösung führt zu verschiedenen Reaktionsprodukten. In allen drei Fällen erfolgt zunächst eine **N-Nitrosierung**[1], wobei als eigentliches *Nitrosierungsmittel* das Anhydrid der salpetrigen Säure, N_2O_3 (Distickstofftrioxid mit *Nitroso-Nitro*-Konstitution $ON{-}NO_2$), oder das *Nitrosylkation*, $^{\oplus}NO$, fungieren kann:

$$2\,HNO_2 \rightleftharpoons ON{-}NO_2 + H_2O$$

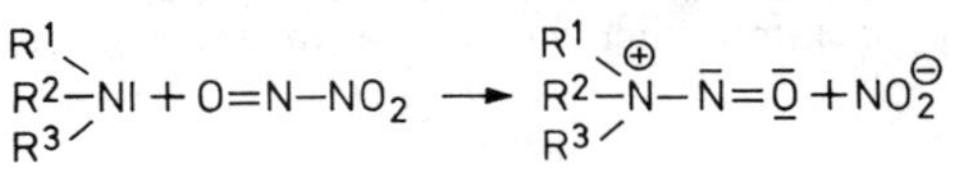

a) Bei den *primären* Aminen ($R^2{=}R^3{=}H$) geht die N-Nitrosoverbindung unter Protonenwanderung in das instabile Diazohydroxid über, aus dem mit Protonen unter Wasserabspaltung das *Diazonium-Ion* entsteht. Dieses spaltet sofort Stickstoff ab unter Bildung eines *Carbenium-Ions*, das nach dem S_N1- oder $E1$-Mechanismus zum *primären* Alkohol oder *Alken* weiterreagieren kann, z. B.

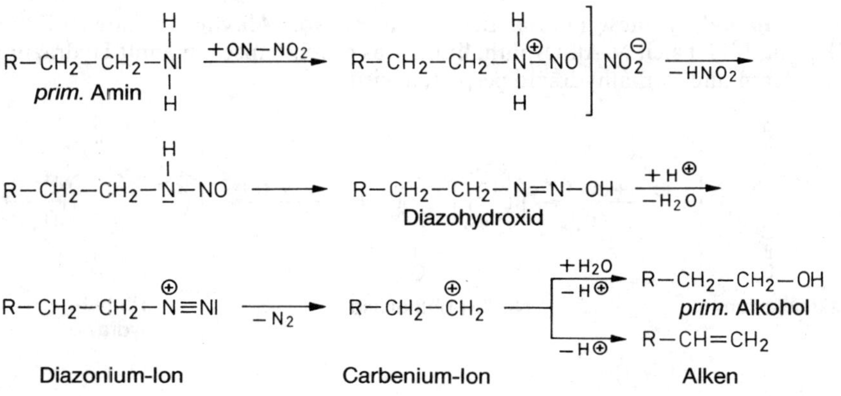

[1] Vgl. *J. H. Ridd*, Nitrosation, Diazotisation and Deamination, Quart. Rev. *15*, 418 (1961).

Bei höheren Carbenium-Ionen kann zusätzlich eine *Isomerisierung* eintreten, wodurch sich die Zahl der Reaktionsprodukte noch erhöht, z. B. liefert *n*-Propylamin 7% *n*-Propanol, 32–40% Isopropylalkohol und 28% Propen.

b) Die aus *sekundären* Aminen ($R^3=H$) und salpetriger Säure entstehende N-Nitrosoverbindung stabilisiert sich unter Protonenabspaltung zum Nitrosamin:

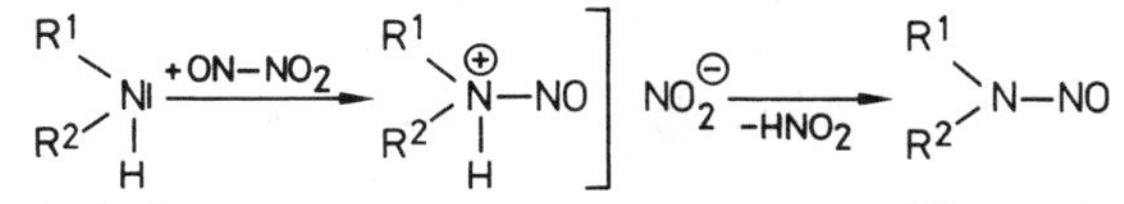

sek. Amin Nitrosamin

Die Nitrosamine sind gelbe bis orangefarbene, in Wasser wenig lösliche Öle, die sich mit konz. Salzsäure wieder in das betreffende Amin überführen lassen. Sie können sowohl zur Identifizierung als auch zur Reinigung *sek.* Amine verwendet werden. Als Nitrosoverbindungen geben sie die *Liebermann*-Reaktion (vgl. S. 506).

Viele Nitrosamine, besonders Dimethylnitrosamin, wirken bei zahlreichen Tierarten stark *carcinogen* (*Druckrey*, 1966). Dies gilt auch für die Nitrosamide, z. B. Nitroso-N-methylharnstoff (vgl. S. 170).

c) *Tertiäre* Amine[1] werden in mäßig saurer Lösung ($pH < 3$) von salpetriger Säure in der Kälte *nicht* angegriffen, jedoch bilden sich im schwächer sauren Bereich ($pH = 3-6$) – besonders bei höheren Temperaturen oder höherer Nitritkonzentration komplexe Produkte, ohne daß sich Stickstoff entwickelt.

In Analogie zum *Lost* wirken auch die *Alkyl-bis(β-chlorethyl)-amine*, $R-N(CH_2-CH_2-Cl)_2$, als Hautgifte (Stickstofflost). Derartige Verbindungen werden in der Chemotherapie des Krebses[2] angewendet, z. B. ist *N,N-Bis(β-chlorethyl)-N′,O-trimethylenphosphorsäureesterdiamid* (N-Lost-Phosphamidester, *INN:* ***Cyclophosphamid,*** *Endoxan*) als *Cytostatikum* im Handel.

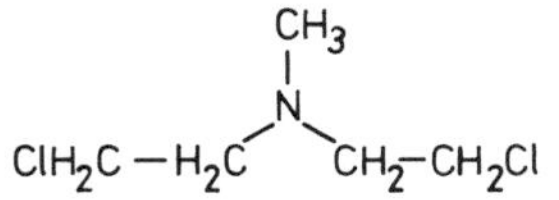

Stickstoff-Lost

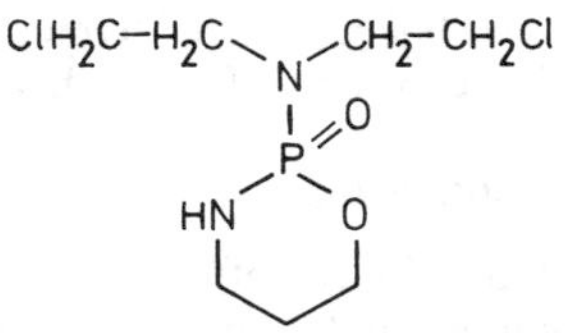

INN: ***Cyclophosphamid***

Tetraalkylammoniumsalze ($TAA^{\oplus}Cl^{\ominus}$) haben für die Phasentransfer-Katalyse Bedeutung gewonnen[3]. Bei der auf S. 135 beschriebenen Erzeugung von Dichlorcarben hat sich z. B. *Benzyltriethylammoniumchlorid*, $C_6H_5-CH_2N^{\oplus}(C_2H_5)_3]Cl^{\ominus}$ (TEBA) bewährt, und zwar weil in diesem Fall als wäßrige Phase eine konzentrierte Alkalihydroxidlösung verwendet wird. Für verdünnte wäßrige Lösungen ist TEBA zu hydrophil, in diesem Fall muß ein brauchbarer Katalysator 15 oder mehr C-Atome enthalten. Hohe Aktivität zeigt z. B. *Methyltrioctylammoniumchlorid*, $H_3CN^{\oplus}(C_8H_{17})_3]Cl^{\ominus}$, mit 25 C-Atomen; Handelsnamen für das technische, nicht ganz reine Produkt sind: *Aliquat 336* und *Adogen 464.*

[1] Vgl. *G. E. Hein*, The Reaction of Tertiary Amines with Nitrous Acid, J. Chem. Educ. *40,* 181 (1963).

[2] Vgl. *H. Arnold*, Synthese und Abbau cytostatisch wirksamer cyclischer N-Phosphamidester des Bis-(β-chloräthyl)-amins, Angew. Chem. *70,* 539 (1958).

[3] Vgl. *E. V. Dehmlow* u. *S. Dehmlow*, Phase Transfer Catalysis, 2. Aufl. (Verlag Chemie, Deerfield Beach, Fla. 1983).

2.16.1.10 Die semipolare Bindung

Aminoxide. *Tertiäre* Amine reagieren mit sauerstoffabgebenden Mitteln, wie Wasserstoffperoxid oder anderen Peroxidverbindungen, unter Bildung von **Aminoxiden.** Ihre Entstehung ist auf das einsame Elektronenpaar am N-Atom zurückzuführen, das sich in die Oktettlücke des O-Atoms einschiebt:

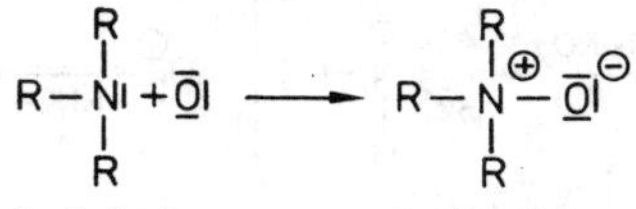

Dadurch wird das Stickstoffatom 4bindig und erhält eine positive, das Sauerstoffatom eine negative Formalladung. Der einfachen N–O-Atombindung überlagert sich also eine Ionenbeziehung, d. h. es liegt eine *semipolare Bindung* vor (vgl. Nitrogruppe). Die Polarität wird, wie aus den obigen Formeln zu ersehen ist, durch die Ladungszeichen ⊕ und ⊖ gekennzeichnet.
Aus *Dipolmessungen* an Aminoxiden ergibt sich, daß starke *Coulomb*sche Kräfte der N–O-Atombindung überlagert sind. Der Kernabstand zwischen dem Stickstoff- und dem Sauerstoffatom dieser Bindung beträgt 136 pm.
Infolge der Elektronegativität des Sauerstoffs sind die Aminoxide schwache Basen und lösen sich z. B. in verdünnter Salzsäure unter Salzbildung:

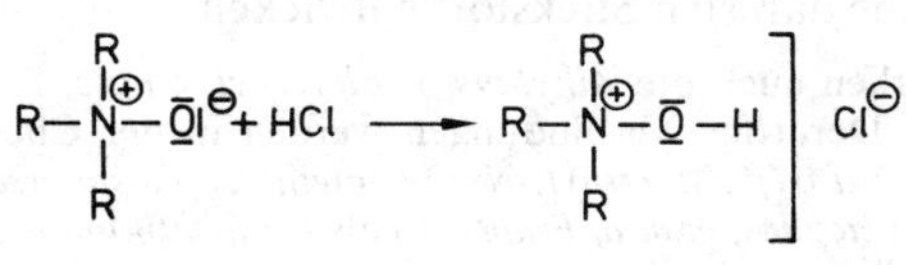

Seefische enthalten erhebliche Mengen Trimethylaminoxid, dieses zersetzt sich nach dem Fang unter Bildung von Trimethylamin, das den charakteristischen Fischgeruch hervorruft.

2.16.1.11 *Cope*-Eliminierung

Die Positivierung des Stickstoffs in den Aminoxiden erleichtert die Spaltung einer C–N-Bindung, wobei ein Alken und ein Hydroxylaminderivat entstehen:

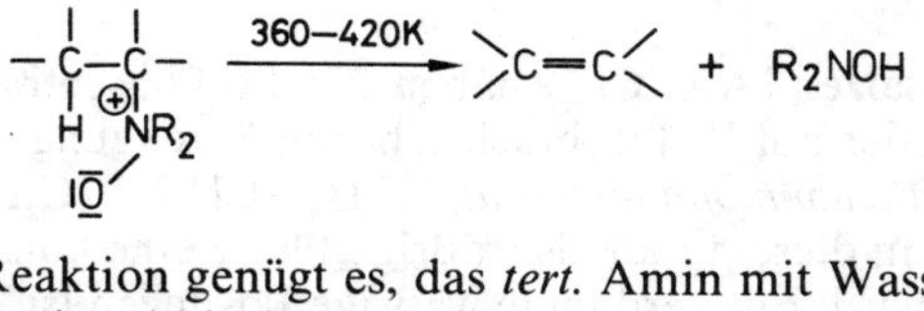

Zur Ausführung der Reaktion genügt es, das *tert.* Amin mit Wasserstoffperoxid zu erhitzen, ohne daß das Aminoxid isoliert wird.

Interessant sind in diesem Zusammenhang die von *Wittig*[1] dargestellten **Ylide,** in denen eine *semipolare Bindung* zwischen dem N- und einem C-Atom vorliegt. Sie werden durch Umsetzung von Phenyllithium mit geeigneten *quartären* Ammoniumsalzen erhalten, z. B.

$$[(H_3C)_3\overset{\oplus}{N}-CH_3]\ Br^{\ominus} \xrightarrow[-C_6H_6]{+LiC_6H_5} (H_3C)_3\overset{\oplus}{N}-\overset{\ominus}{\underline{C}}H_2 \cdot LiBr$$

[1] Vgl. *A. W. Johnson*, Organic Chemistry, A Series of Monographs, Vol. 7. Ylid Chemistry (Academic Press, New York 1966); *W. K. Musker*, Nitrogen Ylids, Fortschr. Chem. Forsch. *14*, 295 (1970).

Hierbei wird aus einer Methylgruppe ein Proton abgespalten, so daß neben Benzol das Trimethylammonium-methylid entsteht. Dieses ist als „inneres" Ammoniumsalz (*Betain; Zwitterion*) aufzufassen; es läßt sich jedoch nur als Addukt mit Lithiumbromid isolieren.
Die Bezeichnung Ylide soll anzeigen, daß das C-Atom der Methylengruppe sowohl durch eine covalente Bindung (yl) als auch durch eine Ionenbindung (id) mit dem N-Atom verknüpft ist. Sie ist nicht auf Stickstoffverbindungen beschränkt, denn eines der bei der *Pummerer*-Umlagerung (S. 150) beschriebenen Zwischenprodukte ist ein Beispiel für ein *Sulfoniumylid.* Auch bei der *Wittig*-Reaktion ist eine Phosphorylidgrenzformel von Bedeutung (vgl. S. 176).
Bei der Einwirkung von Methyliodid auf das obige Ylid bildet sich Ethyltrimethylammoniumiodid:

$$(H_3C)_3\overset{\oplus}{N}-\overset{\ominus}{\underline{C}}H_2 + H_3C-I \rightarrow (H_3C)_3\overset{\oplus}{N}-CH_2-CH_3]\ I^{\ominus}$$

2.16.2 Optische Aktivität am 3- und 4bindigen N-Atom

Bei den optisch spaltbaren Sulfoniumsalzen mit 3bindigem Schwefel fungiert das *einsame Elektronenpaar* am zentralen S-Atom als vierter Substituent im Tetraeder (Abb. 69a). Eine ähnliche Konfiguration liegt in den *tertiären* Aminen vor, deren N-Atom mit drei verschiedenen Substituenten verbunden ist. Auch hier befindet sich am zentralen N-Atom ein einsames Elektronenpaar. In Analogie zum Ammoniak stellen die Amine eine flache dreiseitige Pyramide dar (Abb. 69b) Das *Dipolmoment* des Ammoniaks beträgt 4,87 · 10^{-30} Cm, das der *tertiären* Amine etwa 2,17 · 10^{-30} Cm.

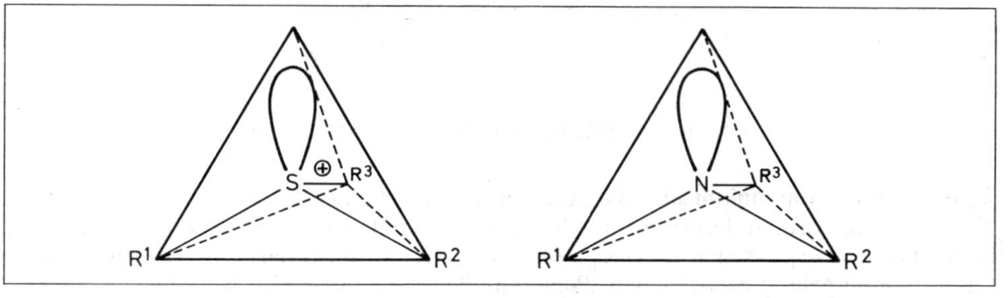

Abb. 69a Abb. 69b

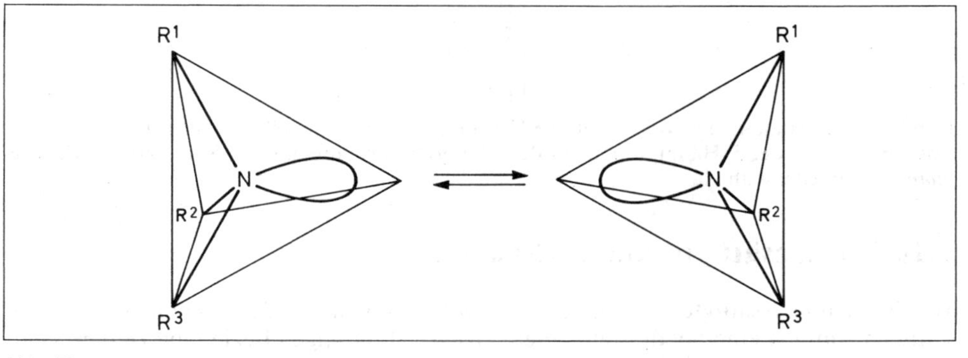

Abb. 70

Demzufolge müßten auch die verschieden substituierten *tert.* Amine in Enantiomere spaltbar sein, jedoch sind alle in dieser Richtung unternommenen Versuche bisher negativ verlaufen. Man erklärt das Ausbleiben der optischen Aktivität mit der Annahme, daß das zentrale N-Atom wie beim Ammoniakmolekül durch die Ebene der drei verschiedenen Liganden „hindurchschwingen" kann und somit Racemisierung eintritt (Abb. 70).

Wenn diese Hypothese richtig ist, so müßte nach Einbau des N-Atoms in einen Ring das „Hindurchschwingen" unmöglich werden. Tatsächlich gelang es *Prelog*, die ***Tröger*sche Base,** ein zweifach *tertiäres* Amin nachstehender Konstitution, das durch Kondensation von *p*-Toluidin mit Formaldehyd darstellbar ist, in die beiden *Enantiomeren* (Abb. 71) zu zerlegen:

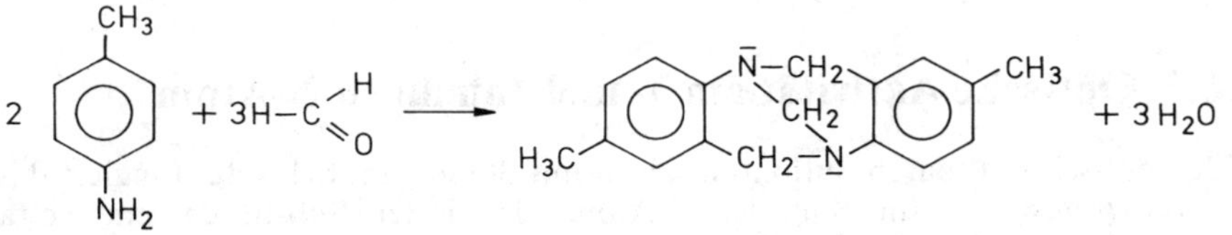

p-Toluidin *Tröger*sche Base

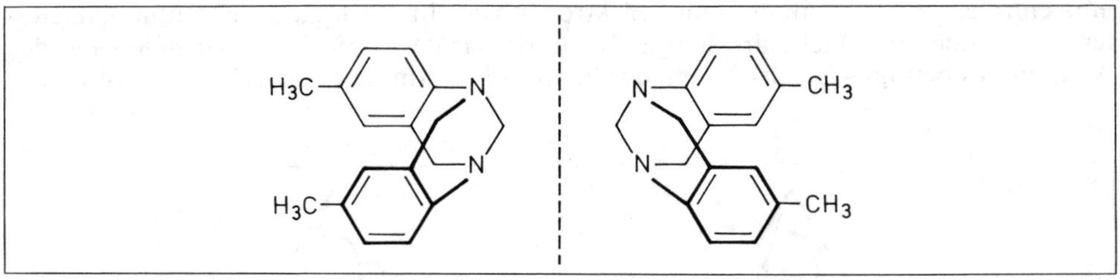

Abb. 71 Spiegelbildisomere der *Tröger*schen Base

Optisch aktive Ammoniumsalze. Ist auch die vierte Ecke des Tetraeders (Abb. 69 b) mit einem von den drei anderen verschiedenen Substituenten R^4 besetzt, so müßte in Analogie zum asymmetrischen C-Atom optische Aktivität auftreten. Die Bestätigung dieser Annahme gelang *Smiles* sowie *Pope* und *Peachey* (1899), die Allyl-benzyl-methyl-phenyl-ammoniumiodid mittels (+)-3-Bromcampher-3-sulfonsäure in *Enantiomere* spalten konnten.

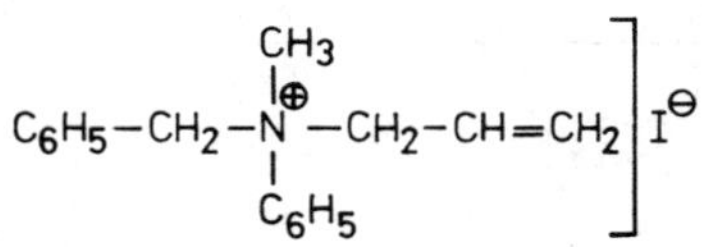

Damit wurde erstmalig eine optisch aktive Verbindung rein dargestellt, die anstelle von Kohlenstoff ein Element der 5. Hauptgruppe des Periodensystems (in diesem Fall Stickstoff) als *Zentralatom* im Tetraeder enthielt.

2.16.3 Ungesättigte Amine (Enamine)

Wie bei den ungesättigten Alkoholen die *Enole*, nehmen die *Enamine* unter den ungesättigten Aminen eine Sonderstellung ein. Wegen ihrer engen Beziehung zu den Ketonen werden sie erst dort behandelt.

2.16.4 Diamine

In ähnlicher Weise wie Monoamine sind die Diamine aus ω,ω'-Dihalogen-alkanen oder aus Dinitrilen darstellbar.

Ethylendiamin, $H_2N-CH_2-CH_2-NH_2$, entsteht *aus 1,2-Dibrom-ethan mit einem Überschuß von Ammoniak* bei 180 °C (455 K) unter Druck:

$$\underset{\text{1,2-Dibrom-ethan}}{Br-CH_2-CH_2-Br} + 2\,NH_3 \longrightarrow \underset{\text{Ethylendiamin}}{H_2N-CH_2-CH_2-NH_2} + 2\,HBr$$

Es ist eine farblose, mit Wasser mischbare Flüssigkeit vom Sdp. 116,5 °C (389,7 K) und wird als Ausgangsstoff für die Synthese von *Komplexonen* sowie von Piperazin verwendet.

Putrescin (Tetramethylendiamin), $H_2N-(CH_2)_4-NH_2$, Schmp. 27 °C (300 K), läßt sich *aus 1,2-Dibrom-ethan* auf folgendem Wege gewinnen:

$$Br-CH_2-CH_2-Br \xrightarrow[-2KBr]{+2\,KCN} N\equiv C-CH_2-CH_2-C\equiv N \xrightarrow{+8\,H} H_2N-(CH_2)_4-NH_2$$

Cadaverin (Pentamethylendiamin), $H_2N-(CH_2)_5-NH_2$, eine sirupöse Flüssigkeit vom Sdp. 178–180 °C (451–453 K), ist analog wie Putrescin *aus 1,3-Dibrom-propan* zugänglich. Beide weisen einen unangenehmen Geruch auf, sind giftig und werden bei der Fäulnis von Eiweiß aus den Diaminosäuren Ornithin bzw. Lysin durch Decarboxylierung gebildet.

2.17 Aliphatische Diazoverbindungen, Diazirine und Diaziridine

2.17.1 Diazoverbindungen[1]

Wie bereits erwähnt, verläuft die Umsetzung *primärer* Amine mit salpetriger Säure über unbeständige Diazoverbindungen, die sofort Stickstoff abspalten. Es gelingt jedoch, aliphatische Diazoverbindungen auf Umwegen zu erhalten. Zu diesen zählen z. B. die Diazoalkane, Diazoketone und der Diazoessigester.

Diazomethan, H_2CN_2, ist die einfachste aliphatische Diazoverbindung, in der die Atome, wie physikalische Messungen beweisen, *linear* angeordnet sind. Der Grundzustand des Diazomethans läßt sich durch folgende *Grenzformeln* beschreiben, von denen die linke zeigt, daß die Verbindung die Eigenschaften eines Ylids aufweisen kann.

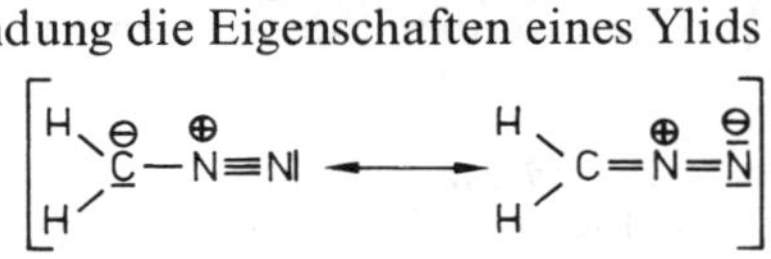

[1] Vgl. *R. Huisgen,* Altes und Neues über aliphatische Diazoverbindungen, Angew. Chem. *67,* 439 (1955); *M. Regitz,* Diazoalkane (Thieme Verlag, Stuttgart 1977).

Darstellung. Durch *Umsetzen* einer etherischen Lösung von *N-Methyl-N-nitroso-p-toluolsulfonamid* mit alkoholischer Kalilauge bei 60 °C (330 K), wobei das entstehende Diazomethan zusammen mit dem Diethylether ständig abdestilliert wird:

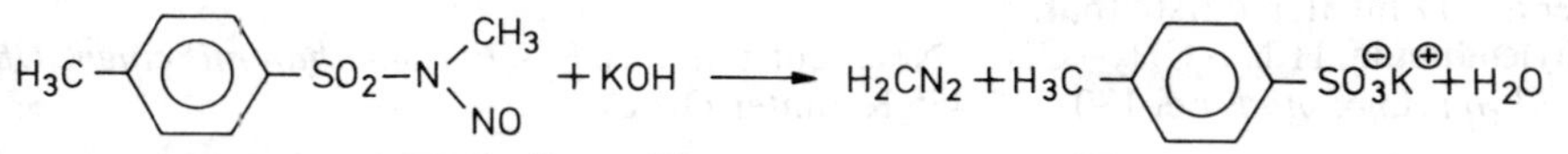

N-Methyl-N-nitroso-*p*-toluolsulfonamid Schmp. 62 °C [335 K]

K-Salz der *p*-Toluolsulfonsäure

Die früher gebräuchliche Darstellung aus *Nitroso-N-methylurethan* oder *Nitrosomethylharnstoff* ist wegen der bei Ratten festgestellten carcinogenen Wirkung beider Verbindungen verlassen worden. Auch das *Diazomethan* selbst hat sich im Tierversuch als *carcinogen* erwiesen. Bei seiner Anwendung ist daher besondere Vorsicht geboten[1].

Eigenschaften und Verwendung. Das gelbe, äußerst giftige Diazomethan ist im gasförmigen und flüssigen Zustand (Sdp. − 24 °C [249 K]) höchst explosiv, jedoch in Lösungen (Ether, Alkohol, Benzol) relativ harmlos und in der Kälte einige Tage haltbar. Es wird als *Methylierungsmittel* bei Verbindungen, die über ein genügend acid reagierendes H-Atom verfügen, verwendet. Auf diese Weise lassen sich z. B. Carbonsäuren, Phenole und Enole unter N_2-Entwicklung in ihre Methylderivate überführen:

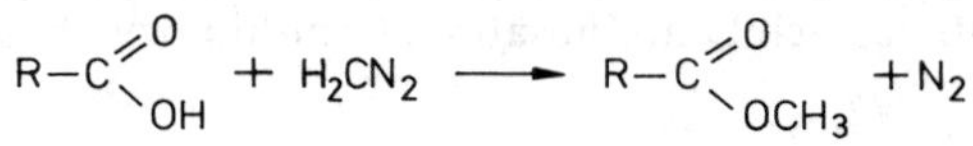

Der *Mechanismus der Methylierungsreaktion* ist folgender:

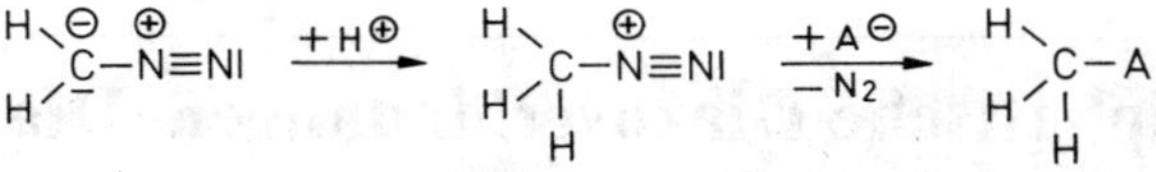

Diazonium-Ion

Das Proton der zu methylierenden OH-Gruppe wandert an das einsame Elektronenpaar des C-Atoms vom Diazomethan unter Bildung eines *Diazonium-Ions,* aus dem leicht Stickstoff abgespalten wird. Das Anion $A^{\ominus}$ oder ein Nucleophil AH tritt dann mit seinem einsamen Elektronenpaar in die entstandene Oktettlücke des C-Atoms ein.
Alkohole lassen sich wegen ihrer geringen Acidität nicht direkt mit Diazomethan methylieren, wohl aber in Gegenwart von Silicagel. Alkohole, die durch Substituenteneinfluß eine höhere Acidität aufweisen, z. B. Trichlorethanol, Cl_3C-CH_2OH, lassen sich wegen des induktiven Effekts der Trichlormethylgruppe (s. −I-Effekt) direkt mit Diazomethan methylieren.

2.17.2 Diazirine und Diaziridine[2]

Die Diazirine sind cyclische Isomere der aliphatischen Diazoverbindungen und sollen daher an dieser Stelle besprochen werden. Sie gehören wie ihre Dihydroderivate, die

[1] Vgl. Org. Syntheses Coll. Vol. *4,* 250 (1963).
[2] Vgl. *E. Schmitz,* Three-Membered Rings with Two Hetero Atoms, in *A. R. Katritzky,* Adv. Heterocyclic Chem., Vol. *2,* 83 ff. (Academic Press, New York 1963); Dreiringe mit zwei Heteroatomen, Angew. Chem. *76,* 197 (1964) sowie Organische Chemie in Einzeldarstellungen, Bd. *9* (Springer-Verlag, Berlin 1967).

Diaziridine, zu den *heterocyclischen Dreiringen* mit zwei N-Atomen.

Diazirine　　Diaziridine

Darstellung

2.17.2.1 Die *Synthese der Diaziridine* gelang – unabhängig voneinander – *H. J. Abendroth* und *S. R. Paulsen* durch Umsetzung von Ammoniak und Chlor mit Ketonen (bzw. Aldehyden) in der Gasphase sowie *E. Schmitz* durch Reaktion *Schiff*scher Basen mit Chloramin (oder N-Chlor-alkylamin) in indifferenten Lösungsmitteln:

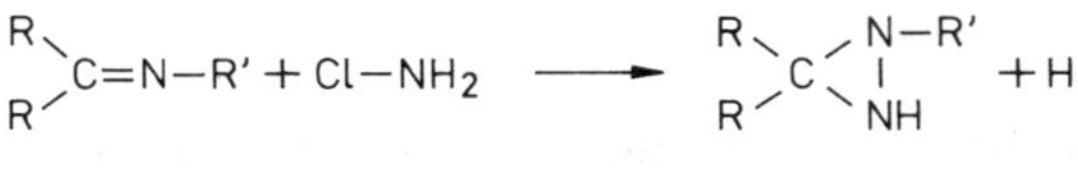

Offenbar bildet sich auch im ersten Verfahren zunächst ein Ketimin (bzw. Aldimin), das dann mit dem aus Ammoniak und Chlor entstehenden Chloramin zum Diaziridin weiterreagiert.

Die Diaziridine weisen ein erhebliches Reduktionsvermögen auf und lassen sich durch Quecksilber(II)-oxid oder alkalische Permanganatlösung zu Diazirinen dehydrieren, z. B.

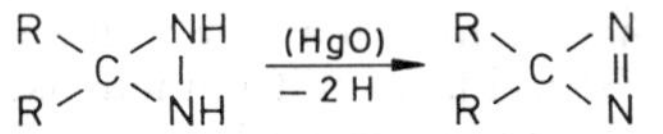

Dialkyl-diazirin

2.17.2.2 Die *Synthese des Diazirins* ist auf verschiedenen Wegen möglich, z. B. aus Formaldehyd, Chloramin, Ammoniak und anschließende Dehydrierung des intermediär auftretenden Diaziridins mit Dichromat und Schwefelsäure (*E. Schmitz*, 1961) oder aus Difluoramin und *tert.* Butylazomethin in Tetrachlormethan (*W. H. Graham*, 1962). Ferner entsteht Diazirin bei der Einwirkung von alkalischer Hypochlorit- oder Hypobromitlösung auf Salze des Methylendiamins (*R. Ohme* und *E. Schmitz*, 1964):

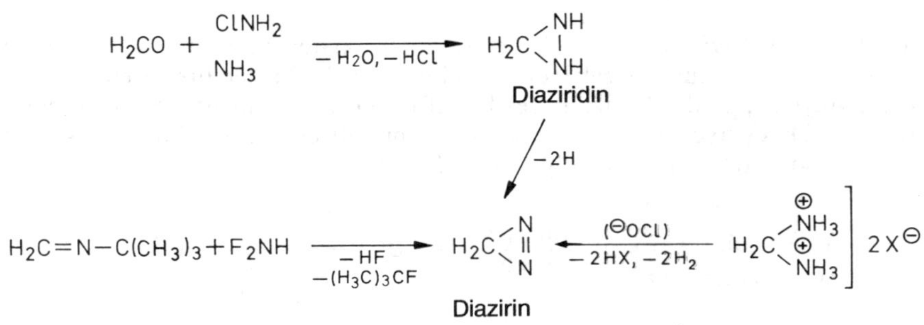

Eigenschaften. Diazirin (Cyclo-diazomethan) ist ein farbloses Gas vom Sdp. – 14 °C (259 K) und weniger reaktionsfähig als Diazomethan. Beim Erhitzen explodiert es. Allgemein weichen die Diazirine in ihren Eigenschaften stark von den Diazoalkanen ab.

Da *Curtius* früher für das normale Diazomethan die Struktur des Diazirins vorgeschlagen hatte, wurde mit dessen Synthese auch chemisch bewiesen, daß die Atome im Diazomethan *linear* angeordnet sind. Durch Belichten läßt sich Diazirin in Diazomethan überführen.

2.18 Aliphatische Hydrazine und Azide

2.18.1 Hydrazine

Unter den Alkylderivaten des Hydrazins sind folgende drei Typen erwähnenswert:

$R{-}NH{-}NH_2$	$R{-}NH{-}NH{-}R$	$R_2N{-}NH_2$
Monoalkylhydrazin	*sym.* Dialkylhydrazin	*unsym.* Dialkylhydrazin

Darstellung

2.18.1.1 Ähnlich wie bei der Alkylierung von Ammoniak ist es auch beim Umsetzen von Alkylhalogeniden oder -sulfaten mit Hydrazin nicht möglich, die Reaktion auf der Stufe des Monosubstitutionsprodukts abzufangen. Als Hauptprodukt entsteht das N,N,N-Trialkylhydraziniumsalz, z. B.

$$H_2N{-}NH_2 + 3\,R{-}I \xrightarrow[-2\,HI]{} R_3\overset{\oplus}{N}{-}NH_2]\,I^{\ominus}$$

Um *Monoalkylhydrazine* zu erhalten, muß man die weitere Alkylierung verhindern. Zu diesem Zweck setzt man z. B. Benzaldazin mit Dimethylsulfat um und unterwirft das entstehende Quartärsalz der hydrolytischen Spaltung, wobei Monomethylhydrazinsulfat, Benzaldehyd und Methanol gebildet werden:

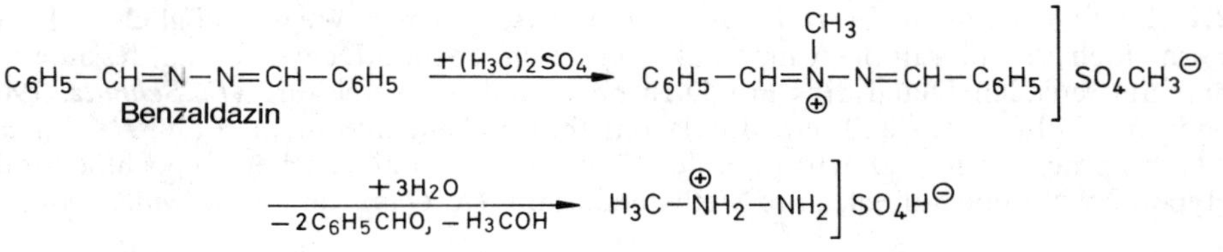

2.18.1.2 Die *sym. Dialkylhydrazine* lassen sich nur darstellen, wenn ein H-Atom an jedem N-Atom vorher durch Acylierung geschützt wird. Da der Ersatz eines H-Atoms durch die Acylgruppe die Basizität des betreffenden N-Atoms herabsetzt, erhält man hier die *sym.* Diacylhydrazine. Diese werden dann mit Dimethylsulfat und Natronlauge alkyliert und durch saure Hydrolyse verseift, z. B.

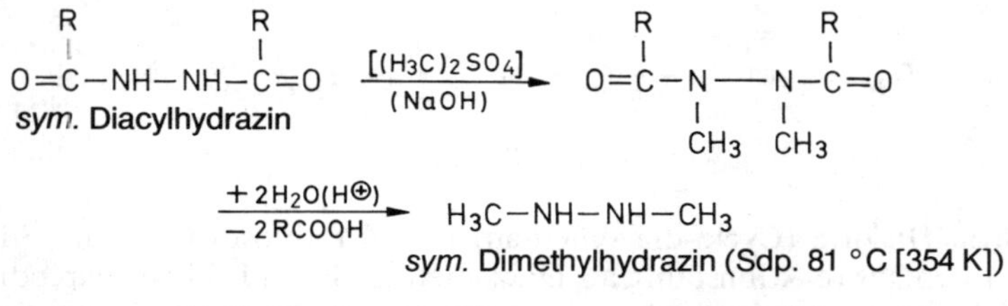

2.18.1.3 Die *unsym. Dialkylhydrazine* erhält man durch *Reduktion von Dialkylnitrosaminen* mit Zink und Essigsäure:

$$R_2N{-}NO \xrightarrow[-H_2O]{+4\,H} R_2N{-}NH_2$$

Eigenschaften. Die Alkylhydrazine sind stark basisch reagierende Flüssigkeiten und wirken, z. B. gegenüber *Fehling*scher Lösung, stark reduzierend. Bei der Einwirkung von salpetriger Säure auf ein *unsym.* Dialkylhydrazin bildet sich unter Desaminierung das *sekundäre* Amin und Distickstoffmonoxid, z. B.

$$(H_3C)_2N-NH_2 + HNO_2 \rightarrow (H_3C)_2NH + N_2O + H_2O$$

Das *unsym.* Dimethylhydrazin wird als *Raketentreibstoff* verwendet.

Die *sym.* Dialkylhydrazine werden durch salpetrige Säure zu den entsprechenden Azoverbindungen mit der N=N-Gruppierung oxidiert, z. B.

$$\underset{sym.\ \text{Dimethylhydrazin}}{H_3C-NH-NH-CH_3} \xrightarrow[-2H]{(HNO_2)} \underset{\text{Azomethan}}{H_3C-N=N-CH_3}$$

Azomethan ist ein gelbliches, explosives Gas, Sdp. 1,5 °C (274,7 K), das bei 60–100 °C (335–375 K) in Methylradikale und Stickstoff zerfällt und daher als *Radikalbildner* dienen kann. Bei Polymerisationen und als schaumerzeugendes Mittel bei der Fabrikation von Schaumgummi und anderen Schaumstoffen verwendet man als *Initiator* **α,α'-Azoisobutyronitril,** das durch Umsetzen von Acetoncyanhydrin mit Hydrazin und anschließende Oxidation hergestellt wird:

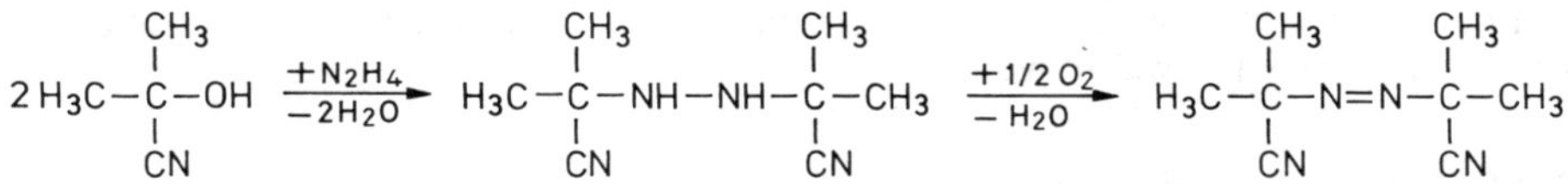

Acetoncyanhydrin
2-Hydroxy-2-methylpropionitril

α,α'-Azo-isobutyronitril

1,1-Dimethylhydrazin ruft beim Menschen Krebs hervor. *1,2-Diethyl-hydrazin* sowie *Azomethan* sind bei Ratten stark wirkende *Carcinogene.*

Eine neue Klasse tumorhemmender Substanzen leitet sich vom *2-Benzyl-1-methyl-hydrazin,* $H_3C-NH-NH-CH_2-C_6H_5$, ab, bei dem die *p*-Stellung des Benzolkerns substituiert ist. Zu diesen *Cytostatica* zählt z.B. das 1-Methyl-2-[*p*-(isopropyl-carbamoyl)-benzyl]-hydrazin-hydrochlorid (*INN:* ***Procarbazin,*** *Natulan*),

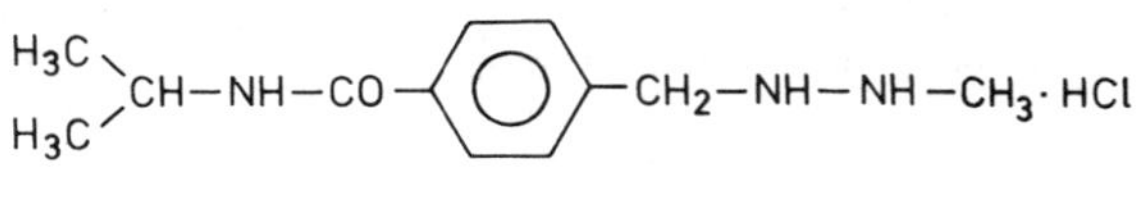

2.18.2 Azide[1]

Die Azide sind Derivate der Stickstoffwasserstoffsäure. Ihr einfachster Vertreter ist das **Methylazid,** Sdp. 20 °C (293 K), das durch Umsetzung einer wäßrigen Lösung von Natriumazid mit Dimethylsulfat darstellbar ist:

$$NaN_3 + (H_3CO)_2SO_2 \rightarrow \underset{\text{Methylazid}}{H_3C-N_3} + (H_3CO)SO_3Na$$

[1] Vgl. *S. Patai* (Ed.), The Chemistry of the Azido Group (Intersci. Publ., New York 1971).

Die Azidgruppierung weist aufgrund physikalischer Messungen eine *lineare* Struktur auf und läßt sich durch folgende *Grenzformeln* beschreiben:

$$[R{-}\overline{N}{=}\overset{\oplus}{N}{=}\overset{\ominus}{\underline{\overline{N}}} \longleftrightarrow R{-}\overset{\ominus}{\underline{\overline{N}}}{-}\overset{\oplus}{N}{\equiv}N| \longleftrightarrow R{-}\overset{\ominus}{\underline{\overline{N}}}{-}N{=}\overset{\oplus}{N}|]$$

Die Alkylazide detonieren beim raschen Erhitzen, dagegen tritt beim allmählichen Erwärmen Zerfall in ein Alken und Stickstoffwasserstoffsäure ein, z. B.

$$2\,H_3C{-}N_3 \longrightarrow H_2C{=}CH_2 + 2\,HN_3$$

2.19 Organische Verbindungen einiger Nichtmetalle

In diesem Kapitel werden die wichtigsten organischen Verbindungen der Elemente Phosphor, Arsen, Bor und Silicium beschrieben. Aus didaktischen Gründen sollen neben den Verbindungen der aliphatischen bereits an dieser Stelle auch einige aromatische Verbindungen erwähnt werden.

2.19.1 Organische Phosphorverbindungen [1]

Diese Stoffklasse leitet sich vom Phosphorwasserstoff ab, der im Vergleich zum Ammoniak kaum noch basisch reagiert, was sich z. B. in der leichten Hydrolysierbarkeit des Phosphoniumiodids mit kaltem Wasser in PH_3 und HI zu erkennen gibt. Erst durch Einführung von Alkylgruppen in das Molekül des Phosphorwasserstoffs steigt die Basizität, und es entstehen die *primären, sekundären und tertiären Phosphine* [2] sowie die *quartären Phosphoniumbasen*, z. B.

H_3CPH_2	$(H_3C)_2PH$	$(H_3C)_3P$	$(H_3C)_4\overset{\oplus}{P}]\,OH^{\ominus}$
Methylphosphin	Dimethylphosphin	Trimethylphosphin	Tetramethylphosphoniumhydroxid

Darstellung

2.19.1.1 In Analogie zu den Aminen lassen sich die aliphatischen Phosphine *durch Umsetzung von Phosphorwasserstoff mit Alkylhalogeniden* gewinnen, jedoch werden die ersten Alkylierungsstufen so rasch durchlaufen, daß *nur tert.* Phosphine und *quart.* Phosphoniumsalze isolierbar sind:

$$\overline{P}H_3 \xrightarrow[-HI]{+R-I} R{-}\overline{P}H_2 \xrightarrow[-HI]{+R-I} R_2\overline{P}H \xrightarrow[-HI]{+R-I} R_3P| \xrightarrow{+R-I} R_4P]^{\oplus}I^{\ominus}$$

---

[1] Vgl. *Houben-Weyl*, 4. Aufl., Bd. *12/1, 12/2, E* 1 (Thieme Verlag, Stuttgart 1963, 1964, 1982).

[2] Seit einigen Jahren wird in der deutschsprachigen Literatur auch der von den IUPAC-Regeln abweichende Name *Phosphane* gebraucht. Vgl. dazu *G. P. Schiemenz, August Wilhelm Hofmann* und die Nomenklatur der organischen Verbindungen der Elemente der fünften Hauptgruppe, Naturwissenschaftliche Rundschau *39*, 417 (1986).

Dagegen erhält man die *prim.* und *sek.* Alkylphosphine aus Phosphoniumiodid und Alkylhalogenid bei 150 °C (425 K) in Gegenwart von Zinkoxid als säurebindendem Mittel, z. B.

$$PH_4]^{\oplus}I^{\ominus} + H_3C{-}I + ZnO \rightarrow H_3C{-}PH_2 + ZnI_2 + H_2O$$

$$2\,H_3C{-}PH_2 + 2\,H_3C{-}I + ZnO \rightarrow 2\,(H_3C)_2PH + ZnI_2 + H_2O$$

2.19.1.2 *Tertiäre* Phosphine sind durch Einwirkung von Alkylmagnesiumsalzen (oder Dialkylzink) auf Phosphor(III)-chlorid zugänglich, z. B.

$$PCl_3 + 3\,C_2H_5MgCl \rightarrow \underset{\text{Triethylphosphin}}{(C_2H_5)_3P} + 3\,MgCl_2$$

Dieses Verfahren ist generell bei Synthesen organischer Verbindungen anderer Nichtmetalle sowie vieler Metalle anwendbar.

2.19.1.3 Zur Herstellung *aromatischer tert.* Phosphine bedient man sich der Umsetzung von Arylhalogeniden mit Phosphor(III)-chlorid in Gegenwart von Natrium (modifizierte *Wurtz-Fittig*-Synthese), z. B.

$$\underset{\text{Chlorbenzol}}{3\,C_6H_5Cl} + PCl_3 + 6\,Na \rightarrow \underset{\substack{\text{Triphenylphosphin} \\ \text{(Schmp. 79 °C [352 K])}}}{(C_6H_5)_3P} + 6\,NaCl$$

Nach dieser Methode können auch die aromatisch substituierten *Arsine* und *Stibine*, z. B. Triphenylstibin, $(C_6H_5)_3Sb$, erhalten werden.

Eigenschaften. Außer dem gasförmigen Methylphosphin sind die Alkylphosphine in Wasser unlösliche Flüssigkeiten bzw. niedrig schmelzende Substanzen von unangenehmem Geruch und starker Giftigkeit, die sich in organischen Lösungsmitteln lösen. Besonders ausgeprägt ist ihre Tendenz, sich mit dem Sauerstoff der Luft zu verbinden, wobei häufig Selbstentzündung eintritt.

2.19.1.4 Derivate der Phosphine

Bei vorsichtiger Oxidation von *prim.*, *sek.* und *tert.* Alkylphosphinen mit Luft oder Salpetersäure entstehen *Alkanphosphonsäuren, Dialkanphosphinsäuren* bzw. *Trialkylphosphinoxide:*

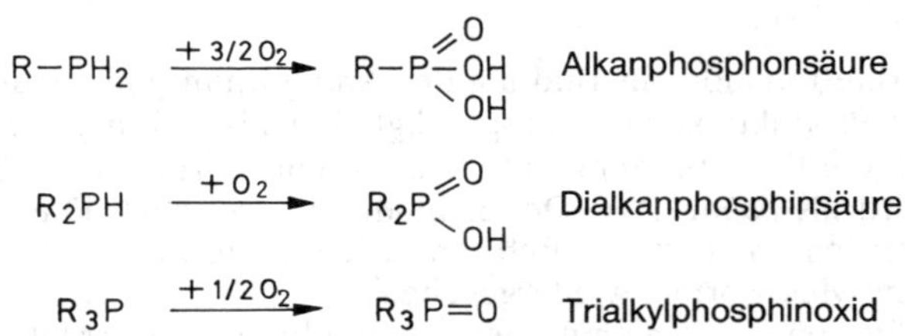

Die Ester der Alkanphosphonsäuren sind über die *Michaelis-Arbusow*-Reaktion aus *Trialkylphosphiten* leicht zugänglich:

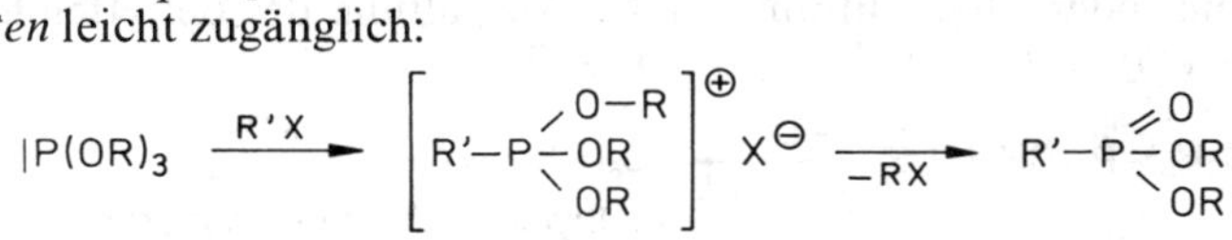

Die Reaktion ist vielseitig variierbar und stellt eine gute Methode zur Knüpfung von Kohlenstoff-Phosphorbindungen dar.

a) **Phosphinoxide** sind farblose, beständige, kristalline Substanzen und unterscheiden sich von den Aminoxiden dadurch, daß ihr Sauerstoff viel fester gebunden ist und durch gewöhnliche Reduktionsmittel nicht entfernt werden kann. Dieses Verhalten ist darauf zurückzuführen, daß in den Phosphinoxiden keine semipolare Bindung wie in den Aminoxiden, sondern eine polare *P = O-Doppelbindung* vorliegt. Der Phosphor (sowie die folgenden Elemente der 5. Hauptgruppe des Periodensystems) kann durch Einbeziehung höher liegender Orbitale ein Elektronendezett bilden und somit 5bindig auftreten.

Einen eindeutigen Beweis für das Auftreten 5bindigen Phosphors in organischen Verbindungen erbrachte *Wittig* durch Umsetzung von Tetraphenyl-phosphoniumiodid mit Phenyllithium zu **Pentaphenylphosphoran** (Pentaphenylphosphor):

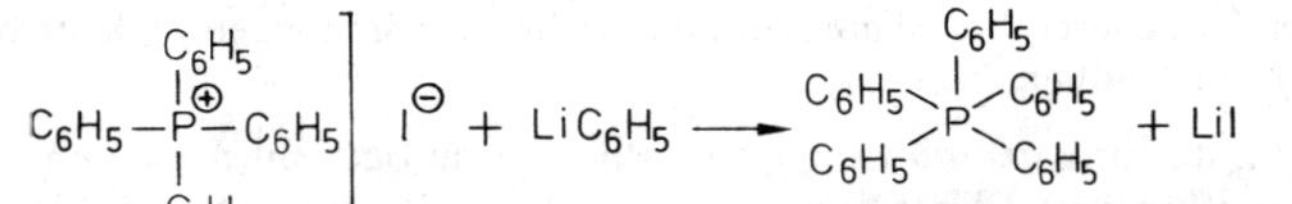
Pentaphenylphosphoran

Die Verbindung schmilzt bei 121 °C (394 K) und weist keinen Salzcharakter auf; ihr *Dipolmoment* hat den Wert Null. Sämtliche Eigenschaften bestätigen, daß die fünf Phenylgruppen gleichartig durch Atombindungen mit dem P-Atom verbunden sind.
Analog gebaute organische Pentaphenylderivate konnten auf ähnlichen Wegen auch von Arsen, Antimon und Wismut dargestellt werden (*Wittig*).

b) **Alkylidenphosphorane** (Phosphinalkylene, Phosphor-ylene). Bei der Einwirkung von Methyllithium auf Tetramethyl-phosphoniumbromid entsteht in Ether oder Tetrahydrofuran nicht das erwartete Pentamethylphosphoran, sondern unter Methanabspaltung *Trimethyl-methylenphosphoran:*

$$[(H_3C)_3\overset{\oplus}{P}-CH_3]\,Br^{\ominus} \xrightarrow[-LiBr,\ -CH_4]{+LiCH_3} [(H_3C)_3\overset{\oplus}{P}-\overset{\ominus}{C}H_2 \longleftrightarrow (H_3C)_3P{=}CH_2]$$

Phosphor-ylid Phosphor-ylen
Trimethyl-methylenphosphoran

Die Phosphorylide können als **Carbenkomplexe** aufgefaßt werden, in denen das Carben als σ-Donator und π-Akzeptor wirkt (vgl. S. 377).

Die Reaktion verläuft analog zur Bildung der Ammonium-ylide, jedoch enthalten die hier entstehenden Produkte keine so ausgeprägte Ionenbeziehung wie die Stickstoffylide (vgl. S. 166*f.*); die P–C-Bindung hat vielmehr einen erheblichen Doppelbindungscharakter und wird als *polare* P=C-Doppelbindung bezeichnet. Die Eigenschaften der Verbindungen werden am besten durch eine Mesomerie zwischen der polaren -ylid- und der unpolaren -ylen-Formel wiedergegeben.
Setzt man anstelle von Tetramethyl-phosphoniumbromid das Methyl-triphenylphosphoniumbromid ein, so entsteht mit lithiumorganischen Verbindungen, z. B. Phenyllithium, Butyllithium oder Methyllithium, unter Abspaltung des betreffenden Kohlenwasserstoffs das *Methylen-triphenylphosphoran,* z. B.

$$(C_6H_5)_3\overset{\oplus}{P}-CH_3]\,Br^{\ominus} \xrightarrow[-LiBr,-C_6H_6]{+\ LiC_6H_5} (C_6H_5)_3P=CH_2$$

Methylen-triphenylphosphoran

Die Stoffklasse der Methylenphosphorane besitzt aufgrund der Untersuchungen von *Wittig* als *Olefinierungsmittel* von Carbonylverbindungen präparative Bedeutung. Die

Doppelbindung bildet sich stets an der Stelle aus, an der ursprünglich die Carbonylgruppe stand.

c) ***Wittig*-Reaktion**[1] (Carbonyl-Olefinierung, 1949). Bei der Umsetzung von Methylen-triphenylphosphoran mit Ketonen, z. B. Benzophenon, entstehen im alkalischen Medium bei Raumtemperatur *1,1-Diphenyl-ethylen* und Triphenylphosphinoxid:

$$\underset{\text{Methylen-triphenylphosphoran}}{(C_6H_5)_3P=CH_2} + \underset{\text{Benzophenon}}{O=C(C_6H_5)_2} \rightarrow (C_6H_5)_3P=O + \underset{\text{1,1-Diphenyl-ethylen}}{H_2C=C(C_6H_5)_2}$$

Verwendet man *Allylenphosphorane* (2-Propylidenphosphorane), so liefert die *Wittig*-Reaktion Butadienderivate, z. B.:

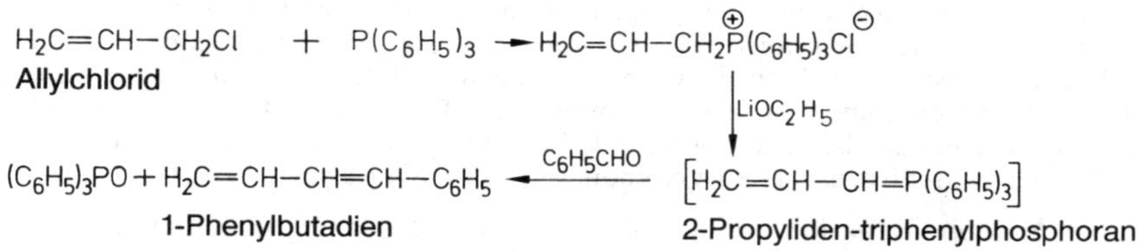

Der *Reaktionsmechanismus* ist so zu deuten, daß das negativierte C-Atom im Methylen-triphenylphosphoran das positivierte C-Atom der C=O-Gruppe *nucleophil* angreift.

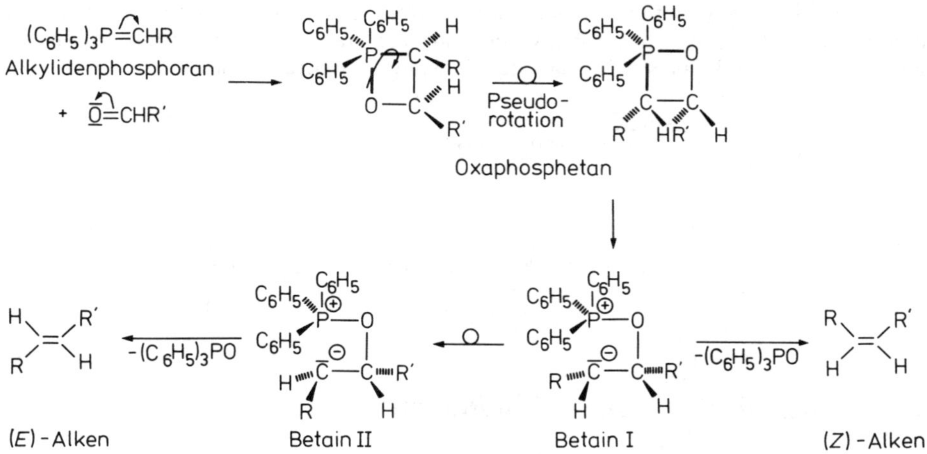

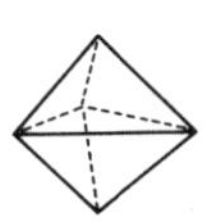

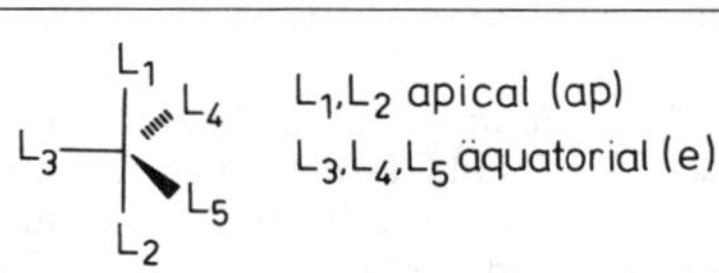

Abb. 72a. Die trigonale Bipyramide.

Abb. 72b. Die Liganden an einem 5-bindigen trigonal-bipyramidalen Zentrum.

[1] Vgl. *A. Maercker*, The *Wittig* Reaction, Org. Reactions *14*, 270ff. (1965); *M. Schlosser*, The Stereochemistry of the *Wittig* Reaction, Topics in Stereochemistry *5*, 1 (1972).

Das dabei entstehende Oxaphosphetan ist ein heterocyclischer 4-Ring von dem die beiden fett gesetzten Bindungen zu der *trigonalen Bipyramide* (Abb. 72a) gehören, in der die Liganden des 5-bindigen Phosphors angeordnet sind. Durch eine als *Pseudorotation* bezeichnete Umlagerung gelangt die P–C-Bindung aus der äquatorialen in die apicale Position (Abb. 72b) und wird so zur Öffnung des Phosphetanringes unter Bildung des *Betains I* befähigt, aus dem unter Abspaltung von Triphenylphosphinoxid das *(Z)-Alken* als Ergebnis der Carbonyl-Olefinierung entsteht. Dieser Reaktionsverlauf wird begünstigt, wenn man von instabilen Alkylidenphosphoranen (R = Alkyl oder O-Alkyl) ausgeht. Mit zunehmender Stabilität der Alkylidenphosphorane (R = Halogen, Aryl, –CHO, CN) wird auch das Betain I langlebiger, weil das Carbanion durch die in seiner Umgebung vorhandenen elektronenanziehenden Gruppen stabilisiert wird. Das Betain I hat also Zeit, sich in das thermodynamisch stabilere *Betain II* umzulagern, aus dem dann das *(E)-Alken* entsteht. Die Stereochemie der *Wittig*-Reaktion ist außer von den beteiligten Substituenten auch von den Reaktionsbedingungen (Lösungsmittel, Salzgehalt) abhängig[1].
Die *Wittig*-Reaktion ist auch auf die C=O-Doppelbindung aktivierter Amide und auf andere Doppelbindungen, wie >C=N– und >C=S, anwendbar. Auf dem Naturstoffgebiet wurden nach diesem Verfahren Carotinoide sowie die Vitamine A und D synthetisiert[2]. Darüber hinaus spielen die Methylenphosphorane heute als *nucleophile* Reaktionspartner in der organischen Chemie bei der Synthese der verschiedenartigsten Verbindungen eine hervorragende Rolle[3].

d) *Horner-Emmons*-Reaktion (1958)[4]. Eine zweite Art der Olefinierung von Carbonylverbindungen basiert auf deren Reaktion mit Phosphonsäureestern oder Phosphinoxiden, die eine α-ständige, *acide* CH-Gruppe tragen. Sie sind reaktionsfähiger als vergleichbare Alkylenphosphorane; daher rührt die Bezeichnung *PO-aktivierte Olefinierung.*
Setzt man z. B. Phenylmethan-phosphonsäurediethylester mit Benzophenon in 1,2-Dimethoxyethan als Lösungsmittel bei Gegenwart von Natriumhydrid um, so erhält man *Triphenylethylen* und das Natriumsalz des Phosphorsäurediethylesters.

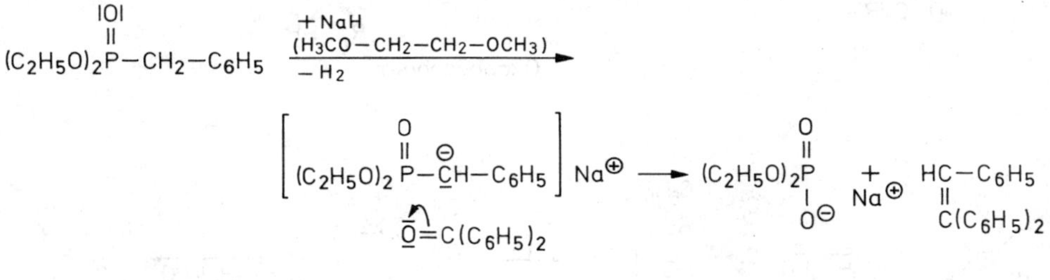

2.19.2 Organische Arsenverbindungen[5]

Da beim Übergang vom Phosphor zum Arsen der Metallcharakter zunimmt, haben weder Arsenwasserstoff, AsH_3, noch seine Alkylderivate, die Arsine, basische Eigen-

[1] Vgl. *H. J. Bestmann* et al., Selected Topics of the *Wittig* Reaction in the Synthesis of Natural Products, Topics in Current Chemistry *109,* 85 (1983).
[2] Vgl. *H. Pommer,* Synthesen in der Vitamin-A-Reihe, Angew. Chem. *72,* 811 (1960); Synthesen in der Carotinoid-Reihe, ebenda *72,* 911 (1960).
[3] Vgl. *H. J. Bestmann* et al., Phosphinalkylene und ihre präparativen Aspekte, Fortschritte der Chemischen Forschung *20,* 1 (1971); *Houben-Weyl,* 4. Aufl., Bd. *5/1b,* 383 (Thieme Verlag, Stuttgart 1972).
[4] Vgl. *W. S. Wadsworth,* Synthetic Applications of Phosphoryl-Stabilized Anions, Org. Reactions *25,* 73 (1977).
[5] Vgl. *Houben-Weyl,* 4. Aufl., Bd. *13/8* (Thieme Verlag, Stuttgart 1978).

schaften; allein die *quartären* Arsoniumhydroxide sind Basen:

$RAsH_2$	R_2AsH	R_3As	$R_4\overset{\oplus}{As}]\,OH^{\ominus}$
prim.	*sek.*	*tert.* Arsin	*quart.* Arsoniumhydroxid

Daher lassen sich die *primären, sekundären* und *tertiären* Arsine – im Gegensatz zu den Aminen und Phosphinen – *nicht* durch Alkylierung von Arsenwasserstoff gewinnen.

Darstellung

2.19.2.1 *Primäre Arsine* erhält man bei der Reduktion von Monoalkan(aren)-arsonsäuren, die durch Alkylierung bzw. Arylierung von arseniger Säure zugänglich sind:

$$H_3AsO_3 \xrightarrow[-HI]{+R-I} R-AsO_3H_2 \xrightarrow[-3\,H_2O]{+6\,H} R-AsH_2$$

2.19.2.2 *Sekundäre Arsine* entstehen bei der Reduktion von Dialkyl- bzw. Diaryl-Arsinchloriden, z. B.

$$(H_3C)_2As-Cl + 2\,H \rightarrow (H_3C)_2AsH + HCl$$

Dimethylarsinchlorid Dimethylarsin

2.19.2.3 *Tertiäre Arsine* lassen sich – in Analogie zu den *tert.* Phosphinen – durch Umsetzung von Arsen(III)-chlorid mit *Grignard*-Verbindungen herstellen, z. B.

$$AsCl_3 + 3\,H_3CMgCl \rightarrow (H_3C)_3As + 3\,MgCl_2$$

Eigenschaften und Verwendung. Die Arsine sind mit Ausnahme des gasförmigen Methylarsins leicht flüchtige, giftige, wasserunlösliche Flüssigkeiten von knoblauchartigem Geruch, die sich durch starke Reduktionswirkung auszeichnen. Mit Luftsauerstoff reagieren die *tertiären* Arsine zu *Arsinoxiden,* R_3AsO, in denen wie bei den Phosphinoxiden der Sauerstoff doppelt gebunden ist. Mit Alkylhalogeniden bilden die *tert.* Arsine *quart. Arsoniumsalze.*

Kakodylreaktion: Die älteste organische Arsenverbindung ist das von *Cadet* (1760) beim Erhitzen von Arsen(III)-oxid mit Kaliumacetat erhaltene Kakodyloxid, eine widerwärtig riechende, selbstentzündliche Flüssigkeit vom Sdp. 150 °C (423 K), das von *Bunsen* rein dargestellt wurde:

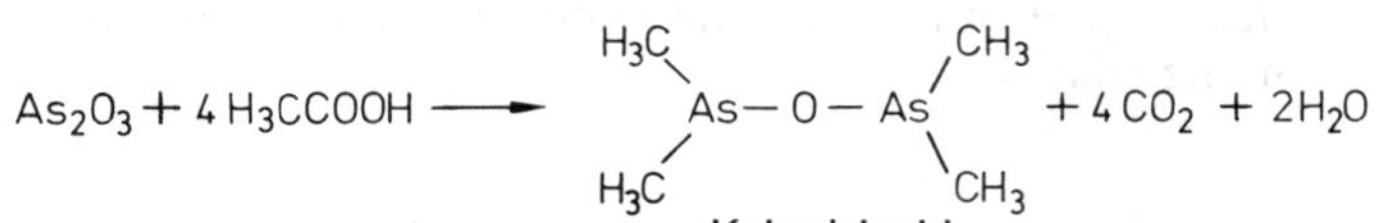

Kakodyloxid

Die mit den Phosphinen und Arsinen verwandten *Stibine* und *Bismutine,* die sich vom Antimon- bzw. Wismutwasserstoff ableiten, seien nur kurz erwähnt. Je stärker der metallische Charakter des Elements hervortritt, um so unbeständiger sind seine Alkylderivate.

2.19.3 Organische Siliciumverbindungen

Alkylsilane

Da das Silicium im Periodensystem unter dem Kohlenstoff steht, ähneln die Alkylsilane, die sich vom einfachsten Siliciumwasserstoff, dem Silan, SiH_4, ableiten und in dem ein oder mehrere H-Atome durch Alkylgruppen ersetzt sind, in ihrem Verhalten den analog gebauten Kohlenwasserstoffverbindungen. Man hat zwischen Mono-, Di-, Tri- und Tetraalkylsilanen zu unterscheiden:

$$SiH_3R \qquad SiH_2R_2 \qquad SiHR_3 \qquad SiR_4$$

Die verschiedenen Alkylsilane bilden meist farblose, luft- und feuchtigkeitsempfindliche Öle. Unter ihnen sind die Tetraalkylderivate gegen Luftsauerstoff sowie gegen Säuren und Basen relativ beständig.

Darstellung

2.19.3.1 *Durch Umsetzung von Tetrachlorsilan mit Dialkylzink (Friedel* und *Crafts*, 1863), z. B.

$$SiCl_4 + 2\,Zn(CH_3)_2 \rightarrow \underset{\text{Tetramethylsilan}}{Si(CH_3)_4} + 2\,ZnCl_2$$

2.19.3.2 *Bei der Einwirkung von Grignard-Verbindungen auf Tetrachlorsilan* (*Kipping*, 1904), z. B.

$$SiCl_4 + 4\,C_2H_5MgI \rightarrow \underset{\text{Tetraethylsilan}}{Si(C_2H_5)_4} + 4\,MgCl\,I$$

2.19.3.3 *Durch Erhitzen von Tetrachlorsilan und Alkylhalogeniden mit Natrium* (modifizierte *Wurtz*-Synthese), z. B.

$$SiCl_4 + 4\,C_2H_5Br + 8\,Na \rightarrow Si(C_2H_5)_4 + 4\,NaCl + 4\,NaBr$$

Die gleichen Verfahren können auch zur Darstellung aromatisch substituierter Silane dienen.

Tetramethylsilan (TMS) dient bei der *NMR-Spektroskopie* als Vergleichssubstanz zur Messung der Positionen der Protonenresonanzen. Es ist eine leichtflüchtige Flüssigkeit, die in geringer Menge zur Lösung der Substanzprobe in CCl_4 oder $CDCl_3$ zugegeben wird.

Alkyhalogensilane

Die Alkylhalogensilane haben als Ausgangsmaterial für die Herstellung der *Silicone* technische Bedeutung erlangt.

Darstellung

2.19.3.4 *Durch partielle Substitution der Halogenatome im Silicium(IV)-chlorid mittels Grignard-Verbindungen*, z. B.

$$SiCl_4 + 2\,C_2H_5MgCl \rightarrow \underset{\text{Dichlordiethylsilan}}{(C_2H_5)_2SiCl_2} + 2\,MgCl_2$$

2.19.3.5 *Bei der Einwirkung von Methylchlorid* in der Dampfphase bei 350 °C (625 K) auf *gepulvertes Silicium* in Gegenwart von Kupfer als Katalysator (***Müller-Rochow*-Synthese**):

$$2\,H_3CCl + Si \xrightarrow{(Cu)} \underset{\text{Dichlordimethylsilan}}{(H_3C)_2SiCl_2}$$

Die Reaktion verläuft jedoch nicht einheitlich, da durch *Disproportionierung* von Dichlordimethylsilan auch Trichlormethylsilan, H_3CSiCl_3 und Chlortrimethylsilan, $(H_3C)_3SiCl$, als Nebenprodukte auftreten.
Dieses Verfahren wird in der Praxis nur beim Methylchlorid angewendet. Höhere Silane werden stets nach der *Grignard*-Reaktion hergestellt.

Eigenschaften und Verwendung. Die Trimethylsilylgruppe besitzt die Fähigkeit eine α-ständige, acide CH-Gruppe zu aktivieren, z. B.:

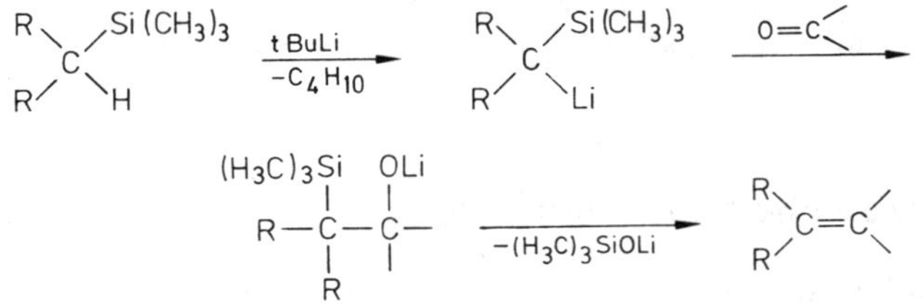

Die hier formulierte *Peterson*-Reaktion stellt eine Alternative zur *Wittig*-Reaktion und zur *Horner-Emmons*-Reaktion dar. Ihr Mechanismus steht in Analogie zum Ablauf dieser beiden Reaktionen. Die *Peterson*-Olefinierung hat Bedeutung zur Darstellung von Olefinen, die auf andere Weise schwierig zu synthetisieren sind.
Die siliciumorganischen Verbindungen gewinnen zunehmende Bedeutung für die synthetische Chemie[1].

Unterwirft man die Dialkyldichlorsilane der Hydrolyse mit viel Wasser oder wäßrigen organischen Lösungsmitteln, so erhält man in exothermer Reaktion die *Silandiole*, die besonders unter dem Einfluß der gebildeten Salzsäure rasch zu hochmolekularen Kunststoffen, den **Polydialkylsiloxanen** (Polyorganosiloxanen) oder kurz **Siliconen**[2], polykondensieren:

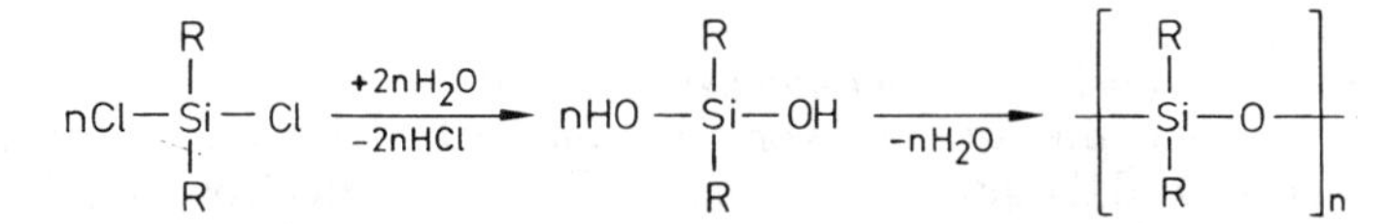

Dialkyldichlorsilan — Silandiol — Polydialkylsiloxan (Alkylsilicon)

Diese Polykondensation wird technisch vor allem mit den Dialkyldichlorsilanen ($R = CH_3$, C_2H_5 u. a.) durchgeführt, jedoch lassen sich auch Alkyltrichlorsilane und Trialkylchlorsilane hydrolysieren und kondensieren.

Die Polykondensationsprodukte der Organosiliciumhalogenide enthalten sämtlich Si–O–Si-Bindungen. Je nach den Versuchsbedingungen entstehen nieder- oder höhermolekulare Alkylsilicone.

Die besonderen Eigenschaften der Silicone ergeben sich aus ihrem chemischen Aufbau, der teils anorganischer, teils organischer Natur ist. Ihre Wärme- und Kältebeständigkeit sowie die ausgeprägte chemische Resistenz sind in erster Linie auf den anorganischen Anteil (Verwandtschaft zu SiO_2) zurückzuführen. Dagegen basieren die Kunststoffeigenschaften der Silicone, d. h. die ölige oder plastische bzw. harzige Beschaffenheit, und die wasserabweisende Wirkung vor allem auf ihrem organischen Anteil. Die äußerst wärmebeständigen *Siliconöle* sind lineare oder verzweigte bzw. cyclische niedermolekulare Methylsilicone und werden z. B. als Heizflüssigkeit für Hochtem-

---

[1] Vgl. *E. Colvin,* Silicon in Organic Synthesis (Butterworths, London 1981).
[2] Vgl. *W. Noll,* Chemie und Technologie der Silicone, 2. Aufl. (Verlag Chemie, Weinheim 1968).

peraturbäder und Diffusionspumpen sowie in der Pharmazie zur Herstellung von Hautschutzsalben verwendet. Aus hochmolekularen, vornehmlich linearen Siliconen besteht der plastische *Siliconkautschuk;* die mehr oder weniger festen und harten *Siliconharze* setzen sich dagegen aus dreidimensional vernetzten Siliconen zusammen. Diese beiden Siliconarten dienen vor allem in der Elektrotechnik als Isoliermaterial. Durch Variation der Substituenten, z. B. teilweisen Ersatz der Methyl- durch Phenylgruppen, entstehen die *Methylphenylsiliconöle,* die als Hochtemperaturschmiermittel bzw. als Hochvakuumfett dienen. In der pharmazeutischen Technologie werden Silicone zur Herstellung implantierbarer Arzneimittelträger verwendet.
Unter den siliciumorganischen Verbindungen sind Stoffe von großer Giftigkeit und überraschender pharmakologischer Wirkung gefunden worden (*Woronkow, Wannagat*).

2.19.4 Organische Borverbindungen

Von dieser Stoffklasse werden nur die *Alkylborane* (*Bortrialkyle*) und *Arylborane* (*Bortriaryle*) besprochen.

Darstellung

2.19.4.1 *Durch Umsetzung von Borfluorid mit aliphatischen oder aromatischen Grignard-Verbindungen* (*E. Krause*), z. B.

$$BF_3 + 3\,C_2H_5MgCl \rightarrow B(C_2H_5)_3 + 3\,MgFCl$$

Triethylboran (Sdp. 95 °C [368 K])

$$BF_3 + 3\,C_6H_5MgBr \rightarrow B(C_6H_5)_3 + 3\,MgFBr$$

Triphenylboran

2.19.4.2 *Durch Hydroborierung von Alkenen* (*H. C. Brown*[1]).
Darunter versteht man die Addition von Diboran, B_2H_6, das am besten aus Borfluorid und Natriumborhydrid dargestellt wird, an Alkene in Tetrahydrofuran, Ether oder Diethylenglykoldimethylether (Diglyme) unter Bildung von Trialkylboranen:

$$4\,BF_3 + 3\,Na[BH_4] \rightarrow 2\,B_2H_6 + 3\,Na[BF_4]$$

$$\underset{\text{Alken}}{6\,R{-}CH{=}CH_2} + \underset{\text{Diboran}}{B_2H_6} \rightarrow \underset{\text{Trialkylboran}}{2\,(R{-}CH_2{-}CH_2)_3B}$$

Die Hydroborierung verläuft in drei Stufen, jedoch meist so rasch, daß sich nur die Trialkylborane isolieren lassen:

$$2\,R{-}CH{=}CH_2 \xrightarrow{+B_2H_6} 2\,R{-}CH_2{-}CH_2{-}BH_2 \xrightarrow{+2\,R-CH=CH_2} 2\,(R{-}CH_2{-}CH_2)_2BH$$

$$\xrightarrow{+2\,R-CH=CH_2} 2\,(R{-}CH_2{-}CH_2)_3B$$

---

[1] Vgl. *H. C. Brown,* Organoboran Compounds in Organic Synthesis in *G. Wilkinson* et al. (Ed.), Comprehensive Organometallic Chemistry (Pergamon Press, Oxford 1982); *G. Zweifel* und *H. C. Brown,* Org. Reactions *13,* 1 (1963).

Bei unsymmetrischen Alkenen erfolgt die Addition entgegen der *Markownikow*-Regel, da das Boratom in den Boranen der positive Bindungspartner ist, z. B. erhält man aus Propen in regioselektiver Reaktion das Tri-*n*--propylboran. Durch Addition an optisch aktives *α-Pinen* erhält man (+)-*Di-3-pinanylboran* [(+)-Diisopinocamphenylboran], das als *chirales* Reagens für stereoselektive Synthesen sehr geeignet ist.
Hinsichtlich sterischer Einflüsse kann die *Regioselektivität der Hydroborierung* dadurch erhöht werden, daß man *Borane mit sperrigen Gruppen* verwendet, die ebenso wie das Di-3-pinanylboran noch eine B–H-Bindung aufweisen; z. B. Bis-[3-methylbut-2-yl]boran (Diisamylboran) oder das aus 1,5-Cyclooctadien und Diboran gewinnbare *9-Bora-bicyclo[3.3.1]nonan (9-BBN):*

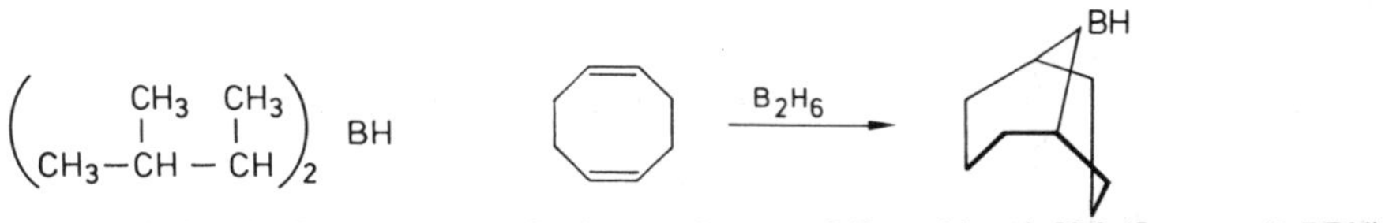

Bis-[3-methylbut-2-yl]boran 1,5-Cyclooctadien 9-Bora-bicyclo[3.3.1]nonan (9-BBN)

Die hohe Regioselektivität des Reagenses zeigt folgender Vergleich der *Hydroborierung* von *(Z)-4-Methyl-2-penten.* Die Pfeile geben den Angriffsort des Hydroborierungsreagenses an.

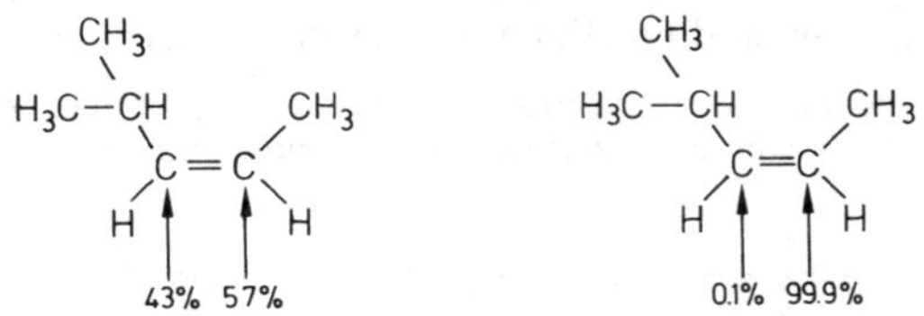

B_2H_6 9-BBN

Eigenschaften und Verwendung. Die Trialkylborane sind mit Ausnahme des gasförmigen Trimethylborans (Sdp. −21,8 °C [251,4 K]) farblose Flüssigkeiten von einem an Zwiebeln oder Rettich erinnernden Geruch. In Berührung mit Luftsauerstoff tritt sofort Oxidation ein, die meist zur Selbstentzündung führt. Die Trialkylborane werden daher im allgemeinen nicht isoliert, sondern in situ weiterverarbeitet.
Beim Erhitzen der Trialkylborane mit wasserfreien Carbonsäuren erfolgt Protolyse zu *Alkanen*, z. B.

$$\underset{\text{Tri-}n\text{-propylboran}}{(H_3C-CH_2-CH_2)_3B} + 3\,R-COOH \longrightarrow \underset{\text{Propan}}{3\,H_3C-CH_2-CH_3} + B(O-CO-R)_3$$

Durch Einwirkung von alkalischem Wasserstoffperoxid auf die Trialkylborane erhält man die entsprechenden Alkohole, z. B.

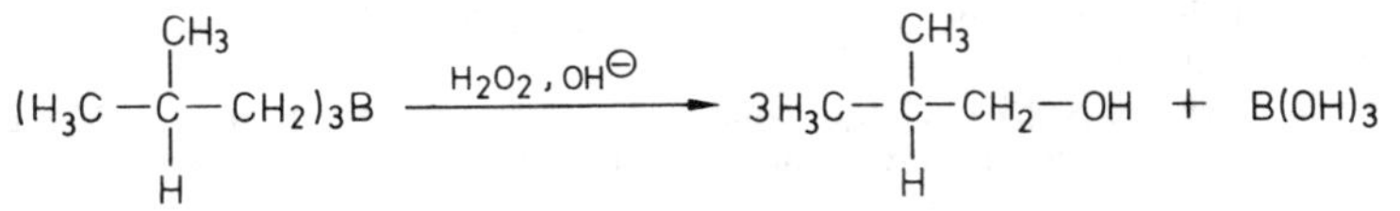

Das Ergebnis der Hydroborierung mit anschließender Oxidation ist formal als Anlagerung von Wasser an Isobuten aufzufassen, die entgegen der Regel von *Markownikow* erfolgt. Die Zusammenhänge ergeben sich aus den folgenden Formeln:

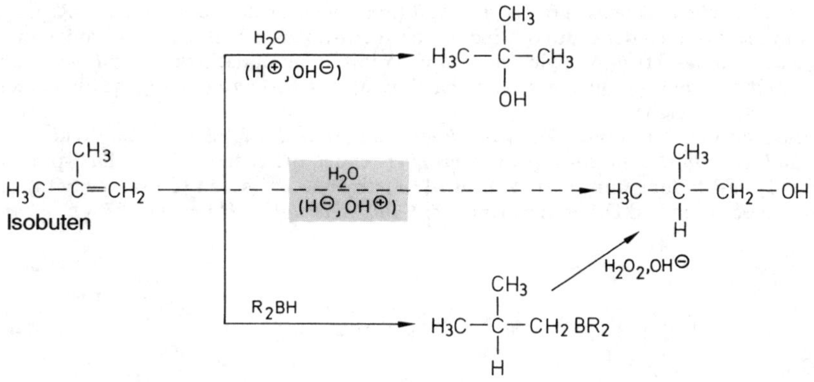

Isobuten

Der Umweg über die Hydroborierung ermöglicht es, im Endeffekt das Wasser so an das Isobuten anzulagern, als ob das hypothetische $OH^{\oplus}$ als elektrophiles Teilchen angegriffen hätte. Das bedeutet eine Umkehrung der normalen Polarität des Wassers ($H^{\oplus}OH^{\ominus}$). Wir haben uns somit eine *Umpolung* vorzustellen und gewinnen damit einen einfachen Zugang zu einem von *Corey* und *Seebach* formulierten neuen Reaktionskonzept, für das bei der Behandlung der Ketone weitere Beispiele gegeben werden.

Die experimentellen Ergebnisse der Hydroborierung lassen sich mit einem einstufigen Mechanismus deuten, bei dem als Übergangszustand ein Vierring durchlaufen wird (Vierzentrenprozeß):

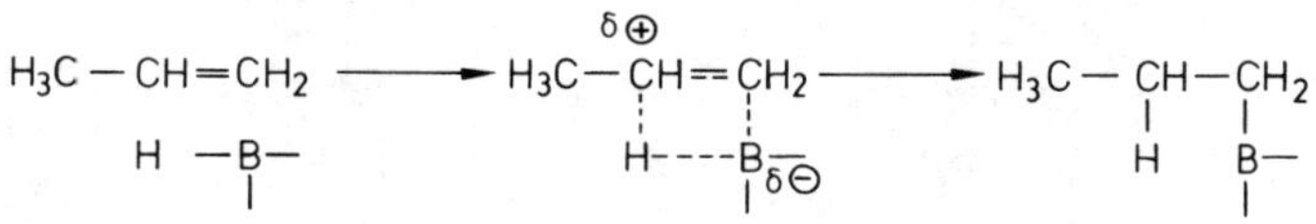

Bei der Oxidation tritt die OH-Gruppe an *die gleiche Stelle,* die vorher das *Bor* eingenommen hatte, so daß z. B. aus *1-Methylcyclopenten* durch *Hydroborierung* und *Oxidation* das *(E)-2-Methylcyclopentanol* entsteht:

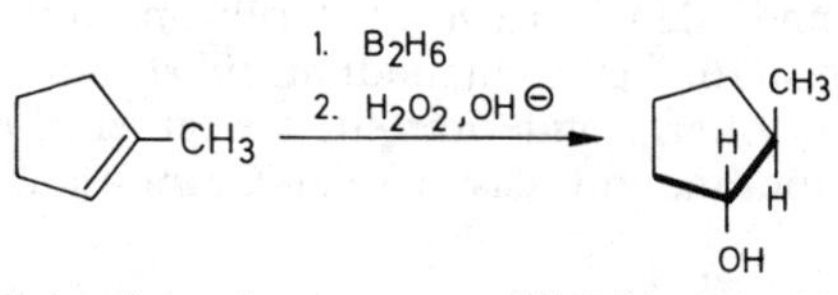

1-Methylcyclopenten (*E*)-2-Methylcyclopentanol

Interesse beansprucht ferner Triphenylboran vom Schmp. 151 °C (424 K), das an der Luft raucht und ebenfalls leicht oxidierbar ist. Es bildet mit Phenyllithium das beständige *Lithiumtetraphenylborat* (*Wittig*):

$$(C_6H_5)_3B + LiC_6H_5 \rightarrow Li[B(C_6H_5)_4]$$

Dieses Komplexsalz ist andererseits auch aus 4 Molekülen Phenyllithium und Borfluorid in etherischer Lösung darstellbar.

Natrium-tetraphenyl-borat, $Na[B(C_6H_5)_4]$, eignet sich ausgezeichnet zur *quantitativen* Bestimmung von *Kalium-* und *Ammoniumionen* durch Fällung oder potentiometrische Titration[1].

[1] Vgl. *G. Wittig,* Angew. Chem. *70,* 65 (1958); *K. Vytřas,* Coll. Czech. Chem. Comm. *42,* 3168 (1977).

2.20 Metallorganische Verbindungen

Die metallorganischen Verbindungen der aliphatischen und aromatischen Reihe sind dadurch gekennzeichnet, daß das betreffende Metallatom unmittelbar am Kohlenstoffatom haftet. Je nach der Bindungsart hat man zwischen zwei Verbindungstypen zu unterscheiden, nämlich zwischen den *Metall-Kohlenstoff-σ-Bindungen* und den *Alken-Metall-π-Komplexen*. Im letzteren Falle tritt das Metallatom mit den π-Elektronen einer ungesättigten Verbindung in Wechselbeziehung. Während eine Reihe von Metallen nur Verbindungen des ersten Typs eingeht, sind besonders die Übergangsmetalle zur π-Komplexbindung befähigt. Derartige Metall-π-Komplexe werden später behandelt (vgl. S. 380 *ff.*, 650 *f.*).
Aufgrund der unterschiedlichen Elektronegativität der beiden Partner in den σ-Bindungen tritt ein *partieller Ionenbindungscharakter* auf, der die Reaktivität der betreffenden metallorganischen Verbindungen beeinflußt. Am reaktionsfähigsten sind die alkalimetallorganischen Verbindungen, doch ist die abgestufte Reaktivität der unterschiedlichen Verbindungen von großer Bedeutung für organische Synthesen[1]. Hierzu sei auch auf die ausführliche Behandlung in 15 Teilbänden des *Houben-Weyl* verwiesen[2].
Im folgenden werden organische Metallverbindungen behandelt, deren Verhalten vorwiegend durch Metall-Kohlenstoff-σ-Bindungen bestimmt ist.

2.20.1 Alkalimetallorganische Verbindungen (Alkalimetallorganyle)

Organische Lithiumverbindungen finden in der präparativen Chemie steigende Beachtung. Sie entstehen:

2.20.1.1 Durch Einwirkung von metallischem Lithium auf Alkyl- oder Arylhalogenide (Halogen-Metall-Austausch) in indifferenten Lösungsmitteln, wie Ether oder Benzol, unter Ausschluß von Feuchtigkeit, Sauerstoff und Kohlendioxid (*K. Ziegler*, 1930), z. B.

$$H_3C{-}Cl + 2\,Li \rightarrow H_3CLi + LiCl \qquad C_6H_5{-}Cl + 2\,Li \rightarrow C_6H_5Li + LiCl$$

Methyllithium — Phenyllithium

Am besten verlaufen diese Reaktionen bei Alkyl- oder Arylchloriden, da sich die Bromide und Iodide leicht mit der entstehenden lithiumorganischen Verbindung im Sinne einer *Wurtz-Fittig*-Synthese zu Kohlenwasserstoffen umsetzen.

2.20.1.2 Durch Ersatz von Wasserstoff in hinreichend aktivierten C–H-Bindungen; diese *Metallierungen* gelingen mit metallischem Lithium, Lithiumamiden, z. B. Li-

[1] Vgl. *M. Schlosser*, Struktur und Reaktivität polarer Organometalle (Springer-Verlag, Berlin 1973).
[2] Vgl. *Houben-Weyl*, Methoden der Organischen Chemie *13* (Thieme Verlag, Stuttgart 1970–1986).

thiumdiisopropylamid (LDA), oder den nach 2.20.1.1 zugänglichen lithiumorganischen Verbindungen, z. B.

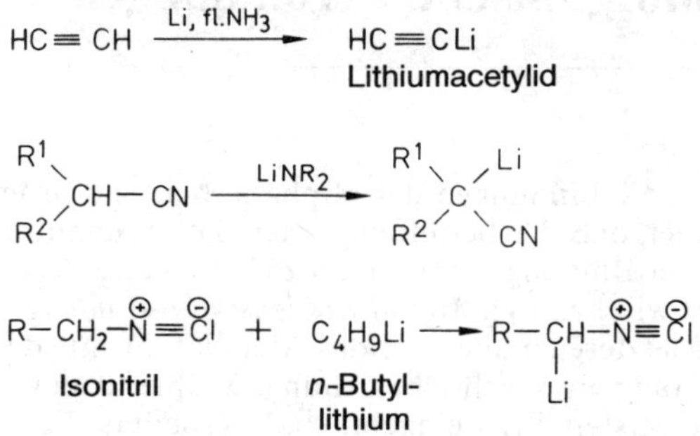

Als Lösungsmittel hat sich für viele Metallierungen Tetrahydrofuran bewährt. Die Lithiumalkyle oder -aryle sind an der Luft selbstentzündlich, in Stickstoff-Atmosphäre lassen sie sich unzersetzt sublimieren bzw. destillieren. Die Li–C-Bindung zeigt nur schwach polaren Charakter, daher lösen sich die lithiumorganischen Verbindungen in einigen organischen Lösungsmitteln, z. B. in Ether, Benzol und Hexan. Wegen ihrer Reaktivität benutzt man sie zuweilen anstelle von *Grignard*-Verbindungen zur Einführung des Alkyl- oder Arylrestes in organische Verbindungen (*Wittig, Gilman*).
Die **Natriumorganyle** sind aus Alkylhalogeniden und Natrium nicht zugänglich (vgl. *Wurtz*-Synthese). Dagegen lassen sie sich durch Metallierung (vgl. S. 97) und aus *Dialkylquecksilber und Natrium* unter Luft- und Feuchtigkeitsabschluß darstellen (*W. Schlenk sen.*), z. B.

$$(H_3C)_2Hg + 2\,Na \rightarrow 2\,H_3CNa + Hg$$

Dimethylquecksilber — Methylnatrium

In gleicher Weise erhält man durch Metall-Metall-Austausch die **Kaliumorganyle.** Die entsprechenden Arylverbindungen werden durch Halogen-Metall-Austausch nach dem Verfahren von *Ziegler* gewonnen (s. oben).
Die sehr reaktionsfähigen Natrium- und Kaliumorganyle fallen als farblose, amorphe Pulver an, die sich an der Luft spontan entzünden und zuweilen explosionsartig verpuffen. Gegenüber den Lithiumorganylen sind die Natriumorganyle stärker polare Substanzen.

Noch stärker ausgeprägt ist die Polarität bei den Natriumverbindungen der aromatischen Reihe, z. B. beim *Benzylnatrium* und besonders beim *Triphenylmethylnatrium.* Sie sind intensiv rot gefärbt und leiten, in Schwefeldioxid oder organischen Lösungsmitteln gelöst, den elektrischen Strom (*W. Schlenk sen.*).

2.20.2 Organische Magnesiumverbindungen

Die Entdeckung dieser Stoffklasse, die für organische Synthesen hervorragende Bedeutung besitzt, geht auf Beobachtungen von *Cahours* (1860) und *Barbier* (1898) sowie umfassende Untersuchungen von *Grignard* (1900) zurück.

Darstellung. Bringt man Magnesium in absolut trockenen Ether mit einem Alkylhalogenid zusammen, so geht das Metall unter Bildung von *Alkylmagnesiumhalogenid* in Lösung:

$$R{-}X + Mg \rightarrow RMgX$$

Die „*Grignard*-Verbindungen" enthalten meist 2 Moleküle Ether komplex gebunden, die nach dem Abdestillieren des Lösungsmittels erst durch längeres Erwärmen im Vakuum auf 100 °C (375 K) entfernt werden können. Etherfrei erhält man die organischen Magnesiumverbindungen bei Anwendung von Ligroin, Benzol oder Xylol als Lösungsmittel. Zuweilen tritt die Reaktion des Alkyl- oder Arylhalogenids mit Magnesium bzw. die nachfolgende Umsetzung erst bei höheren Temperaturen ein. In diesem Fall ist die Verwendung von Butyl- oder Amylether als Lösungsmittel ratsam.

Nach Untersuchungen von *W. Schlenk jun.* soll in den *Grignard*-Lösungen folgendes *Gleichgewicht* vorliegen (*Schlenk*-Gleichgewicht):

$$2\,RMgX \rightleftarrows R_2Mg + MgX_2 \qquad (R = Alkyl, Aryl;\ X = Halogen)$$

Neuere Befunde der NMR-Spektroskopie deuten darauf hin, daß die *Grignard*-Verbindungen in Lösung vorwiegend *dimolekular* vorliegen und wahrscheinlich eine der folgenden Komplexstrukturen besitzen.

Der Einfachheit halber soll jedoch die eingeführte Schreibweise R – MgX beibehalten werden.

Auf das Vorliegen von *Grignard*-Verbindungen prüft man mit *Gilmans*-Reagens, das aus *Michlers*-Keton, Wasser und Iod in essigsaurer Lösung besteht; die drei Komponenten werden nacheinander der Lösung zugesetzt, bei Vorliegen einer *Grignard*-Verbindung entsteht eine grünblaue Färbung.

Eigenschaften und Verwendung. Die Reaktivität der *Grignard*-Verbindungen zeigt sich in ihrem Verhalten gegenüber Substanzen, die ein oder mehrere *aktive* H-Atome (OH-, NH-Gruppen) besitzen. Die einfachste dieser Reaktionen ist die Zerlegung durch *Wasser:*

$$R-MgX + H-OH \rightarrow R-H + Mg(OH)X$$

Entsprechend reagieren *Alkohole*, wobei ebenfalls Kohlenwasserstoffe gebildet werden, z. B.

$$H_3C-MgI + H-OC_2H_5 \rightarrow CH_4 + Mg(OC_2H_5)I$$

Die gleiche Umsetzung ist mit Phenolen, Enolen, Carbonsäuren, *prim.* und *sek.* Aminen usw. durchführbar. Sogar H-Atome, die direkt an das C-Atom einer Alkingruppe gebunden sind, reagieren mit dem *Grignard*-Reagens, z. B.

$$\underset{\text{1-Heptin}}{C_5H_{11}-C\equiv C-H} \xrightarrow[-C_2H_6]{C_2H_5MgCl} C_5H_{11}-C\equiv C-MgCl$$

Verwendet man speziell *Methylmagnesiumiodid*, so erhält man für jedes *aktive* H-Atom der zu untersuchenden Verbindung ein Mol Methan, das sich nach der Methode von *Zerewitinow* gasvolumetrisch bestimmen läßt. Sie dient zum *Nachweis von aktiven Wasserstoffatomen* bei der Konstitutionsermittlung organischer Verbindungen.

Andererseits kann die *Hydrolyse der Grignard-Verbindungen* zur **selektiven Deuterierung** verwendet werden; man erhält so z. B. ein *Isotopomeres* des 2-Methylbutans:

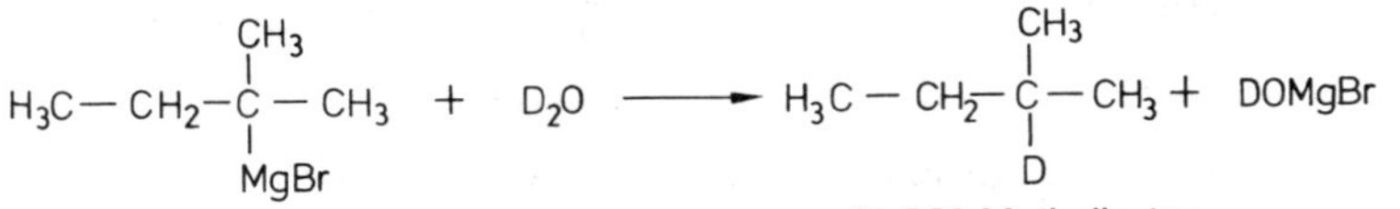

[2-D]2-Methylbutan

Das Beispiel zeigt eine gebräuchliche Nomenklatur für deuterierte Verbindungen; auch die Bezeichnungen 2-Deuterio-2-methylbutan, 2-Deutero-2-methylbutan und 2-Methylbutan-2-d werden verwendet.

Die wichtigste Eigenschaft der Organomagnesium-Verbindung ist ihre Fähigkeit, sich an *polare Mehrfachbindungen,* wie $>C{=}O$, $>C{=}N-$, $-C{\equiv}N$, $-N{=}O$ und $S{=}O$, zu addieren. Bei diesen Reaktionen lagert sich der Magnesiumhalogenrest als *Kation* stets an das elektronegativere Element und der Alkyl- oder Arylrest als *Carbanion* an das C-Atom bzw. an das Atom mit der geringeren Elektronegativität an; im Hinblick auf das Alkylhalogenid, aus dem das *Grignard*-Reagens bereitet wird, ist dabei eine Umpolung festzustellen. Bei der Hydrolyse derartiger Additionsverbindungen wird der Magnesiumhalogenrest gegen Wasserstoff ausgetauscht. Auf diese Weise entstehen:

2.20.2.1. Aus Aldehyden *sekundäre* Alkohole, z. B.

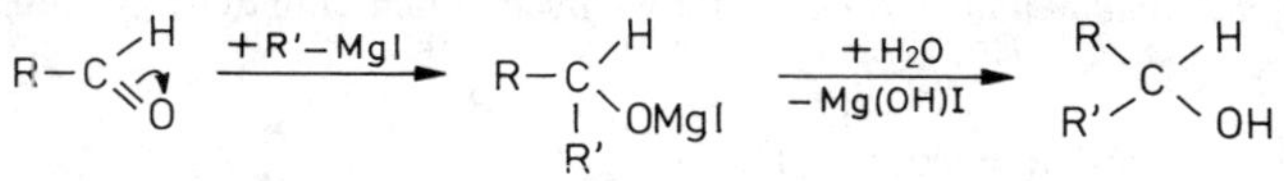

Nur beim Formaldehyd (R = H) erhält man *primäre* Alkohole, z. B.

$$C_5H_{11}-C\equiv C-MgCl \xrightarrow[\;]{1.\ H_2CO \quad 2.\ H^{\oplus},\ H_2O} C_5H_{11}-C\equiv C-CH_2OH$$

2-Octin-1-ol

2.20.2.2. Aus Ketonen *tertiäre* Alkohole, z. B.

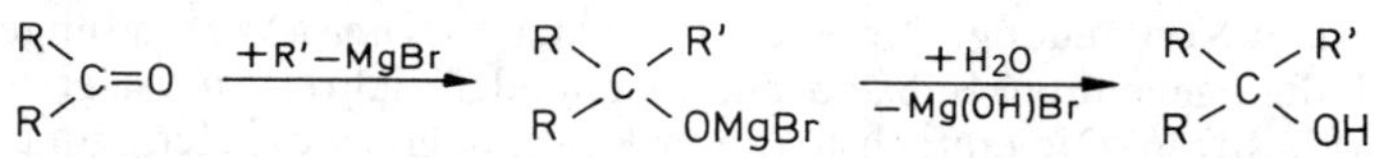

Auch die Umsetzung von *Grignard*-Lösungen mit *Carbonsäureestern* führt in zwei Reaktionsphasen zu *tertiären* Alkoholen. Zunächst erfolgt die übliche Addition an die C=O-Gruppe, jedoch reagiert das Addukt gleich weiter mit einem zweiten Mol der *Grignard*-Verbindung:

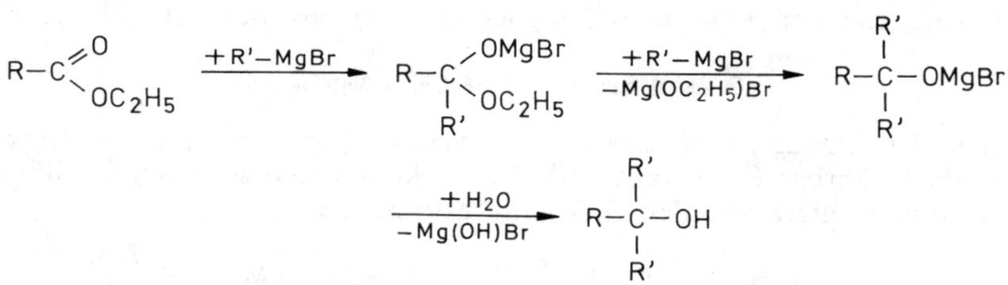

2.20.2.3. Durch Einleiten von trockenem *Kohlendioxid* in eine *Grignard*-Lösung erhält man *Carbonsäuren,* z. B.

$$R-MgCl \xrightarrow{+CO_2} R-COOMgCl \xrightarrow[-Mg(OH)Cl]{+H_2O} R-COOH$$

Die Addition der *Grignard*-Verbindung an eine Carbonylgruppe läuft häufig nach einem polaren Mechanismus, der vereinfacht wie folgt formuliert werden kann:

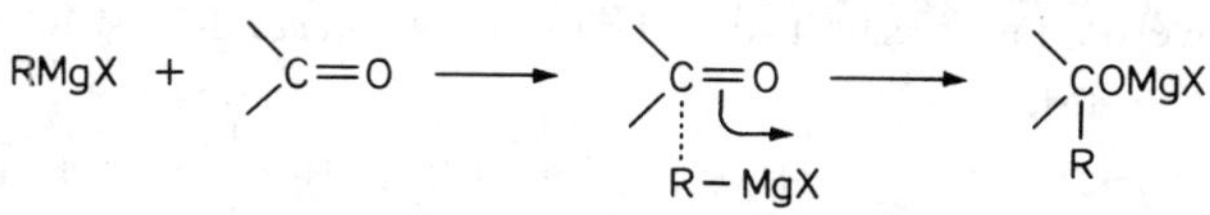

Es ist jedoch auch ein Verlauf über radikalische Zwischenstufen nachgewiesen worden (vgl. S. 617).

2.20.3 Organische Zinkverbindungen

Die *Dialkylzinkverbindungen* (*Zinkdialkyle*) wurden erstmalig von *Frankland* (1849) durch *Umsetzung von Alkylhalogeniden mit Zink* und anschließende Destillation der primär entstehenden Alkylzinkhalogenide dargestellt, z. B.

$$2\,C_2H_5{-}I \xrightarrow{+2\,Zn} 2\,C_2H_5ZnI \xrightarrow[-ZnI_2]{} Zn(C_2H_5)_2$$

Diethylzink ist eine wasserklare Flüssigkeit vom Sdp. 118 °C (391 K), die sich an der Luft von selbst entzündet. Sie ist nur unter Ausschluß von Feuchtigkeit haltbar, mit Wasser tritt stürmische Zersetzung in Ethan und Zinkhydroxid ein.

Die zinkorganischen Verbindungen besitzen präparative Bedeutung für die *Reformatsky*-Reaktion (vgl. S. 279 *f.*) und die *Simmons-Smith*-Reaktion.

***Simmons-Smith*-Reaktion**[1]. Bei dieser Reaktion läßt man Diiodmethan und ein Olefin in wasserfreiem Diethylether auf überschüssiges aktiviertes Zink einwirken; durch Einwirkung von Ultraschall kann die Ausbeute erhöht werden[2]. Die Reaktion verläuft über das *Iodmethyl-zinkiodid:*

$$CH_2I_2 + Zn \xrightarrow{Ether} ICH_2{-}ZnI$$

Sie ist stereospezifisch; d. h. *cis*-Olefine liefern *cis*- und *trans*-Olefine *trans*-Cyclopropanderivate. Dies spricht für einen geordneten Übergangszustand bei der Übertragung der Methylengruppe (carbenoides Reagens):

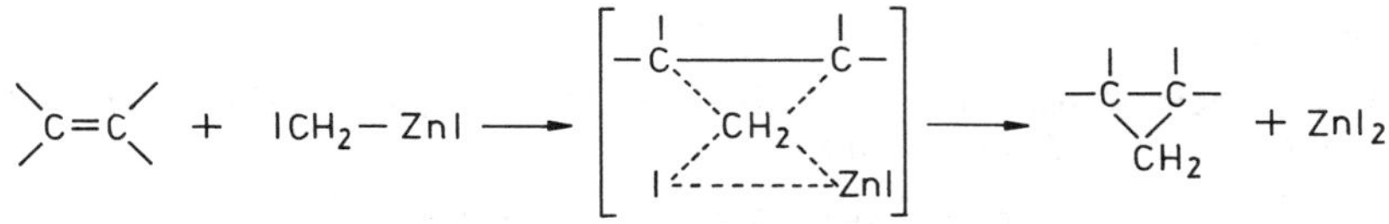

2.20.4 Organische Titanverbindungen[3]

Organische Titanverbindungen werden durch *Ummetallierung* (Transmetallierung) von organischen *Lithium-*, *Magnesium-* oder *Zinkverbindungen* mit *Titanhalogeniden* in Ether gewonnen, die ihrerseits aus den entsprechenden „Titanaten" dargestellt werden, z. B.

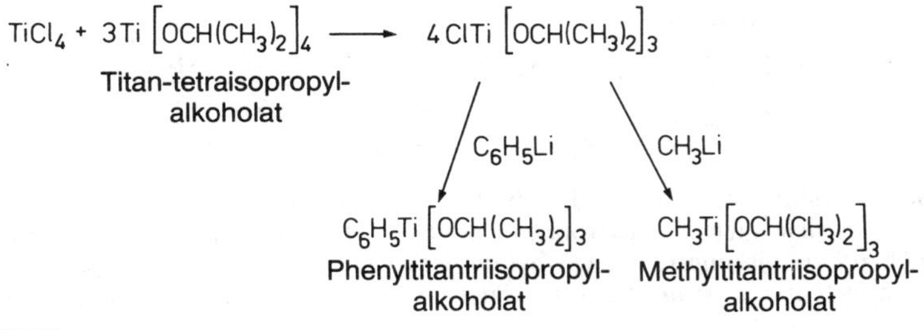

[1] Vgl. *H. E. Simmons* et al., Cyclopropanes from Unsaturated Compounds, Methylene Iodide and Zinc-Copper Couple, Org. Reactions *20*, 1 (1973).

[2] Vgl. *K. S. Suslick*, Ultrasound in Synthesis, in *H. Scheffold* (Ed.) Modern Synthetic Methods 1986, *4*, (Springer-Verlag, Berlin 1986).

[3] Vgl. *M. T. Reetz*, Organotitanium Reagents in Organic Synthesis (Springer-Verlag, Berlin 1986).

Die organischen Titanverbindungen unterscheiden im Gegensatz zu den *Grignard*-Verbindungen scharf zwischen den Carbonylgruppen von Aldehyden und Ketonen, z. B.

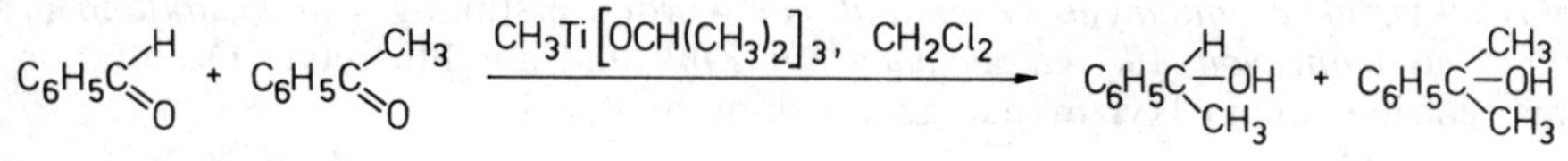

Benzaldehyd Acetophenon 99% 1%

Die gleiche *Chemoselektivität* findet man bei der Umsetzung von Acetaldehyd und Aceton mit Phenyltitantriisopropylalkoholat. Die *Stereoselektivität* intermediär auftretender organischer Titanverbindungen ist bei den *Ziegler-Natta*-Katalysatoren bereits erwähnt worden, und sie spielt bei der Wirkung des *Sharpless*-Reagenses eine bedeutende Rolle.
Die analogen *organischen Zirkonverbindungen* können in diesem Zusammenhang nur kurz erwähnt werden[1].

2.20.5 Organische Quecksilberverbindungen

Im Vergleich zu den bisher besprochenen metallorganischen Verbindungen sind die Organoderivate des Quecksilbers recht beständig, z. B. werden sie von Luft und Wasser kaum angegriffen. Ihre scheinbare Stabilität ist jedoch weniger auf die Festigkeit der Quecksilber-Kohlenstoff-Bindung als vielmehr auf die geringe Bildungsgeschwindigkeit der Hg – O-Bindung zurückzuführen.

Darstellung

2.20.5.1 Allgemein *durch Ummetallierung von Organolithium- oder Grignard-Verbindungen mit Quecksilber(II)-halogenid*:

$$R{-}Li + HgBr_2 \rightarrow R{-}Hg{-}Br + LiBr$$

$$2\,RMgI + HgCl_2 \rightarrow R_2Hg + MgI_2 + MgCl_2$$

Auf diese Weise sind auch gemischte Quecksilberorganyle zugänglich.

2.20.5.2 Bei direkter *Einwirkung polarer Quecksilbersalze,* wie Quecksilber(II)-acetat, nicht aber $HgCl_2$, *auf aromatische Kohlenwasserstoffe* bilden sich Arylquecksilbersalze, z. B.

Benzol Phenylquecksilberacetat

Bei dieser *Mercurierung* wird aromatisch gebundener Wasserstoff direkt durch Quecksilber ersetzt; ebenso lassen sich auch Heteroaromaten mercurieren. Sind die Aromaten substituiert, so gelten die gleichen Orientierungsregeln wie bei der elektrophilen Substitution am Benzolkern.
Bei der *Hydroxymercurierung von Alkenen*[2] mit Quecksilber(II)-acetat in wäßrigem Tetrahydro-

---

[1] Vgl. S. 80 und *D. Seebach* et al., Organometallverbindungen von Titan und Zirconium als selektive nucleophile Reagentien für die Organische Synthese, Angew. Chem. *95,* 12 (1983); *E. Negishi* et al., Organozirconium Compounds in Organic Synthesis, Synthesis *1988,* 1.
[2] Vgl. *R. C. Larock,* Solvomercuration/Demercuration Reactions in Organic Synthesis (Springer-Verlag, Berlin 1986).

furan entsteht in *regioselektiver* Reaktion eine organische Quecksilberverbindung, die in situ mit Natriumborhydrid zum Alkohol reduziert wird, z. B.

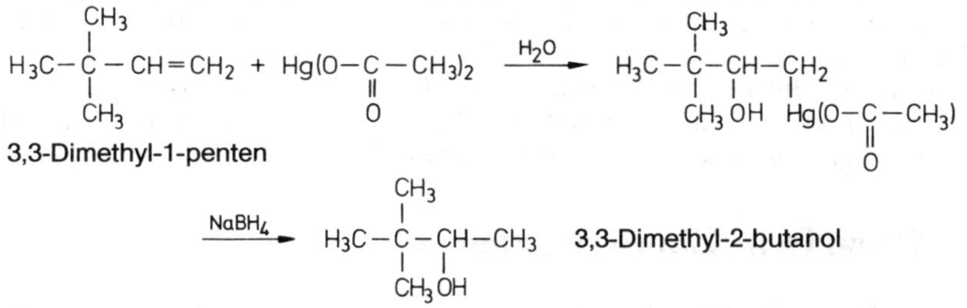

3,3-Dimethyl-1-penten

3,3-Dimethyl-2-butanol

Die mit sehr guter Ausbeute verlaufende Reaktion führt im Endergebnis zur *Anlagerung von Wasser an die C=C-Doppelbindung* im Sinne der Regel von *Markownikow.*

Eigenschaften. Die Dialkylquecksilberverbindungen (Quecksilberdialkyle) sind leicht flüchtige, farblose Flüssigkeiten und gefährliche Atemgifte[1].
Aufgrund der unterschiedlichen Elektronegativitäten beider Bindungspartner ist auch die Metall-Kohlenstoff-Bindung polarisiert, aber umgekehrt wie die Kohlenstoff-Halogen-Bindung, so daß das C-Atom hier eine negative Teilladung erhält und *elektrophil* angegriffen werden kann. Als elektrophile Reagenzien können Protonen oder *Lewis*-Säuren dienen.

2.20.6 Organische Aluminiumverbindungen

Die wichtigsten Verbindungen dieser Art sind die *Trialkylaluminiumverbindungen (Aluminiumtrialkyle),* AlR_3, die durch die Arbeiten von *K. Ziegler* leicht zugänglich wurden.

Darstellung

2.20.6.1 *Durch Umsetzung einer Al-Mg-Legierung mit Alkylhalogeniden,* z. B.

$$Al_2Mg_3 + 6\,ClC_2H_5 \rightarrow 2\,Al(C_2H_5)_3 + 3\,MgCl_2$$

Triethylaluminium (Sdp. 194 °C [467 K])

2.20.6.2 Eine weitere Methode zur Herstellung von Triethylaluminium besteht in der *Einwirkung von Ethylen auf Aluminiumhydrid* bei etwa 70 °C (350 K). Das Verfahren verläuft über folgende Reaktionsstufen:

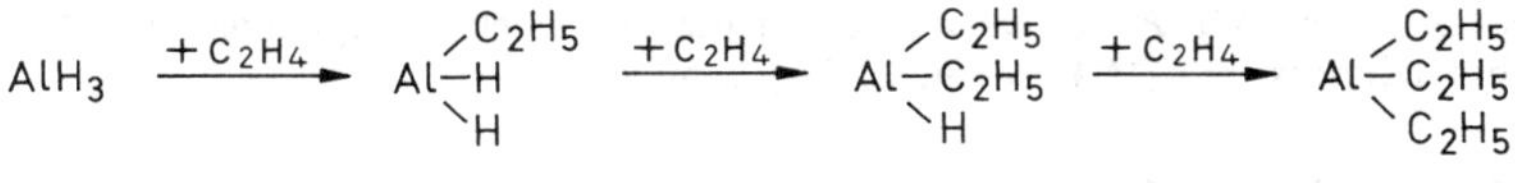

Eigenschaften und Verwendung. Die *Trialkylaluminiumverbindungen* sind farblose, destillierbare, leicht bewegliche Flüssigkeiten, die gegen Feuchtigkeit und Luftsauerstoff sehr empfindlich sind. Die Anfangsglieder der homologen Reihe entzünden sich an der

---

[1] Die Vergiftungsserie, die von 1956–1978 in der japanischen Stadt Minamata auftrat, hat sich auf *Methylquecksilberchlorid* und *Methylquecksilbersulfid* zurückführen lassen, die von Mikroorganismen aus anorganischen Quecksilberverbindungen gebildet wurden, die mit Abwässern in die Bucht von Minamata gelangt waren. Organische Quecksilberverbindungen sind meist giftiger als anorganische.

Luft von selbst und zersetzen sich mit Wasser explosionsartig. Sie liegen sowohl in flüssigem Zustand als auch dicht oberhalb des Siedepunkts als *Doppelmoleküle* vor. Bei Berührung mit der Haut rufen *Trialkylaluminiumverbindungen* starke und schmerzhafte Verätzungen hervor.
Technisch spielen die *Trialkylaluminiumverbindungen* in den *Ziegler-Natta*-Katalysatoren (vgl. Polymerisation der Olefine) und bei der Herstellung von 1-Monoolefinen (Mülheimer Olefinsynthese) eine hervorragende Rolle.

2.20.7 Organische Zinnverbindungen[1]

In neuerer Zeit ist die Bedeutung der Organozinn-Chemie erheblich gewachsen. Im Vergleich zur C–C- oder C–Si-Bindung ist die C–Sn-Bindung stärker polar und daher leichter spaltbar. Ihre größte Stabilität erreicht sie in den *Tetraalkyl-* bzw. *Tetraarylstannanen*, die am besten *durch Umsetzung von Grignard-Verbindungen* (oder Lithiumorganylen) mit *Zinn(IV)-halogeniden* in indifferenten Lösungsmitteln (Ether, Benzol) dargestellt werden, z. B.

$$SnCl_4 + 4\,RMgBr \rightarrow R_4Sn + 2\,MgCl_2 + 2\,MgBr_2$$

Die niederen *Tetraalkylstannane* sind farblose, kohlenwasserstoffähnliche Flüssigkeiten (*Tetramethylstannan*, Sdp. 77 °C [350 K]), die höheren wachsartig und nicht destillierbar. Bei den *Tetraarylstannanen* handelt es sich um feste Stoffe mit hohem Schmelzpunkt, z. B. schmilzt *Tetraphenylstannan* bei 225 °C (498 K).
Die *Organozinnhalogenide* der allgemeinen Formel R_nSnX_{4-n} (n = 1 – 3; X = Cl, Br) sind meist gut kristallisierende, sehr reaktionsfähige Substanzen und lassen sich aus Tetraalkyl(aryl)-stannanen und Zinn(IV)-halogeniden durch *Komproportionierung* oberhalb 180 °C (450 K) erhalten (*Kotscheschkow*), z. B.

$$3\,R_4Sn + SnCl_4 \rightarrow 4\,R_3SnCl \qquad \text{Tri-}n\text{-butyl-zinnchlorid } (R = C_4H_9)$$

Durch Umsetzung mit Lithiumaluminiumhydrid erhält man z. B. aus Tri-n-butylzinnchlorid das Tri-n-butylzinnhydrid, das als selektives Reduktionsmittel erhebliche Bedeutung gewonnen hat.

$$\underset{\text{Tri-}n\text{-butylzinnchlorid}}{(n\text{-}C_4H_9)_3SnCl} \xrightarrow{LiAlH_4} \underset{\text{Tri-}n\text{-butylzinnhydrid}}{(n\text{-}C_4H_9)_3SnH}$$

Einige Dialkylzinnverbindungen, z. B. Dibutylzinn-dilaurat oder -maleinat, die aus Dibutylzinndichlorid und dem Natriumsalz der Säure zugänglich sind, finden als Licht- und Wärmestabilisatoren für *PVC* und chlorierte Transformatorenöle Verwendung, da sie die HCl-Abspaltung inhibieren. Als stark wirkende *Fungizide* werden Tributylzinnacetat, Triphenylzinnacetat (Brestan) und Bis(tributylzinn)oxid, $(C_4H_9)_3SnOSn(C_4H_9)_3$, benutzt.

2.20.8 Organische Bleiverbindungen

Technisch wichtig ist das *Tetraethylblei* (*Bleitetraethyl*), das *durch Erhitzen einer Bleinatriumlegierung mit Ethylchlorid* unter Druck hergestellt wird:

$$4\,PbNa + 4\,ClC_2H_5 \rightarrow Pb(C_2H_5)_4 + 4\,NaCl + 3\,Pb$$

[1] Vgl. *W. P. Neumann*, Neues aus der Chemie der Organozinn-Verbindungen, Angew. Chem. *75*, 225 (1963); Die organische Chemie des Zinns (Verlag Enke, Stuttgart 1967); *G. J. M. van der Kerk*, Ch. Z. *99*, 26 (1975).

Tetraethylblei ist eine farblose, stark giftige, bei etwa 200 °C (475 K) siedende Flüssigkeit, die mit rückläufiger Tendenz als *Antiklopfmittel* benutzt wird. Für den gleichen Zweck setzt man zuweilen auch *Tetramethylblei,* $Pb(CH_3)_4$, Sdp. 110 °C (383 K), bei aromatenreichen Benzinen ein.

Beim thermischen Zerfall von bleiorganischen Verbindungen konnte *Paneth* (1927) erstmalig das Auftreten der äußerst kurzlebigen *freien Radikale,* wie Methyl, $\cdot CH_3$, und Ethyl, $\cdot CH_2-CH_3$, nachweisen.

2.21 Aliphatische Aldehyde (Alkanale)

Die Oxidation bzw. Dehydrierung der *primären* Alkohole führt zu den Aldehyden (vgl. S. 115), die weiter zu Carbonsäuren oxidiert werden können:

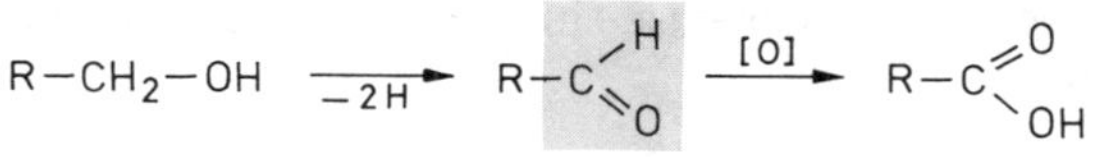

prim. Alkohol Aldehyd Carbonsäure

Der Name „Aldehyd" leitet sich von *Alkohol dehyd*rogenatus ab. Das charakteristische Merkmal der Aldehyde ist die *Aldehyd-* oder *Formylgruppe:*

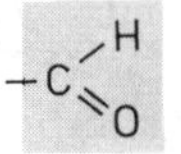

Die einzelnen Aldehyde werden im herkömmlichen System nach der Carbonsäure, die bei der Oxidation des betreffenden Aldehyds entsteht, benannt. Die ersten Glieder der Reihe sind:

		Sdp.
Formaldehyd, Methanal	$H-CHO$	−19,2 °C (253,4 K)
Acetaldehyd, Ethanal	H_3C-CHO	20,8 °C (294,0 K)
Propionaldehyd, Propanal	H_3C-CH_2-CHO	49,0 °C (322,2 K)
n-Butyraldehyd, Butanal	$H_3C-CH_2-CH_2-CHO$	75,7 °C (348,9 K)
n-Valeraldehyd, Pentanal	$H_3C-CH_2-CH_2-CH_2-CHO$	103,7 °C (376,9 K)
n-Capronaldehyd, Hexanal	$H_3C-CH_2-CH_2-CH_2-CH_2-CHO$	131,0 °C (404,2 K)

Nach den *IUPAC-Regeln* werden die Aldehyde in der Weise bezeichnet, daß man an den Namen des betreffenden Stammkohlenwasserstoffs die Endung „al" anhängt, z. B. Ethanal statt Acetaldehyd. Mit der Nachsilbe *-carbaldehyd* kann die Aldehydgruppe besonders gekennzeichnet werden, z. B. Cyclohexancarbaldehyd (S. 194).

2.21.1 Allgemeine Darstellungsweisen

2.21.1.1 *Durch Oxidation oder Dehydrierung primärer Alkohole,* z. B. mit Kaliumdichromat und Schwefelsäure oder Chromtrioxid in Pyridin.

Der in Lösung entstehende Aldehyd muß je nach Oxidationsmittel durch rasches Abdestillieren vor weiterer Oxidation geschützt werden. Die in wäßriger Lösung entstehenden Hydrate werden sogar schneller oxidiert als die primären Alkohole.

Als Reagens der Wahl hat sich das durch *Oxalylchlorid* aktivierte *Dimethylsulfoxid* herausgestellt (*Swern*, 1978), das bereits bei −60 °C (213 K) in Methylenchlorid reagiert und in den meisten Fällen über 90% Ausbeute liefert[1]):

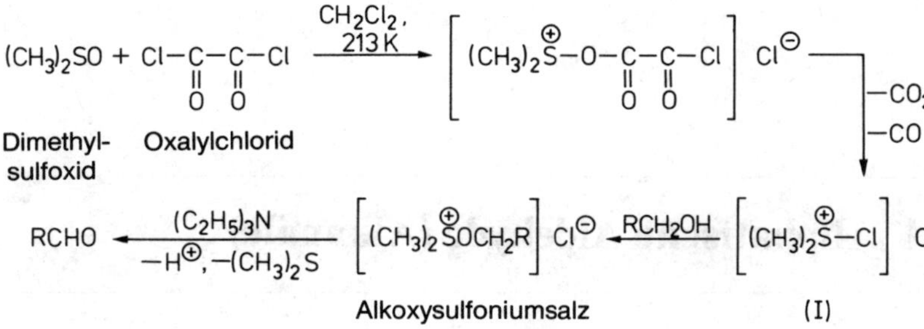

Das sauerstoffreie, aktive Zwischenprodukt (I) des Dimethylsulfoxids entsteht bei der *Swern*-Oxidation aus seinem Primärprodukt mit Oxalylchlorid durch spontane Decarboxylierung und Decarbonylierung. Es reagiert mit dem Alkohol zu einem *Alkoxysulfoniumsalz*, das in Gegenwart einer Base ein Proton verliert und zum *Aldehyd* und Dimethylsulfid zerfällt.

2.21.1.2 *Durch partielle Reduktion von Carbonsäurederivaten mit komplexen Hydriden* bei tiefen Temperaturen[2].

Die früher zur Gewinnung von Aldehyden aus Säurechloriden verwendete *Rosenmund-Reduktion* ist durch dieses Verfahren weitgehend verdrängt worden, bei dem außer Lithiumaluminiumhydrid mit Vorteil *Lithiumalkoxyaluminiumhydride*, z. B. $LiAlH(OC_2H_5)_3$ oder $LiAlH(tert.OC_4H_9)_3$ (LTBA) sowie *Diisobutylaluminiumhydrid* (DIBAH) und andere, darunter auch Tri-n-butylzinnhydrid, verwendet werden. Carbonsäureester, -chloride, -amide und Nitrile liefern die entsprechenden Aldehyde in guten Ausbeuten, z. B.:

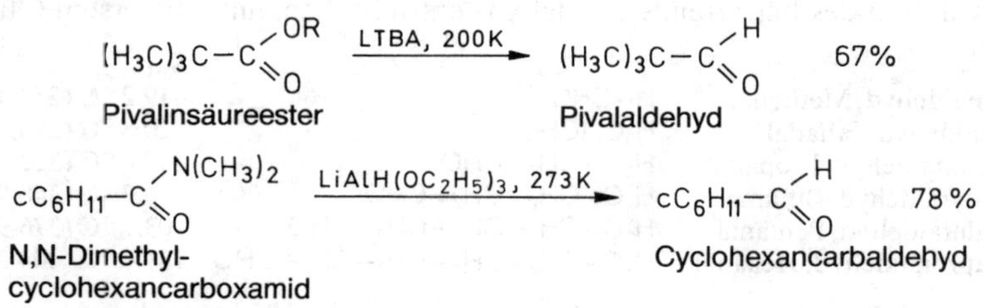

Carboxylgruppen werden in der Regel nicht angegriffen. Nitrile bilden bei der Reduktion zunächst ein *Aldimin*, das bei der sauren Hydrolyse in den Aldehyd übergeht:

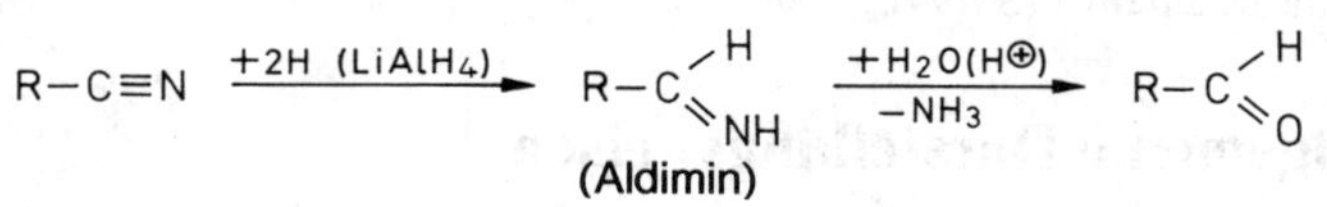

[1] Vgl. Synthesis *1981*, 165.
[2] Vgl. *J. Málek*, Reductions by Metal Alkoxyaluminum Hydrides, Org. Reactions *34*, 1 (1985).

2.21.2 Nachweisreaktionen der Aldehyde

Die Aldehyde sind – im Gegensatz zu den Ketonen – *starke Reduktionsmittel,* da sie sich leicht zu Carbonsäuren oxidieren lassen. Die reduzierende Wirkung wird bei nachstehenden Reaktionen zum *Nachweis der Aldehyde* ausgenutzt:

2.21.2.1 Reduktion einer *ammoniakalischen Silbernitratlösung* (*Tollens*-Reagens) zu metallischem Silber.

2.21.2.2 Aus der *Fehling*schen Lösung fällt beim Erhitzen mit Aldehyden ein roter oder dunkelbrauner Niederschlag aus, dessen Zusammensetzung nicht genau bekannt ist. Bei einem Überschuß *Fehling*scher Lösung enthält er Spuren von Kupfer(I)-oxid.

Die *Fehling*sche Lösung bereitet man aus einer Kupfersulfatlösung bestimmter Konzentration durch Zugabe einer äquivalenten alkalischen Lösung von Kaliumnatriumtartrat (*Seignette*-Salz). Diese verhindert die Ausfällung von Kupfer(II)-hydroxid durch Bildung eines Komplexsalzes.

2.21.2.3 Reduktion von *Nylander*s Reagens, einer alkalischen Lösung von Wismut(III)-hydroxid mit Weinsäure als Komplexbildner, zu metallischem schwarzem Wismut.

2.21.2.4 *Fuchsinschweflige Säure* (eine durch SO_2 entfärbte, wäßrige Fuchsinlösung) wird durch Spuren von Aldehyden *rotviolett.* Die Reaktion ist wenig typisch und beruht nicht auf der Reduktionswirkung der Aldehyde.

2.21.2.5 Entfärben einer *Kaliumpermanganatlösung.*

2.21.3 Die C=O-Doppelbindung

In Analogie zur C=C-Doppelbindung wird auch die C=O-Doppelbindung durch eine σ- und eine π-Bindung beschrieben. Infolge der unterschiedlichen Elektronegativität der beiden Atome liegt aber in der C=O-Doppelbindung – wie in der C–O-Einfachbindung – eine *Polarität* vor, die durch Messung der Dipolmomente von Aldehyden und Ketonen nachgewiesen wurde. Das *Dipolmoment* der Carbonylgruppe beträgt $9{,}01 \cdot 10^{-30}$ Cm, während C–O-Einfachbindungen (σ-Bindungen) in einfachen Ethern nur ein Dipolmoment von $4{,}00 \cdot 10^{-30}$ Cm besitzen. Das bedeutet, daß die π-Bindung stärker polar ist als die σ-Bindung. Die Polarität der π-Bindung läßt sich durch Abb. 73 veranschaulichen.

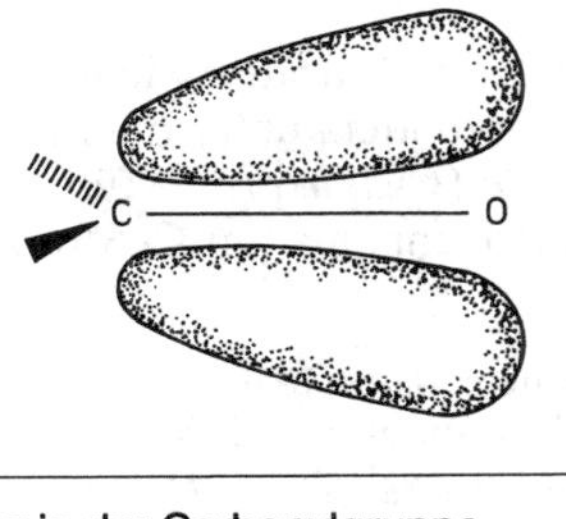

Abb. 73. Die Polarität der π-Bindung in der Carbonylgruppe.

In chemischen Formeln wird sie wie folgt angedeutet:

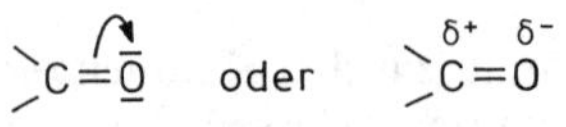

Das chemische Verhalten der Aldehyde und Ketone wird vorwiegend durch die Reaktionsfähigkeit der Carbonylgruppe bestimmt und zeigt sich vor allem bei den *Additions-* und *Kondensationsreaktionen* der Aldehyde. Prinzipiell addieren sich Atome oder Atomgruppen mit einsamen Elektronenpaaren bzw. Anionen (*nucleophile Reagenzien*) am positivierten Kohlenstoff der polaren C = O-Bindung, während Protonen, *Lewis*-Säuren oder geeignete Kationen (*elektrophile Reagenzien*) vom negativierten Sauerstoff gebunden werden.

2.21.4 Additionsreaktionen der Aldehyde

2.21.4.1 Reduktion zu Alkoholen. Durch Anlagerung von Wasserstoff an Aldehyde entstehen *primäre* Alkohole:

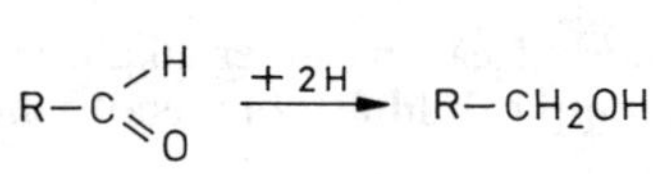

Die Reduktion kann katalytisch (Ni, Pd) oder mit nascierendem Wasserstoff (Natriumamalgam und Wasser bzw. Natrium und Alkohol) durchgeführt werden.
Bedeutung als Reduktionsmittel für Carbonylgruppen haben *Lithiumaluminiumhydrid*, $LiAlH_4$, und *Natriumborhydrid*, $NaBH_4$, erlangt. Das *Lithiumtriethylborhydrid*, $(Li(C_2H_5)_3BH$ (Selektrid, Superhydrid), übertrifft diese Substanzen an Reaktivität erheblich und zeichnet sich dennoch durch besondere Selektivität aus[1].

Zuweilen wird auch die ***Meerwein-Ponndorf-Verley*-Reduktion**[2] (1925) mit Aluminium-isopropylat in Isopropylalkohol angewandt, wobei in einem *Redoxprozeß* der entsprechende *primäre* Alkohol und Aceton entstehen:

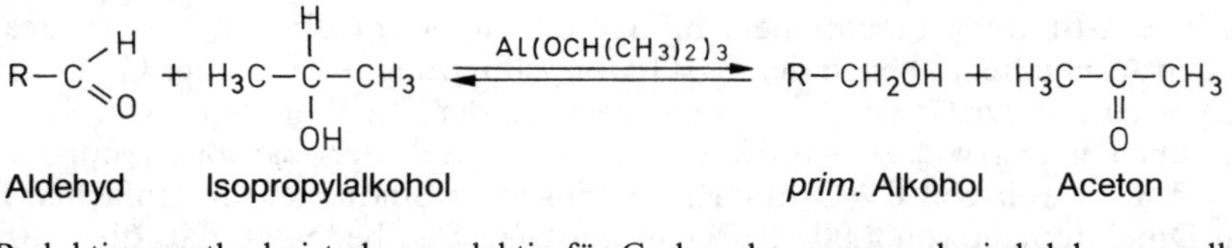

Aldehyd Isopropylalkohol *prim.* Alkohol Aceton

Diese Reduktionsmethode ist chemoselektiv für Carbonylgruppen und wird daher vor allem bei Aldehyden (oder Ketonen), die noch andere reduzierbare Gruppen, z. B. C = C-Doppelbindungen, Nitrogruppen usw., enthalten, benutzt.
Umgekehrt kann ein *prim.* Alkohol durch Aceton in Gegenwart von Aluminiumalkoholat zum Aldehyd oxidiert werden (s. *Oppenauer*-Oxidation).

2.21.4.2 Cyanhydrinbildung. Eine präparativ wichtige Methode ist die Addition von *Blausäure* an Aldehyde, die – besonders unter dem katalytischen Einfluß von Basen – zur Bildung der *α-Hydroxynitrile* (*Cyanhydrine*) führt. Sie beginnt mit dem *nucleophilen* Angriff des einsamen Elektronenpaars am C-Atom des Cyanid-Ions auf das positi-

---

[1] Vgl. *H. C. Brown* et al., J. Org. Chem. *45,* 1 (1980).
[2] Vgl. *A. L. Wilds,* Reduction with Aluminium Alkoxides (The *Meerwein-Ponndorf-Verley* Reduction), Org. Reactions *2,* 178 ff. (1944); vgl. *N. C. Deno* et al., The Hydride-Transfer Reaction, Chem. Rev. *60,* 7 (1960).

vierte C-Atom der C=O-Gruppe. Das entstehende Zwischenprodukt stabilisiert sich dann durch Aufnahme eines Protons aus dem Wasser zum Cyanhydrin:

$$H{-}C{\equiv}N| + OH^{\ominus} \rightleftharpoons {}^{\ominus}|C{\equiv}N| + H_2O$$

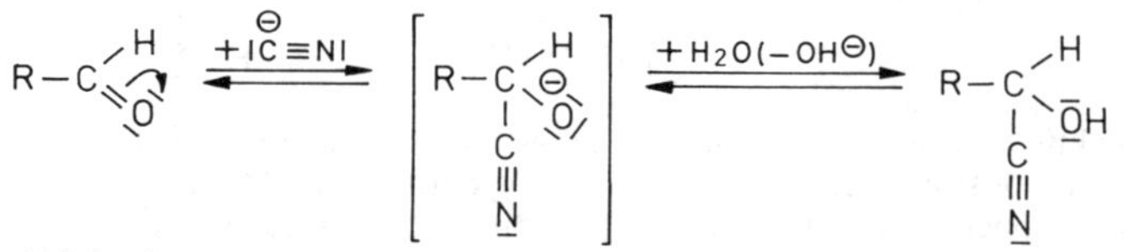

Aldehyd Cyanhydrin

In der letzten Reaktionsstufe dieser *Gleichgewichtsreaktion* wird der basische Katalysator ($OH^{\ominus}$) regeneriert.

2.21.4.3 Bei der *Addition von Natriumhydrogensulfit* entstehen „Hydrogensulfit-Verbindungen", die meist als gut kristallisierende, schwer lösliche Natriumsalze ausfallen. Diese Reaktion verläuft – in Analogie zur Cyanhydrinsynthese – unter *nucleophiler* Addition eines Hydrogensulfit-Anions und nachfolgender Protonenwanderung:

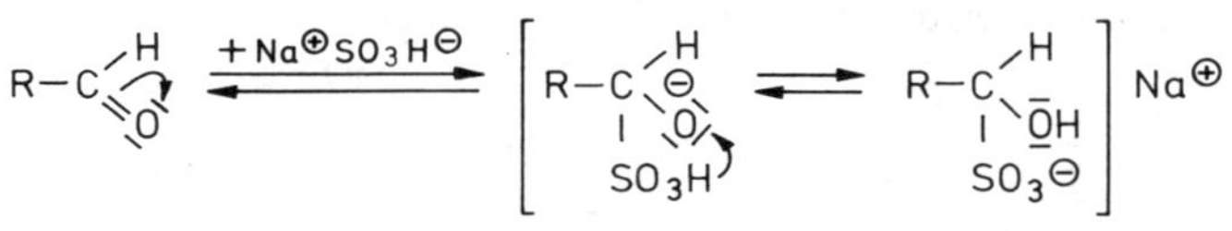

Durch Erwärmen der Hydrogensulfit-Verbindung mit verdünnten Säuren oder mit Natriumcarbonat läßt sich der Aldehyd regenerieren (Abtrennungs- bzw. Reinigungsverfahren für Aldehyde). Sie läßt sich mit Kaliumcyanid in das entsprechende Cyanhydrin überführen.

2.21.4.4 Bei der *Addition von Grignard-Verbindungen* an Aldehyde werden *sek. Alkohole* gebildet, mit Formaldehyd erhält man primäre Alkohole.

2.21.4.5 Beim Einleiten von *trockenem Ammoniak* in die etherische Lösung eines Aldehyds erfolgt primär die Addition von NH_3 an das positivierte C-Atom der Carbonylgruppe und anschließend Protonenwanderung vom Stickstoff zum Sauerstoff. Die hierbei entstehenden „Aldehydammoniake" sind meist instabil und gehen unter Wasseraustritt in Aldimine über, die sich in einer Folgereaktion zu heterocyclischen Verbindungen trimerisieren. Beispielsweise bildet sich aus Acetaldehyd und Ammoniak über Acetaldimin (Ethanimin) das *2,4,6-Trimethylhexahydro-1,3,5-triazin:*

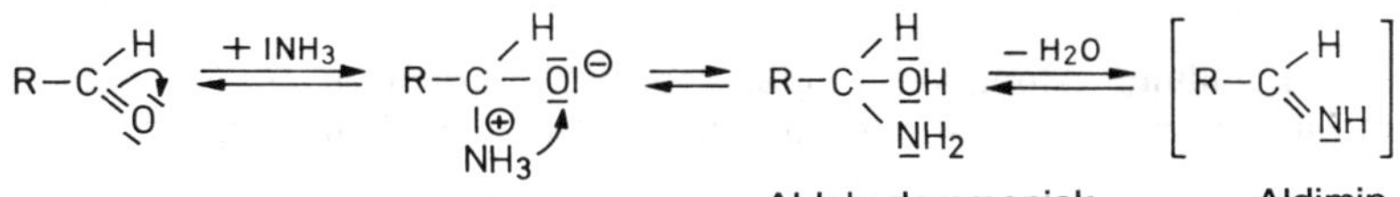

Aldehydammoniak Aldimin

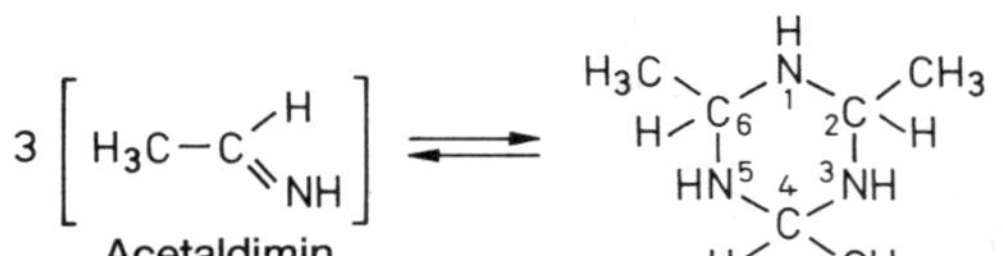

Acetaldimin

Bei der Umsetzung von Formaldehyd mit Ammoniak geht die Reaktion noch weiter bis zum Hexamethylentetramin.

2.21.4.6 Die *Addition von Wasser* zu *Aldehydhydraten,* die in einigen Fällen isolierbar sind.

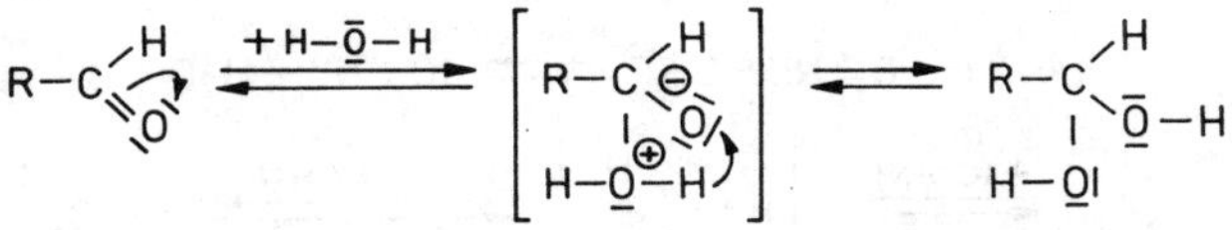

In der ersten Reaktionsstufe lagert sich ein einsames Elektronenpaar vom O-Atom des Wassermoleküls *nucleophil* am positivierten C-Atom der Aldehydgruppe an. Das entstehende Zwischenprodukt geht unter Protonenwanderung in das Aldehydhydrat über, das jedoch nur in Ausnahmefällen isolierbar ist (s. Chloralhydrat).

2.21.5 Enantiotopie und Prochiralität[1]

Bei der *Cyanhydrinsynthese* entsteht aus dem achiralen Kohlenstoffatom der Carbonylgruppe ein Chiralitätszentrum, dessen Konfiguration davon abhängt, von welcher Seitenfläche das Reagens angreift. Man bezeichnet die beiden unterscheidbaren Flächen (engl. faces) als *enantiotop,* die Reaktion als enantiofacial.

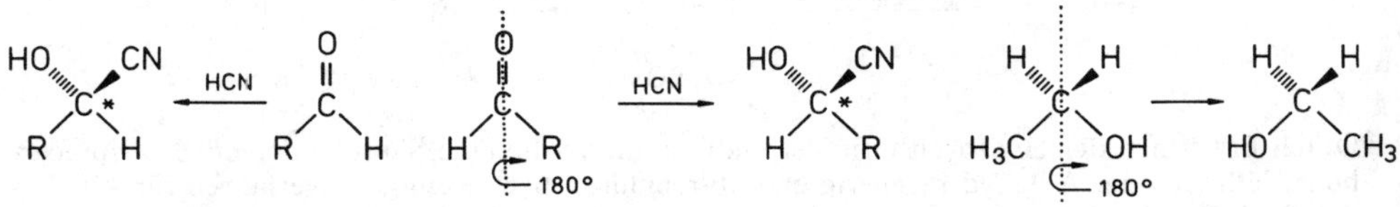

Ebenso wenig wie der eben gebaute Aldehyd läßt sich das tetraedrische Ethanol durch Drehung um 180° in eine identische Lage überführen. Durch Substitution eines Wasserstoffatoms der CH_2-Gruppe würde eine chirale Verbindung entstehen z. B. (+)- oder (−)-*sek.*-Butylalkohol, je nachdem welches der beiden H-Atome durch die Ethylgruppe substituiert wird. Die beiden Wasserstoffatome der CH_2-Gruppe sind also enantiotop. Derartige Moleküle oder Gruppen heißen *prochiral.* Die Prochiralität spielt eine Rolle z. B. beim Aufbau von Monosacchariden und bei enzymatischen Reaktionen (vgl. S. 881).

2.21.6 Additions- und Substitutionsreaktionen der Aldehyde

2.21.6.1 Acetalbildung. Aldehyde reagieren mit Alkoholen zu *Halbacetalen,* die sich unter dem Einfluß saurer Katalysatoren unter Wasseraustritt zu *Acetalen* umsetzen:

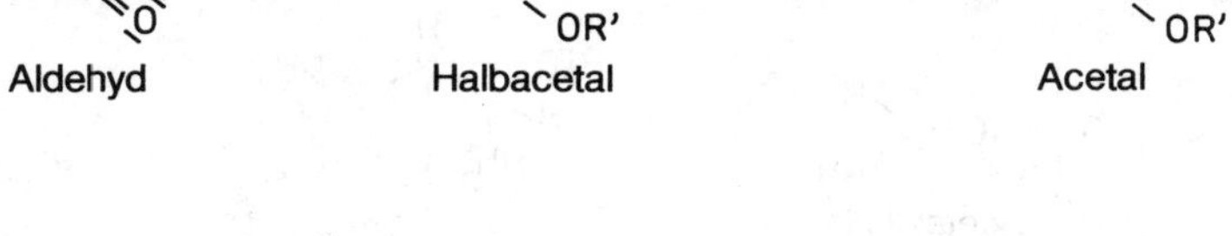

[1] Vgl. *K. Mislow* et al., in Topics in Stereochemistry *1,* 1 (Wiley, New York 1967); *W. Bähr* et al., Organische Stereochemie (Springer-Verlag, Berlin 1973).

Die Acetale lassen sich als Dialkylether der Aldehydhydrate auffassen, sie sind *gegen Alkalien sehr beständig*, werden jedoch von verdünnten Säuren rückläufig in Aldehyd und Alkohol gespalten. Somit liegt in den Acetalen eine „geschützte Aldehydgruppe" vor; sie werden daher zuweilen anstelle der Aldehyde zu organischen Synthesen herangezogen.

2.21.6.2 Dithioacetalbildung. Aldehyde reagieren leicht mit Mercaptanen in Gegenwart von Chlorwasserstoff oder Zinkchlorid zu *Dithioacetalen* (*Mercaptalen*):

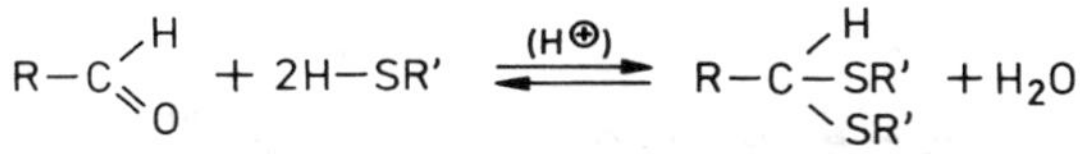

Dithioacetal

2.21.7 Kondensationsreaktionen der Aldehyde

Bei den nun folgenden Kondensationen bleibt die Reaktion nicht auf der Stufe des Additionsprodukts stehen, sondern es erfolgt Wasserabspaltung, bei der das O-Atom der Carbonylgruppe des Aldehyds eliminiert wird.

2.21.7.1 Azomethinbildung. *Primäre* Amine bilden mit Aldehyden unter Wasseraustritt Azomethine (*Aldimine*) oder *Schiff*sche Basen:

(R,R' = Alkyl,Aryl) Azomethin

2.21.7.2 Aminalbildung. *Sekundäre* Amine setzen sich in Analogie zu den Alkoholen mit Aldehyden zu *Halbaminalen (N,O-Halbacetalen)* und beim Erwärmen zu den *Aminalen (N,N-Acetalen)* um:

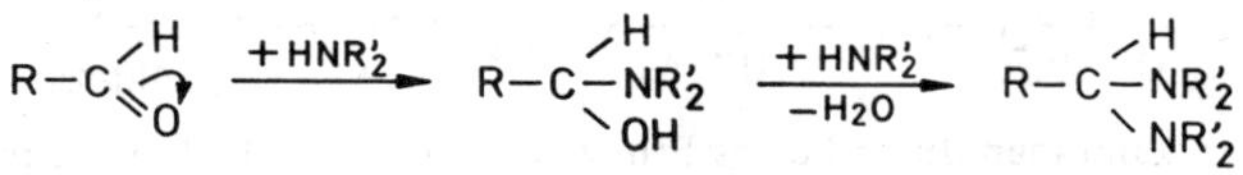

Aldehyd Halbaminal Aminal

Der auf S. 197 erwähnte Aldehydammoniak ist ein unsubstituiertes Halbaminal.

2.21.7.3 Oximbildung. Bei der Umsetzung von Aldehyden mit Hydroxylaminhydrochlorid entstehen *Aldoxime:*

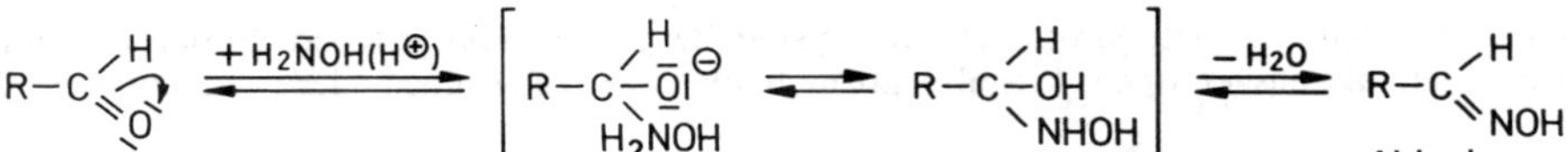

Aldoxim

Die Aldoxime sind mit Ausnahme des Formaldoxims farblose, kristalline Substanzen. Sie reagieren schwach sauer und bilden mit Alkalien Salze, aus denen die Oxime bereits mit Kohlensäure wieder in Freiheit gesetzt werden können.

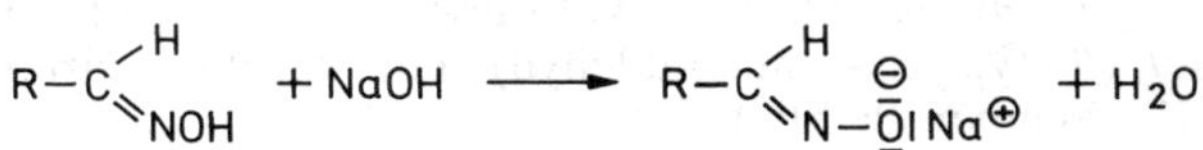

Durch verdünnte Säuren lassen sich die Aldoxime rückläufig in den Aldehyd und das Hydroxylaminsalz spalten.

2.21.7.4 Semicarbazonbildung. Die Kondensation der Aldehyde mit *Semicarbazid-hydrochlorid* führt zu den gut kristallisierenden *Semicarbazonen:*

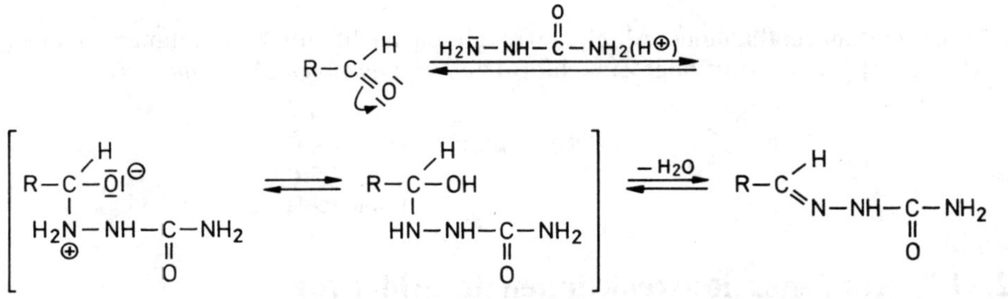

Wie bei der Oximbildung findet auch hier primär ein *nucleophiler* Angriff der NH_2-Gruppe am C-Atom der Aldehydgruppe und anschließende Protonenwanderung statt. Als geschwindigkeitsbestimmender Schritt erfolgt dann die säurekatalysierte Wasserabspaltung unter Semicarbazonbildung; das *pH*-Optimum der Reaktion liegt etwa bei 5.

2.21.7.5 Hydrazonbildung. Bei der Einwirkung von substituierten Hydrazinderivaten, speziell *Phenylhydrazin,* in essigsaurer Lösung erhält man die *Phenylhydrazone:*

Phenylhydrazin Phenylhydrazon

Hydrazin bzw. sein Hydrat ist für diese Reaktion weniger typisch, da meist nicht nur eine NH_2-Gruppe zum Aldehydrazon, sondern beide NH_2-Gruppen zum *Aldazin* reagieren:

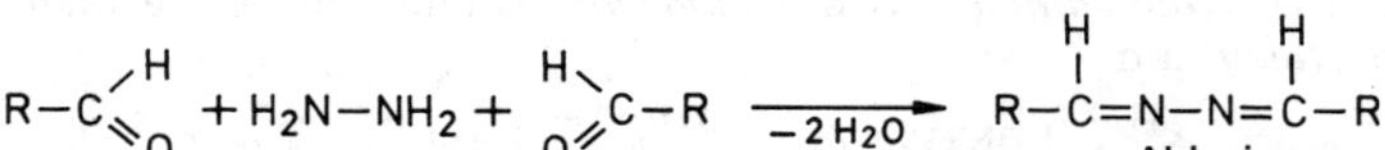

Aldazin

Aus den Aldazinen kann man durch kurzes Erhitzen mit Hydrazinhydrat die relativ unbeständigen *Aldehydrazone* gewinnen:

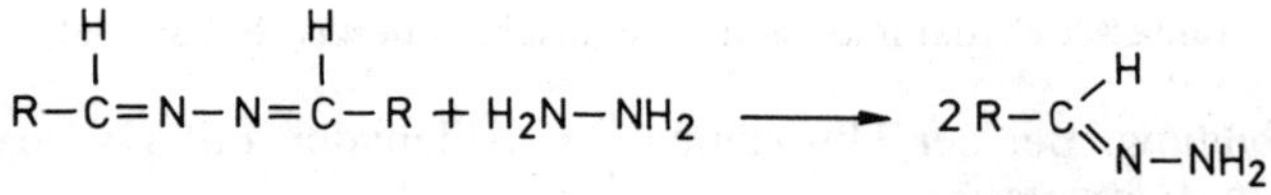

Aldehydrazon

Da die einfachen Aldehyde gewöhnlich flüssig sind, benutzt man obige Kondensationsreaktionen, um sie aus Reaktionsgemischen kristallin abzuscheiden bzw. zu reinigen oder zu identifizieren.

2.21.7.6 Aldoladdition

Aldehyde, die eine zur Carbonylgruppe α-ständige Methyl- oder Methylengruppe enthalten, dimerisieren sich unter dem katalytischen Einfluß von Basen oder Säuren (verdünnte Laugen, Alkalicarbonate, Alkalicyanide, Natriumacetat oder verdünnte Salzsäure) zu *β-Hydroxyaldehyden* (*Aldolen*). Auf diese Weise entsteht z. B. aus Acetaldehyd das *Acetaldol* (*β*-Hydroxy-*n*-butyraldehyd), eine farblose, sirupöse Flüssigkeit, Sdp. 83 °C (356 K)/26 mbar (26 hPa).

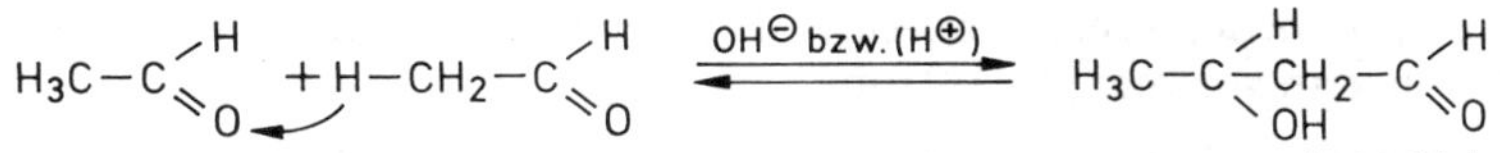

Acetaldol

Hierbei wandert das *aktive* H-Atom der Methylgruppe des einen Acetaldehydmoleküls an das O-Atom des anderen, und gleichzeitig bildet sich eine neue C–C-Bindung aus.

Der Name „Aldol" ist eine Abkürzung für *Ald*ehydalkoh*ol* und zeigt zugleich die Doppelfunktion derartiger Verbindungen an. Korrekter als die frühere Bezeichnung „Aldolkondensation" ist *Aldoladdition* oder *Aldolisierung*, da bei der Reaktion kein Wasser abgespalten wird.
Der *Mechanismus der Aldoladdition* unter Basenkatalyse ist nach *R. P. Bell* (1941) wie folgt zu deuten: Bei der Basenkatalyse bewirkt das OH-Anion die Ablösung des durch den –I-Effekt der Carbonylgruppe aktivierten H-Atoms aus der Methylgruppe des Acetaldehyds als Proton. Das entstehende *mesomeriestabilisierte* Anion (*Methylenkomponente*) addiert sich mit dem einsamen Elektronenpaar an das positivierte C-Atom der Carbonylgruppe eines zweiten Aldehydmoleküls (*Carbonylkomponente*) unter Bildung des Aldol-Anions. Dieses übernimmt dann als Base von einem anwesenden Protonendonator, z. B. Wasser, ein Proton und bildet Acetaldol.

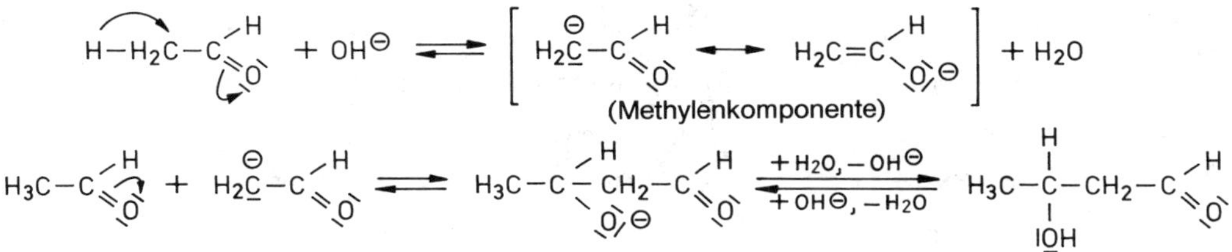

(Carbonylkomponente) Acetaldol-Anion Acetaldol

Die Reaktion ist nicht auf zwei gleiche oder verschiedene Aldehyde beschränkt, sondern kann auch zwischen einem Aldehyd und einem Keton sowie zwei Ketonen eintreten. Da die Oxogruppe in Aldehyden reaktionsfähiger ist als die in Ketonen, fungiert der Aldehyd immer als Carbonylkomponente, wenn nicht besondere Bedingungen angewandt werden (vgl. S. 209). An der Reaktion können sich nur zur Carbonylgruppe α-ständige H-Atome beteiligen. Je größer die C–H-Acidität der Methylenkomponente ist, desto leichter erfolgt die Addition.
Die Aldoladdition ist eine *Gleichgewichtsreaktion* und hängt stark vom jeweiligen pH-Wert und von der Temperatur ab. Sie ist auch bei biochemischen Prozessen von Bedeutung; z. B. bei dem wichtigen Schritt der *alkoholischen Gärung* und der *Glykolyse*, in dem die aus 6 C-Atomen bestehende Kette der *Glucose reversibel* in 2 Moleküle Glycerinaldehyd gespalten wird.

2.21.7.7 Die *Cannizzaro*-Reaktion der Aldehyde[1]

Aldehyde, die kein zur Carbonylgruppe α-ständiges aktives H-Atom besitzen und somit kein Aldol bilden können, geben mit Alkalien die *Cannizzaro*-Reaktion (1853). Aus 2 Molen Aldehyd entstehen 1 Mol *primärer* Alkohol und 1 Mol Alkalisalz der Carbonsäure, z. B.:

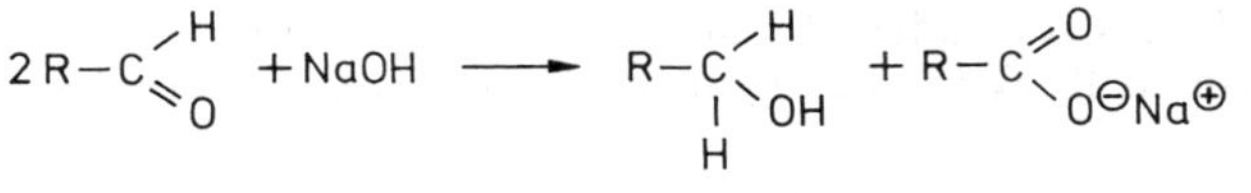

R z. B.: H, $(H_3C)_3C$, C_6H_5

Einen derartig gekoppelten Übergang einer Substanz in eine höhere und eine niedere Oxidationsstufe bezeichnet man als **Oxidoreduktion.** Zu den aliphatischen Aldehyden,

[1] Vgl. *T. A. Geissman*, The *Cannizzaro* Reaction, Org. Reactions *2*, 94ff. (1944).

die leicht disproportionieren, gehören z. B. Formaldehyd und Trimethylacetaldehyd. Beide besitzen kein α-ständiges H-Atom.

Wird Formaldehyd im Gemisch mit einem anderen Aldehyd umgesetzt, so entsteht bei dieser *gekreuzten Cannizzaro-Reaktion* fast ausschließlich Natriumformiat und der dem anderen Aldehyd entsprechende Alkohol.
Der *Mechanismus der Disproportionierung* ist noch nicht eindeutig geklärt. Die Geschwindigkeit der Reaktion hängt nicht nur von der Aldehyd- und $OH^{\ominus}$-Ionen-Konzentration, sondern auch vom *Kation* der Lauge ab. Schon früher wurde beobachtet, daß schwächere Basen, z. B. $Ca(OH)_2$ und $Ba(OH)_2$, die Disproportionierung besser katalysieren als Alkalilaugen. Als besonders wirksam hat sich Thallium(I)-hydroxid erwiesen.
Man nimmt an, daß sich in der ersten Reaktionsstufe aus 2 Molen Aldehyd und 1 Mol Metallhydroxid ein „Primärkomplex" bildet (*Pfeil*). In diesem ist das Metall-Ion mit den O-Atomen der Carbonylgruppen koordiniert, wodurch die positive Ladung an den C-Atomen verstärkt wird. Daher kann sich das $OH^{\ominus}$-Ion des Metallhydroxids besonders leicht an das C-Atom der einen polarisierten C = O-Gruppe anlagern. Gleichzeitig wandert ein Hydrid-Anion an das positivierte C-Atom der zweiten Carbonylgruppe. Es entstehen so eine Säure und ein Alkoholat-Ion, aus denen sich in einer Säure-Basenreaktion das Säure-Anion und der Alkohol bilden.

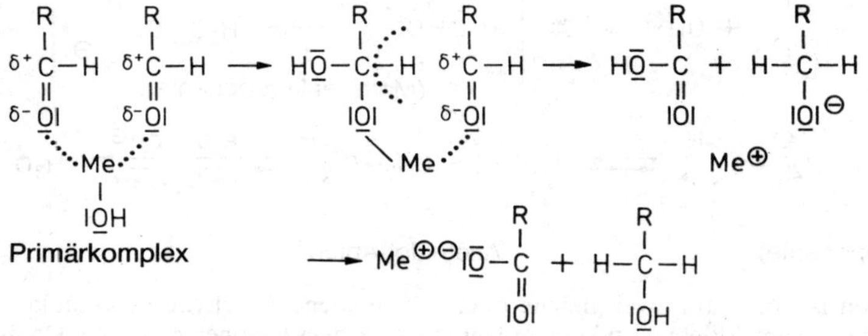

Die *Hydrid-Ionenwanderung* wurde von *Bonhoeffer* und *Fredenhagen* (1938) durch Oxidoreduktion von Benzaldehyd zu Benzoesäure und Benzylalkohol in *schwerem Wasser* nachgewiesen. Es zeigte sich, daß in dem Benzylalkohol kein an Kohlenstoff gebundenes Deuterium auftritt und somit das Lösungsmittel an der Disproportionierung nicht beteiligt ist. Folglich muß der im Benzylalkohol hinzugetretene Wasserstoff aus einer Aldehydgruppe stammen.

2.21.7.8 *Tischtschenko*-Verfahren der Esterbildung

Während die *Cannizzaro*-Reaktion mit wenigen Ausnahmen nur bei den aromatischen Aldehyden mit guter Ausbeute verläuft, hat *Tischtschenko* (1906) im *Aluminiumalkoholat* ein Kondensationsmittel aufgefunden, das auch aliphatische Aldehyde dieser *Disproportionierung* präparativ zugänglich macht. Da die Alkoholate durch Wasser zersetzt werden, muß man die Disproportionierung der Aldehyde in wasserfreiem Medium durchführen. Hierbei bildet sich aus dem Alkohol und der Carbonsäure gleich der entsprechende Ester, z. B. aus Acetaldehyd und Aluminiumethylat (3 – 5% der Aldehydmenge) unter bestimmten Reaktionsbedingungen reiner *Essigsäureethylester* in quantitativer Ausbeute:

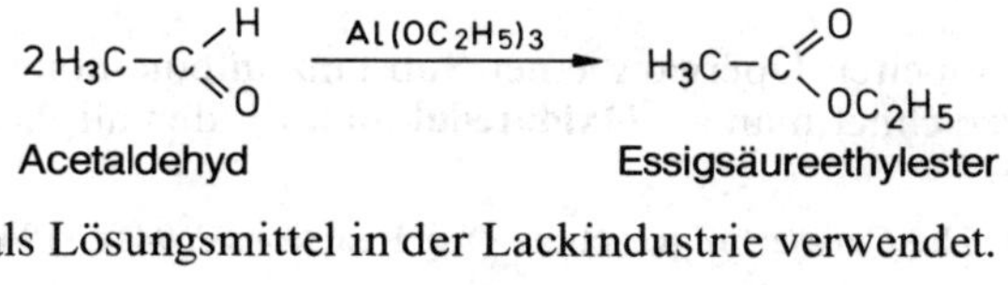

Er wird vor allem als Lösungsmittel in der Lackindustrie verwendet.

2.21.7.9 Polymerisation der Aldehyde

Eine weitere typische Eigenschaft der aliphatischen Aldehyde ist die Neigung, sich – besonders in Gegenwart von $H^{\oplus}$-Ionen – unter starker Wärmeentwicklung acetalartig zu höhermolekularen Verbindungen zu vereinigen, die sowohl Ring- als auch Kettenstruktur besitzen können.

Die *Polymerisation* des Formaldehyds[1] zu *niedermolekularem* **Paraformaldehyd** tritt bereits beim Eindampfen wäßriger Formaldehydlösungen oder auf Zusatz saurer bzw. basischer Katalysatoren ein. Die dabei entstehenden *linearen* Kettenmoleküle haben folgende Konstitution:

$$H{-}\!\left[O{-}CH_2\right]_n\!{-}OH$$

Paraformaldehyd

Demgegenüber polymerisiert flüssiger oder in indifferenten Lösungsmitteln gelöster, wasserfreier Formaldehyd bei tiefen Temperaturen (–80 °C [193 K]) in Gegenwart von Alkoholat oder einem *tertiären* Amin als *Initiator* zu mehr oder weniger durchsichtigen, harten Massen bzw. pulverigen Produkten. In diesen liegt *hochmolekularer* **Polyformaldehyd** (Polyoxymethylen) vor, der sich bei höherer Temperatur zu Filmen oder Fäden verarbeiten läßt (Delrin).

Diese Polymerisationen verlaufen nach dem *anionischen Ionenkettenmechanismus:*

$$\overset{\delta^+}{H_2C}=\overset{\delta^-}{\underline{\overline{O}}} \xrightarrow{+\,|\overline{\underline{O}}H^{\ominus}} H\overline{\underline{O}}{-}CH_2{-}\overline{\underline{O}}|^{\ominus} \xrightarrow{+\,n\,CH_2=O} HO{-}\!\left[CH_2{-}O\right]_n\!{-}CH_2{-}\overline{\underline{O}}|^{\ominus}$$

Der Kettenabbruch erfolgt durch Kationen.

Außer kettenförmigen Polymeren existiert vom *Formaldehyd* ein *cyclisches* Trimeres, das **Trioxymethylen** (1,3,5-Trioxan), das sich aus Formaldehyddampf in Nadeln (Schmp. 63 °C [336 K]) abscheidet. Es ist in Wasser und organischen Lösungsmitteln leicht löslich und zeigt *keine* reduzierenden Eigenschaften.

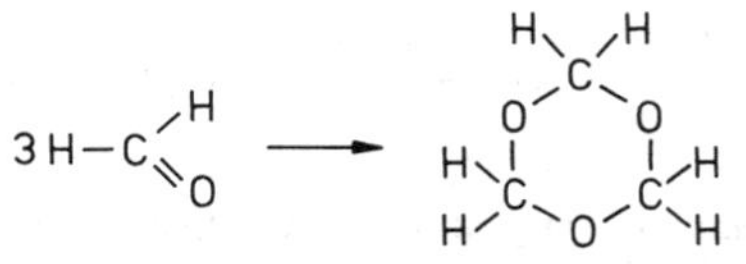

Trioxymethylen

Die unter anderen Reaktionsbedingungen ablaufende *Kondensation* des Formaldehyds wird auf S. 435 behandelt.

Acetaldehyd trimerisiert sich beim Versetzen mit einigen Tropfen konz. Schwefelsäure unter heftiger Reaktion zu dem flüssigen **Paraldehyd** (2,4,6-Trimethyl-1,3,5-trioxan), Sdp. 124 °C (397 K):

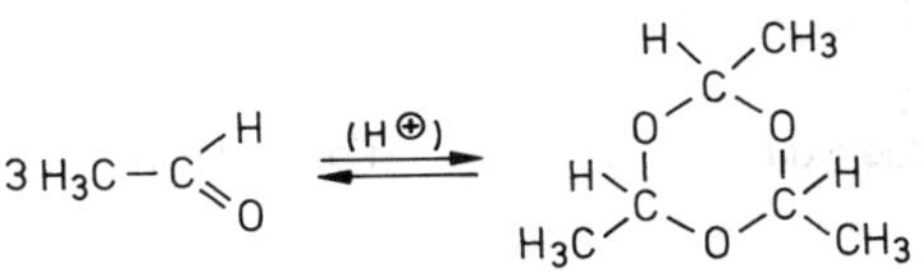

Paraldehyd

Wie aus obigen Formulierungen ersichtlich ist, enthalten die cyclischen Trimeren keine freien Aldehydgruppen, wirken also weder reduzierend, noch reagieren sie mit den üblichen Aldehyd-

[1] Vgl. *W. Kern,* Über die Polymerisation und Copolymerisation von Trioxan und von Formaldehyd, Chemiker-Ztg. *88,* 623 (1964).

reagenzien. Ihr Verhalten ähnelt dem der Acetale, d. h. sie sind *gegen Alkalien beständig,* lassen sich aber unter dem Einfluß von $H^{\oplus}$-Ionen in der Hitze wieder zu Aldehyden depolymerisieren.

Die wichtigsten Aldehyde

2.21.8 Formaldehyd (Methanal)

Darstellung. Technisch hauptsächlich *durch Dehydrierung von Methanol* mit Luftsauerstoff am Silber- oder Kupferkontakt bei etwa 600 °C (875 K) (*A. W. v. Hofmann,* 1867):

$$H_3C{-}OH + 1/2\,O_2 \xrightarrow{(Ag)} H{-}C{\overset{H}{\underset{O}{\lessgtr}}} + H_2O \qquad \Delta H = -159\ \mathrm{kJ/Mol}$$

Der Luftsauerstoff hat die Aufgabe, den abgespaltenen Wasserstoff am Katalysator zu Wasser zu verbrennen. Man gewinnt eine 40proz. Formaldehydlösung, die 8–10% Methanol enthält und als *Formalin* im Handel ist.

Eigenschaften. Formaldehyd, ein stechend riechendes, giftiges Gas, liegt in wäßriger Lösung weitgehend als Hydrat, $HO{-}CH_2{-}OH$, vor. Er ist ein Bestandteil des Tabakrauches. Formaldehyd gibt die üblichen Aldehydreaktionen, unterscheidet sich aber von den höheren aliphatischen Aldehyden durch einige spezielle Umsetzungen. Die *Sonderstellung* des Formaldehyds ist dadurch bedingt, daß die Carbonylgruppe nur mit 2 H-Atomen verbunden ist, z. B. tritt mit verdünnter Kalilauge eine **Oxidoreduktion** zu Methanol und Ameisensäure ein (*Cannizzaro*-Reaktion):

$$2\,H{-}C{\overset{H}{\underset{O}{\lessgtr}}} + H_2O \xrightarrow{(OH^{\ominus})} H_3COH + H{-}C{\overset{O}{\underset{OH}{\lessgtr}}}$$

Aus Formaldehyd und *Ammoniak* entsteht über Aldehydammoniak und Formaldimin durch Cyclisierung zunächst Hexahydro-1,3,5-triazin, das sofort zu dem tetracyclischen *Hexamethylentetramin* weiterreagiert:

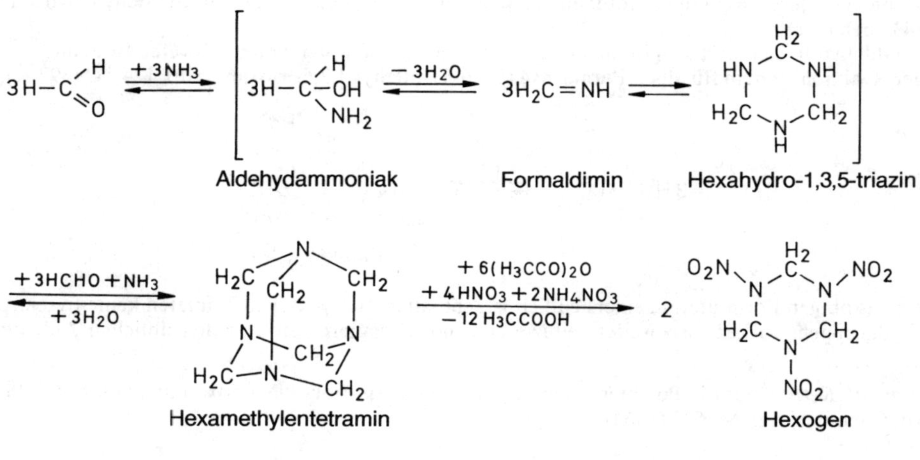

Durch Nitrierung und oxidativen Abbau von Hexamethylentetramin mit starker Salpetersäure in Gegenwart von Ammoniumnitrat und Acetanhydrid gewinnt man den hochbrisanten Sprengstoff **Cyclotrimethylentrinitramin** (Hexogen, Cyclonit).
Hexamethylentetramin, $(CH_2)_6N_4$, ist eine kristalline wasserlösliche Substanz, die bei der sauren Hydrolyse leicht wieder Formaldehyd abspaltet und daher zur „Härtung" von Kunstharzen benutzt wird.
Medizinisch diente Hexamethylentetramin als *INN:* ***Methenamin*** oder *Urotropin* zum Desinfizieren der Harnwege.

Verwendung. Formaldehyd wird als *Desinfektionsmittel* für Wohnräume sowie als *Konservierungs-* und *Härtungsmittel* (Formalin) für anatomische Präparate verwendet, da er mit Eiweiß wasserunlösliche Kondensationsprodukte bildet (Gerbung); die konservierende Wirkung des Räucherns geht vorwiegend auf Formaldehyd zurück. Mit Phenol- oder Naphthalinsulfonsäuren kondensiert er sich zu synthetischen Gerbstoffen (Neradole). Von technischer Bedeutung ist Formaldehyd als Ausgangsprodukt für die Herstellung von Farbstoffen, zur Härtung von Casein und Gelatine sowie vor allem zur Gewinnung von Kunstharzen (Pheno- bzw. Aminoplaste). Als Reduktionsmittel in der Küpenfärberei und im Ätzdruck dient das Natriumsalz der Hydroxymethansulfinsäure (Rongalit), $H_2C(OH)-SO_2Na$, das aus Formaldehyd und Natriumdithionit, $Na_2S_2O_4$, darstellbar ist.

2.21.9 Acetaldehyd (Ethanal)

Darstellung

2.21.9.1 Aus Ethanol. a) Im Laboratorium *durch Oxidation von Ethanol* mit Kaliumdichromat und Schwefelsäure:

$$3\,H_3C-CH_2OH + 2\,CrO_3 \longrightarrow 3\,H_3C-C{\scriptstyle\genfrac{}{}{0pt}{}{\diagup H}{\diagdown\!\!\diagdown O}} + Cr_2O_3 + 3\,H_2O$$

b) In kohlenhydratreichen Ländern *durch Dehydrierung von Ethanol* mit Luft am Ag-Kontakt bei etwa 550 °C (825 K). Der gebildete Acetaldehyd wird mit Ethanol ausgewaschen und dann rektifiziert. Die Ausbeute an Aldehyd beträgt 85–95%.

$$H_3C-CH_2-OH + 1/2\,O_2 \xrightarrow{(Ag)} H_3C-C{\scriptstyle\genfrac{}{}{0pt}{}{\diagup H}{\diagdown\!\!\diagdown O}} + H_2O$$

2.21.9.2 *Wacker*-Hoechst-Verfahren. Durch Oxidation von Ethylen mit Luft oder Sauerstoff in wäßriger $PdCl_2/CuCl_2$-Lösung in 95proz. Ausbeute:

$$H_2C=CH_2 + 1/2\,O_2 \xrightarrow{(PdCl_2/CuCl_2)} H_3C-C{\scriptstyle\genfrac{}{}{0pt}{}{\diagup H}{\diagdown\!\!\diagdown O}} \qquad \Delta H = -218\ \text{kJ/Mol}$$

Die Oxidation homologer Alkene liefert Ketone, z. B. erhält man aus Propen Aceton und aus 1-Buten Butanon. Die Reaktion verläuft nach folgender Gleichung:

$$H_2C=CH_2 + PdCl_2 + H_2O \longrightarrow H_3C-CHO + 2\,HCl + Pd$$

Auf S. 384 wird der Reaktionsablauf genauer behandelt. Die Regenerierung des Katalysators durch den Luftsauerstoff wird durch eine katalytische Menge Kupferchlorid vermittelt:

$$Pd + 2\,CuCl_2 \rightleftharpoons PdCl_2 + 2\,CuCl$$

$$2\,CuCl + HCl + 1/2\,O_2 \longrightarrow 2\,CuCl_2 + H_2O$$

Mit dieser Synthese hat die Darstellung von Acetaldehyd aus Ethanol oder durch die Wasseranlagerung an Acetylen (vgl. S. 98) technisch an Bedeutung verloren. Da über die Hälfte des Acetaldehyds zu Essigsäure weiterverarbeitet wird, stellen wirtschaftlichere Verfahren zur Synthese der Essigsäure (vgl. S. 237) eine Konkurrenz für das *Wacker*-Hoechst-Verfahren dar.

Eigenschaften und Verwendung. Acetaldehyd ist eine farblose, stechend riechende Flüssigkeit vom Siedepunkt 20,2 °C (293,4 K), die sich mit Wasser, Alkohol und Ether leicht mischt. Seine Polymerisationsprodukte wurden bereits beschrieben (vgl. S. 203). Er tritt als wichtiges Zwischenprodukt beim biochemischen Zuckerabbau auf (s. Alkoholische Gärung).
Technisch dient Acetaldehyd zur Herstellung von Essigsäure, Essigsäureanhydrid, Aceton, Ethanol, Acrolein, Acetaldol und Crotonaldehyd sowie Butadien.

2.21.10 Propionaldehyd (Propanal)

Propionaldehyd, eine erstickend riechende Flüssigkeit, läßt sich technisch *durch hydrierende Carbonylierung* (*Hydroformylierung*) *des Ethylens* darstellen.
Oxosynthese[1]. Darunter versteht man die gleichzeitige Anlagerung von Kohlenmonoxid und Wasserstoff an C=C-Doppelbindungen unter Bildung von *Aldehyden.* Sie ist stets eine Druckreaktion, die je nach den Reaktionsbedingungen bei Temperaturen zwischen 50 und 200 °C (325 und 475 K) durchgeführt wird (*O. Roelen,* 1938). Als Katalysatormetall dient meist Kobalt, das als $HCo(CO)_4$ wirksam ist (vgl. S. 384*f.*) oder Rhodium.
Die einfachste Oxoreaktion ist die *Synthese von Propionaldehyd* aus Ethylen und Wassergas bei etwa 200 bar (20 MPa) und einer optimalen Temperatur von 100–115 °C (375 bis 390 K).

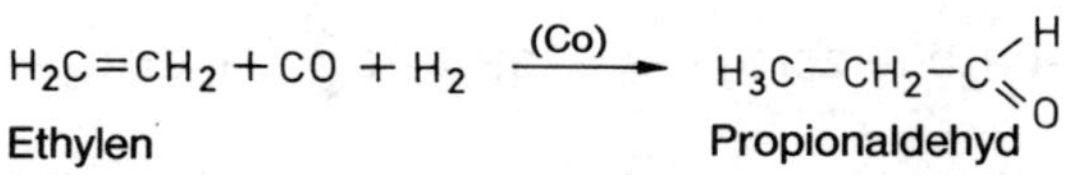

Ist ein H-Atom im Ethylen durch einen Alkylrest ersetzt, so kann sich Kohlenmonoxid sowohl an das C-Atom 1 als auch 2 anlagern. Im ersten Fall erfolgt Aldehydbildung unter geradliniger Kettenverlängerung, im zweiten unter α-Methylverzweigung:

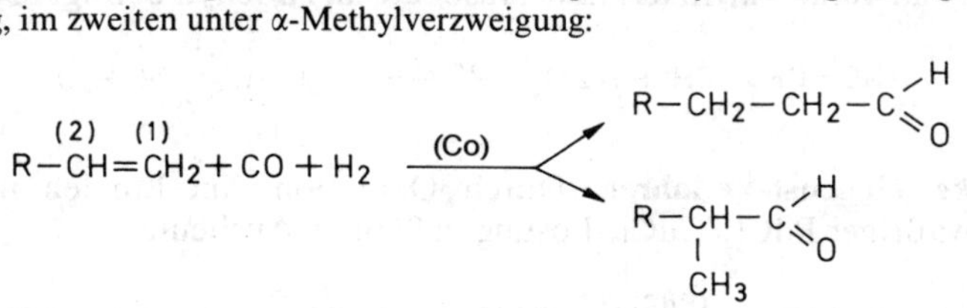

Welche der beiden Reaktionen bei der *Olefin-Hydroformylierung* überwiegt, hängt außer vom Katalysator von der Art des Substituenten R ab, z. B. entstehen bei der *Hydroformylierung von Propen* ($R=CH_3$) am Kobalt-Kontakt *n*-Butyraldehyd und Isobutyraldehyd im Verhältnis 4 : 1, während am Rhodiumkontakt nur n-Butyraldehyd gebildet wird.
Mit Hilfe der Oxosynthese lassen sich auch Alkohole gewinnen. Steigert man die Temperatur auf 180 °C (455 K) und darüber, so erfolgt am Kobalt-Kontakt gleichzeitig eine Hydrierung der primär gebildeten Aldehyde zu Alkoholen, z. B. erhält man unter diesen Bedingungen aus Ethylen, Kohlenmonoxid und Wasserstoff *n-Propanol.*

---

[1] Vgl. *P. Pino* et al., in *J. Wender* u. *P. Pino* in Organic Synthesis via Metalcarbonyl, Vol. *2,* 43 ff. (1977).

Technische Anwendung findet dieses Verfahren besonders zur *Darstellung höherer Alkohole.* Als Ausgangsmaterial dienen Olefingemische, die bei der Crackung anfallen.

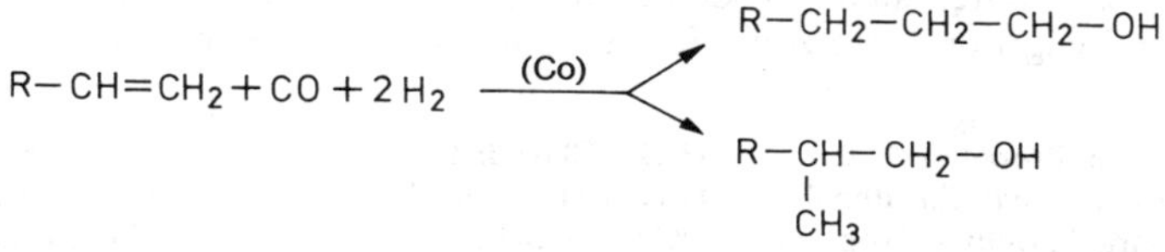

Die Olefinfraktionen mit 5–11 C-Atomen liefern Alkohole für Lösungsmittel und *Weichmacher,* die mit 12–18 C-Atomen Alkohole für *Waschmittel.*

2.21.11 Halogenaldehyde

Unter den Halogenaldehyden haben vor allem die Trihalogenderivate des Acetaldehyds Bedeutung erlangt.
Chloral (Trichloracetaldehyd) wird technisch *durch Einleiten von Chlor in wasserhaltiges Ethanol* gewonnen. Die Reaktion verläuft unter Dehydrierung des Alkohols über verschieden chlorierte Zwischenstufen zu *Chloralhydrat:*

$$H_3C-CH_2OH + 4\,Cl_2 + H_2O \rightarrow \underset{\text{Chloralhydrat}}{Cl_3C-CH(OH)_2} + 5\,HCl$$

Aus Chloralhydrat (Schmp. 58 °C [331 K]) erhält man durch Destillation mit konz. Schwefelsäure im Verhältnis 1 : 1 das Chloral, eine stechend riechende Flüssigkeit, Sdp. 98 °C (371 K).
Im Chloralhydrat sind *zwei* OH-Gruppen mit einem C-Atom verbunden (Ausnahme der *Erlenmeyer*-Regel). Auch die aus Trichloracetaldehyd und Alkoholen bzw. Ammoniak entstehenden kristallinen *Halbacetale* sowie der *Aldehydammoniak* sind relativ beständig.

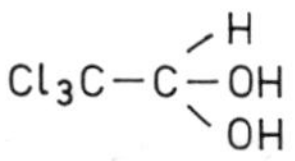

Chloralhydrat

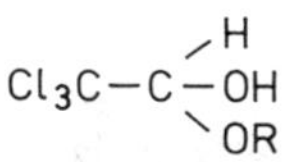

Chloralhalbacetale

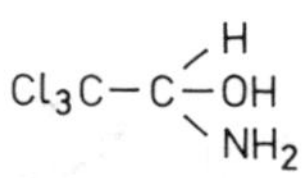

Chloralammoniak

Die Stabilität dieser Addukte ist auf die induktive Wirkung der Trichlormethylgruppe (*–I-Effekt*) zurückzuführen.

Chloralhydrat dient als Ausgangsstoff für die Gewinnung von reinem Chloroform und vor allem von *DDT* (Gesarol). Es wird als Schlafmittel verwendet (*Chloraldurat*).
Bromal (Tribromacetaldehyd) erhält man durch *Bromierung von Paraldehyd* in Gegenwart von Schwefel:

$$\underset{\text{Paraldehyd}}{(H_3C-CHO)_3} + 9\,Br_2 \xrightarrow{(S)} \underset{\text{Bromal}}{3\,Br_3C-C{\overset{H}{\underset{O}{\lessgtr}}}} + 9\,HBr$$

Es ist eine bei 174 °C (447 K) siedende Flüssigkeit, die mit Wasser *Bromalhydrat* (Schmp. 53 °C [326 K]) bildet.

2.21.12 Ungesättigte Aldehyde (Alkenale und Alkinale)

Diese Stoffklassen leiten sich von den Alkenen oder Alkinen ab, indem ein H-Atom durch die Aldehydgruppe ersetzt wird. Die wichtigsten Vertreter sind:

		Sdp.
Acrolein, Propenal	$H_2C=CH-CHO$	52,3 °C (325,5 K)
Crotonaldehyd, 2-Butenal	$H_3C-CH=CH-CHO$	104 °C (377 K)
Propargylaldehyd, Propinal	$HC\equiv C-CHO$	60 °C (333 K)

Acrolein, das Anfangsglied der Alkenalreihe ist das primäre Dehydrierungsprodukt des Allylalkohols und kann leicht weiter zu Acrylsäure oxidiert werden.

Darstellung

2.21.12.1 *Durch Erhitzen von Glycerin mit wasserabspaltenden Mitteln,* z. B. mit Kaliumhydrogensulfat, auf etwa 200 °C (475 K):

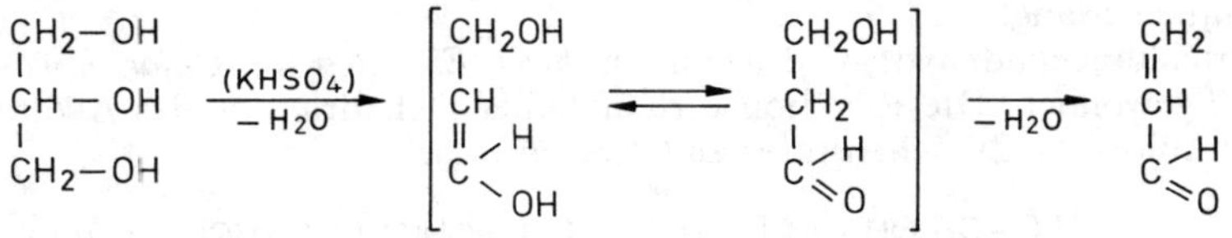

Glycerin *Enol*-Form *Keto*-Form Acrolein

Die Reaktion läßt sich so deuten, daß zunächst die *sekundäre* Alkoholgruppe eliminiert wird. Der hierbei auftretende β-Hydroxy-allylalkohol (*Enol*-Form) lagert sich in einer *Gleichgewichtsreaktion* in β-Hydroxy-propionaldehyd (*Keto*-Form) um (s. *Keto-Enol*-Tautomerie), der dann unter Wasserabspaltung in Acrolein übergeht. Man mache sich klar, daß die Entstehung von Allylalkohol aus Glycerin mit Ameisensäure (S. 125) auf einer Hydridwanderung beruht, wie sie auf S. 202 beschrieben wurde.

2.21.12.2. Technisch durch *Aldoladdition von Acetaldehyd an Formaldehyd* in Gegenwart alkalischer Dehydratisierungs-Katalysatoren (Silicagel) in der Gasphase bei 300 °C (575 K):

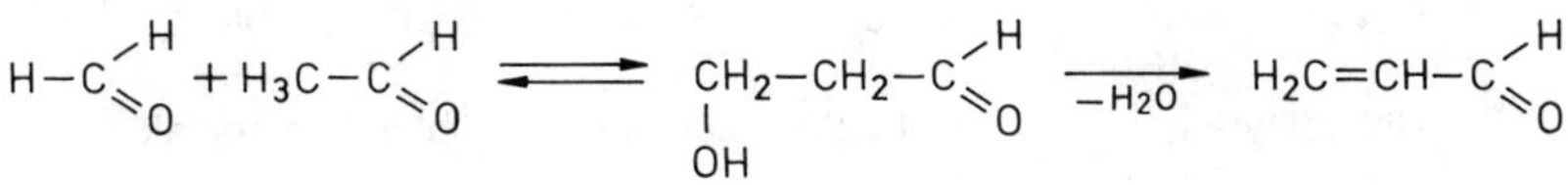

2.21.12.3 *Durch Luftoxidation von Propen* bei 200 – 500 °C (475 – 775 K) und 1 – 10 bar (0,1 – 1 MPa) an Vielkomponenten-Kontakten:

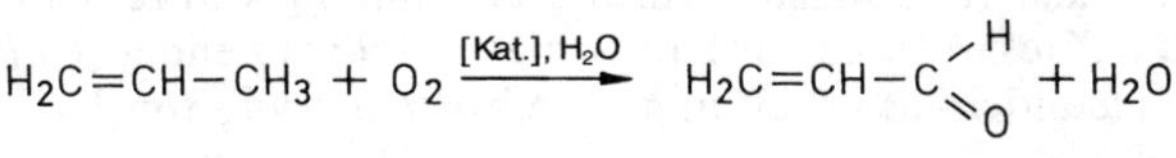

Eigenschaften. Acrolein ist eine farblose, zu Tränen reizende, leicht polymerisierbare Flüssigkeit, deren Dämpfe einen scharfen, stechenden Geruch haben und sich beim Überhitzen von Fetten aus dem Glycerin bilden (*acer* = scharf, *oleum* = Öl). Als α, β-ungesättigter Aldehyd besitzt Acrolein ein *konjugiertes* Doppelbindungssystem, es ist ein *Heterodien.* In seinem chemischen Verhalten ähnelt es daher dem Butadien, jedoch weisen die beiden Doppelbindungen hier eine unterschiedliche Reaktivität auf, wodurch die Variationsbreite der Umsetzungen erhöht wird.

Crotonaldehyd ist eine farblose Flüssigkeit, die in ihren Eigenschaften dem Acrolein ähnelt. Er existiert in zwei *cis-trans*-isomeren Formen, die sich nur schwer voneinander trennen lassen.

Isocrotonaldehyd (*Z*)-Form

Crotonaldehyd (*E*)-Form

Seine Darstellung gelingt am besten *durch Destillation von Acetaldol* mit Essigsäure als Katalysator:

Acetaldol

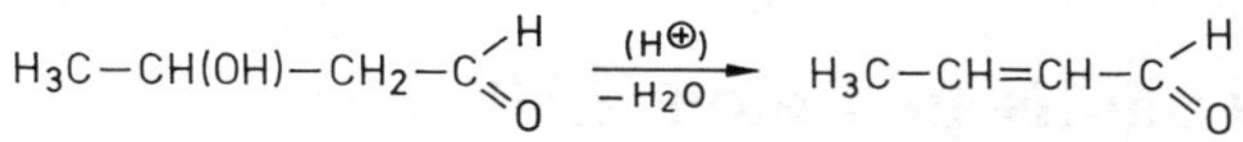

Crotonaldehyd

Führt man die Dimerisierung des Acetaldehyds mit *Piperidinacetat* als Katalysator durch, so wird die Wasserabspaltung aus dem primär gebildeten Acetaldol so beschleunigt, daß gleich der Crotonaldehyd entsteht. In diesem Falle kann man von einer *Aldolkondensation* sprechen.
Auch die endständige Methylgruppe des Crotonaldehyds ist zur Aldolkondensation befähigt. Er kann daher mit anderen Aldehyden zur *Synthese höherer, mehrfach ungesättigter Aldehyde* verwendet werden, z. B. entsteht aus Crotonaldehyd und Acetaldehyd in Gegenwart von *Piperidinacetat* unter Wasseraustritt Hexadienal.

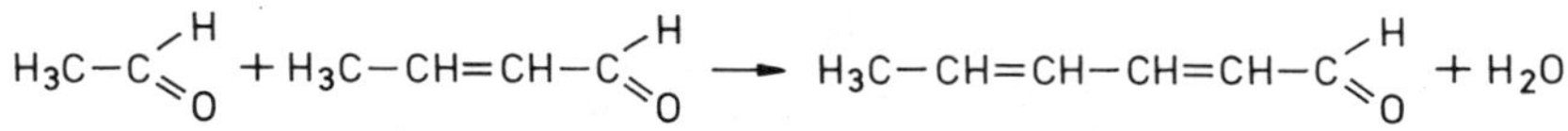

Acetaldehyd Crotonaldehyd Hexadienal

2.21.13 Gezielte Aldolreaktion (*Wittig*, 1964) [1]

Durch Umwandlung des Acetaldehyds in eine *Schiff*sche *Base* (z. B. N-Ethylidencyclohexylamin) wird seine Reaktionsfähigkeit als *Carbonylkomponente* so geschwächt, daß diese Rolle durch ein Keton übernommen werden kann (vgl. S. 201). Die *Schiff*sche *Base* wird dazu durch *Metallierung* mit Lithiumdiisopropylamid in eine *reaktive Methylenkomponente* umgewandelt:

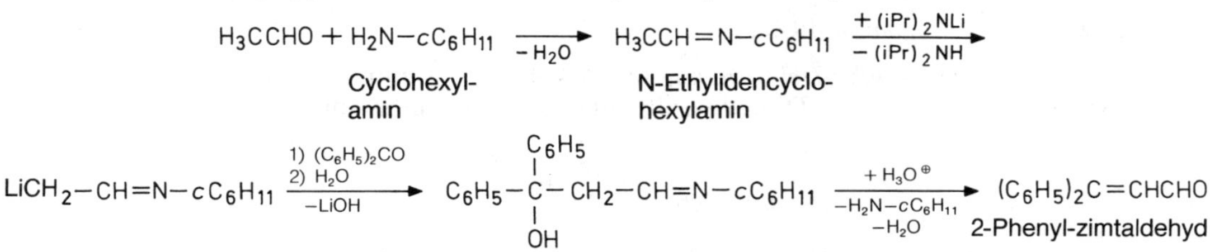

Auch durch Überführung in geeignete *Enolether* kann man einem Partner die Eigenschaft der *Methylenkomponente* aufprägen; präparativ wertvoll sind die Trimethylsilylenolether, die in Gegenwart von *Lewis*-Säuren, wie Titantetrachlorid, unter milden Bedingungen regioselektiv reagieren.

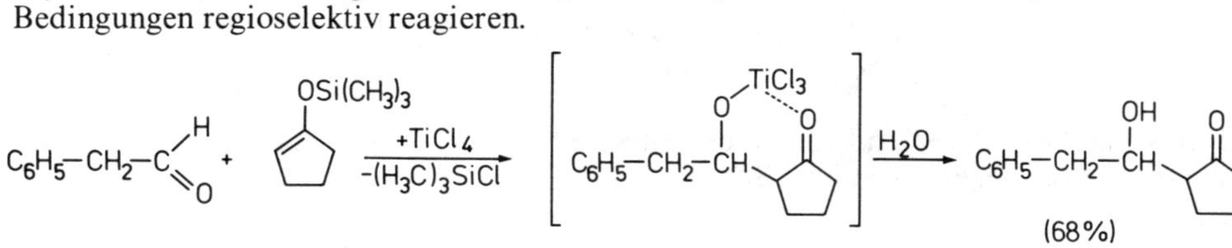

---

[1] Vgl. *G. Wittig* et al., Über gezielte Aldolkondensationen, Angew. Chem. *80,* 8 (1968); *T. Mukaiyama,* The directed Aldol reaction, Org. Reactions *28,* 203 (1982).

Propargylaldehyd (Propiolaldehyd), HC≡C−CHO, der einfachste Aldehyd mit einer C≡C-Dreifachbindung kann *durch Oxidation von Propargylalkohol,* z. B. mit Kaliumpermanganat, dargestellt werden und ist eine Flüssigkeit, deren Dämpfe die Schleimhäute ähnlich wie Acrolein reizen.

2.22 Aliphatische Ketone (Alkanone)

Die Stoffklasse der Ketone enthält als charakteristisches Merkmal die *Carbonyl-, Keto-* oder *Oxogruppe,* >C = O, zwischen zwei Alkylresten. Je nachdem, ob die beiden Alkyle identisch oder verschieden sind, spricht man von *einfachen* oder *gemischten Ketonen:*

Das einfachste Keton ist *Aceton* (*Propanon*), $H_3C-CO-CH_3$.
Der Name für die höheren Ketone wird aus den beiden Alkylen mit der Endung „keton" gebildet, z. B. *Ethyl-methyl-keton* (*Butanon*), $H_3C-CO-CH_2-CH_3$, das man auch als 2-Keto- bzw. 2-Oxo-butan bezeichnet.

2.22.1 Allgemeine Darstellungsweisen

2.22.1.1 *Aus sekundären Alkoholen:*

a) Durch Oxidation oder Dehydrierung sek. Alkohole, z. B. mit Chrom(VI)-oxid in Eisessig oder mit aktiviertem Dimethylsulfoxid (vgl. S. 194), erhält man Ketone:

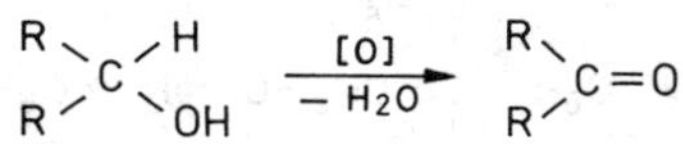

Ein schonendes und ergiebiges Verfahren ist die heterogene Oxidation mit einem Tonmineral, z. B. Bentonit, das mit Eisen(III)nitrat (Clayfen) oder Kupfer(II)nitrat (Claycop) imprägniert ist in einem unpolaren Lösungsmittel[1].

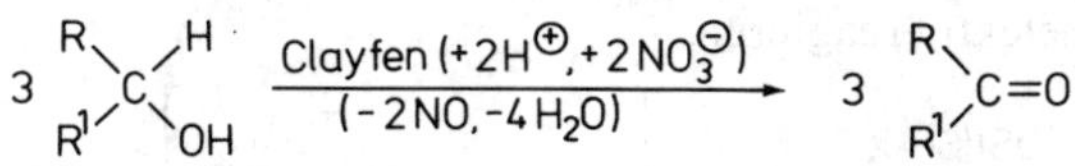

Der Verlauf der Reaktion kann an der Entwicklung der nitrosen Gase verfolgt werden, die Ausbeuten liegen meist über 80%.

[1] Vgl. *P. Laszlo* et al., Clay-Supported Copper (II) and Iron (III) Nitrates: Novel Multi-Purpose Reagents for Organic Synthesis, Synthesis *1985,* 909; Chemical Reactions on Clays, Science *235,* 1473 (1987).

b) ***Oppenauer*-Oxidation**[1] (1937). Beim Erhitzen eines *sek.* Alkohols mit einem Keton, z. B. mit Cyclohexanon im Überschuß bei Gegenwart von Aluminium-*tert.*-butylat, entstehen in einem *Redoxprozeß* das entsprechende Keton und Cyclohexanol:

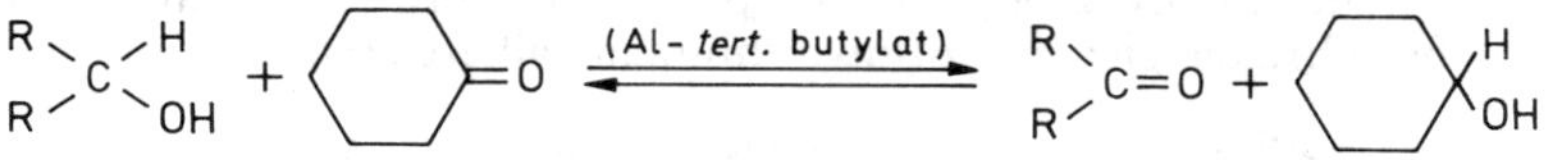

Cyclohexanon Cyclohexanol

Diese Methode wird vornehmlich bei Naturstoffen, z. B. Steroiden und Alkaloiden, angewandt.

2.22.1.2 *Durch Destillation der Calciumsalze von Carbonsäuren:*

Das Verfahren ist sehr alt; es liefert nur in Einzelfällen gute Ausbeuten und ist nicht verallgemeinerungsfähig.

2.22.1.3 *Durch Addition* von *Grignard-Verbindungen an Nitrile* und anschließende Hydrolyse:

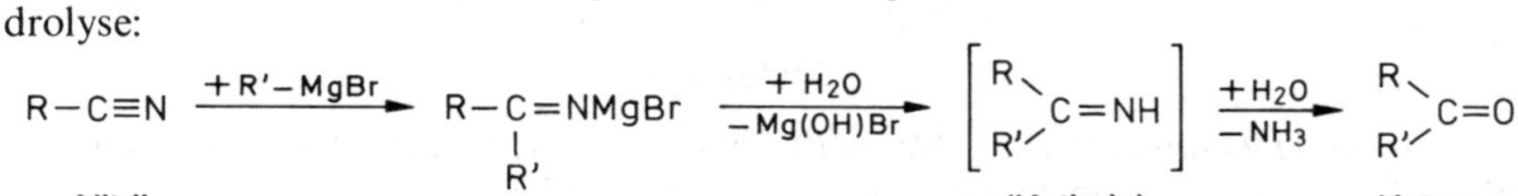

Nitril (Ketimin) Keton

2.22.1.4 *Aus Olefinen nach dem Wacker*-Hoechst-*Verfahren* (vgl. S. 205).

2.22.1.5 *Aus Cyclopropylverbindungen durch „trockene Ozonisierung"*[2]:

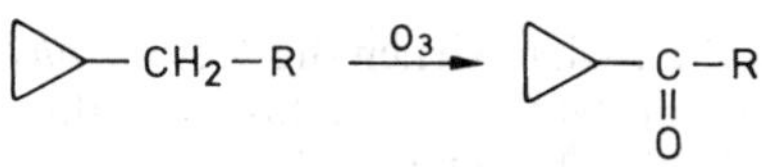

Der Kohlenwasserstoff wird gemeinsam mit Ozon bei −78 °C (200 K) an Kieselgel adsorbiert. Nach Sättigung mit O_3 (erkennbar an einer Blaufärbung des Kieselgels) wird langsam auf Zimmertemperatur erwärmt.

2.22.1.6 Zur Darstellung von *Methylketonen* eignen sich besonders die *Alkylierung von Acetessigester* mit anschließender *Ketonspaltung* (vgl. S. 297 *f.*) und die Umsetzung des Methylsulfinylcarbanions mit Carbonsäureestern sowie anschließender reduktiver Spaltung der primär entstandenen *β*-Ketosulfoxide (vgl. S. 151).
Bei der letzten Reaktion wird im entscheidenden Schritt der Carbonylkohlenstoff eines Esters nucleophil durch ein Carbanion angegriffen. Dabei wird eine C−O-Bindung gelöst und eine C−C-Bindung geknüpft. Wenn es gelingt, den elektronischen Charakter dieser Umsetzung umzupolen, sind beachtliche Konsequenzen für die synthetische Chemie zu erwarten[3]. Eine derartige Umpolung ist in der folgenden Reaktion verwirklicht.

---

[1] Vgl. *C. Djerassi,* The *Oppenauer* Oxidation, Org. Reactions *6,* 207 ff. (1951).
[2] Vgl. *A. de Meijere,* Nachr. Chem. Tech. Labor *27,* 177 (1979).
[3] Vgl. *D. Seebach* et al., Methoden der Reaktionsumpolung, Angew. Chem. *91,* 259 (1979); Umpolung (dipole inversion) of Carbonyl reactivity, Chem. and Ind. *1974,* 687.

2.22.1.7 *Umwandlung von Aldehyden in Ketone nach der Dithianmethode*[1]. Das Ziel der *Umpolung* ist die Erzeugung eines Reaktionspartners, der wie ein **Acylanion R$\underline{C}$=O**$^{\ominus}$ reagiert. Wegen der ausgeprägten Fähigkeit des Schwefels, anionische Zentren zu stabilisieren, wird die Aldehydgruppe mit Propan-1,3-dithiol in ein Dithianderivat (Dithioacetal) überführt, das sich mit *n*-Butyllithium metallieren läßt:

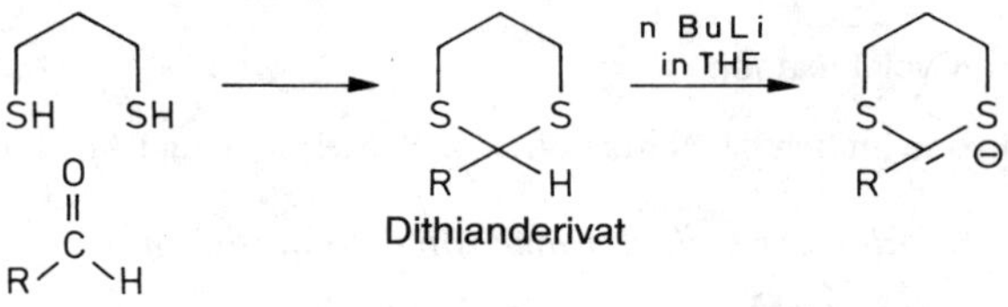

Dithianderivat

In diesem liegt ein *verkapptes Acylanion* vor, das an Alkylhalogeniden eine nucleophile Substitution bewirken kann, z. B.:

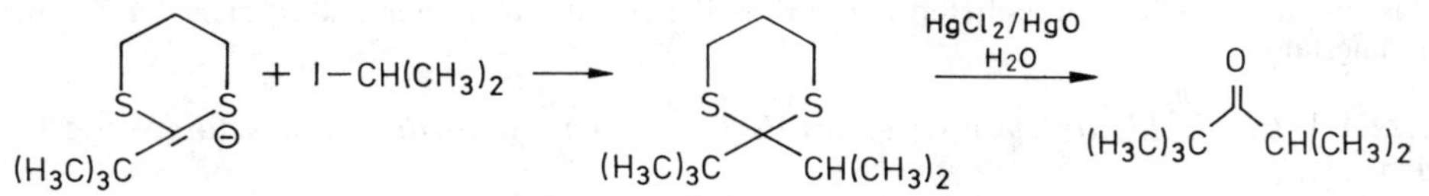

Dithioacetal

Das entstehende *Dithioacetal* (*Dithioketal*) kann z. B. mit Quecksilberchlorid/Quecksilberoxid oder mit Claycop zum Keton hydrolisiert werden.

Eigenschaften. Die niederen Ketone sind farblose Flüssigkeiten von charakteristischem Geruch. Während Aceton in jedem Verhältnis mit Wasser mischbar ist, nimmt die Wasserlöslichkeit der *Homologen* mit steigender Kohlenstoffzahl rasch ab. Die höheren Ketone sind fest.
Zum Unterschied von den Aldehyden wirken die Ketone *nicht reduzierend.* Sie sind gegen Oxidationsmittel ziemlich widerstandsfähig, da ihnen das leicht angreifbare H-Atom der Aldehydgruppe fehlt. Bei energischer Oxidation besonders im sauren Medium entstehen unter Aufspaltung der C-Kette Carbonsäuren, z. B.

$$\underset{\text{Butanon}}{H_3C-\overset{\overset{O}{\|}}{C}-CH_2-CH_3} \xrightarrow{+\,3/2\,O_2} \underset{\text{Essigsäure}}{2\ H_3C-COOH}$$

Läßt man *Natrium* oder *Natriumamid* in wasserfreiem Ether auf Ketone einwirken, so bilden sich salzartige Verbindungen, deren *Anion mesomeriestabilisiert* ist, z. B.

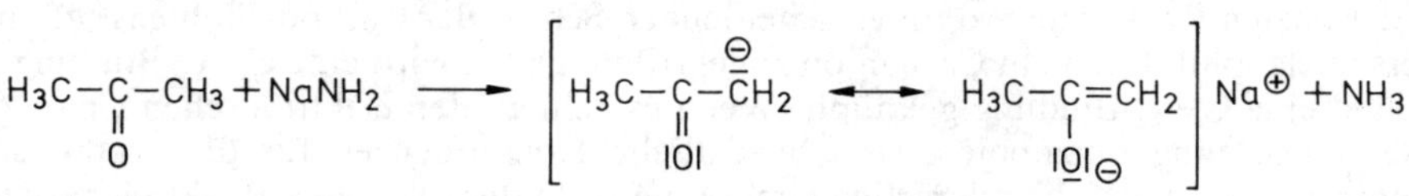

Aceton Acetonnatrium

[1] Vgl. *E. J. Corey* und *D. Seebach,* Angew. Chem. *77,* 1134 (1965).

2.22.2 Additions- und Kondensationsreaktionen

Die Ketone gehen fast die gleichen Additions- und Kondensationsreaktionen ein wie die Aldehyde, da diese allein durch die Carbonylgruppe bedingt sind. Allgemein ist die Reaktionsfähigkeit der Ketone etwas schwächer als die der Aldehyde. Dies zeigt sich auch darin, daß die Ketone nicht zur Polymerisation neigen.
Analog wie bei den Aldehyden verlaufen auch die *Additionen* von Blausäure, Natriumhydrogensulfit und *Grignard*-Verbindungen *an Ketone,* z. B. entsteht aus Aceton, Natriumcyanid und Wasser folgendes Cyanhydrin:

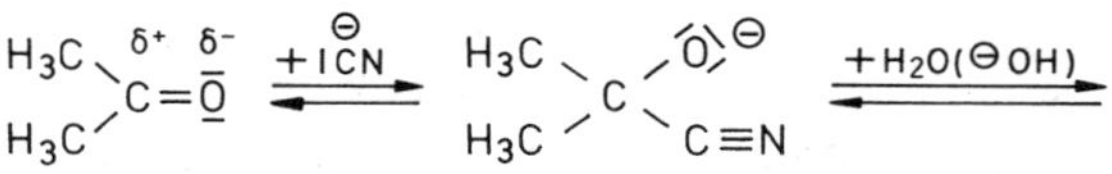

Aceton Acetoncyanhydrin

Die Cyanhydrine dienen vielfach als Ausgangsstoffe zur Darstellung ungesättigter Nitrile oder von α-Hydroxysäuren, z. B.

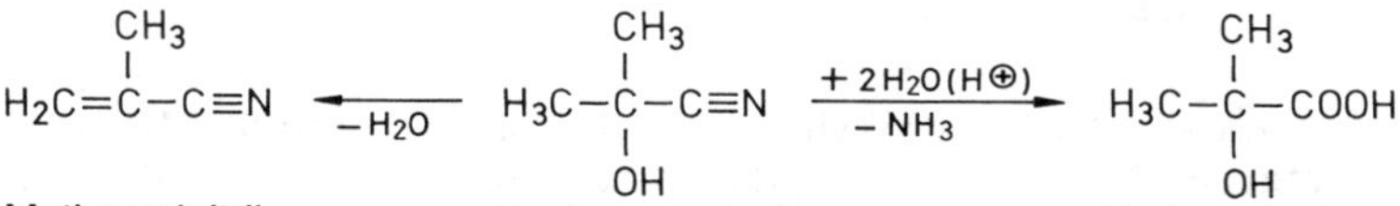

Methacrylnitril Acetoncyanhydrin α-Hydroxy-isobuttersäure
2-Hydroxy-2-methylpropionsäure

Die *Kondensationsreaktionen der Ketone,* z. B. mit *primären* Aminen, Hydroxylamin, Semicarbazid und substituierten Hydrazinen, führen – in Analogie zu den Aldehyden – zu *Schiff*schen *Basen, Ketoximen, Semicarbazonen* bzw. *Ketonhydrazonen.* Oft werden Carbonylverbindungen mit 2,4-Dinitrophenylhydrazin kondensiert, da die 2,4-Dinitro-phenylhydrazone besonders gut kristallisieren:

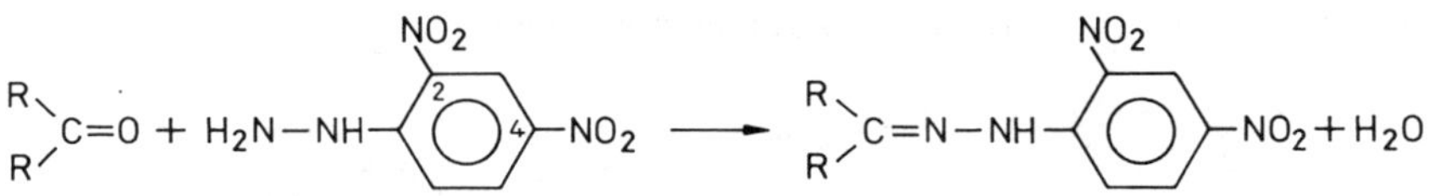

2,4-Dinitro-phenylhydrazin

Derartige Kondensationsprodukte sind für die Abscheidung, Reinigung und Identifizierung der Ketone wertvoll.

Die Methode der gezielten Aldolreaktion (S. 209) hat sich auf *chirale Hydrazone* übertragen lassen und zu einem sehr wirksamen stereoselektiven Alkylierungsverfahren zur Darstellung chiraler α-*Alkylcarbonylverbindungen* geführt. Als chiraler Hilfsstoff (engl. adjuvant) dient (*S*)-1-Amino-2-methoxypyrrolidin (SAMP), das aus L-Prolin gewonnen wird. Durch stereoselektive α-Alkylierung des chiralen Hydrazons (I) von Diethylketon mit *n*-Propyliodid erhält man das (*S*)-4-Methyl-3-heptanon, das als Alarmpheromon einiger Ameisengattungen vorkommt[1]. Der in der Synthese unverändert bleibende Teil des chiralen Hilfsstoffes ist grau unterlegt.

[1] Vgl. *D. Enders,* Alkylation of Chiral Hydrazones in *J. D. Morrison* (Ed.) Asymm. Synthesis *3,* 275 (Academic Press, New York 1984).

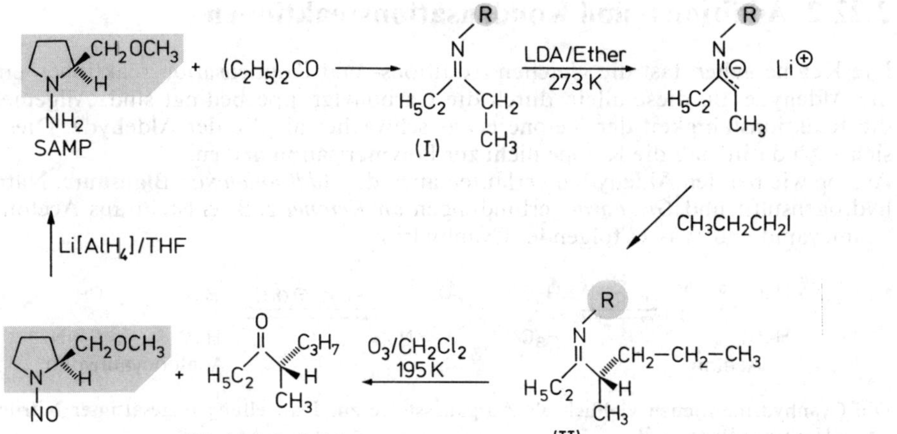

(S)-4-Methyl-3-heptanon (II)
Ausb. 60%, > 99% ee

Nach der Spaltung des stereoselektiv alkylierten Hydrazons (II) wird SAMP durch Reduktion der entstandenen N-Nitrosoverbindung mit Lithiumaluminiumhydrid zurückgewonnen.
Das Enantiomere von SAMP wird als RAMP bezeichnet; man gewinnt es aus D-Glutaminsäure. So kann durch Wahl des entsprechenden chiralen Hilfsstoffes die vorgesehene Stereochemie eines Zielmoleküls verwirklicht werden.

2.22.2.1 Enamine[1]

Sekundäre Amine bilden mit Aldehyden oder Ketonen *α,β-ungesättigte Amine*, die in Analogie zu den *Enolen* als *Enamine* bezeichnet werden:

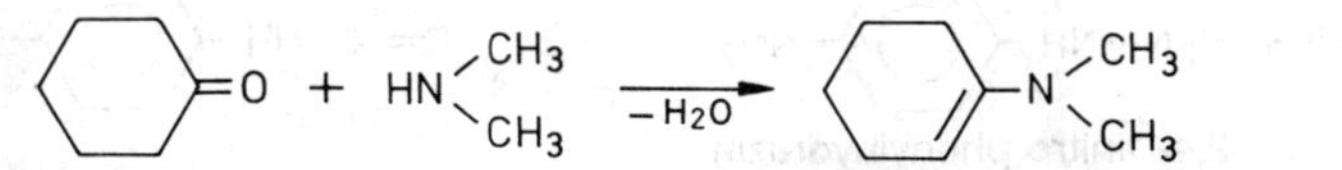

Cyclohexanon N,N-Dimethyl-1-cyclohex*enamin*

Als *sekundäre* Amine werden häufig heterocyclische Verbindungen wie Pyrrolidin, Piperidin oder Morpholin verwendet.

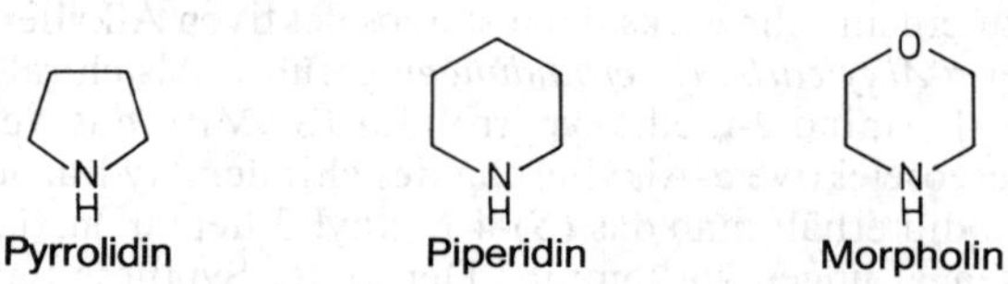

Pyrrolidin Piperidin Morpholin

Die Reaktion wird durch Säure katalysiert und verläuft nach folgendem Mechanismus:

[1] Vgl. *A. G. Cook* (Ed.), Enamines (M. Dekker, New York 1969); *P. W. Hickmott*, Enamines, Tetrahedron *38*, 1975 (1982).

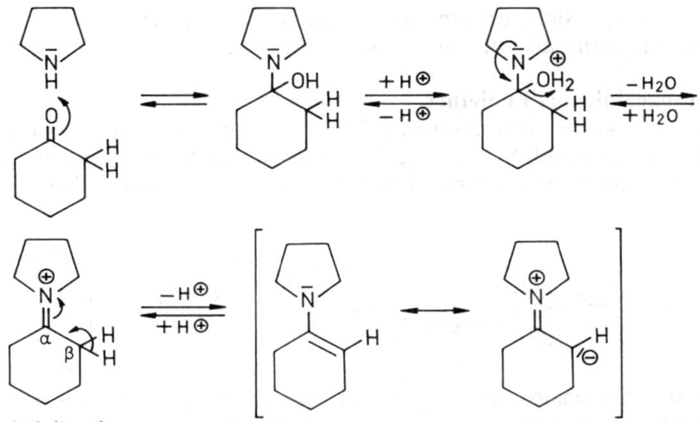

Iminium-Ion Enamin

Nach der nucleophilen Addition an die Carbonylgruppe wird die OH-Gruppe protoniert und dann Wasser abgespalten. Das dabei entstehende *Iminium-Ion* stabilisiert sich durch Ablösung eines Protons aus der β-Stellung zum *Enamin.* Das Gleichgewicht wird durch azeotropes Abdestillieren des Wassers zum Enamin verschoben.

Der *Keto-Enol-Tautomerie* entspricht in dieser Substanzklasse die *Imin-Enamin-Tautomerie.*

Enamin Imin (*Schiff*sche Base)

Das Gleichgewicht liegt meist vollständig auf der Seite der *Schiff*schen Base[1]. Damit wird verständlich, weshalb *sekundäre* Amine zur Darstellung von Enaminen besonders geeignet sind.
Die Enamine sind präparativ von Bedeutung, da sie aufgrund folgender Mesomerie dem *elektrophilen* Angriff am β-ständigen C-Atom zugänglich sind, so liefern die *Alkylierung* bzw. *Acylierung* und nachfolgende Hydrolyse des oben erwähnten Enamins 2-*Alkyl*- bzw. 2-*Acyl-cyclohexanone: Stork*-Reaktion, z. B.:

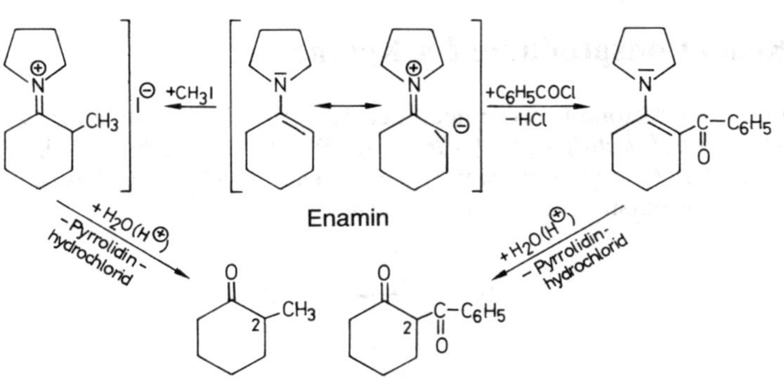

2-Methyl-cyclohexanon 2-Benzoyl-cyclohexanon

[1] Vgl. *H. Ahlbrecht* et al., Vergleich von Imin-Enamin und Keto-Enol-Tautomerie bei 2-Aryl-2-methyl-vinylaminen und Vinylalkoholen, Tetrahedron *32*, 479 (1976).

Die *Enamine* erweisen sich aufgrund dieser Reaktion als *elektronenreiche Olefine.* Die Enamine sind somit als vinyloge Amine aufzufassen.

2.22.2.2 Ketonacetale und Enolether

Bei Anwesenheit saurer Katalysatoren bilden Ketone mit *mehrwertigen Alkoholen* Ketonacetale (Ketale) (vgl. S. 446), nicht aber mit einwertigen Alkoholen, jedoch lassen sich diese Ketonacetale durch Einwirkung von *Orthoameisensäureethylester* auf Ketone erhalten:

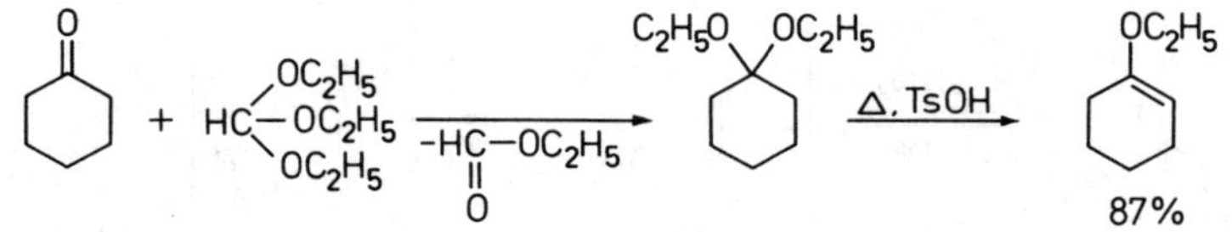

Cyclo-hexanon   Orthoameisen-säureethylester   Cyclohexanon-diethylacetal (Ketal)   1-Ethoxy-cyclohexen (Enolether)

Das als Beispiel angegebene Cyclohexanondiethylacetal läßt sich beim Erhitzen mit 0,5%iger *p*-Toluolsulfonsäure (TsOH) in den **Enolether,** 1-Ethoxycyclohexen, überführen.

Präparativ wichtig sind die **Silylenolether**[1], da sie reaktive, aber *regiostabile* Derivate der *Enolate* darstellen, aus denen sie mit Chlortrimethylsilan dargestellt werden können:

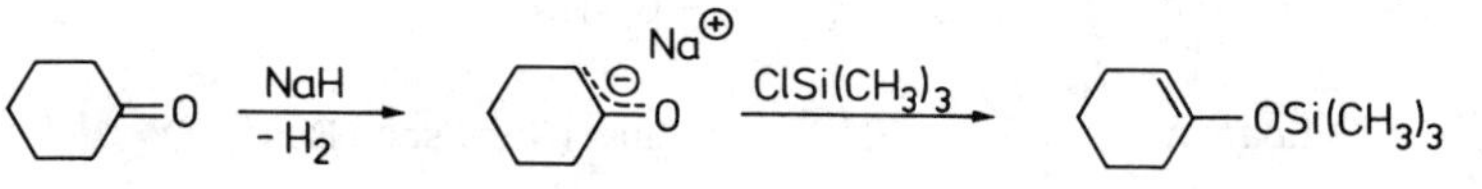

Enolat   1-Trimethylsilylcyclohexen (Silylenolether)

Die *Silylenolether* zeigen die gleiche Regioselektivität wie die *Enamine,* davon wurde z. B. bei der gezielten Aldolreaktion (S. 209) Gebrauch gemacht. Die Stereoselektivität der mit diesen Verbindungen möglichen C–C-Verknüpfungen gewinnt an Bedeutung[2].

2.22.3 Reduktionsprodukte der Ketone

Die Reduktion der Ketone führt je nach den Reaktionsbedingungen zu verschiedenen Endprodukten. *Durch katalytische Hydrierung* (Pt oder *Raney*-Nickel) bzw. *mit nascierendem Wasserstoff* (Metall und Säure) sowie bei der *Meerwein-Ponndorf-Verley*-Reduktion der Ketone entstehen *sekundäre Alkohole:*

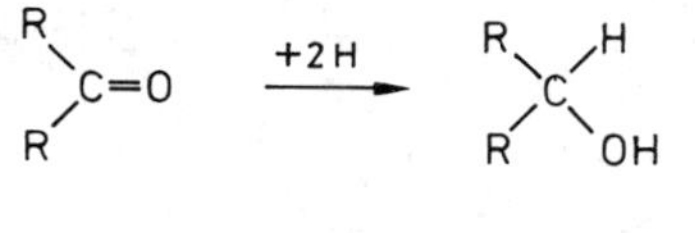

[1] Vgl. *P. Brownbridge,* Silyl Enol Ethers in Synthesis, Synthesis *1983,* 1, 85.

[2] Vgl. *D. Seebach* et al., EPC Syntheses with C,C Bond Formation via Acetals and Enamines in *R. Scheffold* (Ed.), Modern Synthetic Methods 1986 (Springer-Verlag, Berlin 1986).

Reduktion durch Metallhydride: Ketone und Aldehyde lassen sich am besten durch Metallhydride, wie *Lithiumaluminiumhydrid*, in hoher Ausbeute zu Alkoholen reduzieren, z. B.

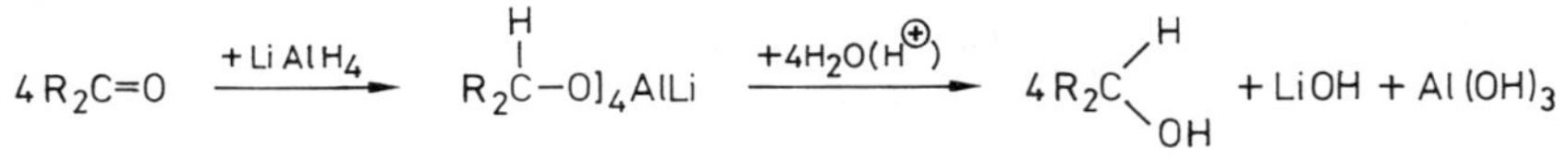

Hierbei werden alle vier H-Atome des Aluminiumhydrids zur Reduktion ausgenutzt.

Der Reaktionsverlauf ähnelt dem der *Grignard*-Verbindungen, und zwar wird der Wasserstoff als Hydrid-Ion *nucleophil* am C-Atom der Carbonylgruppe addiert:

Ein Reduktionsmittel mit *Chemoselektivität* für Aldehyde und Ketone ist das *Natriumborhydrid*, $NaBH_4$, das z. B. – im Gegensatz zu $LiAlH_4$ – Carbonsäuren oder deren Ester *nicht reduziert.*

2.22.3.1 *Clemmensen*-Reduktion[1]. Erhitzt man Ketone mit amalgamiertem Zink und konz. Salzsäure, so wird die Carbonylgruppe bis zur Methylengruppe reduziert:

$$R{-}CO{-}R + 4\,H \xrightarrow[(HCl)]{(Zn/Hg)} R{-}CH_2{-}R + H_2O$$

In Einzelfällen gelingt die Reaktion auch mit Aldehyden.

Der *Mechanismus* dieser Carbonyl-Methylen-Reduktion ist noch nicht vollständig geklärt. Offenbar verläuft sie nicht über die alkoholische Zwischenstufe, da sich Alkohole auf diese Weise nicht zu Kohlenwasserstoffen reduzieren lassen.

2.22.3.2 *Wolff-Kishner*-Reduktion[2]. Besser gelingt die Umwandlung der CO- in die CH_2-Gruppe durch Erhitzen der Ketonhydrazone (oder Aldehydhydrazone) mit Natriumethylat auf etwa 200 °C (475 K), wobei unter Stickstoffabspaltung die entsprechenden Kohlenwasserstoffe entstehen:

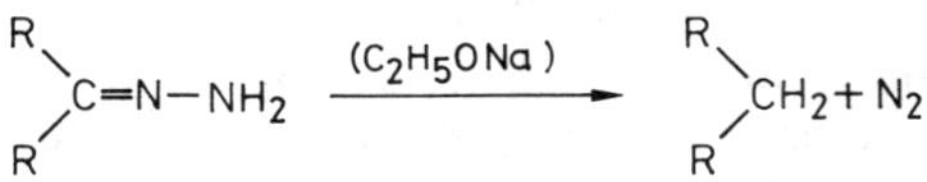

Nach einer modifizierten Methode von *Huang-Minlon* werden die Ketonhydrazone nicht erst isoliert, sondern die Carbonylverbindungen in *Ethylenglykol* mit hochprozentigem Hydrazinhydrat und Natriumhydroxid auf etwa 150 °C (425 K) erhitzt. Bei Raumtemperatur gelingt in vielen Fällen die Reduktion in *Dimethylsulfoxid* mit *Kalium-tert.-butylat.*

Wegen der unterschiedlichen Reaktionsbedingungen der *Clemmensen*-Reduktion (saure Lösung) und der *Wolff-Kishner*-Reduktion (alkalische Lösung) kann man durch Wahl der Reduktionsmethode darauf Rücksicht nehmen, ob die zu reduzierenden Ketone gegenüber Säuren oder Basen empfindlich sind.

[1] Vgl. *E. Vedejs*, The *Clemmensen* Reduction of Ketones in Anhydrous Organic Solvents, Org. Reactions *22*, 401 (1975).

[2] Vgl. *D. Todd*, The *Wolff-Kishner* Reduction, Org. Reactions *4*, 378 (1948); *H. H. Szmant*, Der Mechanismus der *Wolff-Kishner*-Reaktionen: Reduktion, Eliminierung und Isomerisierung, Angew. Chem. *80*, 141 (1968).

2.22.3.3 Reduktive Aminierung. Aldehyde und Ketone lassen sich mit Ammoniak und Wasserstoff in Gegenwart von Nickel als Katalysator zu *Aminen* reduzieren, z. B.:

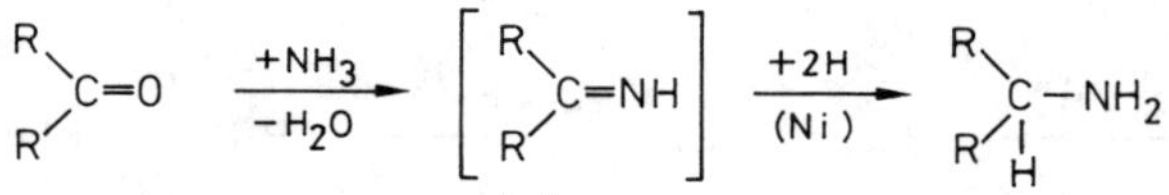

Imin Amin

2.22.3.4 Reduktive Kupplung. Reduziert man Ketone *elektrolytisch* bzw. mit *Natrium-* oder *Magnesiumamalgam*, so bildet sich, z. B. aus Aceton, neben Isopropylalkohol vorwiegend das *Pinakol* (Tetramethyl-ethylenglykol), das als Hexahydrat in Tafeln vom Schmp. 46 °C (319 K) auskristallisiert. Aus diesem kann das wasserfreie Pinakol, eine bei 174 °C (447 K) siedende Flüssigkeit, durch *azeotrope* Destillation mit Benzol erhalten werden.

Die ältere Bezeichnung „Pinakon" wird korrekter durch „Pinakol" ersetzt, da ein ditertiärer *Alkohol* vorliegt.

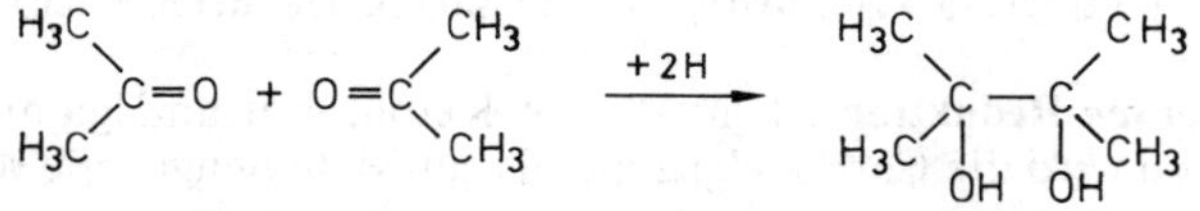

Aceton Pinakol

Diese reduktive Kupplung (Hydrodimerisierung) verläuft durch *Einelektronentransfer* (Elektronentransfer) (vgl. S. 617) vom *Metall* an die Carbonylverbindung unter Bildung eines *Radikalanions*[1]:

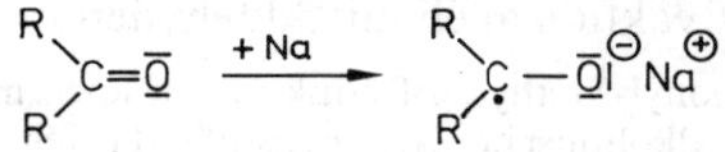

Radikalanion

Das Radikalanion dimerisiert sich zum Pinakolat-Dianion, das mit Wasser Pinakol ergibt:

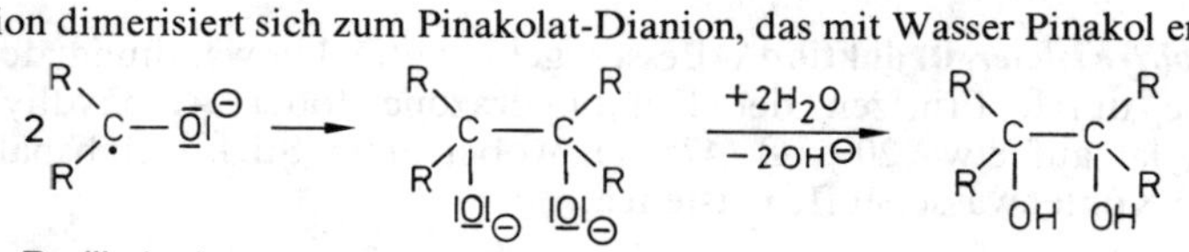

Radikalanion Pinakolat-Dianion

Die ***McMurry*-Reaktion**[2] ist präparativ wertvoll, weil sie in einem Schritt aus Aldehyden und Ketonen Alkene ohne Isolierung des Diols zugänglich macht. Die Reaktion verläuft wahrscheinlich an der Oberfläche von fein verteiltem Titan, das aus Titantrichlorid und Lithiumaluminiumhydrid oder Kalium erzeugt wird; sie eignet sich z. B. zur Darstellung von Alkenen mit raumerfüllenden Gruppen:

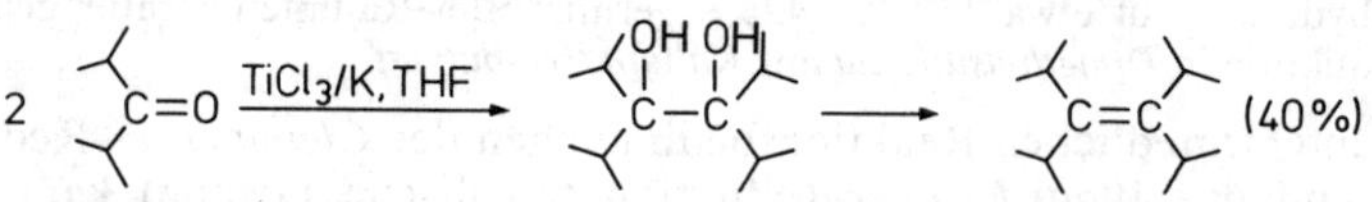

Diisopropylketon Diol Tetraisopropylethen (Fp. 125 °C [398 K])

Die reduktive Kupplung zum Diol verläuft wie beim Pinakol über ein Radikalanion; die Bildung des Alkens ist auf die große Affinität des Titans zum Sauerstoff zurückzuführen.

---

[1] Vgl. *B. Giese*, Radicals in Organic Synthesis: Formation of Carbon-Carbon Bonds (Pergamon Press, Oxford 1986).

[2] Vgl. *J. E. McMurry*, Titanium-Induced Dicarbonyl-Coupling Reactions, Accounts Chem. Res. *16*, 405 (1983).

2.22.4 Pinakol-Pinakolon-Umlagerung

Bei der Destillation von Pinakol bzw. seinem Hexahydrat mit starker Schwefelsäure wird vorwiegend nur ein Molekül Wasser abgespalten. Gleichzeitig erfolgt eine *intramolekulare* Umlagerung zum Pinakolon (Methyl-*tert.*-butyl-keton) vom Sdp. 106 °C (379 K).

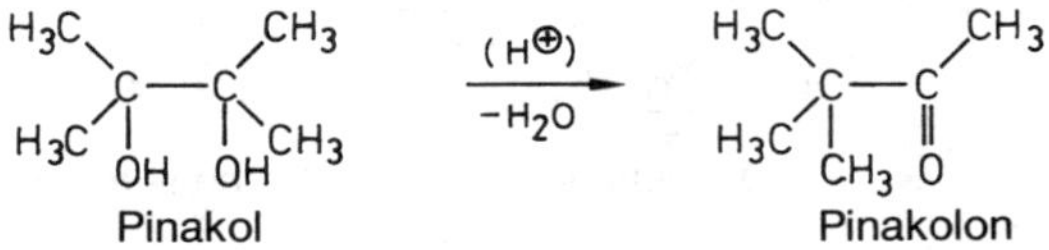

Um den Ketoncharakter zum Ausdruck zu bringen, wird der früher übliche Name „Pinakolin“ besser durch „Pinakolon“ ersetzt.
Die Umlagerung läßt sich wie folgt deuten (*Whitmore,* 1932):

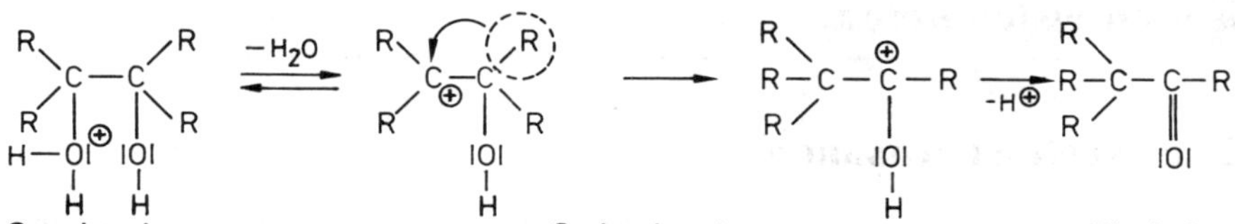

Primär entsteht aus dem Pinakol durch Addition eines Protons der Säure ein *Oxonium-Ion,* das unter Wasserabspaltung in ein *Carbenium-Ion* übergeht. In die Oktettlücke am C-Atom lagert sich ein Alkyl-Anion nucleophil ein, wobei ein neues *Carbenium-Ion* auftritt. Dieses stabilisiert sich unter Abgabe eines Protons zu Pinakolon.

2.22.5 *Wagner-Meerwein*-Umlagerung

Bei der Reduktion von Pinakolon erhält man *tert.-Butyl-methyl-carbinol,* das durch Dehydratisierung am Aluminiumoxid-Kontakt fast ausschließlich in *tert.Butyl-ethylen* übergeht. Diese Reaktion entspricht der Darstellung von 2,3-Dimethyl-butadien aus Pinakol.
Führt man die Wasserabspaltung dagegen mit Mineralsäuren oder wasserfreier Oxalsäure durch, so tritt *tert.*-Butyl-ethylen nur in geringer Menge auf; als Hauptprodukt entsteht unter *intramolekularer* Umlagerung *Tetramethyl-ethylen:*

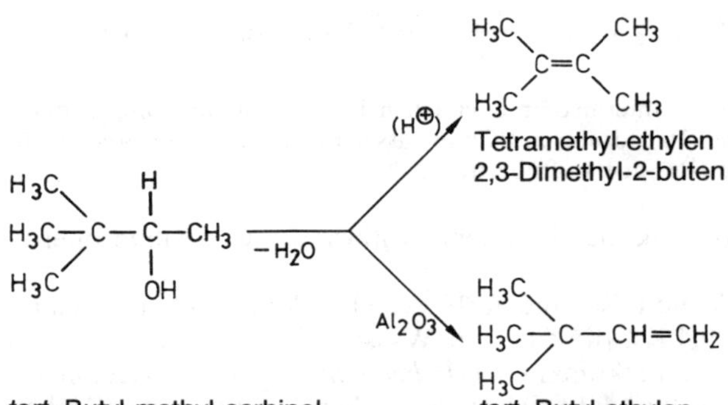

Der *Mechanismus* dieser Reaktion stellt eine *Umkehr* der *Pinakol-Pinakolon-Umlagerung* dar und läßt sich analog deuten. Primär bildet sich aus dem *sek.* Alkohol durch Addition des Protons der Säure ein *Oxonium-Ion.* Dieses geht unter Wasseraustritt in ein *Carbenium-Ion* über, das sich durch Wanderung eines Alkyl-Anions und Abspaltung eines Protons zum Alken stabilisiert:

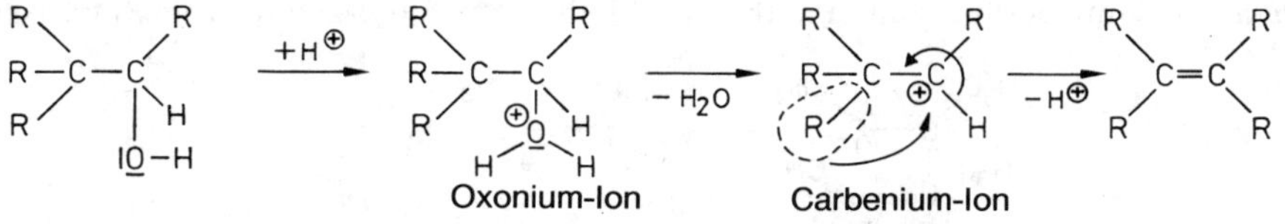

Die *Wagner-Meerwein*-Umlagerung ist in der *Terpenreihe* von besonderer Bedeutung.

Die wichtigsten Ketone

2.22.6 Aceton (Propanon)

Aceton tritt als Nebenprodukt bei der trockenen Destillation des Holzes auf und wurde erstmalig durch Erhitzen von Bleiacetat hergestellt (*Libavius,* 1606). Technisch wird Aceton heute meist auf petrolchemischer Basis gewonnen.

Darstellung

2.22.6.1 *Durch katalytische Dehydrierung von Isopropylalkohol* am Kupfer-Kontakt bei 250 °C (525 K):

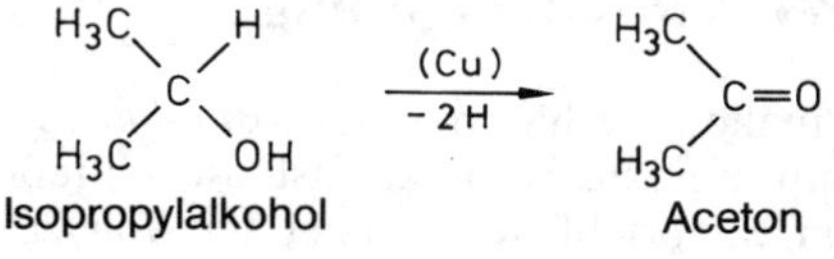

2.22.6.2 ***Wacker*-Hoechst-Verfahren.** Durch Luftoxidation von Propen in Gegenwart von wäßriger $PdCl_2/CuCl_2$-Lösung bei 110 − 120 °C (385 − 395 K) und 10 − 14 bar (1 − 1,4 MPa) (Ausbeute 92 − 94%):

$$H_3C-CH=CH_2 + \tfrac{1}{2}O_2 \xrightarrow{(PdCl_2/CuCl_2)} H_3C-CO-CH_3 \qquad \Delta H = -255\ \text{kJ/Mol}$$

Die Reaktion verläuft intermediär über einen $PdCl_2$-π-Olefinkomplex, der durch Hydrolyse in Aceton, metallisches Palladium und Chlorwasserstoff zerfällt (vgl. Acetaldehyd-Synthese). Kupfer(II)-chlorid dient als Sauerstoffüberträger.

2.22.6.3 Als Coprodukt bei der Phenolsynthese aus Cumylhydroperoxid.

Eigenschaften. Aceton ist eine farblose, charakteristisch riechende Flüssigkeit vom Sdp. 56,2 °C (329,4 K), die sich mit Wasser, Ethanol und Ether in jedem Verhältnis mischt. Bei der Zuckerkrankheit (*Diabetes mellitus*) tritt Aceton als anomales Stoffwechselprodukt auf und läßt sich im kritischen Stadium eines Diabetes im Harn nachweisen (*Acetonurie*).

Unter dem Einfluß basischer Reagenzien, z. B. $Ba(OH)_2$, dimerisiert sich Aceton *aldolartig* zu *Diacetonalkohol*, einer farblosen Flüssigkeit vom Sdp. 165 °C (438 K):

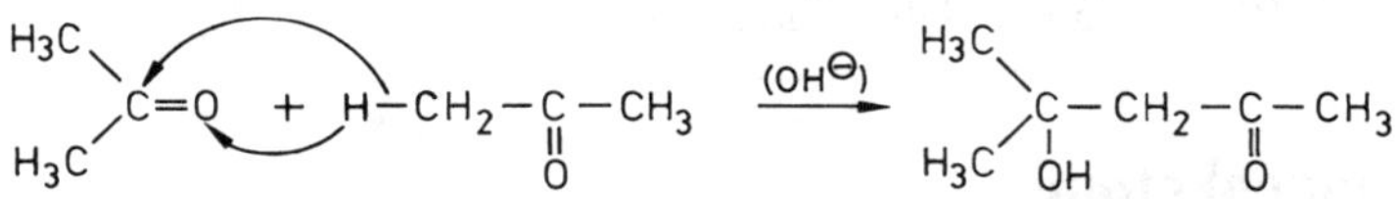

Diacetonalkohol
4-Hydroxy-4-methyl-2-pentanon

Behandelt man Aceton mit *konz. Schwefelsäure*, so kondensieren sich 3 Moleküle zu *Mesitylen* (1,3,5-Trimethyl-benzol):

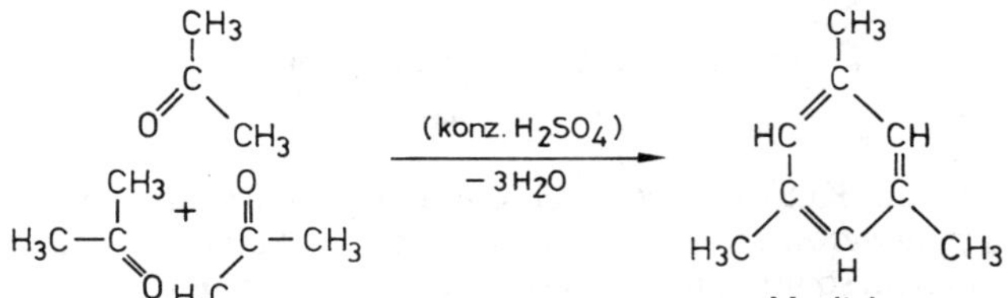

Mesitylen

Iodoformprobe. Aceton liefert (wie Ethanol) mit Iod und Kalilauge einen gelben, kristallinen Niederschlag von Iodoform.

$$H_3C-CO-CH_3 + 3\,I_2 + 3\,KOH \rightarrow H_3C-CO-CI_3 + 3\,KI + 3\,H_2O$$

$$H_3C-CO-CI_3 + KOH \rightarrow H_3CCOO^{\ominus}K^{\oplus} + CHI_3$$

Triiodaceton Iodoform

Verwendung. Aceton dient als ausgezeichnetes Lösungsmittel für viele organische Substanzen. Technisch wird es zur Gelatinierung von Nitrocellulose in der Film- und Sprengstoffindustrie, zum Lösen von Acetatseide, Lacken und Acetylen sowie als wichtiges Zwischenprodukt für Synthesen, z. B. für Keten, Halogenoforme, Methacrylsäureester, Mesityloxid und Phoron, verwendet.

2.22.7 Butanon (Ethylmethylketon)

Dieses Homologe des Acetons ist eine etherisch riechende Flüssigkeit vom Sdp. 79,6 °C (352,8 K).

Darstellung

2.22.7.1 *Durch katalytische Dehydrierung von sek.-Butylalkohol* bei 250–330 °C (525–575 K) am Kupfer-Kontakt:

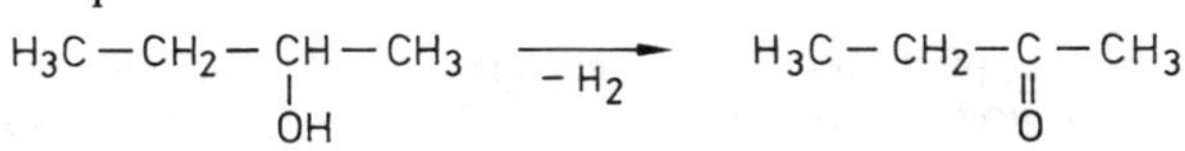

sek.-Butylalkohol Butanon (Ethylmethylketon)

2.22.7.2 ***Wacker*-Hoechst-Verfahren.** Aus 1-Buten durch Luftoxidation in Gegenwart wäßriger $PdCl_2/CuCl_2$-Lösung in etwa 55proz. Ausbeute:

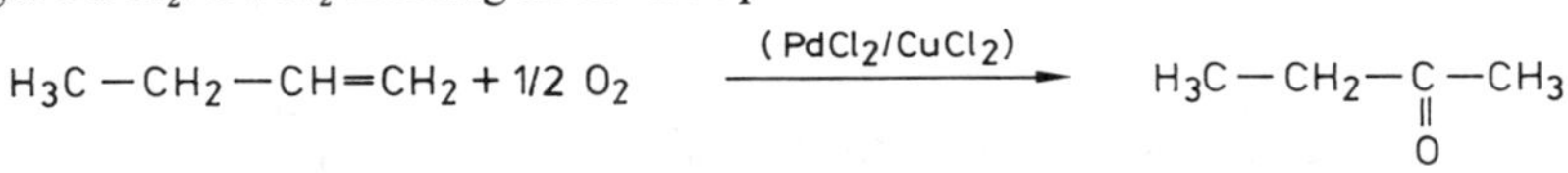

Verwendung. Butanon dient als universelles Lösungsmittel für Nitro- und Acetylcellulose, Vinylharze, Chlorkautschuk und Celluloid in der Lack- und Klebstoffindustrie sowie zur Entparaffinierung von Schwerölen.

2.22.8 Halogenketone

Die Wasserstoffatome an dem zur Carbonylgruppe eines Ketons α-ständigen C-Atom können leicht durch Halogene ersetzt werden, z. B. erhält man bei der *Chlorierung von Aceton* **Chloraceton,** eine farblose, zu Tränen reizende Flüssigkeit vom Sdp. 119 °C (392 K).

$$H_3C{-}CO{-}CH_3 + Cl_2 \rightarrow \underset{\text{Chloraceton}}{H_3C{-}CO{-}CH_2Cl} + HCl$$

Die Halogenierung der Ketone wird durch Basen oder Säuren katalysiert. Die *basenkatalysierte Bromierung des Acetons* verläuft so rasch, daß keine Zwischenprodukte abgefangen werden können, sondern nur **1,1,1-Tribromaceton** erhalten wird:

$$H_3C{-}CO{-}CH_3 + 3\,Br_2 \rightarrow \underset{\text{1,1,1-Tribromaceton}}{H_3C{-}CO{-}CBr_3} + 3\,HBr$$

Die Monohalogenketone werden wegen ihrer stark augenreizenden Wirkung als *Tränengas* benutzt. In der präparativen organischen Chemie verwendet man die α-Halogenketone wegen der Beweglichkeit des Halogenatoms zur Synthese heterocyclischer Verbindungen.

2.22.9 Ungesättigte Ketone

Von dieser Stoffklasse seien *Methylvinylketon,* $H_3C{-}CO{-}CH{=}CH_2$, *Mesityloxid,* $(H_3C)_2C{=}CH{-}CO{-}CH_3$, und *Phoron,* $(H_3C)_2C{=}CH{-}CO{-}CH{=}C(CH_3)_2$, ein zweifach ungesättigtes Keton, erwähnt.

Methylvinylketon, 1-Buten-3-on, das einfachste ungesättigte Keton, läßt sich *durch Hydratisierung von Vinylacetylen* in Gegenwart von Schwefelsäure und Quecksilber(II)-sulfat herstellen (vgl. Acetaldehyd aus Acetylen).

$$\underset{\text{Vinylacetylen}}{H_2C{=}CH{-}C{\equiv}CH} + H_2O \xrightarrow{(H_2SO_4,\,Hg^{2\oplus})} \underset{\text{Methylvinylketon}}{H_2C{=}CH{-}\underset{\underset{O}{\|}}{C}{-}CH_3}$$

Es ist eine bei 81,4 °C (354,6 K) siedende, stechend riechende Flüssigkeit, die sich leicht polymerisiert.

Mesityloxid[1], eine farblose, pfefferminzartig riechende Flüssigkeit vom Sdp. 130 °C (403 K), entsteht *beim Erhitzen von Diacetonalkohol mit einer Spur Säure oder Iod* unter Wasserabspaltung:

$$\underset{\text{Diacetonalkohol}}{(H_3C)_2\underset{\underset{OH}{|}}{C}{-}CH_2{-}\underset{\underset{O}{\|}}{C}{-}CH_3} \xrightarrow[-H_2O]{} \underset{\text{Mesityloxid}}{(H_3C)_2C{=}CH{-}\underset{\underset{O}{\|}}{C}{-}CH_3}$$

[1] Vgl. *M. Hauser*, The Reactions of Mesityl Oxide, Chem. Reviews *63*, 311 (1963).

Phoron, eine gelbe, bei 28 °C (301 K) schmelzende Verbindung (Sdp. 197 °C [470 K]), erhält man *bei der Einwirkung von Chlorwasserstoff auf Aceton.* Hierbei kondensieren sich 3 Mole Aceton zu Phoron. Als Nebenprodukt bildet sich Mesityloxid.

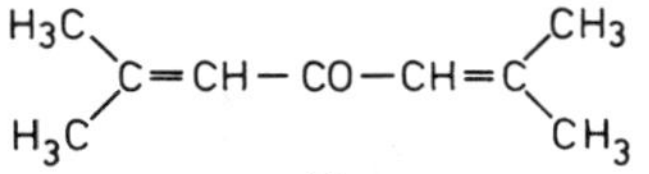

Phoron

Mesityloxid bzw. Phoron geht bei der Einwirkung von Ammoniak in Di- bzw. Triacetonamin über; mit Schwefelwasserstoff bildet sich 4-Mercapto-4-methyl-2-pentanon, das widerlich nach Katzenurin riecht; die Verbindung tritt gelegentlich in acetonhaltigen Abwässern auf.

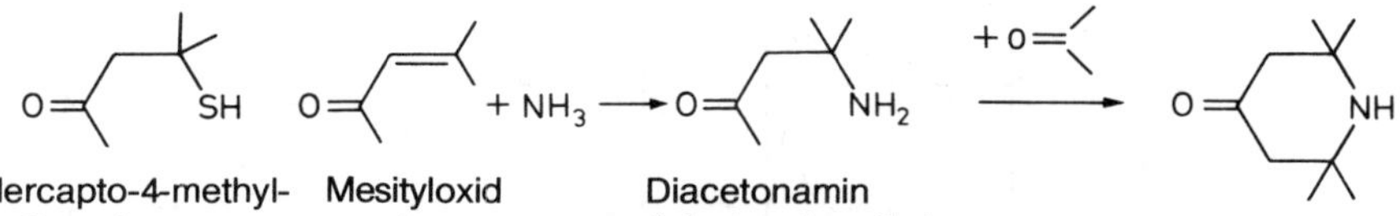

4-Mercapto-4-methyl-2-pentanon — Mesityloxid — Diacetonamin 4-Amino-4-methyl-2-pentanon — Triacetonamin 2,2,6,6-Tetramethyl-4-piperidon

2.22.10 Photochemie der Carbonylverbindungen[1]

Aus Abb. 74 (s. S. 224) ist das UV-Spektrum des Acetons zu entnehmen. Es wurde in *n*-Hexan aufgenommen und zeigt eine charakteristische Bande (λ_{max} 279 nm).
Bestrahlt man *Acetondampf,* der ein ganz ähnliches Absorptionsspektrum aufweist, bei 120 °C (393 K) im Bereich dieser Bande, so erhält man als Hauptprodukte *Kohlenmonoxid* und *Ethan:*

$$H_3CCOCH_3 + h\nu\ (313\ nm) \rightarrow CO + C_2H_6 \quad (1)$$

In geringerer Menge bildet sich *Methan,* dessen Anteil am Reaktionsprodukt auf Kosten der Ethanausbeute steigt, wenn man die Temperatur weiter erhöht. Die Reaktion wird daher besser durch die folgenden Gleichungen beschrieben:

$$H_3CCOCH_3 + h\nu\ (313\ nm) \rightarrow CO + 2\ CH_3\bullet \quad (2)$$

$$2\ CH_3\bullet \rightarrow C_2H_6 \quad (3)$$

$$\underset{\text{Methylradikal}}{CH_3\bullet} + H_3CCOCH_3 \rightarrow CH_4 + \underset{\text{Acetonylradikal}}{H_3CCOCH_2\bullet} \quad (4)$$

Die Gleichungen (3) und (4) stellen Folgereaktionen von (2) dar. Die Reaktion (3) erfordert fast keine Aktivierungsenergie, während bei (4) eine erhebliche Aktivierungsenergie überwunden werden muß. Daher wird (4) durch Temperatursteigerung begünstigt. Eine Erhöhung der Strahlungsintensität begünstigt (3), da hierdurch gemäß (2) mehr Methylradikale gebildet werden, die viel schneller nach (3) rekombinieren, als

[1] Vgl. *N. J. Turro,* Modern Molecular Photochemistry (Benjamin, New York 1978; Adiabatische Photoreaktionen Organischer Moleküle, Angew. Chem. *91,* 597 (1979)); *Houben-Weyl,* Methoden der Organischen Chemie *4/5 a, 4/5 b* (Thieme Verlag, Stuttgart 1975); *H. G. O. Becker* et al., Einführung in die Photochemie (VEB Deutscher Verlag der Wissenschaften, Berlin 1976).

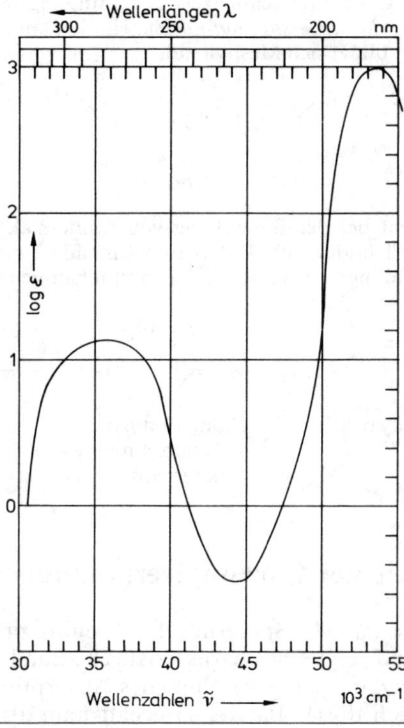

Abb. 74. UV-Spektrum des Acetons in *n*-Hexan.

daß sie nach (4) das noch nicht umgesetzte Aceton angreifen. Folgeprodukte des nach (4) entstehenden Acetonylradikals sind bei der Photolyse des Acetons nachgewiesen worden.

Wird die Reaktion unterhalb 120 °C (393 K) vorgenommen, so findet man *Biacetyl* ($H_3CCOCOCH_3$) als charakteristisches Produkt der Rekombination des *Acetylradikals:*

$$\underset{\text{Acetylradikal}}{2\,H_3CCO\bullet} \rightarrow \underset{\text{Biacetyl}}{H_3CCOCOCH_3} \qquad (5)$$

Die Primärreaktion der Photolyse des Acetons ist daher wie folgt zu formulieren:

$$H_3CCOCH_3 + h\nu\ (313\ \text{nm}) \rightarrow H_3CCO\bullet + CH_3\bullet \qquad (6)$$

Oberhalb 120 °C (393 K) zerfällt das Acetylradikal gemäß:

$$H_3CCO\bullet \rightarrow CH_3\bullet + CO \qquad (7)$$

Durch Kombination der Gleichungen (6) und (7) erhält man (2); berücksichtigt man außerdem noch (3), so ergibt sich (1). Die *Quantenausbeute für das Kohlenmonoxid:*

$$\left(\frac{\text{Zahl der entstehenden CO-Moleküle}}{\text{Zahl der absorbierten Lichtquanten}}\right)$$

ist für die Reaktionen (1) und (6) gleich eins, solange die Temperatur oberhalb 120 °C (393 K) gehalten wird. Bei niedrigerer Temperatur sinkt sie unter eins. Das ist neben anderen, hier nicht behandelten Reaktionen auf die Umsetzung (5) zurückzuführen, bei der ein Produkt der Primärreaktion (6) verbraucht wird, ohne daß Kohlenmonoxid entsteht.
Das Beispiel zeigt, wieviele Einflüsse bei der Aufhellung einer relativ einfachen photochemischen Reaktion zu beachten sind. Wichtige Informationen gewinnt man durch Anwendung von Radikalfängern. Setzt man z. B. bei der Photolyse des Acetons genügend Sauerstoff zu, so werden weder Methan noch Ethan gebildet, da sämtliche Methylradikale mit dem Sauerstoff reagieren.
Verallgemeinerungsfähig ist die Gleichung (6), die besagt, daß bei einer photochemisch angeregten Carbonylverbindung primär eine Bindung zwischen dem Carbonylkohlenstoff und einem α-Kohlenstoff gespalten wird, wobei ein *Radikalpaar* (Acylradikal und Alkylradikal) entsteht. Dies ist die ***Norrish*-Typ-I-Spaltung** oder **α-Spaltung,** die z. B. beim 2-Pentanon wie folgt verläuft:

$$\underset{\text{2-Pentanon}}{H_3CCOCH_2CH_2CH_3} + h\nu\,(313\text{ nm}) \rightarrow \underset{\text{Acylradikal}}{H_3CCO\bullet} + \underset{\text{Alkylradikal}}{C_3H_7\bullet}$$

Nimmt man die Photolyse in Lösung vor, kann das Lösungsmittel mit dem angeregten Molekül reagieren; so beobachtet man bei der Photolyse von Aceton in Cyclopenten eine (2 + 2) Cycloaddition, die ***Paterno-Büchi*-Reaktion,** die zu einem *Oxetanderivat* führt:

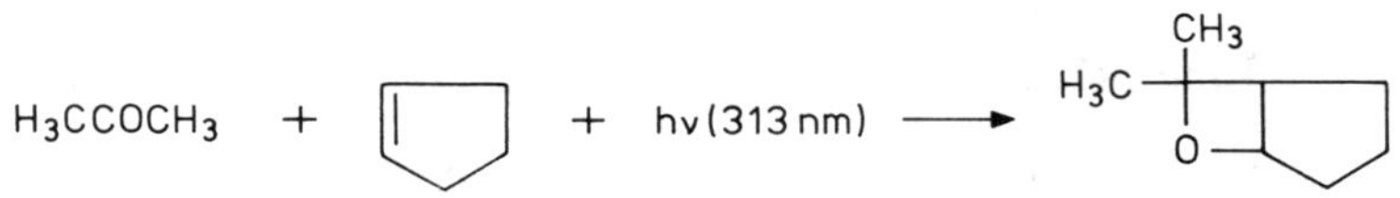

Aceton Cyclopenten Oxetanderivat

Bei der Photolyse des 2-Pentanons tritt außer der α-Spaltung eine weitere Folgereaktion auf, die ebenfalls verallgemeinert werden kann:

$$H_3CCOCH_2CH_2CH_3 + h\nu\,(313\text{ nm}) \rightarrow H_3CCOCH_3 + C_2H_4$$

Dies ist die ***Norrish*-Typ-II-Spaltung,** die über ein Diradikal als Zwischenstufe verläuft, das unter Verschiebung eines Wasserstoffatoms aus der γ-Stellung zum Sauerstoff entsteht. Die Reaktion ist vergleichbar mit der im Massenspektrometer häufig auftretenden *McLafferty-Umlagerung.*

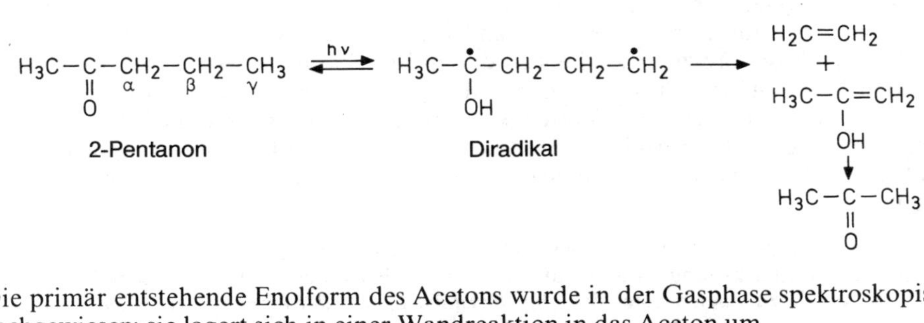

Die primär entstehende Enolform des Acetons wurde in der Gasphase spektroskopisch nachgewiesen; sie lagert sich in einer Wandreaktion in das Aceton um.

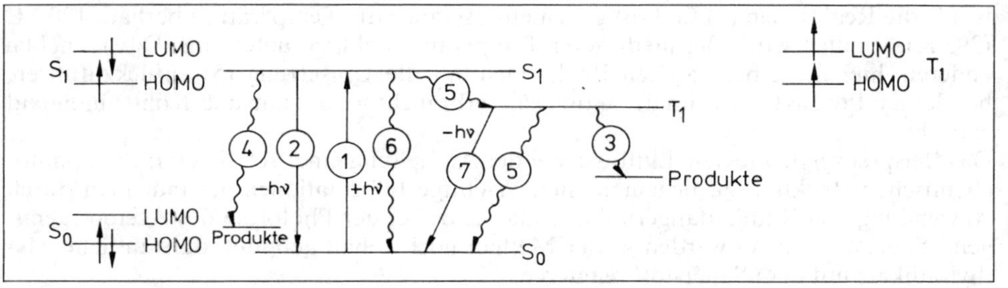

Abb. 75. Vereinfachtes *Jablonski*-Diagramm photochemischer Prozesse.

——→ Strahlungsvorgang
〜〜→ Strahlungsloser Übergang

S: Singulett (S_0 Grundzustand)
T: Triplett

① Photochemische Anregung (Lichtabsorption)
② Fluoreszenz (Lichtemission, Lumineszenz)
③ ④ Photochemische Reaktionen
⑤ Strahlungsloser Übergang vom Singulett- zum Triplettzustand oder vom Triplett- zum Singulettsystem Interkombination (Intersystem Crossing)
⑥ Strahlungsloser Übergang zwischen zwei Zuständen gleicher Multiplizität: Innere Umwandlung (Internal Conversion)
⑦ Phosphoreszenz (Lichtemission, Lumineszenz)

Das Diradikal kann sich auch durch Ringschluß zum *1-Methylcyclobutanol* stabilisieren.

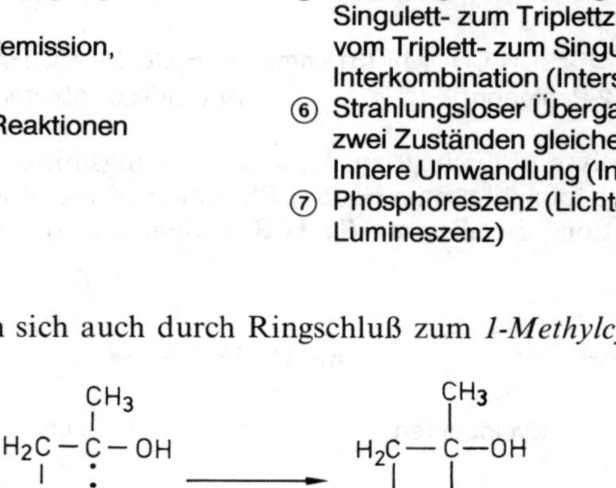

Die bisher geschilderten chemischen Vorgänge sind Teil eines viel komplizierteren Geschehens, von dem ein Ausschnitt in dem *Jablonski*-Diagramm der Abb. 75 dargestellt ist.

Bei der Absorption von Strahlung durch kleine Moleküle ① entstehen aus dem Grundzustand S_0 zunächst angeregte Singulettzustände (S_1, S_2 usw.) mit gepaartem Spin (Elektronenkonfiguration am linken Rand von Abb. 75). Durch strahlungslose Interkombination ⑤ können sie in einen elektronischen Triplettzustand, z. B. T_1, übergehen (Elektronenkonfiguration am rechten Rand von Abb. 75). Messungen der Fluoreszenz ② und der Phosphoreszenz ⑦, die sich durch ihre charakteristischen Spektren unterscheiden lassen, geben Aufschluß über die Mechanismen photochemischer Reaktionen. Dabei verwendet man mit Vorteil Substanzen, die in der Lage sind, diese Erscheinungen zu löschen (Löschsubstanzen, Quencher) oder die normale Photoreaktion zu inhibieren. Die Wirkung von Sauerstoff wurde in diesem Zusammenhang bereits erwähnt.

Die bisher behandelten Photoreaktionen entsprechen den Pfeilen ③ und ④ des *Jablonski*-Diagramms. Es ist oft schwierig, zwischen den beiden Möglichkeiten zu unterscheiden. Hinsichtlich der *α-Spaltung* in Ketonen hat sich der *Triplettzustand T_1* als *reaktiver* erwiesen *als der Singulettzustand S_1*.

Durch Kombination der oben erwähnten Untersuchungsmethoden war es möglich, zwischen den Reaktionen der Zustände S_1 und T_1 des Acetons zu unterscheiden (*Turro* et al., 1970).

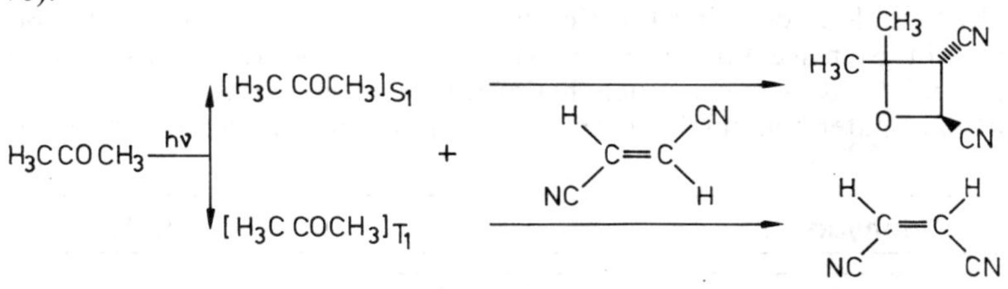

Das (*E*)-1,2-Dicyanethylen (Ethylen-1,2-dicarbonitril) reagiert also mit Aceton im *Singulettzustand* in einer *Paterno-Büchi*-Reaktion zu einem *Oxetanderivat* mit *trans*-ständigen Cyangruppen, also unter Konfigurationserhaltung. Das Triplett-Aceton ruft dagegen eine Konfigurationsumkehr in das (*Z*)-1,2-Dicyanethylen hervor.
Die Fähigkeit des Sauerstoffs, in photochemischen Reaktionen als Löschsubstanz und Radikalfänger zu wirken, beruht darauf, daß er im Grundzustand ein Triplett ($^3O_2$) ist. Durch Zufuhr einer Energie von 94 kJ/Mol kann er auf chemischem oder photochemischem Wege in den Singulettzustand ($^1O_2$) gebracht werden, in dem er sich nicht mehr wie ein Diradikal, sondern wie ein Olefin verhält.
Am einfachsten erzeugt man Singulettsauerstoff photochemisch in Gegenwart eines Sensibilisators (Sens), der auf dem Weg ①–⑤ einen Zustand erreicht, in dem er die Umwandlung

$$^3O_2 \longrightarrow {}^1O_2$$

bewirken kann. Singulettsauerstoff reagiert mit elektronenreichen Olefinen unter Bildung von *Dioxetanen:*

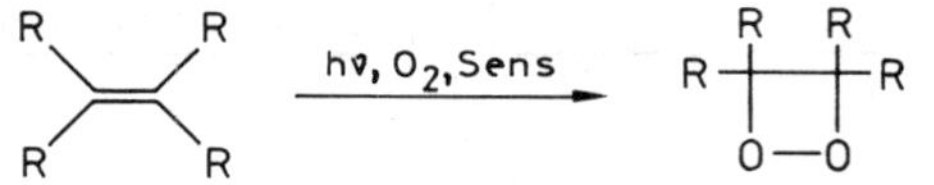

Dioxetan

Das auf anderem Wege zugängliche Tetramethyldioxetan liefert beim Erhitzen zwei Moleküle Aceton, von denen eines photochemisch angeregt ist und Chemolumineszenz zeigt.
Mit (*E*)-1,2-Dicyanethylen erhält man die gleichen Reaktionsprodukte wie bei der Anregung des Acetons mit Licht, jedoch in einem anderen Mengenverhältnis:

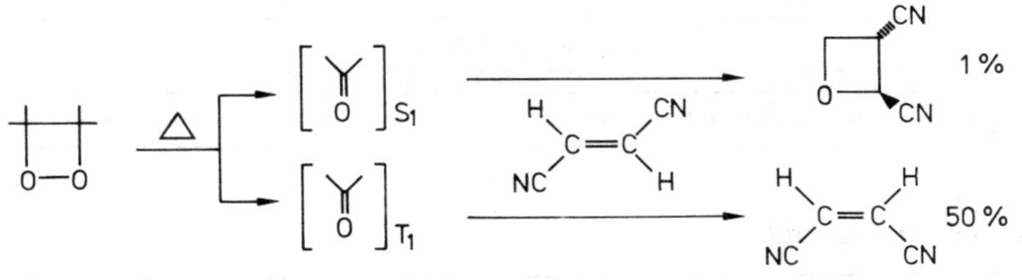

Aus dem Reaktionsverlauf folgt, daß in dem Tetramethyldioxetan eine Substanz vorliegt, mit der man *Photochemie ohne Licht* betreiben kann, denn es werden angeregte Zustände durch einen thermischen Vorgang erreicht, die sonst nur auf photochemischem Wege zugänglich sind.

Aliphatische Verbindungen
2

2.23 Tabellarische Gegenüberstellung der Aldehyde und Ketone

Die Aldehyde und Ketone sind für die Organische Chemie von so großer Bedeutung, daß ihre wichtigsten Reaktionen tabellarisch gegenübergestellt werden, um Gemeinsamkeiten und Gegensätze deutlich hervortreten zu lassen. Auf einschlägige Reaktionen, die erst später behandelt werden, wird durch Seitenangaben verwiesen.

Aldehyde	**Ketone**
Oxidation	
Wirksam als Reduktionsmittel, besonders in alkalischer Lösung.	Nicht wirksam als Reduktionsmittel Bei energischer Oxidation:
$R{-}CHO \longrightarrow R{-}COOH$	Spaltung der Kohlenstoffkette unter Bildung von Carbonsäuren.
Tollens-Reagens *Fehling*sche Lösung *Nylanders* Reagens Fuchsinschweflige Säure	
Reduktion	
$R{-}CHO \longrightarrow R{-}CH_2OH$ *primärer* Alkohol	$R{-}CO{-}R' \longrightarrow R{-}CH(OH){-}R'$ *sekundärer* Alkohol
H_2 (Katalysator) $LiAlH_4$ chemoselektiv: $NaBH_4$, *Meerwein-Ponndorf-Verley*-Reduktion	
$R{-}CHO \longrightarrow R{-}CH_3$	$R{-}CO{-}R' \longrightarrow R{-}CH_2{-}R'$
Clemmensen-Reduktion, *Wolff-Kishner*-Reduktion	
Oxidoreduktion	
$2\,R{-}CHO + NaOH \longrightarrow R{-}CH_2OH + R{-}COOH$	———
Cannizzaro-Reaktion: tritt ein, wenn R kein α-H-Atom trägt.	
Reduktive Alkylierung	
$R{-}CHO + R'MgX \longrightarrow RR'C(H)OH$ *sekundärer Alkohol*	$R_2C{=}O + R'MgX \longrightarrow R_2C(R')OH$ *tertiärer* Alkohol
Grignard-Reaktion chemoselektiv für Aldehyde: Phenyltitan-triisopropylat	———

	Aldehyde	Ketone
	C–O-Verknüpfung	
ɦydrat	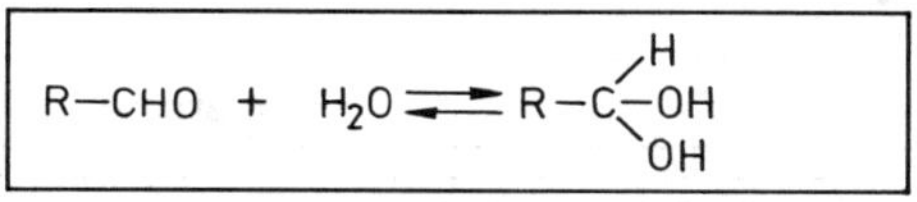	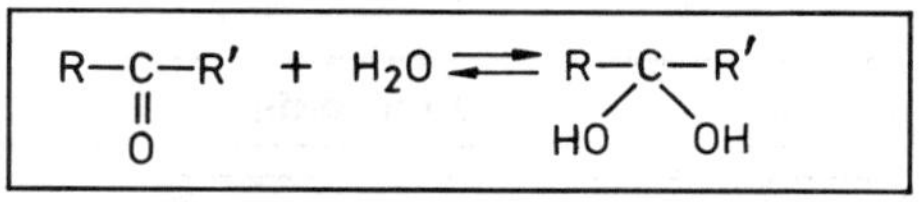
ɦalbacetal	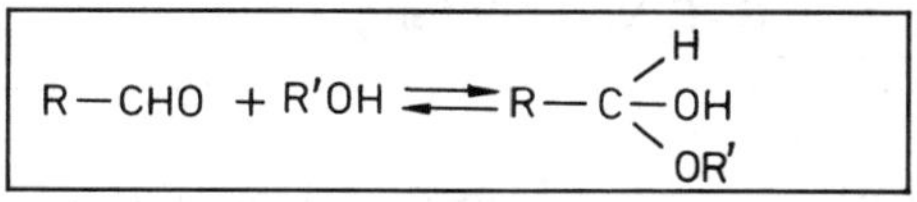	Von Bedeutung nur in der Kohlenhydratchemie vgl. S. 438*f*.
ɅAcetal	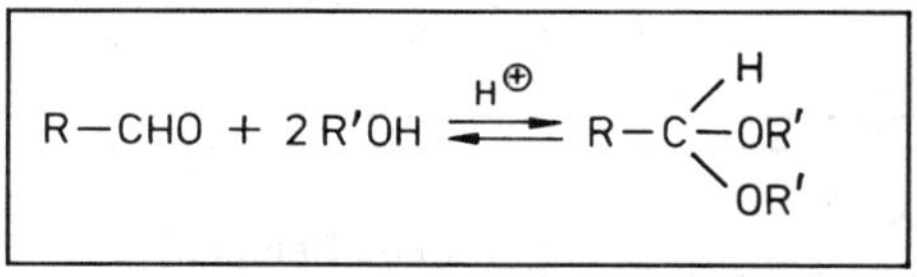	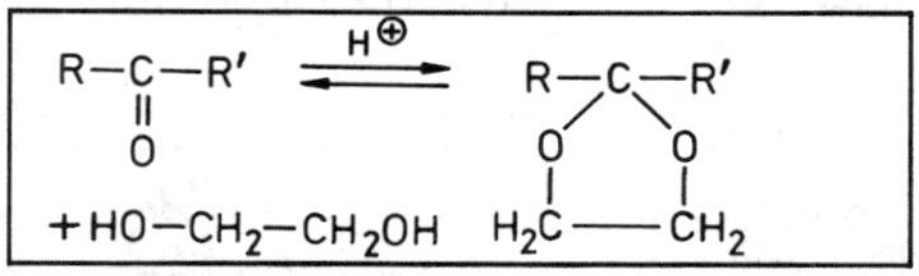
	C–S-Verknüpfung	
)ithioacetal	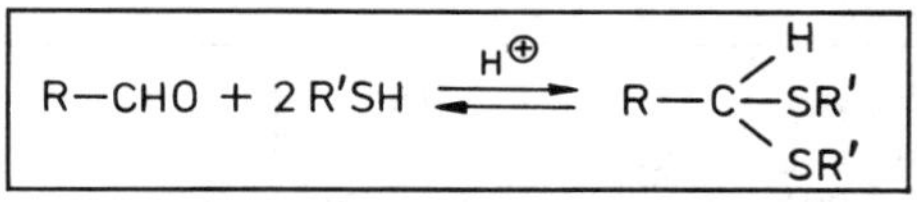	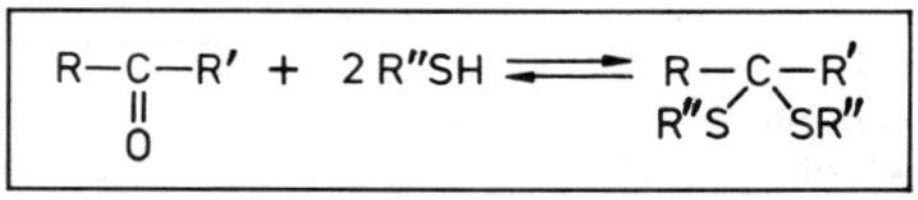
ɦydrogensulfit-/erbindung	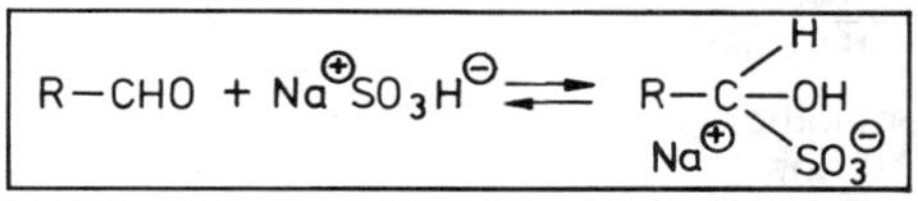	Die Reaktion tritt nur ein bei Methylketonen und cyclischen Ketonen
	C–N-Verknüpfung	
ɩldehyd-mmoniak	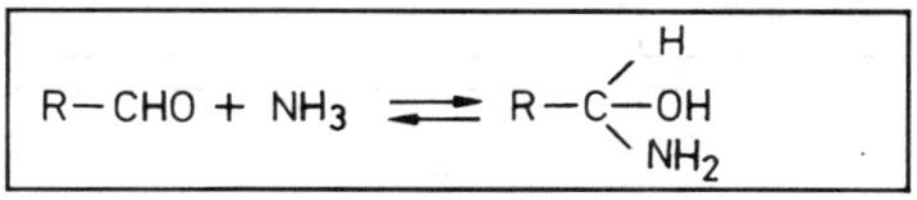 Folgeprodukte	*Leuckert-Wallach*-Reaktion vgl. S. 526 z. B. Triacetonamin
zomethin (*Schiffsche* ase) ldimin	$R{-}CHO + R'NH_2 \rightleftharpoons R{-}CH{=}N{-}R'$	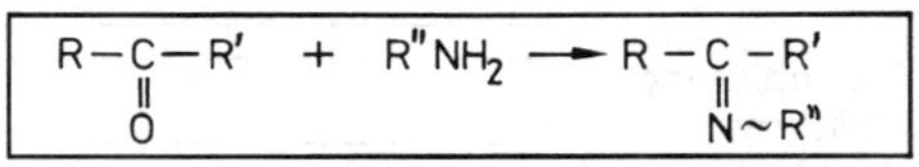 Ketimin Transaminierung vgl. S. 886*f*.
minal	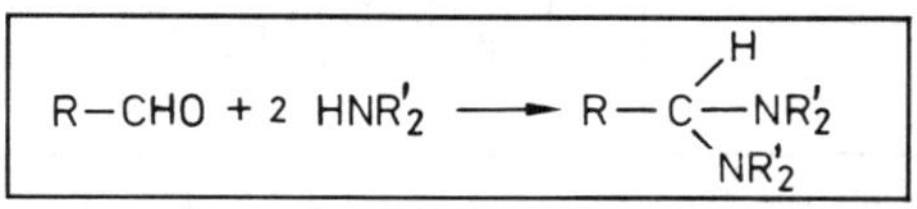	—
xim	$R{-}CHO + H_2NOH \rightleftharpoons R{-}CH{=}NOH$	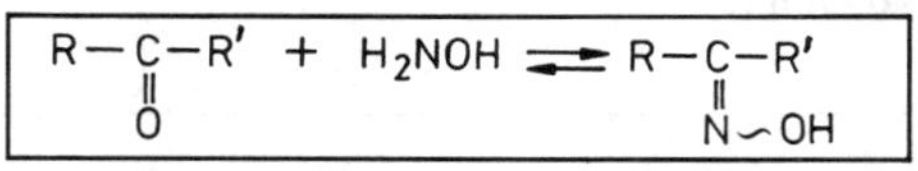
ydrazon	$R{-}CHO + H_2N{-}NH_2 \rightleftharpoons RCH{=}N{-}NH_2$	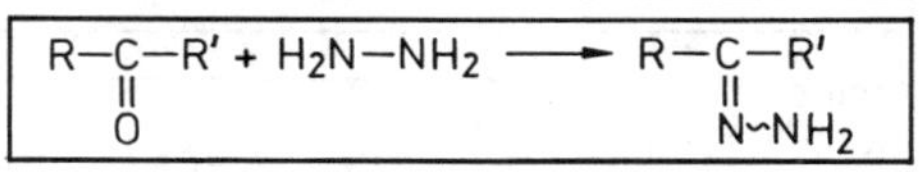
henylhydrazon	$RCH{=}N{-}NH{-}C_6H_5$	
emicarbazon	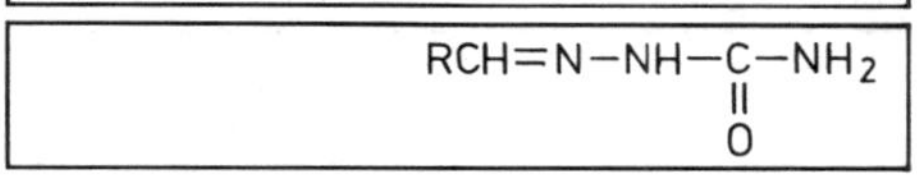	
rt. Amin chweiler-arke-ethylierung	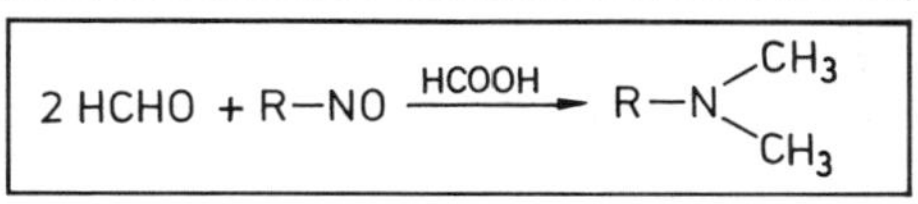	—

	Aldehyde	**Ketone**
	C–C-Verknüpfung	
Cyanhydrin-Reaktion	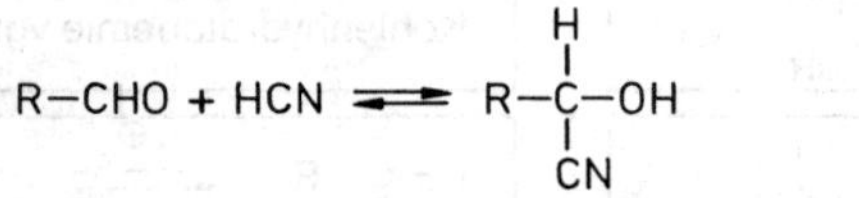	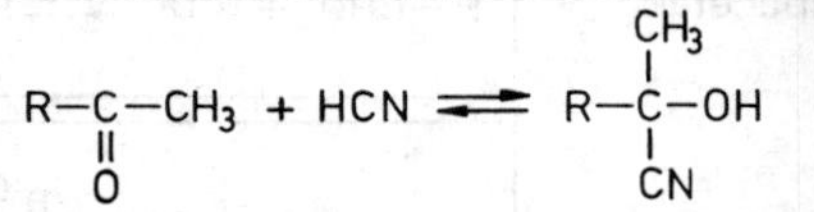
Aldol-Reaktion	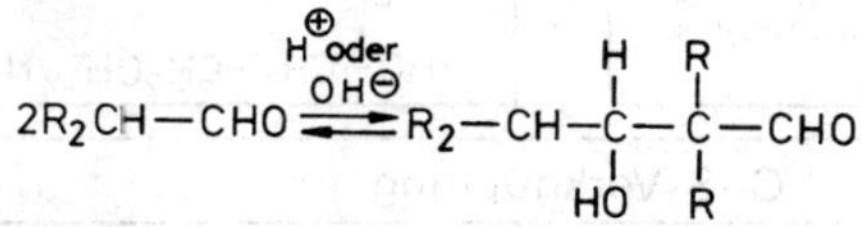	wenige Beispiele, z.B. Diacetonalkohol
gezielte Aldol-Reaktion	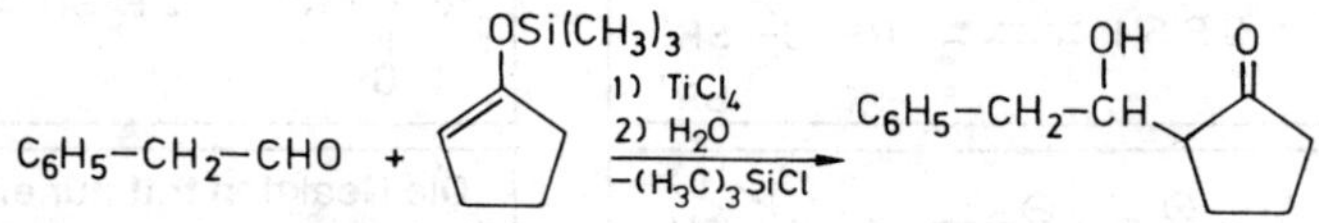 Trimethylsilylenolether des Cyclopentanons	
Benzoin-Addition vgl. S. 535	$2\,C_6H_5{-}CHO \xrightarrow{CN^{\ominus}} C_6H_5COCH(OH)C_6H_5$	———
Pinakolbildung	———	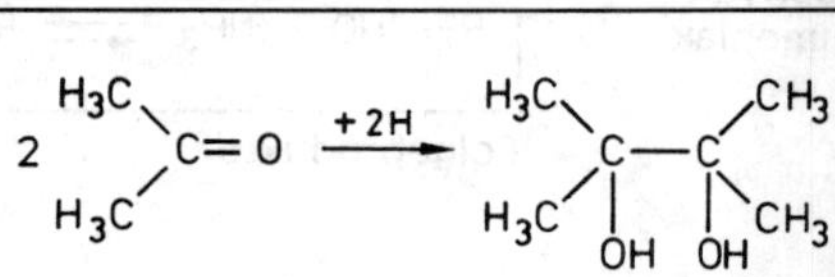
Olefinbildung *McMurry*-Reaktion	———	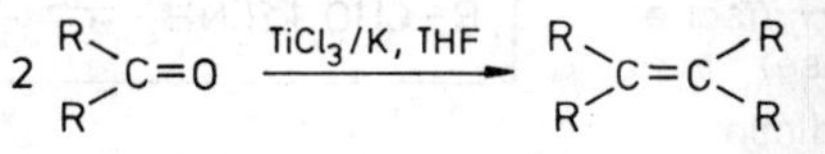
Wittig-Reaktion	———	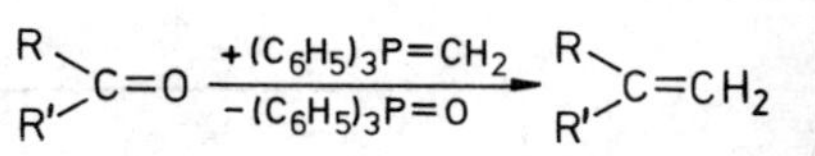
vgl. auch		*Horner-Emmons*-Reaktion *Peterson*-Olefinierung
	C–C- und C–N-Verknüpfung	
Amino-methylierung *Mannich*-Reaktion vgl. S. 544	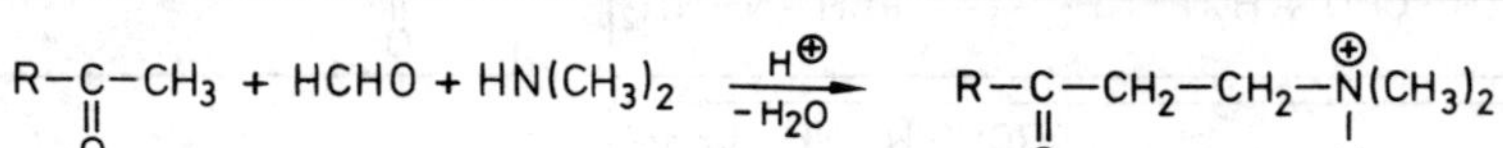	

2.24 Gesättigte aliphatische Monocarbonsäuren (Fettsäuren, Alkansäuren)

Durch energische Oxidation *primärer* Alkohole kommt man zu den *gesättigten Monocarbonsäuren* von der allgemeinen Formel:

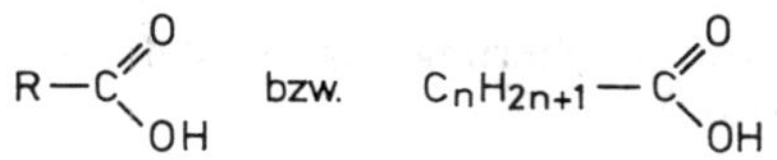

Das Charakteristikum dieser Stoffklasse ist die *Carboxylgruppe* (Carboxy-Gruppe), –COOH. Da einige höhere Carbonsäuren als Bestandteile der Fette auftreten, bezeichnet man sie auch als *Fettsäuren.* Sie haben meist Trivialnamen, die auf ihre Herkunft aus dem Tier- oder Pflanzenreich hindeuten.

Nach den *IUPAC-Regeln* werden die gesättigten, aliphatischen Carbonsäuren Alkansäuren genannt, z. B. Methansäure (engl. methanoic acid) = Ameisensäure usw.

Die Trivialnamen der ersten normalen Carbonsäuren der *homologen Reihe* sind:

		Sdp.
Ameisensäure	H–COOH	100,7 °C (373,9 K)
Essigsäure	H_3C–COOH	118 °C (391 K)
Propionsäure	H_3C–CH_2–COOH	141 °C (414 K)
n-Buttersäure	H_3C–CH_2–CH_2–COOH	164 °C (437 K)
n-Valeriansäure	H_3C–CH_2–CH_2–CH_2–COOH	187 °C (460 K)

Von den höheren geradkettigen Fettsäuren haben Bedeutung:

		Schmp.
Palmitinsäure	H_3C–$(CH_2)_{14}$–COOH	63 °C (336 K)
Stearinsäure	H_3C–$(CH_2)_{16}$–COOH	69,5 °C (342,7 K)

Denkt man sich in dem Wassermolekül ein H-Atom durch die *Acylgruppe (acidum* = Säure) ersetzt, so lassen sich die Carbonsäuren auch als Substitutionsprodukte des Wassers auffassen. Die *Acylgruppen* werden folgendermaßen benannt: Formyl-, H–CO–, Acetyl-, H_3C–CO–, Propionyl-, H_3C–CH_2–CO–, *n*-Butyryl-, H_3C–CH_2–CH_2–CO–, *n*-Valerylgruppe, H_3C–CH_2–CH_2–CH_2–CO–, usw.

2.24.1 Allgemeine Darstellungsweisen

2.24.1.1 *Durch Oxidation primärer Alkohole oder Aldehyde* (vgl. S. 115).

2.24.1.2 *Durch Hydrolyse der Nitrile.*

$$R–C \equiv N + 2\,H_2O \rightarrow R–COOH + NH_3$$

2.24.1.3 *Durch Carbonylierung von Olefinen.*
Die Carbonylierungen der Olefine verlaufen in Gegenwart von Palladiumkomplexen und von Chlorwasserstoffsäure wie folgt:

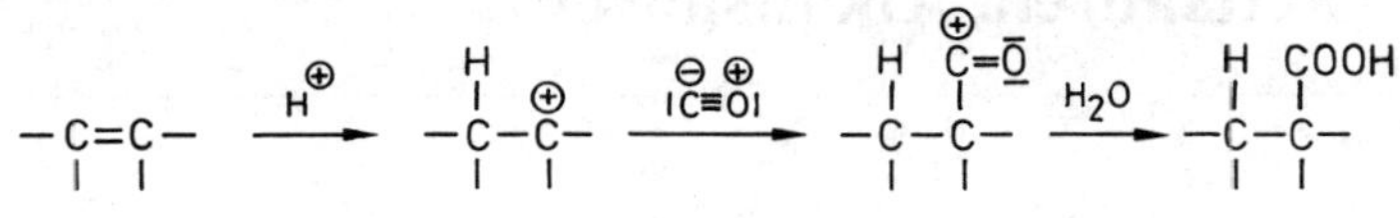

Anstelle von Wasser kann man auch andere Verbindungen mit *acidem* H-Atom, z. B. Alkohole, Thiole oder Amine, einsetzen und kommt so zu den *Estern, Thioestern* oder *Amiden* der *Carbonsäuren.*

Technisch wichtig ist die Carbonylierung zur Darstellung der *Pivalinsäure* und ihrer Analoga (*Koch-Haaf*-Reaktion):

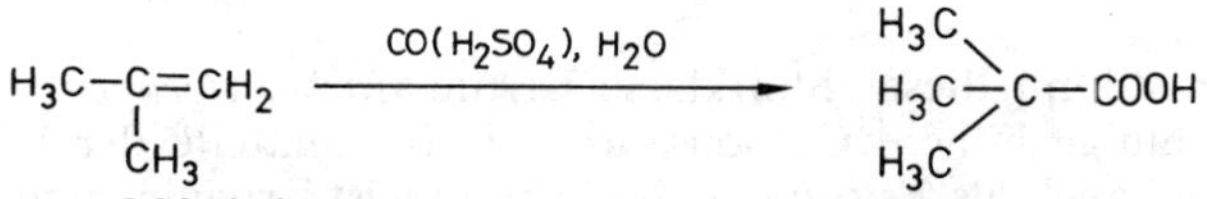

Isobuten, 2-Methylpropen Pivalinsäure

2.24.1.4 *Durch Verseifung der Fette und Öle.*

2.24.1.5 Zur Anwendung im Laboratorium eignet sich besonders die *Malonestersynthese* (vgl. S. 327 *f.*). Die beiden Wasserstoffatome der Methylengruppe des Malonesters können jedes für sich durch Alkylgruppen substituiert werden, die in weiten Grenzen variierbar sind. Durch Hydrolyse des so modifizierten Malonesters und Decarboxylierung erhält man die entsprechende Carbonsäure:

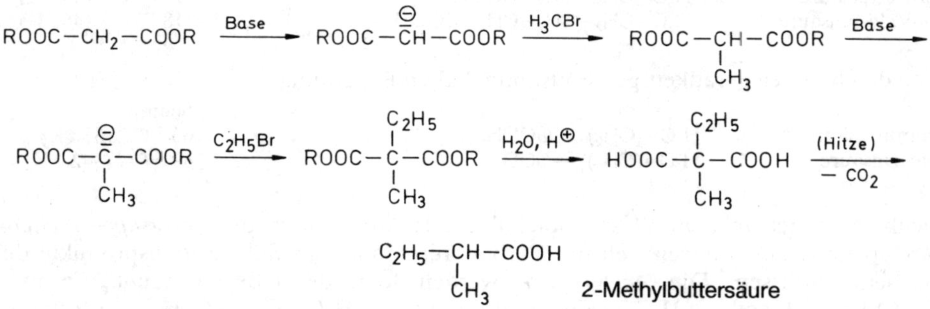

2-Methylbuttersäure

2.24.1.6 Die Reaktivität der 1,3-Dicarbonylverbindungen wird auch bei einer Methode zur Darstellung *langkettiger Monocarbonsäuren* ausgenutzt, die von *Stetter*[1] entwickelt wurde. Hierbei geht man von *1,3-Cyclohexandion* (Dihydroresorcin) aus, das zunächst alkyliert wird. Das erhaltene Produkt läßt sich durch Alkalien in eine um 6 C-Atome reichere δ-Ketosäure überführen (Säurespaltung nach *Vorländer*). Aus ihr erhält man durch *Wolff-Kishner*-Reduktion – in Diethylenglykol, $HOCH_2-CH_2-O-CH_2-CH_2OH$, als Lösungsmittel – fast quantitativ die zugehörige Monocarbonsäure:

[1] Vgl. Angew. Chem. *67*, 769 (1955).

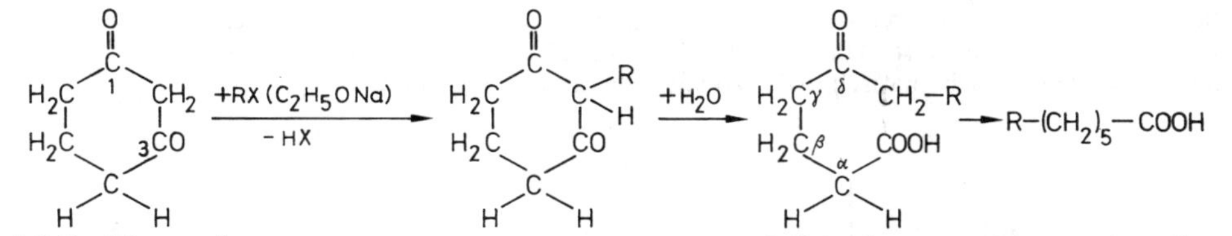

Durch Wahl eines geeigneten Substituenten R sind somit höhere geradkettige und verzweigte Monocarbonsäuren leicht zugänglich geworden.

Eigenschaften. Die ersten drei Glieder der Carbonsäurereihe sind farblose, stechend riechende Flüssigkeiten und mit Wasser in jedem Verhältnis mischbar, die folgenden von C_4-C_9 haben einen ranzigen, schweißartigen Geruch, die höheren ab C_{10} sind fest, geruchlos und paraffinartig, da die Carboxylgruppe kaum noch einen Einfluß auf das physikalische Verhalten der C-Kette ausübt.
In Analogie zu den *n*-Alkanen alternieren die *Schmelzpunkte* der normalen gesättigten Monocarbonsäuren, d. h., die Carbonsäuren mit gerader Anzahl von C-Atomen schmelzen stets höher als die benachbarten Glieder mit ungerader Anzahl. Die *Röntgenstrukturanalyse* der festen Carbonsäuren hat ergeben, daß die C-Kette eine langgestreckte *Zickzack-Anordnung* aufweist.
Bemerkenswert ist, daß die Carbonsäuren in festem und flüssigem Zustand sowie in unpolaren Lösungsmitteln eine doppelt so hohe relative Molekülmasse aufweisen wie die aus ihrer Summenformel errechnete. Sie liegen demnach in *dimerer* Form vor. Die Molekülassoziation des Wassers bleibt also nicht nur bei den Monoalkylderivaten, den Alkoholen, sondern auch bei den Monoacylderivaten, den Carbonsäuren, erhalten.
Die Dimerisierung der Carbonsäuren über *Wasserstoffbrücken* führt unter partiellem Bindungsausgleich zu einem ringförmigen Doppelmolekül:

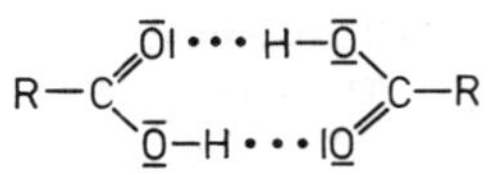

Die Wasserstoffbrücken lassen sich mit Hilfe der IR-*Spektren* nachweisen. Bei hoher Temperatur weist die monomere Ameisensäure eine charakteristische OH-Absorptionsbande bei 3570 cm^{-1} auf. Diese wird jedoch bei tieferer Temperatur zu niederen Frequenzen verschoben, da nun die über H-Brücken verbundene, *dimere* Ameisensäure vorliegt; bei der Dimerisierung wird Energie gewonnen: $\Delta H = -60$ kJ/Mol.

2.24.2 Acidität der Carboxylgruppe

Im Gegensatz zu den Alkoholen ist der *saure Charakter* der Hydroxylgruppe in der Carboxylgruppe viel stärker ausgeprägt. Dies ist auf die benachbarte C= O-Doppelbindung zurückzuführen, die durch ihren *−I-Effekt* die Ablösung des Protons erleichtert. Außerdem ist das entstehende Carboxylat-Anion *mesomeriestabilisiert.*

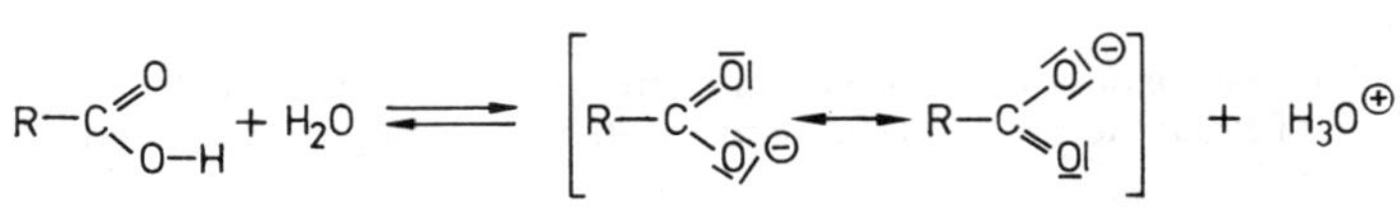

In dem mesomeren Carboxylat-Anion sind die beiden O-Atome völlig äquivalent und die negative Ladung ist delokalisiert (Abb. 76). Die vier π-Elektronen verteilen sich auf zwei Molekül-Orbitale, die in Abb. 77 schematisch in der Aufsicht wiedergegeben sind:

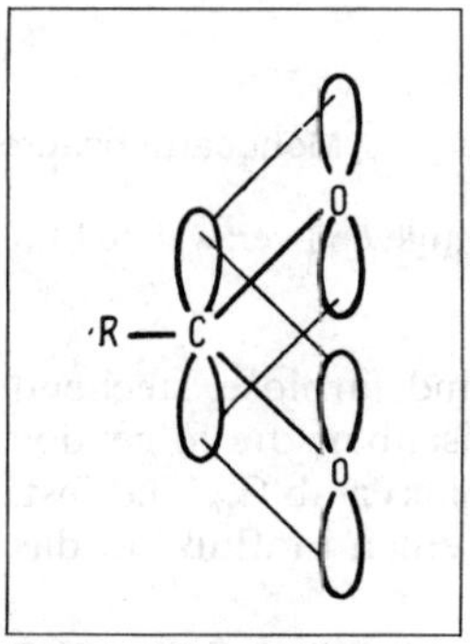

Abb. 76

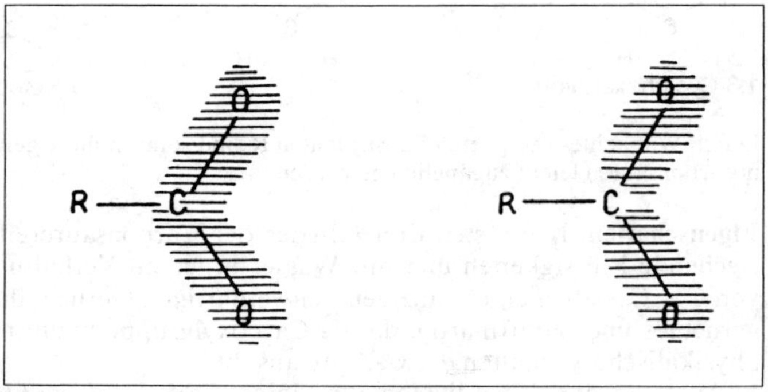

Abb. 77

Im Vergleich zu den Mineralsäuren sind die Carbonsäuren jedoch nur schwache Säuren, d. h. das auf S. 233 gezeigte Gleichgewicht ist weitgehend nach links verschoben.
Die Stärke einer Säure[1] in Wasser bei 25 °C (298 K) ist durch die *Aciditätskonstante* K_a bestimmt, jedoch wandelt man diese im allgemeinen – um negative Zehnerpotenzen zu vermeiden – in den entsprechenden pK_a-Wert um.

$$K_a = \frac{[RCOO^{\ominus}][H^{\oplus}]}{[RCOOH]} \cdot \frac{f\,RCOO^{\ominus} \cdot f\,H^{\oplus}}{f\,RCOOH} \qquad pK_a = -\log_{10} K_a$$

Unter der Voraussetzung, daß die Aktivitätskoeffizienten fRCOO$^{\ominus}$ usw. vernachlässigt werden können, das heißt, in einer hinreichend verdünnten Lösung kann über die *Henderson*-Gleichung die folgende einfache Beziehung hergestellt werden:

$$pK_a = -\log\left[H^{\oplus}\right] - \log\frac{\left[RCOO^{\ominus}\right]}{\left[RCOOH\right]} = pH - \log\frac{\left[RCOO^{\ominus}\right]}{\left[RCOOH\right]}$$

Henderson-Gleichung

In einer halb neutralisierten Lösung ist [RCOO$^{\ominus}$] = [RCOOH]. Damit vereinfacht sich die *Henderson*-Gleichung zu

$$pK_a = pH \text{ (halbneutralisierte Lösung).}$$

Der numerische Wert für pK_a ist also um so *kleiner*, je *stärker* die Acidität der betreffenden Säure ist (s. S. 235).
Die Acidität der Carbonsäuren in Lösungen wird wesentlich durch die Struktur der Alkylgruppen beeinflußt. Während die meisten Substituenten am gesättigten C-Atom einen –I-Effekt auslösen und somit die Acidität erhöhen (s. z. B. Halogencarbonsäuren), fungieren die *Alkylgruppen* als

[1] Vgl. *H. F. Ebel*, Die Acidität der CH-Säuren (Thieme Verlag, Stuttgart 1969); *J. J. Christensen* et al., Handbook of Proton Ionization Heats and Related Thermodynamic Quantities (Wiley, New York 1976).

Elektronendonatoren, d. h. sie stoßen die Bindungselektronen ab und erhöhen so die Elektronendichte am benachbarten C-Atom. Die Erfahrung lehrt, daß der +I-Effekt von den *primären* über die *sekundären* zu den *tertiären* Alkylgruppen ansteigt, z. B.

$$-CH_3 < -CH_2-CH_3 < -CH(CH_3)_2 < -C(CH_3)_3$$

Denkt man sich das H-Atom der Ameisensäure durch diese Alkylgruppen ersetzt, so zeigen nachstehende pK_a-Werte der betreffenden Carbonsäuren, daß deren Acidität abnimmt:

Ameisensäure	Essigsäure	Propionsäure	Isobuttersäure	Trimethylessigsäure
H–COOH	H_3C–COOH	H_3C–CH_2–COOH	$(H_3C)_2CH$–COOH	$(H_3C)_3C$–COOH
$pK_a = 3{,}77$	4,76	4,88	4,86	5,05

Die an dieser Reihe zahlenmäßig faßbaren Effekte lassen sich zur Voraussage von pK_a-Werten verwenden[1].

Die wäßrigen Lösungen der *Alkalisalze von Carbonsäuren* reagieren infolge Hydrolyse *alkalisch:*

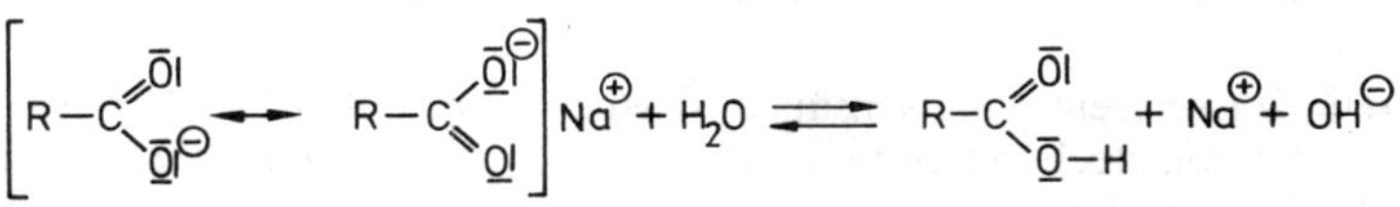

Die normalen geradkettigen Carbonsäuren verhalten sich mit Ausnahme der Ameisensäure gegenüber *Oxidationsmitteln resistent.* Daher kann man z. B. Essigsäure als Lösungsmittel bei Oxidationen verwenden. Auch die *Hydrierung* höherer Fettsäuren zu *Fettalkoholen* gelingt erst bei höheren Temperaturen und Drucken in Gegenwart eines Schwermetallkatalysators (s. S. 247).

Die wichtigsten Carbonsäuren

2.24.3 Ameisensäure (Methansäure)

Ameisensäure (*Acidum formicicum*) findet sich im freien Zustand z. B. in Ameisen und Brennesseln.

Darstellung

2.24.3.1 *Durch Oxidation von Methanol bzw. Formaldehyd.*

2.24.3.2 *Durch Hydrolyse von Chloroform* (Trichlorid der Orthoameisensäure) mit alkoholischer Kalilauge. Dieser Reaktion verdankt Chloroform seinen Namen.

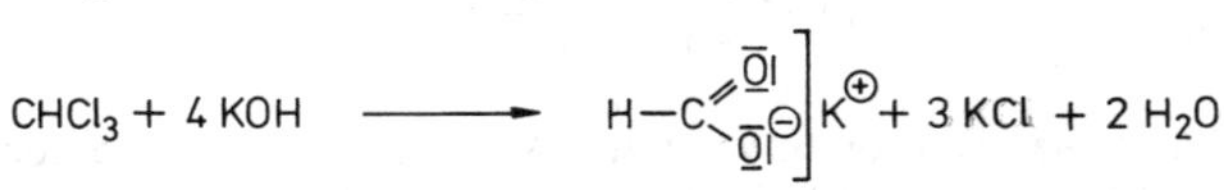

Kaliumformiat

[1] Vgl. *D. D. Perrin* et al., pk_a Prediction for Organic Acids and Bases (Chapman and Hall, London 1981).

2.24.3.3 Technisch *aus gepulvertem Natriumhydroxid und Kohlenmonoxid* bei 6 – 8 bar (0,6 – 0,8 MPa) und 120 – 130 °C (390 – 400 K) in quantitativer Ausbeute:

Natriumformiat

Aus dem trockenen Natriumformiat läßt sich unter bestimmten Bedingungen, z. B. nach vorheriger Zugabe hochprozentiger Ameisensäure, mittels wasserfreier Schwefelsäure und anschließender Destillation im Vakuum nahezu 100proz. Ameisensäure gewinnen.

2.24.3.4 *Durch Verseifung des Ameisensäuremethylesters,* den man aus Kohlenmonoxid und Alkohol in Gegenwart von Natriummethylat erhält:

$$H_3COH + CO \xrightarrow{Na^{\oplus}\ (^{\ominus}OCH_3)} HCOOCH_3$$

2.24.3.5 Als Nebenprodukt bei der Herstellung von Pentaerythrit.

Eigenschaften. Wasserfreie Ameisensäure ist eine farblose, bei 100,7 °C (373,9 K) siedende Flüssigkeit von stechendem Geruch; ihre Salze heißen *Formiate.* Sie weist in der homologen Reihe der Monocarbonsäuren die stärkste Acidität auf und nimmt zugleich eine *Sonderstellung* ein, da sie nicht nur als Säure, sondern auch als Aldehyd (in der Formel fett gedruckt) reagieren kann.

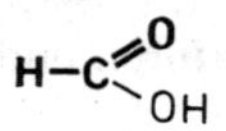

Ameisensäure

Die Aldehydeigenschaften treten bei nachstehenden Reaktionen in den Vordergrund. Hierbei wirkt die Ameisensäure *reduzierend.*

Nachweise. 1. Reduktion einer *ammoniakalischen Silbernitratlösung* zu metallischem Silber.
2. Abscheidung von metallischem Quecksilber aus *Quecksilber(II)-nitratlösung.*
3. Entfärbung einer *Kaliumpermanganatlösung.*
4. Reduktion einer *Kaliumdichromatlösung zu* Chrom(III)-salz.

Bei der *Oxidation der Ameisensäure* entstehen Kohlendioxid und Wasser:

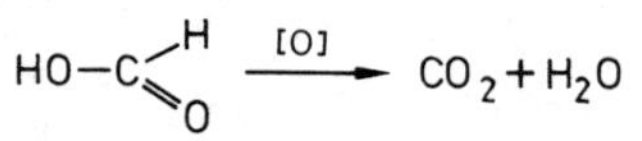

Mit Edelmetallen (Platin oder Palladium) tritt schon bei Raumtemperatur *Dehydrierung* unter Bildung von Kohlendioxid ein:

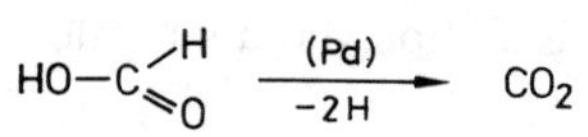

Beim *Erhitzen mit konz. Schwefelsäure* wird Ameisensäure zu Kohlenmonoxid dehydratisiert, das auf diese Weise im Laboratorium leicht darstellbar ist:

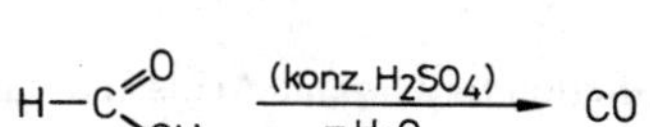

Verwendung. Die in Analogie zum Formaldehyd stark bakterizide Wirkung der Ameisensäure wird zum Konservieren von Fruchtsäften und zum Desinfizieren von Wein- und Bierfässern ausgenutzt. Wichtiger ist ihre Verwendung in der Wollfärberei als Hilfsbeize sowie zum Entkalken von Leder in der Gerberei, da Calciumformiat wasserlöslich ist.

2.24.4 Essigsäure (Ethansäure)

Die Essigsäure (*Acidum aceticum*) ist die wichtigste Carbonsäure und war schon im Altertum als *Weinessig* bekannt. Sie entsteht neben anderen Produkten bei der trockenen Destillation des Holzes als *Holzessig.*

Darstellung

2.24.4.1 *Durch enzymatische Oxidation von Ethanol:*

$$H_3C{-}CH_2OH + O_2 \xrightarrow{(Acetobacter)} H_3C{-}COOH + H_2O$$

2.24.4.2 *Durch Oxidation von Acetaldehyd mit Luftsauerstoff* in Gegenwart von Mangan(II)-acetat:

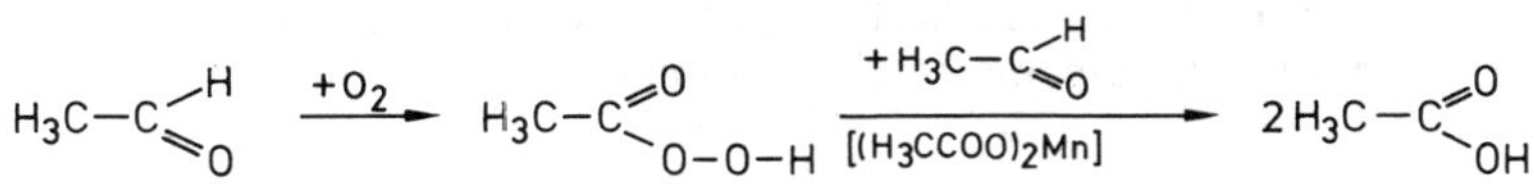

Acetaldehyd Peressigsäure Essigsäure

2.24.4.3 *Durch Oxidation von n-Butan mit Luftsauerstoff* in der Flüssigphase bei 160 bis 200 °C (430–470 K) und 65 bar (6,5 MPa). Bei dieser Autoxidation entstehen – außer einigen Nebenprodukten – hauptsächlich *Essigsäure* und *Butanon*:

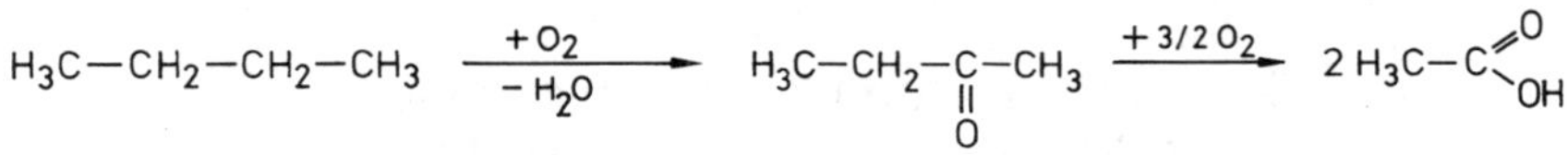

n-Butan Butanon Essigsäure

Auch durch Oxidation von *n*-Buten wird Essigsäure technisch dargestellt (Hüls).

2.24.4.4 Neuerdings wird Essigsäure *durch Oxidation von Leichtbenzin* technisch hergestellt (BP). Wichtigstes Nebenprodukt ist Propionsäure.

2.24.4.5 *Durch Carbonylierung von Methanol* am Rhodiumkontakt in Gegenwart von Iodiden bei etwa 175 °C (450 K) (BASF):

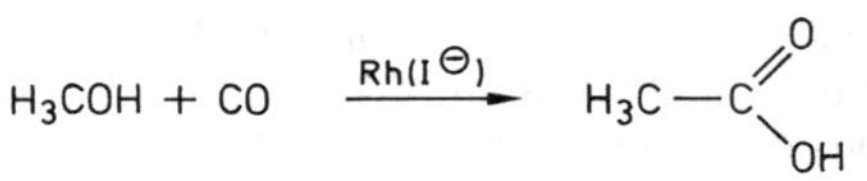

$\Delta H = -138$ kJ/Mol

Eigenschaften und Verwendung. Wasserfreie Essigsäure (Eisessig) ist eine stechend riechende Flüssigkeit vom Sdp. 118 °C (391 K), die bei 16,5 °C (289,7 K) zu eisartigen Kristallen erstarrt. Ihre Salze heißen *Acetate* und sind mit Ausnahme von Quecksilber(I)- und Silberacetat in Wasser löslich.
Essigsäure wird zur Synthese technisch wertvoller Produkte sowie Pharmazeutika und verdünnt (5–8proz.) als *Speiseessig* benutzt. Einige Salze finden spezielle Verwendung, z. B. Natriumacetat als *Puffersubstanz*, Aluminiumacetat als Beize in der Färberei sowie zum Imprägnieren von Gewebe. Bleitetraacetat dient als spezifisch wirkendes Oxidationsmittel für 1,2-Glykole (s. *Criegee*-Oxidation).

2.24.5 Propionsäure (Propansäure)

Propionsäure tritt in kleinen Mengen im *Holzessig* auf und kann durch Oxidation von *n*-Propanol dargestellt werden. Technisch gewinnt man sie durch Carbonylierung von Ethylen mit Kohlenmonoxid und Wasser in Gegenwart von Nickelpropionat, aus dem sich in situ Nickeltetracarbonyl bildet (*Reppe*):

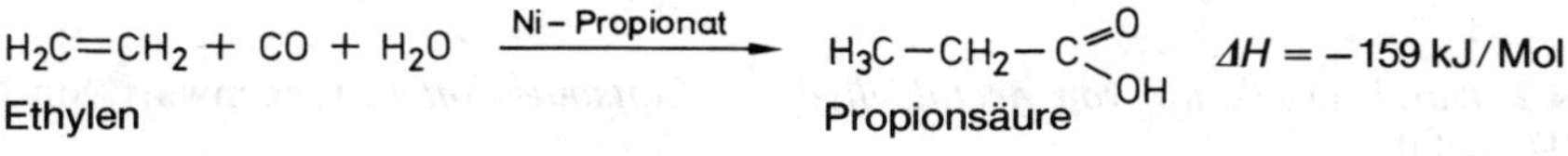

Sie ist mit Wasser mischbar und läßt sich als erste Säure der homologen Reihe aus wäßriger Lösung mit Calciumchlorid als Öl abscheiden.

2.24.6 Buttersäuren (Butansäuren)

In der C_4-Reihe existieren in Analogie zu *n*-Butan und Isobutan die folgenden beiden *isomeren* Säuren:

$H_3C-CH_2-CH_2-COOH$ — *n*-Buttersäure

$(H_3C)_2CH-COOH$ — Isobuttersäure

***n*-Buttersäure** kommt als Glycerinester in der Butter vor, aus der sie von *Chevreul* (1823) isoliert wurde. Synthetisch kann man sie nach den üblichen Darstellungsverfahren für Carbonsäuren oder durch *Buttersäuregärung* aus Kohlenhydraten mittels Bakterien, z. B. *Clostridium butyricum,* erhalten. Sie ist eine ölige, ranzig riechende Flüssigkeit; ihr Calciumsalz löst sich in heißem Wasser schwerer als in kaltem.

Isobuttersäure findet sich frei im Johannisbrot und als Ester im Kamillenöl, sie wird am besten *durch Luftoxidation von Isobutyraldehyd* dargestellt. Sie siedet bei 154 °C (427 K) und riecht ebenfalls ranzig. Aufgrund des *tertiären* C-Atoms ist die Isobuttersäure leicht oxidierbar unter Bildung von Aceton und Kohlendioxid, im Gegensatz zur *n*-Buttersäure, die gegen Oxidationsmittel resistent ist.

2.24.7 Valeriansäuren (Pentansäuren)

Vom Pentan leiten sich folgende *isomere* Carbonsäuren ab:

n-Valeriansäure

Isovaleriansäure

Ethyl-methyl-essigsäure
2-Methylbuttersäure

Trimethyl-essigsäure
2,2-Dimethylpropion-säure, Pivalinsäure

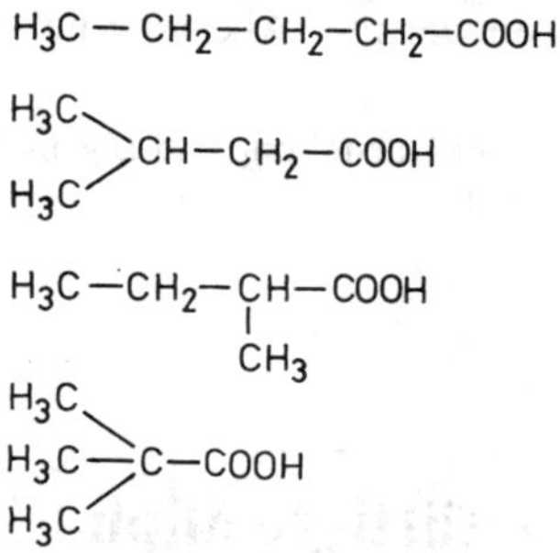

Die Isovaleriansäure und die Ethyl-methyl-essigsäure kommen als Ester in der Baldrianwurzel (*Valeriana officinalis*) vor.

2.24.8 Höhere Fettsäuren

Von den normalen höheren Fettsäuren seien nur die wichtigsten, in der Natur vorkommenden erwähnt. Sie finden sich vor allem als Ester niederer Alkohole in den „ätherischen Ölen“[1], als Ester höherer einwertiger Alkohole in den Wachsen und als Glyceride in Fetten und Ölen.

***n*-Hexansäure** (Capronsäure), $H_3C-(CH_2)_4-COOH$, Sdp. 205,5 °C (478,7 K), tritt als Glycerinester in der Butter und im Kokosnußöl sowie als Nebenprodukt bei der Buttersäuregärung auf.
***n*-Octansäure** (Caprylsäure), $H_3C-(CH_2)_6-COOH$, Schmp. 16,5 °C (289,7 K), ist als Glycerid in der Butter enthalten.
***n*-Decansäure** (Caprinsäure), $H_3C-(CH_2)_8-COOH$, Schmp. 31,5 °C (304,7 K), kommt frei in verschiedenen Käsesorten, ferner als Glycerinester in der Butter und im Kokosnußöl vor.

Die nach den IUPAC-Regeln verworfenen Trivialnamen dieser drei Säuren leiten sich von *capra* = Ziege ab und deuten auf ihr Vorhandensein in der Ziegenbutter hin.

Laurinsäure (*n*-Dodecansäure), $H_3C-(CH_2)_{10}-COOH$, Schmp. 44 °C (317 K), findet sich als Glycerinester im Lorbeeröl (*Laurus nobilis* = Lorbeerbaum), im Kokosnußöl und im Walrat.
Palmitinsäure (*n*-Hexadecansäure), $H_3C-(CH_2)_{14}-COOH$, und **Stearinsäure (*n*-Octadecansäure**), $H_3C-(CH_2)_{16}-COOH$, bilden zusammen mit der Ölsäure als Glycerinester den Hauptbestandteil der tierischen und pflanzlichen Fette.
Auffallend ist, daß die natürlich vorkommenden höheren Fettsäuren fast ausschließlich eine gerade Anzahl von C-Atomen aufweisen. Die zwischen den beiden letztgenannten Säuren stehende *Margarinsäure (n-Heptadecansäure),* $H_3C-(CH_2)_{15}-COOH$, wurde in der Natur nicht aufgefunden.

[1] Um die hier auftretende Spannung zwischen Sprachtradition und chemischer Nomenklatur anzudeuten, wird die hergebrachte Bezeichnung der ätherischen Öle mit „ “ verwendet.

Demgegenüber konnten einige höhere Carbonsäuren mit verzweigter Kohlenstoffkette aus dem Tier- und Pflanzenreich isoliert werden, z. B. aus Tuberkelbakterien die *Tuberkulostearinsäure*, die durch Oxidation und Synthese als 10-Methyl-stearinsäure identifiziert wurde.

***n*-Hexacosansäure,** $H_3C-(CH_2)_{24}-COOH$, Schmp. 88 – 89 °C (361 – 362 K), kommt als Ester höherer, einwertiger Alkohole neben Palmitinsäureestern in einigen natürlichen Wachsen vor.

Nähere Einzelheiten über Darstellung und Eigenschaften der höheren Fettsäuren folgen im Kapitel „Fette, Öle und Wachse".

2.25 Ungesättigte aliphatische Monocarbonsäuren (Alkensäuren)

Diese Verbindungsklasse unterscheidet sich von den gesättigten Monocarbonsäuren durch das Vorhandensein einer *C=C-Doppelbindung*, so daß der *homologen Reihe* folgende allgemeine Formel zukommt: $C_nH_{2n-1}-COOH$.
Die einfachste Säure dieser Art ist die *Acrylsäure* (*Propensäure*), das Oxidationsprodukt des Allylalkohols bzw. Acroleins:

$$\underset{\text{Allylalkohol}}{H_2C{=}CH-CH_2-OH} \xrightarrow[-2H]{} \underset{\text{Acrolein}}{H_2C{=}CH-C\begin{smallmatrix}H\\ \\ O\end{smallmatrix}} \xrightarrow{[O]} \underset{\text{Acrylsäure}}{H_2C{=}CH-C\begin{smallmatrix}O\\ \\ OH\end{smallmatrix}}$$

Durch die Verknüpfung der Carboxylgruppe mit einem doppelt gebundenen C-Atom steigt die *Acidität* der Carbonsäuren an, z. B. ist die Acrylsäure (pK_a = 4,25) stärker dissoziiert als die entsprechende gesättigte Propionsäure (pK_a = 4,88).

Die höhere Acidität ist auf die sp^2-Hybridisierung des ungesättigten α-C-Atoms zurückzuführen, das die Elektronen stärker anzieht als ein gesättigtes sp^3-C-Atom. Somit ist ein sp^2-C-Atom ein etwas schwächerer Elektronendonator als ein sp^3-C-Atom. Dieser Effekt ist bei *sp*-C-Atomen in C≡C-Dreifachbindungen noch bedeutend größer, z. B. hat die *Propiolsäure* (*Propinsäure*) HC≡C–COOH, einen pK_a-Wert von 1,85.

2.25.1 Allgemeine Darstellungsweisen

Die α, β-ungesättigten Säuren werden meist nach folgenden Verfahren hergestellt:

2.25.1.1 Durch die *Knoevenagel*-Reaktion (vgl. S. 328 *f.*).

2.25.1.2 *Durch Abspaltung von Halogenwasserstoff aus β-Halogencarbonsäuren* mit alkoholischer Kalilauge in der Wärme:

$$R-\underset{\substack{|\\ Br}}{CH}-CH_2-COOH + KOH \longrightarrow R-CH{=}CH-COOH + KBr + H_2O$$

2.25.1.3 *Technisch durch Oxidation von Acrolein,* das durch Luftoxidation von *Propen* erzeugt wird (Gesamtausbeute 85–90%):

$$H_2C=CH-CHO \xrightarrow{O_2\,[Kat],\,H_2O} H_2C=CH-COOH$$

Eigenschaften. Das charakteristische Merkmal der ungesättigten Säuren ist die Additionsfähigkeit der C=C-Doppelbindung. Bei der *katalytischen Hydrierung* gehen sie in die gesättigten Carbonsäuren über:

$$R-CH=CH-COOH \xrightarrow{+2H} R-CH_2-CH_2-COOH$$

In den α,β-ungesättigten Säuren gelingt die Absättigung der C=C-Doppelbindung schon mit *nascierendem Wasserstoff,* was auf den Einfluß der Carboxylgruppe zurückzuführen ist.
Desgleichen lassen sich *Halogene* oder *Halogenwasserstoffe* an ungesättigte Säuren anlagern, z. B.

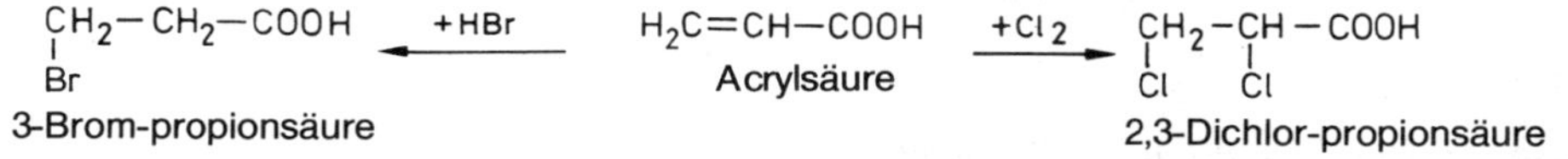

Die C=C-Doppelbindung in den ungesättigten Säuren wird bei der Einwirkung von Oxidationsmitteln ($KMnO_4$ oder Ozon) oxidativ aufgespalten.

Die wichtigsten ungesättigten Carbonsäuren

2.25.2 Acrylsäure (Propensäure)

Die Acrylsäure leitet sich vom Ethylen ab, in dem ein H-Atom durch die Carboxylgruppe ersetzt ist.

Darstellung

2.25.2.1 *Aus 2-Chlorethanol (Ethylenchlorhydrin)* durch Umsetzung mit Natriumcyanid zu *Ethylencyanhydrin* (3-Hydroxypropionitril), das beim Erhitzen mit starker Schwefelsäure unter Hydrolyse und Wasserabspaltung in Acrylsäure übergeht:

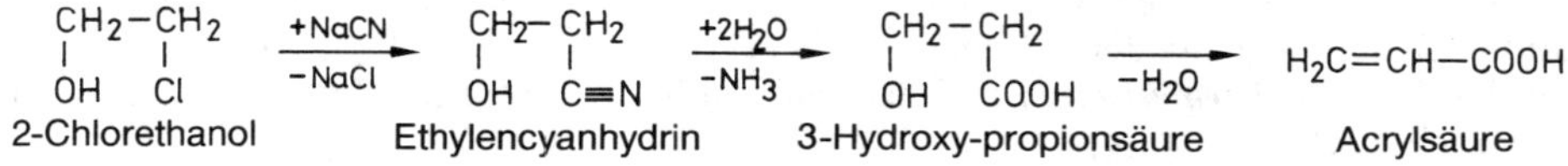

2.25.2.2 *Durch Carbonylierung von Acetylen.*

2.25.2.3 *Durch direkte Oxidation von Propen* ohne Isolierung der Zwischenstufe *Acrolein* (vgl. S. 208). Dieses Verfahren besitzt die größte technische Bedeutung.

Eigenschaften. Acrylsäure, eine farblose, stechend riechende Flüssigkeit vom Sdp. 141 °C (414 K), ist mit Wasser in jedem Verhältnis mischbar. Beim Stehenlassen

– rascher in der Wärme – polymerisiert sie zu einer glasartigen Masse, der *Polyacrylsäure,* die folgende Kettenstruktur besitzt:

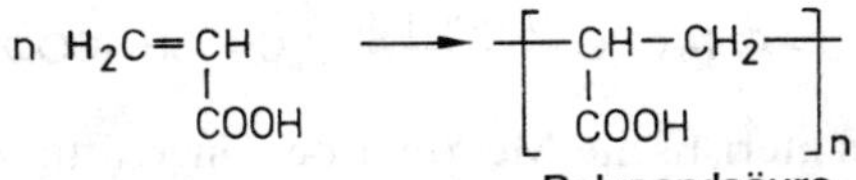

Polyacrylsäure

Die wasserlöslichen Polymerisate der Acrylsäure werden als Appreturen und Verdickungsmittel sowie als Überzüge für feste Arzneiformen und als Salbengrundlagen verwendet. Der Polyacrylsäureethylester hat sich als Copolymerisationspartner zur Herstellung witterungsbeständiger Elastomerer bewährt.

2.25.3 Acrylnitril

Acrylnitril (Acrylonitril), $H_2C{=}CH{-}C{\equiv}N$, ist eine farblose Flüssigkeit vom Sdp. 78 °C (351 K), die leicht polymerisiert[1].

Darstellung.

2.25.3.1 *Durch Addition von Blausäure an Acetylen:*

$$HC{\equiv}CH + H{-}C{\equiv}N \xrightarrow{(CuCl,\ NH_4Cl,\ HCl)} H_2C{=}CH{-}C{\equiv}N$$

Das Verfahren ist durch die Ammonoxidation verdrängt worden.

2.25.3.2 Ammonoxidation. Aus Propen und Ammoniak durch Oxidation bei 450 °C (720 K) und 1,5 bar (0,15 MPa) am Wismut/Molybdän/Eisen-Kontakt in einem Fließbettreaktor (Sohio-Verfahren):

$$H_2C{=}CH{-}CH_3 + NH_3 + \tfrac{3}{2}\,O_2 \rightarrow H_2C{=}CH{-}C{\equiv}N + 3\,H_2O$$

Hierbei entstehen etwa 67% Acrylnitril und als Nebenprodukte 14–18% Acetonitril, $H_3C{-}C{\equiv}N$, und 3–4% Blausäure.

Diese Reaktion ähnelt dem *Andrussow*-Verfahren für Blausäure. Entsprechend kann man aus dem Isobuten das *Methacrylnitril,* $H_2C = \underset{\displaystyle CH_3}{\underset{|}{C}} - CN$, gewinnen.

Verwendung. Das *Acrylnitril* eignet sich zur Einführung der *Cyanethylgruppe* $-CH_2{-}CH_2{-}CN$ in Verbindungen mit aktiven Methylengruppen[1]. Die Reaktion verläuft nach dem Schema der *Michael-Addition* (vgl. S. 329).

Bei der *Fällungspolymerisation von Acrylnitril* mit *Peroxiden* in Wasser entsteht *Polyacrylnitril* (PAN):

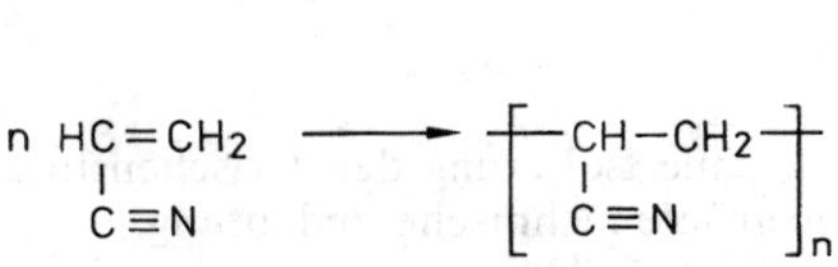

Polyacrylnitril

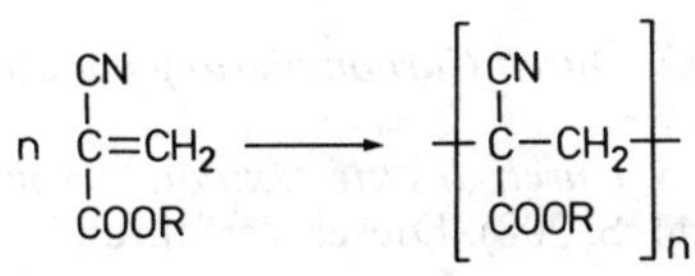

Polycyanacrylat

---

[1] Vgl. *O. Bayer,* Die Chemie des Acrylnitrils, Angew. Chem. *61,* 229 (1949).

Da dieses Polymerisat sich erst bei etwa 250 °C (525 K) zu zersetzen beginnt, ohne zu schmelzen, war ein Verspinnen nicht ohne weiteres möglich. Erst als man im *N,N-Dimethylformamid* ein technisch brauchbares Lösungsmittel für Polyacrylnitril fand, konnte die technische Verarbeitung nach dem Trocken- oder Naßspinnverfahren durchgeführt werden. Die hierbei erhaltene **Polyacrylnitrilfaser** (PAN-*Faser, Orlon, Dralon, Wolpryla*) besitzt hohe Festigkeit, hervorragende Licht- und Wetterbeständigkeit sowie wollähnlichen Charakter. Neben der Fabrikation dieser vollsynthetischen Faser spielt Acrylnitril auch bei der Copolymerisation von Elastomeren eine wichtige Rolle.
α-Cyanacrylsäureester polymerisieren sich spontan unter Einfluß der Luftfeuchtigkeit zu Polycyanacrylat, sie werden daher in großem Maßstab als *Reaktionskleber* verwendet.

2.25.4 Ungesättigte Carbonsäuren mit vier C-Atomen

Von diesen Säuren existieren die folgenden *Isomeren:*

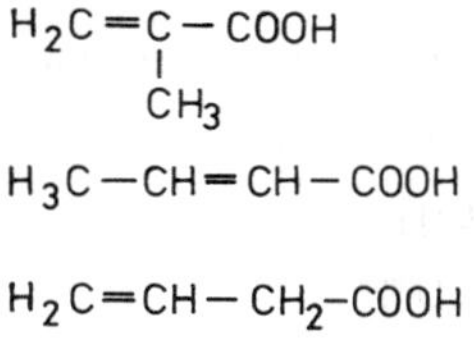

Methacrylsäure (Sdp. 163 °C [436 K])

Crotonsäure (Schmp. 72 °C [345 K])
Isocrotonsäure (Schmp. 15,5 °C [288,7 K])

Vinylessigsäure (Sdp. 70 °C [343 K]/16 mbar [16 hPa])

2.25.4.1 Methacrylsäure kommt im Kamillenöl vor. Wichtiger als die Säure sind ihre Ester, z. B. der *Methacrylsäuremethylester,* der technisch durch Hydrolyse und Dehydratisierung von Acetoncyanhydrin (α-Hydroxypropionitril) mit Schwefelsäure zu Methacrylsäure und gleichzeitige Veresterung mit Methanol gewonnen wird:

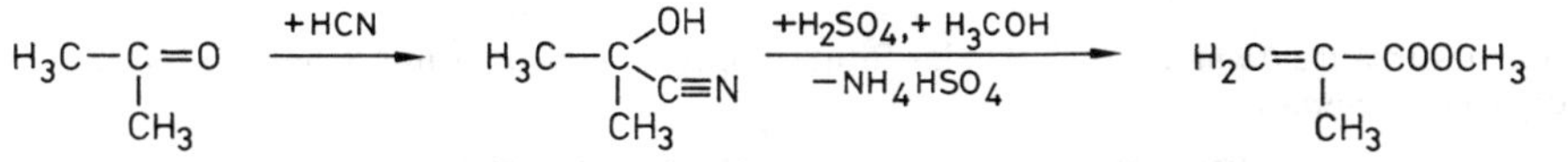

Aceton — Acetoncyanhydrin — Methacrylsäuremethylester (Sdp. 100 °C [373 K])

Methacrylsäuremethylester kann auch durch Dehydrierung von Isobuttersäuremethylester bei etwa 500 °C (770 K) technisch dargestellt werden.
Bei der *radikalischen Polymerisation von Methacrylsäuremethylestern* (Methylmethacrylat, MMA) entstehen harte, glasklare Massen, z. B. Polymethylmethacrylat (PMMA), die als splitterfreies, „organisches Glas" (*O-Glas, Piacryl, Plexiglas*) für Kraftfahrzeuge, Flugzeugkanzeln und optische Linsen verwendet werden.

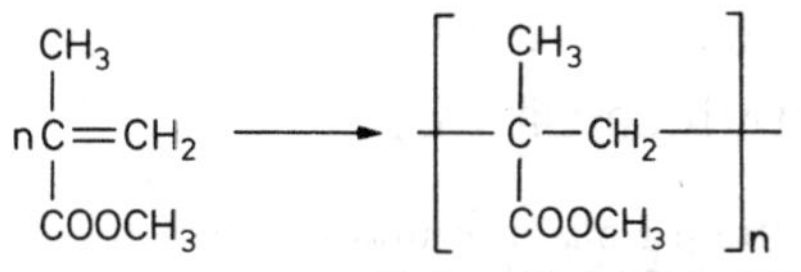

Polymethacrylsäuremethylester
(Polymethylmethacrylat, PMMA)

Eine Lösung von Polymethacrylsäureester, die auch den monomeren Methacrylsäuremethylester enthält, dient als *Reaktionskleber* in der Chirurgie. Das Gemisch härtet nach Zumischen von Peroxid in der Klebfuge wegen der wiedereinsetzenden Polymerisation durch.

Von den ungesättigten Carbonsäuren, $H_3C-CH=CH-COOH$ (2-Butensäuren), gibt es zwei *Z,E*-Isomere, und zwar *Crotonsäure* (*E*)-Form und *Isocrotonsäure* (*Z*)-Form. Beim Erhitzen oder bei UV-Bestrahlung *isomerisiert* sich Isocrotonsäure in einer *Gleichgewichtsreaktion* zu Crotonsäure:

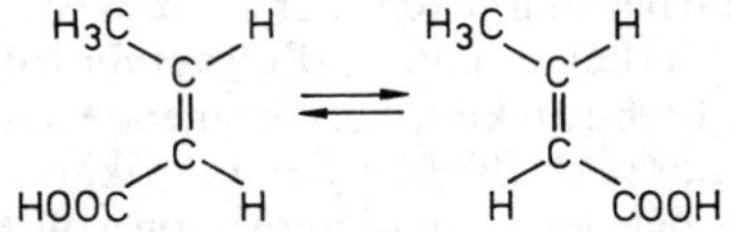

Isocrotonsäure (*Z*)-Form Crotonsäure (*E*)-Form

Beide Säuren lassen sich zu *n*-Buttersäure reduzieren.

2.25.4.2 Crotonsäure kann *durch Oxidation von Crotonaldehyd* oder *durch Kondensation von Acetaldehyd mit Malonsäure* in Pyridinlösung gewonnen werden (s. *Knoevenagel*-Reaktion).

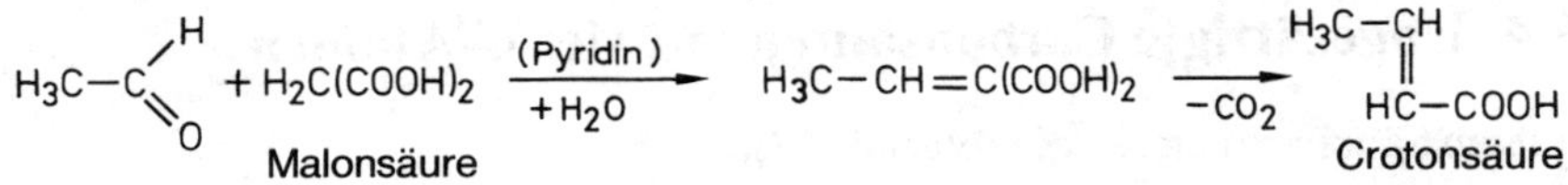

Isocrotonsäure entsteht *bei der Destillation von β-Hydroxyglutarsäure* (3-Hydroxyglutarsäure) unter vermindertem Druck:

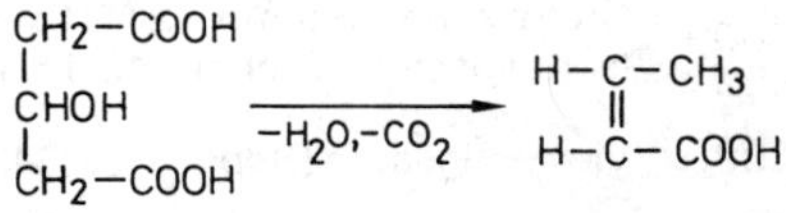

β-Hydroxy-glutarsäure Isocrotonsäure

2.25.4.3 Vinylessigsäure (3-Butensäure) läßt sich *durch saure Hydrolyse von Allylcyanid* darstellen:

$$H_2C=CH-CH_2-C\equiv N \xrightarrow[-NH_3]{+2\,H_2O} H_2C=CH-CH_2-COOH$$

Die Vinylessigsäure *isomerisiert* sich beim Erhitzen mit Laugen oder mit Schwefelsäure fast vollständig zu *Crotonsäure:*

$$\underset{(2\%)}{H_2C=CH-CH_2-COOH} \xrightleftharpoons{(OH^{\ominus})} \underset{(98\%)}{H_3C-CH=CH-COOH}$$

Auch bei höheren *β,γ*-ungesättigten Carbonsäuren erfolgt – besonders unter dem Einfluß von Alkali – leicht eine *Verschiebung* der C=C-Doppelbindung in die *α,β*-Stellung, die mit der C=O-Doppelbindung der Carboxylgruppe *in Konjugation* steht:

2.25.5 Ölsäure (9-Octadecensäure)

Sie ist die wichtigste ungesättigte Fettsäure und bildet den Hauptbestandteil der nativen Öle, vor allem des Oliven- und Mandelöls sowie des Fischtrans. Über ihre Darstellung vgl. Kapitel „Fette, Öle und Wachse".

Ölsäure, $C_{17}H_{33}COOH$, ist eine farblose, fast geruchlose Flüssigkeit, die sich nicht in Wasser, aber in Ethanol und Ether löst, Schmp. 13 °C (286 K). Beim Stehenlassen an der Luft färbt sie sich gelbbraun und nimmt einen ranzigen Geruch an.

Ihre *Konstitution* wurde auf folgenden Wegen bewiesen. Bei der katalytischen Hydrierung geht sie in Stearinsäure über, d. h. sie besitzt wie diese eine unverzweigte Kohlenstoffkette. Die Lage der Doppelbindung ließ sich durch *Ozonolyse* ermitteln. Hierbei entsteht zunächst das Ozonid, das bei der Hydrolyse über den entsprechenden Aldehyd oder die Aldehydsäure als Hauptprodukte eine Monocarbonsäure, die *Nonansäure*, und eine Dicarbonsäure, die *Azelainsäure (Nonandisäure)* liefert. Da beide Säuren je 9 C-Atome besitzen, muß sich die C = C-Doppelbindung in der Ölsäure zwischen dem 9. und 10. C-Atom befinden. Das Verfahren hat technische Bedeutung zur Darstellung der Azelainsäure.

$$\underset{\text{Ölsäure}}{H_3C-(CH_2)_7-CH=CH-(CH_2)_7-COOH} \rightarrow \underset{\text{Nonansäure}}{H_3C-(CH_2)_7-COOH} + \underset{\text{Azelainsäure}}{HOOC-(CH_2)_7-COOH}$$

Unter der Einwirkung von Stickoxiden lagert sich die Ölsäure in einer *Gleichgewichtsreaktion* in die stabilere **Elaidinsäure** (Schmp. 44 °C [317 K]) um (*Z-E*-Isomerie):

Ölsäure
(*Z*)-Form 34%

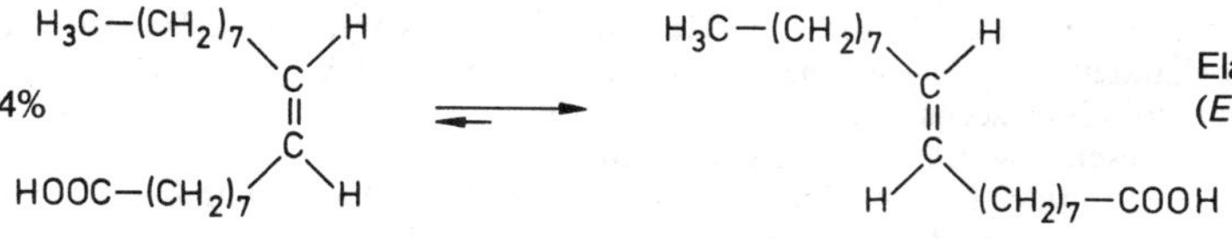

Elaidinsäure
(*E*)-Form 66%

2.25.6 Mehrfach ungesättigte Monocarbonsäuren

Als Monocarbonsäure mit zwei *in Konjugation* stehenden C=C-Doppelbindungen ist die **Sorbinsäure** [(*E*,*E*)-Hexa-2,4-diensäure], $H_3C-CH=CH-CH=CH-COOH$, vom Schmp. 133−134 °C (406−407 K) zu nennen, die im Saft der Vogelbeeren (*Sorbus aucuparia*) vorkommt und daraus gewonnen wird. Da sie das Wachstum von Hefen und Pilzen stark hemmt, dient sie als wichtiges *Konservierungsmittel* für Lebensmittel und wird daher auch synthetisch dargestellt, z. B. durch Umsetzung von *Crotonaldehyd* mit *Keten*. Das zunächst entstehende 3-Hydroxy-4-hexen-1-säurelacton (4-Hexenolid) wird durch Schwefelsäure zur Sorbinsäure hydrolysiert und dehydratisiert.

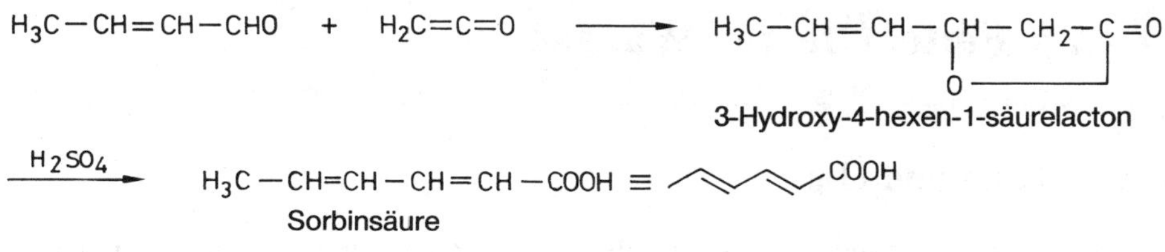

In der Technik wird die Reaktion in Gegenwart von Zinksalzen so geführt, daß statt des Lactons der polymere Ester der 3-Hydroxy-4-hexen-1-säure entsteht, der dann sauer oder alkalisch gespalten wird.

In den natürlichen Fetten und Ölen finden sich neben der Ölsäure auch Säuren, die zwei oder mehr C=C-Doppelbindungen im Molekül enthalten. Einen hohen Gehalt an mehrfach ungesättigten Monocarbonsäuren weisen Leinöl, Nußöl, Mohnöl, Hanföl sowie Fischöle auf. Die wichtigsten sind **Linolsäure** (Octadeca-9,12-diensäure), $C_{17}H_{31}-COOH$, **Linolensäure** (Octadeca-9,12,15-triensäure), $C_{17}H_{29}-COOH$ und Eicosa-5,8,11,14,17-pentaensäure ($C_{19}H_{29}-COOH$):

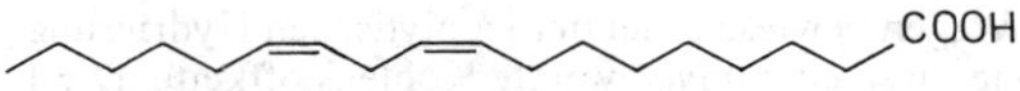
Linolsäure (C_{18}: 2 n-6)

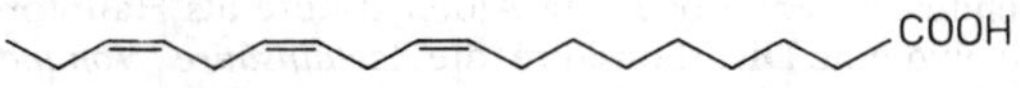
Linolensäure (C_{18}: 3 n-3)

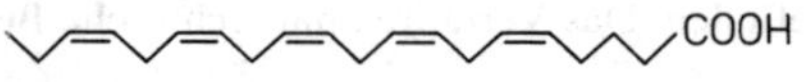
Eicosapentaensäure (C_{20}: 5 n-3)

Im Säugetierorganismus können nur in Positionen zwischen den C-Atomen 1 bis 9 der gesättigten Fettsäuren Doppelbindungen auf biochemischem Wege eingeführt werden. Daher sind die mehrfach ungesättigten Fettsäuren, welche zwischen Kohlenstoffatomen oberhalb C_9 Doppelbindungen enthalten, unentbehrliche Bestandteile der Nahrung (essentielle Fettsäuren); durch partielle Oxidation werden aus hoch ungesättigten C_{20}-Carbonsäuren im Organismus vielseitig aktive Wirkstoffe wie die *Prostaglandine* gebildet. Zur übersichtlichen Darstellung der biochemischen Veränderungen bei den ungesättigten Fettsäuren ist die oben angegebene Bezeichnungsweise eingeführt worden. Sie gibt z.B. für die Linolsäure an, daß 18 Kohlenstoffatome und zwei Doppelbindungen vorhanden sind. Die Kennzeichnung n-6 bedeutet, daß die zwischen C_{12} und C_{13} befindliche Doppelbindung sechs Kohlenstoffatome vom Ende der Kette (n = 18) entfernt steht. Die Ölsäure wird in diesem System als C_{18}: 1 n-9 bezeichnet.
Wenn nur die Position der Doppelbindung am Ende der Kette hervorgehoben werden soll, nennt man Linolsäure eine ω-6 und Linolensäure eine ω-3 Carbonsäure.
Bei der *Einwirkung von Luftsauerstoff auf mehrfach ungesättigte Säuren* erfolgt Autoxidation[1] und radikalische Polymerisation der Fettsäuremoleküle zu festen, hochmolekularen Harzen. Daher spielen die „trocknenden Öle", vor allem Leinöl, in der Ölfarbenindustrie eine bedeutende Rolle. Um den Prozeß der Verhärtung möglichst zu beschleunigen, setzt man den trocknenden Ölen *Sikkative* (Kobalt-, Mangan- oder Bleisalze der Linol-, Harz- und Naphthensäuren) in einer Menge von 1 – 5% zu. Diese wirken katalytisch als *Sauerstoffüberträger* und erzeugen innerhalb eines Tages einen festen Film. Das Gemisch aus trocknenden Ölen und *Sikkativen* bezeichnet man als *Firnis.*
Auch gesättigte Fettsäuren unterliegen der langsamen Autoxidation. Die besondere Reaktivität der „trocknenden Öle" beruht auf der Stabilisierung der radikalischen Zwischenstufe –CH=CH–CH–CH=CH–, in der das ungepaarte Elektron über fünf C-Atome delokalisiert werden kann.

2.26 Fette, Öle und Wachse

2.26.1 Fette und Öle

Die natürlichen Fette und Öle stellen neben den Kohlenhydraten einen wichtigen Teil der nachwachsenden Rohstoffe dar, sie sind fast ausnahmslos *Glycerinester* der höheren geradzahligen Fettsäuren (*Chevreul,* 1823), auch *Glyceride* genannt. Besser ist die Bezeichnung *Acylglycerine.*
Die tierischen Fette enthalten hauptsächlich gemischte Glyceride von drei Säuren, nämlich von Palmitin-, Stearin- und Ölsäure. Je höher der Gehalt an Ölsäure ist, um so leichter wird das Fett in der Wärme flüssig (Schweine- oder Gänseschmalz, Walöl).

[1] Vgl. *W. Kern* et al., Die Katalyse der Autoxidation ungesättigter Verbindungen, Angew. Chem. *67,* 573 (1955).

Überwiegen dagegen die gesättigten Fettsäuren, so schmelzen die Fette wesentlich höher (Rinder- oder Hammeltalg). Die Butter (Milchfett) enthält neben den drei obigen noch niedere geradzahlige Säuren (vgl. S. 238).
Als Beispiel eines Fettes sei folgendes *Triacylglycerin* (*Triglycerid*) angeführt:

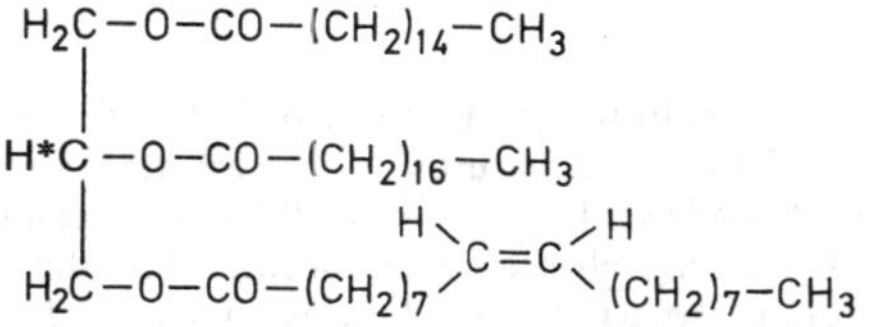

(Palmitinsäure)
(Stearinsäure)
(Ölsäure)

Derartige Triglyceride enthalten ein Chiralitätszentrum (*C), zeigen jedoch keine optische Aktivität. Aus diesem Grunde ist der weit verbreitete Begriff *optische Isomerie* problematisch.
Behandelt man die Triglyceride in der Wärme mit Alkalilauge, so erfolgt hydrolytische Spaltung in Glycerin und die Alkalisalze der höheren Fettsäuren, die „Seifen", z. B.

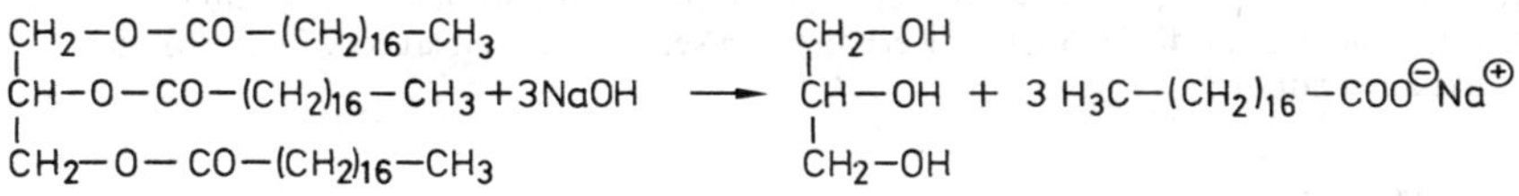

Tristearin Glycerin Na-Stearat (Seife)

Der Begriff „*Verseifung*" hat von der Hydrolyse der Glycerinfettsäureester seinen Ausgang genommen und wird seitdem – besonders im deutschen Schrifttum – vielfach für hydrolytische Spaltungen benutzt.

Im Vergleich zu den tierischen Fetten enthalten die *pflanzlichen Öle* (Olivenöl, Rüböl, Palmöl, Kokosöl, Leinöl, Ricinusöl usw.) außer den Glyceriden der Palmitin-, Stearin- und Ölsäure vor allem Glycerinester der mehrfach ungesättigten Säuren.

Fettanalyse. Als Kriterien für die Zusammensetzung der verschiedenen Fette und Öle galten früher vor allem die Verseifungs- und die Iodzahl.
Jetzt werden die Fette durch *Umesterung* mit Methanol und Salzsäure zu den *Fettsäuremethylestern* umgesetzt, die *gaschromatographisch getrennt und bestimmt* werden können. Weitere Informationen, insbesondere über die Stereochemie der ungesättigten Fettsäuren, liefert die IR-Spektroskopie.

2.26.2 Gewinnung der Fette

2.26.2.1 *Tierische Fette* werden meist durch Ausschmelzen aus dem Fettgewebe isoliert, seltener durch Auspressen oder Extraktion mit Ether, Schwefelkohlenstoff, Benzol oder Trichlorethylen.

2.26.2.2 *Pflanzliche Fette*, die vor allem in den Samen oder Früchten gespeichert sind, werden entweder hydraulisch als Öl ausgepreßt oder nach Zerkleinerung mit organischen Lösungsmitteln extrahiert. Der beim Pressen zurückbleibende *Ölkuchen* sowie das *Extraktionsschrot* stellen hochwertige, eiweißreiche Futtermittel dar.

2.26.2.3 Fetthärtung. Die meisten natürlich vorkommenden Fette stellen Gemische verschiedener Acylglycerine dar und sind bei Raumtemperatur flüssig. Da der Bedarf an festen Fetten vor allem für die menschliche Ernährung wesentlich größer ist, wurde die Überführung der flüssigen in feste Fette ein wichtiges Problem. Es ist durch die *katalytische Hydrierung* mit fein verteiltem Nickel bei 180 °C (450 K) und 5 bar (0,5 MPa) in flüssiger Phase gelöst worden, wobei die in den Ölen als Glycerinester vorliegenden ungesättigten Säuren hydriert werden (*Normann,* 1902). Durch geeignete Wahl der Reaktionsbedingungen kann man eine selektive Hydrierung erreichen, bei der die C=C-Doppelbindungen in den Fettsäuren bis auf eine hydriert werden. Die Fetthärtung dient vor allem dazu, aus pflanzlichen Ölen und Waltran das Ausgangsmaterial zur Fabrikation von *Margarine* zu gewinnen.

2.26.2.4 Fettspaltung. Die hydrolytische Spaltung der Fette in freie Fettsäuren und Glycerin ist ein technischer Prozeß, der auf verschiedenen Wegen durchgeführt werden kann:
a) *Durch überhitzten Wasserdampf im Autoklaven* bei 170 °C (440 K) in Gegenwart basischer Katalysatoren, z. B. CaO, MgO oder ZnO, lassen sich die Fette in etwa 8 Stunden verseifen. Die unlöslichen Fettsäuren schwimmen auf dem Glycerinwasser, das abgelassen wird.
b) ***Twitchell*-Verfahren.** Die saure Verseifung der Fette mit verdünnter Schwefelsäure wird dadurch erschwert, daß sich Fett und Wasser nicht benetzen. Während bei der alkalischen Hydrolyse die Seifen eine Emulsionsbildung bewirken, muß man in saurem Medium *Emulgatoren* zusetzen. Als geeignet hat sich das „*Twitchell*-Reaktiv" erwiesen, das aus Ölsäure und Naphthalin durch Einwirkung von konz. Schwefelsäure hergestellt wird. Dieses Reagens wird in 0,5–1% der Fettmenge zugesetzt und bewirkt bei 100 °C (370 K) in 24 Stunden eine 90proz. Spaltung.
c) *Durch enzymatische Fettspaltung* mit der im Ricinussamen vorkommenden *Lipase* bei niedriger Temperatur (nicht über 40 °C [310 K]) erhält man sehr reine Fettsäuren. Diese Methode ist nur beschränkt anwendbar.

2.26.3 Wachse

Die Wachse sind Fettsäureester, die in tierischen und pflanzlichen Produkten vorkommen, sich aber von den Fetten und Ölen dadurch unterscheiden, daß die Fettsäuren nicht mit Glycerin, sondern mit höheren, *primären, einwertigen Alkoholen* verestert sind. Als Bestandteile im Bienenwachs finden sich z. B. das *Myricylpalmitat* (etwa 75%) neben Myricylcerotinat (etwa 10%) und Paraffin (etwa 15%), vgl. Myricylalkohol. Das *Cetylpalmitat,* $C_{15}H_{31}COOC_{16}H_{33}$, kommt im Walrat und das *Cerylcerotinat,* $C_{25}H_{51}COOC_{26}H_{53}$, im chinesischen Wachs vor.
Von den pflanzlichen Wachsen sei das Carnaubawachs erwähnt, das sich in Form von Schuppen auf den Blättern der brasilianischen Wachspalme bildet und vornehmlich aus Myricylcerotinat besteht.
Die *Fette* und *Öle* werden als eine gemeinsame Gruppe in die Substanzklasse der **Lipide** eingeordnet. Die Gruppe der *Lipoide* enthält alle anderen Verbindungen der Klasse: *Wachse,* Carotinoide, Steroide, Glykolipide, Phosphatide, Prostaglandine, usw.

2.27 Seifen und synthetische Waschmittel (Detergenzien)

Alle für den Waschvorgang als Netz- oder Emulgiermittel benutzten Verbindungen zeichnen sich dadurch aus, daß sie die Grenzflächenspannung herabsetzen und somit eine Benetzung bewirken. Man bezeichnet sie daher als *kapillar-* oder *grenzflächenaktive Stoffe* und im technischen Schrifttum als *Detergenzien* oder *Tenside.* Die Wascheigenschaften, nämlich benetzend, dispergierend, emulgierend und absorbierend zu wirken, basieren auf dem Vorhandensein von zwei typischen Gruppierungen in den Verbindungen. Die *hydrophobe* Gruppe, die meist aus einem aliphatischen Kohlenwasserstoff-Rest mit 10–18 C-Atomen oder aus einem Alkylbenzol-Rest besteht, ist für die Grenzflächenaktivität verantwortlich. Der Name „amphiphile Verbindung" kennzeichnet diese Eigenschaft. Die *hydrophile* Gruppe, die die Wasserlöslichkeit bedingt, kann verschiedener Natur sein, z. B. gehören hierzu die Gruppen $-COOH$ (Seifen), $-OSO_3H$ (Alkylsulfate), $-SO_3H$ (Alkansulfonate) und Ethersauerstoffbrücken (nichtionogene Waschmittel). Aufgrund ihres elektrochemischen Verhaltens teilt man die grenzflächenaktiven Stoffe[1] in anionaktive, kationaktive und nichtionogene Verbindungen ein.

2.27.1 Anionaktive Verbindungen

2.27.1.1 Seifen

Bei der Seifenfabrikation geht man entweder von den Fetten oder von den freien Fettsäuren aus, die dann mit Alkalien neutralisiert werden. Die Seifen sind die *Natriumsalze der höheren Fettsäuren,* d. h. ein Salzgemisch von Palmitin-, Stearin- und Ölsäure sowie anderen mehrfach ungesättigten Fettsäuren. Aus der bei der heißen alkalischen Verseifung der Fette entstehenden Lösung werden die Natronseifen durch „Aussalzen" mit Natriumchlorid gewonnen. Sie finden vornehmlich als Toilettenseifen sowie als pulver- oder schuppenförmige Haushaltswaschmittel Verwendung.

Ein Nachteil der Seifen ist u. a. die Unlöslichkeit ihrer Calciumsalze in Wasser, die in hartem Wasser als Kalkseifen auf der Textilfaser ausflocken und sie so für die Wäschereien ungeeignet machen. Dies kann durch Zusatz von *Enthärtern,* z. B. von Meta- oder Polyphosphaten, behoben werden. Außerdem sind die Seifen stark salzempfindlich und in Seewasser unbrauchbar.

Die Entwicklung synthetischer Waschmittel unter Umgehung der natürlichen Fette führte zu folgenden *anionaktiven* Waschrohstoffen, unter denen die *Alkylbenzolsulfonate* die erste Stelle einnehmen.

2.27.1.2 *n*-Alkylsulfate

Als Ausgangsmaterial dienen *primäre* höhere Fettalkohole, die entweder durch Oxosynthese oder durch Hydrierung der bei der Verseifung von Fetten und Ölen anfallenden Fettsäuren am Kupferchromit-Kontakt bei 250 °C (520 K) und 200 bar (20 MPa) zugänglich sind (*Schrauth* und *Bertsch*):

$$\underset{\text{Fettsäuren}}{H_3C{-}(CH_2)_n{-}COOH} \xrightarrow[-H_2O]{+4\,H(CuO/Cr_2O_3)} \underset{\textit{prim.}\text{ Fettalkohole}}{H_3C{-}(CH_2)_n{-}CH_2OH} \qquad (n = 10-16)$$

Durch *Veresterung der Fettalkohole* mit konz. Schwefelsäure (oder Chlorsulfonsäure) erhält man die *n-Alkylsulfate:*

$$H_3C{-}(CH_2)_n{-}CH_2OH + HO{-}SO_3H \longrightarrow \underset{n\text{-Alkylsulfate}}{H_3C{-}(CH_2)_n{-}CH_2{-}O{-}SO_3H} + H_2O$$

[1] Vgl. *J. Falbe* und *U. Hasserodt,* Katalysatoren, Tenside und Mineralöladditive (Thieme Verlag, Stuttgart 1978).

Die Natriumsalze dieser *n*-Alkylsulfate sind wasserlöslich, reagieren neutral und zeigen die gleiche Waschwirkung wie die Seifen. Ein besonderer Vorteil ist, daß ihre Calciumsalze leicht löslich sind und somit die Wascheigenschaften auch in hartem Wasser erhalten bleiben (Fewa, Gardinol).

In jüngster Zeit gewinnen auch die geradkettigen *primären* Alkohole, die nach dem Verfahren von *K. Ziegler* darstellbar sind, als Rohstoff für die Waschmittelindustrie Bedeutung. Wie auf S. 64 beschrieben, entstehen aus Ethylen und Triethylaluminium höhere Trialkylaluminiumverbindungen. Diese lassen sich mit Luft zu Aluminiumalkoholaten oxidieren, die bei der Hydrolyse geradzahlige unverzweigte Fettalkohole liefern (**Alfol-Prozeß**):

$$\underset{\text{Aluminiumtrialkyle}}{Al[(CH_2-CH_2)_n-C_2H_5]_3} \xrightarrow{+3/2\,O_2} \underset{\text{Aluminiumalkoholate}}{Al[O-(CH_2-CH_2)_n-C_2H_5]_3} \xrightarrow[-Al_2O_3]{H_2O} \underset{\textit{prim.}\text{ Fettalkohole}}{3\,C_2H_5-(CH_2-CH_2)_n-OH}$$

2.27.1.3 *sek.* Alkylsulfate

Zur Herstellung linearer *sekundärer* Alkohole verwendet man *n*-Paraffine, die in Gegenwart von Borsäure mit Luft bei 140 – 180 °C (410 – 450 K) oxidiert werden:

$$\underset{n\text{-Paraffin}}{H_3C(CH_2)_n-CH_2(CH_2)_mCH_3} + \tfrac{1}{2}\,O_2 \xrightarrow{H_3BO_4} \underset{\textit{sek.}\text{ Fettalkohol}}{H_3C(CH_2)_n-\underset{OH}{\underset{|}{C}}H(CH_2)_mCH_3}$$

Die Veresterung zu den *sek.*-Alkylsulfaten erfolgt wie bei den *n*-Alkylsulfaten beschrieben.

Bei der Crackung *n-paraffinreicher* Erdöldestillate erhält man höhere, geradkettige Monoolefine, die dann mit Schwefelsäure in *sek. Alkylsulfate* übergeführt werden:

$$\underset{\text{Olefin}}{H_3C-(CH_2)_{n+m}-CH=CH_2} + H_2SO_4 \longrightarrow \underset{\textit{sek.}\text{ Alkylsulfat}}{H_3C-(CH_2)_n-\underset{O-SO_3H}{\underset{|}{CH}}-(CH_2)_m-CH_3} \quad (n+m=9-15)$$

Auch beim Einsatz von 1-Monoolefinen verteilt sich durch Verschiebung der C=C-Doppelbindung die $-OSO_3H$-Gruppe über die ganze Kette. Die *Natriumsalze* der *sek.* Alkylsulfate dienen als Waschmittel (Teepol).

2.27.1.4 Alkansulfonate

Die Alkansulfonate spielen wegen ihrer preiswerten Zugänglichkeit aus *n*-Paraffinen eine wichtige Rolle. Man gewinnt sie durch *Sulfochlorierung* oder durch *Sulfoxidation von Alkanen,* bei der als *Radikalbildner* UV-Strahlung eingesetzt wird, z. B.

$$RR'CH_2 + SO_2 + \tfrac{1}{2}\,O_2 \xrightarrow{h\nu,\ 300\,K} RR'CH-SO_3H$$

2.27.1.5 Alkylbenzolsulfonate

Zu den meistproduzierten Detergenzien gehören die Alkylbenzolsulfonate mit einer Alkylgruppe, die 12 – 18 C-Atome enthält.

Als Ausgangsmaterial diente früher das technische Tetrapropylen, das aus Propylen hergestellt wurde. Der Nachteil der daraus gewonnenen Tetrapropylenbenzolsulfonate war ihre Beständigkeit gegenüber dem biologischen Abbau durch Mikroorganismen. Die lästige Schaumbildung in den Abwässern ist auf die stark verzweigte Seitenkette am Benzolkern zurückzuführen. Daher wird die Forderung erhoben, daß die Alkylbenzolsulfonate eine *n*-Paraffinkette aufweisen müssen. Die Lösung dieses Problems besteht in der Herstellung geradkettiger Monoolefine aus bestimmten Paraffinschnitten des Erdöls. Dies ist auf verschiedenen Wegen möglich.

Als Rohstoffe kommen Crackolefine in Frage. Andererseits lassen sich *n*-Paraffine auch durch Chlorierung und katalytische Dehydrochlorierung in geradkettige Monoolefine überführen, z. B. entsteht Dodecen aus Dodecan auf folgendem Wege:

$$\underset{\text{Dodecan}}{C_{12}H_{26}} \xrightarrow[-HCl]{+\,Cl_2(400\,K)} C_{12}H_{25}Cl \xrightarrow[-HCl]{(Kat.\ 525\,K)} \underset{\text{Dodecen}}{C_{12}H_{24}}$$

Die so erhaltenen Monoolefine werden entweder direkt mit Schwefelsäure in die Alkylsulfate überführt oder in Gegenwart von *Fluorwasserstoff* (oder Aluminiumchlorid) mit Benzol zu Alkylbenzolen umgesetzt. Die Sulfonierung des *n*-Alkylbenzols mit Schwefeltrioxid und die anschließende Neutralisation mit Natronlauge führt zu *n-Alkylbenzolsulfonat* (Marlon A), das biologisch leicht abgebaut wird.

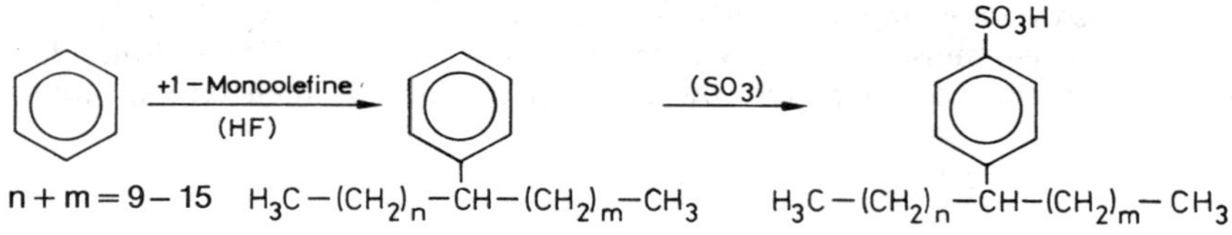

Bei dieser Alkylierung des Benzols durch 1-Monoolefine erfolgt die Anlagerung unter gleichzeitiger Verschiebung der C=C-Doppelbindung innerhalb der aliphatischen Kette nach statistischer Verteilung.
Fast alle synthetischen Waschmittel enthalten eine Reihe von Zusätzen, z. B. chemische *Bleichmittel* (Perborate, Percarbonate), *Faserschutzstoffe* (Metasilikate), *optische Aufheller* (Weißtöner) und Phosphate, die zur Überdüngung in den Abwässern führen können.

2.27.2 Kationaktive Verbindungen

In diesen Verbindungen ist der *hydrophobe* Molekülteil mit einer *Ammoniumgruppe* verbunden, sie gehen daher als *Kationen* in Lösung. Man bezeichnet die *Ammonium-Amphiphile* auch als *Invertseifen.*

Sie spielen als Waschmittel keine Rolle, werden jedoch für Spezialzwecke eingesetzt, z. B. zur Textil- und Lederveredelung, als Färbereihilfsmittel oder als Emulgier- und Dispergiermittel; sie haben die Fähigkeit Eiweiß zu fällen. Einige von ihnen besitzen bakterizide Eigenschaften und werden daher zur Desinfektion verwendet; z. B. Alkylbenzyldimethylammoniumchlorid, *INN:* ***Benzalkoniumchlorid:***

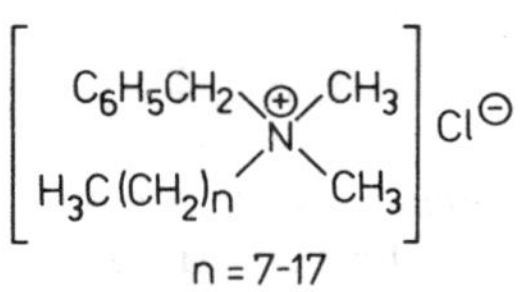

Ammonium-Amphiphile mit zwei geladenen Endgruppen, die durch 20 – 30 Kohlenstoffatome voneinander getrennt sind (vgl. S. 764), z. B.:

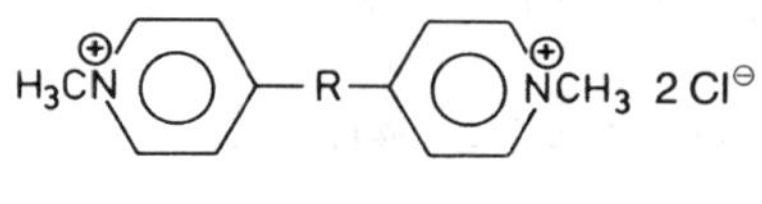

können kugelförmige Aggregate (Vesikel) bilden, die einen Durchmesser von 10–60 nm haben und mit Flüssigkeit gefüllt sind[1]. Man erhält sie durch Behandlung einer wäßrigen Suspension der amphiphilen Verbindung mit Ultraschall. Die Vesikel bilden klare Lösungen, welche in der Lage sind, hydrophobe Verbindungen zu lösen.
In den Hohlräumen der Vesikel können Verbindungen eingeschlossen und so an Stellen des Organismus transportiert werden, die sie normalerweise nicht erreichen. So sind Lecithin-Vesikel (Liposome) zum Transport von Arzneimitteln wie z. B. Penicillin oder Peptiden und Proteinen geeignet; dabei lösen eingeschlossene Proteine keine Antigen-Antikörper-Reaktion aus. Auch der Transport von Neurotransmittern zu ihrem Wirkungsort, dem synaptischen Spalt, erfolgt in der Nervenzelle in Vesikeln.

2.27.3 Nichtionogene Verbindungen

Ethylenoxidaddukte

Bei diesen waschaktiven Stoffen (Detergenzien) handelt es sich um *Anlagerungsprodukte von Ethylenoxid an Fettalkohole, Alkylphenole oder Fettsäuren* (vgl. S. 304).
Die *nichtionogenen,* meist flüssigen Waschmittel sind gegen die Härtebildner des Wassers unempfindlich und lassen sich sowohl in alkalischen als auch sauren Bädern verwenden.

2.28 Derivate aliphatischer Monocarbonsäuren

Als *Säurederivate* bezeichnet man Verbindungen, die durch Veränderung der Carboxylgruppe gebildet werden.

2.28.1 Carbonsäurehalogenide

In den Säurehalogeniden ist die OH-Gruppe im Carboxyl durch Halogen ersetzt, so daß der *homologen Reihe* folgende Summenformel zukommt:

$$C_nH_{2n+1}-C\begin{smallmatrix}\nearrow O \\ \searrow X\end{smallmatrix}$$

Man bezeichnet sie als *Acylhalogenide,* z. B. Acetyl- (Ethanoyl-), Propionyl- (Propanoyl-), *n*-Butyryl- (*n*-Butanoyl-), *n*-Valerylchlorid usw.

Das Chlorid der Ameisensäure ist nur bei der Temperatur der flüssigen Luft beständig, jedoch reagiert ein Gemisch von Kohlenmonoxid und Chlorwasserstoff bei einigen Synthesen so, als ob Formylchlorid (Methanoylchlorid) vorläge.

[1] Vgl. *J.-H. Fuhrhop* et al., Angew. Chem. *92,* 564 (1980).

Die Substitution der OH-Gruppe im Carboxyl durch ein Halogenatom kann auf ähnliche Weise wie bei den Alkoholen erreicht werden.

2.28.1.1 Darstellung. *Durch Umsetzung von Carbonsäuren bzw. deren Alkalisalzen mit Säurehalogeniden des Phosphors oder Schwefels,* z. B.

Die hierbei zu beobachtende HCl-Entwicklung folgt aus einem Verlauf der Reaktion, bei dem nur ein Cl-Atom für die Säurechloridbildung ausgenutzt wird.

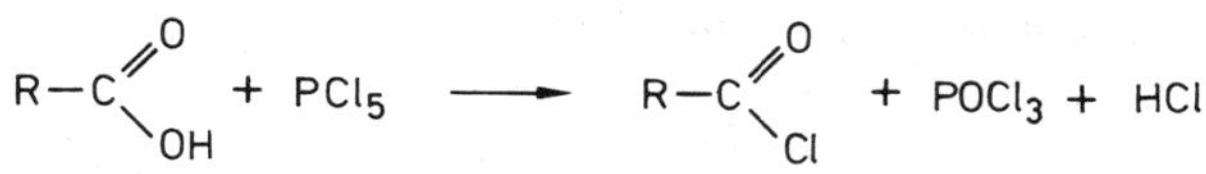

Günstiger verläuft die Reaktion, wenn man die Natriumsalze der Carbonsäuren mit Phosphor(V)chlorid erhitzt:

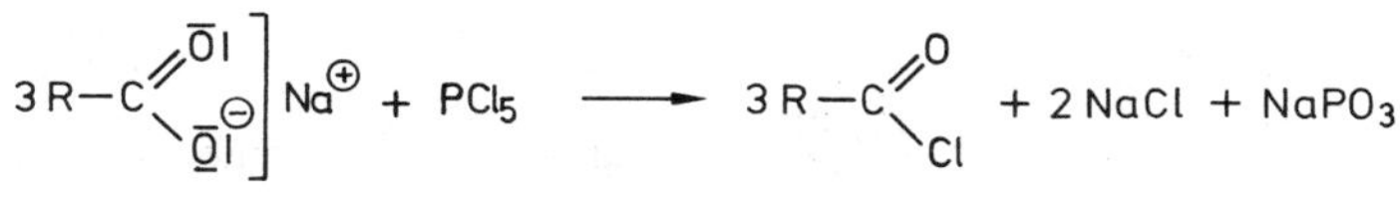

Phosphorchloridoxid (*Phosphorylchlorid*) wirkt auf Carbonsäuren nicht ein, reagiert aber mit ihren Salzen:

Im Laboratorium benutzt man vielfach *Thionylchlorid,* da es nur *gasförmige* Nebenprodukte liefert:

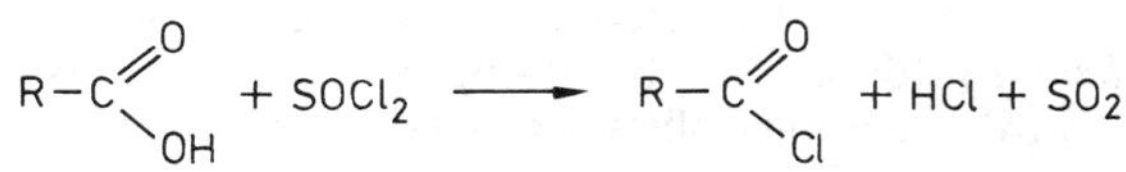

Unter besonders milden Bedingungen gewinnt man Säurechloride durch Umsetzung der Carbonsäuren mit *Triphenylphosphin* in *Tetrachlormethan*[1].

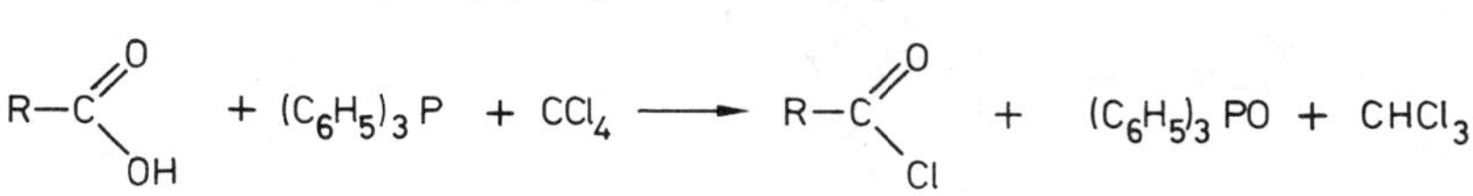

Technisch stellt man *Acetylchlorid* auch durch Erhitzen von Natriumacetat mit *Sulfurylchlorid* her:

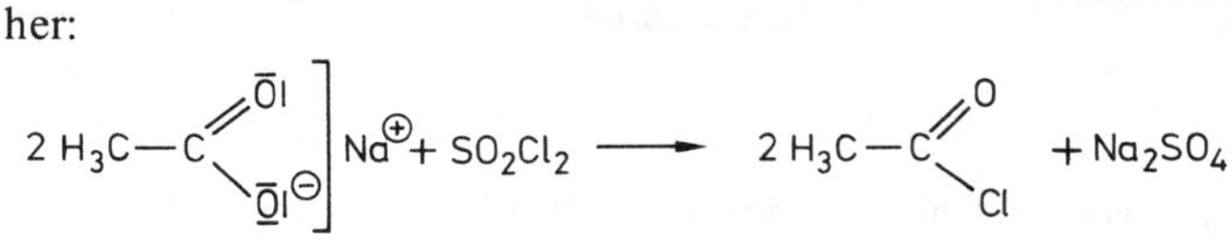

[1] Vgl. *J. Blee,* J. Amer. Chem. Soc. *88,* 3440 (1966).

Die Säurebromide, -iodide und einige -fluoride können am besten aus den betreffenden Säurechloriden durch Einwirkung von trockenem Brom-, Iod- oder Fluorwasserstoff (bzw. von Antimonfluoriden) erhalten werden.

Eigenschaften. Die niederen Säurehalogenide sind farblose, stechend riechende Flüssigkeiten, die an der Luft rauchen und eine starke Reizwirkung auf die Schleimhäute ausüben, die höheren sind kristalline Substanzen. Sie sieden tiefer als die entsprechenden Säuren, z. B. Acetylchlorid bei 52 °C (325 K). Im Vergleich zu den Alkylhalogeniden sind die Säurehalogenide bedeutend reaktionsfähiger und dienen zur Einführung des Acylrestes in bestimmte organische Verbindungen (*Acylierung*[1]). Besonders benutzt man hierzu Acetylchlorid, das sich bei gewöhnlicher Temperatur oder unter gelindem Erwärmen leicht mit Wasser, Alkoholen, Ammoniak, *prim.* und *sek.* Aminen zur Carbonsäure, zu Säureestern bzw. Säureamiden umsetzt:

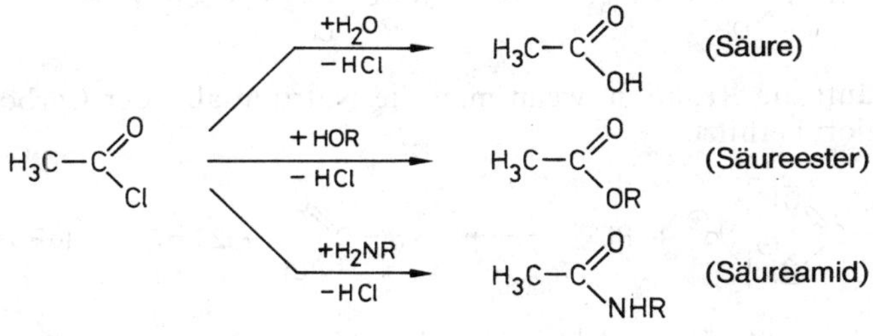

Zur Bindung der abgespaltenen Salzsäure fügt man nach *Einhorn* zuweilen *Pyridin* hinzu, wodurch die Bildung des Acetylderivats begünstigt wird. Derartige Acetylierungen dienen zugleich zum *Nachweis acider H-Atome* in Hydroxyl-, Amino-, Imino- und Mercaptogruppen und damit zur Identifizierung der verschiedensten organischen Verbindungen.

2.28.1.2 ***Arndt-Eistert*-Synthesen**[2] (1935). Eine *Acylierung am C-Atom* erfolgt bei der Umsetzung der Säurechloride mit Diazomethan, wobei aus dem intermediär entstehenden *Diazoniumbetain* sofort unter Abspaltung von Chlorwasserstoff ein *mesomeres* Diazoketon gebildet wird (**Additions-Eliminierungs-Mechanismus**):

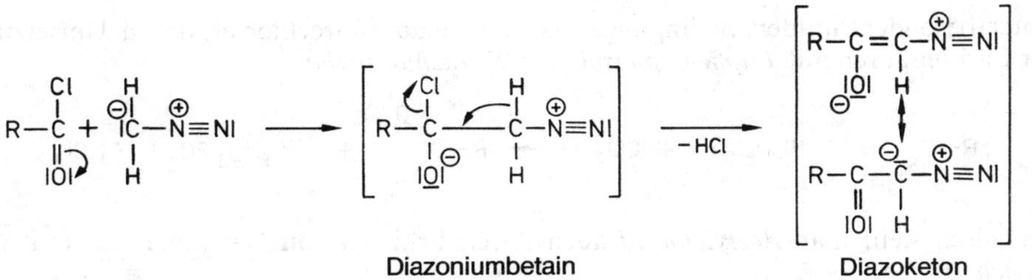

[1] Vgl. *D. P. N. Satchell*, An Outline of Acylation, Quart. Rev. *17*, 160 (1963); siehe auch *D. Seebach*, Methoden und Möglichkeiten der nucleophilen Acylierung, Angew. Chem. *81*, 690 (1969).

[2] Vgl. *W. E. Bachmann* und *W. S. Struve*, The *Arndt-Eistert* Synthesis, Org. Reactions *1*, 38 ff. (1942).

Die **Diazoketone**[1] spalten bei höherer Temperatur, besonders in Gegenwart von Metallkatalysatoren (kolloides Silber oder Kupfer), Stickstoff ab. Das verbleibende Zwischenprodukt weist am Kohlenstoffatom ein Elektronensextett (Carben) auf und stabilisiert sich unter Wanderung des Restes R als *Anion* (***Wolff*-Umlagerung**) und Ausbildung einer neuen Doppelbindung zu einem Keten. Je nachdem, ob die Zersetzung des Diazoketons in Wasser, Alkohol oder Ammoniak durchgeführt wird, entstehen die um ein C-Atom reicheren Carbonsäuren bzw. deren Ester oder Amide:

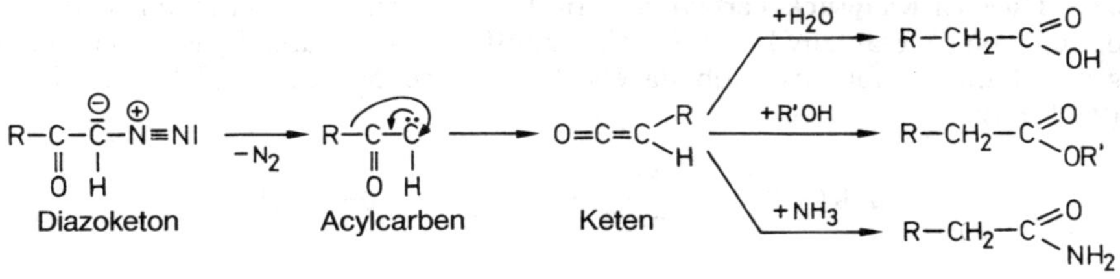

Die *Arndt-Eistert*-Synthesen bieten somit präparativ die Möglichkeit, ein Säurechlorid in Derivate der nächsthöheren homologen Carbonsäure überzuführen.

2.28.2 Carbonsäureanhydride

Die Säureanhydride kann man sich durch Wasserabspaltung aus 2 Molekülen Carbonsäure entstanden denken, z. B.

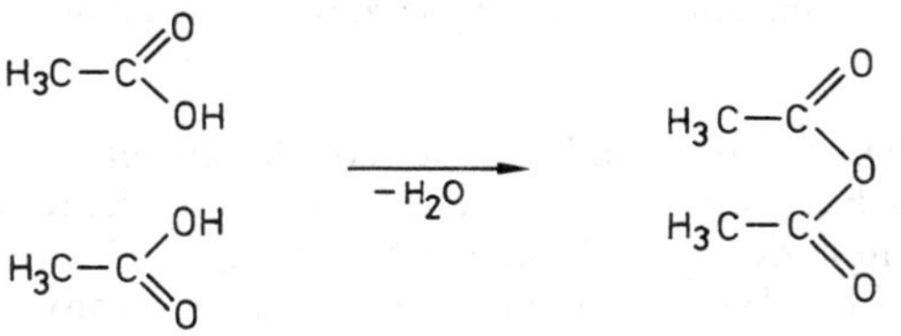

Essigsäureanhydrid (Acetanhydrid)

In Analogie zu den Ethern, den Dialkyloxiden, lassen sich die Säureanhydride auch als *Diacylderivate des Wassers* auffassen.

Der wichtigste Vertreter ist **Essigsäureanhydrid,** ferner gewinnt **Propionsäureanhydrid** zunehmend an Bedeutung.

Darstellung

2.28.2.1 Im Laboratorium stellt man Säureanhydride *durch Einwirkung von Säurechloriden auf die Alkalisalze der Carbonsäuren dar:*

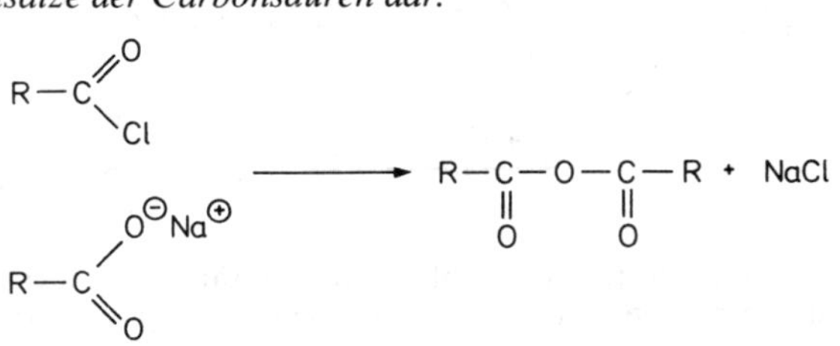

Auch gemischte Säureanhydride sind so zugänglich.

---

[1] Vgl. *F. Weygand* und *H. J. Bestmann,* Synthesen unter Verwendung von Diazoketonen, Angew. Chem. *72*, 535 (1960).

2.28.2.2 ***Wacker*-Verfahren.** Durch Umsetzung von Keten mit Eisessig wird Essigsäureanhydrid technisch in über 95proz. Ausbeute gewonnen:

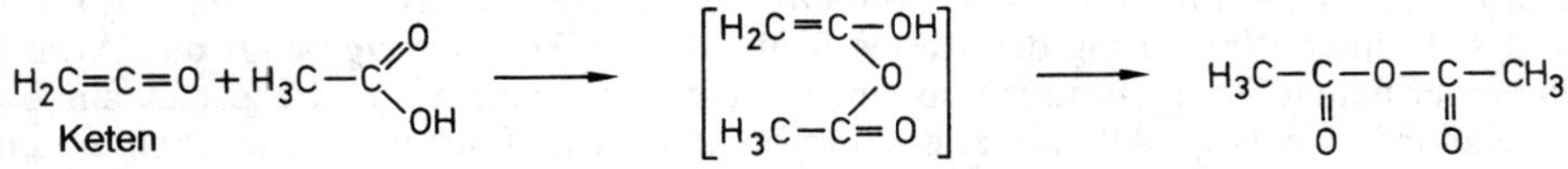

2.28.2.3 Hoechst-Knapsack-Verfahren. Hierbei entsteht Essigsäureanhydrid durch Oxidation von Acetaldehyd mit Luftsauerstoff in Essigsäureethylester als Verdünnungsmittel am Kupfer- und Kobaltacetat-Kontakt bei 50–60 °C (320–330 K) und 4 bar (0,4 MPa):

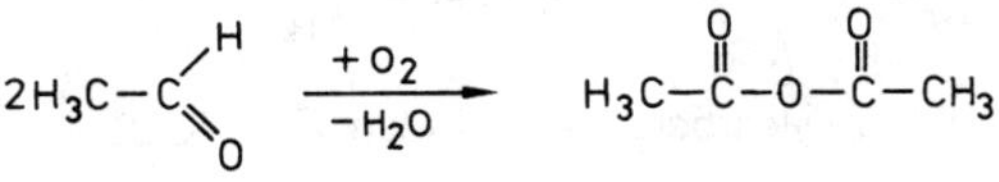

Die Bildung des Essigsäureanhydrids erfolgt in der Weise, daß die intermediär auftretende Peressigsäure mit Acetaldehyd unter Wasserabspaltung reagiert:

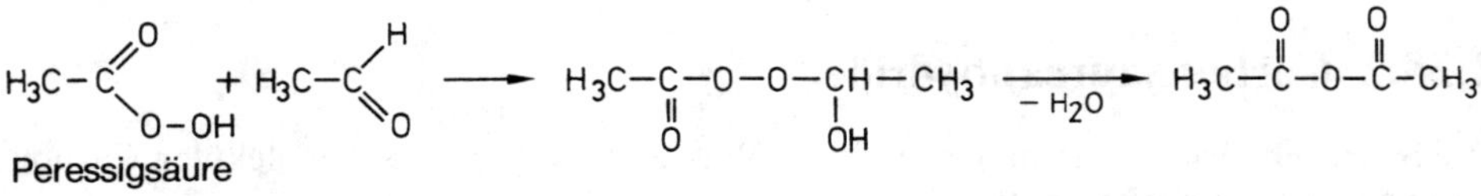

Bei optimaler Reaktionsführung werden Essigsäureanhydrid und Essigsäure im Verhältnis 56:44 gebildet.

Eigenschaften. Das Anhydrid der Ameisensäure ist unbekannt, jedoch existiert das gemischte Anhydrid der Ameisen- und Essigsäure. Die meisten Säureanhydride sind farblose, stechend riechende Flüssigkeiten, deren Siedepunkte höher liegen als die der Säuren, z. B. siedet *Essigsäureanhydrid* bei 140 °C (410 K). Die niederen Anhydride reagieren in der Wärme lebhaft mit Wasser unter Bildung der Carbonsäuren, jedoch nicht so heftig wie die Säurechloride, wenngleich die Acetatgruppe eine gute Abgangsgruppe ist. Analog dem Acetylchlorid findet Essigsäureanhydrid weitgehende Verwendung als *Acetylierungsmittel*, z. B.

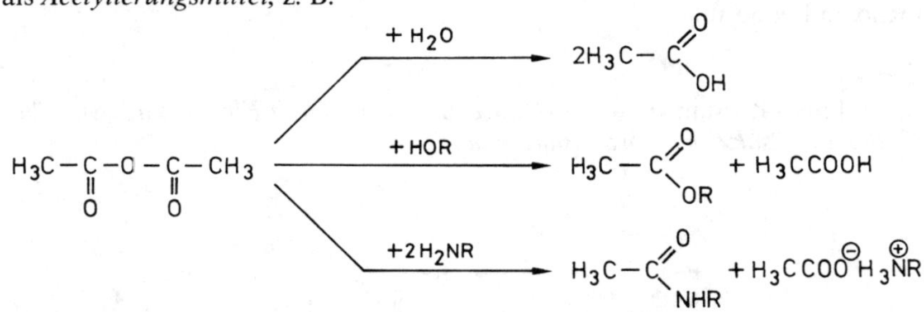

Anstelle der aus Acetylchlorid entstehenden Chlorwasserstoffsäure wird hier 1 Molekül Essigsäure frei. Oft aktiviert man diese Acetylierung durch Zugabe von wenig wasserfreiem Natriumacetat oder konz. Schwefelsäure.

In der Technik benutzt man für Acetylierungen fast ausschließlich *Essigsäureanhydrid*, z. B. bei der Herstellung von Pharmazeutika, Farbstoffen und vor allem von Acetylcellulose.

Diacetylperoxid, das als *Radikalbildner* bei Polymerisationsreaktionen verwendet wird, ist eine farblose Flüssigkeit, die in der Wärme leicht explodiert. Es wird technisch aus Essigsäureanhydrid und Natriummetaborat-peroxidhydrat dargestellt:

$$\underset{\text{Essigsäureanhydrid}}{(H_3C-CO)_2O} + NaBO_2 \cdot H_2O_2 \cdot 3H_2O \longrightarrow \underset{\text{Diacetylperoxid}}{H_3C-\overset{\overset{O}{\|}}{C}-O-O-\overset{\overset{O}{\|}}{C}-CH_3} + NaBO_2 + 4\,H_2O$$

2.28.3 Ketene

Die Ketene wurden von *Wilsmore* und von *Staudinger* aufgefunden und sind als „innere Anhydride" der Carbonsäuren aufzufassen. Speziell hat man zwischen *Aldoketenen,* $R-CH=C=O$, und *Ketoketenen,* $R_2C=C=O$, zu unterscheiden. Das einfachste Keten, $H_2C=C=O$ (Skelettformel $=\cdot=O$), und seine Derivate sind präparativ von Bedeutung [1].

Darstellung

2.28.3.1 Eine wichtige Ketensynthese ist die *Dehydrohalogenierung* von Carbonsäurehalogeniden, die meist in Gegenwart *tertiärer* Amine vorgenommen wird, z. B.

$$\underset{\text{Diphenylacetylchlorid}}{(C_6H_5)_2CH-COCl} \xrightarrow[-NH^{\oplus}(C_2H_5)_3Cl^{\ominus}]{+N(C_2H_5)_3} \underset{\text{Diphenylketen}}{(C_6H_5)_2C=C=O}$$

Manche Ketene, besonders Aldoketene, dimerisieren sich in basischem Milieu. Dadurch kann die Ausbeute beeinträchtigt werden.

2.28.3.2 Keten entsteht *bei der pyrogenen Spaltung von Aceton (Schmidlin),* die technisch an einer Chrom-Nickel-Spirale bei 780 °C (1050 K) mit sehr guter Ausbeute durchgeführt wird:

$$H_3C-\overset{\overset{O}{\|}}{C}-CH_3 \xrightarrow{(Cr/Ni)} H_2C=C=O + CH_4$$

Das Keten wird aus dem in der „Ketenlampe" entstandenen Gasgemisch mit tiefgekühltem Aceton herausgewaschen und so vom Methan befreit.

2.28.3.3 ***Wacker*-Verfahren.** Danach erzeugt man Keten durch Dehydratisierung von Essigsäure bei 700 °C (975 K) in Gegenwart geeigneter Katalysatoren, z. B. von Triethylphosphat:

$$H_3C-C\begin{smallmatrix}{\diagup\!\!\!\!\diagup O}\\{\diagdown OH}\end{smallmatrix} \rightleftharpoons H_2C=C=O + H_2O \qquad \Delta H = +209\ \text{kJ/Mol}$$

Da der Prozeß reversibel verläuft, muß das Wasser durch Kühlen rasch aus dem *Gleichgewicht* entfernt werden. Die tiefgekühlten Ketendämpfe werden sofort auf Essigsäureanhydrid verarbeitet oder zu *Diketen,* Sdp. 127 °C (400 K), *dimerisiert.*

$$\begin{matrix} H_2C=C=O \\ + \\ H_2C=C=O \end{matrix} \rightleftharpoons \begin{matrix} H_2C=C-O \\ \quad\ \ |\quad\ \ | \\ \quad\ CH_2-C=O \end{matrix} \qquad \Delta H = -113\ \text{kJ/Mol}$$

[1] Vgl. *D. Borrmann* in *Houben-Weyl,* Methoden der Organischen Chemie *7/4,* 53 (Thieme Verlag, Stuttgart 1968); *J. Streith* et al., Methylketen, Liebigs Ann. Chem *1983,* 1393.

Aus dem Diketen, das nach dem IR-Spektrum als *β-Methylen-propiolacton* (3-Buten-3-olid) vorliegt, gewinnt man technisch mit Ethanol den Acetessigester.

Eigenschaften und Verwendung. Die Reaktivität der Ketene ist auf das Vorliegen zweier *kumulierter* Doppelbindungen zurückzuführen. Obwohl sich die meisten Ketene rasch dimerisieren, ist das *Diphenylketen* bei Raumtemperatur beständig.
Keten ist ein farbloses, äußerst giftiges, scharf riechendes Gas vom Sdp. – 56 °C (217 K), das nur bei tiefen Temperaturen (– 80 °C [190 K]) einigermaßen beständig ist. Es muß daher stets frisch hergestellt und gleich weiterverarbeitet werden, da sonst Dimerisierung zu Diketen erfolgt. Keten dient hauptsächlich als *Acetylierungsmittel* für Substanzen, die leicht ein Proton abgeben. So führt z. B. die Umsetzung von Keten mit Wasser zu Essigsäure, mit Ethanol zu Essigsäureethylester und mit Ammoniak bzw. noch leichter mit *prim.* Aminen zu den entsprechenden Acetamiden:

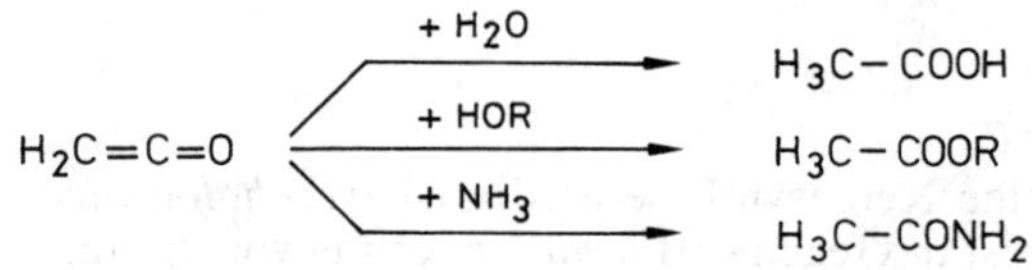

Über die Verwendung von Ketenen bei der Synthese von *β*-Lactonen und kleinen Kohlenstoffringen s. S. 281 und 393 *f.*

2.28.4 Carbonsäureester

Bei der *Nomenklatur* der Ester stellt man den Namen der Säure voran, dann folgt das Alkyl des Alkohols und das Wort „ester“, z. B. Essigsäureethylester. Eine ältere Bezeichnung, die vielfach im technischen Schrifttum benutzt wird, faßt die Ester als „Alkylsalze“ der Carbonsäuren auf, z. B. Ethylacetat, Butylacetat, Isopentylbutyrat u. a.

Darstellung

2.28.4.1 *Durch Veresterung der Carbonsäuren.*
Die Bildung der Carbonsäureester erfolgt in Analogie zu den Estern der Mineralsäuren (vgl. S. 141) aus den Carbonsäuren und Alkoholen in einer *Gleichgewichtsreaktion:*

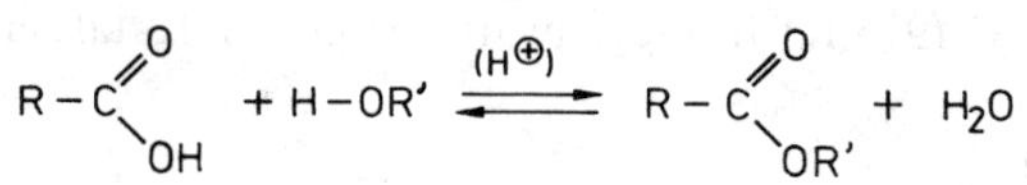

Die rasche Einstellung des Gleichgewichts der Esterbildung erfordert erhöhte Temperaturen und eine Vergrößerung der $H^{\oplus}$-Ionenkonzentration, die durch Zugabe von Mineralsäure (konz. H_2SO_4 oder HCl-Gas) als *Katalysator* erreicht wird (Säurekatalyse). Die Veresterungsgeschwindigkeit ist der $H^{\oplus}$-Ionenkonzentrationen direkt proportional.
Wie für alle chemischen Gleichgewichte gilt auch für die Veresterung der Carbonsäuren das *Massenwirkungsgesetz.* Danach errechnet sich die *Gleichgewichtskonstante K* aus den Konzentrationen der Reaktionspartner wie folgt:

$$K = \frac{[\text{Ester}] \cdot [\text{Wasser}]}{[\text{Säure}] \cdot [\text{Alkohol}]}$$

Das Ziel jeder Veresterung ist eine weitgehend quantitative Überführung der Säure in den Ester, d. h. [Ester] soll möglichst groß werden:

$$[\text{Ester}] = K \cdot \frac{[\text{Säure}] \cdot [\text{Alkohol}]}{[\text{Wasser}]}$$

Eine vollständige Veresterung der vorgelegten Säuremenge ist dadurch erreichbar, daß man einmal [Alkohol] vergrößert, also mit einem Überschuß von Alkohol verestert, und zum anderen [Wasser] verringert, d. h. das bei der Reaktion entstehende Wasser aus dem Gleichgewicht entfernt. Dies geschieht z. B. durch die zugesetzte konz. Schwefelsäure (etwa 5–10%, bezogen auf die zu veresternde Carbonsäure), die aufgrund ihres Hydratationsvermögens eine gewisse Menge Wasser bindet. Außerdem kann man dem Alkohol-Säure-Gemisch eine chemisch indifferente organische Flüssigkeit zusetzen, z. B. Benzol oder Toluol, die mit Wasser ein *binäres* und mit Wasser/Alkohol ein *ternäres* Gemisch bildet. Läßt man die Veresterung wenig oberhalb des Siedepunkts des *azeotropen* Gemisches vor sich gehen, so wird das Wasser bei relativ niedriger Temperatur ständig mit abdestilliert und das Gleichgewicht zugunsten der Esterbildung verschoben.

Der *Mechanismus* der säurekatalysierten Esterbildung aus Carbonsäuren und *primären* oder *sekundären* Alkoholen läßt sich folgendermaßen deuten: Zunächst erfolgt Addition eines Protons an das O-Atom der Carboxylgruppe, wodurch ein mesomeriestabilisiertes Kation entsteht und das C-Atom stärker positiviert wird. An dieses lagert sich dann das *nucleophile* O-Atom des Alkohols an, und unter Wasser- und Protonenabspaltung wird der Ester gebildet:

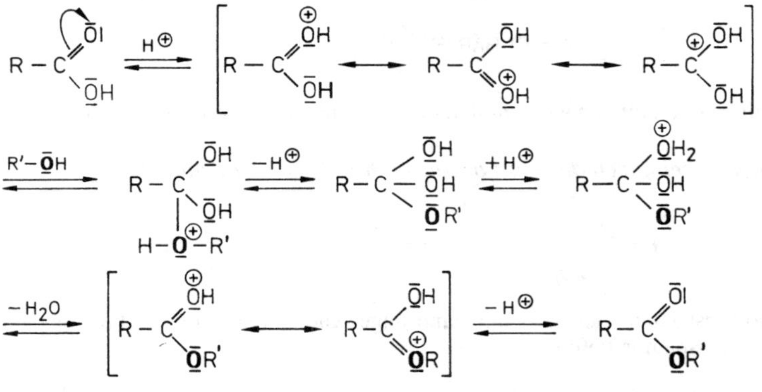

Daß das Wassermolekül aus der OH-Gruppe des Carboxyls und dem Proton der alkoholischen OH-Gruppe entsteht, konnte durch *Isotopenmarkierung* bewiesen werden. Führt man die Veresterung mit einem Alkohol durch, dessen O-Atom z. T. aus dem Isotop ^{18}O besteht (in den Formeln *fett* gedruckt), so findet sich dieses Isotop nicht im abgespaltenen Wasser, sondern in dem Ester.
Dieser Mechanismus gilt jedoch nur für *primäre* und *sekundäre* Alkohole.
Bei der Veresterung von Carbonsäuren mit *tertiären* Alkoholen wird die alkoholische OH-Gruppe abgespalten, da durch den + I-*Effekt* der drei Alkylgruppen die Bildung eines *Carbenium-Ions* begünstigt wird, das dann das O-Atom der Carboxylgruppe *elektrophil angreift:*

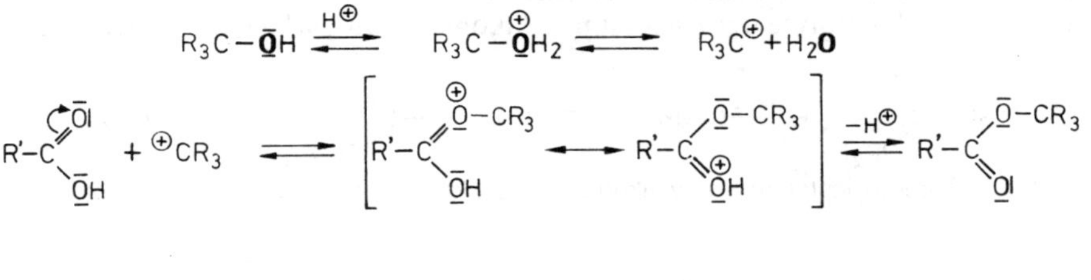

Die Hydrolyse der Ester zu Carbonsäuren kann sowohl im sauren als auch im alkalischen Medium durchgeführt werden. Die *saure* Verseifung verläuft in Abhängigkeit von der Struktur des Alkylrestes in umgekehrter Richtung wie die säurekatalysierten Veresterungen (s. S. 259). Bei der *alkalischen* Verseifung der Ester greift zunächst ein *Hydroxid-Ion* das C-Atom der Alkoxycarbonylgruppe *nucleophil* an. Das entstehende Additionsprodukt stabilisiert sich dann unter Alkoholabspaltung zum Natriumsalz der Carbonsäure (*Additions-Eliminierungs-Mechanismus*):

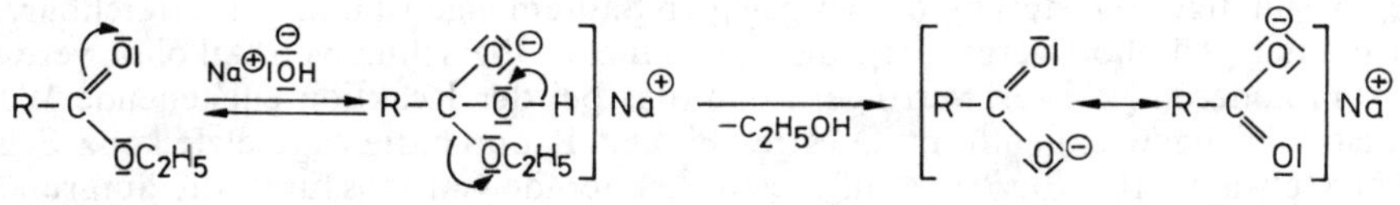

Der Vorzug der alkalischen Esterverseifung besteht darin, daß der letzte Schritt praktisch irreversibel ist, wodurch die Hydrolyse quantitativ erfolgt. Da das Alkali bei der Reaktion verbraucht wird, ist mindestens ein Äquivalent Base erforderlich.
Die auf S. 151 beschriebene Reaktion des Methylsulfinylcarbanions mit Carbonsäureestern verläuft analog.

2.28.4.2 *Durch Umsetzung von Säurechloriden oder -anhydriden mit Alkoholen:*

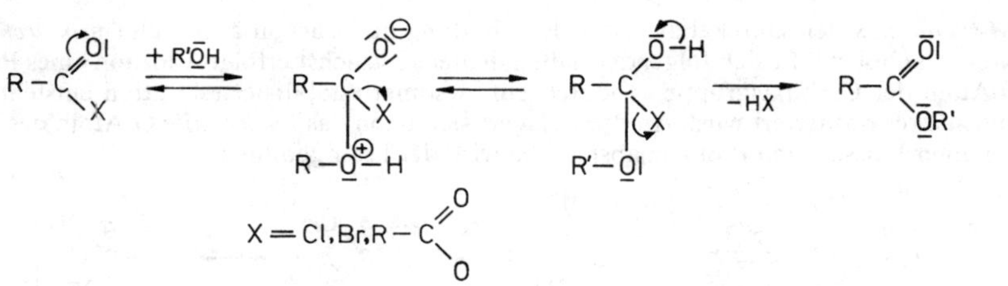

Diese Reaktionen verlaufen nach dem *Additions-Eliminierungs-Mechanismus* meist quantitativ.

2.28.4.3 *Aus Silbersalzen der Carbonsäuren mit Alkylhalogeniden:*

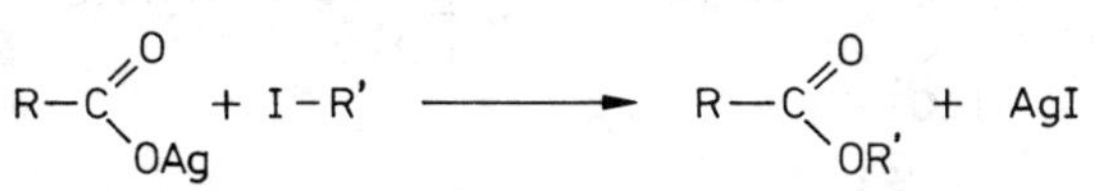

Diese Methode ist teuer und wird nur dann angewendet, wenn die direkte Veresterung versagt oder schlechte Ausbeuten liefert.

2.28.4.4 *Essigsäureethylester* wird technisch aus Acetaldehyd nach dem *Tischtschenko*-Verfahren gewonnen.

Eigenschaften. Die niederen Glieder der Carbonsäureester sind farblose Flüssigkeiten von fruchtartigem Geruch, die höheren sind geruchlos. Sie reagieren neutral, sind spezifisch leichter als Wasser und in diesem nur wenig löslich. Im Gegensatz zu den Carbonsäuren sind ihre Ester nicht assoziiert (keine H-Brücken!) und sieden daher tiefer als die entsprechenden Säuren, z. B. *Essigsäureethylester* bei 77 °C (350 K).
In Analogie zur Hydrolyse der Ester ist mit Alkoholen eine *Alkoholyse* möglich, z. B.

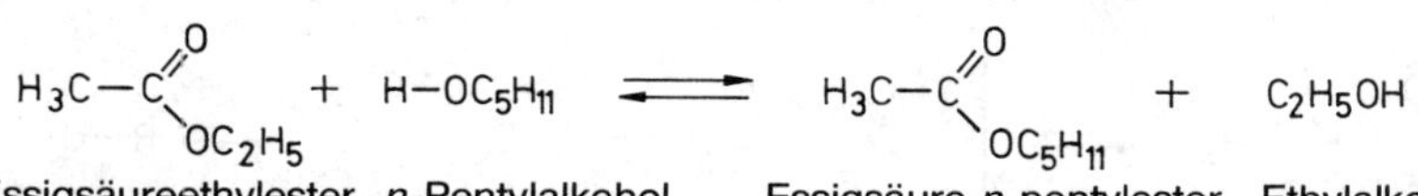

Essigsäureethylester *n*-Pentylalkohol Essigsäure-*n*-pentylester Ethylalkohol

2.28.4.5 Derartige **Umesterungen** verlaufen unter dem katalytischen Einfluß von Mineralsäuren oder Laugen, zuweilen schon bei Raumtemperatur; unter neutralen Bedingungen gelingt die Umesterung in Gegenwart von „Titanaten" [Ti(OR)$_4$] und zahlreiche funktionelle Gruppen, die mit Säuren oder Laugen reagieren, bleiben bei dieser Art der Umesterung intakt[1].

2.28.4.6 Carbonsäureester, die am α-C-Atom mindestens ein H-Atom tragen, können in Analogie zu den Ketonen *Enolate* bilden, aus denen die den *Enolethern* analogen **Ketenacetale** dargestellt werden können, z. B. aus Isobuttersäuremethylester mit Lithiumdiisopropylamid und Chlortrimethylsilan:

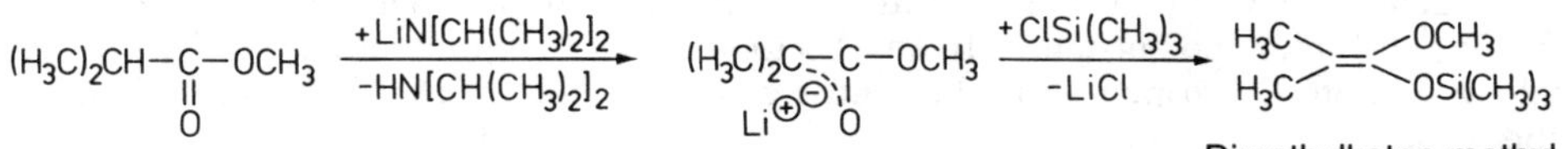

Dimethylketen-methyl-trimethylsilylacetal

Das *Dimethylketen-methyl-trimethylsilylacetal* ist präparativ wertvoll, z. B. für die *Gruppen-Transfer-Polymerisation.*

2.28.4.7 *Reduktion der Carbonsäureester zu primären Alkoholen.* Diese ist auf verschiedenen Wegen möglich, und zwar durch Reduktion mit Natrium und Ethanol (***Bouveault-Blanc*-Reduktion**), mit Lithiumaluminiumhydrid oder katalytisch am Kupferchromit-Kontakt:

Mit *Grignard*-Verbindungen geben die Carbonsäureester *tertiäre* Alkohole (vgl. S. 188).

Verwendung. Die Säureester, vor allem Ethyl- und Butylacetat, dienen als Lösungsmittel für Nitrocellulose und Harze in der Lackindustrie sowie als Ausgangsstoff für Esterkondensationen. Einige Ester werden als künstliche Aromen und Essenzen verwendet, z. B. Ethylformiat (Rum, Arrak), Isobutylacetat (Banane), Methylbutyrat (Apfel), Ethylbutyrat (Ananas) und Isopentylbutyrat (Birne).

2.28.5 Orthocarbonsäureester

Neben den einfachen Carbonsäureestern lassen sich unter bestimmten Bedingungen auch *Orthoester* darstellen, denen folgende Konstitution zukommt:

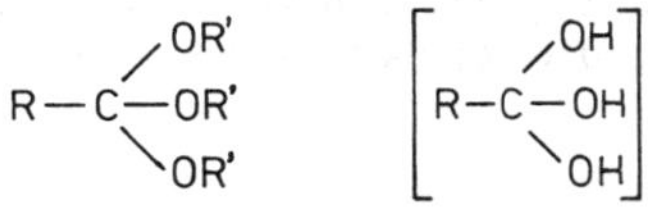

Orthoester Orthocarbonsäuren

[1] Vgl. *D. Seebach* et al., Titanate-Mediated Transesterifications with Functionalized Substrates, Synthesis *1982*, 138.

Sie leiten sich von den frei nicht existenzfähigen Orthocarbonsäuren ab, die man sich durch Addition von 1 Mol Wasser an die Carboxylgruppe entstanden denken kann (vgl. *Erlenmeyer*-Regel). Dagegen sind die Orthocarbonsäureester sehr beständige Flüssigkeiten, von denen als wichtigste der **Orthoameisensäureethylester** (Triethoxymethan), Sdp. 146 °C (419 K), und der **Orthoessigsäureethylester,** Sdp. 145 °C (418 K), genannt seien. Ersterer läßt sich *durch Umsetzung von Chloroform mit Natriumethylat* herstellen (*Williamson*):

$$HCCl_3 + 3\,NaOC_2H_5 \rightarrow \underset{\text{Orthoameisensäureethylester}}{HC(OC_2H_5)_3} + 3\,NaCl$$

Meist geht man von den *Nitrilen* aus, die mit alkoholischer Salzsäure *Imidoesterhydrochloride* bilden. So entsteht z. B. aus Acetonitril das Acetimidoethylester-hydrochlorid, das beim Erwärmen mit überschüssigem Alkohol in *Orthoessigsäureethylester* übergeht:

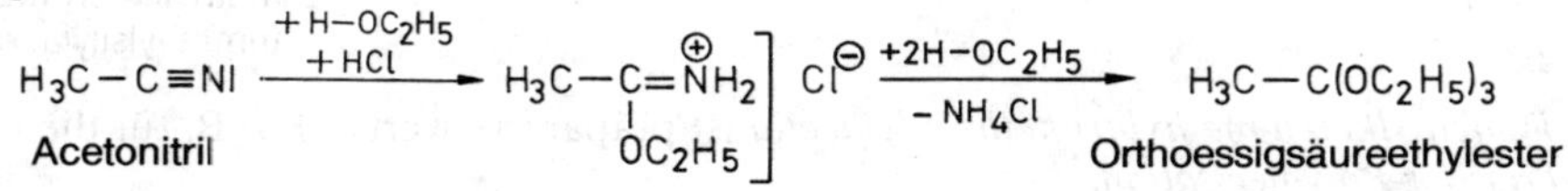

Die Orthocarbonsäureester sind *gegen Alkalien beständig*, werden jedoch leicht durch verdünnte Säuren zu Alkohol und Carbonsäure hydrolysiert.

2.28.6 Carbonsäureamide

Wird die OH-Gruppe der Carbonsäuren durch die NH_2-Gruppe ersetzt, so kommt man zu den Säureamiden von der Summenformel:

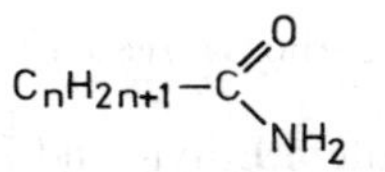

Sie lassen sich als Monoacylderivate des Ammoniaks auffassen. Anstelle von Ammoniak können auch *primäre* bzw. *sekundäre* Amine in das Säuremolekül eintreten unter Bildung folgender N-*substituierter Säureamide:*

Die *Nomenklatur* der Säureamide leitet sich entweder von der Acylgruppe der betreffenden Carbonsäure ab, indem man die Endung *-yl* durch das Wort „Amid" ersetzt (z. B. Formamid, Acetamid usw.), oder von dem betreffenden Amin. So bezeichnet man die durch zweifache Acylierung des Ammoniaks oder der *prim.* Amine entstehenden Verbindungen $(RCO)_2NH$ (bzw. R) als *Diacylamine.*

Darstellung

2.28.6.1 *Formamid* entsteht *aus Kohlenmonoxid und Ammoniak* unter Druck bei Gegenwart von Natriummethylat in Methanol als Katalysator:

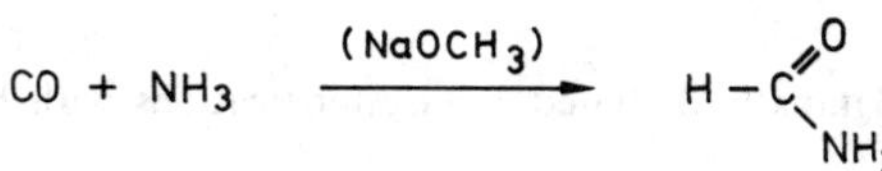

2.28.6.2 Die homologen Säureamide erhält man *durch Umsetzung von Säurehalogeniden, -anhydriden und -estern mit Ammoniak.* Bei den beiden ersteren verlaufen die Reaktionen bereits in der Kälte nach dem *Additions-Eliminierungs-Mechanismus:*

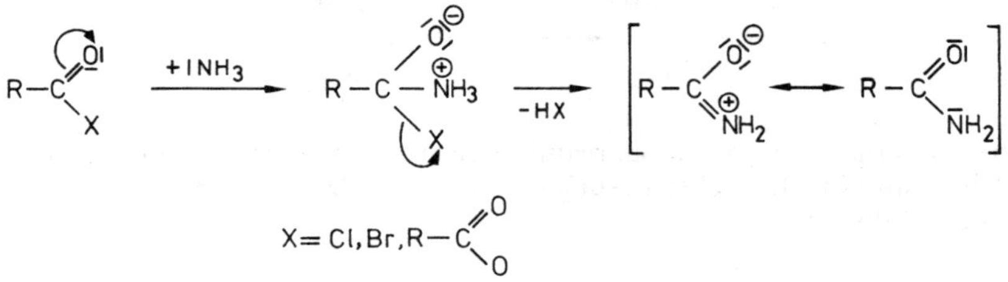

Der freiwerdende Halogenwasserstoff bzw. die Carbonsäure wird durch das im Überschuß (2 Mol) eingesetzte Ammoniak (bzw. Amin) als Salz gebunden.

Bei Säureestern erfolgt die Umsetzung meist erst bei höherer Temperatur:

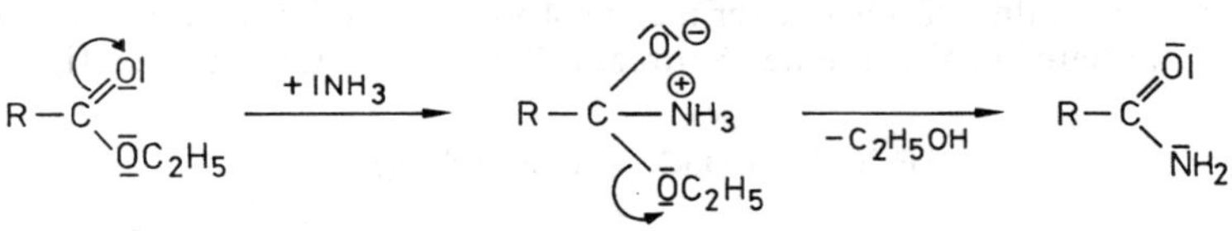

2.28.6.3 Auch beim *Erhitzen der Ammoniumsalze von Carbonsäuren* bilden sich unter Austritt von Wasser Säureamide, z. B.

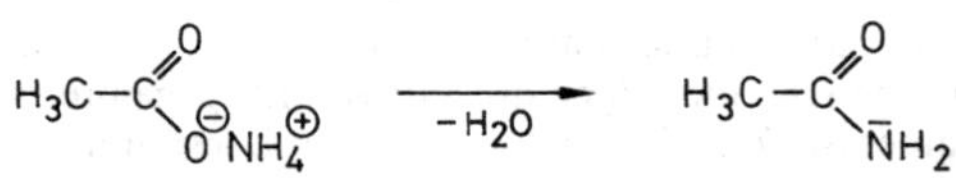

Ammoniumacetat — Acetamid (Schmp. 82° C [355 K])

Eigenschaften. Formamid, N-Methyl-formamid und N,N-Dimethyl-formamid (DMF) sind bei Zimmertemperatur flüssig, die höheren Säureamide sind farblose, kristalline Substanzen, die sich unzersetzt destillieren lassen. Im Gegensatz zu den Aminen ist die C–N-Bindung in den Säureamiden aufgrund der benachbarten C=O-Doppelbindung durch Wasser, Säuren oder rascher durch Alkalien aufspaltbar; nur selten findet man schwer verseifbare Amide.

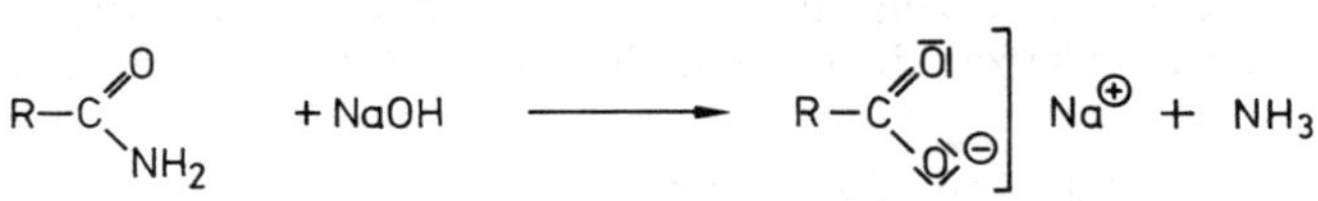

Die Säureamide sind durch Mesomerie stabilisiert:

Wegen des partiellen Doppelbindungscharakters der C–N-Bindung ist die Drehbarkeit N-alkylierter Säureamide behindert (s. *Z–E*-Isomerie der Thioamide, S. 265 *f.*).

Die wäßrigen Lösungen der Säureamide reagieren *neutral.* Gegenüber Säuren verhalten sich die Säureamide als äußerst *schwache Basen,* d. h. sie bilden nur mit konzentrierten Mineralsäuren Salze, die leicht wieder hydrolytisch gespalten werden. Die Salze zeigen folgende *Mesomerie im Kation:*

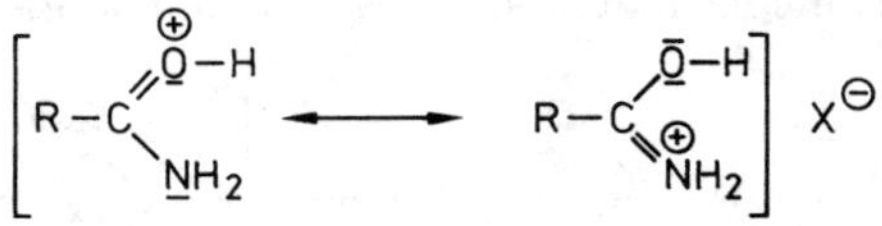

Andererseits verhalten sich die Säureamide auch wie *schwache Säuren,* z. B. entsteht mit Natriumamid in etherischer Lösung das Natriumsalz, dessen *Anion* wie folgt durch *Mesomerie* stabilisiert ist:

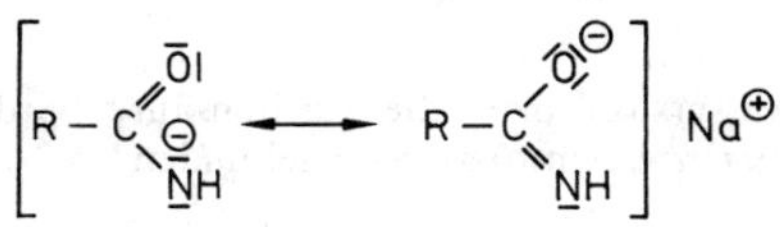

Die Alkalisalze werden durch Wasser meist sofort zersetzt; beständiger sind die *Quecksilbersalze,* die beim Erhitzen einer Säureamidlösung mit Quecksilber(II)-oxid entstehen:

$$2\,RCONH_2 + HgO \rightarrow (RCONH)_2Hg + H_2O$$

Durch *Reduktion der Säureamide* mit Natrium und Ethanol, katalytisch oder mit Lithiumaluminiumhydrid (vgl. S. 163) bzw. mit Diboran in siedendem Tetrahydrofuran, erhält man *primäre* Amine.

Mit *Phosphor(V)-oxid* liefern die Säureamide unter Wasserabspaltung wieder *Nitrile.* Ein ähnliches Verhalten wie die aliphatischen Amine zeigen die Säureamide gegenüber *salpetriger Säure* in mineralsaurer Lösung, wobei unter Stickstoffentwicklung die Carbonsäuren entstehen:

Ferner sei an den *Hofmann*-Abbau der Säureamide zu *primären* Aminen erinnert. Neuerdings benutzt man Mono- oder auch Dimethylformamid als Extraktionsmittel bei der Reinigung von Kohlenwasserstoffen.

Durch Einwirkung von Phosgen auf *tertiäre* Amide erhält man die *„Amidchloride“* (Chlormethyleniminiumsalze), die wesentlich reaktionsfähiger als die Amide sind.

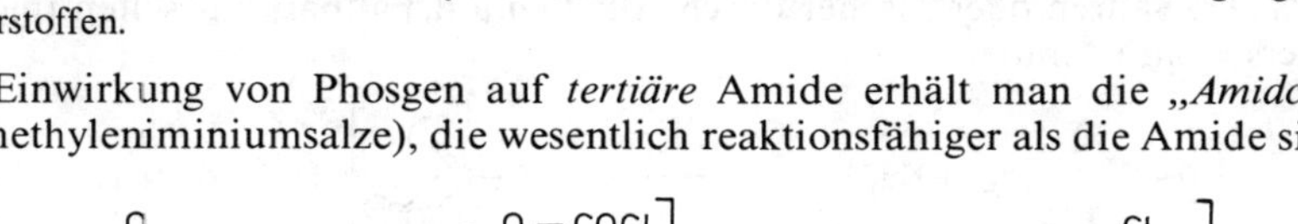

Säureamid **„Amidchlorid“**

Genauer werden sie als *Salze* der *Carbonsäure-imidium-halogenide* bezeichnet. Von vergleichbarer Reaktionsfähigkeit sind die *Dichlormethyleniminiumsalze* (*„Phosgeniminiumsalze“*), die sich bei der Umsetzung *tertiärer* Thioformamide mit Chlor bilden[1].

[1] Vgl. *H. G. Viehe* et al., Die Chemie der Dichlor-methylenammoniumsalze („Phosgen-immoniumsalze“), Angew. Chem. *85,* 837 (1973).

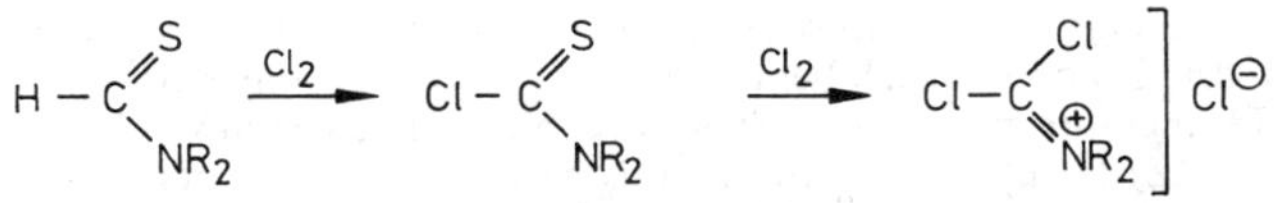

Thioformamid Thiocarbamidsäurechlorid Phosgen-iminiumsalz

Das intermediär auftretende Thiocarbamidsäurechlorid braucht nicht isoliert zu werden.
Beide Verbindungsklassen sind als Synthone (vgl. S. 545) verwendbar, dies gilt auch für zahlreiche ihrer primären Reaktionsprodukte. So wurden z. B. aus Amidchloriden und Alkoholaten die sehr reaktionsfähigen Amidacetale dargestellt:

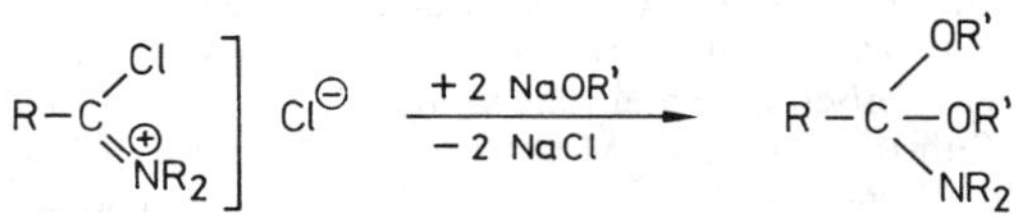

Amidchlorid Amidacetal

2.28.7 Thiocarbonsäureamide

Diese Stoffklasse entsteht aus den Säureamiden, z. B. durch Erhitzen mit Tetraphosphordecasulfid oder 2,4-Bis-[4-methoxyphenyl]-2,4-dithiono-1,3,2,4-dithiadiphosphetan (*Lawesson* Reagens)[1], wobei der Sauerstoff durch Schwefel ersetzt wird:

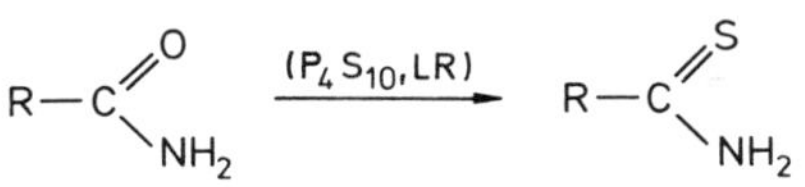

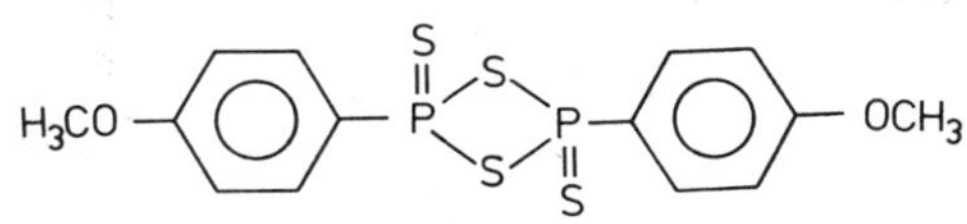

Lawesson Reagens (LR)

Wie die Amide sind auch die Thioamide *mesomeriestabilisiert*, so daß die C–N-Bindung teilweise Doppelbindungscharakter aufweist:

Aufgrund dieser Tatsache müßte man bei N-alkylierten Thioamiden das Auftreten Diastereomerer erwarten. *W. Walter* et al.[2] gelang es, die beiden *Rotationsisomeren N-alkylierter Thioformamide* zu trennen, welche Diasteromere sind.

N-Methyl-thioformamid

(*E*)-Form Schmp. 75° C (348 K)

(*Z*)-Form flüssig

[1] Vgl. *Houben-Weyl,* Methoden der Organischen Chemie, Bd. *E5,* S. 1244f. (Thieme Verlag, Stuttgart 1985).
[2] Vgl. Angew. Chem. *80,* 448 (1968).

Auch wenn es nicht gelingt, die *Rotationsisomeren (Rotameren)* zu isolieren, z. B. weil die Rotationsbarriere so niedrig ist, daß sie sich bei normaler Temperatur isomerisieren, kann die Erscheinung bei tieferer Temperatur durch NMR-Spektroskopie nachgewiesen werden. Die Methylgruppen der (*E*) und der (*Z*)-Form des Thioformamids befinden sich in einer verschiedenen chemischen Umgebung; sie unterscheiden sich daher in ihrer chemischen Verschiebung. Dieser Unterschied liegt auch dann vor, wenn derartige Verbindungen zwei gleiche Substituenten am Stickstoff tragen wie das Dimethylformamid:

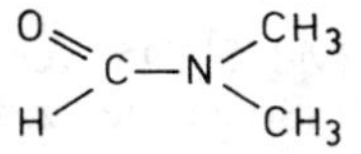

δ =2,78 ppm

δ =2,94 ppm

Hier liegt also eine behinderte Rotation zwischen zwei „Isomeren" vor, welche die gleiche Konstitution haben. Derartige *entartete Isomere* werden als **Topomere** bezeichnet[1]. Liganden, welche diese Eigenschaft besitzen, heißen allgemein *heterotope Liganden* (*Mislow, Raban* 1969). In diesem Fall entstehen bei Substitution einer Methylgruppe, z. B. durch Wasserstoff, wieder *unterscheidbare Rotamere*, als *Diastereomere;* aus diesem Grund werden solche Liganden speziell als *diastereotope* Liganden bezeichnet[2].

2.28.8 Blausäure und Nitrile (oder Carbonitrile)

In engem, genetischem Zusammenhang mit den Carbonsäureamiden stehen die Nitrile, $R-C\equiv N$. Beide Stoffklassen sind durch Dehydratisierung oder Wasseranlagerung ineinander überführbar:

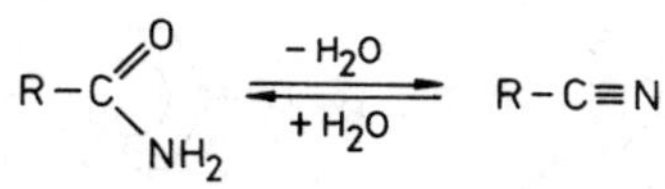

Carbonsäureamid Nitril oder Carbonitril

Die Nitrile lassen sich als *Alkylderivate der Blausäure* auffassen, die als Stammverbindung dieser Stoffklasse hier behandelt werden soll.
Die $C\equiv N$-Gruppe wird allgemein *Nitrilgruppe* oder *Carbonitrilgruppe* genannt. Ist sie jedoch als Substituent eingeführt, so verwendet man das Präfix „Cyan", z. B. Cyanessigsäure, $N\equiv C-CH_2-COOH$.

2.28.8.1 Blausäure (Cyanwasserstoff)

Die Blausäure gehört zum Grenzgebiet der anorganischen und organischen Chemie und wird als *Nitril der Ameisensäure* aufgefaßt.

Darstellung

a) ***Andrussow*-Verfahren.** Hierbei wird Blausäure durch Ammoniak-Methan-Oxidation am Pt/Rh-Kontakt bei etwa 1000 °C (1275 K) hergestellt:

$$CH_4 + NH_3 + \tfrac{3}{2}\,O_2 \xrightarrow{(Pt/Rh)} HCN + 3\,H_2O \qquad \Delta H = -474\ kJ/Mol$$

[1] Vgl. *G. Binsch, E. L. Eliel* u. *H. Kessler,* Eine Nomenklatur für intramolekulare Austauschprozesse, Angew. Chem. *83,* 618 (1971).
[2] Vgl. *B. Testa,* Grundlagen der Organischen Stereochemie (Verlag Chemie, Weinheim 1983).

b) *Durch Wasserabspaltung aus Formamid* bei 300 °C (575 K) am Aluminiumoxid-Kontakt:

$$H-C(=O)-NH_2 \xrightarrow[-H_2O]{(Al_2O_3)} HC\equiv N$$

Eigenschaften. Reine, wasserfreie Blausäure ist eine farblose Flüssigkeit, die nach bitteren Mandeln riecht und bei 26 °C (299 K) siedet. Ihre wäßrige Lösung reagiert schwach sauer, die Salze heißen *Cyanide*. Bei der Hydrolyse geht die Blausäure in Ameisensäure über:

$$H-\overset{\delta\oplus}{C}\equiv\overset{\delta\ominus}{N} + 2\,H_2O \longrightarrow H-COOH + NH_3$$

Das Kohlenstoffatom der Blausäure ist ambivalent. In der undissoziierten Säure ist es positiv polarisiert und elektrophil (vgl. die Bildung von Triazin), das Cyanid-Ion ist dagegen nucleophil (vgl. die Cyanhydrinbildung). Sie ist ein äußerst gefährliches Gift; die tödliche Dosis beim Menschen beträgt 60 mg.

2.28.8.2 Knallsäure (Blausäureoxid)

Lange Zeit rechnete man die Knallsäure zu den Derivaten des Kohlenmonoxids, jedoch wurde aufgrund des IR-Spektrums und des Mikrowellenspektrums gasförmiger Knallsäure bewiesen, daß sie als Blausäureoxid (Formonitriloxid) vorliegt, das im Grundzustand folgende *Mesomerie* aufweist:

$$\left[H-C\equiv\overset{\oplus}{N}-\overline{\underline{O}}|^{\ominus} \longleftrightarrow H-\overset{\ominus}{\underline{C}}=\overset{\oplus}{N}=\overline{\underline{O}}\right] \quad \text{Blausäureoxid}$$

Knallsäure ist mit Cyansäure, HO–CN, isomer; an diesem Beispiel wurde die Erscheinung der *Isomerie* entdeckt (*Liebig* und *Wöhler*, 1824).

Die in freiem Zustand instabile Knallsäure neigt stark zur Polymerisation. Ihre Salze unterscheiden sich von den entsprechenden Cyanaten dadurch, daß sie beim Entzünden oberhalb 190 °C (460 K) explosionsartig unter Aufblitzen zerfallen. Sie werden daher als *Fulminate* (*fulmen* = Blitz) bezeichnet. Die Knallsäure selbst hat diese Eigenschaft nicht.

Quecksilberfulminat (Knallquecksilber), $Hg(CNO)_2$, das vor der Entdeckung des Bleiazids als Initialzünder für Sprengstoffe diente, wird in komplizierter Reaktion durch Auflösen von Quecksilber in konz. Salpetersäure und Hinzufügen von Ethanol erhalten. Bei Schlag oder Stoß erfolgt Detonation und Zerfall des Knallquecksilbers in Kohlenmonoxid, Stickstoff und Quecksilber:

$$Hg(CNO)_2 \longrightarrow 2\,CO + N_2 + Hg \qquad \Delta H = -510\ \text{kJ/Mol}$$

2.28.8.3 Nitrile (Alkylcyanide)

Die ersten Nitrile in der *homologen Reihe* sind:

		Sdp.
Acetonitril (Methylcyanid, Ethannitril)	$H_3C-C\equiv N$	81,6 °C (354,8 K)
Propiononitril (Ethylcyanid, Propannitril)	$H_3C-CH_2-C\equiv N$	97,1 °C (370,3 K)
n-Butyronitril (*n*-Propylcyanid, *n*-Butannitril)	$H_3C-(CH_2)_2-C\equiv N$	117,6 °C (390,8 K)

In Anlehnung an die Blausäure werden die Nitrile auch als Alkylcyanide bezeichnet.

Darstellung

a) ***Kolbe*-Nitril-Synthese** (Cyanid-Alkylierung). Bei der Einwirkung von Alkylhalogeniden auf Kaliumcyanid in wäßrig-alkoholischer Lösung entsteht als Hauptprodukt das Nitril neben geringen Mengen Isocyanid (Isonitril), z. B.

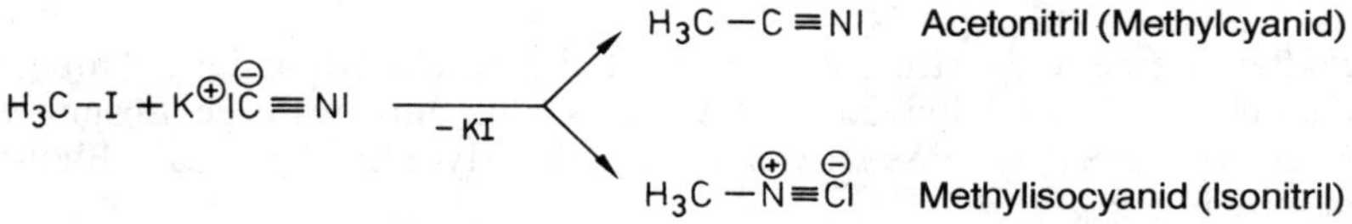

Das Alkylisocyanid läßt sich aus dem Gemisch durch Schütteln mit verdünnter Salzsäure in der Kälte entfernen.
Die Alkylierung des *ambidenten* Cyanid-Ions verläuft nach dem *S_N2-Mechanismus* und erfolgt bevorzugt am stärker nucleophilen C-Atom und nur in untergeordnetem Maß am N-Atom.
Die Alkylhalogenide zeigen in der Reihenfolge Iodid, Bromid und Chlorid eine abnehmende Reaktionsgeschwindigkeit, jedoch wird die Umsetzung auch von der Struktur des Alkyls beeinflußt.

b) Beim *Erhitzen von Säureamiden* mit wasserabspaltenden Mitteln:

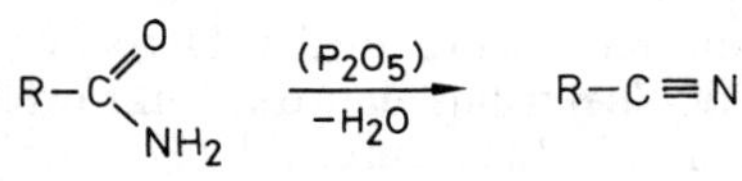

c) *Beim Erhitzen von Aldoximen* mit Acetanhydrid unter Wasserabspaltung:

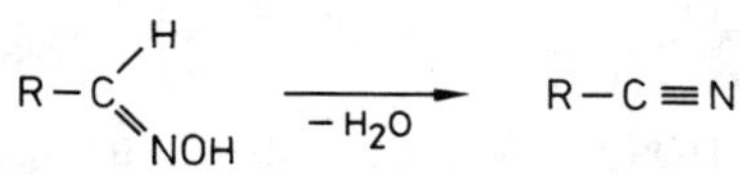

Eigenschaften. Die niederen Nitrile sind beständige, farblose Flüssigkeiten von relativ angenehmem Geruch, die höheren kristalline Substanzen. Sie sind bei weitem nicht so giftig wie die Blausäure.
Nitrile gehen beim Erhitzen mit starken Basen oder Mineralsäuren unter Abspaltung von Ammoniak in Carbonsäuren mit der gleichen Anzahl von C-Atomen über:

$$R{-}C{\equiv}N \xrightarrow{+H_2O} R{-}CONH_2 \xrightarrow[-NH_3]{+H_2O} R{-}COOH$$

Die *Überführung der Nitril- in die Carboxylgruppe* hat präparative Bedeutung. Das als Zwischenstufe auftretende Säureamid kann bei der Hydrolyse mit 96proz. Schwefelsäure oder alkalischem Wasserstoffperoxid isoliert werden.
Bei der *Reduktion der Nitrile* mit Natrium und Alkohol, $LiAlH_4$ oder katalytisch entstehen *primäre* Amine:

$$R{-}C{\equiv}N + 4\,H \rightarrow R{-}CH_2NH_2$$

In Analogie zur Aldoladdition des Acetaldehyds werden auch Nitrile mit α-ständigem *acidem* H-Atom unter der Einwirkung von Basen (Natrium oder Natriumalkoholat) in etherischer Lösung *dimerisiert,* z. B. entsteht aus Acetonitril das *β-Iminobutyronitril,* das jedoch größtenteils in der tautomeren *Enamin*-Struktur als *β-Aminocrotonsäurenitril* vorliegt. Der *Reaktionsverlauf* läßt sich folgendermaßen deuten:

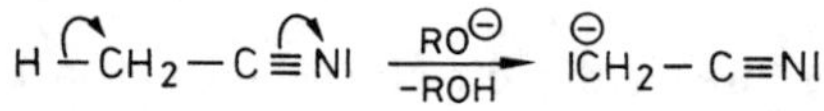

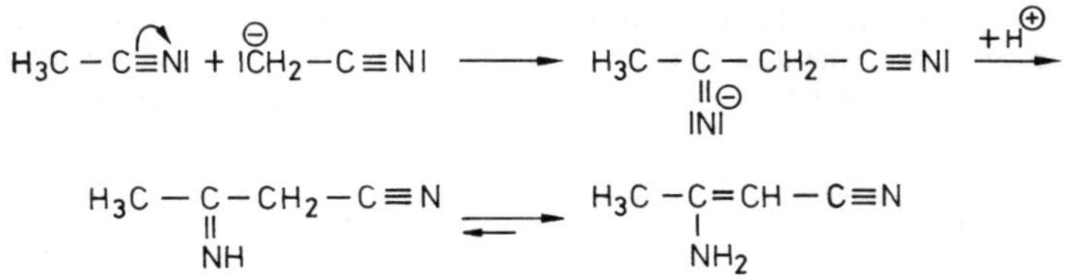

β-Imino-Form   *Enamin*-Form

2.28.9 Hydroxamsäuren[1]

Die Hydroxamsäuren lassen sich *aus Carbonsäurehalogeniden oder -estern und Hydroxylamin* darstellen, z. B.

Sie sind schwache Säuren (pK_a um 9), die *Fehling*sche Lösung reduzieren. Mit Eisen(III)-chlorid tritt eine intensiv rote Farbreaktion auf, die einen empfindlichen Test auf Carbonsäuren und ihre Derivate erschließt.

2.28.10 Imidoester, Amidine und Amidrazone

Imidoester entsprechen den Säureestern, in denen das O-Atom der Carbonyl- durch die Iminogruppe ersetzt ist. Sie sind aus *Nitrilen* in absolut alkoholischer Lösung *durch Sättigen mit Chlorwasserstoff* in der Kälte als Hydrochloride zugänglich, z. B.

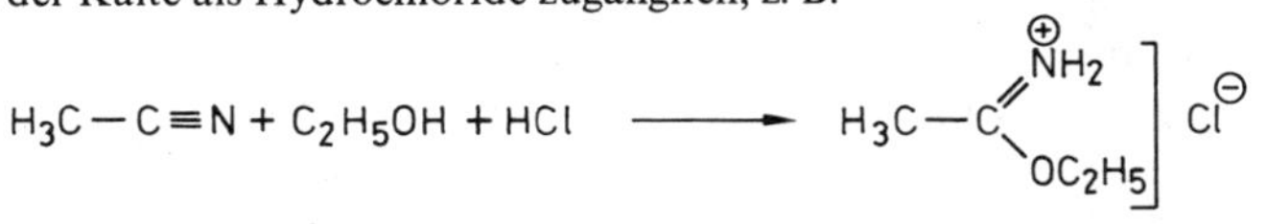

Acetonitril   Acetimidoethylester-hydrochlorid
Ethylacetimidat-hydrochlorid

Aus den meist gut kristallierenden Hydrochloriden lassen sich mit Alkalien die freien Imidoester als basische, eigentümlich riechende Flüssigkeiten in Freiheit setzen (vgl. auch Orthocarbonsäureester).

Amidine leiten sich von den Säureamiden ab, in denen anstelle des O-Atoms der Säureamidgruppe die Iminogruppe steht. Ihre Darstellung gelingt *durch Einwirkung von wasserfreiem Ammoniak auf Imidoester-hydrochloride*, z. B.

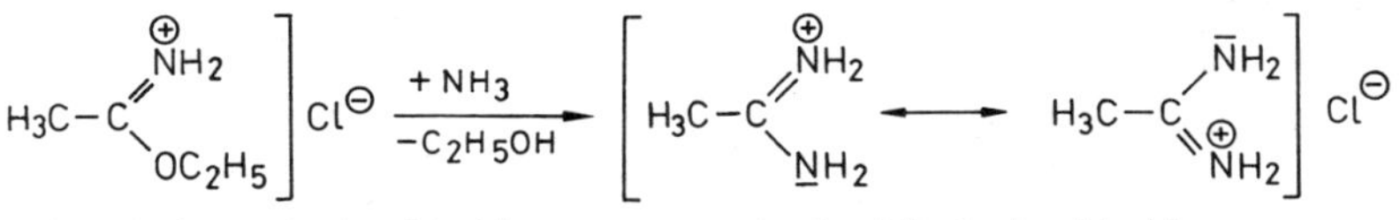

Acetimidoethylester-hydrochlorid   Acetamidin-hydrochlorid

Die Amidine sind starke Basen, jedoch meist nur als Salze beständig.

[1] Vgl. *L. Bauer* und *O. Exner*, Die Chemie der Hydroxamsäuren und N-Hydroxy-imide, Angew. Chem. *86*, 419 (1974).

Amidrazone[1] sind als Säureamidhydrazone oder in *tautomerer* Form als Hydrazide der Imidosäuren aufzufassen. Sie lassen sich durch aufeinanderfolgende Einwirkung von Natriumhydrazid (bei −20 °C [250 K] unter Stickstoff) und Wasser auf Nitrile darstellen (*Th. Kauffmann,* 1963):

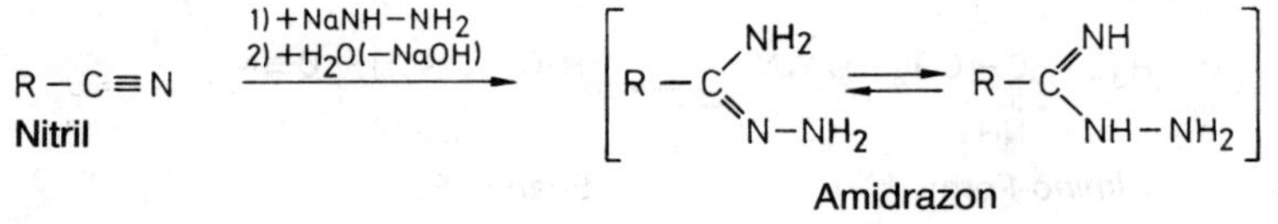

2.28.11 Säurehydrazide und Säureazide

In Analogie zu den Säureamiden werden die Säurehydrazide *durch Einwirkung von Hydrazin auf Säurehalogenide, -anhydride oder -ester (Curtius)* erhalten, z. B.

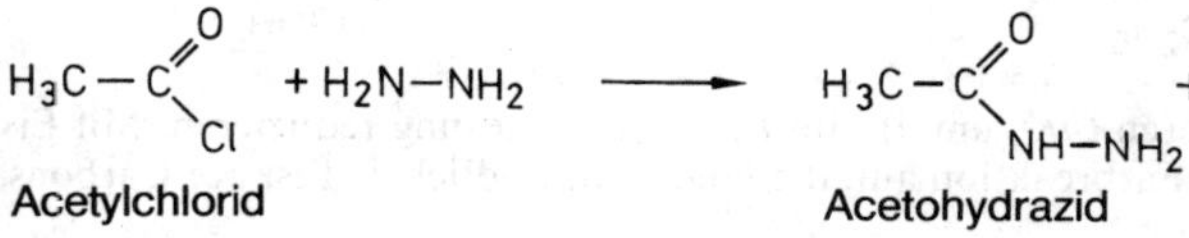

Die freien, basisch reagierenden Säurehydrazide sind kristalline Verbindungen, reduzieren ammoniakalische Silbersalzlösung sowie *Fehling*sche Lösung und werden zuweilen zur Charakterisierung von Säuren oder Estern herangezogen.
Unter der Einwirkung von *salpetriger Säure* gehen die Hydrazide in Säureazide über, die meist kristallin sind, aber oft beim Erwärmen explosionsartig verpuffen, z. B.

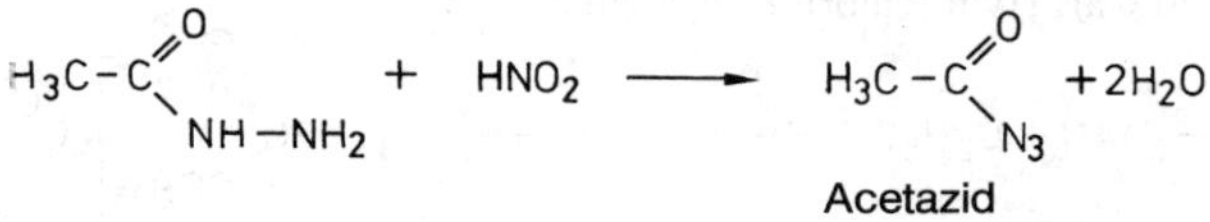

Andererseits lassen sie sich auch direkt *aus Säurechloriden und Natriumazid* darstellen:

Während *Curtius* eine ringförmige Anordnung der drei N-Atome annahm, ist die *Konstitution* der Azide aufgrund physikalischer Messungen und durch *Isotopenmarkierung* (^{15}N) im Sinne der bereits von *Angeli* und *Thiele* vorgeschlagenen linearen Gruppierung entschieden, die durch *Mesomerie stabilisiert* ist:

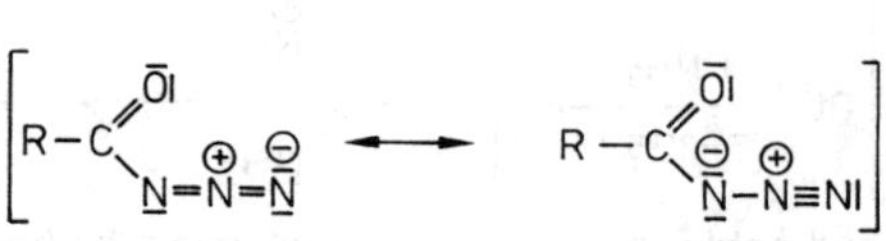

[1] Vgl. *D. G. Neilson* et al., The Chemistry of Amidrazones, Chem. Reviews *70,* 151 (1970).

2.29 Substitutionsprodukte aliphatischer Monocarbonsäuren

Die Substitutionsprodukte der Carbonsäuren unterscheiden sich von den Säurederivaten dadurch, daß – bei unveränderter Carboxylgruppe – ein oder mehrere H-Atome im Alkylrest durch andere Atome oder Atomgruppen ersetzt sind.

2.29.1 Halogencarbonsäuren

Die einfachste Säure dieser Art ist die *Monochloressigsäure*, $Cl-CH_2-COOH$. Von der Propionsäure leiten sich folgende zwei *isomere Monochlorpropionsäuren* ab:

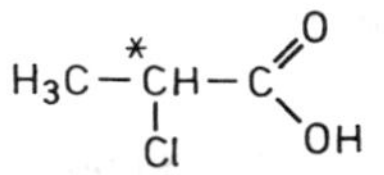

α-Chlor-propionsäure, 2-Chlor-propionsäure

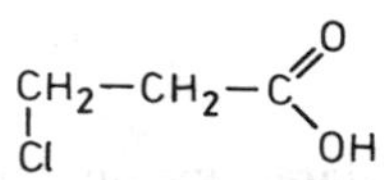

β-Chlor-propionsäure, 3-Chlor-propionsäure

Ausgehend von der Carboxylgruppe, bezeichnet man die Substitutionsstellen an den anschließenden C-Atomen mit griechischen Buchstaben α, β, γ, δ usf. Bei der Verwendung von Ziffern zur Bezeichnung der Substitutionsstellen erhält die Carboxylgruppe die Nummer 1. Die 2-Chlorpropionsäure besitzt ein *asymmetrisches C-Atom* (*) (vgl. S. 278).

Für die Synthese der Halogencarbonsäuren gibt es keine allgemein brauchbare Methode, sondern das jeweilig anzuwendende Verfahren hängt davon ab, an welcher Stelle der Kette das Halogenatom eingeführt werden soll. Am leichtesten sind die α-ständigen H-Atome durch Halogen substituierbar, da sie durch die benachbarte Carboxylgruppe aktiviert werden (*–I-Effekt*). Auf diese Weise lassen sich auch mehrfach halogenierte Carbonsäuren gewinnen.

Darstellung

2.29.1.1 *Halogenierte Essigsäuren*

Die *direkte Halogenierung der Carbonsäuren* mit Chlor oder Brom geht nur träge vonstatten; sie kann aber durch *Belichten* oder durch *Halogenüberträger*, wie Iod oder Schwefel, sowie durch Temperaturerhöhung beschleunigt werden. Unter diesen Bedingungen entstehen aus Essigsäure und Chlor zunächst die Monochloressigsäure und mit einem Überschuß an Halogen die Di- bzw. Trichloressigsäure:

$H_3C-COOH + Cl_2 \rightarrow HCl + ClH_2C-COOH$	Monochloressigsäure, Schmp. 61 °C (334 K)
$ClH_2C-COOH + Cl_2 \rightarrow HCl + Cl_2HC-COOH$	Dichloressigsäure, Sdp. 194 °C (467 K)
$Cl_2HC-COOH + Cl_2 \rightarrow HCl + Cl_3C-COOH$	Trichloressigsäure, Schmp. 58 °C (331 K)

Technisch gewinnt man **Monochloressigsäure** nach zwei Verfahren:

a) *Durch Erhitzen von Trichlorethylen mit* 70proz. *Schwefelsäure:*

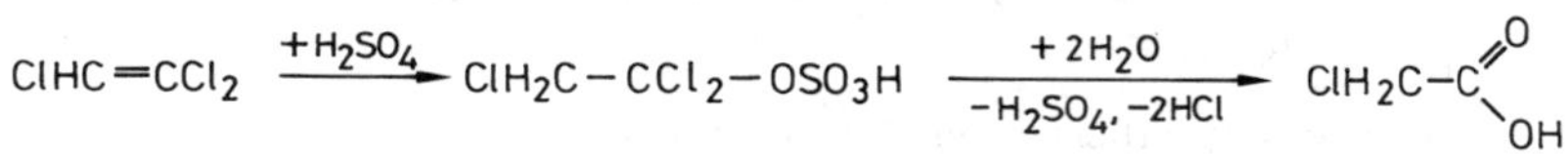

b) *Durch Oxidation von 2-Chlorethanol* mit Salpetersäure:

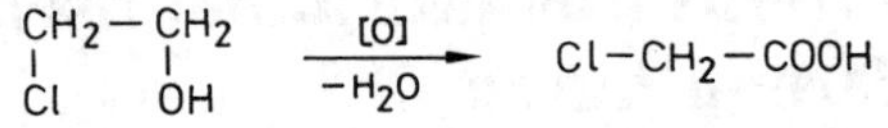

Dichloressigsäure wird meist aus *Chloralhydrat* durch Behandeln mit Calciumcarbonat unter katalytischem Einfluß von Natriumcyanid und nachfolgende Umsetzung mit konz. Salzsäure synthetisiert:

$$2\,Cl_3C-CH(OH)_2 + 2\,CaCO_3 \xrightarrow{(NaCN)} (Cl_2HC-COO)_2Ca + CaCl_2 + 2\,CO_2 + 2\,H_2O$$

$$(Cl_2HC-COO)_2Ca \xrightarrow[-CaCl_2]{+2\,HCl} 2\,Cl_2HC-COOH$$

Trichloressigsäure stellt man am besten *durch Oxidation von Chloralhydrat* mit konz. Salpetersäure dar:

$$Cl_3C-CH(OH)_2 \xrightarrow[-H_2O]{[O]} Cl_3C-COOH$$

Trifluoressigsäure, eine an der Luft rauchende Flüssigkeit, weist unter den Monocarbonsäuren die stärkste *Acidität* auf ($pK_a = 0{,}23$). Sie ist *durch Oxidation von m-Trifluormethyl- anilin* mit Chromsäure zugänglich:

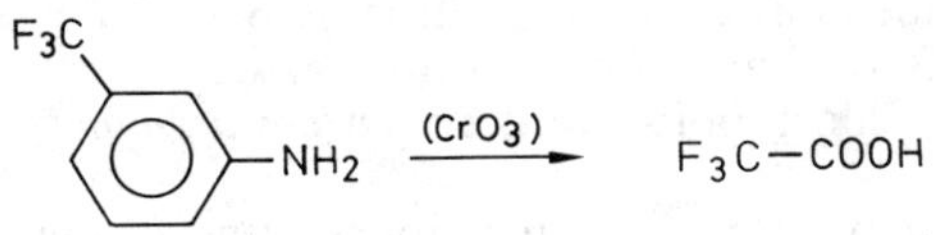

Bei der Chlorierung höherer Carbonsäuren können unter bestimmten Bedingungen neben den α-ständigen H-Atomen auch die der anderen C-Atome in der Kette substituiert werden. Wesentlich leichter als die freien Säuren lassen sich die Carbonsäurechloride und -anhydride halogenieren.

2.29.1.2 ***Hell-Volhard-Zelinsky*-Reaktion.** Hierbei werden ausschließlich **α-Bromcarbonsäuren** erhalten. Man versetzt die zu halogenierende Säure mit rotem Phosphor, läßt allmählich Brom zutropfen und erwärmt auf etwa 80 °C (350 K). Durch das intermediär auftretende Phosphor(III)-bromid bildet sich zunächst das Säurebromid, das leicht in das α-Bromcarbonsäurebromid übergeht:

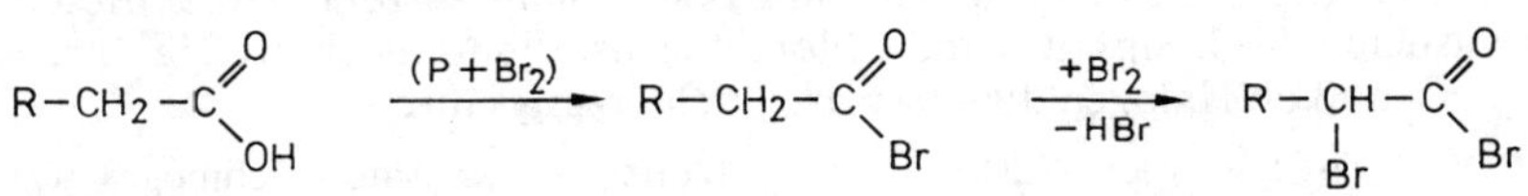

Meist reicht eine kleine Menge Phosphor aus, da sich das gebildete α-halogenierte Säurebromid mit überschüssiger Säure in folgender Weise umsetzt:

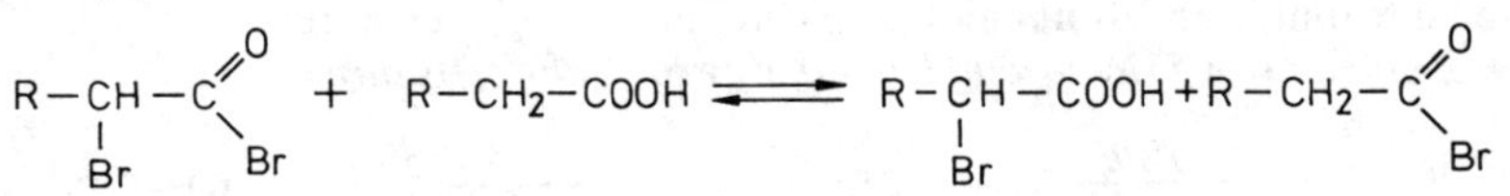

Das Carbonsäurebromid unterliegt erneut der α-Halogenierung.

α-Iod-carbonsäuren stellt man aus *α-Chlor-* oder *α-Brom-carbonsäuren* durch Erwärmen mit Kaliumiodid in Methanol oder Aceton dar, z. B.

2.29.1.3 β-Halogencarbonsäuren entstehen *durch Addition von Halogenwasserstoff an α,β-ungesättigte Carbonsäuren,* z. B.

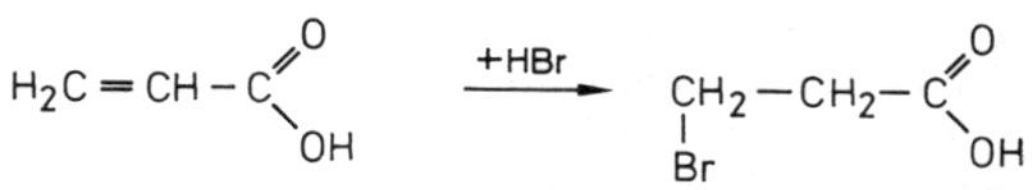

Acrylsäure 3-Brom-propionsäure

2.29.1.4 γ-Halogencarbonsäuren erhält man *durch Einwirkung von Halogenwasserstoff auf β,γ-ungesättigte Carbonsäuren,* z. B.

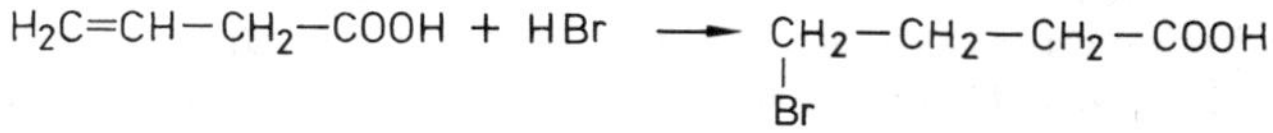

Vinylessigsäure (3-Butensäure) γ-Brom-buttersäure

Eigenschaften. Die Halogencarbonsäuren sind mit wenigen Ausnahmen kristalline Substanzen und weisen in Lösung gegenüber den betreffenden Carbonsäuren eine wesentlich *höhere Acidität* auf, da das stärker elektronegative Halogenatom die Bindungselektronen vom C-Atom zu sich heranzieht (*−I-Effekt*). Der Elektronensog setzt sich auch in der C−O- und O−H-Bindung fort und erleichtert so die Ablösung des Wasserstoffs der Carboxylgruppe als Proton, d. h. die Acidität steigt.

Die Wirkung des −I-Effekts ist jedoch nicht auf das α-ständige C-Atom beschränkt, sondern pflanzt sich, z. B. bei β- und γ-Halogencarbonsäuren, innerhalb der Kohlenstoffkette fort, nimmt jedoch rasch ab.

Die Abnahme der induktiven Wirkung in der Kette ist aus den steigenden pK_a-Werten der α-, β- und γ-Chlor-*n*-buttersäuren zu ersehen, jedoch sind ihre *Aciditäten* größer als die der *n*-Buttersäure.

	pK_a		pK_a
α-Chlor-*n*-buttersäure	2,84	Essigsäure	4,76
β-Chlor-*n*-buttersäure	4,06	Monochloressigsäure	2,86
γ-Chlor-*n*-buttersäure	4,52	Dichloressigsäure	1,29
n-Buttersäure	4,82	Trichloressigsäure	0,65

Durch Einführung mehrerer elektronegativer Atome am gesättigten C-Atom wird der −I-Effekt weiter verstärkt, wie ein Vergleich der pK_a-Werte der chlorierten Essigsäuren zeigt.

Umgekehrt übt auch die Carboxylgruppe in den Halogencarbonsäuren, besonders auf die α-ständigen Halogenatome, einen −I-Effekt aus, dessen Wirkung zugleich die erhöhte Reaktivität der Halogenatome in diesen Säuren, z. B. den nucleophilen Austausch durch die OH-Gruppe, erklärt.

2.29.2 D- und L-Konfiguration am asymmetrischen C-Atom als stereogenem Zentrum

Bereits auf S. 121 *f.* wurde auf die Stereochemie des asymmetrischen C-Atoms und die *strukturchemische Deutung der optischen Aktivität* organischer Verbindungen hingewie-

sen. Da auch die *α-Chlor-propionsäure* optisch aktiv ist, soll hier auf die Beziehungen zwischen räumlicher Konfiguration und optischer Drehung näher eingegangen werden. Ursprünglich kennzeichnete man bei optisch aktiven Substanzen die rechtsdrehende Form mit dem Buchstaben *d* (*dextro* = rechts), die linksdrehende mit *l*- (*laevo* = links) und die Racemform mit *dl*-, ohne über die räumliche Anordnung der Substituenten am Kohlenstofftetraeder etwas aussagen zu können. Als erster hat *E. Fischer* (1891) am Beispiel der *Glucose* den Versuch unternommen, ein System der konfigurativen Beziehungen Enantiomerer zu entwickeln. Im Jahre 1971 postulierte *Wohl* den **Glycerinaldehyd** als *Bezugssubstanz* für die Konfiguration optisch aktiver Verbindungen, und zwar schrieb er dem rechtsdrehenden Glycerinaldehyd willkürlich die *d*-Konfiguration zu. Die Präfixe *d*- und *l*- gaben nunmehr die jeweilige relative Konfiguration am asymmetrischen C-Atom im Raum an, während die tatsächlich gemessenen Drehwerte (+) und (−) hinzugefügt wurden, z. B. *d*(+)-Glycerinaldehyd und *d*(−)-Glycerinsäure.
Da jedoch in der älteren Literatur nicht immer eindeutig zwischen der Reihenzugehörigkeit (*d* und *l*) und dem Drehungssinn (+) und (−) unterschieden wird, hat man sich auf Vorschlag von *Vickery* (1947) und *Hudson* (1948) dahingehend geeinigt, die *Enantiomeren* durch kleingedruckte große Buchstaben D- und L- zu charakterisieren. Sie geben lediglich die *Konfiguration am Chiralitätszentrum* an, *ohne* den jeweiligen Drehungssinn zu berücksichtigen. Soll dieser dennoch vermerkt werden, so setzt man den Präfixen D- bzw. L- je nach dem Drehsinn (+) oder (−) hinzu.
Das Bezugssystem bleibt weiterhin der D-*Glycerinaldehyd*, für den nach Aufklärung der absoluten Konfiguration der (+)-Weinsäure durch *Bijvoet* nachgewiesen wurde, daß die zunächst willkürliche Zuordnung zur D-Reihe tatsächlich der *absoluten Konfiguration* entspricht. Somit ergibt sich für den D(+)-Glycerinaldehyd räumlich ein *Tetraeder*, an dessen Spitze die Aldehydgruppe steht und dessen vordere Kante rechts mit OH und links mit H besetzt ist (Abb. 78). Die umgekehrte Anordnung von H und OH führt zum *spiegelbildisomeren* Raummodell, dem des L(−)-Glycerinaldehyds (Abb. 79).

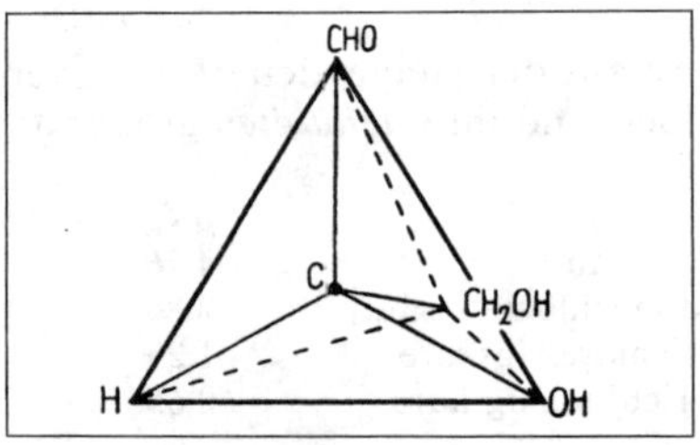

Abb. 78. D(+)-Glycerinaldehyd.

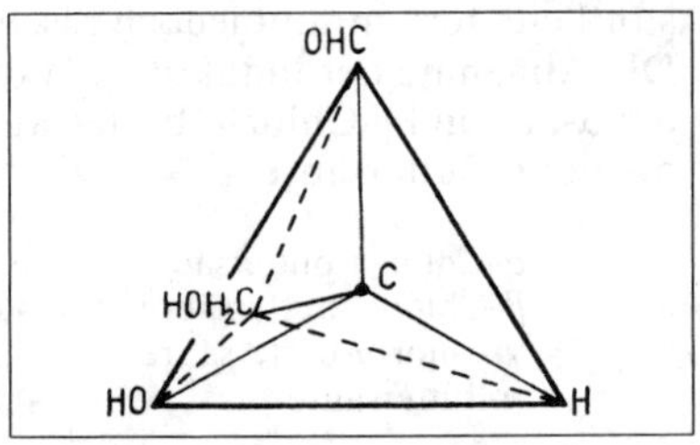

Abb. 79. L(−)-Glycerinaldehyd.

Die Tetraedermodelle der Enantiomeren des Glycerinaldehyds werden vereinfacht durch nachstehende Formulierungen wiedergegeben. Man beachte die Orientierungsanweisung, daß das C-Atom mit der höchsten Oxidationsstufe immer nach oben geschrieben wird.

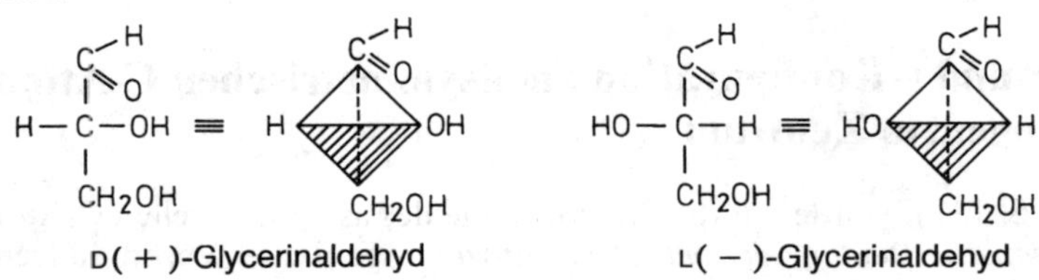

D(+)-Glycerinaldehyd L(−)-Glycerinaldehyd

In den *Fischer-Projektionsformeln* sind die Substituenten rechts und links vom asymmetrischen C-Atom *vor* der Papierebene und die beiden senkrecht orientierten *in* oder *hinter* der Ebene zu denken.
Jede Verbindung, deren experimentell ermittelte Konfiguration am asymmetrischen C-Atom der des D-Glycerinaldehyds entspricht, gehört zur D-Reihe, unabhängig vom jeweiligen Drehungssinn.

Um z. B. die Konfiguration der linksdrehenden *Milchsäure* zu bestimmen, kann man folgende Reaktionen durchführen, bei denen *kein* Konfigurationswechsel am Asymmetriezentrum eintritt. D(+)-Glycerinaldehyd geht bei Oxidation mit Quecksilber(II)-oxid in D(−)-Glycerinsäure über, die auch aus D(+)-Isoserin mit salpetriger Säure zugänglich ist. Da andererseits aus D(+)-Isoserin durch Umsetzen mit Nitrosylbromid und anschließende Reduktion mit Natriumamalgam die (−)-Milchsäure entsteht, muß diese ebenfalls D-Konfiguration besitzen:

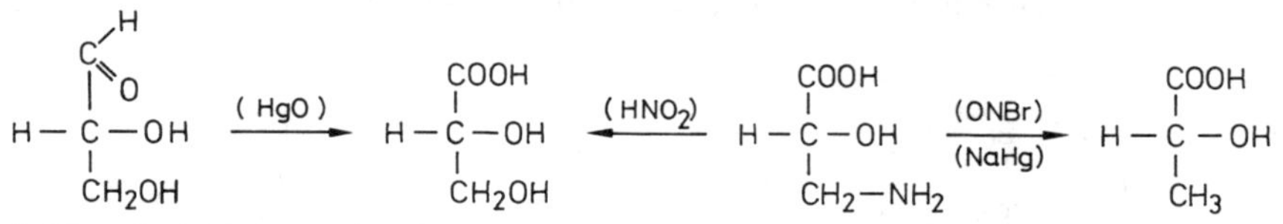

D(+)-Glycerinaldehyd D(−)-Glycerinsäure D(+)-Isoserin D(−)-Milchsäure

Die *Racemformen* werden entweder durch DL-, wenn man die eindeutige Reihenzugehörigkeit der Enantiomeren kennt, durch (±) oder die Vorsilbe *rac.* gekennzeichnet; bei Vorliegen von 2 oder 2 n Chiralitätszentren verwendet man die Vorsilbe *racem.* (vgl. S. 346*f.*).

Bei optisch aktiven Verbindungen – besonders bei Naturstoffen –, die sich nicht eindeutig der D- oder L-Reihe zuordnen lassen, wird nur der jeweilige Drehungssinn durch (+) bzw. (−) oder durch *d*- bzw. *l*- angegeben. Der ersteren Bezeichnung ist der Vorzug zu geben, z. B. (−)-Brucin. Eine eindeutige Zuordnung derartiger Verbindungen ist jedoch mit Hilfe des folgenden Systems möglich.

2.29.3 Absolute Konfiguration am asymmetrischen C-Atom (*CIP*-System)

Die *absolute Konfiguration* oder der *Chiralitätssinn* einer optisch aktiven Verbindung läßt sich berechnen[1] oder, wie oben erwähnt, experimentell ermitteln. Um sie auch durch eine bestimmte Nomenklatur festzulegen, entwickelten *Cahn*, *Ingold* und *Prelog*[2] das folgende *CIP-System*. Danach werden die 4 Liganden am asymmetrischen C-Atom nach ihrer *Priorität*, d. h. nach fallender *Atomnummer* (Ordnungszahl) der am Chiralitätszentrum direkt gebundenen Atome (Proximalatome), geordnet. Sind mindestens zwei der Proximalatome gleich, so werden die Atomnummern der mit ihnen verbundenen Atome der zweiten Sphäre für die Zuordnung herangezogen. Notfalls muß man noch die Atome der dritten Sphäre in Betracht ziehen. Dies soll an folgenden Beispielen näher erläutert werden.

---

[1] Vgl. *W. Kuhn*, Z. Elektrochem. *56*, 506 (1952).

[2] Vgl. *R. S. Cahn*, *C. K. Ingold* und *V. Prelog*, Spezifikation der Molekularen Chiralität, Angew. Chem. *78*, 413 (1966); *V. Prelog* und *G. Helmchen*, Grundlagen des CIP-Systems und Vorschläge für eine Revision, Angew. Chem. *94*, 614 (1982).

1. Sequenz-Regel. Wenn sämtliche 4 Liganden am Asymmetriezentrum verschieden sind, so entspricht die höhere Priorität der höheren Atomnummer.

2. Sequenz-Regel. Sind zwei Atome *Isotope* desselben Elements, so hat das Atom mit höherer relativer Atommasse die höhere Priorität, z. B. steht D vor H.

Als Beispiel sei das **Brom-chlor-iod-methan** angeführt, in dem die Reihenfolge der Priorität I, Br, Cl, H ist.

Chiralitäts-Regel. Betrachtet man das Tetraedermodell dieser asymmetrischen Verbindung in der Weise, daß das Atom mit der niedrigsten Priorität – in diesem Fall H – nach rückwärts gerichtet ist, so lassen sich die verbleibenden Atome (oder Atomgruppen) auf zweierlei Weise anordnen. Einmal können sie mit fallender Priorität im Uhrzeigersinn und zum anderen entgegengesetzt angeordnet sein. Man definiert die Konfiguration mit den *Deskriptoren* (*R*) (rectus = rechts, richtig) und (*S*) (sinister = links, verkehrt); für den ersten Fall als (*R*)-*Form* (Abb. 80) und den zweiten als (*S*)-*Form* (Abb. 81).

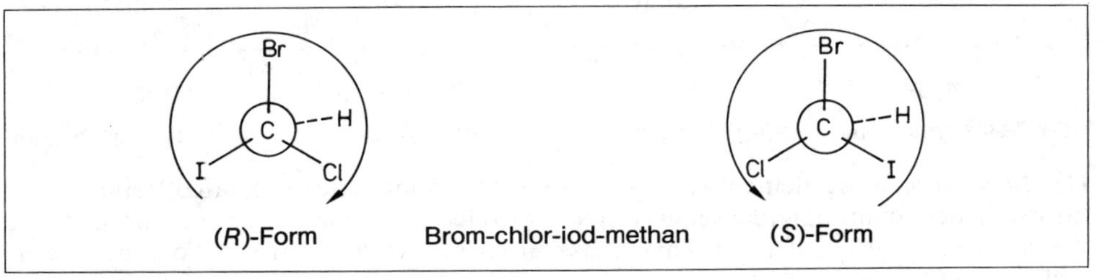

Abb. 80 Abb. 81

Sofern die relative Priorität zweier Atomgruppen mittels der 1. Sequenz-Regel nicht entschieden werden kann, sind die Atome der zweiten Sphäre heranzuziehen. Dies sei am Beispiel des ***sek.*-Butylalkohols** erläutert, in dem zwei C-Atome mit dem stereogenen Kohlenstoffatom als dem Chiralitätszentrum verbunden sind. Die „Zweitatome" in der CH_3-Gruppe sind H, H, H und in der C_2H_5-Gruppe C, H, H. Da Kohlenstoff eine höhere Atomnummer als Wasserstoff besitzt, kommt der C_2H_5-Gruppe die höhere Priorität zu, d. h. die vollständige Rangfolge der Liganden im *sek.*-Butylalkohol lautet: OH, C_2H_5, CH_3, H. Dies kann man folgendermaßen veranschaulichen (Abb. 82):

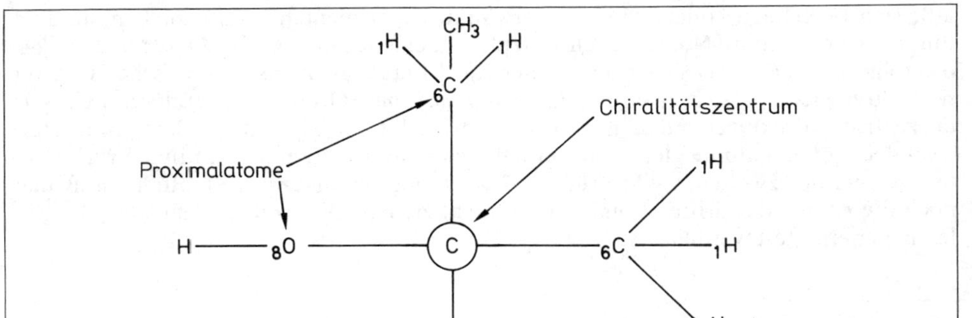

Abb. 82

Nach der Chiralitäts-Regel kommt den *Enantiomeren* folgende Konfiguration zu:

Abb. 83 Abb. 84

Beim Vorliegen von Doppel- oder Dreifachbindungen werden an beiden Enden der Mehrfachbindung Duplikatdarstellungen des jeweils am anderen Ende der Mehrfachbindung stehenden Atoms hinzugefügt:

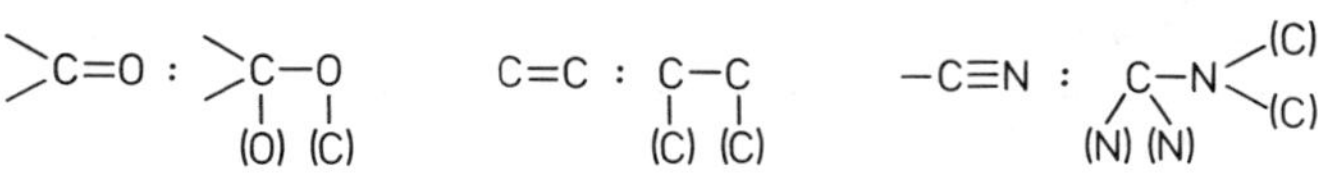

Aufgrund obiger Sequenz-Regeln kann man nachstehende Rangfolge der Prioritäten von C-Liganden am stereogenen Zentrum aufstellen:

$$COOH > CHO > CH_2OH > CH(CH_3)(CH_2{-}CH_3) > CH{=}CH_2 > CH(CH_3)_2 > CH_2{-}CH_3 > CH_3$$

Als Beispiel sei der als *Bezugssystem* für chirale Verbindungen bekannte **Glycerinaldehyd** gewählt, in dem die OH-Gruppe (Proximalatom: O) die höchste, das H-Atom dagegen die niedrigste Priorität besitzen. Die Priorität zwischen den beiden C-Atomen kann nur mit Hilfe der Atome der zweiten Sphäre entschieden werden. Da das doppelt gebundene O-Atom in der zweiten Sphäre doppelt gezählt wird, rangiert die Formylgruppe (Zweitatome: O, O, H) vor der Hydroxymethylgruppe (Zweitatome: O, H, H). Demnach liegt im Glycerinaldehyd folgende Rangordnung der Liganden vor: OH, CHO, CH_2OH, H (Abb. 85).

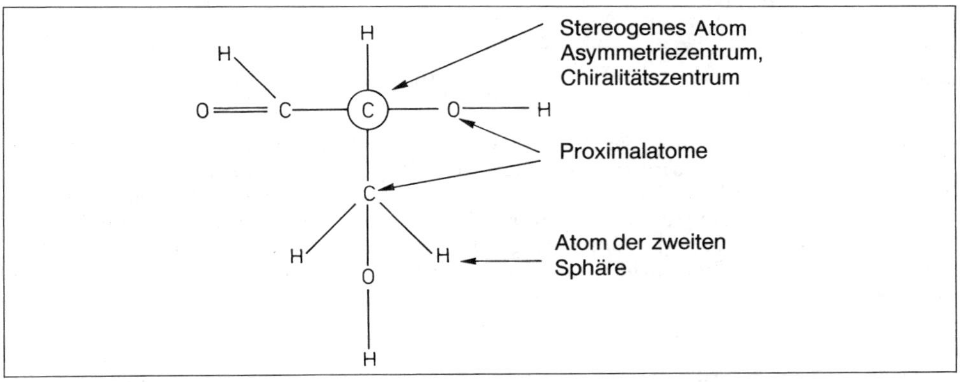

Abb. 85

Dreht man die Tetraedermodelle des D- und L-Glycerinaldehyds in Abb. 78 u. Abb. 79 (vgl. S. 274) jeweils um 120° um die C–CHO-Achse nach rechts bzw. nach links, so zeigt das H-Atom mit der niedrigsten Priorität nach rückwärts. Die (*R*)- bzw. (*S*)-Form entspricht demnach folgender Raumanordnung (Abb. 86, 87).

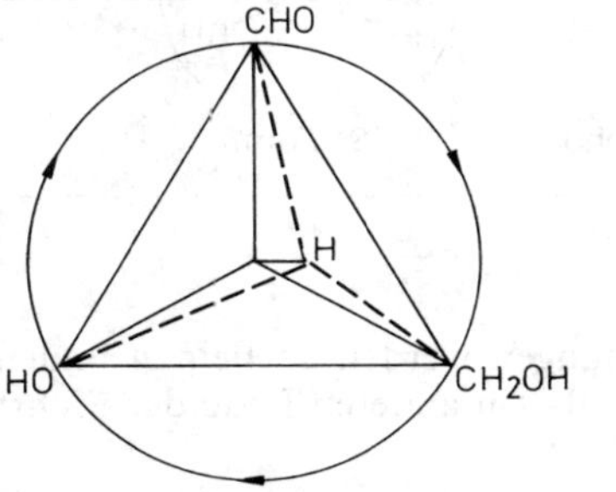

(*R*)-Form

Abb. 86

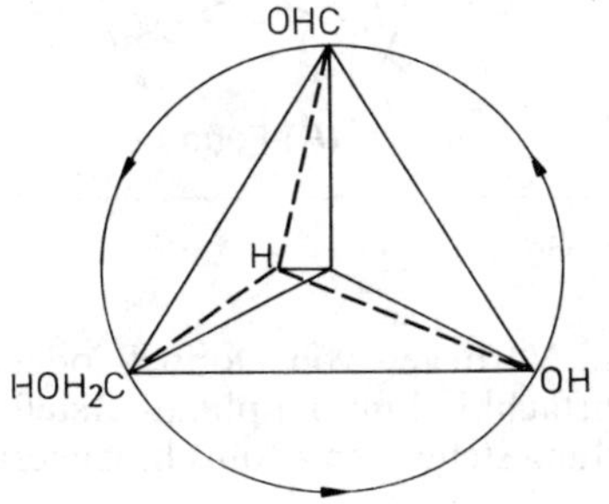

(*S*)-Form

Abb. 87

Beim Glycerinaldehyd ist die D- mit der (*R*)-Form und die L- mit der (*S*)-Form identisch.
In analoger Weise lassen sich die optisch aktiven **α-Chlor-propionsäuren** nach dem *CIP*- System durch folgende Konfigurationen wiedergeben, wobei die Priorität durch die Rangfolge Cl, COOH, CH_3, H festgelegt ist:

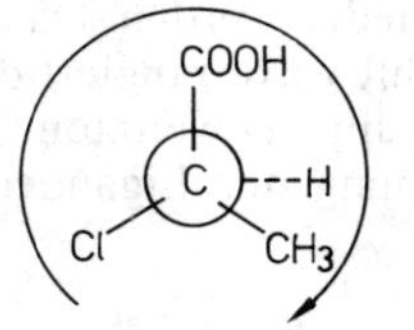

(*R*)-Form
(D-α-Chlor-propionsäure)

Abb. 88

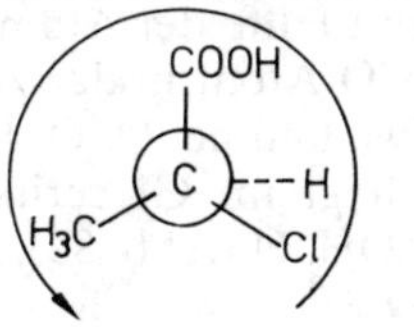

(*S*)-Form
(L-α-Chlor-propionsäure)

Abb. 89

Das *Cahn-Ingold-Prelog*-System hängt von keinem Bezugssystem ab und läßt sich auch auf kompliziertere Verbindungen übertragen, z. B. auf Alkaloide. In Verbindungen mit *mehreren* asymmetrischen C-Atomen kann die absolute Konfiguration an *jedem Chiralitätszentrum* angegeben werden. Ferner ist dieses System auf stereogene Heteroatome (N, S, B) sowie unter Zuhilfenahme weniger zusätzlicher Regeln auf alle sonstigen Klassen chiraler Verbindungen, z. B. auf Allene, Spirane, atropisomere Biphenylderivate, Ansaverbindungen und asymmetrische Alicyclen, anwendbar[1].

[1] Vgl. *W. Klyne* et al., Atlas of Stereochemistry, Absolute Configurations of Organic Molecules, 2nd Ed (Chapman and Hall, London 1978).

Zur Anwendung des *CIP*-Systems auf enantiotope Flächen ist die Sequenzregel wie folgt anzuwenden:

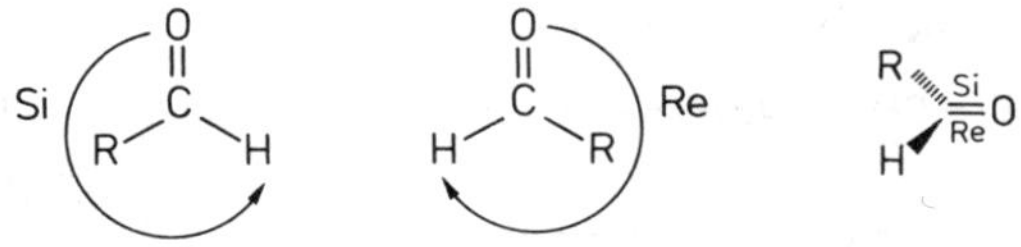

2.29.4 Hydroxycarbonsäuren

Unter Hydroxysäuren versteht man Abkömmlinge der Carbonsäuren, in denen ein H-Atom der Alkankette durch die Hydroxylgruppe ersetzt ist. Die Stellung des Hydroxyls zur Carboxylgruppe wird wie bei den Halogencarbonsäuren durch griechische Buchstaben gekennzeichnet.
Die einfachste Hydroxycarbonsäure ist *Hydroxy-essigsäure* oder Glykolsäure, $HOCH_2-COOH$, ihr folgt die biologisch wichtige *α-Hydroxy-propionsäure* oder *Milchsäure*, $H_3C-CH(OH)-COOH$, die in zwei *Enantiomeren* auftreten kann.

Darstellung

2.29.4.1 α-Hydroxysäuren

a) *Durch nucleophilen Austausch des Halogens in α-Halogencarbonsäuren* gegen die Hydroxylgruppe, z. B.

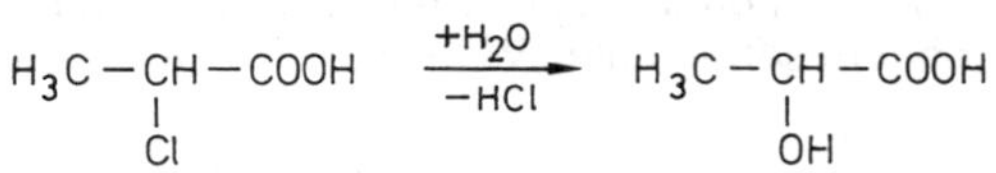

DL-α-Chlor-propionsäure DL-Milchsäure

b) *Durch Cyanhydrinsynthese aus Aldehyden* und anschließende Hydrolyse der Nitril- zur Carboxylgruppe:

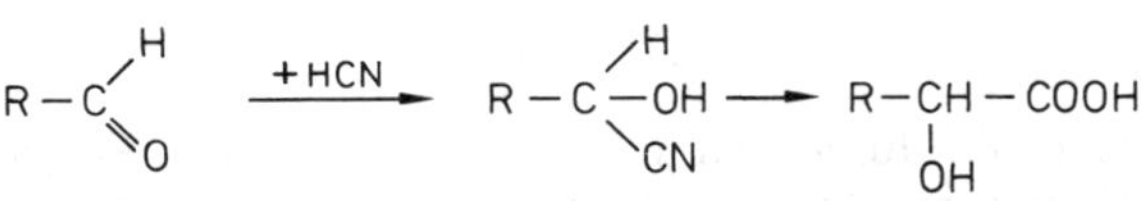

Aldehyd Cyanhydrin DL-α-Hydroxysäure

2.29.4.2 β-Hydroxysäuren

a) *β-Hydroxypropionsäure* (3-Hydroxypropionsäure, Hydracrylsäure) ist durch *Hydrolyse* von *Ethylencyanhydrin* zugänglich:

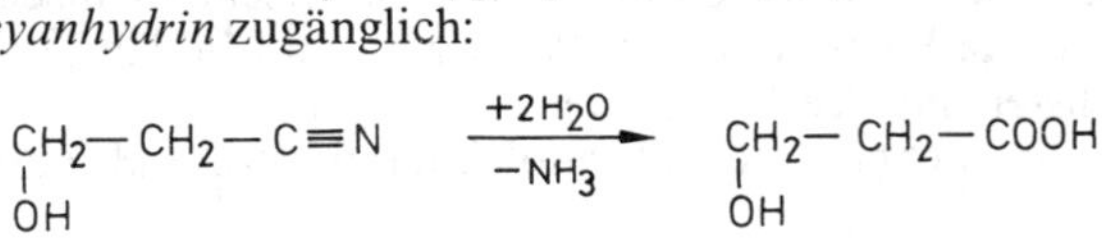

Ethylencyanhydrin β-Hydroxy-propionsäure

b) ***Reformatsky*-Reaktion**[1] (1890). Bei dieser *β-Hydroxycarbonsäureester-Synthese* werden Organozinkverbindungen der α-Halogencarbonsäureester in indifferenten Lösungsmitteln (Ether, Benzol) an die C=O-Doppelbindung von Ketonen oder Aldehyden addiert. Im Gegensatz zum Magnesium reagiert das etwas reaktionsträgere Zink

[1] Vgl. *M. W. Rathke,* The *Reformatsky* Reaction, Org. Reactions *22,* 423 (1975).

nicht mit der Estergruppe. Bei der Hydrolyse des Addukts entstehen zunächst β-Hydroxycarbonsäureester, die jedoch leicht unter Wasseraustritt in die α,β-ungesättigten Carbonsäureester übergehen, z. B.

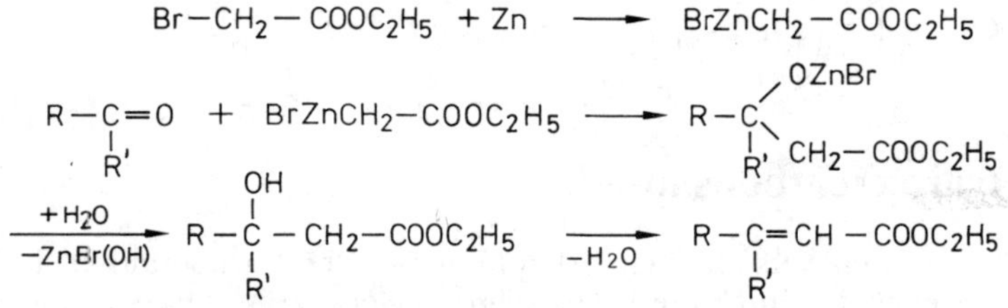

β-Hydroxycarbonsäureester

Aldehyde (R'=H) reagieren im allgemeinen leichter als Ketone. Die Reaktion wird meist durch geringe Zusätze von Iod katalysiert.

Diese metallorganische Variante der Aldoladdition kann auf breiter Basis zu Synthesen verwendet werden. Als Carbonylkomponente kommen aliphatische und aromatische Aldehyde sowie aliphatische, cyclische oder aromatische Ketone in Frage (vgl. auch *Ivanoff*-Reaktion), als „Methylenkomponente" unverzweigte und verzweigte aliphatische α, β oder γ-Bromcarbonsäureester.

2.29.4.3 γ- und δ-Hydroxysäuren erhält man *durch alkalische Hydrolyse der γ- bzw. δ-Halogencarbonsäuren.* Sie können jedoch nur in Form ihrer Alkalisalze isoliert werden, da sie beim Ansäuern sofort unter Wasseraustritt in γ- bzw. δ-Lactone übergehen, z. B.

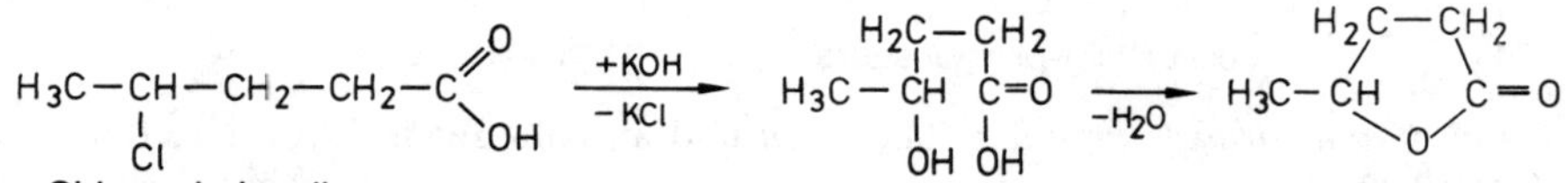

γ-Chlor-valeriansäure
4-Chlor-valeriansäure

γ-Hydroxy-valeriansäure

γ-Valerolacton

Eigenschaften. Die Hydroxysäuren sind in Wasser leichter, in Ether schwerer löslich als die zugehörigen Carbonsäuren. In Analogie zum Halogen in den Halogencarbonsäuren erhöht besonders die α-ständige Hydroxylgruppe – wenn auch in geringerem Maß – die *Acidität* der Hydroxysäuren (*–I-Effekt*). Ihr chemisches Verhalten ist durch das gleichzeitige Auftreten der alkoholischen Hydroxyl- und der Carboxylgruppe charakterisiert. Sie geben somit die für beide Funktionen spezifischen Umsetzungen.
Beim Erhitzen spalten die Hydroxysäuren Wasser ab und bilden je nach der Stellung der OH-Gruppe nachstehende Verbindungen:
Aus *α-Hydroxysäuren* entstehen unter intermolekularer Wasserabspaltung ringförmige Lactide, z. B.

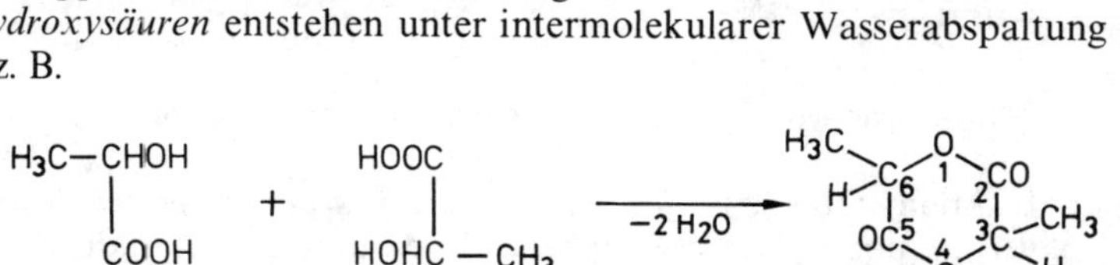

Milchsäure

3,6-Dimethyl-1,4-dioxan-2,5-dion

Der Name *Lactide* ist von der Milchsäure (*Acidum lacticum*) abgeleitet, an der diese Reaktion zuerst beobachtet wurde.

β-Hydroxysäuren spalten intramolekular Wasser ab unter Bildung α,β-ungesättigter Carbonsäuren, z. B.

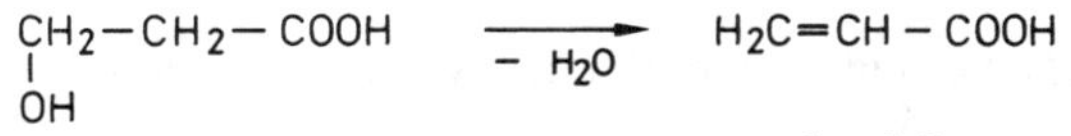

β-Hydroxypropionsäure Acrylsäure

γ- bzw. *δ-Hydroxysäuren* gehen – zuweilen schon bei Raumtemperatur – unter intramolekularer Wasserabspaltung in γ- bzw. *δ-Lactone über, z. B.*

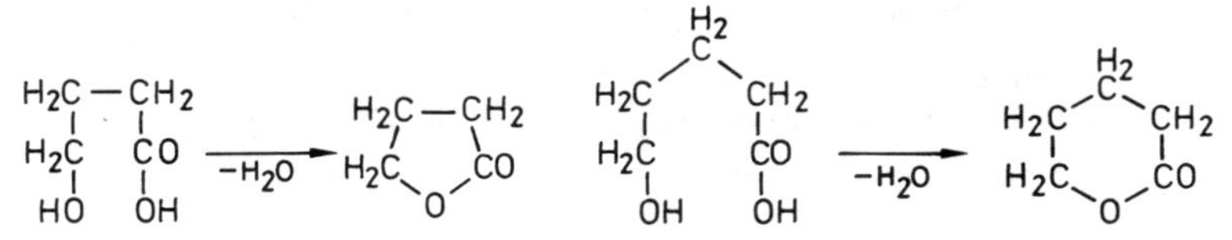

γ-Hydroxybuttersäure γ-Butyrolacton δ-Hydroxyvaleriansäure δ-Valerolacton

Analog cyclisieren sich γ-Thiolcarbonsäuren spontan zu *γ-Thiolactonen.*

2.29.5 Lactone

Die Lactone sind als *innere Ester* der Hydroxycarbonsäuren aufzufassen, und zwar unterscheidet man α-, β-, γ-, δ- und höhergliedrige Lactone. Die aus den aliphatischen Carbonsäuren entstehenden Lactone werden durch Anhängen der Endung *-olid* an den Namen des *nicht hydroxylierten Kohlenwasserstoffes* mit der gleichen Zahl von Kohlenwasserstoffatomen benannt. Dabei wird die Positionsziffer des am Ringschluß beteiligten C-Atoms vor der Endung angegeben, z. B. Propan-3-olid = β-Propiolacton, 7-Hexadecen-16-olid = Ambrettolid, Pentadecan-15-olid = Exaltolid.
Während die α-Lactone im allgemeinen nur in Lösung nachgewiesen werden können[1] und die β-Lactone[2] sich nur mit Hilfe spezieller Verfahren darstellen lassen, entstehen die γ- und die δ-Lactone leicht aus den entsprechenden Hydroxysäuren. Die wichtigsten Vertreter sind *γ-Butyrolacton* sowie γ- und *δ-Valerolacton.*

Darstellung. Außer durch die allgemeinen Darstellungsverfahren gewinnt man einige Lactone technisch auf folgende Weise:

2.29.5.1 *β-Propiolacton* (Hydracrylolacton) wird *durch Cycloaddition* aus Keten und Formaldehyd in wasserfreiem Medium bei Gegenwart von Zinkchlorid dargestellt (Ausbeute 90%):

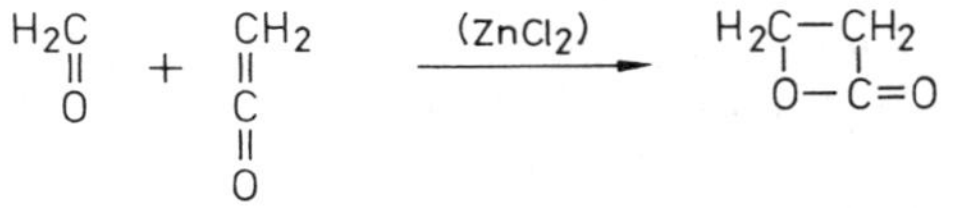

Keten β-Propiolacton Propan-3-olid

[1] Vgl. *O. L. Chapman* et al., J. Amer. Chem. Soc. *94,* 1365 (1972); ein trifluoralkylsubstituiertes α-Lacton ist isoliert worden: Chem. Comm. *1982,* 362.
[2] Vgl. *H. E. Zaugg,* β-Lactones, Org. Reactions *8,* 305 (1954); *K. Kröper, Houben-Weyl,* Methoden der organischen Chemie, Bd. *6/2,* S. 515 ff. (Thieme Verlag, Stuttgart 1963).

Es ist außerordentlich reaktionsfähig und wird vielfach bei Synthesen verwendet. Die Verbindung wirkt stark carcinogen.

2.29.5.2 *γ-Butyrolacton* entsteht durch Dehydrierung von 1,4-Butandiol am Kupfer-Kontakt bei 200 °C (475 K) (*Reppe*):

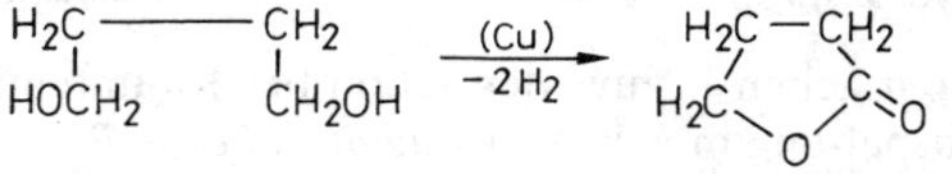

1,4-Butandiol γ-Butyrolacton

2.29.5.3 *Höhergliedrige Lactone* sind durch Oxidation cyclischer Ketone mit Peroxoschwefelsäure (*Caro*sche Säure), H_2SO_5, zugänglich (*Ruzicka*):

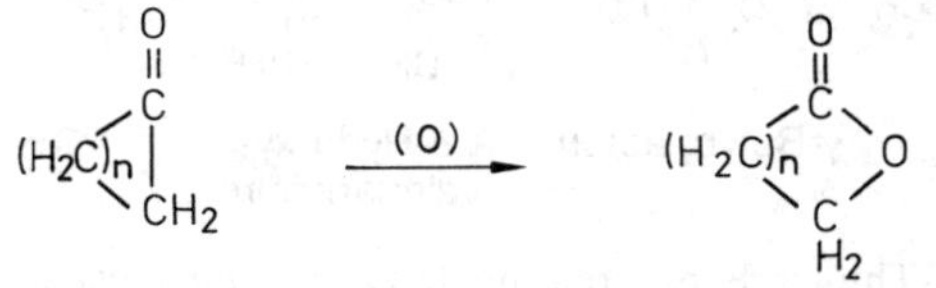

Eigenschaften. Die Lactone sieden niedriger als die zugehörigen Hydroxysäuren. Sie weisen einen starken, meist angenehmen Geruch auf, vor allem die höhergliedrigen mit 15–17 Ringgliedern, zu denen z. B. *Ambrettolid,* der Duftstoff z. B. des Moschuskörneröls, sowie das Lacton des Angelicawurzelöls, das unter dem Namen *Exaltolid* synthetisch hergestellt wird, zählen:

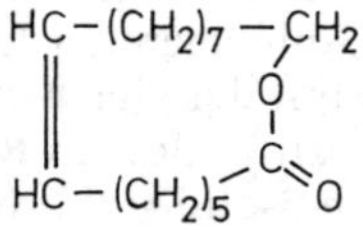

Ambrettolid

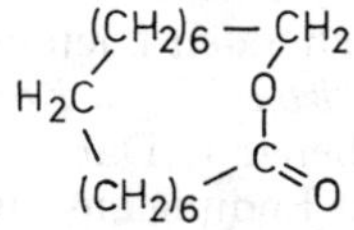

Exaltolid

In Ringen, die bis zu 7 Glieder haben, liegt die Lactongruppe in der (*E*)-Konfiguration vor; bei mehr als 10 Ringgliedern bevorzugt sie die (*Z*)-Konfiguration (vgl. S. 69).

Die Reaktivität der Lactone ist vornehmlich auf die *Lactongruppierung* beschränkt. Bei ihrer Reduktion mit Natriumamalgam in saurem Medium entstehen die betreffenden Carbonsäuren:

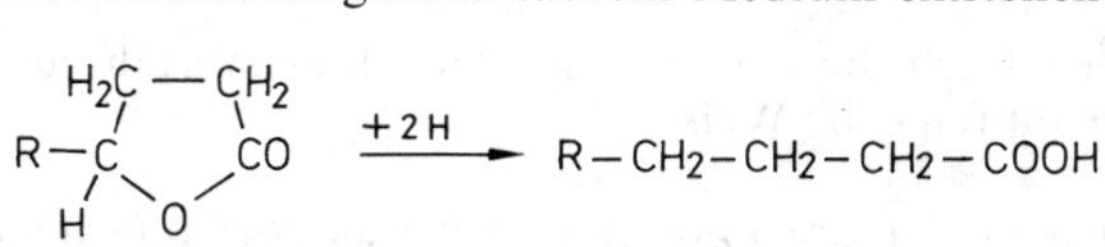

Dagegen führt die gleiche Reaktion bei Polyhydroxylactonen in schwach saurer Lösung zu den Aldosen.

Eine *Aufspaltung der Lactonbindung* unter Bildung der entsprechend substituierten Carbonsäuren tritt mit konzentrierten Halogenwasserstoffsäuren, Alkalicyanid oder Natriumhydrogensulfit ein; mit Ammoniak entstehen Hydroxycarbonsäureamide, die unter Wasserabspaltung leicht in *Lactame* übergehen, z. B.

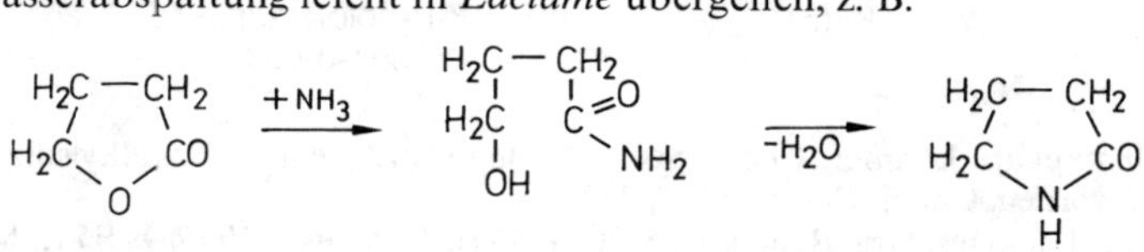

γ-Butyrolacton 2-Pyrrolidon, 4-Butanlactam

2.29.6 Die wichtigsten Hydroxysäuren

2.29.6.1 Glykolsäure (Hydroxy-essigsäure), $HOCH_2-COOH$, Schmp. 79 °C (352 K), kommt im Pflanzenreich vor, z. B. in unreifen Weintrauben und im Zuckerrohr.

2.29.6.2 DL-Milchsäure (α-Hydroxypropionsäure, engl. Lactic acid: Lac), $H_3C-CH(OH)-COOH$, wurde von *Scheele* (1780) in der sauren Milch entdeckt, und zwar entsteht sie durch Vergärung der Lactose (Milchzucker) mittels *Streptococcus lactis* bzw. *Lactobacillus lactis*. Außerdem tritt sie im Magensaft und in sauren Gurken auf.
Die *optisch aktiven* Milchsäuren besitzen folgende Konfigurationen:

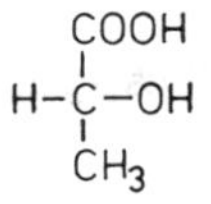

D(−)-Milchsäure

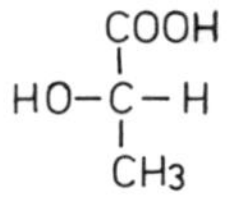

L(+)-Milchsäure

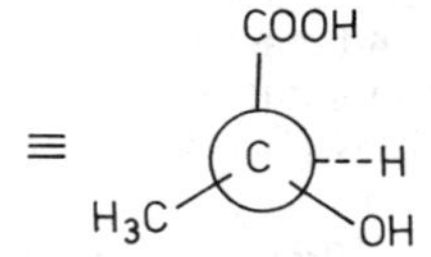

(*S*)-Form

L(+)-Milchsäure findet sich in verschiedenen tierischen Organen sowie im Muskelsaft und wird daher auch *Fleischmilchsäure* (*Berzelius*, 1808) genannt. Sie weist die gleiche sterische Anordnung wie die α-Aminosäuren im Eiweiß auf. Diese ist im *CIP*-System die (*S*)-Form.
Reine DL-Milchsäure ist eine sirupöse Flüssigkeit, die bei 18 °C (291 K) erstarrt; die D- und L-Milchsäure schmelzen bei 25 °C (298 K) ($pK_a = 3{,}86$). Ihre Salze heißen *Lactate*.

2.29.6.3 Milchsäuregärung. Technisch gewinnt man Milchsäure *durch enzymatische Verzuckerung von Kohlenhydraten* (meist Kartoffel- oder Getreidestärke) mittels *Diastase* zu Maltose, die bei 35 bis 45 °C (310–320 K) in Gegenwart von *Lactobacillus delbrueckii* über Glucose zu Milchsäure vergoren wird:

$$C_6H_{12}O_6 \rightarrow 2\ H_3C-CH(OH)-COOH$$

Da die Vergärung der Zucker an einen bestimmten pH-Bereich gebunden ist, fängt man die entstehende Milchsäure durch Zugabe von Calciumcarbonat als *Calciumlactat* ab. Aus diesem läßt sie sich mit Schwefelsäure in Freiheit setzen. Zum *Mechanismus* der Milchsäuregärung s. S. 901.
Meist erhält man die DL-Milchsäure (Gärungsmilchsäure), jedoch mit spezifisch wirkenden Bakterien auch überwiegend D(−)- bzw. L(+)-Milchsäure. Wirtschaftliche Bedeutung kommt diesem Gärprozeß bei der *Futtersilierung* (Rübenblätter, Grünfutter) zu.

Verwendung. Die Milchsäure wird zum Entkalken von Fellen in der Gerberei, als Reduktionsmittel in der Chrombeizenfärberei und wegen ihrer leichten Verdaulichkeit als Zusatz für alkoholfreie Getränke verwendet.
Zur Aufzucht einer Bienenkönigin dient ein als Gelée royale (Weiselfuttersaft) bezeichnetes Substanzgemisch aus Proteinen, Kohlenhydraten und Lipiden, das eine Anzahl von C_{10} Carbonsäuren enthält, hauptsächlich (*E*)-10-Hydroxy-2-decensäure:

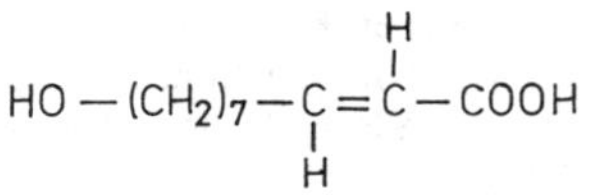

2.29.6.4 Die **Prostaglandine**[1] sind eine Gruppe ungesättigter Hydroxy- oder Hydroxyketosäuren mit 20 C-Atomen, die 1964 im Prostatasekret aufgefunden wurden. Sie entstehen u. a. in den Leukozyten aus essentiellen Fettsäuren, z. B. aus Arachidonsäure:

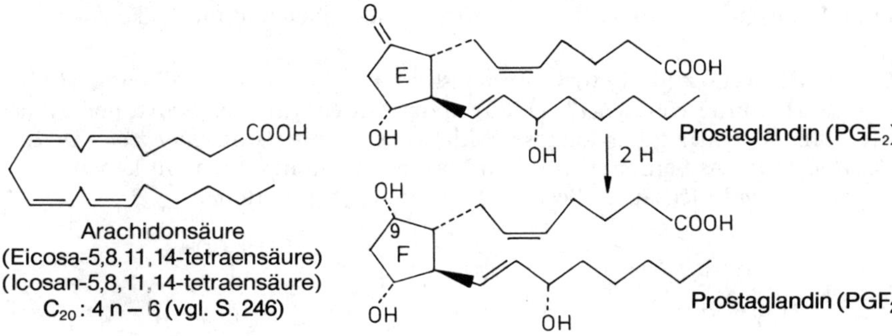

Das Grundgerüst der Prostaglandine liegt in dem Kohlenwasserstoff *Prostan* bzw. der *Prostansäure* vor.

Prostan  Prostansäure

Die dem Namen zugeordneten Buchstaben bezeichnen die Struktur des 5-Ringes, der Index die Anzahl der Doppelbindungen in den Seitenketten, α und β die Stellung der OH-Gruppe am C-Atom 9.
Die Prostaglandine sind physiologisch hoch wirksam und PGE_2 sowie $PGF_{2\alpha}$ werden als Arzneimittel (*INN:* ***Dinoprost,*** *Minprostin*) verwendet; außer ihnen entstehen in der *Arachidonsäurekaskade* die *Thromboxane*[2], das *Prostacyclin*[3] und die *Leukotriene*[4]. Nach der Zahl ihrer Kohlenstoffatome werden diese Stoffe unter der Bezeichnung *Eicosanoide (Icosanoide)* zusammengefaßt.

2.29.7 Aminocarbonsäuren

Denkt man sich das Halogenatom in den Halogencarbonsäuren durch die *Aminogruppe*, $-NH_2$, ersetzt, so gelangt man zu den betreffenden Aminocarbonsäuren. Das Anfangsglied der Reihe ist *Glycin* (Glykokoll, Amino-essigsäure).

$$H_2N-CH_2-C\begin{matrix}\nearrow O \\ \searrow OH\end{matrix} \quad \text{Glycin}$$

Wie bei den Halogen- und Hydroxy-carbonsäuren unterscheidet man je nach der Stellung der NH_2-Gruppe α-, β-, γ- usw. Aminocarbonsäuren. Im allgemeinen spricht man

[1] Vgl. *W. Bartmann,* Prostaglandine, Angew. Chem. *87,* 143 (1975); *R. Noyori* et al., Prostaglandin-Synthesen durch Dreikomponenten-Kupplung, Angew. Chem. *96,* 854 (1984).
[2] Vgl. *F. Berti* et al. (Herausgeber), Prostaglandins and Thromboxanes (Plenum Press, New York 1977).
[3] Vgl. *W. Bartmann* et al., Prostacyclin und synthetische Analoga, Angew. Chem. *94,* 767 (1982).
[4] Vgl. *B. Samuelsson,* Die Leukotriene, superaktive, an Allergie und Entzündung beteiligte Wirkstoffe, Angew. Chem. *94,* 881 (1982); Von Untersuchungen biochemischer Mechanismen zu neuen biologischen Mediatoren: Prostaglandinendoperoxide, Thromboxane und Leukotriene (*Nobel*-Vortrag), Angew. Chem. *95,* 854 (1983).

kurz von Aminosäuren. Die weitaus größte Bedeutung besitzen die *α-Aminosäuren*, da sie die wesentlichen Bausteine aller Proteine bilden. Außer Glycin sind sämtliche, durch saure enzymatische Hydrolyse von Eiweiß zugänglichen *α-Aminosäuren optisch aktiv*, und zwar weisen sie, unabhängig von ihrem Drehungssinn, L-*Konfiguration* auf.

2.29.7.1 Die Konfiguration der Aminosäuren läßt sich mit Hilfe folgender Methoden bestimmen:

a) Überführung von Verbindungen unbekannter in solche bekannter Konfiguration (oder umgekehrt), ohne daß ein Konfigurationswechsel am asymmetrischen C-Atom erfolgt.

b) Überführung von Verbindungen unbekannter in solche bekannter Konfiguration unter experimentellen Bedingungen, bei denen ***Walden*-Umkehr** (1895) eintritt (*Hughes, Ingold*, 1935). Sie wird durch den Pfeil –o→ oder –o→ gekennzeichnet.

Zum Beispiel geht (+)-α-Brom-propionsäure bei der alkalischen Hydrolyse nach dem *S_N2-Mechanismus* in L(+)-Milchsäure über. Somit kommt der (+)-α-Brom-propionsäure D-Konfiguration zu. Führt man diese Säure mit Natriumazid in L(−)α-Azido-propionsäure (*S_N2-Reaktion*) über und reduziert die Azidosäure katalytisch nach *Adams* zu (+)-Alanin, wobei keine *Walden*-Umkehr eintritt, so muß (+)-Alanin L-Konfiguration besitzen:

L(+)-Milchsäure D(+)-α-Brom-propionsäure L(−)-α-Azido-propionsäure L(+)-Alanin

Damit kommen den *Enantiomeren* des Alanins folgende vereinfachte Raum- bzw. Projektionsformeln zu:

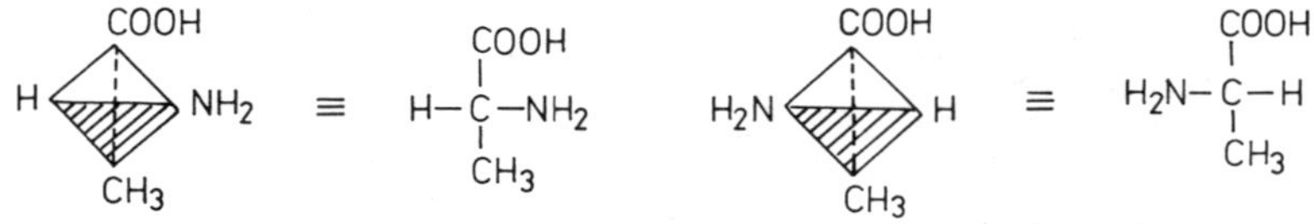

D(−)-Alanin L(+)-Alanin

Hierbei muß man beachten, daß die dem asymmetrischen C-Atom benachbarte Carboxylgruppe in den Aminosäuren definitionsgemäß *nach oben* zu schreiben ist.

Nach dem *CIP*-System mit der Prioritätsfolge NH_2, COOH, CH_3, H besitzen sie nachstehende Raumstrukturen:

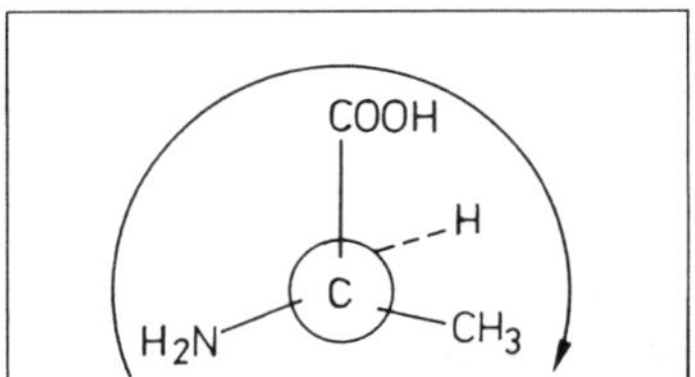

(*R*)-Alanin (D-Alanin)

Abb. 90

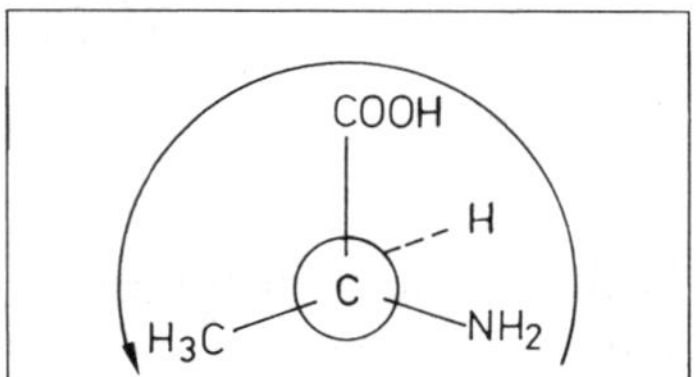

(*S*)-Alanin (L-Alanin)

Abb. 91

Darstellung

2.29.7.2 α-Aminosäuren erhält man *durch Umsetzung von α-Halogencarbonsäuren mit konz. Ammoniak* im Überschuß:

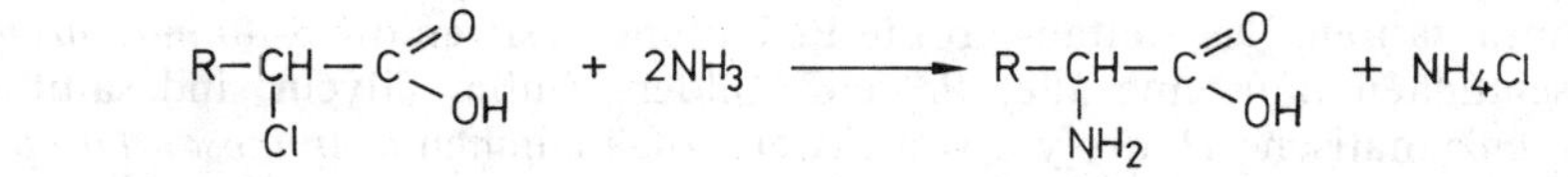

2.29.7.3 ***Strecker*-Synthese** (1850). Die durch Addition von Blausäure an Aldehyde zugänglichen *Cyanhydrine* gehen mit Ammoniak in *Aminonitrile* über, aus denen bei der Hydrolyse mit konz. Mineralsäure α-Aminosäuren entstehen:

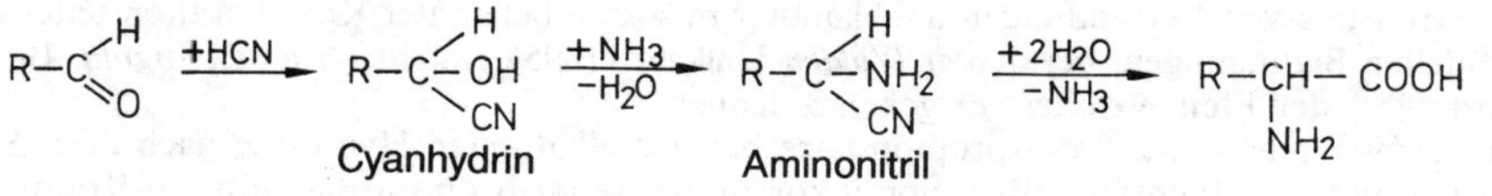

Eigenschaften. Die Aminosäuren sind kristalline, relativ hochschmelzende Substanzen von meist süßlichem Geschmack, die sowohl basische als auch saure Eigenschaften aufweisen und daher mit Mineralsäuren und mit Laugen Salze bilden, z. B.

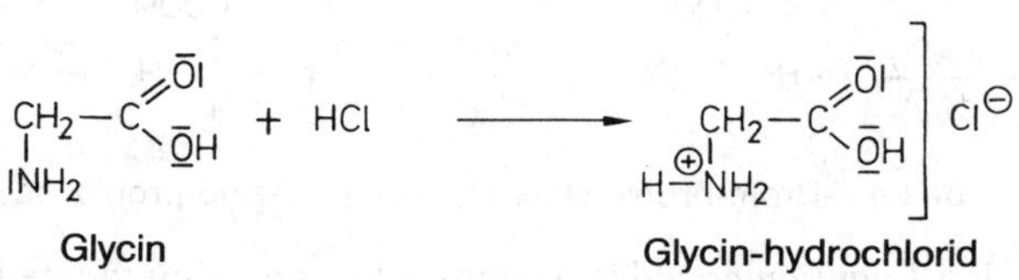

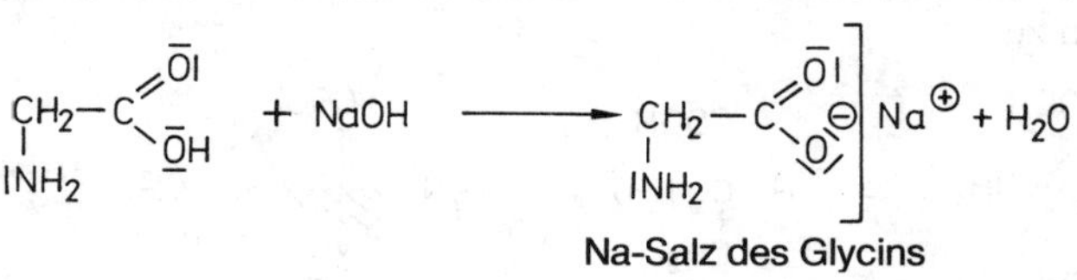

Derartige Verbindungen, die Protonen aufnehmen und auch abspalten können, d. h. in saurer Lösung Kationen, in alkalischer Anionen bilden, bezeichnet man als amphotere Elektrolyte oder *Ampholyte.*

In wäßriger Lösung reagieren die Aminosäuren entweder neutral oder ganz schwach sauer, und zwar besteht folgendes *Gleichgewicht:*

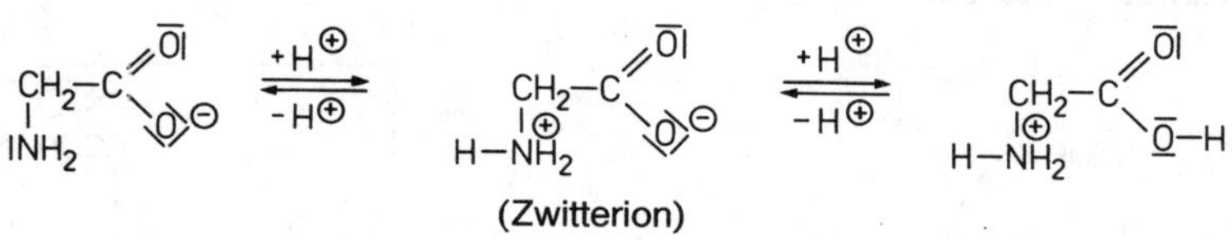

Demnach liegt eine Aminosäure überwiegend als „inneres Salz" bzw. *Zwitterion* (Dipol), engl. amphion, vor, dessen Bildung dadurch zustande kommt, daß das Proton der Carboxylgruppe an das einsame Elektronenpaar des N-Atoms der Aminogruppe wandert. Auch im Kristall liegen die Aminosäuren als Zwitterionen vor; die ungeladene Form kommt nicht vor, sie ist eine idealisierte Registrierformel.

Im elektrischen Feld erfährt das Molekül, $H_3N^{\oplus}-CHR-COO^{\ominus}$, das als Ganzes ungeladen ist, lediglich eine Ausrichtung wie ein Magnet im Magnetfeld. Somit wandern die Aminosäuren in rein wäßrigen Lösungen, in denen fast ausschließlich das Zwitterion vorliegt, nicht im elektrischen Feld; dies ist am *isoelektrischen Punkt* (einem bestimmten pH-Wert) der Fall, bei dem die Aminosäuren auch ihre geringste Löslichkeit in Wasser haben.

Ähnlich wie die Amine sind auch die Aminosäuren zur Bildung von *quartären* Ammoniumverbindungen befähigt, die nur als Zwitterionen auftreten können. Hierzu zählt vor allem das in der Zuckerrübe (*Beta vulgaris*) vorkommende Trimethylglycin oder Betain, das durch Erwärmen einer wäßrigen Lösung von Monochloressigsäure mit Trimethylamin darstellbar ist:

Nach dieser Verbindung bezeichnet man sämtliche am Stickstoff peralkylierten Zwitterionen der Formel $R_3\overset{\oplus}{N}-CH(R')-COO^{\ominus}$ als „*Betaine*".

Das Chlorid des Betainhydrazids, $(H_3C)_3\overset{\oplus}{N}-CH_2-CO-NH-NH_2[Cl^{\ominus}]$, bildet mit Carbonylverbindungen normale Hydrazone, die infolge der hydrophilen Ammoniumsalzgruppierung *wasserlöslich* sind (*Girards* Reagens). Diese Eigenschaft wird ausgenutzt, um Ketoverbindungen, z. B. bestimmte Steroide, von unlöslichen Begleitstoffen abzutrennen.

Für den oben erwähnten *Salzcharakter* der Aminosäuren sprechen folgende physikalische Eigenschaften: Sie besitzen relativ hohe Schmelzpunkte (230 °C [500 K] und höher), lassen sich nicht unzersetzt destillieren, lösen sich z. T. in Wasser, schwerer in Alkohol und gar nicht in Ether sowie anderen organischen Lösungsmitteln. Ferner sind die Aminosäuren nicht wie gewöhnliche organische Säuren mit Laugen quantitativ titrierbar. Dies gelingt erst, wenn die Aminogruppe mit *Formaldehyd* zur N-Methylenaminosäure kondensiert wird, die dann mit Natronlauge maßanalytisch bestimmt werden kann **(*Sörensen*-Titration).**

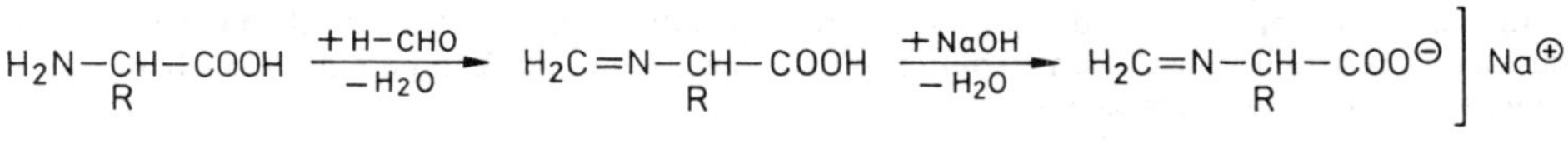

2.29.7.4 Ninhydrin-Reaktion. Aminosäuren geben beim Erhitzen mit Ninhydrin in wäßriger Lösung eine intensiv blaue bis blauviolette Färbung. Diese Farbreaktion ist sehr empfindlich, aber nicht spezifisch. Dies ist auf den Reaktionsmechanismus zurückzuführen (vgl. S. 626).
Bei der *Veresterung* gehen die Aminosäuren in die zugehörigen Ester über, die basisch reagieren, da die saure Funktion der Aminosäure aufgehoben ist, z. B.

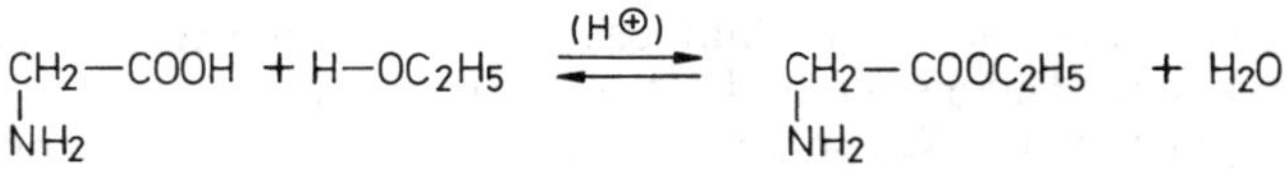

Beim trockenen *Erhitzen von Aminosäuren mit Natronkalk* erfolgt Decarboxylierung zu Aminen:

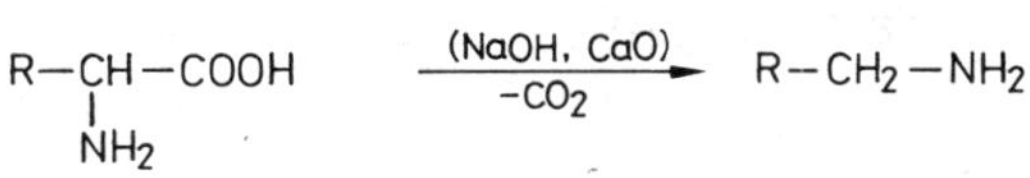

Andererseits reagiert die Aminogruppe der Aminosäuren mit Acetylchlorid oder Acetanhydrid zu *N-Acetyl-aminosäuren*, z. B.

Zur *quantitativen Bestimmung der* α-Aminosäuren benutzt man die Umsetzung mit *salpetriger Säure* nach *van Slyke*, wobei unter Abspaltung von Stickstoff, der gasvolumetrisch gemessen wird, α-Hydroxysäuren gebildet werden:

2.29.7.5 Diazoessigester. Im Gegensatz zu den freien α-Aminosäuren erhält man aus ihren Estern mit *salpetriger Säure* in der Kälte die relativ stabilen *Diazocarbonsäureester* (*Curtius*, 1883), z. B. entsteht aus Glycinethylester mit Natriumnitrit + 1 Molekül HCl bei 0–3 °C (273–276 K) der *mesomeriestabilisierte* Diazoessigester (*Reaktionsmechanismus* vgl. S. 164):

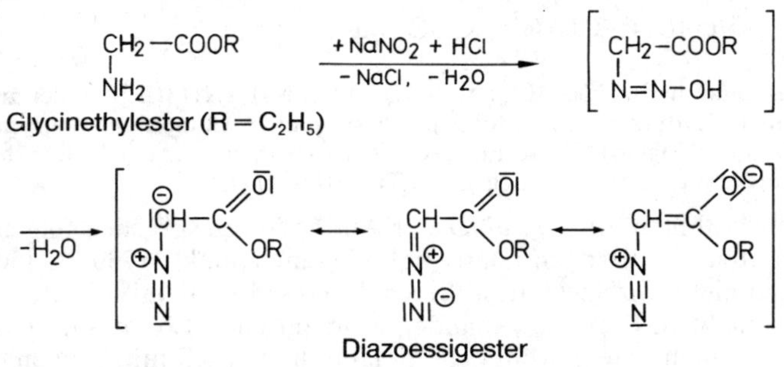

Diazoessigester ist ein gelbes Öl vom Sdp. 45 °C (318 K)/16 mbar (16 hPa), das sich nicht in Wasser, wohl aber in Ethanol und Ether löst. Bei der Einwirkung verdünnter Säuren auf Diazoessigester lagert sich primär ein Proton an das einsame Elektronenpaar des C-Atoms an unter Bildung eines Diazoniumsalzes, das jedoch sofort Stickstoff abspaltet. Das entstehende Carbeniumsalz stabilisiert sich je nach den Reaktionsbedingungen unter Aufnahme eines OH- bzw. Säure-Anions zu α-substituiertem Essigsäureester:

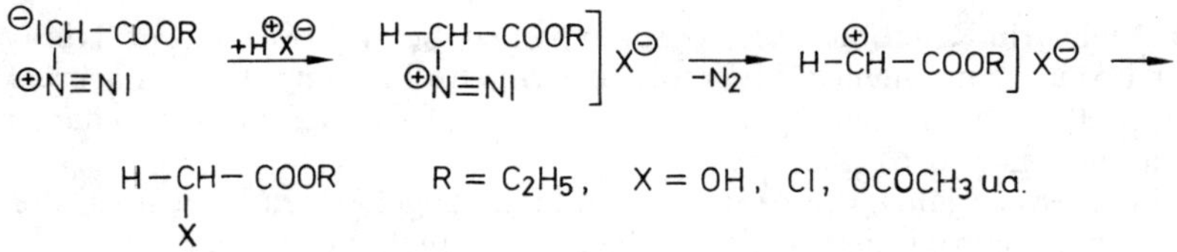

Beim Erhitzen der α-, β-, γ-, δ- usw. Aminosäuren treten ähnliche Reaktionen ein wie bei den entsprechenden Halogen- oder Hydroxycarbonsäuren:
α-Aminosäuren gehen unter Wasseraustritt in cyclische Anhydride oder *2,5-Diketopiperazine* über z. B.

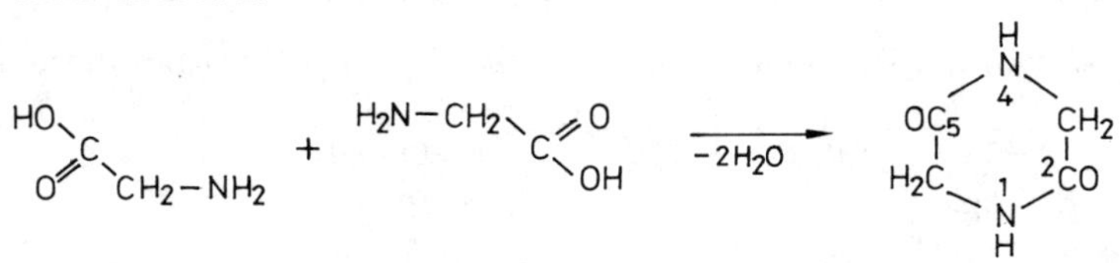

Glycin 2,5-Diketo-piperazin (2,5-Piperazindion)

Bessere Ausbeuten erhält man bei der Cyclisierung der Aminosäureester.
β-Aminosäuren geben beim Schmelzen unter Abspaltung von Ammoniak *α,β-ungesättigte Carbonsäuren*, z. B.

$$H_2N{-}CH_2{-}CH_2{-}COOH \underset{+NH_3}{\overset{-NH_3}{\rightleftharpoons}} H_2C{=}CH{-}COOH$$

β-Amino-propionsäure — Acrylsäure

Die umgekehrte Reaktion dient zur Darstellung von β-Aminosäuren.
γ- bzw. *δ-Aminosäuren* bilden beim Erhitzen unter Wasserabspaltung innere Anhydride, die in Analogie zu den Lactonen – γ- bzw. δ-Lactame genannt werden, z. B.

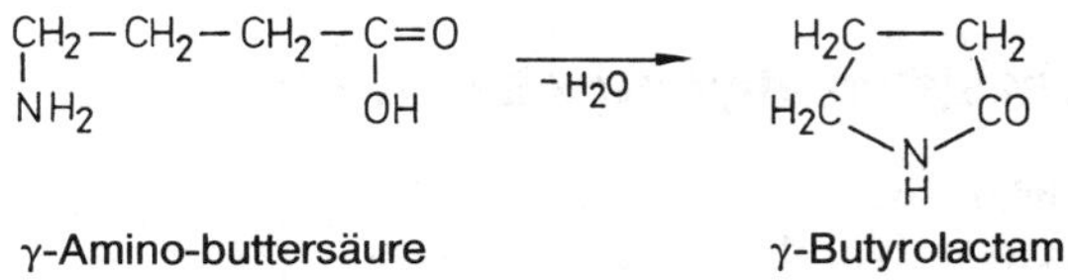

Die γ- und *δ-Lactame* werden durch Säuren oder Alkalien in der Wärme wieder in Aminosäuren gespalten.

Bei Aminosäuren, in denen die Aminogruppe noch weiter von der Carboxylgruppe entfernt ist, erfolgt Polykondensation zu hochmolekularen Polyamidfasern. Das wichtigste Ausgangsmaterial ist hierbei die ε-Amino-capronsäure bzw. das *ε-Caprolactam,* das technisch aus Phenol oder Benzol bzw. Cyclohexan über folgende Reaktionsstufen hergestellt wird:

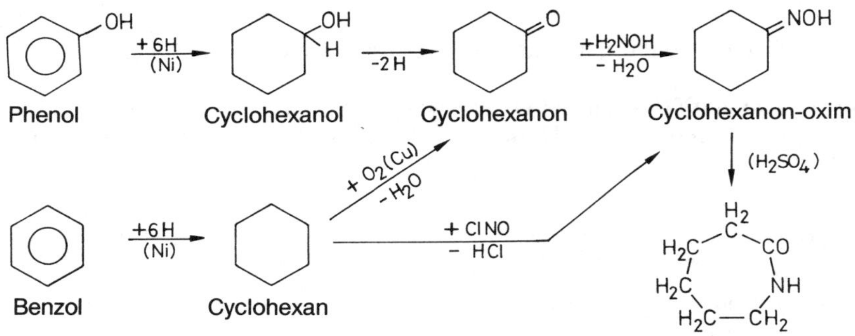

Die Ringerweiterung des Cyclohexanon-oxims mit rauchender Schwefelsäure zum ε-Caprolactam stellt eine *Beckmann*-Umlagerung dar.

Die Polykondensation des ε-Caprolactams verläuft in Gegenwart von wenig Wasser über die ε-Amino-capronsäure als erstem Schritt; sie reagiert mit weiteren cyclischen Monomeren in einer ringöffnenden Kettenreaktion zu einem Polymerisat folgender Kettenstruktur (*P. Schlack,* 1938):

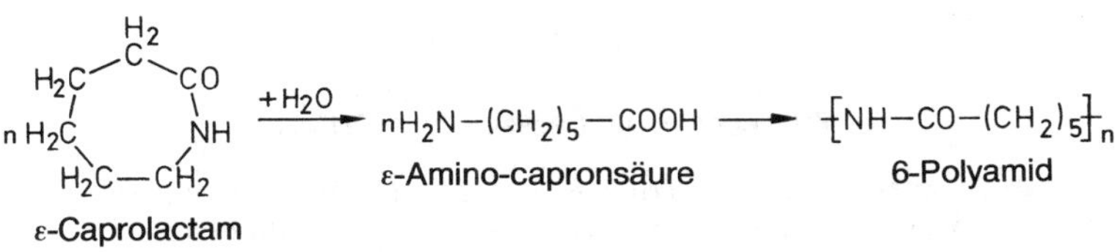

Diese synthetische **Polyamidfaser** (Perlon, Dederon, 6-Polyamid), die in der Kette zwischen den NH-Gruppen 6 C-Atome aufweist, ist gegen Alkalien relativ beständig, aber extrem säureempfindlich und besitzt die charakteristische Eigenschaft, sich beim Verstrecken stark zu verfestigen (Kristallitbildung).

Eine neuere Polyamidfaser pflanzlichen Ursprungs wurde in Frankreich unter dem Namen *Rilsan* entwickelt. Als Ausgangsstoff dient die Undecylensäure, die aus dem Ricinusöl gewonnen und in die 11-Amino-undecansäure, $H_2N-(CH_2)_{10}-COOH$, übergeführt wird. Ihre Polykondensation liefert eine Polyamidfaser (11-Polyamid) von hoher Qualität.

2.29.8 Die wichtigsten aliphatischen Aminosäuren

2.29.8.1 Glycin (Glykokoll), H_2N-CH_2-COOH, wurde von *Braconnot* (1819) bei der sauren oder alkalischen Hydrolyse von Leim erhalten (*Glykokoll* = Süßleim). Es tritt als Spaltprodukt fast aller Eiweißstoffe auf, Schmp. 232–236 °C (505–509 K) (u. Zers.).

2.29.8.2 Sarkosin (N-Methyl-glycin), $H_3C-NH-CH_2-COOH$, konnte *Liebig* aus dem in der Fleischbrühe vorhandenen Kreatin gewinnen. Durch Umsetzung des Sarkosins mit Ölsäurechlorid kann ein Waschmittel der Formel

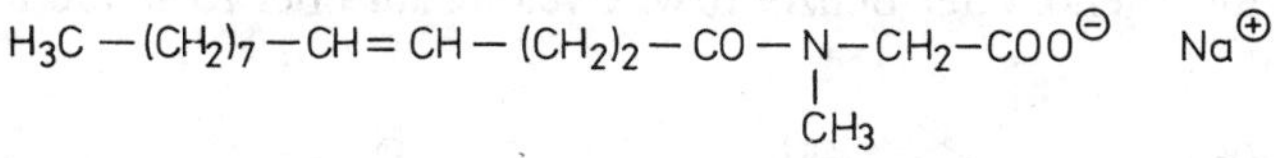

erhalten werden (Medialan), das keine schwerlöslichen Kalksalze bildet.

2.29.8.3 Hippursäure (N-Benzoyl-glycin) wurde erstmalig von *Liebig* (1829) aus Pferdeharn (*hippos* = Pferd, *uron* = Harn) isoliert und ist durch Benzoylierung von Glycin darstellbar:

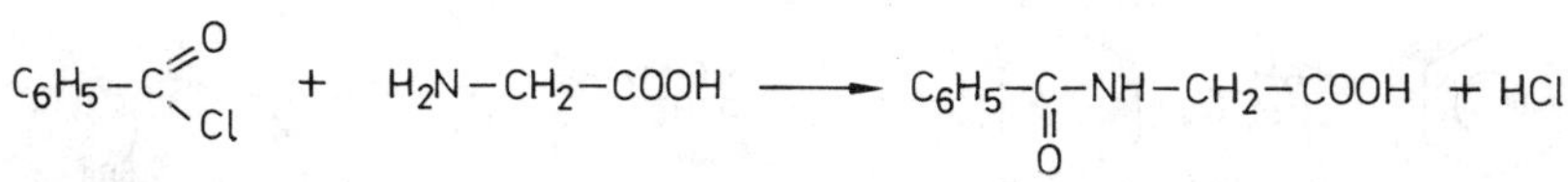

Benzoylchlorid Glycin Hippursäure

Bei der Umsetzung von Chloressigsäure mit wenig Ammoniak entstehen neben Glycin die *Iminodiessigsäure,* $HN(CH_2-COOH)_2$, und die *Nitrilotriessigsäure,* $N(CH_2-COOH)_3$. Letztere besitzt die Eigenschaft, mit Calcium- oder Magnesium-Ionen stabile, wasserlösliche *Innerkomplexe* zu bilden und wird als Natriumsalz (Trilon A, NTA) zum teilweisen Ersatz von Phosphaten in Waschmitteln und Reinigungsmitteln verwendet.
Wesentlich stabiler sind die entsprechenden Komplexe der *Ethylendiamin-tetraessigsäure* (*EDTA, INN:* ***Edetinsäure***), die durch die *Strecker*-Synthese aus Formaldehyd und Blausäure in Gegenwart von Ethylendiamin über das Tetranitril und anschließende alkalische Hydrolyse zugänglich ist.

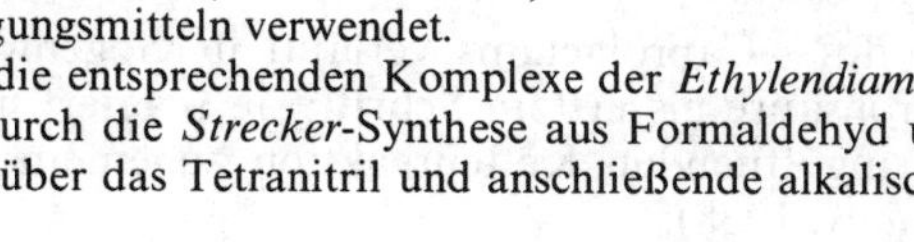

Ethylendiamin-tetraessigsäure (*EDTA*)

Ihr Dinatriumsalz ist unter dem Namen *Trilon B, Titriplex III* oder *Chelaplex III* im Handel.
Nach *Schwarzenbach* bezeichnet man derartige stark zur Komplexbildung neigende Säuren als *Komplexone.* Sie besitzen als Titrationsmittel, als kolorimetrische Reagenzien und in der Polarographie Bedeutung und werden technisch zum Enthärten des Wassers sowie zum Maskieren störender Metall-Ionen bei Färbeprozessen verwendet.

2.29.8.4 L(+)-Alanin, α-Amino-propionsäure, $H_3C-CH(NH_2)-COOH$, erhält man bei der Hydrolyse von Seidenfibroin, D(−)-Alanin durch Spaltung der Racemform von DL-Alanin.

Die Konfiguration von L(+)-Alanin entspricht der der L(+)-Milchsäure, es schmilzt bei etwa 297 °C (570 K) (u. Zers.).

2.29.8.5 β-Alanin, β-Amino-propionsäure, $H_2N-CH_2-CH_2-COOH$, ist eine der wenigen in der Natur aufgefundenen β-Aminosäuren. Sie tritt als Baustein in der **Pantothensäure** auf, die zu den wasserlöslichen Vitaminen des B-Komplexes zählt und einen weit verbreiteten Wachstumsfaktor darstellt (*R. J. Williams,* 1933). Biologisch ist nur die D(+)-Pantothensäure wirksam, die besonders in der Hefe sowie in der Leber vorkommt und als Baustein im *Coenzym A* auftritt.
Die Konstitution der Pantothensäure wurde durch Synthese aus α-Hydroxy-β,β-dimethyl-γ-butyrolacton (Lacton der *Pantoinsäure*) und β-Alanin bewiesen (*R. Kuhn* und *Th. Wieland,* 1940):

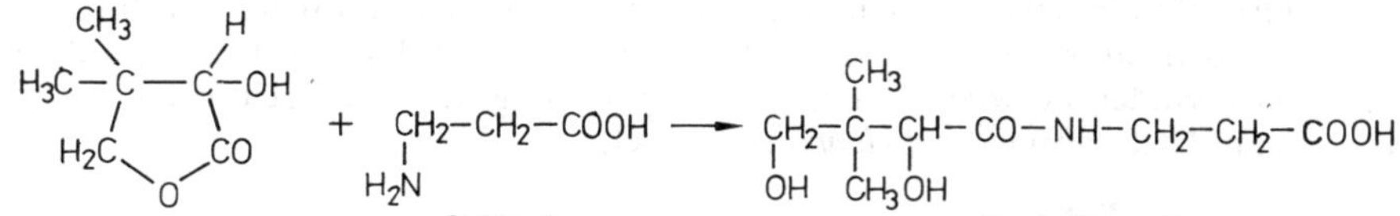

β-Alanin Pantothensäure

Der Mangel an Pantothensäure führt bei Küken zu pellagraähnlichen Erkrankungen, bei Ratten zum Ergrauen des Fells; Mangelerscheinungen beim Menschen sind nicht bekannt.

2.29.8.6 L(+)-Valin, α-Amino-isovaleriansäure, kommt zwar häufig, aber meist nur in kleinen Mengen im Eiweiß vor. Unter dem Einfluß von Hefeenzymen geht es bei der alkoholischen Gärung in Isobutylalkohol über, der im Fuselöl enthalten ist:

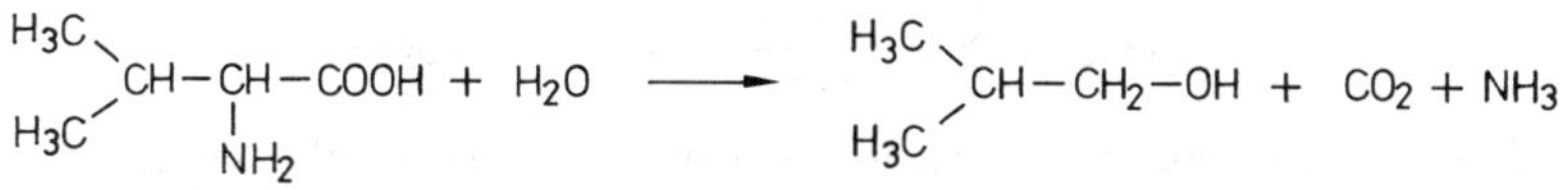

2.29.8.7 L(−)-Leucin, α-Amino-isocapronsäure, ist einer der wichtigsten Bestandteile der Eiweißstoffe, z. B. des Caseins und des Horns, und tritt bei deren Hydrolyse mit Säuren oder Alkalien sowie bei der Fäulnis von Eiweiß auf. Es bildet schimmernde Kristallschuppen, die oberhalb 294 °C (567 K) (u. Zers.) schmelzen.

2.29.8.8 L(+)-Isoleucin, α-Amino-β-methyl-*n*-valeriansäure, findet sich im Eiweiß sowie in der Melasse. Isoleucin besitzt zwei asymmetrische C-Atome und existiert daher in vier verschiedenen optisch aktiven Formen.

Bei der alkoholischen Gärung entstehen aus L(−)-Leucin und L(+)-Isoleucin das *3-Methyl-1-butanol* und *2-Methyl-1-butanol,* die Bestandteile des „Gärungsamylalkohols“:

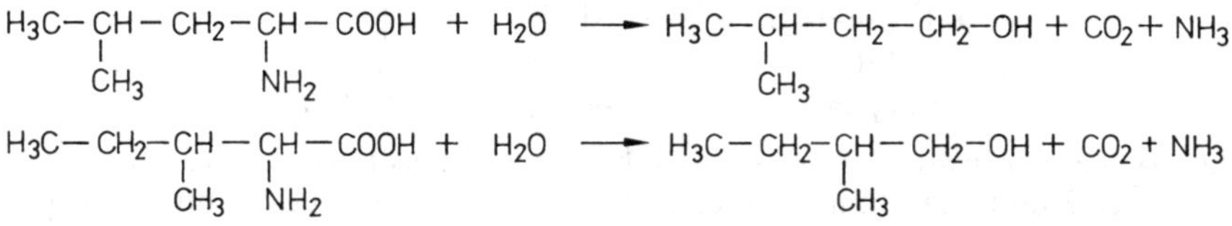

Damit ist bewiesen, daß die als Nebenprodukte der alkoholischen Gärung im Fuselöl auftretenden Alkohole nicht aus Zuckern, sondern aus den im Eiweiß enthaltenen Aminosäuren stammen (*F. Ehrlich*).
Von den etwa 500 zur Zeit bekannten natürlichen Aminosäuren[1] werden noch einige im Abschnitt „Aminosäuren, Peptide und Proteine“ behandelt.

[1] Vgl. *J. Wagner* et al., Neue natürliche Aminosäuren, Angew. Chem. *95,* 827 (1983).

2.30 Aliphatische Aldehyd- und Ketocarbonsäuren

Die Ketocarbonsäuren sind wichtiger als die Aldehydcarbonsäuren; beide können als Oxidationsprodukte der Hydroxycarbonsäuren aufgefaßt werden.

2.30.1 Aldehydcarbonsäuren

Glyoxylsäure, die einfachste Aldehydcarbonsäure, ist in der Natur weit verbreitet und tritt besonders in unreifen Früchten, z. B. in Stachel- und Johannisbeeren, auf, beim Reifen verschwindet sie wieder. Aus wäßriger Lösung kristallisiert die Glyoxylsäure als Hydrat aus (Ausnahme der *Erlenmeyer*-Regel).

Glyoxylsäure   Hydrat (Dihydroxyessigsäure)

Darstellung

2.30.1.1 Am besten *durch Hydrolyse von Dichloressigsäure:*

$$Cl_2HC{-}COOH \xrightarrow[-2HCl]{+2\,H_2O} (HO)_2HC{-}COOH$$

2.30.1.2 *Durch elektrolytische Reduktion von Oxalsäure* in schwefelsaurer Lösung:

$$\underset{\text{Oxalsäure}}{HOOC-COOH} \xrightarrow{+\,2H} \underset{\text{Glyoxylsäurehydrat}}{(HO)_2HC-COOH}$$

In wasserfreier Form kann die Glyoxylsäure aus dem Hydrat durch Vakuumdestillation über Phosphor(V)-oxid als Sirup erhalten werden.

Eigenschaften. Glyoxylsäurehydrat reagiert sowohl als Säure als auch als Aldehyd. Beim Erhitzen mit Alkalien erfolgt eine *Cannizzaro*-Reaktion zu Glykolsäure und Oxalsäure:

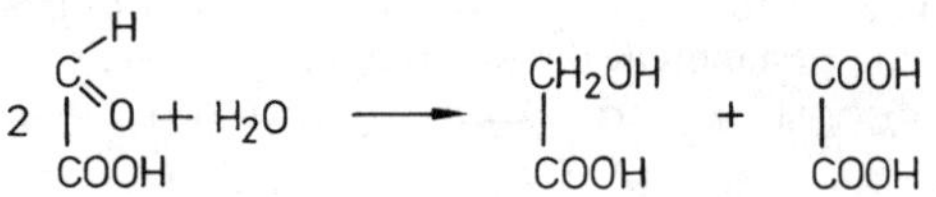

Glyoxylsäure   Glykolsäure   Oxalsäure

Die homologe *Formylessigsäure* ist in Substanz nicht isolierbar. Ihre Ester, die sich durch *Claisen*-Kondensation aus Ameisensäure- und Essigsäureester mit Natriumalkoholat in etherischer Lösung darstellen lassen, sind nur als Natriumsalze beständig. Der saure Charakter der Formylessigsäureester ist auf *Keto-Enol*-Tautomerie zurückzuführen:

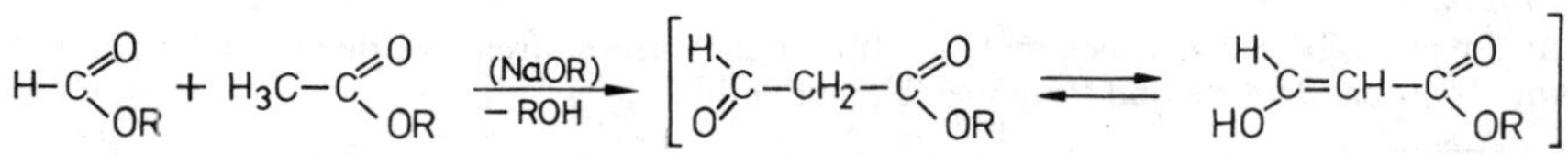

Ameisensäureester   Essigsäureester   Formylessigester   (Hydroxymethylenform)

Ketocarbonsäuren

Je nach der Stellung der Oxo- zur Carboxylgruppe unterscheidet man α-, β-, γ-, δ- usf. Ketocarbonsäuren, kurz *Ketosäuren* genannt.

2.30.2 α-Ketosäuren

Im Gegensatz zu den Aldehydcarbonsäuren sind die α-Ketosäuren in freiem Zustand beständig.

Brenztraubensäure (Pyruvinsäure, α-Keto-propionsäure, 2-Oxopropionsäure), $H_3C-C(=O)-COOH$, ist die einfachste und zugleich wichtigste α-Ketocarbonsäure.

Darstellung

2.30.2.1 Brenztraubensäure verdankt ihren Namen der ersten Darstellung *durch Destillation von Traubensäure mit Kaliumhydrogensulfat* (*Berzelius*, 1835). Die Bildung erfolgt offenbar über nachstehende Zwischenstufen:

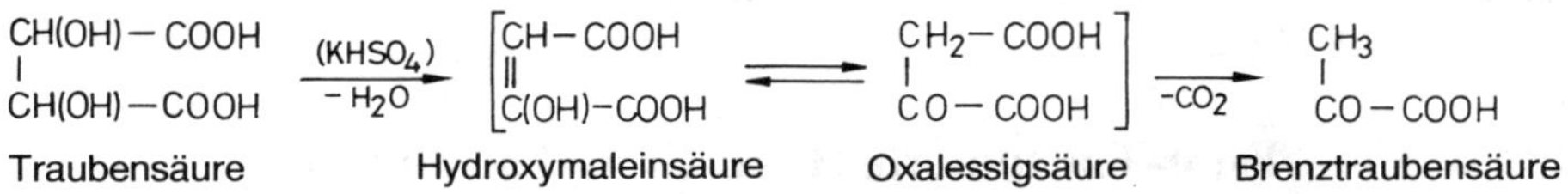

Diese „Brenzreaktion" ist noch heute die beste Methode, um Brenztraubensäure herzustellen.

2.30.2.2 Außer *durch Oxidation von α-Hydroxycarbonsäuren* lassen sich α-Ketosäuren *durch Hydrolyse von Acylcyaniden*, die ihrerseits aus Säurechloriden und Cyaniden erhältlich sind, gewinnen, z. B.

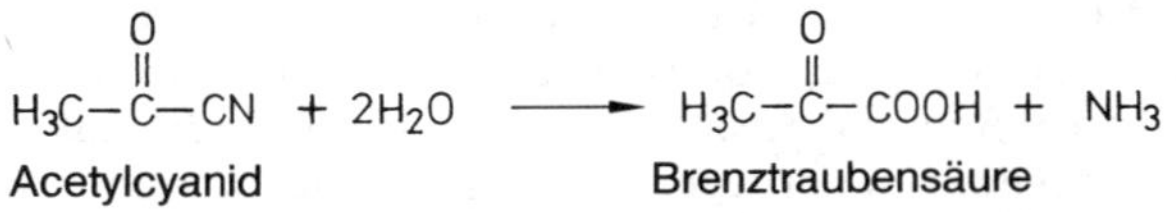

Eigenschaften. Brenztraubensäure ist eine farblose, mit Wasser mischbare Flüssigkeit, die wie Essigsäure riecht und bei 165 °C (438 K) unter geringer Zersetzung siedet. Ihre Acidität ($pK_a = 2{,}49$) ist – ähnlich wie die der Milchsäure ($pK_a = 3{,}86$) – höher als die der Propionsäure ($pK_a = 4{,}87$). Sie reagiert sowohl als Säure als auch als Keton, z. B. bildet sie ein Oxim und Phenylhydrazon. Ihre Salze heißen *Pyruvate.*
Durch Reduktion mit nascierendem Wasserstoff (Natriumamalgam) geht Brenztraubensäure in DL-Milchsäure über. Beim Erhitzen mit verdünnter Schwefelsäure auf 150 °C (425 K) zerfällt sie in Acetaldehyd und Kohlendioxid:

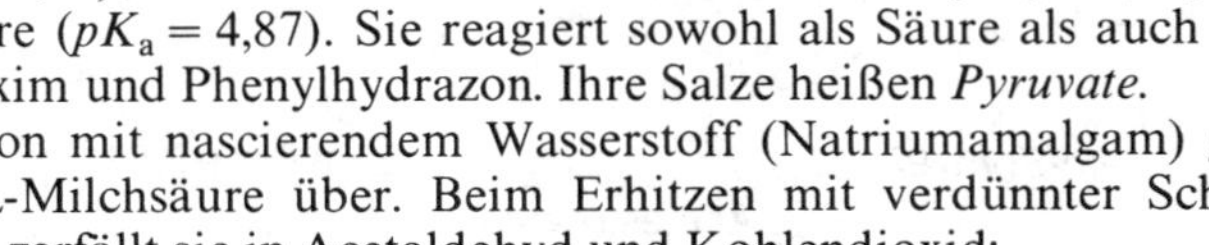

Unter der Einwirkung des Enzyms *Pyruvat-decarboxylase* findet die Decarboxylierung schon bei Raumtemperatur statt. Diese biochemisch wichtige Reaktion weist auf die zentrale Stellung der Brenztraubensäure als Zwischenprodukt beim Abbau der Kohlenhydrate und Fette hin.

Eine für α-Ketosäuren typische Reaktion tritt beim Erwärmen mit konz. Schwefelsäure ein; aus Brenztraubensäure entstehen Essigsäure und Kohlenmonoxid (Decarbonylierung):

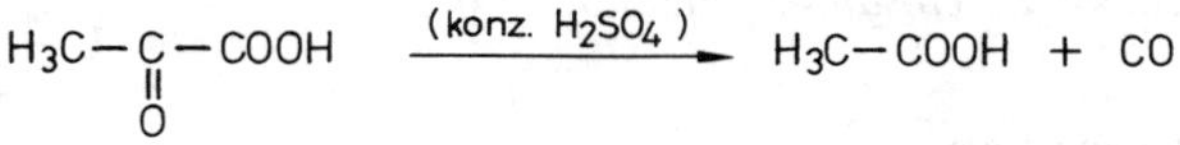

2.30.3 β-Ketosäuren

Im Gegensatz zu den α-Ketosäuren sind die β-Ketosäuren unbeständig und nur unter besonderen Vorsichtsmaßregeln in freiem Zustand isolierbar.
Acetessigsäure (Acetylessigsäure), $H_3C-CO-CH_2-COOH$, die einfachste β-Ketosäure, zerfällt leicht in Aceton und Kohlendioxid:

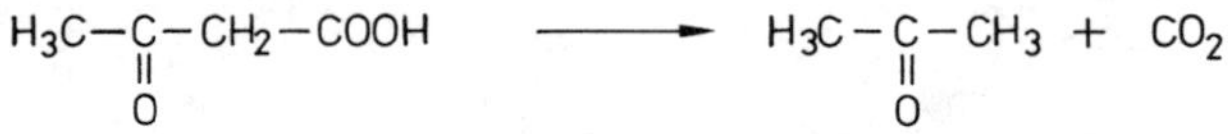

Sie findet sich neben der L-β-Hydroxy-buttersäure und dem Aceton in reichlicher Menge im Harn von Zuckerkranken.
Wichtiger als die Acetessigsäure ist der **Acetessigsäureethylester,** der in zwei *tautomeren* Formen auftritt.

2.30.4 Keto-Enol-Tautomerie (Oxo-Enol-Tautomerie)

Unter ***Tautomerie*** (*Butlerow,* 1877; *Laar,* 1885) versteht man das Auftreten zweier isomerer Verbindungen, die unter Verschiebung von σ- und π-Bindungen entstehen und miteinander im *Gleichgewicht* stehen. Meist unterscheiden sich die tautomeren Formen durch die Stellung eines Protons voneinander.
Schon bei den Nitroalkanen (Nitro-*aci*-Nitro-Tautomerie) und beim Formylessigester wurde auf den Begriff der Tautomerie hingewiesen. Das experimentell bestuntersuchte Beispiel einer Tautomerie ist der von *Geuther* (1863) entdeckte *Acetessigester,* dessen physikalische Eigenschaften und Reaktivität darauf hindeuten, daß hier ein Gemisch zweier isomerer Verbindungen vorliegt. Der zwischen *Geuther* und *Frankland* über die „richtige" Strukturformel des Acetessigesters entbrannte Meinungsstreit wurde im Jahre 1911 von *L. Knorr* dahingehend entschieden, daß unter normalen Bedingungen folgendes *Gleichgewicht* besteht:

Keto-Form 92,5% *Enol*-Form 7,5%

Acetessigester

Demnach kann sich der Acetessigester (*Keto*-Form) in den β-Hydroxy-crotonsäureester (*Enol*-Form) umlagern und umgekehrt, d. h. der Acetessigester zeigt eine „zweifache Reaktionsfähigkeit" (*Nesmejanow*). Stehen zwei derartige Formen miteinander im Gleichgewicht, so spricht man allgemein von der *Keto-Enol-Tautomerie*[1].

---

[1] Zur allgemeinen Klassifizierung von Tautomerien. Vgl. *N. S. Zefirov* et al., Zh. Organ. Khim. *12,* 697 (1976), engl. Übersetzung *12,* 695 (1976).

Der Keto-Ester wurde von *Knorr* durch Ausfrieren der etherischen Lösung des gewöhnlichen Acetessigesters bei − 78 °C (195 K) kristallin erhalten. Die Enolform des Esters ließ sich aus einer Suspension von Natriumacetessigester in Dimethylether durch Einleiten von trockenem Chlorwasserstoff bei − 78 °C (195 K) als Öl isolieren. Bei Raumtemperatur stellt sich aus beiden Estern nach kurzer Zeit das obige Gleichgewicht wieder ein. Diese Umwandlung wird durch Spuren von Säuren oder Basen katalysiert.

Zum *qualitativen Nachweis der Enol*-Form des Acetessigesters dient die Eisen(III)-chlorid-Reaktion, wobei unter *Rotfärbung* ein Eisen(III)-Enolat-Innerkomplex gebildet wird. Diese Farbreaktion geben fast alle Verbindungen, die die Atomgruppierung $>C=C-OH$ aufweisen.

Quantitativ läßt sich der oben angegebene Enolgehalt des Acetessigesters durch rasche Titration bestimmen (*K. H. Meyer*, 1912). Man versetzt das Gleichgewichtsgemisch mit Brom im Überschuß bei − 10 °C (260 K) und entfernt das nicht verbrauchte Brom nach kurzer Zeit durch Zugabe von *β*-Naphthol. Das durch Addition von Brom an die C=C-Doppelbindung des Enols gebildete Dibromaddukt geht unter HBr-Abspaltung in α-Brom-acetessigester über. Da α-Bromketoverbindungen durch Iodwasserstoff reduziert werden, säuert man die Lösung an, fügt Kaliumiodid hinzu und titriert das ausgeschiedene Iod mit Natriumthiosulfatlösung.

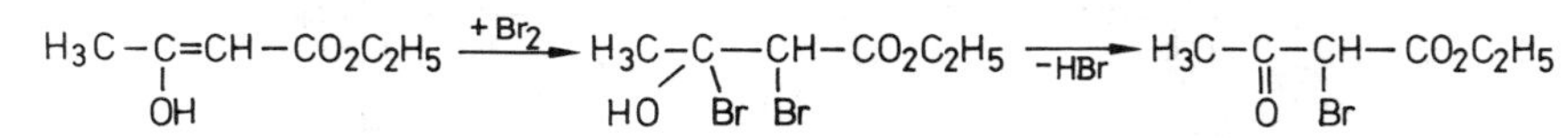

Acetessigester (*Enol*-Form) Dibromaddukt α-Brom-acetessigester

Da die Geschwindigkeit der Bromaddition unter den obigen Reaktionsbedingungen wesentlich größer ist als die der Keto-Enol-Umwandlung, reicht die Genauigkeit dieser Bestimmungsmethode aus. Das Keto-Enol-Verhältnis kann auch durch physikalische Methoden, z.B. durch NMR-Spektren, ermittelt werden.
Einfache Aldehyde oder Ketone mit der Gruppierung $-CO-CH_2-R$ liegen praktisch als Ketoverbindungen vor, z.B. beträgt der Enolgehalt des Acetons nur $2{,}5 \cdot 10^{-4}$%. Erst in den 1,3-Dicarbonyl-Verbindungen, $R-CO-CH_2-CO-R$, werden die H-Atome am mittelständigen C-Atom durch den *−I-Effekt* der benachbarten CO-Gruppen soweit gelockert, daß sie unter normalen Bedingungen als Protonen abgespalten werden, jedoch erfordert diese *Prototropie* eine beträchtliche Aktivierungsenergie.
Auf den Acetessigester übertragen, führt die Abspaltung eines Protons zu einem *mesomeriestabilisierten Anion,* dessen negative Ladung *delokalisiert* ist. Umgekehrt kann die Addition eines Protons sowohl am Sauerstoff zum Enol als auch am Kohlenstoff zur Ketoverbindung erfolgen:

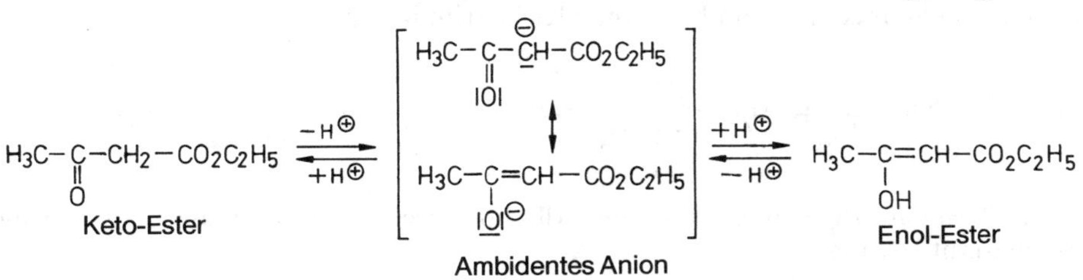

Keto-Ester Ambidentes Anion Enol-Ester

Demnach hat man es bei der *Keto-Enol*-Tautomerie mit dem Gleichgewicht zwischen zwei Säuren und ihrem gemeinsamen ambidenten Anion zu tun. Die Lage des Gleichgewichts hängt vor allem vom Lösungsmittel sowie von der Temperatur und der Konzentration ab. Der *Enolgehalt* ist in hydrophoben, wenig polaren Lösungsmitteln größer als in Wasser oder Alkoholen, z. B. beträgt er

bei 18 °C (290 K) in Wasser 0,4%, in Ethanol 10,52%, in Benzol 16,2%, in Schwefelkohlenstoff 32,4% und in Hexan 46,4%.
Die Enolisierung wird energetisch dadurch begünstigt, daß die *Enol*-Form – im Gegensatz zur *Keto*-Form – ein *konjugiertes* Bindungssystem besitzt und außerdem durch die Ausbildung einer *intramolekularen* Wasserstoffbindung stabilisiert wird.

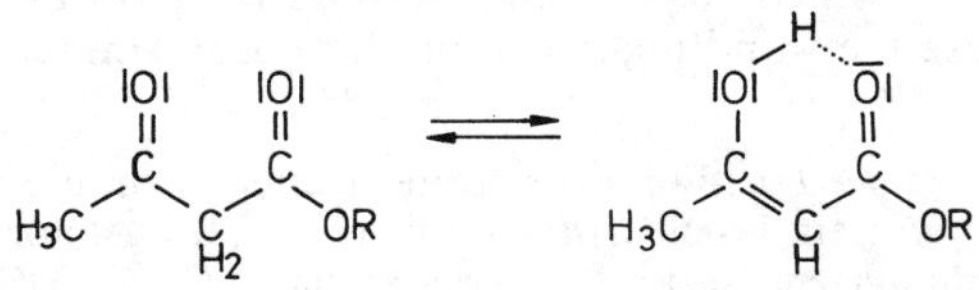

Enol

Wie *K. H. Meyer* durch Destillation in Quarzgefäßen zeigen konnte, siedet die Enolform des Esters niedriger als der Keto-Ester. Die größere Flüchtigkeit des Enols ist durch die *chelatartige* Wasserstoffbrücke bedingt.
Wie jede Säure, bildet auch der Acetessigester mit metallischem Natrium unter Wasserstoffentwicklung ein Salz, den *Natriumacetessigester* (Natracetessigester), der folgende *Mesomerie im Anion* aufweist:

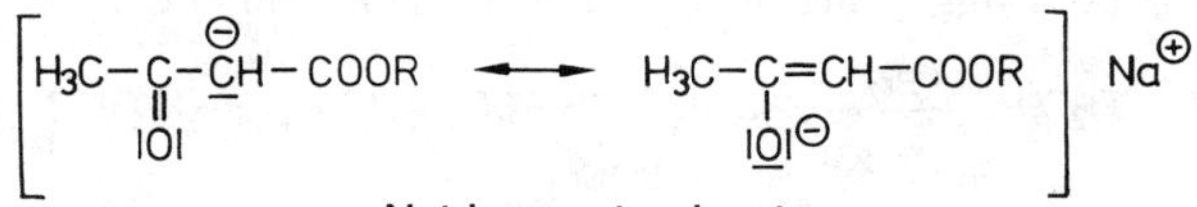

Natriumacetessigester

Mit Säuren bildet sich aus dem ambidenten Natracetessigester zunächst das Enol, jedoch stellt sich nach kurzer Zeit das normale Gleichgewicht wieder ein.

2.30.5 Darstellung des Acetessigesters

2.30.5.1 Technisch *durch Umsetzung von Diketen mit Ethanol:*

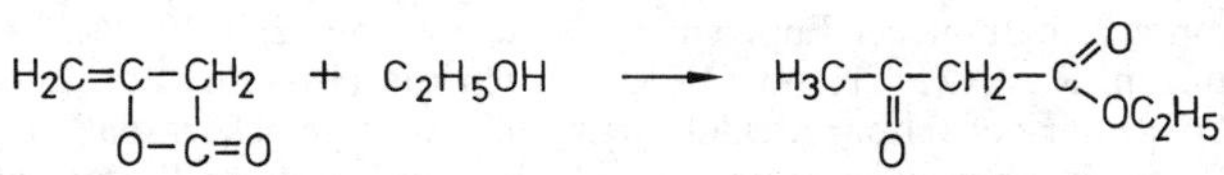

Diketen (3-Buten-3-olid)

2.30.5.2 ***Claisen*-Esterkondensation**[1] (1887). Durch Kondensation von zwei Molekülen Essigsäureethylester unter katalytischer Wirkung stark alkalischer Reagenzien, z. B. Natriumethylat, metallischem Natrium oder Natriumamid:

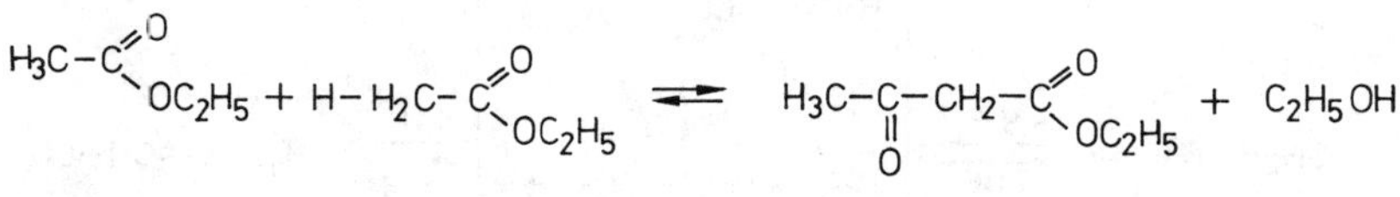

Um die Ausbeute zu erhöhen, kann der Alkohol durch Destillation aus dem *Gleichgewicht* entfernt werden.

---

[1] Vgl. *H. Henecka*, Esterkondensationen, Fortschr. chem. Forsch. *1*, 685 ff. (1950); *S. Patai*, Chemistry of the Carbonyl Group S. 567 ff. (Interscience Publishers London, New York 1966).

Der *Reaktionsmechanismus* läßt sich so deuten, daß die Esterkondensation – in Analogie zur Aldoladdition – unter dem Einfluß des stark basischen Ethylat- bzw. Amid-Anions durch die Ablösung eines Protons eingeleitet wird:

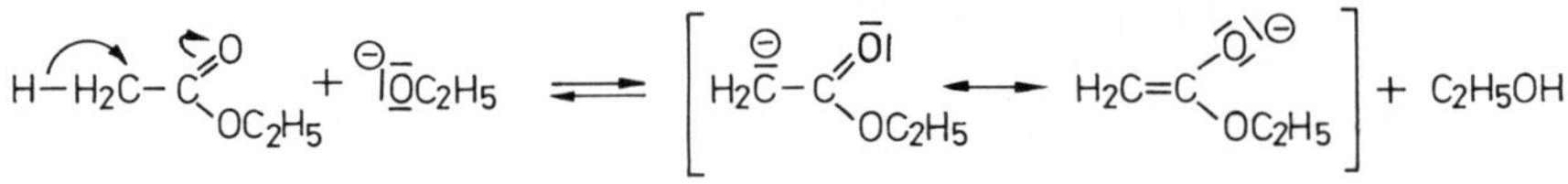

Das mesomeriestabilisierte Anion der *Methylenkomponente* lagert sich nun *nucleophil* an die polarisierte Carbonylgruppe der *Esterkomponente* an. Aus dem Zwischenprodukt wird 1 Molekül Ethanol abgespalten, wobei unter Energiegewinn das mesomere Anion des Acetessigesters entsteht:

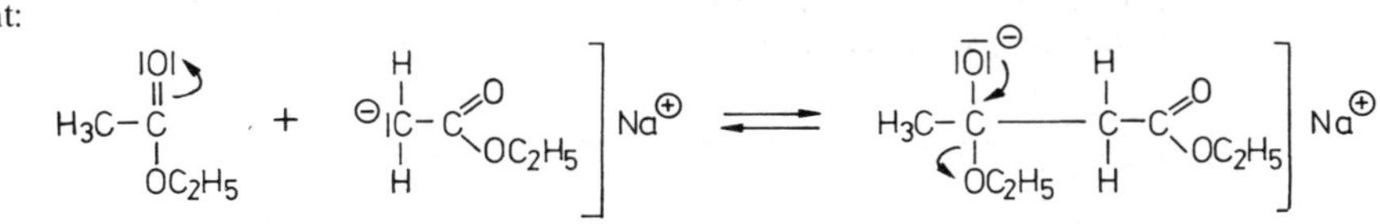

Esterkomponente Methylenkomponente Zwischenprodukt

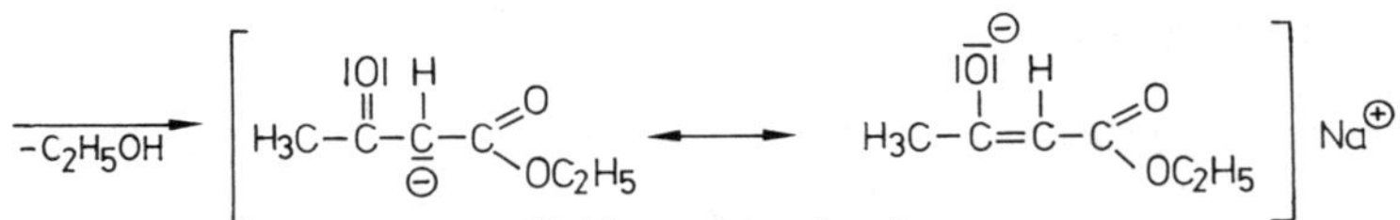

Natriumacetessigester

Als Endprodukt der *Claisen*-Kondensation erhält man den Natriumacetessigester, aus dem mit Säuren der Acetessigester in Freiheit gesetzt wird.

Eigenschaften. Acetessigester ($pk_a = 11$) ist eine farblose, angenehm riechende Flüssigkeit vom Sdp. 181 °C (454 K). Seine Ketogruppe reagiert mit den üblichen Carbonylreagenzien, z. B. entsteht mit Phenylhydrazin das *Phenylhydrazon*, das sich leicht zu 3-Methyl-1-phenyl-5-pyrazolinon cyclisiert. Auch die *aktive Methylengruppe* zeigt Neigung zur Kondensation, z. B. bildet sich mit salpetriger Säure die *Isonitrosoverbindung*, die jedoch leicht in Isonitroso-aceton (Monoxim des Methylglyoxals), Kohlendioxid und Ethanol zerfällt:

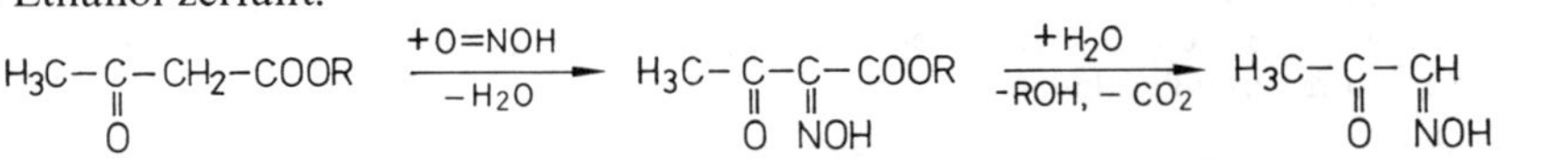

Acetessigester Isonitroso-acetessigester Hydroxyimino-acetessigester Isonitroso-aceton Hydroxyimino-aceton

2.30.6 Synthesen mit Acetessigester

Derartige Synthesen basieren auf der Reaktivität des *ambidenten Anions* des Natriumacetessigesters, das den *elektrophilen* Partner sowohl am Sauerstoff als auch am Kohlenstoff aufnehmen kann.

Bei der *Einwirkung von Alkylhalogeniden* auf Natracetessigester erhält man *α-C-Alkyl-Derivate:*

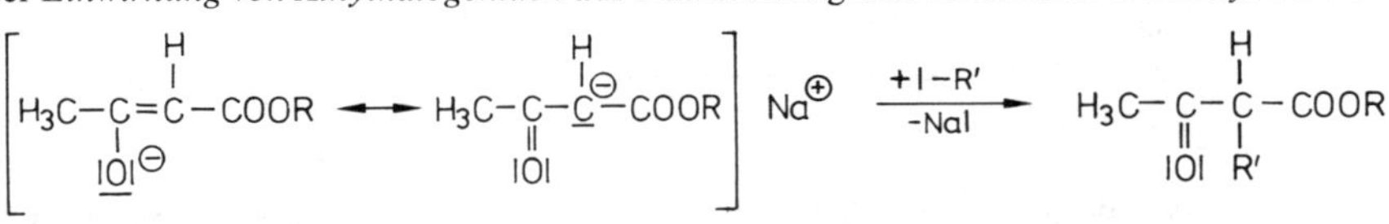

Hierbei reagieren Alkyliodide rascher als Alkylbromide.

Nach Substitution eines H-Atoms der Methylengruppe durch ein Alkyl kann der Prozeß wiederholt werden und führt zu einem *C-Dialkyl-Derivat* des Acetessigesters.
Läßt man nacheinander je 1 Mol Natriumhydrid und 1 Mol Butyllithium auf Acetessigester einwirken, so erhält man das *Dicarbanion* des Acetessigesters (*Hauser*, 1958):

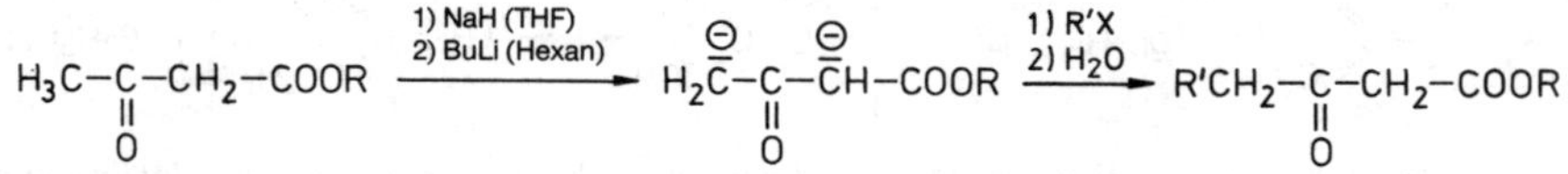

Bei der Reaktion des Dianions mit einem Alkylhalogenid bildet sich die *γ-Alkylverbindung*[1].
Läßt man *Säurechloride* auf Acetessigester einwirken, so werden je nach den Versuchsbedingungen C- oder O-Acyl-Derivate erhalten, z. B. entsteht aus Acetessigester und einem Säurechlorid in benzolischer Lösung mit *Magnesium* das *C-Acyl-Derivat* (*Spassov*, 1937):

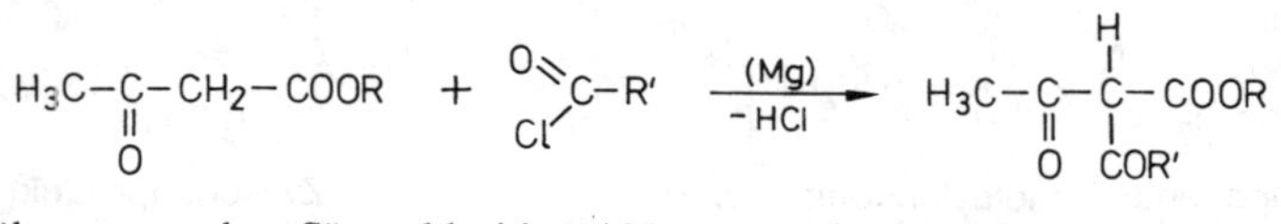

Dagegen erhält man aus dem Säurechlorid und Natracetessigester (oder Acetessigester) in *Pyridin* als Lösungsmittel ein *O-Acyl-Derivat*, das ein *Enolester* ist:

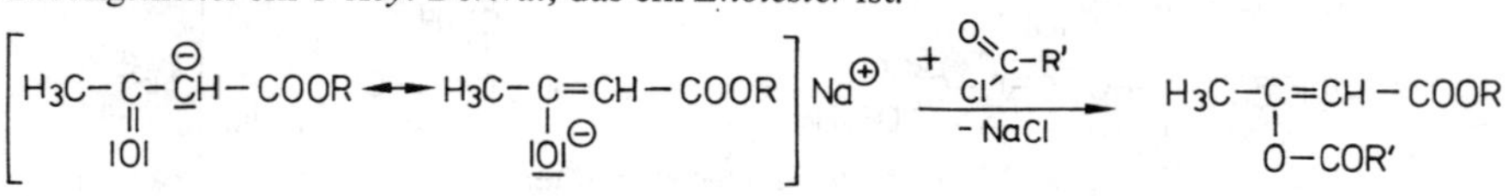

Das *Pyridin* beteiligt sich an der Reaktion und wirkt wie eine *Schablone*, z. B.

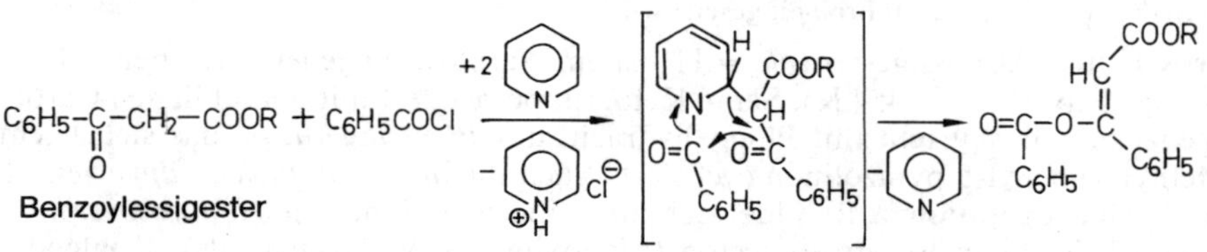

Man bezeichnet die Erscheinung als *Template-Effekt*. Sie tritt auch in Gegenwart von Metallionen auf, wenn durch diese Komplexbildungen hervorgerufen werden, welche einen anderen als den normalen Reaktionsverlauf einleiten.

Keton- und Säurespaltung der β-Ketocarbonsäureester

Acetessigester und seine Derivate lassen sich je nach den Versuchsbedingungen hydrolytisch in Ketone oder Carbonsäuren spalten. Aufgrund der Variationsmöglichkeiten der Substituenten sind diese Reaktionen für Synthesen wichtig.

2.30.6.1 Bei der **Ketonspaltung** der Acetessigesterderivate mit verdünnten Säuren oder Laugen erfolgt in der Hitze zunächst Hydrolyse des Esters und anschließend Zerfall der freien, unbeständigen *β*-Ketosäure in das Keton und Kohlendioxid, z. B.

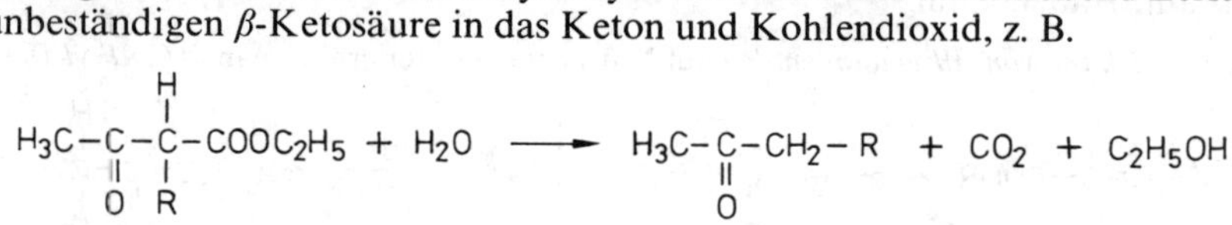

[1] Vgl. *E. M. Kaiser*, Di- and Polyalkali Metal Derivatives of Heterofunctionally Substituted Organic Molecules, Synthesis *1977*, 509.

Die so darstellbaren Ketone enthalten stets die Gruppierung H_3C-CO-. Sehr gute Ausbeuten an Keton liefert die Hydrolyse mit wasserhaltigem Dioxan in Gegenwart von Aluminiumoxid[1] oder mit Triethylendiamin (DABCO) in o-Xylol.

2.30.6.2 Bei der **Säurespaltung,** die beim Erhitzen der Acetessigesterderivate mit starken Laugen eintritt, wird die der Carbonylgruppe benachbarte Bindung gespalten, wobei neben Essigsäure eine mono- oder eine disubstituierte Essigsäure entsteht, z. B.

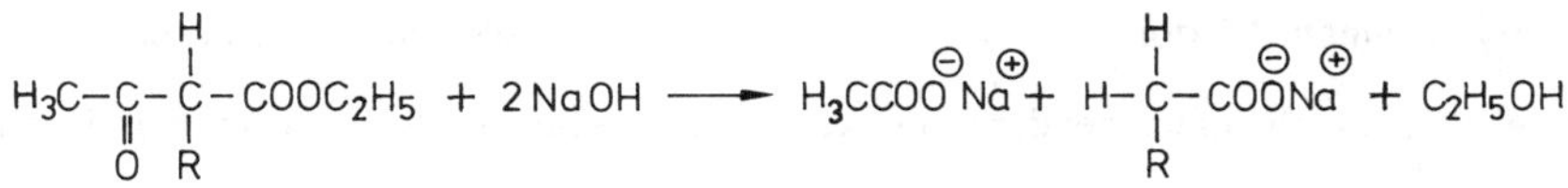

Aus den zunächst anfallenden Alkalisalzen werden die Carbonsäuren durch Zugabe von Mineralsäuren in Freiheit gesetzt.

Es findet eine Umkehrung der *Claisen*-Kondensation statt. Primär lagert sich das OH-Anion der Lauge *nucleophil* an das positivierte C-Atom der Carbonylgruppe an, worauf die mittlere C–C-Bindung unter Bildung eines *Carbanions* aufgespalten wird. Dieses geht sogleich unter Aufnahme eines Protons und Hydrolyse der Estergruppe in das Natriumsalz der Carbonsäure über:

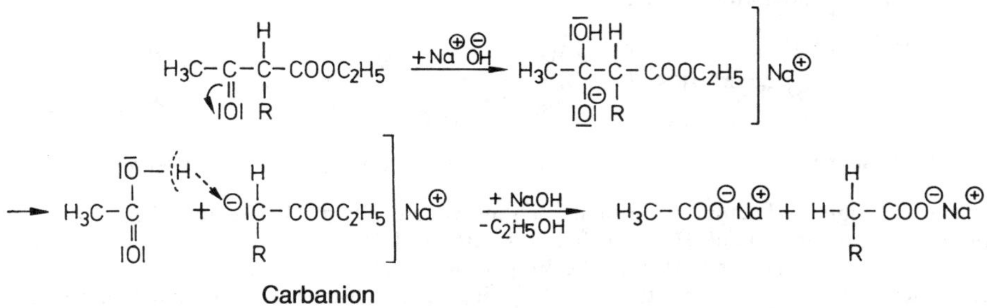

Verwendung. Acetessigester dient als wichtigstes Ausgangsmaterial bei einigen Synthesen, z. B. technisch zur Fabrikation von Pyrazolonfarbstoffen und auf pharmazeutischem Gebiet zur Herstellung von *INN:* ***Phenazon*** und *Aminophenazon.*

2.30.7 γ-Ketosäuren

Lävulinsäure (γ-Keto-valeriansäure, 4-Oxovaleriansäure), $H_3C-C(=O)-CH_2-CH_2-COOH$, ist die einfachste γ-Ketosäure.

Darstellung. Aus Hexosen, z. B. aus Fructose („Lävulose"), durch Kochen mit Salzsäure:

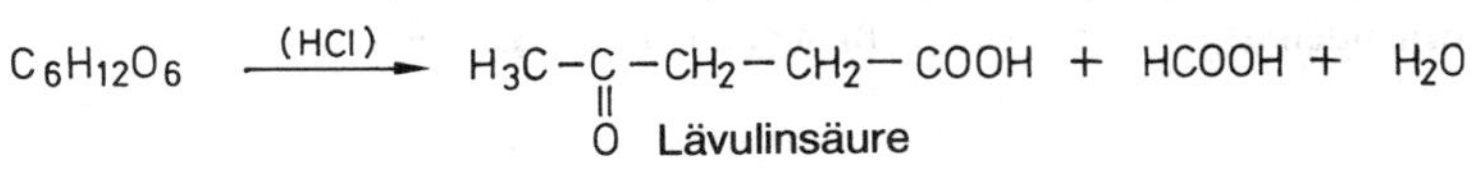

[1] Vgl. *A. McKillop* et al., Organic Synthesis Using Supported Reagents, Synthesis *1979*, 401, 481.

Der *Mechanismus* des Abbaus der Hexosen zu Lävulinsäure ist nicht völlig geklärt. Intermediär tritt 5-Hydroxymethyl-furfural auf, das gegen Säuren empfindlich ist und in Lävulinsäure und Ameisensäure gespalten wird.

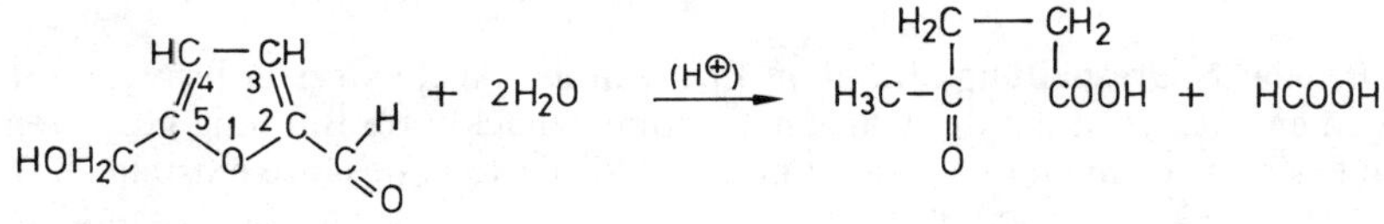

5-Hydroxymethyl-furfural Lävulinsäure Ameisensäure

Bessere Ausbeuten erhält man bei der Einwirkung von Salzsäure auf Rohrzucker unter Druck.

Eigenschaften. Lävulinsäure bildet farblose Blättchen vom Schmp. 34 °C (307 K), die sich in Wasser, Ethanol und Ether leicht lösen. Sie zeigt sowohl Keton- als auch Säureeigenschaften. Einige Reaktionen deuten darauf hin, daß die Lävulinsäure als Hydroxylacton vorliegt.

Im Gegensatz zu den β-Ketosäuren spaltet Lävulinsäure auch bei längerem Erhitzen kein Kohlendioxid ab, sondern geht unter intramolekularer Wasserabspaltung in *ungesättigte* Lactone, 3-Penten-4-olid und 2-Penten-4-olid, über:

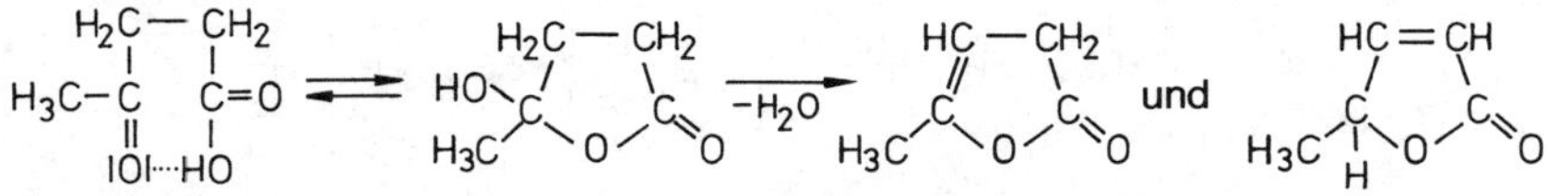

Lävulinsäure Hydroxylacton 3-Penten-4-olid 2-Penten-4-olid

Diese ungesättigten γ-Lactone kann man auch als α-Keto-dihydrofurane auffassen, sie treten in zahlreichen Naturstoffen auf. Hierzu gehört z. B. ein in Flechtenarten[1], vor allem in *Letharia vulpina,* vorkommender gelber Farbstoff, die **Vulpinsäure,** $C_{19}H_{14}O_5$, in der ein Lactoncarbonsäuremethylester nachstehender Konstitution vorliegt. Bei der alkalischen Hydrolyse wird der Ester zur **Pulvinsäure** verseift, die beim Erhitzen in das **Pulvinsäurelacton,** $C_{18}H_{10}O_4$, übergeht:

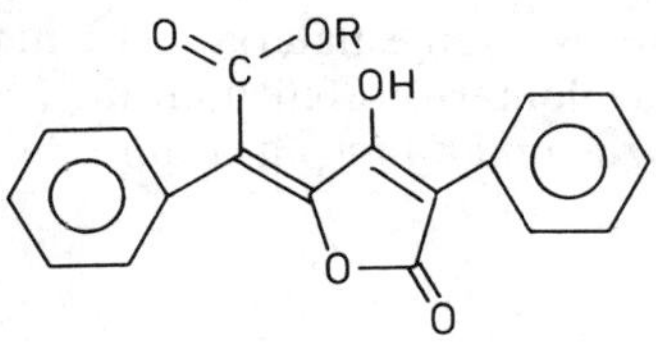

Vulpinsäure (R = CH_3)
Pulvinsäure (R = H)

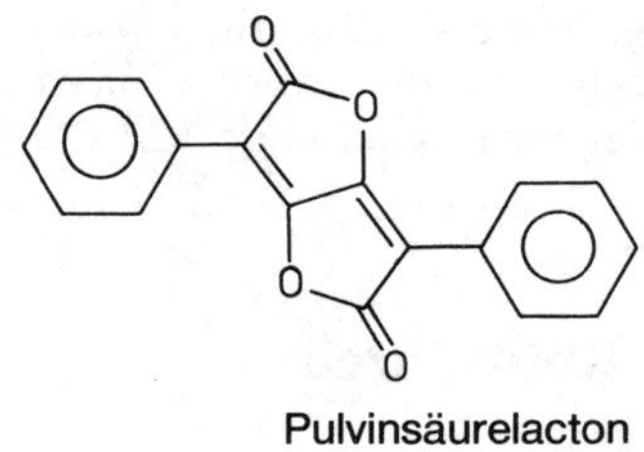

Pulvinsäurelacton

***(E)*-9-Oxo-2-decensäure** 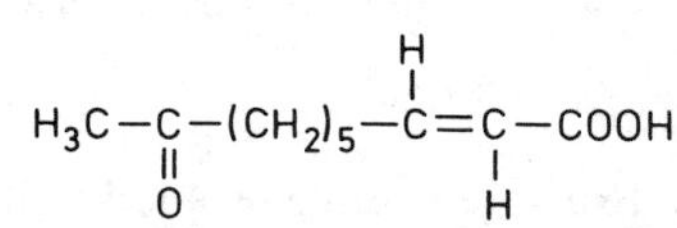

wird von der Bienenkönigin während ihres ganzen Lebens ausgeschieden. Solange diese Verbindung zusammen mit einem bestimmten Duftstoff vorhanden ist, wird keine neue Bienenkönigin aufgezogen.

[1] Vgl. *K. Mosbach,* Zur Biosynthese von Flechtenstoffen, Produkten einer symbiotischen Lebensgemeinschaft, Angew. Chem. *81,* 233 (1969).

2.31 Mehrwertige Alkohole

Ist in den *n*-Alkanen je ein H-Atom an mehreren C-Atomen durch eine Hydroxylgruppe ersetzt, so kommt man zu *mehrwertigen Alkoholen.* Die einfachsten Vertreter dieser Stoffklasse sind der zweiwertige Alkohol *Ethylenglykol,* der dreiwertige Alkohol *Glycerin* und der vierwertige Alkohol *Erythrit.*

Die Bezeichnung „mehrwertige" Alkohole ist nicht sehr glücklich gewählt und steht mit den bekannten Wertigkeitsbegriffen in keinem Zusammenhang.

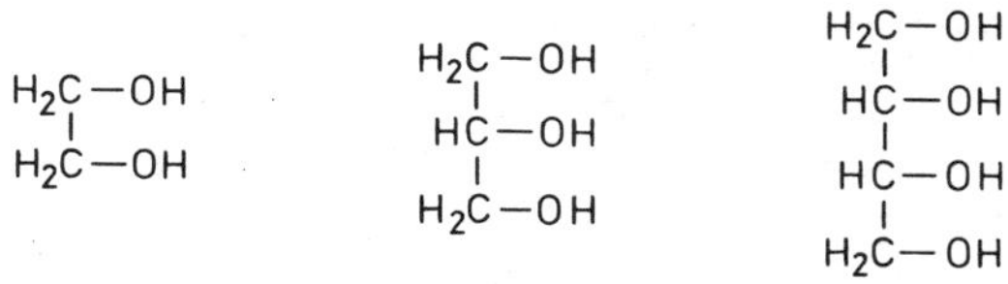

Ethylenglykol Glycerin Erythrit

Mit der Zahl der Hydroxylgruppen steigt die Wasserlöslichkeit dieser Verbindungen, während die Löslichkeit in Ethanol und Ether abnimmt.
Einige dieser mehrwertigen Alkohole kommen als Bestandteile in Naturprodukten vor, z. B. Glycerin in den Fetten und Ölen. Höherwertige Alkohole mit 5 und 6 C-Atomen, die Pentite und Hexite, spielen als Zuckeralkohole in der Kohlenhydratchemie eine Rolle.

2.31.1 Zweiwertige Alkohole (Glykole, 1,2-Diole)

2.31.1.1 Ethylenglykol (1,2-Ethan-diol), HOH_2C-CH_2OH, ist ein zweiwertiger *diprimärer* Alkohol.

Darstellung. a) In Analogie zu den einwertigen Alkoholen entsteht *durch Hydrolyse von 1,2-Dibrom-ethan* mit verdünnter Kalilauge oder Alkalicarbonatlösung das Ethylenglykol (*Wurtz*). Die Ausbeute ist infolge HBr-Abspaltung und Bildung von Vinylbromid als Nebenprodukt relativ niedrig (etwa 50%). Daher setzt man 1,2-Dibromethan besser erst mit Silber- oder Kaliumacetat zu Ethylendiacetat um, das mit methanolischer Salzsäure zu Ethylenglykol reagiert (Ausbeute etwa 85%):

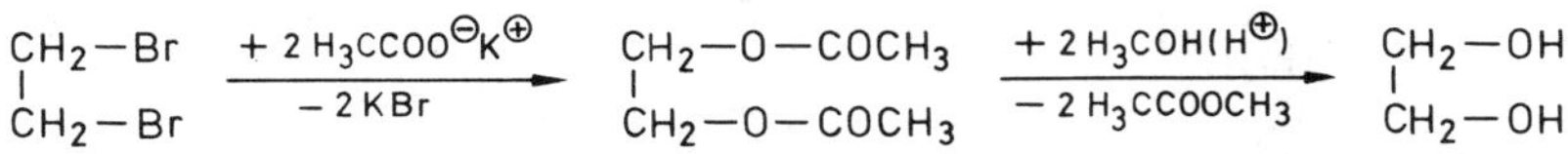

1,2-Dibrom-ethan Ethylendiacetat Ethylenglykol

b) Technisch wird Ethylenglykol *aus Ethylenoxid* durch Erhitzen mit Wasser unter Druck gewonnen:

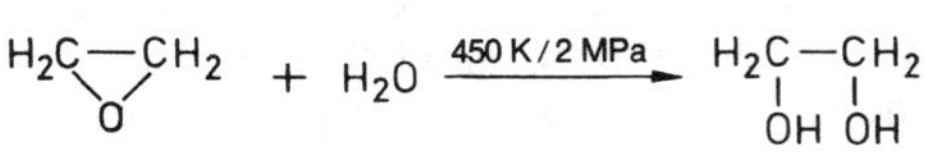

Ethylenoxid

c) Bei der *Reduktion von Ketonen,* z. B. mit Magnesiumamalgam, erhält man *ditertiäre* Glykole (vgl. Pinakol).

Eigenschaften. Ethylenglykol, ein farbloses, viskoses Öl vom Sdp. 198 °C (471 K), hat einen süßlichen Geschmack und ist mit Wasser und Ethanol mischbar, jedoch fast unlöslich in Ether.

Die chemischen Eigenschaften der Glykole ähneln denen der einwertigen Alkohole mit dem Unterschied, daß die beiden OH-Gruppen nacheinander in Reaktion treten. Es lassen sich z. B. *Mono-* und *Di-natriumglykolate, Glykolmonoether* (Cellosolve) und *Glykoldialkylether* sowie *Mono-* und *Diester* darstellen. Die Monoester nennt man auch *Hydrine,* z. B. Glykolbromhydrin, $HOCH_2-CH_2Br$.

Beim Erhitzen von Ethylenglykol mit wenig konz. Schwefelsäure oder Phosphorsäure entsteht *1,4-Dioxan* (Dioxan), eine aromatisch riechende Flüssigkeit vom Sdp. 101,5 °C (374,7 K), die mit Wasser, Alkohol und Ether in jedem Verhältnis mischbar ist.

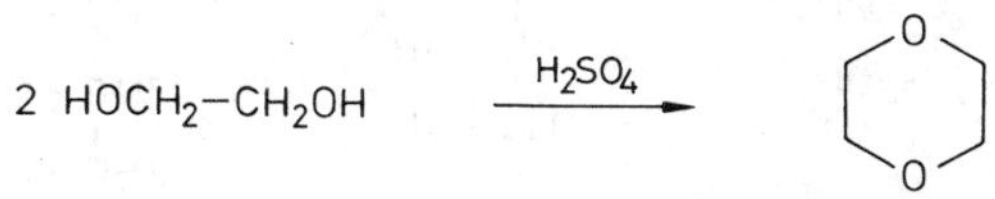

1,4-Dioxan

Dioxan kann auch durch Dimerisierung von Ethylenoxid mit Schwefelsäure erhalten werden.

Das sehr kleine Dipolmoment des 1,4-Dioxans spricht dafür, daß das Molekül in der *Sesselform* vorliegt:

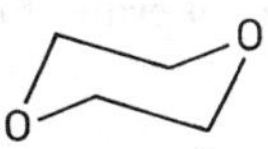

In Analogie zu den Oxidationsprodukten einwertiger *primärer* Alkohole lassen sich die zweiwertigen *diprimären* Alkohole, z. B. Ethylenglykol, stufenweise zu folgenden Verbindungen oxidieren:

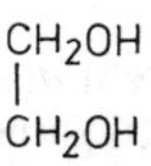

Ethylenglykol

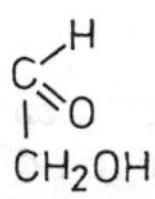

Glykolaldehyd

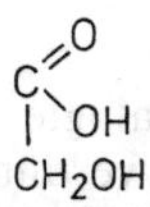

Glykolsäure (Hydroxyessigsäure)

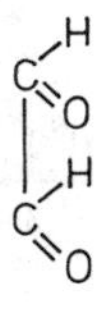

Glyoxal

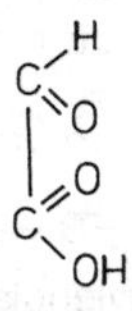

Glyoxylsäure

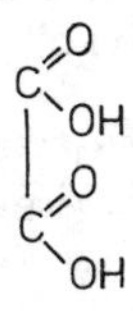

Oxalsäure

Jede dieser Verbindungen ist die Stammsubstanz einer ganzen Stoffklasse. Bei der Oxidation von Ethylenglykol mit Salpetersäure können Glykolsäure und Oxalsäure leicht isoliert werden. Die anderen theoretisch möglichen Zwischenprodukte lassen sich dabei nur in geringer Menge fassen, da sie leichter oxidierbar sind als Glykol selbst. Sie werden nach speziellen Verfahren hergestellt.

Von präparativer Bedeutung ist die **Glykolspaltung,** bei der die beiden C-Atome, die je eine OH-Gruppe tragen, oxidativ getrennt werden. Als Oxidationsmittel verwendet man *Bleitetraacetat* in Eisessig[1] (*Criegee*, 1931) bzw. *Periodsäure*[2] in wäßriger Lösung (*Malaprade*, 1928). Die dabei auftretenden Spaltprodukte sind Aldehyde oder Ketone, z. B.

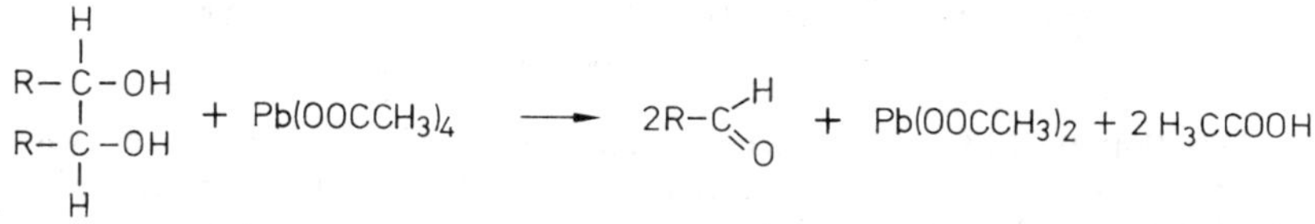

Verwendung. Ethylenglykol, seine Monomethyl- bzw. Monoethylether und sein Dimethylether (Dimethoxyethan = DME) sowie Dioxan sind wertvolle *Lösungsmittel*, z. B. für Lacke und Acetylcellulose. Ethylenglykol wird als Gefrierschutzmittel (Glysantin) und zur Darstellung von Polyesterfasern verwendet.

Die wichtigsten Derivate der Glykole

2.31.1.2 Ethylenoxid (Oxiran), 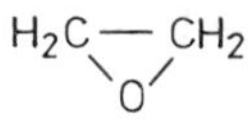 ist das einfachste Epoxid.

Darstellung. a) *Durch Destillation von 2-Chlorethanol mit Kalilauge* (oder Calciumhydroxid):

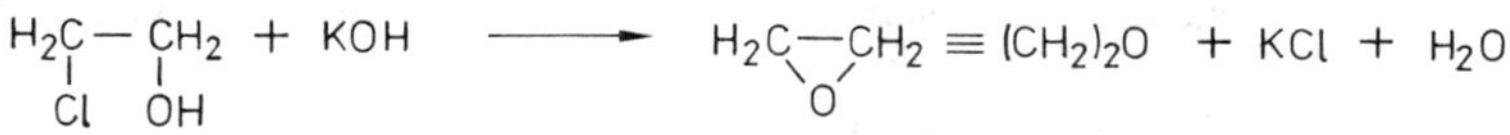

Ethylenoxid

b) Technisch *durch Luftoxidation von Ethylen* am Silber-Kontakt bei etwa 250 °C (525 K) unter Druck:

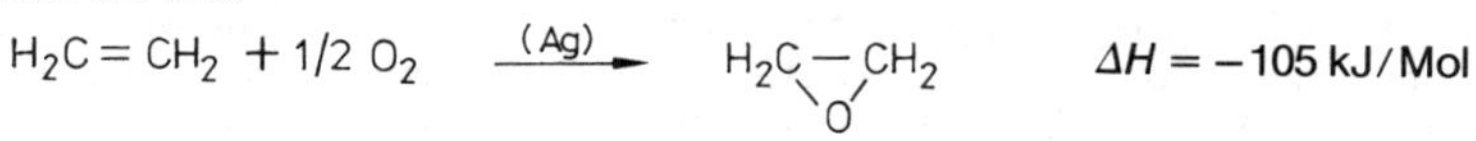

Eigenschaften. Ethylenoxid ist ein farbloses, giftiges Gas vom Sdp. 10,7 °C (283,9 K), das als Desinfektionsmittel und zum Sterilisieren medizinischer Geräte verwendet wird. Mit Wasser geht es langsam, mit verdünnter Salzsäure rascher in Ethylenglykol über. Die große Reaktivität des Ethylenoxids ist – im Gegensatz zu dem indifferenten Verhalten gewöhnlicher Ether – auf das Vorliegen des energiereichen, instabilen 3-Rings zurückzuführen, der bestrebt ist, in die offene Kette überzugehen.
Ethylenoxid und seine Alkylderivate addieren daher unter verschiedenen Bedingungen Wasser, Alkohole, Halogenwasserstoffsäuren, Blausäure, Ammoniak oder *prim.* Amine, d. h. Verbindungen mit *aktiven* H-Atomen, nach folgendem Schema:

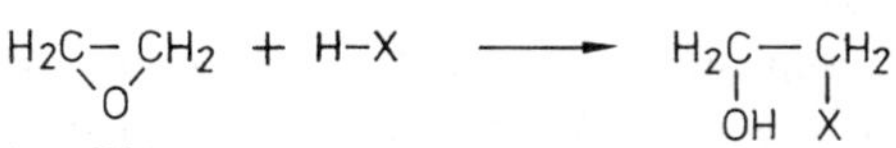

X = OH, OR, Cl, Br, CN, NH_2, NHR

[1] Vgl. Oxydationen mit Bleitetraacetat und Perjodsäure. Angew. Chem. *53*, 321 (1940); Neuere Untersuchungen über Oxydationen mit Bleitetraacetat, ebenda *70*, 173 (1958).
[2] Vgl. *B. Sklarz*, Organic Chemistry of Periodates, Quart. Rev. *21*, 3 (1967).

Ferner zeigt Ethylenoxid große Neigung zur Polymerisation, z. B. entstehen bei der *kationischen Polymerisation* mit Zinn(IV)-chlorid in Gegenwart von wenig Wasser, das die Kettenenden absättigt, die **Polyethylenglykole:**

$$n(CH_2)_2O \xrightarrow{+H_2O} HOCH_2-CH_2-(O-CH_2-CH_2)_{(n-1)}-OH$$

Polyethylenglykol

Je nach dem Polymerisationsgrad erhält man viskose Flüssigkeiten oder wachsartige Produkte (Carbowachse), die wasserlöslich sind. *Diethylenglykol* ($n = 2$) findet als Lösungsmittel und als Extraktionsmittel für Aromaten technische Verwendung (Udex-Verfahren), es schädigt die Niere und ist daher giftig. *Triethylenglykol* ($n = 2$) wird den Seifen zugesetzt. Die höheren Polymerisate dienen als *Weichmacher, Textilhilfsmittel* sowie als Hilfsstoffe für Nitrolacke.

Bei der Einwirkung von Ethylenoxid auf Ethylenglykol-monoalkylether erhält man *Monoalkylether des Diethylenglykols* (Carbitole), die technisch als Lösungsmittel – besonders für Lacke – dienen:

$$HOCH_2-CH_2OR \xrightarrow{+(CH_2)_2O} HOCH_2-CH_2-O-CH_2-CH_2OR$$

Diethylenglykol-monoalkylether

Diethylendimethylether (Diglyme) ist ein wertvolles Lösungsmittel.
Zu höhermolekularen **Polyethylenglykolethern** kommt man, wenn Alkohole oder Phenole mit einem Überschuß von Ethylenoxid umgesetzt werden. Bei Verwendung von Fettalkoholen oder alkylierten Phenolen entstehen die *Fettalkohol-* oder *Alkylphenyl-polyethylenglykolether,* die als *nichtionogene Waschmittel* und als Emulgatoren benutzt werden.
Läßt man z. B. Ethylenoxid auf *Dodecylalkohol* in Gegenwart von Basen einwirken, so tritt folgende Addition ein:

$$H_3C-(CH_2)_{10}-CH_2OH + x\,(CH_2)_2O \xrightarrow{(OH^{\ominus})} H_3C-(CH_2)_{10}-CH_2-(O-CH_2-CH_2)_x-OH$$

Dodecylalkohol

Derartige Ethylenoxidaddukte können als nichtionogene Waschmittel verwendet werden, wenn die Zahl der $-O-CH_2-$ CH_2-Gruppen groß genug ist, um die Verbindung wasserlöslich zu machen. Dazu sind mindestens so viele $-O-CH_2-CH_2$-Gruppen erforderlich wie C-Atome im Alkohol; in diesem Fall also $n = 12$ bis 15. Für $n < 12$ wird die Wasserlöslichkeit durch Veresterung mit Schwefelsäure und Überführung des Esters in das Natriumsalz erreicht, z. B.

$$H_3C-(CH_2)_{10}-CH_2-(OCH_2CH_2)_4OH \xrightarrow{H_2SO_4} H_3C-(CH_2)_{10}-CH_2-(OCH_2CH_2)_4OSO_2OH \xrightarrow{NaOH}$$
$$H_3C-(CH_2)_{10}-CH_2-(OCH_2CH_2)_4OSO_3^{\ominus}\ Na^{\oplus}$$

Man erhält so anionenaktive Tenside.
Analog lassen sich aus Fettsäuren und Ethylenoxid die **Polyethylenglykolester,**

$RCOO{-}[CH_2-CH_2-O]_{n-1}{-}CH_2-CH_2-OH$, darstellen, die als *Spezialwaschmittel* dienen.

2.31.1.3 Macrocyclische Polyether sind 1967 von *Pedersen* allgemein zugänglich gemacht worden und haben sich als Verbindungen mit ungewöhnlichen Komplexbildungseigenschaften erwiesen[1]. Sie werden allgemein als *Kronenether* (crown ether)

[1] Vgl. *C. J. Pedersen* und *H. K. Frensdorff,* Makrocyclische Polyäther und ihre Komplexe, Angew. Chem. *84,* 16 (1972).

oder einfach als *Krone* bezeichnet und sind z. B. durch folgende Ringschlußreaktion vom S_N2-Typ zugänglich:

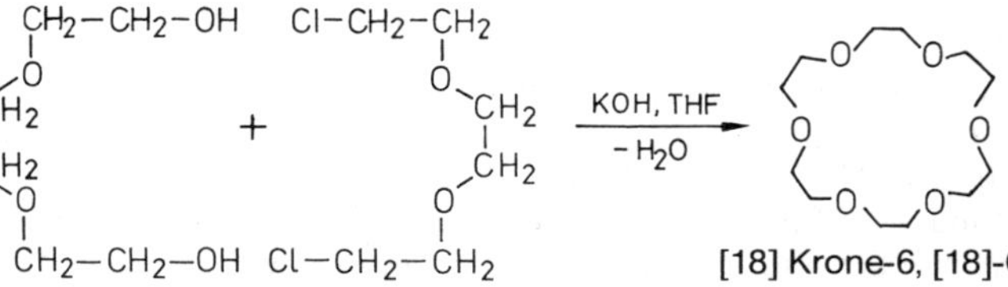

(50% Ausbeute)

[18] Krone-6, [18]-O_6

Die Kurzbezeichnung [18]Krone-6 besagt, daß ein 18gliedriger Ring vorliegt, der 6 Sauerstoffatome enthält. Der Vorteil der Kurzbezeichnung vor dem zwar aussagekräftigeren aber schwerfälligeren Namen 1,4,7,10,13,16-Hexaoxacyclooctadecan ist offensichtlich. Die Ringgröße der Kronenether, die als cyclische Glyme (vgl. Diglyme) aufgefaßt werden können, ist variierbar ebenso wie die Zahl der Sauerstoffatome. Diese können vollständig oder teilweise durch andere Heteroatome wie Stickstoff oder Schwefel ersetzt werden[1].

Die Kronenether und ihre Abkömmlinge bilden aufgrund von Ionen-Dipol-Wechselwirkungen starke Komplexe (Übermoleküle) mit Metallkationen, die als *Kryptate* klassifiziert werden; die Kronenether selbst werden als Coronanden oder *Kryptanden* bezeichnet. Die für ein bestimmtes Kation erforderliche Spezifität kann dabei durch die Variation von Ringgröße, sowie Zahl und Art der Heteroatome gezielt hergestellt werden. [*18*] *Krone-6* bildet z. B. mit dem *Kaliumion* ein so festes Kryptat, daß Kaliumpermanganat in Benzol löslich wird, in Konzentrationen, die hinreichen, um Oxidationen in wasserfreien homogenen Lösungen durchzuführen.

Die Kryptate der Kationen verhalten sich ähnlich wie die für die Phasen-Transfer-Katalyse verwendeten quartären Ammoniumsalze. Sie bilden mit Carbanionen Ionenpaare, die sich in der organischen Phase lösen und dort reagieren. *Kronenether* sind daher für die *Phasen-Transfer-Katalyse* vielseitig verwendbar.

S_N2-Reaktionen in homogener Phase werden durch *Kronenether* stark beschleunigt, wenn das verwendete Lösungsmittel (z. B. Acetonitril) Anionen nicht gut solvatisiert. Nach Festlegung des Kations im Kryptat steigt die Reaktivität des wenig solvatisierten (nackten) Anions stark an. So erweist sich Kaliumfluorid in einem solchen Medium als ausgesprochen nucleophil:

$$H_3C(CH_2)_8CH_2Br \xrightarrow[-KBr]{KF,\ 18\text{-}Krone\text{-}6,\ H_3CCN} H_3C(CH_2)_8CH_2F \quad (82\%)$$

Aus dem gleichen Grunde wird die Hydrolyse von Estern mit Kalilauge in Gegenwart von Kronenethern stark beschleunigt. Kronenether zeigen in Gegenwart von Alkali-Ionen interessante Template-Effekte[2] (vgl. S. 298); bei ihrer Anwendung ist ihre große *Giftigkeit* zu beachten.

2.31.1.4 2-Aminoethanol (Ethanolamin, Colamin), der einfachste Aminoalkohol, ist ein farbloses Öl vom Sdp. 171 °C (444 K) und wird aus Ethylenoxid und überschüssigem Ammoniak erhalten:

---

[1] Vgl. z. B. *J. M. Lehn*, Supramolecular Chemistry: Receptors, Catalysts, and Carriers, Science *227*, 849 (1985); *D. J. Cram*, Präorganisation – von Solventien zu Sphäranden, Angew. Chem. *98*, 1041 (1986).

[2] Vgl. *F. Vögtle* et al. (Ed.), Host Guest Chemistry/Macrocycles (Springer-Verlag, Berlin 1985).

2-Aminoethanol

Daneben entstehen **2,2′-Iminodiethanol** (Diethanolamin), $HN(CH_2-CH_2-OH)_2$, und **2,2′,2″-Nitrilotriethanol** (Triethanolamin), $N(CH_2-CH_2OH)_3$, die bei einem Überschuß von Ethylenoxid zum Hauptprodukt werden.
Technisch verwendet man die Ethanolamine als basische Komponenten für Seifen und Cremes, als *Netzmittel* für Textilien und als *Weichmacher* in der Lederindustrie, ferner als Ausgangsstoffe für Synthesen heterocyclischer Basen.

2.31.1.5 Cholin (2-Hydroxyethyl-trimethyl-ammoniumhydroxid) ist der basische Bestandteil der Phospholipide vom Phosphoglyceridtyp und im Pflanzen- und Tierreich weit verbreitet. Es wird am besten *aus Ethylenoxid und Trimethylamin* in wäßriger Lösung synthetisiert:

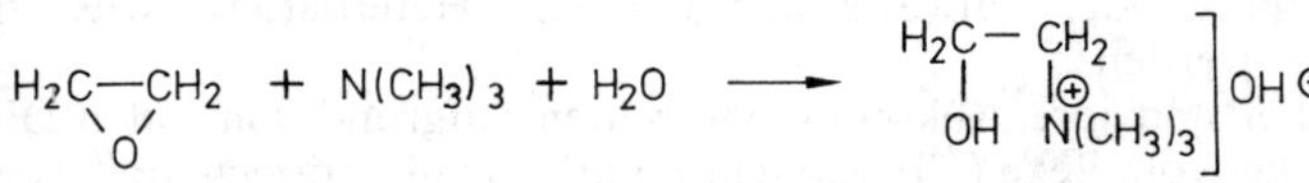

Cholin

Cholin bildet hygroskopische Kristalle, die infolge ihrer starken Basizität Kohlendioxid aus der Luft anziehen. Mit Salzsäure gibt es ein gut kristallisierendes Chlorid. Bei der Oxidation geht Cholin in **Betain** über.

Cholin fungiert als wichtiger Faktor bei biochemischen Prozessen, z. B. bei Methylierungen; sein Mangel führt bei Tieren zur Bildung der Fettleber.

Durch Umsetzung von *Trimethylamin* mit *1,2-Dichlorethen* erhält man *Chlorcholinchlorid*, welches das Längenwachstum der Pflanze einschränkt:

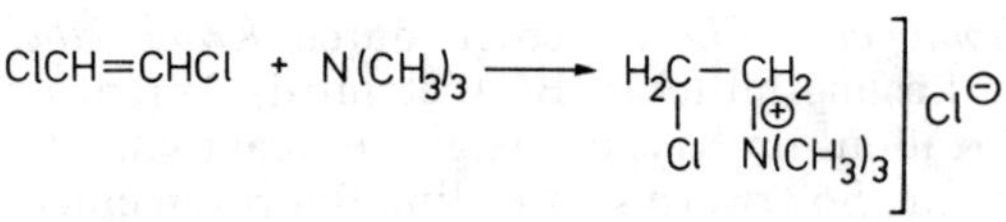

Acetylcholin, $H_3CCO-O-CH_2-CH_2-N(CH_3)_3]^{\oplus}OH^{\ominus}$, bildet sich durch Acetylierung des Cholins in Gegenwart von „aktivierter Essigsäure" und Adenosintriphosphat (ATP) unter Einwirkung des Enzyms *Cholinacetyltransferase* (CAT).
Physiologisch löst Acetylcholin neben der blutdrucksenkenden eine stark muskelkontrahierende Wirkung aus, die jedoch nicht lange anhält, da Acetylcholin durch die im Blut vorhandene *Acetylcholinesterase* in Cholin und Essigsäure gespalten wird. Acetylcholin übt im Organismus eine wichtige Kontrollfunktion aus und wird als *Neurohormon (Neurotransmitter)* des parasympathischen Nervensystems angesehen.

Carnitin ist in Form seiner O-Acylverbindung am Transport der Fettsäuren durch die Mitochondrienmembran beteiligt. Das Acylcarnitin wird in der Zelle über die aktivierte Carbonsäure gebildet (CoA = Coenzym A)

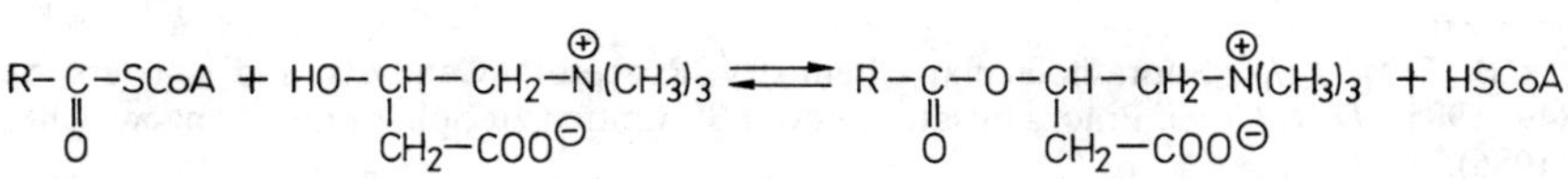

Carnitin Acylcarnitin

2.31.1.6 Phosphoglyceride oder **Phosphatide (Phospholipide).** Zu dieser Klasse von Naturstoffen rechnet man fettähnliche *Triglyceride,* die zwei langkettige Fettsäuren und einen Phosphorsäurerest, an den noch eine Base gebunden ist, enthalten. Sie kommen in allen tierischen und pflanzlichen Zellen, vor allem im Gehirn, im Herzen, in der Leber, im Eidotter sowie in der Sojabohne vor. Sie spielen in Aufbau und Funktion biologischer Membranen eine wichtige Rolle.
Die wichtigsten Phosphatide (Glycerol-*P* oder Gro-*P*) sind *O-Phosphatidyl-ethanolamin* und *O-Phosphatidylcholin* (früher *Kephalin* und *Lecithin* genannt), in denen als Base Colamin bzw. Cholin auftritt und die sämtlich *Betainstruktur* aufweisen, z. B.

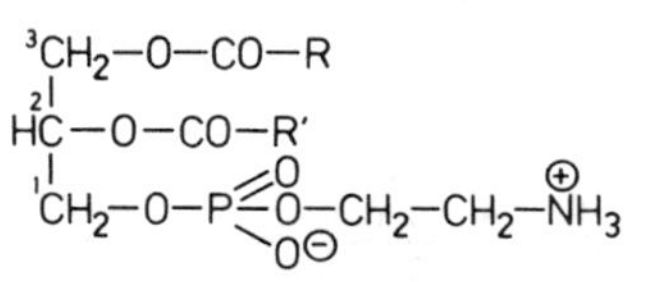

O-Phosphatidyl-ethanolamin (Kephalin)

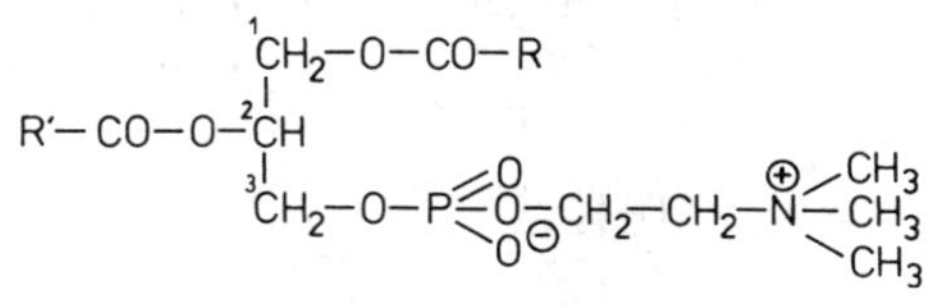

O-Phosphatidyl-cholin (Lecithin)

Zur Kennzeichnung der Konfiguration chiraler Glycerinderivate wird eine *stereospezifische* Numerierung (*sn*) verwendet. Dabei erhält das Kohlenstoffatom die Nummer 1, das in der *Fischer*-Projektion *über* dem Kohlenstoffatom 2 mit der sekundären Hydroxylgruppe nach *links* steht. Daraus ergibt sich für *Lecithin* die Bezeichnung *3-sn*-Phosphatidylcholin oder genauer 1,2-Diacyl-*sn*-glycero-3-phosphocholin. Nach dem *CIP*-System liegt eine (*R*)-Konfiguration vor. Die beim *Kephalin* angegebene (*S*)-Konfiguration wird im *sn*-System als 2,3-Diacyl-*sn*-glycero-1-phosphoethanolamin bezeichnet, da das den Phosphorsäurerest tragende Kohlenstoffatom die Ziffer 1 bekommt, wenn die *Fischer*-Projektion so vorgenommen wird, daß die *sekundäre* O-Acylgruppe nach *links* zeigt. Auch die auf S. 247 erwähnten *chiralen Triglyceride* wurden nach dem *sn*-System bezeichnet.
Die O-Phosphatidyl-ethanolamine lassen sich am besten aus Gehirnsubstanz gewinnen und infolge ihrer Schwerlöslichkeit in Ethanol von den Phosphatidyl-cholinen abtrennen. Beide Stoffklassen bestehen aus einem *Gemisch von Phosphatiden,* die verschiedene gesättigte und ungesättigte Fettsäuren enthalten, z. B. Palmitin-, Stearin-, Öl-, Linol- und Linolensäure.

Andererseits sind aus Gehirn, Milz und Rückenmark Sphingolipide isolierbar, in denen das Glycerin durch ungesättigte höhere Aminoalkohole ersetzt ist, z. B. durch das Sphingosin, $H_3C-(CH_2)_{12}-CH=CH-CH(OH)-CH(NH_2)-CH_2OH$, das an der Aminogruppe stets einen Fettsäurerest trägt. Die charakteristische Säureamidgruppe ist in der folgenden Formel grau unterlegt. Sphingolipide mit zwei freien OH -Gruppen sind die *Ceramide* (Cer). Die *Sphingosinphosphatide* heißen **Sphingomyelin.**

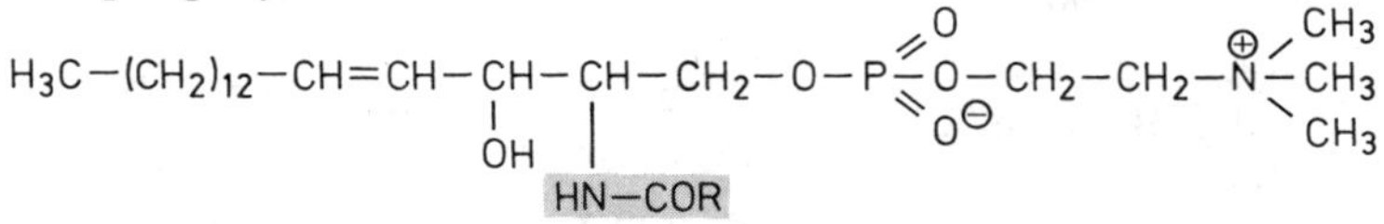

Sphingomyelin

Auch diese *Phospholipide* sind meist Gemische, in denen als Fettsäureanteil Palmitinsäure, Stearinsäure, *Nervonsäure,* $H_3C-(CH_2)_7-CH=CH-(CH_2)_{13}-COOH$, und *Lignocerinsäure,* $H_3C-(CH_2)_{22}-COOH$, auftreten können (*Klenk*).
Die den Phospholipiden nahestehenden *Cerebroside* gehören zur Gruppe der *Glykolipide,* sie kommen vor allem im Gehirn und im Nervengewebe vor und bauen sich aus Fettsäure, Sphingosin und D-Galactose auf, enthalten jedoch keine Phosphorsäure und kein Cholin.

Amphiphile Verbindungen vom Lecithintyp können ausgedehnte bimolekulare Schichten bilden, bei denen die hydrophilen Gruppen vom Wasser solvatisiert werden und die hydrophoben Ketten im innern der entstehenden Membran liegen (engl.: **b**ilayer **l**ipid **m**embrane: BLM). Unter geeigneten Bedingungen können die BLM *Vesikel* oder *Liposome* bilden[1].

Neurin (Trimethyl-vinyl-ammoniumhydroxid), $H_2C{=}CH{-}N(CH_3)_3]^{\oplus}OH^{\ominus}$, bildet sich bei der Fäulnis von Eiweiß aus dem Cholin oder beim Erhitzen von Cholin mit Barytlauge unter Wasserabspaltung. Es wirkt höchst toxisch und wird zu den Leichengiften (*Ptomainen*) gerechnet.

Ethylenimin (Aziridin) entsteht bei der Einwirkung von Thionylchlorid auf Ethanolaminhydrochlorid über 2-Chlor-ethylaminhydrochlorid, das mit wäßrigem Alkali in der Hitze in Ethylenimin übergeht:

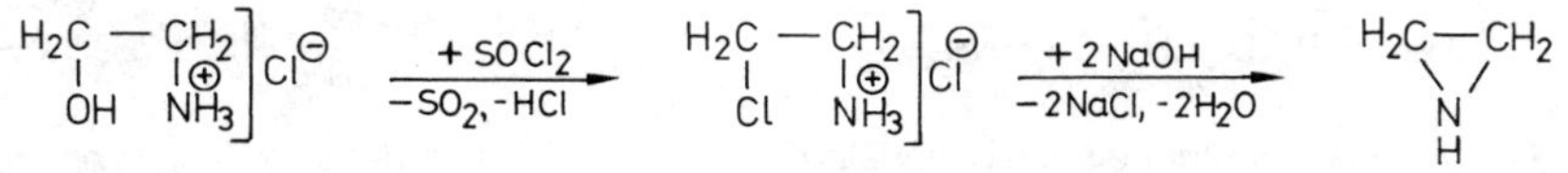

Ethanolaminhydrochlorid 2-Chlorethylamin · HCl Ethylenimin

Technisch wird Ethylenimin analog aus *β-Aminoethylschwefelsäure* ($H_2N{-}CH_2{-}CH_2{-}OSO_3H$) hergestellt.

Es ist eine giftige, stark ätzend und *carcinogen* wirkende Flüssigkeit vom Sdp. 56 °C (329 K). In Analogie zum Ethylenoxid erweist sich auch Ethylenimin als sehr reaktionsfähig und wird in der präprativen Chemie vor allem zur Einführung der *Aminoethylgruppe* benutzt.

In beiden Aziridinsynthesen wird die OH-Gruppe des Eduktes in eine bessere Abgangsgruppe für die intramolekulare S_N2-Reaktion umgewandelt. Dies kann auch in einem Schritt durch Umsetzung mit Dibrom-triphenylphosphoran erreicht werden.

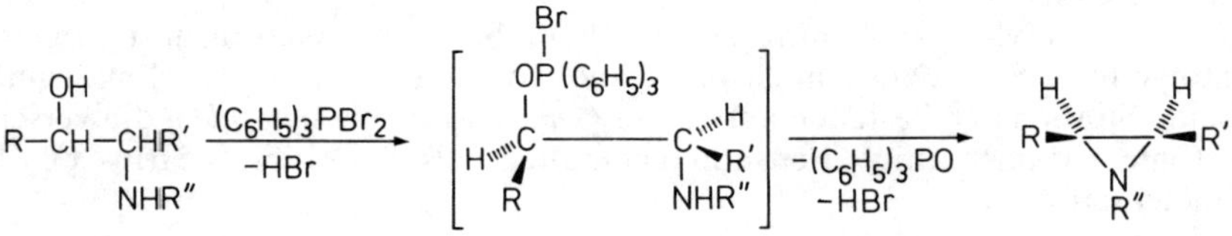

Die Triebkraft der Reaktion ist auf die Bildung des thermodynamisch sehr stabilen Triphenylphosphinoxids zurückzuführen.

Taurin (2-Amino-ethansulfonsäure) kommt als Bestandteil der Taurocholsäure in der Galle vieler Tiere, vor allem der Rinder, vor. Synthetisch kann man es *aus Ethylenimin und schwefliger Säure erhalten:*

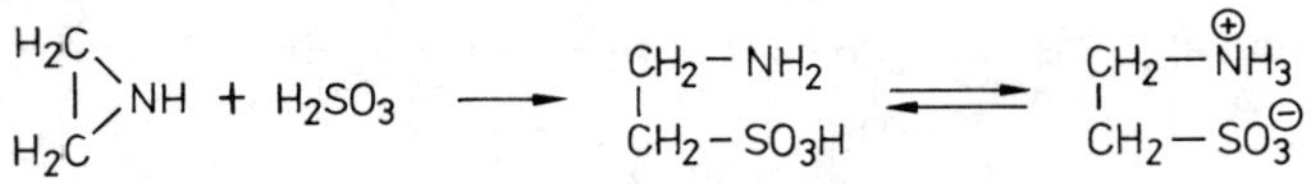

Taurin

Taurin ist eine kristalline Substanz, die oberhalb 240 °C (520 K) schmilzt. Sie ist in Wasser mit *neutraler* Reaktion löslich, dagegen in Ethanol und Ether unlöslich. Diese Eigenschaften deuten auf Salzcharakter hin, so daß dem Taurin die oben formulierte *Betainstruktur* zukommt.

---

[1] Vgl. *H. Ti Tien,* Bilayer Lipid Membranes (BLM), (Dekker, New York 1974).

Die biochemische Muttersubstanz des Taurins ist L-Cystein, aus dem primär durch enzymatische Oxidation L-Cysteinsäure gebildet wird. Diese geht dann unter der Wirkung einer spezifischen *Cysteinsäure-Decarboxylase* in Taurin über:

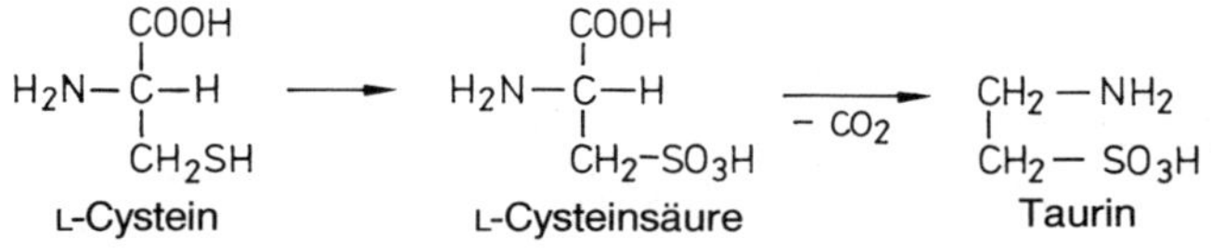

2.31.2 Dreiwertige Alkohole

2.31.2.1 Glycerin (*INN:* ***Glycerol,*** 1,2,3-Propantriol), der wichtigste dreiwertige Alkohol, kommt als Baustein der Glyceride in fast allen tierischen Fetten sowie pflanzlichen Ölen vor und wurde von *Scheele* (1779) bei der Hydrolyse von Olivenöl entdeckt.

Darstellung. a) *Durch Fettspaltung* mit Schwefelsäure, Natronlauge, *Twitchell*-Reaktiv oder dem Enzym *Lipase.*
b) *Aus dem Propen der Crackgase.* Bei der Einwirkung von Chlor auf Propen bei 500 °C (775 K) entsteht vorwiegend Allylchlorid, das durch Anlagerung von hypochloriger Säure in Glycerin-1,2- und Glycerin-1,3-dichlorhydrin übergeführt wird. Um Natronlauge zu sparen, hydrolysiert man zunächst mit Calciumhydroxid zu Epichlorhydrin und dann weiter mit Natronlauge zu Glycerin:

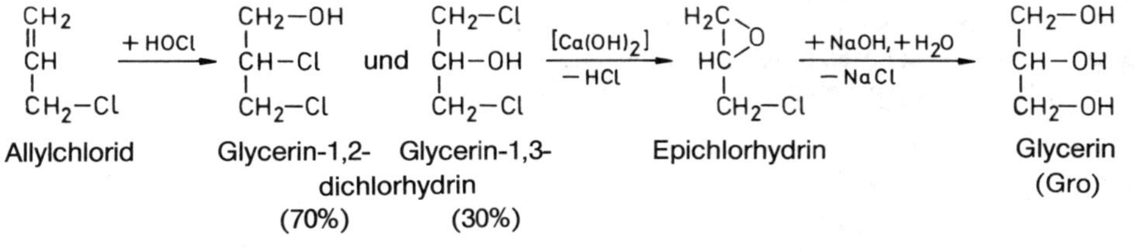

Hier geht das Chlor als wertloses $CaCl_2$ verloren. Dieser Verlust wird bei dem folgenden Verfahren vermieden.

c) Durch *Hydroxylierung von Allylalkohol* mit Wasserstoffperoxid am WO_3-Kontakt über die Stufe des Glycids:

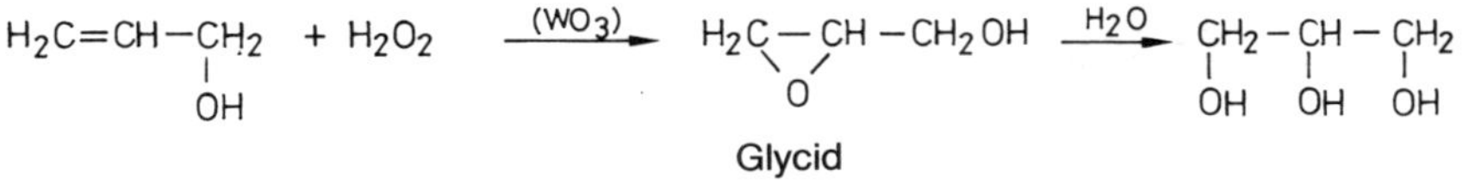

Eigenschaften. Glycerin ist eine farblose, sirupöse, süßschmeckende Flüssigkeit vom Sdp. 290 °C (563 K), die sich mit Wasser und Ethanol in jedem Verhältnis mischt, jedoch nicht mit Ether. Völlig wasserfrei erstarrt Glycerin zu Kristallen (Schmp. 18 °C [291 K]). Das chemische Verhalten entspricht der dreifachen Alkoholfunktion. Bei der *Oxidation von Glycerin* wird sowohl die *prim.* als auch die *sek.* OH-Gruppe angegriffen unter Bildung von Glycerinaldehyd und Dihydroxyaceton (s. Glycerose). Mit starker Salpetersäure erfolgt Oxidation zu Glycerinsäure (α,β-Dihydroxy-propionsäure), $HOCH_2-CHOH-COOH$, deren Phosphorsäureester als Zwischenprodukte bei der alkoholischen Gärung und der Photosynthese auftreten.

Die **Teichosäuren** (teichonic acids) sind polymere Phosphorsäurediester mehrwertiger Alkohole; sie kommen in Bakterienzellwänden vor. Die einfachsten Teichosäuren leiten sich vom Glycerin ab, wie z. B. die aus *Lactobacillus casei* isolierte Verbindung, die aus einer Polyesterkette mit den Bausteinen 1,3-Glycerin und Phosphorsäure besteht und bei der die OH-Gruppe in der 2-Stellung mit D-Alanin verestert ist:

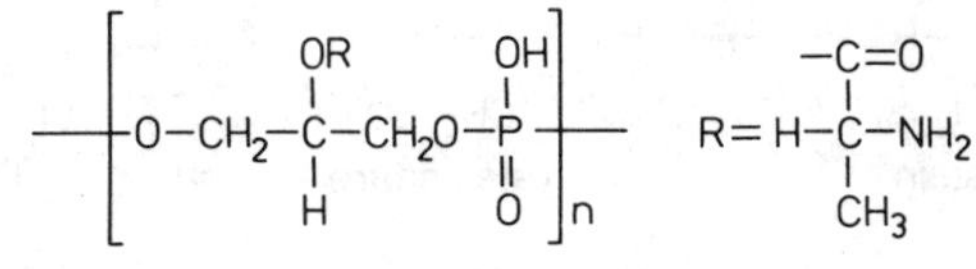

Außer D-Alanin können auch Glucose und andere Zucker an der Position R stehen.

Verwendung. Die Verwendung des Glycerins ist äußerst vielseitig. In der Pharmazie wird es bei der Herstellung von Salben, Zahncremes und Kosmetika, in der Textilindustrie zum Appretieren und bei der Tabakveredelung zum Feuchthalten der Fertigware verwendet. Ferner dient es als Bremsflüssigkeit (hydraulische Bremsen), im Gemisch mit Wasser als *Frostschutzmittel* (Autokühler, Gasuhren), als *Weichmacher* für Filme und als hygroskopischer Zusatz für Farbbänder, Kopiertinten und Druckfarben. Ein kleiner Teil der Glycerinproduktion (etwa 4%) geht in die Sprengstoffindustrie zur Fabrikation von Nitroglycerin bzw. *Dynamit.* Außerdem dient Glycerin als Esterkomponente bei der Gewinnung von Alkydharzen.

2.31.2.2 Alkydharze sind *Polyester* und werden durch Polykondensation mehrwertiger Alkohole mit aliphatischen bzw. aromatischen Dicarbonsäuren oder deren Anhydriden dargestellt. Erhitzt man z. B. Glycerin mit Phthalsäureanhydrid auf etwa 250 °C (525 K), so bildet sich aus dem primär entstehenden Addukt unter Wasseraustritt ein kettenförmiges, schmelzbares Polyesterharz, das bei einem Überschuß von Phthalsäureanhydrid zu unschmelzbarem *Glyptalharz* vernetzt wird:

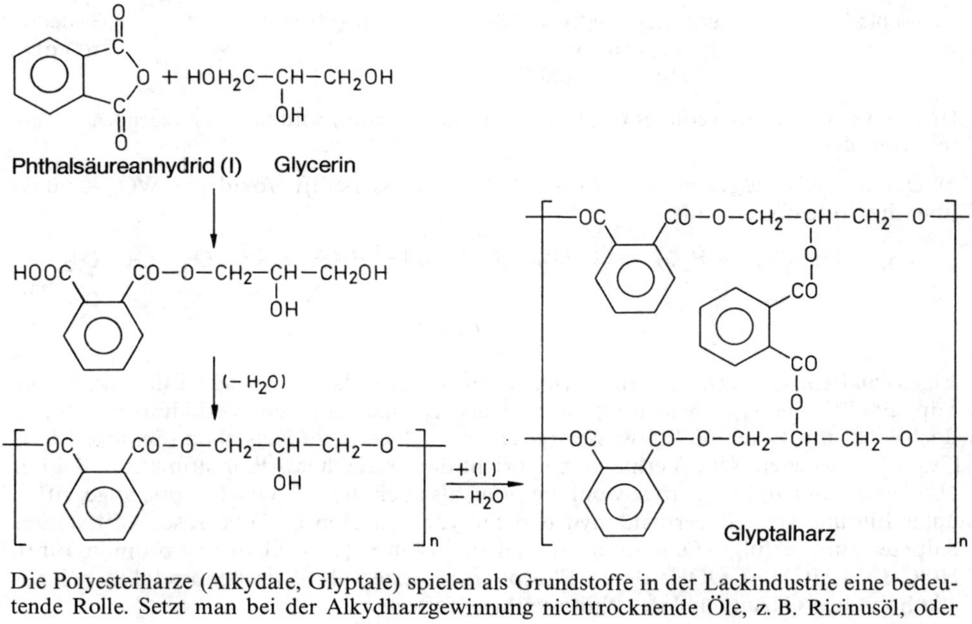

Die Polyesterharze (Alkydale, Glyptale) spielen als Grundstoffe in der Lackindustrie eine bedeutende Rolle. Setzt man bei der Alkydharzgewinnung nichttrocknende Öle, z. B. Ricinusöl, oder trocknende Öle, z. B. Leinöl, zu, so entstehen unter weitergehender Vernetzung der Ketten die ölmodifizierten Alkydharze. Sie werden als *Einbrennlacke* bzw. lufttrocknende Lacke verwendet und sind besonders hitzebeständig, haft- und wetterfest. Resopal stellt man durch Kombination von Alkyd- und Melaminharzen her.

Ungesättigte Polyesterharze (UP) sind durch ungesättigte Bausteine, wie Maleinsäure, oder ungesättigte Diole gekennzeichnet. Sie werden in einer polymerisierbaren Verbindung wie Styrol gelöst. In diesem *Reaktionsharz* wird durch Peroxide eine Polymerisation in Gang gesetzt, die zu einem hochvernetzten Copolymeren führt. Dessen mechanische Eigenschaften können dadurch verbessert werden, daß man dem Reaktionsharz z. B. Glasfasern zusetzt.

2.31.2.3 Die wichtigsten Glycerinderivate

Halogenhydrine, besonders Chlorhydrine, sind sehr reaktionsfähig und dienen als Zwischenprodukte bei Synthesen.
Verestert man Glycerin mit Chlorwasserstoff, so erhält man unter milden Bedingungen **Glycerin-1-chlorhydrin** neben wenig **Glycerin-2-chlorhydrin:**

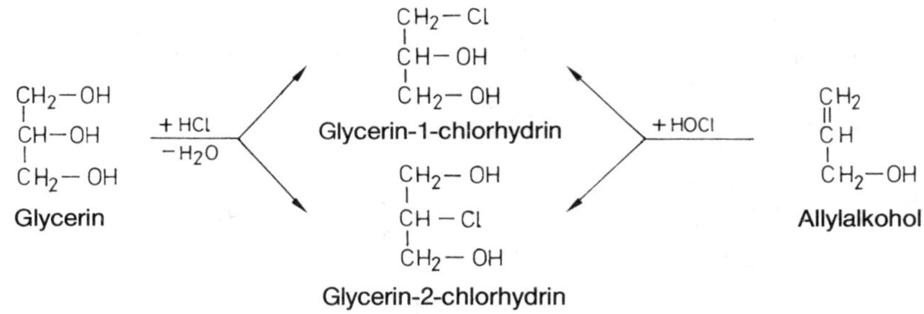

Die beiden Monochlorhydrine sind technisch auch aus wäßrigem Allylalkohol durch Anlagerung von hypochloriger Säure zugänglich.
Glycerin-1,2- und **Glycerin-1,3-dichlorhydrin** werden durch Veresterung von Glycerin mit Chlorwasserstoff in Gegenwart von Eisessig oder bei der Einwirkung von hypochloriger Säure auf Allylchlorid erhalten (vgl. Glycerinsynthese, Verfahren b), S. 309).
Glycid (Glycidol, 3-Hydroxy-propylenoxid) eine farblose Flüssigkeit vom Sdp. 166 bis 167 °C (439−440 K) (u. Zers.), läßt sich durch Umsetzung von Epichlorhydrin mit Kaliumacetat oder von Monohalogenhydrinen des Glycerins mit alkoholischem Alkali herstellen:

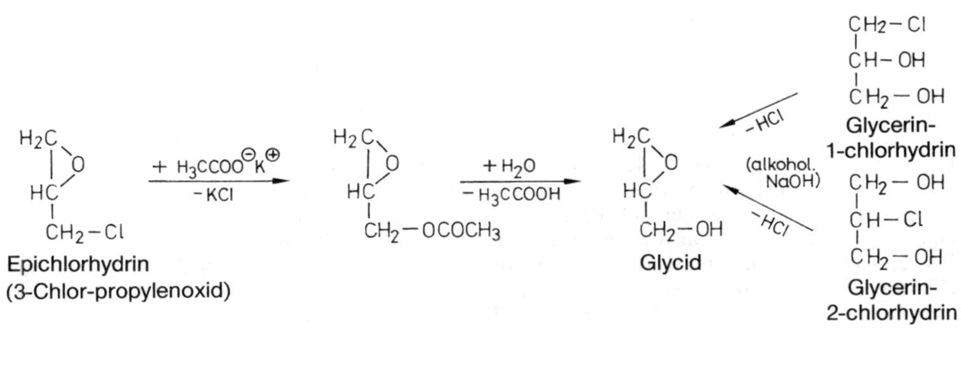

Epichlorhydrin (3-Chlor-propylenoxid, Chlormethyloxiran), das technisch aus Propen über Allylchlorid gewonnen wird (vgl. Verfahren b), S. 309), ist eine farblose Flüssigkeit mit chloroformähnlichem Geruch, Sdp. 116,5 °C (389,7 K). Infolge seines reaktiven Epoxidrings und Chloratoms dient es als Ausgangsmaterial für Synthesen, z. B. für Glycerin und Epoxidharze.

2.31.2.4 Epoxidharze sind *Polyether* und werden durch Kondensation von Epoxidverbindungen, die in Nachbarstellung zur Epoxidgruppe noch einen reaktionsfähigen Substituenten tragen, mit einem mehrwertigen Alkohol oder Phenol hergestellt. Als Epoxidkomponente verwendet man meist *Epichlorhydrin* und als mehrwertiges Phenol das *4,4'-Dihydroxy-dimethyl-diphenyl-methan* (Bisphenol A, Dian), das aus Phenol und Aceton zugänglich ist.
Erhitzt man beide Verbindungen in Gegenwart von Alkalien auf 100 – 150 °C (375 – 425 K), so werden *Diepoxide* gebildet, deren relative Molekülmasse von dem angewandten Molverhältnis Epichlorhydrin : Bisphenol A abhängt. Beim Umsetzen von mehr als 2 Molekülen Epichlorhydrin auf 1 Molekül Bisphenol A entsteht fast ausschließlich der Bisphenol A-Bisepoxyether:

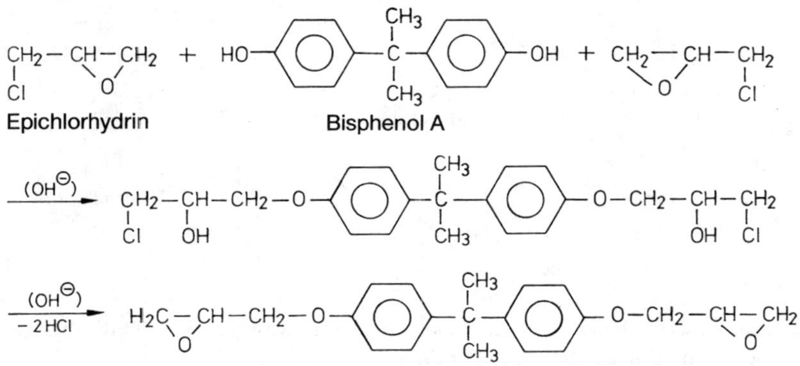

Bisphenol-A-Bisepoxyether (Bisphenol A-Diglycidether)

Mit abnehmender Menge an Epichlorhydrin kommt man zu höhermolekularen Diepoxiden der Formel:

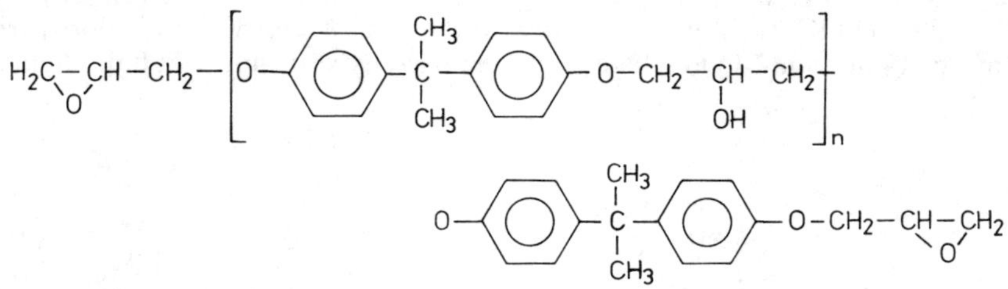

Die relative Molekülmasse der Diepoxide (> 3000) ist im Vergleich zu der anderer Kunstharze relativ gering, jedoch kommt man bei Zusatz von Diaminen bzw. cyclischen Anhydriden der Dicarbonsäuren, z. B. Phthalsäureanhydrid, zu höhermolekularen Produkten. Die Zusätze bewirken eine weitgehende *Vernetzung* der Ketten und führen zu einer „Härtung" der Harze.
Die Epoxidharze (Epikote, Araldit) dienen als Lackrohstoffe, vor allem für *Einbrennlacke*, als Klebstoffe bzw. Oberflächenschutz für Metalle und in der Elektroindustrie als *Gießharze*, meist in Verbindung mit Füllstoffen, z. B. Quarzmehl, Mineralfasern oder Glasgewebe.

2.31.2.5 Propylenoxid (Methyloxiran, 1,2-Epoxypropan), das Methylderivat des Ethylenoxids, ist eine farblose Flüssigkeit vom Sdp. 34 °C (307 K) und wird nach dem Halcon-Verfahren aus *Propen* und *Hydroperoxiden* an Wolfram/Molybdän/Vanadin- oder Titankontakten z. B. wie folgt gewonnen:

1-Phenylethyl-hydroperoxid — Propen — Propylenoxid — Styrol

In der Technik führt man Propylenoxid mit Wasser in *1,2-Propylenglykol*, $H_3C-CH(OH)-CH_2OH$, über, das in der Kunststoffindustrie als Ausgangsstoff für Polyester, Epoxidharze und Polyurethanschaumstoffe dient. Höhermolekulare Polypropylenglykole werden – analog den Polyethylenglykolen (vgl. S. 304) – zur Herstellung *nichtionogener Waschmittel* und niedermolekulare als *Weichmacher* verwendet.

2.31.2.6 Nitroglycerin (Glycerintrinitrat) stellt einen wichtigen *Explosivstoff* dar. Zu seiner technischen Gewinnung läßt man Glycerin unter starker Kühlung in ein Gemisch von konz. Salpetersäure und Schwefelsäure (*Nitriersäure*) einfließen. Die Temperatur darf 30 °C (300 K) nicht überschreiten; meist wird sie zwischen 10 – 20 °C (280 – 290 K) und darunter gehalten. Das entstehende Nitroglycerin schwimmt als fast farbloses Öl an der Oberfläche und wird durch Waschen mit Wasser und Natriumcarbonatlösung gereinigt.

Glycerin — Nitroglycerin

Der Name Nitroglycerin ist unzutreffend, da keine echte Nitroverbindung, sondern der Salpetersäuretriester des Glycerins vorliegt. Die falsche Bezeichnung ist auf die Verwendung der *Nitriersäure*, die sonst für Nitrierungen benutzt wird, zurückzuführen.

Nitroglycerin ist eine farblose, giftige, ölige Flüssigkeit, die in kleinen Mengen gefahrlos abbrennt, aber bei Schlag oder Stoß bzw. rascher Überhitzung äußerst heftig explodiert, wobei nur gasförmige Verbrennungsprodukte entstehen. Durch Aufsaugen des Nitroglycerins in Kieselgur gewinnt man das gegen Erschütterungen unempfindliche „*Gur*"-*Dynamit* (*Alfred Nobel*, 1886), das sich nur durch Initialzündung zur Detonation bringen läßt. Beim Auflösen von etwa 10% Kollodiumwolle (s. Nitrocellulose) in Nitroglycerin entsteht die *Sprenggelatine* (Brisanzsprengstoff).
Nitroglycerin bewirkt eine starke Erweiterung der Gefäße und somit einen vorübergehenden Blutdruckabfall. Wegen dieser Eigenschaft wird es in der Medizin verwendet.

Anstelle von Glycerin kann man zur Fabrikation von Sprengstoffen sowie von Alkydharzen auch das ähnlich gebaute 2-Hydroxymethyl-2-methyl-1,3-propandiol („*Trimethylolethan*") einsetzen, das drei *primäre* Alkoholgruppen aufweist und durch Umsetzung von Propionaldehyd mit 3 Molekülen Formaldehyd zugänglich ist. Hierbei reagiert die aktive Methylengruppe des Propionaldehyds aldolartig mit 2 Molekülen Formaldehyd, und gleichzeitig wird die Aldehydgruppe durch Formaldehyd in einer gekreuzten *Cannizzaro*-Reaktion zur *primären* Alkoholgruppe reduziert; als Nebenprodukt entsteht *Ameisensäure:*

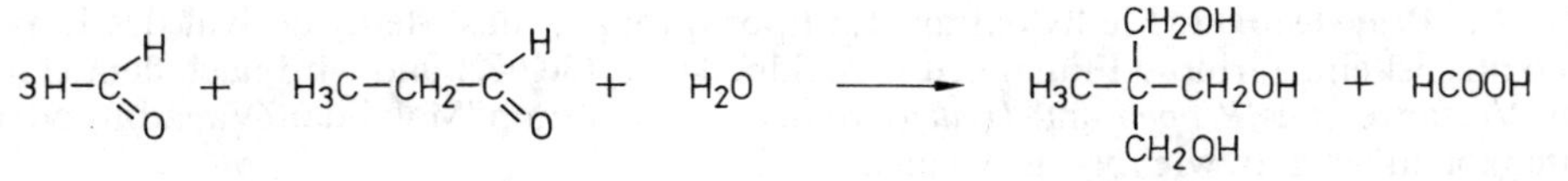

Propionaldehyd „Trimethylolethan" Ameisensäure

2,3-Dimercapto-propanol (1,2-Dithio-glycerin, *INN:* ***Dimercaprol,*** *Sulfactin*) ist ein hochwirksames Antidot „BAL" (***British-Anti-Lewisite***) gegen die blasenziehenden, arsenhaltigen Kampfstoffe der Lewisitreihe, z. B. *Lewisit I* = 2-Chlorvinylarsindichlorid. Die Toxizität der Arsenverbindungen ist auf ihre Bindung an Mercaptogruppen der Enzyme zurückzuführen, wodurch das Enzymsystem gehemmt bzw. inaktiviert wird. Um dies zu verhindern, wird BAL als Gegenmittel verabreicht, z. B. tritt mit *Lewisit I* folgende Reaktion ein:

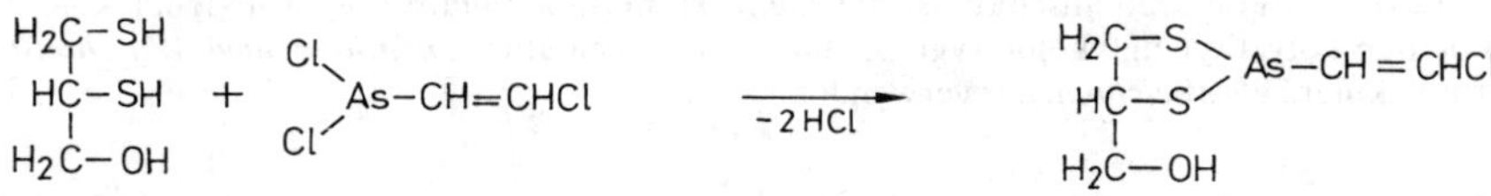

BAL Lewisit I

Therapeutisch wendet man BAL bei Schwermetallvergiftungen, besonders akuten Arsen- und Quecksilbervergiftungen, an.

2.31.3 Vierwertige Alkohole

Threit, der einfachste vierwertige Alkohol, besitzt zwei asymmetrische C-Atome, die jedoch *strukturell gleichartig* sind. Dies hat zur Folge, daß einerseits die Zahl der möglichen optisch aktiven Formen (2^n) vermindert wird und andererseits eine optisch inaktive, nicht spaltbare *Meso*-Form, der *Erythrit* vorkommt. Dementsprechend existieren folgende drei isomere Tetrite:

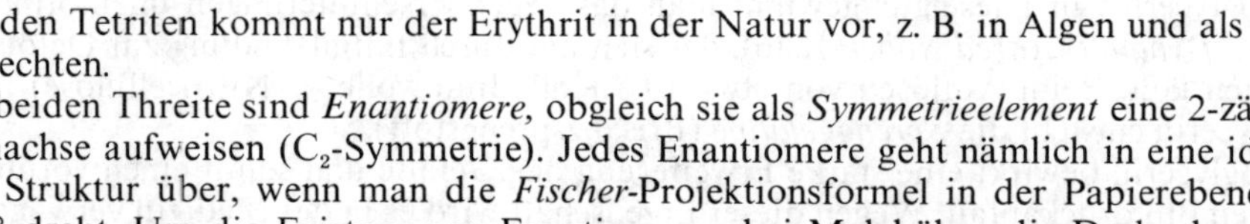

(2*R*.3*R*)-Threit D-Threit | (2*S*.3*S*)-Threit L-Threit | Erythrit

Von den Tetriten kommt nur der Erythrit in der Natur vor, z. B. in Algen und als Ester in Flechten.

Die beiden Threite sind *Enantiomere,* obgleich sie als *Symmetrieelement* eine 2-zählige Drehachse aufweisen (C_2-Symmetrie). Jedes Enantiomere geht nämlich in eine identische Struktur über, wenn man die *Fischer*-Projektionsformel in der Papierebene um 180 ° dreht. Um die Existenz von Enantiomeren bei Molekülen, die Drehachsen haben, auszudrücken, bezeichnet man solche Verbindungen als *chiral* (vgl. S. 123). Demgegenüber läßt sich durch das Molekül des Erythrits eine Symmetrieebene legen, da die Liganden an den beiden asymmetrischen C-Atomen spiegelbildlich zueinander angeordnet sind. Diese Verbindung ist also *achiral.*

Die Enantiomeren des DL-Threits (Schmelzpunkt 119 °C [392 K]) können wegen der oben beschriebenen Symmetrieeigenschaften des Moleküls nicht eindeutig als D- oder L-Konfiguration formuliert werden. Dagegen ist jedem Chiralitätszentrum eindeutig die (*R*)- oder (*S*)-Konfiguration zuzuordnen. Der (2*R*.3*R*)-*Threit* entsteht bei der Reduktion der D-Threose und ist deshalb als D-*Threit* zu bezeichnen.

Ein vierwertiger verzweigter Alkohol ist **Pentaerythrit,** der durch Einwirkung von Calciumhydroxid auf Acetaldehyd und Formaldehyd (im Überschuß) dargestellt wird. Bei dieser aldolartigen Addition reagiert die *aktive* Methylgruppe des Acetaldehyds mit der C=O-Gruppe des Formaldehyds, so daß alle drei H-Atome durch Hydroxymethylgruppen ersetzt werden. Der intermediär gebildete *3-Hydroxy-2,2-bis(hydroxymethyl)-propionaldehyd* (Trimethylol-acetaldehyd) wird durch Formaldehyd zu Pentaerythrit reduziert (gekreuzte *Cannizzaro*-Reaktion), wobei als technisches Nebenprodukt *Ameisensäure* entsteht.

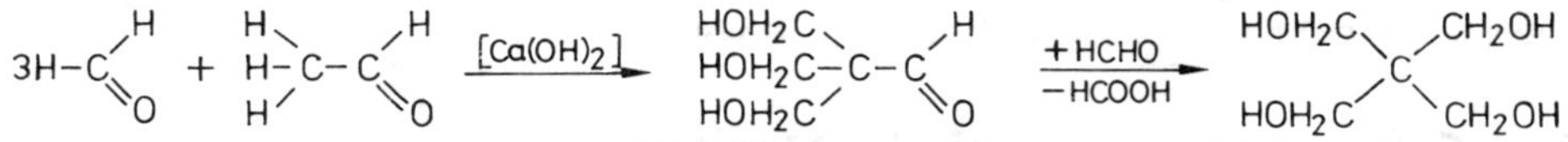

Trimethylol-acetaldehyd   Pentaerythrit

Pentaerythrit (Schmp. 262 °C [535 K]) dient zur Herstellung von Alkyd- und anderen Polyesterharzen sowie zur Verbesserung der Qualität trocknender Öle. Sein Tetranitrat ist der Sprengstoff **Tetranitropentaerythrit** (Nitropenta).

2.31.4 Fünfwertige Alkohole (Pentite)

In den Pentiten sind die asymmetrischen C-Atome 2 und 4 *strukturell gleichartig.*

$$\underset{}{HOCH_2}-\underset{(2)}{CHOH}-\underset{(3)}{CHOH}-\underset{(4)}{CHOH}-\underset{(5)}{CH_2OH}$$

Demnach sollten – wie bei den Tetriten – zwei *optisch aktive* Pentite und eine *Meso*-Form zu erwarten sein. Es existieren jedoch außer den beiden Enantiomeren **D(+)-Arabit** und **L(−)-Arabit** *zwei* inaktive jedoch diastereomere Pentite, **Adonit (Ribit)** und **Xylit,** d. h. insgesamt *vier Pentite:*

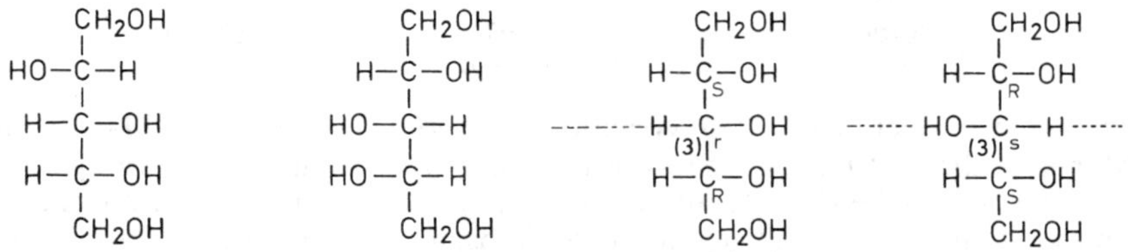

D(+)-Arabit (2*R*.4*R*)-Arabit   L(−)-Arabit (2*S*.4*S*)-Arabit   Adonit   Xylit

Adonit kommt im Adonisröschen (*Adonis vernalis*) vor, D-Arabit in Pilzen und Flechten. Synthetisch lassen sich die Pentite durch Reduktion der entsprechenden Pentosen (Arabinose, Ribose oder Xylose) darstellen.

Teichosäuren (vgl. S. 310) mit einer Polyesterkette aus *1,5-Ribit* und Phosphorsäure bilden einen großen Teil der Zellwand gram-positiver Bakterien. Die OH-Gruppen in 2,3 und 4 können mit D-Alanin oder Zuckern verknüpft sein.

Wie beim Erythrit läßt sich durch die Moleküle Adonit und Xylit eine Symmetrieebene legen, die durch das C-Atom 3 verläuft. Die beiden Verbindungen sind daher *Meso*-Formen. Ein C-Atom, das – wie das C3 im Adonit und Xylit – zwei verschiedene und zwei gleiche, aber spiegelbildliche Substituenten trägt, wird als *pseudoasymmetrisches*

C-Atom bezeichnet. Die *Deskriptoren* für die absolute Konfiguration an einem Pseudoasymmetriezentrum sind *r* und *s*. Sie werden im *CIP*-System unter Anwendung der weiteren Regel ermittelt, daß der Ligand mit (*R*)-Konfiguration Vorrang vor dem mit (*S*)-Konfiguration hat.

Die mit der Definition des Pseudoasymmetriezentrums verbundenen Probleme[1] können durch die Analyse von *Mislow* (vgl. S. 123) verdeutlicht werden. Die C-3 Atome der *meso*-Formen sind stereogen, denn durch Vertauschung von H und OH entstehen Diastereomere (Permutationsisomerie); sie sind aber achirotop wegen lokaler Symmetrie (vgl. die Symmetrieebene im Adonit und Xylit). Demgegenüber bildet sich bei der Vertauschung von H und OH am C-3 Atom von D-Arabit oder L-Arabit *kein* Stereoisomeres; das *C-3 Atom* ist also *nicht stereogen*. Es ist aber chirotop, weil es vier nicht äquivalente Liganden aufweist.

2.31.5 Sechswertige Alkohole (Hexite)

Die Hexite besitzen *vier* asymmetrische C-Atome, von denen je zwei gleichartig sind (2 und 5 bzw. 3 und 4).

$$\underset{(1)}{HOCH_2}-\underset{(2)}{CHOH}-\underset{(3)}{CHOH}-\underset{(4)}{CHOH}-\underset{(5)}{CHOH}-\underset{(6)}{CH_2OH}$$

Daher reduziert sich die Zahl der Stereoisomeren von 16 auf 10.
Von den zehn bekannten isomeren Hexiten seien hier nur die drei wichtigsten erwähnt:

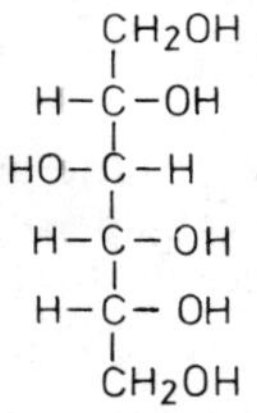
D-Sorbit
(D-Glucit)

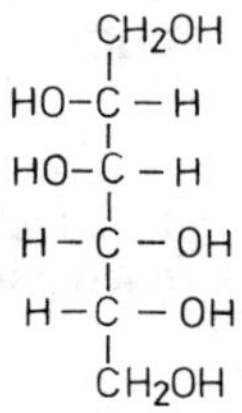
D-*Mannit*
(D-*Mannitol*)

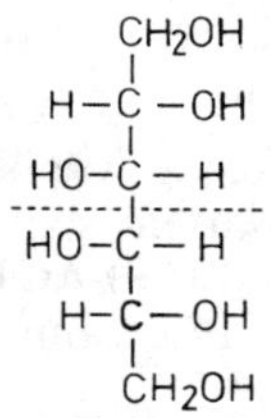
Dulcit (*ms.*)

D-Sorbit kommt reichlich in den Vogelbeeren (*Sorbus aucuparia*), D-Mannit im Saft der Manna-Esche und Dulcit (*meso*-Form) in der Dulcitmanna vor. Ihre Synthese gelingt durch katalytische (Ni) Reduktion der betreffenden Aldo- bzw. Ketohexosen. Sie sind gut kristallisierende, süß schmeckende Substanzen. D-Sorbit wird als *Diabetiker-Zucker* (Süßstoff) und seine wäßrige, zähflüssige Lösung als *Glycerinersatz*, z. B. für Hektographenmassen, Druckerschwärze und zum Geschmeidigmachen von Papier verwendet.

[1] Vgl. *J. K. O'Loane*, Chem. Reviews *80*, 41 (1980).

2.32 Aliphatische Hydroxyaldehyde und Hydroxyketone

Beide Stoffklassen lassen sich als Oxidationsprodukte mehrwertiger Alkohole auffassen.

2.32.1 Hydroxyaldehyde (Aldehydalkohole)

In den Hydroxyaldehyden liegen eine Aldehydgruppe und alkoholische Gruppen vor. Ihre einfachsten Vertreter sind *Glykol-* und *Glycerinaldehyd.*

2.32.1.1 Glykolaldehyd, $HOCH_2-CHO$, ist der einfachste *Aldehydzucker* mit der charakteristischen Gruppierung — CH(OH)—C(H)=O

Darstellung. a) *Durch Oxidation von Ethylenglykol mit Wasserstoffperoxid* in Gegenwart von Eisen(II)-salzen (*Fenton*s Reagens):

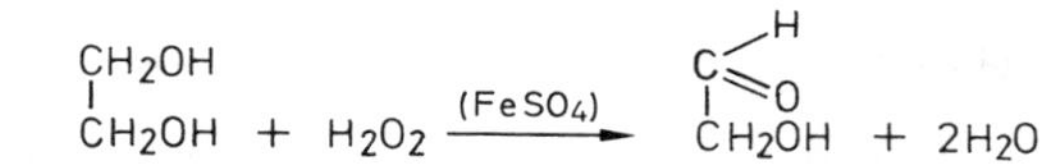

Ethylenglykol Glykolaldehyd

b) *Aus Vinylacetat* (oder Divinylether) *durch Oxidation* mit Wasserstoffperoxid oder Persäuren in *tert.*-Butylalkohol bei Gegenwart von *Osmium(VIII)-oxid:*

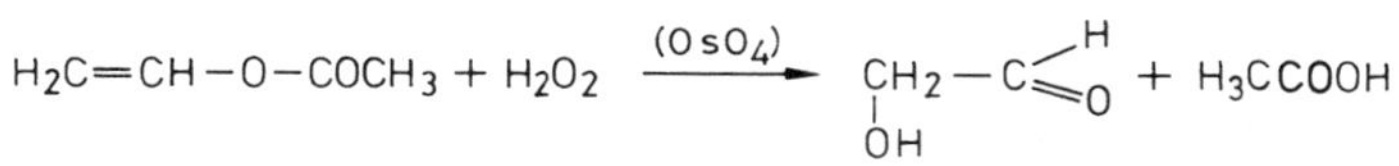

Eigenschaften. Glykolaldehyd ist eine sirupöse Flüssigkeit von süßlichem Geschmack, die bei 96 – 97 °C (369 – 370 K) siedet und leicht polymerisiert. Außerdem existiert eine kristalline *dimere* Form vom Schmp. 96 °C (369 K), die in Wasser leicht löslich ist und allmählich in die monomere Form übergeht. Mit Wasser bildet Glykolaldehyd ein stabiles *Hydrat* $HOCH_2-CH(OH)_2$ (vgl. Chloralhydrat). Es reduziert ammoniakalische Silbernitrat- und *Fehling*sche Lösung.
Ein besonderes Verhalten zeigen die α-Hydroxyketoverbindungen gegenüber *Phenylhydrazin,* wobei nicht nur das einfache Phenylhydrazon entsteht, sondern ein weiteres Molekül Phenylhydrazin auf die benachbarte alkoholische Gruppe – unter Freisetzen von je einem Molekül Ammoniak und Anilin – oxidierend wirkt unter Bildung einer Carbonylgruppe. Diese reagiert dann mit einem dritten Molekül Phenylhydrazin zum Bishydrazon oder **Osazon:**

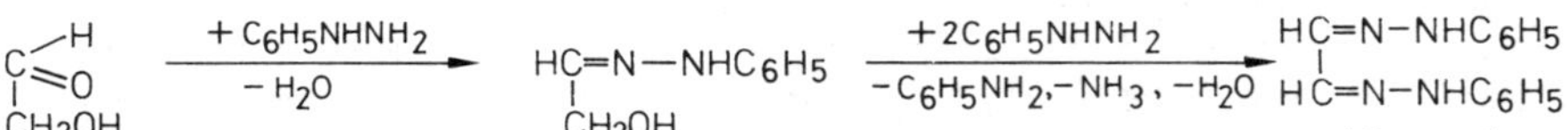

(Osazon)

Der *Mechanismus* dieser Oxidation ist nicht eindeutig geklärt, da Phenylhydrazin bei anderen Reaktionen nicht als Oxidationsmittel wirkt. Die Osazonbildung spielt vor allem bei der Konstitutionsaufklärung der Zucker eine wichtige Rolle (s. S. 432).

2.32.1.2 Glycerinaldehyd, Dihydroxypropanal $HOCH_2-CHOH-CHO$, ist ein Dihydroxyaldehyd. Da er strukturell den Zuckern nahesteht, hat man ihn als *Bezugssystem* für die Zuordnung optisch aktiver Verbindungen zur D- oder L-Reihe gewählt.
DL-Glycerinaldehyd kristallisiert aus wäßrigem Methanol in farblosen Nadeln vom Schmp. 142 °C (415 K) (dimer).
Seine Darstellung gelingt *durch partielle Oxidation von Glycerin,* z. B. mit Wasserstoffperoxid in Gegenwart von Eisen(II)-salzen oder mit alkalischer Bromlösung (Natriumhypobromit). Hierbei werden sowohl die *primäre* als auch die *sekundäre* Alkoholgruppe angegriffen unter Bildung von *Glycerinaldehyd* und *Dihydroxyaceton* (Glyceron). Beide stehen miteinander im *Gleichgewicht* und sind in Gegenwart von wasserfreiem Pyridin unter Protonenwanderung über ein *Endiol* ineinander überführbar (***Lobry de Bruyn-van Ekenstein*-Umlagerung,** 1895):

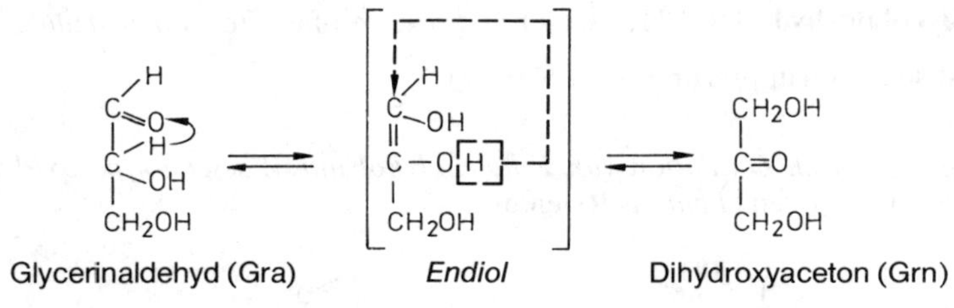

Das Gemisch der beiden Oxidationsprodukte, in dem der Glycerinaldehyd überwiegt, nennt man *Glycerose.*
Sowohl Glycerinaldehyd als auch Dihydroxyaceton geben mit Phenylhydrazin das gleiche *Osazon:*

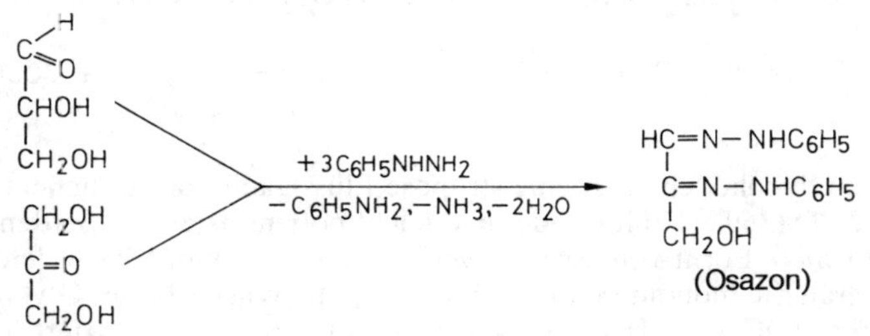

2.32.2 Hydroxyketone (Ketonalkohole)

Wird ein H-Atom im Aceton durch die OH-Gruppe ersetzt, so liegt das einfachste Hydroxyketon, *Hydroxyaceton* oder *Acetol,* $H_3C-CO-CH_2OH$, vor. Allgemein bezeichnet man Verbindungen mit der Gruppierung $-CO-CH_2OH$ als *Ketole.*
Acetol entsteht durch Umsetzung von Chlor- oder Bromaceton mit Kaliumformiat zu Acetolameisensäureester (2-Oxopropylformiat) und dessen Alkoholyse mit methanolischer Kalilauge:

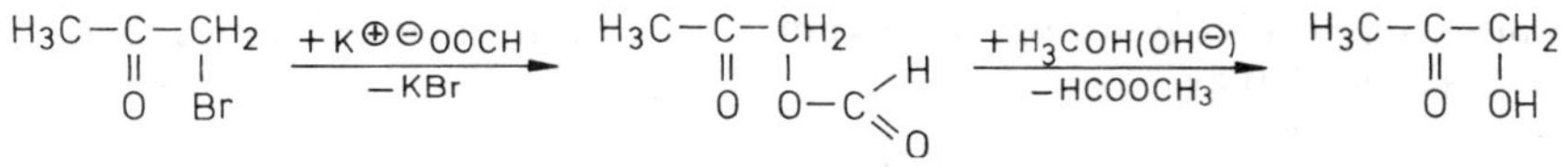

Bromaceton 2-Oxopropylformiat Hydroxyaceton

Acetol ist eine farblose, süß schmeckende Flüssigkeit vom Sdp. 145 °C (418 K), die – wie Hydroxyaldehyde – *Fehling*sche Lösung reduziert. Es bildet mit Phenylhydrazin das gleiche *Osazon* wie Methylglyoxal, $H_3C-CO-CHO$.

Acetoin (3-Hydroxy-2-butanon), $H_3C-CHOH-CO-CH_3$, ist eine bei 142 °C (415 K) siedende Flüssigkeit, die sich leicht dimerisiert. Es läßt sich durch Reduktion von Biacetyl, $H_3C-CO-CO-CH_3$, oder durch Vergärung von Zuckern, z. B. mit *Bacillus polymyxa*, erhalten.

Unter **Acyloinen**[1] versteht man Ketonalkohole, die beiderseits der Gruppierung $-CH(OH)-CO-$ den gleichen Kohlenwasserstoffrest aufweisen.

Dihydroxyaceton, $HOCH_2-CO-CH_2OH$, leitet sich vom Gylcerin ab und ist als einfachster *Ketozucker* aufzufassen. Es entsteht im Gemisch mit Glycerinaldehyd bei der milden Oxidation von Glycerin. Durch enzymatische Dehydrierung von Glycerin mittels *Acetobacter suboxydans* oder *A. xylinum* erhält man ausschließlich Dihydroxyaceton, da diese Bakterien nur *sekundäre* Alkoholgruppen angreifen.

Aliphatische Verbindungen 2

2.33 Aliphatische Dialdehyde, Ketoaldehyde und Diketone

Diese drei Stoffklassen sind aufgrund ihrer beiden Carbonylgruppen besonders reaktionsfähig und dienen als Ausgangsmaterial für die Synthese verschiedener cyclischer Verbindungen.

2.33.1 Dialdehyde

2.33.1.1 Glyoxal (Oxalsäuredialdehyd), OHC – CHO, ist das Anfangsglied der homologen Reihe.

Darstellung. a) *Durch Oxidation von Paraldehyd mit Selendioxid*[2] oder *Salpetersäure* und Abfangen des Glyoxals als Natriumhydrogensulfit-Addukt:

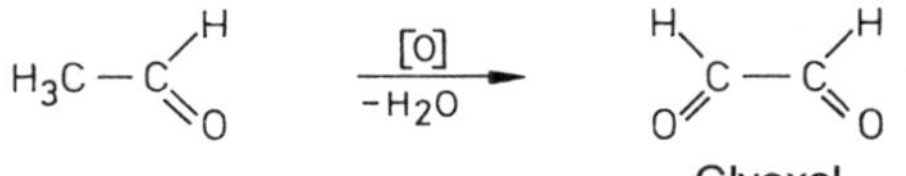

Glyoxal

[1] Vgl. *S. M. McElvain,* The Acyloins, Org. Reactions *4,* 256 ff. (1948); *K. T. Finley,* The Acyloin Condensation as a Cyclisation Method, Chem. Rev. *64,* 573 (1964).

[2] Vgl. *N. Rabjohn,* Selenium Dioxide Oxidation, Org. Reactions *5,* 331 ff. (1949).

b) Technisch *durch Oxidation von Ethylenglykol* mit Luftsauerstoff am Silber- oder Kupferkontakt bei 300 °C (575 K):

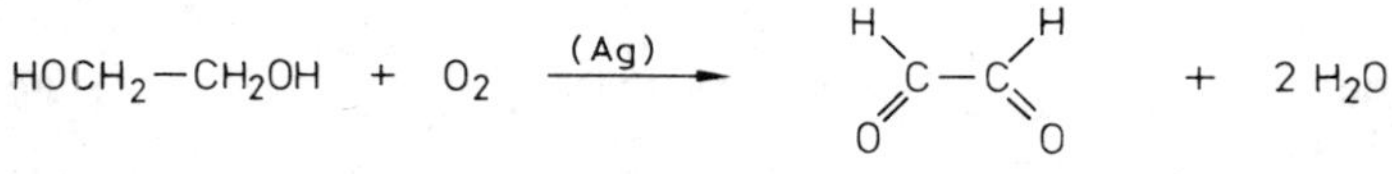

Eigenschaften. Glyoxal polymerisiert leicht zu farblosem *Polyglyoxal,* aus dem durch Erhitzen mit Phosphor(V)-oxid die monomere Form erhalten werden kann. Sie bildet stechend riechende, grüne Dämpfe, die sich in der Kälte zu gelben Prismen kondensieren, Schmp. 15 °C (288 K). Es ist die einfachste farbige organische Verbindung; ihre Farbe wird durch die beiden benachbarten C = O-Gruppen hervorgerufen. In wäßriger Lösung liegt Glyoxal als Dihydrat vor, das sich in Substanz isolieren läßt.
Durch wäßrige Alkalilauge erleidet Glyoxal eine *intramolekulare Disproportionierung* und geht in das Salz der Glykolsäure über (Spezialfall der *Cannizzaro*-Reaktion):

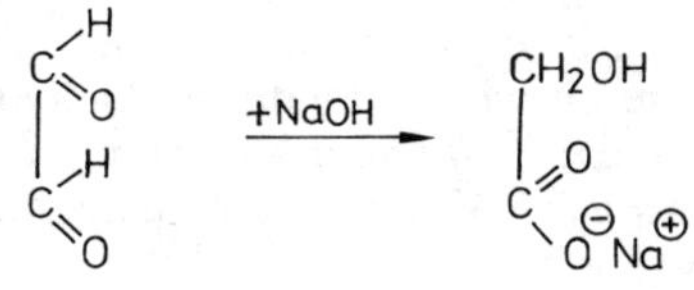

Die üblichen Additionen und Kondensationen der Aldehyde können bei den Dialdehyden doppelt verlaufen, z. B. entsteht aus Glyoxal mit 2 Molekülen Hydroxylamin das einfachste 1,2-Dioxim, das *Glyoxim,* und mit Phenylhydrazin das gleiche *Osazon* wie aus Glykolaldehyd.

2.33.1.2 Malonaldehyd wird am besten aus *β*-Ethoxy-acroleinacetal durch Schütteln mit Wasser und genaue Neutralisation der gelben Lösung mit Natronlauge als mesomeriestabilisiertes Natriummonoenolat dargestellt (*Hüttel,* 1941):

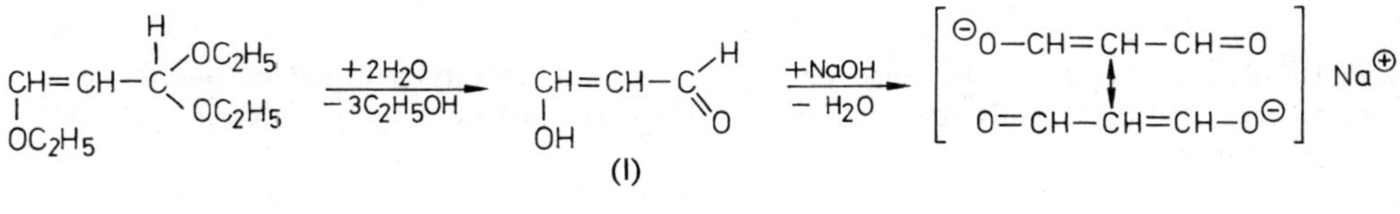

Aus dem Natriumsalz läßt sich die Enolform des freien Malonaldehyds (I) mit etherischer Salzsäure bei 0 °C (273 K) erhalten. Sie ist nicht beständig und neigt stark zur Polymerisation. Daher setzt man bei Synthesen meist das *Diacetal des Malonaldehyds* ein, das aus Methylvinylether und Orthoameisensäuremethylester in Gegenwart von *Borfluorid* bei 25 – 40 °C (300 – 315 K) herstellbar ist:

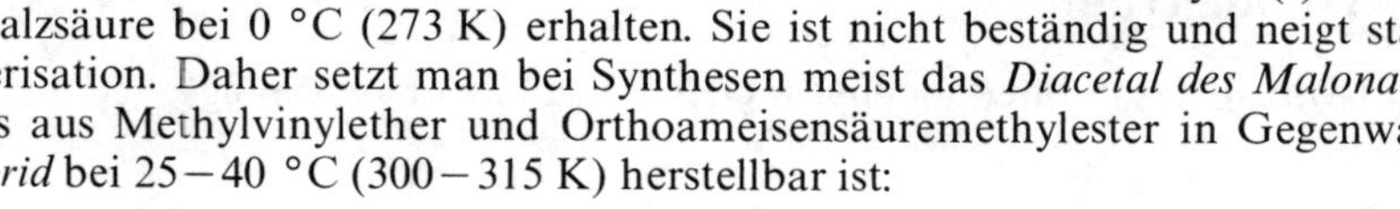

2.33.1.3 Succinaldehyd (Bernsteinsäuredialdehyd), $OHC-CH_2-CH_2CHO$, ist ein farbloses, stechend riechendes Öl vom Sdp. 170 °C (443 K), das leicht – besonders in der Wärme – zu einer glasigen Masse polymerisiert. Succinaldehyd tritt in zwei *tautomeren* Formen auf.

Darstellung. *Aus Acroleindiacetat durch Einwirkung von Kohlenmonoxid und Wasserstoff* bei 120 °C (390 K) und 200 bar (20 MPa) in Gegenwart von Dikobaltoctacarbonyl als Katalysator (*Adkins*, 1949) und anschließende Hydrolyse mit verdünnter Salzsäure (vgl. Oxosynthese):

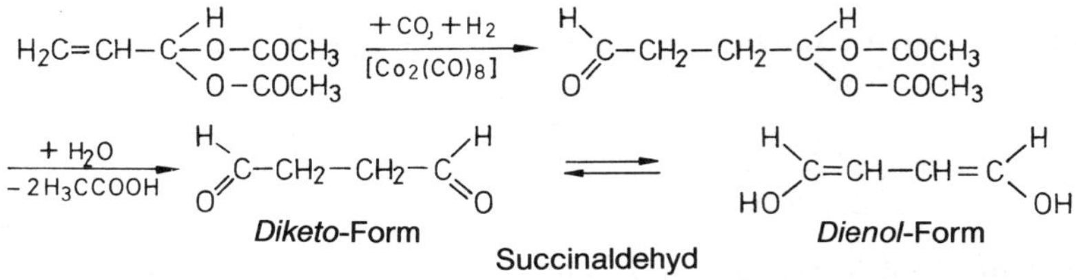

2.33.2 Ketoaldehyde

Methylglyoxal (Brenztraubensäurealdehyd), $H_3C-CO-CHO$, die Stammverbindung der Ketoaldehyde, läßt sich vom Glyoxal ableiten, in dem ein H-Atom durch die Methylgruppe ersetzt ist.

Man kann es durch Oxidation von Acetol mit Wasserstoffperoxid oder von Aceton mit Selendioxid bzw. durch Hydrolyse von *Hydroxyimino-aceton* (Isonitrosoaceton) darstellen:

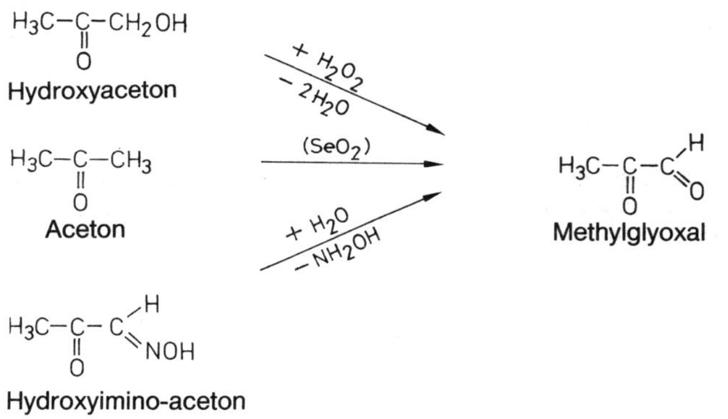

Methylglyoxal ist eine gelbe Flüssigkeit vom Sdp. 72 °C (345 K), die leicht polymierisiert. Unter dem Einfluß von Alkalien oder Enzymen erleidet Methylglyoxal eine *intramolekulare Disproportionierung* zu Milchsäure (Spezialfall der *Cannizzaro*-Reaktion):

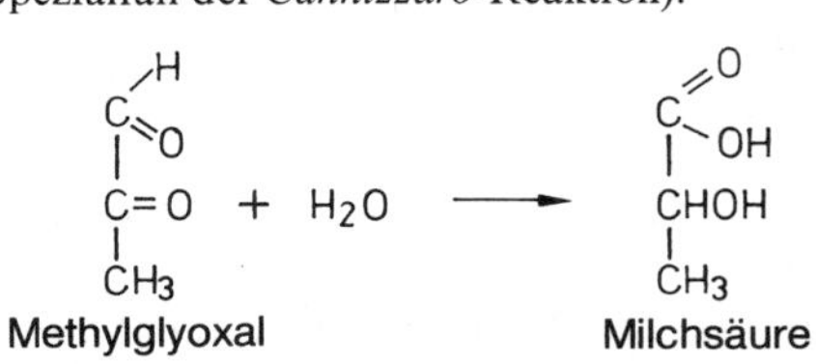

2.33.3 Diketone

Je nach der Stellung der beiden Carbonylgruppen zueinander unterscheidet man:

α- oder 1,2-Diketone, R−CO−CO−R,
β- oder 1,3-Diketone, $R-CO-CH_2-CO-R$,
γ- oder 1,4-Diketone, $R-CO-CH_2-CH_2-CO-R$.

2.33.3.1 1,2-Diketone

Biacetyl (Dimethylglyoxal), $H_3C-CO-CO-CH_3$, ist das einfachste 1,2-Diketon und absorbiert im Bereich des sichtbaren Lichts wie Glyoxal und Methylglyoxal.

Darstellung. a) *Durch Oxidation von Butanon mit Selendioxid:*

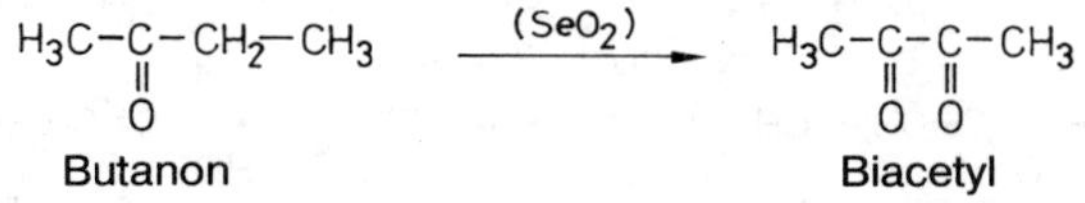

b) Durch saure Hydrolyse des 3-Hydroxyimino-2-butanons (aus Butanon):

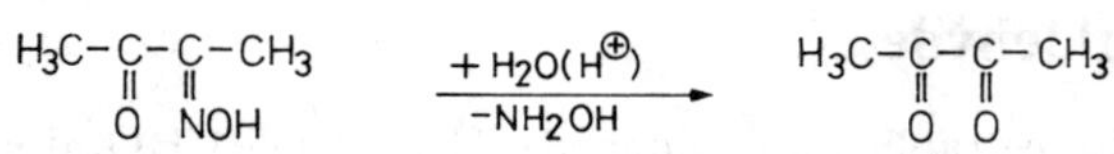

Eigenschaften. Biacetyl ist eine gelbgrüne, bei 88 °C (361 K) siedende Flüssigkeit mit *p*-benzochinonartigem Geruch und bildet neben Acetoin den wesentlichen Bestandteil des Butteraromas (etwa 0,5 mg je kg).
Bei der Einwirkung von Wasserstoffperoxid auf Biacetyl erfolgt eine Spaltung in 2 Moleküle Essigsäure:

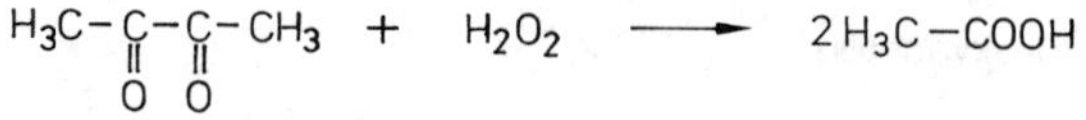

Das Dioxim des Biacetyls, das *Dimethylglyoxim*, gibt mit Nickelsalzen ein rosenrotes, sehr schwer lösliches Nickelkomplexsalz (*Nickelnachweis* nach *Tschugaew*). Der *Innerkomplex* besitzt folgende planare Struktur, die durch *Röntgenstrukturanalyse* bestätigt wurde (*Rundle*, 1953):

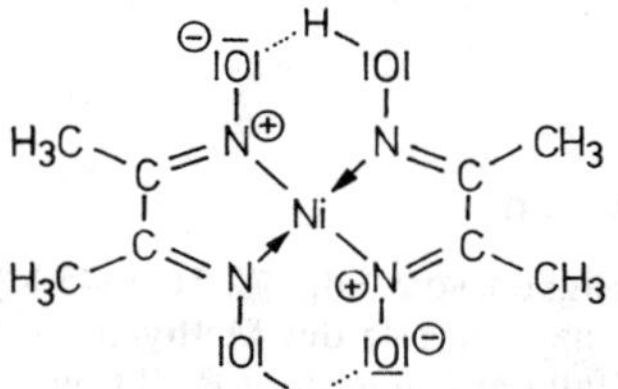

2.33.3.2 1,3-Diketone

Acetylaceton, $H_3C-CO-CH_2-CO-CH_3$, ist die erste Verbindung dieser Reihe.

Darstellung. a) Allgemein werden 1,3-Diketone *durch Claisen-Kondensation aus Carbonsäureestern und Ketonen* in Gegenwart von *Natriumalkoholat* oder *Natriumamid* dargestellt, z. B. erhält man Acetylaceton aus Essigester und Aceton:

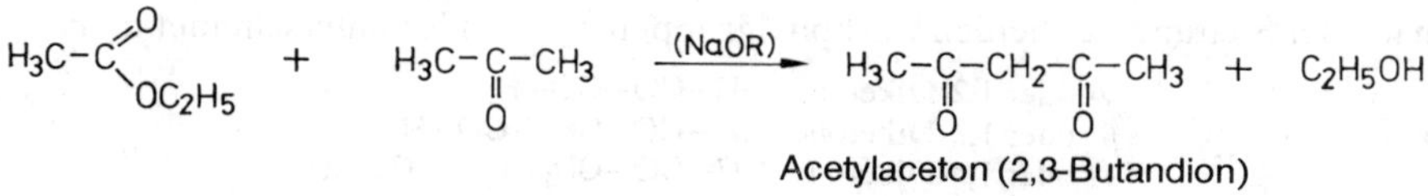

b) Auch *aus Acetanhydrid und Aceton* mit *Borfluorid* als Katalysator ist Acetylaceton in sehr guter Ausbeute zugänglich:

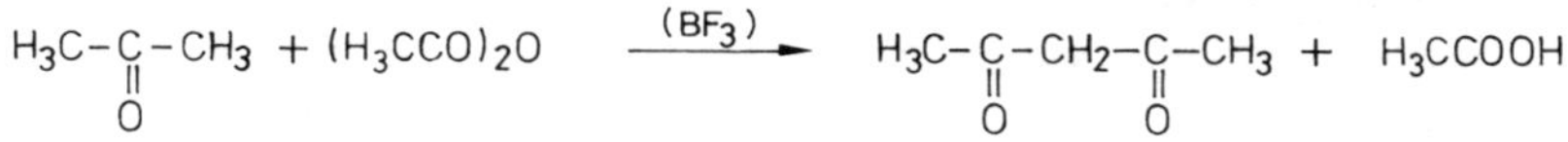

Eigenschaften. Acetylaceton ist eine farblose, angenehm riechende Flüssigkeit vom Sdp. 139 °C (412 K). Da die H-Atome der CH_2-Gruppe durch den –I-Effekt der benachbarten CO-Gruppen gelockert sind, reagiert Acetylaceton sauer und zeigt wie der Acetessigester *Keto-Enol*-Tautomerie. Mit Eisen(III)-chlorid tritt eine *Rotfärbung* auf. Das folgende *Gleichgewicht* ist weitgehend zugunsten des Enols verschoben:

Keto-Form (15%) *Enol*-Form (85%)

Acetylaceton

Wie beim Acetessigester ist die Enolisierung durch die Ausbildung eines konjugierten Bindungssystems und einer intramolekularen Wasserstoffbrücke begünstigt. Hinzu kommt hier eine *Mesomeriestabilisierung,* die im Acetessigester wesentlich geringer ist:

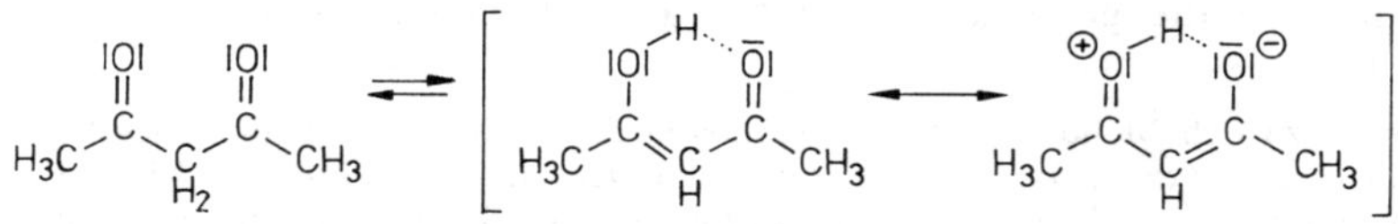

Acetylaceton

Acetylaceton bildet mit den Ionen verschiedener Leicht- und Schwermetalle, wie Be, Al, Cr, Fe, Cu u. a., *Acetylacetonate,* die sich als *Innerkomplexe* in ihrem Verhalten stark von den gewöhnlichen Salzen unterscheiden. Sie sind in organischen Lösungsmitteln, wie Ether, Benzol oder Chloroform, löslich, lassen sich destillieren und erleiden in wäßriger Lösung keine Hydrolyse.

2.33.3.3 1,4-Diketone

Acetonylaceton, das einfachste 1,4-Diketon, ist eine farblose, aromatisch riechende Flüssigkeit vom Sdp. 194 °C (467 K) und wird *durch alkalische Hydrolyse von Diacetylbernsteinsäureester* und Erhitzen der freien Säure hergestellt (*Ketonspaltung*):

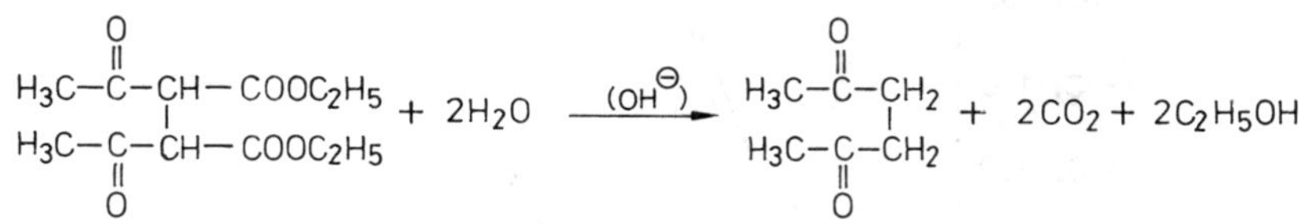

Diacetylbernsteinsäureester Acetonylaceton (2,5-Hexandion)

Die 1,4-Diketone lösen sich nicht in Laugen und bilden mit Metallen weder Salze noch *Innerkomplexe.* Charakteristisch für diese Stoffklasse ist die Leichtigkeit, mit der sich 1,4-Diketone in heterocyclische Fünfringe überführen lassen.

2.34 Gesättigte aliphatische Dicarbonsäuren

Die Dicarbonsäuren sind die Endprodukte der Oxidation *diprimärer* Alkohole und enthalten zwei Carboxylgruppen, die entweder benachbart oder durch eine oder mehrere CH_2-Gruppen voneinander getrennt sein können. Die ersten Glieder der *homologen Reihe* heißen:

Oxalsäure | Malonsäure | Bernsteinsäure | Glutarsäure | Adipinsäure

Die Namen leiten sich meist von dem Naturstoff ab, in dem die betreffende Dicarbonsäure bevorzugt auftritt.

Sämtliche Dicarbonsäuren sind kristalline Substanzen, deren Löslichkeit in Wasser mit steigender relativer Molekülmasse abnimmt. Mit Ausnahme der Oxalsäure sind sie gegen Oxidationsmittel beständig. Ihre Schmelzpunkte folgen der *Oszillationsregel,* und zwar schmelzen die geradzahligen höher als die ungeradzahligen Dicarbonsäuren (Abb. 92).

Im Vergleich zu den Monocarbsonäuren reagieren die Anfangsglieder der Dicarbonsäurereihe stärker sauer, da sich die beiden Carboxylgruppen gegenseitig beeinflussen (−I-Effekt). Sie dissoziieren in *zwei Stufen,* und zwar ist die *Acidität* der ersten erheblich größer als die der Monocarbonsäuren, die der zweiten Stufe dagegen nur wenig kleiner. Die größte Acidität besitzt die Oxalsäure, deren Erstdissoziation mit einem pK_a^1-Wert von 1,46 wesentlich stärker ist als die der Ameisensäure ($pK_a = 3{,}77$) und der Essigsäure ($pK_a = 4{,}76$). In der homologen Reihe nimmt die Säurestärke − wie zu erwarten − mit der Entfernung der Carboxylgruppen voneinander rasch ab. Während die Erstdissoziation der Malonsäure noch den pK_a^1-Wert von 2,80 besitzt, ähnelt die der Bernsteinsäure ($pK_a^1 = 4{,}17$) bereits der Acidität der Monocarbonsäuren.

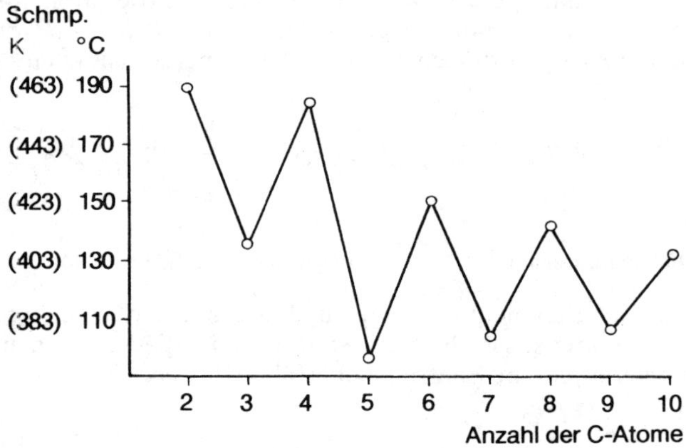

Abb. 92. Schmelzpunkte gesättigter aliphatischer Dicarbonsäuren.

Das chemische Verhalten der Dicarbonsäuren wird durch die beiden Carboxylgruppen bestimmt, mit denen sich die gleichen Umsetzungen wie mit den Monocarbonsäuren durchführen lassen.

Als Besonderheit treten die Reaktionen hervor, die durch die relative Stellung der Carboxylgruppen zueinander bedingt sind. Hierzu zählt u. a. das *thermische Verhalten der Dicarbonsäuren,* z. B. wird *Oxalsäure* bei längerem Erhitzen über ihren Schmelzpunkt vollständig in Kohlendioxid, Kohlenmonoxid und Wasser gespalten, wobei Ameisensäure als Zwischenprodukt auftritt:

$$HOOC-COOH \xrightarrow[-CO_2]{} HCOOH \rightarrow CO + H_2O$$

Für die *Malonsäure,* in der die beiden Carboxylgruppen an einem C-Atom haften, ist charakteristisch, daß sie beim Erhitzen auf 140–150 °C (410–420 K) leicht decarboxyliert wird:

$$\underset{\text{Malonsäure}}{HOOC-CH_2-COOH} \rightarrow \underset{\text{Essigsäure}}{H_3C-COOH} + CO_2$$

Die *Bernsteinsäure* und *Glutarsäure* gehen bei längerem Erhitzen – am besten in Gegenwart von Acetanhydrid – unter *intramolekularer* Wasserabspaltung in *cyclische Anhydride* über:

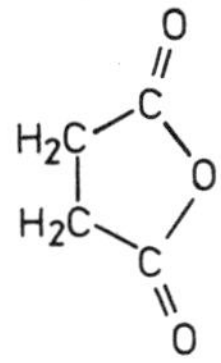

Bernsteinsäureanhydrid

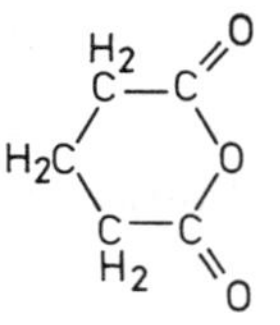

Glutarsäureanhydrid

Dagegen entstehen durch Erhitzen von *Adipinsäure* oder *Pimelinsäure* mit Acetanhydrid und anschließende Destillation *cyclische Ketone,* nämlich *Cyclopentanon* oder *Cyclohexanon,* z. B.

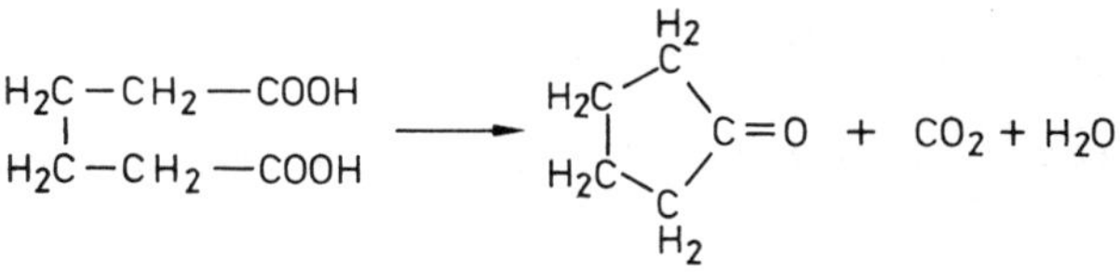

Adipinsäure Cyclopentanon

Auf diesen experimentellen Befunden basiert die ***Blanc*sche Regel** (1905), die besagt, daß Dicarbonsäuren, deren Carboxylgruppen durch 2 oder 3 C-Atome getrennt sind, unter den obigen Bedingungen in cyclische Anhydride übergehen, während Dicarbonsäuren mit 4 oder 5 mittelständigen C-Atomen cyclische Ketone liefern. Somit lassen sich in einer unbekannten Dicarboxylverbindung aus dem jeweiligen Ringschluß Folgerungen auf die gegenseitige Stellung der Carboxylgruppen ziehen.

Bei Dicarbonsäuren, deren Carboxylgruppen noch weiter entfernt stehen, erfolgt keine Cyclisierung, sondern *intermolekulare* Wasserabspaltung zu linearpolymeren Anhydriden.

Beim Erhitzen der *Calcium- oder Bariumsalze von Dicarbonsäuren* mit 6 oder mehr C-Atomen entstehen *cyclische Ketone*, z. B.

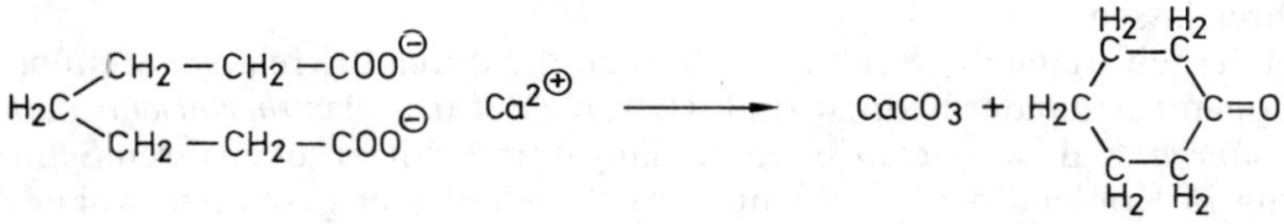

Ca-Salz der Pimelinsäure — Cyclohexanon

Bei höheren Dicarbonsäuren sind die Ausbeuten sehr gering, jedoch konnte *Ruzicka* durch Anwendung von Thorium- oder Cer-Salzen auf diese Weise cyclische Ketone mit bis zu 34 C-Atomen herstellen.

Die wichtigsten gesättigten Dicarbonsäuren

2.34.1 Oxalsäure

Oxalsäure zählt zu den verbreitetsten Pflanzensäuren und findet sich vor allem im Sauerklee (*Oxalis acetosella*) als saures Kaliumsalz, im Sauerampfer und Rhabarber. In den Zellsäften tritt sie vielfach als Calciumsalz auf, besonders in Algen und Flechten. Im tierischen Organismus kommen geringe Mengen von Calciumoxalat im Harn vor, die in pathologischen Fällen (*Oxalurie*) zur Bildung von Blasen- und Nierensteinen, den „Oxalatsteinen", führen können. Größere Mengen von Oxalsäure wirken durch Störung des Calciumstoffwechsels giftig.

Darstellung

2.34.1.1 *Durch saure Hydrolyse von Dicyan*, dem Dinitril der Oxalsäure: *Oxalonitril* (*Wöhler*, 1824):

$$\underset{\text{Dicyan}}{\begin{matrix} C{\equiv}N \\ | \\ C{\equiv}N \end{matrix}} + 4H_2O \longrightarrow \underset{\text{Oxalsäure}}{\begin{matrix} COOH \\ | \\ COOH \end{matrix}} + 2NH_3$$

Das Verfahren ist nur noch historisch interessant.

2.34.1.2 *Durch Oxidation von Rohrzucker* mit konz. Salpetersäure in Gegenwart von Vanadin(V)-oxid:

$$C_{12}H_{22}O_{11} + 18\,O \xrightarrow[(V_2O_5)]{(HNO_3)} 6 \begin{matrix} COOH \\ | \\ COOH \end{matrix} + 5H_2O$$

2.34.1.3 Technisch *durch rasches Erhitzen von Natriumformiat* auf 360 °C (630 K), am besten in Gegenwart von Ätznatron, wobei unter Wasserstoffentwicklung Natriumoxalat entsteht:

$$\begin{matrix} H{-}COONa \\ \\ H{-}COONa \end{matrix} \longrightarrow \begin{matrix} COONa \\ | \\ COONa \end{matrix} + H_2$$

Das Natriumoxalat führt man durch Umsetzen mit Calciumhydroxid in das schwerlösliche Calciumoxalat über, aus dem die Oxalsäure mit Schwefelsäure in Freiheit gesetzt wird. Zwischen Ameisensäure und Oxalsäure besteht ein genetischer Zusammenhang, beide sind ineinander überführbar.

Eigenschaften. Oxalsäure kristallisiert aus wäßrigem Medium in farblosen Prismen, die 2 Moleküle Kristallwasser enthalten und bei 101,5 °C (374,7 K) schmelzen. Durch Erhitzen des Dihydrats – am besten mit Tetrachlormethan – erhält man wasserfreie Oxalsäure vom Schmp. 189,5 °C (462,7 K). Sie ist leicht löslich in Wasser und Ethanol, aber kaum in Ether und bildet zwei Reihen von Salzen, normale und saure *Oxalate.* Von den Derivaten seien erwähnt: *Oxalsäuredimethylester,* Schmp. 54 °C (327 K), *Oxalsäurediethylester,* Sdp. 185,4 °C (458,6 K), *Oxalylchlorid,* ClOC–COCl, Sdp. 63,5 °C (336,7 K), *Oxamid,* $H_2NOC-CONH_2$, Schmp. 419 °C (692 K, Zers.), und *Oxalamidsäure* (Oxamidsäure), $HOOC-CONH_2$, Schmp. 210 °C (483 K, Zers.), die vielfach als Ausgangsstoffe bei Synthesen verwendet werden.

Verwendung. In der Analytik dient das Dihydrat der Oxalsäure als *Urtitersubstanz* in der Alkali- und Manganometrie sowie zur quantitativen Bestimmung des Calciums als Oxalat und zur Trennung der seltenen Erden. Technisch werden Oxalsäure bzw. ihre Antimonsalze als *Beizmittel* in der Färberei benutzt.

2.34.2 Malonsäure

Malonsäure findet sich z. B. im Saft der Zuckerrübe, ist aber sonst im Pflanzenreich wenig verbreitet. Da sie zuerst bei der Oxidation von Äpfelsäure (*Acidum malicum*) erhalten wurde, verdankt sie dieser Reaktion ihren Namen.

Darstellung. Beim Erhitzen des Kaliumsalzes der Chloressigsäure mit Kaliumcyanid erhält man *Cyanessigsäure* (Mononitril der Malonsäure), deren saure Hydrolyse in 85proz. Ausbeute Malonsäure liefert:

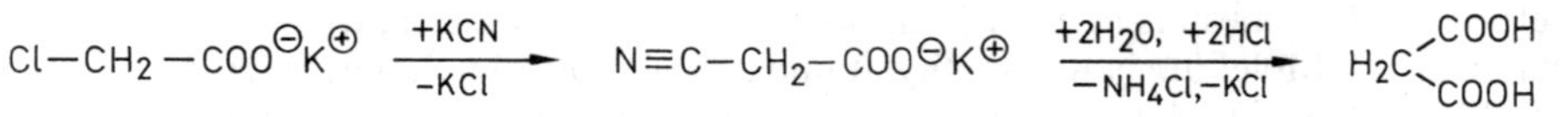

Eigenschaften. Die kristallisierte Malonsäure schmilzt bei 135,6 °C (408,8 K); wenig oberhalb dieser Temperatur geht sie unter Abspaltung von Kohlendioxid in Essigsäure über. Ihre Salze heißen *Malonate.*

Beim Erhitzen von Malonsäure mit Phosphor(V)-oxid auf etwa 150 °C (425 K) werden *intramolekular* zwei Moleküle Wasser abgespalten, wobei in geringer Menge *Kohlensuboxid* entsteht (*Diels*).

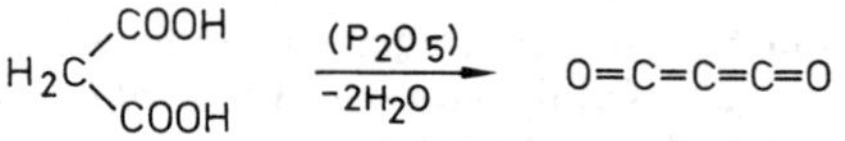

Malonsäure Kohlensuboxid

Es ist ein stechend riechendes, giftiges Gas vom Sdp. 7 °C (280 K), das mit rußender, blaugesäumter Flamme brennt und schon bei Raumtemperatur zu einer roten, amorphen Substanz polymerisiert. Man kann es als Diketen mit vier *kumulierten* Doppelbindungen auffassen.

2.34.2.1 Malonester

Wichtiger als die freie Säure ist der Malonsäurediethylester (Malonester), der aus dem Kaliumsalz der Cyanessigsäure durch Behandlung mit absolutem Ethanol und konz.

Schwefelsäure oder Chlorwasserstoff gewonnen wird. Die Reaktion verläuft über den *Imidoester*, der durch Hydrolyse in Malonester übergeht:

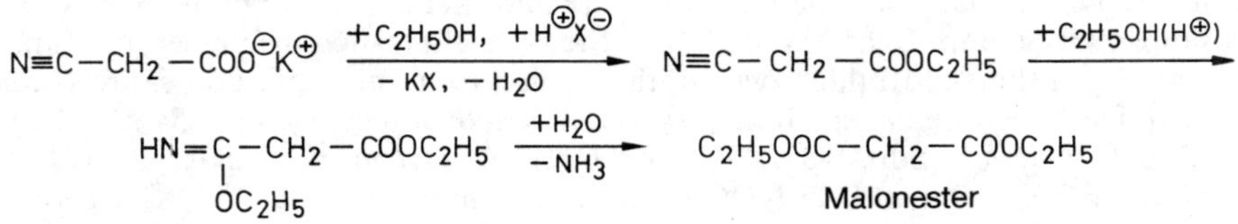

Malonester ist eine farblose, angenehm riechende Flüssigkeit vom Sdp. 199 °C (472 K). Seine Bedeutung für Synthesen beruht auf der *aktiven* Methylengruppe, deren H-Atome durch den acidifizierenden Einfluß der benachbarten Ethoxycarbonylgruppen (−I-Effekt) beweglich sind. Im Gegensatz zum Acetessigester erfolgt beim Malonester *keine spontane Enolisierung*. Daher löst sich Malonester nicht in wäßrigem Alkali. Erst bei der Einwirkung von Alkalien, wie Natriumalkoholat oder Natriumamid, in wasserfreien Lösungsmitteln wird ein Proton der Methylengruppe abgespalten. Der hierbei entstehende Natriummalonester dient als Ausgangsmaterial für **Malonestersynthesen.** Bei der Umsetzung mit Alkylhalogeniden erhält man ausschließlich *C-Alkyl-malonester:*

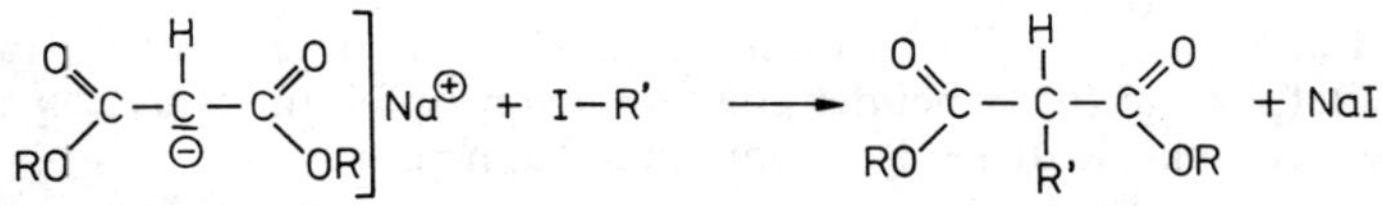

Natriummalonester C-Alkylmalonester

Die erneute Umsetzung der Natriumverbindung des Monoalkylmalonesters mit Alkyliodid führt zum *Dialkyl-malonester*. Im Gegensatz zum Acetessigester kann die Dialkylierung des Malonesters in einer Reaktionsstufe erreicht werden, wenn man auf 1 Molekül Ester je 2 Moleküle Natriumethylat und Alkylhalogenid einwirken läßt.
Die Mono- bzw. Dialkyl-malonester gehen bei der alkalischen und sauren Hydrolyse in der Hitze unter Decarboxylierung in die entsprechend substituierten Essigsäuren über (**Säurespaltung**), z. B.

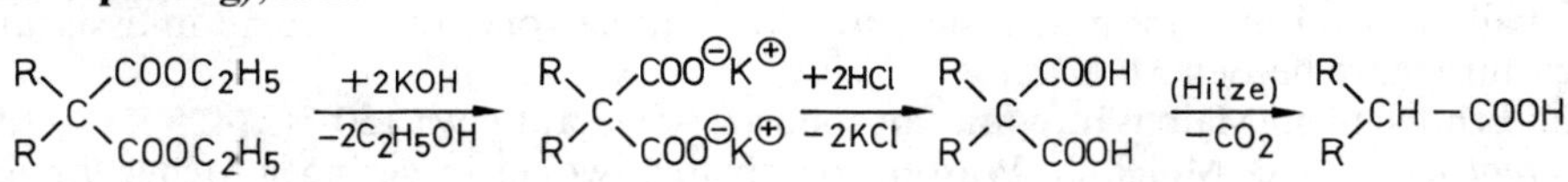

2.34.2.2 *Knoevenagel*-Reaktion[1] (1898). Die *aktive* Methylengruppe des Malonesters reagiert mit Aldehyden oder Ketonen in Gegenwart einer *sekundären Base* – meist Piperidin oder Diethylamin – als Katalysator zu einem *aldolartigen* Zwischenprodukt, das unter Wasserabspaltung in den ungesättigten Dicarbonsäurediester übergeht, z. B. erhält man aus Malonester und Benzaldehyd den *Benzylidenmalonester* (Benzalmalonester):

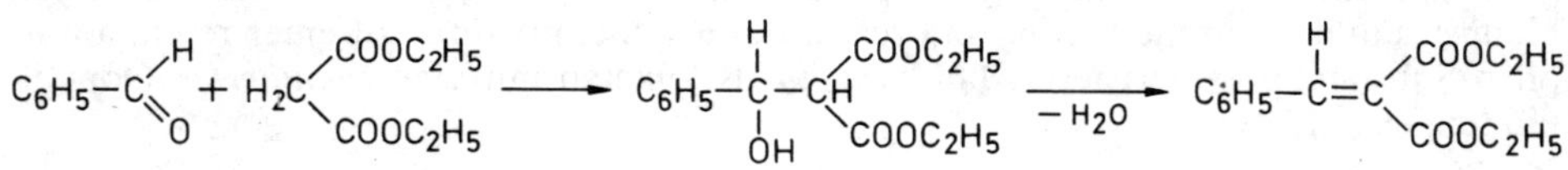

Benzaldehyd Malonester Benzylidenmalonester

[1] Vgl. *G. Jones*, The *Knoevenagel* Condensation, Org. Reactions *15*, 204 ff. (1967).

Bei der sauren Hydrolyse des Benzylidenmalonesters entsteht unter Decarboxylierung die Zimtsäure, $C_6H_5-CH=CH-COOH$.

Der *Reaktionsmechanismus* ist – in Analogie zur Aldoladdition – wie folgt zu deuten: Primär wirkt das basische Kondensationsmittel als Protonenakzeptor und erzeugt ein *Carbanion* (Methylenkomponente), das sich *nucleophil* an das positivierte C-Atom der Carbonylgruppe des Aldehyds oder Ketons (Carbonylkomponente) addiert. Unter Wasserabspaltung entsteht dann der ungesättigte Dicarbonsäurediester:

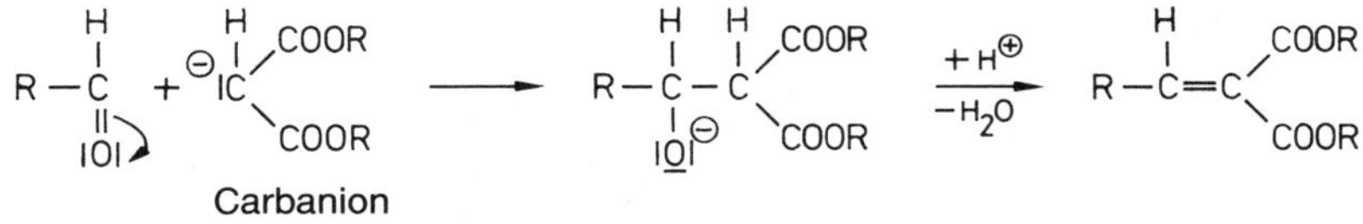

Ein analoges Ergebnis erhält man, wenn man *Cyanessigester* ($N\equiv C-CH_2-COOR$) statt Malonester verwendet.

2.34.2.3 *Michael*-Addition[1] (1887). Hierunter versteht man die *nucleophile* Addition von Verbindungen mit *aktiven* Methylengruppen, z. B. von Malonester oder Acetessigester (*Michael*-Donoren), an aktivierte C=C-Doppelbindungen (α,β-ungesättigte Carbonylverbindungen, Carbonsäureester oder Nitrile: *Michael*-Akzeptoren) in Gegenwart *basischer Katalysatoren*, wie Piperidin, Diethylamin oder Natriumalkoholat, z. B.

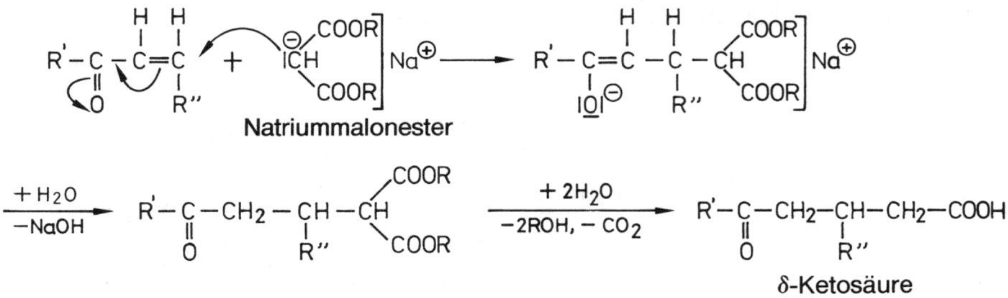

Da die Endprodukte durch Hydrolyse unter gleichzeitiger Decarboxylierung in die betreffenden Carbonsäuren überführbar sind, wird die *Michael*-Addition vielfach bei Synthesen angewendet.
Die Aktivierung der C=C-Doppelbindung ist darauf zurückzuführen, daß die Eigenschaften der Carbonylgruppe auf das β-Kohlenstoff-Atom des ungesättigten Systems übertragen werden.

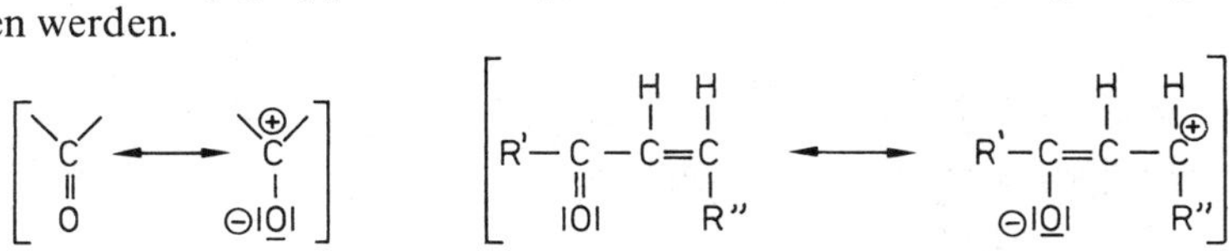

Man bezeichnet derartige Systeme als *Vinyloge* der entsprechenden *Carbonylverbindungen;* so ist Acrolein nach dem *Vinylogieprinzip*[2] als vinyloger Formaldehyd aufzufassen.

---

[1] Vgl. *E. D. Bergmann* et al., The *Michael* Reaction, Org. Reactions *10,* 179 ff. (1959). *Arthur Michael* war Amerikaner, sein Name wird daher *Maikl* ausgesprochen.
[2] Vgl. *R. C. Fuson,* Chem. Reviews *16,* 1 (1935).

Vinyloge Systeme können auch Blausäure an die C=C-Doppelbindung anlagern[1]. Die Konkurrenzreaktion der Cyanhydrinbildung tritt für das Reaktionsergebnis in den Hintergrund, weil die Rückbildung der Blausäure aus dem Cyanhydrin schneller verläuft als aus dem β-Cyanketon:

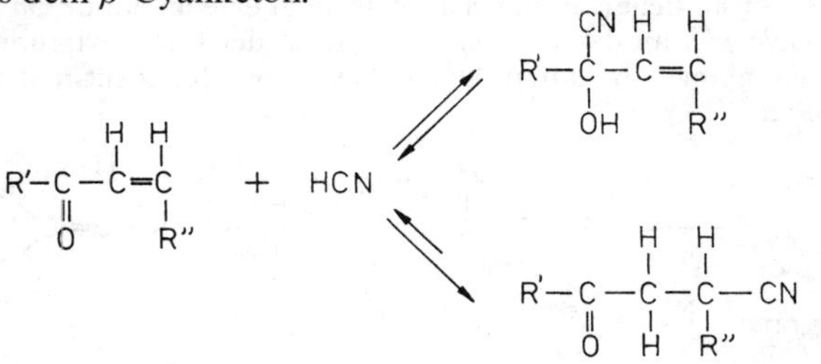

Statt Blausäure selbst kann auch das ungefährlichere Acetoncyanhydrin als Reagens verwendet werden.
Eine vielversprechende technische Anwendung der *Michael*-Addition ist die *Gruppen-Transfer*-Polymerisation (GTP), mit der man Polymere mit verhältnismäßig einheitlichen relativen Molekülmassen herstellen kann. Sie wird ausgelöst durch eine basenkatalysierte *Michael*-Addition von *Dimethyl-ketenmethyl-trimethylsilylacetal* an *Methacrylsäuremethylester,* wobei die Trimethylsilylgruppe bei jedem Polymerisationsschritt wieder an das Ende der wachsenden Kette wandert, so daß dort immer wieder eine Methyl-trimethylsilylketenacetalgruppe (grau unterlegt) entsteht:

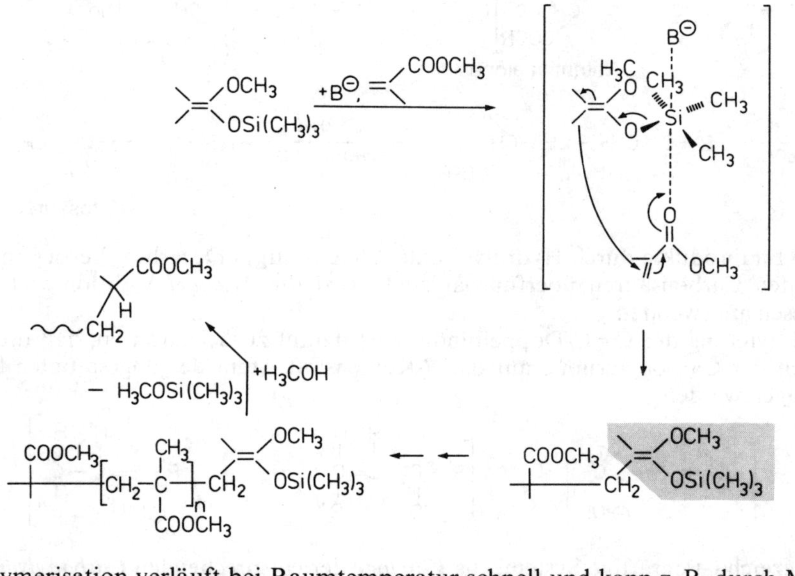

Die Polymerisation verläuft bei Raumtemperatur schnell und kann z. B. durch Methanol abgebrochen werden.

[1] Vgl. *W. Nagata* et al., Hydrocyanation of Conjugated Carbonylcompounds, Org. Reactions *25,* 255 ff. (1977).

2.34.3 Bernsteinsäure

Bernsteinsäure findet sich im Bernstein (*succinum*) und in einigen anderen Harzen, in manchen Braunkohlen, in zahlreichen Pflanzen, z. B. Algen, Pilzen und Flechten, im Rhabarber, in unreifen Weintrauben und Tomaten. Physiologisch tritt sie als Zwischenprodukt im Citronensäurezyklus auf.

Darstellung

2.34.3.1 *Durch Umsetzung von 1,2-Dibrom-ethan mit Kaliumcyanid* zu Succinonitril (Butandinitril) und anschließende saure Hydrolyse:

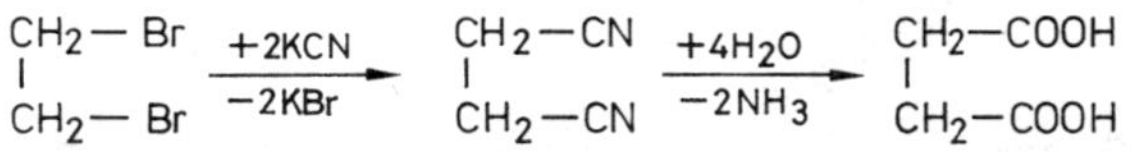

1,2-Dibrom-ethan Succinonitril Bernsteinsäure

2.34.3.2 Technisch *durch katalytische Hydrierung von Maleinsäure:*

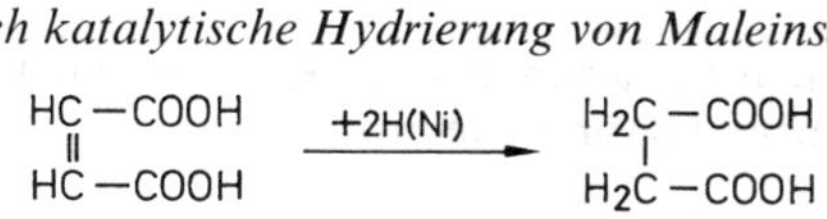

Maleinsäure Bernsteinsäure

Eigenschaften. Bernsteinsäure kristallisiert in Tafeln vom Schmp. 185 °C (458 K); ihre Salze heißen *Succinate.* Beim Erhitzen geht sie unter Wasserabspaltung in Bernsteinsäureanhydrid (Schmp. 120 °C [393 K]) über, das zuweilen für Synthesen verwendet wird; durch rasche Destillation von Ammoniumsuccinat entsteht Succinimid (Schmp. 126 °C [399 K]).

N-Brom-succinimid, NBS[1] erhält man durch Einwirkung von Brom auf Succinimid bei 0 °C (273 K) in Gegenwart von Natriumhydroxid:

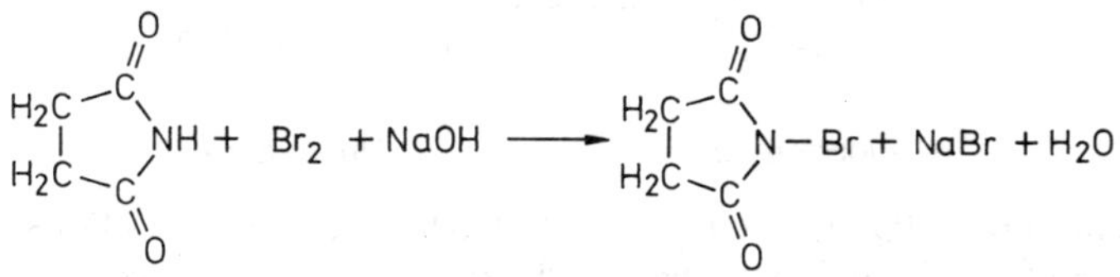

Succinimid N-Brom-succinimid

Es wird als *Bromierungsmittel* benutzt, und zwar besonders für Verbindungen mit Allyl-Struktur, da die C=C-Doppelbindung hierbei *nicht* angegriffen wird (***Wohl-Ziegler*-Reaktion**), z. B.

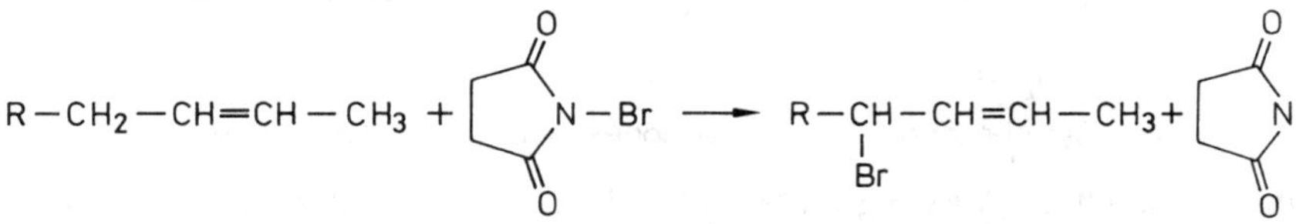

Die α-ständige Methylengruppe wird rascher bromiert als die Methylgruppe.
Ferner hat N-Brom-succinimid als *Dehydrierungsmittel* präparative Bedeutung erlangt.

[1] Vgl. *L. Horner* et al., N-Bromsuccinimid, Eigenschaften und Reaktionsweisen, Angew. Chem. *71*, 349 (1959); *R. Filler*, Chem. Reviews *63*, 21 (1963).

2.34.3.3 ***Stobbe*-Kondensation**[1] (1893). Setzt man Bernsteinsäureester mit Ketonen oder Aldehyden in Gegenwart von Basen, z. B. Kalium-*tert.*-butylat (*Johnson*, 1944), um, so bildet sich über ein Aldol das Kaliumsalz des Alkylidenbernsteinsäurehalbesters. Dieses geht bei der sauren Hydrolyse, am besten mit konz. Bromwasserstoffsäure in Eisessig, unter Decarboxylierung in das γ-Lacton bzw. die entsprechende β,γ-ungesättigte Monocarbonsäure über. Beide Verbindungen lassen sich durch katalytische Reduktion in die gesättigte Monocarbonsäure überführen, z. B.

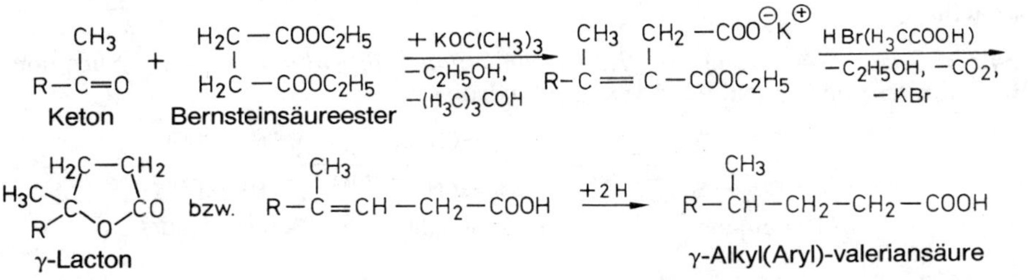

Die Methode wird vor allem bei aromatischen Ketonen zur Einführung des Propionsäurerestes anstelle der Carbonylgruppe benutzt.

2.34.4 Höhere Dicarbonsäuren

2.34.4.1 Glutarsäure, HOOC – $(CH_2)_3$ – COOH, eine kristalline Substanz vom Schmp. 98 °C (371 K), kommt neben der Malonsäure im Rübensaft vor. Sie ist technisch *durch oxidative Ringöffnung von Cyclopentanon mit* 50proz. Salpetersäure in Gegenwart von *Vanadin(V)-oxid* zugänglich:

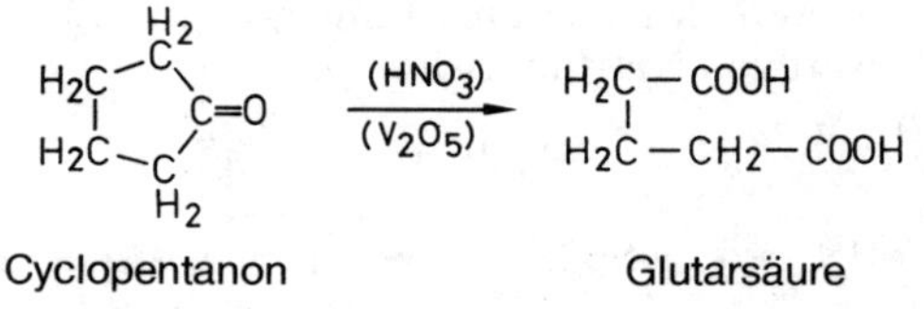

2.34.4.2 Adipinsäure, HOOC – $(CH_2)_4$ – COOH, Schmp. 153 °C (426 K), findet sich ebenfalls im Rübensaft und wird technisch *durch oxidative Ringöffnung von Cyclohexanol* oder *Cyclohexanon* mit 65proz. Salpetersäure 30 – 40 °C (300 – 310 K) gewonnen:

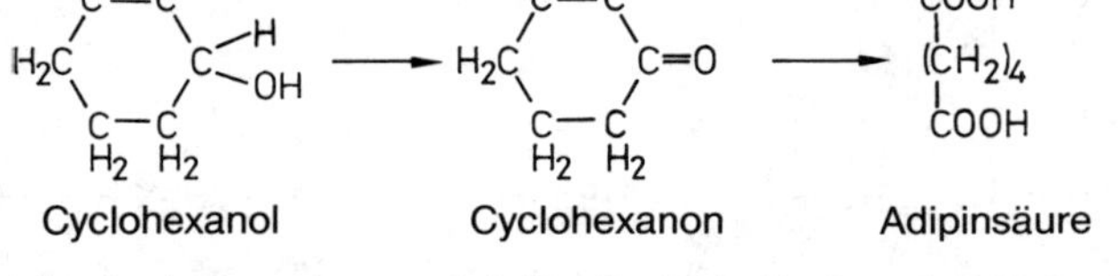

Adipinsäure spielt als Ausgangsmaterial für die Fabrikation der *Nylonfaser* eine wichtige Rolle.
Die Herstellung dieser ersten **Polyamidfaser** (Nylon-6,6; 6,6-Polyamid) basiert auf der *Polykondensation von aliphatischen Dicarbonsäuren mit Diaminen.* Dazu verschmilzt

[1] Vgl. *W. S. Johnson* et al., The *Stobbe* Condensation, Org. Reactions *6*, 1 ff. (1951).

man molare Mengen Adipinsäure, $HOOC-(CH_2)_4-COOH$, und Hexamethylendiamin, $H_2N-(CH_2)_6-NH_2$, bei etwa 280 °C (550 K) (*Carothers*, 1935). Die hierbei gebildeten *Polyamide* weisen folgende Kettenstruktur auf:

$$\text{-}(\text{NH}-\text{CO}-(\text{CH}_2)_4-\text{CO}-\text{NH}-(\text{CH}_2)_6\text{-})_n\text{:}\quad \text{Polyhexamethylenadipamid}$$

Sie lassen sich direkt aus der Schmelze verspinnen und zeichnen sich durch besondere Reißfestigkeit und Elastizität aus.

Die Bezeichnung Nylon diente ursprünglich als Gattungsname für alle langkettigen synthetischen Polyamide. Heute werden diese meist durch Zahlen gekennzeichnet, z. B. besagt der Name Nylon-6,6 bzw. 6,6-Polyamid, daß sowohl das als Ausgangsstoff dienende Diamin 6 C-Atome (1. Zahl) als auch die Dicarbonsäure 6 C-Atome (2. Zahl) aufweist.

2.34.4.3 Hexamethylendiamin (Schmp. 44 °C [317 K]), wird meist durch katalytische Hydrierung von Adiponitril gewonnen, das z.B. aus Butadien über folgende Reaktionsstufen darstellbar ist:

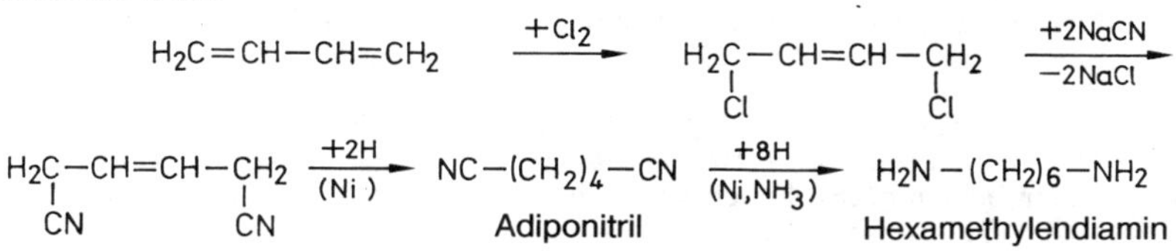

Das Adiponitril (Hexandinitril) läßt sich auf elektrochemischem Wege in einem Schritt aus Acrylnitril (Acrylonitril) darstellen:

$$2\,H_2C=CH-CN \xrightarrow{2^{\ominus},\,2\,H^{\oplus}} NC-(CH_2)_4-CN$$

Acrylnitril Adiponitril

Man erhält Ausbeuten von 95% bei Stromausbeuten von 90%, wenn man in wäßriger Lösung ein quartäres Ammoniumsalz als Leitsalz verwendet. Das technisch erfolgreiche Verfahren ist ein Beispiel für die ***Elektrohydrodimerisierung*** (EHD), die an zahlreichen Verbindungen mit Doppelbindungen vorgenommen werden kann, die in Konjugation zu einer elektronenziehenden Gruppe stehen[1].
Die Reaktion verläuft nicht über neutrale Radikale wie die *Kolbe*-Elektrolyse, sondern über ein kathodisch entstehendes *Radikalanion*, für dessen Hydrodimerisierung folgender Reaktionsweg angenommen wird:

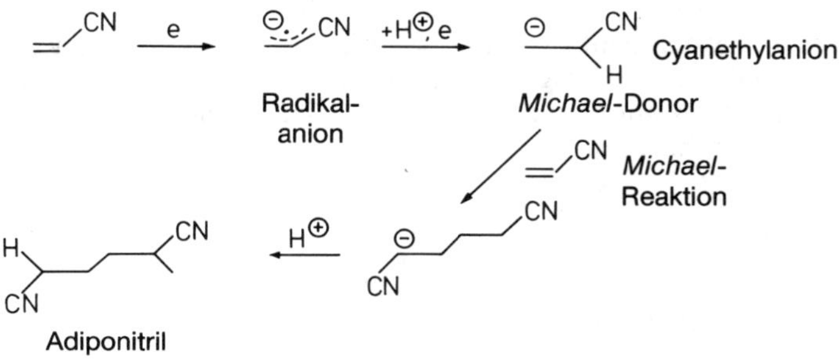

[1] Im Zusammenhang mit der großen Entwicklung der organischen Elektrochemie vgl. *F. Beck*, Elektroorganische Chemie (Verlag Chemie, Weinheim 1974); *M. E. Baizer*, Recent Developments in Organic Synthesis by Electrolysis, Tetrahedron *40*, 935 (1984).

Das Radikalanion wird protoniert und zum Cyanethylanion reduziert, das in einer *Michael*-Reaktion mit Acrylnitril reagiert. Es wird also einer der beiden Dimerisierungspartner in einer vorgeschalteten *Redox-Umpolung* in ein *Carbanion* umgewandelt, das als *Michael*-Donor wirkt. Das Carbanion entsteht nach einem ECE-Mechanismus, d. h. auf einen *e*lektrochemischen Prozeß folgt eine *c*hemische Reaktion und auf diese wieder ein *e*lektrochemischer Prozeß[1].

Pimelinsäure, HOOC – $(CH_2)_5$ – COOH, Schmp. 105 °C (378 K), gewinnt man durch *katalytische Hydrierung von Salicylsäure* zu Tetrahydrosalicylsäure bzw. der *tautomeren* Cyclohexanon-*o*-carbonsäure und anschließende Säurespaltung durch Erhitzen mit starker Kalilauge unter Druck bei 300 °C (575 K):

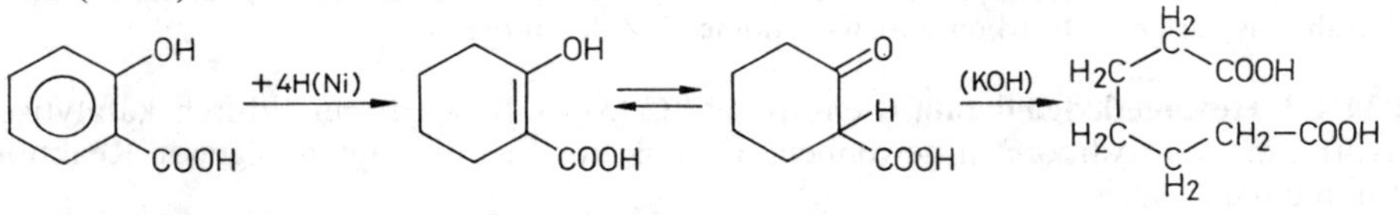

Salicylsäure Tetrahydrosalicylsäure Cyclohexanon-*o*-carbonsäure Pimelinsäure

Suberinsäure (Korksäure), HOOC – $(CH_2)_6$ – COOH, Schmp. 140 °C (413 K), entsteht in geringer Menge bei der *Oxidation von Kork* (*Quercus suber* = Korkeiche) mit Salpetersäure. Sie ist besser zusammen mit den beiden nächst höheren Dicarbonsäuren, der *Azelain-* und *Sebacinsäure,* durch HNO_3-Oxidation von Ricinusöl zugänglich.

2.35 Ungesättigte aliphatische Dicarbonsäuren

2.35.1 Ethylendicarbonsäuren (Malein- und Fumarsäure)

Die beiden wichtigsten Verbindungen dieser Stoffklasse sind die Malein- und die Fumarsäure, an denen *Wislicenus* erstmalig die *cis-trans*-Isomerie studierte. Die sterische Anordnung der beiden Säuren konnte dadurch bewiesen werden, daß nur die *Maleinsäure,* (*Z*)-Form, infolge der räumlichen Nähe der beiden Carboxylgruppen bei raschem Erhitzen – am besten mit Acetanhydrid – unter Wasserabspaltung ein cyclisches Anhydrid bildet:

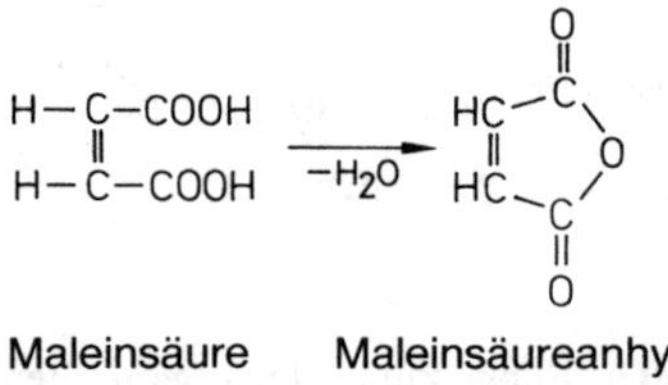

Maleinsäure Maleinsäureanhydrid

[1] Vgl. *H. J. Schäfer*, CC-Verknüpfungen an Anode und Kathode, Angew. Chem. *93,* 978 (1981).

Bei längerem Erhitzen auf 150 °C (425 K) sowie bei UV-Bestrahlung *isomerisiert* sich die Maleinsäure zur stabileren *Fumarsäure*, (*E*)-Form:

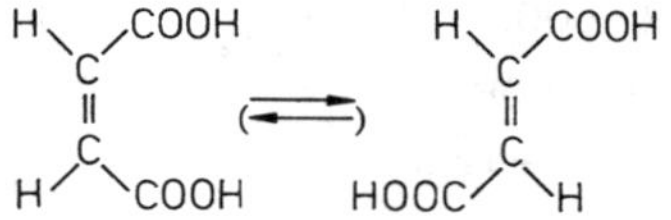

Maleinsäure (*Z*)-Form — Fumarsäure (*E*)-Form

Die umgekehrte Reaktion ist direkt nicht durchführbar. Erhitzt man Fumarsäure auf genügend hohe Temperaturen (etwa 300 °C [575 K]), so findet zwar Isomerisierung statt, jedoch bildet sich unter Wasseraustritt sofort Maleinsäureanhydrid.
Maleinsäure wurde bisher in der Natur nicht aufgefunden. Ihr Name leitet sich von der Äpfelsäure (*Acidum malicum*) ab, aus der sie durch Wasserabspaltung zugänglich ist. Fumarsäure kommt in einer Reihe von Pflanzen vor, z. B. im Erdrauch (*Fumaria officinalis*), im Isländischen Moos sowie in Pilzen und Flechten. Im Citronensäurezyklus tritt sie bei der Dehydrierung von Bernsteinsäure als Zwischenprodukt auf.

Darstellung

2.35.1.1 *Bei raschem Erhitzen von Äpfelsäure* auf etwa 250 °C (525 K) entsteht unter Wasserabspaltung Maleinsäureanhydrid, das mit Wasser in *Maleinsäure* überführbar ist:

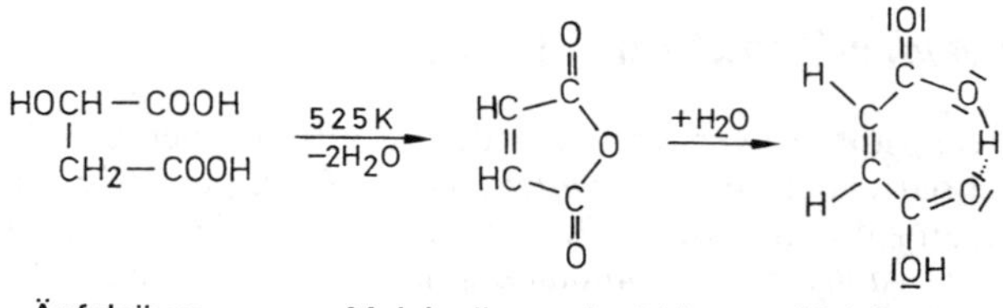

Äpfelsäure — Maleinsäureanhydrid — Maleinsäure

2.35.1.2 Technisch wird *Maleinsäureanhydrid* wie folgt gewonnen:
a) *Durch katalytische Oxidation von Benzol* mit Luftsauerstoff bei 400–450 °C (675–725 K) an einem Katalysator auf der Basis von V_2O_5, Ausbeute 50%:

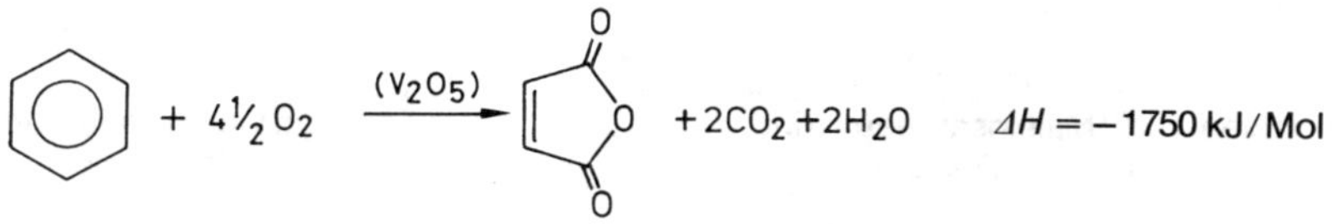

Benzol — Maleinsäureanhydrid

Als Nebenprodukte entstehen Fumarsäure und *p*-Benzochinon.

b) In gleicher Weise *durch Oxidation von Butenen:*

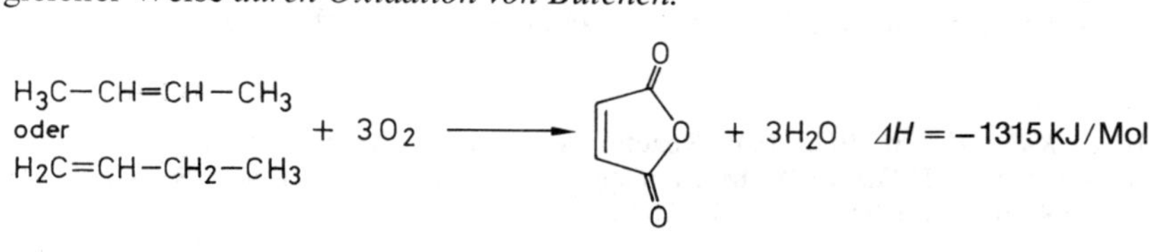

2.35.1.3 *Fumarsäure* kann *aus Monobrombernsteinsäure* durch Kochen mit verdünnten Laugen unter HBr-Abspaltung erhalten werden:

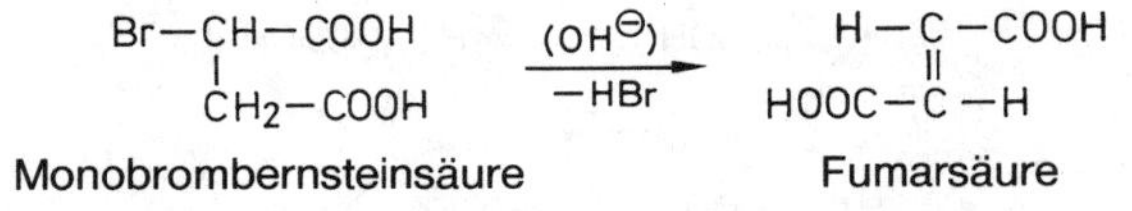

Technisch wird sie durch *katalytische Umlagerung von Maleinsäure* bei 100 °C (375 K) in Gegenwart von Thioharnstoff hergestellt.

Eigenschaften. Maleinsäure bildet farblose Prismen vom Schmp. 130,5 °C (403,7 K) und löst sich leicht in Wasser; Fumarsäure ist in Wasser schwer löslich, sublimiert ab 200 °C (475 K) und schmilzt im geschlossenen Röhrchen bei 287 °C (560 K). Die Erstdissoziation der Maleinsäure ist mit einem pK_a^1-Wert von 1,92 viel stärker als die der Fumarsäure ($pK_a^1 = 3{,}02$), da das Anion der Maleinsäure ähnlich wie bei der Salicylsäure durch eine *intramolekulare Wasserstoffbrücke* (vgl. S. 335) stabilisiert ist. Bei der katalytischen Hydrierung geht Maleinsäure unter gleichen Reaktionsbedingungen erheblich schneller in Bernsteinsäure über als die Fumarsäure.

Verwendung. Maleinsäure wird auf synthetischem Gebiet als Komponente zur Fabrikation von Alkydharzen und ungesättigten Polyesterharzen und Maleinsäureanhydrid häufig als Reaktionspartner bei „Diensynthesen" verwendet.

2.35.2 *Diels-Alder*-Reaktion[1] (1928)

Unter einer „Diensynthese" versteht man die Addition einer C=C-Doppelbindung, die durch benachbarte polare, *elektronenziehende* Gruppen, wie COOH, CN, NO_2 u. a., aktiviert ist, an Kohlenwasserstoffe mit einem *konjugierten* Bindungssystem. Setzt man z. B. *Maleinsäureanhydrid mit Butadien* um, so tritt folgende, glatt verlaufende Cycloaddition ein:

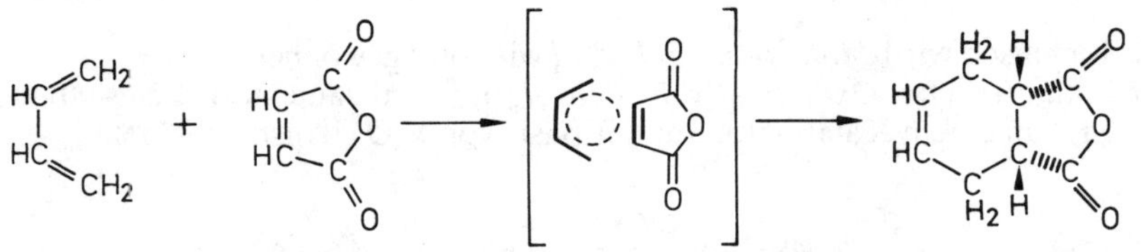

Butadien (Dien, *s-cis* Form) Maleinsäureanhydrid (Dienophil) Tetrahydrophthalsäureanhydrid (*cis*-Addukt)

Die beiden Ausgangskomponenten, Edukte, der Diensynthesen werden allgemein als *Dien* und *Dienophil* und das entstehende cyclische Produkt als *Addukt* bezeichnet. Die Geschwindigkeit der Reaktion wird durch die Polarität des Lösungsmittels nur wenig beeinflußt, es konnten keine Zwischenstufen beobachtet werden.
Die beiden Ringe des entstandenen bicyclischen Systems sind *cis*-verknüpft.

[1] Vgl. *M. C. Kloetzel*, The *Diels-Alder* Reaction with Maleic Anhydride, Org. Reactions *4*, 1 ff. (1948); *J. Sauer* und *R. Sustmann*, Mechanistische Aspekte der *Diels-Alder*-Reaktion: Ein kritischer Rückblick, Angew. Chem. *92*, 773 (1980).

Die *Diels-Alder*-Reaktion ist daher als *1,4-Cycloaddition* der aktivierten C=C-Doppelbindung des Dienophils an das konjugierte System des Diens zu deuten. Dabei bilden sich in den meisten Fällen die beiden neuen σ-Bindungen in einem *cyclischen Übergangszustand* (in der Reaktionsgleichung hervorgehoben), ohne daß eine Zwischenstufe durchlaufen wird. Man bezeichnet die Reaktion als *konzertiert* und läßt damit bewußt offen, ob die durch den gestrichelten Kreis gekennzeichneten Elektronenverschiebungen gleichzeitig (Synchronreaktion) oder mit geringen Zeitunterschieden verlaufen[1].

Anstelle des Butadiens und seiner Derivate können auch *cyclische Diene*, wie Cyclopentadien, 1,3-Cyclohexadien, Furan oder Anthracen (vgl. S. 638 *f.*) eingesetzt werden nicht aber Verbindungen, wie das 1,2,3,5,6,7-Hexahydronaphthalin, in dem die beiden konjugierten Doppelbindungen *s-trans* fixiert sind:

Cyclopentadien 1,3-Cyclohexadien Furan 1,2,3,5,6,7-Hexahydronaphthalin

Als reaktive *Dienophile* seien genannt:

Tetracyanethylen, $(NC)_2C=C(CN)_2$
Crotonaldehyd, $H_3C-CH=CH-CHO$
1-Nitro-propen, $H_3C-CH=CH-NO_2$
β-Nitrostyrol, $C_6H_5-CH=CH-NO_2$
Acrylnitril, $H_2C=CH-CN$
Acrolein, $H_2C=CH-CHO$
Acrylsäureethylester, $H_2C=CH-COOC_2H_5$
Maleinimid

Alle diese Verbindungen tragen *elektronenanziehende Substituenten* an der Doppelbindung, sie ist daher *„elektronenarm"*. Die angegebenen Diene weisen dagegen keine derartigen Substituenten auf und sind daher vergleichsweise *„elektronenreich"*. Diese Eigenschaften der beiden Edukte sind Voraussetzung für eine rasche Reaktion mit normalem Elektronenbedarf.
Als weitere *Dienophile* kommen noch die *Acetylendicarbonsäureester*, die eine „elektronenarme" C≡C-Dreifachbindung besitzen, sowie auch *Nitrosoverbindungen*[2] in Frage.

Bei cyclischen Dienen können zwei Cycloadditionsprodukte auftreten, z. B. bei der Reaktion von *Furan* mit *Maleinimid:*

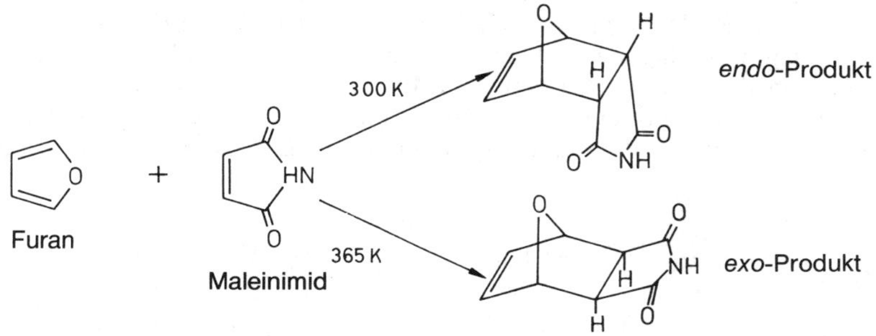

[1] Vgl. *M. J. S. Dewar,* Multibond Reactions Cannot Normally Be Synchronous. J. Amer. Chem. Soc. *106*, 209 (1984).
[2] Vgl. *G. Kresze* et al., Diensynthesen mit Nitrosoverbindungen, Fortschr. chem. Forsch. *11*, 245 (1968/69).

Im *endo*-Produkt befindet sich das ursprüngliche Dienophil *unter* dem neu entstandenen Sechsring. In unserem Beispiel ist es das Hauptprodukt, wenn die Reaktion bei 25 °C (300 K) durchgeführt wird. Bei 90 °C (365 K) wird die *exo*-Verbindung zum Hauptprodukt der Reaktion; bei dieser Temperatur wandelt sich die *endo*- in die *exo*-Verbindung um.
Dies ist ein weiteres Beispiel für das Zusammenwirken kinetischer und thermodynamischer Effekte (vgl. S. 105). Zur Bildung der *endo*-Verbindung ist eine geringe Aktivierungsenergie (E_a) erforderlich als zur Bildung der *exo*-Verbindung, die aber thermodynamisch stabiler ist. Daher ist die Entstehung der *endo*-Verbindung bei niedriger Temperatur bevorzugt, während mit steigender Temperatur die Ausbeute an der thermodynamisch stabileren *exo*-Verbindung steigt.
Der auf S. 336 angegebene cyclische Übergangszustand kann bei Dienophilen wie dem Acrylsäureethylester in der *endo*- oder der *exo*-Form durchlaufen werden, so daß z. B. mit Cyclopentadien stereoisomere Additionsverbindungen entstehen:

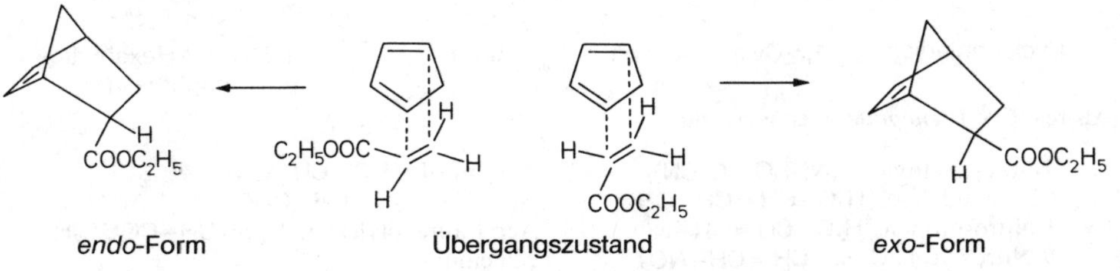

Auch hier hat die *endo*-Form des Übergangszustandes die geringere Aktivierungsenergie.
Die *Diensynthese* gehört zu den *pericyclischen Reaktionen*, deren Mechanismen durch Anwendung des Prinzips der *Erhaltung der Orbitalsymmetrie* (*Woodward-Hoffmann*-Regeln) gedeutet werden können, ebenso wie die *elektrocyclischen* und die *sigmatropen Reaktionen*. Ihr gemeinsames Kennzeichen ist, daß der stereochemische Verlauf nur von der Gesamtzahl der beteiligten Elektronen und nicht von der Zahl der beteiligten Atome abhängt.
Bei der *Diels-Alder*-Reaktion reagiert ein 4 π-Elektronensystem (das Dien) mit dem 2 π-Elektronensystem des Dienophils [$4\pi + 2\pi$]. Das Prinzip der Erhaltung der Orbitalsymmetrie besagt nun, daß solche Übergangszustände bei thermischen Reaktionen begünstigt sind, in denen zwischen dem HOMO des einen Cycloadditionspartners und dem LUMO des anderen bindende Wechselwirkungen zustande kommen. Diese Situation liegt vor, wenn die Orbitale an den Enden der reagierenden Systeme gleiche Vorzeichen tragen[1].

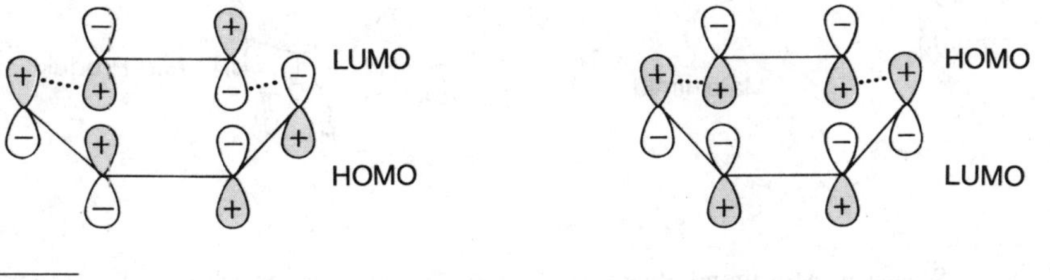

[1] Vgl. *T. L. Gilchrist* et al., Organic Reactions and Orbital Symmetry (Cambridge University Press 1972); *I. Fleming*, Grenzorbitale und Reaktionen Organischer Verbindungen (Verlag Chemie, Weinheim 1979).

Man erkennt, daß im Bereich der beiden entstehenden σ-Bindungen eine suprafaciale (s) Wechselwirkung möglich ist; der Übergangszustand ist sterisch günstig. Die *Diels-Alder*-Reaktion wird daher besser als [4 π s + 2 π s]-Prozeß beschrieben. Daraus folgt unmittelbar die *cis*-Verknüpfung im Bereich der neu entstandenen σ-Bindungen.
Die kinetische Bevorzugung des *endo*-Produktes bei der Umsetzung von *Furan* mit *Maleinsäureimid* läßt sich durch Betrachtung der Grenzorbitale im Übergangszustand der Reaktion deuten:

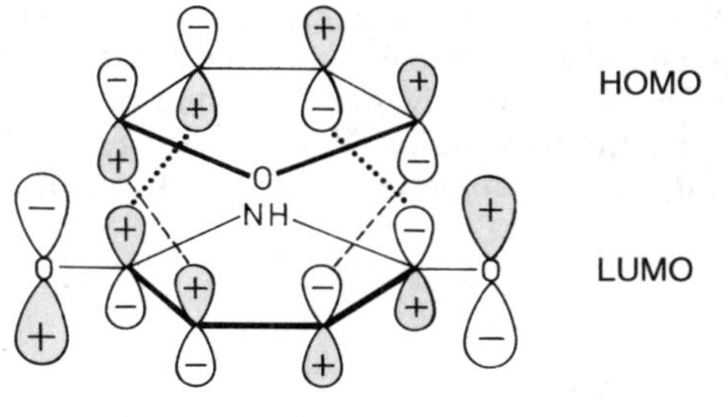

Die gestrichelten Linien markieren die neuen σ-Bindungen, während die punktierten Linien weitere bindende Wechselwirkungen deutlich machen, die nur in einem Übergangszustand auftreten können, der zum *endo*-Produkt führt. Die höhere Aktivierungsenergie des *exo*-Produktes ist darauf zurückzuführen, daß bei seiner Bildung ein weniger begünstigter Übergangszustand durchlaufen werden muß. Die formal denkbare [2 π s + 2 π s]-Reaktion zwischen Butadien und Maleinsäureanhydrid wird nicht beobachtet:

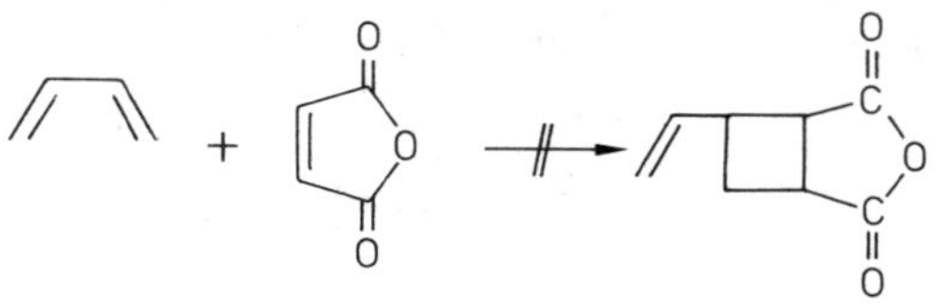

Bei Anwendung des Prinzips der Erhaltung der Orbitalsymmetrie erweist sich der Übergangszustand der Synchronreaktion als nicht begünstigt, da in ihm eine nicht bindende Wechselwirkung zwischen HOMO und LUMO (durch eine Wellenlinie angedeutet) festzustellen ist.

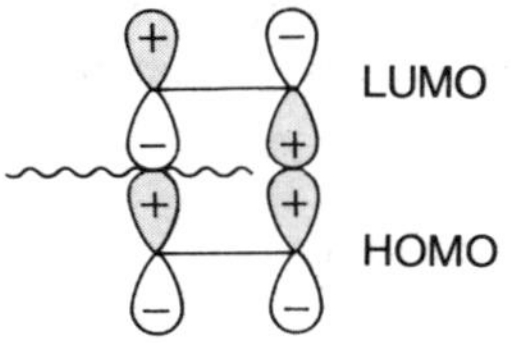

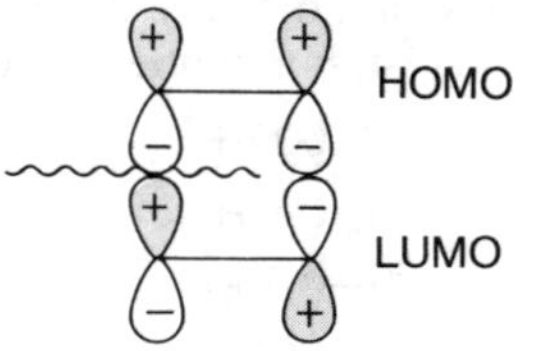

2.35.2.1 En-Reaktion[1]. Darunter versteht man die Umsetzung eines *Olefins*, das in der

[1] Vgl. *H. M. R. Hoffmann*, Die En-Reaktion, Angew. Chem. *81*, 597 (1969).

Allylstellung ein *Wasserstoffatom* besitzt (*En-Komponente*) mit einer *aktivierten π-Bindung (Enophil)*:

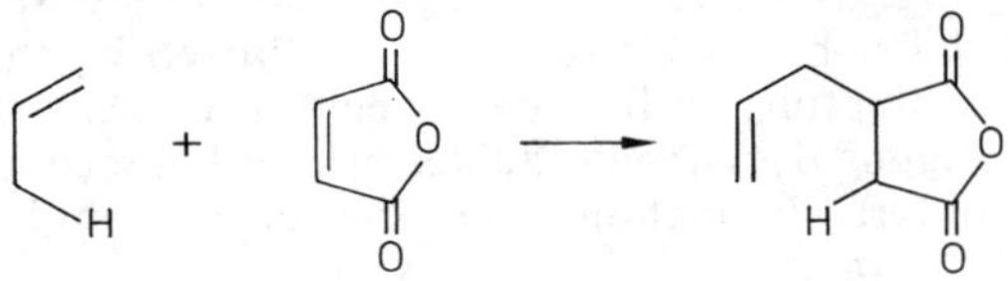

Dabei spielt die *En-Komponente* die analoge Rolle wie das *Dien* bei der *Diels-Alder*-Reaktion; auch bezüglich des Elektronenbedarfs der beiden Komponenten besteht die gleiche Situation. Es ist daher nicht verwunderlich, daß die beiden Reaktionen miteinander konkurrieren, wenn die strukturellen Voraussetzungen vorliegen.
Der *Übergangszustand der En-Reaktion* weist eine Bootform auf:

Wegen der Beweglichkeit des Systems im Bereich des Wasserstoffatoms der Allylgruppe ist ein pericyclischer, suprafacialer Übergangszustand möglich, an dem 6 Elektronen beteiligt sind: die beiden π-Elektronenpaare und das σ-Elektronenpaar der C–H-Bindung. Die Reaktion kann daher in der allgemeinen Terminologie der *Woodward-Hoffmann*-Regeln als [σ 2 s + π 2 s + π 2 s]-Prozeß bezeichnet werden. Als Beispiel sei die Reaktion mit Acetylendicarbonsäureester als Enophil genannt.

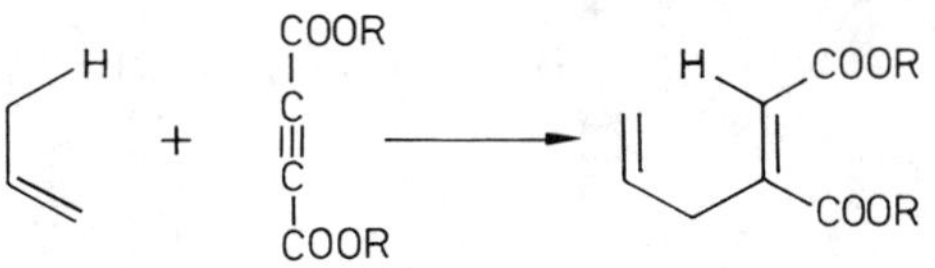

2.35.3 Acetylendicarbonsäure

Diese Säure stellt man *durch Einwirkung von methanolischer Kalilauge auf* D,L-*α,β-Dibrombernsteinsäure*, die z. B. aus dem Dinatriumsalz der Fumarsäure durch Bromaddition zugänglich ist, her, wobei 2 Moleküle Bromwasserstoff abgespalten werden:

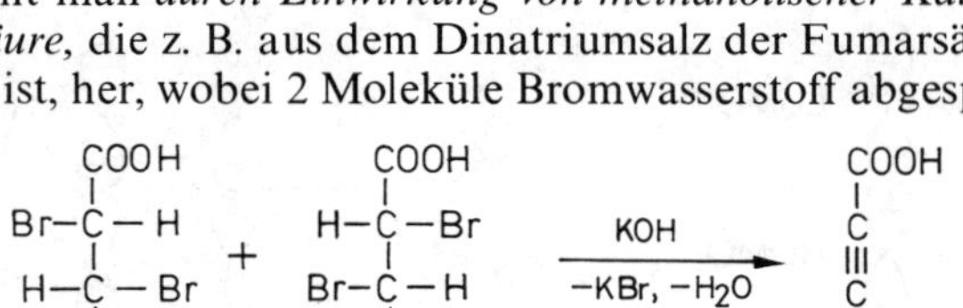

DL-α,β-Dibrombernsteinsäure (Schmp. 177 °C [450 K]) Acetylendicarbonsäure

Acetylendicarbonsäure ist eine relativ beständige, bei 177 °C (450 K) (u. Zers.) schmelzende Substanz, die infolge der Aktivierung der Carboxylgruppen durch die C≡C-Dreifachbindung stark sauer reagiert. Ihre Dialkylester werden bei Synthesen benutzt, z. B. bei 1,3- und 1,4-dipolaren Cycloadditionen.

2.36 Aliphatische Hydroxy-di- und -tricarbonsäuren

Zu dieser Stoffklasse zählen einige wichtige Pflanzensäuren, wie Äpfel-, Wein- und Citronensäure. Alle drei wurden zuerst von *Scheele* aus Fruchtsäften als schwerlösliche Calciumsalze gefällt und daraus durch Umsetzen mit der äquivalenten Menge Schwefelsäure in freiem Zustand isoliert.

2.36.1 Tartronsäure (Hydroxymalonsäure)

Die einfachste Hydroxydicarbonsäure, die *Tartronsäure*, kommt nicht in der Natur vor, läßt sich aber durch Hydrolyse von Monobrommalonsäure mit Silberhydroxid oder durch Reduktion von Mesoxalsäure mit Natriumamalgam darstellen:

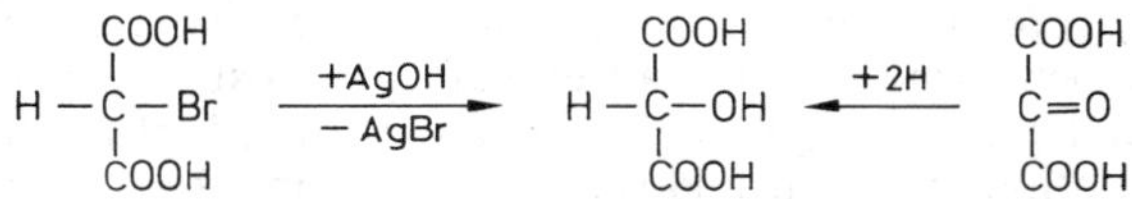

Monobrommalonsäure Tartronsäure Mesoxalsäure

Tartronsäure bildet farblose Prismen (Hemihydrat), die bei 160 °C (433 K) schmelzen und gleichzeitig Kohlendioxid abspalten.

2.36.2 Äpfelsäure (Monohydroxybernsteinsäure)

Das Molekül enthält ein asymmetrisches C-Atom und kann demnach in zwei *Enantiomeren* und als Racemform auftreten.

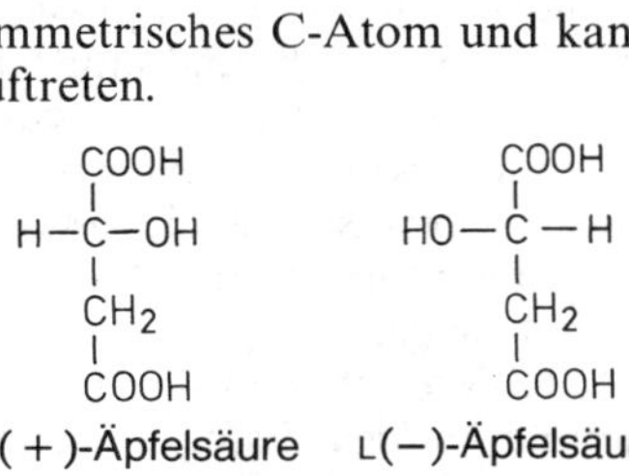

D(+)-Äpfelsäure L(−)-Äpfelsäure

Wie aus den Projektionsformeln ersichtlich ist, schreibt man – in Analogie zur Konfiguration der Milchsäure – die dem asymmetrischen C-Atom benachbarte Carboxylgruppe nach oben. Die natürliche linksdrehende Äfpelsäure gehört der L-Reihe an und besitzt die gleiche Konfiguration wie L(+)-Milchsäure und L(+)-Alanin; dies ist im *Cahn-Ingold-Prelog*-System die (*S*)-Konfiguration.

L(−)-Äpfelsäure findet sich in unreifen Äpfeln, Stachelbeeren sowie anderen Früchten und kann aus dem Saft der Vogelbeeren oder der Berberitze gewonnen werden (*Scheele*, 1785).
D(+)-Äpfelsäure kommt im Pflanzenreich nicht vor. Sie läßt sich durch Racematspaltung der DL-Äpfelsäure oder aus L(−)-Äpfelsäure durch *Walden*-Umkehr erhalten. Die Salze der Äpfelsäuren heißen *Malate.*

Darstellung

2.36.2.1 *Durch Umsetzung der* DL-*Monobrombernsteinsäure mit Alkalien* oder Silberoxid und Wasser:

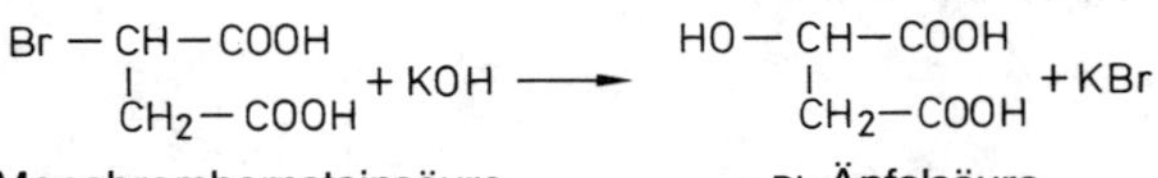

DL-Monobrombernsteinsäure DL-Äpfelsäure

2.36.2.2 Am besten *durch Erhitzen von Maleinsäure mit verdünnter Schwefelsäure* unter Druck:

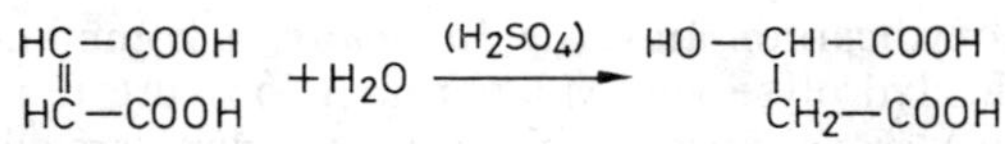

Eigenschaften. L(−)Äpfelsäure bildet zerfließliche Nadeln vom Schmp. 100−101 °C (373−374 K). Die spezifische Drehung ihrer wäßrigen Lösungen hängt von der Konzentration ab; enthalten sie weniger als 25% Säure, so tritt Linksdrehung auf, die mit steigender Konzentration abnimmt und schließlich in eine Rechtsdrehung umschlägt. Die Ursache dieses anomalen Verhaltens in wäßrigen Lösungen dürfte in der bei den Carbonsäuren erwähnten Assoziation bzw. in der Solvatation der Säuremoleküle zu suchen sein. In Aceton zeigen sämtliche Lösungen unabhängig von der Konzentration Linksdrehung. Die DL-Äpfelsäure schmilzt bei 130 °C (403 K).

2.36.3 *Walden*-Umkehr (1895)

Darunter versteht man Substitutionsreaktionen, die unmittelbar am asymmetrischen Kohlenstoffatom stattfinden und bei denen eine *Epimerisierung* eintritt, d. h. aus der D-Konfiguration die L-Konfiguration entsteht und umgekehrt. Meist ist damit auch eine Umkehr der optischen Drehung verbunden. Diese wurde zuerst von *Walden* an der Äpfelsäure beobachtet. Bei der Einwirkung von Phosphor(V)-chlorid auf die linksdrehende L-Äpfelsäure bildet sich die rechtsdrehende D-Chlor-bernsteinsäure, die ihrerseits durch Behandlung mit feuchtem Silberoxid, ohne daß die Konfiguration sich ändert, in die rechtsdrehende D-Äpfelsäure übergeht. Auf diese Weise ist es möglich, die L(−)-Äpfelsäure in die D(+)-Äpfelsäure überzuführen.
Durch analoge Umsetzung konnte *Walden* aus der rechtsdrehenden D-Äpfelsäure über die linksdrehende L-Chlor-bernsteinsäure die linksdrehende L-Äpfelsäure erhalten, womit der Kreis der Umwandlungen geschlossen war. Ferner beobachtete er, daß die Überführung der L(−)-Chlor-bernsteinsäure in L(−)-Äpfelsäure entscheidend vom *Kation* der Lauge abhängt. Setzt man nämlich anstelle von Silberhydroxid Kalilauge ein, so erhält man aus der L(−)-Chlor-bernsteinsäure unter *Walden*-Umkehr die D(+)-Äpfelsäure.

Zusammenfassend ergibt sich somit folgender *Kreisprozeß:*

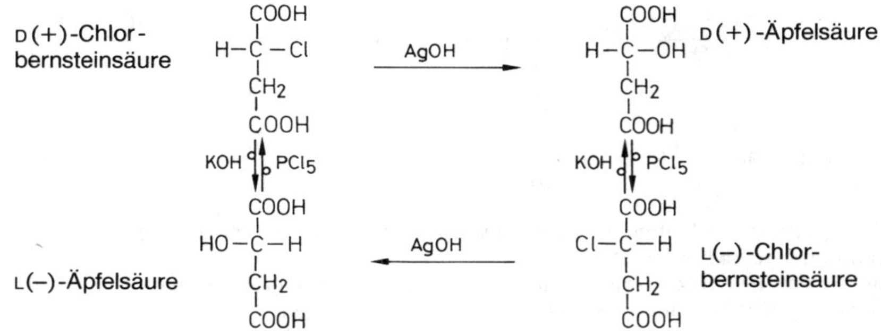

Der Pfeil $\xrightarrow{\circ}$ zeigt die *Walden*-Umkehr an.
Als Beispiel für die *Walden-Umkehr bei Aminosäuren* sei auf nachstehenden Kreisprozeß hingewiesen. Danach geht L(+)-Alanin durch Einwirkung von Nitrosylchlorid in L(–)-α-Chlor-propionsäure und D(–)-Alanin in die D(+)-α-Chlor-propionsäure über. Hierbei tritt zwar eine Änderung des Drehungssinns, aber kein Konfigurationswechsel ein. Dagegen erfolgt bei der Umsetzung der L(–)- bzw. D(+)-α-Chlor-propionsäure mit Ammoniak ein Wechsel der Konfiguration, und es bildet sich das D(–)- bzw. das L(+)-Alanin, wobei jedoch keine Änderung des Drehungssinns stattfindet.

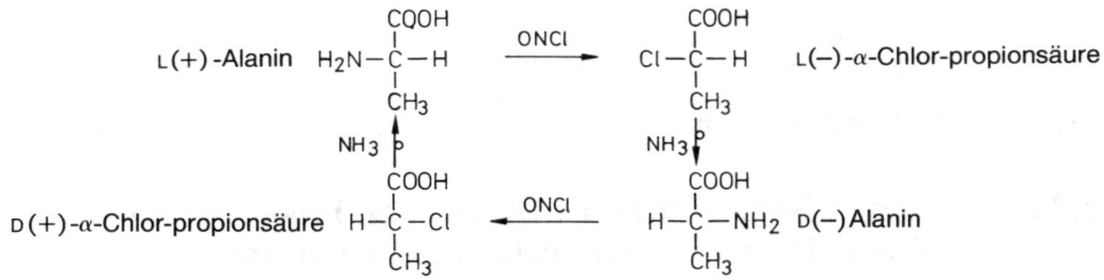

Derartige Substitutionen, die zum Konfigurationswechsel am asymmetrischen C-Atom führen, verlaufen häufig bimolekular im Sinne der **S_N2-Reaktion.** Bei Substitutionen ohne *Walden*-Umkehr lassen sich über den Mechanismus keine genauen Voraussagen machen. Die Konfiguration am Chiralitätszentrum kann auch erhalten bleiben, wenn unter Beteiligung von *nucleophilen* Nachbargruppen eine zweifache *Walden*-Umkehr erfolgt.

2.36.3.1 Nachbargruppen-Effekt. Hierunter versteht man die Wirkung bestimmter funktioneller Gruppen, die eine negative Ladung oder einsame Elektronenpaare besitzen, wie das Carboxylat-Anion, auf das benachbarte Reaktionszentrum. Als Beispiel sei die Hydrolyse optisch aktiver α-Halogencarbonsäuren angeführt. Während in stark alkalischen Medium der Austausch des Halogenatoms gegen die Hydroxylgruppe nach dem S_N2-Mechanismus unter *Walden*-Umkehr verläuft (s. oben), bleibt die Konfiguration in verdünnt alkalischer Lösung erhalten.
Dieser Reaktionsverlauf läßt sich nach *Winstein* so deuten, daß zunächst das Carboxylat-Anion als *nucleophiles* Agens das α-ständige C-Atom von der „Rückseite" her angreift, wobei unter Austritt des Bromid-Ions intermediär ein nicht isolierbares α-Lacton mit umgekehrter Konfiguration entsteht. Dieses wird dann sofort erneut von der „Rückseite" her durch Wasser unter Konfigurationswechsel und Bildung der α-Hydroxysäure gespalten, z. B.

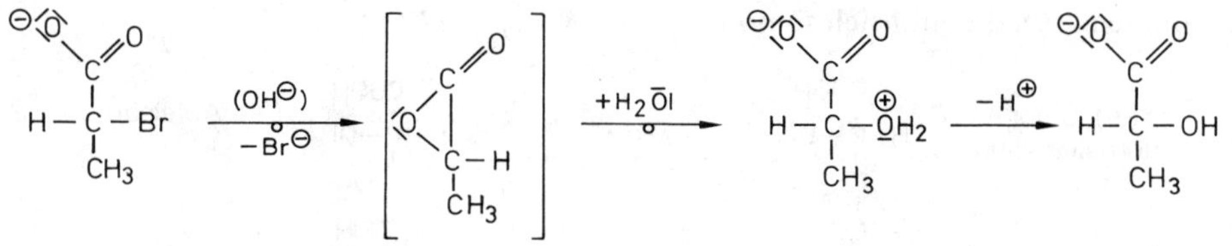

D-α-Brom-propionat-Anion α-Lacton (L-Form) D-Lactat-Anion

Beide Substitutionen verlaufen unter *Inversion* und heben sich sterisch gegenseitig auf, so daß die Konfiguration scheinbar erhalten bleibt.
Die Nachbargruppeneffekte können nicht nur sterische Veränderungen bewirken, sondern auch die Geschwindigkeit bestimmter Reaktionen stark beschleunigen[1].

2.36.3.2 Racemisierung. Substitutionsreaktionen am asymmetrischen C-Atom sind in vielen Fällen von teilweiser oder völliger Racemisierung begleitet. Schon das Erwärmen *optisch aktiver* Verbindungen in Gegenwart basischer oder saurer Katalysatoren kann zur Bildung der Racemform führen, wobei die Reaktion über Anionen, Kationen oder enolartige Zwischenprodukte verläuft. So verliert die optisch aktive *2-Methyl-buttersäure* in der Wärme ihre Aktivität, wobei intermediär das Auftreten eines inaktiven *Ketenhydrats* als labiles Zwischenprodukt angenommen wird. Bei der Rückwanderung des Protons ist die Bildung *beider* Enantiomerer in gleicher Weise begünstigt, so daß es zur Racemisierung kommt:

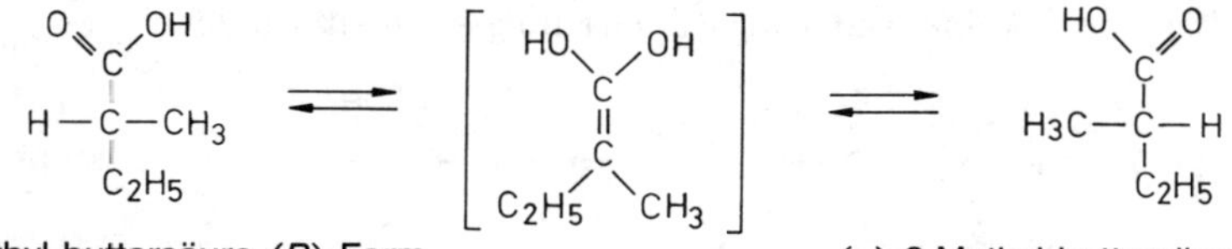

(+)-2-Methyl-buttersäure, (*R*)-Form (–)-2-Methyl-buttersäure, (*S*)-Form

2.36.4 Asymmetrische Synthese (*Marckwald,* 1904), Stereoselektive Synthese, Asymmetrische Induktion[2]

Bei der Darstellung optisch aktiver Verbindungen aus optisch inaktiven Reaktionspartnern entsteht immer die Racemform, d. h. je 50% der D- und L-Form, da das angreifende Agens, wie das Cyanid-Ion, bei der Bildung des Mandelsäurenitrils mit gleicher Wahrscheinlichkeit von der Ober- oder der Unterseite des Benzaldehyds angreifen kann.

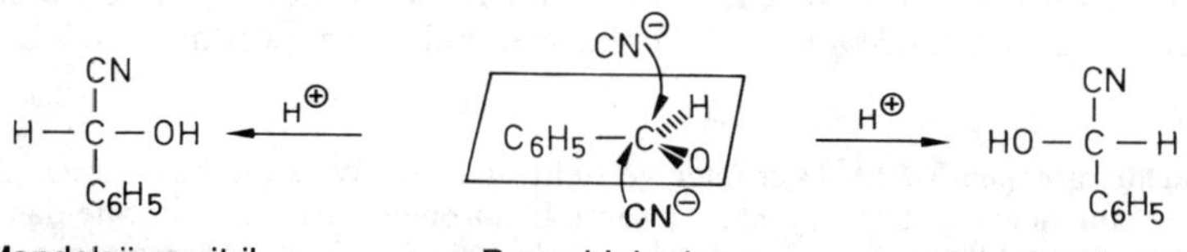

D-Mandelsäurenitril Benzaldehyd L-Mandelsäurenitril

[1] Vgl. *W. Lwowski,* Nachbargruppen-Effekte in der organischen Chemie, Angew. Chem. *70,* 483 (1958).

[2] Vgl. *J. D. Morrison* et al., Asymmetric Organic Reactions (Prentice Hall, Englewood Cliffs, New Jersey 1971); *M. Nogrady,* Stereoselective Synthesis (VCH-Verlag, Weinheim 1987); *W. Bartmann* and *K. B. Sharpless,* Stereochemistry of Organic and Bioorganic Transformations (VCH-Verlagsgesellschaft, Weinheim 1987).

Dagegen können derartige Reaktionen, bei denen ein neues asymmetrisches C-Atom gebildet wird, unter dem Einfluß eines schon vorhandenen asymmetrischen C-Atoms zu einer Anreicherung des einen Diastereomeren führen. Man spricht in diesem Fall von einer „asymmetrischen Synthese“ oder einer diastereoselektiven Synthese. Die Anreicherung ist dann besonders groß, wenn das bereits vorhandene asymmetrische C-Atom dem neu entstehenden benachbart ist, z. B. bei der *Reduktion optisch aktiver Ketone mit Lithiumaluminiumhydrid:*

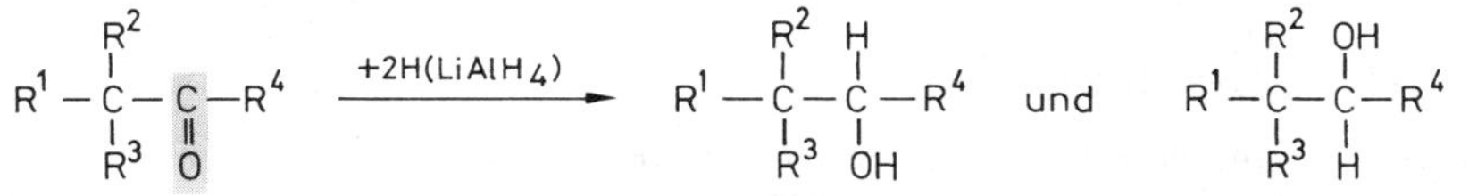

Bei dieser 1,1-asymmetrischen Induktion entsteht bevorzugt (bis zu 75%) das Diastereomere, dessen Liganden gegenüber dem angreifenden Reagens die geringste sterische Hinderung aufweisen (*Cram*sche Regel der asymmetrischen Induktion[1]).
Eine asymmetrische Synthese tritt aber auch ein, wenn das vorhandene Asymmetriezentrum von dem neuentstehenden weiter entfernt ist (1-n-asymmetrische Induktion) oder der Reaktion nur eine optisch aktive Verbindung als *Katalysator* zugesetzt wird.
Ein wertvolles Verfahren dieser Art wurde 1980 von *Sharpless* in der *stereoselektiven Epoxidierung* substituierter Allylalkohole entdeckt. Der chirale Katalysator wird aus (+)- oder (−)-Weinsäureestern (DET von **Di**ethyl**t**artrat) und Titantetraisopropylalkoholat hergestellt; das Oxidationsmittel ist *tert.*-Butylhydroperoxid. Die Reaktion mit dem *Sharpless*-Reagens verläuft, z. B. an (*Z*)-2-Tridecenol, wie folgt:

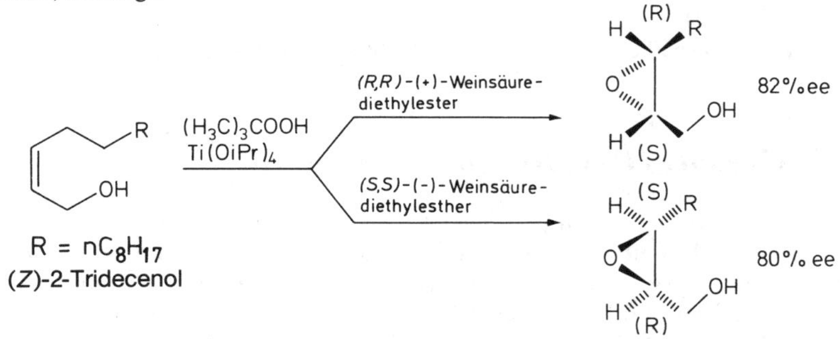

Aus dem mit (+)-Weinsäureester gebildeten Titankomplex erfolgt der Angriff des Oxidationsmittels überwiegend von unten, mit (−)-Weinsäureester überwiegend von oben[2].
Fast eindeutig in Richtung auf ein Enantiomeres verlaufen Synthesen, die durch Enzyme katalysiert werden. So führt z. B. die obige Addition von Blausäure an Benzaldehyd bei Anwesenheit des in bitteren Mandeln vorkommenden Enzymgemisches *Emulsin* ausschließlich zu L(+)-Mandelsäurenitril. Dies ist eine enantioselektive Synthese.

Allgemein bezeichnet man Umsetzungen, bei denen von mehreren möglichen Stereoisomeren nur eines bevorzugt oder ausschließlich gebildet wird, als *stereoselektive Reaktionen.* Davon zu unterscheiden sind die *stereospezifischen Reaktionen,* bei denen jeweils aus einem bestimmten Stereoisomeren, nur ein spezifisches Stereoisomeres gebildet wird (vgl. S. 73).

[1] Vgl. *P. A. Bartlett,* Stereocontrol in the Synthesis of Acyclic Systems, Tetrahedron *36,* 3 (1980).
[2] Vgl. *M. G. Finn* et al., On the Mechanism of Asymmetric Epoxidation with Titanium-Tartrate Catalysis. In *A. Morrison* (Ed.), Asymmetric Synthesis *5,* 247 (1985).

Der konzertierte Verlauf der *En-Reaktion* hat zur Folge, daß die Chiralität eines in der En-Komponente vorhandenen Chiralitätszentrums auf den aus dem Enophil entstehenden Teil des Reaktionsproduktes übertragen werden kann.

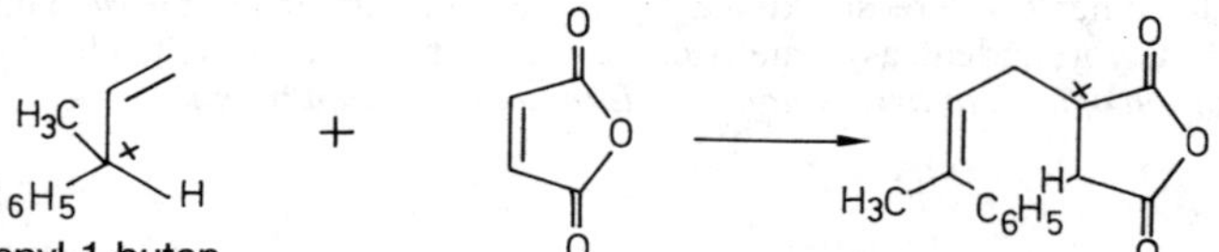

3-Phenyl-1-buten

Auch dieser Vorgang wird als *asymmetrische Induktion* bezeichnet.
Enthält eine chirale Verbindung weitere unterscheidbare Flächen, wie die Umgebung der grau unterlegten CO-Gruppe S. 345 oben, so entstehen bei dessen Überführung in ein Chiralitätszentrum Diastereomere. Es liegt also bei der obigen Reaktion eine *diastereofaciale* Selektivität vor, da die beiden *Flächen diastereotop* sind. Die **CH_2**-Gruppe der Äpfelsäure ist prochiral, und die beiden Wasserstoffatome dieser Gruppe sind diastereotope Substituenten. Wird eines dieser Wasserstoffatome z. B. durch eine OH-Gruppe ersetzt, so entstehen die diastereomeren Moleküle der Weinsäure und der Mesoweinsäure.

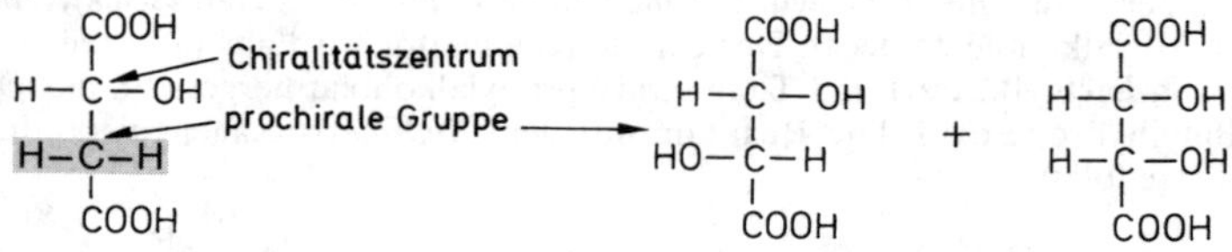

D(+)-Äpfelsäure (2*R*. 3*R*)-(+)-Weinsäure *Meso*weinsäure

2.36.5 Weinsäure (Dihydroxybernsteinsäure)

Das Molekül der Weinsäure enthält zwei Chiraltitätszentren, die in Analogie zu den Tetriten die Besonderheit aufweisen, daß sie *strukturell gleichartig* sind. Demnach existieren nur drei verschiedene Weinsäuren, nämlich die beiden *Enantiomeren,* die (+)-*Weinsäure* und (−)-*Weinsäure,* und die optisch inaktive, nicht spaltbare *Mesoweinsäure,* deren Molekül eine Symmetrieebene aufweist. Das Racemat der beiden optisch aktiven Weinsäuren ist die *Traubensäure.*
Der *Chiralitätssinn* oder die *absolute Konfiguration* des Rubidiumsalzes der (+)-Weinsäure konnte durch anomale Beugung der Röntgenstrahlen (Kα-Strahlung des Zirkoniums) bestimmt werden (*Bijvoet,* 1949)[1].
Da die konfigurative Zuordnung zur D- oder L-Reihe bei den optisch aktiven Weinsäuren in der Literatur nicht einheitlich ist, sondern entweder auf das C-Atom 2 oder auf das C-Atom 3 bezogen wird, hat es sich als zweckmäßig erwiesen, hier das *Cahn-Ingold-Prelog*-System anzuwenden. In der (+)-Weinsäure gehören beide asymmetrischen C-Atome der R-Reihe und in der (−)-Weinsäure beide der S-Reihe an, während die Mesoweinsäure je ein asymmetrisches C-Atom der R- und S-Reihe enthält. Daher bezeichnet man die (+)-Weinsäure als (2 *R*.3 *R*)-(+)-Weinsäure und die (−)-Weinsäure als (2 *S*.3 *S*)-(−)-Weinsäure.

[1] Vgl. *R. Parthasarathy,* The Determination of Relative and Absolute Configurations of Organic Molecules by X-Ray Diffraction Methods, in *H. B. Kagan,* Stereochemistry, Vol. *1,* 181 (Thieme Verlag, Stuttgart 1977).

Die Konfiguration der Weinsäuren wird durch folgende *Fischer*sche Projektionsformeln veranschaulicht.

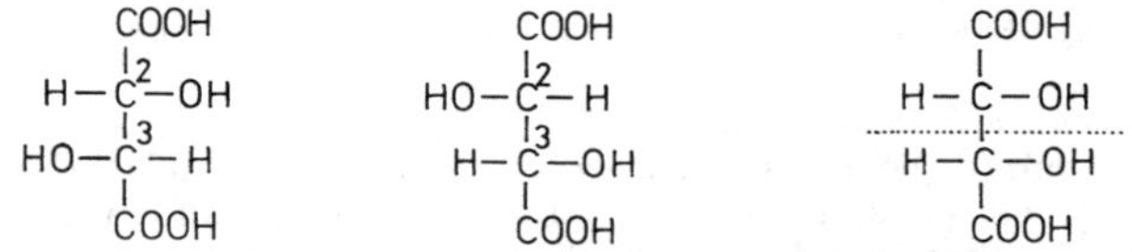

(2*R*, 3*R*)-(+)-Weinsäure (2*S*, 3*S*)-(−)-Weinsäure *Meso*weinsäure (inaktiv)

racem.-Weinsäure = Traubensäure

(2 *R*,3 *R*)-(+)-Weinsäure kommt sowohl frei als auch als Salz in vielen Früchten vor. Die Salze heißen *Tartrate*. Bei der Weinbereitung scheidet sie sich z. T. als Kaliumhydrogentartrat (*Weinstein*) ab. Um die freie Säure zu isolieren, führt man *Weinstein* mit Calciumhydroxid in das Calciumtartrat über und versetzt dieses mit Schwefelsäure (*Scheele*, 1769). Die (+)-Weinsäure bildet durchscheinende Prismen vom Schmp. 170 °C (443 K). Die optische Drehung ihrer wäßrigen Lösungen ändert sich mit steigender Konzentration von rechts nach links. Weinsäure wird als Konservierungsstoff für Lebensmittel verwendet, von ihren Salzen sei das Kaliumnatriumtartrat (*Seignette*-Salz) als Bestandteil der *Fehling*schen Lösung erwähnt.

(2 *S*,3 *S*)-(−)-Weinsäure kommt in den Blättern des in Zentralafrika heimischen Strauches *Bauhinia* vor (vgl. S. 453, Fußnote 2).

Traubensäure (*racem.*-2,3-Dihydroxybernsteinsäure) ist kein Naturprodukt, kann aber synthetisch auf mehreren Wegen dargestellt werden, z. B. durch Oxidation von Maleinsäureanhydrid mit Wasserstoffperoxid, durch Cyanhydrinsynthese aus Glyoxal oder aus Dibrombernsteinsäure und Silberoxid. Traubensäure kristallisiert aus wäßrigem Medium als Monohydrat und schmilzt bei 206 °C (479 K).

Mesoweinsäure kommt in der Natur nicht vor, läßt sich jedoch durch Oxidation von Maleinsäure mit Kaliumpermanganat oder von D(−)-Erythrose mit Salpetersäure darstellen. Sie kristallisiert als Monohydrat und schmilzt bei 140 °C (413 K).

Am Beispiel der Traubensäure (*Acidum racemicum*) hat *Pasteur* erstmalig die Trennung einer Racemform in die beiden *Enantiomeren* durchgeführt.

2.36.6 Methoden der Spaltung von Racemformen[1]

2.36.6.1 *Spontane Kristallisation* (*Pasteur*, 1848).

Racemformen kristallisieren aus Lösungen fast stets als *Racemat*, d. h. die Elementarzelle der Kristalle enthält die gleiche Anzahl an Molekülen der D- und L-Form, enthält also zwei heterochirale Moleküle. Nur in Ausnahmefällen kann beim Auskristallisieren in einem bestimmten Temperaturbereich ein Gemenge von Kristallen der D- und L-Form, das *Konglomerat*, auftreten. *Pasteur* beobachtete, daß das *Natriumammoniumsalz der Traubensäure* unterhalb 28 °C (300 K) nicht als Racemat, sondern als Konglomerat von (+)- und (−)-Salz auskristallisiert. Die Kristalle bestehen in diesem Fall aus homochiralen Molekülen und sind oft durch entgegengesetzt hemiedrische Flächen ausgezeichnet (*enantiomorphe Formen*); sie lassen sich durch Auslesen trennen.

Durch Zusatz chiraler Hilfsstoffe (Adjuvantien) gelingt die Erzeugung homochiraler Kristalle aus einer Lösung der Racemform, wenn der Hilfsstoff eine verwandte Stereochemie aufweist. Die

[1] Vgl. *Houben-Weyl*, Methoden der organischen Chemie, Bd. *4/2*, S. 509 ff. (Thieme Verlag, Stuttgart 1955); *J. Jaques* et al., Enantiomers, Racemates and Resolutions (Wiley, New York 1981).

Kristallisation erfolgt dann bezüglich des Hilfsstoffes unter Chiralitätsumkehr[1]. Z. B. kristallisiert aus einer Lösung von DL-Glutaminsäure · HCl auf Zusatz einer kleinen Menge L-Lysin D-Glutaminsäure mit 100% ee. Die Methode ist als kinetische Enantiomerentrennung aufgrund der gezielten Hemmung des Kristallwachstums eines Enantiomorphen zu kennzeichnen.

2.36.6.2 *Biochemische Spaltung* (*Pasteur,* 1858).
Einige Schimmelpilzarten oder Bakterien verzehren auf geeignetem Nährboden bei ihrem Wachstum nur die eine optisch aktive Form der betreffenden Racemform. Auf diese Weise konnte *Pasteur* aus der Traubensäure durch Einwirkung einer besonderen Pilzart (*Penicillium glaucum*) die (−)-Weinsäure isolieren, während die (+)-Weinsäure dabei zerstört wurde. Der Nachteil dieses Verfahrens ist der Verlust eines Enantiomeren.

2.36.6.3 *Chemische Spaltung mit Hilfe eines aktiven Stoffes* (*Pasteur,* 1858).
Nach dieser meist angewandten Methode lassen sich Racemformen organischer Säuren durch Salzbildung mit einer optisch aktiven Base, z. B. (+)-Cinchonin, in *Diastereomere* überführen, die die Trennung der Enantiomeren ermöglichen. Das hierbei entstehende Salzpaar verhält sicht *nicht* mehr wie Gegenstand und Spiegelbild:

$$\text{Racemform}\begin{cases}(+)\text{-Säure} \\ (-)\text{-Säure}\end{cases} + 2\,(\mathbf{+})\text{-Base} \rightarrow \left.\begin{matrix}(+\;\mathbf{+})\text{-Salz}\\(-\;\mathbf{+})\text{-Salz}\end{matrix}\right\}\text{Diastereomere}$$

Stereoisomere, die nicht spiegelbildisomer sind, bezeichnet man als **Diastereomere.** Sie besitzen verschiedenen Energieinhalt und unterscheiden sich deshalb beträchtlich in ihren physikalischen und auch chemischen Eigenschaften. Wegen der verschiedenen Löslichkeit ist eine Trennung der beiden diastereomeren Salze durch fraktionierte Kristallisation möglich. Nach ihrer Isolierung spaltet man die (+)-Base durch Hydrolyse mit anorganischen Säuren wieder ab und gewinnt so die reine (+)- bzw. (−)-Säure. Analog können die Racemformen von Basen mit Hilfe einer optisch aktiven Säure, z. B. (*S*)-(+)-Campher-10-sulfonsäure oder (*S*)-(+)-3-Bromcampher-9-sulfonsäure in Enantiomere zerlegt werden.

Racemformen von *Lewis*-Basen, die keine funktionellen Gruppen enthalten, können mit *Newmans* Reagens: TAPA = 2-(2,4,5,7-Tetranitro-7-fluorenylidenaminooxy)propionsäure auf dem Wege über *charge-transfer*-Komplexe in die Enantiomeren zerlegt werden.

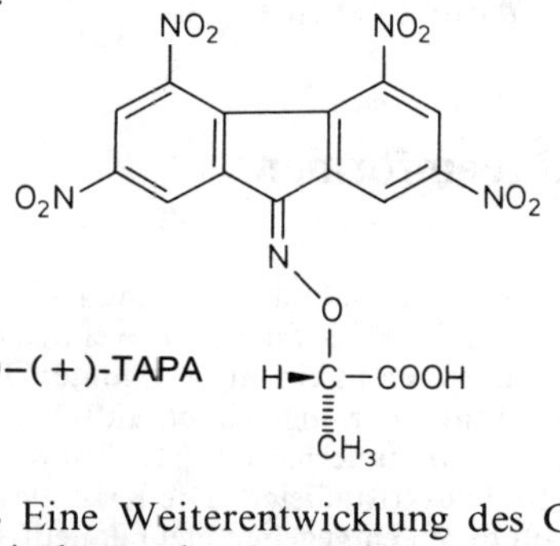
(S)-(+)-TAPA

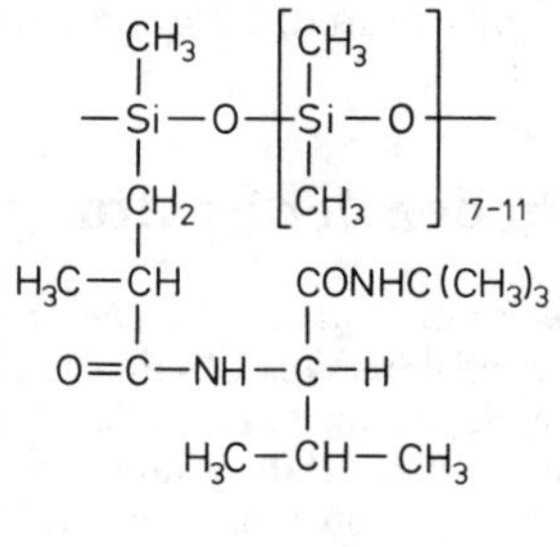
Chirasil-Val

2.36.6.4 Eine Weiterentwicklung des Grundgedankens von *Pasteur* hat zur Verwendung chiraler stationärer Phasen geführt, an denen gaschromatographische Trennungen von Racemformen durchgeführt werden können[2]. Dieses enantiospezifische Trenn-

[1] Vgl. *L. Addadi* et al., Wachstum und Auflösung organischer Kristalle in Gegenwart von Additiven – ein Beitrag zu Stereochemie und Materialwissenschaften, Angew. Chem. *97*, 476 (1985).
[2] Vgl. *V. Schurig*, Gaschromatographische Enantiomerentrennung an metallkomplexfreien Stationärphasen, Angew. Chem *96*, 733 (1984).

verfahren ist 1966 von *Gil-Av* zur quantitativen Spaltung der Racemformen von Aminosäurederivaten verwirklicht worden. Als chirale Stationärphasen können, z. B. *Polyorganosiloxane* verwendet werden, die in regelmäßigen Abständen *chirale Baugruppen* enthalten (*E. Bayer*).
Das oben formulierte Handelsprodukt *Chirasil-Val* enthält ein Diamid des L-Valins als chirale Baugruppe. Die chirale Stationärphase wird als *Selektor*, die zu trennende Racemform als *Selektand* bezeichnet.

2.36.6.5 Durch Anwendung der *stereoselektiven Erzeugung chiraler Epoxide* können aus Racemformen sekundärer Allylalkohole sehr reine Enantiomere (ee > 96%) gewonnen werden[1]. Dazu wird der substituierte *rac.-sec.*-Allylalkohol mit dem *Sharpless*-Reagens unter Verwendung von (+)- oder (−)-Weinsäureisopropylester umgesetzt, wobei in den meisten Fällen das eine Enantiomere so schnell reagiert, daß das langsamer reagierende Enantiomere weitgehend unumgesetzt zurückbleibt und unmittelbar isoliert werden kann.
Die auf diesem Wege ablaufende *kinetische Enantiomerentrennung* beruht auf einer hochselektiven *diastereofacialen Reaktion*.

2.36.6.6 *Spaltung über Harnstoff-Einschlußverbindungen* (*W. Schlenk jun.*, 1952).
Harnstoff bildet mit einer Reihe von organischen Substanzen, z. B. mit *n*-Paraffinen, „Einschlußverbindungen", deren hexagonales Kristallgitter in zwei *enantiomorphen* Formen – entsprechend einer rechts- oder linksgängigen Schraube – auftreten kann. Durch geeignete Versuchsbedingungen, z. B. durch Zugabe von Impfkristallen, läßt sich erreichen, daß die Kristallisation bevorzugt in einer Schraubenrichtung erfolgt.
Auf diese Weise konnte die *Racemform des 2-Chlor-octans* in die Enantiomeren gespalten werden. Bietet sich der Racemform z. B. das Rechtsgitter des Harnstoffs zur Einlagerung an, so können zwei verschiedene Addukte entstehen, die nicht spiegelbildlich sind und sich daher in ihrer Löslichkeit unterscheiden müssen.

Harnstoff-Rechtsgitter + *R*-2-Chlor-octan
Harnstoff-Rechtsgitter + *S*-2-Chlor-octan

Beide Addukte lassen sich durch fraktionierte Kristallisation trennen und die Enantiomeren durch Zerlegung der jeweiligen Einschlußverbindungen isolieren. Dieses Verfahren erlaubt die Spaltung von Racemformen ohne Zuhilfenahme anderer optisch aktiver Stoffe.

2.36.7 Citronensäure

Sie ist die vorherrschende Säure in Zitronen, Orangen, Ananas, Preisel-, Johannis- und Erdbeeren sowie in anderen Früchten und kann aus Zitronensaft, der 5–7% Citronensäure enthält, gewonnen werden (*Scheele*, 1784). Ferner kommt die Citronensäure in der Milch sowie in kleinen Mengen im Blut und im Harn vor, sie spielt als Zwischenprodukt im Stoffwechsel eine entscheidende Rolle.

Darstellung. 2.36.7.1 *Durch Citronensäuregärung von Kohlenhydraten* (Glucose, Rohrzucker, Melasse oder Stärke) mit Hilfe bestimmter *Penicillium*-Arten unter Luftzutritt in 50 bis 70proz. Ausbeute.
2.36.7.2 Synthetisch *aus 1,3-Dichlor-aceton* über folgende Reaktionsstufen:

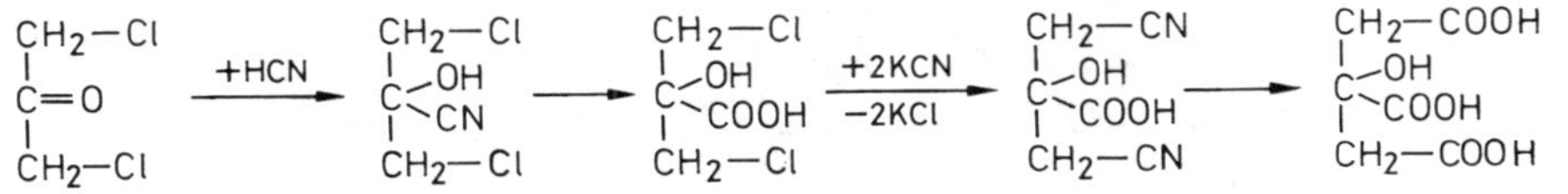

1,3-Dichlor-aceton   Citronensäure

[1] Vgl. *K. B. Sharpless* et al., J. Amer. Chem. Soc. *103*, 6237 (1981).

Aliphatische Verbindungen 2

Eigenschaften. Citronensäure kristallisiert aus wäßriger Lösung als Monohydrat in rhombischen Prismen, die in Wasser leicht löslich sind; wasserfrei schmilzt sie bei 153 °C (426 K). Ihre Salze heißen *Citrate.* Das Calciumcitrat gehört zu den wenigen Salzen, die in heißem Wasser schwerer löslich sind als in kaltem.
Beim Erhitzen auf 175 °C (448 K) spaltet Citronensäure *intramolekular* Wasser ab und geht in *Aconitsäure* über:

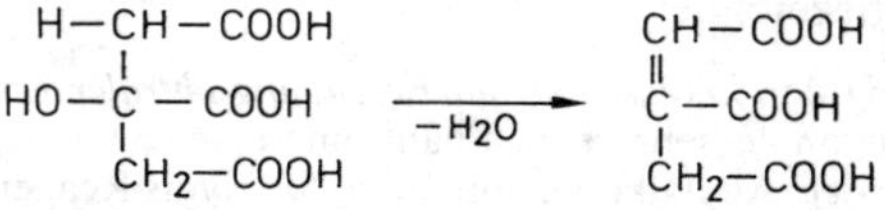

Citronensäure Aconitsäure

Diese ungesättigte Tricarbonsäure kommt in einigen Pflanzen, z. B. im Eisenhut (*Aconitum napellus*), vor.
Bei der Einwirkung von konz. Schwefelsäure spaltet die Citronensäure als α-Hydroxysäure Wasser und Kohlenmonoxid ab unter Bildung von *Acetondicarbonsäure,* die aber bei stärkerem Erhitzen in Aceton und 2 Moleküle Kohlendioxid zerfällt. Beständiger sind ihre Diester.

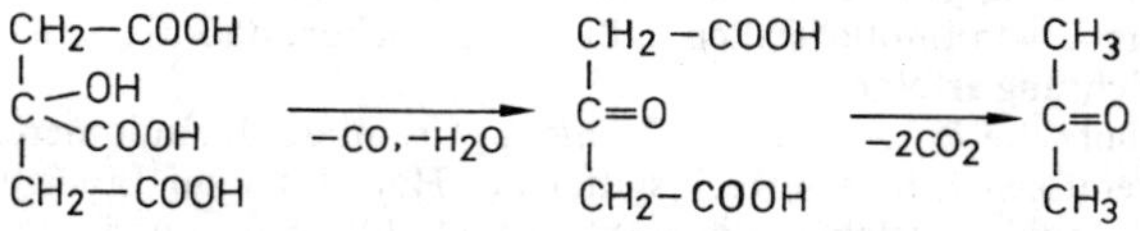

Acetondicarbonsäure

2.37 Aliphatische Ketodicarbonsäuren

2.37.1 Mesoxalsäure

Die einfachste Ketodicarbonsäure, die Mesoxalsäure (Ketomalonsäure), ist nur als Hydrat isolierbar (Ausnahme der *Erlenmeyer*-Regel). Sie steht strukturell in enger Beziehung zur Tartronsäure:

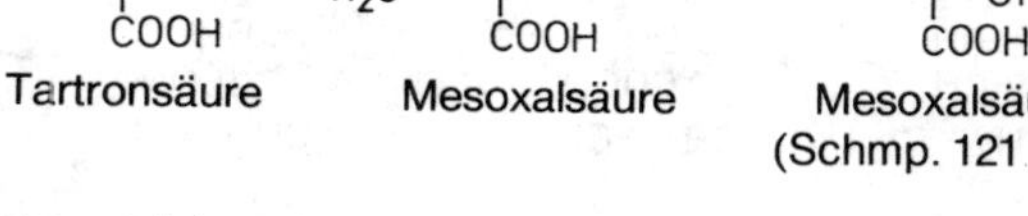

Tartronsäure Mesoxalsäure Mesoxalsäurehydrat
(Schmp. 121 °C [394 K])

Beim Erhitzen in wäßriger Lösung zerfällt Mesoxalsäure in Kohlendioxid und Glyoxylsäurehydrat.

2.37.2 Oxalessigsäure

Die Oxalessigsäure weist sowohl *Keto-Enol*-Tautomerie als auch (*Z*)-(*E*)-Isomerie auf, so daß folgende *Gleichgewichte* vorliegen:

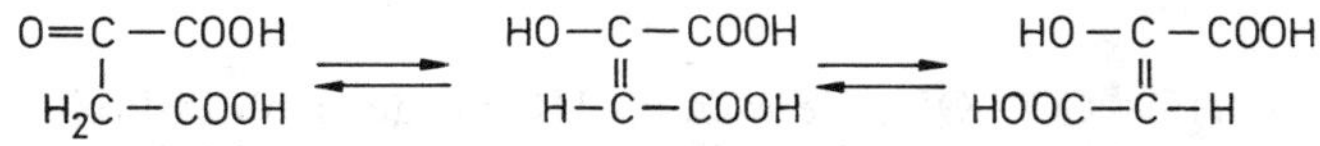

Oxalessigsäure — Hydroxymaleinsäure — Hydroxyfumarsäure

Keto-Enol-Tautomerie — (*Z*)-(*E*)-Isomerie

Die freie Oxalessigsäure ist in Substanz nicht bekannt; dagegen läßt sich, je nach den Versuchsbedingungen, *Hydroxymaleinsäure*, Schmp. 152 °C (425 K), oder *Hydroxyfumarsäure*, Schmp. 184 °C (457 K), isolieren. Ihre wäßrigen Lösungen geben die für *Enole* typische Eisen(III)-chlorid-Reaktion. Oxalessigsäure tritt als wichtiges biochemisches Zwischenprodukt im Citronensäurezyklus auf.

Beständiger als die Oxalessigsäure sind ihre Diester. **Oxalessigsäurediethylester** kann durch *Claisen*-Kondensation aus Oxalsäurediethylester und Essigester in Gegenwart von Natriumalkoholat synthetisiert werden:

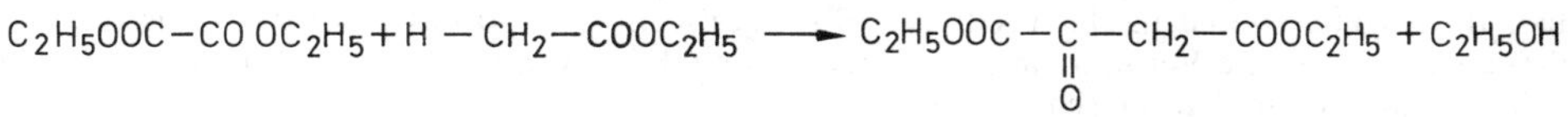

Oxalsäurediethylester — Essigester — Oxalessigsäurediethylester

Der flüssige Diester liegt zu etwa 80% in der *Enol*-Form vor und läßt sich unter vermindertem Druck destillieren (Sdp. 131 °C [404 K]/32 mbar [32 hPa]); bei der Destillation unter Atmosphärendruck spaltet er Kohlenmonoxid ab und geht in Malonsäurediethylester über (Kohlenmonoxidspaltung oder Decarbonylierung):

Der Oxalessigester sowie seine C-Alkyl-derivate werden bei organischen Synthesen verwendet, da sie in Analogie zum Acetessigester sowohl der Ketonspaltung (mit Säuren) als auch der Säurespaltung (mit Alkalien) unterliegen:

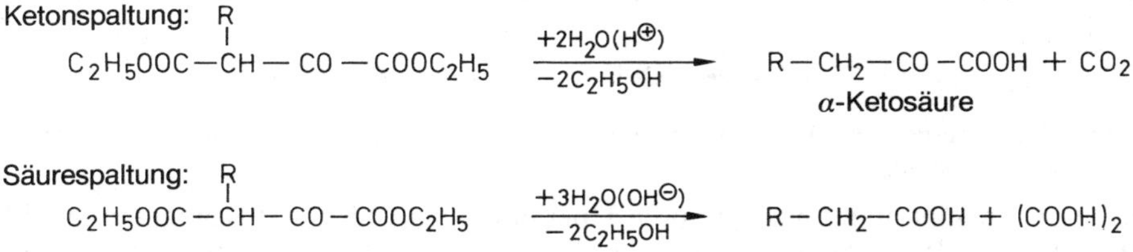

2.38 Derivate der Kohlensäure

Die *Kohlensäure*, HO–CO–OH, die man als Hydrat des Kohlendioxids oder als *Hydroxyameisensäure* auffassen kann, ist in Lösung nicht existenzfähig. Sie ist in der Gasphase nachgewiesen worden[1].

In der wäßrigen Lösung des Kohlendioxids liegt das nachstehende *Gleichgewicht* weitgehend auf der linken Seite:

$$CO_2 + H_2O \rightleftharpoons [H_2CO_3] \rightleftharpoons H^{\oplus} + HCO_3^{\ominus}$$

Während Kohlendioxid und die Carbonate in der anorganischen Chemie behandelt werden, zählt man die Derivate der Kohlensäure zu den organischen Verbindungen.

Der Kohlendioxid-Gehalt der Atmosphäre ist seit dem Beginn der Industrialisierung von etwa 270 ppm: Volumen auf etwa 340 ppm (515 ppm: Gewicht) angestiegen; er steigt pro Jahr etwa um 1,5 ppm. Durch Herstellung einer Kohlendioxid-Atmosphäre in Getreidesilos kann man den Inhalt vor Nagetieren und Insekten schützen. Flüssiges Kohlendioxid löst unter überkritischen Bedingungen organische Verbindungen; es wird zur Extraktion von Coffein aus Kaffeebohnen und von Nicotin aus Tabak technisch verwendet.

2.38.1 Halogenide der Kohlensäure

Theoretisch lassen sich von der Kohlensäure die folgenden beiden Chloride ableiten, jedoch sind von der Chlorameisensäure nur die Ester beständig.

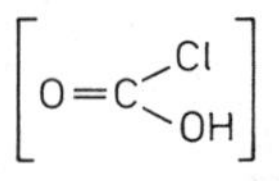

Chlorameisensäure

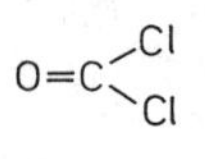

Phosgen

2.38.1.1 Phosgen (Kohlensäuredichlorid) wurde von *Davy* (1812) *aus Kohlenmonoxid und Chlor* unter Einwirkung des Sonnenlichts dargestellt (*phosgen* = durch Licht erzeugt):

$$CO + Cl_2 \xrightarrow{h\nu} COCl_2 \qquad \Delta H = -96\ kJ/Mol$$

Die Strahlungsenergie bewirkt die Aufspaltung des Chormoleküls in Cl-Atome und löst eine Radikalkettenreaktion aus.

Technisch gewinnt man Phosgen durch Überleiten von Chlor und Kohlenmonoxid bei 100–120 °C (375–395 K) über *Aktivkohle* als Katalysator. Im Laboratorium kann es *aus Tetrachlormethan und rauchender Schwefelsäure* (45proz. Oleum) bei 78 °C (350 K) neben Chlorsulfonsäure hergestellt werden:

$$CCl_4 + SO_3 + H_2SO_4 \rightarrow COCl_2 + 2\ ClSO_3H$$

[1] Vgl. *J. K. Terlouw* et al., Thermoanalyse von NH_4HCO_3. – Ein einfacher Weg zur Erzeugung freier Kohlensäure (H_2CO_3) in der Gasphase. Angew. Chem. *99*, 352 (1987).

Phosgen ist ein farbloses Gas, das sich bei 8 °C (280 K) verflüssigen läßt und in Stahlflaschen komprimiert in den Handel kommt. Es reagiert mit Wasser in der Kälte nur langsam, rascher in der Wärme:

$$COCl_2 + H_2O \rightarrow CO_2 + 2\,HCl$$

Bei einigen Synthesen dient Phosgen als Ausgangsmaterial, z. B. für Isocyanate und in der Farbstoffchemie. Physiologisch wirkt es als starkes *Atmungsgift* (s. unten Diphosgen).

2.38.2 Ester der Kohlensäure

Durch Umsetzung von Phosgen mit Alkoholen entstehen je nach den Reaktionsbedingungen **Chlorameisensäureester** (Chlorkohlensäureester) oder **Kohlensäurediester,** z. B.

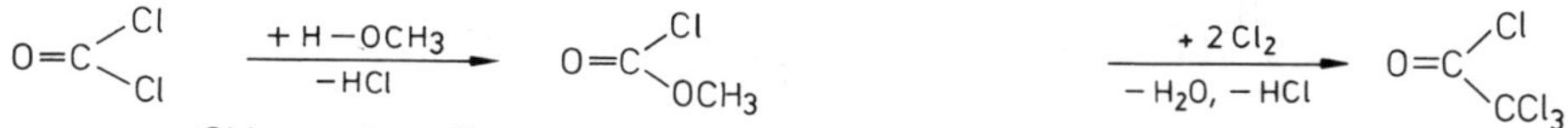

Chlorameisensäuremethylester (Sdp. 71,5 °C [344,7 K]) Diphosgen

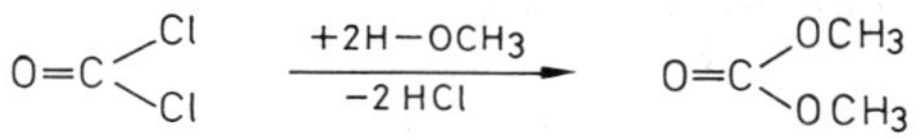

(Zusatz von Alkoholat oder Pyridin)

Kohlensäuredimethylester (Sdp. 91 °C [364 K])

Die Chlorameisensäureester sind erstickend riechende Flüssigkeiten und als Säurechloridester sehr reaktionsfähig. Daher benutzt man z. B. den Chlorameisensäureethylester, Sdp. 94,5 °C (367,7 K), um die *Ethoxycarbonylgruppe*, $-COOC_2H_5$, in Verbindungen einzuführen, die ein aktives H-Atom enthalten, z. B. Alkohole, Ammoniak, *primäre* und *sekundäre* Amine. Durch Einwirkung von Chlor erhält man Chlorameisensäuretrichlormethylester (Diphosgen), der die chemischen Wirkungen von *Phosgen* aufweist aber wesentlich ungefährlicher ist.

Die flüssigen Kohlensäureester besitzen einen „ätherischen" Geruch und lösen sich leicht in Wasser; der *Kohlensäurediethylester* siedet bei 127 °C (400 K).

Orthokohlensäureester leiten sich von der nicht existenzfähigen Orthokohlensäure ($C(OH)_4$) ab und bilden sich bei der Umsetzung von Chlorpikrin (Nitrochloroform) mit Natriumalkoholat, z. B.

$$Cl_3CNO_2 + 4\,NaOC_2H_5 \rightarrow C(OC_2H_5)_4 + 3\,NaCl + NaNO_2$$

Die Orthoester sind farblose, gegen Wasser relativ beständige Flüssigkeiten, die zu Synthesen verwendet werden (vgl. Orthocarbonsäureester). *Orthokohlensäureethylester* siedet bei 158 °C (431 K).

2.38.3 Amide der Kohlensäure

Von der Kohlensäure lassen sich folgende Amide ableiten:

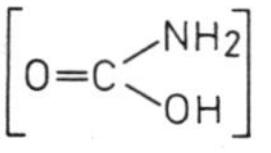

Carbamidsäure

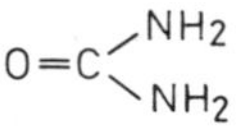

Harnstoff

2.38.3.1 Carbamidsäure („Carbaminsäure"), das Monoamid der Kohlensäure, ist im freien Zustand unbekannt, da an Stickstoff gebundene Carboxylgruppen meist sofort Kohlendioxid abspalten. Beständig sind dagegen ihre Salze, die *Carbamate,* und ihre Ester, die *Urethane,* in der Technik oft als Carbamate bezeichnet (vgl. S. 258). Das Ammoniumcarbamat bildet sich aus trockenem Kohlendioxid und Ammoniakgas:

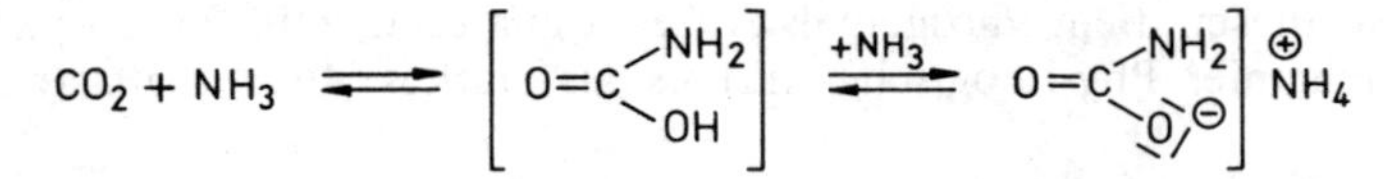

Carbamidsäure Ammoniumcarbamat

Es ist eine farblose, kristalline Substanz, die sich in Wasser leicht löst; beim Erwärmen der wäßrigen Lösungen erfolgt oberhalb 60 °C (330 K) Hydrolyse zu Ammoniumcarbonat bzw. Zerfall in Ammoniak und Kohlendioxid:

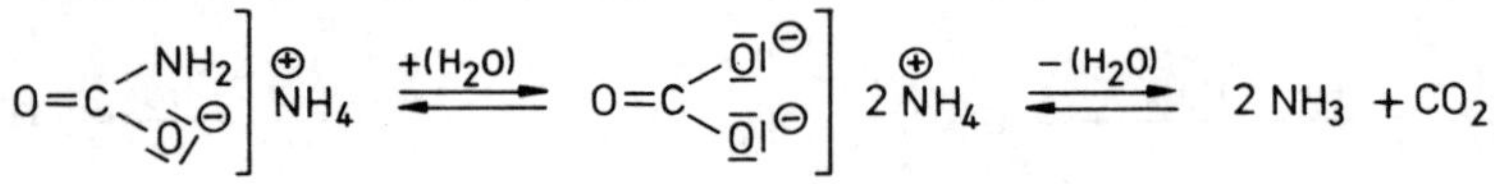

2.38.3.2 Urethane, die Ester der Carbamidsäure, werden *aus Chlorameisensäureestern und Ammoniak* bei niedriger Temperatur gebildet, z. B.

Urethan (Schmp. 50 °C [323 K])

Die Carbamidsäure*ethylester* werden auch als Einzelverbindungen mit dem Gattungsnamen *Urethan* benannt, z. B. *Carbamidsäureethylester = Urethan.*

Am Stickstoff substituierte Carbamidsäureester (Carbamate) entstehen *beim Erhitzen von Isocyansäureestern mit Alkoholen (vgl. Curtius*-Abbau der Säureazide) oder *Phenolen,* z. B.

Methylisocyanat 1-Naphthol 1-Naphthyl-N-methylcarbamat

Das dabei entstehende *1-Naphthyl-N-methylcarbamat* wird als Pflanzenschutzmittel (Pestizid) verwendet (Carbaryl, Sevin).

Aus den Arylisocyanaten erhält man mit wasserfreien Alkoholen gut kristallisierende Addukte, z. B. aus Phenylisocyanat und Ethanol das *N-Phenyl-urethan* (Schmp. 53 °C [326 K]):

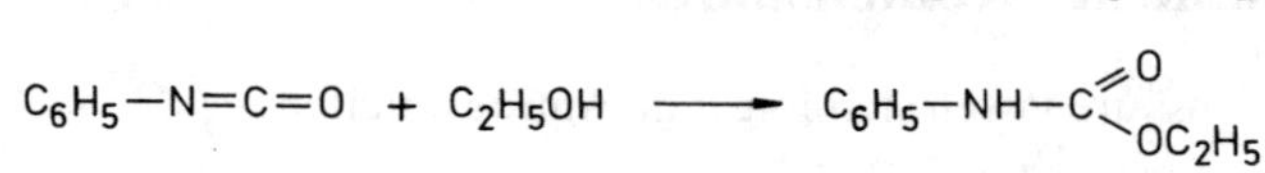

Phenylisocyanat N-Phenyl-urethan

Daher dienen Phenyl- bzw. *p*-Nitrophenyl- sowie 1-Naphthyl-isocyanat vielfach zur *Identifizierung* von Alkoholen.

2.38.3.3 Polyurethane. Große technische Bedeutung auf dem Kunststoffsektor besitzen die von *O. Bayer* entwickelten, nach dem *Diisocyanat-Polyadditionsverfahren*[1] herstellbaren Polyurethane. Sie entstehen z. B. *durch Polyaddition von 1,4-Butandiol an Hexamethylendiisocyanat:*

$$n\ O{=}C{=}N{-}(CH_2)_6{-}N{=}C{=}O\ +\ n\ HO{-}(CH_2)_4{-}OH \longrightarrow$$

Hexamethylendiisocyanat 1,4-Butandiol

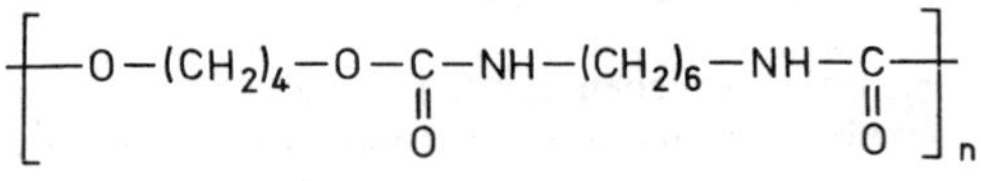

Polyurethan

Als Verknüpfungsstellen innerhalb der Polyurethan-Kette treten hier die *Carbamidsäuregruppen*, $-O-CO-NH-$, auf.
Die *Diisocyanate* lassen sich durch Umsetzung von Phosgen mit den entsprechenden Diaminen darstellen, z. B.

$$H_2N{-}(CH_2)_6{-}NH_2 + 2\ OCCl_2 \longrightarrow O{=}C{=}N{-}(CH_2)_6{-}N{=}C{=}O + 4\ HCl$$

Technisch verwendet man meist *Aryldiisocyanate,* z. B. Phenylen-1,4-, Toluylen-2,4- bzw. -2,6-, Biphenyl-4,4'-, Diphenylmethan-4,4'- oder Naphthalin-1,5-diisocyanat.

Zu den *Polyurethan-Elastomeren* zählt das *Vulkollan*[2] mit kautschukähnlichen Eigenschaften, das z. B. aus Polyadipinsäure-glykolester und Naphthalin-1,5-diisocyanat hergestellt wird.
Führt man die Polyaddition in der Weise durch, daß gleichzeitig die Isocyanatgruppen, katalysiert durch Triethylendiamin (DABCO), mit Wasser unter *CO_2-Entwicklung* reagieren, so werden *Polyurethan-Schaumstoffe* gebildet, die z. B. als Polster in Möbeln und Fahrzeugen, sowie als Isolierstoffe für Kälte und Wärme, u. a. zur inneren Verkleidung von Kühlschränken, dienen.

2.38.3.4 Harnstoff (Carbamid), das Diamid der Kohlensäure, wurde von *Rouelle* (1773) im Harn entdeckt und ist eines der Endprodukte des Eiweißabbaus bei Menschen und Säugetieren. Der erwachsene Mensch scheidet täglich etwa 20 g Harnstoff aus. Ferner wurde Harnstoff in vielen Pflanzen, besonders in Pilzen, nachgewiesen.

Darstellung. a) Nach der ***Wöhler*schen Synthese** durch Eindampfen einer wäßrigen Lösung von Ammoniumcyanat:

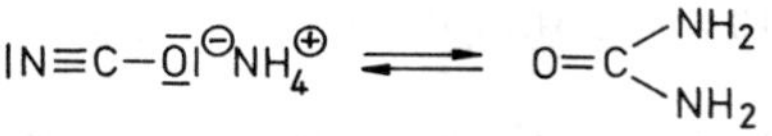

Harnstoff

b) Im Laboratorium *durch Einwirkung von Ammoniak auf Phosgen, Chlorameisensäureester, Urethane oder Kohlensäurediester* nach der üblichen Säureamidsynthese, jedoch sind die Ausbeuten wesentlich niedriger als bei den Carbonsäureamiden, z. B.

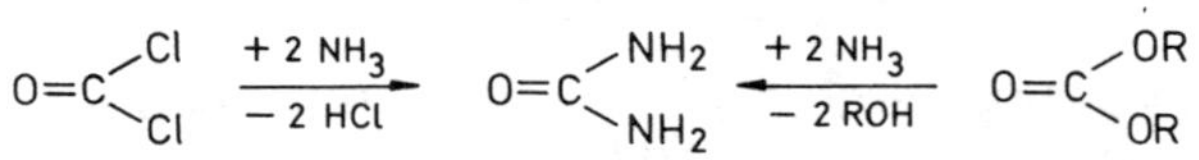

[1] Vgl. *O. Bayer,* Das Di-Isocyanat-Polyadditionsverfahren (Polyurethane), Angew. Chem. *59,* 257 (1947).
[2] Vgl. *O. Bayer* und *E. Müller,* Das Aufbauprinzip der Urethan-Elastomeren „Vulkollan", Angew. Chem. *72,* 934 (1960); *H. Rinke,* Elastomere Fasern auf Polyurethanbasis, ebenda *74,* 612 (1962).

c) Technisch *aus Kohlendioxid und Ammoniak* über Ammoniumcarbamat, das bei 135 – 150 °C (410 – 425 K) und 35 – 40 bar (3,5 – 4 MPa) in Gegenwart der dreifachen Menge Ammoniak in Harnstoff übergeht:

Ammoniumcarbamat

Unter diesen Bedingungen wird die als Nebenreaktion ablaufende Hydrolyse des Ammoniumcarbamats in Ammoniumcarbonat bzw. Ammoniak und Kohlendioxid unterdrückt.

d) *N-alkylierte Harnstoffe* werden durch Umsetzung *primärer* oder *sekundärer* Amine mit Kaliumcyanat oder Isocyansäureestern dargestellt.

Eigenschaften. Harnstoff bildet tetragonale Prismen vom Schmp. 132,7 °C (405,9 K), die sich in Wasser und Alkohol lösen. Er denaturiert in wäßriger Lösung Proteine und Nucleinsäuren. Gegenüber Mineralsäuren fungiert Harnstoff als sehr schwache Base; seine Salze sind weitgehend hydrolytisch gespalten und reagieren sauer. Zur Abscheidung von Harnstoff aus Harn dient das in stark salpetersaurer Lösung schwerlösliche Nitrat.
Ähnlich den Carbonsäureamiden ist auch das Harnstoffmolekül durch folgende *Mesomerie stabilisiert:*

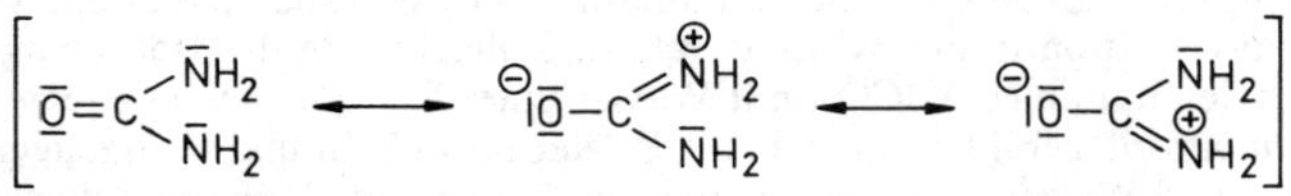

Beim Erhitzen von Harnstoff mit Säuren oder Basen tritt Hydrolyse ein:

$$H_2N{-}CO{-}NH_2 + H_2O \longrightarrow CO_2 + 2\,NH_3$$

Die gleiche Reaktion erfolgt bei der Fäulnis von Harn durch das Enzym *Urease.*

Bei der Einwirkung von salpetriger Säure auf Harnstoff entwickelt sich – wie bei den Säureamiden – Stickstoff, der volumetrisch gemessen wird (*van Slyke*):

$$H_2N{-}CO{-}NH_2 + 2\,HNO_2 \longrightarrow 2\,N_2 + CO_2 + 3\,H_2O$$

Verwendung. Harnstoff gewinnt als Düngemittel mit besonders hohem Stickstoffgehalt zunehmend an Bedeutung, er dient auch als stickstoffreiches Futtermittel und in der Technik als Ausgangsmaterial für die Synthese von *Melamin* und für die Fabrikation der Harnstoff-Formaldehyd-Harze (Aminoplaste, Kaurit, Iporka). Letztere entstehen durch Kondensation von Harnstoff mit Formaldehyd und bauen sich aus folgenden Kettenmolekülen auf:

$$n\,H_2N{-}\underset{\overset{\|}{O}}{C}{-}NH_2 + n\,CH_2O \xrightarrow[-\,n\,H_2O]{} \left(\!{-}NH{-}CH_2{-}NH{-}CO{-}\right)_n$$

Durch Formaldehyd im Überschuß lassen sich die einzelnen Ketten untereinander vernetzen und ergeben ein gut härtbares Isoliermaterial (Pollopas, Piatherm).
Besondere Bedeutung besitzt der Harnstoff als Baustein wirksamer *Schlafmittel* der Ureidklasse. Die **Ureide** sind amidartige Derivate organischer Säuren mit Harnstoff,

und zwar steht anstelle der NH_2-Gruppe in den Säureamiden die Gruppe $-NH-CO-NH_2$, z. B. *Essigsäureureid* (Acetylharnstoff), $H_3CCO-NH-CO-NH_2$. Sie lassen sich durch Umsetzung von Säurechloriden oder Säureestern mit Harnstoff darstellen und sind kristalline Verbindungen, die im Gegensatz zum Harnstoff mit Säuren keine Salze bilden.

Als Schlafmittel dieser Art sei *INN:* ***Carbromal*** genannt:

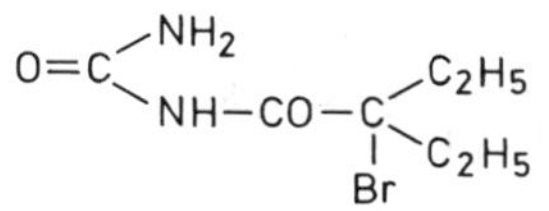

2-Brom-ethylbutyryl-harnstoff
(*INN:* ***Carbromal***)

Die cyclischen Ureide gehören zu den heterocyclischen Verbindungen und werden dort näher beschrieben.

Tetramethylharnstoff, $(H_3C)_2N-CO-N(CH_3)_2$, eine Flüssigkeit vom Sdp. 176,5 °C (449,7 K), wird als Lösungsmittel für organische Substanzen und als Reaktionsmedium für basenkatalysierte Isomerisierungen, für Alkylierungen, Acylierungen und andere Kondensationsreaktionen verwendet.

Abkömmlinge des Harnstoffs

Hierzu zählen vor allem *Semicarbazid* und *Guanidin:*

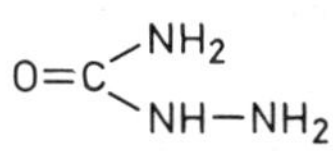

Semicarbazid

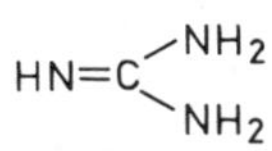

Guanidin

Der gebräuchliche Name Semicarbazid entspricht nicht der Konstitution, da keine Azidgruppe vorliegt.

2.38.3.5 Semicarbazid (Aminoharnstoff), das Hydrazid der Carbamidsäure, entsteht in Analogie zur *Wöhler*schen Harnstoffsynthese *aus Kaliumcyanat und Hydrazinsulfat,* wobei zwischen Isocyansäure und Hydrazin folgende Reaktion eintritt:

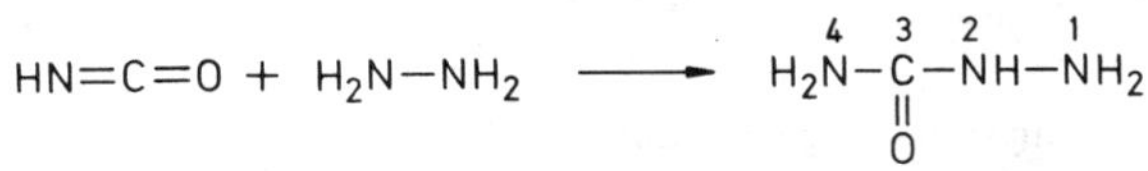

Semicarbazid

Bei einem Überschuß von Kaliumcyanat führt die Reaktion in essigsaurer Lösung weiter zu *1,2-Hydrazin-dicarboxamid* (Bis-harnstoff), $H_2N-CO-NH-NH-CO-NH_2$.

Semicarbazid ist eine kristalline Base vom Schmp. 96 °C (369 K), deren salzsaures Salz häufig zum *Nachweis von Carbonylgruppen* benutzt wird. Hierbei bilden sich die schwerlöslichen *Semicarbazone,* z. B.

Semicarbazon

Durch verdünnte Mineralsäuren lassen sich die Semicarbazone wieder hydrolytisch spalten. Semicarbazid kann auch anstelle von Hydrazin bei der *Wolff-Kishner*-Reduktion verwendet werden.

2.38.3.6 Guanidin (Iminoharnstoff) findet sich im Saft der Zuckerrübe sowie im Samen der Wicken. Es wurde erstmalig beim oxidativen Abbau des im *Guano* vorkommenden Guanins erhalten (*Strecker*, 1861). Ferner tritt es als Baustein im *Streptomycin* auf.

Darstellung. a) Durch *Erhitzen von Cyanamid* (oder Dicyandiamid) *mit Ammoniumchloridlösung* als Hydrochlorid:

Cyanamid Guanidinhydrochlorid

b) Technisch als *Nitrat aus Dicyandiamid und Ammoniumnitrat* in 85proz. Ausbeute.

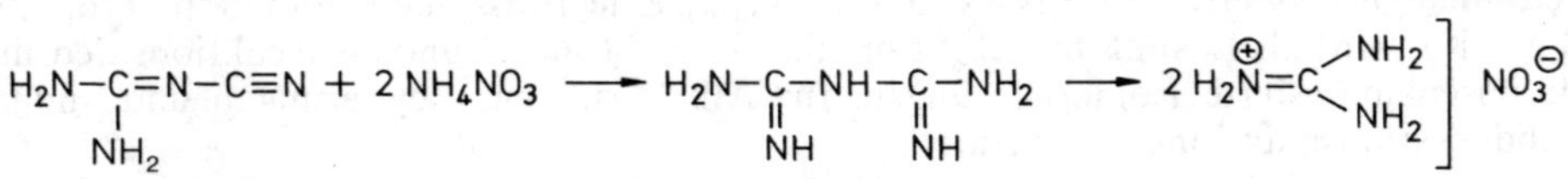

Dicyandiamid Biguanid Guanidiniumnitrat

Als Zwischenprodukt bildet sich *Biguanid*[1].

Eigenschaften. Guanidin ist in freier Form nur schwer isolierbar und bildet leichtzerfließliche Kristalle, die bei etwa 50 °C (325 K) schmelzen. Seine Basizität entspricht der von Alkalilaugen, an der Luft zieht es Kohlendioxid und Wasser an unter Bildung von *Guanidiniumhydrogencarbonat:*

$$HN=C(NH_2)_2 + CO_2 + H_2O \rightarrow H_2N=C(NH_2)_2]^{\oplus}\ HCO_3^{\ominus}$$

Meist wird Guanidin als Nitrat isoliert, das in Wasser schwer löslich ist.

In den *Guanidiniumsalzen* erweist sich das Kation aufgrund nachstehender *Mesomerie* als besonders energiearm:

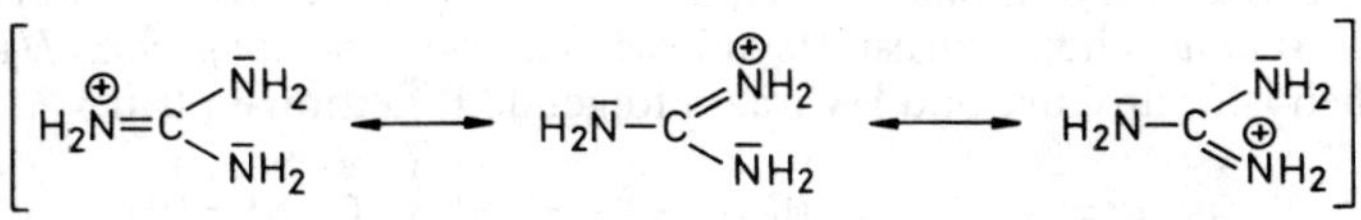

Eine Röntgenstrukturanalyse hat ergeben, daß die drei NH_2-Gruppen völlig symmetrisch angeordnet und vom zentralen C-Atom gleich weit entfernt sind. Die Länge der C–N-Bindung beträgt 118 pm (*Theilacker*, 1935).

Bei der Einwirkung von kalter konz. Schwefelsäure auf Guanidiniumnitrat entsteht **Nitroguanidin:**

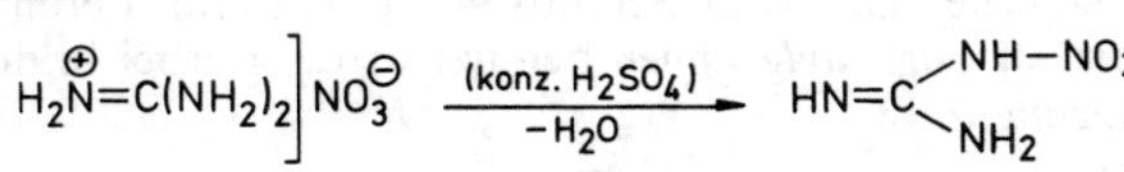

Nitroguanidin (Schmp. 246–247 °C [519–520 K])

---

[1] Vgl. *F. Kurzer* et al., The Chemistry of Biguanides, Fortschr. chem. Forsch. *10*, 375 ff. (1968).

Es ist explosiv und wird als Komponente bei Sprengstoffen verwendet. Durch Reduktion mit Zinkstaub und Eisessig geht es in **Aminoguanidin** über, das meist über das schwerlösliche Hydrogencarbonat isoliert wird. Es kann zum *Nachweis von Carbonylgruppen*, mit denen es *Amidinohydrazone* bildet, verwendet werden, z. B.

Aminoguanidin Amidinohydrazon

Biologisch wichtige Guanidinderivate sind L(+)-Arginin, Kreatin und Kreatinin.
L(+)-Arginin, α-Amino-δ-guanidino-valeriansäure, ist ein Baustein der Proteine.

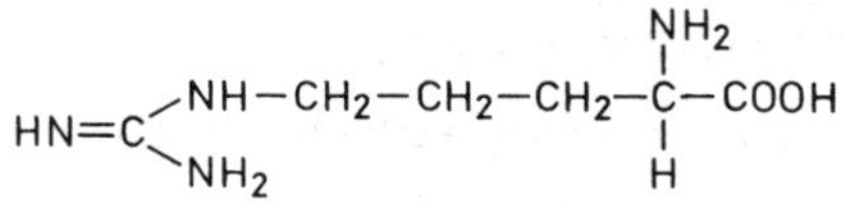

L(+)-Arginin

Kreatin, N-Methyl-guanidino-essigsäure, findet sich im Muskelsaft der Wirbeltiere und in geringer Menge im Gehirn und im Blut. Es wurde von *Chevreul* in der Fleischbrühe aufgefunden. Synthetisch läßt es sich *durch Addition von Sarkosin* (N-Methyl-glycin) *an Cyanamid* erhalten (*Volhard*):

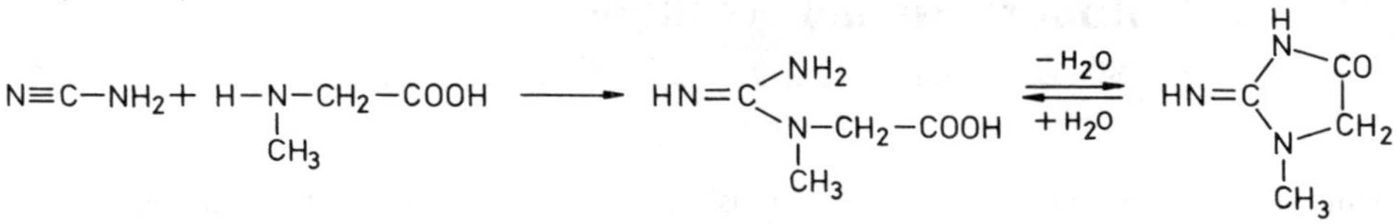

Sarkosin Kreatin Kreatinin

Kreatinin ist ein regelmäßiger Bestandteil des Harns und kann aus Kreatin durch Einwirkung von konz. Salzsäure unter Wasserabspaltung dargestellt werden; im Organismus entsteht es aus Kreatinphosphat.

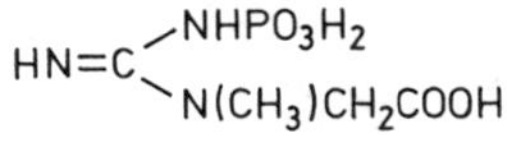

2.38.4 Amide der Orthokohlensäure[1]

Durch schrittweise Substitution der Alkoxygruppen von Orthokohlensäureestern erhält man die *Orthokohlensäureamide.*

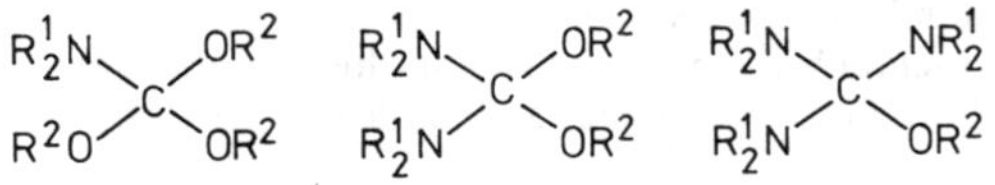

Orthocarbamidsäureester

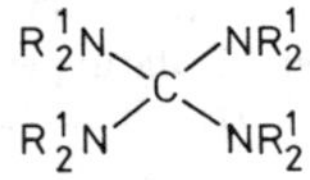

Orthokohlensäure-octaalkylamid

[1] Vgl. *W. Kantlehner*, Die präparative Chemie der *O*- und *N*-funktionellen Orthokohlensäurederivate, Synthesis *1977*, 73.

Die ersten drei Glieder der Reihe sind Orthocarbamidsäureester.
Schlüsselsubstanzen für die Synthese sind die Carbenium-Iminium-Ionen, die durch Alkylierung von Urethanen und Harnstoffen entstehen, z. B.:

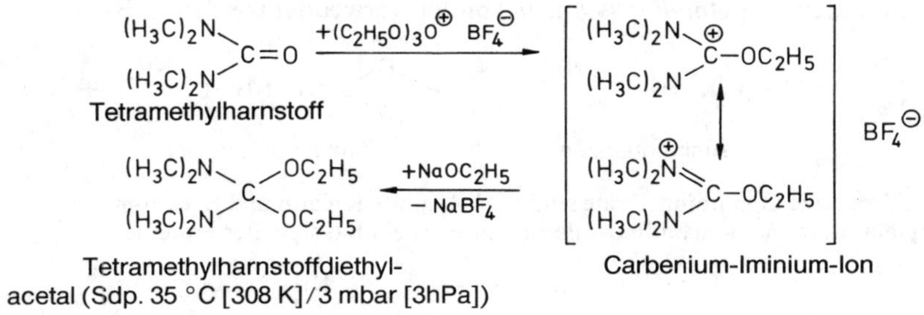

2.39 Thioderivate der Kohlensäure

Denkt man sich die O-Atome der Kohlensäure systematisch durch S-Atome ersetzt, so lassen sich folgende Säuretypen aufstellen:

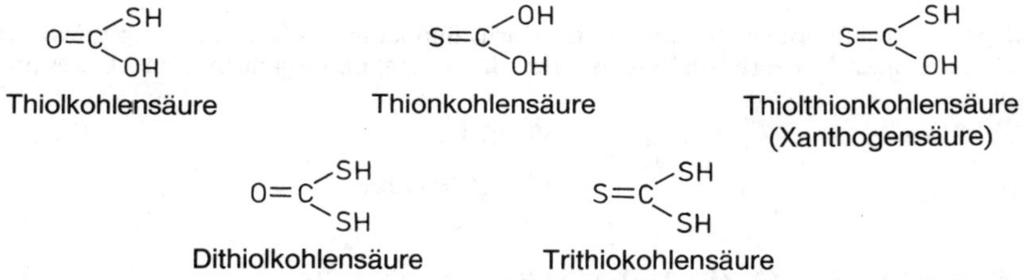

Im freien Zustand ist nur die Trithiokohlensäure bekannt. Als wichtige Derivate der Thiolthionkohlensäure sind ihr Anhydrid, der *Schwefelkohlenstoff*, und ihre O-Ester, die *Xanthogensäureester*, zu nennen.

Ursprünglich wurde der O-Ethylester der Thiolthionkohlensäure Xanthogensäure genannt. Da die Variation der Alkylgruppen jedoch wesentlich ist, bezeichnet man die hypothetische Thiolthionkohlensäure korrekter als Xanthogensäure und ihre O-Ester als *Xanthogensäureester.*

2.39.1 Schwefelkohlenstoff (Kohlendisulfid)

CS_2, ist eine farblose, etherisch riechende, stark lichtbrechende Flüssigkeit vom Sdp. 46 °C (319 K), die sich nicht mit Wasser, wohl aber mit Alkohol und Ether mischt. Die Dämpfe wirken giftig.

Man gewinnt Schwefelkohlenstoff durch Überleiten von Schwefeldampf über glühende Kohlen bei 900 °C (1200 K) oder aus Methan und Schwefeldampf bei 700 °C (1000 K) am Aluminiumoxid-Kontakt (bzw. aus Methan und Pyrit):

$$C + 2\,S \rightleftharpoons S{=}C{=}S \qquad \Delta H = +88\ \text{kJ/Mol}$$

$$CH_4 + 4\,S \xrightarrow{(Al_2O_3)} CS_2 + 2\,H_2S$$

Schwefelkohlenstoff stellt ein hervorragendes Lösungsmittel für Schwefel, weißen Phosphor, Iod sowie für organische Stoffe, vor allem für Fette, Öle und Harze, dar. Ein Nachteil ist seine leichte Entflammbarkeit. Technisch dient er zur Fabrikation der *Viscoseseide,* sowie zur Darstellung von Ammoniumrhodanid und Tetrachlormethan.

Die Alkalisalze der Xanthogensäureester, die *Xanthogenate,* sind durch Anlagerung von Alkoholaten an Schwefelkohlenstoff darstellbar, z. B.

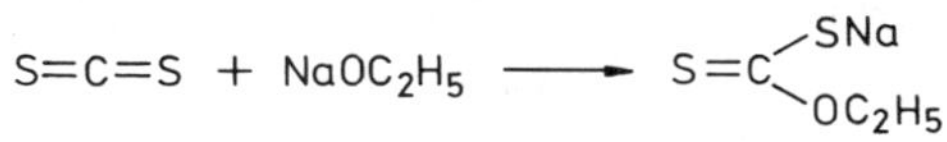

Bei der Umsetzung von Natriumethylxanthogenat mit Kupfer(II)-sulfat scheidet sich ein gelbes Kupfer(I)-ethylxanthogenat ab (*xanthogen* = gelberzeugend). Die dabei auftretende Reduktion des Kupfer(II)-ions zum Kupfer(I)-ion wird durch die gleichzeitige Oxidation des Ethylxanthogenat-Anions zu Dixanthogen bedingt:

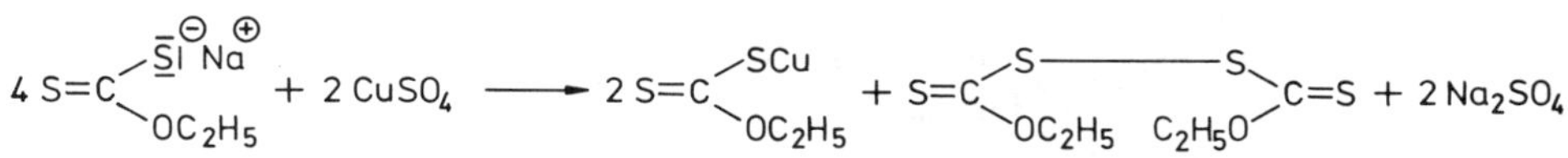

Natriumethylxanthogenat — Kupfer(I)-ethylxanthogenat — Dixanthogen

Abkömmlinge der Thionkohlensäure

Zu dieser Stoffgruppe rechnet man folgende Verbindungen:

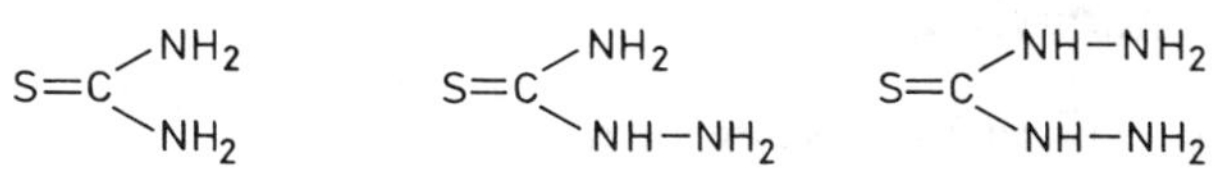

Thioharnstoff — Thiosemicarbazid — Thiocarbonohydrazid

2.39.2 Thioharnstoff (Thiocarbamid)

zeigt in seinem chemischen Verhalten große Ähnlichkeit mit dem Harnstoff.

Darstellung

2.39.2.1 Analog der *Wöhler*schen Harnstoffsynthese *durch Schmelzen von Ammoniumrhodanid* bei 140 – 180 °C (410 – 450 K), Ausbeute 15 – 20%.

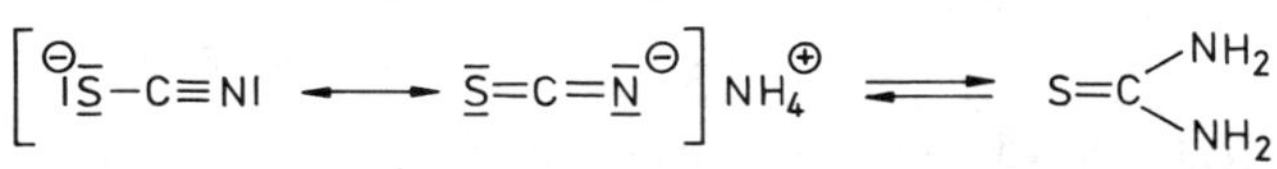

Thioharnstoff

2.39.2.2 Technisch *aus Calciumcyanamid und Schwefelwasserstoff* bei 150–180 °C (410 bis 450 K):

Thioharnstoff

Eigenschaften und Verwendung. Thioharnstoff bildet farblose, rhombische Prismen vom Schmp. 180–182 °C (453–455 K), die sich in Wasser mit neutraler Reaktion lösen. Wie beim Harnstoff ist auch hier das Molekül durch *Mesomerie stabilisiert;* die polaren Grenzformeln weisen eine Erhöhung der Elektronendichte am Schwefelatom aus:

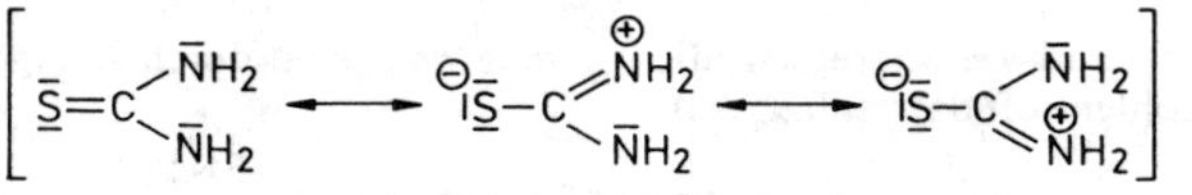

Thioharnstoff

Daher läßt sich Thioharnstoff z. B. leicht mit Alkylhalogeniden zu *S-Alkyl-isothiuroniumsalzen* umsetzen bzw. durch Wasserstoffperoxid in neutraler Lösung bei niedriger Temperatur zu „Formamidinsulfinsäure" oxidieren, in der jedoch aufgrund der *Röntgenstrukturanalyse* das *Thioharnstoff-S-dioxid* vorliegt.

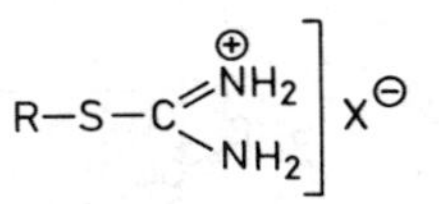

S-Alkyl-isothiuroniumsalz

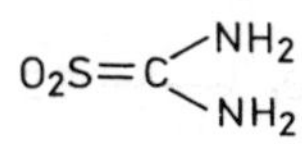

Thioharnstoff-S-dioxid

S-Alkyl- bzw. S-Aryl-isothioharnstoffe, vor allem *S-Benzyl-isothioharnstoff.* $C_6H_5-CH_2-S-C(=NH)NH_2$, reagieren mit Carbon- oder Sulfonsäuren zu gut kristallisierenden Isothiuroniumsalzen und dienen so zur *Identifizierung* dieser Säuren.
Einige Derivate des Thioharnstoffs werden als Pflanzenschutzmittel, sowohl als *Insektizide* als auch als *Rodentizide* verwendet.

2.39.3 Thiosemicarbazid[1]

ist als Hydrazid der Thiocarbamidsäure aufzufassen.

Darstellung. *Durch Erhitzen von 85proz. Hydrazinhydrat mit Ammoniumrhodanid* im Überschuß unter Stickstoff in etwa 60proz. Ausbeute (*Audrieth*, 1954):

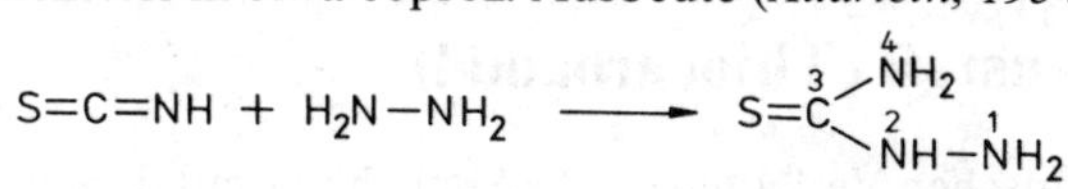

Thiosemicarbazid

Daneben entsteht *1,2-Hydrazin-bis-carbothioamid* (Bis-thioharnstoff):

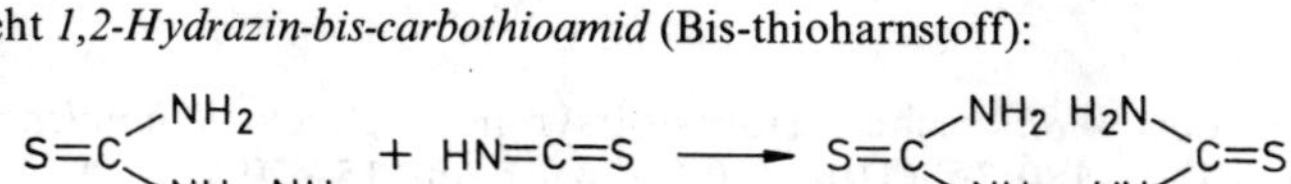

Bis-thioharnstoff

[1] Vgl. *F. Kurzer* et al., The Chemistry of Carbohydrazide and Thiocarbohydrazide, Chem. Reviews *70*, 111 (1970).

Erwärmt man Hydrazinsulfat und Kaliumrhodanid in wäßriger Lösung auf 90 °C (365 K) und gibt Aceton zu, so fällt in sehr guter Ausbeute das Acetonthiosemicarbazon aus, das leicht zum freien Thiosemicarbazid hydrolysiert werden kann.

Eigenschaften und Verwendung. Thiosemicarbazid ist eine bei 181 – 183 °C (454 bis 456 K) schmelzende kristalline Base, die mit Säuren Salze bildet. Bei Substitutionsprodukten des Thiosemicarbazids legt man die oben angegebene Bezifferung zugrunde. Erhitzt man Thiosemicarbazid mit Eisessig, so entsteht *1-Acetyl-thiosemicarbazid,* $H_2N-CS-NH-NH-COCH_3$, das wie Thiosemicarbazid vielfach als Ausgangssubstanz für Synthesen von Heterocyclen verwendet wird.
Die wichtigste Reaktion des Thiosemicarbazids ist seine Kondensation mit Aldehyden oder Ketonen in wäßriger oder alkoholischer Lösung unter Bildung der entsprechenden *Thiosemicarbazone,* z. B.

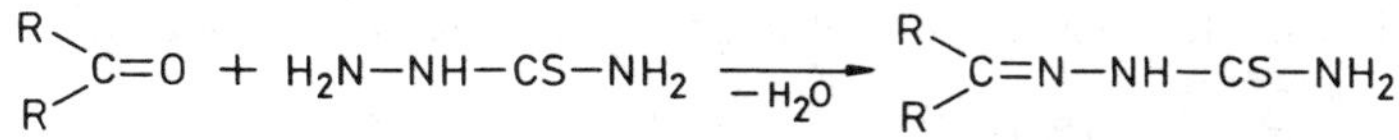

Thiosemicarbazon

Die Stoffklasse der Thiosemicarbazone hat durch die Untersuchungen von *Domagk* Bedeutung gewonnen. Es zeigte sich, daß bestimmte Thiosemicarbazone die Fähigkeit haben, das Wachstum der Tuberkelbakterien zu hemmen. Zu den Präparaten, mit denen klinische Heilerfolge bei der Tuberkulose erzielt wurden, zählt das heute nicht mehr im Handel befindliche *p-Acetylamino-benzaldehyd-thiosemicarbazon:*

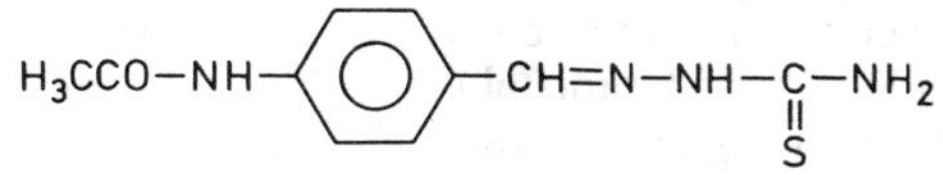

p-Acetylamino-benzaldehyd-thiosemicarbazon

2.39.4 Thiocarbonohydrazid

wird *durch Erhitzen von Schwefelkohlenstoff mit wäßrigem Hydrazin* im Überschuß dargestellt (*Audrieth,* 1954).

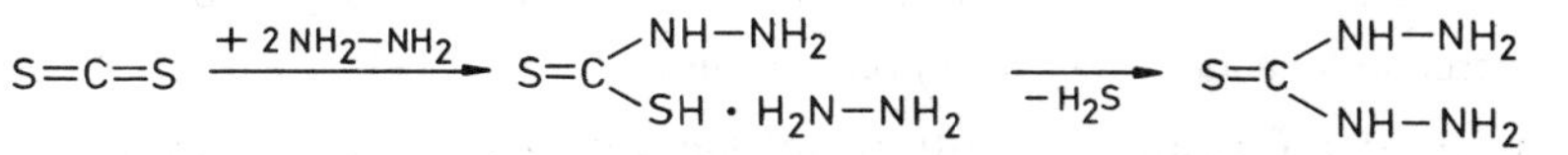

Hydrazinsalz der Dithiocarbazinsäure

Thiocarbonohydrazid

Es ist in Wasser und den üblichen organischen Lösungsmitteln sehr wenig löslich, schmilzt bei 171 °C (444 K) und bildet ein Dihydrochlorid.

In der analytischen Chemie benutzt man ein zweifach phenyliertes Dehydroderivat des Thiocarbonohydrazids, das *Dithizon* (*3-Mercapto-1,5-diphenyl-formazan*) als Reagens zur quantitativen Spurenanalyse von Schwermetallen, wie Ag, Hg, Cu, Pb, Zn und Cd (*H. Fischer*). Hierbei entstehen intensiv farbige *Innerkomplexe,* die kolorimetrisch bestimmt werden.

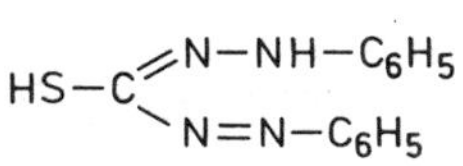

Dithizon

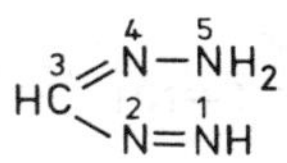

Formazan

2.40 Cyansäure und ihre Derivate

Die Cyansäure kann in zwei *tautomeren* Formen auftreten, die miteinander im *Gleichgewicht* stehen:

$$\underset{\text{Cyansäure}}{H-\overline{O}-C\equiv N|} \rightleftharpoons \underset{\text{Isocyansäure}}{\overline{O}=C=\overline{N}-H}$$

Nach den Ergebnissen der *Raman*-Spektroskopie ist es überwiegend zugunsten der *Isocyansäure* verschoben, es liegt also ein *Heterokumulen* vor.

In den Alkalisalzen der Cyansäure liegt folgende *Mesomerie im Anion* vor:

$$[^{\ominus}|\overline{O}-C\equiv N| \longleftrightarrow \overline{O}=C=\overline{N}^{\ominus}]\,Me^{\oplus}$$

Kaliumcyanat wird durch Oxidation von Kaliumcyanid mit Blei(IV)-oxid oder Kaliumdichromat hergestellt:

$$K^{\oplus}\,|\overset{\ominus}{C}\equiv N| + 1/2\,O_2 \longrightarrow K^{\oplus}\,|\overset{\ominus}{\overline{O}}-C\equiv N|$$

Die freie, wenig beständige *Cyansäure* entsteht neben Ammoniak beim Erhitzen von Harnstoff über seinen Schmelzpunkt. Sie *polymerisiert* jedoch leicht zu einem Gemisch von **Cyanursäure** (etwa 70%) und **Cyamelid** (etwa 30%). Erstere ist das Trimerisierungsprodukt der Isocyansäure und gehört formal als 2,4,6-Trihydroxy-1,3,5-triazin zu den 1,3,5-Triazin-Derivaten:

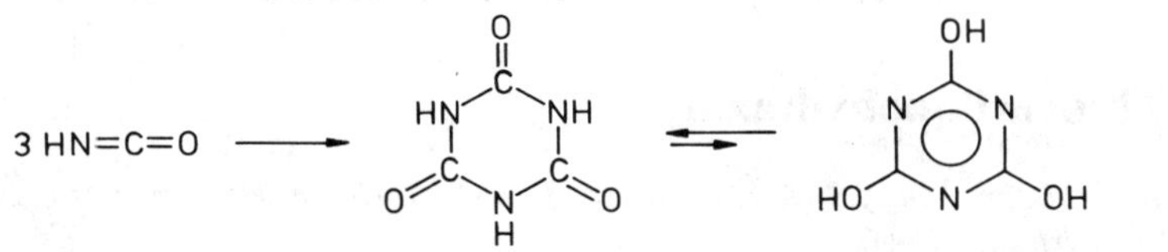

Isocyansäure Cyanursäure 2,4,6-Trihydroxy-1,3,5-triazin

Die Triketostruktur folgt aus der Röntgenstrukturanalyse.

Beim Erhitzen der Cyanursäure tritt *Depolymerisation* zu Isocyansäure ein, die sich durch rasches Abkühlen unter 0 °C (273 K) als farblose, stechend riechende Flüssigkeit isolieren läßt (*Wöhler*).

Das bei der Polymerisation von Isocyansäure als Nebenprodukt entstehende Cyamelid, $(H-N=C=O)_n$, ist ein weißes, porzellanartiges Produkt und besitzt wahrscheinlich folgende Kettenstruktur:

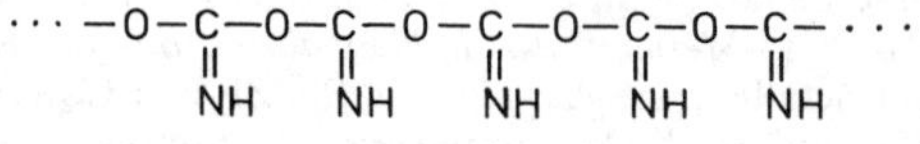

Isocyansäure wird in Gegenwart von Wasser rasch zu Kohlendioxid und Ammoniak hydrolysiert.

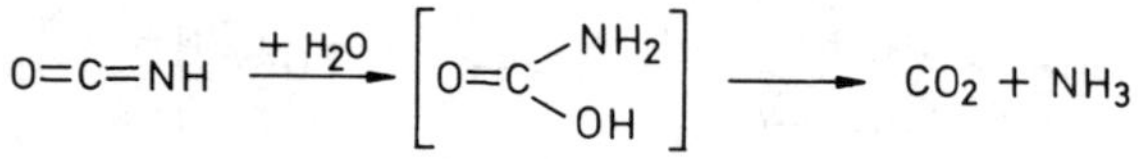

Carbamidsäure

Mit Alkoholen bildet sie *Urethane,* die mit überschüssiger Säure in *Allophanate,* die Ester der Allophansäure, übergehen:

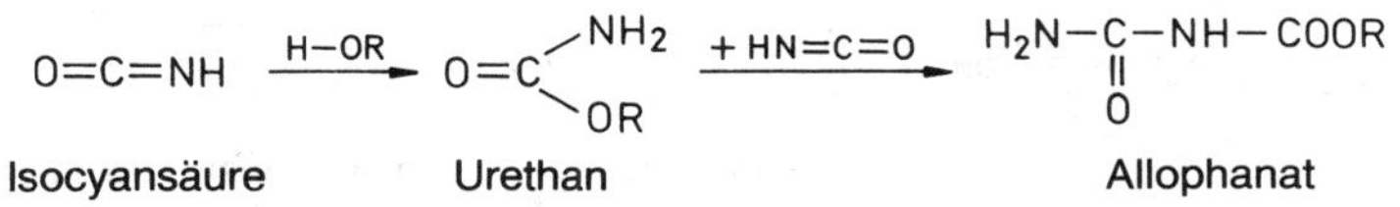

2.40.1 Cyanhalogenide

Die Cyanhalogenide kann man entweder als Säurehalogenide der Cyansäure oder als Halogensubstitutionsprodukte der Blausäure auffassen. Sie entstehen *bei der Einwirkung von Halogenen auf Blausäure oder Metallcyanide,* z. B.

$$|N\equiv C|^{\ominus}K^{\oplus} + Br_2 \rightarrow KBr + \underset{\text{Bromcyan}}{Br-C\equiv N|}$$

Chlorcyan, $Cl-C\equiv N$, ist ein giftiges, zu Tränen reizendes Gas, das bei 13 °C (286 K) flüssig wird und sich leicht zu Cyanurchlorid *trimerisiert.*
Bromcyan schmilzt bei 52 °C (325 K), und **Iodcyan** sublimiert oberhalb 45 °C (318 K), ohne zu schmelzen. Beide werden bei organischen Synthesen zur Einführung der *Cyangruppe* verwendet.
Bromcyan reagiert mit *tertiären* Aminen zu quartären Salzen, die unter Abspaltung von Alkylbromid in Dialkylcyanamid übergehen:

$$R_3N| \xrightarrow{+BrCN} R_3N-C\equiv N|]^{\oplus}Br^{\ominus} \xrightarrow[-RBr]{} R_2N-C\equiv N$$

Dabei entsteht bevorzugt das jeweils reaktivste Halogenid; in Abhängigkeit von R ergibt sich damit die folgende Reihung: $C_6H_5CH_2 > CH_3 > C_2H_5 \gg C_6H_5$.
Die Hydrolyse von Dialkylcyanamiden ergibt das betreffende *sekundäre* Amin:

$$R_2N-C\equiv N \xrightarrow[-NH_3]{+2\,H_2O} R_2N-COOH \xrightarrow[-CO_2]{} R_2NH$$

Mit Hilfe dieser Methode lassen sich *tert.* in *sek.* Amine überführen.

Die Bildung des Quartärsalzes hängt von der Natur des Substituenten R ab. Sie erfolgt um so rascher, je stärker die Nucleophilie des *tertiären* Amins ist, d. h. aliphatische Amine reagieren leichter als aromatische. Besitzt das Amin mehrere Phenylgruppen, so tritt mit Bromcyan keine Reaktion ein. – Cyclische *tert.* Amine erfahren bei der Bromcyan-Methode nach *v. Braun* eine Ringöffnung.

2.40.2 Cyansäureester

Im Gegensatz zu den lange bekannten Alkyl- und Arylestern der Isocyansäure konnten die **Cyansäureester** (Alkyl- und Arylcyanate) erst in neuerer Zeit in *monomerer* Form isoliert werden. Die nachstehenden Verfahren wurden unabhängig voneinander aufgefunden.

Darstellung

2.40.2.1 Allgemein erhält man bei der Umsetzung von Halogencyan mit Alkoholen oder Phenolen im alkalischen Medium *nicht* die zu erwartenden Cyansäureester, sondern sogleich die Imidokohlensäurediester, die allmählich in die *Cyanursäuretriester* übergehen:

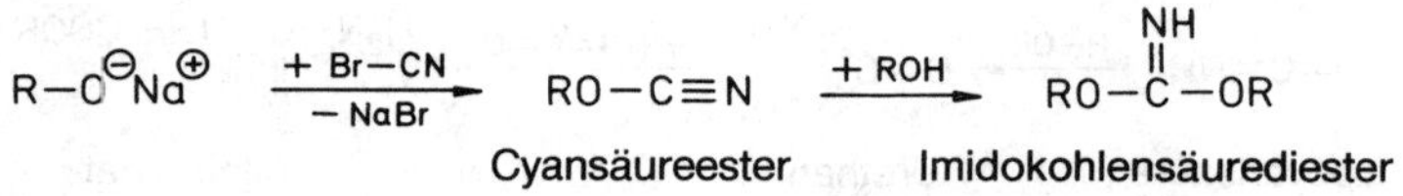

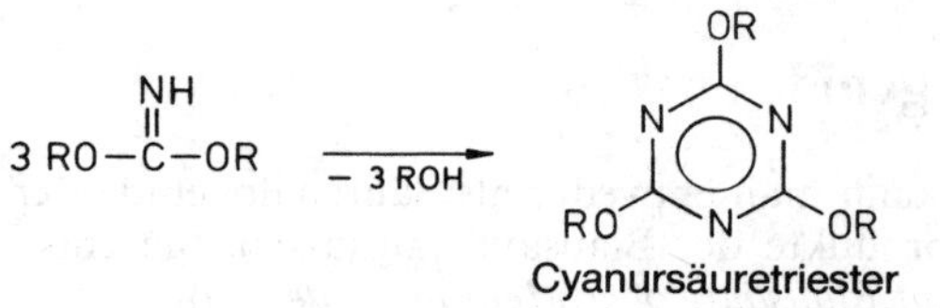

Der Cyanursäuretriester leitet sich von der tautomeren Iminolform der Cyanursäure ab (R=H), die nicht nachweisbar ist, früher aber der Cyanursäure zugeschrieben wurde.

Demgegenüber lassen sich die dabei intermediär entstehenden Cyansäureester der aromatischen Reihe unter veränderten Reaktionsbedingungen in sehr guter Ausbeute fassen, indem man die Base, z. B. Triethylamin, in eine acetonische Lösung *äquimolekularer* Mengen eines Phenols und des Halogencyans bei etwa 0 °C (275 K) zutropft (*Grigat*).

Die Herstellung aliphatischer Cyansäureester ist nach dieser Methode nur in speziellen Fällen, z. B. bei Trihalogenethanolen und einigen Enolen, möglich.

2.40.2.2 Bei der Umsetzung von Thionkohlensäure-O-phenylester-chlorid mit Natriumazid bei etwa 0 °C (275 K) bildet sich das instabile 5-Phenoxy-1,2,3,4-thiatriazol, das schon bei Raumtemperatur unter Abspaltung von Stickstoff und elementarem Schwefel in 93proz. Ausbeute Phenylcyanat liefert (*Martin*):

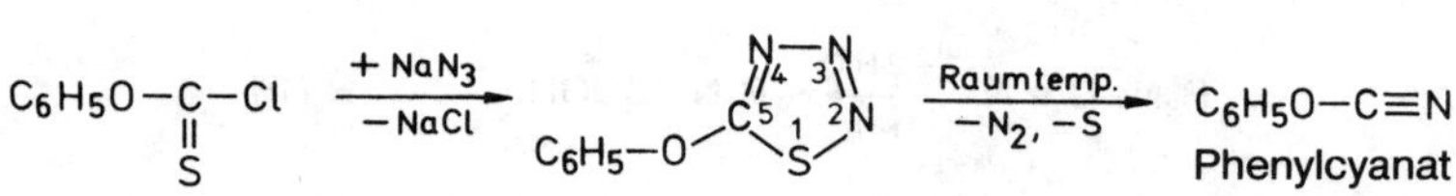

In analoger Weise konnte *K. A. Jensen* (1964) aus Thionkohlensäure-O-alkylester-hydraziden und salpetriger Säure bei etwa 0 °C (275 K) über die 5-Alkoxy-1,2,3,4-thiatriazole die Alkylcyanate erhalten (Ausb. etwa 90%). Diese lagern sich jedoch schon bei Raumtemperatur in 1–2 Tagen in die entsprechenden Alkylisocyanate bzw. N,N,N-Trialkylcyanursäuren um.

Eigenschaften. Die Arylcyanate sind farblose, stechend riechende Flüssigkeiten, die sich unter vermindertem Druck destillieren lassen und in reinem Zustand längere Zeit haltbar sind. In Gegenwart von Säuren erfolgt leicht *Trimerisierung* zu den entsprechenden Cyanursäuretriarylestern. Gegenüber *nucleophilen* Reaktionspartnern sind die Cyansäurearylester reaktionsfähig, z. B. addieren sie Wasser zu O-Aryl-urethanen und Schwefelwasserstoff zu O-Aryl-thiocarbamaten:

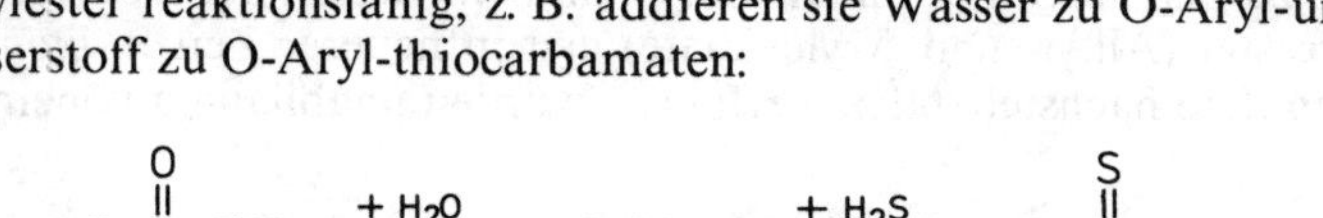

Analoge Reaktionen lassen sich z. T. auch mit Alkylcyanaten durchführen.

2.40.3 Isocyansäureester

Darstellung

2.40.3.1 *Durch Erhitzen von Kaliumcyanat mit Dialkylsulfat* in Gegenwart von trockenem Natriumcarbonat, z. B.

$$KO-C\equiv N + (H_3C)_2SO_4 \xrightarrow{(Na_2CO_3)} \underset{\text{Methylisocyanat}}{H_3C-N=C=O} + H_3COSO_3K$$

Methylisocyanat (Sdp. 39,1 °C; 321,3 K) ist sehr giftig; auf diese Verbindung ist das Unglück in Bhopal zurückzuführen.

2.40.3.2 Eine allgemein anwendbare Methode ist die *Umsetzung eines primären Amins mit Phosgen,* z. B.

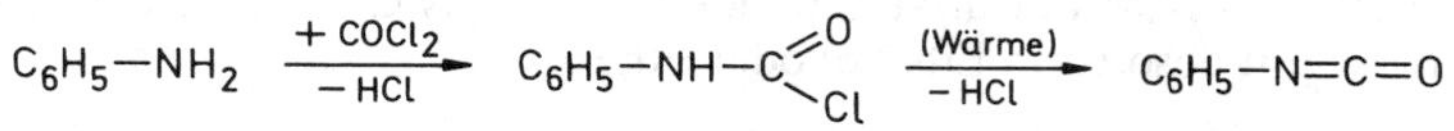

Anilin Phenylcarbamoylchlorid Phenylisocyanat

Eigenschaften. Die *Alkylisocyanate* sind giftige, stechend riechende, beständige Flüssigkeiten und wegen ihres *kumulierten* Bindungssystems besonders reaktionsfähig. Sie addieren sich leicht an Alkohole, Ammoniak sowie *primäre* und *sekundäre* Amine, z. B.

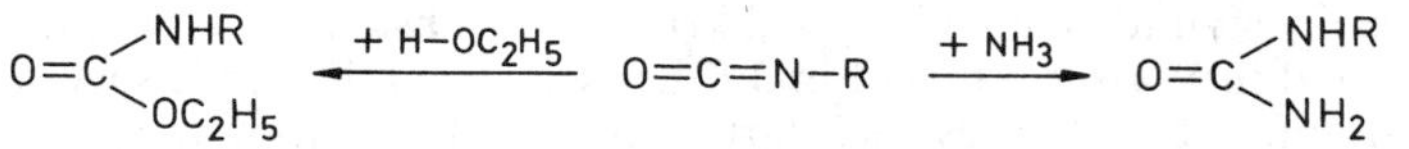

N-Alkyl-urethan Alkylisocyanat N-Alkyl-harnstoff

Da hierbei gut kristallisierende Verbindungen entstehen, werden die Isocyanate, vor allem das *Phenylisocyanat,* eine bei 166 °C (439 K) siedende Flüssigkeit, zur näheren Charakterisierung der obigen Stoffklassen verwendet.

In Gegenwart von Basen *trimerisieren* sich die Alkyl- bzw. Arylisocyanate zu *N,N,N-Trialkyl-* oder *Triarylcyanursäuren:*

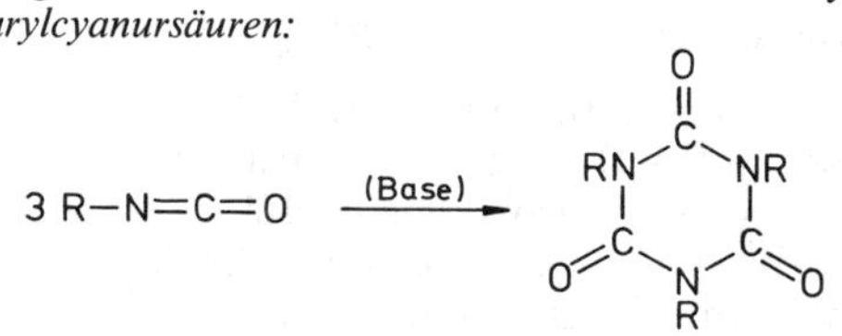

$\Delta H = -226$ kJ/Mol (für R = CH_3)

N,N,N-trisubstituierte Cyanursäure

Die hydrolytische Spaltung der Isocyansäureester in der Wärme führt zu *primären* Aminen und Kohlendioxid[1]:

$$R-N=C=O + H_2O \rightarrow R-NH_2 + CO_2$$

Die Alkylisocyanate treten als Zwischenprodukte beim Abbau der Säureamide bzw. -azide und der Hydroxamsäuren auf.

[1] Diese stark exotherme Reaktion hat wahrscheinlich das Unglück in Bhopal ausgelöst; vgl. Nachr. Chem. Tech. Lab. *33,* 590 (1985).

2.40.4 Cyanamide

Cyanamid, $H_2N-C\equiv N$, kann als Amid der Cyansäure oder als Nitril der Carbamidsäure aufgefaßt werden. Das *Raman*-Spektrum deutet auf das Vorliegen folgender *Tautomerie* hin:

$$\underset{\text{Cyanamid}}{H_2N-C\equiv N} \rightleftarrows \underset{\text{Carbodiimid}}{HN=C=NH}$$

Darstellung

2.40.4.1 *Aus Cyanhalogeniden und Ammoniak,* z. B.

$$NH_3 + \underset{\text{Chlorcyan}}{Cl-C\equiv N} \rightarrow \underset{\text{Cyanamid}}{H_2N-C\equiv N} + HCl$$

2.40.4.2 *Aus Dinatriumcyanamid,* $Na_2N-C\equiv N$, durch vorsichtiges Ansäuern mit starker Schwefelsäure, deren Konzentration so zu wählen ist, daß das Wasser vollständig als Kristallwasser an Natriumsulfat gebunden wird. Das Cyanamid entzieht man der Reaktionsmasse mit absolutem Ethanol oder Ether.

2.40.4.3 Technisch *durch Einleiten von Kohlendioxid in eine wäßrige Suspension von Calciumcyanamid,* das nach dem *Frank-Caro*-Verfahren (1897) aus Calciumacetylid im Stickstoffstrom bei etwa 1000 °C (1300 K) gewonnen wird.

$$CaN-C\equiv N + H_2O + CO_2 \rightarrow CaCO_3 + H_2N-C\equiv N$$

Eigenschaften. Cyanamid ist eine farblose, kristalline Substanz vom Schmp. 43–44 °C (316–318 K) und in Wasser, Ethanol und Ether sehr leicht löslich. Es weist *amphotere* Eigenschaften auf, z. B. bildet es mit starken Basen Metallsalze, von denen das Calciumsalz das wichtigste ist, und mit starken Säuren Salze, die leicht hydrolytisch gespalten werden. In wäßriger Lösung ist das Cyanamid bei $pH < 5$ stabil, jedoch *dimerisiert* es sich bei pH 8–9,5 leicht zu dem technisch wichtigen **Dicyandiamid** (Cyanguanidin):

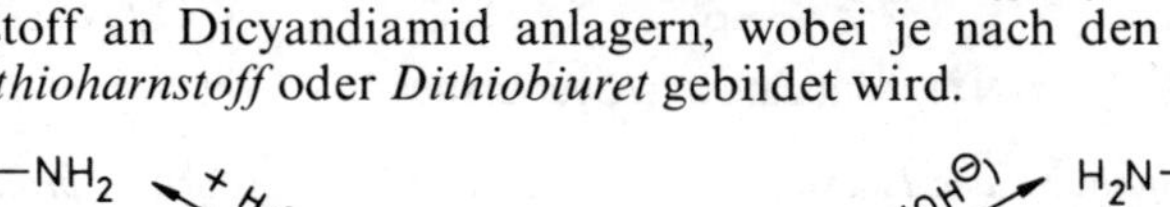

Cyanamid Dicyandiamid (Schmp. 209 °C [482 K])

Aus Dicyandiamid läßt sich eine Reihe weiterer Verbindungen darstellen, z. B. erhält man beim Erhitzen von Dicyandiamid mit 3 n NaOH in 50proz. Ausbeute *Cyanharnstoff.* Erwärmt man Dicyandiamid kurze Zeit mit 50proz. Schwefelsäure, so entsteht unter Anlagerung von Wasser fast quantitativ *Amidinoharnstoffsulfat.* Analog läßt sich Schwefelwasserstoff an Dicyandiamid anlagern, wobei je nach den Reaktionsbedingungen *Amidinothioharnstoff* oder *Dithiobiuret* gebildet wird.

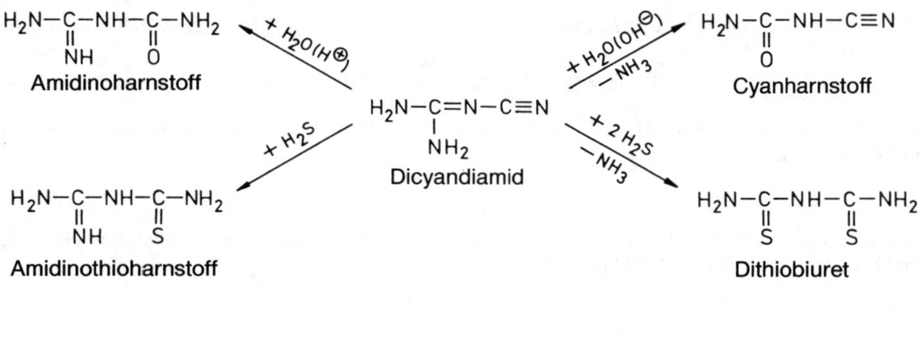

Verwendung. Calciumcyanamid ist ein wertvolles Stickstoffdüngemittel (*Kalkstickstoff*) für kalkarme Böden. Es wird über die Zwischenstufen Cyanamid und Harnstoff zu Ammoniak und Kohlendioxid hydrolysiert:

$$CaN{-}C{\equiv}N \xrightarrow[-\,Ca(OH)_2]{+\,2\,H_2O} H_2N{-}C{\equiv}N \xrightarrow{+\,H_2O} O{=}C(NH_2)_2 \xrightarrow{+\,H_2O} 2\,NH_3 + CO_2$$

Außerdem dient Calciumcyanamid als Ausgangsmaterial für eine Reihe technischer Synthesen, z. B. für Cyanamid, Dicyandiamid, Harnstoff, Thioharnstoff, Guanidin, Nitro- und Aminoguanidin.

2.40.5 Carbodiimide

Sie werden aus *Harnstoffen* oder *Thioharnstoffen* durch Umsetzung mit *Triphenylphosphin* und *Tetrachlorkohlenstoff* in Gegenwart einer Base erhalten (*Appel*).

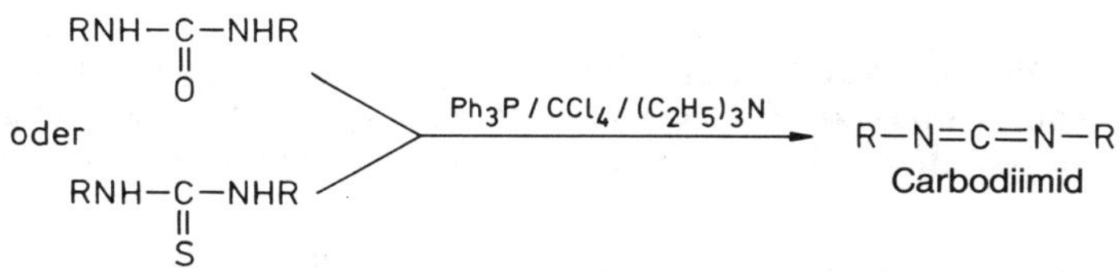

Sie sind wichtige Reaktionspartner für Cycloadditionen; das DCC: *Dicyclohexylcarbodiimid* ($R=C_6H_{11}$) bewährt sich als wasserabspaltendes Mittel zur Knüpfung der Säureamidbindung.

2.41 Thiocyansäure und ihre Derivate

Wird das O-Atom in der Cyansäure durch Schwefel ersetzt, so kommt man zur *Thiocyansäure* oder *Rhodanwasserstoffsäure*, die folgende *Tautomerie* aufweist:

$$\underset{\text{Thiocyansäure}}{H{-}\overline{\underline{S}}{-}C{\equiv}N|} \rightleftharpoons \underset{\text{Isothiocyansäure}}{\overline{S}{=}C{=}\overline{N}{-}H}$$

Im Gegensatz zur Cyansäure liegt die Thiocyansäure fast ausschließlich in der Normalform vor. Ihre Salze, die *Rhodanide*, zeigen folgende *Mesomerie im Anion:*

$$[^{\ominus}|\overline{\underline{S}}{-}C{\equiv}N| \longleftrightarrow \overline{\underline{S}}{=}C{=}\overline{\underline{N}}^{\ominus}]\,Me^{\oplus}$$

2.41.1 Darstellung

2.41.1.1 Die Rhodanide (Thiocyanat-Ionen) entstehen – in Analogie zu den Cyanaten – *durch Schmelzen von Cyaniden mit Schwefel,* z. B.

$$K^{\oplus}[^{\ominus}|C\equiv N| + S \rightarrow K^{\oplus}[^{\ominus}|\underline{S}-C\equiv N|$$

Kaliumrhodanid

2.41.1.2 *Ammoniumrhodanid* wird technisch *durch Umsetzung von Schwefelkohlenstoff mit überschüssigem Ammoniak* gewonnen:

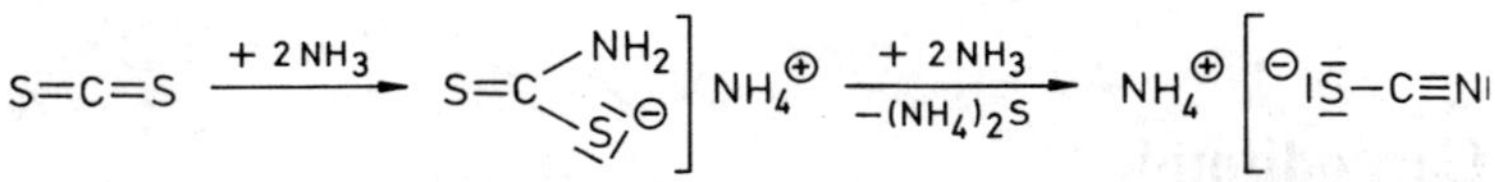

Ammoniumdithiocarbamat Ammoniumrhodanid

2.41.1.3 *Rhodanwasserstoffsäure* erhält man aus ihren Salzen durch Zugabe von Schwefelsäure unter Kühlung mit flüssiger Luft.

Eigenschaften. Die freie Rhodanwasserstoffsäure ist nur bei sehr tiefen Temperaturen haltbar, schon oberhalb – 40 °C (230 K) tritt Polymerisation ein. Beständiger sind ihre wäßrigen Lösungen, deren *Acidität* nahe an die der Halogenwasserstoffsäuren heranreicht.

Beim *analytischen Nachweis* der Rhodanid-Ionen mit Eisen(III)-Ionen bildet sich ein tiefroter Eisenrhodanid-Komplex (*rhodon* = Rose).
Quecksilber(II)-rhodanid zeigt das eigentümliche Verhalten, sich beim Abbrennen stark aufzublähen (*Pharaoschlangen*).

2.41.2 Thio- und Isothiocyansäureester

Wie bei der Cyansäure lassen sich auch von der Thiocyansäure sowohl die normalen als auch die Iso-Ester isolieren.

Darstellung. *Thiocyansäureester* (Alkylthiocyanate, Alkylrhodanide) entstehen durch Alkylierung von Rhodaniden:

$$K^{\oplus}[^{\ominus}|\underline{S}-C\equiv N| + I-R \rightarrow R-\underline{S}-C\equiv N| + KI$$

Isothiocyansäureester (Isothiocyanate, Senföle) stellt man am besten aus *primären* Aminen und Schwefelkohlenstoff in Gegenwart von Natronlauge her. Das sich hierbei bildende Na-Salz der N-Alkyl-dithiocarbamidsäure reagiert mit Chlorameisensäureethylester zu Senföl, Kohlenoxidsulfid und Ethanol:

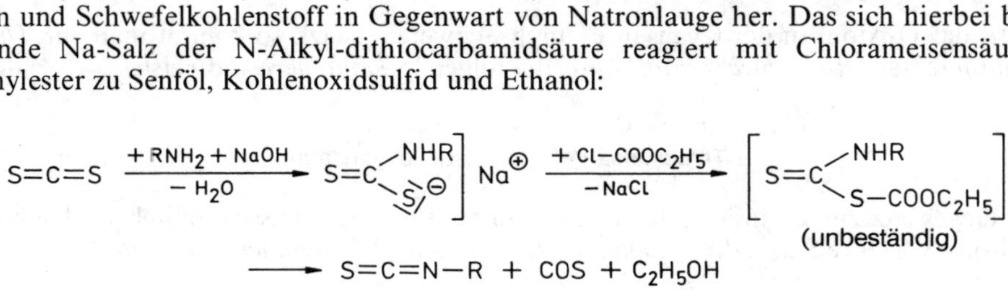

(unbeständig)

Senföl

Eigenschaften. Die **Alkylthiocyanate** sind wenig stabile Öle von knoblauchartigem Geruch, die sich mit Wasser nicht mischen. Bei der Oxidation mit konz. Salpetersäure gehen sie in *Sulfonsäuren* und bei der Reduktion mit Zink und Schwefelsäure in *Mercaptane* über.

$$R{-}SH + HCN \xleftarrow{+2H} R{-}S{-}C{\equiv}N \xrightarrow{(HNO_3)} R{-}SO_3H$$

Einige Alkylthiocyanate werden als *Insektizide* verwendet.

Die **Senföle** sind ebenfalls in Wasser unlöslich, besitzen einen stechenden, zu Tränen reizenden Geruch und wirken auf der Haut blasenziehend. Beim Erhitzen mit Salzsäure auf 100 °C (373 K) werden sie zu *primärem* Amin und über Kohlenoxidsulfid als Zwischenstufe zu Kohlendioxid und Schwefelwasserstoff hydrolysiert:

$$R{-}N{=}C{=}S + 2\,H_2O \xrightarrow[-(COS)]{(HCl)} R{-}NH_2 \cdot HCl + CO_2 + H_2S$$

Der Name „Senföl" leitet sich von dem aus dem schwarzen Senfsamen (*Brassica nigra*) gewonnenen Öl ab, dessen Hauptbestandteil das Thioglucosid *Sinigrin*[1] ist, das sich hydrolytisch durch Säuren oder durch das Enzym *Myrosinase* in *Allylsenföl*, $H_2C{=}CH{-}CH_2{-}N{=}C{=}S$, Sdp. 152 °C (425 K), Glucose und Kaliumhydrogensulfat spalten läßt.

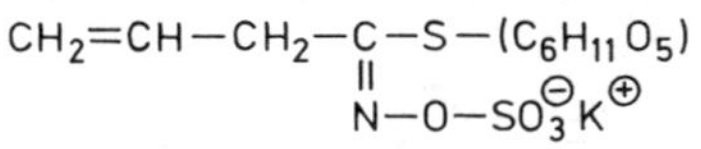

Sinigrin

Bei der *Chlorierung* von *Isothiocyanaten* erhält man die reaktionsfähigen Isocyaniddichloride[2]:

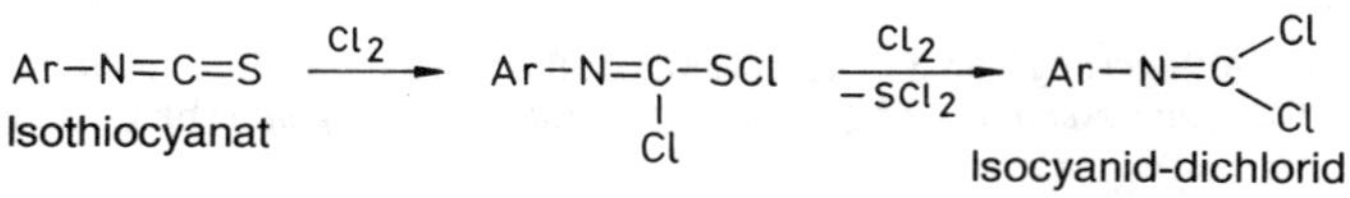

Diese sind auch durch Pyrolyse der Phosgeniminiumsalze zugänglich, z. B.:

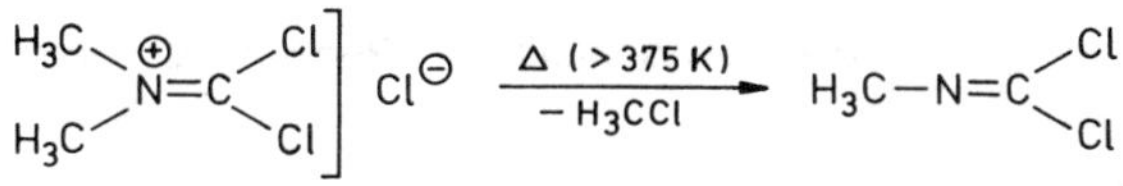

2.42 Dicyan und Dirhodan

2.42.1 Dicyan

Dicyan, $N{\equiv}C{-}C{\equiv}N$, kann als Dinitril der Oxalsäure aufgefaßt werden. Es besitzt eine lineare, symmetrische Struktur und hat das Dipolmoment Null. Wegen seines halogenartigen Verhaltens rechnet man es zu den *Pseudohalogenen.*

---

[1] Vgl. *A. I. Virtanen*, Organische Schwefelverbindungen in Gemüse- und Futterpflanzen, Angew. Chem. *74*, 374 (1962); *F. Hoffmann*, „Senföle", Chemie in unserer Zeit *12*, 182 (1978).

[2] Vgl. *E. Kühle* et al., Isocyaniddihalogenid-Synthesen, Angew. Chem. *79*, 663 (1967).

Darstellung

2.42.1.1 *Durch Erhitzen von Quecksilber(II)-cyanid (Gay-Lussac,* 1815):

$$Hg(CN)_2 \rightarrow Hg + N{\equiv}C{-}C{\equiv}N$$
Dicyan

2.42.1.2 Beim Erhitzen von *Kaliumcyanid- und Kupfer(II)-sulfat-Lösung* bildet sich Kupfer(II)-cyanid, das spontan in Kupfer(I)-cyanid und freie Cyanradikale zerfällt. Diese vereinigen sich z. T. zu Dicyan:

$$2\,CuSO_4 + 4\,KCN \rightleftharpoons 2\,Cu(CN)_2 + 2\,K_2SO_4 \qquad 2\,Cu(CN)_2 \rightarrow 2\,CuCN + (CN)_2$$

Daneben reagieren die Cyanradikale mit Wasser zu Blausäure und Isocyansäure:

$$2\,{\cdot}CN + H_2O \rightarrow HCN + HOCN$$

Eigenschaften. Dicyan ist ein farbloses, sehr giftiges Gas, Sdp. − 21 °C (252 K), das an der Luft mit einer pfirsichblütenroten, blaugesäumten Flamme verbrennt. Es ist in Wasser mäßig löslich. Die partielle Hydrolyse mit konz. Halogenwasserstoffsäuren führt zu *Oxamid:*

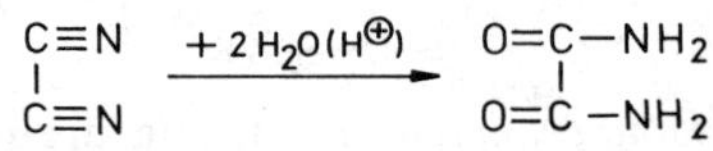

Dicyan Oxamid

Durch stufenweise Anlagerung von Schwefelwasserstoff an die C≡N-Dreifachbindungen des Dicyans entstehen *Flaveanwasserstoff* und *Rubeanwasserstoff* in Form gelber bzw. rotgelber Kristalle:

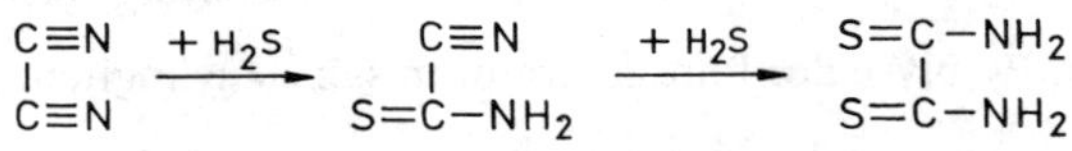

Flaveanwasserstoff Rubeanwasserstoff

2.42.2 Dirhodan

Dirhodan, N≡C−S−S−C≡N, läßt sich *durch Einwirkung von Brom auf Schwermetallrhodanide* in indifferenten Lösungsmitteln, wie CS_2, darstellen (*Söderbäck*):

$$2\,Ag{-}S{-}C{\equiv}N + Br_2 \rightarrow 2\,AgBr + N{\equiv}C{-}S{-}S{-}C{\equiv}N$$
Dirhodan

Es ist eine unbeständige Substanz, die bei − 3 °C (270 K) schmilzt und sich chemisch wie ein *Pseudohalogen* verhält, z. B. lassen sich Schwermetalle durch Dirhodan in Rhodanide überführen.

2.43 Kohlenmonoxid und seine Derivate

2.43.1 Kohlenmonoxid[1]

Darstellung

2.43.1.1 Kohlenmonoxid tritt als Spaltprodukt der Ameisensäure, der α-Ketosäuren und der Oxalsäure auf (**Kohlenmonoxidspaltung** oder **Decarbonylierung**). Zur Erzeugung in situ eignet sich ein gekühltes Gemisch von Ameisensäure und Schwefelsäure.

2.43.1.2 Technisch kann es *durch Tieftemperaturzerlegung* (*Linde*-Verfahren) aus *Synthesegas* hergestellt werden. Gegenüber der Herstellung aus Methan (vgl. S. 56) gewinnt die *Kohlevergasung* wegen der Preisentwicklung beim Erdöl und Erdgas wieder an Bedeutung. Die exotherm verlaufende *partielle Verbrennung* der Kohle (1) und die endotherme *Bildung von Wassergas* (2) geben der Kohlevergasung das Gepräge:

$$2\,C + O_2 \rightleftharpoons 2\,CO \qquad \Delta H = -222\ kJ/Mol \qquad (1)$$
$$C + H_2O \rightleftharpoons CO + H_2 \qquad \Delta H = +130\ kJ/Mol \qquad (2)$$

Das Verhältnis von Kohlenmonoxid zu Wasserstoff kann durch das *Wassergasgleichgewicht* (3) und das *Boudouard-Gleichgewicht* (4) verändert werden:

$$CO + H_2O \rightleftharpoons CO_2 + H_2 \qquad \Delta H = -\ 42\ kJ/Mol \qquad (3)$$
$$C + CO_2 \rightleftharpoons 2\,CO \qquad \Delta H = +\ 172\ kJ/Mol \qquad (4)$$

Eigenschaften. Aufgrund seiner Bindungsverhältnisse kommt dem Kohlenmonoxid, CO, eine Sonderstellung unter den Kohlenstoffverbindungen zu, da das Prinzip der Vierbindigkeit des Kohlenstoffs hier durchbrochen wird. Man formuliert das Kohlenmonoxid mit einer dreifachen Atombindung, der eine Ionenbeziehung überlagert ist:

$$|\overset{\ominus}{C}\equiv\overset{\oplus}{O}|$$

Dieses Bindungssystem liegt auch in den *Isocyaniden* (Isonitrilen) vor, die somit als Derivate des Kohlenmonoxids aufzufassen sind.

Für diesen Bindungstyp sprechen einerseits das *Raman*-Spektrum und der *Parachor* des Kohlenmonoxids, die eindeutig auf eine Dreifachbindung hinweisen, und andererseits das völlige Fehlen der Carbonyleigenschaften. Die obige Formel erklärt auch die Fähigkeit von CO als *Lewis*-Base zu wirken.

Verwendung. Kohlenmonoxid dient neben den Olefinen und dem Acetylen als wichtiges Ausgangsmaterial für eine Reihe von Synthesen aliphatischer Verbindungen. Dabei kann in vielen Fällen unmittelbar Synthesegas angewendet werden. So erhält man durch Hydrierung je nach den angewandten Bedingungen Paraffine, Methanol oder höhere Alkohole. Bei der Carbonylierung von Olefinen erhält man Carbonsäuren bzw.

---

[1] Vgl. *J. Falbe*, Reactivity and Structure/Concepts in Organic Chemistry, Vol. 11 – New Syntheses with Carbon Monoxide (Springer-Verlag, Berlin 1980).

Tabelle 12

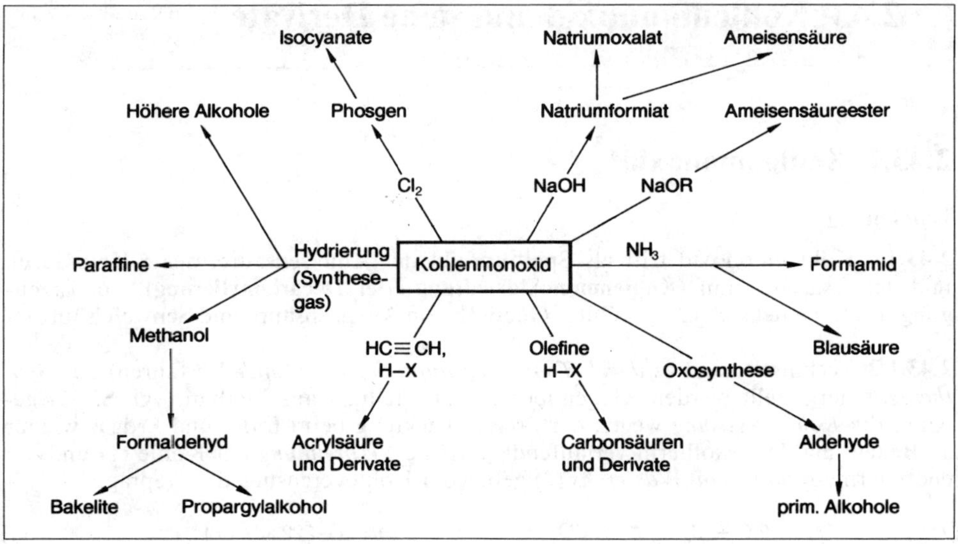

deren Derivate, bei der von Acetylenen α,β-ungesättigte Carbonsäuren. Die Umsetzung von 1-Monoolefinen mit Kohlenmonoxid und Wasserstoff liefert Aldehyde oder auch Alkohole (vgl. Oxosynthese). Ferner seien die Synthese von Natriumformiat, die Addition von Chlor an Kohlenmonoxid zu Phosgen, $OCCl_2$, und von Schwefel zu Kohlenoxidsulfid, COS, einem geruchlosen, giftigen Gas vom Sdp. $-50\ °C$ (223 K), erwähnt.

Charakteristisch für Kohlenmonoxid ist seine Tendenz zur Bildung von Metallcarbonylen. Die wichtigsten, vom Kohlenmonoxid ausgehenden Reaktionen sind in vorstehender Tabelle 12 zusammengefaßt.

2.43.2 Alkylisocyanide (Isonitrile)

Die *Alkylisocyanide* leiten sich formal vom Kohlenmonoxid ab, in dem das O-Atom durch die N–R-Gruppierung ersetzt ist:

$$|\overset{\ominus}{C} \equiv \overset{\oplus}{N}-R$$

Sie sind mit den Nitrilen (Alkylcyaniden), $R-C\equiv N$, isomer und werden daher auch als *Isonitrile* bezeichnet, enthalten jedoch ein anderes Bindungssystem.

Darstellung[1]

2.43.2.1 Durch Umsetzung von Alkylhalogeniden mit festem Silbercyanid entstehen ausschließlich Isocyanide (*Gautier*, 1868):

$$R-I \xrightarrow{+\,Ag-C\equiv N|} Ag-C\equiv N-R]^{\oplus} I^{\ominus} \xrightarrow[-AgI]{} |\overset{\ominus}{C} \equiv \overset{\oplus}{N}-R$$

[1] Vgl. *I. Ugi* et al., Isonitril-Synthesen, Angew. Chem. *77*, 492 (1965); Isonitrile Chemistry (Academic Press, New York 1971).

Verwendet man anstelle von Silbercyanid das Kupfer(I)-cyanid, so entstehen 56% Isocyanid, mit Natrium- oder Kaliumcyanid nur geringe Mengen Isocyanid. Dafür steigt die Ausbeute an Nitrilen entsprechend an. Dies ist darauf zurückzuführen, daß das einsame Elektronenpaar des negativ geladenen C-Atoms im Cyanid-Ion durch die Atombindung zum Schwermetall blockiert und statt dessen das N-Atom alkyliert wird.

2.43.2.2 Frei von Nitrilen erhält man die Isocyanide auch durch Einwirkung von Chloroform und Kalilauge auf *primäre* Amine (*A. W. v. Hofmann*, 1867; vgl. Isonitrilreaktion).

Reaktionen mit Chloroform und starkem Alkali verlaufen intermediär über das instabile, sehr reaktionsfähige *Dichlormethylen* (*Dichlorcarben*), das sich mit seiner Oktettlücke an das einsame Elektronenpaar des N-Atoms vom *primären* Amin anlagert. Das entstehende Betain, das strukturell einem Ylid ähnelt, geht mit Alkali unter Abspaltung von 2 Molekülen HCl in das Isocyanid über:

$$CHCl_3 + KOH \longrightarrow \underset{\text{Dichlorcarben}}{:CCl_2} + KCl + H_2O$$

$$R{-}\overline{N}H_2 \xrightarrow{+\,|CCl_2} R{-}\overset{\oplus}{N}H_2{-}\overset{\ominus}{C}Cl_2| \xrightarrow{+\,2\,KOH} \underset{\text{Isocyanid}}{R{-}\overset{\oplus}{N}{\equiv}\overset{\ominus}{C}|} + 2\,KCl + 2\,H_2O$$

2.43.2.3 Am besten lassen sich Isocyanide aus formylierten, *prim.* Aminen mit Phosphorchloridoxid (oder Phosgen) in Gegenwart einer Base, z. B. Pyridin oder Triethylamin, unter Wasserabspaltung darstellen (*Ugi* et al., 1960):

$$2\,R{-}NH{-}CHO + POCl_3 \xrightarrow{\text{(Base)}} 2\,R{-}\overset{\oplus}{N}{\equiv}\overset{\ominus}{C}| + 3\,HCl + HPO_3$$

Eigenschaften. Die Isocyanide sind meist widerlich riechende Flüssigkeiten, die im Vergleich zu den Nitrilen höchst toxisch wirken. Sie sieden etwa 20 K tiefer als die entsprechenden Nitrile, z. B. siedet Acetonitril (Methylcyanid), $H_3C{-}C{\equiv}N$, bei 81,6 °C (354,8 K), Methylisocyanid (Methylisonitril), $H_3C{-}\overset{\oplus}{N}{\equiv}\overset{\ominus}{C}|$, bei 60 °C (333 K). Gegen Alkalien sind die Isocyanide beständig, jedoch werden sie durch verdünnte Mineralsäuren schon bei Raumtemperatur hydrolytisch in das *primäre* Amin und Ameisensäure gespalten:

$$R{-}\overset{\oplus}{N}{\equiv}\overset{\ominus}{C}| + 2\,H_2O \longrightarrow R{-}NH_2 + HCOOH$$

Bei der *katalytischen Reduktion der Isocyanide* entstehen *sek.* Amine:

$$R{-}\overset{\oplus}{N}{\equiv}\overset{\ominus}{C}| \xrightarrow[\text{(Pt oder Ni)}]{+\,4\,H} R{-}NH{-}CH_3$$

Diese Reaktion erinnert an die Hydrierung des Kohlenmonoxids zu Methanol und gestattet die Synthese *sekundärer Amine,* die eine Methylgruppe tragen.
Isocyanide addieren Sauerstoff (aus Quecksilber[II]-oxid) bzw. Schwefel unter Bildung von Isocyanaten bzw. Isothiocyanaten:

$$R{-}\overset{\oplus}{N}{\equiv}\overset{\ominus}{C}| + HgO \longrightarrow R{-}N{=}C{=}O + Hg$$

$$R{-}\overset{\oplus}{N}{\equiv}\overset{\ominus}{C}| + S \longrightarrow R{-}N{=}C{=}S$$

Die Ähnlichkeit der Struktur der Isocyanide mit der des Kohlenmonoxids tritt besonders deutlich bei der Bildung von *Komplexverbindungen* hervor, z. B. lassen sich die 4 CO-Gruppen im Nickeltetracarbonyl durch das reaktionsfähigere Phenylisocyanid verdrängen, wobei Nickeltetraphenylisocyanid, eine gelbe, kristalline Substanz, entsteht (*Hieber*[1], *Klages*):

$$Ni(CO)_4 \xrightarrow[-4\,\overset{\ominus}{C}\equiv\overset{\oplus}{O}]{+4\,C_6H_5-\overset{\oplus}{N}\equiv\overset{\ominus}{C}} Ni(CN-C_6H_5)_4$$

Das mit dem Stickstoff der Isonitrilgruppe verknüpfte Kohlenstoffatom ist acidifiziert und daher leicht metallierbar und somit alkylierbar[2]:

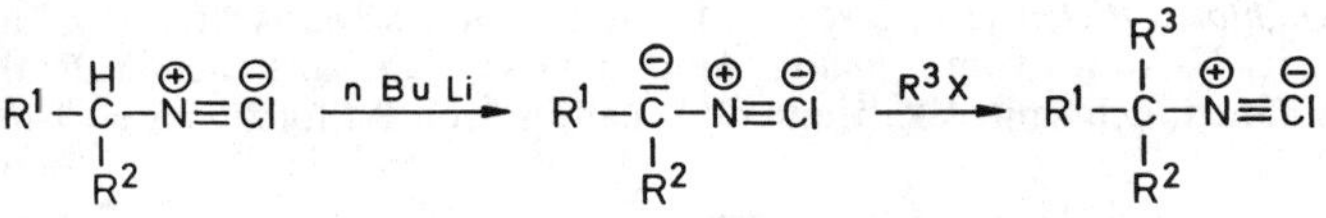

Damit ist eine Umpolung des α-Kohlenstoffs der Amine erreicht worden. Dieses C-Atom zeigt normalerweise Akzeptoreigenschaften (Elektrophilie), durch die Überführung der Aminogruppe in die Isonitrilgruppe wird es zu einem (nucleophilen) Donorzentrum umgepolt[3]. Die Bezeichnungen Akzeptorzentrum und Donorzentrum sind von den Begriffen Akzeptorgruppe und Donatorgruppe, die sich auf einen ausgedehnten Bereich des Moleküls beziehen, abzugrenzen.

2.44 Carbene und Nitrene als instabile Zwischenprodukte

Zahlreiche Reaktionen verlaufen intermediär über kurzlebige, sehr reaktionsfähige Zwischenprodukte, z. B. über aliphatische Kohlenstoffradikale, Carbenium-Ionen, Carbonium-Ionen oder Carbanionen. Im folgenden sollen nun ungeladene, instabile, ebenfalls in Substanz nicht faßbare Zwischenprodukte mit einem Elektronensextett behandelt werden, d. h. Derivate des Methylens, CH_2, (Carbene) und des Nitrens, $\bar{N}H$. Das Studium ihrer chemischen Reaktivität hat sowohl theoretisch als auch präparativ neue Aspekte eröffnet. Die Carbenium-Ionen sind als Protonierungsprodukte der Carbene aufzufassen.

---

[1] Vgl. Neuere Forschungsergebnisse auf dem Gebiet der Metallcarbonyle, Angew. Chem. *64,* 465 (1952).
[2] Vgl. *D. Hoppe,* α-Metallierte Isocyanide in der Organischen Synthese, Angew. Chem. *86,* 878 (1974).
[3] Vgl. *D. Seebach,* Methoden der Reaktionsumpolung, Angew. Chem. *91,* 259 (1979).

2.44.1 Carbene[1]

Die Carbene enthalten *2bindigen* Kohlenstoff mit einem Elektronensextett. In bezug auf ihren Bindungszustand lassen sich zwei Strukturen diskutieren, je nachdem, ob die beiden freien Elektronen am C-Atom gepaart (Singulett-Carben) oder ungepaart (Triplett-Carben, Diradikal) sind. Im ersten Fall verfügt das C-Atom des Carbens über ein einsames Elektronenpaar und über eine Elektronenlücke.

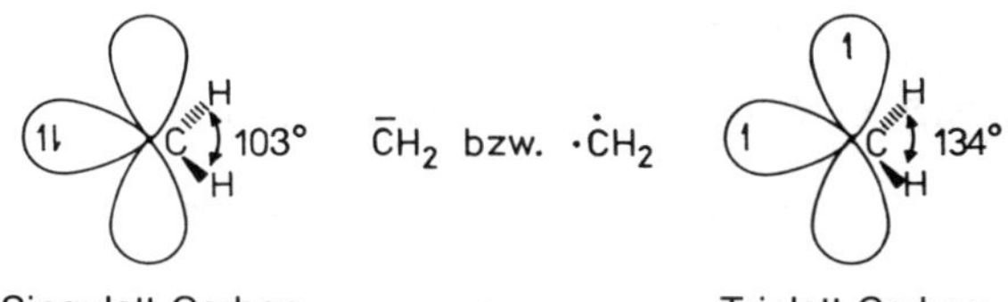

Singulett-Carben Triplett-Carben

Der Grundzustand des Methylens ist das Triplett-Carben, während das Singulett-Carben dem ersten Anregungszustand des Methylens entspricht. Die Energiedifferenz zwischen den beiden Zuständen beträgt etwa 36 kJ/Mol; einige Halogencarbene liegen im Grundzustand als Singulett vor. Die Singulett-Carbene sind als typische *Elektronenmangelverbindungen* aufzufassen, womit zugleich ihre besondere Reaktivität erklärt ist. Wegen der Beteiligung von ungepaarten und gepaarten Elektronen kennzeichnet man sie mit dem Symbol ••, z. B. :CH_2, Methylen.
Die Bildung der intermediär auftretenden Carbene ist durch nachstehende Reaktionen möglich:

2.44.1.1 Carbene entstehen *bei der thermischen oder photochemischen Spaltung von Diazoalkanen oder Ketenen:*

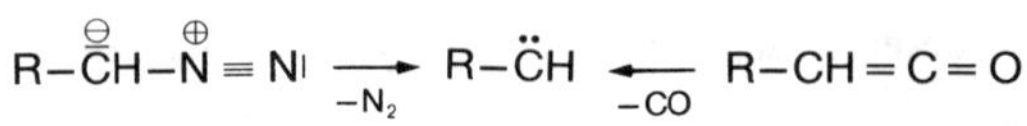

Auf diesem Wege werden auch substituierte Carbene, wie Acylcarbene und Alkoxycarbonyl-carbene, gebildet:

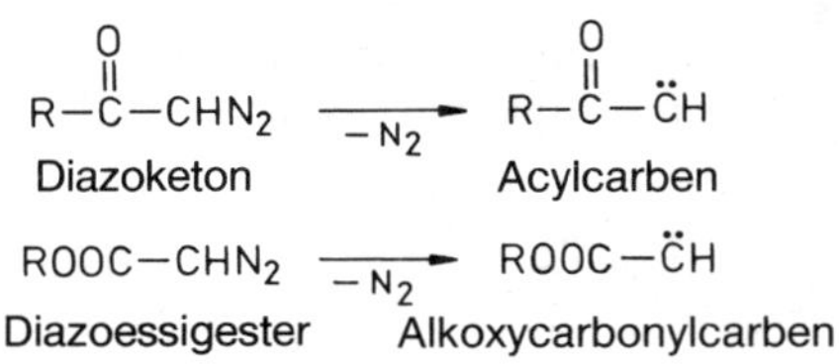

2.44.1.2 Dichlorcarben, :CCl_2, tritt bei der Einwirkung von Alkali auf Chloroform auf (vgl. α-Eliminierung).
Die Folgereaktionen der instabilen Carbene basieren auf der Tendenz zur Auffüllung des Elektronensextetts zum Oktett und lassen sich in drei Gruppen einteilen:

---

[1] Vgl. *W. Kirmse*, Organic Chemistry, A Series of Monographs, Vol. *1*, Carbene Chemistry, 2nd Ed. (Academic Press, New York 1971); Carbene, Carbenoide und Carbenanaloge (Verlag Chemie, Weinheim 1969); *H. F. Schaefer III*, Methylene: A Paradigm for Computational Quantum Chemistry, Science *231*, 1100 (1986).

2.44.1.3 Isomerisierungen. In diesem Fall stabilisieren sich die Carbene durch intramolekulare Hydrid-Ionen-Wanderung unter Bildung von Alkenen, z. B.

$$R{-}CH_2{-}\ddot{C}H \rightarrow R{-}CH{=}CH_2$$

In *verzweigten Carbenen* können auch Alkyl- oder Arylgruppen als *Anionen wandern*, z. B.

$$\underset{\text{Tritylcarben}}{(C_6H_5)_3C{-}\ddot{C}H} \rightarrow \underset{\text{Triphenylethylen}}{(C_6H_5)_2C{=}CH{-}C_6H_5}$$

Acylcarbene lagern sich in *Ketene* um (vgl. *Wolff*-Umlagerung):

$$R{-}\underset{\underset{O}{\|}}{C}{-}\ddot{C}H \longrightarrow O{=}C{=}CH{-}R$$

2.44.1.4 Einschiebungsreaktionen. *Verzweigte* Alkylcarbene vermögen sich außer durch Isomerisierung zu Alkenen auch durch Cyclisierung zu Cyclopropanderivaten zu stabilisieren, wobei eine Einschiebung (Insertion) des Carbenkohlenstoffs in eine C–H-Bindung erfolgt, z. B.

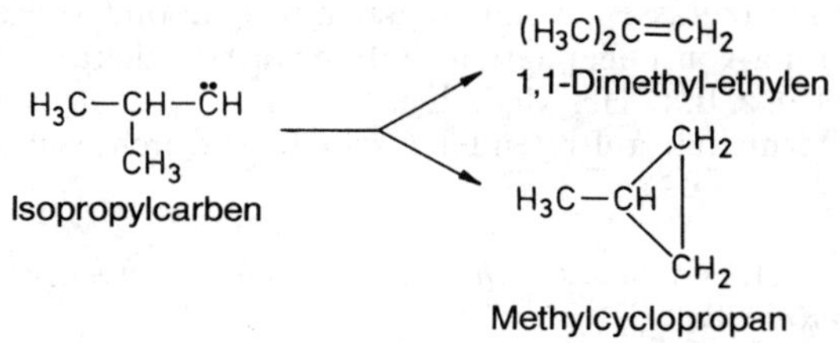

Über den *Mechanismus* dieser Einschiebungsreaktionen lassen sich zur Zeit noch keine sicheren Aussagen machen.

2.44.1.5 Additionsreaktionen. Carbene reagieren als *elektrophile* Agenzien glatt mit nucleophilen Partnern, z. B. addieren sie sich an C=C-Doppelbindungen unter Bildung von Cyclopropanderivaten. Durch Addition von Methylen an Cyclohexen erhält man auf diese Weise 8,9,10-Trinorcaran, kurz Norcaran:

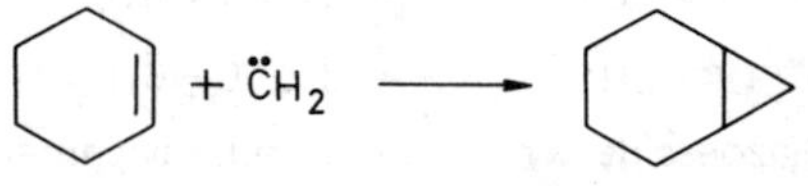

Cyclohexen 8,9,10-Trinorcaran

Dieser Reaktionstyp wird auch als ***cis*-1,1-Cycloaddition** bezeichnet.
Bei aromatischen Verbindungen erfolgt unter den gleichen Bedingungen eine Ringerweiterung, z. B. entsteht aus Benzol und Methylen das Tropiliden:

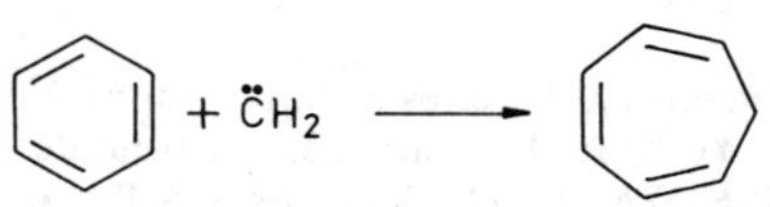

Tropiliden

2.44.2 Nitrene[1]

Die den Carbenen analogen Stickstoffverbindungen werden als Nitrene oder auch als Azene, Imene oder Imidogene bezeichnet. Sie enthalten *1bindigen* Stickstoff mit einem Elektronensextett und sind daher wie die Carbene typische *Elektronenmangelverbindungen.*

Nitrene entstehen als normalerweise nicht isolierbare Zwischenprodukte bei der photochemischen Spaltung von Aziden, eine Methode, die der Carbenbildung aus Diazoverbindungen analog ist. Arylnitrene entstehen aus aromatischen Nitro- oder Nitrosoverbindungen mit Phosphor(III)-Verbindungen, z. B.:

$$\text{Ar-NO} + \text{PCl}_3 \rightarrow \text{ArN} + \text{POCl}_3$$

In einer festen Matrix konnten Alkyl- und Arylnitrene bei – 269 °C (4 K) ESR-spektroskopisch im Grundzustand untersucht und als Triplett-Strukturen charakterisiert werden. Unter den üblichen Photolysebedingungen entstehen im allgemeinen die Singulettnitrene.

R–N̄	R–N̤·	R–N̈ (mit zwei Elektronenpaaren)
Singulettnitren	Triplettnitren	allgemeine Formulierung (vgl. S. 377)

Wie die Carbene neigen auch die Nitrene dazu, sich unter Auffüllung des Elektronensextetts zum Oktett zu stabilisieren. Dies kann auch hier durch Isomerisierungen, Einschiebungsreaktionen oder Additionen an nucleophile Partner erfolgen. Bei den Nitrenen sind die beiden ersten Reaktionstypen jedoch bevorzugt. So erfolgt unter *Hydridverschiebung* aus der α-Stellung **Isomerisierung** zu Iminen bzw. bei ringgünstiger Position zu cyclischen Produkten, z. B.:

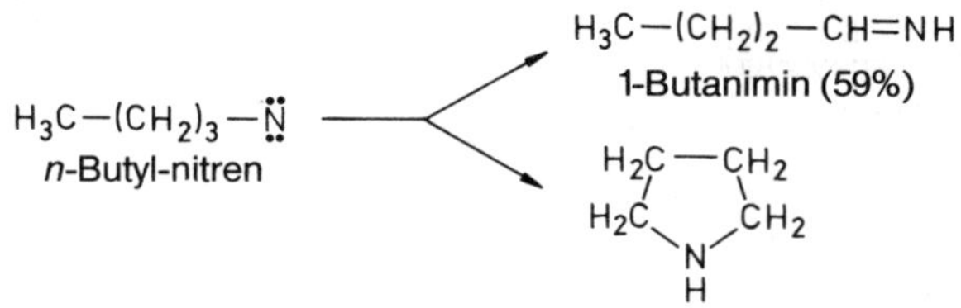

Pyrrolidin (12%)

Als charakteristische Reaktion der Arylnitrene ist ihre *Dimerisierung* zu Azobenzolen zu erwähnen:

$$2\,\text{Ar-}\ddot{\text{N}} \rightarrow \text{Ar-}\bar{\text{N}}=\bar{\text{N}}\text{-Ar}$$

2.44.2.1 Additionsreaktionen an *nucelophile* Partner gelingen z. B. mit Ethoxycarbonylnitren, und zwar erhält man – wie bei den Carbenen – mit Cyclohexen ein bicyclisches Produkt, mit Benzol tritt Ringerweiterung zum 7-Ring ein, der teilweise unter Umlagerung zu einem Aryl-phenylurethan weiterreagiert:

[1] Vgl. *L. Horner* et al., Über Imene, Angew. Chem. *75,* 707 (1963); *W. Lwowski,* Nitrenes (Interscience Publishers, New York 1970).

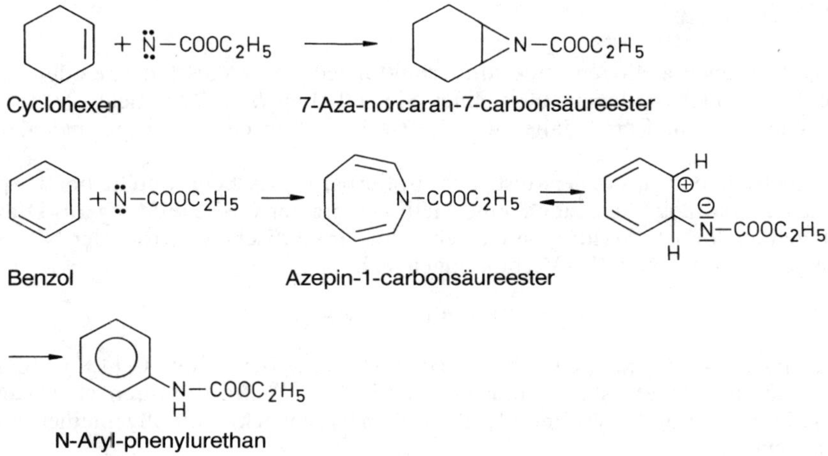

Das Ethoxycarbonylnitren wird in situ entweder durch Photolyse von Azidoameisensäureethylester oder solvolytisch aus p-Nitrobenzolsulfonyloxyurethan nach dessen Deprotonierung mit Triethylamin erzeugt:

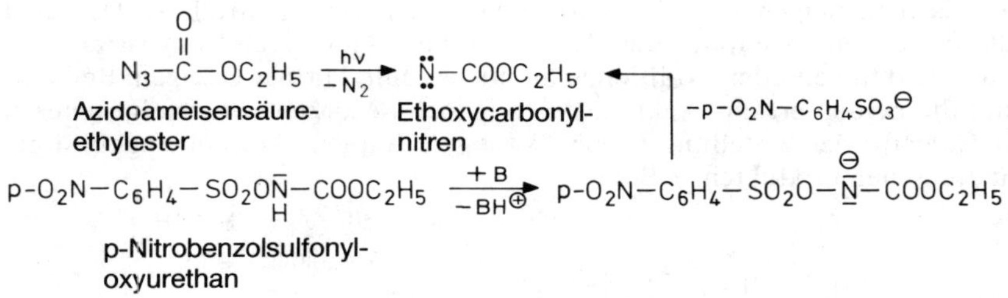

2.45 Organische Übergangsmetallkomplexe[1]

Außer den bisher behandelten metallorganischen Verbindungen, deren Verhalten vorwiegend von den darin vorkommenden *Metall-σ*-Bindungen geprägt wird, gibt es eine

[1] Vgl. *S. G. Davies*, Organotransition Metal Chemistry Applications to Organic Synthesis (Pergamon Press, Oxford 1982; *R. Scheffold* (Ed.), Modern Synthetic Methods 1983, Transition Metals in Organic Chemistry (Salle Verlag, Frankfurt am Main 1983); *A. J. Pearson,* Metallo-organic Chemistry (Wiley, New York 1985); *Sir G. Wilkinson,* Comprehensive Coordination Chemistry (Pergamon Press, Oxford 1988).

große Zahl von Metallkomplexen, bei denen von organischen Liganden *zwei* Elektronen zu den Metall-Kohlenstoffbindungen beigetragen werden.
Wegen ihrer Bedeutung für viele der bereits behandelten Reaktionen, die durch Schwermetalle katalysiert werden, sollen hier einige in solchen Reaktionen auftretende Übergangsmetallkomplexe behandelt werden.

2.45.1 Die Achtzehn-Elektronen-Regel

Zur Orientierung über die von den Metallatomen ausgehenden Einflüsse auf Bau und Eigenschaften der Komplexe eignet sich die *Achtzehn-Elektronen-Regel* (vgl. S. 23), durch deren Anwendung festgestellt wird, ob ein koordinativ gesättigter oder ungesättigter Komplex vorliegt. Das bei Carbonylierungen im Rahmen der *Reppe*-Synthese verwendete Nickeltetracarbonyl, $Ni(CO)_4$, ist z. B. ein koordinativ gesättigter Komplex, was sich aus folgender Überlegung ergibt:
Aus dem Periodensystem entnimmt man, daß Nickel außerhalb der Argonschale 10 Elektronen hat. Die am Edelgastyp fehlenden 8 Elektronen werden durch die einsamen Elektronenpaare von vier Molekülen Kohlenmonoxid beigetragen, die als *Lewis*-Basen (Elektronenpaardonatoren) wirken. Das Nickel wirkt als *Lewis*-Säure (Elektronenpaarakzeptor). Auch das Hexacyanoferrat-(II)-Anion: $[Fe(CN)_6]^{4\ominus}$, ist ein koordinativ gesättigter Komplex, denn das $Fe^{2\oplus}$ hat 6 Elektronen und benötigt zum Auffüllen des Edelgastyps 12 Elektronen, die von den 6 Cyanidionen beigetragen werden. Ein koordinativ gesättigter Komplex des Eisens der Oxidationsstufe 0 ist z. B. $Fe(CO)_5$. Da bei den Reaktionen der organischen Übergangsmetallkomplexe koordinativ ungesättigte Komplexe eine große Rolle spielen, ist eine Notierung nützlich, welche die Elektronenkonfiguration des Metalls kennzeichnet. Dazu ist je eine Angabe der Oxidationszahl und der Elektronenzahl außerhalb der stabilen Edelgaskonfiguration erforderlich, also für die oben erwähnten Komplexe:

$Ni(CO)_4$	$[Fe(CN)_6]^{4\ominus}$	$Fe(CO)_5$
0 (18)	+ 2 (18)	0 (18)

Auch Carbene (*Fischer*, 1964) und Phosphine bilden entsprechende Übergangsmetallkomplexe; als Beispiel sei Chlor-tris(triphenylphosphin)rhodium (I) genannt, das als *Wilkinson*-Katalysator (1965) sowohl im Laboratorium als auch in der Technik große Bedeutung gewonnen hat. Hier handelt es sich um einen koordinativ ungesättigten, eben gebauten, Komplex:

$[(C_6H_5)_3P]_3RhCl$ ≡
+1 (16)

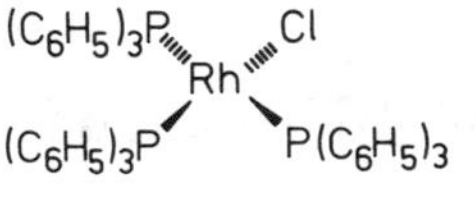

Wilkinson-Katalysator

Als η^2-Alken Komplexe bezeichnet man Verbindungen, in denen Liganden über π-Elektronenpaare als *Lewis*-Basen bei der Komplexbildung wirken; kovalente Bindungen zwischen Alkylresten und einem Übergangsmetall werden dementsprechend als η^1-Liganden gekennzeichnet. Benzolringe, die mit ihren 6 π-Elektronen an der Komplexbildung beteiligt sind, als η^6 Liganden.

2.45.2 Rückbindung

Kohlenmonoxid, Carbene und Alkene haben leere Orbitale niedriger Energie und einer Symmetrie, die sie zur Überlappung mit besetzten d-Orbitalen des Metalls befähigt. Dadurch können Elektronen vom Metall auf den Liganden zurückübertragen werden (Rückbindung, back donation). Von dem Ausmaß dieser Rückbindung werden Stabilität und Eigenschaften der Komplexe beeinflußt.

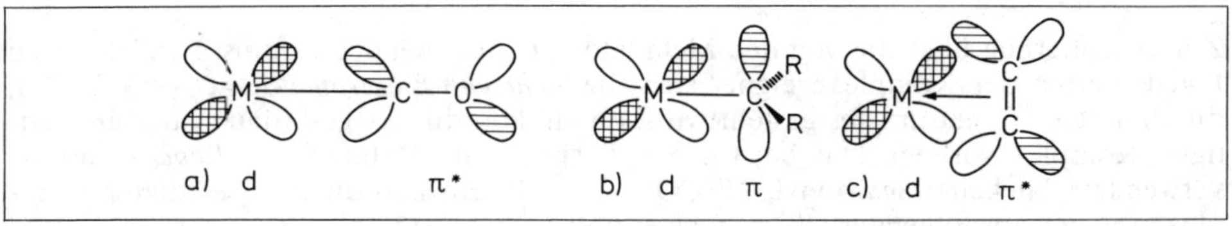

Abb. 93. Rückbindungstypen in verschiedenen organischen Übergangsmetallkomplexen.
a) Kohlenmonoxid b) Carben c) Alken

Abb. 93a läßt erkennen, daß die C=O-Doppelbindung im Komplex eine erhebliche Prägung durch die Beteiligung des π^*-Orbitals an dem MO erhält. Das äußert sich z. B. im IR-Spektrum in einer Erniedrigung der Wellenzahl der $\overset{\ominus}{C}\equiv\overset{\oplus}{O}$-Valenzschwingung. Die Metall-Kohlenstoffbindung von Carben-Liganden (Abb. 93b) ist kürzer als die von η^1-Alkylliganden. Die π-Elektronendichte von Alkenen im Übergangsmetallkomplex hängt von dem Ausmaß der Rückbindung ab; sie kann kleiner oder größer sein als in dem freien Alken. Derartige Verschiebungen von Elektronen zwischen dem Metall und den Liganden sind für die katalytischen Leistungen organischer Übergangsmetallkomplexe ausschlaggebend. So ist die Rückbindung bei Kohlenmonoxid sehr ausgeprägt, wodurch die Elektronendichte in den d-Orbitalen des Metalls vermindert wird. Bei den Phosphinen ist die Rückbindung gering, so daß in solchen Komplexen die Elektronendichte am Metall groß ist.

2.45.3 Oxidative Addition und Reduktive Eliminierung

Die beiden Vorgänge der oxidativen Addition und der reduktiven Eliminierung spielen bei vielen Reaktionen der organischen Übergangsmetallkomplexe eine wichtige Rolle. Sie sollen am Beispiel der katalytischen Hydrierung mit *Wilkinson*-Katalysator in vereinfachter Form erläutert werden.

2.45.3.1 Die oxidative Anlagerung wird oft durch die Abspaltung eines Liganden eingeleitet. Für den *Wilkinson*-Katalysator mit $L = P(C_6H_5)_3$:

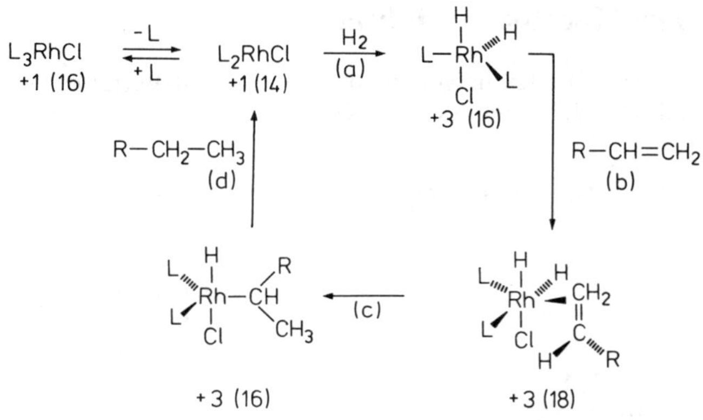

Die *oxidative Addition von* H_2 erfolgt unter *Erhöhung der Koordinationszahl* und Ausbildung einer *trigonalen Bipyramide.* Die *Oxidationszahl* des Metalls erhöht sich von + 1 auf + 3, damit die beiden Wasserstoffatome gebunden werden können (a); nun wird das Alken als π-Komplex angelagert (b) und schiebt sich im geschwindigkeitsbestimmenden Schritt (c) in die cis-ständige Metall-Wasserstoffbindung ein (Insertion). Dabei entsteht aus dem oktaedrischen Komplex mit einem η^2-Alken als Liganden eine trigonale Bipyramide mit einem η^1-Alkylliganden (σ-Komplex). Mit der Abspaltung des Alkans (d) wird der Katalysator regeneriert unter Erniedrigung der Oxidationszahl von + 3 auf + 1; dies ist die *reduktive Eliminierung.*

2.45.3.2 Durch chirale Liganden kann der *Wilkinson*-Katalysator zu einer stereoselektiven Hydrierung befähigt werden. Dazu kann man entweder *chirale tertiäre Phosphine* als Liganden verwenden (*Knowles, Horner,* 1968) oder *Biphosphine* mit einem chiralen Kohlenstoffgerüst (*Kagan,* 1971), z. B.:

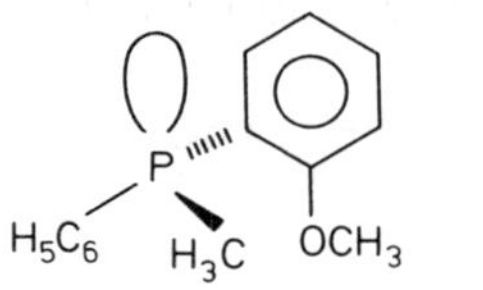

(*S*)-2-Methoxyphenyl-methyl-phenylphosphin (PAMP)

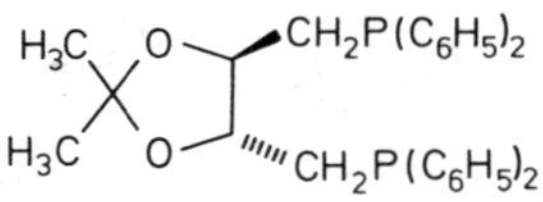

(–)(4*R*,5*R*)-2,3-O-Isopropyliden-2,3-dihydroxy-1,4-bis(diphenylphosphino)butan
(–)(*R*,*R*)-(DIOP)

(–)-(*R*,*R*)-(DIOP) gewinnt man in einer 4 stufigen Synthese aus (+)-Weinsäure[1]. Der chirale *Wilkinson*-Katalysator wird daraus in situ durch Umsetzung mit dem Präkatalysator $[RhCl(Cycloocten)_2]_2$ hergestellt; als Anwendungsbeispiel diene die Hydrierung von (*Z*)-1-Acetaminozimtsäure zu (*R*)-N-Acetylphenylalanin:

[1] Vgl. *H. B. Kagan* et al., J. Amer. Chem. Soc. *94,* 6429 (1972).

2.45.4 *Wacker*-Hoechst-Verfahren

Bei der Oxidation von Ethylen nach dem *Wacker*-Hoechst-Verfahren werden folgende Umwandlungen des zunächst gebildeten π-Komplexes (I) angenommen:

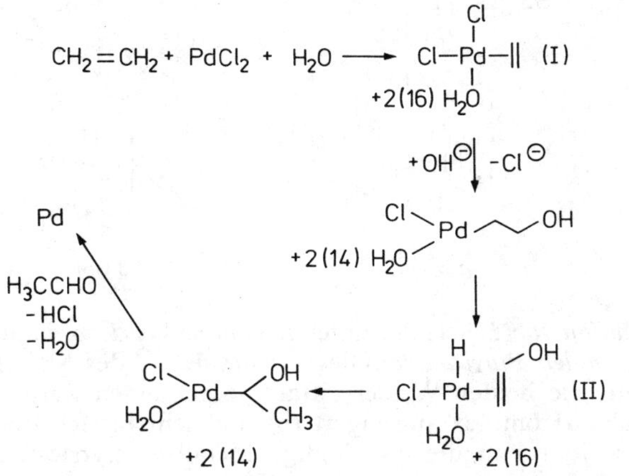

Durch nucleophilen Angriff von $OH^{\ominus}$ auf den π-Komplex (I) bildet sich ein σ-Komplex, der sich unter *β-Eliminierung* in den π-Komplex (II) umwandelt; dies ist die *Umkehrung der Insertion* aus dem vorigen Beispiel. Die Palladium-Komplexe bilden eine Ausnahme der Achtzehn-Elektronen-Regel.

2.45.5 Oxosynthese

Die Wirkung des bei der *Oxosynthese* meist verwendeten Kobalt-Katalysators beruht auf dem Tetracarbonylkobalthydrid, das durch oxidative Addition aus Kobaltoctacarbonyl entsteht:

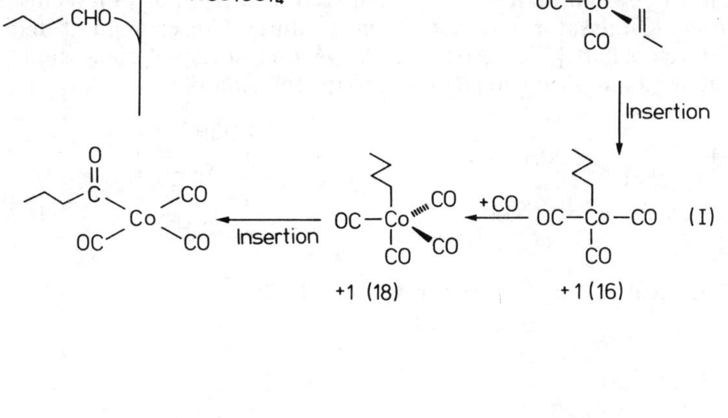

Der Reaktionsverlauf ist beherrscht von den beiden Insertionen, die sich in dem zunächst gebildeten π-Komplex unter Bildung des σ-Komplexes (I) vollziehen. Nach weiterer Aufnahme von Kohlenmonoxid kommt es zur CO-Insertion. Unter Mitwirkung eines weiteren Moleküls Tetracarbonylkobalthydrid wird dann unter reduktiver Eliminierung der Propionaldehyd freigesetzt. Beim Rhodiumkontakt entspricht:

$HRh(CO)_2L_2$	dem	$HCo(CO)_4$
+ 1 (18)		+ 1 (18)

Auch die Carbonylierung von Acetylen (S. 101) oder Methanol (S. 237) und die Alkylierung mit Lithiumalkylcupraten (S. 57) verlaufen nach ähnlichen Mechanismen, die wie die Beispiele zeigen, durch ein Wechselspiel von π- und σ-Komplexen gekennzeichnet sind. Unter den in **2.20** behandelten Verbindungen befinden sich einige, die von Übergangsmetallen abgeleitet sind; hier können also auch π-Komplexe auftreten und dies ist umso wahrscheinlicher, je höher die Ordnungszahl des Metalls ist.

3 Alicyclische Verbindungen

Zu dieser Verbindungsklasse zählen Ringsysteme, die als Ringglieder nur Kohlenstoffatome enthalten. Je nachdem, ob es sich um gesättigte oder z. T. ungesättigte Kohlenstoffringe handelt, hat man zwischen *Cycloalkanen* und *Cycloalkenen* zu unterscheiden. Da beide Stoffklassen sich in ihren chemischen und physikalischen Eigenschaften sowie in ihrer Reaktivität ähnlich wie die entsprechenden Aliphaten verhalten werden sie *„alicyclische Verbindungen"* genannt.
Eine Ausnahme bilden die „aromatischen Verbindungen", die sich von Benzol (Cyclohexatrien) ableiten und wegen ihres ganz andersartigen Reaktionsvermögens im Abschnitt **5** gesondert behandelt werden.

Cycloalkane (Cycloparaffine)

Die gesättigten cyclischen Kohlenwasserstoffe bilden eine homologe Reihe mit der Summenformel C_nH_{2n}. Zu ihrer Bezeichnung werden die Namen der entsprechenden offenkettigen Kohlenwasserstoffe mit dem Präfix „Cyclo" versehen. Die einfachsten Cycloparaffine sind Cyclopropan, Cyclobutan, Cyclopentan, Cyclohexan, Cycloheptan usw.

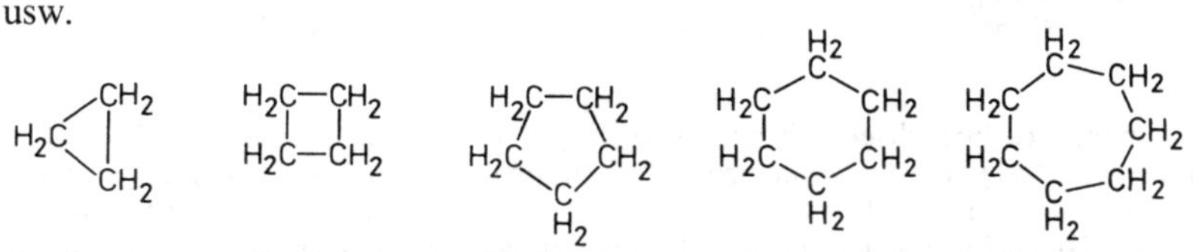

Cyclopropan Cyclobutan Cyclopentan Cyclohexan Cycloheptan

In Abhängigkeit von der Ringgliederzahl weisen die Cycloalkane und ihre Derivate hinsichtlich Bildungstendenz und Ringstabilität gewisse Unterschiede auf. Am leichtesten bilden sich die stabilen Fünf- und Sechsringe. Diese sind daher auch in Naturstoffen anzutreffen, z. B. bestehen die im kaukasischen Erdöl vorkommenden Naphthene aus Kohlenwasserstoffen der Cyclopentan- und Cyclohexanreihe. Die wichtigste Naturstoffklasse der alicyclischen Verbindungen ist die der cyclischen Terpene, in denen auch Drei- und Vierringe auftreten können.
Die synthetisch dargestellten Drei- und Vierringe erwiesen sich als sehr reaktionsfähig und häufig als instabil. Eingehende Studien an diesen beiden „kleinen Kohlenstoffringen" wurden erst in den letzten Jahren durchgeführt.

***Baeyer*sche Spannungstheorie.** Als erster versuchte *A. v. Baeyer* (1885) eine Erklärung für die unterschiedliche Bildungstendenz und Stabilität der Cycloparaffine in Abhängigkeit von der Gliederzahl zu geben. Er ging von der Annahme aus, daß sämtliche Ringe eben gebaut sind. Dementsprechend müßten die Bindungswinkel an den C-Atomen von dem normalen Tetraederwinkel

(109°28′) mehr oder weniger stark abweichen. Die durch die Ringbildung erzwungene Deformation der Bindungswinkel sollte sich in einer „Ringspannung“ d. h. in der Ausbildung eines energiereichen Bindungssystems, äußern. Diese ist um so größer, je größer die *Deformation des Bindungswinkels* ist, die folgendermaßen definiert wird:

$$d = 1/2\ (109°28' - \text{Bindungswinkel im ebenen Ring})$$

Danach errechnen sich für die ersten acht alicyclischen Kohlenwasserstoffe bei ebener regulärer Anordnung der C-Atome im Ring die in Tabelle 13 angegebenen Werte für *d*. Sieht man vom Ethylen ab, dessen C = C-Doppelbindung von *A. v. Baeyer* als 2-Ring gedeutet wurde (vgl. S. 66 *f.*), so zeigt sich, daß der *3- und 4-Ring* im Cyclopropan bzw. Cyclobutan durch das Zusammendrükken des normalen Tetraederwinkels eine erhebliche „positive“ Spannung besitzen. Damit im Einklang stehen ihre chemischen Eigenschaften. An diesen Beispielen wurde erstmalig die Bedeutung des Bindungswinkels für die Stabilität bzw. Reaktivität organischer Verbindungen demonstriert. Der Cyclobutanring ist etwas beständiger und zugleich reaktionsträger als der Cyclopropanring. Besonders begünstigt ist die Bildung der *5- und 6-Ringe,* in denen die Ringspannung ein Minimum aufweist, um dann bei den höhergliedrigen Ringen als „negative“ Spannung, die einer Vergrößerung des normalen Tetraederwinkels gleichkäme, wieder anzusteigen.

Tabelle 13

Kohlenwasserstoff C_nH_{2n}	Bindungswinkel bei ebener Anordnung	Deformation des Tetraederwinkels (*d*)	Verbrennungswärme pro CH_2-Gruppe kJ/Mol	Spannungsenergie pro CH_2-Gruppe kJ/Mol
Ethylen (2-Ring)	0°	+ 54° 44′	711,3	52,3
Cyclopropan (3-Ring)	60°	+ 24° 44′	697,1	38,5
Cyclobutan (4-Ring)	90°	+ 9° 44′	685,8	27,2
Cyclopentan (5-Ring)	108°	+ 0° 44′	664,0	5,4
Cyclohexan (6-Ring)	120°	− 5° 16′	658,6	0,0
Cycloheptan (7-Ring)	128° 34′	− 9° 34′	662,3	−3,8
Cyclooctan (8-Ring)	135°	− 12° 46′	663,6	−5,0

Der Energieinhalt carbocyclischer Ringe in Abhängigkeit von der Gliederzahl läßt sich durch die Bestimmung der *Verbrennungswärme* pro CH_2-Gruppe ermitteln. Tatsächlich liegen die Werte für den 3- und 4-Ring höher als beim 5- und 6-Ring, die geringe bzw. gar keine Spannung besitzen (vgl. vorletzte Spalte in obiger Tabelle). Die Spannungsenergie der beiden kleinen Ringe beträgt pro CH_2-Gruppe bei ebenem Bau 27 − 38 kJ/Mol (vgl. letzte Spalte in obiger Tabelle) gegenüber dem gleich Null gesetzten Normalwert der Verbrennungswärme pro *n*-Alkan-CH_2-Gruppe von 658,6 kJ/Mol. Dies ist das entscheidende Ergebnis der *Baeyer*schen Spannungstheorie, die in historischer Sicht die Stereochemie alicyclischer Verbindungen angeregt und zugleich das Gesamtbild der organischen Chemie um wesentliche Erkenntnisse bereichert hat. Dagegen treffen ihre Aussagen in bezug auf die höhergliedrigen Ringe, denen eine „negative“ Spannung zugeschrieben wurde, nicht zu. Bei ihnen ist die Verbrennungswämre pro CH_2-Gruppe nahezu konstant und liegt nur wenig über dem Normalwert für offenkettige *n*-Alkane. Cyclohexan und die vielgliedrigen Kohlenstoffringe sind nämlich *nicht* eben gebaut, und damit entfällt für diese die Grundvoraussetzung der Spannungstheorie. In allen höheren Ringen vom 6-Ring ab ist keine *Baeyer*-Spannung mehr vorhanden, sie sind durchaus stabil.

Einteilung der Cycloalkane. Aufgrund der unterschiedlichen Bildungstendenz der Cycloalkane sowie anderer struktureller und chemischer Besonderheiten der einzelnen Ringgrößen hat es sich als zweckmäßig erwiesen, eine Unterteilung in „kleine“ Ringe mit 3 und 4 Gliedern, in „normale“ mit 5, 6 und 7, in „mittlere“ mit 8 − 12 und in „große“ Ringe mit 13 und mehr Gliedern vorzunehmen (*H. C. Brown,* 1951).

3.1 Kleine Kohlenstoffringe[1]

3.1.1 Cyclopropan

Wie bereits erwähnt, besitzt der Kohlenstoff-3-Ring eine relativ geringe Bildungstendenz, die früher mit dem Auftreten der *Baeyer*-Spannung erklärt wurde. Danach sollten die C-Atome des Cyclopropans in einem gleichseitigen Dreieck angeordnet sein und ihre Bindungswinkel 60° betragen. Nach neueren *Berechnungen* ist dagegen die beste Überlappungsmöglichkeit der C-Atome im 3-Ring dann gegeben, wenn die C–C–C-Bindungen einen Winkel von etwa 101° einschließen. Ferner geht aus *Elektronenbeugungsaufnahmen* von *Bastiansen* und *Hassel* hervor, daß die H–C–H- Bindungen Winkel von fast 120° bilden, die durch die Ebene der C-Atome halbiert werden. Aufgrund dieser Befunde sind die C-Atome im Cyclopropan sp^3-hybridisiert, wie in den gesättigten aliphatischen C–C-Bindungen. Man nimmt daher an, daß die Überlappung der sp^3-Hybrid-Orbitale der C-Atome im 3-Ring nur unvollkommen erfolgt, d. h. nicht in gerader, sondern in gebogener Richtung. Man spricht von „gebogenen" oder „Bananen"-Bindungen (s. Abb. 94a).

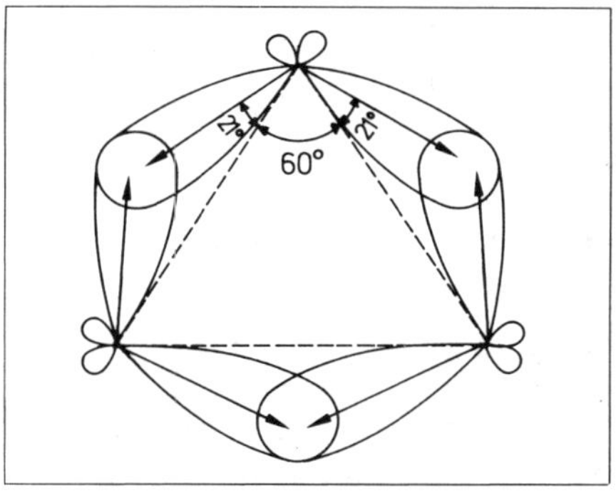

Abb. 94 a.

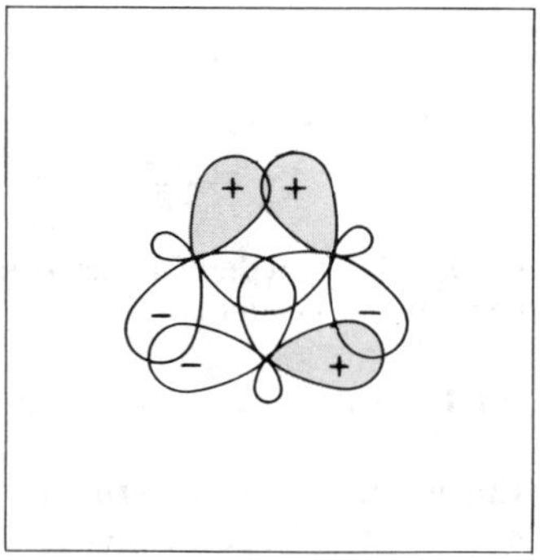

Abb. 94 b.

Von *Walsh* wurde ein Modell mit sp^2-hybridisierten Orbitalen vorgeschlagen (s. Abb. 94b), in dem die C–C-Bindungen des Cyclopropanringes durch Überlappung der drei *p-Orbitale* und je eines der zum Ringzentrum gerichteten *sp^2-Orbitale* dargestellt werden, wobei eine *antibindende* Wechselwirkung (+ –) vorkommt. Mit diesem Modell lassen sich die chemische Reaktivität sowie Ergebnisse physikalischer Messungen wie z. B. die Kopplungskonstante $^1J_{(CH)} = 162$ Hz besser deuten; denn es bringt den π-Charakter der Bindungen besser zum Ausdruck. Die Verkürzung der C–C-Bindung

[1] Vgl. *Houben-Weyl*, Methoden der organischen Chemie, Bd. *4/3* und *4/4* (Thieme Verlag, Stuttgart 1971).

auf 152 pm gegenüber 153,4 pm zwischen sp^3-hybridisierten Atomen läßt sich durch beide Modelle erklären, die sich unter bestimmten Voraussetzungen ineinander überführen lassen[1].

Darstellung

3.1.1.1 *Durch Enthalogenierung von 1,3-Dihalogen-alkanen* nach *Freund* (1882) mit Natrium (intramolekulare *Wurtz*-Synthese) oder mit Zink (*Gustavson*, 1887), z. B. stellt man Cyclopropan am besten aus 3-Brom-1-chlor-propan, das aus Allylchlorid durch Addition von Bromwasserstoff in Gegenwart von *Peroxiden* leicht zugänglich ist, und Zinkstaub dar:

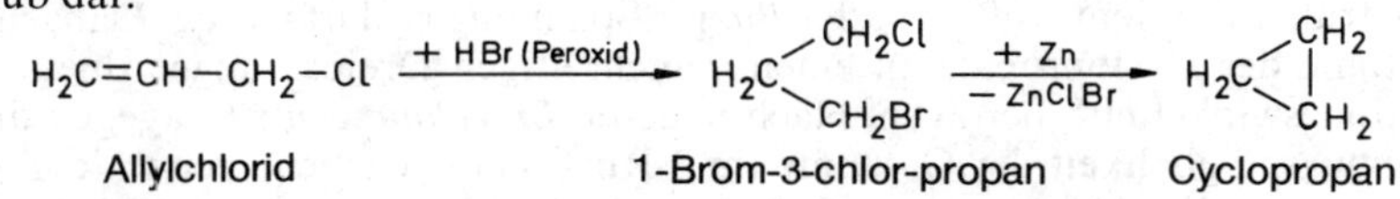

3.1.1.2 *Durch Addition aliphatischer Diazoverbindungen an C = C-Doppelbindungen*, z. B.

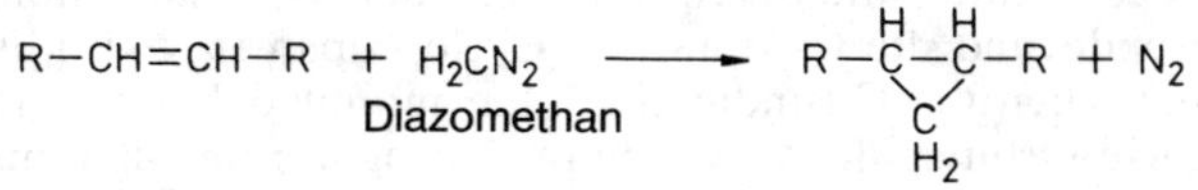

Für den Ablauf der Reaktion bestehen zwei Möglichkeiten:
a) In einer *1,3-dipolaren Cycloaddition* entsteht ein Pyrazolinderivat, das in der Hitze unter Stickstoffabspaltung in das Cyclopropan übergeht.

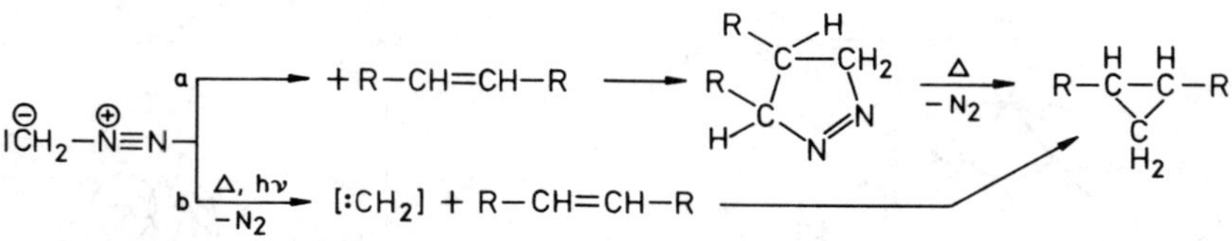

b) Das Diazomethan spaltet thermisch oder photochemisch Stickstoff unter Bildung eines Carbens ab, das sich an die C=C-Doppelbindung addiert.

3.1.1.3 *Durch die Simmons-Smith-Reaktion* (vgl. S. 189).

Eigenschaften. Cyclopropan, C_3H_6, ist ein Gas (Sdp. − 32,8 °C [241,4 K]) und wird häufig anstelle von Ether als *Anästhetikum* verwendet. Beim Erhitzen auf 100 − 200 °C (375 bis 475 K) in Gegenwart von Katalysatoren (Pt) isomerisiert sich Cyclopropan zu Propen. In seinem chemischen Verhalten zeigt Cyclopropan weitgehende Ähnlichkeit mit dem Ethylen. So entstehen aus Cyclopropan bei der Einwirkung von konz. Schwefelsäure, Bromwasserstoff oder Brom sowie bei der katalytischen Hydrierung unter Aufspaltung des instabilen 3-Ringes folgende offenkettige Verbindungen:

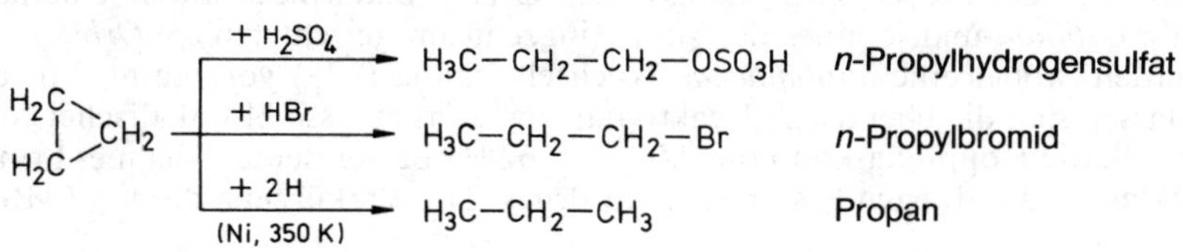

---

[1] Vgl. *M. Klessinger*, Elektronenstruktur organischer Moleküle, S. 103 (Verlag Chemie, Weinheim 1982).

Diese Reaktivität des Cyclopropans wird gleichfalls durch die Modelle von Abb. 94a und b erklärt, deren partieller π-Charakter schon auf die Verwandtschaft mit dem Ethylen hinweist.

Im Gegensatz zu Ethylen wird Cyclopropan von kalter, wäßriger Kaliumpermanganatlösung oder Ozon nicht angegriffen; mit Brom reagiert es nur unter Lichteinwirkung oder in Gegenwart von *Lewis*-Säuren, dabei ist 1,3-Dibrompropan nur eins von mehreren bromierten Propanen.

3.1.2 Stereoisomerie carbocyclischer Verbindungen

Die 1,2-Di- und 1,2,3-Trisubstitutionsprodukte des Cyclopropans können *cis-trans*-Isomere oder auch *Enantiomerie* aufweisen, die am Beispiel der **Cyclopropan-1,2-dicarbonsäure** näher erläutert werden sollen:

cis-Form (Schmp. 139 °C [412 K]) *trans*-Form (Schmp. 175 °C [448 K])

In der *cis*-Form stehen beide Carboxylgruppen auf derselben Seite der Ringebene, sind also räumlich benachbart und bilden unter Wasseraustritt leicht ein Anhydrid. Demgegenüber gibt die *trans*-Form, in der sich die beiden Carboxylgruppen auf verschiedenen Seiten der Ringebene befinden, kein Anhydrid.
Während sich in der *cis*-Form durch die CH_2-Gruppe eine Symmetrieebene legen läßt, besitzt die *trans*-Form weder eine Symmetrieebene noch ein Symmetriezentrum und ist daher in *Enantiomere* spaltbar (*E. Buchner*).

3.1.3 Cyclopropen

C_3H_4, ist gasförmig (Sdp − 36 °C [237 K]) und wird aus *Cyclopropylamin durch erschöpfende Methylierung* und anschließende trockene Destillation des Cyclopropyl-trimethyl-ammoniumhydroxids erhalten (*Demjanow*):

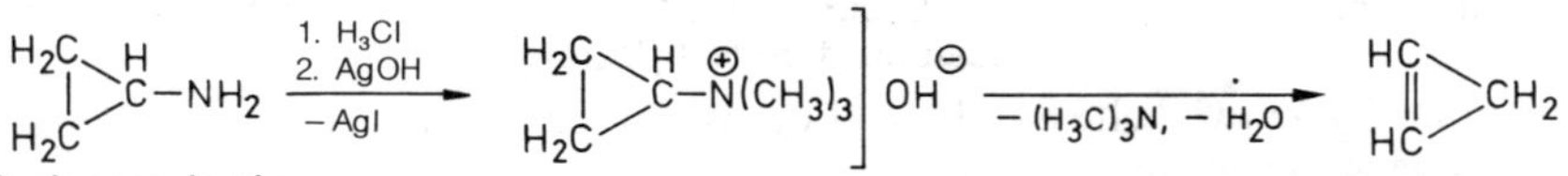

Cyclopropylamin Cyclopropen

Cyclopropen ist sehr unbeständig und neigt stark zur Polymerisation; mit Brom reagiert es heftig zu 1,2-Dibrom-cyclopropan.

Das *Cyclopropenylium-Kation* besitzt als aromatisches 2 *π-Elektronensystem* theoretisches Interesse (s. S. 657):

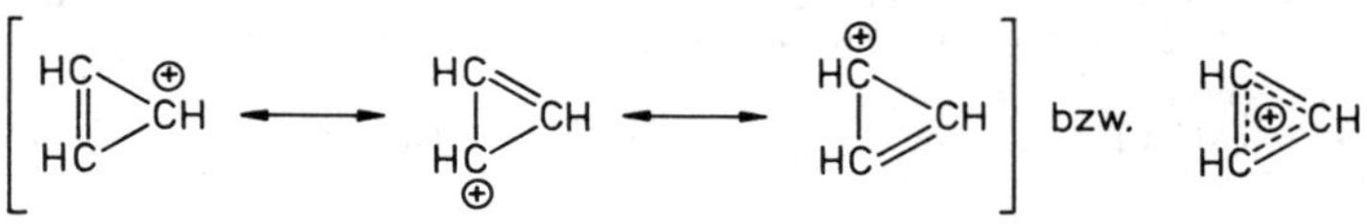

Alicyclische Verbindungen 3

In der Natur kommen höhere Fettsäuren mit Cyclopropan- bzw. Cyclopropen-Struktur vor, z. B. die Lactobacillinsäure (*K. Hofmann*, 1950) in den Lipoidanteilen von *Lactobacillus arabinosus* sowie *Lactobacillus casei* und die Sterculinsäure (*Nunn*, 1952) im Kernöl von *Sterculia foetida*. Die Sterculinsäure ist giftig, während die gesättigte Dihydrosterculinsäure vergesellschaftet mit Lactobacillinsäure in gesäuerten Milchprodukten vorkommt und ungiftig ist.

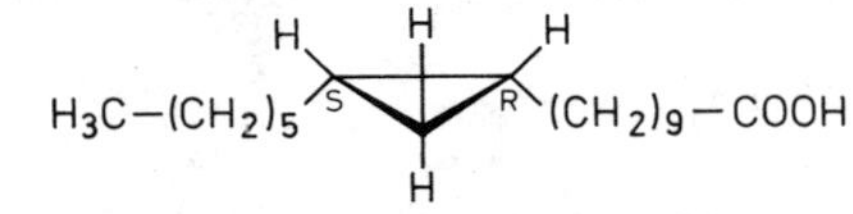

Lactobacillinsäure (Schmp. 30 °C [303 K])
(11*R*,12*S*)-Methylenoctadecansäure

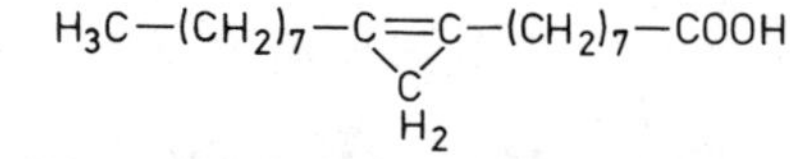

Sterculinsäure (Schmp. 18 °C [291 K])
9,10-Methylen-octa-9-decensäure

Die 1-Aminocyclopropan-1-carbonsäure ist die Vorstufe des Phytohormons Ethylen; sie wird unter der Mitwirkung von Auxinen aus L-Methionin in der Pflanze gebildet[1].

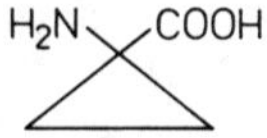

3.1.4 Cyclobutan und seine Derivate

Bis vor einigen Jahren war Cyclobutan ein schwer zugänglicher Kohlenwasserstoff. Erstmalig hatte ihn *Willstätter* aus Cyclobutancarbonsäure erhalten. Auch bei der Einwirkung von Natrium auf 1,4-Dibrom-butan entsteht – im Gegensatz zur entsprechenden Cyclopropansynthese – nur eine geringe Menge Cyclobutan (7%). Erst in neuerer Zeit konnten gangbare Verfahren zur Herstellung des Cyclobutans und seiner Derivate entwickelt werden[2].

Darstellung

3.1.4.1 Bei der Umsetzung von 1,3-Dibrom-propan mit Malonsäure-diethylester in Gegenwart von Natriumalkoholat erhält man zunächst den Cyclobutan-1,1-dicarbonsäurediethylester, der bei der alkalischen Hydrolyse unter Decarboxylierung in Cyclobutancarbonsäure übergeht (vgl. Malonestersynthesen, S. 328*f.*):

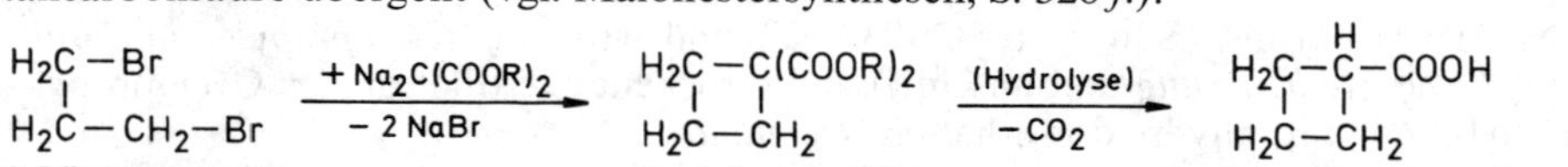

1,3-Dibrom-propan — Cyclobutan-1,1-dicarbonsäurediethylester — Cyclobutancarbonsäure

Diese von *Perkin* entwickelte Synthese alicyclischer Carbonsäuren ist auch bei höheren ω,ω'-Dihalogenalkanen anwendbar.

3.1.4.2 ***Hunsdiecker*-Abbau**[3]. Aus dem Silbersalz der Cyclobutancarbonsäure erhält man mit Brom Cyclobutylbromid, das über die *Grignard*-Verbindung in Cyclobutan übergeführt wird (*Cason*, 1949):

[1] Vgl. *K. Lürssen*, Das Pflanzenhormon Ethylen, Chemie in unserer Zeit *15*, 122 (1981).
[2] Vgl. *D. Seebach*, *Houben-Weyl*, Methoden der Organischen Chemie Bd. *4/4* (Thieme Verlag, Stuttgart 1971).
[3] Vgl. *C. V. Wilson*, The Reaction of Halogens with Silver Salts of Carboxylic Acids, Org. Reactions *9*, 332ff. (1957).

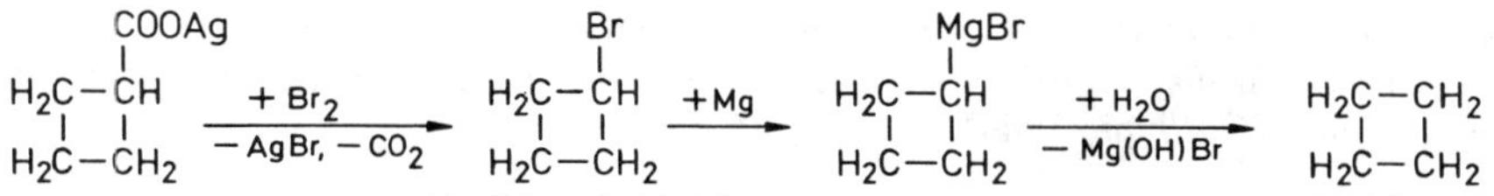

Cyclobutylbromid Cyclobutan

3.1.4.3 Am besten wird Cyclobutan durch *Reduktion von Cyclobutanon* nach *Wolff-Kishner* gewonnen, Ausbeute 65%:

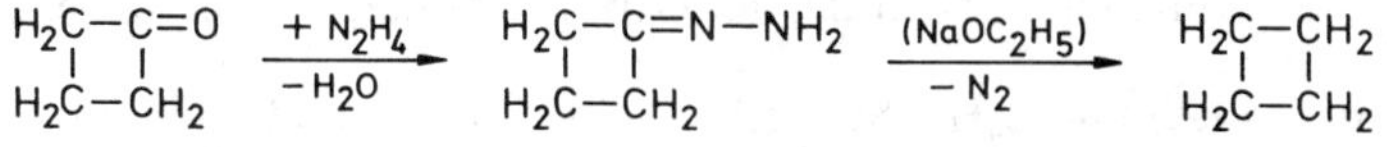

3.1.4.4 1,2-Cycloadditionen. Eine größere Anzahl von Cyclobutanderivaten läßt sich durch *Cycloaddition* von Verbindungen, die eine *aktivierte* Doppelbindung aufweisen, herstellen. Hierzu zählen z. B. Ketene, Allene, Zimtsäuren, Fluor- bzw. Chlorfluorethylene.

a) Während Keten und Aldoketene sich rasch zu β-Lactonen dimerisieren (vgl. S. 281), findet bei Ketoketenen *Dimerisierung* zu substituierten 1,3-Cyclobutandionen statt:

b) *Allen dimerisiert* sich bei 500 °C (775 K) im Einschlußrohr zu *1,2-Dimethylen-cyclobutan* (*Blomquist*, 1956):

Allen 1,2-Dimethylen-cyclobutan

c) *Beim Belichten der gewöhnlichen Zimtsäure* erfolgt *Dimerisierung* zu *Truxillsäure* (2,4-Diphenyl-cyclobutan-1,3-dicarbonsäure) und *Truxinsäure* (3,4-Diphenyl-cyclobutan-1,2-dicarbonsäure):

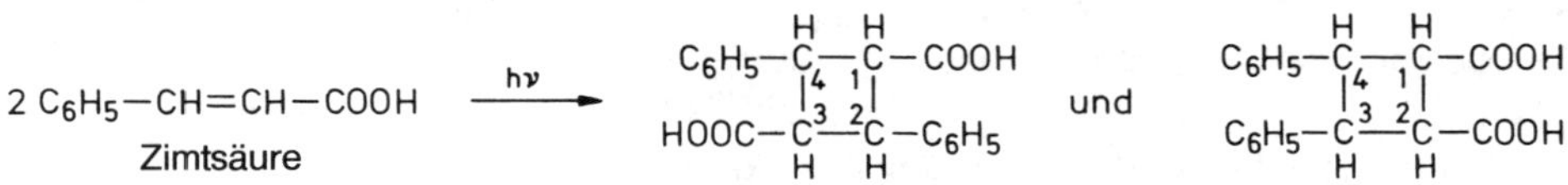

Zimtsäure Truxillsäure Truxinsäure

Sowohl die Truxill- als auch die Truxinsäure können in mehreren *stereoisomeren* Formen auftreten.

d) *Bei der thermischen Dimerisierung von Fluor- oder Chlorfluorethylenen,* wie $F_2C=CF_2$, $F_2C=CFCl$ und $F_2C=CCl_2$ (vgl. S. 138*f.*), entstehen in meist sehr guten Ausbeuten Cyclobutanderivate (*Harmon*, 1946 und *Barrick*, 1947), z. B.

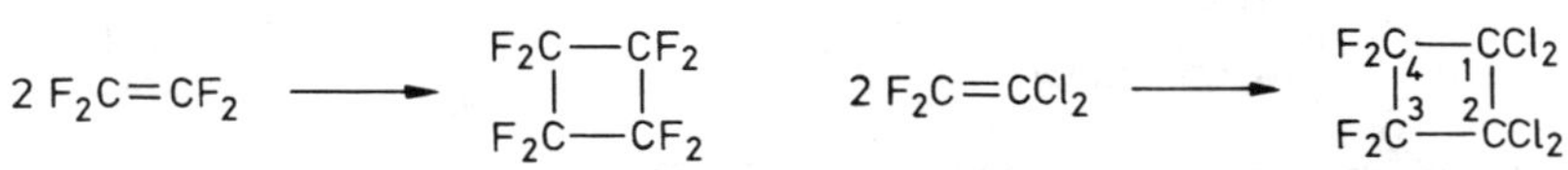

Octafluorcyclobutan 1,1,2,2-Tetrachlor-3,3,4,4-tetrafluor-cyclobutan

Durch derartige *1,2-Cycloadditionen* fluorierter Alkene werden unter Variation der Ausgangsstoffe viele Cyclobutanderivate präparativ leicht zugänglich.

Cyclobutan läßt sich zwar nicht durch Dimerisierung von Ethylen erhalten (vgl. S. 339), jedoch bildet sich *aus Tetrafluorethylen und Ethylen* in der Wärme das *1,1,2,2- Tetrafluor-cyclobutan* (*Coffman*, 1949):

Die Ringschlußreaktion verläuft über eine radikalische oder eine dipolare Zwischenstufe, auf die das Prinzip der Erhaltung der Orbitalsymmetrie nicht anwendbar ist.

Eigenschaften. Cyclobutan, C_4H_8, Sdp. 12 °C (285 K), ist beständiger als Cyclopropan, z. B. reagiert es bei Raumtemperatur nicht mit Schwefelsäure, Bromwasserstoff oder Brom. Seine katalytische Hydrierung zu *n*-Butan erfordert energischere Reaktionsbedingungen als die des Cyclopropans:

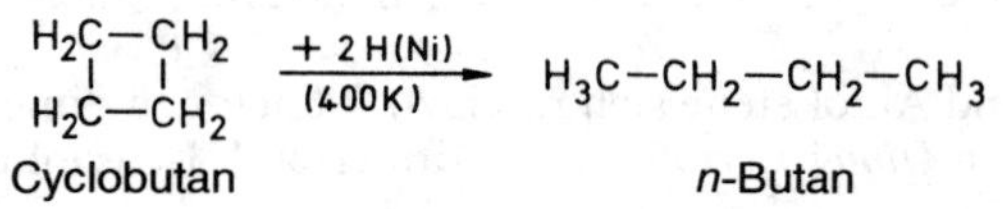

Im Gegensatz zum 3-Ring erfolgt im 4-Ring eine Dehnung der C–C-Bindungen (157 pm). Dies wird auf eine Behinderung der nicht direkt miteinander verbundenen C-Atome zurückgeführt, deren Entfernung mit 222 pm viel kleiner ist als der Abstand, den nichtgebundene C-Atome sonst einhalten. Der Cyclobutanring ist nicht eben, sondern gefaltet (vgl. Abb. 95, S. 396).

Die besonderen Bindungsverhältnisse in den kleinen Ringen bewirken, daß einige Reaktionen, die bei gewöhnlichen Ringen normal verlaufen, bei Cyclopropyl- und Cyclobutylverbindungen mit Strukturveränderungen verbunden sind. Eines der bekanntesten Beispiele ist die Umsetzung von Cyclobutylamin oder Cyclopropylmethyl-amin mit *salpetriger Säure*, bei der beide Amine in ein Gemisch von Cyclobutanol und Cyclopropyl-methanol übergehen (***Demjanow*–Reaktion,** 1903):

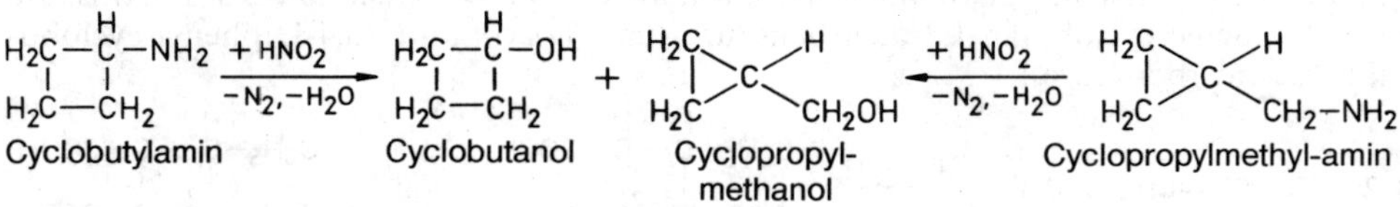

Hierbei findet teilweise *Ringverengung* bzw. *Ringerweiterung* statt.

3.1.4.5 Cyclobutanon, C_4H_6O, Sdp. 98–100 °C (371–373 K), gewinnt man *durch Einwirkung von Diazomethan auf Keten* bei – 70 °C (200 K) (*Kaarsemaker*, 1951):

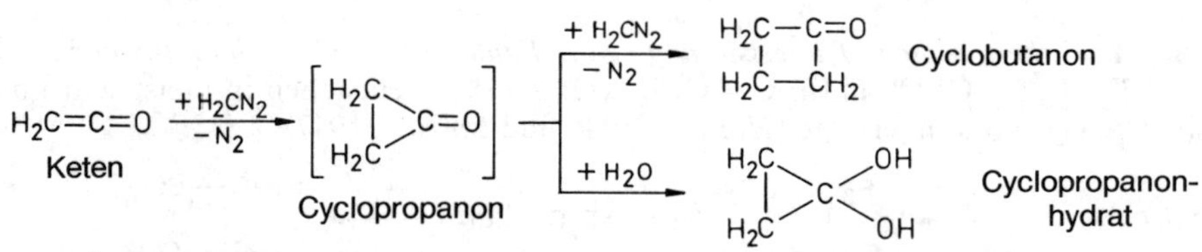

Hierbei bildet sich intermediär Cyclopropanon, das in wasserfreiem Medium mit überschüssigem Diazomethan unter *Ringerweiterung* in Cyclobutanon übergeht (*P. Lipp*). Das als Zwischenprodukt auftretende Cyclopropanon läßt sich nur in Anwesenheit von Wasser oder Alkohol als Hydrat oder Halbacetal isolieren.

3.1.4.6 Cyclobutanol, C_4H_7OH, Sdp. 125 °C (398 K), entsteht in fast quantitativer Ausbeute bei der *Reduktion von Cyclobutanon* mit *Lithiumaluminiumhydrid* (*J. D. Roberts,* 1949):

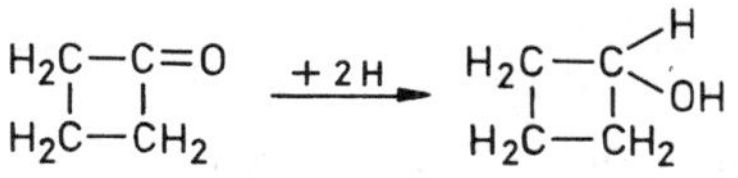

Cyclobutanol

3.1.4.7 Cyclobuten, C_4H_6, ist der einfachste ungesättigte 4-Ring und wird am besten durch thermische Zersetzung von Cyclobutyl-trimethylammonium-hydroxid erhalten:

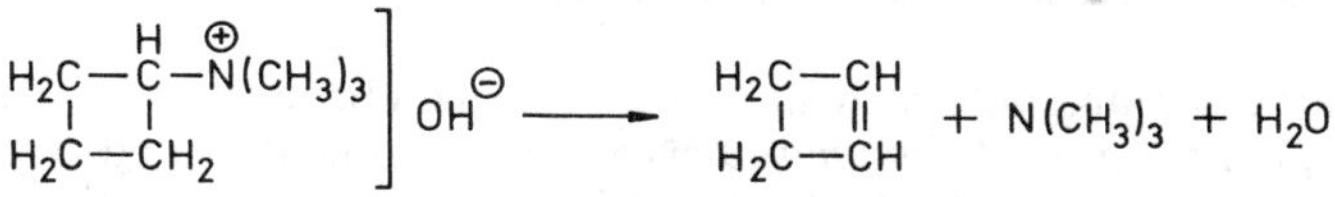

Cyclobuten

3.1.4.8 Quadratsäure[1] (3,4-Dihydroxy-3-cyclobuten-1,2-dion) wurde erstmalig durch Dechlorierung von Chlortrifluorethylen mit Zink über Perfluorcyclobuten und 1,2-Diethoxy-3,3,4,4-tetrafluor-1-cyclobuten und dessen saure Hydrolyse dargestellt (*S. Cohen* et al., 1959):

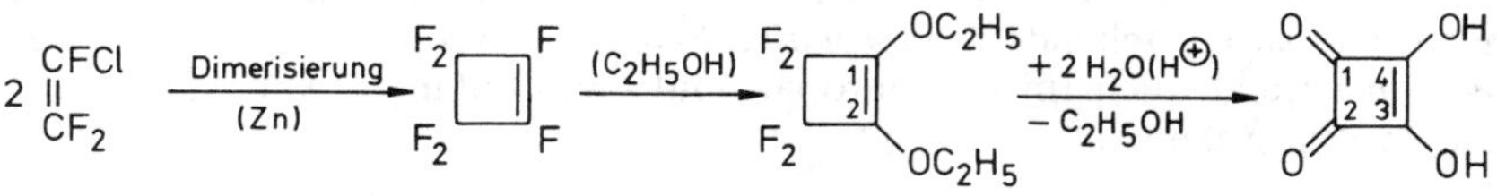

Chlortrifluorethylen Perfluorcyclobuten Quadratsäure

Sie ist eine farblose, kristalline, zweibasige Säure ($pK_a^2 = 2{,}2$), die sich bei etwa 293 °C (565 K) zersetzt und Salze, niedere Alkylester, Säurechloride sowie Amide bildet; ihre Verbindungen können Allergie hervorrufen. Nahe verwandt mit der Quadratsäure ist das Mycotoxin *Moniliformin;* das *Dianion* der Quadratsäure ist als neuartiges System der allgemeinen Formel $(C_nO_n)^{2\ominus}$ mit *aromatischem Charakter* anzusehen (s. S. 648 *ff.*).
Die Biosynthese des Moniliformins verläuft wahrscheinlich über Acetessigsäure, das Anfangsglied in der Reihe der *Polyketide* oder *Acetogenine,* die bei der Bildung von Naturstoffen wie der Flavonoide, der Naphthochinone und Tetracycline im Organismus eine Rolle spielen. Die Acetessigsäure wird als Anfangsglied der Polyketide (n = 0) auch als Diketid bezeichnet, da es im Stoffwechsel aus zwei Molekülen aktivierter Essigsäure (vgl. S. 886) entsteht[2].

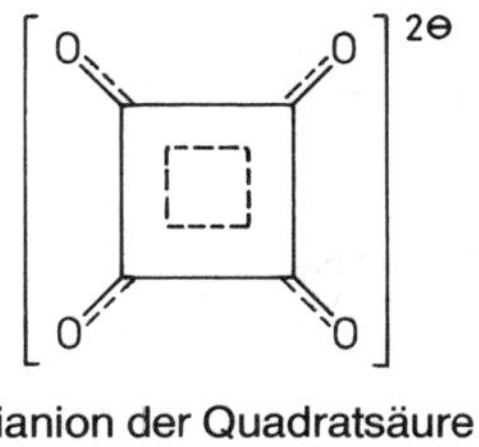

Dianion der Quadratsäure

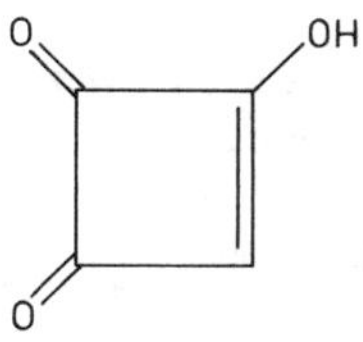

Moniliformin

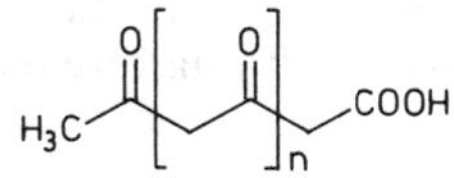

Polyketid

[1] Vgl. *G. Maahs* et al., Synthese und Derivate der Quadratsäure, Angew. Chem. *78,* 927 (1966).
[2] Vgl. *B. Franck,* Mycotoxine aus Schimmelpilzen, Angew. Chem. *96,* 462 (1984).

3.2 Normale Kohlenstoffringe

Die Stammsubstanzen dieser Ringgruppe sind Cyclopentan, Cyclohexan und Cycloheptan.

3.2.1 Cyclopentan und seine Derivate

Für das Cyclopentanmolekül hat man lange Zeit eine ebene Raumstruktur angenommen. Ein Vergleich der *Verbrennungswärmen* des Cyclopentans und des Cyclohexans zeigt, daß Cyclopentan trotz der fehlenden Winkeldeformation eine Spannungsenergie von 5,4 kJ je CH_2-Gruppe besitzt und das eigentliche Energieminimum erst beim Cyclohexan auftritt (vgl. Tab. 13, S. 388). Aus *Elektronenbeugungsaufnahmen* (*Hassel*) geht hervor, daß nur vier C-Atome nahezu in einer Ebene liegen und *ein* C-Atom etwas aus der Ringebene des Cyclopentans herausragt. Diese Anordnung führt dazu, daß sich die H-Atome nicht in der energetisch begünstigten Staffelform („auf Lücke") anordnen können. Die so entstehende *konformative Spannung* bezeichnet man als ***Pitzer*-Spannung.** Sie besteht auch im Cyclopropan und Cyclobutan (s. Abb. 95) sowie bei den mittleren Ringsystemen.

Abb. 95. Ringkonformationen

3.2.1.1 Darstellung

Cyclopentan erhält man am besten durch *Clemmensen-Reduktion von Cyclopentanon,* das aus der Adipinsäure leicht zugänglich ist:

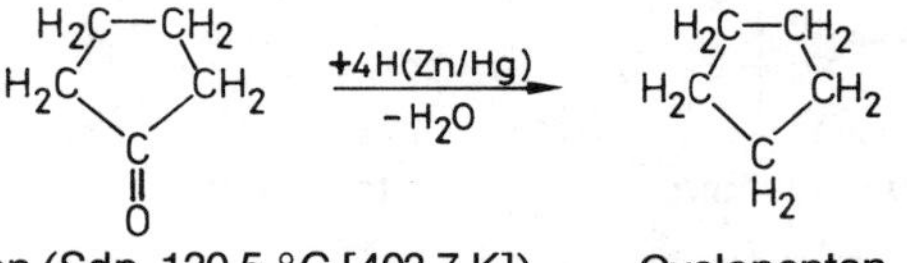

Cyclopentanon (Sdp. 130,5 °C [403,7 K]) Cyclopentan

Eigenschaften. Cyclopentan, C_5H_{10}, ist eine bei 50 °C (323 K) siedende Flüssigkeit und wie Cyclopropan und Cyclobutan gegen Permanganat und Ozon beständig. Bei der katalytischen Hydrierung (Ni) erfolgt erst oberhalb 300 °C (575 K) Ringöffnung und Bildung von *n*-Pentan (*Zelinsky*). In seinem chemischen Verhalten ähnelt Cyclopentan den normalen Alkanen.

Die 1,2- und 1,3-disubstituierten Cyclopentanderivate existieren in *cis-trans*-Isomeren, da die Substituenten auf der gleichen oder auf verschiedenen Seiten der Ringebene stehen können. Als Beispiele seien die **Cyclopentan-1,2- und 1,3-dicarbonsäuren** angeführt:

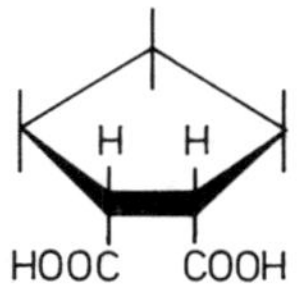

cis--Form (Schmp. 135 °C [408 K])

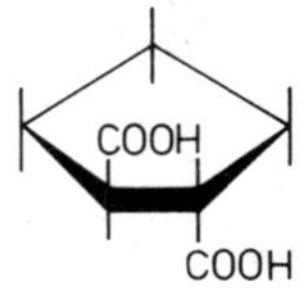

trans-Form (Schmp. 182 °C [455 K])

Cyclopentan-1,2-dicarbonsäuren

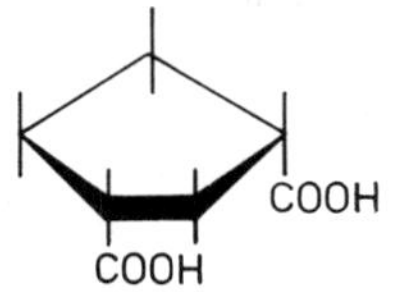

cis-Form (Schmp. 121 °C [394 K])

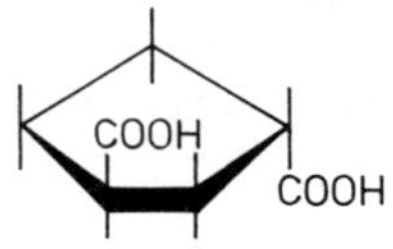

trans-Form (Schmp. 188 °C [461 K])

Cyclopentan-1,3-dicarbonsäuren

Im Gegensatz zur *trans*- bildet die *cis*-Cyclopentan-1,2-dicarbonsäure leicht ein Anhydrid vom Schmp. 72 °C (345 K). Da sich durch die *trans*-Formen der beiden Säuren keine Symmetrieebene legen läßt, sind diese in *Enantiomere* spaltbar.

Naphthensäuren kommen in Erdölen vor und lassen sich daraus durch Extraktion mit Laugen und nachfolgendes Ansäuern gewinnen. Sie stellen ein Gemisch dar, das vorwiegend aus alkylierten Cyclopentan- und Cyclohexan-carbonsäuren besteht.
Die rohen Naphthensäuren, besonders aber ihre Metallsalze, haben in mehrfacher Hinsicht technische Bedeutung erlangt. So dienen Blei-, Mangan-, Zink- und Eisennaphthenate als *Sikkative* (vgl. S. 246) für Firnisse. Kupfernaphthenat dient als *fungizides* (schimmelpilzabtötendes) Mittel zum Imprägnieren von Holz sowie von natürlichen Fasern, z. B. für Sandsäcke und Schiffstaue. Ein Gemisch von Aluminiumsalzen der Naphthensäuren und Fettsäuren dient zur Herstellung von Brandbomben (Napalm).

3.2.1.2 Cyclopentanon, C_5H_8O, kann in guter Ausbeute *aus Adipinsäurediester und Natriumethylat bzw. metallischem Natrium* in Benzol erhalten werden (***Dieckmann*-Esterkondensation**[1], 1901).

Diese Reaktion stellt eine *intramolekulare* Ester-Kondensation dar und verläuft nach folgendem *Mechanismus* (vgl. auch *Claisen*-Kondensation, S. 296):

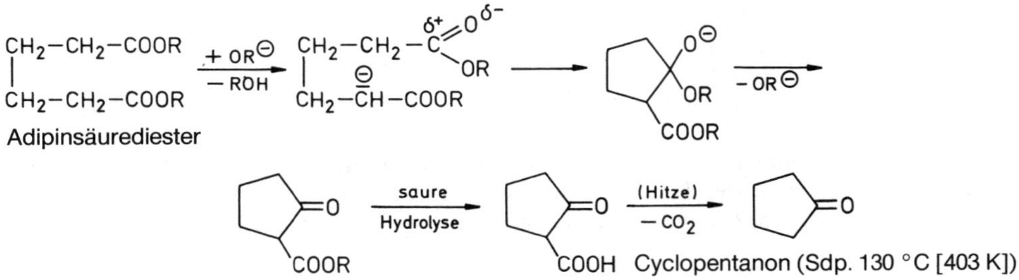

[1] Vgl. *J. P. Schaefer* und *J. J. Bloomfield*, The *Dieckmann* Condensation, Org. Reactions *15*, 1 (1967).

Ausgehend vom Diester der Pimelin- oder Suberinsäure erhält man in analoger Weise Cyclohexanon bzw. Cycloheptanon.

3.2.1.3 Cyclopenten, C_5H_8, Sdp. 45 °C (318 K), kann *durch Wasserabspaltung aus Cyclopentanol* oder *durch Erhitzen von Cyclopentylbromid mit alkoholischer Kalilauge* dargestellt werden:

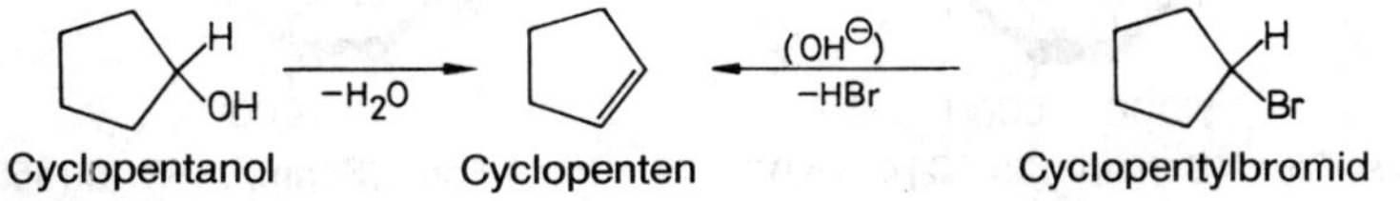

Wie die offenkettigen Alkene lassen sich auch Cycloalkene hydroxylieren. Je nachdem, ob man Kaliumpermanganat oder Perameisensäure als *Oxidationsmittel* verwendet, entstehen z. B. *aus Cyclopenten* folgende *Isomeren:*

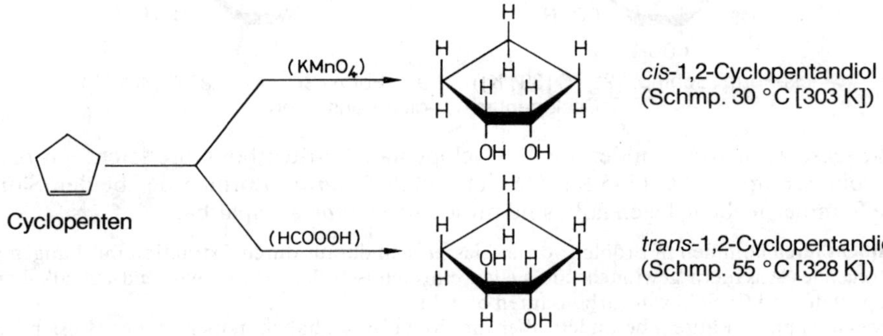

Während die *cis*-Verbindung eine *meso*-Form darstellt, ist die *trans*-Form in *Enantiomere* spaltbar.

Aus den Blütenköpfen afrikanischer *Pyrethrum*-Arten konnte ein äußerst wirksames natürliches *Insektizid* gewonnen werden, das unter der Bezeichnung „*PYR*" im Handel ist. Seine aktiven Bestandteile sind als Ester einer Cyclopropancarbonsäure [(+)-*trans*-Chrysanthemumsäure] mit einem *Keto-cyclopentenylalkohol* (Rethrolon) erkannt worden, z. B. kommt **Pyrethrin I**[1] folgende Struktur zu:

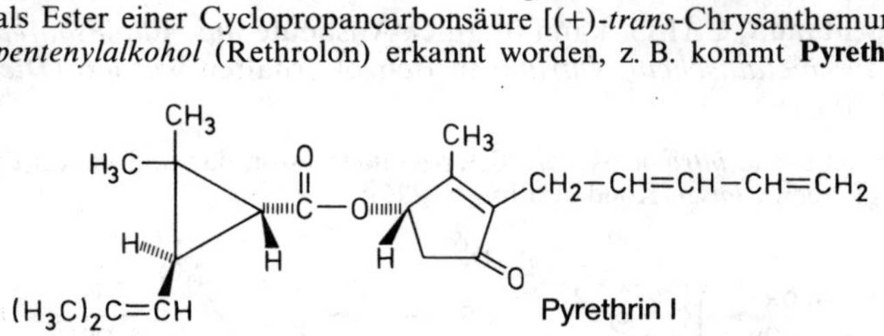

Durch gezielte Abwandlung des Pyrethrin-Systems werden wertvolle Insektizide synthetisiert.

3.2.1.4 Cyclopentadien, C_5H_6, Sdp. 41 °C (314 K), ist ein zweifach ungesättigter Kohlenwasserstoff, der in der Rohbenzolfraktion des Steinkohlenteers und im C_5-Schnitt des *Pyrolysebenzins* aus dem *Steam-Cracking* auftritt. Bereits in der Kälte *dimerisiert* es

---

[1] Vgl. *L. Crombie* et al., Chemistry of the Natural Pyrethrims, Fortschr. Chem. org. Naturst. *19*, 120 ff. (1961).

sich zu Dicyclopentadien (Tricyclo[5.2.1.0^{2,6}]deca-3,8-dien, vgl. S. 416) vom Schmp. 33 °C (306 K), das bei der Destillation wieder zur monomeren Form *depolymerisiert* wird:

Cyclopentadien Dicyclopentadien

Bei dieser Dimerisierung handelt es sich um eine *Diels-Alder*-Reaktion, in der Cyclopentadien zugleich als *Dien* und *Dienophil* fungiert (vgl. S. 336 *ff.*); mit Butadien als Dienophil erhält man 5-Vinylbicyclo [2.2.1] hept-2-en, das sich mit Alkali katalytisch zu 5-Ethylidenbicyclo [2.2.1] hept- 2-en (5-Ethyliden-norbornen) umlagern läßt:

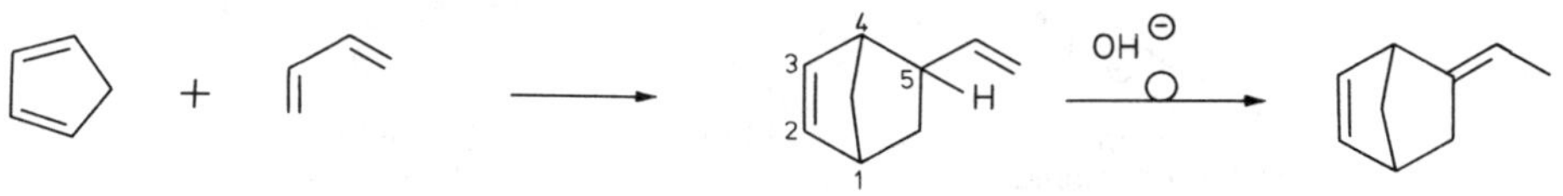

Cyclopentadien Butadien 5-Vinylbicyclo[2.2.1]hept-2-en 5-Ethyliden-norbornen

Eine weitere Besonderheit des Cyclopentadiens ist die *Reaktivität der Methylengruppe* in Nachbarstellung zu den beiden C=C-Doppelbindungen im Ring. Mit aliphatischen Aldehyden oder Ketonen kondensiert es sich in Gegenwart von Alkalien zu gelben bis orangefarbenen, meist öligen **Fulvenen**[1] (*fulvus* = rotgelb), die leicht Autoxidation bzw. Polymerisation erleiden. Mit aromatischen Aldehyden oder Ketonen, wie Benzaldehyd oder Benzophenon, entstehen rote, kristalline Fulvene:

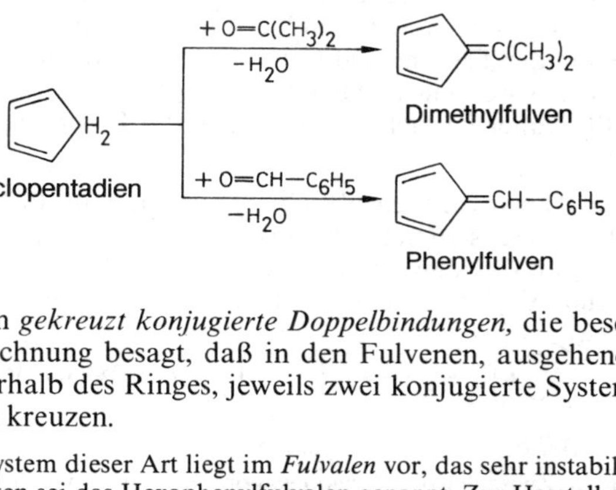

Cyclopentadien

Dimethylfulven

Phenylfulven

Die Fulvene enthalten *gekreuzt konjugierte Doppelbindungen*, die besonders reaktionsfähig sind. Die Bezeichnung besagt, daß in den Fulvenen, ausgehend von der C=C-Doppelbindung außerhalb des Ringes, jeweils zwei konjugierte Systeme vorliegen, die sich in ihrer Richtung kreuzen.

Ein voll ausgebildetes System dieser Art liegt im *Fulvalen* vor, das sehr instabil ist. Von den stabilen Substitutionsprodukten sei das Hexaphenylfulvalen genannt. Zur Herstellung von *organischen Supraleitern* haben Derivate des *Tetrathiafulvalens* Bedeutung gewonnen[2].

[1] Vgl. *K. Hafner* et al., Fulvene – Isomere benzoider Verbindungen, Angew. Chem. *75*, 35 (1963); *E. D. Bergmann*, Fulvenes and Substituted Fulvenes, Chem. Reviews *68*, 41 (1968).

[2] Vgl. *K. Bechgaard* et al., Supraleiter aus Kunststoff, Spektrum der Wissenschaft, Sept *1982*, 38; *E. Amberger* et al., Angew. Chem. *97*, 968 (1985).

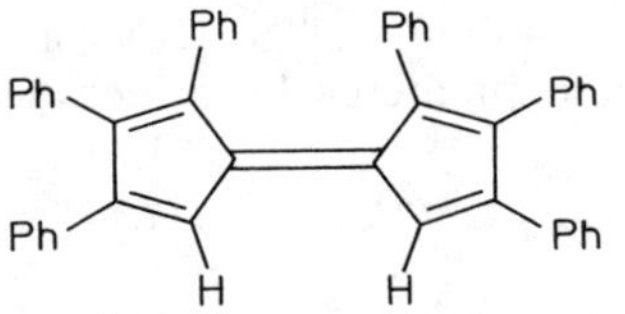

Hexaphenylfulvalen
Schmp. 279–282 °C (552–555 K)

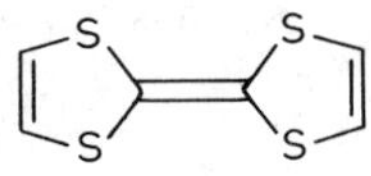

Tetrathiafulvalen

Ein H-Atom der Methylengruppe im Cyclopentadien ist genügend sauer, um z. B. mit Kalium in benzolischer Lösung ein gelbes Kaliumsalz zu bilden oder mit Ethylmagnesiumbromid unter Ethanabspaltung zu reagieren:

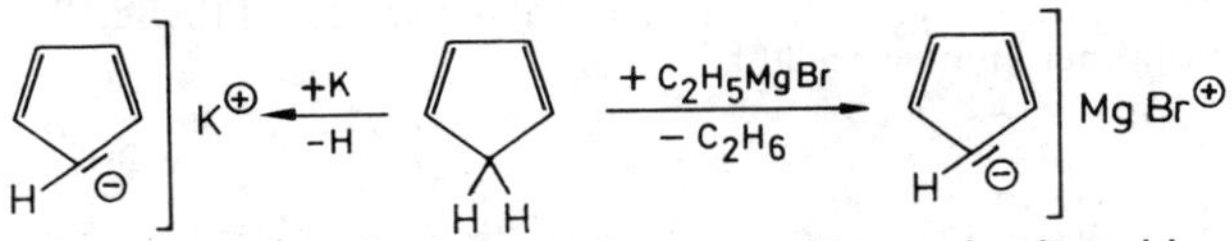

Kalium-cyclopentadienid Cyclopentadien Magnesiumbromid-cyclopentadienid

Beide Salze gehen bei der Einwirkung von Kohlendioxid in das Salz der Cyclopentadiencarbonsäure über, das sich aber beim Ansäuern zur Dicyclopentadiencarbonsäure dimerisiert.

Das *Cyclopentadienid-Anion* weist wie Benzol ein π-Elektronensextett auf und ist daher theoretisch interessant (s. S. 649).

3.2.2 Cyclohexan und seine Derivate

Sowohl Cyclohexan als auch seine ungesättigten Abkömmlinge, das Cyclohexen und die beiden isomeren Cyclohexadiene, bilden die Grundkörper einer Reihe wichtiger Naturstoffe, vor allem der Terpene und Campher. Synthetisch werden die Cyclohexanverbindungen meist aus den entsprechenden Benzolderivaten durch katalytische Hydrierung hergestellt. Daher bezeichnet man diese Stoffklasse auch als „hydroaromatische“ Verbindungen.

3.2.2.1 Cyclohexan (Hexahydrobenzol), C_6H_{12}, das auch im Erdöl vorkommt, ist eine farblose, bei 81 °C (354 K) siedende Flüssigkeit von benzinähnlichem Geruch.
Technisch gewinnt man Cyclohexan *durch katalytische Hydrierung von Benzol* am Ni-Kontakt bei etwa 200 °C (475 K) und 20–40 bar (2–4 MPa):

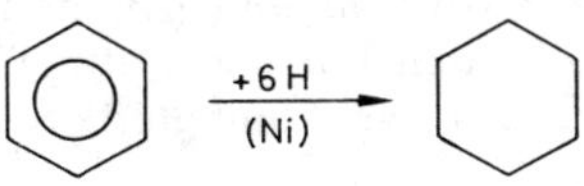

$\Delta H = 244$ kJ/Mol

Benzol Cyclohexan

Cyclohexan ist über die Zwischenstufe Cyclohexanon Grundlage der Produktion von Nylon und Perlon.

3.2.2.2 Konformationen[1] der Cyclohexanderivate

Bereits im Jahre 1890 stellte *Sachse* die Hypothese auf, daß die C-Atome bei der Ringbildung weitgehend das Bestreben haben, ihre ursprüngliche Tetraederstruktur zu

[1] Vgl. *M. Hanack*, Organic Chemistry, A Series of Monographs, Vol. *3*, Conformation Theory (Academic Press, New York 1965).

wahren. Auf dieser Grundlage entwickelte er zwei spannungsfreie Raummodelle des Cyclohexans, die als *Sesselform* und *Wannenform* (oder Bootform) bezeichnet werden. In der Sesselform (Abb. 96 a) sind die sechs C-Atome alternierend in zwei parallelen Ebenen mit je drei C-Atomen angeordnet. Dagegen befinden sich die C-Atome 1 und 4 in der Wannenform (Abb. 96 b) auf der gleichen Seite der durch die vier anderen C-Atome festgelegten Ebene. Alle Versuche, zwei derartige Stereoisomere zu isolieren, verliefen jedoch ergebnislos. Aus dieser Tatsache folgerte *Mohr* (1918), daß die Wannenform durch „Umklappen“ der einen Ecke leicht in die Sesselform übergehen kann und umgekehrt, wobei vorübergehend eine geringe Spannung im Ring auftritt.

Konformationen des Cyclohexans

Abb. 96 a. (Sesselform) Abb. 96 b. (Wannenform) Abb. 96 c. (Twistform)

Nähere Aussagen über die Konformationen des Cyclohexans und seiner Derivate konnten erst in neuerer Zeit gemacht werden (vgl. S. 59 *ff.*). Demnach stellen die Sessel- und Wannenform des Cyclohexans zwei Konformationen dar, in denen der normale Tetraederwinkel beibehalten wird. Physikalische Untersuchungen an verschiedenen Cyclohexanderivaten, z. B. Messung der Elektronenbeugung (*Hassel*) bzw. der NMR- und IR-Spektren, sowie thermodynamische Berechnungen über die Wechselwirkung nicht unmittelbar aneinander gebundener Atome des Moleküls (*Pitzer*), haben zu dem Ergebnis geführt, daß die *Sesselform stabiler ist als die Wannenform* und die *Twistform* (Abb. 96 c), die sich nur wenig in ihrer Energie unterscheiden und sich schnell ineinander umwandeln. Darauf ist die Flexibilität der beiden Konformationen zurückzuführen. Die Bootform ist ein Übergangszustand zwischen zwei Twistformen und die Twistform ist um 23 kJ/Mol energiereicher als die Sesselform [1].

Die Ursache hierfür ist in der gegenseitigen sterischen Behinderung der H-Atome (*Pitzer*-Spannung) zu suchen. Die *Energiebarriere*, die beide Formen trennt, beträgt etwa 45 kJ/Mol. Infolgedessen nehmen Cyclohexan und seine Derivate sowie ähnlich gebaute 6gliedrige, heterocyclische Ringe (vgl. Konformation des 1,4-Dioxans, S. 302) vorherrschend die *Sesselform* ein. In ihr hat man nach *Barton* zwei Arten geometrisch verschiedener C–H-Bindungen zu unterscheiden. Einmal können sechs C–H-Bindungen, die von je einem C-Atom ausgehen, weitgehend parallel zur dreizähligen Symmetrieachse des Sechsrings angeordnet sein, und zwar drei oberhalb und drei unterhalb der Ringebene. Diese Bindungen nennt man *axial*, abgekürzt *a*. Die übrigen sechs C–H-Bindungen liegen dann mehr oder weniger in der Ringebene (abwechselnd ein wenig nach oben bzw. nach unten gerichtet) und werden als *äquatorial*, abgekürzt *e* (engl. *equatorial*), bezeichnet. Da die H-Atome in der Sesselform des Cyclohexans sterisch vollständig „auf Lücke“, d. h. energetisch sehr günstig stehen, stellen sie eine besonders stabile Konformation dar. Man beachte, daß die Bindungen zu den *e*-Substituenten parallel zur übernächsten C–C-Bindung des Ringes gerichtet sind; z. B. *e* C_1, und C_2-C_3 oder C_5-C_6 in Abb. 96 a.

[1] Vgl. *F. G. Riddell* et al., Non Chair Conformations of Six-membered Rings, Topics in Stereochemistry *8*, 225 (1974).

Wird nun ein H-Atom im Cyclohexan durch andere Atome oder Atomgruppen ersetzt, so kann der Substituent (*R*) entweder die axiale oder die äquatoriale Lage einnehmen. Demnach sind bei der *Sesselform* monosubstituierter Cyclohexanderivate zwei *Umklappungsisomere* (Abb. 97) möglich:

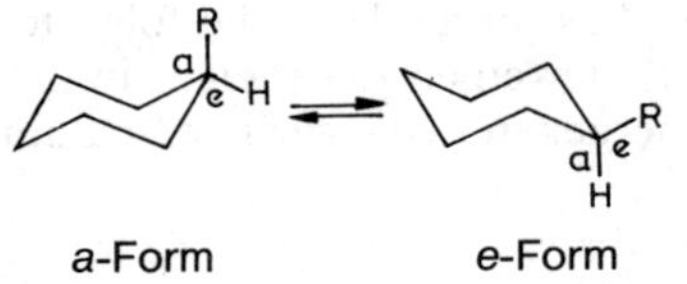

Abb. 97. Umklappungsisomere der Cyclohexanderivate

Derjenige Substituent bzw. die H-Atome, die in der einen Konformation axial angeordnet sind, befinden sich nach dem Umklappen in äquatorialer Lage und umgekehrt. Man bezeichnet diese beiden im *Gleichgewicht* stehenden Sesselkonformationen auch als *a*-Form bzw. *e*-Form (vgl. Abb. 97). Die *e*-Form ist zu unterscheiden von der *e*-Position der Liganden am 5bindigen Phosphor (vgl. S. 177). Aus *Elektronenbeugungsversuchen* an monoalkylierten und monohalogenierten Cyclohexanen in der Dampfphase geht hervor, daß bei einem einzelnen Substituenten die *äquatoriale Lage bevorzugt* ist, z. B. enthält das Gleichgewichtsgemisch des Monochlorcyclohexans mehr *e*-Moleküle als *a*-Moleküle (*Hassel*).

Bei mehrfach substituierten Cyclohexanderivaten werden die Isomerieverhältnisse ziemlich kompliziert. Schon beim Eintritt von zwei gleichen Substituenten an verschiedenen C-Atomen des 6-Ringes sind zunächst drei Stellungsisomere möglich, und zwar 1,2-, 1,3- und 1,4-Cyclohexanderivate, von denen jedes in einer *cis*- und einer *trans*-Form auftreten kann (Abb. 98–100). In der *cis*-Form stehen beide Substituenten auf derselben Seite, in der *trans*-Form auf verschiedenen Seiten der Ringebene. Projiziert man die Sesselform des Cyclohexans in die Zeichenebene, so kommt man zu den klassischen Konfigurationsformeln für die sechs stereoisomeren disubstituierten Cyclohexanderivate[1]. Wie bei den monosubstituierten Cyclohexanen entsprechen ihnen die in Abb. 98–100 wiedergegebenen Konformationen.

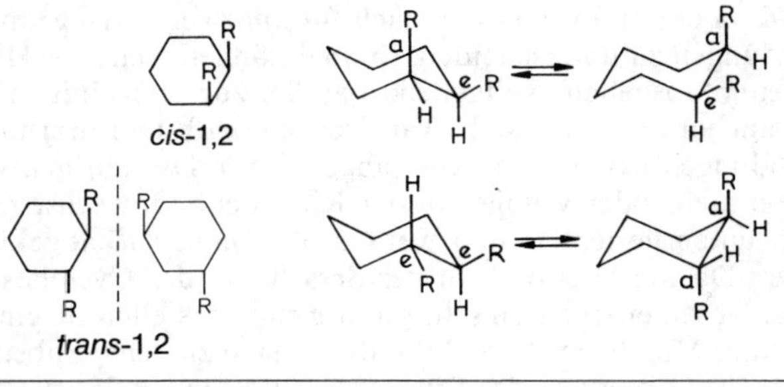

Abb. 98. Konformationen der 1,2-Cyclohexanderivate

[1] Zur Rechtfertigung dieser Projektion vgl. *J. E. Leonard* et al., The Apparent Symmetry of Cyclohexane, J. Amer. Chem. Soc. *97*, 5052 (1975).

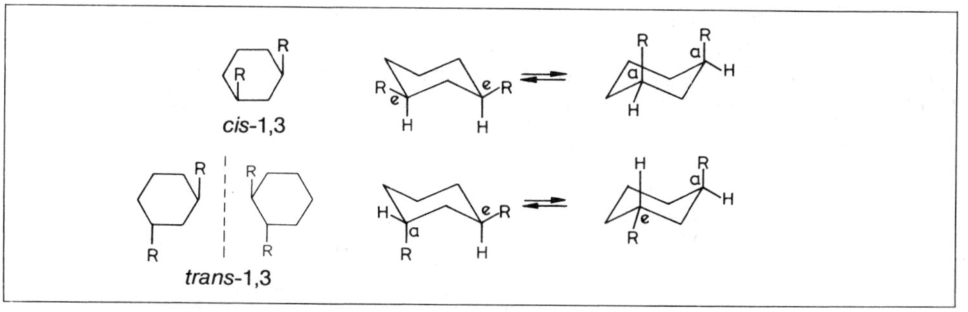

Abb. 99. Konformationen der 1,3-Cyclohexanderivate

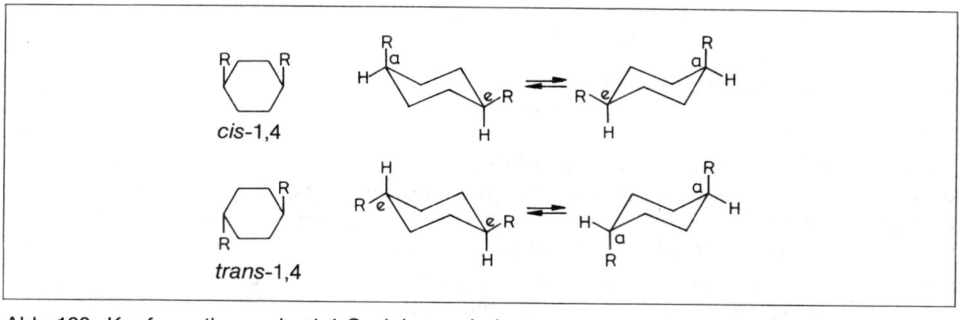

Abb. 100. Konformationen der 1,4-Cyclohexanderivate

In den *cis*-1,2-, *trans*-1,3- und *cis*-1,4-Verbindungen müssen nach *Hassel* die beiden Substituenten je eine äquatoriale und eine axiale Lage einnehmen. Beim Umklappen der einen Sesselkonformation in die andere geht der axiale Substituent in einen äquatorialen über und umgekehrt. Daher sind beide Sesselkonformationen gleichberechtigt und nicht unterscheidbar. Andererseits existieren die *trans*-1,2-, *cis*-1,3- und *trans*-1,4-Derivate in zwei energetisch unterschiedlichen Konformationen, in denen beide Substituenten entweder äquatorial oder axial angeordnet sind.
Da die 1,2- und 1,3-*trans*-Formen chiral gebaut sind, erhöht sich die Anzahl der Isomeren um weitere zwei, d. h. jede dieser beiden ist in *Enantiomere* spaltbar (vgl. Abb. 98 und 99).
Wie in den Monosubstitutionsprodukten bevorzugen auch die Substituenten in di- und polysubstituierten Cyclohexanderivaten die äquatoriale Lage, sofern nicht starke elektrostatische Abstoßungskräfte, wie z. B. bei den Halogenen oder der Carboxylgruppe, das Bild verändern. Mit steigender Zahl der Substituenten werden diese daneben aber auch gezwungen, die axiale Bindung einzugehen. Es ist jedoch keine Verbindung bekannt, in der drei Substituenten auf derselben Seite der Ringebene axial angeordnet sind.
Da die äquatoriale Lage sterisch weniger behindert ist als die axiale, finden einige Reaktionen bevorzugt an dieser Stelle statt, z. B. lassen sich *e*-Carboxylgruppen leichter verestern als axiale. Im Gegensatz dazu werden *sekundäre* Alkohole, die eine *a*-Hydroxylgruppe besitzen, leichter mit Chromsäure zum Keton oxidiert, als wenn eine *e*-OH-Gruppe vorliegt. Der Grund ist darin zu suchen, daß die Oxidation primär an der äquatorialen C – H-Bindung erfolgt. In diesen Fällen gestattet die Betrachtung der Konformation der Cyclohexanderivate einen tieferen Einblick in das Reaktionsgeschehen als die Konfiguration.

3.2.2.3 Cyclohexanol, $C_6H_{11}OH$, ist ein campherartig riechendes Öl vom Sdp. 161 °C (434 K) (Schmp. 25 °C [298 K]), das industriell *durch katalytische Hydrierung von Phe-*

nol bei etwa 160 °C (430 K) gewonnen wird oder durch Oxidation von Cyclohexan bei etwa 150 °C (420 K). Es zeigt die üblichen Eigenschaften eines *sekundären* aliphatischen Alkohols. Bei der Oxidation von Cyclohexanol mit verdünnter Salpetersäure entsteht Cyclohexanon und mit konz. Salpetersäure Adipinsäure (vgl. S. 332).

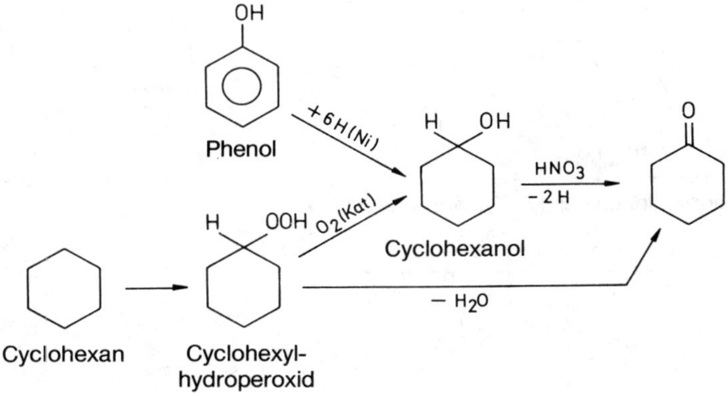

3.2.2.4 Cyclohexanon, $C_6H_{10}O$, ein farbloses Öl vom Sdp. 156 °C (429 K), ist auch durch Erhitzen des Calciumsalzes der Pimelinsäure zugänglich (vgl. S. 334). Sein Oxim tritt als wichtiges Zwischenprodukt bei der Herstellung von ε-Caprolactam, dem Ausgangsstoff für *Perlon* oder *Dederon,* auf (vgl. S. 289).

Die Reduktion von Cyclohexanon mit *Lithiumaluminiumhydrid* liefert bevorzugt das Cyclohexanol mit äquatorialer OH-Gruppe. Mit R = *tert.*-Butyl z. B.:

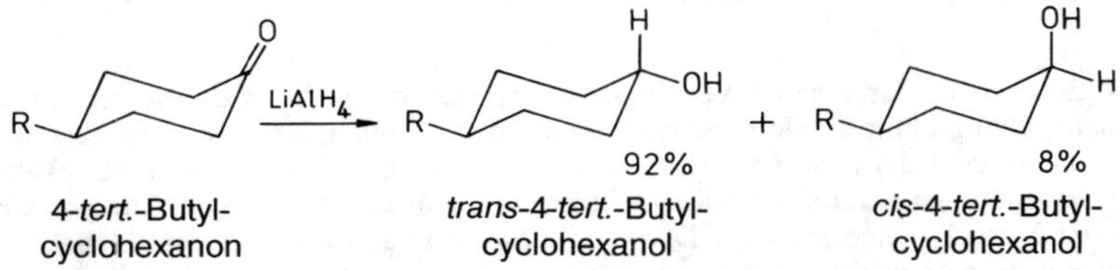

Die große *tert.*-Butylgruppe steht so bevorzugt in äquatorialer Stellung, daß damit die Positionen der OH-Gruppen festgelegt sind. Das *trans*-4-*tert.*-Butyl-cyclohexanol hat die OH-Gruppe in *e*-, das *cis*-Isomere in *a*-Stellung. Daraus folgt, daß bei dieser Reaktion das Reduktionsmittel vorwiegend aus axialer Richtung angreift. Die *Barton*-Regel macht hierzu folgende Aussage: Wenn die mit $LiAlH_4$ oder $NaBH_4$ zu reduzierende Keto-Gruppe sterisch nicht gehindert ist, bildet sich bevorzugt eine äquatoriale OH-Gruppe, wenn aus sterischen Gründen die Annäherung aus dieser Richtung gestört ist, steigt der Anteil des Isomeren mit axialer OH-Gruppe.

3.2.2.5 1,4-Cyclohexandiol (Chinit), $C_6H_{10}(OH)_2$, erhält man *durch katalytische Hydrierung von Hydrochinon:*

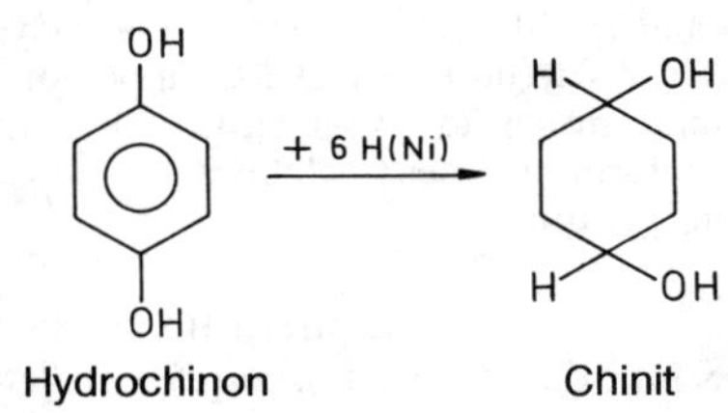

Vom Chinit existieren zwei *cis-trans-Isomere*, die beide achiral sind, da jede von ihnen eine Symmetrieebene aufweist. Sie liegt jeweils in der Papierebene der Abb. 100 (R = OH), *trans*-Chinit besitzt außerdem noch ein Symmetriezentrum.

3.2.2.6 Inosite (Hexahydroxycyclohexane, Cyclite, Cyclitole), $C_6H_6(OH)_6$, sind verwandt mit den Zuckeralkoholen, leicht löslich in Wasser und von süßlichem Geschmack. Sie können in 8 *cis-trans*-isomeren Formen auftreten, von denen nur eine in *Enantiomere* spaltbar ist. Die anderen 7 Inosite sind inaktive *meso*-Formen. In der Natur kommen die beiden *optisch aktiven* Inosite, (+)- und (−)-*chiro*-Inosit, der *myo*- (früher *meso*) Inosit sowie der *scyllo*-Inosit (früher Scyllit), ein Bestandteil des Streptidins (s. S. 458), vor.

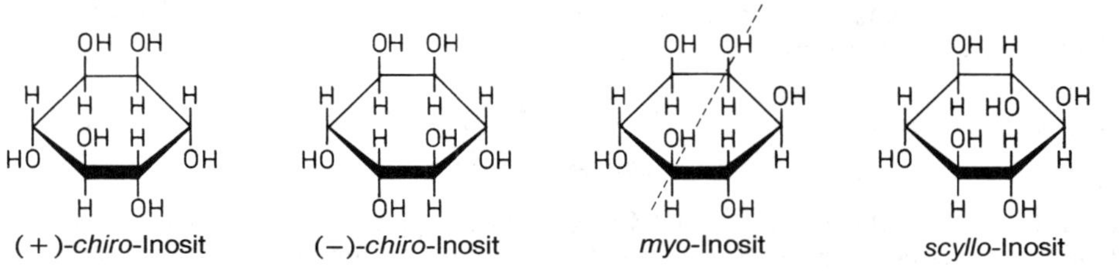

myo-Inosit findet sich sowohl frei als auch gebunden in einigen Organen (Leber, Gehirn) sowie in Körperflüssigkeiten; in Pflanzen liegt er teilweise als Hexaphosphorsäureester (Phytinsäure, *INN: **Fytinsäure***) vor, dessen Calcium-Magnesium-Salz unter dem Namen *Phytin* therapeutisch verwendet wird. Ferner fungiert der *myo*-Inosit als unentbehrlicher *Wuchsstoff* bei Hefen und anderen Mikroorganismen. Er ist achiral, da er eine zum Ring senkrechte Spiegelebene besitzt, welche durch die gestrichelte Linie angedeutet ist.

Unter den Polyhydroxycarbonsäuren der Cyclohexanreihe sind besonders die Chinasäure und die Shikimisäure erwähnenswert.

3.2.2.7 Chinasäure, 1,3,4,5-Tetrahydroxy-1-cyclohexancarbonsäure ist eine in der Natur sehr verbreitete Pflanzensäure, die zuerst in der Cinchonarinde aufgefunden wurde und auch in den Kaffeebohnen sowie in den Blättern vieler Pflanzen vorkommt.

3.2.2.8 Shikimisäure[1], 3,4,5-Trihydroxy-1-cyclohexen-1-carbonsäure, wurde erstmalig aus den Früchten einer japanischen Anisart (*Illicium anisatum*) isoliert (1885).

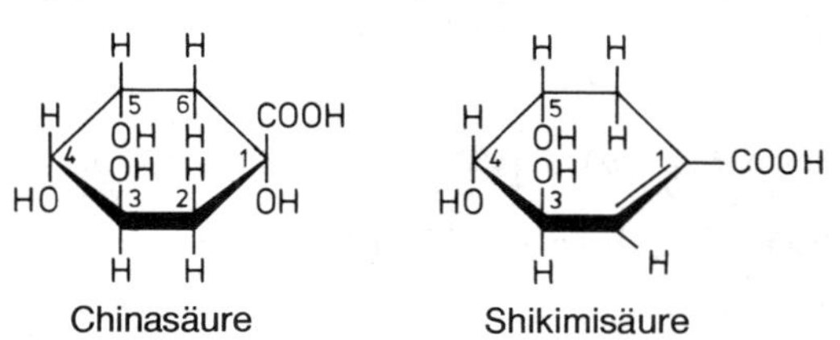

Untersuchungen mit biochemischen Mutanten von *Escherichia coli* (*Davis*, 1953) haben ergeben, daß die Shikimisäure als wichtiges Zwischenprodukt bei der Biosynthese aromatischer Aminosäuren (Phenylalanin, Tyrosin und Tryptophan) aus Kohlenhydraten anzusehen ist. Auch der Aufbau der aromatischen Ringe im Lignin verläuft über diese Pflanzensäure.

[1] Vgl. *B. A. Bohm*, Shikimic Acid, Chem. Reviews *65*, 435 (1965).

Vom Cyclohexan leiten sich folgende ungesättigte alicyclische Kohlenwasserstoffe ab:

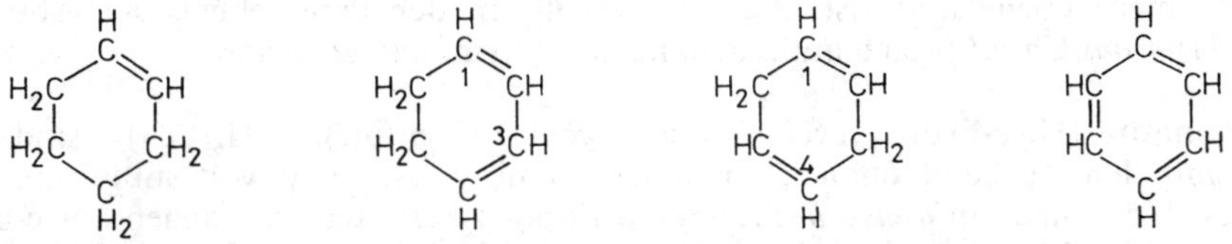

Cyclohexen	1,3-Cyclohexadien	1,4-Cyclohexadien	Benzol (vgl. S. 470)
Sdp. 83 °C [356 K])	(Sdp. 80,4 °C [353,6 K])	(Sdp. 86 °C [359 K])	(Sdp. 80,1 °C [353,3 K]

3.2.2.9 Cyclohexen (Tetrahydrobenzol), C_6H_{10}, wird durch Wasserabspaltung aus Cyclohexanol mit konz. Schwefelsäure dargestellt. Es liegt in der *Halbsessel-Konformation* (half-chair conformation) vor:

Halbsessel-Konformation

3.2.2.10 1,3-Cyclohexadien und **1,4-Cyclohexadien,** C_6H_8, die man auch als Dihydrobenzole auffassen kann, sind isomer und neigen stark zur Polymerisation. Ersteres zeigt die typischen Eigenschaften eines Diens, z. B. entsteht mit Tetracyanethylen (TCNE) als *Dienophil* bei 25 °C (330 K) nach *Diels-Alder* das entsprechende *cis*-Addukt.

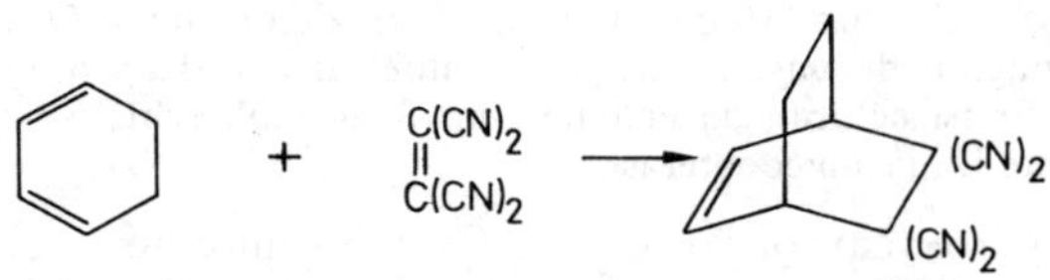

1,3-Cyclohexadien Tetracyanethylen *cis*-Addukt

3.2.3 Cycloheptan und seine Derivate

3.2.3.1 Cycloheptan, C_7H_{14}, kommt im Erdöl vor und kann durch *Clemmensen-Reduktion von Cycloheptanon* (Suberon), das durch trockene Destillation von Calciumsuberat zugänglich ist, erhalten werden:

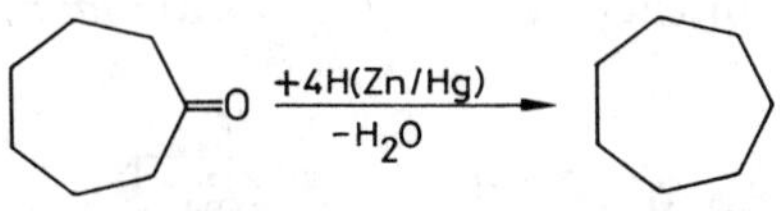

Cycloheptanon (Sdp. 180 °C [453 K]) Cycloheptan (Sdp. 118 °C [391 K])

3.2.3.2 Cycloheptatrien (Tropiliden), C_7H_8, ist ein Abbauprodukt der Alkaloide Atropin und Cocain.

Darstellung

a) *Aus Benzol und Diazomethan* bildet sich bei UV-Bestrahlung das Cycloheptatrien (vgl. S. 378):

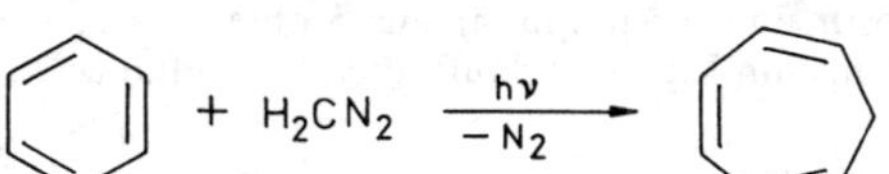

Benzol Cycloheptatrien

b) *Durch Reduktion des* aus Cyclopentadien und Keten leicht zugänglichen *Bicyclo [3.2.0]hept-2-en-6-ons* entsteht ein *sekundärer* Alkohol, der durch Acetolyse des Methylsulfonats dehydratisiert wird. Dabei tritt Isomerisierung zum Cycloheptatrien und zum 6-Methylfulven ein (*Dryden*, 1954).

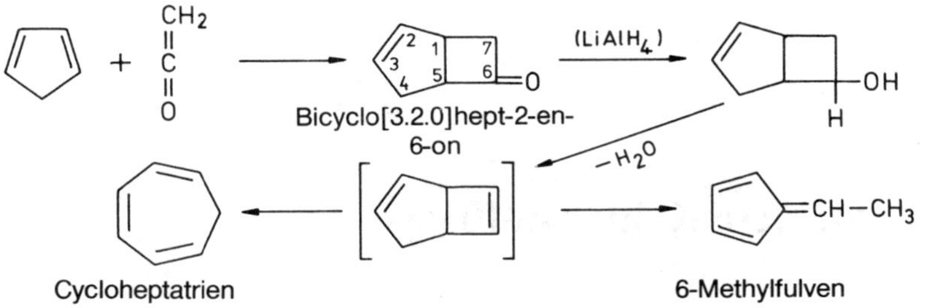

(Zur Nomenklatur des Bicyclus vgl. S. 416.)
Der einleitende Cycloadditionsschritt des Formelschemas bedarf eines Kommentars, denn ein System, in dem eine [4 π s + 2 π s] Reaktion möglich wäre, reagiert in einer [2 π s + 2 π s] Addition, die bei normalen Olefinen thermisch nicht eintritt (vgl. S. 339). Man bezeichnet ein *Auswahlverhalten* wie dieses, bei dem nur ein Teil der Elektronen eines konjugierten Systems an einer pericyclischen Reaktion teilnimmt, als *Periselektivität.*
Die Reaktion ist stereoselektiv und liefert mit einem unsymmetrisch substituierten Keten das sterisch ungünstigere Produkt:

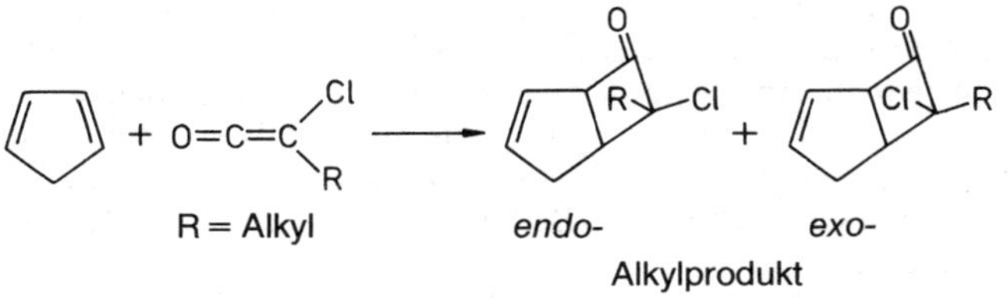

Das *endo/exo*-Verhältnis verändert sich mit steigendem Raumbedarf des Alkylrestes wie folgt: $R=CH_3$: 4,3; $R=C_2H_5$: 5,3; $R=CH(CH_3)_2$: 10[1]. Die Reaktion verhält sich also bezüglich der Stereochemie des Endproduktes masochistisch.
Dieser Befund läßt sich mit den *Woodward-Hoffmann*-Regeln deuten, wenn man den folgenden antarafacialen (a) Übergangszustand annimmt:

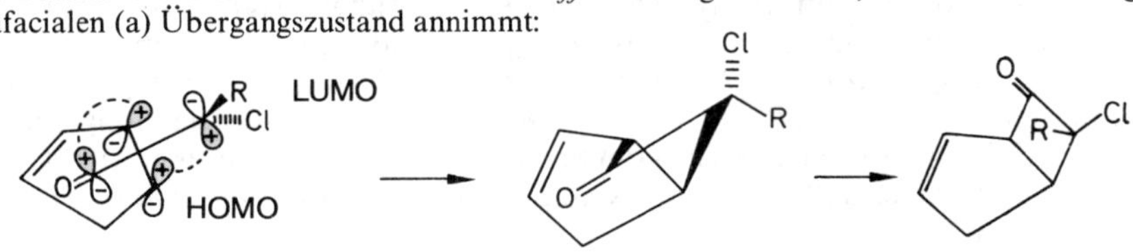

Die sterisch ungünstige Anordnung, in der 2 bindende Wechselwirkungen (punktierte Linien) möglich sind, ist auf die CO-Gruppe des Ketens zurückzuführen. Diese beansprucht nur wenig Raum und findet daher oberhalb des Ringes Platz. Die dargestellte Anordnung wird mit wachsender Raumerfüllung von R günstiger, weil in der angegebenen Lage keine Wechselwirkung zwischen R und dem tiefer liegenden Ring auftritt. Beim Einschwingen des Cyclobutanringes in den Grundzustand gelangt R in die *endo*-Position.
Der synchrone Mechanismus wird als [2 π s + 2 π a]-Prozeß bezeichnet.

[1] Vgl. *W. T. Brady* et al., J. Amer. Chem. Soc. *92*, 4618 (1970).

Cycloheptatrien ist eine bei – 79,5 °C (193,7 K) erstarrende Flüssigkeit vom Sdp. 115,5 °C (388,7 K), die an der Luft leicht oxidiert und polymerisiert wird.

Vom Tropiliden leiten sich die „aromatischen" Tropyliumsalze, $C_7H_7^{\oplus}X^{\ominus}$, sowie die Tropone und Tropolone ab.

3.3 Mittlere Kohlenstoffringe

Eine besondere Gruppe alicyclischer Verbindungen bilden die mittleren Kohlenstoffringe mit 8 – 11 Gliedern, deren Verhalten oft von dem der normalen und großen Ringe sowie der aliphatischen Analoga wesentlich abweicht. Auffallend ist vor allem ihre geringe Bildungstendenz, die ursprünglich allein auf die konformative *Pitzer*-Spannung dieser Ringe zurückgeführt wurde. Bei der Betrachtung der Kalottenmodelle mittlerer Ringe werden ihre ungünstigen, energiereichen Konformationen erkennbar, in denen zwischen den räumlich benachbarten H-Atomen abstoßende Kräfte zur Wirkung kommen, die eine Erhöhung des Energieinhalts bedingen. Als weiterer Faktor ist bei den mittleren Ringen jedoch eine gegenseitige Behinderung *nicht* benachbarter H-Atome über den Ring hinweg in Betracht zu ziehen, die gleichfalls eine Spannung im Molekül hervorruft (***Prelog*-Spannung**). Wie *Röntgenstrukturanalysen* zeigen, ist dieser Effekt beim 10-Ring von ausschlaggebender Bedeutung, während die *Pitzer*-Spannung hier fast ganz verschwindet.
Auf die transanulare Wechselwirkung der H-Atome sind zahlreiche anomale Reaktionen der mittleren Ringe zurückzuführen. Hierzu zählen vor allem die, bei denen sich die Bindigkeit des reagierenden C-Atoms ändert.
So läßt sich z. B. an Cyclodecanon keine Blausäure addieren, da diese Reaktion einen Übergang des C-Atoms vom sp^2- in den sp^3-Hybridisierungszustand zur Voraussetzung hat, womit eine Erhöhung der *Prelog*-Spannung verbunden wäre. Andererseits verläuft die *Acetolyse von Cyclodecyltosylat* über 500mal schneller als die des Cyclohexyltosylats, da in dem intermediär gebildeten *Carbenium-Ion* die *Prelog*-Spannung verringert ist (sp^2-Hybridisierung). Außerdem konnte durch *Isotopenmarkierung* mit ^{14}C (fetter Punkt) gezeigt werden, daß bei dieser Reaktion zugleich eine *transanulare Hydridverschiebung* stattfindet:

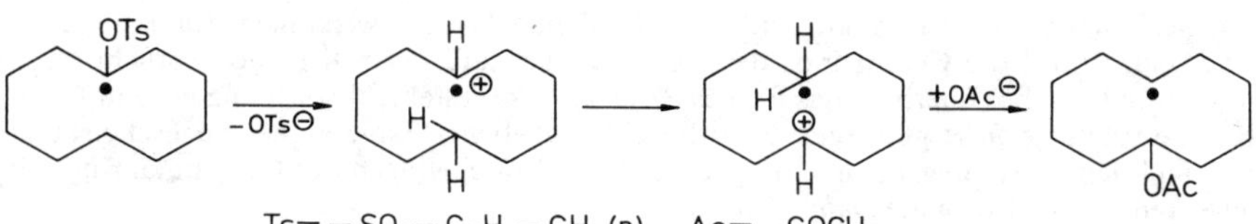

Ts = $-SO_2-C_6H_4-CH_3$(p) ; Ac = $-COCH_3$

3.3.1 Cyclooctatetraen

Von den ungesättigten 8-Ringen ist ***Cyclooctatetraen*** durch Cyclisierung von Acetylen nach *Reppe* technisch zugänglich (vgl. S. 100). Es wurde erstmalig von *Willstätter* (1911) durch Abbau des Alkaloids Pseudopelletierin in einer vielstufigen Synthese dargestellt. Die Verbindung ist in einer Stufe durch Umsetzung von 1,5-Cyclooctadien mit Butyllithium und Tetraethylmethylendiamin (TMEDA) und anschließender Oxidation mit Luftsauerstoff darstellbar[1].

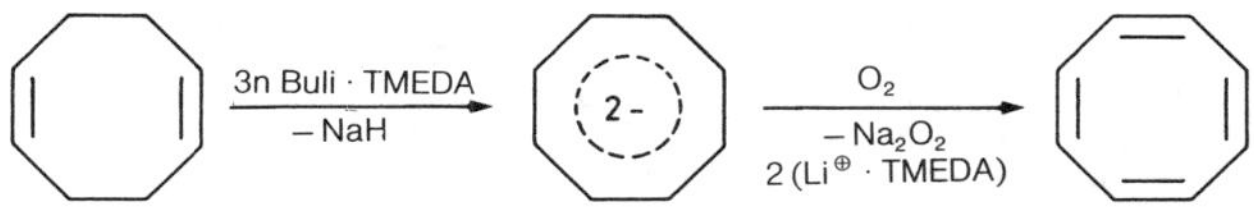

Obwohl dieser Kohlenwasserstoff ähnlich wie Benzol ein in sich geschlossenes konjugiertes Bindungssystem aufweist, liegt hier eine typisch *ungesättigte* Verbindung vor. Cyclooctatetraen (COT) ist eine goldgelbe Flüssigkeit vom Sdp. 142–143 °C (415–416 K), die z. B. leicht Brom oder Halogenwasserstoffsäure addiert, sie wird von Permanganat bereits in der Kälte oxidiert. Nach der *Röntgenstrukturanalyse* wechseln in diesem 8-Ring Einfach- und Doppelbindungen ab (*Kaufman*, 1948); die Valenzwinkel im Ring betragen etwa 126°. Von den noch möglichen zwei Konformationen mit nur *trans*- oder *cis*-Doppelbindungen, Kronen(*crown*)– (Abb. 101) oder Wannen(*tub*)-Form, liegt die Wannenform (Abb. 102) vor.

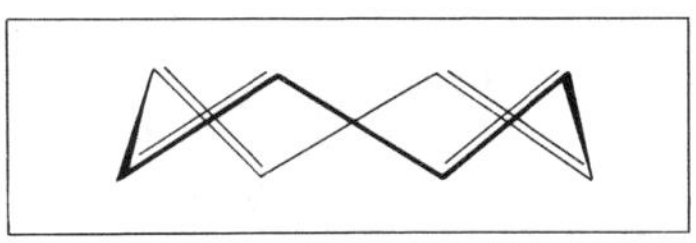

Abb. 101. Cyclooctatetraen, Kronenform

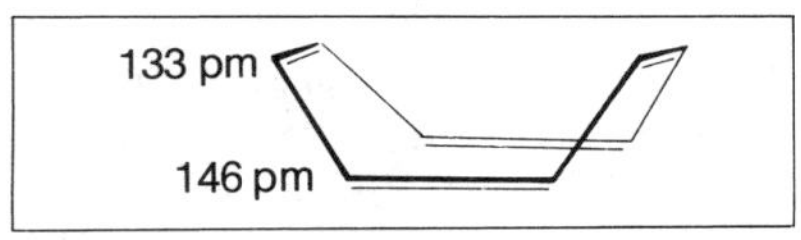

Abb. 102. Cyclooctatetraen, Wannenform

NMR-spektroskopische Untersuchungen haben gezeigt, daß die Wannenform mit dem ebenen Cyclooctatetraen im Gleichgewicht steht. In diesem kann eine Verschiebung der Doppelbindungen erfolgen, und zwar über einen energetisch ungünstigen antiaromatischen Zustand (vgl. S. 656 *f.*):

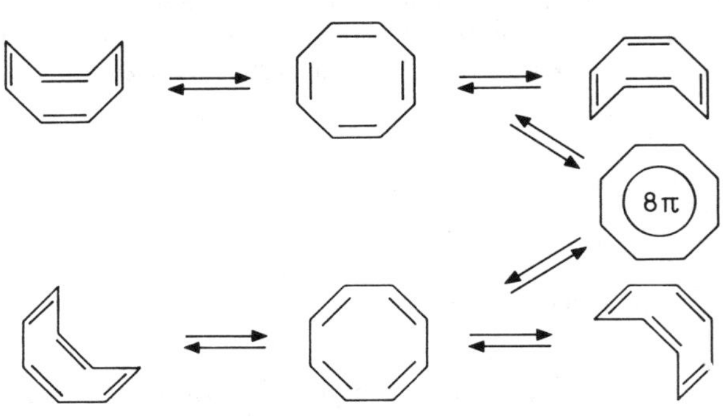

[1] Vgl. *G. Wilke*, Angew. Chem. *90*, 380 (1978); *L. A. Paquette*, The Renaissance in Cyclooctatetraene Chemistry, Tetrahedron *31*, 2855 (1975).

Die Energiebarriere für die Bindungsverschiebung ist höher als die für die Ringinversion.
Derartige reversible Umlagerungen, die wie die Bindungsverschiebung lediglich auf einer Umgruppierung der Bindungselektronen basieren, werden mit dem Wort **Valenzisomerie** oder Valenztautomerie bezeichnet. Im Gegensatz zur Mesomerie liegt der Valenztautomerie ein echtes *Gleichgewicht* zweier Verbindungen oft unterschiedlicher Topologie zugrunde. So steht das Cyclooctatetraen mit einem weiteren Valenzisomeren dem Bicyclo[4.2.0]octa-2,4,7-trien im Gleichgewicht:

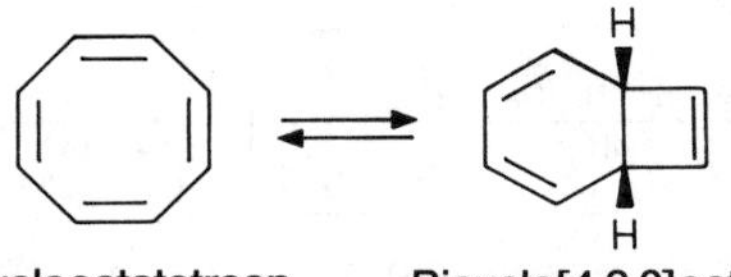

Cyclooctatetraen — Bicyclo[4.2.0]octa-2,4,7-trien (0,01%)

3.3.2 Cyclooctan, Cycloocten

Bei der katalytischen Hydrierung von Cyclooctatetraen entstehen je nach den Reaktionsbedingungen **Cycloocten** bzw. **Cyclooctan.** Durch Oxidation mit konz. Salpetersäure wird Cycloocten zur Suberinsäure abgebaut:

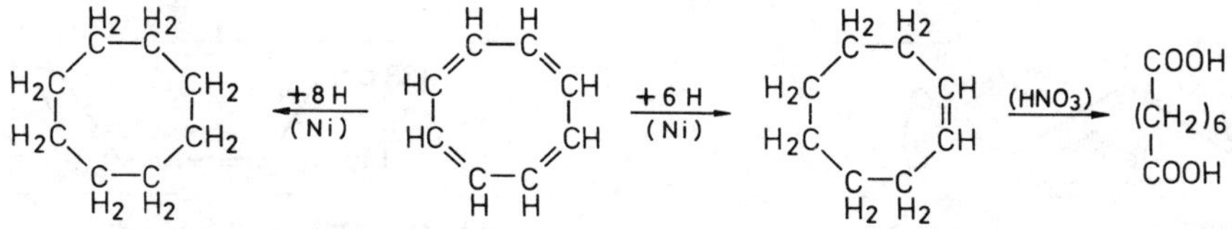

Cyclooctan — Cyclooctatetraen — Cycloocten — Suberinsäure

Während bei einem Teil der Reaktionen des Cyclooctatetraens (katalytische Hydrierung, Alkalimetall-Addition und Oxidation mit Persäuren) der 8-Ring erhalten bleibt, tritt bei anderen leicht *Aromatisierung* unter Bildung von Derivaten des Ethylbenzols oder *p*-Xylols ein. Behandelt man z. B. Cyclooctatetraen in wäßriger Suspension mit Quecksilber(II)-sulfat in der Wärme, so bildet sich unter Abscheidung von metallischem Quecksilber *Phenylacetaldehyd.* Andererseits führt die Oxidation des Cyclooctatetraens mit hypochloriger Säure im alkalischen Medium vorwiegend zu *Terephthalaldehyd:*

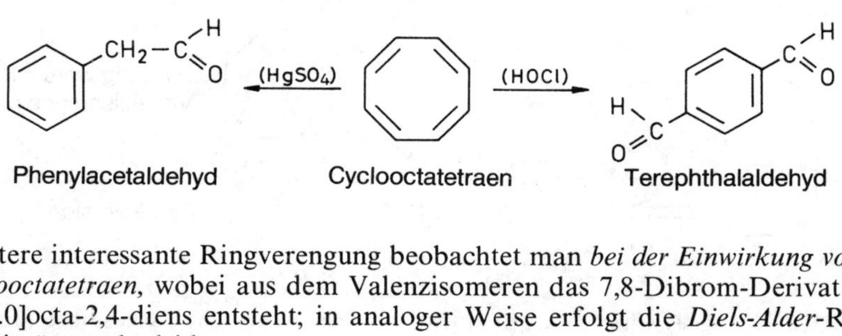

Phenylacetaldehyd — Cyclooctatetraen — Terephthalaldehyd

Eine weitere interessante Ringverengung beobachtet man *bei der Einwirkung von Brom auf Cyclooctatetraen,* wobei aus dem Valenzisomeren das 7,8-Dibrom-Derivat des Bicyclo[4.2.0]octa-2,4-diens entsteht; in analoger Weise erfolgt die *Diels-Alder*-Reaktion mit Maleinsäureanhydrid:

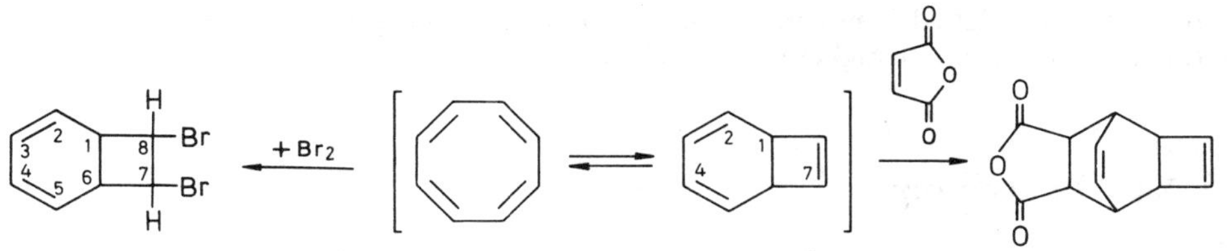

3.3.3 Cyclododecatrien

Wilke gelang es, *Butadien* mit Hilfe von Katalysatoren, vor allem mit Nickel, über *Metall-π-Komplexe* als Zwischenprodukte in sehr guter Ausbeute zu 1,5-Cyclooctadien zu dimerisieren oder zu einem Gemisch von **all-*trans*** und ***trans-trans-cis*-Cyclododeca-1,5,9-trien** zu trimerisieren:

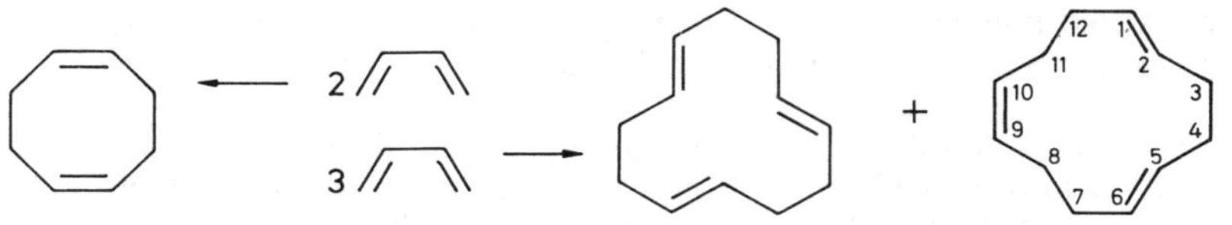

1,5-Cyclo-octadien — *all-trans* / *trans-trans-cis* Cyclododeca-1,5,9-trien

Aus dem *trans-trans-cis*-Cyclododeca-1,5,9-trien läßt sich über ein Monoepoxid das entsprechende Keton darstellen, das nach Hydrierung des 12-Ringes in das Oxim übergeführt wird. Aus diesem erhält man mit Schwefelsäure unter *Beckmann*-Umlagerung (s. S. 546) das *Laurinlactam*, das zur Fabrikation von **C_{12}-Polyamiden** (Vestamid, Hüls) verwendet wird.

3.4 Große Kohlenstoffringe

Während die mittleren Ringe mit 8 – 11 C-Atomen in ihren physikalischen und chemischen Eigenschaften eine Sonderstellung einnehmen, zeigen die großen Ringe das zu erwartende normale Verhalten.
Die ersten höhergliedrigen Ringketone, die *Ruzicka* (1926) aus tierischem Moschus isolierte, waren Muscon und Zibeton. Sie werden als Riechstoffe verwendet und besitzen folgende Konstitutionsformeln:

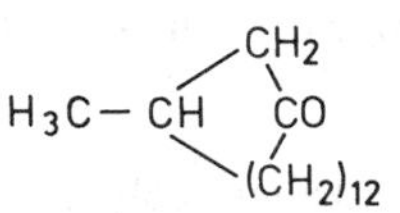

Muscon

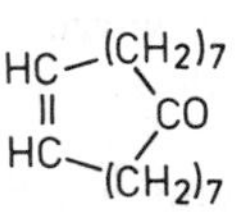

Zibeton

Diese 15- und 17gliedrigen Ringketone gaben Veranlassung, nach Wegen zur Synthese größerer und mittlere Ringketone zu suchen.

3.4.1 Darstellung

3.4.1.1 *Durch Pyrolyse der Thorium- oder Cersalze höherer Dicarbonsäuren* bei etwa 300 °C (575 K) im Vakuum (*Ruzicka*), z. B.

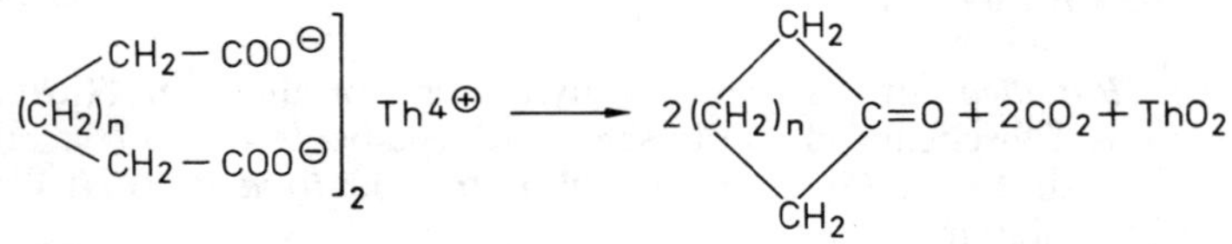

Auf diese Weise konnten Kohlenstoffringe mit bis zu 34 Gliedern erhalten werden; die Ausbeutenkurve weist bei den mittleren Ringketonen ein Minimum auf (0,1 bis 1%).

3.4.1.2 Nach dem Verfahren von *K. Ziegler* (1933) *durch intramolekulare Cyclisierung langkettiger Dinitrile* in Gegenwart etherlöslicher Alkalimetallalkylanilide, z. B. Lithiumethylanilid, $C_6H_5N(C_2H_5)Li$, als Kondensationsmittel.
Diese Methode stellt eine abgeänderte Form der *Dieckmann*schen Esterkondensation dar, bei der anstelle der Diester die Dinitrile eingesetzt werden. Ein günstiger Reaktionsablauf ist jedoch nur bei Anwendung des *Ruggli-Ziegler*schen *Verdünnungsprinzips* gewährleistet. Dazu wird eine verdünnte etherische Lösung des betreffenden Dinitrils langsam in eine stark verdünnte etherische Lösung des Kondensationsmittels eingetropft. Die Wirksamkeit des „Zuflußverfahrens" hängt entscheidend von der stationären Konzentration der Reaktionspartner und damit von der absoluten Größe der Reaktionsgeschwindigkeit ab. Die Verdünnung unterdrückt die intermolekulare Polymerisation und fördert die intramolekulare Cyclisierung.

Der *Reaktionsmechanismus* läßt sich folgendermaßen deuten:

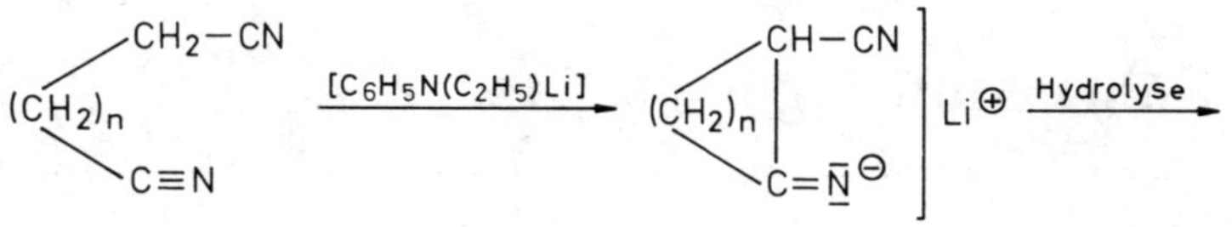

Dinitril — Li-Salz des Iminonitrils

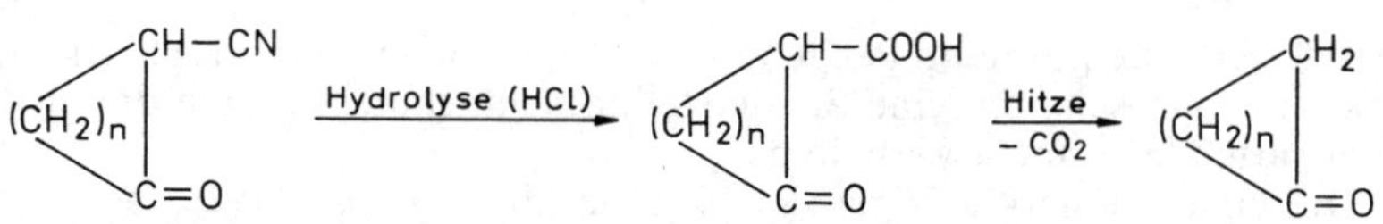

β-Ketonitril — β-Ketosäure

Mit Hilfe dieser Methode gelang es, cyclische Ketone mit 14–33 Gliedern in einer Ausbeute von 60–85% darzustellen, auch hier war die Ausbeute bei den mittleren Ringen außerordentlich klein.

3.4.1.3 Die beste Methode zur Synthese vielgliedriger Kohlenstoffringe fanden unabhängig voneinander *Prelog* und *M. Stoll* (1947). Hierbei läßt man höhere Dicarbonsäurediester in eine heiße Suspension von Natrium in Xylol unter Stickstoffatmosphäre tropfen. Die an der Metalloberfläche stattfindende Reaktion führt bei nachfolgender saurer Hydrolyse zu *cyclischen Acyloinen* (vgl. Hydroxyketone, S. 319):

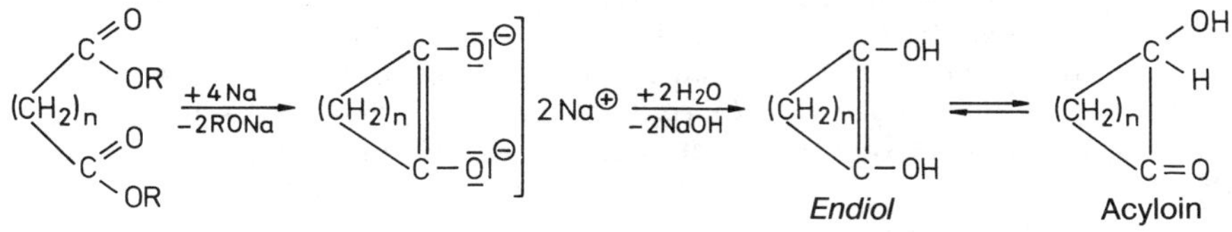

Dieser Acyloin-Ringschluß verläuft auch bei mittleren Ringen gut, besonders wenn man in stark verdünntem Medium arbeitet, z. B. entsteht das 9-Ring- bzw. 10-Ring-Acyloin in 30- bis 60proz. Ausbeute; bei höhergliedrigen Ringen steigt sie auf 80% und mehr[1]. Durch Reduktion der cyclischen Acyloine lassen sich die betreffenden vielgliedrigen Cycloalkane erhalten.

Eigenschaften. Die großen Ringe mit 13 und mehr C-Atomen unterscheiden sich in ihrem chemischen Verhalten kaum von den analogen langkettigen *n*-Alkanen. Aus der *Röntgenstrukturanalyse* folgt, daß die C-Atome in großen Ringen mit mehr als 20 C-Atomen unter Beibehaltung des normalen Tetraederwinkels in zwei fast parallelen, zickzackförmigen C-Ketten angeordnet sind (Abb. 103).

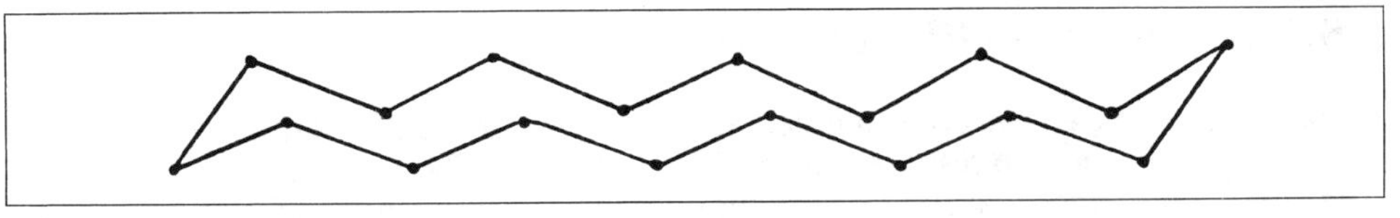

Abb. 103. Konformation großer Ringe

3.5 Bi- und polycyclische Kohlenwasserstoffe

Innerhalb dieser Stoffklasse unterscheidet man zwischen Spiranen, kondensierten und Brücken-Ringsystemen, in denen jeweils ein, zwei oder mehr Atome zwei Ringen gemeinsam sind.

3.5.1 Spirane

Die Stoffklasse der Spirane (*spira* = Brezel) ist dadurch gekennzeichnet, daß beide Ringe nur ein C-Atom gemeinsam haben und die Ringebenen senkrecht aufeinander

[1] Vgl. *J. J. Bloomfield* et al., The Acyloin Condensation, Org. Reactions *23*, 259 (1976).

stehen. Sie ähneln in ihrem sterischen Bau den unsymmetrisch substituierten Allenen, indem beide Doppelbindungen durch alicyclische Ringe ersetzt werden. In Analogie zu diesen Allenen (s. S. 623) zeigen auch die Spirane bei geeigneter Substitution die Erscheinung der Molekülasymmetrie. Hierunter versteht man das Auftreten von *Enantiomeren* bei Molekülen, die *kein* asymmetrisches C-Atom enthalten, sondern als Ganzes chiral sind. Sie weisen somit weder eine Symmetrieebene noch ein Symmetriezentrum auf; sie enthalten jedoch eine *Chiralitätsachse* (vgl. S. 604*f.*). Als Beispiel sei die in *Enantiomere* spaltbare **Spiro[3.3]heptan-2,6-dicarbonsäure** angeführt (*H. J. Backer*, 1928).

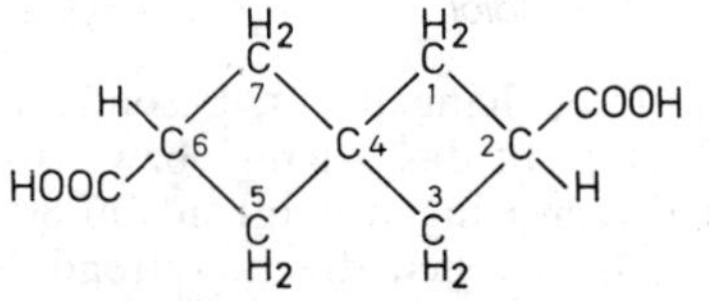

Spiro[3.3]heptan-2,6-dicarbonsäure

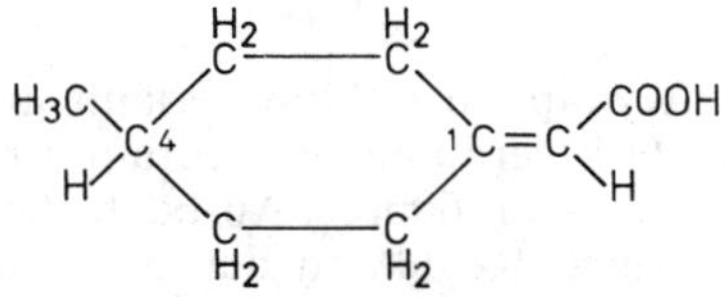

4-Methyl-cyclohexyliden-essigsäure

Die Bezifferung in eckigen Klammern besagt, daß, ausgehend vom zentralen, *quartären* C-Atom, außer diesem in beiden Ringen noch je 3 C-Atome vorhanden sind (s. auch Fußnote[1] S. 416).

Einen Übergang zwischen der Isomerie vom Spiran- und Allentyp stellen die alicyclischen Verbindungen mit *exocyclischer* Doppelbindung dar. Ein Beispiel hierfür bietet die **4-Methyl-cyclohexyliden-essigsäure,** die ebenfalls chiral ist (*Pope*, 1909).

3.5.2 Kondensierte Ringsysteme

Denkt man sich zwei Cyclohexanmoleküle so aneinandergelagert, daß sie zwei C-Atome gemeinsam haben, so resultiert der Kohlenwasserstoff **Decalin,** $C_{10}H_{18}$.
Allgemein bezeichnet man diese Verknüpfungsart von Ringen als „*Ortho*-Kondensation" und die so gebildeten bi- oder polycyclischen Alkane als *kondensierte Ringsysteme.* Analog läßt sich durch *Ortho*-Kondensation von je einem Molekül Cyclohexan und Cyclopentan das **Hydrindan,** C_9H_{16}, ableiten.

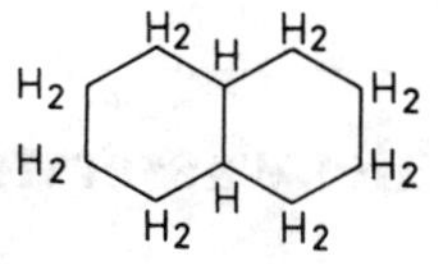

Decalin

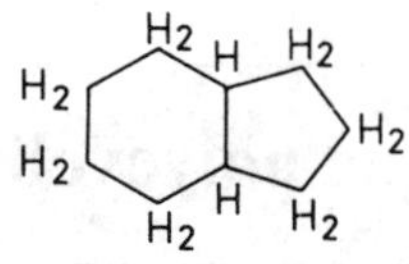

Hydrindan

Beide gesättigte bicyclische Kohlenwasserstoffe sind durch vollständige katalytische Hydrierung (Ni) der entsprechenden Aromaten, Naphthalin bzw. Inden, darstellbar.

3.5.2.1 Stereoisomerie der *cis-trans*-Decaline. Bereits im Jahre 1918 wies *Mohr* darauf hin, daß die beiden nicht ebenen Cyclohexanringe im Decalin sowohl in *cis*- als auch in *trans*-Form spannungsfrei verknüpft sein können. Die Isolierung beider Formen gelang *W. Hückel* (1925) durch sorgfältige fraktionierte Destillation des bei der Perhydrierung von Naphthalin anfallenden Reaktionsgemisches. In beiden Stereoisomeren liegt eine *Zweisessel-Konformation* vor. Die beiden Ringe unterscheiden sich durch die Art ihrer Verknüpfung, und zwar sind sie in der *trans*-Form durch *äquatoriale* Bindungen (die beiden H-Atome an der Verknüpfungsstelle sind axial angeordnet) und in der *cis*-Form durch eine *äquatoriale* und eine *axiale* Bindung (je ein H-Atom an der Verknüp-

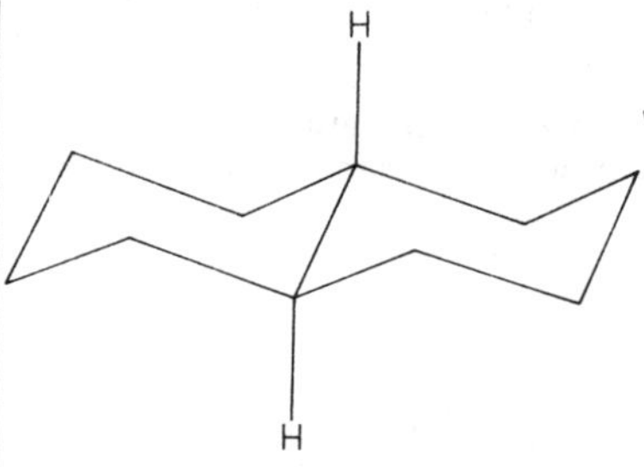

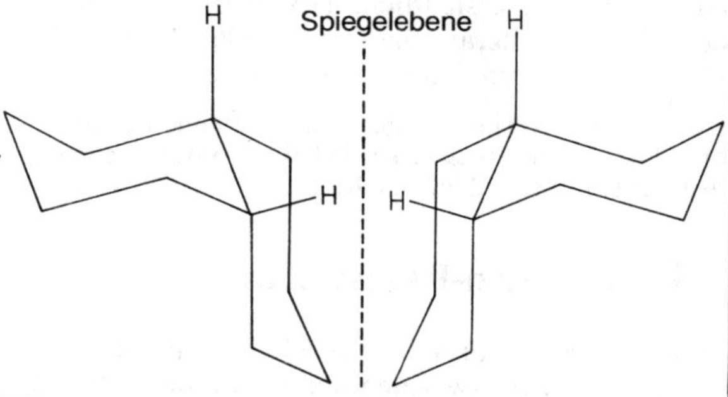

Abb. 104 a. *trans*-Decalin, Kp. 185 °C (458 K)

Abb. 104 b. *cis*-Decalin, Kp. 194 °C (467 K)

fungsstelle steht äquatorial bzw. axial) verknüpft, was aus den Konformationen (Abb. 104 a u. 104 b) ersichtlich ist. Die *trans*-Form ist von beiden die stabilere, jedoch beträgt die aus den Verbrennungswärmen ermittelte Energiedifferenz gegenüber der *cis*-Form nur 8,4 kJ/Mol. Die *trans*-Form ist starr, die *cis*-Form dagegen flexibel; sie kann durch Konformationsänderung in ihr Spiegelbildisomeres (Enantiomeres) übergehen.

Meist bevorzugt man anstelle der Konformations- die vereinfachten Projektionsformeln, in denen die *trans*- bzw. *cis*-Verknüpfungsstelle entweder durch Punkte oder durch keilförmige bzw. gestrichelte Bindungen zu den an ihr haftenden Substituenten (H-Atome) wiedergegeben werden. Die Strichelung deutet an, daß sich das H-Atom bzw. der Substituent hinter der Projektionsebene befindet.

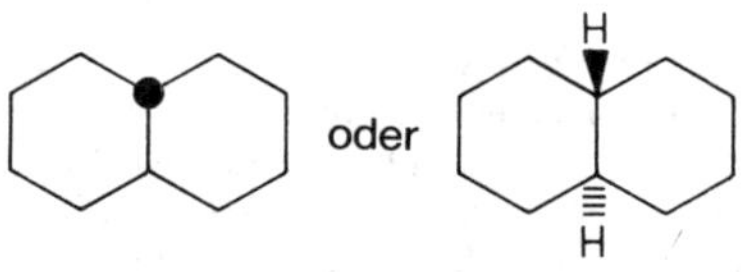

trans-Decalin

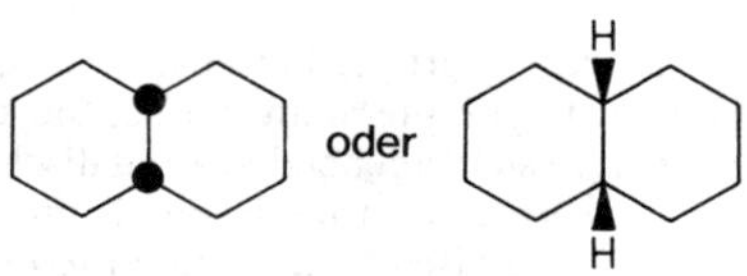

cis-Decalin

Diese Schreibweise wird weitgehend bei polycyclischen Terpenen und Steroiden angewandt. Analoge stereochemische Überlegungen gelten für das *Hydrindan*, das ebenfalls in *cis-trans*-isomeren Formen existiert, für die folgende Konformationen (Abb. 105 a u. 105 b) in Betracht zu ziehen sind:

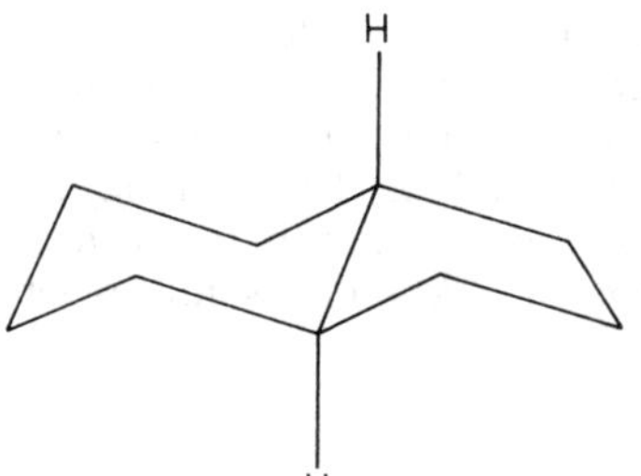

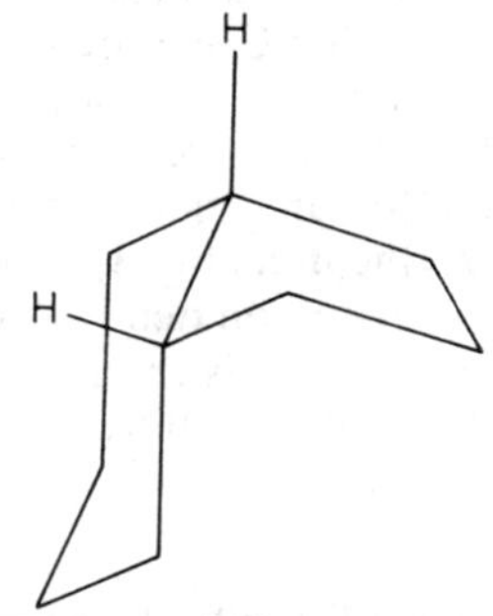

Abb. 105 a. *trans*-Hydrindan

Abb. 105 b. *cis*-Hydrindan

Aus ihnen wird ersichtlich, daß auch das Cyclopentanmolekül mit einem C-Atom aus der Ringebene herausragt (vgl. S. 396). Wie die Verbrennungswärmen zeigen, ist *trans*-Hydrindan nur um 7,5 kJ/Mol energieärmer als *cis*-Hydrindan.

Decalin und Hydrindan spielen als Bausteine bei einer großen Zahl von Naturstoffen, z. B. Sesqui-, Di- und Triterpenen, sowie bei Steroiden, die in **6** „Terpene und Steroide" gesondert behandelt werden, eine bedeutende Rolle.

3.5.3 Brücken-Ringsysteme

Eine weitere Art bicyclischer Ringsysteme kommt dadurch zustande, daß z. B. im Cyclohexanmolekül zwischen den C-Atomen 1 und 4 eine „Brücke" geschlagen wird, die aus einer oder mehreren Methylengruppen bestehen kann. Diese Ringsysteme haben 3 oder mehr Ringatome gemeinsam. Als einfachste Beispiele seien die folgenden beiden bicyclischen „Brückensysteme" angeführt, von denen das erste in den natürlichen Terpenen auftritt.

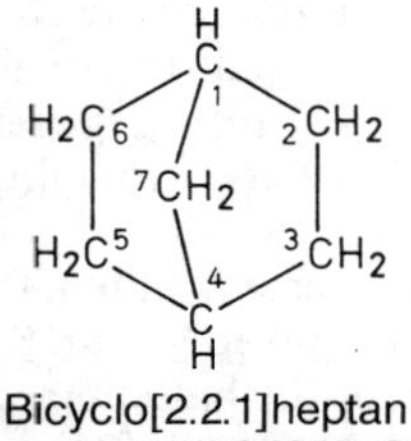

Bicyclo[2.2.1]heptan
(Schmp. 86–87 °C [359–360 K])
(8,9,10-Trinorbornan, Norbornan)

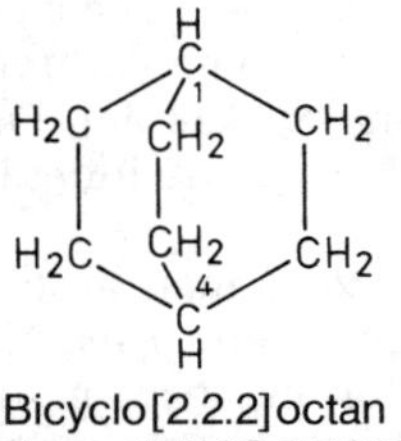

Bicyclo[2.2.2]octan
(Schmp. 170 °C [443 K])

Die *Nomenklatur* derartiger bicyclischer Systeme[1] geht auf einen Vorschlag von *A. v. Baeyer* zurück, und zwar folgt hinter dem Präfix „Bicyclo" der Name des aus der Gesamtzahl der C-Atome in beiden Ringen sich ergebenden aliphatischen Kohlenwasserstoffes. Dazwischen wird in eckigen Klammern – *ohne* Bindestrich in den Namen eingefügt – die Anzahl der C-Atome, die sich auf den drei Brücken zwischen den beiden *tertiären* C-Atomen befinden, in abfallender Größe und durch Punkte getrennt angegeben. Im Dicyclopentadien (S. 399) liegt zwischen den C-Atomen 2 und 6 eine *Nebenbrücke*, die durch hochgestellte und durch Komma getrennte Ziffern bezeichnet wird ($0^{2,6}$).

Im Gegensatz zu den spannungsfreien kondensierten Ringsystemen hängt die Stabilität von Brückensystemen entscheidend von der *Ringspannung* ab, und zwar ist hierbei die *Wannenform* des Cyclohexans gegenüber der Sesselform begünstigt. Zum Beispiel lassen sich die beiden C-Atome in 1,4-Stellung im Cyclohexan nur in der Wannenform so weit nähern, daß ihre *cis*-ständigen Bindungen durch eine Methylen- bzw. Ethylenbrücke verknüpft werden können. Während sich die Ethylenbrücke im **Bicyclo[2.2.2]octan** noch völlig spannungsfrei anordnen läßt, besitzt das **Bicyclo[2.2.1]heptan** eine Spannungsenergie von 38 kJ/Mol, die durch das Zusammenbiegen der beiden von den C-Atomen ausgehenden Bindungen in der Wannenform des Cyclohexans bedingt ist. Beiden Brücken-Ringsystemen kommen somit folgende *Strukturen* zu (Abb. 106a u. 106b).

[1] Vgl. Definitive Rules for Nomenclature of Organic Chemistry, J. Amer. Chem. Soc. *82*, 5557 (1960).

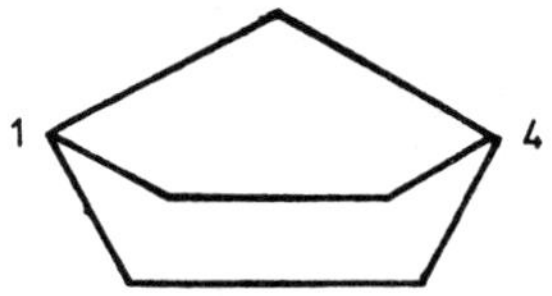

Abb. 106a. Bicyclo[2.2.1]heptan

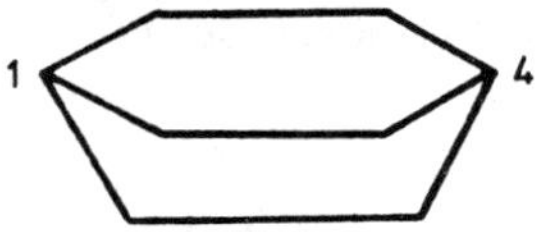

Abb. 106b. Bicyclo[2.2.2]octan

Aufgrund der räumlichen Struktur enthält der erste Kohlenwasserstoff insgesamt zwei 5-Ringe und einen 6-Ring, der zweite drei spannungsfreie Cyclohexanringe in der *Wannenform.*

In diesen Ringsystemen mit Endomethylen- oder Endoethylenbrücke kann an den Brückenkopf-C-Atomen 1 und 4 niemals eine Doppelbindung auftreten (***Bredt*sche Regel,** 1924)[1]. So ist z. B. das Bicyclo[2.2.2]oct-1-en infolge zu hoher Ringspannung nicht existenzfähig. Eine Erklärung für die Nichtexistenz derartiger Verbindungen läßt sich mit Hilfe der Orbitaltheorie geben, die besagt, daß bei Vorliegen einer C=C-Doppelbindung die vier Substituenten an den C-Atomen stets in einer Ebene liegen müssen (vgl. S. 66*f.*). Betrachtet man nun das spannungsfreie Modell des Bicyclo[2.2.2]octans, so ist klar erkennbar, daß die Verzweigungsatome in diesem Fall eine räumlich gewinkelte Anordnung der Bindungen erfordern und somit die Ausbildung einer ebenen Doppelbindung unmöglich wird.

Bei *Substitutionsreaktionen an Brückenkopf-C-Atomen*[2] treten zuweilen Besonderheiten auf, z. B. gelingt der *nucleophile* Austausch von Halogen durch die Hydroxylgruppe (S_N1-Reaktion) um so schwieriger, je kleiner der Bicyclus ist. Beispielsweise erfolgt beim *1-Chlor-7,7-dimethylnorbornan* sogar unter idealen S_N1-Bedingungen (Umsetzung mit wäßrig-ethanolischer Silbernitratlösung) *keine* Substitution. Der Grund hierfür ist offenbar in der pyramidalen Struktur am Brückenkopf zu suchen, die auch im Übergangszustand erhalten bleibt und die Ausbildung eines ebenen Carbenium-Ions verhindert.

S_N2-Reaktionen, bei denen der Angriff des neu eintretenden Substituenten von der „Rückseite" her erfolgen müßte, sind am Brückenkopf-C-Atom aus sterischen Gründen völlig auszuschließen. Demgegenüber sind *radikalische* oder *elektrophile Substitutionen* am Brückenkopf durchaus möglich, da die pyramidale Anordnung in dem betreffenden Zwischenprodukt (Radikal oder Carbanion) keinen Einfluß auf den Reaktionsablauf ausübt. Als Beispiele seien die radikalische Gasphasennitrierung des Norbornans nach *Hass* und die Umsetzung von 4-Bornanlithium mit Kohlendioxid (S_E-Reaktion) angeführt:

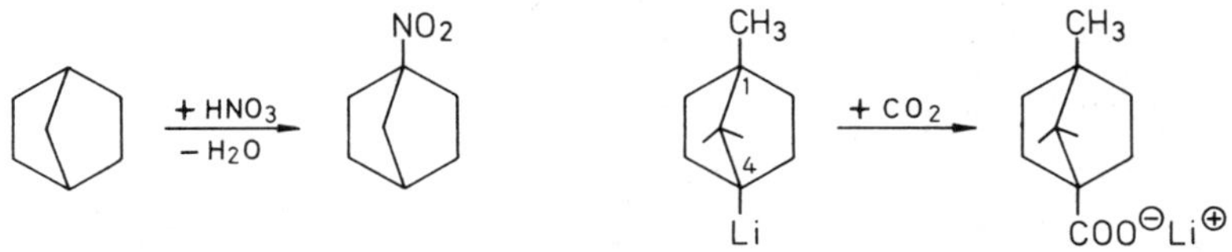

8,9,10-Trinorbornan Norbornan — 1-Nitro-8,9,10-trinorbornan — 4-Bornanlithium — Lithiumsalz der Bornan-4-carbonsäure

Die *Bredt*sche Regel gilt nicht für bicyclische Ringsysteme mit höherer Gliederzahl, in denen die Ringspannung, welche die Ausbildung einer Doppelbindung am Brückenkopf verhindert, hinrei-

[1] Vgl. *G. Köbrich, Bredt*-Verbindungen und *Bredt*-Regel, Angew. Chem. *85,* 494 (1973).

[2] Vgl. *R. C. Fort jun.* und *P. v. R. Schleyer,* Adv. Alicycl. Chem. *1,* 284 (1966); *R. C. Bingham* et al., Recent Developments in the Chemistry of Adamantane and Related Polycyclic Hydrocarbons, Fortschr. Chem. Forsch. *18,* 52 (1971); *R. C. Fort jun.* in Carbonium Ions *4,* 1783, *G. A. Olah* et al. (Ed.) (Wiley, New York 1973).

chend abgesunken ist. Im Grenzbereich der Ringgrößen, für die „*Anti-Bredt*"-Verbindungen stabil werden, ist in dem (*S*)-(−)-Bicyclo[3.3.1]-1(2)-nonen eine chirale Verbindung isoliert worden, deren Struktur eine deutliche Analogie zu dem *trans*-Cycloocten zeigt, das 1962 über einen chiralen Pt(II)-Komplex in die Enantiomeren aufgespalten worden war (*Cope*).

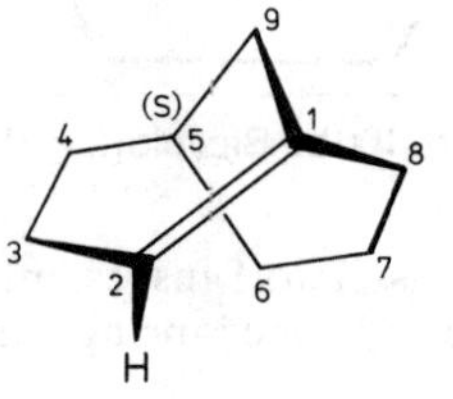

(*S*)-(−)-Bicyclo[3.3.1]-1(2)-nonen

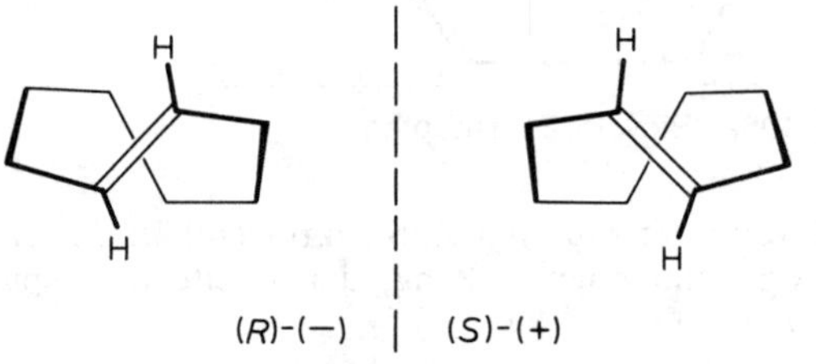

Cycloocten

3.5.4 Diamantoide Ringsysteme

Von den polycyclischen Ringsystemen seien die *tetracyclischen* Alkane mit Urotropinstruktur[1] (vgl. S. 204) erwähnt. Die Stammsubstanz dieser Stoffklasse ist der Kohlenwasserstoff **Adamantan,** $C_{10}H_{16}$, Schmp. 268 °C (541 K), der erstmalig im Jahre 1933 von *Landa* und *Macháček* aus dem Erdöl isoliert und später auch synthetisch dargestellt werden konnte (*Prelog*, 1941).
Denkt man sich aus dem Diamantgitter auf engstem Raum eine Verknüpfung von 10 C-Atomen in tetraedrischer Anordnung herausgeschnitten, so gelangt man zum Kohlenstoffgerüst des Adamantans. Ringsysteme dieser Art bezeichnet man daher auch als „diamantoide" oder „adamantoide" Verbindungen.
Aus Abb. 107a ist ersichtlich, daß die vier 6-Ringe im Adamantan spannungsfrei und völlig gleichartig in der *Sesselform* fixiert sind. Der hochsymmetrische Bau bedingt eine optimale Annäherung der Molekülform an die Kugelgestalt und bestimmt zugleich die physikalischen und chemischen Eigenschaften der diamantoiden Verbindungen. Sie zeichnen sich z. B. durch relativ hohe Schmelzpunkte und hohe Flüchtigkeit aus. Chemisch besitzen sie ein geringes Reaktionsvermögen und sind daher stabil. Die Ausbildung einer Doppelbindung im Adamantan-Ringsystem ist sterisch unmöglich; offenbar gilt hier die *Bredt*sche Regel streng für jedes C-Atom.

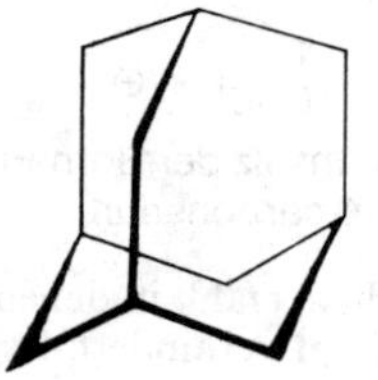

Abb. 107 a. Adamantan

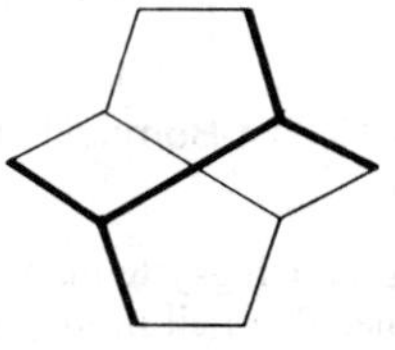

Abb. 107 b. Twistan

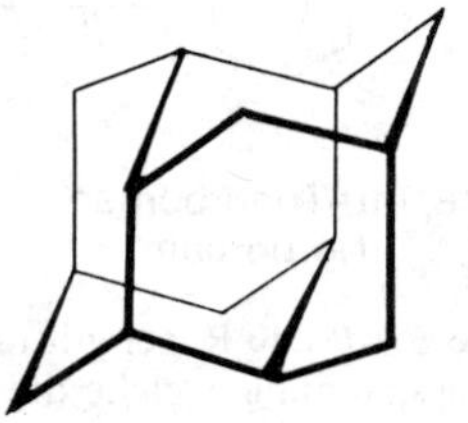

Abb. 107 c. Congressan (Diamantan)

[1] Vgl. *H. Stetter*, Neues aus der Chemie der organischen Ringsysteme mit Urotropin-(Adamantan)-Struktur, Angew. Chem. *74*, 361 (1962); *R. C. Fort jun.* und *P. v. R. Schleyer*, Adamantane: Consequences of the Diamondoid Structure, Chem. Reviews *64*, 277 (1964).

Ein Isomeres des Adamantans ist das Twistan, $C_{10}H_{16}$, das ebenfalls äußerst flüchtig ist und bei 163 – 164,8 °C (436 – 438,0 K) schmilzt. Auch dieser Kohlenwasserstoff baut sich aus vier Cyclohexanringen auf, die jedoch hier in einer verdrehten (engl. *twisted*) *Wannenform* (Abb. 107 b) vorliegen.
Desgleichen gelang es, einen adamantanähnlichen Kohlenwasserstoff, das sog. **Congressan**[1], $C_{14}H_{20}$, vom Schmp. 236 – 237 °C (509 – 510 K) zu synthetisieren, dessen Kohlenstoffgerüst einen größeren Ausschnitt aus dem Diamantgitter darstellt (Abb. 107 c).
Im Jahre 1966 stellten *P. v. R. Schleyer* et al.[1] ein gleichartiges heptacyclisches System, das **Triamantan,** $C_{18}H_{24}$, dar und schlugen zugleich für das „Congressan" die Bezeichnung **Diamantan** vor.

3.5.5 Kleine bi- und polycyclische Systeme

Innerhalb der alicyclischen Verbindungsklasse konnte – vor allem durch *photochemische Reaktionen* – eine Anzahl von Ringsystemen dargestellt werden, die bis dahin als nicht existent galten.
Hierzu zählen vor allem die drei nicht eben gebauten *Valenzisomeren* des Benzols[2], nämlich *„Dewar-Benzol"*, *Benzvalen* und *Prisman:*

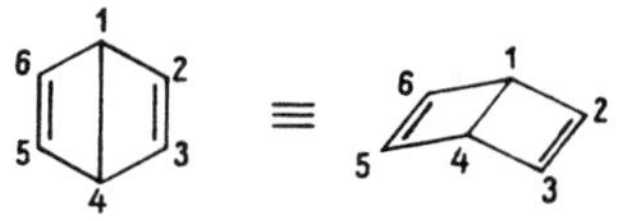

„*Dewar*-Benzol" (*J. Dewar*, 1867) Bicyclo[2.2.0]hexa-2,5-dien
Synthese: *E. E. van Tamelen* (1963)[2]

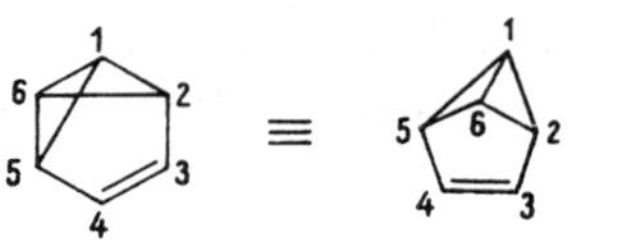

Benzvalen (*E. Hückel*, 1937) Tricyclo[3.1.0.$0^{2,6}$]hex-3-en
Synthese: *T. J. Katz* (1971)[2]

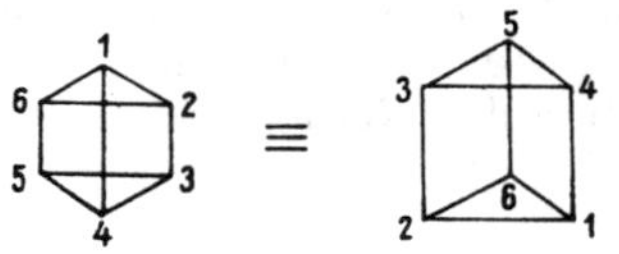

Prisman (*A. Ladenburg*, 1869) Tetracyclo[2.2.0.$0^{2,6}$.$0^{3,5}$]hexan
Synthese: *T. J. Katz* (1973)[2]

Für die von *Dewar* vorgeschlagene Benzolformel wurde ein ebener Bau postuliert, jedoch ist die isolierbare Verbindung mit dieser Formel ein dachförmiger Bicyclus. Daher wurde anstelle von *„Dewar-Benzol"* die Bezeichnung *Tectadien* (*tectum* = Dach) vorgeschlagen.

Von allen drei Benzolvalenzisomeren existieren Derivate. Die Identifizierung dieser meist auf photochemischem Wege erhaltenen neuen Ringsysteme gelang durch Anwendung der NMR-Spektroskopie in Verbindung mit der Gaschromatographie.
Die Synthese der obigen drei Stammverbindungen gelang auf folgenden Wegen:
3.5.5.1 ***Dewar*-Benzol:** *Phthalsäure* wurde mit Natriumamalgam zur *Dihydrophthalsäure* reduziert. Das daraus mit Essigsäureanhydrid erhaltene *Dihydrophthalsäureanhydrid* isomerisiert sich bei Bestrahlung zum *Anhydrid der Bicyclo[2.2.0]hexendicarbonsäure.*

---

[1] Vgl. *P. v. R. Schleyer* et al., J. Amer. Chem. Soc. *87,* 917 (1965) u. *88,* 3862 (1966).
[2] Vgl. *E. E. van Tamelen,* Valenzisomere aromatischer Systeme, Angew. Chem. *77,* 759 (1965) und Accounts Chem. Res. *5,* 186 (1972); *A. H. Schmidt,* Valenzisomere des Benzols, Chemie in unserer Zeit *11,* 118 (1977).

Durch Hydrolyse entsteht daraus die Dicarbonsäure, die mittels der Elektrolyse zum *Dewar-Benzol* decarboxyliert wird:

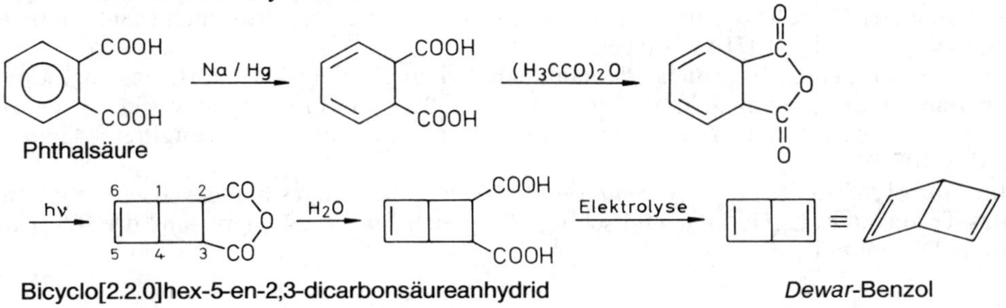

Dewar-Benzol hat bei Zimmertemperatur in Tetrachlorethylen eine Halbwertszeit von 37 Stunden.

3.5.5.2 Benzvalen gewinnt man durch Umsetzung von *Lithium-cyclopentadienid* in Dimethylether mit einem *Carben,* das in situ aus Methylenchlorid und Methyllithium erzeugt wird:

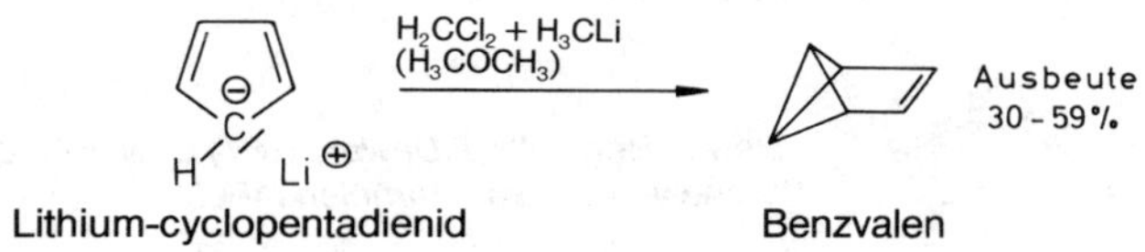

Benzvalen ist in reinem Zustand hochexplosiv, es zeichnet sich durch einen intensiv fauligen Geruch aus und hat bei Raumtemperatur in Isohexan eine Halbwertszeit von etwa 10 Tagen.

3.5.5.3 Prisman wurde aus *Benzvalen* über eine Cycloaddition mit dem hochreaktiven *4-Phenyl-3H-1,2,4-triazolin-3,5-dion* (PTAD) dargestellt. Das Addukt kann durch Hydrolyse und Decarboxylierung in eine Azoverbindung überführt werden, bei deren Photolyse etwa 6% Prisman entstehen:

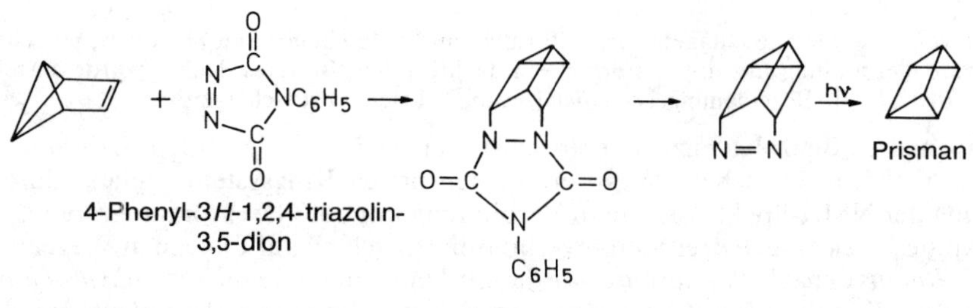

Prisman ist eine hochexplosive, farblose Flüssigkeit, deren Halbwertszeit in Toluol bei 90 °C (363 K) 11Stunden beträgt.
Bei der *Photolyse des Benzols* konnten neben dem Hauptprodukt *Fulven, Benzvalen* und *Prisman* nachgewiesen werden. Alle drei Valenzisomeren des *Hexa(trifluormethyl) benzols* wurden bei der Photolyse der Verbindung bei Raumtemperatur in Perfluor-*n*-pentan in 82proz. Ausbeute erhalten.

3.5.5.4 Derartige Umlagerungen werden als **Valenzisomerisierungen** bezeichnet.

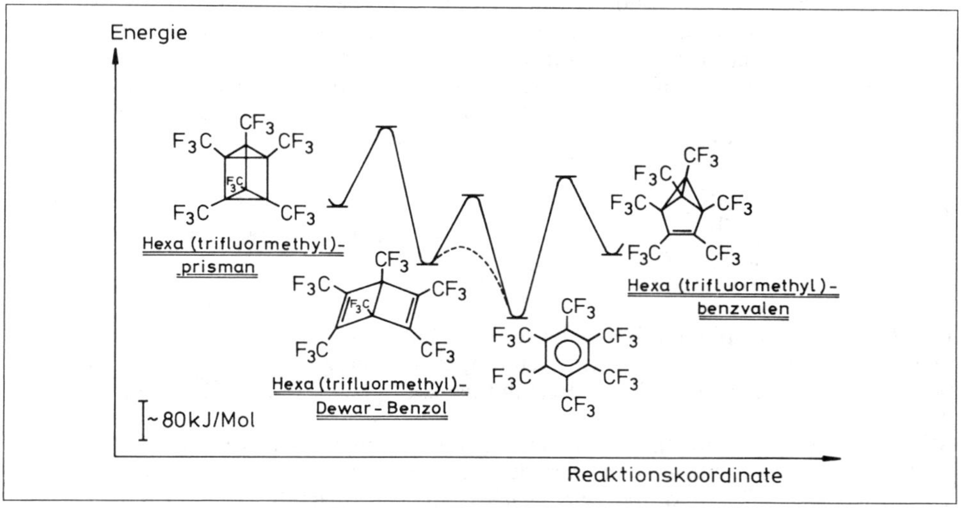

Abb. 108. Energieprofil der Valenzisomeren von Hexa(trifluormethyl)benzol [1].

Wie Abb. 108 zeigt, können die Valenzisomeren nicht miteinander im Gleichgewicht stehen, da die Aktivierungsenergien zu hoch sind. Aus dem Energieprofil ist zu entnehmen, daß das Benzol die thermodynamisch stabile Verbindung in diesem System ist, während die anderen kinetische Stabilität zeigen[1]. Von der *kinetischen Stabilität* hängt die *Lebensdauer* (Halbwertszeit) chemischer Verbindungen unter bestimmten äußeren Bedingungen ab. Die kinetische Stabilität von *Dewar*-Benzol wäre bedeutend geringer, wenn die Reaktionskoordinate den in Abb. 108 gestrichelten Verlauf hätte.
Zur Deutung der bemerkenswert hohen Aktivierungsenergien der Abb. 108 ist außer dem Perfluoralkyleffekt oder R_F-Effekt der CF_3-Gruppen, der zu einer kinetischen Stabilisierung führt[2], das Prinzip der *Erhaltung der Orbitalsymmetrie* heranzuziehen. Überträgt man die auf S. 109 zur elektrocyclischen Regulierung gemachten Ausführungen auf das *Dewar*-Benzol, so ergibt sich, daß nur eine *disrotatorische Ringöffnung* zum Benzol führt:

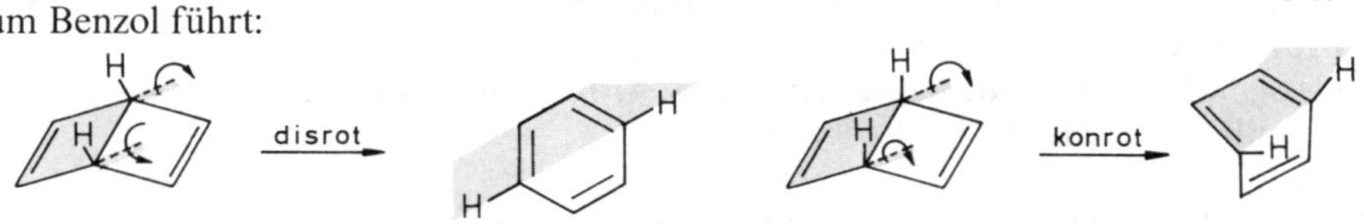

Dewar-Benzol Benzol(*Z,Z,Z*) (*E,Z,Z*)-Cyclohexatrien

Die unter thermischen Bedingungen begünstigte *konrotatorische Öffnung* eines Cyclobutenringes führt dagegen zu dem hoch gespannten (*E,Z,Z*)-*Cyclohexatrien,* das nicht existenzfähig ist.
Die thermische Isomerisierung kann daher nicht nach einem Synchronmechanismus verlaufen, sondern muß sich über einen radikalischen oder ionischen Übergangszu-

[1] Vgl. *D. M. Lemal* et al., J. Amer. Chem. Soc. *94,* 6562 (1972).
[2] Vgl. *A. Greenberg* et al., On the Nature of the Perfluoroalkyl (R_F) Effect, Tetrahedron *36,* 1161 (1980).

stand vollziehen, dem eine hohe Aktivierungsenergie zukommt. Dagegen kann die elektrocyclische Reaktion photochemisch unter Disrotation verlaufen; sie ist daher nach den *Woodward-Hoffmann*-Regeln energetisch begünstigt. Damit wird die Bedeutung photochemischer Reaktionen für dieses Gebiet verständlich.

Ein eindrucksvolles Beispiel dafür ist die photochemische Umwandlung von *Norbornadien* – genauer *8,9,10-Trinorbornadien* – in *Quadricyclan* (Tetracyclo-[3.2.0.0^{2,7}.0^{4,6}]heptan):

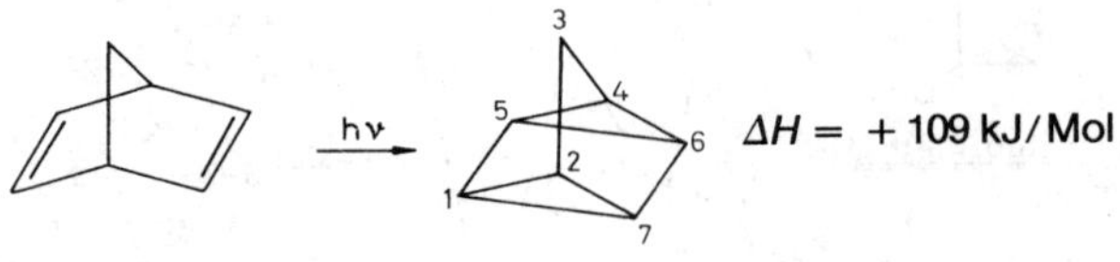

Die Rückreaktion kann durch Katalysatoren eingeleitet werden, wobei die in der endothermen Photoreaktion im Quadricyclen festgelegte Energie wieder frei wird. Das Norbornadien ist daher eine denkbare Verbindung zur Speicherung von Sonnenenergie.

3.5.5.5 Auch bei der Synthese des sterisch interessanten **Cubansystems** spielen photochemische Umwandlungen eine wesentliche Rolle. Hierbei geht man von dem aus *2-Bromcyclopentadienon* durch *Diels-Alder*-Reaktion zugänglichen *Dimeren* aus, das über vier Zwischenstufen schließlich in den *Cubandicarbonsäuredimethylester* (Schmp. 161 bis 162 °C [434 – 435 K]) übergeführt wird:

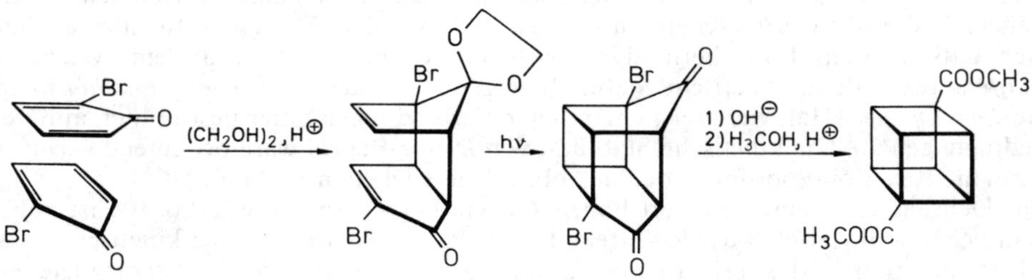

In ähnlicher Weise konnte auch das unsubstituierte **Cuban,** C_8H_8, erhalten werden[1]. Es ist ein äußerst flüchtiger Kohlenwasserstoff, der bei 130 – 131 °C (403 – 404 K) schmilzt und sich ab 200 °C (470 K) zu zersetzen beginnt.

Eine besondere Art der **Valenzisomerie** (vgl. S. 410) wurde bei den Kohlenwasserstoffen Homotropiliden und Bullvalen beobachtet.

3.5.5.6 Im **Homotropiliden,** Bicyclo[5.1.0]octa-2,5-dien, C_8H_{10}, konnte mit Hilfe der NMR-Spektroskopie gezeigt werden, daß der 3-Ring nicht fixiert ist, sondern ein temperaturabhängiges *Gleichgewicht* zwischen zwei *identischen Strukturen* vorliegt. Nach *Doering* spricht man in diesem Fall auch von *fluktuierenden Strukturen.*

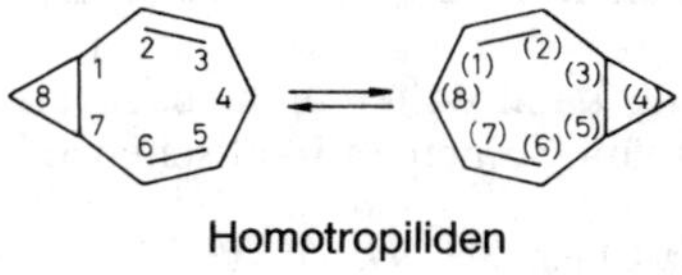

Homotropiliden

[1] Vgl. *P. E. Eaton* et al., J. Amer. Chem. Soc. *86*, 3157 (1964).

Die reversible Umwandlung beider Strukturen erfolgt in Abhängigkeit von der Temperatur mehr oder weniger rasch, kommt jedoch bei – 50 °C (223 K) fast völlig zum Stillstand.

3.5.5.7 Als Idealfall für einen Kohlenwasserstoff mit „fluktuierender Struktur“ ist das **Bullvalen,** $C_{10}H_{10} = (CH)_{2n}$ (n = 5), anzusehen. Bei der Darstellung geht man vom *Cyclooctatetraen* aus, das beim Erhitzen auf 100 °C (375 K) in ein *Dimeres* von Schmp. 76 °C (349 K) übergeht. Dieses liefert bei UV-Bestrahlung in 80proz. Ausbeute *Bullvalen* (Schmp. 96 °C [369 K]):

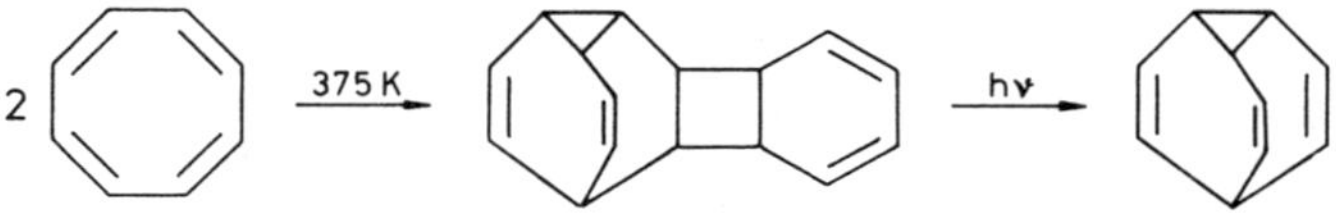

Auch im Bullvalensystem sind die Bindungen des 3-Ringes nicht fixiert und können aufbrechen, worauf an geeigneter Stelle ein neuer Cyclopropanring geschlossen und wieder eine Bullvalenstruktur gebildet wird. Jedes Kohlenstoff- und jedes Wasserstoffatom kann vier chemisch verschiedene Positionen einnehmen, und zwar im Mittel zwei Vinylstellungen, eine Allylstellung und eine Position im Cyclopropanring. Insgesamt sind so $\frac{10!}{3} = 1\,209\,600$ identische Strukturen möglich, die sich ständig ineinander umwandeln, was wiederum durch die temperaturabhängigen NMR-Spektren bestätigt wird. In Abb. 109 sind einige *Gleichgewichte* dieser entarteten Valenzisomerie mit den „fluktuierenden“ Bindungen wiedergegeben; einem einfacheren System mit fluktuierenden Bindungen sind wir bereits beim Cyclooctatetraen begegnet (S. 409).

Abb. 109. Valenzisomerie des Bullvalens.

3.5.5.8 Zu den strukturstabilen Kohlenwasserstoffen der Formel $(CH)_{2n}$ gehört das *Dodekahedran,* $C_{20}H_{20}$, das wegen seiner hohen Symmetrie (I_h) bedeutungsvoll ist. Es ist außer dem Tetrahedran (vgl. S. 658) und dem Cuban der dritte der fünf *Platon*ischen-Körper, von dem ein entsprechend gebauter Kohlenwasserstoff dargestellt werden konnte[1].

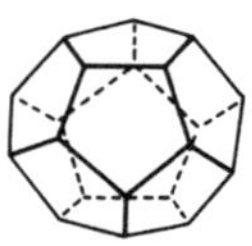

Dodekahedran

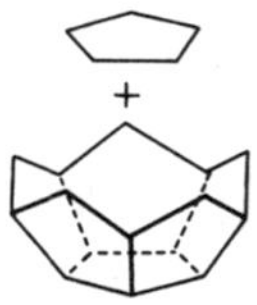

[5] Peristylan

Triquinacen

Außer der systematisch 23stufigen Synthese des Dodekahedrans von *Paquette*[2] sind einige interessante Synthesestrategien zu nennen, bei denen das Molekül aus zwei Bausteinen zusammengesetzt werden soll; entweder aus [5] *Peristylan* durch Ansetzen einer Kappe aus Cyclopentan oder durch Dimerisierung von 2 Molekülen *Triquinacen.*

[1] Vgl. *W. Grahn, Platon*ische Kohlenwasserstoffe, Chemie in unserer Zeit *15,* 52 (1981).

[2] Vgl. *L. A. Paquette* et al., Total Synthesis of Dodecahedrane, J. Amer. Chem. Soc. *105,* 5446 (1983).

4 Kohlenhydrate

Zu dieser Stoffklasse der nachwachsenden Rohstoffe zählen die im Tier- und Pflanzenreich vorkommenden Zucker, die gemeinsam mit Fett und Eiweiß die Ernährungsgrundlage bilden[1]. Unter der Bezeichnung „Kohlenhydrate“ verstand man ursprünglich Verbindungen, die neben Kohlenstoff die Elemente Wasserstoff und Sauerstoff im Verhältnis des Wassers (2:1) enthalten und denen die Summenformel $C_nH_{2n}O_n$ zukommt (*Karl Schmidt*, 1844).
Diese *Definition* ist heute nicht mehr streng gültig, da zahlreiche natürliche Zucker existieren, in denen Wasserstoff und Sauerstoff nicht im Verhältnis des Wassers auftreten. Außerdem gibt es einige Zucker, die neben C, H und O noch Stickstoff oder Schwefel als Baustein aufweisen. Dennoch hat man den Sammelbegriff „Kohlenhydrate“, der über die Konstitution nichts aussagt, für diese große Stoffklasse beibehalten. Die Namen der einzelnen Zucker werden durch die Endung *„ose“* gekennzeichnet.
Aus didaktischen Gründen erweist es sich als zweckmäßig, das umfangreiche Gebiet der Kohlenhydrate nach ihrer Konstitution und ihrem chemischen und physikalischen Verhalten in folgende *drei Hauptgruppen* einzuteilen:

1. Monosaccharide (Einfache Zucker)

Die wichtigsten Monosaccharide (*saccharon* = Zucker) sind die *Pentosen*, $C_5H_{10}O_5$, z. B. die Ribose, und die *Hexosen*, $C_6H_{12}O_6$, zu denen u. a. die Glucose (Traubenzucker) und die Fructose (Fruchtzucker) gehören.

2. Oligosaccharide

In diesen Zuckern sind 2 bis 6 Monosaccharide acetalartig miteinander verbunden. Man unterteilt sie in:
a) *Disaccharide*, z. B. Saccharose (Rohrzucker), Maltose (Malzzucker), Lactose (Milchzucker),
b) *Trisaccharide*, z. B. Raffinose, und
c) *Tetra-*, *Penta-* und *Hexasaccharide*.

3. Polysaccharide

Denkt man sich die Verknüpfung der einfachen Zucker systematisch fortgesetzt, so gelangt man zu den Polysacchariden, deren Eigenschaften aber wesentlich von denen der

[1] Vgl. *R. D. Guthrie* und *J. Honeyman*, An Introduction to the Chemistry of Carbohydrates, 3rd Ed. (Clarendon Press, Oxford 1968); *R. J. McIlroy*, Introduction to Carbohydrate Chemistry (Butterworths, London ab 1967); *W. W. Pigman* et al., The Carbohydrates, 2nd Ed. (Academic Press, New York 1970); *P. M. Collins*, Carbohydrates (Chapman and Hall, London 1987).

Mono- und Oligosaccharide abweichen. Die wichtigsten hochmolekularen Naturstoffe dieser Art sind Stärke, Glykogen und Cellulose.

Vertreter aus allen 3 Hauptgruppen (z. B. Glucose, Saccharose oder Stärke) gewinnen als Ausgangsmaterial für industrielle Verfahren an Bedeutung (nachwachsende Rohstoffe). Dabei verstärkt sich das Bestreben, die wertvolle Struktur der Kohlenhydrate (z. B. ihre Chiralität) weitgehend zu erhalten und zu nutzen, statt sie wie bisher zu einfachen Molekülen, wie Ethanol zur Verwendung in Treibstoffen, abzubauen.

4.1 Monosaccharide[1]

Die Aufklärung der Konstitution und des sterischen Baus der Kohlenhydrate ist in erster Linie den Untersuchungen von *Emil Fischer, Kiliani* und *Tollens* zu verdanken. Danach sind die einfachsten Zucker als *Oxidationsprodukte mehrwertiger Alkohole* aufzufassen, und zwar entsteht, je nachdem, ob eine *primäre* oder *sekundäre* Alkoholgruppe oxidiert wird, eine Aldehyd- oder eine Ketogruppe. Man hat somit zwischen Aldehydzuckern (**Aldosen**) und Ketozuckern (**Ketosen**) zu unterscheiden.
Die einzelnen Aldosen bzw. Ketosen der allgemeinen Summenformel $C_nH_{2n}O_n$ lassen sich also von den mehrwertigen Alkoholen (Glykol, Glycerin, Tetrite, Pentite und Hexite) ableiten. Durch Oxidation von Glykol erhält man als einfachsten Aldehydzucker Glykolaldehyd, $HOCH_2-CHO$, der wegen der Anzahl der in unverzweigter Kette direkt verknüpften Kohlenstoffatome ($n = 2$) als **Aldobiose** zu bezeichnen ist. Der nächsthöhere Zucker, der Glycerinaldehyd, $HOCH_2-CHOH-CHO$, stellt eine **Aldotriose** ($n = 3$) dar.
Der einfachste Ketozucker ist das bei der Dehydrierung von Glycerin sich bildende Dihydroxyaceton, $HOCH_2-CO-CH_2OH$, eine **Ketotriose** ($n = 3$).

4.1.1 Konfiguration der Zucker

Als *Bezugssubstanz* für die Zugehörigkeit der einfachen Zucker zur D- oder L-Reihe gilt der **Glycerinaldehyd** (vgl. S. 274*f.*). Die *absolute Konfiguration* der Monosaccharide bezieht sich auf das am weitesten von der C=O-Gruppe entfernt stehende asymmetrische C-Atom der Zuckerkette (*Wohl* und *Freudenberg*).

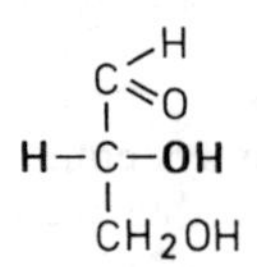

D(+)-Glycerinaldehyd

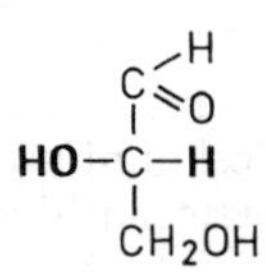

L(–)-Glycerinaldehyd

[1] Vgl. *J. Lehmann*, Chemie der Kohlenhydrate, Monosaccharide und ihre Derivate (Thieme Verlag, Stuttgart 1976).

Zu den Zuckern mit 2 asymmetrischen C-Atomen gehören die **Aldotetrosen,** die in $2^2 = 4$ Stereoisomeren auftreten können. Projiziert man das Raummodell eines Zuckermoleküls unter den gleichen Voraussetzungen wie das des Glycerinaldehyds (vgl. S. 274) in die Zeichenebene, so ergeben sich für die *Enantiomeren* der *Erythrose* und *Threose* folgende *Fischer*sche Konfigurationsformeln:

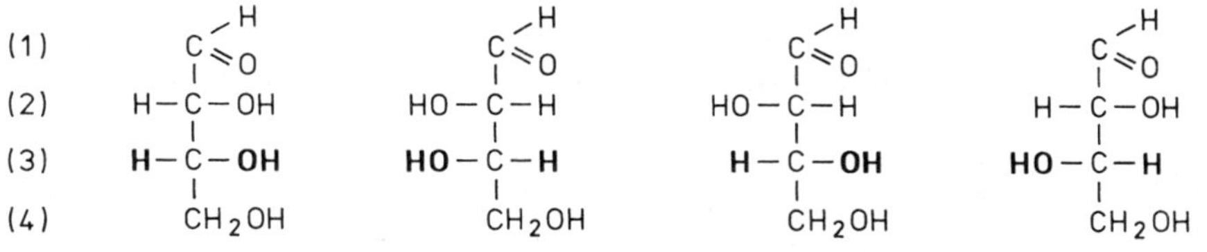

D(−)-Erythrose L(+)-Erythrose D(−)-Threose L(+)-Threose

(+)- und (−)-Erythrose sowie (+)- und (−)-Threose bilden je ein *Enantiomerenpaar,* d. h. sie drehen die Ebene des linear polarisierten Lichts um den gleichen Betrag nach rechts oder nach links. D(−)-Erythrose und D(−)-Threose bilden ein *Diastereomerenpaar,* ebenso wie L(+)-Erythrose und L(+)-Threose.

Da Verbindungen mit 2 asymmetrischen C-Atomen vielfach zum Studium von Reaktionsmechanismen herangezogen werden, dienen die Vorsilben *eryhtro-* und *threo-* häufig zur Kennzeichnung von *Diastereomeren,* die an den beiden benachbarten optisch aktiven C-Atomen mindestens zwei gleiche oder ähnliche Substituenten tragen. Man hat diese Zuordnung auf alle Systeme folgenden Typs übertragen[1]:

erythro-Form bzw. *threo*-Form

Liegen die beiden gleichen Liganden auf derselben Seite der *Fischer*schen Projektionsformeln, wie z. B. die OH-Gruppen in der Erythrose, so bezeichnet man die Form des betreffenden Isomeren mit der Vorsilbe *erythro.* Liegen sie jedoch auf entgegengesetzter Seite, wie die OH-Gruppen in der Threose, so bezeichnet man das Isomere als *threo*-Form. Man merkt sich dies wie folgt: Beim E zeigen die waagerechten Balken nach einer Seite (⇶: *e*rythro), beim T dagegen in entgegengesetzte Richtungen (↔: *t*hreo). In der *Newman* Projektion stehen die Substituenten b und c antiperiplanar in der erythro-Form und syn-klinal (vgl. S. 60) in der threo-Form (vgl. S. 528).

Die natürlichen Monosaccharide sind fast ausschließlich *Pentosen* oder *Hexosen* mit unverzweigter Kohlenstoffkette. Die wichtigsten natürlichen **Aldopentosen** und **Aldohexosen** sowie die **Ketohexose** *Fructose* besitzen folgende *Fischer*sche Konfigurationsformeln:

[1] Die Zuordnung hat sich als nicht eindeutig erwiesen, daher empfiehlt sich zur Kennzeichnung der Konfiguration die Anwendung des *CIP*-Systems. Vgl. *D. Seebach* und *V. Prelog,* Spezifikation des sterischen Verlaufs von asymmetrischen Synthesen, Angew. Chem. *94,* 696 (1982).

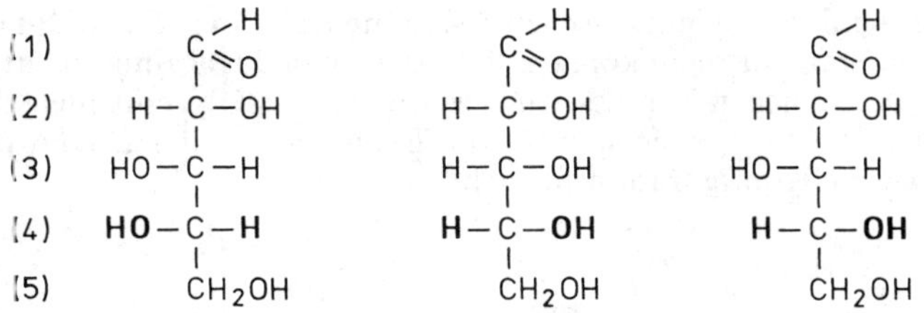

L(+)-Arabinose D(−)-Ribose D(+)-Xylose

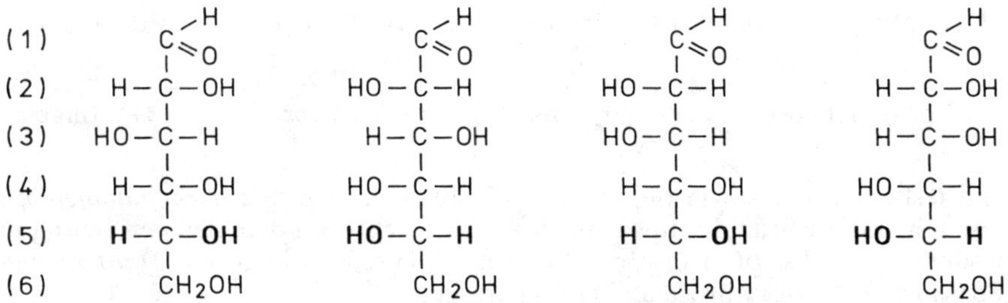

D(+)-Glucose L(−)-Glucose D(+)-Mannose L(−)-Mannose

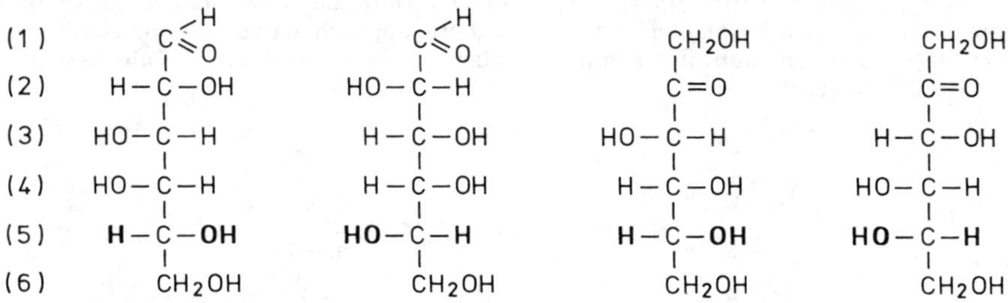

D(+)-Galactose L(−)-Galactose D(−)-Fructose L(+)-Fructose

Aus diesen Formeln wird ersichtlich, daß in den Pentosen die Stellung der Substituenten am C-Atom 4 und in den Hexosen am C-Atom 5 die jeweilige Zuordnung zur D- oder L-Reihe bestimmt. Die Lage der Substituenten an den anderen asymmetrischen C-Atomen bleibt hierbei unberücksichtigt. Darüber hinaus führt jeder Platzwechsel der Substituenten an einem der anderen asymmetrischen C-Atome jeweils zu einem stereoisomeren Zucker.
Allgemein kann eine Verbindung mit n asymmetrischen C-Atomen in 2^n optischen Isomeren auftreten, sofern sich durch das jeweilige Molekül keine Symmetrieebene legen läßt. Demnach existieren z. B. von den *Aldohexosen* $2^4 = 16$ *Stereoisomere* (= 8 Enantiomerenpaare) und von den *Ketohexosen* $2^3 = 8$ *Stereoisomere* (= 4 Enantiomerenpaare).
Als Besonderheit sei erwähnt, daß Monosaccharide, die bis auf das Chiralitätszentrum am C-Atom 2 die *gleiche Konfiguration* aufweisen, **Epimere** heißen. Sie sind Diastereomere, die sich nur an *einem* von mehreren *Chiralitätszentren* in ihrer Konfiguration unterscheiden. Epimere Zucker, z. B. D-Glucose und D-Mannose, sind dadurch charakterisiert, daß sie mit Phenylhydrazin das *gleiche Osazon* geben (s. S. 432).

Tabelle 14.

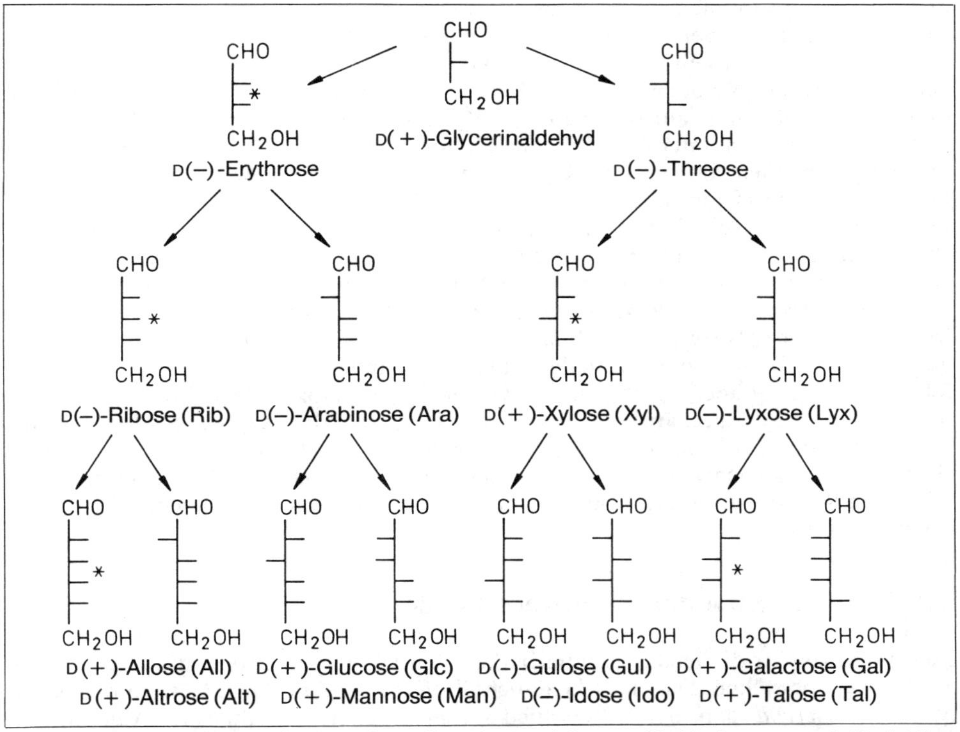

An der durch * markierten Stelle weisen die gekennzeichneten Verbindungen nach Reduktion zum Zuckeralkohol oder nach Oxidation zur Zuckersäure eine Symmetrieebene auf.

Tabelle 15.

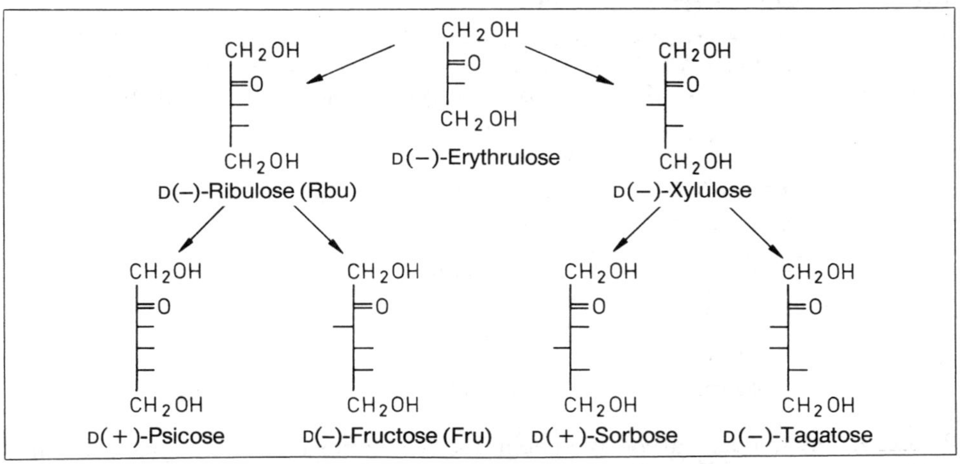

Die in Klammern angegebenen Abkürzungen der betreffenden Monosaccharide werden bei der Formulierung von Oligosacchariden und Polysacchariden verwendet.

In Tabelle 14 ist der *Stammbaum der* D-*Aldosen,* die sich sämtlich von D-Glycerinaldehyd ableiten, in vereinfachter Schreibweise wiedergegeben.
Analog kennt man außer der bereits erwähnten D-Fructose die in Tab. 15 aufgeführten D-*Ketosen.* Sie leiten sich vom optisch inaktiven Dihydroxyaceton (Ketotriose) ab. Bei den Ketotetrosen, Ketopentosen und Ketohexosen basiert die Zugehörigkeit zur D- bzw. L-Reihe ebenfalls auf der *absoluten Konfiguration* des Glycerinaldehyds. Systematisch werden sie mit der Endsilbe **-ulose** bezeichnet.
Die entsprechenden Aldosen und Ketosen der L-Reihe sind die *Spiegelbildisomeren* der in Tabelle 14 und 15 formulierten Monosaccharide.
Gegenüber den Hexosen und Pentosen spielen die **Tetrosen,** die nur auf synthetischem Wege zugänglich sind, eine untergeordnete Rolle.
Nach den obigen Formulierungen sind die einfachen Zucker als *Polyhydroxyaldehyde* bzw. *Polyhydroxyketone* aufzufassen. In Wirklichkeit liegen sie, wie später gezeigt wird, in Substanz als *ringförmige Halbacetal-* bzw. *Halbketal-Formen* vor, die jeweils α- und β-Formen bilden können. Beide stehen miteinander im *Gleichgewicht,* jedoch erfolgt ihr Übergang über die obigen *offenkettigen Aldehyd-* bzw. *Keto-Formen.* Demnach reagieren die Monosaccharide in Lösung wie Hydroxyaldehyde oder Hydroxyketone, so daß sich ihre *funktionellen Gruppen* unter bestimmten Bedingungen mit den üblichen Reagenzien nachweisen lassen. Zum leichteren Verständnis sollen daher die nachfolgenden Reaktionen zunächst auf der Basis der offenkettigen Formen der Zucker abgehandelt werden.

4.1.2 Reaktionen der Monosaccharide

Bemerkenswert ist die leichte Oxidierbarkeit von Hydroxylgruppen, die in α-Stellung zur Oxogruppe stehen. Daher wirken auch die Ketosen – im Gegensatz zu den Ketonen – *reduzierend,* d. h. der Unterschied im chemischen Verhalten der Aldosen und Ketosen ist nicht so ausgeprägt wie der zwischen gewöhnlichen Aldehyden und Ketonen.

4.1.2.1 Reduktion zu Zuckeralkoholen

Die Monosaccharide lassen sich mit Natriumborhydrid oder katalytisch mit Wasserstoff zu mehrwertigen Alkoholen reduzieren, z. B. geht D-Glucose und L-Gulose in D-Sorbit, D-Mannose in D-Mannit und D-Galactose in Dulcit über (vgl. S. 316).

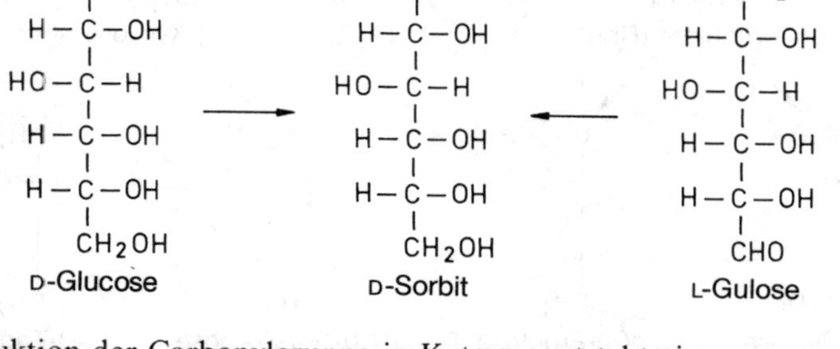

Bei der Reduktion der Carbonylgruppe in Ketosen entsteht ein *neues* asymmetrisches C-Atom und somit ein Paar von *Diastereomeren,* z. B. aus der D-Fructose D-Sorbit *und* D-Mannit.

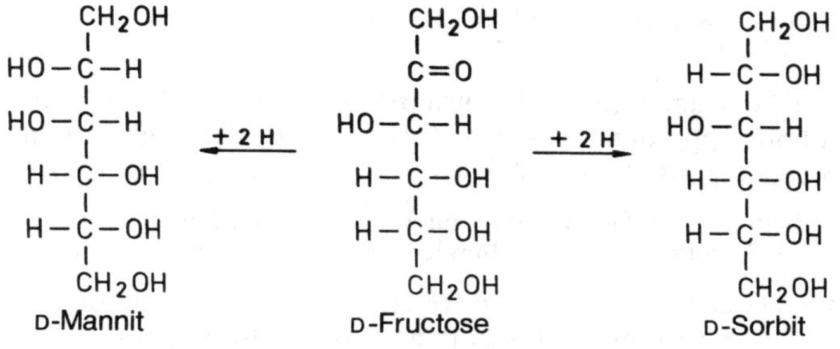

4.1.2.2 Oxidation zu Polyhydroxysäuren

Gegenüber Oxidationsmitteln zeigen Aldosen und Ketosen ein sehr unterschiedliches Verhalten. *Bei gelinder Oxidation der Aldosen,* z. B. mit Bromwasser, geht nur die Aldehydgruppe in die Carboxylgruppe über. Es entstehen **Onsäuren,** z. B. aus D-Glucose die D-*Gluconsäure:*

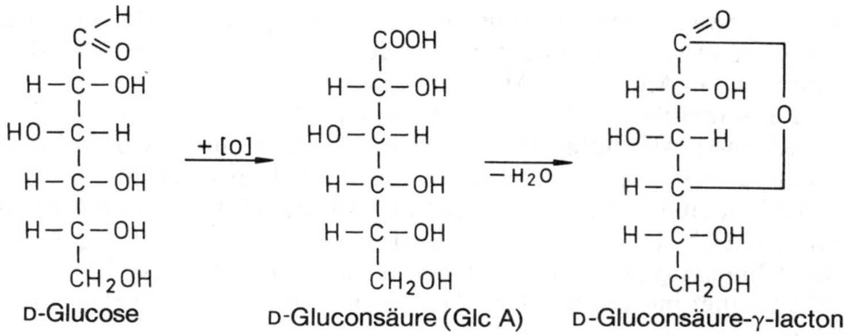

Die Onsäuren gehen analog den γ- und δ-Hydroxysäuren unter Wasserabspaltung leicht in γ- oder *δ-Lactone* über. Bevorzugt bilden sich die γ-Lactone.

Durch stärkere Oxidation der Aldosen, z. B. mit konz. HNO_3, wird nicht nur die Aldehyd-, sondern auch die *primäre* Alkoholgruppe in die Carboxylgruppe übergeführt. Man kommt so zu Polyhydroxydicarbonsäuren vom Typ der **Zuckersäuren,** z. B. geht D-Glucose in D-*Zuckersäure,* D-Mannose in D-*Mannozuckersäure* und D-Galactose in *Schleimsäure* über. Letztere stellt wegen der im Molekül vorhandenen Symmetrieebene eine *meso*-Form dar, ihre Salze heißen *Mucate.*

Aufgrund der Tatsache, daß die Schleimsäure eine Mesoform darstellt, reduziert sich die Zahl der für Galactose möglichen Strukturen auf 4 der 16 Aldohexosen (vgl. die in Tab. 14 mit * gekennzeichneten Hexosen).

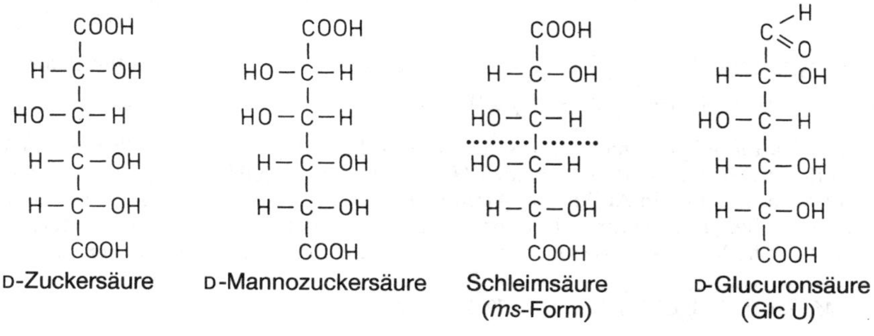

Sämtliche Zuckersäuren bilden leicht *Monolactone* (Lactonsäuren), in einigen Fällen auch *Dilactone.*

Physiologisch bedeutsam sind die **Uronsäuren,** die durch Oxidation der endständigen *primären* Alkoholgruppe der einfachen Zucker zur Carboxylgruppe erhalten werden, z. B. leitet sich von der D-Glucose die D-*Glucuronsäure* ab (vgl. S. 431).

Im Organismus dient die D-Glucuronsäure zur Entgiftung von körperfremden Stoffen, wie z. B. Benzoesäure. Daher findet sie sich – in gebundener Form als Glucuronid – im Blut und im Harn.

Bei energischer *Oxidation der Ketosen* treten unter Aufspaltung der C-Kette Carbonsäuren mit geringerer Anzahl von C-Atomen, z. B. Oxalsäure, auf.

4.1.2.3 Osazonbildung

Die Umsetzung der Monosaccharide – sowohl der Aldosen als auch der Ketosen – *mit Phenylhydrazin* ist eine der wichtigsten Reaktionen in der Zuckerchemie (*E. Fischer,* 1884). Hierbei reagiert primär die Carbonylgruppe in normaler Reaktion mit 1 Molekül Phenylhydrazin zum *Phenylhydrazon,* z. B. entsteht aus Glucose das Glucosephenylhydrazon. In schwach saurer Lösung (Essigsäure) geht die Reaktion mit überschüssigem Phenylhydrazin unter Abscheidung der gelben, in Wasser schwer löslichen „*Osazone*" und Bildung von Anilin und Ammoniak weiter.
Die zweite Reaktionsstufe wurde von *E. Fischer* in der Weise gedeutet, daß die dem Carbonyl benachbarte Alkoholgruppe durch Einwirkung eines zweiten Moleküls Phenylhydrazin dehydriert wird, wobei intermediär die Bildung des *Osonhydrazons* anzunehmen ist. Die beiden dabei frei werdenden H-Atome spalten das Phenylhydrazinmolekül in Anilin, $C_6H_5NH_2$, und Ammoniak. Im Anschluß daran kondensiert sich ein drittes Molekül Phenylhydrazin mit der neu entstandenen Carbonylgruppe zum Osazon, das durch eine intramolekulare Wasserstoffbrücke als Chelat stabilisiert ist (*Fieser,* 1944)[1]:

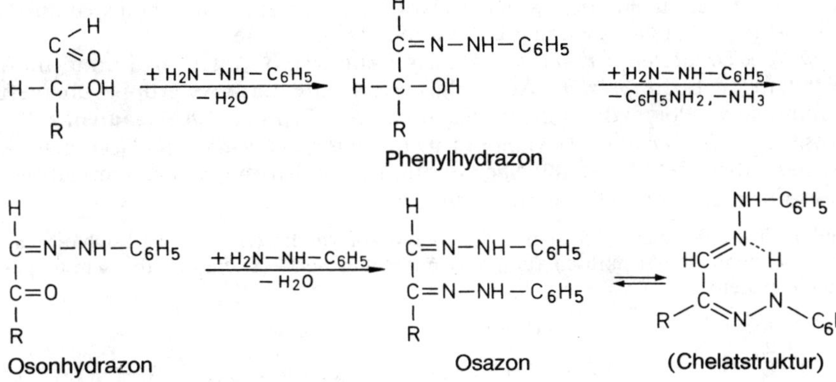

(R = CHOH – CHOH – CHOH – CH_2OH)

Bei dieser Reaktionsfolge ist nicht einzusehen, warum Phenylhydrazin, das selbst ein starkes Reduktionsmittel ist, so leicht von den beiden H-Atomen der CH(OH)-Gruppe am C-Atom 2 des Phenylhydrazons *reduktiv* in Anilin und Ammoniak gespalten wird. Ferner ist nicht zu erklären, warum sich die *sekundäre* Hydroxylgruppe am C-Atom 3 der Zuckerkette bei weiterer Einwirkung von Phenylhydrazin auf Osazone resistent verhält. Es hat daher nicht an Versuchen gefehlt,

[1] Vgl. *L. Mester* et al., J. Chem. Soc. C *1970,* 2567.

den *Reaktionsmechanismus* aufzuklären. Nach dem heutigen Stand ist wahrscheinlich, daß die von *F. Weygand*[1] vorgeschlagenen Reaktionswege an der Bildung der Osazone beteiligt sind.

Eigenschaften der Osazone. Während die farblosen Monophenylhydrazone der Zucker zuweilen keine große Neigung zur Kristallisation zeigen, hat man in den meist sehr gut kristallisierenden, gelben Osazonen ein ausgezeichnetes Mittel in der Hand, um Monosaccharide auch aus verdünnten oder unreinen Lösungen abzuschneiden. Zugleich dienen die Osazone zur *Identifizierung* einfacher Zucker (Schmelzpunkt, spezifische Drehung). Ferner kann man aus den Osazonen Schlüsse auf die *Konfiguration* der betreffenden Zucker ziehen, z. B. geben die beiden *epimeren* Zucker D-Glucose und D-Mannose sowie die D-Fructose das gleiche Osazon. Sie müssen also in der Konfiguration der asymmetrischen C-Atome 3, 4 und 5 übereinstimmen. Diese Beobachtung hat bei der Strukturaufklärung der Zucker (durch *E. Fischer*) eine entscheidende Rolle gespielt (vgl. * in Tab. 14).
Die Osazone lassen sich durch starke Salzsäure zu den **Osonen** (α-Ketoaldehyde) hydrolysieren. Besser gelingt die Spaltung durch Kochen mit überschüssigem Benzaldehyd:

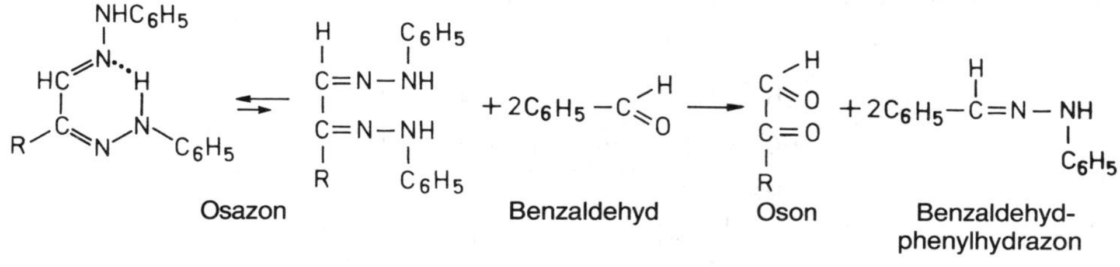

Diese Austauschreaktion tritt infolge der größeren Beständigkeit des Benzaldehydphenylhydrazons ein.

4.1.2.4 *Maillard*-Reaktion (nicht-enzymatische Bräunung)

Reduzierende Zucker reagieren mit der Aminogruppe von Aminosäuren unter Braunfärbung (*L. C. Maillard*, 1912)[2]. Dabei bilden sich u. a. Stoffe, die für die Koch- und Brataromen von Lebensmitteln charakteristisch sind. Im ersten Schritt der Reaktion bildet sich das Derivat eines *N-Glykosylamins* (vgl. Glykoside S. 442), aus der durch *Amadori-Umlagerung* das Derivat einer 1-Amino-1-desoxy-2-ketose entsteht.

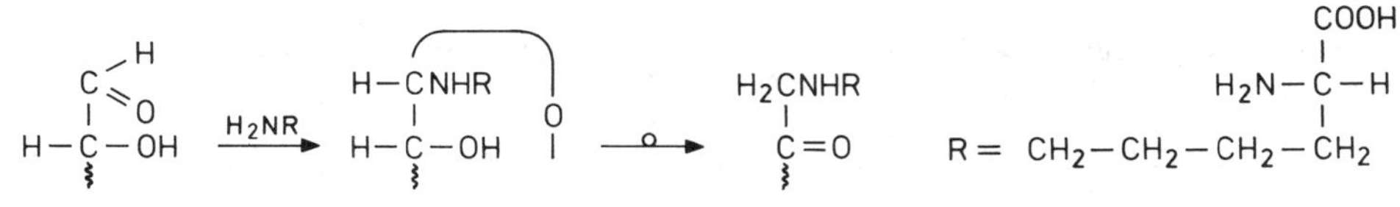

Die Umsetzung wurde mit Lysin formuliert, weil diese essentielle Aminosäure bei unsachgemäßer Behandlung von Lebensmitteln durch diese Reaktion irreversibel entwertet wird. Der weitere Verlauf der *Maillard*-Reaktion, bei dem sich Wasserabspaltungen, Ringschlüsse sowie der *Strecker*-Abbau vollziehen, ist im ganzen noch ungeklärt. Bemerkenswert ist, daß die *Maillard*-Reaktion bei so verschiedenen Vorgängen wie beim Braten von Fleisch und der Trübung der Augenlinse beim grauen Star eine Rolle spielt.

[1] Chem. Ber. *73*, 1284 (1940) und *95*, 17 (1962).
[2] Vgl. *D. Rewicki* et al., Die *Maillard*-Reaktion, Chemie in unserer Zeit *14*, 149 (1980).

4.1.3 Umwandlung von Monosacchariden

Die Osone eröffnen einen Weg, um Aldosen in die konfigurativ zugehörigen Ketosen überzuführen. *Bei der Reduktion der Osone* mit *Natriumamalgam* in schwach saurer Lösung wird die Aldehydgruppe wesentlich rascher mit Wasserstoff abgesättigt als die Ketogruppe, z. B. entsteht aus der D-Glucose über das Osazon und Oson die D-Fructose:

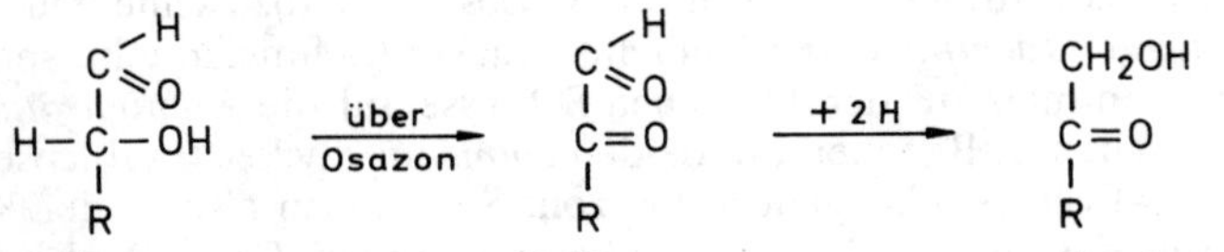

D-Glucose Oson D-Fructose

Eine weitere, ebenfalls von *E. Fischer* (1890) aufgefundene, stereochemische Umwandlung der Zucker erfolgt beim *Erhitzen der Aldonsäuren* mit Pyridin, Chinolin oder verdünnten Alkalien. Hierbei wird nur das der Carboxylgruppe benachbarte asymmetrische C-Atom racemisiert, und es bildet sich zwischen den beiden *epimeren* Onsäuren ein *Gleichgewicht* aus, z. B. geht D-Gluconsäure zum Teil in D-Mannonsäure über und umgekehrt:

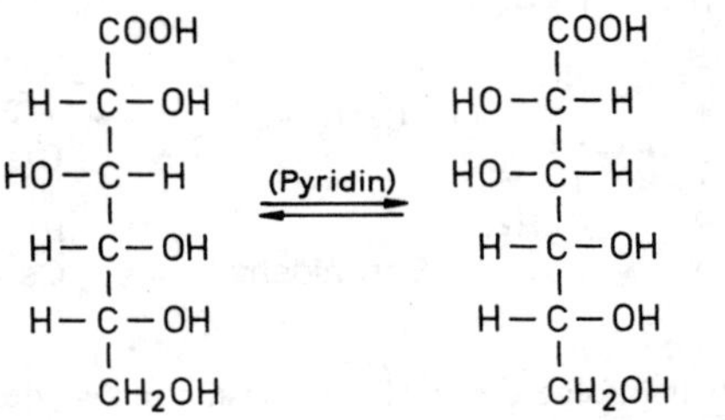

D-Gluconsäure D-Mannonsäure

Die epimere Onsäure wird als Lacton isoliert, aus dem durch Reduktion mit *Natriumamalgam* der betreffende einfache Zucker entsteht. Somit läßt sich eine Aldose auf folgendem Wege in den epimeren Zucker überführen, z. B. D-Glucose → D-Gluconsäure → D-Mannonsäure → D-Mannonsäure-lacton → D-Mannose (vgl. Epimerisierung).

4.1.4 Nachweisreaktionen der Monosaccharide

Sie beruhen meist auf der leichten Oxidierbarkeit der Monosaccharide in alkalischer Lösung und dienen u. a. zum Nachweis der Glucose im Harn und im Blut.

***Tollens*-Reaktion.** Beim Erwärmen mit ammoniakalischer Silbersalzlösung erfolgt Reduktion der Silberionen zu metallischem Silber.

***Fehling*- und *Trommer*-Reaktion.** Beim Erhitzen mit *Fehling*scher *Lösung* (vgl. S. 195) fällt ein gelber bis roter Niederschlag aus. Da die einfachen Zucker als Polyhydroxyverbindungen die Ausfällung des in alkalischer Lösung schwerlöslichen Kupfer(II)-hydroxids durch Komplexbildung verhindern, kann man die Reaktion nach *Trommer* auch *ohne* Zusatz von Tartrat durchführen.

***Nylander*-Reaktion.** Beim Erwärmen mit *alkalischer Wismutsalzlösung* (*Nylanders* Reagens) erfolgt Abscheidung von schwarzem metallischem Wismut.

Osazonreaktion. Beim Erhitzen mit überschüssigem *Phenylhydrazin* in verdünnt essigsaurer Lösung fallen kristalline gelbe Osazone aus.

Vergärung. Die wichtigsten Hexosen lassen sich durch Hefe zu Ethanol und Kohlendioxid vergären; Pentosen werden nicht angegriffen (Trennungsmethode).

4.1.5 Synthese, Auf- und Abbau von Monosacchariden

4.1.5.1 Synthesen. Die erste Zuckersynthese aus einfachen Bausteinen gelang *Butlerow* (1861) bei der Einwirkung einer verdünnten Calciumhydroxidlösung auf Paraformaldehyd in der Wärme. Der dabei entstehende, süß schmeckende Sirup zeigte die üblichen Zuckerreaktionen, war jedoch *optisch inaktiv*. Als *Loew* (1886) den Versuch mit Formaldehyd bei Raumtemperatur wiederholte, bildete sich ebenfalls ein schwer trennbares Zuckergemisch („*Formose*"). Gleichzeitig beobachtete *Loew*, daß die Reaktion vom Kation der verwendeten Base abhängt und um so schneller verläuft, je verdünnter die Formaldehydlösung ist. Die *Reaktionsgeschwindigkeit* nimmt also mit steigender Formaldehyd-Konzentration ab. Wie heute bekannt ist, findet bei einem großen Überschuß von Formaldehyd bevorzugt die *Cannizzaro*-Reaktion statt. Erst *E. Fischer* (1889) konnte aus dem bei der Formaldehyd-Kondensation auftretenden Reaktionsgemisch von Hydroxyaldehyden bzw. Hydroxyketonen über die Osazone in geringer Menge DL-*Fructose* (α-Acrose) und DL-*Sorbose* (β-Acrose) isolieren. Durch Reduktion der DL-Fructose, Oxidation des DL-Mannits zu DL-Mannonsäure, Racematspaltung und Reduktion des Lactons der D-Mannonsäure zu D-Mannose gelang *E. Fischer* erstmalig die *Synthese einer optisch aktiven Hexose*. Die D-Mannose ließ sich mit Hilfe der üblichen Umwandlungsmethoden in D-Fructose und D-Glucose überführen.
Da das Formaldehyd-Molekül kein zur Carbonylgruppe α-ständiges C-Atom aufweist, tritt mit KOH und NaOH die *Cannizzaro*-Reaktion ein. Daneben erfolgt bei Verwendung von Alkali- und Erdalkalihydroxiden mit ausgeprägter Komplexbildungstendenz und verdünnteren Formaldehydlösungen in steigendem Maße die *Formaldehyd-Kondensation*. Sie ist eine *autokatalytisch* beschleunigte Reaktion, bei der in der ersten Reaktionsphase die Carbonylgruppe eines Formaldehyd-Moleküls durch das Kation des verwendeten Metallhydroxids unter Bildung eines „Primärkomplexes" so aktiviert wird, daß sie sich mit einem zweiten Formaldehyd-Molekül zu *Glykolaldehyd* dimerisieren kann[1]. Dieser wirkt nun als Reaktionsbeschleuniger indem er durch weitere Komplexbildung den Formaldehyd-Metallhydroxid-Komplex stabilisiert.
Als nächsten Schritt muß man die Bildung des DL-Glycerinaldehyds annehmen, der sich mit dem im *Gleichgewicht* vorliegenden Dihydroxyaceton (vgl. *Lobry de Bruyn-van Ekenstein*-Umlagerung, S. 318) *aldolartig* zu DL-Fructose bzw. DL-Sorbose vereinigt. Den Beweis für einen derartigen Reaktionsablauf erbrachte *H. O. L. Fischer* (1936), der aus D-Glycerinaldehyd und verdünnter Bariumhydroxidlösung D-Fructose und D-Sorbose in je etwa 45proz. Ausbeute erhielt. Noch rascher verläuft diese *aldolartige* Reaktion, wenn D-Glycerinaldehyd und Dihydroxyaceton als Ausgangsstoffe eingesetzt werden:

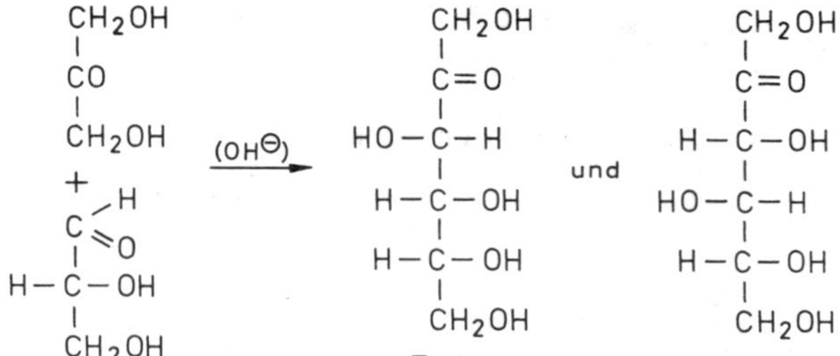

D-Fructose D-Sorbose

[1] Vgl. *E. Pfeil* et al., Kinetik und Reaktionsmechanismus der Formaldehyd-Kondensation, Chem. Ber. *85*, 293 (1952); *R. Mayer* et al., Zur Umwandlung von Formaldehyd in Kohlenhydrate und der gegenwärtige Stand der Arbeiten, Z. Chem. *3*, 134 (1963).

4.1.5.2 Aufbau.

a) Cyanhydrinsynthese. Mit diesem Verfahren gelangt man von Aldosen mit n C-Atomen zu solchen mit $(n+1)$ C-Atomen (*Kiliani, E. Fischer*). Dieser Aufbau vollzieht sich in der Weise, daß sich zunächst Blausäure an die Aldehydgruppe zum Cyanhydrin addiert, dieses zur Aldonsäure hydrolysiert und das Lacton der Säure mit *Natriumamalgam* in schwach saurer Lösung zur nächsthöheren Aldose reduziert wird. Da bei der Cyanhydrinbildung ein *neues* Chiralitätszentrum entsteht, werden zwei isomere Verbindungen gebildet, die aber nicht enantiomer, sondern *diastereomer* sind und sich aufgrund ihrer unterschiedlichen Löslichkeit durch fraktionierte Kristallisation trennen lassen. Als Beispiel sei der Aufbau des D-Glucononitrils und D-Mannononitrils aus D-Arabinose angeführt.

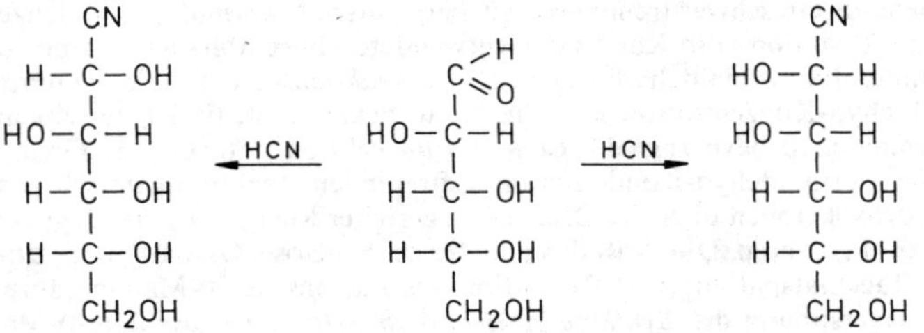

D-Glucononitril (epimeres Cyanhydrin) D-Arabinose D-Mannononitril (epimeres Cyanhydrin)

Das Gleichgewicht zwischen den Cyanhydrinen ist pH-abhängig. Außer auf dem oben beschriebenen Weg ist es auch möglich, durch Hydrierung des Nitrils mit $PdO/BaSO_4$ als Katalysator direkt zu D-Glucose und D-Mannose zu gelangen.

Durch erneute Cyanhydrinsynthese und Reduktion des Aldonsäurelactons gelingt der schrittweise Aufbau von Aldosen, die jedesmal ein C-Atom mehr enthalten. Auf diese Weise ist man bis zu Aldosen mit 10 C-Atomen (Decosen) gekommen.

b) Nitroalkansynthese. Die *Carbonylgruppe* der *Aldosen* und *Ketosen* reagiert in basischem Medium mit *Nitroalkanen.* So erhält man z. B. aus D-*Arabinose* und *Nitromethan* die Anionen von zwei *epimeren 1-Nitropentiten,* die durch fraktionierte Kristallisation getrennt und durch eine *Nef*-Reaktion zu D-Glucose und D-Mannose gespalten werden.

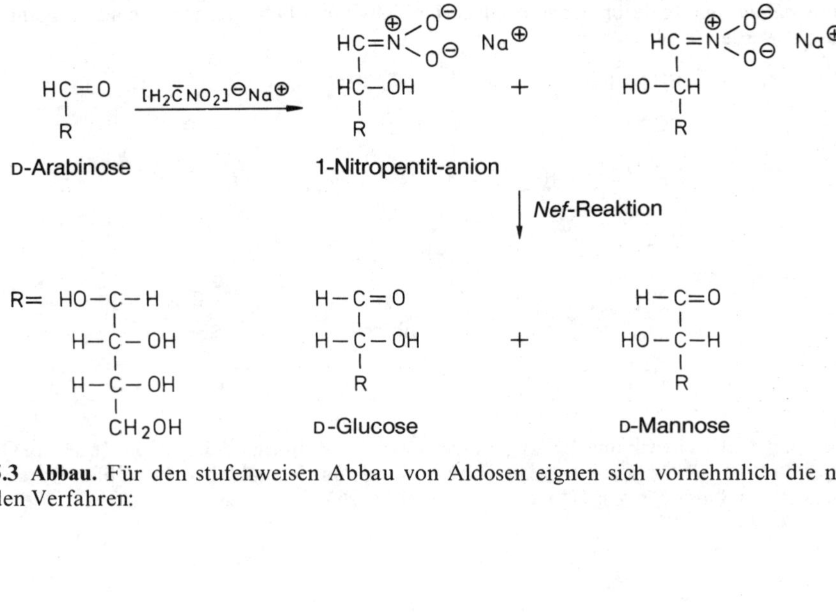

D-Arabinose 1-Nitropentit-anion *Nef*-Reaktion D-Glucose D-Mannose

4.1.5.3 Abbau. Für den stufenweisen Abbau von Aldosen eignen sich vornehmlich die nachstehenden Verfahren:

a) Verfahren nach *Ruff* (1898). Zunächst führt man die abzubauende Aldose durch Oxidation in die Aldonsäure über und läßt auf ihr Calciumsalz Wasserstoffperoxid in Gegenwart von Eisen-(III)-acetat einwirken. Dabei entsteht unter Abspaltung von Kohlendioxid und Wasser eine Aldose, die ein C-Atom weniger enthält, z. B. bildet sich aus der D-Glucose die D-Arabinose:

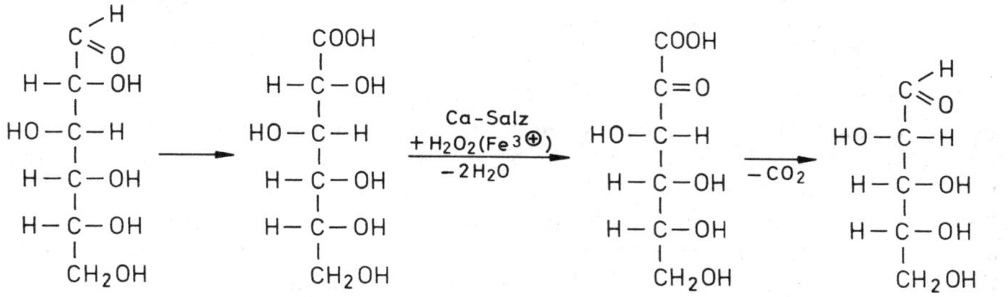

D-Glucose D-Gluconsäure 2-Ketogluconsäure D-Arabinose

Als Zwischenprodukt ist das Calciumsalz der 2-Ketogluconsäure anzunehmen, das leicht decarboxyliert wird. Analog geht die mit D-Glucose *epimere* D-Mannose in D-Arabinose über.

b) Verfahren nach *Wohl* (1893). Bei der Einwirkung von Hydroxylamin auf Aldosen erhält man die betreffenden Aldoxime, die beim Erhitzen mit Acetanhydrid unter Dehydratisierung der Oximgruppe in vollständig acetylierte Aldononitrile übergehen. Diese spalten beim Erwärmen mit ammoniakalischer Silberoxidlösung Blausäure ab, so daß eine Aldose entsteht, die um ein C-Atom ärmer ist. Gleichzeitig werden die Acetylgruppen hydrolysiert, z. B.

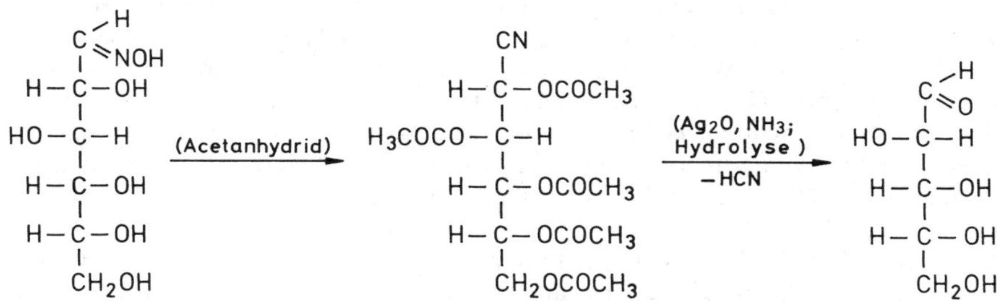

D-Glucose-oxim Pentaacetyl-D-glucononitril D-Arabinose

Wesentlich bessere Ausbeuten (60–70%) erzielt man nach der Methode von *Zemplén* (1927) durch Abspaltung der Nitrilgruppe mit Natriummethylat in Chloroform.

4.1.6 Ringstruktur der Monosaccharide

Bei den bisher besprochenen Reaktionen der Aldosen und Ketosen genügten die *offenkettigen* Konfigurationsformeln, wie die für Aldehyd- und Ketogruppen charakteristischen Umsetzungen beweisen. Die Erfahrung lehrt jedoch, daß die Aldehyd- bzw. Ketoformeln nicht allen Eigenschaften der einfachen Zucker gerecht werden. Z. B. findet an der Carbonylgruppe *keine* Addition von Natriumhydrogensulfit oder Ammoniak statt. Außerdem tritt die Farbreaktion auf Aldehyde mit fuchsinschwefliger Säure bei Aldosen nicht ein. Aus diesem abweichenden Verhalten zog *Tollens* (1863) den Schluß, daß die einfachen Zucker *nicht* in der Aldehyd- oder Ketoform vorliegen können. Die Ursache hierfür ist in der *intramolekularen* Verknüpfung der Carbonylgruppe mit einer Hydroxylgruppe des gleichen Zuckermoleküls unter Ausbildung eines Ringes zu suchen.

Bekanntlich reagieren Aldehyde mit Alkoholen zu Halbacetalen bzw. Acetalen:

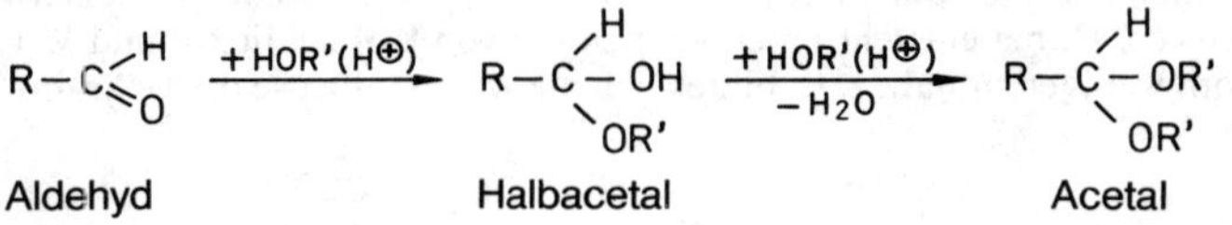

Bei den Monosacchariden ist nun entscheidend, welche der Hydroxylgruppen den Ringschluß vollzieht, d. h., welches Proton an die Carbonylgruppe wandert. Die nähere Untersuchung ergab, daß in den Aldohexosen vorwiegend das Proton der OH-Gruppe am C-Atom 5 unter Ausbildung eines cyclischen Halbacetals reagiert. Es entsteht ein heterocyclischer 6-Ring, der hydrierte *Pyranring.* Daneben existieren auch einfache Zucker, in denen die OH-Gruppe am C-Atom 4 die Ringbildung herbeiführt, wodurch ein heterocyclischer 5-Ring, der hydrierte *Furanring,* entsteht. Deshalb unterscheidet man nach *Haworth* bei Monosacchariden zwischen **Pyranosen** und **Furanosen,** die sich vom *Tetrahydropyran* bzw. *Tetrahydrofuran* ableiten lassen:

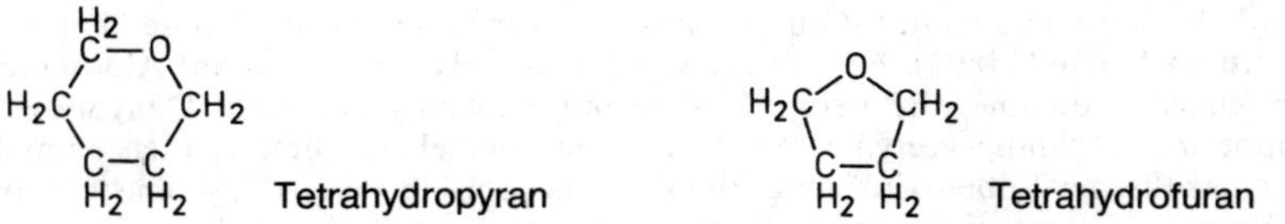

Ausgehend von den ***Fischer*schen Projektionsformeln** sei die Ringstruktur der einfachen Zucker am Beispiel der D-Glucose näher erläutert. Der Ringschluß zur D-Glucopyranose vollzieht sich unter Wanderung des Protons der OH-Gruppe am C-Atom 5 an das O-Atom der Carbonylgruppe. Hierbei bildet sich aus dem ursprünglichen Aldehyd-C-Atom ein *neues* asymmetrisches C-Atom, so daß *zwei diastereomere* D-*Glucopyranosen* (D-Glc *p*) entstehen, die als α- bzw. β-Form bezeichnet werden. Beide, die **α-D-Glucose** und **β-D-Glucose** stehen in Lösung miteinander im *Gleichgewicht.*

4.1.6.1 In den ***Tollens*schen Ringformeln** der D-Zucker schreibt man die am C-Atom 1 haftende OH-Gruppe in der α-Form auf die rechte und in der β-Form auf die linke Seite. Bei den L-Zuckern ist es umgekehrt. Die gegenseitige Umwandlung der α- und β-Zucker verläuft über die offenkettige *aldehydo*-Form (*al*-Form) im Sinne einer **Oxo-Cyclo-Tautomerie.** Die Isomeren der α- und β-Form, die sich bei sonst gleicher Konfiguration nur am Chiralitätszentrum des C-Atoms 1 unterscheiden, bezeichnet man als **Anomere.** (Das anomere C-Atom 1 und das anomere Proton sind besonders markiert. Die Abrundung der Ecken schließt die Verwechselung mit Skelettformeln aus, in denen jede Ecke eine CH_2-Gruppe bedeuten würde).

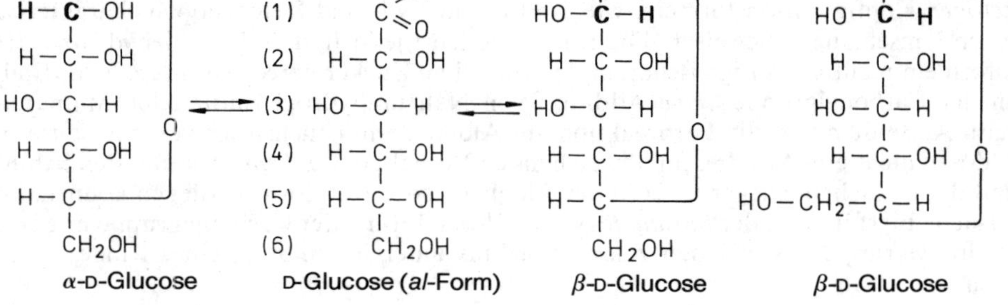

Tatsächlich sind zwei D-Glucosen, nämlich die α-D- und β-D-Glucose, bekannt, die sich in ihren physikalischen Eigenschaften, wie Löslichkeit, Schmelzpunkt und optischer Drehung, unterscheiden. Für das Vorliegen der *Ring-Formen* spricht das Fehlen der C=O-Valenzschwingung im *IR-Spektrum* der D-Glucose.
Die *al*-D-Glucose ist in Substanz nicht bekannt, jedoch existiert eine Reihe von Derivaten.

Die sterischen Verhältnisse werden besser durch die ganz rechts stehende, modifizierte *Tollens*sche Formel der β-D-Glucose wiedergegeben. In dieser liegt der Brückensauerstoff unter der Papierebene, und sie ist unmittelbar mit der *Haworth*schen Ringformel vergleichbar. Sie zeigt die *trans*-Konfiguration der primären Hydroxylgruppe zu den Hydroxylgruppen 2 und 4 sowie zu dem anomeren Proton.

4.1.6.2 Eine weitere Stütze für die *Tollens*schen Ringformeln der Monosaccharide ist die **Mutarotation** (*mutare* = ändern), die erstmalig von *Dubrunfaut* im Jahre 1846 beobachtet wurde. Darunter versteht man die Erscheinung, daß frischbereitete Zuckerlösungen beim Stehenlassen kontinuierlich eine Änderung ihrer optischen Drehung zeigen, die schließlich einen konstant bleibenden Endwert erreicht. Dieser ist vom Lösungsmittel abhängig. Werden z. B. α-D-*Glucose* und β-D-*Glucose* jeweils in Wasser gelöst, so liegen die Anfangswerte der optischen Drehung bei [α] + 112,2° bzw. bei + 18,7°. Erst nach einiger Zeit zeigen beide Lösungen den Endwert von + 52,7°[1].

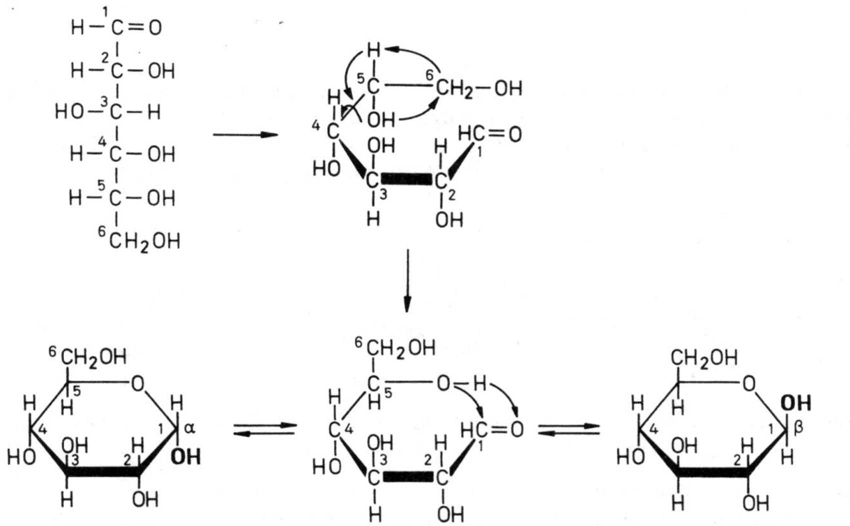

α-D-Glucose (36%) (Schmp. 146 °C [419 K], $[\alpha]_D = +112{,}2°$)

D-Glucose (<0,1%) *al*-Form

β-D-Glucose (64%) (Schmp. 150 °C [423 K], $[\alpha]_D = +18{,}7°$)

Gleichgewicht in Wasser $[\alpha]_D = +52{,}7°$

[1] Die hier verwendete traditionelle Kennzeichnung der Zahlenwerte für [α] mit Grad (°) ist nicht korrekt; aus der auf S. 124 gegebenen Definitionsgleichung entnimmt man, daß [α] die Dimension [Grad · 10^{-1} · cm^2 · g^{-1}] hat. Die IUPAC empfiehlt, die Zahlenwerte für [α] *ohne* ° oder mit der *korrekten Dimension* anzugeben.

Die *Geschwindigkeit* der Einstellung des Gleichgewichts zwischen α- und β-D-Glucose hängt stark von der Temperatur und vom pH-Wert der Lösung ab. Geringe Mengen Alkali führen zum unmeßbar raschen Verlauf der Mutarotation. Der Endwert entspricht nicht dem arithmetischen Mittel der Drehwerte von α- und β-D-Glucose. Die beiden Anomeren sind Diastereomere und entstehen in unterschiedlicher Menge. In wäßriger Lösung überwiegt die β-D-Glucose (64%) gegenüber der α-D-Glucose (36%). Um die verschiedenen hier wirksamen Einflüsse zu veranschaulichen, sei auf die Ringstruktur der Monosaccharide näher eingegangen (*Böeseken, Haworth, Hirst*). Die *Ring-* oder *Konfigurationsformeln* stellen eine perspektivische Wiedergabe des Zuckermoleküls dar. Der Einfachheit halber werden die Atome im Ring waagerecht als Pyranosering (oder Furanosering) in einer Ebene liegend gezeichnet (senkrecht zur Zeichenebene unter Betonung der nach vorn stehenden Seite) und die jeweiligen Substituenten mit den einzelnen C-Atomen durch senkrechte Striche verbunden.
Um von der *Fischer*-Projektion zur *Haworth*schen Ringformel zu gelangen, bringt man die C-Kette so in die Form eines Sechsecks, daß das C-Atom 1 an der vorderen rechten Spitze steht. Alle OH-Gruppen, die in den *Fischer*-Projektonen *rechts* von der C−C-Achse standen, gelangen so *unter* die Ringebene, die *links* von der C−C-Achse geschriebenen *über* die Ringebene. Damit die OH-Gruppe am C-Atom 5 in die für den Ringschluß erforderliche Lage kommt, müssen die Substituenten an diesem C-Atom im Sinne der Pfeile verschwenkt werden (s. S. 439).
Die *Mutarotation* basiert darauf, daß sich das cyclische Halbacetal leicht öffnen und wieder schließen kann.

4.1.6.3 Konformation der Zucker: Da der Tetrahydropyranring in den Hexosen *nicht planar angeordnet ist, sondern – in Analogie zu den Cyclohexanderivaten – in der energetisch begünstigten Sesselform* vorliegt (vgl. S. 401), besitzen α-D- und β-D-Glucose (α-D-Glc*p* und β-D-Glc*p*) folgende *Konformationsformeln* (*Reeves*, 1950):

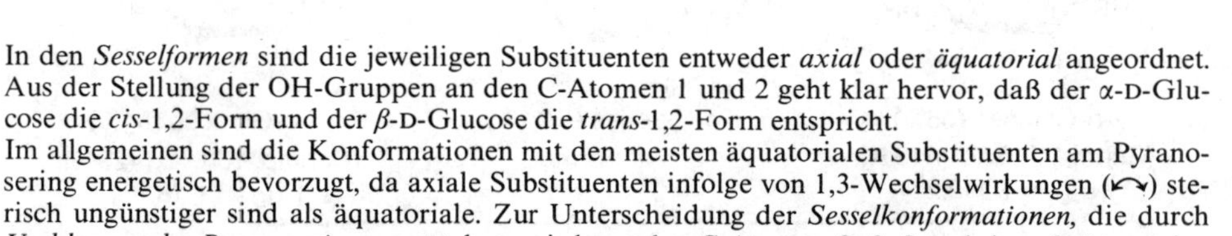

α-D-Glucose ($^1C_4$) α-D-Glucose ($^4C_1$) β-D-Glucose ($^4C_1$)

In den *Sesselformen* sind die jeweiligen Substituenten entweder *axial* oder *äquatorial* angeordnet. Aus der Stellung der OH-Gruppen an den C-Atomen 1 und 2 geht klar hervor, daß der α-D-Glucose die *cis*-1,2-Form und der β-D-Glucose die *trans*-1,2-Form entspricht.
Im allgemeinen sind die Konformationen mit den meisten äquatorialen Substituenten am Pyranosering energetisch bevorzugt, da axiale Substituenten infolge von 1,3-Wechselwirkungen (↶↷) sterisch ungünstiger sind als äquatoriale. Zur Unterscheidung der *Sesselkonformationen*, die durch *Umklappen des Pyranoseringes* entstehen, wird aus den C-Atomen 2, 3, 5 und dem O-Atom eine Bezugsebene gebildet (grau unterlegt). Die Positionsziffer des oberhalb dieser Ebene stehenden Atoms wird *vor* die Abkürzung der Ringkonformation (hier **C** = chair) und *hoch* gesetzt; die Positionsnummer des *unter* der Ebene stehenden Atoms wird *dahinter* und *tief* gesetzt (vgl. vorstehende Formelreihe).
Die $^1\mathbf{C}_4$-Konformation der α-D-Glucose ist 13,4 kJ/Mol energiereicher als die $^4\mathbf{C}_1$-Konformation. Der Energieunterschied zwischen α- und β-D-Glucose beträgt dagegen nur 1 kJ/Mol.

4.1.6.4 Der **anomere Effekt**[1] liefert ein Modell zur Erklärung der Tatsache, daß häufig – insbesondere in unpolaren Lösungsmitteln – die α-Anomeren vor den β-Anomeren energetisch bevorzugt sind. Es handelt sich um den stereoelektronischen Effekt, bei dem elektrostatische Wechselwirkungen zwischen den Dipolen des Ringsauerstoffs und der anomeren OH-Gruppe die Hauptrolle spielen[2]. Die folgenden *Newman*-Projektionen (von C-1 auf den Ringsauerstoff) veranschaulichen dies.

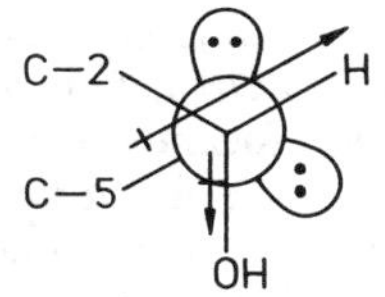

α-Anomeres

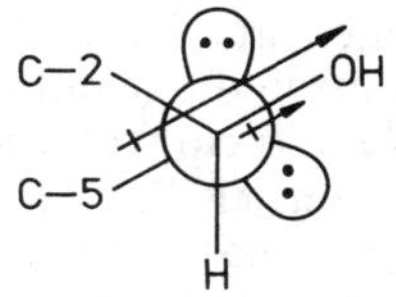

β-Anomeres

Die beiden Dipole der OH-Gruppe und des Ringsauerstoffs zeigen im *β-Anomeren* (*äquatoriale OH-Gruppe*) in die *gleiche Richtung* und sind daher gegenüber dem α-Anomeren elektrostatisch benachteiligt, in dem die *axiale OH-Gruppe* den Dipol des Ringsauerstoffs *teilweise kompensiert.*

Das Überwiegen der β-D-Glucose in wäßriger Lösung ist auf das polare Lösungsmittel zurückzuführen, das durch Solvatation die wirksamen Dipolmomente vermindert.

In Analogie zu den Aldosen bilden auch die *Ketosen* cyclische *Halbketal-Formen*, jedoch mit dem Unterschied, daß der Tetrahydropyranring hier durch Wanderung des Protons vom C-Atom 6 zur Ketogruppe am C-Atom 2 entsteht. Als Beispiel sei das *Gleichgewicht* der D-Fructose angeführt:

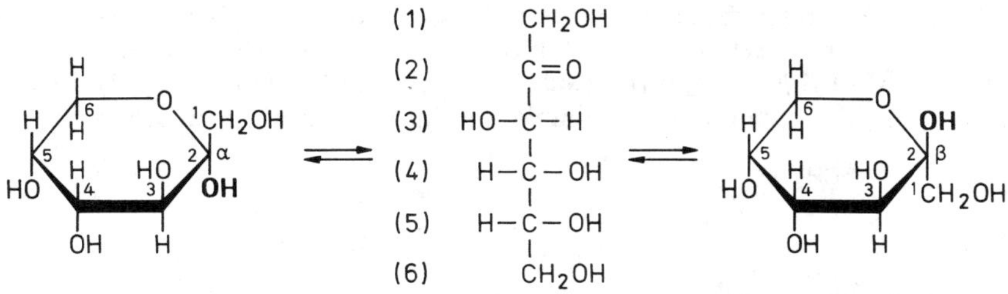
α-D-Fructopyranose (α-Anomeres) — D-Fructose (*keto*-Form) — β-D-Fructopyranose (β-Anomeres)

4.1.6.5 Bisher konnte nur eine Fructose in Substanz isoliert werden, und zwar die **β-D-Fructopyranose,** die folgende *Konformationsformel* besitzt:

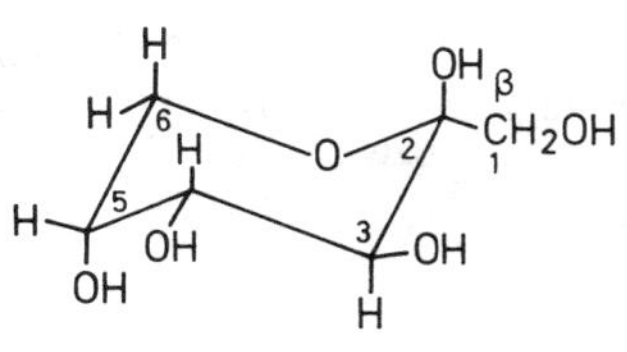

[1] Vgl. *A. J. Kirby,* The Anomeric Effect and Related Stereoelectronic Effects at Oxygen. Reactivity and Structure, Concepts in Organic Chemistry *15* (Springer-Verlag, Berlin 1983).

[2] Vgl. *P. Deslongchamps,* Stereoelectronic Effects in Organic Chemistry (Pergamon Press, Oxford 1983).

Aus den vorhergehenden Formulierungen ist zu ersehen, daß man die Monosaccharide bzw. ihre Anomeren auf dreierlei Weise symbolisieren kann, und zwar wird – neben den *Tollens*schen Formeln – vor allem den Ringformeln von *Haworth* und den Konformationsformeln von *Reeves* der Vorzug gegeben. Die wahren sterischen Verhältnisse der Zucker spiegeln die *Konformationsformeln* wider. Der Übersicht halber läßt man zuweilen – ähnlich wie bei den Benzolformeln – die H-Atome weg und gibt nur die besonderen Substituenten an.

Sowohl das C-Atom 1 in den anomeren Glucopyranosen als auch das C-Atom 2 in den Fructopyranosen stellen eine *latente Carbonylgruppe* dar und ermöglichen über die tautomere *al-* bzw. *keto-*Form die bereits erwähnten *Carbonylreaktionen.*
Im Gegensatz zur *β*-D-Fructopyranose sind die **Fructofuranosen** in Substanz *nicht* bekannt, sondern treten nur als Bausteine in den *Glykosiden,* in diesem Fall als *Furanoside,* auf. Die D-Fructofuranose (D-Fru *f*) tritt z. B. im Rohrzucker und im Polysaccharid Inulin auf. Die *Konfigurationen* der α-D- und *β*-D-Fructofuranose sind aus den nachfolgenden Methyl-fructofuranosiden zu erkennen.

4.1.7 Glykoside

In den cyclischen Halbacetal-Formen der Aldo- bzw. Ketohexosen läßt sich die neu entstandene, besonders reaktionsfähige OH-Gruppe am C-Atom 1 bzw. 2 sehr leicht mit einem Alkohol (oder Phenol) bei Anwesenheit von wenig Chlorwasserstoff in das eigentliche *Acetal* überführen. Derartige Verbindungen bezeichnet man allgemein als „*Glykoside*" (*Gerhardt,* 1852) und speziell je nach dem betreffenden Zucker als *Glucoside, Mannoside, Fructoside* usw. sowie je nach dem Vorliegen des heterocyclischen 5- oder 6-Ringes als **Furanoside** bzw. **Pyranoside.**
Als einfachster Vertreter dieser großen Stoffklasse ist das Methyl-D-glucopyranosid zu nennen, das bei der Umsetzung von D-Glucose mit Methanol-HCl entsteht und als **Methyl-α-D-** und **Methyl-*β*-D-glucopyranosid** auftreten kann (*E. Fischer,* 1893). Beide *Anomeren* unterscheiden sich im Schmelzpunkt und im Wert ihrer spezifischen Drehung.

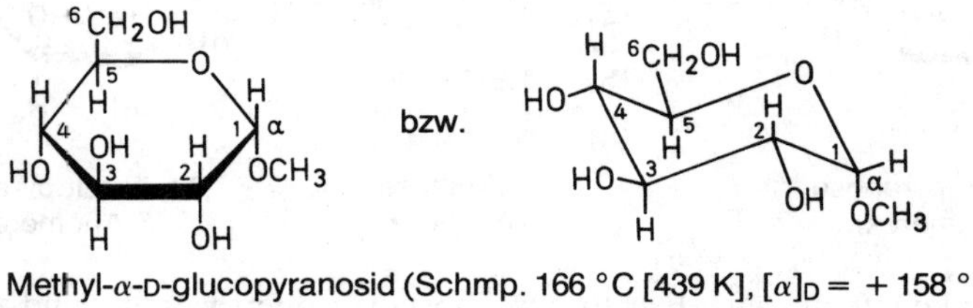

Methyl-α-D-glucopyranosid (Schmp. 166 °C [439 K], $[\alpha]_D = +158°$)

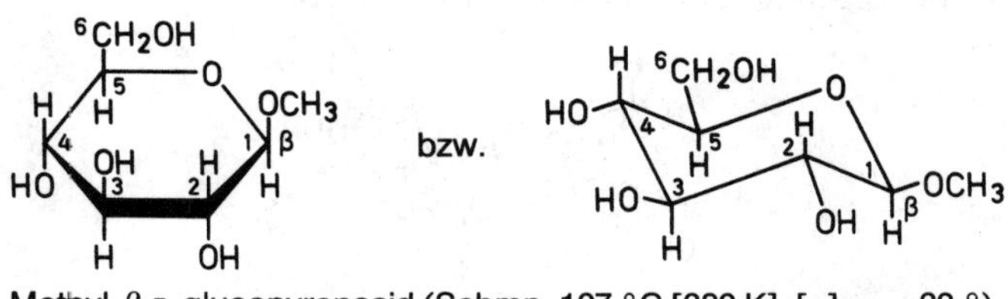

Methyl-*β*-D-glucopyranosid (Schmp. 107 °C [380 K], $[\alpha]_D = -33°$)

In angesäuertem Methanol stellt sich zwischen α- und *β*-Methylglucosid ein Gleichgewicht ein, das bei 35 °C (308 K) 66% des α-Anomeren enthält; dies ist auf den anomeren Effekt zurückzuführen.

Bei der Darstellung der α- und β-Methyl-D-glucopyranoside konnte *Haworth* (1927) als Nebenprodukte auch die **α- und β-Methyl-D-glucofuranoside** isolieren:

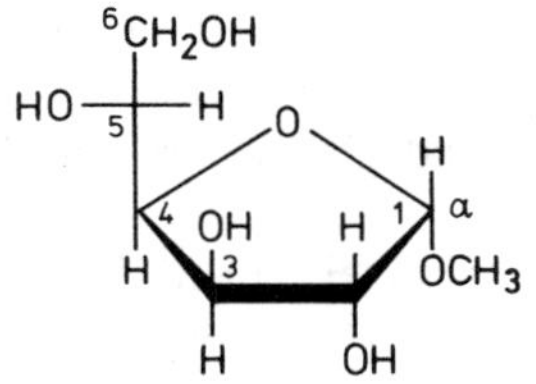

Methyl-α-D-glucofuranosid

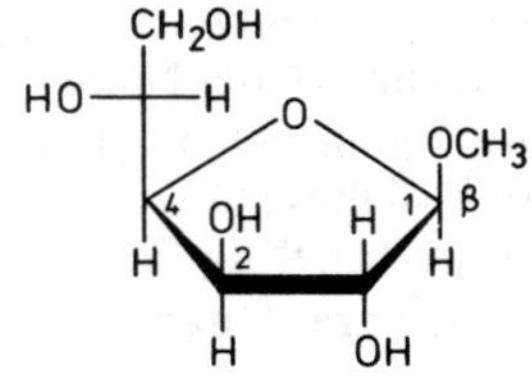

Methyl-β-D-glucofuranosid

Wie bereits erwähnt, sind die *Ketofuranosen* nur als *Furanoside* beständig, z. B. besitzen **Methyl-α-D-** und **Methyl-β-D-fructofuranosid** folgende Ringformeln:

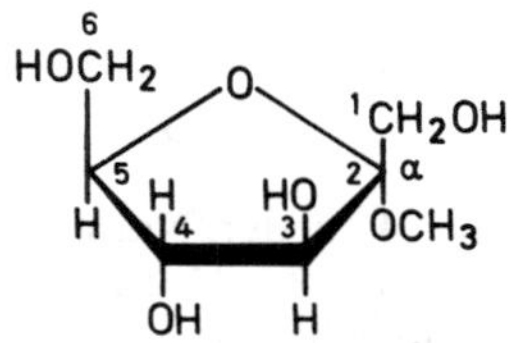

Methyl-α-D-fructofuranosid

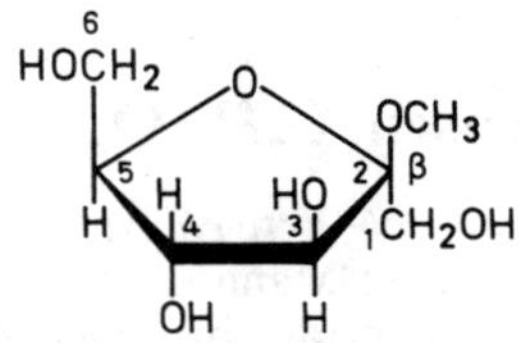

Methyl-β-D-fructofuranosid

Die Glykoside haben große biochemische Bedeutung und kommen in den verschiedensten Naturstoffen, besonders im Pflanzenreich, vor. Zu ihnen zählen z. B. Amygdalin, Salicin, Coniferin usw. Den zuckerfremden Anteil des Glykosids bezeichnet man als *Aglykon.* Bei der enzymatischen Spaltung der Glykoside werden je nach der Spezifität des Enzyms entweder die α- oder die β-Form des betreffenden Zuckers hydrolysiert.

Die Glykoside bilden gut kristallisierende, in Wasser lösliche Substanzen und zeigen das typische Verhalten der *Acetale,* d. h. sie sind gegen Alkalien beständig, werden aber von heißen, verdünnten Mineralsäuren hydrolytisch leicht in den Zucker und das Aglykon gespalten. Da die Glykoside keine latente Aldehydgruppe besitzen, *reduzieren* sie *Fehling*sche Lösung *nicht.*

Zur Klasse der Glykoside zählen auch die Oligo- und Polysaccharide, bei denen die glykosidische OH-Gruppe des Zuckers nicht mit einem beliebigen Alkohol (oder Phenol), sondern mit einer glykosidischen oder alkoholischen Gruppe eines zweiten Monosaccharidmoleküls acetalisiert ist. Auch in den Teichosäuren sind die Zuckerbausteine mit Glycerin oder Ribit glykosidisch verknüpft.

Die wichtigsten Monosaccharide

4.1.8 Pentosen, $C_5H_{10}O_5$

Die Pentosen finden sich im Pflanzenbereich hauptsächlich als Polysaccharide in den *Pentosanen,* z. B. als Gerüstsubstanzen im Holz, ferner in Gummiarten und Pflanzenschleimen. Im tierischen Organismus kommen sie als glykosidische Bestandteile, z. B. in den *Nucleoproteinen* des Pankreas und der Leber, vor. Alle natürlichen Pentosen sind Aldoverbindungen, die durch Hefe *nicht* vergoren werden. Zu ihnen zählen Arabinose, Xylose, Lyxose und vor allem Ribose (Formeln, vgl. S. 429).

L(+)-Arabinose wird aus *Araban* (*Kirschgummi*) durch Kochen mit verdünnter Schwefelsäure erhalten und bildet Nadeln vom Schmp. 160 °C (433 K).

D(−)-Arabinose kommt als Glykosid in der *Aloë* vor und gibt das gleiche Osazon wie die *epimere* D(−)-Ribose.

D(+)-Xylose findet sich im *Xylan* (*Holzgummi*), in der Kleie, in Maiskolben und im Stroh und kann daraus durch saure Hydrolyse gewonnen werden, Schmp. 145 °C (418 K).

D(−)-Ribose schmilzt bei 95 °C (368 K) und ist als N-Glykosid von Purin- und Pyrimidinbasen am Aufbau von *Nucleinsäuren* beteiligt.
Bei der Einwirkung von verdünnten Mineralsäuren auf Pentosen in der Wärme entsteht *Furfural.*

4.1.9 Hexosen, $C_6H_{12}O_6$

Von den 16 *optisch aktiven* Aldohexosen kommen nur 4 in der Natur vor, nämlich D(+)-Glucose, D(+)-Mannose, D(+)-Galactose und D(+)-Talose. Die Hauptquelle bilden die Polysaccharide, in denen die Hexosen glykosidisch miteinander verbunden sind. Im Gegensatz zu den Pentosen lassen sich einige Hexosen mittels Hefe vergären, z. B. D-Glucose, D-Mannose, D-Galactose und D-Fructose.

D(+)-Glucose (Traubenzucker, Dextrose) findet sich häufig in süßen Früchten, z. B. in Trauben, und ist neben Fructose der Hauptbestandteil des Honigs. Im Organismus tritt D-Glucose im Blut (normaler Blutzuckerspiegel etwa 0,1%) und anderen Körperflüssigkeiten, bei Zuckerkrankheit im Harn auf; sie spielt im Pflanzen- und Tierreich die Rolle einer biogenetischen Schlüsselverbindung.
Technisch wird D-Glucose durch Hydrolyse von Kartoffel- oder Maisstärke mit verdünnter Salzsäure unter Druck gewonnen. Sie dient zuweilen als rasch wirkendes Stärkungsmittel (Dextropur).
Der aus wäßrigem Ethanol in der Kälte auskristallisierende Traubenzucker ist die **α-D-Glucose,** Schmp. 146 °C (419 K). Ihre Süßkraft ist nur halb so groß wie die des Rohrzuckers. Die **β-D-Glucose** erhält man durch Auflösen des Traubenzuckers in heißem Pyridin und nachfolgende Kristallisation, Schmp. 150 °C (423 K).

D(+)-Mannose kommt als Polysaccharid in den *Mannanen* vor, z. B. in der Steinnuß und im Johannisbrotsamen, und wird durch Hydrolyse von Steinnußspänen mit Salzsäure erhalten. Schmp. 132 °C (405 K).

D(+)-Galactose ist ein Bestandteil des Milchzuckers (Lactose) und wird daraus durch Hydrolyse hergestellt, Schmp. 165,5 °C (438,7 K). Ferner findet sie sich in einigen Gummiarten, den *Galactanen.*
Bei der D-Mannose und D-Galactose sind folgende Konformationen stabil:

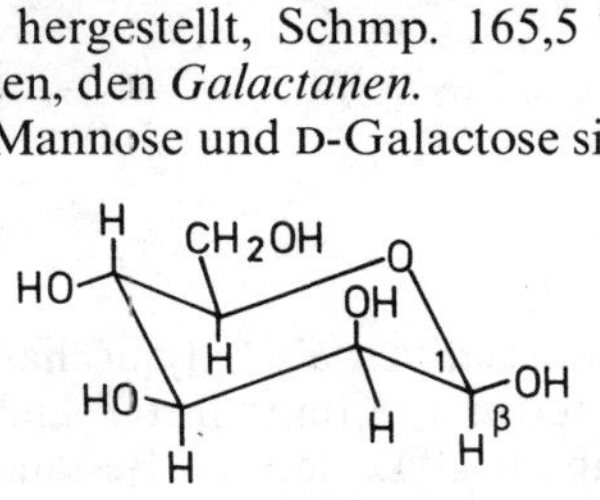

β-D-Mannopyranose

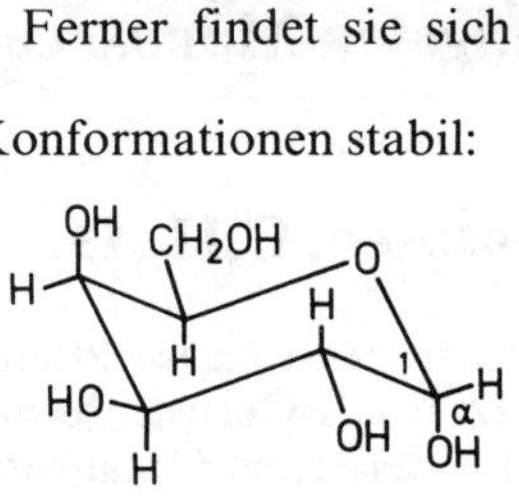

α-D-Galactopyranose

D(−)-Fructose (Fruchtzucker, Lävulose) wurde von *Dubrunfaut* (1847) bei der Hydrolyse des Rohrzuckers entdeckt und wird durch Hydrolyse des Polysaccharids Inulin gewonnen. Sie findet sich reichlich in süßen Früchten und schmeckt süßer als Rohrzucker, der aus je 1 Molekül D-Glucose und D-Fructose aufgebaut ist. Ihr Kristallisationsvermögen ist gering, sie schmilzt bei 102 – 104 °C (375 – 377 K). Auf *Fehling*sche und ammoniakalische Silbernitrat-Lösung wirkt Fructose stark *reduzierend* (vgl. Hydroxyketone, S. 318 *f.*).

L(−)-Sorbose ist ebenfalls eine Ketohexose, die aus D-Sorbit durch Dehydrierung am C-Atom 5 mittels *Acetobacter xylinum* erhalten wird. Sie schmeckt süß, schmilzt bei 165 °C (438 K) und wird von Hefe *nicht* vergoren. Bei der technischen Vitamin-C-Synthese tritt sie als Zwischenprodukt auf (s. S. 451).

4.1.10 Reaktionen der Hydroxylgruppen

Die **Methylierung** alkoholischer Hydroxylgruppen der Zucker kann entweder mit Methyliodid und Silberoxid (*Purdie* und *Irvine*) oder mit Dimethylsulfat und Alkali (*Haworth*) durchgeführt werden; besonders wirksam ist Fluorsulfonsäuremethylester (magisches Methyl). Hierbei ist vorher die glykosidische Hydroxylgruppe durch *Acetalisierung* zu schützen, d. h., man geht meist von den gegen Alkalien beständigen Methylglykosiden aus. So entsteht z. B. *aus Methyl-β-D-glucopyranosid* mit Dimethylsulfat in alkalischer Lösung unter *Veretherung* sämtlicher Hydroxylgruppen das Methyl-2,3,4,6,-tetra-O-methyl-β-D-glucopyranosid. Erhitzt man dieses mit verdünnter Salzsäure, so wird *nur* die glucosidische Etherbindung hydrolysiert unter Bildung von *2,3,4,6-Tetra-O-methyl-β-D-glucopyranose*, die *Mutarotation* zeigt und *reduzierend* wirkt.

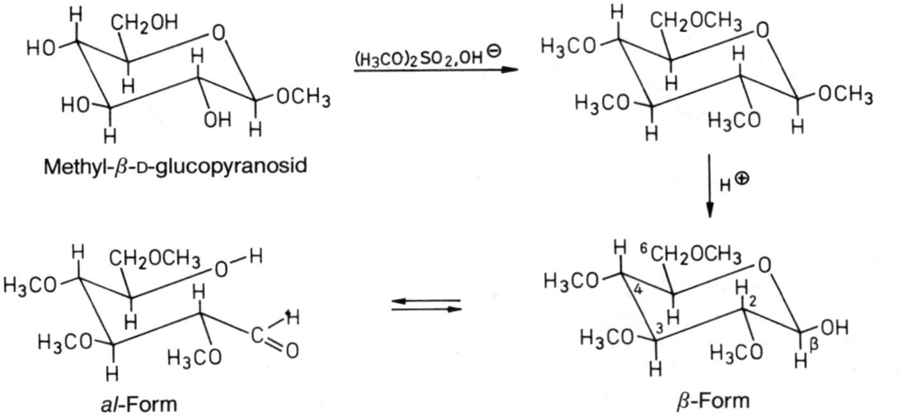

2,3,4,6-Tetra-O-methyl-β-D-glucopyranose

4.1.10.1 Bei der **Acetylierung** der Zucker mit Acetanhydrid setzt man saure oder basische *Katalysatoren*, z. B. Zinkchlorid, konz. Schwefelsäure, wasserfreies Natriumacetat oder Pyridin, zu. Die Hexosen gehen dabei in Pentaacetate und die Pentosen in Tetraacetate über, z. B. entsteht aus Glucose die Pentaacetylglucose. Diese Acetate reduzieren *Fehling*sche Lösung nicht, d. h., sie enthalten keine freie Aldehydgruppe, treten aber in α- und β-Form auf. Welches Anomere vorwiegend auftritt, hängt entscheidend vom *Katalysator* ab, wie folgendes Beispiel zeigt:

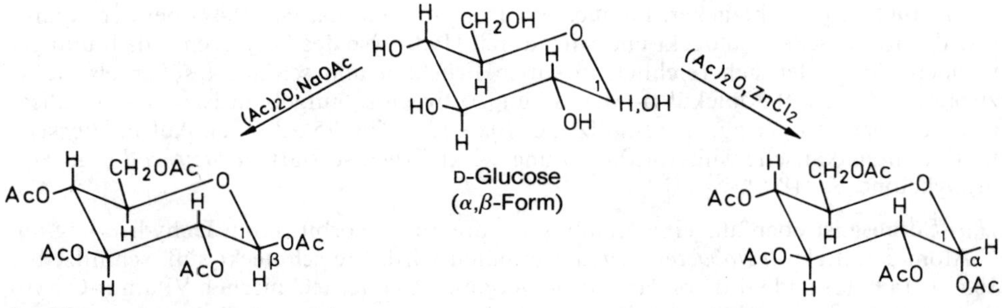

β-D-Glucopyranose-pentaacetat α-D-Glucopyranose-pentaacetat

Allgemein läßt sich die *Acetoxy-Gruppe* am C-Atom 1 in α- oder β-Hexose-pentaacetaten durch ein *Bromatom* ersetzen. Hierbei wird das Pentaacetat mit Eisessig, der mit Bromwasserstoff gesättigt ist, behandelt, z. B. entsteht aus der Pentaacetyl-D-glucose die „Acetobromglucose", die einen wichtigen Ausgangsstoff für die Synthese von Zukkerderivaten darstellt.

4.1.10.2 Isopropyliden-Zucker. Monosaccharide, die zwei sterisch benachbarte, *cis*-ständige OH-Gruppen enthalten, reagieren mit Aldehyden oder Ketonen in Gegenwart von Schwefelsäure, Zinkchlorid oder Phosphor(V)-oxid, zu *Acetalen* (*E. Fischer,* 1895). *Bei der Einwirkung von Aceton auf* D-*Glucose* erhält man z. B. in Gegenwart von Schwefelsäure bei Raumtemperatur die *1,2:5,6-Di-O-isopropyliden-α-D-glucofuranose* (Diaceton-α-D-glucose):

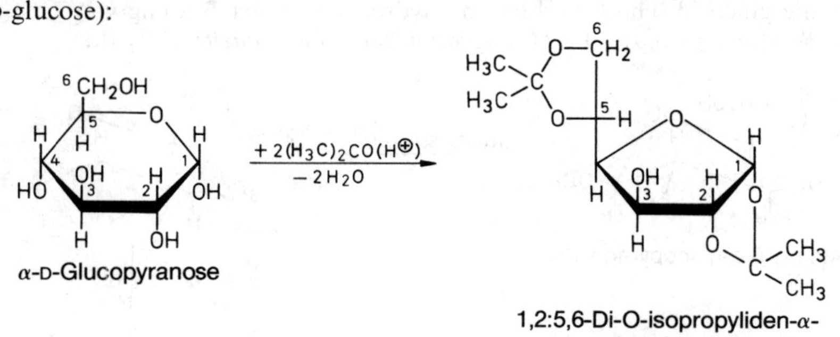

α-D-Glucopyranose

1,2:5,6-Di-O-isopropyliden-α-D-glucofuranose

Bei dieser Reaktion geht der 6-Ring der Glucose in einen 5-Ring über, so daß man aus der Konstitution der Isopropylidenderivate keine Rückschlüsse auf die Ringstruktur der freien Zucker ziehen darf. Die Diaceton-D-glucose besitzt noch eine freie OH-Gruppe am C-Atom 3, die methyliert oder acetyliert werden kann, sie reduziert *Fehling*sche Lösung *nicht.* Durch Hydrolyse mit verdünnten Säuren lassen sich die acetalartig gebundenen Isopropylidenreste leicht wieder abspalten.

4.1.11 Desoxyzucker

Einige natürliche Aldopentosen oder Aldohexosen enthalten anstelle einer oder mehrerer OH-Gruppen H-Atome und werden als *Desoxyzucker* bezeichnet. Hierzu zählen z. B. die biochemisch wichtige **2-Desoxy-D-ribose,** die am Aufbau der Desoxyribonucleinsäuren beteiligt ist, sowie die sehr häufig vorkommende **L(+)-Rhamnose**

(6-Desoxy-L(+)-mannose), die bei der Hydrolyse vieler Glykoside als Spaltprodukt auftritt und die als Baustein der Blutgruppensubstanzen wichtige **L(−)-Fucose.** Ferner ist die **Digitoxose** (2,6-Di-desoxy-D-ribohexose), ein Hydrolyseprodukt des Digitoxins, zu erwähnen.

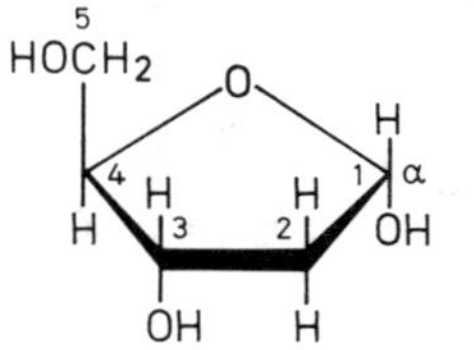

2-Desoxy-α-D-ribofuranose (2 d Rib *f*)

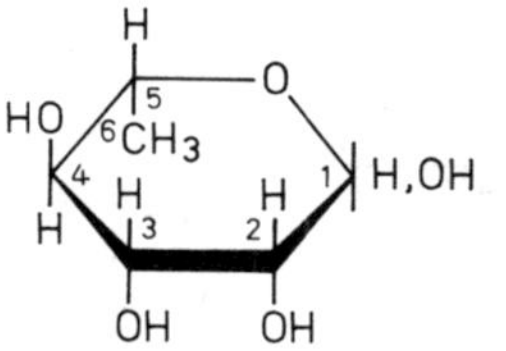

L(+)-Rhamnose (Rha) (6-Desoxy-L-mannose)

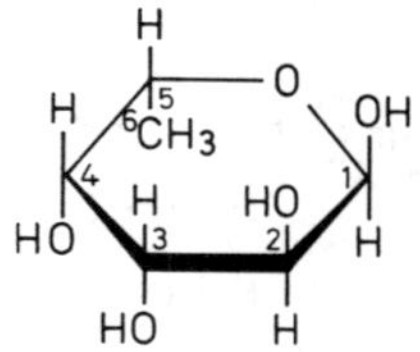

L(−)-Fucose (Fuc) (6-Desoxy-L-galactose)

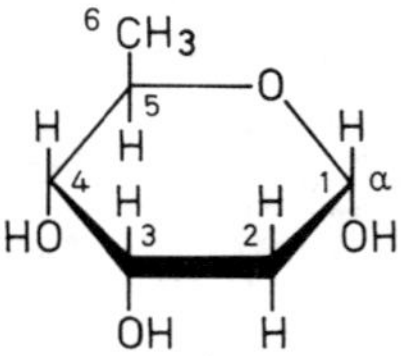

Digitoxose (2,6-Di-desoxy-α-D-ribohexose)

4.1.12 Aminozucker[1]

Unter Aminozuckern versteht man Derivate der Monosaccharide, in denen eine alkoholische Hydroxylgruppe (*nicht* die glykosidische) durch eine Aminogruppe ersetzt ist. Die beiden wichtigsten Vertreter sind **D-Glucosamin** und **D-Galactosamin,** die vor allem in Form ihrer N-Acetylderivate als Bausteine N-haltiger Polysaccharide vorkommen. Ihre Konstitution leitet sich von der cyclischen Halbacetal-Form der D-Glucose bzw. D-Galactose ab.

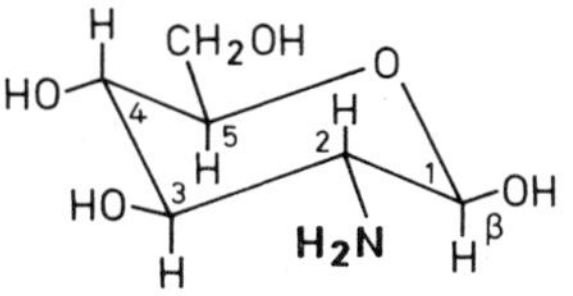

D-Glucosamin (β-Form) (2-Amino-2-desoxy-D-glucopyranose, Glc N)

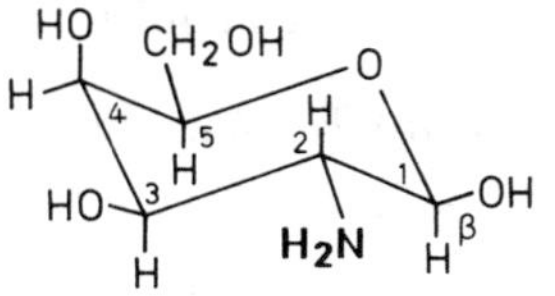

D-Galactosamin (β-Form) (2-Amino-2-desoxy-D-galactopyranose, Gal N)

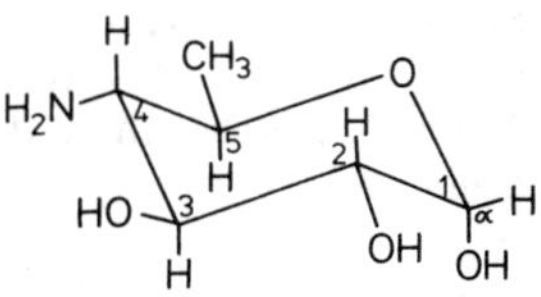

4-Amino-4,6-didesoxy-α-D glucopyranose

Die Aminozucker lassen sich auch von den entsprechenden Desoxyzuckern ableiten, in denen ein H-Atom der CH_2-Gruppe durch die Aminogruppe substituiert wird. Sie können in α- und β-Form auftreten. Das 4-Aminoderivat der 6-Desoxy-D-glucose, die 4-Amino-4,6-didesoxy-α-D-glucopyranose, ist als Baustein von Pseudooligosacchariden aus Actinomyceten gefunden worden.

D-*Glucosamin* (Chitosamin) findet sich vor allem in dem Polysaccharid *Chitin,* aus dem es als erster Aminozucker bei der sauren Hydrolyse von Hummerschalen isoliert wurde (*Ledderhose,* 1876).
D-*Galactosamin* (Chondrosamin) tritt als N-Acetylderivat in den *Mucopolysacchariden* auf.
Beide Aminozucker bilden gut kristallisierende Hydrochloride, *reduzieren Fehling*sche Lösung und zeigen *Mutarotation.*
Eine rationelle Darstellung des D-*Glucosamins* (bzw. D-Galatosamins) gelang nach der *Strecker*-Synthese (vgl. S. 286) durch Umsetzung von D-Arabinose (bzw. D-Lyxose) mit

[1] Vgl. *R. Kuhn,* Aminozucker, Angew. Chem. *69,* 23 (1957); *E. A. Balasz* et al., The Amino Sugars, 3 Bände (Academic Press, New York 1966).

Ammoniak und Blausäure zum Aminonitril, das durch katalytische Hydrierung in verdünnt saurer Lösung direkt in den Aminozucker überführbar ist (*R. Kuhn,* 1956), z. B.

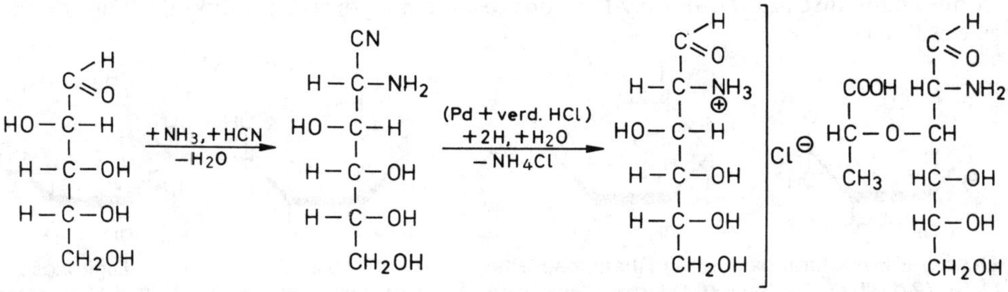

D-Arabinose (*al*-Form) Aminonitril D-Glucosaminhydrochlorid Muraminsäure (Mur)

Die Ausbeute an D-Glucosamin- bzw. D-Galactosaminhydrochlorid beträgt 70 − 74%.

N-Methyl-L-glucosamin ist ein Baustein des *Streptomycins* und läßt sich nach dem gleichen Verfahren aus L-Arabinose, Methylamin und Blausäure darstellen.
Durch Veretherung der 3-OH-Gruppe des D-Glucosamins mit Milchsäure entsteht die *Muraminsäure* (3-*O*-(1′-Carboxyethyl)-D-glucosamin), die als Baustein von Bakterienzellwänden Bedeutung besitzt.
Die **Neuraminsäure** besitzt als Bestandteil membranbildender Glykolipide zentrale Bedeutung. Sie liegt darin in acetylierter Form vor; ihre N-Acetyl- und O-Acetylderivate haben den Sammelnamen *Sialinsäuren.* Sie zählen zu den wichtigsten Bestandteilen der Schleimstoffe (Mucoide), die von den Schleimhäuten im Atmungs- und Urogenitaltrakt abgesondert werden.
Neuraminsäure entsteht aus *Brenztraubensäure* und D-*Mannosamin* durch *Aldoladdition:*

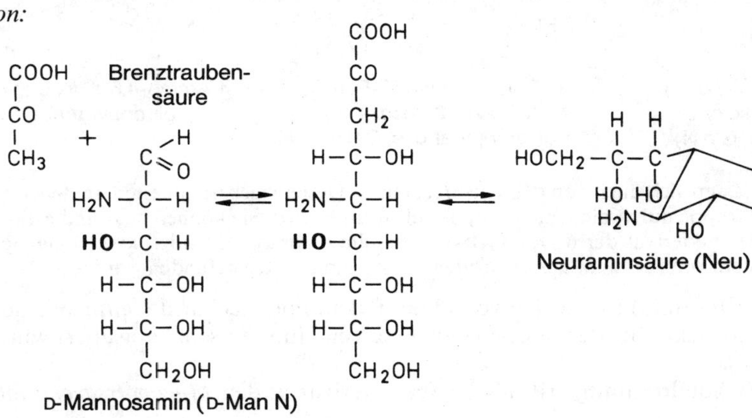

Neuraminsäure (Neu)

D-Mannosamin (D-Man N)

Die neu entstandene OH-Gruppe orientiert sich *trans* zur Aminogruppe und die CO-Gruppe der ursprünglichen Brenztraubensäure bildet einen Pyranosering in der $^{1}C_{4}$-Konformation mit der 3-OH-Gruppe des ursprüngichen Mannosamins aus (durch Fettdruck hervorgehoben).

(+)-Muscarin, der Giftstoff des Fliegenpilzes (Amanita muscaria), wurde als Derivat des Tetrahydrofurans erkannt (*Eugster,* 1956). Aus 125 kg frischen Fliegenpilzen konnten 260 mg reinstes (+)-Muscarinchlorid isoliert werden. Es ist hygroskopisch, Schmp. 178 − 179 °C (451 bis 452 K), [α]D = + 6,7°, und besitzt die Summenformel $C_9H_{20}O_2N^{\oplus}Cl^{\ominus}$. Nach Untersuchungen von *Kögl* (1957) liegt das *Trimethylammoniumchlorid des 3-Hydroxy-2-methyl-5-(aminoethyl)-tetrahydrofurans* vor[1].

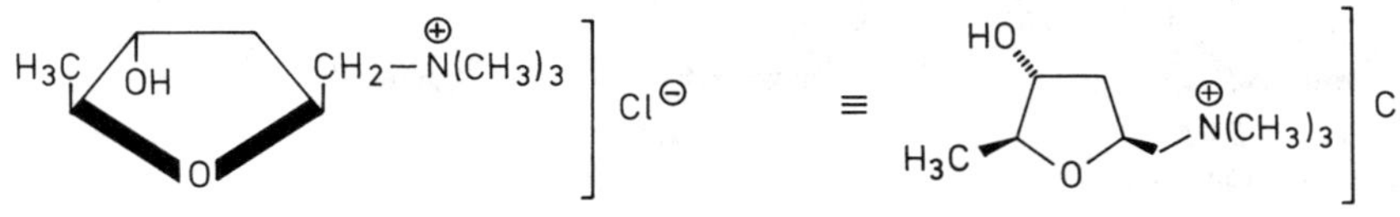

(2S,3R,5S)-(+)-Muscarinchlorid

Strukturell kann man es als Derivat eines Desoxy-aminozuckers betrachten, zumal es gelang, L(+)-Muscarinchlorid aus D-Glucosamin zu synthetisieren (*Hardegger,* 1957). Es zeigt am isolierten Froschherzen die gleiche Wirkung wie das Naturprodukt.

4.1.13 Zuckermercaptale und Thiozucker[2]

Auf S. 437 *f.* wurde beschrieben, daß die Zucker mit Alkoholen keine offenkettigen Acetale, sondern Glykoside bilden, in denen *nur eine* OH-Gruppe der hydratisierten Carbonylgruppe mit dem Alkohol verethert und die andere durch innere Acetalisierung die übliche Ringbildung eingegangen ist. Demgegenüber reagieren Mercaptane mit Zuckern in Gegenwart von $H^{\oplus}$-Ionen zu *Zuckermercaptalen* (Thioacetalen), die ausschließlich in der *offenkettigen* Form vorliegen, z. B. erhält man aus D-Glucose und Ethylmercaptan über die Stufe des *Ethylthioglucosids* das **D-Glucose-diethylmercaptal:**

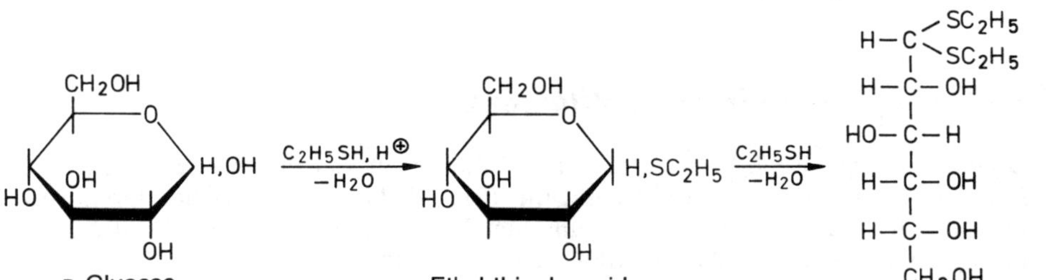

D-Glucose   Ethyl-thioglucosid   D-Glucose-diethylmercaptal

Die Zuckermercaptale werden wegen ihrer Schwerlöslichkeit und ihres guten Kristallisationsvermögens zur Reinigung und Charakterisierung von Zuckern herangezogen. Wie die Mercaptale der Aldehyde und Ketone sind sie gegen Alkalien beständig.
Unter *Thiozuckern* versteht man Abkömmlinge von Zuckern, in denen ein Sauerstoff- durch ein Schwefelatom ersetzt ist. Hierzu zählen z. B. die 1-Thioaldosen, die in Stellung 1 statt der OH- eine SH-Gruppe enthalten. Bei ihrer Darstellung geht man am besten von „Acetobromglucose", die aus Pentaacetyl-D-glucose und Bromwasserstoff zugänglich ist, aus und setzt diese mit Kaliumdisulfid zum acetylierten Zuckerdisulfid um, aus dem durch anschließende Hydrolyse und reduktive Spaltung der Disulfidbrücke die **1-β-D-Thioglucose** entsteht. Diese läßt sich mit Alkylhalogeniden in Gegenwart von Alkali in 1-β-D-*Thioglucoside* überführen:

[1] Vgl. *C. H. Eugster* et al., Helv. Chim. Acta *54,* 2704 (1971).
[2] Vgl. *H. Horton* und *D. H. Hutson,* Developments in the Chemistry of Thio Sugars in *M. L. Wolfrom* und *R. S. Tipson,* Adv. Carbohydrate Chem. *18,* S. 123ff. (Academic Press, New York 1963).

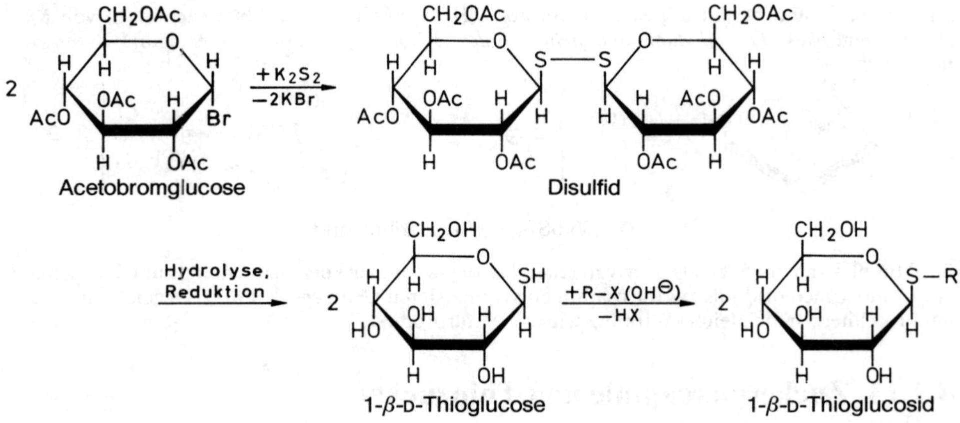

Auf die Bedeutung der Thioglucosid-Gruppe in den Senfölglucosiden wurde schon hingewiesen (S. 371). Die präparative Bedeutung der Thiozucker liegt in ihrer Umwandlung in Desoxyzucker begründet, die durch reduktive Entschwefelung mit *Raney*-Nickel glatt gelingt.

Bei der Synthese von Thiozuckern[1], in denen der Sauerstoff im Ring durch Schwefel ersetzt ist, geht man von bestimmten Derivaten der 4- bzw. 5-Thiozucker aus, die sich nach saurer Hydrolyse zu einer Furanose bzw. Pyranose mit dem S-Atom im Ring cyclisieren.

4.1.14 L(+)-*Ascorbinsäure, Vitamin C*

Vitamine sind organische Wirkstoffe, die in Pflanzen in kleinster Menge erzeugt werden und für den normalen Stoffwechsel im menschlichen und tierischen Organismus unentbehrlich sind. Fehlen diese organischen Katalysatoren oder Wirkstoffe in der Nahrung, so treten schwere Mangelkrankheiten, die „*Avitaminosen*", auf.

Der Name „Vitamin" leitet sich von dem zuerst untersuchten Vitamin B_1 ab, bei dem *C. Funk* (1911) feststellte, daß es einmal lebensnotwendig ist (*vita* = Leben) und zum anderen aminartig reagiert. Obwohl die meisten Vitamine ihrer chemischen Natur nach keine Amine sind, hat sich der Name dieser Wirkstoffklasse international durchgesetzt.

INN: L(+)-***Ascorbinsäure*** gehört zu den *wasserlöslichen Vitaminen* und findet sich besonders in frischen Früchten (Hagebutten, schwarze Johannisbeeren, Apfelsinen und Zitronen) sowie in Paprikaschoten und Kohlarten. Das Fehlen dieses Wirkstoffes in der Nahrung führt zu dem Krankheitsbild des Skorbuts, das sich durch Haut- und Zahnfleischblutungen und in schweren Fällen durch Zahnausfall zu erkennen gibt. Man spricht auch vom *antiskorbutischen* Vitamin C, das 1926 von *Szent-Györgyi* isoliert wurde und um dessen Konstitutionsaufklärung sich vor allem *Micheel* und *Hirst* (1932/33) verdient gemacht haben. Es wurde als γ-Lacton einer Ketohexonsäure erkannt, deren Ketogruppe jedoch in der *Enol*-Form vorliegt.

[1] Vgl. *H. Paulsen*, Angew. Chem. *78*, 501 (1966); Adv. Carbohydrate Chem. *23*, 115 (1968).

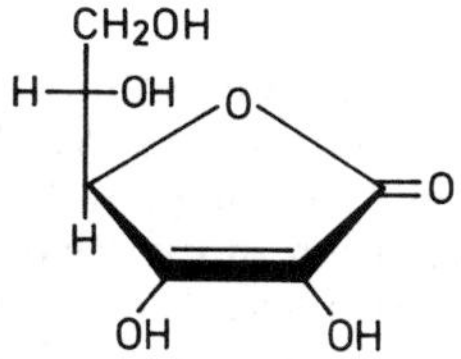

INN: L-***Ascorbinsäure***

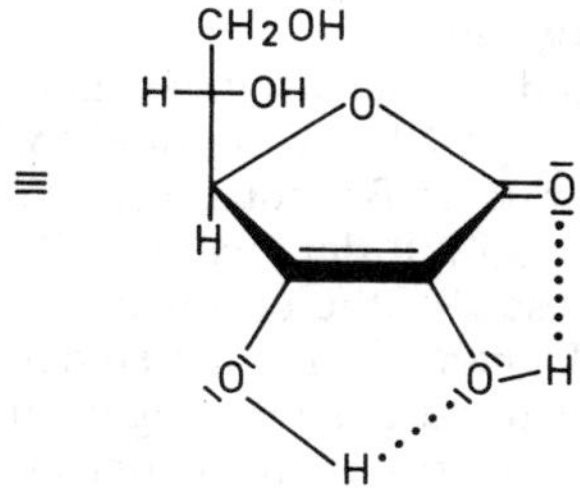

Die aus der Formel ersichtliche Anordnung zweier benachbarter OH-Gruppen an einer C=C-Doppelbindung, die *Endiol-* oder *Reduktongruppierung*, bedingt den *sauren* Charakter der L-Ascorbinsäure und ihr starkes *Reduktionsvermögen.* Aus der rechten Formel wird die *Chelatstabilisierung* erkennbar.

Zur Bestimmung der Ascorbinsäure verwendet man *Tillmanns* Reagens (2,6-Dichlorphenolindophenol), das in saurer Lösung zur farblosen Leukoverbindung reduziert wird.

4.1.14.1 Darstellung. Bei der technischen Synthese der L-Ascorbinsäure geht man von der D-Glucose aus, die durch katalytische Hydrierung in D-Sorbit übergeführt wird. Dieser Hexit liefert bei der biochemischen Dehydrierung mittels *Acetobacter* die L-Sorbose, deren C-Atom 5 bereits die Konfiguration der natürlichen Ascorbinsäure besitzt. Die Oxidation der L-Sorbose zur 2-Keto-L-gulonsäure erfolgt entweder direkt mit Sauerstoff am Platinkontakt oder über die Diisopropyliden-Verbindung mit Kaliumpermanganat und anschließende Abspaltung der Acetonreste durch saure Hydrolyse. Beim Erhitzen der 2-Keto-L-gulonsäure mit verdünnten Säuren tritt γ-Lactonisierung zur L-Ascorbinsäure ein:

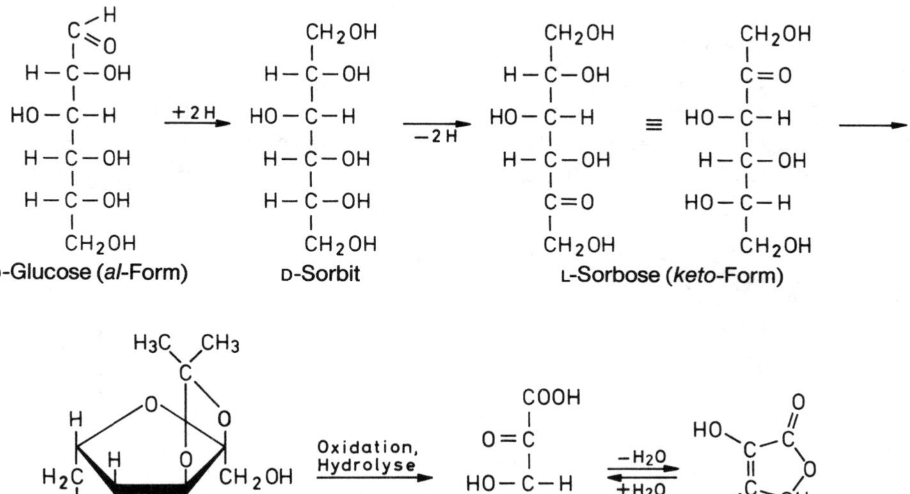

D-Glucose (*al*-Form) D-Sorbit L-Sorbose (*keto*-Form)

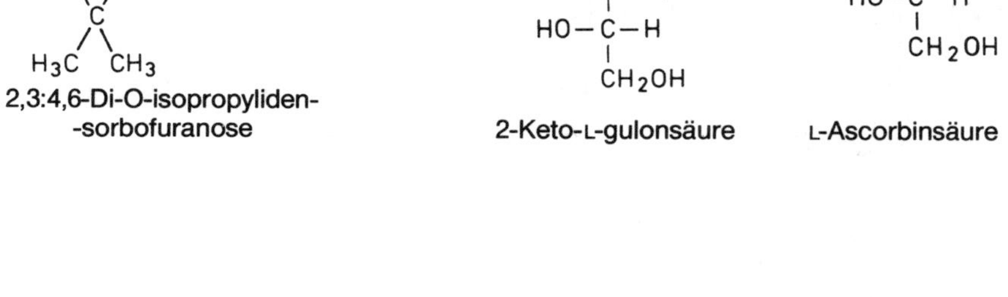

2,3:4,6-Di-O-isopropyliden--sorbofuranose 2-Keto-L-gulonsäure L-Ascorbinsäure

4.1.14.2 Der „Chiral-pool"

Gemeinsam mit anderen leicht zugänglichen chiralen Verbindungen, wie (*S*)-Milchsäure, (*S*)-Äpfelsäure, (*R.R*)-Weinsäure, (*S.S*)-Weinsäure und (*S*)-Glutaminsäure, gewinnen Kohlenhydrate an Bedeutung für *Naturstoffsynthesen* mit dem Ziel, *Chiralitätszentren* von Anfang an mit der richtigen Konfiguration in die Reaktion einzubringen. Als Beispiel für dieses Syntheseprinzip wird die Synthese des (+)-*Biotins* aus D-*Mannose* beschrieben. Es handelt sich um eine *lineare Synthese*, da das Zielmolekül mit der Mannose als Edukt in aufeinanderfolgenden Schritten dargestellt wird, im Gegensatz zu der *konvergenten Synthese*, die bei der Darstellung des Vitamins B_{12} angewandt wurde (vgl. S. 716).

Die grau unterlegten C-Atome in den Formeln der D-*Mannose und des* (+)-*Biotins* kennzeichnen diejenigen, welche im *Ausgangsmaterial* in ihrer *gegenseitigen Konfiguration* bereits vorhanden

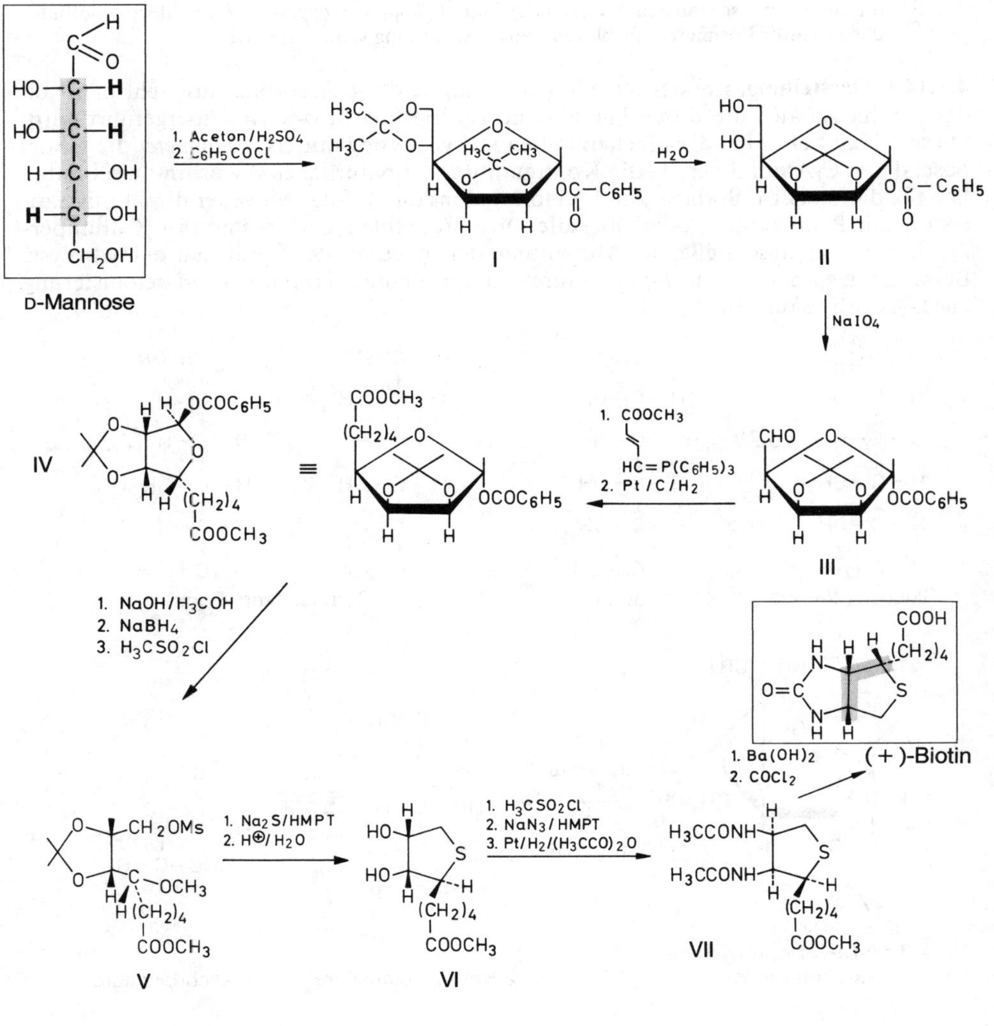

sind. Das erkennt man an der Di-isopropylidenverbindung I, in der sich die drei in der Mannose fett gedruckten H-Atome auf der *gleichen Seite* des Furanoseringes befinden. Bei der nachfolgenden partiellen Hydrolyse zu II, der Glykolspaltung zu III, der *Wittig*-Reaktion und Hydrierung zu IV sowie der Öffnung des Furanoseringes zu V, bleibt die Konfiguration an diesen Zentren unverändert. Der Ringschluß zum Thiolan VI wird mit einer S_N2-Reaktion vorgenommen; daher tritt an dem C-Atom 4 der ursprünglichen D-Mannose eine *Walden*-Umkehr ein (HMPT = Hexamethylphosphorsäuretriamid: $[(H_3C)_2N]_3P=O$)[1]. Bei der Einführung der Acetylaminogruppen zur Umsetzung VI → VII werden die intermediär erzeugten Methansulfonylgruppen in einer S_N2-Reaktion gegen Azidgruppen ausgetauscht, die dann reduziert und acetyliert werden. Mit der S_N2-Reaktion ist eine *Walden*-Umkehr an den C-Atomen 2 und 3 der ursprünglichen D-Mannose verbunden. Die drei Chiralitätszentren nehmen wieder die gleiche gegenseitige Konfiguration ein, weil im Laufe der Synthese an jedem Zentrum einmal eine *Walden*-Umkehr eingetreten ist.
Wegen der leichten Zugänglichkeit ihrer beiden Enantiomeren und der vielfältigen Möglichkeiten zu ihrer Überführung in reaktive Derivate (Funktionalisierung), ist die Weinsäure ein bevorzugtes Ausgangsprodukt für die Synthese homochiraler Verbindungen (EPC: **E**nantiomeric **P**ure **C**ompounds)[2].

4.2 Oligosaccharide

Zu den Oligosacchariden zählt man vor allem die Di- und Trisaccharide, in denen zwei bzw. drei Monosaccharide glykosidisch miteinander verknüpft sind und die sich als Glykoside mit Säuren wieder in die Ausgangszucker spalten lassen.

4.2.1 Disaccharide, $C_{12}H_{22}O_{11}$

In der Natur kommen nur einige Disaccharide frei vor, z. B. Rohr-, Milch- und Malzzucker.
Bei den in der Ringform vorliegenden Monosacchariden hat man grundsätzlich zwischen zwei funktionell verschiedenen Hydroxylgruppen zu unterscheiden, und zwar den *halbacetalischen* (in Aldosen am C-Atom 1, in Ketosen am C-Atom 2) und den *alkoholischen.* Die glykosidische Verknüpfung zweier Zuckermoleküle zum Disaccharid ist daher auf zweierlei Weise möglich: Entweder kann der Wasseraustritt zwischen den beiden halbacetalischen Hydroxylgruppen oder zwischen einer halbacetalischen und einer alkoholischen Hydroxylgruppe erfolgen. In Abhängigkeit von diesen beiden Verknüpfungsarten hat man zwischen *nichtreduzierenden* und *reduzierenden* Disacchariden

---

[1] HMPT hat sich im Tierversuch als carcinogen erwiesen; es kann durch das nicht mutagene Tetrahydro-1,3-pyrimidin-2-on (DMPU) ersetzt werden. Vgl. Nachr. Chem. Techn. Lab. *33,* 396 (1985).
[2] Vgl. *D. Seebach* et al., Chirale Reagentien aus Weinsäure, Angew. Chem. *91,* 1025 (1979); *J. W. Scott,* Readily Available Chiral Carbon Fragments and Their Use in Synthesis; *J. D. Morrison* et al., (Ed.) Asymmetric Synthesis *4,* 1 (Academic Press, New York 1984).

zu differenzieren, deren Besonderheiten am Beispiel des Rohr- und des Milchzuckers näher erläutert werden sollen.

4.2.1.1 Nichtreduzierende Disaccharide. Der **Rohrzucker** (Saccharose) besteht aus je einem Molekül D-Glucose und D-Fructose, die beide mit ihrer halbacetalischen Hydroxylgruppe *acetalartig* verknüpft sind, also zwischen dem C-Atom 1 der Glucose und dem C-Atom 2 der Fructose unter Ausbildung einer Sauerstoffbrücke. Damit sind zugleich die beiden *latenten* Carbonylfunktionen blockiert, d. h. dem Rohrzucker *fehlen* die typischen Eigenschaften der Monosaccharide, wie das Reduktionsvermögen gegenüber *Fehling*scher Lösung, die Osazonbildung und die Mutarotation, ferner kann er keine einfachen Alkylglykoside bilden. Nähere Untersuchungen ergaben, daß der Rohrzucker aus α-D-Glucopyranose und der seltener auftretenden β-D-Fructofuranose besteht. Demnach kann man den Rohrzucker als *α-D-Glucopyranosyl-β-D-fructofuranosid* oder auch als *β-D-Fructofuranosyl-α-D-glucopyranosid* auffassen. Er besitzt folgende Struktur, die durch *Röntgenstrukturanalyse* und durch *Synthese* (*Lemieux*, 1956) bewiesen wurde.

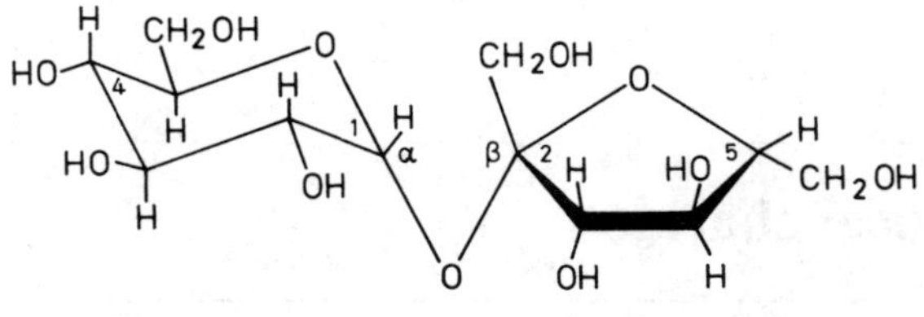

α-D-Glucopyranose β-D-Fructofuranose

Rohrzucker (Saccharose)

In dieser Konformationsformel ist die β-D-Fructofuranose (vgl. S. 442*f.*) um eine Achse, die durch das O-Atom im Ring und die Mitte der $C_{(3)}-C_{(4)}$-Bindung verläuft, um 180° gedreht. Bei der Hydrolyse des Rohrzuckers entstehen D-Glucopyranose und *D-Fructopyranose,* d. h. der 5-Ring der D-Fructofuranose geht in den stabileren 6-Ring über.

4.2.1.2 Reduzierende Disaccharide. Im **Milchzucker,** der aus je einem Molekül D-Galactose und D-Glucose besteht, ist die Hydroxylgruppe der D-Galactose am C-Atom 1 mit der alkoholischen Hydroxylgruppe am C-Atom 4 der D-Glucose *acetalartig* verbunden. Er besitzt folgende Konformationsformel:

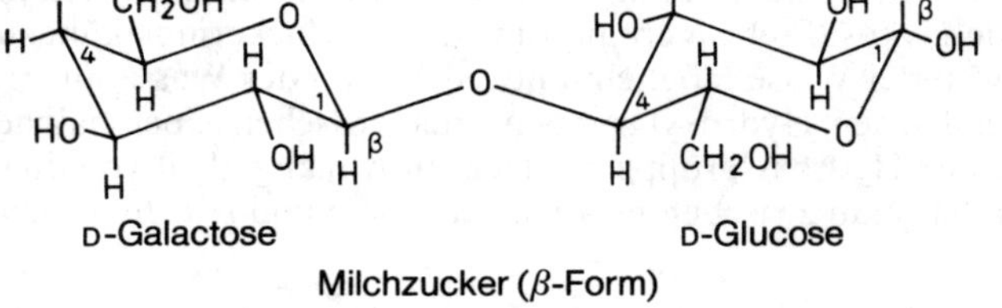

D-Galactose D-Glucose

Milchzucker (β-Form)

Demnach ist der Milchzucker (Lactose) die 4-*O*-(*β-D-Galactopyranosyl*)-*D-glucopyranose,* die sowohl in der α- als auch in der β-Form auftreten kann. Da am C-Atom 1 der D-Glucose eine halbacetalische Hydroxylgruppe vorliegt, zeigt der Milchzucker Reduktionsvermögen, Osazonbildung und Mutarotation. Das gleiche gilt für die *Allolactose* (6-*O*-(*α-D-Galactopyranosyl*)-*D-glucopyranose*).

Die wichtigsten Disaccharide

4.2.1.3 Rohrzucker (Saccharose, Sucrose) ist das am häufigsten vorkommende Disaccharid des Pflanzenreichs. Er findet sich in fast allen Früchten und in vielen Pflanzensäften, vor allem in der Zuckerrübe (16–20%) und im Zuckerrohr (14–16%), das besonders in Indien, Brasilien, auf Kuba, in China, Mexiko, USA und den Philippinen angebaut wird.

Gewinnung. a) Die Rübenschnitzel werden in Diffuseuren mit Wasser im Gegenstromprinzip ausgelaugt und die Zuckerlösung mit Kalkwasser versetzt, um die Pflanzensäuren, wie Oxalsäure, Weinsäure und andere Hydroxysäuren, sowie die Eiweißstoffe auszufällen. Der überschüssige Kalk, der als lösliches Calciumsaccharat vorliegt, läßt sich durch Einleiten von Kohlendioxid als Calciumcarbonat abscheiden (Saturation).
Nach dem Abpressen des Niederschlages wird der „Dünnsaft" im Vakuum zum „Dicksaft" eingeengt und der auskristallisierende Rohrzucker durch Zentrifugieren vom Sirup getrennt. Den zurückbleibenden braunen Sirup, die *„Melasse"*, verwendet man als Viehfutter oder unterwirft ihn der alkoholischen Gärung. Der kristalline, noch siruphaltige Zucker kann durch Umkristallisieren, Filtrieren über Aktivkohle und Eindampfen im Vakuum raffiniert werden.
b) Aus dem Zuckerrohr (Saccharum officinarum) gewinnt man durch Auspressen den Zuckersaft, der mit Calciumhydroxid neutralisiert und im Vakuum bis zur Kristallisation eingedampft wird.

Eigenschaften. Rohrzucker bildet monokline Prismen, die in Wasser leicht, in hochprozentigem Ethanol schwer löslich sind. Durch verdünnte Mineralsäuren wird der Rohrzucker in je 1 Molekül D-*Glucopyranose* und D-*Fructopyranose* gespalten.

$$\underbrace{\underset{[\alpha]_D = +66.5^\circ}{\underset{\text{Saccharose}}{C_{12}H_{22}O_{11}}} + H_2O \xrightarrow{H^\oplus} \underset{[\alpha]_D = +52,5^\circ}{\underset{\text{D-Glucose}}{C_6H_{12}O_6}} + \underset{[\alpha]_D = -92^\circ}{\underset{\text{D-Fructose}}{C_6H_{12}O_6}}}_{\text{Endwert in Wasser } [\alpha]_D = -20^\circ}$$

Da die Fructose stärker nach links als die Glucose nach rechts dreht, geht die Rechtsdrehung der Saccharose bei der Hydrolyse in eine Linksdrehung über. Daher bezeichnet man diese Spaltung als *Inversion des Rohrzuckers* und das entstehende Zuckergemisch als *Invertzucker*, z. B. besteht der Kunsthonig aus invertiertem Rohrzucker, dagegen der Bienenhonig aus natürlichem Invertzucker.

Die Inversion des Rohrzuckers mit verdünnten Säuren verläuft viel rascher als die Spaltung anderer Disaccharide, wobei die Geschwindigkeit der $H^\oplus$-Ionenkonzentration *proportional* ist. Auch durch spezifische Enzyme (Saccharose, Invertase) wird der Rohrzucker zunächst invertiert und dann durch Hefe vergoren.
Beim Erhitzen des Rohrzuckers über seinen Schmelzpunkt erhält man eine braune Masse, die ein Gemisch verschiedener Zersetzungsprodukte darstellt und als *„Karamel"* bezeichnet wird. Bei der Einwirkung von konz. Schwefelsäure auf Rohrzucker erfolgt eine heftige Reaktion unter Abscheidung von fast reinem Kohlenstoff.

4.2.1.4 (+)-Trehalose kommt in Pilzen sowie anderen niederen Pflanzen vor und gehört – wie der Rohrzucker – zu den *nichtreduzierenden* Disacchariden. Bei der sauren Hydrolyse entstehen 2 Moleküle D-Glucose. Die Trehalose weist die Struktur des α-D-*Glucopyranosyl-α-*D-*glucopyranosids* auf; d. h., in ihr sind die C-Atome 1 zweier Glucosemoleküle acetalartig verknüpft:

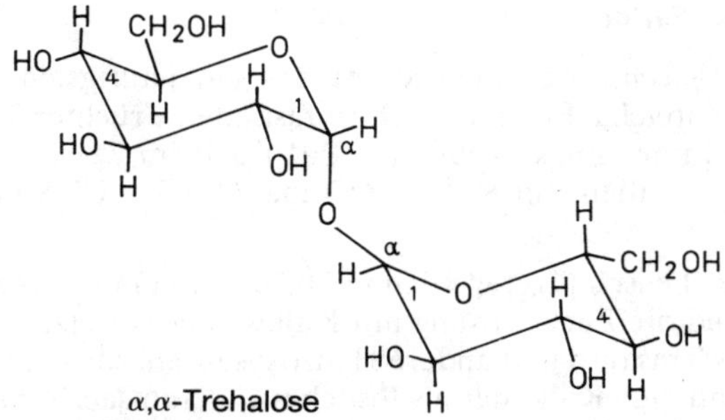

α,α-Trehalose

4.2.1.5 (+)-Lactose (Milchzucker) findet sich neben der (+)-*Allolactose* als wichtigster Zucker in der Milch, und zwar in der Frauenmilch zu 5–7%, in der Kuhmilch 4–5%. Als Ausgangsmaterial für die *Gewinnung* des Milchzuckers dient die tierische Milch, der zunächst das emulgierte Fett als Rahm und das Casein entzogen werden. Aus der zurückbleibenden Molke scheidet sich beim Eindampfen erst Lactalbumin und dann Milchzucker ab.

Lactose ist eine farblose, kristalline Substanz, die sich in Wasser leicht löst, schwach süß schmeckt und stark *reduzierend* wirkt. Sie zeigt *Mutarotation*, wobei der Endwert der spezifischen Drehung im Gleichgewicht der α- und β-Lactose in Wasser $[\alpha]_D = +52{,}3°$ beträgt. Durch saure Hydrolyse oder durch das Enzym *Lactase* (β-Galactosidase) wird Lactose in je 1 Molekül D-Glucose und D-Galactose gespalten. Große Teile der erwachsenen Weltbevölkerung besitzen keine Lactase; in diesen Fällen kann man mit Milchpulver nur Kindern, nicht aber hungrigen Erwachsenen helfen. Bei der Sauermilch- oder Joghurtbereitung findet ein bakterieller Abbau des Milchzuckers zu Milchsäure statt.

4.2.1.6 (+)-Maltose (Malzzucker) tritt vor allem im keimenden Samen, z. B. im Gerstenmalz, auf und fungiert als wasserlösliches Zwischenprodukt beim biochemischen Abbau der Stärke. Bei der enzymatischen Spaltung der Stärke mittels *Diastase* erhält man Maltose. Sie kristallisiert in Nadeln, die sich leicht in Wasser, aber schwer in Ethanol lösen. Bei der Einwirkung verdünnter Säuren bzw. von *Maltase* (α-Glucosidase) der Hefe wird Maltose in 2 Moleküle D-Glucose gespalten. Maltose reduziert *Fehling*sche Lösung, bildet ein Osazon, zeigt *Mutarotation* und ähnelt somit in ihrem chemischen Verhalten der Lactose. Sie gehört also zu den *reduzierenden* Disacchariden; die Sauerstoffbrücke verläuft vom C-Atom 1 des einen Glucosemoleküls zum C-Atom 4 des zweiten, so daß die halbacetalische Hydroxylgruppe am C-Atom 1 des zweiten Glucosemoleküls unverändert bleibt. Maltose ist somit die *4-O-(α-D-Glucopyranosyl)-D-glucopyranose* und kann in α- bzw. β-Form auftreten. Der Endwert der optischen Drehung des anomeren Gleichgewichts in Wasser beträgt $[\alpha]_D = +128{,}5°$.

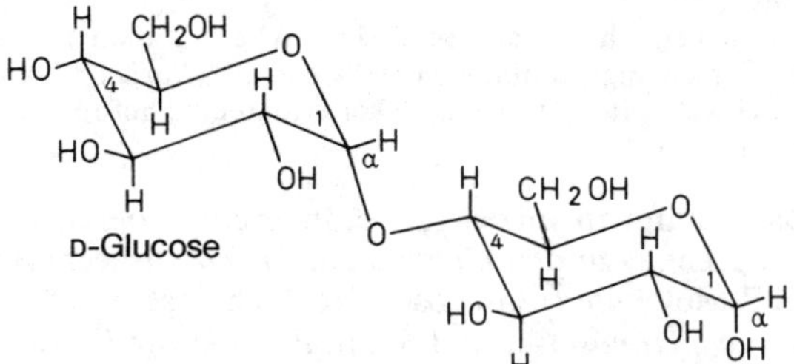

Maltose (α-Form)

Eine allgemein angewandte Methode zur *Konstitutionsaufklärung* von Disacchariden sei am Beispiel der *Maltose* erläutert. Zunächst wird die Maltose mit Bromwasser zu *Maltobionsäure* oxidiert und diese dann durch Methylierung mit Dimethylsulfat in alkalischer Lösung in den *Octa-O-methyl-maltobionsäuremethylester* übergeführt. Bei der Hydrolyse zerfällt der Ester in 2,3,4,6-*Tetra-O-methyl-*D*-glucose* und *2,3,5,6-Tetra-O-methyl-*D*-gluconsäure:*

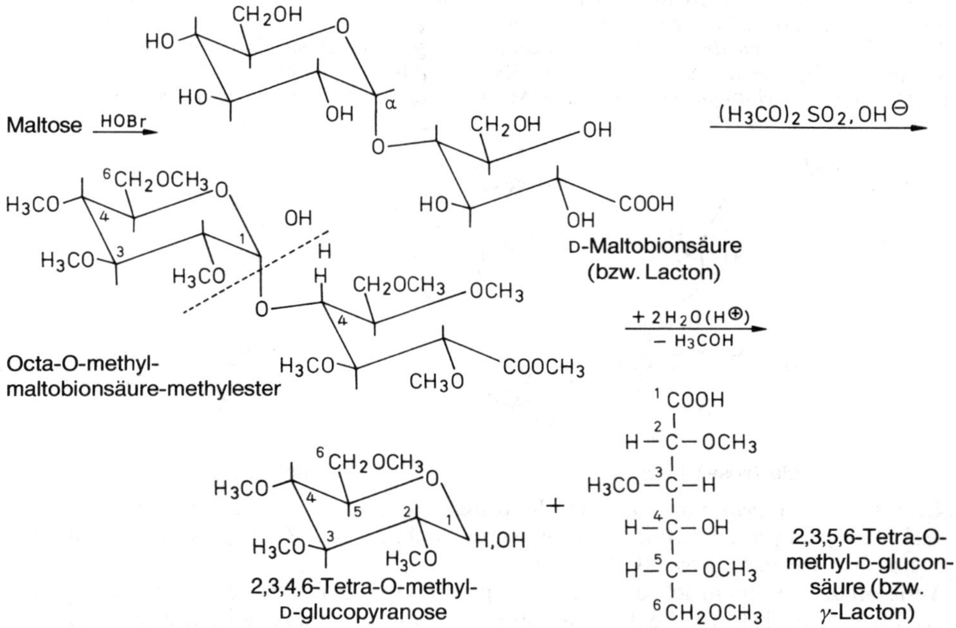

Der Übersicht halber wurden die H-Atome in den obigen Konformationsformeln weggelassen.

Das erste Spaltstück des Octa-O-methyl-maltobionsäuremethylesters stammt aus der „Halbacetal-Komponente", das zweite aus der „Alkohol-Komponente", d. h. durch Oxidation, Methylierung und Hydrolyse wurde die obige Strukturformel der Maltose bewiesen.

4.2.1.7 (+)-Cellobiose ist ein Abbauprodukt der Cellulose und besteht – wie die Maltose – aus 2 Molekülen D-Glucose. Beide Disaccharide unterscheiden sich durch ihre Struktur, und zwar liegt in der Maltose das α-Glucosid, in der Cellobiose dagegen das entsprechende β-Glucosid vor. Sie ist als *4-O(β-*D*-Glucopyranosyl)-*D*-glucopyranose* zu bezeichnen.

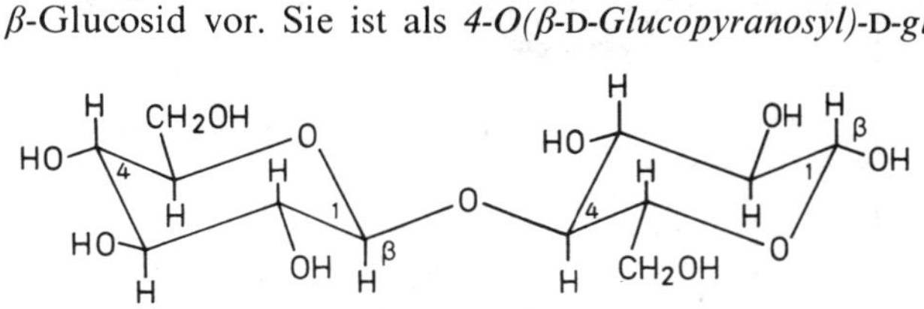

Cellobiose (β-Form)

Die Cellobiose gewinnt man *durch Acetolyse von reiner Cellulose* mit Acetanhydrid in Gegenwart von konz. Schwefelsäure, wobei zunächst das *Octaacetat* der Cellobiose

Kohlenhydrate 4

entsteht. Dieses wird mit Kaliumhydroxid oder Natriummethylat zur Cellobiose hydrolysiert. Sie bildet eine farblose, kristalline Substanz, ist in Wasser löslich und zeigt die üblichen Eigenschaften der *reduzierenden* Disaccharide. Sie ist rechtsdrehend, $[\alpha]_D = +34{,}6\,°$. Durch das Enzym *Emulsin* (*β*-Glucosidase) wird Cellobiose in 2 Moleküle D-Glucose gespalten.

4.2.1.8 Gentiobiose und **Melibiose** kommen *nicht frei* in der Natur vor, sondern werden bei der Hydrolyse der Trisaccharide Gentianose bzw. Raffinose erhalten. Ferner tritt die Gentiobiose in dem Glykosid *Amygdalin* auf. Beide Disaccharide unterscheiden sich von den anderen dadurch, daß die OH-Gruppe am C-Atom 6 an der Glykosidbildung beteiligt ist. Gentiobiose ist die *6-O-(β-D-Glucopyranosyl)-D-glucopyranose* und Melibiose die *6-O-(α-D-Galactopyranosyl)-D-glucopyranose:*

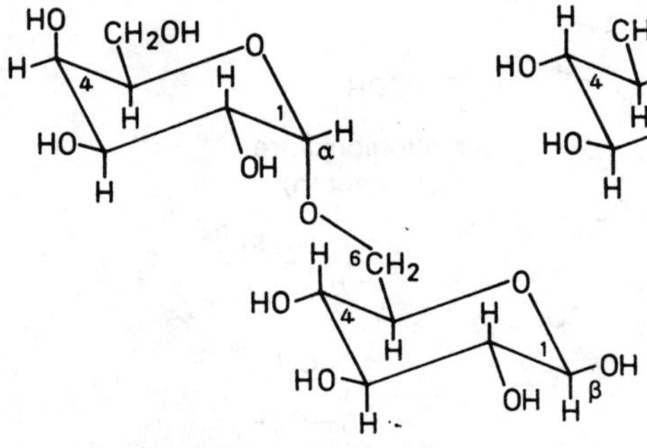

Melibiose (*β*-Form)

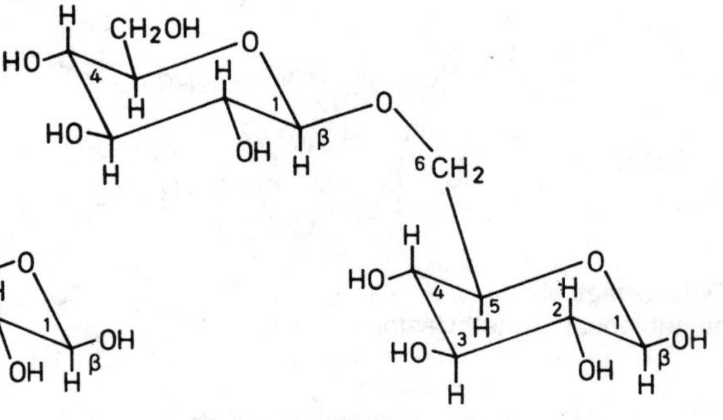

Gentiobiose (*β*-Form)

4.2.1.9 *Streptomycin* wurde aus den Kulturen von *Streptomyces griseus* isoliert (*Waksman,* 1944) und hat als *Antibiotikum* gegen Tuberkulose, Meningitis oder Pneumonie chemotherapeutisch große Bedeutung erlangt.

Antibiotika sind chemisch definierte, ursprünglich von Pilzen oder Mikroorganismen produzierte Wirkstoffe, die das Wachstum oder die Vermehrung bestimmter Bakterien oder Mikroorganismen hemmen.

Im *INN:* ***Streptomycin*** liegt als Disaccharid die *Streptobiose* vor, die glykosidisch mit *Streptidin* verknüpft ist (*Folkers, Wolfrom, Wintersteiner* u. a.).

Streptidin leitet sich vom *scyllo*-Inosit, dem *all-trans*-Isomeren des Inosits (vgl. S. 405), ab, in dem zwei Hydroxylgruppen durch Guanidinoreste ersetzt sind.

Streptobiose

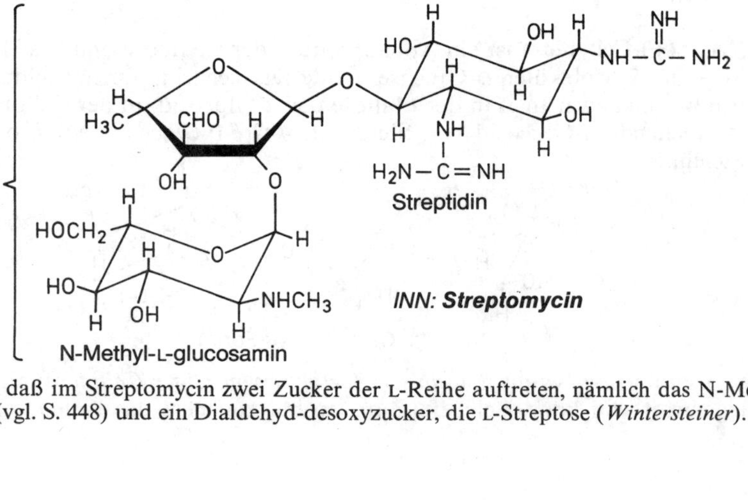

INN: ***Streptomycin***

Bemerkenswert ist, daß im Streptomycin zwei Zucker der L-Reihe auftreten, nämlich das N-Methyl-L-glucosamin (vgl. S. 448) und ein Dialdehyd-desoxyzucker, die L-Streptose (*Wintersteiner*).

4.2.2 Trisaccharide, $C_{18}H_{32}O_{16}$

Die wenigen bekannten Trisaccharide ähneln in ihrem Bau den Disacchariden. Als Beispiel sei die in der Zuckerrübe vorkommende **Raffinose** angeführt, in der je ein Molekül D-Glucose, D-Fructose und D-Galactose glykosidisch miteinander verknüpft sind. Sie gehört zu den *nichtreduzierenden* Zuckern und besitzt folgende Konformationsformel:

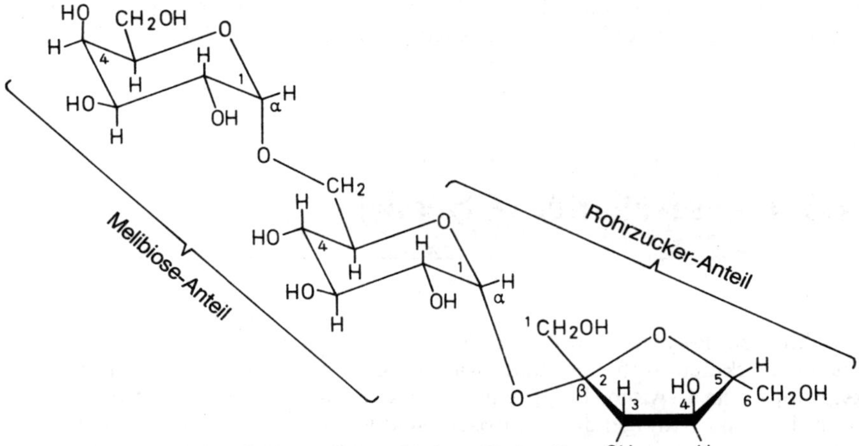

Raffinose; α-D-Gal(1 → 6)-α-D-Glc(1 → 2)-β-D-Fru
6-*O*-(α-D-Galactopyranosyl)-α-D-glucopyranosyl-β-D-fructofuranosid

Bei der enzymatischen Spaltung von Raffinose mittels *Invertase* (β-Fructosidase) entstehen D-Fructose und Melibiose und mit *Emulsin* (α-Galactosidase) Rohrzucker und D-Galactose, d. h. die beiden Disaccharide überlappen sich in der angegebenen Weise.

4.2.3 Pseudooligosaccharide[1]

Die Pseudooligosaccharide unterscheiden sich dadurch von den Oligosacchariden, daß in ihnen ein Monosaccharidbaustein durch eine *Cycliteinheit* ersetzt ist, wie man aus der Formel der *Acarbose* entnehmen kann.

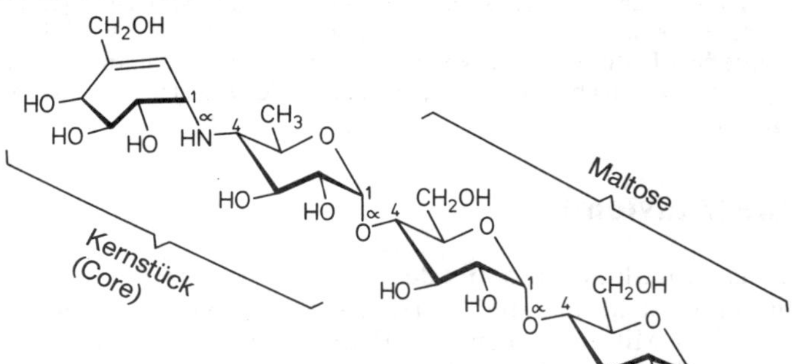

Acarbose

[1] Vgl. *E. Truscheit* et al., Chemie und Biochemie mikrobieller α-Glucosidasen-Inhibitoren, Angew. Chem. *93*, 738 (1981).

Die in Actinomycetenkulturen vorkommende Acarbose ist ein Pseudotetrasaccharid, in dem ein ungesättigter Cyclit (Hydroxymethylcondurit) α-pseudo-N-glykosidisch mit 4-Amino-4,6-didesoxy-D-glucose verbunden ist, die ihrerseits α-glykosidisch mit Maltose verknüpft ist.
Die beiden pseudoglykosidisch verknüpften Bausteine stellen das Kernstück (Core) einer Reihe von Pseudooligosacchariden dar, zu der auch die Acarbose gehört. Pseudooligo- und Pseudopolysaccharide mit anders strukturierten Kernstücken sind in Getreide, Bakterien und Pilzen weitverbreitet. Sie hemmen α-Glucosidasen und sind im Hinblick auf Regulierungsmöglichkeiten des Kohlenhydratstoffwechsels interessant.

4.3 Polysaccharide (Glycane)[1]

Die wichtigsten Polysaccharide sind *Stärke, Glykogen* und *Cellulose,* die sich aus D-Glucosemolekülen aufbauen, und zwar findet fast stets eine Verknüpfung der Hydroxylgruppe am C-Atom 1 der einen mit der alkoholischen Hydroxylgruppe am C-Atom 4 des nächstfolgenden Glucosemoleküls unter Wasseraustritt statt. Erstreckt sich diese *acetalartige Verkettung* auf viele – Hunderte oder sogar Tausende – Monosaccharid-Einheiten, so kommt es zur Ausbildung eines *Makromoleküls.* Derartige *hochpolymere Zucker* zeigen ganz andere physikalische und chemische Eigenschaften als die Mono- und Oligosaccharide, zumal die glykosidische Verknüpfung der einfachen Zucker in gerader Kette oder unter Verzweigung erfolgen kann. Die meisten Polysaccharide von der Summenformel $(C_6H_{10}O_5)_n$ sind entweder in Wasser gar nicht oder nur kolloid löslich. Der kolloide Zustand läßt auf eine hohe relative *Molekülmasse* schließen, deren Größe zwischen 17 000 und mehreren Millionen liegen kann.

Bei der Ermittlung der Struktur und der relativen Molekülmasse von Polysacchariden werden chemische, enzymatische und physikalische Methoden angewandt, z. B. Messung des osmotischen Drucks, Viskositätsbestimmungen, Verhalten in der Ultrazentrifuge, Elektronenmikroskopie und Röntgenstrukturanalyse. Darüber hinaus versuchte man, die Frage nach der Molekülgröße von Hochpolymeren mit Hilfe der *Endgruppenbestimmung* zu lösen. Hierbei wird der mengenmäßige Anteil einer spezifischen Endgruppe der Kette in bezug auf das Gesamtmolekül ermittelt (*Staudinger, Haworth*). Genaue Angaben über die Kettenlänge der einzelnen Polysaccharide liegen jedoch bisher nicht vor.

4.3.1 Stärke (Amylum)[2]

Die Stärke ist das Assimilationsprodukt der grünen Pflanzenzellen.
Unter **Assimilation** versteht man die Überführung des Kohlendioxids der Luft in Stärke unter katalytischer Mithilfe des grünen Pflanzenfarbstoffs Chlorophyll und gleichzeitiger Einwirkung des Sonnenlichts (Photosynthese). Bei diesem z. T. noch ungeklär-

[1] Vgl. *G. O. Aspinall,* Polysaccharides, *1–3* (Academic Press, New York 1982–1985).
[2] Vgl. *T. Gaillard* (Ed.), Starch: Properties and Potential (Wiley, New York 1987).

ten Prozeß gibt die Pflanze molekularen Sauerstoff ab. Hierdurch entstehen auf der Erde fast jährlich über 100 Milliarden Tonnen Kohlenhydrate.
Die biochemisch erzeugte Stärke lagert sich in Form von kleinen, weißen Stärkekörnern, die eine konzentrische Schichtung aufweisen, in den „Chloroplasten" ab. Ein direkter Transport der Stärke innerhalb der Pflanze ist nicht möglich, da die Pflanzenmembranen für Kolloide undurchlässig sind. Die Pflanze hat aber die Fähigkeit, die durch Assimilation entstandene Stärke enzymatisch über Maltose zu Glucose abzubauen. Die Glucose kann in der Pflanze wandern und in bestimmten Depots, vor allem in den Wurzelknollen (Kartoffeln) und Samen (Getreidekörnern), wieder zur „Reservestärke" aufgebaut werden.
Die Stärkekörner bestehen aus *Amylopektin* (etwa 80%) als Hüllsubstanz und *Amylose* (etwa 20%) im Innern. Beide Polysaccharide unterscheiden sich in ihren chemischen und physikalischen Eigenschaften.

4.3.1.1 Amylose bildet überwiegend unverzweigte Ketten von Glucosemolekülen, die *α(1,4)-glucosidisch* miteinander verknüpft sind: (α-1,4-Glucan):

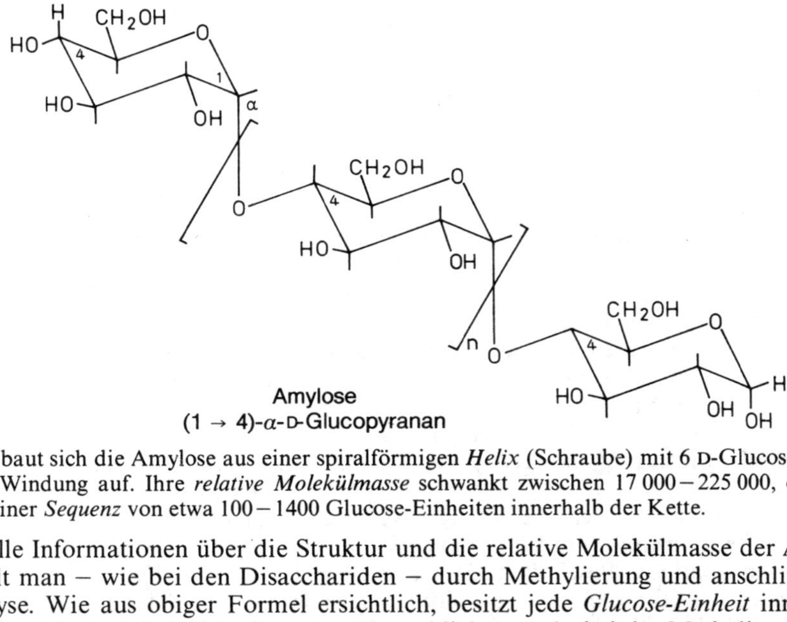

Amylose
(1 → 4)-α-D-Glucopyranan

Sterisch baut sich die Amylose aus einer spiralförmigen *Helix* (Schraube) mit 6 D-Glucoseeinheiten pro Windung auf. Ihre *relative Molekülmasse* schwankt zwischen 17 000 – 225 000, das entspricht einer *Sequenz* von etwa 100 – 1400 Glucose-Einheiten innerhalb der Kette.

Wertvolle Informationen über die Struktur und die relative Molekülmasse der Amylose erhält man – wie bei den Disacchariden – durch Methylierung und anschließende Hydrolyse. Wie aus obiger Formel ersichtlich, besitzt jede *Glucose-Einheit* innerhalb der Amylosekette 3 freie OH-Gruppen. Tatsächlich entsteht bei der Methylierung und Hydrolyse der Amylose vorwiegend die *2,3,6-Tri-O-methyl-D-glucose* neben einer geringen Menge (~0,5%) von *2,3,4,6-Tetra-O-methyl-D-glucose,* die aus der *Endgruppe* der Amylosekette stammt (**Endgruppen-Analyse**).

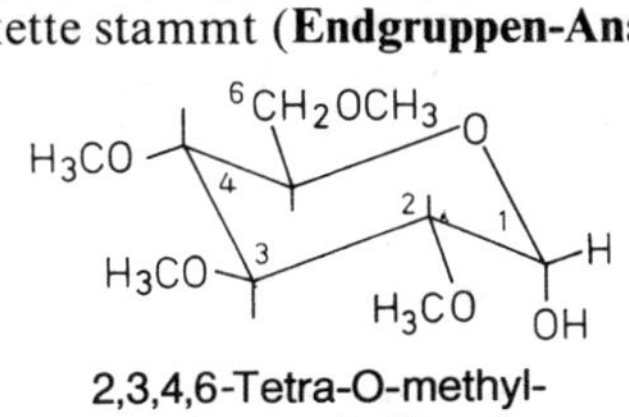

2,3,4,6-Tetra-O-methyl-D-glucose (α-Form)

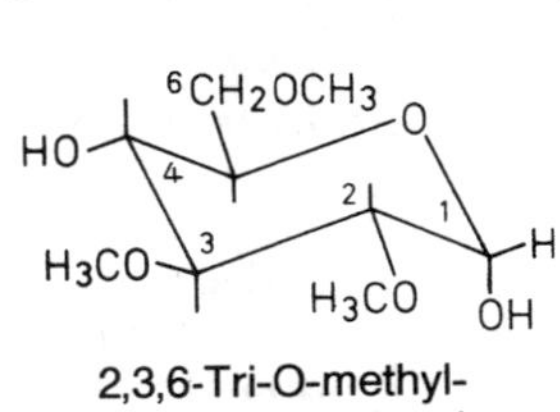

2,3,6-Tri-O-methyl-D-glucose (α-Form)

4.3.1.2 Amylopektin, der Hauptbestandteil der Stärke, besteht – wie die Amylose – aus D-Glucose-Einheiten, die jedoch in buschartig *verzweigten,* kürzeren Ketten angeordnet sind, die je 20–25 Glucose-Einheiten enthalten. Die Verknüpfung innerhalb der Kette erfolgt *α(1,4)-glucosidisch,* dagegen an den Verzweigungsstellen *α(1,6)-glucosidisch.* Seine *relative Molekülmasse* wird mit 200 000–1 000 000 oder höher angegeben.

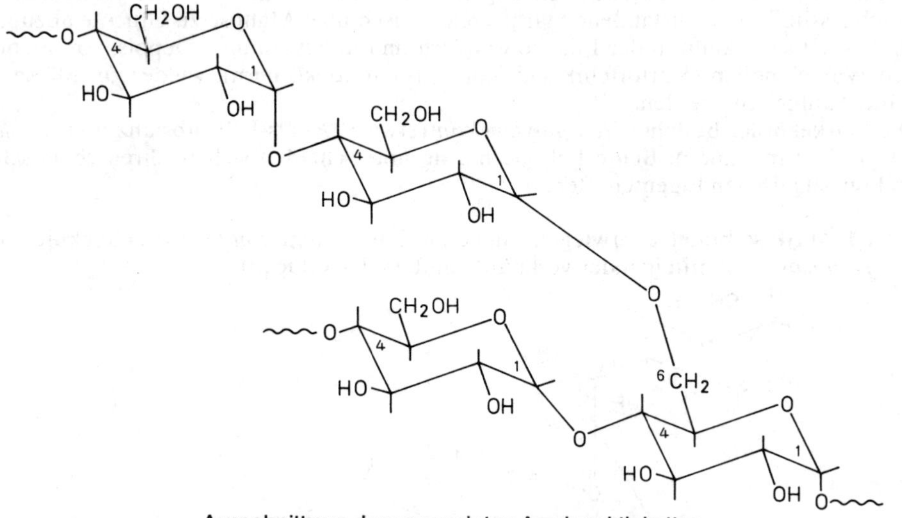

Ausschnitt aus den verzweigten Amylopektinketten

Gewinnung. Als Rohprodukte dienen meist Kartoffeln, Getreide, Mais und Reis. Das feinzermahlene Getreidemehl ist fast reine Stärke, aus der die eiweißreichen Kleberstoffe durch Schlämmen von den schwereren Stärkekörnern abgetrennt werden. Bei Kartoffeln werden die Zellwände durch Zerreiben aufgerissen und die Stärkekörnchen herausgewaschen. Nach Abtrennen der groben Zellbestandteile durch ein Sieb setzen sich die Stärkekörner aus der milchigen Suspension ab. Sie werden bei 25 bis 30 °C (300–305 K) getrocknet und ergeben beim Zermahlen das *Stärkemehl.*

Eigenschaften. Stärke ist ein weißes, hygroskopisches Pulver, das sich in kaltem Wasser nicht löst. Beim Erhitzen mit Wasser auf etwa 90 °C (365 K) bildet sich der *Stärkekleister,* dessen gelatinöse Beschaffenheit vom Aufquellen des Amylopektins herrührt. Im Gegensatz dazu geht die Amylose kolloid in Lösung. Sie läßt sich aus dem Filtrat mit Alkohol als *lösliche Stärke* abscheiden und gibt mit Iod-Iodkalium-Lösung die typische blaue Iodreaktion auf Amylose. Hierbei werden die Iodmoleküle kettenförmig in die kanalartigen Hohlräume der schraubenförmig angeordneten Amyloseketten eingelagert (*Einschlußverbindung*). Die **Iod-Stärke-Reaktion** ist sehr empfindlich und dient zum *Nachweis* von Amylose oder von Iod (Iodometrie). In der Wärme verschwindet die Blaufärbung und tritt in der Kälte wieder auf. Amylopektin gibt mit Iod eine rotviolette Färbung.

Durch Kochen mit verdünnten Säuren wird die Stärke (Amylose + Amylopektin) bis zur D-Glucose abgebaut. Wird die Hydrolyse jedoch vorzeitig unterbrochen, so erhält man ein schwer trennbares Gemisch von Bruchstücken der Polysaccharidketten, die **Dextrine,** die u. a. als *Klebstoffe* und *Appreturmittel* verwendet werden. Es sind amorphe Substanzen, die sich in Wasser kolloid lö-

sen und deren freie Aldehydgruppen *Fehling*sche Lösung mehr oder weniger stark reduzieren. Ein gezielter Abbau der Stärke ist auf enzymatischem Wege möglich.
Cyclodextrine[1] bilden sich bei der Einwirkung von *B. macerans* auf Stärke; sie enthalten 6, 7 oder 8 α-1,4 verknüpfte Glucosebausteine (α, β oder γ-Cyclodextrine weisen innere Durchmesser von 500 bis 800 pm auf). Wegen ihrer wohldefinierten hydrophoben inneren Oberfläche stellen sie wertvolle Modelle für das Verhalten von Cavitäten in Enzymen dar.

Cyclische *Glucane* aus 1,2-verknüpfter β-D-Glucose spielen in Bakterien eine Rolle bei der osmotischen Regulierung in wechselnden Umgebungen.

4.3.1.3 *INN:* ***Dextrane*** sind verzweigte Polysaccharide aus Glucosebausteinen, die durch Mikroorganismen vorwiegend der *Leuconostoc*-Gruppe gebildet werden und die meistens 1,6-Verknüpfungen aufweisen; daneben kommen auch 1,2-, 1,3- und 1,4-Verknüpfungen vor. Sie werden als Plasma-Ersatz bei Bluttransfusionen verwendet und bilden die Grundlage der *Sephadex*-Gele, die aus ihnen durch dreidimensionale Vernetzung und *Epichlorhydrin* dargestellt werden. Der Vernetzungsgrad bestimmt die Porengröße des Gels und damit dessen Trenneigenschaften (vgl. S. 7).

4.3.1.4 Xanthan (Xanthan gum) ist ein von dem Bakterium *Xanthomonas campestris* ausgeschiedenes Polysaccharid mit einer relativen Molekülmasse von $1-10 \cdot 10^6$. An einer aus β-1,4-Glucan bestehenden Hauptkette sind durchschnittlich mit jedem Baustein in der 3-Position Trisaccharide der folgenden Struktur verknüpft:
β-D-Man (1 → 4)-β-D-Glc U (1 → 2)-α-D-Man.
Etwa 50% der endständigen D-Mannose jeder Seitenkette sind in 4,6-Stellung mit Brenztraubensäure acetalisiert und die mit der Glucose der Hauptkette verbundene α-D-Mannose ist in der 6-Stellung acetyliert[2]. Xanthan bildet hochviscose wäßrige Lösungen, die in der Technik und bei der Lebensmittelherstellung als Emulgatoren, Stabilisatoren und Gelierungsmittel in großem Maßstab verwendet werden.

4.3.2 Glykogen

Während die Stärke ausschließlich von Pflanzen erzeugt wird, liegt im Glykogen das „Reservekohlenhydrat" des tierischen Organismus vor. Es wird nach Umformen eines Teils der Kohlenhydratnahrung besonders in der Leber (bis zu 18% des Lebergewichts) sowie in den Muskeln gespeichert und kann, z. B. durch Kochen von Kaninchenleber mit Kalilauge, isoliert werden.

Bei der Hydrolyse des Glykogens mit Säuren entsteht D-Glucose und mit *β-Amylase* Maltose. In seinem chemischen Aufbau ähnelt Glykogen dem Amylopektin, nur sind die Ketten noch *stärker verzweigt* und höhermolekular; mit Iod färbt es sich rotbraun. Die *relative Molekülmasse* des Glykogens schwankt in den verschiedenen Organen zwischen 10^5 und 10^7. Die Ketten tragen an jeder 3. – 12. D-Glucose-Einheit eine Verzweigung. Der enzymatische Abbau des Glykogens zu L-Milchsäure wird später behandelt (s. S. 901).

[1] Vgl. *W. Saenger*, Cyclodextrin-Einschlußverbindungen in Forschung und Industrie, Angew. Chem. *92*, 343 (1980).
[2] Vgl. *P. E. Janssen* et al., Structure of the Extracellular Polysaccharide from Xanthomonas Campestris, Carbohydr. Res. *45*, 275 (1975).

4.3.3 Inulin

Ein weiteres pflanzliches Reservekohlenhydrat ist das Inulin, das besonders in den Wurzelknollen der Dahlien und in Artischocken vorkommt und daraus gewonnen wird. Auch Inulin ist hochmolekular, baut sich aber im Gegensatz zu den beiden vorhergenannten Polysacchariden fast ausschließlich aus *β(1,2)-glykosidisch* verknüpften D-*Fructose-Molekülen* auf: (2 → 1)-β-D-Fructofuranan. Inulin ist in warmem Wasser kolloid löslich, gegen Alkalien beständig und reduziert *Fehling*sche Lösung *nicht*. Da bei der enzymatischen Hydrolyse von Inulin in geringer Menge auch D-Glucopyranose isoliert wurde, nimmt man an, daß ein Saccharosemolekül als *Endgruppe* in der Inulinkette auftritt. Die relative *Molekülmasse* des Inulins beträgt annähernd 5200, d. h. die Kette besteht aus etwa 30 Fructose-Einheiten mit einer Glucose-Einheit am Ende.

4.3.4 Chitin

Dieses Polysaccharid findet sich in den Schalen der *Crustaceen*, in der Gerüstsubstanz von Insekten (Maikäfer) und in der Pilzcellulose (Steinpilz). Das Gesamtmolekül besteht aus langen Ketten von *N-Acetyl-D-glucosamin-Einheiten* (Glc NAc), die *β(1,4)-glucosidisch* verknüpft sind. Die *Röntgenstrukturanalyse* hat ergeben, daß die Struktur des Chitins der der Cellulose ähnelt, nur mit dem Unterschied, daß die OH-Gruppe am C-Atom 2 durch die Acetylaminogruppe ersetzt ist.

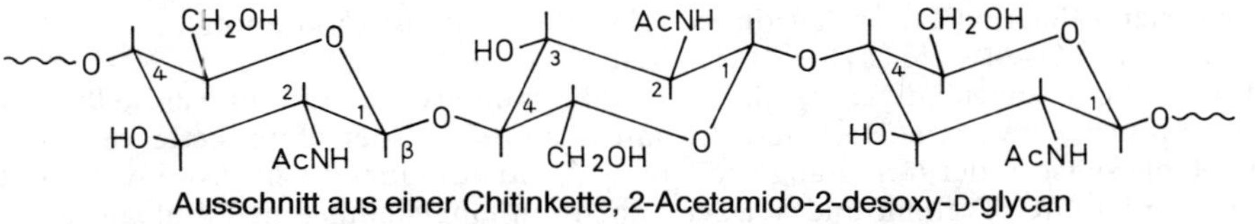

Ausschnitt aus einer Chitinkette, 2-Acetamido-2-desoxy-D-glycan

Beim Erhitzen mit verdünnter Salzsäure erfolgt eine Spaltung des Chitins in D-Glucosamin und Essigsäure.

4.3.5 Pektine

Im Pflanzenreich, besonders in Früchten, Knollen und Stengeln, finden sich weitere polysaccharidartig aufgebaute, leicht gelatinierende Stoffe, die *Pektine*. Sie stellen ein Polygalakturonan dar, in dem die Carboxylgruppen der D-*Galacturonsäurebausteine* teilweise mit Methanol verestert sind:

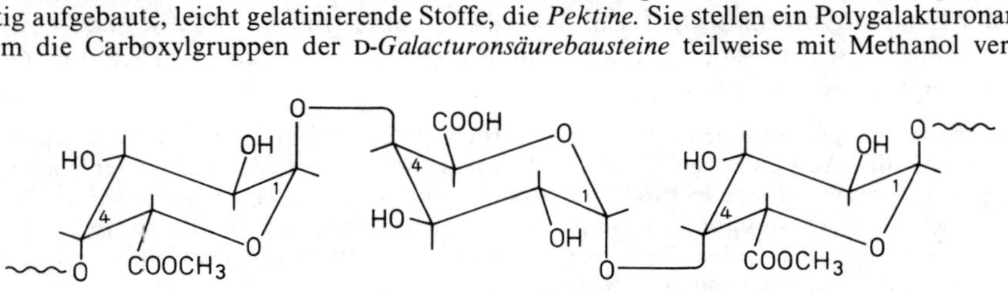

Ausschnitt aus einer Pektinkette

Die charakteristische Eigenschaft der Pektine ist ihre Fähigkeit, bei Anwesenheit von Säuren und Zucker *Gallerten* zu bilden. Sie werden daher zur Herstellung von Gelee, Marmelade und anderen Genußmitteln verwendet. Obstbranntweine, z. B. Himbeergeist, enthalten wechselnde Mengen von Methanol, das aus dem Pektin durch Hydrolyse der Methylestergruppen entsteht; so bilden sich auch bei der Weinherstellung geringe Mengen von Methanol. Zugelassen sind Konzentrationen bis zu 0,02%.

4.3.6 Cellulose

Die Cellulose bildet als Gerüstsubstanz den Hauptbestandteil der pflanzlichen Zellwände und ist das am häufigsten vorkommende Kohlenhydrat. Pflanzenfasern, wie Baumwolle, Jute, Flachs, Hanf und Ramie, sind mehr oder weniger reine Cellulose. Das Holz der Nadel- und Laubbäume besteht zu 40–50% aus Cellulose neben je 25–30% an Hemicellulosen und inkrustiertem Lignin. Das Stroh enthält etwa 30% Cellulose.
Reine Cellulose kann man aus Baumwolle nach vorherigem Entfetten durch Behandeln mit verdünnter Natronlauge gewinnen. Bei der sauren oder enzymatischen Hydrolyse wird die Cellulose bis zu D-Glucose abgebaut; unter bestimmten Reaktionsbedingungen lassen sich hierbei Cellobiose, Cellotriose bzw. Cellotetrose als Zwischenprodukte isolieren. Die Hydrolyse der vollständig methylierten Cellulose gibt in hoher Ausbeute *2,3,6-Tri-O-methyl-D-glucose*, d. h. die Cellulose ist ähnlich gebaut wie die Stärke. Aufgrund umfangreicher Untersuchungen kommt der Cellulose folgende Struktur zu (*Haworth, Freudenberg*):

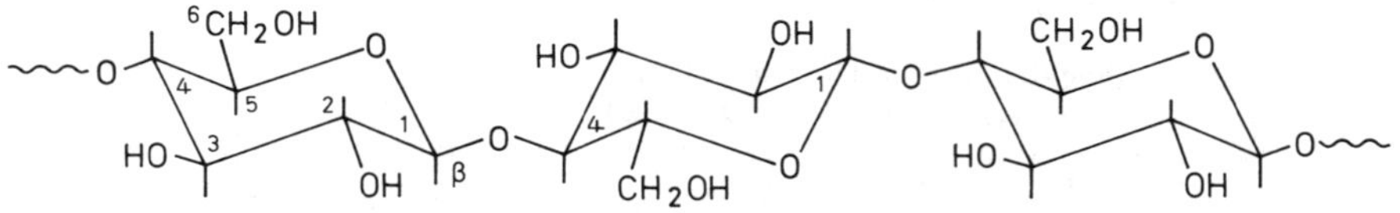

Ausschnitt aus einer Cellulosekette

Im Vergleich zur Stärke sind die D-Glucosemoleküle in der Cellulose *β(1,4)-glucosidisch* verknüpft (*β*-1,4-Glucan), worauf auch die unterschiedlichen physikalischen Eigenschaften dieser beiden Naturstoffe zurückzuführen sind. Die Cellulose bildet wegen der wechselnden räumlichen Anordnung der Sauerstoffbrücken lange Ketten, die zu *Bündeln* vereinigt sind (*Röntgenstrukturanalyse*).

Die Bestimmungen der *relativen Molekülmasse* ergeben je nach Herkunft der Cellulose Werte von 200 000 bis zu einigen Millionen, so daß sich über die Anzahl der Glucosemoleküle noch keine genauen Angaben machen lassen.

Cellulose ist eine farblose, in Wasser und den meisten organischen Lösungsmitteln unlösliche Substanz. Gut löst sie sich in ammoniakalischer Kupfer(II)-hydroxidlösung (*Schweizers* Reagens) unter *Komplexbildung*. Auch in hochprozentiger Salzsäure ist sie löslich, jedoch tritt hierbei bereits Abbau zu niedermolekularen Produkten ein. Cellulose kann von Wiederkäuern zum Teil verdaut werden; durch Behandlung mit Hydroperoxid in verdünnter alkalischer Lösung kann die Verdaulichkeit bedeutend gesteigert werden.
Die Cellulose besitzt technisch große Bedeutung. Sie wird vorwiegend aus Holz oder Stroh gewonnen und kommt als „*Zellstoff*" in den Handel.

4.3.6.1 *Zellstoff.* a) Bei dem meist angewandten *sauren* Aufschlußverfahren (*Sulfitverfahren*) werden etwa nußgroße Holzstückchen (Fichten-, Kiefern- oder Buchenholz) in Druckkesseln bei etwa 4 bar (0,4 MPa) mit einer Calciumhydrogensulfitlösung, $Ca(HSO_3)_2$, verkocht. Hierbei gehen Lignin (als Sulfonsäure), die Hemicellulosen und Harzstoffe in Lösung und bilden die *Sulfitablauge*. Sie enthält vergärbare Zucker, aus denen Ethanol hergestellt wird. Der zurückbleibende *Sulfitzellstoff* bildet nach gründlichem Auswaschen und Bleichen mit Chlorkalk weiße Platten, die zu etwa 85–90% aus Cellulose bestehen.

b) *Alkalisches* Aufschlußverfahren (*Sulfatverfahren*). Durch Verkochen von zerkleinertem Holz oder Stroh mit Natronlauge, der ein bestimmter Prozentsatz an Natriumsulfid und Natriumsulfat beigefügt ist, gelingt es, bei 7–10 bar (0,7–1 MPa) Cellulose weitgehend von Begleitstoffen zu befreien. Die Aufarbeitung des *Natronzellstoffs* geschieht in der gleichen Weise wie beim Sulfitverfahren.

4.3.6.2 ***Papier.*** Zur Papierfabrikation wird der durch die Aufschlußverfahren erhaltene Zellstoff mit Wasser zu einem Brei verrührt, geformt und getrocknet. Das gewonnene Papier ist porös und ähnelt dem aus besonders reinem Zellstoff bestehenden Filtrierpapier (*ungeleimtes Papier*). Zur Herstellung hochwertiger Papiere fügt man dem Faserbrei verschiedene Zusätze bei, z. B. Barium- oder Calciumsulfat sowie Kaolin und vor allem Harzseifen (*Kolophonium*). Auf diese Weise kommt man zu *geleimten Papieren.* Bei der Fabrikation billiger Papiersorten, besonders für Zeitungen, versetzt man die Rohcellulose bis zu 90% mit feingemahlenem Holz (*Holzschliff*), dessen hoher Ligningehalt im Lauf der Zeit das Gelbwerden der Papiere bedingt. – Durch kurzes Eintauchen von ungeleimtem Papier, z. B. Filtrierpapier, in 75proz. Schwefelsäure und sofortiges Nachwaschen mit Wasser entsteht *Pergamentpapier.*

4.3.6.3 ***Holzverzuckerung.*** Um die im Holz enthaltene Cellulose in vergärbare Zucker überzuführen, kann man sich technisch zweier Verfahren bedienen: Entweder wird das Holzmehl mit 40proz. Salzsäure bei etwa 20 °C (300 K) (*Bergius*-Verfahren) oder mit 0,5proz. Schwefelsäure bei 130 °C (400 K) (*Scholler*-Verfahren) behandelt. Die so erhaltenen verdünnten Zuckerlösungen werden vom Säureüberschuß befreit und durch Vergären auf Ethanol bzw. auf Futterhefen verarbeitet. 100 kg Holzmehl liefern etwa 25 Liter Ethanol, jedoch kommt diesen Prozessen kaum noch wirtschaftliche Bedeutung zu.

4.3.7 Hemicellulosen

Die Hemicellulosen sind stets mit Cellulose vergesellschaftet und treten vor allem in den Zellwänden auf. Ihre Hauptbestandteile sind die *Pflanzengummen,* die aus einem Gemisch verschiedener Polysaccharide bestehen und bei der Hydrolyse D-Xylose (aus Xylan), D-Mannose (aus Mannan), D-Galactose (aus Galactan) und D-Glucuronsäure liefern; sie enthalten Methoxylgruppen. Die *Pentosane* (Xylan, Araban, Arabinan) finden sich reichlich im Getreidestroh (20–30%) und in der Kleie. Im **Xylan** sind die D-Xylopyranosereste *β(1,4)-glykosidisch* miteinander verknüpft:

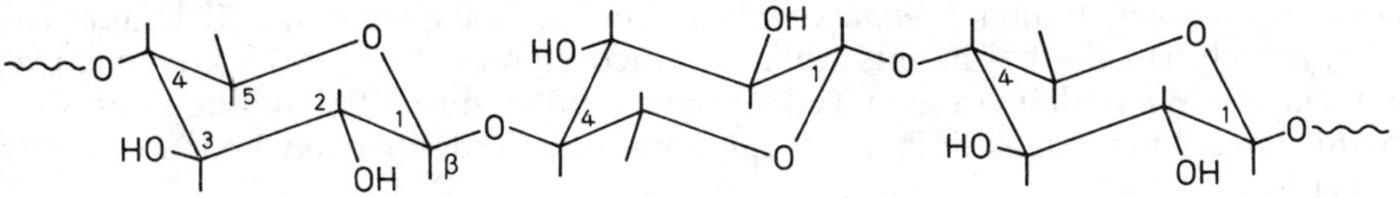

Ausschnitt aus einer Xylankette

4.3.8 Celluloseether

Die drei freien OH-Gruppen in jedem Cellulosebaustein können mit Alkylhalogeniden wie Ethylchlorid oder dem Natriumsalz der Chloressigsäure zu Ethern umgesetzt werden. Dabei entsteht im ersten Fall die wasserlösliche *Ethylcellulose* (EC), im zweiten das wasserlösliche Natriumsalz der *Carboxymethylcellulose* (CMC, CM Cellulose). Im allgemeinen wird nur ein Teil der vorhandenen OH-Gruppen substituiert. Celluloseether sind je nach Substitutions- und Polymerisationsgrad und damit Quellbarkeit und Löslichkeit vielseitig anwendbar in Waschmitteln, Anstrichstoffen, Klebstoffen sowie zur Verdickung und Gelierung von Lebensmitteln. In der pharmazeutischen Technologie werden sie in Salbengrundlagen und als Überzüge für feste Arzneistoffe verwendet.

4.3.9 Cellulosenitrate

Jede Glucose-Einheit in der Cellulosekette hat drei freie Hydroxylgruppen, die sich mit Salpetersäure in Gegenwart von Schwefelsäure (*Nitriersäure*) zu *Mono-*, *Di-* und *Trinitrocellulose* verestern lassen. Es handelt sich dabei, ähnlich wie beim Nitroglycerin, nicht um Nitroverbindungen, sondern um die entsprechenden Ester, also um „Nitrate". Daher ist der Name Nitrocellulose chemisch unzutreffend. Hochnitrierte Cellulose (etwa 13% N) ist die *Schießbaumwolle* (*C. F. Schönbein,* 1846), die an der Luft harmlos abbrennt, aber in gepreßter Form mittels Initialzündung explosionsartig verpufft.

Durch Gelieren der Schießbaumwolle mit Ethanol-Ether gewinnt man das *rauchschwache Pulver,* das als Treibladung für Geschosse verwendet wird.

Die niedernitrierte Cellulose (etwa 10% N) liefert nach Auflösen in Ethanol-Ether die *Kollodiumwolle,* die zur Gelatinierung von Sprengölen und medizinisch für Wundverschlüsse benutzt wird. Beim Durchkneten von Kollodiumwolle mit alkoholischer Campherlösung entsteht das elastische, hornartige **Celluloid.** Es ist der am längsten bekannte Kunststoff und noch heute als thermoplastische Masse äußerst wertvoll. Campher fungiert hierbei als *Weichmacher.* Die Nitrocellulose dient u. a. zur Herstellung von Nitrolacken.

4.3.10 Halbsynthetische Fasern

Bei der Fabrikation halbsynthetischer Fasern basiert die Hauptmenge auf der Cellulose, und zwar hat man zwischen *Cellulose-Regenerat-Fasern* („Hydratcellulose") und *Celluloseestern* zu unterscheiden.

Die „Hydratcellulose" ist kein Hydrat der Cellulose, sondern Cellulose, die durch Abbau und Depolymerisation in ihrer Struktur verändert ist.

Anstelle des früheren Namens „Kunstseide" werden heute alle auf Cellulosebasis hergestellten Fasern, die unzerschnitten der Textilverarbeitung zugeleitet werden, als **Reyon (Rayon)** bezeichnet. Ihre Herstellung erfolgt entweder durch Auflösen von Zellstoff oder Baumwoll-Linters bzw. Celluloseestern in dafür geeigneten Lösungsmitteln und Wiederausfällen durch feine Spinndüsen in Fällbädern (*Naßspinnverfahren*) oder durch Verdampfen des betreffenden Lösungsmittels (*Trockenspinnverfahren*).

4.3.10.1 Viscose-Reyon (Viscoseseide)

Behandelt man Zellstoff mit 15- bis 25proz. Natronlauge, so quillt die Cellulose in einem Reifungsprozeß auf, und es entsteht unter Verminderung der durchschnittlichen Kettenlänge die sog. *Alkalicellulose.* Diese läßt sich mit Schwefelkohlenstoff in *Cellulosexanthogenat* überführen:

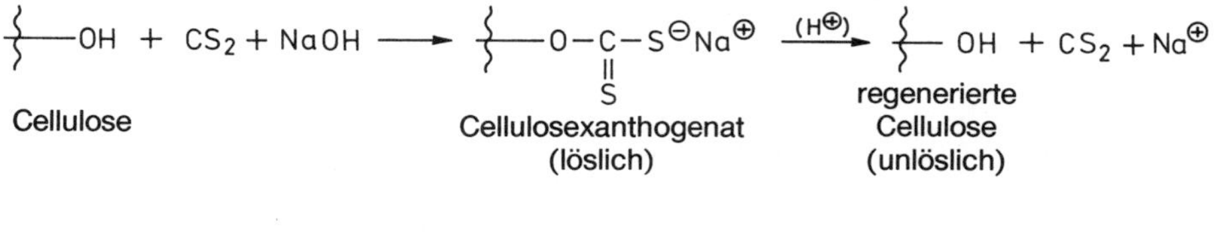

Das Cellulosexanthogenat enthält im Durchschnitt 2 Glucose-Einheiten auf ein Molekül CS_2.

Die sich bildende Viscose wird dann in ein Bad von verdünnter Schwefelsäure gepreßt, wobei das Estersalz in Cellulose, Schwefelkohlenstoff und Natriumsulfat zerfällt. Die regenerierte Cellulose (Hydratcellulose) dient zur Herstellung der Spinnfäden (*Viscoseseide*).
Andererseits läßt sich die Viscose aus breiten Filmgießern in das saure Fällbad gießen. Behandelt man diese regenerierte Cellulose mit Glycerin als *Weichmacher*, so entsteht **Cellophan** (Viscosefolie). Ferner dient die Viscose als *Schaumstoff* zur Herstellung von *Schwämmen*.

4.3.10.2 Kupfer-Reyon (Glanzstoff)

Dieses Verfahren beruht auf der Löslichkeit von Cellulose in Tetramminkupfer(II)hydroxid, $[Cu(NH_3)_4](OH)_2$ (*Schweizers* Reagens). Nach Verspinnen in heißem Wasser wird der Faden verstreckt und durch etwa 10proz. Schwefelsäure entkupfert.

4.3.10.3 Acetat-Reyon (Acetatseide)

Im Gegensatz zu den beiden anderen Reyonfasern, die aus Regenerat-Cellulose bestehen, liegen in den Acetatfasern die Essigsäureester der Cellulose vor. Bei der Einwirkung von Acetanhydrid und wenig Schwefelsäure auf Cellulose (meist Linters) erfolgt Acetylierung zu Cellulosetriacetat. Da dieses schlechte Löseeigenschaften aufweist, wird es durch Zugabe einer berechneten Menge Wasser partiell zu gemischten Celluloseacetaten hydrolysiert, so daß im Durchschnitt auf jede Glucose-Einheit der Cellulose 2 bis 2½ Acetylgruppen entfallen. Die so erhaltene **Acetylcellulose** ist acetonlöslich und wird nach dem Trockenspinnverfahren zu Acetat-Reyon verarbeitet.
Mit Hilfe von *Weichmachern*, meist Phthalsäureestern, kann die Acetylcellulose in schwer brennbare Produkte (*Cellon, Ecarit*) übergeführt werden, die anstelle des feuergefährlichen Celluloids verwendet werden. Desgleichen lassen sich Folien und der nicht brennbare *Cellitfilm* (Sicherheitsfilm) aus Acetylcellulose herstellen. Acetylcellulose-Lacke zeichnen sich durch besonderen Glanz sowie Beständigkeit gegen Licht und Wärme aus. Es werden auch gemischte Ester der Cellulose, besonders Acetyl-butyrylcellulose für spezielle Zwecke verwendet.

4.3.10.4 Zellwolle

Während *Viscose-Reyon* sehr lange, glatte Einzelfäden aufweist, die zu Garn verzwirnt sind, besteht die Zellwolle – ähnlich wie Baumwolle und Wolle – aus mehr oder weniger lang geschnittenen, gekräuselten Faserbündeln (*Stapelfaser*), die zu Garnen versponnen werden (*Vistrafaser*). Vielfach wird die Zellwolle mit natürlichen oder vollsynthetischen Fasern zu *Mischgarnen* verarbeitet.
Die Reyon- und Zellwollefasern, die als Baustein das Cellulosemolekül enthalten, ähneln in ihrem Aufbau und ihren Eigenschaften der *Baumwolle*.

5 Aromatische Verbindungen

Zu dieser Stoffklasse zählen das *Benzol* (Benzen) und seine Derivate sowie Verbindungen, die mehrere kondensierte Benzolringe enthalten, z. B. Naphthalin, Anthracen u. a. Die Bezeichnung „*aromatische Verbindungen*" geht auf einige aus pflanzlichen Stoffen isolierte Benzolabkömmlinge zurück, die sich durch einen angenehmen, „aromatischen" Geruch auszeichnen. Obwohl damit in chemischer Hinsicht nichts ausgesagt wird, hat sich der Name für die Charakterisierung dieses umfangreichen und technisch wichtigen Zweiges der organischen Chemie behauptet.
Mit dem Auftreten des Benzolringes in einer organischen Verbindung sind bestimmte chemische Eigenschaften und eine Reihe typischer Reaktionen verknüpft. Eine diesen Besonderheiten gerecht werdende Benzolformel aufzustellen, hat jedoch große Schwierigkeiten bereitet und die Chemiker bis in die jüngste Zeit beschäftigt. Dazu ist auf die bereits behandelten Valenzisomeren des Benzols (vgl. S. 419) hinzuweisen, die ihrerseits nur einen kleinen Teil der denkbaren 217 Verbindungen mit der Formel C_6H_6 ausmachen (vgl. 20. Aufl., S. 434).

Struktur des Benzols

Im Benzol liegt eine Verbindung mit der Summenformel C_6H_6 vor, die sechs funktionell gleichwertige CH-Gruppen aufweist. Als erster postulierte *Kekulé* (1865/67) eine dreifach ungesättigte 6-Ringformel für das Benzol, in der die 6 CH-Gruppen abwechselnd durch C−C-Einfach- und C=C-Doppelbindungen miteinander verknüpft sind. Legt man die 6 C-Atome durch Numerierung fest, so lassen sich zwei gleichwertige Benzolformeln aufstellen:

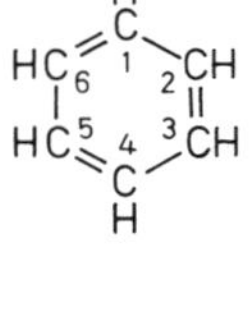

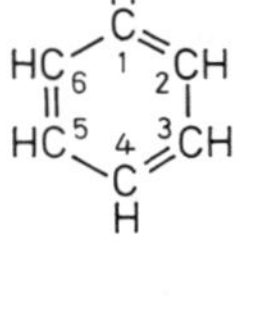

Obwohl beide *Kekulé*-Formeln die Bindungsverhältnisse im Ring gut wiedergeben, konnten einige Eigenschaften und Reaktionen damit nicht erklärt werden. Denkt man sich z. B. die beiden H-Atome an den benachbarten C-Atomen 1 und 2 durch andere Atome oder Atomgruppen (X) substituiert, so müßten theoretisch zwei *isomere* Verbindungen auftreten, bei denen zwischen den C-Atomen 1 und 2 entweder eine Einfach- oder eine Doppelbindung lokalisiert wäre:

Derartige in „*ortho*-Stellung“ substituierte Isomere sind aber nicht aufgefunden worden. Aus dieser Tatsache folgerte bereits *Kekulé*, daß die Bindungen im Benzolring nicht fixiert sein können, sondern ein dauernder Platzwechsel zwischen den einfachen und den doppelten Bindungen stattfinden muß (*Oszillationstheorie*).
In Analogie zu den sehr reaktionsfähigen aliphatischen Alkenen, besonders zu den Dienen, sollte man vom Benzol ein ähnliches chemisches Verhalten erwarten. Im Gegensatz hierzu erweist sich das Benzolmolekül aber als relativ *reaktionsträge*. Dies zeigt sich z. B. bei der *Addition von Brom*, die sehr viel langsamer vor sich geht als bei den ungesättigten aliphatischen Verbindungen. Ebenso verläuft die *Baeyer*sche Probe auf C=C-Doppelbindungen sogar in der Wärme negativ, d. h., eine schwach alkalische Kaliumpermanganatlösung wird *nicht* reduziert. Ferner beobachtet man keine Polymerisationserscheinungen des Benzols, die ebenfalls für ungesättigte Verbindungen typisch sind.
Andererseits stehen diesen anomal verlaufenden Reaktionen chemische Umsetzungen gegenüber, die auf das Vorliegen von drei C = C-Doppelbindungen hindeuten. Benzol bildet z. B. mit Ozon ein *Triozonid*, das sich durch Hydrolyse oder durch Reduktion mit Zinkstaub und Essigsäure in 3 Moleküle *Glyoxal* aufspalten läßt:

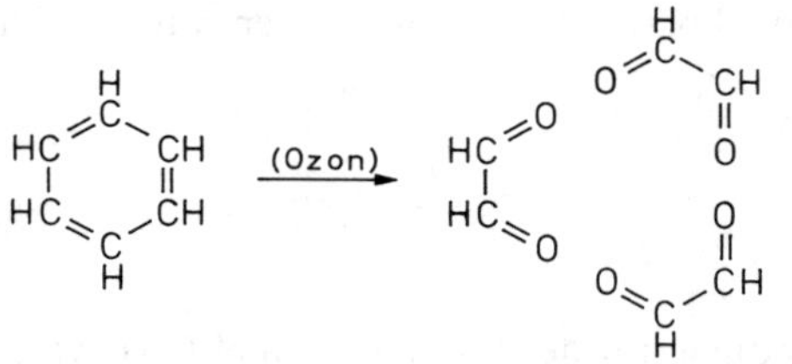

Glyoxal

Auch *die katalytische Hydrierung des Benzols*, die unter stufenweiser Absättigung der drei C=C-Doppelbindungen über Dihydro-, Tetrahydro- zum Hexahydrobenzol (Cyclohexan), C_6H_{12}, führt, spricht für die *Kekulé*sche Formulierung. Auffällig ist jedoch, daß einige Dihydro-benzolderivate die beiden H-Atome leicht wieder abgeben und den Benzolring zurückbilden. Während für die Ausbildung einer C=C-Doppelbindung durch Abspaltung von 2 H-Atomen gewöhnlich eine Energiezufuhr von 117 bis 126 kJ/Mol erforderlich ist, geht *1,2-Dihydro-benzol* sehr rasch in schwach exothermer Reaktion in Benzol über:

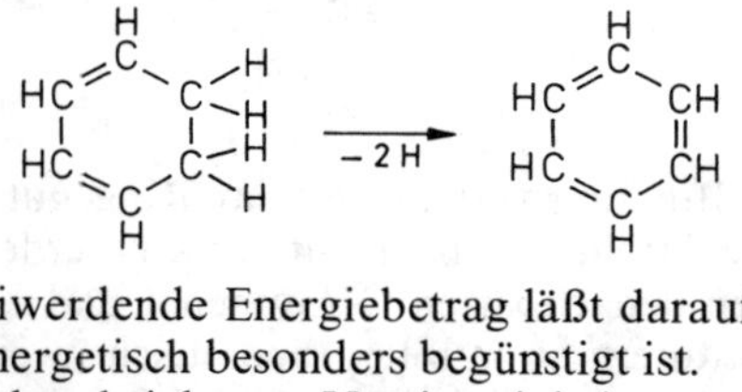

$\Delta H = -23{,}4$ kJ/Mol

Der dabei freiwerdende Energiebetrag läßt darauf schließen, daß das Bindungssystem des Benzols energetisch besonders begünstigt ist.
Um die oben beschriebenen Unstimmigkeiten zwischen der *Kekulé*-Formel und dem chemischen Verhalten des Benzols zu beseitigen, wurden von verschiedenen Forschern

andere Konstitutionsformeln für das Benzol vorgeschlagen. Hierzu zählen z. B. die Benzolformel von *J. Dewar* (1867), die Diagonalformel von *Claus* (1867) und die zentrische Formel von *Armstrong* und *Baeyer* (1887), welche eine Variante der Diagonalformel darstellt:

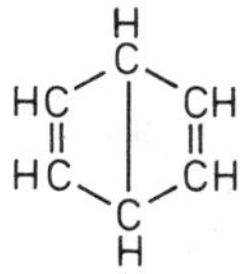

(*Dewar*)

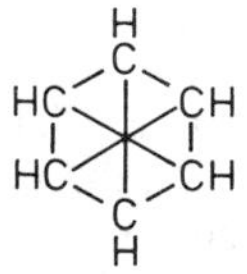

(*Claus*)

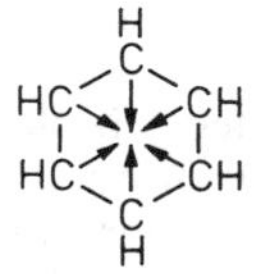

(*Armstrong, Baeyer*)

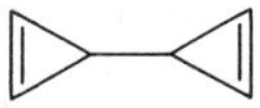

Dicyclopropenyl

Außer *Dewar-Benzol, Prisman, Fulven* und *Benzvalen* ist noch das Derivat einer weiteren cyclischen Verbindung der Formel C_6H_6 dargestellt worden, nämlich das Hexaphenylderivat des Dicyclopropenyls[1]. Auch diese Verbindung ist gegenüber dem entsprechenden Benzolderivat thermodynamisch instabil und wandelt sich beim Erwärmen in dieses um.

Erst quantenmechanische Untersuchungen von *E. Hückel* (1931) und *L. Pauling* (1933) führten mit Hilfe von Näherungsverfahren zu genaueren Vorstellungen über die Benzolstruktur.

Durch *Röntgenstrahlbeugung* wurde bewiesen, daß die C-Atome des Benzolmoleküls in einem *ebenen gleichseitigen Sechseck* angeordnet sind, dessen Kantenlänge 139,7 pm beträgt. Die Bindungslänge liegt somit zwischen den Werten für eine Einfachbindung (147,6 pm, vgl. S. 107) und eine Doppelbindung (133,8 pm) sp^2-hybridisierter C-Atome. Folglich muß im Benzol – im Gegensatz zum Butadien – ein *idealer Bindungsausgleich* erfolgt sein, d. h. im Benzolmolekül liegt ein typisch **mesomeres System** vor, das durch die beiden *Kekulé*-Formeln hinreichend genau beschrieben wird. Zur Vereinfachung der Formeln werden die C- und H-Atome meist nicht gesondert aufgeführt.

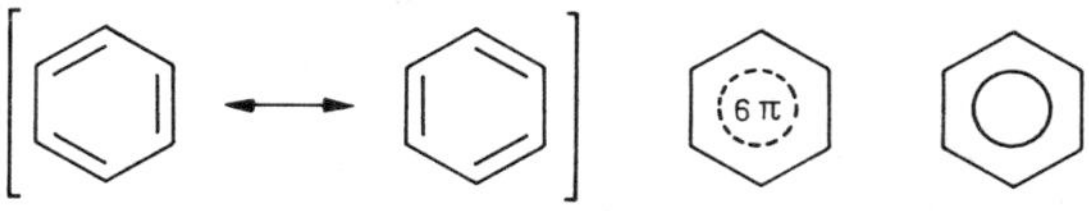

Die π-Elektronen bilden das für Benzol und seine Derivate charakteristische **π-Elektronensextett,** das die Stabilität und die besonderen Eigenschaften dieser Stoffklasse bedingt. Noch präziser kann das π-Elektronensextett nach einem Vorschlag von *R. Robinson* (1925) durch einen *Kreis im Ring* symbolisiert werden. Da sich dieses Symbol für den aromatischen Charakter mehr und mehr durchsetzt, wird es in den nachstehenden Benzolformeln weitgehend benutzt.

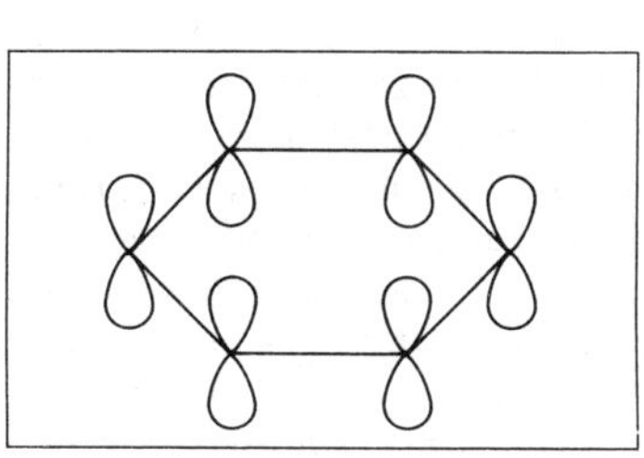

Abb. 110.

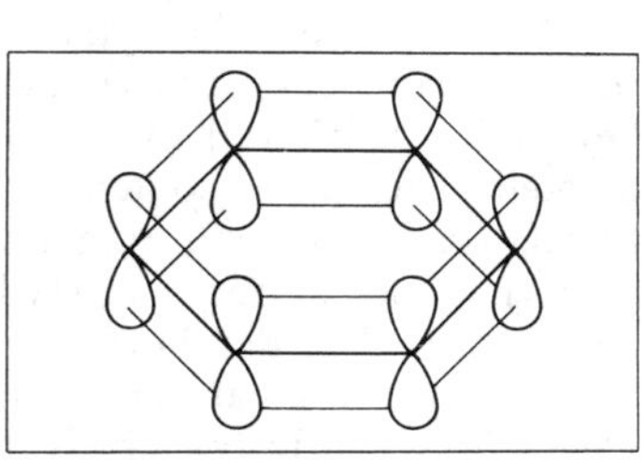

Abb. 111.

[1] Vgl. *R. Breslow*, J. Amer. Chem. Soc. *81*, 4747 (1959).

Nach der **Orbitaltheorie** verbleibt nach Ausbildung des σ-Bindungs-Systems an jedem C-Atom ein $2p_z$-Orbital; alle 6 Orbitale sind parallel zueinander angeordnet und senkrecht zur Ringebene orientiert (Abb. 110), so daß sie miteinander überlappen können (Abb. 111). Die so entstehenden Molekülorbitale erstrecken sich über das gesamte System oberhalb und unterhalb der Ringebene, die gleichzeitig stets eine Knotenfläche bildet.
Da nach dem *Pauli*-Prinzip jedes Molekülorbital nur zwei Elektronen aufnehmen kann, müssen sich die 6 π-Elektronen im Benzolkern auf 3 Molekülorbitale verteilen, die in Abb. 112a–c schematisch in der Aufsicht veranschaulicht sind. Das energieärmste Molekülorbital (Abb. 112a) ist in Abb. 112d noch einmal detaillierter dargestellt (vgl. Abb. 20, S. 43). Die beiden anderen besitzen zusätzlich noch je eine Knotenfläche senkrecht zur Ringebene in der das Vorzeichen der Wellenfunktion wechselt (vgl. Tab. 11, S. 108); sie unterscheiden sich nicht in ihrer Energie. Diesen Sachverhalt bezeichnet man als *Entartung*. Entartet sind auch zwei der antibindenden Orbitale; in ihnen ist das auf S. 48 *f.* erwähnte ungepaarte Elektron des Radikalanions von Benzol delokalisiert.

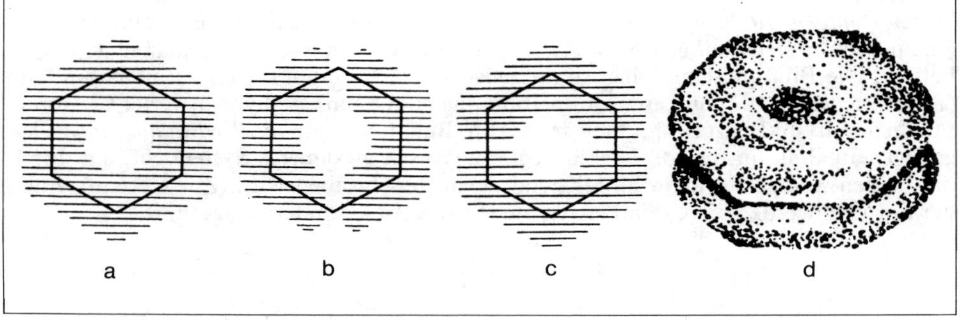

Abb. 112. Bindende Molekülorbitale des Benzols.

Als mesomeres System zeichnet sich das Benzol durch besondere *Stabilität* aus. Es ist wesentlich energieärmer, als man es für eine Verbindung mit drei C=C-Doppelbindungen erwarten dürfte.
Die Energiedifferenz zwischen den *Kekulé*-Grenzformeln und dem wahren Molekülzustand kann aus der theoretisch berechneten und der experimentell gefundenen *Hydrierungswärme* abgeschätzt werden. Die Hydrierung von Cyclohexen zu Cyclohexan verläuft mit 120 kJ/Mol exotherm. Da die Additivität der Hydrierungswärmen experimentell gesichert ist, sollten bei der Hydrierung von Benzol zu Cyclohexan, sofern Benzol als Cyclohexatrien aufgefaßt wird, 3×120 = 360 kJ/Mol frei werden. Nach *Kistiakowsky* (1936) beträgt die Hydrierungswärme des Benzols zu Cyclohexan jedoch nur 209 kJ/Mol. Aus der Differenz dieser beiden Werte ergibt sich, daß das Benzol um 151 kJ/Mol energieärmer als das hypothetische Cyclohexatrien ist. Dieser Betrag von 151 kJ/Mol wurde bisher als *Mesomerie-*, *Resonanz-* oder *Delokalisierungsenergie* bezeichnet. *Dewar* schlägt vor, statt dessen den Begriff **Stabilisierungsenergie** zu verwenden, da nach seinen Untersuchungen nur ein Bruchteil dieses Energiebetrages auf die Delokalisierung der π-Elektronen zurückzuführen ist.

Nomenklatur der Benzolderivate

Sind mehrere H-Atome im Benzolkern durch andere Atome oder Atomgruppen ersetzt, so ist die Möglichkeit zur Bildung von *Konstitutionsisomeren* gegeben, die häufig als *Stellungsisomere* bezeichnet werden. Zur eindeutigen Kennzeichnung der einzelnen Substituenten numeriert man die C-Atome im Benzolkern von 1 bis 6, wobei dem bereits vorhandenen Substituenten die niedrigste Zahl zuerteilt wird. So kann z. B. im Toluol, dessen Methylgruppe am C-Atom 1 haftet, eine weitere Methylgruppe an den C-Atomen 2, 3 oder 4 stehen. Tatsächlich existieren drei *stellungsisomere* Dimethylbenzole oder Xylole, die nach *Körner* durch die Präfixe *ortho-*, *meta-*, *para* (abgekürzt *o-*, *m-*, *p-*) gekennzeichnet werden. Häufig wird die Bezifferung 1,2-, 1,3-, 1,4- bevorzugt.

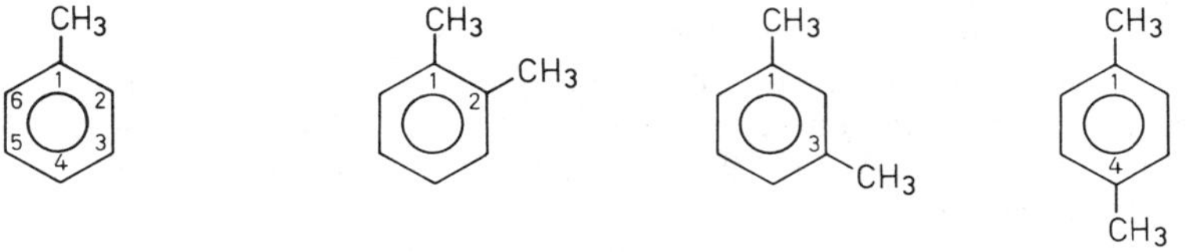

Toluol — *o*-oder 1,2- — *m*- oder 1,3- — *p*- oder 1,4-
Dimethylbenzol (Xylol)

In diesen Formeln sind die Stellungen 2 und 6 bzw. 3 und 5 gleichwertig. Außer ihrer chemischen Bezeichnung besitzen viele Benzolderivate noch *Trivialnamen*, die meist auf ihr natürliches Vorkommen zurückgehen.
Bei Anwesenheit von drei Substituenten hängt die Zahl der Stellungsisomeren von der Art der Substituenten ab. Sind sie gleich, so erhält man drei *isomere* Trisubstitutionsprodukte. Die drei Substituenten können benachbart (*vicinal*, abgekürzt *vic.*) oder symmetrisch (*sym.*) bzw. asymmetrisch (*asym.*) angeordnet sein und sowohl durch diese Präfixe als auch als 1,2,3-, 1,3,5- und 1,2,4-Benzolderivate gekennzeichnet werden, z. B.

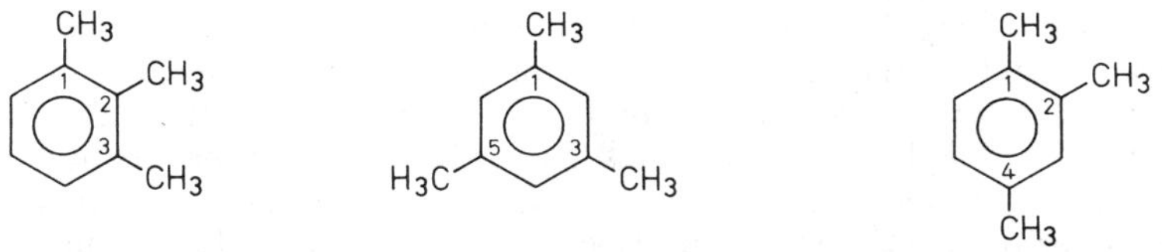

1,2,3-oder *vic.*- — 1,3,5-oder *sym.*- — 1,2,4-oder *asym.*-
Trimethylbenzol
(Hemellitol) — (Mesitylen) — (Pseudocumol)

Liegen drei verschiedene Substituenten vor, so erhöht sich die Zahl der Isomeren auf 10, wovon man sich überzeugen sollte. Sofern mehr als drei Substituenten im Benzolkern vorhanden sind, wird ihre Stellung generell durch Ziffern festgelegt.
Wird ein H-Atom aus dem Kern des aromatischen Kohlenwasserstoffs entfernt, so verbleiben die *Arylgruppen* (abgekürzt „Ar"), z. B. die *Phenyl-*, $-C_6H_5$, und *Tolylgruppe*, $-C_6H_4-CH_3$. Die Wegnahme eines H-Atoms aus der in der Seitenkette stehenden Methylgruppe des Toluols führt zur *Benzylgruppe*, $-CH_2-C_6H_5$.

In der Formelschreibweise wird die *Phenylgruppe* oft verkürzt durch Ph oder Φ symbolisiert.

5.1 Aromatische Kohlenwasserstoffe (Arene)

Die Fundgrube für aromatische Kohlenwasserstoffe und deren Abkömmlinge ist der *Steinkohlenteer*[1], eine schwarze, charakteristisch riechende Flüssigkeit, die bei der Verkokung der Steinkohle in Kokereien und Gaswerken als wertvolles Nebenprodukt anfällt. Chemisch besteht dieser Teer aus einem Gemisch von neutralen, sauren und basischen Substanzen, aus dem bis heute etwa 350 verschiedene Verbindungen mit Sicherheit nachgewiesen oder isoliert wurden.
Für die Gewinnung des Benzols und seiner Homologen ist die Bedeutung der Kohle und damit des Steinkohlenteers als Rohstoffgrundlage in den letzten Jahrzehnten ständig gesunken. *Benzol, Toluol* und die *Xylole* (*o-*, *m-*, *p-*Xylol) werden in steigendem Maße aus Erdöl gewonnen; z. B. 1974 90% des Benzols in den USA und 74% in der Bundesrepublik Deutschland.
Die erste Stufe der *technischen Aufarbeitung des Steinkohlenteers* ist die fraktionierte Destillation, bei der etwa 40% des Rohteers als Destillat übergehen, das in folgende *fünf Hauptfraktionen* getrennt wird:

a) 80 – 170 °C (355 – 445 K) **Leichtöl** (1 – 2%). Es besteht vor allem aus *Benzol, Toluol,* den drei isomeren *Xylolen* (*o-*, *p-*, *m-*Xylol) sowie Trimethylbenzolen (Mesitylen, Pseudocumol, Hemellitol), aus Durol und isomeren Tetramethylbenzolen sowie aus *Styrol, Cyclopentadien,* Dicyclopentadien, *Inden,* Hydrinden und anderen Kohlenwasserstoffen, deren Trennung durch erneute fraktionierte Destillation in Kolonnenapparaten erreicht werden kann.
An stickstoffhaltigen Basen, die mit Säuren als Salze abtrennbar sind, finden sich im Leichtöl *Pyridin* und seine Methylderivate sowie Anilin; ferner treten schwefelhaltige Verbindungen, wie *Thiophen* u. a., auf.
b) 170 – 215 °C (445 – 490 K) **Carbolöl** (2 – 3%). Es enthält vorwiegend *Naphthalin* und *Phenol* neben den isomeren Kresolen, Xylenolen, sowie stickstoffhaltige Basen, wie Toluidine, Chinoline und Isochinoline. Die sauren Phenole lassen sich mit Natronlage herauswaschen und die Basen mit Schwefelsäure unter Salzbildung abtrennen.
c) 215 – 240 °C (490 – 515 K) **Naphthalinöl** (8 – 10%). Außer Naphthalin, Phenol und deren Homologe (Alkylnaphthaline, Kresole und Xylenole), enthält es höhere Kohlenwasserstoffe, z. B. *Acenaphthylen* und *Fluoren,* sowie Dibenzofuran. Ferner finden sich darin Basen der Indol-, Chinolin- und Isochinolin-Reihe. Die Hauptmenge des Naphthalins wird durch Ausfrieren abgetrennt.
d) 230 – 290 °C (505 – 565 K) **Waschöl** (Solvayöl) (8 – 10%). Es enthält außer den Bestandteilen der dritten Fraktion *Biphenyl* sowie *Biphenylenoxid* und bildet infolge gegenseitiger Schmelzpunkterniedrigung der Inhaltsstoffe bis 0 °C (273 K) keinen Niederschlag. Das *Waschöl* wird zum Auswaschen von Benzol aus dem Kokereigas verwendet (Benzolwäsche).
e) 270 – 350 °C (545 – 625 K) **Anthracenöl** (18 – 25%). Es erstarrt in der Kälte zu einem weichen, kristallinen Brei, aus dem die höheren Kohlenwasserstoffe *Anthracen, Phenanthren, Fluoren* u. a. sowie stickstoffhaltige Substanzen, z. B. *Carbazol, Acridin* und

[1] Vgl. *K. F. Lang* und *I. Eigen,* Im Steinkohlenteer nachgewiesene organische Verbindungen, Fortschr. chem. Forsch. *8,* 91 (1967).

Phenanthridin, isolierbar sind. Es wird zur Herstellung von Gasruß (carbon black) verwendet.

Die restlichen öligen Bestandteile werden als *Carbolineum* zur Holzimprägnierung und als Heizöl verwendet.
Das zurückbleibende **Teerpech** (etwa 55%) mit einem Erweichungspunkt von 60 bis 75 °C (335–350 K) ist ein chemisch schwer definierbares Stoffgemenge, das vorwiegend aus mehrkernigen Aromaten und geringen Anteilen höhermolekularer, rußartiger Verbindungen besteht. Diese sind weder lösbar noch destillierbar und lassen sich chemisch nur schwer trennen. Zu den wichtigsten daraus isolierten Verbindungen zählen *Pyren*, *Chrysen*, *Fluoranthren* sowie Homologe des Carbazols.
Die Hauptmenge des Teers wird als Elektrodenpech und zur Herstellung von Pechkoks verwendet[1].

5.1.1 Benzol

Benzol wurde erstmalig von *Faraday* (1825) in den kondensierten Anteilen des Leuchtgases (Ölgas) aufgefunden und später durch Decarboxylierung von Benzoesäure, C_6H_5-COOH, erhalten (*E. Mitscherlich*, 1833). Auf die Cyclisierung des Acetylens zu Benzol wurde bereits hingewiesen (vgl. S. 100). Der steigende Bedarf an Benzol hat neben der Gewinnung aus dem Kokereigas und dem Steinkohlenteer zur Entwicklung von Verfahren auf Erdölbasis (*Petrolchemie*) geführt.
Bei der Anwendung der *Reforming-Verfahren* (vgl. S. 88) entsteht Benzol in unterschiedlichen Mengen; z. B. durch dehydrierendes Cyclisieren von *n-Paraffinen* zu Cycloparaffinen und deren *Aromatisierung:*

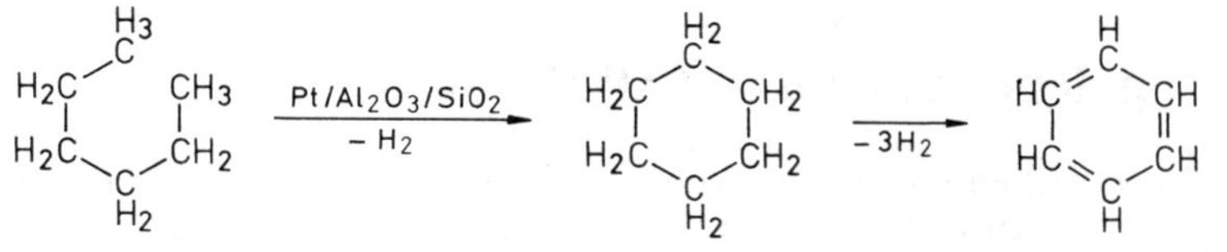

n-Hexan Cyclohexan Benzol

Analog gewinnt man Benzol *durch Dehydrierung von Methylcyclopentan-Cyclohexan-Gemischen:*

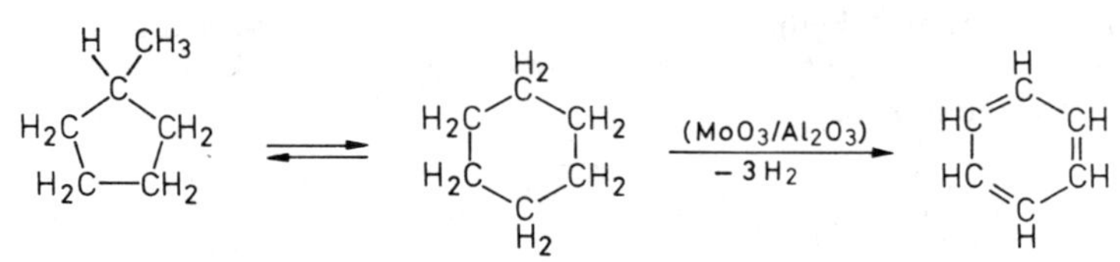

Methylcyclopentan Cyclohexan Benzol

Das *Pyrolysebenzin* aus dem *Steam-cracking* muß vor der Aromatengewinnung durch Hydrierung von polymerisierbaren Olefinen befreit werden.

[1] Vgl. *H.-G. Franck* et al., Steinkohlenteer, Chemie, Technologie und Verwendung (Springer-Verlag, Berlin 1968).

Die *Dealkylierung der Alkylbenzole* zu Benzol gelingt rein thermisch, z. B. wird Toluol in Gegenwart von Wasserstoff unter Druck bei 600 – 700 °C (875 – 975 K) (Hydrodealkylierung) in Methan und Benzol gespalten.

$\Delta H = -126$ kJ/Mol

Die aromatischen Kohlenwasserstoffe werden durch Extraktion mit selektiven Lösungsmitteln angereichert, z. B. im Udex-*Verfahren* mit *Glykolen*, im *Sulfolanverfahren* mit *Tetrahydrothiophendioxid* oder im *Arosolverfahren* mit *N-Methyl-2-pyrrolidon*. Die Isolierung erfolgt durch Destillation.

Eigenschaften. Benzol ist eine farblose, lichtbrechende Flüssigkeit von charakteristischem Geruch, Sdp. 80,1 °C (353,3 k), Schmp. 5,5 °C (278,7 K). Es brennt mit stark rußender Flamme. Mit den meisten organischen Lösungsmitteln, wie Ether, Alkoholen, Aceton oder Eisessig, ist Benzol in jedem Verhältnis mischbar; auch Wasser wird bis zu 1% im Benzol gelöst.

Physiologisch wirkt Benzol bei längerem Einatmen als starkes *Gift*, das zu Schwindel, Erbrechen und Bewußtlosigkeit führt. Die Wirkung beruht auf der leichten Löslichkeit von Fetten bzw. Lipiden in Benzol. Chronische Vergiftungen rufen eine Schädigung des Knochenmarks, der Leber und der Nieren sowie Leukämie hervor. Es wirkt carcinogen.

Verwendung. Benzol dient vor allem in der chemischen Industrie als ein wichtiges Ausgangsprodukt, z. B. zur Herstellung von Chlorbenzolen, Phenol, Nitrobenzol, Anilin, Styrol, Alkylbenzolen, Cyclohexan und Maleinsäureanhydrid sowie von Farbstoffen, Insektiziden und pharmazeutischen Präparaten.

5.1.2 Homologe des Benzols (Alkylbenzole)

Neben der technischen Gewinnung von Benzolhomologen aus Erdöl, Kokereigas oder Steinkohlenteer lassen sich Alkylbenzole auch synthetisch darstellen.

Darstellung

5.1.2.1 *Wurtz-Fittig*-Synthese (1863). Die Bildung von Alkanen nach *Wurtz* wurde von *Fittig* auf aromatische Kohlenwasserstoffe übertragen. Auch die Umsetzung von Halogenbenzol mit einem Alkylhalogenid bei Gegenwart von Natrium in etherischer Lösung erfolgt in zwei Reaktionsstufen, wobei intermediär alkalimetallorganische Verbindungen auftreten, z. B.

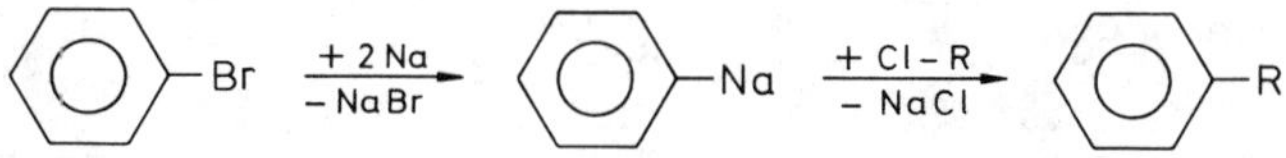

Brombenzol Phenylnatrium Alkylbenzol

Im allgemeinen verlaufen derartige Reaktionen nicht einheitlich; als Nebenprodukte entstehen die entsprechenden *Bialkyle* und *Biphenyl*. Die Ausbeute an Alkylbenzol hängt wesentlich davon ab, ob das aromatisch gebundene Halogen rascher gegen Natrium ausgetauscht wird als das aliphatisch gebundene. Ferner muß Phenylnatrium schneller mit dem Alkyl- als mit dem Arylhalogenid reagieren, d. h. die Kohlenstoff-Halogen-Bindung im Alkylhalogenid muß leichter polarisierbar sein als die im Arylhalogenid, was gewöhnlich der Fall ist.

5.1.2.2 *Friedel-Crafts*-Alkylierung[1](1877). Bei der Einwirkung von Alkylhalogeniden auf aromatische Kohlenwasserstoffe in Gegenwart katalytischer Mengen von wasserfreiem *Aluminiumchlorid* entstehen – oft unter heftiger Halogenwasserstoffentwicklung – alkylierte aromatische Kohlenwasserstoffe, z. B.

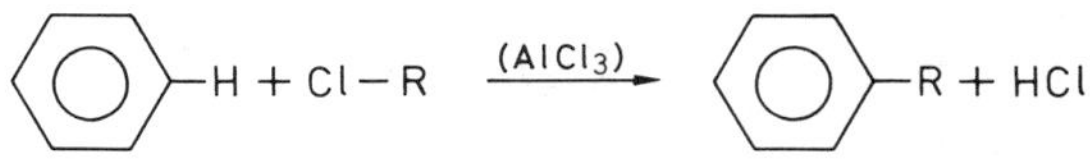

Der *Mechanismus der Alkylierung* läßt sich folgendermaßen deuten: Das $AlCl_3$-Molekül besitzt als *Lewis*-Säure ein Elektronensextett und hat die Tendenz, das Halogenatom des Alkylhalogenids zum Komplex, z. B. $AlCl_4^{\ominus}$, zu binden. Hierbei braucht es zu keiner völligen Trennung der Kohlenstoff-Halogen-Bindung zu kommen. Das stark positivierte C-Atom des Alkylhalogenids greift das aromatische π-Elektronensextett *elektrophil* an:

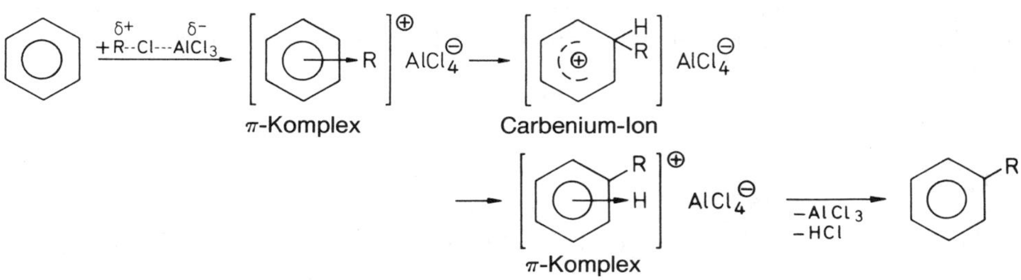

Der primär entstehende *π-Komplex* kann sich zu einem Carbenium-Ion stabilisieren, das auch als „*σ-Komplex*" bezeichnet wird, und dessen Ladung delokalisiert ist[2]. Diese Formulierung entspricht dem Mechanismus der elektrophilen Addition an C=C-Doppelbindungen (vgl. S. 69*f.*). Während jedoch beim Alken ein Anion addiert wird, erfolgt am Benzolkern die Abspaltung eines Protons über den entsprechenden π-Komplex unter Rückbildung des energetisch begünstigten aromatischen Systems.

Ein wesentlicher Nachteil der *Friedel-Crafts*-Alkylierungen aromatischer Kohlenwasserstoffe besteht darin, daß die Reaktion nicht auf der Primärstufe stehenbleibt. Das Monoalkylierungsprodukt reagiert z. B. meist rascher mit Alkylhalogeniden als Benzol, so daß daneben höheralkylierte Homologe, vorwiegend *m*-Derivate, gebildet werden. Ferner kann Aluminiumchlorid je nach den Reaktionsbedingungen auch dehydrierend oder isomerisierend wirken, z. B. entsteht aus *n*-Propylhalogenid und Benzol hauptsächlich Isopropylbenzol. Die Isomerisierungen können sowohl intra- als auch intermolekular erfolgen, so daß am Ende stets ein Stoffgemisch vorliegt.

Die *Friedel-Crafts*-Reaktionen, die auch zur *Acylierung* von Aromaten dienen, werden vorwiegend mit Aluminiumchlorid, zuweilen aber auch mit Eisen(III)-chlorid, Zinn(IV)-chlorid, Zinkchlorid, Borfluorid, wasserfreier Flußsäure, konz. Schwefelsäure oder Phosphorsäure durchgeführt.

5.1.2.3 Anstelle der Alkylhalogenide lassen sich auch *Alkene mit aromatischen Kohlenwasserstoffen* in Gegenwart von *Aluminiumchlorid* zu Alkylbenzolen umsetzen, z. B. wird *Ethylbenzol* auf diesem Wege aus Benzol und Ethylen technisch dargestellt.

---

[1] Vgl. *Ch. C. Price*, The Alkylation of Aromatic Compounds by the *Friedel-Crafts*-Method, Org. Reactions *3*, 1 ff. (1946); *G. A. Olah*, *Friedel-Crafts* Chemistry (*Wiley*, New York 1973).

[2] Es ist umstritten, ob der π-Komplex immer Vorstufe des σ-Komplexes ist. Vgl. *D. V. Banthorpe*, Chem. Rev. *70*, 295 (1970).

Durch einen Überschuß an Benzol wird die Weiteralkylierung zum Diethyl- und Polyethylbenzol unterdrückt.

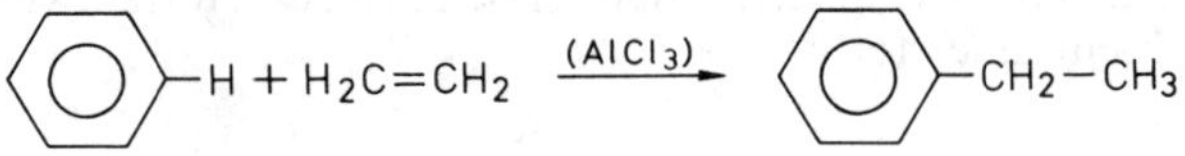

$\Delta H = -113$ kJ/Mol

Ethylbenzol

Die wichtigsten Alkylbenzole

Allgemein unterschieden sich die homologen aromatischen Kohlenwasserstoffe in ihren chemischen und physikalischen Eigenschaften nicht wesentlich von denen des Benzols. Bei Einführung einer Methylgruppe in den Kern steigt der Siedepunkt um etwa 30 K.

5.1.3 Toluol

(Methylbenzol), $C_6H_5-CH_3$, wurde erstmalig aus Tolubalsam durch Destillation erhalten.

Darstellung

5.1.3.1 Aus der Leichtölfraktion des Steinkohlenteers.

5.1.3.2 *Aus der C_7-Fraktion* der Crackbenzine oder des Erdöls durch *Aromatisierung* bei etwa 500 °C (775 K) unter Druck (Katalytisches Reformingverfahren, vgl. S. 475).

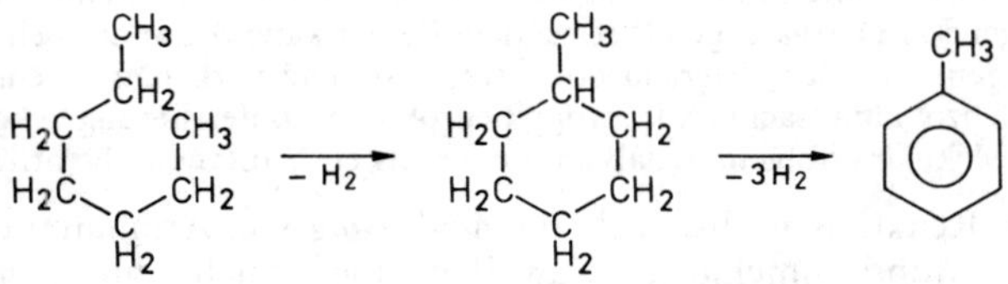

n-Heptan Methylcyclohexan Toluol

Eigenschaften. Toluol ist eine farblose, benzolähnliche Flüssigkeit vom Sdp. 110,8 °C (384,0 K). Bei energischer Oxidation mit Natriumdichromat und Schwefelsäure, Kaliumpermanganat oder katalytisch durch Luft geht Toluol in *Benzoesäure* über:

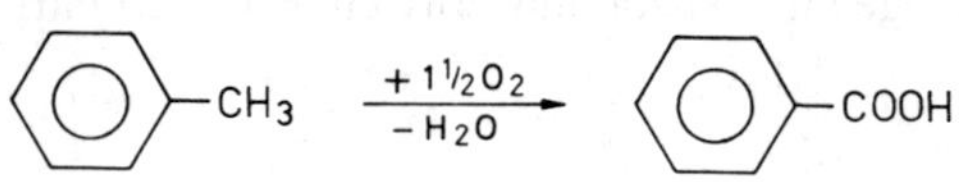

Benzoesäure

Die Oxidation der Methyl- zur Carboxylgruppe wird häufig zur Überführung aromatischer Kohlenwasserstoffe in die entsprechenden Carbonsäuren benutzt. Ebenso lassen sich auch längere Seitenketten oxidativ bis zur Carboxylgruppe abbauen.

Verwendung. Toluol dient als Lösungsmittel sowie als Zwischenprodukt für die technische Synthese von Trinitrotoluol, Vinyltoluol, Benzoesäure, Saccharin, Farbstoffen u. a.

5.1.4 Ethylbenzol

$C_6H_5-C_2H_5$, eine farblose Flüssigkeit vom Sdp. 136 °C (409 K) (Synthese vgl. S. 478), ist als Ausgangsmaterial für die Styrolfabrikation wichtig.

5.1.5 Xylole

(Dimethylbenzole) sind farblose Flüssigkeiten (*xylon* = Holz). Das Teerxylol ist ein Gemisch der drei *isomeren* Dimethylbenzole (Formeln vgl. S. 473) von der Zusammensetzung: *m*-Xylol (50 – 60%), *o*- und *p*-Xylol (je 20 – 25%). Die *Trennung der Xylole* war wegen der sehr nahe beieinander liegenden Siedepunkte lange Zeit nur über die Sulfonierung zu erreichen. ***o*-Xylol** siedet bei 143,6 °C (416,8 K) (Schmp. – 28 °C [245 K]), ***m*-Xylol** bei 139,2 °C (412,4 K) (Schmp. – 49 °C [224 K]) und ***p*-Xylol** bei 138,4 °C (411,6 K) (Schmp. 13 °C [286 K]). Technisch wird heute das höhersiedende *o*-Xylol in Kolonnenapparaten abgetrennt und das *p*-Xylol aus dem Gemisch mit *m*-Xylol ausgefroren.
In neuerer Zeit gewinnt man die Xylole durch *Aromatisierung* von Benzinfraktionen. Daraus trennt man das für die Darstellung von Terephthalsäure erforderliche *p*-Xylol durch Molekularsiebe ab.

5.1.6 Trimethylbenzole

Sie können in drei *isomeren* Formen auftreten und finden sich in der Leichtölfraktion des Steinkohlenteers: **Mesitylen** (1,3,5- oder *sym.*-Trimethylbenzol), Sdp. 165 °C (438 K), **Pseudocumol** (1,2,4- oder *asym.*– Trimethylbenzol), Sdp. 170 °C (443 K), und **Hemellitol** (1,2,3- oder *vic.*-Trimethylbenzol oder Hemimellitol), Sdp. 176 °C (449 K) (Formeln vgl. S. 473).

5.1.7 Cumol

(Isopropylbenzol), eine bei 153 °C (426 K) siedende Flüssigkeit, gewinnt man technisch am besten aus *Propen und Benzol* in Gegenwart von *Phosphorsäure* als Katalysator bei 250 °C (525 K) und 400 bar (40 MPa):

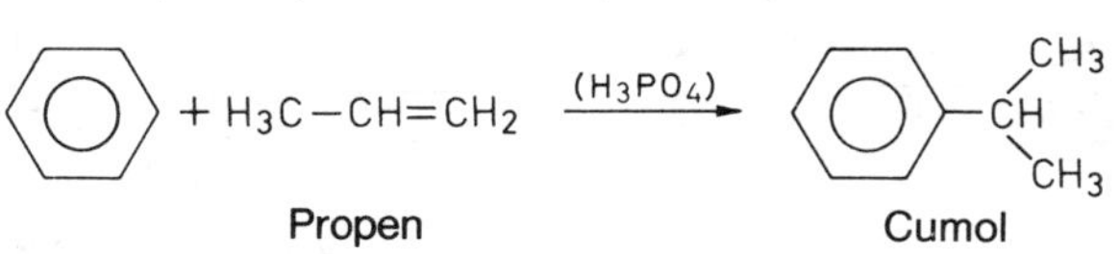

Propen Cumol $\Delta H = -113$ kJ/Mol

Hierbei bildet sich zunächst ein *Isopropyl-Kation,* das als *sekundäres* Carbenium-Ion stabiler ist als das *primäre* Propyl-Kation und das aromatische System *elektrophil* angreift. Die Reaktion ist somit ein Spezialfall der *Friedel-Crafts*-Alkylierung.

Cumol dient als Ausgangspunkt für die Synthese von Phenol und Aceton.

***p*-Cymol** (*p*-Isopropyl-toluol) findet sich in „ätherischen Ölen", z. B. im Thymian-, Eucalyptus- und Kümmelöl, und ist wegen seiner strukturellen Beziehung zu den Terpenen von Interesse.

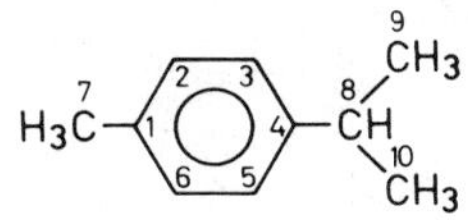

p-Cymol (Sdp. 177 °C [450 K])

Es kann aus einigen Terpenen durch Dehydrierung sowie aus den Harzstoffen des Holzes als Nebenprodukt bei der Zellstoffgewinnung nach dem Sulfit-Verfahren erhalten werden.

5.2 Halogenderivate der aromatischen Kohlenwasserstoffe

Auf das unterschiedliche Reaktionsvermögen der aliphatischen und aromatischen Kohlenwasserstoffe gegenüber Halogenen (Chlor, Brom) wurde bereits hingewiesen. Dennoch lassen sich je nach den Versuchsbedingungen sowohl Additions- als auch Substitutionsreaktionen am Benzolkern durchführen.

5.2.1 Addition von Halogenen an den Benzolkern

Die *Addition von Chlor oder Brom an Benzol* gelingt nur im UV-Licht. Hierbei erfolgt in der Startreaktion eine Aufspaltung der Halogenmoleküle in die reaktionsfähigen Halogenatome, die sich nach folgendem *Radikalkettenmechanismus* an den Benzolkern addieren. Über verschiedene Zwischenstufen entsteht als Endprodukt *Hexachlorcyclohexan*, HCH (Benzolhexachlorid), $C_6H_6Cl_6$, bzw. *Benzolhexabromid* (Hexabromcyclohexan), $C_6H_6Br_6$, z. B.

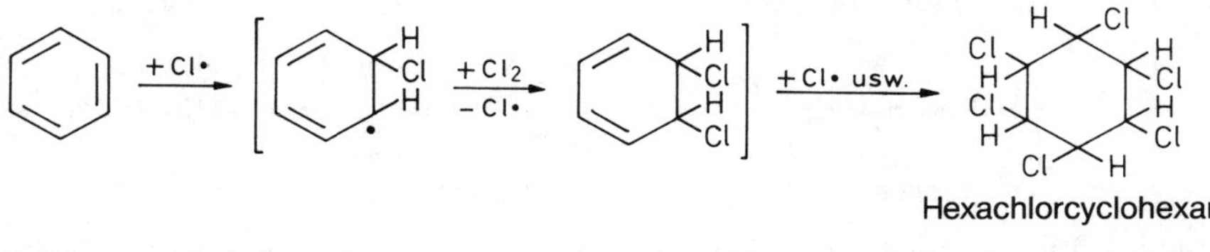

Hexachlorcyclohexan

Hexachlorcyclohexan kann in 8 stereoisomeren Formen auftreten. Das γ-Isomere hat die Konformation aaa eee und ist als *Insektizid* wirksam: *Gammexan, Lindan,* Schmelzp. 112 °C (385 K). Die Verbindung ist schwer abbaubar und kann zu einer Umweltbelastung führen. Es besteht auch die Möglichkeit, daß sich als Folgeprodukt nach der Anwendung *Dioxin* bildet.

Kernsubstitution durch Halogene

Wesentlich wichtiger als die Additionen sind die für das aromatische Bindungssystem typischen Kernsubstitutionen, zu denen vor allem die direkte *Halogenierung, Nitrierung* und *Sulfonierung* gehören, die nach dem *elektrophilen Ionenmechanismus* verlaufen[1].

5.2.2 Halogenbenzole

Die *direkte Chlorierung bzw. Bromierung des Benzolkerns* gelingt nur in Anwesenheit von *Halogenüberträgern,* z. B. von Eisen bzw. Eisen(III)-chlorid, Aluminiumchlorid oder den entsprechenden Bromiden, die das Bestreben haben, ein Halogenid-Anion aufzunehmen. Als substituierendes Agens fungiert im Grenzfall das *Halogen-Kation,* das das π-Elektronensextett *elektrophil* angreift (vgl. S. 477). Über einen *π-Komplex* entsteht ein *Carbenium-Ion,* aus dem sich unter Ablösung eines Protons über einen π-Komplex das aromatische System zurückbildet, z. B.

$$|\overline{\underline{Cl}}-\overline{\underline{Cl}}| + FeCl_3 \longrightarrow |\overline{\underline{Cl}}^{\oplus} + FeCl_4^{\ominus}$$

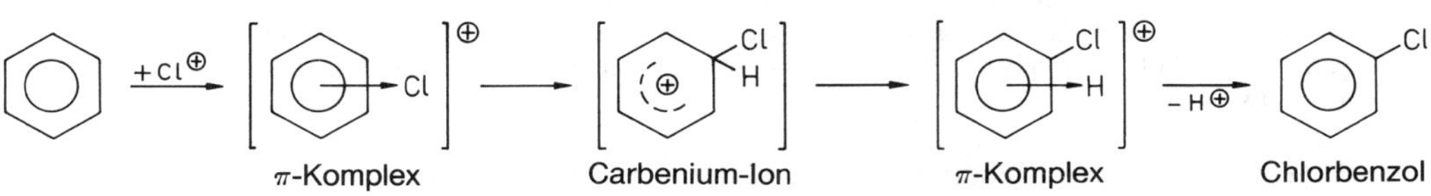

$$H^{\oplus} + FeCl_4^{\ominus} \longrightarrow FeCl_3 + HCl$$

Als Hauptprodukt entsteht Chlor- oder Brombenzol in 80–90proz. Ausbeute; als Nebenprodukte treten *p*- und *o*-Dihalogenbenzole auf.
Beim Einwirken von 2 Molekülen Chlor auf 1 Molekül Benzol erhält man über Chlorbenzol vorwiegend *p*-Dichlorbenzol neben *o*-Dichlorbenzol und wenig *m*-Dichlorbenzol:

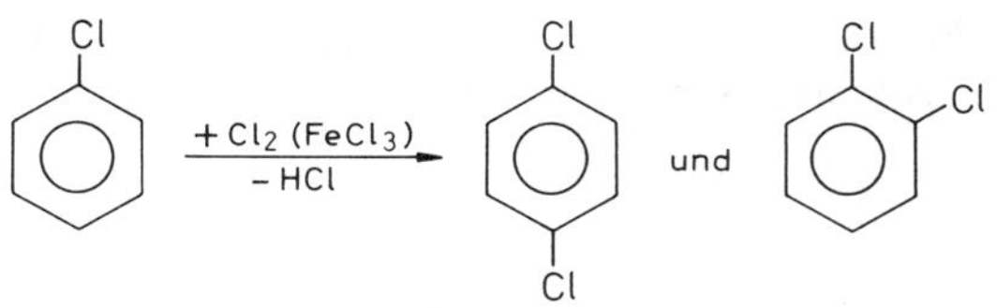

p-Dichlorbenzol *o*-Dichlorbenzol

Technisch wird *Chlorbenzol* nach dem ***Raschig*-Verfahren** durch Überleiten von Benzol, Chlorwasserstoff und Luft in der Dampfphase über einen Kupferkontakt (*Oxychlorierung*) gewonnen:

$$C_6H_6 + HCl + \tfrac{1}{2}\,O_2 \xrightarrow{(Cu)} C_6H_5{-}Cl + H_2O$$

Die *Bromierung von Toluol* mit Brom in Gegenwart von Eisen führt zu einem Gemisch von *o*- und *p*-Bromtoluol:

[1] Vgl. *R. O. C. Norman* et al., Electrophilic Substitution in Benzenoid Compounds (Elsevier, Amsterdam 1965).

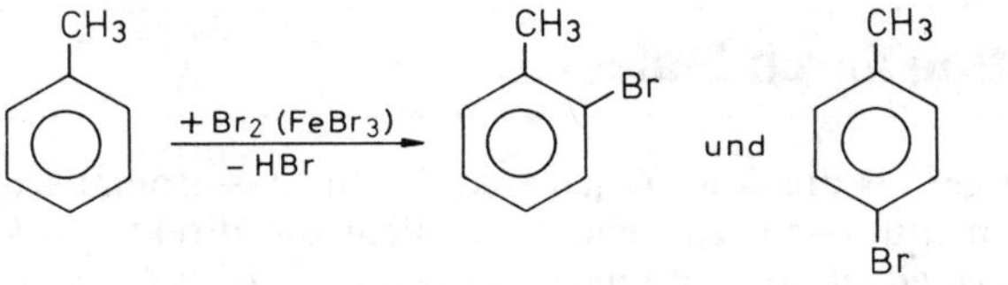

o-Bromtoluol *p*-Bromtoluol

Eine *direkte Iodierung* aromatischer Kohlenwasserstoffe ist nicht ohne weiteres durchführbar, da das *Gleichgewicht* der Reaktion zugunsten der Ausgangsstoffe verschoben ist. Sie gelingt nur in Gegenwart von Salpetersäure oder Quecksilber(II)-oxid, die die Iodwasserstoffsäure aus dem Gleichgewicht entfernen, z. B.

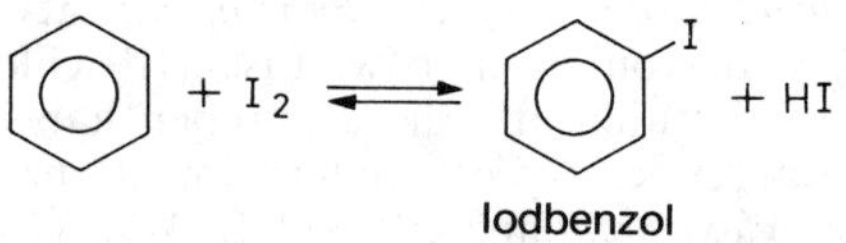

Iodbenzol

$$4HI + 2HNO_3 \longrightarrow 2I_2 + N_2O_3 + 3H_2O$$

$$2HI + HgO \longrightarrow HgI_2 + H_2O$$

Eine *direkte Fluorierung* der Aromaten läßt sich mit *Xenondifluorid* erreichen. Die Iod- und Fluoraromaten werden meist aus den entsprechenden aromatischen Aminen über die Diazoniumsalze hergestellt. In neuerer Zeit wurden auch Methoden zur Darstellung höherfluorierter Aromaten entwickelt[1].

Eigenschaften. Die Monohalogenbenzole sind farblose Flüssigkeiten, deren physikalische Eigenschaften sich – ähnlich wie die der Alkylhalogenide – gesetzmäßig mit dem Atomgewicht des Halogens ändern, z. B. steigen die *Siedepunkte* folgendermaßen an: *Fluorbenzol,* C_6H_5-F, 85 °C (358 K), *Chlorbenzol,* C_6H_5-Cl, 132 °C (405 K), *Brombenzol,* C_6H_5-Br, 156 °C (429 K), und *Iodbenzol,* C_6H_5-I, 188,5 °C (461,7 K). Beachtenswert ist die geringe Erhöhung des Siedepunktes beim Austausch eines H-Atoms im Benzol (Sdp. 80,1 °C [353,3 K]) gegen Fluor.
In Analogie zu den Alkylhalogeniden reagieren die Arylbromide und -iodide leicht mit *Magnesium* in etherischer Lösung zu *Grignard*-Verbindungen, mit denen sich die üblichen Umsetzungen vornehmen lassen, z. B.

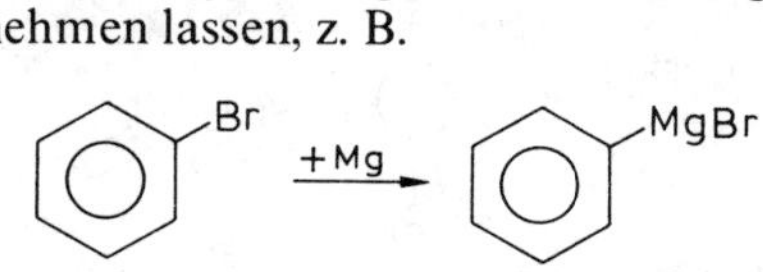

Phenylmagnesiumbromid

Anstelle der *Grignard*-Verbindungen benutzt man häufig zur Einführung des Arylrestes die organischen Lithiumverbindungen (vgl. S. 185 *f.*). In diesem Zusammenhang sei auf die Reaktion der Arylhalogenide mit Natrium bei der *Wurtz-Fittig*-Synthese hingewiesen.

Im Gegensatz zu den Alkylhalogeniden sind die Halogenatome in den Arylhalogeniden gegen *nucleophile* Reagenzien wenig reaktionsfähig, z. B. erfolgt beim Erhitzen mit Alkalien, Ammoniak, Kaliumcyanid, Kaliumsulfid oder alkoholischer Silbernitratlösung nicht ohne weiteres Austausch oder Abspaltung des Halogens. Ein Austausch ist erst

[1] Vgl. *R D. Chambers,* Fluorine in Organic Chemistry (Wiley, New York 1974).

möglich, wenn die Halogenatome durch benachbarte, polare Atomgruppen, z. B. $-NO_2$, $-CN$, $-COOH$, aktiviert werden, worauf auf S. 505 *f.* näher eingegangen wird.

5.2.2.1 Bei der Umsetzung von Arylhalogeniden mit Alkaliamiden in flüssigem Ammoniak findet jedoch eine *nucleophile aromatische Substitution* statt. Sie verläuft nach einem **Eliminierungs-Additions-Mechanismus,** bei dem intermediär das kurzlebige, in einer Argonmatrix nachweisbare **Dehydrobenzol** (Arin, *o*-Benzyn) gebildet wird. So konnte *J. D. Roberts* (1953) zeigen, daß bei der Reaktion von [1-^{14}C]-Chlorbenzol mit Kaliumamid in flüssigem Ammoniak nebeneinander [1-^{14}C]-Anilin und [2-^{14}C]-Anilin in etwa gleichen Mengen entstehen. Ammoniak wird also an beiden Enden der Dreifachbindung des Dehydrobenzols addiert:

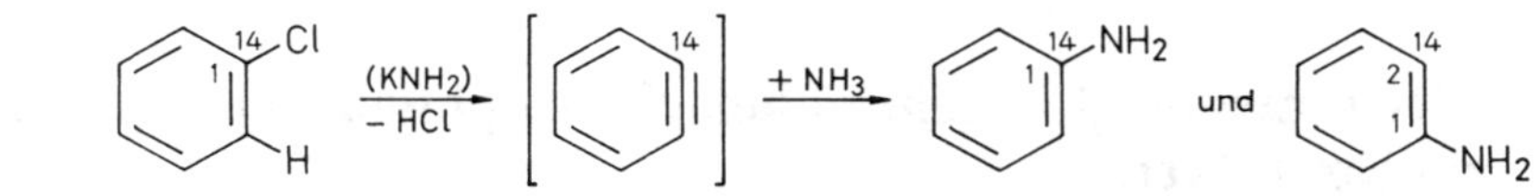

[1-^{14}C]-Chlorbenzol Dehydrobenzol [1-^{14}C]-Anilin [2-^{14}C]-Anilin

Damit wird auch verständlich, daß der Austausch von Halogen in *o*- und *p*-substituierten Arylhalogeniden oft zur *m*-Verbindung führt.
Auch bei der Umsetzung von *o*-Brom-fluorbenzol mit Lithiumamalgam tritt intermediär Dehydrobenzol auf, das sich bei Gegenwart von Furan durch *Diels-Alder*-Reaktion nachweisen läßt. Es entsteht 1,4-Dihydro-1,4-epoxy-naphthalin, das sich in methanolischer Salzsäure glatt zu α-Naphthol isomerisiert (*Wittig*, 1955).

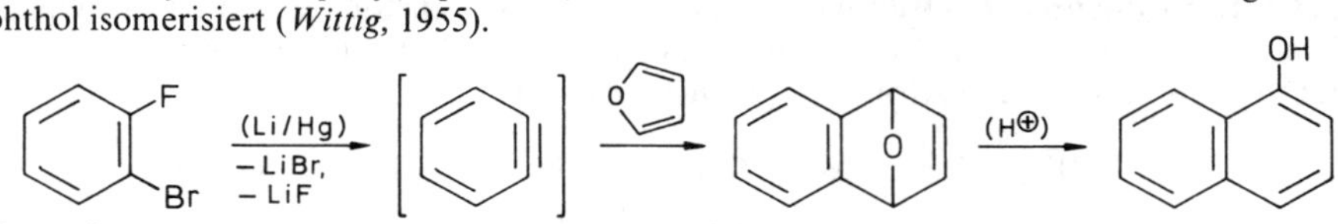

o-Brom-fluorbenzol Dehydrobenzol 1,4-Dihydro-1,4-epoxy-naphthalin α-Naphthol

Zum Unterschied von den anderen Halogenen haben die Iodatome in *aromatischen Iodverbindungen* die Neigung, ihre Bindigkeit *oniumartig* zu erhöhen. Beim Einleiten von Chlor in eine kalte Lösung von Iodbenzol in Chloroform entsteht nach *Willgerodt* gelbes, kristallines *Phenylioddichlorid*, $C_6H_5ICl_2$, das sich im Licht oder beim Erhitzen auf 110 °C (383 K) in *p-Chlor-iodbenzol* umlagert. Bei der Einwirkung von Alkalien auf Phenylioddichlorid erfolgt Hydrolyse der Chloratome und Wasserabspaltung unter Bildung des gelben, amorphen *Iodosylbenzols*, C_6H_5-IO:

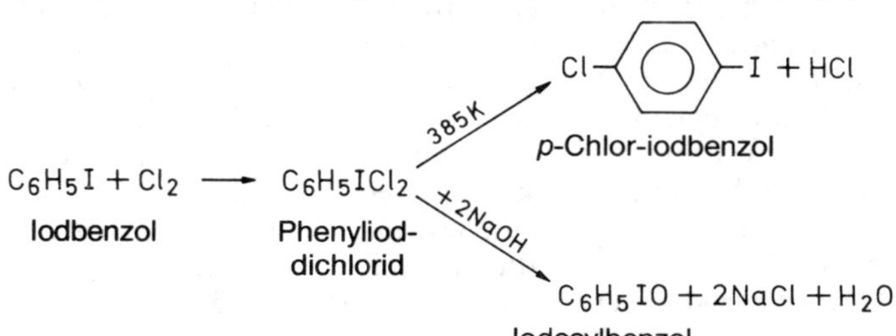

Iodosylbenzol, das sich auch durch Oxidation von Iodbenzol mit Ozon darstellen läßt, ist eine unbeständige Substanz, die schon beim Stehenlassen, rascher beim Kochen mit Wasser, zu Iodylbenzol und Iodbenzol *disproportioniert:*

$$2\,C_6H_5IO \longrightarrow C_6H_5IO_2 + C_6H_5I$$

Iodosylbenzol Iodylbenzol Iodbenzol

Iodylbenzol kann auch durch Oxidation von Iodbenzol mit Peroxoschwefelsäure (*Caro*sche Säure) oder von Iodosylbenzol mit Chlorkalk erhalten werden. Die Iodosyl-, noch mehr die Iodylverbindungen verpuffen beim Erhitzen. Aus angesäuerter Kaliumiodidlösung setzen sie die äquivalente Menge Iod in Freiheit und werden dabei zu Iodbenzol reduziert.
Die Iodosyl- und Iodylverbindungen ähneln in ihrer Struktur den Sulfoxiden und Sulfonen (vgl. S. 150*f.*).

Verwendung. Einige halogenierte aromatische Kohlenwasserstoffe finden technische Anwendung, z. B. das Chlorbenzol als wichtiges Zwischenprodukt bei der Herstellung von Anilin, Phenol, *DDT* und von Farbstoffen. *p*-Dichlorbenzol dient als Mottengift und *o*-Dichlorbenzol, dem man etwas *p*-Verbindung zusetzt, als Füllmasse für Wärmeaustauscher im Bereich von 150–250 °C (425–525 K).

5.2.3 Mechanismen der mehrfachen elektrophilen Substitution am Benzolkern

Der Eintritt eines zweiten Substituenten in den Benzolkern hängt in erster Linie von der Natur des schon vorhandenen ersten Substituenten ab, und zwar wird der neueintretende entweder bevorzugt in *p*- und *o*-Stellung oder vorwiegend in *m*-Stellung dirigiert. Es gelten folgende *Orientierungsregeln:*

5.2.3.1 Substituenten 1. Ordnung dirigieren den zweiten Substituenten vorwiegend in *o*- und *p*-Stellung, wobei die Ausbeute an *p*- die an *o*-Derivat gewöhnlich übertrifft. Hierzu gehören folgende Atome oder Atomgruppen:

$$-NR_2,\ -NHR, -NH_2, -OH, -OR, -NHCOR, -I, -Br, -Cl, -F,$$
$$-CH_3, -CH=CH_2$$

5.2.3.2 Substituenten 2. Ordnung, die den zweiten Substituenten überwiegend in *m*-Stellung dirigieren, sind:

$$-\overset{\oplus}{N}R_3,\ -\overset{\oplus}{N}H_3, -NO_2, -C\equiv N, -SO_3H, -CF_3, -CCl_3, -CHO, -CO-R,$$
$$-COOH, -COOR, -CONH_2$$

Hierbei handelt es sich jedoch um keine streng gültigen Gesetzmäßigkeiten, sondern um empirische Befunde, die nicht ohne Ausnahmen sind, z. B. erhält man bei der Chlorierung von Nitrobenzol außer *m*-Chlornitrobenzol als Hauptprodukt auch 17,6% *o*- und 1,5% *p*-Chlornitrobenzol. Bei der Nitrierung von Benzoesäureethylester entstehen außer dem *m*-Derivat sogar 28,3% *o*- und 3,3% *p*-Nitrobenzoesäureethylester.
Dennoch hängen Geschwindigkeit und Ort der elektrophilen Zweitsubstitution am Benzolkern entscheidend von der *Wechselwirkung* des Erstsubstituenten mit dem aromatischen Kern ab. Diese läßt sich durch zwei Effekte beschreiben, die jeweils die *Elektronendichte im Benzolkern* erhöhen oder erniedrigen können.

5.2.3.3 I-Effekt

Wie auf S. 30 beschrieben, üben die Alkylgruppen einen **+ I-Effekt** aus und erhöhen somit die Elektronendichte im Benzolkern. Demgegenüber wirken die meisten anderen Substituenten, wie $NR_3^{\oplus}$, Halogenatome, $-OH$, $-OR$, $-NH_2$, $-NR_2$, $-SO_3H$ usw., in entgegengesetzter Richtung, d. h., sie entziehen infolge der größeren Elektronegativität

des am C-Atom des Benzolkerns haftenden Atoms diesem Elektronen und üben somit einen **– I-Effekt** aus.
Der jeweilige *Elektronendruck* oder *Elektronenzug* kann in folgender Weise symbolisiert werden.

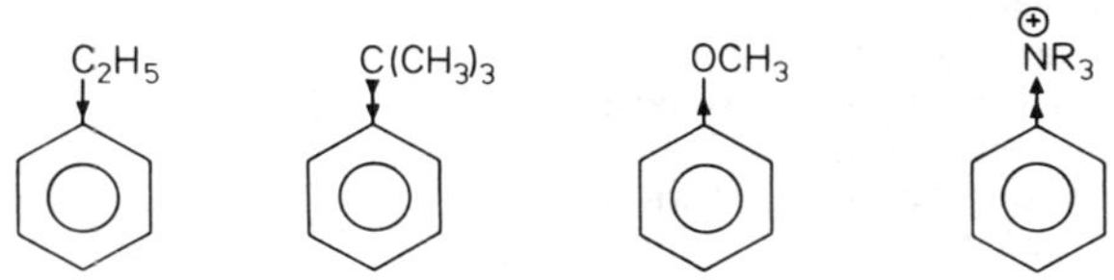

5.2.3.4 M-Effekt

In den meisten Fällen ist dem I-Effekt ein zweiter Effekt überlagert, der dadurch zustandekommt, daß sich einsame Elektronenpaare oder π-Elektronen von Doppelbindungen des Substituenten an der Mesomerie des Benzolkerns beteiligen. Diese Wechselwirkung bezeichnet man daher als *Mesomerieeffekt* (M-Effekt). Auch dieser bewirkt je nach der Natur des Substituenten eine Erhöhung oder Erniedrigung der Elektronendichte im Kern, so daß man zwischen dem +M- und dem –M-Effekt zu unterscheiden hat.

5.2.3.5 + M-Effekt (elektronenschiebend)

Besitzt das direkt am Kern gebundene Atom des Substituenten mindestens ein einsames Elektronenpaar, so kann sich dies, z. B. beim *Anilin*, in folgender Weise an der Mesomerie des Kerns beteiligen:

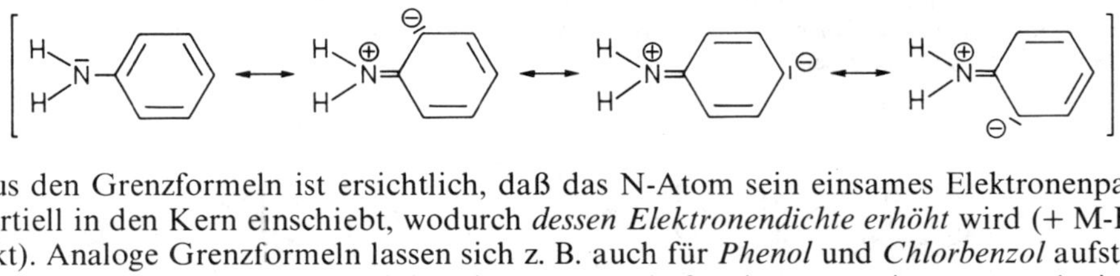

Aus den Grenzformeln ist ersichtlich, daß das N-Atom sein einsames Elektronenpaar partiell in den Kern einschiebt, wodurch *dessen Elektronendichte erhöht* wird (+ M-Effekt). Analoge Grenzformeln lassen sich z. B. auch für *Phenol* und *Chlorbenzol* aufstellen. Je größer die Elektronegativität des am Kern haftenden Atoms ist, um so schwieriger ist es zu positivieren, d. h., um so kleiner ist der + M-Effekt. Dieser nimmt also in der Reihe $NH_2 > OH > Cl$ ab.

5.2.3.6 – M-Effekt (elektronenziehend)

Enthält der Substituent eine zum Bindungssystem des Ringes in Konjugation stehende Doppelbindung mit einem stark elektronegativen Atom am äußeren Ende, so werden dem aromatischen Kern Elektronen entzogen, d. h. die *Elektronendichte* wird *vermindert* (– M-Effekt). Dies sei am Beispiel des *Nitrobenzols* gezeigt:

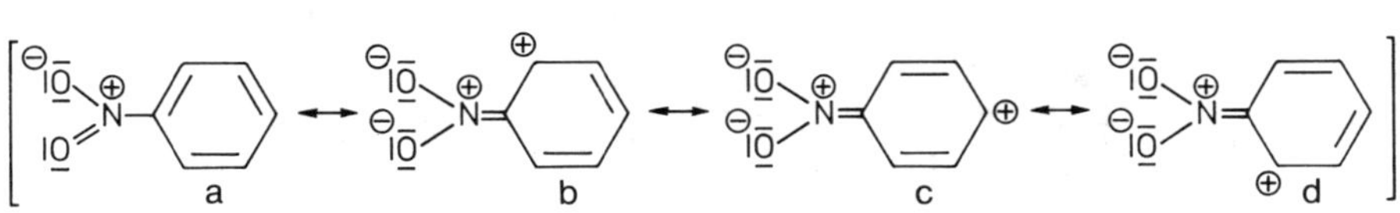

Entsprechende Grenzformeln können z. B. auch für Alkylphenylketone, Benzolsulfonsäure und Benzonitril formuliert werden.

Die Deutung der Zweitsubstitution wird dadurch erschwert, daß meist sowohl der *mesomere* als auch der *induktive* Effekt zur Wirkung kommen. Beide können gleichsinnig oder entgegengesetzt gerichtet sein und führen insgesamt zu einer Erniedrigung bzw. Erhöhung der Elektronendichte im Benzolkern, die jeweils für die *Geschwindigkeit der elektrophilen Substitution* verantwortlich ist. Welcher Effekt in jedem speziellen Fall überwiegt, ist nicht ohne weiteres vorauszusagen, z. B. erfolgt die elektrophile Zweitsubstitution von *Chlorbenzol* langsamer als die Primärsubstitution des Benzols selbst. Der Grund hierfür ist darin zu suchen, daß das Chloratom infolge seiner großen Elektronegativität einen starken −I-Effekt auslöst, der nur partiell durch den geringen +M-Effekt des Chloratoms kompensiert wird, so daß der Kern im Endeffekt an Elektronen verarmt. Überwiegt dagegen der +M-Effekt gegenüber dem −I-Effekt, wie es beim *Anilin* und *Phenol* der Fall ist, so wird die elektrophile Zweitsubstitution durch die erhöhte Elektronendichte im Kern erleichert. Im *Phenolat-Anion* wirken beide Effekte (+I- und +M-Effekt) aktivierend auf den Benzolkern, wodurch die elektrophile Zweitsubstitution besonders begünstigt wird. Demgegenüber wirken im *Nitrobenzol* beide Effekte (−I- und −M-Effekt) desaktivierend auf den Kern und erschweren den Eintritt elektrophiler Reagenzien.
Für die *dirigierende Wirkung des Erstsubstituenten* ist die *Elektronenverteilung im Übergangszustand* maßgebend, als den man in erster Näherung die intermediär auftretenden *Carbenium-Ionen* der *σ-Komplexe* ansehen kann. Ob der neueintretende Substituent in die *o-*, *m-* oder *p*-Stellung zum Erstsubstituenten tritt, hängt in erster Linie davon ab, welches Zwischenprodukt oder welcher Übergangszustand energetisch begünstigt ist. Die σ-Komplexe sind infolge ihrer Polarität für Substituenteneinflüsse polarer Gruppen wesentlich empfindlicher als die Grundzustände.
Chloriert man z. B. *Phenol*, so kann sich der zunächst entstehende *π-Komplex* zu drei *Carbenium-Ionen* umlagern, je nachdem, ob die Bindung des Chlor-Kations an einem *o-*, *m-* oder *p*-ständigen C-Atom erfolgt. Hierbei wird sich bevorzugt das stabilste (energieärmste) Produkt bilden, d. h., in diesem Fall *das Kation*, dessen positive Ladung am stärksten delokalisiert ist. Da sich die Hydroxylgruppe nur bei einer Substitution des Chlor-Kations in *o-* und *p*-Stellung an der Mesomerie des Carbenium-Ions beteiligen kann, sind diese beiden Produkte infolge stärkerer Delokalisierung ihrer positiven Ladung gegenüber dem *m*-Derivat energetisch begünstigt.
In den beiden folgenden Formelschemata ist der vor dem Erreichen des Endprodukts zu durchlaufende π-Komplex fortgelassen.

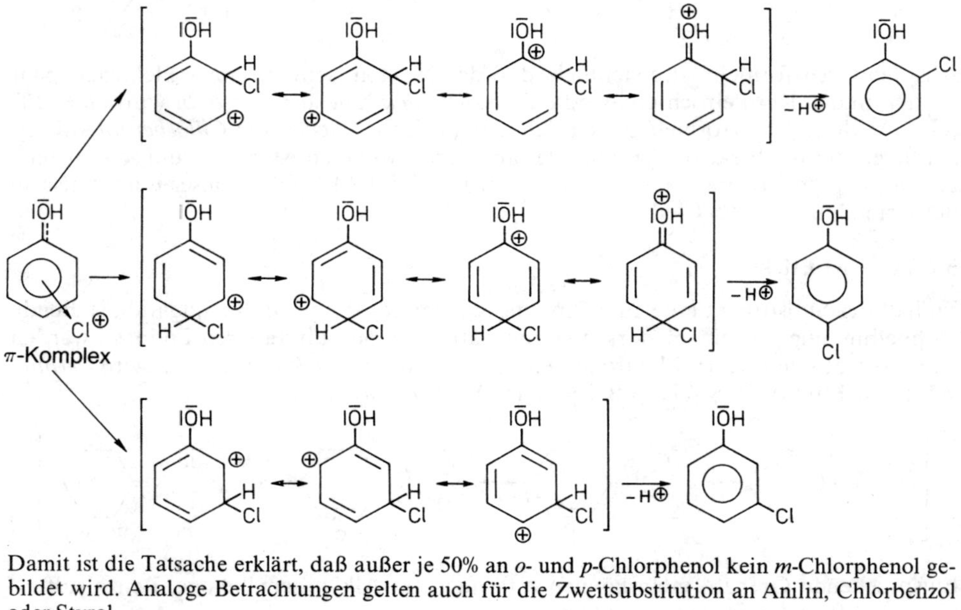

Damit ist die Tatsache erklärt, daß außer je 50% an *o-* und *p*-Chlorphenol kein *m*-Chlorphenol gebildet wird. Analoge Betrachtungen gelten auch für die Zweitsubstitution an Anilin, Chlorbenzol oder Styrol.

Bei der weiteren Nitrierung von *Nitrobenzol* liegen die Verhältnisse dagegen anders. Hier kann sich die Nitrogruppe als Erstsubstituent in keinem Fall an der Mesomerie des Carbenium-Ions beteiligen und damit die Delokalisierung der positiven Ladung nicht fördern, da sie mit dem positiv geladenen N-Atom am Ring gebunden ist. Die *Mesomerie im Kation* bleibt also in allen drei Fällen auf das Ringsystem beschränkt.

Wie zu ersehen ist, befinden sich bei der *o*- und *p*-Substitution in je einer der Grenzformeln die beiden positiven Ladungen am N- und C-Atom in unmittelbarer Nachbarschaft. Dies führt zu einer erheblichen Erhöhung des Energieinhalts dieser Grenzformeln, die daher nur in geringem Maß an der Mesomerie des *Carbenium-Ions* beteiligt sind, was wiederum die Möglichkeiten zur Delokalisierung der positiven Ladung im Kern verringert. Bei der Substitution in *m*-Stellung gelten diese Beschränkungen nicht, so daß hier das *m*-Derivat gegenüber den *o*- und *p*-Substitutionsprodukten energetisch bevorzugt ist. In der Tat entstehen bei dieser Reaktion 93% *m*-, 6% *o*- und 1% *p*-Dinitrobenzol. Analoge Betrachtungen gelten auch für die elektrophile Zweitsubstitution an Benzolderivaten, die SO_3Na-, COOH-, CN-, $^{\oplus}NR_3$-, CF_3- oder CCl_3-Gruppen tragen.

Auf weitere Einzelheiten soll hier nicht näher eingegangen werden, obwohl in bestimmten Fällen auch andere Faktoren, wie Temperatur, Medium, Konzentration, Katalysator und die Polarität des neueintretenden Substituenten, die Geschwindigkeit und den Ort der elektrophilen Zweitsubstitution am Benzolkern sowie das Mengenverhältnis von *o*-, *p*- und *m*-Derivaten beeinflussen können.

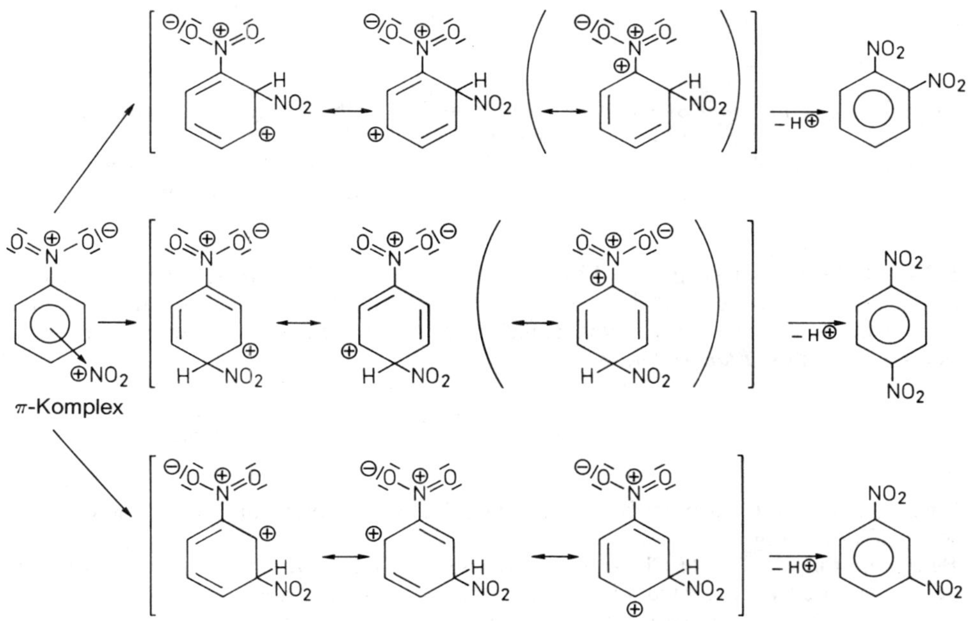

5.2.4 Seitenkettenhalogenierung der Alkylbenzole

In Analogie zu den aliphatischen Kohlenwasserstoffen lassen sich die Alkylderivate des Benzols unter bestimmten Reaktionsbedingungen in der Seitenkette halogenieren. Im Gegensatz zur Kernsubstitution erfolgt die Seitenkettenhalogenierung in Abwesenheit von Halogenüberträgern bei höheren Temperaturen unter dem Einfluß von kurzwelligem Licht. Sie verläuft nach dem *Radikalkettenmechanismus;* ihre Geschwindigkeit ist größer als die der Additions- und Kernsubstitutionsreaktionen.

Läßt man z. B. Chlor in der Hitze und im Sonnenlicht bzw. in Gegenwart von *Tetraethylblei* (Radikalbildner) auf Toluol einwirken, so werden die drei H-Atome der Methylgruppe nacheinander durch je ein Cl-Atom ersetzt unter Bildung von *Benzyl-*, *Benzylidendi-* bzw. *Benzotrichlorid:*

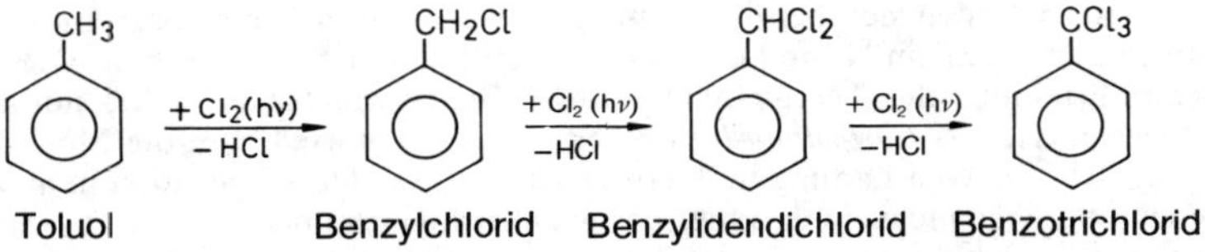

Dabei entsteht aus den in der Startreaktion gebildeten Chloratomen ein Benzylradikal, das durch Mesomerie stabilisiert ist und das unter Rückbildung des Cl-Atoms mit weiterem Chlor zu Benzylchlorid reagiert.

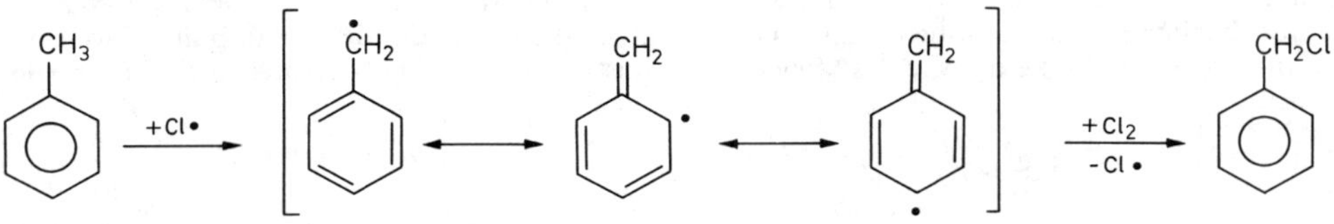

Technisch gewinnt man *Benzylchlorid* aus Toluol und Chlor unter UV-Bestrahlung bei Temperaturen zwischen 130 °C (405 K) und 140 °C (415 K), also oberhalb des Siedepunkts von Toluol (110,8 °C [384,0 K), aber unterhalb von dem des Benzylchlorids (179 °C [452 K]). Das sich abscheidende Benzylchlorid wird so vor weiterer Chlorierung geschützt.

5.2.4.1 Chlormethylierung. Die Einführung der *Chlormethylgruppe*, $-CH_2Cl$, in den aromatischen Kern gelingt in einer *elektrophilen* Reaktion mit Formaldehyd und Chlorwasserstoff in Gegenwart von Zinkchlorid, Aluminiumchlorid oder Phosphorsäure als Katalysator (***Blanc*-Reaktion**):

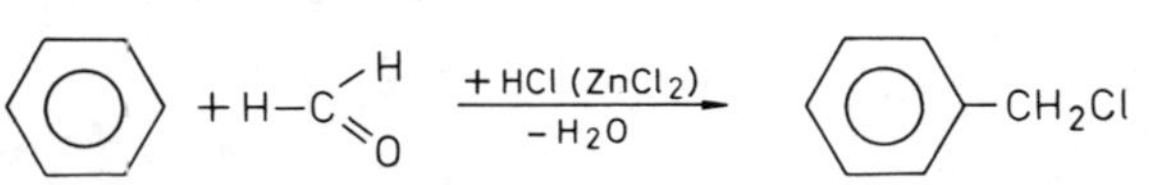

Benzylchlorid

Im Gegensatz zu den aromatisch gebundenen Halogenatomen sind die der Seitenkette sehr reaktionsfähig.

Benzylchlorid, $C_6H_5-CH_2Cl$, ist eine farblose Flüssigkeit vom Sdp. 179 °C (452 K), deren Dämpfe tränenreizend wirken. Es verhält sich chemisch wie ein Alkylhalogenid, z. B. geht es beim Erhitzen mit verdünnten Alkalien in *Benzylalkohol,* $C_6H_5-CH_2OH$, Sdp. 205 °C (478 K), mit wäßriger Kaliumcyanidlösung in *Benzylcyanid,* $C_6H_5-CH_2-CN$, Sdp. 233 °C (506 K), und mit alkoholischem Ammoniak in *Benzylamin,* $C_6H_5-CH_2-NH_2$, Sdp. 184,5 °C (457,7 K), über.

Benzylidendichlorid (Benzalchlorid), $C_6H_5-CHCl_2$, siedet bei 205 °C (478 K) und dient als Ausgangsmaterial für die technische Gewinnung von Benzaldehyd.

Benzotrichlorid, $C_6H_5-CCl_3$, Sdp. 221 °C (494 K), ist durch Hydrolyse in Benzoesäure überführbar.

5.3 Aromatische Nitroverbindungen

Während aliphatische Nitroderivate erst seit dem Jahre 1940 in technischem Maßstab hergestellt werden, kommt den aromatischen Nitroverbindungen seit langem eine hervorragende Bedeutung zu, vor allem als Ausgangsmaterialien für die Farb- und Sprengstoffindustrie sowie zur Synthese pharmazeutischer Präparate. Dies ist darauf zurückzuführen, daß sich die aromatischen Kohlenwasserstoffe – noch rascher ihre Substitutionsprodukte – mit konz. Salpetersäure am Kern nitrieren lassen. Die meisten aromatischen Nitroverbindungen bilden feste, farblose oder gelbe Substanzen, nur wenige Mononitro-Kohlenwasserstoffe sind bei Raumtemperatur flüssig.
In der Praxis nitriert man die Aromaten meist bei gelinder Wärme mit einem Gemisch von konz. HNO_3 und konz. H_2SO_4, der „Nitriersäure“.

Als weitere *Nitrierungsmittel* können rauchende Salpetersäure (mit 6 – 12% NO_2). Nitroniumtetrafluoroborat, $NO_2^{\oplus}[BF_4]^{\ominus}$, und Acetylnitrat, $H_3CCOONO_2$, *das jedoch sehr leicht explodiert*, verwendet werden[1].

5.3.1 Nitrobenzole

Darstellung

5.3.1.1 *Beim Erwärmen von Benzol mit konz. HNO_3 oder Nitriersäure* entsteht als Hauptprodukt Nitrobenzol (Ausbeute 85%).

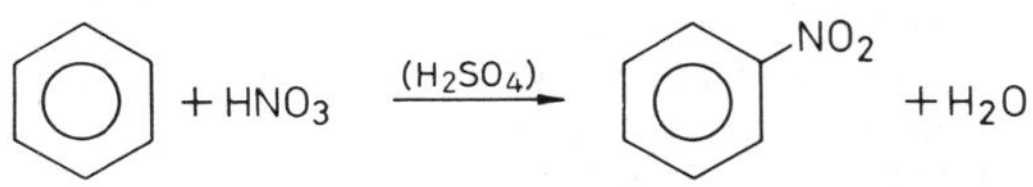

Nitrobenzol

Die *Nitrierung* verläuft – in Analogie zur Kernhalogenierung – als *elektrophile* Substitution. Das nitrierende Agens ist das *Nitronium-Ion,* $NO_2^{\oplus}$, das aus Nitriersäure wie folgt entsteht (*Hughes* und *Ingold,* 1946):

$$HNO_3 + 2\,H_2SO_4 \rightleftarrows NO_2^{\oplus} + H_3O^{\oplus} + 2\,HSO_4^{\ominus}$$

Die Rolle der Schwefelsäure besteht demnach nicht in der Entfernung des Wassers gemäß obiger Gleichung, sondern in der Protonierung der Salpetersäure zum *Nitracidium-Ion.* $H_2NO_3^{\oplus}$, aus dem unter Wasseraustritt das Nitronium-Ion gebildet wird.
Führt man die Nitrierung mit mäßig konz. Salpetersäure in organischen Lösungsmitteln durch, so wird das Nitronium-Ion auf folgende Weise gebildet:

$$2\,HNO_3 \rightleftarrows NO_2^{\oplus} + H_2O + NO_3^{\ominus}$$

Der *Reaktionsmechanismus* ist so zu deuten, daß das Nitronium-Ion den aromatischen Kern *elektrophil* angreift und über einen *π-Komplex* gebunden wird. Aus dem *Carbenium-Ion* spaltet sich ein Proton ab, wobei unter Rückbildung des aromatischen Systems Nitrobenzol entsteht:

[1] Vgl. *K. Schofield,* Aromatic Nitration (Cambridge Univ. Press 1980); *L. Eberson,* Electron Transfer Mechanisms in Electrophilic Aromatic Nitration, Accounts Chem. Res. *20,* 53 (1987).

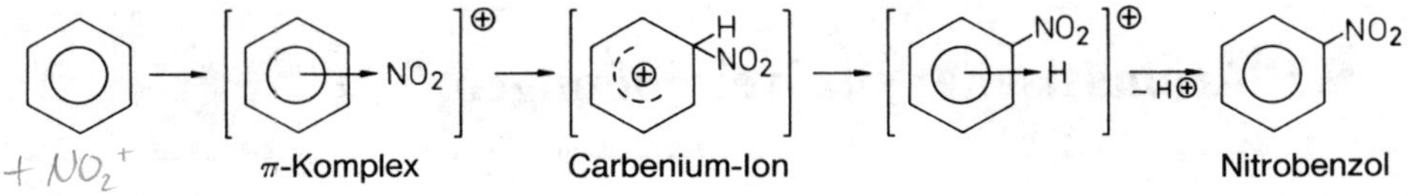

5.3.1.2 Das als Nitrierungsmittel für Aromaten benutzte Nitroniumtetrafluoroborat beweist zugleich die *elektrophile* Substitution durch das Nitronium-Ion (*Olah*), z. B.

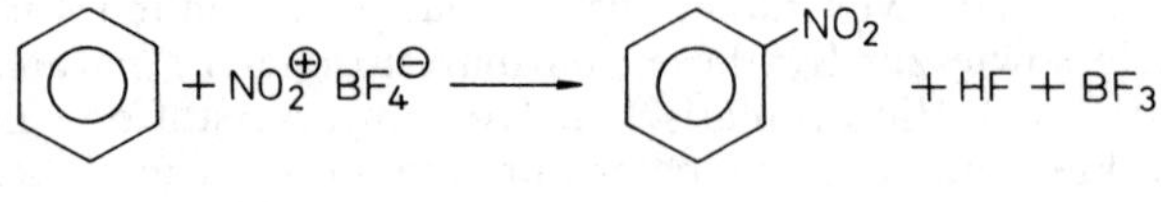

5.3.1.3 Die weitere Nitrierung des Nitrobenzols mit überschüssiger Nitriersäure bei höherer Temperatur führt nur bis zum *m-Dinitrobenzol* (Ausbeute etwa 80%):

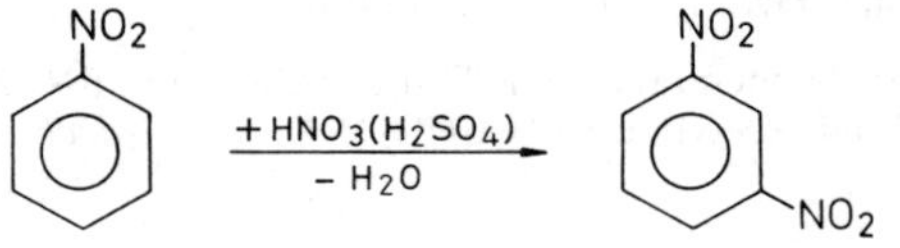

m-Dinitrobenzol

Die direkte Einführung einer dritten Nitrogruppe in den Benzolkern ist äußerst schwierig.
Unter vergleichbaren Bedingungen entsteht *m-Dinitrobenzol* etwa *10 000mal langsamer als Nitrobenzol.* Das kann mit den oben angestellten Überlegungen wie folgt gedeutet werden.
Die Grenzformeln **b, c** und **d** des Nitrobenzols S. 485 zeigen, daß der Benzolring an Elektronen verarmt ist. Damit werden die Erfolgsaussichten einer elektrophilen Substanz gegenüber dem Benzol selbst vermindert; in der gleichen Richtung wirkt der induktive Effekt der Nitrogruppe. Das Ergebnis beider Einflüsse ist eine Absenkung von ΔH für das Nitrobenzol (vgl. Abb. 113).
Betrachtet man auf dieser Grundlage die Grenzformeln für den σ-Komplex der Nitrierung des Nitrobenzols (S. 487), so findet man, daß sie den Grenzformeln **b, c** und **d** analog sind, da auch sie eine Entfernung von π-Elektronen aus dem Benzolring anzeigen. Daher kann im σ-Komplex gegenüber dem Grundzustand des Nitrobenzols keine wesentliche Änderung der Elektronenverteilung auftreten, im Gegensatz zum Benzol, das im σ-Komplex der Nitrierung eine tiefgreifende Veränderung seines π-Elektronensystems erfährt.
Abb. 113 zeigt die Auswirkung der geschilderten Effekte für beide Systeme und den daraus folgenden Unterschied in den Aktivierungsenergien, welche die beobachteten Geschwindigkeitsunterschiede qualitativ erklären.

Eigenschaften und Verwendung. Nitrobenzol, $C_6H_5-NO_2$, eine gelbliche, bei 211 °C (484 K) siedende Flüssigkeit von stark bittermandelölartigem Geruch, ist in Wasser kaum löslich, aber mit Wasserdampf flüchtig. Die Nitrobenzoldämpfe wirken giftig. Die Reduktionsprodukte des Nitrobenzols werden im Kapitel „Aromatische Amine" beschrieben. Nitrobenzol besitzt ein Dipolmoment von $13{,}18 \cdot 10^{-30}$ Cm, dessen Ursache die Elektronenverschiebung im Grundzustand der Verbindung ist, welche durch die Grenzformeln **a – d** auf S. 485 deutlich gemacht wird.
Nitrobenzol dient hauptsächlich als Ausgangsmaterial für die Anilinfabrikation; ferner wird es als Lösungsmittel sowie zuweilen als Oxidationsmittel in der präparativen Chemie verwendet.
***m*-Dinitrobenzol** ist eine blaßgelbe Substanz vom Schmp. 90 °C (363 K), in Wasser fast unlöslich, jedoch mit Wasserdampf flüchtig.

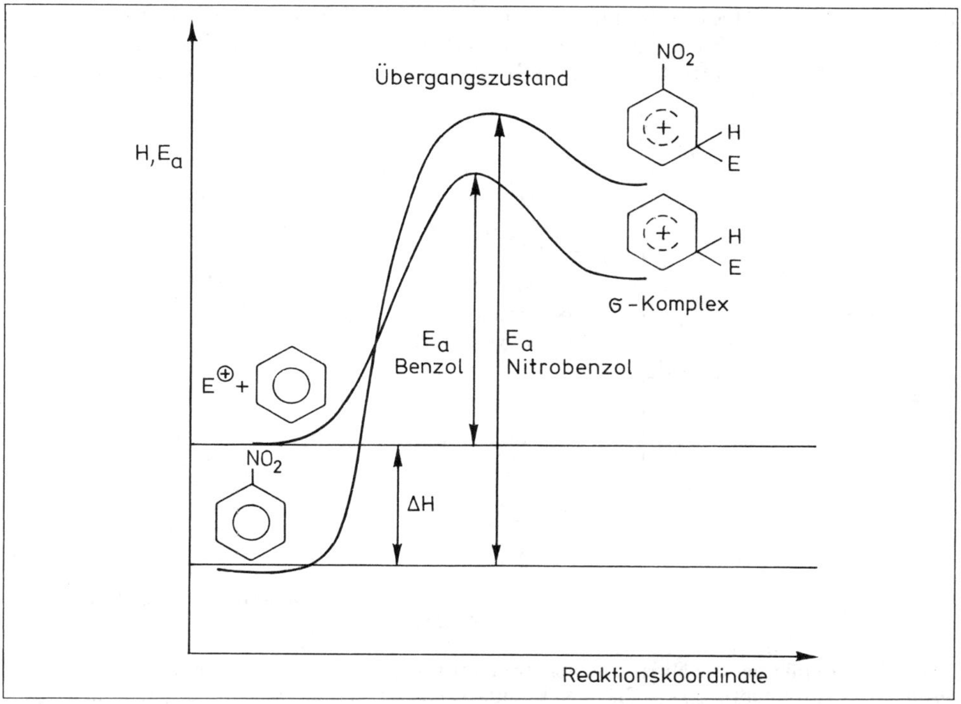

Abb. 113. Wirkungen des induktiven und mesomeren Effekts auf die Übergangszustände der elektrophilen aromatischen Substitution.

1,3,5-Trinitro-benzol wird nicht durch direkte Nitrierung des Benzols dargestellt (vgl. S. 489 *f.*), sondern *durch Decarboxylierung von 2,4,6-Trinitro-benzoesäure,* die aus 2,4,6-Trinitro-toluol durch Oxidation mit Natriumdichromat in konz. Schwefelsäure zugänglich ist (Ausbeute etwa 45%):

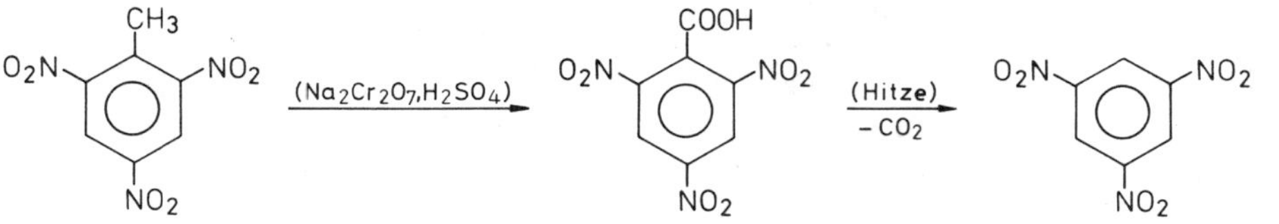

2,4,6-Trinitro-toluol 2,4,6-Trinitro-benzoesäure 1,3,5-Trinitro-benzol

1,3,5-Trinitro-benzol besitzt größere Explosivkraft als 2,4,6-Trinitro-toluol, ist aber viel schwerer darstellbar und wird daher nicht als Sprengstoff benutzt.

5.3.2 Nitrotoluole

Leichter als Benzol werden die homologen aromatischen Kohlenwasserstoffe nitriert. Bei der *Nitrierung von Toluol* bei 0 °C (273 K) entstehen *o-Nitrotoluol* (etwa 65%) und *p*-Nitrotoluol (30%) neben wenig *m-Nitrotoluol* (5%). Die ersten beiden lassen sich durch fraktionierte Destillation trennen. Durch weitere Nitrierung erhält man *2,4-Dinitro-toluol* und schließlich *2,4,6-Trinitro-toluol*, das als *Sprengstoff* die Bezeichnung „*Trotyl*“ oder *TNT* führt. Es ist handhabungssicher und wird durch Initialzündung zur Detonation gebracht.

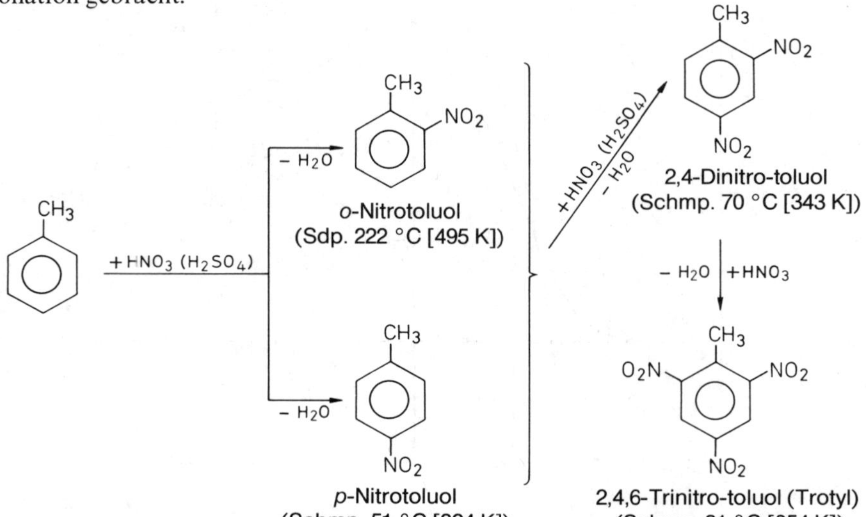

Als Nebenprodukt bei der Nitrierung von Toluol tritt das in der Seitenkette nitrierte *Phenylnitromethan* (ω-Nitrotoluol), $C_6H_5-CH_2-NO_2$, auf. Es reagiert wie ein *primäres* aliphatisches Nitroalkan und läßt sich sowohl in der Neutralform, Sdp. 225 °C (498 K), als auch in der *aci*-Form, Schmp. 84 °C (357 K), isolieren (*Hantzsch*).

Einige trinitrierte Alkylbenzole, die eine *tertiäre* Butylgruppe enthalten, duften moschusähnlich und werden in der Parfümerie benutzt. Zu den synthetischen Produkten dieser Art zählen z. B. *Toluol-* und *Xylolmoschus*, denen folgende Formeln zukommen:

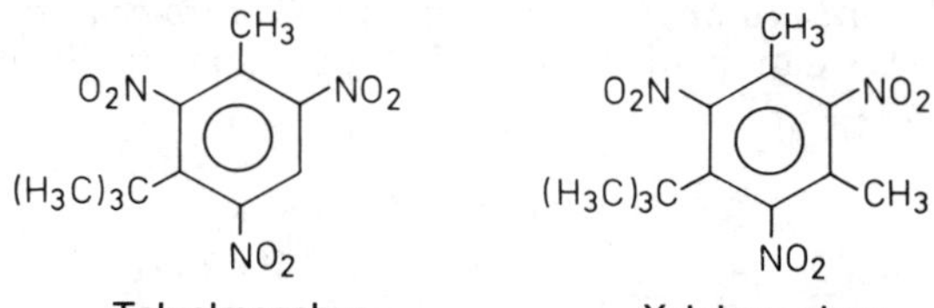

Toluolmoschus   Xylolmoschus

5.4 Aromatische Sulfonsäuren (Arensulfonsäuren)

Besonders charakteristisch für aromatische Kohlenwasserstoffe und ihre Derivate ist die direkte Substitution eines oder mehrerer H-Atome durch die *Sulfonylgruppe*, $-SO_3H$, mittels konzentrierter oder rauchender Schwefelsäure. Die aromatischen Sulfonsäuren sind somit viel leichter zugänglich als die der aliphatischen Reihe.

5.4.1 Darstellung

Die *Sulfonierung von Benzol* mit konzentrierter oder rauchender Schwefelsäure (Oleum) führt zur *Benzolsulfonsäure* und bei höheren Temperaturen über die *m-Benzoldisulfonsäure* zur *Benzol-1,3,5-trisulfonsäure:*

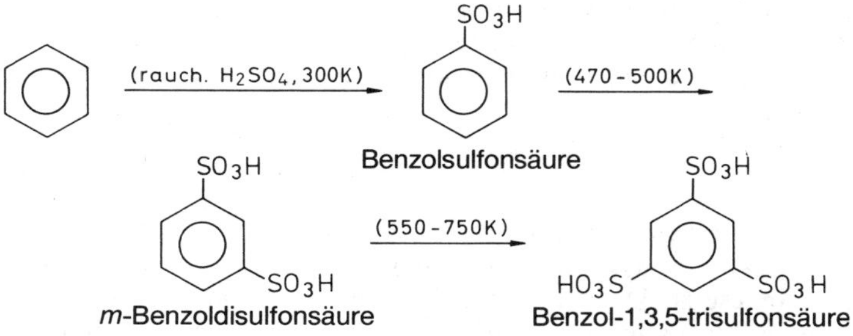

Die Homologen des Benzols werden vorwiegend in *p*- und *o*-Stellung sulfoniert. Die Geschwindigkeit dieser Reaktion hängt wesentlich von den bereits im Ring vorhandenen Substituenten ab. Im allgemeinen gelten die üblichen Substitutionsregeln.

Der *Reaktionsmechanismus* der Sulfonierung entspricht der *elektrophilen* Substitution. Aufgrund kinetischer Untersuchungen (*Ingold*) fungiert das monomere *Schwefeltrioxid* als sulfonierendes Agens, das sich an das π-Elektronensextett des Kerns zum *π-Komplex* addiert. Das daraus entstehende betainartige Zwischenprodukt stabilisiert sich zur Benzolsulfonsäure:

$$2H_2SO_4 \rightleftharpoons SO_3 + H_3O^{\oplus} + HSO_4^{\ominus}$$

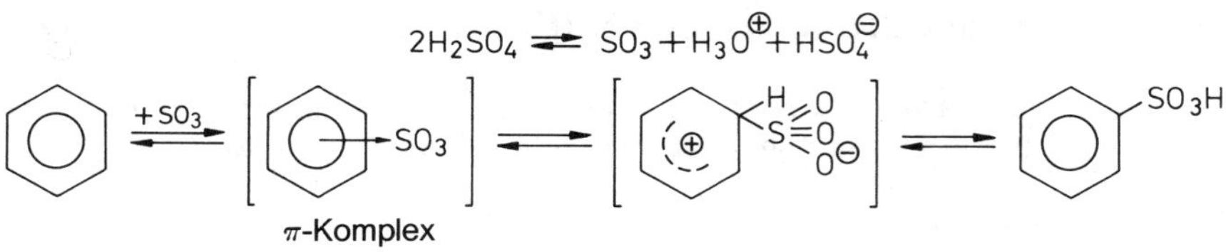

Im Gegensatz zu anderen elektrophilen aromatischen Substitutionen ist die Sulfonierung eine *Gleichgewichtsreaktion.*

Eigenschaften. Die aromatischen Sulfonsäuren sind farblose, kristalline, stark hygroskopische Substanzen, die sich in Wasser leicht lösen und darin völlig dissoziieren:

$$Ar{-}SO_3H + H_2O \rightarrow Ar{-}SO_3^{\ominus} + H_3O^{\oplus}$$

Die *Acidität* der Benzolsulfonsäure ($pK_a = 0{,}70$) entspricht etwa der von Schwefelsäure. Bei Anwesenheit *positivierender* Substituenten in *o*- bzw. *p*-Stellung steigt die Acidität, z. B. ist die 2,4-Dinitro-benzolsulfonsäure stärker sauer als die Schwefelsäure. Da die Sulfonsäuren nur schwer wasserfrei zu erhalten sind, isoliert man sie durch „Aussalzen" mit gesättigter Natriumchloridlösung als *Sulfonate,* z. B.

$$C_6H_5{-}SO_3H + NaCl \rightarrow C_6H_5{-}SO_3^{\ominus}Na^{\oplus} + HCl$$

Natriumbenzolsulfonat

Die Calcium-, Barium- und Bleisulfonate sind im Gegensatz zu den entsprechenden Sulfaten wasserlöslich.

Desulfonierung. Beim Erhitzen der Benzolsulfonsäure mit verdünnter Salzsäure im Einschlußrohr auf 150 – 180 °C (420 – 450 K) wird die Sulfonylgruppe durch Wasserstoff ersetzt, d. h., die Sulfonierung ist unter bstimmten Bedingungen *reversibel:*

$$C_6H_5\text{–}SO_3H + H_2O \overset{(HCl)}{\rightleftharpoons} C_6H_6 + H_2SO_4$$

Praktische Bedeutung besitzt der *nucleophile Austausch* der Sulfonylgruppe gegen die Hydroxyl- oder Nitrilgruppe, z. B. entsteht aus Natriumbenzolsulfonat beim Schmelzen mit Natriumhydroxid Natriumphenolat und mit Natriumcyanid *Benzonitril:*

$$C_6H_5\text{–}SO_3Na + NaCN \rightarrow \underset{\text{Benzonitril}}{C_6H_5\text{–}C{\equiv}N} + Na_2SO_3$$

Verwendung. Die freien aromatischen Sulfonsäuren werden als starke Säuren aufgrund ihrer geringeren Oxidationswirkung zuweilen bei der sauren Katalyse anstelle von Schwefelsäure eingesetzt. Da die Sulfonylgruppe in Aromaten durch andere Atomgruppen ausgetauscht werden kann, dienen die Sulfonsäuren technisch als Zwischenprodukte bei Synthesen.
Oft macht man von der Einführung von *Natriumsulfonatgruppen* Gebrauch, um substantive Farbstoffe, Pharmazeutika und andere Produkte wasserlöslich zu machen. Die Natriumsalze der alkylierten aromatischen Sulfonsäuren spielen in der Waschmittelindustrie eine bedeutende Rolle, da die Calcium- und Magnesiumsalze dieser Säuren wasserlöslich und sie daher auch in hartem Wasser wirksam sind.

5.4.2 Derivate der aromatischen Sulfonsäuren

In Analogie zu den Carbonsäuren und den aliphatischen Sulfonsäuren bilden auch die aromatischen Sulfonsäuren Sulfonylchloride, Sulfonsäureester, Sulfonamide usw.

5.4.2.1 Sulfonylchloride

Die wichtigsten Vertreter leiten sich von der Benzol- und Toluolsulfonsäure ab.

Darstellung. a) *Durch Einwirkung von Phosphor(V)-chlorid auf aromatische Sulfonsäuren* oder besser auf die Natriumsulfonate, z. B.

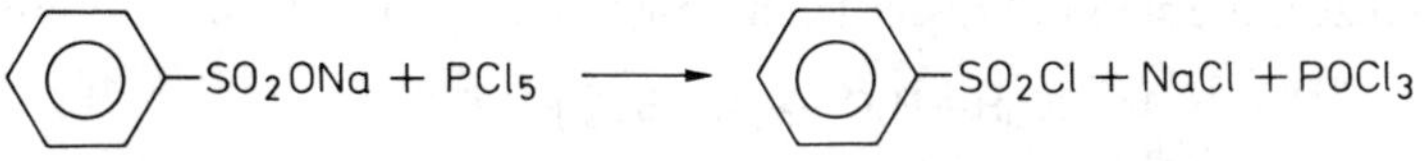

Natriumbenzolsulfonat Benzolsulfonylchlorid (Schmp. 14,5 °C [287,7 K])

b) Technisch wird Benzolsulfonylchlorid *durch Chlorsulfonierung von Benzol* mit überschüssiger Chlorsulfonsäure hergestellt. Hierbei findet zunächst Sulfonierung durch Schwefeltrioxid und dann Umsetzung der Sulfonsäure mit Chlorsulfonsäure statt:

$$Cl\text{–}SO_3H \rightleftharpoons SO_3 + HCl$$

$$C_6H_6 + SO_3 \rightarrow C_6H_5\text{–}SO_2\text{–}OH$$

$$C_6H_5\text{–}SO_2\text{–}OH + Cl\text{–}SO_3H \rightarrow \underset{\text{Benzolsulfonylchlorid}}{C_6H_5\text{–}SO_2Cl} + H_2SO_4$$

Die *Chlorsulfonierung von Toluol* führt zu einem Gemisch von *o*- und *p*-Toluolsulfonylchlorid:

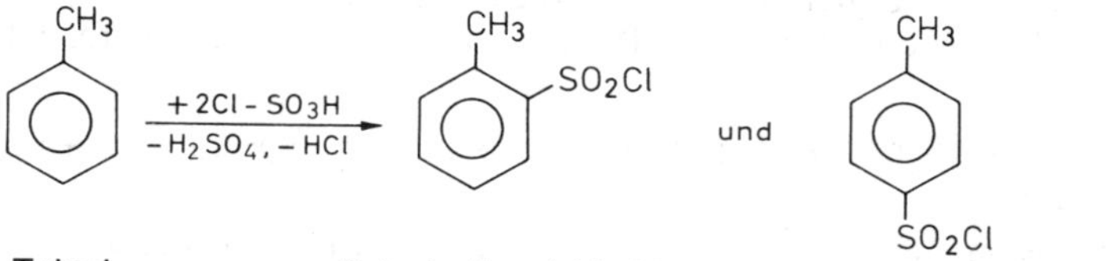

Toluol — *o*-Toluolsulfonylchlorid (Schmp. 10 °C [283 K]) — *p*-Toluolsulfonylchlorid (Schmp. 68 °C [341 K])

Eigenschaften. Die Sulfonylchloride der Aromaten sieden niedriger als die entsprechenden Sulfonsäuren und lassen sich durch Destillieren unter vermindertem Druck oder durch Umkristallisieren reinigen. Sie reagieren mit Wasser infolge ihrer Unlöslichkeit sehr langsam; nur bei längerem Erhitzen werden die freien Sulfonsäuren zurückgebildet, z. B.

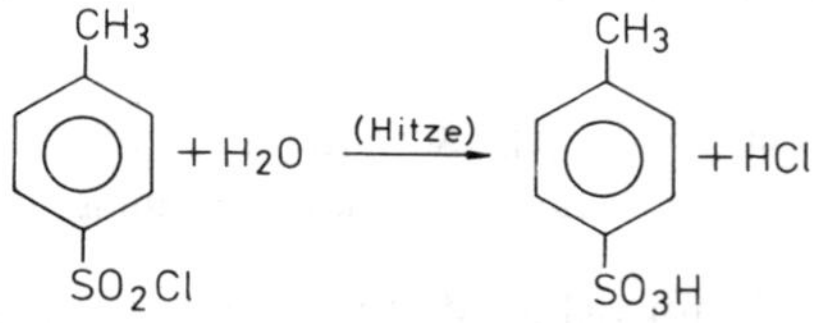

Tosylchlorid — *p*-Toluolsulfonsäure (Schmp. 160,5 °C [433,7 K])

Der *p*-Toluolsulfonyl-Rest, $H_3C-C_6H_4-SO_2-$, wird auch als *Tosyl-Gruppe* (*Ts*) bezeichnet; entsprechend: *TsCl* = *Tosylchlorid.* Die Ester dieser Säure nennt man *Alkyl-* bzw. *Aryltosylate;* die Einführung des Tosylrestes bezeichnet man als *Tosylierung.*

Durch Reduktion von Arensulfonylchloriden entstehen je nach den Reaktionsbedingungen *Arensulfinsäuren* bzw. *Thiophenole* (Phenylmercaptane), z. B.

$$2\,C_6H_5-SO_2Cl \xrightarrow[-ZnCl_2]{+2\,Zn\,(in\,Ether)} (C_6H_5-SO_2)_2Zn \xrightarrow[-ZnCl_2]{+2\,HCl} 2\,C_6H_5-SO_2H$$

Benzolsulfinsäure

$$C_6H_5-SO_2Cl + 6\,H \xrightarrow{(LiAlH_4)} C_6H_5-SH + HCl + 2\,H_2O$$

Thiophenol

Die Arensulfinsäuren sind instabile Verbindungen, die an der Luft leicht zu Sulfonsäuren oxidiert werden.

Thiophenol ist eine farblose, unangenehm riechende, giftige Flüssigkeit, die bei 170 °C (443 K) siedet und aufgrund ihrer Acidität beständige Metallsalze bildet. An der Luft erfolgt leicht Oxidation zu *Diphenyldisulfid:*

$$2\,C_6H_5-SH + \tfrac{1}{2}\,O_2 \rightarrow C_6H_5-S-S-C_6H_5 + H_2O$$

Diphenyldisulfid

Bei der *Friedel-Crafts*-Reaktion geht Benzolsulfonylchlorid mit Benzol in *Diphenylsulfon,* Schmp. 128 °C (401 K), über:

$$C_6H_5-SO_2-Cl + C_6H_6 \xrightarrow{(AlCl_3)} C_6H_5-SO_2-C_6H_5 + HCl$$

Diphenylsulfon

5.4.2.2 Sulfonsäureester

Arensulfonylchloride reagieren mit Alkoholen oder Phenolen in Gegenwart von verdünnten Alkalilaugen oder besser von Pyridin zu den Sulfonsäureestern, z. B.

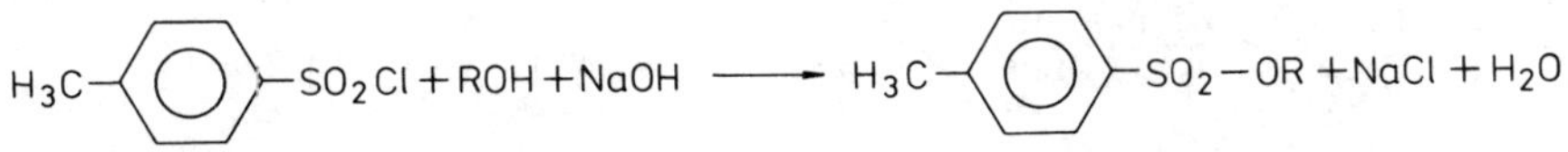

Tosylchlorid p-Toluolsulfonsäureester

Die Alkyltosylate werden oft anstelle von Alkylhalogeniden als *Alkylierungsmittel* verwendet, z. B.

$$R'COOH + ROTs \rightarrow R'COOR + TsOH$$

5.4.2.3 Sulfonamide (Sulfamide)

Bei der Einwirkung von wäßrigem Ammoniak auf Sulfonylchloride entstehen die *Arensulfonamide*, z. B.

$$C_6H_5–SO_2–Cl + 2\,NH_3 \rightarrow C_6H_5–SO_2–NH_2 + NH_4Cl$$

Benzolsulfonamid (Schmp. 151 °C [424 K])

Entsprechend reagieren die Sulfonylchloride mit *primären* und *sekundären* Aminen zu N-substituierten Benzolsulfonamiden, z. B.

$$C_6H_5–SO_2–N\begin{smallmatrix}H\\R\end{smallmatrix} \qquad C_6H_5–SO_2–N\begin{smallmatrix}R\\R\end{smallmatrix}$$

N-Alkyl-benzolsulfonamid (löslich in Alkalien) — N,N-Dialkyl-benzolsulfonamid (unlöslich in Alkalien)

Erstere lösen sich in Alkalien, wobei das H-Atom am Stickstoff durch das Metallatom ersetzt wird. Auf diesem unterschiedlichen Verhalten beruht eine *Trennungsmethode* der *prim.* und *sek.* Amine (vgl. *Hinsberg*-Reaktion, S. 161). Anstelle von Benzolsulfonylchlorid verwendet man besser *p*-Toluolsulfonylchlorid (Tosylchlorid).
Die Arensulfonamide sind gut kristallisierende Verbindungen, die sich nur schwer hydrolysieren lassen. Am besten verläuft die Spaltung beim Erhitzen mit 30proz. Bromwasserstoffsäure in Eisessig unter Hinzufügen von etwas Phenol:

$$Ar–SO_2–NHR + 2\,HBr \rightarrow Ar–SO_2–Br + R–NH_3]^{\oplus}\,Br^{\ominus}$$

Führt man Tosylchlorid, das als Nebenprodukt bei der Saccharinherstellung anfällt, zunächst in das Sulfonamid über und setzt dieses mit Natriumhypochlorid-Lösung um, so entsteht das Natriumsalz des *N-Chlor-p-toluolsulfonamids:*

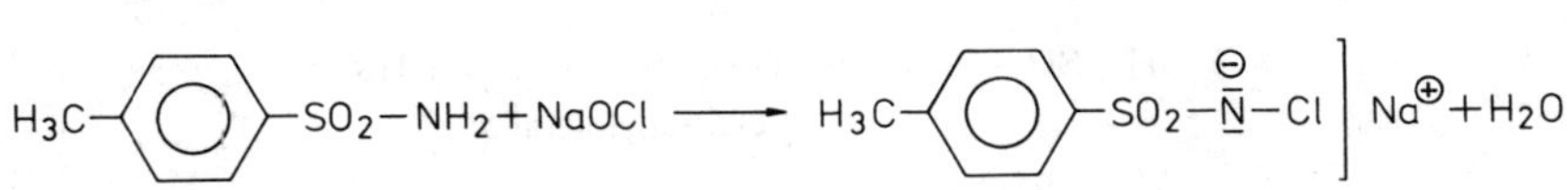

p-Toluolsulfonamid Chloramin T

Dieses in trockenem Zustand stabile Salz wirkt in wäßriger Lösung wie hypochlorige Säure und ist als *Antiseptikum* unter dem Namen *Chloramin* (nicht zu verwechseln mit Chloramin vgl. S. 171) bekannt.

Aus N-Methyl-*p*-toluolsulfonamid und salpetriger Säure erhält man das stabile N-Nitrosoderivat, das zur Darstellung von Diazomethan benutzt wird (vgl. S. 170):

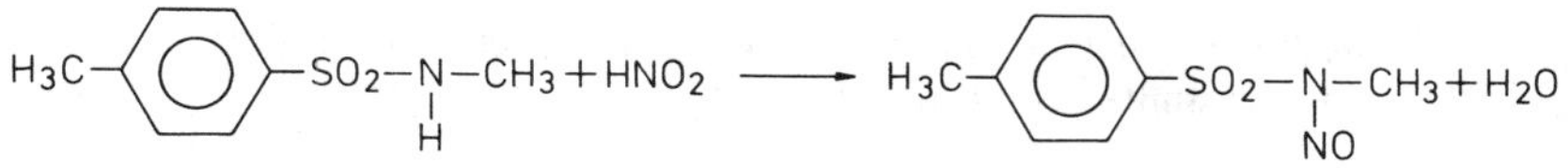

N-Methyl-*p*-toluolsulfonamid N-Methyl-N-nitroso-*p*-toluolsulfonamid

5.5 Phenole

Der Name dieser Stoffklasse leitet sich von „Phen", einer alten Bezeichnung für Benzol (*Laurent*, 1837), ab. In den Phenolen sind eine oder mehrere OH-Gruppen direkt an den Benzolkern gebunden. Sie können als *tertiäre* Alkohole der aromatischen Reihe aufgefaßt werden, jedoch unterscheiden sich die Darstellungsverfahren wesentlich von denen der aliphatischen Alkohole. Je nach der Anzahl der OH-Gruppen unterteilt man sie in ein-, zwei- und dreiwertige Phenole.

5.5.1 Einwertige Phenole

Phenol (Hydroxybenzol), C_6H_5OH, die Stammverbindung dieser Stoffklasse, wurde erstmalig von *Runge* (1834) aus dem Steinkohlenteer isoliert und als Karbolsäure bezeichnet. Obwohl eine beträchtliche Menge noch heute daraus gewonnen wird, hat der steigende Bedarf an Phenol zu einer Reihe technischer Synthesen geführt.

Darstellung

5.5.1.1 *Durch Alkalischmelze von Natriumbenzolsulfonat* bei etwa 300 °C (570 K):

$$C_6H_5{-}SO_3Na + 2\,NaOH \xrightarrow{\text{Schmelze}} \underset{\text{Natriumphenolat}}{C_6H_5{-}ONa} + Na_2SO_3 + H_2O$$

Bei dieser ältesten Phenolsynthese verdrängt das stark basische OH-Anion die Sulfonat-Gruppe (*nucleophile aromatische Substitution*, vgl. S. 483).

Aus dem Natriumphenolat erhält man durch Säureeinwirkung das freie Phenol:

$$C_6H_5{-}\bar{\underline{O}}|]^{\ominus}\,Na^{\oplus} \xrightarrow[-NaHSO_3]{+SO_2,\ H_2O} \underset{\text{Phenol}}{C_6H_5{-}OH}$$

5.5.1.2 *Durch Hydrolyse von Chlorbenzol* (*Raschig*-Verfahren) mit Wasser in der Dampfphase an Kontakten aus Tricalciumphosphat oder SiO_2:

$$C_6H_5{-}Cl + H_2O \xrightarrow{Ca_3(PO_4)_2} C_6H_5{-}OH + HCl$$

Als Nebenprodukte treten der Diphenylether sowie *o*- und *p*-Phenylphenol auf.

Der Austausch des Chlors gegen die Hydroxylgruppe gelingt wesentlich leichter, wenn das Halogen durch positivierende Substituenten in *o*- oder *p*-Stellung aktiviert wird (vgl. S. 505).

5.5.1.3 *Durch Spaltung von Cumylhydroperoxid,* das durch Luftoxidation von Cumol zugänglich ist, mit verdünnten Säuren *in Phenol und Aceton* (*Hock*[1], 1945):

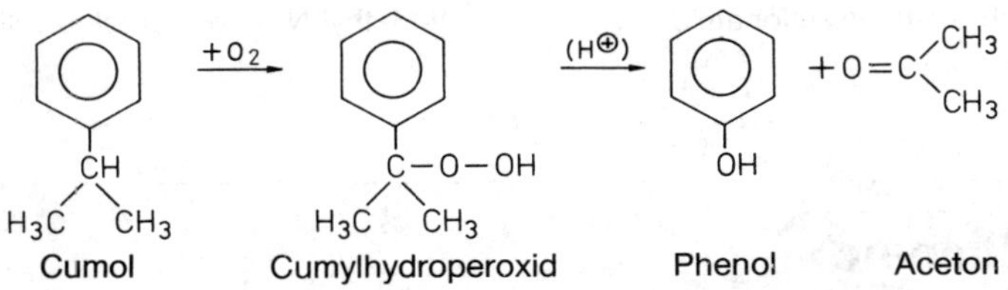

Das meiste Phenol wird heute nach diesem Verfahren dargestellt. Es arbeitet ohne Substanzverlust; als Coprodukt fällt Aceton an.

Diese säurekatalysierte Reaktion verläuft nach dem *Ionenmechanismus.* Zunächst bewirkt das Proton der Säure die Ablösung der Hydroxylgruppe aus dem Hydroperoxid, in die sich am Sauerstoff öffnende Elektronenlücke lagert sich die Phenylgruppe als Anion an. Aus dem *Carbenium-Ion* entsteht dann durch Addition von Wasser aus dem Lösungsmittel das *Oxoniumsalz* eines Halbacetals, das in Phenol, Aceton und ein Proton zerfällt:

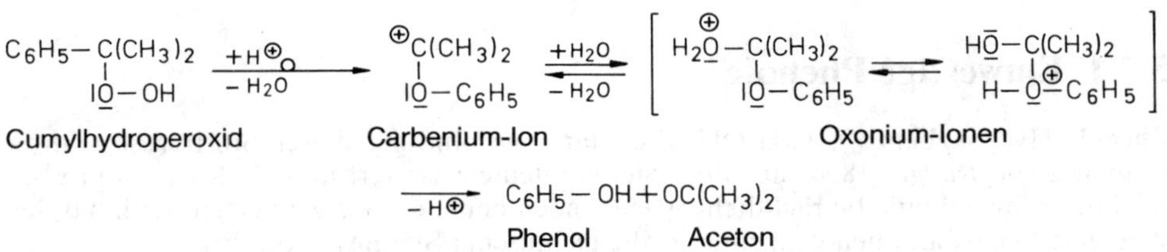

Eigenschaften. Reines Phenol bildet farblose, eigenartig riechende Nadeln (Schmp. 41 °C [314 K]), die sich an der Luft rötlich färben und in Wasser mäßig, in Alkohol oder Ether aber leicht löslich sind. In Analogie zu den *Enolen,* in denen die OH-Gruppe an einem ungesättigten C-Atom haftet, reagiert auch Phenol sauer ($pk_a = 10$) und gibt in wäßriger Lösung mit Eisen(III)-chlorid eine charakteristische *Farbreaktion.* Hierbei bildet sich ein violetter *Eisen-Innerkomplex,* dessen Konstitution noch unbekannt ist.

Die gegenüber gesättigten aliphatischen Alkoholen *erhöhte Acidität der Phenole* ist dadurch zu erklären, daß das Phenolat-Anion *mesomeriestabilisiert* ist. Ein einsames Elektronenpaar des Sauerstoffs beteiligt sich an der Mesomerie des Kerns, und die negative Ladung ist delokalisiert.

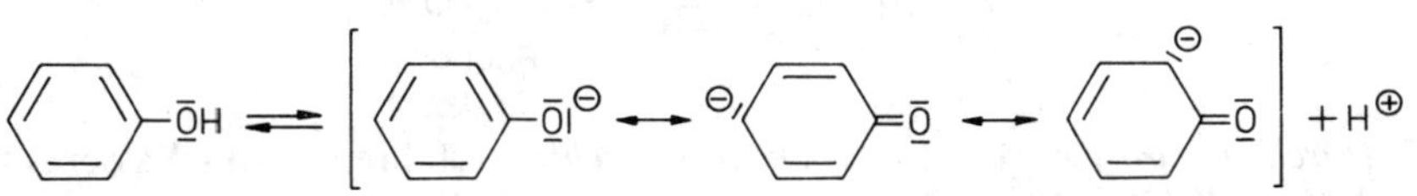

[1] Vgl. *H. Kropf,* Moderne technische Phenol-Synthesen, Chem. Ing. Technik *36,* 759 (1964); *F. R. Mayo,* Free-Radical Autoxidations of Hydrocarbons, Accounts Chem. Res. *1,* 193 (1968).

In verdünnten Alkalien geht Phenol als *Phenolat* in Lösung, z. B.

Infolge Hydrolyse reagieren die Phenolatlösungen alkalisch; durch Einleiten von Kohlendioxid lassen sich die Phenole zurückgewinnen:

$$C_6H_5{-}\overline{\underline{O}}|]^{\ominus}\,Na^{\oplus} + CO_2 + H_2O \rightarrow C_6H_5{-}OH + NaHCO_3$$

Verwendung. Phenol ist ein wichtiges technisches Ausgangsprodukt und dient zur Herstellung von Farbstoffen, Plasten und künstlichen Gerbstoffen. Auch bei zahlreichen organischen Synthesen spielt es eine bedeutende Rolle.

Phenolderivate

5.5.2 Alkylphenylether (Phenolether)

Sie sind entweder nach der *Williamson*-Synthese durch Erhitzen von Natriumphenolat mit Alkylhalogeniden in ethanolischer bzw. wäßriger Lösung oder technisch durch Behandeln einer alkalischen Phenollösung mit Dialkylsulfat zugänglich, z. B.

$$C_6H_5{-}\overline{\underline{O}}|]^{\ominus}\,Na^{\oplus} + X{-}R \rightarrow C_6H_5{-}O{-}R + NaX$$

$$C_6H_5{-}\overline{\underline{O}}|]^{\ominus}\,Na^{\oplus} + (H_3CO)_2SO_2 \rightarrow \underset{\text{Anisol}}{C_6H_5{-}O{-}CH_3} + (H_3CO)SO_3]^{\ominus}\,Na^{\oplus}$$

Wegen des sauren Charakters läßt sich Phenol auch mit Diazomethan zu Anisol methylieren:

$$C_6H_5{-}O{-}H + |\overset{\ominus}{C}H_2{-}\overset{\oplus}{N}{\equiv}N| \rightarrow C_6H_5{-}O{-}CH_3 + N_2$$

Die Alkylphenylether sind gegen Alkalien beständig, unlöslich in Wasser und z. T. wohlriechend. Zu ihren wichtigsten Vertretern zählen **Anisol** (Methylphenylether, Methoxybenzol), Sdp. 154 °C (427 K), **Phenetol** (Ethylphenylether, Ethoxybenzol), Sdp. 170 °C (443 K), und **Anethol** (4-[1-Propenyl]anisol), Sdp. 235 °C (508 K), der Hauptbestandteil des Anisöls.

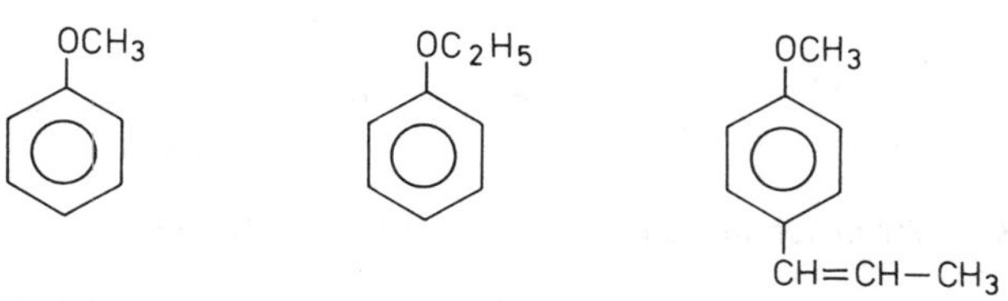

Anisol Phenetol Anethol

Die Lehrmeinung, **Phenylester** (Phenolester) ließen sich *nicht* durch Verestern der Phenole mit Carbonsäuren darstellen, hat sich als Irrtum erwiesen[1]. Sie werden allgemein

[1] Vgl. *M. B. Hocking*, J. Chem. Educ. *57*, 527 (1980).

durch Einwirkung von Säurechloriden oder Säureanhydriden auf Phenole in Gegenwart von Kaliumcarbonat oder Pyridin nach *Schotten-Baumann* dargestellt, z. B.

$$C_6H_5{-}OH + Cl{-}COR \rightarrow C_6H_5{-}O{-}COR + HCl$$

$$C_6H_5{-}OH + (H_3CCO)_2O \rightarrow C_6H_5{-}O{-}COCH_3 + H_3CCOOH$$

5.5.2.1 ***Fries*****-** Reaktion[1] (1908). Die Phenylester aliphatischer oder aromatischer Carbonsäuren lagern sich beim Erhitzen mit *Aluminiumchlorid* (Borfluorid, Zinkchlorid oder Titan[IV]-chlorid) in trockenem Nitrobenzol in *p*- oder *o*-Acylphenole um. Die Reaktion verläuft *teilweise intramolekular.* Bei Temperaturen unter 100 °C (373 K) wandert der Acylrest vom O-Atom vorwiegend in die *p*-Stellung, dagegen in der Hitze (über 100 °C [373 K]) gewöhnlich in die *o*-Stellung:

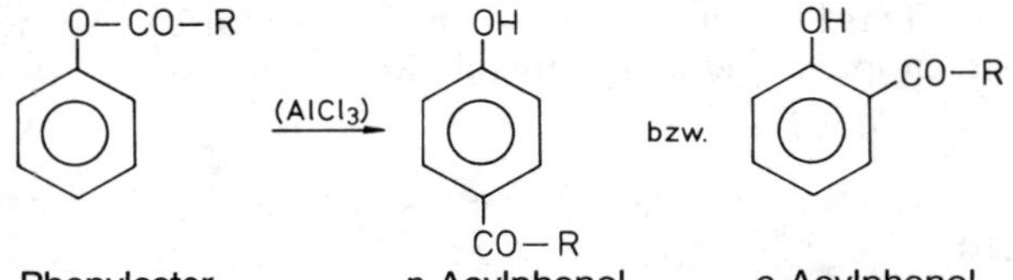

Phenylester *p*-Acylphenol *o*-Acylphenol

Die *Fries*-Umlagerung besitzt für die Darstellung von Acylphenolen Bedeutung.

5.5.2.2 ***Claisen*****-Umlagerung der Phenylallylether** (1912)[2]. Der aus Phenol und Allylbromid in acetonischer Lösung bei Gegenwart von Kaliumcarbonat darstellbare *Allylphenylether* lagert sich beim Erhitzen auf etwa 200 °C (475 K) fast quantitativ in *o-Allylphenol* um:

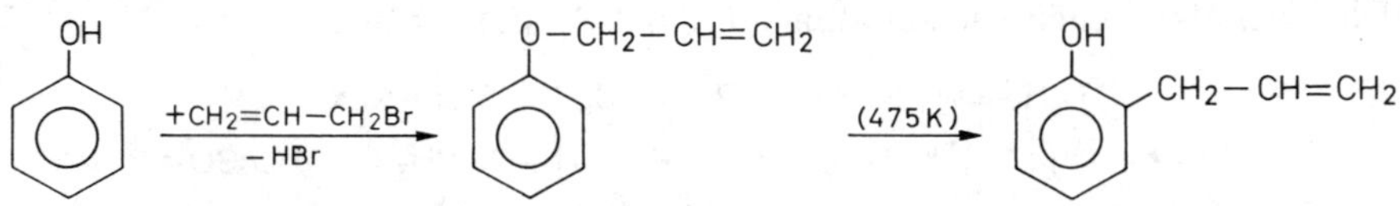

Allylphenylether *o*-Allylphenol

Mit Hilfe der *Isotopenmethode* ließ sich am Beispiel des [γ-^{14}C]-Allylphenylethers zeigen, daß diese *Ortho*-Umlagerung *intramolekular* unter vollständiger Inversion der Allylkette verläuft.

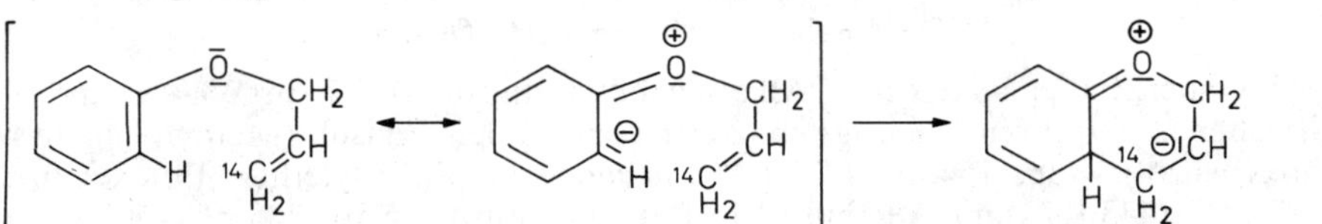

[γ-^{14}C]-Allylphenylether cyclisches Zwischenprodukt

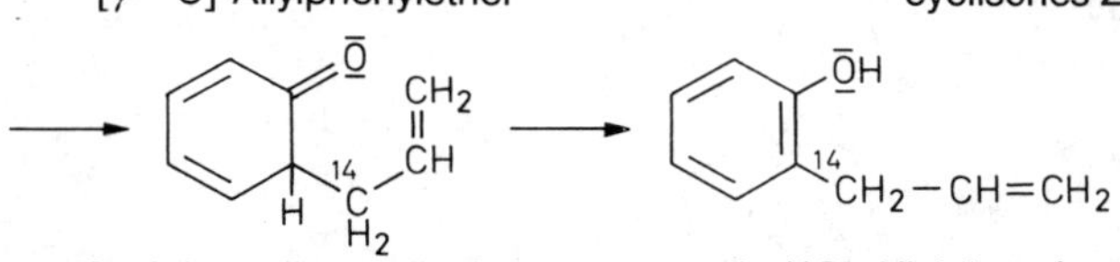

Cyclohexadienon-Derivat *o*-[α-^{14}C]-Allylphenol

---

[1] Vgl. *H. Henecka,* in *Houben-Weyl,* Methoden der organischen Chemie, Bd. *7/2a,* 379 ff. (Thieme Verlag, Stuttgart 1973); *H. Kwart* et al., in *S. Patai,* The Chemistry of Carboxylic Acids and Esters, S. 347 ff. (Wiley, New York 1969).

[2] Vgl. *D. S. Tarbell,* The *Claisen* Rearrangement, Org. Reactions *2,* 1 ff. (1944); *F. E. Ziegler,* Stereo- and Regiochemistry of the *Claisen*-Rearrangement: Applications to Natural Products Synthesis, Accounts Chem. Res. *10,* 227 (1977).

Das intermediär auftretende cyclische Zwischenprodukt geht in ein Cyclohexadienon-Derivat über, das sich rasch zum *o*-[α-^{14}C]-Allylphenol enolisiert.
Sind die beiden *o*-Stellungen im Allylphenylether besetzt, so bildet sich das betreffende *p*-Allylphenol. Wie radioaktive Kreuzversuche ergeben, verläuft auch die *Para*-Umlagerung *intramolekular.* Der folgende *Mechanismus* zeigt, daß zunächst eine *Ortho*-Umlagerung unter Bildung eines Cyclohexadienon-Derivats erfolgt, das sich rasch zum entsprechenden *p*-Allylphenol stabilisiert. Die Allylkette wird somit *zweimal* invertiert.

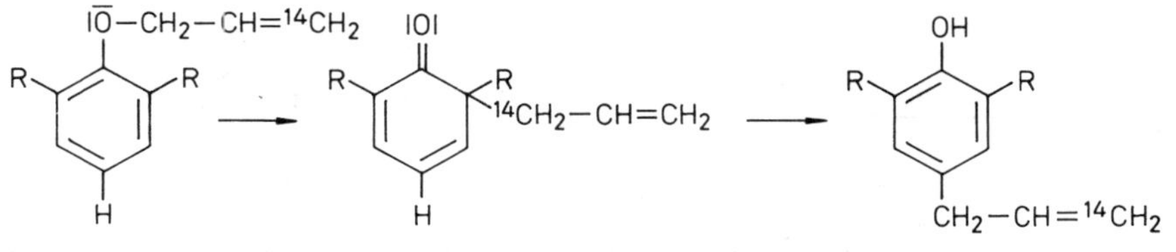

Die Reaktion ist nicht auf aromatische Verbindungen beschränkt, sondern verläuft auch im aliphatischen Bereich. Sie verläuft als sigmatrope [3,3]Reaktion analog zur *Cope*-Umlagerung:

So wird *2-Cyclohexenyl-vinylether* bereits bei 150 – 160 °C (425 – 435 K) in *2-Cyclohexenyl-acetaldehyd* umgelagert.

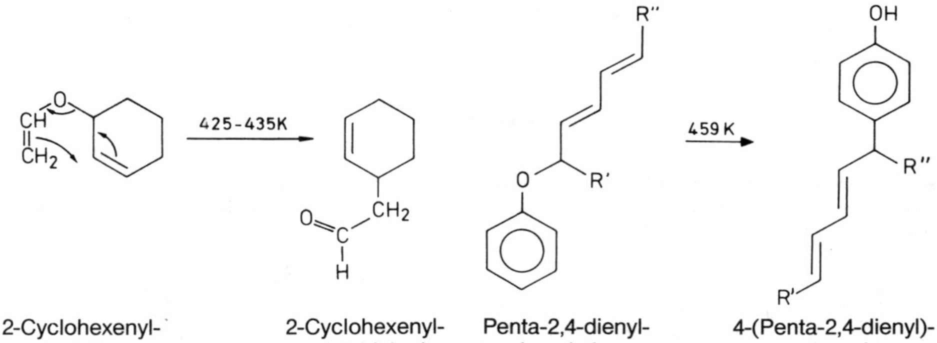

2-Cyclohexenyl-vinylether | 2-Cyclohexenyl-acetaldehyd | Penta-2,4-dienyl-phenylether | 4-(Penta-2,4-dienyl)-phenol

Statt Sauerstoff (Oxo-*Claisen*-Umlagerung) kann auch Schwefel an der sigmatropen Reaktion teilnehmen (Thio-*Claisen*-Umlagerung)[1]. *Penta-2,4-dienyl-phenylether* werden in einer sigmatropen [5,5]Reaktion in *4-(Penta-2,4-dienyl)-phenole* umgelagert[2].

Substitutionsprodukte der Phenole

Maßgebend für derartige Reaktionen ist die Tatsache, daß phenolische Hydroxylgruppen die *o*- und *p*-ständigen C-Atome im Benzolkern für *elektrophile* Substitutionen stark aktivieren (vgl. S. 486).

[1] Vgl. *H. Takahashi* et al., J. Amer. Chem. Soc. *95*, 5803 (1973).
[2] Vgl. *G. Fráter* u. *H. Schmid*, Helv. Chim. Acta *53*, 269 (1970).

5.5.3 Halogenierte Phenole

Phenol läßt sich mit Bromwasser leicht bromieren, und zwar bleibt die Reaktion nicht beim 2,4,6-Tribrom-phenol stehen, sondern führt zu einem schwerlöslichen Niederschlag von 2,4,4,6-Tetrabrom-cyclohexadienon (früher Tribromphenolbrom genannt), das bei der Einwirkung von Natriumhydrogensulfit in **2,4,6-Tribrom-phenol** übergeht:

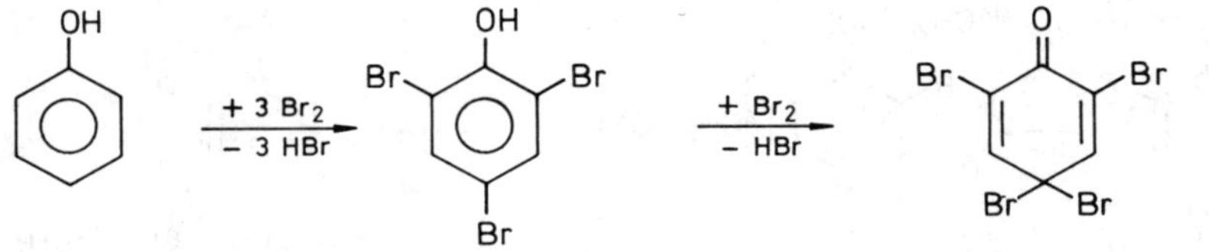

Phenol 2,4,6-Tribrom-phenol 2,4,4,6-Tetrabromcyclohexadienon

2,4,4,6-Tetrabromcyclohexadienon kann – analog dem N-Brom-succinimid – als *Dehydrierungsmittel* verwendet werden (*Messmer*).

Wird die Bromierung von Phenol in wasserfreien Lösungsmitteln, z. B. in Schwefelkohlenstoff, unter bestimmten Bedingungen vorgenommen, so erhält man ***o*- und *p*-Bromphenol:**

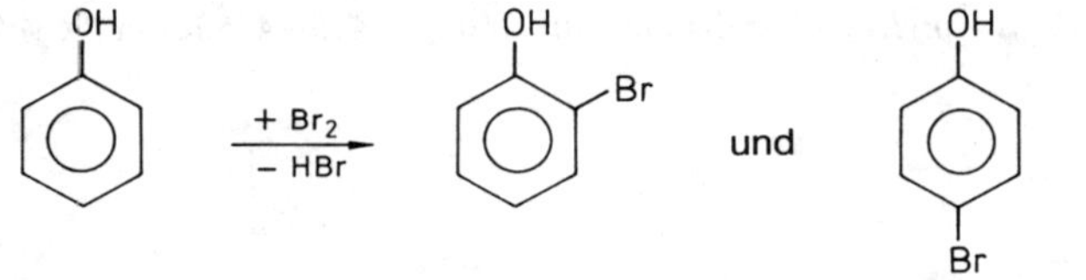

o-Bromphenol *p*-Bromphenol

2,4-Dichlor-phenoxyessigsäure (2,4-D) ist ein Analogon der *Auxine* (vgl. S. 728) und dient als *Herbizid* (Unkrautvernichter)[1]. Es wird durch Umsetzung von Natrium-2,4-dichlor-phenolat mit dem Natriumsalz der Chloressigsäure gewonnen:

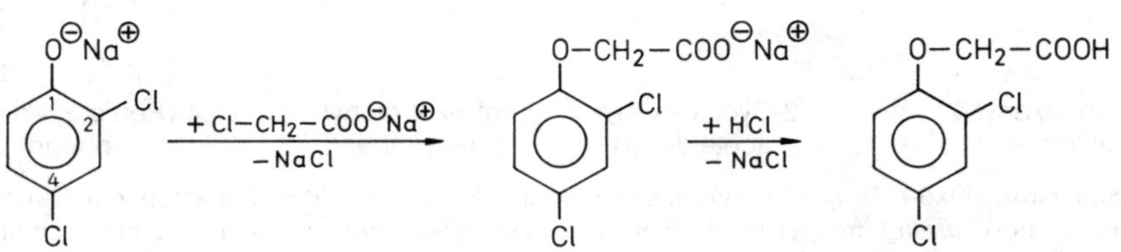

2,4-D

Zur Entlaubung werden zuweilen Gemische der *n*-Butylester der 2,4-Dichlor-phenoxyessigsäure (2,4-D) und der 2,4,5-Trichlor-phenoxyessigsäure (2,4,5-T, „Agent Orange") eingesetzt. 2,4,5-T ist *teratogen*, d. h. sie führt zu Mißbildungen bei der Entwicklung des Embryos.

---

[1] Die *Herbizide* gehören mit den *Fungiziden*, *Insektiziden* und *Rodentiziden* zu den Pflanzenschutzmitteln (*Pestizide, Biozide*). Sie dienen der Entwicklung von Nutzpflanzen durch teilweise oder vollständige Vernichtung der mit ihnen konkurrierenden Wildkräuter, daher kennzeichnet das Wort *Nutzpflanzenschutzmittel* die Zielsetzung der Biozide besser als das Wort Pflanzenschutzmittel.

5.5.4 Phenolsulfonsäuren

Die *Sulfonierung des Phenols* mit konz. Schwefelsäure gelingt sehr leicht, und zwar erhält man bei Raumtemperatur hauptsächlich die *o*-Phenolsulfonsäure und bei etwa 100 °C (375 K) das *p*-Derivat. Die weitere Sulfonierung führt zur *Phenol-2,4-disulfonsäure:*

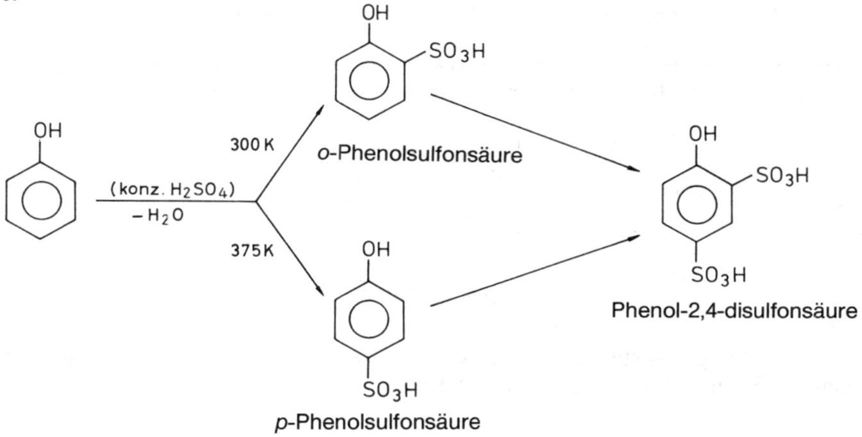

5.5.5 Nitrophenole

Die Nitrierung von Phenol mit verdünnter Salpetersäure bei Raumtemperatur führt zu einem Gemisch von ***o*-Nitrophenol** (etwa 35%) und ***p*-Nitrophenol** (etwa 15%):

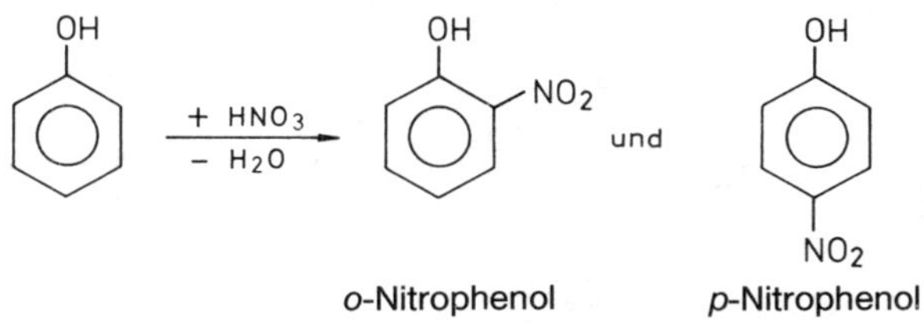

Die Trennung erfolgt durch Wasserdampfdestillation, bei der nur das *o*-Nitrophenol übergeht.

***m*-Nitrophenol** wird durch *Diazotierung* von *m*-Nitroanilin und Verkochen des Diazoniumsalzes erhalten:

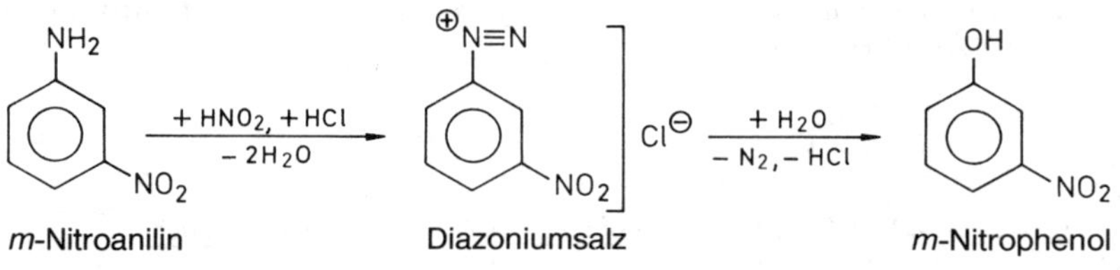

o-Nitrophenol ist eine gelbe, stechend riechende Substanz vom Schmp. 45 °C (318 K), *m*- und *p*-Nitrophenol sind farblos und schmelzen bei 93 °C (366 K) bzw. 114 °C (387 K). Die *Aciditäten* von *o*- und *p*-Nitrophenol (pK_a etwa 7,15) sind größer als die des *m*-Nitrophenols ($pK_a = 8{,}35$), jedoch übertreffen alle drei die des Phenols ($pK_a = 10$). Die Alkalisalze der drei Nitrophenole sind tiefgelb bis rot gefärbt.

5.5.5.1 Chelatbildung. *o*-Nitrophenol unterscheidet sich in seinen physikalischen Eigenschaften (Flüchtigkeit mit Wasserdampf, Absorptionsspektrum) von seinen *m*- und *p*-Isomeren. Die Ursache hierfür ist im Vorliegen einer *intramolekularen Wasserstoffbrücke* zu suchen, die sich zwischen der OH-Gruppe und den einsamen Elektronenpaaren der benachbarten Nitrogruppe ausbildet.
Derartige Ringe bezeichnet man als *Chelate* (*chele* = Schere). Die Festigkeit der Chelatbindung hängt von der jeweiligen Konstitution der Verbindung ab.

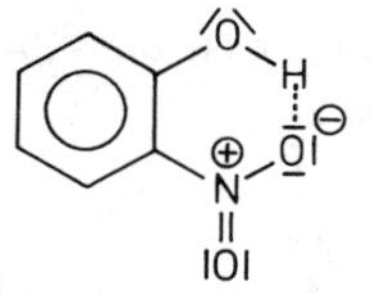

o-Nitrophenol

Bei der Einwirkung von starker Salpetersäure auf *o*- und *p*-Nitrophenol entsteht **2,4-Dinitro-phenol,** Schmp. 114 °C (387 K), mit einem pK_a-Wert von 4,02.

5.5.5.2 2,4,6-Trinitro-phenol (Pikrinsäure) läßt sich durch energische Nitrierung von Phenol nur schwer darstellen, da ein großer Teil vor der Nitrierung oxidativ zerstört wird.
Technisch gewinnt man Pikrinsäure aus Phenol über Phenol-2,4-disulfonsäure (4-Hydroxy-1,3-benzoldisulfonsäure), die anschließend nitriert wird. Hierbei erfolgt gleichzeitig ein *elektrophiler Austausch* der Sulfonyl- gegen die Nitrogruppen.

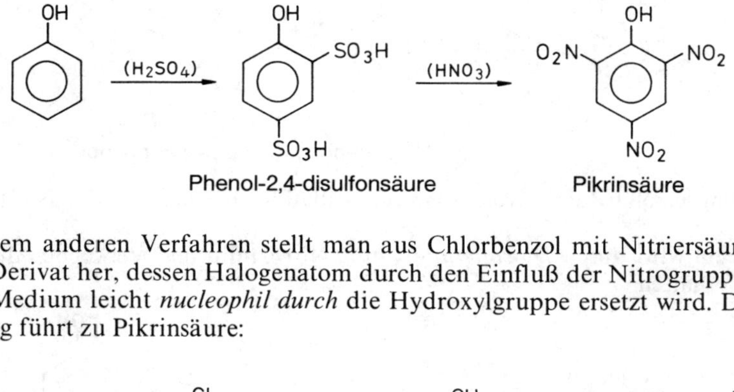

Phenol-2,4-disulfonsäure   Pikrinsäure

Nach einem anderen Verfahren stellt man aus Chlorbenzol mit Nitriersäure das 2,4-Dinitro-Derivat her, dessen Halogenatom durch den Einfluß der Nitrogruppen in alkalischem Medium leicht *nucleophil durch* die Hydroxylgruppe ersetzt wird. Die weitere Nitrierung führt zu Pikrinsäure:

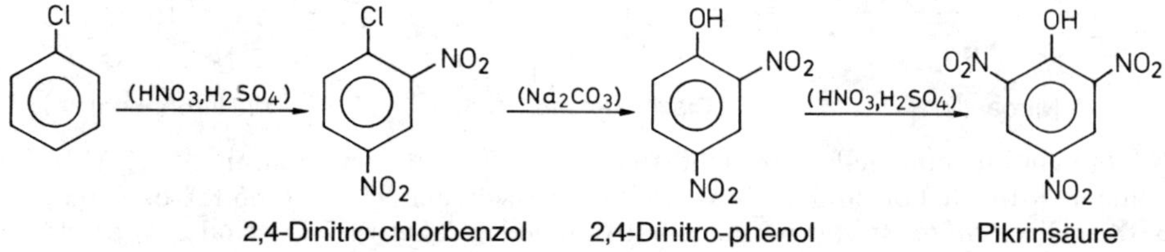

2,4-Dinitro-chlorbenzol   2,4-Dinitro-phenol   Pikrinsäure

Pikrinsäure verdankt ihren Namen der relativ hohen *Acidität* ($pK_a = 1{,}02$) und dem bitteren Geschmack (*pikros* = bitter); sie kristallisiert aus Wasser in hellgelben Blättchen vom Schmp. 122 °C (395 K) und ist giftig. Da Pikrinsäure bzw. ihre Ammoniumsalze im trockenen Zustand durch Schlag explodieren, werden sie als *Sprengstoffe* verwendet. In der präparativen Chemie dient Pikrinsäure zur Charakterisierung organischer Basen, mit denen sie meist gut kristallisierende, schwerlösliche *Pikrate* bildet, Ebenso gibt sie mit kondensierten, aromatischen Kohlenwasserstoffen, z. B. Naphthalin, in quantitativer Ausbeute farbige, definierte *Molekülverbindungen.*

Analoge Addukte bilden auch andere Polynitroverbindungen, z. B. 1,3,5-Trinitro-benzol, in denen der Benzolring infolge der −I- und −M-Effekte der Nitrogruppen stark an Elektronen verarmt ist. Dieser Elektronenmangel wird durch die Wechselwirkung mit einem anderen geeigneten π-Elektronensystem, z. B. dem des Naphthalins, teilweise kompensiert. Derartige π-Komplexe bezeichnet man auch als ***charge-transfer*-Komplexe.**

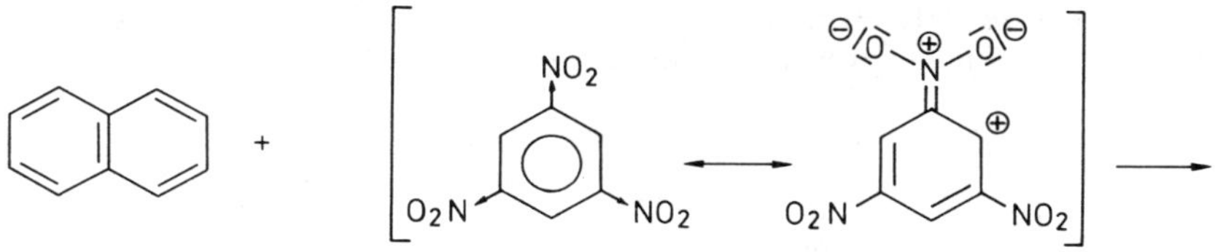

Naphthalin 1,3,5-Trinitro-benzol

−I-Effekt −M-Effekt

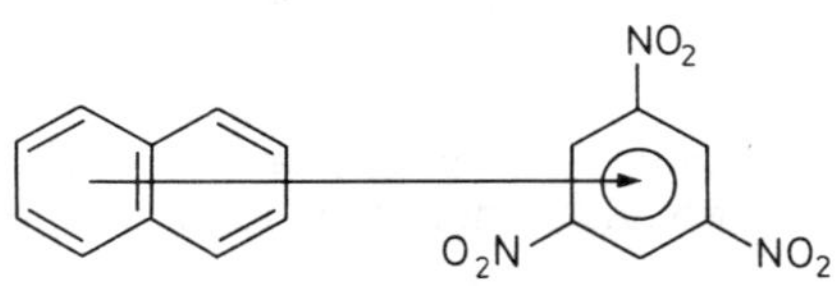

charge-transfer-Komplex

Das Naphthalin wirkt in diesem Komplex als *Lewis*-Base.

5.5.5.3 Pikrylchlorid. Bei der Einwirkung von Phosphor(V)-chlorid auf Pikrinsäure wird die durch die Nitrogruppen bewegliche Hydroxylgruppe gegen Chlor ausgetauscht. Das sich bildende Pikrylchlorid verhält sich wie ein *Säurechlorid* und geht mit Ammoniak in **Pikramid** vom Schmp. 190 °C (463 K) über:

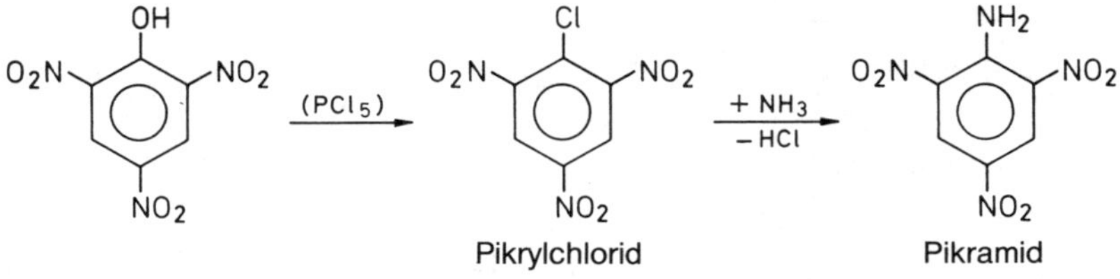

Pikrylchlorid Pikramid

5.5.5.4 Diese Reaktionen sowie die oben erwähnte Umsetzung des 2,4-Dinitro-chlorbenzols zu 2,4-Dinitro-phenol gehören zum Typ der *nucleophilen Substitution* an aktivierten Aromaten und verlaufen nach einem **Additions-Eliminierungs-Mechanismus.** Die Nitrogruppen bewirken durch die von ihnen ausgelösten −I- und −M-Effekte eine Positivierung der Ring-C-Atome, die z. B. den *nucleophilen* Angriff des Hydroxid-Ions erleichtern:

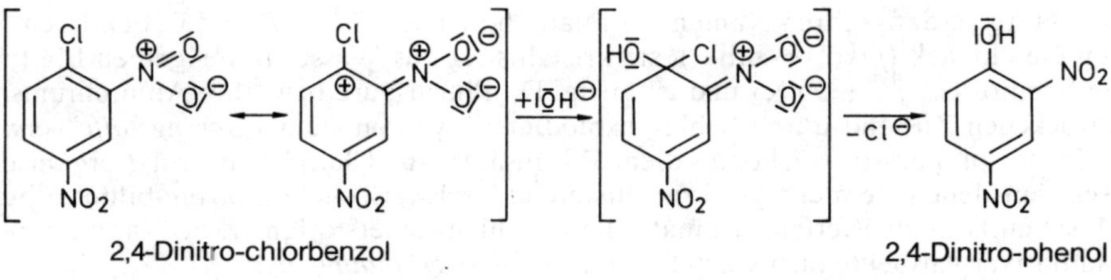

In einigen Fällen konnten die Primärprodukte isoliert werden, aus denen sich unter Abspaltung des Chlorid-Ions das aromatische System zurückbildet.

5.5.6 Nitrosophenole

Der + M-Effekt der OH-Gruppe ist so beträchtlich, daß Phenol mit *salpetriger Säure* zu *p*-Nitrosophenol neben wenig *o*-Verbindung reagiert:

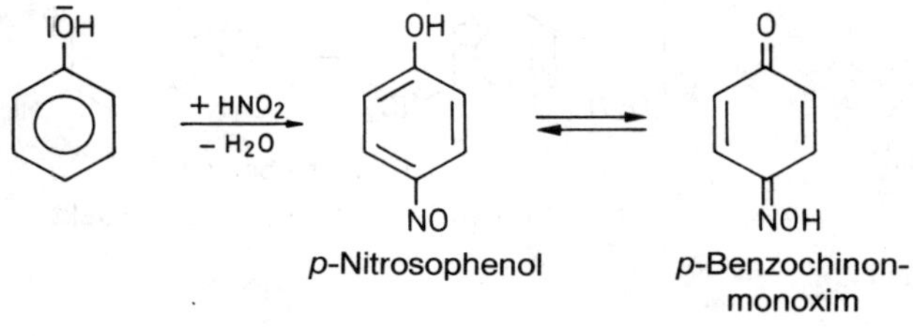

***p*-Nitrosophenol** kristallisiert aus heißem Wasser in geblichen Nadeln, Schmp. 133 °C (406 K), die sich an der Luft bald braun färben. Es ist mit *p*-Benzochinonmonoxim *tautomer.*

Nimmt man die Umsetzung von Phenol mit *salpetriger Säure* jedoch in konz. Schwefelsäure vor, so erfolgt zugleich Kondensation des *p*-Nitrosophenols mit Phenol zu dem in Lösung blaugrünen *Indophenolmonosulfat.* Beim Verdünnen der sauren Lösung mit Wasser schlägt die Farbe nach Rot und auf Zusatz von Alkali in Tiefblau um:

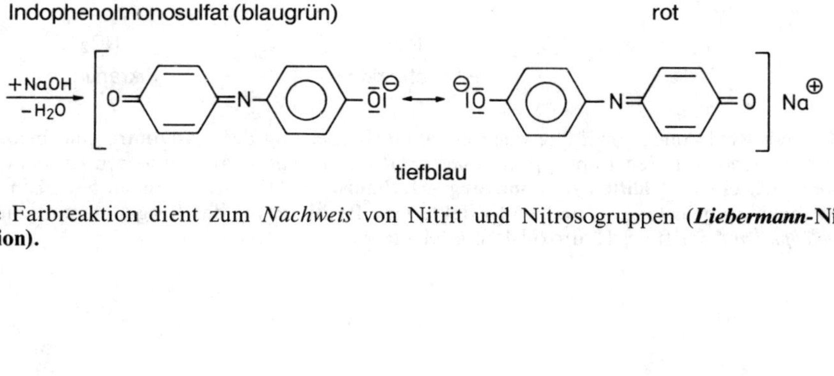

Diese Farbreaktion dient zum *Nachweis* von Nitrit und Nitrosogruppen (***Liebermann*-Nitrosoreaktion).**

5.5.7 Homologe des Phenols

Die drei stellungsisomeren Hydroxy-Derivate des Toluols werden als **Kresole** und die entsprechenden Abkömmlinge der Xylole als **Xylenole** bezeichnet. Sie treten im Stein- und Braunkohlenteer auf.

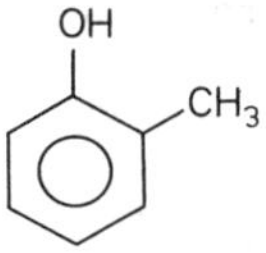

o-Kresol

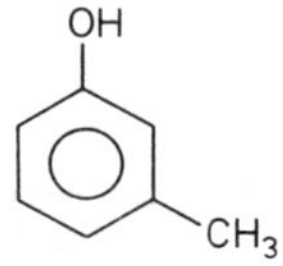

m-Kresol

p-Kresol

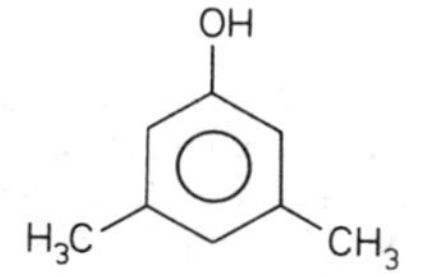

Xylenol

Das Rohkresol dient als *Desinfektionsmittel*, das nach Auflösen in flüssiger Seife als *Lysol* bekannt ist. Die größte antiseptische Wirkung hat das *m-Kresol.*
***p*-Kresol** entsteht bei der Fäulnis von Eiweiß aus Tyrosin und findet sich wie Phenol in Form des Schwefelsäureesters, $H_3C-C_6H_4-O-SO_3H$, im menschlichen Harn. Die Veresterung mit Schwefelsäure ist als Entgiftung aufzufassen.

Erwähnt sei das *Trikresylphosphat*, das aus Phosphorchloridoxid und technischem Natriumkresolat erhalten wird. Es dient als *Weichmacher* für *PVC*-Plaste, ist aber wegen seiner Giftigkeit bei der Herstellung von Bedarfsgütern des täglichen Lebens durch andere Weichmacher ersetzt worden.
Höhere Homologe des Phenols sind **Thymol** (2-Isopropyl-5-methyl-phenol), das im Thymianöl vorkommt und *antiseptisch* wirkt, sowie das damit isomere, in „ätherischen Ölen" auftretende **Carvacrol** (5-Isopropyl-2-methyl-phenol):

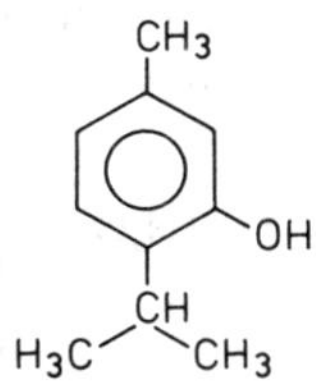

Thymol (Schmp. 51 °C [324 K])

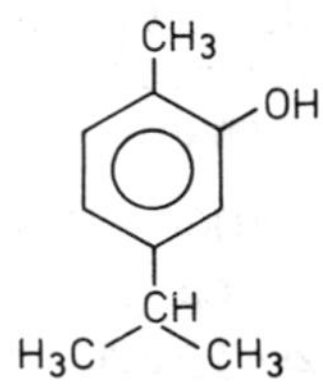

Carvacrol (Sdp. 237 °C [510 K])

5.5.7.1 Verwendung. Großtechnische Bedeutung als Kunststoffe und Lacke besitzen die *Polykondensationsprodukte* aus Phenol und Formaldehyd, die allgemein als **Phenoplaste** oder nach ihrem Entdecker *Baekeland* (1909) als **Bakelite** bezeichnet werden.
Als Ausgangsmaterialien dienen Phenol sowie seine Homologen, die Kresole und Xylenole, die bei der Braunkohlenschwelerei und im Steinkohlenteer anfallen, aber den Bedarf nicht voll decken. Daher stellt man Phenol auch aus Benzol oder Cumol (vgl. S. 498) her.
Die *Darstellung der Phenol-Formaldehyd-Kondensate* kann im alkalischen oder sauren Medium vorgenommen werden.

a) Die *alkalische Kondensation* von Phenol (etwa ⅔) und seinen Homologen (etwa ⅓) mit 30–40proz. Formaldehydlösung im Molverhältnis Phenol:Formaldehyd = 1:1,2 bis 1:1,5 mit Ammoniak, Natriumhydroxid oder Natriumcarbonat als Katalysator vollzieht sich in *drei* Reaktionsstufen:
Zunächst entsteht ein leicht schmelzendes Harz A (Resol), das in organischen Lösungsmitteln und in wäßrigem Alkali löslich ist. Die Resole sind niedere, lineare Kondensate, die sich auf folgende Weise durch Addition (an die Carbonylgruppe des Formaldehyds) und Kondensation bilden:

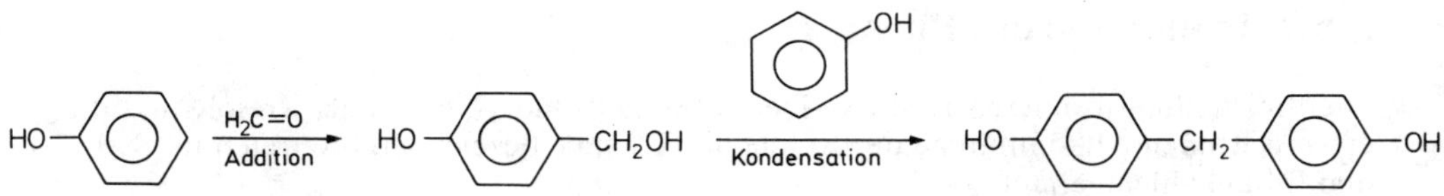

p-Hydroxy-benzylalkohol 4,4'-Dihydroxy-diphenylmethan

Außer dem hier als Additionsprodukt formulierten p-Hydroxybenzylalkohol kann sich auch der o-Hydroxybenzylalkohol bilden und weiter kondensieren.

b) Die *saure Kondensation* wird mit einem geringen Phenolüberschuß (etwa 1,2 Mol Phenol auf 1 Mol Formaldehyd) unter der katalytischen Wirkung von Salzsäure durchgeführt. Auch hierbei entstehen zunächst lineare, lösliche, schmelzbare Kondensate, die als *Novolacke* bezeichnet werden.

Ebenso wie die Resole lassen sich auch die Novolake härten, und zwar durch Zugabe von *Hexamethylentetramin,* das den Formaldehyd für die weitere Vernetzung der Kettenmoleküle über Methlylenbrücken zur Verfügung stellt. Dadurch entsteht aus dem bei Temperaturerhöhung erweichenden *Thermoplasten* der im erwärmten Zustand formstabile *Duroplast.*

Bei der Herstellung von Hartfaserplatten werden Holzspäne mit einer alkalischen wäßrigen Resollösung getränkt und nach Ansäuern unter Druck bei 140 – 170 °C (410 – 440 K) gehärtet.

Spezielle Phenol-Formaldehyd-Kondensate, die erstmalig in Großbritannien (*Adams* und *Holmes,* 1935) entwickelt wurden und unter dem Namen *Wofatite* oder *Levatite* bekannt sind, lassen sich als **Ionenaustauscher**[1] verwenden. Diese gelartigen Kunstharze enthalten phenolische Hydroxylgruppen, deren schwach saurer Charakter durch Einbau von Phenolen, die Carboxyl- oder vor allem Sulfonylgruppen im Kern tragen, erhöht wird. Sie reagieren wie die anorganischen Zeolithe und organischen Humusstoffe als *Kationenaustauscher* und werden in einigen Industriezweigen, z. B. zur Melassereinigung und bei der Enthärtung des Wassers, verwendet. Im letzteren Fall erfolgt ein Austausch der $H^{\oplus}$-Ionen bzw. $Na^{\oplus}$-Ionen der Salze in den Ionenaustauscher-Harzen gegen die $Ca^{2\oplus}$-Ionen des Wassers:

$$\left.\begin{array}{lll} & (H_2\text{-Harz}) + Ca(HCO_3)_2 \rightarrow & (Ca\text{-Harz}) + 2\,CO_2\uparrow + 2\,H_2O \\ \text{bzw.} & (Na_2\text{-Harz}) + CaSO_4 \rightleftharpoons & (Ca\text{-Harz}) + Na_2SO_4 \end{array}\right\} \text{(Enthärtung)}$$

$$(Ca\text{-Harz}) + 2\,NaCl \rightleftharpoons (Na_2\text{-Harz}) + CaCl_2 \qquad \text{(Regeneration)}$$

Methylensulfonsäure-Gruppen enthaltende Phenol-Formaldehyd-Harze (Amberlit) oder aromatische Kernsulfonsäure-Gruppen aufweisende Harze (Dowex 50) konnten erfolgreich zur Trennung der Lanthaniden nach der Ionenaustauschmethode herangezogen und so einzelne Verbindungen der seltenen Erden auch in größerer Menge rein hergestellt werden.

Neben dem Kationenaustausch ist mit Hilfe bestimmter **Aminoplaste** auch ein Anionenaustausch möglich. Die *Anionenaustauscher* sind Kondensationsprodukte basischer Natur, die reaktionsfähige aromatische oder aliphatische Aminogruppen enthalten. Ihre Synthese gelingt durch *Kondensation von Harnstoff oder aromatischen Diaminen* (z. B. *m*-Phenylendiamin) *mit Formaldehyd.* Sie sind auch zum OH-Ionenaustausch befähigt. Entsprechend den obigen Gleichgewichten lassen sich diese Austauschreaktionen wie folgt wiedergeben:

$$(\text{Harz-OH}) + HCl \rightleftharpoons (\text{Harz-Cl}) + H_2O$$

$$\text{bzw.}\quad (\text{Harz-}Cl_2) + Na_2SO_4 \rightleftharpoons (\text{Harz-}SO_4) + 2\,NaCl$$

[1] Vgl. *K. Dorfner,* Ionenaustauscher, 3. Aufl. (Verlag W. de Gruyter & Co., Berlin 1970); *R. Kunin,* Ion Exchange Resins, 3. Aufl. (Krieger, Huntington 1972).

Zur Darstellung von Aminoplasten dienen auch Derivate des Harnstoffs sowie Dicyandiamid, Melamin und Thioharnstoff.

Benutzt man saure und basische Austauscherharze nacheinander, so ist eine völlige Entsalzung der betreffenden Lösung durchführbar. Ferner werden die Ionenaustauscher zur Rückgewinnung von Edelmetallen oder seltenen Naturstoffen aus stark verdünnten Lösungen benutzt. Schließlich lassen sich Ionenaustauscher bei organisch-chemischen Reaktionen einsetzen, die durch $H^{\oplus}$- oder $OH^{\ominus}$-Ionen katalysiert werden, sowie bei der Beseitigung radioaktiven Spaltmaterials.
Auf biochemischem Gebiet verwendet man die Austauscher mit Erfolg zur Gewinnung von Enzymen, Vitaminen, Hormonen und anderen Wirkstoffen, sowie zur quantitativen, chromatographischen Trennung von Aminosäuregemischen (Ionenaustausch-Chromatographie).
Harze, die zur Elektronen- und Protonenabgabe bzw. deren Aufnahme befähigt sind, bezeichnet man als *Elektronenaustauscher*[1].

5.5.8 Zweiwertige Phenole

Die drei stellungsisomeren Dihydroxybenzole sind:

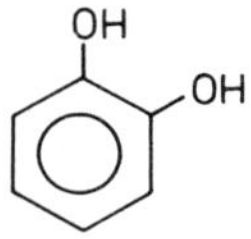

Brenzcatechin

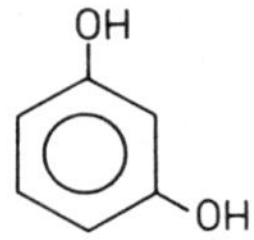

Resorcin

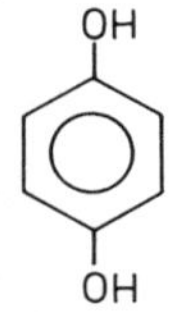

Hydrochinon

5.5.8.1 Brenzcatechin (*o*-Dihydroxybenzol, engl. Catechol oder Pyrocatechol) wurde erstmalig bei der trockenen Destillation der Catechine (Catechugerbstoffe) erhalten und verdankt dieser „Brenzreaktion" seinen Namen. Allgemein entsprechen die Synthesen der zweiwertigen Phenole denen der einwertigen.

Darstellung.a) *Durch Alkalischmelze der Phenol-o-sulfonsäure:*

Brenzcatechin

b) Technisch durch Erhitzen von o-Chlorphenol mit 20proz. *Natronlauge* unter Druck in Gegenwart von Kupfer(II)-sulfat bei etwa 200 °C (475 K):

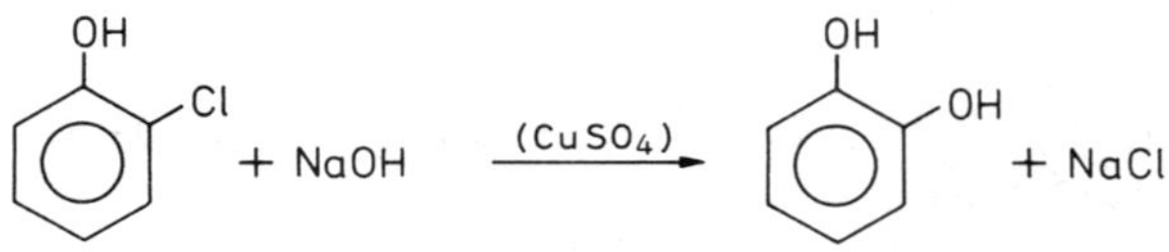

[1] Vgl. *B. Sansoni,* Über Elektronenaustauscher und Redox-Ionenaustauscher, Angew. Chem. *66,* 143 (1954).

c) *Durch Entmethylierung von Guajacol* mit 48proz. Bromwasserstoffsäure in der Wärme:

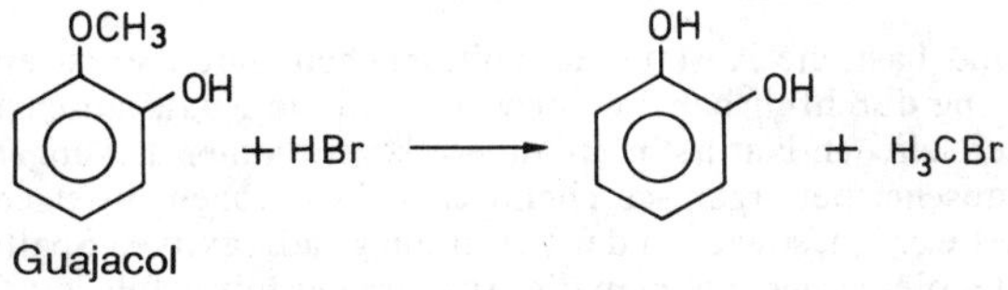

Eigenschaften. Brenzcatechin ist kristallin und in Wasser leicht löslich, Schmp. 104 °C (377 K). In alkalischer Lösung wirkt es stark *reduzierend,* z. B. auf ammoniakalische Silbersalz- oder alkalische Kupfersalzlösung, und wird daher auch als *photographischer Entwickler* verwendet. Mit Eisen(III)-chlorid gibt Brenzcatechin eine charakteristische, *smaragdgrüne Farbreaktion,* die mit Alkali oder Natriumacetat nach Dunkelrot bzw. Violett umschlägt. Die Methylierung von Brenzcatechin mit Dimethylsulfat in alkalischer Lösung führt stufenweise zu *Guajacol* bzw. *Veratrol.*

Guajacol Veratrol

Guajacol konnte zuerst aus den Destillationsprodukten des Guajakharzes isoliert werden (*Unverdorben,* 1826) und findet sich reichlich im Buchenholzteer. Es schmilzt bei 32 °C (305 K), besitzt einen charakteristischen Geruch und ist ein wirksames *Desinfektionsmittel.* Mit Eisen(III)-chlorid tritt eine Blaufärbung auf.
Der Allylether des Guajacols lagert sich beim Schmelzen *intramolekular* in *o*-Eugenol um. Hierbei tauscht die Allylgruppe am O-Atom *unter Inversion* mit dem *o*-ständigen H-Atom ihren Platz, es findet also eine *Claisen*-Umlagerung statt:

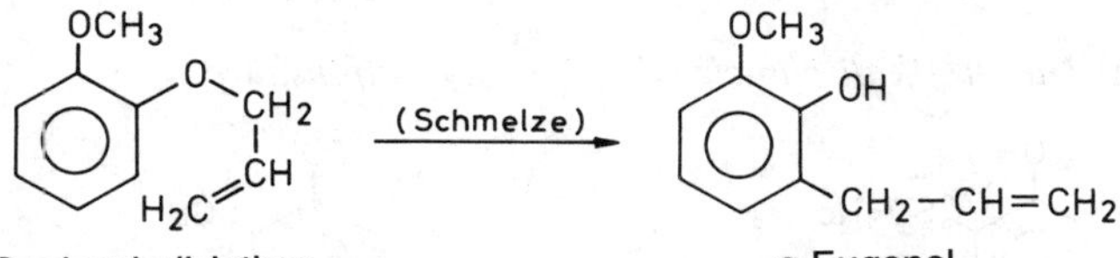

Guajacyl-allylether *o*-Eugenol

Veratrol besitzt einen angenehmen Geruch und schmilzt bei 22,5 °C (295,7 K).

5.5.8.2 Resorcin (*m*-Dihydroxybenzol) ist ein Destillationsprodukt natürlicher Harze und wird *durch Alkalischmelze der m-Benzoldisulfonsäure* hergestellt:

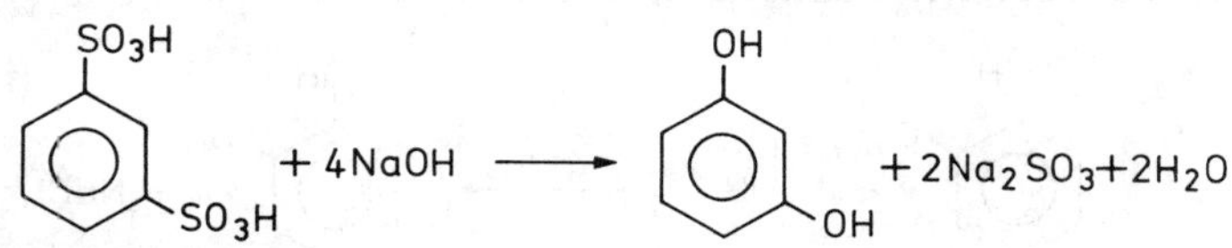

m-Benzoldisulfonsäure Resorcin

Resorcin, eine farblose, kristalline Substanz vom Schmp. 110 °C (383 K), löst sich leicht in Wasser, Ethanol und Ether, reduziert aber ammoniakalische Silbernitratlösung erst in der Hitze. Eisen(III)-chlorid färbt die wäßrige Lösung des Resorcins violett.

Bemerkenswert ist die Leichtigkeit, mit der Resorcin, z. B. schon bei der Einwirkung von Natriumamalgam und Wasser, 2 H-Atome aufnimmt und in *Dihydroresorcin* (1,3-Cyclohexandion) übergeht. Diese Reaktion beruht darauf, daß der Gewinn an Mesomerieenergie bei der Bildung von 2 Ketogruppen die Größenordnung der Mesomerieenergie des aromatischen Systems erreicht, so daß eine **Keto-Enol-Tautomerie** auftreten kann.

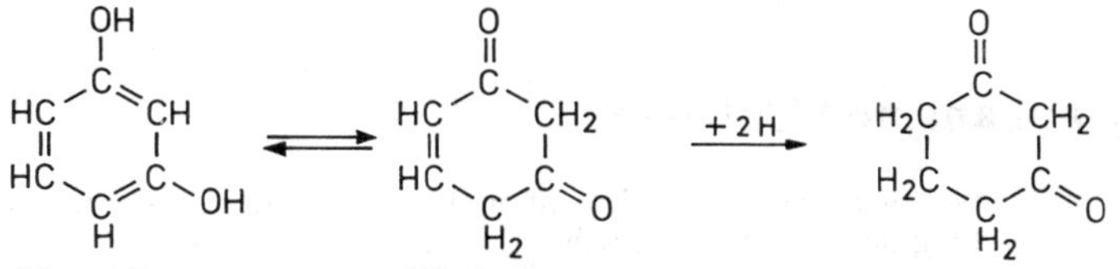

Dienol-Form *Diketo*-Form

Resorcin Dihydroresorcin

Aufgrund der Tautomerie bildet Resorcin mit Acetanhydrid eine Diacetylverbindung und mit Hydroxylamin ein Dioxim.
Resorcin dient in der Dermatologie als *Antiseptikum* und in der Farbstoffindustrie als wichtiges Ausgangsmaterial.

Ein Derivat des Dihydroresorcins, das 5,5-Dimethyl-1,3-cyclohexandion oder **Dimedon** ist aus Mesityloxid und Malonester leicht zugänglich und wird als empfindliches *Reagens* zur gravimetrischen Bestimmung von *Formaldehyd* benutzt:

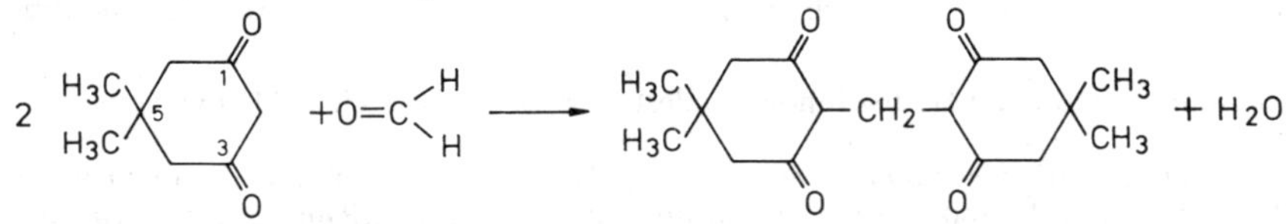

Dimedon Formaldehyd

Bei der Nitrierung von Resorcin entsteht die **Styphninsäure** (2,4,6-Trinitro-resorcin), Schmp. 175 °C (448 K), die ähnlich wie Pikrinsäure mit organischen Basen gut kristallisierende *Styphnate* bildet.
Ein Homologes des Resorcins, das **Orcin** (5-Methyl-resorcin), Schmp. 107 °C (380 K), konnte aus bestimmten Flechtenstoffen isoliert werden und ist die Muttersubstanz des *Orseille-* und *Lackmusfarbstoffs.*

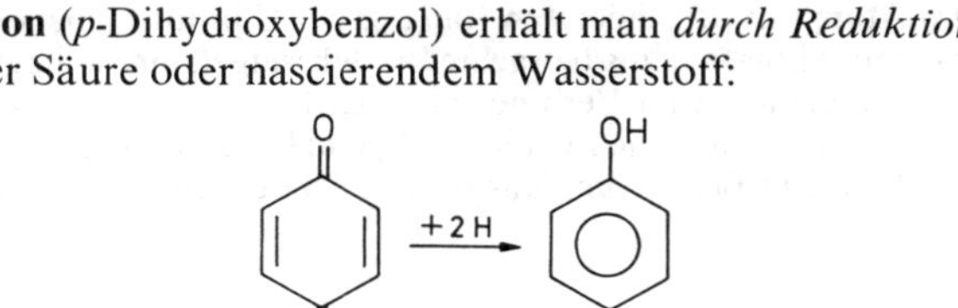

Styphninsäure Orcin

5.5.8.3 Hydrochinon (*p*-Dihydroxybenzol) erhält man *durch Reduktion von p-Benzochinon* mit schwefliger Säure oder nascierendem Wasserstoff:

p-Benzochinon Hydrochinon

Es bildet farblose Nadeln vom Schmp. 172 °C (445 K) und wird wegen seiner *reduzierenden* Eigenschaften in der Photographie als *Entwickler* benutzt. Im Gegensatz zum Resorcin färben sich Hydrochinon und auch Brenzcatechin im feuchten Zustand an der Luft durch Autoxidation rasch braunrot. Die Oxidationsprodukte dieser beiden zweiwertigen Phenole werden im Kapitel „Benzochinone" behandelt.

5.5.9 Cyclophane und Catenane

Durch Verethern zweiwertiger Phenole (Hydrochinon, Resorcin) mit ω,ω'-Dihalogenalkanen lassen sich unter Anwendung des *Ruggli-Ziegler*schen Verdünnungsprinzips *cyclische Ether* mit großer Ringweite darstellen (*K. Ziegler, Lüttringhaus*). Der zunächst entstehende Halbether erfährt in Gegenwart von Natriumalkoholat eine Cyclisierung zu **Ansa-Verbindungen** (*ansa* = Henkel), z. B.

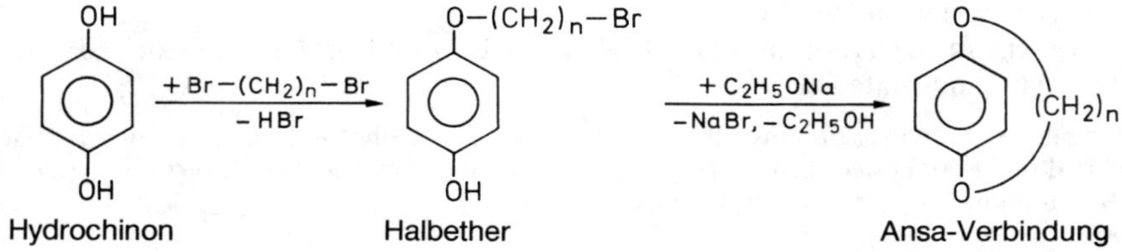

Zu ihrer Bildung sind beim Hydrochinon mindestens 8, beim Resorcin 7 Methylengruppen erforderlich.

Bei Einführung *großräumiger Substituenten* in den Benzolkern der Ansa-Verbindungen kann die freie Drehbarkeit des Benzolkerns um die *para*-Achse bei geeigneter Ringweite des „Henkels" sterisch behindert werden, was zur *Molekülasymmetrie* und damit zur optischen Aktivität führen müßte. Tatsächlich ließen sich nachstehende Ansa-Verbindungen in *Enantiomere* spalten:

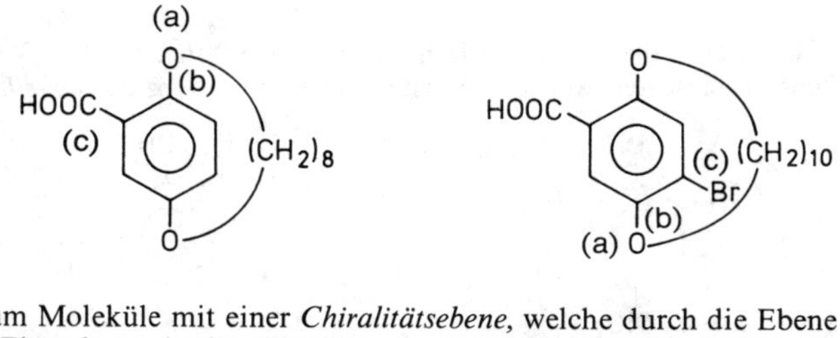

Es handelt sich um Moleküle mit einer *Chiralitätsebene*, welche durch die Ebene des Benzolkerns zu legen ist. Zur Einordnung in das *CIP*-System wählt man ein *Pilotatom*, das unmittelbar an ein Atom der Chiralitätsebene gebunden ist und den höchsten Rang aufweist (a); von hier aus sucht man den Weg zu dem Atom mit dem höchsten Rang in der Chiralitätsebene (b − **c**). Bewegt man sich auf diesem Wege vom Pilotatom aus betrachtet im Uhrzeigersinn, so liegt eine (R_p)-Konfiguration[1] vor. Dies ist in den beiden Ansa-Verbindungen der Fall.

Ansa-Verbindungen gehören zu den nach *Cram* als **Cyclophane** bezeichneten Verbindungen, deren Nomenklatur, Struktur und Bezifferung aus nachstehenden drei Vertretern dieser Stoffklasse erkennbar sind:

[1] Der Index p besagt, daß sich die Spezifikation auf eine Ebene (plane) bezieht.

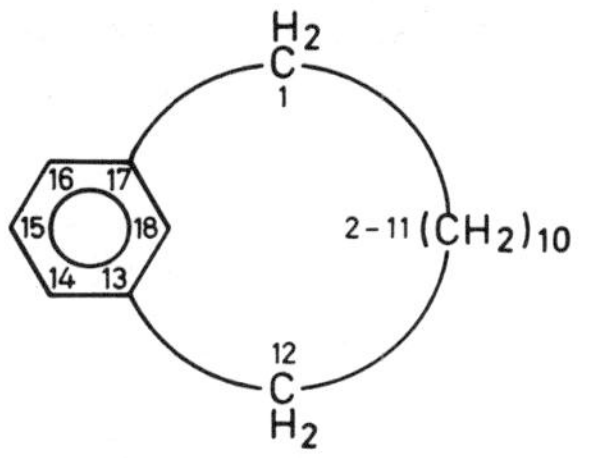

[12]-Metacyclophan

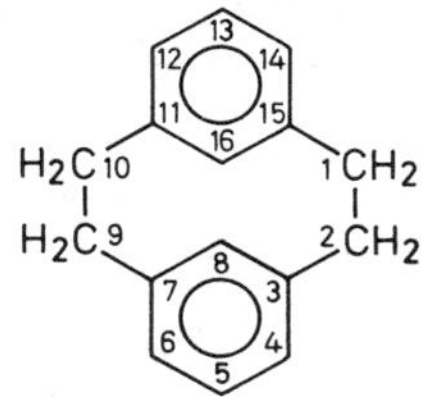

[2.2]-Metacyclophan

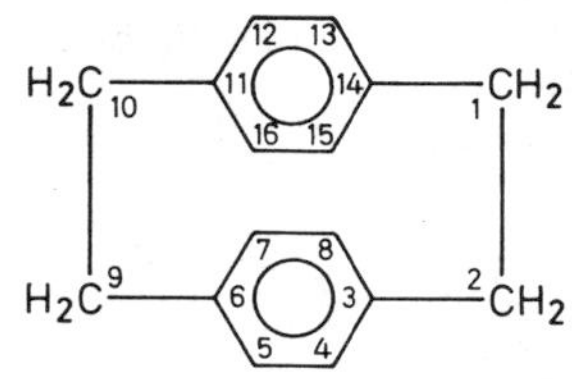

[2.2]-Paracyclophan

5.5.9.1 [2.2]-Paracyclophan, das auch als Zwischenprodukt bei der technischen Darstellung von Poly-*p*-xylylen (Parylen) auftritt, gewinnt man aus *p*-Xylol durch Dehydrierung in der Dampfphase. Durch anschließende thermische Polymerisation (~ 500 °C [775 K]) erhält man beim Abschrecken auf 50 °C (325 K) Produkte mit relativen Molekülmassen über 500 000.

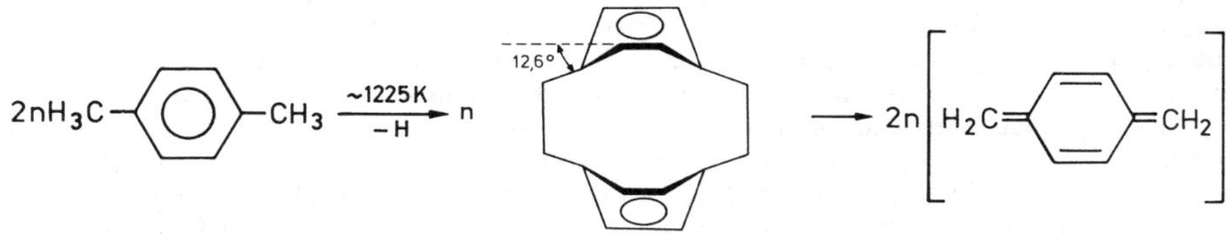

p-Xylol [2.2]-Paracyclophan

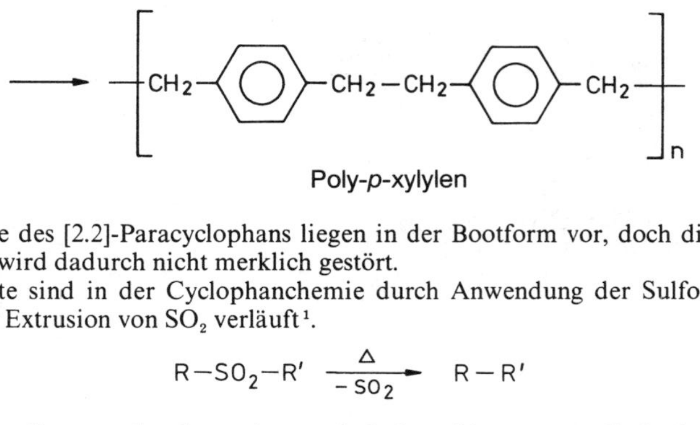

Poly-*p*-xylylen

Beide Benzolringe des [2.2]-Paracyclophans liegen in der Bootform vor, doch die Delokalisation der π-Elektronen wird dadurch nicht merklich gestört.

Große Fortschritte sind in der Cyclophanchemie durch Anwendung der Sulfonpyrolyse erzielt worden, die unter Extrusion von SO_2 verläuft[1].

$$R-SO_2-R' \xrightarrow[-SO_2]{\Delta} R-R'$$

Als Beispiel diene die erste Synthese eines mehrfach verklammerten Cyclophans (*Boekelheide*, 1973).

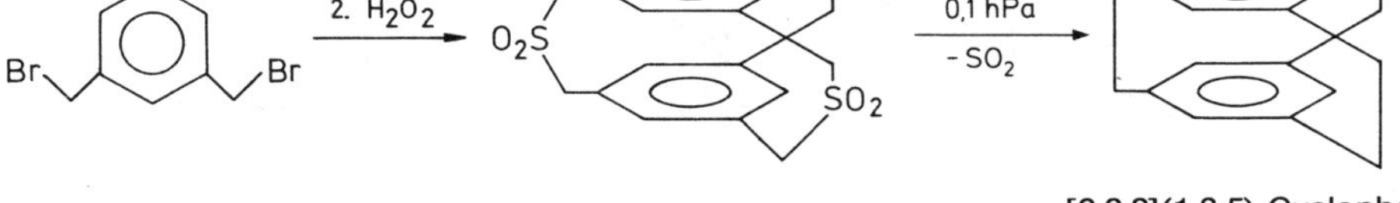

[2.2.2](1,3,5)-Cyclophan

[1] Vgl. *F. Vögtle* et al., Sulfonpyrolyse als Synthesemethode, Angew. Chem. *91*, 534 (1979).

5.5.9.2 Versieht man einen Benzolkern mit zwei Henkeln, so erhält man in den [m][n]Paracyclophanen chirale Verbindungen, z. B. das (*S*)-(+)-[8][8]Paracyclophan $[\alpha]_D^{20}$ −5,4° (*Nakazaki*).

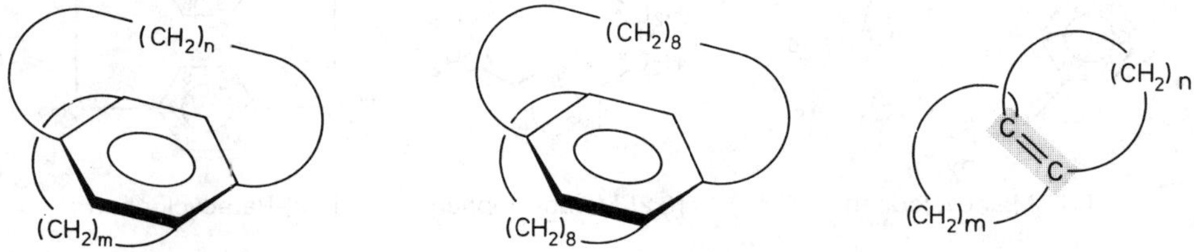

[m][n]Paracyclophan (*S*)–(+)–[8][8]Paracyclophan [m,n]Betweenanen

Ersetzt man den zentralen Benzolkern der [m][n]Paracyclophane durch eine Ethylengruppe, so erhält man ein [m, n]Betweenanen, in dem die Liganden an den Brückenköpfen nicht coplanar sein können. Der Name drückt durch die Nachsilben -anen aus, daß der Bindungszustand der *trans*-Brücke (grau unterlegt) zwischen denen für eine Einfach- und eine Doppelbindung liegt.
Die Betweenanene sind chiral. Sie bilden sich photochemisch, z.B. aus den achiralen *cis*-Bicyclo[8.8.0]octadecenen und können von diesen aufgrund ihrer unterschiedlichen Reaktivität gegenüber Dichlorcarben getrennt werden, denn nur die *cis*-Verbindung reagiert mit $:CCl_2$. Die Anreicherung eines der beiden Enantiomeren des [8,8]Betweenanens läßt sich erreichen, wenn man die Bestrahlung eines geeigneten Derivates, z. B. von (*Z*)-2-Oxobicyclo[8.8.0]octadec-1(10)-en (I) in (*R.R*)-(+)-Weinsäurediethylester vornimmt.

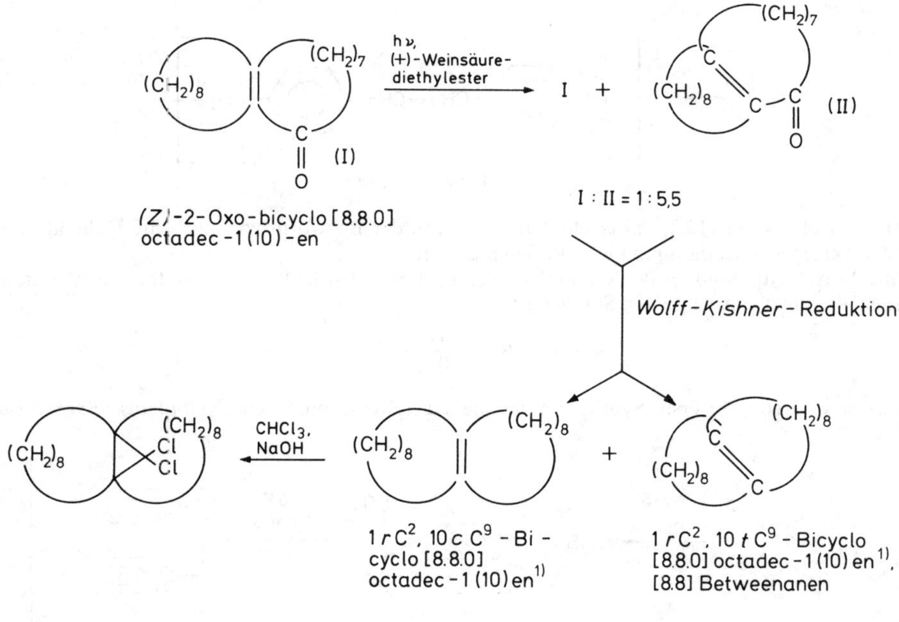

---

[1] Die (*Z*)-(*E*)-Spezifikation ist hier nicht anwendbar, da beide Brücken die gleiche Konstitution haben. Eine eindeutige Bezeichnung gelingt, wenn man angibt, ob ein Substituent an der Brücke *cis* (*c*) oder *trans* (*t*) zu einem durch (*r*) gekennzeichneten Bezugssubstituenten steht. Vgl. S. 534 und *Beilsteins* Handbuch der organischen Chemie, 4. Aufl., 4. Ergänzungswerk Bd. *1*, S. Xff.

Das so erhaltene [8.8]Betweenanen ist linksdrehend, weist aber nur eine Enantiomeren-Reinheit von etwa 1% auf und hat wahrscheinlich die (*R*)-Konfiguration[1].

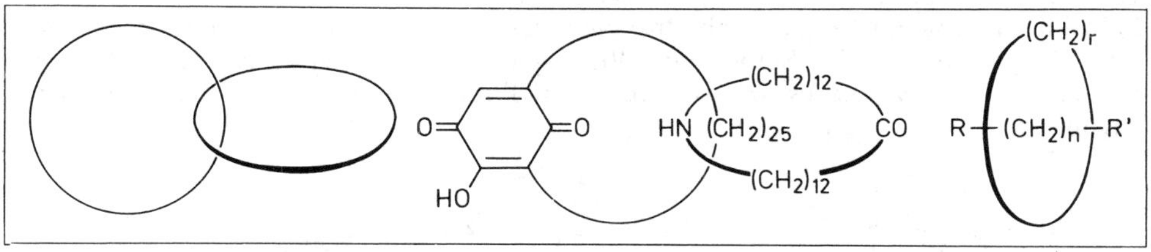

Abb. 114 a. Catenan-Prinzip. Abb. 114 b. Abb. 114 c. Rotaxan-Prinzip

Ausgehend von bestimmten Ansa-Verbindungen, gelang es *Lüttringhaus* et al.[2], zwei makrocyclische Systeme wie Kettenglieder miteinander zu verknüpfen (Abb. 114 a) und so erstmalig Moleküle darzustellen, deren Teile *nicht* durch chemische Bindungen zusammengehalten werden. Derartige Verbindungen werden als **Catenane** (*catena* = Kette) bezeichnet, ein Beispiel ist in Abb. 114 b angeführt. In den **Rotaxanen** (Abb. 114 c) umschließt ein Ring ein lineares Molekül, dessen sperrige Endgruppen R, R′ den Ring in seiner Position festhalten. *Wassermann* hat für diese Verbindungsklassen die Bezeichnung *topologische Isomere* vorgeschlagen.

5.5.10 Dreiwertige Phenole

Die drei stellungsisomeren dreiwertigen Phenole werden wie folgt benannt:

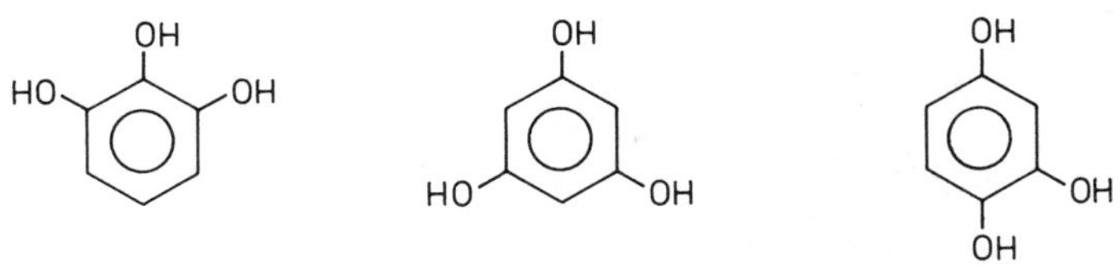

Pyrogallol (*vic.*) Phloroglucin (*sym.*) Hydroxyhydrochinon (*asym.*)

5.5.10.1 Pyrogallol (1,2,3-Trihydroxy-benzol) wurde von *Scheele* (1786) beim *Erhitzen von Gallussäure* erhalten und wird noch heute nach diesem Verfahren gewonnen:

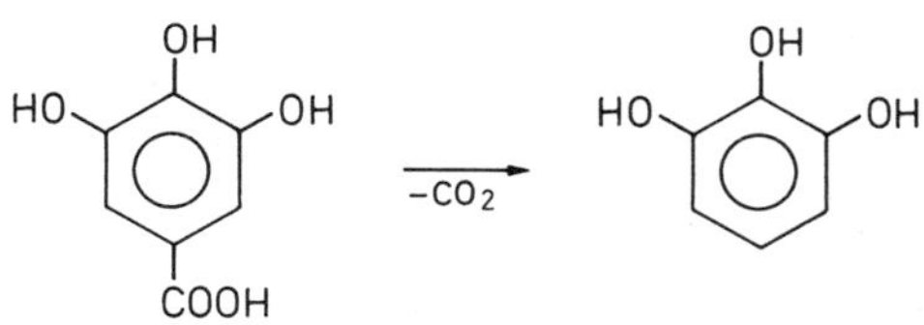

Gallussäure Pyrogallol

Pyrogallol ist ein in Wasser leicht lösliches Kristallpulver, das bei 133 °C (406 K) schmilzt und mit Eisen(III)-chlorid eine Blaufärbung gibt. In alkalischer Lösung wirkt

[1] Vgl. *M. Nakazaki* et al., J. Org. Chem. *45*, 3229 (1980). Das [8.8]Betweenanen hat D_2 Symmetrie und *Nakazaki* hat diese Eigenschaft zur Bildung eines eindeutigen Namens verwendet: (*R*)-(−)-D_2-Bicyclo[8.8.0]octadec-1(10)en.

[2] Vgl. *G. Schill* und *A. Lüttringhaus*, Gezielte Synthese von Catena-Verbindungen, Angew. Chem. *76*, 567 (1964); *G. Schill*, Catenanes, Rotaxanes and Knots (Academic Press, New York 1971).

es stark *reduzierend* und dient daher als *photographischer Entwickler*. Da eine alkalische Pyrogallollösung auch molekularen Sauerstoff zu binden vermag, wird sie in der Gasanalyse zur Sauerstoff-Absorption verwendet.

5.5.10.2 Phloroglucin (1,3,5-Trihydroxy-benzol) ist ein Abbauprodukt der Flavon- und Flavyliumfarbstoffe. Seine Darstellung gelingt am besten *durch saure Hydrolyse von 2,4,6-Triamino-benzoesäure*, die aus 2,4,6-Trinitro-benzoesäure durch Reduktion zugänglich ist:

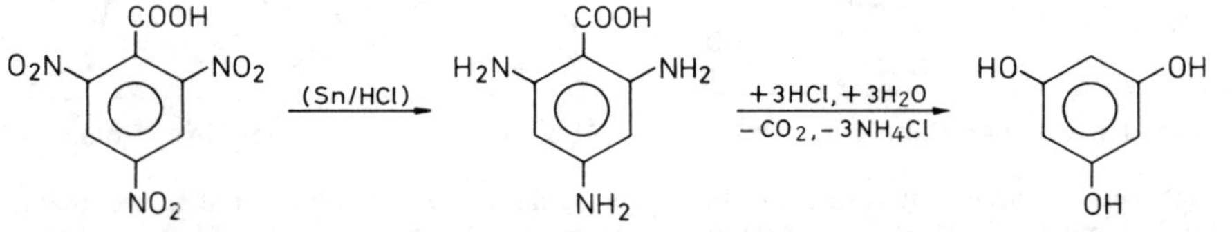

2,4,6-Trinitro-benzoesäure 2,4,6-Triamino-benzoesäure Phloroglucin

Aus Wasser kristallisiert Phloroglucin mit 2 Molekülen Kristallwasser, wasserfrei schmilzt es bei 218 °C (491 K). Es wird zum *Nachweis des Lignins* im Holz benutzt, wobei in Gegenwart von Salzsäure eine purpurrote Färbung auftritt.

Einerseits gibt Phloroglucin mit Eisen(III)-chlorid eine blauviolette Färbung, mit Diazomethan in normaler Weise den Trimethylether und mit Acetanhydrid das Triacetylderivat, andererseits entsteht mit Hydroxylamin ein Trioxim. Demnach kann Phloroglucin (aus dem gleichen Grunde wie Resorcin) in zwei *tautomeren* Formen, der *Trienol-* und der *Triketo*-Form, reagieren:

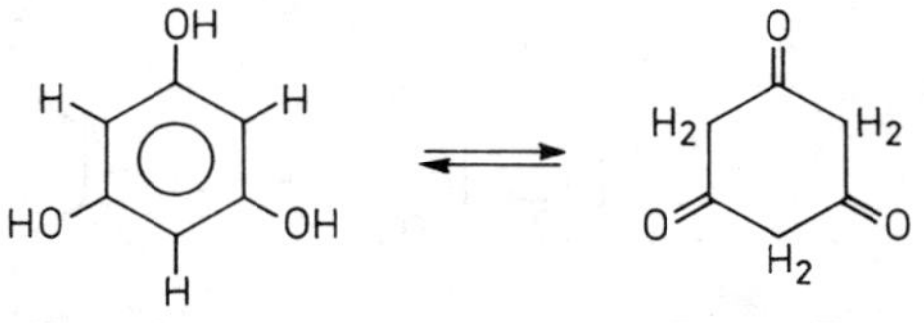

Trienol-Form *Triketo*-Form

Phloroglucin

Aus der *UV-Absorptionskurve* des Phloroglucins geht hervor, daß es im freien Zustand nur in der *Trienol*-Form vorliegt.

5.6 Benzochinone

Eigentlich sind die Benzochinone als Diketoderivate des Cyclohexadiens, d. h. eines teilweise hydrierten Benzolringes, aufzufassen. Aus didaktischen Gründen sollen sie im Anschluß an die Phenole behandelt werden.

5.6.1 Die wichtigsten Benzochinone

Die Benzochinone lassen sich als Oxidationsprodukte der zweiwertigen Phenole betrachten, jedoch zeigt sich, daß nur Brenzcatechin und Hydrochinon der Dehydrierung zu Benzochinon zugänglich sind. Der Verlust von 2 H-Atomen bedingt zugleich den von 2 π-Elektronen im Benzolkern. Dadurch wird der aromatische Charakter aufgehoben; es bilden sich folgende „chinoide Systeme" aus:

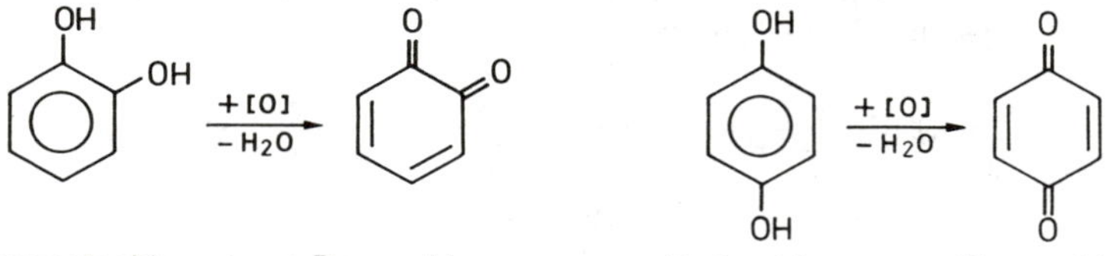

Brenzcatechin   *o*-Benzochinon   Hydrochinon   *p*-Benzochinon

Grundsätzlich hat man zwischen *o*- und *p-chinoiden Bindungssystemen* zu unterscheiden, in denen der doppelt gebundene Sauerstoff auch durch $=NH$, $=NR$ bzw. $=CH_2$ oder $=CR_2$ ersetzt sein kann:

o-chinoides System   *p*-chinoides System

Dagegen bildet sich bei der Oxidation von Resorcin kein *m*-Benzochinon. Die Existenz eines *m*-chinoiden Systems ist aufgrund der Bindungsverhältnisse unmöglich.

5.6.1.1. *o*-Benzochinon ist eine wenig beständige, geruchlose Substanz, die schon durch Wasser zersetzt wird. Man erhält sie durch vorsichtige *Dehydrierung von Brenzcatechin* mit Silberoxid in absolutem Ether bei Gegenwart von wasserfreiem Natriumsulfat. Hierbei entsteht zunächst ein farbloses Zwischenprodukt, das sofort in das rote *o*-Benzochinon übergeht (s. oben).

o-Benzochinon ist ein starkes Oxidationsmittel, das z. B. aus saurer Kaliumiodidlösung Iod in Freiheit setzt.

5.6.1.2 *p*-Benzochinon, meist *p*-Chinon oder einfach Chinon genannt, wurde bei der Oxidation der Chinasäure, eines Bestandteils der Chinarinde, entdeckt (*Woskressensky*, 1838). Dieser Reaktion verdankt es seinen Namen.

Darstellung. *p*-Benzochinon wird *durch Dehydrierung von Anilin* mit Chromsäure oder Mangan(IV)-oxid in schwefelsaurer Lösung hergestellt.

Der *Reaktionsverlauf* ist ziemlich kompliziert und kann wie folgt gedeutet werden (*Willstätter, Green):*

Als erstes Reaktionsprodukt bildet sich aus 2 Molekülen Anilin unter Dehydrierung das gelbe *N-Phenyl-chinondiimin:*

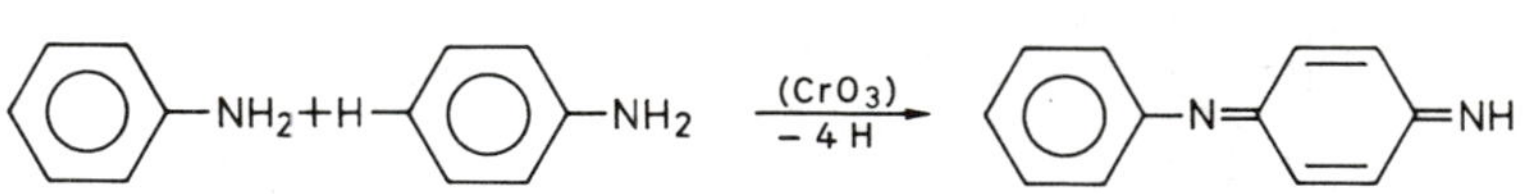

N-Phenyl-chinondiimin

Bei der weiteren Oxidation entsteht ein Derivat des Chinondiimins, das durch Mineralsäuren hydrolytisch in *p*-Benzochinon, *p*-Phenylendiamin, Anilin und Ammoniak gespalten wird:

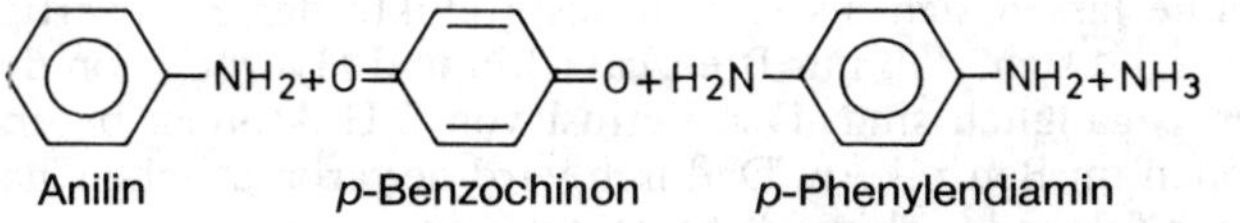

Unter den gegebenen Reaktionsbedingungen wird *p*-Phenylendiamin zu *p*-Chinondiimin dehydriert und dieses zu *p*-Benzochinon hydrolysiert:

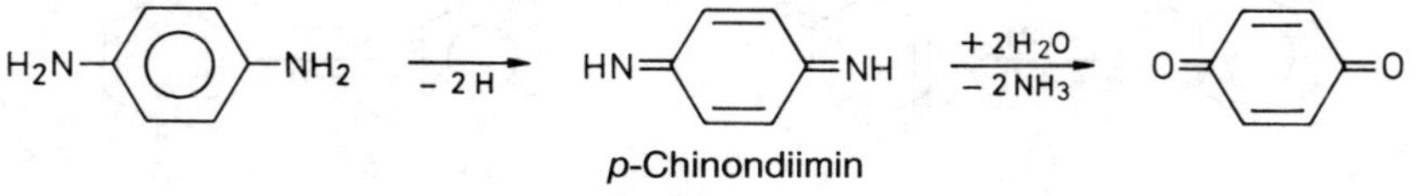

Eigenschaften. *p*-Benzochinon bildet goldgelbe, stechend riechende Kristalle vom Schmp. 116 °C (389 K), die mit Wasserdampf flüchtig sind.

Die Farbigkeit der Chinone ist auf das Vorliegen der chinoiden Bindungssysteme zurückzuführen, die zu den *chromophoren* (farbgebenden) Gruppen zählen.

In seinen chemischen Eigenschaften verhält sich *p*-Benzochinon wie ein 2,3-ungesättigtes 1,4-Diketon, z. B. führt die Umsetzung mit Hydroxylaminhydrochlorid zu einem *Monoxim* bzw. *Dioxim*, von denen das erstere mit *p*-Nitrosophenol *tautomer* ist. Die *Oxim*-Form ist beständiger als die *Nitroso*-Form; in Lösung stehen beide im *Gleichgewicht:*

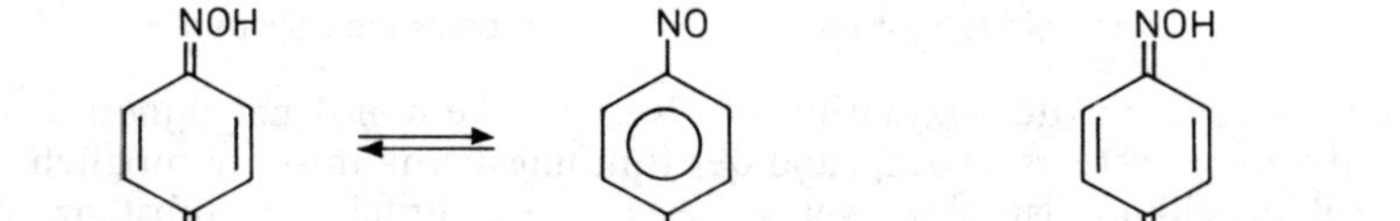

Ein weiteres Diketoderivat liegt im *p-Benzochinon-amidinohydrazon-thiosemicarbazon* (*INN: **Ambazon***) vor, das durch Umsetzung von *p*-Benzochinon-monoguanylhydrazon mit Thiosemicarbazid in saurer Lösung erhalten wird und im *Iversal* enthalten ist, das zur Desinfektion der Mund- und Rachenhöhle dient.

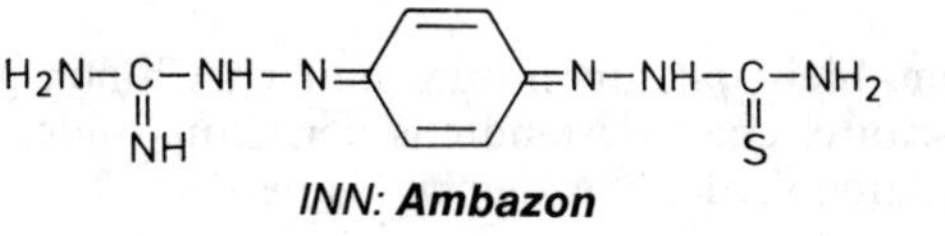

Die Verbindung besitzt stark basische Eigenschaften und bildet kupferbraune Kristalle vom Schmp. 193 °C (466 K).

Mit *Grignard*-Verbindungen reagiert nur eine Ketogruppe der Chinone unter Bildung von *Chinolen*, z. B.

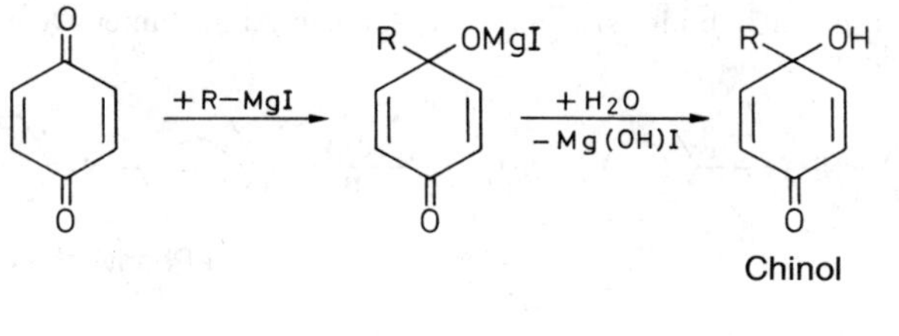

5.6.2 Redoxreaktionen der *p*-Chinone

Eine wichtige Redoxreaktion ist die Reduktion des *p*-Benzochinons zu Hydrochinon bzw. die Oxidation des Hydrochinons zu *p*-Benzochinon:

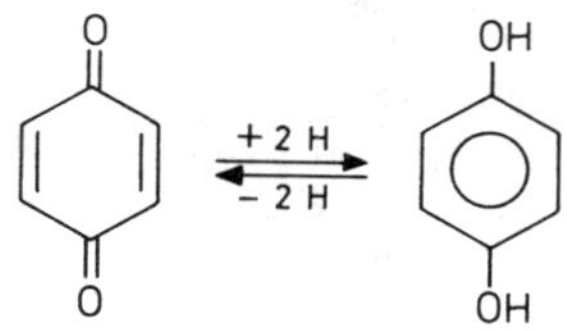

Bei beiden Reaktionen entsteht als Zwischenprodukt eine in Wasser schwer lösliche tiefgrün schillernde Substanz, das **Chinhydron.** Das gleiche Addukt erhält man beim Zusammengießen äquimolekularer Lösungen von *p*-Benzochinon und Hydrochinon in Form dunkelbrauner Kristalle mit grünem Oberflächenglanz (*Wöhler,* 1844). Es besteht aus je einem Mol *p*-Benzochinon und Hydrochinon und wurde früher als Molekülverbindung, die durch Wasserstoffbrücken zusammengehalten wird, gedeutet. Es zeigte sich jedoch, daß auch andere Verbindungen, die keine H-Brücken ausbilden können, Chinhydrone liefern. So kann Hydrochinon durch Phenol, Hydrochinonether oder Hexamethylbenzol ersetzt werden.
Heute führt man die Bildung dieser Addukte auf eine *Wechselwirkung* zweier π-Elektronensysteme zurück, von denen aufgrund mesomerer oder induktiver Effekte das eine einen π-Elektronen-Überschuß (Elektronendonator: D), das andere dagegen einen π-Elektronen-Mangel (Elektronenakzeptor: A) aufweist (π-Komplex, Elektronendonator- Akzeptor-Komplex: EDA-Komplex, *charge-transfer*-Komplex), z. B.

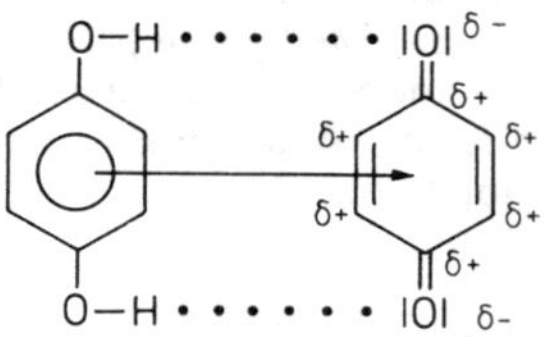

+ M-Effekt der OH-Gruppen — −I-Effekt der C = O-Gruppen

Auch die tiefe Farbe der Chinhydrone ist auf die Wechselwirkung der π-Elektronen beider Ringsysteme zurückzuführen. Zusätzlich können noch zwei Wasserstoffbrücken zur Stabilität des Komplexes beitragen.
Im alkalischen Medium sind die Chinhydrone unbeständig und zerfallen unter Übertragung eines Elektrons vom *Donator D* zum *Akzeptor A* in **Semichinon-Anionen,** die zu den *Radikal-Anionen* zählen und *mesomeriestabilisiert* sind. Das ungepaarte Elektron ist über sämtliche C- und die beiden O-Atome delokalisiert:

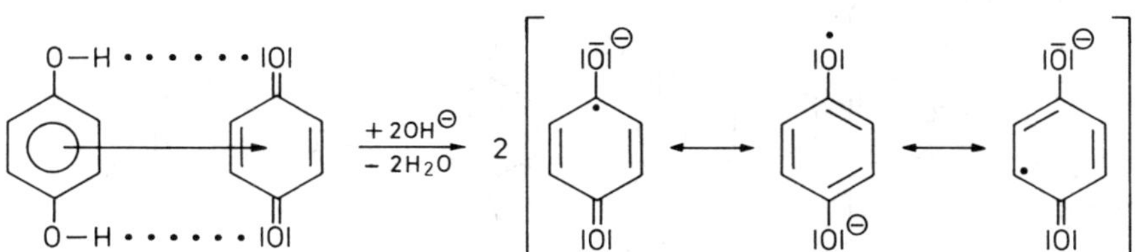

D A

Die Semichinone entstehen auch bei der *Reduktion der p-Benzochinone im alkalischen Medium,* jedoch läßt sich im Fall des *p*-Benzochinons nur das Chinhydron isolieren. Demgegenüber kann man aus *p*-Durochinon (2,3,5,6-Tetramethyl-*p*-benzochinon) das **Semidurochinon** als braunes Natriumsalz in Substanz fassen:

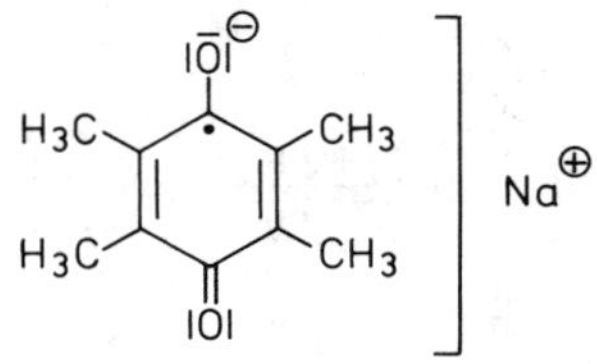

Na-Salz des Semidurochinons

Der *Radikalcharakter* dieses Semichinons gibt sich durch seinen *Paramagnetismus* zu erkennen. Derartige monomolekulare Semichinone sind nur in alkalischer Lösung stabil; in neutraler oder saurer Lösung gehen sie in das entsprechende Chinon und Hydrochinon bzw. Chinhydron über.

Mit der leichten Reduzierbarkeit der Chinone hängt unmittelbar ihre Oxidationswirkung zusammen. Das *Oxidationspotential* eines Chinons wird entscheidend von den Substituenten im Ring beeinflußt: Elektronenliefernde Gruppen, wie NH_2, NR_2, OH, OR oder CH_3, verringern das Oxidationspotential, während elektronenziehende Gruppen, wie NO_2, SO_3Na, CN sowie Halogenatome, es erhöhen. Diese Tatsache ist bei der Umsetzung der Chinone mit Reagenzien vom Typ H–X, die unter 1,4-Addition verlaufen, von besonderer Bedeutung.

Im Zusammenhang mit der Redoxwirkung der *p*-Chinone sind die **Ubichinone** interessant, die man in den Zellen des Pflanzen- und Tierreichs findet und die aufgrund ihrer Redoxfunktion in der Atmungskette als Hilfssubstrat für den Wasserstoffaustausch von Bedeutung sind. Am *p*-Chinon-Ring befinden sich in 2-Stellung eine Methylgruppe, in 5- und 6-Stellung je eine Methoxylgruppe und in Stellung 3 eine isoprenoide Seitenkette unterschiedlicher Länge ($n = 5-9$). Ähnliche Seitenketten liegen im Vitamin K_2 und Vitamin E (α-Tocopherol) vor. Die Biosynthese der Ubichinone verläuft über Farnesyldiphosphat.

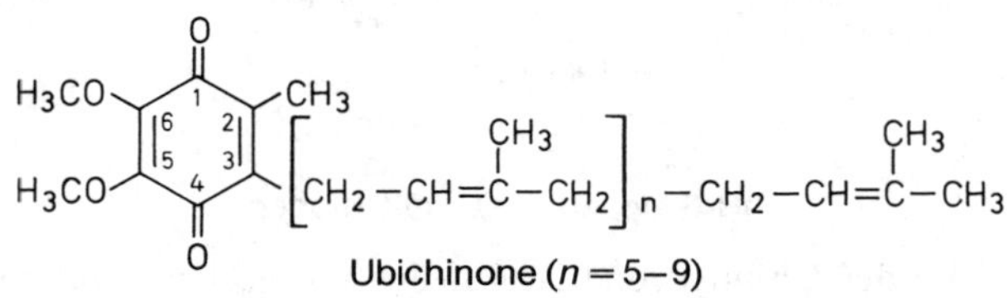

Ubichinone ($n = 5-9$)

5.6.3 1,4-Additionen der *p*-Chinone

Chlorwasserstoff reagiert mit *p*-Benzochinon zum 1,4-Addukt, das sich jedoch spontan in das aromatische Chlorhydrochinon umlagert. Dieses läßt sich zu Chlor-*p*-benzochinon dehydrieren:

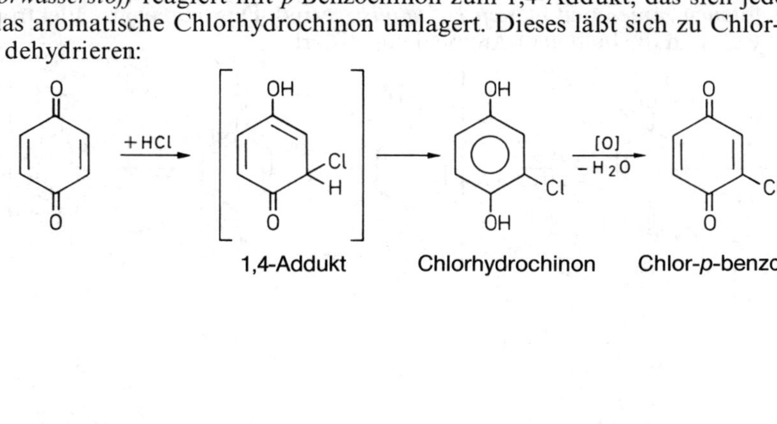

1,4-Addukt Chlorhydrochinon Chlor-*p*-benzochinon

Führt man diese Addition von Chlorwasserstoff und die nachfolgende Oxidation mehrfach durch, so erhält man schließlich **Chloranil** (Tetrachlor-*p*-benzochinon), das gelbe Blättchen bildet, die bei 80 °C (353 K) sublimieren und im geschlossenen Rohr bei 90 °C (363 K) schmelzen.

Chloranil   2,3-Dichlor-5,6-dicyano-*p*-benzochinon (DDQ)

Chloranil wirkt *fungizid* und wird wegen seines hohen Oxidationspotentials in der präparativen Chemie als *Dehydrierungsmittel* verwendet. Für den gleichen Zweck benutzt man das noch wirksamere *2,3-Dichlor-5,6-dicyano-p-benzochinon* (DDQ).
Die Ethylenimino-*p*-benzochinone gehen unter physiologischen Bedingungen leicht in die entsprechenden Hydrochinone über; wahrscheinlich wirkt *in vivo* sowohl die oxidierte als auch die reduzierte Form.
In Analogie zur 1,4-Addition von Chlorwasserstoff verläuft die Umsetzung von *Methanol* oder *Anilin* mit *p*-Benzochinon, jedoch wird das entstehende Hydrochinonderivat durch das im Überschuß vorhandene *p*-Chinon sogleich zum betreffenden Chinonderivat oxidiert. In diesen Fällen ist das Oxidationspotential der substituierten Chinone geringer als das des *p*-Benzochinons selbst.

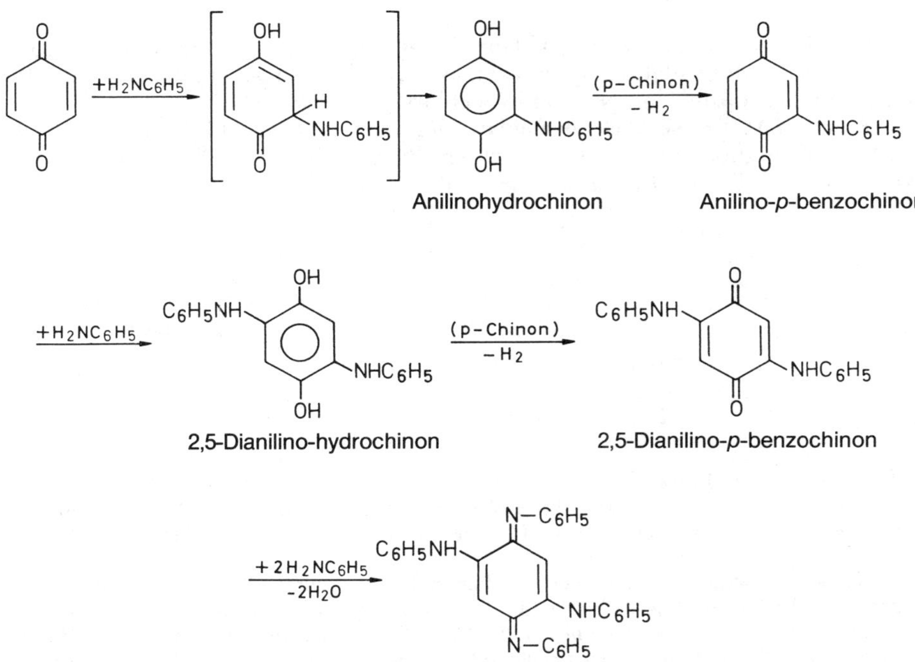

2,5-Dianilino-*p*-benzochinon-dianil

Da die substituierten *p*-Chinone erneut z. B. mit Anilin in Reaktion treten können, erhält man auf diese Weise auch mehrfach substituierte Chinone, z. B. das 2,5-Dianilino-*p*-benzochinon, dessen Ketogruppen sich mit überschüssigem Anilin zum entsprechenden Dianil kondensieren können.

5 Aromatische Verbindungen

Bei der Umsetzung von *p*-Benzochinon mit Brom in Eisessig erfolgt eine normale Addition an die C=C-Doppelbindungen, und zwar lassen sich nacheinander zwei bzw. vier Br-Atome an das Chinon addieren:

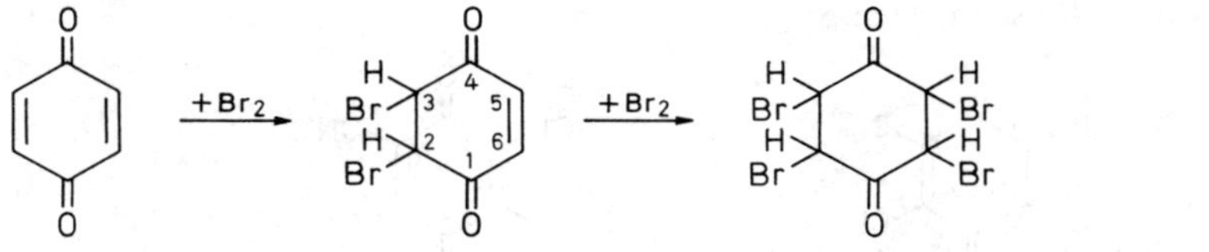

2,3,5,6-Tetrabrom-1,4-cyclohexandion

5.6.4 Chinoide Farbstoffe

Zu den einfachsten *chinoiden* Farbstoffen, die sich vom *N-Phenyl-p-benzochinonmonimin* ableiten und je einen chinoiden und benzoiden Ring enthalten, zählt man die *Indophenole* und *Indoaniline*, deren Stammverbindungen folgende Konstitution besitzen:

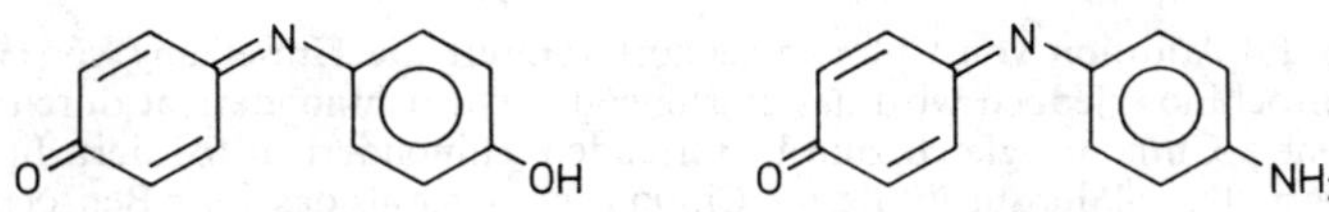

Indophenol Indoanilin

Indophenol bildet braune, metallisch glänzende Blättchen vom Schmp. 160 °C (433 K) und läßt sich durch Oxidation äquimolekularer Mengen von *p*-Aminophenol und Phenol in alkalischer Lösung mit Natriumhypochlorit darstellen.
Als Indoanilinfarbstoff sei das **Phenolblau** vom Schmp. 162 °C (435 K) erwähnt, das man durch Oxidation von N,N-Dimethyl-*p*-phenylendiamin und Phenol mit Kaliumhexacyanoferrat(III) über die *Leukobase* erhält:

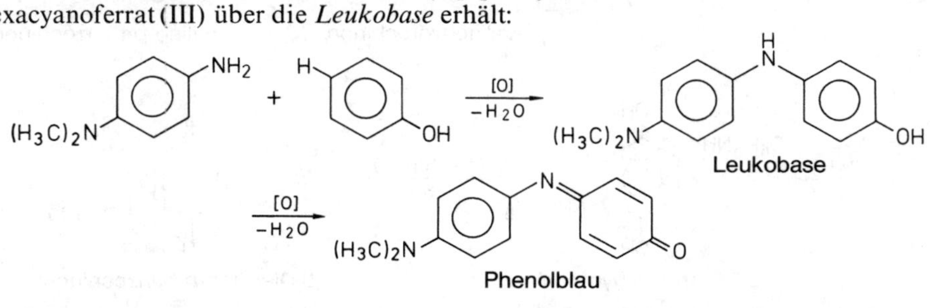

Leukobase

Phenolblau

Da derartige chinoide Farbstoffe durch Säuren leicht wieder rückläufig hydrolytisch gespalten werden, finden sie auf dem Farbsektor keine Verwendung, jedoch spielen sie als Zwischenprodukte bei der Fabrikation von Schwefelfarbstoffen sowie in der Farbenphotographie eine Rolle.

5.6.4.1 Farbenphotographie[1]. Eines der wichtigsten farbenphotographischen Verfahren ist die farbgebende (chromogene) Entwicklung, die im Prinzip von *Rudolf Fischer* (1911) entdeckt wurde. Es beruht darauf, daß bei der Entwicklung einer Silberhalogenidemulsion mit *N,N-Dialkyl-p-phenylendiamin* die Silberionen der belichteten Körner in metallisches Silber und das *p*-Phenylendiamin in das entsprechende *Chinondiimin* übergehen. Dieses reagiert dann mit einem geeigne-

[1] Vgl. *W. Püschel,* Die Farbphotographie, Chemie in unserer Zeit *4,* 9 (1970); *M. Schellenberg* et al., Die Silberfarbbleich-Farbphotographie, ebenda *10,* 131 (1976).

ten „Farbkuppler“, d. h. einer organischen Verbindung mit reaktiver *Methylen- oder Methingruppe,* zu gelben, purpurnen und blaugrünen Farbstoffen in der Emulsionsschicht, z. B.

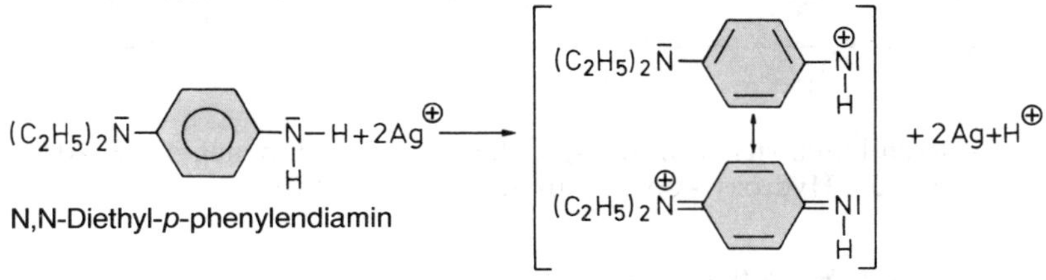

N,N-Diethyl-chinondiimin

Als „Methylenkuppler“ werden offenkettige oder cyclische Verbindungen verwendet, z. B. entstehen mit *β-Ketoaniliden* auf folgendem Wege *gelbe Azomethinfarbstoffe:*

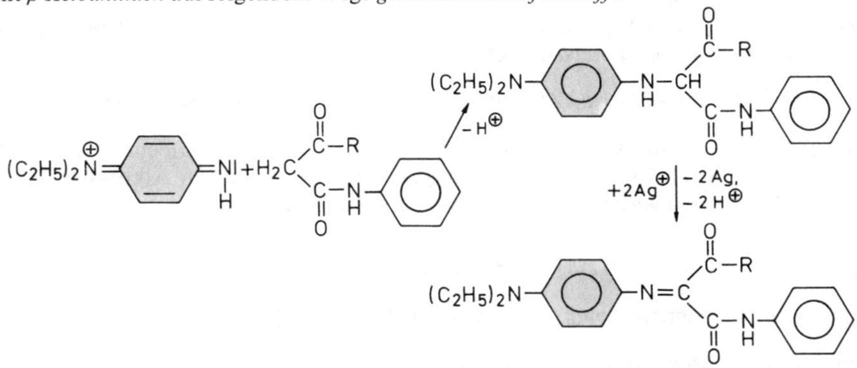

Azomethinfarbstoff (gelb)

Analog erhält man mit *Pyrazolinonen* als „cyclischen Methylenkupplern“ durch oxidative Entwicklung *purpurfarbene Azomethinfarbstoffe* und mit „Methinkupplern“, und zwar fast ausschließlich mit *Phenolen* oder *α-Naphtholen, blaugrüne Indoanilinfarbstoffe.* Von beiden Typen sei je ein Beispiel angeführt:

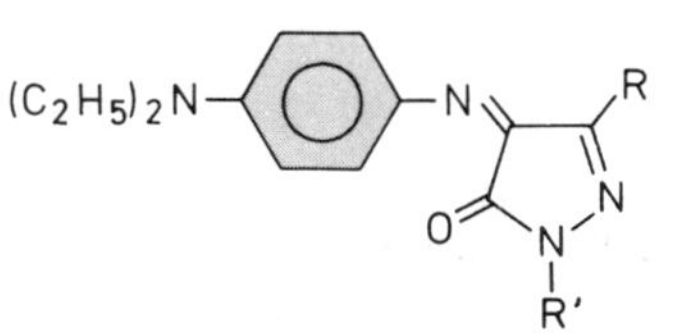

Azomethinfarbstoff (purpur)

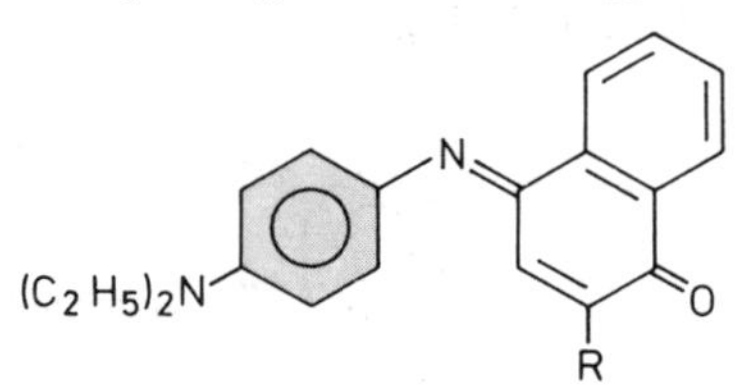

Indoanilinfarbstoff (blau)

Auf diesen 3 Farbtypen, in denen der Benzolkern des ihnen gemeinsamen N,N-Dialkyl-*p*-phenylendiamin-Bausteins grau unterlegt ist, basiert der *Dreischichtenfarbfilm* (Agfacolor-Verfahren, 1936).

Für die Farbenphotographie ist wichtig, daß die Kupplungskomponenten löslich, die entstehenden Farbstoffe möglichst unlöslich und diffusionsfest sind. Die Wasser- bzw. Alkalilöslichkeit konnte durch Einführung von Sulfonyl- oder Carboxylgruppen, die Diffusionsfestigkeit durch den Einbau langkettiger Alkanreste erreicht werden.

Bei dem modernen subtraktiven *Mehrschichtenfarbfilm* setzt man je eine der Kupplungskomponenten den drei übereinanderliegenden, verschieden sensibilisierten Silberbromidschichten zu, so daß beim Entwickeln mit nur einem Entwickler die drei der subtraktiven Farbmischung entsprechenden farbigen Teilbilder entstehen.

5.7 Aromatische Alkohole und Arylalkylamine

Beide Stoffklassen leiten sich von den Alkylbenzolen ab, in denen ein H-Atom in der Seitenkette durch die Hydroxyl- oder Aminogruppe ersetzt ist.

5.7.1 Aromatische Alkohole

Hierzu rechnet man vor allem den Benzyl- und Salicylalkohol, α- und β-Phenylethanol sowie den Zimtalkohol.

Benzylalkohol, $C_3H_5-CH_2OH$, der einfachste aromatische Alkohol, entsteht *bei der alkalischen Hydrolyse von Benzylchlorid:*

$$C_6H_5-CH_2-Cl + Na_2CO_3 + H_2O \rightarrow C_6H_5-CH_2-OH + NaHCO_3 + NaCl$$

Er ist eine farblose, in Wasser wenig lösliche Flüssigkeit von angenehmem Geruch, Sdp. 205 °C (478 K). In Analogie zu den *primären* aliphatischen Alkoholen läßt sich Benzylalkohol zu Benzaldehyd und Benzoesäure oxidieren:

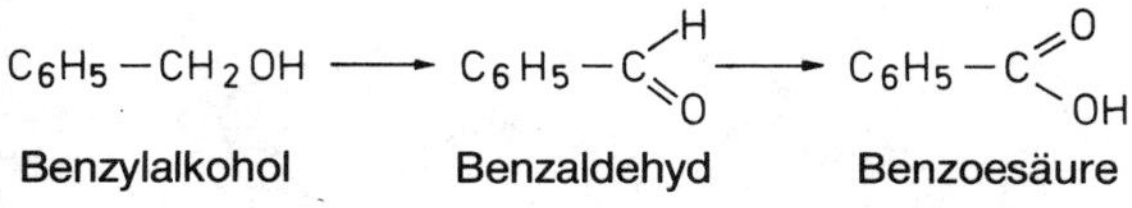

Einige Ester des Benzylalkohols kommen in „ätherischen Ölen" vor und werden als *Riechstoffe* benutzt, z. B. enthält das Jasminöl *Benzylacetat*, das synthetisch aus Benzylalkohol und Acetanhydrid zugänglich ist.

***o*-Hydroxybenzylalkohol** (Salicyclalkohol, Saligenin) kommt als Glucosid **Salicin** in den Blättern und der Rinde von Weidenarten (Salix) vor und bildet Blättchen vom Schmp. 86 °C (359 K).

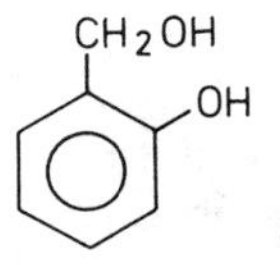

Salicylalkohol (Schmp. 86° C [359 K])

α-Phenylethanol, $C_6H_5-CH(OH)-CH_3$, ist *optisch aktiv* und ein wichtiges Zwischenprodukt in der Parfümindustrie. Es wird als Racemform *durch Reduktion von Acetophenon,* $C_6H_5-CO-CH_3$, gewonnen, Sdp. 204 °C (477 K).

β-Phenylethanol (Phenethylalkohol), $C_6H_5-CH_2-CH_2OH$, der Hauptbestandteil des Rosenöls, spielt ebenso wie seine Ester in der Parfümerie eine bedeutende Rolle, Sdp. 220 °C (493 K). Es kann *durch Reduktion von Phenylessigsäureethylester* mit Natrium und Alkohol **(*Bouveault-Blanc*-Reaktion)** dargestellt werden:

$$C_6H_5-CH_2-COOC_2H_5 + 4\,Na + 3\,C_2H_5OH \rightarrow C_6H_5-CH_2-CH_2OH + 4\,C_2H_5ONa$$

Zimtalkohol, $C_6H_5-CH=CH-CH_2OH$, bildet farblose, bei 34 °C (307 K) schmelzende Nadeln (Sdp. 257,5 °C [530,7 K]), besitzt hyazinthenartigen Geruch und wird ebenso wie seine Ester in der Parfümerie verwendet. Technisch läßt er sich durch *Meerwein-Ponndorf-Verley*-Reduktion von Zimtaldehyd, $C_6H_5-CH=CH-CHO$, darstellen.

5.7.1.1 Ungesättigte Phenolether-alkohole

Von *K. Freudenberg* wurden einige ungesättigte Phenolether-alkohole als Bausteine des Lignins erkannt, zu denen der **Coniferyl-** und **Sinapinalkohol** zählen:

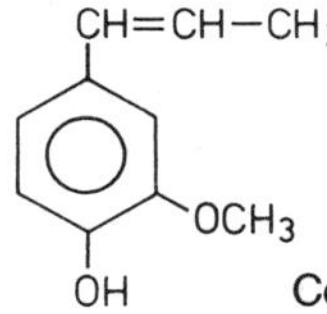

Coniferylalkohol

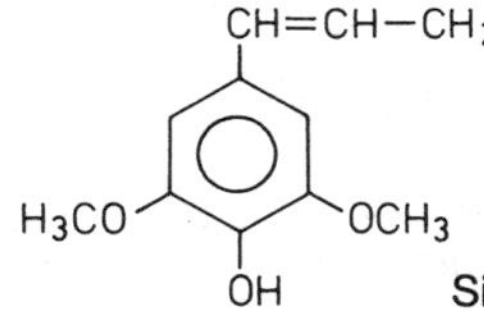

Sinapinalkohol

Diese beiden ungesättigten Alkohole lassen sich als *Phenylpropenol*-Derivate vom *Guajacyl-* bzw. *Syringyl*-Typ oder als Abkömmlinge der Hydroxyzimtalkohole auffassen. Coniferylalkohol kommt im Cambialsaft verschiedener Nadelbäume als Glucosid **Coniferin** vor und läßt sich zu Vanillin oxidieren (Ausbeute 25%). Die Laubholzlignine, die neben Coniferin vor allem **Syringin** enthalten, geben bei der Oxidation neben Vanillin den Syringaaldehyd.

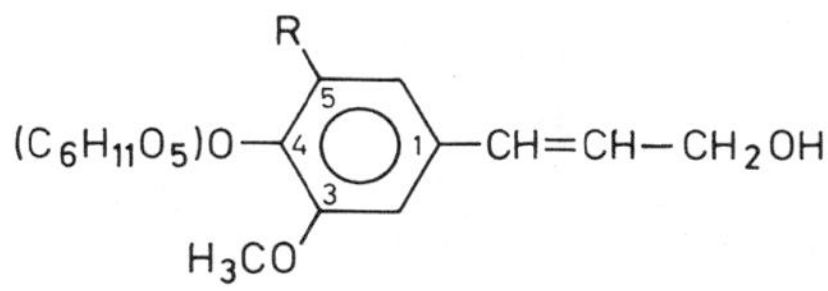

Coniferin (R = H)
Syringin (R = OCH_3)

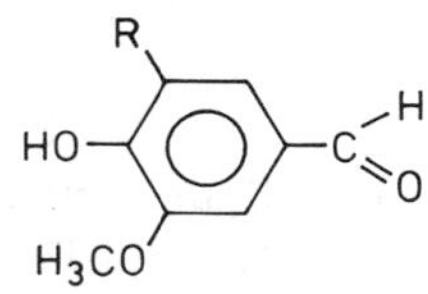

Vanillin (R = H)
Syringaaldehyd (R = OCH_3)

5.7.1.2 Lignin[1]

Lignin bildet neben Cellulose und Hemicellulose einen wesentlichen Bestandteil des Holzes (30%). Erste Einblicke in die Struktur des Lignins waren erst möglich, als man aus dem Coniferenlignin, das wesentlich einfacher gebaut ist als das Laubholzlignin, Vanillin isolierte (vgl. oben). Danach ist Lignin als Oxidationsprodukt des Coniferylalkohols aufzufassen. Bei der Einwirkung von *Phenoldehydrogenase* (aus Champignonsaft) auf Coniferylalkohol erhielt *Freudenberg* ein amorphes Pulver, das ähnliche Eigenschaften wie das natürliche Fichtenlignin aufwies.
Durch Kochen des Lignins mit einer Hydrogensulfitlösung werden die Etherbrücken aufgespalten und *Ligninsulfonsäuren* gebildet, die *oberflächenaktiv* wirken. Lignin ist bei der trockenen Destillation des Holzes die Quelle für das Auftreten des Methanols.

Die genaue Konstitution des Lignins ist noch ungeklärt. Seine *Biosynthese* verläuft über die Shikimisäure, Phenylalanin und Tyrosin als Zwischenprodukte zur *Ferulasäure*, die enzymatisch zum Coniferylalkohol reduziert werden kann:

[1] Vgl. *J. M. Harkin*, Recent Developments in Lignin Chemistry, Fortschr. Chem. Forsch. *6*, 100 (1966); *K. Freudenberg* und *A. C. Neish*, Constitution and Biosynthesis of Lignin (Springer-Verlag, Berlin 1968).

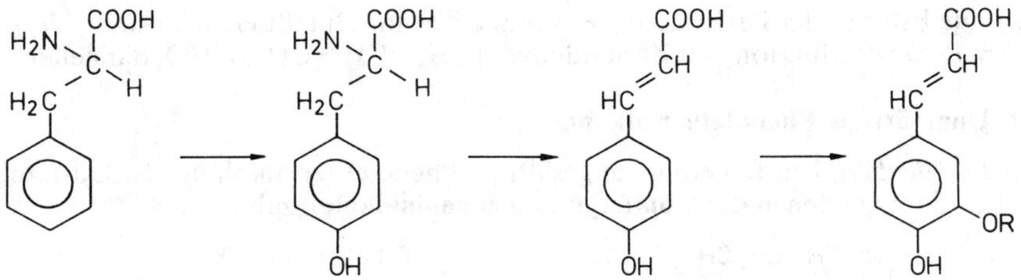

L-Phenylalanin → L-Tyrosin → *p*-Cumarsäure → Kaffeesäure (R = H), Ferulasäure (R = CH_3)

Freudenberg konnte radioaktives L-[^{14}C]Phenylalanin in junge Fichtenzweige eintragen und nach wenigen Tagen geringe Mengen von markiertem Coniferin und Syringin nachweisen.

5.7.2 Arylalkylamine

Zu den Stammverbindungen dieser Stoffklasse zählen Benzylamine sowie α- und β-Phenylethylamin, d. h. die Aminogruppe steht in der Seitenkette.
Benzylamin, $C_6H_5-CH_2-NH_2$, erhält man aus Benzylchlorid nach der *Gabriel*-Synthese oder *durch katalytische Reduktion von Benzonitril:*

$$\underset{\text{Benzonitril}}{C_6H_5-C\equiv N} \xrightarrow[(Ni)]{+4\,H} \underset{\text{Benzylamin}}{C_6H_5-CH_2-NH_2}$$

Es ist eine rauchende, ammoniakalisch riechende Flüssigkeit vom Sdp. 184 °C (457 K) und reagiert – im Gegensatz zum Anilin – in wäßriger Lösung stark basisch.

5.7.2.1 α-Phenylethylamin, Sdp. 186 °C (459 K), tritt in zwei *Enantiomeren* auf.

Darstellung
a) *Durch Reduktion des Acetophenon-oxims* mit Natrium in ethanolischer Lösung oder mit Natriumamalgam in verdünnter Essigsäure:

$$C_6H_5-\underset{\underset{NOH}{\|}}{C}-CH_3 \xrightarrow[-H_2O]{+4\,H} C_6H_5-\underset{\underset{NH_2}{|}}{CH}-CH_3$$

(±)-α-Phenylethylamin

b) *Durch reduktive Carbonylaminierung von Acetophenon* mit Ammoniumformiat bei 150–180 °C (425–455 K) (***Leuckart-Wallach*-Reaktion):**

$$C_6H_5-\underset{\underset{O}{\|}}{C}-CH_3 + HCOONH_4 \longrightarrow C_6H_5-\underset{\underset{NH_2}{|}}{CH}-CH_3 + CO_2 + H_2O$$

Als Reduktionsmittel fungiert die Ameisensäure. Der Vorteil dieses Verfahrens gegenüber dem ersten besteht darin, daß am Benzolkern haftende Halogenatome und Nitrogruppen hierbei nicht angegriffen werden.

5.7.2.2 β-Phenylethylamin (Phenethylamin), Sdp. 186 °C (459 K), wirkt *blutdrucksteigernd* und ist die Stammverbindung der physiologisch wichtigen, *biogenen Amine*[1]. Es

[1] Vgl. *J. W. Daly* et al., Neuere Untersuchungen über zentral wirkende endogene Amine, Angew. Chem. *75*, 552 (1963); *P. B. Molinoff* et al., Biochemistry of Catecholamines, Ann. Rev. Biochem. *40*, 465 (1971).

wird am besten *durch Reduktion von Benzylcyanid* mit *Raney*-Nickel bei 100 – 130 °C (375 – 400 K) in flüssigem Ammoniak erhalten:

$$\underset{\text{Benzylcyanid}}{C_6H_5{-}CH_2{-}C{\equiv}N} \xrightarrow{+4\,H} \underset{\beta\text{-Phenylethylamin}}{C_6H_5{-}CH_2{-}CH_2{-}NH_2}$$

Das Arbeiten in flüssigem Ammoniak unterdrückt die Bildung des sonst als Nebenprodukt auftretenden, *sekundären* Di-β-phenylethylamins, $(C_6H_5-CH_2-CH_2)_2NH$.
Als gutes Reduktionsmittel für Nitrile hat sich auch *Lithiumaluminiumhydrid* erwiesen.

Tyramin, *p*-Hydroxyphenyl-ethylamin, findet sich im faulenden Fleisch sowie im Mutterkorn und entsteht durch enzymatische Decarboxylierung der Aminosäure L-Tyrosin:

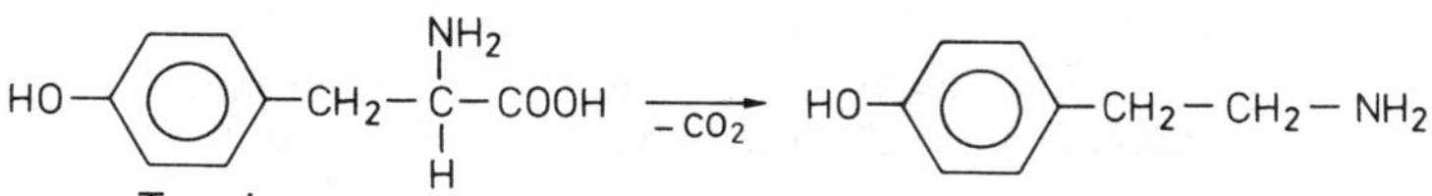

L-Tyrosin Tyramin

Synthetisch läßt es sich *durch Reduktion von p-Hydroxyphenyl-acetonitril* erhalten:

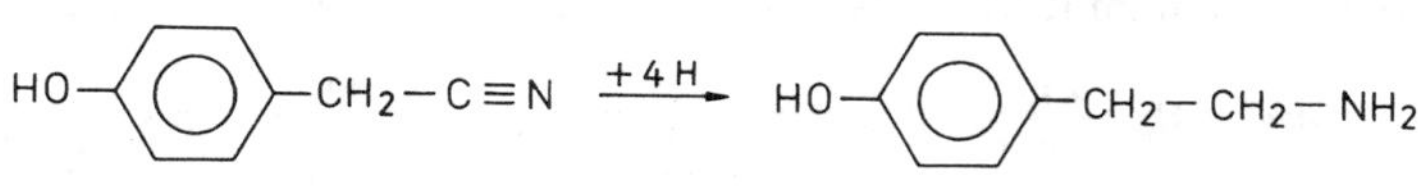

Tyramin kristallisiert in Prismen vom Schmp. 164 – 165 °C (437 – 438 K) und wirkt – ähnlich wie β-Phenylethylamin – *blutdrucksteigernd.*

Hordenin, das N,N-Dimethyl-tyramin, Schmp. 118 °C (391 K), wurde aus Gerstenkeimlingen sowie aus dem Kaktus *Ariocarpus fissuratus* isoliert.

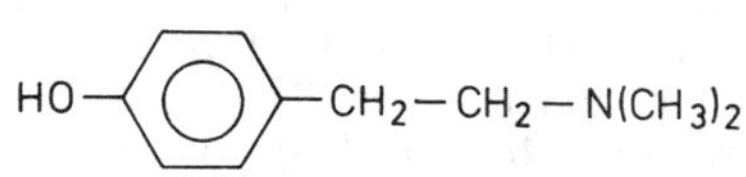

Hordenin

Mescalin (Mezcalin) bildet Nadeln vom Schmp. 35 – 36 °C (308 – 309 K) und wurde aus dem Peyotl-Kaktus (*Lophophora williamsii*) isoliert. Seine Konstitution konnte durch Synthese bewiesen werden. Aus 3,4,5-Trimethoxybenzaldehyd entsteht durch Kondensation mit Nitromethan 3,4,5-Trimethoxy-β-nitrostyrol, dessen Reduktion zum Mescalin führt (*E. Späth*):

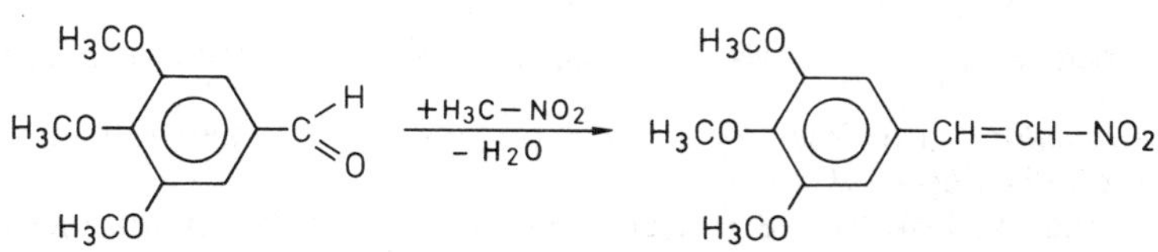

3,4,5-Trimethoxy-benzaldehyd 3,4,5-Trimethoxy-β-nitrostyrol

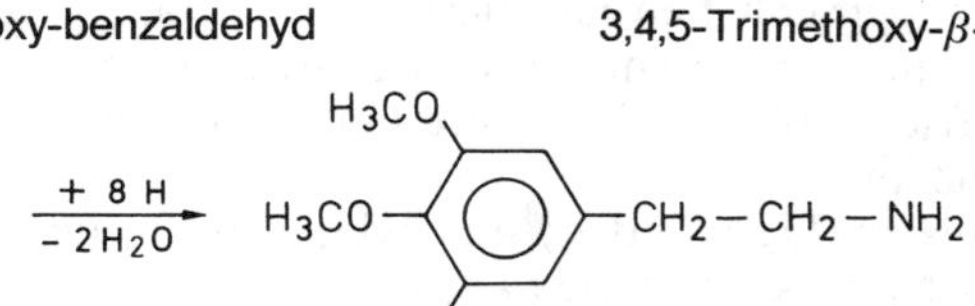

Mescalin, 3,4,5-Trimethoxy-phenethylamin

5.7.2.3 L(−)-Ephedrin wurde in der chinesischen „Ma-Huang“-Droge, die aus verschiedenen *Ephedra*-Arten gewonnen wird, aufgefunden (*Nagai*, 1887). Es besitzt zwei asymmetrische C-Atome, so daß außer den beiden spiegelbildisomeren Ephedrinen noch ein zweites Enantiomerenpaar, die **Pseudoephedrine** (*ψ*-Ephedrine), existiert. Die beiden natürlich vorkommenden Formen unterscheiden sich nur durch die Konfiguration an der *sekundären* Alkoholgruppe:

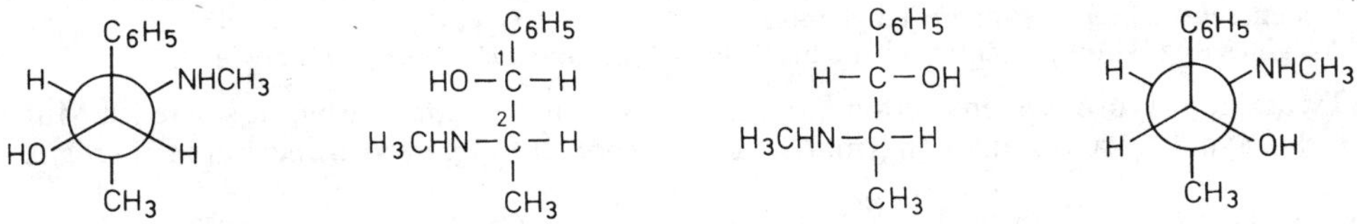

(*1R,2S*) (erythro) L(−)-Ephedrin (Schmp. 40 °C [313 K]) D(+)-Pseudoephedrin (Schmp. 118 °C [391 K]) (*1S,2S*) (threo)

Das natürlich vorkommende L(−)-Ephedrin hat die Konfiguration (1*R*, 2*S*).

Bei der *Synthese von* DL-*Ephedrin* (Ephetonin) geht man vom Propiophenon aus, das zunächst bromiert, dann mit Methylamin umgesetzt und anschließend reduziert wird:

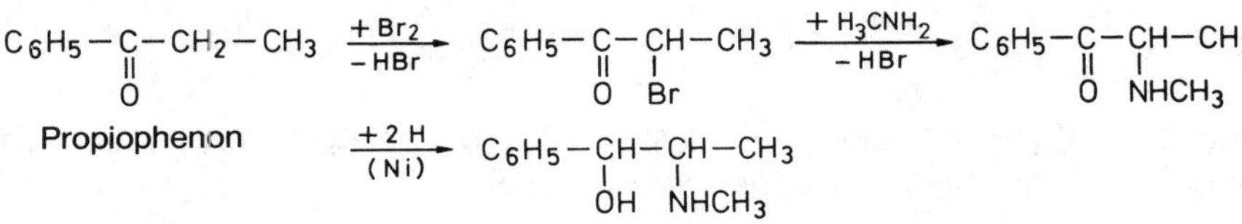

Propiophenon DL-Ephedrin

Pharmakologisch wirkt Ephedrin blutdrucksteigernd und zugleich anregend auf das sympathische Nervensystem; es wird bei Asthmaanfällen verwendet. Hydroxylgruppenfreie Derivate des *β*-Phenylethylamins werden wegen ihrer stimulierenden Wirkung als *Weckamine* bezeichnet. Das erste Präparat dieser Gruppe war das (±)-*α-Methyl-β-phenylethylamin* (Amphetamin). Es wurde später durch das (+)-*N,α-Dimethyl-β-phenylethylamin* (*INN:* ***Methamphetamin,*** *Pervitin*) ersetzt. Aufgrund der zunächst als Nebenwirkung beobachteten Verdrängung des Hungergefühls wurden einige Appetitzügler (*Anorektika*) entwickelt, z. B. *1-Cyclohexyl-N-methyl-2-propylamin* (*INN:* ***Levopropylhexedrin,*** *Eventin*).

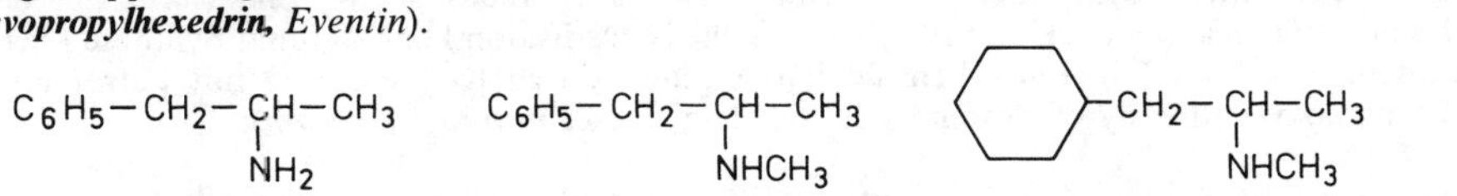

Amphetamin *INN:* ***Methamphetamin*** *INN:* ***Levopropylhexedrin***

5.7.2.4 ***Adrenalin*** wurde als erstes Hormon aus dem Nebennierenmark (*ad* = bei, *renes* = Niere) isoliert (*Takamine*, 1901).

Hormone sind Wirkstoffe, die von den innersekretorischen (endokrinen) Drüsen bestimmter Organe des menschlichen und tierischen Körpers gebildet und an die Blutbahn abgegeben werden. Auf diesem Wege üben sie an einer vom Bildungsort entfernten Stelle ihre spezifische, für die Aufrechterhaltung des normalen Stoffwechsels unentbehrliche Funktion aus.

Adrenalin ist ebenfalls ein Derivat des *β*-Phenylethylamins und besitzt ein asymmetrisches C-Atom. In der Natur kommt die *linksdrehende* Form vor. Seine Konstitution als 1-(3,4-Dihydroxy-phenyl)-2-methylamino-ethanol konnte schon im Jahre 1904 auf folgendem Wege bewiesen werden (*F. Stolz*):

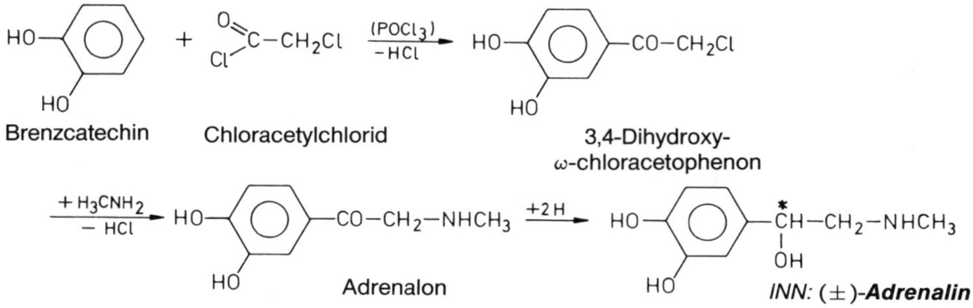

Aus Brenzcatechin und Chloracetylchlorid entsteht in Gegenwart von Phosphorchloridoxid über das O-Chloracetyl-Derivat unter *Fries*-Umlagerung das 3,4-Dihydroxy-ω-chloracetophenon. Nach der Umsetzung mit Methylamin zu Adrenalon führt dessen Reduktion mit Natrium- oder Aluminiumamalgam zu *INN:* (±)-***Adrenalin*** (***Epinephrin***). Die erhaltene Racemform läßt sich mittels Weinsäure in die *Enantiomeren* spalten. Wegen seiner Verwandtschaft mit dem Brenzcatechin (engl. Catechol) klassifiziert man das Adrenalin als *Catecholamin.*

(*R*)-(−)-Adrenalin wirkt stark *blutdrucksteigernd* und fördert den Glykogenabbau in Leber und Muskel, so daß es zu einer erhöhten Zuckerausscheidung im Blut (Hyperglykämie) und im Harn (Glykosurie) kommt. Das Adrenalin wirkt vorwiegend auf zwei Rezeptortypen: α- oder *β-Rezeptoren.* Durch spezifische Blockierung (α- oder β-Blocker) kann seine Wirkung unterbunden werden[1].

Die *Biosynthese des Adrenalins* beginnt beim Tyrosin und verläuft enzymatisch über folgende Stufen:

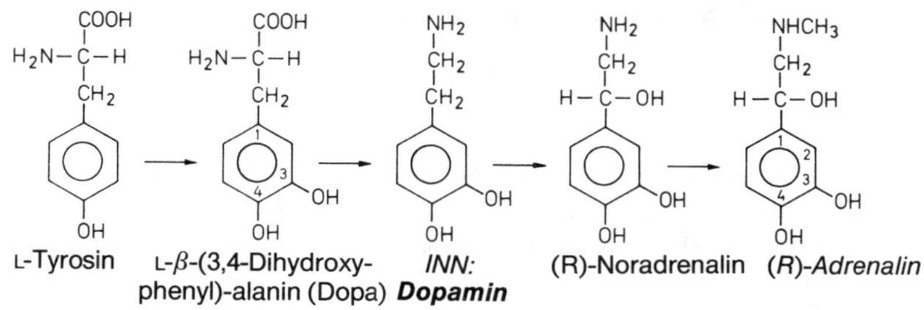

5.7.2.5 Noradrenalin (Norepinephrin), ein weiteres Catecholamin aus dem Nebennierenmark, unterscheidet sich vom Adrenalin durch das Fehlen der CH_3-Gruppe am N-Atom. Es steigert den Blutdruck und tritt an den Nervenendigungen als *Neurotransmitter* auf. – Sofern im Adrenalin die OH-Gruppe in 3-Stellung fehlt, liegt das als Mittel gegen Kreislaufschwäche verwendete *Sympatol* vor.

Neuerdings hat sich L-*α-Methyl-β-(3,4-dihydroxy-phenyl)-alanin* (*INN:* ***Methyldopa,*** *Presinol, Aldometil, Sembrina*), das im Organismus zu Normethyladrenalin metabolisiert wird, als Mittel gegen *Bluthochdruck* (Antihypertonikum) bewährt. Das (*R,S*)-N-Isopropyl-noradrenalinsulfat (Isoprenalin, *Aludrin*) wird gegen Bronchialasthma verwendet.

β-Blocker senken den Bluthochdruck und sind bei Herzarrhythmie und Angina pectoris wirksam. In ihrer Konstitution zeigen sie Ähnlichkeit mit den Catecholaminen, z. B. *INN:* ***Propanolol*** (*Dociton, Indobloc*).

[1] Vgl. *E. Mutschler,* Arzneimittelwirkungen, 5. Aufl. S. 274f. (Wissenschaftliche Verlagsanstalt, Stuttgart 1986).

INN: ***Chloramphenicol*** (*Leukomycin, Paraxin*), das von *Streptomyces venezuelae* erzeugte *Antibiotikum*, kann man auch als Phenylethylamin-Derivat auffassen. Es kristallisiert in gelben Nadeln vom Schmp. 150 °C (423 K), ist *optisch aktiv* und besitzt nachstehende Konstitution, die durch Synthesen bewiesen wurde:

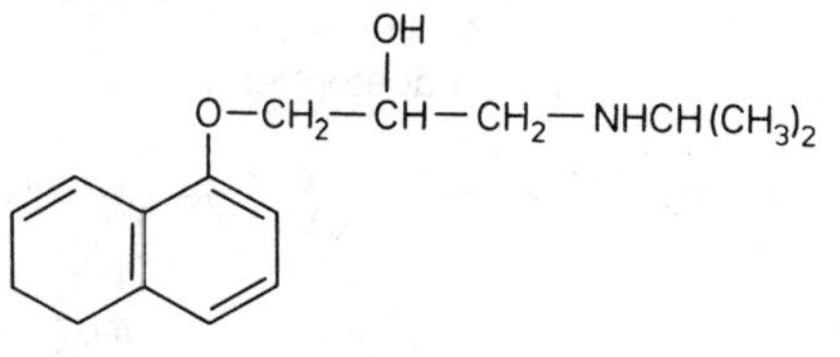

INN: ***Propanolol***

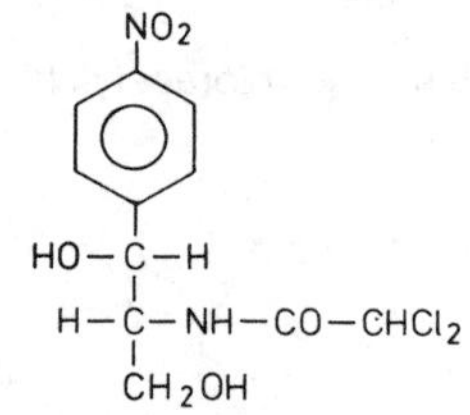

INN: ***Chloramphenicol***

Chemisch bezeichnet man es als D-*threo-2,2-Dichlor-N-[β-hydroxy-α(hydroxymethyl)-p-nitrophenethyl]-acetamid;* seine Konfiguration entspricht der der D(−)-Threose (vgl. S. 427). Neben der Nitrogruppe tritt hier erstmalig auch der Dichloressigsäure-Rest in einem Naturstoff auf. – Therapeutisch ist *Chloramphenicol* nicht nur gegen Bakterien, sondern auch gegen Rickettsien und große Viren, z. B. gegen die Erreger der *Psittakosis* (Papageienkrankheit) und des Fleckfiebers, wirksam.

5.8 Aromatische Aldehyde und Ketone

Diese beiden Verbindungsklassen unterscheiden sich in ihren Reaktionen und Eigenschaften nicht wesentlich von denen der aliphatischen Reihe. Sofern der aromatische Charakter ein abweichendes chemisches Verhalten bedingt, wird dieses besonders hervorgehoben werden.

Aromatische Aldehyde

Hierunter versteht man Aldehyde, deren Aldehydgruppe direkt am Benzolkern haftet.

5.8.1 Benzaldehyd

Benzaldehyd, (C_6H_5-CHO), auch *Bittermandelöl* genannt, ist der einfachste und zugleich wichtigste Vertreter dieser Reihe. Er findet sich in einigen Pflanzenölen und als Bestandteil des „cyanogenen“ Glykosids **Amygdalin** in bitteren Mandeln. Im Amygdalin liegt die Cyanhydrinverbindung des Benzaldehyds (Mandelsäurenitril) vor, die glykosidisch mit einem Disaccharid, der Gentiobiose, verknüpft ist. Bei der Spaltung mit verdünnten Säuren oder durch das Enzym *Emulsin* werden zwei Mole Glucose sowie je 1 Mol Benzaldehyd und Blausäure gebildet:

$$\underset{\text{O}-C_{12}H_{21}O_{10}}{C_6H_5-C(H)(CN)} + 2H_2O \longrightarrow \underset{\text{Glucose}}{2C_6H_{12}O_6} + \underset{\text{Benzaldehyd}}{C_6H_5-C(H){=}O} + HCN$$

Darstellung

5.8.1.1 *Durch Hydrolyse von Benzylidendichlorid* mit Kaliumcarbonat bei 130 °C (400 K) in CO_2-Atmosphäre:

$$C_6H_5-CHCl_2+H_2O \longrightarrow C_6H_5-C(H){=}O + 2HCl$$

Technisch wird Benzylidendichlorid mit Wasser in Gegenwart von Eisenpulver oder Eisen(III)-benzoat langsam auf 100 °C (323 K) erhitzt, dann mit Alkali neutralisiert und der Benzaldehyd mit Wasserdampf übergetrieben, Ausbeute 80–90%. Als Nebenprodukt treten etwa 10% Benzoesäure auf.

Ein besonders reiner Benzaldehyd wird technisch durch katalytische Oxidation von Toluol mit Luftsauerstoff erzeugt.

5.8.1.2 *Sommelet*-Reaktion[1] (1913). *Durch Erhitzen von Benzylchlorid mit Hexamethylentetramin* in wäßrigem Ethanol oder verdünnter Essigsäure bei pH 3,0–6,5 (Ausbeute etwa 70%):

$$C_6H_5-CH_2-(CH_2)_6N_4]^{\oplus}Cl^{\ominus}+6H_2O \longrightarrow C_6H_5-C(H){=}O + H_3C\overset{\oplus}{N}H_3]\,Cl^{\ominus}+3NH_3+5H-C(H){=}O$$

Die Reaktion läuft im Prinzip auf eine Dehydrierung des Benzylamins zum Aldimin und dessen nachfolgende Hydrolyse zum Aldehyd hinaus. Als Wasserstoffakzeptor fungiert Methylenimin, das im Verlauf der Reaktion zu Methylamin reduziert wird.

Der *Reaktionsmechanismus* läßt sich wie folgt deuten: Primär bildet sich aus Benzylchlorid und Hexamethylentetramin das quartäre Salz, das bei der Hydrolyse in Benzylamin übergeht. Daneben entsteht aus Ammoniak und Formaldehyd (aus Hexamethylentetramin) Methylenimin, das beim Ansäuern ein Proton aufnimmt unter Bildung eines Kations. Durch Isotopenmarkierung mit Deuterium konnte nachgewiesen werden, daß ein H-Atom der CH_2-Gruppe des Benzylamins als *Hydrid-Anion* an das Kation des Methylenimins wandert. Hierbei werden Methylamin und ein Benzyliminium-Kation gebildet, dessen Hydrolyse zu Benzaldehyd führt:

$$C_6H_5-CH_2-C_6H_{12}N_4]^{\oplus}Cl^{\ominus} \xrightarrow[-2NH_3,-NH_4Cl,-6HCHO]{+6H_2O} \underset{\text{Benzylamin}}{C_6H_5-CH_2-NH_2}$$

$$NH_3 + HCHO \xrightleftharpoons{-H_2O} \underset{\text{Methylenimin}}{HN{=}CH_2} \xrightleftharpoons{+H^{\oplus}} H_2\overset{\oplus}{N}{=}CH_2$$

$$H_2\overset{\oplus}{N}{=}CH_2+C_6H_5-\underset{H}{CH}-NH_2 \rightleftharpoons H_2N-CH_3+\underset{\text{Aldimin}}{C_6H_5-CH{=}\overset{\oplus}{N}H_2}$$

$$C_6H_5-CH{=}\overset{\oplus}{N}H_2+H_2O \xrightleftharpoons{-H^{\oplus}} C_6H_5-C(H){=}O + NH_3$$

[1] Vgl. *S. J. Angyal*, The *Sommelet* Reaction, Org. Reactions *8*, 197 ff. (1954).

5.8.1.3 *Durch Reduktion von Benzoylchlorid* bei −75 °C (200 K) mit Lithium-tri-*tert*-butyloxyaluminiumhydrid (LTBA), $LiAlH[OC(CH_3)_3]_3$, das aus *tert.*-Butylalkohol und Lithiumaluminiumhydrid in etherischer Lösung bei Raumtemperatur zugänglich ist, in 78proz. Ausbeute:

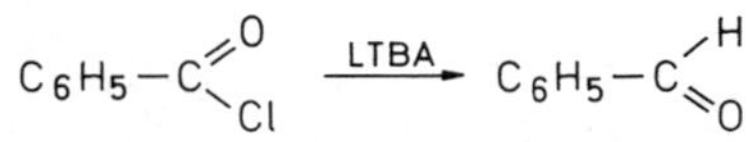

Unter gleichen Bedingungen erhält man *p-Nitrobenzaldehyd* aus *p*-Nitrobenzoylchlorid in 69proz. Ausbeute (vgl. S. 194).

5.8.1.4 ***Stephen*-Reduktion.** Beim Einleiten von Chlorwasserstoff in die etherische Lösung eines aromatischen Nitrils in Gegenwart von wasserfreiem Zinn(II)-chlorid entsteht – offenbar durch Reduktion mittels Tetrachlorozinn(II)-säure – als Zwischenstufe ein Aldimin-hexachlorostannat, das leicht zum Aldehyd hydrolysiert werden kann, z. B. erhält man auf diese Weise Benzaldehyd aus Benzonitril in 97proz. Ausbeute:

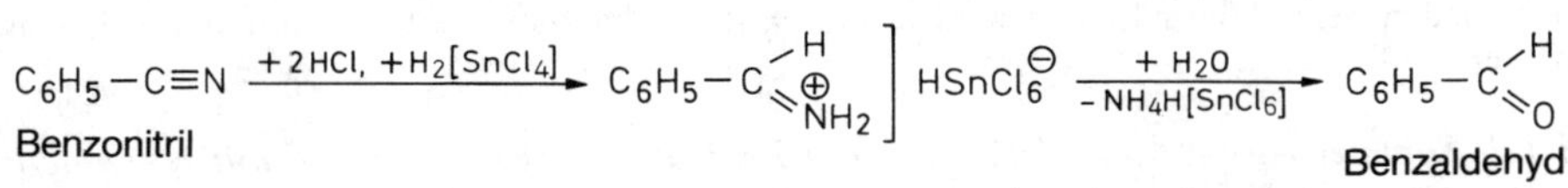

Als Lösungsmittel wird auch Ameisensäure- oder Essigsäureethylester empfohlen (*Stephen*, 1956).

Eigenschaften. Benzaldehyd ist eine farblose, nach bitteren Mandeln riechende Flüssigkeit vom Sdp. 179 °C (452 K) und zeigt fast alle Eigenschaften der aliphatischen Aldehyde, z. B. reduziert er ammoniakalische Silbersalzlösung, aber nicht *Fehling*sche Lösung. Mit Natriumhydrogensulfit bzw. Blausäure gibt Benzaldehyd die üblichen Additionsverbindungen. Auffallend ist seine leichte Oxidierbarkeit durch Luft zu Benzoesäure, eine *autokatalytisch* verlaufende Reaktion, die durch Licht, Radikalbildner oder Metallionen (Fe, Ni, Cu) beschleunigt wird.

Durch Zugabe von *Antioxidantien*[1], z. B. von Hydrochinon, läßt sich die Autoxidation hemmen bzw. verhindern (*Moureu, Dufraisse*).
Die Autoxidation des Benzaldehyds verläuft nach *Bäckström* (1934) über einen *Radikalkettenmechanismus*, wobei zunächst das Benzoylradikal auftritt, das sich in folgender Weise weiter zu Benzoesäure umsetzt:

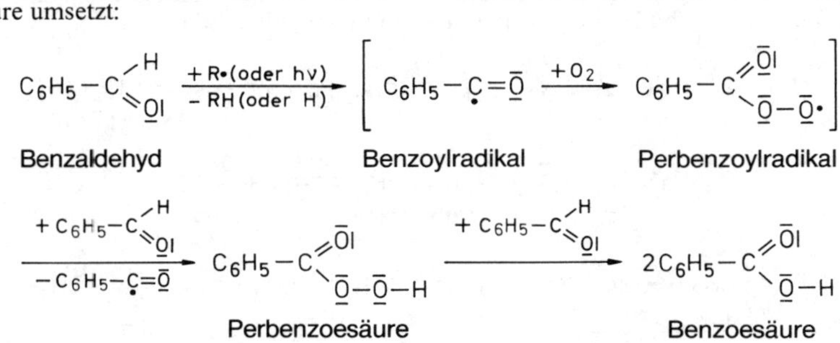

Die als Zwischenprodukt auftretende Perbenzoesäure ist im Oxidationsgemisch nachweisbar.

[1] Vgl. *L. R. Mahoney*, Antioxidantien, Angew. Chem. *81*, 555 (1969).

Von präparativer Bedeutung ist die Tatsache, daß man durch Persäuren auch Ketone zu Estern oxidieren kann, ohne daß ein weiterer Abbau eintritt:

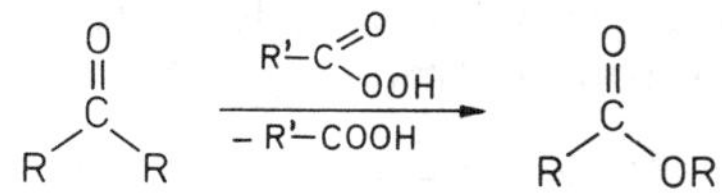

5.8.1.5 Dies geschieht in der ***Baeyer-Villiger*-Reaktion**[1], deren Mechanismus sich folgendermaßen formulieren läßt:

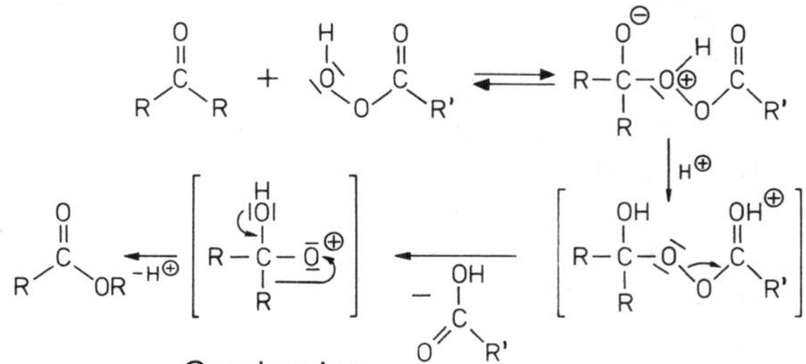

Oxenium-Ion

Im ersten Schritt lagert sich die Persäure an die Carbonylgruppe des Ketons an. Das Anlagerungsprodukt kann nach Protonierung zu einem *Oxenium-Ion* gespalten werden, das sich *nucleophil* zu dem als Endprodukt entstehenden Ester umlagert.

Verwendung. Benzaldehyd dient hauptsächlich als Ausgangsprodukt in der Farbstoffindustrie und für zahlreiche organische Synthesen. Außerdem wird er zur Geruchs- und Geschmacksverbesserung sowie in der Parfümerie verwendet.

Reaktionen des Benzaldehyds

5.8.1.6 Bei der Umsetzung von Benzaldehyd mit Hydroxylamin entsteht **α-Benzaldehydoxim** vom Schmp. 35 °C (308 K). Leitet man in die etherische Lösung von α-Benzaldehydoxim trockenen Chlorwasserstoff ein, so scheidet sich ein Hydrochlorid ab, aus dem auf Zugabe von Natriumcarbonatlösung **β-Benzaldehydoxim** vom Schmp. 132 °C (405 K) ausfällt. Beide Oxime unterscheiden sich in ihren physikalischen und chemischen Eigenschaften, gehen aber bei der Hydrolyse in Benzaldehyd und Hydroxylamin über. Nach *Hantzsch* (1890) liegen – in Analogie zur *Z–E*-Isomerie der C=C-Doppelbindung – zwei stereoisomere Benzaldehydoxime vor. Die jeweilige Stellung des H-Atoms und der OH-Gruppe ist aus nachstehenden Formeln ersichtlich[2]:

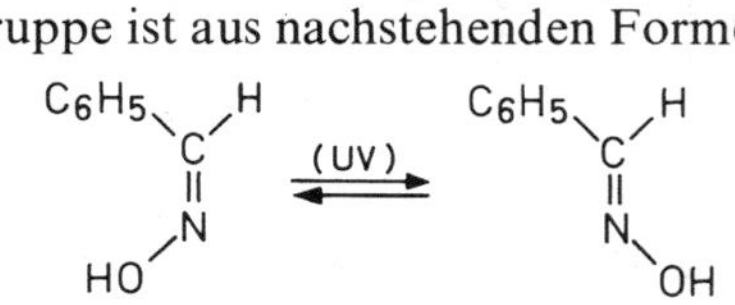

(*Z*)-Form (β) (*E*)-Form (α)
Benzaldehydoxim

[1] Vgl. *C. H. Hassall*, Org. Reactions *9*, 73 (1957).
[2] In der älteren Literatur wird die (*Z*)-Form als „anti" und die (*E*)-Form als „syn" bezeichnet.

Die stabilere (*Z*)-Form läßt sich durch Bestrahlen mit UV-Licht in Benzol in einer *Gleichgewichtsreaktion* zur energiereicheren (*E*)-Form isomerisieren. Während (*E*)-Benzaldehydoxim mit Acetanhybrid das normale Acetylderivat bildet, geht (*Z*)-Benzaldehydoxim unter Wasseraustritt in Benzonitril, $C_6H_5-C\equiv N$, über.

5.8.1.7. Bei der Kondensation aromatischer Aldehyde mit *primären* Aminen entstehen die *Schiff*schen Basen **(Azomethine),** z. B. erhält man aus Benzaldehyd und Anilin das **Benzylidenalilin** (Benzalanilin), Schmp. 54 °C (327 K):

Benzylidenanilin

Mit Ammoniak reagiert *Benzaldehyd* anders als aliphatische Aldehyde. Das primär auftretende Benzylidenimin (Benzaldimin) kondensiert sich gleich weiter mit Benzaldehyd zu **Hydrobenzamid:**

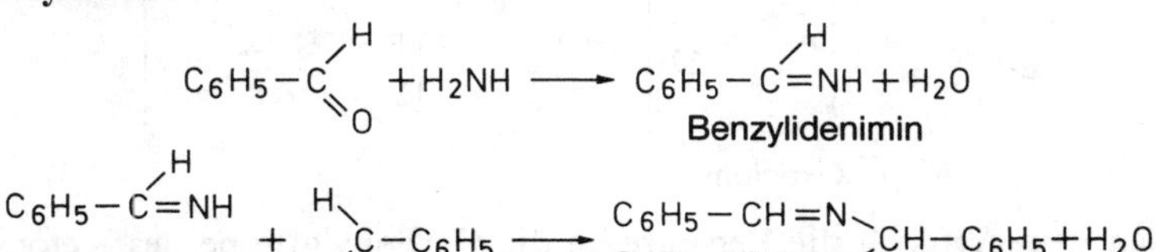

Benzylidenimin

Hydrobenzamid (Schmp. 103 °C [376 K])

5.8.1.8 Aromatische Aldehyde lassen sich mit Aldehyden oder Ketonen, die mindestens zwei *aktive* Wasserstoffatome besitzen, unter dem Einfluß von verdünnter Natronlauge zu *Benzylidenverbindungen (Benzalverbindungen)* kondensieren. Die intermediär auftretenden Aldole spalten viel leichter Wasser ab als die entsprechenden der aliphatischen Reihe. Dies wird energetisch dadurch begünstigt, daß die neu entstehende C=C-Doppelbindung sowohl mit der Ketogruppe als auch mit den Doppelbindungen im Benzolring in *Konjugation* steht, z. B. führt die Reaktion von Benzaldehyd mit Acetaldehyd oder Aceton zu **(*E*)-Zimtaldehyd** bzw. **(*E*)-Benzylidenaceton** (Benzalaceton):

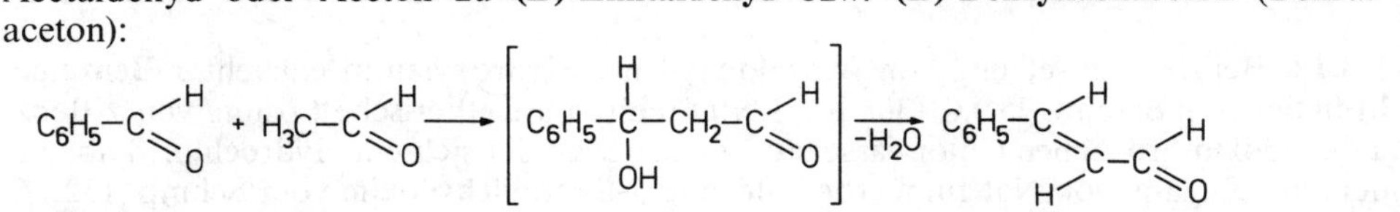

Benzaldehyd Acetaldehyd (Aldol) (*E*)-Zimtaldehyd (Sdp. 253,5 °C [526,7 K])

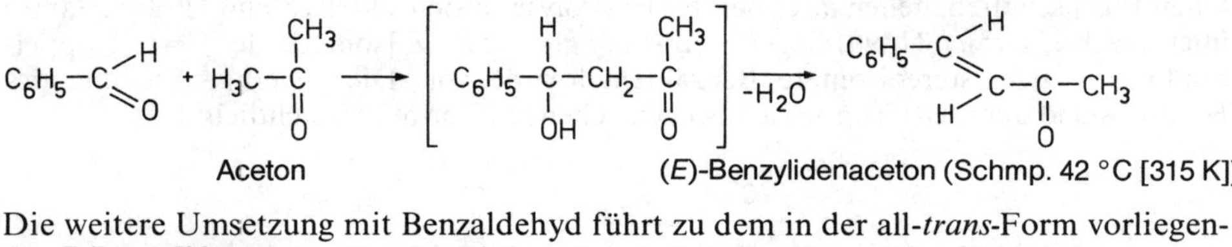

Aceton (*E*)-Benzylidenaceton (Schmp. 42 °C [315 K])

Die weitere Umsetzung mit Benzaldehyd führt zu dem in der all-*trans*-Form vorliegenden **Dibenzylidenaceton** (1 *t*, 5 *t*-Diphenylpenta-1,4-dien-3-on; mit *t* für *trans*):

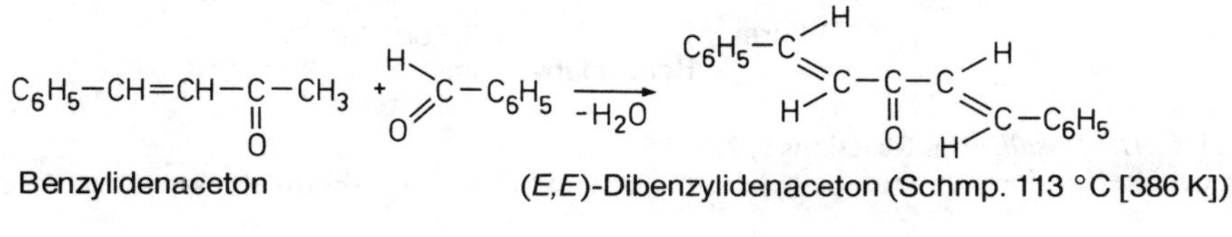

Benzylidenaceton (*E,E*)-Dibenzylidenaceton (Schmp. 113 °C [386 K])

Da Benzaldehyd mit sich selbst *keine* Aldoladdition eingehen kann, sind andere Reaktionen, die bei aliphatischen Aldehyden nicht oder nur schwer eintreten, begünstigt.

5.8.1.9 *Cannizzaro*-Reaktion. Charakteristisch für aromatische Aldehyde ist der glatte Verlauf dieser Reaktion, deren *Mechanismus* bei den aliphatischen Aldehyden erläutert wurde (vgl. S. 201 *f.*). Bei der Einwirkung von starken Alkalien auf Benzaldehyd erfolgt *Oxidoreduktion* zu Benzylalkohol und Benzoesäure bzw. deren Alkalisalz:

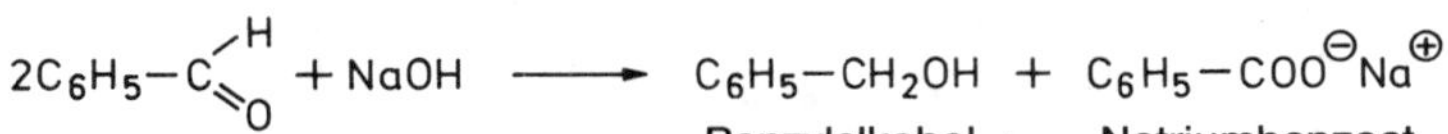

Benzylalkohol · Natriumbenzoat

Unter katalytischer Wirkung von *Aluminiumethylat* geht Benzaldehyd in den Benzoesäurebenzylester über (vgl. *Tischtschenko*-Reaktion):

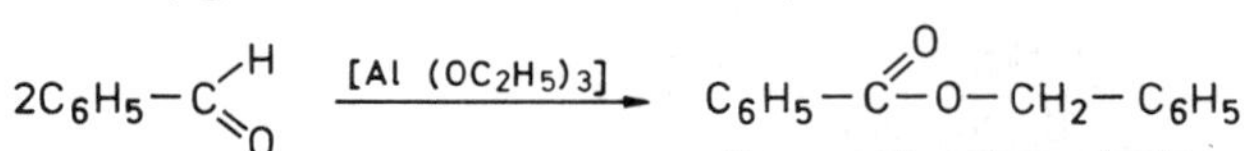

Benzoesäurebenzylester

5.8.1.10 Benzoinaddition (Benzoinkondensation). Bei dieser für aromatische Aldehyde typischen Reaktion entsteht aus 2 Molen Benzaldehyd unter katalytischem Einfluß von *Kaliumcyanid* in wäßrig-alkoholischer Lösung *Benzoin* (als Racemform):

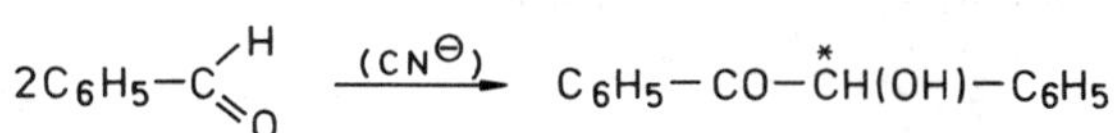

(±)-Benzoin

Der *Reaktionsmechanismus* läßt sich durch folgende Formulierungen wiedergeben:

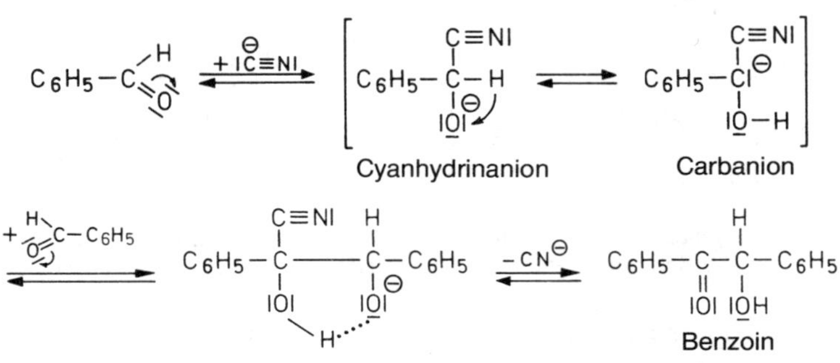

Danach erfolgt primär eine *nucleophile* Addition des Cyanid-Anions am positivierten C-Atom der Carbonylgruppe des Benzaldehyds. In dem entstehenden Cyanhydrinanion wird das H-Atom durch die Cyangruppe acidifiziert und wandert als Proton an das O-Atom unter Bildung eines *Carbanions.* Dieses lagert sich *nucleophil* an ein zweites Benzaldehydmolekül zu einem neuen Anion an, das unter Abspaltung des Cyanid-Anions und gleichzeitiger Protonenwanderung in Benzoin übergeht. Neuere Untersuchungen haben ergeben, daß es sich bei der Benzoinkondensation um eine *Gleichgewichtsreaktion* handelt, deren entscheidender Schritt die *Umpolung* des normalerweise *elektrophilen* Benzaldehyds in einen *nucleophilen* Reaktionspartner ist.

Geschützte Cyanhydrine eröffnen große präparative Anwendungsfelder dieser Umpolung. So erhält man durch Umsetzung von Benzaldehyd mit dem aus Chlortrimethylsilan und Kaliumcyanid in N-Methyl-pyrrolidinon leicht zugänglichen *Trimethylsilylcyanid* ein geschütztes Cyanhydrin (C-Atom grau unterlegt), das mit LDA in das vielseitig alkylierbare Carbanion überführt werden kann, z. B.:

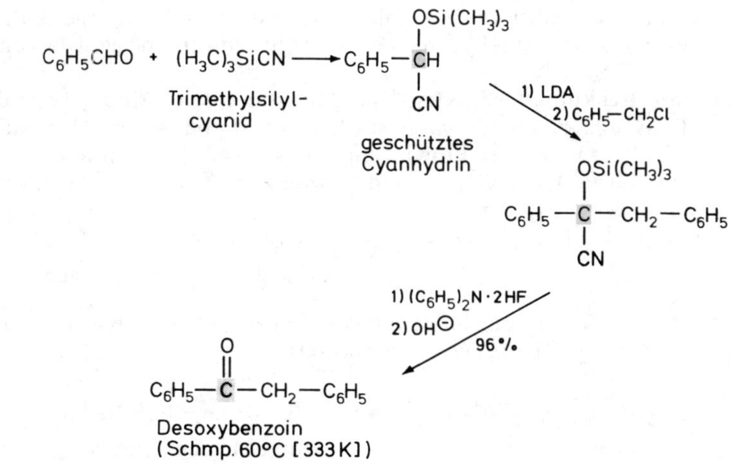

Mit Crotonaldehyd statt Benzaldehyd erhält man analog Benzyl-2-butenylketon in 70%iger Ausbeute[1]:

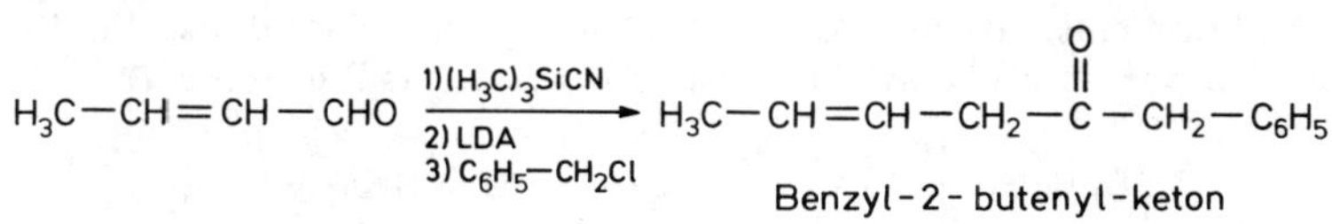

Durch Umsetzung mit Ethylvinylether können die Cyanhydrine sehr vieler Aldehyde – mit Ausnahme von Formaldehyd – geschützt und so der oben beschriebenen Umpolung zugänglich gemacht werden (*Stork*, 1971).

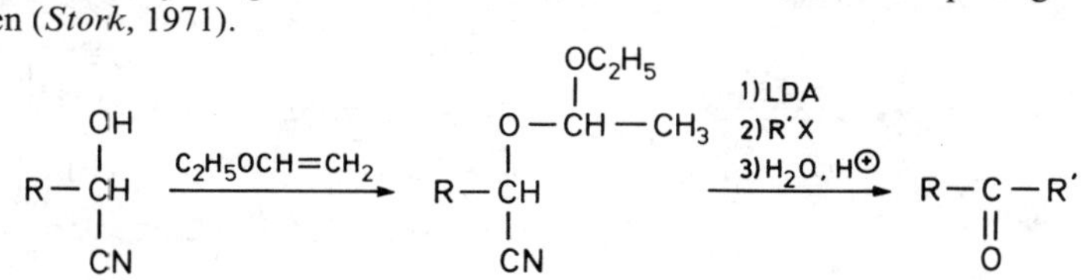

Die Acetalgruppierung läßt sich unter sehr milden Bedingungen spalten. Wenn Formaldehyd als Carbanion alkyliert werden soll, geht man von Diethylaminoacetonitril, $[(C_2H_5)_2N-CH_2CN]$, aus.

Benzoin, $C_6H_5-CO-CH(OH)-C_6H_5$, ist eine kristalline Substanz vom Schmp. 137 °C (410 K), die Alkohol- und Ketoneigenschaften in sich vereinigt. In Analogie zu den aliphatischen α-Hydroxyketonen und den Zuckern bildet es mit Phenylhydrazin ein Osazon, Schmp. 225 °C (498 K). Die Oxidation des Benzoins mit Salpetersäure führt zum **Benzil** (1,2-Diketon), Schmp. 95 °C (368 K):

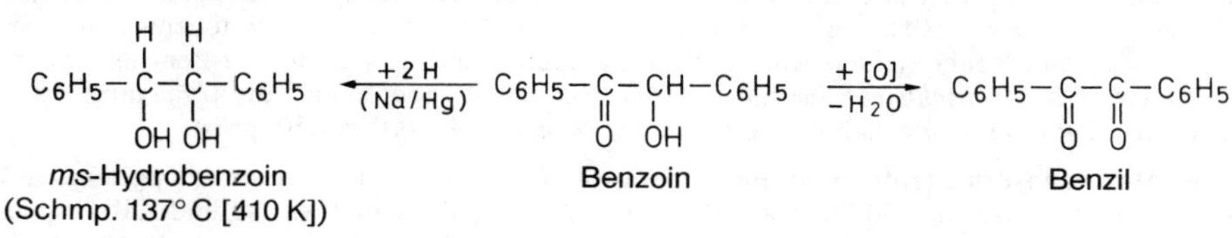

[1] Vgl. *S. Hünig*, Synthesen mit Trimethylsilylcyanid, Chimia *36*, 1 (1982).

Bei der *Reduktion von Benzoin* mit Natriumamalgam erhält man das *ms-Hydrobenzoin.* Die Racemform (Isohydrobenzoin) vom Schmp. 119 °C (392 K) kristallisiert aus Ether als Konglomerat der beiden *enantiomorphen* Formen, die sich durch Auslesen in (+)- und (−)-Hydrobenzoin trennen lassen (vgl. Spaltung von Racemformen).
Unter der Einwirkung anorganischer Säurechloide, z. B. von Thionylchlorid, geht Benzoin in *Desylchlorid* vom Schmp. 68 °C (341 K) über:

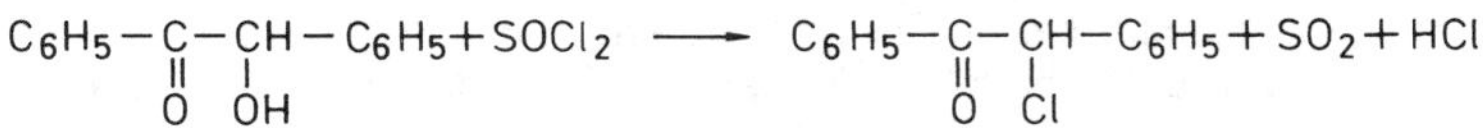

Benzoin Desylchlorid

5.8.1.11 Reduktive Kupplung. Läßt man metallisches Natrium auf eine etherische Lösung von Benzaldehyd einwirken, so entsteht direkt die *meso*-Form des *Hydrobenzoins* (vgl. Pinakole):

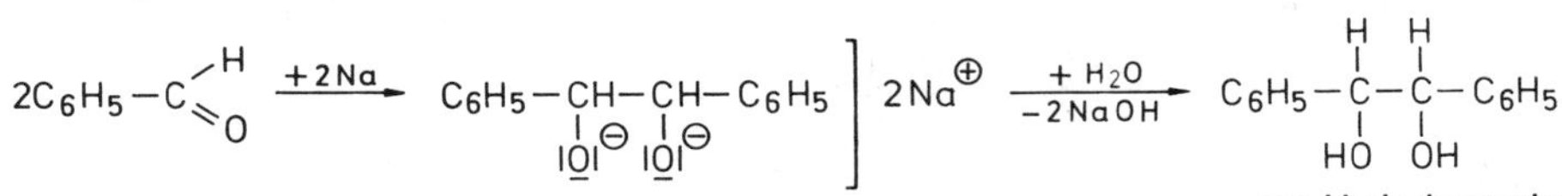

ms-Hydrobenzoin

5.8.2 Homologe des Benzaldehyds

Die Darstellung von Aldehyden der aromatischen Reihe *durch direkte Formylierung* ist auf folgenden Wegen möglich.

5.8.2.1 *Gattermann-Koch*-Synthese[1] (1897). Leitet man z. B. trockenen *Chlorwasserstoff und Kohlenmonoxid* in wasserfreies *Toluol* bei Gegenwart von Aluminiumchlorid und Kupfer(I)-chlorid ein, so reagiert dieses Gasgemisch wie das nur bei der Temperatur der flüssigen Luft beständige Formylchlorid. Sein intermediäres Auftreten kann sowohl durch Bildung des Addukts Kupfer(I)-chlorid-Kohlenmonoxid als auch durch den Aluminiumchlorid-Komplex $HCO[AlCl_4]$ begünstigt sein.

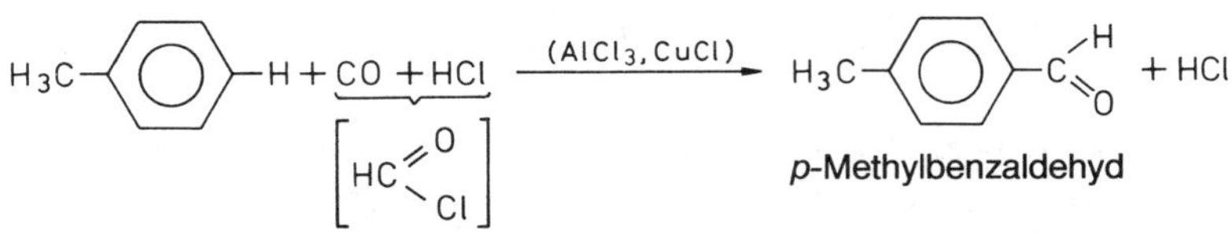

p-Methylbenzaldehyd

Die Aldehydgruppe tritt meist in *p*-Stellung zum vorhandenen Substituenten ein.

Diese Reaktion ist ein Spezialfall der *Friedel-Crafts*-Acylierung (s. S. 541 *f.*), wird aber wegen der stark schwankenden Ausbeuten nur noch selten angewendet.

5.8.3 Phenol- und Phenolether-aldehyde

Zur Darstellung dieser Aldehyde sind verschiedene Verfahren gebräuchlich:

5.8.3.1 *Gattermansche* Blausäure-Methode[2] (1907). Auf Phenole bzw. Phenolether ist die *Gattermann-Koch*-Synthese nur in der Form anwendbar, daß man anstelle von Koh-

[1] Vgl. *N. N. Crounse*, The *Gattermann-Koch* Reaction, Org. Reactions *5*, 290 ff. (1949).
[2] Vgl. *W. E. Truce*, The *Gattermann* Synthesis of Aldehydes, Org. Reactions *9*, 37 ff. (1957).

lenmonoxid wasserfreie *Blausäure* verwendet. Kupfer(I)-chlorid ist dabei nicht erforderlich: Aluminiumchlorid kann auch durch das schwächer wirkende Zinkchlorid ersetzt werden. Bei mehrwertigen Phenolen ist die Formylierung auch ohne *Friedel-Crafts*-Katalysatoren durchführbar. Als Lösungsmittel werden Ether, Chloroform, Benzol, Chlorbenzol oder 1,1,2,2-Tetrachlor-ethan benutzt.
Bei dieser Reaktion ist die intermediäre Bildung des in Substanz nicht isolierbaren *Formimidchlorids* anzunehmen. Dieses setzt sich mit dem Phenol bzw. Phenolether zum *Aldiminhydrochlorid* um, das beim Erwärmen mit verdünnten Säuren zum Aldehyd hydrolysiert wird, z. B.

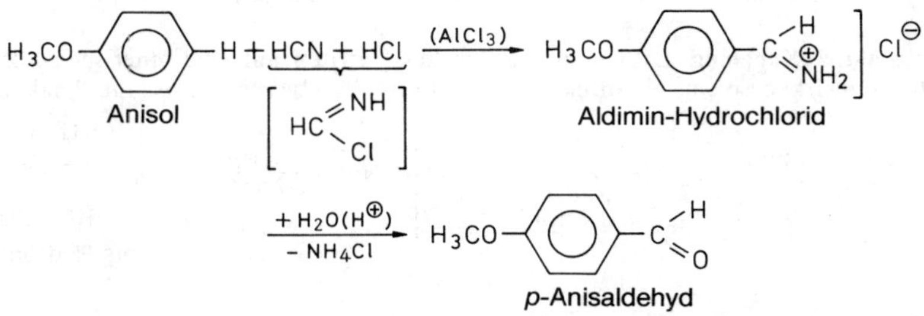

Auch hier entstehen vornehmlich die *p*-Verbindungen.

Die Reaktion ist als Spezialfall der *Friedel-Crafts*-Acylierung aufzufassen und findet in der Laboratoriumspraxis Anwendung. In der Technik wurde sie größtenteils durch die *Vilsmeier-Haack*-Synthese verdrängt.

5.8.3.2 *Vilsmeier-Haack*-Synthese (1927). Sie hat sich bei der Formylierung aromatischer Verbindungen, besonders von *Phenolethern* und *Dialkylanilinen*, bewährt. Durch Einwirkung eines äquimolekularen Gemisches von N-Methyl-formanilid (N-Formyl-methylanilin) und Phosphorchloridoxid auf Anisol bei etwa 10 °C (285 K) und anschließende Hydrolyse entsteht in sehr guter Ausbeute *p-Anisaldehyd:*

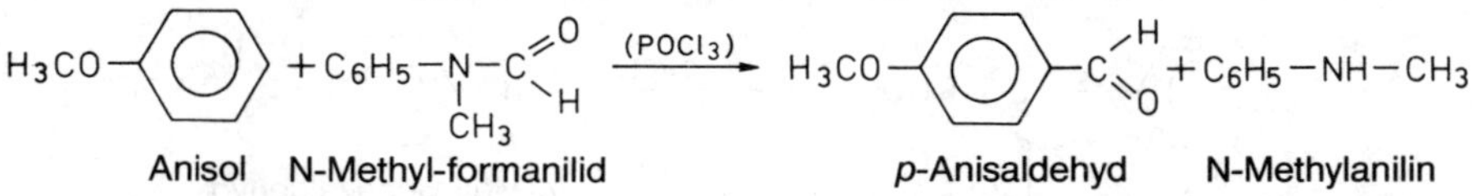

Der *Reaktionsmechanismus* läßt sich gleichfalls als Spezialfall der *Friedel-Crafts*-Acylierung deuten. Durch die Reaktion des Phosphorchloridoxids mit der Formylgruppe bildet sich ein „*Vilsmeier*-Komplex", der als *Amidchlorid* (Chlormethyleniminiumsalz) den aromatischen Kern des Anisols – vorwiegend in *p*-Stellung – *elektrophil* angreift. Das dabei entstehende Addukt geht unter Hydrolyse in Monomethylanilin und *p*-Anisaldehyd über:

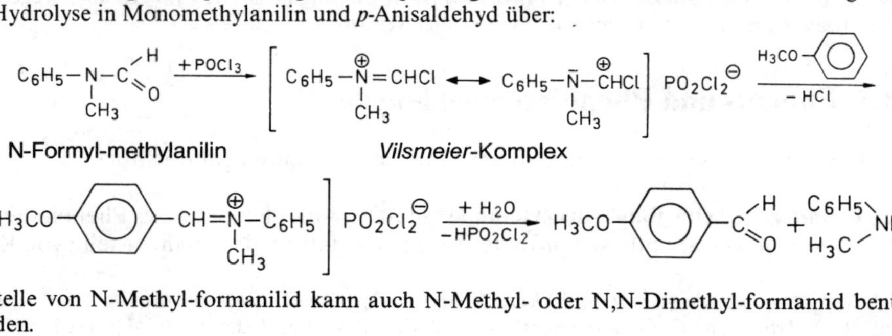

Anstelle von N-Methyl-formanilid kann auch N-Methyl- oder N,N-Dimethyl-formamid benutzt werden.

5.8.3.3 *Reimer-Tiemann*-Synthese[1] (1876). Sie wird zur Darstellung von Phenolaldehyden verwendet, indem man z. B. auf Phenol Chloroform und Alkali bei 65–70 °C (340 bis 345 K) einwirken läßt. Hierbei entsteht vorwiegend der *o*-Hydroxyaldehyd neben wenig *p*-Hydroxyaldehyd. Die Ausbeuten sind relativ gering, da weitgehend Verharzung eintritt.

Der *Reaktionsmechanismus* wird so gedeutet, daß zunächst aus Chloroform und Alkali das *Dichlorcarben* (Dichlormethylen), $:CCl_2$, entsteht (*Hine*, 1950; *Wynberg*, 1954):

$$CHCl_3 \xrightarrow[-H_2O]{+OH^\ominus} :\overset{\ominus}{C}Cl_3 \longrightarrow :CCl_2 + Cl^\ominus$$

Dieses lagert sich mit seiner Oktettlücke an das *mesomere* Phenolat-Anion an. Als nächster Schritt erfolgt eine Protonenwanderung unter Rearomatisierung und Ausbildung einer Dichlormethylgruppe, die im alkalischen Medium zur Aldehydgruppe verseift wird:

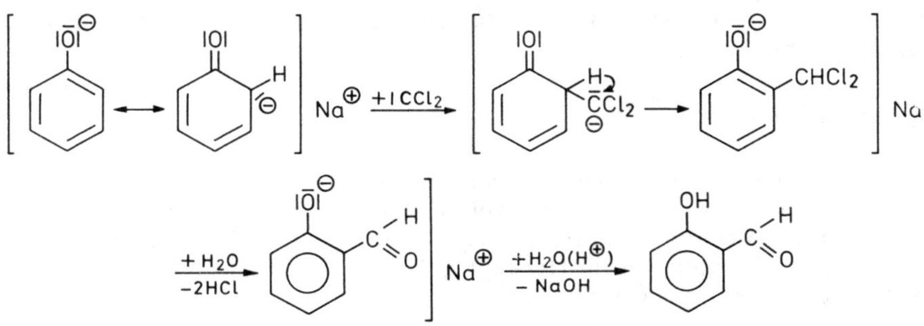

Salicylaldehyd

Nach Ansäuern treibt man den Salicylaldehyd mit Wasserdampf über; der als Nebenprodukt auftretende *p*-Hydroxybenzaldehyd läßt sich aus dem Rückstand isolieren.
Das Verfahren nach *Reimer-Tiemann* wird nur noch selten angewendet, z. B. wenn die Einführung der Aldehydgruppe in die *o*-Stellung erreicht werden soll.

5.8.3.4 Die **Elektrooxidation** *p*-substituierter Toluole gewinnt Bedeutung zur technischen Darstellung der entsprechenden Aldehyde (BASF, 1979), z. B.:

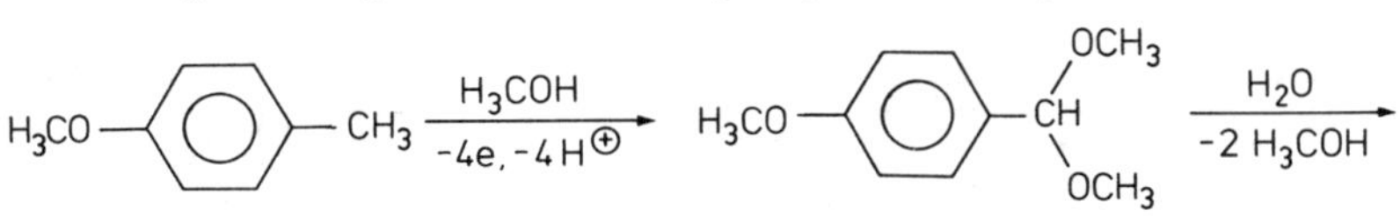

p-Methoxytoluol

p-Anisaldehyddimethylacetal

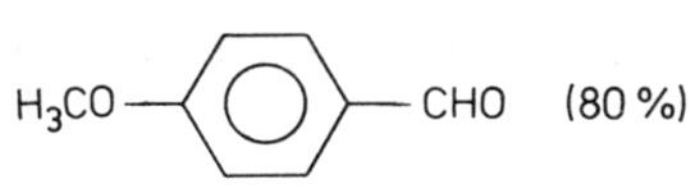

p-Anisaldehyd

***p*-Anisaldehyd** (*p*-Methoxybenzaldehyd), Sdp. 248 °C (521 K), tritt in „ätherischen Ölen", z. B. im Cassiablüten-, Anis- und Fenchelöl, auf und wird als Riechstoff verwendet.

[1] Vgl. *H. Wynberg* et al., The *Reimer-Tiemann*-Reaction, Org. Reactions *28*, 1 (1982).

Salicylaldehyd (*o*-Hydroxybenzaldehyd) kommt in „ätherischen Ölen", besonders von *Spiraea*-Arten vor. Er ist eine ölige Flüssigkeit vom Sdp. 196,5 °C (469,7 K), die der Autoxidation weit weniger unterliegt als der Benzaldehyd. Mit Eisen(III)-chlorid tritt eine tiefrotviolette Färbung auf.

Wie beim *o*-Nitrophenol können sich auch bei aromatischen *o*-Hydroxyaldehyden und *o*-Hydroxyketonen infolge der Nachbarstellung der phenolischen Hydroxyl- und der Carbonlygruppe über *H-Brücken Chelate* bilden, die die physikalischen Eigenschaften dieser Verbindungen beeinflussen.

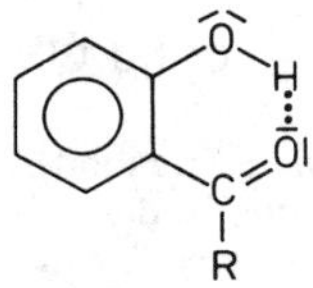

(R = H, Alkyl bzw. Aryl)

Im Gegensatz zu Benzaldehyd und Zimtaldehyd sind die Phenoletheraldehyde gegen Luftsauerstoff beständig.

5.8.4 Vanillin

(4-Hydroxy-3-methoxy-benzaldehyd) kommt im Pflanzenreich, vornehmlich in Vanilleschoten als Glykosid vor. Es bildet farblose Nadeln vom Schmp. 81 °C (354 K) und gibt mit Eisen(III)-chlorid eine blauviolette Färbung. Seine Verwendung als Speisearoma sowie als Komponente zur Herstellung künstlicher Riechstoffe hat zu einer Reihe synthetischer Verfahren geführt.

Darstellung

5.8.4.1 Als Ausgangspunkt dient vornehmlich *Eugenol,* das aus dem Gewürznelkenöl (*Eugenia caryophyllata = Syzygium aromaticum)* gewonnen wird. Es *isomerisiert* sich unter dem Einfluß von Alkalien zu *Isoeugenol,* dessen C=C-Doppelbindung in der Seitenkette nunmehr mit den Doppelbindungen des Benzolringes in Konjugation steht **(Allyl-Propenyl-Umlagerung).** Bei der Oxidation von Isoeugenol mit *Ozon* entsteht Vanillin (Ausbeute 84%):

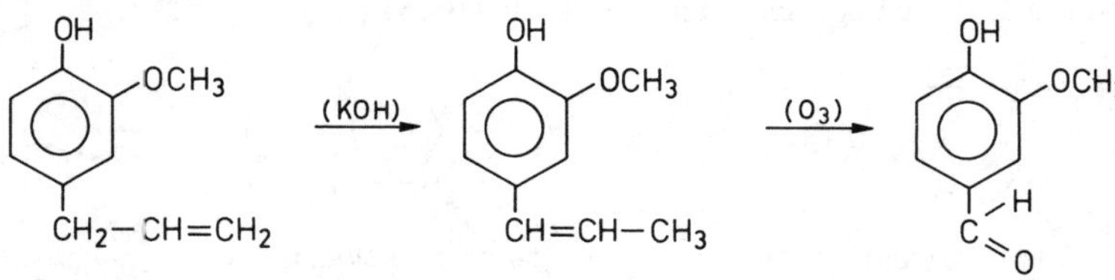

Eugenol Isoeugenol Vanillin

5.8.4.2 Nach der *Vilsmeier-Haack*-Synthese *aus Guajacol* bei etwa 10 °C (285 K) erhält man in 70proz. Ausbeute Vanillin:

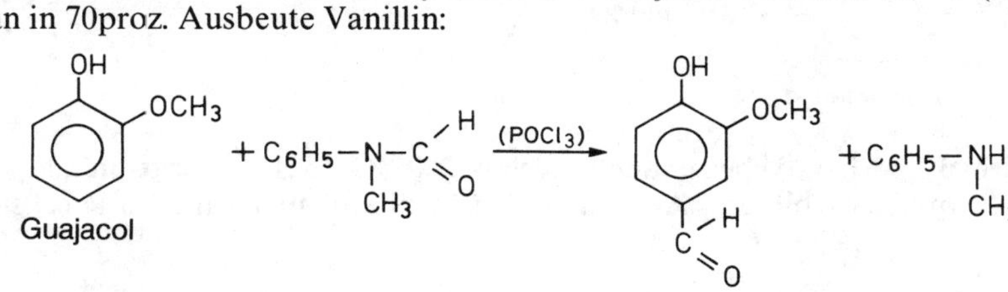

5.8.4.3 Aus den beim Holzaufschluß in der Sulfitlauge anfallenden *Ligninsulfonsäuren* gewinnt man Vanillin durch Oxidation mit Luft im alkalischen Medium. Die Ausbeute beträgt je nach Holzart 7–25%.

Piperonal (3,4-Methylendioxy-benzaldehyd) ist als Riechstoff unter dem Namen *Heliotropin* bekannt. Synthetisch stellt man es aus dem Naturprodukt Safrol dar, das mit Alkali zu Isosafrol isomerisiert und dann mit Ozon oxidiert wird (vgl. Vanillin-Synthese 5.8.4.1):

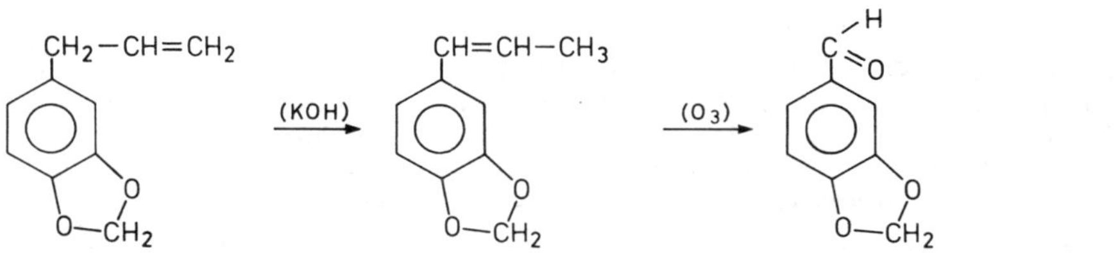

Safrol — Isosafrol — Piperonal (Schmp. 37 °C [310 K])

5.8.5 Aromatische Ketone

Bei dieser Stoffklasse hat man zwischen gemischt aliphatisch-aromatischen (Monoarylketonen) und rein aromatischen Ketonen (Diarylketonen) zu unterscheiden. Die einfachsten Ketone dieser Art sind *Acetophenon* (Methyl-phenylketon), $C_6H_5-CO-CH_3$, und *Benzophenon*(Diphenylketon), $C_6H_5-CO-C_6H_5$.

Darstellung

5.8.5.1 ***Friedel-Crafts*-Acylierung.** Durch Umsetzen aromatischer Kohlenwasserstoffe mit aliphatischen oder aromatischen *Säurechloriden* in Gegenwart von *Aluminiumchlorid,* z. B.

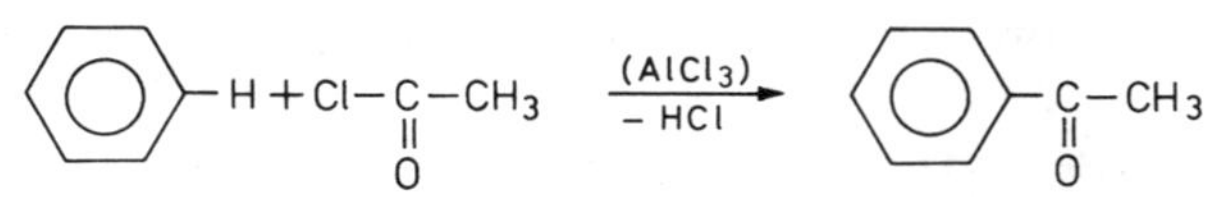

Acetophenon

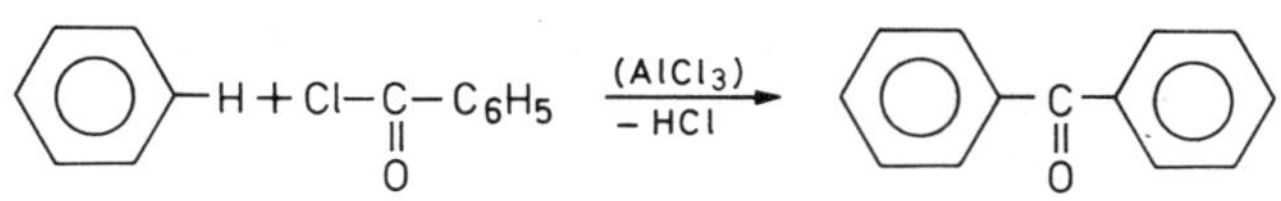

Benzophenon

Der *Reaktionsverlauf* entspricht einer *elektrophilen Substitution* am aromatischen Kern. Primär entsteht aus dem Acylhalogenid bei Anwesenheit von *Lewis*-Säuren, z. B. Aluminiumchlorid, ein Gleichgewicht zwischen einem Komplex aus dem Säurechlorid mit dem Aluminiumchlorid und einem *Acyl-Kation*[1]. Das bei dem elektrophilen Angriff auf den Benzolkern entstehende Carbenium-Ion bildet dann unter Protonenabgabe das aromatische System zurück:

[1] Vgl. *B. Chevrier* et al., Angew. Chem. *86*, 12 (1974).

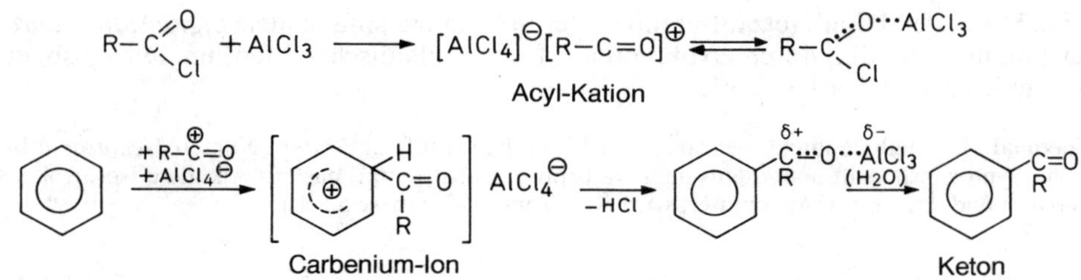

Da das entstehende Keton 1 Mol $AlCl_3$ komplex bindet und dieses erst bei der Hydrolyse abgespalten und somit verbraucht wird, ist die *Friedel-Crafts*-Acylierung – zum Unterschied von der Alkylierung – nur mit mehr als 1 Mol $AlCl_3$ als Katalysator durchführbar[1].
Die CO-Gruppe erschwert als Substituent 2. Ordnung den Eintritt weiterer Ketogruppen, so daß – im Gegensatz zur *Friedel-Crafts*-Alkylierung – eine elektrophile Zweitsubstitution nicht eintritt.

Ähnlich wie die Säurehalogenide reagieren auch die *Säureanhydride* mit aromatischen Kohlenwasserstoffen in Gegenwart von *Aluminiumchlorid* zu Ketonen. Auch bei dieser Reaktion bildet sich primär ein *Acyl-Kation,* das dann in obiger Weise weiterreagiert.

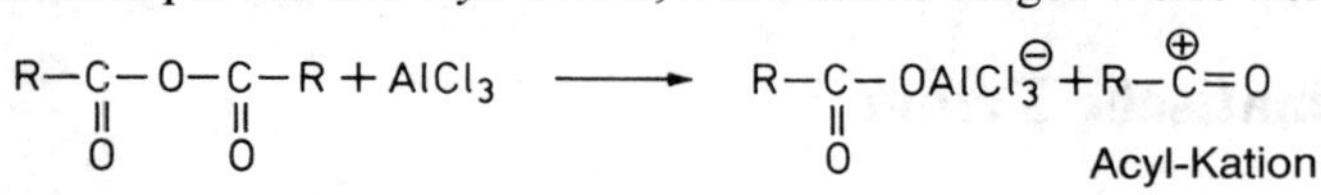

Da hierbei sowohl von der Säure als auch vom Keton Aluminiumchlorid gebunden wird, muß man in diesem Fall mindestens 3 Mole $AlCl_3$ einsetzen.

5.8.5.2 *Durch Oxidation von Ethylbenzol* mit Luftsauerstoff bei Anwesenheit fettsaurer Kobaltsalze:

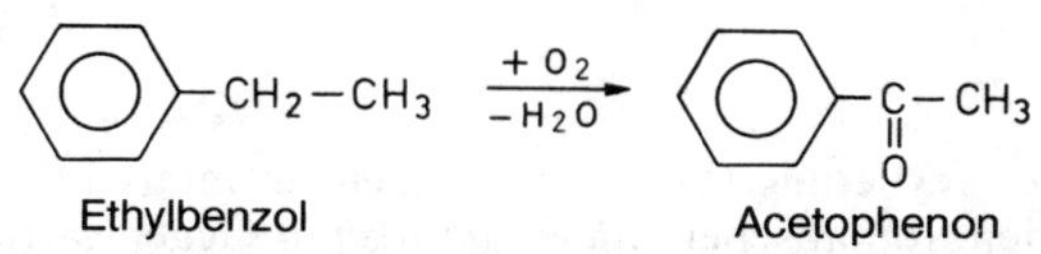

5.8.5.3 ***Hoesch-Ketonsynthese***[2] (1927). Aus *mehrwertigen* Phenolen und Säurenitrilen bei Gegenwart von Chlorwasserstoff in etherischer Lösung, z. B.

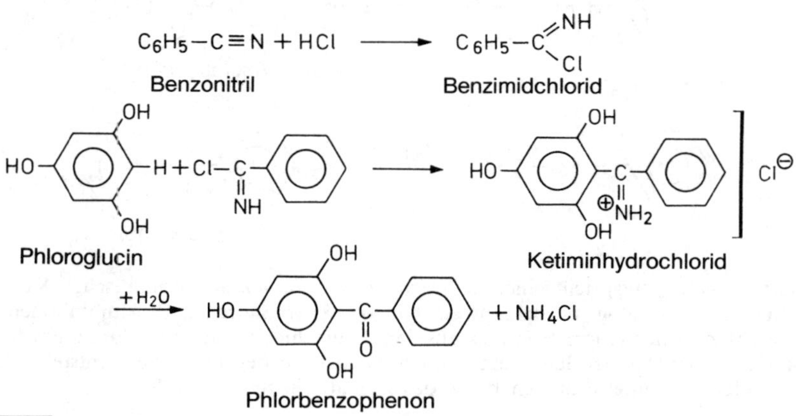

[1] Vgl. aber *D. E. Pearson* et al., *Friedel-Crafts*-Acylations with little or no catalyst, Synthesis *1972,* 533.

[2] Vgl. *P. E. Spoerri* und *A. S. du Bois,* The *Hoesch* Synthesis, Org. Reactions *5,* 387 ff. (1949).

Das zunächst entstehende Benzimidchlorid reagiert mit Phloroglucin zu dem intermediär auftretenden *Ketiminhydrochlorid,* das durch Erhitzen mit Wasser unter Abspaltung von Ammoniak zu 2,4,6-Trihydroxyphenyl-phenylketon (Phlorbenzophenon) verseift wird (vgl. *Gattermann*-Aldehydsynthesen).

Einwertige Phenole bilden dagegen keine Ketimine, sondern Hydrochloride der *Imidoester,* z. B.

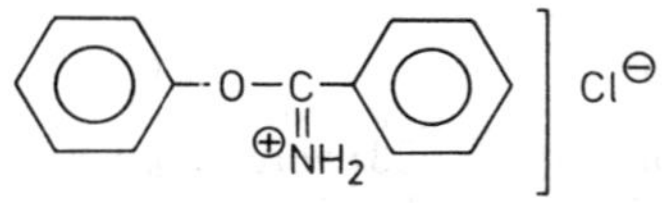

Eigenschaften. Die aromatischen Ketone zeigen in ihrem chemischen Verhalten weitgehende Ähnlichkeit mit den aliphatischen Ketonen. Einige *Butyrophenone* (Peridole) sind anscheinend bei psychischen Störungen (Schizophrenie) wirksam. Besondere Bedeutung hat das *INN:* ***Haloperidol*** (*Haldol, Sigaperidol*) gewonnen.

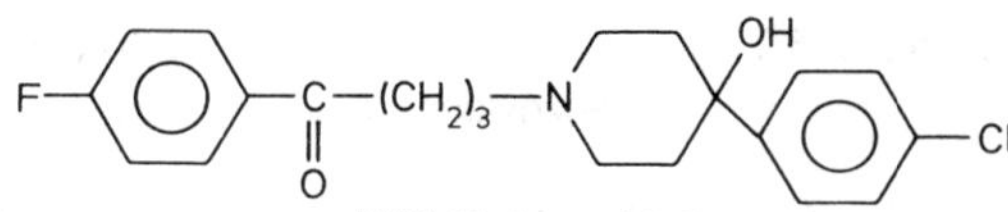

INN: ***Haloperidol***

5.8.5.4 Acetophenon, $C_6H_5-CO-CH_3$, bildet Kristalle vom Schmp. 20 °C (293 K). Wie im Aceton sind auch die H-Atome der Methylgruppe des Acetophenons reaktionsfähig.

Bei der Chlorierung oder Bromierung von Acetophenon entsteht **ω-Chloracetophenon** (Phenacylchlorid), Schmp. 60 °C (333 K), oder **ω-Bromacetophenon** (Phenacylbromid), Schmp. 51 °C (324 K), z. B.

Acetophenon ω-Bromacetophenon

Beide α-Halogenketone werden vielfach bei Synthesen benutzt; physiologisch wirken sie als starke *Tränenreizstoffe;* eine Lösung von ω-Chloracetophenon (CN) wird in Spraydosen als chemische Keule (chemical mace) verwendet.

Phenacylbromid oder besser ***p*-Brom-** bzw. ***p*-Nitro-phenacylbromid** reagieren mit den Natriumsalzen von Carbonsäuren unter Bildung gut kristallisierender Ester und dienen somit zu *Identifizierung der Carbonsäuren,* z. B.:

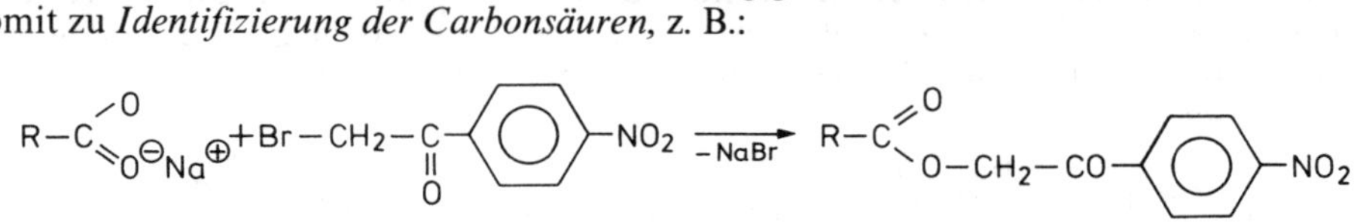

Mit Benzaldehyd kondensiert sich Acetophenon zu **Benzylidenacetophenon** (Benzalacetophenon), Schmp. 58 °C (331 K):

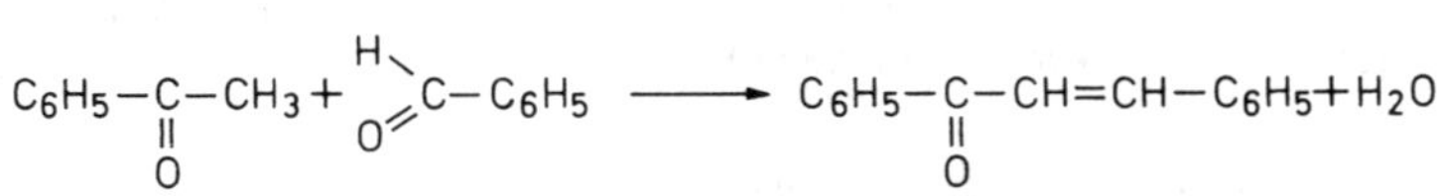

Benzylidenacetophenon, Chalkon

Die α,β-ungesättigten Ketone der aromatischen Reihe werden nach dem einfachsten Vertreter auch *Chalkone* genannt.
Bei der Einwirkung von Acetanhydrid auf Acetophenon in Gegenwart von *Borfluorid* erhält man in sehr guter Ausbeute **Benzoylaceton,** Schmp. 59 °C (332 K) (*Meerwein,* 1934):

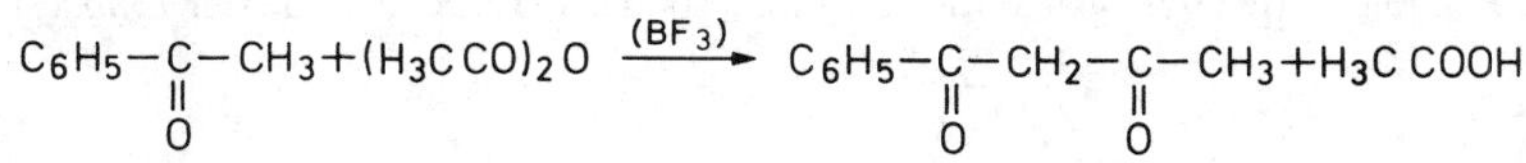

In Analogie zum Acetylaceton (vgl. S. 323) zeigt auch Benzoylaceton ***Keto-Enol*-Tautomerie,** und zwar liegt es zu 99% in der *Enol*-Form vor, die durch eine *intramolekulare Wasserstoffbrücke* stabilisiert ist:

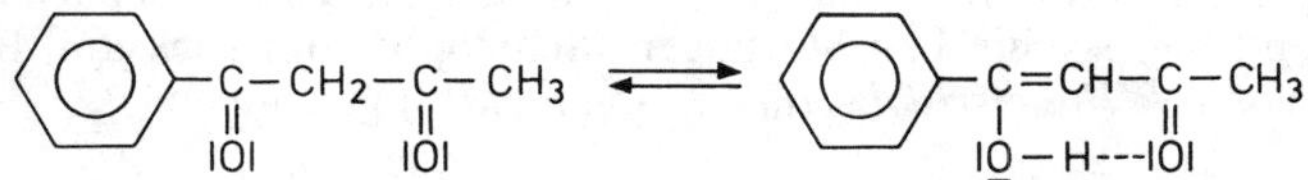

Keto-Form (1%) *Enol*-Form (99%)

Benzoylaceton

5.8.5.5 Benzophenon, $C_6H_5-CO-C_6H_5$, tritt in einer unbeständigen und einer stabilen Modifikation auf, die bei 26 °C (299 K) und 48 °C (321 K) schmelzen. Es ist in Wasser unlöslich, in den meisten organischen Lösungsmitteln jedoch leicht löslich. Bei der Reduktion mit Natriumamalgam geht Benzophenon in **Benzhydrol** vom Schmp. 69 °C (342 K) über:

Benzhydrol

Während Benzophenon nur *ein* Oxim vom Schmp. 143 °C (416 K) bildet, existieren von den gemischten Ketonen zwei stereoisomere Oxime (vgl. Benzaldehydoxim).

5.8.5.6 *Mannich*-Reaktion[1] (1917). Hierunter versteht man die Kondensation einer CH-aciden Verbindung mit Formaldehyd in Gegenwart *sekundärer* oder *primärer* Amine, die meist als Hydrochloride vorliegen.
Setzt man Ketone, z. B. Acetophenon, mit Formaldehyd unter Zugabe einer äquimolekularen Menge von Ammoniumsalz um, so erfolgt Kondensation zu β-Aminoketonen. Hierbei wird das aktive H-Atom des Ketons durch die Dialkyl- bzw. Monoalkyl-*aminomethyl*gruppe ersetzt, es erfolgt also eine **α-Aminomethylierung.** Die beiden mit Formaldehyd reagierenden Partner bezeichnet man als *Methylenkomponente* und *Aminkomponente*, z. B.:

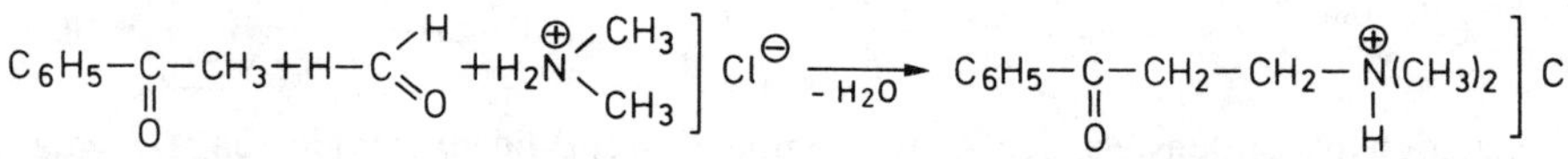

Acetophenon (Methylenkomponente) — Dimethylammoniumchlorid (Aminkomponente) — ω-Dimethylamino-propiophenon-hydrochlorid

[1] Vgl. *F. F. Blicke,* The *Mannich*-Reaction. Org. Reactions *1,* 303ff. (1942); *H. Hellmann* und *G. Opitz,* α-Aminoalkylierung (Verlag Chemie, Weinheim 1960).

Als Methylenkomponente eignen sich grundsätzlich nur Verbindungen, die unter den Kondensationsbedingungen *nucleophil* reagieren. Das Gelingen der *Mannich*-Reaktion setzt weiter voraus, daß das Amin gegenüber dem Formaldehyd nucleophiler ist als die CH-acide Methylenkomponente.

Der *Reaktionsmechanismus* hängt stark von den Reaktionsbedingungen ab. In neutraler oder saurer Lösung addiert sich zunächst das einsame Elektronenpaar des Aminstickstoffs an das positivierte C-Atom der Carbonylgruppe des Formaldehyds zu einem Addukt, das unter Protonenaufnahme und anschließender Wasserabspaltung in ein *Kation* übergeht, dessen C-Atom positiviert ist. Das Methyleniminium-Ion ist mesomeriestabilisiert (Carbenium-iminium-Ion) und fungiert als aminomethylierendes Agens unter *elektrophiler* Substitution geeigneter nucleophiler Reaktionspartner, z. B. der *Enol*-Form des Acetophenons:

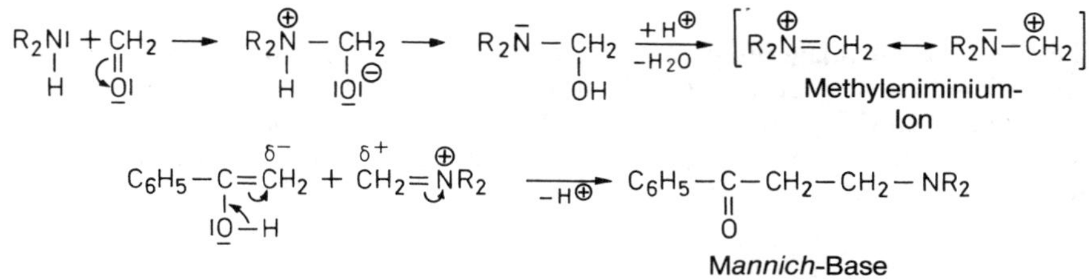

Die so zugänglichen mono- oder disubstituierten *β*-Aminoketone lassen sich durch Reduktion in die physiologisch wirksamen *β*-Aminoalkohole überführen.
Verwendet man *prim.* Amine oder Ammoniak, so enthalten die *Mannich*-Basen am Stickstoff noch ein oder zwei H-Atome, die ebenfalls an der Reaktion teilnehmen können und so den Gesamtverlauf komplizierter gestalten. Daher werden meist *sek.* Ammoniumsalze eingesetzt.
Durch Umsetzung von *Amiden* mit Formaldehyd erhält man *Methylolamide.* Diese bilden in Gegenwart von Säuren *Acylmethyleniminiumsalze,* mit denen sich *α-Amidomethylierungen* durchführen lassen:

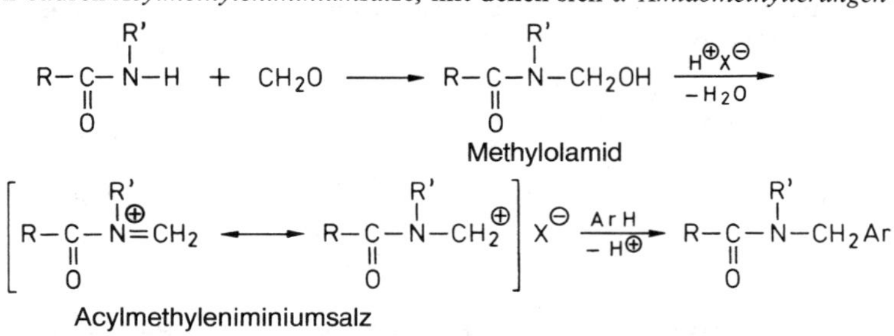

Es können auch andere Aldehyde als Formaldehyd zur Darstellung des Iminiumsalzes verwendet werden; dann spricht man von *α-Amidoalkylierung*[1].
Die *Acylmethyleniminiumsalze* sind synthetisch sehr vielseitig verwendbar, insbesondere zur Knüpfung von C−C-Bindungen[2]. Für Verbindungen dieses Typs hat sich die Bezeichnung **Synthone** eingebürgert[3]. Auch die Amidchloride, wie der *Vilsmeier-Haack*-Komplex, sowie die Dichlormethyleniminiumsalze gehören zu den Synthonen.

---

[1] Vgl. *H. E. Zaugg,* Recent Synthetic Methods Involving Intermolecular α-Amidoalkylation at Carbon, Synthesis *1970,* 49.
[2] Vgl. *H. Böhme* und *H. G. Viehe,* Iminiumsalts in Organic Chemistry, Adv. Org. Chem. *9,* (1976); *D. Matthies* et al., Lineare N-Acylimine, Chemiker Zeitung *111,* 181, 253 (1987).
[3] Der ursprüngliche Vorschlag von *E. J. Corey* [Pure Appl. Chem. *14,* 19 (1967)] zur Definition der *Synthone* war weiter gefaßt und lautete: „Structural units within a molecule, which are related to possible synthetic operations". In diesem Sinne werden *Synthone bei Retrosynthesen* (vgl. S. 551) im Zusammenhang mit Bindungstrennungen aufgefaßt und von den verwendeten Reagenzien unterschieden. So ist z. B. CH_3I ein Reagens für das Synthon $CH_3^{\oplus}$.

5.8.5.7 *Willgerodt-Kindler*-Reaktion[1] (1887, 1923). Aliphatisch-aromatische Ketone gehen beim Erhitzen mit Schwefel in Morpholin in Carbonsäurethioamide mit gleicher Kohlenstoffzahl über, wobei die ursprüngliche Carbonylgruppe zur CH_2-Gruppe reduziert wird:

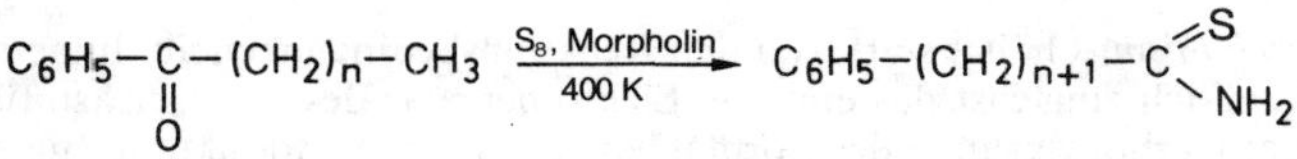

Durch alkalische Hydrolyse der Thioamide lassen sich die arylsubstituierten aliphatischen Carbonsäuren darstellen.

Der Mechanismus dieser „Redox-Thioamidierung" ist noch ungeklärt.

5.8.5.8 *Beckmann*-Umlagerung[2] (1886). Bei der Einwirkung von Säurechloriden, z. B. Phosphor(V)-chlorid in Ether, Benzolsulfonylchlorid in Pyridin, oder von konzentrierten Mineralsäuren (konz. H_2SO_4, HCl-Gas) auf Ketoxime erfolgt eine Umlagerung zu den entsprechenden Carbonsäureamiden bzw. -aniliden, z. B. lagert sich Benzophenonoxim in Benzanilid um:

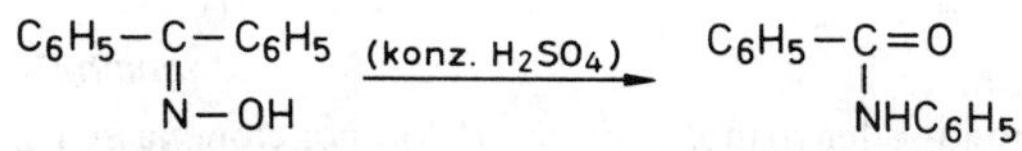

Benzophenonoxim Benzanilid

Diese *Oxim-Amid-Umlagerung* durch konz. Mineralsäuren läßt sich folgendermaßen deuten: Primär lagert sich ein Proton der konz. Säure an ein einsames Elektronenpaar des N- oder O-Atoms in Ketoxim unter Bildung eines Iminium- oder Oxonium-Ions an. Dann wandert im Zuge der H_2O-Abspaltung in die sich bildende Elektronenlücke am N-Atom der Rest R als *Anion* ein, wobei ein Carbenium-Ion entsteht. Anschließend lagert sich ein Wassermolekül *nucleophil* an das Carbenium-Ion an, wobei N-substituierte Carbonsäureamide bzw. -anilide entstehen:

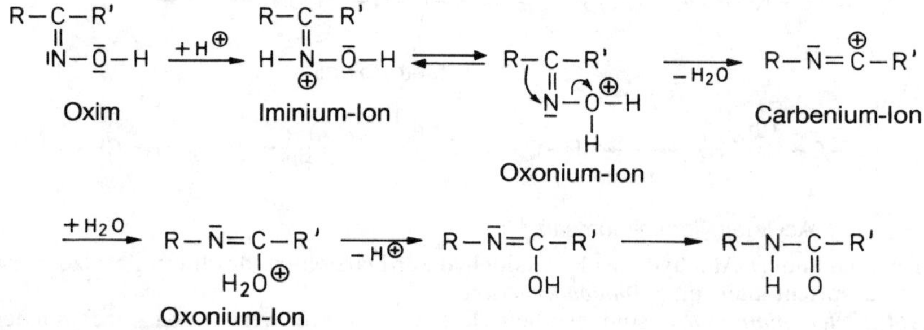

Schon im Jahre 1921 konnte *Meisenheimer* zeigen, daß bei der *Beckmann*-Umlagerung die Substituenten in *anti*-Stellung ihren Platz untereinander tauschen.
Von technischer Bedeutung ist diese Umlagerung bei cyclischen Ketoximen, die dabei eine Ringerweiterung zu cyclischen Carbonsäureamiden erleiden, z. B. geht Cyclohexanon-oxim mit konz. Schwefelsäure in ε-Caprolactam über.

---

[1] Vgl. *M. Carmack* und *M. A. Spielman*, The *Willgerodt* Reaction, Org. Reactions *3*, 83 ff. (1946); *R. Wegler* et al., Reaktionen des Schwefels mit araliphatischen sowie aliphatischen Verbindungen, Angew. Chem. *70*, 351 (1958).

[2] Vgl. *L. G. Donaruma* und *W. Z. Heldt*, The *Beckmann* Rearrangement, Org. Reactions *11*, 1 ff. (1960).

5.9 Aromatische Carbonsäuren (Arencarbonsäuren)

Innerhalb dieser Stoffklasse unterscheidet man zwischen aromatischen Säuren, in denen eine oder mehrere Carboxylgruppen direkt mit dem Kern verbunden sind, und solchen, die die Carboxylgruppe am Ende einer Seitenkette tragen. Je nach der Zahl der Carboxylgruppen im Kern teilt man sie in Mono-, Di- bis Hexacarbonsäuren ein.

5.9.1 Aromatische Monocarbonsäuren

Das erste Glied dieser Stoffklasse ist die Benzoesäure, die am Ende des 16. Jahrhunderts bei der trockenen Destillation des Benzoeharzes isoliert wurde.

5.9.1.1 Benzoesäure, C_6H_5-COOH, findet sich im Pflanzenreich, ferner im Harn pflanzenfressender Säugetiere als Benzoylglycin (Hippursäure), $C_6H_5CO-NH-CH_2-COOH$.

Darstellung. a) *Durch Oxidation einer am Benzolkern haftenden Seitenkette zur Carboxylgruppe.* Als Oxidationsmittel lassen sich $KMnO_4$, CrO_3, HNO_3 oder Luftsauerstoff in Gegenwart von Co- oder Mn-Naphthenat verwenden. Am leichtesten verläuft die Oxidation beim Toluol, wobei in sehr guter Ausbeute Benzoesäure entsteht:

$$C_6H_5-CH_3 \xrightarrow[-H_2O]{+1\frac{1}{2}O_2} C_6H_5-COOH$$

Nach diesem Verfahren wird Benzoesäure großtechnisch hergestellt.
b) *Durch saure oder alkalische Hydrolyse von Benzonitril:*

$$C_6H_5-CN \xrightarrow[-NH_3]{+2\,H_2O} C_6H_5-COOH$$

Eigenschaften. Benzoesäure kristallisiert in glänzenden Blättchen von Schmp. 122 °C (395 K), ist sublimierbar und in heißem Wasser sowie in Alkohol und Ether löslich. Mit Wasserdampf ist sie flüchtig; die Dämpfe wirken stark hustenreizend. Beim Schmelzen von Natriumbenzoat mit Natrium- und Calciumhydroxid erfolgt *Decarboxylierung* zu Benzol:

$$C_6H_5COONa + NaOH \rightarrow C_6H_6 + Na_2CO_3$$

Die Benzoesäure ($pK_a = 4{,}21$) ist stärker dissoziiert als die analoge gesättigte Cyclohexancarbonsäure ($pK_a = 4{,}86$). Folglich übt die Phenylgruppe hier einen elektronenanziehenden Einfluß auf die Carboxylgruppe aus. Andererseits ist die Benzoesäure schwächer als die Ameisensäure ($pK_a = 3{,}77$), d. h. im Vergleich zum Wasserstoff wirkt die Phenylgruppe als *Elektronendonator.* Somit kann das π-Elektronensextett in bezug auf die benachbarte Carboxylgruppe entweder als Elektronenakzeptor oder als Elektronendonator fungieren, und zwar hängt das weitgehend von den jeweiligen Substituenten in *p*-, *o*- oder *m*-Stellung des Benzolkerns ab.

Als Beispiele seien der Einfluß der Methylgruppe (Elektronendonator) bzw. der Halogene und der Nitrogruppe (Elektronenakzeptoren) auf die *Acidität* der entsprechend substituierten Benzoesäuren angeführt:

	pK_a		pK_a
p-Methylbenzoesäure	4,35	*m*-Nitrobenzoesäure	3,45
p-Brombenzoesäure	4,18	*p*-Nitrobenzoesäure	3,42
p-Chlorbenzoesäure	4,01	*o*-Nitrobenzoesäure	2,17

Bei der Veresterung aromatischer Säuren, die in Nachbarstellung zur Carboxylgruppe *großräumige Substituenten* besitzen, treten Besonderheiten auf. Während Benzoesäure sich z. B. mit Methanol und Chlorwasserstoff gut verestern läßt, sinkt die Veresterungsgeschwindigkeit bei 2,6-Dimethyl-benzoesäure ab und erreicht bei 2,6-Diisopropyl-benzoesäure fast den Wert Null (*V. Meyer*, 1874). Die 2,6-Dinitro-benzoesäure läßt sich unter normalen Bedingungen überhaupt nicht in den Ester überführen. Das Versagen dieser Veresterungen ist in erster Linie auf *sterische Behinderung* der Carboxylgruppe durch die 2,6-ständigen Substituenten bedingt, die auch als **F-Strain-Effekt** (*front strain effect*) bezeichnet wird. Sterische Effekte bei der Spaltung von Bindungen lassen sich mittels der *Spannungsenthalpie* quantitativ erfassen[1].

Verwendung: Benzoesäure ist als Konservierungsstoff für Lebensmittel in der Bundesrepublik Deutschland zugelassen.

Derivate der Benzoesäure

5.9.1.2 Benzoylchlorid, C_6H_5-COCl, ist das wichtigste Derivat der Benzoesäure.

Darstellung a) Im Laboratorium *durch Destillation von Benzoesäure mit Phosphor(V)-chlorid oder Thionylchlorid*, z. B.:

$$\underset{\text{Benzoesäure}}{C_6H_5-C\overset{\displaystyle\nearrow O}{\searrow OH}} + SOCl_2 \longrightarrow \underset{\text{Benzoylchlorid}}{C_6H_5-C\overset{\displaystyle\nearrow O}{\searrow Cl}} + HCl + SO_2$$

b) Technisch *aus Benzotrichlorid und Benzoesäure* (1 : 1) am Silber-Kontakt:

$$C_6H_5-CCl_3 + C_6H_5-COOH \xrightarrow{(Ag)} 2\,C_6H_5-C\overset{\displaystyle\nearrow O}{\searrow Cl} + HCl$$

c) *Durch Chlorierung von Benzaldehyd* in der Kälte:

$$C_6H_5-C\overset{\displaystyle\nearrow H}{\searrow O} + Cl_2 \longrightarrow C_6H_5-C\overset{\displaystyle\nearrow O}{\searrow Cl} + HCl$$

Eigenschaften: Benzoylchlorid ist eine farblose, stechend riechende Flüssigkeit vom Sdp. 197 °C (470 K), die sich in Wasser nur wenig löst und daher viel langsamer hydrolysiert wird als aliphatische Säurechloride. Es dient hauptsächlich zur Einführung

[1] Vgl. *C. Rüchardt* et al., Zur Kenntnis der Kohlenstoff-Kohlenstoff-Bindung, Angew. Chem. *92*, 417 (1980); Konsequenzen der Spannung für die Struktur aliphatischer Moleküle, Angew. Chem. *97*, 531 (1985).

der Benzoylgruppe in Alkohole, Phenole und Amine. Die *Benzoylierungen* werden in wäßrigem Alkali (*Schotten-Baumann*) oder Pyridin (*Einhorn*) durchgeführt, z. B.:

$$RO{-}H + Cl{-}CO\,C_6H_5 \rightarrow RO{-}COC_6H_5 + HCl$$

Bei dieser Reaktion bindet Pyridin als schwache Base nicht nur den entstehenden Chlorwasserstoff als Pyridinhydrochlorid, sondern wirkt auch auf das Säurechlorid unter Komplexbildung reaktionsbeschleunigend.
Vielfach benutzt man zur Charakterisierung von Alkoholen das *3,5-Dinitro-benzoylchlorid*, da die hierbei gebildeten 3,5-Dinitro-benzoesäureester kristallin sind.

5.9.1.3 Beim Schütteln von Benzoylchlorid mit Wasserstoffperoxid in alkalischer Lösung bildet sich **Dibenzoylperoxid,** das als *Bleichmittel* und vor allem als *Radikalbildner* bei Polymerisationen verwendet wird:

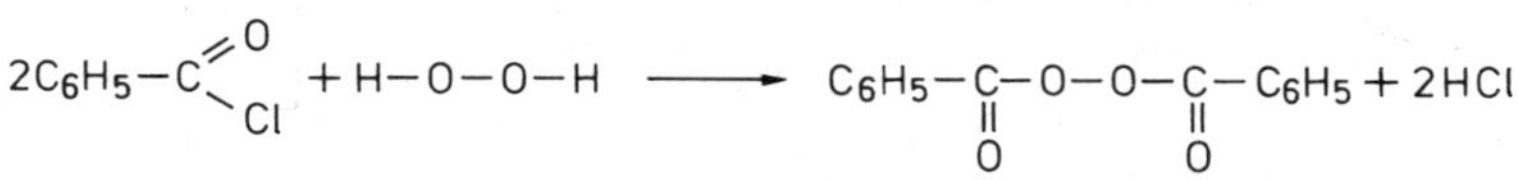

Benzoylchlorid Dibenzoylperoxid

Versetzt man 1 Mol Dibenzoylperoxid in Ether mit 1 Mol Natriumethylat in Alkohol, so erfolgt Spaltung in *Perbenzoesäure* (Na-Salz) und Benzoesäureethylester:

Na-Salz der Perbenzoesäure

5.9.1.4 Perbenzoesäure, Schmp. 42 °C (315 K), riecht stechend und ist ein vielseitiges Oxidationsmittel. Für präparative Zwecke hat sich *m-Chlorperbenzoesäure* (MCPBA), Schmp. 92–94 °C (365–367 K), bewährt.

5.9.1.5 Benzoylcyanid, $C_6H_5{-}CO{-}CN$, Schmp. 34 °C (307 K), wird durch Erhitzen von Benzoylchlorid oder -bromid mit Kupfer(I)-cyanid erhalten:

Benzoylbromid Benzoylcyanid

Die Acylcyanide oder α-Ketocarbonsäurenitrile nehmen eine Übergangsstellung zwischen einfachen Carbonylverbindungen und den Acylhalogeniden ein und werden bei Synthesen verwendet.

Substitutionsprodukte der Benzoesäure

Bei der direkten Halogenierung, Nitrierung oder Sulfonierung der Benzoesäure entstehen nach dem *elektrophilen Substitutionsmechanismus* die entsprechenden *m*-Derivate. Von Bedeutung sind die Nitro- und vor allem die Aminobenzoesäuren.

5.9.1.6 ***o*- und *p*-Nitrobenzoesäuren** (vgl. pK_a-Werte, S. 548) erhält man durch Oxidation der betreffenden Nitrotoluole mit Chromsäure, z. B.:

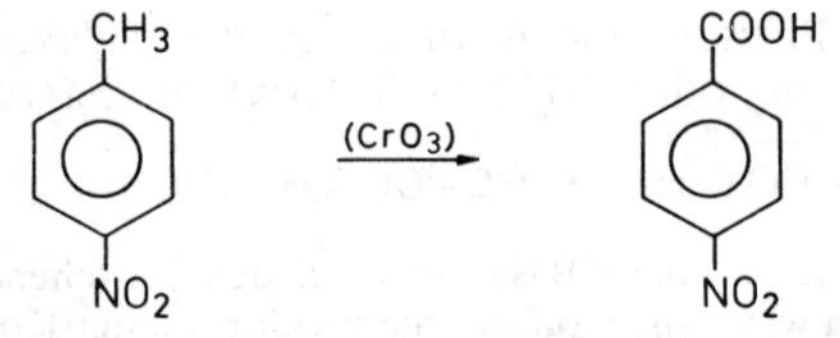

p-Nitrotoluol *p*-Nitrobenzoesäure (Schmp. 240 °C [513 K])

Die direkte Nitrierung von Benzoesäure führt zur 3,5-Dinitro-benzoesäure, die einen pK_a- Wert von 2,82 aufweist.

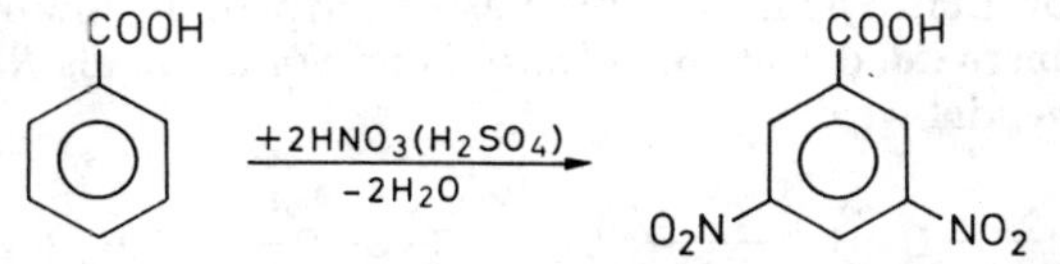

3,5-Dinitro-benzoesäure (Schmp. 205 °C [478 K])

Die drei stellungsisomeren **Aminobenzoesäuren** lassen sich durch Reduktion der entsprechenden Nitrobenzoesäuren darstellen.

5.9.1.7 Anthranilsäure (*o*-Aminobenzoesäure) gewinnt man technisch aus Phthalimid durch Behandeln mit alkalischer Natriumhypochlorit-Lösung (oder Chlorkalk und Lauge) über die Phthalamidsäure (vgl. *Hofmann*scher Abbau).

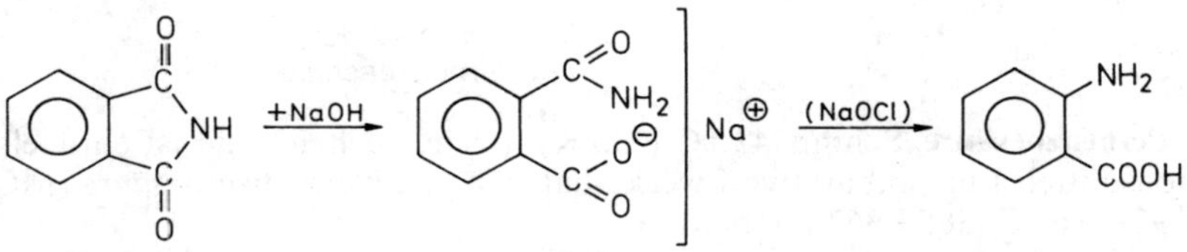

Phthalimid Natriumphthalamat Anthranilsäure

Anthranilsäure ist eine farblose, kristalline Substanz vom Schmp. 146 °C (419 K), die sich in Wasser, Ethanol und Ether löst.

5.9.1.8 *p*-Aminobenzoesäure (PABA) bildet gelbliche Kristalle vom Schmp. 188 °C (461 K) und ist ein wichtiger *Bakterienwuchsstoff.* Sie wird durch Reduktion von *p*-Nitrobenzoesäure oder durch Oxidation von 4′-Methylacetanilid (die Acetylgruppe schützt die Aminogruppe) zu *p*-Acetylaminobenzoesäure und nachträgliche Abspaltung der Acetylgruppe erhalten:

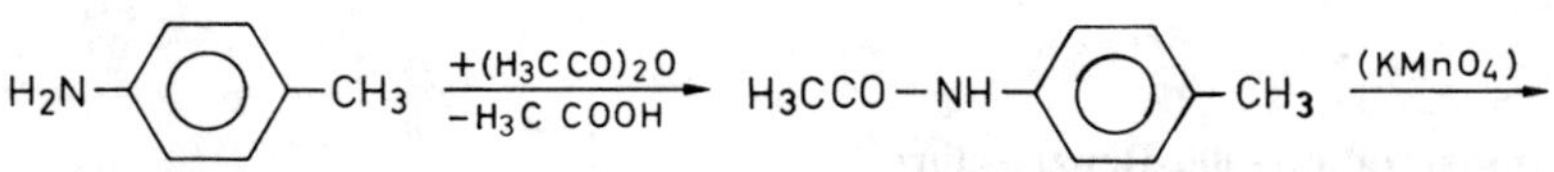

p-Toluidin 4′-Methylacetanilid

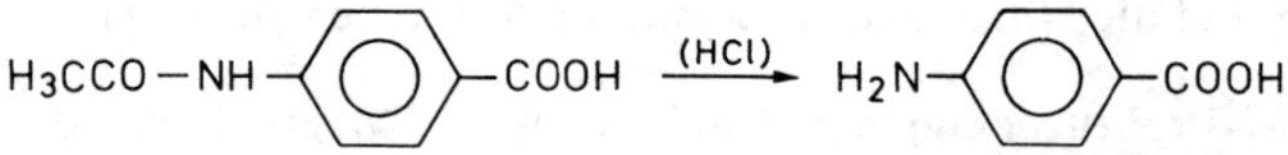

p-Aminobenzoesäure

Einige Derivate der *p*-Aminobenzoesäure, die meist als Hydrochloride in den Handel kommen, haben sich als *Lokalanaesthetika* bewährt, z. B.:

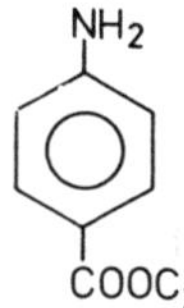

p-Aminobezoesäureethylester
(*Anaesthesin*)

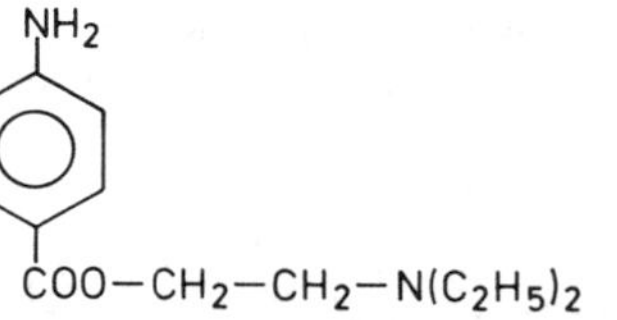

p-Aminobenzoesäure-
β-diethylaminoethylester
(*INN:* ***Procain,*** *Novocain*)

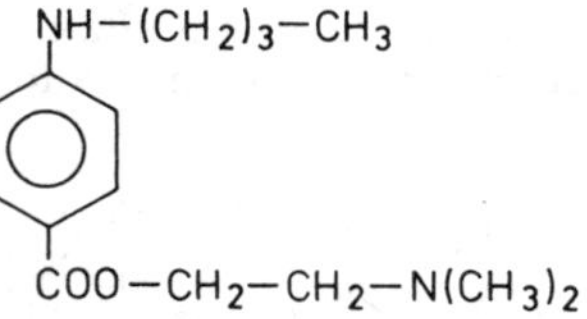

p-Butylaminobenzoesäure-
β-dimethylaminoethylester
(*INN:* ***Tetracain,*** *Pantocain*)

Eine weitere Gruppe von Ersatzstoffen des Cocains leitet sich vom *2-Amino-acetanilid* ab, z. B. die Hydrochloride des 2-Diethylamino-2′,6′-dimethyl-acetanilids (*INN:* ***Lidocain***) und des 2-*n*-Butyl-amino-(2′-chlor-6′-methyl)acetanilids (*INN:* ***Butanilicain***). Ersteres und seine Analogpräparate haben wegen ihrer geringen Latenzzeit das ***Procain*** in der Zahnheilkunde weitgehend verdrängt. ***Lidocain*** hat sich auch zur Behandlung der mit dem akuten Herzinfarkt häufig verbundenen Arrhythmien bewährt.

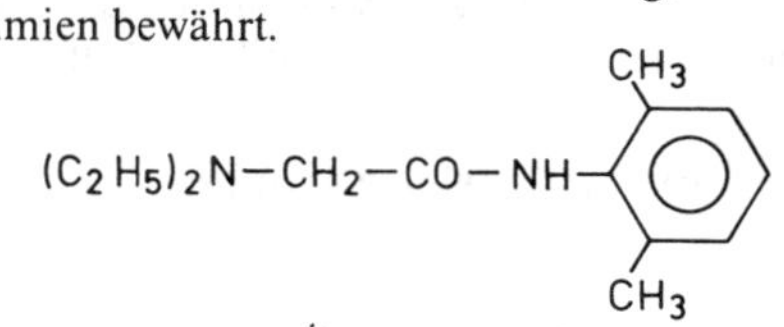

INN: ***Lidocain,*** *Xylocain*

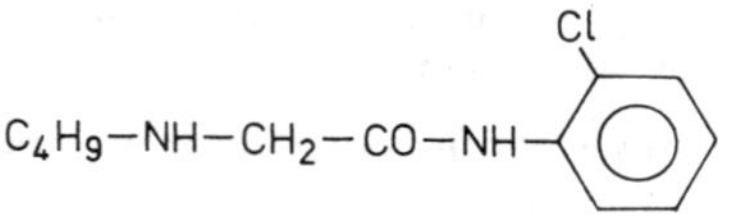

INN: ***Butanilicain,*** *Hostacain*

5.9.1.9 Sulfobenzoesäuren. Während die *m*-Sulfobenzoesäure durch direkte Sulfonierung der Benzoesäure zugänglich ist, werden die *o*- und *p*-Isomeren durch Oxidation der *o*- bzw. *p*-Toluolsulfonsäure dargestellt. *o*-Sulfamido-benzoesäure tritt als wichtiges Zwischenprodukt bei der Fabrikation des Süßstoffes Saccharin auf.

Am Beispiel von **Saccharin** [1,2-Benzisothiazol-3(2*H*)-on-1,1-dioxid] sollen die Grundzüge der *Syntheseplanung* mit dem Konzept der *Retrosynthese* (disconnection) erläutert werden[1]. Man geht von dem *Zielmolekül* aus und *trennt* die Bindungen, die bei der aus dieser Betrachtung abgeleiteten Synthese geknüpft werden sollen. Die retrosynthetischen Schritte werden durch offene Pfeile (⇒) gekennzeichnet, hierbei sind auch Umwandlungen von Substituenten in Betracht zu ziehen.

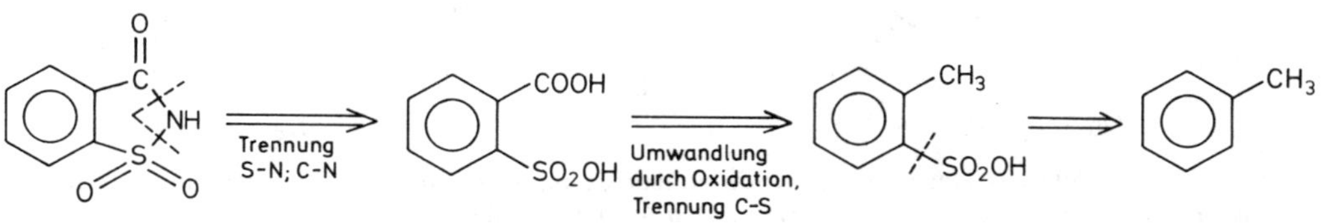

Saccharin
(Zielmolekül)

Toluol

Der erste Schritt einer Retrosynthese bezeichnet die bei der Synthese zuletzt vorzunehmende Reaktion; am Ende des letzten Schrittes steht das Ausgangsmaterial, in diesem Fall das *Toluol,* aus dem das Saccharin technisch gewonnen wird und zwar auf folgendem Wege.

[1] Vgl. *S. Warren,* Organic Synthesis, The Disconnection Approach (Wiley, New York 1982); *H. J. Winter,* Chemische Syntheseplanung in Forschung und Industrie (Springer-Verlag, Berlin 1982).

Aromatische Verbindungen 5

Chlorsulfonierung von Toluol mit Chlorsulfonsäure bei etwa 0 °C (273 K) liefert *o*- und *p*-Toluolsulfonylchlorid. Nach Trennung der beiden Säurechloride setzt man *o*-Toluolsulfonylchlorid mit Ammoniak zu *o*-Toluolsulfonamid um und oxidiert dieses mit Chromsäure zur *o*-Sulfamoylbenzoesäure, die beim Erhitzen intramolekular Wasser abspaltet. Das dabei ausfallende schwerlösliche Saccharin wird mit Natronlauge in das wasserlösliche Natriumsalz übergeführt.

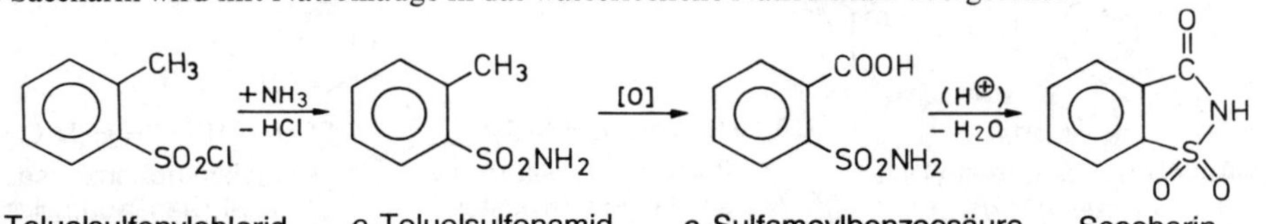

o-Toluolsulfonylchlorid *o*-Toluolsulfonamid *o*-Sulfamoylbenzoesäure Saccharin

Das Oxidationsmittel wird während des Prozesses elektrochemisch durch anodische Oxidation ständig wiedererzeugt. Derartige Prozesse, bei denen die Elektrolyse nicht direkt auf die Edukte einer Umsetzung wirkt, sondern indirekt durch Nachbildung eines Reagenses, bezeichnet man als *indirekte elektrochemische Reaktionen.*

Saccharin ist ein farbloses, kristallines Pulver, Schmp. 228 °C (501 K), das sich in Wasser ziemlich schwer, jedoch leicht in Alkohol löst. Es hat eine 550mal so große Süßkraft wie Rohrzucker, besitzt aber keinen Nährwert[1].

Phenolcarbonsäuren. Von den drei isomeren Hydroxybenzoesäuren sind das *o*- und das *p*-Derivat wichtig.

5.9.1.10 Salicylsäure (*o*-Hydroxybenzoesäure) findet sich frei sowie als Methylester in „ätherischen Ölen" und kann durch Oxidation von Salicylalkohol (Saligenin) oder von Salicylaldehyd erhalten werden.

Darstellung. ***Kolbe-Schmitt*-Synthese** (1885). Technisch stellt man Salicylsäure durch Einwirkung von Kohlendioxid auf trockenes Natriumphenolat bei 120 – 140 °C (395 – 415 K) und 5 – 6 bar (0,5 – 0,6 MPa) dar. Nach neueren Befunden erfolgt hierbei eine *direkte Carboxylierung* des mesomeren Phenolat-Anions, d. h. eine *elektrophile* Substitution in *o*-Stellung, die stark vereinfacht formuliert werden kann:

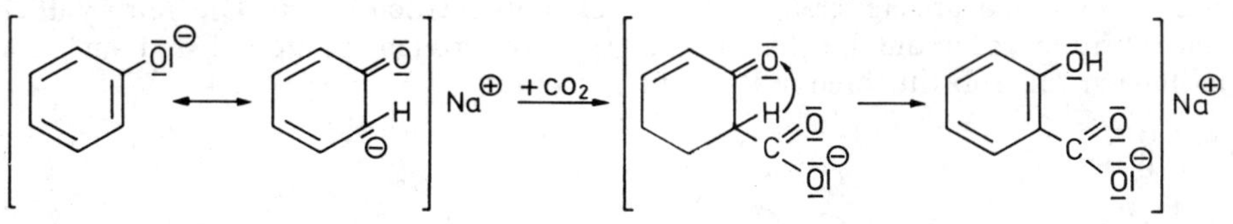

Na-Phenolat Na-Salicylat

Setzt man anstelle von Natrium- das Kaliumphenolat ein, so entsteht als Hauptprodukt *p-Hydroxybenzoesäure,* deren Ester als *Konservierungsmittel* zugelassen sind.

Eigenschaften. Salicylsäure kristallisiert aus heißem Wasser in farblosen Nadeln vom Schmp. 159 °C (432 K). Ihr pK_a-Wert beträgt 2,98, d. h. sie ist wesentlich stärker dissoziiert als die Benzoesäure ($pK_a = 4{,}21$) und die *p*-Hydroxybenzoesäure ($pK_a = 4{,}56$). Zum Unterschied von der *p*-Hydroxybenzoesäure, Schmp. 215 °C (488 K), ist die Salicylsäure durch höhere Flüchtigkeit und die blauviolette *Farbreaktion* mit Eisen(III)-

[1] Zu dem vielschichtigen Problem der Zulassung als Süßstoff vgl. *L. Caglioti,* The Saccharin Mess in The Two Faces of Chemistry, S. 36 (MIT Press, Cambridge, Mass. 1983).

chlorid charakterisiert. Dieses Verhalten sowie die hohe *Acidität* ist auf die Ausbildung einer *intramolekularen Wasserstoffbrücke* (vgl. Chelate, S. 504), die Farbreaktion auf das Vorliegen eines Innerkomplexes zurückzuführen.

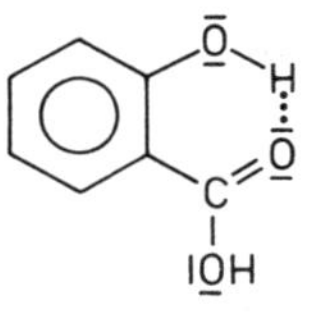

Salicylsäure

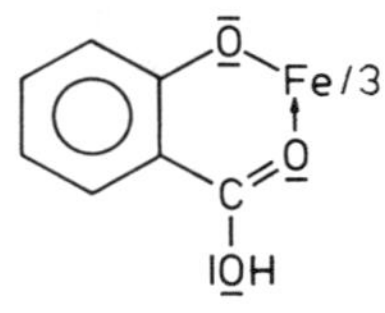

Verwendung. Salicylsäure wird vielseitig verwendet, z. B. zur Herstellung von Farb- und Riechstoffen (Salicylsäureester), von Pimelinsäure, als *Antiseptikum* in der Medizin. Sie ist zur *Konservierung* von Nahrungsmitteln nur im Haushalt zugelassen, nicht aber für Lebensmittel des Handels. Salicylsäure darf als *Konservierungsmittel* nicht in den Handel gebracht werden.

Ein wertvolles *Antipyretikum* und *Antineuralgikum* ist die Acetylverbindung der Salicylsäure, das *Aspirin* (Acetylsalicylsäure), das die Bildung der *Prostaglandine* im Organismus hemmt und als nicht steroidaler Entzündungshemmer Bedeutung hat (vgl. S. 697). Ferner wird *Salol*, der Salicylsäurephenylester, als *Antiseptikum* in Mundwässern benutzt.

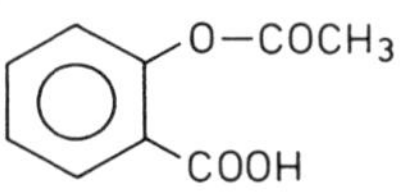

Acetylsalicylsäure, *Aspirin*

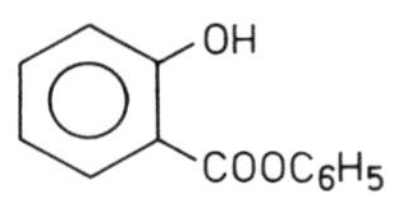

Salol

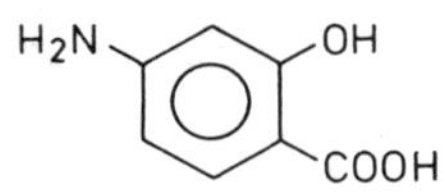

p-Aminosalicylsäure

In der Chemotherapie der Tuberkulose hat sich *p-Aminosalicylsäure (PAS)* als besonders wirksam erwiesen (*J. Lehmann*, 1946). Sie wird als Salz in Kombination mit anderen Tuberkulostatika verwendet. Die Dosierung beträgt 10–15 g pro Tag. Die Wirkung von *PAS* wird durch *p*-Aminobenzoesäure aufgehoben.

5.9.1.11 Gallussäure (3,4,5-Trihydroxy-benzoesäure) findet sich frei z. B. im Tee, in der Eichenrinde, in Granatwurzeln sowie als Glucosid in den Gerbstoffen der Galläpfel, den **Tanninen.** Technisch gewinnt man sie aus den tanninreichen, wäßrigen Galläpfelextrakten durch hydrolytische Spaltung mit verdünnter heißer Schwefelsäure oder enzymatisch mittels *Tannase* (aus Schimmelpilzen). Sie ist eine kristalline, stark reduzierend wirkende Substanz, die in wasserfreiem Zustand bei 253 °C (526 K) schmilzt. In der Hitze spaltet sie Kohlendioxid ab unter Bildung von Pyrogallol. Mit Eisen(III)chlorid bildet sie einen schwarzen Niederschlag von Eisengallat (Eisengallustinte). Gallussäurepropylester wird als Antioxidans für Lebensmittel verwendet.
Die Gallussäure ist neben anderen in den Pflanzen vorkommenden Hydroxysäuren und den Zuckern ein wichtiger Baustein für eine Reihe von Naturstoffen, vor allem für die *Turgorine* sowie die *Gerb-* und *Flechtenstoffe.*
Die **Turgorine**[1] sind Pflanzenhormone (Phytohormone), die den Saftdruck (Turgor) in den Pflanzen beeinflussen und auf hydrodynamischem Wege Pflanzenbewegungen auslösen, wie tagesperiodische Blattbewegungen oder die Reaktion der *Mimosa pudica* bei Berührung ihrer Blätter.

[1] Vgl. *H. Schildknecht*, Turgorine, Hormone der endogenen Tagesrhytmik höher organisierter Pflanzen, Angew. Chem. *95*, 689 (1983).

Die Turgorinsäure PLMF 1 wurde als erster Vertreter dieser Substanzklasse isoliert und in seiner Struktur aufgeklärt (*Schildknecht*, 1981); PLMF steht für periodic leaf movement factor.

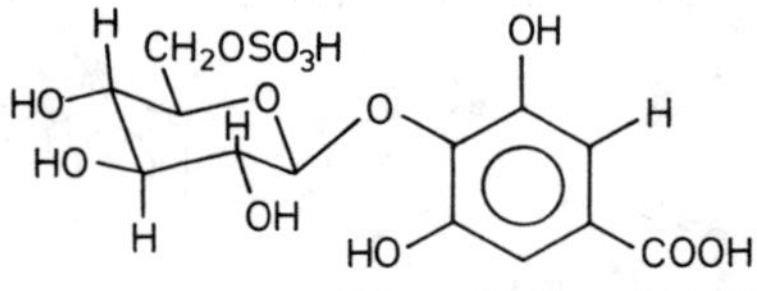

Turgorinsäure PLMF 1

Die Verbindung ist ein β-Glucosid der p-OH-Gruppe der Gallussäure, nämlich 4-O-(6-O-Sulfo-β-D-glucopyranosyl)gallussäure und ist auch in anderen Pflanzen, z. B. Hülsenfrüchten, nachgewiesen worden. Es kommen mehrere leicht abgewandelte Turgorine vor, z. B. eine 4-O-(β-D-Glucopyranouranyl)gallussäure mit einer COOH-Gruppe statt der $-CH_2OSO_3H$-Gruppe im Kohlenhydratteil des Moleküls.
In den Gerb- und Flechtenstoffen ist die Carboxylgruppe der Gallussäure mit der OH-Gruppe eines zweiten Moleküls der gleichen oder einer anderen Phenolcarbonsäure verestert. Diese Phenolcarbonsäureester werden **Depside** *(depsin* = zum Gerben) genannt und je nach der Anzahl der veresterten Moleküle in Didepside, Tridepside usw. unterteilt.
Einige Ester wurden von *E. Fischer* synthetisiert, u. a. das wichtige Didepsid ***m*-Digallussäure** (*m*-Galloyl-gallussäure), die als Säurechlorid mit Glucose in Pentadigalloylglucose übergeführt werden konnte.

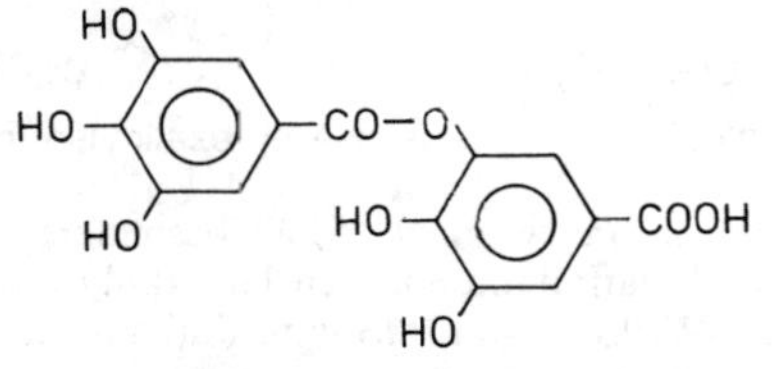

m-Digallussäure (Didepsid)

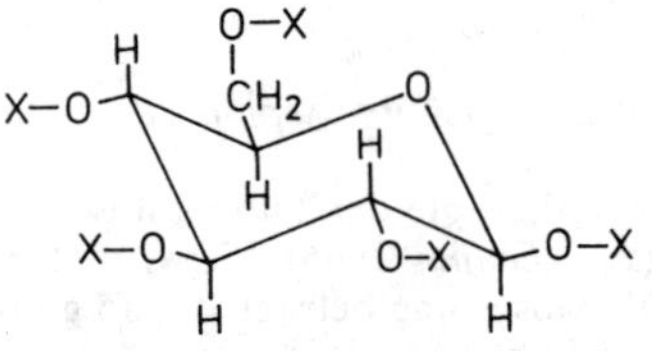

Pentadigalloyl-glucose (X = *m*-Digallyl)

Die natürlichen **Gerbstoffe**[1] oder Gerbsäuren (Tannin) sind meist farblose, amorphe, in Wasser leicht lösliche Pulver und besitzen die Fähigkeit, Eiweiß zu fällen, wovon in der *Ledergerberei* Gebrauch gemacht wird. Die bei der Gerbung stattfindenden chemischen Prozesse sind bisher nicht genau bekannt. Für die Praxis ist maßgebend, daß der Gerbstoff die tierische Haut gegen Fäulnis widerstandsfähig macht, das Leder seine Geschmeidigkeit behält und mit Wasser nicht wesentlich quillt.

5.9.2 Araliphatische Monocarbonsäuren

In diesen Verbindungen steht die Carboxylgruppe in der Seitenkette.

5.9.2.1 Phenylessigsäure, $C_6H_5-CH_2-COOH$, eine farblose, kristalline Substanz vom Schmp. 78 °C (351 K), wird *durch Hydrolyse von Benzylcyanid,* das aus Benzylchlorid und Kaliumcyanid zugänglich ist, erhalten:

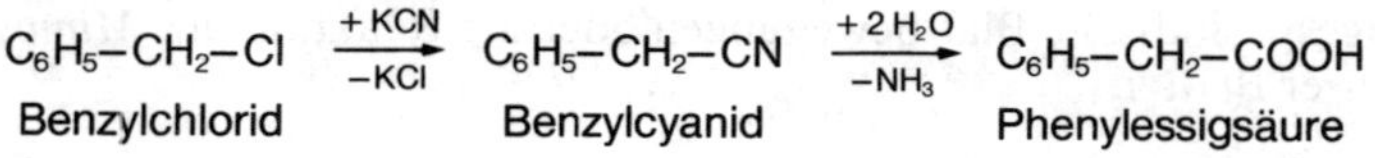

[1] Vgl. *O. Th. Schmidt* et al., Natürliche Gerbstoffe, Angew. Chem. *68*, 103 (1956).

Im Gegensatz zu rein aliphatischen Carbonsäuren reagieren in der Phenylessigsäure die zur Carboxylgruppe α-ständigen H-Atome *sauer.* Dies zeigt sich z. B. bei der Einwirkung von Isopropylmagnesiumchlorid auf Phenylessigsäure in etherischer Lösung:

Setzt man diese *Grignard*-Lösung mit Aldehyden oder unsymmetrisch substituierten Ketonen um, so erhält man *substituierte β-Hydroxycarbonsäuren,* z. B. entsteht mit Benzaldehyd die 2,3-Diphenyl-3-hydroxy-propionsäure, die als *threo-* und *erythro*-Form isolierbar ist (***Ivanoff*-Reaktion,** 1931):

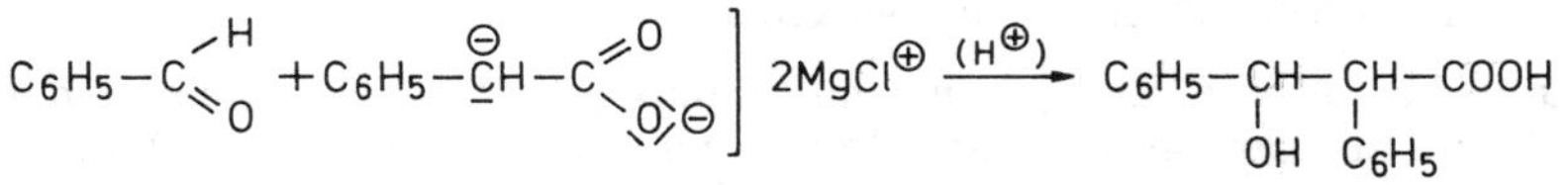

Benzaldehyd — 2,3-Diphenyl-3-hydroxy-propionsäure

Auch bei diesen Hydroxycarbonsäuresynthesen verläuft die Addition ähnlich wie bei der Aldoladdition und *Reformatsky*-Reaktion.

5.9.2.2 Mandelsäure (α-Hydroxy-phenylessigsäure), $C_6H_5-CH(OH)-COOH$, wurde beim Erhitzen eines Extrakts der bitteren Mandeln mit verdünnter Salzsäure entdeckt. Sie weist ein asymmetrisches C-Atom auf und ist in *Enantiomere* spaltbar. Synthetisch erhält man die DL-Mandelsäure aus Benzaldehyd und Blausäure über das α-Hydroxynitril (Cyanhydrin) und dessen saure Hydrolyse:

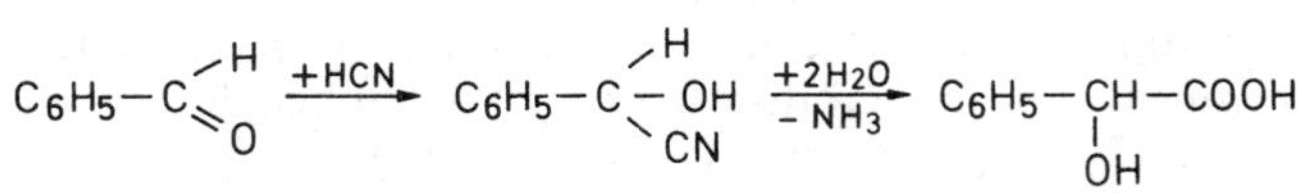

Benzaldehyd — DL-Mandelsäure (Schmp. 120° C [395 K])

Die Racemform läßt sich mit (+)-Cinchonin in D(−)- und L(+)-Mandelsäure vom Schmp. 133 °C (406 K) spalten. Erstere kommt im Amygdalin vor.

5.9.2.3 Benzilsäure, $(C_6H_5)_2C(OH)-COOH$, kann als Phenylderivat der Mandelsäure aufgefaßt und auf folgendem Wege dargestellt werden.

Benzilsäure-Umlagerung. Beim Erhitzen von Benzil mit wäßrig-alkoholischer Kalilauge entsteht zunächst ein Additionsprodukt, das sich fast quantitativ in das Kaliumsalz der Benzilsäure umlagert, aus dem dann mit Säuren die freie Benzilsäure zugänglich ist:

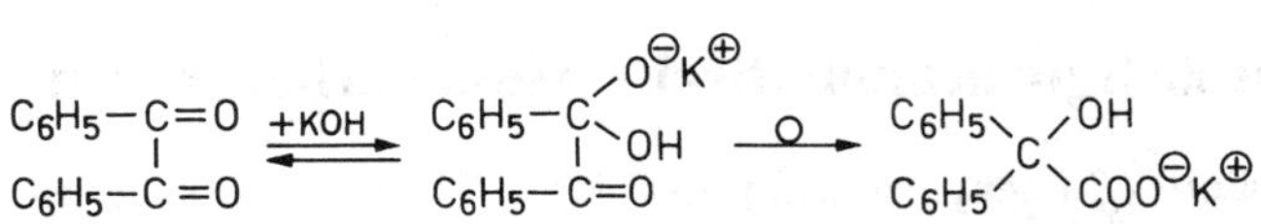

Benzil — K-Salz der Benzilsäure

Der *Mechanismus* dieser Reaktion ähnelt dem der *Cannizzaro*-Reaktion (vgl. 201 *f.*). In dem aus Benzil und Metallhydroxid gebildeten *Primärkomplex* wird die Polarität der C=O-Doppelbindungen verstärkt und somit der *nucleophile* Angriff des Hydroxid-Ions erleichtert. In dem Zwischenprodukt übt das negativ geladene O-Atom einen starken +I-Effekt aus, der den −I-Effekt der OH-Gruppe übertrifft. Der so am C-Atom entstehende Elektronenüberschuß ermöglicht die Ablösung der Arylgruppe als *Anion,* das an das benachbarte positivierte C-Atom wandert.

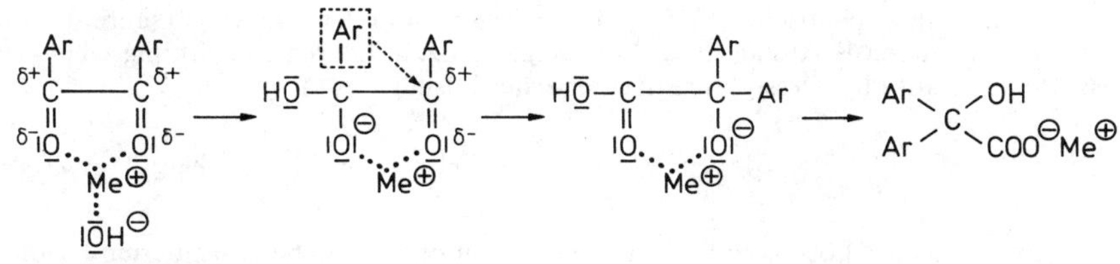

Die von *J. v. Liebig* (1838) entdeckte Benzilsäure-Umlagerung ist auch mit 1,2-Diketonen der aliphatischen, alicylischen und heterocyclischen Reihe durchführbar.

Benzilsäure kristallisiert in Nadeln vom Schmp. 150 °C (423 K), die sich in konz. Schwefelsäure mit karminroter Farbe lösen. Durch Umsetzung von 1 Mol Benzilsäure mit 2 Molen Phosphor(V)-chlorid entsteht Diphenyl-chloracetylchlorid, aus dem sich die beiden Chloratome mit Zink unter Bildung von *Diphenylketen* entfernen lassen (*Staudinger*):

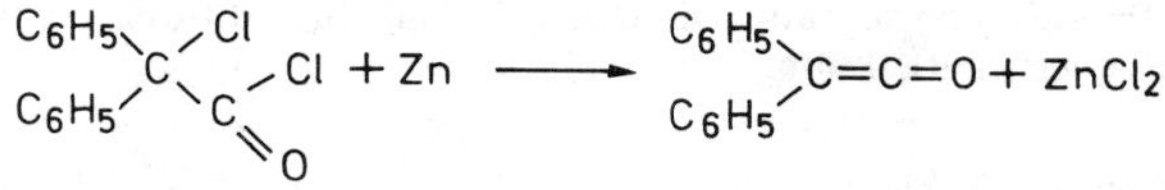

5.9.2.4 Diphenylketen, $(C_6H_5)_2C=C=O$ (vgl. Ketene, S. 257), ist relativ beständig und wird am besten nach *G. Schroeter* aus dem Monohydrazon des Benzils dargestellt. Dieses geht bei der Einwirkung von Quecksilber(II)-oxid in Azibenzil über, das beim Erhitzen unter Ausschluß von Luft und Feuchtigkeit Stickstoff abspaltet unter Bildung eines instabilen *Ketocarbens.* Dieses stabilisiert sich zum Diphenylketen, indem ein Phenylrest als *Anion* an den 2bindigen Kohlenstoff wandert (vgl. *Wolff*-Umlagerung).

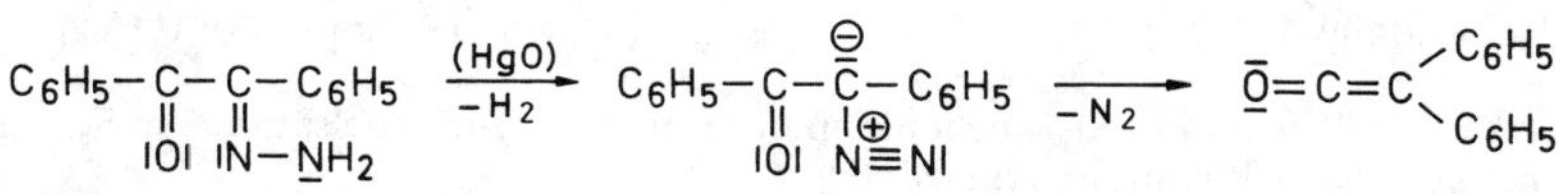

Diphenylketen ist eine orangegelbe Flüssigkeit, die sich im Vakuum destillieren läßt (Sdp. 146 °C [419 K]/16 mbar [16 hPa] und in einer Kältemischung zu gelben Kristallen erstarrt. Sie ist in indifferenten Lösungsmitteln, wie Ether, Benzol und Petrolether, leicht löslich. Im Gegensatz zu aliphatischen Ketenen zeigt Diphenylketen nur geringe Neigung zur Polymerisation.

5.9.3 Ungesättigte araliphatische Monocarbonsäuren

5.9.3.1 Zimtsäure (*β*-Phenylacrylsäure), $C_6H_5-CH=CH-COOH$, ist die einfachste aromatische Monocarbonsäure mit ungesättigter Seitenkette. Sie kommt frei oder verestert in „ätherischen Ölen", Harzen sowie Balsamen (Peru-, Tolubalsam) vor.

Darstellung. *Perkin*-Synthese[1]. Bei der Umsetzung von Benzaldehyd mit Acetanhydrid in Gegenwart basischer Kondensationsmittel, z. B. Natriumacetat oder Pyridin, bildet

[1] Vgl. *J. R. Johnson*, The *Perkin* Reaction and Related Reactions, Org. Reactions *1*, 210ff. (1942).

sich ein aldolartiges Zwischenprodukt. Dieses geht unter Wasserabspaltung und nachfolgender Hydrolyse in Zimtsäure und Essigsäure über:

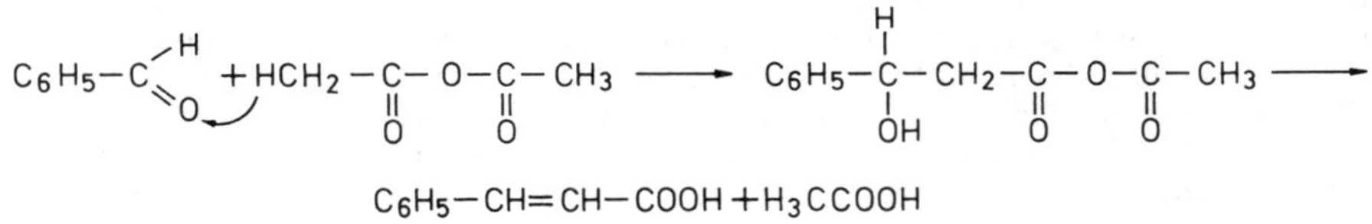

Zimtsäure Essigsäure

Der *Reaktionsmechanismus* gleicht dem der Esterkondensationen. Primär bildet sich aus Acetanhydrid und Natriumacetat im *Gleichgewicht* ein Säureanhydrid-Anion (*Methylenkomponente*). Dieses greift *nucleophil* den Benzaldehyd (*Carbonylkomponente*) an. Das entstehende Anion wird durch die anwesende Essigsäure protoniert; aus dem Zwischenprodukt spaltet sich in Gegenwart von Acetanhydrid Wasser ab unter Bildung eines konjugierten Bindungssystems. Schließlich erfolgt Hydrolyse zu Zimtsäure und Essigsäure:

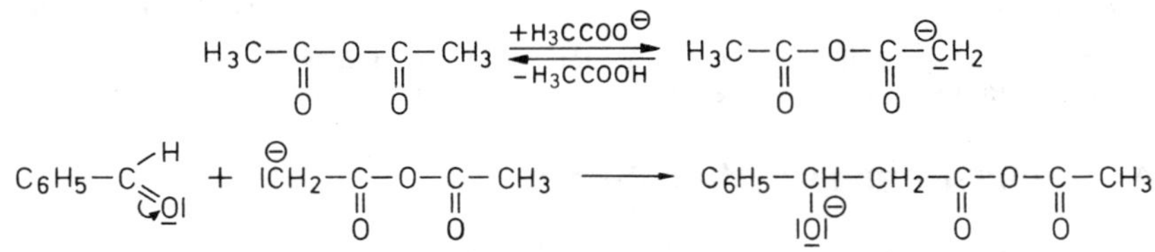

Carbonylkomponente Methylenkomponente

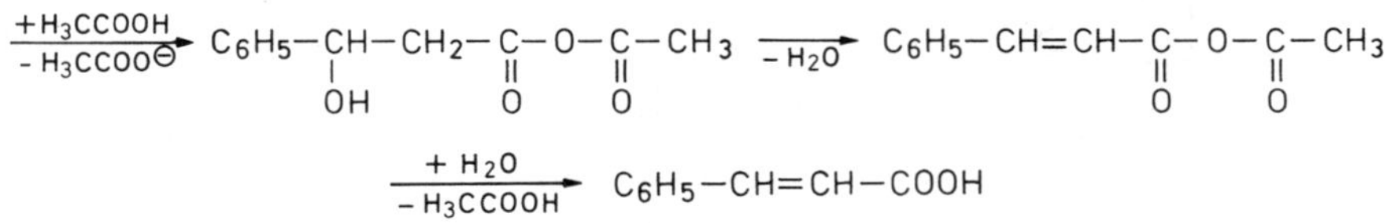

Eigenschaften. Die so erhaltene Zimtsäure besitzt (*E*)-Konfiguration; sie geht bei UV-Bestrahlung in benzolischer Lösung teilweise in die energiereichere (*Z*)-Form über. Beide Säuren stehen miteinander im *Gleichgewicht:*

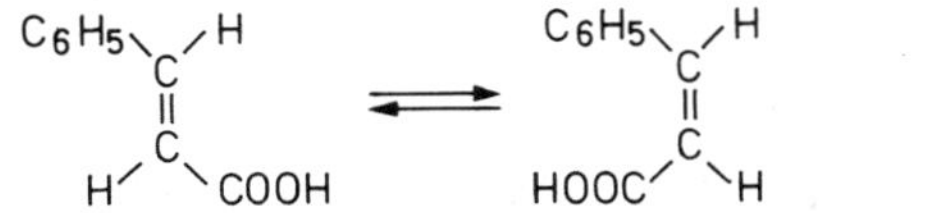

Zimtsäure (*E*) (*trans*) (Schmp. 135 °C [408 K]) Allozimtsäure (*Z*) (*cis*) (Schmp. 68 °C [341 K])

5.9.3.2 Verwendet man bei der *Perkin*-Synthese anstelle von Benzaldehyd den Salicylaldehyd, so führt die Kondensation zur ***o*-Hydroxyzimtsäure** (*Cumarinsäure*), die sofort unter Wasserabspaltung in den inneren Ester **Cumarin** übergeht. Die Cumarinsäure muß somit (*Z*)-Konfiguration besitzen.

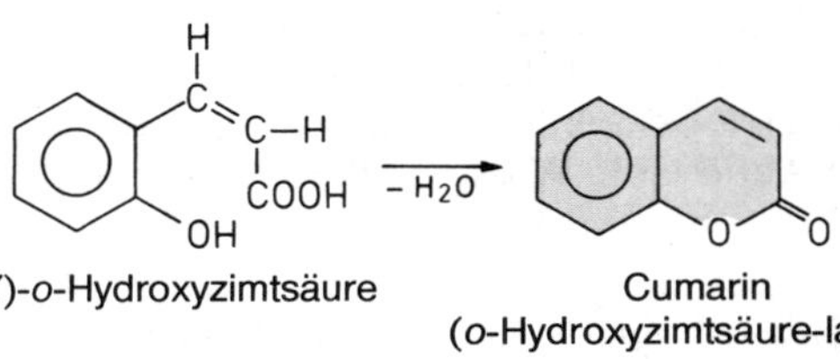

(*Z*)-*o*-Hydroxyzimtsäure Cumarin (*o*-Hydroxyzimtsäure-lacton)

Cumarin ist der Riechstoff des Waldmeisters und schmilzt bei 71 °C (344 K).
Die ebenfalls in der Natur vorkommende (*E*)-*o*-Hydroxyzimtsäure (*Cumarsäure*) vom Schmp. 208 °C (481 K) bildet kein Lacton.
Cumarinderivate sind die äußerst giftigen *Aflatoxine*, die von verschiedenen Schimmelpilzgattungen, z. B. Aspergillus flavus, als Stoffwechselprodukt (Mycotoxin) ausgeschieden werden und so in Nahrungsmittel gelangen können. Aflatoxin B_1 gehört zu den stärksten bekannten Carcinogenen[1]. Auch andere Furocumarine wie das in Feigen, Sellerie und Petersilie vorkommende *Psoralen* wirken carcinogen, wenn sie durch Licht aktiviert werden.

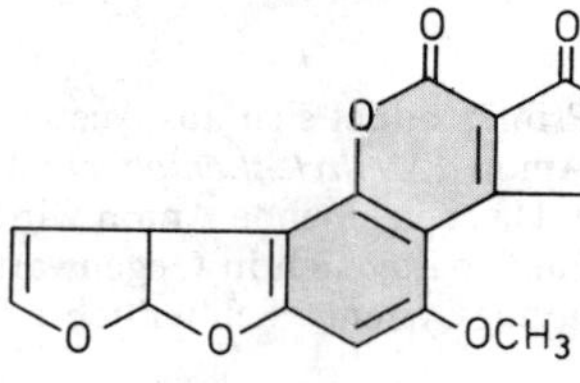

Aflatoxin B_1

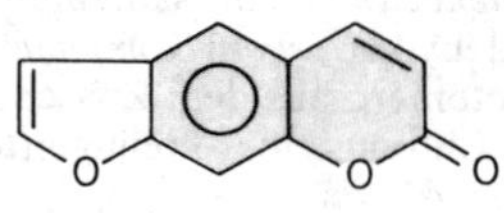

Psoralen

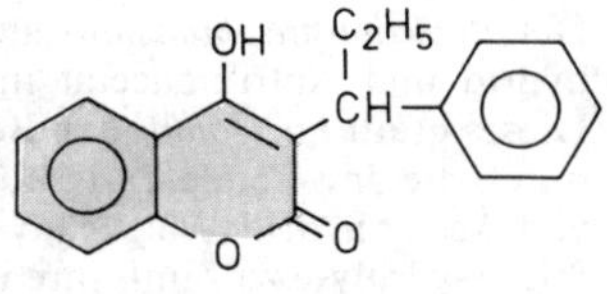

INN: ***Phenprocoumon***

Wegen ihrer Ähnlichkeit mit dem *Vitamin* K_1 hemmen Cumarinderivate wie das ***Phenprocoumon*** (*Marcumar*) die Blutgerinnung und werden mit dieser Zielsetzung therapeutisch verwendet.

5.9.4 Aromatische Dicarbonsäuren

Vom Benzol leiten sich drei stellungsisomere Dicarbonsäuren ab:

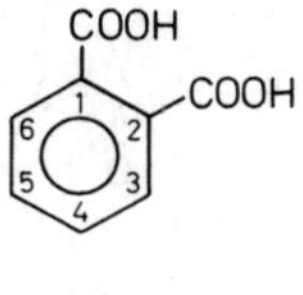

Phthalsäure

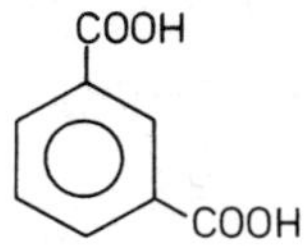

Isophthalsäure

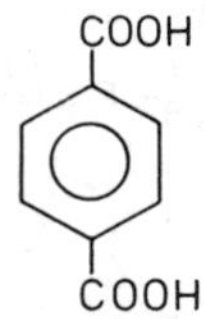

Terephthalsäure

Technische Bedeutung besitzen die Phthalsäure und die Terephthalsäure.
Allgemein lassen sich die Benzoldicarbonsäuren durch Oxidation der entsprechenden Dialkylbenzole darstellen, z. B.:

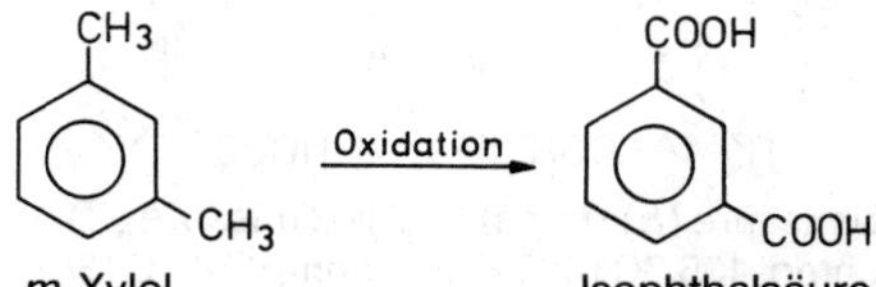

m-Xylol Isophthalsäure

5.9.4.1 Phthalsäure (Benzol-*o*-dicarbonsäure)

Darstellung. a) *Durch Oxidation von o-Xylol.*
b) *Durch Oxidation von Naphthalin* mit Luftsauerstoff bei 380–450 °C (650–725 K) in Gegenwart von Vanadin(V)-oxid als Katalysator.
Die Reaktion verläuft über 1,4-Naphthochinon und Phthalsäure zu Phthalsäureanhydrid, aus dem man nach Auflösen in Wasser und Fällen mit Salzsäure die Phthalsäure erhält (Ausbeute 85–88%):

[1] Vgl. *B. Franck*, Mycotoxine aus Schimmelpilzen, Angew. Chem *96*, 462 (1984).

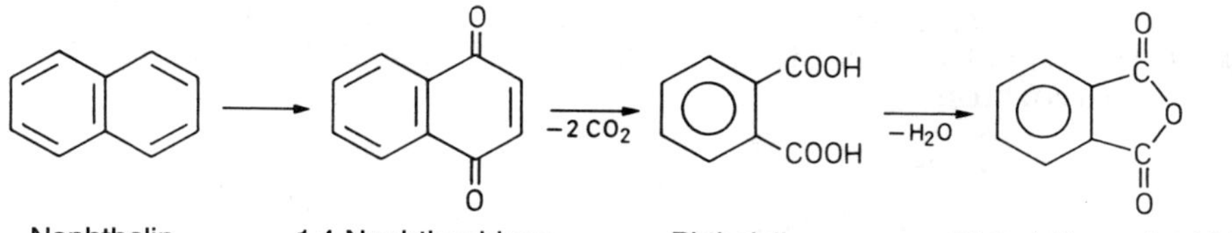

Als Nebenprodukte treten Maleinsäureanhydrid und *p*-Benzochinon auf.

Eigenschaften. Phthalsäure bildet monokline Tafeln, besitzt jedoch keinen scharfen Schmelzpunkt, da sie schon unterhalb ihrer Schmelztemperatur Wasser abspaltet. Hält man Phthalsäure einige Zeit im Schmelzfluß, so entsteht unter Wasserabspaltung quantitativ **Phthalsäureanhydrid,** das in Nadeln vom Schmp. 131 °C (404 K) kristallisiert.

Verwendung. Phthalsäureanhydrid und Phthalsäure dienen als Ausgangsmaterial in der Farbstoffindustrie sowie zur Herstellung von Anthrachinon und Phthalsäuredinitril (für Phthalocyanine). Die Phthalsäureester höherer Alkohole werden als *PVC*-Weichmacher (*Palatinole*) und die mehrwertiger Alkohole zur Herstellung wertvoller Lackrohstoffe (vgl. Alkydharze, S. 310) verwendet.

Phthalimid bildet sich beim Erhitzen von Phthalsäureanhydrid mit Ammoniak unter Druck. Da die beiden α-ständigen C=O-Doppelbindungen im Molekül die Ablösung des Imid-Wasserstoffs als Proton erleichtern, reagiert Phthalimid *sauer,* z. B. löst es sich in alkoholischer Kalilauge unter Bildung von Phthalimidkalium, das bei der *Gabriel*-Synthese benutzt wird.

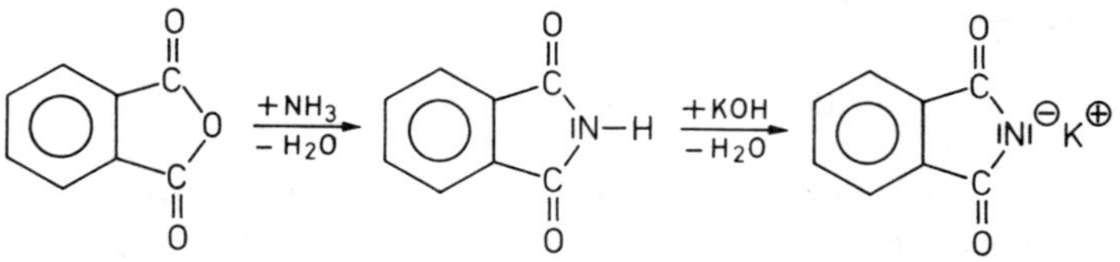

5.9.4.2 Terephthalsäure (Benzol-*p*-dicarbonsäure)

Die Bezeichnung „Tere-" leitet sich vom Terpentinöl ab, bei dessen Oxidation die Terephthalsäure erstmalig isoliert wurde. Sie besitzt große technische Bedeutung für die Herstellung von *Polyesterfasern.*

Darstellung. a) *Durch Oxidation von p-Xylol.*
b) *Durch Carboxylierung von Benzoesäure* bei 340 °C (615 K) und 300 bar (30 MPa) in Gegenwart von Kaliumhydrogencarbonat nach dem Prinzip der *Kolbe-Schmitt*-Synthese (vgl. S. 552) in 60proz. Ausbeute:

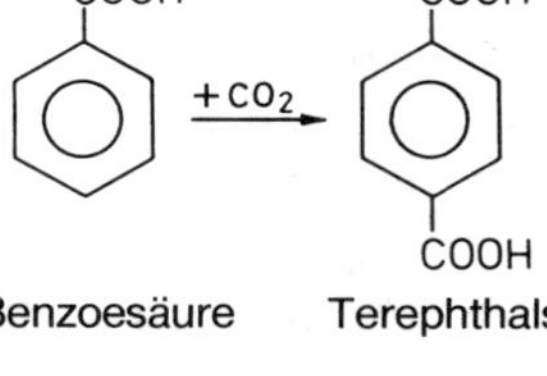

c) *Durch thermische Isomerisierung von Dikaliumphthalat* bei 20 bar (2 MPa) und 400 °C (675 K) in Kohlendioxid als Schutzgas am Zn/Cd-Kontakt in 95proz. Ausbeute (**Henkel-Verfahren**):

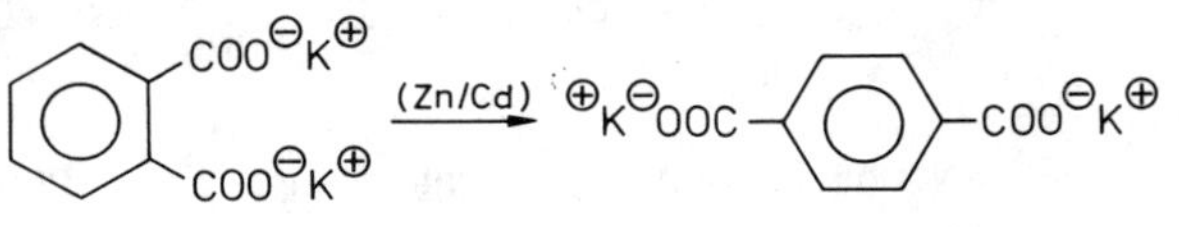

Eigenschaften. Terephthalsäure kristallisiert in farblosen Nadeln, die bei etwa 300 °C (575 K) sublimieren. Sie bildet kein Anhydrid und ist in Wasser und organischen Lösungsmitteln schwer löslich.

5.9.4.3 Polyesterfasern. Die Terephthalsäure bzw. ihr Methylester dienen als Ausgangsmaterial für vollsynthetische Fasern. Durch *Polykondensation* von Terephthalsäuredimethylester mit Ethylenglykol entsteht die **Polyesterfaser** (Polyethylenterephthalat; Terylen, Dacron, Trevira, Grisuten, Diolen) folgender Kettenstruktur:

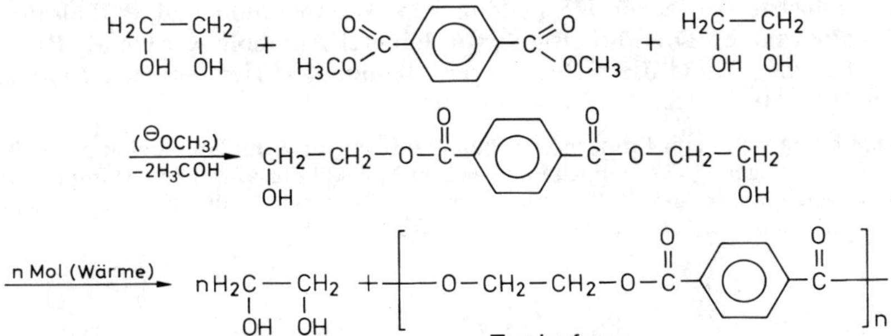

Terylenfaser

Das Polykondensat wird aus dem Schmelzfluß versponnen und kalt verstreckt. Die in Großbritannien entwickelte *Terylenfaser* (Schmp. 240–250 °C [513–523 K]) zeichnet sich durch hohe Reißfestigkeit und Elastizität sowie durch besondere Widerstandsfähigkeit gegen stark hydrolysierend wirkende Reagenzien und UV-Licht aus. Die daraus hergestellten Textilien sind bügelfrei und knitterarm.
Wird zur Veresterung anstelle des Terephthalsäureesters Kohlensäurediester oder Phosgen verwendet, so erhält man *Polycarbonate,* z. B. mit *Bisphenol A:*

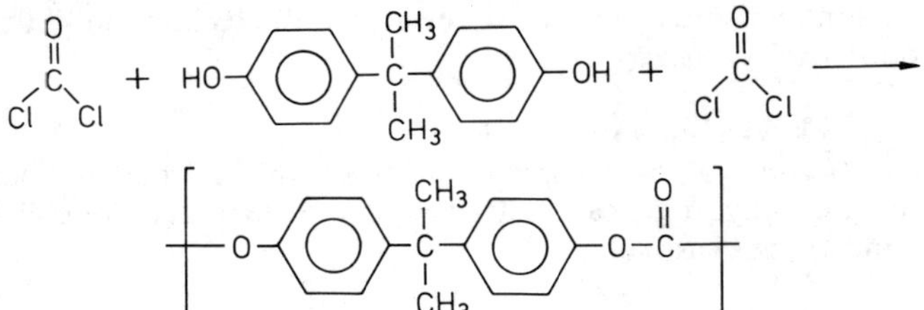

Polycarbonat

Polycarbonate sind Kunststoffe mit wertvollen Eigenschaften (Makrolon); Eßbestecke, Schutzhelme und selbst feinmechanische Präzisionsteile können daraus hergestellt werden.

Selbstverstärkende Flüssigkristall-(LC)-Polymere. Der geradkettige Aufbau der Polycarbonate kann bei der Abkühlung von Schmelzen zur Bildung von Flüssigkristallen füh-

ren, in denen die Makromoleküle parallel ausgerichtet sind. Diese Ordnung bleibt bei der weiteren Abkühlung erhalten und führt zu besonderer Festigkeit in einer bestimmten Richtung, während quer dazu die normale Festigkeit erhalten bleibt. Die Bezeichnung LC-Polymere für die nach dieser Technik hergestellten Materialien leitet sich von **l**iquid **c**rystal ab.
Durch Polykondensation von Terephthalsäure mit *p*-Phenylendiamin entsteht das Polyamid **Aramid** (Kevlar).

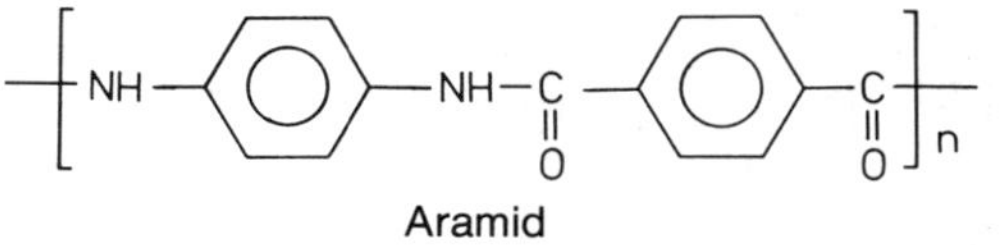

Aramid

Durch ein Trockenspinnverfahren erhält man Fasern von der Reißfestigkeit hochfester Stahldrähte, die bis 300 °C (570 K) gegen Chemikalien stabil sind und ihre mechanischen Eigenschaften behalten.

5.9.4.4 Die *Hammett*-Gleichung

Die pK_a-Werte der Benzoesäuren, welche auf S. 547 *f.* im Hinblick auf qualitative Wirkungen der Substituenten betrachtet wurden, sind einer einfachen und wesentlich aussagefähigeren quantitativen Behandlung zugänglich.
Hammett hat 1935 gezeigt, daß man Dissoziationskonstanten verschieden substituierter Benzoesäuren zur Grundlage eines Korrelationssystems machen kann, mit dem chemische Gleichgewichte, Reaktionsgeschwindigkeiten sowie spektroskopische und physikalische Eigenschaften verknüpft werden können.
Die Grundlage der Behandlung ist die Erfahrung, daß zwischen den freien Enthalpien der Gleichgewichte (ΔG^0) und der Reaktionsgeschwindigkeiten ($\Delta G^{\neq}$) zahlreicher Reaktionen eine lineare Beziehung besteht: die lineare freie Energiebeziehung (LFER von **L**inear **F**ree **E**nergy **R**elationship)[1]. Unmittelbar zugänglich wird diese Beziehung aufgrund folgender Gleichungen:

$$\Delta G^0 = -RT \cdot \ln K \quad (K = \text{Gleichgewichtskonstante})^2$$

$$\Delta G^{\neq} = -RT \cdot \ln k + \frac{k_B \cdot T}{h} \quad (k = \text{Reaktionsgeschwindigkeitskonstante})^2$$

Um zu prüfen, ob eine lineare freie Energiebeziehung vorliegt, hat man die Logarithmen der Gleichgewichts- oder Geschwindigkeitskonstanten der betreffenden Verbindungen bei einer bestimmten Reaktion gegen die Logarithmen der Gleichgewichtskonstanten einer Standardreaktion aufzutragen. *Hammett* hat die Dissoziationskonstanten der substituierten Benzoesäuren bei 25 °C (298 K) als Standardreaktion definiert.
Abb. 115 zeigt als Beispiel die Korrelation zwischen den Geschwindigkeiten der alkalischen Hydrolyse substituierter Benzoesäureethylester bei 30 °C (303 K).
Man erkennt eine „lineare freie Energiebeziehung" für die *m*- und *p*-Verbindungen (○) nicht aber für die *o*-Verbindungen (x). Bezeichnet man die Steigung der Geraden

[1] Streng genommen handelt es sich um eine lineare freie *Enthalpie*beziehung. Die allgemein eingeführte Bezeichnung: lineare freie *Energie*beziehung beruht darauf, daß in der angelsächsischen Literatur $\Delta G°$ und $\Delta G^{\neq}$ meist *Gibbs* free *energy* genannt wurden.
[2] R: allgemeine Gaskonstante = 8,314 J/K · Mol; k_B: *Boltzmann*-Konstante = R/N_A

Aromatische Verbindungen 5

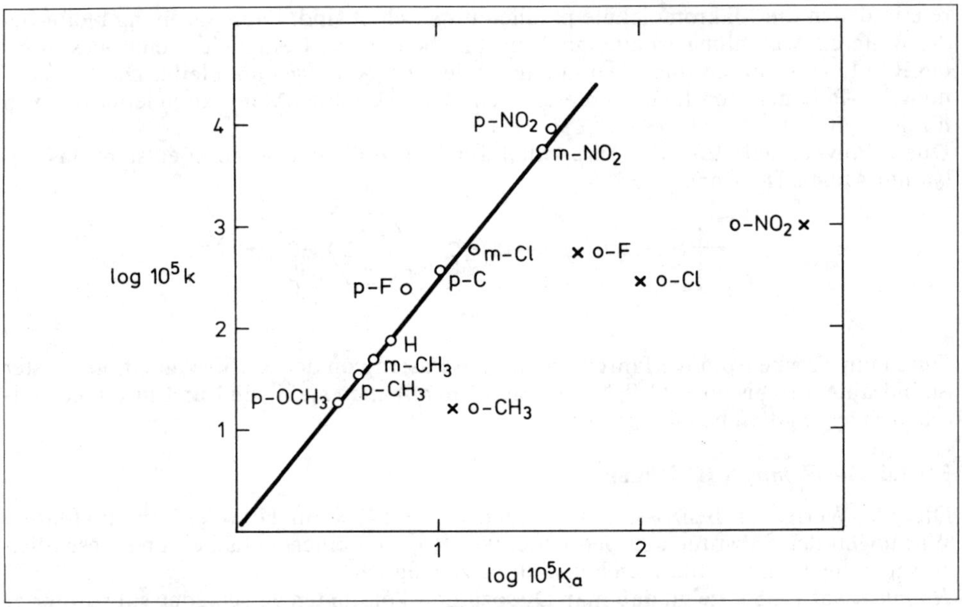

Abb. 115. Korrelation zwischen log *k* der alkalischen Hydrolyse substituierter Bezoesäureethylester bei 30 °C (303 K) in 85% Ethanol/Wasser und den Dissoziationskonstanten der entsprechenden Benzoesäuren in Wasser bei 25 °C (298 K).

mit ϱ, so ergibt sich die folgende Gleichung einer Geraden:

$$\log k = \varrho \cdot \log K + C$$

Für die Benzoesäure selbst erhält man:

$$\log k_0 = \varrho \cdot \log K_0 + C$$

Substraktion der beiden Gleichungen ergibt:

$$\log \frac{k}{k_0} = \varrho \cdot \log \frac{K}{K_0}; \quad \log \frac{K}{K_0} = \sigma$$

So erhält man die ***Hammett*-Gleichung**

$$\log \frac{k}{k_0} = \varrho \cdot \sigma; \quad \log \frac{K'}{K'_0} = \varrho \cdot \sigma$$

Tabelle 16 gibt einige σ-*Werte,* die als *Substituentenkonstanten* bezeichnet werden, weil sie den Einfluß des in *m* oder *p* am Benzolkern befindlichen Substituenten auf die Reaktion charakterisieren. Dabei wird Wasserstoff definitionsgemäß = 0 gesetzt. Damit erhalten Substituenten, die im Vergleich mit Wasserstoff Elektronendonatoren sind $-\sigma$- und elektronenanziehende $+\sigma$-Werte. Das ist auf die Standardreaktion zurückzuführen, denn elektronenanziehende Gruppen erhöhen die Säurestärke der betreffenden Benzoesäure und führen zu einem positiven Wert für $\log \frac{K}{K_0}$.

Tabelle 16. *Hammett*sche Substituentenkonstanten

Substituent	σ_p	σ_m	Substituent	σ_p	σ_m
NH_2	−0,66	−0,16	Cl	+0,23	+0,37
OH	−0,37	+0,12	COOH	+0,41	+0,36
OCH_3	−0,27	+0,12	CHO	+0,45	+0,36
CH_3	−0,17	−0,07	$COCH_3$	+0,50	+0,38
C_6H_5	−0,01	+0,06	NO_2	+0,78	+0,71
H	**0,00**	**0,00**	$^{\oplus}N(CH_3)_3$	+0,88	+0,90
F	+0,06	+0,34	$N_2^{\oplus}$	+1,91	+1,76

Reaktionen, die mittels der *Hammett*-Gleichung korrelierbar sind, weisen eine für jede Reaktion charakteristische Steigung auf, die als *Reaktionskonstante* ϱ bezeichnet wird. Für die Standardreaktion wurde $\varrho = 1$ gesetzt. Alle Reaktionen, die durch elektronenanziehende Substituenten begünstigt werden, haben einen positiven ϱ-Wert. Für die in Abb. 115 gezeigte alkalische Esterverseifung ist $\varrho = 2{,}43$. Die Umsetzung reagiert also empfindlicher auf den Substituenten als die Dissoziation der Benzoesäuren. Wird eine Reaktion durch eine hohe Elektronendichte am Reaktionszentrum begünstigt, so erhält man negative ϱ-Werte:

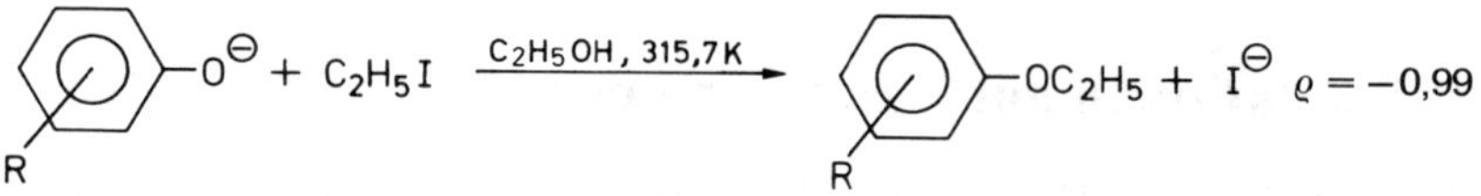

Phenolat-Anion Phenetol

Die Reaktionskonstanten ϱ sind von der Temperatur und vom Lösungsmittel abhängig, besonders dann, wenn die Änderung der Bedingungen den Reaktionsmechanismus ändert.

Aufgrund zahlreicher tabellierter ϱ- und σ-Werte[1] ermöglicht die *Hammett*-Gleichung Voraussagen im Hinblick auf Gleichgewichtslagen (so z. B. pk_a-Werte[2]) und Reaktionsgeschwindigkeiten, die weit über das hinausgehen, was sich aufgrund qualitativer Überlegungen auf der Grundlage der Substituenteneffekte abschätzen läßt. Jedoch sind viele Voraussagen unsicher und Vorsicht ist geboten. Auf die zahlreichen Versuche, die *Hammett*-Gleichung auf andere Systeme als *m*- und *p*-substituierte Benzolderivate anzuwenden, kann hier nur hingewiesen werden[1,3].

[1] Vgl. *N. B. Chapman* et al. (Editors), Correlation Analysis in Chemistry; Recent Advances in Linear Free Energy Relationships (Plenum Press, London 1978).

[2] Vgl. *D. D. Perrin*, pk_a Prediction for Organic Acids and Bases (Chapman and Hall, London 1981).

[3] Vgl. *J. Hine*, Structural Effects on Equilibria in Organic Chemistry (Wiley, New York 1975).

5.10 Reduktionsprodukte der aromatischen Nitroverbindungen

Ebenso wie die aliphatischen lassen sich auch die aromatischen Nitroverbindungen in mineralsaurer Lösung zu *primären* Aminen reduzieren, z. B. verläuft die Reduktion des Nitrobenzols über folgende Zwischenstufen zum Anilin:

Nitrobenzol — Nitrosobenzol — N-Phenyl-hydroxylamin — Anilin

Nimmt man die Reduktion dagegen in neutraler oder schwach saurer Lösung vor, so bleibt sie auf der Stufe des N-Phenyl-hydroxylamins stehen. Im alkalischen Medium entsteht im Endeffekt ein bimolekulares Reduktionsprodukt, das Hydrazobenzol, $C_6H_5-NH-NH-C_6H_5$. Die Reduktion aromatischer Nitroverbindungen hängt also entscheidend vom *p*H der Lösung ab.

5.10.1 Reduktion in mineralsaurer Lösung

5.10.1.1 Anilin, $C_6H_5-NH_2$, die Grundsubstanz der aromatischen Amine, wurde erstmalig *durch Reduktion von Nitrobenzol* mit Zinn und Salzsäure erhalten (*Zinin*, 1841). Auf diesem Verfahren basiert noch heute die technische Anilingewinnung. Hierbei wird Nitrobenzol mit *Eisen* und Wasser in Gegenwart von 1/40 der berechneten Menge Salzsäure zu Anilin reduziert. Der zur Reduktion erforderliche Wasserstoff stammt größtenteils aus dem Wasser; das Eisen geht in Fe_3O_4 über:

$$4\,C_6H_5{-}NO_2 + 9\,Fe + 4\,H_2O \xrightarrow{(HCl)} 4\,C_6H_5{-}NH_2 + 3\,Fe_3O_4$$

Nach beendeter Reduktion wird mit Calciumoxid neutralisiert und das Anilin mit Wasserdampf übergetrieben. Die Ausbeute ist nahezu quantitativ.

Im Laboratorium führt man die Reduktion aromatischer Nitroverbindungen gewöhnlich mit Zinn und Salzsäure durch.

In neuerer Zeit hat die drucklose *katalytische Hydrierung von Nitrobenzol* in der Gasphase am Kupfer-Kontakt im Fließbett die Eisenreduktion teilweise verdrängt:

$$C_6H_5{-}NO_2 \xrightarrow[-2\,H_2O]{+6\,H(Cu)} C_6H_5{-}NH_2 \qquad \Delta H = -493\ \text{kJ/Mol}$$

Die aromatischen Amine werden wegen ihrer großen technischen Bedeutung im nachfolgenden Kapitel gesondert behandelt.

5.10.2 Reduktion in neutraler oder schwach saurer Lösung

5.10.2.1 N-Phenyl-hydroxylamin, C_6H_5-NHOH, ist die erste, bei der Nitrobenzol-Reduktion faßbare Zwischenstufe.

Darstellung. a) *Durch Reduktion von Nitrobenzol* mit Zinkstaub in wäßriger Ammoniumchloridlösung:

$$\underset{\text{Nitrobenzol}}{C_6H_5{-}NO_2} + 4\,H \longrightarrow \underset{\text{N-Phenyl-hydroxylamin}}{C_6H_5{-}NHOH} + H_2O$$

b) *Durch kathodische Reduktion von Nitrobenzol* in saurer Lösung (10%ige Schwefelsäure) an Blei-, Quecksilber-, Kupfer- oder Graphitelektroden.

Das Verfahren ist auch auf Derivate des Nitrobenzols anwendbar und liefert die entsprechend substituierten Phenylhydroxylamine in hohen Ausbeuten. Als erstes Zwischenprodukt entsteht an der Elektrode durch Aufnahme eines Elektrons das Radikalanion des Nitrobenzols $[C_6H_5NO_2]^{\bullet\ominus}$.

Eigenschaften und Verwendung. N-Phenyl-hydroxylamin bildet farblose, seidenglänzende Nadeln, Schmp. 83 °C (356 K), die sich in Wasser, Ethanol und Ether lösen; es reagiert neutral, ist aber nicht lange haltbar. Wie Hydroxylamin wirkt es auf ammoniakalische Silbersalz- und *Fehling*sche Lösung *reduzierend.*

Behandelt man eine etherische Lösung von N-Phenyl-hydroxylamin mit trockenem Ammoniak und *n*-Butylnitrit, so entsteht das Ammoniumsalz des N-Nitroso-N-phenyl-hydroxylamins, das als *„Cupferron"* zum Nachweis und zur quantitativen Bestimmung von Metall-Ionen, z. B. von Kupfer, Eisen und Titan, unter Bildung unlöslicher *Metall-Innerkomplexe* benutzt wird.

$$C_6H_5{-}\underset{\substack{|\\ H}}{N}{-}OH + NH_3 + C_4H_9ONO \longrightarrow C_6H_5{-}\underset{\substack{|\\ NO}}{N}{-}\overline{\underline{O}}|^{\ominus}\ NH_4^{\oplus} + C_4H_9OH$$

Der Innerkomplex des Kupfers besitzt folgende Konstitution:

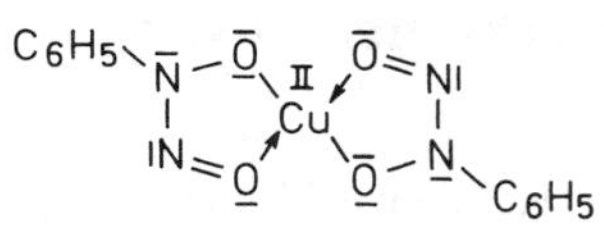

In stark mineralsaurer Lösung lagert sich N-Phenyl-hydroxylamin unter Austausch der OH-Gruppe mit dem *p*-ständigen H-Atom in *p-Aminophenol* um (*Bamberger*, 1894):

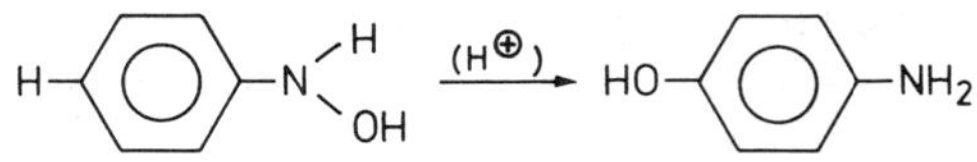

N-Phenyl-hydroxylamin *p*-Aminophenol

Der *Mechanismus* dieser Umlagerung ist noch nicht eindeutig geklärt.

5.10.2.2 *p*-Aminophenol, Schmp. 186 °C (459 K), wird technisch durch elektrolytische Reduktion von Nitrobenzol in stark schwefelsaurer Lösung hergestellt und dient unter dem Namen *Rodinal* ebenso wie *p*-Methylamino-phenol-sulfat (Metol) als *photographischer Entwickler.*

Aromatische Nitrosoverbindungen

5.10.2.3 Nitrosobenzol, $C_6H_5{-}N{=}O$, läßt sich als Primärprodukt der Reduktion von Nitrobenzol nicht isolieren, da es gleich weiter reduziert wird. Am besten stellt man es *durch Oxidation von N-Phenyl-hydroxylamin* mit Kaliumdichromat und Schwefelsäure bei 0 °C (273 K) dar:

$$C_6H_5{-}NHOH \xrightarrow[-H_2O]{[O]} C_6H_5{-}N{=}O$$

N-Phenyl-hydroxylamin — Nitrosobenzol

Nitrosobenzol bildet farblose Kristalle vom Schmp. 68 °C (341 K), die sich aber beim Lösen, Schmelzen und Verdampfen grün färben. In der festen, farblosen Form liegt eine *bimolekulare* Verbindung, $(C_6H_5NO)_2$, vor.

In der *dimeren* Form des Nitrosobenzols wurde mit Hilfe der *Röntgenstrukturanalyse* eine N–N-Bindung nachgewiesen, so daß folgende Mesomeriestabilisierung vorliegen kann:

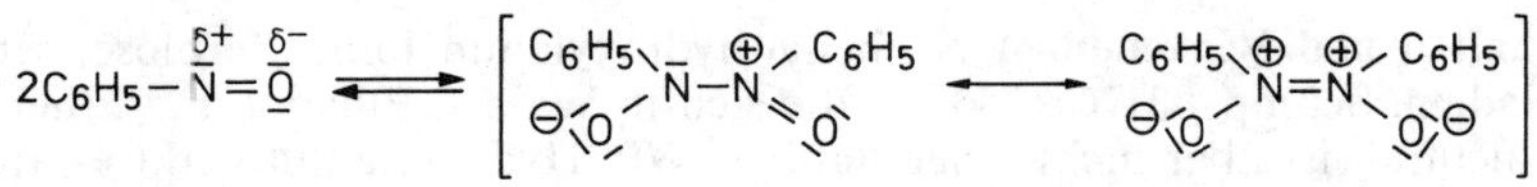

(grün oder blau) (farblos oder gelb)

In der *monomeren Form* des Nitrosobenzols wirkt die Nitrosogruppe farbgebend.

Bei der Einwirkung von Phenylmagnesiumbromid auf Nitrosobenzol entsteht **Diphenylhydroxylamin,** Schmp. 60 °C (333 K):

$$C_6H_5{-}N{=}O \xrightarrow{+\,C_6H_5MgBr} C_6H_5{-}N(OMgBr)(C_6H_5) \xrightarrow[-\,Mg(OH)Br]{+\,H_2O} (C_6H_5)_2N{-}OH$$

Diphenylhydroxylamin

5.10.3 Reduktion in alkalischer Lösung

Die Reduktion aromatischer Nitroverbindungen im alkalischen Medium führt meist gleich bis zur entsprechenden Hydrazoverbindung. Die bimolekularen Reduktionsprodukte bilden sich durch *Sekundärreaktionen,* z. B. entsteht **Azoxybenzol** durch Kondensation von Nitrosobenzol mit N-Phenyl-hydroxylamin:

$$C_6H_5{-}N{=}O + H{-}N(OH){-}C_6H_5 \longrightarrow C_6H_5{-}N{=}\overset{\oplus}{N}(\underline{\overline{O}}|^{\ominus}){-}C_6H_5 + H_2O$$

Azoxybenzol

5.10.3.1 Azoxyverbindungen

Darstellung. a) *Durch Erhitzen von Nitrobenzol mit methanolischer Kalilauge,* wobei Methanol zu Ameisensäure oxidiert wird:

$$4C_6H_5{-}NO_2 + 3H_3COK \longrightarrow 2C_6H_5{-}\overset{\oplus}{N}(\underline{\overline{O}}|^{\ominus}){=}N{-}C_6H_5 + 3HCOOK + 3H_2O$$

Azoxybenzol

b) *Durch Oxidation von Azobenzol* mit Wasserstoffperoxid in essigsaurer Lösung:

$$C_6H_5{-}N{=}N{-}C_6H_5 + H_2O_2 \longrightarrow C_6H_5{-}\overset{\oplus}{N}(\underline{\overline{O}}|^{\ominus}){=}N{-}C_6H_5 + H_2O$$

Azobenzol — Azoxybenzol

Als *Angeli* (1906) diese Reaktion mit *p-Bromazobenzol* durchführte, isolierte er *zwei isomere* Azoxyverbindungen, in denen das O-Atom mit dem einen oder anderen N-Atom durch eine *semipolare* Bindung verknüpft ist (vgl. Aminoxide).

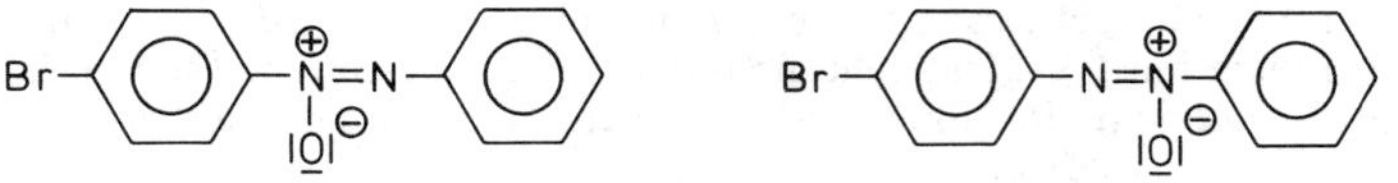

Somit entstehen bei der Oxidation unsymmetrischer Azoverbindungen mit H_2O_2 stets zwei konstitutionsisomere Azoxyverbindungen.

Eigenschaften. Azoxybenzol kristallisiert in blaßgelben, bei 36 °C (309 K) schmelzenden Nadeln, reagiert neutral und ist gegen Oxidationsmittel beständig.

In Analogie zur *cis-trans*-Isomerie der C=C-Doppelbindung bzw. zur *Z*–*E*-Isomerie der C=N-Doppelbindung, z. B. bei Oximen, sollte man auch bei der N=N-Doppelbindung das Auftreten *stereoisomerer* Formen erwarten. Im Jahre 1909 isolierte *Reissert* zwei Azoxybenzole vom Schmp. 36 °C bzw. 84 °C (309 bzw. 357 K). Daß es sich hierbei um *Z*–*E-Isomere* handelt, konnte später durch UV-Absorptionsspektren (*Szegö*) und Messung der Dipolmomente (*Eu. Müller*) nachgewiesen werden. Beide stereoisomeren Formen stehen miteinander im *Gleichgewicht*, jedoch ist die (*Z*)-Form die stabilere:

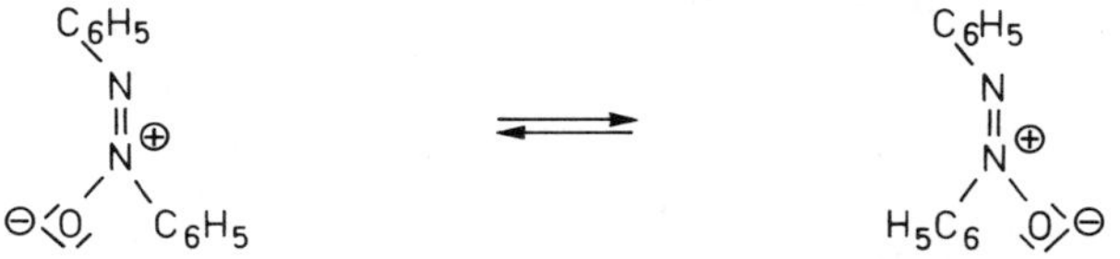

(*Z*)-oder *trans*-Form (Schmp. 36 °C [309 K]) $\mu = 5{,}67 \cdot 10^{-30}$ Cm

(*E*)-oder *cis*-Form (Schmp. 84 °C [357 K]) $\mu = 15{,}58 \cdot 10^{-30}$ Cm

Azoxybenzol

5.10.3.2 Azoverbindungen

Hierunter versteht man Verbindungen, in denen die *Azogruppe*, –N=N–, beiderseits mit Alkylen bzw. Arylen verbunden ist. Die einfachste aromatische Azoverbindung ist Azobenzol, die Stammsubstanz der Azofarbstoffe.

Azobenzol, $C_6H_5{-}N{=}N{-}C_6H_5$, kann in Abhängigkeit vom Reduktionsmittel und vom Verlauf der Sekundärreaktionen bei der Reduktion von Nitrobenzol als Zwischenprodukt auftreten, z. B. durch Oxidation von Hydrazobenzol mit überschüssigem Nitrobenzol:

$$C_6H_5{-}NH{-}NH{-}C_6H_5 + C_6H_5NO_2 \longrightarrow C_6H_5{-}N{=}N{-}C_6H_5 + C_6H_5NO + H_2O$$

Darstellung. a) *Durch Reduktion von Nitrobenzol* mit Natriumamalgam oder Lithiumaluminiumhydrid:

$$2\,C_6H_5{-}NO_2 + 8\,H \longrightarrow C_6H_5{-}N{=}N{-}C_6H_5 + 4\,H_2O$$

b) *Durch Oxidation von Hydrazobenzol* mit Natriumhypobromitlösung:

$$C_6H_5{-}NH{-}NH{-}C_6H_5 + NaOBr \longrightarrow C_6H_5{-}N{=}N{-}C_6H_5 + NaBr + H_2O$$

c) *Durch Kondensation von Nitrosobenzol mit Anilin* in essigsaurer Lösung:

$$C_6H_5{-}N{=}O + H_2N{-}C_6H_5 \longrightarrow C_6H_5{-}N{=}N{-}C_6H_5 + H_2O$$

Nach dieser Methode lassen sich vor allem unsymmetrische Azobenzol-Derivate herstellen.

Eigenschaften. Azobenzol bildet orangerote Blättchen vom Schmp. 68 °C (341 K), siedet unzersetzt bei 293 °C (566 K) und ist mit Wasserdampf ziemlich flüchtig. Es löst sich kaum in Wasser, aber leicht in organischen Lösungsmitteln.

In Analogie zum Azoxybenzol existiert auch Azobenzol in zwei *Z–E-Isomeren.* Beim Bestrahlen einer Azobenzollösung mit UV-Licht geht die normalerweise vorliegende stabile (*E*)-Form in einer *Gleichgewichtsreaktion* in die labile (*Z*)-Form über, und zwar entstehen in Abhängigkeit vom Lösungsmittel 15–40% der (*Z*)-Form:

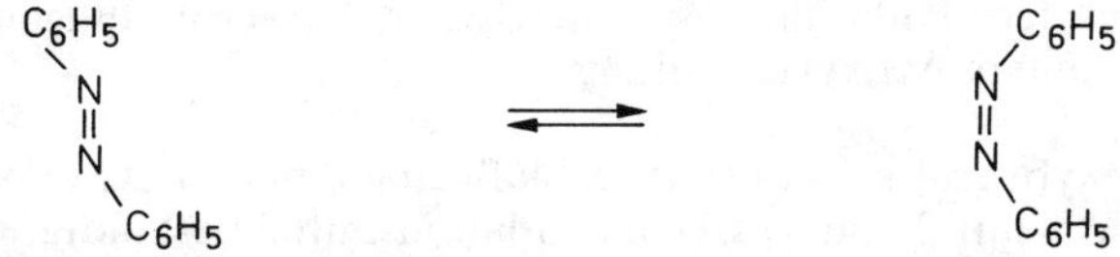

(*E*)-oder *trans*-Form (Schmp. 68 °C [341 K]) $\mu = 0$ | (*Z*)-oder *cis*-Form (Schmp. 71,4 °C [344,6 K]) $\mu = 10{,}0 \cdot 10^{-30}$ Cm

Azobenzol

Die Trennung der Isomeren gelang durch chromatographische Adsorption (*A. H. Cook*).
(*Z*)-Azobenzol läßt sich durch Einleiten von Keten in die bestrahlte Lösung von Azobenzol in Hexan bei 15 °C (290 K) nachweisen. Hierbei entsteht folgendes Addukt, das jedoch in der Hitze rasch wieder zerfällt (*G. O. Schenk,* 1956):

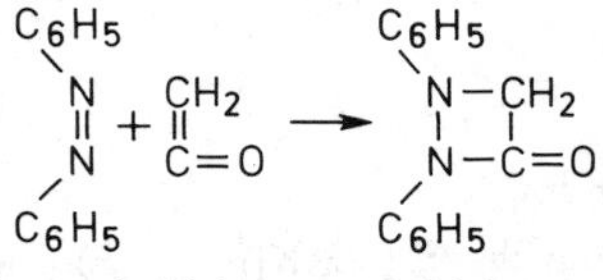

(*Z*)-Azobenzol Keten Addukt

Eine analoge Additionsreaktion wurde mit Diphenylketen durchgeführt.

5.10.3.3 Hydrazoverbindungen

Hydrazobenzol (1,2- oder *sym.*-Diphenylhydrazin), $C_6H_5-NH-NH-C_6H_5$, ist das Endprodukt der alkalischen Reduktion von Nitrobenzol.

Darstellung. a) *Durch Reduktion von Nitrobenzol* mit Zinkstaub und Natronlauge:

$$2\,C_6H_5{-}NO_2 + 10\,H \rightarrow C_6H_5{-}NH{-}NH{-}C_6H_5 + 4\,H_2O$$

Technisch reduziert man Nitrobenzol zunächst mit Natriumamalgam (8 Reduktionsäquivalente), das bei der Chlor-Alkali-Elektrolyse anfällt, zu Azobenzol und anschließend mit Zinkstaub (2 Reduktionsäquivalente) zu Hydrazobenzol.
Ferner kann die Reduktion von Nitrobenzol auch elektrochemisch in wäßriger Natronlauge vorgenommen werden.
b) *Durch Reduktion von Azoxybenzol:*

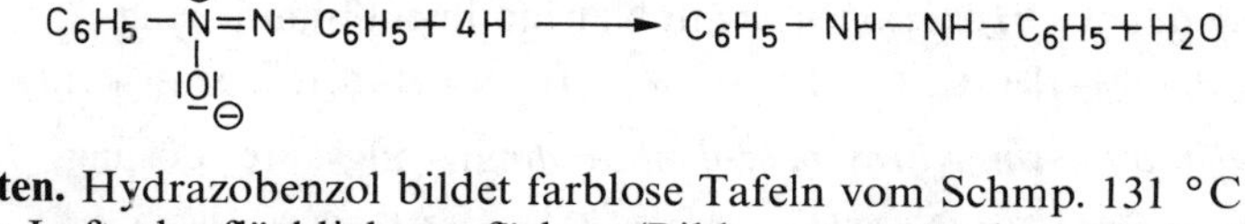

Eigenschaften. Hydrazobenzol bildet farblose Tafeln vom Schmp. 131 °C (404 K), die sich an der Luft oberflächlich rot färben (Bildung von Azobenzol), in Wasser nicht, aber in Alkoholen und Ether löslich sind. Bei energischer Reduktion mit Zinn(II)-chlo-

rid und Salzsäure geht es in Anilin, durch Oxidation, z. B. mit Eisen(III)-chlorid, in Azobenzol über.
Beim Erhitzen von Hydrazobenzol tritt *Disproportionierung* in Azobenzol und Anilin ein:

$$2\,C_6H_5\text{–}NH\text{–}NH\text{–}C_6H_5 \rightarrow C_6H_5\text{–}N{=}N\text{–}C_6H_5 + 2\,C_6H_5\text{–}NH_2$$

Die bei der Dehydrierung der Hydrazogruppe freiwerdenden H-Atome spalten zugleich ein zweites Molekül Hydrazobenzol in zwei Moleküle Anilin.

5.10.3.4 Benzidin-Umlagerung. Die wichtigste Reaktion des Hydrazobenzols ist seine Umlagerung zu Benzidin (4,4′-Diamino-biphenyl), die in saurer Lösung eintritt:

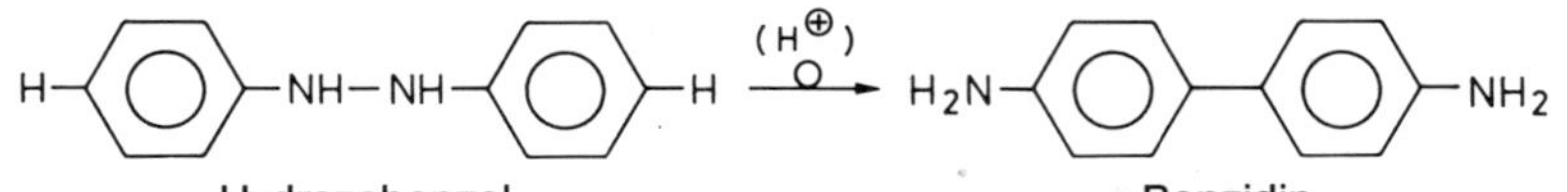

Hydrazobenzol Benzidin

Der *Mechanismus* der Benzidin-Umlagerung ist mit Hilfe des kinetischen Isotopeneffektes weitgehend geklärt worden[1]. Schon 1933 wurde von *Ingold* bewiesen, daß nicht zwei getrennte Spaltprodukte auftreten, sondern die Umlagerung *intramolekular* verläuft. Die Umlagerung des zunächst entstehenden diprotonierten Hydrazobenzols zu der *p*-chinoiden Struktur erfolgt im Übergangszustand unter konzertierter Lösung der N–N-Bindung und Knüpfung der C–C-Bindung [(5 + 5) sigmatrope Umlagerung, vgl. S. 501]. Aus der chinoiden Struktur werden dann zwei Protonen unter Benzidinbildung abgespalten.

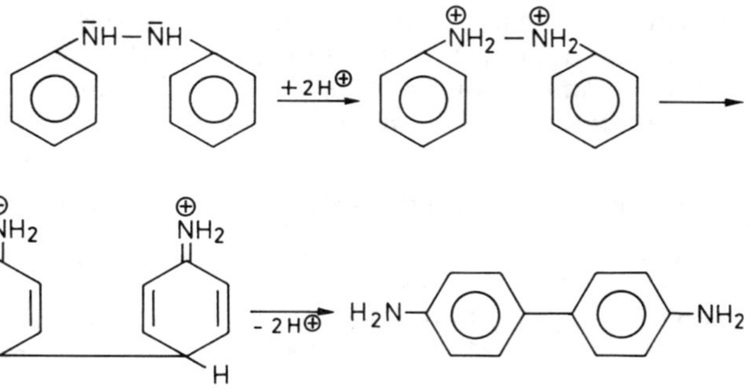

Benzidin dient als Diazokomponente zur Herstellung substantiver Baumwollfarbstoffe (s. S. 597 *f.*). Es wirkt stark *carcinogen.*

In geringem Maß kann der Platzwechsel auch in *o*-Stellung erfolgen, so daß als Nebenprodukt stets das *Diphenylin* auftritt (*Diphenylin-Umlagerung*):

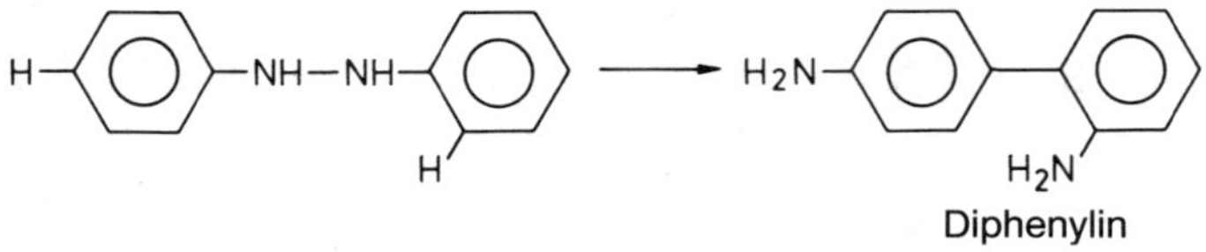

Diphenylin

Bei dieser Reaktion ist die Öffnung der N–N-Bindung bereits abgeschlossen, bevor die Knüpfung der C–C-Bindung einsetzt[1].

[1] Vgl. *H. J. Shine* et al., Benzidine Rearrangements, J. Amer. Chem. Soc. *104*, 2501 (1982).

Ist eine *p*-Stellung im Hydrazobenzol durch Substituenten blockiert, so finden *Semidin-Umlagerungen* (halbseitige Benzidin-Umlagerungen) statt:

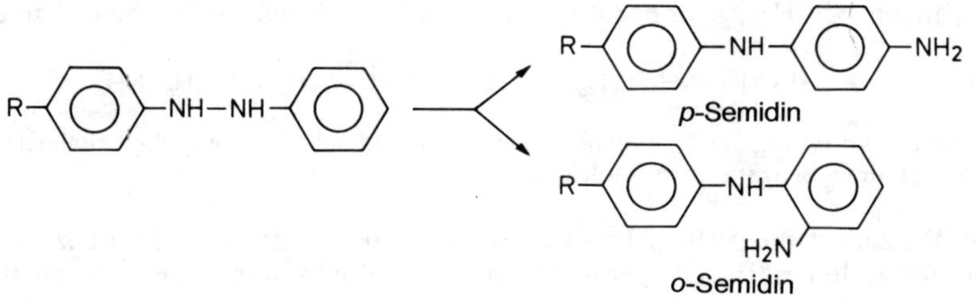

5.11 Aromatische Amine

In dieser Stoffklasse ist die Aminogruppe bzw. die mono- oder dialkylierte (-arylierte) Aminogruppe direkt mit einem C-Atom des Benzolkerns verbunden. Wie in der aliphatischen unterscheidet man auch in der aromatischen Reihe zwischen *primären, sekundären* und *tertiären* Aminen und unterteilt diese in gemischt aliphatisch-aromatische und rein aromatische Amine. Vom Anilin lassen sich z. B. folgende substituierte Amine ableiten:

primäres Amin	*sekundäre* Amine	*tertiäre* Amine
$C_6H_5-NH_2$	$C_6H_5-NH-CH_3$	$C_6H_5-N(CH_3)_2$
Anilin	N-Methyl-anilin Monomethylanilin	N,N-Dimethyl-anilin Dimethylanilin
	$C_6H_5-NH-C_6H_5$	$C_6H_5-N(C_6H_5)_2$
	Diphenylamin	Triphenylamin

Vom Toluol existieren drei *stellungsisomere* **Toluidine:**

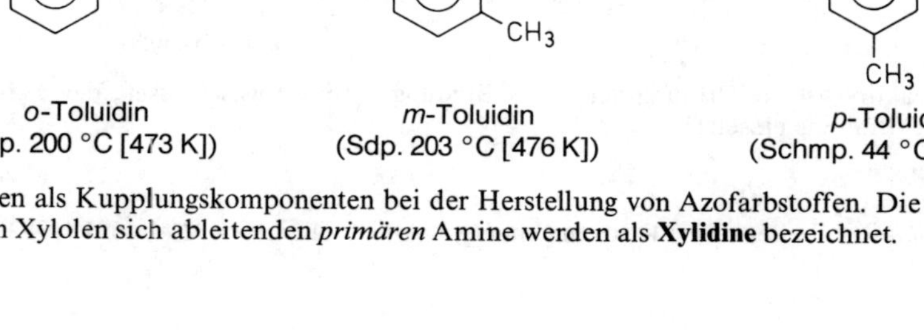

o-Toluidin (Sdp. 200 °C [473 K]) *m*-Toluidin (Sdp. 203 °C [476 K]) *p*-Toluidin (Schmp. 44 °C [317 K])

Sie dienen als Kupplungskomponenten bei der Herstellung von Azofarbstoffen. Die von den drei isomeren Xylolen sich ableitenden *primären* Amine werden als **Xylidine** bezeichnet.

Primäre Amine

Fast sämtliche *primären* Amine werden durch Reduktion der entsprechenden Nitroverbindungen dargestellt.

5.11.1 Anilin

(Aminobenzol), $C_6H_5-NH_2$, wurde erstmals bei der Kalkdestillation des natürlichen Indigos von dem Apotheker *Unverdorben* (1826) erhalten. Im Jahre 1834 wies es *F. F. Runge* durch die Chlorkalkreaktion im Steinkohlenteer nach. Später hat es *Fritsche* (1841) als Spaltprodukt des Indigos (*anil*) wiederentdeckt und ihm den Namen Anilin gegeben.

Darstellung

5.11.1.1 *Durch Reduktion von Nitrobenzol in saurem Medium* (vgl. S. 564).

5.11.1.2 Neuerdings wird Anilin technisch auch *durch Ammonolyse von Phenol* gewonnen (**Halcon-Prozeß,** Japan).

Eigenschaften. Frisch destilliertes Anilin ist ein farbloses, unangenehm riechendes Öl vom Sdp. 184 °C (457 K), das sich an der Luft infolge Autoxidation bald braun färbt. Es ist fast unlöslich in Wasser, aber mit Wasserdampf flüchtig. Seine Dämpfe wirken giftig und rufen Schwindelgefühl hervor.

Zum *Nachweis des Anilins* dient die *Runge*sche Chlorkalkreaktion, die schon Spuren freien Anilins (nicht der Salze!) bei Versetzen mit Chlorkalklösung durch eine *rotviolette* Färbung anzeigt. Die Konstitution der bei dieser Oxidation aus Anilin sich bildenden Farbstoffe ist noch unbekannt.

Ähnlich wie die OH-Gruppe in den Phenolen löst auch die Aminogruppe am Benzolkern einen +M-*Effekt* aus, indem sich das einsame Elektronenpaar des N-Atoms an der *Mesomerie* des aromatischen Bindungssystems beteiligt:

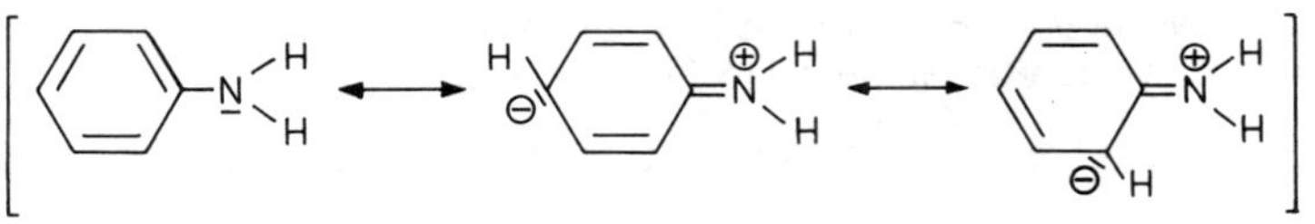

Aus den Grenzformeln des Anilins ist ersichtlich, daß das einsame Elektronenpaar am Stickstoff, das für die Salzbildung verantwortlich ist, im Gegensatz zu den aliphatischen Aminen für die Aufnahme eines Protons nur noch unvollständig zur Verfügung steht. Dies bedingt eine geringere Basizität der *primären* aromatischen Amine, z. B. bläut eine wäßrige Anilinlösung rotes Lackmuspapier *nicht*.
Anilin und seine N-methylierten Derivate besitzen folgende pK_a-Werte:

	Anilin	N-Methylanilin	N,N-Dimethylanilin
	$C_6H_5-NH_2$	$C_6H_5-NH-CH_3$	$C_6H_5-N(CH_3)_2$
pK_a	4,63	4,85	5,15

Erst mit starken Mineralsäuren bildet Anilin Salze, die jedoch in wäßriger Lösung weitgehend hydrolytisch gespalten sind.

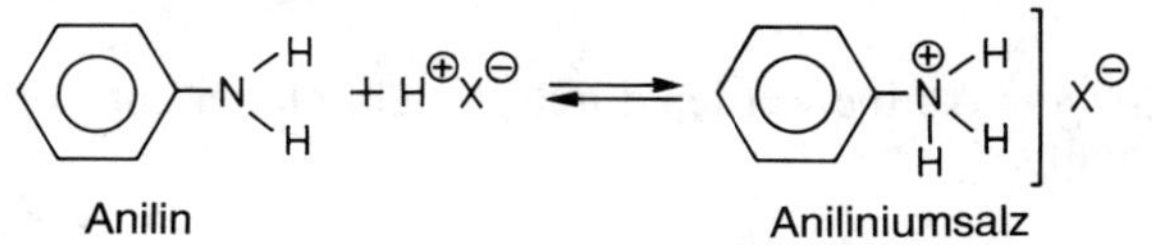

Anilin Aniliniumsalz

Andererseits übt die *Phenylgruppe* – ähnlich wie bei den Phenolen – auch eine *acidifizierende* Wirkung auf die Aminogruppe aus:

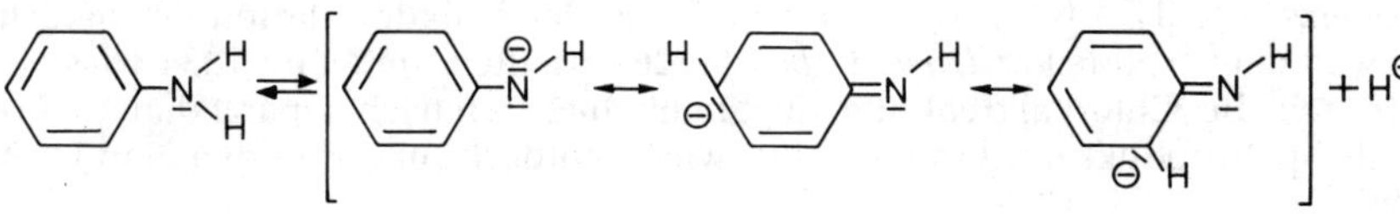

Für diese Mesomerie spricht die Bildung von stabilen Alkalimetallverbindungen des Anilins, z. B.

$$C_6H_5-\bar{N}H_2 + K \rightarrow [C_6H_5-\underline{\bar{N}}-H]^{\ominus}K^{\oplus} + \frac{1}{2}H_2$$

Durch *katalytische Hydrierung* des Anilins erhält man *Cyclohexylamin,* aus dem durch Sulfonierung mit Chlorsulfonsäure in Gegenwart von Natronlauge das Natriumsalz der *Cyclohexylsulfamidsäure* entsteht, das etwa die 35fache Süßkraft wie Rohrzucker hat und als Süßstoff verwendet wird (Cyclamat, Assugrin, Sucracyl). Es hat sich in einem Tierversuch bei extrem hoher Dosierung als carcinogen erwiesen und ist aus diesem Grunde in den USA verboten[1], obgleich sich der Befund nicht reproduzieren ließ.

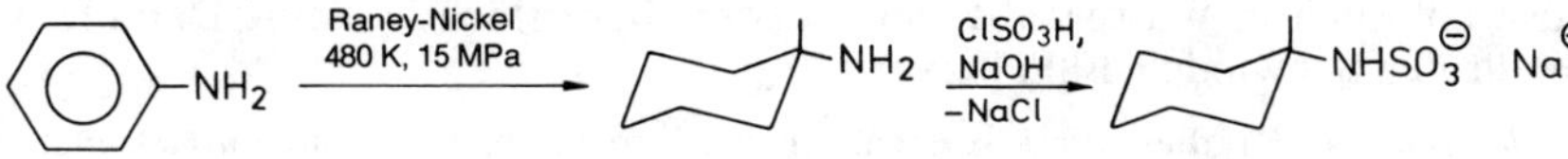

Cyclohexylamin Cyclamat

5.11.2 Derivate des Anilins

Die vielseitige Reaktivität des Anilins zeigt sich in nachstehenden Umsetzungen:

5.11.2.1 *Acetylierung des Anilins* durch Erhitzen mit Acetanhydrid (auch Acetylchlorid oder Eisessig) zu **Acetanilid,** Schmp. 115 °C (388 K):

$$C_6H_5-NH_2 + (H_3CCO)_2O \rightarrow C_6H_5-NH-COCH_3 + H_3CCOOH$$

Acetanilid

Das *p*-Ethoxyacetanilid *INN:* ***Phenacetin*** wird wegen seiner *analgetischen* und *antipyretischen* Wirkung in der Therapie verwendet, es wird in zunehmendem Maße durch den eigentlichen Wirkstoff, das *p*-Hydroxyacetanilid (*INN*: **Paracetamol**), ersetzt:

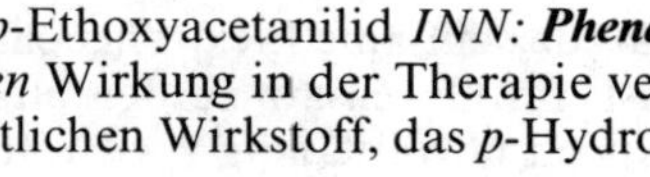

p-Ethoxyacetanilid (*INN:* ***Phenacetin***)

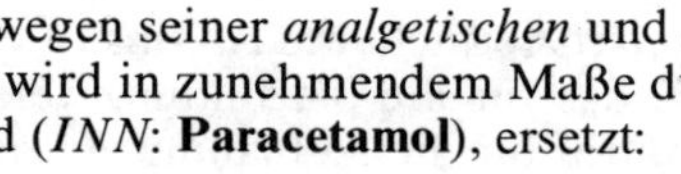

p-Hydroxyacetanilid (*INN:* ***Paracetamol***)

[1] Vgl. *F. J. Stare* et al. Food Additives and Health. A Challenge for Nutrition Educators, Food and Nutrition *2,* 2 (1976).

5.11.2.2 Bei der Kondensation von Anilin mit aromatischen Aldehyden bzw. Nitrosoverbindungen erhält man in meist recht glatter Reaktion unter Wasserabspaltung die *Schiff*schen Basen (Azomethine) bzw. Azobenzol-Derivate. Die Azomethine können zur Charakterisierung *primärer* Arylamine benutzt werden.

5.11.2.3 Isonitrilreaktion. *Primäre* aromatische Amine geben in Analogie zu den aliphatischen mit Chloroform und alkoholischer Kalilauge die unangenehm riechenden Isonitrile, z. B.:

$$C_6H_5{-}\overline{N}H_2 + CHCl_3 + 3\,KOH \rightarrow C_6H_5{-}\overset{\oplus}{N}{\equiv}\overset{\ominus}{C}| + 3\,KCl + 3\,H_2O$$

Phenylisonitril (Sdp. 166 °C [439 K])

(*Reaktionsmechanismus* vgl. S. 375).

5.11.2.4 Wie die aliphatischen *primären* Amine reagiert auch Anilin mit Schwefelkohlenstoff in der Kälte bei Gegenwart von Ammoniak zu Ammonium-N-phenyl-dithiocarbamat, aus dem man mit Blei(II)-salz unter H_2S-Abspaltung **Phenylsenföl** (Phenylisothiocyanat) erhält:

$$S{=}C{=}S \xrightarrow{+C_6H_5NH_2,\,+NH_3} \left[S{=}C\begin{matrix}\diagup NHC_6H_5\\ \diagdown \overline{\underline{S}}|^{\ominus}\end{matrix}\right] NH_4^{\oplus} \xrightarrow[-H_2S,\,-NH_3]{(Pb^{2\oplus})} C_6H_5{-}N{=}C{=}S$$

Ammonium-N-phenyl-dithiocarbamat — Phenylsenföl (Sdp. 221 °C [494 K])

Erhitzt man dagegen Anilin und Schwefelkohlenstoff mit Alkali in Alkohol, so entsteht unter H_2S-Abspaltung **N,N′-Diphenyl-thioharnstoff** (Thiocarbanilid) vom Schmp. 155 °C (428 K):

$$2\,C_6H_5{-}NH_2 + S{=}C{=}S \xrightarrow{(OH^{\ominus})} S{=}C\begin{matrix}\diagup NH{-}C_6H_5\\ \diagdown NH{-}C_6H_5\end{matrix} + H_2S$$

N,N′-Diphenyl-thioharnstoff

N,N′-Diphenyl-thioharnstoff dient als *Vulkanisationsbeschleuniger* für Kautschuk.
Beim Erhitzen mit konz. Salzsäure spaltet er ein Mol Anilin ab unter Bildung von *Phenylsenföl:*

$$S{=}C(NHC_6H_5)_2 + HCl \rightarrow C_6H_5{-}N{=}C{=}S + C_6H_5{-}NH_3]^{\oplus}Cl^{\ominus}$$

Phenylsenföl

Läßt man Ammoniak auf Phenylsenföl einwirken, so entsteht **N-Phenyl-thioharnstoff,** Schmp. 154 °C (427 K):

$$C_6H_5{-}N{=}C{=}S + NH_3 \longrightarrow C_6H_5{-}NH{-}\underset{\underset{S}{\|}}{C}{-}NH_2$$

N-Phenyl-thioharnstoff

Die Einwirkung von *salpetriger Säure* auf *primäre* aromatische Amine führt in saurer Lösung zu *Diazoniumsalzen,* die in Anbetracht ihrer technischen Bedeutung gesondert behandelt werden.

Substitutionsprodukte des Anilins

Auf die leichte Substituierbarkeit der zur Aminogruppe *p*- und *o*-ständigen H-Atome im Anilin wurde bereits hingewiesen. Bei der Halogenierung von Anilin lassen sich

z. B. drei H-Atome durch Halogene ersetzen, wobei sich 2,4,6-trisubstituierte Anilinabkömmlinge bilden.

5.11.3 Nitroaniline (Nitraniline)

Die drei *stellungsisomeren* Nitroaniline dienen technisch zur Herstellung von Azofarbstoffen.

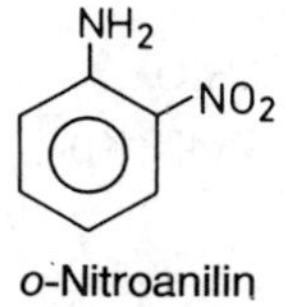

o-Nitroanilin

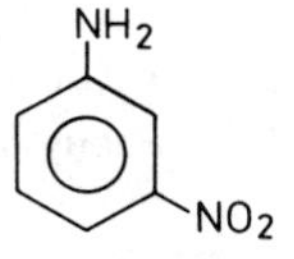

m-Nitroanilin

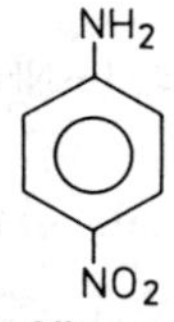

p-Nitroanilin

Darstellung. Bei der Einwirkung von konz. Salpetersäure auf aromatische Amine treten neben der Nitrierung meist auch Oxidationen ein. Daher muß die Aminogruppe vorher geschützt werden, was am einfachsten durch *Acetylierung* erreicht wird.

5.11.3.1 Bei der *Nitrierung von Acetanilid* erhält man als Hauptprodukt *p*-Nitroacetanilid (90%) neben wenig *o*-Nitroacetanilid. Die acetylierte Aminogruppe dirigiert also in *p*- und *o*-Stellung. Nach Trennung der beiden Produkte wird die Acetylgruppe durch alkalische Hydrolyse abgespalten:

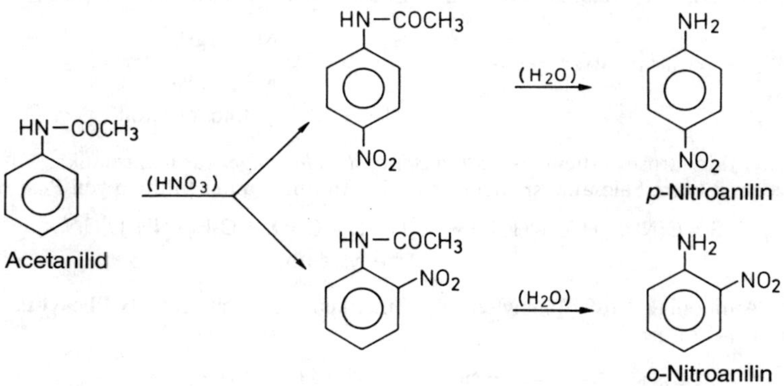

5.11.3.2 *m-Nitroanilin* wird technisch durch partielle Reduktion des leicht zugänglichen *m*-Dinitrobenzols mit Natriumsulfidlösung hergestellt:

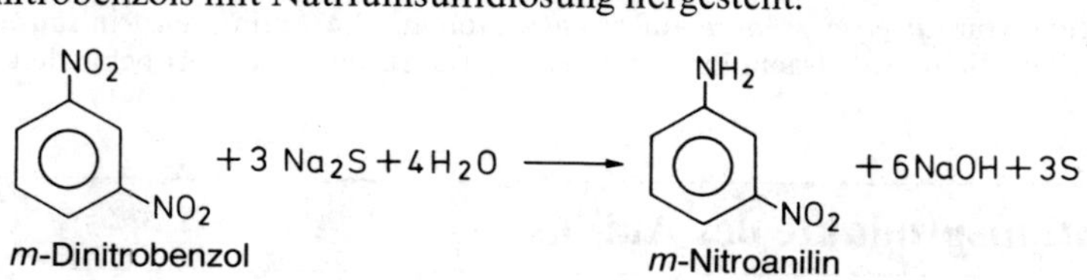

5.11.3.3 *o*- und *p-Nitroanilin* werden technisch durch Erhitzen von *o*- bzw. *p*-Nitrochlorbenzol mit alkoholischem Ammoniak unter Druck gewonnen, z. B.:

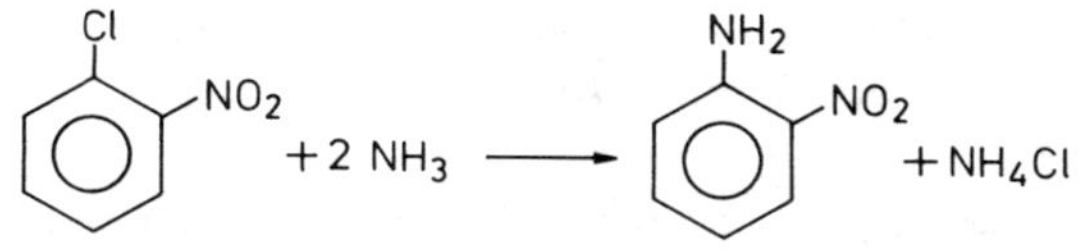

o-Nitrochlorbenzol   *o*-Nitroanilin

Eigenschaften. Die drei Nitroaniline sind schwächer basisch als Anilin und lösen sich als Salze nur in einem Überschuß von Säure; die *Basizität* nimmt von *o*- über das *p*-zum *m*-Nitroanilin zu, was aus folgenden pK_a-Werten hervorgeht:

	o-Nitroanilin	*p*-Nitroanilin	*m*-Nitroanilin
pk_a	−0,28	0,98	2,45

o-Nitroanilin bildet gelbe Blättchen, Schmp. 71 °C (344 K), *m*-Nitroanilin gelbe Nadeln, Schmp. 114 °C (387 K), und *p*-Nitroanilin hellgelbe Nadeln, Schmp. 148 °C (421 K). Die ersten beiden sind mit Wasserdampf flüchtig. Während die Nitroaniline eine intensiv gelbe Farbe aufweisen, sind ihre Salze farblos. Der farbvertiefende (*bathochrome*) Einfluß der freien Aminogruppe auf das in reiner Form fast farblose Nitrobenzol wird also durch die Salzbildung aufgehoben.
Im Gegensatz zu Anilin kann die Aminogruppe in *o*- und *p*-Nitroanilin (nicht in *m*-Nitroanilin!) durch Erwärmen mit Alkali *nucleophil* gegen die Hydroxylgruppe unter Bildung von *o*- bzw. *p-Nitrophenol* ausgetauscht werden, z. B.:

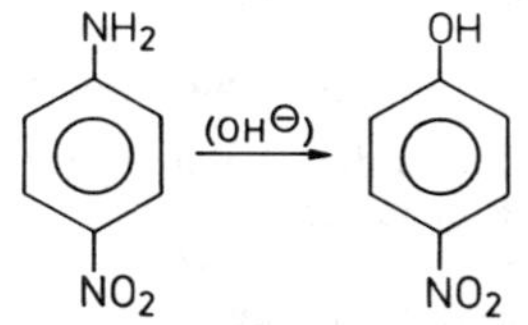

p-Nitroanilin   *p*-Nitrophenol

Besonders leicht erfolgt die hydrolytische Spaltung von 2,4,6-Trinitroanilin (Pikramid) in Pikrinsäure und Ammoniak. Dieses Verhalten wird durch den −M-Effekt der *Nitrogruppen* bedingt und zeigt die Empfindlichkeit derartiger aromatischer Nitroverbindungen gegenüber *nucleophilen* Agenzien.

5.11.4 Anilinsulfonsäuren

5.11.4.1 Sulfanilsäure (*p*-Aminobenzolsulfonsäure) ist die wichtigste der drei stellungsisomeren Anilinsulfonsäuren und wird technisch *durch „Verbacken" von Aniliniumhydrogensulfat* bei 200 °C (475 K) hergestellt:

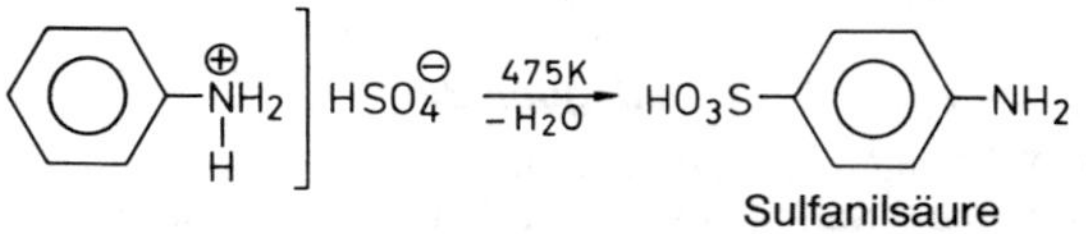

Sulfanilsäure

Sulfanilsäure ist ein kristallines Pulver, das sich erst beim Erhitzen auf 280−300 °C (550−575 K) zersetzt. Interessant ist, daß die Sulfanilsäure in organischen Lösungsmitteln und auch in Wasser unlöslich ist. Dagegen ist sie in wäßrigen Alkalien löslich, jedoch nicht in wäßriger Säure. Diese Eigenschaften weisen darauf hin, daß hier ein Salz besonderer Art, und zwar ein *dipolares Ion* (*Betain, Zwitterion*), vorliegt.

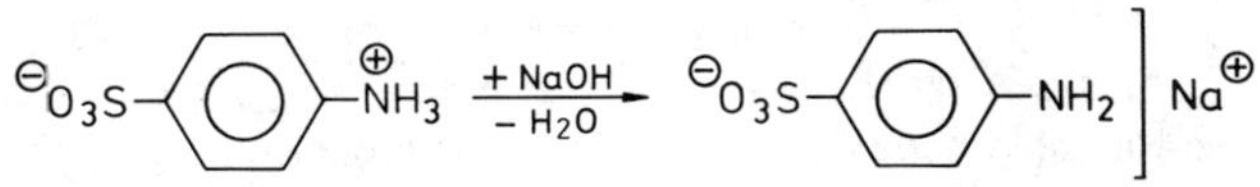

Sulfanilsäure (Betain) unlöslich in Wasser — Natriumsulfanilat löslich in Wasser

Sulfanilsäure dient als Komponente zur Herstellung von Azofarbstoffen.

Sulfanilamid (*p*-Aminobenzolsulfonamid) wird technisch durch Umsetzung von *p*-Acetylamino-benzolsulfonylchlorid, das aus Acetanilid und Chlorsulfonsäure zugänglich ist, mit wäßrigem Ammoniak und anschließende, meist alkalische Hydrolyse gewonnen:

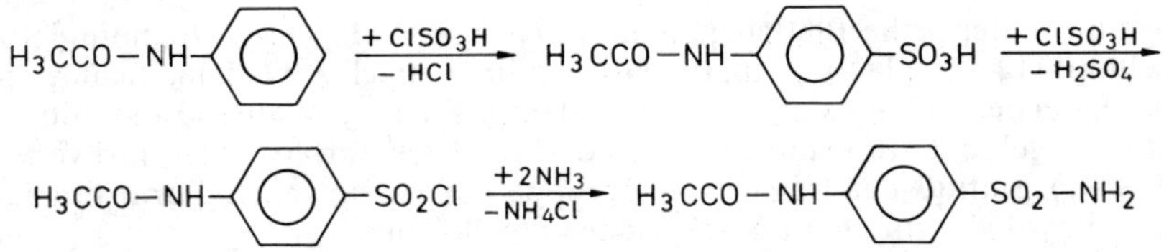

p-Acetylamino-benzolsulfonylchlorid — *p*-Acetylamino-benzolsulfonamid

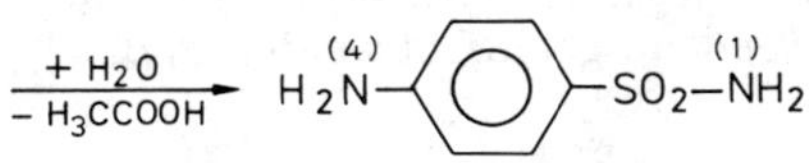

INN: ***Sulfanilamid***

INN: ***Sulfanilamid,*** besonders aber die sich davon ableitenden Sulfonamide, sind wirksame *Chemotherapeutika* gegen Bakterien-Infektionen verschiedener Art, deren Entdeckung *Domagk* et al. zu verdanken ist. Die Sulfonamide sind N^1-substituierte Abkömmlinge des Sulfanilamids. Als Substituenten fungieren meist heterocyclische Ringe.

Wichtige Sulfonamide enthalten als Substituenten einen Pyrimidinring. Als Beispiel sei das *INN:* ***Sulfisomidin,*** *Aristamid* genannt. Ersetzt man die Methylgruppen im Pyrimidinring durch Methoxygruppen, so erhält man ein längere Zeit wirkendes Präparat (*INN:* ***Sulfadimethoxin,*** *Madribon*). Ein nicht resorbierbares und daher bei Darminfektionen wirksames Präparat ist *INN:* ***Sulfaguanidin.***

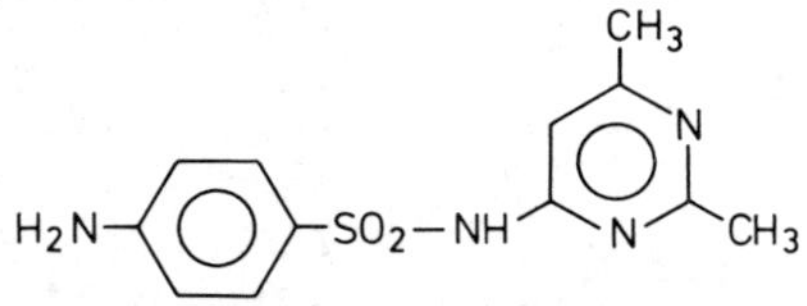

INN: ***Sulfisomidin***

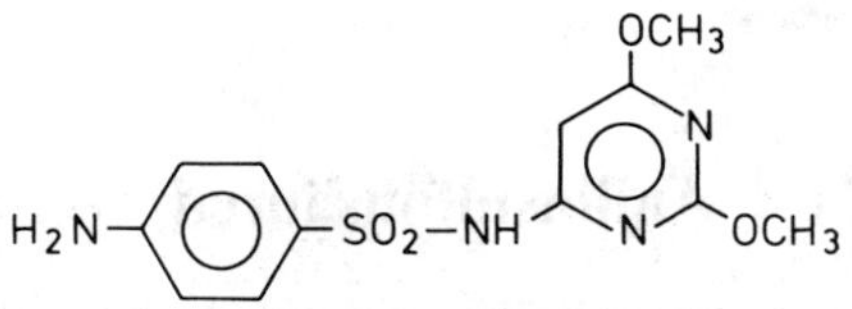

INN: ***Sulfadimethoxin***

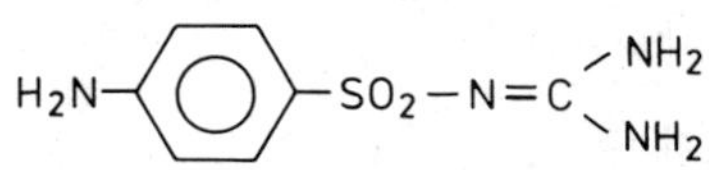

INN: ***Sulfaguanidin***

Die bakteriostatische Wirkung der Sulfonamide wurde auf eine Verdrängungsreaktion der *p*-Aminobenzoesäure durch das Sulfonamid im Bakterienstoffwechsel zurückgeführt (Wuchsstoff-Hemmstoff-Antagonismus, *Wood-Fildes*-Theorie). Man kann die Sulfonamide daher auch als „Bakterien-Antivitamine" auffassen, vgl. S. 802.

Einige Sulfonamide bewirken vermehrte Ausscheidung von Natrium- und Chloridionen im Harn und werden als *Saluretika* verwendet.

5.11.4.2 Orthanilsäure (*o*-Aminobenzolsulfonsäure) und **Metanilsäure** (*m*-Aminobenzolsulfonsäure) werden technisch zur Synthese von Farbstoffen verwendet.

5.11.5 Arsenverbindungen des Anilins

Arsanilsäure (*p*-Aminobenzolarsonsäure) entsteht *beim Erhitzen von Aniliniumarsenat* auf etwa 200 °C (470 K) (*Béchamp*, 1863):

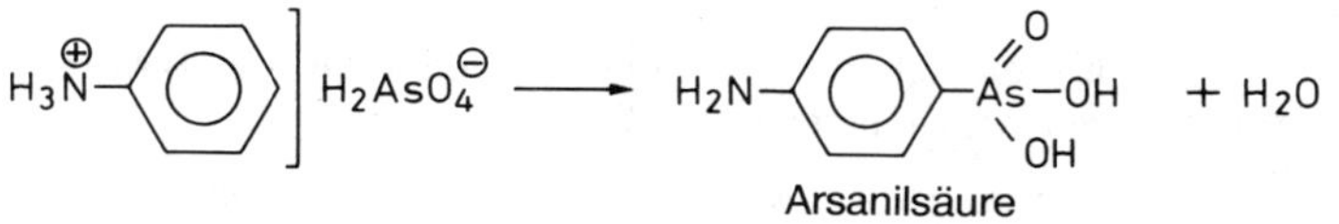

Arsanilsäure

Ihr Natriumsalz (Atoxyl) wurde von *Robert Koch* als Heilmittel gegen die tropische Schlafkrankheit eingeführt. Eine wesentliche Entgiftung des Atoxyls erreichte man durch Acetylierung zu *Arsacetin*[1].

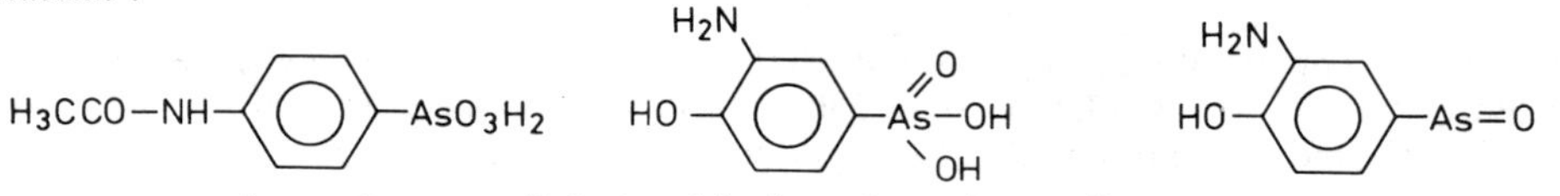

Arsacetin 3-Amino-4-hydroxy-benzolarsonsäure Oxophenarsin

Die 3-Amino-4-hydroxy-benzolarsonsäure dient als Ausgangsprodukt zur Herstellung von *Salvarsan* (*Paul Ehrlich*, 1910) das chemotherapeutisch gegen Spirochäten und Trypanosomen wirksam ist und vor allem zur Heilung der Syphilis verwendet wurde. Es liegt als cyclisches Trimeres der folgenden Struktur vor.

Die Wirkung des Salvarsans wird nicht durch die Verbindung selbst, sondern durch das im Organismus daraus entstehende Oxophenarsin (3-Amino-4-hydroxy-arsenosobenzol) hervorgerufen. Salvarsan wird nicht mehr angewandt.

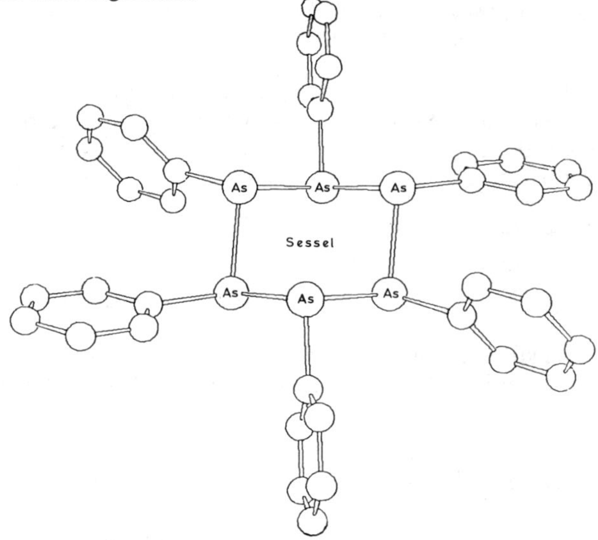

Trimeres Salvarsan, Röntgenstruktur

[1] Vgl. *O. Dann*, Die Entwicklung der Arzneimittel gegen Schlafkrankheit und andere Trypanosomen-Infektionen, Dtsch. Apoth. Ztg. *108*, 1595 (1968).

Sekundäre und tertiäre Amine

5.11.6 N-Alkylierte Aniline (Aliphatisch-aromatische Amine)

Darstellung

5.11.6.1 Wie bei den aliphatischen Aminen lassen sich auch die H-Atome der Aminogruppe des Anilins durch Alkyle ersetzen (*Alkylierung*[1]), z. B.

$$C_6H_5{-}NH_2 + ClCH_3 \rightarrow \underset{\text{N-Methylanilin}}{C_6H_5{-}NH{-}CH_3} + HCl$$

Daneben entstehen Dimethylanilin und das *quartäre* Trimethylaniliniumchlorid.

5.11.6.2 Technisch werden Anilin und Methanol mit Salzsäure oder Schwefelsäure als Katalysator auf 180 °C (450 K) oder 230 °C (500 K) im Autoklaven erhitzt und dabei N-Methyl- und N,N-Dimethylanilin gebildet:

$$C_6H_5{-}NH_2 \xrightarrow[-H_2O]{+\,H_3COH} C_6H_5{-}NHCH_3 \xrightarrow[-H_2O]{+\,H_3COH} C_6H_5{-}N(CH_3)_2$$

Analog sind mit Ethanol N-Ethyl- und N,N-Diethylanilin darstellbar. Bei großem Alkohol-Überschuß erhält man die N,N-Dialkyl-aniline als Hauptprodukt.

Eigenschaften. N-Methyl- und N,N-Dimethylanilin sind Flüssigkeiten vom Sdp. 196 °C (469 K) bzw. 194 °C (467 K), die sich durch Destillation nicht trennen lassen, jedoch kann man N-Methylanilin acetylieren und so abtrennen. Beide Alkylderivate sind nur wenig basischer als Anilin (vgl. pK_a-Werte, S. 571).

5.11.6.3 Beim Erhitzen eines Gemisches von N-Methylanilin und Ameisensäure in Toluol erhält man in sehr guter Ausbeute **N-Methyl-formanilid,** eine bei 253 °C (526 K) siedende Flüssigkeit, die als *Formylierungsreagens* bei der *Vilsmeier-Haack*-Aldehydsynthese verwendet wird:

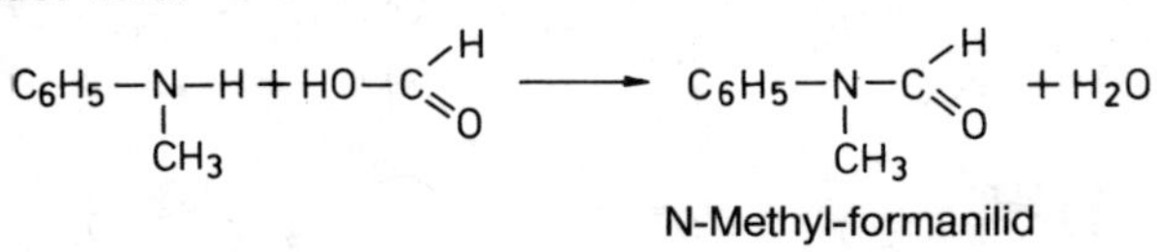

N-Methyl-formanilid

5.11.6.4 Bei der Einwirkung von *salpetriger Säure* auf Monomethylanilin entsteht ein gelbes *Nitrosamin*, das mit Natriumamalgam zu **1(α)-Methyl-phenylhydrazin** reduziert werden kann:

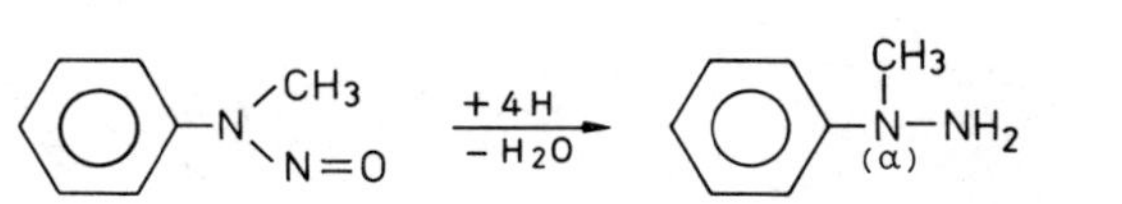

1(α)-Methyl-phenylhydrazin

---

[1] Vgl. *R. Stroh* et al., Alkylierung aromatischer Amine, Angew. Chem. *69*, 124 (1957); *S. Patai*, The Chemistry of the Amino Group, S. 290 ff. (Interscience Publ., London 1968).

Dimethylanilin geht bei der Umsetzung mit *salpetriger Säure* unter *elektrophiler* Substitution der *p*-Stellung in ***p*-Nitrosodimethylanilin** über:

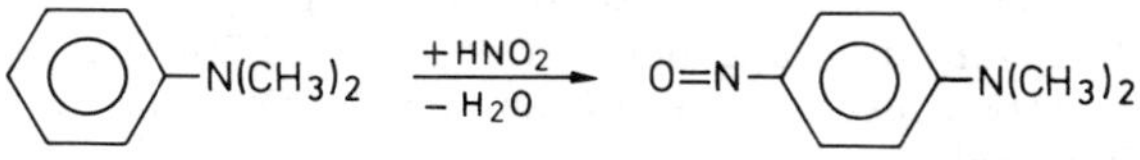

p-Nitrosodimethylanilin

Ist die *p*-Stellung besetzt, so entsteht das *o*-Nitroso-Derivat.
Das Hydrochlorid des *p*-Nitrosodimethylanilins bildet orangerote Nadeln, die freie Nitroso-Verbindung glänzende, grüne Blättchen vom Schmp. 88 °C (361 K). Durch die Einführung der Nitrosogruppe wird die Dimethylamino-Gruppe aktiviert, z. B. erfolgt beim Erhitzen mit verdünnter Natronlauge Hydrolyse in Dimethylamin und ***p*-Nitrosophenol:**

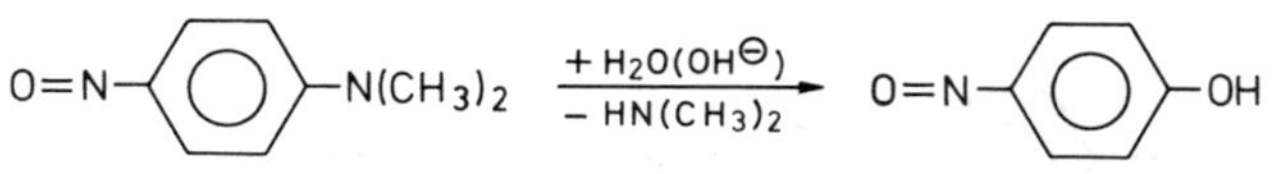

p-Nitrosophenol

Durch Reduktion von p-Nitrosodimethylanilin erhält man ***p*-Aminodimethylanilin,** Schmp. 41 °C (314 K):

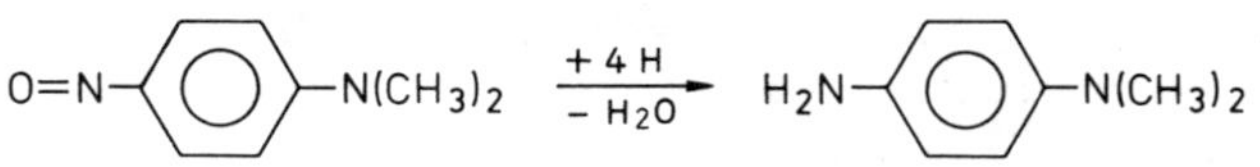

p-Nitrosodimethylanilin *p*-Aminodimethylanilin

Die Oxidation von p-Nitrosodimethylanilin mit Kaliumpermanganat gibt ***p*-Nitrodimethylanilin,** gelbe, stahlblau glänzende Nadeln, Schmp. 164 °C (437 K):

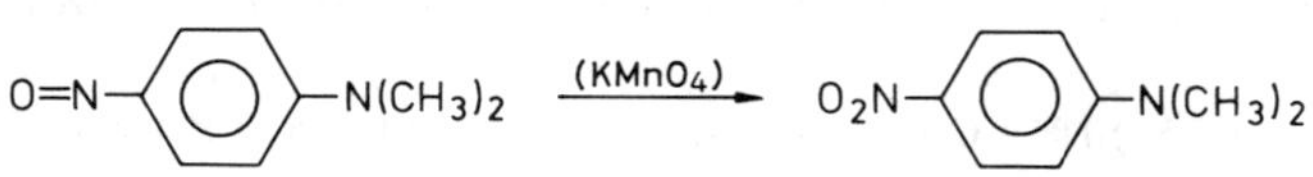

p-Nitrodimethylanilin

In Gegenwart von Zinkchlorid reagiert N,N-Dimethylanilin leicht mit Phosgen unter Bildung von ***Michlers* Keton** (4,4'-Bis-dimethylamino-benzophenon), Schmp. 179 °C (452 K):

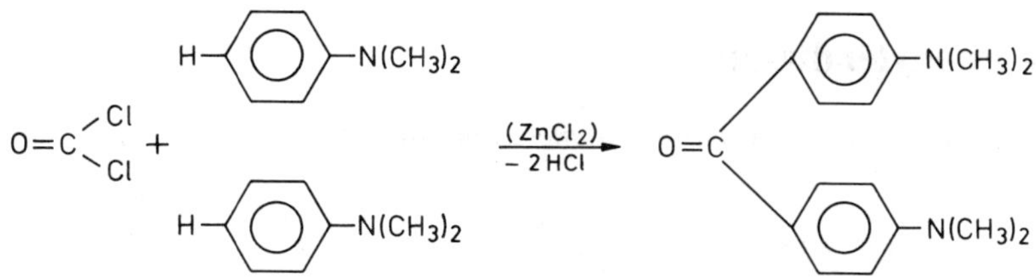

Phosgen N,N-Dimethylanilin *Michlers* Keton

5.11.7 Rein aromatische Amine

5.11.7.1 Diphenylamin, $C_6H_5-NH-C_6H_5$, wird durch Erhitzen molarer Mengen von Anilin und Anilinhydrochlorid auf etwa 200 °C (475 K) dargestellt (*Phenylierung):*

$$C_6H_5-NH_3]^{\oplus}Cl^{\ominus} + C_6H_5-NH_2 \rightarrow C_6H_5-NH-C_6H_5 + NH_4Cl$$

Der Eintritt eines zweiten Phenylkerns in das Ammoniakmolekül bewirkt eine weitere Abschwächung der Basizität ($pK_a = 0{,}8$). Diphenylamin gibt nur noch mit starken Säuren Salze, die aber durch Wasser vollständig hydrolysiert werden.
Diphenylamin bildet farblose, angenehm riechende Blättchen vom Schmp. 53 °C (326 K) und gibt in stark schwefelsaurer Lösung mit *Salpetersäure* oder *salpetriger Säure* eine intensive *Blaufärbung.*

Bei dieser *Nachweisreaktion* erfolgt zunächst Oxidation von Diphenylamin zu Tetraphenylhydrazin, das unter dem Einfluß der Schwefelsäure eine *Benzidin-Umlagerung* erfährt. Das so entstehende Zwischenprodukt wird dann zu *N,N'-Diphenyl-diphenochinondiiminsulfat* oxidiert (*Kehrmann*):

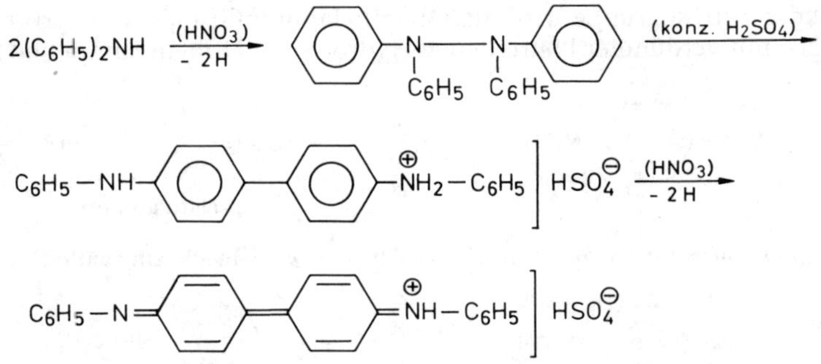

blau

Diphenylamin dient als Ausgangsmaterial für Thiazinfarbstoffe.

5.11.7.2 Triphenylamin, $(C_6H_5)_3N$, stellt man durch Erhitzen von Diphenylamin und Iodbenzol mit Kaliumcarbonat und etwas Kupferbronze in Nitrobenzol dar (***Ullmann*-Reaktion**):

$$(C_6H_5)_2NH + C_6H_5I + K_2CO_3 \xrightarrow{(Cu)} (C_6H_5)_3N + KI + KHCO_3$$

Es ist eine farblose, kristalline Substanz vom Schmp. 127 °C (400 K), die kaum noch basisch reagiert.

5.11.8 Phenylendiamine

Vom Benzol leiten sich drei *stellungsisomere* Diamine ab:

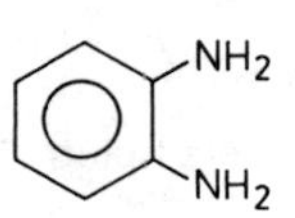

o-Phenylendiamin
(Schmp. 104 °C [377 K])

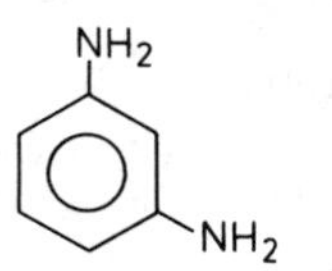

m-Phenylendiamin
(Schmp. 63 °C [336 K])

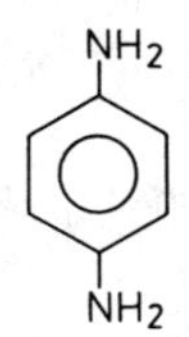

p-Phenylendiamin
(Schmp. 142 °C [415 K])

Die Darstellungsmethoden der Phenylendiamine unterscheiden sich nicht wesentlich von denen einfacher aromatischer Amine. Sie werden meist durch Reduktion der entsprechenden Dinitroverbindungen bzw. Nitroaniline gewonnen.

Darstellung

5.11.8.1 *o-Phenylendiamin* wird am besten *durch Reduktion von o-Nitroanilin* mit Zinkstaub und alkoholischer Natronlauge erhalten:

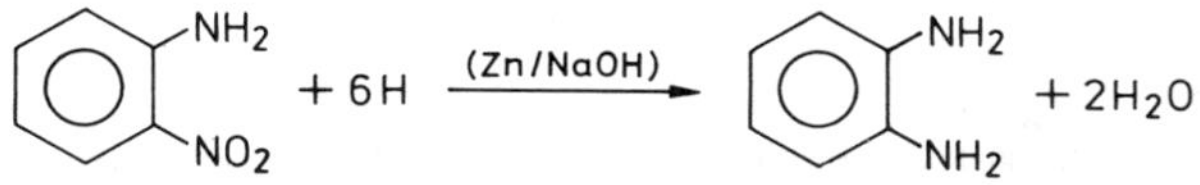

o-Nitroanilin *o*-Phenylendiamin

5.11.8.2 Analog entsteht *p-Phenylendiamin* aus *p*-Nitroanilin.

5.11.8.3 *m-Phenylendiamin* stellt man technisch durch *Reduktion von m-Dinitrobenzol* mit Eisen und Salzsäure dar:

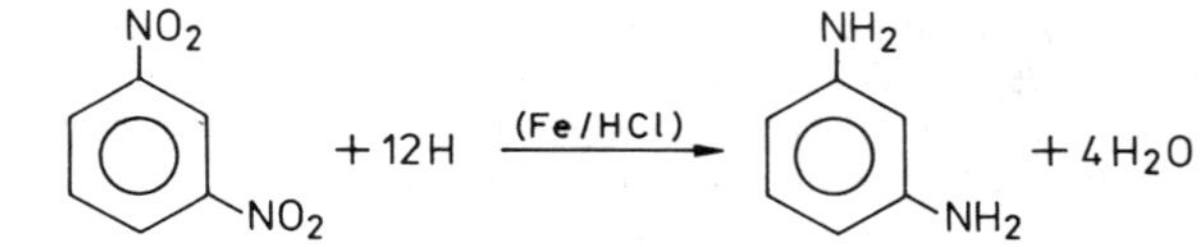

m-Dinitrobenzol *m*-Phenylendiamin

Eigenschaften. Die drei isomeren Phenylendiamine sind farblose, kristalline Substanzen, die sich in Alkohol und Ether leicht lösen. Ähnlich wie die mehrwertigen Phenole werden sie an der Luft allmählich unter Verfärbung bzw. Zersetzung oxidiert; jedoch sind ihre Salze beständig.

Das chemische Verhalten der *o*-Phenylendiamine wird vorwiegend durch die *ortho*-Stellung der Aminogruppen im Benzolkern bestimmt. Die sterisch günstige Lage der beiden Aminogruppen führt bei Kondensationen zur Bildung *heterocyclischer* Verbindungen.

Verwendung. *m*-Phenylendiamin dient als Ausgangsstoff zur Herstellung von Azofarbstoffen. Die asymmetrisch dialkylierten *p*-Phenylendiamine, vor allem *p*-Diethylaminoanilin, werden als *Entwickler* in der *Farbenphotographie* verwendet.

5.12 Aromatische Diazoverbindungen

5.12.1 Diazoniumsalze

Bei der Umsetzung *primärer* aromatischer Amine mit *salpetriger Säure* entstehen – im Gegensatz zu den *primären* aliphatischen Aminen – unter bestimmten Reaktionsbedingungen, d. h. in mineralsaurer Lösung bei Temperaturen um 0 °C (275 K), mit Natriumnitrit die entsprechenden *Diazoniumsalze* (P. *Griess*, 1858):

$$Ar{-}NH_2 + 2\,HX + NaNO_2 \longrightarrow Ar{-}N_2^{\oplus}]\,X^{\ominus} + NaX + 2\,H_2O$$

Diazoniumsalz (X = Cl, Br, HSO_4, NO_3 usw.)

Die Endung „onium" weist auf die Ähnlichkeit mit den Ammoniumsalzen hin, in denen ebenfalls ein *4bindiges* N-Atom mit positiver Ladung vorliegt.

Diese allgemein als **Diazotierung** bezeichnete Reaktion führt beim *Anilin* in salzsaurer Lösung zu *Benzoldiazoniumchlorid:*

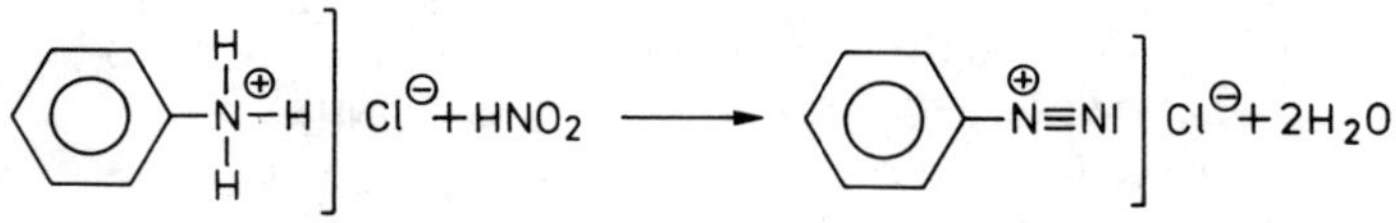

Aniliniumchlorid Benzoldiazoniumchlorid

Meist werden Diazoniumsalze nicht isoliert, sondern in wäßriger Lösung bei 0 °C (273 K) gleich weiter verarbeitet.

Für Reaktionsbedingungen unter denen eine hinreichende Konzentration des freien Amins vorliegt, wurde der *Diazotierungsmechanismus* durch umfassende Untersuchungen von *J. H. Ridd* aufgeklärt. Es zeigte sich, daß im Gegensatz zur Nitrierung, bei der das nitrierende Agens das Nitronium-Ion ist (vgl. S. 489), bei der Diazotierung je nach der eingesetzten Mineralsäure ein *verschiedenes Agens* wirksam wird. Dies ist aus folgenden vorgelagerten *Gleichgewichten* erkennbar:

$$NO_2^{\ominus} + H_3O^{\oplus} \rightleftharpoons HNO_2 + H_2O$$
$$HNO_2 + H_3O^{\oplus} \rightleftharpoons H_2\overset{\oplus}{N}O_2 + H_2O$$
$$H_2\overset{\oplus}{N}O_2 + X^{\ominus} \rightleftharpoons ONX + H_2O \quad (X^{\ominus} = NO_2^{\ominus}, Cl^{\ominus}, Br^{\ominus}, HSO_4^{\ominus}, SCN^{\ominus} \text{ usw.})$$

In wäßriger Perchlorsäure ist es das *Distickstofftrioxid,* $ON-NO_2(X=NO_2)$, in Halogenwasserstoffsäuren das betreffende *Nitrosylhalogenid* (X=Cl, Br) und in Schwefelsäure je nach Wassergehalt das *Nitrosoacidium-Ion* ($H_2\overset{\oplus}{N}O_2$) oder das *Nitrosylsulfat-Ion* ($ON-OSO_3^{\ominus}$), während das *Nitrosyl-Kation* ($NO^{\oplus}$) nur in stark saurer Lösung eine Rolle spielt (vgl. S. 164).
Demnach verläuft die *Diazotierung* folgendermaßen:

$$Ar-\underline{N}H_2 + H_3O^{\oplus} \rightleftharpoons Ar-\overset{\oplus}{N}H_3 + H_2O$$
$$Ar-\underline{N}H_2 + ONX \rightleftharpoons Ar-\overset{\oplus}{N}H_2-NO + X^{\ominus}$$
$$Ar-\overset{\oplus}{N}H_2-NO + H_2O \rightleftharpoons Ar-NH-NO + H_3O^{\oplus}$$
$$Ar-NH-NO \rightleftharpoons Ar-\overline{N}=\overline{N}-OH \xrightleftharpoons{+H_3O^{\oplus}} Ar-\overset{\oplus}{N}\equiv N| + 2\,H_2O$$

Ein besonders wirksamer Katalysator der *Nitrosierung und Diazotierung* ist das *Thiocyanat-Ion* ($SCN^{\ominus}$), das im menschlichen Speichel sowie im Magen-Darm-Trakt vorkommt und bei der Bildung von *Nitrosaminen* im menschlichen Organismus eine Rolle spielen könnte.

Eigenschaften. Die Diazoniumsalze sind farblose, kristalline Substanzen, die sich an der Luft dunkel färben und im trockenen Zustand beim Erhitzen oder durch Schlag explodieren, besonders die Diazoniumnitrate und Diazoniumperchlorate. In Wasser sind die Diazoniumsalze starker Säuren vollständig dissoziiert und reagieren neutral. Sie verhalten sich also wie Salze starker Basen.
Die aus Diazoniumsalzen und Zinckchlorid herstellbaren *Doppelsalze* sowie die *Diazoniumtetrafluoroborate* sind bei Raumtemperatur stabil:

$$Ar-\overset{\oplus}{N}\equiv N|]_2ZnCl_4^{2\ominus} \qquad Ar-\overset{\oplus}{N}\equiv N|]\,BF_4^{\ominus}$$

Sie dienen als *Echtfärbesalze* bei der Fabrikation von Naphthol-AS-Farbstoffen.

Eine weitere Möglichkeit zur Stabilisierung von Diazonium-Ionen ergibt sich aus ihren Addukten mit aromatischen Sulfonsäuren, vor allem *Naphthalinsulfonsäuren.* Aus den Messungen der *Infra-*

rotspektren geht hervor, daß hier Elektronendonator-Akzeptor-Komplexe (*charge-transfer*-Komplexe) folgender Struktur vorliegen:

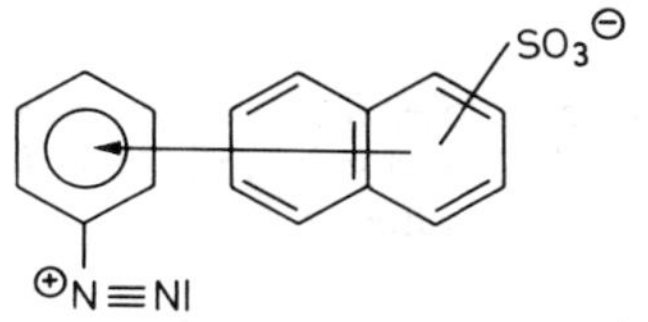

5.12.2 Diazotate

Bei der Einwirkung von Alkalien auf Diazoniumsalze geht das Diazonium-Ion in das *Diazotat-Anion* über:

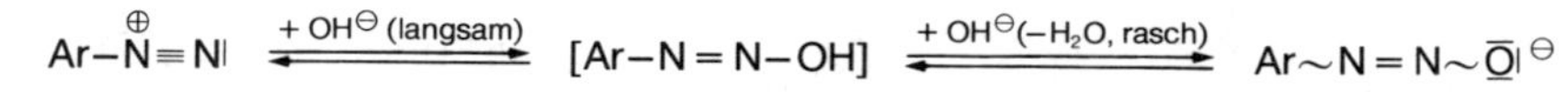

Diazonium-Ion Diazohydroxid Diazotat-Anion

Demnach nimmt das Diazonium-Ion primär ein Hydroxid-Ion auf, jedoch ist das entstehende Diazohydroxid aufgrund von Gleichgewichtsmessungen nur eine instabile Zwischenstufe, die sofort mit einem zweiten Hydroxid-Ion unter Bildung des Diazotat-Anions reagiert. Die Eigenschaften der Diazotate hängen wesentlich von den Reaktionsbedingungen bei ihrer Herstellung ab. Die beim Zusammengeben der Lösungen sofort ausfallenden Produkte sind äußerst reaktionsfähig und besitzen vor allem die Fähigkeit zur Kupplung. Anders verhalten sich die Diazotate, die erst bei längerer Einwirkung von überschüssigem Alkali – zuweilen erst unter Erwärmen – ausfallen.
Aufgrund dieser experimentellen Befunde wurde die Existenz zweier isomerer Diazotate postuliert, die entweder nach *Hantzsch* als *cis(syn)-trans(anti)-Isomere* oder nach *Angeli* als *Konstitutionsisomere* aufgefaßt wurden:

syn-Diazotat (labil) *anti*-Diazotat (stabil) *n*-Diazotat (labil) *iso*-Diazotat (stabil)

Durch IR-spektroskopische Untersuchungen und durch eine Röntgenstrukturanalyse wurde bewiesen, daß die Diazotate die von *Hantzsch* angegebene Struktur haben[1].

5.13 Reaktionen aromatischer Diazoverbindungen

Von den mannigfaltigen Reaktionsmöglichkeiten der Diazoniumsalze sollen hier nur die typischen Umsetzungen behandelt werden. Grundsätzlich unterscheidet man zwischen Reaktionen, bei denen der Stickstoff der Diazogruppe abgespalten wird, und solchen, bei denen er im Reaktionsprodukt verbleibt.

[1] *W. Lüttke* et al., Berichte der Bunsengesellschaft *67*, 2 (1963).

5.13.1 Reaktionen, die unter Abspaltung der Diazogruppe verlaufen (Diazospaltung)

Während die Diazoniumsalze bei tiefer Temperatur relativ beständig sind, spalten sie beim Erwärmen sofort Stickstoff ab und gehen in *Phenole* über. Man spricht vom „Verkochen" der Diazoniumsalze zu Phenolen, z. B.

$$C_6H_5{-}\overset{\oplus}{N}{\equiv}N|]\,Cl^{\ominus} + H_2O \rightarrow \underset{\text{Phenol}}{C_6H_5{-}OH} + |N{\equiv}N| + HCl$$

Der *Reaktionsverlauf* ist folgender: Aus dem Diazonium-Ion spaltet sich Stickstoff ab, und das entstehende *Phenyl-Kation* verbindet sich mit einem vorhandenen *nucleophilen* Agens, in diesem Fall mit einem Wassermolekül:

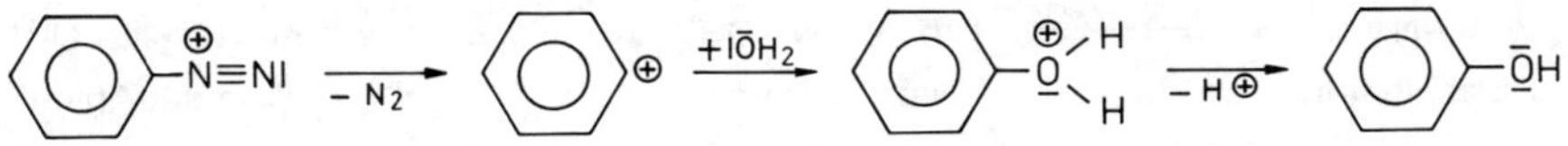

Neben der nucleophilen Substitution an Arylhalogeniden, die nach dem Eliminierungs-Additions-Mechanismus über Arine verläuft (vgl. S. 483), sowie an aktivierten Aromaten, denen ein Additions-Eliminierungs-Mechanismus zugrunde liegt (vgl. S. 505 *f.*), hat man es hier mit einem weiteren *nucleophilen* Reaktionstyp zu tun, bei dem jedoch der Primärschritt *monomolekular* verläuft (S_N1-Mechanismus).

Die Diazoniumgruppe läßt sich auch durch eine Reihe anderer Substituenten, z. B. $I^{\ominus}$, $N_3^{\ominus}$, $H_2AsO_3^{\ominus}$ oder $H_2SbO_3^{\ominus}$ ersetzen, jedoch verlaufen derartige Substitutionen nach verschiedenen *Mechanismen*[1].

$$C_6H_5{-}\overset{\oplus}{N}{\equiv}N|]\,Cl^{\ominus} + KI \rightarrow \underset{\text{Iodbenzol}}{C_6H_5{-}I} + N_2 + KCl$$

$$C_6H_5{-}\overset{\oplus}{N}{\equiv}N|]\,Cl^{\ominus} + NaN_3 \rightarrow \underset{\text{Phenylazid}}{C_6H_5{-}N_3} + N_2 + NaCl$$

$$C_6H_5{-}\overset{\oplus}{N}{\equiv}N|]\,Cl^{\ominus} + Na_3AsO_3 \rightarrow \underset{\text{Natriumsalz der Benzolarsonsäure}}{C_6H_5{-}AsO_3Na_2} + N_2 + NaCl$$

5.13.1.1 Die zur Benzolarsonsäure führende Umsetzung ist als ***Bart*-Reaktion** (1910) bekannt.

In konzentriert saurer Lösung gelingt es, auch Chlorid- und Bromid-Ionen über die Diazoniumsalze direkt in den aromatischen Kern einzuführen; jedoch benutzt man hierfür meist die *Sandmeyer*-Reaktion.

Erwärmt man Benzoldiazoniumsalze in *methanolischer* Lösung, so entsteht Anisol, bei *höheren* Alkoholen erhält man durch die Reduktionswirkung des Alkohols anstelle des entsprechenden Ethers vor allem die aromatischen Kohlenwasserstoffe:

$$C_6H_5{-}\overset{\oplus}{N}{\equiv}N|\Big]\,Cl^{\ominus} + R{-}CH_2{-}OH \rightarrow \begin{cases} C_6H_5{-}O{-}CH_2{-}R + N_2 + HCl \\ C_6H_6 + N_2 + HCl + R{-}CHO \end{cases}$$

[1] Vgl. *E. S. Lewis* et al., J. Amer. Chem. Soc. *84,* 3847 (1962).

Bei der Einwirkung von Sulfit- oder Cyanid-Ionen kommt es nicht zu einer Substitution der Diazoniumgruppe, sondern es werden als Konkurrenzreaktion ohne Stickstoffabspaltung die entsprechenden **Diazosulfonate** oder **Diazocyanide** gebildet:

$$C_6H_5-\overset{\oplus}{N}\equiv N|\,]\,Cl^{\ominus} \xrightarrow[-\,NaCl]{+\,Na_2SO_3} C_6H_5-N=N-SO_3^{\ominus}Na^{\oplus} \quad \text{Diazosulfonat}$$

$$C_6H_5-\overset{\oplus}{N}\equiv N|\,]\,Cl^{\ominus} \xrightarrow[-\,NaCl]{+\,NaCN} C_6H_5-N=N-C\equiv N \quad \text{Diazocyanid}$$

Physikalische Untersuchungen von *Le Fèvre* an arylsubstituierten Diazocyaniden ergaben, daß diese als *Z-E*(*syn-anti*)-Isomere auftreten können.
Die Einführung der Cl- und Br-Atome sowie der Cyanid- und anderer Gruppen gelingt glatt, wenn die Umsetzung der Diazoniumsalzlösungen in Gegenwart von Kupfer(I)-salzen oder metallischem Kupfer durchgeführt wird.

5.13.1.2 *Sandmeyer*-Reaktion (1884). Läßt man z. B. eine wäßrige Benzoldiazoniumchlorid-Lösung in eine warme, salzsaure Kupfer(I)-chlorid-Lösung fließen, so entsteht *Chlorbenzol:*

$$C_6H_5-\overset{\oplus}{N}\equiv N|\,]\,Cl^{\ominus} \xrightarrow{(CuCl)} C_6H_5-Cl + N_2$$

Bei dieser Umsetzung fungiert das Kupfer(I)-chlorid als Katalysator und bildet mit dem Diazonium-Ion einen „Primärkomplex", aus dem in der Wärme Stickstoff abgespalten wird[1]. Hierbei findet ein Elektronenübergang vom Kupfer zum Stickstoff statt, in dessen Verlauf das Kupfer in die Oxidationsstufe +2 übergeht. Das dabei auftretende *Phenylradikal* reagiert mit dem Kupfer(II)-chlorid zu Chlorbenzol unter Rückbildung von Kupfer(I)-chlorid.

$$Ar-\overset{\oplus}{N}\equiv N| \xrightarrow{+\,CuCl} Ar-\overset{\oplus}{N}\equiv N|\cdots Cu^{I}Cl \xrightarrow[-N_2]{} Ar\cdot + Cu^{II}Cl^{\oplus}$$

$$Ar\cdot + Cl-Cu^{II}-Cl \longrightarrow Ar-Cl + Cu^{I}Cl$$

Als Nebenprodukte entstehen stets Azoverbindungen und Biphenyl-Derivate.

Analog ist mit Kupfer(I)-bromid das *Brombenzol* zugänglich.
Der Austausch der Diazo- gegen die *Cyangruppe* ist ein Spezialfall der *Sandmeyer*-Reaktion. Hierbei setzt man die Diazoniumsalzlösung mit Kupfer(I)-cyanid, das mit Kaliumcyanid komplex gelöst wird, um, z. B.

$$\underset{\text{Diazonium-Ion}}{C_6H_5-\overset{\oplus}{N}\equiv N|} \xrightarrow[-N_2]{K_3[Cu(CN)_4]} \underset{\text{Benzonitril}}{C_6H_5-C\equiv N}$$

5.13.1.3 Versetzt man eine Diazoniumsalzlösung mit Quecksilber(II)-chlorid, so fällt ein Doppelsalz aus, das nach Suspension in Aceton beim Erhitzen mit Kupferpulver in Arylquecksilberchlorid übergeht (***Nesmejanow*-Reaktion**), z. B.:

$$C_6H_5-\overset{\oplus}{N}\equiv N|\,]\,Cl^{\ominus} \xrightarrow{+\,HgCl_2} C_6H_5-\overset{\oplus}{N}\equiv N|\,]HgCl_3^{\ominus} \xrightarrow[-2\,CuCl,\,-N_2]{+\,2\,Cu} C_6H_5-HgCl$$

[1] Vgl. *Houben-Weyl*, Methoden der organischen Chemie *5/4*, S. 438 ff. (1960), *5/3*, S. 846 ff. (1962) (Thieme Verlag, Stuttgart).

5.13.1.4 *Fluorbenzol* ist nach *Sandmeyer* nicht darstellbar, jedoch kann man es durch Erhitzen von trockenem Benzoldiazonium-tetrafluoroborat erhalten (***Balz-Schiemann*-Reaktion,** 1934).

$$C_6H_5{-}\overset{\oplus}{N}{\equiv}N|]BF_4^{\ominus} \xrightarrow{\text{Erhitzen}} C_6H_5{-}F + N_2 + BF_3$$

Bessere Ausbeuten erhält man, wenn Benzoldiazonium-tetrafluoroborat in Aceton in Gegenwart einer geringen Menge Kupferpulver bei Raumtemperatur zersetzt wird (*E. D. Bergmann*, 1956).

Die *Reduktion von Diazoniumsalzen zu Kohlenwasserstoffen* wird am besten mit Phosphin- bzw. Phosphonsäure, Natriumstannitlösung oder Ameisensäure durchgeführt, z. B.:

$$Ar{-}\overset{\oplus}{N}{\equiv}N|]\,HSO_4^{\ominus} + H_3PO_2 + H_2O \longrightarrow Ar{-}H + N_2 + H_2SO_4 + H_3PO_3$$

Diazoniumsulfat

5.13.1.5 Eine *Arylierung* am Benzolkern der Diazoniumsalze läßt sich erreichen, indem man die Diazoniumsalzlösung z. B. mit Benzol unter Rühren innig vermischt und verdünnte Natronlauge hinzutropft (***Gomberg-Bachmann*-Reaktion**). Die Ausbeute an Biphenyl beträgt etwa 20%.

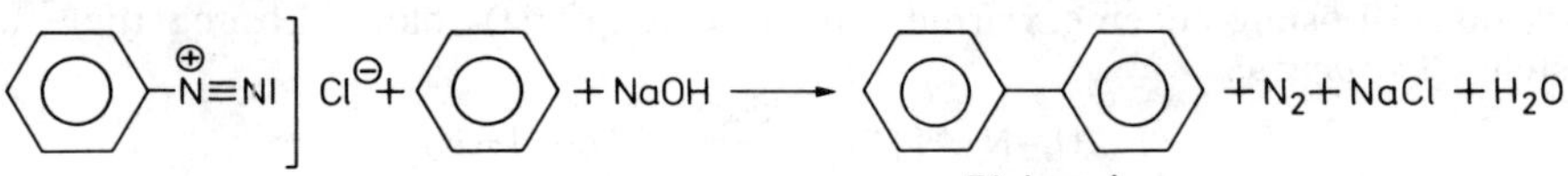

Biphenyl

Die Reaktion verläuft über das Diazohydroxid, das nach einem *Radikalmechanismus* weiterreagiert:

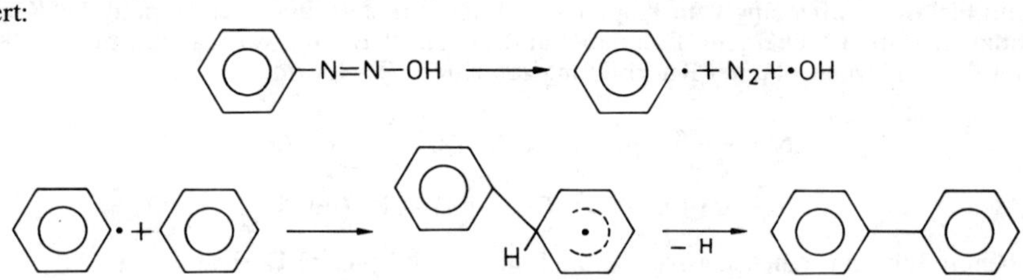

5.13.1.6 ***Meerwein-Schuster*-Reaktion**[1]. Bei dieser Arylierung wird der aromatische Rest von Diazoniumsalzen auf α,β-ungesättigte Carbonylverbindungen und Carbonsäuren sowie deren Derivate übertragen, wobei sowohl eine Addition des Arylrestes und des Halogenatoms an die C=C-Doppelbindung als auch eine Substitution von Wasserstoff durch den Arylrest erfolgen kann. Bei Verwendung α,β-ungesättigter Carbonsäuren findet zugleich Decarboxlierung zu Stilbenabkömmlingen statt, z. B.:

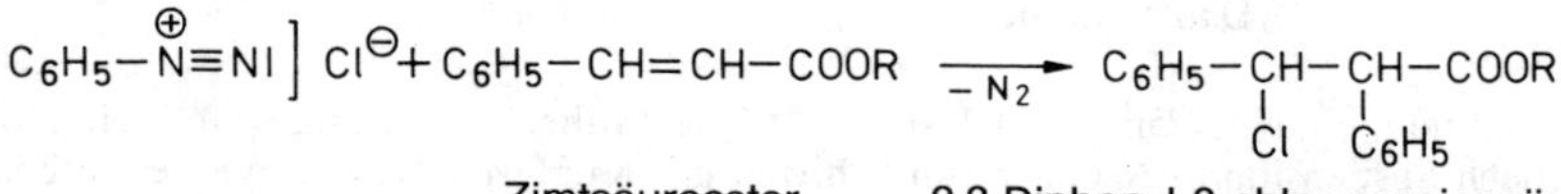

Zimtsäureester 2,3-Diphenyl-3-chlor-propionsäureester

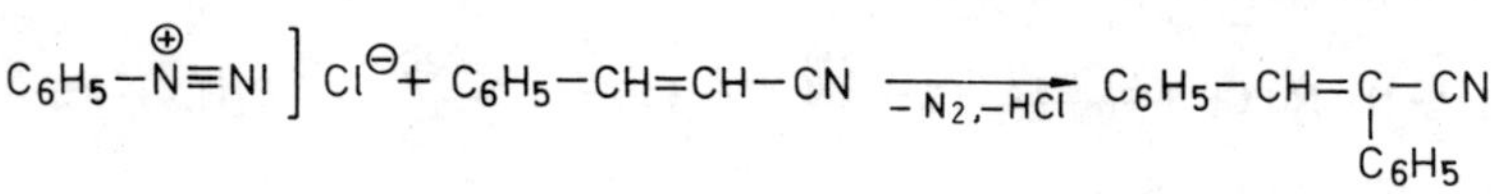

Zimtsäurenitril 2,3-Diphenyl-acrylnitril

---

[1] Vgl. *C. S. Rondestvedt*, jun., Arylation of Unsaturated Compounds by Diazonium Salts (The *Meerwein* Arylation Reaction), Org. Reactions *11*, 189 ff. (1960).

$$C_6H_5-\overset{\oplus}{N}\equiv N|\,]\,Cl^{\ominus} + \underset{\text{Zimtsäure}}{C_6H_5-CH=CH-COOH} \xrightarrow[-N_2,-HCl,-CO_2]{} \underset{\text{Stilben}}{C_6H_5-CH=CH-C_6H_5}$$

Die Reaktionen verlaufen nach einem *Radikalmechanismus* und werden durch Kupfer(II)- und Kupfer(I)-salze katalysiert.

5.13.2 Reaktionen, bei denen der Diazostickstoff im Molekül verbleibt

Zu dieser Gruppe von Umsetzungen aromatischer Diazoverbindungen zählen die Darstellung des Phenylhydrazins, des Phenylazids und die technisch wichtigen Kupplungsreaktionen (*P. Griess,* 1858).

5.13.2.1 Phenylhydrazin, $C_6H_5-NH-NH_2$, wurde schon mehrfach als wertvolles Reagens zur Identifizierung der Carbonylgruppe in Aldehyden, Ketonen und Zuckern erwähnt.

Darstellung. Phenylhydrazin stellt man sowohl technisch als auch im Laboratorium *durch Reduktion von Benzoldiazoniumchlorid* mit einer Natriumsulfitlösung bestimmter Konzentration her (*E. Fischer,* 1875). Primär entsteht hierbei Diazoniumsulfit, das sich rasch in Diazosulfonat umlagert:

$$C_6H_5-\overset{\oplus}{N}\equiv N|\,]\,Cl^{\ominus} \xrightarrow[-NaCl]{+Na_2SO_3} \underset{\text{Diazoniumsulfit}}{C_6H_5-\overset{\oplus}{N}\equiv N|\,]\,NaSO_3^{\ominus}} \rightarrow \underset{\text{Diazosulfonat}}{C_6H_5-N=N-SO_3^{\ominus}Na^{\oplus}}$$

Nach Zugabe von Salzsäure reduziert dann die freiwerdende schwefelige Säure die Azogruppe unter Bildung von Natriumphenylhydrazinsulfonat:

$$C_6H_5-N=N-SO_3^{\ominus}Na^{\oplus} + 2\,H \rightarrow C_6H_5-NH-NH-SO_3^{\ominus}Na^{\oplus}$$

Schließlich wird die Sulfonylgruppe unter dem Einfluß starker Salzsäure in der Hitze abgespalten, wobei Phenylhydrazin-hydrochlorid ausfällt:

$$C_6H_5-NH-NH-SO_3^{\ominus}Na^{\oplus} + HCl + H_2O \rightarrow \underset{\text{Phenylhydrazin-hydrochlorid}}{C_6H_5-NH-\overset{\oplus}{N}H_3]\,Cl^{\ominus}} + NaHSO_4$$

Das freie Phenylhydrazin erhält man aus dem Salz durch Umsetzen mit der berechneten Menge Natronlauge.

Eigenschaften. Phenylhydrazin ist in reinem Zustand ein fast farbloses Öl, das in der Kälte kristallin erstarrt, Schmp. 19,6 °C (292,8 K). Bei Gegenwart von Luftsauerstoff, besonders im Licht, färbt es sich rasch braun. Es ist eine Base, deren Salze in Wasser leicht löslich sind, und besitzt als Hydrazinderivat starkes *Reduktionsvermögen.* Andererseits kann Phenylhydrazin durch energische Reduktion in Anilin und Ammoniak gespalten werden.

Physiologisch wirkt Phenylhydrazin als Blutgift; auf der Haut ruft es zuweilen *Ekzeme* hervor. Eine Reihe von Derivaten des Phenylhydrazins, welche in Pilzen vorkommen, haben sich im Tierversuch als carcinogen erwiesen (z. B. N-Acetyl-4-hydroxymethylphenylhydrazin).

Verwendung. Neben seiner Bedeutung als Reagens auf Carbonylgruppen spielt Phenylhydrazin als Ausgangsprodukt bei der Synthese von Farbstoffen und Indolderivaten sowie in der pharmazeutischen Industrie, s. Antipyrin, Pyramidon, eine Rolle.

5.13.2.2 Phenylazid, $C_6H_5N_3$, ist ein gelbes, bittermandelölartig riechendes Öl, Sdp. 59 °C (332 K)/18 mbar (18 hPa), das beim Erhitzen unter Normaldruck heftig explodiert. Durch *Isotopenmarkierung* (^{15}N) konnte *Clusius* nachweisen, daß die *Azidgruppe* die gleiche Struktur wie die in den Säureaziden besitzt. Für das Phenylazid lassen sich folgende Grenzformeln postulieren.

$$[C_6H_5{-}\overline{N}{=}\overset{\oplus}{N}{=}\overset{\ominus}{\underline{\overline{N}}} \longleftrightarrow C_6H_5{-}\overset{\ominus}{\underline{\overline{N}}}{-}\overset{\oplus}{N}{\equiv}N|]$$

Die *Darstellung* des Phenylazids aus Benzoldiazoniumsalz und wäßriger Natriumazidlösung wurde bereits erwähnt (S. 584). Weiterhin ist es *durch Umsetzung von Benzoldiazoniumperbromid mit Ammoniak* zugänglich:

$$\underset{\text{Benzoldiazoniumbromid}}{C_6H_5{-}\overset{\oplus}{N}{\equiv}N|]\,Br^{\ominus}} \xrightarrow{+Br_2} \underset{\text{Perbromid}}{C_6H_5{-}\overset{\oplus}{N}{\equiv}N|]\,[BrBr_2]^{\ominus}} \xrightarrow[-3\,NH_4Br]{+4\,NH_3} \underset{\text{Phenylazid}}{C_6H_5{-}\overline{N}{=}\overset{\oplus}{N}{=}\overset{\ominus}{\underline{\overline{N}}}}$$

Eine weitere Synthese geht vom Phenylhydrazin-hydrochlorid aus, das mit *salpetriger Säure* bei 0 °C (273 K) zunächst Nitrosophenylhydrazin bildet, aus dem unter Wasseraustritt Phenylazid entsteht:

$$C_6H_5{-}NH{-}NH_2 \xrightarrow[-2\,H_2O]{+HNO_2} C_6H_5{-}\overline{N}{=}\overset{\oplus}{N}{=}\overset{\ominus}{\underline{\overline{N}}}$$

5.13.3 Kupplungsreaktionen

Unter **Kupplung** versteht man die Verknüpfung von aromatischen Diazoverbindungen mit einer zweiten Komponente. Die einfachsten Reaktionen dieser Art sind die oben beschriebene Bildung der Diazotate sowie der Diazocyanide und Diazosulfonate. Große Bedeutung haben die Umsetzungen der Diazoniumsalze mit aromatischen Aminen und Phenolen zu *Diazoamino-* bzw. *Azoverbindungen* (*N*-bzw. *C-Kupplung*). Der jeweilige Reaktionsverlauf hängt entscheidend vom *p*H-Wert der Lösung ab.

5.13.3.1 Kupplung mit aromatischen Aminen

Durch Kupplung des Diazonium-Ions mit *primären* Aminen in schwach saurer Lösung erhält man die *Diazoaminoverbindungen* **(N-Kupplung).**
Diazoaminobenzol entsteht bei der Einwirkung von Anilin auf Benzoldiazoniumchlorid in essigsaurer Lösung:

$$C_6H_5{-}\overset{\oplus}{N}{\equiv}N|]\,Cl^{\ominus} + H_2N{-}C_6H_5 \rightleftharpoons \underset{\text{Diazoaminobenzol}}{C_6H_5{-}N{=}N{-}NH{-}C_6H_5} + HCl$$

In der Praxis versetzt man die Anilinhydrochlorid-Lösung bei 0 °C (273 K) mit so viel Natriumnitrit, daß nur die Hälfte des Anilins diazotiert wird, und fügt dann Natriumacetat hinzu:

$$C_6H_5{-}\overset{\oplus}{N}{\equiv}N|]\,Cl^{\ominus} + H_2N{-}C_6H_5 \xrightarrow[-NaCl,\,-H_3CCOOH]{+H_3CCOONa} C_6H_5{-}N{=}N{-}NH{-}C_6H_5$$

Diazoaminobenzol bildet goldgelbe Blättchen, Schmp. 100 °C (373 K), die beim raschen Erhitzen explodieren. Es ist unlöslich in Wasser, ziemlich löslich in heißem Ethanol, aber leicht in Benzol oder Ether, reagiert schwach basisch und gibt mit Säuren keine beständigen Salze. Beim Erhitzen von Diazoaminobenzol mit verdünnten Mineralsäuren findet eine Spaltung in Phenol, Anilin und Stickstoff statt:

$$C_6H_5{-}N{=}N{-}NH{-}C_6H_5 + H_2O \xrightarrow{(H^{\oplus})} C_6H_5{-}OH + N_2 + H_2N{-}C_6H_5$$

Charakteristisch für Diazoaminoverbindungen ist ihre leicht erfolgende *Umlagerung* in Aminoazoverbindungen. Erwärmt man z. B. Diazoaminobenzol (N,N'-Diphenyltriazen) in Anilin mit geringen Mengen Anilinhydrochlorid auf etwa 40 °C (310 K), so lagert es sich zu dem stärker basischen *p*-Aminoazobenzol um:

Diazoaminobenzol *p*-Aminoazobenzol

Die Umlagerung verläuft *intermolekular*, d. h., es erfolgt primär eine Spaltung in Diazoniumsalz und Anilin und anschließend eine normale C-Kupplung.
Ist die *p*-Stellung des *primären* Amins substituiert, so entstehen hierbei *o*-Aminoazoverbindungen.

***p*-Aminoazobenzol** kristallisiert in gelben Nadeln vom Schmp. 127 °C (400 K), ist in Wasser, Ethanol und Ether wenig, jedoch in siedendem Benzol gut löslich.
Bei energischer Reduktion mit Zinn und Salzsäure oder besser mit Titan(III)-chlorid erfolgt Spaltung in Anilin und *p*-Phenylendiamin:

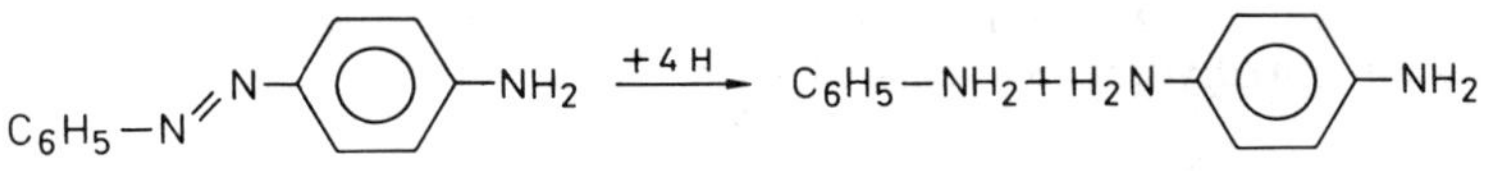

p-Aminoazobenzol Anilin *p*-Phenylendiamin

***o*-Aminoazobenzol** bildet granatrote Prismen vom Schmp. 59 °C (332 K).

Setzt man anstelle des primären ein *sekundäres* Amin, z. B. N-Methylanilin, mit Benzoldiazoniumchlorid um, so entsteht zunächst die entsprechende Diazoaminoverbindung, die jedoch teilweise schon in die Azoverbindung umgelagert wird:

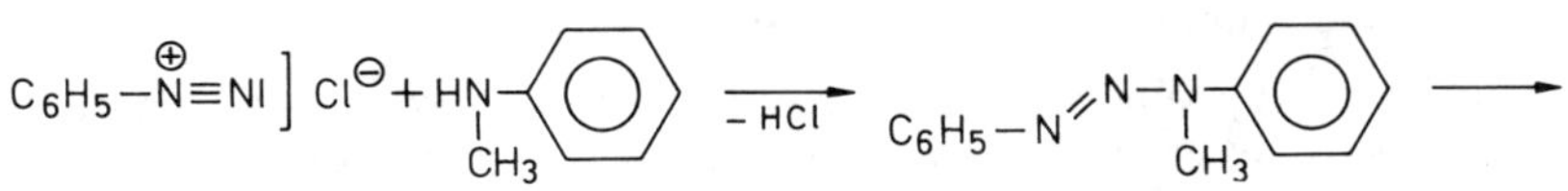

Methyldiazoaminobenzol

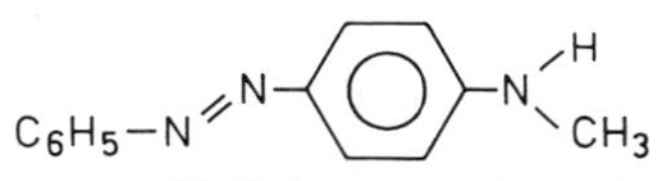

p-Methylaminoazobenzol

Im Gegensatz zu obigen Kupplungsreaktionen bilden *tertiäre* aromatische Amine keine Diazoaminoverbindungen, sondern kuppeln mit Diazoniumsalzen in schwach saurer Lösung sofort in *p*-Stellung zu *p*-Aminoazoverbindungen **(C-Kupplung)** z. B.:

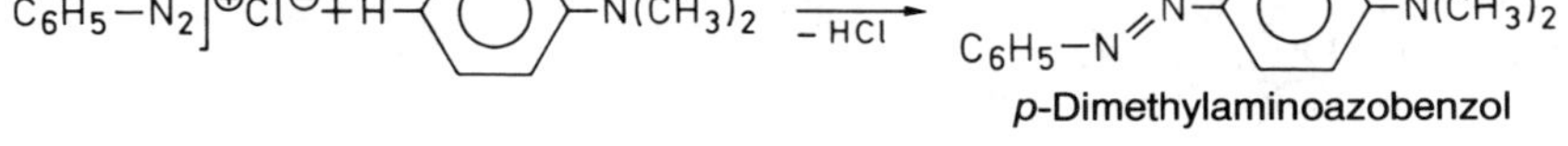

p-Dimethylaminoazobenzol

Ist die *p*-Stellung zur Aminogruppe besetzt, so tritt die Azogruppe in die *o*-Stellung ein. ***p*-Dimethylaminoazobenzol** bildet gelbe Blättchen vom Schmp. 117 °C (390 K), es hat sich im Tierversuch als carcinogen erwiesen.

Die N-Kupplung der Diazoniumsalze zu Diazoaminoverbindungen ist auf wenige *primäre* aromatische Amine, wie Anilin, dessen *o*- oder *p*-Substitutionsprodukte und *p*-Toluidin beschränkt; meist erfolgt mit aromatischen Aminen, z. B. mit *m*-Toluidin, *m*-Phenylendiamin und *β*-Naphthylamin, sofort C-Kupplung.

5.13.3.2 Kupplung mit Phenolen

Die Kupplung der Diazoniumsalze mit Phenolen (oder Naphtholen) in *alkalischer* Lösung erfolgt wesentlich rascher als die der entsprechenden Amine in saurem Medium. Auch hier tritt die Azogruppe in die *p*-Stellung zur Hydroxylgruppe ein, sofern diese unsubstituiert ist, andernfalls in die *o*-Stellung. Man kommt somit zu *p*-Hydroxy- bzw. *o*--Hydroxyazoverbindungen, z. B.:

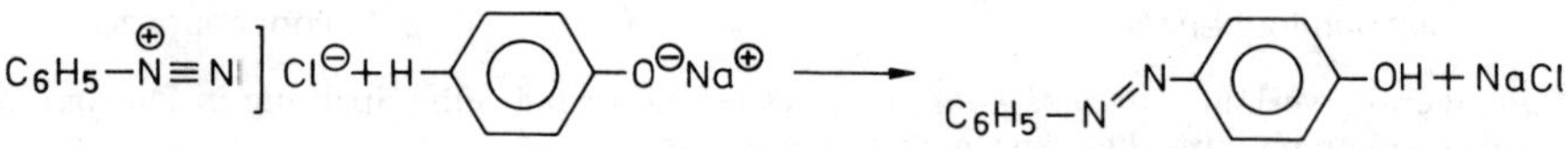

Natriumphenolat *p*-Hydroxyazobenzol

***p*-Hydroxyazobenzol** kristallisiert in orangefarbenen Prismen vom Schmp. 152 °C (425 K) und ist aufgrund des Phenolcharakters in wäßrigem Ammoniak und in Laugen leicht löslich. Andererseits lassen sich bestimmte Hydroxyazoverbindungen auch durch Kondensation der betreffenden Chinone mit Phenylhydrazin (oder dessen Derivaten) herstellen, so daß man z. B. *p*-Hydroxyazobenzol in der *tautomeren* Form als *p*-Benzochinon-monophenylhydrazon auffassen kann:

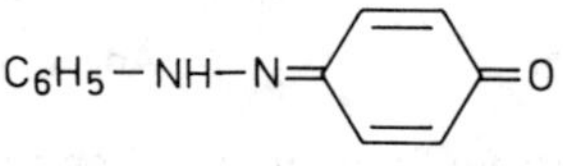

***o*-Hydroxyazobenzol** bildet orangerote, blau schimmernde Nadeln, Schmp. 83 °C (356 K).

5.13.3.3 Kupplung mit reaktionsfähigen Methylengruppen[1]

Diazoniumsalze kuppeln auch mit Verbindungen, die *aktive* Methylengruppen besitzen, wie Acetessigester, Malonester u. a., jedoch lagern sich die primär entstehenden Azoverbindungen sogleich in die *tautomeren Arylhydrazone* um, z. B.:

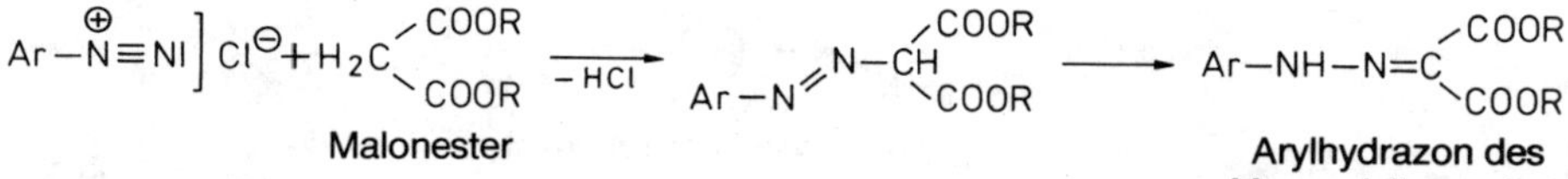

Malonester Arylhydrazon des Mesoxalsäureesters

In diese Gruppe gehören ferner die Kupplungen von 1-Aryl-3-methyl-5-pyrazolonen und deren Derivaten (s. Pyrazolonfarbstoffe).

---

[1] Vgl. *S M. Parmerter,* The Coupling of Diazonium Salts with Aliphatic Carbon Atoms, Org. Reactions *10,* 1 ff. (1959); *E. Enders, Houben-Weyl,* Methoden der Organischen Chemie *10/3,* S. 490 ff. (Thieme Verlag, Stuttgart 1965).

5.13.3.4 Mechanismus der Kupplungsreaktionen

In der Diazoniumgruppe ist das endständige N-Atom durch den –I-Effekt des positiv geladenen N-Atoms an Elektronen verarmt. Das Diazonium-Ion kann daher – ähnlich wie $Br^{\oplus}$ oder $^{\oplus}NO_2$ – ein aromatisches System *elektrophil* angreifen, z. B. läßt sich die Kupplung mit einem *tertiären* aromatischen Amin wie folgt formulieren:

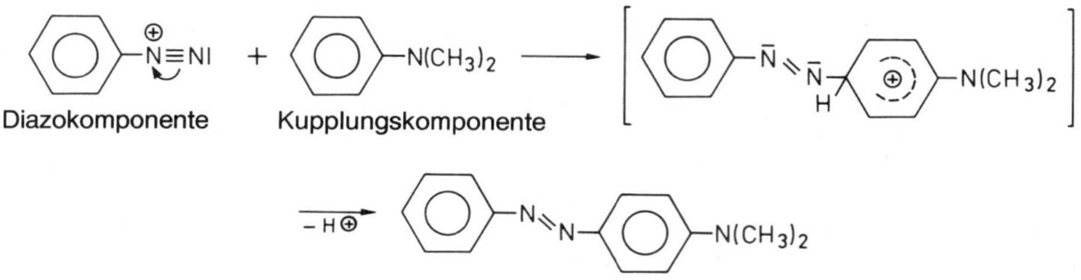

p-Dimethylaminoazobenzol

Analog verläuft die Kupplung des Diazonium-Ions mit Phenolen in alkalischer Lösung.
Die Geschwindigkeit dieser Kupplungsreaktionen hängt im wesentlichen von zwei Faktoren ab, die durch die am Benzolkern haftenden Substitutionen entscheidend beeinflußt werden. Einmal muß die *Kupplungskomponente* durch elektronenliefernde Gruppen, z. B. $-NH_2$, $-NR_2$ oder $-O^{\ominus}$, aktiviert sein; zum anderen wird die Positivierung des endständigen N-Atoms der *Diazokomponente* durch elektronenziehende Gruppen, wie $-NO_2$, $-CN$ oder SO_3H, vergrößert und somit ihre Kupplungsfähigkeit erhöht. Beispielsweise kuppeln diazotiertes *p*-Nitroanilin und 2,4-Dinitro-anilin viel rascher als Benzoldiazoniumchlorid. Umgekehrt erschweren elektronenliefernde Substituenten am Benzolkern des Diazoniumsalzes, wie Alkyl- oder Alkoxylgruppen die Kupplung.
Technische Anwendung finden die Kupplungsreaktionen in der Azofarbstoffindustrie.

5.14 Azofarbstoffe[1]

Die große Klasse der Azofarbstoffe leitet sich vom Azobenzol ab und ist durch das Vorliegen einer oder mehrerer *Azogruppen*, $-N=N-$, gekennzeichnet.

5.14.1 Konstitution und Farbe[2]

Obwohl eine Reihe farbiger Verbindungen bereits erwähnt wurde, soll erst an dieser Stelle zwischen dem Begriff der *Farbigkeit* und dem des eigentlichen *Farbstoffs* unter-

[1] Vgl. *H. Zollinger*, Color Chemistry, Syntheses, Properties and Applications of Organic Dyes and Pigments (VCH Verlagsgesellschaft, Weinheim 1987); *P. F. Gordon* et al., Organic Chemistry in Colour (Springer-Verlag, Berlin 1987).
[2] Vgl. *J. Fabian* u. *H. Hartmann*, Light Absorption of Organic Colorants (Springer-Verlag, Berlin 1980).

schieden werden. Eine chemische Verbindung erscheint dann farbig, wenn sie aus dem sichtbaren Teil des Spektrums (400 – 800 nm) einen gewissen Wellenbereich selektiv absorbiert. Die von unserem Auge wahrgenommene Farbe dieser Verbindung entspricht der jeweiligen Komplementärfarbe des absorbierten Spektralbereichs, die auf den Rest des Spektrums zwischen 400 und 800 nm zurückzuführen sind. (s. Tabelle 17 und Abb. 116).

Im allgemeinen sind die gesättigten organischen Verbindungen für unser Auge farblos, da sich ihr Absorptionsbereich außerhalb des Sichtbaren im Ultraviolett befindet. Durch Einführung von π-Bindungssystemen, wie $>C{=}O$, $>C{=}N-$, $>C{=}C<$, $-N{=}O$ u. a., besonders wenn diese zueinander *in Konjugation* stehen (z. B. Glyoxal, Osazone), verschieben sich die Absorptionsbanden mehr oder weniger zum sichtbaren Teil des Spektrums. Damit taucht die Frage nach der Beziehung zwischen chemischer Konstitution und Farbe auf. Dieses langumstrittene Problem hat durch die Lehre von der *Mesomerie* eine einheitliche Deutung erfahren. Danach sind die π-Elektronen der Mehrfachbindungen für die selektive Lichtabsorption und damit für die Farbigkeit verantwortlich (*Bury, Arndt* und *Eistert*). Je stärker die π-Elektronen delokalisiert sind umso langwelliger ist das Licht welches die Verbindung absorbiert.

Die Anwendung quantenchemischer Modelle ermöglicht genauere und zuverlässigere Aussagen. So gelingt es mit Hilfe der schematisierten Wellenfunktion der Tabelle 11 (S. 108) und dem Modell des freien Elektronengases (FE-Modell) die Wellenlängen, bei denen die symmetrischen Azomethine absorbieren (λ max) mit befriedigender Genauigkeit voraus zu berechnen. Vgl. Abb. 116, die den in Tabelle 4 (S. 31) enthaltenen sichtbaren Teil des elektromagnetischen Spektrums wiedergibt[1].

Die Absorption kommt dadurch zustande, daß ein Elektron aus dem HOMO in das LUMO angehoben wird; sie ist umso langwelliger, je geringer die Energiedifferenz zwischen den beiden Zuständen ist.

Atomgruppen, die die selektive Absorption entscheidend beeinflussen, nennt man **Chromophore** (*chroma* = Farbe, *phoron* = Träger) oder *chromophore Gruppen* (*Witt*, 1876). Entsprechend bezeichnet man Verbindungen, die chromophore Gruppen enthalten, als **Chromogene.** Meist reicht jedoch eine chromophore Gruppe in dem betreffen-

Tabelle 17. Lichtabsorption und Farbe

Absorbiertes Licht		Farbe der Verbindung
Wellenlänge (nm)	Farbe	
400–440	violett	gelbgrün
440–480	blau	gelb
480–490	grünblau	orange
490–500	blaugrün	rot
500–560	grün	purpur
560–580	gelbgrün	violett
580–595	gelb	blau
595–605	orange	grünblau
605–750	rot	blaugrün
750–800	purpur	grün

[1] Vgl. *M. Klessinger*, Konstitution und Lichtabsorption organischer Farbstoffe, Chemie in unserer Zeit *12*, 1 (1978).

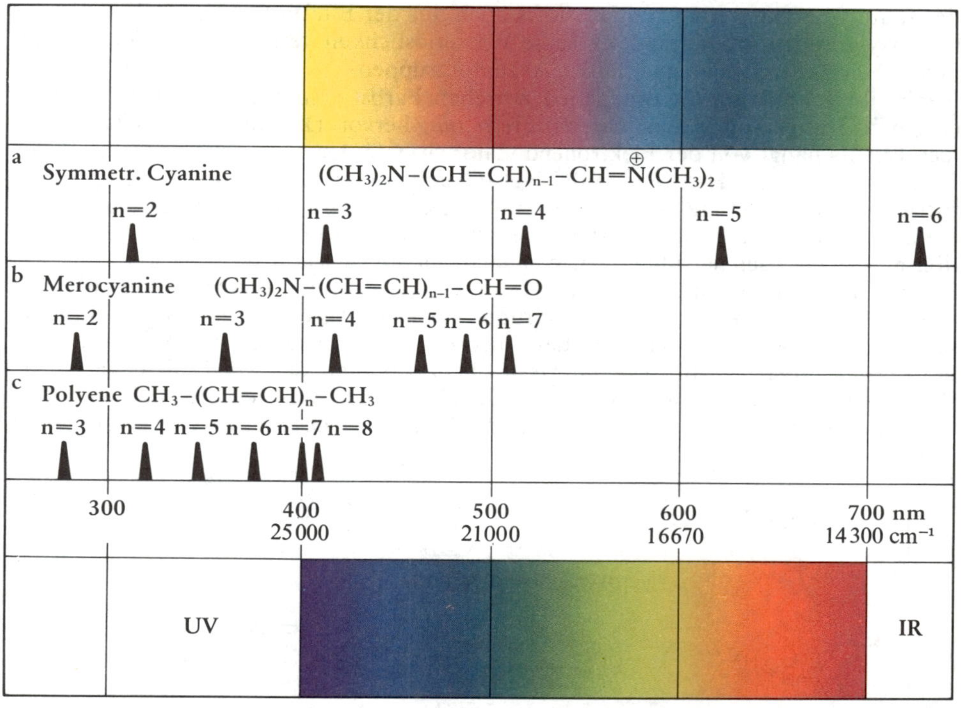

Abb. 116. Lage der langwelligen Absorptionsbande in Abhängigkeit von der Anzahl der Doppelbindungen einiger Polymethinverbindungen. Der untere Teil zeigt die aus dem Spektrum absorbierte Farbe, der obere Teil die dazugehörige Komplementärfarbe, welche man sieht.

den Molekül nicht aus, um eine Lichtabsorption im Sichtbaren hervorzurufen; das Absorptionsspektrum liegt weiterhin im Ultraviolett. Erst die Anhäufung von Chromophoren – besonders in konjugierten Systemen – ruft eine Farbvertiefung (*Bathochromie*) hervor, d. h. eine Verschiebung der Absorptionsmaxima nach längeren Wellen hin bis ins sichtbare Spektrum (vgl. Abb. 116).

Eine typisch chromophore Gruppe ist die *Azogruppe*, $-N=N-$, die als eigentlicher Farbträger der Azofarbstoffe anzusehen ist. Die chromophoren Gruppen, die die Farbigkeit einer Substanz bedingen, bewirken jedoch noch keinen Farbstoffcharakter. So ist z. B. das rote Azobenzol als Stammverbindung der Azofarbstoffe wohl farbig, aber kein Farbstoff. Von einem **Farbstoff** verlangt man, daß er die Fähigkeit besitzt, andere Stoffe, z. B. Textilfasern, wie Baumwolle, Zellwolle, Wolle, Seide, Reyon oder vollsynthetische Fasern, sowie Leder möglichst licht- und waschecht zu färben. Dies wird erst durch die Einführung von **Auxochromen** (*auxesis* = Zunahme) oder *auxochromen Gruppen* (*Witt*) in den aromatischen Teil des farbigen Moleküls erreicht. Zu den wichtigsten Auxochromen gehören folgende elektronenabgebende Gruppen: $-NH_2$, $-NHR$, $-NR_2$, $-OH$, $-OCH_3$ (Donatorgruppen). Aus dem farbigen Azobenzol entstehen so die einfachsten Azofarbstoffe, z. B. *p*-Aminoazobenzol (Anilingelb), *p*-Hydroxyazobenzol u. a.

Je nachdem, ob der aromatische Kern durch NH_2- oder OH-Gruppen substituiert ist, unterscheidet man allgemein zwischen *basischen* und *sauren Azofarbstoffen*. Oft basiert

der saure Charakter eines Azofarbstoffs auch auf der Einführung von Sulfonyl- oder Carboxylgruppen, womit zugleich seine Wasserlöslichkeit verbunden ist. Diese Gruppen ziehen Elektronen an und heißen Akzeptorgruppen.
Neben ihrer Funktion als Bindeglied zwischen Farbstoff und Faser rufen die auxochromen Gruppen meist auch eine *Farbvertiefung* hervor. Die Stärke dieses **bathochromen Effekts** hängt von der Elektronendonatorwirkung der auxochromen Gruppen ab. Ersetzt man z. B. die H-Atome in der NH_2-Gruppe durch Alkyl- oder Arylgruppen, so tritt eine Farbvertiefung ein. Demgegenüber lösen andere Substituenten am Benzolkern, z. B. Alkyle, in Azofarbstoffen einen **hypsochromen Effekt** aus, d. h., die Absorptionsmaxima werden nach kürzeren Wellenlängen hin verschoben.
In einer wichtigen Gruppe von Farbstoffen findet man eine Elektronenverschiebung von einer Donator- zu einer Akzeptorgruppe (Donator-Akzeptor Chromogen). Bei diesen Chromogenen findet man oft, daß auch die *Salzbildung* zu einer Farbvertiefung führt (*Halochromie)*, z. B. ist *p*-Hydroxyazobenzol orange, das Alkalisalz dagegen rot. Die tiefere Farbe des Anions ist darauf zurückzuführen, daß sich die einsamen Elektronenpaare am Sauerstoff hier stärker an der Mesomerie des Benzolkerns beteiligen:

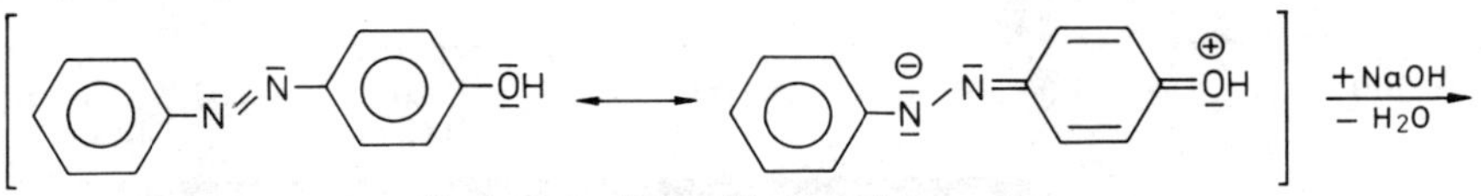

p-Hydroxyazobenzol (orange)

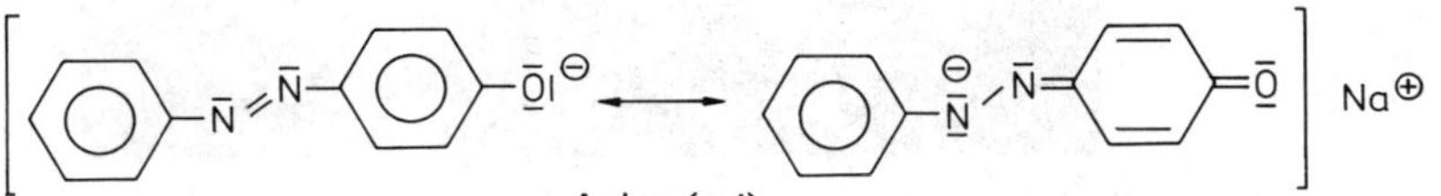

Anion (rot)

Der Übergang der phenolischen Hydroxylgruppe in die Phenolatgruppe wandelt diese in eine stärkere Donatorgruppe um. Durch Wechselwirkung mit der unveränderten Akzeptorgruppe (Benzolkern + Azogruppe) erhält man einen *bathochromen* Effekt.

Aufgrund dieses Farbwechsels fungieren einige Azofarbstoffe, z. B. Methylorange, als *Indikatoren.*
Solvatochromie. Die Wechselwirkung zwischen Donator- und Akzeptorgruppe kann durch das Lösungsmittel beeinflußt werden, z. B. ist das *4-Diethylamino-4'-nitro-azobenzol* in Cyclohexan gelborange (λ max 470 nm) und tiefrot in Ethanol (λ max 510 nm).

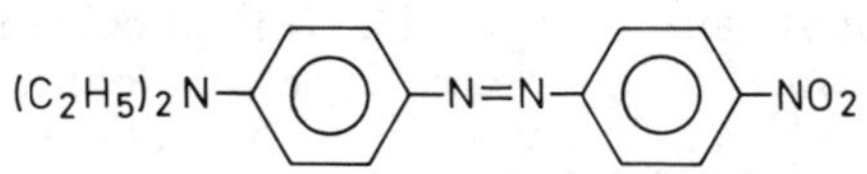

4-Diethylamino-4'-nitro-azobenzol

Der Grundzustand der Verbindung (gekennzeichnet durch das HOMO) ist weniger polar als der angeregte Zustand (gekennzeichnet durch das LUMO); dieser aber wird durch ein polares Lösungsmittel stärker stabilisiert als der weniger polare Grundzustand. Somit vermindert sich die Energiedifferenz zwischen HOMO und LUMO, und die Absorption verschiebt sich zu größeren Wellenlängen.
Methylorange (Helianthin, Orange III), das Natriumsalz der 4-Dimethylaminoazobenzol-4'-sulfonsäure, wird durch Kuppeln von diazotierter Sulfanilsäure mit N,N-Dimethylanilin und Überführung der Säure in das Natriumsalz dargestellt. Seine verdünnte gelbe Lösung erfährt auf Mineralsäurezusatz einen Farbumschlag nach Rot:

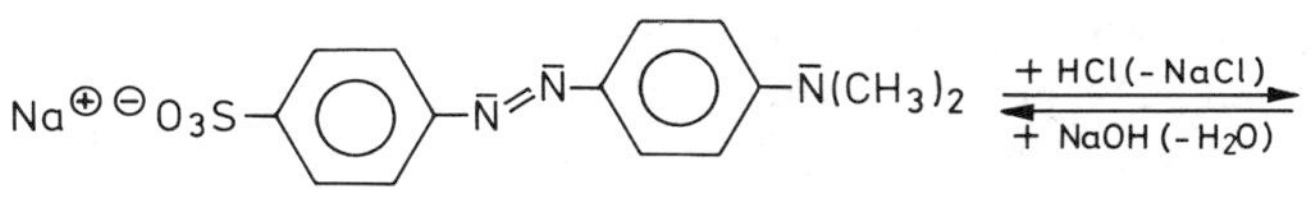

Methylorange (gelb)

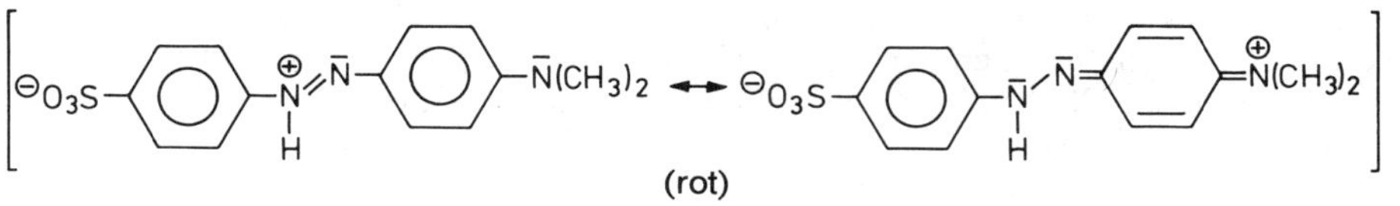

(rot)

Daher benutzt man Methylorange als *Indikator* in der Acidimetrie; wegen der Säureempfindlichkeit findet es in der Färberei keine Verwendung.

Die Halochromie beruht in diesem Falle auf der Verstärkung der Akzeptorgruppe durch die Protonierung.

5.14.2 Färbetechnik[1]

Infolge der Variationsbreite der Diazokomponenten und der Kupplungskomponenten hat die Zahl der Azofarbstoffe die der anderen Farbstoffklassen bei weitem überflügelt. Besondere Bedeutung haben sie als **Wollfarbstoffe,** da tierische Fasern (Wolle, Seide) wegen ihres amphoteren Eiweißcharakters befähigt sind, sowohl saure als auch basische Farbstoffe unter Salzbildung zu binden.

Schwieriger ist dagegen das Anfärben pflanzlicher Fasern, die aus der chemisch neutralen Cellulose bestehen und bei denen eine salzartige Bindung nur selten möglich ist. Um den Farbstoff dennoch auf der Faser zu fixieren, bedient man sich einer **Beize** als Bindeglied zwischen Farbstoff und Faser. Zu diesem Zweck werden die Gewebe meist mit leicht hydrolysierbaren Salzen schwacher Basen, z. B. Aluminiumacetat, Alaun, Chrom-, Eisen- oder Zinnsalzen, getränkt und anschließend gedämpft. Hierbei hinterbleibt auf der Faser eine schwach basisch reagierende Schicht, die nunmehr den *sauren* Farbstoff unter Bildung waschechter *Farblacke* chemisch zu binden vermag. Dieses Verfahren bezeichnet man in der Färbetechnik als „Aufziehen" des Farbstoffs auf die Faser.

Verwendet man andererseits geeignete, sauer reagierende organische Verbindungen, wie den Gerbstoff *Tannin,* als *Beize,* so lassen sich auch *basische* Farbstoffe auf der Celulosefaser binden. Farbstoffe, die nur auf die gebeizte Faser aufziehen, heißen **Beizenfarbstoffe.** Sie werden in erster Linie zum Anfärben von Baumwolle (auch Zellwolle, Reyon) benutzt.

Über die Konstitution der Farblacke lassen sich noch keine exakten Aussagen machen, wahrscheinlich bilden die Metallhydroxide mit dem Farbstoff unlösliche *Chelatkomplexe.* Neben der Fixierung des Farbstoffs auf der Faser tragen gewisse Beizen auch zur Erzielung bestimmter Farbtöne bei.

Eine große Gruppe von Azofarbstoffen, die **„substantiven" Baumwollfarbstoffe,** besitzen die Fähigkeit, direkt auf die ungebeizte pflanzliche Faser aufzuziehen. Vollsynthetische Fasern werden vielfach durch Einspinnen von Farbpigmenten sehr echt gefärbt.

[1] Vgl. *P. F. Gordon* et al., Organic Chemistry in Colour (Springer-Verlag, Berlin 1987).

Eine besondere Färbetechnik besteht darin, daß die Farbstoffe direkt auf der Faser entwickelt werden (s. Naphthol-AS-Farbstoffe).
Als *Diazokomponenten* benutzt man in der Technik neben *Anilin* und seinen Abkömmlingen die *Naphthylamine* und ihre Substitutionsprodukte sowie vor allem *Benzidin* und seine Derivate. Letztere führen zu den substantiven Azofarbstoffen.
Als *Kupplungskomponenten* haben sich neben den *Phenolen* vor allem die *Naphthole* und die sich davon ableitenden *Naphtholdisulfonsäuren*, z. B. die R- und G-Säure, sowie die Aminonaphtholsulfonsäuren, z. B. die γ-, I- und H-Säure, bewährt.

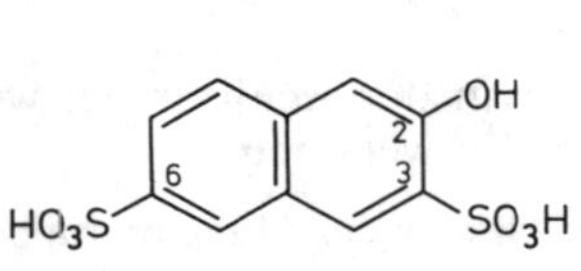

R-Säure
(2-Naphthol-3,6-disulfonsäure)

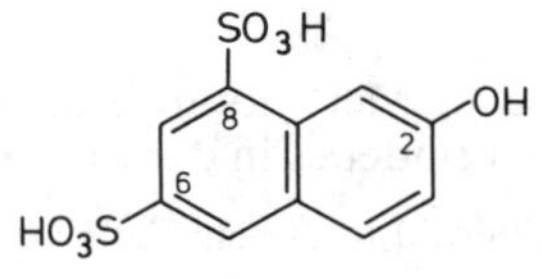

G-Säure
(2-Naphthol-6,8-disulfonsäure)

Bei den *Aminonaphtholsulfonsäuren* hängt die Kupplung weitgehend vom Medium ab. Außerdem kommt der orientierende Einfluß der *Sulfonylgruppen* hinzu. Im *sauren* Medium tritt die Diazogruppe auf die Seite der Amino-, im *alkalischen* auf die der Hydroxylgruppe, wie folgende Beispiele zeigen:

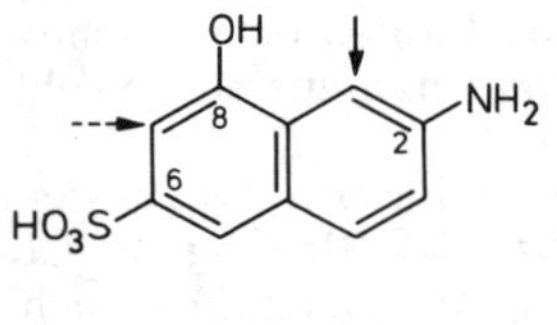

γ-Säure
(2-Amino-8-naphthol-6-sulfonsäure)

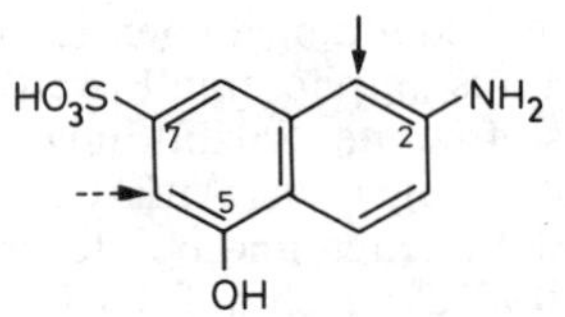

I-Säure
(2-Amino-5-naphthol-7-sulfonsäure)

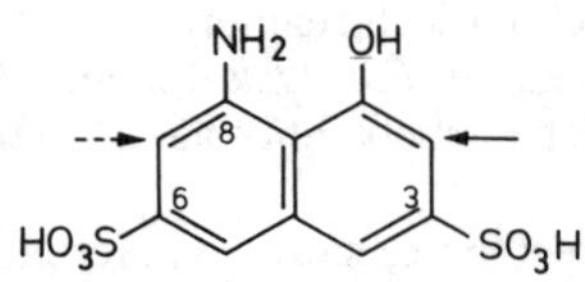

H-Säure
(8-Amino-1-naphthol-3,6-disulfonsäure)

Die Positionen der sauren Kupplung sind durch einen ausgezogenen und die der alkalischen durch einen unterbrochenen Pfeil markiert. γ-Säure wird meist als Kupplungskomponente in der Wollfärberei, I- und H-Säure in der Baumwollfärberei verwendet.

In der Farbstoffchemie wird der Vorgang der Diazotierung und Kupplung der Einfachheit halber durch einen Pfeil wiedergegeben:

$$D \rightarrow K \text{ (D = Diazokomponente, K = Kupplungskomponente)}$$

Je nach der Zahl der in einem Farbstoff vorhandenen Azogruppen unterscheidet man Mono-, Dis-, Tris-, Tetrakis- bis Polyazofarbstoffe.
Aus der Vielzahl von Azofarbstoffen seien hier nur einige typische Vertreter herausgestellt.

5.14.3 Basische Azofarbstoffe

Sie enthalten als Auxochrome NH_2- oder NR_2-Gruppen.
Chrysoidin (2,4-Diamino-azobenzol) entsteht durch Kuppeln von diazotiertem Anilin mit *m*-Phenylendiamin; es ist der erste synthetisch gewonnene Monoazofarbstoff (*Caro*, 1875; *Witt*, 1876) und wird noch heute zum Färben von tannierter Baumwolle sowie von Leder und Papier verwendet.

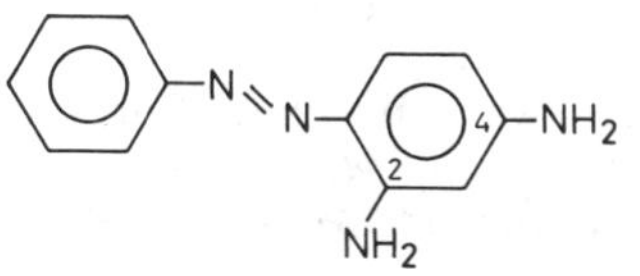

Chrysoidin (orangefarben)

5.14.4 Saure Azofarbstoffe

Sie sind hauptsächlich durch Sulfonylgruppen charakterisiert.

Naphtholblauschwarz 6 B (Amidoschwarz 10 B), der wichtigste saure Wollfarbstoff für Schwarzfärbungen mäßiger Echtheit, ist ein *Disazofarbstoff*, der durch Kuppeln von H-Säure mit 1 Mol *p*-Nitrobenzoldiazoniumchlorid in saurem und anschließend mit 1 Mol Benzoldiazoniumchlorid in alkalischem Medium dargestellt werden kann.

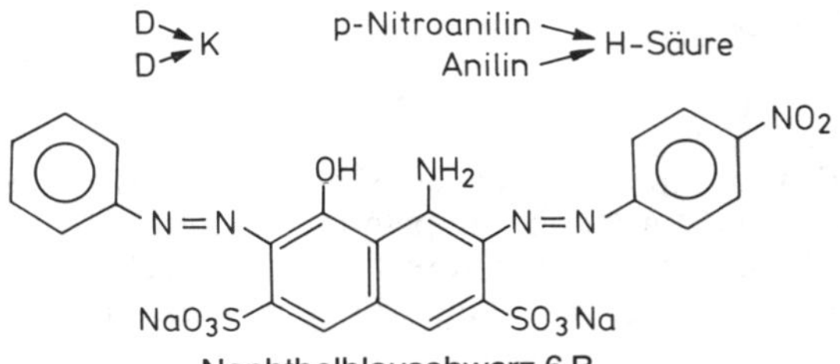

Naphtholblauschwarz 6 B

Man verfährt hier so, daß zwei ungleiche Diazokomponenten nacheinander in verschiedenen Medien mit derselben Kupplungskomponente umgesetzt werden (*M. Hoffmann*, 1891).

5.14.5 Substantive Azofarbstoffe[1] (Direktfarbstoffe)

Die bisher beschriebenen Azofarbstoffe sind nicht imstande, Cellulosefasern direkt, d. h. ohne Beize, zu färben. Erst mit der Entdeckung des Kongorots (*Böttiger*, 1884) wurde eine neue Gruppe von Azofarbstoffen erschlossen, die Cellulose (Baumwolle, Ramie u. a.) sowie regenerierte Cellulose (z. B. Viscose- oder Kupfer-Reyon) ohne Zuhilfenahme von Beizen färbt. Man bezeichnet sie als *substantive* oder *direktziehende* Baumwollfarbstoffe. Sie stellen heute die größte Gruppe unter den Azofarbstoffen dar.
Kongorot entsteht durch Kuppeln von bis-diazotiertem Benzidin mit 2 Molen Naph-

[1] Vgl. *E. Pfeil* et al., Molekülbau und Haftung substantiver Farbstoffe auf Cellulose, Angew. Chem. *75*, 407 (1963).

thionsäure. Die zunächst gebildete blaue Farbsäure geht beim Aussalzen mit Natriumchlorid in das rote Dinatriumsalz (Kongorot) über.

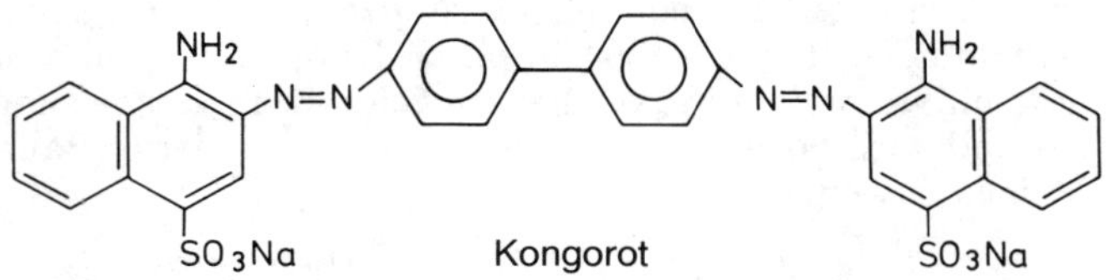

Kongorot

Auf Zusatz von Mineralsäuren wird die blaue Farbsäure wieder in Freiheit gesetzt. Daher dient Kongorot als *Indikator auf Mineralsäuren.*
Die Farbvertiefung kann durch folgende *Mesomerie* erklärt werden:

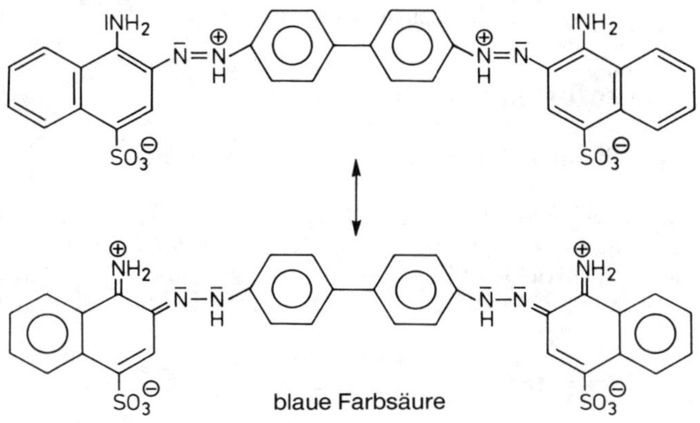

blaue Farbsäure

Direkttiefschwarz E ist der meistverwendete schwarze Trisazofarbstoff. Man stellt ihn aus bis-diazotiertem Benzidin durch Kuppeln mit 1 Mol H-Säure in saurer, dann mit 1 Mol Benzoldiazoniumchlorid am H-Säure-Teil in alkalischer Lösung und schließlich durch Kuppeln der zweiten Diazoniumgruppe am Benzidin mit *m*-Phenylendiamin her.

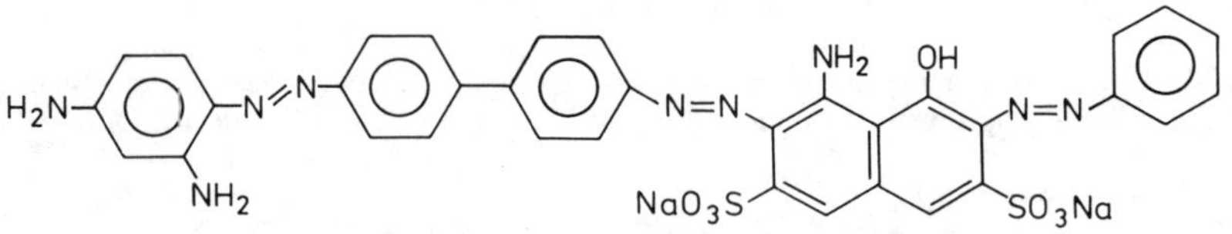

Direkttiefschwarz E

5.14.6 Naphthol-AS-Farbstoffe[1]

Diese Farbstoffklasse nahm ihren Ausgang von den „Eisfarben", die auf der Faser bei 0 °C (273 K) erzeugt werden. Eine wichtige Verbindung dieser Art ist **Pararot** (*p*-Nitroanilinrot) das durch Tränken der Baumwollfaser mit einer alkalischen Lösung von *β*-Naphthol und nach dem Trocknen durch Nachbehandeln mit einer Lösung von dia-

[1] Vgl. *W. Kirst* et al., Angew. Chem. *66,* 429 (1954); *H. Zollinger,* Chimia *22,* 9 (1968).

zotiertem *p*-Nitroanilin als unlöslicher Azofarbstoff auf der Faser entwickelt wird. Dieses Verfahren wurde vor allem im *Zeugdruck* angewandt.

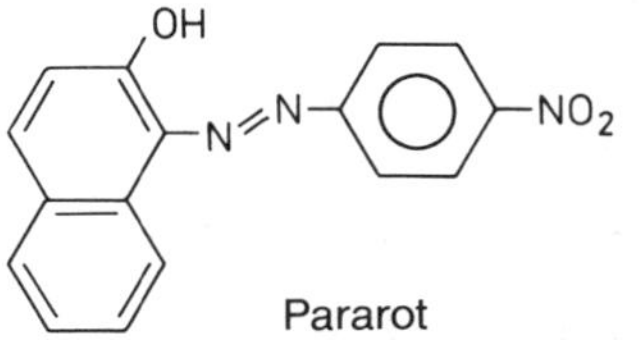

Pararot

Die Schwierigkeit derartiger Färbungen bestand darin, die getränkten Garne so zu trocknen, daß bei der Einwirkung der Diazoniumsalzlösung gleichmäßige Farbnuancen erzielt werden. Dieses Problem wurde erst gelöst, als man anstelle des *β*-Naphthols Abkömmlinge der 3-Hydroxy-2-naphthoesäure, vor allem ihr Anilid, das **Naphthol AS,** als *Kupplungskomponente* benutzte.

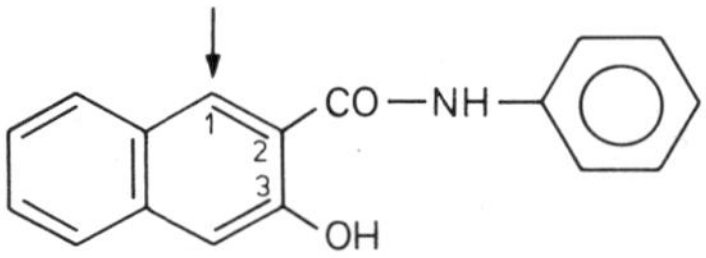

Naphthol AS

Das farblose Naphthol AS hat die Fähigkeit, in alkalischer Lösung ohne Beize auf Baumwolle aufzuziehen. Auf der so vorbehandelten Faser lassen sich nach vorhergehender Trocknung mit einer beliebigen Diazoniumsalzlösung (*Diazokomponente*) außerordentlich licht- und waschechte Färbungen erzeugen. Die Kupplung erfolgt in 1-Stellung des Naphtholringes.

Da diese Farbstoffe direkt auf der Faser entwickelt werden, rechnet man sie zu den *„Entwicklungsfarben"*.
Als *Diazokomponente* werden z. B. diazotiertes *p*- oder *m*-Nitroanilin, *p*-Aminoazobenzol, Benzidin u. a. verwendet.
Da die Naphthol-AS-Farbstoffe erst in den Färbereien aus den Komponenten entwickelt werden, waren für ihren wirtschaftlichen Erfolg zwei Gesichtspunkte maßgebend.
Erstens mußte ein technisch brauchbares *Verfahren zur Herstellung der 3-Hydroxy-2-naphthoesäure-arylamide* ausgearbeitet werden. Sie lassen sich durch Umsetzung der 3-Hydroxy-2-naphthoesäure mit Arylaminen, z. B. Anilin, in Gegenwart von Phosphor(III)-chlorid in sehr guter Ausbeute gewinnen:

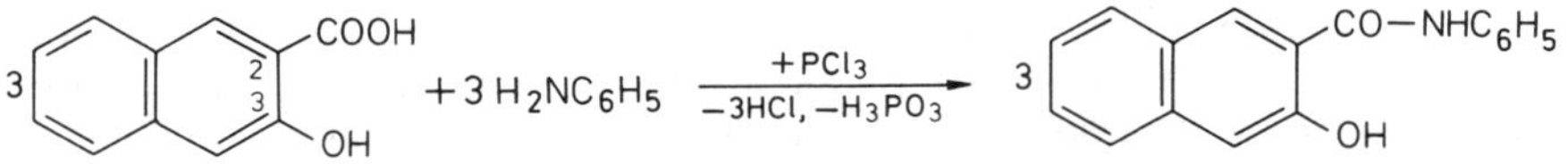

Zweitens mußte man haltbare und in der Handhabung ungefährliche Diazoniumsalze, sog. *Echtfärbesalze*, in Substanz herstellen. Bewährt haben sich als Stabilisatoren und Abscheidungsreagenzien Zinkchlorid, aromatische Sulfonsäuren und Tetrafluoroborsäure (vgl. S. 582). Voraussetzung für die Haltbarkeit der Echtfärbesalze ist ihre vollkommene Trockenheit. Beim Auflösen dieser Salze in Wasser und Ansäuern mit Mineralsäuren erhält der Färber eine kupplungsfähige Diazoniumsalzlösung.

Durch Variation der verschiedenen Diazo- und Kupplungskomponenten lassen sich fast alle Farbtöne herstellen. Die roten Farbstoffe haben das Alizarin (s. S. 641 *f.*) völlig verdrängt, und die blauen erreichen die Echtheit von Indanthrenfarben. Die von *Laska* und *Zitscher* (1913) aufgefundenen Naphthol-AS-Farbstoffe besitzen weltweite Bedeutung.

Rapidogenfarbstoffe. Zur Stabilisierung von Diazoniumsalzen benutzt man Diazoaminoverbindungen, die aus Diazoniumsalzen durch Kuppeln mit *primären* aromatischen Aminen, deren *o*- und *p*-Stellung besetzt ist, erhalten werden und die alkalibeständig sind, z. B.

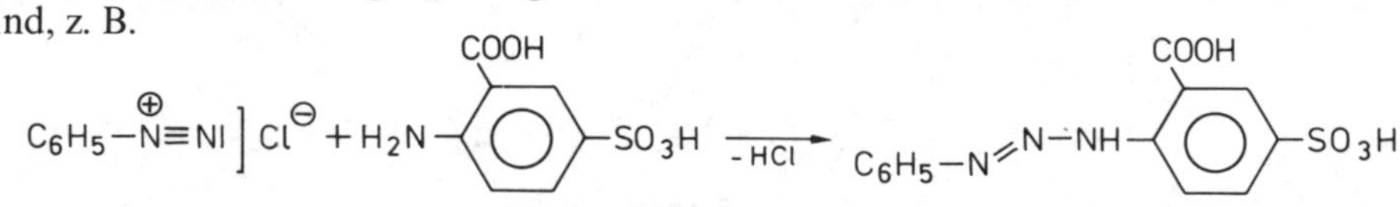

2-Amino-5-sulfobenzoesäure

Derartige Diazoaminoverbindungen sind im Gemisch mit Naphtholaten der Naphthol-AS-Reihe *ohne* Farbstoffbildung vollkommen haltbar. Setzt man die damit bedruckten Baumwollgewebe jedoch dem Dampf von Ameisen- oder Essigsäure aus, so wird die Diazoaminoverbindung gespalten, wobei sofort Kupplung zum unlöslichen Azofarbstoff (*Rapidogenfarbstoff*) erfolgt.

5.14.7 Reaktivfarbstoffe[1]

Einen neuen, technisch wichtigen Farbstofftyp stellen die zuerst von der I.C.I. entwickelten *Procionfarbstoffe* dar, die durch Kondensation von wasserlöslichen, *zwei* Sulfonylgruppen enthaltenden Aminoazofarbstoffen mit 1 Mol Cyanursäurechlorid entstehen. Da die 3 Cl-Atome des Cyanursäurechlorids je nach Temperatur und *p*H-Wert des Mediums verschieden schnell reagieren, wird hierbei *nur ein* Cl-Atom gegen die Aminogruppe des Azofarbstoffs ausgetauscht. Als Beispiel sei der Azofarbstoff **Procionbrillantorange GS** angeführt, der durch Kupplung diazotierter Orthanilsäure (*o*-Aminobenzolsulfonsäure) mit I-Säure und Umsetzen mit Cyanursäurechlorid erhältlich ist:

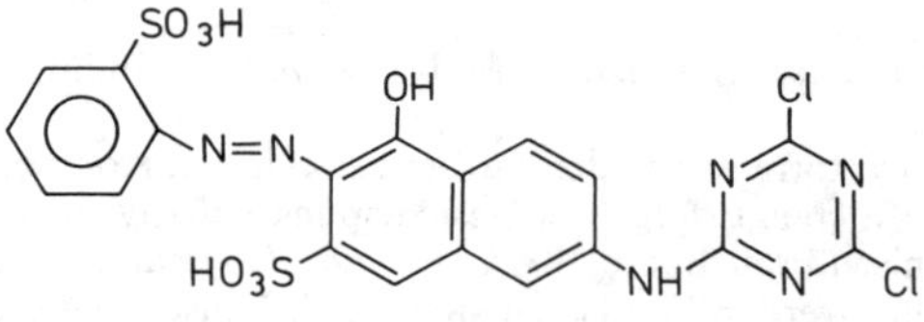

Procionbrillantorange GS

Die Fixierung des Farbstoffs auf der Faser kommt dadurch zustande, daß die beiden übrigen Cl-Atome als *nucleofuge* Atome durch nucleophile Gruppen der Fasern, z. B. Hydroxylgruppen der Cellulose oder Aminogruppen der Proteinfasern, *nucleophil* substituiert werden können, wodurch der Farbstoff *kovalent* gebunden wird. Derartige Färbungen zeichnen sich durch besondere Echtheit aus. Ähnliche Bindungsprinzipien liegen den *Cibacron-Farbstoffen* (CIBA), die auf Monochlortriazinbasis aufgebaut sind, den *Remazol-Farbstoffen*[2] (Hoechst), bei denen es sich um Schwefelsäureester von *β*-Hydroxyethylsulfonen ($-SO_2-CH_2-CH_2-O-SO_3H$) bzw. um Vinylsulfone ($-SO_2-CH=CH_2$) handelt, und den *Levafix-Farbstoffen*[3] (Leverkusen) mit der Gruppierung $-SO_2-NH-CH_2-CH_2-O-SO_3H$ zugrunde.

---

[1] Vgl. *H. Zollinger*, Chemismus der Reaktivfarbstoffe, Angew. Chem. *73*, 125 (1961); *E. Siegel*, Chemie der Reaktivfarbstoffe, Suppl. Chimia, *1968*, 100.
[2] Vgl. *J. Heyna*, Reaktivfarbstoffe mit Vinylsulfongruppen, Angew. Chem. *74*, 966 (1962).
[3] Vgl. *K. G. Kleb*, Levafix-Farbstoffe, Chemismus und Praxis, Angew. Chem. *74*, 698 (1962); *K. G. Kleb* et al., Über neue Reaktivfarbstoffe, ebenda *76*, 423 (1964).

5.14.8 Dispersionsfarbstoffe[1]

Ein Dispersionsfarbstoff zeichnet sich dadurch aus, daß er keine ionisierenden Gruppen enthält, in Wasser schwerlöslich ist und aus kolloiddisperser Verteilung zum Färben hydrophober Fasern, vor allem von *Polyesterfasern* und *Acetatseide*, geeignet ist. Besonders vorteilhaft ist die Verwendung leicht sublimierbarer Dispersionsfarbstoffe im *Transferdruck* für Gewebe aus Synthesefasern[2]. In dieser Farbstoffklasse spielen die Mono- und Disazofarbstoffe eine bedeutende Rolle.
Als Diazo- und Kupplungskomponenten fungieren aromatische und heterocyclische Verbindungen. Diese enthalten bestimmte Gruppen, die die Nuancen sowie die Licht- und Thermofixierechtheit des Farbstoffs entscheidend beeinflussen. Zu den meist verwendeten *Diazokomponenten* gehören z. B.:

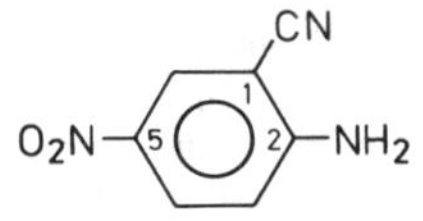

2-Amino-5-nitro-benzonitril

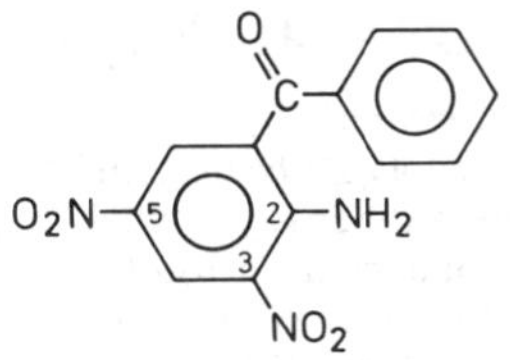

2-Amino-3,5-dinitro-benzophenon

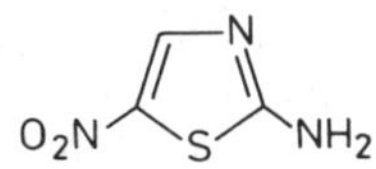

2-Amino-5-nitro-thiazol

Als *Kupplungskomponenten* dieser Art seien folgende erwähnt:

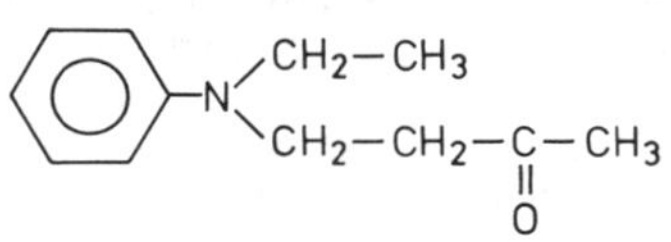

4-(N-Ethyl-anilino)-2-butanon

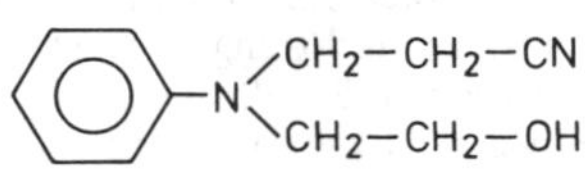

3-[N-(2-Hydroxyethyl)anilino]propiononitril

Weitere Kupplungskomponenten gehören vielfach der heterocyclischen Reihe an (s. Azofarbstoffe der Pyrazolreihe, S. 740).

5.14.9 Metallkomplexazofarbstoffe[3]

Azofarbstoffe, die bestimmte Gruppierungen aufweisen, bilden mit Metallsalzen Komplexe, wodurch ihre Licht- und Waschechtheit erhöht wird. Zum Färben von *Proteinfasern* (Wolle, Seide) sowie von *Polyamidfasern* sind besonders Chrom- und Kobaltkomplexe geeignet. Schon im Jahre 1892 stellte *Erdmann* fest, daß *o,o'*-Dihydroxyazofarbstoffe beim Kochen mit Dichromat und einem Hilfsstoff, der die Reduktion zum 3wertigen Chrom bewirkt, auf der Proteinfaser echte Chromlacke bilden *(Chromierfarbstoffe)*. Die auf dieser Basis entwickelten Metallkomplexfarbstoffe, die zur Erhöhung ihrer Löslichkeit Sulfonylgruppen enthielten, hatten den Nachteil, daß sie nur in stark saurer Lösung auf die Proteinfaser aufziehen.

---

[1] Vgl. *C. Müller*, Neuere Entwicklungen auf dem Gebiet der Dispersionsfarbstoffe und ihrer Zwischenprodukte, Suppl. Chimia *1968*, 69.
[2] Vgl. *A. Haus*, Der Transferdruck, Chemie in unserer Zeit *12*, 41 (1978).
[3] Vgl. *H. Baumann* und *H. R. Hensel*, Neue Metallkomplexfarbstoffe, Struktur und färberische Eigenschaften, Fortschr. chem. Forsch. *7*, 643 (1967).

In den 50er Jahren gelang es, durch Einführung anderer *hydrophiler* Gruppen, wie der Sulfonamid- oder Alkansulfonylgruppe, mit Chrom- und Kobaltsalzen neue Metallkomplexazofarbstoffe herzustellen, in denen das jeweilige Metallatom mit ein oder zwei Farbstoffmolekülen verknüpft ist. Zu den 1:2-Metallkomplexazofarbstoffen zählen z. B. die *Cibalan-* (CIBA), *Irgalan-* (Geigy) und *Ortolan-Farbstoffe* (BASF).
Neuerdings wurden besonders echte Chrom- und Kobaltkomplexfarbstoffe auf der Basis der Reaktivfarbstoffe mit Vinylsulfongruppen in den Handel gebracht (*Remalan-Echt-Farbstoffe*). Einige dieser Metallkomplexfarbstoffe dienen auch zum Färben von Leder (*Coranil-Echt-Farbstoffe*).
Die Metallionen in den Abwässern aus diesen Fabrikationen können eine erhebliche Umweltbelastung hervorrufen.

5.14.10 Diazotypie und verwandte Kopierverfahren[1]

Vor der Entwicklung der elektrophotographischen Vervielfältigungsverfahren hatten *Diazotypiepapiere* erhebliche Bedeutung. Die Diazotypie basiert auf der Lichtempfindlichkeit aromatischer Diazoverbindungen, die beim Belichten unter N_2-Entwicklung zerstört werden und damit die Fähigkeit verlieren, mit Kupplungskomponenten Farbstoffe zu bilden. Entsprechend ihrem Aufbau hat man bei den Lichtpauspapieren zwischen *Zwei-* und *Ein-Komponentenpapieren* zu unterscheiden. Im ersteren Fall befinden sich die Diazokomponente, eine Kupplungskomponente und ein Stabilisator in der lichtempfindlichen Schicht. Nach dem Belichten entwickelt man das Bild mit gasförmigen, alkalischen Mitteln, z. B. mit Ammoniak, auf trockenem Wege („Trockenverfahren"). Bei den Ein-Komponentenpapieren enthält die lichtempfindliche Schicht nur die Diazoverbindung. Nach dem Kopierprozeß wird die erforderliche Kupplungskomponente der alkalischen oder neutralen Entwicklungslösung zugesetzt („Halbfeuchtverfahren"). Nach beiden Verfahren erhält man *Positivbilder* von der Vorlage.
Während die einfachen Diazoniumsalze unter Lichteinwirkung in Phenole übergehen, verläuft die Photolyse bei den Diazoverbindungen aus *o*-Amino-phenolen und -naphtholen komplizierter. Diese *o-Benzo-* und *o-Naphtho-chinondiazide* (auch *o*-Diazoanhydride oder *o*-Diazochinone genannt) gehen bei der Lichteinwirkung nach Abspaltung des Stickstoffs über ein Carben als Zwischenstufe in einer der *Wolff*schen Umlagerung analogen Reaktion in Ketene über, die Wasser anlagern und *Cyclopentadien-* oder *Indencarbonsäuren* bilden (***Süs*-Reaktion**). Diese sind kupplungsfähig und vereinigen sich bei Anwesenheit negativer Substituenten in den *o*-Benzochinondiaziden – auch in saurem Medium – bereits während des Belichtens mit noch unzersetzter Diazoverbindung zu Azofarbstoffen, z. B.:

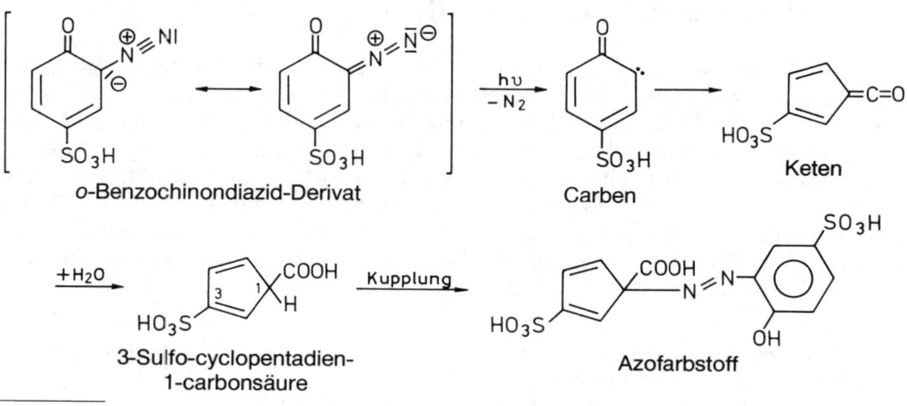

[1] Vgl. *O. Süs* et al., Neue Entwicklungen auf dem Gebiet der vorsensibilisierten Druckfolien, Angew. Chem. *74*, 985 (1962).

Praktisch werden für diese Zwecke durch Sulfonylgruppen wasserlöslich gemachte *o-Naphtochinondiazide* eingesetzt, bei denen diese Farbstoffbildung auch bei Anwesenheit negativer Substituenten nur im alkalischen Bereich erfolgt. Im neutralen oder sauren Medium entstehen ausschließlich die farblosen *Indencarbonsäuren.* Sie sind daher für *positiv* arbeitende Zwei-Komponenten-diazotypiepapiere geeignet.
o-Chinondiazide der Naphthalinreihe, die statt der Sulfonylgruppe eine Ester- oder Amidgruppe enthalten und daher in organischen Lösungsmitteln löslich sind, haben in der Reproduktionstechnik für die Herstellung von vorsensibilisierten Druckfolien (*Ozasol*-Druckfolien) größere technische Bedeutung erlangt.

5.15 Biphenyl und Arylmethane

5.15.1 Biphenyl (Diphenyl)

Im Biphenyl sind zwei Benzolkerne mit je einem C-Atom verknüpft. Zur Kennzeichnung der jeweiligen Stellung der einzelnen Substituenten in den beiden Kernen ist folgende Bezifferung festgelegt:

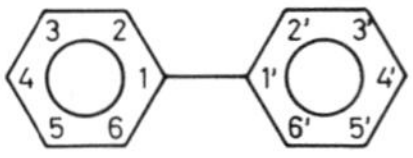

Biphenyl

Demnach ist z. B. Benzidin als 4,4'-Diamino-biphenyl zu bezeichnen.
Biphenyl kommt in geringer Menge im Steinkohlenteer vor.

Darstellung

5.15.1.1 Technisch *durch pyrogene Dehydrierung von Benzol* in glühenden, mit Bimssteinstücken gefüllten Eisenröhren:

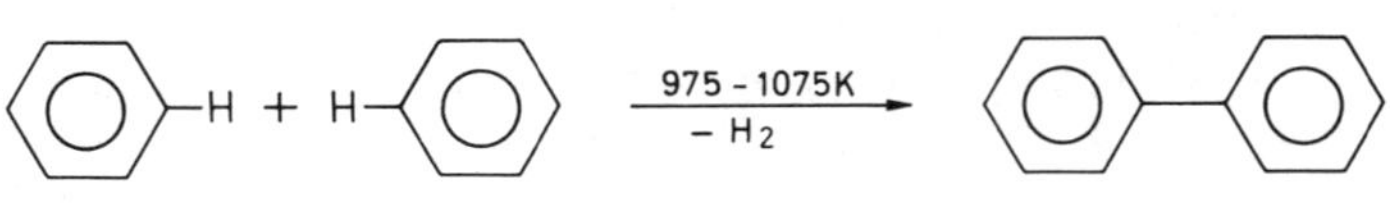

5.15.1.2 Nach der *Ullmann*-Reaktion *durch Erhitzen von Iodbenzol mit Kupferbronze.*

5.15.1.3 Substituierte Biphenyle erhält man durch *Elektrolyse,* bei der sich *anodisch* ein *Radikalkation* bildet, das sich zum substituierten Biphenyl dimerisiert, z. B. Mesitylen:

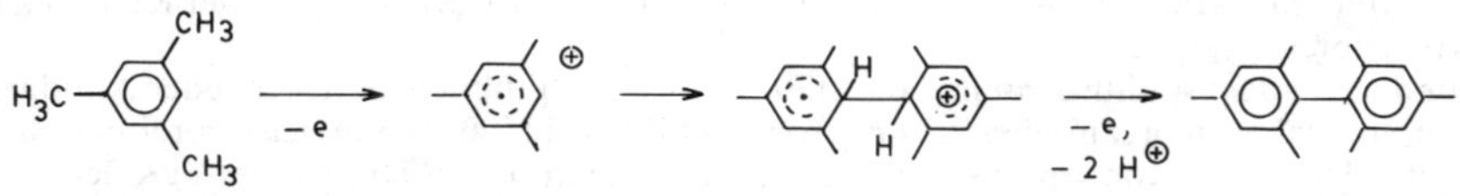

1,3,5-Trimethylbenzol — Radikalkation — 2,4,6,2′4′,6′-Hexamethylbiphenyl, Bimesityl (Schmp. 101 °C [374 K])

Im Gegensatz zu der bei der elektrochemischen Synthese des Adiponitrils (C–C-Verknüpfung an der Kathode) findet hier eine C–C-Verknüpfung an der Anode statt.

Eigenschaften. Biphenyl bildet farblose, glänzende Blättchen vom Schmp. 70 °C (343 K), die sich nicht in Wasser, wohl aber in Ethanol, Benzol und Ether lösen. Sein chemisches Verhalten entspricht dem der aromatischen Kohlenwasserstoffe.

Verwendung. Biphenyl dient als *Konservierungsmittel* für Citrusfrüchte und im Eutektikum mit Phenolethern (z. B. Biphenylenoxid) als *Füllmasse* in Wärmeaustauschern. Die wichtigsten Derivate des Biphenyls sind Benzidin, *o*-Tolidin und *o*-Dianisidin, die als Diazokomponenten bei der Herstellung substantiver Azofarbstoffe fungieren; sowie Polychlorbiphenyle (PCB), die wegen ihrer guten elektrischen Eigenschaften und ihrer Beständigkeit besonders im Transformatorenbau verwendet wurden. Letztere werden wegen ihrer schädigenden Wirkung auf die Umwelt nicht mehr benutzt.

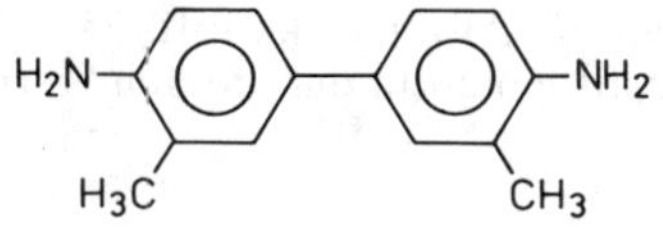

o-Tolidin

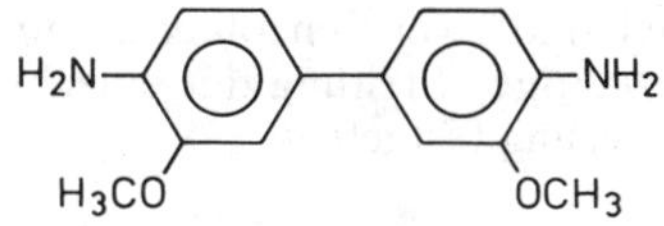

o-Dianisidin

5.15.1.4 Atropisomerie bei Biphenylderivaten

Während die beiden Benzolkerne im Biphenylmolekül um die sie verbindende C–C-Achse relativ frei drehbar sind, wird diese Rotation durch Einführung *großräumiger Substituenten* in die 2,2′- und 6,6′-Stellungen sterisch behindert (*W. H. Mills*). Die Folge davon ist, daß die beiden Benzolkerne nicht mehr – wie beim Biphenyl – in einer Ebene liegen, sondern einen Winkel miteinander bilden. Derartige *Konformationen* besitzen zwar kein Chiralitätszentrum (vgl. S. 123), wohl aber eine *Chiralitätsachse,* so daß diese Biphenylderivate in *Enantiomere* spaltbar sein müssen. Tatsächlich gelang die Spaltung bei einer Reihe von Biphenylderivaten, z. B. bei der **2,2′-Dinitro-diphensäure** (6,6′-Dinitro-biphenyl-2,2′-dicarbonsäure) (*Kenner*). Die beiden *Raummodelle* der Enantiomeren lassen sich nicht zur Deckung bringen, sondern verhalten sich wie Gegenstand und Spiegelbild (der stark markierte Benzolring liegt senkrecht zur Papierebene).

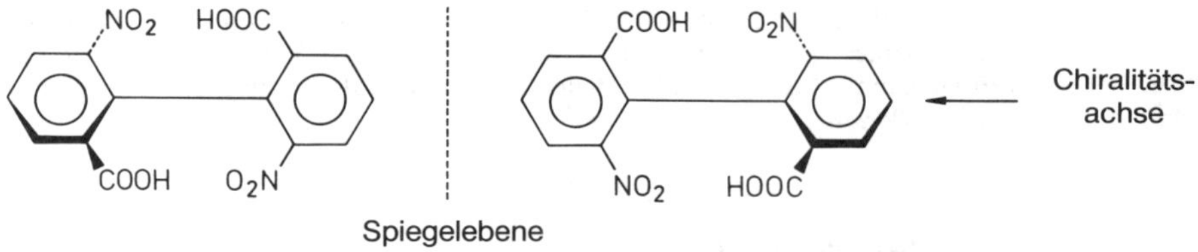

Diese Art der Stereoisomerie bezeichnet man als *Atropisomerie* oder *Behinderungsisomerie* (vgl. Ansa-Verbindungen). Voraussetzung für das Auftreten derartiger achsialer Enantiomerer ist die Verschiedenheit der beiden Substituenten in 2,6- und 2′,6′-Stellung. Die Beständigkeit der Atropisomeren hängt von der Raumbeanspruchung der Substituenten ab. Je weniger diese sich sterisch behindern, um so leichter erfolgt Racemisierung.

5.15.2 Diphenylmethan

Das einfachste Arylalkan ist Toluol, $C_6H_5-CH_3$. Sind zwei H-Atome des Methans durch Phenylgruppen ersetzt, so kommt man zum Diphenylmethan, $C_6H_5-CH_2-C_6H_5$.

Darstellung

5.15.2.1 *Aus Methylenchlorid und Benzol* nach der *Friedel-Crafts*-Reaktion:

$$C_6H_6 + Cl-CH_2-Cl + C_6H_6 \xrightarrow[-2\,HCl]{(AlCl_3)} C_6H_5-CH_2-C_6H_5$$

Diphenylmethan

5.15.2.2 Auf dem gleichen Wege *aus Benzylchlorid und Benzol:*

$$C_6H_5-CH_2Cl + C_6H_6 \xrightarrow[-HCl]{(AlCl_3)} C_6H_5-CH_2-C_6H_5$$

5.15.2.3 *Aus Benzophenon durch Clemmensen-Reduktion* (vgl. S. 217):

$$C_6H_5-\underset{\underset{O}{\|}}{C}-C_6H_5 \xrightarrow[-H_2O]{+4\,H} C_6H_5-CH_2-C_6H_5$$

Eigenschaften. Diphenylmethan kristallisiert in farblosen, orangenartig riechenden Nadeln vom Schmp. 26 °C (299 K). Die H-Atome der Methylengruppe sind sehr reaktionsfähig, z. B. erfolgt mit Chromsäure leicht Oxidation zu Benzophenon.

Wichtige Derivate des Diphenylmethans sind das *Germizid* und *Insektizid* Di(3,5,6-trichlor-2-hydroxyphenyl)methan (Hexachlorophen) und das *1,1-Di(4-chlorphenyl)-2,2,2-trichlorethan* (Chlorophenothan, DDT oder Gesarol), das durch Kondensation von 2 Molen Chlorbenzol mit 1 Mol Chloralhydrat in Gegenwart von Schwefelsäure erhalten wird:

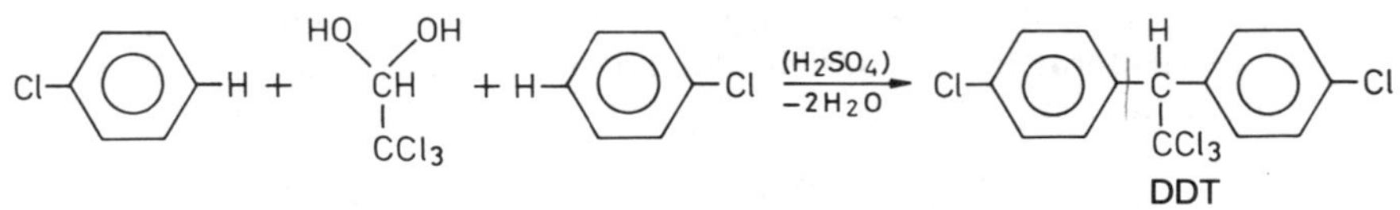

DDT

Es übt eine stark toxische Wirkung auf verschiedene Insekten aus und dient als *Insektizid* zur Bekämpfung der Malaria. Seine Verwendung in der Landwirtschaft ist verboten, da DDT biologisch nicht abgebaut werden kann. Man verwendet in der Landwirtschaft die leicht hydrolysierbaren Insektizide vom Typ des *Parathions.*

5.15.3 Triphenylmethan (Tritan)

Dieser Kohlenwasserstoff bildet das Grundskelett der Triphenylmethanfarbstoffe.

Darstellung

5.15.3.1 Mit Hilfe der *Friedel-Crafts*-Reaktion *aus Chloroform und Benzol* bzw. *aus Benzylidendichlorid und Benzol.*

$$3C_6H_6 + Cl_3CH \xrightarrow[-3HCl]{(AlCl_3)} (C_6H_5)_3CH$$

$$2C_6H_6 + Cl_2CHC_6H_5 \xrightarrow[-2HCl]{(AlCl_3)} (C_6H_5)_3CH$$

Triphenylmethan

5.15.3.2 In wesentlich besserer Ausbeute *durch Reduktion von Triphenylmethanol* (s. unten) mit Zinkstaub und Eisessig oder durch Kochen mit Ameisensäure.

Eigenschaften. Triphenylmethan bildet farblose Kristalle vom Schmp. 93 °C (366 K). Die drei Phenylgruppen bewirken eine erhöhte *Acidität* des H-Atoms am *tert.* C-Atom, z. B. läßt sich Triphenylmethan leicht zu Triphenylmethanol oxidieren. Bei der Einwirkung von Natriumamid auf Triphenylmethan in Ether entsteht eine blutrote Lösung von *Tritylnatrium* (Triphenylmethylnatrium, Natriumtriphenylmethid):

$$(C_6H_5)_3C{-}H + NaNH_2 \rightarrow (C_6H_5)_3C|]^{\ominus}Na^{\oplus} + NH_3$$

Tritylnatrium

5.15.3.3 Triphenylmethanol (Triphenylcarbinol), $(C_6H_5)_3C-OH$, läßt sich aus Benzoesäureethylester (oder Benzophenon) und Phenylmagnesiumbromid in etherischer Lösung darstellen (*Grignard*-Reaktion):

$$C_6H_5{-}C{\overset{\displaystyle O}{\underset{\displaystyle OR}{\lessgtr}}} \xrightarrow[-Mg(OR)Br]{+2C_6H_5MgBr} (C_6H_5)_3C{-}OMgBr \xrightarrow[-Mg(OH)Br]{+H_2O} (C_6H_5)_3C{-}OH$$

Benzoesäureester Triphenylmethanol

Triphenylmethanol kristallisiert in farblosen Prismen, Schmp. 164 °C (437 K), die sich in konz. H_2SO_4 mit orangeroter Farbe lösen. Obwohl der Konstitution nach ein *tertiärer* Alkohol vorliegt, weicht sein chemisches Verhalten von dem der Alkohole ab. Die OH-Gruppe läßt sich z. B. mit organischen Säurechloriden oder -anhydriden *nicht* verestern; mit Acetylchlorid entsteht anstelle des Tritylessigsäureesters in glatter Reaktion Triphenylchlormethan:

$$(C_6H_5)_3C{-}OH + H_3CCOCl \rightarrow (C_6H_5)_3C{-}Cl + H_3CCOOH$$

5.15.3.4 Triphenylchlormethan (Triphenylmethylchlorid, Tritylchlorid), $(C_6H_5)_3C-Cl$, ist nach der *Friedel-Crafts*-Reaktion *aus Benzol und Tetrachlormethan* zugänglich:

$$CCl_4 + 3\,C_6H_6 \xrightarrow[-3\,HCl]{(AlCl_3)} (C_6H_5)_3C-Cl$$

Hierbei entsteht kein Tetraphenylmethan, da das vierte Cl-Atom *nicht* reagiert. Triphenylchlormethan bildet farblose Kristalle, Schmp. 112 °C (385 K), und ähnelt in seiner Reaktivität den Säurechloriden. Beim Auflösen in flüssigem Schwefeldioxid färbt sich die Lösung gelb und leitet den elektrischen Strom (*Walden*, 1902). In dieser Lösung liegt Tritylchlorid demnach in dissoziierter Form als Carbeniumsalz vor. Auch bei der schon mit heißem Wasser erfolgenden Hydrolyse des Tritylchlorids treten intermediär die farbigen *Carbenium-Ionen* auf, bevor die farblose, undissoziierte *Carbinolbase* ausfällt. Da die Hydrolyse durch Zugabe von Salzsäure verhindert wird, kann man das Vorliegen folgender *Gleichgewichte* annehmen:

$$\underset{\text{Tritylchlorid (farblos)}}{(C_6H_5)_3C-Cl} \rightleftharpoons \underset{\text{Carbenium-Ion (gelb)}}{(C_6H_5)_3C^{\oplus} + Cl^{\ominus}} \underset{+HCl\,(-H_2O)}{\overset{+H_2O\,(-HCl)}{\rightleftharpoons}} \underset{\text{Carbinolbase (farblos)}}{(C_6H_5)_3C-OH}$$

Tritylchlorid reagiert bei Gegenwart von Pyridin nur mit den *primären* Alkoholgruppen der Zucker unter Bildung von Tritylethern (*B. Helferich*, 1928):

$$R-CH_2OH + Cl-C(C_6H_5)_3 \xrightarrow[-HCl]{(Pyridin)} R-CH_2-O-C(C_6H_5)_3$$

Die im Zuckermolekül verbleibenden Hydroxylgruppen können methyliert oder acetyliert und anschließend der Tritylrest selektiv wieder abgespalten werden.
Tetraphenylmethan, $(C_6H_5)_4C$, wird durch *Friedel-Crafts* Alkylierung von Triphenylmethanol mit Aniliniumchlorid, anschließende Diazotierung und Desaminierung in farblosen, beständigen Nadeln, Schmp. 283 °C (556 K), erhalten (Ausbeute 82%)[1]:

$$(C_6H_5)_3COH + C_6H_5NH_3^{\oplus}\,Cl^{\ominus} \longrightarrow (C_6H_5)_3CC_6H_5NH_2 \xrightarrow{C_5H_{11}ONO} (C_6H_5)_3CC_6H_4N_2 \xrightarrow[-N_2]{H_3PO_2} (C_6H_5)_4C$$

Aromatische Verbindungen 5

5.16 Triphenylmethanfarbstoffe

Führt man in die *p*-Stellungen der Benzolkerne des Triphenylcarbinols bzw. Triphenylchlormethans *mindestens* zwei Amino- oder Hydroxylgruppen als *Auxochrome* ein, so gelangt man zu den Stammverbindungen der Triphenylmethanfarbstoffe. Diese zeichnen sich durch leuchtende Farben aus, sind aber weder licht- noch waschecht.

[1] Vgl. *H. Kurreck* et al., Angew. Chem. *98*, 1095 (1986).

5.16.1 Aminotriphenylmethanfarbstoffe

Hierzu zählen vor allem die Malachitgrün- und die Fuchsin-Farbstoffe.

5.16.1.1 Malachitgrün (*O. Fischer,* 1877). Durch Kondensation von 1 Mol Benzaldehyd mit 2 Molen N,N-Dimethylanilin in Gegenwart von Zinkchlorid entsteht die farblose „Leukobase" des Farbstoffs, die durch Oxidation mit Blei(IV)-oxid oder Mangan(IV)-oxid in saurer Lösung in Malachitgrün übergeht:

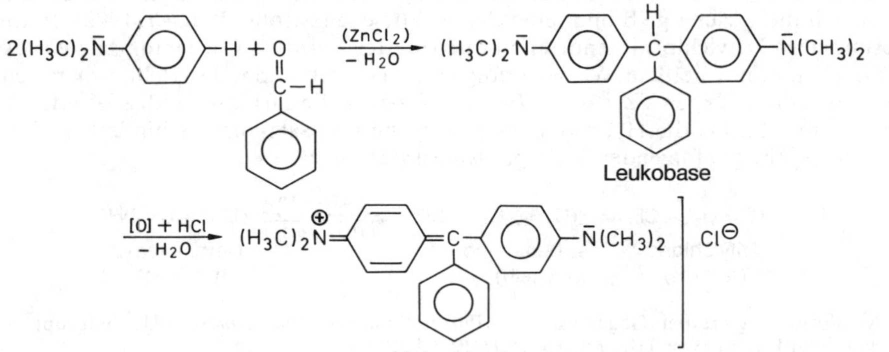

Malachitgrün

Die einsamen Elektronenpaare am Stickstoff der hier als *Auxochrome* fungierenden Dimethylaminogruppen beteiligen sich an der Mesomerie der Benzolkerne (+M-Effekt) und bewirken folgende *Mesomerie im (Carbenium-Iminium) Kation:*

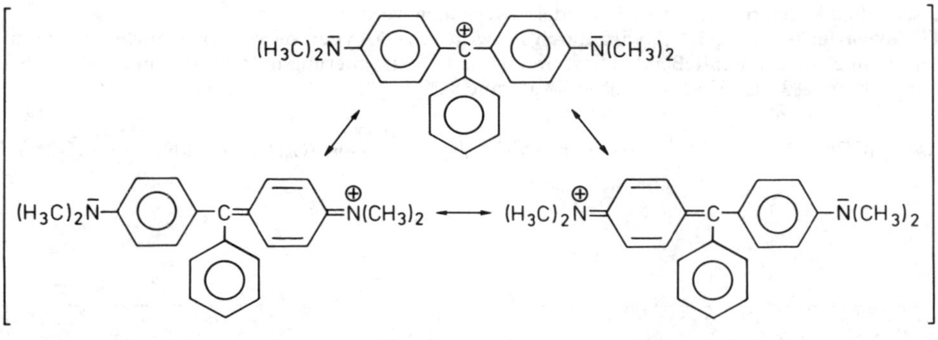

5.16.1.2 Fuchsin (Rosanilin) wird durch Oxidation eines Gemisches von gleichen Teilen Anilin, *o*-Toluidin und *p*-Toluidin mit Nitrobenzol in Gegenwart von Salzsäure hergestellt:

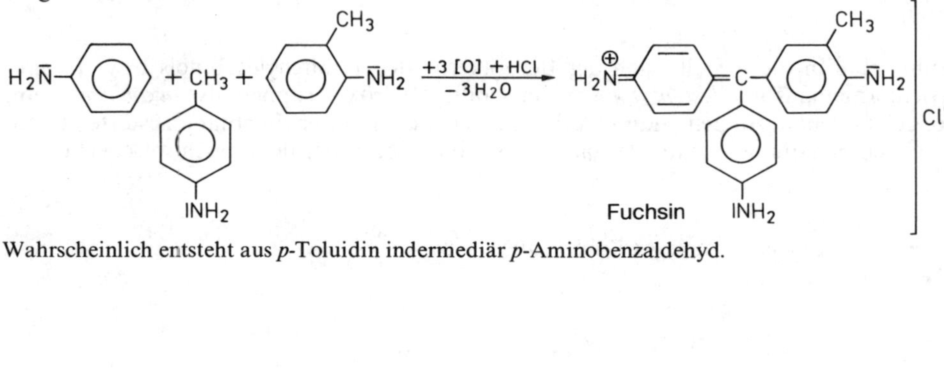

Wahrscheinlich entsteht aus *p*-Toluidin indermediär *p*-Aminobenzaldehyd.

Fuchsin bildet grüne, metallisch glänzende Kristalle, die sich in Wasser mit tiefroter Farbe lösen, und färbt Wolle, Seide und tannierte Baumwolle leuchtend rot. Der Farbstoff enthält drei Aminogruppen, wodurch die *Mesomerie im Kation* auch auf den dritten Benzolkern ausgedehnt und somit verstärkt wird.

Die „fuchsinschweflige Säure" (*Schiff*sches Reagens), eine durch Schwefeldioxid entfärbte, wäßrige Fuchsinlösung, gibt mit *Aldehyden* eine *Rotviolettfärbung* (*H. Schiff*, 1865). Über die Konstitution des hierbei gebildeten Farbstoffs liegen noch keine sicheren Angaben vor.

5.16.1.3 Parafuchsin (Pararosanilin) gleicht bis auf die fehlende *o*-ständige Methylgruppe dem Fuchsin („Para" bedeutet in diesem Fall keine Stellungsbezeichnung).
Die Alkylierung der Fuchsine am Stickstoff verschiebt den Farbton von Rot nach Violett.

5.16.1.4 Kristallviolett (Hexamethyl-parafuchsin) wird bei der Kondensation von *Michlers* Keton (4,4'-Bis-dimethylamino-benzophenon, vgl. S. 579) mit N,N-Dimethylanilin in Gegenwart von Phosphorchloridoxid erhalten:

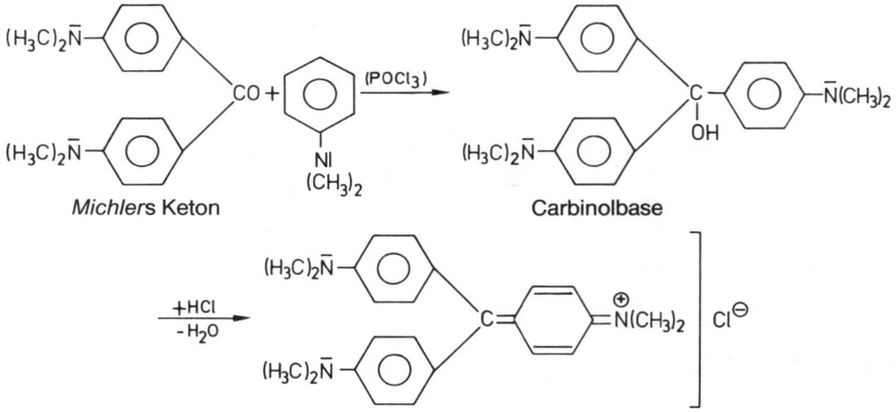

Kristallviolett

Der Farbstoff löst sich in Wasser mit intensiv violetter Farbe. Obgleich er Wolle, Seide und tannierte Baumwolle leuchtend violett färbt, wird er wegen seiner geringen Waschechtheit nur zur Herstellung von Kopierstiften, Kopiertinten und Farbbändern verwendet.
Mit Iod bildet Kristallviolett einen charge-transfer-Komplex, der von verschiedenen Bakterienarten unterschiedlich gebunden wird und ihre Einteilung in gram-positive und gram-negative Bakterien ermöglicht (*Gram*-Färbung).

5.16.2 Hydroxytriphenylmethanfarbstoffe

Die Stammverbindung dieser Farbstoffklasse ist **Fuchson** (Diphenylchinomethan), das jedoch noch keinen Farbstoffcharakter besitzt.

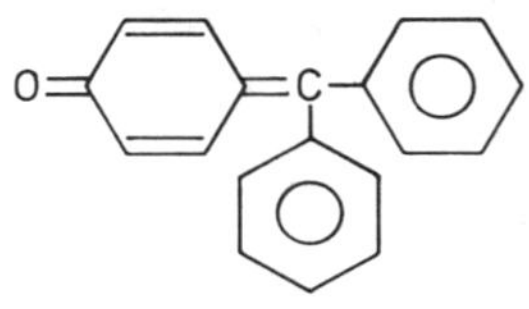

Fuchson

Benzaurin (*p*-Hydroxyfuchson) ist der einfachste Farbstoff dieser Art und entsteht beim Zusammenschmelzen von 1 Mol Benzotrichlorid mit 2 Molen Phenol:

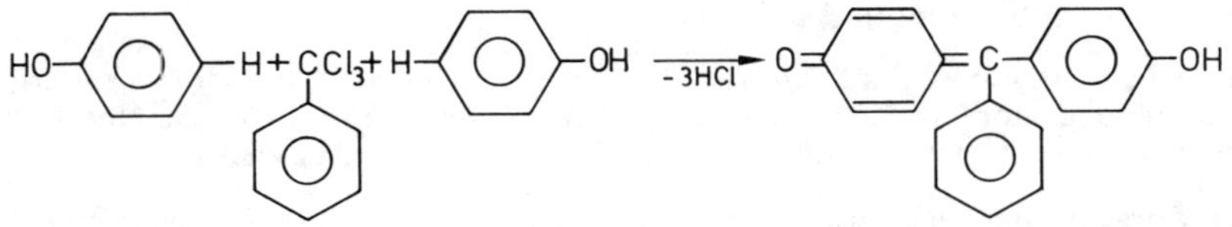

Benzaurin

Als Phenolabkömmling besitzt das gelbrote Benzaurin *saure* Eigenschaften, es bildet mit verdünnten Laugen violette Salze.

Der starke +M-Effekt des Sauerstoffs bewirkt folgende *Mesomerie im Anion:*

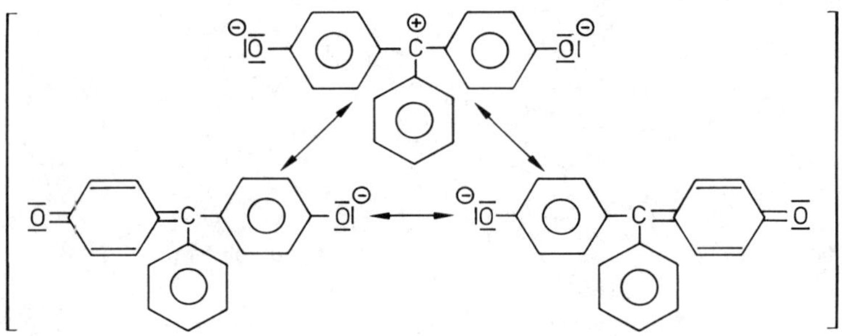

5.16.3 Phthaleine

Diese Farbstoffklasse leitet sich von der *o*-Carbonsäure des Triphenylmethanols ab und besitzt daher enge genetische Beziehungen zu den Triphenylmethanfarbstoffen.

5.16.3.1 Phenolphthalein (3,3-Bis(4-hydroxyphenyl)phthalid) erhält man durch Erhitzen von 1 Mol Phthalsäureanhydrid mit 2 Molen Phenol in Gegenwart von konz. Schwefelsäure. Bei dieser Kondensation führt die Wasserabspaltung in saurer Lösung zum Lacton. Auf Zusatz von Alkalien wird der Lactonring geöffnet, die tiefrote Farbe (λ_{max} 553 nm) ist auf *Mesomerie im chinoiden Dianion* zurückzuführen:

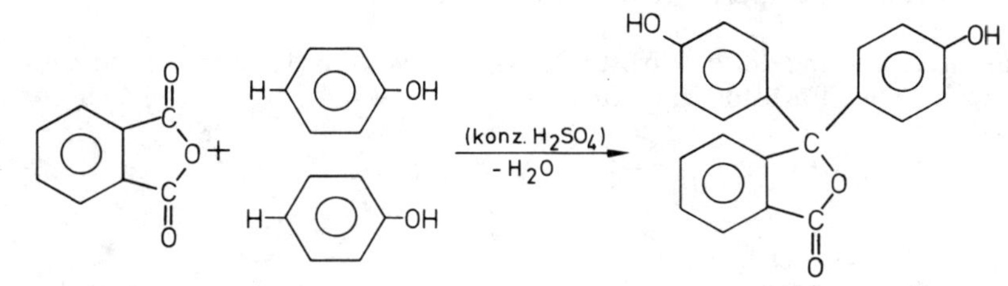

Phthalsäureanhydrid

Lactoide Form (farblos)
Phenolphthalein

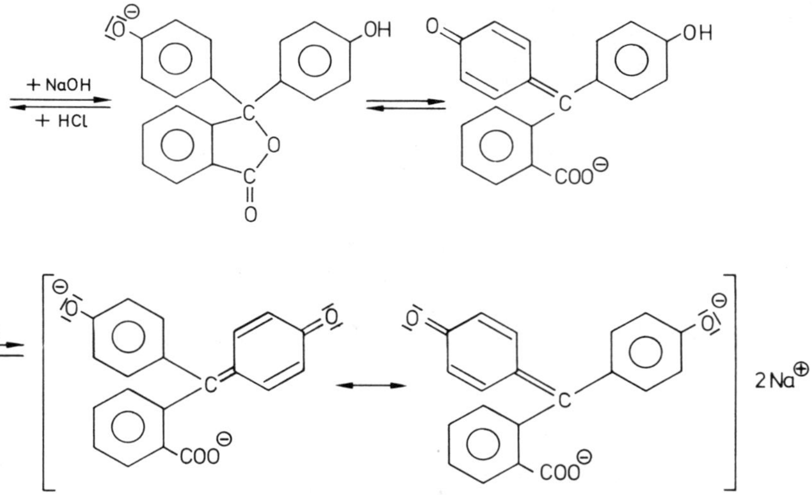

Mesomeres Dianion

Durch Zugabe von Mineralsäuren ist die Reaktion umkehrbar, es tritt wieder Entfärbung ein. Aufgrund dieses Farbumschlags verwendet man Phenolphthalein als *Indikator.*

5.16.3.2 Fluorescein gewinnt man durch Erhitzen von 1 Mol Phthalsäureanhydrid mit 2 Molen Resorcin auf etwa 200 °C (475 K). Hierbei wird neben der Kondensation zum Phthalein noch 1 Mol Wasser aus den beiden *ortho*-ständigen Hydroxylgruppen abgespalten und das heterocyclische Ringsystem Dibenzopyran oder Xanthen (grau unterlegt) gebildet.

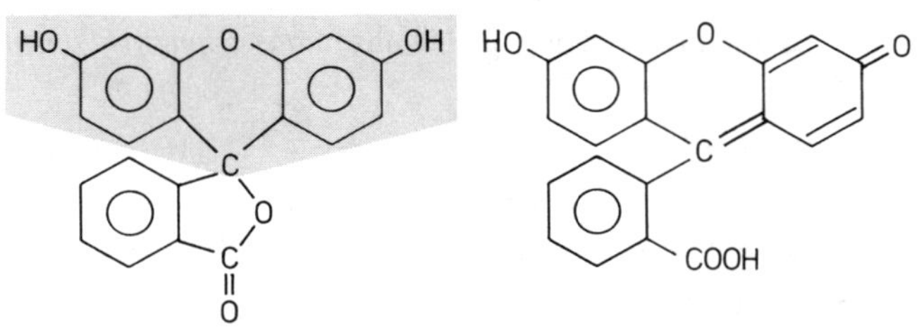

Lactoide Form — Chinoide Form

Fluorescein

Da die lactoide Form wegen des Fehlens eines Chromophors die Farbigkeit nicht erklärt, wird die Konstitution des Fluoresceins besser durch die *chinoide* Form wiedergegeben. In Analogie zum Phenolphthalein liegt den Alakalisalzen des Fluoresceins ebenfalls die chinoide Gruppierung zugrunde.

Fluorescein ist ein braunrotes Kristallpulver, das sich in Alkohol mit gelbroter Farbe löst. In verdünnt alkalischer Lösung rufen schon Spuren von Fluorescein eine intensive grüngelbe *Fluoreszenz* hervor.

5.16.3.3 Eosin ist das Natriumsalz des Tetrabromfluoresceins, das bei der Bromierung von Fluorescein in Eisessig erhalten wird.

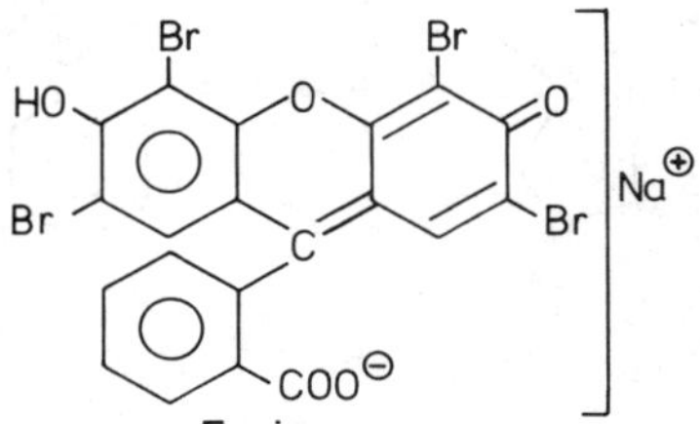

Eosin

Es färbt Wolle und Seide leuchtend rot und dient zur Herstellung roter Tinte.

5.17 Arylethane

Besondere Bedeutung kommt den symmetrisch arylsubstituierten Ethanen zu.
1,2-Diphenyl-ethan (Bibenzyl) ist nach der *Wurtz-Fittig*-Reaktion *aus Benzylchlorid und Natrium* darstellbar:

$$\underset{\text{Benzylchlorid}}{2\,C_6H_5{-}CH_2{-}Cl} + 2\,Na \rightarrow \underset{\text{1,2-Diphenyl-ethan}}{C_6H_5{-}CH_2{-}CH_2{-}C_6H_5} + 2\,NaCl$$

Bibenzyl bildet farblose Prismen vom Schmp. 53 °C (326 K).
Tetraphenylethan wird nach dem gleichen Verfahren *aus Diphenylchlormethan und Natrium oder Kupfer* erhalten:

$$\underset{\text{Diphenylchlormethan}}{2(C_6H_5)_2CH{-}Cl} + 2Cu \longrightarrow \underset{\text{1,1,2,2-Tetraphenyl-ethan}}{(C_6H_5)_2CH{-}CH(C_6H_5)_2} + 2CuCl$$

Es kristallisiert in farblosen Nadeln vom Schmp. 211 °C (484 K).
Die Anhäufung der Phenylgruppen im Tetraphenylethan bewirkt eine Abschwächung der Ethanbindung, z. B. wird es in etherischer Lösung durch Kalium in 2 Moleküle Diphenylmethylkalium (Kaliumdiphenylmethid) aufgespalten:

$$(C_6H_5)_2CH{-}CH(C_6H_5)_2 \xrightarrow{+2K} 2\left[(C_6H_5)_2\overset{\ominus}{C}H\right]K^{\oplus}$$

Entsprechend sollte man im Hexaphenylethan eine noch leichtere Spaltung der mittleren C–C-Bindung erwarten. Bei dem Versuch, durch Schütteln einer benzolischen Lösung von Triphenylchlormethan mit Silberpulver das Hexaphenylethan zu synthetisieren, erhielt man stets *Triphenylmethylperoxid*, $(C_6H_5)_3C{-}O{-}O{-}C(C_6H_5)_3$. Demnach

mußte ein Zwischenprodukt mit Luftsauerstoff reagiert haben. Führt man jedoch die gleiche Reaktion unter Luftausschluß durch, so entsteht eine gelbe Lösung, aus der auf Zugabe von Aceton farblose Kristalle vom Schmp. 145–147 °C (418–420 K) ausfallen (*Gomberg*, 1900). Bei erneutem Lösen dieser farblosen Substanz tritt wieder eine gelbe Farbe auf, die auf das Vorliegen eines *Triphenylmethylradikals* hindeutet.
Es hat sich herausgestellt, daß beim Schütteln von Triphenylchlormethan mit Silber in Tetrachlormethan nicht das α,α Dimere, das Hexaphenylethan, sondern **1-Diphenylmethylen-4-trityl-2,5-cyclohexadien,** das *α,p* Dimere gebildet wird, dessen Struktur durch *UV*- und *NMR-Spektren* eindeutig bewiesen wurde[1]. Demnach liegt in den gelben Lösungen folgendes *Gleichgewicht* vor:

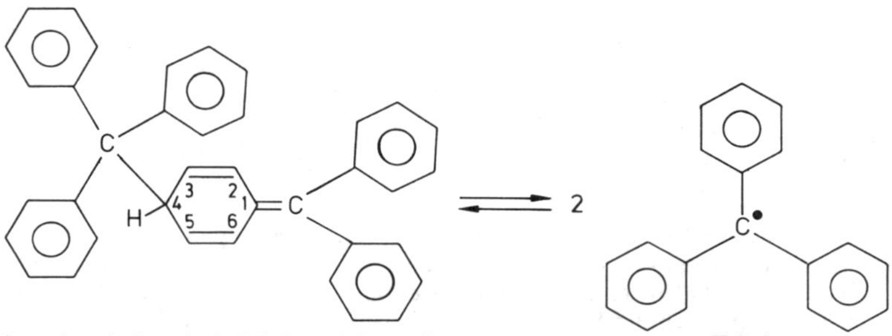

1-Diphenylmethylen-4-trityl-2,5-cyclohexadien Trityl

Die Lage des Gleichgewichts ist vom Lösungsmittel, von der Temperatur und vom Grad der Verdünnung abhängig. In der Wärme nimmt die Dissoziation zu, ebenso tritt mit zunehmender Verdünnung eine *Farbvertiefung* auf. Die anomale Dreibindigkeit des zentralen C-Atoms im **Trityl** (Triphenylmethyl) charakterisiert diese Verbindung als *freies Radikal* (Monoradikal) und erklärt zugleich seine besondere Reaktivität.

5.18 Freie Radikale[2]

5.18.1 Kohlenstoffradikale

5.18.1.1 Monoradikale. Während die freien Radikale in der aliphatischen Reihe äußerst kurzlebig sind und sich spontan miteinander oder mit anderen Radikalen unter Ausbildung normaler Atombindungen vereinigen, ist das oben erwähnte Trityl mehr

---

[1] Vgl. *H. Lankamp* et al., Tetrahedron Letters *1968*, 249; *R. D. Guthrie* et al., Chem. Comm. *1969*, 1316.

[2] Vgl. *A. R. Forrester* et al., Organic Chemistry of Stable Free Radicals (Academic Press, New York 1968); *J. K. Koch*, Free Radicals in Solution, 2 Bde (Wiley, New York 1975).

oder weniger beständig (persistent)[1]. Da das ungepaarte Elektron am *3bindigen* C-Atom im Trityl magnetisch nicht kompensiert ist, zeigt es – wie alle freien Radikale – *paramagnetisches* Verhalten. Die Beständigkeit des Trityls ist vorwiegend darauf zurückzuführen, daß das am zentralen C-Atom haftende ungepaarte Elektron sterisch weitgehend abgeschirmt ist.

Für das Trityl kann man, abgesehen von der Mesomerie der Benzolkerne selbst, zehn Grenzformeln angeben, die in erster Näherung energiegleich sind, nämlich die Methylformel (a), drei *para*-Formeln (b) und sechs *ortho*-Formeln (c):

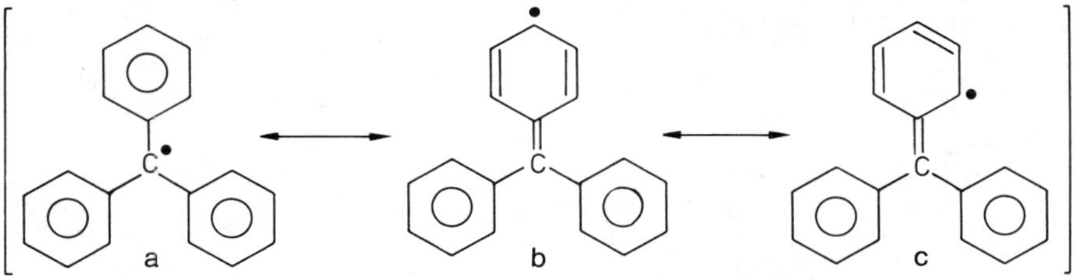

Aus dem *ESR-Spektrum* des Tritylradikals ergibt sich, daß das ungepaarte Elektron zwar vorwiegend am zentralen C-Atom (a), jedoch auch an den *p*- oder *o*-ständigen C-Atomen der Benzolkerne (b, c) lokalisiert ist. Demnach ist die Dimerisierung des Trityls zum 1-Diphenylmethylen-4-trityl-2,5-cyclohexadien durch die Formeln a und b erklärbar. Das ungepaarte Elektron besetzt ein π-Orbital. Die meisten organischen Radikale oder Radikalionen haben diese Eigenschaft. Sie werden als π-Radikale bezeichnet, im Unterschied zu den seltenen σ-Radikalen, in denen das ungepaarte Elektron ein σ-Orbital besetzt, z. B. im Phenylradikal $C_6H_5\cdot$.

Chemisch lassen sich freie Radikale durch *Abfangreaktionen*, z. B. mit Stickstoffmonoxid oder Natrium, nachweisen:

$$(C_6H_5)_3C\cdot + \cdot NO \rightarrow (C_6H_5)_3C{-}N{=}O$$

$$(C_6H_5)_3C\cdot + \cdot Na \rightarrow (C_6H_5)_3C|]^{\ominus} Na^{\oplus}$$

Tritylnatrium

5.18.1.2 Biradikale. Zum Unterschied von den Monoradikalen sind Biradikale durch die Anwesenheit *zweier* Einzelelektronen, die sich auf je ein C-Atom verteilen, gekennzeichnet. Es fragt sich nun, inwieweit diese beiden Elektronen miteinander in Wechselwirkung treten können, so daß schließlich ein Elektronenpaar entsteht. In diesem Fall dürfte die Substanz kein paramagnetisches Verhalten mehr zeigen. Die nähere Untersuchung ergab, daß der im Jahre 1907 dargestellte, dunkelviolette ***Tschitschibabin*-Kohlenwasserstoff,** den man lange Zeit für ein Biradikal hielt, *diamagnetisch* ist. Demnach haben sich die beiden Einzelektronen über die Benzolkerne hinweg unter Ausbildung eines chinoiden Systems zu einem π-Elektronenpaar abgesättigt. Erst die *ESR-Absorption* zeigte, daß nur 4% als freies Biradikal vorliegen:

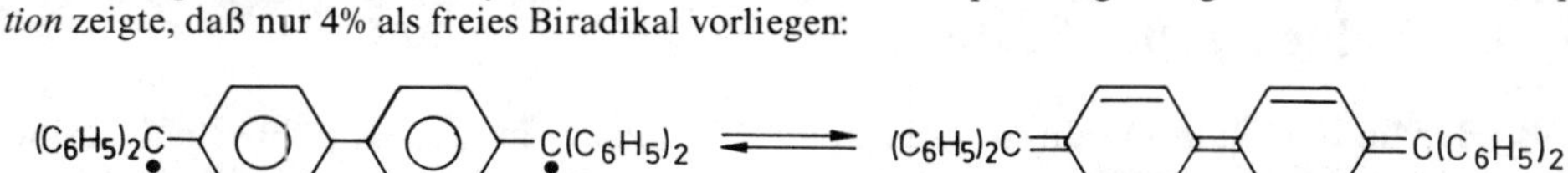

(4%) (96%)

Substituiert man dagegen die vier *ortho*-ständigen H-Atome des Biphenylsystems durch *großräumige* Reste, z. B. Cl-Atome, so entsteht eine orangegelbe, stark *paramagnetische* Verbindung, d. h.

[1] Vgl. *D. Griller* u. *K. U. Ingold*, Persistent Carbon centered Radicals, Acc. Chem. Res. *9*, 13 (1976)

ein *echtes Biradikal* (*Eu. Müller*).

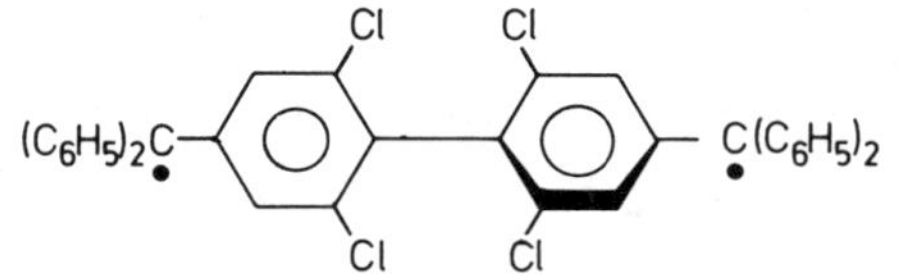

Ein Bindungsausgleich der Einzelelektronen ist aufgrund der durch die Cl-Atome bedingten räumlichen Verdrehung der beiden Phenylkerne nicht möglich.

5.18.2 Stickstoffradikale

Im Zusammenhang mit den Kohlenstoffradikalen sei auf freie Radikale des Stickstoffs hingewiesen, in denen der Stickstoff vorwiegend 2bindig auftritt.
Tetraphenylhydrazin läßt sich durch Oxidation von Diphenylamin mit Kaliumpermanganat in Aceton darstellen:

$$2\,(C_6H_5)_2N-H \xrightarrow[-H_2O]{[O]} (C_6H_5)_2N-N(C_6H_5)_2$$

Diphenylamin — Tetraphenylhydrazin

Es ist eine farblose, gut kristallisierende Substanz vom Schmp. 149 °C (422 K), die sich in konz. Schwefelsäure mit tiefblauer Farbe löst (vgl. S. 580). Eine merkliche Dissoziation des Tetraphenylhydrazins in das freie *Diphenylaminyl* (Diphenylstickstoff) tritt erst beim Erhitzen in Xylol auf etwa 80 °C (355 K) ein, jedoch ist das nachstehende *Gleichgewicht* auch dann noch weitgehend nach links verschoben (*H. Wieland*).

$$(C_6H_5)_2\overline{N}-\overline{N}(C_6H_5)_2 \rightleftharpoons 2(C_6H_5)_2\overline{N}\cdot$$

Tetraphenylhydrazin (farblos) — Diphenylaminyl (olivgrün)

Die Existenz der Diphenylaminylradikale in der heißen Lösung kann man durch *Abfangreaktionen* mit anderen freien Radikalen, z. B. mit Stickstoffmonoxid, nachweisen. Dabei bildet sich quantitativ *Diphenylnitrosamin*, $(C_6H_5)_2N-N=O$, denn in dem Maß, wie freie Diphenylaminylradikale aus dem Gleichgewicht verschwinden, erfolgt erneut Zerfall des Tetraphenylhydrazins.
Allgemein sind die Diphenylaminylradikale mit *2bindigem* Stickstoff wesentlich unbeständiger als die Kohlenstoffradikale, was darauf zurückgeführt wird, daß die *Elektronegativität* des Stickstoffs größer ist als die des Kohlenstoffs. Ist das Elektronenseptett am N-Atom erst einmal entstanden, so versucht es, möglichst schnell wieder ein Elektron einzufangen (*Eistert*). Auch hier beteiligt sich das ungepaarte Elektron an der Mesomerie des Gesamtmoleküls. Eine *p*-Substitution durch OCH_3 oder $N(CH_3)_2$, d. h. Gruppen mit +M-Effekt, führt zum stärkeren Zerfall in freie Radikale, z. B. ist *Tetraanisylhydrazin* in Lösung schon bei Zimmertemperatur teilweise in zwei Moleküle Dianisylaminyl (Dianisylstickstoff) (hellgrün) zerfallen:

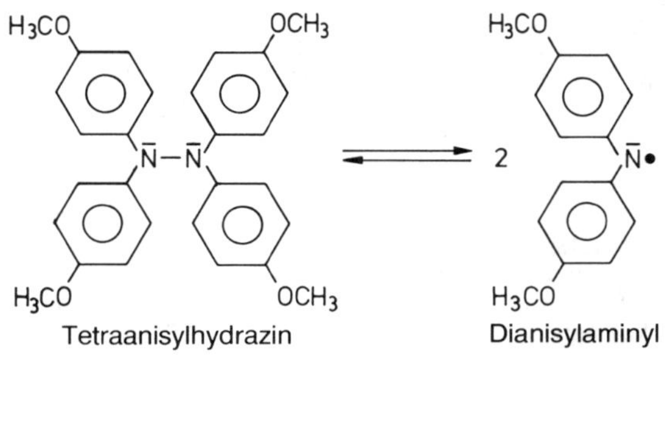

Tetraanisylhydrazin — Dianisylaminyl

In der Wärme und beim Verdünnen verschiebt sich das *Gleichgewicht* nach rechts (blaugrüne Färbung), in der Kälte wird die Lösung wieder heller. Gegenüber molekularem Sauerstoff sind die Stickstoffradikale beständig.

Eine weitere Radikalklasse mit *2bindigem* Stickstoff liegt in den *Hydrazylen (St. Goldschmidt,* 1922) vor, z. B. entsteht bei der Dehydrierung von Triphenylhydrazin zunächst das farblose *Hexaphenyl-tetrazan,* das mit dem tiefgefärbten Radikal **Triphenyl-hydrazyl** im *Gleichgewicht* steht:

$$2(C_6H_5)_2\bar{N}-\underset{\displaystyle C_6H_5}{\underset{|}{\bar{N}}}-H \xrightarrow[-H_2O]{[O]} (C_6H_5)_2\bar{N}-\underset{\displaystyle C_6H_5}{\underset{|}{\bar{N}}}-\underset{\displaystyle C_6H_5}{\underset{|}{\bar{N}}}-\bar{N}(C_6H_5)_2 \rightleftharpoons 2(C_6H_5)_2\bar{N}-\underset{\displaystyle C_6H_5}{\underset{|}{\bar{N}\bullet}}$$

Triphenylhydrazin — Hexaphenyl-tetrazan — Triphenyl-hydrazyl

Während das Dissoziationsgleichgewicht hier noch weitgehend nach links verschoben ist, kommt man durch Einführung eines Pikrylrestes zu dem stabilen, blauschwarzen **N,N-Diphenyl-N′-trinitrophenyl-hydrazyl**, das im kristallinen Zustand ausschließlich in der *monomeren Radikalform* vorliegt.

Ferner sei **Diphenylaminyloxid** erwähnt, das durch Dehydrierung des Diphenylhydroxylamins mit Silberoxid in Ether in Form granatroter Kristalle erhalten wird (*H. Wieland*):

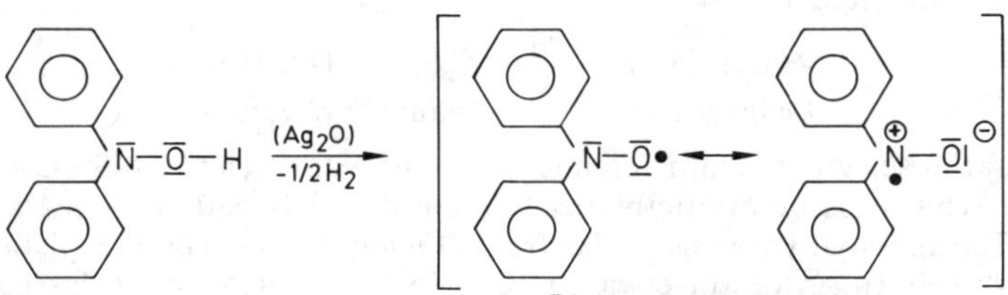

Diphenylaminyloxid

Die Diarylaminyloxidradikale treten monomer auf, zeigen ein dem Stickstoffdioxid analoges Verhalten und sind wie dieses *paramagnetisch.*

5.18.3 Aroxyle, Phenoxyradikale

Einen weiteren Radikaltyp stellen die *Aroxyle* dar, in denen neben dem Kohlenstoff auch der Sauerstoff als Träger des Einzelelektrons fungieren kann und die deshalb vielfach als *Sauerstoffradikale* bezeichnet werden. Ihre Existenz ist auf die Anwesenheit *raumfüllender Gruppen* in den beiden *o*-Stellungen und der *p*-Stellung eines Phenolmoleküls zurückzuführen.

Dehydriert man z. B. 3,3′,5,5′-Tetra-*tert.*-butyl-4,4′-dihydroxydiphenylmethan mit Blei(IV)-oxid oder besser mit Kaliumhexacyanoferrat(III), so färbt sich die Lösung sofort tiefblau. Man erhält das Radikal *Galvinoxyl:*

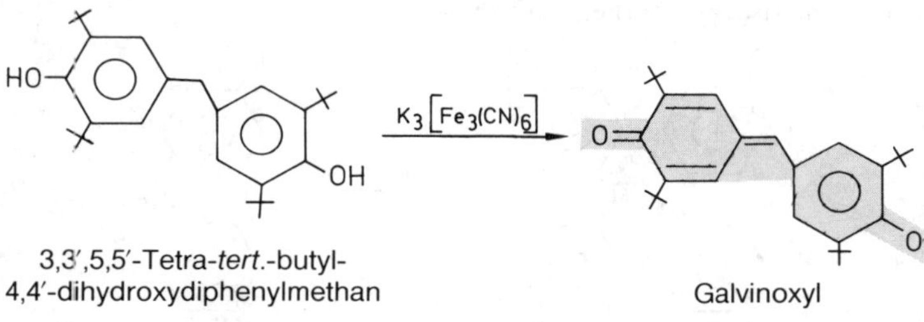

3,3′,5,5′-Tetra-*tert.*-butyl-4,4′-dihydroxydiphenylmethan — Galvinoxyl

Das ESR-Spektrum der Verbindung zeigt, daß das ungepaarte Elektron über den grau unterlegten Teil des Moleküls delokalisiert ist. *Galvinoxyl* wird als *Radikalfänger* verwendet.

5.18.4 Radikal-Ionen

Beim Schütteln einer etherischen Lösung von Benzophenon mit Kaliumpulver in einer Stickstoffatmosphäre bildet sich ein Ionenpaar aus dem tiefblauen Radikal-Anion der Carbonylverbindung und $K^{\oplus}$ („Benzophenonkalium"). Von ihrem Entdecker *W. Schlenk sen.* wurden diese Ionenpaare *Metallketyle* genannt.

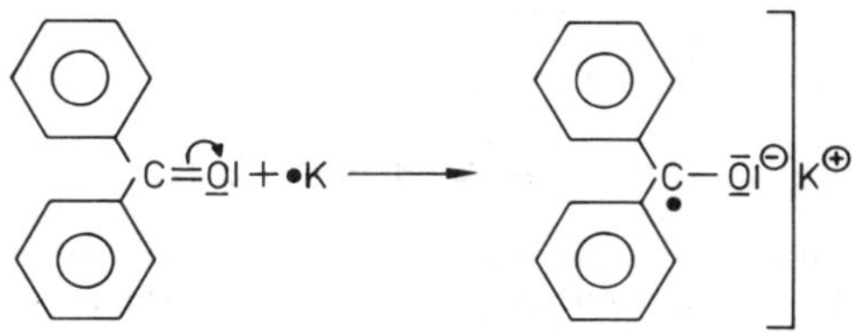

Benzophenon „Benzophenonkalium" (blau)

Die nähere Untersuchung ergab, daß „Benzophenonkalium" zu 77% als freies Ionenpaar vorliegt und zu 23% zum Pinakolat (vgl. Pinakol) dimerisiert ist.
Der Radikalcharakter der Metallketyle läßt sich mit der ESR-Spektroskopie untersuchen.
Die Metallketyle sind außerordentlich reaktionsfähig. Mit Luftsauerstoff wird das Keton sofort regeneriert und mit Wasser erfolgt im obigen Fall Disproportionierung in Benzophenon und Benzhydrol. Dagegen gehen die Metallketyle bei der Hydrolyse mit verdünnten Säuren vorwiegend in Pinakole über.

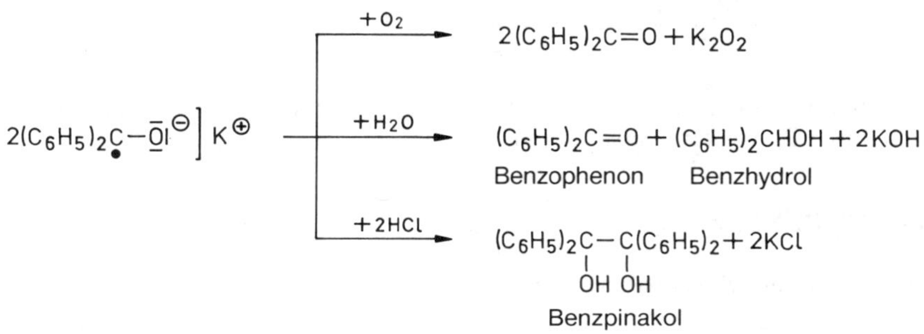

Bei einem Überschuß an Alkalimetall nimmt das zentrale C-Atom im „Benzophenonkalium" noch ein Valenzelektron eines weiteren Metallatoms auf unter Bildung des rotvioletten Dianions **Benzophenondikalium:**

$$(C_6H_5)_2\dot{C}-\bar{O}|^{\ominus}]\,K^{\oplus} + \cdot K \rightarrow (C_6H_5)_2\overset{\ominus}{\underline{C}}-\bar{O}|^{\ominus}]\,2K^{\oplus}$$

Derartige Radikal-Anionen entstehen auch, wenn *Grignard*-Verbindungen nach dem Einelektronenübertragungsmechanismus (SET = **S**ingle **E**lectron **T**ransfer) mit Ketonen reagieren[1]:

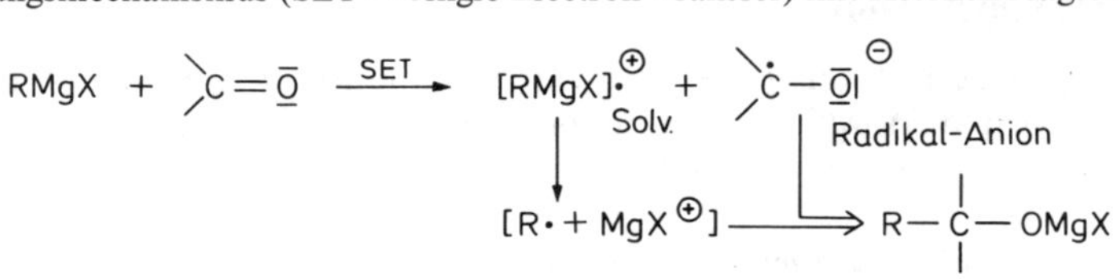

[1] Vgl. *E. C. Ashby* et al., The Mechanisms of *Grignard* Reagent Addition to Ketones, Accounts Chem. Res. *7*, 272 (1974).

Die Übertragung nur eines Elektrons (Elektronentransfer) ist inzwischen bei vielen Reaktionen nachgewiesen worden, die bisher ausschließlich mit dem Austausch von Elektronenpaaren erklärt wurden[1].
Eine ähnliche Struktur besitzt das *Radikal-Kation,* das als ***Wursters* Rot** bekannt ist und durch Oxidation von N,N-Dimethyl-*p*-phenylendiamin mit Brom erhalten wird. Nach Untersuchungen von *Weitz* kommt diesem Farbsalz folgende Konstitution zu:

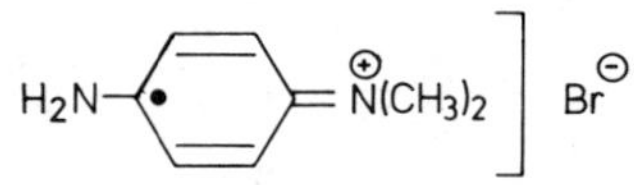

Wursters Rot

Das persistente Radikal wurde ESR-spektroskopisch untersucht. Es verdankt seine Beständigkeit der gleichzeitigen Wirkung der elektronenabgebenden $-NH_2$-Gruppe und der elektronenanziehenden $=\overset{\oplus}{N}(CH_3)_2$-Gruppe. Auch andere persistente Radikale wie die *Semichinon-Anionen* weisen eine derartige Stabilisierung durch *capto-dative Substitution* auf (*Viehe*)[2].

5.19 Phenylierte ungesättigte Kohlenwasserstoffe

Diese Stoffklassen leiten sich von den Alkenen bzw. Alkinen ab, in denen die H-Atome sukzessiv durch Phenylkerne ersetzt sind.

5.19.1 Arylalkene

Die wichtigsten Phenylderivate des Ethylens sind *Styrol* und *Stilben:*

Styrol Stilben

Ihre C=C-Doppelbindungen zeigen bei Additionen und Polymerisationen ähnliche Reaktivität wie die der aliphatischen Alkene.

5.19.1.1 Styrol (Vinylbenzol)

Styrol (Styren) wurde erstmals (1831) bei der Destillation von *Styrax* (Storax), einer Balsamart, isoliert und tritt auch im Steinkohlenteer auf. Es ist der wichtigste ungesättigte Kohlenwasserstoff der Aromatenreihe.

---

[1] Vgl. *L. Eberson,* Electron Transfer Reactions in Organic Chemistry (Springer-Verlag, Berlin 1987); *A. Pross,* The Single Electron Shift as a Fundamental Process in Organic Chemistry: The Relationship between Polar and Electron-Transfer Pathways, Accounts Chem. Res. *18,* 212 (1985).

[2] Vgl. *H. G. Viehe* et al., The Captodative Effect, Accounts Chem. Res. *18,* 148 (1985).

Darstellung. a) Technisch *durch Anlagerung von Benzol an Ethylen* in Gegenwart von *Aluminiumchlorid.* Hierbei bildet sich Ethylbenzol, das durch Dehydrierung am Zinkoxid-Kontakt bei 600 °C (875 K) in Styrol übergeht:

$$C_6H_6 + H_2C=CH_2 \xrightarrow{(AlCl_3)} \underset{\text{Ethylbenzol}}{C_6H_5-CH_2-CH_3} \xrightarrow[-2\,H]{(ZnO)} \underset{\text{Styrol}}{C_6H_5-CH=CH_2}$$

b) Im Laboratorium *durch trockene Destillation von Zimtsäure:*

$$C_6H_5-CH=CH-COOH \rightarrow C_6H_5-CH=CH_2 + CO_2$$

Eigenschaften. Styrol ist eine bei 146 °C (419 K) siedende Flüssigkeit, die schon bei Raumtemperatur unter dem Einfluß des Lichts zu einer glasharten Masse, dem **Polystyrol,** Poly(1-phenylethylen) erstarrt. Technisch wird die *Polymerisation des Styrols* unter *Kopf-Schwanz*-Verknüpfung in Gegenwart von *Radikalbildnern,* z. B. von Wasserstoffperoxid, durchgeführt:

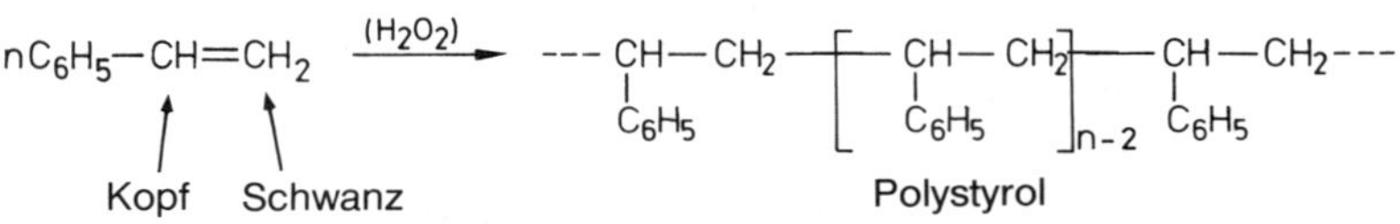

Verwendung. Polystyrol ist das älteste Polymerisationsprodukt, es wird als Spritzgußmasse und elektrisches Isoliermaterial (Trolitul) verwendet. Durch statistische Copolymerisation von Butadien mit Styrol entsteht der synthetische Styrol-Butadien-Kautschuk SBR (früher *Buna S* genannt). Mit *Divinylbenzol* $C_6H_4(CH=CH_2)_2$ als Copolymerisationspartner können Produkte mit definiertem Vernetzungsgrad erzeugt werden, die ein von der Vernetzung abhängiges Quellverhalten zeigen. Sie werden nach Sulfonierung oder Aminierung zu *Ionenaustauschern* für Anionen oder Kationen (vgl. S. 508 *f.*).

5.19.1.2 Stilben ([*E*]-1,2-Diphenyl-ethylen)

Stilben entsteht *bei der Umsetzung von Benzaldehyd mit Benzylmagnesiumchlorid* nach *Grignard.* Das primär gebildete 1,2-Diphenyl-ethanol geht beim Erhitzen unter Wasserabspaltung in (*E*)-Stilben (*trans*-Stilben) über:

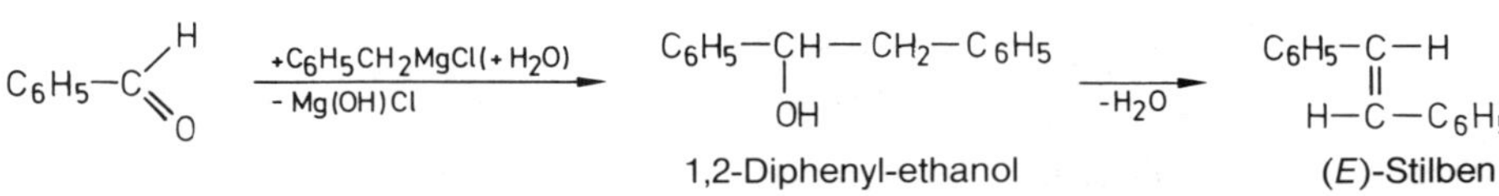

Stilben bildet farblose Kristalle vom Schmp. 124 °C (397 K), ist leicht löslich in Benzol und mit Wasserdampf flüchtig. Beim Bestrahlen mit UV-Licht geht das stabile (*E*)-Stilben in einer *Gleichgewichtsreaktion* in das energiereichere, labile Isostilben (*Z*)-Form über:

Stilben, (*E*)-Form   Isostilben, (*Z*)-Form

Isostilben ist ein Öl von blütenähnlichem Geruch und kann *durch Decarboxylierung der 1-Phenylzimtsäure* erhalten werden:

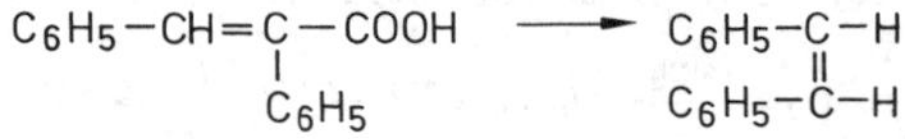

Isostilben

Im Gegensatz zu den einfachen Alkenen entsteht aus Stilben mit metallischem Natrium das braunviolette *Dinatriumderivat des 1,2-Diphenyl-ethans:*

$$C_6H_5{-}CH{=}CH{-}C_6H_5 \xrightarrow{+2\,Na} C_6H_5{-}\overset{\ominus}{\underline{C}}H{-}\overset{\ominus}{\underline{C}}H{-}C_6H_5]\ 2\,Na^{\oplus}$$

Hierbei geben die beiden Na-Atome ihr Valenzelektron an die C=C-Doppelbindung des Stilbens ab. Noch leichter erfolgt diese Addition beim Tetraphenylethylen.
Die Metalladdukte reagieren wie metallorganische Verbindungen, z. B. entsteht mit Wasser oder Alkohol 1,2-Diphenyl-ethan (Dihydrostilben) und mit Kohlendioxid das Dinatriumsalz der α,α′-Diphenylbernsteinsäure:

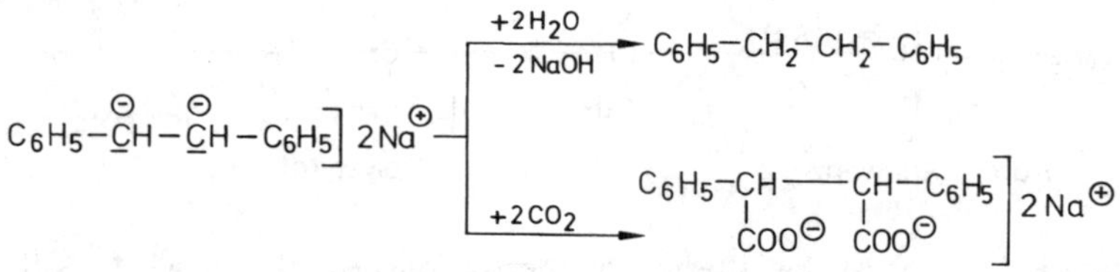

5.19.1.3 *Stilbenfarbstoffe*

Sie leiten sich vom 4,4′-Diamino-stilben ab und werden zu den *substantiven Disazofarbstoffen* gerechnet. Ein wichtiger Vertreter ist das gelbe **Chrysophenin G,** das durch Diazotierung von 4,4′-Diamino-stilben-2,2′-disulfonsäure und Kupplung mit 2 Molen Phenol erhalten und anschließend an den phenolischen Gruppen zur Erhöhung der Alkalibeständigkeit mit Ethylbromid ethyliert wird.

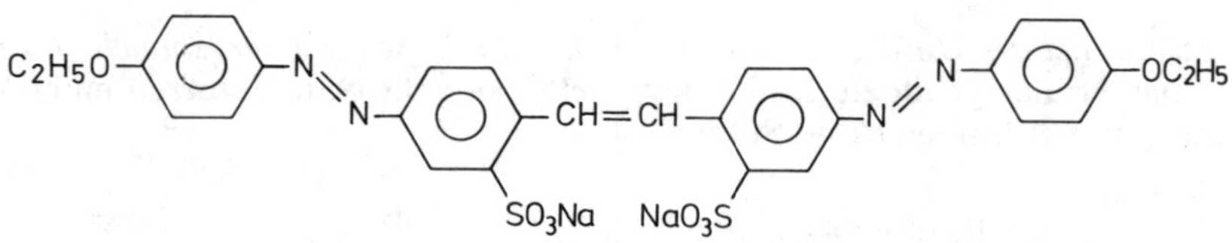

Chrysophenin G

Chrysophenin G ist ein direktziehender Farbstoff für Wolle, Seide und Baumwolle.

Bei der Umsetzung von 4,4′-Diamino-stilben-2,2′-disulfonsäure mit Phenylisocyanat erhält man einen rotstichig-blau-fluoreszierenden Farbstoff, der als *optischer Aufheller* oder *Weißtöner* (**Blankophor R)** den Waschmitteln zugesetzt wird.

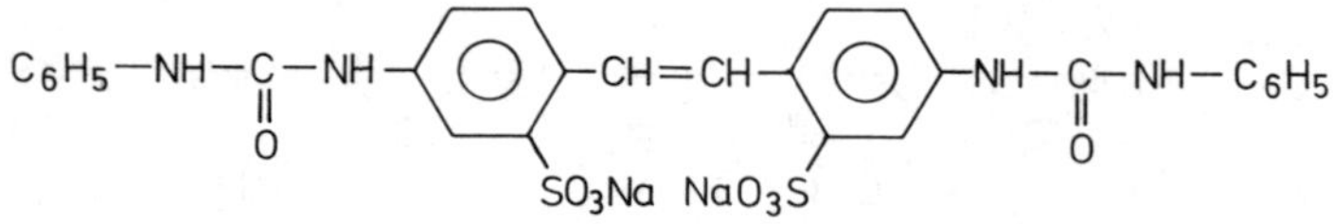

Blankophor R

5.19.1.4 Diphenylpolyene

Systeme, die eine längere Folge konjugierter Doppelbindungen besitzen, heißen Polyene. Den Diphenylpolyenen liegt folgende Struktur zugrunde:

$$C_6H_5-(CH=CH)_n-C_6H_5$$

1,4-Diphenyl-butadien, $C_6H_5-CH=CH-CH=CH-C_6H_5$, kann in drei *stereoisomeren* Formen auftreten, die sämtlich bekannt sind:

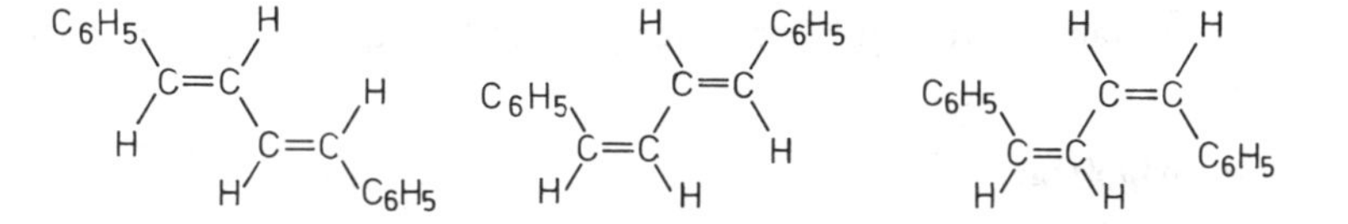

(*E-E*) Schmp. 152 °C [425 K] (*Z-E*) flüssig (*Z-Z*) Schmp. 70 °C [343 K]

Von diesen drei Isomeren ist nur das bei 152 °C (425 K) schmelzende stabil; die beiden anderen gehen schon im Sonnenlicht in die (*E-E*)-Form über.
Der stabile Kohlenwasserstoff entsteht durch Kondensation von Phenylessigsäure mit Zimtaldehyd beim Erhitzen mit Acetanhydrid:

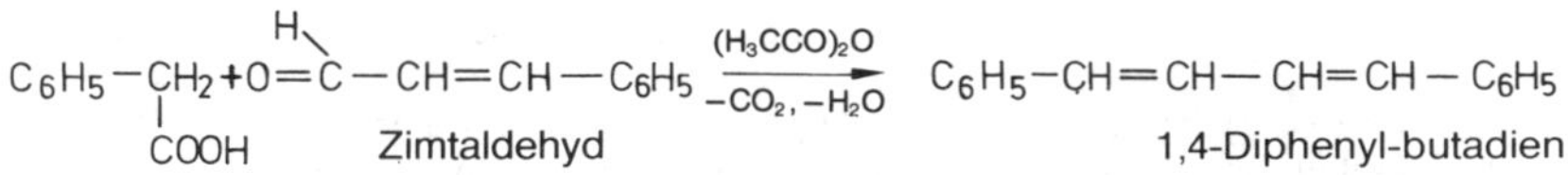

Er bildet gelbstichige Kristalle, die in Lösung blauviolett fluoreszieren.
Die höheren Diphenylpolyene zeigen ein regelmäßiges Ansteigen der Schmelzpunkte, außerdem tritt mit steigender Zahl der C=C-Doppelbindungen *Farbvertiefung* auf. Das höchste bisher dargestellte Diphenylpolyen mit 15 Vinylengruppen ist grünschwarz und löst sich mit violettroter Farbe.

5.19.2 Arylalkine

Die einfachsten Abkömmlinge dieser Stoffklasse sind *Phenylacetylen* und *Tolan* (Diphenylacetylen).

5.19.2.1 Phenylacetylen, $C_6H_5-C\equiv CH$, ist eine Flüssigkeit vom Sdp. 142 °C (415 K) und läßt sich aus der Zimtsäure darstellen. Diese wird zunächst in die α,β-Dibrom-β-phenyl-propionsäure übergeführt, aus der man mit Natriumcarbonatlösung in der Wärme β-Bromstyrol erhält. Beim Schmelzen von β-Bromstyrol mit Alkali destilliert Phenylacetylen ab:

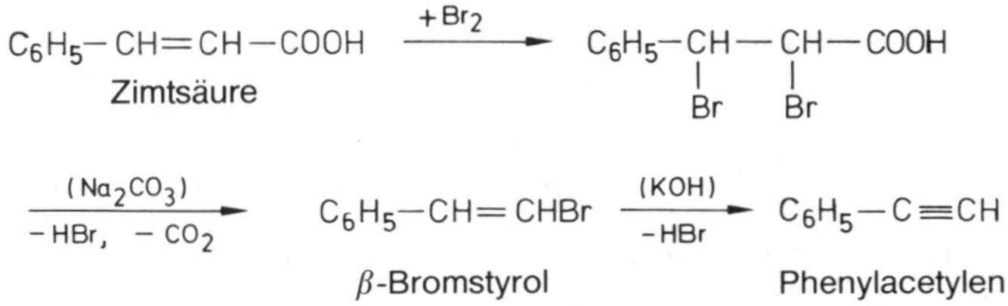

Als Acetylenderivat gibt Phenylacetylen mit ammoniakalischen Silber- oder Kupfer(I)-salzlösungen die entsprechenden *Phenylacetylide.*

5.19.2.2 Tolan, $C_6H_5-C\equiv C-C_6H_5$, bildet farblose Blättchen vom Schmp. 62 °C (335 K) und ist aus 1,2-Dibrom-1,2-diphenyl-ethan (Stilbendibromid) durch Erhitzen mit alkoholischer Kalilauge zugänglich:

$$\underset{\text{1,2-Dibrom-1,2-diphenyl-ethan}}{C_6H_5-\underset{Br}{\underset{|}{CH}}-\underset{Br}{\underset{|}{CH}}-C_6H_5} \xrightarrow[-2\,HBr]{(OH^{\ominus})} \underset{\text{Tolan}}{C_6H_5-C\equiv C-C_6H_5}$$

An die $C\equiv C$-Dreifachbindung im Phenylacetylen und Tolan lassen sich vier Halogenatome addieren.

5.19.2.3 Diphenylpolyine

Im Gegensatz zu dem höchst unbeständigen 1,3-Butadiin ist das betreffende Diphenylderivat auch an der Luft und im Licht längere Zeit bei Raumtemperatur haltbar.
1,4-Diphenyl-1,3-butadiin entsteht bei der Umsetzung der *Grignard*-Verbindung des Phenylacetylens mit 2-Iod-1-phenylacetylen in Gegenwart von *Kobalt(II)-chlorid* (*Schlubach*):

$$C_6H_5-C\equiv C-MgBr + I-C\equiv C-C_6H_5 \xrightarrow[-MgBrI]{(CoCl_2)} C_6H_5-C\equiv C-C\equiv C-C_6H_5$$

1,4-Diphenyl-1,3-butadiin (Schmp. 88 °C [361 K])

Durch katalytische Perhydrierung gehen die Diphenylpolyine in die betreffenden *Diphenylalkane* über. In struktureller Beziehung zu den Diphenylpolyinen stehen die *Tetraphenylkumulene*, die deshalb an dieser Stelle behandelt werden sollen.

5.19.3 Kumulene

Als Kumulene bezeichnet man Verbindungen, in denen eine größere Anzahl von Doppelbindungen in ununterbrochener Folge aneinandergereiht ist. Als einfache Vertreter gehören hierzu z. B. die Allene (vgl. S. 102) und das Kohlensuboxid (vgl. S. 327).

5.19.3.1 Das erste Kumulen mit mehr als zwei kumulierten Doppelbindungen wurde von *F. Straus* (1905) durch Umsetzen von 1,4-Diphenyl-1,3-butadiin mit 1 Mol Brom erhalten. Neuere Untersuchungen ergaben, daß bei der *elektrophilen* Addition vorwiegend das **(*E*)-1,4-Dibrom-1,4-diphenyl-butatrien,** Schmp. 136–137 °C (409–410 K), entsteht. Der *Reaktionsverlauf* läßt sich folgendermaßen deuten:

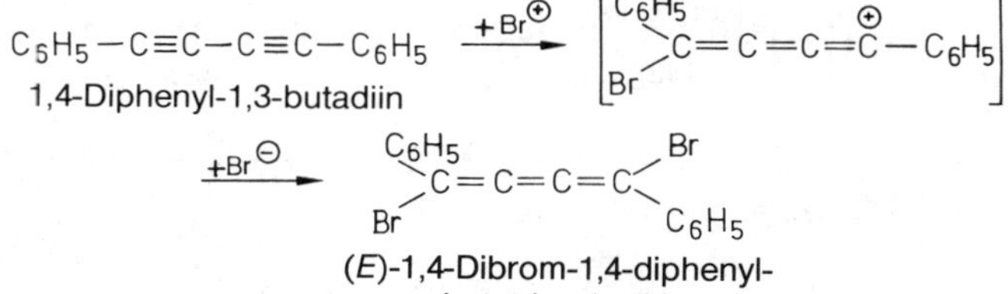

(*E*)-1,4-Dibrom-1,4-diphenyl-butatrien (gelb)

Die Synthese höherer *Tetraphenylkumulene* ist auf verschiedenen Wegen möglich.

5.19.3.2 Tetraphenyl-butatrien bildet gelbe Nadeln vom Schmp. 240 °C (513 K) und wurde erstmalig von *K. Brand* (1921) bei der Einwirkung alkoholischer Kalilauge auf 2,3-Dichlor-1,1,4,4-tetraphenyl-2-buten erhalten:

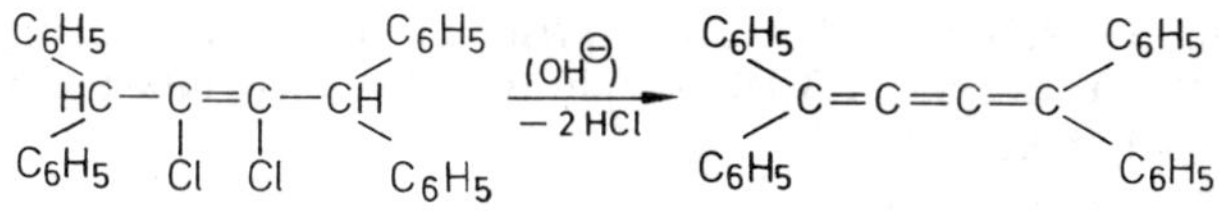

Tetraphenyl-butatrien

5.19.3.3 Tetraphenyl-hexapentaen, eine scharlachrote Substanz vom Schmp. 302 °C (575 K), konnte von *R. Kuhn* und *Wallenfels* (1938) durch Umsetzung der Di-*Grignard*-Verbindung des Diacetylens mit Benzophenon auf folgendem Wege synthetisiert werden:

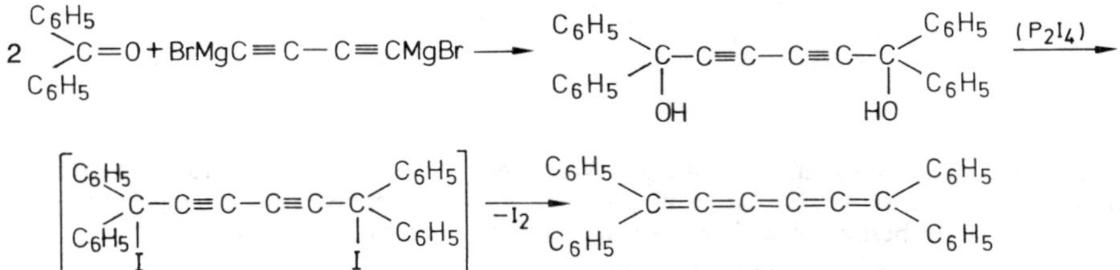

Tetraphenyl-hexapentaen

Anstelle von Diphosphortetraiodid (P_2I_4) in Pyridin verwendet man auch Zinn(II)-chlorid und konz. Salzsäure.
Die Farbe der Kumulene vertieft sich mit zunehmender Zahl der kumulierten Doppelbindungen.

5.19.4 Die Allen-Isomerie (Molekülasymmetrie)

Stereochemische Studien kumulierter Bindungssysteme führten *van't Hoff* (1874) zu dem Schluß, daß verschieden substituierte Allene vom Typ

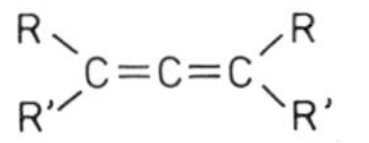

weder eine Symmetrieebene noch ein Symmetriezentrum besitzen und daher in *Enantiomere* spaltbar sein müssen.
Die optische Isomerie dieser Kumulene folgt unmittelbar aus der Orbitalvorstellung über die C=C-Doppelbindung. In der Allenbindung befinden sich die endständigen C-Atome im Zustand der trigonalen sp^2-Hybridisierung und das zentrale C-Atom im digonalen Elektronenzustand (sp-Hybridisierung), d. h., die C-Atome sind linear angeordnet. Vom zentralen C-Atom gehen zwei π-Bindungen aus, deren p-Orbitale aufeinander senkrecht stehen (Abb. 117). Ihre Überlappung ist durch Querstriche angedeutet und die Lage der Substituentenpaare in der Ebene skizziert. Hieraus ergibt sich eine *Chiralitätsachse* (vgl. S. 604 *f.*) und damit die Spaltbarkeit in Enantiomere.

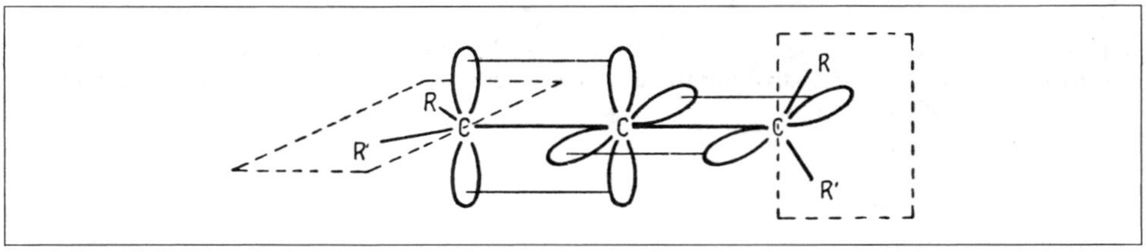

Abb. 117.

Die experimentelle Bestätigung der *van't Hoff*schen Voraussage gelang erstmalig *Mills* und *Maitland* (1935), die das **1,3-Di-α-naphthyl-1,3-diphenylallen** synthetisierten und in *Enantiomere* spalten konnten.

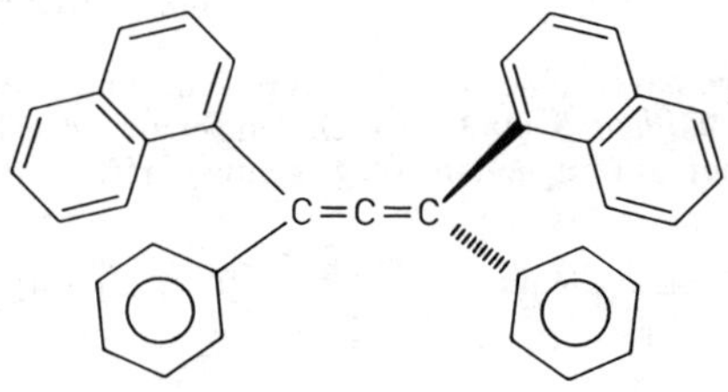

Im Jahre 1952 wurde aus dem Schimmelpilz *Norcardia acidophilus* das Antibiotikum *Mycomycin* isoliert, dessen *optische Aktivität* ausschließlich auf die Anwesenheit einer Allengruppierung zurückzuführen ist. Es besitzt folgende Konstitution (*Celmer* und *Solomons*, 1953):

$$H{-}C{\equiv}C{-}C{\equiv}C{-}CH{=}C{=}CH{-}CH{=}CH{-}CH{=}CH{-}CH_2{-}COOH$$

In dieser strukturell interessanten Monocarbonsäure liegen ein 1,3-Diin-, ein Allen- und ein 1,3-Diensystem vor.

Modellstudien führten *van't Hoff* zu der Hypothese, daß alle Verbindungen mit ungerader Anzahl kumulierter Doppelbindungen *Z-E*-Isomere bilden müßten. Verlängert man im obigen Beispiel die Allenkette um eine weitere kumulierte Doppelbindung, so entsteht ein weiteres sp-hybridisiertes C-Atom, so daß man zu einem Raummodell (Abb. 118) kommt, in dem die Substituentenpaare in der gleichen Ebene liegen, d. h. das Auftreten von *Z-E-Isomeren* ermöglichen.

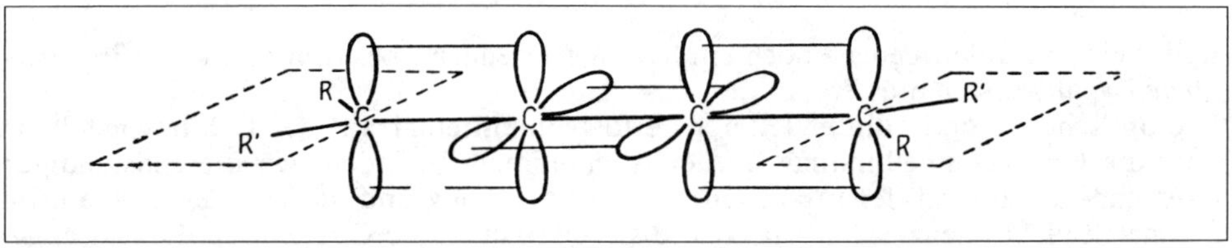

Abb. 118. Kumulen mit ungerader Zahl von Doppelbindungen.

Aus diesen Betrachtungen folgt, daß die unsymmetrisch substituierten Kumulene in Abhängigkeit von der Anzahl ihrer Doppelbindungen abwechselnd *Chiralität* (gerade Anzahl) und *Z-E-Isomerie* (ungerade Anzahl) aufweisen.

Die von *van't Hoff* vorausgesagte *Z-E*-Isomerie der Kumulene konnte erst im Jahre 1954 am **1,4-Bis-(4-nitro-biphenyl-2,2'-diyl)-butatrien** nachgewiesen werden[1]. Die *Z-E*-Isomeren ließen sich chromatographisch trennen.

[1] Vgl. *R. Kuhn* et al., Chem. Ber. *87*, 598 (1954).

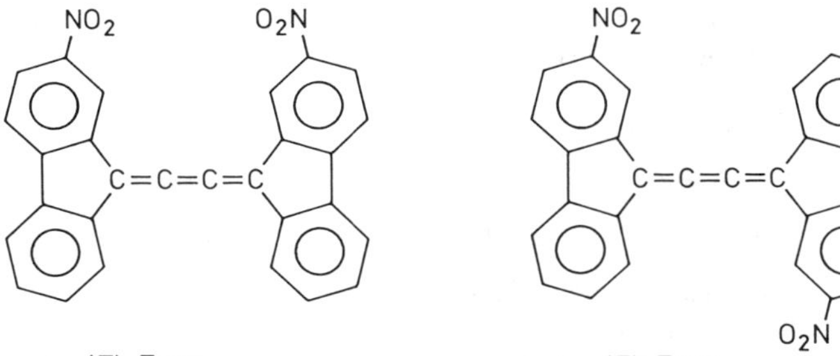

(Z)-Form (E)-Form
1,4-Bis-(4-nitro-biphenyl-2,2'-diyl)-butatrien (rot)

5.20 Kondensierte aromatische Ringsysteme

Unter dieser großen Stoffklasse versteht man mehr oder weniger hochgliedrige Ringsysteme, deren einzelne Kohlenstoffringe gemeinsame C-Atome aufweisen. Zunächst sollen die im Steinkohlenteer vorkommenden Kohlenwasserstoffe Inden und Fluoren behandelt werden. Beide leiten sich vom Cyclopentadien ab, dem ein bzw. zwei Benzolringe „ankondensiert" sind.

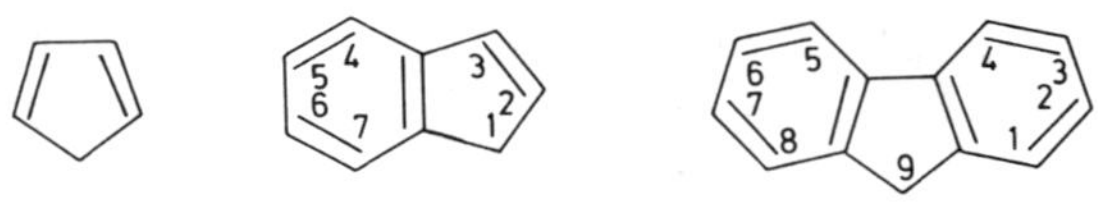

Cyclopentadien Inden Fluoren

Die einzelnen C-Atome beziffert man wie oben angegeben.

5.20.1 Inden

Es läßt sich aus dem technischen Inden des Steinkohlenteers durch Erhitzen mit metallischem Natrium (in annähernd berechneter Menge) auf etwa 150 °C (425 K) oder durch Alkalischmelze als *Indennatrium*, C_9H_7Na, gewinnen:

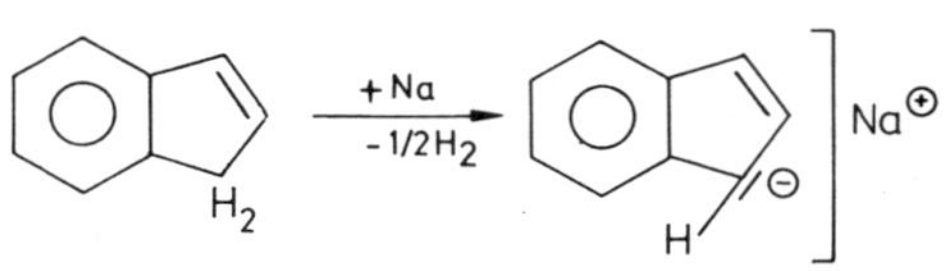

Indennatrium

Die restlichen Kohlenwasserstoffe werden im Vakuum abdestilliert. Nach der Hydrolyse des Indennatriums erhält man durch Wasserdampfdestillation reines Inden.
Inden (Benzocyclopentadien), C_9H_8, ist eine farblose Flüssigkeit, Sdp. 182 °C (455 K), die in der Kälte kristallin erstarrt, Schmp. −2 °C (271 K). Beim Stehenlassen – rascher in der Wärme – tritt *Polymerisation* ein. Die C=C-Doppelbindung im Cyclopen-

tadienring läßt sich schon mit nascierendem Wasserstoff, z. B. mit Natrium und Alkohol, unter Bildung von **Indan (Hydrinden)** reduzieren:

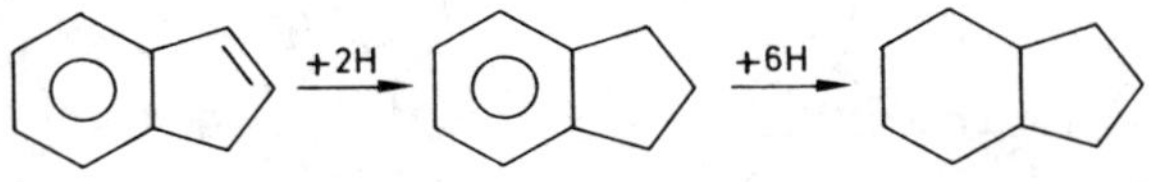

Inden Indan Hydrindan

Die katalytische Hydrierung von Inden führt zum **Hydrindan,** das in *cis-* bzw. *trans-*Formen vorliegen kann (vgl. Konformation, S. 415).
Die *aktive* Methylengruppe des Indens ist – wie im Cyclopentadien – mit Aldehyden oder Ketonen im alkalischen Medium zu *Benzofulvenen* kondensierbar (vgl. Fulvene).

5.20.1.1 Ninhydrin, das Hydrat des Triketoindans (1,2,3-Indantrion-hydrat), dient zum *Nachweis* von Aminosäuren, Polypeptiden und Proteinen durch eine Farbreaktion (blau, violett).

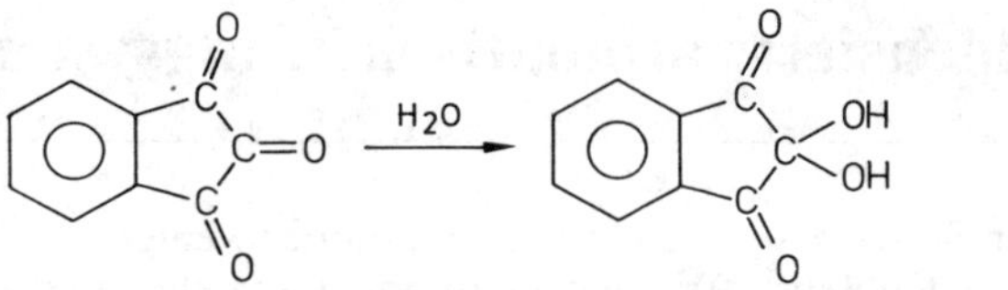

Triketoindan Ninhydrin (Triketoindanhydrat)

Der Reaktionsmechanismus läßt sich vereinfacht wie folgt formulieren[1]:

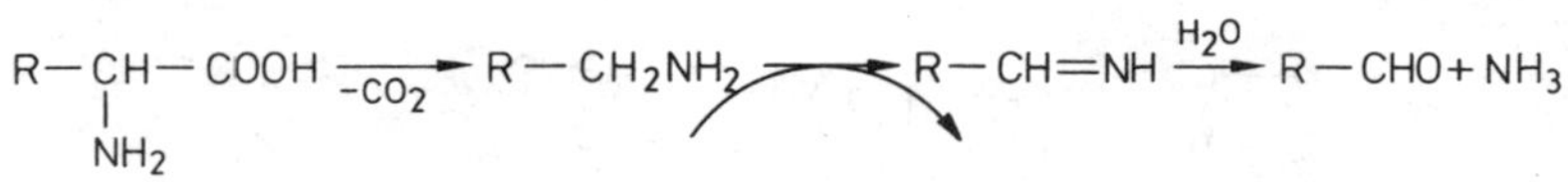

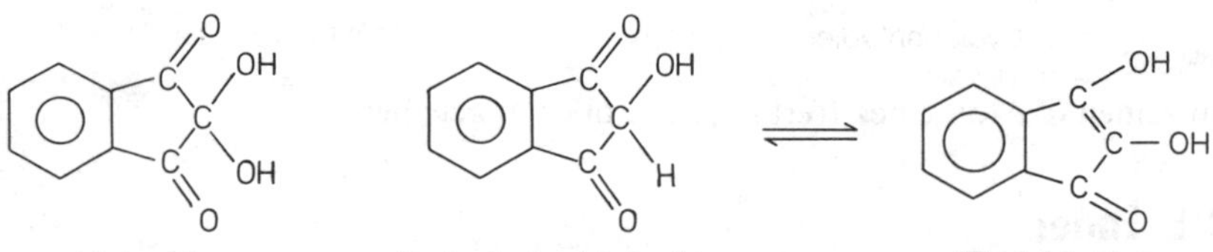

Ninhydrin Reduziertes Ninhydrin (Redukton)

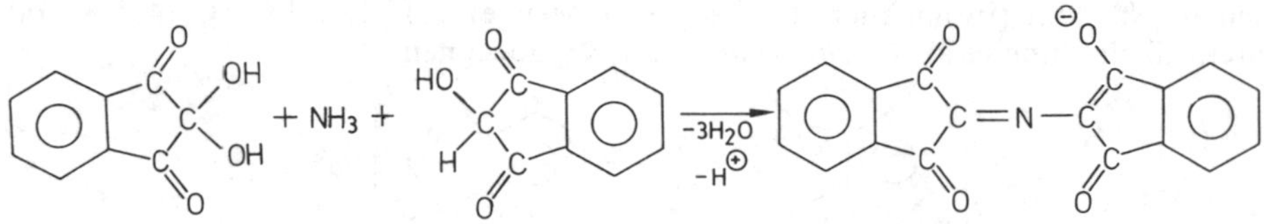

Blaues Reaktionsprodukt

Die *Aminosäure wird zum Amin decarboxyliert.* Dieses unterliegt einer *oxidativen Desaminierung zum Aldehyd* (*Strecker*-Abbau). Das dabei entstehende *Ammoniak* setzt sich mit je einem Molekül *Ninhydrin* und *reduziertem Ninhydrin* zu dem blauen Reaktionsprodukt um.

[1] Vgl. *D. J. McCaldin*, Chem. Reviews *60*, 39 (1960).

5.20.2 Fluoren

Dieser Kohlenwasserstoff wird aus dem Steinkohlenteer über die Natriumverbindung oder synthetisch beim Durchleiten von Diphenylmethandämpfen durch glühende Röhren unter Dehydrierung gewonnen:

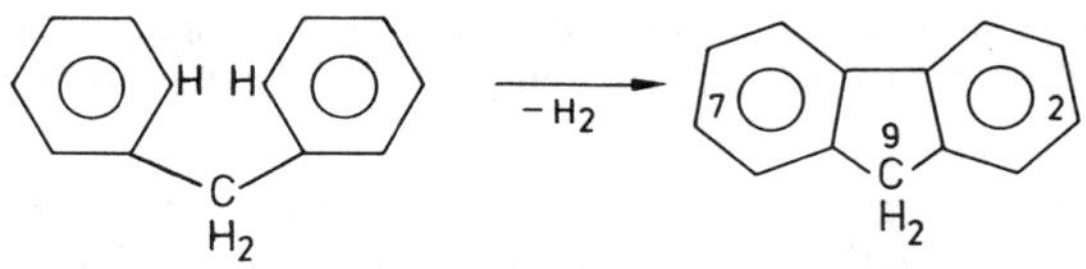

Diphenylmethan Fluoren

Fluoren (Biphenyl-2,2′-ylenmethan), $C_{13}H_{10}$, ist eine farblose, beständige Verbindung und polymerisiert sich – im Gegensatz zu Cyclopentadien und Inden – *nicht.* Es kristallisiert in glänzenden Blättchen vom Schmp. 116 °C (389 K). Seinen Namen verdankt es einer durch Verunreinigungen bedingten *Fluoreszenz.* Bei der Halogenierung, Nitrierung und Sulfonierung erfolgt stufenweise Substitution in der 2- und 7-Stellung, also auffallenderweise in *m*-Stellung zur Methylengruppe. Durch Oxidation mit Chromsäure in Eisessig geht Fluoren in **Fluorenon** vom Schmp. 85 °C (358 K) über.

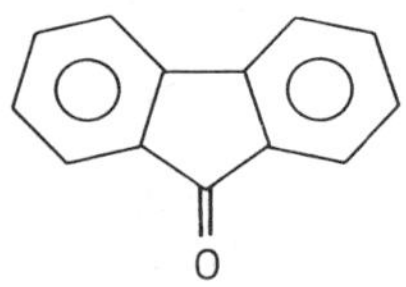

Fluorenon

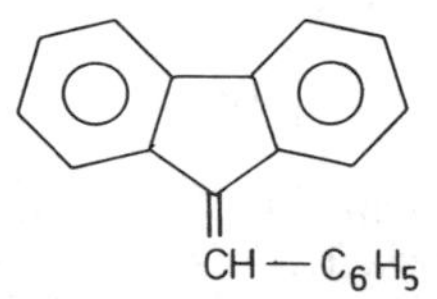

Benzylidenfluoren

Die tiefgelbe Farbe des Fluorenons wird durch das *gekreuzt konjugierte System von Doppelbindungen* hervorgerufen (vgl. Fulvene). Ähnlich gebaute, meist gelbe Verbindungen erhält man durch Kondensation der *aktiven* Methylengruppe des Fluorens mit Aldehyden oder Ketonen in Gegenwart von Kaliumalkoholat, z. B. entsteht mit Benzaldehyd das in Lösung und Schmelze gelbe **9-Benzylidenfluoren** (Benzalfluoren) (s. oben).

Neben Inden und Fluoren findet sich im Steinkohlenteer eine Anzahl von kondensierten aromatischen Kohlenwasserstoffen, die nur aus Benzolkernen bestehen. Die wichtigsten sind Naphthalin, Anthracen und Phenanthren.

5.20.3 Naphthalin

Naphthalin, $C_{10}H_8$, wurde im Jahre 1819 von *Garden* im Steinkohlenteer entdeckt; es kommt darin zu etwa 5–6% vor und wird technisch daraus gewonnen. Es bildet farblose, glänzende Blättchen von charakteristischem Geruch, Schmp. 80 °C (353 K), ist in Wasser unlöslich, aber mit Wasserdampf flüchtig. In den üblichen organischen Lösungsmitteln löst sich Naphthalin leicht, besonders in der Wärme.

5.20.3.1 Struktur des Naphthalins. In Anlehnung an die *Kekulé*sche Benzolformel lassen sich für Naphthalin folgende drei Grenzformeln aufstellen, die sich nur durch die Anordnung der C=C-Doppelbindungen unterscheiden:

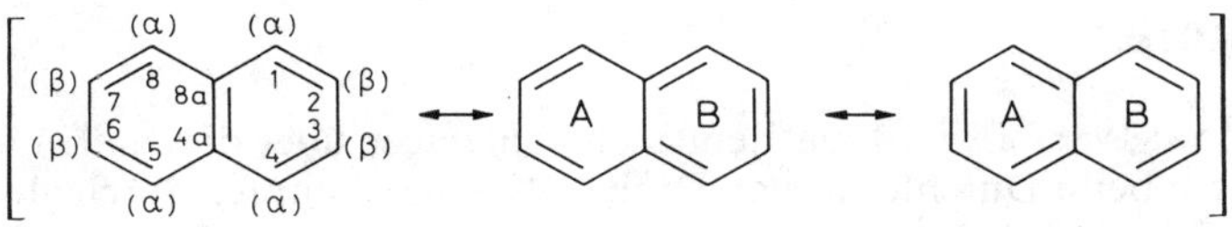

Die angegebene Bezifferung dient zur Stellungsbezeichnung der Substituenten. Nach älterer Nomenklatur werden die Monosubstitutionsprodukte durch die Buchstaben α und β markiert. Ferner ist es üblich, die einzelnen Ringe in kondensierten Systemen durch große Buchstaben A, B, C, D, usw. zu kennzeichnen.

Physikalische Untersuchungen, vor allem das *Ramanspektrum*, deuten auf eine symmetrische Verteilung der π-Elektronen im Naphthalinmolekül hin. Beide Ringe sind somit völlig gleichwertig, und ihre π-Elektronen bilden ein einheitliches *10 π-Elektronensystem.*

Das π-Elektronendezett kann außer durch die „*Kekulé*-Formel" auch durch die Formel (a) zum Ausdruck gebracht werden, fehlerhaft ist dagegen die oft gebrauchte Formel (b), die ein 12 π-Elektronensystem vortäuscht wie es z. B. in der Natriumverbindung des Naphthalins (c) vorliegt.

(a) (b)

Im Gegensatz zum Benzol läßt sich Naphthalin mit *Natrium und Alkohol* stufenweise über 1,4-Dihydro- bzw. 1,2-Dihydro-naphthalin zu 1,2,3,4-Tetrahydro-naphthalin **(Tetralin)** hydrieren. Außer dieser Reduktion mit nascierendem Wasserstoff ist die Addition von Wasserstoff in 1,4- bzw. 1,2-Stellung des Naphthalins auch durch *Alkalimetalle in Ether* möglich. Hierbei erfolgt zunächst Addition des Alkalimetalls unter Bildung der Alkalimetallverbindungen, in denen die zusätzlich aufgenommenen zwei Elektronen nicht an bestimmten C-Atomen lokalisiert sind, sondern sich ein System von 12 π-Elektronen ausbildet. Die intermediär entstehenden Anionen lassen sich leicht protonieren. Daher geben die Addukte bei der Hydrolyse das **1,4-** bzw. **1,2-Dihydronaphthalin:**

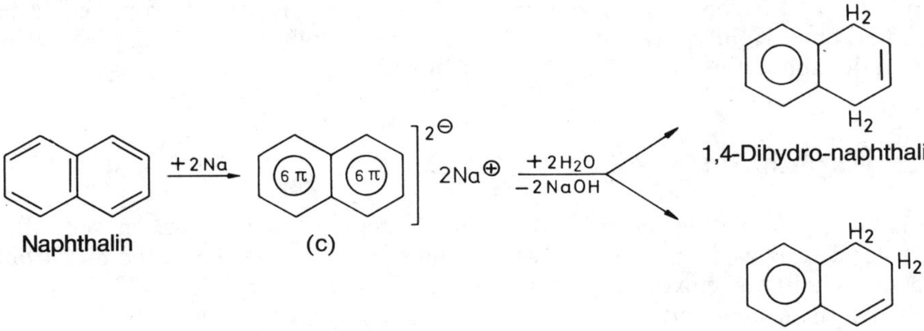

Naphthalin (c) 1,4-Dihydro-naphthalin 1,2-Dihydro-naphthalin

Bei der katalytischen Hydrierung von Naphthalin entsteht zunächst **Tetralin,** das wegen seines benzoiden Charakters nur unter energischen Bedingungen zum **Decalin** (Decahydronaphthalin) weiterhydriert werden kann (*G. Schroeter*):

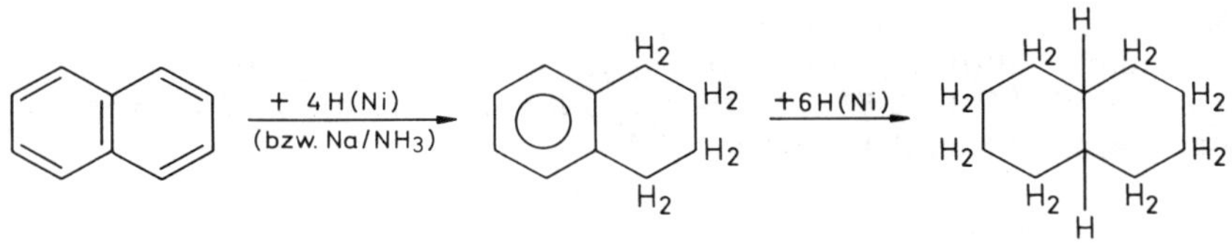

Naphthalin Tetralin Decalin

Dabei entsteht das *cis*-Decalin als Hauptprodukt (vgl. Konformation, S. 415).

5.20.3.2 *Birch*-Reduktion. Die selektive Hydrierung von Naphthalin zu 1,4-Dihydronaphthalin läßt sich mit *Natrium in flüssigem Ammoniak* erreichen, indem man Naphthalin in Ether löst, flüssiges Ammoniak hinzugibt und metallisches Natrium einträgt, das sich in Ammoniak mit blauer Farbe löst.
Analog der Hydrierung des Naphthalins verläuft die *Chloraddition* im Sonnenlicht zu *1,2,3,4-Tetrachlor-1,2,3,4-tetrahydro-naphthalin.*
Ein weiterer Beweis für die erhöhte Reaktivität des Naphthalins ist seine leichte Oxidierbarkeit zu Phthalsäure.
Die Anzahl der *konstitutionsisomeren* Substitutionsprodukte des Naphthalins ist natürlich wesentlich größer als beim Benzol. So existieren allein *zwei* Monosubstitutionsprodukte, die meist als α- und β-Formen bezeichnet werden, z. B.:

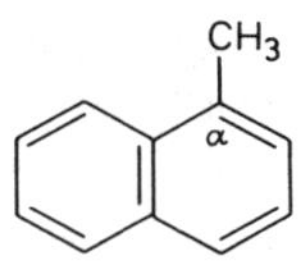

α-Methyl-naphthalin

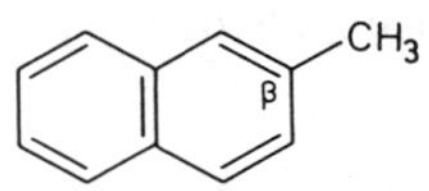

β-Methyl-naphthalin

5.20.3.3 Durch *Oxidation der Methylnaphthaline* erhält man die α- bzw. β-Naphthalinmonocarbonsäuren, die – in Analogie zur Benzoesäure – entweder als α- bzw. β- oder als **1-** bzw. **2-Naphthoesäure** bezeichnet werden.

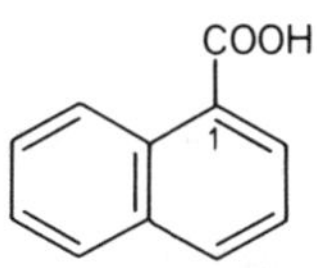

1(α)-Naphthoesäure

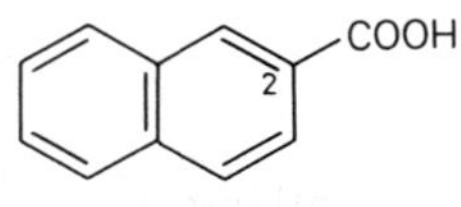

2(β)-Naphthoesäure

Entsprechend läßt sich die Anzahl der möglichen stellungsisomeren *Disubstitutionsprodukte* ableiten. Sie beträgt bei gleichen Substituenten 10 und bei ungleichen 14 Isomere. Unter ihnen ist die Substitution in 1,8-Stellung durch das Präfix *„peri-"*, die in 2,6-Stellung durch *„amphi-"* gekennzeichnet, z. B.:

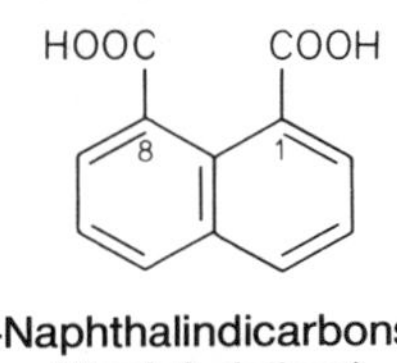

peri-Naphthalindicarbonsäure
(Naphthalsäure)

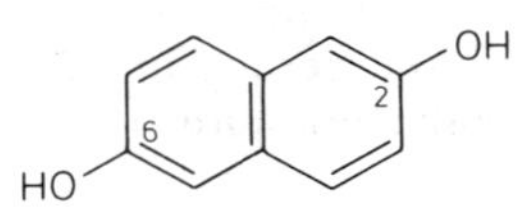

amphi-Dihydroxynaphthalin

5.20.3.4 Naphthalsäure, die als Ausgangsstoff in der Farbstoffindustrie verwendet wird, ist durch Luftoxidation von Acenaphthylen in der Gasphase zugänglich. Beim Erhitzen auf 180 °C (450 K) bildet sie ein *Anhydrid,* da beide Carboxylgruppen in *peri*-Stellung, d. h. benachbart, stehen.

Substitutionsprodukte des Naphthalins

Naphthalin reagiert bei Substitutionen wie Benzol, jedoch ist die Orientierung bezüglich des Eintritts weiterer Substituenten komplizierter. Die Monosubstitution des Naphthalins erfolgt hauptsächlich in α-Stellung, mit Ausnahme der Sulfonierung bei höherer Temperatur und der *Friedel-Crafts*-Reaktion in Nitrobenzol; hierbei überwiegt das β-Produkt.
Die Zweitsubstitution im Naphthalin kann sowohl in dem einen bereits substituierten als auch im anderen Kern eintreten. Als Richtlinien gelten in Abhängigkeit von der chemischen Natur des ersten Substituenten folgende *Substitutionsregeln* (vgl. S. 484):

a) *Substituenten 1. Ordnung,* vor allem $-OH$, $-NH_2$, die in 1-Stellung stehen, dirigieren den neu eintretenden Substituenten vornehmlich in die *p*- und *o*-Stellung, d. h. nach Stellung 4 und 2 (bedingt auch nach 5 und 7).
Befinden sich die Substituenten in Stellung 2, so dirigieren sie nach 1, 8 und 6.
b) *Substituenten 2. Ordnung,* wie $-NO_2$, $-SO_3H$, $-COOH$ u. a., in 1-Stellung zeigen keine ausgesprochene *m*-Orientierung, sondern dirigieren meist in den anderen Kern, und zwar nach 5, 6 oder 8. Bei Anwesenheit der Substituenten in Stellung 2 werden die Stellen 5, 6 und 7 besetzt.

5.20.3.5 Bei der *Chlorierung* von Naphthalin in Gegenwart von Eisen erhält man 95% **1-Chlor-naphthalin** und nur 5% **2-Chlor-naphthalin:**

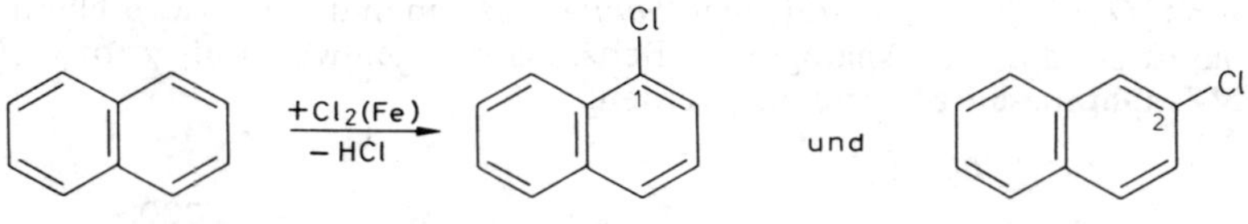

1-Chlor-naphthalin 2-Chlor-naphthalin

5.20.3.6 Analog verläuft die *Nitrierung* von Naphthalin mit konz. HNO_3, wobei fast ausschließlich **1-Nitro-naphthalin** neben wenig **2-Nitro-naphthalin** gebildet wird. Bei der weiteren Nitrierung von 1-Nitro-naphthalin mit Nitriersäure entstehen **1,5-** und **1,8-Dinitronaphthalin.**

5.20.3.7 Die *Sulfonierung* des Naphthalins führt – in Abhängigkeit von der Reaktionstemperatur – zu **1-Naphthalinsulfonsäure** (unterhalb 80 °C [350 K]) bzw. **2-Naphthalinsulfonsäure** (oberhalb 120 °C [390 K]) als Hauptprodukt. Beide Säuren gehen bei energischerer Sulfonierung in **1,5-** und **1,6-Naphthalindisulfonsäure** bzw. in **2,6-** und **2,7-Naphthalindisulfonsäure** über:

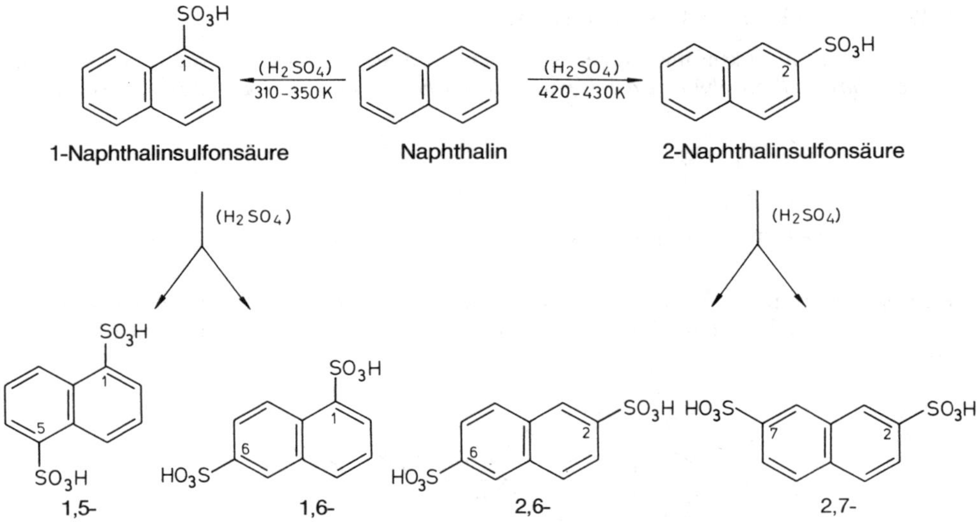

1-Naphthalinsulfonsäure — Naphthalin — 2-Naphthalinsulfonsäure

1,5- 1,6- Naphthalin-disulfonsäure

2,6- 2,7- Naphthalin-disulfonsäure

Die 1-Naphthalinsulfonsäure geht bei höherer Temperatur in einer Gleichgewichtsreaktion über das freie Naphthalin als Zwischenprodukt in die 2-Naphthalinsulfonsäure über. Obwohl sich die 1-Säure schon bei niedriger Temperatur bildet, wird sie andererseits auch leichter desulfoniert. Bei 160 °C (435 K) stellt sich folgendes *Gleichgewicht* ein:

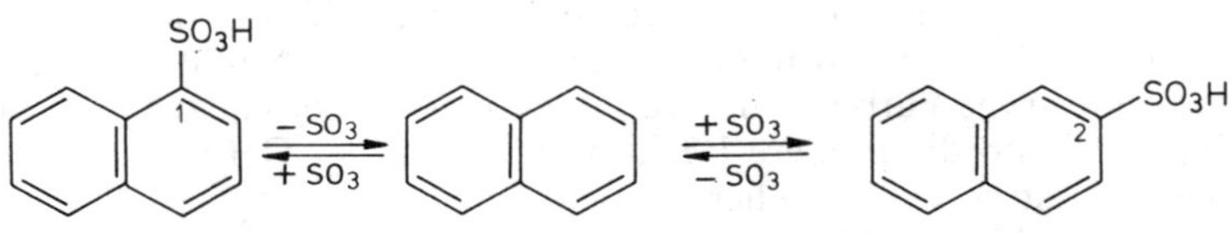

1-Naphthalinsulfonsäure (15%) — 2-Naphthalinsulfonsäure (85%)

Die Sulfonsäuren der Naphthalinreihe sind wichtige Zwischenprodukte für die Herstellung der Naphthole und deren Sulfonsäuren, die als *Kupplungskomponenten* in der Azofarbstoffindustrie eine bedeutende Rolle spielen.

5.20.3.8 Bei der *Friedel-Crafts-Acylierung von Naphthalin* entsteht stets ein Gemisch von 1- und 2-Substitutionsprodukten, jedoch hängt das Mengenverhältnis von den Reaktionsbedingungen ab. Läßt man Naphthalin mit Acetylchlorid in *Schwefelkohlenstoff* reagieren, so erfolgt überwiegend 1-Substitution und nur zu etwa 25% 2-Substitution. Demgegenüber führt die gleiche Umsetzung in *Nitrobenzol* als Lösungsmittel fast ausschließlich zur 2-Substitution:

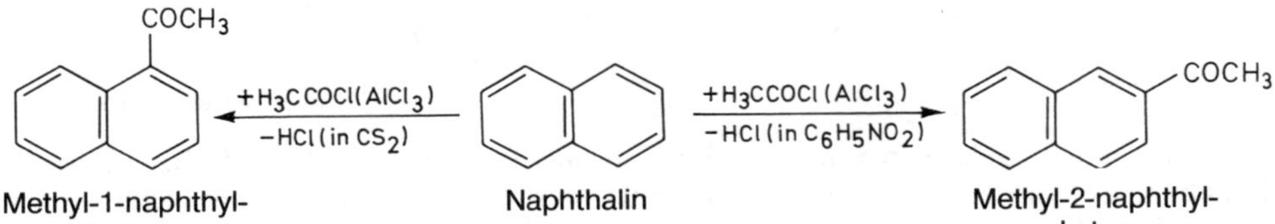

Methyl-1-naphthylketon — Naphthalin — Methyl-2-naphthylketon

5.20.3.9 Naphthole (Hydroxynaphthaline)

α- und β-Naphthol kommen in geringer Menge im Steinkohlenteer vor. Technisch werden sie *durch Alkalischmelze der 1- bzw. 2-Naphthalinsulfonsäure* gewonnen, z. B.

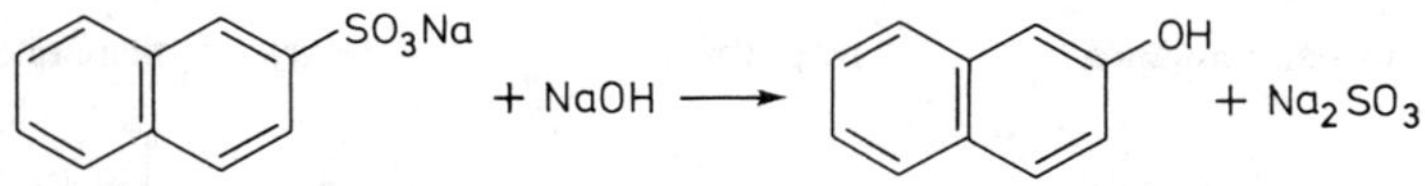

Natrium-naphthalin-2-sulfonat β-Naphthol

Reines α-Naphthol (1-Naphthol) wird *durch Hydrolyse von α-Naphthylamin* mit 10proz. Schwefelsäure bei 180 °C (450 K) und 10 bar (1 MPa) hergestellt (Ausbeute etwa 85%):

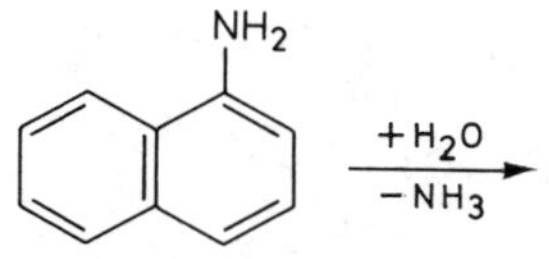

α-Naphthylamin α-Naphthol

α-Naphthol kristallisiert in Nadeln, Schmp. 95 °C (368 K), und **β-Naphthol** in rautenförmigen, glänzenden Kristallen, Schmp. 123 °C (396 K). Beide sind in kaltem Wasser sehr schwer löslich. In Analogie zu den Phenolen besitzen sie schwach sauren Charakter, lösen sich also in Laugen zu *Naphtholaten,* deren wäßrige Lösungen weitgehend hydrolytisch gespalten sind. Mit *Eisen(III)-chlorid* gibt α-Naphthol eine violette und β-Naphthol eine grüne Färbung. In ihren Reaktionen unterscheiden sich die Naphthole vom Phenol durch die größere Reaktionsfähigkeit der OH-Gruppe, z. B. läßt sich diese rascher verestern bzw. verethern.

Wie bei den Phenolen wirkt die OH-Gruppe der Naphthole bei *elektrophilen* Substitutionen reaktionsbeschleunigend, und zwar erfolgen sie, wie z. B. die *Kupplungen* von Diazoniumsalzen, beim α-Naphthol in 2- und 4-Stellung und beim β-Naphthol in 1-Stellung.

In Baumwollsamen kommt das giftige *Gossypol* vor. Es besitzt eine Chiralitätsachse und zeigt *Atropisomerie:* $[\alpha]^{19}_{D} = +445°$ ($CHCl_3$).

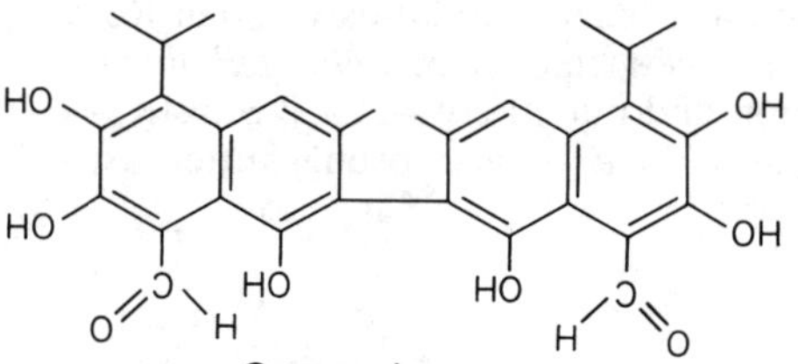

Gossypol

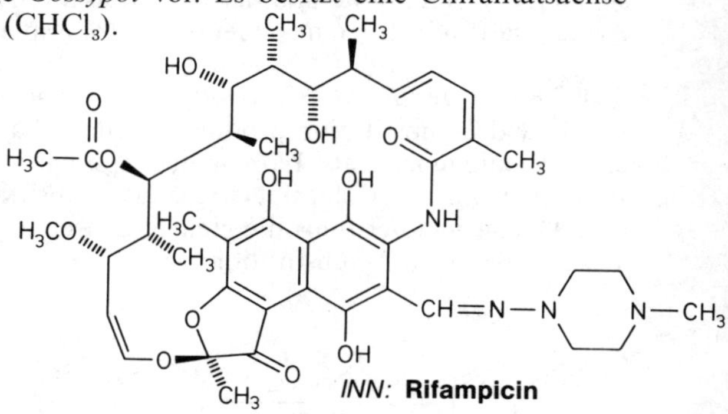

INN: **Rifampicin**

Erst nachdem es gelungen war, das Gossypol aus dem Baumwollsaatöl zu entfernen, konnte dieses als Nahrungsmittel verwendet werden. Dies ist ein charakteristisches Beispiel für die Bedeutung der Lebensmitteltechnologie.

Gegen Tuberkulose und Lepra wirksam ist das chemisch modifizierte Makrolidantibiotikum *INN:* ***Rifampicin*** *(Rifa, Rimactan),* dessen Wirkung auf eine Hemmung der DNA-abhängigen RNA-Polymerase zurückzuführen ist.

5.20.3.10 Naphthylamine

Technisch benutzt man die leichte Austauschbarkeit der Hydroxylgruppe im *β*-Naphthol gegen die Aminogruppe zur Herstellung von *β-Naphthylamin.*

***Bucherer*-Reaktion**[1]. Hierbei erhitzt man *β*-Naphthol mit einer wäßrigen Ammoniumhydrogensulfit-Lösung und konz. Ammoniak (1 : 1) im Autoklaven auf 150 °C (425 K).

Der *Reaktionsmechanismus* verläuft nach *Rieche* und *Seeboth* wie folgt:

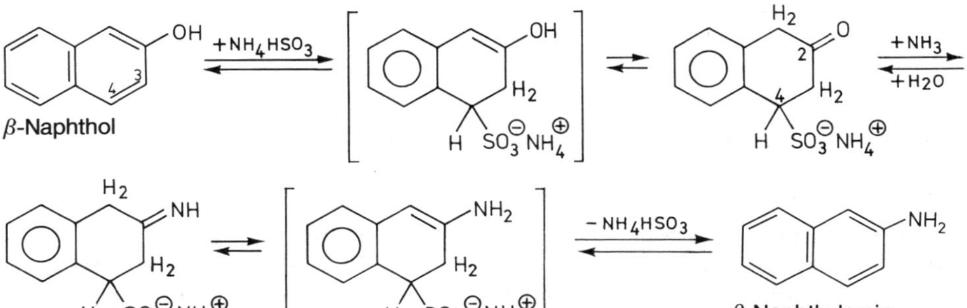

Zunächst wird ein Mol Ammoniumhydrogensulfit in 3,4-Stellung des *β*-Naphthols addiert und das gebildete Ammoniumsalz der 2-Tetralon-4-sulfonsäure dann durch Einwirkung von Ammoniak unter anschließender Hydrogensulfitabspaltung in *β*-Naphthylamin übergeführt.
Analog ist *α-Naphthylamin* aus α-Naphthol über die 1-Tetralon-3-sulfonsäure zugänglich.
Derartige Reaktionen sind umkehrbar; sie versagen, wenn sich in *m*-Stellung zur OH-Gruppe des Naphthols eine Sulfonylgruppe befindet.

α-Naphthylamin wird besser durch Reduktion von α-Nitronaphthalin dargestellt (in Analogie zur Anilinherstellung aus Nitrobenzol). Es bildet Nadeln, Schmp. 50 °C (323 K), ***β*-Naphthylamin** Blättchen, Schmp. 110 °C (383 K). Beide Basen geben mit Mineralsäuren gut kristallisierende, beständige Salze. Die Naphthylamine sind normal diazotierbar und werden zur Herstellung von Azofarbstoffen verwendet; *β*-Naphthylamin wirkt höchst *carcinogen.*
Das 1,8-Bis-(dimethylamino)-naphthalin zeichnet sich wegen der auf engem Raum konzentrierten einsamen Elektronenpaare des Stickstoffs durch eine so hohe Elektronenaffinität aus, daß es „Protonenschwamm" genannt wurde.

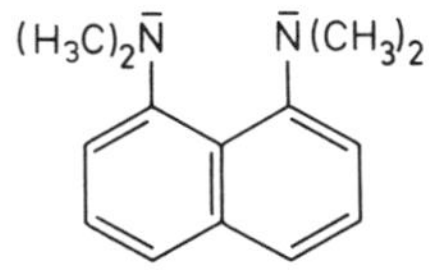

Protonenschwamm

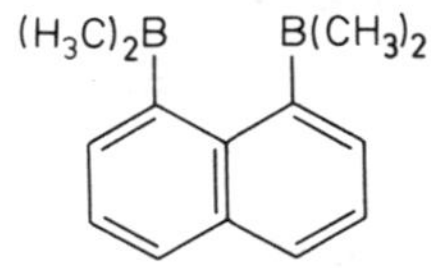

Hydridschwamm

[1] Vgl. *N. L. Drake,* The *Bucherer* Reaction, Org. Reactions *1,* 105ff. (1942); *H. Seeboth,* Die *Bucherer*-Reaktion und die präparative Verwendung ihrer Zwischenprodukte, Angew. Chem. *79,* 329 (1967).

Das 1,8-Naphthalindiyl-bis(dimethylboran) hat eine ähnliche Affinität für Hydridionen und ist als „Hydridschwamm“ bezeichnet worden.

5.20.3.11 Naphthol- und Naphthylamin-sulfonsäuren

Beide Stoffklassen sind als Kupplungskomponenten für Azofarbstoffe wichtig. Die einfachste Sulfonsäure des α-Naphthylamins ist die **Naphthionsäure,** die durch „Verbacken“ des Hydrogensulfats entsteht (vgl. Sulfanilsäure).

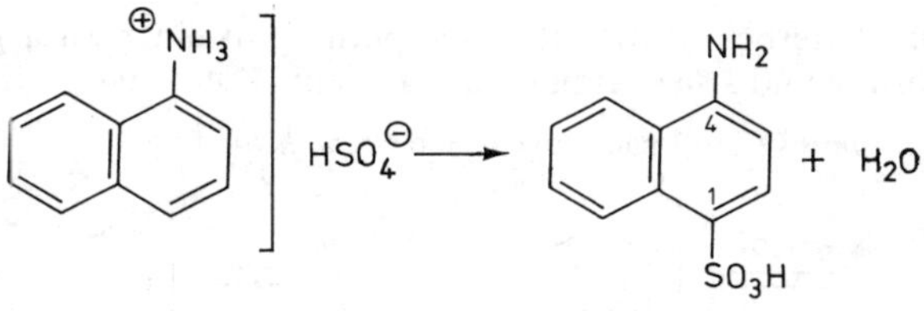

Naphthionsäure

Sie dient als *Kupplungskomponente* für den Disazofarbstoff Kongorot.

5.20.3.12 Hydroxynaphthoesäuren

3-Hydroxy-2-naphthoesäure besitzt als Ausgangsmaterial für Naphthol-AS-Farbstoffe technische Bedeutung und wird durch Einwirkung von Kohlendioxid auf das Natriumsalz des β-Naphthols bei höherer Temperatur (240 °C [515 K]) gewonnen (vgl. *Kolbe-Schmitt*-Synthese). Demgegenüber entsteht bei niedriger Temperatur (150 °C [425 K]) fast ausschließlich die *konstitutionsisomere* **2-Hydroxy-1-naphthoesäure,** die jedoch bei 240 °C (515 K) in die 3-Hydroxy-2-napthoesäure übergeht:

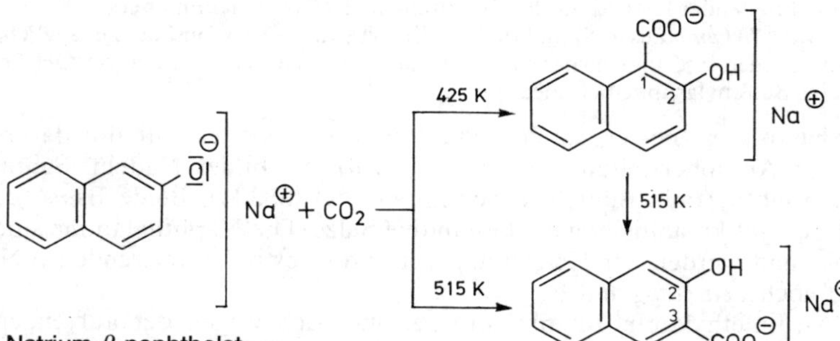

Natrium-β-naphtholat

5.20.3.13 Naphthochinone

Vom Naphthalin sind drei Chinone bekannt:

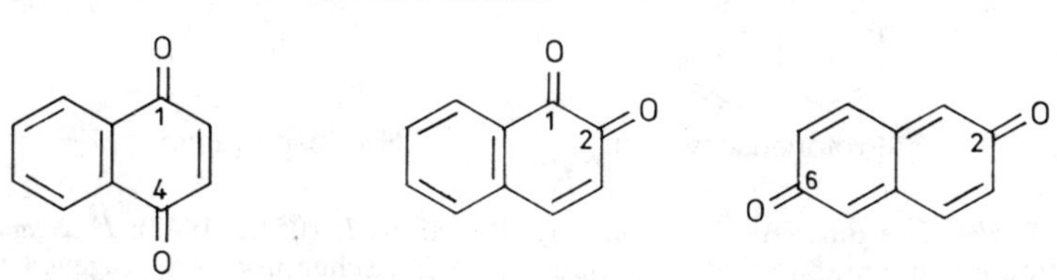

1,4(α)-Naphthochinon 1,2(β)-Naphthochinon 2,6(*amphi*)-Naphthochinon

1,4-Naphthochinon (α-Naphthochinon) entsteht bei der Oxidation von Naphthalin bzw. von 4-Amino-1-napthol mit Chromsäure in Eisessig. Es bildet gelbe Kristalle vom Schmp. 126 °C (399 K) und ähnelt in seinen physikalischen Eigenschaften dem *p*-Benzochinon.
1,2-Naphthochinon (*β*-Naphthochinon) erhält man durch Oxidation von 1-Amino-2-naphthol in Form gelber Nadeln, die bei 145–147 °C (418–420 K) (u. Zers.) schmelzen. Im Gegensatz zum α-Naphthochinon ist es geruchlos und mit Wasserdampf nicht flüchtig.
2,6-Naphthochinon *(amphi-*Naphthochinon) ist das einzige *Zweikernchinon* des Naphthalins. Es wird durch Oxidation von 2,6-Dihydroxy-naphthalin in benzolischer Lösung mit Blei(IV)-oxid in Form gelbroter Prismen vom Schmp. 130–135 °C (403–408 K) (u. Zers.) erhalten. Seine Oxidationswirkung ist stärker als die der beiden anderen Naphthochinone.
Einige Derivate des 1,4-Naphthochinons sind in der Natur anzutreffen, z. B. das **Juglon** (5-Hydroxy-1,4-naphthochinon), das in den Fruchtschalen der Walnüsse vorkommt und die Haut braun färbt, sowie die Koagulations-Vitamine K_1 und K_2, die sich vom 2-Methyl-1,4-naphthochinon (Menadion) ableiten. Vitamin-K-Mangel führt zu Störungen der Blutgerinnungsvorgänge.

Vitamin K_1 (2-Methyl-3-phytyl-1,4-naphthochinon, Phyllochinon, *INN:* ***Phytomenadion,*** *Konakion),* $C_{31}H_{46}O_2$, findet sich in grünen Pflanzenteilen und wurde von *Karrer* (1939) aus *Alfalfa* (Luzerne) durch Extraktion mit Petrolether isoliert. Es ist ein gelbes viskoses Öl.

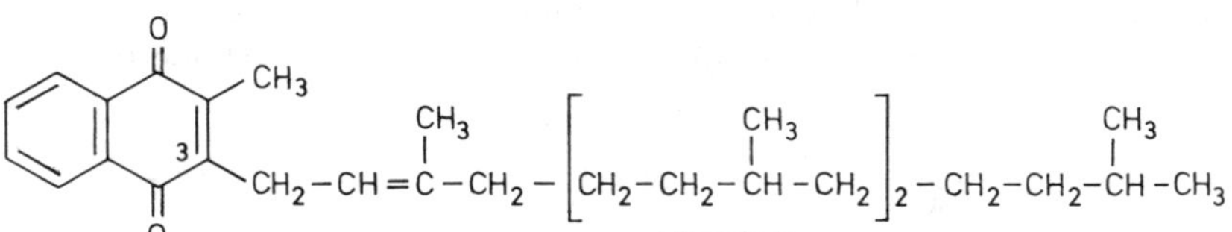

Vitamin K_1

Seine Konstitution ließ sich durch Synthese aus 2-Methyl-1,4-naphthohydrochinon (Menadion) und Phytol in Gegenwart wasserfreier Oxalsäure und anschließende Oxidation des entstandenen Dihydrovitamins K_1 beweisen (*Fieser,* 1939).
Vitamin K_2, $C_{46}H_{64}O_2$, Schmp. 54 °C (327 K), zählt zu den Bakterien-Vitaminen und wurde aus faulendem Fischmehl gewonnen (*Doisy,* 1939). Es besitzt in 3-Stellung eine Seitenkette mit 7 Isoprenresten, die in *all-trans*-Konfiguration vorliegen (*Isler*[1]). Daneben produzieren die Bakterien ein isoprenoides Vitamin K_2, $C_{41}H_{56}O_2$, Schmp. 50 °C (323 K), mit nur 6 Isoprenresten, d. h. 30 C-Atomen in der Seitenkette. Beide Vitamine werden heute als $K_{2(35)}$ und $K_{2(30)}$ bezeichnet.

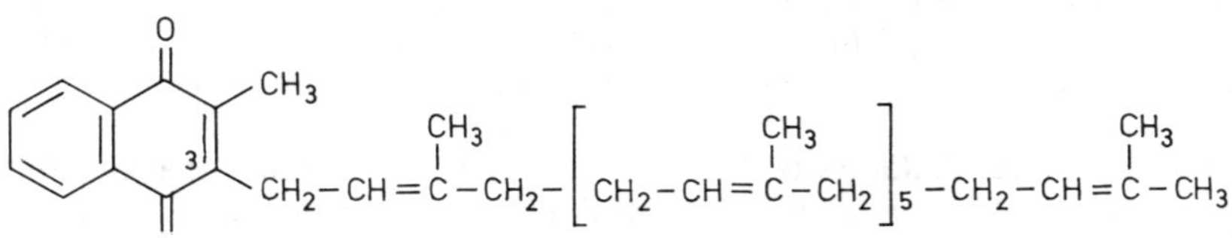

Vitamin $K_{2(35)}$

Nach Arbeiten von *Martius* ist anzunehmen, daß die K-Vitamine eine wichtige Rolle bei oxidativen Phosphorylierungen in der Atmungskette spielen. Vitamin K_1 ist unentbehrlich für den Vorgang der Blutgerinnung.

[1] Vgl. *O. Isler,* Über die Vitamine K_1 und K_2, Angew. Chem. *71,* 7 (1959) *R. A. Morton,* Chinone als biologische Katalysatoren, Endeavour, *24,* 81 (1965).

Ähnliche, zum Teil größere, physiologische Wirkung als die K-Vitamine zeigen 2-Methyl-1,4-naphthochinon (*INN:* ***Menadion***) und einige verwandte Verbindungen.
Vom 1,4-Naphthochinon leitet sich ferner das synthetische **Naphthazarin** (5,8-Dihydroxy-1,4-naphthochinon) ab, das mit Chrom(III)-hydroxid einen sehr säureechten, schwarzen Beizenfarbstoff bildet. Es kommt als lösliche Natriumhydrogensulfitverbindung unter dem Namen *Alizarinschwarz S* in den Handel.

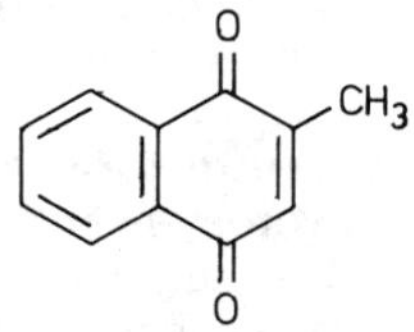

INN: ***Menadion***

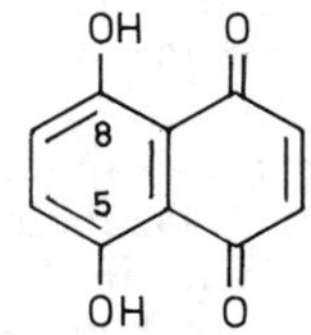

Naphthazarin

5.20.4 Acenaphthylen

Acenaphthylen (Acenaphthen, 1,8- oder *peri*-Ethylen-naphthalin), $C_{12}H_{10}$, wurde aus der bei etwa 300 °C (575 K) siedenden Fraktion des Steinkohlenteers isoliert und bildet farblose Nadeln vom Schmp. 95 °C (368 K). Bei der Oxidation mit Chromsäure in Eisessig entsteht primär **Acenaphthenchinon** (Acenaphthochinon), das in gelben Nadeln vom Schmp. 262 °C (535 K) kristallisiert. Es verhält sich nicht wie ein Chinon, sondern wie ein *Diketon* und wird zur Darstellung indigoider Küpenfarbstoffe verwendet. Die weitere Oxidation des Acenaphthenchinons führt zur **Naphthalsäure.**

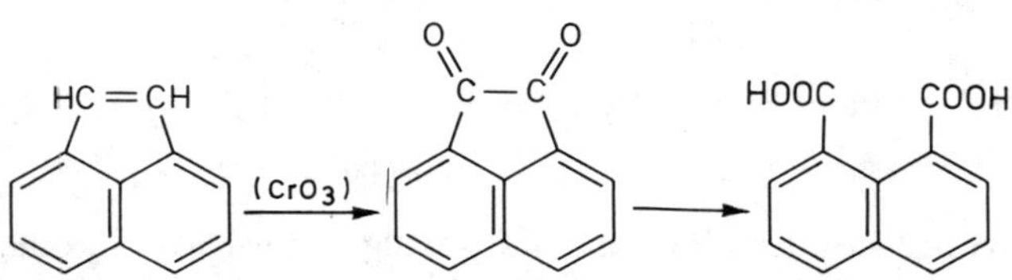

Acenaphthylen Acenaphthenchinon Naphthalsäure

5.20.5 Anthracen

Anthracen, $C_{14}H_{10}$, wurde im Jahre 1832 im Steinkohlenteer als ein Bestandteil des Anthracenöls entdeckt, aus dem es bis heute technisch gewonnen wird. Reines Anthracen bildet farblose Blättchen, Schmp. 218 °C (491 K), die besonders im UV-Licht intensiv blauviolette Fluoreszenz zeigen und sich gut in siedendem Benzol lösen.

5.20.5.1 Struktur des Anthracens. Im Antrhacenmolekül sind drei Benzolkerne linear anelliert. Lange Zeit hat man aufgrund der Anthracensynthese nach *Friedel-Crafts* aus Tetrabromethan, Benzol und Aluminiumchlorid (*R. Anschütz*) für Anthracen nachstehende „Brückenformel" angenommen:

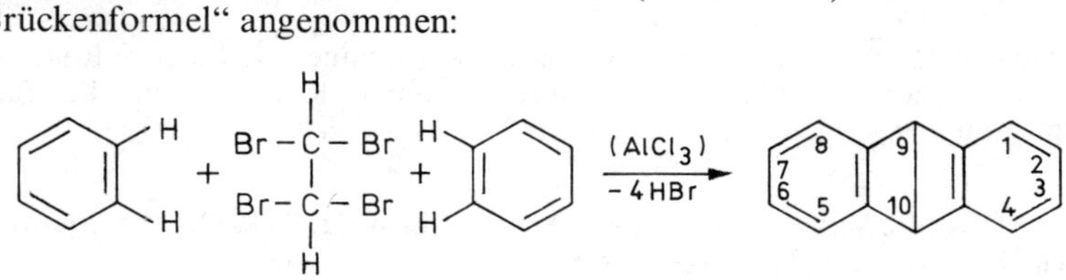

Später stellten *Armstrong* und *Hinsberg* die noch heute übliche Anthracenformel auf:

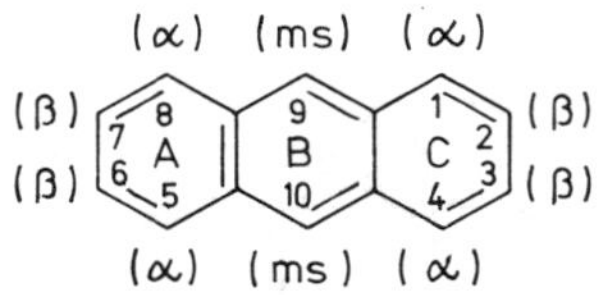

Anthracen

Die Bezifferung des Anthracens erfolgt ähnlich wie beim Naphthalin in der oben angegebenen Weise. Die 9,10-Stellung bezeichnet man auch als *meso*-Stellung, jedoch gibt man allgemein der Zahlenangabe den Vorzug.

Für das 14 *π-Elektronensystem im Anthracen gelten die gleichen* Betrachtungen wie für das Naphthalin.

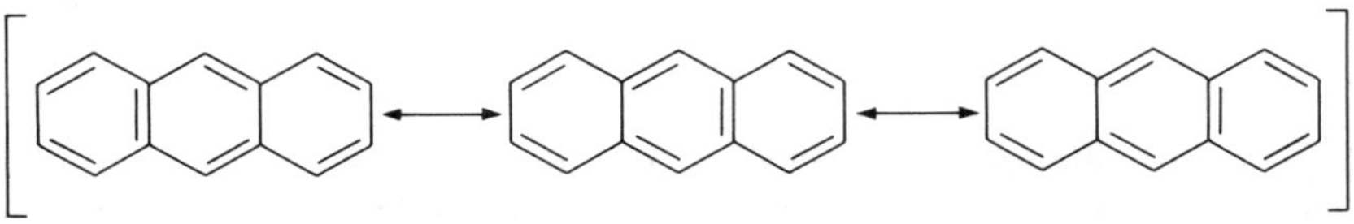

Durch die drei Ringe im Anthracen erhöht sich die Zahl der *Stellungsisomeren,* z. B. existieren von den Monosubstitutionsprodukten *drei* Isomere, nämlich die *α*, *β*- und *ms*-Verbindung, und von den Disubstitutionsprodukten mit gleichartigen Substituenten 15 Isomere.

5.20.5.2 Additionsreaktionen des Anthracens

Zum Unterschied vom Naphthalin sind die drei Ringe im Anthracen in ihrem Reaktionsvermögen nicht gleichwertig. Als besonders reaktionsfähig erweist sich die 9,10-Stellung des Anthracens bei Additionen, wobei *zwei benzoide Systeme* (*π*-Elektronensextette) in den äußeren Ringen gebildet werden. Bestrahlt man z. B. eine Anthracenlösung unter Sauerstoffatmosphäre mit UV-Licht, so entsteht **Anthracenperoxid,** dessen Kristalle beim Erhitzen auf 120 °C (400 K) explosionsartig verpuffen (*Dufraisse* und *Gérard*).

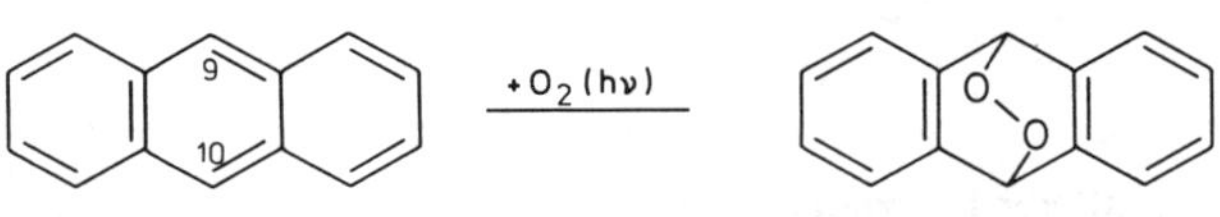

Anthracen Anthracenperoxid

Die Addition von Chlor oder Brom führt zum **9,10-Dichlor-** bzw. **9,10-Dibrom-9,10-dihydro-anthracen.**
Beim Schütteln einer etherischen Suspension von Anthracen mit Natriumpulver unter Stickstoff im *Schlenk*-Rohr entsteht eine tiefblaue Dinatrium-Additionsverbindung. Diese liefert mit Alkohol **9,10-Dihydro-anthracen** und beim Einleiten von trockenem Kohlendioxid das Dinatriumsalz der **9,10-Dihydro-anthracen-9,10-dicarbonsäure:**

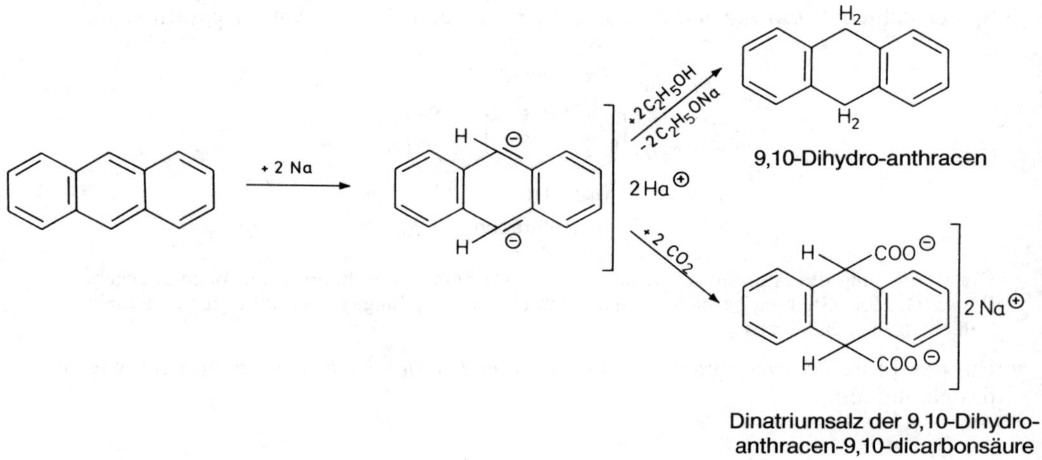

Zum 9,10-Dihydro-anthracen gelangt man auch durch Reduktion des Anthracens mit nascierendem Wasserstoff. Desgleichen führt die stufenweise *katalytische Hydrierung* des Anthracens zunächst zum 9,10-Dihydro-anthracen, aus dem dann **1,2,3,4-Tetrahydro-** und **1,2,3,4,5,6,7,8-Octahydro-anthracen** entstehen, d. h., die H-Atome an den C-Atomen 9 und 10 im 9,10-Dihydro-anthracen wandern in die benachbarten Ringe (*G. Schroeter*):

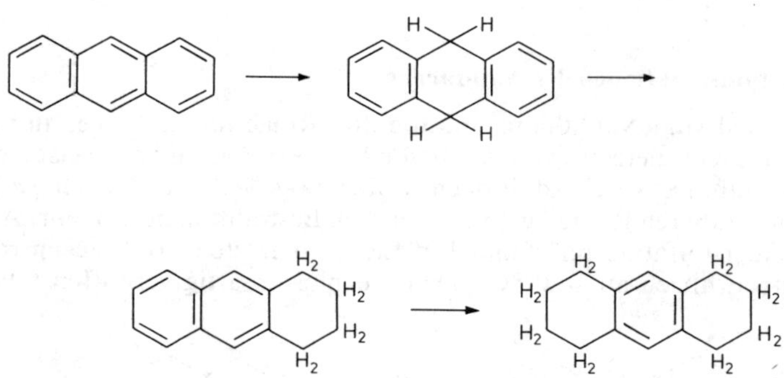

Die Hydrierung des mittleren benzoiden Ringes in Octahydroanthracen erfolgt mit geringerer Geschwindigkeit unter Bildung verschiedener *cis-trans*-isomerer Perhydroanthracene, $C_{14}H_{24}$ (vgl. Decaline).

Anthracen reagiert in der 9,10-Stellung mit *Dienophilen*, z. B. mit Maleinsäureanhydrid, aber auch mit *Dehydrobenzol* (vgl. S. 483*f.*) im Sinne einer *Diels-Alder*-Addition. Bei dieser Reaktion wurde das instabile Dehydrobenzol nach Diazotierung von Anthranilsäure mit *n*-Amylnitrit in einem inerten Lösungsmittel erzeugt und von Anthracen abgefangen unter Bildung von **Triptycen** (9,10-*o*-Benzeno-anthracen, Ausbeute etwa 60%):

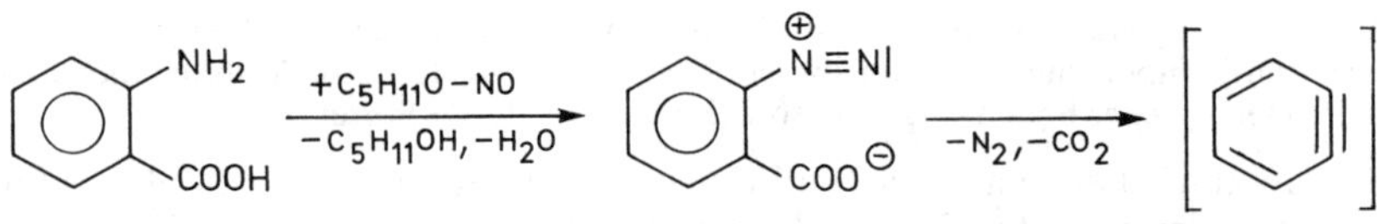

Anthranilsäure   Benzoldiazonium-2-carboxylat   Dehydrobenzol

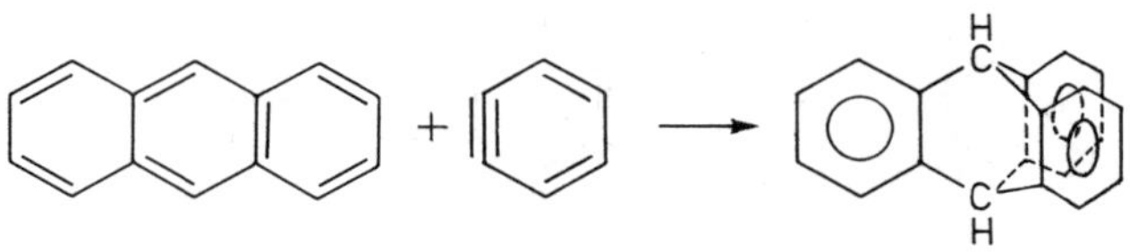

Anthracen   Triptycen

Triptycen ist eine farblose, beständige Substanz vom Schmp. 255 °C (528 K).

5.20.5.3 Derivate des Anthracens

Auch Oxidationsmittel greifen Anthracen leicht in der 9,10-Stellung an unter Bildung von 9,10-Anthrachinon, wobei gleichfalls das Bindungssystem im Anthracen aufgehoben wird. Anthrachinon dient als Ausgangsmaterial zur Herstellung von Alizarin- und Indanthrenfarbstoffen.

Anthrachinon

Darstellung. a) Erstmalig wurde Anthrachinon bei der Einwirkung von Salpetersäure auf Anthracen erhalten (*Laurent*, 1840). Hierbei findet keine Nitrierung, sondern fast ausschließlich die rasch verlaufende Oxidation statt:

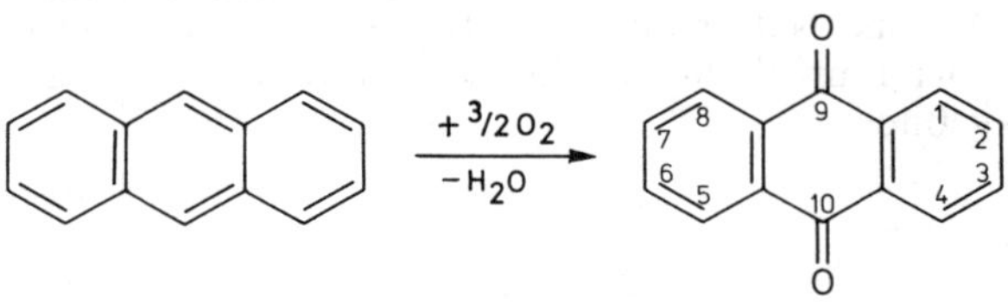

Anthracen   Anthrachinon

b) Im Laboratorium führt man die *Oxidation von Anthracen* mit Natriumdichromat in Eisessig durch. Technisch verwendet man in *flüssiger Phase Chromtrioxid* bei 50−100 °C (325−375 K) oder in der Gasphase bei 340−400 °C (615−675 K) Luft als Oxidationsmittel; dabei dient Eisenvanadat als Katalysator.

c) Synthetisch erhält man Anthrachinon nach der *Friedel-Crafts*-Reaktion *aus Phthalsäureanhydrid und Benzol* in Gegenwart von *Aluminiumchlorid*. Hierbei entsteht zunächst *o*-Benzoylbenzoesäure, die mit konz. Schwefelsäure unter intramolekularer Wasserabspaltung in Anthrachinon übergeht:

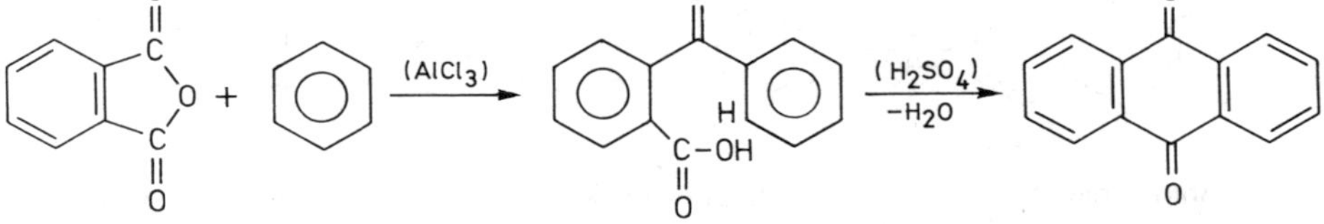

Phthalsäureanhydrid   *o*-Benzoylbenzoesäure   Anthrachinon

Das Verfahren ist zugleich ein Konstitutionsbeweis für das Anthrachinon. Durch Variation der beiden Reaktionskomponenten sind auf diesem Wege auch substituierte Anthrachinone zugänglich. Es ist von technischer Bedeutung, ebenso wie das folgende Verfahren.

d) Anthrachinon wird auch aus 1,4-Naphthochinon durch *Diels-Alder*-Reaktion mit Butadien und Dehydrierung des Cycloadditionsproduktes dargestellt (*Bayer*-Verfahren).

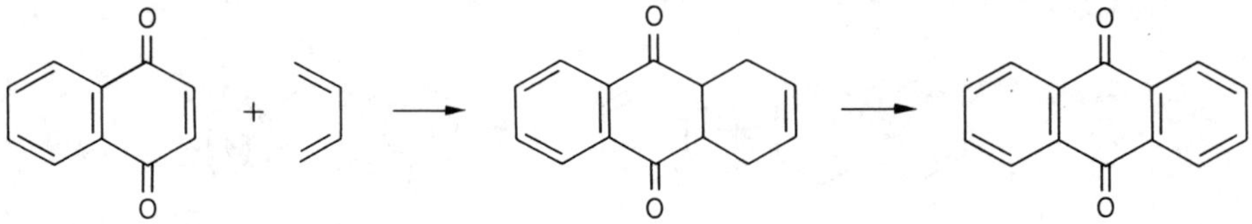

1,4-Naphthochinon Butadien

Das Naphthochinon ist die Vorstufe des Phthalsäureanhydrides bei der Oxidation des Naphthalins.

Eigenschaften. Anthrachinon kristallisiert in gelben Nadeln vom Schmp. 286 °C (559 K), die bei hoher Temperatur sublimieren. Am besten löst es sich in siedendem Benzol. Im Gegensatz zum *p*-Benzochinon ist es sehr stabil und wird von Oxidationsmitteln nur schwer angegriffen. Anthrachinon besitzt keinen echten Chinoncharakter, sondern nimmt eine *Mittelstellung* zwischen Chinonen und Diketonen ein. Daher fehlen ihm die typischen Eigenschaften der *p*-Chinone, nämlich stark oxidierend zu wirken und mit Wasserdampf flüchtig zu sein. Dieses abweichende Verhalten erklärt sich daraus, daß der mittlere Ring des Anthrachinons von zwei benzoiden Kernen eingeschlossen ist.

5.20.5.4 Die wichtigste Reaktion des Anthrachinons ist die leichte Reduzierbarkeit mit Natriumdithionit und Natronlauge zu **9,10-Anthrahydrochinon,** das als Phenol alkalilöslich ist. Bei der Einwirkung von Luftsauerstoff wird das wasserunlösliche Anthrachinon zurückgebildet:

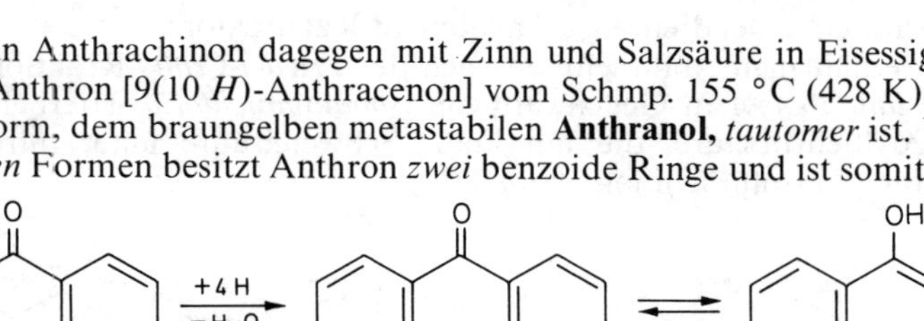

Dieser Redoxprozeß bildet die Grundlage für die *Küpenfärberei* bei Anthrachinonfarbstoffen.

Reduziert man Anthrachinon dagegen mit Zinn und Salzsäure in Eisessig, so entsteht das farblose Anthron [9(10 *H*)-Anthracenon] vom Schmp. 155 °C (428 K), das mit seiner Phenol-Form, dem braungelben metastabilen **Anthranol,** *tautomer* ist. Von den beiden *tautomeren* Formen besitzt Anthron *zwei* benzoide Ringe und ist somit stabiler.

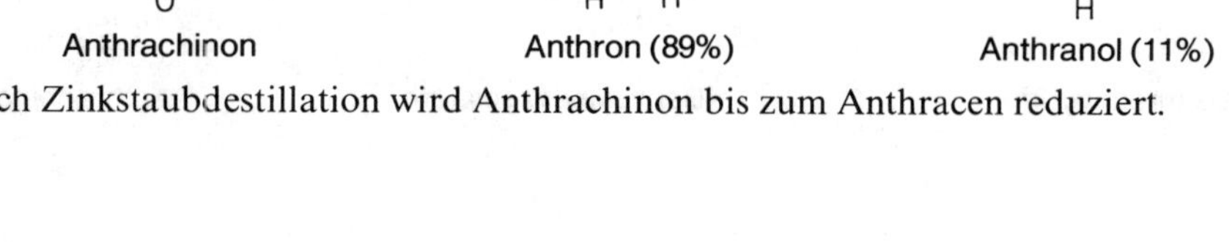

Anthrachinon Anthron (89%) Anthranol (11%)

Durch Zinkstaubdestillation wird Anthrachinon bis zum Anthracen reduziert.

5.20.5.5 Substitutionsprodukte des Anthrachinons

Die Substitution der H-Atome in den äußeren Benzolkernen des Anthrachinons verläuft sehr unterschiedlich. Die direkte *Halogenierung* ist schwierig und führt zu keiner einheitlichen Verbindung. Daher gewinnt man die Halogensubstitutionsprodukte des Anthrachinons meist nach dem Verfahren c (S. 639).

Die *Nitrierung* des Anthrachinons mit Nitriersäure führt unter energischen Bedingungen zum **1-Nitro-anthrachinon,** das stets durch 1,5- und 1,8-Dinitroanthrachinon verunreinigt ist.

Bei den technisch wichtigen *Sulfonierungen* des Anthrachinons mit rauchender Schwefelsäure (40 – 50% SO_3) bei 140 – 160 °C (415 – 435 K) entsteht die **Anthrachinon-2-sulfonsäure.** Setzt man dem Sulfonierungsgemisch jedoch wenig Quecksilber(II)-sulfat zu, so wird fast ausschließlich die 1-Stellung angegriffen unter Bildung von **Anthrachinon-1-sulfonsäure.** Die katalytische Funktion der $Hg^{2\oplus}$-Ionen ist noch nicht eindeutig geklärt.

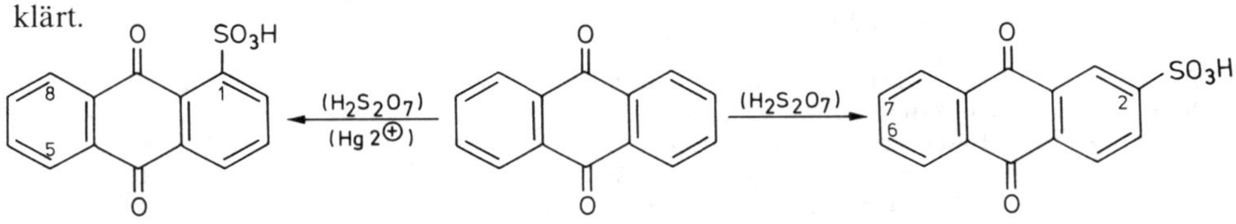

Anthrachinon-1-sulfonsäure — Anthrachinon — Anthrachinon-2-sulfonsäure

Die weitere Sulfonierung der beiden Monosulfonsäuren führt unter Substitution des zweiten benzoiden Ringes zu 2,6- und 2,7- oder 1,5- und 1,8-Disulfonsäuren des Anthrachinons.

In den Anthrachinonsulfonsäuren läßt sich die Sufonylgruppe *nucleophil* gegen die Hydroxyl- oder Aminogruppe und zuweilen auch gegen Halogenatome austauschen, z. B. erhält man auf diese Weise **1-Hydroxy-** bzw. **2-Hydroxy-anthrachinon,** die beide gelbe Kristalle bilden und bei 193 °C (466 K) bzw. 306 °C (579 K) schmelzen.

Amino-anthrachinone werden in der Technik durch Reduktion der entsprechenden Nitro-anthrachinone dargestellt. **1-Amino-** und **2-Amino-anthrachinon** kristallisieren in roten Nadeln vom Schmp. 252 °C (525 K) bzw. 302 °C (575 K).

5.20.5.6 Anthrachinonfarbstoffe

a) **Beizenfarbstoffe.** Zu dieser Farbstoffklasse gehört das bekannte **Alizarin** (1,2-Dihydroxy-anthrachinon), das schon im Altertum aus der Krappwurzel (Rubia tinctorum), in der es glykosidisch als *Ruberythrinsäure* gebunden ist, gewonnen wurde. Das im Jahre 1869 synthetisch hergestellte Alizarin verdrängte jedoch das Naturprodukt bald vom Markt. Bei der Alkalischmelze der Anthrachinon-2-sulfonsäure wird nicht nur die Sulfonylgruppe *nucleophil* gegen die Hydroxylgruppe ausgetauscht, sondern zugleich durch den Luftsauerstoff oder durch Zugabe von Natriumchlorat als Oxidationsmittel eine zweite OH-Gruppe in 1-Stellung eingeführt. Aus der Dinatriumverbindung erhält man mit Schwefelsäure das Alizarin (*Caro, Graebe* und *Liebermann*):

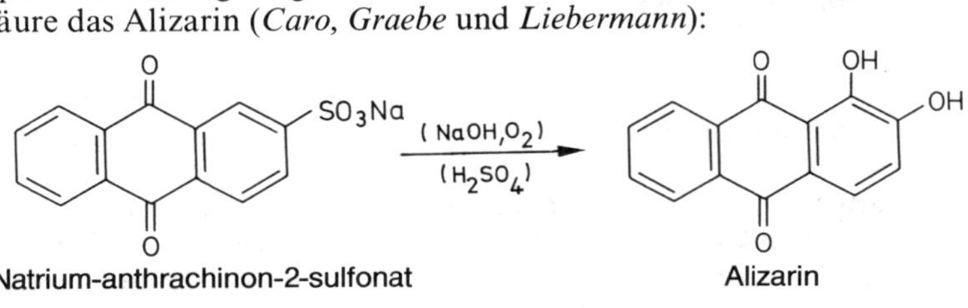

Natrium-anthrachinon-2-sulfonat — Alizarin

Alizarin kristallisiert aus Eisessig in orangeroten Nadeln vom Schmp. 289 °C (562 K) und löst sich in Alkalien mit blauvioletter Farbe.

Polyhydroxy-anthrachinone lassen sich aus den einfachen Hydroxy-anthrachinonen durch Oxidation mit rauchender Schwefelsäure in Gegenwart von Borsäure herstellen (***Bohn-Schmidt*-Reaktion)**, wobei Spuren von Quecksilber oder Selen katalytisch wirken. Auf diesem Wege kann man z. B. aus 2-Hydroxy-anthrachinon den Beizenfarbstoff **Alizarincyanin R** (1,2,4,5,8-Pentahydroxy-anthrachinon) darstellen:

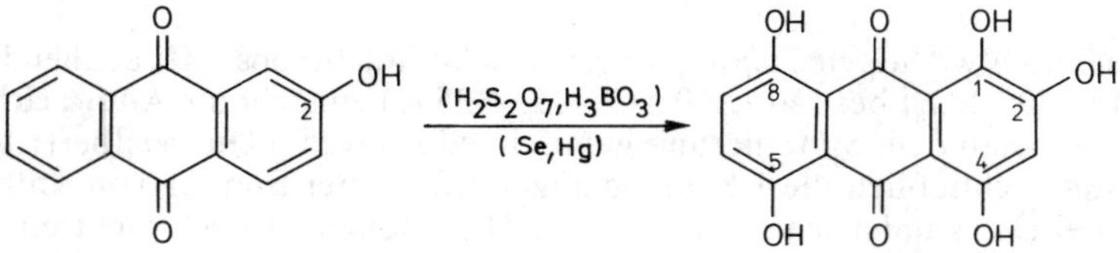

2-Hydroxy-anthrachinon Alizarincyanin R

Die *Färbetechnik* mit Alizarin oder ähnlichen Polyhydroxy-anthrachinonen erfordert eine besondere, mehrere Tage dauernde Vorbehandlung des zu färbenden Gewebes (*Türkischrotfärberei*). Hierbei wird die Faser zunächst mit sulfoniertem Ricinusöl getränkt und nach dem Trocknen in ein Bad von Aluminiumsulfat getaucht und gedämpft. Der entstehende Aluminiumfarblack ist leuchtend rot, jedoch läßt sich der Farbton mit anderen Metallbeizen variieren, z. B. erzielt man mit Eisenbeize eine violette und mit Chrombeize eine braunrote Färbung.
Obwohl Alizarin und höhere Hydroxyderivate jahrhundertelang als hervorragende Beizenfarbstoffe für Baumwolle, aber auch für Wolle und Seide, verwendet wurden, sind sie heute nicht mehr in Gebrauch. Dagegen werden sulfonierte Öle, die als *Netzmittel* dienen, immer noch als „Türkischrotöl" bezeichnet.

b) **Saure Farbstoffe.** Als Ausgangsmaterial dienen Anthrachinone mit mehreren Amino- oder Hydroxylgruppen, die nach Einführung von Sulfonylgruppen als direktziehende, *saure Wollfarbstoffe* verwendet werden.

Als wichtige Vertreter dieser Farbstoffgruppe mit grünen oder blauen Nuancen von starker Leuchtkraft und Echtheit seien **Alizarinsaphirol B,** das aus 1,5-Dihydroxy-anthrachinon durch zweifache Sulfonierung, Nitrierung und Reduktion der Nitro- zu Aminogruppen hergestellt wird, und **Alizarincyaningrün G extra** genannt. Dieses läßt sich durch Kondensation von *p*-Toluidin mit **Chinizarin** (1,4-Dihydroxy-anthrachinon), das aus Phthalsäureanhydrid und Chlorbenzol mit borsäurehaltiger Schwefelsäure zugänglich ist (vgl. Verfahren c, S. 639), und anschließende Sulfonierung gewinnen.

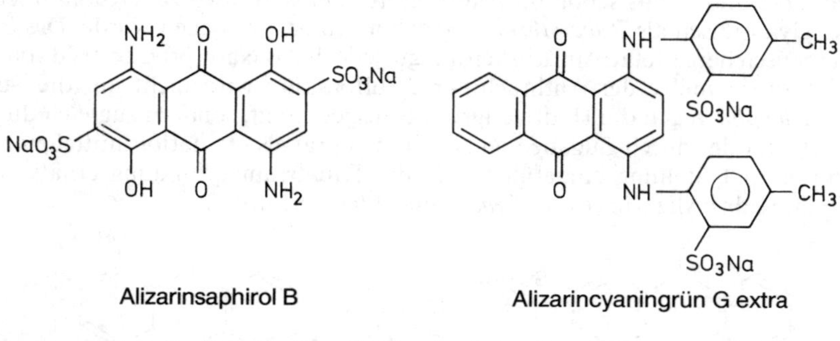

Alizarinsaphirol B Alizarincyaningrün G extra

c) **Dispersionsfarbstoffe.** Die Farbstoffe der Anthrachinonreihe werden an Brillanz von anderen Farbstofftypen kaum übertroffen. Ausgesprochenen Farbstoffcharakter besitzen 1,4-, 1,4,5- und 1,4,5,8-substituierte Anthrachinonderivate einschließlich der ent-

sprechenden β-Substitutionsprodukte. Nach Einbau bestimmter Gruppierungen sind sie als *Dispersionsfarbstoffe* mit Violett-, Blau- und Türkistönen verwendbar. Sie zeichnen sich durch besondere Thermofixier- und Lichtechtheit, besonders bei *Polyesterfasern*, aus.
Als Beispiel sei ein *Brillantblau*-Farbstoff folgender Konstitution angeführt:

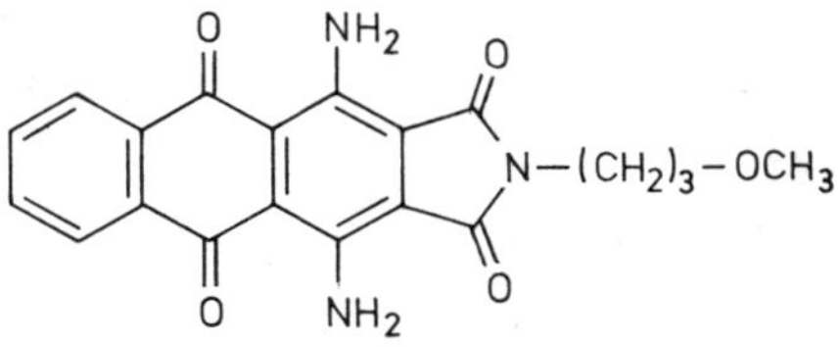

d) **Küpenfarbstoffe.** Zu dieser Farbstoffklasse gehören neben dem ältesten Küpenfarbstoff Indigo auch die *Indanthrene* und *Flavanthrene*, die von *Bohn* (1901) entdeckt wurden und deren Synthese von Amino-anthrachinonen ausgeht.
Indanthren (Indanthrenblau RS) entsteht beim Verschmelzen von 2-Amino-anthrachinon mit Kaliumhydroxid unter Zusatz von Kaliumnitrat bei 150 – 200 °C (425 – 475 K). Nimmt man die Schmelze dagegen bei höherer Temperatur (270 – 300 °C [550 – 580 K]) in Gegenwart saurer Kondensationsmittel, wie Antimon(V)-chlorid, Aluminiumchlorid u. a., vor, so erhält man **Flavanthren** (Indanthrengelb G).

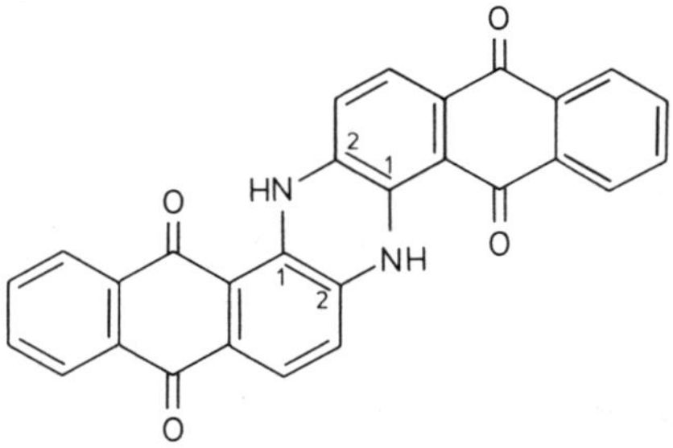

Indanthren

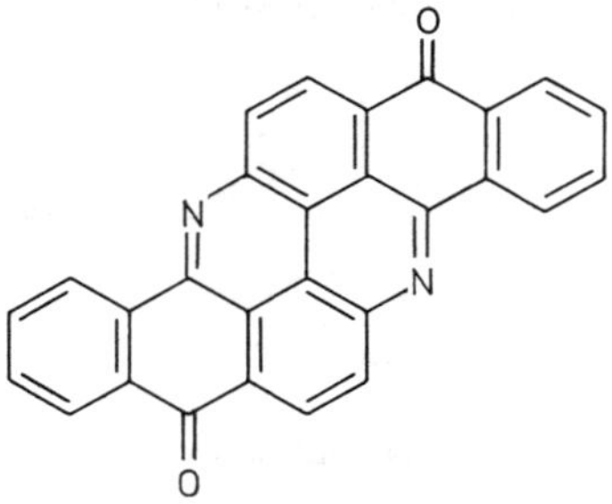

Flavanthren

Unter **Küpenfärberei** versteht man die Überführung bestimmter, in Wasser unlöslicher Farbstoffe durch Reduktion (*Verküpung*) in alkalischer Lösung, vornehmlich mit Natriumdithionit (Hydrosulfitküpe), zu einer wasserlöslichen Dihydro- oder Leukoverbindung, deren Anion eine ausreichende Affinität zur Faser (Baumwolle, Reyon) besitzt. Bei der Reoxidation der Dihydroverbindung durch „Verhängen an der Luft" entsteht der Farbstoff direkt auf der Faser in feinster Verteilung und garantiert somit eine hochgradige Wasch- und Lichtechtheit.
Bei der Verküpung der beiden obigen Farbstoffe, die im angelsächsischen Schrifttum als *Indanthron* oder *Flavanthron* bezeichnet werden, wird nur ein chinoider Ring zur Dihydroverbindung reduziert. Während beim Indanthren Farbstoff und Küpe gleich aussehen, ist die Küpe des gelben Flavanthrens tiefblau.

5.20.6 Phenanthren, $C_{14}H_{10}$

Phenanthren ist mit Anthracen isomer und wurde ebenfalls aus dem Anthracenöl des Steinkohlenteers isoliert. Die drei Benzolkerne im Phenanthren sind jedoch *angular* angeordnet, d. h., die Verbindungslinien der Mittelpunkte seiner Ringe bilden einen Winkel. Man kann Phenanthren daher als 2,2'-Vinylen-biphenyl auffassen, zumal es beim Durchleiten von Biphenyldämpfen und Ethylen durch glühende Röhren in geringer Menge entsteht:

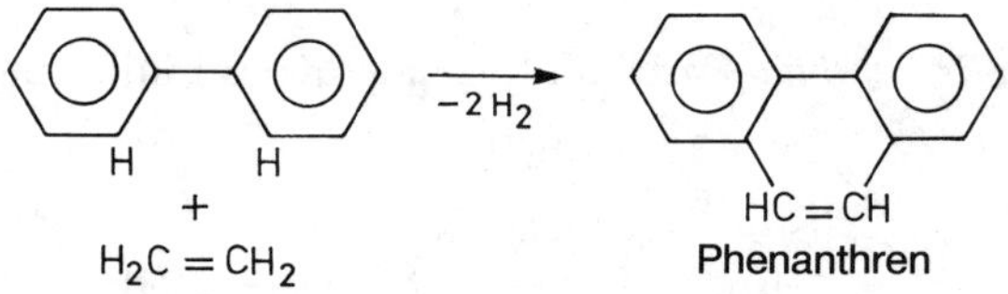

Phenanthren

Wie im Anthracen liegt auch im Phenanthren ein *14 π-Elektronensystem* vor.

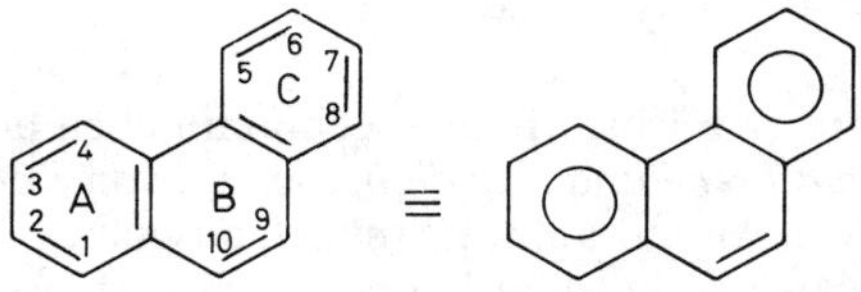

(a)

Darstellung. Neben der technischen Gewinnung des Phenanthrens aus dem Steinkohlenteer sind folgende Synthesen präparativ wichtig:

5.20.6.1 ***Pschorr*-Synthese** (1896).

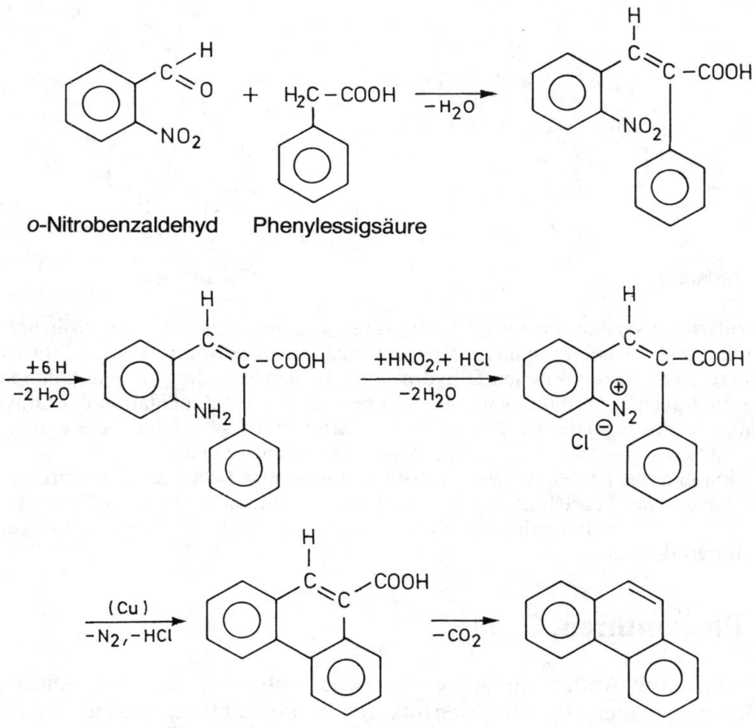

o-Nitrobenzaldehyd Phenylessigsäure

Phenanthren-9-carbonsäure Phenanthren

In Analogie zur *Perkin*-Synthese (vgl. S. 556 *f.*) wird zunächst *o*-Nitrobenzaldehyd mit Phenylessigsäure zur α-Phenyl-*o*-nitro-zimtsäure kondensiert. In ihr sind aufgrund der stärkeren Abstoßung zwischen der Phenyl- und der Carboxylgruppe die beiden Phenylkerne in *cis*-Stellung angeordnet, so daß die Möglichkeit zur Verknüpfung beider Ringe gegeben ist. Als weiterer Schritt folgt die Reduktion der Nitro- zur Aminogruppe, dann die Diazotierung der NH_2-Gruppe zum Diazoniumsalz und schließlich der Ringschluß in Gegenwart von Kupferpulver unter Stickstoffentwicklung zur Phenanthren-9-carbonsäure. Diese spaltet bei der Destillation im Vakuum Kohlendioxid ab und geht in Phenanthren über.

Nach diesem Verfahren lassen sich unter Variation der Ausgangsmaterialien auch substituierte Phenanthrene darstellen.

5.20.6.2 ***Haworth*-Synthese** (1932). Bei der Kondensation von Naphthalin mit Bernsteinsäureanhydrid nach *Friedel-Crafts* entsteht zunächst die β-[1-Naphthoyl]-propionsäure, die durch Reduktion nach *Clemmensen* in die γ-[1-Naphthyl]-buttersäure übergeht. Diese spaltet beim Einwirken von konz. H_2SO_4 Wasser ab unter Ringschluß in der 2-Stellung. Die *Clemmensen*-Reduktion des Ketons und anschließende Selendehydrierung ergeben Phenanthren:

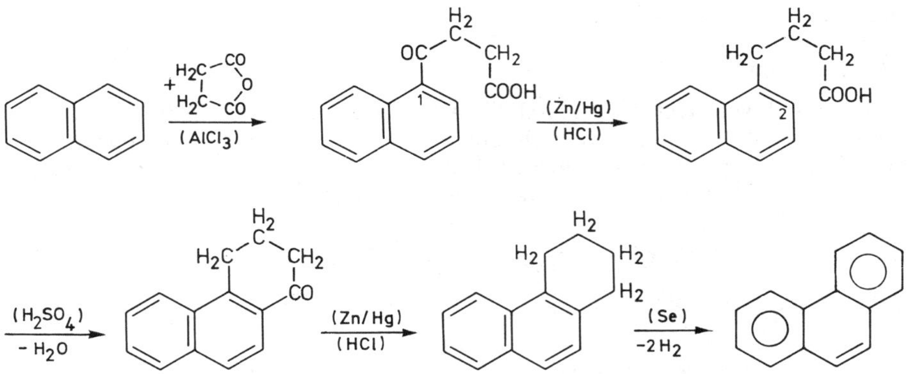

Die Kondensation kann unter anderen Reaktionsbedingungen auch in 2-Stellung erfolgen (vgl. S. 631), jedoch findet die Reaktion nur nach 1 und nicht nach 2 statt, so daß stets Phenanthren und kein Anthracen gebildet wird. Das *Haworth*-Verfahren dient hauptsächlich zur Synthese von Alkylderivaten des Phenanthrens.

Eigenschaften. Phenanthren kristallisiert in farblosen, glänzenden Blättchen vom Schmp. 101 °C (374 K) und ist in Benzol und Ether leicht löslich; die Lösungen zeigen blaue Fluoreszenz. Chemische Reaktionen setzen meist in 9,10-Stellung ein. Bei der *katalytischen Hydrierung* des Phenanthrens mit einem Kupfer-Chromoxid-Katalysator tritt primär Absättigung der 9,10-Doppelbindung ein unter Bildung von **9,10-Dihydrophenanthren,** das aus Methanol in Nadelbüscheln vom Schmp. 35 °C (308 K) kristallisiert. Die weitere Hydrierung führt – in Analogie zu der des Anthracens – zu **Tetranthren** (1,2,3,4-Tetrahydro-phenanthren) und **Octanthren** (1,2,3,4,5,6,7,8-Octahydrophenanthren).
Durch stufenweisen oxidativen Abbau des Phenanthrens mit Chromsäure gelangt man zu **Phenanthrenchinon** und **Diphensäure** (Biphenyl-2,2′-dicarbonsäure):

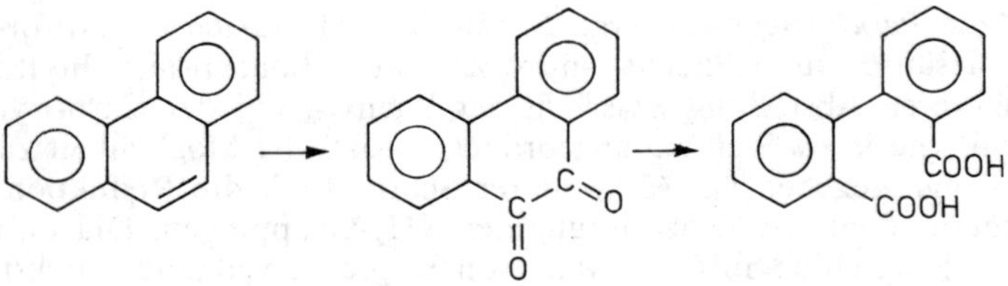

Phenanthren Phenanthrenchinon Diphensäure

Phenanthrenchinon bildet orangefarbene Nadeln vom Schmp. 207 °C (480 K), ist geruchlos, mit Wasserdampf nicht flüchtig und besitzt den Charakter eines *1,2-Diketons.*

Technisch wird Phenanthren bisher nicht verwendet, jedoch weisen einige wichtige Naturstoffe, z. B. gewisse Opiumalkaloide (Morphin) und vor allem die umfangreiche Stoffklasse der Steroide, das Phenanthrenskelett auf.

5.20.7 Polycyclische aromatische Kohlenwasserstoffe

Eine Anzahl hochkondensierter Kohlenwasserstoffe wurde aus dem Steinkohlenteer isoliert, andere konnten synthetisch dargestellt werden. Sie lassen sich nach *Clar* u. a. in folgende Stoffklassen unterteilen:

5.20.7.1 Acene[1]

Sie leiten sich vom Anthracen durch lineare „Ankondensation“ (Anellierung) weiterer Benzolkerne ab und zeichnen sich durch erhöhte Reaktivität und Farbigkeit aus. **Naphthacen** (Tetracen) ist orangegelb, **Pentacen** blauviolett und **Hexacen** tiefgrün, die beiden lezteren sind äußerst luft- und lichtempfindlich.

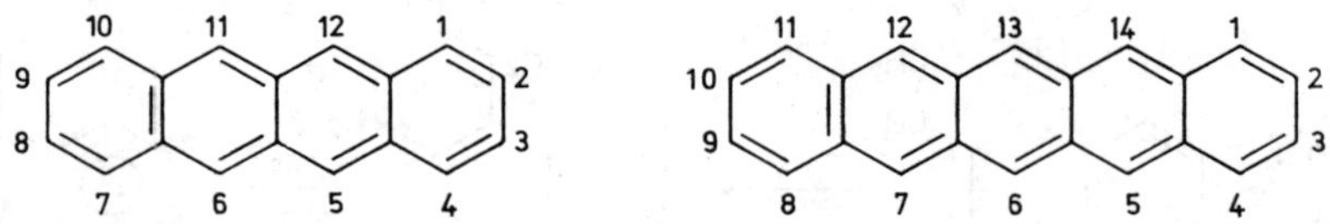

Naphthacen (Tetracen) Pentacen

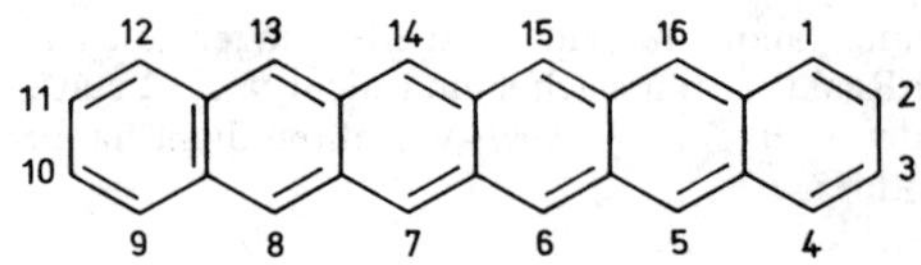

Hexacen

Bei *Additionen* an den reaktionsfähigen *ms*-Stellungen, z. B. von Maleinsäureanhydrid nach der *Diels-Alder*-Reaktion, geht das Acensystem in zwei kleinere aromatische Bindungssysteme über. Die dabei entstehenden Addukte sind farblos und wesentlich stabiler als die Acene selbst.
Andererseits kann eine derartige Stabilisierung des Acens auch durch Protonenwanderung in den *ms*-Stellungen über den Ring hinweg erfolgen, z. B. liegt das **6-Hydroxy-**

[1] Vgl. *E. Clar*, Polycyclic Hydrocarbons, 2 Bde. (Academic Press, New York, und Springer-Verlag, Berlin 1964).

pentacen nur in der *tautomeren Keto*-Form vor (vgl. Anthranol ⇌ Anthron, S. 640):

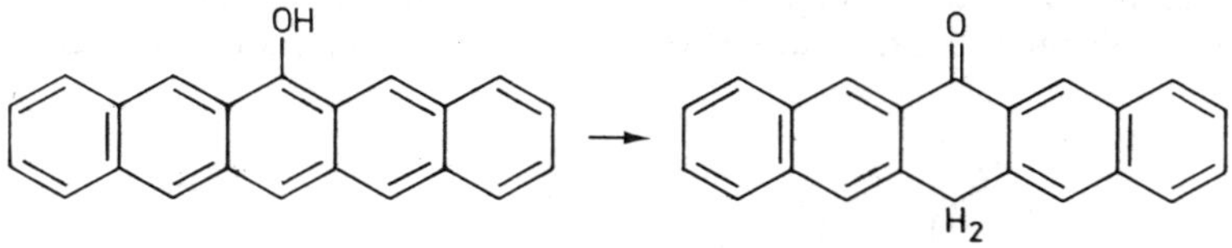

Enol-Form *Keto*-Form

6-Hydroxy-pentacen

Das gleiche gilt für einige Methylderivate der Acene, die sich in Abhängigkeit von der Temperatur unter Bildung der *tautomeren Methylenform* stabilisieren, z. B.:

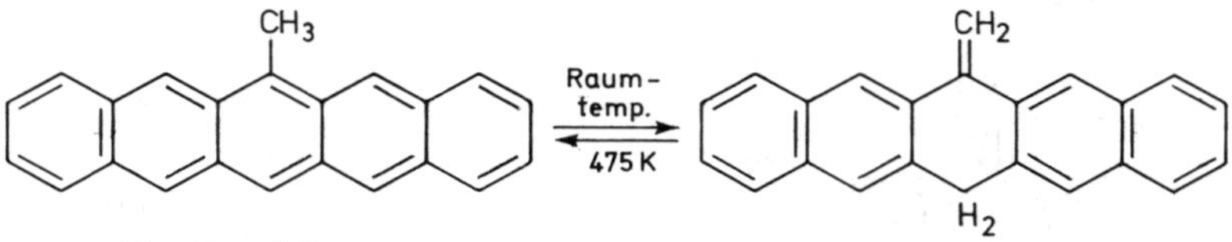

blau (instabil) blaßgelb (stabil)

6-Methyl-pentacen

In struktureller Beziehung zum *Tetracen* stehen folgende Antibiotika:
Aureomycin wird aus den Kulturen von *Streptomyces aureofaciens* isoliert und ist gegen zahlreiche Bakterien sowie gegen Rickettsien und manche Viren hochwirksam. Es bildet goldgelbe Kristalle vom Schmp. 173 °C (446 K) und ist stark linksdrehend.
Terramycin (Macocyn) läßt sich aus den Kulturen von *Streptomyces rimosus* gewinnen und ähnelt dem Aureomycin in vielen seiner Eigenschaften.
Die Stammverbindung dieser Antibiotika ist das *INN:* ***Tetracyclin***[1], das ebenfalls antibiotisch wirksam ist und folgende Struktur besitzt:

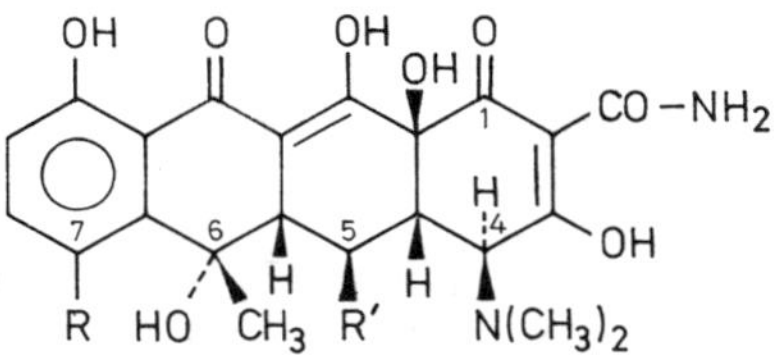

INN: ***Tetracyclin*** (*Achromycin, Hostacyclin*)
R = R' = H

INN: ***Chlortetracyclin*** (7-Chlor-tetracyclin, *Aureomycin*)
R = Cl R' = H

INN: ***Oxytetracyclin*** (5-Hydroxy-tetracyclin, *Terramycin*)
R = H R' = OH

Die Gruppe der Tetracycline weist ein breites Wirkungsspektrum gegen Infektionskrankheiten, z. B. Cholera, auf. Die aus den Formeln erkennbare *absolute Konfiguration* wurde von *Schemjakin* (1962) ermittelt.

5.20.7.2 Carcinogene Kohlenwasserstoffe[2]

Eine Rolle carcinogener Kohlenwasserstoffe leitet sich vom **Chrysen** bzw. **Pyren** ab, die man sich durch Ankondensieren eines weiteren Benzolringes an Phenanthren entstanden denken kann. Als besonders *krebserzeugend* erwies sich das im Steinkohlenteer vorkommende **1,2-Benzpyren** (Benzo[a]pyren) (*J. W. Cook*, 1932), das für die in der

[1] Vgl. *H. Muxfeldt*, Synthesen in der Tetracyclin-Reihe, Angew. Chem. *74*, 443 und 825 (1962); *D. L. J. Clive*, Chemistry of Tetracyclines, Quart. Rev. *22*, 435 (1968).
[2] Vgl. *P. Rademacher*, Chemische Carcinogene. Chemie in unserer Zeit, *9*, 79 (1975); *R. G. Harvey*, Activated Metabolites of Carcinogenic Hydrocarbons, Accounts Chem. Res. *14*, 218 (1981).

Aromatische Verbindungen 5

Teerfarbenindustrie auftretenden Hautcarcinome verantwortlich gemacht wird. Experimentell kann man durch längere Einwirkung carcinogener Kohlenwasserstoffe auf der Haut von Versuchstieren (Ratten, Mäuse) bösartige Carcinome erzeugen.

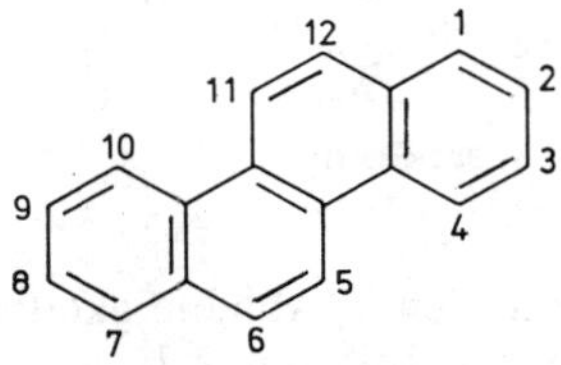

Chrysen

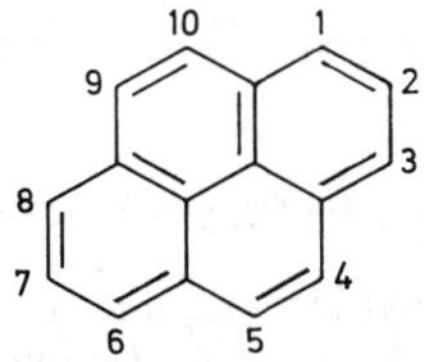

Pyren

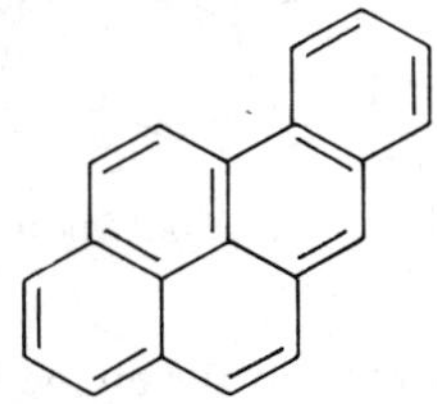

Benzo[a]pyren

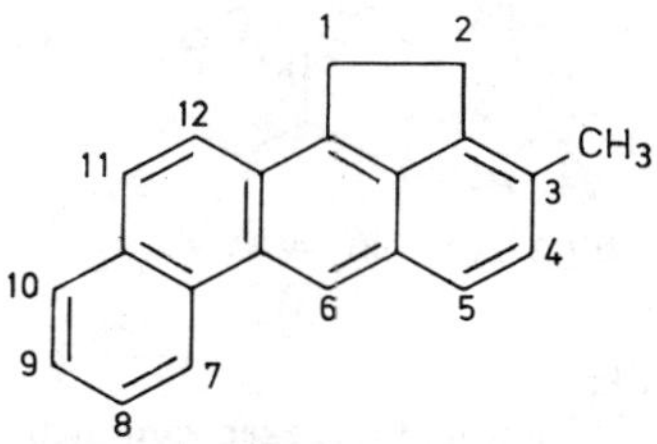

3-Methylcholanthren

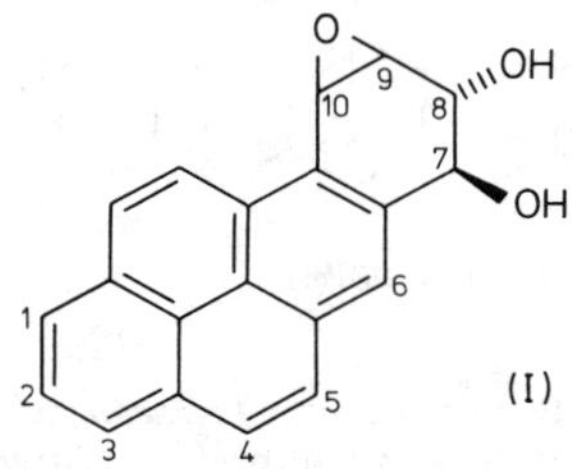

(I)

7,8-Dihydroxy-9,10-epoxy-7,8,9,10-tetrahydrobenzo[a]pyren

Ein hochwirksamer Kohlenwasserstoff dieser Art ist **3-Methylcholanthren,** das chemisch den Steroiden (Cholesterin, Gallensäuren, Sexualhormone usw.) nahesteht.
In Zusammenhang mit der Prostaglandinbiosynthese bildet sich im Organismus das Diolepoxid (I) des Benzo[a]pyrens, das als die eigentlich carcinogene Verbindung angesehen wird.

5.21 Nichtbenzoide Aromaten[1]

Zu dieser Stoffklasse rechnet man einige carbocyclische Ringsysteme, die im Gegensatz zum Benzol eine ungerade Anzahl von Ringgliedern besitzen, aber trotzdem *aromatischen Charakter* aufweisen. Sie liegen entweder als Kationen bzw. Anionen oder als dipolare Verbindungen vor und zeigen daher eine andere Reaktivität als Benzol.
Bei einer generellen, über die benzoiden Aromaten hinausgehenden Definition des aromatischen Zustandes kann man daher nicht das chemische Verhalten zugrunde legen, sondern muß von physikalischen Eigenschaften ausgehen. Unter aromatischen Verbindungen im weitesten Sinne versteht man cyclische, ungesättigte Ringsysteme, in

[1] Vgl. *J. P. Snyder* et al., Nonbenzenoid Aromatics, 2 Bde. (Academic Press, New York 1970, 1971).

denen alle Ringatome an der Ausbildung eines mesomeren Systems beteiligt sind, und die sich durch eine hohe Stabilisierungsenergie auszeichnen. Weitere Kriterien sind der ebene oder nahezu ebene Bau, eine anomal hohe, diamagnetische Suszeptibilität und deren Anisotropie sowie ein charakteristisches Verhalten bei der NMR-Spektroskopie.
Das *π-Elektronensextett,* das als Kriterium für eine aromatische Verbindung gilt, liegt auch einigen nichtbenzoiden Systemen zugrunde, z. B. den Cyclopentadienid- und Cycloheptatrienylium-Ionen.

5.21.1 Cyclopentadienide

Die Leichtigkeit, mit der Cyclopentadien mit Alkalimetallen Salze bildet (vgl. S. 400), ist daher auf die *Mesomeriestabilisierung* des entstehenden **Cyclopentadienid-Anions,** $C_5H_5^{\ominus}$, zurückzuführen, das durch energiegleiche Grenzformeln zu beschreiben ist:

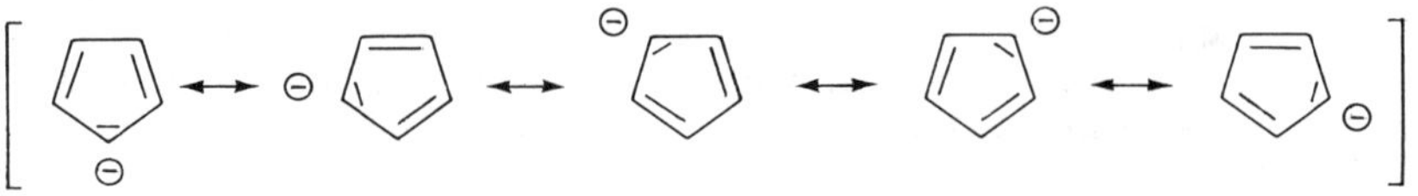

Meist benutzt man die folgende Schreibweise: 

Während die einfachen Alkalisalze des Cyclopentadiens metallorganische Verbindungen mit Ionencharakter sind, liegt in den Cyclopentadien-yliden das Cyclopentadienid-Anion in stabilisierter Form vor. Verbindungen dieser Art sind z. B. das **Diazocyclopentadien** (*W. v. E. Doering,* 1953), das sich durch Mesomerie zwischen einer fulvenischen und einer polaren aromatischen Grenzformel beschreiben läßt, sowie das **Pyridiniumcyclopentadien-ylid** *(Lloyd* und *Sneezum,* 1955):

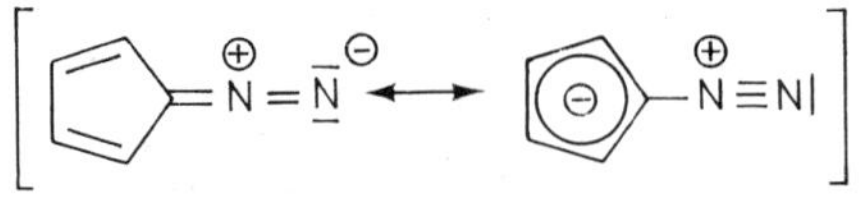

Diazocyclopentadien

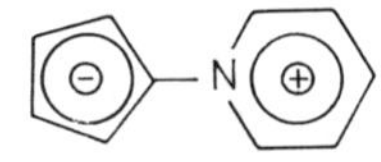

Pyridiniumcyclopentadien-ylid

Bei der Synthese des roten, stabilen Diazocyclopentadiens erfolgt die Einführung der Diazogruppe *ohne Diazotierung,* und zwar *durch Umsetzen von Lithium-cyclopentadienid mit p-Tosylazid.* Der *Reaktionsverlauf* wird wie folgt gedeutet:

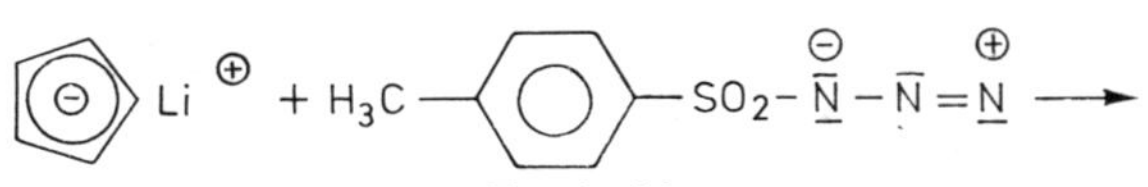

p-Tosylazid

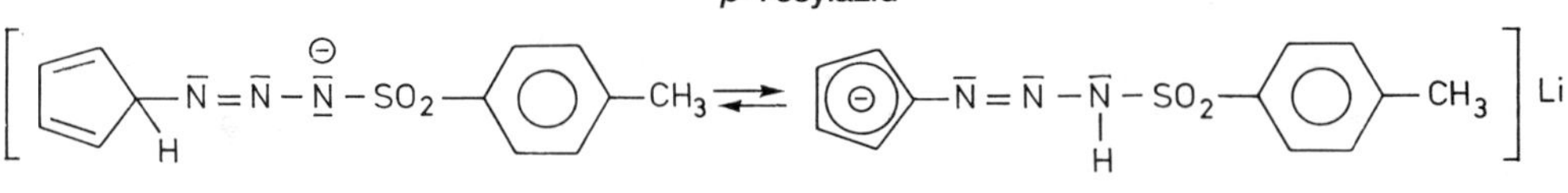

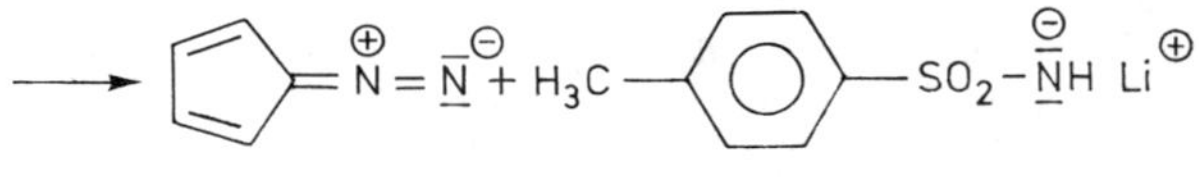

Diazocyclopentadien

p-Tosylazid, das aus Tosylchlorid und Natriumazid darstellbar ist und als N-Diazoverbindung aufgefaßt werden kann, setzt sich – in Analogie zur Azokupplung – mit besonders reaktionsfähigen Kupplungskomponenten um.

Diazocyclopentadien dient als Modellsubstanz für das Studium der chemischen Eigenschaften des Cyclopentadienid-Systems und läßt sich nitrieren, bromieren, mercurieren und mit Diazoniumsalzen kuppeln (*Cram,* 1963).

5.21.2 Aromatenkomplexe

5.21.2.1 Ferrocen[1]

Stabilisierte Cyclopentadienide (Cp) liegen ferner im Ferrocen und in zahlreichen, ähnlich gebauten Metall-π-Komplexen (Metallocene) vor.
Bei der Einwirkung von Eisen(II)-chlorid auf Magnesiumbromid-cyclopentadienid entsteht eine kristalline, orangefarbene, sehr beständige Substanz vom Schmp. 173 °C (446 K) (*Kealy* und *Pauson,* 1951), die als *Eisen-bis-cyclopentadienyl* erkannt und von *Woodward* als „Ferrocen" bezeichnet wurde. Die gleiche Verbindung erhält man beim Überleiten von Cyclopentadien über aktiviertes Eisen bei 300 °C (575 K) in Stickstoffatmosphäre (*Miller,* 1952).

$$2C_5H_5]^{\ominus}MgBr^{\oplus} + FeCl_2 \rightarrow Fe(C_5H_5)_2 + MgBr_2 + MgCl_2$$
$$2\,C_5H_6 + Fe \rightarrow Fe(C_5H_5)_2 + H_2$$

Ferrocen, 0(18)

Ferrocen ist sublimierbar, in Wasser unlöslich, läßt sich jedoch aus organischen Lösungsmitteln umkristallisieren.

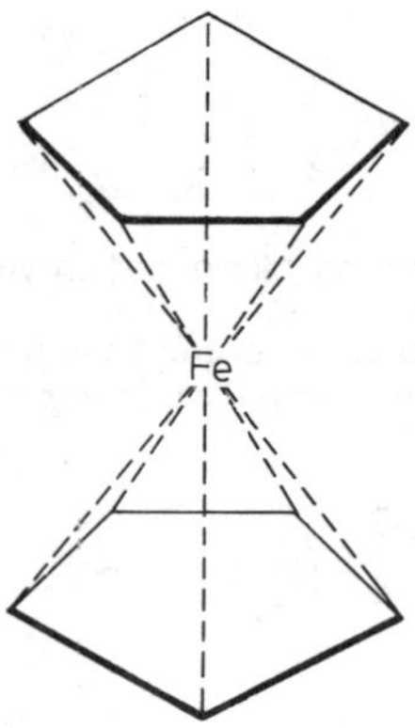

Abb. 119a. Ferrocen, 0(18)

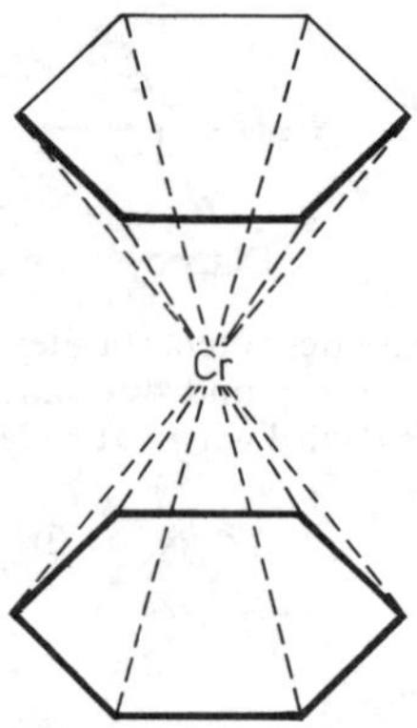

Abb. 119b. Dibenzolchrom, 0(18)

[1] Vgl. *E. O. Fischer,* Metallverbindungen des Cyclopentadiens und Indens, Angew. Chem. *67,* 475 (1955); *P. L. Pauson,* Ferrocene und Related Compounds, Quart. Rev. *9,* 391 (1955); *K. Plesske,* Ringsubstitutionen und Folgereaktionen an Aromaten-Metall-π-Komplexen I u. II, Angew. Chem. *74,* 301 und 347 (1962); *D. W. Slocum* et al., Metalation of Metallocenes, J. Chem. Educ. *46,* 144 (1969).

Ferrocen ist ein η^5 *Metall-π-Komplex* (vgl. S. 380*ff.*). Aus der *Röntgenstrukturanalyse* geht hervor, daß das Eisen im Knotenpunkt eines Antiprismas steht, dessen Basisflächen zwei reguläre Fünfecke bilden (Abb. 119a). Die C-Atome der beiden Ringe stehen „auf Lücke", ihr Abstand im Ring beträgt 140 pm. Diese Doppelkegel- oder *„sandwich"*-Struktur kommt dadurch zustande, daß die Molekülorbitale der π-Elektronensextette mit den Hybrid-Atom-Orbitalen des Metalls überlappen.

5.21.2.2 Dibenzolchrom

Nach der Entdeckung des Ferrocens erkannte man, daß auch in den von *Fr. Hein* (1919) dargestellten Chromphenyl-Verbindungen ein ähnliches Bauprinzip vorliegt (*L. Onsager, H. Zeiss* und *M. Tsutsui,* 1954). Benzol und eine Reihe anderer Aromaten sind befähigt, mit Übergangsmetallen π-Komplexe zu bilden. Ihre Darstellung gelingt am besten durch „reduzierende *Friedel-Crafts*-Reaktion", bei der z. B. Benzol mit Chrom(III)-chlorid, Aluminiumchlorid und Aluminiumpulver auf 180 °C (450 K) erhitzt wird.

Das hierbei entstehende Kation $(C_6H_6)_2Cr^{\oplus}$ mit der Oxidationsstufe + 1 des Chroms geht bei der Reduktion, z. B. mit hypophosphoriger Säure, in das kristalline, tiefbraune η^6 Dibenzolchrom(0), $(C_6H_6)_2Cr$, 0 (18) über (*E. O. Fischer,* 1955).

Dibenzolchrom ist in organischen Medien löslich, sublimierbar, bei Luftausschluß bis 300 °C (575 K) beständig und besitzt das *Dipolmoment* Null. Sein diamagnetisches Verhalten deutet darauf hin, daß die π-Elektronensextette der beiden Benzolkerne die Elektronenhülle des zentralen Metallatoms zur vollen Krypton-Schale auffüllen. Aufgrund dieser Bindungsverhältnisse weist auch Dibenzolchrom eine Doppelkegel- oder *„sandwich"*-Struktur auf (Abb. 119b). Aufgrund von *Neutronenbeugungsaufnahmen* ist Dibenzolchrom(0) jedoch *nicht eben* gebaut, sondern die beiden Benzolkerne liegen als leicht gewellte *Sesselformen* vor (*E. Förster* et al., 1969).

Trotz des ähnlichen Aufbauprinzips unterscheiden sich Ferrocen und Dibenzolchrom grundlegend in ihren chemischen Eigenschaften. Im Gegensatz zum Dibenzolchrom läßt sich mit Ferrocen eine Reihe wichtiger Reaktionen durchführen, z. B. die Sulfonierung, Mercurierung und die *Friedel-Crafts*-Alkylierung und Acylierung sowie die *Vilsmeier*-Synthese. Mit Alkalimetallen bildet Ferrocen alkalimetallorganische Verbindungen, aus denen z. B. mit Kohlendioxid die entsprechenden Carbonsäuren darstellbar sind. Aus den Mercurierungsprodukten lassen sich die Halogenferrocene erhalten.

5.21.3 Tropyliumsalze[1]

Beim Cycloheptatrien (Tropiliden, vgl. S. 378) besitzt – im Gegensatz zum Cyclopentadienid-*Anion* – das **Tropylium-Kation** (Cycloheptatrienylium-Kation), $C_7H_7^{\oplus}$, ein *π-Elektronensextett* (vgl. S. 656*f.*), und kann durch 7 energiegleiche Grenzformeln beschrieben werden:

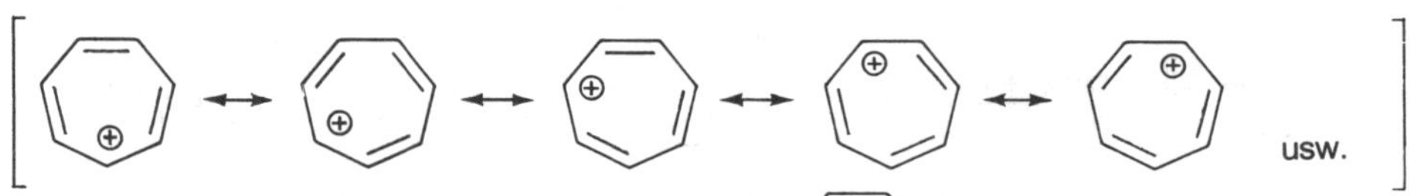

Meist wird die folgende Formulierung bevorzugt:

[1] Vgl. *W. v. E. Doering* und *H. Krauch,* Das Tropylium-Ion, Angew. Chem. *68,* 661 (1956).

Die zuerst dargestellte Verbindung dieser Art ist das **Tropyliumbromid,** $C_7H_7^{\oplus}Br^{\ominus}$, das durch Anlagerung von 1 Mol Brom an Cycloheptatrien und anschließende thermische Abspaltung von Bromwasserstoff entsteht. Dieses Salz hatte *Merling* bereits im Jahre 1891 in Händen, ohne jedoch seine Konstitution zu erkennen. Erst 63 Jahre später wurde es von *W. v. E. Doering* und *Knox* (1954) wiederentdeckt und richtig gedeutet:

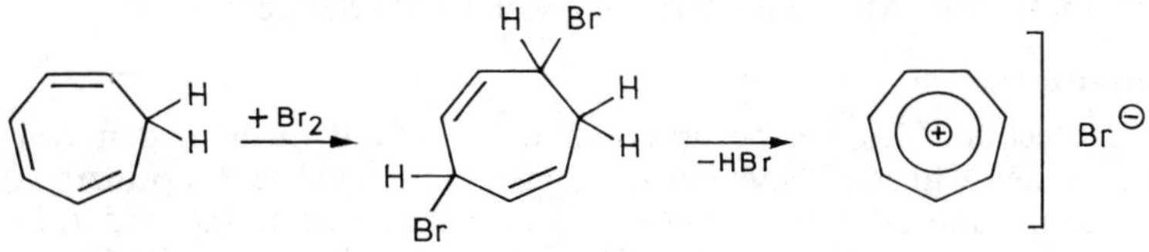

Tropiliden Dibromaddukt Tropyliumbromid

Heute kennt man eine Reihe weiterer Darstellungsmethoden für Tropyliumsalze, die sämtlich vom Tropiliden oder vom Benzol ausgehen, z. B. bildet sich aus Benzol und Diazoessigester der 8,9,10-Trinorcaradiencarbonsäureester, kurz Norcaradiencarbonsäureester[1], der über die freie Säure und das Säurechlorid in das Azid übergeführt wird. Dieses lagert sich beim Erhitzen in Benzol unter Stickstoffabspaltung (vgl. *Curtius*-Abbau) in 8,9,10-Trinorcaradienylisocyanat um, aus dem man mit Bromwasserstoff das Tropyliumbromid erhält (*Dewar* und *Pettit,* 1955):

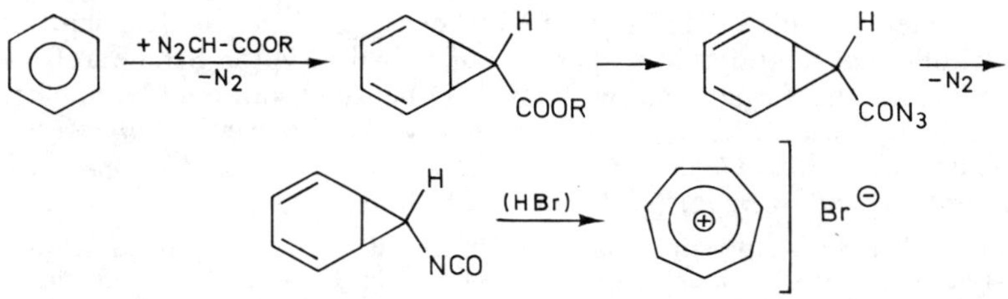

Tropyliumbromid bildet gelbe Nadeln vom Schmp. 203 °C (476 K) und ist in Wasser leicht löslich. Das Bromid-Ion ist durch Silbernitrat schon in der Kälte quantitativ fällbar. Bei der katalytischen Hydrierung geht Tropyliumbromid in *Cycloheptan* über. Als Kation reagiert es bevorzugt mit *nucleophilen* Reagenzien, z. B. Hydroxid-, Alkoholat- und Cyanid-Ionen oder Aminen.

5.21.3.1 Homotropyliumionen[2]

Bei der Umsetzung von *Cyclooctatetraen* mit konzentrierter Schwefelsäure oder mit Antimonpentachlorid und Salzsäure in Nitromethan erhält man das Hexaantimonat des *Homotropyliumkations* (*Pettit,* 1962):

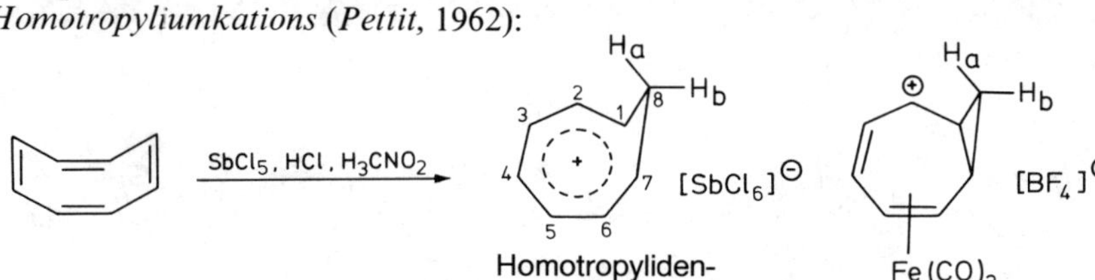

Homotropyliden-hexaantimonat

[1] Vgl. *G. Maier,* Das Norcaradien-Problem, Angew. Chem. *79,* 446 (1967).
[2] Vgl. *L. A. Paquette,* Die charakteristischen Eigenschaften homoaromatischer Systeme, Angew. Chem. *90,* 114 (1978).

Die ^{1}H-NMR-Daten der Verbindung weisen auf ein nicht klassisches Kation hin, denn das Signal für das *endo*-Proton H_a liegt bei $\delta = -0.6$ ppm, während das *exo*-Proton H_b bei 5.2 ppm absorbiert. Die Differenz der chemischen Verschiebungen $\Delta\,\delta$ beträgt also 5.8 ppm. Der bicyclische Tricarbonyleisenkomplex zeigt dagegen ein $\Delta\,\delta$ von nur 0.2 ppm; das klassische Tropyliumkation tritt hier als η^4 Ligand auf.
Die Bedeutung des in dem großen Wert für $\Delta\,\delta$ erkennbaren diamagnetischen Ringstroms der *homoaromatischen Homotropylium-Kationen* ist gelegentlich überschätzt worden[1].
Das Tropylium-Kation ist der Grundkörper weiterer 7-Ring-Systeme, zu denen auch Tropon und Tropolon nebst Derivaten zählen.

5.21.4 Tropon

Tropon (Cycloheptatrienon) erhält man am einfachsten durch Umsetzung von Brombenzol mit Diazomethan im UV-Licht (*Doering* und *Mayer*). Hierbei entsteht Bromtropiliden, das durch Bromierung und anschließende thermische HBr-Abspaltung in Bromtropyliumbromid übergeht. Dieses läßt sich zum Tropon hydrolysieren:

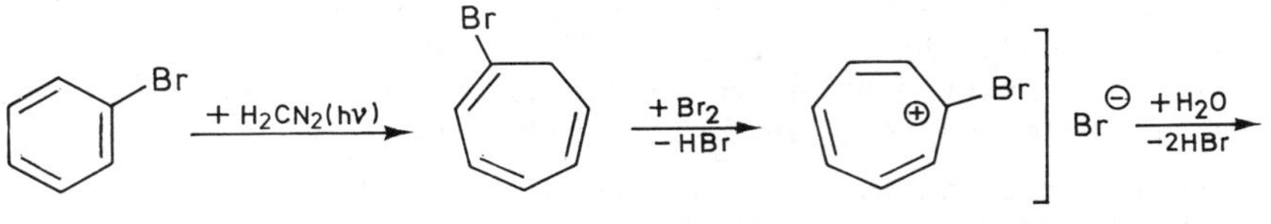

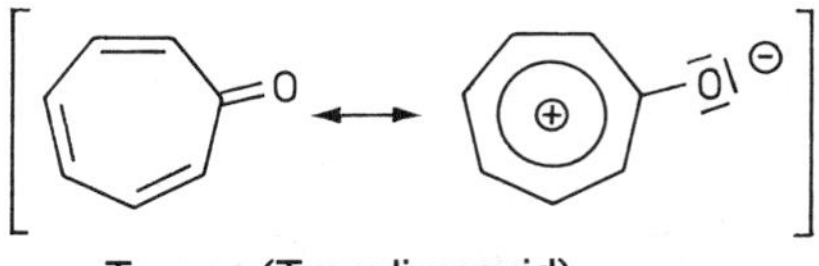

Tropon (Tropyliumoxid)

Aus dem hohen *Dipolmoment* ($14{,}3 \cdot 10^{-30}$ Cm) und dem spektroskopischen Verhalten des Tropons folgt, daß man es auch als *Tropyliumoxid* auffassen kann.
Tropon ist mit Wasser mischbar und siedet bei 113 °C (386 K)/20 mbar (20 hPa), also wesentlich höher als der mit ihm konstitutionsisomere Benzaldehyd (68 °C [341 K]/20 mbar (20 hPa). Es besitzt basischen Charakter und bildet ein Hydrochlorid, jedoch ist die Reaktivität der Carbonylgruppe nur gering.

Aromatische Verbindungen 5

5.21.5 Tropolon und seine Derivate[2]

α-Tropolon ist das Hydroxy-Derivat des Tropons. Außer diesem kennt man noch *β*- und *γ*-Tropolon, in denen die Carbonyl- und Hydroxylgruppe in 1,3- bzw. 1,4-Stellung stehen, jedoch kommt ihnen keine besondere Bedeutung zu.

---

[1] Vgl. *R. F. Childs* et al., Ring Currents Chemical Shifts and Homoaromaticity: The Homotropylium Ion Revisited, J. Amer. Chem. Soc. *106*, 5974 (1984).
[2] Vgl. *P. L. Pauson*, Chem. Reviews *55*, 9 (1955).

Für das α-Tropolon, das durch Oxidation von Tropiliden mit Kaliumpermanganat entsteht, sind zwei *tautomere* Formen in Betracht zu ziehen, in denen sich zwischen der Hydroxyl- und der Ketogruppe leicht eine *Wasserstoffbrücke* ausbilden kann:

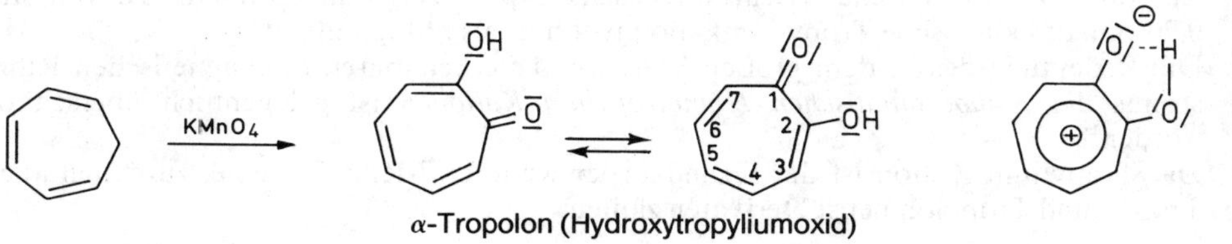

α-Tropolon (Hydroxytropyliumoxid)

Das Proton befindet sich in der Mitte zwischen den beiden O-Atomen, so daß bei substituierten α-Tropolonen die 3- und die 7-Stellung bzw. die 4- und die 6-Stellung identisch werden.

α-Tropolon kristallisiert in farblosen Nadeln vom Schmp. 50–51 °C (323–324 K), ist in Wasser sowie in organischen Lösungsmitteln leicht löslich und gibt eine grüne Eisen(III)-chlorid-Reaktion. Es zeigt keine Carbonyleigenschaften, was durch die Formulierung als Hydroxytropyliumoxid verständlich wird. Seine Acidität liegt zwischen der des Phenols und der der Essigsäure, jedoch reagiert α-Tropolon auch schwach basisch und bildet mit Salzsäure ein Hydrochlorid. Bei *elektrophilen* Substitutionen ähnelt α-Tropolon dem Phenol, z. B. läßt es sich leicht bromieren, nitrieren und mit Diazoniumsalzen kuppeln. Beim Erhitzen isomerisiert es sich zu Benzoesäure.

Der α-Tropolonring tritt in einer Reihe von Naturstoffen[1] auf, z. B. in der **Stipitatsäure,** die aus dem Schimmelpilz *Penicillium stipitatum* isoliert wurde, und in den aus dem Kernholz der roten Zeder (*Thuja plicata*) von *Erdtman* gewonnenen drei *konstitutionsisomeren* **Thujaplicinen** (Isopropyltropolone).

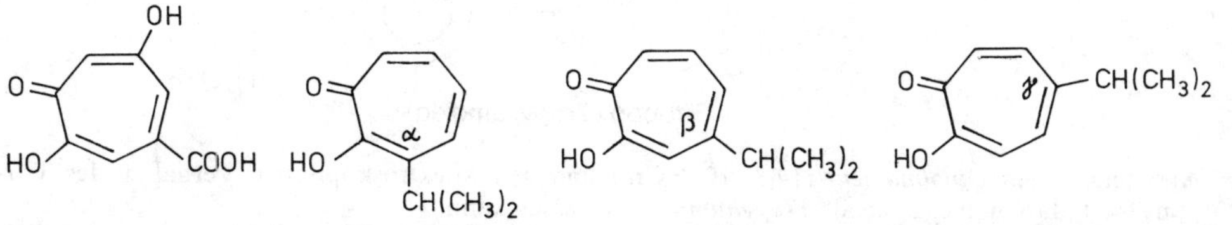

Stipitatsäure — α-Thujaplicin (Schmp. 39 °C [312 K]) — β-Thujaplicin (Schmp. 52–53 °C [325–326 K]) — γ-Thujaplicin (Schmp. 79–90 °C [352–363 K])

Die Thujaplicine sind stark wirksame *Fungizide* und verhindern z. B. die Fäulnis des Zedernholzes.

5.21.5.1 Purpurogallin wurde erstmalig bei der Oxidation von Pyrogallol isoliert (*Girard*, 1869) und später als Trihydroxy-benz-α-tropolon nachstehender Konstitution (*Haworth*) erkannt. Es kommt als Glucosid im *Dryophantin* der roten Erbsengalle vor. Am besten läßt es sich durch Oxidation von Pyrogallol mit Natriumiodat darstellen (*Evans*), bildet ziegelrote Nadeln vom Schmp. 275 °C (548 K) und ist in den meisten Lösungsmitteln schwer löslich.

[1] Vgl. *T. Nozoe*, Natural Tropolones and Some Related Troponoids, Fortschr. Ch. org. Naturst. *13*, 232 ff. (1956).

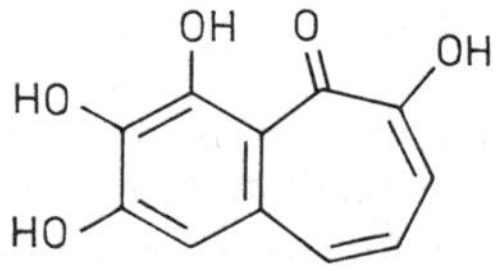

Purpurogallin

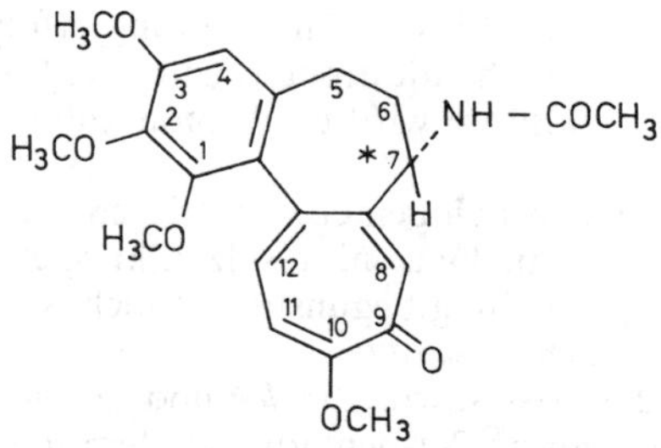

Colchicin

5.21.5.2 Colchicin, das bereits im Jahre 1819 von *Pelletier* und *Caventou* als Hauptalkaloid der Herbstzeitlose (*Colchicum autumnale*) entdeckt wurde, ist ein komplizierteres α-Tropolonderivat. Nach Untersuchungen von *Dewar* (1945) besitzt Colchicin obige Konstitution, die durch eine vom Purpurogallin ausgehende Synthese[1] bestätigt werden konnte. Es ist eine farblose, kristalline, *optisch aktive* Substanz vom Schmp. 155 – 157 °C (428 – 430 K), die sich in Alkohol und Wasser mit neutraler Reaktion löst.
Colchicin wirkt als *Mitosegift* und stört die Verteilung der Chromosomen bei der Kernteilung, so daß sich durch geeignete Colchicindosen Pflanzenrassen mit erhöhter Chromosomenzahl (*Polyploidie*) und Riesenwuchs züchten lassen.

5.21.6 Azulene[2]

Analog der Verknüpfung zweier Benzolringe zum Naphthalin erhält man durch Ankondensieren eines Cyclopentadienid-Anions an das Cycloheptatrienylium-Kation ein bicyclisches Ringsystem, das **Azulen,** dessen *Stabilisierungsenergie* 176 kJ/Mol beträgt. Die blauen bis violetten Azulene kommen in „ätherischen Ölen", z. B. im Kamillenöl aus Matricaria camomilla, vor und sind auch synthetisch zugänglich. Sie wirken entzündungshemmend.
Chemische und physikalische Befunde führten in neuerer Zeit zu der Erkenntnis, daß das Azulen als *nichtbenzoider Aromat* aufzufassen ist, dessen Ringatome im 7-Ring positiviert (verringerte Elektronendichte) und im 5-Ring negativiert (erhöhte Elektronendichte) sind. Der Grundzustand des Azulens läßt sich durch folgende Grenzformeln beschreiben:

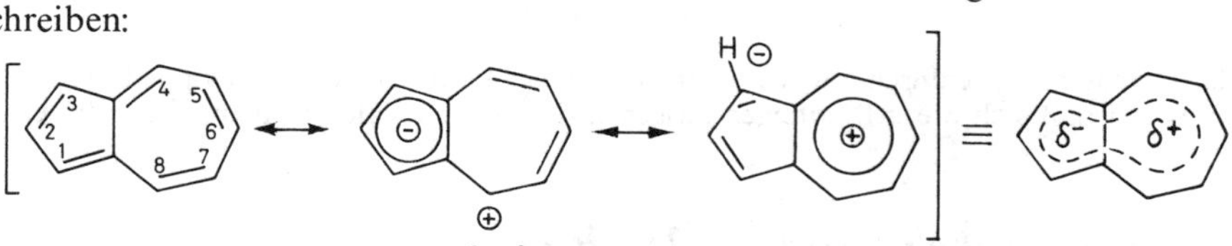

Azulen

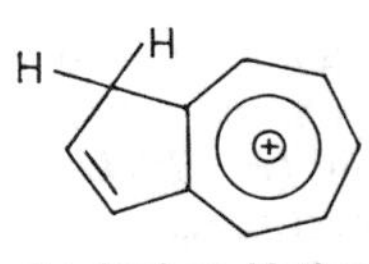

Azulenium-Kation

[1] Vgl. *A. Eschenmoser* et al., Synthese des Colchicins, Angew. Chem. *71*, 637 (1959).
[2] Vgl. *K. Hafner*, Neuere Ergebnisse der Azulenchemie, Angew. Chem. *70*, 419 (1958); *T. Nozoe* et al., Recent Advances in The Chemistry of Azulenes and Natural Hydroazulenes, Fortschr. Chem. Org. Naturst. *19*, 32 ff. (1961).

Entsprechend der Elektronenverteilung erfolgen *elektrophile* Reaktionen, sowohl Substitutionen als auch Additionen, sehr leicht in 1(= 3)-Stellung. Schon in mäßig konzentrierter Mineralsäure wird ein Proton unter Bildung des gelben *Azulenium-Kations* addiert.
Azulen läßt sich halogenieren, nitrieren, sulfonieren, mercurieren, nach *Friedel-Crafts* acylieren und mit Diazoniumsalzen kuppeln. *Nucleophile* Reaktionen sind im 7-Ring in der 4(= 8)-Stellung begünstigt, jedoch wegen der Alkaliempfindlichkeit des Azulens wenig untersucht.
König und *Rösler* sowie *Ziegler* und *Hafner* fanden unabhängig voneinander in dem 5-N-Methylanilino-2,4-pentadienal, dem sog. *Zincke*-Aldehyd, einem Abkömmling des Glutacondialdehyds, ein geeignetes Ausgangsmaterial zur Synthese von Azulenen. Bei seiner Einwirkung auf Cyclopentadien in Gegenwart von Alkali erfolgt Kondensation zum entsprechenden *Fulvenderivat*, das sich schon beim Erhitzen im Vakuum auf 200 bis 250 °C (475 – 525 K) unter Abspaltung von N-Methyl-anilin zum *Azulen* cyclisiert (Ausbeute 60%):

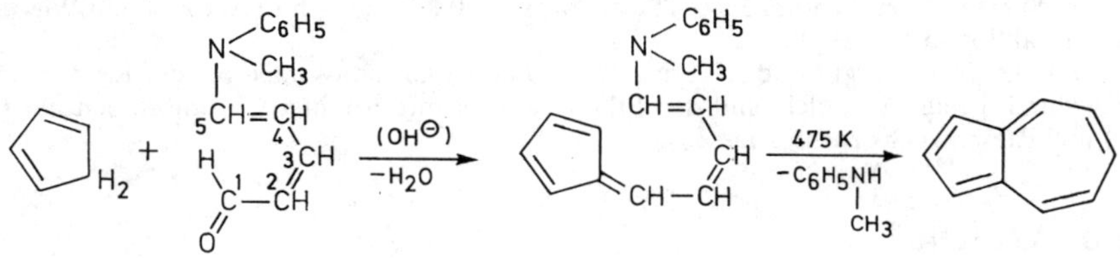

Zincke-Aldehyd Fulvenderivat Azulen

Nach dieser eleganten Methode lassen sich auch substituierte Azulene darstellen.

Die bei der Verknüpfung zweier 5- oder zweier 7-Ringe entstehenden Systeme des **Pentalens** und **Heptalens** sind im Gegensatz zu den Azulenen nicht zu den Aromaten zu rechnen. In ihren physikalischen und chemischen Eigenschaften verhalten sie sich wie nicht mesomeriestabilisierte Polyene.

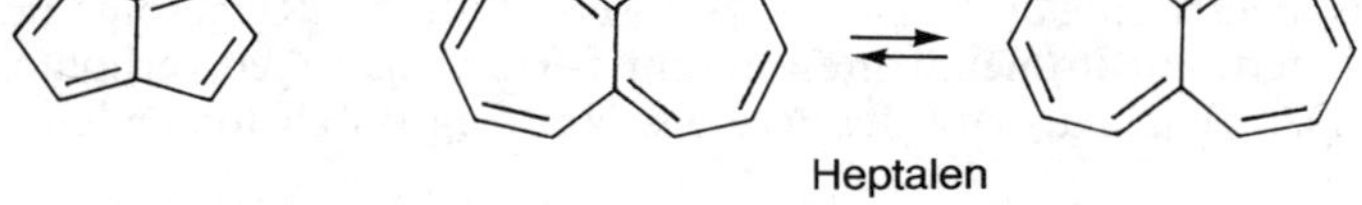

Heptalen

Für das Heptalen wurde durch NMR-Spektroskopie nachgewiesen, daß die Doppelbindungen alternieren und daß sich die π-Bindungen zwischen den beiden Valenzisomeren schnell verschieben[1].

5.21.7 Die *Hückel*sche $(4n + 2)\pi$-Regel

Quantenmechanische Berechnungen der π-Elektronensysteme von Aromaten führten zu dem Ergebnis, daß sich vollkonjugierte Cyclopolyene mit $(4n + 2)\pi$-Elektronen durch besondere Stabilität auszeichnen (*E. Hückel*, 1931). Die Regel gilt vorwiegend für Moleküle, die ein unverzweigtes, cyclisches π-Elektronensystem aufweisen (Perimeter). Das π-Elektronensextett des Benzols sowie des Cyclopentadienid-Anions und Tropylium-Kations ist also nur ein Spezialfall der in sich abgeschlossenen π-Elektronensy-

[1] Vgl. *E. Vogel* et al., Heptalen Synthese aus 1,6-Methano-[10]annulen; Nachweis einer schnellen π-Bindungsverschiebung, Angew. Chem. *86*, 777 (1974).

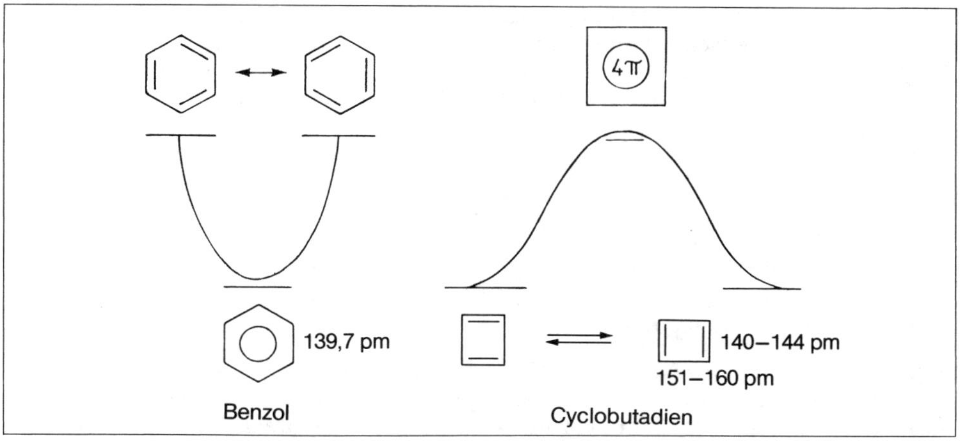

Abb. 120.

steme, und zwar für $n = 1$. Aus der *Hückel*schen Regel folgt, daß auch carbocyclische Verbindungen mit 2, 10, 14, 18 usw. π-Elektronen im Ring *mesomeriestabilisiert* sein müssen und somit zu den *Aromaten* zu zählen sind[1]. Demgegenüber besitzen cyclische Systeme mit 4, 8, 12 usw. π-Elektronen antiaromatischen Charakter; d. h. sie sind gegenüber dem Doppelbindungssystem ohne Elektronenendelokalisierung destabilisiert. Der grundsätzliche Unterschied zwischen *aromatischen* und *antiaromatischen* Verbindungen ergibt sich aus dem Vergleich der Energieverhältnisse von Benzol und Cyclobutadien (Abb. 120).

Während im *Benzol* der Grundzustand mit delokalisierten Elektronen gegenüber dem durch die Grenzformeln mit lokalisierten Doppelbindungen beschriebenen Zustand energetisch stabilisiert ist (vgl. S. 472), muß beim *Cyclobutadien* Energie aufgewandt werden, um den Zustand mit delokalisierten Elektronen zu erreichen. Er ist der Übergangszustand, den die untereinander im Gleichgewicht stehenden Valenzisomeren bei ihrer Umwandlung durchlaufen müssen; die Angaben über die Bindungslängen beziehen sich auf verschiedene Substitutionsprodukte des Cyclobutadiens, von denen Röntgenstrukturanalysen vorliegen. Es ist somit deutlich zwischen *Mesomerie beim Benzol* und *Valenzisomerie* beim Cyclobutadien zu unterscheiden.

5.21.7.1 2 π-Elektronensysteme

Das kleinste aromatische $(4n + 2)\pi$-Ringsystem ($n = 0$) liegt im **Cyclopropenylium-Kation**[1], $C_3H_3^{\oplus}$, vor, das zwei π-Elektronen im 3-Ring enthält. Als erste Verbindung dieser Art wurde das *Triphenyl-cyclopropenylium-tetrafluoroborat* aus Tolan und Phenyldiazoacetonitril und Umsetzen des covalenten Cyanids mit *Borfluorid* in feuchtem Ether erhalten (*Breslow*, 1957):

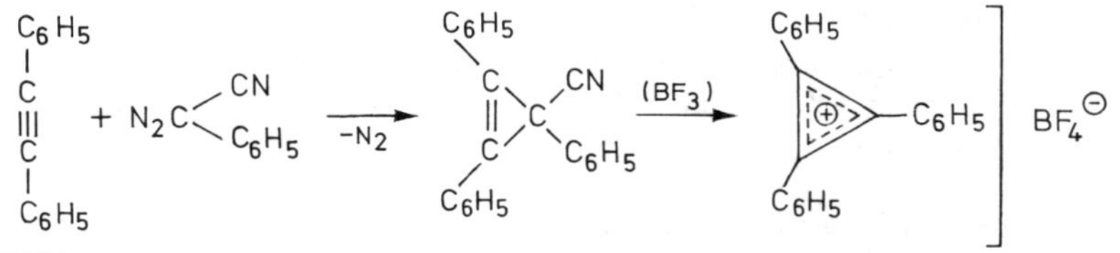

[1] Zum Problem der Aromatizität vgl. *P. J. Garratt*, Aromaticity (Wiley, New York 1986).

Dieses Salz ist wesentlich beständiger als andere Cyclopropenderivate; seine Stabilität ist nicht an die Anwesenheit von Phenylgruppen gebunden. Setzt man z. B. Tetrachlorcyclopropen mit *Aluminiumchlorid* um, so entsteht das *Trichlor-cyclopropenylium-Kation,* in dem die C – C-Bindungen noch fester als im Benzol sind.

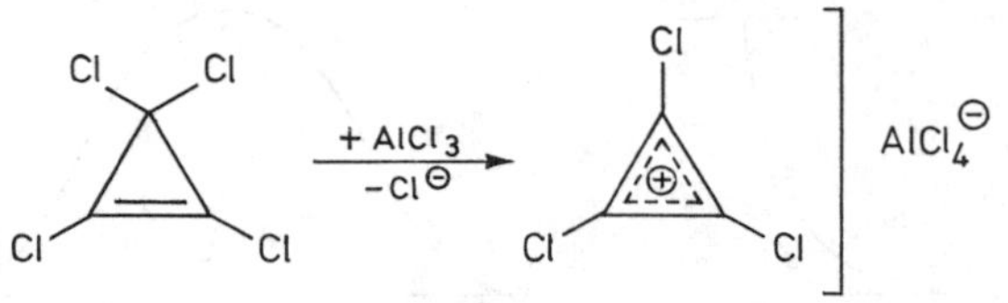

5.21.7.2 4 π-Elektronensysteme[1]

Alle Versuche, das *Cyclobutadien,* C_4H_4, in Substanz darzustellen, sind bisher erfolglos geblieben. Es gelang jedoch seine Erzeugung in einer Argon-Matrix bei – 265 °C (8 K). **Tetramethylcyclobutadien** läßt sich mit Nickelchlorid als *Metall-π-Komplex* isolieren (*Criegee,* 1959).

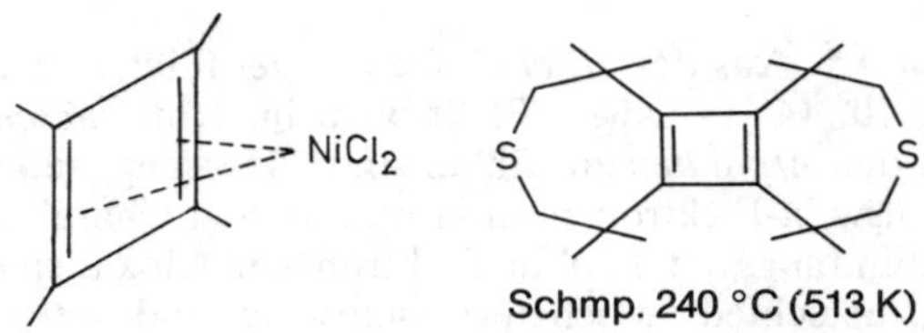

Schmp. 240 °C (513 K)

Durch sterische Hinderung kann die *kinetische Stabilität* empfindlicher Verbindungen erhöht werden. Durch Anwendung dieses Prinzips ist es *A. W. Krebs* gelungen, ein substituiertes Cyclobutadien zu isolieren, dessen Substituenten etwa den Raumbedarf von vier *tert.*-Butylgruppen haben. Die Verbindung bildet gelbliche Kristalle vom Schmp. 240 °C (513 K), die sehr empfindlich gegen Sauerstoff sind.
Für eine Verbindung mit der Summenformel des Cyclobutadiens (C_4H_4) ist noch ein weiteres Valenzisomeres, das **Tetrahedran,** denkbar, in dem jede der 4 CH-Gruppen in der Ecke eines Tetraeders steht. Durch Bestrahlung (254 nm) von Tetra-*tert.*-butylcyclopentadienon in einer Matrix erhält man bei der Temperatur des flüssigen Stickstoffs Tetra-*tert.*-butyltetrahedran vom Zersetzungspunkt 135 °C (308 K):

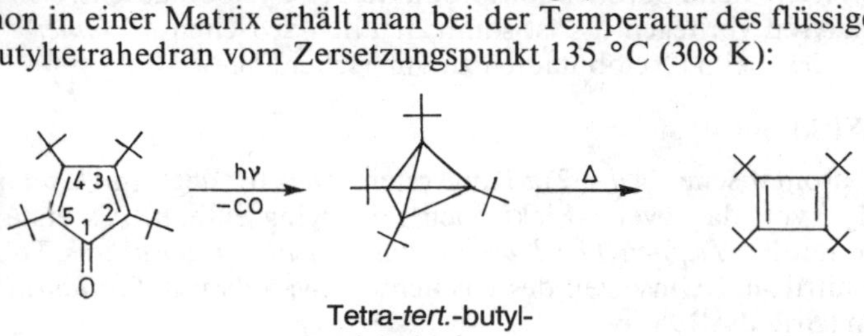

Tetra-*tert.*-butyl-
tetrahedran

Erhitzt man das Tetra-*tert.*-butyltetrahedran in Cyclosilan [1,1,3,3,5,5-Hexakis(trideuteromethyl)-1,3,5-trisilacyclohexan] auf 130 °C (400 K), so isomerisiert es sich zu Tetra-*tert.*-butylcyclobutadien[2].

[1] Vgl. *T. Bally* et al., Cyclobutadiene, Tetrahedron *36,* 346 (1980); *G. Maier,* Das Cyclobutadienproblem, Angew. Chem. *86,* 491 (1974).
[2] Vgl. *G. Maier* et al., Tetra-*tert.*-butyltetrahedran, Angew. Chem. *90,* 552 (1978).

5.21.7.3 8 π-Elektronensysteme

Die Stammverbindung dieser Reihe, das *Cyclooctatetraen*, C_8H_8, wurde bereits ausführlich besprochen. In diesem Ringsystem ist – im Gegensatz zum Cyclobutadien – eine weitgehend spannungsfreie, nichtebene Anordnung der C-Atome mit alternierenden Einfach- und Doppelbindungen möglich, die die Existenz dieses Kohlenwasserstoffs erklärt (vgl. Abb. 102, S. 409). Es konnte jedoch gezeigt werden, daß sich auch in einem 8-Ring ein aromatisches System ausbilden kann, wenn zwei weitere Elektronen aufgenommen werden. Dies ist im *Dianion* des Cyclooctatetraens der Fall.

5.21.7.4 10 π-Elektronensysteme[1]

Das **Cyclooctatetraen-Dianion,** $C_8H_8^{2\ominus}$, liegt den Alkalimetall-Addukten des Cyclooctatetraens mit der Summenformel $C_8H_8Me_2$ zugrunde. Es zeigt in seinen physikalischen Eigenschaften *aromatisches Verhalten*, ist eben gebaut, und sämtliche C–C-Abstände sind gleich lang. Sein 10 π-Elektronensystem ist mesomeriestabilisiert.
Das gleiche gilt für das **Cyclononatetraen-Anion**, $C_9H_9^{\ominus}$ (Cyclononatetraenid-Anion), in dem ein ebenes, gleichseitiges Neuneck vorliegt.

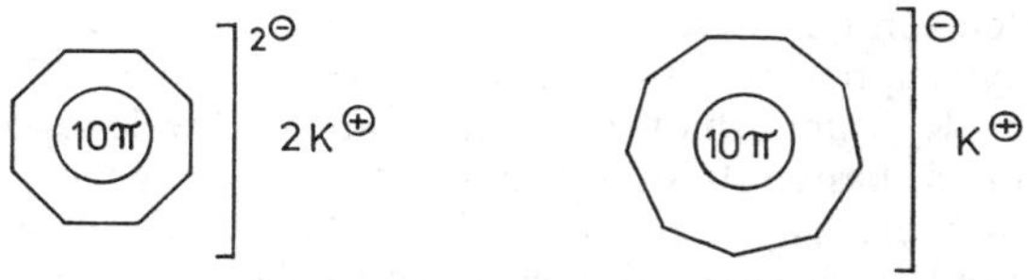

Dikalium-cyclooctatetraenid Kalium-cyclononatetraenid

5.21.7.5 Annulene

Somit hat die *Hückel*sche Regel im Bereich der ionischen $(4n+2)\pi$-Elektronensysteme ihre Bestätigung erfahren. Erwartungsgemäß sollte auch das neutrale 10π-Elektronensystem aromatische Eigenschaften aufweisen, sofern eine planare Ringanordnung durch den Einbau von Brücken ermöglicht wird. Tauscht man z. B. im *Cyclodecapentaen*, $C_{10}H_{10}$ (**[10]-Annulen),** die beiden sich gegenseitig behindernden H-Atome durch eine CH_2-Gruppe aus, so wird eine weitgehende Einebnung des Perimeters erreicht. In der Tat zeigt **1,6-Methano-cyclodecapentaen,** $C_{11}H_{10}$, *aromatischen* Charakter (*Vogel*, 1964).

[10]-Annulen 1,6-Methano-cyclodecapentaen

Die höheren Kohlenwasserstoffe dieser Art, die der *Hückel*schen Regel gehorchen, sind die **Makrocyclen** $C_{14}H_{14}$ und $C_{18}H_{18}$. Sie wurden erstmalig von *Sondheimer* (1959) dargestellt und als *Annulene* bezeichnet[2]. Das **[14]-Annulen** ist fast eben gebaut und auch das **[18]-Annulen** hat eine hinreichend planare Anordnung der Ringatome, die einen Bindungsausgleich durch Mesomerie ermöglicht. Dennoch lassen sich bei der Röntgenstrukturanalyse des [18]-Annulens Bindungen von verschiedener Länge – zwi-

[1] Vgl. *E. Vogel*, Aromatische 10- und 14π-Elektronensysteme, Suppl. Chimia *1968*, 21.
[2] Vgl. *F. Sondheimer*, The Annulenes, Accounts Chem. Res. *5*, 81 (1972).

schen 142 und 138 pm – unterscheiden. Die Verbindung weist aber, ebenso wie [14]-Annulen, einen Ringstrom auf, wie er in Abb. 20 (S. 43) für das Benzol angegeben ist. Dieser hat zur Folge, daß die Signale der im Innern des Ringes liegenden Protonen stark zu höherem Feld (diamagnetisch) verschoben sind. Derartige Verbindungen bezeichnet man als *diatrop.*

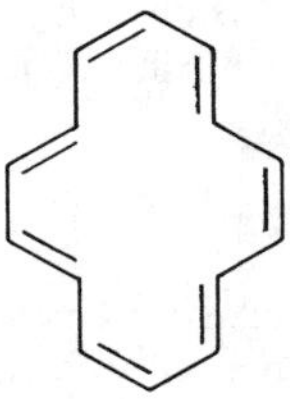

[14]-Annulen

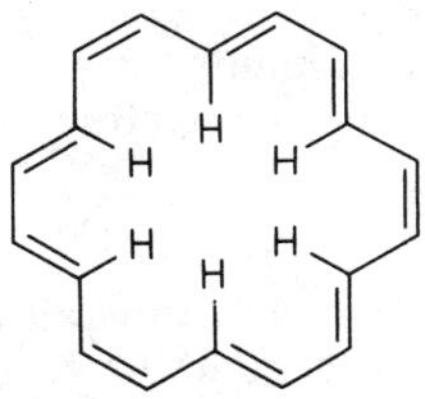

[18]-Annulen

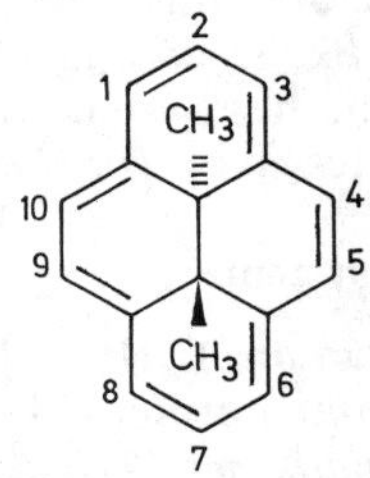

trans-15,16-Dimethyl-dihydropyren

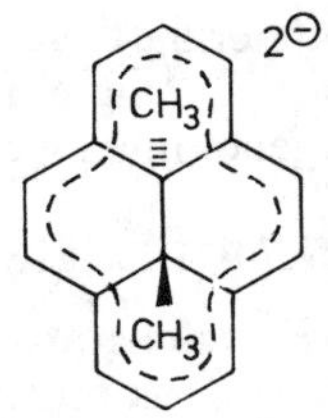

Dianion

Ein weiteres Beispiel für eine diatrope Verbindung ist das *trans-15,16-Dimethyldihydropyren,* das den gleichen Perimeter wie das *[14]-Annulen* aufweist. Hier tritt das Signal der beiden Methylgruppen bei $\delta = -4{,}2$ ppm auf. Durch Reduktion der Verbindung mit metallischem Kalium erhält man das *Dianion,* welches einen Perimeter von 16 π-Elektronen (4 · 4) besitzt. In ihm ist der Ringstrom entgegengesetzt gerichtet wie in aromatischen Systemen. Damit erfahren die im Innern des Ringes liegenden Methylgruppen eine starke Verschiebung zu niedrigem Feld ($\delta = +21$ ppm). Verbindungen mit dieser Eigenschaft bezeichnet man als *paratrop.*

5.21.7.6 Annulenoannulene sind Ringsysteme, die aus zwei *ortho*-kondensierten Annulenen bestehen. Das einfachste *[4n]-Annuleno[4n]annulen* ist das *Octalen,* das 8-Ring-analoge des *Naphthalins.*
Das Octalen wurde von *E. Vogel* dargestellt[1]. Es ist eine luftempfindliche, zitronengelbe Flüssigkeit (Kp. 50–52 °C [323–325 K]/1 mbar [1 hPa]).
Das Molekül ist im Grundzustand nicht eben. Eine der möglichen Konformationen ist in Abb. 121 dargestellt. Außerdem ist Octalen zu einer Verschiebung der π-Bindungen befähigt, die über einen Übergangszustand mit eingeebnetem Perimeter verläuft, der seinerseits durch Mesomerie stabilisiert ist (4 · 3 + 2 = 14 π-Elektronen).

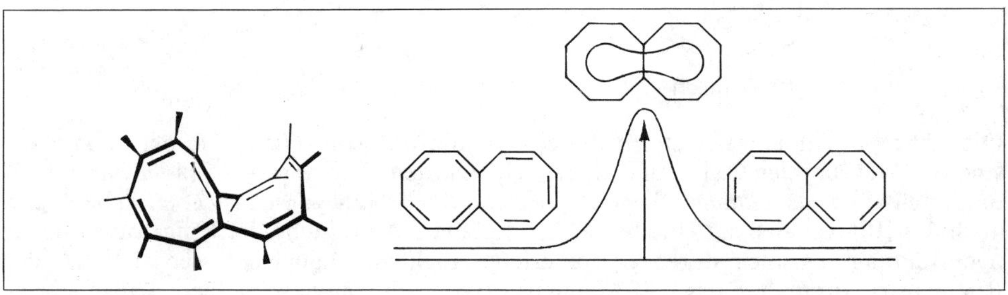

Abb. 121. Octalen

[1] Angew. Chem. *89,* 909 (1977).

Die Stabilisierungsenergie ist zu etwa 60 kJ/Mol abgeschätzt worden. Man mache sich den Unterschied gegenüber der Situation beim Cyclobutadien klar.
Außer den beiden Valenzisomeren ist noch die folgende Formel zu diskutieren, die keinen Perimeter darstellt:

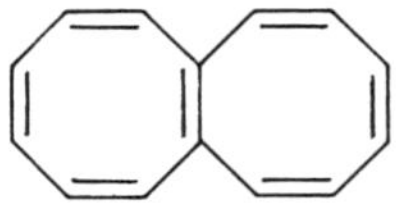

Diese Verbindung ist bisher nicht nachgewiesen worden; offenbar ist sie energetisch so stark benachteiligt, daß sie an dem oben beschriebenen Gleichgewicht nicht nennenswert beteiligt ist.

5.21.7.7 Das *Evans*-Prinzip

Bei pericyclischen Reaktionen werden Übergangszustände durchlaufen, die analog betrachtet werden können wie die Perimeter, auf welche die *Hückel*-Regel anwendbar ist. Dieser Zusammenhang ist 1939 von *Evans* erkannt worden; er läßt sich am einfachsten in der folgenden Regel ausdrücken, die von *Dewar* formuliert und als das *Evans-Prinzip* bezeichnet wurde[1].
Thermische pericyclische Reaktionen verlaufen bevorzugt über aromatische Übergangszustände.
Damit ist z. B. eine einfache Deutung der *Diels-Alder*-Reaktion gegeben. Das *Evans*-Prinzip stellt, wie *Dewar* dargelegt hat, für viele Probleme eine interessante Alternative zu den *Woodward-Hoffmann* Regeln dar[1].

Aromatische Verbindungen 5

[1] Vgl. *M. J. S. Dewar*, Aromatizität und pericyclische Reaktionen, Angew. Chem. *83*, 859 (1971).

6 Isoprenoide (Terpene und Steroide)

Beide Naturstoffklassen, die Terpene und Steroide, zeigen große Ähnlichkeit in ihrem strukturellen Aufbau. Bereits im Jahre 1922 sprach *Ruzicka* die Vermutung aus, daß sich die verschiedenen Terpene aus Isoprenmolekülen (C_5H_8) aufbauen. Diese „Isoprenregel" wurde später in dem Sinne erweitert, daß primär nicht nur Additionen von Isoprenmolekülen erfolgen, sondern sekundär auch Umwandlungen bzw. Umlagerungen eintreten können. Aufgrund neuerer Untersuchungen weiß man, daß beim Aufbau der Terpene und Steroide im Pflanzen- und Tierreich als „Isoprenbaustein" die (*R*)-*Mevalonsäure* fungiert. Diese biogenetischen Zusammenhänge gaben Veranlassung, beide Stoffklassen allgemein als **Isoprenoide** zu bezeichnen.

Die Klasse der natürlich vorkommenden Terpene[1], deren Erforschung vornehmlich *Wallach, v. Baeyer, Semmler* und *Tiemann* zu verdanken ist, umfaßt neben Kohlenwasserstoffen auch Alkohole, Ether, Aldehyde und Ketone. Sie finden sich in Pflanzen, vor allem in Blüten und Früchten, und werden durch Wasserdampfdestillation oder durch Extraktion aus den zerkleinerten Pflanzenteilen als „ätherische (= flüchtige) Öle" gewonnen. Viele Terpenabkömmlinge werden wegen ihres angenehmen Duftes als *Riechstoffe* verwendet.

Neben den eigentlichen Terpenen, $C_{10}(H)$, die als Dimere des Isoprens aufzufassen sind, und ihren Derivaten treten in „ätherischen Ölen", Harzen und anderen Pflanzenteilen Produkte auf, die sich aus mehr als zwei Isoprenbausteinen aufbauen. Man bezeichnet sie als Polyterpene oder nach *Ruzicka* als *Polyprene* (= Polyisoprene). Innerhalb dieser Stoffklasse unterscheidet man je nach der Anzahl der Isoprenbausteine zwischen *Sesquiterpenen* (1½fache Terpene), $C_{15}(H)$, *Diterpenen*, $C_{20}(H)$, *Triterpenen*, $C_{30}(H)$, *Tetraterpenen*, $C_{40}(H)$, und den hochmolekularen Polyprenen, $[C_5(H)]_n$, zu denen der Naturkautschuk und das Guttapercha gehören. Außer diesen ungesättigten Kohlenwasserstoffen kommen in der Natur auch deren Hydrierungs- und Dehydrierungsprodukte sowie sauerstoffhaltige Abkömmlinge vor. Außerdem finden sich Verbindungen, die durch sekundären Abbau der primär gebildeten Polyprene entstanden sind und deren Zusammensetzung nicht mehr der eines mehrfachen Isoprens bzw. Terpens entspricht. Im Englischen bezeichnet man die Terpene auch als **Terpenoide.**

Die Verknüpfung zweier Isoprenmoleküle zu den eigentlichen Terpenen kann sowohl in einer aliphatischen Kette als auch durch Ringbildung erfolgen. Daher unterteilt man die Terpene in *drei Hauptgruppen:*

I. Acyclische oder aliphatische Terpene
II. Monocyclische Terpene
III. Bicyclische Terpene.

[1] Vgl. *A. A. Newman* (Ed.), Chemistry of Terpenes and Terpenoids (Academic Press, New York 1972).

Im Rahmen dieses Buches soll nur auf die wichtigsten Terpene bzw. deren Abkömmlinge eingegangen werden.

6.1 Acyclische Terpene

6.1.1 Terpenkohlenwasserstoffe

Innerhalb dieser Stoffklasse sind nur zwei *isomere* Kohlenwasserstoffe mit je drei C=C-Doppelbindungen erwähnenswert, nämlich **Ocimen** und **Myrcen,** $C_{10}H_{16}$, die vor allem im Basilicumöl bzw. im Lorbeeröl auftreten. Beide unterscheiden sich durch die Lage einer Doppelbindung und enthalten ein *konjugiertes Diensystem.*

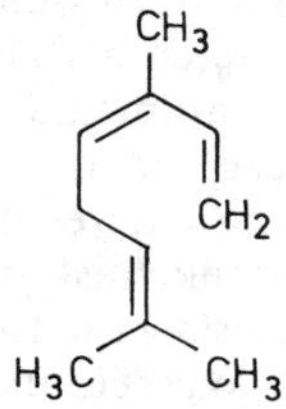

Ocimen

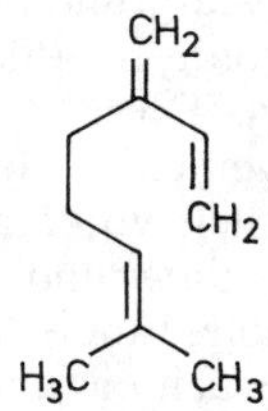

Myrcen

6.1.2 Terpenalkohole

Wichtiger als diese Kohlenwasserstoffe sind die sich davon ableitenden natürlich vorkommenden Alkohole.

Geraniol, $C_{10}H_{18}O$, bildet den Hauptbestandteil des Geranium- und des Rosenöls. Die *primäre* Alkoholgruppe am C-Atom 1 steht in *trans*-Stellung zur Methylengruppe in Position 4 der Hauptkette.

Beim Erhitzen von Geraniol mit Alkoholaten erfolgt eine Umlagerung zum stereoisomeren **Nerol,** (*Z*)-Form, das im Neroli- und Bergamotteöl vorkommt. Beide *Z-E*-isomeren Alkohole sind *Riechstoffe* mit rosenartigem Duft.

Linalool ist ein *tertiärer, optisch aktiver* Alkohol und mit den beiden obigen strukturisomer. Er findet sich vor allem im Linaloe- und Lavendelöl und besitzt maiglöckchenartigen Duft.

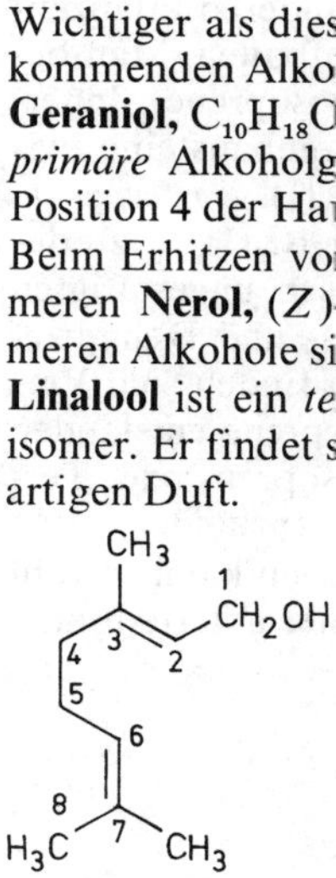

Geraniol
(*E*)-Form

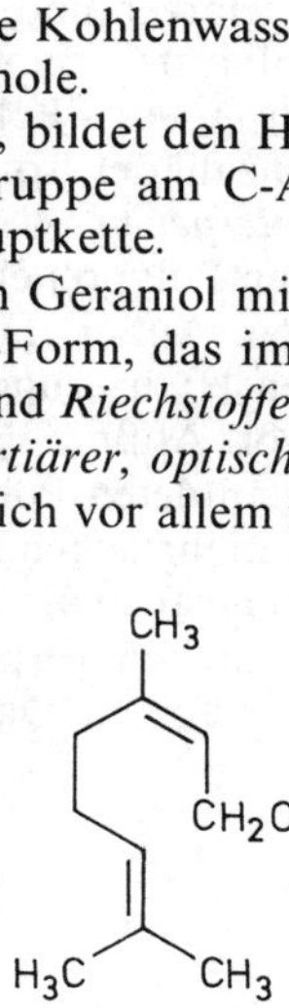

Nerol
(*Z*)-Form

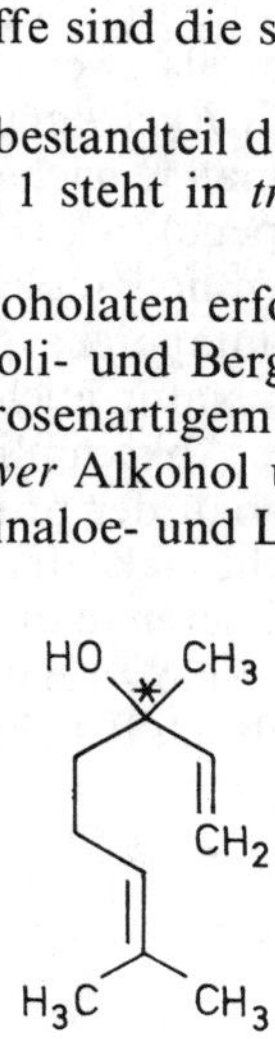

Linalool

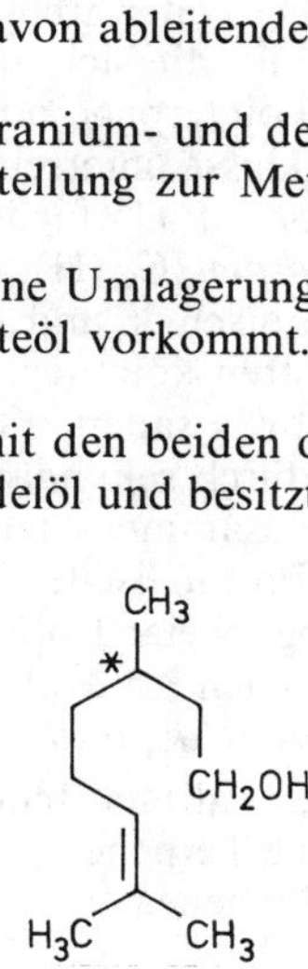

Citronellol

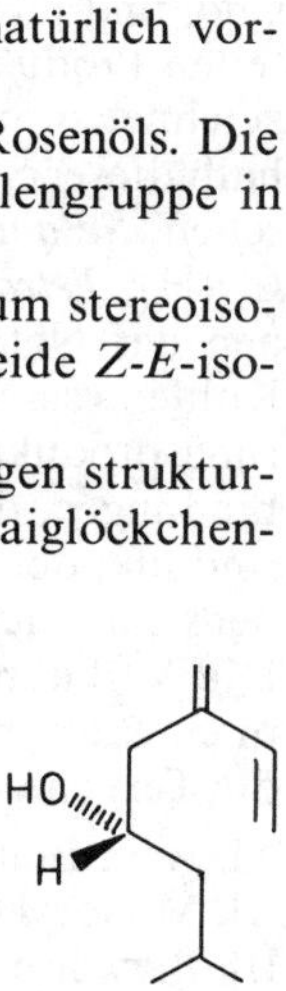

(*S*)-(–)-Ipsenol

Citronellol, $C_{10}H_{20}O$, enthält zwei H-Atome mehr als die oben beschriebenen Alkohole, ist *optisch aktiv*, und zwar tritt im Rosenöl L(−)-Citronellol, im Zitronenöl D(+)-Citronellol und im Geraniumöl die Racemform auf.
(*S*)-(−)-*Ipsenol* ist ein *Pheromon* von Borkenkäfern der Gattung *Ips*, das von diesen aus *Myrcen* hergestellt wird. Es hat sich gezeigt, daß die Wirkung dieses und anderer chiraler Pheromone bei bestimmten Arten dann besonders groß ist, wenn ein Gemisch aus dem (*S*)- und dem (*R*)-Enantiomeren vorliegt und nicht ein Enantiomeres allein. Hier liegt ein bemerkenswerter *Synergismus* von Enantiomeren vor.

6.1.3 Terpenaldehyde und Terpenketone

Von den zweifach ungesättigten Terpenaldehyden seien **Citral a** (Geranial) und **Citral b** (Neral), $C_{10}H_{16}O$, erwähnt, die als Aldehyde des Geraniols und Nerols ebenfalls *Z-E*-Isomere sind. Sie werden als gelbliche Öle von zitronenartigem Geruch aus Zitronenöl oder Lemongrasöl isoliert.
Bei der *aldolartigen* Kondensation von Citral mit Aceton im alkalischen Medium entsteht **Pseudojonon,** $C_{13}H_{20}O$, das beim Erhitzen mit Säuren unter Ringschluß in **α**- und **β-Jonon** übergeht:

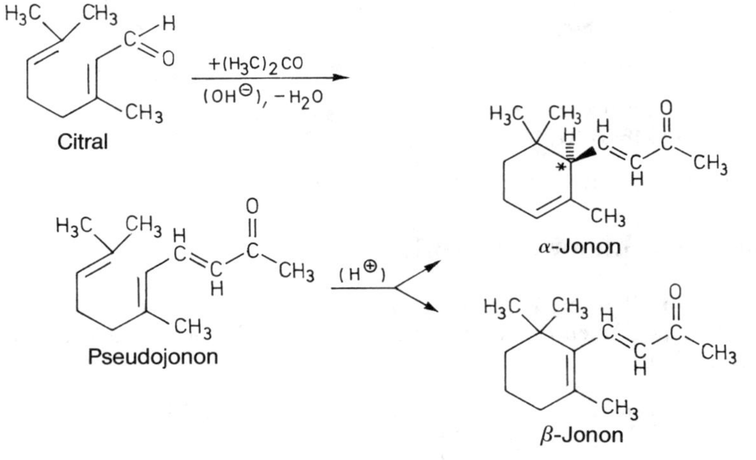

Läßt man auf Pseudojonon Borfluorid und Eisessig einwirken, so erhält man in guter Ausbeute reines β-Jonon, das als Zwischenprodukt für die Vitamin-A-Synthese wichtig ist.

Beide Jonone unterscheiden sich nur durch die Lage der Doppelbindung im Ring, jedoch besitzt α-Jonon ein asymmetrisches C-Atom (*) mit (*R*)-Konfiguration. Sie werden wegen ihres veilchenartigen Duftes als *Riechstoffe* verwendet.

Die Jonone stellen einen Übergang zu den monocyclischen Terpenabkömmlingen her und haben als Bausteine der Carotine und des Vitamins A Bedeutung. Die Riechstoffeigenschaft geht beim Überschreiten einer relativen Molekülmasse von 300 verloren, weil die Flüchtigkeit der Substanzen dann zu gering wird.

6.2 Monocyclische Terpene

Diese Terpenreihe leitet sich vom *trans-p-Menthan* (4-Isopropyl-1-methyl-cyclohexan), $C_{10}H_{20}$, bzw. dem einfach ungesättigten *Menthen*, $C_{10}H_{18}$, und dem zweifach ungesättigten *Menthadien*, $C_{10}H_{16}$, ab.

6.2.1 *p*-Menthan

Als eine pfefferminzartig riechende Flüssigkeit läßt *p*-Menthan sich durch katalytische Hydrierung von *p*-Cymol (vgl. S. 480) darstellen. Es kann in zwei optisch inaktiven, *cis-trans*-isomeren Formen auftreten (vgl. Chinite).

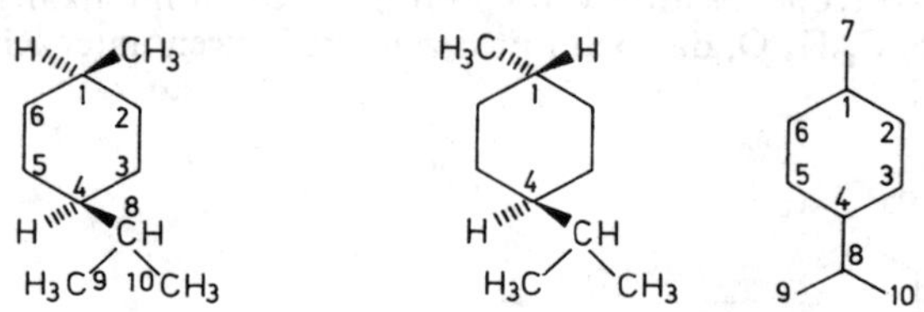

cis-p-Menthan (Sdp. 168,5 °C [441,7 K]) *trans-p*-Menthan (Sdp. 169–170 °C [442–443 K])

Meist bevorzugt man die rechtsstehende Kurzschreibweise.

6.2.2 Terpenkohlenwasserstoffe

Hierzu zählen vor allem die natürlich vorkommenden Derivate der Menthadiene. Von den zahlreichen möglichen *Isomeren* wurden bisher die folgenden sechs in „ätherischen Ölen“ aufgefunden:

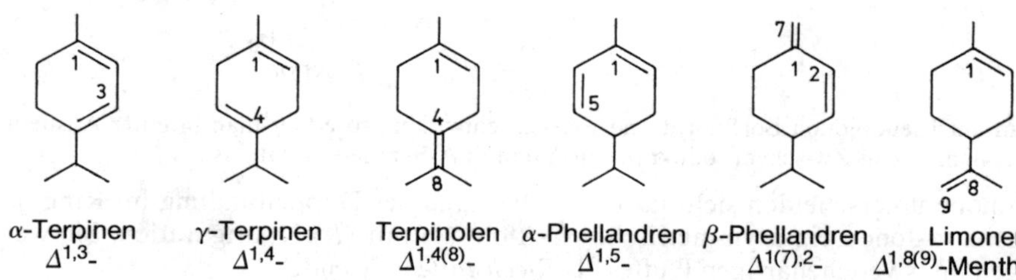

α-Terpinen $\Delta^{1,3}$- γ-Terpinen $\Delta^{1,4}$- Terpinolen $\Delta^{1,4(8)}$- α-Phellandren $\Delta^{1,5}$- β-Phellandren $\Delta^{1(7),2}$- Limonen $\Delta^{1,8(9)}$-Menthadien

Unter diesen ist vor allem das *Limonen* hervorzuheben.

Die Bezifferung der monocyclischen Terpene entspricht der des *p*-Menthans. Zur genauen Nomenklatur setzt man nach *v. Baeyer* die jeweiligen Zahlen der C-Atome, von denen die Doppelbindungen ausgehen, als Exponenten hinter das Zeichen Δ, das den ungesättigten Zustand symbolisiert. Liegt eine *exocyclische*, d. h. eine vom Ring in eine Seitenkette führende Doppelbindung oder eine ganz in der Seitenkette vorhandene Doppelbindung vor, so wird außer dem Anfangs- auch der Endpunkt der Doppelbindung fixiert.

(+)- und **(−)-Limonen,** $C_{10}H_{16}$, sowie die Racemform **Dipenten** finden sich in „ätherischen Ölen", und zwar (+)-Limonen im Kümmelöl, (−)-Limonen im Fichtennadelöl und Dipenten im Terpentinöl. Limonen riecht zitronenartig.
Dipenten ist *durch Dimerisierung von Isopren* nach der *Diels-Alder*-Reaktion darstellbar:

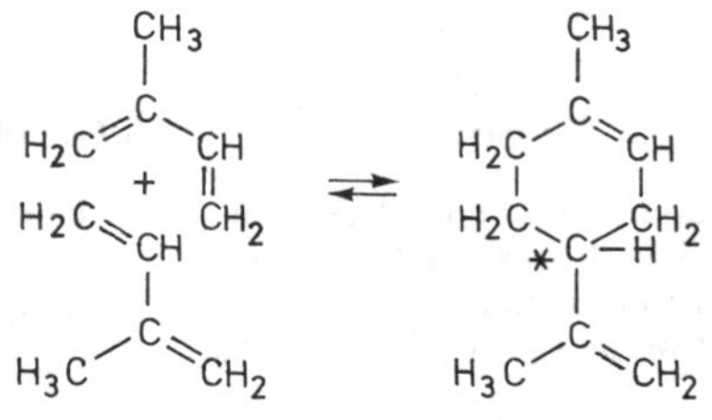

6.2.3 Terpenalkohole und Terpenthiole

Menthol oder Menthan-3-ol, $C_{10}H_{20}O$, ist der wichtigste gesättigte Terpenalkohol dieser Reihe; sein Molekül weist drei Chiralitätszentren auf. Somit existieren 8 Stereoisomere, die sämtlich synthetisch zugänglich sind.
Zur Racemform des Menthols gelangt man durch katalytische Hydrierung des Thymols (Isopropylmethyl-phenol), das als Bestandteil des Thymianöls auftritt.

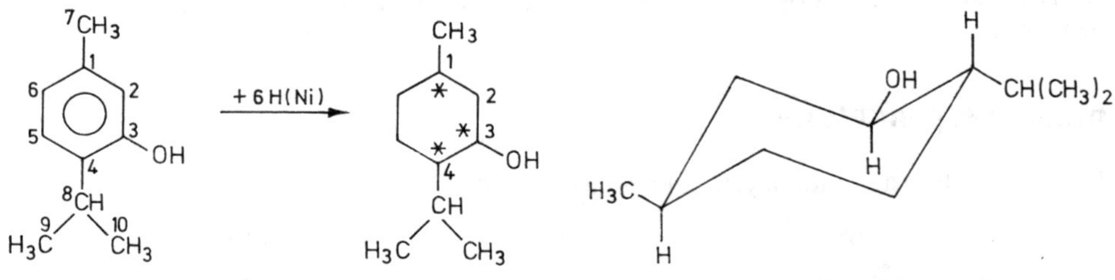

In der Natur kommt als Hauptbestandteil des Pfefferminzöls nur (−)-Menthol vom Schmp. 43 °C (316 K) vor, das obige *Konformation* besitzt.

α-Terpineol, $C_{10}H_{18}O$, zählt zu den ungesättigten Alkoholen der *p*-Menthanreihe, kommt in rechts- und linksdrehender Form in „ätherischen Ölen" vor, z. B. im Cardamomenöl, und hat einen fliederartigen Duft. Es steht in naher Beziehung zum **1,8-Terpin,** $C_{10}H_{20}O_2$, das durch Schütteln von α-Terpineol mit verdünnter Schwefelsäure in Form eines Hydrats erhalten wird. Das 1-*p*-Menthen-8-thiol ist als Komponente des Aromas von frischem Grapefruitsaft erkannt worden; der Geschmackswellenwert seiner Racemform in Wasser beträgt 10^{-4} ppb. Das entspricht einer Konzentration von 1 mg in 10 000 t Wasser!
Ein weiteres Dehydratisierungsprodukt des 1,8-Terpins ist das campherartig riechende **1,8-Cineol** (Eucalyptol), $C_{10}H_{18}O$, der Hauptbestandteil des Eucalyptusöls aus Eucalyptus globulus. Es entsteht aus 1,8-Terpin durch Erhitzen mit verdünnten Mineralsäuren unter intramolekularem Wasseraustritt. Der bicyclische Ether Cineol besitzt das völlig spannungsfreie Ringsystem 2-Oxabicyclo[2.2.2]octan.

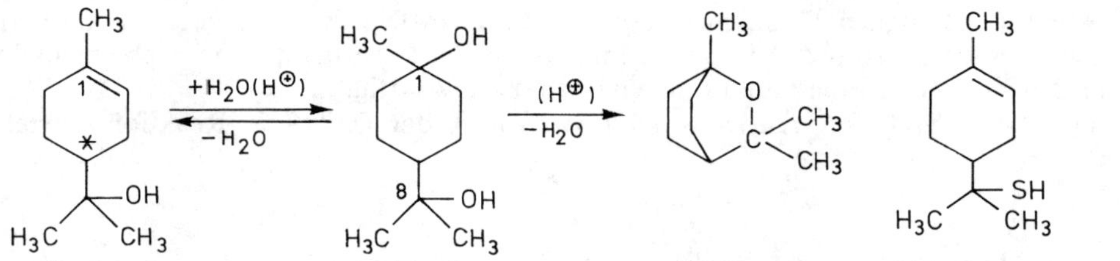

α-Terpineol 1,8-Terpin 1,8-Cineol 1-*p*-Menthen-8-thiol

Das ähnlich gebaute bicyclische Peroxid-Derivat **Ascaridol** (1,4-Epidioxy-2-*p*-menthen), $C_{10}H_{16}O_2$, das im Chenopodiumöl vorkommt und früher als *Anthelmintikum* (Wurmmittel) benutzt wurde, konnte aus α-Terpinen und Sauerstoff unter der photosensibilisierenden Wirkung von Chlorophyll synthetisiert werden (*G. O. Schenk*, 1953):

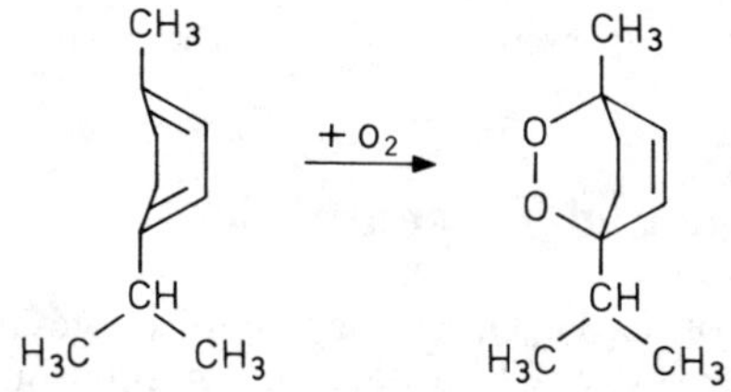

α-Terpinen Ascaridol

Diese *Photooxidation* oder *Photooxygenierung* erfolgt durch *Singulettsauerstoff* (vgl. S. 227), der durch photochemische Anregung aus dem Grundzustand (Triplettsauerstoff) entsteht und analog zur *Diels-Alder*-Reaktion mit dem Diensystem des α-Terpinens reagiert[1].

6.2.4 Terpenketone

Die drei wichtigsten monocyclischen Ketone sind:

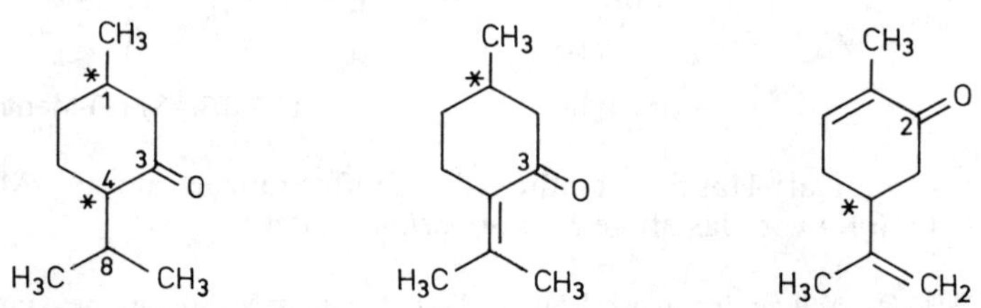

Menthon Pulegon Carvon

Menthon, *p*-Menthan-3-on, $C_{10}H_{18}O$, entsteht durch Oxidation des Menthols mit Chromsäure und enthält zwei asymmetrische C-Atome. In der Natur kommt (+)-Menthon im Geraniumöl und (−)-Menthon im Pfefferminzöl vor.
Pulegon, $C_{10}H_{16}O$, ein ungesättigtes Keton, bildet als rechtsdrehende Form den Hauptbestandteil des Poleiöls.

---

[1] Vgl. *A. P. Schaap*, Singlet Molecular Oxygen (Dowden, Hutchinson and Ross, Stroudsbourg, PA., 1976).

Carvon, $C_{10}H_{14}O$, ist ein zweifach ungesättigtes Keton, dessen (*S*)-(+)-Form sich im Kümmel- und Dillöl findet und nach Kümmel riecht. Das enantiomere (*R*)-(−)-Carvon riecht nach Minze.

Die 2-Stellung der Ketogruppe des Carvons wurde durch folgende Reaktion bewiesen. Beim Erhitzen mit Salzsäure auf 125 °C (400 K) geht Carvon unter Wanderung der Doppelbindung aus der Seitenkette in den Kern und Enolisierung der Keto- zur Phenolgruppe in das aromatische **Carvacrol,** ein Isomeres des Thymols, über:

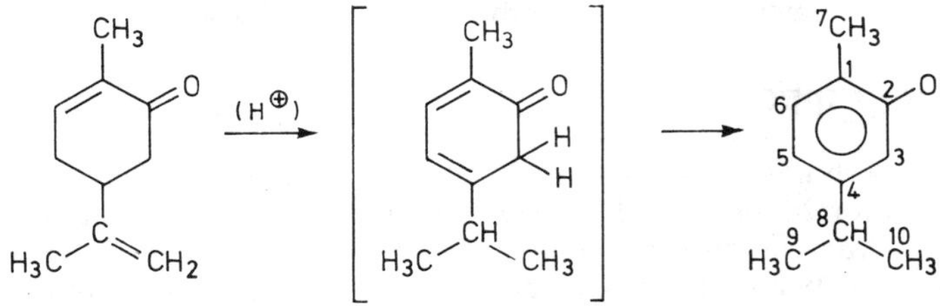

Carvon Carvacrol

6.3 Bicyclische Terpene

Auch dieser Terpentyp leitet sich vom *p*-Menthan ab, und zwar ist die am C-Atom 4 haftende Isopropylgruppe über das C-Atom 8 (vgl. S. 666) nochmals mit dem Cyclohexanring verknüpft, sie wird somit Glied eines zweiten Ringes. In Analogie zur *o*-, *m*- und *p*-Stellung am Benzolkern kann die Isopropylgruppe unter Wegnahme von zwei H-Atomen auf dreierlei Weise verankert werden, wobei sich ein Cyclopropan-, Cyclobutan- oder Cyclopentanring bildet. Man kommt so zu den gesättigten Stammkohlenwasserstoffen der bicyclischen Terpene, **Caran, Pinan** und **Bornan** (Camphan), von der Summenformel $C_{10}H_{18}$, die sämtlich nach dem *Isoprenprinzip* aufgebaut sind.

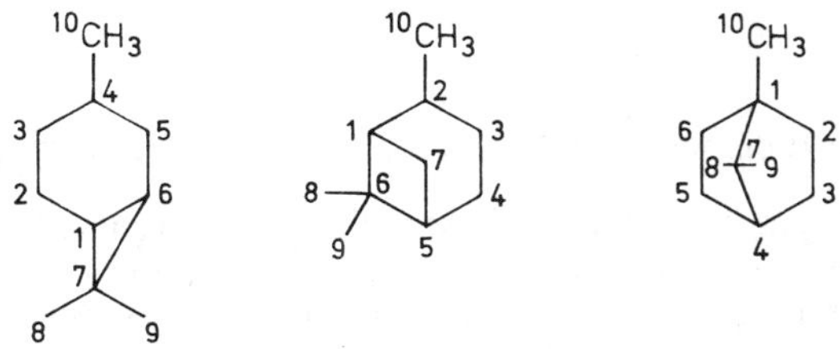

Caran Pinan Bornan (Camphan)

Die Bezifferung der C-Atome in den obigen Formeln entspricht den IUPAC-Regeln, die Bezeichnung *Bornan* tritt an die Stelle von Camphan.

Isoprenoide (Terpene u. Steroide) 6

Zu den Oxoderivaten dieser bicyclischen Terpene zählen z. B.:

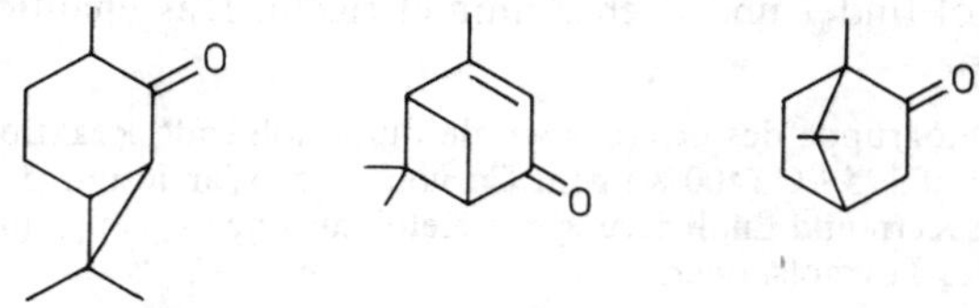

6.3.1 Carangruppe

Die wichtigste Verbindung dieser Gruppe ist das *optisch aktive* **Caron,** $C_{10}H_{16}O$, eine bei 101 °C (374 K)/20 mbar (20 hPa) siedende Flüssigkeit von campherartigem Geruch, die aus Dihydrocarvon darstellbar ist. Der 3-Ring im Caron ist leicht aufspaltbar, z. B. lagert es sich beim Erhitzen in das beständigere **Carvenon** vom Sdp. 233 °C (506 K) um:

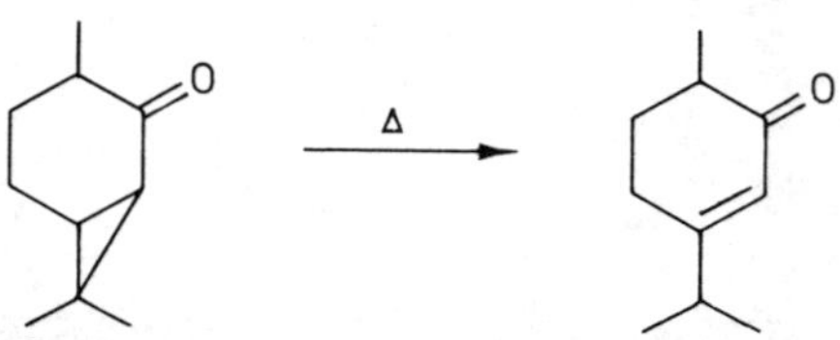

6.3.2 Pinangruppe

Die Hauptabkömmlinge des Pinans sind die ungesättigten Kohlenwasserstoffe α- und *β-Pinen.* Beide bilden die wesentlichen Bestandteile des Terpentinöls (80–90%), das durch Wasserdampfdestillation aus dem Harzsaft verschiedener Pinusarten (*pinus* = Kiefer) gewonnen wird. Die natürlichen Harze stellen ein kompliziertes Gemisch alicyclischer Verbindungen dar. Der nicht destillierbare Rückstand der Harze, das *Kolophonium,* besteht fast ausschließlich aus Harzsäuren.
Das Terpentinöl ist aufgrund seines hervorragenden Lösungsvermögens für Öle und Harze ein fast unersetzbares Lösungsmittel in der Firnis- und Lackindustrie.

α-Pinen (Sdp. 156° C [429 K]) β-Pinen (Sdp. 164° C [437 K])

α-Pinen, $C_{10}H_{16}$, bildet den überwiegenden Anteil des Terpentinöls (etwa 60%) und tritt entweder in rechts- bzw. linksdrehender Form oder als Racemform auf. Es unterscheidet sich vom Pinan durch das Vorliegen einer C=C-Doppelbindung.
β-Pinen ist konstitutionsisomer mit α-Pinen und enthält eine *exocyclische* Doppelbindung.

Bei der Einwirkung von verdünnten Mineralsäuren auf α-Pinen wird der 4-Ring aufgespalten und α-Terpineol bzw. 1,8-Terpin oder dessen Hydrat gebildet:

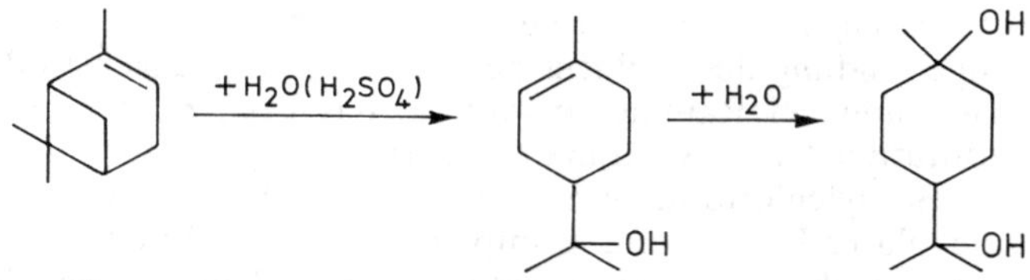

α-Pinen α-Terpineol 1,8-Terpin

Anders verhält sich α-Pinen gegenüber wasserfreien Mineralsäuren (s. Camphersynthese).

6.3.3 Bornangruppe

Die wichtigste Verbindung dieser Gruppe ist der **Campher,** $C_{10}H_{16}O$, ein bicyclisches Keton, dem folgende Konstitution zukommt (*Bredt,* 1893):

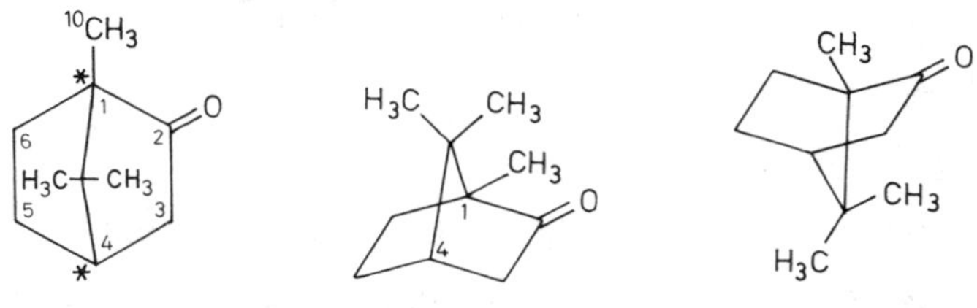

Campher L-Campher D-Campher

Das Camphermolekül enthält zwei asymmetrische C-Atome, so daß man 4 Enantiomere erwarten sollte. Man findet jedoch *nur ein Enantiomerenpaar,* dessen Cyclopentanringe in *cis*-Stellung miteinander verknüpft sind. Für die *trans*-Formen ergeben sich innerhalb des Moleküls so starke Ringspannungen, daß sie nicht existieren.
Die natürlich vorkommende rechtsdrehende Form, der (+)- oder *Japancampher,* wird aus dem zerkleinerten Holz des Campherbaumes (*Cinnamomum camphora*), der in Japan, China und auf Taiwan beheimatet ist, durch Wasserdampfdestillation gewonnen. Die linksdrehende Form des Camphers findet sich in einigen „ätherischen Ölen", z. B. im Mutterkrautöl, und führt den Namen *Matricariacampher.*

Freudenberg hat die absolute Konfiguration des (+)-Camphers festgelegt und mit der der D-Glucose in Beziehung gesetzt. Schreibt man die C=O-Gruppe nach rechts oben, so liegt im D-Campher die Isopropylbrücke hinter und im L-Campher vor der Papierebene.
Nach dem *Cahn-Ingold-Prelog*-System gehören im (+)-Campher die C-Atome 1 und 4 der *R*-Reihe an [(1 *R*.4 *R*)-Bornan-2-on].

Da der natürliche Campher den Bedarf als *Weichmacher* bei der Fabrikation von Celluloid nicht decken kann, spielt die technische Synthese des racemischen Camphers eine bedeutende Rolle.

Darstellung. Das als Ausgangsstoff dienende α-Pinen lagert sich in Gegenwart von Titandioxidhydrat als *acide* Komponente bei 180 °C (450 K) in Camphen um. Die dabei eintretenden *Wagner-Meerwein-Umlagerungen*[1] von bicyclischen Terpenen lassen sich

[1] Vgl. *D. V. Banthorpe* und *D. Whittaker,* Rearrangements of Pinane Derivatives, Quart. Rev. *20,* 373 (1966); *T. S. Sörensen,* Terpene Rearrangements from a Superacid Perspective, Accounts Chem. Res. *9,* 257 (1976).

auch schrittweise erreichen, indem man bei 0 °C (273 K) trockenen Chlorwasserstoff an die C=C-Doppelbindung des α-Pinens addiert. Das sich zunächst bildende Pinenhydrochlorid geht schon bei Raumtemperatur in das isomere stabile Bornylchlorid über, dessen Konstitution der des Camphers entspricht[1].
Beim Erhitzen von Bornylchlorid mit einer Base bildet sich unter HCl-Abspaltung und erneuter intramolekularer Umlagerung Camphen. Durch Addition von Essigsäure an diesen ungesättigten Kohlenwasserstoff entsteht unter katalytischer Wirkung von Schwefelsäure Isobornylacetat, das zu Isoborneol hydrolysiert wird. Die Oxidation von Isoborneol führt zum *optisch inaktiven* Campher.

Der *Gesamtreaktionsverlauf* läßt sich durch folgendes Formelschema, in dem die drei *Wagner-Meerwein*-Umlagerungen durch gebogene Pfeile angedeutet werden, veranschaulichen:

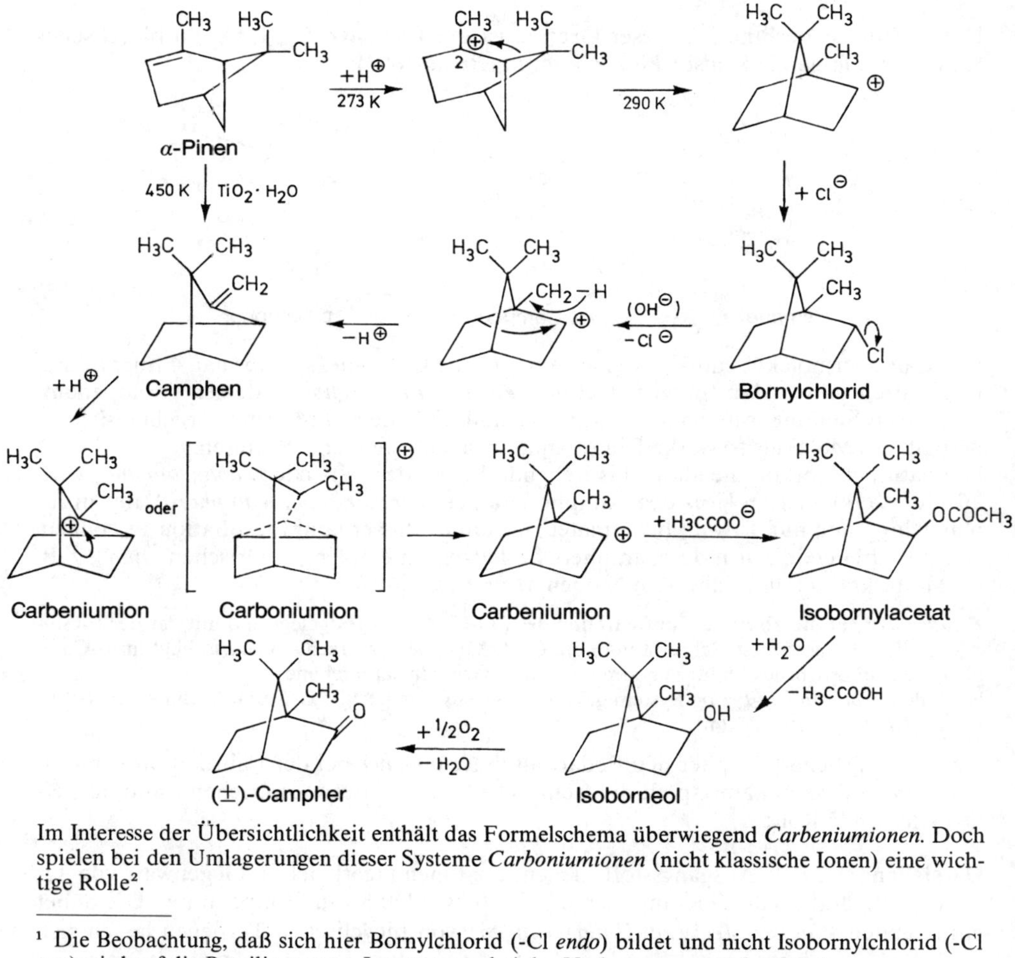

Im Interesse der Übersichtlichkeit enthält das Formelschema überwiegend *Carbeniumionen.* Doch spielen bei den Umlagerungen dieser Systeme *Carboniumionen* (nicht klassische Ionen) eine wichtige Rolle[2].

---

[1] Die Beobachtung, daß sich hier Bornylchlorid (-Cl *endo*) bildet und nicht Isobornylchlorid (-Cl *exo*) wird auf die Beteiligung von Ionenpaaren bei der Umlagerung zurückgeführt.

[2] Vgl. *G. A. Olah*, The σ-Bridged 2-Norbornyl Cation and Its Significance to Chemistry, Accounts Chem. Res. *9*, 41 (1976); *H. C. Brown* and *P. v. R. Schleyer*, The Nonclassical Ion Problem (Plenum Press, New York 1977).

Eigenschaften. (+)-Campher bildet farblose Kristalle vom Schmp. 177 °C (450 K) und besitzt einen starken, charakteristischen Geruch. Seine spezifische Drehung beträgt $[\alpha]_D = +44°$ (in Benzol). Medizinisch benutzt man Campher als Antiseptikum (Campherspiritus).
Die *Ketogruppe* des (+)-Camphers läßt sich mit den üblichen Ketonreagenzien nachweisen, z. B. mit Hydroxylamin, Phenylhydrazin usw. Bei ihrer Reduktion zur *sekundären* Alkoholgruppe entsteht ein drittes asymmetrisches C-Atom. Somit erhält man aus dem (+)-Campher zwei stereoisomere *sekundäre* Alkohole, nämlich (+)-Borneol und in geringerer Menge (−)-Isoborneol, welche die OH-Gruppe entweder in der *endo*- oder in der *exo*-Stellung tragen.

(+)-Borneol (*endo*) (−)-Isoborneol (*exo*)

(+)-Borneol, das wegen seiner Ähnlichkeit mit Campher auch *Borneocampher* genannt wird, findet sich in den Hölzern des Campherbaumes Dryobalanops aromatica auf Borneo und Sumatra und in zahlreichen „ätherischen Ölen", z. B. im Lavendel- und Rosmarinöl.
(−)-Borneol (Ngaicampher) kommt im Baldrian vor.

Die in Nachbarstellung zur Ketogruppe des Camphers am C-Atom 3 befindliche *Methylengruppe* ist reaktionsfähig und liefert bei der Einwirkung von Isoamylnitrit und Natriumalkoholat den **Isonitrosocampher** (3-Hydroxyiminocampher), aus dem durch Hydrolyse das goldgelbe **(+)-Campherchinon,** ein 2,3-Diketon des Camphans, vom Schmp. 198 °C (471 K) darstellbar ist:

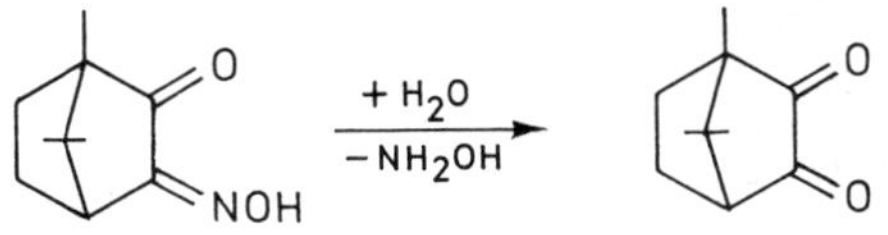

Isonitrosocampher (+)-Campherchinon

Die Bromierung von (+)-Campher bei 100 °C (375 K) führt zum 3-Brom-campher, der beim Erwärmen mit Schwefelsäure in **(+)-3-Brom-campher-3-sulfonsäure** übergeht. Bei der Sulfonierung von (+)-Campher mit Schwefelsäure in Acetanhydrid entsteht die **(+)-Campher-10-sulfonsäure** Schmp. 194 °C (467 K); $[\alpha]_D = +24°$ (in Wasser). Diese leicht zugänglichen, optisch aktiven Säuren werden häufig *zur Spaltung racemischer Basen* in ihre Enantiomeren verwendet.

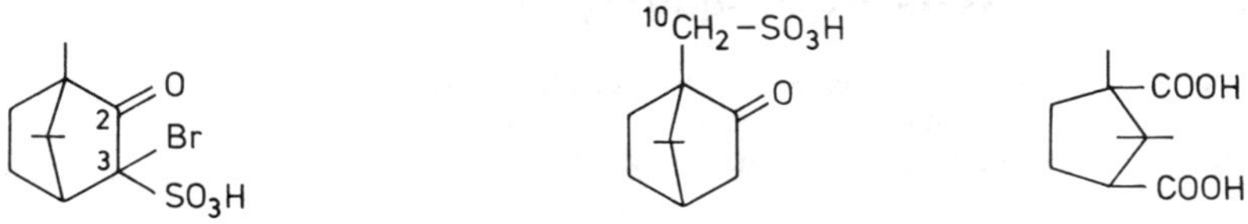

(+)-3-Brom-campher-3-sulfonsäure (+)-Campher-10-sulfonsäure Camphersäure

Der oxidative Abbau des Camphers mit Salpetersäure führt zur **Camphersäure,** die zwei asymmetrische C-Atome enthält und im Gegensatz zu Campher *zwei Paare Enantiomerer* bildet. Im ersten Paar, das aus (+)- und (−)-Camphersäure besteht, sind die beiden Carboxylgruppen *cis*-ständig angeordnet; sie geben daher unter Wasserabspaltung leicht ein Anhydrid. In den (+)- und (−)-Isocamphersäuren befinden sich die Carboxylgruppen in *trans*-Stellung. Da in den Camphersäuren nur ein Cyclopentanring vorliegt, tritt keine sterische Behinderung der *trans*-Formen (Isocamphersäuren) ein.

6.4 Sesquiterpene

Wie bei den einfachen Terpenen kann die Verknüpfung von 3 Isoprenmolekülen zu Sesquiterpenen, $C_{15}(H)$, entweder unter Bildung von offenen aliphatischen Kohlenstoffketten oder von Ringsystemen erfolgen. Unter den letzteren sind vornehmlich drei Typen bekannt, nämlich mono-, bi- und tricyclische Sesquiterpene. Die Konstitutionsaufklärung vieler cyclischer Sesquiterpene ist *Ruzicka* zu verdanken.
Neuere Untersuchungen haben zur Auffindung von Sesquiterpenen mit 9-, 10- und 11-gliedrigen Kohlenstoffringen geführt[1].

6.4.1 Acyclische Sesquiterpene

Die wichtigsten Vertreter dieser Reihe sind die beiden Sesquiterpenalkohole *Farnesol* und *Nerolidol* mit der Summenformel $C_{15}H_{26}O$. Beide Alkohole enthalten drei C=C-Doppelbindungen.
Farnesol wird aus Nerolidol dargestellt und wegen seines angenehmen, maiglöckchenartigen Duftes als *Riechstoff* verwendet.
Nerolidol, der Hauptbestandteil des Capreuvaöls, unterscheidet sich vom Farnesol durch die Stellung der einen C=C-Doppelbindung und der OH-Gruppe. Es besitzt ein asymmetrisches C-Atom (*) und tritt in zwei *Enantiomeren* auf.

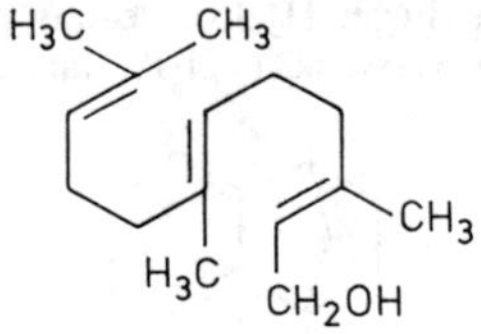

Farnesol

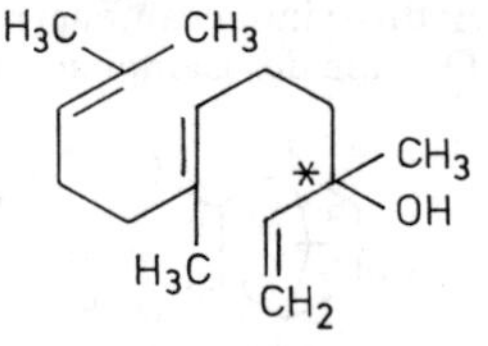

Nerolidol

Der Aufbau dieser Alkohole nach dem Isoprenprinzip wird durch die periodische Wiederkehr der Methylgruppen nach je drei C-Atomen deutlich. Beide Alkohole stehen zueinander im gleichen Verhältnis wie Geraniol und Linalool.

6.4.2 Monocyclische Sesquiterpene

Zu dieser Stoffklasse zählt der Kohlenwasserstoff **Bisabolen,** $C_{15}H_{24}$, der sich im Zitronen- und Fichtennadelöl findet und synthetisch aus Farnesol (oder Nerolidol) durch Einwirkung von Ameisensäure unter Wasserabspaltung erhalten wird:

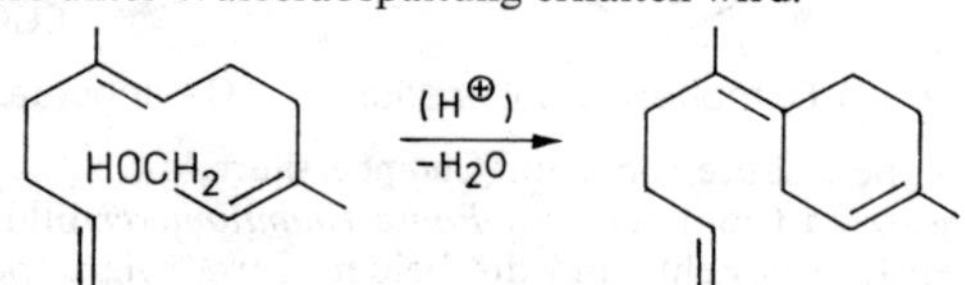

Farnesol Bisabolen

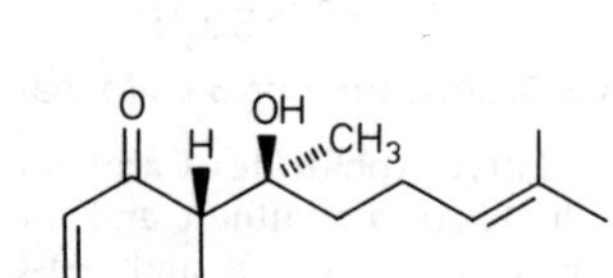

Hernandulcin

[1] Vgl. *G. Rücker*, Sesquiterpene, Angew. Chem. *85*, 895 (1973).

Vom Bisabolen leitet sich das *Hernandulcin* ab, ein *natürlicher Süßstoff* aus der mexikanischen Pflanze Lippia dulcis Trev., der etwa 1000mal so süß wie Saccharose ist.

6.4.3 Bicyclische Sesquiterpene

Zwei Kohlenwasserstoffe dieser Reihe sind **Cadinen** (im Cadeöl) und **β-Selinen** (im Sellerieöl), $C_{15}H_{24}$, denen als Kohlenstoffgerüst ein hydrierter Naphthalinring zugrunde liegt. Man kann sie sich in Analogie zum Bisabolen ebenfalls aus Farnesol entstanden denken.

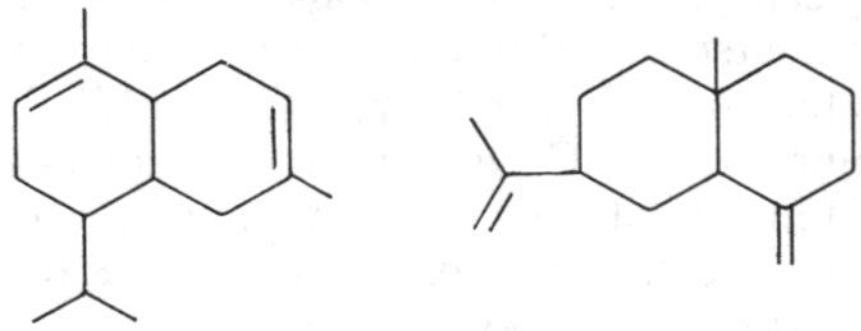

Cadinen β-Selinen

Beide Kohlenwasserstoffe gehen bei der Dehydrierung mit Schwefel oder Selen in die entsprechenden Naphthalinderivate über, z. B. entsteht aus Cadinen das 4-Isopropyl-1,6-dimethyl-naphthalin (Cadalen).

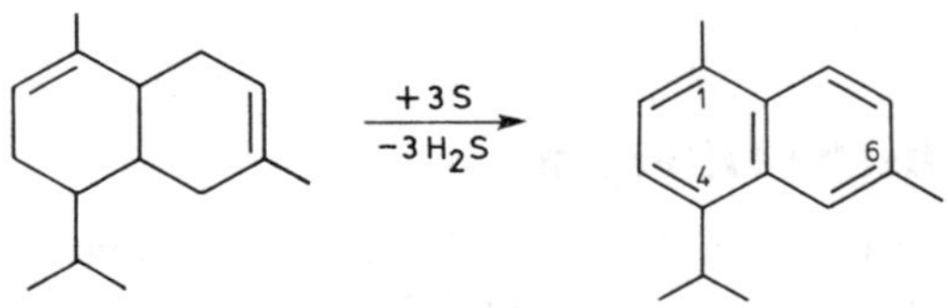

Cadinen Cadalen

Bei der Dehydrierung des β-Selinens wird die *angulare Methylgruppe* an der Kondensationsstelle der beiden Ringe als Methan abgespalten (*Ruzicka*).
Eine zweite Art bicyclischer Sesquiterpene liegt in den blauen bis violetten **Azulenen,** $C_{15}H_{18}$, vor. Sie sind stark ungesättigt und als Dehydrierungs- bzw. Dehydratisierungsprodukte der natürlich vorkommenden „Proazulene" aufzufassen.
Zu den aus „ätherischen Ölen" isolierten Azulenen zählen vor allem **Vetivazulen** (im Vetiveröl) und **Guajazulen** (im Geraniumöl), die biochemisch aus Farnesol gebildet werden:

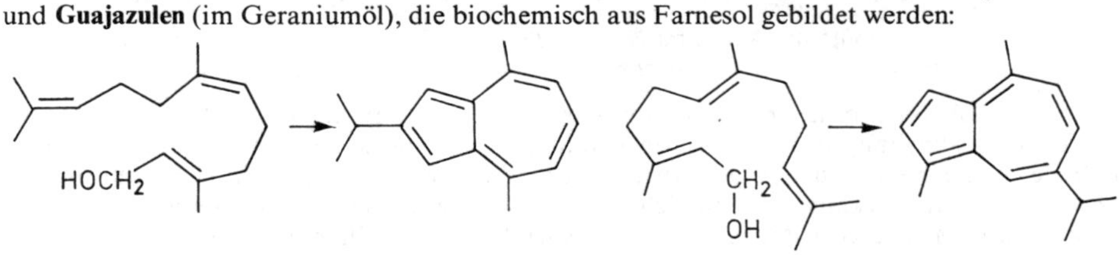

Farnesol — Vetivazulen (violett) (Schmp. 33 °C [306 K]) — Farnesol — Guajazulen (blau) (Schmp. 31 °C [304 K])

6.4.4 Tricyclische Sesquiterpene

Es sei hier nur der im Sandelholzöl vorkommende Kohlenwasserstoff **α-Santalen,** $C_{15}H_{24}$, folgender Konstitution erwähnt:

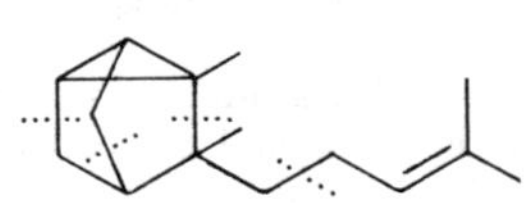

Die gestrichelten Linien zeigen, daß die Verbindung nach dem Isoprenprinzip gebaut ist.

6.5 Diterpene[1]

6.5.1 Acyclische Diterpene

Hierzu gehört der biologisch wichtige Diterpenalkohol Phytol.

Phytol, $C_{20}H_{40}O$, wurde zuerst von *Willstätter* (1909) bei der Hydrolyse des Chlorophylls isoliert. Es ist ein farbloses Öl vom Sdp. 202 °C (475 K)/13 mbar (13 hPa). Das Phytolmolekül enthält nur eine C=C-Doppelbindung und zwei chirale Zentren. Der Phytylrest ist außer im Chlorophyll auch in den Vitaminen E und K_1 enthalten.

Während bei früheren Synthesen des Phytols stets die Racemform erhalten wurde, konnte durch *stereospezifische Synthese* die absolute Konfiguration des Phytols [(2 *E*)-(7 *R*,11 *R*)-3,7,11,15-Tetramethyl-2-hexadecenol] ermittelt werden (*Burrell*, 1959):

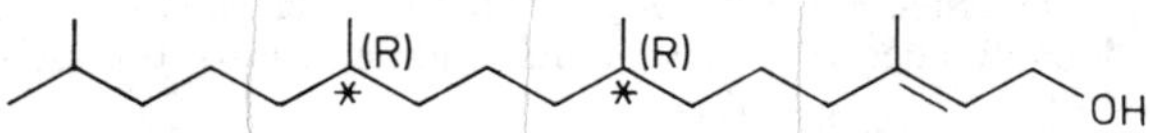

Phytol

6.5.2 Monocyclische Diterpene

Zu dieser Stoffklasse zählen vor allem die Vitamin der A-Reihe.

Vitamin A, auch Vitamin A_1 oder *INN:* ***Retinol*** genannt, $C_{20}H_{30}O$, ist ein *primärer*, ungesättigter Diterpenalkohol und kommt vor allem im Lebertran, im Eigelb und in der Milch vor. Es wurde von *Karrer* (1931) aus dem Leberöl des Heilbutts isoliert und besitzt folgende, durch Synthesen[2] bewiesene Struktur:

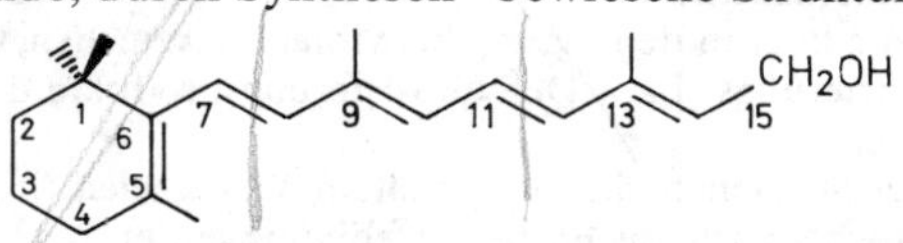

Vitamin A (Schmp. 64 °C [337 K])

(β-Jononring) (all-*trans*)

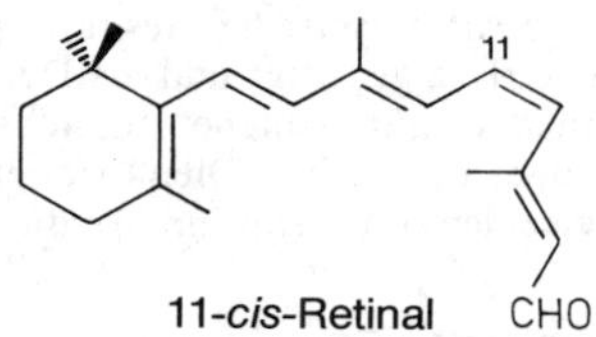

11-*cis*-Retinal

Ein Mangel an dem fettlöslichen Wachstumsvitamin A in der Nahrung gibt sich bei Säugetieren durch Gewichtsabnahme sowie durch Degenerationserscheinungen der Schleimhäute, vor allem der Binde- und Hornhaut der Augen, zu erkennen. Vitamin A ist daher ein Heilmittel für die *Xerophthalmie* (Austrocknung der Bindehaut) und wird auch antixerophthalmisches Vitamin (Axerophthol) genannt. Sein Mangel führt zu Nachtblindheit; Vitamin A spielt nämlich beim Aufbau des Sehpurpurs (Rhodopsin) in der Netzhaut (retina) eine Rolle. Das Rhodopsin ist aufgebaut aus dem Protein Opsin und dem 11-*cis*-Retinal, einem Oxidationsprodukt des Vitamins A. Beim Sehvorgang wird das 11-*cis*-Retinal photochemisch über mehrere Zwischenstufen in das all-*trans*-Retinal umgewandelt[3].

Heute hat das synthetische Vitamin A die natürlichen Leberöle weitgehend verdrängt[4].

---

[1] Vgl. *N. A. J. Rogers* und *J. A. Barltrop*, The Synthesis of Di- and Tri-Terpenes, Quart. Rev. *16*, 117 (1962).

[2] Vgl. *O. Isler*, Über das Vitamin A und die Carotinoide, Angew. Chem. *68*, 547 (1956).

[3] Vgl. *A. Mannschreck*, Photoisomerisierung und Sehvorgang, Chemie in unserer Zeit, *2*, 149 (1968).

[4] Vgl. *H. Pommer*, Synthesen in der Vitamin-A-Reihe, Angew. Chem. *72*, 811 (1960).

6.5.3 Tricyclische Diterpene

Abietinsäure, $C_{20}H_{30}O_2$, das wichtigste tricyclische Diterpen, ist der Hauptbestandteil des *Kolophoniums,* das aus dem Baumsaft verschiedener Nadelhölzer gewonnen wird (*abies* = Tanne). Dieses Harz besteht aus einem Gemisch von Harzsäuren und Terpenen; letztere werden als *Terpentinöl* abdestilliert. Die im Rückstand enthaltene Abietinsäure besitzt die Struktur einer Isopropyldimethyl-decahydrophenanthrencarbonsäure. Beim Erhitzen mit Schwefel geht sie unter Dehydrierung und Decarboxylierung in **Reten** (7-Isopropyl-1-methyl-phenanthren) über:

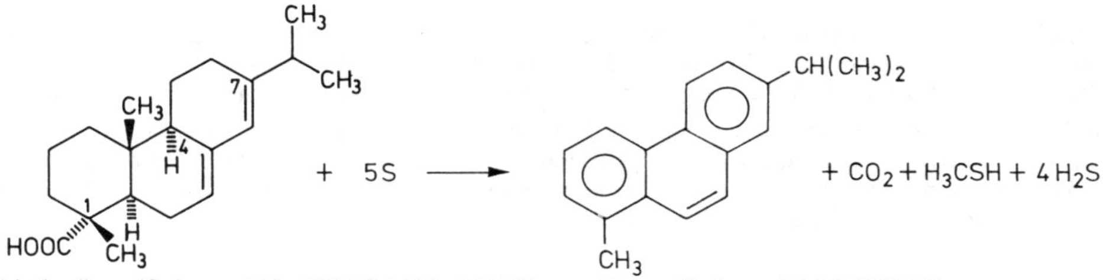

Abietinsäure (Schmp. 172–175 °C [445–448 K]) Reten (Schmp. 99 °C [372 K])

Erhitzt man Kolophonium mit Palladium auf Aktivkohle auf 150 – 250 °C (425 – 525 K), so erfolgt eine *Disproportionierung* der Harzsäure, und zwar geht die Abietinsäure in Dehydro-abietinsäure mit einem aromatischen Ring und in die Di- und Tetrahydro-abietinsäure über:

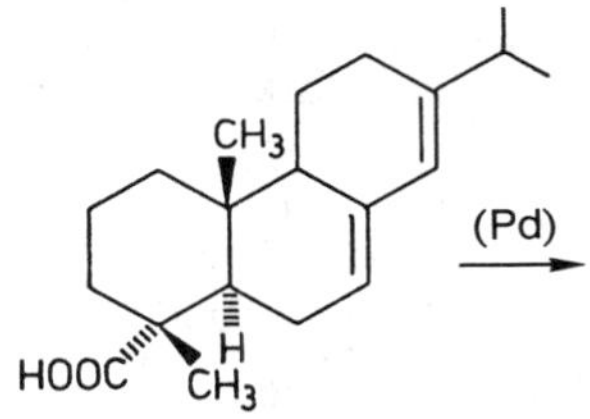

Abietinsäure

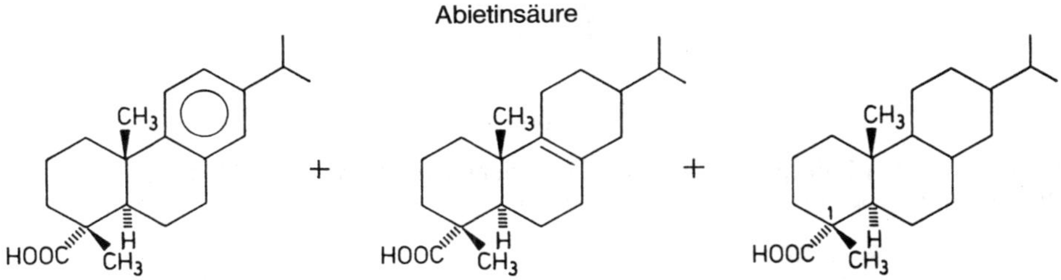

Dehydro-abietin-säure Dihydro-abietin-säure Tetrahydro-abietin-säure

Die Natriumsalze der aus disproportioniertem Kolophonium erhaltenen Säuren dienen als *Emulgatoren* (Dresinate) bei der Herstellung von *Tieftemperaturkautschuk.*

In strukturellem Zusammenhang mit den Diterpenen steht eine Gruppe von *Phytohormonen,* die **Gibberelline**[1], die als Stoffwechselprodukte des phytopathogenen Pilzes *Gibberella fujikuroi* auftreten (*Kurusawa,* 1926; *Yabuta* und *Hayashi,* 1939). Später konnten sie auch aus höheren Pflanzen, z. B. aus unreifen Bohnensamen, isoliert werden (*MacMillan* und *Suter,* 1958).

[1] Vgl. *H. Kaufmann,* Die Gibberelline, Chimia *17,* 120 (1963); *J. MacMillan,* Gibberellin Metabolism, Pure Appl. Chem. *50,* 995 (1978).

Von den bis heute bekannten Gibberellinen ist nur die **Gibberellinsäure** (Gibberellin A_3), $C_{19}H_{22}O_6$, vom Schmp. 233–235 °C (506–508 K) in größeren Mengen zugänglich (*Curtis* und *Cross*, 1954).

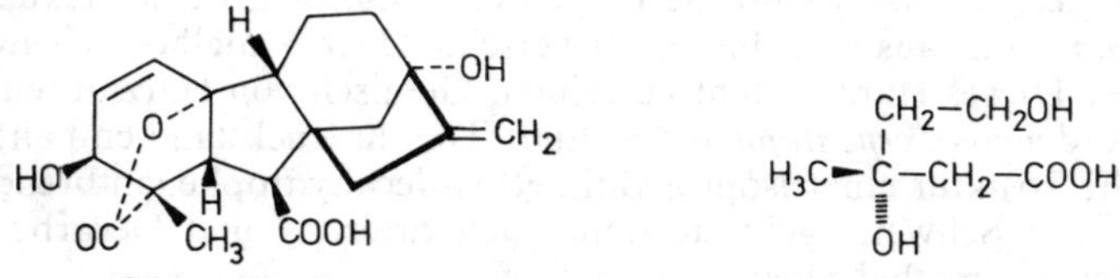

Gibberellinsäure (*R*)-Mevalonsäure

Die Gibberelline üben großen Einfluß auf zahlreiche pflanzliche Entwicklungsprozesse, vor allem auf das Längenwachstum, aus. Ihre *Biosynthese* verläuft offenbar über ein Diterpen, denn bei dem Versuch, den Pilz *Gibberella fujikuroi* auf Nährböden zu züchten, wurden markierte Essigsäure und markierte (*R*)-Mevalonsäure eingebaut. Das *Chlorcholinchlorid* $[ClCH_2-CH_2-\overset{\oplus}{N}(CH_3)_3]Cl^{\ominus}$ (Chlormetquat) greift in die Biosynthese ein und senkt den Gibberellinspiegel der Pflanzen, was zu vermindertem Längenwachstum führt. Chlormetquat wird in der Landwirtschaft zur Erzielung eines Weizens mit kurzem und kräftigem Halm verwendet.

6.5.4 Tetracyclische Diterpene

Eine wichtige Verbindung dieser Gruppe ist das *Phorbol* $C_{20}H_{28}O_6$, dessen 12,13-Carbonsäurediester im Crotonöl vorkommt und als Co-Carcinogen wirkt. Das heißt, die Verbindung ist selbst nicht carcinogen, sie kann aber die von carcinogenen Kohlenwasserstoffen hervorgerufene Krebsentstehung stark beschleunigen („Tumor-Promotion").

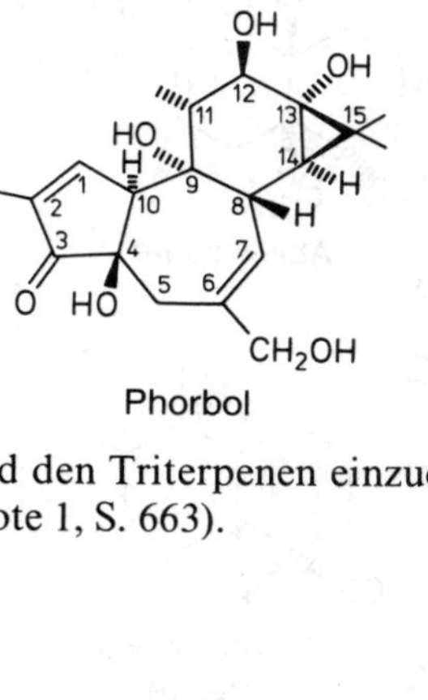

Phorbol

Die zwischen den Diterpenen und den Triterpenen einzuordnende Gruppe $C_{25}(H)$ enthält die *Sesterterpene* (vgl. Fußnote 1, S. 663).

6.6 Triterpene (Squalenoide)

Zu der *acyclischen* Gruppe der Triterpene $C_{30}(H)$ gehört der Kohlenwasserstoff **Squalen,** $C_{30}H_{50}$, der zuerst aus dem Leberöl der Wale gewonnen wurde und auch bei anderen Säugetieren in kleinen Mengen vorkommt. Er baut sich aus 6 Isoprenmolekülen auf

und besitzt 6 isolierte C=C-Doppelbindungen, die sämtlich (*E*)-*Konfiguration* aufweisen.
Die *Synthese des Squalens* wurde erstmalig von *Karrer* (1931) aus Farnesylbromid durch Einwirkung von Magnesium im Sinne der *Wurtz*-Reaktion durchgeführt. Die Isoprenreste sind in der Mitte des Squalenmoleküls (gestrichelte Linie) symmetrisch angeordnet, d. h., es liegt hier eine Kopf-Kopf-Verknüpfung vor, während die davon ausgehenden Ketten die übliche Kopf-Schwanz-Verknüpfung aufweisen.

In enger struktureller Beziehung zum Squalen stehen alle mono- bis pentacyclischen Triterpene und deren Umwandlungsprodukte (z. B. Steroide). Als Zwischenstufe der Biosynthese des Cholesterins entsteht über Squalen und ein an der Enzymoberfläche stabilisiertes Protolanosterin-carbenium-Ion der Triterpenalkohol, das **Lanosterin** (8,24-Lanostadien-3*β*-ol, Lanosterol), $C_{30}H_{50}O$, das neben Cholesterin in dem unverseifbaren Anteil des Wollfetts vorkommt. Man bezeichnet die Triterpene daher auch als **Squalenoide.**

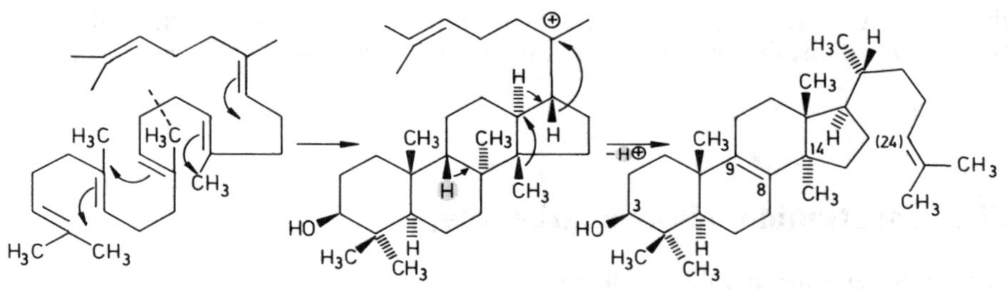

Squalen Lanosterin (Lanosterol)

Eine Reihe von Mikroorganismen, z. B. *Acetobacter*, kann das Squalen auch auf andere Weise zu den *Hopanoiden* cyclisieren. Sie leiten sich vom *Hopan* ab, das aus 4 kondensierten Sechsringen aufgebaut ist. Außer den in Archebakterien weit verbreiteten *Biohopanoiden* findet man in Sedimenten die *Geohopanoide*, die als eine Art von „molekularen Fossilien" für die Erdölsuche Bedeutung gewonnen haben[1].
Zu den im Pflanzenbereich aufgefundenen *pentacyclischen* Triterpenen gehören die **Sapogenine,** die häufig als Glykoside (Saponine) an Zucker gebunden sind. Von den zahlreichen Verbindungen dieser Art seien **α- und β-Amyrin,** $C_{30}H_{50}O$, die im Harz vieler Pflanzen auftreten, und die von *β*-Amyrin sich ableitende **Oleanolsäure,** $C_{30}H_{48}O_3$, erwähnt. Sie sind als Saponine in der Zuckerrübe und frei in Olivenblättern enthalten.

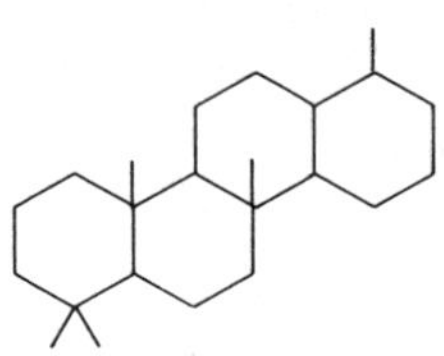

Hopan

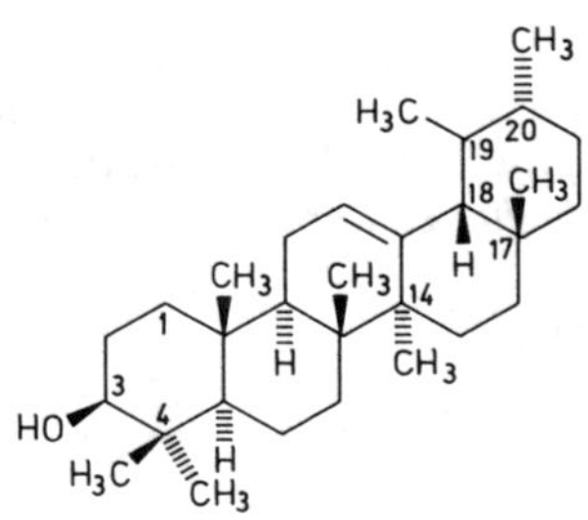

α-Amyrin

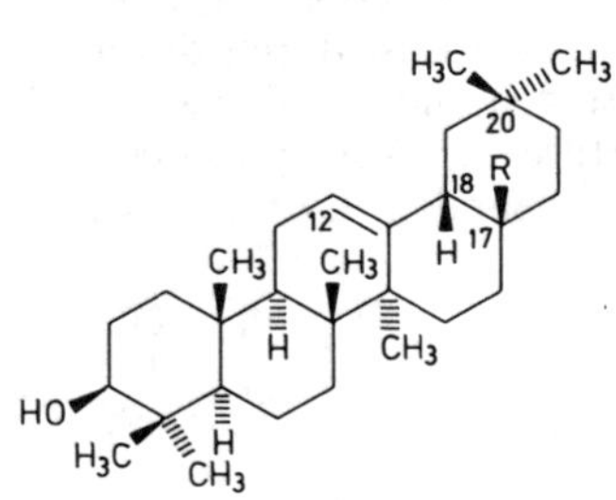

β-Amyrin (R = CH_3)
Oleanolsäure (R = COOH)

[1] Vgl. *G. Ourisson*, Vom Erdöl zur Evolution der Biomembranen, Nachr. Chem. Tech. Lab. *34*, 8 (1986).

6.7 Tetraterpene

Zur Klasse der Tetraterpene $C_{40}(H)$ rechnet man vor allem die Carotinoide, die sowohl im Pflanzen- als auch im Tierreich weit verbreitet sind. Den Namen verdanken sie dem stark ungesättigten Kohlenwasserstoff *Carotin,* $C_{40}H_{56}$, der von *Wackenroder* (1831) aus Karotten isoliert wurde. Die Farbigkeit der Carotinoide ist auf die Anwesenheit mehrerer konjugierter Doppelbindungen zurückzuführen, die hier als *Chromophore* wirken.
Außer den Polyenkohlenwasserstoffen kommen in der Natur auch deren Derivate mit Alkohol-, Säure- und Esterfunktionen vor. Eine besondere Eigenschaft der carotinoiden Pigmente ist ihre Fettlöslichkeit, sie werden daher als *Lipochrome* bezeichnet.

6.7.1 Carotinoide[1] (Polyenfarbstoffe)

Die wichtigsten Carotinoide sind folgende:

6.7.1.1 Carotin, $C_{40}H_{56}$, findet sich neben Chlorophyll und Xanthophyllen in grünen Blättern sowie in vielen Blüten und Früchten. Im tierischen Organismus tritt es in der Milch, im Fett und im Blutserum auf.
Das aus den Mohrrüben gewonnene Carotin besteht aus *drei Isomeren,* nämlich α-, β- und *γ-Carotin.* In den beiden ersteren sind die endständigen Isoprenmoleküle der Polyenkette zum 6-Ring des α- bzw. β-Jonons geschlossen (in den Formeln durch α oder β im Ring gekennzeichnet). β-Carotin enthält zwei β-Jononringe und *α-Carotin* je einen α- und β-Jononring. Folglich unterscheiden sich diese beiden Carotine nur durch die Lage einer Doppelbindung im Jononring. Im γ-Carotin befindet sich dagegen nur an dem einen Ende der Kette ein β-Jononring. Die Carotinmoleküle weisen in der Mitte eine Kopf-Kopf-Verknüpfung auf.
α-Carotin ist durch das asymmetrische C-Atom (*) im α-Jononring *optisch aktiv,* die beiden anderen dagegen nicht. Die Trennung der drei isomeren Carotine gelingt mit Hilfe der Adsorptionschromatographie. Um die Konstitutionsaufklärung haben sich vornehmlich *Willstätter, Karrer, R. Kuhn, Heilbron* und *Zechmeister* verdient gemacht.

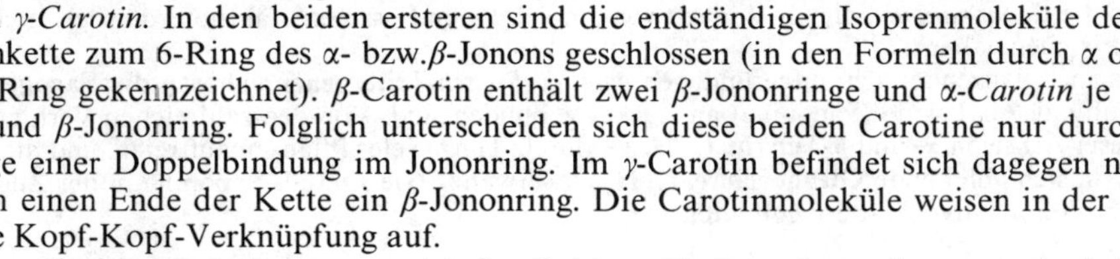

(*R*)(+)-α-Carotin

[1] Vgl. *E. Jucker,* Zur Entwicklung der Carotinoid-Chemie, Angew. Chem. *71,* 253 (1959); *A. Winterstein,* Neuere Ergebnisse der Carotinoid-Forschung, ebenda *72,* 902 (1960).

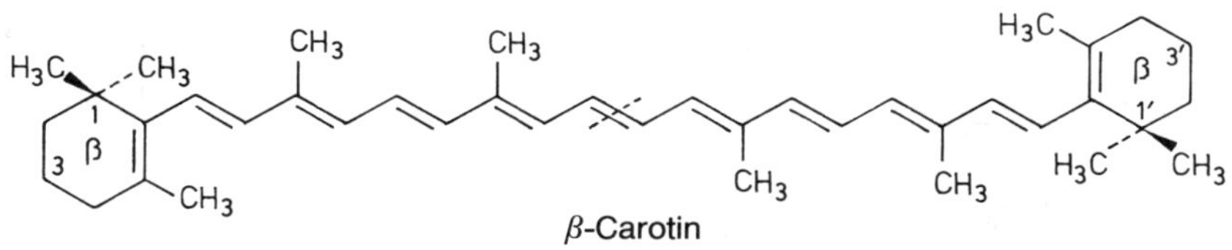

β-Carotin

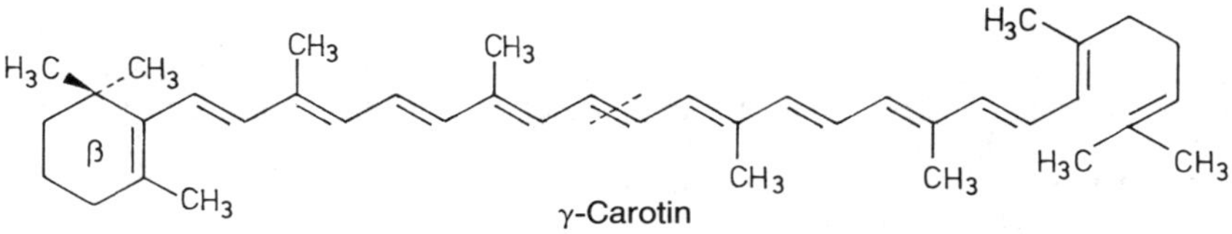

γ-Carotin

Die Anwesenheit vieler konjugierter Doppelbindungen läßt theoretisch das Auftreten zahlreicher *Z-E*-Isomerer erwarten. In der Natur überwiegen jedoch die (*E*)-Formen. Erst durch Wärme, Licht oder Katalysatoren, namentlich durch Iod, ist eine teilweise Umlagerung in die energiereicheren (*Z*)-Formen möglich. Sie unterscheiden sich von den (*E*)-Isomeren durch ihre Absorptionsmaxima[1].

6.7.1.2 β-Carotin bildet dunkelrote Tafeln vom Schmp. 184 °C (457 K). Es ist als Polyen sehr reaktionsfähig und besonders empfindlich gegen Luftsauerstoff. Technisch wird es aus rotem Palmöl, Luzerne oder Karotten gewonnen und dient zum Anfärben von Lebensmitteln.
Das Molekül des β-Carotins ist in bezug auf die mittlere C=C-Doppelbindung völlig symmetrisch gebaut, d. h., die Isoprenbausteine sind nicht gleichartig aneinander gereiht, sondern in der Mitte umgestellt. Zwischen zwei Verzweigungsstellen der Kette stehen hier nicht wie üblich 3, sondern 4 C-Atome (vgl. Squalen).
Die Synthese des β-Carotins führten *Karrer, Inhoffen* und *Isler* durch.
Im tierischen Organismus wird β-Carotin enzymatisch in 2 Moleküle Vitamin A gespalten und daher als Provitamin A bezeichnet.

6.7.1.3 α-Carotin bildet Kristalle vom Schmp. 188 °C (461 K). Als Provitamin ist es nur halb so wirksam wie β-Carotin. Die Lage der Doppelbindung im β-Jononring ist für die Vitaminwirkung entscheidend; die Molekülhälfte mit dem α-Jononring ist unwirksam.

6.7.1.4 γ-Carotin schmilzt bei 178 °C (451 K). Da hier der eine β-Jononring des β-Carotins geöffnet ist, nimmt es eine Mittelstellung zwischen β-Carotin und Lycopin ein, in dem beide endständige Ringe des β-Carotins offen sind.

6.7.1.5 Lycopin, $C_{40}H_{56}$, ist ein mit Carotin isomerer, aliphatischer Kohlenwasserstoff der Tetraterpenreihe. Sein Molekül setzt sich kettenförmig aus 8 Isoprenresten zusammen, weist aber in der Mitte ebenfalls die bei den Carotinen erwähnte Umstellung auf. Lycopin kristallisiert in tiefroten Nadeln vom Schmp. 174 °C (447 K) und bildet den roten Farbstoff der Tomaten, der Hagebutten und vieler anderer Früchte. Es besitzt 13 C=C-Doppelbindungen und geht bei der katalytischen Hydrierung in den farblosen gesättigten Kohlenwasserstoff $C_{40}H_{82}$ über.

---

[1] Vgl. *L. Zechmeister, Cis-trans* Isomeric Carotenoid Pigments, Fortschr. Ch. org. Naturst. *18*, 223 ff. (1960).

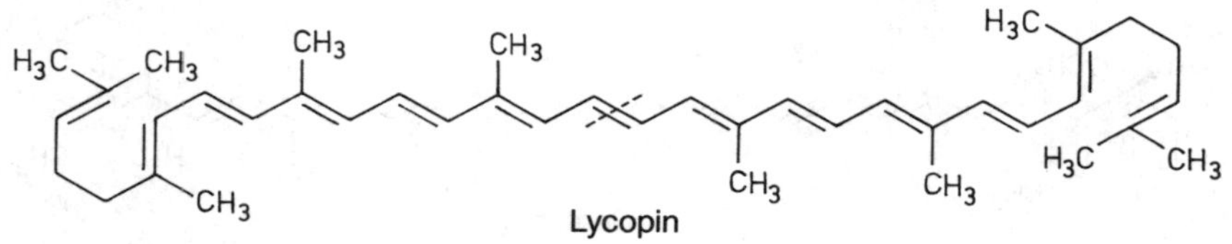

Lycopin

Neben den Carotinen enthalten die grünen und gelben Blätter noch gelbe Farbstoffe, die *Xanthophylle* oder *Phylloxanthine* (Blattgelb), die im Herbst nach Zerstörung des Chlorophylls die Laubfärbung hervorrufen. Zu diesen alkoholischen Tetraterpenen zählt vor allem **Lutein** (Blattxanthophyll), $C_{40}H_{56}O_2$, das die Struktur des 3,3′-Dihydroxy-α-carotins (vgl. S. 680) besitzt. Das isomere 3,3′-Dihydroxy-β-carotin ist **Zeaxanthin,** der Hauptfarbstoff des gelben Maiskorns. Beide Farbstoffe kommen auch im Eidotter vor.

Zu den Carotinoiden rechnet man ferner Pflanzenfarbstoffe, die eine verkürzte Polyenkette enthalten und an beiden Enden je eine Carboxylgruppe tragen. Ein wichtiger Vertreter dieser Stoffklasse ist Crocetin.

Crocetin, $C_{20}H_{24}O_4$, entsteht bei der Hydrolyse des gelben Safranfarbstoffs Crocin (aus Crocus sativus), es ist der Digentiobioseester des Crocetins, einer Dicarbonsäure aus vier Isoprenresten, die aus Acetanhydrid in roten Rhomben vom Schmp. 285 °C (558 K) kristallisiert.

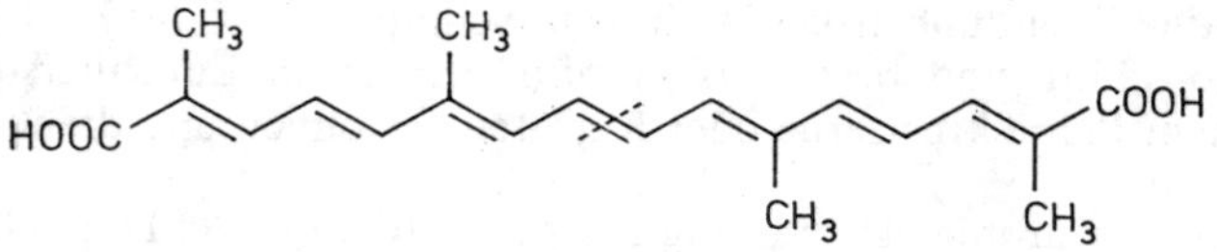

Crocetin

6.8 Polyprene

6.8.1 Polyprenole

Die *Polyprenole* haben die Formel

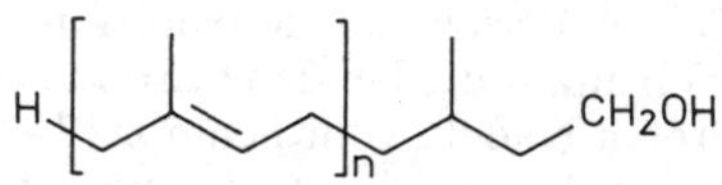

Sie sind im Pflanzenreich (n = 8 − 12) und im Tierreich: Dolichole (n = 16 − 21) weit verbreitet. Die meisten ihrer Doppelbindungen haben (*Z*)-Konfiguration (vgl. Kautschuk), doch treten auch die in der Formel angegebenen (*E*)-Konfigurationen auf. Die Dolichole spielen beim Transport von Monosacchariden durch Lipidmembranen eine Rolle im Stoffwechsel.

6.8.2 Naturkautschuk

Der *Kautschuk* ist ein wichtiges Naturprodukt, das aus dem Milchsaft (*Latex*) verschiedener tropischer Bäume, vor allem *Hevea brasiliensis*, gewonnen wird. Der Gehalt an Kautschuk im Latex schwankt zwischen 30–50%. Die Kautschukpartikelchen sind in einem eiweißhaltigen, wäßrigen Serum emulgiert und lassen sich durch Säuren, wie Ameisen- oder Essigsäure, leicht koagulieren. Das Koagulat wird durch erwärmte Pressen geschickt und in Form von Folien oder „Fellen" in den Handel gebracht.
Im Kautschuk liegt ein hochmolekularer Kohlenwasserstoff, $(C_5H_8)_n$, vor, der nach dem *Isoprenprinzip* aufgebaut ist. Bei der Pyrolyse des Kautschuks lassen sich *Isopren* und *Dipenten* als Spaltprodukte isolieren. Die Verteilung der Doppelbindungen im Kautschuk wurde durch Abbau mit Ozon nachgewiesen; das entstehende Ozonid $(C_5H_8O_3)_n$, geht bei der hydrolytischen Spaltung fast quantitativ in *Lävulinsäure*, $CH_3-CO-CH_2-CH_2-COOH$, und *Lävulinaldehyd* über (*Harries*, 1905). Da die Ozonidbildung stets an den C=C-Doppelbindungen erfolgt, muß der Kautschuk aufgrund der Spaltprodukte aus Isoprenresten aufgebaut sein. Neuere Befunde ergaben, daß alle C=C-Doppelbindungen *(Z)-Konfiguration* aufweisen und in den gesättigten Bereichen die *anti*-Konformation vorliegt (grau unterlegt). Die mittlere relative Molekülmasse beträgt etwa 350 000.

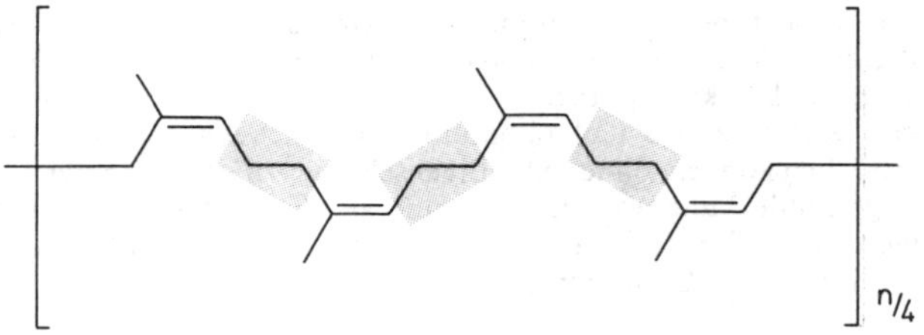

Kautschuk (Ausschnitt aus der (*Z*)-1,4-Polyisoprenkette, all-cis-Polymeres)

6.8.2.1 Vulkanisation des Kautschuks

Die Bedeutung des Naturkautschuks beruht auf seiner vielseitigen technischen Verarbeitung zu Gummierzeugnissen. In reiner Form ist er zunächst ein plastisches Produkt, das jedoch bei längerem Lagern durch Kristallisation und Quervernetzung der linearen Makromoleküle verhärtet und spröde wird.
Um dem Kautschuk die wertvollen Eigenschaften des Gummis, wie Elastizität und Widerstandsfähigkeit gegen atmosphärische und chemische Einflüsse sowie gegen mechanische Beanspruchung, zu verleihen, bedarf er der *Vulkanisation*, die zuerst von *Goodyear* im Jahre 1838 ausgeführt wurde. Hierbei wird der Kautschuk durch Erhitzen und Kneten in Gegenwart von Luftsauerstoff wieder in eine plastische Form gebracht (Mastikation) und mit Schwefel und Füllstoffen (Ruß, Zinkoxid) sowie den verschiedenartigsten Vulkanisationshilfsmitteln und Stabilisatoren innig vermengt. Anschließend wird diese Mischung in Formen gepreßt und durch Erhitzen auf etwa 120 °C (400 K) nachbehandelt (Heißvulkanisation), wobei eine Vernetzung der langgestreckten Kautschukmoleküle durch Schwefelbrücken erfolgt. Der Schwefelgehalt schwankt zwischen 2% bei Weichgummi und 30% bei Hartgummi (Ebonit).
Zur Herstellung dünnwandiger Gummiartikel kann man auch eine *Kaltvulkanisation* vornehmen, indem man den Kautschuk in eine Lösung von Dischwefeldichlorid in Schwefelkohlenstoff taucht.
Da die Reaktionsgeschwindigkeit der reinen Schwefelvulkanisation gering ist, mischt man meist *Vulkanisationsbeschleuniger* (Vulkazite) bei, z. B. Salze von N-substituierten Dithiocarbamidsäu-

ren, wie Zinkdimethyldithiocarbamat oder 2-Mercaptobenzothiazol. Bei der Herstellung von **Schaumgummi** setzt men Treibmittel zu, die bei der Vulkanisationstemperatur unter N_2-Entwicklung zerfallen, z. B. Benzolsulfonsäurehydrazide, α,α′-Azoisobutyronitril oder N,N′-Dinitrosoterephthalsäure-N,N′-dimethyldiamid.
Neuerdings bezeichnet man alle kautschukartigen Polymeren als *Elastomere.*

6.8.3 Synthetische Elastomere

Die ersten Versuche zur technischen Darstellung synthetischer Elastomerer gehen auf *Fritz Hofmann* (1909) zurück. Als Ausgangsmaterial verwendete er vorwiegend *2,3-Dimethyl-butadien,* das sich – wie bereits *I. Kandakow* (1900) feststellte – bei Raumtemperatur spontan zu einem kautschukähnlichen Produkt (Methylkautschuk) polymerisiert[1].
In den folgenden Jahren gewann die *Polymerisation* des leichter zugänglichen Butadiens mehr und mehr an Bedeutung, die anfangs mit metallischem Natrium durchgeführt wurde. Dieses Verfahren gab dem Produkt den Namen *Buna.* Weiterentwicklungen sind der durch statistische *Copolymerisation von Butadien mit Styrol* in Emulsion unter Peroxid-Katalyse gewonnene *Styrol-Butadien-Kautschuk,* sowie die statistischen *Copolymerisate* aus *Butadien* und *Acrylnitril* (Nitrilkautschuk, früher Perbunan genannt).

Bei den Copolymerisationen nehmen Kalium- oder Ammoniumpersulfat als wasserlösliche *Peroxid-Aktivatoren* die erste Stelle ein. Als anionaktive *Emulgatoren* haben sich die Alkalisalze der Alkylbenzolsulfonate, der Dialkylnaphthalinsulfonsäure (Nekale) und vor allem die disproportionierten Harzsäuren (Dresinate) aus Kolophonium bewährt. Letztere haben den Vorteil, daß sie im Polymerisat verbleiben können, ohne seine Eigenschaften zu verschlechtern.
Eine weitere wichtige Entdeckung war, daß der radikalische Zerfall der Peroxide nicht nur thermisch, sondern auch bei tiefen Temperaturen durch bestimmte *Metall-Ionen* ausgelöst werden kann, die hierbei in eine höhere Oxidationsstufe übergehen, z. B.

$$R-\underset{\underset{O}{\|}}{C}-\overline{O}-\overline{O}-\underset{\underset{O}{\|}}{C}-R + Fe^{2\oplus} \longrightarrow R-\underset{\underset{O}{\|}}{C}-\overline{O}\bullet + R-CO_2^{\ominus} + Fe^{3\oplus}$$

Diacylperoxid

Setzt man gleichzeitig ein *Reduktionsmittel* zu, z. B. Rongalit, Glucose oder Sulfinsäuren, so erfolgt unter *Redoxaktivierung* schon bei 5 °C (280 K) eine rasche Polymerisation (Kaltpolymerisation). Auf diese Weise erhält man einen besonders hochwertigen *Tieftemperaturkautschuk*[2] (Cold Rubber oder TT-Kautschuk). Dieser zeichnet sich durch hohe Oxidationsbeständigkeit, Zugfestigkeit sowie geringen Abrieb aus und gewinnt als Vulkanisat in steigendem Maß für die Autoreifenproduktion an Bedeutung.

Die neueste Entwicklung auf diesem Gebiet führte zur stereoregulären Polymerisation des Butadiens und des jetzt auf petrolchemischer Basis zugänglichen Isoprens mit Hilfe von Lithium-Katalysatoren bzw. von metallorganischen Mischkatalysatoren vom *Ziegler-Natta-Typ* und zwar in Lösung. So gelang die Darstellung des **cis-1,4-Polybutadiens** (Buna CB) und des **cis-1,4-Polyisoprens** (IR, Natsyn).
Für spezielle Zwecke wird *2-Chlor-butadien* (Chloropren), das durch Chlorierung von Butadien zum 3,4-Dichlor-1-buten und anschließende HCl-Abspaltung billig und in

[1] Vgl. *E. Konrad,* Über die Entwicklung des synthetischen Kautschuks in Deutschland, Angew. Chem. *62,* 491 (1950); *Earl V. Anderson,* Rubber, Chem. eng. News. Vol. *47,* Nr. 29, 40 (1969).
[2] Vgl. *E. Konrad* et al., Zur Geschichte des bei tiefer Temperatur polymerisierten synthetischen Kautschuks, Angew. Chem. *62,* 423 (1950).

guter Ausbeute darstellbar ist, in größerem Umfange polymerisiert. Das Polymerisat (Baypren, Neopren, Sowpren) ist ölfest und zeigt eine hohe Alterungsbeständigkeit. Es wird u. a. zur Fabrikation von Klebstoffen verwendet.

6.8.3.1 Blockpolymere. Außer durch statistische Copolymerisation von Butadien (B) mit Styrol (S) können Makromoleküle hergestellt werden, die beide Bausteine in aufeinanderfolgenden Blöcken: B_n-S_m enthalten. Derartige *Blockpolymere* können auf synthetischem Wege mit besonderen Eigenschaften ausgestattet werden, z. B. das *Styrol-Butadien-Styrol-Dreiblockpolymere* (SBS):

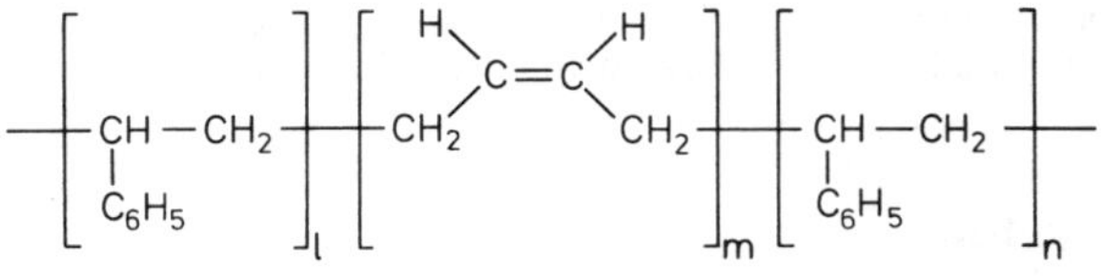

Polystyrol — *cis*-1,4-Polybutadien — Polystyrol

Die gummielastischen *cis*-1,4-Polybutadienblöcke machen 60% der relativen Molekülmasse aus, die beiden hartelastischen Polystyrolblöcke je 20%, wodurch ein formstabiles Material entsteht, in dem die beweglicheren B-Blöcke durch die starreren S-Blöcke soweit fixiert sind, daß man von einer dreidimensionalen physikalischen Vernetzung sprechen kann.
Bei 180 °C (450 K) wird die Fließtemperatur der S-Blöcke erreicht und das *SBS* kann bei dieser Temperatur thermoplastisch verformt werden, weil die mechanische Vernetzung aufgehoben ist. Sie wird beim Abkühlen wieder wirksam und man hat wieder die Eigenschaften des ursprünglichen Dreiblockpolymeren.

6.8.3.2 Pfropfpolymere. An die im Polybutadien vorhandenen Doppelbindungen lassen sich Seitenketten, z. B. Styrol anknüpfen, die dann weiter zu Polystyrol polymerisiert werden können. Dazu wird *cis*-1,4-Polybutadien in monomerem Styrol gelöst und dessen Polymerisation durch Radikale gestartet. Dabei werden hinreichend viele Doppelbindungen des Polybutadiens statistisch copolymerisiert, so daß Makromoleküle des folgenden Typs entstehen:

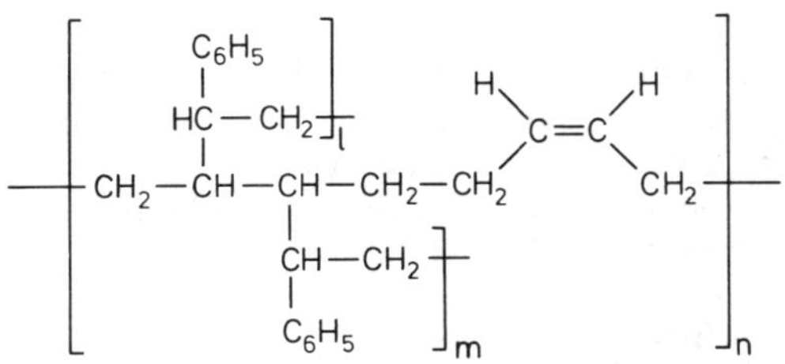

Die polymeren Seitenketten werden auf das Rückgratpolymere, hier das *cis*-1,4-Polybutadien aufgepfropft, woher der Name *Pfropfpolymere* stammt (engl. *graft polymers;* Abkürzung: g).
Die Kurzbezeichnung des oben formulierten Polymeren ist *cis*-1,4-Polybutadien-g-Polystyrol. Es vereinigt die Eigenschaften des Polystyrols mit dem des Polybutadiens in anderer Weise als bei dem Blockpolymeren und ist ein zähes, nicht sprödes Material.

Ein wesentlicher Nachteil der aus Dienen hergestellten Elastomeren besteht darin, daß das fertige Vulkanisat noch eine größere Anzahl von Doppelbindungen aufweist, wodurch es gegen Sauerstoff und Ozon sowie gegen Licht empfindlich ist. Um dies zu verhindern, setzt man dem Gummi *Alterungsschutzmittel* (Antioxidantien), z. B. N-Phenyl-β-naphthylamin, zu.
Eine bedeutend höhere Beständigkeit und Lebensdauer zeigen jedoch synthetische Elastomere, die durch *Polymerisation* von Olefinen oder Vinylderivaten hergestellt werden. Hierzu gehören die Copolymerisate von Acrylsäureethylester mit Acrylnitril (Acrylan Rubber) sowie Kombinationen von Ethylen mit Propylen und Dicyclopentadien (EPDM) oder Vinylacetat. Ein besonders hochwertiges Material liefert die gleichzeitige Chlorierung und Sulfochlorierung von Polyethylen (Hypalon), das durch Zusatz von Metalloxiden, Diaminen oder Polyalkoholen vulkanisierbar ist. Ferner seien an dieser Stelle noch die *Thiokole* erwähnt, die durch *Polykondensation* von 1,2-Dichlor-ethan mit Natriumtetrasulfid erhalten werden. Auf die ebenfalls in diese Reihe gehörenden Polyester- und Polyurethan-Kautschuke sowie den Siliconkautschuk wurde bereits hingewiesen.

6.8.4 Guttapercha

Guttapercha, $(C_5H_8)_n$, wird durch Eintrocknen des Milchsaftes tropischer *Palaquium*-Arten (Palaquium gutta) gewonnen. Es ist mit dem Naturkautschuk *strukturisomer* und weist eine all-*trans*-1,4-Polyisoprenkette auf, d. h. alle Doppelbindungen haben (*E*)-Konfiguration. In der Elektroindustrie dient Guttapercha als Isoliermaterial, z. B. für Tiefseekabel.

Steroide

Zu den biochemisch wichtigen **Steroiden**[1] gehören die Sterine (Sterole), Gallensäuren, Sexualhormone, Corticoide, Cardenolide, Bufadienolide sowie die Steroid-Sapogenine und Steroid-Alkaloide.
Das Grundskelett der Steroide ist das aus vier kondensierten Ringen bestehende Perhydro-cyclopenta[a]phenanthren, $C_{17}H_{28}$, das als **Gonan** (oder Steran) bezeichnet wird.

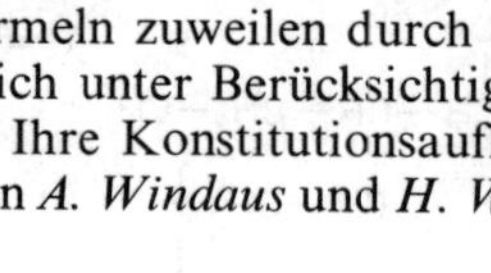

Gonan

Von diesem alicyclischen Kohlenwasserstoff, dessen vier Ringe in obiger Weise durchnumeriert und in den Steroidformeln zuweilen durch die Buchstaben A, B, C und D gekennzeichnet werden, lassen sich unter Berücksichtigung der jeweiligen Substituenten sämtliche Steroide ableiten. Ihre Konstitutionsaufklärung geht hauptsächlich auf die bahnbrechenden Arbeiten von *A. Windaus* und *H. Wieland* zurück.

Nomenklatur und Stereochemie der Steroide

Die Bezifferung und die sterischen Verhältnisse der Steroide sollen am Beispiel des **Cholestans,** $C_{27}H_{48}$, des Grundkohlenwasserstoffs des Cholesterins, näher erklärt werden:

---

[1] Vgl. *Rodd's* Chemistry of Carbon Compounds, 2nd Ed., *S. Coffey* (Ed.), *2* D,E Steroids (Elsevier, Amsterdam 1970/71).

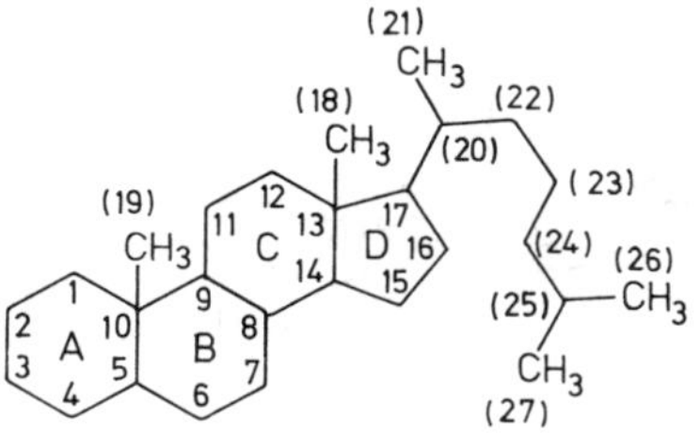

Cholestan

Theoretisch können die vier Ringe des Cholestans jeweils in *cis*- oder *trans*-Stellung miteinander verknüpft sein, ähnlich wie dies für das Decalin und Hydrindan erläutert wurde. Tatsächlich treten in den Steroiden jedoch nur *bestimmte* Ringverknüpfungen auf, wodurch die Anzahl der Konfigurationen und Konformationen weitgehend eingeschränkt wird. Die Ringe A und B weisen entweder *cis*- oder *trans*-Verknüpfung auf, die Ringe B und C sind stets *trans*-ständig, und die Ringe C und D zeigen meist *trans*-, aber auch *cis*-Konfiguration, z. B. in den Cardenoliden und Bufadienoliden.

Bei der Charakterisierung der Steroide spielt ferner die sterische Anordnung der einzelnen Substituenten sowie der H-Atome an den Verknüpfungsstellen der Ringe eine entscheidende Rolle. Als *Bezugspunkt* wurde die angulare Methylgruppe am C-Atom 10 festgelegt. Sämtliche Substituenten und H-Atome, die sich mit dieser auf der Vorderseite des Moleküls befinden, werden als *β-ständig* bezeichnet und ihre Bindungen durch *ausgezogene Striche* symbolisiert; die Substituenten auf der Rückseite des Moleküls sind *α-ständig*, ihre Bindungen werden durch *punktierte Linien* gekennzeichnet (*Fieser*).

Im Cholestan sind die angulare Methylgruppe am C-13, die Seitenkette am C-17 und das H-Atom am C-8 *β-ständig*, dagegen die H-Atome am C-9, C-14 und C-17 *α-ständig*. Das H-Atom am C-5 ist bei *trans*-Verknüpfung der Ringe A und B *α-ständig*, bei *cis*-Verknüpfung *β-ständig*. Dementsprechend bezeichnet man die beiden Steroisomeren als **5α-Cholestan** und **5β-Cholestan.** Ihre nachstehenden *Konfigurationsformeln* geben nicht nur die relative sterische Lage der angularen Substituenten, sondern auch die absolute Konfiguration der betreffenden asymmetrischen C-Atome wieder (s. auch Cholesterin-Formel).

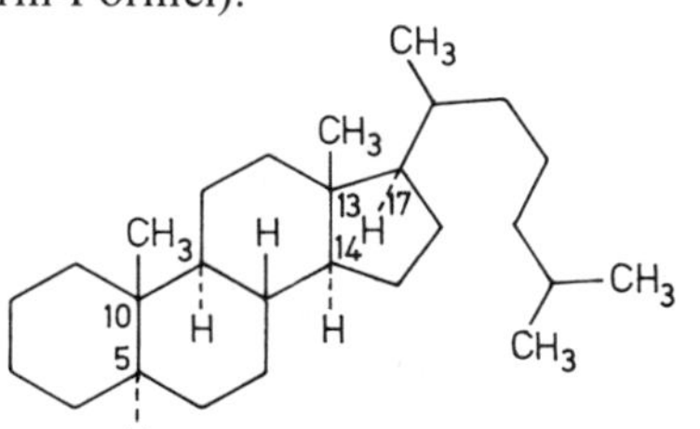

5α-Cholestan (A:B-*trans*)

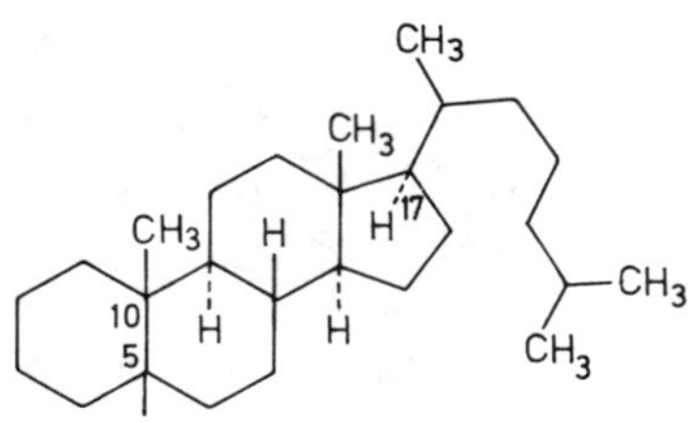

5β-Cholestan (A:B-*cis*)

Die Ringe B und C sowie C und D weisen in diesen beiden stereoisomeren Kohlenwasserstoffen *trans*-Verknüpfung auf.

Beide Cholestane lassen sich auch durch Konformationsformeln[1] veranschaulichen, in denen die drei Cyclohexanringe A, B und C in der Sesselform und auch der Cyclopentanring nicht ganz

[1] Vgl. *W. Klyne*, The Chemistry of the Steroids, S. 33/34 (Methuen & Co., London 1957); *D. H. R. Barton* et al., Conformational Analysis of Steroids and Related Products, Fortschr. Ch. org. Naturst. *19*, 165 ff. (1961).

eben angeordnet sind.

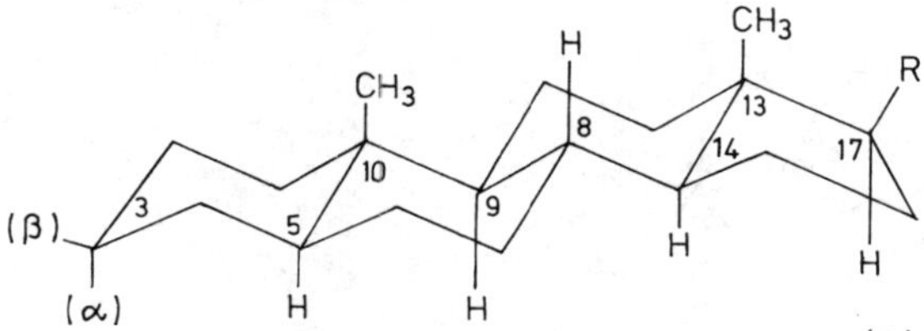

5α-Cholestan

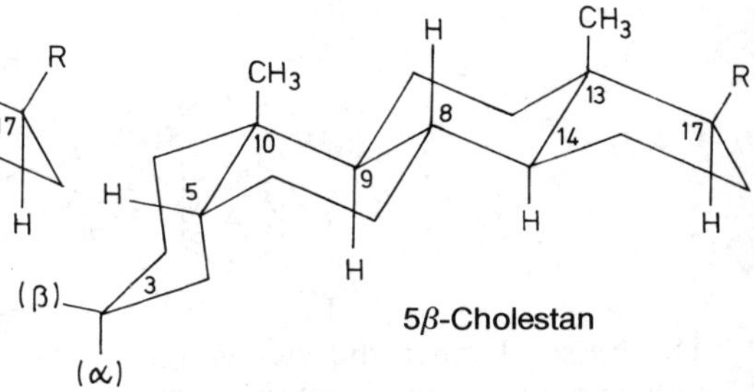

5β-Cholestan

(R symbolisiert die Seitenkette in Stellung 17.)

Die α-ständigen Substituenten oder H-Atome sind räumlich *axial* und die β-ständigen *äquatorial* angeordnet (vgl. S. 400 *ff.*).

Die obige Anordnung gilt nur für gesättigte Ringsysteme. Tritt eine Doppelbindung in einem 6-Ring auf, so nimmt dieser die auf S. 406 skizzierte Halbsesselform an.

In den Sterinen befindet sich am C-3 eine OH-Gruppe, die α- oder *β-ständig* zur angularen Methylgruppe am C-10 angeordnet sein kann. Daher existieren von den beiden Cholestanen *je zwei* **Cholestanole,** denen folgende *Konfigurationsformeln* zukommen:

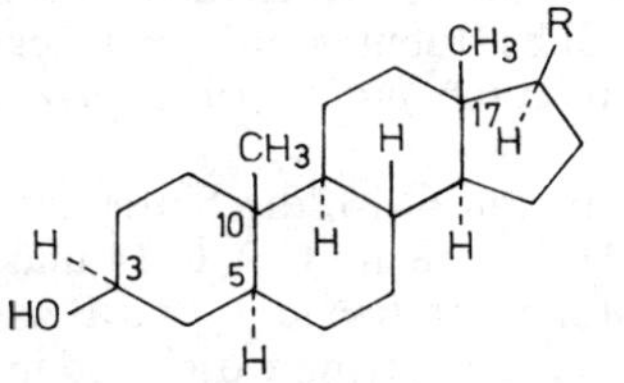

5α-Cholestan-3β-ol

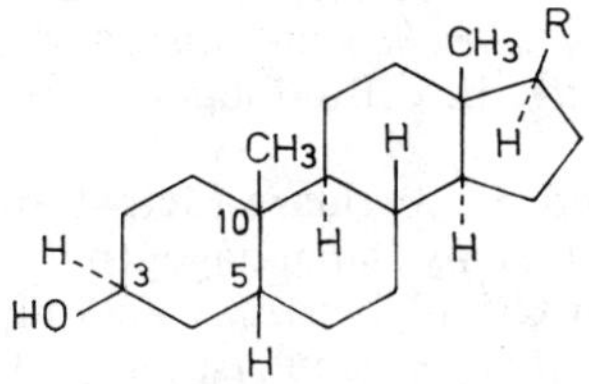

5β-Cholestan-3β-ol

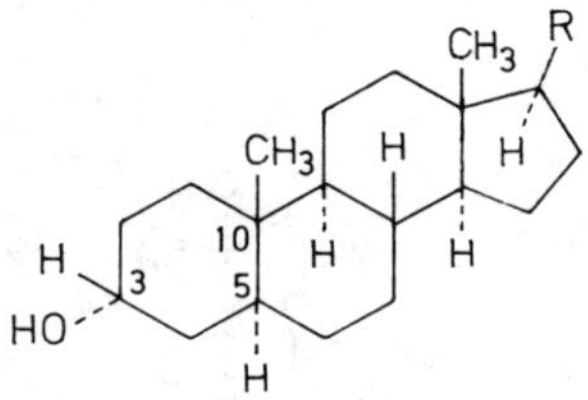

5α-Cholestan-3α-ol

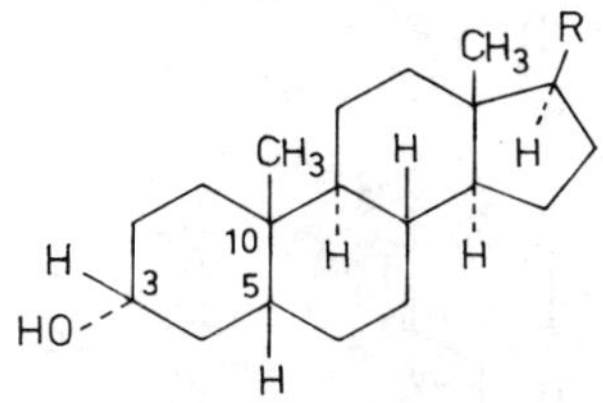

5β-Cholestan-3α-ol

(R in Stellung 17 symbolisiert die gleiche Seitenkette wie im Cholestan.)

6.9 Sterine (Sterole)

Je nach ihrem Vorkommen im Tier- und Pflanzenreich unterteilte man die eigentlichen Sterine früher in Zoo-, Phyto- und Mycosterine. Mit der Entwicklung der Steroidchemie zeigte sich, daß keine typischen Vertreter der genannten Untergruppen existieren und daher eine strukturelle Klassifizierung zu bevorzugen ist. Allgemein enthalten alle Sterine eine 3β-Hydroxylgruppe. Wesentliche Unterschiede bestehen in der Veränderung der in Stellung 17(20) haftenden Seitenkette, die stets β-Konfiguration besitzt.
Die wichtigsten Vertreter dieser Steroidklasse sind *Cholesterin, Ergosterin, Stigmasterin* und *β-Sitosterin.*

Im angelsächsischen Schrifttum werden die Sterine als *Sterole* bezeichnet.

Cholesterin (Cholesterol), $C_{27}H_{45}OH$, das am längsten bekannte Steroid, bildet den Hauptbestandteil der Gallensteine und wurde daraus von *Conradi* (1775) isoliert. Diesem Vorkommen verdankt es auch seinen Namen (*Cholesterin* = feste Galle, *Chevreul*, 1815). Als primärer Zellbestandteil findet sich Cholesterin frei oder verestert in allen tierischen Organen und Flüssigkeiten, besonders reichlich im Gehirn und Rückenmark sowie in den Nebennieren, im Lebertran und im Wollfett (Lanolin). Daneben treten 5α- und 5β-Cholestan-3β-ol als Begleiter auf.
Cholesterin ist ein 1-wertiger *sekundärer* Alkohol, der in Nadeln vom Schmp. 150 °C (423 K) kristallisiert, in Wasser unlöslich, dagegen in Alkohol, Ether und Chloroform löslich ist. Aufgrund der 8 asymmetrischen C-Atome (*) ist Cholesterin *optisch aktiv*, es besitzt ferner eine Doppelbindung im Ring B, die sich durch Bromaddition oder durch Hydrierung zu 5α-Cholestan-3β-ol nachweisen läßt.
Für die *Konstitutionsaufklärung* des Cholesterins war seine Dehydrierung mit Selen entscheidend (*Diels*). Hierbei entsteht *3'-Methyl-1,2-cyclopentenophenanthren*, $C_{18}H_{16}$, das auch synthetisch zugänglich ist. Demnach wird bei der Dehydrierung, die OH-Gruppe in 3-Stellung als Wasser eliminiert, die angulare Methylgruppe 19 als Methan abgespalten, und die Methylgruppe 18 wandert unter gleichzeitiger Ablösung der Seitenkette an das benachbarte C-Atom 17, so daß ein weitgehend *aromatisches* Ringsystem gebildet wird.

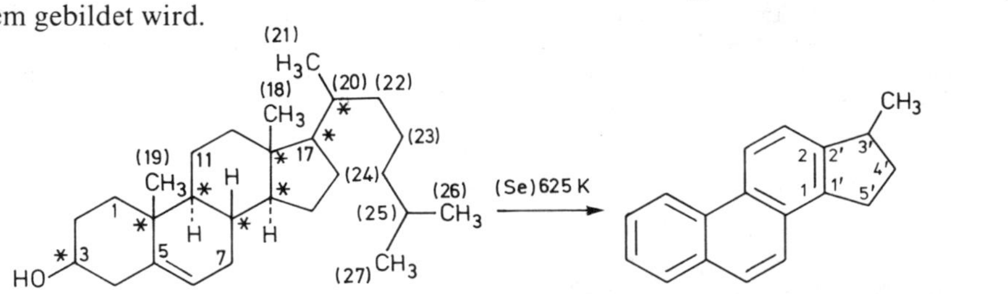

Cholesterin (Cholesterol) 3'-Methyl-1,2-cyclopentenophenanthren

Diese *Rosenheim-Wieland*sche Konstitutionsformel des Cholesterins wurde durch *Röntgenstrukturanalyse* des Cholesteryliodids bewiesen (*D. Crowfoot*, 1945). *J. W. Cornforth* und *G. Popjak* klärten die Orientierung aller Wasserstoffatome des Cholesterins auf[1].

[1] Vgl. *J. W. Cornforth*, Asymmetrie und Enzymwirkung, Angew. Chem. *88*, 550 (1976).

Cholesterin übt im Körper lebenswichtige Funktionen aus; eine Störung des Cholesterin-Stoffwechsels kann – besonders im höheren Alter – zu Ablagerungen von Cholesterin an den Arterienwänden und damit zur *Arteriosklerose* führen.
5β-Cholestan-3β-ol, $C_{27}H_{47}OH$, ist *stereoisomer* mit Dihydrocholesterin und bildet Nadeln von Schmp. 101 °C (374 K). Es entsteht im Darm aus Cholesterin unter dem Einfluß von Bakterien und tritt daher im Kot auf.

Ergosterin (Ergosterol), $C_{28}H_{43}OH$, findet sich vor allem in der Hefe, bildet glänzende Nadeln von Schmp. 168 °C (441 K) und ist *optisch aktiv*. Es besitzt drei C=C-Doppelbindungen, von denen zwei im Ring B konjugiert angeordnet sind, die dritte befindet sich in der Seitenkette zwischen den C-Atomen 22 und 23; ferner trägt das C-Atom 24 eine Methylgruppe. Die Konstitution der Seitenkette des Ergosterins wurde durch Hydrolyse des Ozonids aufgeklärt, wobei als Spaltprodukt der *Isopropyl-methyl-acetaldehyd* auftrat. Ergosterin geht beim Bestrahlen in Vitamin D_2 über.
Stigmasterin (Stigmasterol), $C_{29}H_{47}OH$, kommt in den Sojabohnen vor und unterscheidet sich vom Cholesterin nur in der Seitenkette. Wie Ergosterin besitzt es zwischen den C-Atomen 22 und 23 eine Doppelbindung, ferner ist ein H-Atom am C-Atom 24 – anstelle der Methylgruppe im Ergosterin – durch eine Ethylgruppe ersetzt. Dies geht daraus hervor, daß bei der Spaltung des Ozonids vom Stigmasterin *Ethyl-isopropyl-acetaldehyd* isoliert wurde.

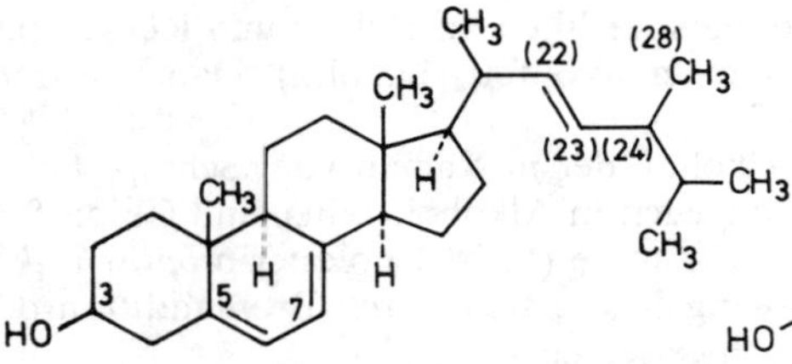

Ergosterin (Ergosterol)

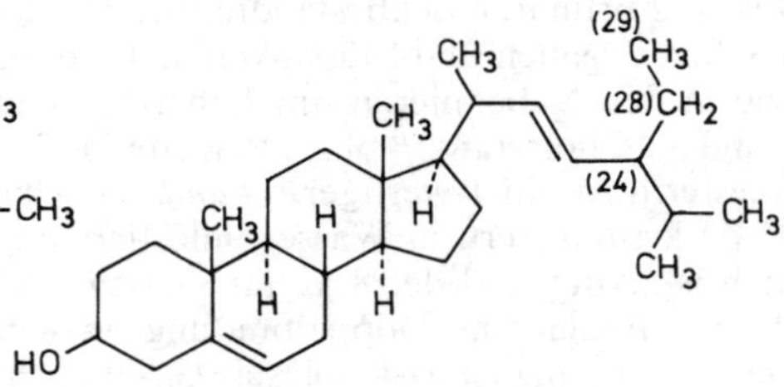

Stigmasterin (Stigmasterol)

Stigmasterin dient als wichtiger Ausgangsstoff für Partialsynthesen von Steroid-Hormonen. Die einfachen Sterine sind jedoch nicht nur Ausgangssubstanzen für die Darstellung anderer Steroide, sondern besitzen auch für die theoretische organische Chemie Bedeutung, vor allem im Hinblick auf die Beziehungen zwischen Stereochemie und Reaktivität der funktionellen Gruppen.
β-Sitosterin (β-Sitosterol), $C_{29}H_{49}OH$, ist das Dihydroderivat des Stigmasterins mit gesättigter Seitenkette und fällt zusammen mit anderen Phytosterinen in großen Mengen bei der Verseifung von *Sojabohnenöl* als Abfallprodukt an, von dem ein Teil als Ausgangsverbindung zur Herstellung von *Steroidhormonen*, z. B. *Östron* verwendet wird. Sitosterin hat sich als wirksam gegen Prostatahypertrophie erwiesen.

6.10 Gallensäuren

Die Gallensäuren leiten sich sterisch von *5β-Cholestan* ab. Sie kommen in der Galle nicht frei vor, sondern sind stets mit Aminosäuren peptidartig verknüpft, z. B. ist die am häufigsten auftretende *Cholsäure* als *Glyko-* oder *Taurocholsäure* an Glykokoll bzw.

Taurin gebunden. Durch Hydrolyse lassen sich die Gallensäuren von den Aminosäuren abtrennen (*Strecker*, 1848).
Als Stammverbindung der Gallensäuren erkannte *H. Wieland* die **Cholansäure,** $C_{23}H_{39}COOH$, die bisher in der Natur nicht aufgefunden wurde. Sie ist durch Abbau des 5β-Cholestans zugänglich und weist eine *cis*-ständige Verknüpfung der Ringe A und B auf. Gegenüber dem 5β-Cholestan ist die Seitenkette in der Cholansäure um drei C-Atome verkürzt, und am Ende steht eine Carboxylgruppe.
Die Gallensäuren sind Hydroxyderivate der Cholansäure. Zu ihnen zählen vor allem die **Cholsäure** (3α, 7α, 12α-Trihydroxy-5β-cholansäure), **Desoxycholsäure** (3α, 12α-Dihydroxy-5β-cholansäure), **Chenodesoxycholsäure** (3α, 7α-Dihydroxy-5β-cholansäure) und **Lithocholsäure** (3α-Hydroxy-5β-cholansäure). Alle vier Säuren sind *optisch aktiv*.

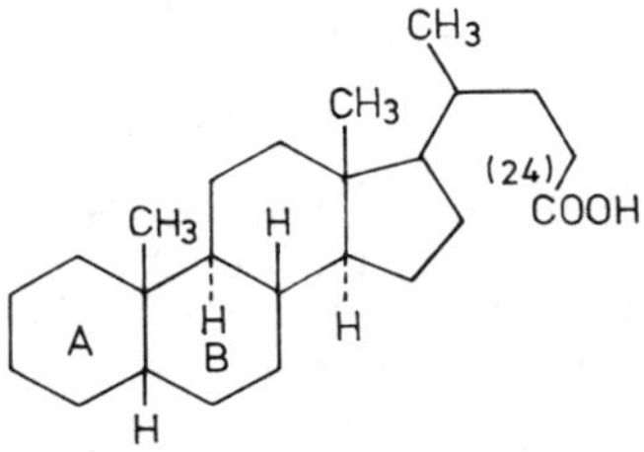

Cholansäure

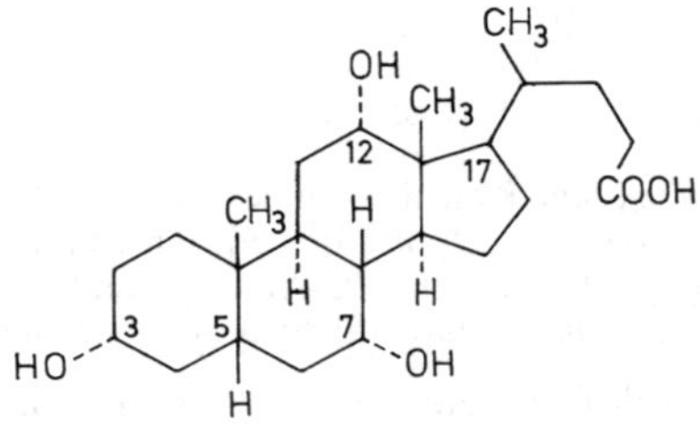

Cholsäure

Die physiologische Funktion der Gallensäuren liegt vornehmlich auf dem Gebiet der Fettverdauung, jedoch ist bis heute nicht geklärt, ob sie die Fettresorption durch Emulgieren fördern oder die fettspaltenden Enzyme, die *Lipasen,* aktivieren.
Erwähnenswert ist die Eigenschaft der Desoxycholsäure, mit Fettsäuren, wie Palmitin-, Stearin- oder Ölsäure, gut kristallisierende, wasserlösliche Additionsverbindungen im Molverhältnis 8:1 zu geben, die als *Choleinsäuren* bezeichnet werden und auch in der Galle anzutreffen sind. Das Molverhältnis ist von der Kettenlänge der Carbonsäuren abhängig. Es handelt sich hierbei um *Einschlußverbindungen* und auch andere Stoffe, wie z. B. Ester, Alkohole oder Phenole bilden mit Desoxycholsäure derartige Addukte. Das Natriumsalz der Desoxycholsäure wird als Lösungsvermittler (Detergenz) für Lipide verwendet.

6.11 Steroid-Vitamine

In enger struktureller Beziehung zum Ergosterin stehen folgende Vitamine der D-Reihe[1].
Vitamin D_2 (Calciferol, *Vigantol*), $C_{28}H_{43}OH$, wurde erstmalig von *Windaus* (1932) *durch Photolyse von Ergosterin* gewonnen. Die bei der UV-Bestrahlung sich abspielenden Vorgänge sind ziemlich kompliziert und führen über verschiedene Zwischenstufen, wie Lumisterin und Tachysterin, zum Vitamin D_2. Als originelle Reaktion erfolgt hier-

[1] Vgl. *H. H. Inhoffen,* Aus der Chemie der antirachitischen Vitamine, Angew. Chem. *72,* 875 (1960).

bei die elektrocyclische Öffnung des Ringes B zwischen den C-Atomen 9 und 10 unter Ausbildung einer neuen C=C-Doppelbindung, d. h. einer *Methylengruppe*, zwischen den C-Atomen 10 und 19. Der Reaktionsverlauf läßt sich mit der *Woodward-Hoffmann*-Regel deuten. Im Endeffekt findet nur eine *Isomerisierung* des Sterinskeletts statt. Ergosterin ist somit als *Provitamin D_2* anzusehen.

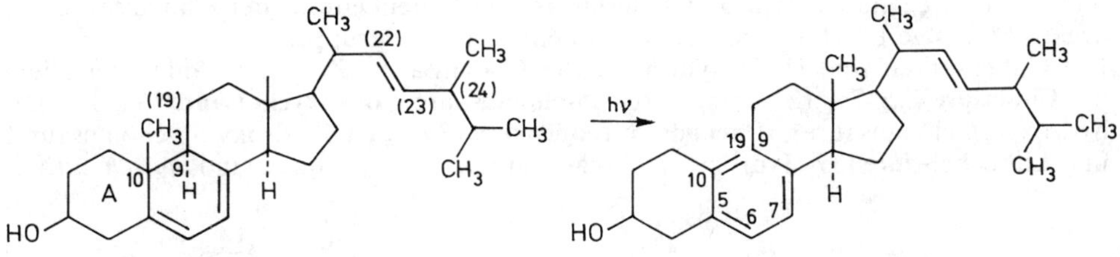

Ergosterin (Ergosterol) Vitamin D_2

Beweise für die obige Konstitution des Vitamins D_2 ergab die Aufnahme von 8 H-Atomen bei der katalytischen Hydrierung und die Addition von Maleinsäureanhydrid nach *Diels-Alder* an die Enden des konjugierten Systems (C-Atome 6 und 19) unter Bildung eines Naphthalinderivats. Die *Röntgenstrukturanalyse* klärte die Struktur auch sterisch auf (*Crowfoot* und *Dunitz*, 1948).

Vitamin D_2 bildet farblose Prismen vom Schmp. 121 °C (394 K) und ist *optisch aktiv*. Es dient zur Bekämpfung der *Rachitis*, bei der durch Vitamin-D_2-Mangel eine Störung des Mineralstoffwechsels auftritt, die zu einer unzureichenden Kalkablagerung in den Knochen führt.

Vitamin D_3 (Cholecalciferol) kommt neben dem Vitamin A in den Leberölen von Thunfisch, Heilbutt und Dorsch vor und wurde von *Brockmann* (1936) aus dem Lebertran des Thunfisches isoliert. Es unterscheidet sich vom Vitamin D_2 nur durch die Seitenkette, die keine Doppelbindung aufweist und am C-Atom 24 keine Methylgruppe trägt, und es zeigt die gleiche biologische Aktivität wie das Vitamin D_2.
Synthetisch läßt sich Vitamin D_3 durch UV-Bestrahlung aus dem 7-Dehydrocholesterin (Provitamin D_3) gewinnen (*Windaus*):

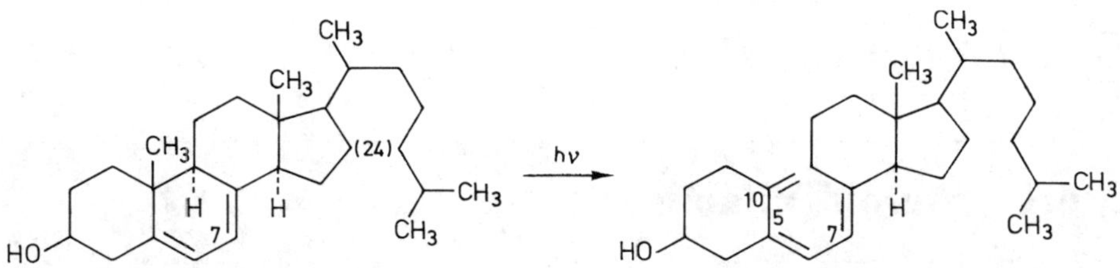

7-Dehydro-cholesterin Vitamin D_3 (Schmp. 84 °C [357 K])

Vitamin D_4 ist durch Bestrahlen des in der Seitenkette hydrierten Ergosterins (22,23-Dihydro-ergosterin) zugänglich. Es entspricht mit Ausnahme der beiden zusätzlichen H-Atome dem Vitamin D_2, ist jedoch im Rattentest wirksamer.

6.12 Steroid-Hormone (Sexual- und Nebennierenrindenhormone)[1]

Zu diesem wichtigen Steroidtyp gehören zwei Gruppen von innersekretorischen Wirkstoffen, nämlich die Sexual- und Nebennierenrindenhormone. Letztere werden als *Corticoide* bezeichnet.
Unter dem Begriff **Sexualhormone** faßt man jene Wirkstoffe zusammen, die in den männlichen oder weiblichen Keimdrüsen (Hoden oder Eierstöcken) erzeugt werden und die für die Entwicklung und die normale Funktion der Geschlechtsorgane sowie für die Ausbildung der sekundären Geschlechtsmerkmale verantwortlich sind. Man hat zwischen männlichen und weiblichen Sexualhormonen zu unterscheiden.

Die Bezeichnungen „männliche" oder „weibliche" Sexualhormone beziehen sich nur auf die physiologischen Wirkungen dieser Stoffe, nicht auf ihr Vorkommen.

Die Keimdrüsenhormone ähneln in ihrer Konstitution dem Cholesterin; einige lassen sich daraus durch Partialsynthese darstellen. Sie sind sämtlich *optisch aktiv*.

6.12.1 Männliche Sexualhormone (Androgene)

Die ersten Hormone dieser Art isolierte *Butenandt* (1934) aus Männerharn, und zwar **Androsteron,** $C_{19}H_{30}O_2$, und **5-Dehydro-androsteron,** $C_{19}H_{28}O_2$, zwei gutkristallisierende Verbindungen, die bei 185 °C (458 K) bzw. 148 °C (421 K) schmelzen. Der diesen *Androgenen* zurunde liegende Kohlenwasserstoff ist das **Androstan** (10,13-Dimethylgonan), $C_{19}H_{32}$ (vgl. S. 686). Androsteron leitet sich sterisch von 5α-Cholestan-3α-ol ab, während 5-Dehydro-androsteron dem Cholesterin entspricht. Beide Wirkstoffe enthalten am C-Atom 17 eine Ketogruppe.
Als androgen wirksamer erweist sich ein aus Stierhoden gewonnener Wirkstoff, das *INN:* ***Testosteron,*** $C_{19}H_{28}O_2$ (*E. Laqueur,* 1935). Es ist als das eigentliche männliche Keimdrüsenhormon anzusehen, da es nicht nur die sekundären Geschlechtsmerkmale (z. B. das Kammwachstum des Kapauns) beeinflußt, sondern zugleich das Wachstum und die normale Funktion bestimmter Geschlechtsdrüsen (Vesiculardrüsen, Prostata) stimuliert.
Die *Konstitution* des Testosterons wurde fast gleichzeitig von *Butenandt* und *Ruzicka* durch Partialsynthese aus 5-Dehydro-androsteron bewiesen. Es enthält zum Unterschied vom 5-Dehydro-androsteron am C-Atom 3 eine Ketogruppe, und die Doppelbindung ist aus der 5,6- in die 4,5-Stellung gewandert. Ferner trägt das C-Atom 17 eine *sekundäre* Alkoholgruppe, deren OH-Gruppe zur Methylgruppe am C-Atom 13 *cis*-orientiert ist.

[1] Vgl. *L. Träger,* Steroidhormone (Springer-Verlag, Berlin 1977).

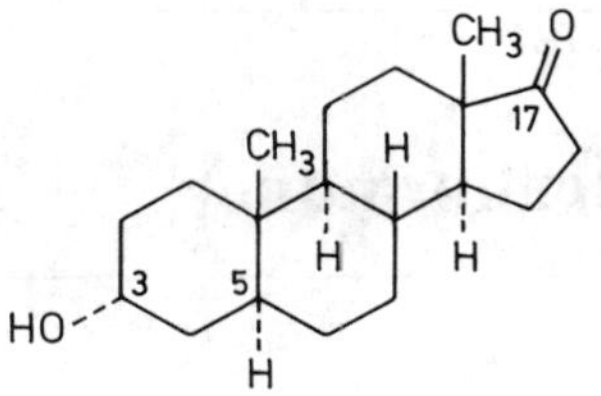

Androsteron
3α-Hydroxy-5α-androstan-17-on

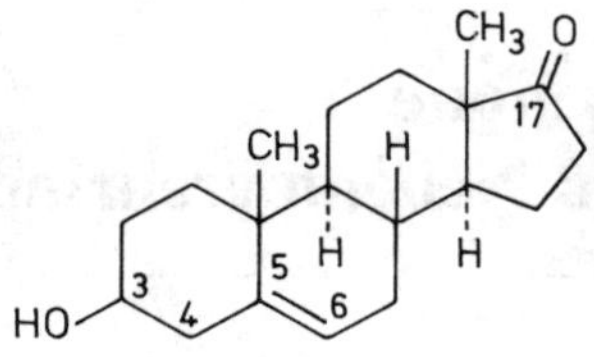

5-Dehydro-androsteron
3β-Hydroxy-5-androsten-17-on

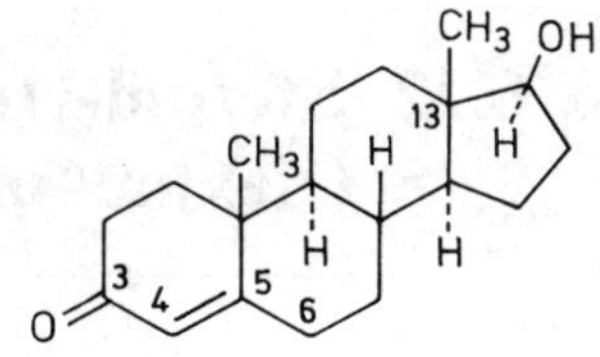

INN: ***Testosteron***
17β-Hydroxy-4-androsten-3-on

Testosteron bildet Nadeln vom Schmp. 155 °C (428 K) und ist wie alle Steroide in Wasser unlöslich, dagegen in organischen Lösungsmitteln und Ölen löslich.

6.12.2 Weibliche Sexualhormone (Östrogene und Gestagene)

Die weiblichen Keimdrüsenhormone nehmen entscheidenden Einfluß auf den rhythmisch sich wiederholenden *Sexualzyklus* bei Menschen und Säugetieren sowie auf die Schwangerschaft. Äußere Zeichen des Sexualzyklus sind bei der Frau die periodische Blutung (*Menstruation*) und bei den Tieren die Brunst (*Östrus*). Je nach ihrer spezifischen Funktion innerhalb dieses Zyklus hat man zwischen den *Follikelhormonen* und dem *Schwangerschaftshormon* zu unterscheiden.

6.12.2.1 Follikelhormone (Östrogene[1])

Im Jahre 1927 stellten *Aschheim* und *Zondek* fest, daß der Hormongehalt im Harn schwangerer Frauen besonders groß ist. Zwei Jahre danach gelang es verschiedenen Forschern unabhängig voneinander, aus dem Schwangerenharn ein kristallines Follikelhormon, später *Östron* genannt, zu isolieren (*Butenandt, Doisy* und *Marrian*). Ein hormonreiches Ausgangsmaterial ist der Harn trächtiger Stuten, jedoch enthält der Hengstharn außer männlichen mehr weibliche Sexualhormone als der Stutenharn.
Die Follikelhormone leiten sich von dem Grundkohlenwasserstoff **Östran** (Estran), $C_{18}H_{30}$, ab, der sich vom Androstan durch das Fehlen einer Methylgruppe am C-Atom 10 unterscheidet. Die wichtigsten Follikelhormone sind **Östron** (Estron), $C_{18}H_{22}O_2$, **17β-Östradiol** (17β-Estradiol), $C_{18}H_{24}O_2$, und **Östriol** (Estriol), $C_{18}H_{24}O_3$.

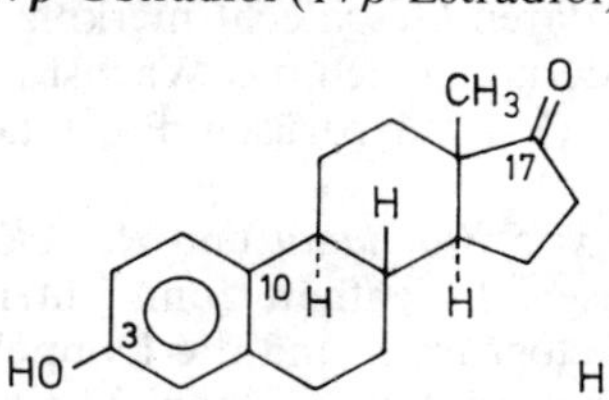

Östron

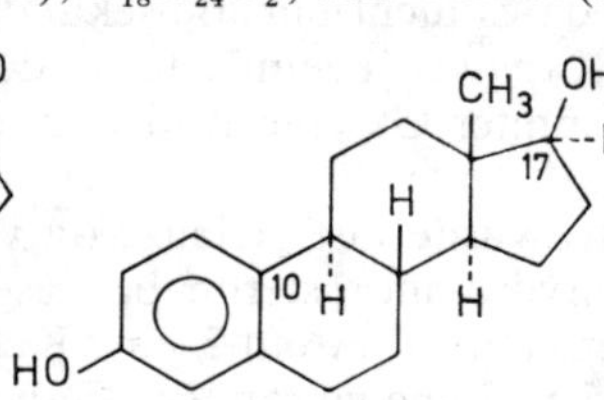

17β-Östradiol

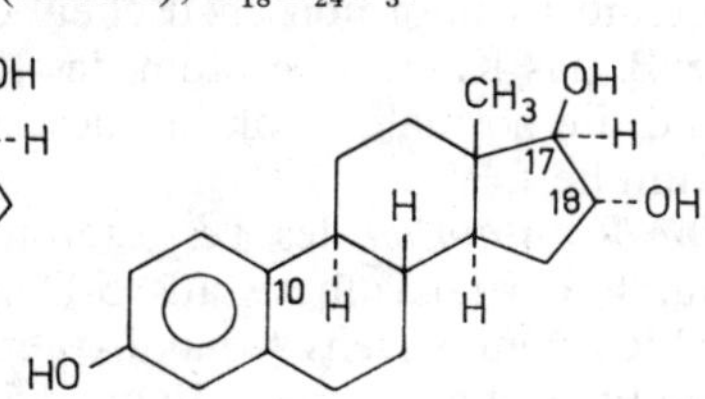

Östriol

Aus den Formeln ist ersichtlich, daß in den *Östrogenen* im Gegensatz zu den männlichen Keimdrüsenhormonen der Ring A aromatisch ist und die an ihm haftende OH-Gruppe phenolischen Charakter trägt. Das C-Atom 17 ist Teil einer Ketogruppe oder es trägt eine *sekundäre* Alkoholgruppe.

[1] Vgl. *P. Morand* und *J. Lyall*, The Steroidal Estrogens, Chem. Reviews *68*, 85 (1968).

Das östrogen wirksamste Hormon ist *17β-Östradiol* vom Schmp. 178 °C (451 K), das von *Doisy* aus Schweineovarien gewonnen wurde.

In bezug auf die Zusammenhänge zwischen chemischer Konstitution und östrogener Wirksamkeit ist interessant, daß einige synthetisch zugängliche Stilbenabkömmlinge die östrogene Wirkung der Follikelhormone übertreffen (*Dodds, R. Robinson*). Unter diesen ist besonders das (*E*)-α,β-*Diethyl-4,4'-stilbendiol* zu erwähnen, dessen östrogene Wirkung das 2–3fache des Östrons beträgt. Zur Therapie des Prostatacarcinoms ist der bis-Phosphorsäureester des Diethylstilböstrols als *INN:* ***Fosfestrol*** im Handel.

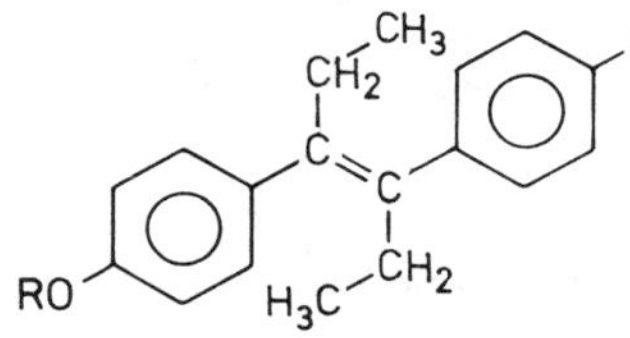

Diethylstilböstrol (R = H)

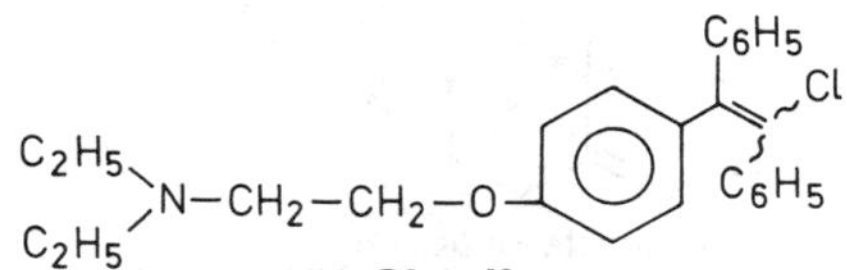

INN: ***Clomifen***

INN: ***Fosfestrol***

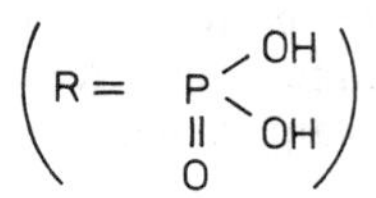

Durch Verwendung der Verbindung bei der Kälbermast kann das Schlachtgewicht gegenüber unbehandelten Tieren um 15% erhöht werden. Beim Verzehr von Fleisch, das noch Östrogene enthält, können Schäden auftreten, weshalb deren Anwendung zur Tiermast in der Bundesrepublik Deutschland verboten ist.
Das Stilbenderivat *INN:* ***Clomifen,*** (*E-Z*)-2[*p*(2-Chlor-1,2-diphenylvinyl)-phenoxy]triethylamin, besitzt *antiöstrogene* Wirkung; bei seiner Anwendung können vermehrt Mehrlingsschwangerschaften auftreten.

6.12.2.2 Hormone des Gelbkörpers (Gestagene)

Das spezifisch weibliche *Corpus-luteum-* oder Schwangerschaftshormon ist das *INN:* ***Progesteron*** (*Proluton*), $C_{21}H_{30}O_2$, das im Gelbkörper und in der Plazenta entsteht, und zwar aus Cholesterin unter Abbau der Seitenkette bis zur *Acetylgruppe* und Dehydrierung der 3β-OH-Gruppe; es ist die gemeinsame Vorstufe der männlichen und weiblichen Sexualhormone. Eine zweite Substanz mit schwacher Gelbkörperwirkung ist das in Schweinehoden aufgefundene **Pregnenolon,** $C_{21}H_{32}O_2$, das sich vom Progesteron durch Hydrierung der am C-Atom 3 befindlichen Ketogruppe und Verschiebung der Doppelbindung aus der 4,5- in die 5,6-Stellung unterscheidet. Diese *Gestagene* leiten sich von dem C_{21}-Kohlenwasserstoff **5β-Pregnan,** $C_{21}H_{36}$, ab, der am C-Atom 17 eine Ethylgruppe trägt und sich durch Abbau der Cholansäure darstellen läßt.

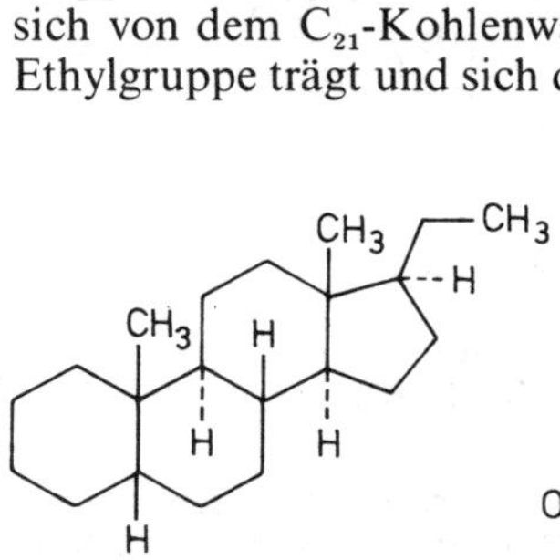

5β-Pregnan
(Schmp. 84 °C [357 K])

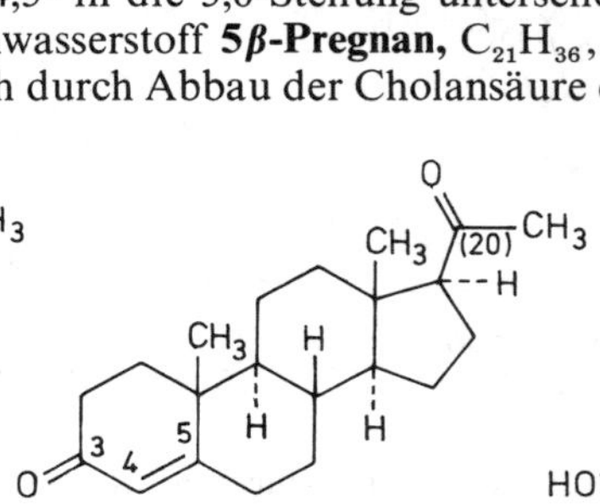

INN: ***Progesteron***
(Schmp. 121 °C [394 K])
(4-Pregnen-3,20-dion)

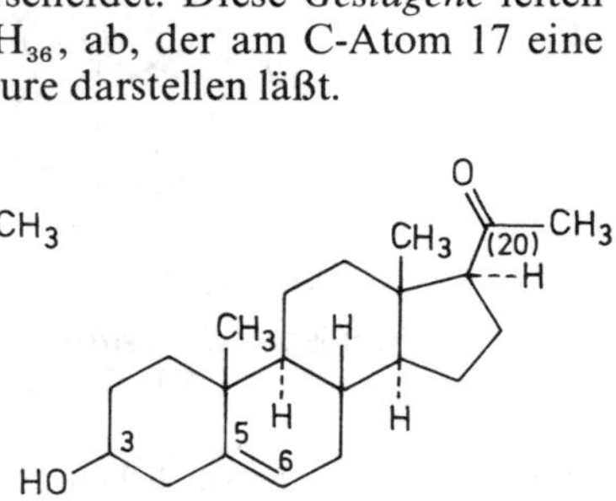

Pregnenolon
(Schmp. 190 °C [463 K])
3β-Hydroxy-5-pregnen-20-on

6.12.2.3 Kontrazeptive Steroide[1]

Abgewandelte Gestagene, z. B. *19-Norethisteronacetat* eignen sich in Kombination mit *Östrogenen* zur Empfängnisverhütung. Diese auf *Pincus* (1955) zurückgehende Erkenntnis ist die Grundlage für die meisten Kontrazeptiva, die für die Fertilitätskontrolle der Erdbevölkerung Bedeutung gewonnen haben.

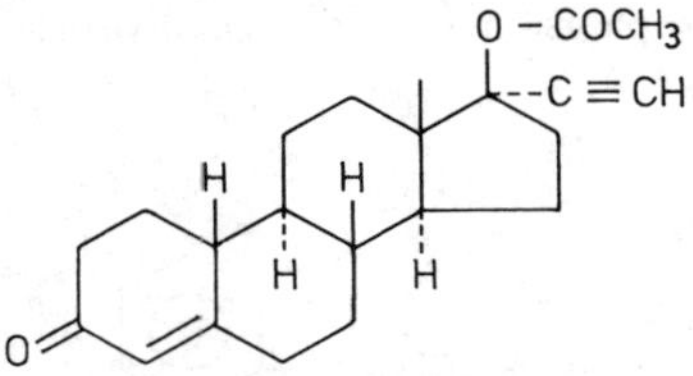

19-Norethisteronacetat

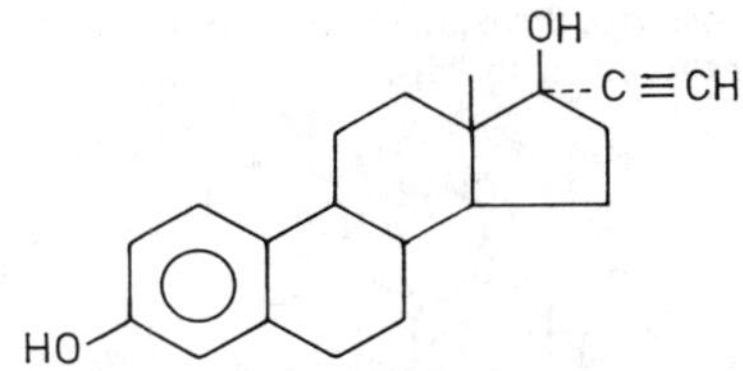

17α-Ethinyl-östradiol

19-Norethisteronacetat (Norpregnenin) enthält in Position 17 eine Ethinylgruppe, die für viele Steroide die orale Wirksamkeit vermittelt (*Inhoffen*). Die Verbindung wird aus Östradiol gewonnen, einem Ausgangsmaterial, das die angulare Methylgruppe in 19 nicht enthält.

Als östrogene Komponente der „Pille“ dient z. B. *17α-Ethinylöstradiol* (*INN:* ***Ethinylestradiol***), das durch Umsetzung der *Grignard*verbindung des Acetylens mit Östron dargestellt werden kann.

6.12.3 Corticoide

Biogenetisch eng verwandt mit dem Progesteron sind die zahlreichen, aus Extrakten der Nebennierenrinde gewonnenen Hormone, die *Corticoide* (*cortex* = Rinde). Sie gehören zu den lebenswichtigen Stoffen im Organismus; die Entfernung der Drüse führt beim Versuchstier zu schweren Schädigungen und in wenigen Tagen zum Tode.

Um die Isolierung und Konstitutionsaufklärung der Nebennierenrindenhormone haben sich vor allem *Reichstein, Kendall* und *Wintersteiner* verdient gemacht. Sämtliche Corticoide haben 21 C-Atome, jedoch sind nur die folgenden drei 11*β*-Hydroxyverbindungen als die eigentlichen *Nebennierenrindenhormone* anzusehen, nämlich **Cortisol,** $C_{21}H_{30}O_5$, **Corticosteron,** $C_{21}H_{30}O_4$ und *INN:* ***Aldosteron,*** $C_{21}H_{28}O_5$[2]:

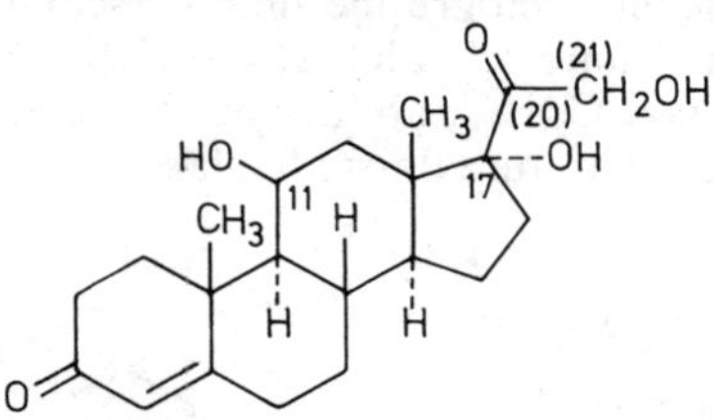

Cortisol (*INN:* ***Hydrocortison***)
(Schmp. 220 °C [493 K])

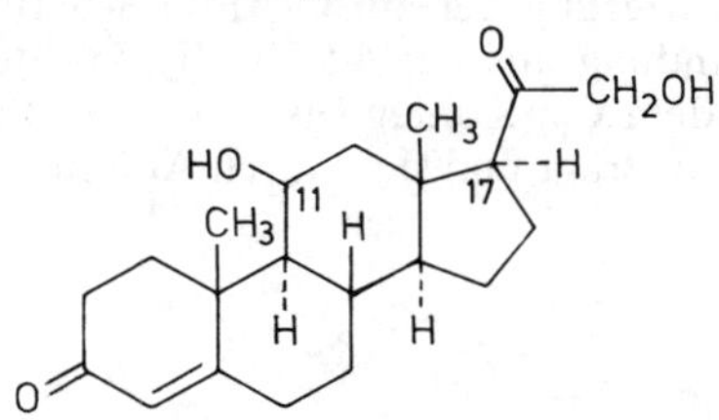

Corticosteron
(Schmp. 182 °C [455 K])

---

[1] Vgl. *R. Wiechert*, Fertilitätskontrolle als Beitrag zum Überleben der Menschheit, Angew. Chem. *89*, 513 (1977); *L. Caglioti*, The Two Faces of Chemistry, S. 54*ff.* (MIT-Press, Cambridge, Mass. 1983).

[2] Außer den angegebenen sind in Abhängigkeit vom Lösungsmittel weitere Isomere sowie Dimere gefunden worden. Vgl. *K. Lichtwald* et al., Angew. Chem. *97*, 134 (1985).

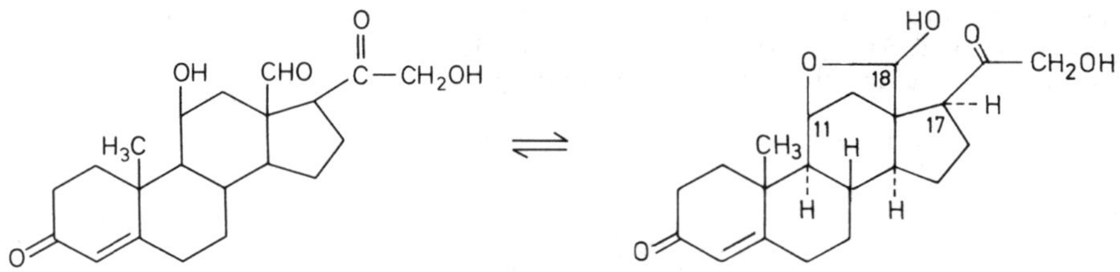

INN: ***Aldosteron***
(Schmp. 155–158 °C [428–431 K])

Biochemisch beeinflussen die Corticoide vor allem den Mineralhaushalt und den Kohlenhydratstoffwechsel, indem sie die Glykogenbildung in der Leber stimulieren. Die Regulation der Corticoidprodukte erfolgt im Organismus in erster Linie durch das *adrenocorticotrope Hormon* (ACTH, Corticotropin) der Hypophyse.
Als weitere Corticoide bzw. ihre chemisch modifizierten Analoga seien *INN:* ***Cortison, Prednison, Prednisolon*** (11-Dihydro-prednison) und ***Triamcinolon*** erwähnt, die sich bei vielen Krankheiten (Arthritis, Rheuma, Bronchialasthma, Allergien, Hautkrankheiten, Entzündungen) als wertvolle *Therapeutika* bewährt haben; jedoch läßt sich die Wirkung des einzelnen Corticoids nicht scharf abgrenzen. Durch Einführung von Fluoratomen und Hydroxylgruppen hat man die Wirkung noch steigern können, z. B. zeigt Triamcinolon eine hohe entzündungshemmende Wirkung, übt jedoch nur einen relativ geringen Einfluß auf den Mineralstoffwechsel aus.

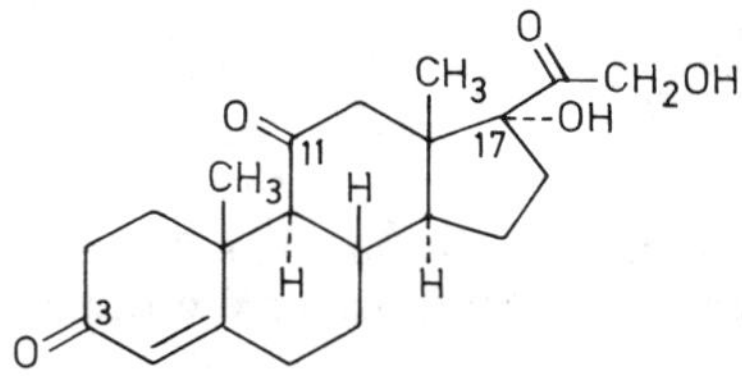

INN: ***Cortison***
(17α,21-Dihydroxy-
4-pregnen-
3,11,20-trion)

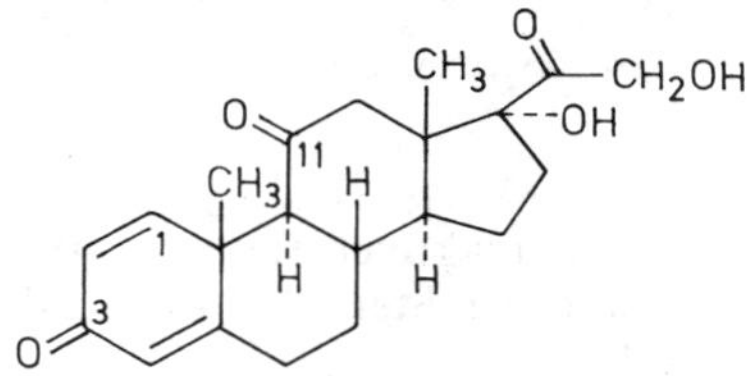

INN: ***Prednison***
(17α,21-Dihydroxy-
pregna-1,4-dien-
3,11,20-trion)

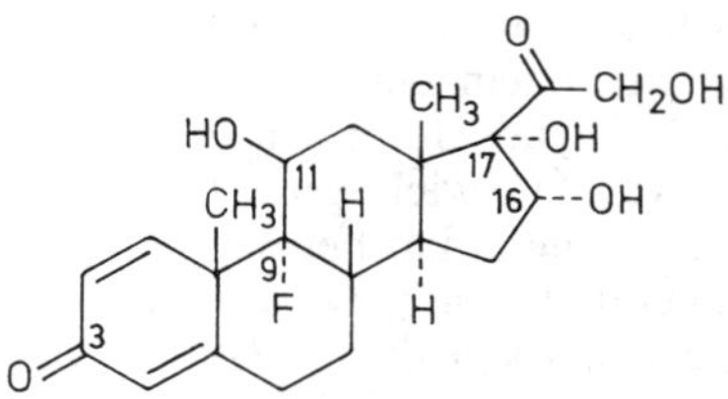

INN: ***Triamcinolon***
(9-Fluor-11β,16α,17α,21-tetrahydroxypregna-
1,4-dien-3,20-dion

Technisch gewinnt man die Corticoide meist auf *biochemischem Wege,* z. B. lassen sich *Cortison* und *Cortisol* aus Progesteron unter Einwirkung bestimmter Mikroorganismen, die selektive Hydroxylierungen auslösen, erhalten. Ebenso kann Cortison mikrobiologisch zu *Prednison* (*Decortin*) dehydriert werden.
Außer auf enzymatischen Wege gelang auch die *Totalsynthese* bei einer Reihe von Steroiden, z. B. von Östron (*Miescher,* 1948; *W. S. Johnson,* 1950), Androsteron (*R. Robinson,* 1951; *W. S. Johnson,* 1953), Cholesterin (*Woodward,* 1951), Cortison (*Woodward, Sarett,* 1951), Vitamin D_2 (*I. T. Harrison, Inhoffen,* 1957) u. a.

Interessant ist, daß auch bei niederen Organismen Steroide als Hormone fungieren. Hierzu zählt z. B. das **Ecdyson,** $C_{27}H_{44}O_6$, das als *Häutungshormon* der Insekten[1] erkannt wurde, und dem folgende Steroidstruktur mit einer Oxo- und 5 Hydroxylgruppen zukommt:

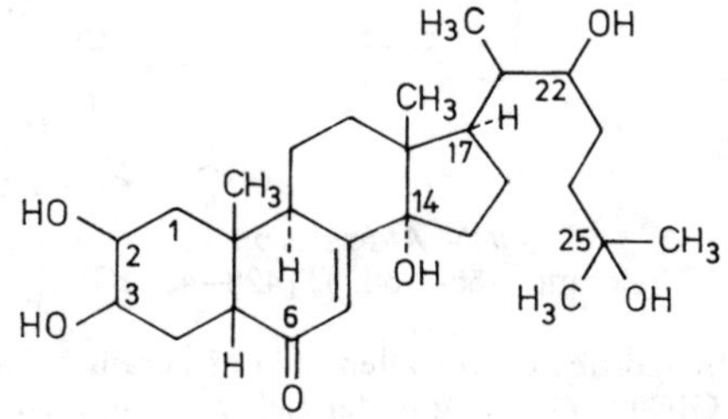

Ecdyson

6.13 Herzaktive Steroide

Zu der Gruppe herzaktiver Steroide zählt man die *Cardenolide* und *Bufadienolide.* Im Gegensatz zu anderen Steroiden sind in diesen beiden Stoffklassen die Ringe C und D *cis-ständig* verknüpft.

6.13.1 Cardenolide

Um die Erforschung dieser herzaktiven Verbindungen haben sich *W. A. Jacobs, Tschesche, Reichstein* und *Stoll* verdient gemacht.
Die Cardenolide kommen als Glykoside in den Blättern der *Digitalis*-Arten (Digitalis purpurea = roter Fingerhut) vor. Die wichtigsten Digitalisglykoside[2] sind *INN:* ***Digitoxin, Digoxin*** und *Gitoxin,* aus denen man bei der sauren Hydrolyse unter Abspaltung der an der 3β-OH-Gruppe gebundenen Zuckerreste die *Genine* (Aglykone) erhält, und zwar **Digitoxigenin,** $C_{23}H_{34}O_4$, **Digoxigenin** und **Gitoxigenin,** $C_{23}H_{34}O_5$.
Strukturell stehen diese 5β-Cardenolide mit 23 C-Atomen den Gallensäuren nahe. Eine Besonderheit ist das Auftreten des α,β-ungesättigten *γ-Lactonringes* am C-Atom 17. Die Ringe A/B sind in *cis-*, B/C in *trans-* und C/D wieder in *cis*-Stellung miteinander verknüpft.

---

[1] Vgl. *K. Slama,* Insect Hormones and Bioanalogues (Springer-Verlag, Wien 1974).
[2] Vgl. *T. Reichstein,* Chemie der herzaktiven Glykoside, Angew. Chem. *63,* 412 (1951); Besonderheiten der Zucker von herzaktiven Glykosiden, ebenda *74,* 887 (1962).

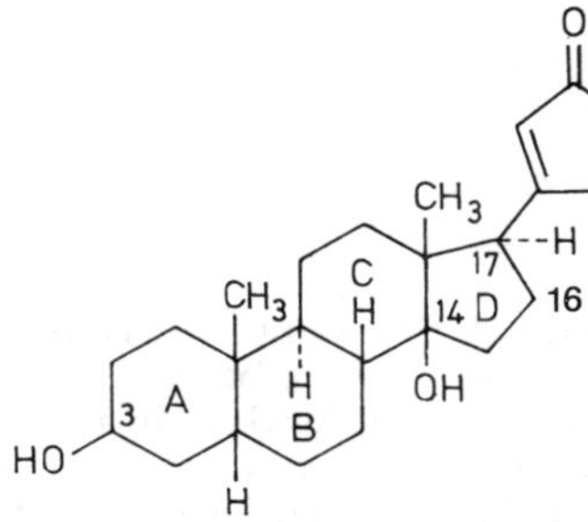

Digitoxigenin

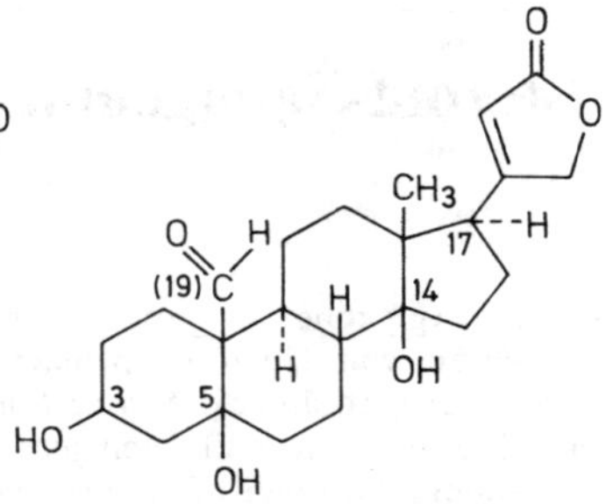

Strophanthidin

Digoxigenin enthält gegenüber dem Digitoxigenin zusätzlich eine 12*β*-OH-Gruppe, Gitoxigenin eine 16*β*-OH-Gruppe.
Strophanthidin, $C_{23}H_{32}O_6$, das Aglykon des Strophanthins, ist ähnlich gebaut wie Digitoxigenin. Charakteristisch ist die Formylgruppe in Stellung 19. Das Glykosid Strophanthin wird aus dem Samen von *Strophanthus kombé* gewonnen, es zeigt ebenso wie Digitoxin eine Wirkung auf das Herz, wird aber oral sehr schlecht resorbiert. In der Therapie benutzt man diese Glykoside in sehr kleinen Dosen zur Regulierung der Herztätigkeit.

6.13.2 Bufadienolide

Die Bufadienolide kommen teils in Pflanzen und teils in Krötensekreten als Giftstoffe vor und sind strukturell eng verwandt mit den Cardenoliden mit dem Unterschied, daß hier ein zweifach ungesättigter, 6gliedriger *Lactonring* auftritt.
Als pflanzliches Bufadienolid sei das in der weißen Meerzwiebel (*Scilla maritima*) vorkommende **Scillaren A,** ein Glykosid des Scillarenins, erwähnt.
Die Krötengifte der Steroidreihe, die vor allem von *H. Wieland* untersucht wurden, treten jedoch nicht als Glykoside in der Natur auf. Eins der bekannten Krötengifte ist das **Bufotalin,** $C_{26}H_{36}O_6$, das noch eine *β*-ständige Acetoxygruppe am C-16 besitzt.

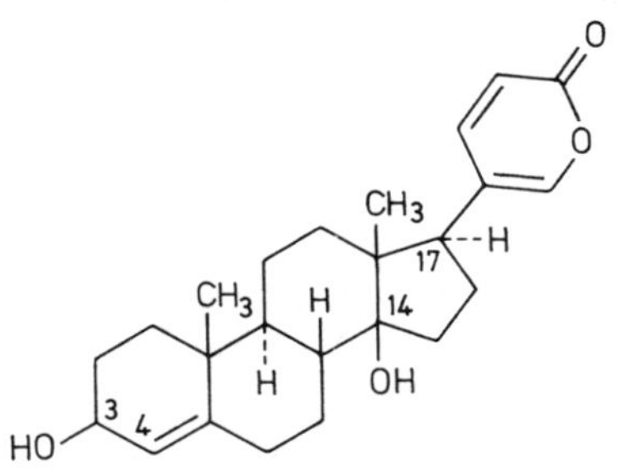

Scillarenin

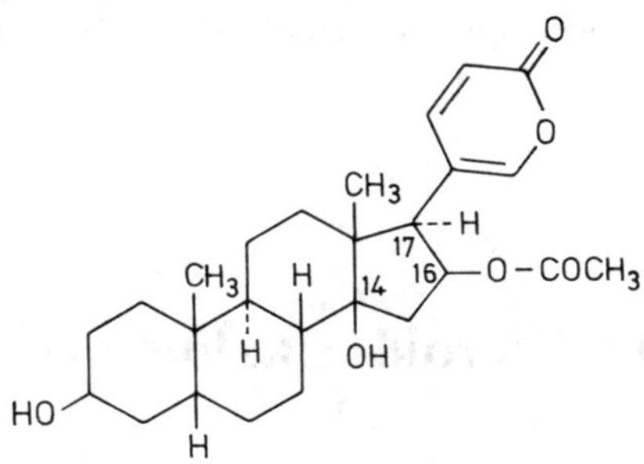

Bufotalin

6.14 Steroid-Sapogenine

Die Sapogenine, die Aglykone der Saponine, gehören strukturell zwei verschiedenen polycyclischen Ringsystemen an, von denen der pentacyclische Triterpentyp bereits erwähnt wurde (vgl. Amyrin). Die zweite Gruppe sind die *Steroid-Sapogenine,* die als Aglykone in den Steroid-Saponinen verschiedener *Digitalis*-Arten auftreten, jedoch nicht herzaktiv sind.
Zu den Steroid-Saponinen zählen vor allem *Digitonin, Gitonin* und *Tigonin,* die bei der sauren Hydrolyse in die betreffenden Zucker und die Aglykone **Digitogenin,** $C_{27}H_{44}O_5$, **Gitogenin,** $C_{27}H_{44}O_4$, und **Tigogenin,** $C_{27}H_{44}O_3$, gespalten werden. Tigogenin hat folgende Konstitution:

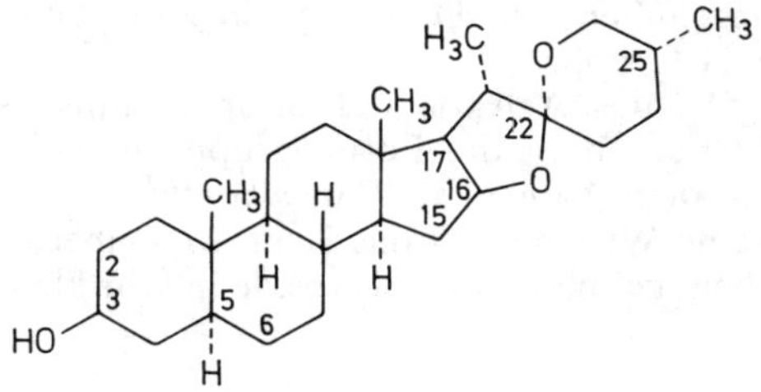

Tigogenin

Gitogenin enthält eine weitere 2α-OH-Gruppe und Digitogenin zusätzlich noch eine 15β-OH-Gruppe. Für die Steroid-Sapogenine ist die an den C-Atomen 16 und 17 angeschlossene *Spiroketalgruppierung* typisch.
Ein wichtiger Ausgangsstoff für die Partialsynthese von Progesteron ist das aus mexikanischen *Dioscorea*-Arten gewonnene *Diosgenin,* $C_{27}H_{42}O_3$, das sich vom Tigogenin durch das Vorhandensein einer C=C-Doppelbindung in 5,6-Stellung unterscheidet. 95% aller Steroidhormone werden aus Diosgenin hergestellt (*R. Marker*).
Die Steroid-Saponine (Spirostane) sind weit verbreitete glykosidische Pflanzenstoffe, die sich in Wasser kolloid lösen und seifenähnlichen Schaum bilden (sapo = Seife). Ihre Giftigkeit beruht auf der stark hämolytischen Wirkung. Mit Sterinen, z. B. Cholesterin, bilden sie schwerlösliche Molekülverbindungen und werden auf diese Weise entgiftet.

6.15 Steroid-Alkaloide

Diese aus *Solanum*-Arten isolierten Alkaloide liegen als Glykoside vor, die bei der sauren Hydrolyse unter Abspaltung der Zucker in die zugehörigen Aglykone übergehen, denen als Grundbaustein ein Steroidgerüst zugrunde liegt.
Die wichtigsten Pflanzenbasen dieser Art sind *Tomatidin* und *Solanidin.*
Tomatidin, $C_{27}H_{45}NO_2$, ist das Aglykon des in den Blättern der Wildtomate enthaltenen *Tomatins,* bei dessen Hydrolyse es neben 2 Molen D-Glucose und je 1 Mol D-Galactose und D-Xylose ent-

steht. In seinem Aufbau ähnelt Tomatidin dem Tigogenin, jedoch ist das O-Atom im 6-Ring hier durch die NH-Gruppe ersetzt.

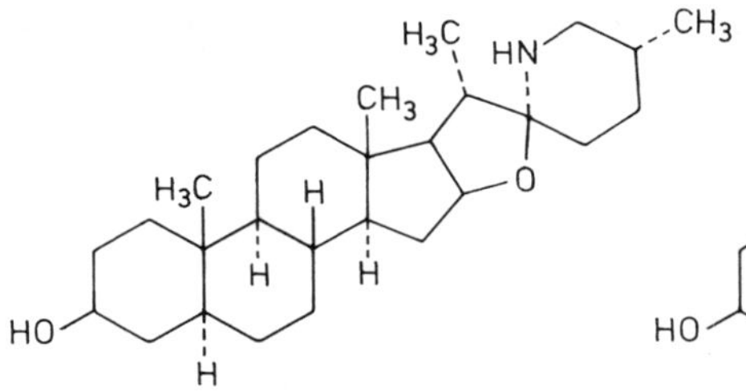

Tomatidin

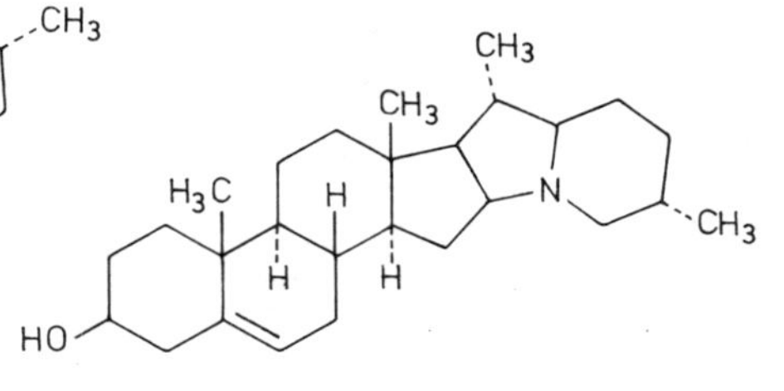

Solanidin

Solanidin, $C_{27}H_{43}NO$, kommt in den Blättern, Knollen und Keimen der Kartoffel (Solanum tuberosum) vor und entsteht bei der Hydrolyse des Glykosids *α-Solanin* mit verdünnten Mineralsäuren, wobei noch je 1 Mol D-Glucose, D-Galactose und D-Rhamnose auftreten.

Conessin, $C_{24}H_{40}N_2$, gewinnt man aus der Rinde des Strauches *Holarrhena antidysenteria,* in der dieses Steroid-Alkaloid in reichlicher Menge vorkommt. Sein Kohlenstoffgerüst ähnelt dem des 5-Pregnens, jedoch steht statt der 3β-Hydroxyl- eine 3β-Dimethylamino-Gruppe. Besonders charakteristisch ist ferner, daß die in anderen Steroiden auftretende angulare Methylgruppe (18) hier über eine Stickstoffbrücke mit dem C-Atom 20 verknüpft ist.

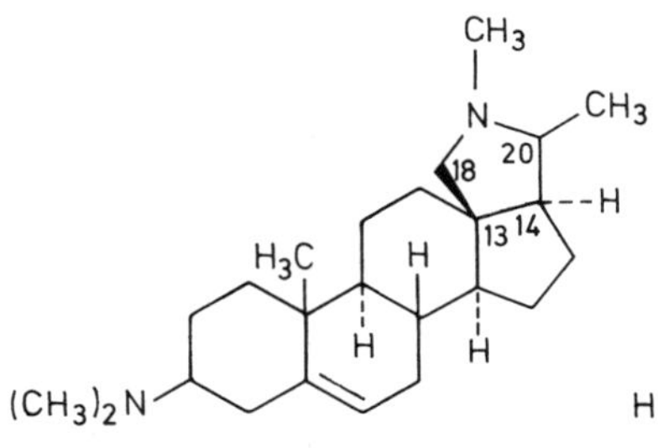

Conessin

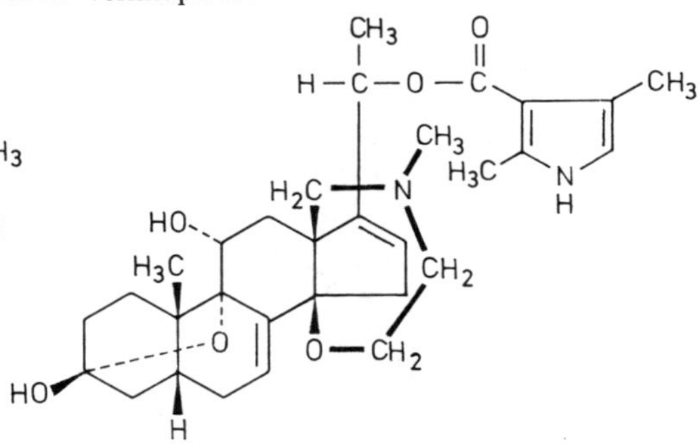

Batrachotoxin

Verbindungen des Conessintyps können als Ausgangsstoffe zur Darstellung von Steroid-Hormonen dienen.

Das in der Froschart *Phyllobates aurotaenia* vorkommende **Batrachotoxin** ist ein Steroidderivat von bemerkenswert großer Wirksamkeit. Es gehört zu den stärksten bekannten Giften, seine Giftwirkung ist 5000mal stärker als die des Natriumcyanids. Die Verbindung wirkt auf den Ionentransport in Nerven und Muskeln, sie hat sich als ein wichtiges Werkzeug in den Händen der Neurophysiologen erwiesen.

MONDFISCH

7 Heterocyclische Verbindungen

In dieser großen Verbindungsklasse werden die Ringsysteme zusammengefaßt, die außer Kohlenstoff noch *Heteroatome* als Ringglieder enthalten, z. B. Stickstoff, Sauerstoff oder Schwefel[1]. Wie in der carbocyclischen Reihe sind auch hier die 5- und 6-Ringe am stabilsten. Ferner zählt man dazu Ringsysteme, in denen die heterocyclischen Ringe mit Benzolkernen kondensiert sind.

Früher klassifizierte man die Heterocyclen entweder nach ihrer Ringgröße oder nach Anzahl und Art der Heteroatome. In neuerer Zeit wurde jedoch von *A. Albert* ein System entwickelt, nach dem die Heterocyclen auf der Basis ihrer Struktur und ihrer Eigenschaften in drei große Gruppen eingeteilt werden, nämlich in *Heteroalkane, Heteroaromaten* und *Heteroalkene.*

a) **Heteroalkane** sind gesättigte, heterocyclische Verbindungen, die sich von ihren offenkettigen Analoga nicht oder nur wenig unterscheiden. So verhalten sich z. B. 1,4-Dioxan und Tetrahydrofuran wie typische Ether, die Lactone gleichen den Estern, die Lactame den Amiden usw. Lediglich bei kleinen Ringen, vor allem bei 3-Ringen, treten infolge der Ringspannung Besonderheiten auf.

Zu den Heteroalkanen gehören z. B.:

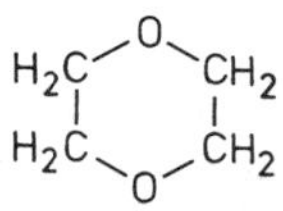

1,4-Dioxan

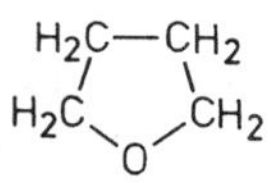

Tetrahydrofuran
Oxolan

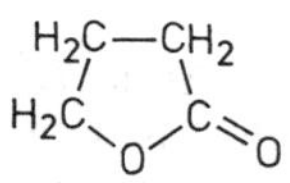

γ-Butyrolacton

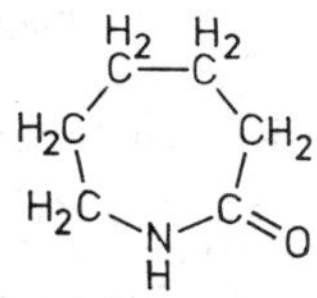

ε-Caprolactam

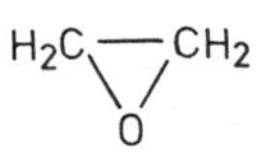

Oxiran (Ethylenoxid)

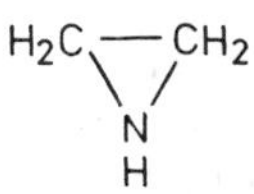

Aziridin (Ethylenimin)

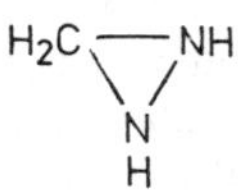

Diaziridin

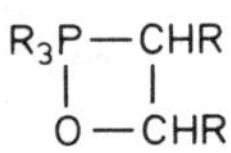

Oxaphosphetan

Diese Verbindungen stehen in bezug auf Darstellung und Reaktivität in enger Beziehung zu den Aliphaten und wurden daher schon dort beschrieben.

---

[1] Vgl. *A. Albert*, Heterocyclic Chemistry, 2nd Ed. (Athlone Press, London 1968); *L. A. Paquette*, Principles of Modern Heterocyclic Chemistry (W. A. Benjamin, New York 1968); *J. A. Joule* et al., Heterocyclic Chemistry, 2nd Ed. (van Nostrand Reinhold, London 1978); *T. L. Gilchrist*, Heterocyclic Chemistry (Pitman, London 1985); *A. R. Katritzky* and *C. W. Rees* (Ed.), Comprehensive Heterocyclic Chemistry, Bd. 1 – 8 (Pergamon Press, Oxford 1984).

b) **Heteroaromaten** sind maximal ungesättigte 5- und 6-Ringe, die wie Benzol ein *π-Elektronensextett* enthalten und daher ein ähnliches reaktives Verhalten zeigen. Sie bilden die größte und wichtigste Gruppe der Heterocyclen; man unterteilt sie in π-elektronenreiche und π-elektronenarme Heteroaromaten.
Zu den *π-elektronenreichen Heteroaromaten* gehören die ungesättigten heterocyclischen 5-Ringe, wie *Pyrrol*, *Furan* und *Thiophen:*

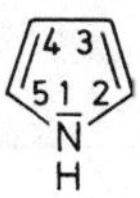
Pyrrol

Furan

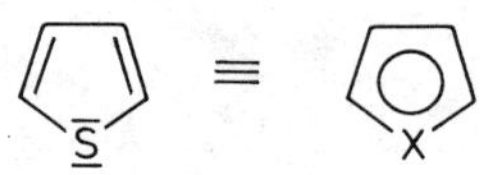
Thiophen X = NH, O, S

Ausgehend vom Heteroatom beziffert man dieses mit der Zahl 1 und die anderen Atome in der angegebenen Reihenfolge. Sind mehrere Heteroatome im Ring vorhanden, so erfolgt die Numerierung in der Reihenfolge O, S und N.

In diesen 5-Ringen steuert jedes C-Atom ein Elektron und das Heteroatom unter Annäherung an eine sp^2-Hybridisierung 2 Elektronen zur Bildung des aromatischen *π-Elektronensextetts* bei, das – in Analogie zum Benzol – im Ring auch durch einen *Kreis* symbolisiert werden kann. Die 6π-Elektronen verteilen sich auf 5 Atome, so daß die π-Elektronendichte in den C-Atomen größer als 1 ist (*π-excessive heteroaromatics*).
Die von diesen Ringen abgeleiteten Reste heißen *Pyrrolyl-*, *Furyl-* und *Thienyl-Gruppe.*
Dagegen zählen die 6-Ring-Heterocyclen, wie *Pyridin* und *Pyrimidin*, zu den *π-elektronenarmen Heteroaromaten:*

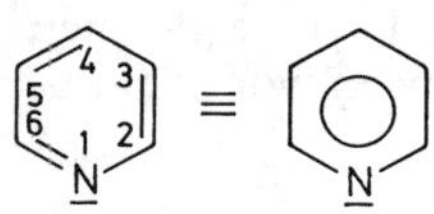
Pyridin

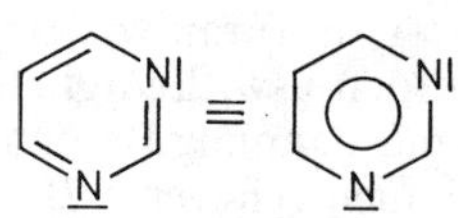
Pyrimidin

In diesen 6-Ringen liefert jedes Atom (C und N) ein Elektron zur Ausbildung des *π-Elektronensextetts.* Der Stickstoff ist hier schon sp^2-hybridisiert und weist daher seine normale Elektronegativität auf; die π-Elektronen sind infolgedessen nicht gleichmäßig verteilt, d. h. die Elektronendichte an den C-Atomen ist geringer als am Heteroatom (*π-deficient heteroaromatics*).
Sowohl ein π-Elektronenüberschuß als auch ein π-Elektronenmangel geben sich im reaktiven Verhalten der Heteroaromaten zu erkennen.
c) Die **Heteroalkene** stehen zwischen den Heteroalkanen und Heteroaromaten, z. B. zählen hierzu *γ-Pyran* und *Diazirin.* Andere Heteroalkene lassen sich als partiell hydrierte Heteroaromaten auffassen, z. B. 2,5-Dihydro-pyrrol.

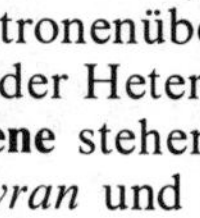
γ-Pyran,4*H*-Pyran

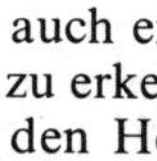
Diazirin
(2*H*-Diazirin)

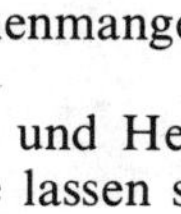
2,5-Dihydro-pyrrol

In den Namen der verschiedenen Heterocyclentypen werden die Ringgröße und der Sättigungsgrad durch folgende *Endungen* charakterisiert, wobei Abweichungen von den Heteroatomen O, S, Se in Klammern vermerkt sind (X = Halogene).

Tabelle 18

Ringgröße	ungesättigt	gesättigt
3-Ring	-iren, -irin (N)	-iran, -iridin (N)
4-Ring	-et	-etan, -etidin (N)
5-Ring	-ol	-olan, -olidin (N)
6-Ring	-in, inin (B, P, X)	-an, -inan (N, B, P, X)
7-Ring	-epin	-epan

Das Verfahren sei zunächst an einigen bereits erwähnten Heterocyclen erläutert, z. B. bedeutet *Oxiran* einen gesättigten 3-Ring mit einem O-Atom, *Diazirin* einen ungesättigten 3-Ring mit zwei N-Atomen und *Dioxan* einen gesättigten 6-Ring mit zwei O-Atomen. Es handelt sich um eine Weiterentwicklung der *„a" Nomenklatur,* die sich in den letzten Jahren auch bei den offenkettigen Verbindungen durchgesetzt hat. In dieser wird der Name des Kohlenwasserstoffes, der entsteht, wenn alle Heteroatome durch Kohlenstoffatome ersetzt werden, zur Kennzeichnung der Heteroatome durch Vorsilben ergänzt, die auf „a" enden: Oxa-, Thia-, Aza-, usw. (Beispiele S. 703, 776, 811).

Für die *Heteroalkane* werden die in Tab. 18, Spalte „gesättigt" angeführten Endsilben verwendet. Die in der Spalte „ungesättigt" angegebenen Endsilben werden sowohl für *Heteroalkene,* als auch für *Heteroaromaten* benutzt. In den Heteroalkenen werden isolierte gesättigte Positionen dadurch festgelegt, daß man die einfach gebundenen N- oder C-Atome, die somit ein „Extra"-H-Atom tragen, durch 1 *H*, 2 *H* usw. kennzeichnet. Partiell gesättigte Heteroaromaten werden durch die Vorsilben „Dihydro"-, „Tetrahydro"- usw. bezeichnet. Die Bezifferung beginnt immer bei einem Heteroatom und wird so fortgesetzt, daß weitere Heteroatome oder funktionelle Gruppen die niedrigsten Ziffern erhalten, die möglich sind, dies gilt auch für die „Extra" H. Bei der Bildung des Namens ist die Reihenfolge der Vorsilben Oxa-, Thia-, Aza- verbindlich.

Als Beispiele für die in Tab. 18 angegebene Nomenklatur seien folgende Ringsysteme genannt:

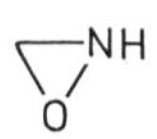

Oxaziridin
Oxaziran

Thietan

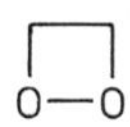

Dioxetan

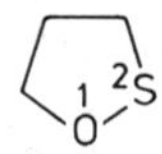

1,2-Oxathiolan

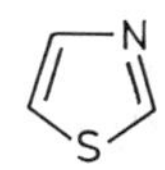

Thiazol

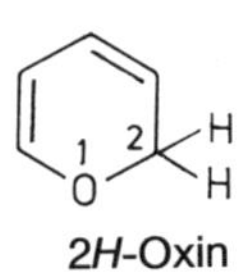

2*H*-Oxin
(α-Pyran, 2*H*-Pyran)

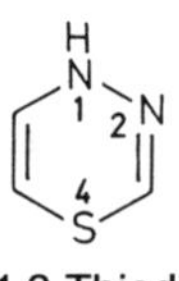

1*H*-4,1,2-Thiadiazin

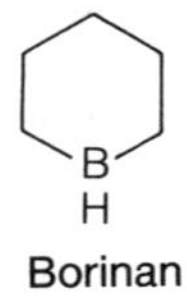

Borinan

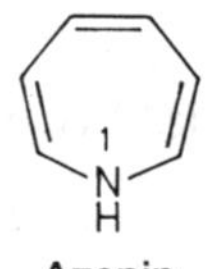

Azepin

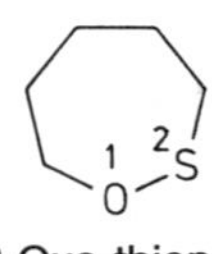

1,2-Oxa-thiepan

Daneben werden vornehmlich die eingebürgerten Trivialnamen, wie Pyrrol, Thiophen, Furan usw., benutzt.

7.1 Fünfringe mit einem Heteroatom

7.1.1 Pyrrolgruppe[1]

Unter den heterocyclischen 5-Ringen beanspruchen einige Derivate des Pyrrols besonderes Interesse, da sie als Bausteine in den Blut- und Gallenfarbstoffen, im Blattgrün, im Vitamin B_{12}, in Alkaloiden, im Eiweiß, in Nucleinsäuren und Enzymen auftreten.
Pyrrol (Azol), C_4H_5N, wurde 1834 von *Runge* im Steinkohlenteer nachgewiesen, später fand *Anderson* es im Knochenöl, dem Destillationsprodukt des Knochenmehls. Seine Dämpfe färben einen mit Salzsäure befeuchteten Fichtenspan rot. Dieser *Nachweisreaktion* verdankt Pyrrol seinen Namen (*pyrros* = feuerrot).

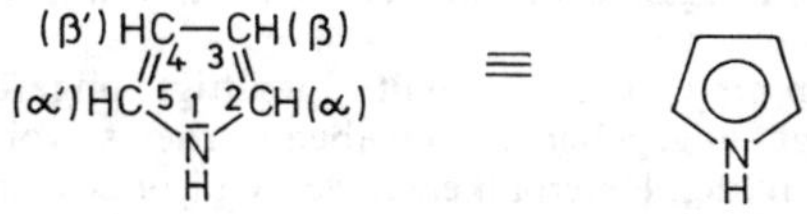

Pyrrol

Nach einer älteren, nur noch selten benutzten Nomenklatur werden die Stellungen 2 und 5 mit α bzw. α' und die Stellungen 3 und 4 mit β bzw. β' bezeichnet. Ist das H-Atom am Stickstoff im Pyrrol durch andere Reste ersetzt, so spricht man von N-Substitutionsprodukten.

Darstellung

7.1.1.1 Pyrrol erhält man *beim Erhitzen von 2-Butin-1,4-diol mit Ammoniak* unter Druck:

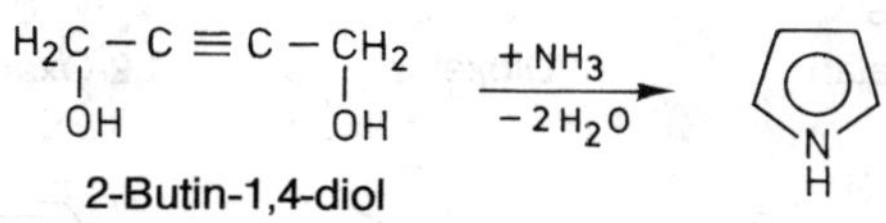

2-Butin-1,4-diol

7.1.1.2 Technisch wird Pyrrol *aus Furan und Ammoniak* hergestellt:

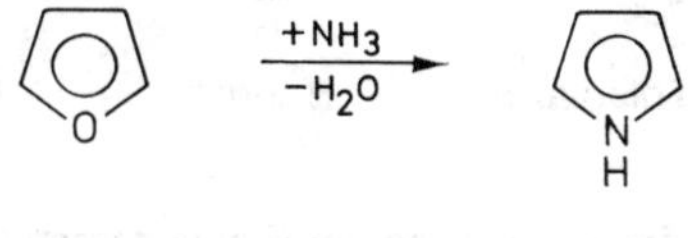

7.1.1.3 ***Paal-Knorr*-Synthese.** Durch Erhitzen von 1,4-Diketonen mit Ammoniak entstehen 2,5-Dialkyl- bzw. 2,5-Diaryl-pyrrole:

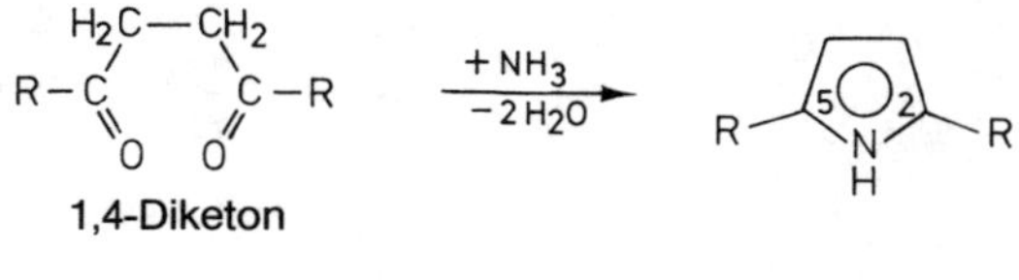

1,4-Diketon

[1] Vgl. *R. A. Jones* et al., The Chemistry of Pyrroles (Academic Press, New York 1977).

Setzt man statt Ammoniak *primäre* Amine ein, so erhält man die betreffenden N-Substitutionsprodukte. Der gleiche Syntheseweg wird auch bei der Darstellung von Furan- und Thiophen-Derivaten beschritten.

7.1.1.4 *Knorrsche* Pyrrolsynthese. Hierbei erfolgt Kondensation eines α-Aminoketons mit Verbindungen, die neben der Carbonylgruppe noch eine *aktive* Methylengruppe enthalten. Meist wird die Darstellung der α-Aminoketoverbindung und die Kondensation in einem Reaktionsgang durchgeführt, z. B. entsteht durch Reduktion von Hydroxyiminoacetessigester (Isonitrosoacetessigester) mit Zinkstaub und Eisessig intermediär der α-Aminoacetessigester, der sofort mit Acetessigester zum 3,5-Dimethyl-pyrrol-2,4-bis(carbonsäureethylester) cyclokondensiert wird. Durch alkalische Hydrolyse und Decarboxylierung erhält man aus dem Diester das *2,4-Dimethylpyrrol:*

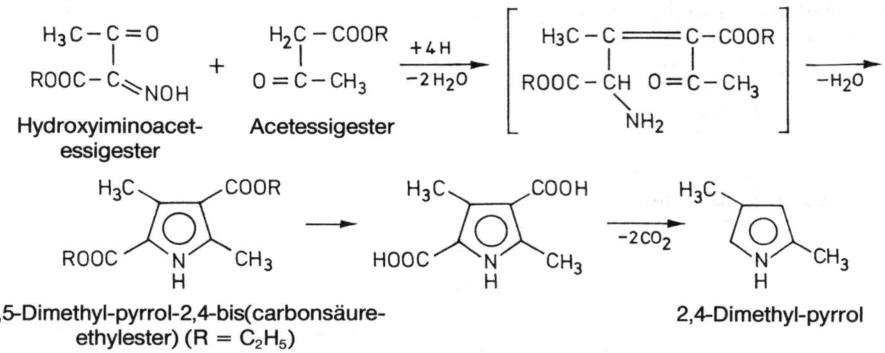

Diese Methode dient hauptsächlich zur Darstellung substituierter Pyrrole für die Porphyrinfarbstoffe.

Eigenschaften. Frisch destilliertes Pyrrol ist eine farblose Flüssigkeit vom Sdp. 131 °C (404 K), die sich an der Luft braun färbt und allmählich verharzt. Sie ist in Wasser wenig löslich, dagegen mit Alkohol und Ether mischbar.
Pyrrol läßt sich durch folgende Grenzformeln beschreiben:

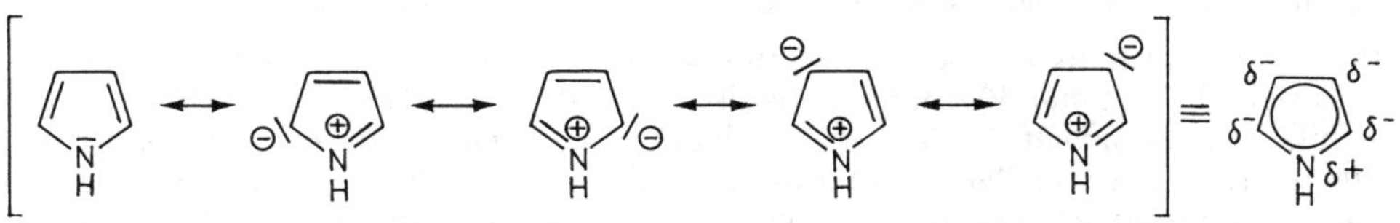

Den Grundzustand des Pyrrols kann man daher am besten durch folgende Formulierungen symbolisieren. Die Größe der jeweiligen *Nettoladung* an den Atomen im Ring ist aus dem *Molekulardiagramm* in Zahlen ersichtlich[1].

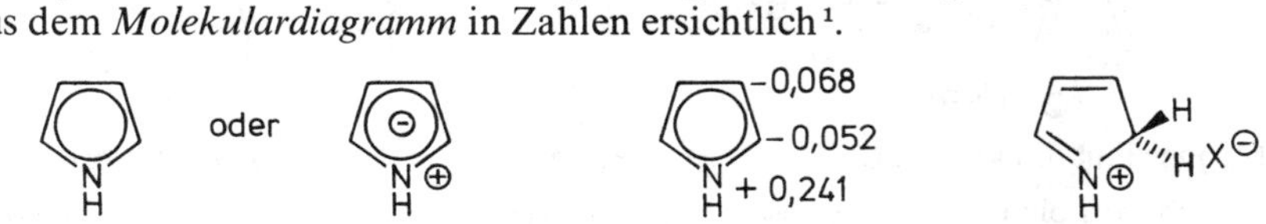

Pyrrolium-Kation

[1] Vgl. *R. D. Brown* et al., Theoret. Chim. Acta *7*, 259 (1967). Der Kreis als Symbol für das π-Elektronensextett wird im allgemeinen ohne Hinweis darauf geschrieben, daß die meisten Grenzformeln des Pyrrols polar sind (vgl. S. 761).

Da sich das einsame Elektronenpaar am Stickstoff an der Ausbildung des aromatischen π-Elektronensextetts beteiligt, weist Pyrrol nur eine *geringe Basizität* auf ($pK_a = -3{,}8$) und ist gegen Säuren sehr instabil. Bei der Einwirkung von Mineralsäuren auf Pyrrol wird vorwiegend das α-ständige C-Atom protoniert. Das so gebildete, instabile *Pyrrolium-Kation* leitet dann – besonders in der Wärme – die Polymerisation des Pyrrols zu hochmolekularem Pyrrolharz (*Pyrrolrot*) ein.
Aufgrund der hohen π-Elektronendichte an den C-Atomen – vor allem an den α-ständigen – läßt sich Pyrrol auch *elektrophil* substituieren. Bei der sehr rasch verlaufenden *Halogenierung* mit Sulfurylchlorid in Ether oder mit Brom in Eisessig entstehen in heftiger Reaktion die *2,3,4,5-Tetrahalogen-pyrrole.* Die *Nitrierung* führt mit Salpetersäure in Eisessig (Acetylnitrat) bei 5 °C (275 K) zum *2-Nitro-pyrrol.* Analog bildet sich bei der *Sulfonierung* mit dem Pyridin-SO_3-Komplex bei 90 °C (360 K) die *2-Pyrrolsulfonsäure.* Mit Acetanhydrid erfolgt *ohne Friedel-Crafts*-Katalysator eine *Acetylierung* in 2-Stellung.

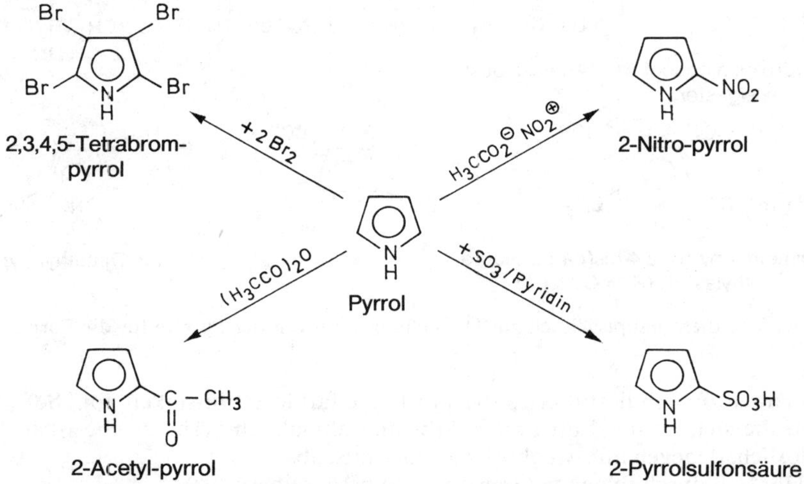

Sind die 2- und 5-Stellungen besetzt, so reagieren auch die 3- und 4-Positionen.

Pyrrol kann auch als *schwache Säure* fungieren, deren *Acidität* etwa der des Acetylens entspricht. Erhitzt man Pyrrol mit metallischem Kalium in *n*-Heptan, so bildet sich das stabile *Kalium-pyrrolid.* Analog lassen sich auch *Lithium-pyrrolid* bzw. *Natrium-pyrrolid* durch Erwärmen von Pyrrol mit Lithium- oder Natriumhydrid in Tetrahydrofuran darstellen. Entsprechend erhält man beim Umsetzen von Pyrrol mit Alkylmagnesiumhalogeniden salzartige *Grignard*-Verbindungen, z. B.:

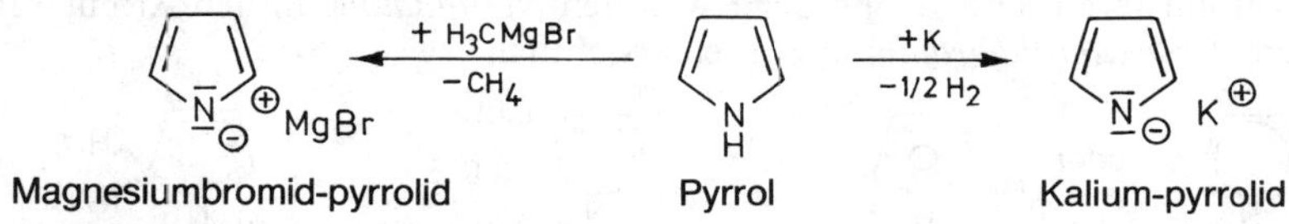

Im *Anion* des Pyrrols bleibt – im Gegensatz zum Pyrrolium-Kation – das *π-Elektronensextett* im Ring erhalten. Es ähnelt somit dem Cyclopentadienid-Anion.

Kaliumpyrrolid wird für Synthesen verwendet, z. B. führt seine Umsetzung mit Alkylhalogeniden bei etwa 60 °C (330 K) zu *N-Alkyl-pyrrolen,* die sich beim Erhitzen auf etwa 200 °C (475 K) unter *Alkylwanderung* leicht in *C-Alkyl-Derivate* umlagern, z. B.:

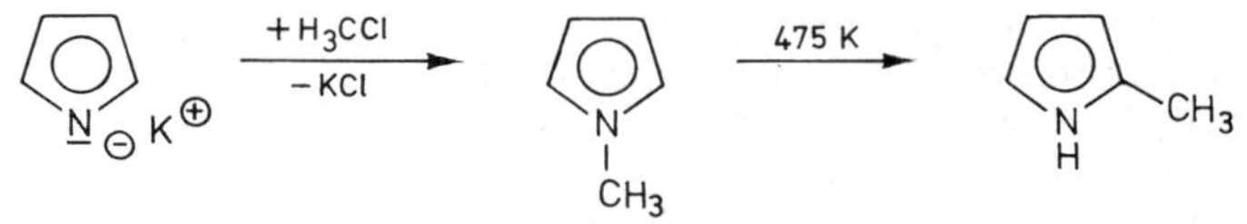

Kaliumpyrrolid 1-Methyl-pyrrol 2-Methyl-pyrrol

Allgemein wandern N-Alkyl-, N-Aryl- und N-Acyl-Gruppen bei der Pyrolyse in die 2-Stellung. N-Acyl-pyrrole werden sehr leicht hydrolysiert.

Aus Kaliumpyrrolid entsteht mit Kohlendioxid die *2-Pyrrolcarbonsäure* (vgl. *Kolbe-Schmitt*-Synthese):

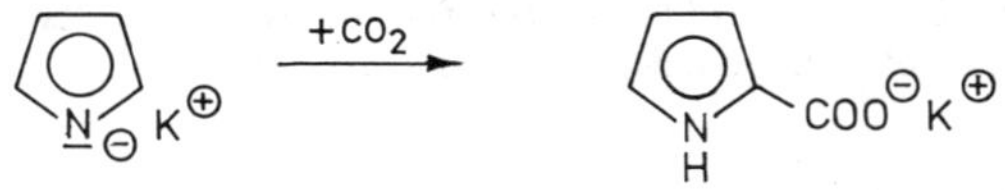

Kaliumpyrrolid K-Salz der 2-Pyrrolcarbonsäure

Im Gegensatz zum Furan besitzt Pyrrol nur einen schwachen Diencharakter und gibt daher im allgemeinen keine *Diels-Alder*-Additionen. Es gelang jedoch, Pyrrol an ein sehr reaktives *Dienophil*, nämlich an *Hexafluor-bicyclo[2.2.0]hexa-2,5-dien* (Hexafluor-*Dewar*-Benzol), im Sinne einer Diensynthese unter Bildung des folgenden 1,1-Addukts anzulagern:

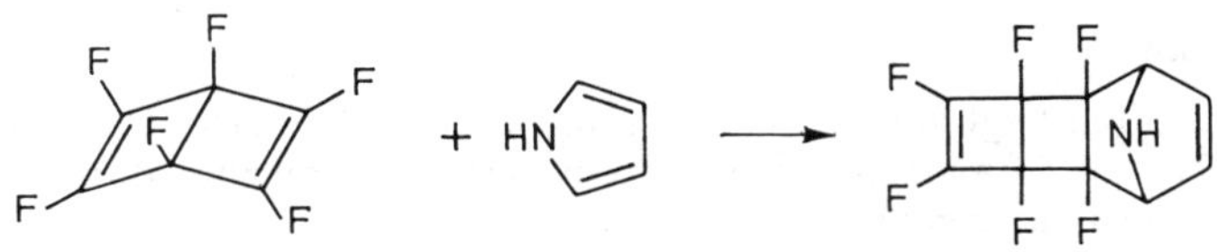

Hexafluor-*Dewar*-Benzol 1,1-Addukt

Die *Reduktion des Pyrrols* verläuft wegen seines aromatischen Charakters relativ träge. Reduziert man es mit Zinkstaub und Eisessig, so entsteht *2,5-Dihydro-pyrrol*. Die katalytische Hydrierung des Pyrrols führt über 2,5-Dihydro-pyrrol zu Tetrahydropyrrol (Pyrrolidin):

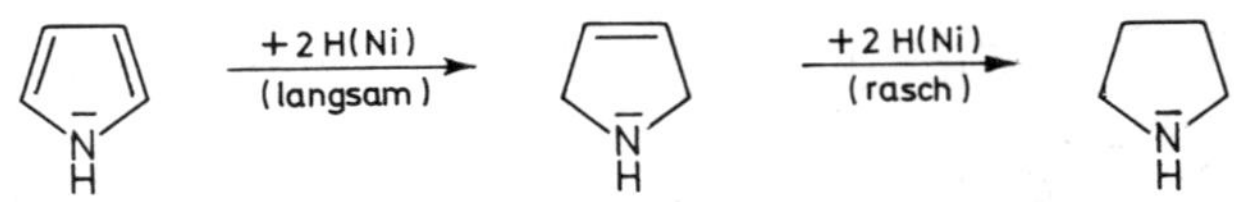

Pyrrol (Sdp. 129 °C [402 K]) 2,5-Dihydro-pyrrol (Sdp. 91 °C [364 K]) Tetrahydropyrrol (Sdp. 88 °C [361 K])

Diese Reaktionsfolge zeigt den Übergang von Heteroaromaten über Heteroalkene zu Heteroalkanen.

Beide Hydrierungsprodukte sind aminartig riechende Flüssigkeiten, die die typisch basischen Eigenschaften eines *sek.* Amins besitzen und keine Tendenz zur Polymerisation zeigen.
Einfacher gewinnt man Tetrahydropyrrol durch Einwirkung von Ammoniak auf Tetrahydrofuran:

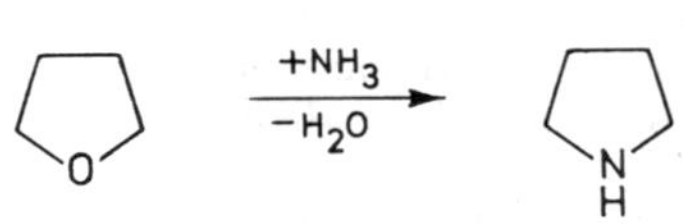

Tetrahydrofuran Tetrahydropyrrol

Vom Pyrrolidin (Tetrahydropyrrol) leiten sich zwei wichtige cyclische α-Aminosäuren ab, nämlich **Prolin** (Tetrahydropyrrol-2-carbonsäure) und **Hydroxyprolin** (4-Hydroxy-tetrahydropyrrol-2-carbonsäure), die als Bausteine im Eiweiß fungieren.

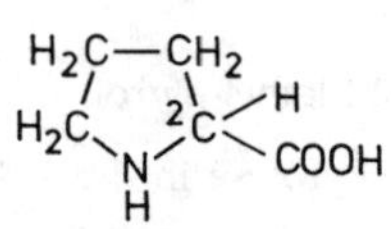

Prolin

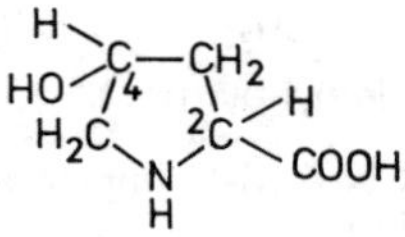

Hydroxyprolin

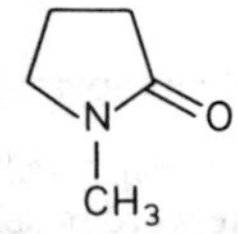

N-Methyl-2-pyrrolidon

N-Methyl-2-pyrrolidon (N-Methyl-tetrahydropyrrol-2-on, N-Methyl-4-butanlactam vgl. S. 282), Sdp. 204 °C (477 K), hat sich als *Extraktionsmittel* für Butadien aus der C_4-Fraktion und von Aromaten aus katalytischen Reformaten bewährt (*Arosolvan-Verfahren*).

7.1.2 Porphinfarbstoffe[1]

Zu dieser biochemisch wichtigen Naturfarbstoffgruppe gehören u. a. die Farbkomponenten des Blutes, des Blattgrüns und des Vitamins B_{12}. Die komplizierte Struktur dieser Verbindungen haben vor allem die Untersuchungen von *Nencki, Piloty, Küster, Willstätter* und *Hans Fischer* erhellt.

7.1.2.1 Porphin

Diesen Farbstoffen liegt ein 16gliedriges, *mesomeriestabilisiertes* Ringsystem, das **Porphin,** $C_{20}H_{14}N_4$, als *Chromophor* zugrunde, in dem 4 Pyrrolringe durch 4 Methinbrükken (–CH=) verbunden sind:

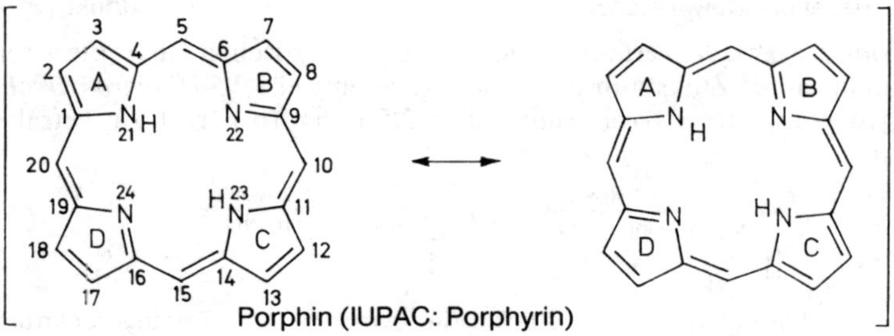

Porphin (IUPAC: Porphyrin)

Die Bezifferung entspricht einer neueren IUPAC-Regel, der kürzlich die Empfehlung gefolgt ist, den Namen *Porphin* in der IUPAC-Nomenklatur durch *Porphyrin* zu ersetzen[2].

Die *Synthese des Porphins* gelang aus 4 Molekülen 2-Pyrrolcarbaldehyd durch Erhitzen mit Ameisensäure (*H. Fischer*). Es bildet dunkelrote Blättchen, die sich erst oberhalb 360 °C (630 K) zersetzen. Die tiefe Farbe des Porphins und seiner Abkömmlinge ist durch die fortlaufende *Konjugation* der Doppelbindungen im Ringsystem bedingt.

---

[1] Vgl. *K. Zeile*, Neuere Entwicklungen in der Chemie der Porphin-Farbstoffe, Angew. Chem. *68*, 193 (1956); *A. W. Johnson*, Macrocyclic Tetrapyrrolic Pigments, Chemistry in Britain *3*, 253 (1967); *G. Busse*, Zum gegenwärtigen Stand der Hämoglobin-Forschung, Angew. Chem. *83*, 735 (1971).

[2] Vgl. Nomenclature of Tetrapyrroles (Recommendations 1986), Pure and Appl. Chem. *59*, 779 (1987).

7.1.2.2 Hämoglobin

Hämoglobin, der Farbstoff der roten Blutkörperchen, besteht zu etwa 4% aus einer Farbkomponente, dem **Häm,** und zu etwa 96% aus einer Eiweißkomponente, dem Globin, die beide komplexartig miteinander verknüpft sind. In der Eiweißchemie wird Hämoglobin zu den *Chromoproteinen* gerechnet. Dem Häm liegt das Porphinskelett zugrunde, in dem die H-Atome an den C-Atomen der Pyrrolkerne durch organische Reste und die H-Atome der NH-Gruppen durch ein Eisen(II)-Ion ersetzt sind unter Bildung eines Innerkomplexes. Das Häm des Hämoglobins geht durch Oxidation leicht in das *Hämatin* über, in dem das Eisen in der Oxidationsstufe + 3 vorliegt.

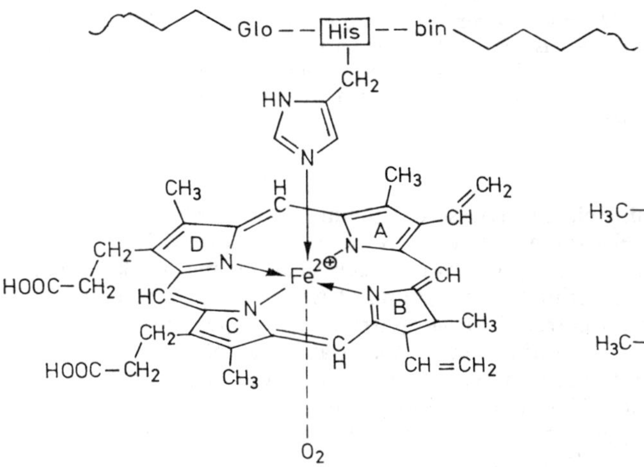

Hämoglobin

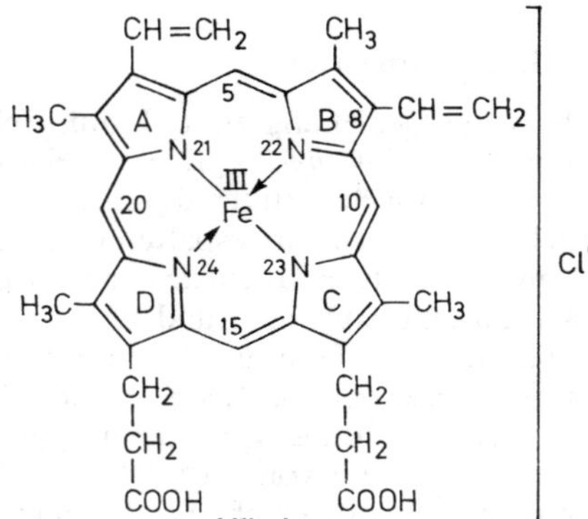

Hämin

Seinem Eisengehalt nach müßte Hämoglobin die relative Molekülmasse von etwa 17 000 besitzen; mit Hilfe der Ultrazentrifuge wurde jedoch ein Wert von 68 000 gefunden. Demnach enthält das Hämoglobinmolekül 4 Atome Eisen, d. h. 4 Häme.

Um im Hämoglobin die Farbstoff- von der Proteinkomponente abzutrennen, läßt man Blut in heißen Eisessig, der mit gesättigter Natriumchloridlösung versetzt ist, einfließen. Hierbei scheiden sich unter gleichzeitiger Oxidation des Häms braune Kristalle mit bläulichem Oberflächenglanz ab, die sog. *Teichmann*schen Kristalle, in denen das Chlorid des Hämatins, das **Hämin,** $C_{34}H_{32}FeN_4O_4]^{\oplus}Cl^{\ominus}$, vorliegt.

Im Häminmolekül sind die H-Atome an den Pyrrolkernen durch Methyl-, Vinyl- und 2-Carboxy-ethylreste, die beiden sauren H-Atome der NH-Gruppen durch ein *Eisen-(III)-ion* ersetzt. Die verbleibende positive Ladung des Eisens wird durch das Chlorid-Ion kompensiert. Das aus Hämin mit Alkali zugängliche Hydroxid ist das oben erwähnte **Hämatin,** $C_{34}H_{32}FeN_4O_4]^{\oplus}OH^{\ominus}$.

Hämatin bildet in neutraler Lösung mit Globin das braunrote **Methämoglobin,** das andererseits auch durch Oxidation von Hämoglobin erhalten werden kann. Im Methämoglobin liegt das Eisen in der Oxidationsstufe + 3 vor. Es läßt sich durch Reduktion, z. B. mit Ameisensäure, wieder in Hämoglobin überführen.

7.1.2.3 Die physiologische Funktion des Hämoglobins

Hämoglobin übt im Organismus die wichtige Funktion der Sauerstoffübertragung aus. Dabei wird pro Eisenatom 1 Molekül *Sauerstoff* unter Bildung von *Oxyhämoglobin* locker gebunden, *oh-*

ne daß das Eisenatom seine Oxidationsstufe + 2 ändert. Die roten Blutkörperchen nehmen den Luftsauerstoff in der Lunge auf und transportieren ihn im Blutkreislauf zu den Geweben, in denen er zur Zellatmung verbraucht wird. Da das Hämoglobinmolekül 4 Eisenatome enthält, liegt dem reversiblen Austausch des Sauerstoffs folgende *Gleichgewichtsreaktion* zugrunde:

$$\text{Hämoglobin} + 4\,O_2 \rightleftarrows \text{Oxyhämoglobin}$$

Die Lage des Gleichgewichts wird durch den jeweiligen Sauerstoffpartialdruck gesteuert, sie hängt aber auch von der Aminosäuresequenz im Protein des Hämoglobins ab[1]. Am eigentlichen Oxidationsvorgang ist Oxyhämoglobin nicht unmittelbar beteiligt. Die Aktivierung des molekularen Sauerstoffs erfolgt erst durch die katalytische Wirkung von *Oxidoreduktasen* (s. Flavinenzyme und Cytochrome).

Noch leichter als Sauerstoff wird *Kohlenmonoxid* von Hämoglobin gebunden unter Bildung von *Kohlenoxidhämoglobin,* das stabiler ist als das bei der Atmung entstehende Oxyhämoglobin. Dadurch wird die normale Funktion des Hämoglobins als Sauerstoffüberträger ausgeschaltet, die Zellatmung unterbunden und der Gesamtstoffwechsel gestört; bei längerem Einatmen von Kohlenmonoxid tritt der Tod ein (Kohlenmonoxidvergiftung).

7.1.2.4 Porphyrine[2]

In naher Beziehung zum Hämin steht die Klasse der metallfreien substituierten Porphine, der *Porphyrine.* Diese meist roten oder braunroten Stoffe lassen sich z. B. aus dem Hämin des Blutes durch Behandlung mit Säuren gewinnen, wobei das komplex gebundene Eisen abgespalten wird. Erhitzt man Hämin mit Ameisensäure unter Zusatz von Eisenpulver, so entsteht das eisenfreie **Protoporphyrin,** $C_{34}H_{34}N_4O_4$, dessen Molekül anstelle von $Fe^{3\oplus}$ und $Cl^{\ominus}$ im Hämin zwei Protonen aufweist. Demnach ist das Häm des Hämoglobins die Eisen(II)-Komplexverbindung des Protoporphyrins. Andererseits läßt sich das Eisen aus dem Hämin durch Einwirkung von HBr-Eisessig entfernen unter Bildung von **Hämatoporphyrin,** $C_{34}H_{38}N_4O_6$, das sich vom Protoporphyrin durch Addition von 2 Molekülen Wasser an die beiden Vinylgruppen unterscheidet. Nimmt man die gleiche Reaktion mit HI-Eisessig vor, so findet zugleich Reduktion der beiden Vinylgruppen im Häminmolekül statt. Es entsteht das **Mesoporphyrin,** $C_{34}H_{38}N_4O_4$, das beim Erhitzen mit Alkali 2 Moleküle Kohlendioxid abspaltet und in das sauerstofffreie **Ätioporphyrin III,** $C_{32}H_{38}N_4$, übergeht.

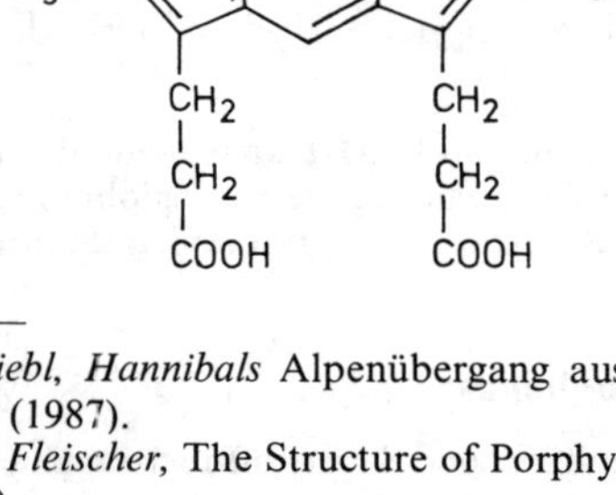

Protoporphyrin R = $CH{=}CH_2$

Hämatoporphyrin R = $CH(OH){-}CH_3$

Mesoporphyrin R = $CH_2{-}CH_3$

[1] Vgl. *J. Hiebl, Hannibals* Alpenübergang aus Molekularbiologischer Sicht, Naturwiss. Rundschau *40,* 14 (1987).

[2] Vgl. *E. B. Fleischer,* The Structure of Porphyrins and Metalloporphyrins, Accounts Chem. Res. *3,* 105 (1970).

Zur Vereinfachung der Schreibweise hat *H. Fischer* ein „Klammersystem" vorgeschlagen, nach dem z. B. die 4 isomeren Ätioporphyrine I–IV wie folgt veranschaulicht werden:

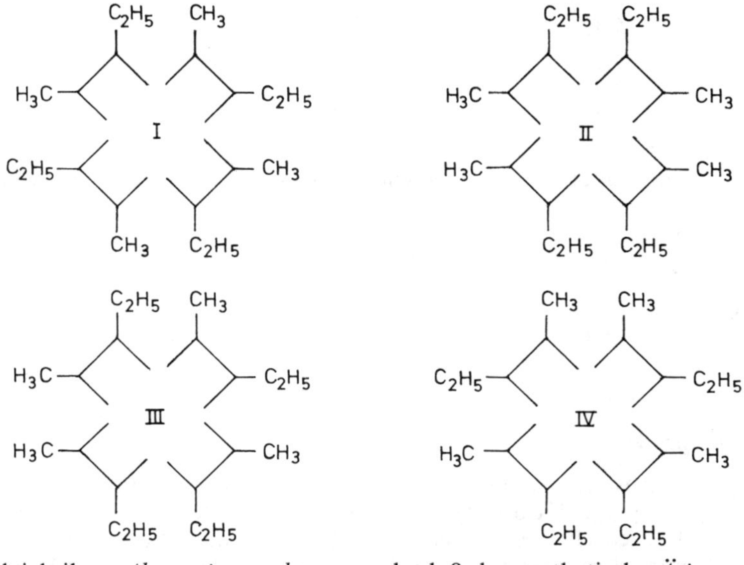

Der Vergleich ihrer *Absorptionsspektren* ergab, daß das synthetische *Ätioporphyrin III* mit dem aus Hämin isolierten Ätioporphyrin identisch ist. Damit war zugleich die Reihenfolge der Substituenten im Häminmolekül teilweise festgelegt.
Wichtig ist, daß sich das Eisenatom wieder in das Porphingerüst einbauen läßt, z. B. durch Eisen(II)-Ionen in essigsaurer Lösung. Die primär entstehenden Häme werden durch Luftsauerstoff zu den beständigeren Häminen oxidiert. Somit ist es möglich, die häminartigen Farbstoffe aus Porphyrinen zu regenerieren. Diese Untersuchungen fanden ihre Krönung in der *Synthese des Hämins* (*H. Fischer* und *K. Zeile*, 1929).

Freie Porphyrine. Einige Porphyrine treten auch frei in der Natur auf, z. B. wurden aus dem Harn oder Kot von an *Porphyrinurie* erkrankten Personen das *Uroporphyrin* und *Koproporphyrin* sowie in akutem Stadium als Teilbaustein das *Porphobilinogen* (*Westall*, 1952) kristallin isoliert. In geringer Menge treten diese Porphyrine auch als Abbauprodukte des normalen Stoffwechsels auf. Sofern sie in höherer Konzentration durch das Blut in die Gewebe gelangen, rufen sie eine starke Lichtempfindlichkeit hervor (*Sensibilisatoren*).
Beiden Porphyrinen kommt beim biochemischen Aufbau der Farbkomponenten des Hämoglobins und Chlorophylls große Bedeutung zu (s. auch Vitamin B_{12}).
Die *Biosynthese von Porphyrinen* verläuft auf folgendem Wege: Zunächst entsteht aus Glycin und aktivierter Bernsteinsäure (Succinyl-Coenzym A) unter Abspaltung von Coenzym A die α-Amino-β-keto-adipinsäure, die sofort zur *δ-Aminolävulinsäure* decarboxyliert wird (*Shemin*). Die enzymatische Kondensation von 2 Molekülen dieser Säure führt zum **Porphobilinogen,** das die biogenetische Schlüsselverbindung für diese Substanzklasse darstellt und schon beim Stehenlassen *in vitro* in ein Gemisch verschiedener Uroporphyrine übergeht; hierbei wird die Stufe des Uroporphyrinogens III durchlaufen, in dem die Methinbrücken noch nicht ausgebildet sind und die vier Pyrrolringe durch Methylenbrücken (in der Formel des Porphobilinogens grau unterlegt) verknüpft werden[1].

[1] Vgl. *B. Frydman* et al., Biosynthesis of Uroporphyrinogens from Porphobilinogen. Mechanism and Nature of the Process, Accounts Chem. Res. *8*, 201 (1975).

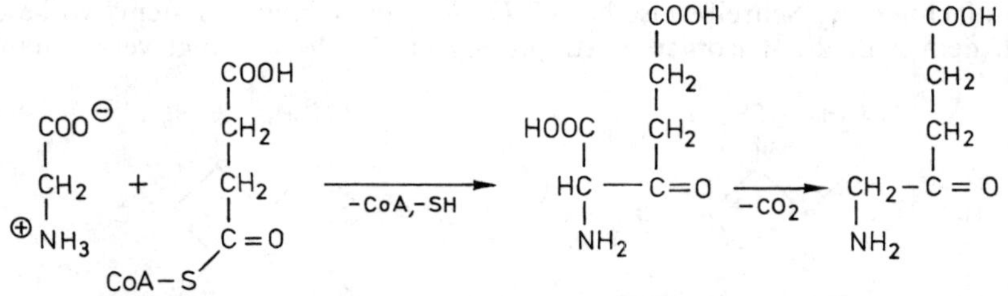

Glycin Succinyl-CoA α-Amino-β-keto-adipinsäure δ-Aminolävulinsäure

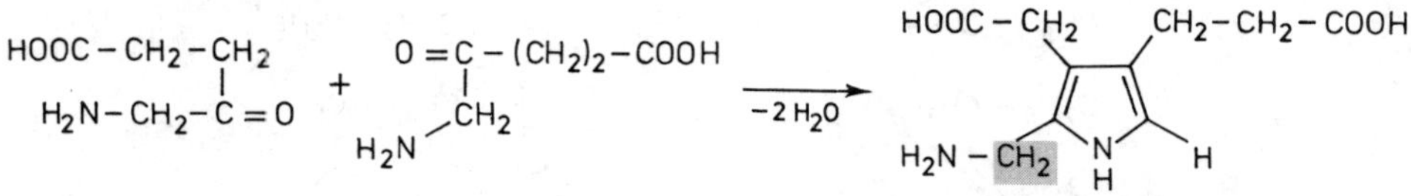

Porphobilinogen

7.1.2.5 Chlorophyll[1]

Der grüne Blattfarbstoff, das magnesiumhaltige *Chlorophyll,* findet sich gemeinsam mit den roten und gelben Farbstoffen, den Carotinen und Xanthophyllen, in den Chloroplasten der Pflanzenzellen. Seine biochemische Funktion übt es bei der *Photosynthese,* d. h. der Kohlensäure-Assimilation grüner Pflanzenteile, aus. In den Pflanzenzellen ist das Chlorophyll an Eiweiß gebunden in Form eines lichtstabilen, gegen Sauerstoff und Kohlendioxid beständigen *Chromoproteins* (*W. N. Lubimenko*).

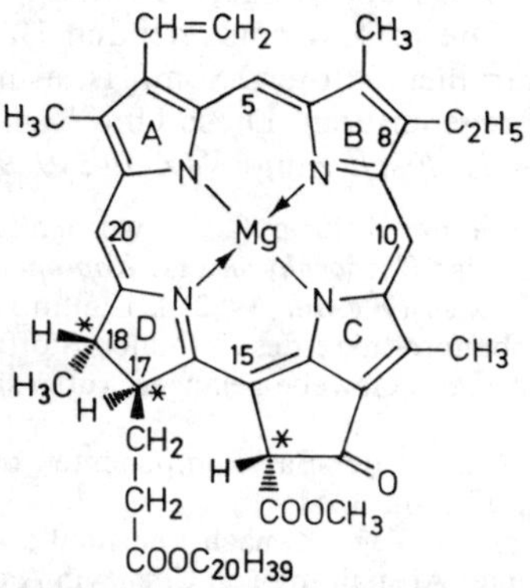

Chlorophyll a (Schmp. 117–120 °C [390–393 K])

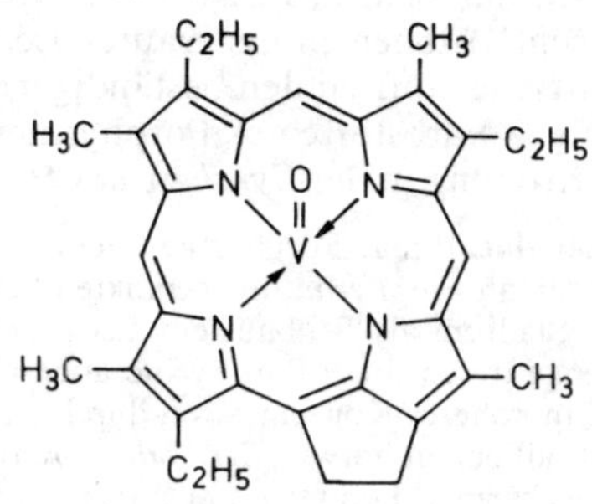

Vanadyl-deoxophyllo-erythro-ätioporphyrin

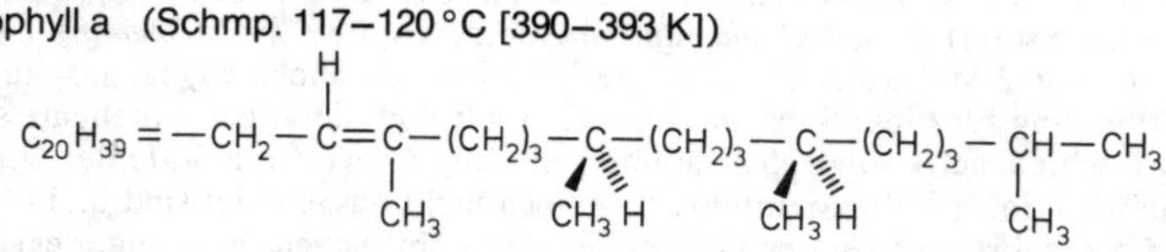

Phytylrest ((2*E*)-(7*R*, 11*R*)-3,7,11,15-Tetramethyl-2-hexadecenyl)

[1] Vgl. *T. W. Goodwin* (Editor), Chemistry and Biochemistry of Plant Pigments, Vol. 1 (Academic Press, New York 1976).

Die Trennung von Chlorophyll und Protein findet unter milden Bedingungen, z. B. schon beim Trocknen frischer Blätter sowie beim Ausfällen mit Salzen, statt. Durch Ausethern kann man *Chlorophyll*, die *Carotinoide* und eine Lipidfraktion komplizierter Zusammensetzung extrahieren. Der Eiweißanteil, das Plastin, bleibt in der wäßrigen Phase gelöst oder flockt an der Grenzfläche aus.
Das natürliche Chlorophyll besteht aus zwei Komponenten, dem blaugrünen *Chlorophyll a* und dem in geringer Menge als Begleiter auftretenden, gelbgrünen *Chlorophyll b* (*Willstätter*). Ihre Trennung erfolgt mit Hilfe der *chromatographischen Adsorption*, am besten an geschlämmter Saccharose als Adsorbens (*Stoll*). Die reinen Chlorophylle a und b haben wachsartige Beschaffenheit, die durch die Anwesenheit des ungesättigten Alkohols *Phytol*, $C_{20}H_{39}OH$, der esterartig im Chlorophyllmolekül gebunden ist, hervorgerufen wird. Die alkalische Hydrolyse der beiden Chlorophylle liefert jedoch außer 1 Mol Phytol noch 1 Mol Methanol; die Chlorophylle liegen also als Di-Ester vor.
Während im Blutfarbstoff das Eisen als Zentralatom im Komplex fungiert, weisen die Chlorophylle je ein Atom *Magnesium* auf, das ebenfalls komplex gebunden ist und die Säureempfindlichkeit der Chlorophylle bedingt. Durch vorsichtige Hydrolyse mit verdünnten Säuren wird Magnesium herausgespalten, wobei die Farbe des Chlorophylls a von blaugrün nach olivgrün und die des Chlorophylls b von gelbgrün nach bordeauxrot umschlägt. Der Unterschied zwischen beiden besteht im Ersatz einer *Methylgruppe* in der Komponente a durch eine *Formylgruppe* in der Komponente b.
Als Ergebnis weiterer Untersuchungen (*H. Fischer, Linstead*) konnte im Jahre 1940 vorstehende Strukturformel für Chlorophyll a aufgestellt werden. Ihre Richtigkeit wurde durch die Totalsynthese des Chlorophylls a bestätigt (*Woodward*[1]).
In Parallele zu der Stammverbindung der Hämine, dem Porphin, bezeichnet man die der Chlorophylle und ihrer Abkömmlinge als **Chlorin** (Dihydroporphin, IUPAC: Dihydroporphyrin). Dieser *Chromophor* unterscheidet sich vom Porphyrin durch den in 2- und 3-Stellung hydrierten Ring A, wobei die Anordnung der Doppelbindungen im Chlorinring so ist, daß trotz dieser Hydrierung ihre *Konjugation* nicht unterbrochen wird. In der mit dem Trivialnamen Chlorophyll a bezeichneten Formel wird die traditionelle Bezifferung beibehalten.
Charakteristisch für die beiden Chlorophylle ist außerdem der *isocyclische Ring*, den man sich aus dem Häminmolekül durch β-Oxidation des Propionsäurerestes am Ring C zur β-Ketosäure und Ringschluß mit der 15-ständigen Methingruppe unter Dehydrierung zum substituierten Cyclopentenon entstanden denken kann. Ferner ist die Vinylgruppe am Ring B in 8-Stellung des Hämins (vgl. S. 711) im Chlorophyll zur Ethylgruppe hydriert. Schließlich sind die Chlorophylle im Gegensatz zum Hämin *optisch aktiv* (stark linksdrehend). Sie besitzen die drei in der vorstehenden Formel mit (*) gekennzeichneten Chiralitätszentren. In Erdölen findet man das Vanadyl-deoxophylloerythro-ätioporphyrin, aus dem alle im Chlorophyll vorhandenen Sauerstoffatome verlorengegangen sind (*Treibs*).

7.1.2.6 Vitamin B_{12}[2]

In enger Beziehung zu den natürlichen Porphyrinen steht der *Antiperniciosa*-Faktor, das Vitamin B_{12}. Bereits im Jahre 1926 beobachteten *Minot* und *Murphy*, daß rohe Leber

[1] Vgl. Totalsynthese des Chlorophylls, Angew. Chem. *72*, 651 (1960).
[2] Vgl. *R. Bonnett*, The Chemistry of the Vitamin B_{12} Group, Chem. Reviews *63*, 573 (1963); *D. Dolphin* (Ed.), B_{12}, 2 Bde. (Wiley, New York 1982).

bei der diätetischen Behandlung der *perniciösen Anämie* heilend wirkt. Erst 1948 gelang es *K. Folkers* und *E. L. Smith,* unabhängig voneinander, den eigentlichen Wirkstoff, das Vitamin B_{12}, kristallin zu isolieren. Später wurde es auch in anderen biologischen Materialien, wie Milchpulver, Fleischextrakt und den Kulturlösungen bestimmter Pilz- und Bakterienstämme, vor allem in *Streptomyces griseus,* aufgefunden.

Vitamin B_{12}, $C_{63}H_{88}CoN_{14}O_{14}P$ (*INN:* ***Cyanocobalamin***), kristallisiert in dunkelroten Nadeln. Das ihm zugrunde liegende 15gliedrige Ringsystem nennt man **Corrin.** Alle sich davon ableitenden, natürlichen *Corrinoide* enthalten *Kobalt* in der Oxidationsstufe + 3 *als Zentralatom* sowie Essigsäure- und Propionsäuregruppen als Amide. Außerdem enthält Vitamin B_{12} ein *Cyanid-Ion,* das auch durch andere Anionen, z. B. $OH^{\ominus}$ und $Cl^{\ominus}$, ersetzt werden kann, und als Base das *nucleotidartig* gebundene *5,6-Dimethyl-benzimidazol.* Man bezeichnet das Vitamin B_{12} wegen seines Gehaltes an Cobalt als **Cobalamin.** Die nachstehende Struktur konnte durch *Röntgenstrukturanalyse* aufgeklärt werden (*D. Crowfoot-Hodgkin,* 1955).

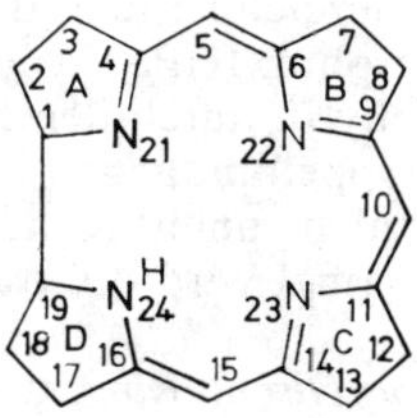

Corrin[1]

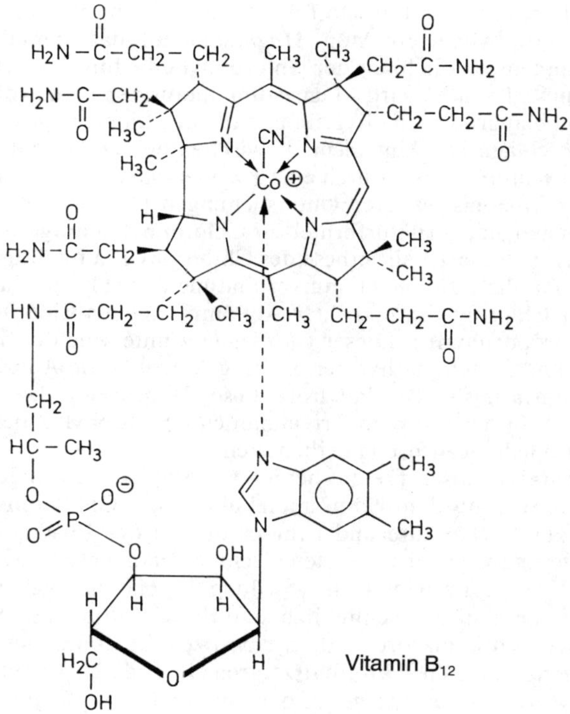

Vitamin B_{12}

Sie wurde von *Eschenmoser* und *Woodward*[2] durch eine Totalsynthese bewiesen, deren Kernstück der Corrinteil des Zielmoleküls ist. Dieser wurde aus den zuvor mit den jeweiligen Seitenketten versehenen Ringen A – D aufgebaut; ein Verfahren, das zum Unterschied von der (S. 452*f.*) beschriebenen *linearen Synthese* als *konvergente Synthese* bezeichnet wird.

---

[1] Corrin wird bei der Bezifferung als kontrahiertes Porphyrin behandelt, bei dem die mit 20 bezifferte Methingruppe ausgefallen ist. Dann erhalten die N-Atome die gleichen Ziffern wie im Porphyrin. Entsprechendes gilt für die linearen Tetrapyrrole (vgl. S. 717 Bilirubin).

[2] Vgl. *A. Eschenmoser,* Naturwiss. *61,* 513 (1974).

Die Corrinoide werden im Organismus aus *Uroporphyrinogen III* aufgebaut[1]. Sie spielen als *Coenzyme* z. B. bei Carboxylierungen eine Rolle. Sie enthalten anstelle des Anions einen anderen Liganden, und zwar beim Vitamin B_{12} den 5′-Desoxy-adenosyl-Rest (s. S. 852*f.*). Demzufolge kann man das **Vitamin B_{12}-Coenzym** am einfachsten als *5′-Desoxyadenosyl-cobalamin* bezeichnen.

7.1.2.7 Gallenfarbstoffe[2]

Bei diesen Pyrrolabkömmlingen handelt es sich um gelbe, grüne oder rote bis braune, eisenfreie Farbstoffe, deren Bildung im tierischen Organismus, z. B. in der Leber, durch oxidativen Abbau des Hämins erklärt wird. Der wichtigste Vertreter dieser Stoffklasse ist das orangerote **Bilirubin,** $C_{33}H_{36}N_4O_6$, das in der Galle vorkommt. Seine Konstitution wurde durch Synthese bewiesen (*H. Fischer*).

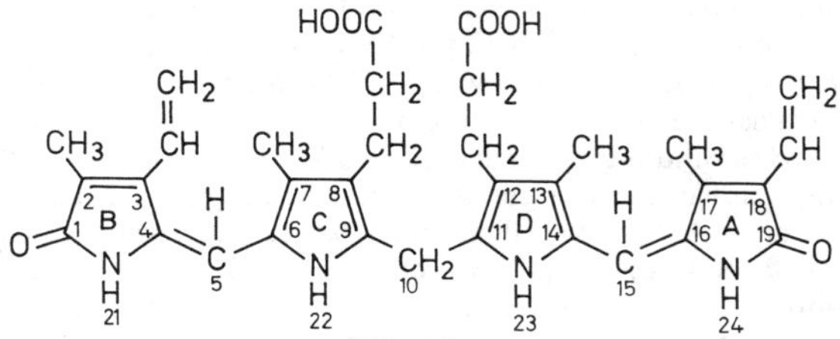

Bilirubin

Demnach besitzt Bilirubin die gleiche Anordnung der Substituenten an den Pyrrolringen wie das Hämin.

Seine Entstehung aus Hämin bzw. Protoporphyrin läßt sich folgendermaßen deuten. Zunächst erfolgt der oxidative Abbau der 5-Methingruppe; sie wird als *Kohlenmonoxid* abgespalten (daher die Auslassung der Ziffer 20 bei der Numerierung des Bilirubins). Nach dieser Aufsprengung des Porphinrings zum *Biliverdin* wird die C=C-Doppelbindung an der 10-Methingruppe hydriert, wodurch die mittlere Methylenbrücke zwischen den Kernen C und D entsteht. Die beiden H-Atome der Methingruppen sind *trans*-ständig zu den NH-Gruppen der terminalen Ringe A und B angeordnet.
Da der Porphyrinring in den Gallenfarbstoffen geöffnet ist, zählt man diese nicht mehr zu den eigentlichen Porphinfarbstoffen.

7.1.2.8 Phthalocyanine

Eine den Porphinfarbstoffen strukturell verwandte Stoffklasse sind die synthetisch zugänglichen *Phthalocyanine* (*H. de Diesbach, Linstead*). Sie entstehen beim Erhitzen von Phthalsäuredinitril mit Metallen oder Metallsalzen auf 150–200 °C (425–475 K), z. B. bildet sich mit Kupfer(II)-chlorid das in blauen Nadeln kristallisierende Kupferphthalocyanin (*Heliogenblau B*). Technisch gewinnt man dieses *Pigment* durch Erhitzen von *Phthalsäureanhydrid* mit *Harnstoff* und Kupfer(I)-chlorid unter Zusatz von *Borsäure* in einem hochsiedenden Lösungsmittel bei etwa 200 °C (475 K). Die Vorstufe dieser Farbstoffe ist das intermediär entstehende *3-Amino-1-imino-1H-isoindol*[3]:

---

[1] Vgl. *A. R. Battersby*, Biosynthesis of Vitamin B_{12}, Accounts Chem. Res. *19*, 147 (1986) und Chemie in unserer Zeit *16*, 124 (1982).
[2] Vgl. *W. Rüdiger*, Neues aus Chemie und Biochemie der Gallenfarbstoffe, Angew. Chem. *82*, 527 (1970).
[3] Vgl. *F. Baumann* et al., Isoindolenine als Zwischenprodukte der Phthalocyanin-Synthese, Angew. Chem. *68*, 133 (1956).

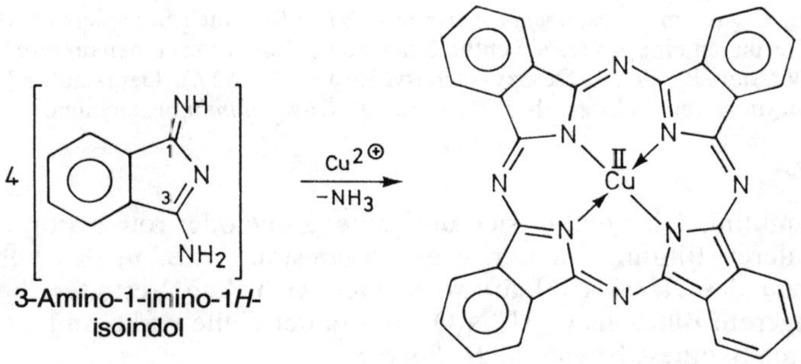

3-Amino-1-imino-1*H*-isoindol

Kupferphthalocyanin

Im Vergleich zum Ringsystem des Porphins sind im Tetraaza-porphinkern die 4-Methingruppen durch –N=-Brücken ersetzt, ferner ist jeder Pyrrolring mit einem Benzolkern kondensiert. Innerhalb des 16gliedrigen Ringes befinden sich zwei NH-Gruppen, deren *acide* H-Atome durch ein Metallatom der Oxidationsstufe + 2 substituierbar sind. Die intensive Farbe der Phthalocyanine ist auf die *Mesomerie* dieses Bindungssystems zurückzuführen.

Die Phthalocyanine werden wegen ihrer guten färberischen Eigenschaften als Pigment-, Mineral- und Druckfarben verwendet. Auf sie entfallen über 20% der gesamten Pigmentproduktion und sie sind besonders zum Anfärben von Papier, Tapeten, Kunstharzen und Lacken geeignet. Einige Kupfer- und Nickelphthalocyanine, die meist in den Benzolkernen chloriert sind, können direkt auf der Faser erzeugt und in der Textilfärberei benutzt werden. Zur Beurteilung der Eigenschaften von Pigmenten vgl. [1].

7.1.3 Furangruppe[2]

Furan (Oxol), C_4H_4O, ist der dem Pyrrol entsprechende 5-Ring mit einem heterocyclisch gebundenen O-Atom, der auch in den *Furanosen* auftritt.

Furan

Darstellung

7.1.3.1 Technisch *aus Furfural* bei 400 °C (675 K) am Zinkoxid/Chromoxid-Kontakt unter Abspaltung von Kohlenmonoxid:

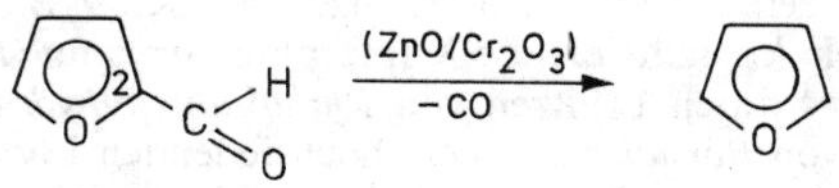

Furfural Furan

7.1.3.2 *Durch Decarboxylierung von Brenzschleimsäure* (Furan-2-carbonsäure) bei etwa 200 °C (475 K); *Limpricht,* 1870:

---

[1] Vgl. *H. G. Völz,* Optische Eigenschaften von Pigmenten und objektive Methoden zu ihrer Prüfung und Bewertung, Angew. Chem. *87,* 721 (1975)

[2] Vgl. *F. M. Dean,* Recent Advances in Furan Chemistry, Adv. Heterocycl. Chem. *30,* 167; *31,* 237 (Academic Press, New York 1982).

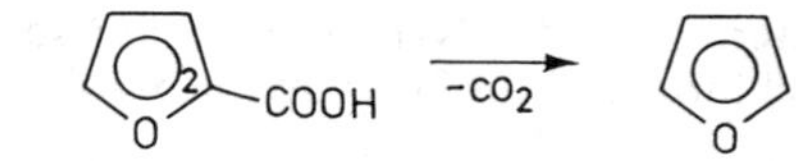

Brenzschleimsäure Furan

7.1.3.3 *Paal-Knorr*-Synthese. Furanderivate werden meist durch Erhitzen von 1,4-Diketo-Verbindungen mit wasserentziehenden Mitteln, wie Zinkchlorid oder Phosphor-(V)-oxid, dargestellt, z. B.

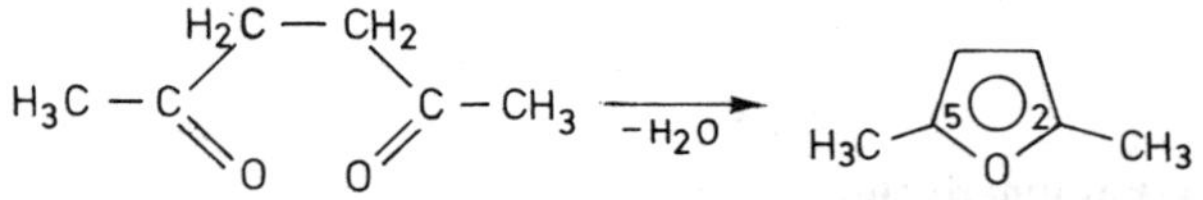

Acetonylaceton 2,5-Dimethyl-furan (Sdp. 94 °C [367 K])

Andererseits läßt sich der Furanring leicht wieder hydrolytisch aufspalten, z. B. geht 2,5-Dimethyl-furan in essigsaurer Lösung bei Zugabe von wenig Schwefelsäure fast qualitativ in Acetonylaceton über.

Eigenschaften. Furan ist eine chloroformartig riechende, luft- und alkalibeständige Flüssigkeit vom Sdp. 32 °C (305 K), deren Dämpfe einen mit Salzsäure angefeuchteten Fichtenspan grün färben (*Fichtenspanreaktion*). Bei der Einwirkung von Säuren polymerisiert es zu unlöslichen, dunklen Harzen.
In Abwesenheit von Mineralsäuren läßt sich Furan als π-elektronenreicher Heteroaromat leicht *elektrophil* substituieren, z. B. erfolgt mit Säureanhydriden in Gegenwart von *Borfluorid* als Katalysator eine *Friedel-Crafts*-Acylierung zu *2-Acyl-furan.* Ebenso kann man aus Furan mit Pyridin/SO_3 die *2-Furansulfonsäure* darstellen:

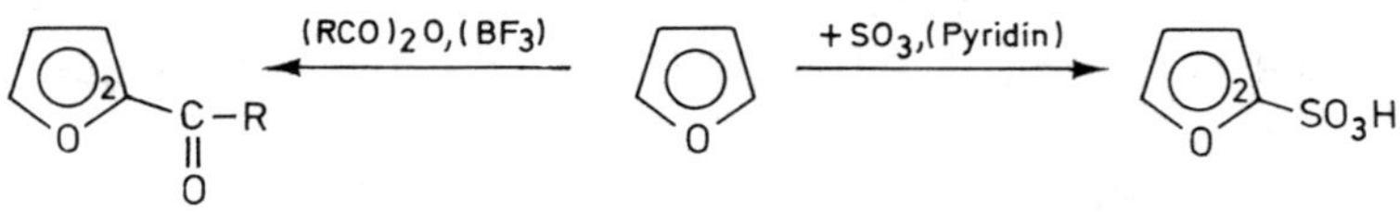

2-Acyl-furan Furan 2-Furansulfonsäure

Furan bildet als *Dien* mit Maleinsäureanhydrid das folgende *Diels-Alder*-Addukt:

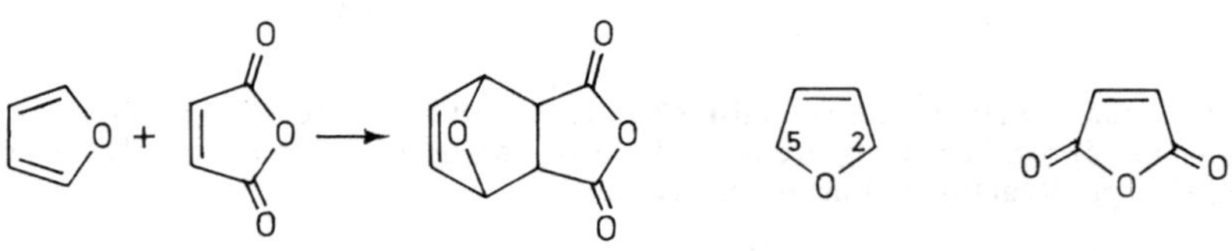

(Dien) (Dienophil) Addukt 2,5-Dihydro-furan Maleinsäureanhydrid

Maleinsäureanhydrid kann man auch als Dicarbonylverbindung des 2,5-Dihydrofurans auffassen.
Bei der katalytischen Hydrierung von Furan oder bei der intramolekularen Dehydratisierung von 1,4-Butandiol entsteht **T**etra**h**ydro**f**uran (Oxolan, **THF**), eine bei 65 °C (338 K) siedende, giftige Flüssigkeit. Als cyclischer Ether kann es anstelle von Diethylether als *Lösungsmittel* bei Synthesen und *Grignard*-Reaktionen sowie bei Reduktionen mit Metallhydriden benutzt werden. Technisch wird Tetrahydrofuran durch Cyclisierung von 1,4-Butandiol in Gegenwart von Phosphorsäure dargestellt;

es dient als Ausgangsmaterial für die Nylonfabrikation sowie als Lösungsmittel für nachchloriertes Polyvinylchlorid und für Polyvinylcarbazol.

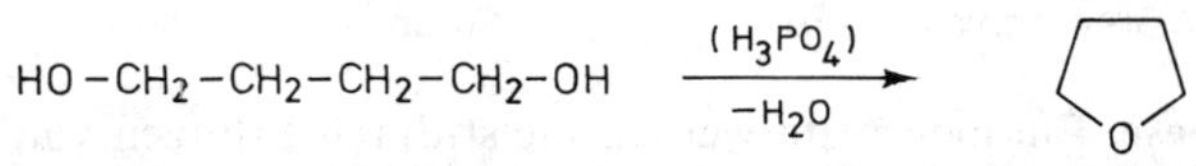

1,4-Butandiol Tetrahydrofuran (Sdp. 65 °C [338 K)

7.1.3.4 Die wichtigsten Furanderivate

Furfural, 2-Furancarbaldehyd, ist das technisch bedeutendste Furanderivat. Die ältere Bezeichnung Furfurol für einen Aldehyd ist nicht korrekt und wird durch Furfural ersetzt.

Darstellung. Furfural entsteht bei der Einwirkung von verdünnten Mineralsäuren auf Pentosen und wurde erstmalig 1831 von *Döbereiner* durch Destillation von Kleie (= *furfur*) mit verdünnter Schwefelsäure erhalten:

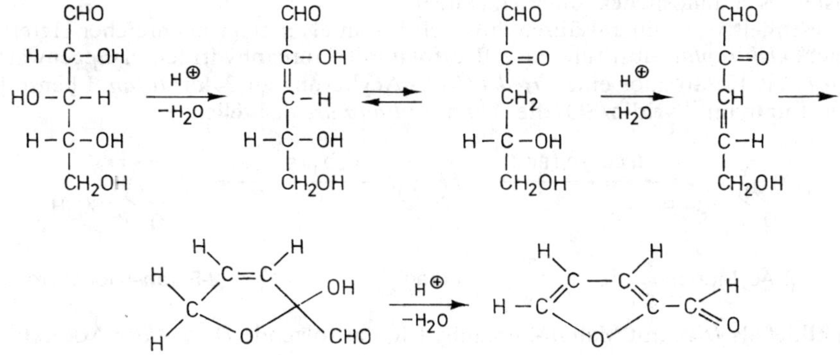

Furfural

Technisch geht man von Haferspelzen, Maiskolben, Reis- und Erdnußschalen, Schilf u. a. aus, deren *Pentosane* mit 5proz. Schwefelsäure unter 4 bar (0,4 MPa) zu *Pentosen* hydrolysiert werden, die dann nach obiger Reaktion in Furfural übergehen.

Eigenschaften. Furfural ist eine farblose, bei 162 °C (435 K) siedende Flüssigkeit, die sich an der Luft rasch braun färbt. Mit Anilinsalzen bildet es eine rotviolette Verbindung (*Furfuralreaktion* zum Nachweis von Pentosen).

In seinem chemischen Verhalten ähnelt Furfural dem Benzaldehyd, z. B. entstehen mit alkoholischer Kalilauge in einer *Cannizzaro*-Reaktion *Furfuryl-2-alkohol* und das *Kaliumsalz der Brenzschleimsäure* (Furan-2-carbonsäure), die 1780 von *Scheele* durch Erhitzen (Brenzen) von Schleimsäure erhalten wurde. Der 2-Furylmethyl-Rest wird als *Furfuryl-Gruppe* bezeichnet.
In Analogie zur Benzoinaddition geht Furfural unter der Einwirkung von *Cyanid-Ionen* in *Furoin* über, das sich leicht zu *Furil* oxidieren läßt. Dieses lagert sich entsprechend der Benzilsäure-Umlagerung beim Kochen mit Kalilauge in *Furilsäure* um:

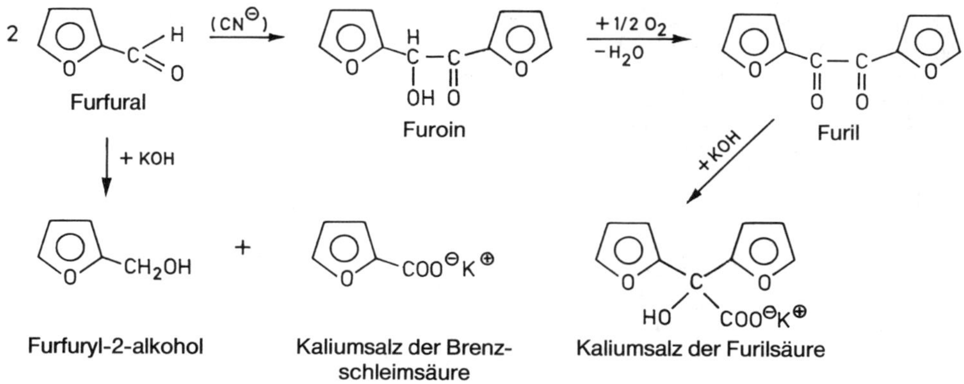

Nach der *Perkin*-Synthese läßt sich Furfural in *Furan-2-acrylsäure* überführen.

Verwendung. Furfural wird als selektives *Lösungsmittel* bei der Erdölraffination, zur Herstellung von *Plasten* auf Phenol-Aldehyd-Basis und als Ausgangsstoff für den als Lösungsmittel wichtigen Tetrahydro-furfurylalkohol verwendet. *1-[(5-Nitro-furfuryliden)amino]-2,4-imidazolin* wirkt bakterizid (*INN:* ***Nitrofurantoin***). Furfuryl-2-thiol (Furfuryl-2-mercaptan) ist ein Bestandteil des Aromas von Röstkaffee; die Verbindung kommt im Rohkaffee nicht vor.

5-Hydroxymethyl-furfural entsteht bei der Einwirkung stark verdünnter Säuren auf Hexosen, besonders Ketohexosen (vgl. Lävulinsäure). Es bildet farblose Nadeln vom Schmp. 35 °C (308 K), die an der Luft zerfließen und gibt mit Resorcin-Salzsäure eine *Rotfärbung* (*Seliwanow*-Reaktion). Durch Oxidation läßt es sich in die Furan-2,5-dicarbonsäure (*„Dehydroschleimsäure"*) überführen:

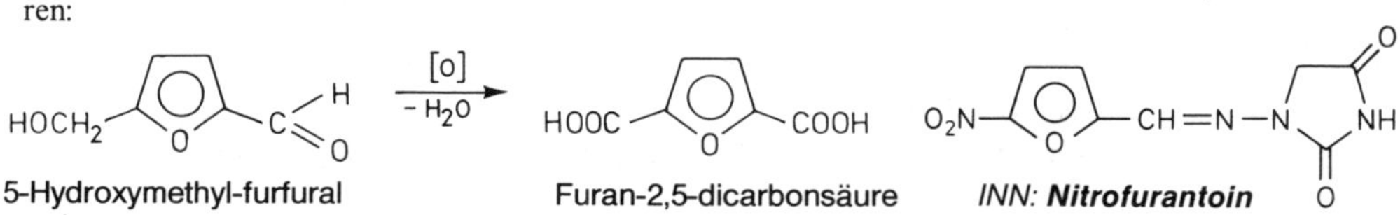

7.1.4 Thiophengruppe[1]

Thiophen, C_4H_4S, die dem Furan analoge Schwefelverbindung, ist mit etwa 0,15% ein ständiger Begleiter des Teerbenzols (*V. Meyer*) und kommt ferner im Erdöl vor. In seinen chemischen und physikalischen Eigenschaften ähnelt Thiophen dem Benzol, d. h. es besitzt *aromatischen* Charakter.

Thiophen

[1] Vgl. *S. Gronowitz*, Recent Advances in The Chemistry of Thiophenes, Adv. Heterocycl. Chem. *1*, 1 ff. (Academic Press, New York 1963); The Chemical Society, Specialist Periodical Report *5*, 247 (1978).

Um Thiophen vom Benzol zu trennen, schüttelt man Teerbenzol mit wenig kalter konz. Schwefelsäure durch, wobei Thiophen *rascher sulfoniert* wird als Benzol. Die entsprechende *Thiophen-2-sulfonsäure* löst sich in der Schwefelsäureschicht.
Am einfachsten kann man Thiophen aus dem Rohbenzol durch Schütteln mit *Raney*-Nickel entfernen, wobei Entschwefelung eintritt.
Indophenin-Test. Zum *Nachweis* von Thiophen erhitzt man es mit Isatin (s. S. 726) in konz. Schwefelsäure, wobei sich unter *Blaufärbung* ein Indophenin-Farbstoff bildet, dem nach *W. Schlenk sen.* folgende *indigoide* Struktur zugeschrieben wird:

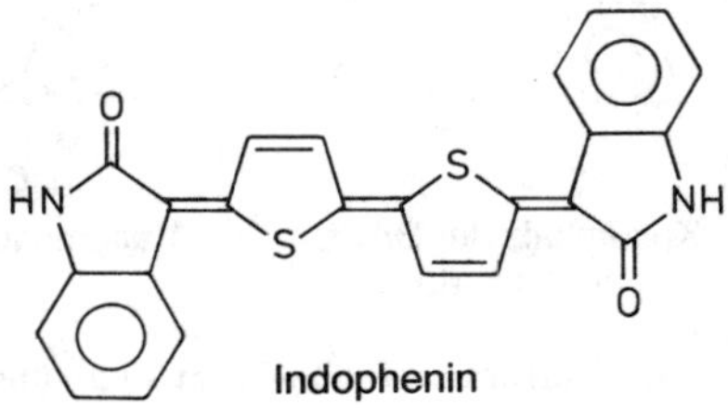

Indophenin

Darstellung

7.1.4.1 Technisch *aus n-Butan und Schwefel* in der Dampfphase bei 560 °C (830 K):

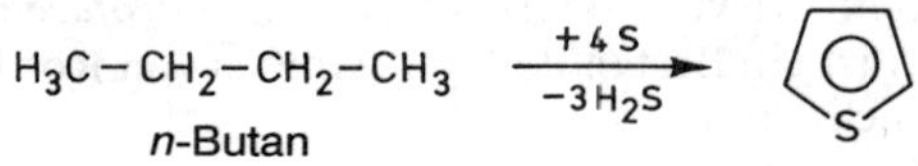

7.1.4.2 Thiophenderivate enthält man *durch Erhitzen von 1,4-Dialdehyden* bzw. *1,4-Diketonen mit Tetraphosphorheptasulfid* (vgl. Pyrrol, Furan), z. B.

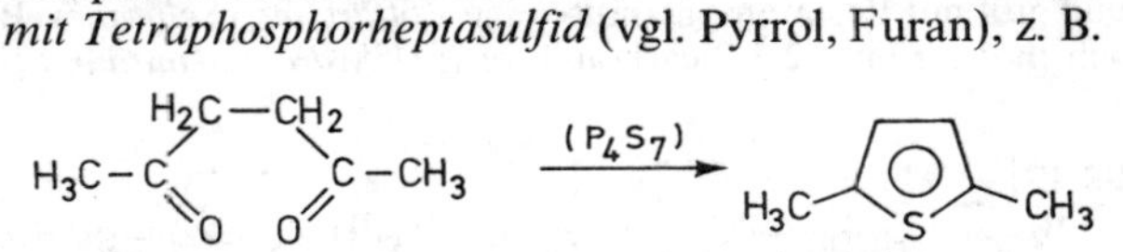

7.1.4.3 Das *2,5-Diphenyl-thiophen* läßt sich durch Sättigen einer auf 50−60 °C (325−335 K) erwärmten alkoholischen Lösung von *1,4-Diphenyl-butadiin* (vgl. S. 622) im alkalischen Medium mit *Schwefelwasserstoff* darstellen (*K. E. Schulte,* 1960):

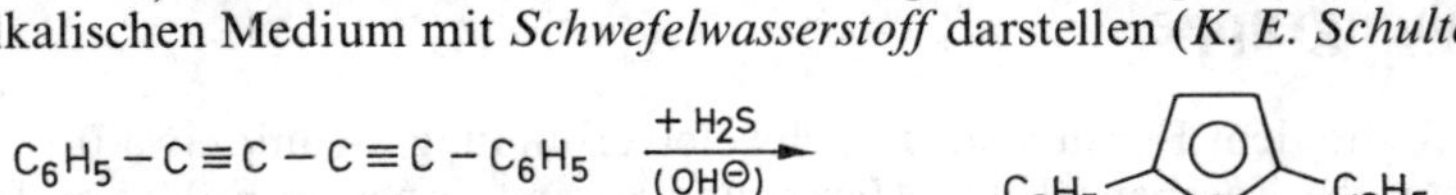

Eigenschaften. Thiophen ist eine farblose, mit Wasser nicht mischbare Flüssigkeit vom Sdp. 84 °C (357 K) (Benzol 80,4 °C [353,6 K]). Sein aromatischer Charakter gibt sich vor allem in den *elektrophilen* Substitutionen zu erkennen, die im allgemeinen leichter verlaufen als beim Benzol. Aufgrund der Elektronendichteverteilung reagiert hierbei fast ausschließlich die 2- bzw. 5-Stellung und nur, wenn diese substituiert sind, die 3- oder 4-Stellung.
Neben der Halogenierung, Nitrierung, Sulfonierung und Mercurierung läßt sich die *Friedel-Crafts-Acylierung* mit Säureanhydriden (oder Säurechloriden) und zwar schon bei Gegenwart von Phosphorsäure (oder Zinn[IV]-chlorid) durchführen, z. B.:

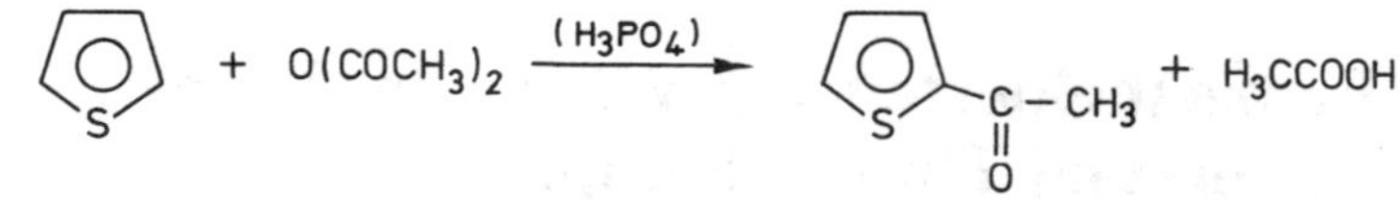

Thiophen — 2-Acetyl-thiophen (Methyl-2-thienyl-keton)

Bei der ***Birch*-Reduktion** von Thiophen mit Natrium in flüssigem Ammoniak bei Gegenwart von Methanol erhält man **2,3- und 2,5-Dihydrothiophen,** während die katalytische Hydrierung gleich zum *Thiolan* (Tetrahydrothiophen oder Thiophan) führt. Hierbei ist ein großer Überschuß des Katalysators (Pd) erforderlich, um die Kontaktgiftwirkung des Schwefels zu überwinden (*Mozingo,* 1945).

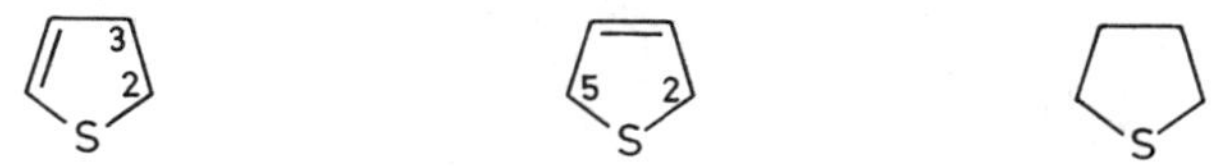

2,3-Dihydro-thiophen — 2,5-Dihydro-thiophen — Thiolan

Während Thiophen unter normalen Bedingungen keine *Diels-Alder*-Addition eingeht, reagiert **Thiophendioxid** sowohl als *Dien* als auch wie ein *Dienophil* und gibt unter SO_2-Abspaltung das folgende Addukt:

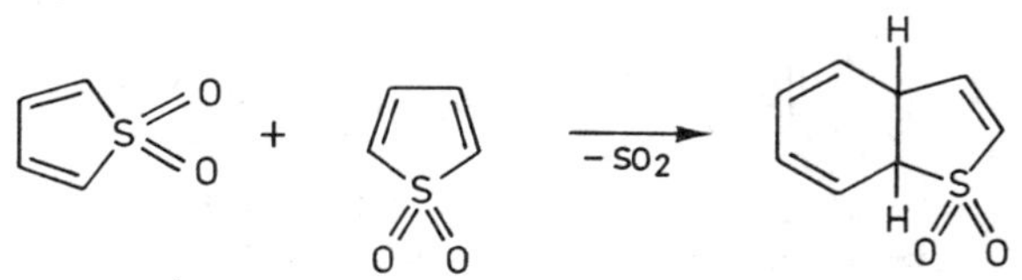

Thiophendioxid — Addukt

Ausgehend vom **2,5-Dihydro-thiophendioxid,** gelingt die *Diels-Alder*-Addition eines offenkettigen Diens an Dehydrobenzol. Bei der gemeinsamen Thermolyse von 2,5-Dihydro-thiophendioxid und Benzoldiazonium-2-carboxylat (vgl. S. 638*f.*) entstehen intermediär Butadien und Dehydrobenzol, die unter Addition *1,4-Dihydro-naphthalin* bilden:

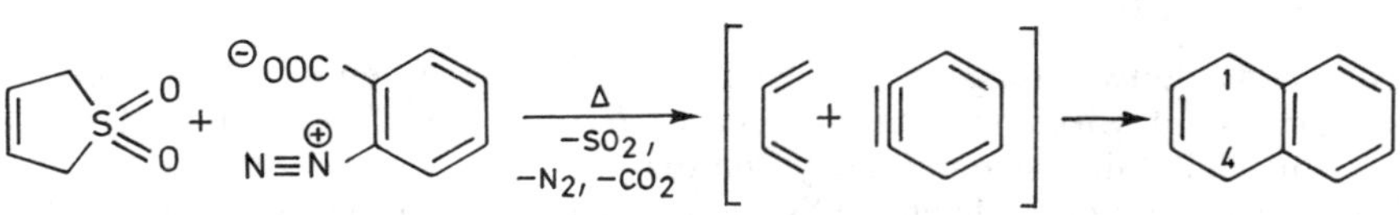

1,4-Dihydro-naphthalin

Tetrahydrothiophendioxid, Sdp. 285 °C (558 K), dient sowohl zur Extraktion als auch zur Extraktivdestillation bei der Reinigung von Kohlenwasserstoffen, vor allem von Benzol (*Sulfolan-Verfahren*).
In der Natur tritt der Thiolanring, kondensiert mit einem Imidazolonring, im *Biotin* (Vitamin H) auf.

7.2 Benzoanellierte Ringsysteme der Pyrrol-, Furan- und Thiophengruppe

Die Kombination eines Benzolkerns mit Pyrrol, Furan oder Thiophen ist theoretisch auf zweierlei Weise möglich, je nachdem, ob der heterocyclische 5-Ring an der Seite 2,3(b) oder 3,4(c) an den Benzolring anelliert ist. Bei der 1,2(a) Kombination ist der Anelland Pyridin. Am Beispiel des Pyrrols lassen sich somit folgende drei *Isomeren* postulieren, von denen dem Indol die größte Bedeutung zukommt:

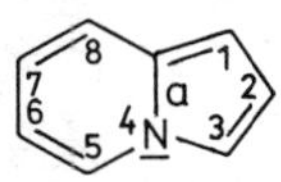

Indolizin
Pyrrolo[1,2-a]pyridin

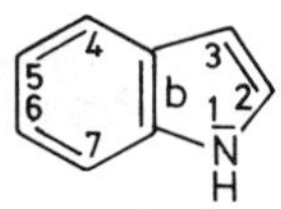

Indol
Benzo[b]pyrrol

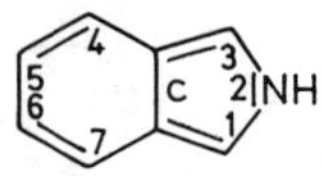

Isoindol
Benzo[c]pyrrol

Analog dem Indol leiten sich vom Furan und Thiophen die beiden folgenden Ringsysteme ab, die ebenfalls Trivialnamen tragen:

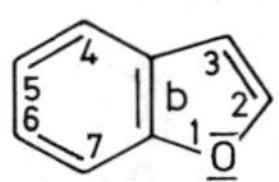

Cumaron
Benzo[b]furan

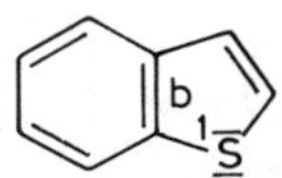

Thionaphthen
Benzo[b]thiophen

In den Benzo[b]heterocyclen beginnt die Bezifferung allgemein am Heteroatom und verläuft über den 5- zum 6-Ring. Nach einer älteren Nomenklatur werden die Stellungen 2 und 3 durch α und β markiert. In den isomeren Ringsystemen, in denen das Heteroatom entweder in 2-Stellung steht oder beiden Ringen gemeinsam ist, erfolgt die Numerierung wie oben angegeben.

7.2.1 Indolgruppe[1]

Die Basis für die Entwicklung der Indolchemie bildete das in einigen Indigopflanzen und im Färberwaid vorkommende β-Glucosid *Indican*, das durch saure Hydrolyse oder enzymatisch in Glucose und Indoxyl spaltbar ist.

Indol findet sich in geringer Menge im Steinkohlenteer sowie im Jasmin- und Orangenblütenöl. Als biochemisches Abbauprodukt des in den meisten Proteinen enthaltenen Tryptophans kommt es – neben *Skatol* (3-Methyl-indol) – in den Fäkalien vor.

Darstellung

7.2.1.1 Indol erhält man *durch Reduktion von Indoxyl* mit Zinkstaub und Alkali:

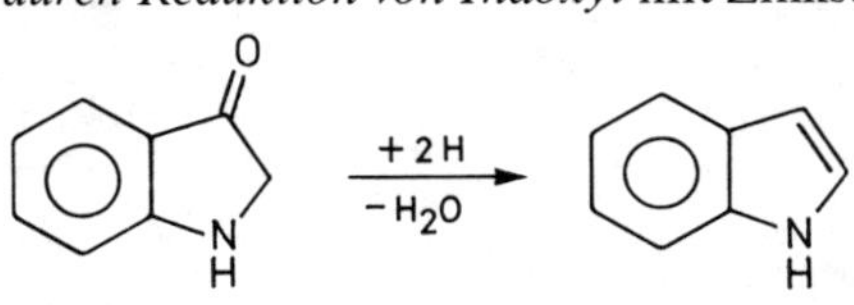

Indoxyl Indol

[1] Vgl. *R. J. Sundberg*, The Chemistry of Indoles (Academic Press, New York 1976).

7.2.1.2 *Madelung*-Synthese. Hierbei erhitzt man 2′-Methylformanilid mit Kalium-*tert.*-butylat als Kondensationsmittel in einer Stickstoff-Atmosphäre auf 350–360 °C (625–635 K) und erhält unter intramolekularem Ringschluß Indol in 79proz. Ausbeute (*Tyson*, 1950):

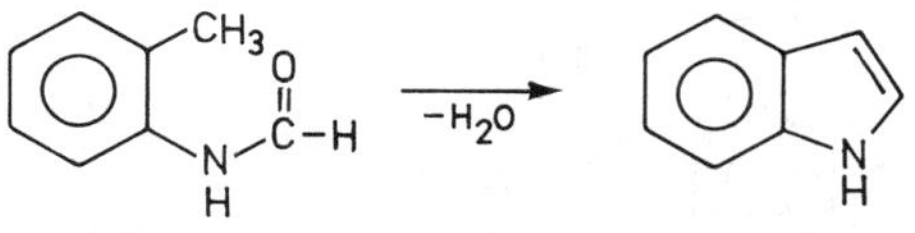

2′-Methylformanilid Indol

7.2.1.3 *Fischer*sche Indolsynthese. Sie dient zur Darstellung von Indolderivaten, bei der das betreffende Phenylhydrazon einer Ketoverbindung mit Zinkchlorid (Schwefelsäure oder Borfluorid) als Kondensationsmittel auf etwa 180 °C (450 K) erhitzt wird. Primär erfolgt hierbei eine Diaza-*Cope*-Umlagerung (vgl. S. 111) und anschließend Abspaltung von Ammoniak unter Bildung des Indolrings. Durch *Isotopenmarkierung* mit ^{15}N wurde bewiesen, daß das abgespaltene Ammoniak aus dem *β*-ständigen Hydrazinstickstoff stammt (*Clusius*).
Ausgehend vom *Acetonphenylhydrazon*, verläuft die Synthese nach folgendem *Mechanismus:*

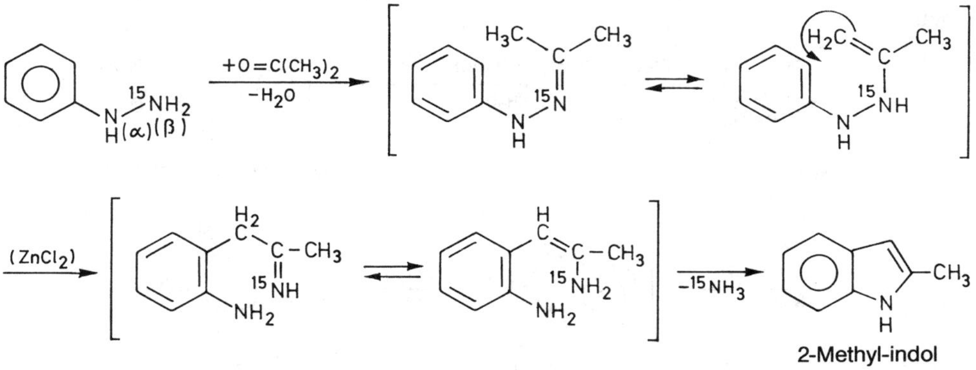

2-Methyl-indol

Analog erhält man aus Acetaldehyd-phenylhydrazon das *Indol* und aus Propionaldehyd-phenylhydrazon das *3-Methyl-indol* (Skatol).

Eigenschaften. Indol kristallisiert in farblosen Blättchen vom Schmp. 53 °C (326 K) und zeigt schwach basische Eigenschaften. Mit Säuren erfolgt keine Salzbildung, sondern – besonders in der Wärme – *Polymerisation* zu harzigen Produkten. Andererseits läßt sich das H-Atom der Iminogruppe durch Alkalimetalle salzartig ersetzen. Zum *Nachweis* des Indols dient die beim Pyrrol erwähnte *Fichtenspanreaktion,* auch hier tritt Rotfärbung ein.
Bei *elektrophilen* Substitutionen reagiert Indol als *Enamin* fast ausschließlich in 3-Stellung. Der Benzolkern ist wesentlich reaktionsträger als der Pyrrolkern und wird durch den „Anilinstickstoff" nicht aktiviert. Erst wenn die reaktionsfähigen Stellen am Pyrrolring besetzt sind, erfolgen Substitutionen am Benzolkern.

7.2.1.4 Indoxyl (Indolinon) tritt als Schwefelsäureester oder in glykosidischer Bindung mit Glucuronsäure regelmäßig im Harn auf. Es bildet hellgelbe Prismen vom Schmp. 85 °C (358 K) und wird im alkalischen Medium durch Luftsauerstoff leicht zu *Indigo* oxidiert. Daher tritt es als Zwischenprodukt bei den technischen Indigosynthesen auf.

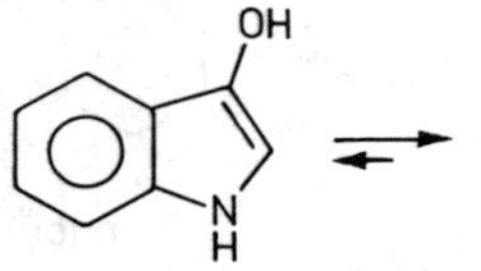

Indoxyl

Das *Gleichgewicht* ist, wie spektroskopische Befunde zeigen, fast ausschließlich zugunsten der *Keto*-Form verschoben. Die dem Heteroatom nicht benachbarte Carbonylgruppe in 3-Stellung des Indoxyls reagiert mit relativ schwach *nucleophilen* Ketonreagenzien, z. B. mit Hydroxylamin und Phenylhydrazin unter Bildung des Oxims bzw. Phenylhydrazons. Das gleiche gilt für die 3-Ketogruppe im Isatin.

7.2.1.5 Isatin kristallisiert in orangeroten Prismen vom Schmp. 203 °C (476 K) und läßt sich am besten *aus Anilin, Chloralhydrat* und *Hydroxylamin* in konzentriert salzsaurer Lösung gewinnen, wobei zunächst Hydroxyimino-acetanilid entsteht, das mit konz. Schwefelsäure über Isatin-3-imid (3-Imino-2-indolinon) in Isatin übergeht (Ausbeute 75%):

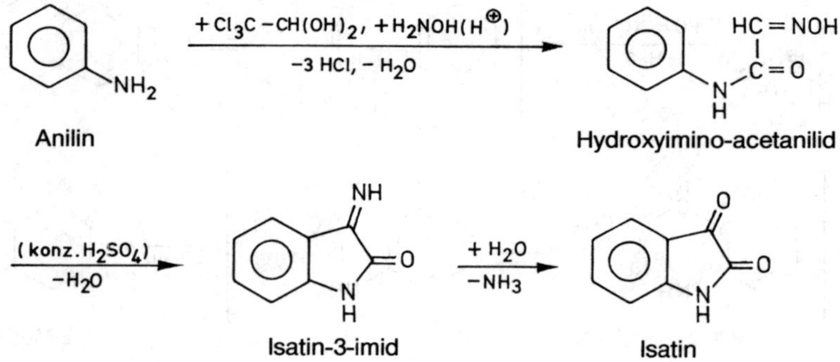

Die *Reduktion* des Isatins verläuft je nach dem Reduktionsmittel über die Zwischenstufen *Dioxindol* und *Oxindol* bis zum *Indol:*

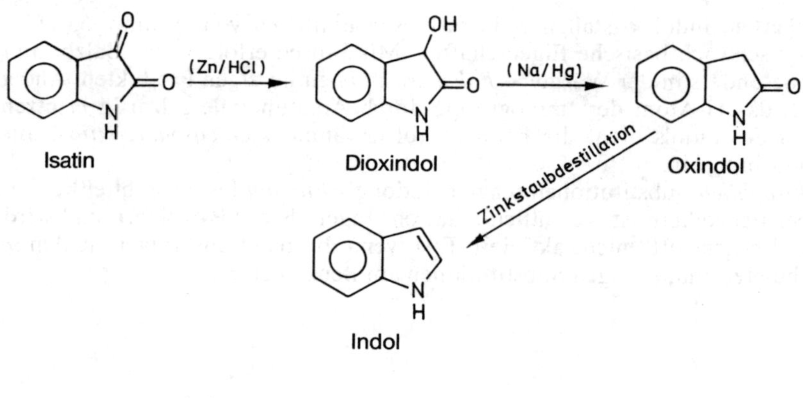

7.2.1.6 L(−)-Tryptophan, *β*-[3-Indolyl]-alanin, kommt als Aminosäure in geringer Menge in fast allen Proteinen vor. Da es bei der sauren Hydrolyse von Eiweiß zerstört wird, wurde es erst relativ spät bei der enzymatischen Spaltung mit *Trypsin* entdeckt (*Hopkins*, 1902). Seine Konstitution konnte durch Synthesen bewiesen werden.

Darstellung. Am besten geht man vom 3-Dimethylaminomethyl-indol aus, das unter dem Namen Gramin als Alkaloid bekannt und durch *Mannich*-Reaktion aus Indol, Formaldehyd und Dimethylamin leicht darstellbar ist. Es läßt sich mit Acetaminomalonester in Gegenwart katalytischer Mengen von Natriumhydroxid in inertem Lösungsmittel zum Skatylacetaminomalonester umsetzen, wobei Dimethylamin gasförmig entweicht. Durch Hydrolyse des Di-Esters gelangt man zu DL-Tryptophan (*Snyder* et al.):

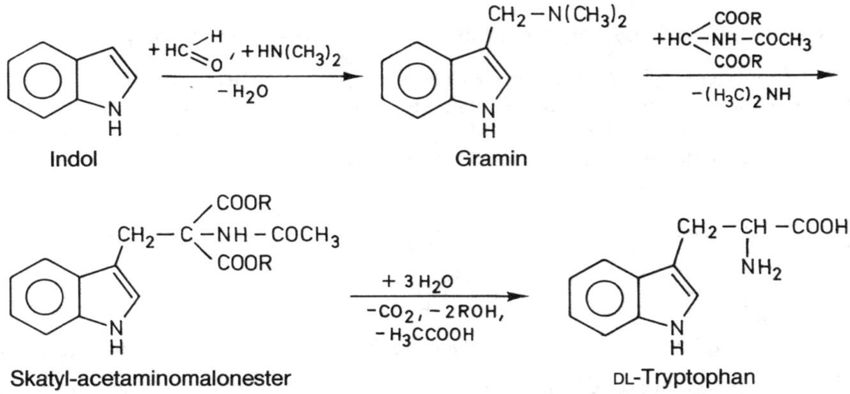

Eigenschaften. L-Tryptophan kristallisiert in seidenglänzenden Blättchen und ist in heißem Wasser leicht löslich. Es schmilzt beim raschen Erhitzen bei 293 °C (566 K) (u. Zers.); im UV-Licht fluoresziert es.

Im Organismus wird Tryptophan durch enzymatische Reaktionen (oxidative Desaminierung und Decarboxylierung) bis zu Skatol oder Indol abgebaut. Der widerliche Geruch von Fäkalien ist hauptsächlich auf das Skatol zurückzuführen.
Eine biochemisch interessante Oxidation erfährt Tryptophan im Organismus von Hunden, wobei über *Kynurenin* als Zwischenprodukt unter Ringerweiterung vom Indol- zum Chinolonring die *Kynurensäure* (1,4-Dihydro-4-oxo-2-chinolincarbonsäure) gebildet wird:

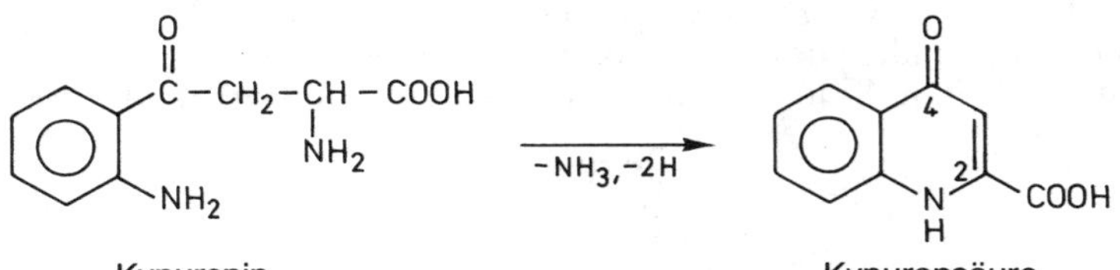

7.2.1.7 Tryptamin, 3-(*β*-Aminoethyl)-indol, entsteht biochemisch durch Decarboxylierung von Tryptophan. Synthetisch läßt es sich durch Reduktion von 3-Indolylacetonitril darstellen.

Amine, die sich aus Aminosäuren unter CO_2-Abspaltung bilden, bezeichnet man als *proteinogene* oder *biogene* Amine (vgl. S. 526*f.*, 743).

5-Hydroxy-tryptamin (Serotonin) findet sich im Serum und in der Darmschleimhaut der Säugetiere, es ist ein Neurotransmitter und bewirkt eine starke Verengung der Blutgefäße; N-Acetyl-5-methoxy-tryptamin ist das Zirbeldrüsenhormon *Melatonin*. Die Amide des Serotonins mit langkettigen Carbonsäuren (Carbonsäure-5-hydroxy-tryptamide = CHT) kommen im Oberflächenwachs der Kaffeebohne vor, z. B. Arachinsäure-5-hydroxy-tryptamid.

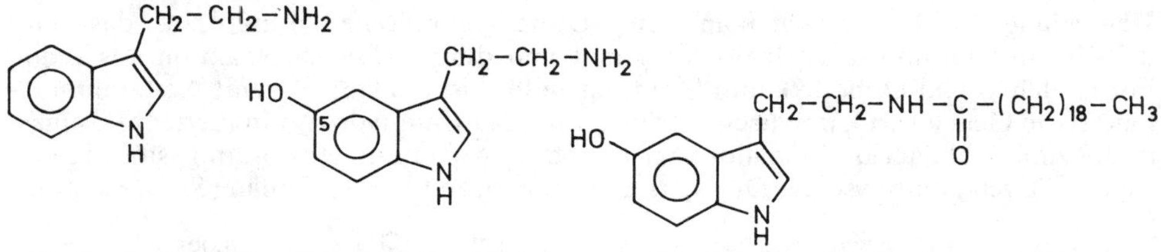

Tryptamin 5-Hydroxy-tryptamin Arachinsäure-5-hydroxy-tryptamid

7.2.1.8 3-Indolylessigsäure (β-Indolylessigsäure, β-IES) wurde aus Harn und Hefe (*Kögl*, 1934) sowie aus reifenden Maiskörnern (*Haagen-Smit*, 1946) isoliert und als pflanzlicher *Wuchsstoff* erkannt. Sie läßt sich durch Umsetzen von Indolylmagnesiumiodid mit Chloracetonitril und anschließende Hydrolyse synthetisieren:

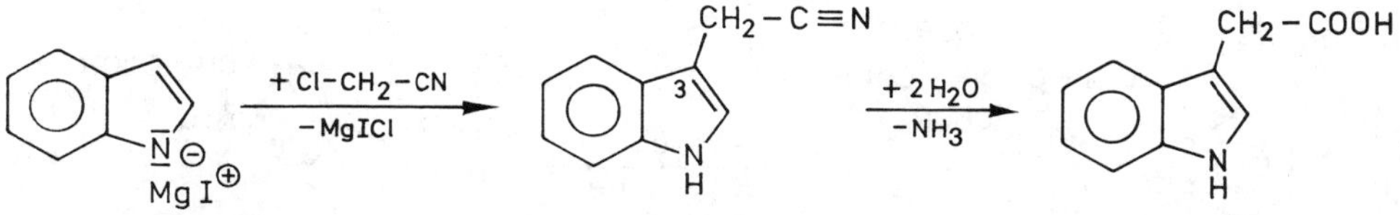

Indolylmagnesiumiodid 3-Indolylacetonitril 3-Indolylessigsäure

Die 3-Indolylessigsäure und einige mit ihr verwandte Indolderivate gehören zu den pflanzlichen Wuchsstoffen (Phytohormonen, Allelopathika), die man als **Auxine**[1] bezeichnet. Sie beeinflussen das Streckungswachstum und zahlreiche Entwicklungsprozesse bei höheren Pflanzen entscheidend. Die 3-Indolylessigsäure wird in der Pflanze aus Tryptophan über 3-Indolylacetamid als Zwischenstufe gebildet.

7.2.1.9 Indigofarbstoffe

Die Erforschung dieser Farbstoffklasse ist in erster Linie den grundlegenden Arbeiten von *A. v. Baeyer* zu verdanken, der auch eine Reihe von Synthesen des Indigos durchführte, die jedoch keine technische Verwertung fanden.

Indigo wurde schon im Altertum als äußerst lichtechter, blauer Farbstoff geschätzt und damals aus dem in *Isatis tinctoria* vorkommenden Glucosid *Indican* gewonnen. Heute hat der synthetische Indigo das Naturprodukt völlig verdrängt.

Indigo besitzt folgende Strukturformel, die zwei intramolekulare *Wasserstoffbrücken* aufweist:

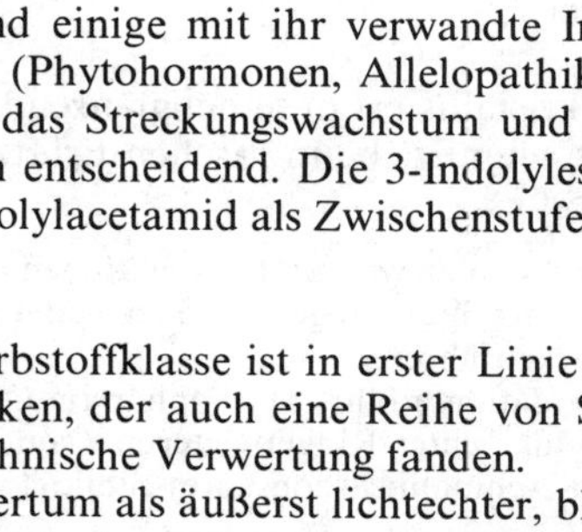

Indigo

[1] Vgl. *N. J. Leonard*, The Chemistry and Biochemistry of Plant Hormones, Bd. 7 (Academic Press, New York 1974).

Aufgrund der zentralen C=C-Doppelbindung sollte Indigo in *E,Z*-Isomeren auftreten, jedoch wurde bisher nur eine Form isoliert, der nach der *Röntgenstrukturanalyse* die angegebene (*E*)-Konfiguration zukommt.

Die tiefe Farbe des Indigos beruht auf der speziellen Verknüpfung der Atome seines Grundgerüstes (Grundchromophor).

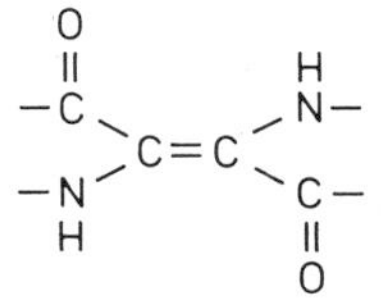

Grundchromophor des Indigos

Es stellt ein doppelt gekreuztes konjugiertes System dar, in dem jede Hälfte *capto-dativ* substituiert ist, d. h. durch einen Elektronenakzeptor: C=O (*capto*) und einen Elektronendonator – NH. Die Benzolringe sind für die Eigenschaften des Indigos von geringerer Bedeutung (*Klessinger, Lüttke*, 1963)[1].

7.2.1.10 Technische Indigosynthesen

a) Bei der **1. *Heumann*schen Synthese** (1890) wird *Anilin* mit *Chloressigsäure* zu *Phenylglycin* kondensiert, dessen alkalische Schmelze bei 300 °C (575 K) dann über Indoxyl unter Luftoxidation zu Indigo führt:

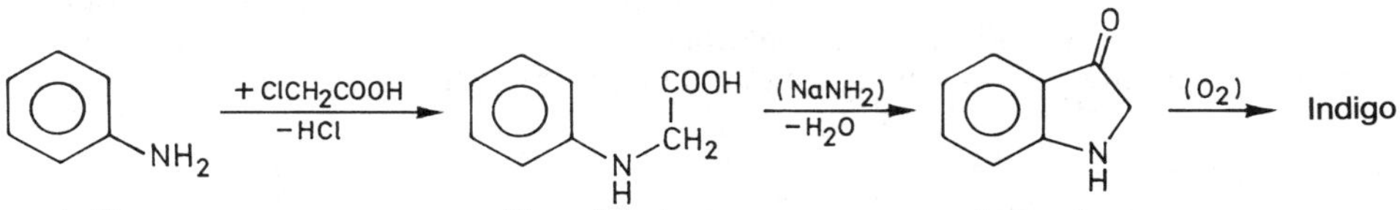

Anilin Phenylglycin Indoxyl

Die Rentabilität dieser Synthese konnte erst durch Zugabe von *Natriumamid* als Kondensationsmittel erreicht werden, da dies den Ringschluß schon bei Temperaturen von 180–200 °C (455–475 K) ermöglicht (*Pfleger*, 1901).

Phenylglycin läßt sich in wesentlich besserer Ausbeute aus Anilin durch Einwirkung von Formaldehyd-natriumhydrogensulfit bei 50 – 70 °C (325 – 345 K), anschließende Umsetzung mit Natriumcyanidlösung und Hydrolyse des Nitrils darstellen:

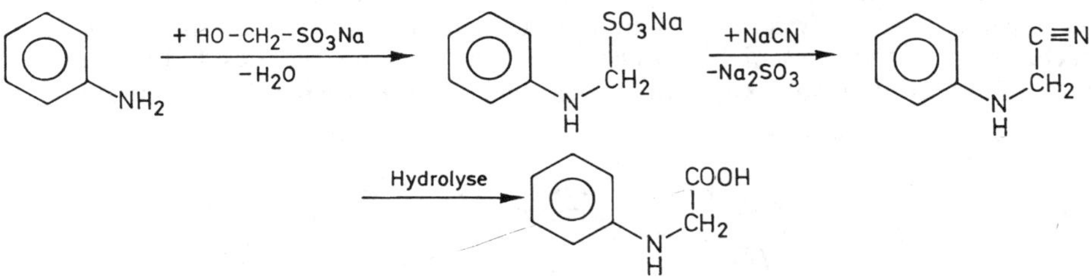

Phenylglycin

[1] Vgl. *M. Klessinger*, Capto-dative Substituenteneffekte und der Indigo-Grundchromophor, Angew. Chem. *92*, 937 (1980).

b) Nach einem weiteren in Hoechst entwickelten Verfahren setzt man *Anilin* mit *Ethylenoxid* zum β-Hydroxyethylanilin um, das in der alkalischen Schmelze bei 200 °C (475 K) eine Dinatriumverbindung bildet. Diese cyclisiert sich beim raschen Erhitzen auf 300 °C (575 K) und Abkühlen auf 240 °C (510 K) unter Dehydrierung zu Indoxyl, das durch Luftoxidation in Indigo übergeht:

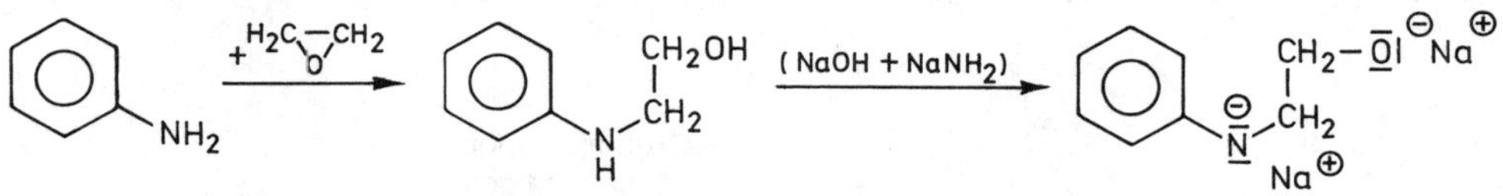

β-Hydroxyethylanilin

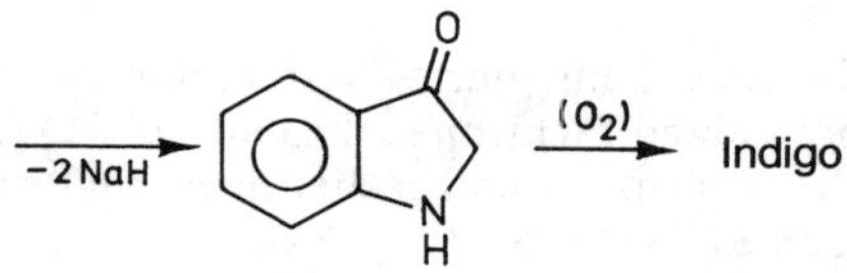

Indoxyl

c) Die **2. *Heumann*sche Synthese** geht von der *Phenylglycin-o-carbonsäure* aus, die aus Anthranil- und Chloressigsäure zugänglich ist. Beim Schmelzen der Phenylglycin-*o*-carbonsäure mit Alkali entsteht in quantitativer Ausbeute 2-Indoxylcarbonsäure (3-Oxoindolinon-2-carbonsäure), die schon beim Erwärmen Kohlendioxid abspaltet und in Indoxyl übergeht. Die letzte Reaktionsstufe ist wieder die Luftoxidation des Indoxyls in alkalischer Lösung zu Indigo (Verfahren der BASF):

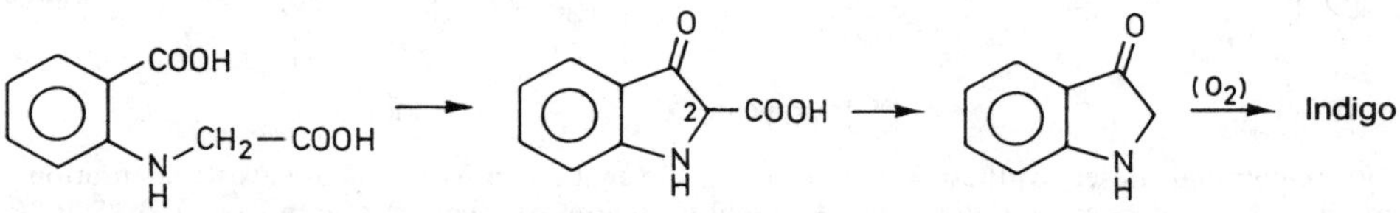

Phenylglycin-*o*-carbonsäure 2-Indoxylcarbonsäure Indoxyl

Eigenschaften. *Indigo* (Indigotin, Indigblau) bildet blaue, kupferglänzende Kristalle vom Schmp. 390–392 °C (663–665 K), die sich in siedendem Aceton oder Eisessig sowie in heißem Anilin gut lösen und im Vakuum sublimierbar sind.

Für färbetechnische Zwecke muß Indigo zunächst in eine wasserlösliche Form gebracht werden. Dies geschieht durch Reduktion (Verküpung) des Indigos mit Natriumdithionit (Hydrosulfitküpe) in alkalischer Lösung zu **Indigweiß** (Leukindigo):

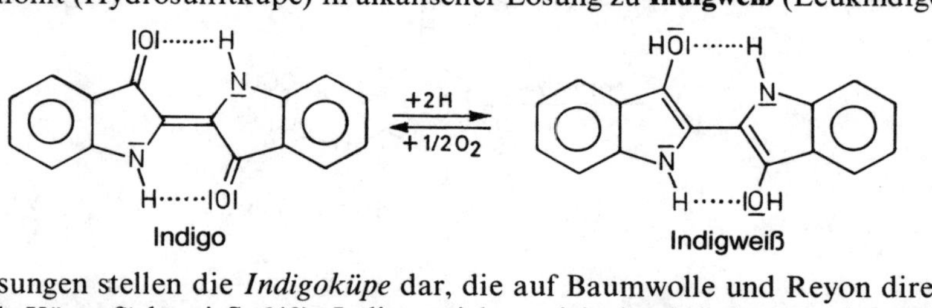

Indigo Indigweiß

Diese Lösungen stellen die *Indigoküpe* dar, die auf Baumwolle und Reyon direkt aufzieht (vgl. Küpenfärberei S. 643). Indigo zeichnet sich durch hohe Wasch- und Lichtechtheit aus. Die Hauptanwendungsgebiete der Indigofarbstoffe sind die *Baumwollfärberei* und der *Kattundruck*.

6,6′-Dibrom-indigo. Die Substitution von zwei H-Atomen der Benzolkerne im Indigo durch Bromatome verändert den Farbton unter hypsochromer Verschiebung der Absorptionsbande von Blau nach Rotviolett. Dieser Farbstoff ist mit dem aus den Purpurschnecken *Murex L.* gewonnenen *antiken Purpur* identisch.

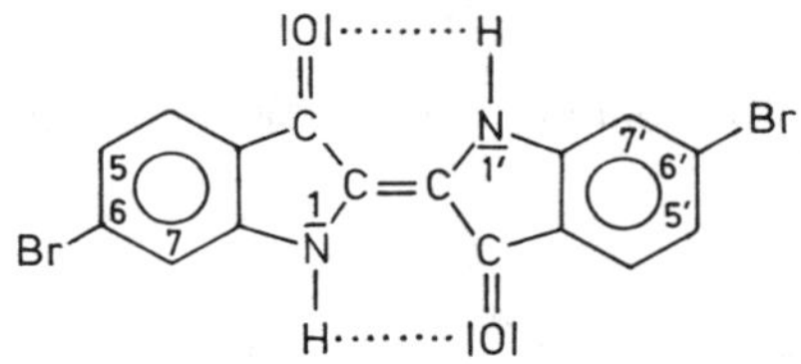

6,6′-Dibrom-indigo

Die höherhalogenierten Abkömmlinge des Indigos zeichnen sich durch besonders leuchtende Farbtöne aus, z. B. *5,5′,7,7′-Tetrabrom-indigo* (Cibablau G).

7.2.2 Indolizingruppe

Während vom *Isoindol* nur N-Alkyl- und N-Acryl-Derivate bekannt sind, kommt dem *Indolizin* und seinen Abkömmlingen in der Filmproduktion als *Sensibilisatoren* und *Stabilisatoren* eine besondere Bedeutung zu.

Indolizin (Pyrrocolin) bildet farblose Kristalle vom Schmp. 75 °C (348 K) und ist nur schwach basisch. Die Stabilität und sein aromatischer Charakter sind auf folgende *Mesomerie* zurückzuführen, an der sich das ungepaarte Elektronenpaar am Stickstoff beteiligt.

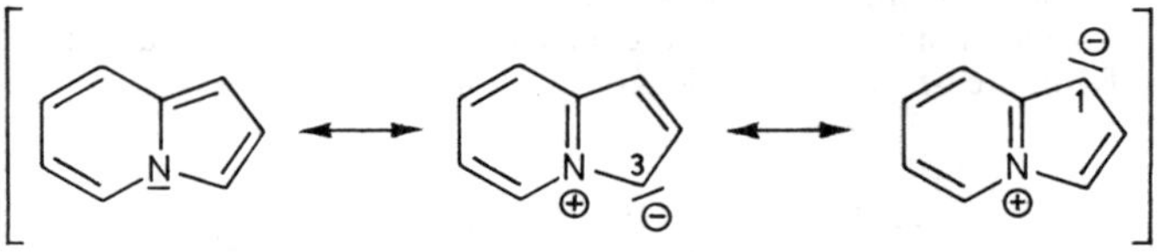

Indolizin

Elektrophile Substitutionen erfolgen demnach in 1- und 3-Stellung. Indolizin kann sowohl als Pyrrol- als auch als Pyridin-Derivat aufgefaßt werden.

Unter den *Sensibilisatoren* in photographischen Emulsionen spielt auch *2-Methyl-indolizin* bei der Herstellung von *Polymethinfarbstoffen* eine Rolle. Zu seiner Synthese setzt man 2-Methylpyridin (α-Picolin) mit Bromaceton zum Quartärsalz um, das sich bei der Einwirkung von Natriumhydrogencarbonat zum 2-Methyl-indolizin cyclisiert:

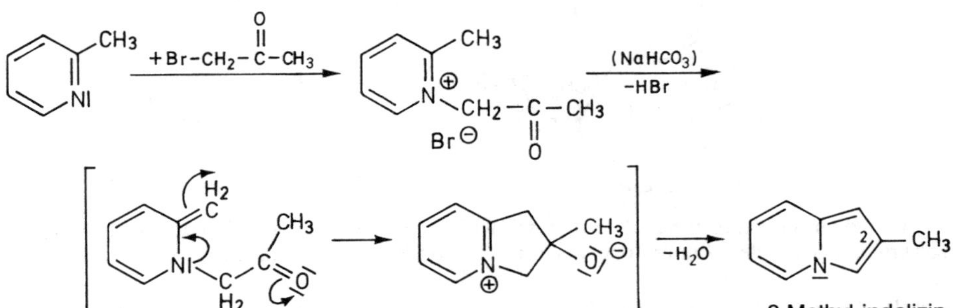

2-Methyl-indolizin

7.2.3 Cumarongruppe

Cumaron (Benzo[b]furan), das wie Indol im Steinkohlenteer vorkommt, ist ein farbloses Öl vom Sdp. 175 – 177 °C (448 – 450 K) und neigt, besonders unter dem Einfluß von Säuren, leicht zur *Polymerisation* unter Bildung der technisch verwendbaren *Cumaronharze.*

Synthetisch ist Cumaron *aus Cumarin* unter Ringverengung auf folgendem Wege zugänglich (*Perkin*):

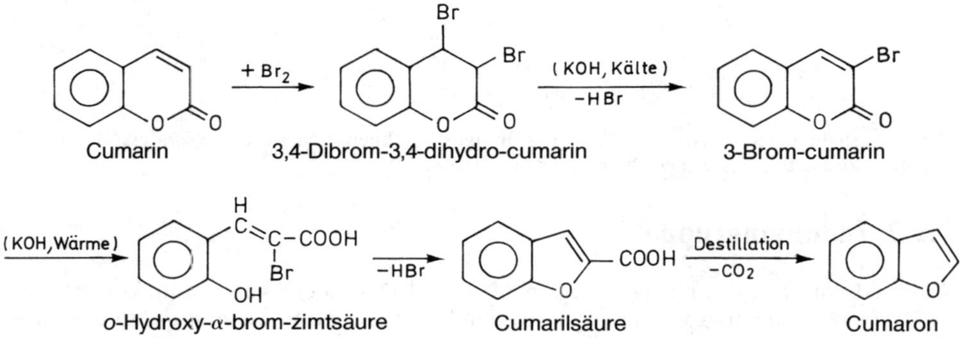

Dieser Reaktion verdankt Cumaron seinen Namen.

Der Cumaronring ist in der Natur recht verbreitet. Interessant sind die Abkömmlinge der *Furocumarine*, die Cumarin-Cumaron-Struktur aufweisen und im Pflanzenreich vorkommen. Als Beispiele seien das **Psoralen** (vgl. S. 558) und das **Bergapten** aus Bergamotteöl erwähnt (*E. Späth*); da letzteres die Bräunung der Haut bei Sonnenschein fördert, war es Bestandteil vieler Kosmetika. Wegen des carcinogenen Potentials der Furocumarine, werden sie heute aus den Citrusölen wie Bergamotteöl entfernt. Sie besitzen folgende Konstitution:

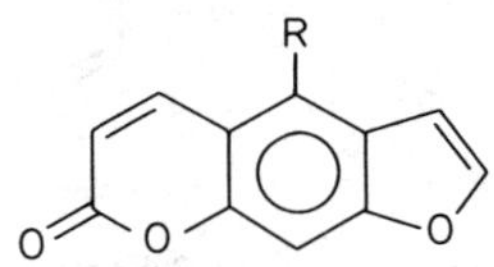

Psoralen (R = H)
Bergapten (R = OCH_3)

Bergapten gehört zu den *pflanzlichen Fischgiften.*

Eine Spiroverbindung des 2,3-Dihydro-cumarons ist das farblose, optisch aktive ***Griseofulvin***[1], $C_{17}H_{17}ClO_6$, vom Schmp. 222 °C (495 K) $[\alpha]_D = +340$ °, das aus dem Mycel von *Penicillium griseofulvum* isoliert und später als Stoffwechselprodukt vieler *Penicillium*-Arten erkannt wurde. Strukturell leitet es sich vom **Grisan** ab und besitzt folgende Formel:

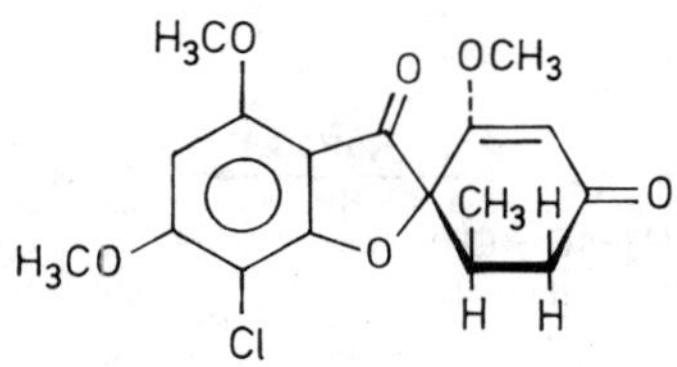

INN: ***Griseofulvin***

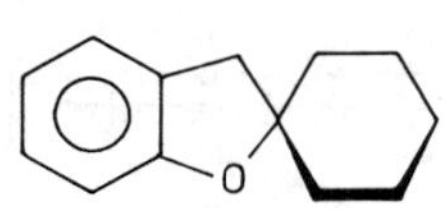

Grisan

INN: ***Griseofulvin*** (*Likuden*) hat als systemisch wirkendes *Antimykotikum* bei der Behandlung von Pilzerkrankungen in der Human- und Veterinärmedizin Bedeutung erlangt.

[1] Vgl. *D. Woodcock*, Systemic Fungizides, Ed. *R. W. Marsh* (Longman, London 1977).

7.2.4 Thionaphthengruppe

Thionaphthen (Benzothiophen) findet sich auch im Steinkohlenteer und ähnelt in seinem chemischen Verhalten dem Naphthalin. Es bildet farblose Blättchen vom Schmp. 32 °C (305 K) und siedet bei 221 °C (494 K).

Darstellung

7.2.4.1 *Durch Oxidation von o-Mercaptozimtsäure* mit Kaliumhexacyanoferrat(III):

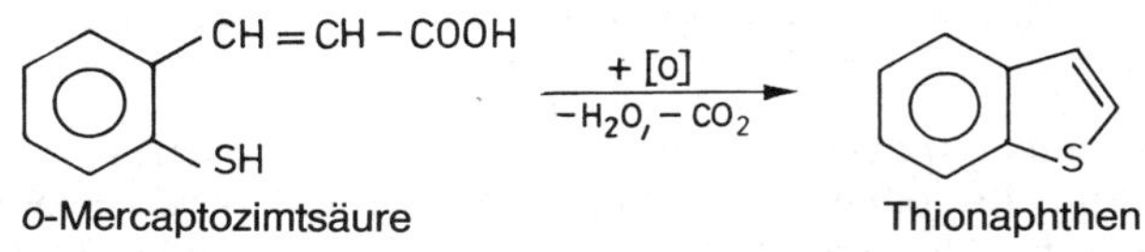

7.2.4.2 Besser aus *Styrol und Schwefelwasserstoff* bei 600 °C (875 K) am Eisensulfid-Aluminiumoxid-Kontakt (Ausbeute 60%):

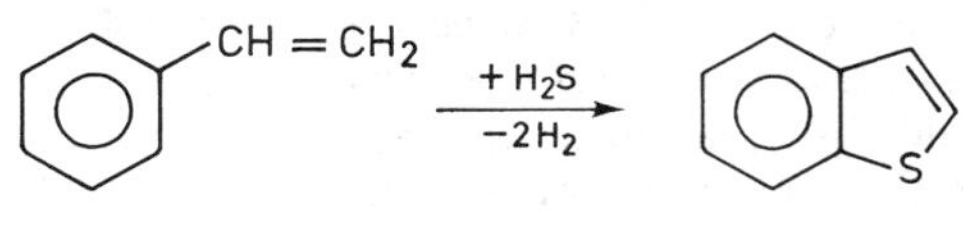

Eigenschaften. In Analogie zum Indol erfolgen die *elektrophilen* Substitutionen beim Thionaphthen in 3-Stellung. Mit Salpetersäure läßt es sich bei Raumtemperatur zum *Sulfon* oxidieren. Größere Bedeutung kommt dem Thionaphthen als Stammverbindung der **Thioindigofarbstoffe** zu.

Thioindigo wurde erstmalig aus Thiosalicylsäure hergestellt (*Friedländer*, 1905). Die *Reaktion* verläuft analog der 2. *Heumann*schen Indigosynthese über folgende Zwischenstufen:

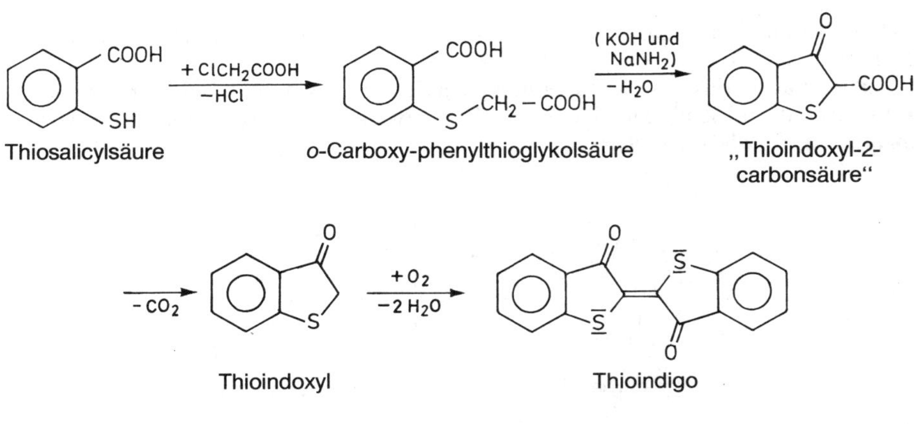

Thioindigo [$\Delta^{2,2'}$-Bi(2,3-dihydrobenzo[b]thiophen)-3,3′-dion] war der erste rein *rote Küpenfarbstoff;* seine Färbungen sind noch lichtechter und widerstandsfähiger gegen oxidierende Einflüsse als die des Indigos.

7.2.5 Kondensierte tricyclische Systeme

Vom Pyrrol, Furan und Thiophen existieren auch Ringsysteme, in denen je zwei Benzolkerne mit dem Heterocyclus *ortho*kondensiert sind:

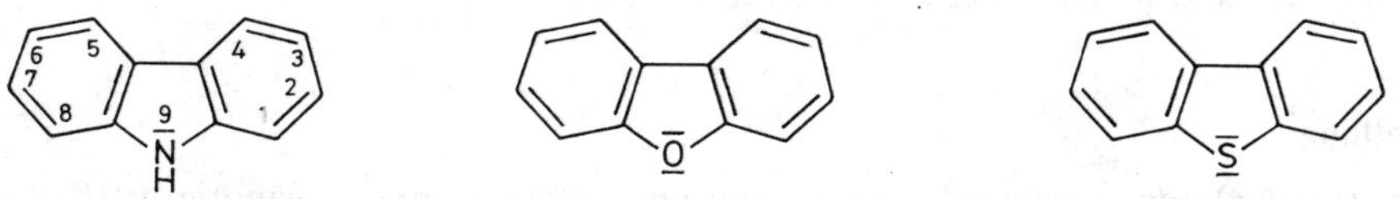

Carbazol (Dibenzopyrrol) (Schmp. 247 °C [520 K]) — Biphenylenoxid (Dibenzofuran) (Schmp. 83 °C [356 K]) — Biphenylensulfid (Dibenzothiophen) (Schmp. 97 °C [370 K])

In diesen Ringsystemen, in denen der heterocyclische 5-Ring tetrasubstituiert ist, erfolgen *elektrophile* Substitutionen an den Benzolkernen, und zwar gewöhnlich in *p*-Stellung zum Heteroatom. Man erhält somit entweder 3-Mono- oder 3,6-Disubstitutionsprodukte.

Carbazol (Dibenzopyrrol) ist die wichtigste Verbindung dieser Reihe und läßt sich aus dem Rohanthracen des Steinkohlenteers über das Kaliumsalz abtrennen. Synthetisch werden Carbazole meist durch die ***Graebe-Ullmann*-Synthese** dargestellt. Carbazol selbst gewinnt man auf diese Weise aus *1-Phenyl-1,2,3-benzotriazol,* das beim Erhitzen Stickstoff abspaltet und fast quantitativ in Carbazol übergeht. 1-Phenyl-1,2,3-benzotriazol ist durch Diazotierung von *o*-Aminodiphenylamin und anschließende intramolekulare Kupplung zugänglich:

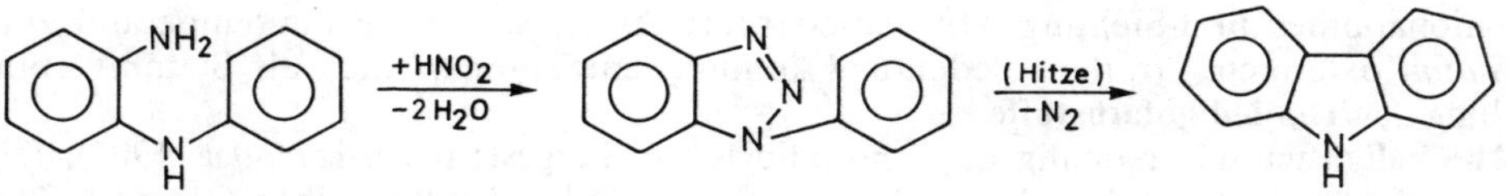

o-Aminodiphenylamin — 1-Phenyl-1,2,3-benzotriazol — Carbazol

Technisch dient Carbazol zur Herstellung von blauen Schwefelfarbstoffen, z. B. von *Hydronblau R.*

N-Vinyl-carbazol, das aus Carbazol und Acetylen unter katalytischer Wirkung von Kaliumhydroxid und Zinkoxid darstellbar ist, verwendet man zur Fabrikation von *thermoplastischem Polyvinylcarbazol:*

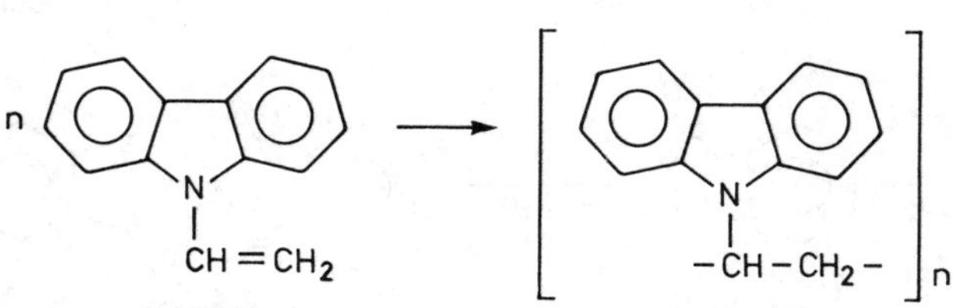

N-Vinyl-carbazol — Polyvinylcarbazol

N-Vinyl-carbazol hat neuerdings als reaktives *Enamin* auf synthetischem Gebiet Bedeutung erlangt.

Dibenzofuran und *Dibenzothiophen* spielen bisher keine besondere Rolle.

7.3 Fünfringe mit zwei Stickstoffatomen

Vom Pyrrol leiten sich durch Ersatz einer Methingruppe in 2- bzw. 3-Stellung durch Stickstoff die 5-Ringe *Pyrazol* bzw. *Imidazol* ab.

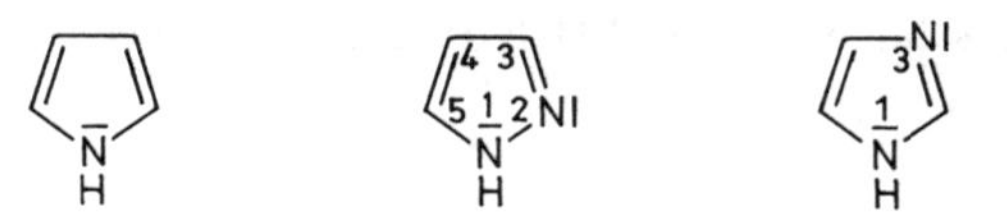

Pyrrol (Azol) Pyrazol (1,2-Diazol) Imidazol (1,3-Diazol)

Sowohl Pyrazol als auch Imidazol zählen zu den π-elektronenreichen Heteroaromaten und werden wie folgt symbolisiert:

Pyrazol Imidazol

Beide strukturisomeren Heterocyclen unterscheiden sich vom Pyrrol durch ihre höhere Basizität, die beim Imidazol stärker ist als beim Pyrazol. Der *basische* Charakter bei Anwesenheit mehrerer N-Atome im Ring ist darauf zurückzuführen, daß sich jeweils nur ein N-Atom mit seinem freien Elektronenpaar an der Ausbildung des *π-Elektronensextetts* beteiligt; das andere N-Atom steht somit für die Aufnahme eines Protons zur Verfügung.

Den Salzen des Pyrazols bzw. Imidazols liegen folgende *mesomere Kationen* zugrunde, z. B.:

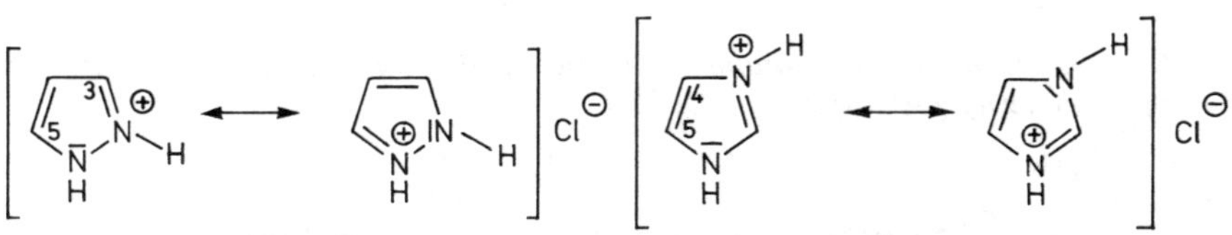

Pyrazolhydrochlorid (leicht hydrolysierbar) Imidazolhydrochlorid

Andererseits besitzen Pyrazol und Imidazol auch *saure* Eigenschaften, z. B. bilden sie, ähnlich wie Pyrrol, Kaliumsalze. Die durch Protonenabgabe entstehenden *Anionen* sind ebenfalls *mesomeriestabilisiert:*

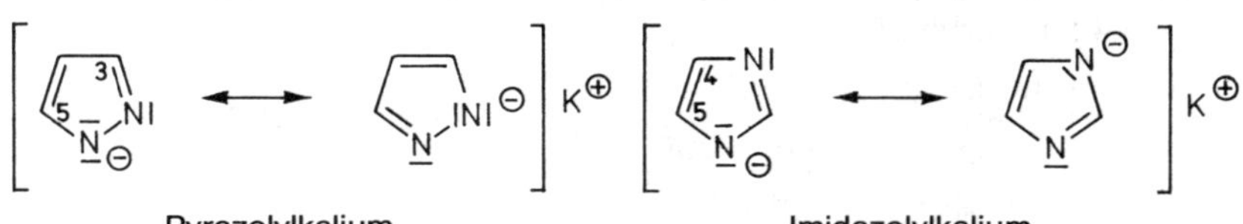

Pyrazolylkalium Imidazolylkalium

Daraus ergibt sich, daß weder im Kation noch im Anion der beiden Salze ein bestimmtes N-Atom als Träger der positiven bzw. negativen Ladung anzusehen ist. Beide N-Atome sind in

Heterocyclische Verbindungen 7

saurer und alkalischer Lösung *äquivalent;* das Proton kann also von einem N-Atom zum anderen wandern. Dies hat zur Folge, daß keine stellungsisomeren 3- und 5-Derivate des Pyrazols existieren können. Aus dem gleichen Grunde sind auch die Imidazolderivate, die den Substituenten in 4- oder 5-Stellung tragen, identisch.

7.3.1 Pyrazolgruppe

Pyrazolderivate waren lange in der Natur unbekannt, bis aus den Samen der Wassermelonen (Citrullus lanatus) das **β-[1-Pyrazolyl]-alanin** isoliert wurde (*L. Fowden,* 1959).

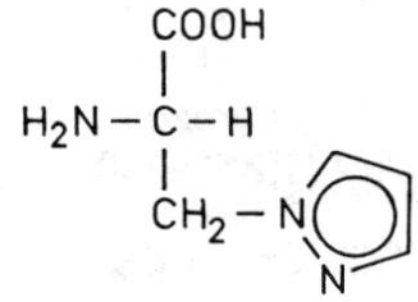

Diese Aminosäure ist mit Histidin konstitutionsisomer.

Darstellung

7.3.1.1 Pyrazolderivate sind aus 1,3-Diketo-Verbindungen und Hydrazin zugänglich, z. B. erhält man aus Acetylaceton und Hydrazin das *3,5-Dimethyl-pyrazol:*

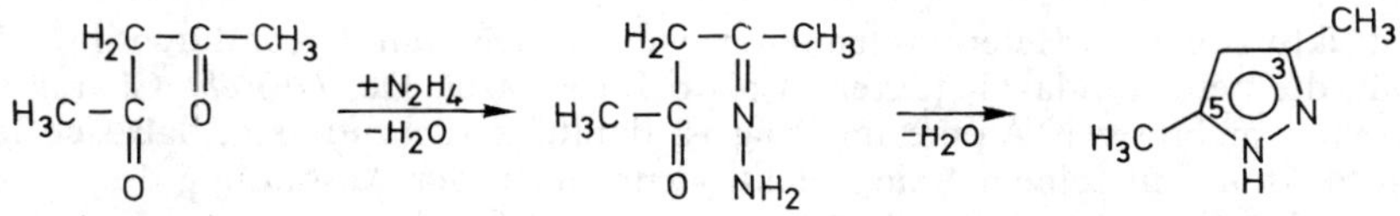

Acetylaceton 3,5-Dimethyl-pyrazol

Analog läßt sich *Pyrazol* aus Malondialdehyddiacetal und Hydrazin in 70proz. Ausbeute herstellen (*Noyce,* 1955).

7.3.1.2 Aus *Dichlormethyleniminiumsalzen* und *Hydrazonen* erhält man substituierte *5-Aminopyrazole* (*Viehe,* 1974) z. B.

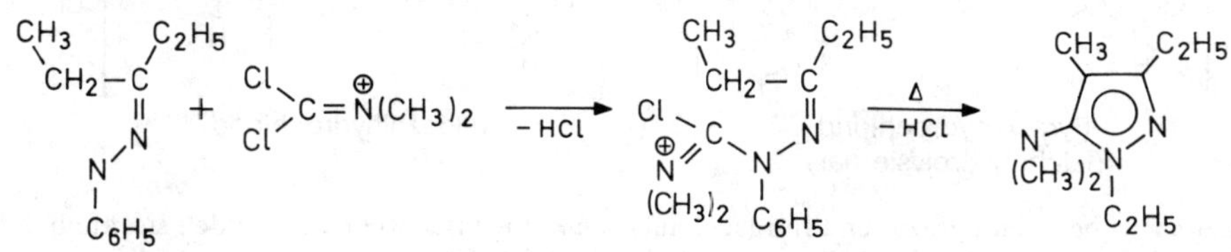

7.3.1.3 Durch Umsetzung von Acetylendicarbonsäureester mit Diazoessigester entsteht der Pyrazol-3,4,5-tricarbonsäureester:

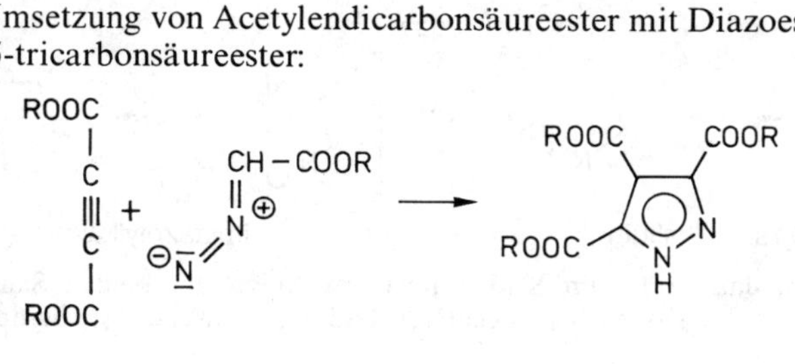

Der *Reaktionsverlauf* entspricht dem der 1,3-dipolaren Addition, die daher an dieser Stelle erklärt werden soll.

7.3.1.4 1,3-Dipolare Cycloadditionen[1]

Zu diesem Reaktionstyp gehören z. B. die Ozonidbildung bei Alkenen sowie die Reaktion von Diazomethan mit Derivaten des Ethylens und Acetylens. Hierbei bildet sich durch Addition eines aus drei Atomen bestehenden *mesomeren* Systems (*1,3-Dipol*) an die Mehrfachbindung des *Dipolarophils* ein 5-Ring.
Als 1,3-Dipole fungieren *mesomeriestabilisierte* Verbindungen, z. B. *Diazoalkane, Azide* oder *Ozon,* die durch folgende polare Grenzformeln beschrieben werden können:

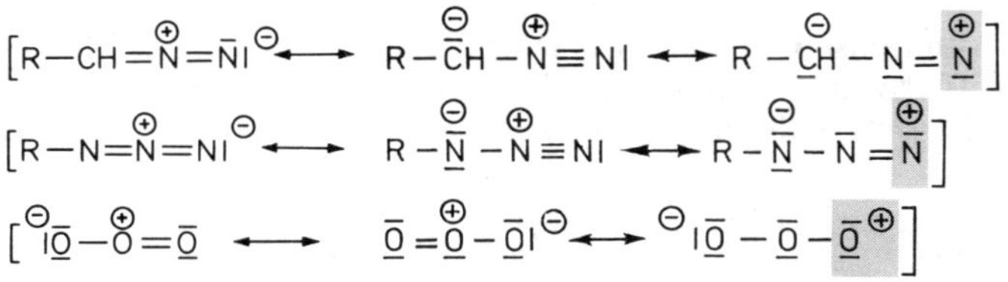

Die grau unterlegten Heteroatome weisen ein Elektronensextett (Sextettformel) auf, in den anderen Grenzformeln hat jedes Atom ein Elektronenoktett, die Oktettformeln tragen stärker zur Mesomerie bei als die Sextettformeln. Die Oktettformeln von 1,3-Dipolen sind vergleichbar mit den Grenzformeln des Allylanions, in denen das mittlere Kohlenstoffatom durch ein positiv geladenes Heteroatom $X^{\oplus}$ ersetzt ist.

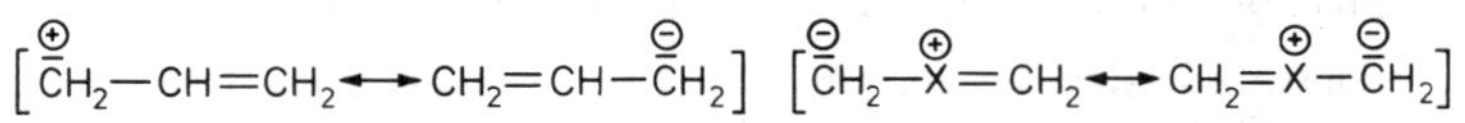

Dipolarophile sind *Systeme mit Mehrfachbindungen* folgender Art:

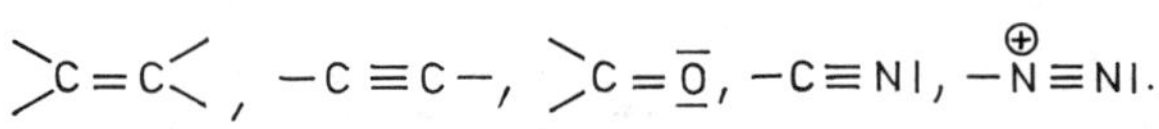

Wie aus der obigen Bildung des Pyrazolringes hervorgeht, werden bei diesen Cycloadditionen auf Kosten zweier π-Bindungen zwei neue σ-Bindungen geknüpft. Kinetische Untersuchungen deuten darauf hin, daß in vielen Fällen beide Bindungen konzertiert in einem Einstufenprozeß geschlossen werden.

Die 1,3-dipolare Cycloaddition nimmt eine Mittelstellung zwischen der Dimerisierung bestimmter Alkene zu Cyclobutanderivaten (vgl. 1,2-Cycloaddition, S. 393) und der *Diels-Alder*-Addition (1,4-Cycloaddition) ein. Zu den entsprechenden Cycloreversionen vgl.[2].

Eigenschaften. Pyrazol ist eine schwache Base von pyridinartigem Geruch, Schmp. 70 °C (343 K). Gegen Oxidationsmittel sowie gegen starke Säuren sind Pyrazole beständig und zeigen keine Neigung zur Polymerisation.
Im Pyrazol wirkt die NH-Gruppe elektronenspendend, das zweite, doppelt gebundene N-Atom dagegen, wenn auch schwächer, elektronenziehend, so daß insgesamt noch ein π-Elektronenüberschuß an den C-Atomen, besonders in 4-Stellung, resultiert. Daher läßt sich Pyrazol durch *elektrophile* Reagenzien in dieser Stellung substituieren, z. B.

[1] Vgl. *R. Huisgen,* 1,3-Dipolare Cycloadditionen, Angew. Chem. *75,* 604 (1962); Neues über 1,3-Cycloadditionen, Helv. chim. Acta *50,* 2421 (1967).
[2] Vgl. *G. Bianchi* et al., Angew. Chem. *91,* 781 (1979).

erhält man durch Chlorierung das *4-Chlor-pyrazol* und mit Nitriersäure das *4-Nitro-pyrazol.* Dieses geht bei der Reduktion in *4-Aminopyrazol* über, das sich seinerseits diazotieren und kuppeln läßt.

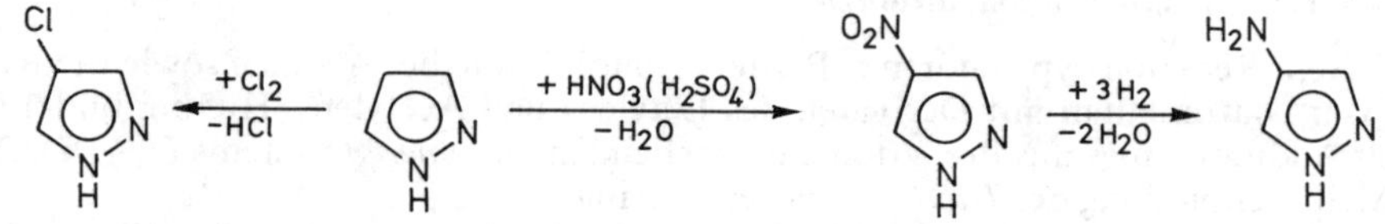

4-Chlor-pyrazol Pyrazol 4-Nitro-pyrazol 4-Amino-pyrazol

Gegenüber Reduktionsmitteln sind Pyrazole ziemlich widerstandsfähig, mit nascierendem Wasserstoff (Na und Alkohol) wird langsam das Dihydroprodukt **4,5-Dihydropyrazol** gebildet. Besser erhält man es *durch Umsetzen von Acrolein mit Hydrazin:*

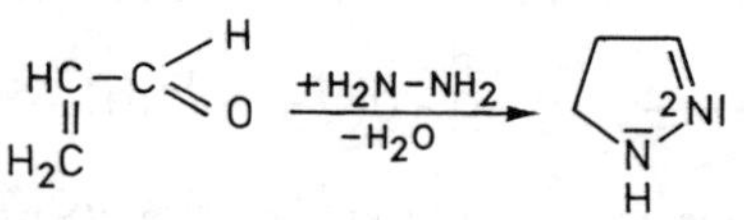

Acrolein 4,5-Dihydro-pyrazol

4,5-Dihydro-pyrazol ist stärker basisch als Pyrazol, wird jedoch von Oxidationsmitteln leicht angegriffen, z. B. läßt es sich mit Brom zu Pyrazol dehydrieren. Die katalytische Hydrierung (Pd) von Pyrazol führt zum **Tetrahydropyrazol** (Pyrazolidin).

Da sowohl die Dihydropyrazole als auch die Tetrahydropyrazole leicht dehydrierbar sind, kann man sie als *photographische Entwickler* verwenden. Hierzu zählt vor allem *1-Phenyl-3-pyrazolidon* (Phenidon), das durch Umsetzen von Acrylnitril mit Phenylhydrazin in alkalischem Medium und anschließende saure Hydrolyse dargestellt wird:

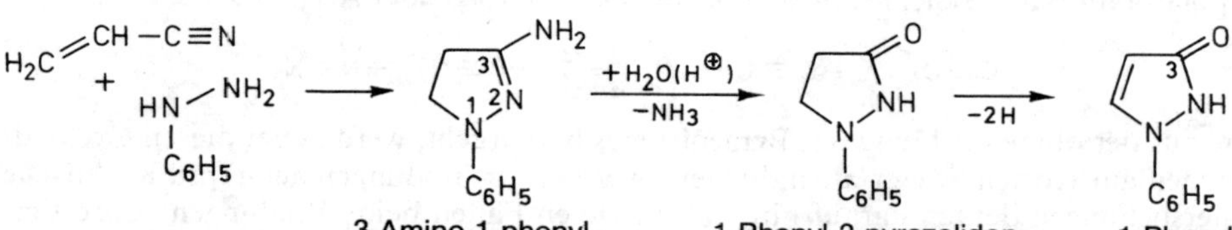

3-Amino-1-phenyl-4,5-dihydro-pyrazol 1-Phenyl-3-pyrazolidon (Phenidon, Schmp. 121 °C [394 K]) 1-Phenyl-3-pyrazolinon

Bei der Dehydrierung von Phenidon entsteht das 1-Phenyl-3-pyrazolinon.

7.3.1.5 Derivate des Pyrazolons

Vom 4,5-Dihydro-pyrazol leiten sich wertvolle Derivate des Pyrazolons (besser Pyrazolinons) ab. Ihre Synthese erfolgt *durch cyclisierende Kondensation von Hydrazinderivaten mit β-Ketosäureestern,* z. B. erhält man aus Phenylhydrazin und Acetessigester unter Abspaltung von Wasser und Alkohol das *3-Methyl-1-phenyl-5-pyrazolinon* (*L. Knorr,* 1883):

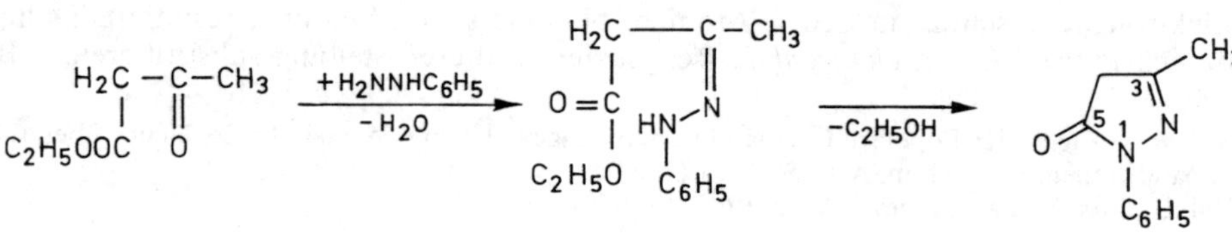

3-Methyl-1-phenyl-5-pyrazolinon kann in drei *tautomeren* Formen auftreten:

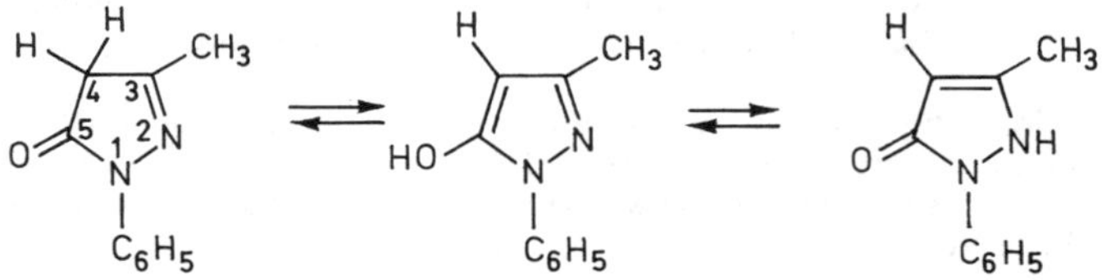

CH-Form OH-Form NH-Form

In unpolaren Lösungsmitteln, wie Chloroform, liegt im wesentlichen die CH-Form vor, während in wäßriger Lösung 90% der NH-Form mit 10% der OH-Form im *Gleichgewicht* stehen (*Katritzky*, 1964).

Von der CH-Form leiten sich das mit Dimethylsulfat im alkalischen Medium entstehende 4,4-Dimethyl-Derivat, die „*Isonitrosoverbindung*" sowie der bei der Oxidation mit Eisen(III)-chlorid sich bildende *indigoide* Farbstoff, das **Pyrazolonblau** (Pyrazolblau, *Knorr*), ab.

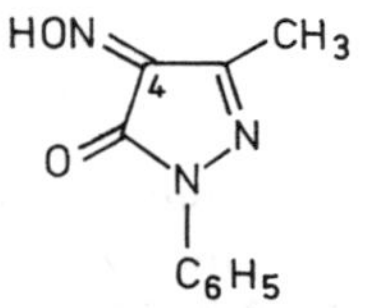

„Isonitrosoverbindung"

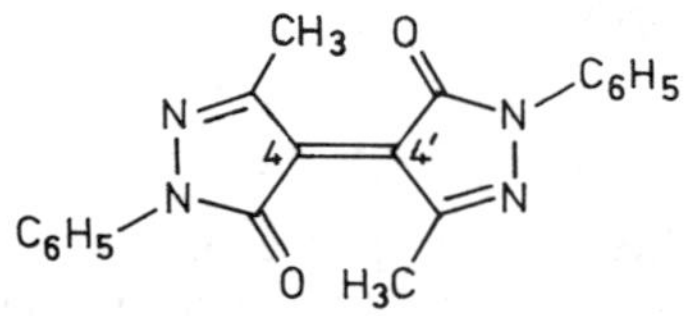

Pyrazolonblau

Die OH-Form liegt z. B. dem O-Methyl-Derivat, das bei der Methylierung mit Diazomethan als Hauptprodukt entsteht, und den O-Acyl-Derivaten zugrunde. Von der NH-Form leiten sich die N-Alkyl-Derivate ab.

Wichtige *Antipyretika* und *Analgetika* sind die beiden folgenden 5-Pyrazolon-Derivate.

INN: ***Phenazon***, früher Antipyrin genannt, 2,3-Dimethyl-l-phenyl-5-pyrazolinon, wird unter N-Methylierung von 3-Methyl-1-phenyl-5-pyrazolinon mit Methyliodid in Methanol unter Druck bei 100 °C (375 K) hergestellt (*Knorr*, 1884):

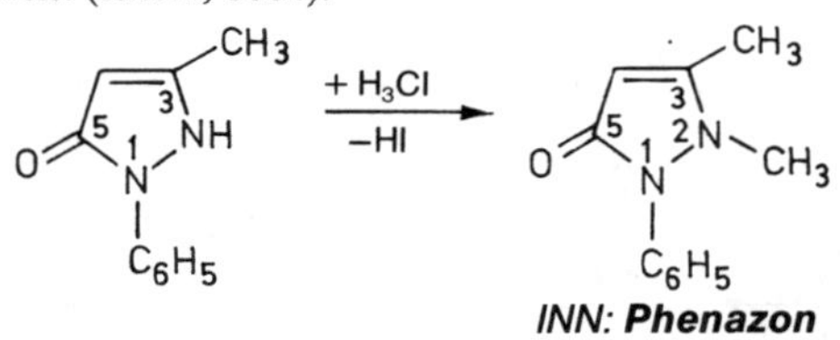

INN: ***Phenazon***

Die Verbindung schmilzt bei 114 °C (387 K), ist in Wasser und Ethanol leicht löslich und schmeckt bitter. Ihre wäßrige Lösung färbt sich mit Eisen(III)-chlorid braunrot.

Aminophenazon (Pyramidon), 2,3-Dimethyl-4-dimethylamino-5-pyrazolinon, gewinnt man aus *Phenazon*, das zunächst zur grünen 4-Nitroso-Verbindung nitrosiert wird. Durch Reduktion der Nitroso- zur Aminogruppe und deren anschließende Methylierung mit Formaldehyd in Gegenwart von Ameisensäure nach *Eschweiler-Clarke* entsteht Aminophenazon:

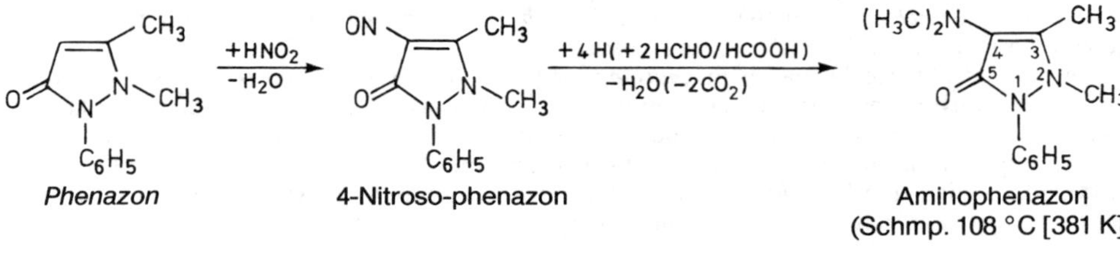

Phenazon 4-Nitroso-phenazon Aminophenazon (Schmp. 108 °C [381 K])

Wegen des Risikos der Entstehung des carcinogenen N-Nitrosodimethylamins aus der Dimethylaminogruppe des Pyramidons, wird die Verbindung nicht mehr als Arzneimittel verwendet. An ihrer Stelle wird meist *4-Isopropylphenazon* (*INN:* ***Propyphenazon***) eingesetzt, bei dem dieses Risiko nicht besteht.
Durch Kondensation von Hydrazobenzol mit *n*-Butylmalonester in Gegenwart von Natriumalkoholat erhält man das Natriumsalz des 4-*n*-Butyl-3-hydroxy-1,2-diphenyl-5-pyrazolinons (*INN:* ***Phenylbutazon,*** *Butazolidin*). Dieses ist ein wirksames Antirheumatikum, das aber bei Langzeitanwendung gefährliche Nebenwirkungen hat.

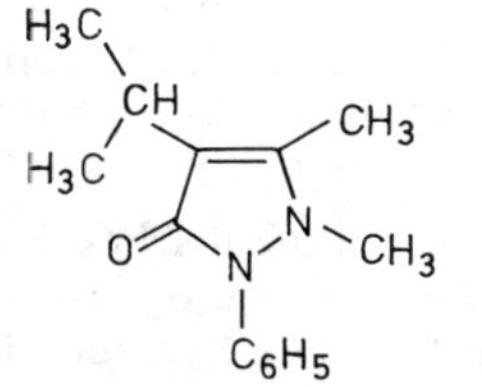

4-Isopropylphenazon

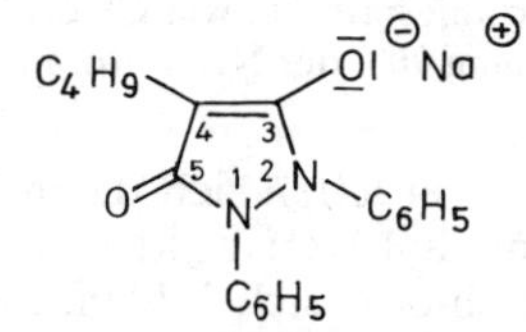

INN: ***Phenylbutazon***

7.3.1.6 Azofarbstoffe der Pyrazolreihe

Diese sehr lichtechte Farbstoffklasse entsteht durch Kupplung von 5-Pyrazolon-Derivaten, die in 4-Stellung unsubstituiert sind, mit Diazoniumsalzen.
Ein wichtiger gelber *Wollfarbstoff* dieser Art ist das **Tartrazin,** das durch cyclisierende Kondensation von Oxalessigester mit *p*-Sulfophenylhydrazin in alkalischem Medium zu 1-*p*-Sulfophenyl-5-pyrazolinon-3-carbonsäureester und anschließende Kupplung mit diazotierter Sulfanilsäure hergestellt wird:

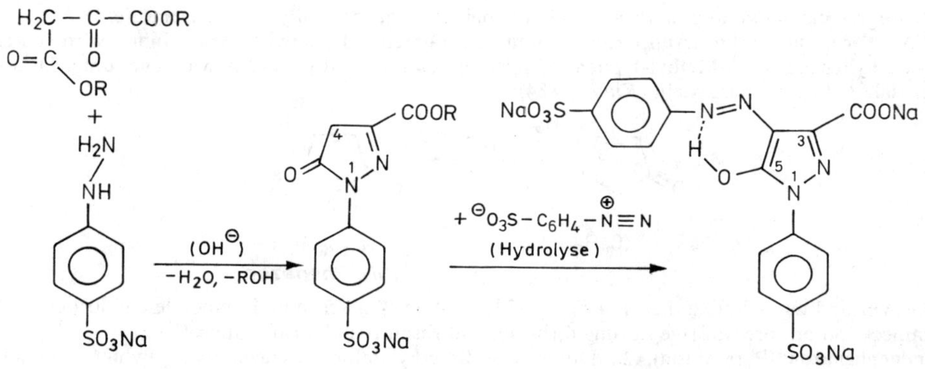

Tartrazin

Anstelle der 5-Hydroxy-pyrazole können die entsprechenden *5-Aminopyrazole* mit unsubstituierter 4-Stellung als *Kuppler* bei der Synthese von *Azofarbstoffen* eingesetzt werden. Sie zeichnen sich durch grünstichige, sehr lichtechte Gelbtöne aus.
Bei ihrer Darstellung geht man vom *Diacetonitril* (β-Aminocrotonsäurenitril, vgl. S. 268*f.*) aus, das mit Phenylhydrazin unter Ammoniakabspaltung in *Cyanacetonphenylhydrazon* übergeht. Dieses Zwischenprodukt läßt sich auch auf andere Weise herstellen. Bei der Einwirkung von Blausäure auf Propargylchlorid bei 30 °C (300 K) in Gegenwart eines Kupferkatalysators entsteht Propargylcyanid, das sich zum *Cyanallen* umlagert. Letzteres reagiert mit Phenylhydrazin zum Cyanaceton-phenylhydrazon, das sich zum *5-Amino-3-methyl-1-phenyl-pyrazol* cyclisiert:

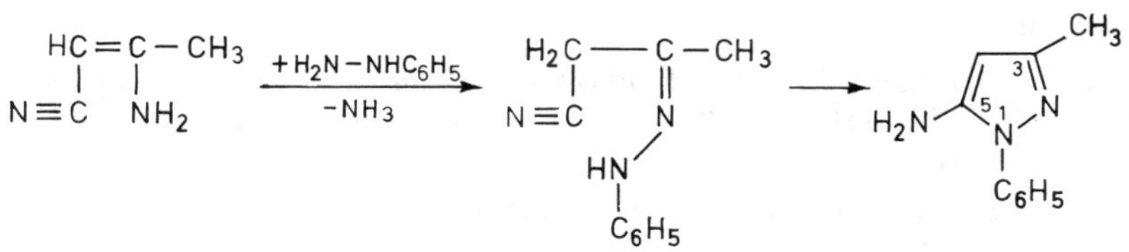

β-Aminocrotonsäurenitril — Cyanaceton-phenylhydrazon — 5-Amino-3-methyl-1-phenyl-pyrazol

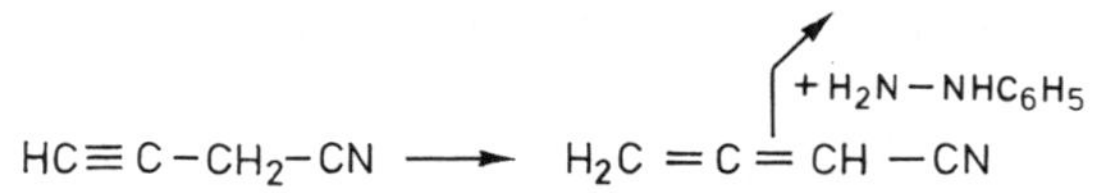

Propargylcyanid (Propincyanid) — Cyanallen

Aus dem 5-Amino-3-methyl-1-phenyl-pyrazol entsteht mit Acetessigester der entsprechend substituierte Crotonsäureester, der sich beim Erhitzen in Eisessig zum *4-Hydroxy-3,6-dimethyl-1-phenyl-pyrazolo[3,4-b]pyridin* cyclisiert:

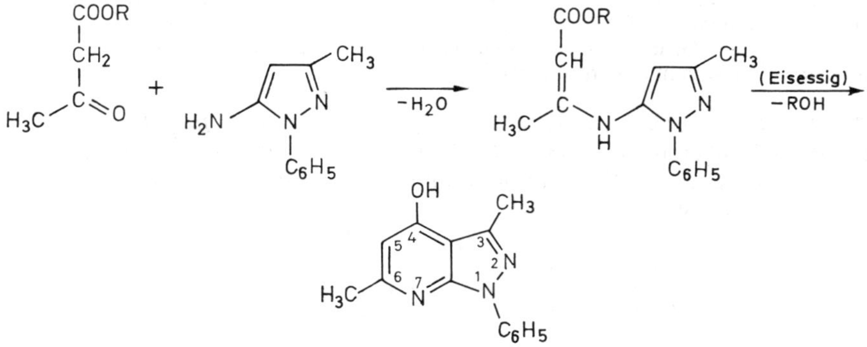

Dieser Bicyclus hat sich als *Kupplungskomponente* mit hoher Thermofixierechtheit bei der Herstellung von *Dispersionsfarbstoffen* zum Färben von Polyesterfasern bewährt (vgl. S. 601).

7.3.1.7 Das **Indazolsystem,** in dem ein Benzol- mit einem Pyrazolring kondensiert ist, hat für die Synthese von *Farbstoffen* für *Polyacrylnitrilfasern* Bedeutung.
Indazole (Benzopyrazole) kann man durch spontane Cyclisierung von *o*-Acylphenylhydrazin erhalten:

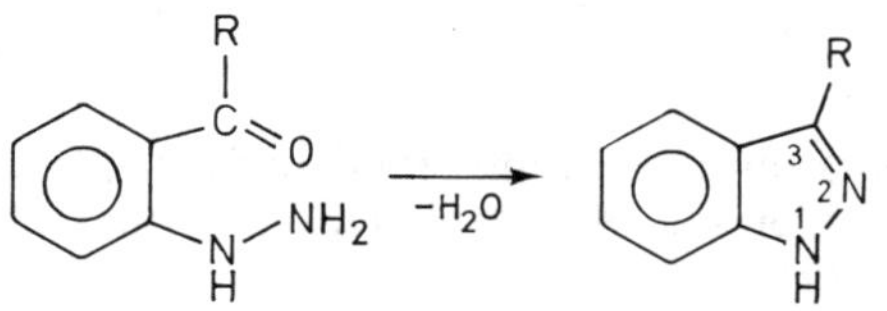

o-Acylphenylhydrazin — 3-Alkyl-indazol

7.3.2 Imidazolgruppe[1]

Das Ringsystem des Imidazols findet sich in einigen Naturstoffen, vor allem in den Purinen.

[1] Vgl. *M. Grimmett*, Adv. Heterocycl. Chem. *27*, 241 (Academic Press, New York 1980).

Darstellung

7.3.2.1 Die 4,5-disubstituierten Imidazole sind *durch Umsetzung von Acyloinen mit Formamid* bei 150–180 °C (420–450 K) in guter Ausbeute darstellbar (*Novelli*, 1939; *Bredereck*, 1953).

Der *Reaktionsmechanismus* wird wie folgt angegeben:

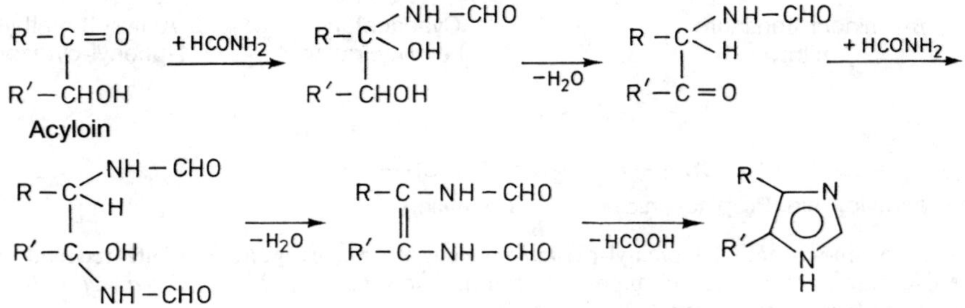

Analog lassen sich *aus α-Halogenketonen und Formamid* außer 4,5-disubstituierten auch 4(5)-monosubstituierte Imidazole herstellen. Als Primärschritt erfolgt hierbei ein Austausch des Halogenatoms gegen die OH-Gruppe; das so entstehende α-Hydroxyketon (Acyloin) setzt sich in der oben beschriebenen Weise zum Imidazolderivat um.

7.3.2.2 *Durch Einwirkung von Formamid und Formaldehyd auf Benzil* oder substituierte Benzile (1,2-Diketone) bei 180–200 °C (450–470 K) (*Bredereck*, 1959).
Da Formamid bei dieser Temperatur Ammoniak abspaltet, kann die *Reaktion* folgendermaßen gedeutet werden:

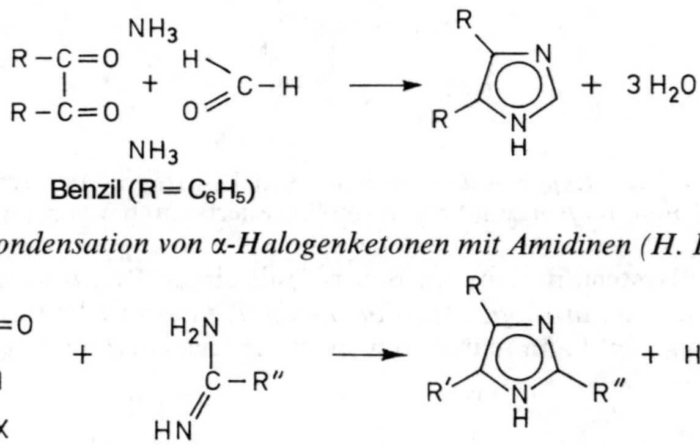

Benzil ($R = C_6H_5$)

7.3.2.3 *Durch Kondensation von α-Halogenketonen mit Amidinen (H. Beyer*, 1970):

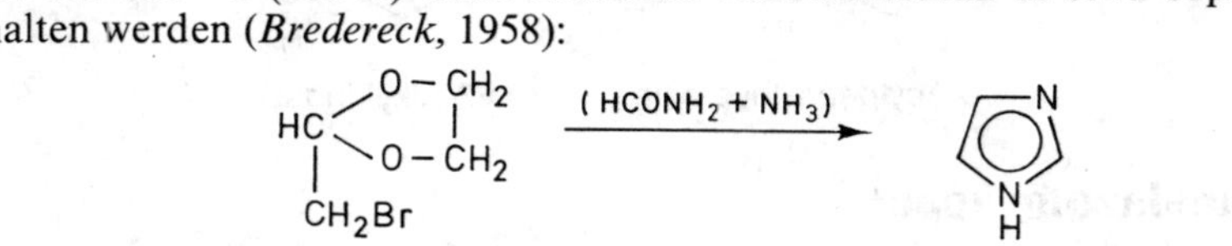

7.3.2.4 *Imidazol* selbst kann aus Bromacetaldehyd-ethylenacetal durch Erhitzen mit Formamid auf 180 °C (450 K) unter Einleiten von Ammoniak in etwa 60proz. Ausbeute erhalten werden (*Bredereck*, 1958):

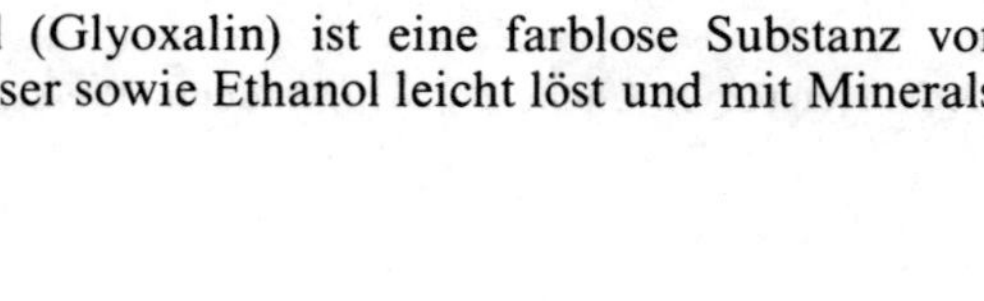

Bromacetaldehyd-ethylenacetal Imidazol

Eigenschaften. Imidazol (Glyoxalin) ist eine farblose Substanz vom Schmp. 90 °C (363 K), die sich in Wasser sowie Ethanol leicht löst und mit Mineralsäuren beständige

Salze bildet. Die wesentlich stärkere *Basizität* des Imidazols gegenüber dem Pyrazol ist offenbar auf die cyclische Amidin-Struktur zurückzuführen.
Wie im Pyrazol ist die π-Elektronendichte an den C-Atomen auch im Imidazol geringer als im Pyrrol. *Elektrophile* Substitutionen (Halogenierung, Nitrierung, Sulfonierung) treten vorwiegend in 4- oder 5-Stellung ein, jedoch erfolgt mit Säurechloriden keine *Friedel-Crafts*-Reaktion mehr. Mit Diazonium-Ionen kuppelt Imidazol vor allem in 2-Stellung; in alkalischer Lösung entstehen orangefarbene, rote oder blaue *Azofarbstoffe* (*Pauly*-Reaktion).
Das leicht hydrolysierbare *N-Acetyl-imidazol* kann als *Acetylierungsmittel* verwendet werden (*Staab*[1], 1956). Eine Hydrierung des Imidazols ist bisher nicht gelungen; die **4,5-Dihydroimidazole** und **Tetrahydroimidazole** (Imidazolidine) sind nur auf synthetischem Wege zugänglich.

7.3.2.5 Die wichtigsten Imidazolderivate

Vom Imidazol leitet sich die Aminosäure Histidin ab.
L(−)-Histidin, β-[4-Imidazolyl]-alanin, ist als Eiweißbaustein weit verbreitet. Der Histidingehalt der Eiweißkomponente des Blutes beträgt 11%, so daß man L-Histidin aus Blut isolieren kann. Unter dem Einfluß von Fäulnisbakterien spaltet es leicht Kohlendioxid ab und geht in **Histamin,** β-[4-Imidazolyl]-ethylamin, über:

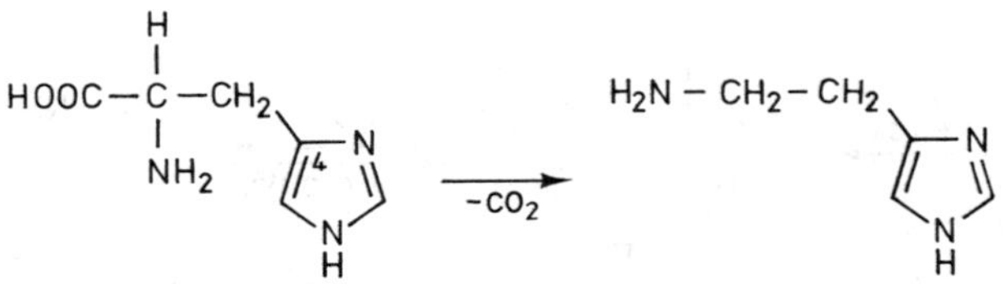

L-Histidin (Zers. 287 °C [560 K]) Histamin (Schmp. 85 °C [358 K])

Histamin, ein biogenes Amin, entfaltet vielseitige Wirkungen. Es erweitert die Gefäße, kontrahiert die glatte Muskulatur und steigert die Drüsensekretion. Seine Freisetzung ist auch Ursache allergischer Erkrankungen (Heuschnupfen).
Arzneimittel, welche die Wirkungen des Histamins durch Verdrängung vom Rezeptor aufheben, bezeichnet man als *Antihistaminika,* z. B. Ethylendiaminderivate wie *INN:* **Antazolin** (*Antistin*) oder Kolaminether wie *INN:* **Diphenhydramin** (*Benadryl*); letzteres wird wegen seiner sedativen und antiemetischen Wirkung immer häufiger angewandt. Das 2-Aminoethylmercaptanderivat, *INN:* ***Cimetidin*** (*Tagamet*), hat in der Ulkustherapie große Bedeutung gewonnen.

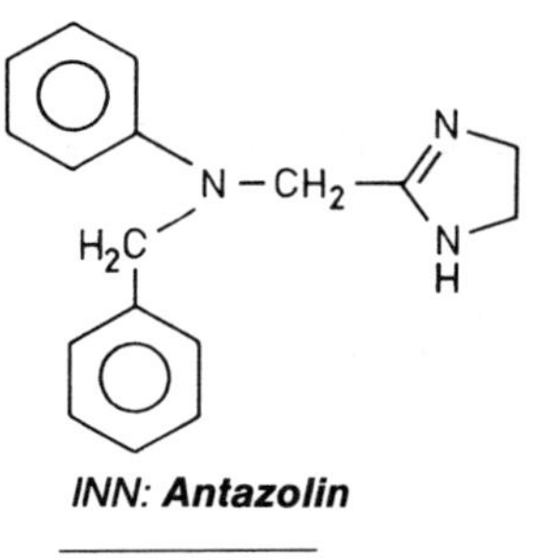

INN: ***Antazolin***

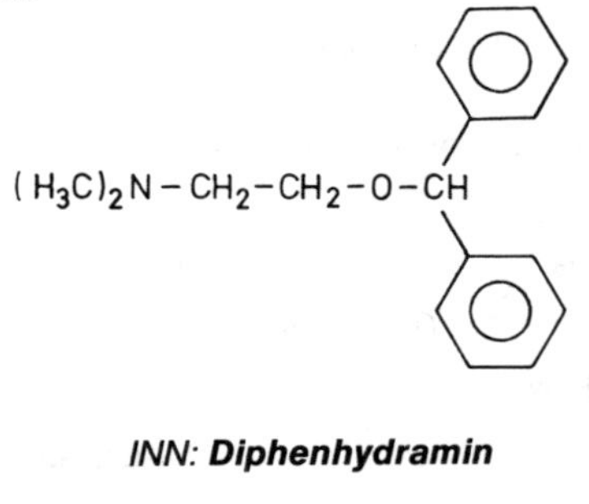

INN: ***Diphenhydramin***

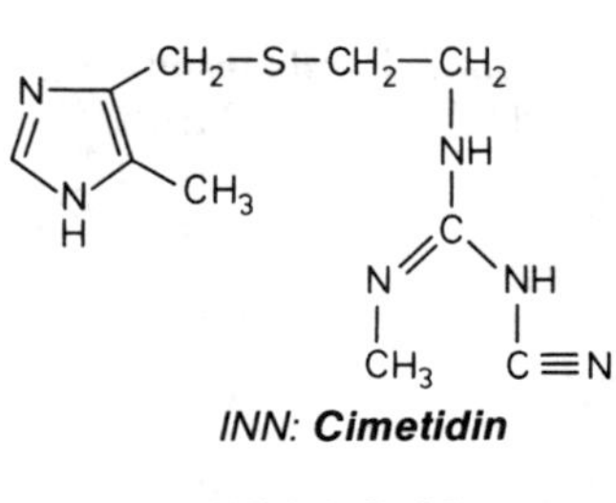

INN: ***Cimetidin***

[1] Vgl. Synthesen mit heterocyclischen Amiden (Azoliden), Angew. Chem. *74,* 407 (1962); Neuere Methoden der präparativen Organischen Chemie, *5,* 53 (1967).

Weitere Imidazol- und Imidazolinderivate haben sich als Heilmittel hervorragend bewährt, z. B. 1-[β-Hydroxyethyl]-2-methyl-5-nitro-imidazol (*INN:* ***Metronidazol,*** *Clont*) bei Trichomonaden-Infektionen, besonders bei *Trichomonas vaginalis* und 1-(*o*-Chlor-α,α-diphenylbenzyl)-imidazol (*INN:* ***Clotrimazol,*** *Canesten*) als Antimykotikum gegen Pilzinfektionen. Das 2[(2,6-Dichlorophenyl)imino]-imidazolin (*INN:* ***Clonidin,*** *Dixarit, Catapresan*) wird als Mittel gegen Bluthochdruck und Migräne verwendet.

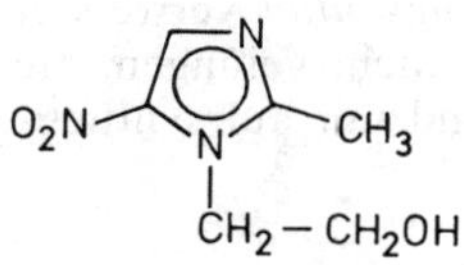

INN: ***Metronidazol***

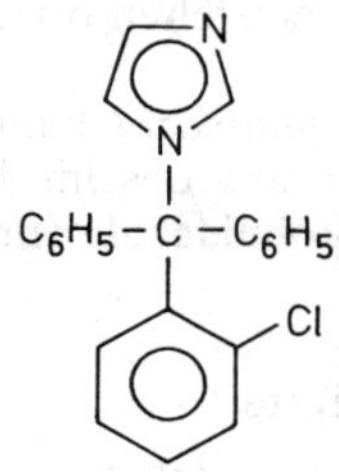

INN: ***Clotrimazol***

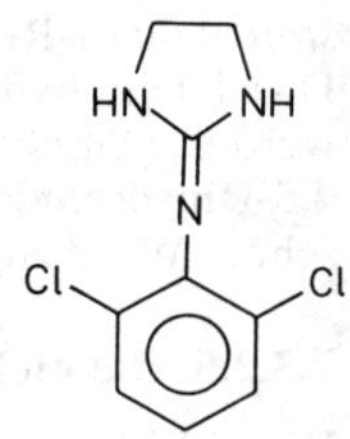

INN: ***Clonidin***

7.3.2.6 Hydantoin (2,4-Imidazolidindion) wird durch Umsetzen von Glycin mit Kaliumcyanat (vgl. *Wöhler*sche Harnstoffsynthese) und anschließende Wasserabspaltung dargestellt:

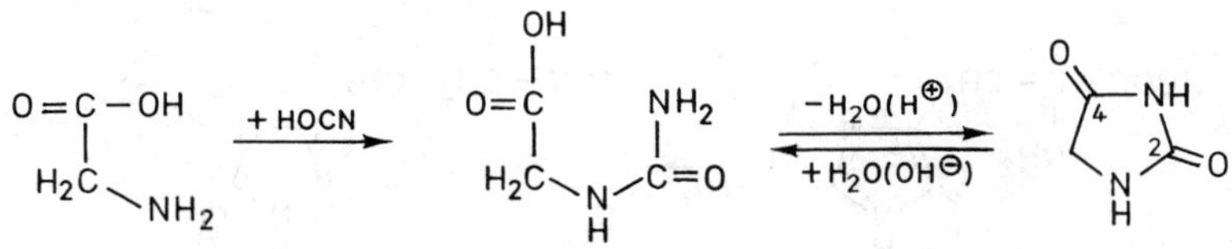

Glycin — Hydantoinsäure — Hydantoin (Schmp. 220 °C [493 K])

Die Hydantoin-Struktur tritt im *Allantoin,* einem Abbauprodukt der Harnsäure, und im *Kreatinin* auf. Hydantoin enthält eine *aktive* Methylengruppe in 5-Stellung, die mit Aldehyden oder Ketonen die entsprechenden Kondensationsprodukte liefert.
Einige Derivate des Hydantoins sind pharmakologisch wirksam, z. B. wird *5,5-Diphenylhydantoin* (*INN:* ***Phenytoin,*** *Zentropil, Epanutin, Phenhydan*) bei schwerer Epilepsie angewendet.

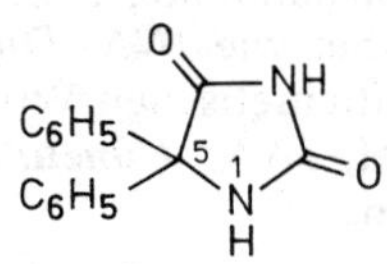

5,5-Diphenylhydantoin

7.3.2.7 Parabansäure (2,4,5-Imidazolin-trion, Oxalylharnstoff) erhält man aus Oxalylchlorid und Harnstoff:

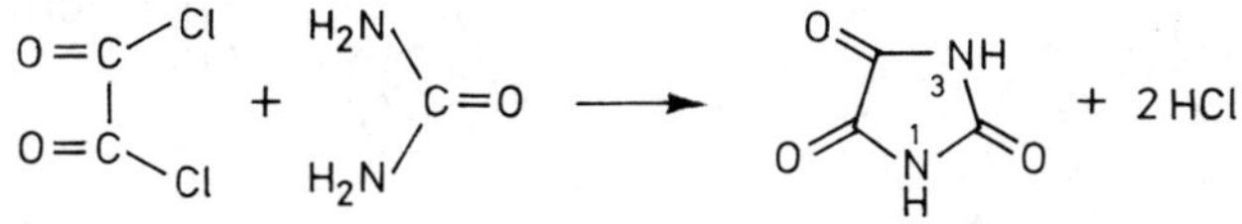

Parabansäure

Ein weiterer Abkömmling des Tetrahydroimidazols liegt im Biotin vor, in dem ein Imidazolidon- mit einem Thiolanring kondensiert ist.

7.3.2.8 Biotin (Vitamin H) gehört zur Gruppe der *Biowuchsstoffe,* die das embryonale oder plasmatische Wachstum der Zellen regulieren, und ist ein unentbehrlicher Faktor für die Vermehrung der Hefe und anderer Mikroorganismen. Im Pflanzen- und Tierreich kommt es in ganz geringer Konzentration vor; im Organismus des Menschen hat es sich als ein für die normale Funktion der Haut notwendiger Wirkstoff, *Vitamin H,* erwiesen. Das in rohen Eiern vorkommende basische Protein *Avidin* bindet das Biotin irreversibel und wirkt somit als *Antivitamin.*
Biotin wurde zuerst von *Kögl* (1936) aus Eidotter und später von *du Vigneaud* aus Leber isoliert. Es enthält 3 Chiralitätszentren (*) und kann daher theoretisch in 8 stereoisomeren Formen auftreten. Das natürlich vorkommende Biotin bildet farblose Nadeln und ist *rechtsdrehend;* beide Ringe sind *cis*-ständig verknüpft. Seine Struktur konnte durch mehrere Synthesen bewiesen werden. Die auf S. 452 beschriebene Synthese aus D-Mannose und eine weitere aus L-Cystein sind als *Retrosynthesen* angedeutet:

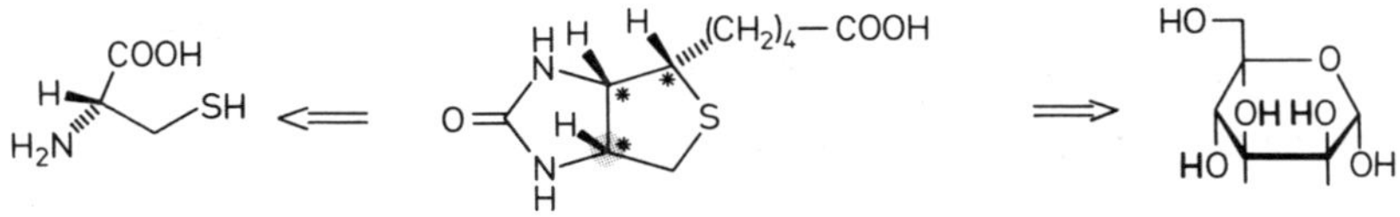

L-Cystein (+)-Biotin D-Mannose

Beide Synthesen gehen von einem Ausgangsmaterial aus dem „chiral-pool" aus, wobei im Fall der Mannose die drei Chiralitätszentren des Biotins aus der „chiralen Schablone" („chiral template") hervorgehen; sie sind durch die fett gedruckten H-Atome, der mit ihnen verbundenen OH-Gruppen, kenntlich gemacht. Vom L-Cystein dagegen wird nur das grau unterlegte Chiralitätszentrum aus der „chiralen Schablone" in das Biotin überführt. Die beiden anderen werden durch hoch stereoselektive Reaktionen bei der Synthese erzeugt[1].
Die chiralen Bausteine, die durch Derivatisierung, Aktivierung und Umwandlung der „chiralen Schablonen" im Lauf der Synthese hergestellt werden (z. B. S. 452 I–IV) heißen *Chirone*[2].

7.3.2.9 In den **Benzimidazolen** ist ein Imidazol- mit einem Benzolring kondensiert. Sie lassen sich durch Kondensation von *o*-Phenylendiamin mit wasserfreien Carbonsäuren darstellen, z. B. entsteht mit Ameisensäure das *Benzimidazol:*

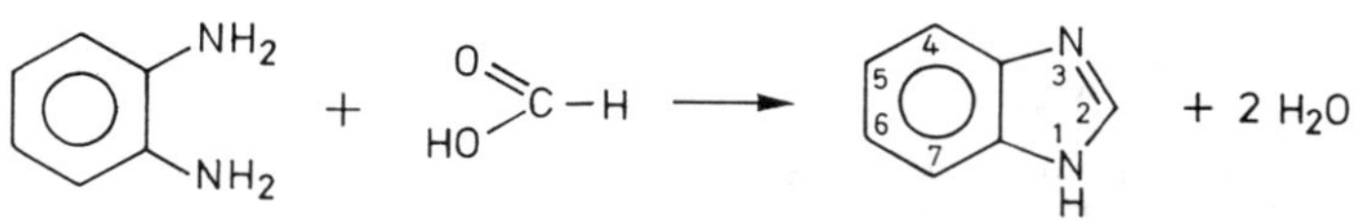

o-Phenylendiamin Benzimidazol

Es ist eine farblose Substanz vom Schmp. 170 °C (443 K); sein 5,6-Dimethyl-Derivat tritt als Baustein im Vitamin B_{12} auf.

[1] Vgl. *P. N. Confalone* et al., Stereospecific Total Synthesis of d-Biotin from L(+)-Cysteine, J. Amer. Chem. Soc. *99,* 7020 (1977).
[2] Vgl. *S. Hanessian,* Total Synthesis of Natural Products. The Chiron Approach (Pergamon Press, Oxford 1983).

7.4 Fünfringe mit zwei verschiedenen Heteroatomen

5-Ringe dieser Art lassen sich vom Furan bzw. Thiophen ableiten, in denen eine β- oder α-ständige Methingruppe durch Stickstoff ersetzt ist. Die betreffenden Stammverbindungen heißen *Oxazol, Isoxazol, Thiazol* und *Isothiazol.*

Oxazol Isoxazol Thiazol Isothiazol

Sämtliche Ringsysteme dieser Art gehören zu den *π-elektronenreichen* Heteroaromaten.

7.4.1 Oxazolgruppe[1]

Oxazol wurde erstmalig durch Decarboxylierung der synthetisch dargestellten Oxazol-4-carbonsäure erhalten (*J. W.* und *R. H. Cornforth,* 1947). Eine neuere Synthese geht vom Oxazol-4,5-dicarbonsäurediester aus[2].

Darstellung

7.4.1.1 Oxazolderivate erhält man *durch Umsetzung von acylierten Aminoketonen mit Phosphor(V)-chlorid* oder Thionylchlorid (*Gabriel*):

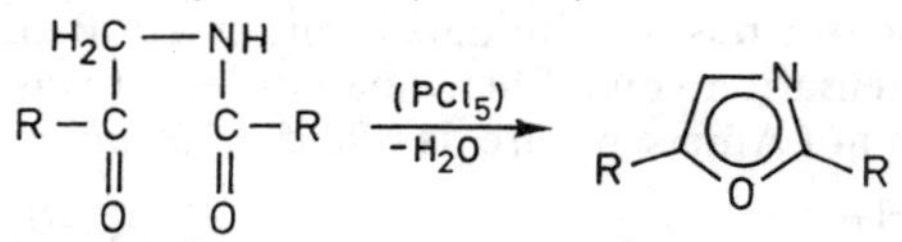

Acylaminoketon

Diese Reaktion ähnelt der Furanbildung aus 1,4-Diketonen.
Acylierte Aminoketone stellt man am besten nach *A. Treibs* durch Reduktion von Hydroxyiminoketonen (Isonitrosoketonen) mit Zinkstaub und Eisessig in Gegenwart von Acetanhydrid her, z. B.:

$$H_3C{-}CO{-}\overset{H}{\overset{|}{C}}{=}NOH + 2(H_3CCO)_2O + H_3CCOOH + 2\,Zn$$

Hydroxyiminoaceton

$$\rightarrow H_3C{-}CO{-}CH_2{-}NH{-}CO{-}CH_3 + 2(H_3CCOO)_2Zn$$

Acetylaminoaceton

7.4.1.2 *Durch Erhitzen acylierter Acyloine mit Ammoniumacetat* in Eisessig (*Theilig,* 1953):

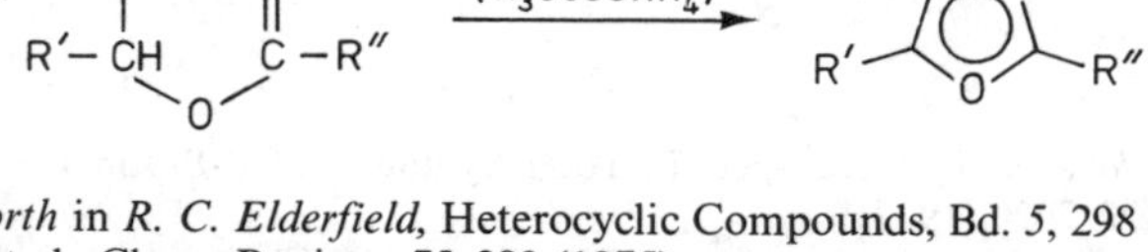

[1] Vgl. *J. W. Cornforth* in *R. C. Elderfield,* Heterocyclic Compounds, Bd. *5,* 298 (Wiley, New York 1957); *I. J. Turchi* et al., Chem. Reviews *75,* 389 (1975).
[2] Vgl. *H. Bredereck* et al., Synthese des Oxazols, Chem. Ber. *97,* 1414 (1964).

7.4.1.3 Oxazolderivate lassen sich auch *aus α-Halogenketonen und Formamid* bzw. anderen Säureamiden bei 100 °C (375 K) ohne Lösungsmittel darstellen (*Theilig*, 1953). Hierbei bildet sich primär der Imidoester des α-Halogenketons, der entweder Ringschluß zum Oxazol oder Spaltung in α-Hydroxyketon erfährt, aus dem mit Formamid Imidazole entstehen können (vgl. S. 742). Setzt man jedoch Schwefelsäure zu, so wird die Oxazolbildung begünstigt.

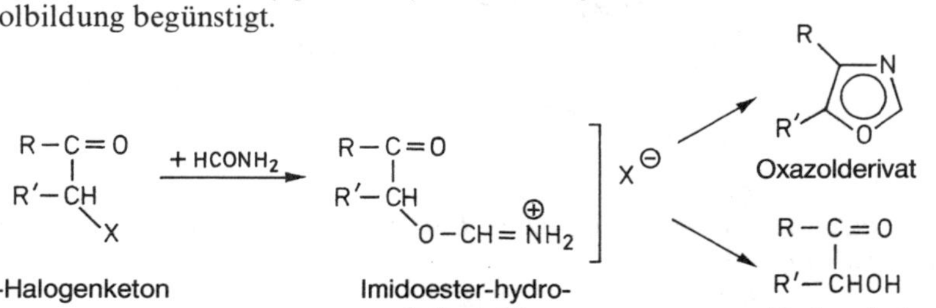

α-Halogenketon Imidoester-hydrohalogenid α-Hydroxyketon

Eigenschaften. Oxazol ist eine bei 70 °C (343 K) siedende Flüssigkeit; seine Derivate sind schwache, teilweise pyridinähnlich riechende Basen und gegen Alkalien beständig. Beim Erhitzen mit starken Säuren werden die Oxazole relativ leicht aufgespalten, d. h. sie sind wesentlich unbeständiger als die Imidazole. Die Hydrierungsprodukte des Oxazols, **4,5-Dihydro-oxazol** und **Oxazolidin** haben bei der Konstitutionsermittlung der Proteine Bedeutung erlangt. Oxazolidine lassen sich durch Reduktion von Oxazolen mit Natrium und Alkohol darstellen. Als Oxoderivat des Oxazolidins ist das *2-Oxazolidon* erwähnenswert.

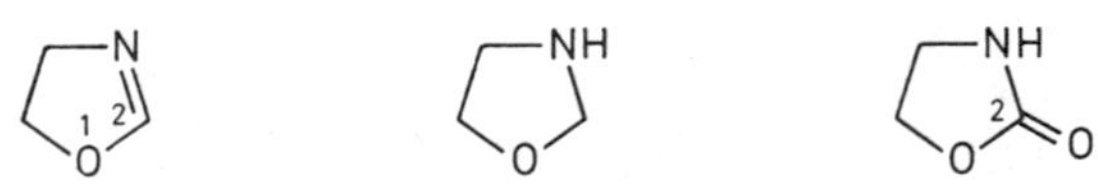

4,5-Dihydro-oxazol Oxazolidin 2-Oxazolidon

4,5-Dihydro-oxazole sind durch Einwirkung von Thionylchlorid auf bestimmte acylierte β-Aminoalkohole zugänglich, z. B.:

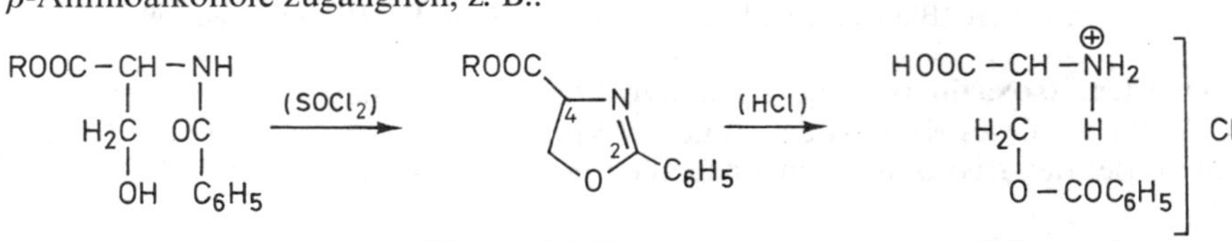

N-Benzoyl-serinmethylester 2-Phenyl-4,5-dihydro-oxazol-4-carbonsäureester O-Benzoyl-serinhydrochlorid

Bei der Reaktion findet zunächst ein Ersatz der OH-Gruppe durch Chlor und anschließend Chlorwasserstoffabspaltung statt. Durch verdünnte Mineralsäuren werden die 4,5-Dihydro-oxazole hydrolytisch zu offenkettigen O-Acylderivaten aufgespalten; gegen Alkalien sind sie beständig.

Oxazolidine und *2-Oxazolidone* erhält man durch Umsetzen von β-Aminoalkoholen mit Aldehyden bzw. mit Phosgen, z. B.:

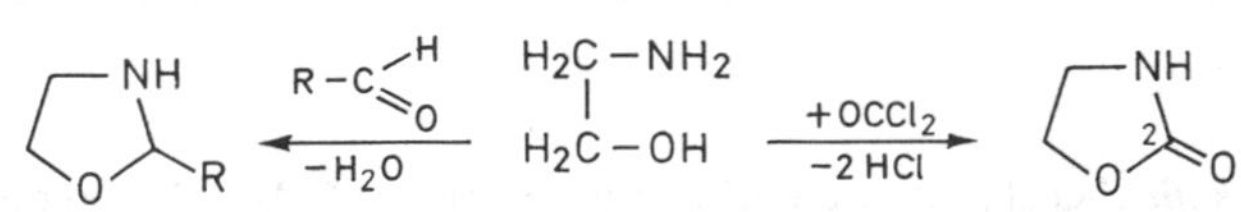

2-Alkyl-oxazolidin 2-Aminoethanol 2-Oxazolidon

7.4.2 Isoxazolgruppe[1]

Eines der wenigen natürlich vorkommenden Isoxazolderivate ist das *Antibiotikum INN:* ***Cycloserin.***

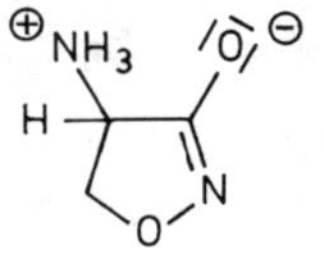

INN: ***Cycloserin***

Darstellung

7.4.2.1 Isoxazolderivate entstehen *durch Umsetzung von 1,3-Dicarbonyl-Verbindungen mit Hydroxylamin,* z. B.:

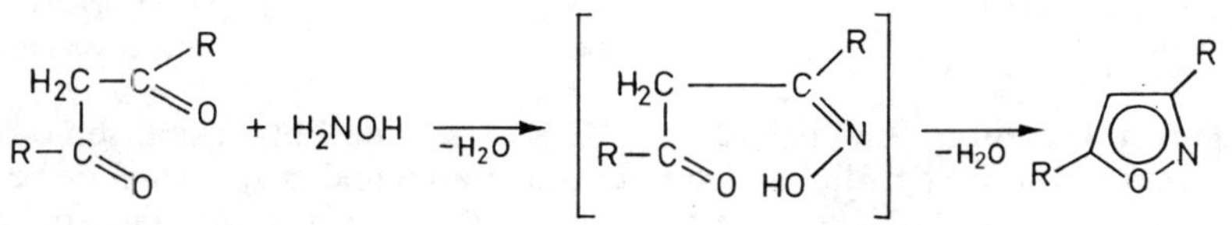

Diese Standardmethode ähnelt der Darstellung von Pyrazolen (vgl. S. 736). Beim Einsatz von Malonaldehyddiacetal erhält man *Isoxazol.*

7.4.2.2 *Durch 1,3-dipolare Cycloaddition* aus Acetylen (bzw. seinen Derivaten) und Nitriloxiden:

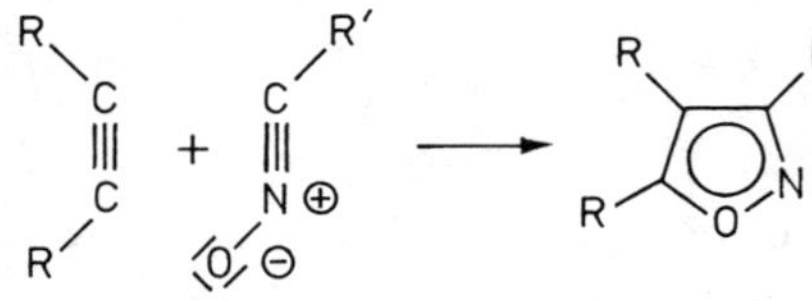

Nitriloxid

Setzt man die Knallsäure (Blausäureoxid, R′=H) mit Acetylen (R=H) um, so entsteht *Isoxazol.*

Eigenschaften. Isoxazol ist eine stark pyridinartig riechende Flüssigkeit vom Sdp. 95 °C (368 K). Dieses Ringsystem ist gegen Säuren stabil, wird jedoch von Basen aufgespalten. Bei der Reduktion von Isoxazolen erfolgt gewöhnlich eine Aufspaltung des Ringes, z. B.:

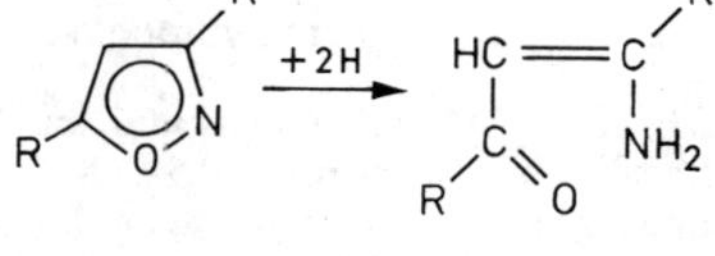

(β-Aminoketon)

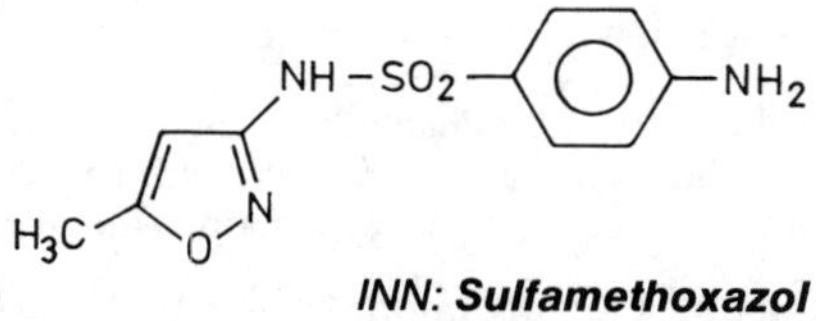

INN: ***Sulfamethoxazol***

Das N^1-(5-Methyl-isoxazol-3-yl)sulfanilamid (*INN:* ***Sulfamethoxazol***) hat sich als *Depotsulfonamid* bewährt.

[1] Vgl. *J. B. Wakefield* et al., Isoxazole Chemistry Since 1963, Adv. Heterocycl. Chem. *25,* 147 (Academic Press, New York 1979).

7.4.3 Thiazolgruppe[1]

Der Thiazolring besitzt vor allem als Baustein im *Vitamin B_1* und in dem Coenzym *Carboxylase* biochemische Bedeutung: ferner liegt in den *Penicillinen* ein Thiazolidinring vor.

Darstellung

7.4.3.1 *Hantzsch*sche Thiazolsynthese. Durch Kondensation von α-Halogenketoverbindungen mit Thioamiden verschiedener Art entstehen Thiazolderivate nach folgendem *Reaktionsmechanismus* mit einer nucleophilen Substitution des Halogenatoms durch den Schwefel als erstem Schritt.

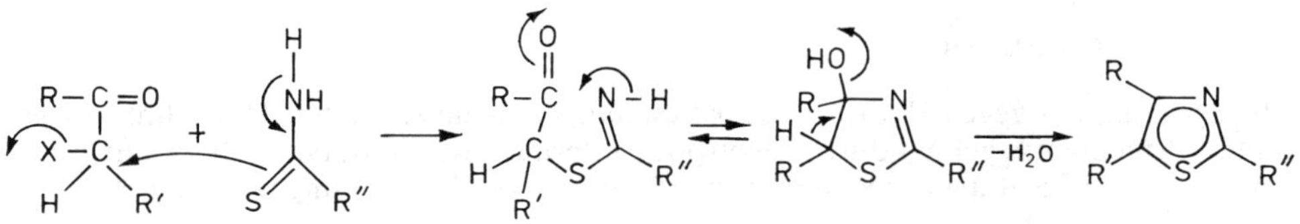

Thiazol selbst entsteht hierbei aus Chloracetaldehyd und Thioformamid. Anstelle von Chloracetaldehyd verwendet man besser *α,β-Dichlorethylacetat*, $ClCH_2-CHCl-O-COCH_3$, das durch Addition von Chlor an Vinylacetat zugänglich ist und bei der Hydrolyse *Chloracetaldehyd* liefert. *Thioformamid* erhält man aus Thioameisensäureethylester und Ammoniak bei 0 °C (273 K) in 90proz. Ausbeute[2].

7.4.3.2 Durch Umsetzung acylierter Aminoaldehyde oder Aminoketone mit Tetraphosphordecasulfid (*Gabriel*), z. B.:

Dieses Verfahren erinnert an die Bildung von Thiophenderivaten aus 1,4-Dioxo-Verbindungen.

7.4.3.3 2,5-Dihydro-thiazol-Synthese. Bei der Einwirkung von elementarem Schwefel und gasförmigem Ammoniak auf geeignete Carbonylverbindungen, z. B. Isobutyraldehyd, erhält man in guter Ausbeute 2,5-Dihydro-thiazol-Derivate. Diese Reaktion erlaubt die technische Darstellung von D-Penicillamin (*Asinger*-Verfahren)[3]:

---

[1] Vgl. *J. V. Metzger*, Thiazole and its Derivatives, in *A. Weissberger* et al., The Chemistry of Heterocyclic Compounds, Bd. *34*, Teil *1–3* (Interscience Publ., New York 1979).
[2] Vgl. *R. Mayer* et al., Einfache Synthese der Thioformamide, Z. Chem. *4*, 457 (1964).
[3] Vgl. *W. M. Weigert* et al., D-Penicillamin – Herstellung und Eigenschaften, Angew. Chem. *87*, 372 (1975).

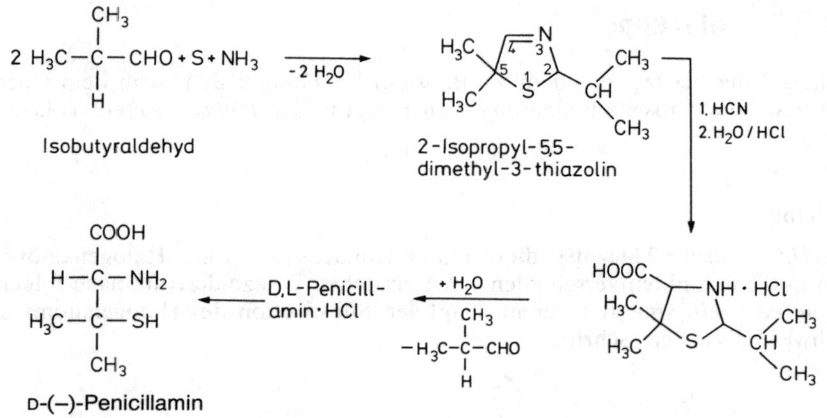

Die Spaltung des gegen Hydrolyse sehr beständigen 2-substituierten Thiazolidinringes zu D,L-Penicillamin gelingt durch azeotrope Entfernung des Isobutyraldehyds mit Wasserdampf. Die Spaltung der Racemform erfolgt über die Salzbildung mit einer chiralen Base, z. B. L-Lysin.
D-(–)-Penicillamin [D-(–)-2-Amino-3-mercapto-3-methylbuttersäure, D-*(–)-β,β*-Dimethylcystein, D-(–)-*β*-Mercaptovalin] wurde früher aus Penicillin gewonnen, in dem es als Baugruppe enthalten ist (in der Penicillinformel grau unterlegt). Das L-Enantiomere ist giftig, weshalb auch die Racemform zu therapeutischen Zwecken nicht verwendet werden kann.
D-Penicillamin (*Metalcaptase, Trolovol*) ist als Chelatbildner bei Schwermetallvergiftungen wirksam; es hat sich auch zur Behandlung der chronischen Arthritis als wirksam erwiesen.

7.4.3.4 Rhodanin-Synthese. Hierbei wird das Natriumsalz der Chloressigsäure mit Ammoniumdithiocarbamat umgesetzt und das Zwischenprodukt mit Salzsäure zu Rhodanin cyclisiert:

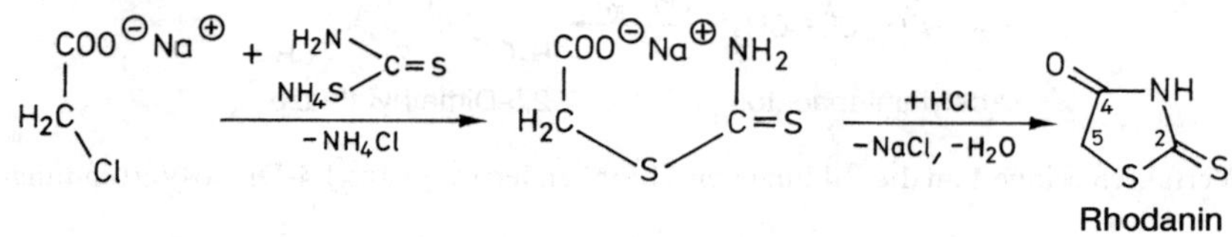

Rhodanin, 2-Thioxo-4-thiazolidinon, besitzt eine *aktive* Methylengruppe in 5-Stellung und wird daher als *Reagens* auf Aldehyde bzw. Nitrosoverbindungen sowie für Synthesen verwendet.

Eigenschaften. Thiazol ist eine bei 117 °C (390 K) siedende Flüssigkeit, die in ihren Eigenschaften große Ähnlichkeit mit dem Pyridin (Sdp. 115 °C [388 K]) aufweist. Thiazole reagieren in wäßriger Lösung neutral, bilden aber meist mit Mineralsäuren beständige Salze, die in Wasser teilweise hydrolysieren. *Elektrophile* Substitutionen (Nitrierung, Halogenierung, Sulfonierung) sind nur dann in 5-Stellung möglich, wenn in 2-Stellung des Thiazolkerns eine elektronenspendende Gruppe, wie NH_2 oder OH, steht, die einen + *M*-Effekt auslöst und somit die Elektronendichte im Ring erhöht. Gegenüber Oxidationsmitteln verhalten sich die Thiazole resistent, auch Salpetersäure wirkt in der Hitze kaum ein. Von Reduktionsmitteln werden sie entweder gar nicht oder höchstens unter Ringaufspaltung angegriffen. Daher lassen sich **3,4-Dihydro-** und **4,5-Dihydrothiazole** sowie **Tetrahydrothiazole (Thiazolidine)** nicht durch katalytische Hydrierung, sondern nur auf dem Wege von Kondensationsreaktionen darstellen.

7.4.3.5 2-Amino-thiazol stellt man am besten aus je 1 Äquivalent Vinylacetat und Thioharnstoff in Gegenwart von Sulfurylchlorid bei 80 °C (350 K) in 88proz. Ausbeute her (vgl. S. 749 Verfahren 7.4.3.1).

7.4.3.6 *β*-Lactam-Antibiotika[1]. Im Jahre 1928 entdeckte *Fleming,* daß verschiedene Schimmelpilzkulturen, vor allem *Penicillium notatum,* Wirkstoffe erzeugen, die als *Antibiotika* bei bakteriellen Infektionskrankheiten heilend wirken (vgl. S. 848). Die Strukturaufklärung der natürlichen Penicilline führte zu folgender Formel:

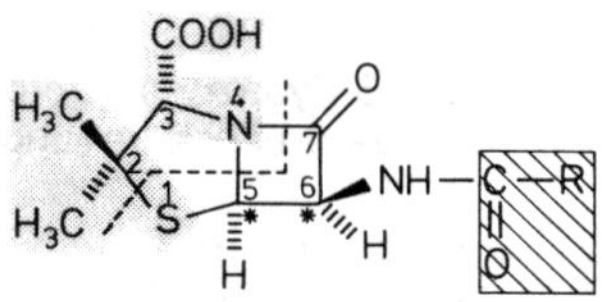

Penicillin

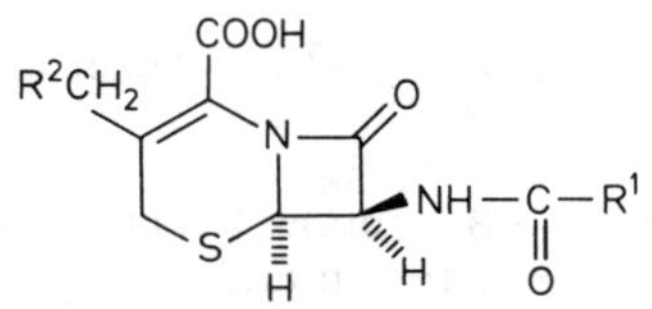

Cephalosporin

Dem Ringsystem liegt also ein Thiazolidinring zugrunde, der mit einem *β*-Lactamring kondensiert ist. Die bisher bekannten Penicilline unterscheiden sich nur durch den Substituenten R. Die Trennungslinien machen deutlich, daß das Ringsystem die Bausteine D-Valin und L-Cystein enthält.
Die gleichen Bausteine liegen dem Ringsystem der *Cephalosporine* zugrunde, bei dem eine der Methylgruppen des Valins in den Dihydrothiazin-Ring als Glied eingebaut wird.

Die Baugruppe des Penicillamins ist in der Penicillinformel grau unterlegt.
Von den natürlich vorkommenden Penicillinen wird nur noch das *Penicillin G* (Benzylpenicillin, $R = CH_2-C_6H_5$) als Medikament verwendet, und zwar als Kaliumsalz oder als das schwer lösliche N,N′-Dibenzylethylendiaminsalz (*Benzathin-Penicillin G, Tardocillin*).
Durch chemische oder enzymatische Abspaltung des Phenylessigsäurebausteins (grau schraffiert), z. B. aus dem Penicillin G, erhält man die *6-Aminopenicillansäure* (6-APA), mit deren freier Aminogruppe andere Seitenketten durch Acylierung verknüpft werden können; von diesen halbsynthetischen, oral wirksamen Antibiotika seien genannt:

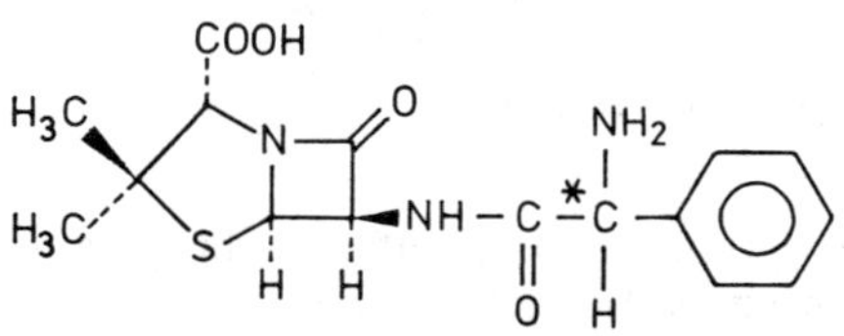

INN: ***Ampicillin*** (D-Form)

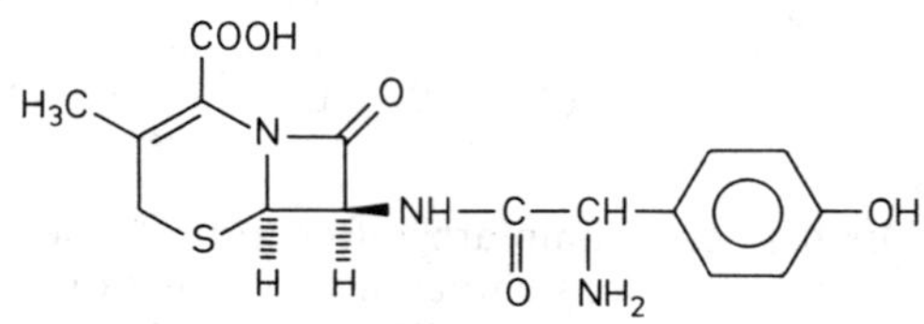

INN: ***Cefadroxil***

α-Phenoxymethyl-penicillin (*INN:* ***Phenoxymethylpenicillin,*** *Beromycin, Penicillin V*), $R = CH_2-OC_6H_5$, α-Phenoxypropyl-penicillin (*INN:* ***Propicillin,*** *Baycillin*), $R = CH(C_2H_5)-OC_6H_5$.

[1] Vgl. *J. C. Sheehan,* The Enchanted Ring, The Untold Story of Penicillin (MIT, Cambridge, Mass. 1983); *S. Selwyn,* The Beta Lactam Antibiotics: Penicillins and Cephalosporins in Perspective (Hodder and Stoughton, Toronto 1982).

Besondere Bedeutung hat heute das partialsynthetisch gewonnene *INN:* ***Ampicillin*** (*Amblosin, Binotal*). Es ist säurestabil und kann oral eingenommen werden, es ist auch gegen das Baktierienenzym Penicillinase stabil und wirkt gegen gram-positive und gram-negative Bakterien („Breitband-antibiotikum"). Die in den letzten Jahren entwickelten Penicilline zeigen meist chemische Verwandtschaft mit dem Ampicillin.
Von den Cephalosporinen sei das partialsynthetisch gewonnene *INN:* ***Cefadroxil*** (*Bidocef*) erwähnt, das oral anwendbar ist.

7.4.3.7 Benzothiazole enthalten einen Thiazolring, der in 4,5-Stellung mit einem Benzolkern kondensiert ist, z. B.:

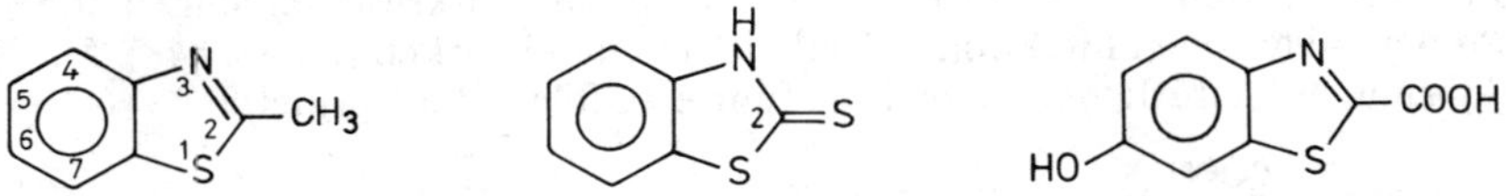

2-Methyl-benzothiazol 2-Mercapto-benzothiazol 6-Hydroxy-benzothiazol-2-carbonsäure (Luciferin)

Photochemische Bedeutung haben die *Benzothiazoliumsalze,* die in 2-Stellung eine *aktive* Methylgruppe tragen und zur Herstellung der Polymethinfarbstoffe dienen. *2-Mercaptobenzothiazol,* das als 3*H*-Benzothiazol-2-thion vorliegt, ist ein technisch wichtiger Vulkanisationsbeschleuniger (Captax). Der Leuchtstoff des Glühwürmchens ist 6-Hydroxy-benzothiazol-2-carbonsäure (Glühwürmchen Luciferin).

7.4.3.8 Polymethinfarbstoffe

Da eine photographische Silberhalogenidemulsion nur für Ultraviolett, Violett und Blau empfindlich ist, muß sie, um ihre Empfindlichkeit auch auf längere Wellen auszudehnen, „spektral sensibilisiert" werden. Dies geschieht durch Zusatz bestimmter lichtempfindlicher Farbstoffe, *sog. Sensibilisatoren,* die die Fähigkeit haben, die von ihnen aufgenommene Lichtenergie auf das Kristallgitter des Silberhalogenids zu übertragen[1]. Zu dieser Farbstoffklasse gehören vor allem die *Polymethinfarbstoffe,* die eine konjugierte Polymethinkette mit einer *ungeraden* Anzahl von C-Atomen zwischen zwei Stickstoff-Heterocyclen enthalten, die jeweils als Donator- oder Akzeptorgruppe in dem π-Elektronensystem fungieren, z. B. die Cyaninfarbstoffe:

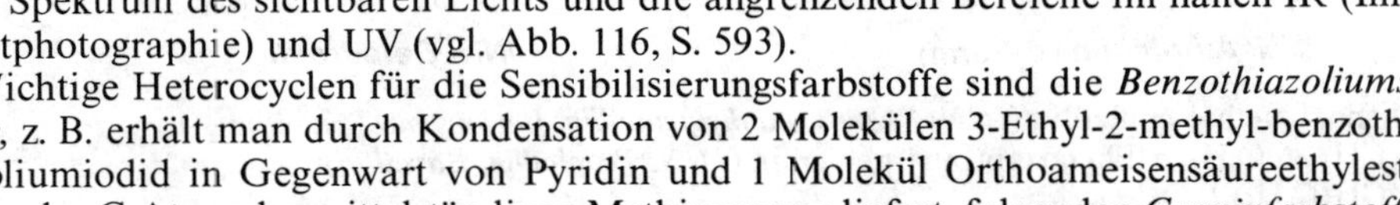

Die bei den Cyaninfarbstoffen auftretenden Absorptionsmaxima umfassen das gesamte Spektrum des sichtbaren Lichts und die angrenzenden Bereiche im nahen IR (Infrarotphotographie) und UV (vgl. Abb. 116, S. 593).
Wichtige Heterocyclen für die Sensibilisierungsfarbstoffe sind die *Benzothiazoliumsalze,* z. B. erhält man durch Kondensation von 2 Molekülen 3-Ethyl-2-methyl-benzothiazoliumiodid in Gegenwart von Pyridin und 1 Molekül Orthoameisensäureethylester, der das C-Atom der mittelständigen Methingruppe liefert, folgenden *Cyaninfarbstoff:*

---

[1] Vgl. *J. Nys,* Die Farbenchemie und die moderne Photographie, Suppl. Chimia *1968,* 115; *F. M. Hamer,* The Cyanine Dyes and Related Compounds (Wiley, New York 1964).

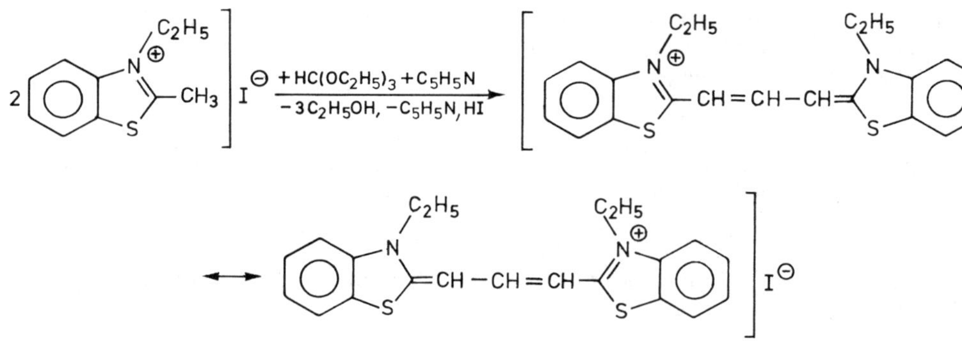

Dieser Benzothiazolfarbstoff ist ein Sensibilisator für Gelb und Rot. Wird das H-Atom der mittleren Methingruppe durch eine Methylgruppe ersetzt, so sensibilisiert der Farbstoff den Spektralbereich von Grün bis Rot (Panchromatische Filme). Durch geeignete Wahl der Ausgangsmaterialien lassen sich Polymethinfarbstoffe mit 11 und mehr Methingruppen darstellen.
Die Cyaninfarbstoffe sind als vinyloge Amidine aufzufassen, die in Abb. 116 (S. 593) angegebenen Merocyanine als vinyloge Amide und das Anion des Malonaldehyds als ein vinyloges Formiat-Ion.

7.4.3.9 Azacyanine

Die an sich lichtempfindlichen Cyaninfarbstoffe zeigen beim Aufziehen auf *Polyacrylnitrilfasern* eine überraschend hohe Lichtechtheit. Diese Erkenntnis gab Veranlassung, heterocyclische Azofarbstoffe dieser Art, die *Azacyanine*, näher zu untersuchen. Ihre Darstellung ist dadurch erschwert, daß heterocyclische Amine nur selten glatt oder gar nicht diazotierbar sind. Hinzu kommt, daß zugleich eine Quarternisierung des N-Atoms im Ring erfolgen muß. Als beste Methode hat sich die *oxidative Kupplung*[1] heterocyclischer Hydrazone mit aromatischen Aminen oder Phenolen erwiesen (*Hünig*, 1957). Derartige Hydrazone kann man auf verschiedenen Wegen herstellen, z. B. entsteht bei der Methylierung von 2-Mercaptobenzothiazol mit Dimethylsulfat und Umsetzung des Quartärsalzes mit Hydrazin in einem Reaktionsgang das entsprechende Hydrazon des N-Methyl-2-benzothiazolidons. Dieses läßt sich, z. B. mit N,N-Dimethylanilin, in salzsaurer Lösung mit *Kaliumhexacyanoferrat(III)* (oder Eisen[III]-chlorid bzw. Wasserstoffperoxid) oxidativ zu einem violetten *Azofarbstoff* kuppeln:

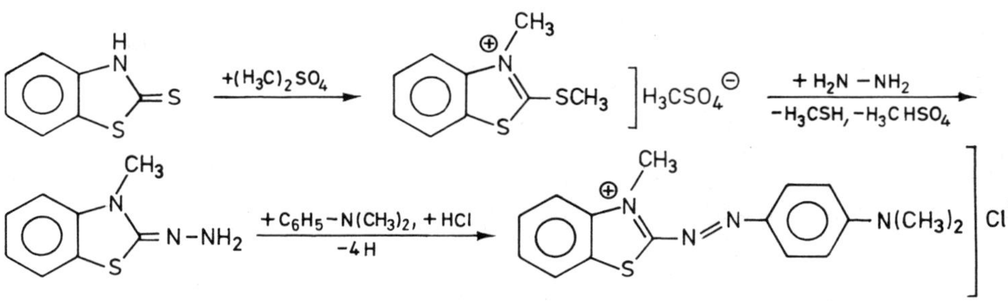

[1] Vgl. *S. Hünig* et al., Heterocyclische Azofarbstoffe durch oxydative Kupplung, Angew. Chem. *74*, 818 (1962); Sulfonylhydrazone cyclischer Amide und quartäre Azosulfone von Heterocyclen als Reagentien der Azochemie, ebenda *80*, 343 (1968).

Auch diese Azacyanine haben sich beim Anfärben von *Polyacrylnitrilfasern* als äußerst lichtecht erwiesen. – Der oxidative Kupplungstest dient zugleich zum *Nachweis der Hydrazonstruktur* in heterocyclischen Ringsystemen.

7.4.3.10 Merocyanine

Chromogene, die als Akzeptorgruppe statt des Stickstoffs Sauerstoff enthalten, bezeichnet man als *Merocyanine:*

$$[>\bar{N}-(CH=CH)_n-CH\bar{\underline{O}} \longleftrightarrow >\overset{\oplus}{N}=CH-(CH=CH)_n-\bar{\underline{O}}|^{\ominus}]$$

Sie sind als *vinyloge Säureamide* aufzufassen. Indoanilin und Indoanilinfarbstoffe sind Verbindungen vom Merocyanintyp.

7.4.4 Isothiazolgruppe

Isothiazol und Thiazol stehen zum Pyridin in einem ähnlichen Verhältnis wie Thiophen zum Benzol.

Darstellung

7.4.4.1 Isothiazol erhält man am besten *durch Gasphasenreaktion von Propen, Ammoniak und Schwefeldioxid* am aktivierten Aluminiumoxid-Kontakt bei 200 °C (475 K):

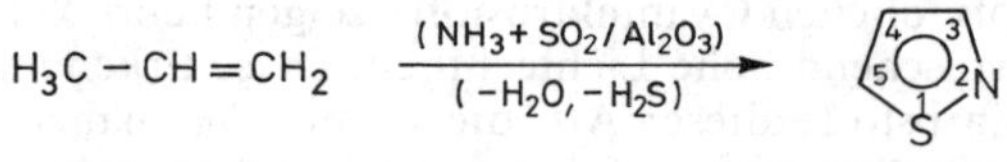

Propen Isothiazol

Hierbei lassen sich auch Alkene mit mehr als 3 C-Atomen verwenden.

7.4.4.2 Bei der Einwirkung von Schwefelwasserstoff auf *Diacetonitril* (*β*-Aminocrotononitril, vgl. S. 268*f.*) entsteht das *β-Aminocrotonsäurethioamid*, das durch oxidativen Ringschluß, z. B. mit Iod in Pyridin, in das *5-Amino-3-methyl-isothiazol* übergeht:

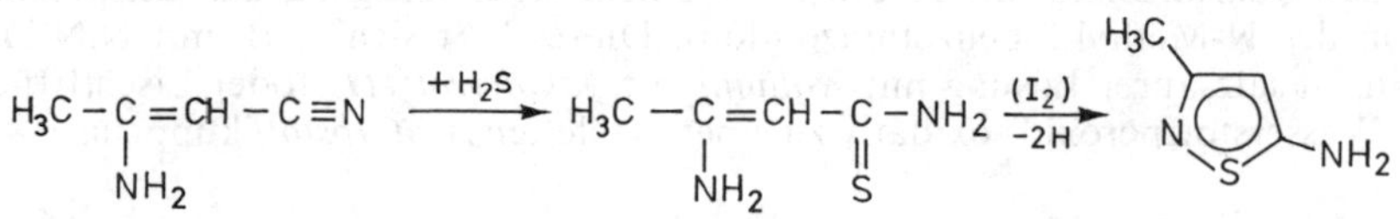

β-Aminocrotononitril *β*-Aminocrotonsäurethioamid 5-Amino-3-methyl-isothiazol

7.4.4.3 Eine einfache Synthese des Isothiazolsystems gelingt durch Chlorierung der Dinatriumverbindung des *1,1-Dicyan-2,2-dimercapto-ethylens*, das aus Malonsäuredinitril und Schwefelkohlenstoff zugänglich ist, in Tetrachlormethan zum *3,5-Dichlor-4-cyan-isothiazol* über folgende Zwischenstufen (*Hatchard*, 1964):

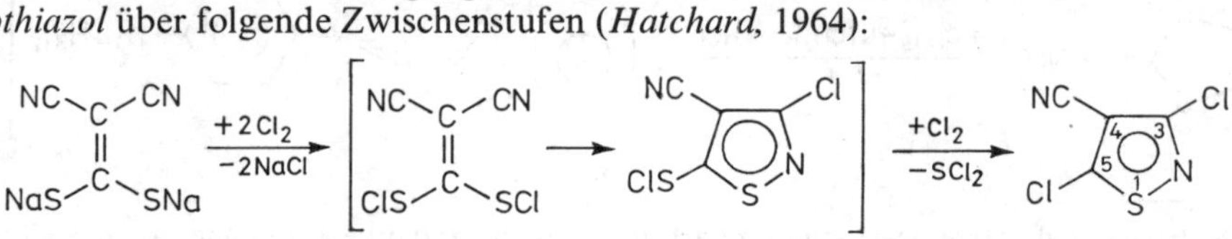

3,5-Dichlor-4-cyan-isothiazol

Mit Ammoniak erhält man daraus das entsprechende, diazotierbare 5-Amino-isothiazolderivat.

Eigenschaften. Isothiazol ist eine wasserhelle, neutrale Flüssigkeit vom Sdp. 115 °C (388 K), die nach Pyridin riecht und sich mit anderen organischen Lösungsmitteln gut mischt. Bei *elektrophilen* Substitutionen (Halogenierung, Nitrierung, Sulfonierung) wird vorwiegend die 4-Stellung substituiert. Das *4-Nitro-isothiazol* läßt sich mit Eisen/Salzsäure zum *4-Amino-isothiazol* reduzieren. Die 4- bzw. 5-Amino-isothiazole können diazotiert und zu *Azofarbstoffen* gekuppelt werden, die für das Anfärben von *Synthesefasern* brauchbar sind.

7.5 Fünfringe mit drei und mehr Heteroatomen

Hierzu zählen vor allem die heterocyclischen 5-Ringe mit drei, vier und fünf N-Atomen (Triazole, Tetrazol, Pentazol) sowie die mit zwei N-Atomen und einem O- bzw. S-Atom (Oxadiazole und Thiadiazole).

7.5.1 Triazolgruppe

Je nachdem, ob die drei N-Atome benachbart sind oder ein N-Atom durch eine CH-Gruppe von den beiden anderen N-Atomen getrennt ist, unterscheidet man zwischen 1,2,3- und 1,2,4-Triazol[1]. Beide Ringsysteme können in *tautomeren* Formen auftreten (vgl. Pyrazol und Imidazol) und gehören zu den π-elektronenreichen Heteroaromaten:

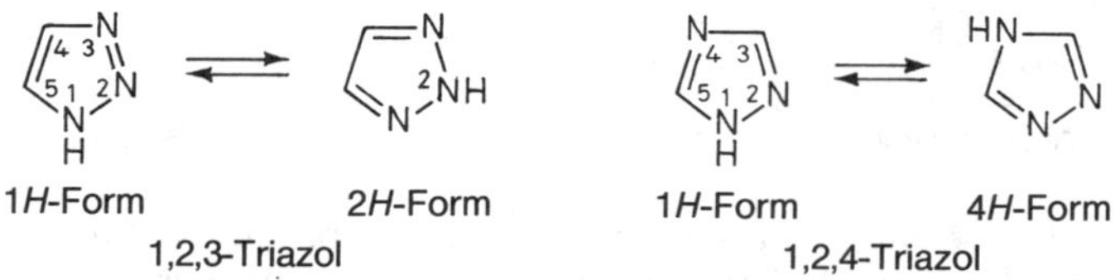

Physikalische Befunde ergaben, daß in dem *Gleichgewicht* des 1,2,3-Triazols die *2H*-Form und beim 1,2,4-Triazol die *1H*-Form überwiegt. Mit dem Eintritt eines Substituenten am Stickstoff kommt man zu *konstitutionsisomeren* N-substituierten Triazolen.

Darstellung

7.5.1.1 1,2,3-Triazol kann *durch 1,3-dipolare Cycloaddition* aus Acetylendicarbonsäure und Benzylazid dargestellt werden. Die primär entstehende 1-Benzyl-1,2,3-triazol-4,5-dicarbonsäure (Ausbeute 92%) läßt sich quantitativ zu 1-Benzyl-1,2,3-triazol decarboxylieren, das durch Hydrierung bei 150 °C (425 K) in 1,2,3-Triazol (77%) und Toluol gespalten wird (*R. H. Wiley*):

[1] Vgl. *T. L. Gilchrist* et al., Adv. Heterocycl. Chem. *16*, 33 (1974).

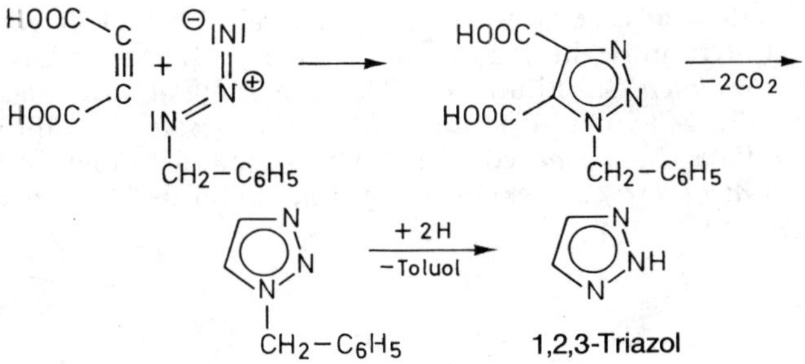

1,2,3-Triazol

7.5.1.2 Am einfachsten stellt man **1,2,4-Triazol** *durch Desaminierung von 4-Amino-1,2,4-triazol,* das durch Erhitzen von Ameisensäure mit Hydrazin in 80proz. Ausbeute zugänglich ist, mit salpetriger Säure her:

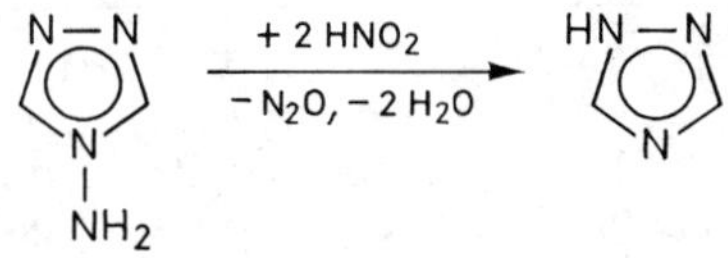

4-Amino-1,2,4-triazol

Das als *Herbizid* wichtige *3-Amino-1,2,4-triazol* erhält man aus Aminoguanidin durch Erhitzen mit Ameisensäure und anschließende alkalische Cyclisierung des gebildeten Formylaminoguanidins (*Thiele* und *Manchot,* 1898):

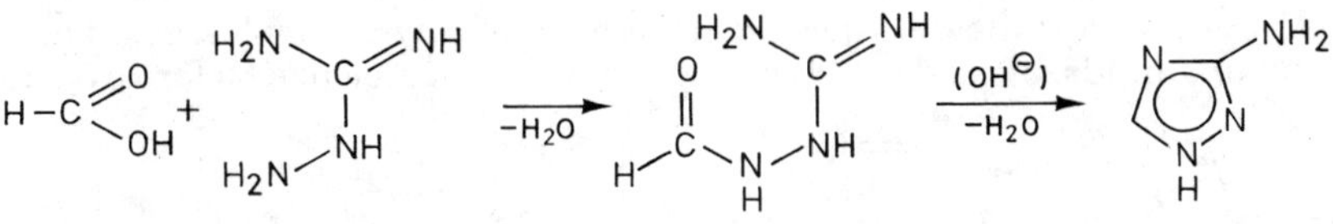

Aminoguanidin 3-Amino-1,2,4-triazol

Das *4-Phenyl-3H-1,2,4-triazolin-3,5-dion* ist eines der wirksamsten *Dienophile.* Das aus *Ethoxycarbonylhydrazin* und *Phenylisocyanat* leicht zugängliche *1-Ethoxycarbonyl-4-phenylsemicarbazid* reagiert in alkalischer Lösung unter Ringschluß zum *4-Phenylurazol,* das mit *tert.*-Butylhypochlorit zum 4-Phenyl-3*H*-1,2,4-triazolin-3,5-dion oxidiert werden kann.

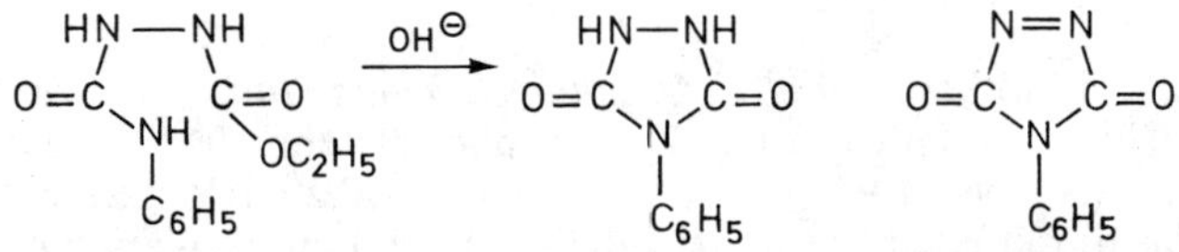

1-Ethoxycarbonyl-4-phenylsemicarbazid 4-Phenylurazol 4-Phenyl-3*H*-1,2,4-triazolin-3,5-dion

Ein Derivat des 1,2,4-Triazols ist das *Salpetersäurereagens Nitron,* das bei der Kondensation von Triphenylaminoguanidin mit Ameisensäure entsteht:

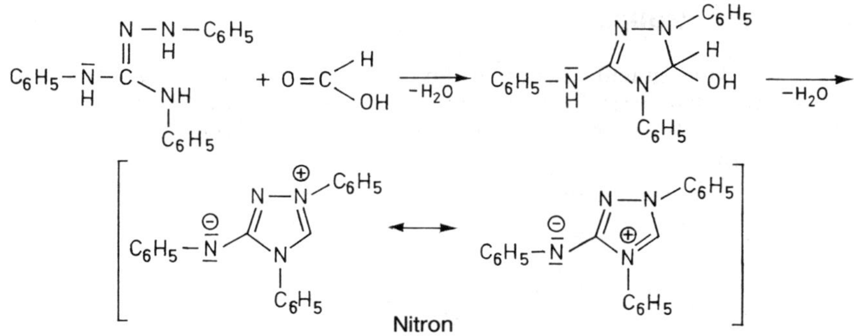

Nitron

Nitron ist eine *mesoionische* Verbindung, die sich in Wasser leicht löst und stark *basisch* reagiert. Es bildet ein schwerlösliches Nitrat, das zur *quantitativen Bestimmung* der *Salpetersäure* geeignet ist. Dieser Reaktion verdankt es auch seinen Namen.

Eigenschaften und Verwendung. 1,2,3-Triazol ist eine farblose, hygroskopische Substanz vom Schmp. 23 °C (296 K) (Sdp. 204 °C/0,98 bar/[477 K/980 hPa]); 1,2,4-Triazol schmilzt bei 121 °C (394 K) (Sdp. 260 °C [533 K]). Die beiden *π-elektronenreichen Heteroaromaten* sind amphoter und verhalten sich gegenüber Oxidations- und Reduktionsmitteln resistent. Ihre *π*-Elektronendichte an den C-Atomen nimmt im Vergleich zu Pyrrol, Pyrazol und Imidazol weiter ab. Daher sind bisher nur einige *elektrophile* C-Substitutionen bekannt, z. B. die Hydroxymethylierung mit Formaldehyd und die Halogenierung, letztere vor allem in Gegenwart säurebindender Mittel, z. B.:

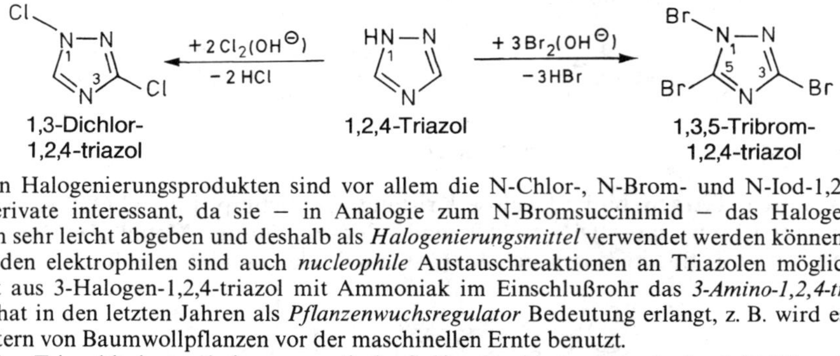

1,3-Dichlor-1,2,4-triazol — 1,2,4-Triazol — 1,3,5-Tribrom-1,2,4-triazol

Von den Halogenierungsprodukten sind vor allem die N-Chlor-, N-Brom- und N-Iod-1,2,4-triazol-Derivate interessant, da sie – in Analogie zum N-Bromsuccinimid – das Halogen am N-Atom sehr leicht abgeben und deshalb als *Halogenierungsmittel* verwendet werden können.
Neben den elektrophilen sind auch *nucleophile* Austauschreaktionen an Triazolen möglich. So entsteht aus 3-Halogen-1,2,4-triazol mit Ammoniak im Einschlußrohr das *3-Amino-1,2,4-triazol.* Dieses hat in den letzten Jahren als *Pflanzenwuchsregulator* Bedeutung erlangt, z. B. wird es zum Entblättern von Baumwollpflanzen vor der maschinellen Ernte benutzt.
Unter den Triazolderivaten haben aromatische Sulfonylverbindungen wie das 1-(4-Nitrophenylsulfonyl)-1*H*-1,2,4-triazol (4-NBST) für die Polynucleotidsynthese Bedeutung gewonnen. Weiterhin sind in dieser Substanzklasse sehr wirksame *Pflanzenschutzmittel* entdeckt worden; gegen Mehltau und Rost ist z. B. *(1-[4-Chlor-phenoxy-1H-1,2,4-triazolyl])-methyl-tert.butylketon* (Bayleton) hoch wirksam (20 – 40 g/ha).

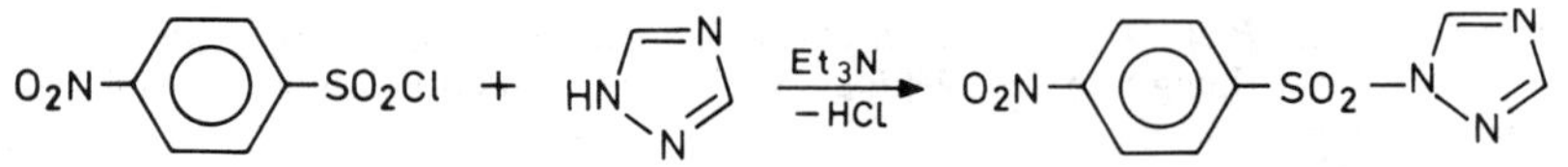

(4-NBST)

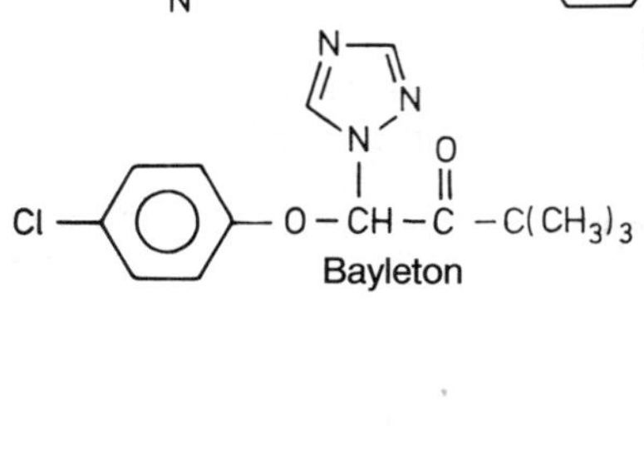

Bayleton

7.5.2 Tetrazolgruppe

Das aus vier N-Atomen und einem C-Atom bestehende Ringsystem des Tetrazols kann ebenfalls in zwei *tautomeren* Formen auftreten, die jedoch nur als Derivate gefaßt wurden. Das folgende *Gleichgewicht* ist, wie physikalische Daten zeigen, zugunsten der 1*H*-Form verschoben:

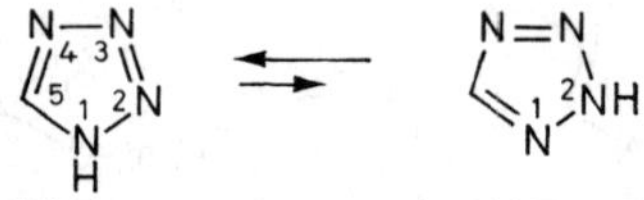

1*H*-Form 2*H*-Form

Tetrazol

Darstellung

7.5.2.1 In Analogie zum 1,2,3-Triazol durch *1,3-dipolare Cycloaddition* von wasserfreier Blausäure an Stickstoffwasserstoffsäure:

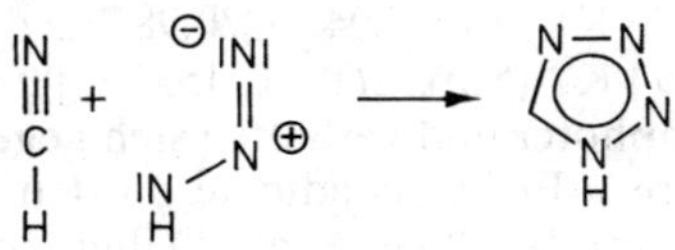

7.5.2.2 Besser *aus diazotiertem 5-Amino-tetrazol*, das aus Aminoguanidin und salpetriger Säure zugänglich ist, *durch Reduktion* mit Ethanol:

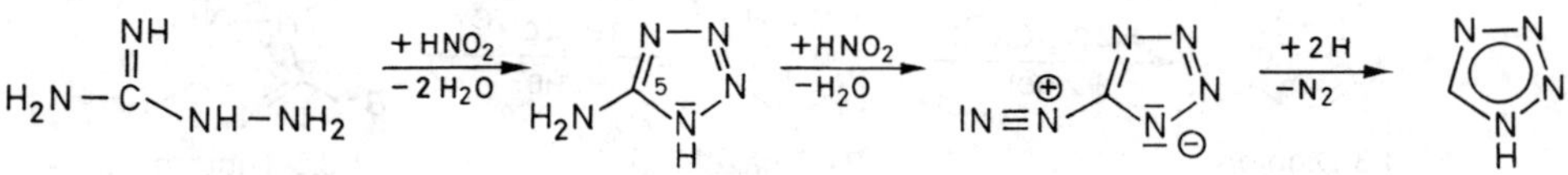

Aminoguanidin 5-Amino-tetrazol Tetrazol

Eigenschaften. Tetrazol bildet farblose Kristalle vom Schmp. 156 °C (429 K), reagiert in wäßriger Lösung sauer ($pK_a = 4{,}89$) und bildet beständige Metallsalze. Nur einige N-substituierte Tetrazole lassen sich am C-Atom direkt bromieren, z. B.:

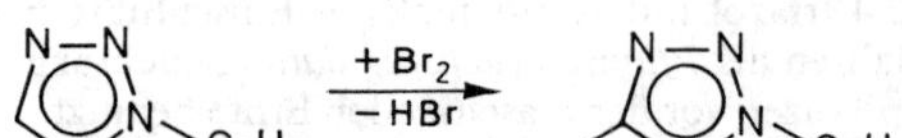

2-Phenyl-tetrazol 5-Brom-2-phenyl-tetrazol

N-Acetyl-tetrazol kann als stark wirkendes *Acetylierungsmittel* eingesetzt werden.

Erwähnenswert ist ein *Bicyclus mit gemeinsamem N-Atom*, das *6,7,8,9-Tetrahydro-5H-tetrazolo-azepin*, das durch Einwirkung von 2 Molekülen Stickstoffwasserstoffsäure auf 1 Molekül Cyclohexanon darstellbar ist:

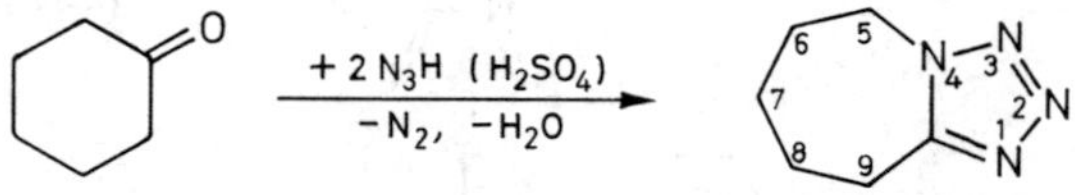

Cyclohexanon 6,7,8,9-Tetrahydro-5*H*-tetrazolo-azepin

Es wird als Kreislaufstimulans (*INN:* ***Pentetrazol,*** *Cardiazol*) verwendet und regt die im Gehirn gelegenen Zentren der Atmung und der Herztätigkeit an.

Das bei der Umsetzung von Aminoguanidinen mit salpetriger Säure im Darstellungsverfahren 7.5.2.2 zunächst auftretende Azid kann mit dem Tetrazol im Gleichgewicht vorliegen, wenn das *gemeinsame N-Atom* zu einem Heterocyclus mit Elektronenmangel gehört **(Azido-Tetrazolo-Isomerie**[1]), z. B.:

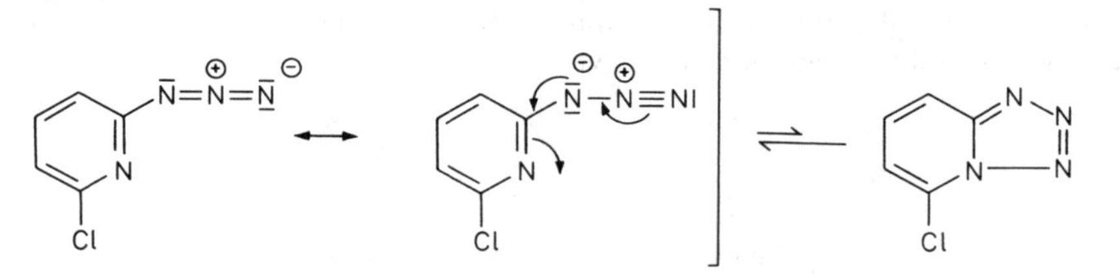

2-Azido-6-chlor-pyridin

5-Chlortetrazolo-[1,5-a]pyridin

Das Gleichgewicht liegt im DMSO bei Zimmertemperatur auf der Seite der Azidoform und verschiebt sich bei Temperaturerhöhung weiter in dieser Richtung.

Tetrazoliumsalze[2]. Unter ihnen hat sich das *Triphenyltetrazoliumchlorid* (TTC) als *Reduktionsindikator* in der Biologie bewährt, da es durch phytochemische Reduktion in das tiefrote, gegen Luftsauerstoff beständige *1,3,5-Triphenyl-formazan* übergeht:

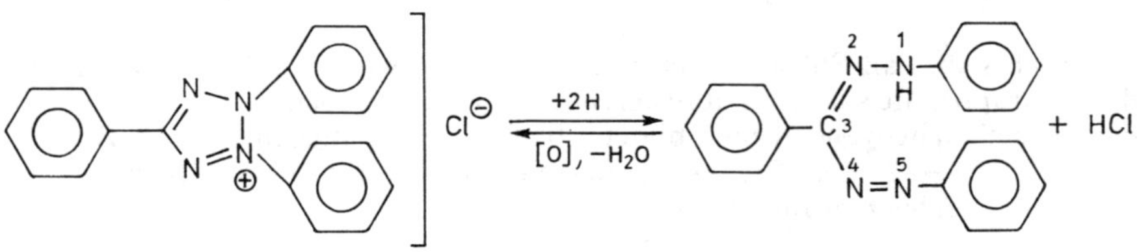

TTC (farblos)

1,3,5-Triphenyl-formazan (tiefrot)

Umgekehrt werden die Tetrazoliumsalze *durch Dehydrierung der Formazane* dargestellt.
Formazane erhält man durch Kupplung von Diazoniumsalzen mit Aldehydhydrazonen, wobei das H-Atom der Aldehydgruppe durch den Diazoniumrest ersetzt wird (*v. Pechmann, Bamberger*), z. B.:

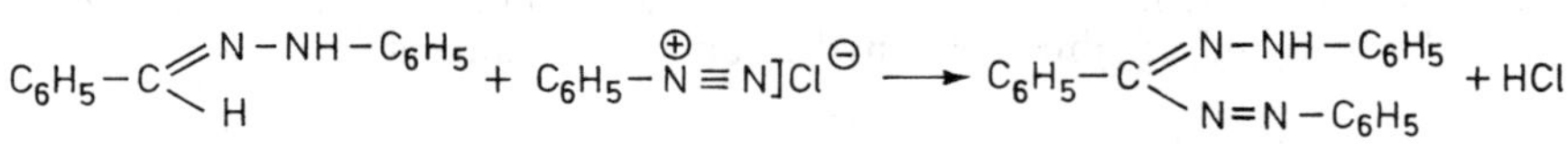

Benzaldehyd-phenylhydrazon

Benzoldiazo-niumchlorid

1,3,5-Triphenyl-formazan

Die phenylierten Formazane sind orange- bis tiefrote, meist gut kristallisierende Verbindungen. Bei der Oxidation mit Quecksilber(II)-oxid, Isoamylnitrit, Bleitetraacetat oder am besten mit N-Brom-succinimid werden sie zu *Tetrazoliumsalzen* dehydriert. Aus diesen entstehen durch Reduktion, z. B. mit Ammoniumsulfid, wieder die Formazane (s. oben).

[1] Vgl. *M. Tišler*, Some Aspects of Azido-Tetrazolo-Isomerization, Synthesis *1973*, 123.
[2] Vgl. *W. Ried*, Formazane und Tetrazoliumsalze, ihre Synthesen und ihre Bedeutung als Reduktionsindikatoren und Vitalfarbstoffe, Angew. Chem. *64*, 391 (1952); *A. W. Nineham*, The Chemistry of Formazans and Tetrazolium Salts, Chem. Reviews *55*, 355 (1955).

Läßt man z. B. Kressesamen in Triphenyltetrazoliumsalzlösungen keimen, so färben sich die Keimblätter und Vegetationszonen der Wurzelspitzen intensiv rot (*F. Moewus*). Die Tetrazoliumsalze werden daher zur Prüfung der Keimfähigkeit von Samen verwertet (*Lakon*).

7.5.3 Pentazolgruppe[1]

Ein interessanter 5gliedriger Ring, der nur aus Stickstoffatomen besteht und daher homocyclisch gebaut ist, liegt im *Pentazol* vor.

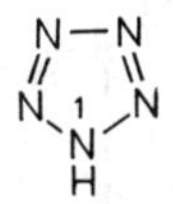

Pentazol

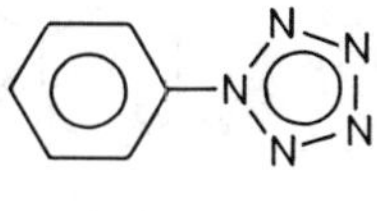

Phenylpentazol

Die Existenz phenylsubstituierter Derivate des Pentazols wurde bei der Reaktion von Benzoldiazoniumchlorid mit Lithiumazid aufgrund kinetischer Befunde (*R. Huisgen*, 1956) und durch Isotopenversuche mit ^{35}N (*K. Clusius*, 1956) nachgewiesen. Inzwischen ist es gelungen, auf diesem Weg bei tiefen Temperaturen (etwa − 30 °C [240 K]) substituierte *Phenylpentazole* in kristalliner Form zu isolieren (*I. Ugi*, 1958):

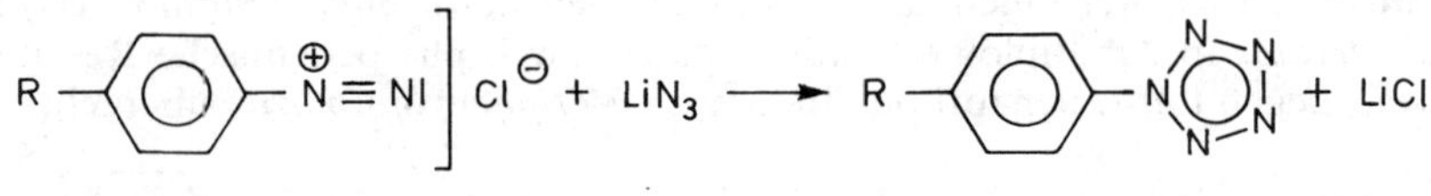

Dabei ergab sich, daß Substituenten mit + *M-Effekt*, wie die *p*-Dimethylamino- und *p*-Ethoxy-Gruppe, die stärkste stabilisierende Wirkung ausüben.
***p*-Dimethylaminophenyl-pentazol** bildet blaßgelbe Blättchen vom Zers.-Punkt 50 − 54 °C (323 − 327 K). Die Arylpentazole explodieren oberhalb von − 10 °C (260 K) schon bei leichter Berührung.

7.5.4 Sydnone, Mesoionische Verbindungen[2]

Als erstes *Sydnon*, das im Ring ein O-Atom und zwei N-Atome in der Anordnung des 1,2,3-Oxadiazols enthält, wurde das **N-Phenylsydnon** nach einem noch nicht übertroffenen Verfahren dargestellt (*Earl* und *Mackney*, 1935) und zwar durch Erhitzen von N-Nitroso-N-phenyl-glycin mit Acetanhydrid unter Wasseraustritt:

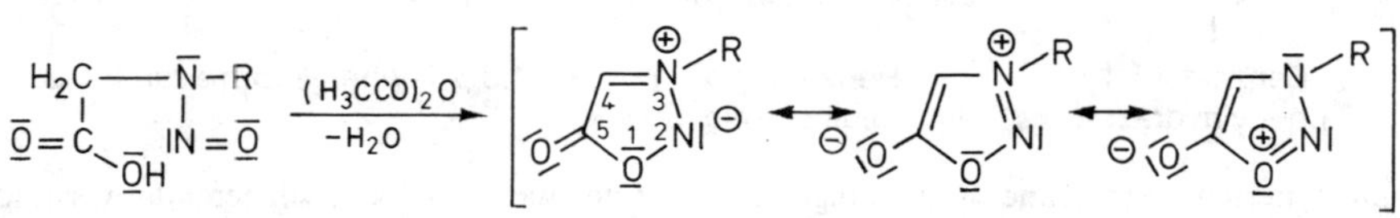

N-Nitroso-N-phenyl-glycin

N-Phenyl-sydnon ($R = C_6H_5$)

---

[1] Vgl. *R. Huisgen*, Thermische Stabilität und aromatischer Charakter: Ringöffnungen der Azole, Angew. Chem. *72*, 359 (1960).

[2] Vgl. *W. D. Ollis*, Mesoionic Compounds, Adv. Heterocycl. Chem. *19*, 1 (1976).

Die Sydnone zählen zu den **mesoionischen Verbindungen,** und zwar versteht man darunter fünfgliedrige Heteroaromaten, deren Struktur sich *nur durch polare Grenzformeln* beschreiben läßt (*Baker* und *Ollis,* 1946). Derartige Verbindungen besitzen ein hohes *Dipolmoment* und lassen sich leicht in der 4-Stellung durch elektrophile Verbindungen substituieren, z. B. nitrieren, halogenieren oder sulfonieren. Diese Eigenschaften werden am besten durch die folgende Zusammenfassung der obigen Grenzformeln wiedergegeben:

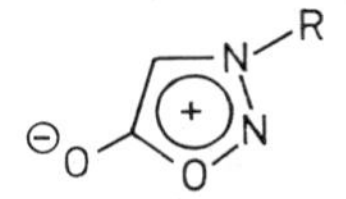

Mesoionische Verbindungen dieses Typs haben sich als reaktive 1,3-Dipole erwiesen (*Huisgen,* 1967). Ein Beispiel für die präparative Anwendung ist die folgende Pyrazolsynthese, die mit einer einschlägigen Formel zum Ausdruck bringt, daß man *nur* polare Grenzformeln schreiben kann (vgl. S. 707):

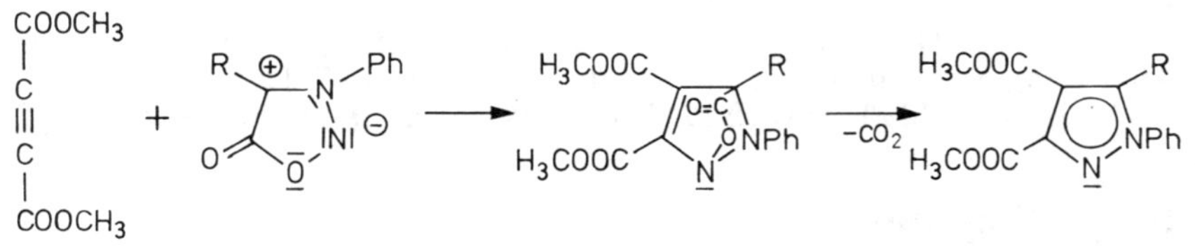

7.5.5 Thiadiazolgruppe

Theoretisch sind je nach Anordnung der Heteroatome vier Thiadiazolstrukturen möglich, von denen das *1,2,4-Thiadiazol* angeführt sei:

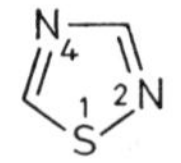

1,2,4-Thiadiazol

Die *Synthese* des 1,2,4-Thiadiazols gelang *aus 5-Amino-1,2,4-thiadiazol,* das zunächst mittels *Sandmeyer*-Reaktion in das 5-Brom-Derivat übergeführt wird. Aus diesem entsteht bei der katalytischen Hydrierung das 1,2,4-Thiadiazol (*Goerdeler*):

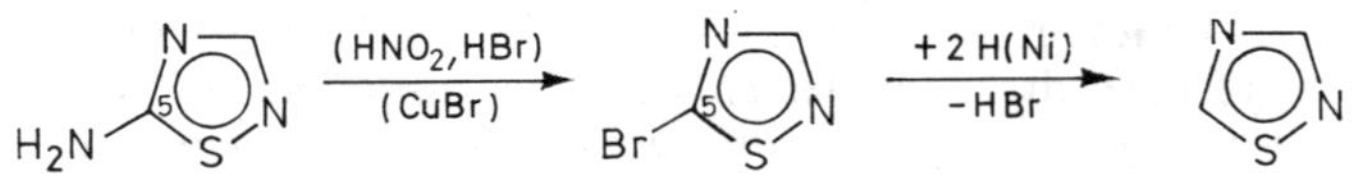

5-Amino-1,2,4-thiadiazol — 5-Brom-1,2,4-thiadiazol — 1,2,4-Thiadiazol

1,2,4-Thiadiazol ist eine farblose Flüssigkeit vom Sdp. 121 °C (394 K). Unter dem Einfluß von Reduktionsmitteln erfolgt leicht Ringöffnung.

7.6 Sechsringe mit einem Heteroatom

Die Stammverbindungen dieser Heterocyclen sind *Pyridin*, die *Pyrane* und *Thiopyrane*.

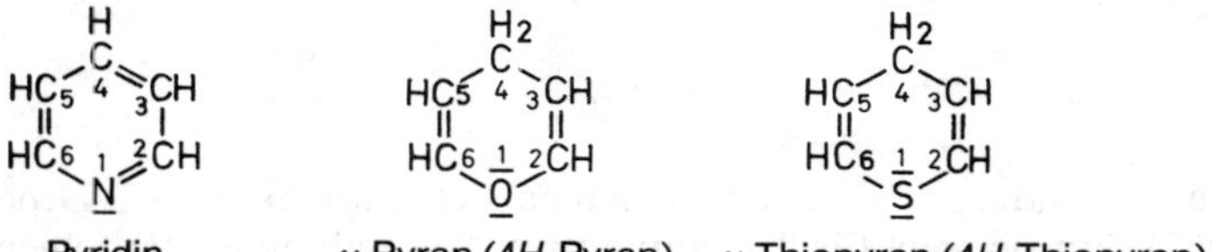

In den Ringen bezeichnet man die Stellungen 2 und 6 auch mit α und α′, die Stellungen 3 und 5 mit β und β′ und die Stellung 4 mit γ.

Pyridin- und Pyran-Derivate treten als Bausteine in wichtigen Naturstoffen auf. *γ-Pyran* (4*H*-Pyran), Sdp. 80 °C (353 K), und *γ-Thiopyran* (4*H*-Thiopyran), Sdp. 30 °C (303 K)/16 mbar (16 hPa), wurden 1962 von *Strating* aus Glutardialdehyd dargestellt.

7.6.1 Pyridingruppe

Pyridin, C_5H_5N, findet sich im Steinkohlenteer (~0,1%) und im Knochenöl (*Anderson*, 1851) und wird daraus technisch gewonnen.
Das Pyridinmolekül besitzt wie Benzol 6 delokalisierte π-Elektronen und läßt sich durch folgende Grenzformeln beschreiben:

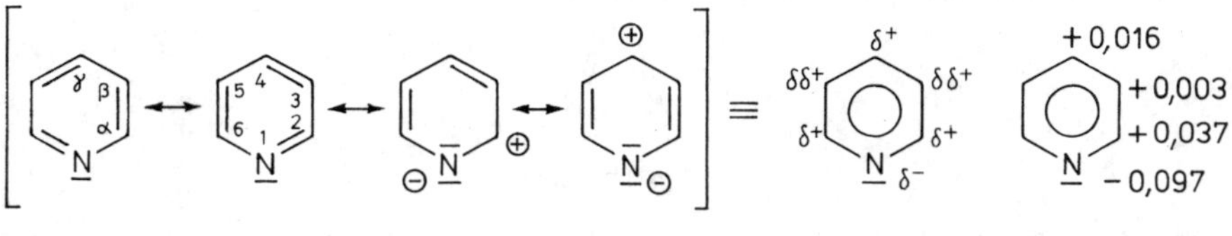

Die ersten beiden Formulierungen entsprechen den *Kekulé*-Formeln des Benzolkerns, jedoch zieht das elektronegativere Stickstoffatom im Pyridin π-Elektronen aus dem Kern an, was eine Abnahme der Elektronendichte an den C-Atomen im Ring sowie eine Polarisierung des Gesamtmoleküls zur Folge hat (*Dipolmoment* $7{,}5 \cdot 10^{-30}$ Cm). Dieser Elektronensog spiegelt sich in den *polaren* Grenzformeln des Pyridins wider und bedingt seine Zuordnung zu den *π-elektronenarmen Heteroaromaten.* Die genaue Elektronenverteilung ergibt sich aus dem obenstehenden *Molekulardiagramm* des Pyridins (vgl. S. 707). Seine *Stabilisierungsenergie* beträgt 130 kJ/Mol.

Eigenschaften. Pyridin ist eine schwache *tertiäre* Base von unangenehmem Geruch, Sdp. 115 °C (388 K), und mit Wasser in jedem Verhältnis mischbar. Die Basizität ($pK_a = 5{,}2$) ist viel geringer als die Basizität des Piperidins ($pK_a = 11{,}12$, vgl. S. 769). Das ist auf die sp^2-Hybridisierung des einsamen Elektronenpaares im Pyridin zurückzuführen.
Bei der Einwirkung elektrophiler Reagenzien wird das N-Atom unter Bildung von Pyridiniumsalzen positiviert. Der dadurch verstärkte Elektronensog wirkt sich besonders

auf die C-Atome 2, 4 und 6 aus. Daher lassen sich *elektrophile Substitutionen* beim Pyridin – wenn überhaupt – nur unter extremen Bedingungen durchführen, und zwar ausschließlich in 3- bzw. 5-Stellung. So entsteht z. B. bei der *Bromierung* von Pyridin in der Dampfphase bei 300 °C (570 K) *3-Brom-pyridin* neben wenig *3,5-Dibrom-pyridin* und bei der *Sulfonierung* mit rauchender Schwefelsäure in Gegenwart von Quecksilber(II)-sulfat bei 230 °C (500 K) die *Pyridin-3-sulfonsäure* (Ausbeute 70%). Die energische *Nitrierung* von Pyridin mit Kaliumnitrat in rauchender Schwefelsäure bei 370 °C (640 K) führt zum *3-Nitro-pyridin. Friedel-Crafts*-Reaktionen sind beim Pyridin *nicht* möglich.

Demgegenüber sind *nucleophile Substitutionen* am Pyridinkern in 2- und 6-Stellung durch *Anionen*, z. B. $NH_2^\ominus$ oder $OH^\ominus$, – im Gegensatz zu Benzol – leicht durchführbar[1].

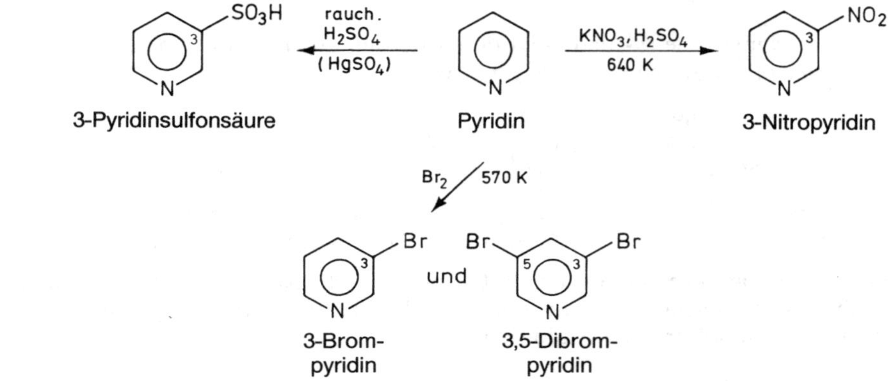

7.6.1.1 *Tschitschibabin*-Reaktion (1914). Bei dieser direkten *Aminierung*[1] erhitzt man Pyridin mit *Natriumamid* in Dimethylanilin oder in flüssigem Ammoniak so lange, bis kein Wasserstoff mehr entweicht. Primär erfolgt hierbei ein *nucleophiler* Angriff des $NH_2^\ominus$-Anions am C-Atom 2 unter gleichzeitiger Abspaltung eines *Hydrid-Ions*, das sofort mit einem Proton der NH_2-Gruppe elementaren Wasserstoff bildet. Somit entsteht zunächst die Natriumverbindung des *2-Amino-pyridins*, die bei der Hydrolyse die freie Base liefert (Ausbeute 75–80%):

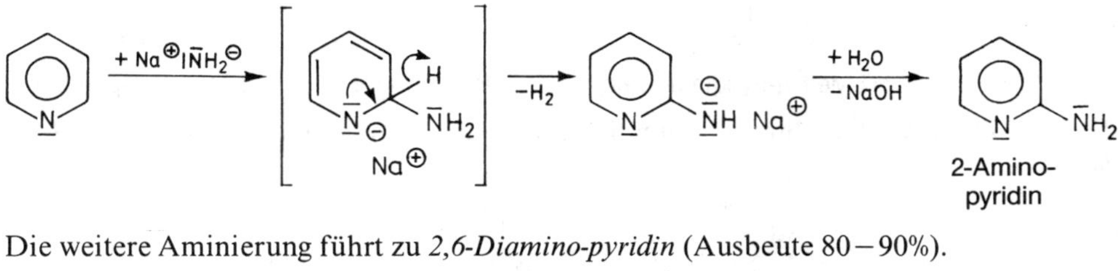

Die weitere Aminierung führt zu *2,6-Diamino-pyridin* (Ausbeute 80–90%).

Sind die Stellungen 2 und 6 im Pyridinmolekül besetzt, so tritt die Aminogruppe in 4-Stellung ein unter Bildung des entsprechenden *4-Amino-pyridinderivats*.

3-Amino-pyridin erhält man am besten aus Nicotinsäureamid durch *Hofmann*schen Abbau mit Natriumhypobromit.

---

[1] Vgl. *R. G. Shepherd* et al., Adv. Heterocycl. Chem. *4*, 145 (1965).

Eine analog verlaufende *nucleophile* Substitution tritt bei der Umsetzung von Pyridin mit *Phenyllithium* oder *n-Butyllithium* in Stickstoffatmosphäre ein und ermöglicht somit die Einführung von Phenyl- oder *n*-Butylgruppen in 2-Stellung (*K. Ziegler*), z. B.:

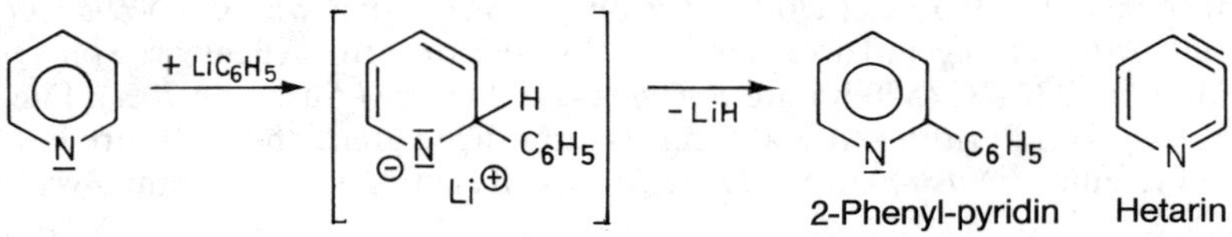

2-Phenyl-pyridin Hetarin

Die nucleophilen Substitutionen an elektronenarmen Heterocyclen können nicht nur über den hier angegebenen Anlagerungs-Eliminierungsmechanismus verlaufen, es sind auch Hetarine und Ringöffnungen im Laufe derartiger Reaktionen nachgewiesen worden[1].
2- und 4-Hydroxypyridine (α- und γ-Pyridone) werden durch Umsetzung der entsprechenden *Pyrone* mit Ammoniak dargestellt, z. B.:

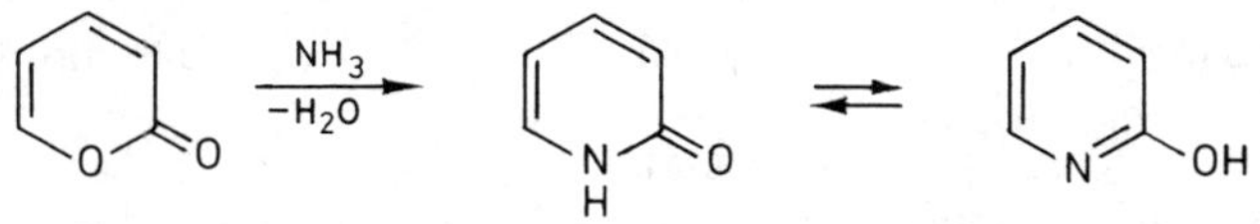

α Pyron 2-Pyron | α-Pyridon 2-Pyridon | 2-Hydroxypyridin (2-Pyridinol) (Sdp. 280–281 °C [553–554 K])

Sie sind tautomer und liegen in Lösung fast ausschließlich als *Pyridone* vor, während in der Gasphase das Gleichgewicht auf der Seite der Hydroxyverbindungen liegt[2], die Beispiele für die Iminolform der Amide sind.

7.6.1.2 N-Alkyl-pyridiniumsalze entstehen aus Pyridin und Alkylhalogeniden. Da der Ring durch die positive Ladung des N-Atoms noch stärker an π-Elektronen verarmt ist als im Pyridin selbst, werden die N-Alkylpyridiniumsalze *nucleophil* von Hydroxid-Ionen in 2-Stellung angegriffen. Hierbei bildet sich primär eine „Pseudobase", die durch Oxidation mit Kaliumhexacyanoferrat(III) in *N-Methyl-α-pyridon* übergeht, z. B.:

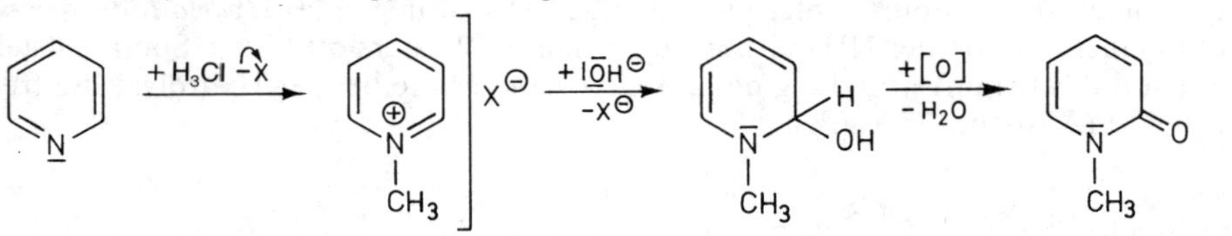

N-Methyl-pyridiniumsalz Pseudobase N-Methyl-α-pyridon

Das 1,1′-Dimethyl-[4,4′]bipyridyliumdichlorid (Paraquat) ist ein sehr wirksames *Herbizid.*

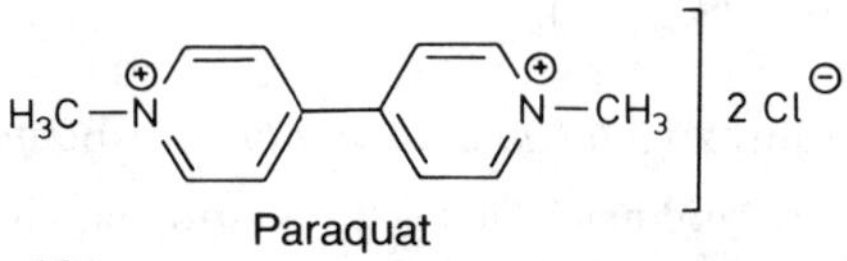

Paraquat

Die Verbindung ist sehr giftig.

[1] Vgl. *H. C. van der Plas,* The S_N (ANRORC, **A**ddition of the **N**ucleophile, **R**ing **O**pening and **R**ing **C**losure) Mechanism: A New Mechanism for Nucleophilic Substitution, Accounts Chem. Res. *11,* 462 (1978).
[2] Vgl. *P. Beak,* Accounts Chem. Res. *10,* 186 (1977).

Befindet sich am Pyridiniumstickstoff eine stark elektronenziehende Gruppe, z. B. $-C\equiv N$, so tritt bei der Einwirkung *nucleophiler* Reagenzien meist eine Ringöffnung und anschließend Eliminierung des Ringstickstoffs ein. Als Beispiel für derartige Reaktionen sei die Darstellung des sog. ***Zincke*-Aldehyds** angeführt. Hierbei setzt man N-Cyan-pyridiniumbromid, das aus Pyridin und Bromcyan entsteht, mit N-Methylanilin um und erhält unter Abspaltung von Cyanamid das sog. *König*sche Salz. Dieses läßt sich im alkalischen Medium hydrolytisch in N-Methyl-anilin und 5-N-Methyl-anilino-2,4-pentadienal (*Zincke*-Aldehyd) spalten:

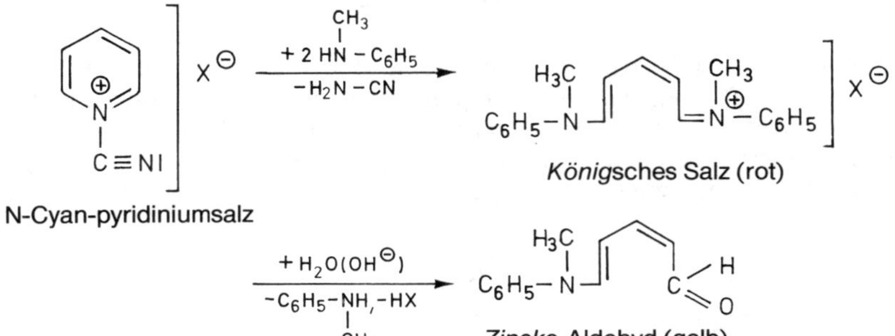

N-Cyan-pyridiniumsalz

*König*sches Salz (rot)

Zincke-Aldehyd (gelb)

Der *Zincke*-Aldehyd hat u. a. für die Azulensynthese Bedeutung erlangt.

Verwendung. Pyridin dient als gutes Lösungsmittel für einige anorganische Salze und viele organische Verbindungen. Bei Acylierungen mit Säurehalogeniden übt es eine katalysierende Wirkung aus und bindet zugleich die freiwerdende Halogenwasserstoffsäure. Ferner wird es zum Denaturieren von Ethanol verwendet.

Die wichtigsten Pyridinderivate

7.6.1.3 Pyridin-N-oxide[1] entstehen durch Oxidation von Pyridin bzw. seinen Derivaten mit Persäuren oder einfacher mit 30proz. Wasserstoffperoxid in Eisessig (*Ochiai*, 1947; *Den Hertog*, 1951; vgl. auch Aminoxide), z. B.:

Pyridin-N-oxid ist ebenfalls nucleophilen Substitutionen in 2- und 4-Stellung, bevorzugt aber – im Gegensatz zum Pyridin – *elektrophilen Substitutionen* in 4-Stellung zugänglich, da eine Polarisierung des Moleküls sowohl die Lokalisierung positiver als auch negativer Ladungen in den α-Stellungen und der γ-Stellung erlaubt:

[1] Vgl. *A. R. Katritzky* et al., Chemistry of the Heterocyclic N-Oxides (Academic Press, New York 1971).

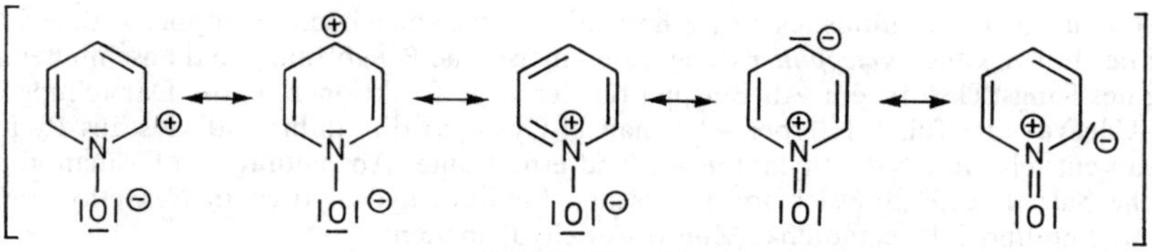

Pyridin-N-oxid

Bei der Einwirkung von Nitriersäure auf Pyridin-N-oxid entsteht in 85proz. Ausbeute das *4-Nitro-pyridin-N-oxid,* das sich durch Behandeln mit überschüssigem Phosphor-(III)-chlorid in Chloroform in das *4-Nitro-pyridin* überführen läßt. Nimmt man die Abspaltung des Sauerstoffs reduktiv, z. B. mit *Raney*-Nickel in Eisessig/Acetanhydrid, vor (*Jerchel,* 1958), so wird zugleich auch die Nitrogruppe reduziert unter Bildung von *4-Amino-pyridin:*

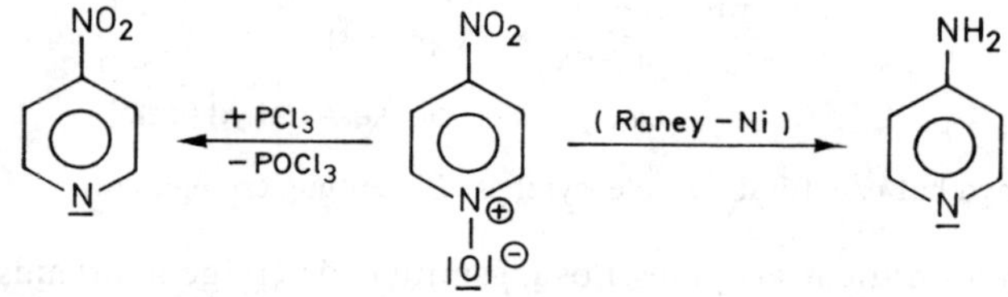

4-Nitro-pyridin 4-Nitro-pyridin-N-oxid 4-Amino-pyridin

Durch Umsetzung von 4-Nitro-pyridin-N-oxid mit Acylhalogeniden kommt man zu *4-Halogen-pyridin-N-oxiden* und mit Natriumalkoholaten bzw. -phenolaten zu *4-Alkoxy-* bzw. *4-Phenoxy-pyridin-N-oxiden.* Diese sind reduzierbar und ermöglichen so die Synthese 4-substituierter Pyridinderivate, die sonst nur schwer zugänglich sind.

7.6.1.4 Picoline (Methyl-pyridine) existieren in drei *konstitutionsisomeren* Formen:

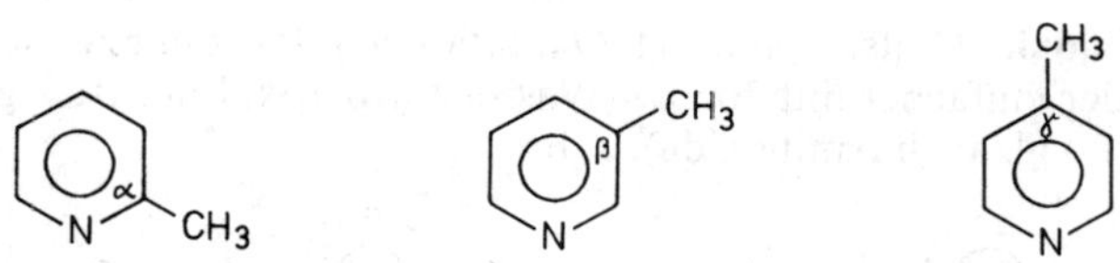

α-Picolin (2-Methyl-pyridin) Sdp. 128,8 °C (402,0 K)

β-Picolin (3-Methyl-pyridin) Sdp. 143,4 °C (416,6 K)

γ-Picolin (4-Methyl-pyridin) Sdp. 143,1 °C (416,3 K)

Die α- und γ-ständigen Methylgruppen erweisen sich gegenüber Aldehyden und Nitrosoverbindungen als besonders reaktionsfähig. Ähnlich den aktiven Methylengruppen reagieren sie unter Wasseraustritt zu den entsprechenden Kondensationsprodukten, z. B. gewinnt man technisch aus α-Picolin und Formaldehyd über ein *aldolartiges* Zwischenprodukt **2-Vinyl-pyridin:**

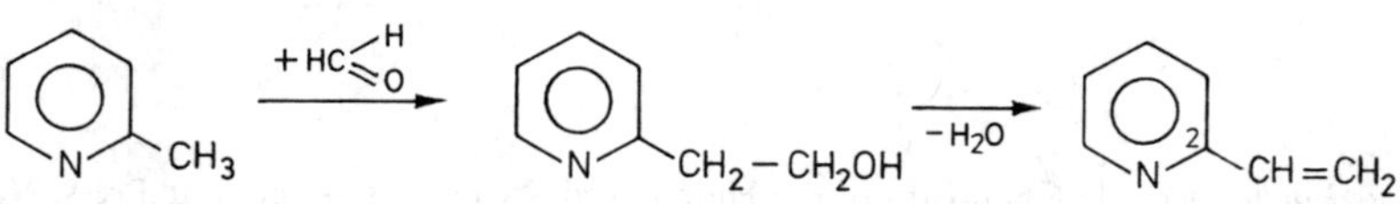

α-Picolin 2-(2-Pyridyl)ethanol 2-Vinyl-pyridin

Die Copolymerisation von 2-Vinyl-pyridin mit Butadien führt zu Elastomeren, die auf Nylongewebe fest haften und zur Fabrikation von *Reifencord* verwendet werden. Nimmt man die Copolymerisation von 2-Vinyl-pyridin mit Acrylnitril vor, so wird durch die Einführung basischer Gruppen eine leichtere Anfärbbarkeit der *PAN*-Faser erreicht.

Analog entsteht durch Kondensation von γ-Picolin mit p-Nitroso-dimethylanilin das betreffende *Azomethin:*

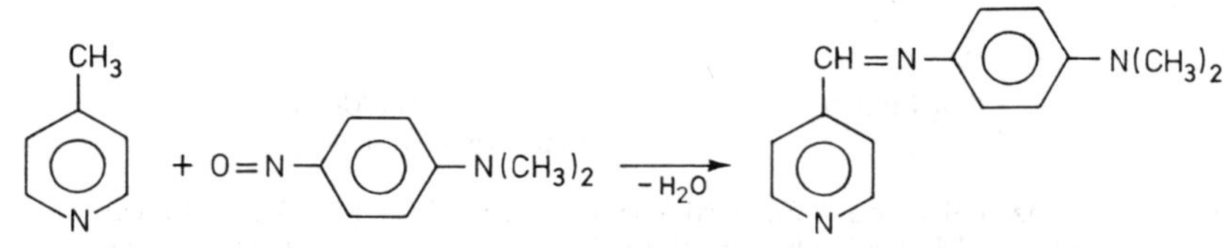

γ-Picolin (Azomethin)

β-Picolin gibt *keine* derartigen Kondensationsreaktionen.

Die Picoline treten neben Pyridin und dessen höheren *Homologen*, zu denen vor allem **α,γ-Lutidin** (2,4-Dimethyl-pyridin) und **Collidin** (2,4,6-Trimethyl-pyridin) gehören, in den Basenfraktionen des Stein- und Braunkohlenteers auf. Die Isolierung der einzelnen Basen ist zum Teil durch fraktionierte Destillation möglich.

7.6.1.5 Zur *Darstellung* von Pyridinhomologen benutzt man meist die ***Hantzsch*sche-Dihydropyridinsynthese,** bei der eine cyclisierende Kondensation von β-Ketosäureester (2 Mole), Aldehyd (1 Mol) und Ammoniak (1 Mol) erfolgt.

Der *Reaktionsverlauf* sei am Beispiel der Kondensation des Acetessigesters mit Acetaldehyd und Ammoniak erläutert. Hierbei reagiert der Acetessigester einerseits nach *Knoevenagel* zu Ethyliden-acetessigester und andererseits mit Ammoniak zu β-Aminocrotonsäureester. Dieser setzt sich als *Enamin* in einer *Michael*-Addition mit dem Ethyliden-acetessigester unter gleichzeitiger Cyclisierung zu 1,4-Dihydro-collidin-3,5-dicarbonsäureester um. Durch Oxidation mit Salpetersäure entsteht daraus der Collidindicarbonsäureester, der durch Hydrolyse und anschließende Decarboxylierung in *Collidin* übergeht:

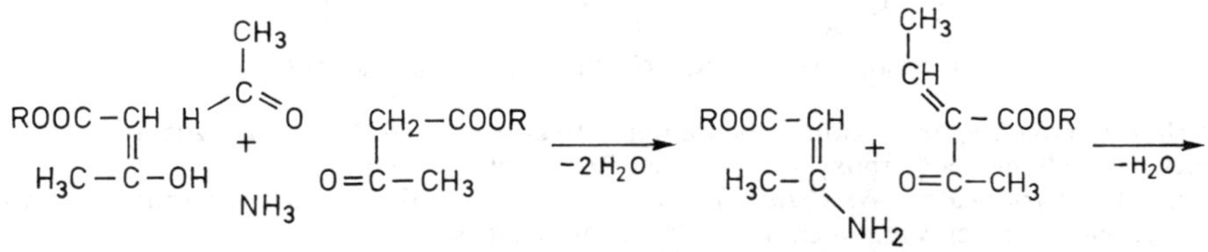

β-Aminocrotonsäureester (Enamin) Ethylidenacetessigester

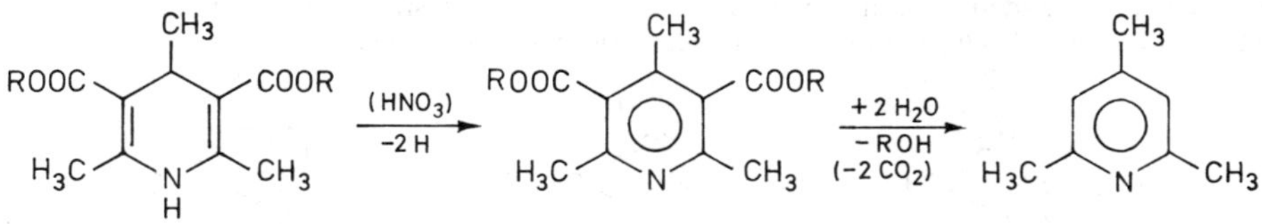

1,4-Dihydro-collidin-3,5-dicarbonsäureester ($R = C_2H_5$) Collidindicarbonsäureester Collidin (Sdp. 171 °C [444 K])

7.6.1.6 Pyridinaldehyde werden durch Luftoxidation der entsprechenden Picoline in Gegenwart von Vanadin(V)-oxid als Katalysator in etwa 40proz. Ausbeute dargestellt (*Mathes* und *Sauermilch*), z. B.:

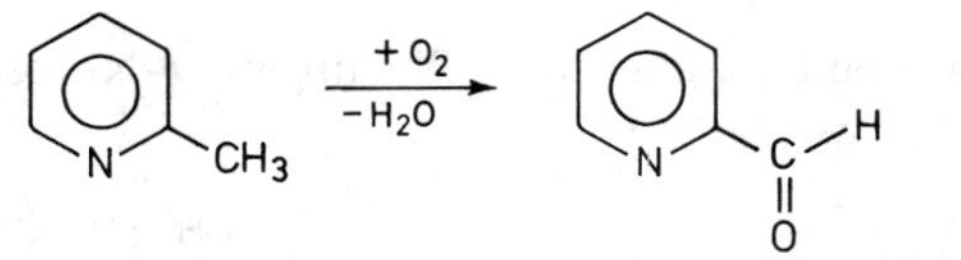

α-Picolin 2-Pyridin-carbaldehyd (Sdp. 181 °C [454 K])

In Analogie zu Benzaldehyd oder Furfural kondensieren 2 Moleküle 2-Pyridin-carbaldehyd in Anwesenheit von Cyanid-Ionen leicht zum **Pyridoin,** das jedoch nicht als Hydroxyketon, sondern in der durch Ausbildung von Wasserstoffbrücken stabilisierten und tieforangefarbenen *Endiol-Doppelchelat-Struktur* vorliegt. Schon beim Durchleiten von Luft geht Pyridoin in methanolischer Lösung in **Pyridil** über.

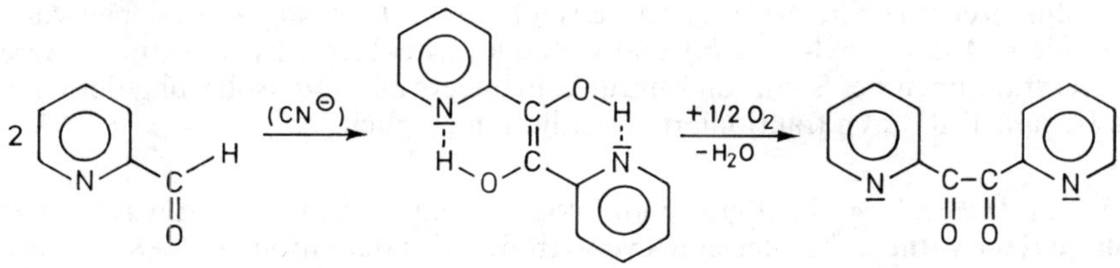

Pyridoin Pyridil

7.6.1.7 Pyridincarbonsäuren. Durch Oxidation von α-, β- oder γ-Picolin mit Kaliumpermanganat entstehen **Picolin-,** *INN:* ***Nicotin-*** und **Isonicotin*säure,*** die für Synthesen verwendet werden.

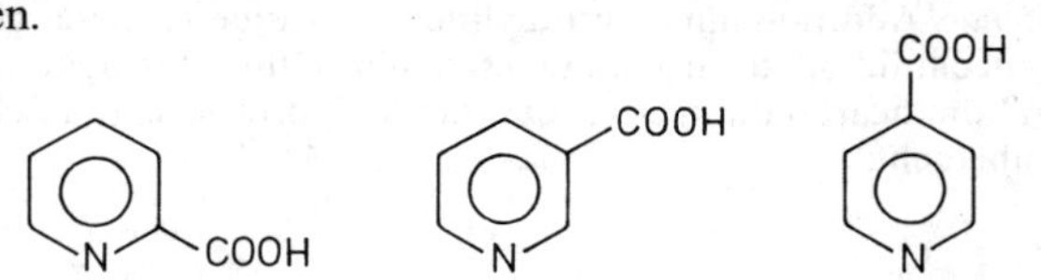

Picolinsäure *INN:* ***Nicotinsäure*** Isonicotinsäure

Die *Decarboxylierung* der Pyridincarbonsäuren erfolgt leichter als bei der Benzoesäure, und zwar je nach der Stellung der Carboxylgruppe in der Reihenfolge 2 > 4 > 3.

Vitamin B$_6$ (Pyridoxol, *INN:* ***Pyridoxin***), 4,5-Bis(hydroxymethyl)-2-methyl-pyridin-3-ol, wurde von *R. Kuhn* neben den Vitaminen B$_1$ und B$_2$ aus der Hefe isoliert.

Sein Mangel ruft bei Ratten eine spezielle Dermatitis hervor.

Mikrobiologische Untersuchungen führten zu dem Ergebnis, daß in den betreffenden Extrakten außer Pyridoxin noch zwei andere sich davon ableitende Pyridinderivate, nämlich **Pyridoxal** und **Pyridoxamin,** vorhanden sind, die ebenfalls Vitamincharakter besitzen und für einige Mikroorganismen wirksamere *Wachstumsfaktoren* sind als Pyridoxin (*Snell,* 1945).

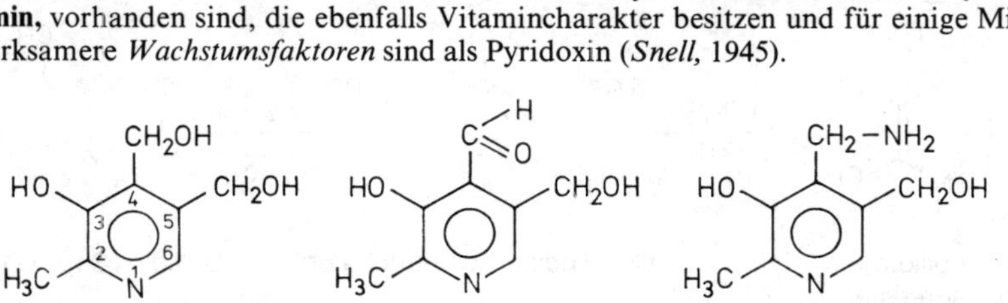

INN: ***Pyridoxin*** Pyridoxal Pyridoxamin

Pyridoxal- und Pyridoxaminphosphat sind Katalysatoren der *Transaminierung.* Außerdem tritt Pyridoxalphosphat als Coenzym in der *Decarboxylase* auf, einem Enzym, das die Decarboxylierung der Aminosäuren bewirkt.
Nicotinsäureamid, Pyridin-3-carbonsäureamid (*INN:* ***Nicotinamid***), ist das menschliche *Antipellagra*-Vitamin und hat zugleich biochemische Bedeutung als Baustein von wasserstoffübertragenden Enzymen (*Warburg, v. Euler*), vgl. S. 880 *f.* Es findet sich vor allem in der Leber und den Muskeln von Säugetieren sowie in der Hefe, der Milch und in Getreidekeimlingen.

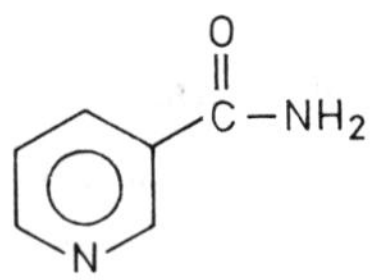

INN: ***Nicotinamid***
Nicotinsäureamid

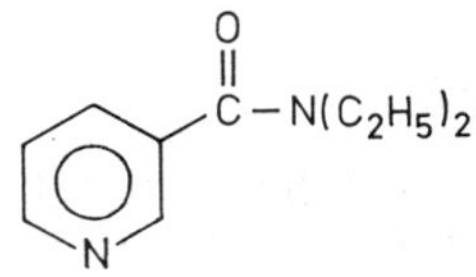

INN: ***Nicethamid***
Nicotinsäurediethylamid

Nicotinsäurediethylamid (*INN:* ***Nicethamid***) ist ein Analeptikum.
Isonicotinsäurehydrazid (*INN:* ***Isoniazid,*** *Neoteben, INH*) ist ein wichtiges *Chemotherapeutikum* gegen alle Formen und Stadien der *Tuberkulose,* das in Kombination mit anderen Tuberkulostatika angewendet wird. Als zuweilen noch wirksamer hat sich 2-Propyl-isonicotinsäurethioamid (*INN:* ***Protionamid,*** *Ektebin*) erwiesen.

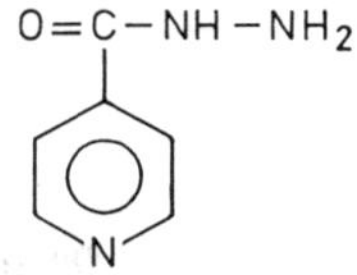

INN: ***Isoniazid***

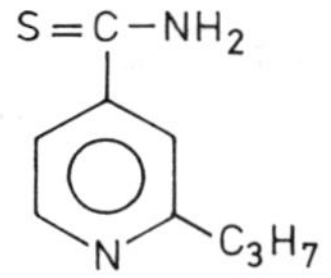

INN: ***Protionamid***

7.6.1.8 Piperidin (Hexahydropyridin) ist eine farblose Flüssigkeit vom Sdp. 106 °C (379 K) und kann entweder durch katalytische Hydrierung von Pyridin am Pt-Kontakt oder durch Erhitzen von Pentamethylendiamin-dihydrochlorid unter NH_3-Abspaltung als Hydrochlorid dargestellt werden:

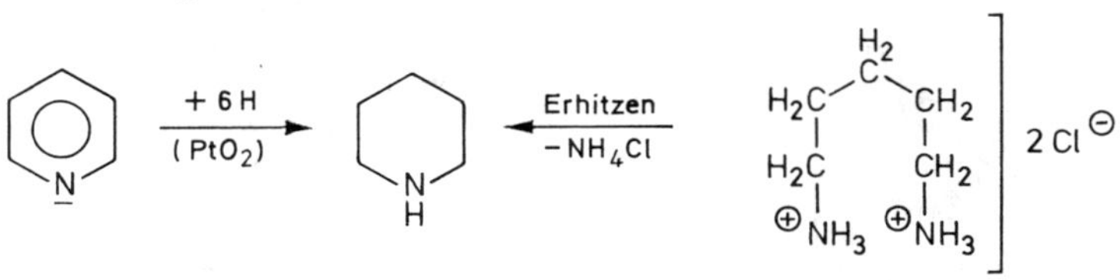

Pyridin — Piperidin (bzw. Hydrochlorid) — Pentamethylendiamin-dihydrochlorid

Im Gegensatz zum Pyridin ist Piperidin – wie die *sek.* aliphatischen Amine – eine stärkere Base ($pK_a = 11{,}12$), die ein Nitrosamin sowie N-Alkyl- und N-Acyl-Derivate bildet.

Einige hydrierte Pyridinabkömmlinge werden als *Schlafmittel* verwendet, z. B. das 3,3-Diethyl-5-methyl-2,4-dioxo-piperidin (*INN:* ***Methyprylon,*** *Noludar*). Als starkes *Analgetikum* hat sich das 1-Phenethyl-4-N-propionyl-anilinopiperidin (*INN:* ***Fentanyl***) bewährt, das in seiner schmerzstillenden Wirkung das *Morphin* weit übertrifft.
Das N,N-Dimethylpiperidiniumchlorid (Mepiquatchlorid, Pix) reguliert den Pflanzenwuchs und wird in der Landwirtschaft zur Verminderung excessiven Wachstums bei der Baumwolle verwendet.

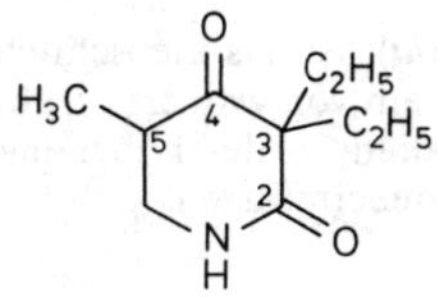

Noludar

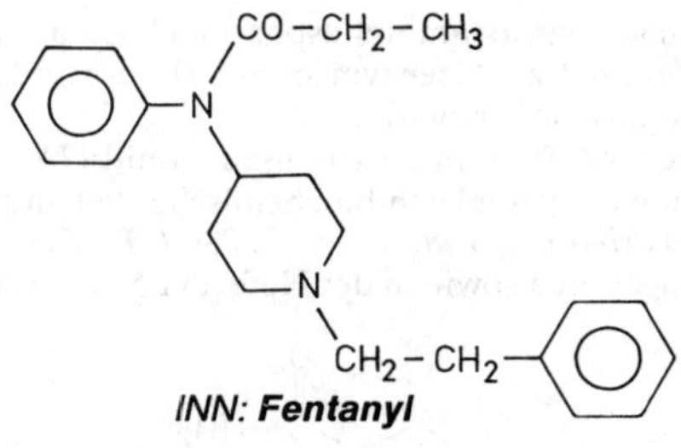

INN: Fentanyl

Präparative Bedeutung für die Konstitutionsaufklärung einiger Alkaloide haben z. B. folgende *Methoden der Ringaufsprengung* erlangt, die am Beispiel des Piperidins erläutert seien:

a) **Erschöpfende Methylierung** (*A. W. v. Hofmann*) *N-Methyl-piperidin* wird durch Einwirkung von Methyliodid in das *quartäre* N,N-Dimethylpiperidiniumiodid übergeführt, aus dem mit Silberoxid die freie Ammoniumbase darstellbar ist. Diese spaltet bei der trockenen Destillation Wasser ab unter Ringöffnung und Bildung von *N,N-Dimethyl-4-pentenylamin:*

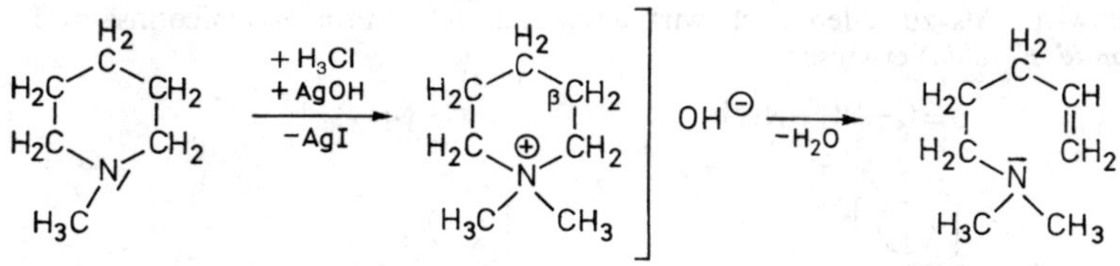

N-Methyl-piperidin N,N-Dimethyl-4-pentenylamin

Die Abspaltung des Protons erfolgt an dem zum Stickstoff *β-ständigen* C-Atom.
Aus der so erhaltenen Base stellt man erneut mit Methyliodid und Silberoxid die *quartäre* Ammoniumbase her, die bei der thermischen Zersetzung unter Abspaltung von Trimethylamin und Wasser in *Piperylen* übergeht:

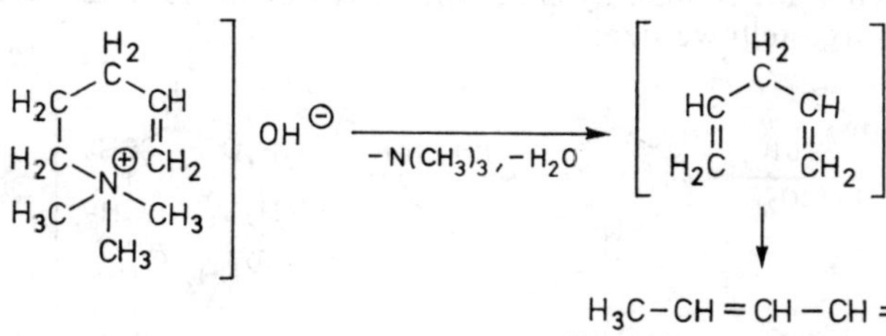

1,3-Pentadien (Piperylen)

Diese Methode führt jedoch nicht immer wie in diesem Fall zur Ringspaltung.
b) **Bromcyan-Methode** (*v. Braun*[1]). Durch Addition von Bromcyan z. B. an *N-Phenyl-piperidin* entsteht ein labiles Additionsprodukt, das sich unter Aufsprengung einer N – C-Bindung und Wanderung des Bromid-Ions zu einem substituierten Cyanamid stabilisiert. Dieses spaltet bei der Hydrolyse mit siedender Bromwasserstoffsäure die Cyangruppe als Bromcyan ab und geht in das *sekundäre 5-Brompentyl-anilin* über, das dann weiter abgebaut werden kann:

---

[1] Vgl. *H. A. Hagemann*, The *v. Braun* Cyanogen Bromide Reaction. Org. Rections 7, 198 ff. (1953).

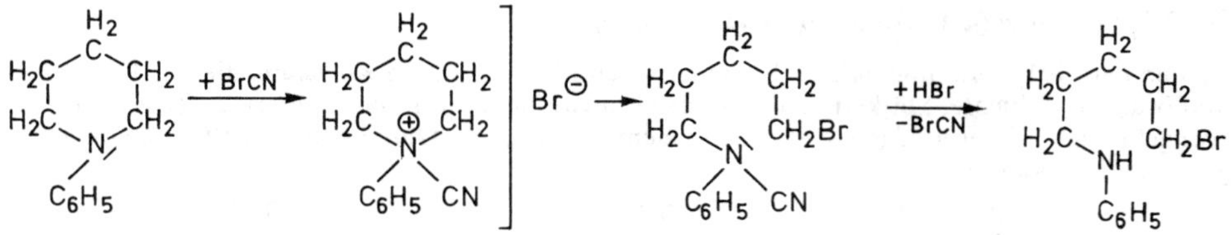

N-Phenyl-piperidin 5-Brompentyl-anilin

7.6.2 Pyrangruppe

Von den beiden 6gliedrigen Heterocyclen mit einem O-Atom und zwei C=C-Doppelbindungen, dem α- und *γ-Pyran,* leiten sich die α- und *γ-Pyrone* sowie die *Pyryliumsalze*[1] ab.

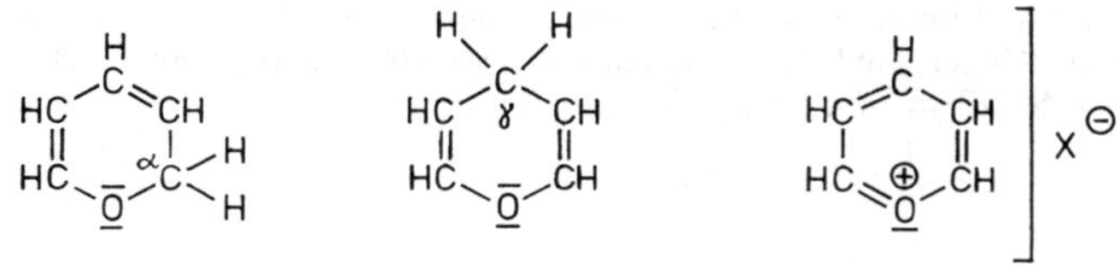

[2*H*]- oder α-Pyran | [4*H*]- oder γ-Pyran | Pyryliumsalz (Oxoniumsalz)

7.6.2.1 γ-Pyran wurde 1962 von *Strating* synthetisiert. 3,4-Dihydro-2*H*-pyran ist aus Tetrahydrofurfurylalkohol am Aluminiumoxid-Kontakt unter Wasseraustritt und *Ringerweiterung* darstellbar.

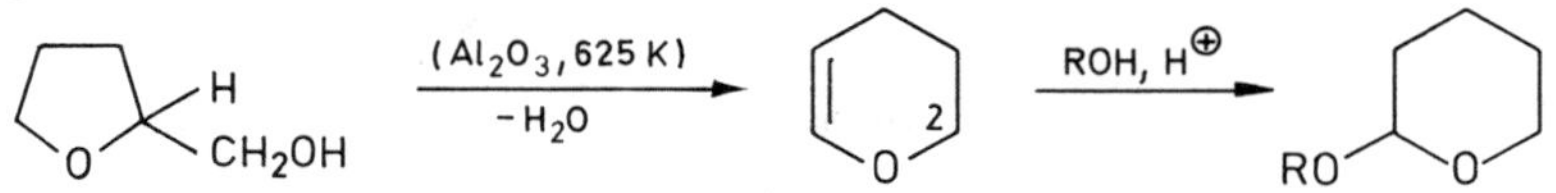

Tetrahydrofurfurylalkohol 3,4-Dihydro-2*H*-pyran Tetrahydropyranylether

3,4-Dihydro-2*H*-pyran ist eine gute Schutzgruppe für primäre, sekundäre und phenolische OH-Gruppen. Unter Säurekatalyse bilden sich unter milden Bedingungen durch Anlagerung *Tetrahydropyranylether,* die basenstabil sind und durch verdünnte Säuren leicht wieder gespalten werden können.

3,4-Dihydro-2H-pyran-2-carbaldehyd ist mittels *Diels-Alder*-Addition aus Acrolein zugänglich, das hierbei sowohl als *Dien* wie als *Dienophil* fungiert:

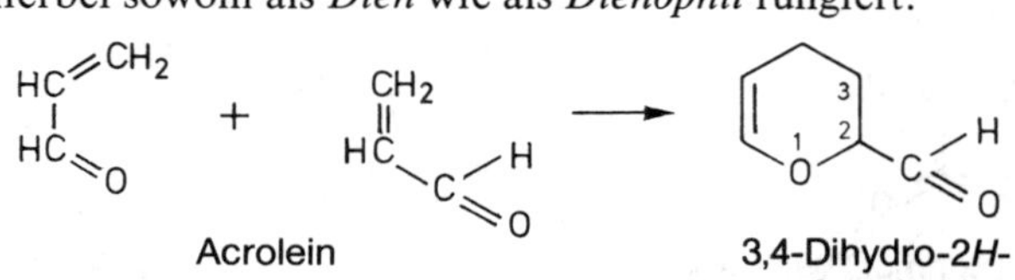

Acrolein 3,4-Dihydro-2*H*-pyran-2-carbaldehyd

Bei der katalytischen Hydrierung von Dihydropyran entsteht **Tetrahydropyran,** von dem sich die *Pyranosen* in der Zuckerchemie ableiten.

[1] Vgl. *K. Dimroth,* Aromatische Verbindungen aus Pyryliumsalzen, Angew. Chem. *72,* 331 (1960); *W. Schroth* et al., Pyrylium-Synthesen, 65 Jahre Pyryliumsalze, Z. Chem. *4,* 281 (1964); *A. T. Balaban* et al., Pyrilium Salts, Adv. Heterocycl. Chem. *10,* 241 (Academic Press, New York 1969).

7.6.2.2 γ-Pyrone (4-Pyrone, 4-*H*-Pyran-4-one)

Zu den natürlich vorkommenden γ-Pyronderivaten zählen z. B. die **Kojisäure,** die aus Kohlenhydratlösungen (Glucose, Stärke u. a.) unter der Einwirkung bestimmter Bakterien (*Aspergillus oryzae*) gebildet wird, ferner das zuerst aus Lärchenrinde isolierte **Maltol** und die an Opiumalkaloide gebundene **Mekonsäure:**

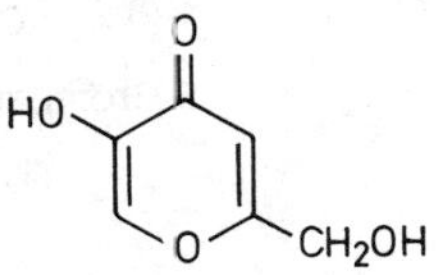

Kojisäure

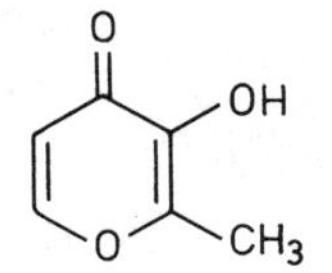

Maltol

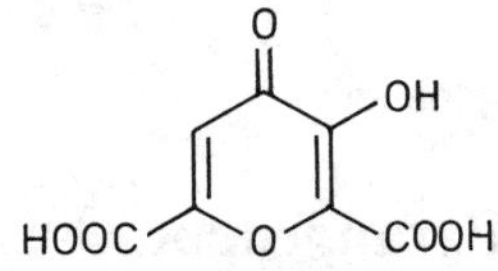

Mekonsäure

Auch der Giftstoff der *Derris*-Wurzel, das **Rotenon,** gehört im weiteren Sinne zu dieser Stoffklasse. Es ist eines der wichtigsten natürlichen *Insektizide* und wird aus den Wurzeln in Ostasien heimischer Schmetterlingsblütler, z. B. *Derris elliptica,* gewonnen. Das Rotenonmolekül besteht aus fünf kondensierten Ringen, und zwar aus zwei Benzolkernen und je einem Dihydropyran-, Dihydro-γ-pyron- sowie Dihydrofuranring (*Butenandt, La Forge,* 1932).

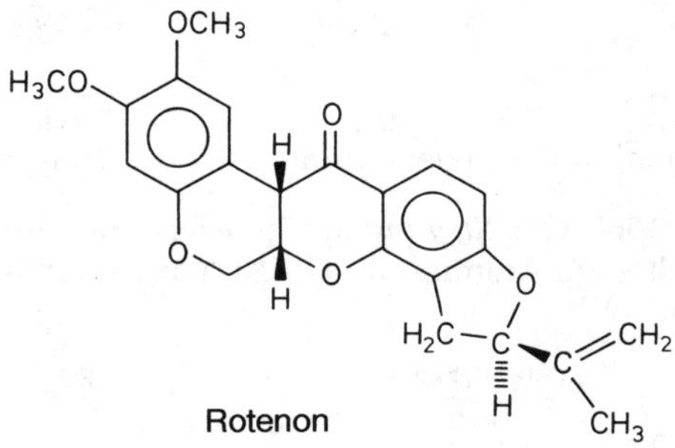

Rotenon

2,6-Dimethyl-γ-pyron, das am leichtesten zugängliche γ-Pyron-Derivat, erhält man beim Erhitzen von *Dehydracetsäure,* die durch Selbstkondensation von 2 Molekülen Acetessigester mit Natriumhydrogencarbonat darstellbar ist, mit Schwefelsäure. Hierbei wird der Lactonring geöffnet und die entstehende *β*-Ketosäure zur 2,6-Dimethyl-4-oxo-4*H*-pyran-3-carbonsäure umgelagert, die unter Decarboxylierung in 2,6-Dimethyl-γ-pyron übergeht:

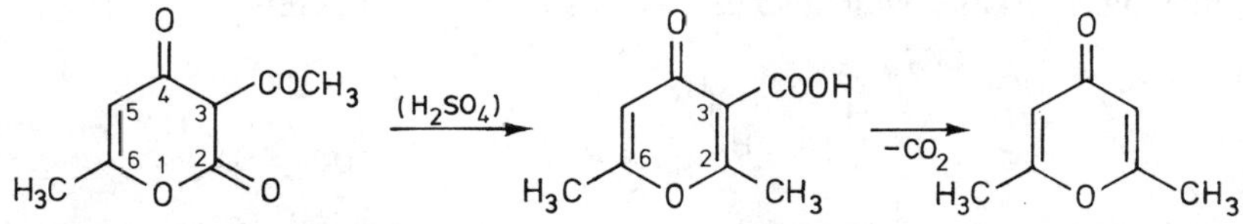

Dehydracetsäure (Schmp. 109 °C [382 K]) 2,6-Dimethyl-γ-pyron

Eigenschaften. 2,6-Dimethyl-γ-pyron ist eine farblose Verbindung vom Schmp. 132 °C (405 K), die sich in Wasser mit neutraler Reaktion löst. Auffallend ist, daß sich die *Carbonylgruppe* im γ-Pyronring mit den üblichen Reagenzien *nicht* als Oxim, Semicarbazon usw. nachweisen läßt.

Nähere Untersuchungen ergaben, daß 2,6-Dimethyl-γ-pyron keine normale Ketogruppe enthält, sondern durch folgende *Mesomerie* zu beschreiben ist. Es bildet mit Mineralsäuren unter Bindung des Protons an dem negativ geladenen Sauerstoff ein Oxoniumsalz und mit Methyliodid das 4-Methoxy-2,6-dimethyl-pyryliumiodid.

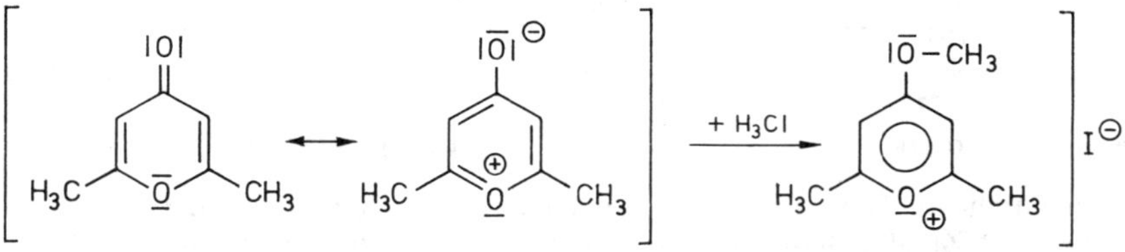

2,6-Dimethyl-γ-pyron 4-Methoxy-2,6-dimethyl-pyryliumiodid

7.7 Benzoanellierte Ringsysteme des Pyridins und γ-Pyrons

Die *Ortho*kondensation eines Benzolkerns an Pyridin kann auf zweierlei Weise erfolgen und führt zu den beiden Stammverbindungen *Chinolin* und *Isochinolin:*

Chinolin Isochinolin

Beide *konstitutionsisomeren* Ringsysteme treten als Grundkörper in Alkaloiden auf. Isochinolin ($pK_a = 5{,}42$) unterscheidet sich vom Chinolin ($pK_a = 4{,}90$) durch seine stärkere Basizität. Ihre Bindungsverhältnisse ähneln weitgehend denen des Naphthalins.

7.7.1 Chinolingruppe

Chinolin wurde im Jahre 1834 im Steinkohlenteer aufgefunden und kurze Zeit später (1842) bei der Destillation von Chinin mit Alkalien nachgewiesen.

Darstellung

7.7.1.1 *Skraup*sche-Chinolinsynthese[1]. Anilin wird mit wasserfreiem Glycerin, konz. Schwefelsäure und Eisen(II)-sulfat in Gegenwart von Nitrobenzol als *Dehydrierungsmittel* erhitzt. Hierbei bildet sich zunächst aus Glycerin durch Wasserentzug Acrolein, das sich mit dem Anilin zu 1,2-Dihydro-chinolin kondensiert. Anschließend erfolgt Dehydrierung zu Chinolin:

[1] Vgl. *R. H. F. Manske* und *M. Kulka*, The Skraup Synthesis of Quinolines, Org. Reactions *7*, 59 ff. (1953).

Heterocyclische Verbindungen 7

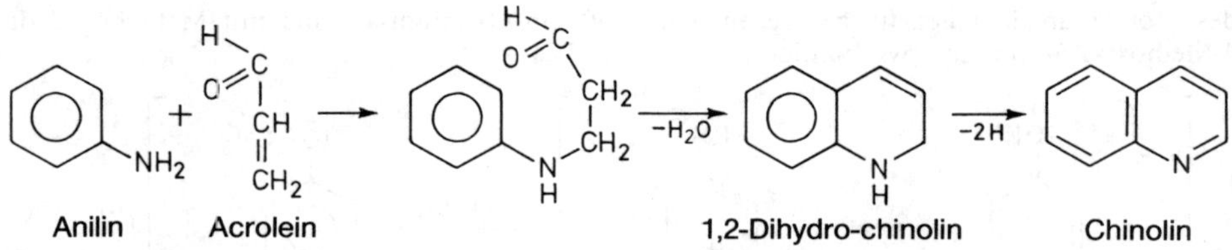

Anstelle von Nitrobenzol können auch andere milde Dehydrierungsmittel (z. B. Arsensäure) verwendet werden. Der Zusatz von Eisen(II)-sulfat verhütet eine zu heftige Reaktion.

7.7.1.2 *Doebner- v. Miller*-Chinaldinsynthese. In Anlehnung an das *Skraup*sche Verfahren gelangt man durch Kondensation von Anilin mit Crotonaldehyd (durch Aldolkondensation aus Acetaldehyd in situ hergestellt), der in Gegenwart von konz. Salzsäure mit Anilin Ringschluß zum 2-Methyl-1,2-dihydro-chinolin eingeht. Dieses wird bei Anwesenheit eines Dehydrierungsmittels zu Chinaldin (2-Methyl-chinolin) oxidiert:

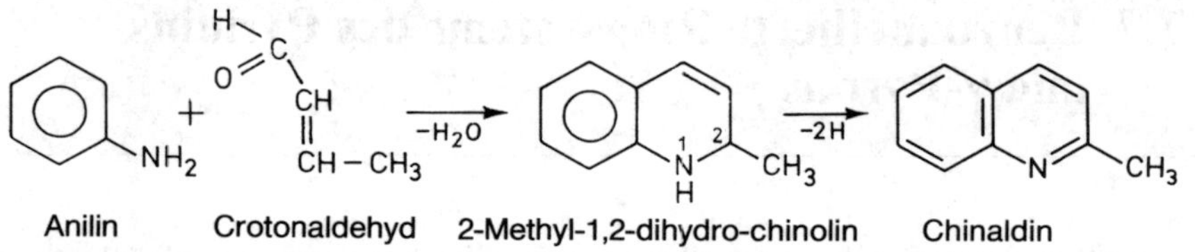

7.7.1.3 *Friedländer*-Synthese[1]. Sie basiert auf der alkalischen Kondensation von *o-Aminobenzaldehyd* mit *Aldehyden oder Ketonen,* die in Nachbarstellung zur Ketogruppe eine *aktive* CH_2-Gruppe besitzen:

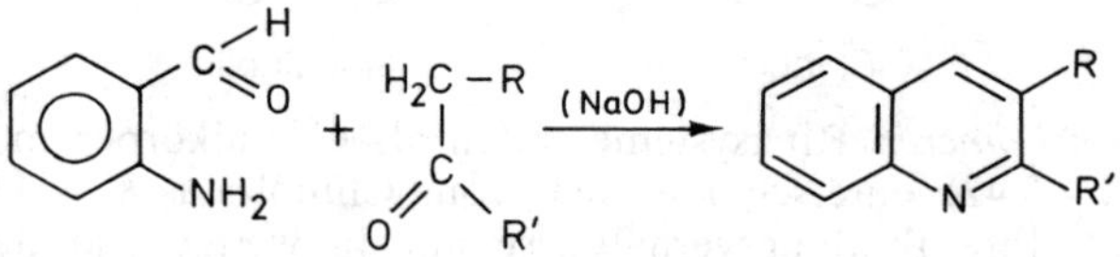

Besonders glatt verläuft diese Reaktion mit β-Ketosäuren in fast neutraler Lösung unter zellmöglichen Bedingungen. Beim Ringschluß tritt zugleich Decarboxylierung ein (*C. Schöpf*). Auch Anthranilsäure kann als Ausgangsverbindung eingesetzt werden.

Eigenschaften und Verwendung. Chinolin ist eine farblose, scharf riechende Flüssigkeit vom Sdp. 237 °C (510 K), deren Basizität etwa der des Anilins entspricht. Bei der Oxidation mit Kaliumpermanganat wird der Benzolkern unter Bildung der 2,3-Pyridindicarbonsäure (*Chinolinsäure*) abgebaut:

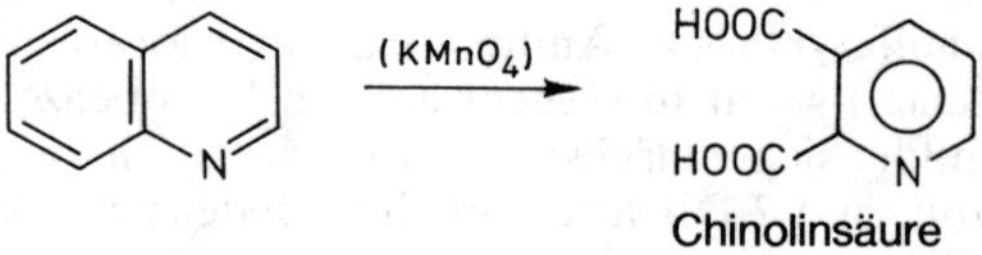

[1] Vgl. *Chia-Chung Cheng* et al., The *Friedländer* Synthesis of Quinolines, Org. Reactions *28,* 37 (1982).

Bei der *katalytischen Hydrierung des Chinolins* findet zunächst Absättigung des heterocyclischen und dann des Benzolringes zu *Tetrahydrochinolin* bzw. *Decahydrochinolin* statt. Beide Verbindungen sind *sekundäre* Basen und ähneln dem Piperidin.

7.7.1.4 *Elektrophile Substitutionen* erfolgen beim Chinolin leichter als beim Pyridin, jedoch wird bevorzugt der Benzolkern angegriffen, z. B. entstehen bei der Nitrierung *5-Nitrochinolin* (53%) und *8-Nitro-chinolin* (47%) und bei der Sulfonierung die *8-Chinolin-sulfonsäure* als Hauptprodukt. Lediglich bei der Halogenierung erhält man *3-Halogenchinoline:*

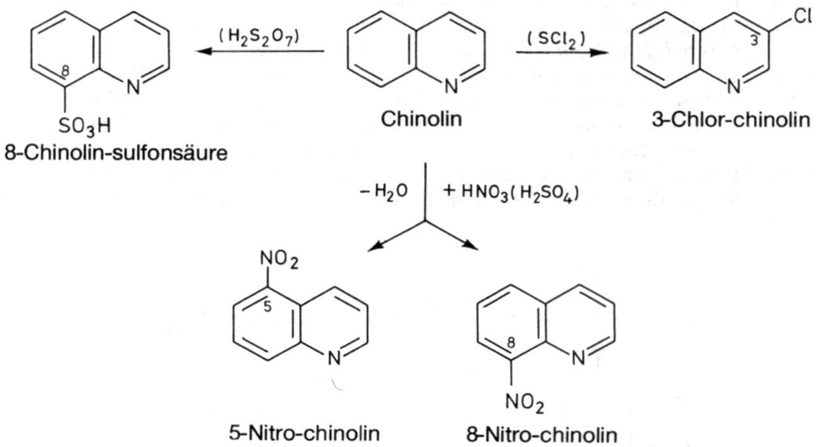

Nucleophile Reagenzien, z. B. Kaliumamid, Kaliumhydroxid oder Phenyllithium, greifen – wie im Pyridin – bevorzugt das dem Stickstoff benachbarte C-Atom 2 sowie das C-Atom 4 an, z. B. entsteht aus Chinolin mit *Kaliumamid* das *2-* und *4-Aminochinolin* (vgl. S. 763):

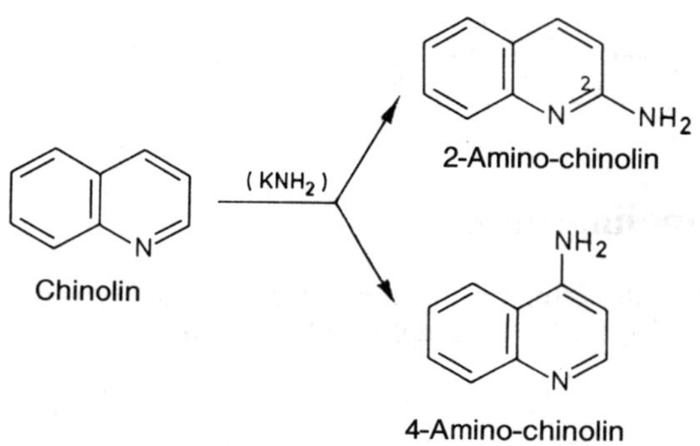

In Analogie zum α- und γ-Picolin lassen sich auch die in α- oder γ-Stellung methylierten Chinoline (Chinaldin und Lepidin) mit Aldehyden, Ketonen, Nitrosoverbindungen u. dgl. kondensieren.

7.7.1.5 8-Chinolinol (8-Hydroxychinolin), das aus *o*-Aminophenol nach der *Skraup*schen Synthese leicht herstellbar ist, bildet mit zahlreichen *Metall-Ionen* quantitativ fällbare Innerkomplexe, sog. **Oxinate,** und spielt daher in der analytischen Chemie eine Rolle.

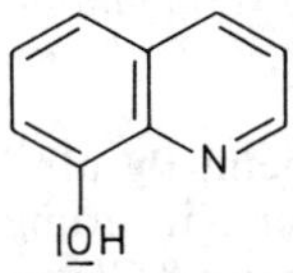
8-Chinolinol

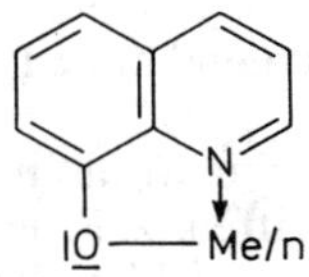
Oxinat

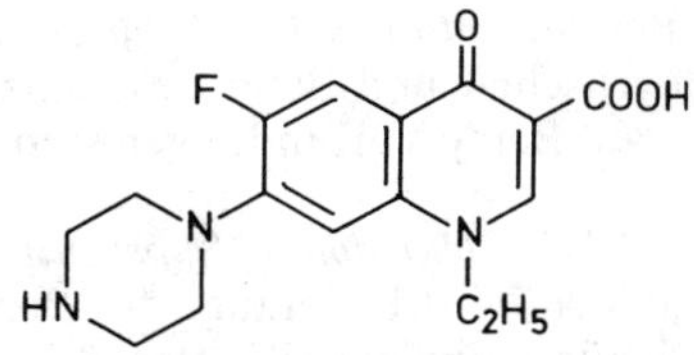
INN: ***Norfloxacin***

Außerdem zeigt 8-Chinolinol stark *fungizide* und *antiseptische* Wirkungen.
Die Hemmung der *DNA-Gyrase* ist ein so entscheidender Eingriff in die Entwicklung von Bakterien (vgl. S. 858), daß Gyrasehemmer wie 1-Ethyl-6-fluor-1,4-dihydro-4-oxo-7(1-piperazinyl)-3-chinolincarbonsäure (*INN:* ***Norfloxacin***) sehr wirksame Bakterizide sind.
Wirksame synthetische *Antimalariamittel* gehören der Chinolinreihe an, z. B. *INN:* ***Chloroquin,*** (*Resochin*) 7-Chlor-4-(4-diethylamino-1-methyl-butylamino)-chinolin, und *INN:* ***Primaquin,*** 8-(4-Amino-1-methyl-butylamino)-6-methoxy-chinolin. Die 4-Amino-chinolinderivate dieser Reihe sind wie Chinin gegen die Schizonten (ungeschlechtliche Formen des Erregers) wirksam, die 8-Amino-chinolinderivate sind gegen die Gameten (geschlechtliche Formen) wirksam. Resochin hat sich nicht nur als Heilmittel gegen Malaria, sondern vor allem bei rheumatischen Erkrankungen bewährt.

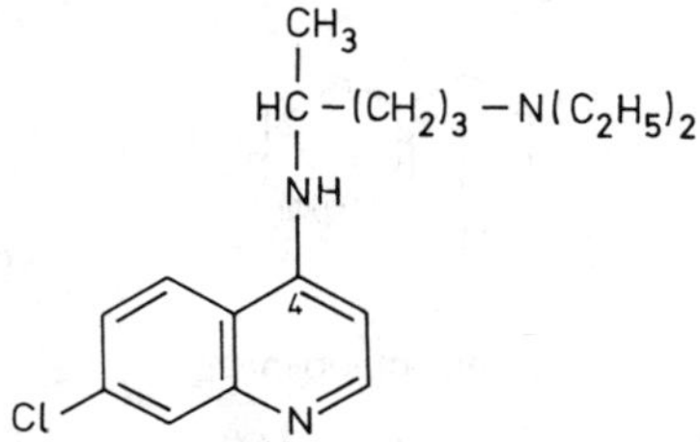
INN: ***Chloroquin***

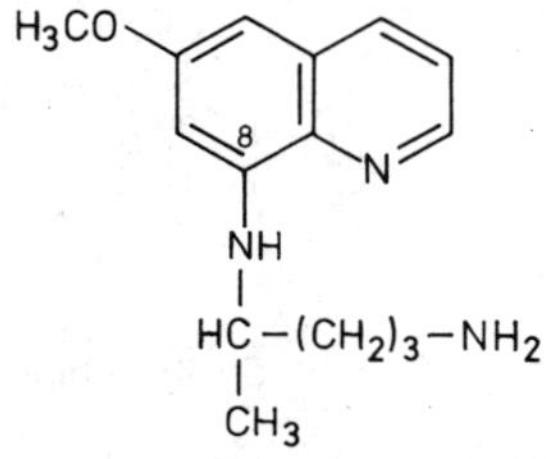
INN: ***Primaquin***

Erwähnt sei in diesem Zusammenhang das N^1-*p*-Chlorphenyl-N^5-isopropyl-biguanid (Paludrin), das ein gutes Malariamittel zur Bekämpfung der ungeschlechtlichen Formen der Erreger darstellt.

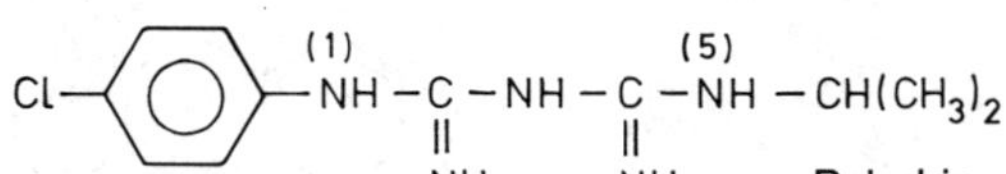
Paludrin

7.7.2 Benzochinolingruppe

Je nachdem, ob der Benzolring an der Seite b oder c des Chinolinringes kondensiert wird, erhält man *Acridin* (Benzo[b]chinolin) oder *Phenanthridin* (Benzo[c]chinolin):

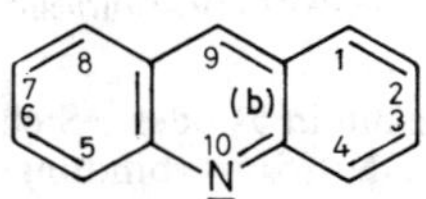
Acridin

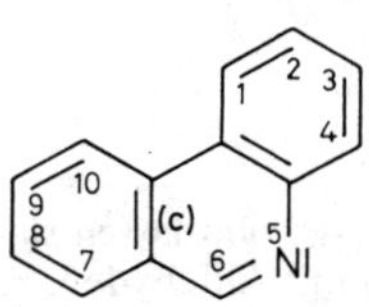
Phenanthridin

Die Bezifferung in beiden Ringsystemen beginnt *nicht* am Heteroatom. Acridin kann man nach der „a"-Nomenklatur auch als *10-Aza-anthracen* bezeichnen.

7.7.2.1 **Acridin** kommt in kleinen Mengen im Steinkohlenteer vor, es bildet farblose Nadeln vom Schmp. 111 °C (384 K); $pK_a = 5{,}58$. Mit starken Mineralsäuren tritt Salzbildung ein; die gelben Lösungen zeigen blaue Fluoreszenz.
Synthetisch stellt man *Acridin* am besten *durch Oxidation von 9,10-Dihydroacridin* her, das auf nachstehendem Wege aus Diphenylamin-2-carbonsäure über *Acridon* und dessen Reduktion mit Natrium und Amylalkohol zugänglich ist:

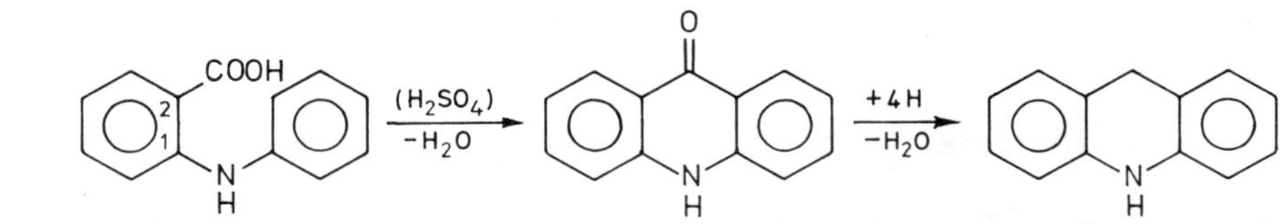

Diphenylamin-2-carbonsäure | Acridon | 9,10-Dihydroacridin

Bei der *Aminierung* von Acridin mit *Natriumamid* entsteht *9-Aminoacridin,* von dem sich das als Wunddesinfiziens verwendete 6,9-Diamino-2-ethoxy-acridin (*INN:* ***Ethacridin,*** *Rivanol*) ableitet:

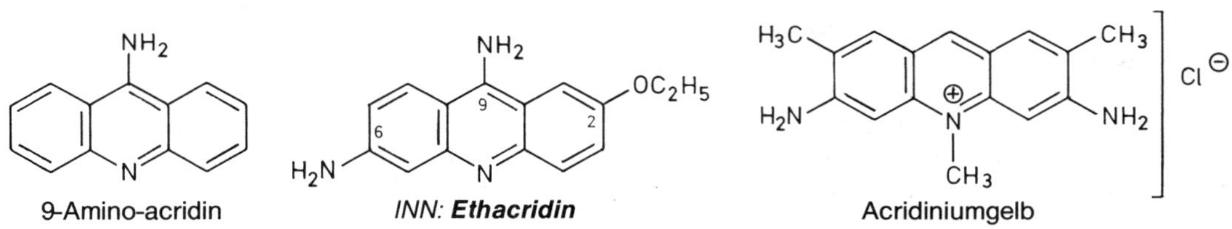

9-Amino-acridin | *INN:* ***Ethacridin*** | Acridiniumgelb

7.7.2.2 Als **Acridinfarbstoffe** bezeichnet man diese meist gelben Beizenfarbstoffe, die waschecht, aber wenig lichtecht sind. Um ihre Löslichkeit zu erhöhen, werden sie durch Umsetzung mit Alkylhalogeniden in die *quartären* Acridiniumsalze übergeführt. Hierzu zählt als Derivat des 3,6-Diamino-acridins das **Acridiniumgelb** und das in Kombination mit *INN:* ***Ethacridin*** den Wirkstoff der Panflavin-Pastillen gegen Halsschmerzen bildet.

7.7.2.3 **Phenanthridin** kann man durch Erhitzen von N-(2-Biphenylyl)-formamid mit Phosphorchloridoxid darstellen (s. *Bischler-Napieralski*-Reaktion). Andererseits ist es auch durch photochemische Dehydrierung von Benzylidenanilin zugänglich:

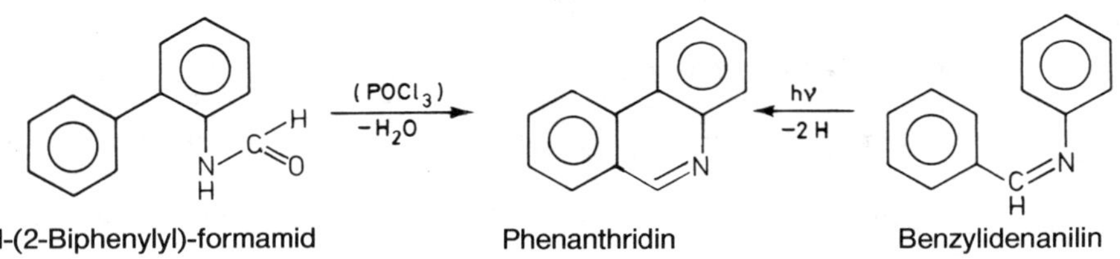

N-(2-Biphenylyl)-formamid | Phenanthridin | Benzylidenanilin

Es kristallisiert aus verdünntem Ethanol in farblosen Nadeln vom Schmp. 108 °C (381 K), die in wäßriger Lösung blau floreszieren, und ist schwach basisch ($pK_a = 5{,}58$).

Durch *Aminierung* von Phenanthridin mit *Natriumamid* erhält man *6-Amino-phenanthridin,* das beim Diazotieren mit salpetriger Säure und Verkochen in **Phenanthridon** übergeht:

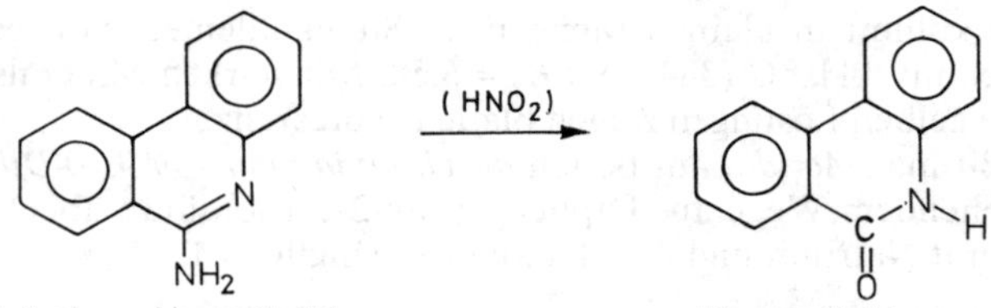

6-Amino-phenanthridin Phenanthridon

7.7.3 Isochinolingruppe

Isochinolin kommt ebenfalls im Steinkohlenteer vor, sein Geruch erinnert an den des Benzaldehyds. Es schmilzt bei 26,5 °C (299,7 K), siedet bei 243 °C (516 K) und ähnelt in seinem Verhalten dem Chinolin.
Zur *Synthese* von Isochinolin-Derivaten benutzt man am besten folgendes Verfahren:

7.7.3.1 ***Bischler-Napieralski*****-Reaktion**[1] (1893). Beim Erhitzen von N-acylierten β-Phenylethylaminen mit wasserabspaltenden Mitteln, wie Phosphor(V)-oxid oder Phosphorchloridoxid, in Benzol oder Tetralin erfolgt intramolekulare Cyclisierung zu 3,4-Dihydro-isochinolinen, die durch Oxidation mit Kaliumpermanganat oder durch Dehydrierung mit Palladium in das betreffende Isochinolin-Derivat überführbar sind, z. B. erhält man aus N-Phenethylacetamid das *1-Methyl-isochinolin:*

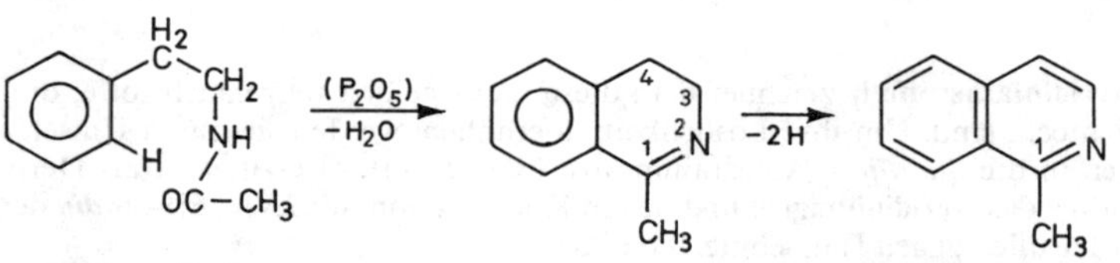

N-Phenethyl-acetamid 1-Methyl-isochinolin

Die Methylgruppe im 1-Methyl-isochinolin ist *aktiviert* und läßt sich, z. B. mit Aldehyden, kondensieren.

7.7.3.2 1,4-Dipolare Cycloadditionen[2]. Während *Diels-Alder*-Reaktionen bei der Synthese von Carbocyclen breite Anwendung finden, spielen sie bei der Darstellung 6gliedriger Heterocyclen nur eine untergeordnete Rolle. Ein gangbarer Weg für derartige Synthesen ist die *1,4-dipolare Cycloaddition.* Setzt man z. B. Isochinolin mit Acetylendicarbonsäuredimethylester und Phenylisocyanat um, so entsteht folgendes kristalline, gelbe Addukt:

---

[1] Vgl. *W. M. Whaley* et al., Org Reactions *6,* 74 (1951).
[2] Vgl. *R. Huisgen,* Synthese von Heterocyclen mit 1,4-dipolaren Cycloadditionen, Z. Chem. *8,* 290 (1968).

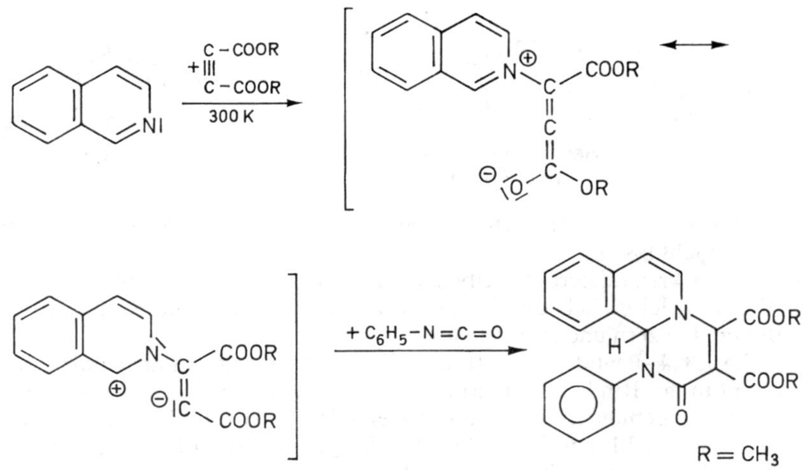

Der *Reaktionsverlauf* wird so gedeutet, daß sich der elektrophile Acetylen-dicarbonsäureester primär mit dem nucleophilen N-Atom des Isochinolins zu einem *Zwitterion* vereinigt, das als Grenzformel einen *1,4-Dipol* aufweist. Dieser verbindet sich mit dem Phenylisocyanat als *Dipolarophil* zum 6gliedrigen Cycloaddukt.

7.7.4 Chromangruppe

Durch *Ortho*kondensation eines Benzolringes mit einem γ-Pyranring kommt man zu **4*H*-Chromen.** Sein Dihydroderivat ist **Chroman,** ein pfefferminzartig riechendes Öl vom Sdp. 215 °C (488 K), das mit Wasserdampf flüchtig ist.

4*H*-Chromen Chroman

7.7.4.1 Wichtiger als die Stammverbindungen sind **Chromon** (Benzo-γ-pyron), **Flavon** (2-Phenyl-chromon) und **3-Hydroxy-flavon** (Flavonol).

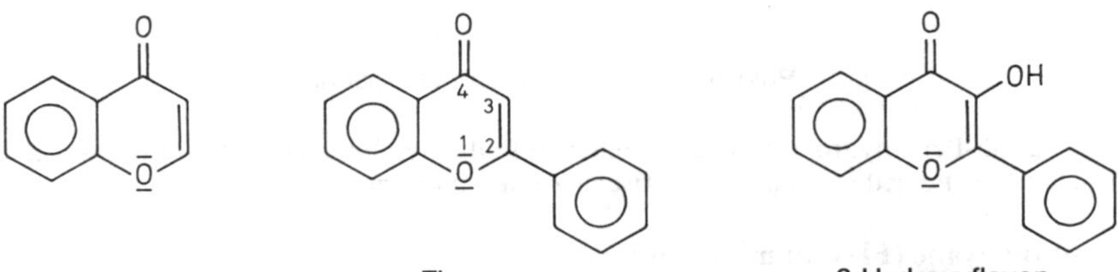

Chromon Flavon 3-Hydroxyflavon

Chromon ist *konstitutionsisomer* mit *Cumarin* (Benzo-α-pyron), es kristallisiert in farblosen Nadeln, die bei 59 °C (332 K) schmelzen. Seine Derivate werden meist aus Phenolen und β-Ketosäureestern durch Erhitzen mit Phosphor(V)-oxid dargestellt (*Simonis*), z. B. erhält man aus Phenol und Benzoylessigester das *Flavon:*

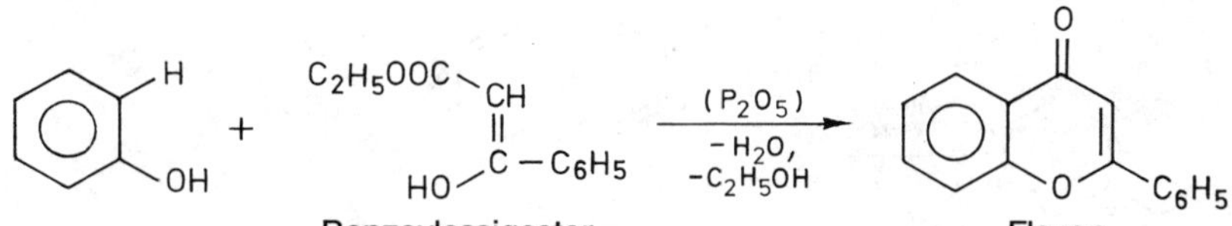

Es bildet farblose Nadeln vom Schmp. 100 °C (373 K), die sich in Ethanol leicht, in Wasser jedoch nicht lösen.
3-Hydroxyflavon kristallisiert in gelben Nadeln (flavus = gelb) vom Schmp. 169 °C (442 K). Von ihm leitet sich durch weitere Hydroxylierung eine Reihe gelber Farbstoffe in Blüten, Hölzern und Wurzeln ab.
Quercetin, 3,5,7,3′,4′-Pentahydroxy-flavon, ist der wichtigste Pflanzenfarbstoff dieser Art. Er kommt in der Rinde der amerikanischen Eiche *Quercus velutina* als L-Rhamnosid (in 3-Stellung gebunden) vor, ferner frei oder glykosidisch verknüpft in vielen Pflanzen, z. B. in den Blüten des Goldlacks, des gelben Stiefmütterchens, des Löwenmauls und der Rose sowie im Tee und Hopfen.

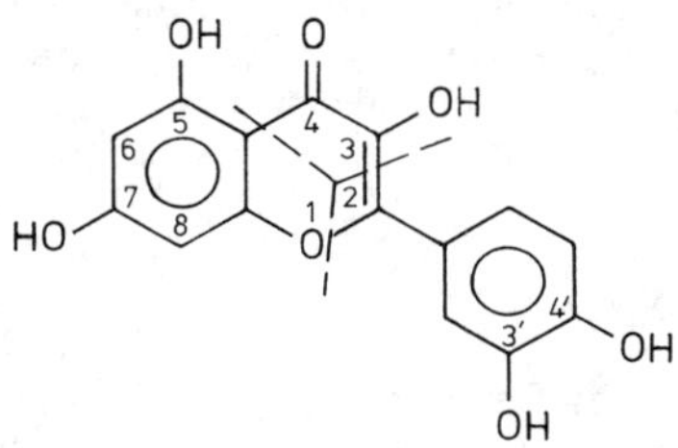

Quercetin

Die *Konstitutionsaufklärung* gelang mit Hilfe der Alkalischmelze, z. B. wurden aus Quercetin als Spaltprodukte *Phloroglucin* und *Protocatechusäure* isoliert und damit die Stellungen der phenolischen OH-Gruppen festgelegt.

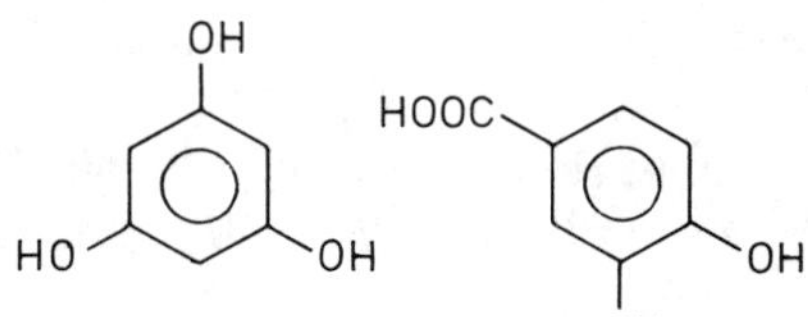

Phloroglucin Protocatechusäure

Morin, 3,5,7,2′,4′-Pentahydroxy-flavon, ist ein empfindliches Reagens auf Aluminium-Ionen; in alkoholischer Lösung tritt eine charakteristische grüne Fluoreszenz auf.

7.7.4.2 Anthocyane (Flavyliumfarbstoffe)

Die Anthocyane, die die roten, violetten und blauen Färbungen vieler Blüten, Früchte und anderer Pflanzenteile hervorrufen, enthalten als Ringskelett das **Flaven** (2-Phenylchromen). Sie stehen den Hydroxyflavonolen chemisch und pflanzenphysiologisch sehr nahe und liegen ebenfalls als Glykoside vor. Durch Säuren oder glykosidspaltende Enzyme werden sie in die betreffenden Zucker und die eigentlichen Farbstoffkomponenten (Aglykone), die **Anthocyanidine,** gespalten. Bei der sauren Hydrolyse der Anthocyane gehen die Anthocyanidine in **Flavyliumsalze** über, deren Kationen *mesomeriestabilisiert* sind.

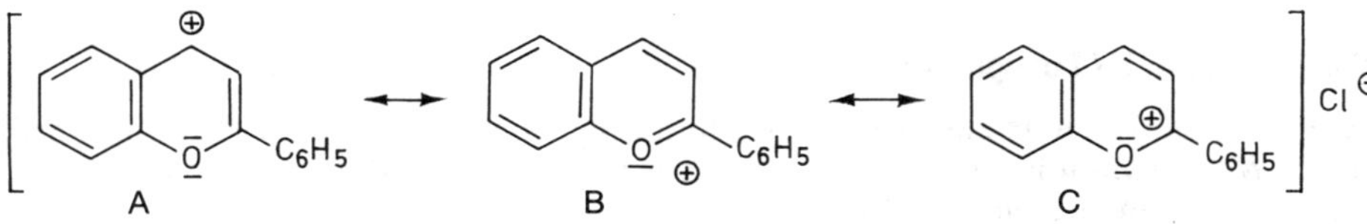

Flavyliumchlorid

Bei der Formulierung der Salze gibt man der *Oxoniumformel* B den Vorzug, doch die Kondensationsreaktionen, denen die Anthocyane unterliegen, beruhen auf der Carbokationeigenschaft (Carbeniumformeln A, C).

Trotz der Vielfältigkeit der Farbnuancen im Blütenreich lassen sich die Anthocyanidine auf folgende *drei Grundtypen* der Flavyliumsalze zurückführen, die sich nur durch die Anzahl der OH-Gruppen am 2-ständigen Phenylkern des 2-Phenylbenzopyrans unterscheiden: **Pelargonidinchlorid** (3,5,7,4′-Tetrahydroxy-flavyliumchlorid), **Cyanidinchlorid** (3,5,7,3′4′-Pentahydroxy-flavyliumchlorid) und **Delphinidinchlorid** (3,5,7,3′,4′,5′-Hexahydroxy-flavyliumchlorid).

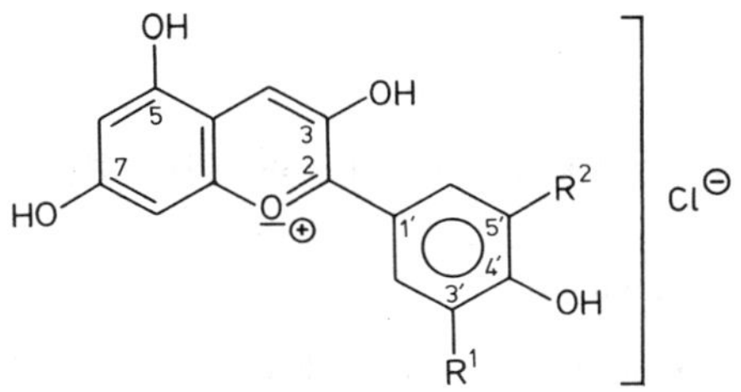

$R^1 = R^2 = H$: Pelargonidinchlorid
$R^1 = OH$, $R^2 = H$: Cyanidinchlorid
$R^1 = R^2 = OH$: Delphinidinchlorid

Die Zuckerreste der Anthocyane (Glucose, Glucuronsäure) haften meist an den OH-Gruppen in 3-Stellung bzw. in 3- und 5-Stellung. Mit dem *Succinylcyanin* und einem *Malonylflavon* sind aus der Kornblume Verbindungen isoliert worden, die *Halbester* der *Bernsteinsäure* oder der *Malonsäure* mit einem Glucosebaustein sind (*H. Tamura*); im Rotwein finden sich die Ester der *Anthocyanidin-3-glucoside* mit *Essigsäure, Cumarsäure* und *Kaffeesäure.*
Während die mineralsauren Salze der Anthocyanidine mehr oder weniger rot gefärbt sind, z. B. ist Pelargonidinchlorid gelbstichig-rot, Cyanidinchlorid rot bis violett und Delphinidinchlorid blaurot, zeigen die durch Neutralisation der Salze entstehenden freien Anthocyanidine violette bis blaue Farbtöne. In ihnen liegt offenbar eine chinoide Gruppierung vor:

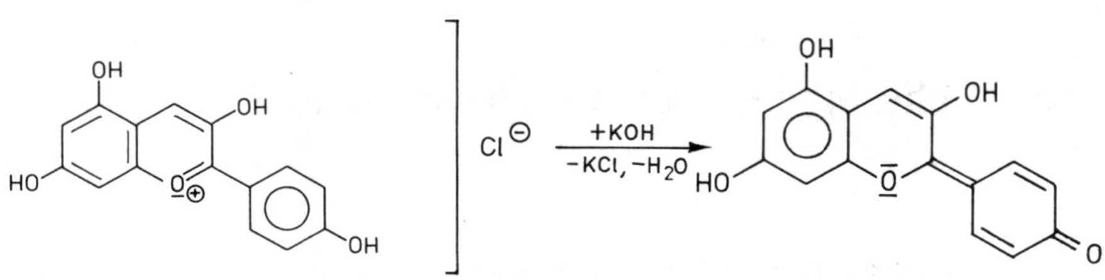

Pelargonidinchlorid (rot) Pelargonidin (blauviolett)

Die Alkalisalze (Phenolate) der neutralen Anthocyanidine sind blau. Aufgrund dieser Farbänderung nahm man lange Zeit an, daß die Farbe einer Blüte in erster Linie von der jeweiligen Wasserstoffionenkonzentration des Zellsaftes bestimmt wird, zumal die rote Rose und die blaue Kornblume das gleiche Anthocyan, das Cyanin, enthalten. Es hat sich jedoch gezeigt, daß der tiefblaue Preßsaft der Kornblumenblüten einen *p*H-Wert von 4,6 aufweist und demnach kein Alkalisalz des Cyanins vorliegen kann. Der Farbstoff der Kornblume wurde vielmehr als *Eisen-Aluminium-Komplex* des Cyanins[1] erkannt (*E. Bayer*, 1958).

7.7.4.3 Vitamin E (Tocopherol)

Dieser Wirkstoff gehört zur Gruppe der fettlöslichen Vitamine und findet sich reichlich im Weizenkeimlingsöl und anderen pflanzlichen Ölen (bis zu 0,5%) sowie in sehr kleiner Menge im grünen Gemüse.

Sein Fehlen bewirkt bei Ratten Sterilität, z. B. sind Rattenweibchen, die vitamin-E-frei ernährt werden, nicht in der Lage, lebensfähige Junge zu gebären. Ferner zeigt sich die Bedeutung des Vitamins E für die Fruchtbarkeit darin, daß die Honigbiene sich nur dann zur Königin entwikkelt, wenn sie vitamin-E-haltiges Futter erhält.
Die Mangelwirkung dieses Vitamins ist beim Menschen noch unbekannt; man benutzt es zur Therapie des habituellen Aborts.
Bisher sind aus Naturstoffen 4 Vertreter der von *Evans* entdeckten Vitamin-E-Reihe isoliert worden, und zwar α-, β-, γ- und *δ-Tocopherol*. Sie wurden als Abkömmlinge des *Chromans* erkannt (*Fernholz, W. John, Karrer, Todd*) und besitzen in 2-Stellung eine *isoprenoide* Seitenkette (vgl. auch Vitamin K_1).

α-Tocopherol, $C_{29}H_{50}O_2$, ist ein Öl und besitzt folgende Konstitution:

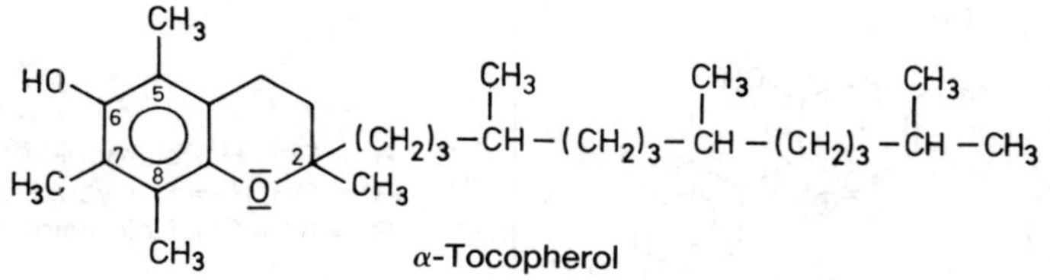

α-Tocopherol

Die Synthese des ($\pm$)-α-Tocopherols gelang aus 2,5,6-Trimethyl-1,4-hydrochinon und Phytylbromid in Gegenwart von Zinkchlorid als Katalysator (*Karrer*). Die Verbindung wird als Antioxidans in der Lebensmittelchemie verwendet.
β- und γ-Tocopherol, $C_{28}H_{48}O_2$, enthalten je eine Methylgruppe weniger als α-Tocopherol, und zwar fehlt im β-Tocopherol die Methylgruppe in der 7- und im γ-Tocopherol die in der 5-Stellung. Im **δ-Tocopherol,** $C_{27}H_{46}O_2$, fehlen beide Methylgruppen (in 5- und 7-Stellung).

7.8 Sechsringe mit zwei Heteroatomen

Der Eintritt eines weiteren N-Atoms in den Pyridinring führt je nach der Stellung der beiden N-Atome zu folgenden drei *Azalogen* des Pyridins, den *Diazinen*, von denen dem Pyrimidin die größte Bedeutung zukommt:

[1] Vgl. *E Bayer*, Komplexbildung und Blütenfarben, Angew. Chem. *78*, 834 (1966).

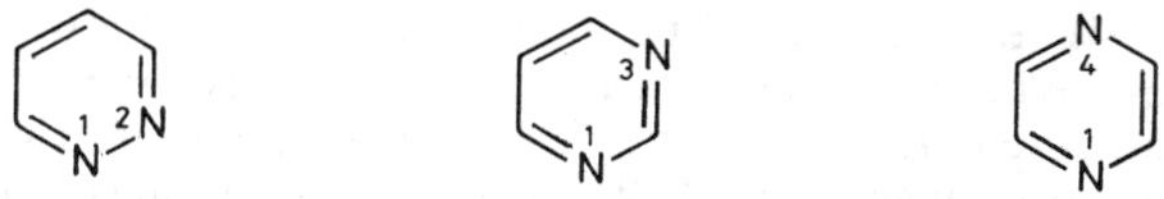

Pyridazin (1,2-Diazin) Pyrimidin (1,3-Diazin) Pyrazin (1,4-Diazin)

In Analogie zum Pyridin gehören auch diese Ringsysteme aufgrund der größeren Elektronegativität der N-Atome zu den *π-elektronenarmen Heteroaromaten,* so daß sich *elektrophile* Substitutionen nur äußerst schwer durchführen lassen. Sie gelingen erst, wenn elektronenspendende Substituenten, z. B. NH_2-, OH-, SH-, OR- oder SR-Gruppen (+ *M-Effekt*), im Ring vorhanden sind.

7.8.1 Pyridazingruppe

Pyridazin, eine pyridinähnlich riechende Base vom Sdp. 208 °C (481 K), ist in Wasser leicht löslich und kann aus 3-Hydroxy-6-pyridazinon durch Umsetzen mit Phosphorchloridoxid und anschließende Hydrierung dargestellt werden:

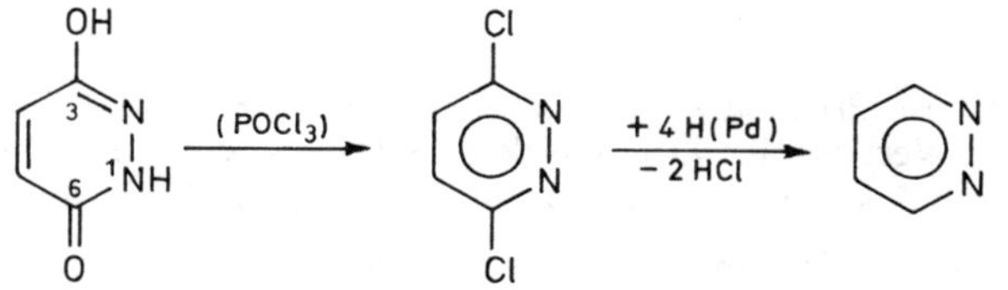

3-Hydroxy-6-pyridazinon Pyridazin

7.8.2 Pyrimidingruppe

Pyrimidin tritt als Baustein in wichtigen Naturstoffen auf, z. B. im Vitamin B_1, in den Purinen und den Spaltprodukten der Nucleinsäuren.

7.8.2.1 Darstellung. Die 4,6-disubstituierten Pyrimidinderivate sind *durch Erhitzen von 1,3-Diketonen mit Formamid* auf 180 – 200 °C (450 – 470 K) zugänglich (*Bredereck* und *Gompper*, 1957). Der *Reaktionsverlauf* wird wie folgt gedeutet:

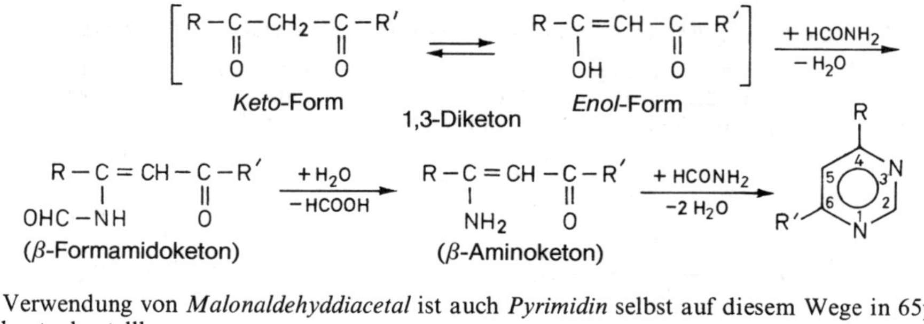

Bei Verwendung von *Malonaldehyddiacetal* ist auch *Pyrimidin* selbst auf diesem Wege in 65proz. Ausbeute darstellbar.

Eigenschaften. Pyrimidin ist eine kristalline Substanz vom Schmp. 22 °C (295 K), die sich in Wasser mit neutraler Reaktion löst und mit Mineralsäuren Salze bildet.
Elektrophile Reagenzien greifen den Pyrimidinring allenfalls am C-Atom 5 an, jedoch werden diese Substitutionen wesentlich erleichtert, wenn stark *elektronenspendende Gruppen* am Ring zugegen sind, z. B. läßt sich 2-Amino-pyrimidin mit Nitriersäure bei 50 °C (325 K) in 2-Amino-5-nitro-pyrimidin überführen.

Die wichtigsten Pyrimidinabkömmlinge

7.8.2.2 Barbitursäure (Malonylharnstoff) ist ein *cyclisches Ureid* und wird *durch Kondensation von Malonsäurediethylester mit Harnstoff* in Gegenwart von Natrium- oder Magnesiumalkoholat dargestellt:

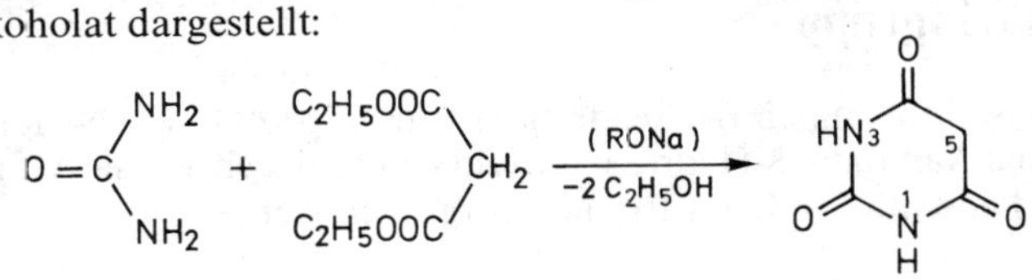

Barbitursäure

Sie bildet farblose Prismen vom Schmp. 245 °C (518 K), die sich in heißem Wasser lösen. Ihr pK_a^1-Wert beträgt 4,01. Werden die H-Atome der *aktiven* Methylengruppe in 5-Stellung durch Alkylreste ersetzt, so sinkt die Acidität der Barbitursäure ab.

In Analogie zu obigem Verfahren lassen sich aus Dialkyl-malonsäure-diethylestern und Harnstoff die 5,5-dialkylierten Barbitursäuren erhalten, z. B. entsteht mit Diethyl-malonsäurediethylester die 5,5-Diethyl-barbitursäure ($pK_a^1 = 7{,}89$) vom Schmp. 191 °C (464 K), die früher unter dem Namen Veronal (*INN:* ***Barbital***) als *Schlafmittel* weltbekannt war. Sie wird noch als Komponente in sedativ wirkenden Medikamenten verwendet (*E. Fischer* und *v. Mering,* 1903).
Weitere wichtige **Barbiturate** sind: 5-Ethyl-5-phenyl-barbitursäure (*INN:* ***Phenobarbital,*** *Luminal*), 5-(1-Cyclohexenyl)-5-ethyl-barbitursäure (*INN:* ***Cyclobarbital,*** *Phanodorm*) und die als Einschlafmittel und für Kurznarkosen benutzte 5-(1-Cyclohexenyl)- 3,5-dimethyl-barbitursäure (*INN:* ***Hexobarbital,*** *Evipan*).

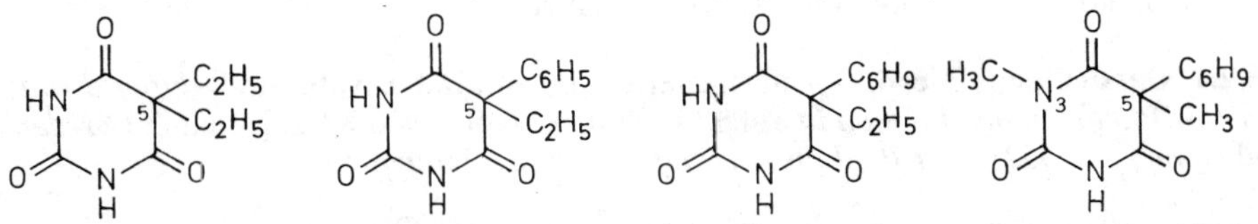

INN: ***Barbital*** *INN:* ***Phenobarbital*** *INN:* ***Cyclobarbital*** *INN:* ***Hexobarbital***

Der Pyrimidinring tritt auch in einigen sehr wirksamen *Chemotherapeutika* der Sulfonamidreihe auf. Hierzu zählen z. B. das N[1]-(4-Methyl-2-pyrimidinyl)sulfanilamid (*INN:* ***Sulfamerazin***) und das N[1]-(2,6-Dimethyl-4-pyrimidinyl)sulfanilamid (*INN:* ***Sulfisomidin,*** *Aristamid*).

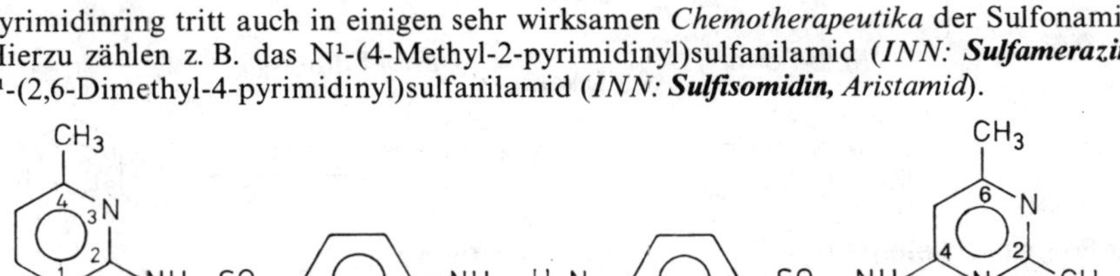

INN: ***Sulfamerazin*** *INN:* ***Sulfisomidin***

Weitere Chemotherapeutika dieser Art sind das N[1]-(2,6-Dimethoxy-4-pyrimidinyl)sulfanilamid (*INN:* ***Sulfadimethoxin,*** *Madribon*) sowie das N[1]-(5-Methoxy-2-pyrimidinyl)sulfanilamid (*INN:* ***Sulfamethoxydiazin,*** *Durenat*) als Langzeitsulfonamid.
Das 2,4-Diamino-5-(3,4,5-trimethoxy-benzyl)-pyrimidin (*INN:* ***Trimethoprim***) hemmt im Bakterienstoffwechsel die Reduktion der Folsäure zu Folinsäure. Es wird zusammen mit Sulfonamiden, z. B. *INN:* ***Sulfamethoxazol,*** das an einer anderen Stelle störend in den Bakterienstoffwechsel eingreift, als Kombinationspräparat verwendet, z. B. *Bactrim.*

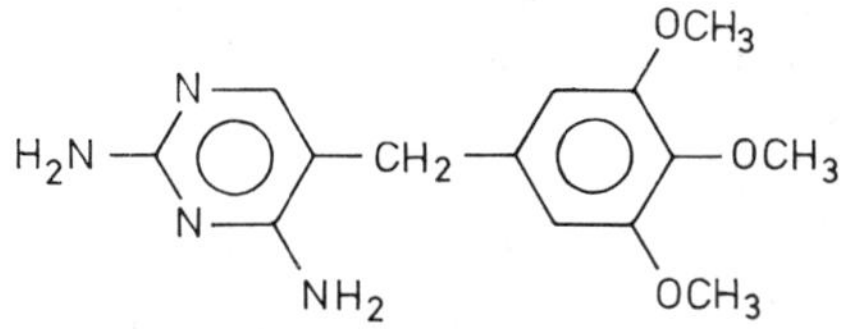

INN: ***Trimethoprim***

7.8.2.3 Pyrimidinbasen aus Nucleinsäuren

Bei der hydrolytischen Spaltung von Nucleinsäuren treten neben anderen Spaltprodukten folgende *Pyrimidinbasen* auf:

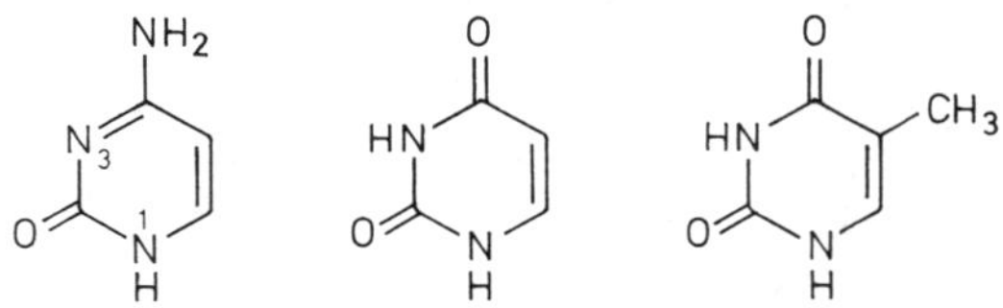

Cytosin Uracil Thymin

Cytosin geht bei der Einwirkung von salpetriger Säure in **Uracil** über, das andererseits auch durch Kondensation von Harnstoff mit Formylessigsäure (Malonaldehydsäure) darstellbar ist. Diese erhält man durch Erhitzen von Äpfelsäure mit konz. Schwefelsäure:

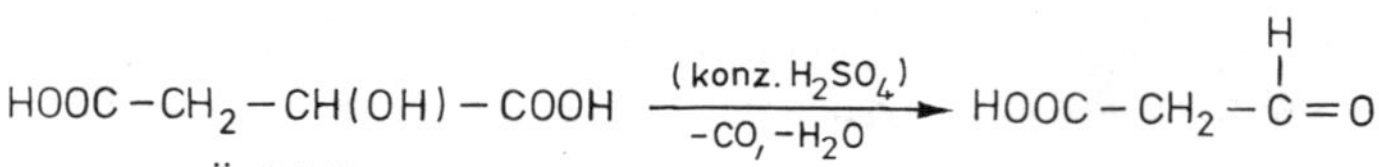

Äpfelsäure Formylessigsäure (*Keto*-Form)

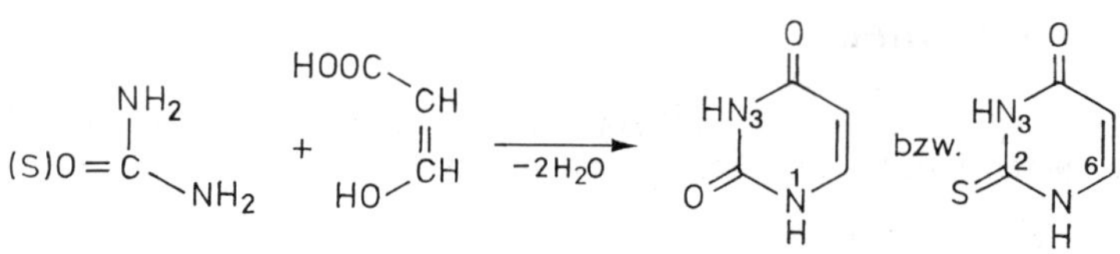

Formylessigsäure (*Enol*-Form) Uracil Thiouracil

Analog läßt sich **Thiouracil,** das in 2-Stellung ein S-Atom aufweist, aus Formylessigsäure und Thioharnstoff herstellen (vgl. obige Formel).
Ein wirksames *Thyreostatikum,* das therapeutisch gegen die Überfunktion der Schilddrüse benutzt wird, ist 6-Propyl-thiouracil (*INN:* ***Propylthiouracil,*** *Thyreostat II*), jedoch wird seine Wirkung vom 1-Methyl-2-imidazolthiol (*INN:* ***Thiamazol,*** *Favistan*) um das 10–15fache übertroffen.

7.8.2.4 Thiamin (Vitamin B_1)

Thiamin (Aneurin) enthält einen Pyrimidinring, der über eine Methylenbrücke mit einem Thiazolkern verbunden ist. Es findet sich in fast allen pflanzlichen und tierischen Geweben, vor allem in Getreideschalen, Hefe und Kartoffeln; es wurde zuerst von *Jansen* und *Donath* (1926) aus Reiskleie und später von *Windaus* (1932) aus Hefe isoliert.
Bei der Einwirkung von Natriumhydrogensulfit auf Thiamin erfolgt eine Spaltung in 4-Amino-2-methyl-5-sulfomethyl-pyrimidin **(I)** und 5-Hydroxyethyl-4-methylthiazol **(II)**.

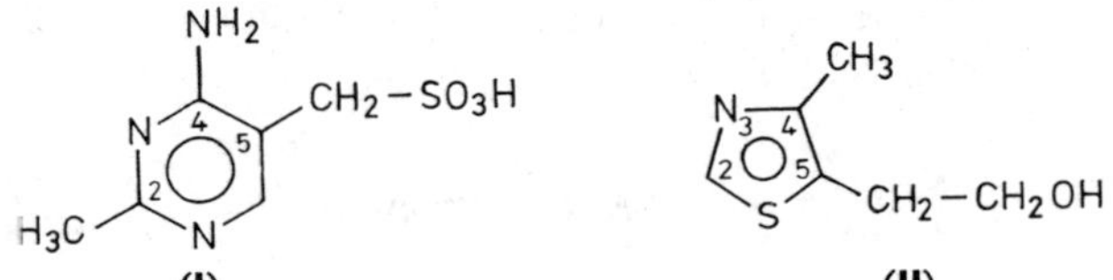

(I) (II)

Beide Spaltprodukte ließen sich synthetisch darstellen und trugen wesentlich zur Konstitutionsermittlung des Gesamtmoleküls bei (*Williams*). Danach liegt im Thiamin ein *quartäres Thiazoliumchlorid* folgender Konstitution vor:

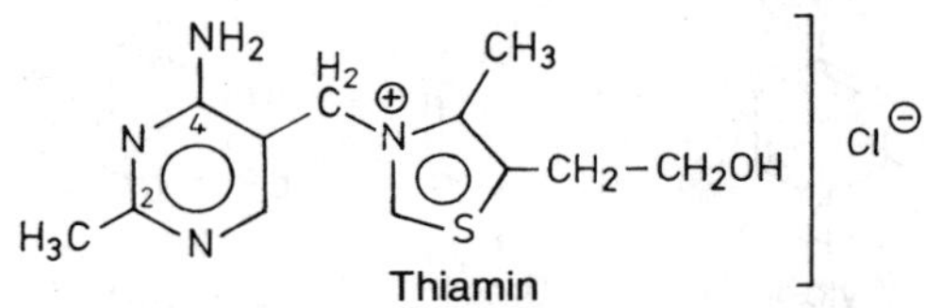

Thiamin

Die Synthese des Thiamins wurde – unabhängig voneinander – von mehreren Forschern gleichzeitig durchgeführt (*Williams, Andersag* und *Westphal, Grewe*).
Thiamin bildet ein farbloses, in Wasser leicht lösliches *Chlorid-Hydrochlorid,* das sich bei 250 °C (525 K) zersetzt. Therapeutisch wird es bei Neuritiden und Neuralgien verwendet. Außerdem ist es ein wichtiger *Wuchsstoff* für viele Mikroorganismen. Große biochemische Bedeutung hat *Thiamindiphosphat,* das als Coenzym des bei der alkoholischen Gärung wirksamen Enzyms *Pyruvatdecarboxylase* (*INN:* ***Cocarboxylase***) fungiert und die Benztraubensäure in den „aktiven Acetaldehyd" überführt.

7.8.3 Pyrazingruppe

Pyrazine lassen sich aus den Kondensationsprodukten von α-Aminoaldehyden oder α-Aminoketonen durch Luftoxidation darstellen, z. B.:

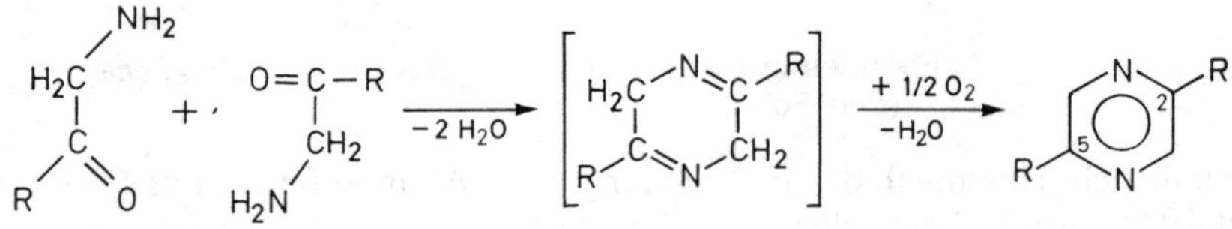

α-Aminoketon 2,5-Dialkyl-pyrazin

Pyrazin ist durch Dehydrierung von Piperazin (Hexahydropyrazin) am Kupferchromit-Kontakt bei hohen Temperaturen zugänglich (*Dixon*, 1946).

7.8.3.1 Piperazin (*Tasnon, Vermicompren*) ist eine starke Base ($pK_a = 9{,}83$) vom Schmp. 104 °C (377 K) und wird durch Erhitzen von Ethylendiamin-dihydrochlorid dargestellt. Es dient als *Anthelmintikum* (Wurmmittel) gegen *Oxyuriasis* und *Askaridiasis.*

Das bicyclische *Triethylendiamin* (1,4-Diazabicyclo[2.2.2]octan, **DABCO**) erhält man z. B. durch Erhitzen von N-Hydroxyethyl-piperazin. Es bildet hygroskopische Kristalle vom Schmp. 159,8 °C (433,0 K) und siedet bei 174 °C (447 K). DABCO ist eine *Lewis*-Base ($pK_{a1} = 8{,}60$; $pK_{a2} = 2{,}95$), die vielfältig als Katalysator verwendet wird.

7.8.3.2 2,5-Diketo-piperazine (2,5-Dioxopiperazine) sind cyclische Amide und entstehen aus α-Aminosäuren in der Hitze (vgl. S. 288).

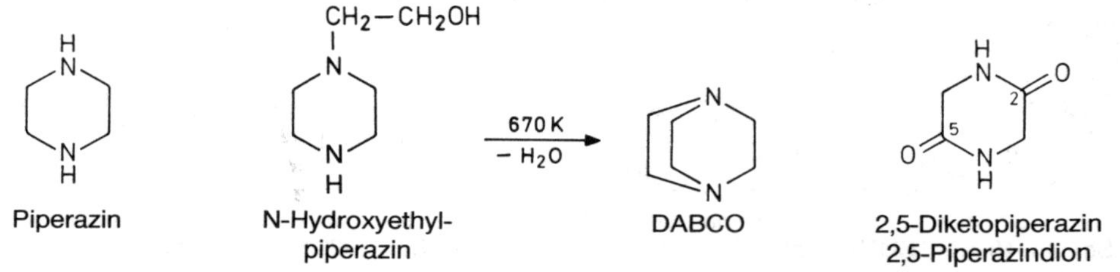

Diese leicht zugänglichen Heterocyclen eignen sich gut zur Übertragung der Chiralität einer Aminosäure auf eine andere durch asymmetrische Induktion (*Schöllkopf*, 1979)[1].

Dazu wird z. B. ein gemischtes Diketopiperazin aus der homochiralen Aminosäure L-Valin als chiralem Hilfsstoff und einer DL-Aminosäure oder Glycin verwendet (vgl. S. 833). Dieses wird mit Trimethyloxoniumfluorborat (vgl. S. 146) in den Bislactimether verwandelt und aus ihm ein pla-

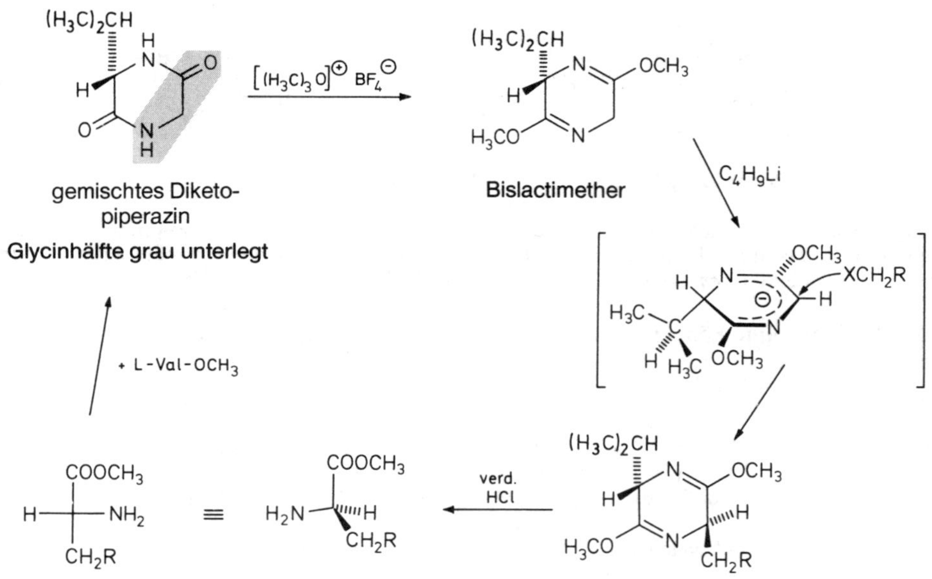

[1] Vgl. *U. Schöllkopf*, Enantioselective Synthesis of Nonproteinogenic Amino Acids, Topics in Current Chemistry *109*, 65 (1983).

nares Carbanion hergestellt, dessen beide diastereotopen Seiten durch die aus dem L-Valin stammende Isopropylgruppe unterschiedlich abgeschirmt sind. Ein elektrophiles Reagens greift überwiegend von der leichter zugänglichen Seite, also *trans* zur Isopropylgruppe an und es entsteht ein Diastereomeres in großem Überschuß. Durch schonende Hydrolyse erhält man den Ester einer D-Aminosäure und den Ester des L-Valins. Sie können durch Destillation getrennt werden, wobei der chirale Hilfsstoff zurückgewonnen wird. Die optische Ausbeute der enantioselektiven Synthese ist hoch, z. B. für D-Phenylalanin (R = C_6H_5): ee = 91 – 95%.

7.8.4 Benzodiazine

Die wichtigsten Vertreter dieser Stoffklasse besitzen meist Trivialnamen und werden wie folgt beziffert:

Cinnolin (Schmp. 40 °C [313 K]) Phthalazin (Schmp. 90 °C [363 K]) Chinazolin (Schmp. 48 °C [321 K]) Chinoxalin (Schmp. 30 °C [303 K])

Von diesen vier Ringsystemen, den *Diazanaphthalinen*, seien hier nur einige Derivate genannt, denen eine gewisse Bedeutung zukommt.

7.8.4.1 Phthalazin läßt sich durch Kondensation von Phthalaldehyd mit Hydrazin darstellen.

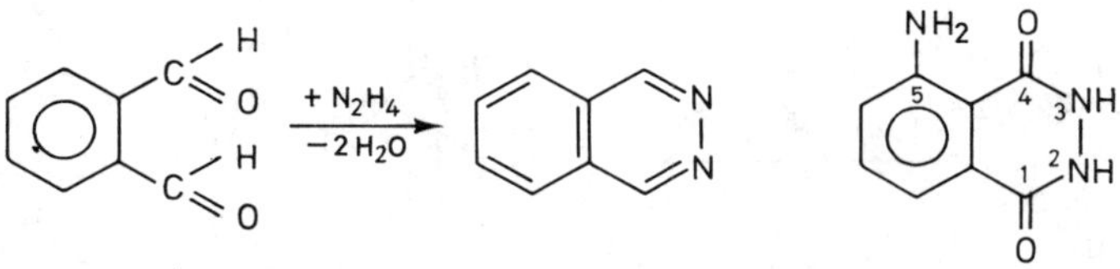

Phthalaldehyd Phthalazin Luminol

Vom Phthalazin leitet sich das 5-Amino-2*H*, 3*H*-phthalazin-1,4-dion (3-Amino-phthalhydrazid[1], Luminol) ab, das in alkalischer Lösung auf Zugabe von Perhydrol und einer Spatelspitze Hämin eine tiefblauviolette *Chemilumineszenz* zeigt, die nach einigen Sekunden abklingt.

7.8.4.2 Chinazoline können durch Umsetzungen von *o*-Acylanilinen mit Säureamiden hergestellt werden:

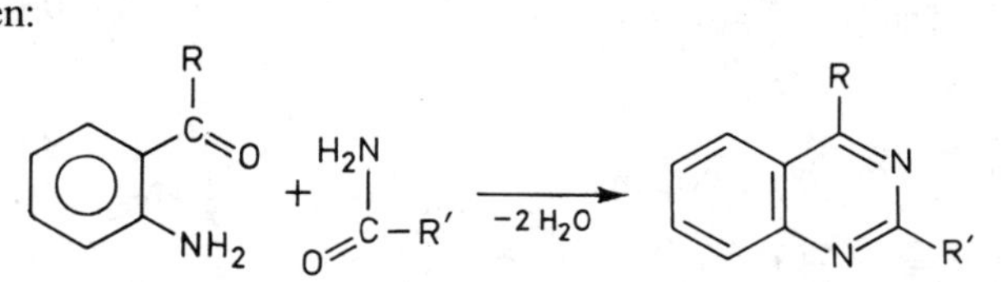

o-Acylanilin Chinazolin (R = R′ = H)

[1] Vgl. *K.-D. Gundermann* et al., Chemiluminescence in Organic Chemistry (Springer-Verlag, Berlin 1987).

Analog erhält man durch Erhitzen von Anthranilsäure mit Säureamiden das *4-Chinazolinon:*

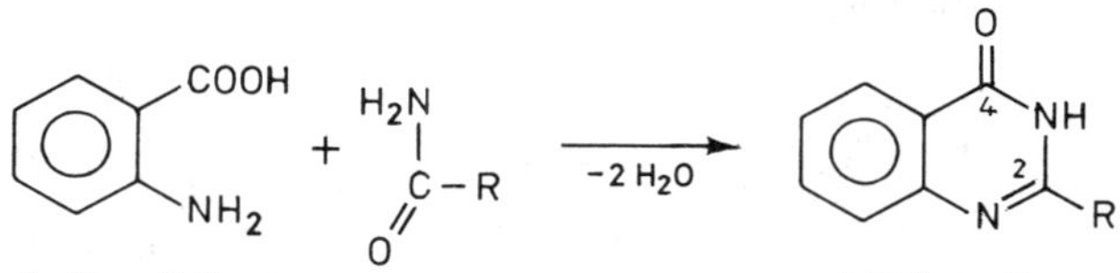

Anthranilsäure

4-Chinazolinon (R = H)

Als *Schlafmittel* fungiert das 2-Methyl-3-(*o*-tolyl)-4(3*H*)-chinazolinon (*INN:* ***Methaqualon***).

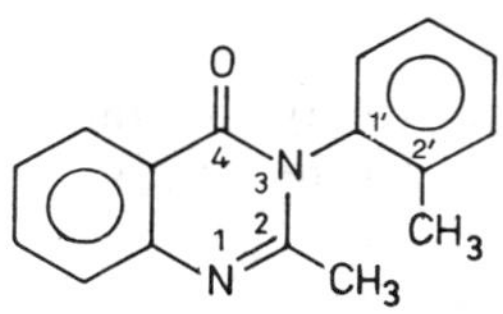

INN: ***Methaqualon***

7.8.4.3 Chinoxaline entstehen bei der Kondensation von *o*-Phenylendiamin mit 1,2-Diketonen, z. B.:

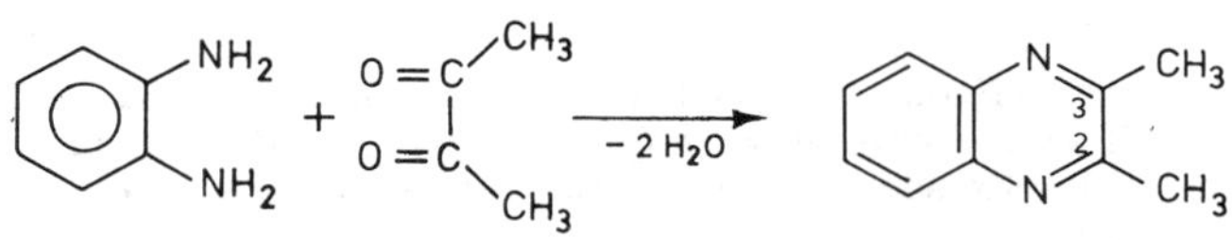

o-Phenylendiamin Biacetyl 2,3-Dimethyl-chinoxalin

7.8.5 Phenazine, Phenoxazine, Dibenzo-*p*-dioxine und Phenothiazine

Hierunter versteht man folgende dibenzokondensierte Ringsysteme des Pyrazins, 1,4-Oxazins, 1,4-Dioxins und 1,4-Thiazins:

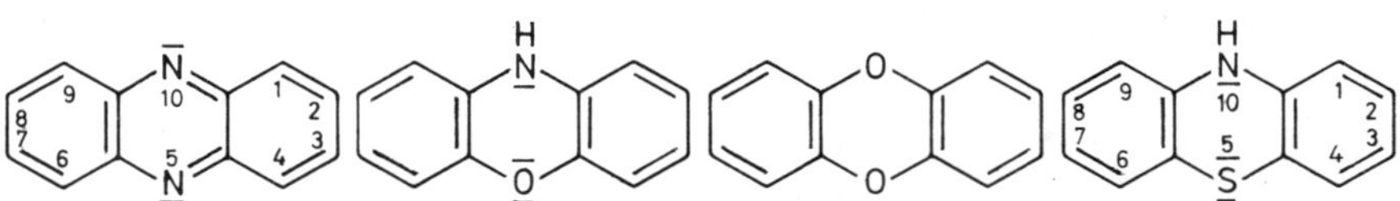

Phenazin Phenoxazin Dibenzo-*p*-dioxin Phenothiazin

7.8.5.1 Phenazin (Dibenzopyrazin, 9,10-Diaza-anthracen) bildet gelbe Nadeln vom Schmp. 171 °C (444 K) und wird durch Kondensation von *o*-Phenylendiamin mit *o*-Benzochinon dargestellt:

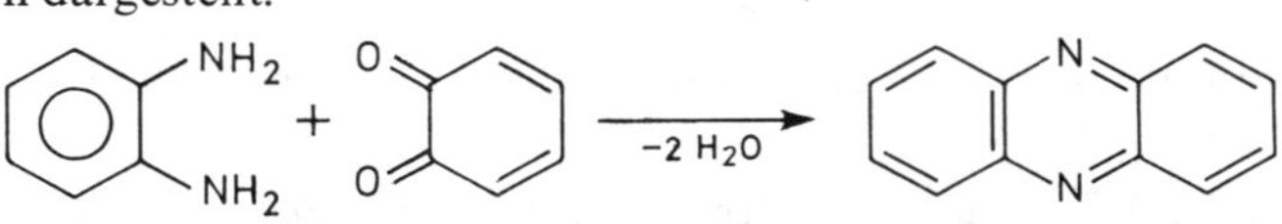

o-Benzochinon Phenazin

Oxidiert man *o*-Phenylendiamin in essigsaurer Lösung mit Eisen(III)-chlorid, so erfolgt Selbstkondensation zu *2,3-Diamino-phenazin:*

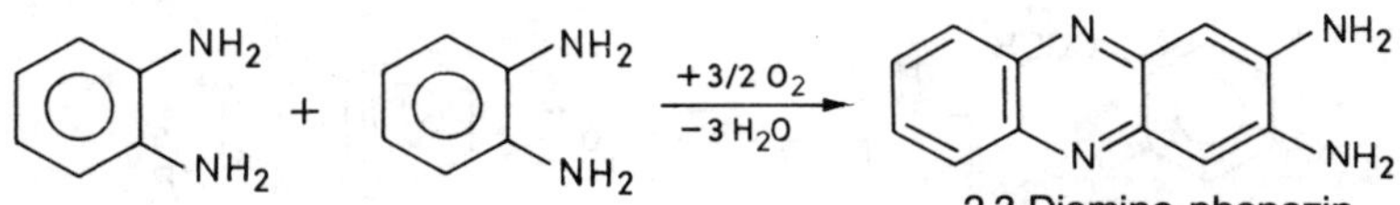

2,3-Diamino-phenazin

Ein höher kondensiertes Ringsystem dieser Reihe ist das bereits erwähnte Indanthren (vgl. S. 643), das als Abkömmling des 5,10-Dihydro-phenazins anzusehen ist. Auch einige *Bakterienfarbstoffe* leiten sich vom Phenazin ab, z. B. das blaue *Pyocyanin* (10-Methyl-1-oxo-1,10-dihydro-phenazin) aus dem Bakterium *Pseudomonas aeruginosa.*

7.8.5.2 Phenoxazin (Dibenzo-1,4-oxazin) ist eine farblose Substanz vom Schmp. 156 °C (429 K) und durch Erhitzen von *o*-Aminophenol mit seinem Hydrochlorid darstellbar (*Gilman* und *Moore,* 1957):

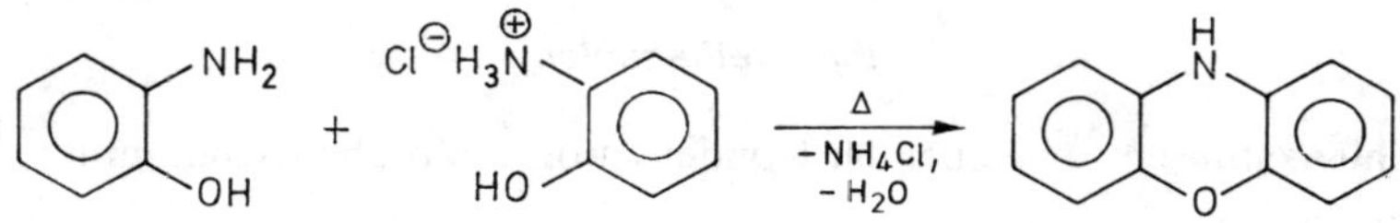

Phenoxazin

1,4-Oxazin selbst ist nur in Form der Derivate bekannt, Tetrahydro-1,4-oxazin (Morpholin), Sdp. 128 °C (401 K), wird als *sekundäre* Base ($pK_a = 8{,}33$) bei bestimmten chemischen Reaktionen und als Lösungsmittel verwendet. *1,4-Thiazin* ist eine farblose Flüssigkeit vom Sdp. 76 °C (349 K).

Morpholin 1,4-Thiazin

7.8.5.3 Phenoxazinfarbstoffe

Unter diesen sich vom Phenoxazoniumchlorid ableitenden Farbstoffen haben nur noch die *Gallocyanine* gewisse Bedeutung. Ihr einfachster Vertreter, das **Gallocyanin,** ist durch Kondensation von Gallussäure mit *p*-Nitrosodimethylanilin-hydrochlorid darstellbar.

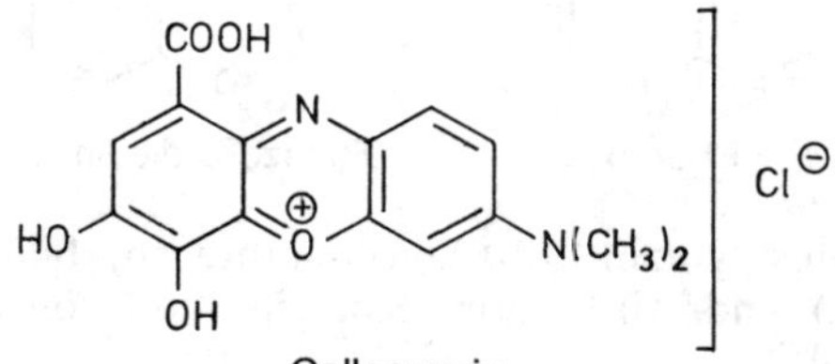

Gallocyanin

Derartige Farbstoffe auf Gallussäure-Basis werden als blaue *Beizenfarbstoffe* für Baumwolle und Wolle verwendet.

Erwähnt seien an dieser Stelle die als Augen-, Haut- und Flügelpigmente bei Insekten weit verbreiteten **Ommochrom-Farbstoffe,** die als Endprodukte des Tryptophan-Stoffwechsels anzusehen sind und sich oxidativ aus 3-Hydroxy-kynurenin bilden (*Butenandt*). Die *Ommatine* sind die ersten in der Natur aufgefundenen Farbstoffe von *Phenoxazontyp.* Zum Beispiel wurde **Xanthommatin** aus dem Schlupfsekret des Kleinen Fuchses (Vanessa urticae) isoliert.

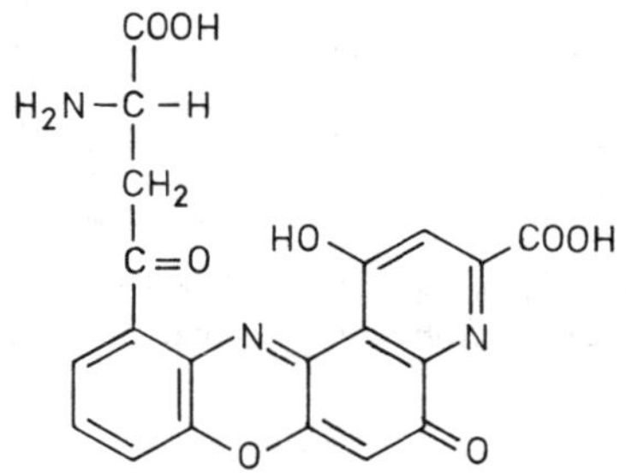

Xanthommatin

Darüber hinaus hat diese Stoffklasse als Chromophor der **Actinomycine,** die als Stoffwechselprodukte einiger Actinomyceten der *Streptomyces*-Gruppe auftreten, Bedeutung, z. B. weist *Actinomycin D* (AMD) eine Phenoxazon-Struktur auf (*Brockmann*)[1]. Die Actinomycine sind zwar antibiotisch sehr wirksam, aber zugleich hoch toxisch und werden daher nur als *Cytostatika* eingesetzt.

7.8.5.4 **2,3,7,8-Tetrachlordibenzo-*p*-dioxin** (TCDD)

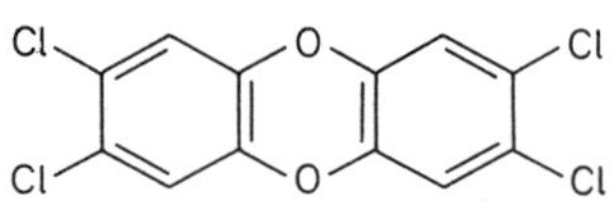

TCDD

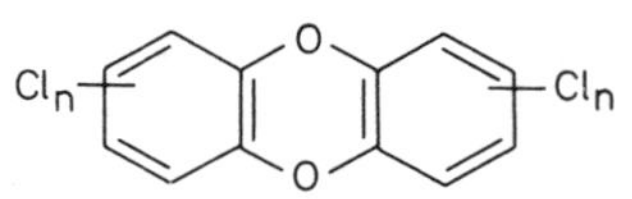

PCDD

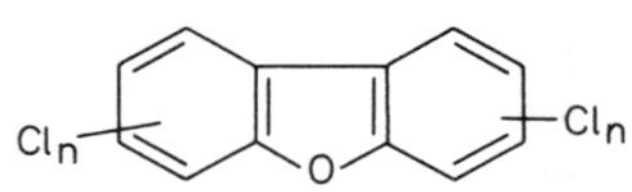

PCDF

Es entsteht als Kondensationsprodukt von 2,4,5-Trichlorphenol bei technischen Prozessen. Die Verbindung kann sich in geringen Mengen bei Verbrennungsvorgängen bilden, wenn chlorhaltige Verbindungen zugegen sind, z. B. bei der Müllverbrennung. Zur vollständigen Verbrennung von „Dioxin" sind Temperaturen oberhalb 1200 °C (1470 K) erforderlich. TCDD („Dioxin") ist sehr giftig und ruft schwer heilende Hautausschläge hervor[2].
Polychlorierte Dibenzo-*p*-dioxine (PCDD) und Dibenzofurane (PCDF) werden häufig als „Dioxine" zusammengefaßt.

7.8.5.5 Phenothiazin (Dibenzo-1,4-thiazin), eine farblose, bei 180 °C (453 K) schmelzende Substanz, erhält man durch Erhitzen von Diphenylamin mit Schwefel:

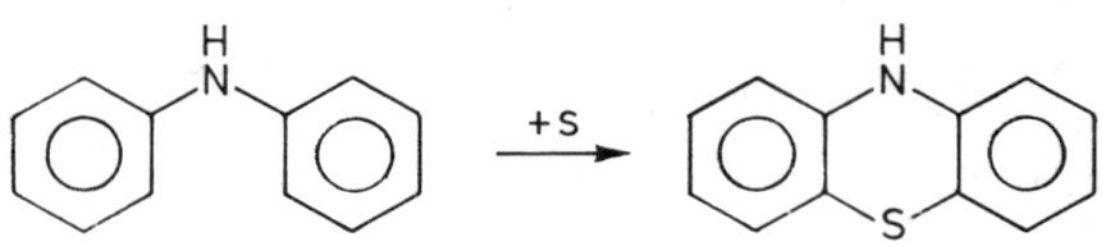

Diphenylamin Phenothiazin

Es dient als *Vertilgungsmittel* für Mückenlarven und als *Darmantiseptikum* bei Tieren.

---

[1] Vgl. *H. Lackner*, Die Raumstruktur der Actinomycine, Angew. Chem. *87*, 400 (1975).
[2] Vgl. *J. Sambeth*, Der Seveso-Unfall, Chimia *36*, 128 (1982).

Phenothiazinderivate haben sich zur Erzielung einer „potenzierten Narkose" unter Einsparung von Narkosemitteln bewährt. Von den zahlreichen Präparaten seien die beiden folgenden genannt:

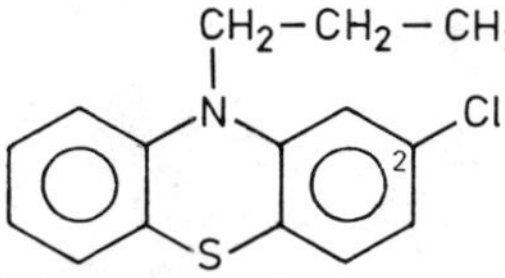

2-Chlor-N-[3'-dimethylamino-propyl]-phenothiazin (*INN:* ***Chlorpromazin,*** *Megaphen*)

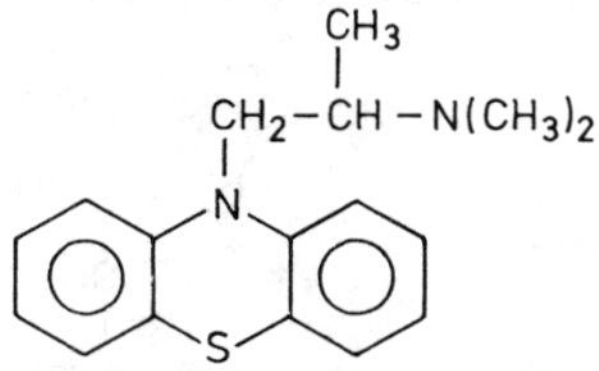

N-[2'-Dimethylamino-propyl]-phenothiazin (*INN:* ***Promethazin,*** *Atosil*)

7.8.5.6 Phenothiazinfarbstoffe

Der wichtigste Farbstoff dieser Reihe ist **Methylenblau** (*INN:* ***Methylthioniniumchlorid***), dessen Kation folgende *Mesomerie* aufweist:

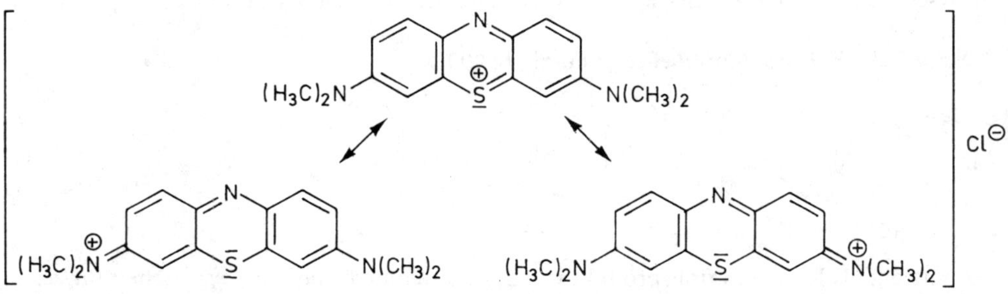

Methylenblau

Technisch wird Methylenblau aus *p*-Aminodimethylanilin, Dimethylanilin und Natriumthiosulfat in Gegenwart von Zinkchlorid und Salzsäure durch Oxidation mit Chromsäure gewonnen (*Bernthsen,* 1888). Es kommt meist als Zinkchlorid-Doppelsalz in den Handel und färbt tannierte Baumwolle lebhaft blau, ebenso Seide.
Methylenblau bildet rotglänzende Kristalle, die sich in Wasser leicht lösen. Bei der Reduktion geht es in das farblose *Leukomethylenblau* über:

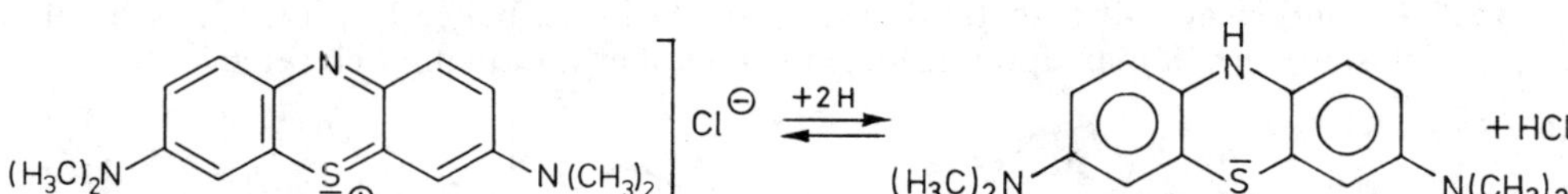

Methylenblau Leukomethylenblau

Wegen der leichten Reduzierbarkeit dient Methylenblau als *Wasserstoffakzeptor* für biochemische Redoxprozesse.
Methylenblau wird nicht nur in der Textilfärberei verwendet, sondern besitzt außerdem die Fähigkeit, die graue Substanz im peripheren Nervensystem selektiv anzufärben (*Ehrlich,* 1885). Man bezeichnet dieses Verfahren als *Vitalfärbung,* da sie am lebenden Organismus durchführbar ist. Methylenblau zählt somit zu den „Vitalfarbstoffen".

7.8.5.7 Schwefelfarbstoffe

Diese wichtige Farbstoffklasse umfaßt eine große Anzahl färbetechnisch hervorragender Verbindungen, die meist durch Schwefelung von Aminophenolen oder Indoanilinen erhalten werden. Der erste Farbstoff dieser Art war das von *Vidal* (1893) entdeckte *Vidalschwarz*, das beim Schmelzen von *p*-Aminophenol mit Schwefel und festem Alkali bei 200 °C (470 K) entstand und die Entwicklung der Schwefelfarben einleitete. Ihre Herstellung erfolgt entweder in einem trockenen Backprozeß mit Schwefel bzw. Natriumpolysulfid oder durch Schwefelung bei niedrigerer Temperatur in wäßriger oder alkoholischer Lösung mit Natriumpolysulfid.

Die Schwefelfarbstoffe ähneln den Küpenfarbstoffen. Die *Verküpung* wird hier auf die Anwesenheit von Mercaptogruppen oder Schwefelbrücken zurückgeführt, die mit Natriumsulfid in SNa-Gruppen übergehen. Die Schwefelfarben werden praktisch nur zum Färben von Baumwolle benutzt und zeichnen sich durch niedrige Gestehungskosten, leichte Färbbarkeit und Waschechtheit aus.

Der wichtigste Farbstoff der ganzen Gruppe, der alle anderen synthetischen Farbstoffe in der Produktionshöhe übertrifft, ist das durch Schwefelung von 2,4-Dinitrophenol gewonnene licht- und waschechte **Schwefelschwarz T.** *Grüne* Schwefelfarbstoffe erhält man durch Schwefelung von Naphthol- oder Naphthylamin-sulfonsäuren in Gegenwart von Kupfer(II)-salzen.
Als besonders licht- und waschecht haben sich die verschiedenen Hydronblau-Marken erwiesen. Hierzu zählt z. B. **Hydronblau R,** das man durch Schwefelung von *Carbazol-indoanilin* in Butanol gewinnt. Der Ausgangsstoff ist aus *p*-Nitrosophenol und Carbazol in konz. Schwefelsäure bei −20 °C (250 K) zugänglich.

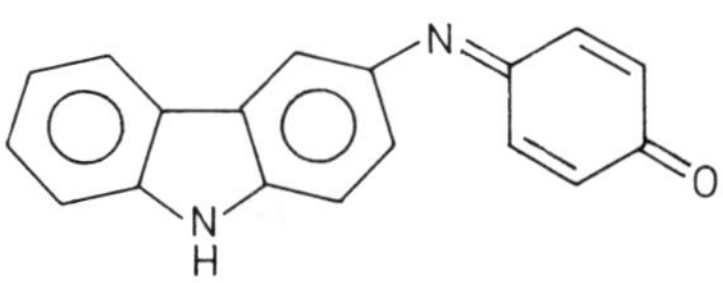

Carbazol-indoanilin

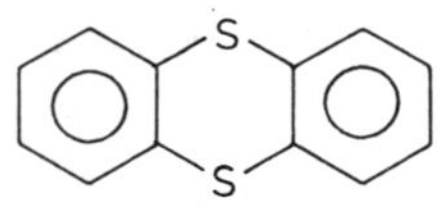

Thianthren

Die bei der Schwefelung eintretende Verknüpfung der Benzolkerne erfolgt über Schwefelbrücken. Demnach baut sich Hydronblau R aus den Ringsystemen des Phenothiazins und Thianthrens auf. Geht man statt vom Carbazol von höherkondensierten aromatischen Ringsystemen aus, so lassen sich durch Schwefelung echte, *braune* Farbnuancen erreichen.
Die Schwefelfarben werden auch als „Immedial-Farbstoffe“ bezeichnet.

7.9 Sechsringe mit drei und vier Heteroatomen

7.9.1 Triazine

Die Eingliederung dreier Stickstoffatome in den Benzolkern führt zu drei *konstitutionsisomeren Triazinen:*

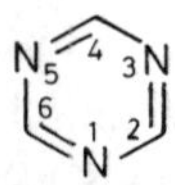

1,3,5-Triazin (*sym.*)

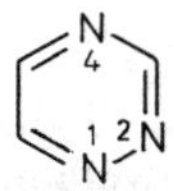

1,2,4-Triazin (*unsym.*)

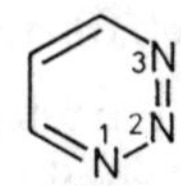

1,2,3-Triazin (*vic.*)

Unter diesen drei Heterocyclen hat nur das **1,3,5-Triazin,** auch s-Triazin genannt, Bedeutung.

Darstellung

7.9.1.1 *Durch säurekatalysierte Trimerisierung von Blausäure* (*Grundmann* und *Kreutzberger*, 1954).

7.9.1.2 Bei der Vakuumdestillation äquimolekularer Mengen von *O-Benzyl-imido-formiat-hydrochlorid und N,N-Diethylanilin* bei 80 °C (350 K) erfolgt Zersetzung des freien Imidoesters und gleichzeitige Trimerisierung zu 1,3,5-Triazin in 50proz. Ausbeute (*F. Cramer*, 1956):

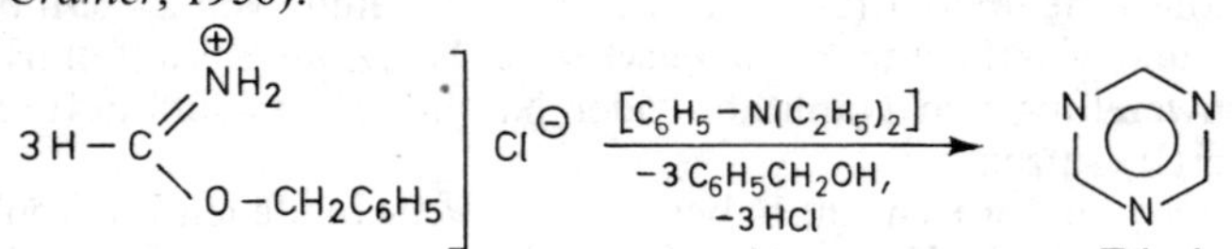

s-Triazin

7.9.1.3 *Durch thermische Zersetzung von Formamidin-hydrochlorid* in Gegenwart von Tri-*n*-butylamin unter vermindertem Druck erhält man in 70proz. Ausbeute das 1,3,5-Triazin (*F. C. Schaefer* et al.):

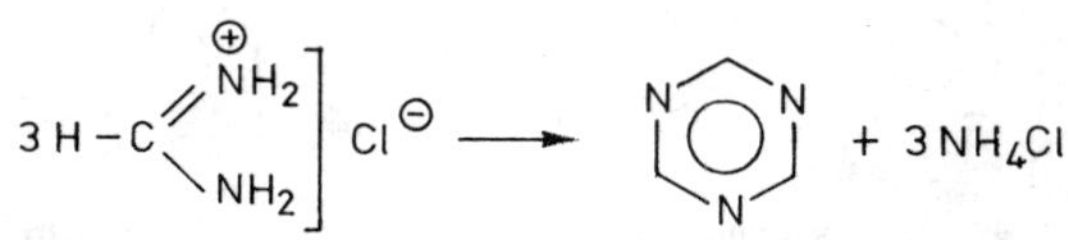

Auch die Verfahren 7.9.1.2 und 7.9.1.3 laufen indirekt auf eine Trimerisierung der Blausäure hinaus.

Eigenschaften. 1,3,5-Triazin bildet farblose, stark lichtbrechende, rhombische Kristalle vom Schmp. 86 °C (359 K) und ist in organischen Lösungsmitteln leicht löslich. Auffallend ist seine große thermische Beständigkeit, erst oberhalb 600 °C (870 K) erfolgt Depolymerisation zu Cyanwasserstoff. Besonders empfindlich ist 1,3,5-Triazin gegen *nucleophile* Reagenzien, z. B. auch gegen Wasser, wobei die jeweiligen Primärprodukte unter Aufspaltung des s-Triazinringes zerfallen. Diese *nucleophile* Ringspaltung des s-Triazins kann für Synthesen verschiedener Heterocyclen[1] ausgenutzt werden, z. B. geht *o*-Aminothiophenol durch Umsetzen mit s-Triazin unter *Methinylierung* in Benzothiazol über:

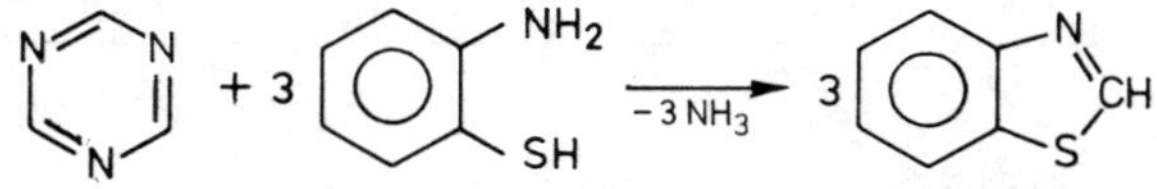

s-Triazin *o*-Aminothiophenol Benzothiazol

[1] Vgl. *Ch. Grundmann*, Synthesen mit s-Triazin, Angew. Chem. *75*, 393 (1963); *A. Kreutzberger*, Die Chemie des s-Triazins, Fortschr. chem. Forsch. *4*, 273 ff. (1963).

Elektrophile Substitutionen sind beim s-Triazin äußerst erschwert, z. B. sind Nitrierungen und Sulfonierungen nicht möglich, zumal die dabei verwendeten Reagenzien so schnell hydrolysierend wirken, daß es nicht zur Substitution kommt. Mit Brom bildet 1,3,5-Triazin bei 0 °C (273 K) ein stabiles Perbromid, $C_3H_3N_3{,}Br_3$; bei 120 °C (390 K) entsteht dagegen in sehr guter Ausbeute das 2,4-Dibrom-1,3,5-triazin-hydrobromid.

7.9.1.4 Derivate des 1,3,5-Triazins

Vom s-Triazin leiten sich folgende Derivate der Cyanursäure ab (vgl. S. 366).

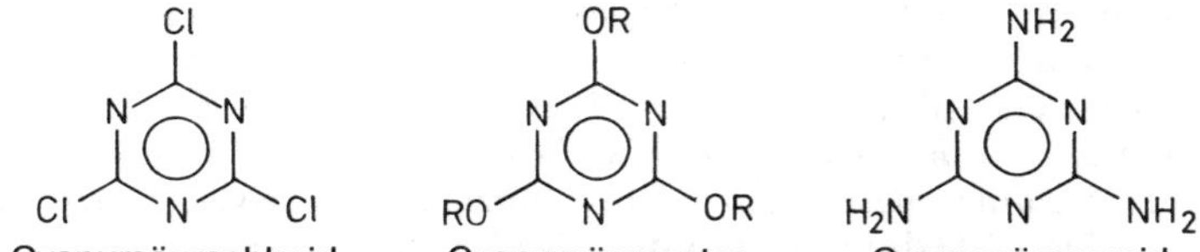

Cyanursäurechlorid Cyanursäureester Cyanursäureamid

Cyanursäurechlorid (Cyanurchlorid) wird *durch Trimerisierung von Chlorcyan* dargestellt und dient als Zwischenprodukt bei der Herstellung von Reaktiv-Farbstoffen.
Aus Cyanurchlorid und Natriumalkoholat erhält man die **Cyanursäureester** und mit Ammoniak das **Cyanursäureamid** (Melamin).
Technisch wird Melamin aus Harnstoff gewonnen:

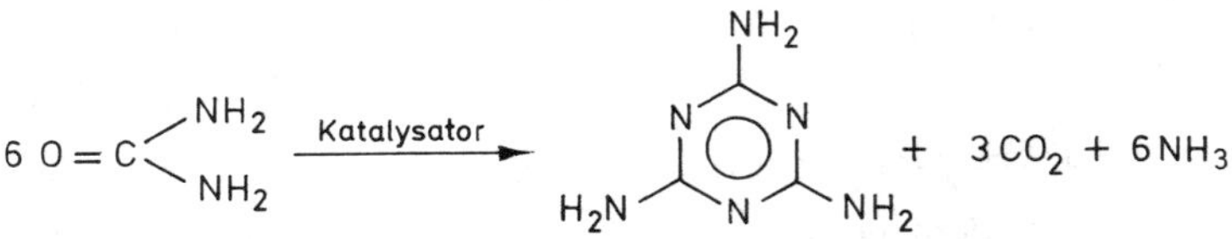

Melamin

Durch *Polykondensation* von Melamin mit Formaldehyd entstehen die wichtigen **Melaminharze** (Meladur, Ultrapas), die für die Herstellung elektrischer Isolatoren und für Gebrauchsgegenstände (Teller, Tassen usw.) Verwendung finden.

7.9.2 Tetrazine

Von dieser Stoffklasse sei als Derivat des 1,2,4,5-Tetrazins die **Bisdiazoessigsäure** (2,5-Dihydro-1,2,4,5-tetrazin-3,6-dicarbonsäure) erwähnt, die durch *Dimerisierung* von Diazoessigester unter Einwirkung starker Laugen bei gleichzeitiger Hydrolyse der Estergruppe gebildet wird. Sie kann leicht zur 1,2,4,5-Tetrazin-3,6-dicarbonsäure oxidiert werden, die beim Erhitzen unter Decarboxylierung in **1,2,4,5-Tetrazin** übergeht. Dieses bildet blaurote Kristalle vom Schmp. 99 °C (372 K).

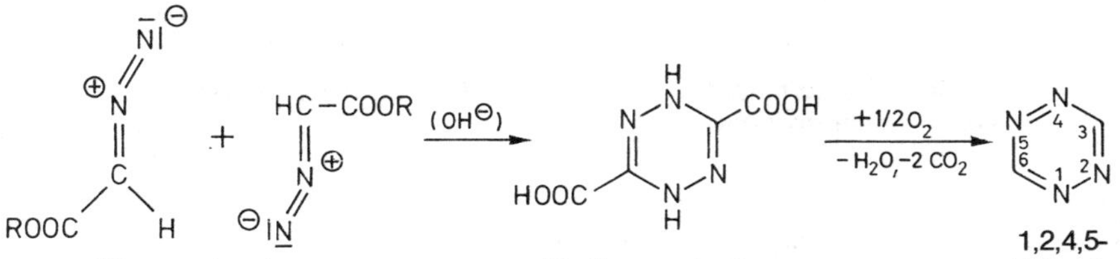

Diazoessigester Bisdiazoessigsäure 1,2,4,5-Tetrazin

7.10 Benzoanellierte Siebenringe mit einem oder zwei Heteroatomen

7.10.1 Benzazepine

Im Gegensatz zu den Benzazolen und Benzazinen wurden die benzoanellierten 7gliedrigen N-Heterocyclen, die *Benzazepine*, erst in den letzten Jahrzehnten eingehend untersucht; das gleiche gilt auch für die 7-Ringsysteme mit zwei Heteroatomen, z. B. für die *Benzodiazepine*, *Benzoxazepine* und *Benzothiazepine*. Die rasche Entwicklung dieser Arbeiten ist aufs engste mit der fast einzigartigen psychopharmakologischen Wirkung einiger Derivate dieser Ringsysteme verbunden.

Als Beispiele seien das 5-(3-Dimethylamino-propyl)-10,11-dihydro-5*H*-dibenz[b,f]azepin (*INN:* ***Imipramin,*** *Tofranil*) genannt, das als *Thymoleptikum* eine depressionslösende und stimmungshebende Wirkung zeigt, sowie das 5*H*-Dibenz[b,f]azepin-5-carbonamid (*INN:* ***Carbamazepin,*** *Tegretal*), eines der wichtigsten Antiepileptika.

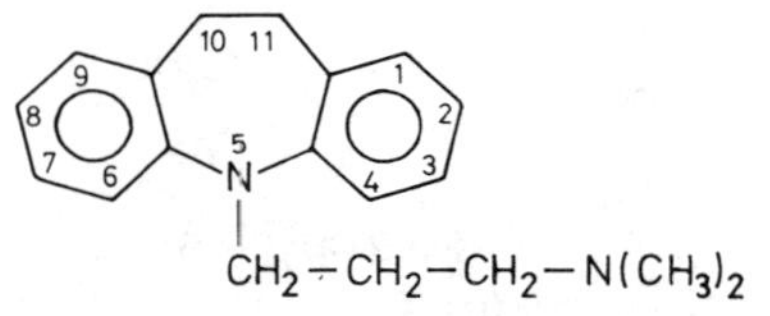

INN: ***Imipramin***

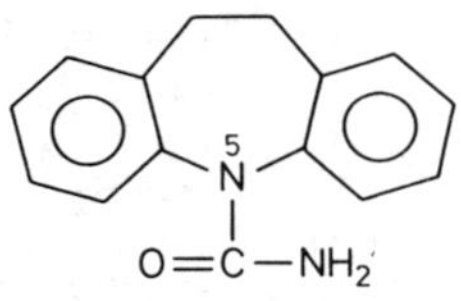

INN: ***Carbamazepin***

7.10.2 Benzodiazepine[1]

Bei der Synthese von 1,4-Benzodiazepinen geht man einmal von den 2-Halogen-methyl-chinazolin-3-oxiden aus, die bei der Umsetzung mit *primären* aliphatischen Aminen unter einer interessanten *Ringerweiterung* zu *3H-1,4-Benzodiazepin-4-oxiden* reagieren (*L. H. Sternbach* et al., 1961), z. B.:

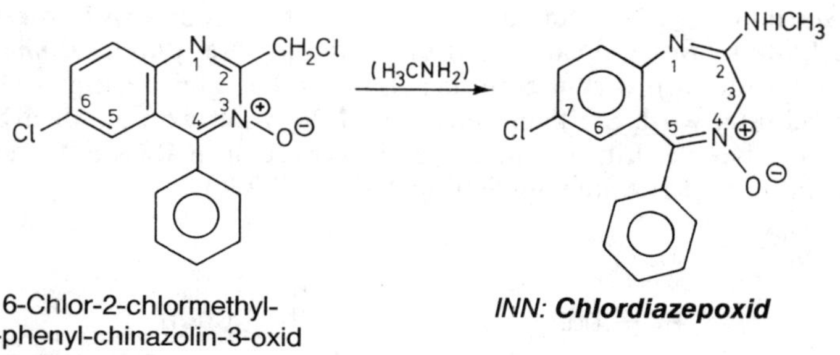

6-Chlor-2-chlormethyl-4-phenyl-chinazolin-3-oxid

INN: ***Chlordiazepoxid***

---

[1] Vgl. *V. Snieckus* et al., 1,2-Diazepines: A New Vista in Heterocyclic Chemistry, Accounts Chem. Res. *14*, 348 (1981).

Das so zugängliche 7-Chlor-2-methylamino-5-phenyl-3*H*-1,4-benzodiazepin-4-oxid (*INN:* ***Chlordiazepoxid,*** *Librium*) zählt heute zu den meist verwendeten *Tranquilizern,* d. h. Verbindungen, die ohne hypnotische Nebenwirkung nur bestimmte Bereiche des Zentralnervensystems dämpfen und zur Bekämpfung von Erregungs- und Angstzuständen eingesetzt werden.

Eine weitere Darstellungsmethode für 1,4-Benzodiazepine ist vor allem die Reaktion von *o*-Aminobenzophenon mit Glycinesterhydrochlorid in siedendem Pyridin, die zu *1,3-Dihydro-2H-5-phenyl-1,4-benzodiazepin-2-onen* führt, z.B.:

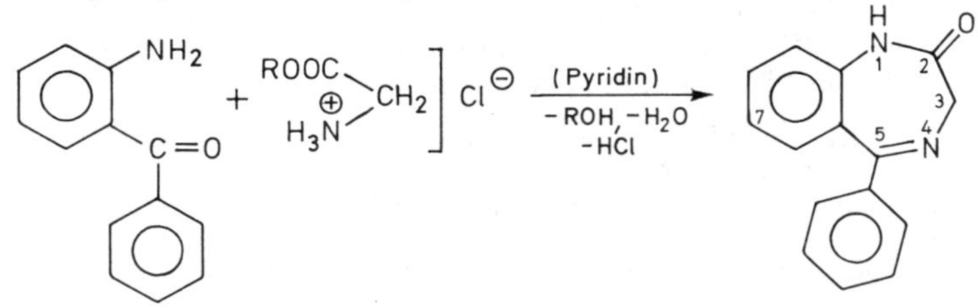

o-Aminobenzophenon Glycinesterhydrochlorid 1,3-Dihydro-2*H*-5-phenyl-1,4-benzodiazepin-2-on

Das 7-Chlor-1-methylderivat dieser Verbindung ist der Tranquilizer *INN:* ***Diazepam*** (*Valium*).

7.11 Bicyclische Heterosysteme

In diesem Kapitel werden Verbindungen behandelt, in denen zwei verschiedene Heterocyclen miteinander kondensiert sind. Zu ihnen zählen einige Naturstoffklassen, vor allem die Purine, Pterine und das Riboflavin.

7.11.1 Purine

Diese im Tier- und Pflanzenreich wichtige Stoffklasse enthält ein bicyclisches Ringsystem, das sich aus einem Pyrimidin- und einem Imidazolring aufbaut. Die Stammverbindung, das **Purin,** ist eine farblose Substanz vom Schmp. 217 °C (490 K), kommt aber frei in der Natur nicht vor. Sie wurde erstmalig von *E. Fischer* (1898) aus Harnsäure und 1962 von *Bredereck* auch auf einfache Weise aus Aminoacetonitril und Formamid in 35%iger Ausbeute dargestellt.

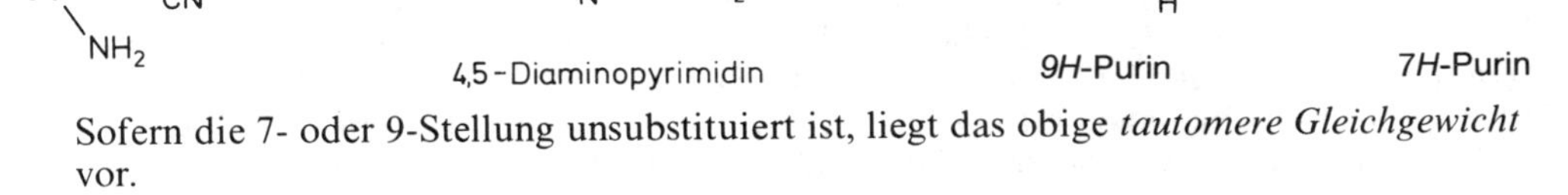

4,5-Diaminopyrimidin 9*H*-Purin 7*H*-Purin

Sofern die 7- oder 9-Stellung unsubstituiert ist, liegt das obige *tautomere Gleichgewicht* vor.

Heterocyclische Verbindungen 7

Purin oder Imidazo[4,5-d]pyrimidin ist ein aromatisches 10π-Elektronensystem. Von diesem Ringskelett leiten sich folgende physiologisch wichtige Derivate ab.

7.11.1.1 Harnsäure

Die Harnsäure, die *Scheele* (1776) in den Blasensteinen entdeckte, ist das stickstoffhaltige Endprodukt des Eiweißstoffwechsels der Reptilien und Vögel und findet sich daher in Schlangenexkrementen (etwa 90%) und im *Guano,* den Ablagerungen von Vogelexkrementen (etwa 25%). Aus diesen Naturprodukten wird die Harnsäure durch Auslaugen und nachfolgendes Ansäuern gewonnen.

Der Harn von Menschen und Säugetieren enthält nur geringe Mengen Harnsäure, jedoch kann es zu pathologischen Harnsäureablagerungen in den Gelenken (Gicht) sowie zur Bildung von Blasen- und Nierensteinen kommen, die überwiegend aus dem Natrium- oder Ammoniumsalz der Harnsäure bestehen.
Für die Synthese der Harnsäure, aber auch anderer Purinderivate, wird meist das Verfahren von *Traube* benutzt.

Darstellung. ***Traube*-Synthese.** Durch Kondensation von Harnstoff mit Cyanessigester entsteht Cyanacetylharnstoff, der sich unter der Einwirkung von Laugen zu 6-Amino-uracil cyclisiert. Dieses läßt sich über die Nitrosoverbindung in 5,6-Diamino-uracil überführen, das mit Chlorameisensäureethylester in Gegenwart von Natronlauge das entsprechende Urethan liefert. Letzteres spaltet in der Hitze Alkohol ab unter Bildung von Harnsäure:

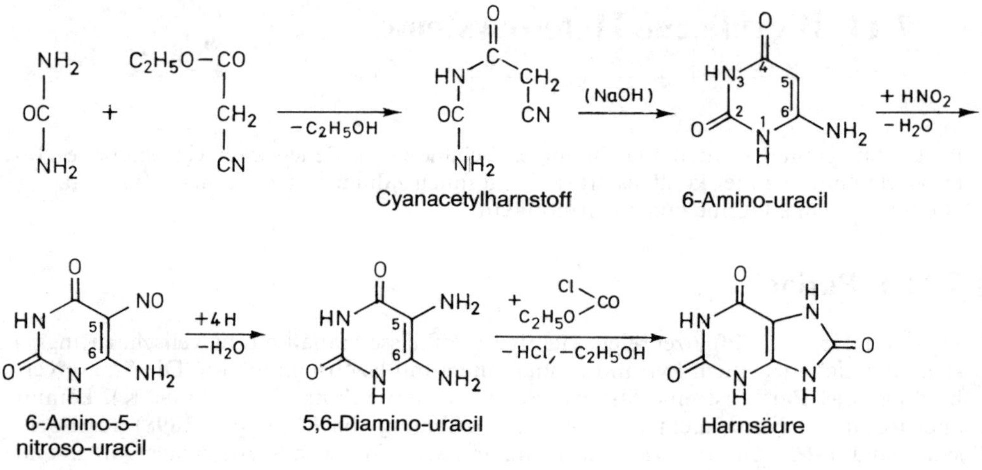

Die Endstufe der Reaktion kann auch durch Verschmelzen des 5,6-Diamino-uracils mit Harnstoff erreicht werden, wobei unter Abspaltung von 2 Molekülen Ammoniak Harnsäure gebildet wird.

Eigenschaften. Harnsäure ist eine farblose, kristalline Substanz, die im Gegensatz zur Barbitursäure nur schwach sauer reagiert ($pK_a^1 = 5{,}75$) und sich in Wasser kaum merklich löst. Sie bildet zwei Reihen von Salzen, die sauren und die neutralen *Urate.*
Die *Konstitution* der Harnsäure ließ sich durch oxidativen Abbau aufklären. Je nach den Versuchsbedingungen (HNO_3 oder PbO_2) entstehen als Abbauprodukte **Alloxan** oder **Allantoin,** im ersten bleibt der Pyrimidin-, im zweiten der Imidazolring erhalten:

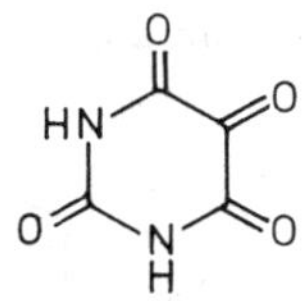
Alloxan

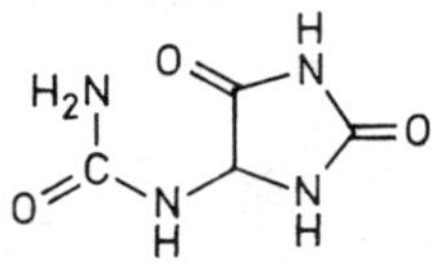
Allantoin

Zum *analytischen Nachweis* der Harnsäure dampft man die zu prüfende Substanz mit Salpetersäure ein und übergießt den Rückstand mit Ammoniak. Das Auftreten einer *purpurroten* Färbung zeigt Harnsäure an **(Murexidreaktion),** sie tritt unter entsprechenden Versuchsbedingungen auf, ohne daß Ammoniak zugefügt werden muß. Murexid ist das *Ammoniumsalz der Purpursäure.*

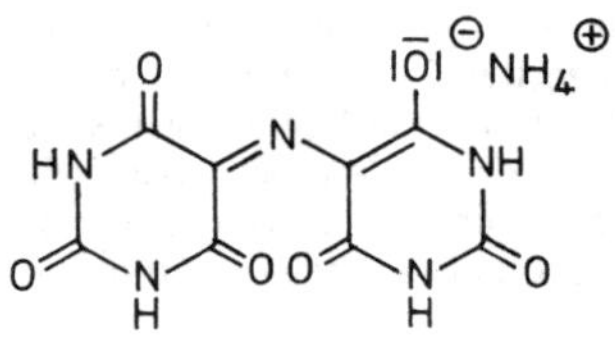
Murexid

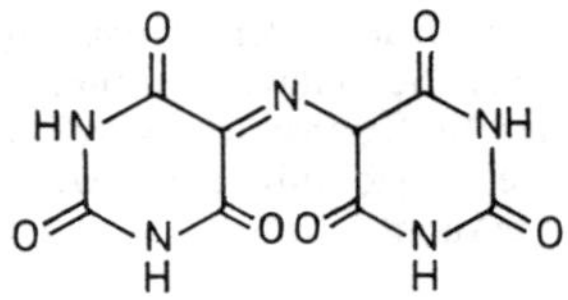
Purpursäure

7.11.1.2 Xanthin und Hypoxanthin

Xanthin findet sich im Blut, im Harn und in der Leber, *Hypoxanthin* tritt als Spaltprodukt der Nucleinsäuren auf.

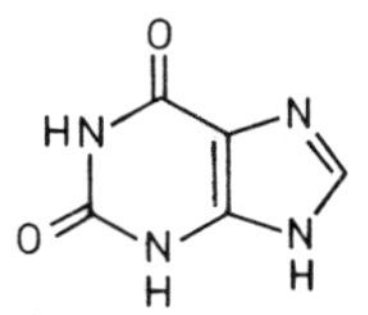
Xanthin

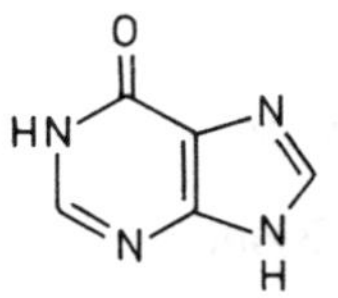
Hypoxanthin

7.11.1.3 Guanin und Adenin

Guanin findet sich frei in der Milch sowie in den Exkrementen von Säugetieren und Vögeln (Guano). Es ist eine silbrig glitzernde Substanz und Bestandteil der Schuppen von Fischen und Reptilien.
Adenin (6-Amino-purin) tritt frei in vielen Naturprodukten auf, z. B. in Teeblättern, im Zuckerrübensaft, in der Hefe und im Steinpilz.

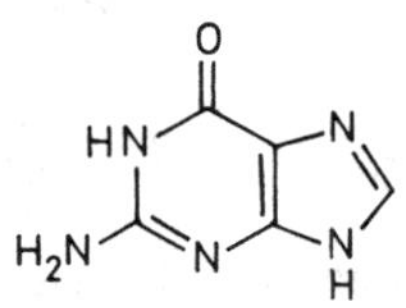
Guanin

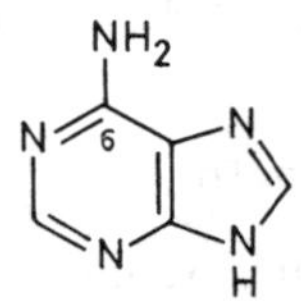
Adenin

Beide Verbindungen kommen als Bausteine in den Nucleinsäuren vor, außerdem ist Adenin ein Bestandteil wichtiger Coenzyme.

Die übersichtlichste Methode zur *Darstellung* von Purinen geht vom *4,5-Diamino-pyrimidin* bzw. dessen Derivaten aus, die sich bei der *Acylierung* über das 5-Acylamino-Derivat in der Hitze leicht zum betreffenden Purinderivat cyclisieren, z. B.:

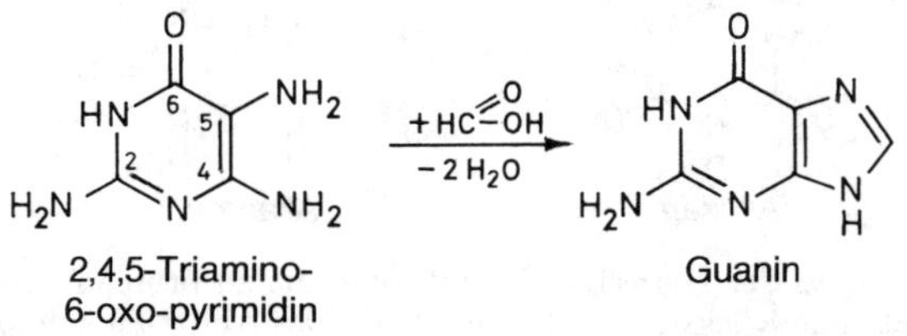

Anstelle der Ameisensäure wird auch *Formamid* oder *Dithioameisensäure* eingesetzt.
Im Jahre 1955 konnte aus gealteter Desoxyribonucleinsäure das **Kinetin** (6-Furfurylaminopurin) isoliert werden (*E. Skoog*). Dieser physiologisch hochaktive Wirkstoff erwies sich als der erste Vertreter einer neuen Gruppe von *Phytohormonen,* der *Cytokinine,* die die Zellteilung und das Wachstum von pflanzlichen Gewebekulturen fördern. Ferner begünstigen sie die Samenkeimung und beeinflussen den Stofftransport (Attraktionsstoffe nach *Mothes*). Neuerdings wurde aus unreifen Maiskörnern ein Cytokinin, das **Zeatin,** isoliert und als 6-(4-Hydroxy-3-methyl-*trans*-2-butenyl)-amino-purin erkannt (*Letham,* 1964). Es fungiert als *Zellteilungsfaktor.*

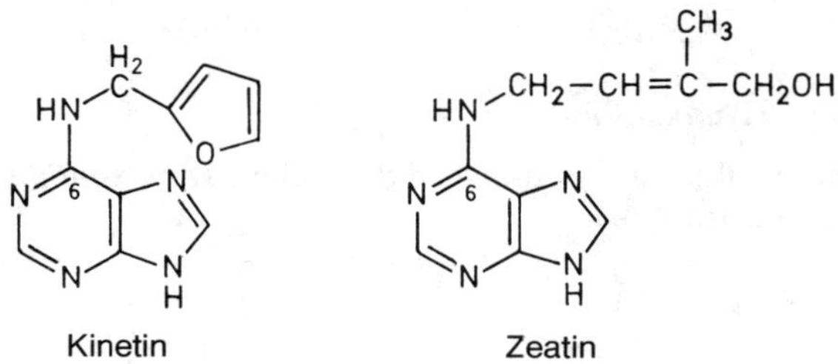

7.11.1.4 N-Methylierte Xanthine

Die drei wichtigsten Purinbasen dieser Klasse sind *Theophyllin, Theobromin* und *Coffein,* die sich von den bereits erwähnten Purinderivaten durch ihre stimulierende Wirkung unterscheiden. Sie leiten sich vom Xanthin ab, in dessen Molekül die H-Atome der NH-Gruppen stufenweise durch Methylgruppen ersetzt sind, und besitzen folgende Konstitutionsformeln:

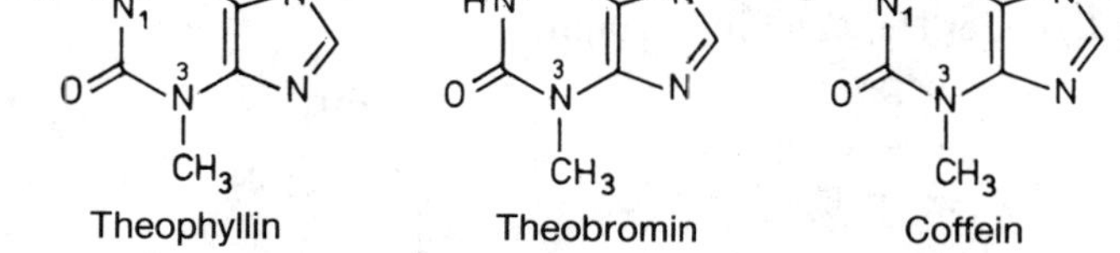

Theophyllin, 1,3-Dimethyl-xanthin, kommt in geringer Menge in Teeblättern vor. Es wirkt gegen Bronchialasthma, steigert die Leistung des Herzens und die Durchblutung der Koronargefäße und gehört zu den wichtigsten Herzmitteln; außerdem wirkt es harntreibend (Diuretikum). Es bildet farblose Tafeln, die bei 268 °C (541 K) schmelzen und in heißem Wasser leicht löslich sind.

Das Ethylendiaminsalz des Theophyllins (*Euphyllin*) und das 7-[β-Hydroxy-ethyl]-theophyllin (*INN: Etofyllin, Cordalin*) werden als *Cardiotonika* verwendet.

Theobromin, 3,7-Dimethyl-xanthin, ist das Hauptalkaloid der Kakaobohnen, ferner findet es sich im Tee und in der Colanuß. Es wirkt ebenfalls *diuretisch*.
Coffein, 1,3,7-Trimethyl-xanthin, ist in den Kaffeebohnen (1 – 1,5%) und im Tee (bis zu 5%) enthalten. Man gewinnt es aus Teeabfällen oder als Nebenprodukt bei der Herstellung coffeinarmen Kaffees sowie synthetisch.

Coffein übt eine anregende und belebende Wirkung auf das Zentralnervensystem und die Herztätigkeit aus und findet medizinische Verwendung. Diuretisch wirkt es geringer als Theophyllin und Theobromin. – Diese drei Purinderivate werden wegen ihrer spezifischen und z. T. ähnlichen physiologischen Wirkung auch zu den *Alkaloiden* gerechnet.

7.11.2 Pterine

Ein dem Purinskelett strukturell nahestehendes bicyclisches Ringsystem ist das **Pteridin**[1], eine gelbe, gut kristallisierende Base ($pK_a = 4{,}05$) vom Schmp. 138 °C (411 K), deren Abkömmlinge zuerst aus den Schmetterlingsflügeln (pteron = Flügel) und aus anderen Insekten isoliert wurden. Im Pteridinmolekül liegt ein Pyrimidin- und ein Pyrazinring *ortho*kondensiert vor. Die sich davon ableitende Stoffklasse bezeichnet man als *Pterine*. Die Stammverbindung der natürlichen Pterine ist das 2-Amino-4-oxo-3,4-dihydropteridin oder **Pterin.**

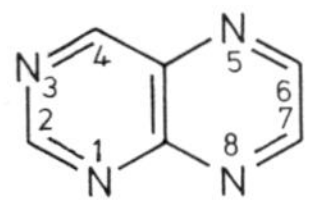

Pteridin

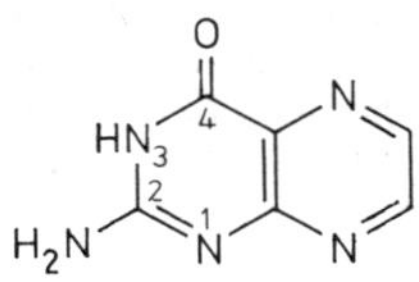

Pterin

Die wichtigsten Pterine sind das gelbe **Xanthopterin** (7-Desoxy-leucopterin), $C_6H_5N_5O_2$, und das farblose **Leucopterin**[2], $C_6H_5N_5O_3$:

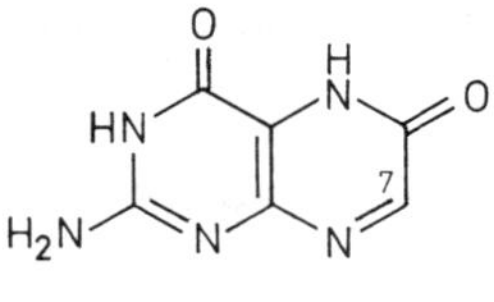

Xanthopterin

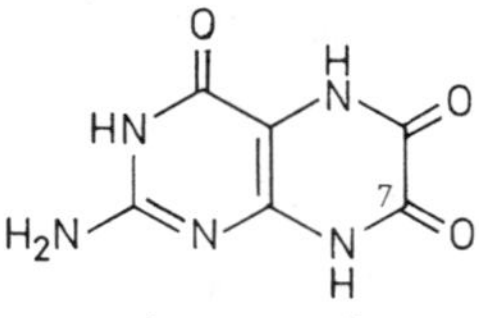

Leucopterin

Leucopterin ist das weiße Flügelpigment des Kohlweißlings und Xanthopterin der gelbe Farbstoff der Flügel des Zitronenfalters. Ihre *Konstitution* konnte durch Synthesen bewiesen werden.

Durch das Enzym *Xanthinoxidase* kann Xanthopterin zu Leucopterin oxidiert werden.
Die Kenntnis der Pterine verdanken wir vornehmlich den Untersuchungen von *H. Wieland*, *Schöpf* und *Purrmann*. Diese Ablagerungsprodukte des Insektenstoffwechsels waren bei der Erforschung eines neuen Wirkstoffs der *Vitamin-B-Gruppe*, der Folsäure, von Bedeutung.

INN: ***Folsäure*** wurde zuerst aus Leberextrakten isoliert (*Stokstad*, 1938). Später gelang ihre Darstellung aus Spinatblättern (folium = Blatt) und aus einer Reihe von Mikroorganismen (Lactobacillus casei, Streptococcus lactis u. a.), für die sie einen *Wuchsstoff* darstellt.

[1] Vgl. *W. Pfleiderer*, Neuere Entwicklungen in der Pteridinchemie, Angew. Chem. *75*, 993 (1963).
[2] Vgl. *F. Weygand* et al., Über die Biogenese des Leucopterins, Angew. Chem. *73*, 402 (1961).

Die Folsäure beeinflußt als Wachstumsfaktor der Leukozyten die Blutbildung und wird, kombiniert mit Vitamin B_{12}, als Heilmittel gegen *perniciöse Anämie* verwendet.

Die durch Synthesen gesicherte *Konstitutionsaufklärung* ergab, daß die Folsäure aus Pteroinsäure (Bausteine: 6-Methyl-pterin und *p*-Aminobenzoesäure) und L-Glutaminsäure in peptidartiger Bindung aufgebaut ist. Sie wird daher auch als *Pteroylglutaminsäure*[1] bezeichnet (*Angier, Hutchings, Tschesche, F. Weygand*).

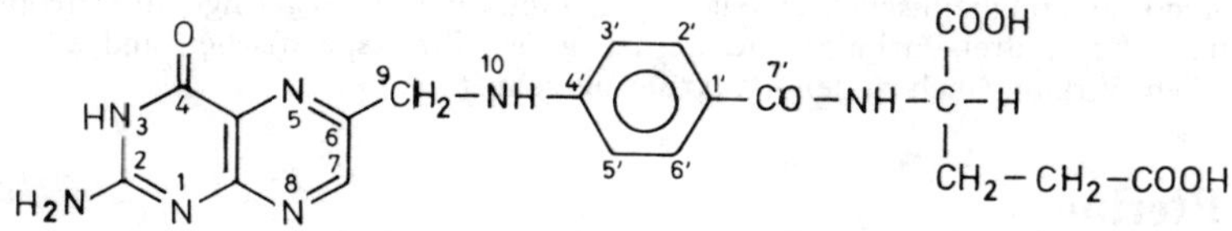

INN: ***Folsäure*** (Pteroylglutaminsäure)

Folsäure kristallisiert in dünnen gelben Nadeln, die in Wasser und organischen Lösungsmitteln kaum löslich sind. Gegen Säuren ist sie empfindlich, bildet aber mit Alkalien ziemlich beständige Salze.

Die Wirkung der *Sulfonamide* beruht darauf, daß sie im Bakterienstoffwechsel den Einbau der *p-Aminobenzoesäure* in die Folsäure hemmen.
Die Folsäure entfaltet ihre Wirkung im Organismus als *5,6,7,8-Tetrahydrofolsäure* (Folinsäure, *Leucovorin*). Sie wird unter Beteiligung von ATP in die N-10-Formyl-tetrahydrofolsäure (Rhizopterin), die „aktive Ameisensäure" bzw. „aktiven Formaldehyd" umgewandelt (vgl. S. 888).
Die 5,6,7,8-Tetrahydro-pterine (THP) spielen bei enzymatischen Oxidationen eine katalytische Rolle[2].

7.11.3 Flavine (Isoalloxazine)

Das Flavin- oder Isoalloxazin-Ringsystem, das auch als Benzopteridin-Derivat aufgefaßt werden kann, liegt vor allem in *INN:* ***Riboflavin*** (Vitamin B_2) vor.

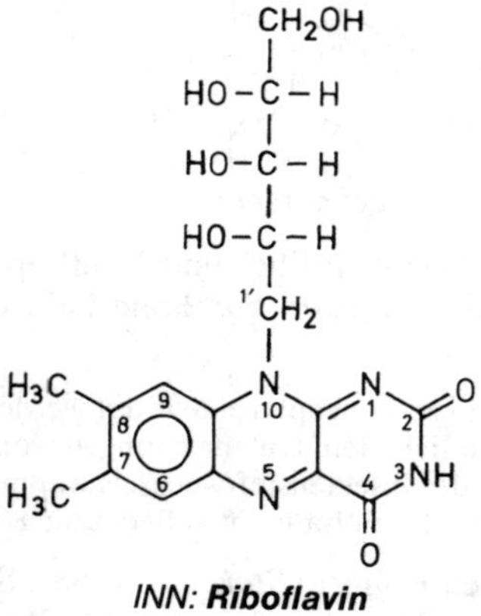

INN: ***Riboflavin***

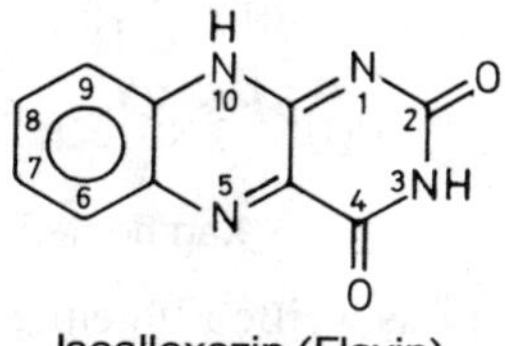

Isoalloxazin (Flavin)

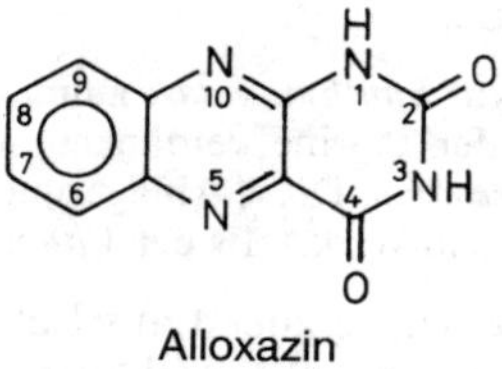

Alloxazin

[1] Vgl. *R. Tschesche* und *F. Korte,* Zum biochemischen Syntheseweg der Pteroylglutaminsäure, Z. Naturforsch. *8b,* 87 (1953); *L. Jaenicke,* Die Folsäure im Stoffwechsel der Einkohlenstoff-Einheiten, Angew. Chem. *73,* 449 (1961).
[2] Vgl. *M. Viscontini,* Tetrahydro-pterine, Katalysatoren der Phenylalanin-Hydroxylierung, Fortschr. chem. Forsch. *9,* 605 (1967).

Riboflavin (Lactoflavin) ist ein in der Natur weit verbreiteter gelber Farbstoff, der sich in Wasser löst und dessen Lösungen eine stark gelbgrüne Fluoreszenz zeigen. Seine Isolierung gelang im Jahre 1933 aus der Molke und dem Eiklar (*R. Kuhn, P. György* und *Th. Wagner-Jauregg*). Aus 1000 Litern Molke wurden etwa 70 mg Riboflavin gewonnen. Bereits zwei Jahre später konnte seine Konstitution durch Synthesen bewiesen werden (*R. Kuhn, Karrer*). Danach ist Riboflavin das *7,8-Dimethyl-10-(D-1'-ribityl)-flavin*, d. h. das C-Atom 1' des Zuckeralkohols D-Ribit ist direkt mit dem N-Atom in 10-Stellung des Flavinringes verbunden.

Riboflavin gehört zum *Vitamin-B-Komplex*, zu dem auch Thiamin, Pyridoxin, Pantothensäure, *myo*-Inosit, *p*-Aminobenzoesäure, Nicotinsäureamid, Biotin, Folsäure und Cobalamin zählen. Es ist ein wichtiger *Wachstumsfaktor* für Tiere und Mikroorganismen; *Riboflavin-5'-phosphat* fungiert als Enzymbaustein.

7.11.4 Bicyclische Amidine

Die bicyclischen Amidine 1,5-Diazabicyclo[4.3.0]-5-nonen (DBN) und 1,8-Diazabicyclo[5,4,0]-7-undecen (DBU) werden aus den entsprechenden Lactamen durch basenkatalysierte Umsetzung mit Acrylnitril, Reduktion mit *Raney*-Nickel und Ringschluß unter dem Einfluß von *p*-Toluolsulfonsäure (TsOH) dargestellt:

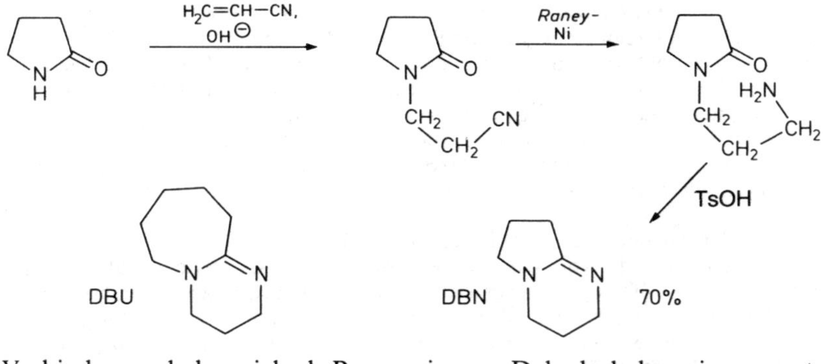

Beide Verbindungen haben sich als Reagenzien zur Dehydrohalogenierung unter schonenden Bedingungen bewährt[1].

7.12 Alkaloide[2]

Unter dem Begriff „*Alkaloide*“ faßt man eine Gruppe von stickstoffhaltigen Naturstoffen zusammen, die in vielen Pflanzen und einigen Tierarten vorkommen. Ihren Namen verdankt diese große Stoffklasse dem „alkali-ähnlichen“ Verhalten vieler ihrer Vertreter.

[1] Vgl. *H. Oediger* et al., Synthesis *1972*, 591.
[2] Vgl. *T. Robinson*, The Biochemistry of Alkaloids, 2. Aufl. (Springer-Verlag, Berlin 1981).

In den Pflanzen sind die Alkaloide fast stets salzartig an *Pflanzensäuren* gebunden, zu denen z. B. Oxal-, Essig-, Milch-, Äpfel-, Wein-, Citronen- und Aconitsäure zählen. Daneben treten einige Alkaloide in Verbindung mit einer für die betreffende Pflanze charakteristischen Säure auf, z. B. Chinasäure, Mekonsäure u. a. In den einzelnen Pflanzenfamilien findet sich oft eine Reihe chemisch verwandter Alkaloide (Haupt- und Nebenalkaloide). Der Alkaloidgehalt der Pflanzen ist jahreszeitlich bedingten Schwankungen unterworfen.

Die Isolierung der einzelnen Alkaloide aus dem Pflanzenmaterial ist gewöhnlich eine schwierige und zeitraubende Operation. Meist werden die trockenen Pflanzenteile mit siedendem Methanol extrahiert, der Extrakt konzentriert und die resultierende Lösung stark angesäuert. Die saure Lösung wird zunächst mit Ether extrahiert, um die wasserlöslichen, nicht basischen organischen Stoffe abzutrennen. Die alkaloidhaltige Lösung macht man dann basisch, wobei einige Alkaloide auskristallisieren, die wasserlöslichen extrahiert man mit Chloroform. Zur Trennung und Reinigung der strukturell verwandten Basen benutzt man die Wasserdampfdestillation, die Dünnschicht- und Gas-Chromatographie, und zwar sowohl analytisch als auch präparativ.

Strukturell liegt den meisten Alkaloiden ein mehr oder weniger kompliziert gebautes *heterocyclisches Ringsystem* zugrunde. Ihre Konstitutionen sind in vielen Fällen aufgeklärt und durch Synthesen bewiesen. Sie liegen überwiegend als kristalline, in Wasser schwer lösliche Basen vor, die mit Säuren Salze bilden, sind meist *optisch aktiv* und zwar fast ausschließlich linksdrehend.

Über die *biochemische Funktion* der Alkaloide in den Pflanzen hat man bisher nur eine geringe Kenntnis. Im tierischen Organismus zeigen viele Alkaloide schon in kleinsten Dosen eine hervorragende physiologische Wirkung. Sie werden daher seit den ältesten Zeiten vor allem als Heilmittel, aber auch als Rausch- und Genußmittel verwendet; einige sind stark giftig.
Neben der Konstitutionsaufklärung und Synthese zahlreicher Alkaloide stand im letzten Jahrzehnt ihre *Biosynthese*[1] im Mittelpunkt des Interesses. Wenngleich der Weg der pflanzlichen Biogenese der Alkaloide meist noch nicht im einzelnen erforscht ist, konnten prinzipielle Fragen mit Hilfe der *Isotopenmarkierung* geklärt und frühere Hypothesen z. T. experimentell bewiesen werden.
Die Biosynthese der Alkaloide ist eng mit dem *Aminosäurestoffwechsel* verbunden. Es gelang, radioaktive Aminosäuren in die von den Pflanzen produzierten Alkaloide einzubauen; sie werden als sekundäre Pflanzenstoffe von den primären Pflanzenstoffen (primären Metaboliten) wie Kohlenhydraten, Fetten und „ätherischen Ölen“ unterschieden. Durch Abbaureaktionen der markierten Alkaloide konnte die Stellung der markierten Atome ermittelt und ihr biosynthetischer Einbau in der Pflanze erkannt werden.

Die *Einteilung* der Alkaloide erfolgt aus didaktischen Gründen am besten nach dem ihnen zugrunde liegenden Ringskelett. Außer den auf S. 800*f.* erwähnten Purinderivaten rechnet man einige Basen vom Typ des *β-Phenylethylamins*, z. B. Tyramin, Hordenin und Ephedrin, sowie Verbindungen, die für Alkaloide typische pharmakologische und toxische Eigenschaften besitzen, z. B. Muscarin, zu den Alkaloiden.

7.12.1 Alkaloide vom Tetrahydropyrrol-, Pyridin-, Piperidin-Typ

Zu dieser Gruppe gehören vor allem *Nicotin* und *Anabasin*, deren Moleküle einen Pyridinkern und als Substituenten in 3-Stellung einen N-Methyl-tetrahydropyrrol- bzw. Piperidinring enthalten. Sie besitzen folgende Strukturen:

---

[1] Vgl. *K. Mothes*, Zur Geschichte unserer Kenntnis über die Alkaloide, Pharmazie *36*, 199 (1981).

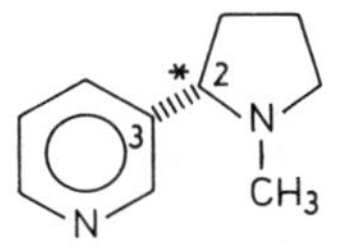

Nicotin = 3-[N-Methyl-2-tetrahydropyrrolyl]-pyridin

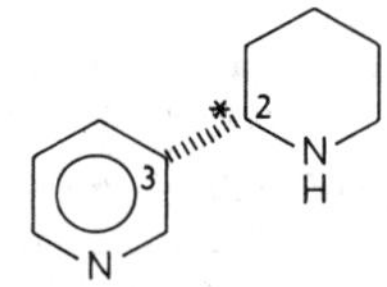

Anabasin = 3-[2-Piperidyl]- pyridin

7.12.1.1 Nicotin, $C_{10}H_{14}N_2$, kommt als Hauptalkaloid in den Blättern und Wurzeln der Tabakpflanze (Nicotiana tabacum) vor. Es ist ein farbloses, mit Wasser mischbares, *linksdrehendes* Öl von tabakähnlichem Geruch, das sich an der Luft rasch braun färbt. Seine Salze sind rechtsdrehend.
Beim oxidativen Abbau von Nicotin mit Chromsäure erhält man *Nicotinsäure.* Dagegen entsteht bei der Oxidation von Nicotiniodmethylat, in dem die Methylgruppe am N-Atom des Pyridinkerns haftet, mit Kaliumhexacyanoferrat(III) in alkalischer Lösung die L-*Hygrinsäure* [(−)-N-Methyl-tetrahydropyrrol-2-carbonsäure, L(−)-N-Methyl-prolin], womit zugleich die *absolute Konfiguration* des Nicotins festgelegt ist.

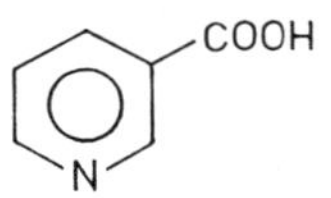

Nicotinsäure

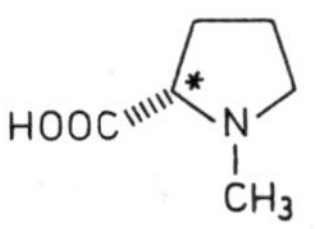

L-Hygrinsäure

Die Konstitution des Nicotins wurde durch Synthese bewiesen (*Pictet,* 1905). Die hierbei entstehende Racemform läßt sich über die Tartrate in die *Enantiomeren* spalten.
Nicotin wirkt in kleinen Mengen anregend auf das Nervensystem, verursacht vermehrte Sekretion der Drüsen und eine *Blutdrucksteigerung.* In größeren Dosen führt es unter Lähmung des Atemzentrums zum Tode. Die tödliche Dosis für den Menschen beträgt etwa 100 mg.

7.12.1.2 Anabasin, $C_{10}H_{14}N_2$, ist ein mit Nicotin isomeres Alkaloid, das gleichfalls im Tabak vorkommt. Später wurde es auch aus dem asiatischen Gänsefußgewächs *Anabasis aphylla* gewonnen. Es wird – wie Nicotin – als *Schädlingsbekämpfungsmittel* verwendet.

Die *Biosynthese* des Anabasins verläuft, ausgehend von der Aminosäure Lysin, *enzymatisch* über Cadaverin und 5-Aminovaleraldehyd, der sich zu 3,4,5,6-Tetrahydro-pyridin cyclisiert. Dieses dimerisiert sich zu Tetrahydroanabasin, das dann dehydriert wird:

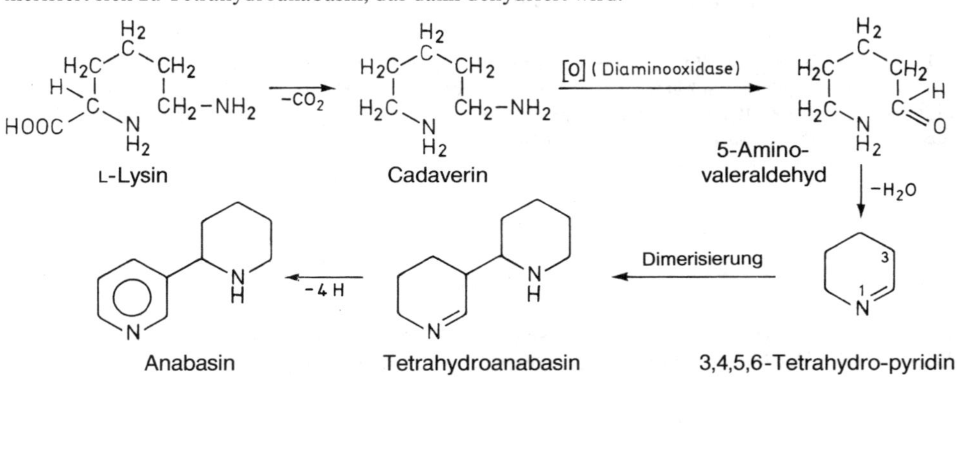

Analog erfolgt die *Biosynthese* des Pyrrolidinringes im Nicotin aus der Aminosäure Ornithin über Putrescin zu 3*H*-4,5-Dihydro-pyrrol.

7.12.1.3 (+)-Coniin, 2-Propyl-piperidin, $C_8H_{17}N$, findet sich im Schierling (Conium maculatum) und ist außerordentlich giftig.

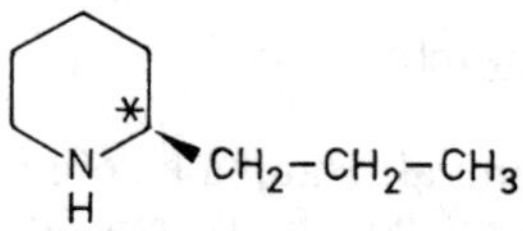

Coniin

Natürliches Coniin ist eine ölige Flüssigkeit, die sich in Wasser wenig, in Alkohol leicht löst. Die *Darstellung* des (±)-Coniins durch *Ladenburg* (1886) war die erste Alkaloidsynthese, und zwar entsteht bei der Kondensation von α-Picolin mit Acetaldehyd 2-(1-Propenyl)-pyridin, das durch Reduktion in (±)-Coniin übergeht:

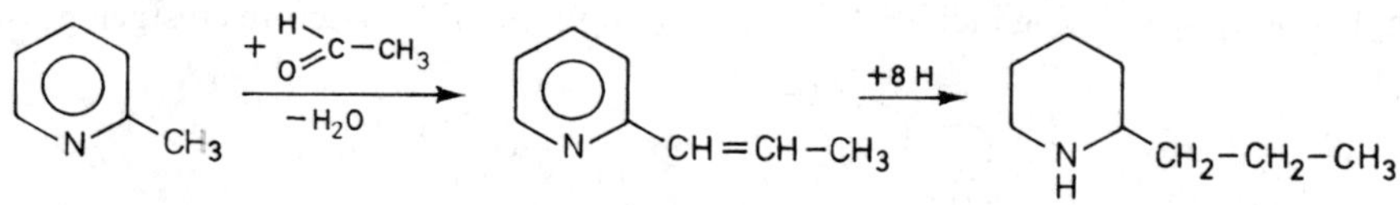

α-Picolin 2-(1-Propenyl)-pyridin (±)-Coniin

Die Spaltung der Racemform gelingt mittels Weinsäure.

7.12.1.4 *INN:* (−)-***Lobelin,*** $C_{22}H_{27}N_2O$, ist wie Coniin ein verhältnismäßig einfach gebauter Abkömmling des Piperidins. Es wird aus *Lobelia inflata* gewonnen und hat nach *H. Wieland* folgende Struktur, die durch Synthesen bewiesen ist:

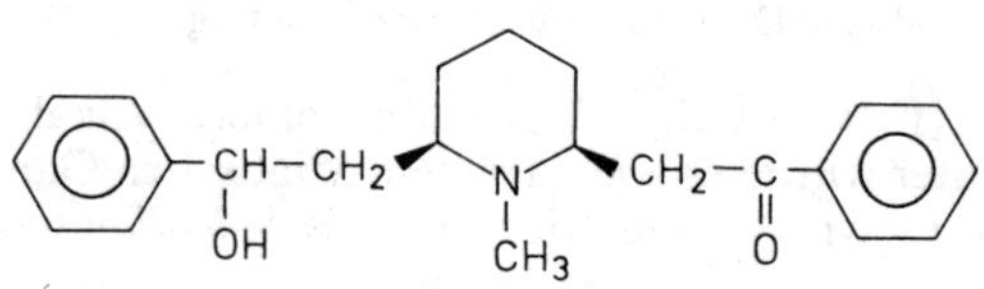

INN: ***Lobelin***

Lobelin regt die Atmung an und wurde daher medizinisch bei Atemstörungen angewandt; es ist auch bei der Tabakentwöhnung versucht worden.

7.12.1.5 Piperin, $C_{17}H_{19}NO_3$, ist das Hauptalkaloid des schwarzen Pfeffers (Piper nigrum) und zugleich der Träger des scharfen Pfeffergeschmacks. Bei der Hydrolyse wird es in Piperidin und eine zweifach ungesättigte Säure, die *Piperinsäure*, $C_{12}H_{10}O_4$, gespalten. Demnach liegt im Piperin das Amid der Piperinsäure mit Piperidin vor.

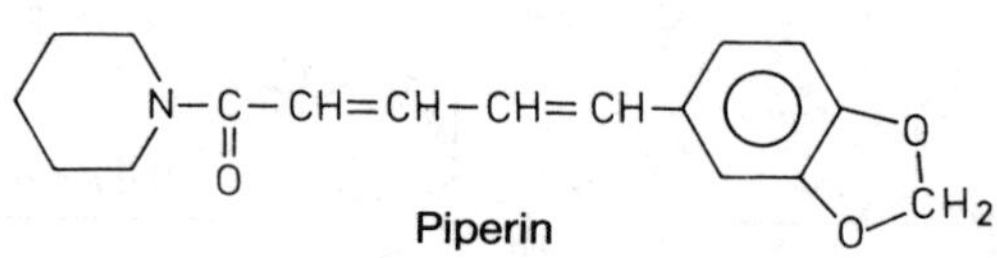

Piperin

Piperin ist eine kristalline Substanz vom Schmp. 129 °C (402 K), die sich in Wasser schwer löst. Die Oxidation der Piperinsäure mit Kaliumpermanganat führt zu Piperonal.

7.12.2 Alkaloide vom Tropan-Typ

Das dieser Alkaloidreihe zugrunde liegende Ringsystem, das **Tropan,** setzt sich aus einem Tetrahydropyrrol- und einem Piperidinring zusammen und hat folgende Konstitutions- bzw. Konformationsformel:

Nortropan

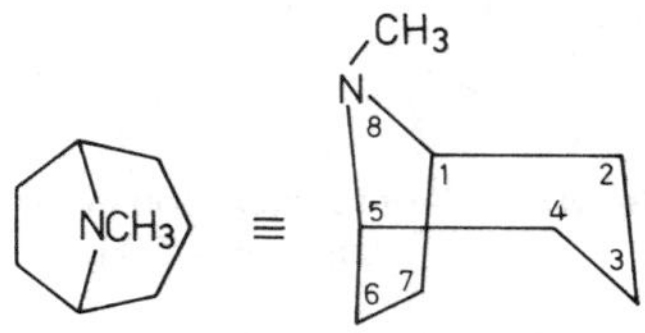

Tropan

Im Nortropan (8-Azabicyclo [3.2.1] octan) fehlt die Methylgruppe am N-Atom.

Vom Tropan leiten sich wichtige Alkaloide der Atropin- und Cocaingruppe ab.

Atropingruppe

7.12.2.1 Atropin, $C_{17}H_{23}NO_3$, ist die racemische Form des in der Tollkirsche (Atropa belladonna) und im Samen des Stechapfels (Datura stramonium) vorkommenden (–)-Hyoscyamins und besitzt nachstehende Konstitutionsformel:

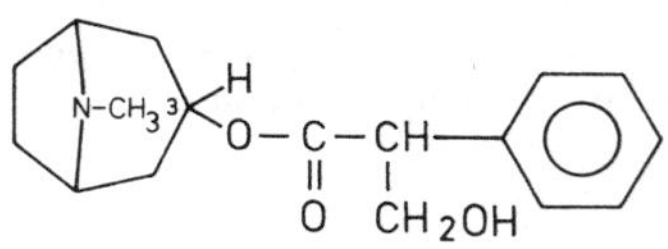

Atropin

Einblicke in die Konstitution vermittelte die saure Hydrolyse des Atropins, wobei als Spaltprodukt der *sekundäre* Alkohol **Tropin** und (±)-**Tropasäure** isoliert wurden.

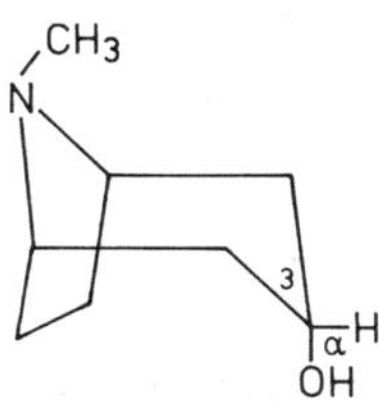

Tropin
(Tropan-3α-ol)

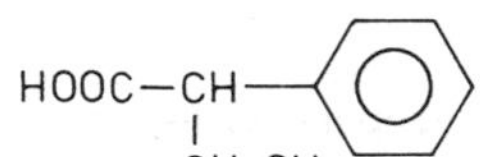

Tropasäure (α-Phenyl-β-hydroxy-propionsäure)

Bei der Beschreibung der Konformation von Tropanderivaten wurde auf Vorschlag von *Cahn* der N-Methyl-Brückenkopf als *Bezugspunkt* zugrunde gelegt und die *cis*-Stellung der Hydroxylgruppe mit *β*, die *trans*-Stellung mit α bezeichnet. Demnach ist Tropin mit Tropan-3α-ol identisch.

Tropin, das eine Symmetrieebene aufweist, ist *optisch inaktiv.* Bei der Oxidation geht es in das Keton *Tropinon* über.
Die *Konstitution* des Tropins wurde von *Willstätter* ermittelt, u. a. gelang es, die Stickstoffbrücke im Kohlenstoff-7-Ring des Tropins durch erschöpfende Methylierung herauszuspalten.

Später führte *R. Robinson* eine einfache *Synthese* des Tropinons aus Succinaldehyd, Acetondicarbonsäureester und Methylamin durch:

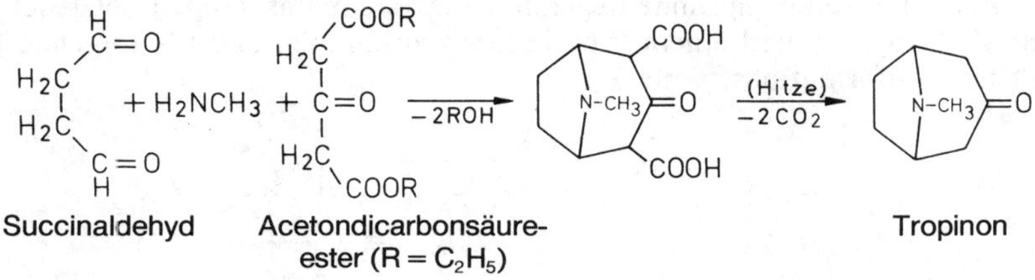

Die gleiche Reaktion gelang *Schöpf* unter zellmöglichen Bedingungen, d. h. bei Raumtemperatur in einem bestimmten *p*H-Bereich, der dem Neutralpunkt nahelag.

Atropin kristallisiert in Prismen vom Schmp. 115 °C (388 K), ist *pharmakologisch stark wirksam* und wurde erstmalig von *Willstätter* (1901) auf ziemlich kompliziertem Wege dargestellt. Heute geht man vom Tropin aus, das durch Reduktion von Tropinon in saurer Lösung zugänglich ist, und verestert es mit acetylierten Tropasäurechlorid. Nach hydrolytischer Abspaltung der Acetylgruppe erhält man Atropin.

Eine verdünnte Atropinlösung wirkt *mydriatisch,* d. h., sie ruft beim Einträufeln ins Auge Pupillenerweiterung hervor und wird daher in der Augenheilkunde verwendet.
(−)-Hyoscyamin, $C_{17}H_{23}NO_3$, wurde aus dem Bilsenkraut (*Hyoscyamus niger*) isoliert und besitzt die gleiche Konstitutionsformel wie Atropin, ist jedoch mit (*S*)-(−)-Tropasäure verestert und wird leicht zu Atropin racemisiert.
7.12.2.2 Scopolamin, $C_{17}H_{21}NO_4$, wird ähnlich wie Atropin und Hyoscyamin aus Nachtschattengewächsen (*Solanaceen*), besonders aus den *Scopolia*-Arten, gewonnen. Strukturell steht es dem Atropin nahe, enthält jedoch 2 H-Atome weniger und dafür einen Epoxidring.

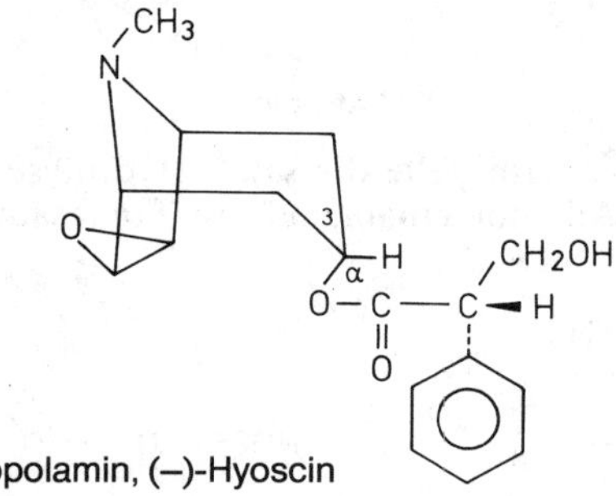

Scopolamin, (−)-Hyoscin

In der Medizin wird Scopolamin als Beruhigungsmittel und als einleitendes *Narkotikum* bei Operationen verwendet.

7.12.2.3 Cocaingruppe

(−)-Cocain, $C_{17}H_{21}NO_4$, ist das Hauptalkaloid der Blätter des Strauches *Erythroxylum coca,* der in Südamerika und auf Java heimisch ist.
Die *Konstitutionsaufklärung* des Cocains schließt sich eng an die des Atropins an. Durch saure oder alkalische Hydrolyse wird Cocain in **Ecgonin** (Tropin-2-carbonsäure), Benzoesäure und Methanol gespalten. Ecgonin läßt sich durch Oxidation und Decarboxylierung in Tropinon überführen. Demnach ist Cocain der Methylester des Benzoyl-ecgonins.

(−)-Ecgonin und (−)-Cocain besitzen folgende *Konformationsformeln* (*Fodor, Hardegger*):

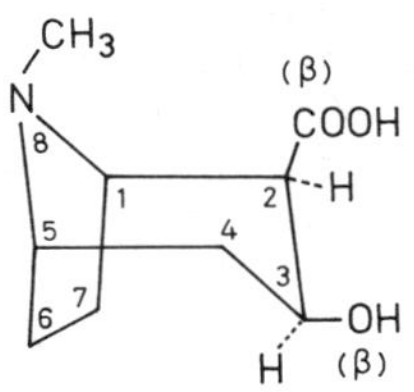

(−)-Ecgonin

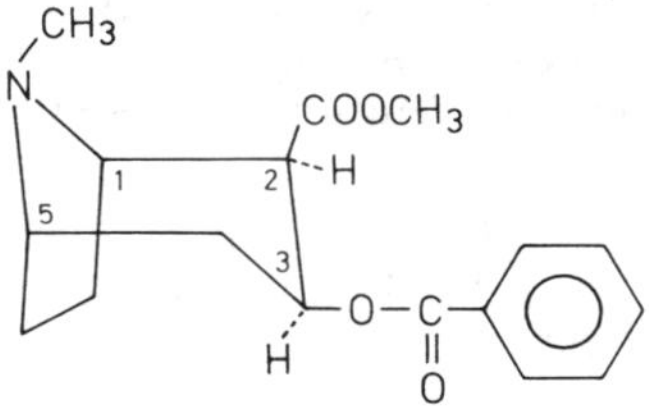

(2*R*.3*S*)-(−)-Cocain

Nach dem *Cahn-Ingold-Prelog*-System besitzen die C-Atome 1 und 2 des (−)-Cocains (*R*)-Konfiguration, die C-Atome 3 und 5 gehören zur (*S*)-Reihe. (−)-Cocain ist somit der (2*R*.3*S*)-3-Benzoyloxy-tropan-2-carbonsäuremethylester.
Die Konstitution des Cocains wurde auf synthetischem Wege bewiesen (*Willstätter, R. Robinson*). Die *Darstellung* des Ecgonins gelang *Robinson* – in Analogie zur Tropinonsynthese – durch Kondensation von Succinaldehyd, Acetondicarbonsäure-monomethylester und Methylamin. Der intermediär entstehende Tropinon-2-carbonsäuremethylester läßt sich durch Reduktion und Hydrolyse in (±)-Ecgonin überführen. Technisch gewinnt man Ecgonin aus den Rohalkaloiden der Cocablätter und stellt daraus durch Veresterung mit Methanol und Benzoylierung Cocain her.

(−)-Cocain ist eine kristalline Verbindung, die bei 98 °C (371 K) schmilzt und als *Lokalanästhetikum* mit lang anhaltender Wirkung große Bedeutung besaß. Es wirkt lähmend auf die peripheren Nerven und macht so Haut und Gewebe unempfindlich.

Daneben hat Cocain die Fähigkeit, ein Gefühl des Wohlbefindes hervorzurufen. Es kann daher leicht als Rauschgift mißbraucht werden und führt dann zu schweren Schädigungen des Nervensystems (Cocainismus). Schließlich tritt durch Lähmung des Atemzentrums der Tod ein. Deshalb bevorzugt man heute eine Reihe gut wirksamer, synthetischer *Anästhetika*, die keine suchterregenden Eigenschaften haben (s. S. 551).

In bezug auf ihren chemischen Bau schließen sich an die beiden letztgenannten Alkaloidgruppen die Pflanzenbasen des Granatapfelbaumes an.

7.12.2.4 Alkaloide des Granatapfelbaumes

Das wichtigste der in der Rinde des Granatapfelbaumes (*Punica granatum*) vorkommenden Alkaloide ist **Pseudopelletierin** (N-Methyl-granatonin), $C_9H_{15}NO$, das als Ringhomologes des Tropinons erkannt wurde. Sein Molekül besteht im Gegensatz zu den vorgenannten Alkaloiden aus *zwei* kondensierten Piperidinringen.
Das Grundgerüst dieser Alkaloidklasse liegt im Norgranatan bzw. *Granatan* vor:

Norgranatan

Granatan

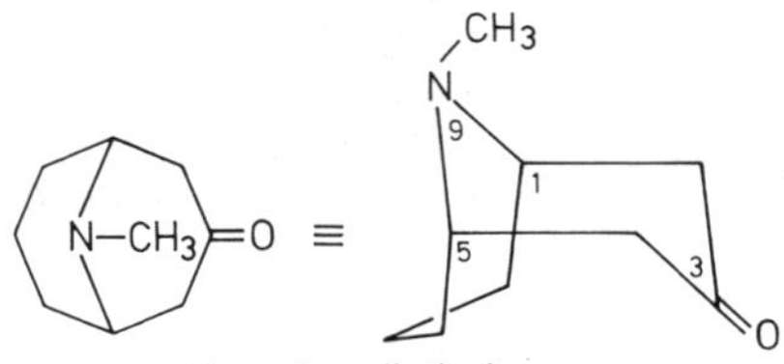

Pseudopelletierin

Pseudopelletierin ist demnach auch als 3-Granatanon aufzufassen. Seine *Synthese* gelang *R. Robinson* – in Analogie zur Darstellung von Tropinon – aus Glutardialdehyd, Acetondicarbonsäureester und Methylamin. Es ist eine starke Base vom Schmp. 48 °C (321 K) und aufgrund seines symmetrischen Baus *optisch inaktiv*.

Historisch interessant ist, daß *Willstätter* das Pseudopelletierin bis zum Cyclooctatetraen abgebaut hat.

Isopelletierin, $C_8H_{15}NO$, ein Nebenalkaloid, ähnelt in seiner Konstitution dem Coniin. Synthetisch läßt es sich aus der Lithiumverbindung des α-Picolins durch Umsetzen mit Acetanhydrid und anschließende katalytische Perhydrierung des Pyridinringes darstellen (*Wibaut*):

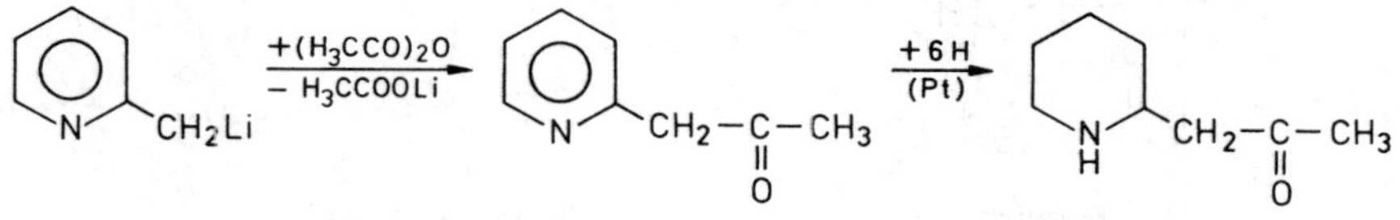

Isopelletierin

7.12.3 Alkaloide vom Chinolizidin-Typ

Diese Alkaloidgruppe leitet sich von der Stammverbindung **Chinolizin** (4a-Aza-4a,8a-dihydro-naphthalin) bzw. vom **Octahydrochinolizin** (1-Aza-bicyclo [4.4.0] decan) ab.

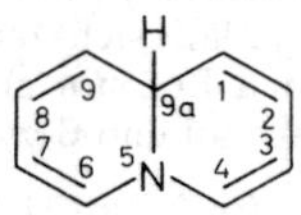

9a*H*-Chinolizin
(9a*H*-Pyrido[1.2-a]pyridin)

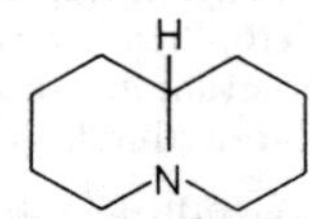

Octahydrochinolizin
(Chinolizidin)

Die Bezifferung dieser Ringsysteme erfolgt in der angegebenen Weise; das Brücken-C-Atom wird mit 9a numeriert.

Das bestbekannte Derivat des Chinolizins ist seine *1,2,3,4-Tetracarbonsäure,* die bei der Einwirkung von Acetylendicarbonsäuredimethylester auf Pyridin entsteht:

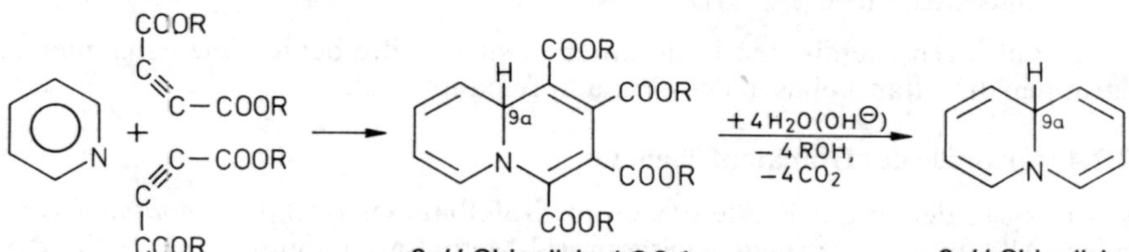

R = CH_3

9a*H*-Chinolizin-1,2,3,4-tetra(carbonsäure-methylester)

9a*H*-Chinolizin

Die erste Reaktionsstufe verläuft im Sinne einer *1,4-dipolaren Cycloaddition.* Der 1,2,3,4-Tetracarbonsäuremethylester läßt sich durch Destillation über Kalk verseifen und decarboxylieren unter Bildung von Chinolizin. – Das Perhydrochinolizin ist das Stammgerüst der *Lupinen-Alkaloide.*

(–)-Lupinin, $C_{10}H_{19}NO$, ist das Hauptalkaloid der gelben Lupinen (*Lupinus luteus*). Es ist eine kristalline Substanz vom Schmp. 70 °C (343 K) und hat folgende Struktur:

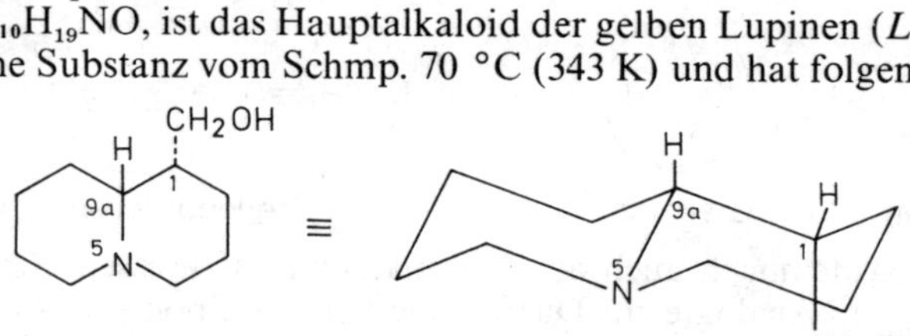

(–)-Lupinin (1-Hydroxymethyl-perhydrochinolizin)

Die Oxidation von Lupinin zu *Lupininsäure* zeigt, daß eine primäre Alkoholgruppe vorliegt. Eine einfache *Synthese* des Lupinins gelang *Schöpf* (1957) aus 3,4,5,6-Tetrahydro-pyridin. Sie steht in engem Zusammenhang mit der *Biosynthese* des Lupinins aus 2 Molekülen L-Lysin (vgl. Anabasin).

7.12.4 Alkaloide vom Chinolin-Typ

Die Gruppe der *China-Alkaloide* umfaßt etwa 30 verschiedene, zum Teil stereoisomere Pflanzenbasen, die vornehmlich aus der Rinde subtropischer Bäume der Gattungen *Cinchona* und *Remijia* isoliert wurden. Das wichtigste Alkaloid dieser Reihe ist *Chinin,* das als *Chemotherapeutikum* gegen Malaria verwendet wird.

(−)-Chinin, $C_{20}H_{24}N_2O_2$, wurde im Jahre 1820 von *Pelletier* und *Caventou* in der Chinarinde entdeckt.

Um die *Konstitutionsaufklärung* der China-Alkaloide haben sich besonders *Koenigs, Skraup* und *P. Rabe* verdient gemacht. Aus den Untersuchungen ergab sich für Chinin folgende Strukturformel:

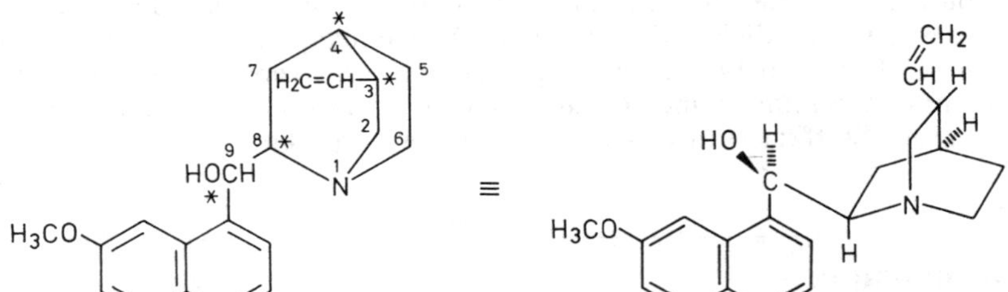

(−)-Chinin

Demnach baut sich das Chininmolekül aus zwei verschiedenen Ringsystemen auf, nämlich aus dem Chinolinkern (vgl. S. 775) und dem *Chinuclidinring* (1-Aza-bicyclo[2.2.2]octan). Es besitzt 4 asymmetrische C-Atome (*) mit folgenden Deskriptoren: (*R*)-3, (*S*)-4, (*S*)-8 und (*R*)-9.

Durch energische Oxidation des Chinins mit Chromsäure entstehen als Endprodukte *Chininsäure* und *Merochinen.*

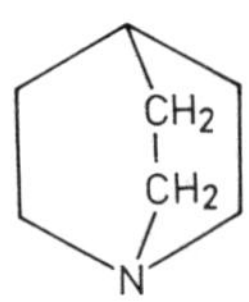

Chinuclidin

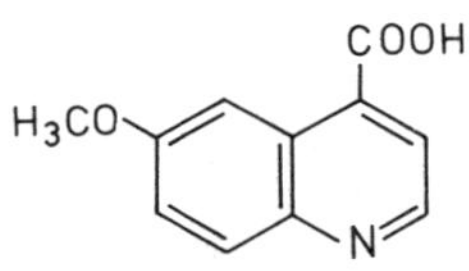

Chininsäure

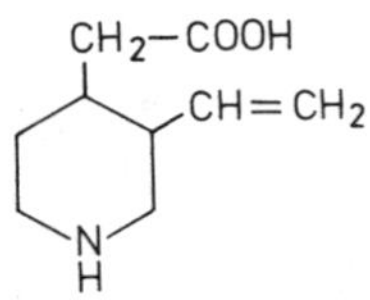

Merochinen

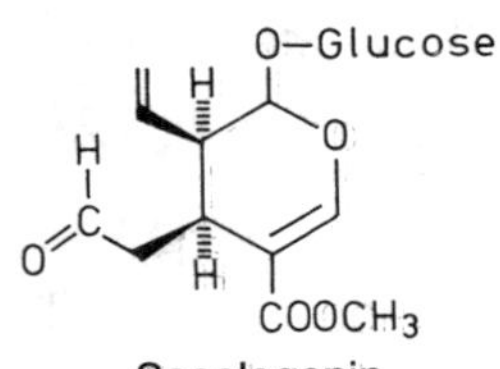

Secologanin

Abschließend wurde die Konstitution des Chinins durch *Totalsynthese* bewiesen (*Woodward,* 1945).

In der Pflanze entsteht der *Chinuclidinring* aus dem *Secologanin* als biogenetische Schlüsselverbindung, die ihrerseits aus Mevalonsäure entsteht. Aus dem Secologanin stammen außer der Vinylgruppe die 7 Kohlenstoffatome des Chinuclidinringes[1].

(−)-Chinin ist eine farblose Substanz, die sich in Wasser nur wenig löst; in wasserfreier Form schmilzt sie bei 177 °C (450 K). Ihre Salze haben einen äußerst bitteren Ge-

[1] Vgl. *A. R. Battersby* et al., Chem. Comm. *1970,* 194.

schmack. (−)-Chinin und andere China-Alkaloide haben sich als chirale Hilfsstoffe bei enantioselektiven Synthesen bewährt (*Wynberg*, 1976)[1].

(+)-Chinidin, $C_{20}H_{24}N_2O_2$, ist mit Chinin stereoisomer, und zwar unterscheiden sich beide an den asymmetrischen C-Atomen 8 und 9, die in der (*R*)-8 und (*S*)-9 Konfiguration vorliegen.

(+)-Cinchonin, $C_{19}H_{22}N_2O$, das wichtigste Nebenalkaloid der Chininreihe, weicht vom Chinin nur durch das Fehlen der Methoxylgruppe ab. Es wurde 1811 von *Gomez* in der Chinarinde entdeckt. Sein oxidativer Abbau führt zu Cinchoninsäure und zu Merochinen. Durch Benzylierung des Stickstoffs im Chinuclidinring erhält man N-Benzyl-cinchoniniumsalze, die als chirale Phasentransferkatalysatoren bei enantioselektiven Alkylierungen wirksam sind[2].

(−)-Cinchonidin, $C_{19}H_{22}N_2O$, steht zu Cinchonin sterisch in dem gleichen Verhältnis wie Chinidin zu Chinin.

(−)-Cuprein, $C_{19}H_{22}N_2O_2$, ist das entmethylierte Chinin und kann durch Methylierung in Chinin übergeführt werden.

7.12.5 Alkaloide vom Isochinolin-Typ

Die Hauptquelle für die etwa 25 Alkaloide umfassende Gruppe der Isochinolinabkömmlinge ist der eingedickte Milchsaft unreifer Mohnkapseln (Papaver somniferum), das Opium. Daher bezeichnet man diese strukturell sehr verschieden gebauten Pflanzenbasen mit dem Sammelnamen *Opiumalkaloide.* Je nach ihrem chemischen Bau teilt man diese große Stoffklasse in verschiedene Untergruppen ein.

Papaveringruppe

Die Stammverbindung dieser Pflanzenbasen ist das *1-Benzyl-isochinolin.*

7.12.5.1 Papaverin, $C_{20}H_{21}NO_4$, wurde als 1-(3′,4′-Dimethoxy-benzyl)-6,7-dimethoxy-isochinolin erkannt. Seine Konstitution ließ sich aus den Spaltprodukten der Alkalischmelze, 6,7-Dimethoxy-isochinolin und Homoveratrol, ermitteln.

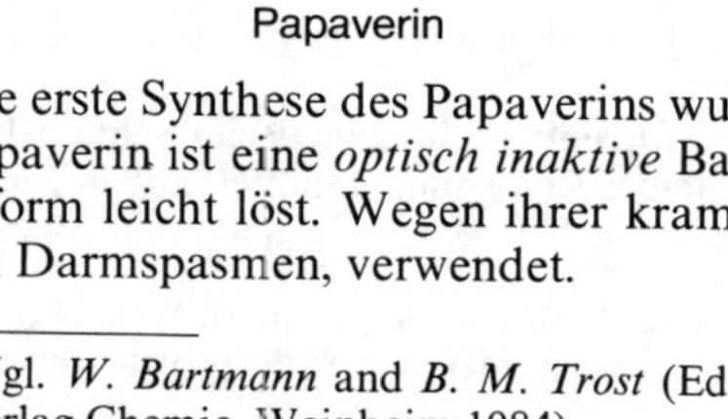

Papaverin

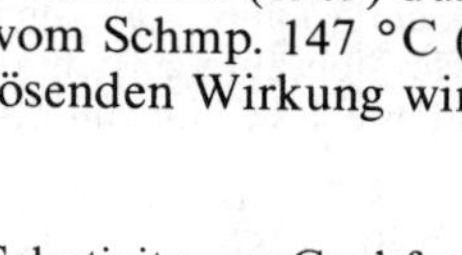

6,7-Dimethoxy-isochinolin

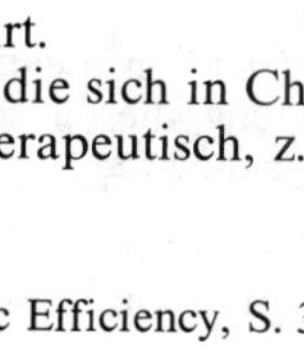

Homoveratrol

Die erste Synthese des Papaverins wurde von *Pictet* (1909) durchgeführt.
Papaverin ist eine *optisch inaktive* Base vom Schmp. 147 °C (420 K), die sich in Chloroform leicht löst. Wegen ihrer krampflösenden Wirkung wird sie therapeutisch, z. B. bei Darmspasmen, verwendet.

---

[1] Vgl. *W. Bartmann* and *B. M. Trost* (Ed.), Selectivity – a Goal for Synthetic Efficiency, S. 365 (Verlag Chemie, Weinheim 1984).

[2] Vgl. *U.-H. Dolling* et al., J. Amer. Chem. Soc. *106*, 446 (1984).

Die *Biosynthese* der Isochinolin-Alkaloide geht von den Aminosäuren *Phenylalanin* oder *Tyrosin* aus, die zunächst *enzymatisch* zu *o*-Dihydroxy-phenyl-Derivaten hydroxyliert werden. Die anschließende Decarboxylierung führt zur Bildung von Phenylethylaminen. Daneben kann auch eine oxidative Desaminierung unter Aldehydbildung erfolgen, z. B.:

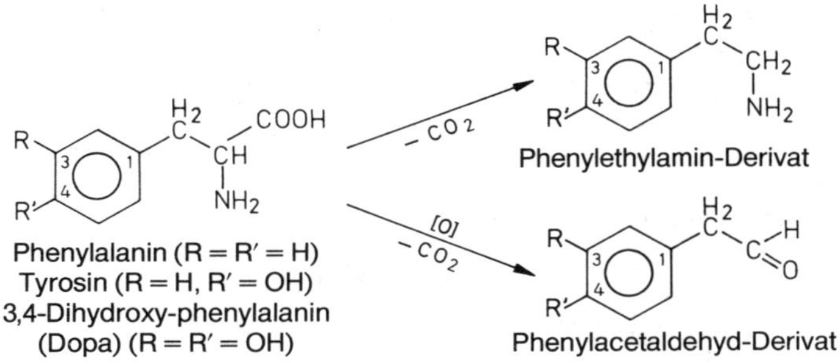

Durch Kondensation des Aldehyds mit dem Phenylethylamin bildet sich im Sinne einer intramolekularen *Mannich*-Reaktion das entsprechend substituierte 1-Benzyl-1,2,3,4-tetrahydro-isochinolin, z. B.:

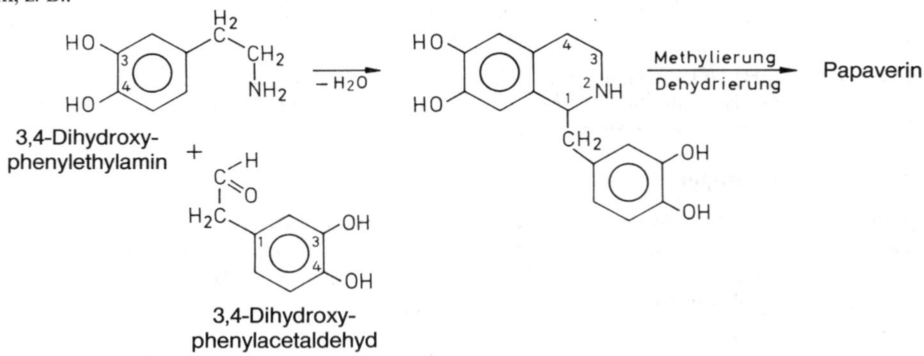

Durch 4fache *enzymatische Methylierung* dieses Isochinolin-Derivates entsteht dann 1,2,3,4-Tetrahydro-papaverin, das unter Dehydrierung in Papaverin übergeht.

7.12.5.2 (+)-Laudanosin, $C_{21}H_{27}NO_4$, Schmp. 89 °C (362 K), ist das N-Methyl-1,2,3,4-tetrahydro-Derivat des Papaverins und kommt als Nebenalkaloid in geringer Menge im Opium vor. Sein Molekül besitzt ein asymmetrisches C-Atom (*) in der (*S*)-Konfiguration.

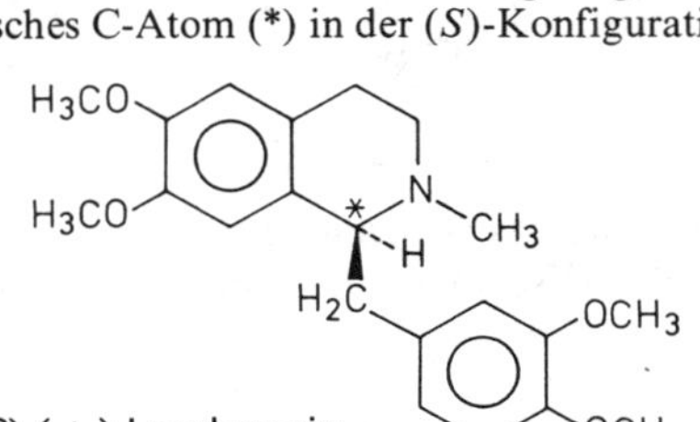

(*S*)-(+)-Laudanosin

7.12.5.3 (−)-Narcotin, *INN:* ***Noscapin,*** $C_{22}H_{23}NO_7$, gehört zu den Hauptalkaloiden des Opiums und wurde von *Robiquet* (1817) aufgefunden. Es bildet farblose Prismen vom Schmp. 176 °C (449 K) und hat folgende Struktur, die sich vom 1-Benzyl-1,2,3,4-tetrahydro-isochinolin ableitet.

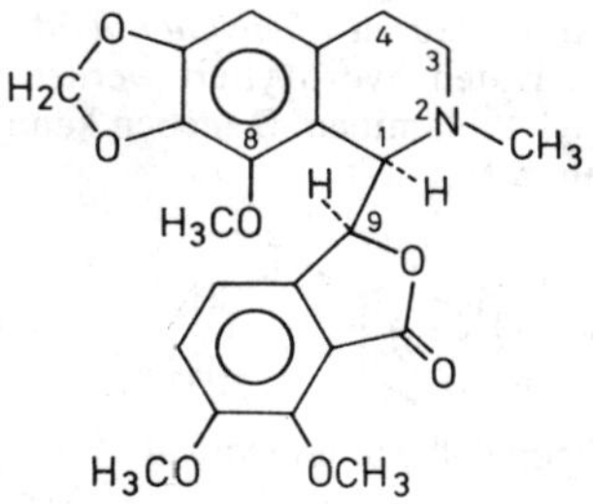

(1*R*:9*S*)-Narcotin

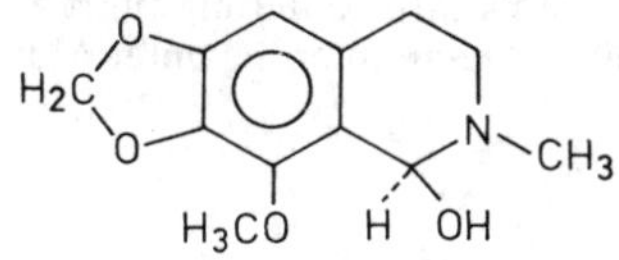

Cotarnin

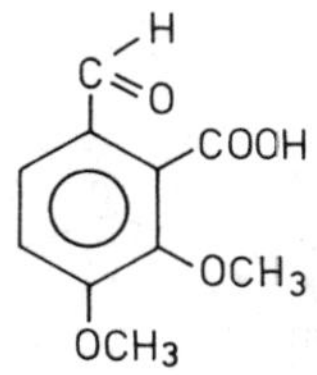

Opiansäure

Die wichtigsten Spaltprodukte des oxidativen Abbaus von Narcotin sind **Cotarnin** und **Opiansäure.** Die Konstitution des Cotarnins konnte durch Synthese bewiesen werden; die Opiansäure spaltet beim Erhitzen Kohlendioxid ab und geht in Veratrumaldehyd über.

(−)-Hydrastin, $C_{21}H_{21}NO_6$, unterscheidet sich von Narcotin durch das Fehlen der Methoxylgruppe in Stellung 8 des Isochinolinringes. Es kommt in der Wurzel von *Hydrastis canadensis* vor, findet sich aber nicht im Opium. Hydrastin wirkt blutstillend.

7.12.5.4 Berberingruppe

Die Pflanzenbasen dieser Gruppe stehen strukturell dem Narcotin und Hydrastin nahe. **Berberin,** $C_{20}H_{19}NO_5$, kommt vornehmlich in der Berberitzenwurzel (*Berberis vulgaris*) vor. Es liegt in polaren Lösungsmitteln als quartäre Ammoniumbase (A) vor, im Kristall sowie in unpolaren Lösungsmitteln als Pseudobase (B).

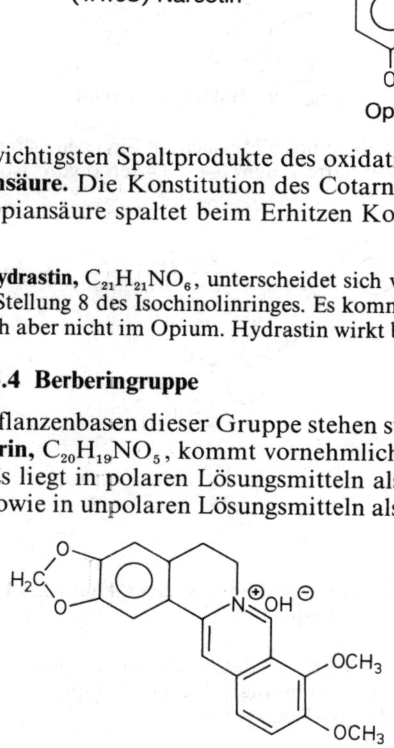

A

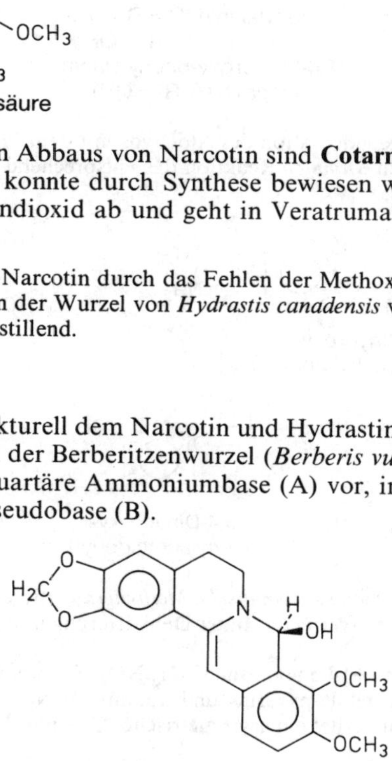

B

Berberin

Berberin ist eine schwache, *optisch inaktive* Base vom Schmp. 145 °C (418 K), deren Salze gelb sind, es wird in der Histologie als Lumineszenzfarbstoff verwendet.

Morphingruppe

Zu ihr zählen die Opiumalkaloide *Morphin* und *Codein,* die sich von den bisher besprochenen Alkaloiden durch ihren komplizierten Molekülbau unterscheiden. Das

Stammringsystem des Morphins ist das 1946 von *Grewe* synthetisierte *Morphinan*[1], in dem man ein hydriertes Isochinolin (grau unterlegt) und das Phenanthrenskelett ausgrenzen kann. Morphin wird bei der Zinkstaubdestillation zu Phenanthren abgebaut (*Vongerichten*).

7.12.5.5 (−)-Morphin, $C_{17}H_{19}NO_3$, ist das zeitlich erste aus dem Pflanzenreich in kristalliner Form isolierte Alkaloid (*Sertürner*, 1806), jedoch wurde die richtige Summenformel erst im Jahre 1848 ermittelt (*Laurent*). Bis zur Aufstellung der endgültigen Konstitution vergingen weitere 77 Jahre.

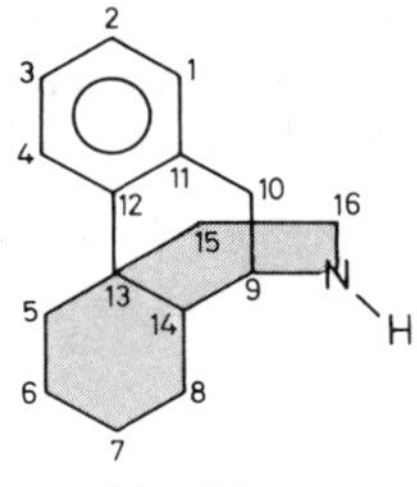

Morphinan

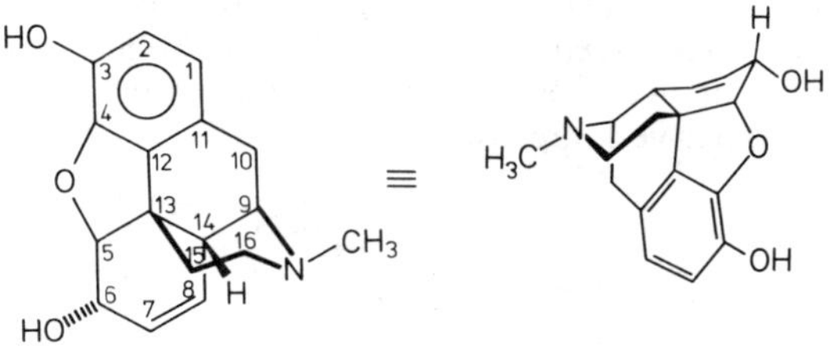

Morphin

Im Jahre 1952 führten *Gates* und *Tschudi* die *Totalsynthese* des Morphins durch, womit die Chemie des Morphins fast 150 Jahre nach seiner Isolierung einen gewissen Abschluß fand. Seine Biochemie ist in ein neues Stadium getreten, seit die Bildung von Morphin in verschiedenen Geweben von Warmblütlern nachgewiesen wurde.
(−)-Morphin kristallisiert in Prismen vom Schmp. 254 °C (527 K), schmeckt bitter und ist in Wasser wenig löslich.

Von den Salzen des Morphins findet vor allem das in feinen Nadeln kristallisierende *Hydrochlorid* als Mittel gegen sehr starke Schmerzen Anwendung. Bei häufigem Gebrauch dieses *Narkotikums* besteht die Gefahr der Sucht (Morphinismus), die zum raschen körperlichen Verfall führt. Ein besonders gefährliches Rauschgift ist das *Diacetylmorphin* (Heroin).
Zum *Nachweis* des Morphins in Lösungen lassen sich *Farbreaktionen* verwenden. Mit Eisen(III)-chlorid tritt eine dunkelblaue Farbe auf. Löst man Morphin in konz. Schwefelsäure und versetzt mit wenig Salpetersäure, so erfolgt Rotfärbung.

7.12.5.6 Codein, $C_{18}H_{21}NO_3$, der 3-Monomethylether des Morphins, kann durch Methylierung des Morphins mit Diazomethan erhalten werden. Es ist weniger giftig als Morphin, hat nur schwach narkotische Eigenschaften und wird in der Medizin als *schmerz-* und *hustenstillendes Mittel* benutzt.

An dieser Stelle seien zwei *Analgetika* erwähnt, die im Organismus morphinähnliche Wirkungen hervorrufen.
INN: ***Pethidin*** (*Dolantin*), 1-Methyl-4-phenyl-piperidin-4-carbonsäureethylesterhydrochlorid, eine kristalline Substanz vom Schmp. 188 °C (461 K), vereinigt die muskelkrampflösende Wirkung des Atropins mit der schmerzlindernden des Morphins.
INN: ***Levomethadon*** (*L-Polamidon*), (−)-6-Dimethylamino-4,4-diphenyl-3-heptanonhydrochlorid, wirkt noch stärker analgetisch als Morphin. Die mit Methadonsucht verbundenen Entziehungserscheinungen sind schwächer als die bei Heroin-Entzug auftretenden; daher wird *Methadon* in einigen Ländern zur Behandlung Heroinsüchtiger verwendet.
Substituiert man im Morphin die *N-Methylgruppe* durch eine *Allylgruppe*, so erhält man das *Nalorphin*, einen *Opiat-Antagonisten*, der für die Untersuchung des Wirkungsmechanismus der Opiumalkaloide von Bedeutung ist.

[1] Vgl. *R. Grewe*, Synthetische Arzneimittel mit Morphin-Wirkung, Angew. Chem. *59*, 194 (1947).

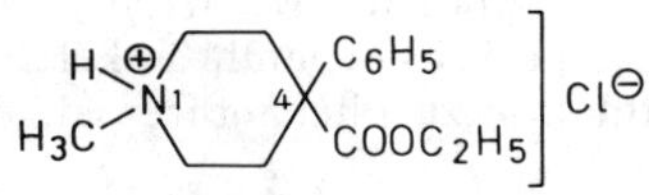

INN: ***Pethidin,*** *Dolantin*

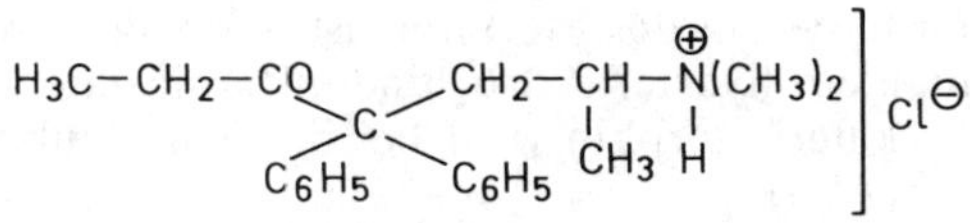

INN: ***Levomethadon,*** *Polamidon*

7.12.5.7 Curaregruppe

Diese Alkaloidgruppe findet sich in dem aus südamerikanischen *Strychnos*-Arten gewonnenen *Curare*, das auch als *Pfeilgift* benutzt wird; sie wurde vor allem von *King*, *Späth* und *Wintersteiner* untersucht. Ein wichtiger Vertreter ist *INN:* ***(+)-Tubocurarinchlorid,*** in dem zwei 1-Benzyl-1,2,3,4-tetrahydro-isochinolinringe über Sauerstoffbrükken miteinander verknüpft sind:

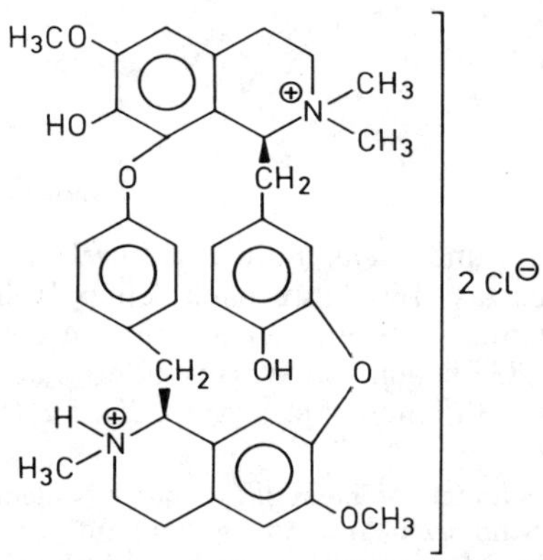

INN: (+)-***Tubocurarinchlorid***

Es ähnelt in seiner Struktur dem Papaverin.

Bei intravenöser Injektion führt es zur Erschlaffung der Muskeln und wird daher bei chirurgischen Eingriffen benutzt.

7.12.6 Alkaloide vom Indol-Typ

7.12.6.1 Pyrido-indol-Alkaloide

Die Alkaloide mit dem Ringgerüst des *9H-Pyrido[3,4-b]indols* (früher β-Carbolin genannt), das aus je einem Indol- und Pyridinkern besteht, finden sich z. B. in der Rinde von *Sickingia*-Arten (**Harman**) und in *Peganum harmala* (**Harmin** und **Harmalin).** Die Konstitution der drei Alkaloide wurde durch Abbau und Synthese bewiesen (*Perkin* und *Robinson*).

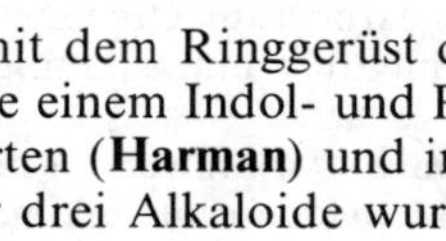

9*H*-Pyrido[3,4-b]indol (β-Carbolin)

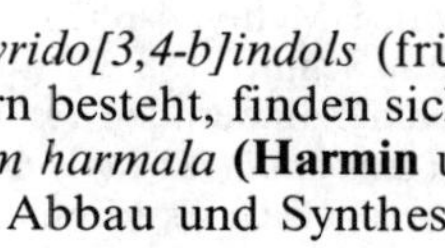

9*H*-1,2,3,4-Tetrahydro-pyridoindol

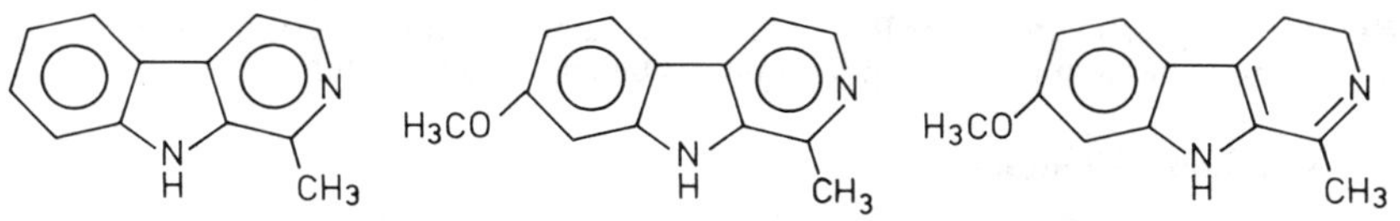

Harman Harmin Harmalin (Dihydroharmin)

Tetrahydro-pyrido-indole lassen sich durch intramolekulare *Mannich*-Reaktion aus Tryptophan und Acetaldehyd synthetisieren:

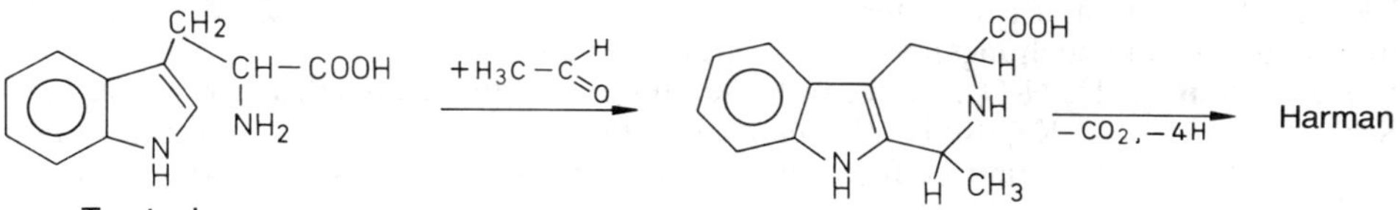

Tryptophan

Durch Decarboxylierung und Dehydrierung entsteht Harman. Dieser Weg wird wahrscheinlich auch bei der *Biosynthese* der Pyrido-indol-Alkaloide beschritten.

Als Abkömmling des Pyrido-indols ist das *Yohimban,* eine pentacyclische Base, anzusehen, die vornehmlich in den Blättern und in der Rinde des *Yohimbehe*-Baumes vorkommt.

(+)-Yohimban (Yohimbin), $C_{21}H_{26}N_2O_3$, wurde von *Spiegel* (1896) in *Corynanthe yohimbé* entdeckt und erwies sich mit dem Quebrachin aus der weißen *Quebracho*-Rinde (*Hesse,* 1880) als identisch. Es ist eine kristalline Base vom Schmp. 241 °C (514 K), die sich in Alkohol und Chloroform löst und nachstehende, durch *Totalsynthese* bewiesene Konstitution besitzt (*van Tamelen*):

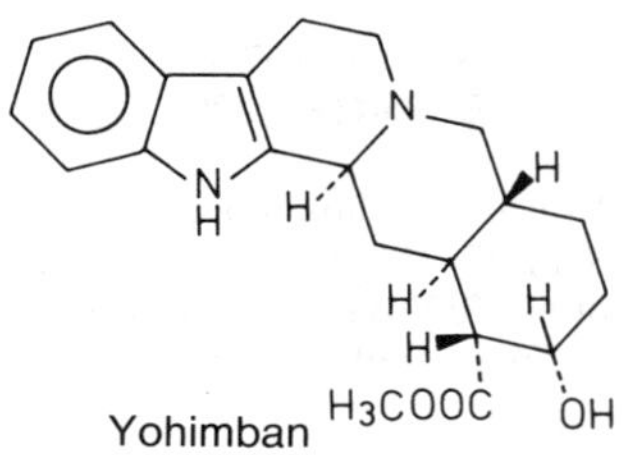

Yohimban

Yohimban ist ein α-Blocker (vgl. S. 529), es wirkt gefäßerweiternd und senkt den Blutdruck.

7.12.6.2 Rauwolfia-Alkaloide

Reserpin, $C_{33}H_{40}N_2O_9$, kommt als Hauptalkaloid dieser Reihe in dem indischen Strauch *Rauwolfia serpentina* und anderen *Rauwolfia*-Arten vor. Es wurde erst im Jahr 1952 in reinem Zustand isoliert und in seiner Struktur aufgeklärt (*Schlittler*), 1956 gelang *Woodward* die Totalsynthese:

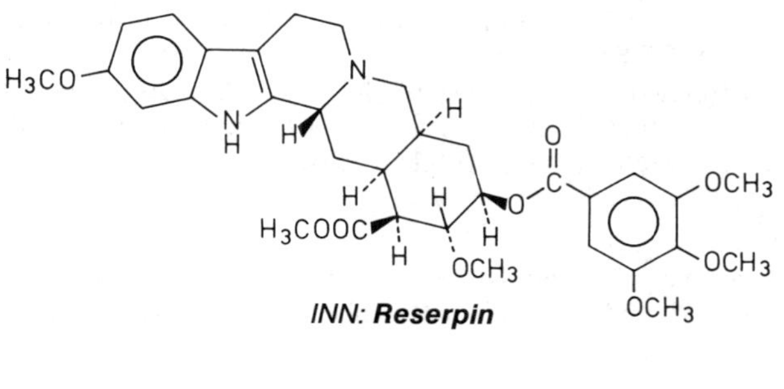

INN: ***Reserpin***

INN: ***Reserpin*** (*Serpasil*) wird in der Psychiatrie als Beruhigungsmittel verwendet, es ist aber auch Bestandteil zahlreicher Kombinationspräparate zur Behandlung von Bluthochdruck.

7.12.6.3 Strychnos-Alkaloide

Die äußerst giftigen Pflanzenbasen dieser Gruppe kommen in den Samen der Brechnuß (*Strychnos nux vomica*) vor. Schon in geringen Dosen bewirken sie eine krampfartige Starre der Muskeln. Die *Konstitutionsaufklärung* des aus 7 kondensierten Ringen bestehenden Systems ist in erster Linie den bahnbrechenden Arbeiten von *H. Leuchs* und späteren Untersuchungen von *R. Robinson* zu verdanken.
(−)-Strychnin, $C_{21}H_{22}N_2O_2$, bildet farblose, äußerst bitter schmeckende Prismen vom Schmp. 268 °C (541 K), die in Wasser kaum, aber in Alkohol und Chloroform löslich sind. Mit Chromsäure und konz. Schwefelsäure gibt Strychnin eine blauviolette *Farbreaktion.*
Aufgrund einer Röntgenstrukturanalyse und der von *Woodward*[1] durchgeführten *Totalsynthese* kommt dem Strychnin folgende von *Robinson* aufgestellte Formel zu:

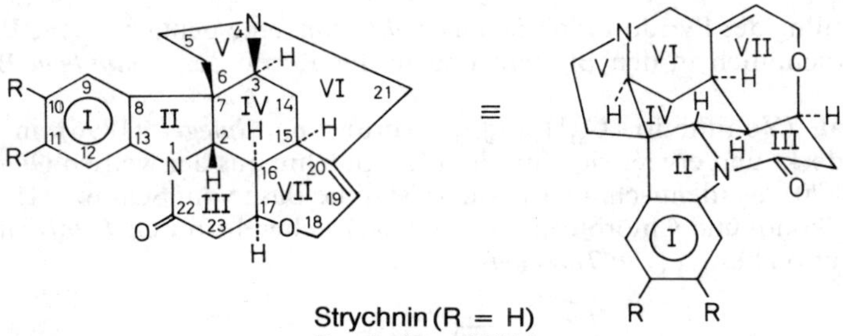

Strychnin (R = H)
Brucin (R = OCH_3)

(−)-Brucin, $C_{23}H_{26}N_2O_4$, ist das 10,11-Dimethoxy-Derivat des Strychnins. Es ist eine kristalline Substanz, die bei 178 °C (451 K) schmilzt. Mit Salpetersäure gibt Brucin eine *Rotfärbung*, die auf *o*-Chinonbildung an den beiden durch Methoxylgruppen substituierten C-Atomen beruht.
Sowohl Strychnin als auch Brucin werden vielfach zur Spaltung racemischer Säuren in ihre *Enantiomeren* benutzt.

7.12.6.4 Mutterkorn-Alkaloide[2]

Aus dem Mutterkorn (*Secale cornutum*), dem Sklerotium des auf Roggen und anderen Gramineen parasitären Pilzes *Claviceps purpurea,* läßt sich eine Reihe von Alkaloiden gewinnen, die α-Blocker sind (vgl. S. 529) und eine stark uteruskontrahierende Wirkung hervorrufen. Ihre Konstitution wurde vor allem von *Jacobs* und *Craig* sowie von *A. Stoll* ermittelt und ergab, daß sie als Amide der **(+)-Lysergsäure,** $C_{16}H_{16}N_2O_2$, vorliegen, die aus einem Indol- und einem weitgehend hydrierten Chinolinring aufgebaut ist. Die Struktur dieser Säure konnte durch Synthese bestätigt werden (*Woodward,* 1954); sie besitzt eine (5*R*.8*R*)-Konfiguration.
Der wichtigste Vertreter der Mutterkornalkaloide ist *INN:* ***Ergotamin,*** $C_{33}H_{35}N_5O_5$, das als *cyclisches Tripeptid* in (+)-Lysergsäure, L(−)-Phenylalanin, L(−)-Prolin und L(−)-α-Hydroxyalanin gespalten wird und folgende Strukturformel besitzt:

[1] Vgl. *R. B. Woodward* et al., Die Totalsynthese des Strychnins, Angew. Chem. *75,* 456 (1963).
[2] Vgl. *A. Hofmann,* Die Mutterkornalkaloide (F. Enke Verlag, Stuttgart 1964).

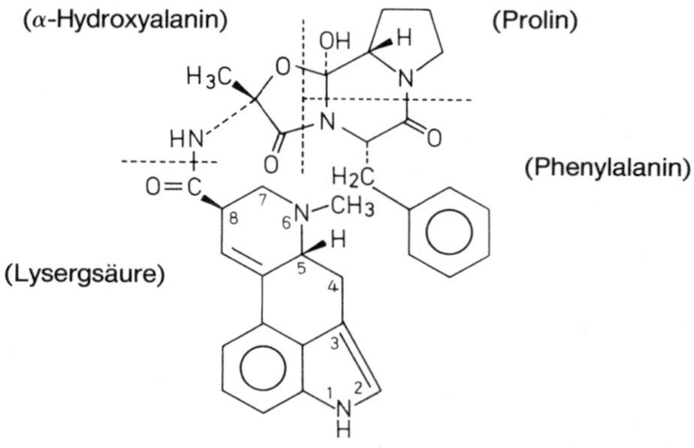

INN: ***Ergotamin***

Als einfachstes Alkaloid dieser Art wurde *Ergometrin* (Ergonovin, Ergobasin), $C_{19}H_{23}N_3O_2$, isoliert, in dem die Lysergsäure nur mit L-2-Amino-1-propanol amidartig verbunden ist.
Das synthetisch darstellbare (+)-*Lysergsäure-diethylamid* (LSD) besitzt die bemerkenswerte Eigenschaft, beim gesunden Menschen nach Verabfolgung einer sehr kleinen Menge (30 μg) Farbvisionen und Halluzinationen hervorzurufen.
Eine ähnliche psychotrope Wirkung konnte beim **Psilocin** (4-Hydroxy-N,N-dimethyl-tryptamin) und **Psilocybin,** in dem die Hydroxylgruppe in 4-Stellung des Psilocins mit Phosphorsäure verestert ist, beobachtet werden. Beide Indolderivate wurden aus dem mexikanischen Zauberpilz *Psilocybe mexicana* isoliert (*A. Hofmann*[1] und *R. Heim,* 1959). Sie stehen strukturell dem Neurotransmitter Serotonin nahe.

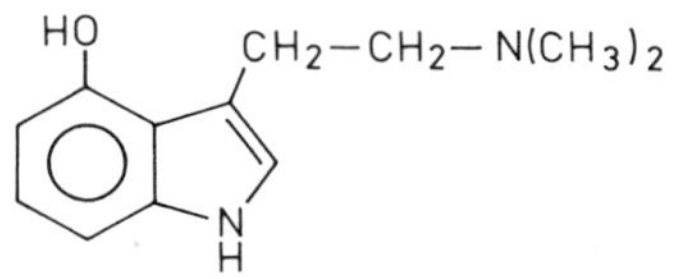

Psilocin

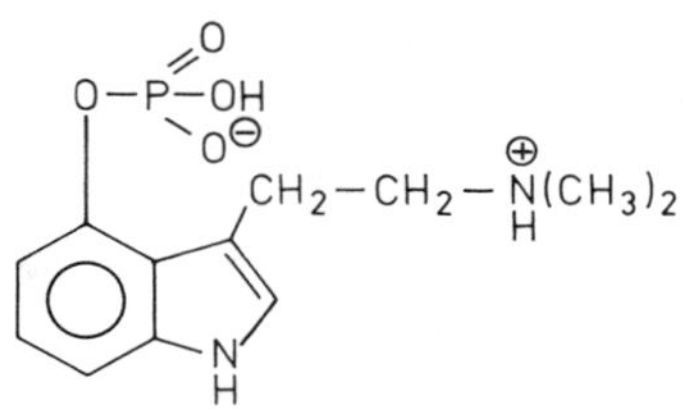

Psilocybin

[1] Vgl. Die psychotropen Wirkstoffe der mexikanischen Zauberpilze, Chimia *14,* 309 (1960).

8 Aminosäuren, Peptide und Proteine

Unter den natürlichen Aufbaustoffen der lebenden Zelle des Tier- und Pflanzenreichs kommt den Proteinen oder Eiweißstoffen eine besondere Bedeutung zu. Neben den Kohlenhydraten und Fetten sind sie Hauptbestandteile der menschlichen und tierischen Nahrung. Die Eiweißstoffe dienen aber nicht nur als Energiequelle im Organismus, sondern fungieren zuweilen auch als Hormone und Enzyme. Daher stellt die Eiweißchemie ein Kernproblem der biochemischen Forschung dar[1].

Als **Proteine** (*Mulder*, 1838) bezeichnet man hochmolekulare, kolloide Naturstoffe, die sich aus einer größeren Zahl verschiedener *α-Aminosäuren* als Grundbausteine zusammensetzen. Die Verknüpfung der einzelnen Aminosäuren zu langen Ketten erfolgt jeweils über die *Peptidbindung*, –CO–NH–.

Zum Aufbau der Proteine aus einfachen anorganischen Verbindungen sind nur die Pflanzen befähigt. Die hierzu notwendigen Elemente Kohlenstoff, Sauerstoff, Wasserstoff, Stickstoff und Schwefel werden von der Pflanze aus dem Kohlendioxid der Luft, aus Wasser und den im Boden vorhandenen Salzen, wie Nitraten, Ammoniumverbindungen und Sulfaten, aufgenommen. Bestimmte Mikroorganismen und einige Pflanzen, z. B. die *Leguminosen*, können den Stickstoff der Luft mit Hilfe ihrer Knöllchenbakterien *direkt* assimilieren.

Im Gegensatz zur Pflanze ist der tierische Organismus nicht imstande, sämtliche α-Aminosäuren, die zum Aufbau der für ihn lebenswichtigen Proteine erforderlich sind, selbst zu synthetisieren. Es bedarf daher zur Aufrechterhaltung einer normalen Körperfunktion der dauernden Zufuhr von Eiweiß, zumal der Stickstoff als wesentlicher Bestandteil der Proteine den tierischen Organismus auf dem Wege des Stoffwechsels in Form von Harnstoff, Harnsäure und anderen Ausscheidungsprodukten z. T. wieder verläßt. Andererseits ist der tierische Organismus in der Lage, einige für die Proteinsynthese notwendige Aminosäuren über den Citronensäurezyklus selbst aufzubauen, wobei *Transaminierungen*, z. B. die Überführung von α-Ketoglutarsäure in Glutaminsäure, eine Rolle spielen (s. S. 887).

Für die menschliche Ernährung ist somit der Eiweißgehalt der einzelnen Nährstoffe äußerst wichtig. Als besonders eiweißreich gelten folgende tierische Produkte: Blut (etwa 20%, davon Serum 7–8%), Muskelfleisch (19%), Fisch (13%), Eier (12%) und Milch (3%). Das pflanzliche Eiweiß ist vorwiegend in den Samen gespeichert, z. B. enthalten die Sojabohnen 36%, Getreidekörner 7–12% und Kartoffeln 2%. Diese Zahlen sind als Mittelwerte anzusehen.

In Meteoriten sind die Aminosäuren Glycin, Alanin, Glutaminsäure, Valin, Prolin und Asparaginsäure gefunden worden; sie sind als Produkte einer abiogenen chemischen Synthese im interstellaren Raum anzusehen.

---

[1] Vgl. *G. C. Barrett*, Chemistry and Biochemistry of the Aminoacids (Chapman and Hall, London 1985); *G. E. Schulz* et al., Principles of Protein Structure (Springer-Verlag, Berlin 1978).

8.1 Aminosäuren als Proteinbausteine

Erste Einblicke in den komplizierten Bau der Proteinmoleküle gewährte der hydrolytische Abbau mit Mineralsäuren oder Alkalien, z. B. wurden auf diese Weise von *Braconnot* im Jahre 1820 die α-Aminosäuren Glycin und Leucin aus dem Leim isoliert. Entscheidende Fortschritte erzielte *Emil Fischer* mit der *Estermethode.* Danach werden die Proteine durch Erhitzen mit konz. Salzsäure oder 25proz. Schwefelsäure hydrolytisch gespalten und das erhaltene Aminosäuregemisch mittels alkoholischer Salzsäure in die entsprechenden Ester übergeführt, die sich durch wiederholte fraktionierte Destillation trennen lassen. Auf diesem Wege wurde vor allem nachgewiesen, daß sich die Proteine *nur aus α-Aminosäuren* aufbauen.
Außer Glycin besitzen sämtliche aus Eiweiß isolierten α-Aminosäuren mindestens ein asymmetrisches C-Atom. Sie sind daher *optisch aktiv* und gehören ausnahmslos der L-*Reihe* an, d. h. ihnen liegt folgende Projektionsformel zugrunde:

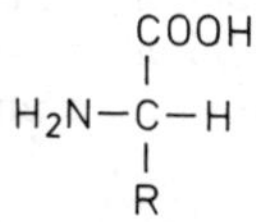

L-Konfiguration

Daraus folgt die (*S*)-Konfiguration im *Cahn-Ingold-Prelog* System, wenn nicht der Rest R einen Substituenten enthält, durch den er einen höheren Rang als die Carboxylgruppe gewinnt. Dies ist beim L-Cystein und L-Cystin der Fall.
Von den natürlichen α-Aminosäuren, die je nach ihrer Konstitution zu den aliphatischen, aromatischen oder heterocyclischen Verbindungen zu rechnen sind, seien die wichtigsten im einzelnen aufgezählt und erläutert.
Für 20 von ihnen ist im *genetischen Code die Information zur Biosynthese der Proteine* vorhanden; diese *proteinogenen Aminosäuren* sind im folgenden Text von **1:–20:** durchnumeriert. Für sie sind die pK_a-Werte der Carboxylgruppen und Aminogruppen bei der betreffenden Formel angegeben ($pK_1 - pK_3$).

8.1.1 Aliphatische Aminosäuren

8.1.1.1 Monoamino-monocarbonsäuren

Die einfachen aliphatischen Aminosäuren wurden bereits behandelt (vgl. S. 284*ff.*), so daß sie hier nur namentlich angeführt werden. Die in Klammern angegebenen Abkürzungen der betreffenden Aminosäure (Dreibuchstabenkürzung, Einbuchstaben-Symbol) werden allgemein bei der Wiedergabe von Peptidketten verwendet.

1: Glycin (Gly, G), *INN:* ***Amino-essigsäure,*** **Glykokoll**

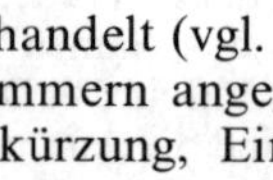

pK_1: 2,35
pK_2: 9,78

2: L(+)-Alanin (Ala, A), α-Amino-propionsäure,

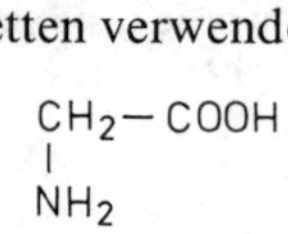

pK_1: 2,35
pK_2: 9,87

3: L(+)-Valin (Val, V), α-Amino-isovaleriansäure,

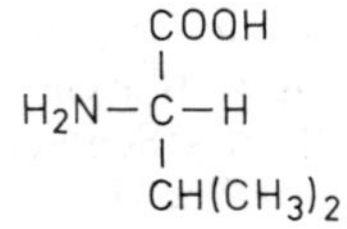

pK_1: 2,29
pK_2: 9,72

4: L(−)-Leucin (Leu, L), α-Amino-isocapronsäure, 2-Amino-4-methylpentansäure

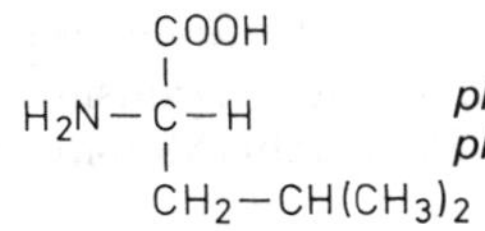

pK_1: 2,33
pK_2: 9,74

5: L(+)-Isoleucin (Ile, I), α-Amino-β-methyl-valeriansäure,

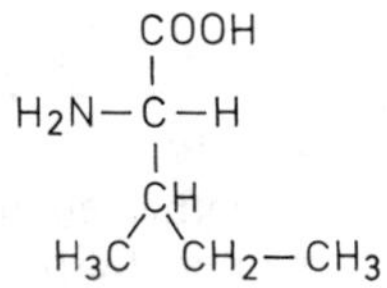

pK_1: 2,32
pK_2: 9,76

8.1.1.2 Hydroxy-amino-monocarbonsäuren

6: L(−)-Serin (Ser, S), α-Amino-β-hydroxy-propionsäure (β-Hydroxyalanin), ist ein Bestandteil der Seide. DL-Serin läßt sich durch Cyanhydrinsynthese aus Glykolaldehyd und Blausäure in Gegenwart von Ammoniak synthetisieren (*E. Fischer* und *H. Leuchs*).
7: L(−)-Threonin (Thr, T), α-Amino-β-hydroxy-buttersäure, wurde erst spät im Eiweiß entdeckt und besitzt eine der D-Threose entsprechende Konfiguration:

pK_1: 2,19
pK_2: 9,44

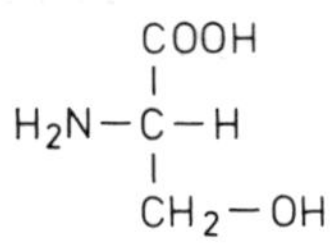

L-Serin

pK_1: 2,09
pK_2: 9,10

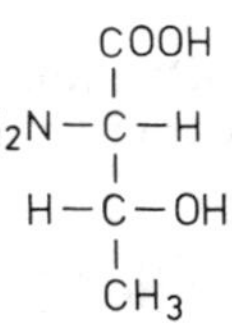

L_s-Threonin
(D_g-Threonin)

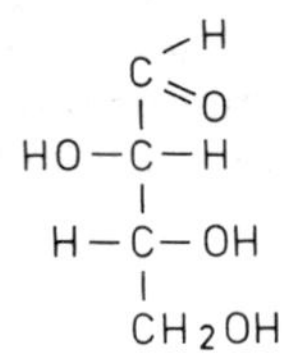

D_g(−)-Threose

Bei Aminosäuren mit mehreren asymmetrischen C-Atomen ist meist die am α-C-Atom stehende *Aminogruppe* für die Zuordnung zur D- oder L-Reihe maßgebend. Setzt man das L-Threonin jedoch mit der D-Threose in Beziehung, so müßte es D-Konfiguration besitzen. Um diese Mehrdeutigkeit zu umgehen, hängt man häufig an die Buchstaben D und L den Index *g* oder *s* an. Damit soll klar zum Ausdruck gebracht werden, daß entweder der *Glycerinaldehyd* oder das *Serin* als *Bezugssubstanz* fungiert. Man kann daher das L(−)-Threonin als L_s(−)-Threonin oder D_g(−)-Threonin bezeichnen.

8.1.1.3 Mercapto-amino-monocarbonsäuren

8: L(+)-Cystein (Cys, C), α-Amino-β-mercapto-propionsäure (Thioserin), ist biochemisch von Interesse, da es sehr leicht, z. B. schon an der Luft, zum Disulfid **L(−)-Cystin** dehydriert wird. Beide bilden ein reversibles *Redoxsystem:*

pK_1: 1,86
pK_2: 10,34

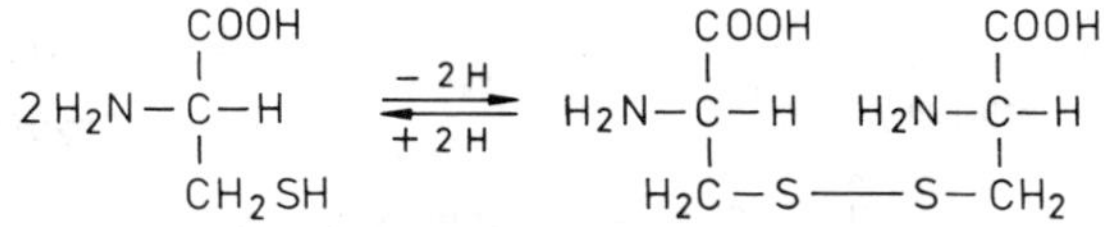

L-Cystein L-Cystin

Im Gegensatz zu den meisten Aminosäuren ist Cystin in Wasser sehr schwer löslich. Es wurde frühzeitig in Blasensteinen entdeckt (*Wollaston,* 1810) und ist neben Methionin die Hauptquelle des Schwefelgehalts der Eiweißstoffe. Besonders angereichert findet es sich im *Keratin* der Haare.
Das *Selenocystein,* in dem die SH-Gruppe des Cysteins durch die SeH-Gruppe ersetzt ist, kommt als Baustein in der *Glutathion Peroxidase* vor und spielt eine wichtige Rolle beim Schutz des Organismus gegen die zerstörende Wirkung von Hydroperoxiden[1].
9: L(−)-Methionin (Met, M), α-Amino-γ-methylmercapto-buttersäure,

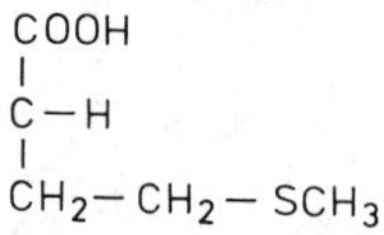

pK_1: 2,17
pK_2: 9,27

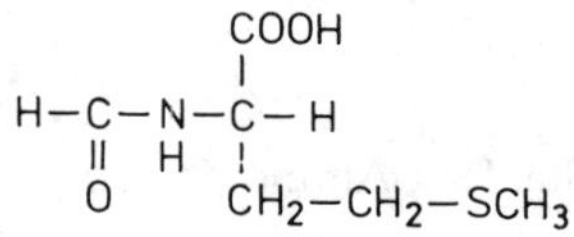

N-Formylmethionin

ist der Methylthioether einer homologen Verbindung des Cysteins und kommt in verschiedenen Proteinen, besonders im Casein, vor. Eine wichtige Funktion übt Methionin bei der *Übertragung von Methylgruppen* aus; dabei wird es durch Reaktion mit ATP aktiviert (vgl. S-Adenosylmethionin). N-Formylmethionin tritt bei der Biosynthese von Proteinen in Bakterien stets als N-terminaler Aminosäurebaustein auf.

Schwefelhaltige Aminosäuren lassen sich dünnschichtchromatographisch mit dem Iod-Azid-Reagens nachweisen (*E. Chargaff*)[2].

8.1.1.4 Diamino-monocarbonsäuren

Diese Aminosäuren reagieren *basisch,* da den zwei Aminogruppen nur eine Carboxylgruppe gegenübersteht.
L(+)-Ornithin (Orn), 2,5-Diamino-valeriansäure (2,5-Diaminopentansäure), tritt in den Proteinen nicht auf, sondern ist ein Abbauprodukt des Arginins.

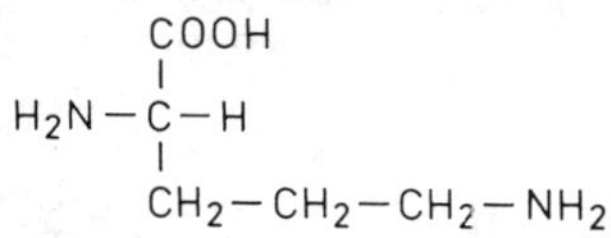

L-Ornithin

Im Organismus der Vögel bewirkt Ornithin die Entgiftung der Benzoesäure unter Bildung der Dibenzoylverbindung. In Gegenwart von Fäulnisbakterien wird es zu *Putrescin,* $H_2N\text{-}(CH_2)_4-NH_2$, decarboxyliert.

L(+)-Citrullin (Cit), 2-Amino-5-ureido-valeriansäure, kommt nur in wenigen Proteinen, z. B. im Casein, vor.
10: *INN:* ***L(+)-Arginin*** (Arg, R), 2-Amino-5-guanidino-valeriansäure, unterscheidet sich vom Ornithin durch den Guanidinorest anstelle der 5-Aminogruppe. Das stark basische Arginin wurde bisher aus allen Eiweißarten isoliert. Synthetisch läßt es sich durch Addition von Cyanamid an Ornithin darstellen.

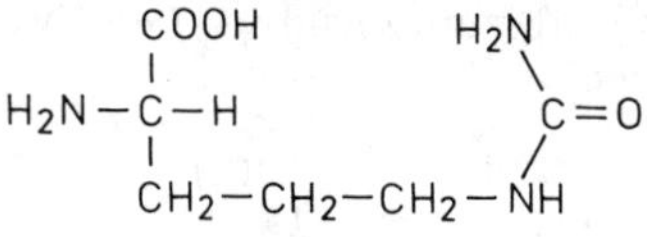

L-Citrullin

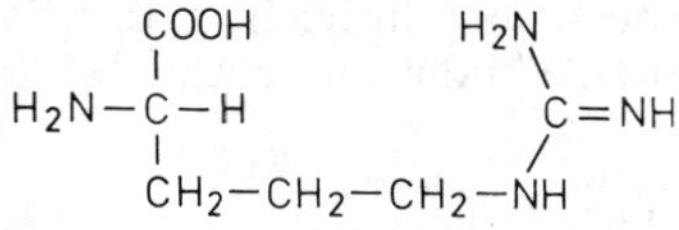

INN: ***L-Arginin***

pK_1: 1,82
pK_2: 8,99
pK_3: 13,20

[1] Vgl. *L. Flohé* et al., Selen in der enzymatischen Katalyse, Chemie in unserer Zeit *21,* 44 (1987).
[2] Vgl. *Houben-Weyl,* Methoden der Organischen Chemie *2,* 578 (Thieme Verlag, Stuttgart 1953).

11: L(+)-Lysin (Lys, K), 2,6-Diamino-capronsäure (2,6-Diaminohexansäure), tritt nicht in allen Proteinen auf.

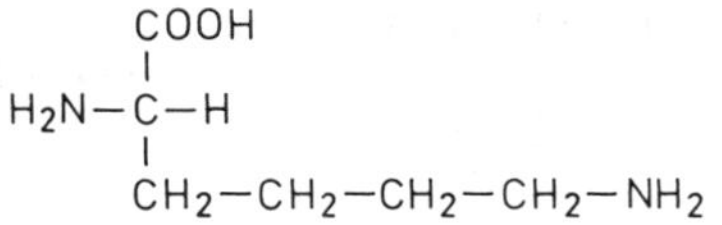

pK_1: 2,16
pK_2: 9,20
pK_3: 10,80

L-Lysin

In Analogie zum Ornithin geht das homologe Lysin bei der Fäulnis von Eiweiß in *Cadaverin*, $H_2N-(CH_2)_5-NH_2$, über.

8.1.1.5 Monoamino-dicarbonsäuren

Da diese Aminosäuren zwei Carboxylgruppen und nur eine Aminogruppe enthalten, reagieren sie *sauer*.

12: L(+)-Asparaginsäure (Asp, D), Amino-bernsteinsäure, wurde zuerst bei der Hydrolyse von **13: L(−)-Asparagin** (Asn, N), ihrem Monoamid, gewonnen, das sich in den Keimlingen der *Leguminosen* und im Spargel (Asparagus officinalis) findet. L-Asparagin tritt auch als Baustein im Insulin auf, es schmeckt süß; dagegen schmeckt D-Asparagin bitter.

pK_1: 1,99
pK_2: 3,90
pK_3: 10,00

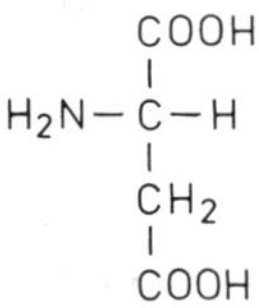

L-Asparaginsäure

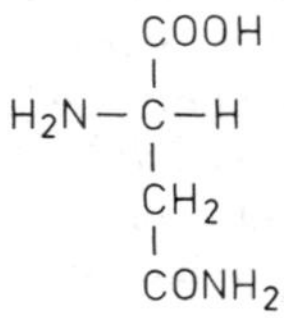

L-Asparagin

pK_1: 2,02
pK_2: 8,80

14: *INN:* **L(+)-*Glutaminsäure*** (Glu, E), α-Amino-glutarsäure, wird durch Hydrolyse von **15: L-Glutamin** (Gln, Q), einem Homologen des Asparagins, das in keimenden Samen vorkommt, erhalten und bildet einen wesentlichen Bestandteil im Muskeleiweiß und im Klebereiweiß der Getreidekörner. L-Glutamin ist ebenfalls am Aufbau des Insulins beteiligt, es macht zusammen mit Asparagin einen hohen Anteil der freien Aminosäuren im Blut des Menschen aus.

pK_1: 2,13
pK_2: 4,32
pK_3: 9,95

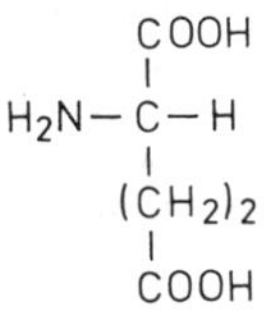

INN: ***L-Glutaminsäure***

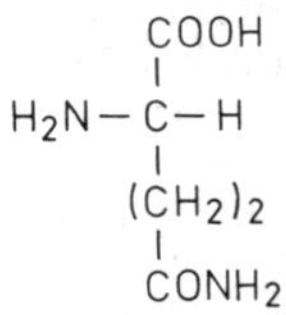

L-Glutamin

pK_1: 2,17
pK_2: 9,13

Glutaminsäure und ihr Natriumsalz werden als Geschmacksförderer für Lebensmittel verwendet.

8.1.2 Aromatische Aminosäuren

16: L(−)-Phenylalanin (Phe, F), α-Amino-β-phenyl-propionsäure, konnte zuerst aus den Keimlingen der *Leguminosen* und später aus den Hydrolysaten verschiedener Proteine isoliert werden.

17: L(−)-Tyrosin (Tyr, Y), 2-Amino-3-(4-hydroxy-phenyl)-propansäure, findet sich in fast allen Proteinen und wurde erstmalig bei der alkalischen Schmelze von Käse (= tyros) isoliert (*J. v. Liebig*, 1846). Heute gewinnt man Tyrosin durch Hydrolyse von Seidenabfällen mit konz. Salzsäure. Es ist in Wasser sehr schwer löslich. Beim Erhitzen spaltet es Kohlendioxid ab unter Bildung von *Tyramin*.

pK_1: 2,58
pK_2: 9,24

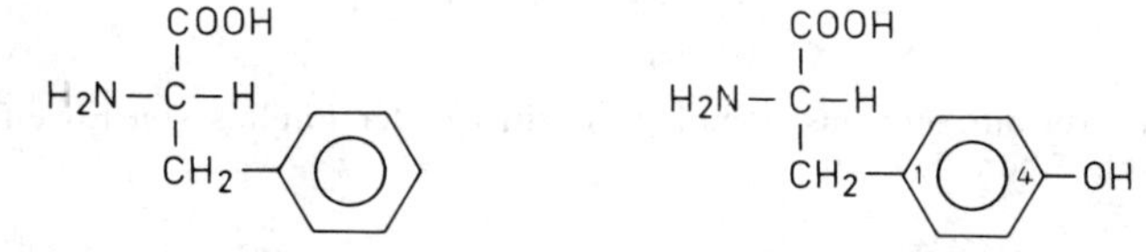

pK_1: 2,20
pK_2: 10,07

L-Phenylalanin L-Tyrosin

Zum *Nachweis* aromatischer Aminosäuren, z. B. von Phenylalanin oder Tyrosin sowie von Tryptophan, versetzt man die Proteine mit konz. Salpetersäure, wobei eine *Gelbfärbung* auftritt. Bei dieser sog. **Xanthoprotein-Reaktion** findet eine Nitrierung des Benzolkerns statt. Auch die Haut (Eiweiß der Epidermis) wird mit starker Salpetersäure gelb gefärbt.

In enger Beziehung zum Tyrosin steht das aus den Proteinen der Korallen gewonnene **L-3,5-Diiod-tyrosin** (Iodgorgosäure). Es ist durch Iodierung von Tyrosin darstellbar und bildet gewissermaßen den Übergang zum *Thyroxin*, dem Hormon der Schilddrüse.
L-Thyroxin (Thx), der *p*-Hydroxy-diiod-phenylether des 3,5-Diiod-tyrosins, kommt im *Thyreoglobulin* der Schilddrüse vor und wirkt als *stoffwechselregulierendes Hormon.* Thyroxin wurde von *Kendall* (1915) erstmalig aus Schilddrüsenhydrolysat rein isoliert und bildet farblose Nadeln, die sich bei 231 − 233 °C (504 − 506 K) zersetzen. Seine Konstitution konnte durch Synthese bewiesen werden (*Barger* und *Harington,* 1927).

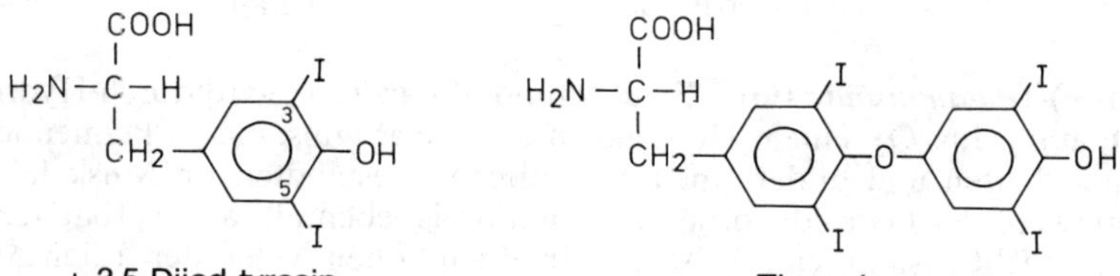

L-3,5-Diiod-tyrosin L-Thyroxin

Bei Untersuchungen über die physiologische Funktion der Schilddrüse (Glandula thyreoidea) beobachtete *Schiff* (1856), daß ihre Entfernung bei Versuchstieren zu schweren Schädigungen des Nervensystems und zu krampfartigen Zuständen führt, die nicht selten den Tod zur Folge haben. Beim Menschen können zwei Arten von Störungen der Schilddrüsentätigkeit auftreten, nämlich eine Unterfunktion (Hypothyreose), die zum Kreatinismus führen kann, und eine Überfunktion (Hyperthyreose), die die *Basedow*sche Krankheit verursacht.
Da das *iodfreie* Derivat des Thyroxins, das **L-Thyronin,** keine Hormonwirkung zeigt, muß die Aktivität an das Iod gebunden sein.
Neben dem Thyroxin sind in neuerer Zeit weitere iodhaltige Verbindungen in der Schilddrüse aufgefunden worden, z. B. das *L-3,5,3′-Triiod-thyronin*, das physiologisch 5mal aktiver ist als L-Thyroxin *INN:* ***Levothyroxin-Natrium*** (*J. Roche*).
Die Überproduktion an Iodthyroninen kann durch bestimmte Substanzen gehemmt werden, z. B. durch Thioharnstoff, Thiouracil und Sulfaguanidin. Medizinisch werden hauptsächlich Derivate des Thiouracils verwendet.

L-β-(3,4-Dihydroxy-phenyl)-alanin (*Dopa, INN:* ***Levodopa***) entsteht enzymatisch aus Tyrosin mittels *Tyrosinhydroxylase.* Es wird zur Behandlung der *Parkinson*schen Krankheit verwendet (*Larodopa*).

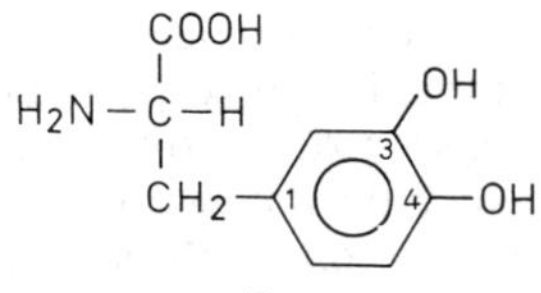

Dopa

8.1.3 Heterocyclische Aminosäuren

18: **L(–)-Prolin** (Pro, P), Pyrrolidin-2-carbonsäure (Tetrahydropyrrol-2-carbonsäure), und **L(–)-Hydroxyprolin** (Hypro), 4-Hydroxy-pyrrolidin-2-carbonsäure (4-Hydroxy-tetrahydropyrrol-2-carbonsäure), werden meist durch Hydrolyse von Gelatine mit Salzsäure gewonnen.

pK_1: 1,95
pK_2: 10,64

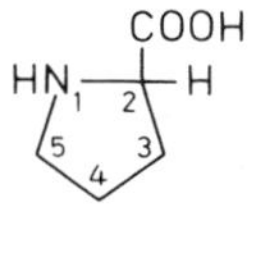

L(–)-Prolin

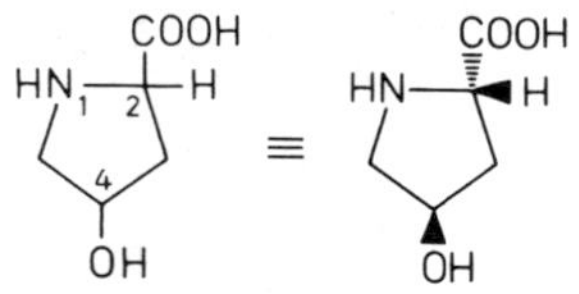

L-(–)-*trans*-Hydroxyprolin

Im Gegensatz zu allen andern L-Aminosäuren steht die Aminogruppe hier als *Iminogruppe* im Ring.

Zwei weitere wichtige heterocyclische Aminosäuren sind **19:** **L(–)-Tryptophan** (Trp, W), β-[3-Indolyl]-alanin, und **20:** **L(–)-Histidin** (His, H), β-[4-Imidazolyl]-alanin:

pK_1: 2,43
pK_2: 9,44

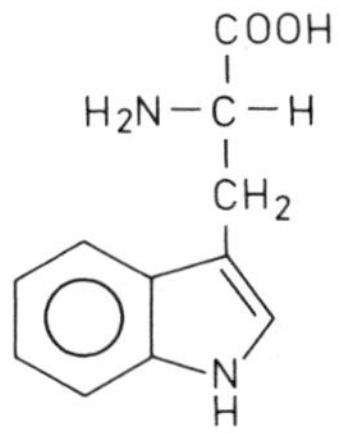

L-Tryptophan

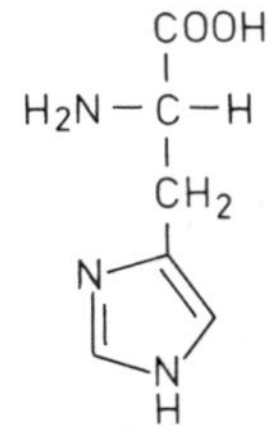

L-Histidin

pK_1: 1,81
pK_2: 6,05
pK_3: 9,15

Da bei weitem nicht alle angeführten Aminosäuren in den einzelnen Eiweißarten vorkommen, taucht die Frage auf, welche Aminosäuren als *lebensnotwendig* oder *essentiell* für die Ernährung des Erwachsenen anzusehen sind. Folgende 8 Aminosäuren sind essentiell: Leucin, Phenylalanin, Methionin, Lysin, Valin, Isoleucin, Threonin und Tryptophan. Der für die Vollwertigkeit der Proteine erforderliche Anteil der Aminosäuren (1,1 – 0,25 g pro Tag) nimmt etwa in der angegebenen Reihenfolge ab. Die technisch dargestellten Aminosäuren dieser Gruppe werden Nahrungs- und Futtermitteln zugesetzt. Asparaginsäure und Glutaminsäure sowie γ-Aminobuttersäure (GABA) sind als Neurotransmitter erkannt worden.

8.1.4 Technische Gewinnung von Aminosäuren

Die technische Produktion von Aminosäuren hat sich sehr entwickelt[1], wobei L-*Glutaminsäure*, DL-*Methionin* und L-*Lysin* (in dieser Reihenfolge) die größten Produktionsziffern aufweisen (250 000 – 25 000 Tonnen pro Jahr).

[1] Vgl. *Y. Izumi*, Herstellung und Verwendung von Aminosäuren, Angew. Chem. *90*, 187 (1978).

L-Lysin und L-Glutaminsäure werden vorwiegend durch Fermentation gewonnen, nachdem es gelungen war Mikroorganismen zu züchten, welche die genannten Aminosäuren in größerer Menge bilden als sie zur Aufrechterhaltung des Wachstums notwendig ist. So kann man z. B. aus 1000 kg D-*Glucose* etwa 500 kg L-*Glutaminsäure* erhalten. Da für den Hauptverwendungszweck von Methionin (die Aufwertung von Futtermitteln) die Racemform die gleiche Wirkung hat wie die L-Aminosäure, steht die Synthese beim DL-Methionin im Vordergrund. Sie wird ausgehend vom *Acrolein* in drei Stufen durchgeführt:

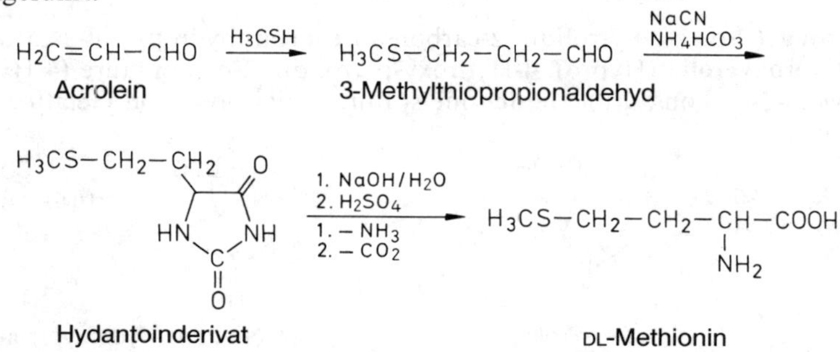

Lysin erhält man durch *Hydrolyse* von DL-*α-Amino-ε-caprolactam* (3-Amino-hexahydro-2-azepinon), das auf folgendem Wege aus Cyclohexen dargestellt wird:

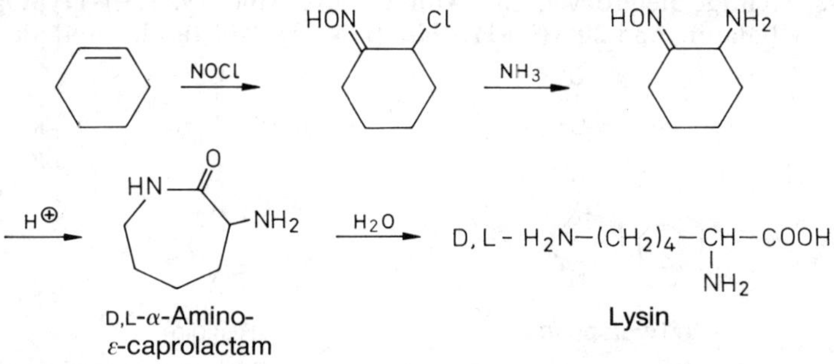

Hydrolysiert man in Gegenwart von L-*Amino-ε-caprolactamhydrolase,* so entsteht *ausschließlich* L-*Lysin.* Das zurückbleibende D-α-Amino-ε-caprolactam kann durch eine spezifische Racemase in DL-α-Amino-ε-caprolactam zurückverwandelt werden, so daß als Produkt des Prozesses nur L-Lysin entsteht. In einigen Fällen gelingt es durch Animpfen mit dem L-Enantiomeren aus der Lösung der DL-Aminosäure nur die L-Aminosäure zur Kristallisation zu bringen. Durch Racemisierung der Mutterlauge kann auch in diesem Falle ein Kreisprozeß betrieben werden, dessen einziges Produkt die L-Aminosäure ist. Lysin ist in vielen Nahrungs- und Futtermitteln eine *limitierende Aminosäure,* deren Ergänzung den Nährwert des betreffenden Produktes stark erhöht.

8.2 Peptide

Wie *Emil Fischer* bereits aus der Eiweißspaltung und den Peptidsynthesen folgerte, bauen sich die Proteine aus zahlreichen peptidartig verbundenen α-Aminosäuren auf. In Analogie zu den Oligo- und Polysacchariden kann man derartige Peptidketten je nach der Anzahl der verknüpften Aminosäuren in *Oligopeptide* (2−9 Aminosäuren), *Polypeptide* (10−100 Aminosäuren) und *Makropeptide* (Proteine) mit über 100 Aminosäuren einteilen (*Th. Wieland*).
Aus der gefalteten, in einer Ebene liegenden Peptidkette ragen die Seitenketten der jeweiligen Aminosäure ($R_1 - R_n$) sowie die endständige Amino- bzw. Carboxylgruppe alternierend heraus:

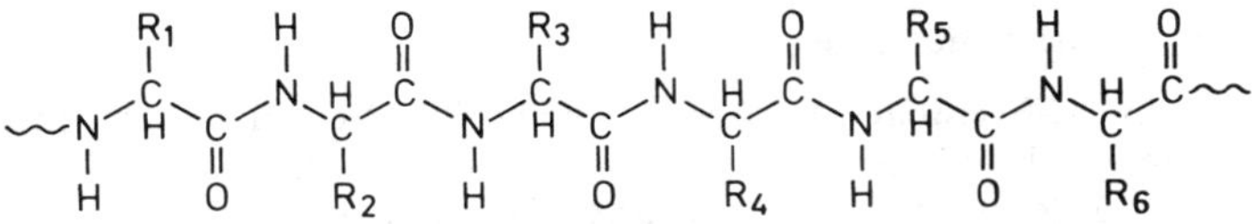

Peptidkette

Trotz der beschränkten Anzahl der am Aufbau beteiligten Aminosäuren ergeben sich durch die unterschiedliche Anordnung in der Kette sehr zahlreiche Variationsmöglichkeiten.
Das Dipeptidderivat α-L-*Aspartyl*-L-*phenylalaninmethylester* (APM, Aspartam) wird als *Süßstoff* verwendet. Die Verbindung hat etwa die 200fache Süßkraft des Rohrzuckers.

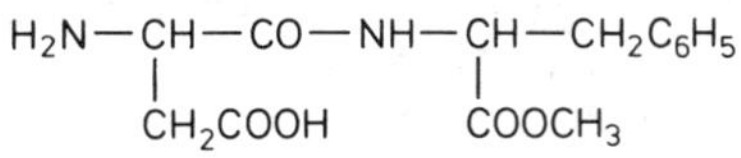

Aspartam

8.2.1 Peptidsynthesen[1]

Da die Peptidbindung eine *energiereiche* Bindung ist, muß zu ihrer Bildung mindestens *ein* energieliefferndes, meist an der Carboxylgruppe *aktiviertes* Aminosäure-Derivat eingesetzt werden, z. B. Halogenide, Azide und Ester der Aminosäuren. Die ersten, von *E. Fischer* (1903) durchgeführten Peptidsynthesen erfolgten durch Umsetzung von α-Halogencarbonsäurechloriden mit an der Aminogruppe ungeschützten Aminosäureestern und nachfolgenden Austausch des Halogens gegen die Aminogruppe mit Ammoniak, z. B.:

---

[1] Vgl. *Th. Wieland* et al., Peptidsynthesen (V), Angew. Chem. *75*, 539 (1963); *G. R. Pettit*, Synthetic Peptides, 2 Bände (van Nostrand, Reinhold Comp., New York 1970−1971); *E. Wünsch* (Herausgeber), *Houben-Weyl*, Methoden der Organischen Chemie *15/1, 2* (Thieme Verlag, Stuttgart 1974); *M. Bodanszky* et al., The Practice of Peptide Synthesis (Springer-Verlag, Berlin 1984).

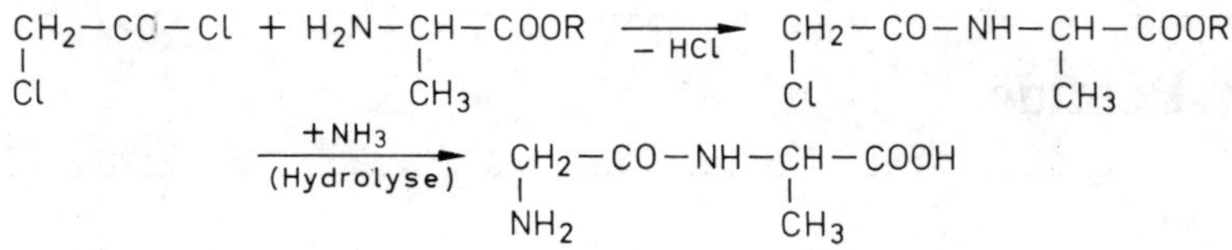

Glycyl-alanin

Diese Methode erwies sich jedoch als wenig geeignet, da die betreffende Halogenacylverbindung meist schwer zugänglich und außerdem unbeständig ist.

Die modernen Methoden der Peptidsynthesen verwenden Aminosäuren mit geschützter Aminogruppe. Hierbei ist maßgebend, daß sich die betreffende *Schutzgruppe* nach der Peptidbildung leicht wieder abspalten läßt, ohne daß gleichzeitig die Peptidbindung gelöst wird. Ferner wurde versucht, die Ausbeuten bei der Knüpfung der Peptidbindung durch Zugabe geeigneter Katalysatoren zu steigern und die Racemisierungstendenz der Aminosäuren weitgehend zu unterdrücken.

8.2.1.1 Einführung der Schutzgruppe

a) **Benzyloxycarbonyl-Methode** (*M. Bergmann*, 1932). Hierbei benutzt man als schützende Gruppe am Stickstoff den *Benzyloxycarbonyl*-Rest, der früher als Carbobenzoxy-Rest (Cbo- oder Z-Rest) bezeichnet wurde. Die Benzyloxycarbonylaminosäure ist durch Umsetzen der betreffenden Aminosäure mit Chlorameisensäurebenzylester, der aus Phosgen und Benzylalkohol dargestellt wird, zugänglich:

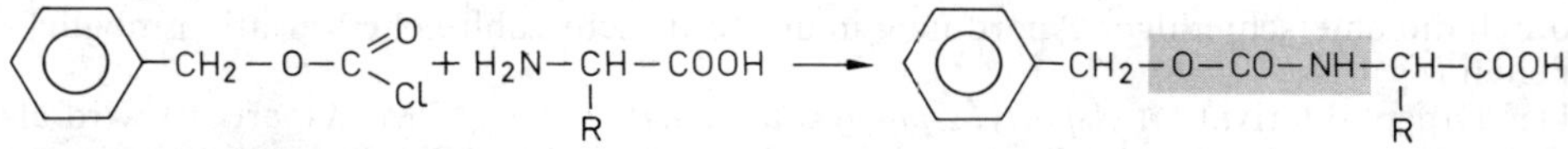

Chlorameisensäurebenzylester Benzyloxycarbonylaminosäure

b) ***tert.*-Butyloxycarbonyl-Methode** (*G. W. Anderson*, 1957). Zunehmende Bedeutung erlangt der *tert.*-Butyloxycarbonyl-Rest (BOC-Rest) als Schutzgruppe am Stickstoff. Die Acylierung der Aminogruppe läßt sich am besten mit *tert.*-Butyloxycarbonylazid unter milden Bedingungen durchführen:

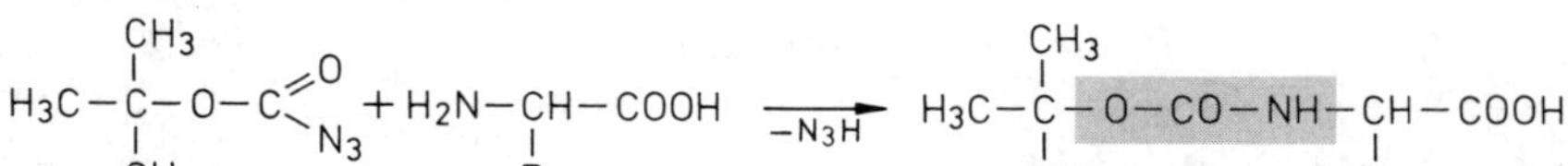

tert.-Butyloxycarbonylazid *tert.*-Butyloxycarbonylaminosäure

c) **Fluoren-9-ylmethoxycarbonyl-Methode** (*L. A. Carpino*, 1970). Wegen der starken UV-Absorption des Fluorenylrestes können die Reaktionen mit dem Fluoren-9-ylmethoxycarbonyl-Rest (*Fmoc*-Rest) gut verfolgt werden. Der Fmoc-Rest wird mit Chlorameisensäurefluoren-9-ylmethylester (X = Cl) oder Fluoren-9-ylmethoxycarbonylazid ($X = N_3$) eingeführt:

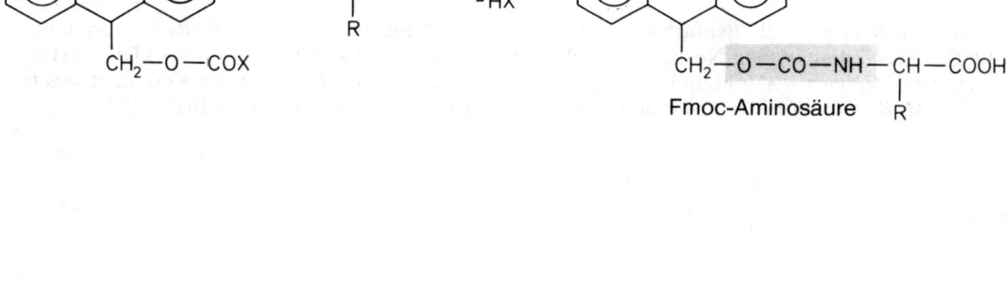

Fmoc-Aminosäure

Anstelle der drei obigen Schutzgruppen vom Urethantyp (grau unterlegt) und der Benzylgruppe werden zuweilen auch der *p*-Tosyl- (*Du Vigneaud*), der Phthalyl- (*Sheehan*) oder der Trifluoracetyl-Rest (TFA-Rest) verwendet (*Weygand*).

d) **Allylester-Methode** (*H. Kunz*, 1983). Bei der Darstellung von *Glykopeptiden* mit O-glykosidischen Bindungen zwischen Kohlenhydraten und den OH-Gruppen von Serin und Threonin benötigt man wegen der labilen Glykoside eine Schutzgruppe, die sich unter *neutralen* Bedingungen abspalten läßt. Diese Eigenschaft haben die Allylester. Sie lassen sich mit dem *Wilkinson*-Katalysator in die Propenylester umlagern, die als Enolester, z. B. in wäßrig alkoholischer Lösung hydrolysiert werden können:

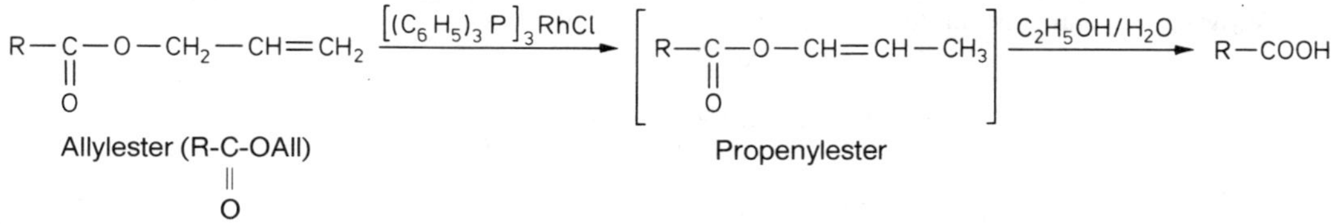

8.2.1.2 Knüpfung der Peptidbindung

Von den zahlreichen Methoden der Peptidbildung seien hier nur die wichtigsten genannt. Sie basieren auf der Verwendung energiereicher, N-acylierter Aminosäurederivate, vor allem der Säurechloride, Azide und Azolide.

a) **Säurechlorid-Methode.** Hierbei werden die Acylaminosäuren zunächst in Säurechloride übergeführt und diese dann mit Aminosäureestern umgesetzt:

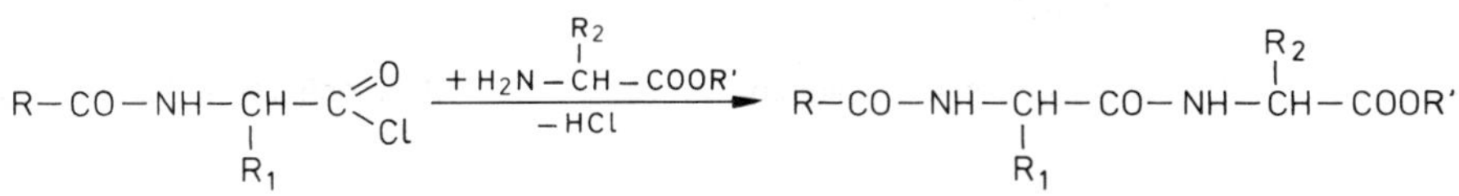

Dieses Verfahren wird heute oft in folgender Weise modifiziert: Beim Erhitzen von Acylaminosäuren mit α,α-Dichlordimethylether entstehen intermediär die Säurechloride, die sofort mit den Aminosäureestern zum Peptid reagieren.

b) **Azid-Methode.** Nach dieser von *Curtius* (1902) eingeführten Methode bildet sich die Peptidbindung durch Umsetzen eines an der Aminogruppe geschützten Aminosäureazids mit einem Aminosäureester:

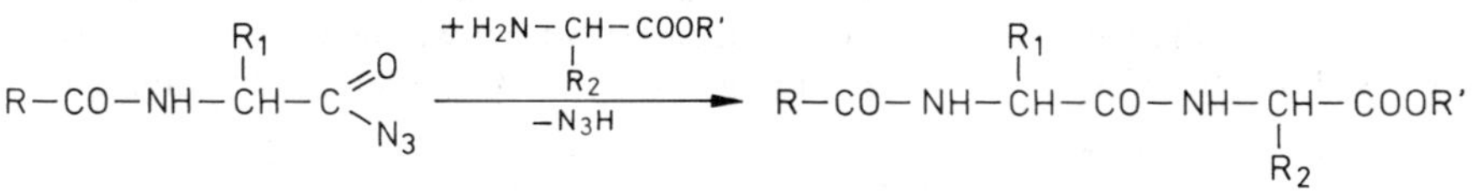

Die Azide eignen sich besonders dann zur Peptidbildung, wenn eine Racemisierung der Aminosäuren möglichst vermieden werden soll.

c) **Carbodiimid-Methode** (*Sheehan*, 1959). Eine sehr gute Methode zur Peptidbildung besteht in der Verknüpfung der Acylaminosäure mit einem Aminosäureester in Gegenwart einer äquimolekularen Menge *Dicyclohexyl-carbodiimid* (DCC)[1] unter Abspaltung von N,N′-Dicyclohexylharnstoff:

[1] Vgl. *F. Kurzer* et al., Advances in the Chemistry of Carbodiimides, Chem. Reviews *67*, 107 (1967).

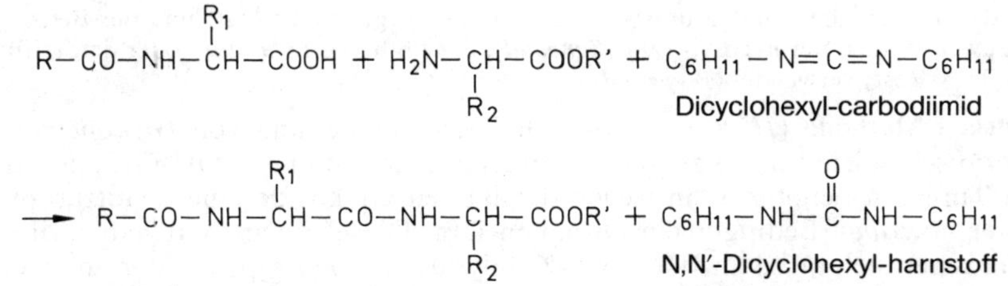

Als Zwischenprodukt tritt bei der Methode ein O-Acylisoharnstoffderivat auf, das eine aktivierte Acylgruppe enthält, die auf die Aminogruppe übertragen wird:

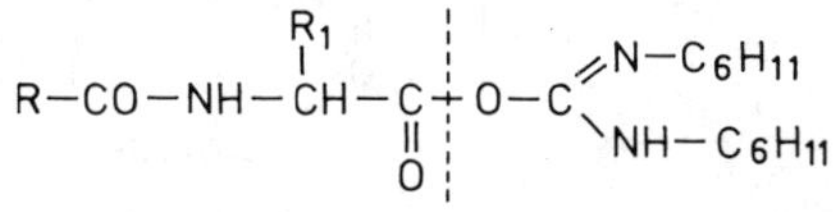
aktivierte Acylgruppe

d) **Azolid-Methode**[1]. Bei der Umsetzung von Acylaminosäuren mit der äquimolekularen Menge *N,N'-Carbonyl-di-imidazol* bei Raumtemperatur in Tetrahydrofuran bildet sich ein energiereiches Aminosäure-imidazolid, das mit einem Aminosäureester leicht zu dem betreffenden Peptid reagiert:

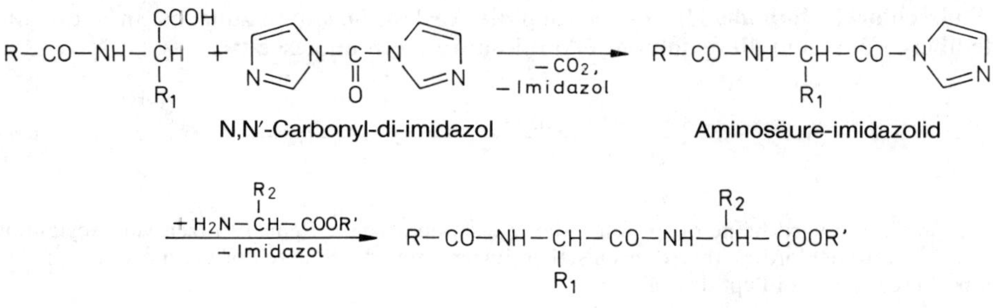

e) **N-Carbonsäureanhydrid-Methode.** Bei der Umsetzung von Glycin mit Phosgen oder Diphosgen bildet sich aus intermediär entstehendem Glycin-N-carbonylchlorid unter Cyclisierung das *Glycin-N-carbonsäureanhydrid* (Gly-NCA, 2,5-Dioxo-tetrahydro-oxazol, *Leuchs*-Anhydrid). Läßt man auf diese Substanz wenig Wasser einwirken, so scheidet sich unter CO_2-Entwicklung ein unlösliches, höhermolekulares Polypeptid ab:

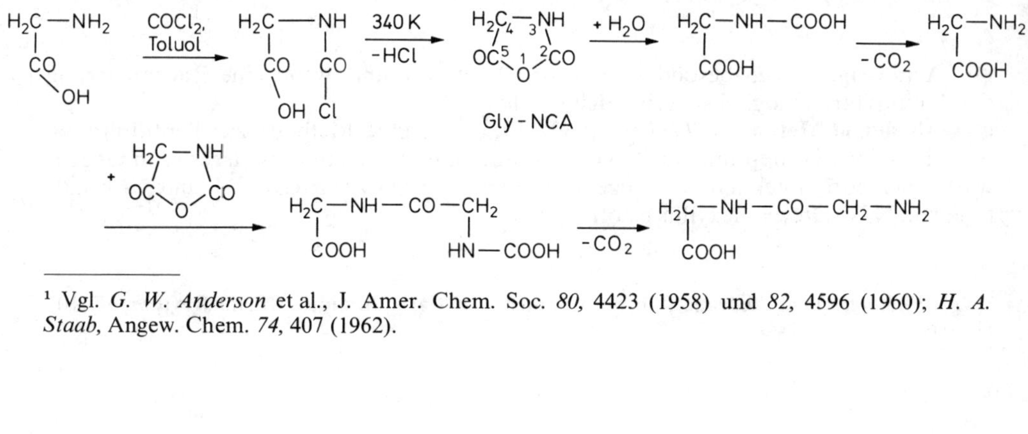

[1] Vgl. *G. W. Anderson* et al., J. Amer. Chem. Soc. *80,* 4423 (1958) und *82,* 4596 (1960); *H. A. Staab,* Angew. Chem. *74,* 407 (1962).

Das Dipeptid reagiert erneut mit 2,5-Dioxo-tetrahydrooxazol zum Tripeptid, dieses zum Tetrapeptid usw.
Bei der thermischen Polykondensation des Glycin-N-carbonsäureanhydrids wurde mit Hilfe von ^{13}C-Markierung nachgewiesen, daß das bei der Zersetzung entwickelte Kohlendioxid aus der an Stickstoff gebundenen Carboxylgruppe stammt (*Heyns*).
In der Natur sind Polypeptide, die sich aus einer einzigen Aminosäure aufbauen, sehr selten. Es ist bisher nur eine Polypeptidkette bekannt, die aus D-Glutaminsäure-Resten besteht und in der Kapselsubstanz des *Milzbrandbacillus* vorkommt.

Die N-Carbonsäureanhydride sind zur Darstellung von gemischten Diketo-Piperazinen (vgl. S. 787) präparativ wertvoll:

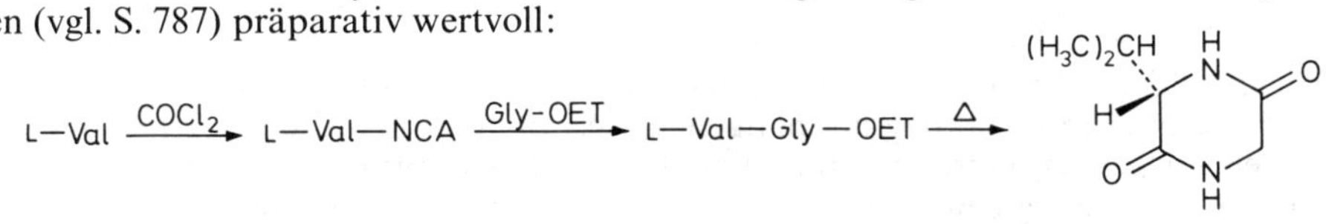

gemischtes Diketopiperazin

8.2.1.3 Abspaltung der Schutzgruppe

Nach erfolgter Peptidbildung läßt sich der Cbo-Rest *durch katalytische Hydrierung* leicht wieder abspalten, wobei Toluol, Kohlendioxid und das Dipeptid entstehen. Auch die Benzylgruppe selbst kann hydrogenolytisch abgespalten werden, aus diesem Grunde steigt ihre Bedeutung als Schutzgruppe (vgl. S. 830).
Der *tert.* Butyloxycarbonyl-Rest läßt sich mit Bromwasserstoff/Eisessig oder mit wasserhaltiger Trifluoressigsäure leicht abspalten. Im Gegensatz zum Cbo-Rest wird der BOC-Rest bei der katalytischen Hydrierung *nicht* entfernt, so daß man einzelne Aminosäuren in den Polypeptiden auf diese Weise fixieren kann.
Der Fmoc-Rest ist dadurch ausgezeichnet, daß er unter milden basischen Bedingungen abgespalten werden kann, z. B. mit Piperidin oder Morpholin in DMF (bei 20 °C [293 K] in 5 Min.) oder mit flüssigem Ammoniak.

8.2.1.4 *Merrifield*-Synthese[1]

Durch Verankerung der wachsenden Peptidkette an einem Polystyrolträger können die mit der Anknüpfung neuer Bausteine verbundenen Operationen auf die Dosierung der Reagenzien und das Auswaschen des Überschusses reduziert werden, so daß sich die vorstehend beschriebenen drei Reaktionsschritte automatisieren ließen (Festphasen-Synthese, *Merrifield*, 1962).
Zur Verankerung der ersten geschützten Aminosäure wird deren Carboxylgruppe mit einer OH-Gruppe verestert, die über eine Abstandsgruppierung (Spacer) an Polystyrol gebunden ist, das durch Copolymerisation von Styrol mit 0,2% Divinylbenzol hergestellt wurde.

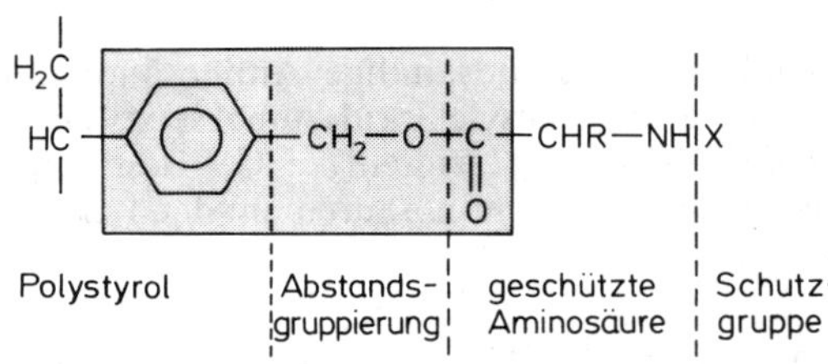

[1] Vgl. *Ch. Birr*, Aspects of the *Merrifield* Peptide Synthesis (Springer-Verlag, Berlin 1978); *R. B. Merrifield*, Festphasensynthese, Angew. Chem. *97*, 801 (1985).

Die Verankerung muß während der gesamten Peptidsynthese stabil bleiben, muß aber nach deren Abschluß leicht gelöst werden können, unter Bedingungen, die das entstandene Polypeptid unversehrt lassen. Die in dem Beispiel angegebene Benzylestergruppe (grau unterlegt) erfüllt diese Bedingung. Nach Entfernung der Schutzgruppe X (z. B. Cbo oder BOC) wird die nächste N-geschützte Aminosäure unter Aktivierung durch Dicyclohexylcarbodiimid (DDC) angeknüpft:

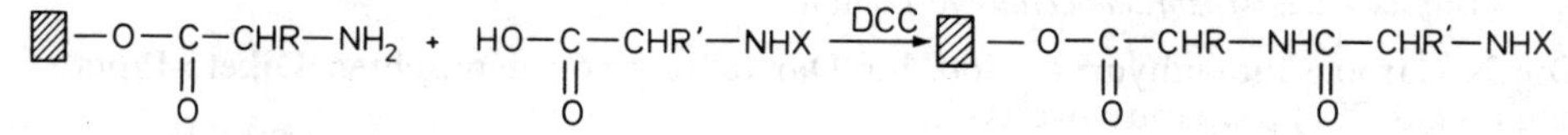

Der Kreislauf von Entfernung der Schutzgruppe und Anknüpfung einer neuen Aminosäure wird unter Einschaltung der nötigen Waschvorgänge bis zum Erreichen des Syntheseziels fortgesetzt. Durch Optimierung der einzelnen Verfahrensschritte ist die Methode sehr zuverlässig geworden, so konnte mit ihr ein biologisch voll aktives α-ACTH des Menschen synthetisiert werden. Die Zuverlässigkeit läßt sich erhöhen, wenn Blöcke von etwa zehn Bausteinen mit Automaten hergestellt werden, die man dann in der richtigen Reihenfolge verknüpft.

8.2.2 Bausteinanalyse der Peptide[1]

Nach Isolierung und Reinigung eines Peptids bzw. Proteins wird dieses durch Säurehydrolyse in die einzelnen Aminosäuren gespalten und das Hydrolysat qualitativ und quantitativ chromatographisch analysiert. Diese Operation bezeichnet man als **Bausteinanalyse.** Sie ist durch die grundlegenden Arbeiten von *Moore* und *Stein* über die Trennung von Aminosäuren an Ionenaustauschern bis zur Automatisierung vervollkommnet worden.
Der erste Schritt zur Aufklärung einer Peptidkette ist die **Endgruppenbestimmung,** d. h. die Ermittlung der N-terminalen Aminosäure mit freier α-Aminogruppe und der C-terminalen Aminosäure mit freier α-Carboxylgruppe, wobei meist folgende Methoden angewendet werden:

8.2.2.1 DNP-Methode (*Sanger*, 1954), Dansyl-Methode (*Hartley*, 1956)

Die *endständige Aminogruppe* muß so substituiert werden, daß das entstehende Aminosäurederivat gegen Hydrolyse beständig ist. Als brauchbar erweist sich die Umsetzung mit *2,4-Dinitro-fluorbenzol.* Bei der sauren Hydrolyse bleibt der Dinitrophenyl-Rest an der N-terminalen Aminogruppe haften, so daß man diese Aminosäure von dem übrigen Aminosäuregemisch leicht abtrennen und chromatographisch identifizieren kann (Dinitrophenyl- oder DNP-Methode).

Bei der Dansyl-Methode wird die endständige Aminosäure mit 5-Dimethylamino-naphthalin-1-sulfonsäurechlorid (Dansylchlorid) umgesetzt. Die nach der Hydrolyse entstehenden *Dansylaminosäuren* fluoreszieren bei UV-Bestrahlung; ihr Nachweis ist gegenüber den entsprechenden DNP-Aminosäuren um den Faktor 100 empfindlicher.

---

[1] Vgl. *S. B. Needleman*, Protein Sequence Determination (Springer-Verlag, Berlin 1975); *H. Nau*, Sequenzanalyse von Polypeptiden und Proteinen mit der kombinierten Gaschromatographie-Massenspektrometrie, Angew. Chem. *88*, 74 (1976).

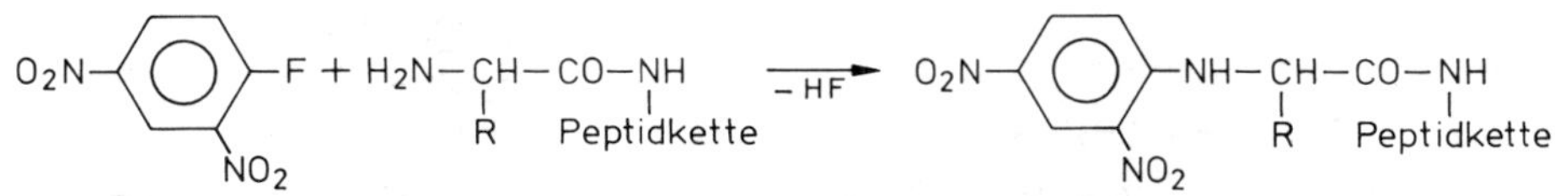

2,4-Dinitrofluorbenzol

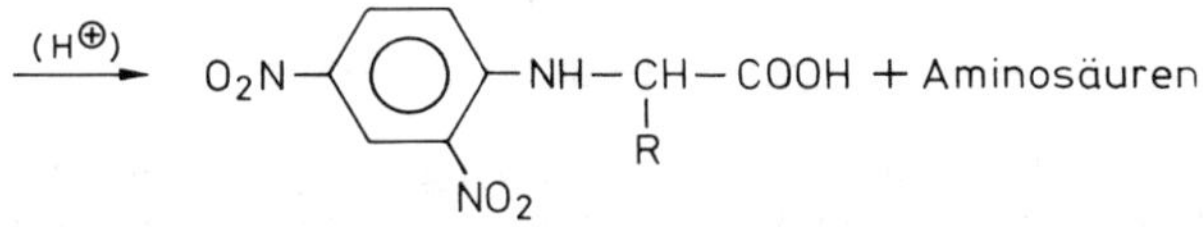

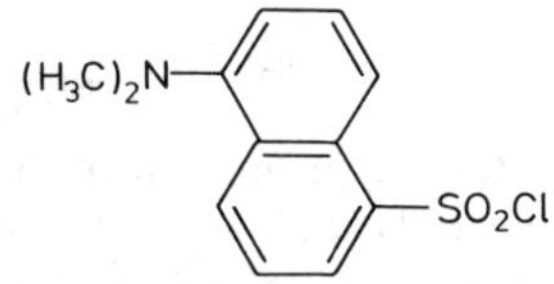

Dansylchlorid

8.2.2.2 Phenylthiohydantoin-Methode (*Edman*, 1950)

Dieses als *Edman*-Abbau bezeichnete Verfahren beruht auf der selektiven Abspaltung der N-terminalen Aminosäure. Bei der Einwirkung von *Phenylisothiocyanat* auf Peptide oder Proteine entsteht das entsprechende Phenylthioharnstoff-Derivat, das durch Salzsäure zu dem betreffenden *Phenylthiohydantoin* cyclisiert wird. Aus diesem erhält man durch alkalische Hydrolyse die freie Aminosäure:

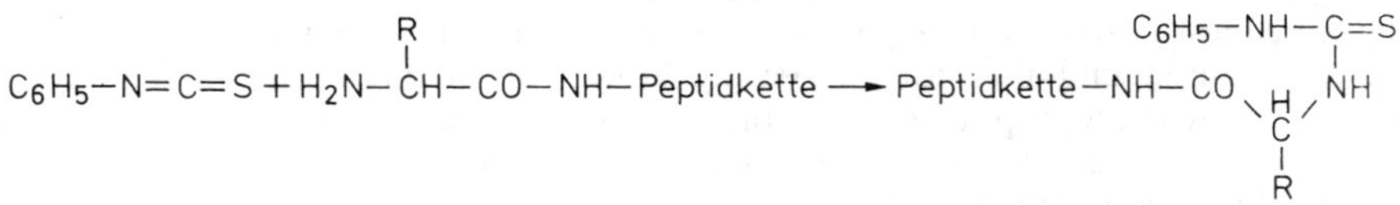

Phenylthioharnstoff-Derivat

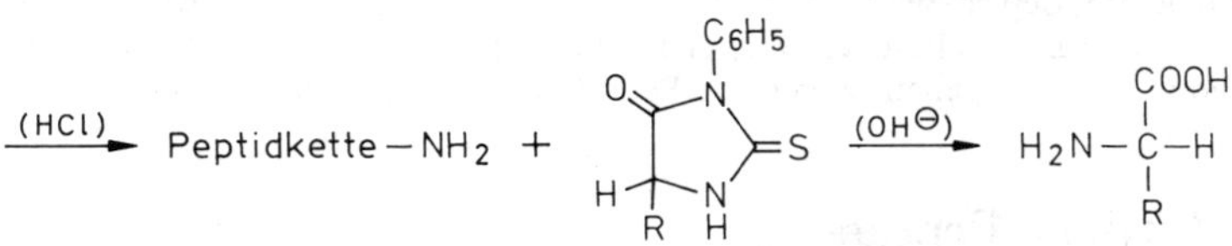

Phenylthiohydantoin

Die verbleibende Peptidkette kann erneut dieser Reaktionsfolge unterworfen werden, so daß Teilsequenzen einer Peptidkette ermittelt werden können. Durch Automatisierung ist die Wirksamkeit der Methode stark erhöht worden.

8.2.3 Sequenzanalyse der Peptide

Nach Ermittlung der Endgruppen folgt als nächster, schwierigerer Schritt der stufenweise Abbau der restlichen Peptidketten und damit die Festlegung der Sequenz der Aminosäuren innerhalb der Kette. Das Prinzip der Sequenzanalyse beruht auf der sauren oder enzymatischen Hydrolyse der Makropeptidketten in kleinere Bruchstücke (Polypeptide).

Die wichtigste nichtenzymatische Spaltung ist die Spaltung mit Bromcyan (*B. Witkop*, 1961). Dabei werden nur solche Peptidbindungen gespalten an denen die *Carboxylgruppe* des *Methionins* beteiligt ist, z. B.:

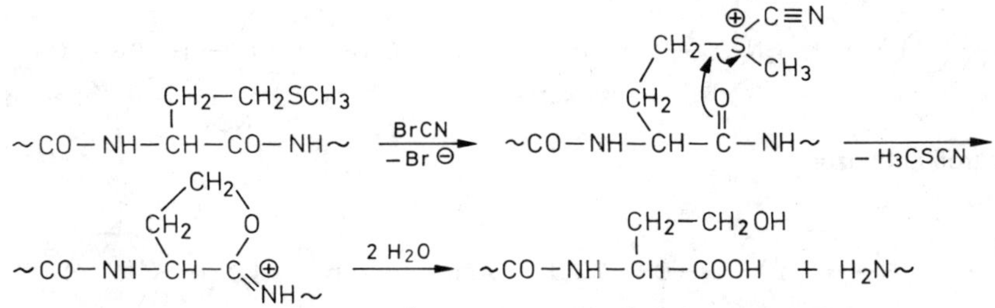

Da der Methioninrest in Proteinen selten vorkommt, erhält man günstig proportionierte Partialsequenzen, die gut trennbar und leicht in die Gesamtsequenz einzuordnen sind. Auch bei der biosynthetischen Produktion wichtiger Peptidhormone wie Somatostatin und Insulin durch Gentechnik gelingt die unversehrte Freisetzung der Hormone aus den längeren Peptidketten, welche primär gebildet werden, nur durch die Bromcyan-Spaltung.

Auch durch Anwendung substratspezifischer *Enzyme* wird die Peptidkette jeweils an ganz bestimmten Stellen gespalten, z. B. zerlegt *Trypsin* die Kette im allgemeinen zwischen Arginin und Lysin. Bei der Spaltung der Kette mit *Chymotrypsin* entstehen stets Polypeptide, die als C-terminale Aminosäure Phenylalanin oder Tyrosin aufweisen. Durch diese überlappende Spaltung mittels *Proteasen* (C−N-Hydrolasen) wird die Gesamtpeptidkette in verschiedene Oligo- und Polypeptide zerlegt, die erneut durch Endgruppenbestimmung und Hydrolyse analysiert werden. Die Trennung der einzelnen Aminosäuren und ihre Identifizierung erfolgt meist mit Hilfe der Papier- und Dünnschichtchromatographie oder Papierelektrophorese. Durch Aneinanderreihung der analysierten Oligopeptide ergibt sich schließlich die *Aminosäuresequenz* oder die Primärstruktur *der gesamten Peptidkette.*

Das erste Polypeptid, dessen Sequenz von *Sanger* (1947) bestimmt wurde, war das Insulin. Inzwischen ist die Aufklärung zahlreicher anderer Polypeptide und Proteine gelungen[1], wobei die indirekte Methode über den genetischen Code Peptidsequenzen aufzuklären an Bedeutung gewinnt (vgl. s. 874).

8.2.4 Natürliche Peptide

Beim Auf- und Abbau der Proteine im Organismus treten die Peptide als Zwischenprodukte des Stoffwechsels nur in großer Verdünnung auf, da sie gleich weiter umgesetzt werden.

Die aus dem Tier oder der Pflanze isolierten Peptide weisen oft eine *strukturelle Besonderheit* auf, die darin bestehen kann, daß z.B. statt der α-ständigen eine andere Carboxylgruppe die Peptidbindung eingeht. In diesem Fall entzieht sich das Peptid dem normalen Angriff der Enzyme im Organismus und kann somit seine spezifische, physiologische Funktion ausüben. Hierzu zählt z. B. das *Tripeptid* Glutathion mit einer anomalen γ-Carboxyl-Verknüpfung.

8.2.4.1 Glutathion

γ-Glutamyl-cysteinyl-glycin, wurde von *Hopkins* (1921) in der Hefe und in den Muskeln aufgefunden; ferner tritt es im Blut und in den meisten Zellen auf. Seine Konstitution konnte durch *Synthese* bewiesen werden (*Harington*):

[1] Vgl. *M. O. Dayhoff*, Atlas of Protein Sequence and Structure (National Biochemical Research Foundation ab 1967).

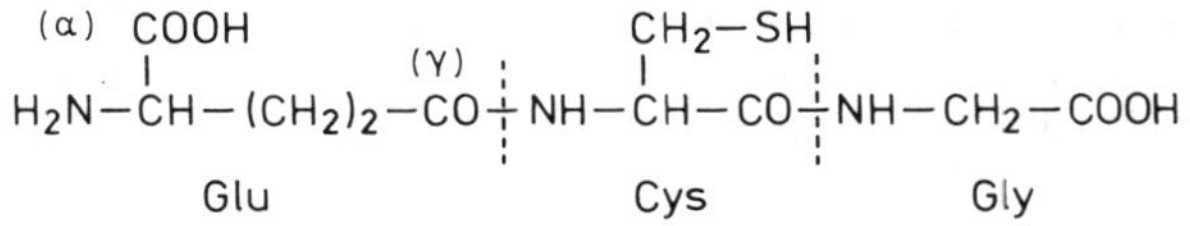

Glutathion (GSH)

In Analogie zum Cystein-Cystin-Gleichgewicht geht auch Glutathion leicht reversibel in das entsprechende Disulfid (GSSG) über und wirkt somit als Überträger bei *Redoxprozessen.* Seine physiologische Wirkung als Antioxidans beruht darauf, daß es als leicht oxidierbare Verbindung Substanzen reduziert, bevor diese an anderen oxidationsempfindlichen Gruppen Schaden anrichten können.

8.2.4.2 Neuropeptide (Endorphine)

Auf der Suche nach den natürlichen Substraten der Opiat-Rezeptoren wurden 1975 von *Hughes* aus Schweinehirn die beiden schmerzlindernden Pentapeptide *Methionin-Enkephalin* (I) und *Leucin-Enkephalin* (II) isoliert:

I: L-Tyr-Gly-Gly-L-Phe-L-Met II: L-Tyr-Gly-Gly-L-Phe-L-Leu

Kurz darauf gelang es, aus 20 – 30 Aminosäuren bestehende Peptide zu erhalten, die eine mit dem *Morphin* vergleichbare Wirkung aufwiesen und die daher *Endorphine* (von endogene Morphine) genannt wurden. Leider hat sich die Hoffnung, damit suchtfreie Schmerzmittel zu gewinnen, nicht erfüllt.

8.2.4.3 Peptid-Antibiotika

In den letzten Jahrzehnten wurde aus Mikroorganismen und Pilzen eine Anzahl *cyclischer Polypeptide* isoliert, die fast alle auf höhere Organismen, z. T. auch auf Bakterien, stark giftig wirken und deshalb als *Antibiotika* (vgl. S. 458) bezeichnet werden. Ihre Resistenz gegenüber den Abbauenzymen ist in erster Linie auf den Gehalt an *eiweißfremden* Aminosäuren zurückzuführen, die z. B. D-Konfiguration aufweisen. Als Beispiele seien *Gramicidin* und *Valinomycin* erwähnt.

Gramicidin A ist ein lineares Pentadecapeptid der folgenden Sequenz alternierender L- und D-Aminosäurereste mit einer N-terminalen Formyl- und einer C-terminalen β-Ethanolamid-Gruppe (*Witkop*, 1965).

HC(=O)–L-Val–Gly–L-Ala–D-Leu–L-Ala–D-Val–L-Val–D-Val–L-Trp–
D-Leu–L-Phe–D-Leu–L-Trp–D-Leu–L-Trp–NH–CH_2CH_2-OH

Gramicidin A

Wegen seiner Fähigkeit, Ionenkanäle in biologischen Membranen zu bilden, ist es von erheblicher biochemischer Bedeutung.

Das aus *Valin* und *Hydroxysäuren* bestehende *Depsipeptid* **Valinomycin** ist das cyclische Trimere der folgenden Baugruppe, die sowohl Amidgruppen als auch Estergruppen enthält:

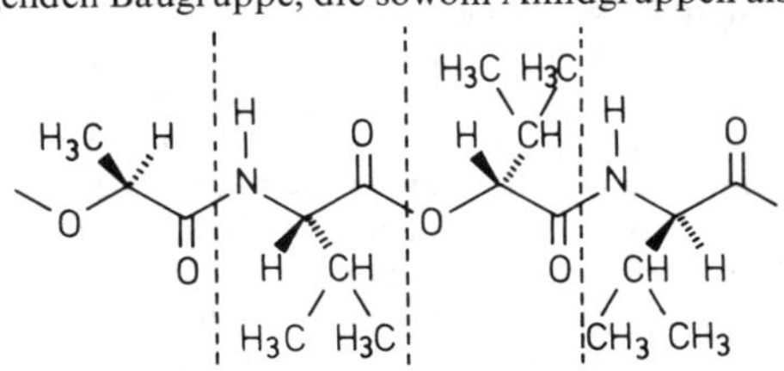

(L-Milchsäure) (L-Valin) (D-α-Hydroxy-isovaleriansäure) (D-Valin)

L-Lac L-Val D-Hiv D-Val

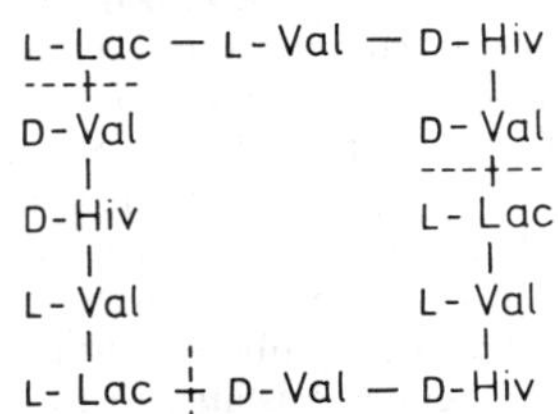

Valinomycin

Valinomycin transportiert $K^{\oplus}$-Ionen, nicht aber $Na^{\oplus}$-Ionen durch Zellmembranen. Die $K^{\oplus}$-Ionen bilden dabei lipophile Kryptate, ähnlich wie sie mit [18]Krone-6 entstehen; in diesem Fall ist der Kryptand das Valinomycin, welches hier als Transport-Antibiotikum wirkt.

8.2.4.4 Peptidhormone

Zu dieser Stoffklasse gehören vor allem die Hormone der Bauchspeicheldrüse (Insulin, Glucagon) und der Hypophyse (Oxytocin, Vasopressin, Corticotropin).

Insulin wirkt *blutzuckersenkend* und wird therapeutisch bei der Zuckerkrankheit (Diabetes mellitus) angewendet. Seinen Namen verdankt es dem Vorkommen in den *Langerhans*schen Inseln des Pankreas, aus dem es erstmalig im Jahr 1921 von *Banting, Best, Collip* und *Macleod* isoliert wurde. Nach Untersuchungen von *Sanger*[1] gehört Insulin zu den kleinsten Proteinmolekülen und enthält 51 L-Aminosäuren, die sich auf 2 Polypeptidketten verteilen.

Als Resultat der Sequenzanalyse mit Hilfe der DNP-Methode ergab sich, daß die A-Kette aus 21 Aminosäuren und die B-Kette aus 30 Aminosäuren aufgebaut ist. Die A-Kette beginnt mit der N-terminalen Aminosäure Glycin und ist durch zwei Disulfidbrücken von Cystinresten mit der B-Kette, die Phenylalanin als N-terminale Aminosäure aufweist, verknüpft. Außerdem liegt innerhalb der A-Kette noch eine dritte Disulfidbrücke vor. Die relative Molekülmasse des Insulins beträgt etwa 6000, es bindet leicht Zink, wobei es zu Dimeren und höheren Aggregaten zusammentritt.

Die *Struktur* des Insulins aus Menschenpankreas läßt sich schematisch durch folgende Kettenanordnung wiedergeben (Abb. 122):

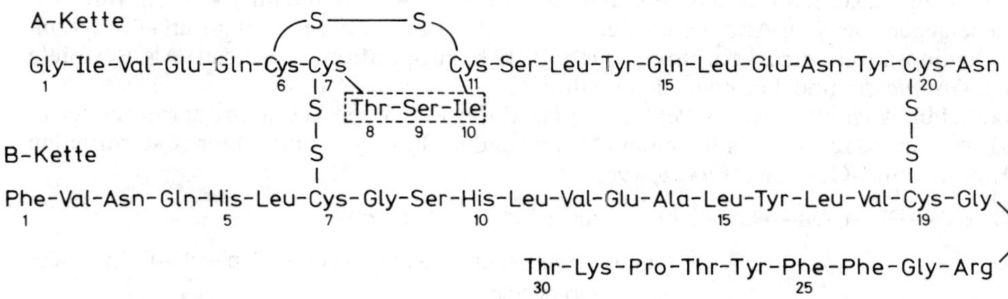

Abb. 122. Aminosäure-Sequenz des Insulins aus Menschenpankreas

Beide Polypeptidketten lassen sich durch Oxidation der Disulfidbrücken mit Perameisensäure spalten, von denen die eine dann 4 und die andere 2 Cysteinsäurereste enthält.

Die Strukturen der bisher erforschten Insuline unterscheiden sich vorwiegend in der punktiert eingerahmten Teilsequenz von 3 Aminosäuren in der A-Kette. Im Insulin aus Schafpankreas steht anstelle von Thr-Ser-Ile die Kette Ala-Gly-Val, im Pferdeinsulin Thr-Gly-Ile und im Rinderinsulin Ala-Ser-Val. Die Insuline von Schwein, Kaninchen, Hund und Wal haben die gleiche Sequenz der A-Kette wie der Mensch. Bei der Sequenz der B-Kette stimmen Mensch und Elefant überein, während beim Rind, Schwein, Schaf, Pferd und Wal in der Position 30 Ala statt Thr steht. Mit Einbuchstaben-Symbolen wird dieser Unterschied als T 30 A bezeichnet. Durch Transpeptidierung gelingt der Austausch von Ala in Thr beim Insulin vom Schwein und damit die semisynthetische Produktion von Humaninsulin.

[1] Vgl. *F. Sanger* et al., Die Struktur des Insulins, Endeavour *16,* 48 (1957); *H. Klostermeyer* et al., Chemie und Biochemie des Insulins, Angew. Chem. *78,* 871 (1966).

8.2.4.5 *INN:* ***Glucagon*** wird ebenfalls in den *Langerhans*schen Inseln produziert und wirkt als *Antagonist* des Insulins hyperglykämisch, d. h., der Blutzuckerspiegel wird erhöht. Es enthält 29 Aminosäurereste, deren Sequenz gleichfalls bekannt ist.
Ab 1955 wurden einige peroral wirksame *Antidiabetika* aus der Klasse der *Sulfonylharnstoffe* entwickelt, z. B. 1-Butyl-3-(*p*-tosyl)-harnstoff (*INN:* ***Tolbutamid,*** *Rastinon, Artosin*). Ein wesentlicher Fortschritt war die Einführung des bedeutend niedriger zu dosierenden *INN:* ***Glibenclamid*** (*Euglucon*). Glibenclamid und ähnlich wirksame neuere Präparate werden als die Antidiabetika der „2. Generation" bezeichnet. – Zeitweilig verwendete oral wirksame Biguanidderivate sind wegen ihrer gefährlichen Nebenwirkungen verboten worden.

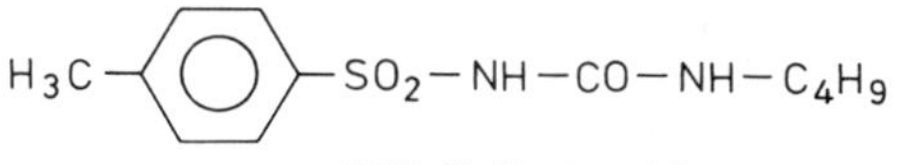

INN: ***Tolbutamid***

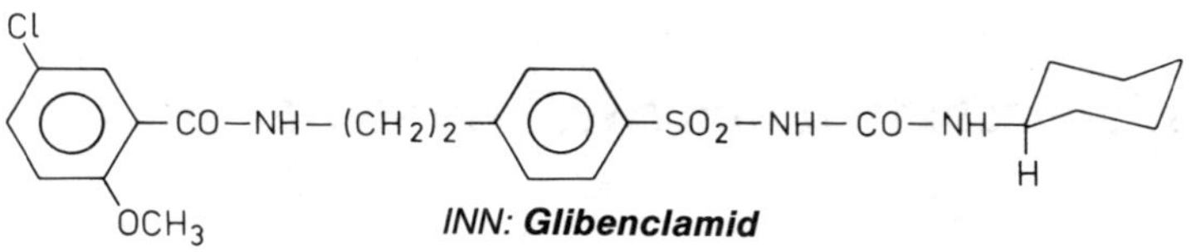

INN: ***Glibenclamid***

8.2.4.6 Zu den wichtigsten Hormonen des Hypophysen-Hinterlappens gehören *INN:* ***Oxytocin*** (Ocytocin), das die Uteruskontraktion bewirkt und an der Erzeugung des Sättigungsgefühles bei der Nahrungsaufnahme beteiligt ist, sowie **Vasopressin,** das den Blutdruck erhöht.
Im Jahre 1952 gelang es, beide Hormone mit Hilfe der *Craig*schen Gegenstromverteilung rein darzustellen und sie bald darauf als *Nonapeptide* zu identifizieren (*Du Vigneaud, Tuppy,* 1953). Oxytocin baut sich aus folgenden Aminosäuren auf:

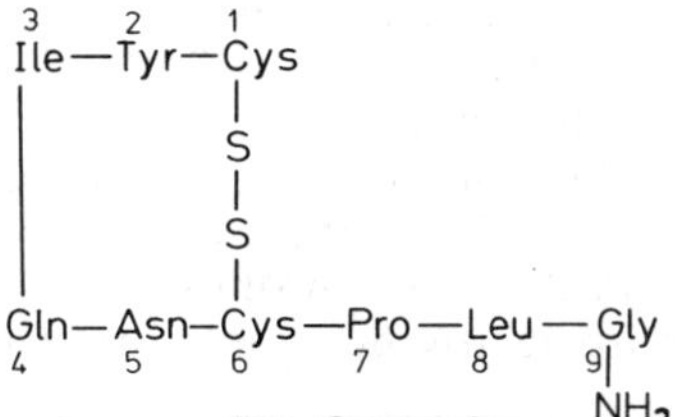

INN: ***Oxytocin***

Die Ringstruktur dieses Peptids kommt durch die Disulfidbrücke des Cystins zustande, dessen eine Aminogruppe endständig ist. So entsteht die 20 gliedrige makrocyclische *Pressinsäure,* die am Cys^6 eine aus drei Aminosäuren bestehende Seitenkette trägt. Die Konstitution des Oxytocins wurde durch Synthese bestätigt (*Du Vigneaud,* 1954).
Vom Vasopressin existieren zwei Vertreter, *Arginyl-* und *Lysyl-Vasopressin,* die sich vom Oxytocin dadurch unterscheiden, daß an die Stelle von Ile^3 das Phenylalanin und an die von Leu^8 das Arginin bzw. Lysin getreten ist.

8.4.2.7 *INN:* ***Corticotrophin*** (α-Corticotropin, Komponente des adrenocorticotropen Hormons, **ACTH**) zählt zu den Hormonen des Hypophysen-Vorderlappens und regt die Bildung von Corticoiden in der Nebennierenrinde an. Es ist aus 39 Aminosäureresten aufgebaut, die nachstehende *Sequenz* aufweisen. Die Teilsequenz, welche die ersten 24 Aminosäuren enthält, ist voll wirksam und wird synthetisch hergestellt (Synacthen).

```
Ser-Tyr-Ser-Met-Glu-His-Phe-Arg-Trp-Gly-Lys-Pro-Val
 1                                               |
Gly-Asn-Pro-Tyr-Val-Lys-Val-Pro-Arg-Arg-Lys-Lys-Gly
|       24  23
Ala-Glu-Asp-Glu-Ser-Ala-Glu-Ala-Phe-Pro-Leu-Glu-Phe
                                                 39
```

α-Corticotropin des Menschen (α-ACTH)

Wie beim Insulin unterscheiden sich die Corticotropine des Menschen und der verschiedenen Tierarten nur durch geringe Veränderungen in einer bestimmten Teilsequenz der Aminosäuren.

8.3 Eigenschaften und Struktur der Proteine[1]

Chemisch einheitliche Proteine liegen nur selten vor, auch kristalline enthalten meist kolloide Beimengungen, die im Kristall eingeschlossen sind. Die relativen Molekülmassen dieser Makromoleküle werden mit Hilfe der Bestimmung des osmotischen Drucks, der Sedimentation in der Ultrazentrifuge (*Svedberg*) oder durch Lichtstreuung ermittelt und ergeben Werte, die zwischen 10 000 und mehreren Millionen liegen. Die relativen Molekülmassen werden häufig in *Svedberg-Einheiten* (S), den Sedimentationskoeffizienten in der Ultrazentrifuge, angegeben.
Die meisten Proteine sind amphotere Elektrolyte (Ampholyte). Soweit sie löslich sind, bilden sie *kolloide* Lösungen, aus denen man die Proteine mit Neutralsalzen, z. B. Natriumchlorid oder Magnesiumsulfat, wieder „aussalzen" kann. Hierbei tritt keine wesentliche Änderung der physikalischen und chemischen Eigenschaften ein. Die Fällung ist reversibel, d. h., das ausgeflockte *Gel* geht beim Anrühren mit Wasser wieder in das *Sol* über. Die Löslichkeit der Proteine ist sowohl vom *p*H-Wert als auch vom Salzgehalt der Lösung abhängig; am isoelektrischen Punkt ist sie am geringsten.

Bei niederer oder höherer $H^{\oplus}$-Ionenkonzentration kann eine irreversible **Denaturierung** des Proteins erfolgen, die mit einer Änderung der Struktur und der biochemischen Funktion verbunden ist. Hierbei werden die Peptidketten entfaltet und vorhandene Disulfidbrücken z. T. gesprengt. Ferner tritt eine Denaturierung von Eiweiß bei erhöhter Temperatur, durch energiereiche Strahlung oder durch bestimmte Fällungsmittel, z. B. Harnstoff oder Guanidiniumsalze, ein. Derartige irreversible Koagulationen spielen sich auch bei der Gerinnung der Milch und beim Hartwerden von Eiern beim Kochen ab.
Zum *qualitativen Nachweis* von gelösten Proteinen benutzt man zwei allgemein anwendbare *Farbreaktionen:*

a) **Ninhydrin-Reaktion.** Beim Erhitzen von Aminosäuren, Peptiden und Proteinen mit einer verdünnt wäßrigen Ninhydrin-Lösung tritt eine *Blauviolettfärbung* auf (vgl. S. 626).

---

[1] Vgl. *H. Neurath* et al., The Proteins, 3. Aufl., 4 Bände (Academic Press, New York 1975–79).

b) **Biuret-Reaktion.** Beim Versetzen einer alkalischen Eiweißlösung mit einigen Tropfen stark verdünnter Kupfer(II)-sulfatlösung tritt eine *rot-* bis *blauviolette* Färbung auf. Diese Farbreaktion geben alle Peptide und Proteine.

Der folgende Ausschnitt einer Peptidkette läßt die Struktur der gebildeten Kupfer(II)-Innerkomplexe erkennen:

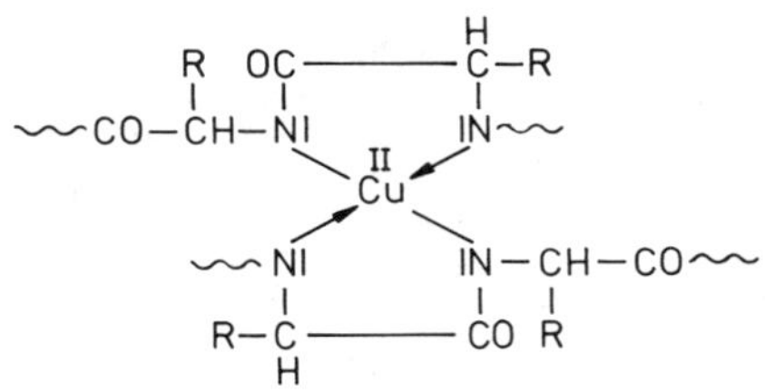

Die Bezeichnung „Biuret-Reaktion" ist insofern irreführend, als die Atomgruppierung des Biurets, $H_2N-CO-NH-CO-NH_2$, in Proteinen nicht vorhanden ist.

Strukturell bestehen die Proteine aus mehreren, z. T. identischen Peptidketten, die jeweils bis zu einigen hundert Aminosäureresten enthalten. Die Ermittlung ihrer *Sequenz* erfolgt nach den gleichen Prinzipien, wie sie bei den Peptiden beschrieben wurden. Innerhalb des Proteinmoleküls werden die einzelnen Peptidketten durch *Disulfidbrücken, Wasserstoffbrücken* oder *Ionenbindungen* (zwischen sauren und basischen Aminosäureseitenketten) zusammengehalten.
Für die biologische Aktivität der Proteine ist neben der chemischen Struktur vor allem ihr *sterischer Feinbau*[1] von Bedeutung, der mit Hilfe physikalischer Methoden, wie Röntgenstrukturanalyse, Elektronenmikroskopie u. a., ermittelt werden kann. Dabei lassen sich mehrere Stufen der strukturellen Organisation unterscheiden (*Linderström-Lang*, 1959):

a) Die *Primärstruktur* oder Aminosäuresequenz (vgl. S. 835*f.*).
b) Die *Sekundärstruktur*, die auf Regelmäßigkeiten in der *Konformation* der Polypeptidkette zurückzuführen ist (Faltblattstruktur: Abb. 123a, α-Helix: Abb. 123b).
c) Die *Tertiärstruktur* der globulären Proteine, bei der über die Sekundärstruktur hinausgehende räumliche *Faltungen* vorliegen, deren Festlegung häufig durch Disulfidbrücken bewirkt wird (vgl. Insulin: Abb. 122, S. 838).

Je nach der Gestalt der Proteinmoleküle unterscheidet man *fibrilläre* Proteine (Sklero- oder Faserproteine), in denen die Peptidketten – ähnlich wie in den Polypeptiden – gefaltet vorliegen oder spiralförmig angeordnet sind, und *globuläre* Proteine (Sphäroproteine), deren Peptidketten annähernd zur Kugel oder zum Ellipsoid geknäult sind.

8.3.1 Skleroproteine

Charakteristisch für die *Skleroproteine* ist ihre mechanische Festigkeit und Unlöslichkeit in wäßrigen Medien. Sie treten als Gerüstsubstanzen in tierischen Organismen auf und besitzen – wie die Cellulose in den Pflanzen – *Faserstruktur*.
Aus den Ergebnissen der *Röntgenstrukturanalyse* geht hervor, daß die Peptidketten in den Skleroproteinen in Abhängigkeit von ihrer *Identitätsperiode* räumlich verschieden angeordnet sein können.

---

[1] Vgl. *R. E. Dickerson* et al., Struktur und Funktion der Proteine (Verlag Chemie, Weinheim 1971); *H. D. Jakubke* et al., Aminosäuren, Peptide, Proteine (Verlag Chemie, Weinheim 1982).

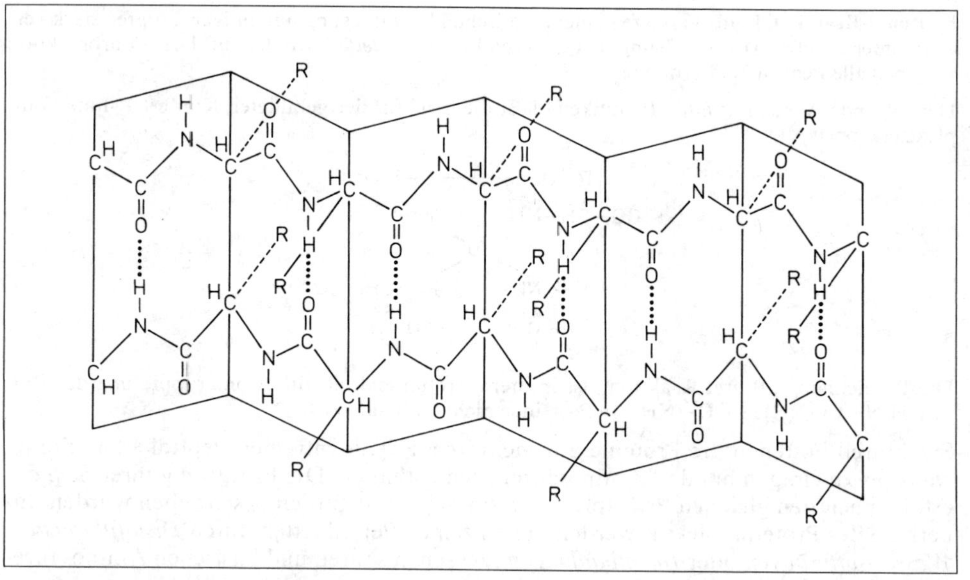

Abb. 123a. Faltblattstruktur des Seidenfibroin-β-Keratin-Typs.

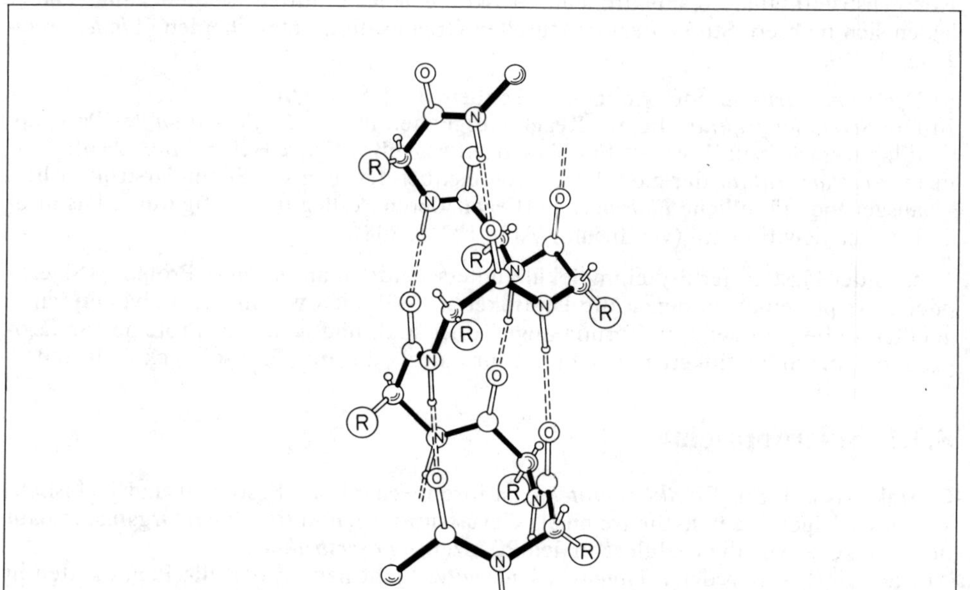

Abb. 123b. α-Helix vom α-Keratin-Typ.

8.3.1.1 Seidenfibroin-β-Keratin-Typ

Seidenfibroin ist die Fasersubstanz der Kokonfäden des Seidenspinners (*Bombyx mori*), die durch ein leichter lösliches Protein, das *Sericin*, verkittet sind. Zu den *β-Keratinen* zählen die harten Bestandteile der Horngewebe, wie sie in Federn, Nägeln, Hufen, Hörnern und Schuppen vorliegen.
In den Skleroproteinen sind die nebeneinanderliegenden Peptidketten zickzackförmig angeordnet und durch Wasserstoffbrücken zwischen ihren CO- und NH-Gruppen miteinander verbunden. Während eine normale, in einer Ebene liegende Polypeptidkette, z. B. die des Polyglycins, eine Identitätsperiode von 727 pm besitzt, beträgt diese beim Seidenfibroin nur 708 pm. Um die Verkürzung zu erklären, nimmt man aufgrund von Modellbetrachtungen eine *Faltblattstruktur* an, in der die Ebenen der Peptidgruppen einen Winkel miteinander bilden und das α-ständige, die Seitenkette tragende C-Atom gleichzeitig zwei verschiedenen Ebenen angehört (*Pauling* und *Corey*). Die Seitenketten, die hier allgemein mit R bezeichnet sind, ragen nahezu senkrecht, und zwar alternierend, heraus (Abb. 123 a).

8.3.1.2 α-Keratin-Typ

Bei den *α-Keratinen*, die in den Proteinfasern, in den Haaren und der Wolle auftreten, findet die Bildung von Wasserstoffbrücken nicht zwischen zwei verschiedenen Peptidketten, sondern *innerhalb einer Peptidkette* statt. Nach einem von *Pauling* und *Corey* 1951 vorgeschlagenen Modell ist die Grundform der Kette die *α-Helix* (Schraube), die dadurch zustande kommt, daß man sich die Peptidkette schraubenartig um einen Zylinder gewickelt denkt. Auf diese Weise nähern sich die CO- und NH-Gruppen zweier benachbarter Windungen so weitgehend, daß die Ausbildung von Wasserstoffbindungen möglich wird; die beiden Keratintypen sind Beispiele für die *Sekundärstruktur* der Proteine. Auf eine Helixwindung entfallen 3,6 Aminosäuren, die Identitätsperiode (Ganghöhe) beträgt 540 pm und der Radius 230 pm: Abb. 123 b. Die Seitenketten (*R*) der Peptidkette sind nach außen gerichtet und die Wasserstoffbrücken durch gestrichelte Doppellinien gekennzeichnet. Röntgenstrukturanalysen haben ergeben, daß nur die in Abb. 123 b dargestellte Rechtsschraube vorkommt, die Linksschraube ist wegen ungünstiger Stellungen der Seitenketten zueinander benachteiligt.
Da die Identitätsperiode der α-Keratine nur den Wert 510 pm aufweist, nimmt man an, daß mehrere Helices wie die Adern eines Seils oder Kabels zu einer *Superhelix* verdreht sind.

Beim Verstrecken von Haaren in nassem Zustand auf etwa die doppelte Länge geht die α-Keratin-Struktur (α-Helix) in die β-Keratin-Struktur (Faltblattstruktur) über. In beiden Strukturtypen liegen alle Peptidbindungen in der (*Z*)-Konfiguration vor.
Zu den Proteinen vom α-Keratin-Typ rechnet man ferner das **Fibrin,** das bei der Blutgerinnung entsteht. Hierbei geht das im Blutplasma gelöste **Fibrinogen** unter dem Einfluß des Enzyms *Thrombin* in einer kompliziert verlaufenden Reaktionsfolge in das unlösliche Fibrin über, das *Faserstruktur* besitzt. Bei diesem Vorgang ist Vitamin K_1 unentbehrlich. – Die Blutgerinnung läßt sich durch *Heparin, Cumarin* und Derivate (vgl. S. 557*f.*) sowie durch tierische Gifte, z. B. das Blutegelgift *Hirudin*, hemmen.

8.3.1.3 Kollagen-Typ[1]

Die *Kollagene* bilden den Hauptbestandteil des Stütz- und Bindegewebes der Sehnen, Bänder, Knorpel und der organischen Knochensubstanz. Der räumliche Aufbau ihrer

[1] Vgl. *W. Grassmann*, Kollagen, Fortschr. Ch. org. Naturst. *23*, 195 (1965); *P. P. Fietzek* et al., The Covalent Structure of Collagen, Europ. J. Biochem. *38*, 396 (1973).

Peptidketten ähnelt dem der α-Keratine, jedoch liegt eine Linksschraube mit wesentlich weiteren Windungen als bei der α-Helix vor; die Identitätsperiode beträgt 860 pm. Je drei dieser Ketten sind wiederum zu einem seilartigen Bündel verdreht (Tripelhelix).

Während die Skleroproteine im allgemeinen in Wasser unlöslich sind, geht Kollagen beim Kochen mit Wasser, namentlich auf Zusatz von Säure, in den kolloidlöslichen *Knochenleim* über. Reinster eingetrockneter Leim ergibt die farblose **Gelatine,** die im wäßrigen Medium starkes Quellungsvermögen besitzt und nach Auflösung beim Erkalten zu einer Gallerte erstarrt. Am Kollagen der tierischen Haut vollzieht sich die Gerbung bei der Lederherstellung.
Mit dem Kollagen nahe verwandt ist das **Elastin,** der Hauptbestandteil der elastischen Fasern in den Sehnen. Es unterscheidet sich vom Kollagen durch das Fehlen der Quellbarkeit in Wasser, was auf Vernetzung der Polypeptidketten zurückzuführen ist.

8.3.2 Sphäroproteine

Über die *Feinstruktur der Sphäroproteine,* die meist kugelförmige oder elliptische Gestalt besitzen, lassen sich noch keine so konkreten Aussagen machen wie bei den Faserproteinen. Ihre genaue Klassifizierung stößt wegen ihrer nur wenig differierenden Eigenschaften auf Schwierigkeiten. Am besten charakterisiert man sie nach ihrem Vorkommen, z. B. als *Plasma-, Milch-* und *Eierproteine* bzw. als pflanzliche *Samenproteine.* Zu diesen Eiweißarten zählen die Albumine, Globuline, Histone und Protamine sowie die in Getreidekörnern auftretenden Prolamine und Gluteline.

8.3.2.1 Albumine sind in reinem Wasser löslich, lassen sich aber mit gesättigter Ammoniumsulfatlösung wieder ausfällen. Zu den tierischen Albuminen zählen **Serumalbumin** im Blutplasma, **Ovalbumin,** der Hauptbestandteil des Eiklars, und **Lactalbumin** in der Milch. Das Serumalbumin von der relativen Molekülmasse 69 000 hat eine elliptische Gestalt mit einer Länge von etwa 15 nm und einem Achsenverhältnis von 4:1.

Die in geringerer Menge auftretenden pflanzlichen Albumine finden sich vornehmlich in den Samen, z. B. **Leucosin** im Weizenkorn und das wegen seiner agglutinierenden Wirkung auf die Blutkörperchen hochtoxische **Ricin** im Ricinussamen.

8.3.2.2 Globuline unterscheiden sich von den Albuminen durch ihre Unlöslichkeit in salzfreiem Wasser, sind aber in verdünnten Neutralsalzlösungen, z. B. in 5proz. Kochsalzlösung, sowie in Säuren und Laugen löslich. Durch halbgesättigte Ammoniumsulfatlösung werden sie ausgesalzen. Zuweilen liegen die Globuline als *Metallproteine,* die Eisen, Kupfer und Zink enthalten, bzw. als *Glyko-* oder *Lipoproteine* vor (s. S. 846 *f.*). Sie weisen ebenfalls eine elliptische Gestalt auf; der Wert ihrer relativen Molekülmassen schwankt zwischen 130 000 und 200 000.
Die tierischen Globuline finden sich in Körperflüssigkeiten als humorale Globuline, zu denen die *Immunglobuline* gehören, z. B. im **Serumglobulin** des Blutplasmas. In den Geweben treten die Zellglobuline auf und die Milch enthält das **Lactoglobulin.**

Zu den Zellglobulinen gehören vor allem das **Myosin,** der Hauptbestandteil der quergestreiften Muskulatur, und das **Thyreoglobulin** der Schilddrüse.
Die Pflanzenglobuline besitzen fast alle sauren Charakter, der auf einen hohen Gehalt an Mono-amino-dicarbonsäuren hindeutet. Sie koagulieren in der Hitze schwerer als die tierischen Globuline und zeigen größere Neigung zur Kristallisation. Hierzu gehören die Reserveproteine in den Pflanzensamen, z. B. das gut kristallisierende **Edestin** des Hanfsamens.

8.3.2.3 Histone sind aus den Zellkernen der weißen und roten Blutkörperchen und aus Spermatozoenköpfen höherer Tiere isolierbare Nucleoproteine. Sie sind mit den Nucleinsäuren am Aufbau des Chromatins der Zellkerne beteiligt. Ihr basischer Charakter ist auf den verhältnismäßig hohen Gehalt an Arginin zurückzuführen. Die fünf verschiedenen Histone H1, H2A, H2B, H3 und H4, deren Aminosäuresequenzen bekannt sind, bilden die Grundlage der Struktur der *Nucleosomen*, den *kompakten Einheiten der Chromosomen* in den Zellkernen (Eukaryontenchromosomen) [1].

8.3.2.4 Protamine kommen als Haupteiweißkomponente, mit Nucleinsäuren gepaart (Nucleoprotamine), im Sperma bestimmter Fischarten vor, z. B. als **Clupein** (Hering) oder **Salmin** (Lachs). Sie reagieren durch den hohen Arginingehalt stark basisch und lassen sich mit verdünnten Mineralsäuren extrahieren (*INN:* ***Protaminsulfat,*** *Protaminchlorid*). Im Vergleich zu anderen Proteinen zeichnen sie sich durch eine relativ niedrige relative Molekülmasse (etwa 5000) und einfache Zusammensetzung aus. Sie ähneln in ihrem Verhalten mehr den Polypeptiden.

Die **Prolamine** und **Gluteline** bilden die Haupteiweißbestandteile der Getreidekörner bzw. des Getreidemehls. Erstere lassen sich – im Gegensatz zu allen anderen Proteinen – aus dem Mehl mit 80proz. Alkohol extrahieren, sind jedoch in absolutem Alkohol oder in Wasser unlöslich. Die Gluteline lösen sich nur in verdünnten Alkalien.

Die Prolamine sind reich an Glutaminsäure (etwa 35%) und Prolin (bis zu 13%), enthalten jedoch nur wenig Arginin und Histidin und kein Lysin. Zu den wichtigsten Prolaminen gehören das **Gliadin** des Weizens und Roggens, das **Zein** aus Mais und das **Hordenin** aus der Gerste. Das gleichzeitige Vorhandensein von Gliadin und Glutelin im Weizen- und Roggenmehl ist die Voraussetzung für die Backfähigkeit eines Mehls. Beide Proteine bilden zusammen das *Klebereiweiß.* Die Gluteline enthalten Lysin und Tryptophan und ergänzen so die Prolamine.

Durch die Eigenschaft sich spezifisch mit Strukturen zu verbinden, die mit Kohlenhydraten beladen sind, zeichnen sich die **Lectine** aus, die in sehr vielen Pflanzen vorkommen und von denen einige die Fähigkeit haben, Erythrocyten zu agglutinieren, z. B. das Concavalin A aus der Schnabelbohne *Canvalia eusiformis.* Die Lectine besitzen Bindungsstellen für Zucker, z. B. Galactose und „erkennen" Strukturen, deren Oberfläche Kohlenhydrate enthält.

8.3.3 Konjugierte Proteine

Neben den einfachen, nur aus Aminosäuren aufgebauten Proteinen existieren auch *konjugierte Proteine* (auch Proteide genannt), die außer dem Eiweißanteil noch eine *nichtproteinogene,* sog. *prosthetische* Gruppe enthalten. Hierzu zählen z. B. Phosphorsäure, Farbstoffe, Kohlenhydrate oder Lipide, die mit dem Protein über eine Carboxyl- oder eine andere saure Gruppe verbunden sind. Je nach der spezifischen Komponente unterteilt man die konjugierten Proteine in folgende Klassen:

8.3.3.1 Phosphoproteine

Das wichtigste Phosphoprotein ist **Casein,** das als lösliches Calciumsalz in der Milch enthalten ist. In diesen Proteinen ist die Phosphorsäure esterartig an eine freie OH-Gruppe gebunden, z. B. besitzt das aus dem Eidotter isolierbare **Phosvitin** als prosthetische Gruppe die *Serinphosphorsäure.*

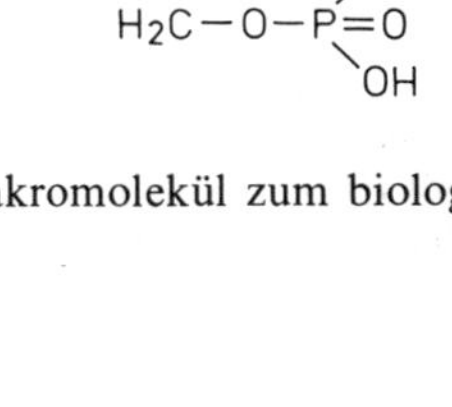

Serinphosphorsäure

[1] Vgl. *A. Klug,* Vom Makromolekül zum biologischen Molekülverband, Angew. Chem. *95,* 579 (1983).

Der Phosphorsäurerest läßt sich, z. B. durch Natronlauge, leicht abspalten; desgleichen erfolgt die Hydrolyse mit esterspaltenden Enzymen, ohne daß gleichzeitig eine Proteolyse eintritt.

8.3.3.2 Chromoproteine

Zu dieser wichtigen Stoffklasse, in der das Protein mit einem *Farbstoff* verbunden ist, gehören die tierischen *Atmungspigmente,* wie Hämoglobin, Myoglobin, die Cytochrome sowie die *Enzyme* mit häminartiger Wirkgruppe, z. B. Cytochrom-oxidasen, Katalasen und Peroxidasen. Die Farbstoffkomponente der Phytochrome in den grünen Pflanzen ist eine Verbindung vom Biliverdintyp.

Hämoglobin baut sich aus 4 Polypeptidketten und 4 Hämgruppen (vgl. S. 711) auf, und zwar aus je zwei identischen A- und B-Ketten, die durch Wasserstoffbrücken und Ionenbindungen miteinander verknüpft sind (*Braunitzer*). Die A-Kette besteht aus 141 und die B-Kette aus 146 Aminosäureresten, deren Sequenzen bekannt sind. So konnte geklärt werden, daß die Sichelzellenanämie, die als Erbkrankheit bei Negern auftritt, auf den Austausch von *Valin* gegen *Glutaminsäure* in der Position 6 der B-Kette beruht.

Myoglobin, der rote Farbstoff der Muskelzellen, ist nahe verwandt mit Hämoglobin, besitzt aber nur eine Peptidkette und eine Hämgruppe. Seine Affinität zum Sauerstoff ist größer als die des Blutfarbstoffs. Die physiologische Funktion des Myoglobins ist nicht die eines Sauerstofftransporteurs, sondern es stellt einen O_2-Speicher für den Muskel dar.

Durch *Röntgenstrukturanalyse*[1] konnte eine genauere Kenntnis vom Bau des Hämoglobins und Myoglobins gewonnen werden.

Bei Einwirkung von Nitrit auf Myoglobin entsteht das rote *Nitrosomyoglobin,* dessen Farbe gegenüber Luftsauerstoff stabiler ist als die des Myoglobins selbst. Darauf beruht die Wirkung des Pökelsalzes bei der sogenannten Umrötung des Fleisches.

8.3.3.3 Glykoproteine und Mucopolysaccharide

Zahlreiche Proteine, vor allem die tierischen Albumine und Globuline, enthalten als integrierenden Bestandteil eine *Kohlenhydratkomponente,* die chemisch fest mit dem Eiweiß verbunden ist. Die **Glykoproteine**[2] tragen am Proteingerüst Seitenketten, die entweder *O-glykosidisch* mit den OH-Gruppen von *Serin* oder *Threonin* verknüpft sind (O-Glykoproteine) oder *N-glykosidisch* mit den Amidgruppen des *Asparagins* (N-Glykoproteine).

Die Saccharidketten der O-Glykoproteine haben folgenden Basisaufbau: β-D-Gal (1 → 3) α-D-GalNAc (1 → 0) Ser (oder Thr).

In den N-Glykoproteinen liegen folgende verzweigte Basisstrukturen vor:

Lactosamin oder Mannose -(1 → 2)α-D-Man(1 → 6)
\
β-D-Man(1 → 4) β-D-GlcNAc(1 → 4) β-D-GlcNAc-Asn
/
Lactosamin oder Mannose -(1 → 2)α-D-Man(1 → 3)

Die Grundstrukturen tragen variabel als weitere Bausteine z. B. N-Acetyl-neuraminsäure (AcNeu).

---

[1] Vgl. *M. F. Perutz,* Röntgenanalyse des Hämoglobins, Angew. Chem. *75,* 589 (1963); *J. C. Kendrew,* Myoglobin und die Struktur der Proteine, ebenda *75,* 595 (1963); *G. Buse,* Zum gegenwärtigen Stand der Hämoglobinforschung, Angew. Chem. *83,* 735 (1971).

[2] Vgl. *J. Montreuil,* Adv. Carbohydr. Chem. Biochem. *37,* 157 (1980).

Murein ist ein Peptidoglycan, dessen Grundbaustein ein Disaccharid ist, das aus *N-Acetylglucosamin* und *N-Acetyl-muraminsäure* (3-O-Ether des Glucosamins mit Milchsäure) besteht und das peptidartig mit verzweigten Peptiden verbunden ist, die aus L-*Alanin*, D-*Alanin*, D-*Glutaminsäure* und L-*Lysin* aufgebaut sind. Es ist ein Hauptbestandteil der Bakterienzellwände. Die Biosynthese des *Mureins* in Bakterien wird durch *Penicillin* gehemmt; darauf beruht seine Wirkung.

a) Die **Mucoide** kommen hauptsächlich im Stütz- und Bindegewebe sowie als Schleimstoffe (Mucine) in tierischen Organen und Sekreten vor und enthalten neben einem geringen Proteinanteil im wesentlichen *Kohlenhydrate*, und zwar Glucosamin oder Galactosamin (= Chondrosamin), Mannose bzw. Galatose sowie D-Glucuronsäure oder L-Iduronsäure. Man bezeichnet diese Stoffklasse daher auch als **Mucopolysaccharide.** Je nach ihrem Aufbau unterscheidet man *saure* und *neutrale* Mucopolysaccharide.

Das einfachste Mucopolysaccharid ist die **Hyaluronsäure,** die besonders im Glaskörper des Auges (hyalin = glasig) sowie in der Nabelschnur vorkommt und sich aus N-Acetyl-glucosamin und D-Glucuronsäure aufbaut. Ihre physiologische Bedeutung beruht auf der Fähigkeit, Änderungen der Permeabilität von Zellmembranen zu bewirken und das Eindringen infektiöser Keime zu verhindern. Diese Wirkungen werden durch das Enzym *INN:* ***Hyaluronidase*** aufgehoben, wobei eine Spaltung des Polysaccharids in kleinere Bruchstücke unter Abnahme der Viscosität erfolgt. Die Hyaluronidase, die sich reichlich im Sperma findet, spielt auch beim Befruchtungsvorgang eine Rolle.
Zu den *sauren* Mucopolysacchariden gehört das **Heparin,** das ursprünglich aus der Leber (= *hepar*) gewonnen wurde. Es setzt sich aus Glucosamin, das mehrfach durch Schwefelsäure verestert ist, und Schwefelsäureestern der D-Glucuronsäure zusammen. Als *Antikoagulans* hemmt es die Blutgerinnung.
Unter den mit *Schwefelsäure* veresterten Mucopolysacchariden seien die aus Knorpeln und Sehnen isolierten **Chondroitinsulfate** erwähnt, die sich aus N-Acetylchrondosamin, D-Glucuronsäure oder L-Iduronsäure und Schwefelsäure aufbauen. Im Chondroitinsulfat C haftet der Schwefelsäurerest an der *primären* Alkoholgruppe des Chondrosamins.

Die *neutralen* Mucopolysaccharide enthalten neben dem Glucosamin anstelle der fehlenden Uron- und Schwefelsäure neutrale Zucker, z. B. Mannose oder Galactose.
b) Die *Blutgruppensubstanzen*[1] sind Glykolipide, die sich an der Oberfläche der *Erythrocyten* befinden. Sie führen zur Ausflockung (Agglutination) bei Transfusion unverträglicher Blutgruppen. Die *antigene Spezifität* der Blutgruppensubstanzen gegenüber den im Blutserum auftretenden *Antikörpern* (Isoagglutininen) ist auf endständige *Oligosaccharide* zurückzuführen, die *Determinanten,* welche über eine Polysaccharidkette (Core) mit *Ceramid* verknüpft sind. Dieses ist *nicht kovalent* in die Lipidmembran der Erythrocyten eingelagert.
Die Antigene der Blutgruppen A, B und 0 enthalten folgende Determinanten, die alle L-*Fucose* als Endbaustein tragen:

A-Substanz:
α-D-GalNAc (1 → 3) \
β-D-Gal (1 → 4) D-GlcNAc - - - Core
α-L-Fuc (1 → 2) /

B-Substanz:
α-D-Gal (1 → 3) \
β-D-Gal (1 → 4) D-GlcNAc - - - Core
α-L-Fuc (1 → 2) /

0 = H-Substanz: α-L-Fuc (1 → 2) β-D-Gal (1 → 4) D-GlcNAc - - - Core

[1] Vgl. *S. Hakomori* und *A. Kobata* in The „Antigens" (M. Sela), Vol. II, S. 79 (Academic Press, New York 1974; *R. U. Lemieux,* Chem. Soc. Rev., *1978,* 423.

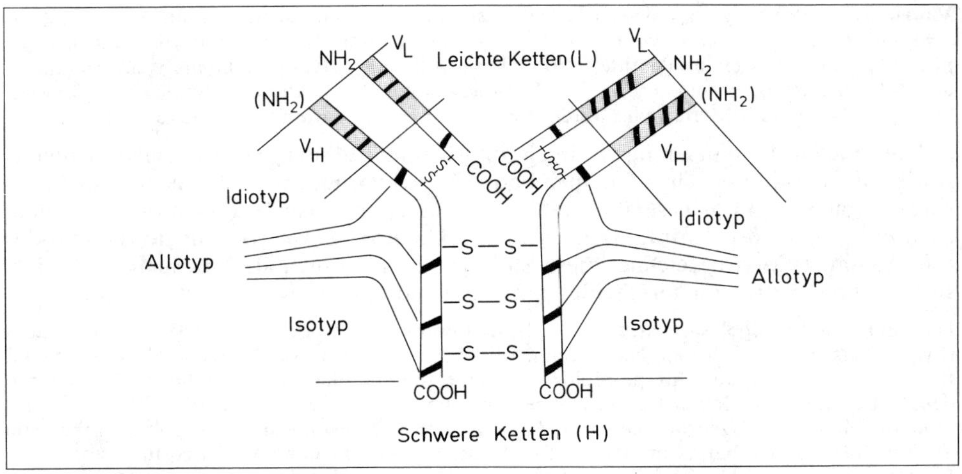

Abb.124. Schematische Darstellung eines Antikörpermoleküls. Grau unterlegt sind die variablen, schwarz die hypervariablen Regionen.

Die Wirkung der Blutgruppensubstanzen sei an *Blutgruppe A* erklärt. Dieses Blut enthält im Serum einen *Anti-B-Körper,* ein Protein, das mit B-Erythrocyten unter Agglutination reagieren kann und zu Unverträglichkeit führt. Das Serum des B-Blutes enthält dagegen Anti-A-Körper, die mit A-Erythrocyten unverträglich sind.
In ähnlicher Weise verlaufen die *Antigen-Antikörper-Reaktionen,* die zu *Allergien* führen. Niedermolekulare *Allergene* werden dabei als *Haptene* an Proteine gebunden, wodurch sie als Antigene wirksam werden. Das kann z. B. beim *Penicillin* geschehen, wenn es als Hapten an ein körpereigenes Protein gebunden wird, das auf diese Weise körperfremd wird und als Antigen wirkt.
c) **Antikörpermoleküle**[1] vom IgG-Typ sind aus wäßrigen Lösungen monoklonaler Antikörper, die Polyethylenglykol enthielten, kristallin gewonnen und so der Röntgenstrukturanalyse zugänglich geworden. Sie bestehen aus zwei Paaren von Polypeptidketten, die durch Disulfidbrücken zu einer Y-förmigen Struktur verknüpft sind, wie es in Abb. 124 schematisch dargestellt ist. Tatsächlich liegen globulare Strukturen vor mit Disulfid-Brücken *innerhalb* der einzelnen Ketten.
Jede der beiden leichten Ketten (L) enthält 220 Aminosäurebausteine, jede der schweren Ketten (H [heavy]) 440 oder 550 Aminosäurebausteine. Gemeinsame *Baugruppe* beider Ketten ist eine *Domäne* von 110 Aminosäurebausteinen, von denen die leichten Ketten je zwei und die schweren Ketten je vier oder fünf enthalten. Bei beiden Ketten unterscheiden sich die Domänen am Aminoende (V_H und V_L) durch eine erhöhte Variabilität der Aminosäuresequenzen. Innerhalb von V_H und V_L liegen Regionen besonders großer Variabilität, die *hypervariablen Regionen.* V_H und V_L sind die Bereiche, von denen das Antigen aufgrund charakteristischer *Determinanten* oder *Epitope* erkannt und an den es in der *Antigen-Antikörper-Reaktion* gebunden wird.
Als Determinanten oder Epitope können außer den oben erwähnten Kohlenhydratgruppen auch charakteristische Aminosäuresequenzen oder Lipidbausteine des Antigens fungieren. Die hohe Spezifität der Antikörper beruht auf der außerordentlichen

[1] Vgl. *R. Huber,* Structural Basis for Antigen-Antibody Recognition, Science *233,* 702 (1986); *R. C. Kennedy* et al., Anti-Antikörper, Spektrum der Wissenschaft *1986,* Heft 9, S. 66.

Vielfalt der Aminosäuresequenzen in den Domänen V_H und V_L, die den *Idiotyp* oder Paratop des Antikörpermoleküls ausmachen und in denen für die jeweilige Determinante spezifische Aminosäuresequenzen die Antigen-Antikörper-Reaktion herbeiführen. Hierbei spielen außer der Aminosäuresequenz auch konformative Eigenschaften des Moleküls, z. B. Ausbildung von Taschen, eine wichtige Rolle.
In den übrigen Domänen, die eine wesentlich geringere Variabilität der Aminosäuresequenz aufweisen, liegt der *Isotyp* des Antikörpers vor. Er ist für die Antikörper einer Klasse gleich; in diesem Bereich unterscheiden sich aber die Antikörper einzelner Individuen voneinander. Die hierfür kennzeichnenden variablen Bereiche nennt man den *Allotyp* des Antikörpers.
Antikörpermoleküle werden in weißen Blutkörperchen, den B-Lymphocyten, gebildet und an das Blutplasma abgegeben; sie sind der Hauptbestandteil des Serumglobulins und werden in ihrer Gesamtheit Immunoglobuline genannt.
Die Spezifität der Antigen-Antikörper-Reaktion wird im **Radioimmunoassay** (RIA) mit der Nachweisempfindlichkeit radioaktiv markierter Verbindungen kombiniert (*Berson* und *Jalow*, 1956)[1]. So können Verbindungen wie Östradiol, Prostaglandine und Penicillin aber auch Proteine, die selbst bereits Antigene sind, im *Nanomolbereich* quantitativ bestimmt werden. Dazu wird eine radioaktiv markierte Verbindung benötigt, welche die gleiche Struktur hat, wie das zu bestimmende immunologisch wirksame Molekül. Das markierte Molekül bildet ein Antigen (AG*), das mit dem Antigen (AG) aus dem zu bestimmenden Stoff um die Bindungsstelle am Antikörper (AK) konkurriert.

$$AG^* + AG + AK \rightleftharpoons AG^* - AK + AG - AK + AG + AG^*$$

Das Verhältnis von markierten zu nicht markierten Molekülen am Antigen-Antikörper-Komplex (AG – AK) entspricht dem Verhältnis ihrer Konzentrationen in der Analysenlösung und gehorcht dem Massenwirkungsgesetz. Es werden also um so weniger radioaktive Antigenmoleküle an den Antikörper gebunden, je größer die Menge der nicht markierten Antigenmoleküle in der Lösung ist.

8.3.3.4 Lipoproteine

Zu dieser Stoffklasse gehören Proteine, die im Blutplasma, in den Mitochondrien und im Eidotter vorkommen. Es handelt sich dabei um Komplexe von Proteinen mit Lipi-

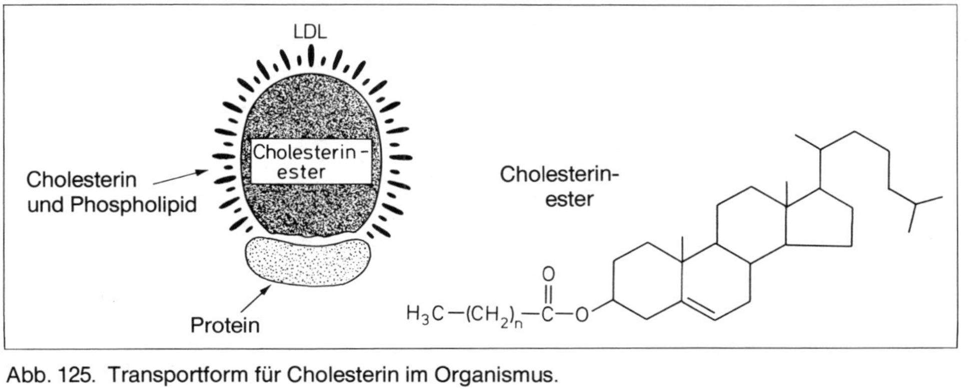

Abb. 125. Transportform für Cholesterin im Organismus.

[1] Vgl. *H. G. Eckert*, Die Technik des Radioimmunoassays, Angew. Chem. *88*, 565 (1976).

den mit wechselnder Zusammensetzung, deren Dichte mit steigendem Proteingehalt zunimmt. Mit Hilfe der Ultrazentrifuge können sie in die folgenden Fraktionen zerlegt werden: *Chymomikronen* (Dichte: 0,94; Proteinanteil: 2%), „Very low density lipoprotein" VLDL (0,94–1,006; 9%), „Low density lipoprotein" LDL (1,006–1,063; 21%), „High density lipoprotein" HDL (1,063–1,21; 33%). Der Anteil der Phospholipide am Lipidgehalt steigt in der angegebenen Reihenfolge, während der Anteil der Neutralfette fällt. Der Anteil der Cholesterinester erreicht im LDL, das die wichtigste Transportform für Cholesterin im Organismus ist, ein Maximum; mit steigender Konzentration von LDL im Blut wächst das Risiko arteriosklerotischer Veränderungen der Arterien. Die Lipide werden durch die Bindung an Protein im Blut und anderen wäßrigen Körperflüssigkeiten transportfähig gemacht, und zwar in Form von Öltröpfchen, welche von einer monomolekularen Schicht aus Phospholipiden und unverestertem Cholesterin umgeben sind, die durch ein Protein stabilisiert ist. Abb. 125 zeigt dies für LDL[1].

[1] Vgl. *M. S. Brown* und *J. L. Goldstein*, Ein Rezeptor-vermittelter Stoffwechselweg für die Cholesterin-Homöostase (*Nobel*-Vortrag), Angew. Chem. *98*, 579 (1986).

9 Chemie und Funktion der Nucleinsäuren

Die *Nucleinsäuren* treten in allen Zellen des Tier- und Pflanzenreiches auf. Sie regeln den Aufbau der Proteine, die für das Leben und die Funktion jeder Zelle notwendig sind. Die Baupläne für die Proteinsynthese sind in bestimmten Abschnitten der *Chromosomen*, den *Genen*, enthalten, die aus langen Ketten von **Desoxyribonucleinsäure** (DNS oder **DNA**) bestehen. Jede menschliche Zelle enthält in ihrem Kern 46 Chromosomen, deren DNA jeweils etwa 4 cm lang wäre, wenn man sie gerade ausstreckte. Die kompakte Struktur der Chromosomen ist auf die Wechselwirkung der DNA mit den Histonen und anderen Proteinen unter Bildung von *Nucleoproteinen* zurückzuführen (vgl. S. 845).

Die **Ribonucleinsäuren** (RNS oder **RNA**) sind an der Weiterleitung der in der DNA vorhandenen Information in die Proteinsynthese beteiligt.

Von den 4 Verbindungsklassen Kohlenhydrate, Lipide, Proteine und Nucleinsäuren, die den Hauptteil der lebenen Zellen bilden, ist nur die Entdeckung der Nucleinsäuren historisch datierbar. Sie geschah 1869 durch *F. Miescher*, der aus Eiterzellen die Zellkerne vom Zellinhalt getrennt hatte und aus ihnen eine phosphorhaltige Substanz isolierte, die er *Nuclein* nannte. 75 Jahre später wurde die *Chemie der Vererbung* durch die Entdeckung begründet, daß durch DNA die Eigenschaften eines Pneumococcenstammes transformiert werden konnten und daß diese Transformation erblich war (*O. T. Avery*, 1944).

Chargaff erkannte 1950, daß jeweils zwei DNA-Bausteine in gleichen Mengen auftreten, und zwar Adenin und Thymin sowie Guanin und Cytosin. Aufgrund dieser Befunde, der Röntgenstrukturuntersuchungen von *R. Franklin* und *M. Wilkins* und der von *Pauling* erschlossenen α-Helixstruktur in den Proteinen, erkannten *Watson* und *Crick* die Doppelhelix als Sekundärstruktur der DNA[1].

9.1 Bausteine der Nucleinsäuren

Aus den Spaltprodukten der Nucleinsäuren folgt, daß sie aus heterocyclischen Basen der Pyrimidin- und Purinreihe, einer Pentose und Phosphorsäure im Molverhältnis 1 : 1 : 1 aufgebaut sind. Die Pentose ist entweder D-Ribose oder 2-Desoxy-D-ribose. Die beiden Zucker kommen in verschiedenen Nucleinsäuren vor, der *Ribonucleinsäure* (RNA) oder der *Desoxyribonucleinsäure* (DNA).

---

[1] Vgl. *E. Chargaff*, Vorwort zu einer Grammatik der Biologie, Experientia *26*, 810 (1970); *J. D. Watson*, Die Doppelhelix (Rowohlt Verlag, Reinbek bei Hamburg 1969).

9.1.1 Nucleoside

Zu den aus Ribo- oder Desoxyribonucleinsäuren isolierten Basen gehören die Pyrimidinderivate *Cytosin, Uracil, Thymin* und *5-Methyl-cytosin* sowie die Purinabkömmlinge *Adenin* und *Guanin:*

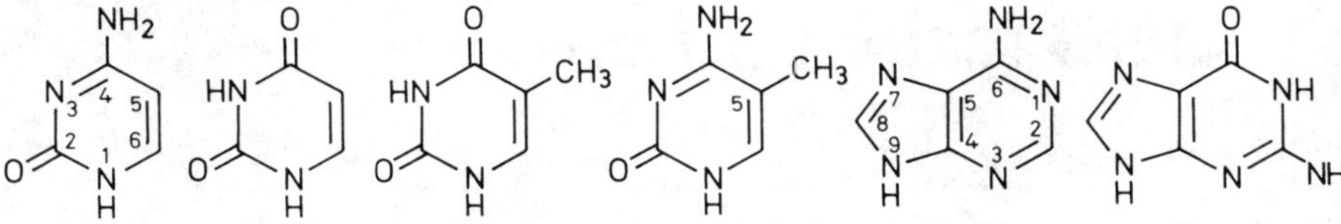

Cytosin (RNA, DNA) | Uracil (RNA) | Thymin (DNA) | 5-Methyl-cytosin (DNA) | Adenin (RNA, DNA) | Guanin (RNA, DNA)

Die Nucleobasen sind N-glykosidisch mit dem Zucker (D-Ribose oder 2-Desoxy-D-ribose) verknüpft und bilden die **Nucleoside,** z. B. entsteht aus Adenin und D-Ribose in Gegenwart von Polyphosphorsäureestern das Adenosin, 9-(β-D-Ribofuranosyl)-adenin (*G. Schramm,* 1962).

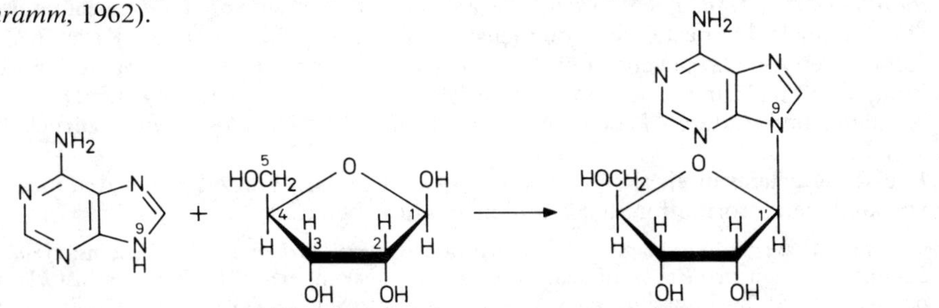

D-Ribose (β-Form) | Adenosin

Sie werden präparativ aus 1-Halogenderivaten der geschützten Zucker durch Umsetzung mit reaktiven Derivaten der Nucleobasen hergestellt[1].

Die Nucleoside werden bei den Pyrimidinbasen durch die Endung *-idin,* z. B. Cytidin, Uridin oder Thymidin, und bei den Purinbasen durch die Endung *-osin,* wie Adenosin, Guanosin oder Inosin, gekennzeichnet. Zur Unterscheidung von den Ringziffern im Heterocyclus bezeichnet man die C-Atome des Zuckers mit 1′ bis 5′.

Nachstehend seien einige Nucleoside angeführt, welche bei der partiellen Hydrolyse der Nucleinsäuren als Hauptkomponenten isoliert wurden:

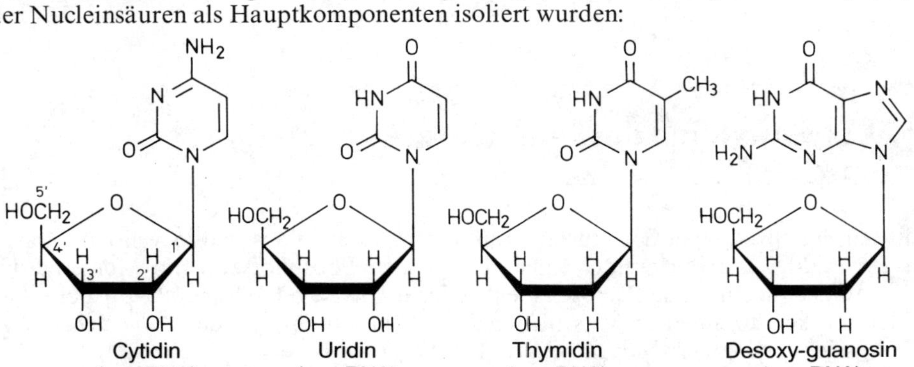

Cytidin (aus RNA) | Uridin (aus RNA) | Thymidin (aus DNA) | Desoxy-guanosin (aus DNA)

[1] Vgl. *L. B. Townsend* et al. (Editor), Nucleic Acid Chemistry, 2 Bände (Wiley, New York 1978).

Daneben findet man vorwiegend in pflanzlicher DNA, daß ein Teil der Cytosinreste durch 5-Methyl-cytosin ersetzt ist, während in der Bakterien-RNA etwa 1% aller Adeninreste durch 6-Methyladenin ersetzt ist. Auch Modifikationen am Zuckeranteil der Nucleoside und an der Verknüpfung zwischen dem Zuckeranteil und der Nucleobase sind in t-RNA (vgl. S. 871) beobachtet worden, z. B. 2′-O-Methyl-ribose und Pseudouridin (ψ); in dem letzteren ist das Uracil über das Kohlenstoffatom 5 mit der Ribose verknüpft.

Das 3′-Azido-3′-desoxythymidin (*Azidothymidin*, AZT) schützt Zellkulturen gegen das AIDS-Virus, seine klinische Wirkung ist unsicher.

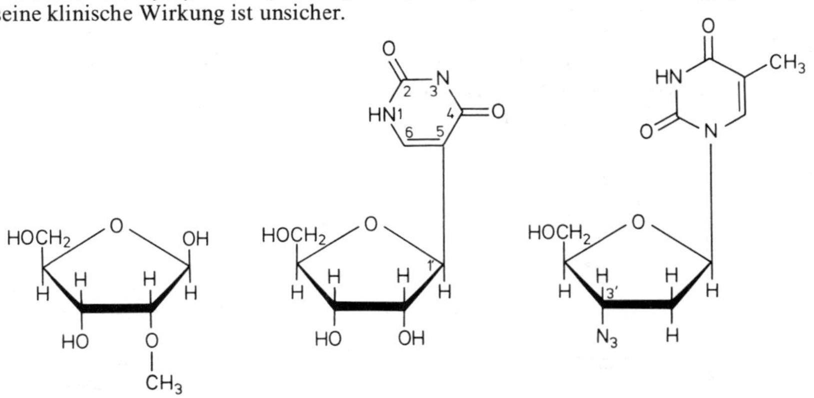

2′-O-Methyl-ribose Pseudouridin (ψ) Azidothymidin

9.1.2 Nucleotide

Ist die 5′OH-Gruppe des Zuckers in den Nucleosiden mit Phosphorsäure verestert, so liegen die *Nucleosid-5′-phosphate* oder **Nucleotide** vor, die als die eigentlichen Bausteine der Nucleinsäuren (Polynucleotide) anzusehen sind.

Tabelle 19. Die wichtigsten Bausteintypen der Nucleinsäuren

Base[1]	Nucleosid		Nucleotid: Nucleosid-5′-phosphat[2]	
	Ribo-	Desoxyribo-	Ribo-	Desoxyribo-
Adenin (**A**)	Adenosin	Desoxyadenosin	Adenylsäure Adenosin-monophosphat (AMP)	Desoxyadenylsäure Desoxy-(dAMP)
Guanin (**G**)	Guanosin	Desoxyguanosin	Guanosin-monophosphat (GMP)	Desoxy-(dGMP)
Uracil (**U**)	Uridin	–	Uridin-monophosphat (UMP)	–
Cytosin (**C**)	Cytidin	Desoxycytidin	Cytidin-monophosphat (CMP)	Desoxy-(dCMP)
Thymin (**T**)	–	Desoxythymidin	–	Desoxythymidin-monophosphat (dTMP)

[1] Die Symbole A, G, U, C, T werden zur Kennzeichnung der Bausteine von Polynucleotiden gebraucht, welche die betreffende Base enthalten.
[2] Nucleosid-5′-phosphat, NMP; Nucleosid-5′-diphosphat = Nucleosid-5′-pyrophosphat, NDP; Nucleosid-5′-triphosphat, NTP; d: Desoxy, z. B. dNMP

Einige Nucleotide spielen unabhängig von ihrer Bausteinfunktion eine wichtige Rolle im Stoffwechsel, z. B. die Adenylsäuren, die sich aus D-Ribose, Adenin und Phosphorsäure (bzw. Di- oder Triphosphorsäure) aufbauen. Die **Muskel-Adenylsäure (AMP)** entsteht beim anaeroben Kohlenhydratabbau im Muskel. Die Vorstufen des Adenosin-5′-monophosphats (AMP) sind Adenosindiphosphat (ADP) oder das Adenosintriphosphat (ATP), das bei der Muskelkontraktion in Muskel-Adenylsäure übergeht (*Lohmann*). Die Adenosinphosphate üben als *Energiequelle* wichtige Funktionen bei den enzymatischen Stoffwechselvorgängen aus.
Ist die Purinbase Adenin im Adenosin bzw. im AMP durch *Hypoxanthin* ersetzt, so liegt als Nucleosid das **Inosin** und als Nucleotid die **Inosinsäure** vor, die als erstes Nucleotid aus Fleischextrakt isoliert wurde (*Liebig*, 1847).
Die angeführten Nucleotide haben folgende *Struktur:*

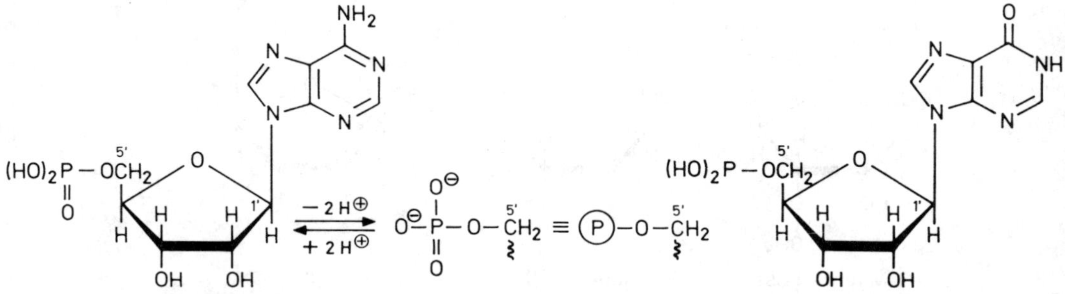

Muskel-Adenylsäure oder Adenosin-5′-monophosphat (AMP)

Inosinsäure (IMP)

Die 5′-Monophosphorsäureester sind starke Säuren mit pk_a-Werten von etwa 1 und 6 für die beiden noch möglichen Dissoziationsstufen, z. B. Inosinsäure pk_a 1,54; 6,04. Sie liegen daher unter physiologischen Bedingungen bei etwa pH 7 fast vollständig als Dianionen vor; dies ist bei allen Formeln zu beachten, die undissoziierte Phosphorsäureester zeigen.
Die Namen der wichtigen Bausteintypen der Nucleinsäuren sind in Tabelle 19 zusammengefaßt; darin sind die Einbuchstabensymbole der Basen zur Kennzeichnung der Nucleotid- Sequenz der Nucleinsäuren von besonderer Bedeutung.
Die Desoxyribonucleotide entstehen im Organismus durch enzymatische Reduktion der Ribonucleotide[1].

9.2 Struktur der Nucleinsäuren[2]

Nucleinsäuren sind aus Nucleotiden aufgebaute Makromoleküle. Das Gerüst besteht aus einem *Polyester*, in dem jeweils ein Zuckerrest (Ribose oder Desoxyribose) mit ei-

[1] Vgl. *H. Follmann*, Die enzymatische Ribonucleotid-Reduktion: Biosyntheseweg der Desoxyribonucleotide, Angew. Chem. *86*, 624 (1974).
[2] Vgl. *W. Saenger*, Principles of Nucleic Acid Structures (Springer-Verlag, Berlin 1983).

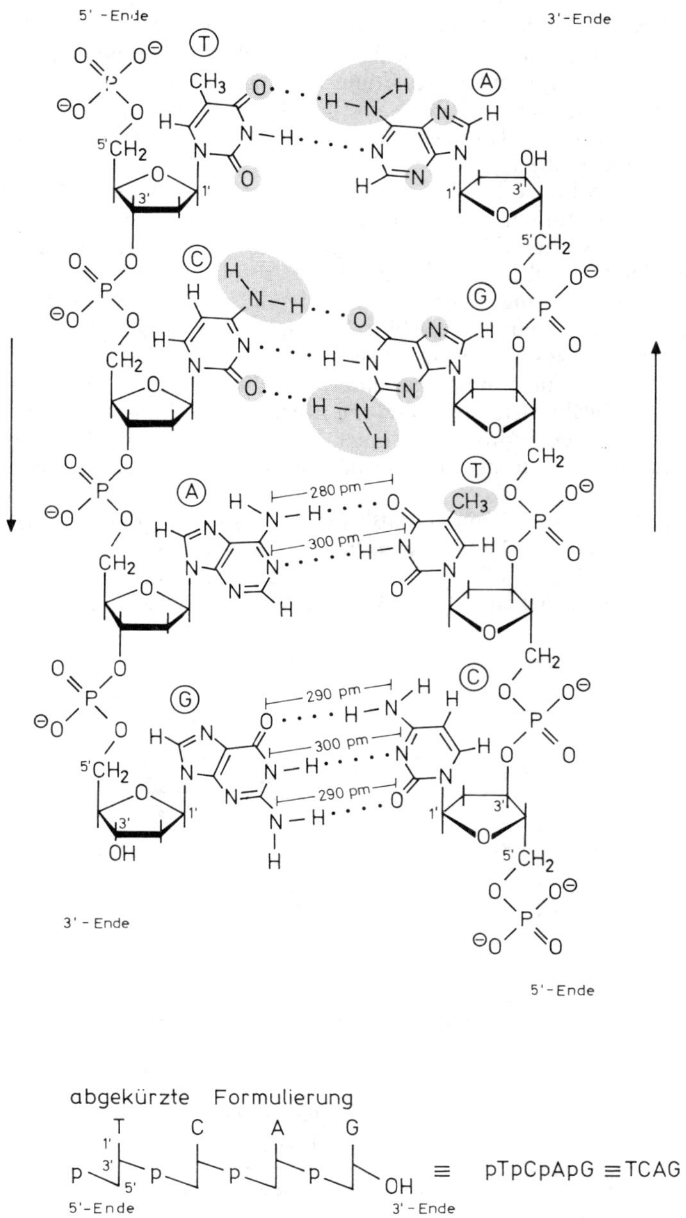

Abb. 126. Schematischer Ausschnitt aus einem DNA-Doppelstrang und vereinfachte Darstellung der Nucleotid-Sequenz eines der beiden Stränge.

nem Phosphorsäurerest abwechselt. Die Phosphorsäure ist dabei mit der 3'ständigen OH-Gruppe im Zuckerrest des einen und der 5'OH-Gruppe im Zuckerrest des anderen Nucleotids verestert. Man entnimmt dies aus Abb. 126, aus der weiter hervorgeht, daß jede der beiden dargestellten Nucleotidketten, welche die Primärstruktur darstellen, eine durch die Pfeile angedeutete Richtung hat. Man kann ein freies, nicht mit einem Nachbarmolekül verknüpftes 3'Ende und ein freies 5'Ende unterscheiden. In der Sekundärstruktur des Doppelstranges sind die Richtungen der beiden komplementären Einzelstränge gegenläufig.
In der abgekürzten Formulierung eines Stranges wird der Zuckerteil als senkrechter Strich symbolisiert und der Phosphorsäureteil durch ein zwischen schräge Striche eingeschlossenes p. In weiteren Vereinfachungen wird die Abkürzung schrittweise bis auf die Symbole der Nucleobasen reduziert, deren Abfolge die Sequenz der Nucleotide in einem Nucleinsäure-Strang symbolisiert; soll eindeutig gekennzeichnet werden, daß DNS vorliegt, schreibt man die in Abb. 126 gezeigte Sequenz d (TCAG), dabei beginnt man mit dem 5'Ende des Nucleinsäure-Stranges.
Die Nucleobasen sind nach innen gerichtet, und die zwischen ihnen bestehenden Wasserstoffbrücken gewährleisten die Bindung zwischen den komplementären Einzelsträngen, welche wegen der Summierung einer großen Zahl kleiner Bindungskräfte insgesamt sehr stabil ist. Dies trägt zur Stabilität der in der DNA gespeicherten Information bei.
Aus der Abb. 126 ist zu erkennen, daß immer ein Purinringsystem mit einem Pyrimidinringsystem gepaart ist. Dabei treten bei den beiden vorkommenden Basen-Paarungen Adenin (A) – Thymin (T) zwei Wasserstoffbrücken und bei Guanin (G) – Cytosin (C) drei Wasserstoffbrücken auf. Die komplementären Basenpaare sind wie die Spros-

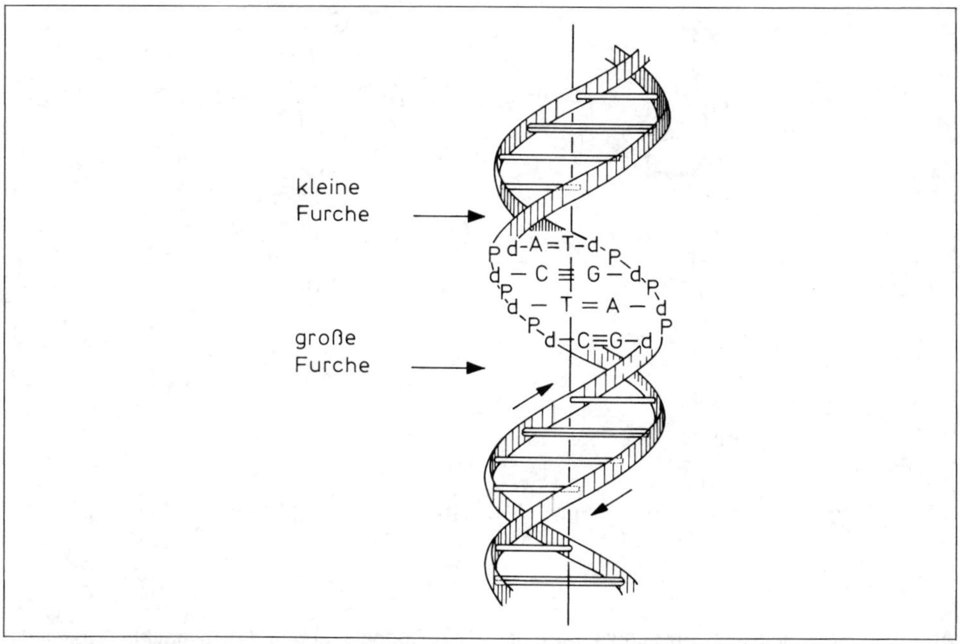

Abb. 127. Modell einer Doppelhelix, A-Helix (d = Desoxyribose; p = Phosphat).

sen einer Leiter angeordnet, als deren Holme die beiden Polyesterketten aus Phosphorsäure und Desoxyribose anzusehen sind. Dies erkennt man auch aus der in Abb. 127 schematisch dargestellten Doppelhelix; während das in Abb. 128 dargestellte Kalottenmodell zeigt, daß die komplementären Basenpaare wie Bücher in einem Stapel übereinander liegen, der nicht ganz ordentlich und wie eine Wendeltreppe geschichtet ist.

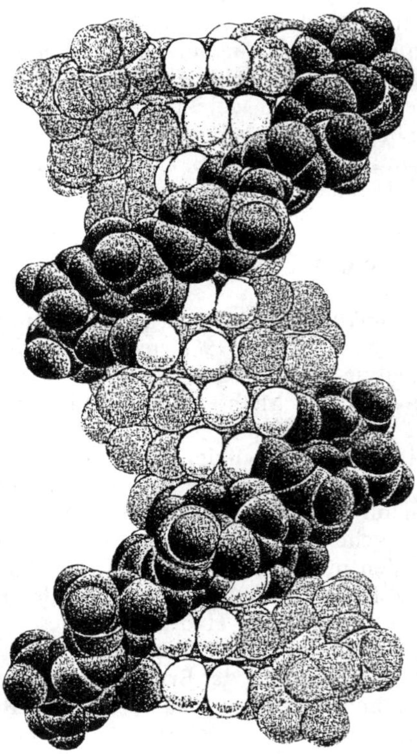

Abb. 128. Kalottenmodell eines Ausschnittes aus B-DNA am Beispiel des synthetischen Dodekameren der Sequenz CGCGAATTCGCG. Von den Kanten der 12 Basenpaare sind 10 teilweise sichtbar (helle Kalotten)[1].

Durch Röntgenstrukturuntersuchungen sind bisher drei DNA-Doppelhelixtypen nachgewiesen worden, von denen die *A*-Helix und die *B*-Helix rechts gewunden sind, die *Z*-Helix dagegen ist links gewunden[1]. Die in Abb. 128 gezeigte B-DNA ist bei hoher Feuchtigkeit stabil und hat eine „Stufenhöhe“ von 340 pm; mit einer Folge von 10 Basenpaaren ist eine Windung abgeschlossen. In Abb. 127 erkennt man, daß sich an der Oberfläche der Doppelhelix eine große und eine kleine Furche wie Schraubenrillen um die Helixachse winden. In der Mitte der Abb. 128 blickt man in die große Furche hinein und erkennt die übereinander geschichteten, durch helle Kalotten dargestellten, Basenpaare, welche den Boden der großen Furche bedecken. Dabei können Anziehungs-

[1] Vgl. *R. E. Dickerson*, Die Feinstruktur der DNA-Helix, Spektrum der Wissenschaft *1984*, Heft 2, S. 78.

kräfte zwischen den in Abb. 126 grau unterlegten Atomen an den Kanten der Nucleobasen und den Seitenketten von Nucleoproteinen, die sich in die große Furche einlagern, auftreten. Es werden dann Wasserstoffbrücken und hydrophobe Wechselwirkungen wirksam. Aus den Doppelhelices können sich Strukturen höherer Ordnung bilden, unter denen Catenane und Knoten nachgewiesen worden sind.

Wegen der großen Länge der Polydesoxyribonucleotidketten in den Chromosomen, wird als Maß für die Kettenlänge ein Abschnitt von 1000 Basen oder Basenpaaren (kb) verwendet. Da die mittlere relative Molekülmasse einer Nucleotideinheit etwa 310 beträgt, hat ein Doppelstrang pro kb eine relative Molekülmasse von etwa $6{,}2 \cdot 10^5$. Das Chromosom des Bakteriums Escherichia Coli (E. Coli) enthält 3800 kb; daraus ergibt sich durch Multiplikation mit der Stufenhöhe der *B*-Doppelhelix eine Länge des DNS-Fadens von 1,2 mm bei einer relativen Molekülmasse von $2{,}3 \cdot 10^9$.
Die DNA der Bakterien liegt in doppelsträngigen Ringen vor, die in einer Überspirale (Superhelix) geknäuelt sind. Diese für die Bakterien lebenswichtige, kompakte topologische Anordnung wird durch das Enzym *DNA-Gyrase* bewirkt.

9.2.1 Sequenzanalyse der DNA

Für das Verständnis der Funktion der DNA ist die Ermittlung ihrer Basensequenz von entscheidender Bedeutung gewesen. Seit 1975 stehen rasch arbeitende chemische Möglichkeiten der Sequenzanalyse zur Verfügung, z. B. das *Maxam-Gilbert*-Verfahren, das eine gewisse Ähnlichkeit mit den Methoden zur Ermittlung der Primärstruktur der Proteine hat.
Zunächst zerlegt man das Riesenmolekül der DNA enzymatisch in kleinere Bruchstücke, die man durch Gel-Elektrophorese an Agarose und Polyacrylamid aufgrund ihrer relativen Molekülmassen auftrennt. Die zu analysierende Teilsequenz wird am 5′-Ende mit ^{32}P markiert und durch chemische Reaktionen selektiv derart verändert, daß sie an den so modifizierten Stellen in neutraler oder schwach alkalischer Lösung gespalten werden kann. Dies kann z. B. durch Methylierung von Adenin und Guanin oder durch Spaltung von Cytosin bzw. Thymin mit Hydrazin zu Desoxy-ribosylharnstoff geschehen, dabei muß erreicht werden, daß die Teilsequenz nur an wenigen Stellen in dieser Weise verändert wird. Durch Trennung der Bruchstücke mittels Gel-Chromatographie nach der relativen Molekülmasse erkennt man, welche der Bruchstücke, die das markierte 5′-Ende der Sequenz enthalten, an der Stelle abbrechen, die einer der zerstörten Basen benachbart war. Das gleiche Verfahren kann nach Markierung des 3′-Endes mit ^{32}P angewendet werden. Auf diese Weise kann mit den inzwischen auch automatisierten Verfahren die Sequenz von DNS-Strängen ermittelt werden, die weit über 100 Nucleotide enthalten[1]. Auf diesem Gebiet ist die Verwendung elektronischer Datenverarbeitung sehr vielversprechend und die ersten *Datenbanken* bieten bereits Millionen von *Sequenzdaten* an[2].

---

[1] Vgl. *W. Gilbert* et al., Fremde Proteine aus Bakterien, Spektrum der Wissenschaft, *1980,* Heft 6, S. 99.

[2] Vgl. *T. R. Gingeras* et al., Steps Toward Computer Analysis of Nucleotide Sequences, Science *209,* 1322 (1980); *M. Sprinzl,* Nucleinsäure-Datenbanken, Nachr. Chem. Tech. Lab. *32,* 212 (1984).

9.3 Synthesen von Nucleinsäuresequenzen

Die chemische Synthese von Oligonucleotiden hat eine wichtige Grundlage zur Entzifferung des genetischen Codes geliefert. Sie ist von großer Bedeutung für die weitere Analyse der DNA (vgl. Abb. 128) und als Lieferant von DNA-Abschnitten, die in der Gentechnik verwendet werden können. Dabei steht im Mittelpunkt die Darstellung von Phosphorsäurediestern mit den 5'- und 3' OH-Gruppen der Ribose oder Desoxy-ribose entsprechender Nucleoside oder Nucleotide, welche die Anwendung von Schutzgruppen mit der gleichen Zielsetzung erfordert, wie sie bei den Peptidsynthesen geschildert wurde. Das gleiche gilt für die Aktivierung der Phosphorsäure, die unter den Bedingungen der Herstellung von Carbonsäureestern nicht verestert werden kann; hier hat sich z. B. das Dicyclohexylcarbodiimid (DCC) wie in der Peptidchemie als Kupplungsreagenz bewährt, doch stehen auch aktivierte Derivate der Phosphorsäure zur Verfügung, die unmittelbar Phosphorsäureester bilden. Dies sei an der Synthese von AMP aus dem an den Positionen 2' und 3' geschützten Adenosin erläutert:

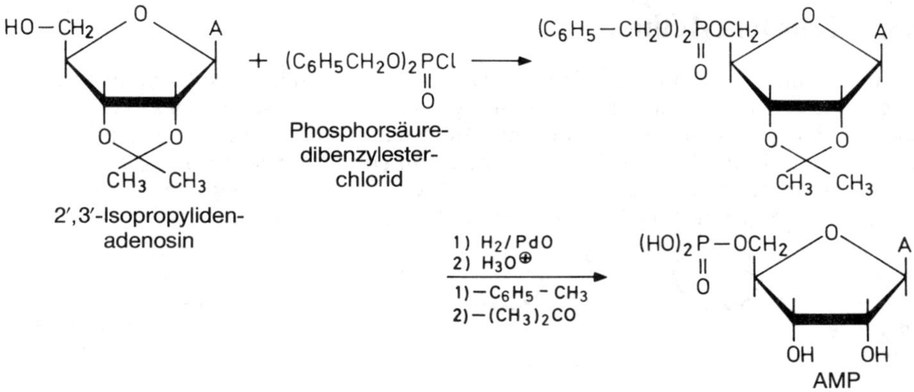

Die Benzylgruppen können aus dem zunächst gebildeten *2',3'-Isopropyliden-adenosin-5'-phosphorsäure-dibenzylester* durch Hydrogenolyse als Toluol abgespalten werden, dann wird wird die Isopropyliden-Gruppe durch saure Hydrolyse entfernt.
Der schwierige spezifische Schutz der 2' OH-Gruppe der Ribose bei der *Oligoribonucleotid-Synthese* erübrigt sich bei der Darstellung von *Oligodesoxyribonucleotiden,* für die sich unter anderem die Diester- und die Triester-Methode bewährt haben. Nach der letzteren wurde 1955 d(TpT) ≡ $d(pT)_2$ als das erste Dinucleotid hergestellt (*Michelson* und *Todd*).

9.3.1 Diester-Methode

Dabei wird ein an der 3' OH-Gruppe und an der Amino-Gruppe der Nucleobase (B) A-, C- oder G-geschütztes Desoxynucleosid-5'-monophosphat als *Phosphatkomponente* und eine an der 5' OH-Gruppe und der Amino-Gruppe an A-, C- oder G-geschützte *OH-Komponente* mit einem Kupplungsreagenz verknüpft. Als Schutzgruppen dienen

z. B. Benzoyl- und Acetylgruppen für A, C und G, Acetyl für die 3′ OH- und 4-Monomethoxytrityl für die 5′ OH-Gruppe; sie werden in den folgenden Formeln nicht differenziert und allgemein als R bezeichnet.

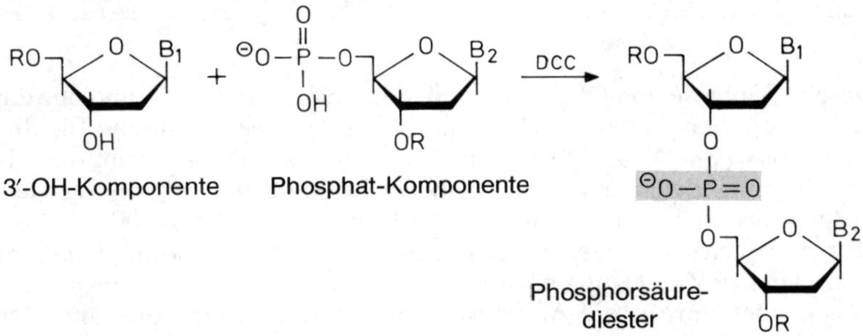

Bei der Reaktion entsteht unmittelbar die 3′,5′-Phosphorsäurediester-Gruppe der DNA. Von Nachteil ist die Reaktivität der $PO^{\ominus}$-Funktion (grau unterlegt), die mit der 3′ OH-Gruppe konkurriert und Pyrophosphorsäureester als störende Nebenprodukte liefert.

9.3.2 Triester-Methode

Diesen Nachteil vermeidet die **Triester-Methode,** bei der als Phosphatkomponente ein Desoxynucleosid-3′-phosphorsäurediester verwendet wird, so daß als Reaktionsprodukt ein Phosphorsäuretriester entsteht. Die zweite Estergruppe der Phosphatkomponente kann z. B. die 4-Chlorphenyl-Gruppe sein (Phosphat-Schutzgruppe); als besonders wirksame Kupplungsreagenzien werden bei der Triester-Methode Triazolderivate, z. B. das 1-(4-Nitrophenylsulfonyl)-1*H*-1,2,4-triazol (4-NBST) verwendet.

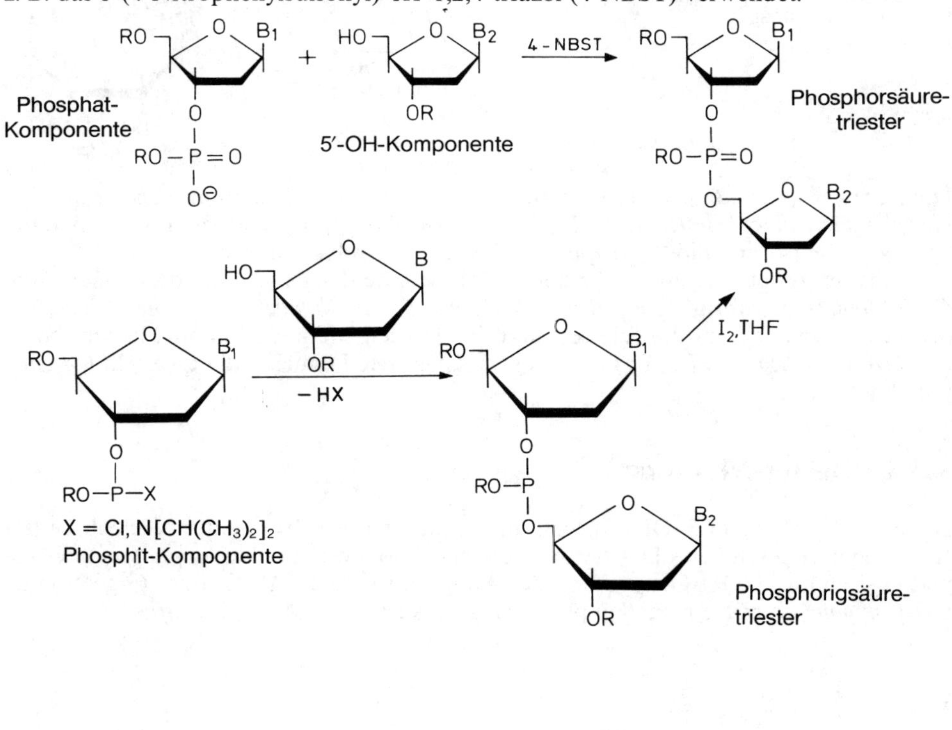

Der Phosphorsäuretriester kann präparativ vorteilhaft auch auf dem Weg über eine *Phosphitkomponente* erreicht werden (*Letsinger*), die durch Reaktion einer 3'-OH-Komponente mit Dichlorphosphit ($ROPCl_2$) oder Chlor-diisopropylaminophosphit ($RO-\underset{\displaystyle Cl}{\underset{|}{P}}-N[CH(CH_3)_2]_2$) dargestellt wird. Der nach der Kupplung mit der 5'-OH-Komponente entstehende Phosphorigsäuretriester (Phosphit-triester) wird unter milden Bedingungen zum Phosphorsäuretriester (Phosphat-triester) oxidiert.
Das Hauptproblem der Triester-Methode ist die Notwendigkeit, die Phosphat-Schutzgruppe am Ende der Synthese von jeder Internucleotidbindung selektiv und vollständig abzuspalten.
Für beide Synthesetypen sind Verfahren nach Art der *Merrifield*-Synthese im Blockverfahren an einem unlöslichen Träger im Gebrauch[1].
Mit wachsender Länge der synthetischen Oligonucleotide wachsen die Reinigungsprobleme, die aus den erwähnten Defiziten der Diester- und Triester-Methode folgen. Daß es dennoch gelingt, hochmolekulare DNA mit definierter biologischer Information zu synthetisieren, beruht auf der Fähigkeit zur *Selbstorganisation*, die immer dann auftritt, wenn Oligonucleotide mit komplementärer Sequenz und hinreichender Länge vorliegen. Dann bildet sich spontan eine Doppelhelix, wie das Beispiel der Abb. 128 zeigt.
Das dort abgebildete Modell beruht auf der Röntgenstrukturanalyse einer Doppelhelix, die sich aus dem *selbstkomplementären* Oligomeren CGCGAATTCGCG in vitro gebildet hatte. Liest man die Basenfolge von rechts nach links, so ergibt sich die komplementäre Basenfolge, die sich mit der von links nach rechts gelesenen zu der Doppelhelix

5' CGCGAATTCGCG 3'
3' GCGCTTAAGCGC 5'

vereinigt, in der sich 12 komplementäre Basenpaare ausbilden können. Eine selbstkomplementäre Nucleinsäuresequenz wird *Palindrom* genannt.

9.3.3 Sticky-end-Methode (*Khorana*, 1972)

Die hier aufgezeigte Fähigkeit besitzen auch kürzere Sequenzen von Oligonucleotiden, die Bereiche mit komplementären Basen aufweisen. In den folgenden 3 Oligonucleotiden sind diese Bereiche grau unterlegt.

I: AATTCATGGGT GGTTGTAAGAACTTCT II:

III: GTACCGA CCAACATT

Wenn derartige Teilsequenzen an den Enden von Oligonucleotiden sitzen, die bereits als Doppelhelix vorliegen, spricht man von „sticky ends“ (kohäsiven Enden).
Die spontane Bildung von 15 Basenpaaren aufgrund der Komplementarität liefert die teilweise doppelsträngige Sequenz IV.

IV: 5' AATTCATGGCT↓GGTTGTAAGAACTTCT
GTACCGA CCAACATT 5'

[1] Vgl. *H. G. Gassen* et al., Chemical and Enzymatic Synthesis of Genefragments (Verlag Chemie, Weinheim 1982).

Diese besitzt wieder ein sticky end (grau unterlegt) und reagiert mit einem weiteren Oligonucleotid, das eine zu diesem komplementäre Basenfolge aufweist, in der gleichen Weise. Durch konsequente Fortsetzung des Verfahrens können größere Molekülkomplexe erzeugt werden, die in den Einzelsträngen noch Lücken aufweisen, eine solche ist in IV durch einen Pfeil gekennzeichnet. Diese Lücken werden durch enzymatische Knüpfung von Diesterbindungen mit DNA-Ligase geschlossen, so daß ein zweisträngiger DNA-Abschnitt entsprechender Länge entsteht.
Die Teilsequenz IV ist der synthetische Anfangsteil des *Gens* oder *Cistrons,* das die Information zur Biosynthese des Peptidhormons *Somatostatin* enthält, das die Ausschüttung von Somatotropin (Wachstumshormon), Insulin und Glucagon hemmt.
Die Biosynthese selbst wird später behandelt; an dieser Stelle sollte man sich aber bereits klarmachen, wie das komplementäre Ende des nächsten Oligonucleotides gebaut sein muß, damit die spontane Aggregation mit dem in IV grau unterlegten Ende eintreten kann.

9.4 Viren

Unter **Viren** versteht man submikroskopische Krankheitserreger, die durch gewöhnliche Bakterienfilter mehr oder weniger leicht hindurchgehen (filtrierbare Viren). Der Teilchendurchmesser liegt in der Regel unter 300 nm. (Bei gewöhnlichen Bakterien beträgt er 500 – 2000 nm.) Eine weitere Besonderheit der Viren besteht darin, daß sie sich nur in lebenden Organismen des Tier- und Pflanzenreichs vermehren, dagegen nicht auf toten Nährböden oder in zellfreien Medien.

Zu den Viren gehört eine Reihe von Krankheitserregern, die z. B. beim Menschen Flecktyphus, Pocken, Masern, Herpes, Influenza und Gelbfieber, beim Tier Maul- und Klauenseuche, Rinderpest, Kuhpocken und Tollwut hervorrufen und bei den Pflanzen die verschiedenen Arten der Mosaikkrankheiten, von denen Tabak, Rüben, Tomaten, Kartoffeln usw. befallen werden. Die infektiöse Wirkung ist auf den Nucleinsäureanteil zurückzuführen (*Schramm, Kornberg*).

Einfache Viren, die häufig kristallin erhalten wurden, bestehen nur aus Nucleinsäure und Protein; sie sind also *Nucleoproteine* und enthalten entweder DNA oder RNA.

Zu den kleinsten phytopathogenen Viren gehört das am besten untersuchte **Tabakmosaik-Virus,** das eine relative Molekülmasse von 40 Millionen besitzt. Es besteht zu 95% aus Protein und zu 5% aus RNA und bildet Stäbchen von 280 nm Länge und 15 nm Dicke (*Stanley*, 1947). In jedem Teilchen zieht sich der lange Nucleinsäurefaden *helixförmig* durch das ihn umhüllende Protein, das als *Capsid* bezeichnet wird (vgl. Abb. 129). Durch schonende Behandlung mit Phenol läßt sich die Ribonucleinsäure abtrennen. Das gesamte Virusmolekül baut sich aus etwa 2300 identischen Polypeptiden (*Capsomeren*) mit je einer relativen Molekülmasse von 17 5000 auf. Die Capsomeren zeigen eine starke Neigung zur Aggregation. Abb. 129 zeigt ein Modell der Anordnung von RNA und Capsomeren während der Virusentwicklung und die Struktur der RNA in diesem Stadium.

Infiziert man eine gesunde Tabakpflanze mit kleinsten Mengen (10^{-9} g) Tabakmosaik-Virus, so beginnt auf Kosten der Pflanze die rasche Synthese von Virus-RNA und -Protein. Schon nach wenigen Tagen hat sich die eingeführte Virusmenge um das Millionenfache vermehrt.
Über den Infektionsmechanismus haben Untersuchungen an Bakterienviren, den **Bakteriophagen,** wichtige Einblicke geliefert. Einige Bakteriophagen sind im Vergleich zum Stäbchen des Tabak-

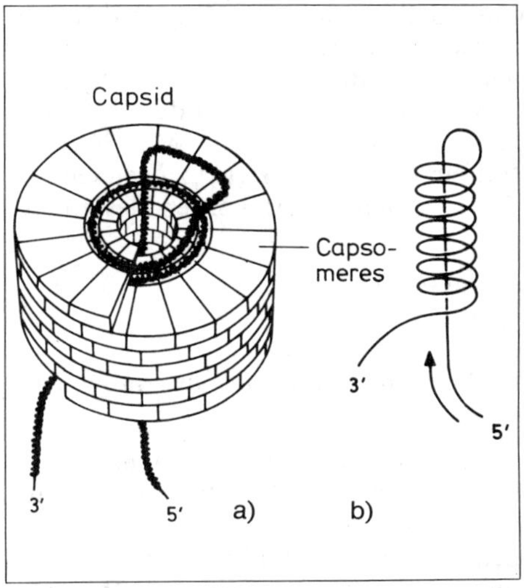

Abb. 129. Tabakmosaikvirus.
a) Anordnung von RNA und Capsiden während der Entwicklung,
b) Struktur der RNA in diesem Stadium.[1]

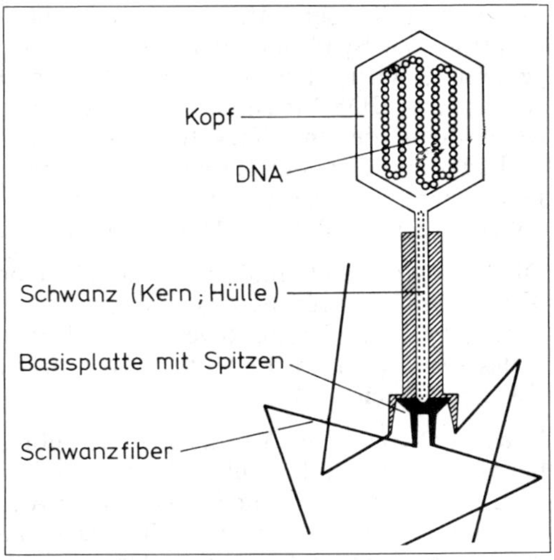

Abb. 130. Schematische Zeichnung der Bakteriophagen T_2 und T_4.

mosaik-Virus wesentlich differenzierter (vgl. Abb. 130). Der sechseckige Kopf der Phagen T_2 und T_4 besteht aus einer Eiweißhülle, die einen DNA-Strang enthält und einen Schwanz trägt, an dessen Ende sich eine Basisplatte befindet, die Spitzen (spikes) mit langen geknickten Fäden trägt. Berühren diese ein Bakterium, so wird die Endplatte des Phagen auf dessen Oberfläche gebracht und dort festgehalten, bis ein aus dem Schwanzteil austretendes Enzym die Bakterienmembran örtlich aufgelöst hat, so daß die DNA aus dem Phagenkopf durch den Schwanzteil hindurch in die Bakterienzelle „eingespritzt" werden kann (*Infektion*). Die Proteinhülle des Phagen bleibt an der Oberfläche des Bakteriums zurück. Die DNA des Phagen greift nun mit der in ihr enthaltenen Information in den Stoffwechsel des Bakteriums ein, und es werden weitere Phagen-DNA und Hüllproteine für neue Phagen gebildet. Daraus entsteht eine neue Phagengeneration, die schließlich die Wand der Wirtszelle auflöst und aus dem absterbenden Bakterium in das umgebende Medium gelangt.

Die DNA des Bakteriophagen T_4 enthält auf einer Länge von 61 µm etwa 180 kb; von den auf diesem Doppelstrang vorhandenen Genen sind über 100 bekannt. Zur Aufklärung der Mechanismen, nach denen die oben geschilderten Vorgänge ablaufen, eignen sich noch kleinere Viren besser, da sich ihr Genbestand besser überblicken läßt und leichter experimentell verändert werden kann. Als Beispiel sei das in Affennieren vorkommende *Simian Virus 40* (SV 40) erwähnt, dessen DNA aus nur 5243 Nucleotidpaaren besteht, deren Sequenz bekannt ist. Es gehört zur Gruppe der *Tumorviren*, die verschiedene Tumorformen auslösen können. Dazu gehören auch einige RNA-Viren, die das Enzym *Reverse-Transkriptase* enthalten und so in der Lage sind mit RNA als Matrize DNA zu synthetisieren. Durch diese *Retroviren* wird die Richtung der in der Zelle normalerweise ablaufenden *Transkription* (vgl. S. 868*f.*) von DNA in RNA umgekehrt mit dem Ergebnis, daß die infizierte Zelle in ihrer DNA Sequenzen enthält, die aus dem Retrovirus stammen und deshalb durch eine Chemotherapie nicht mehr vollstän-

[1] Vgl. *A. Klug*, Angew. Chem. *95*, 579 (1983).

dig aus dem Körper entfernt werden können. Die AIDS-Erkrankung (**A**cquired **I**mmuno **D**eficiency **S**yndrome) wird durch ein zur Klasse der langsam wirkenden Lentiviren gehörendes Virus übertragen, das 1983 von *Montagnier* entdeckt und als LAV (**L**ymphadenopathy **AIDS V**irus) bezeichnet wurde. Es erwies sich identisch mit dem 1984 von *Gallo* identifizierten HTLV III (**H**uman **T**-Cell **L**ymphotropic **V**irus)[1]. Man hat sich geeinigt dieses Virus in Zukunft HIV (**H**uman **I**mmunodeficiency **V**irus) zu nennen. Inzwischen ist in Westafrika ein zweites „HIV"2-Virus identifiziert worden, dessen Genom deutlich von dem des HIV-Virus abweicht.

Die Retroviren sind mindestens durch 3 Gene charakterisiert.
- das „*gag*"-Gen für die sogenannten Core Proteine
- das „*pol*"-Gen für die Reverse-Transkriptase
- das „*env*"-Gen für die Hüllen-Glykoproteine, die vom Organismus als Antigene erkannt werden.

Das „*env*"-Gen ist im Vergleich zu den übrigen Genen des Virus sehr variabel und daher verändern sich die Hüllen-Glykoproteine der Retroviren ständig. Dem Organismus wird so die Ausbildung neutralisierender Antikörper erschwert.
Azidothymidin wird durch die Reverse-Transkriptase statt Thymidin in die vom Retrovirus bestimmten Sequenzen der Zell-DNA eingebaut, und der weitere Aufbau von DNA wird an dieser Stelle unterbrochen. Darauf beruht die Wirkung des Azidothymidins.

9.5 Funktion der Nucleinsäuren[2]

Wie schon erwähnt, kommt den Nucleinsäuren bei der Vererbung und der Proteinsynthese eine entscheidende biologische Bedeutung zu.
Unter einem **Gen** versteht man einen DNA-Abschnitt auf einem Chromosom, der die genetische Information zur Synthese eines Polypeptids enthält. Die Chromosomen sind im Zellkern gelagert und werden von Generation zu Generation vererbt. Sie haben die Fähigkeit zur identischen Reproduktion (Fortpflanzung) und zur Mutation (Genänderung).
Das genetische Material der Chromosomen besteht aus *Desoxyribonucleinsäuren* mit Doppel-Helix-Struktur. Die DNA ist imstande, sich durch Öffnen der H-Brücken zwischen den Basenpaaren der beiden Polynucleotidketten und Anbau je einer neuen *komplementären* DNA-Einzelkette an je eine alte zu verdoppeln nach folgendem vereinfachtem Schema (s. Abb. 131). Dabei entstehen unter der Wirkung des Enzyms DNA-Polymerase zwei neue Doppelstränge, die je einen Strang aus der ursprünglichen Dop-

[1] Vgl. *R. C. Gallo*, HTLV 1, das erste menschliche Retrovirus, Spektrum der Wissenschaft *1987*, Heft 2, S. 54; Das AIDS-Virus, Spektrum der Wissenschaft *1987*, Heft 3, S. 84.
[2] Vgl. *R. Knippers*, Molekulare Genetik, 4. Aufl. (Thieme Verlag, Stuttgart 1985).

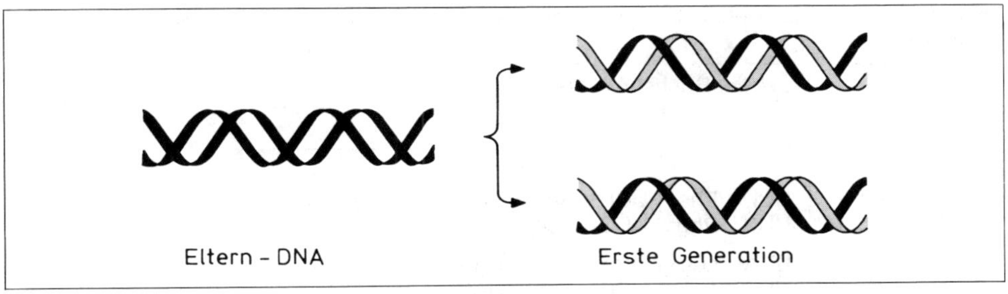

Abb. 131. Die semikonservative Replikation der DNA.

pelhelix (in Abb. 131 schwarz) und einen Tochterstrang (in Abb. 131 grau) haben. Dieses Ergebnis bezeichnet man als semikonservative Replikation, es ist durch Markierungsexperimente mit ^{15}N als Stickstoffquelle gesichert.
Das Prinzip, das bei der identischen *Replikation* (Verdoppelung) der DNA wirksam ist, wird auch zur Übertragung der genetischen Information von einer DNA- auf eine RNA-Kette benutzt. Bei *dieser Transkription* kommt es zur Bildung der **Boten-Ribonucleinsäure** m-RNA (messenger = Bote), die die Information vom Zellkern in das Cytoplasma trägt. In der m-RNA tritt statt der 2-Desoxyribose die Ribose auf, und anstelle jedes Thymin-Restes in der DNA erscheint in der komplementären RNA das *Uracil*, z. B. wird aus der Teilkette GGACGGAT der DNA die Kette CCUGCCUA in der m-RNA.

9.5.1 Der genetische Code

Die m-RNA stellt den am Ort der Proteinbiosynthese (Translation) wirksamen Plan für die Reihenfolge dar, in der die Aminosäuren zur Primärstruktur zusammengefügt werden. Dieser Plan, der in der DNA aufbewahrt wird und wie oben angegeben auf die m-RNA übertragen wird, ist der *genetische Code.* Er wurde 1966 aufgeklärt (*Khorana, Nirenberg*)[1], wobei sich endgültig herausstellte, daß die *Mannigfaltigkeit erblicher Eigenschaften,* durch die Variabilität der *Anordnung weniger Verbindungen* und *nicht* durch eine *äquivalente Mannigfaltigkeit unterscheidbarer Verbindungen* bewirkt wird[2].
Die Natur verwendet hier das Verfahren einer Schrift, die sich am Wirkort auf die Abfolge der 4 Basen Adenin, Guanin, Cytosin und Uracil gründet. Die Basen A, G, C und U sind als die Buchstaben dieser Schrift aufzufassen und die aus ihnen gebildeten Wörter stellen die Beziehungen zu den 20 proteinogenen Aminosäuren her. Um mit 4 Buchstaben 20 Wörter zu bilden, müssen diese mindestens aus 3 Buchstaben bestehen. Damit ergeben sich die in Tab. 20 angegebenen 64 Tripletts (Basentripletts), die das Wörterbuch des genetischen Codes, die Codons, darstellen. Um ein Protein von 50 Aminosäuren herzustellen, sind also 50 Tripletts oder 150 Basen erforderlich.

[1] Vgl. *M. Nirenberg,* Der genetische Code, Angew. Chem. *81,* 1017 (1969); *H. G. Khorana,* Nucleinsäure-Synthese als Werkzeug für das Studium des genetischen Codes, ebenda *81,* 1027 (1969).
[2] Vgl. *H. Blumenberg,* Die Lesbarkeit der Welt (Suhrkamp, Frankfurt a. Main 1981), S. 381. In diesem Buch wird der geisteswissenschaftliche Zusammenhang dargestellt, in dem die Aufklärung des genetischen Codes gesehen werden kann.

Tabelle 20. Die in der Boten-Ribonucleinsäure (m-RNS) vorkommenden Codons und ihre Bedeutung.

erster Buchstabe des Codons (5'-Ende)	zweiter Buchstabe des Codons: U	C	A	G	dritter Buchstabe des Codons (3'-Ende)
U	UUU Phe	UCU Ser	UAU Tyr	UGU Cys	U
	UUC Phe	UCC Ser	UAC Tyr	UGC Cys	C
	UUA Leu	UCA Ser	UAA Ende	UGA Ende	A
	UUG Leu	UCG Ser	UAG Ende	UGG Trp	G
C	CUU Leu	CCU Pro	CAU His	CGU Arg	U
	CUC Leu	CCC Pro	CAC His	CGC Arg	C
	CUA Leu	CCA Pro	CAA Gln	CGA Arg	A
	CUG Leu	CCG Pro	CAG Gln	CGG Arg	G
A	AUU Ile	ACU Thr	AAU Asn	AGU Ser	U
	AUC Ile	ACC Thr	AAC Asn	AGC Ser	C
	AUA Ile	ACA Thr	AAA Lys	AGA Arg	A
	AUG Met*	ACG Thr	AAG Lys	AGG Arg	G
G	GUU Val	GCU Ala	GAU Asp	GGU Gly	U
	GUC Val	GCC Ala	GAC Asp	GGC Gly	C
	GUA Val	GCA Ala	GAA Glu	GGA Gly	A
	GUG Val*	GCG Ala	GAG Glu	GGG Gly	G

* Teil des Startsignals

Ein wichtiges Merkmal des Codes ist seine Entartung, die darin besteht, daß es Aminosäuren gibt, die mehr als ein Codon haben. Dies gilt sogar für die Mehrzahl von ihnen, nur Methionin und Tryptophan haben je ein für sie spezifisches Codon. Es gibt aber kein Codon, das für mehr als eine Aminosäure charakteristisch ist. Mehrere Codons, die für eine Aminosäure codieren, unterscheiden sich meist im dritten Buchstaben, d. h. der 3′ endständigen Base. Die Spezifität der ersten beiden Buchstaben eines Codons ist also größer als die des dritten (vgl. Tab. 20: z. B. Val, Ala, Gly). Die 3 Codons UAG, UAA und UGA bedeuten den Abbruch der Proteinsynthese. AUG ist charakteristisch für den Einbau von Methionin in eine Kette, es kann aber als Startsignal fungieren, dann bedeutet es, daß bei Bakterien oder Viren N-Formylmethionin als erster Baustein eines Bakterienproteins oder Virusproteins eingebaut werden soll, also eine Aminosäure mit geschützter Aminogruppe (vgl. S. 830*f.*). Damit wird die Richtung für das Wachstum der Proteinsequenz festgelegt. Auch GUG, das normalerweise für Valin codiert, kann Teil eines Startsignals für den Einbau von N-Formylmethionin sein, dies ist aber viel seltener der Fall.

Die Basensequenz muß vom Start an Triplett für Triplett abgelesen werden. Wenn der Start um eine oder zwei Basen verschoben wird, werden alle folgenden Codons zum Einbau anderer Aminosäuren führen, und es entsteht in der Regel ein Protein, das keine biologische Bedeutung hat. Man spricht in diesem Fall von einer Verschiebung des *Leserahmens* oder des *Leserasters.*

Der genetische Code ist für alle Lebewesen gleich, das heißt, daß eine gegebene Nucleotidsequenz bei richtiger Ablesung in allen Organismen das gleiche Protein liefert. Die regulatorischen Anweisungen (z. B. über den Start) sind bei den kernlosen Bakterienzellen (Prokaryonten) und den kernhaltigen Zellen (Eukaryonten) höherer Organismen verschieden.

9.5.2 Mutationen

Veränderungen in der Nucleotidsequenz können zu Mutationen führen; dabei sind unter chemischen Gesichtspunkten die Störungen im genetischen Code von Bedeutung, die durch *Intercalation* sowie durch *chemische* und *photochemische Reaktionen* hervorgerufen werden.
Unter **Intercalation** versteht man das Einschieben planarer Moleküle zwischen die Basenpaare der Doppelhelix. So intercaliert das Phenoxazon-System des *Actinomycins D* zwischen zwei aufeinanderfolgende Nucleotidpaare, z. B.: $\begin{matrix} G:::C \\ G:::C \end{matrix}$, wodurch die DNA an dieser Stelle verformt wird. Bei der folgenden Replikation kann es zum Einbau eines weiteren Nucleotids kommen, mit der Konsequenz einer *Leserahmenverschiebung*. Die Intercalation von Actinomycin kann zur Folge haben, daß die Transkription der DNA in RNA an dieser Stelle unterbrochen wird, weil die DNA-abhängige RNA-Polymerase über den deformierten Bereich nicht weiter wandern kann.
Die wichtigsten chemischen Veränderungen an der DNA treten durch Einwirkung desaminierender und alkylierender Verbindungen, z. B. Diazomethan, Methansulfonsäureester auf.
So kann Cytosin in Uracil umgewandelt werden:

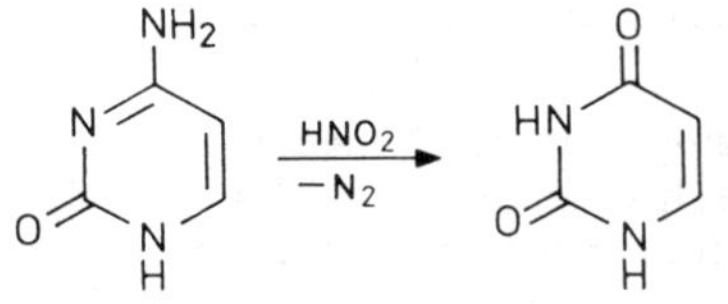

Cytosin (C) Uracil (U)

Dabei wird aus einem Basenpaar C ⋮⋮⋮ G bei der DNA-Replikation gemäß:

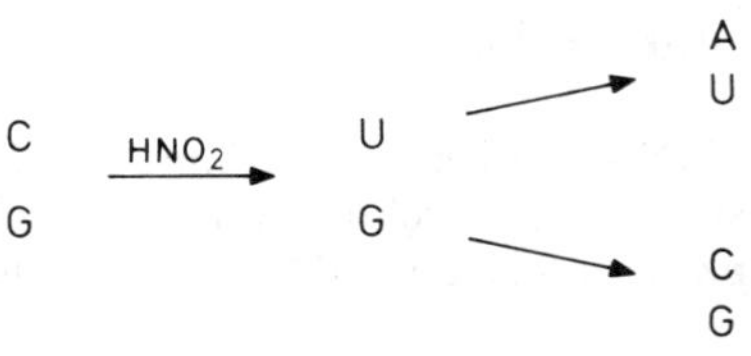

in einem Tochterstrang C ≡ G gegen A = U ausgetauscht. Die entscheidenden Veränderungen von Nucleobasen durch Alkylierung treten an den Carbonylgruppen von Cytosin und Uracil auf, z. B.:

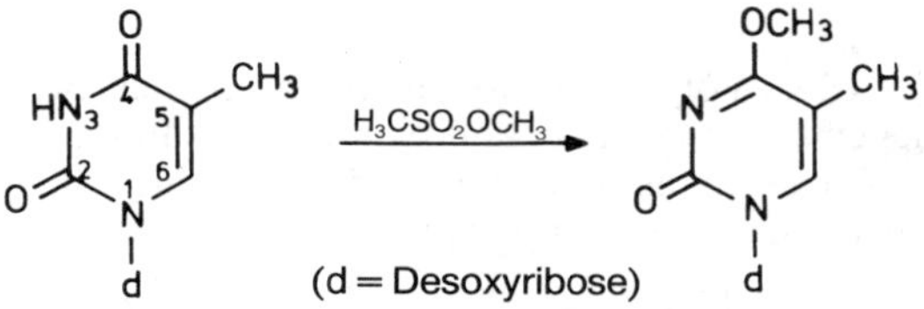

(d = Desoxyribose)

Auch am Stickstoffatom 3 kann eine Methylgruppe eingeführt werden.
Unter den Veränderungen, die durch UV-Strahlen an der DNA hervorgerufen werden, hat die Bildung von *Cyclobutan-Dimeren* aus benachbarten Pyrimidinen eines Stranges die größte Bedeutung, z. B.:

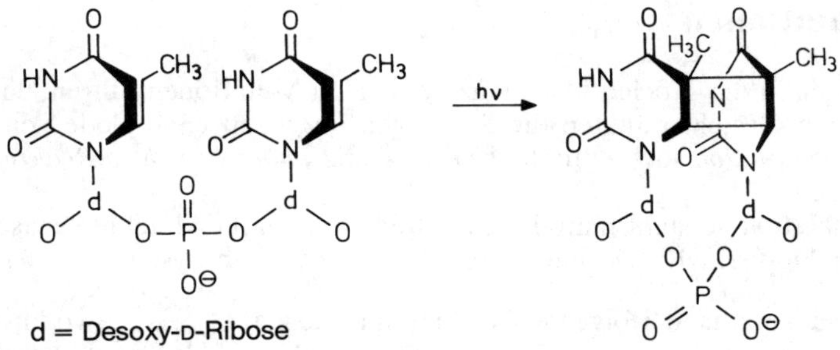

Die Furocumarine, z. B. *Psolaren* (R = H) oder *Bergapten* (R = OCH_3) können nach Intercalation unter UV-Bestrahlung kovalente Bindungen mit Pyrimidinbasen bilden und die Vernetzung von zwei DNA-Strängen herbeiführen:

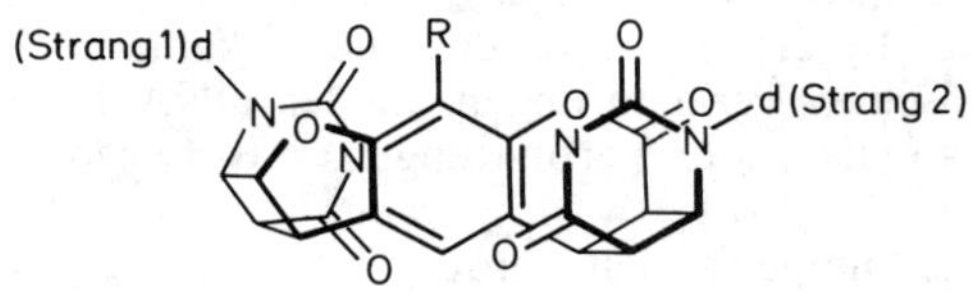

In diesem Falle bildet sich ein Diaddukt des Furocumarins mit je einem Thyminring eines DNA-Stranges.

Aufgrund dieser Veränderungen an den Nucleobasen können Leserahmenfehler auftreten, deren Folgen oben beschrieben wurden. Der Organismus verfügt über Reparaturmechanismen, die solche Störungen im Informationsgehalt der Nucleinsäuren durch Austausch der veränderten Basen beseitigen können. Wenn dies nicht gelingt, kommt es zu Mutationen.

9.5.3 Transkription der DNA

Bei der Transkription der DNA wird nur *ein* Strang der Doppelhelix, der *Matrizenstrang*, abgeschrieben; es ist der in der rechten Hälfte von Abb. 126 dargestellte. Die in I angegebene DNA-Sequenz verhält sich bei der Transkription wie folgt:

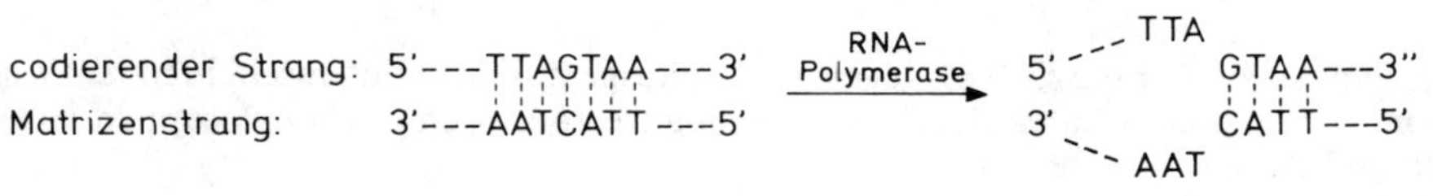

I II

Die DNA-abhängige RNA-Polymerase löst in einem kleinen Bereich der Doppelhelix die Wasserstoffbrücken zwischen den komplementären Basen zu II und wandert in Pfeilrichtung an der Kette entlang. In dem geöffneten Bereich beginnt sie mit dem Aufbau der RNA, und zwar von deren 5'-Ende aus:

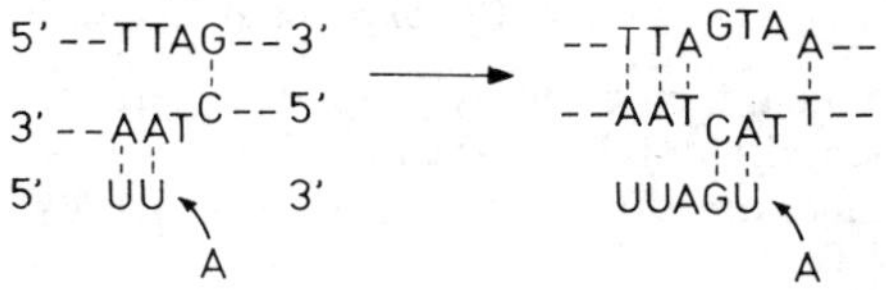

Die Formeln zeigen, daß der neue RNA-Strang vorübergehend mit dem DNA-Matrizenstrang Basenpaare bildet, die jeweils als ein kurzes Stück einer *hybriden* DNA-RNA-Doppelhelix aufzufassen sind. Sobald die letzte Base der zu transkribierenden RNA am 3'-Ende angefügt ist, löst sie sich von der DNA.
Beginn und Ende der Abschrift werden durch Nucleotid-Sequenzen signalisiert, deren Funktion noch nicht aufgeklärt ist.
Die so entstandene Primärabschrift der DNA von Eukaryonten enthält lange Sequenzen, die keine auf Aminosäuren bezügliche Information enthalten (*Intron*). Die Boten-RNA darf aber nur Sequenzen enthalten, die für Aminosäuren codieren und die in verschiedenen Bereichen der Primärabschrift vorkommen (*Exon*). Dazu müssen die Introns aus der Primärabschrift herausgeschnitten und die Exons in der richtigen Weise zusammengesetzt (gespleißt) werden. Die nach der Verarbeitung (Prozessierung) entstandene reife m-RNA wird aus dem Kern in das Cytoplasma befördert, wo sie an den Ribosomen die Herstellung der Proteine steuert, also die Translation vornimmt, bei der die „Sprache der Nucleinsäuren" in die „Sprache der Proteine" übersetzt wird. Diese Umsetzung der in der DNA der Gene enthaltenen Information in m-RNA und in Proteine auf dem angegebenen Wege bezeichnet man als *Gen-Expression.*

9.5.4 Translation

Die Proteinsynthese findet an den Ribosomen statt, die auch als die „Proteinfabriken" der Zelle bezeichnet werden und darin in großer Zahl (10^4 bis 10^6) vorhanden sind. Sie bestehen aus einer großen und einer kleinen Untereinheit, die beide *ribosomale* RNA (r-RNA) enthalten. In Abb. 132 erkennt man, wie sich die m-RNA zwischen den Untereinheiten anordnet und wie der dritte Typ, der an der Proteinsynthese beteiligten Ribonucleinsäuren, die *Transfer-RNA* (t-RNA) in den Prozeß eingreift. Sie führt nämlich die nächste in die Proteinkette einzubauende Aminosäure heran und besitzt an einer bestimmten Stelle ein Basentriplett, das komplementär zu dem *Codon* für eine bestimmte Aminosäure auf der m-RNA ist und *Anticodon* genannt wird.

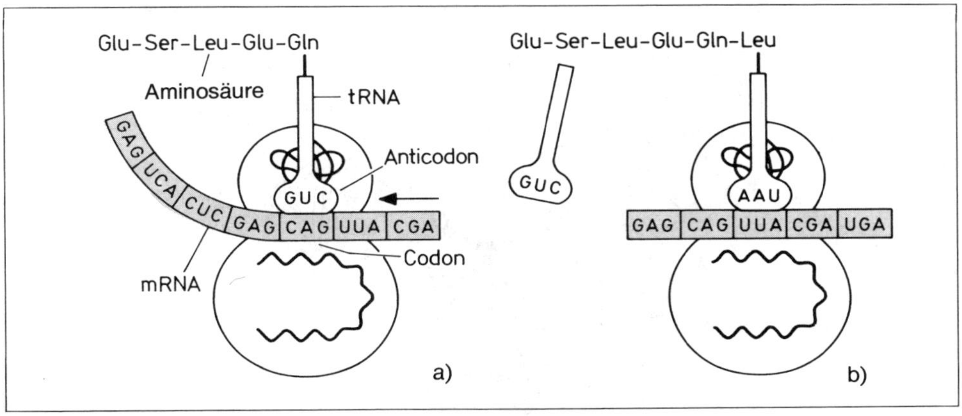

Abb. 132. Modell für den Ablauf der Translation[1]

[1] Vgl. *J. E. Darnell, jun.*, Spektrum der Wissenschaft *1983*, Heft 12, S. 98.

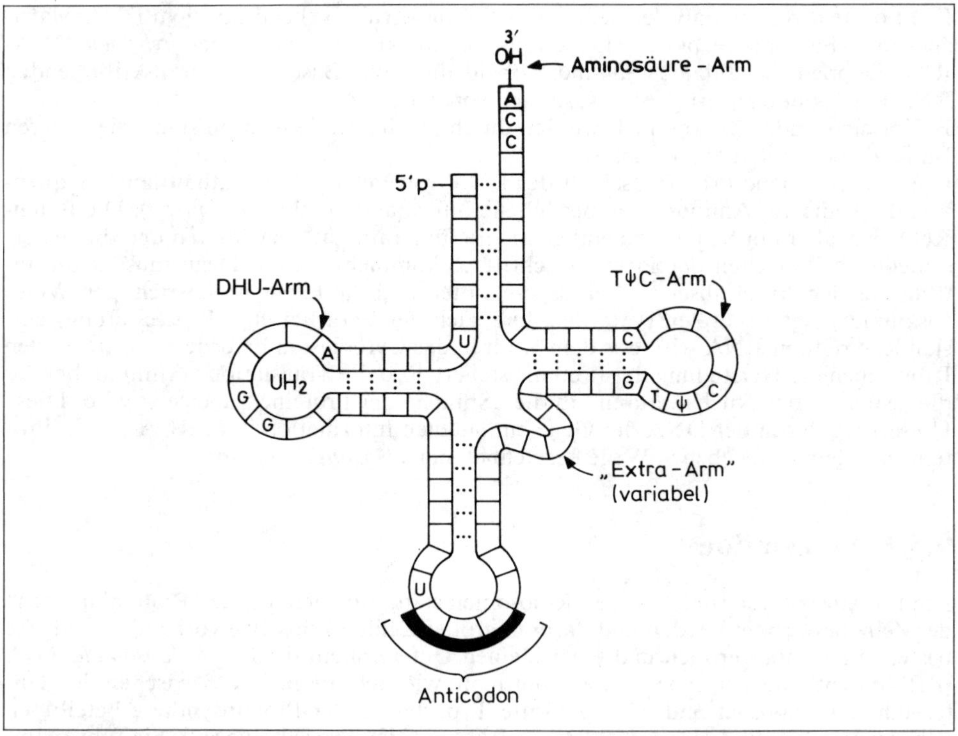

Abb. 133a. Verallgemeinerte Formulierung eines t-RNA Moleküls.

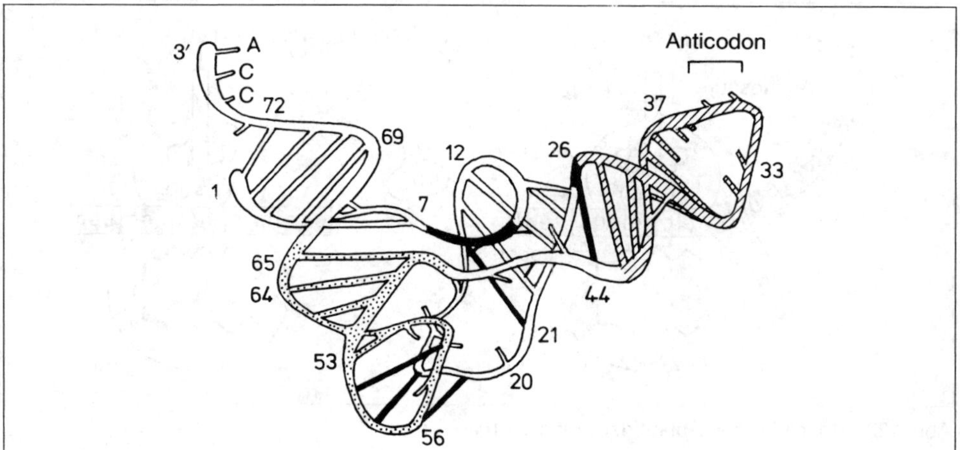

Abb. 133b. Schematisches Röntgenstrukturdiagramm der t-RNA für Phenylalanin aus Hefe.

Für jede Aminosäure gibt es mindestens eine t-RNA, die aus etwa 80 Nucleotiden aufgebaut ist und bei maximaler Basenpaarung eine kleeblattartige Struktur hat, deren verallgemeinerte Formulierung in Abb. 133a dem schematischen Röntgenstrukturdiagramm einer t-RNA gegenübergestellt ist (Abb. 133b). Charakteristisch ist das Auftreten von seltenen Nucleotiden wie *Pseudouridin* (ψ) und *Dihydrouridin* (DHU oder U_h oder UH_2)[1].

Die Position des Anticodons ist im Röntgenstrukturdiagramm klar erkennbar, ebenso wie der „Aminosäurearm" CCA, dagegen sind die übrigen Arme (DHU 14–20, variabel 45, 46 und TψC 56–61) in der L-Form des Moleküls schwieriger zu erkennen.

Wie bei der Peptidbildung *in vitro* sind auch für die Biosynthese von Proteinen *energiereiche* Aminosäurederivate erforderlich. Die Aktivierung der Aminosäuren erfolgt im Organismus durch *Adenosintriphosphat* (ATP), wobei sich in einer enzymatischen Reaktion ein *aktiviertes* Aminosäure-Adenosinmonophosphat und Diphosphat (Pyrophosphat) bildet:

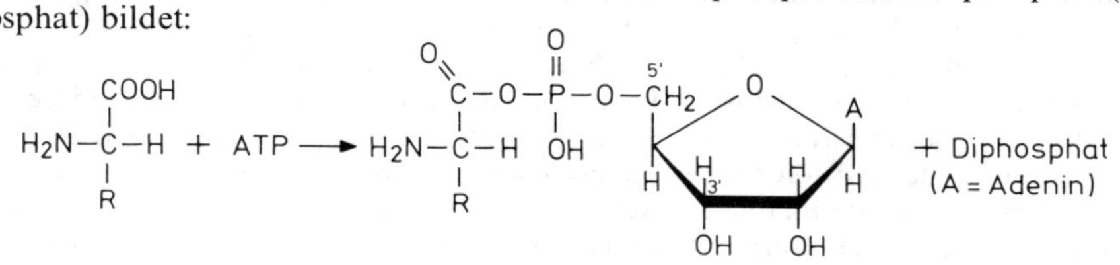

Aminoacyl-AMP

Die α-Aminoacylgruppe wird dann unter Abspaltung von Adenosinmonophosphat (AMP) auf den Aminosäurearm der t-RNA übertragen, wobei sie an die 3′ OH-Gruppe der D-Ribose des endständigen Adenosinrestes gebunden wird:

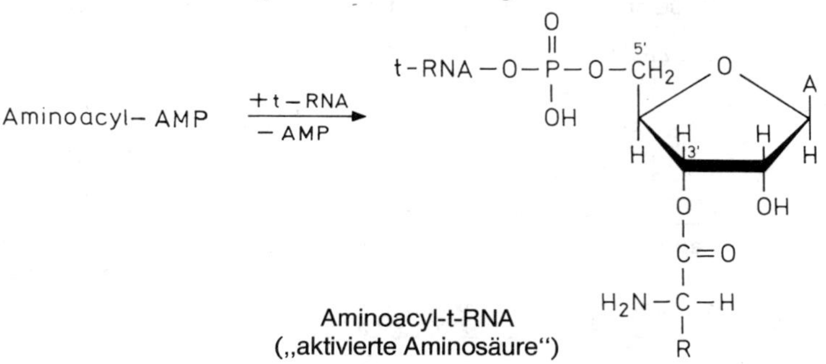

Aminoacyl-t-RNA
(„aktivierte Aminosäure")

Im Zellplasma eines ausreichend ernährten Organismus ist ständig ein hinreichender Vorrat von Aminoacyl-t-RNA vorhanden, die an die Ribosomen wandern und dort das zu ihrem Anticodon komplementäre Codon auf der m-RNA aufsuchen. In Abb. 132 ist dies für Glutamin links und Leucin rechts schematisch dargestellt, wobei die Verknüpfung mit der in der Sequenz vorangehenden Aminosäure ebenfalls gezeigt wird. Die Anknüpfung erfolgt enzymatisch mit Guanosintriphosphat (GTP) als Cofaktor. Die wachsende Kette bleibt solange mit der noch angekoppelten t-RNA verbunden (Abb. 132a), bis die nachfolgende t-RNA sie durch Anknüpfung ihrer Aminosäure übernimmt. Erst dann wird die t-RNA der vorangehenden Aminosäure abgestoßen (Abb. 132b). Bei dem Triplett UGA wird in diesem Fall die Synthese abgebrochen (vgl. Tab. 20) und das fertige Protein abgelöst.

[1] Vgl. *H. G. Zachau*, Zur Struktur und Funktion von Transfer-Ribonucleinsäuren, Angew. Chem. *81*, 645 (1969).

9.5.5 Kontrolle der Gen-Expression

In den Genen jeder Zelle ist die gesamte genetische Information für den ganzen Organismus enthalten, daher ist ein Kontrollsystem von *Induktoren* und *Repressoren* erforderlich, damit nur die in einer bestimmten Situation von der Zelle oder vom Organismus benötigten Proteine hergestellt werden. Die Kontrolle kann sowohl bei der Transkription als auch bei der Translation ausgeübt werden. Am besten untersucht ist die Transkriptionskontrolle, für das von *Jacob* und *Monod* (1961) das *Operon-Modell* vorgeschlagen wurde, das aus einem *Regulator,* einem *Promotor,* einem *Operator* und *Strukturgenen* besteht. Der Promotor enthält die schon erwähnte Nucleotidsequenz, die das Signal für den Beginn der Transkription der Strukturgene gibt. Solange die Strukturgene nicht exprimiert werden sollen, ist der Promotor durch Bindung des *Repressors* an den Operator blockiert. Der Repressor besteht aus einem Protein, das sich in diesem Bereich der Doppelhelix in die große Furche einlagert und mit den in Abb. 126 grau unterlegten Gruppen der Nucleobasen Wasserstoffbrücken und hydrophobe Wechselwirkungen ausbilden kann. Der Repressor wird in einem anderen Bereich der DNA von dem Regulator-Gen codiert und lagert sich solange an den Operator an, bis die zu den Strukturgenen gehörenden Proteine benötigt werden. Dann tritt in die Zelle ein *Induktor* ein, der mit dem Repressor einen Komplex bildet. Dieser löst sich im Zuge einer Strukturänderung von dem Regulator ab, so daß die Blockierung der Strukturgene aufgehoben wird und von der Bindestelle der DNA-abhängigen RNA-Polymerase, dem *Promotor* aus, die Transkription der folgenden Strukturgene beginnen kann. Der Vorgang entwickelt sich im Fall des Lactose Operons (lac.-Operon) wie folgt:

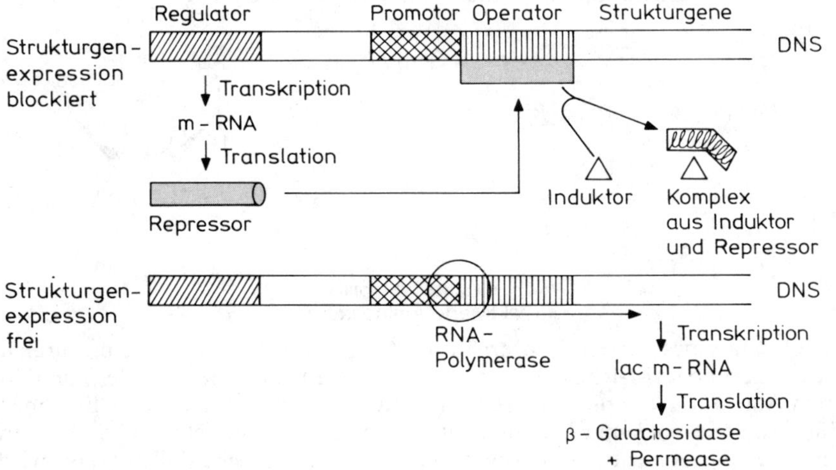

Die Expression der 3 Enzyme *β*-Galactosidase, Permease und Transacetylase, die zum Abbau von Lactose benötigt werden, ist blockiert, solange die Zelle hinreichend mit Glucose versorgt ist. Bei Glucosemangel und hinreichendem Lactoseangebot kann der Stoffwechsel der Zelle dadurch auf die Nutzung von Lactose umgestellt werden, daß z. B. Allolactose als Induktor fungiert und den Repressor durch Komplexbildung inaktiviert. Die Synthese der 3 zur Metabolisierung der Lactose notwendigen Enzyme verläuft dann ungehindert.

Der Einblick der in diesem Kapitel beschriebenen Vorgänge, die z. B. bei Amöben mit den gleichen Molekülen und nach den gleichen Mechanismen ablaufen wie beim Menschen, hat das Verständnis für die Evolutionstheorie von *Darwin* stark gefördert.

9.6 Gentechnik und Biosynthese[1]

Als Gentechnik oder „synthetische Biologie" bezeichnet man Verfahren, mit denen man in den genetischen Apparat eines Organismus gezielt eingreifen kann. Für den Chemiker steht dabei die faszinierende Aufgabe im Vordergrund, *Bakterien* dazu zu verwenden, um *Proteine* zu synthetisieren, die sonst nur von *tierischen oder menschlichen Zellen* gebildet werden. Grundlage solcher Verfahren ist die Transformation der Bakterien, bei der kleine doppelsträngige DNA-Moleküle zwischen Bakterien übertragen und in das *Genom*[2] des Empfängers eingebaut werden. Auf diesem Wege wird z. B. die Resistenz von Bakterien gegen Antibiotika übertragen (*Lederberg* und *Tatum*, 1946). Auf dem gleichen Wege kann man die Bakterienzelle dazu veranlassen, ein fremdes Protein zu synthetisieren. Man muß dazu mit Hilfe eines ringförmigen DNA-Moleküls, eines *Plasmids*, als *Vektor* das Gen in sie einführen, das den Bauplan des betreffenden Proteins enthält.

9.6.1 Modifikation von Plasmiden

Zum Einbau der DNA-Sequenz, welche die Information zur Synthese eines dem Bakterium fremden Proteins enthält, in ein Plasmid sind die Reaktionen des Schneidens und *Spleißens* oder *Ligierens* von DNA nutzbar gemacht worden, wie sie vergleichbar bei der Verarbeitung der Primärabschrift zur reifen m-RNA in jeder Eukaryonten-Zelle ständig ablaufen. Als Restriktions-Endonucleasen bezeichnete Enzyme können DNA-Sequenzen der Plasmide erkennen und in charakteristischer Weise durchtrennen. So schneidet die Endonuclease „Eco RI" aus **E**scherichia **co**li **RY** **1**3 den DNS-Doppelstrang immer dort, wo die Sequenz GAATTC auftritt, die ein Palindrom ist, wie man aus dem grau unterlegten Teil des Doppelstranges erkennt:

– – CGGAATTCCC – –	Eco RI →	– – CGG	AATTCCC – –
– – GCCTTAAGGG – –		– – GCCTTAA	GGG – –

Man sieht, daß der Schnitt der komplementären Einzelstrangenden – – TTAA und AATT – – erzeugt, d. h. überlappende Enden, wie sie bei der „Sticky-end"-Methode

[1] Vgl. *J. E. Davies* und *H. G. Gassen*, Synthetische Genfragmente in der Gentechnik – Die Renaissance der Chemie in der Molekularbiologie, Angew. Chem. *95*, 26 (1983).

[2] Unter Genom verseht man die Gesamtheit der Gene eines Organismus.

zur Synthese von Polynucleotiden verwendet werden (vgl. S. 861 *f.*). Dagegen führt die Restriktions-Endonuclease „Hae III" einen glatten Schnitt, wenn sie die palindromische Sequenz GGCC antrifft.

```
--- GAGGCCCG ---   Hae III    -- GAGG   CCCG
                 ---------->
--- CTCCGGGC ---                 CTCC   GGGC
```

Auf diese Weise entstehen an der Schnittstelle zwei stumpfe Enden (blunt ends). Durch den ersten derartigen Schnitt wird ein Plasmid zu einem linearen DNA-Doppelstrang. Das linearisierte Plasmid kann nun mit einer DNA-Sequenz rekombiniert werden, welche die gewünschte Information zur Proteinsynthese enthält; sie wird als *Fremd-DNA* bezeichnet. Nach der Recyclisierung durch eine Ligase erhält man ein durch Rekombination modifiziertes Plasmid, mit dem das neu eingefügte, fremde DNA-Segment in eine Bakterienzelle eingeführt wird, um dort wirksam zu werden:

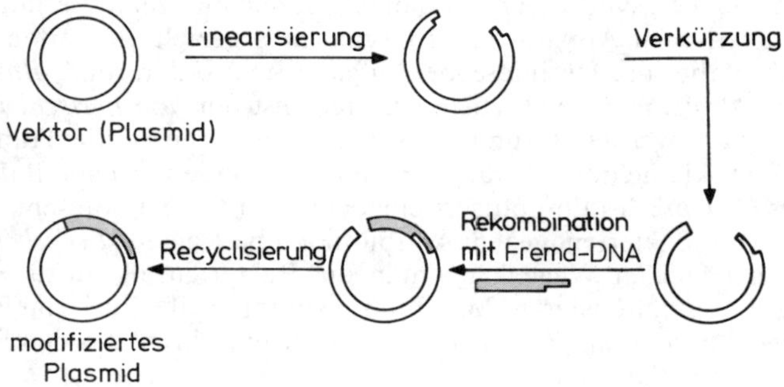

Zur gezielten Anwendung dieser Methode ist eine genaue Kenntnis der benutzten Nucleotid-Sequenzen des Plasmids und der Stellen erforderlich, an denen die Restriktions-Endonucleasen angreifen. Aus der in Abb. 134 dargestellten Karte ist eine große Anzahl von Schnittstellen zu entnehmen, darunter die beiden oben erläuterten Enzyme, die sich nicht nur durch die Art der von ihnen gelegten Schnitte, sondern in diesem Fall auch durch ihre Anzahl unterscheiden. Auch das bereits erwähnte Virus SV 40 ist als Vektor geeignet.

In Gegensatz zu der *Transduktion* von DNA durch Bakteriophagen, die durch Injektion erfolgt, bezeichnet man das Eindringen von Plasmiden in die Bakterienzelle als *Transformation.* Bei dieser fehlt ein spezifischer Mechanismus zur Überwindung der Zellwand, so daß man deren Durchlässigkeit durch Chemikalien erhöhen muß, wenn eine wirksame Transformation erreicht werden soll; dies gelingt z. B. mit verdünnter Calciumchlorid-Lösung. Zellen, die zur Transformation befähigt sind, bezeichnet man als *kompetente Zellen.*

Mit Hilfe der Restriktions-Endonucleasen können aus jeder DNA definierte Sequenzen herausgeschnitten und nach Einbau in Plasmide auf ihre genetischen Eigenschaften geprüft werden. Auch kann jetzt die Primärstruktur von Polypeptiden und Proteinen indirekt dadurch erschlossen werden, daß man die entsprechende Basensequenz synthetisiert und diese durch Translation in die Aminosäuresequenz überführt[1].

---

[1] Vgl. *M. J. Bishop* et al. (Ed.), Nucleic Acid and Protein Sequence Analysis (I. R. L. Press, Oxford 1987).

9.6.2 Klonierung

Auch bei Verwendung kompetenter Zellen liegt die Transformationsausbeute im ppm-Bereich, da nur ein Teil der Plasmide aufgenommen werden kann. Die nächste Aufgabe der Gentechnik besteht daher darin, die transformierten Zellen zu erkennen und gezielt zu vermehren, was durch *Klonierung* möglich ist. Unter einem Klon versteht man die erbgleichen Nachkommen *einer* Zelle. Alle zu einem Klon gehörenden Zellen müs-

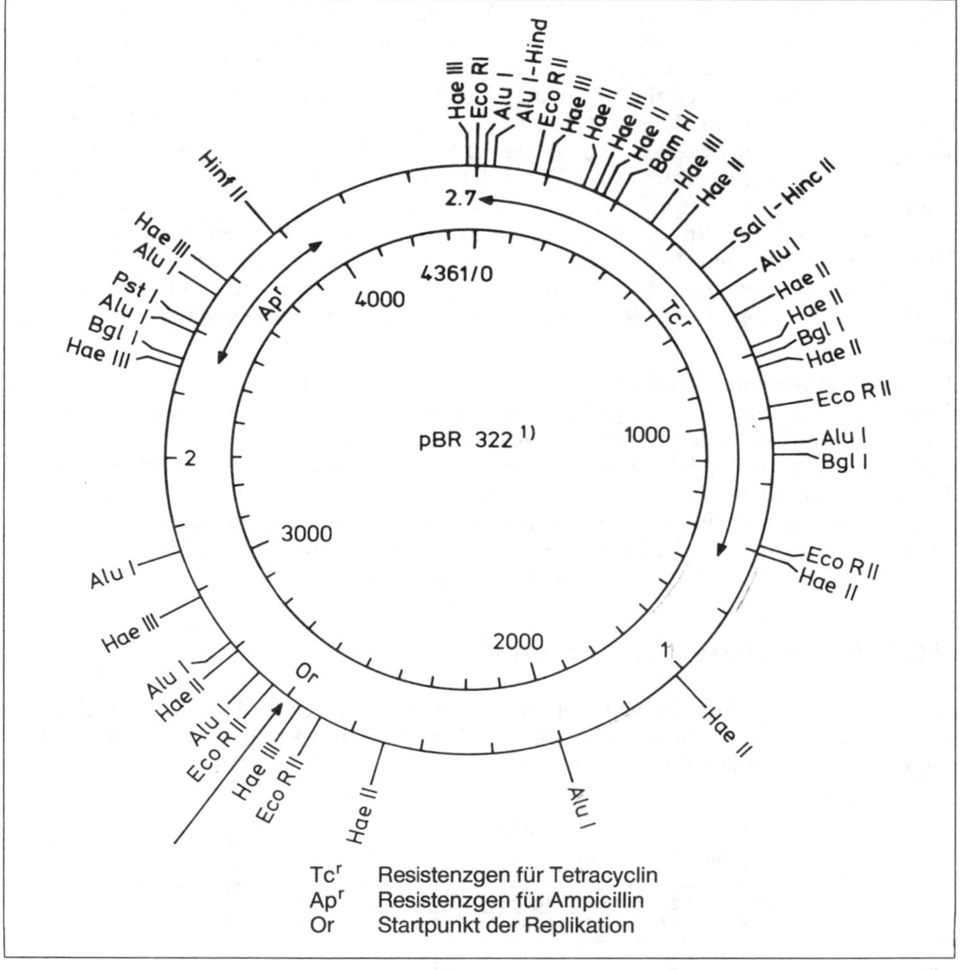

Abb. 134. Gen- und Restriktionskarte des Plasmids pBR 322[1]. Der innere Kreis gibt die DNA-Länge in Basenpaaren an. Die Zahlen am äußeren Ring bedeuten relative Molekülmassen in Einheiten von 10^6, außen sind die Schnittstellen für eine Reihe von Restriktionsendonucleasen angegeben.

[1] Plasmide werden durch ein p gekennzeichnet, dem zwei Buchstaben (meist die Initialen des Konstrukteurs) und eine Kennziffer folgen.

Chemie und Funktion der Nucleinsäuren 9

sen die Fähigkeit besitzen, das bakterienfremde Protein zu produzieren, dessen Bauplan bei der Transformation in die Bakterienzelle eingebracht wurde. Die Wirksamkeit des Verfahrens beruht darauf, daß sich Bakterien unter günstigen Bedingungen alle 20 Minuten teilen, so daß man in 24 Stunden aus einer Zelle etwa 10^{20} Nachkommen erhalten kann. Zur Erkennung der Klone, die aus erfolgreich transformierten Zellen entstanden sind, gibt es zahlreiche Methoden, die hier nur andeutungsweise behandelt werden können.
Man kann z. B. die in dem Plasmid pBR 322 vorhandenen Resistenzgene ausnutzen, deren Lage auf der Genkarte der Abb. 134 angegeben ist. Wenn man die Fremd-DNA in den Bereich des Tetracyclin-Resistenzgens einfügt, wird das Bakterium nach der Transformation nur gegen Ampicillin resistent sein; bei seiner Kultivierung in Gegenwart von Ampicillin überleben dann ausschließlich die Zellen, die das Plasmid enthalten. Wird diese Kultur dann mit Tetracyclin versetzt, so wachsen die Zellen, die das modifizierte Plasmid enthalten, nicht weiter, da sie gegen das bakteriostatische Antibiotikum nicht mehr resistent sind. Die Zellen aber, die das nicht modifizierte Plasmid enthalten, sind gegen Tetracyclin resistent und wachsen weiter; sie werden durch *Cycloserin,* das man der Kultur zusetzt, zerstört, so daß nur die Zellen überleben, welche die Fremd-DNA enthalten. Durch Vereinzelung und Weiterzüchtung dieser Zellen erhält man Klone, aus denen das bakterienfremde Protein gewonnen werden kann. Zur Kontrolle kann man auf dieser Stufe des Verfahrens einen *Radioimmunoassay* verwenden (vgl. S. 849).

9.6.2.1 Monoklonale Antikörper[1]. Durch Verschmelzung (Hybridisierung) einer Krebszelle mit einer Antikörper produzierenden Körperzelle (z. B. einer Milzzelle) können unsterbliche, in Nährmedien vermehrungsfähige Zellen (Hybridome) erzeugt und kloniert werden (Hybridom-Technik, *Köhler, Milstein*). Die von den selektierten Klonen produzierten *monoklonalen Antikörper* sind nicht nur für die Strukturaufklärung der Antikörpermoleküle bedeutungsvoll (vgl. S. 848*f.*), sondern auch für Radioimmunoassays und zur Reinigung von Naturprodukten in großem Maßstab; sie gewinnen Bedeutung als Katalysatoren in der organischen Synthese[2].

9.6.3 Biosynthese von Hormonen

Das aus 14 Aminosäuren aufgebaute *Somatostatin* ist als erstes Hormon aus dem folgenden synthetischen Genfragment durch Biosynthese dargestellt worden[3]. Dabei wurde der bei der Synthese des Strukturgens für das Hormon Angiotensin II ausgearbeitete Syntheseplan[4] verwendet.

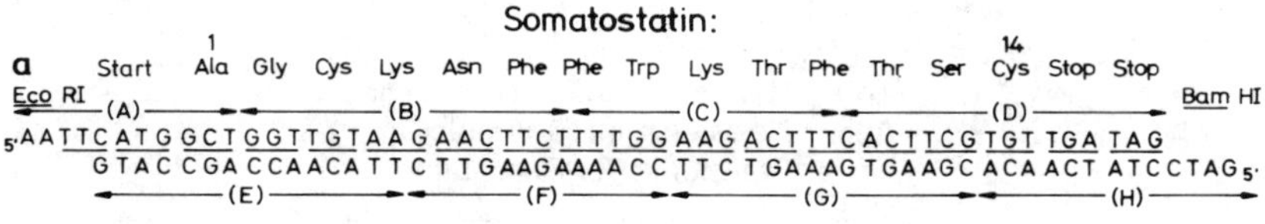

---

[1] Vgl. *C. Milstein,* Von der Antikörperstruktur zur Diversität der Immunantwort (*Nobel*-Vortrag), Angew. Chem. *97,* 819 (1985).
[2] Vgl. *A. D. Napper* et al., A Stereospecific Cyclization Catalyzed by an Antibody, Science *237,* 1041 (1987).
[3] Vgl. *K. Itakura* et al., Expression in Escherichia Coli of a Chemically Synthesized Gene for the Hormone Somatostatin, Science *198,* 1056 (1977).
[4] Vgl. *H. Köster* et al., Hoppe-Seyler's Zeitschrift für Physiologische Chemie *356,* 1585 (1975).

Die Oligonucleotide (A), (B) und (E) sind im Zusammenhang mit der „Sticky-end"-Methode bereits behandelt worden; hier ist nun erkennbar, wie das Verfahren zu Ende geführt wurde. Von den 16 unterstrichenen Basentripletts des codierenden Stranges (vgl. S. 865*f.*) sind 14 den darüber stehenden Aminosäuren des Somatostatins zugeordnet. Sie lassen sich den in Tab. 20 angegebenen Codons zuordnen, wenn man berücksichtigt, daß in der *DNA T* an den Positionen vorkommt, die in der *RNA U* aufweisen. So entspricht das Triplett GCT im codierenden Strang des Somatostatins dem Codon GCU in Tab. 20 und ATG dem Codon AUG für Methionin. Das Triplett ATG ist Bestandteil des am 5'-Ende des codierenden Stranges notwendigen Startsignals zum Beginn der Proteinsynthese mit Methionin. Da das Somatostatin keinen weiteren Methioninbaustein enthält, kann dieser nach abgeschlossener Biosynthese durch Einwirkung von Bromcyan selektiv abgespalten werden (vgl. S. 835*f.*).
An den Enden des Genfragmentes sind die spezifischen Sequenzen der Restriktionsnucleasen angegeben (vgl. Abb. 134), mit deren Hilfe das Somatostatingen als Fremd-DNA gezielt in ein Plasmid so eingebaut werden kann, daß die Expression der genetischen Information unter der Kontrolle des Lactose Operons aus E. coli vor sich geht. Dieses befindet sich unmittelbar anschließend an das 5'-Ende des Somatostatin-Cistrons im Plasmid. In Abb. 135 ist die Expression des Somatostatins schematisch dargestellt. Man erkennt die wichtige Rolle des Methionins, das in diesem Fall ohne Formylgruppe bleibt, weil es unmittelbar nach der Sequenz der β-Galactosidase in das *Fusionspeptid* aus *β-Galactosidase* und *Somatostatin* eingebaut wird. Die Klonierung und die Selektionierung der erfolgreich transformierten Zellen wurde wie oben (Abschnitt 9.6.2) beschrieben durchgeführt. Die Ausbeute an Somatostatin lag zwischen

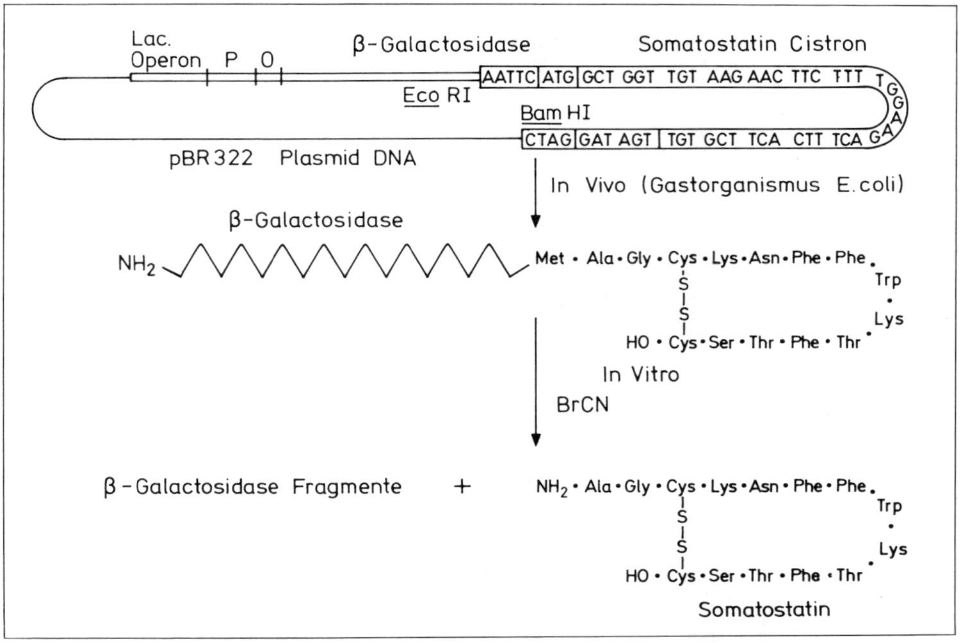

Abb. 135. Schema der Biosynthese von Somatostatin. P = Promotor, O = Operator.

0.001 und 0.03% des Gesamtproteins der Bakterienproteine, d. h. daß im Durchschnitt pro Zelle etwa 10 000 Somatostatin-Moleküle gebildet wurden.
Die nach dem gleichen Schema ablaufende Biosynthese des Insulins verwendet Escherichia Coli oder Hefezellen als Gastorganismus. Der Prozeß ist bis zur technischen Reife gediehen und liefert Human-Insulin zur Verwendung in der Medizin.

Ein zweiter Weg zu einem für die Biosynthese geeigneten Gen vermeidet die chemische Synthese und geht von der m-RNA aus. Dabei wird die Nucleotid-Sequenz der m-RNA durch Transkription mit Hilfe des auf S. 863 erwähnten Enzyms Reverse-Transkriptase in DNA überführt. Man erhält dann folgerichtig unter Umkehrung der Transkription zunächst den Matrizenstrang der DNA, der sich zum Doppelstrang vervollständigen läßt und dann in der gleichen Weise exprimiert werden kann, wie dies für die synthetischen Genfragmente beschrieben wurde.
Man kann die beiden Verfahren kombinieren und ein auf dem soeben gekennzeichneten Wege erhaltenen Genabschnitt durch Anfügen einer synthetisch hergestellten Sequenz zu einem vollständigen Gen vereinigen. Dieser Weg wurde z. B. bei der Biosynthese des menschlichen Wachstumshormons beschritten. So kann man jetzt in Enzymen praktisch jeden Aminosäurerest durch einen anderen austauschen, wobei man bei diesem Verfahren auf proteinogene Aminosäuren beschränkt ist, doch sind auf diese Weise wichtige Einblicke in die Funktion der Enzyme zu erwarten[1].

Durch die Anwendung der Gentechnik eröffnen sich neue Möglichkeiten zur Herstellung wertvoller chemischer Verbindungen auf der Grundlage nachwachsender Rohstoffe. Sie stellen hohe Anforderungen an das Verantwortungsbewußtsein der Wissenschaftler, insbesondere im Zusammenhang mit den Risiken bei der Gen-Klonierung. Erfreulicherweise haben sich anfängliche Sicherheitsbedenken gegenüber der Klonierung von Bakterien als unbegründet erwiesen.

[1] Vgl. *J. R. Knowles*, Tinkering with Enzymes: What are we learning? Science *236*, 1252 (1987).

10 Enzyme

Neben den Vitaminen und Hormonen fungieren als dritte katalytisch wirksame Stoffgruppe der belebten Natur die *Enzyme*[1] oder *Fermente.* In der Literatur findet man beide Bezeichnungen, jedoch wird in neuerer Zeit „Enzym“ bevorzugt.

Enzyme sind hochmolekulare, kolloide *Eiweißkatalysatoren,* die, wie in **9** beschrieben, im Organismus erzeugt werden und schon in sehr geringer Menge die Geschwindigkeit und Richtung biochemischer Reaktionen bestimmen. Sie bewirken einen großen Stoffumsatz, z. B. an Eiweiß, Kohlenhydrat, Fett sowie anderen Stoffwechselprodukten, und weisen eine hohe Wirkungs- und Substratspezifität sowie Stereoselektivität auf. Ihre Wirkung ist stark temperatur- und *pH*-abhängig.

Enzymsysteme sind Gemische oder Komplexe von Enzymen, die eine Reaktionsfolge katalysieren. **Isoenzyme** unterscheiden sich in der Primärstruktur ihres Proteinteils, katalysieren aber nur eine Reaktion.

Als *Substrat* bezeichnet man jede Substanz, die durch Wirkung eines Enzyms verändert wird und in die Bilanzgleichung eingeht.

Die Erforschung der Struktur der Enzyme führte zu der Annahme, daß das Enzymmolekül aus einem kolloiden „Träger“ und einer *prosthetischen* (hinzugefügten) *Gruppe* besteht. Diese Auffassung wurde vor allem von *Willstätter* und *v. Euler* vertreten. Später gelang es tatsächlich, eine Reihe von *Wirkgruppen* in bestimmten Enzymen strukturell aufzuklären. Diese niedermolekularen Verbindungen üben selbst keine enzymatische Wirkung aus; sie tritt erst dann auf, wenn sich die Wirkgruppe mit einem *spezifischen Protein* verbindet.

Sofern die Wirkgruppe auf chemischem Wege vom Gesamtmolekül des Enzyms reversibel abtrennbar ist, bezeichnet man den Proteinanteil als **Apoenzym** und die prosthetische Gruppe als **Coenzym.**

Nach einer älteren Vorstellung sollte *allein* das Coenzym die eigentliche Stoffumsetzung bewirken (Wirkungsspezifität) und das Apoenzym nur als Vermittler zu dem betreffenden Substrat dienen (Substratspezifität). Aufgrund neuerer Befunde muß man jedoch auch dem Protein eine „aktive“ Rolle, besonders bei der Stereochemie der Stoffwechselvorgänge, zuschreiben.

Von großer biochemischer Bedeutung ist die Tatsache, daß bestimmte *Derivate der Vitamine,* besonders der B-Reihe, z. B. Thiamindiphosphat, als Bestandteil von Coenzymen auftreten.

---

[1] Vgl. The Enzymes. Edit. by *P. D. Boyer* et al., Vol. 1 – 13, 3rd Ed. (Academic Press, New York 1971 – 1976); *M. Dixon* et al., Enzymes, 3rd Ed. (Academic Press, New York 1980); *T. E. Barman,* Enzyme Handbook, Vol. 1 – 2, Suppl. I (Springer-Verlag, Berlin 1969 – 1974).

Zuweilen hängt die Wirkung der Enzyme auch von der Anwesenheit anorganischer Salze bzw. von *Metallionen* ab, die den Ablauf enzymatischer Prozesse katalysieren und als *anorganische Co-Faktoren* angesehen werden.

Nomenklatur und Einteilung der Enzyme

Während einige in ihrer Wirkung lange bekannte Enzyme noch heute Trivialnamen, z. B. *Pepsin* oder *Trypsin*, tragen, hat es sich als notwendig erwiesen, eine *systematische Nomenklatur der Enzyme*[1] aufzustellen. Danach teilt man die Enzyme in folgende **6 Hauptklassen** ein:

1. Oxidoreduktasen
2. Transferasen
3. Hydrolasen
4. Lyasen
5. Isomerasen
6. Ligasen (Synthetasen)

Eine Enzymgruppe bestimmter Wirkung wird also nach der Reaktion benannt, die sie katalysiert, unter Anfügen des Suffix „ase", z. B. heißen die gruppenübertragenden Enzyme Transferasen.

10.1 Oxidoreduktasen

Die Oxidoreduktasen übertragen Wasserstoff (oder Elektronen) von dem einen auf ein anderes Substrat. Je nachdem, ob diese Übertragung über anorganische Akzeptoren oder direkt auf Sauerstoff erfolgt, spricht man von *Dehydrogenasen* oder *Oxidasen.*

Im deutschen Schrifttum werden die Dehydrogenasen zuweilen auch als Dehydrasen bezeichnet.

Die Wirkung der Dehydrogenasen in Geweben läßt sich mit *Redoxfarbstoffen,* z. B. Methylenblau, sichtbar machen, wobei der Farbstoff in die farblose Leukoverbindung übergeht (*Thunberg*). Auf diese Weise konnte z. B. die *enzymatische Dehydrierung von Bernsteinsäure zu Fumarsäure* unter Luftabschluß nachgewiesen werden:

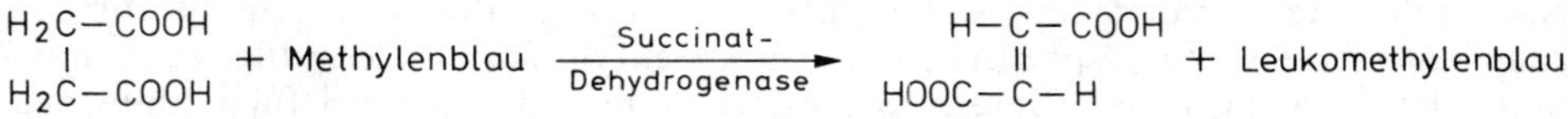

Zu den in ihrer Konstitution aufgeklärten **Coenzymen der Oxidoreduktasen** gehören vor allem die Pyridin- und Flavin-nucleotide sowie die Zellhämine.

10.1.1 Pyridinnucleotide

Die Erforschung der Gärungsdehydrogenasen durch *v. Euler* und *Warburg* führte zur Konstitutionsaufklärung von zwei Coenzymen, die als **Codehydrase I** und **Codehydrase**

[1] Vgl. Enzyme Nomenclature. Recommendations (1964, 1972, 1978) of the IUPAC and the IUB (Elsevier Publishing Company, Amsterdam 1965, 1973; Academic Press, New York 1979).

II bezeichnet wurden. Erstere baut sich aus 1 Molekül Nicotinsäureamid, 1 Molekül Adenin, 2 Molekülen D-Ribose und 2 Molekülen Phosphorsäure auf, ist also ein *Dinucleotid*, bestehend aus Adenosinmonophosphat (AMP) und einem Nucleotid des Nicotinsäureamids. Die Verknüpfung zum Diphosphat erfolgt in den 5′-Stellungen der beiden Ribosemoleküle. In der Codehydrase II ist die OH-Gruppe in 2′-Stellung der D-Ribose (am Adenin) noch mit Phosphorsäure verestert.
Die später üblichen Bezeichnungen für diese beiden Coenzyme, nämlich Diphospho-pyridin-nucleotid (DPN) und Triphospho-pyridin-nucleotid (TPN), sind nach Einführung der neuen Nomenklatur durch **Nicotinamid-adenin-dinucleotid ($NAD^{\oplus}$)** und **Nicotinamid-adenin-dinucleotid-phosphat ($NADP^{\oplus}$)** zu ersetzen. **$NAD^{\oplus}$** und **$NADP^{\oplus}$** besitzen folgende Strukturen:

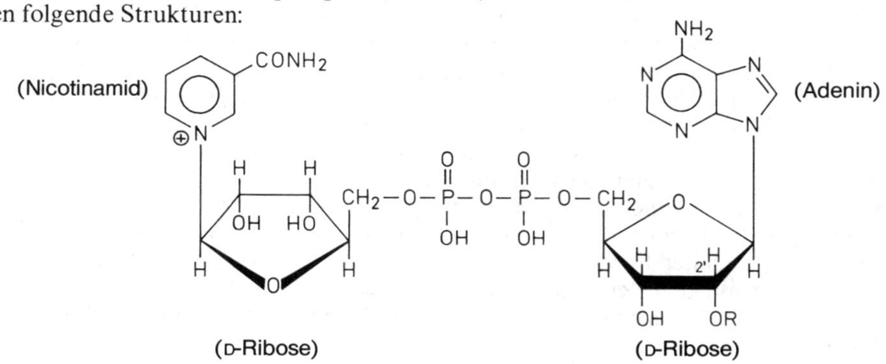

Nicotinamid-adenin-dinucleotid ($NAD^{\oplus}$) R = H

Nicotinamid-adenin-dinucleotid-phosphat ($NADP^{\oplus}$) R = $O{-}P(OH)_2$ (mit =O am P)

Die zentrale Funktion dieser Coenzyme besteht in der *reversiblen Wasserstoffübertragung* in Form eines Hydrid-Ions, wobei der Pyridinring reduziert wird und der Stickstoff seine positive Ladung verliert:

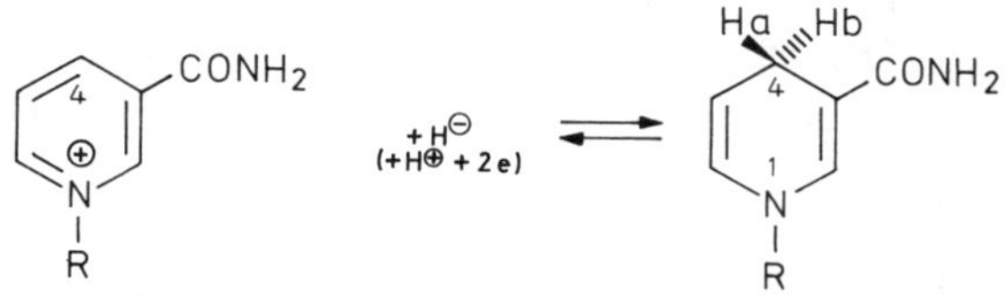

$NAD^{\oplus}$ NADH

R symbolisiert den Molekülrest des Adeninnucleotids. Die *hydrierten Coenzyme* werden mit NADH bzw. NADPH bezeichnet.

Das *Dihydropyridinsystem* besitzt im *UV-Bereich* ein breites Absorptionsmaximum bei 340 nm, während das Pyridinsystem selbst hier nicht absorbiert. Somit läßt sich der enzymatische Übergang $NAD^{\oplus} \rightarrow NADH$ optisch verfolgen, und zwar ist die Zunahme der Absorption pro Zeiteinheit proportional der Reaktionsgeschwindigkeit.
$NAD^{\oplus}$ und $NADP^{\oplus}$ können sich mit verschiedenen spezifischen Proteinen zu relativ locker gebundenen Addukten vereinigen, in denen sie in der oben formulierten gestreckten Form vorliegen. In einer Gleichgewichtsreaktion sind sie leicht wieder abtrennbar. Diese aktiven Enzyme bewirken eine Reihe von *Redoxprozessen*, z. B. katalysiert die *Alkoholdehydrogenase* folgendes Gleichgewicht:

$$\text{Alkohol} + NAD^{\oplus} \rightleftarrows \text{Aldehyd} + NADH + H^{\oplus}$$

Die Reaktion hat zentrale Bedeutung für den Abbau des Alkohols im Organismus[1].
Umgekehrt reduziert NADH bei der alkoholischen Gärung den Acetaldehyd zu Ethanol. Die Wasserstoffübertragung aus der prochiralen Position 4 erfolgt *stereoselektiv*. Ob vom NADH Ha oder Hb übertragen wird, hängt von dem jeweiligen Enzym ab.

10.1.2 Flavinenzyme

Die Flavoproteine, in denen die Flavinnucleotide als Coenzym fungieren, sind vor allem für die Wasserstoffübertragung in der *Atmungskette* und bei der Oxidation von Xanthin von Bedeutung.
Das erste Enzym dieser Art war das von *Warburg* und *Christian* (1932) aus der Hefe isolierte **gelbe Enzym,** das in der Literatur auch als „altes gelbes Enzym" bezeichnet wird. Für seine Identifizierung war richtungsweisend, daß die gelbe Farbe bei der Reduktion verschwindet und bei Gegenwart von Sauerstoff wieder auftritt. Somit liegt diesem reversiblen Farbwechsel ein *Redoxsystem* zugrunde.
Die Spaltung des gelben Enzyms in den Flavoproteinanteil und das Coenzym sowie deren Wiedervereinigung zum aktiven Enzym gelang *Theorell* (1934). Als wirksame Farbstoffkomponente fungiert der Monophosphorsäureester des Riboflavins. Hierbei wurde erstmalig beobachtet, daß ein Vitamin (Riboflavin oder Vitamin B_2, vgl. S. 802*f.*) in wenig abgewandelter Form als *Coenzym* wirken kann (*György* und *R. Kuhn*). Der Phosphatrest ist mit dem Riboflavin in der 5′-Stellung des D-Ribitylrestes verknüpft. Man bezeichnet das Coenzym daher als **Riboflavin-5′-phosphat** oder **Flavinmononucleotid (FMN).**

Die Bezeichnung ist nicht ganz korrekt, da es sich *nicht* um ein Nucleotid, d. h. ein N-Glykosid des Ribosephosphats, sondern um ein Derivat des 5wertigen Zuckeralkohols *Ribit* handelt. Sie hat sich jedoch wegen der Ähnlichkeit mit den eigentlichen Nucleotiden eingebürgert. Der chemische Name ist *7,8-Dimethyl-10-ribityl-isoalloxazin.*

Als *reversibles Flavin-Redoxsystem* in diesen Oxidoreduktasen wirkt der Isoalloxazin-Ring im Riboflavin, und zwar werden die beiden H-Atome an den N-Atomen 1 und 5 addiert:

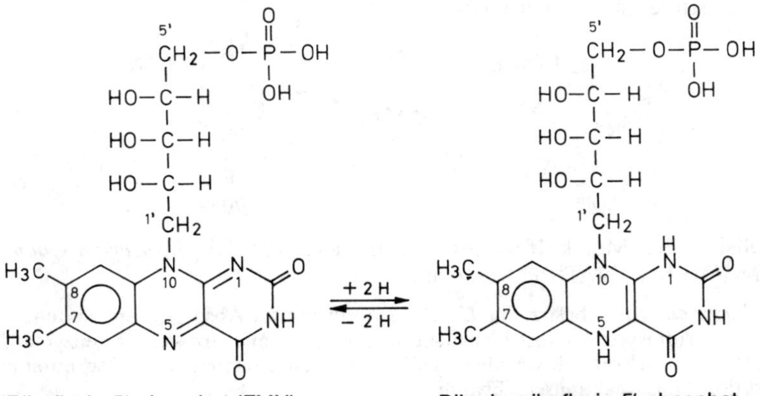

Riboflavin-5′-phosphat (FMN) (gelb)   Dihydro-riboflavin-5′-phosphat ($FMNH_2$) (farblos)

[1] Die Fähigkeit des Körpers den Alkohol abzubauen wird durch Medikamente wie Aspirin, Barbiturate oder Tranquilizer stark herabgesetzt. Die Wirkung des Alkohols wird also durch den Einfluß derartiger Substanzen erheblich verstärkt.

Riboflavin-5′-phosphat (FMN) läßt sich aus Riboflavin mit Adenosintriphosphat (ATP) enzymatisch darstellen (*Kearney* und *Englard,* 1954):

$$\text{ATP} + \text{Riboflavin} \xrightarrow{\text{Flavokinase}} \text{ADP} + \text{FMN}$$

Während das gelbe Enzym selbst keine Dehydrierungen bewirkt, ist es andererseits befähigt, den Wasserstoff des Dihydro-nicotinamid-adenin-dinucleotid-phosphats (NADPH) auf molekularen Sauerstoff oder andere Wasserstoffakzeptoren, z. B. auf das Cytochromsystem der Atmungskette, zu übertragen.

Die meisten Flavinenzyme enthalten anstelle des Flavinmononucleotids (FMN) als prosthetische Gruppe das **Flavin-adenin-dinucleotid (FAD),** in dem Riboflavin-5′-phosphat und Adenosinmonophosphat durch eine Diphosphatbindung verknüpft sind.
FAD besitzt folgende Struktur:

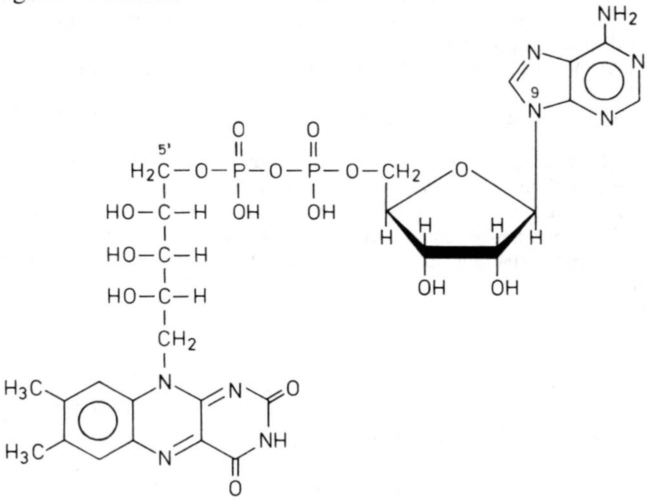

Flavin-adenin-dinucleotid (FAD)

Auch hier tritt bei der Reduktion ein Farbwechsel von gelb nach farblos ein.

Die *Biosynthese* des Flavin-adenin-dinucleotids gelang *Kornberg* (1950) mit einem Enzym der Hefe auf folgendem Wege:

$$\text{ATP} + \text{FMN} \rightleftarrows \text{FAD} + \text{Diphosphat}$$

Die FAD-Dehydrogenasen bewirken in Abhängigkeit vom jeweiligen spezifischen Protein sehr verschiedene Dehydrierungen. So beobachtete *Schardinger* (1902), daß Methylenblau durch Formaldehyd in Gegenwart ungekochter Milch entfärbt wird. Hierbei erfolgt durch das sog. *Schardinger*-Enzym der Milch eine Dehydrierung des Aldehydhydrats zur Carbonsäure und gleichzeitige Reduktion des Farbstoffs:

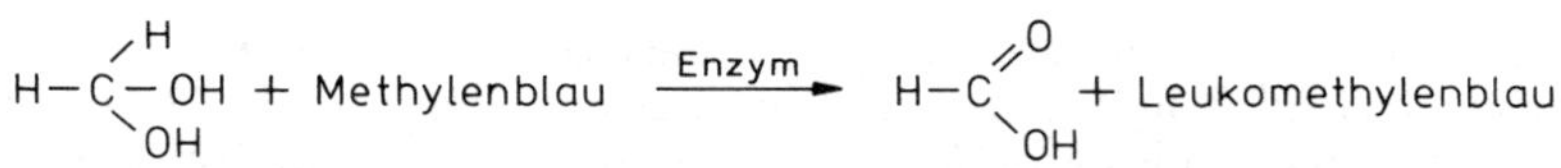

Formaldehydhydrat Ameisensäure

Zu den FAD-Enzymen gehört auch die **Xanthin-Oxidase,** die die Oxidation von Xanthin zu Harnsäure katalysiert.

In enger Beziehung zu den Flavinenzymen stehen die nachfolgenden Enzymsysteme der Atmungskette.

10.1.3 Zellhämine

Die wichtigsten Vertreter dieser Enzymgruppe sind die **Cytochrome,** die in allen tierischen Zellen auftreten und als Coenzym *eisenhaltige Porphyrine* aufweisen. Bereits im Jahre 1925 stellte *Keilin* fest, daß in der Redoxkette der Zellatmung mindestens drei nacheinander reagierende Enzyme mitwirken, die er als Cytochrom a, b und c bezeichnete und die sich durch bestimmte Absorptionsbanden unterscheiden. Später wurde noch ein Cytochrom d aufgefunden, jedoch konnte bisher nur das **Cytochrom c** rein isoliert werden. Seine prosthetische Gruppe ist je nach der Oxidationsstufe des Eisens mit dem Hämin ($Fe^{3\oplus}$) bzw. Häm ($Fe^{2\oplus}$) des Blutfarbstoffs identisch.

Die *biochemische Funktion* der Cytochrome basiert auf der Übertragung von *Elektronen* (Reduktionsäquivalenten) von geeigneten Substraten über verschiedene Zwischenstufen auf den *molekularen Sauerstoff.* Die *Atmungskette* beginnt mit der Übertragung des Wasserstoffs vom Substrat auf $NAD^{\oplus}$ unter Bildung von NADH, das den Wasserstoff an FAD abgeben kann. Das reduzierte Flavinsystem ($FADH_2$) wird vom Cytochrom c-$Fe^{3\oplus}$ wieder oxidiert, wobei 2 Protonen frei werden:

$$FADH_2 + 2\ \text{Cytochrom c-}Fe^{3\oplus} \rightarrow FAD + 2\ \text{Cytochrom c-}Fe^{2\oplus} + 2\ H^{\oplus}$$

Die Enzymkette endet mit der Rückoxidation des Cytochroms c-$Fe^{2\oplus}$ mittels *Cytochrom-oxidase,* die mit dem „*Warburg*schen Atmungsenzym" identisch ist. Die dabei freiwerdenden Elektronen reduzieren dann den von den Zellen aufgenommenen Sauerstoff zu $O^{2\ominus}$, das sich mit $2\ H^{\oplus}$ zu Wasser vereinigt. Die einzelnen Reaktionsstufen der Zellatmung lassen sich vereinfacht (z. B. unter Vernachlässigung der Wirkung von *Ubichinon* als Hilfssubstrat) durch folgende *Redoxkette* veranschaulichen (Abb. 136).

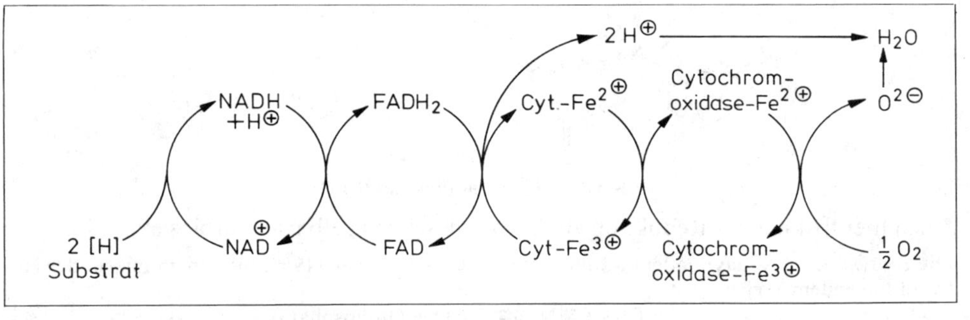

Abb. 136. Reihenfolge der Redoxsysteme in der Atmungskette

Die bei den einzelnen Redoxstufen freiwerdende Energie wird in Form von Adenosintriphosphat (ATP) gespeichert. Diesen Vorgang bezeichnet man als oxidative oder *Atmungsketten-Phosphorylierung.*

Zu den Hämoproteinen gehören ferner die **Katalasen,** die die Zersetzung des Wasserstoffperoxids, das ein Zellgift darstellt, in Wasser und molekularen Sauerstoff katalysieren. Ähnlich wirken die **Peroxidasen,** die wie die Katalasen in fast allen tierischen und pflanzlichen Zellgeweben vorkommen und als prosthetische Gruppe gleichfalls das *Häm* besitzen. Sie katalysieren die Oxidation eines Substrats (Don. H_2) durch Wasserstoffperoxid (vgl. S. 824).

$$H_2O_2 + H_2O_2 \xrightarrow{\text{Katalasen}} O_2 + 2\ H_2O \qquad \text{Don.}\ H_2 + H_2O_2 \xrightarrow{\text{Peroxidasen}} \text{Don.} + 2\ H_2O$$

10.2 Transferasen

Für die Transferasen ist die Übertragung von Molekülgruppen auf ein anderes Substrat charakteristisch. Der Name dieser Enzyme setzt sich aus dem der übertragenen Gruppe und den Suffix „transferase“ zusammen, z. B. bezeichnet man ein Enzym, das die CH_3-Gruppe transferiert, als Methyltransferase. Je nach Art der übertragenen Gruppe werden die Transferasen in folgende Unterklassen eingeteilt:

10.2.1 Phosphotransferasen

Die Phosphotransferasen, die den Phosphat- oder Diphosphat-Rest von einem Molekül auf ein anderes übertragen, bilden die wichtigste Enzymgruppe dieser Art. Als **Coenzyme** fungieren Adenosintriphosphat (ATP), Adenosindiphosphat (ADP) und Adenosinmonophosphat (AMP, *INN:* ***Adenosinphosphat***).
Adenosintriphosphat, das folgende Struktur besitzt, ist eine sehr *energiereiche* Verbindung und hat ein hohes Gruppenübertragungspotential; es wirkt bei fast allen Phosphorylierungen als Phosphat-Donator.

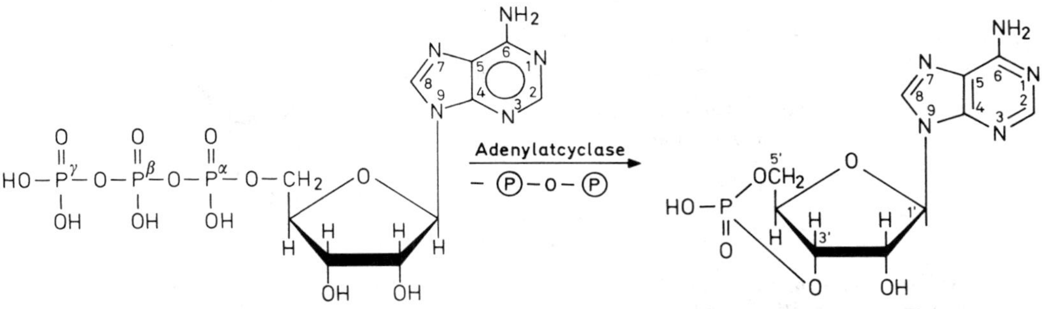

Die Transphosphorylierungen spielen z. B. bei der alkoholischen Gärung und der Atmungsketten-Phosphorylierung eine wesentliche Rolle, und zwar kann ATP die Phosphorsäure auf alkoholische Hydroxyl-, auf Carboxyl- oder Amidgruppen übertragen. Derartige Transfer-Reaktionen werden von spezifischen Enzymen katalysiert, die man allgemein als *Kinasen* bezeichnet. Durch Einwirkung von *Adenylatcyclase* auf ATP entsteht unter Abspaltung von Diphosphat (Ⓟ–O–Ⓟ) cyclisches Adenosinmonophosphat (c AMP), das die Wirksamkeit vieler Hormone und auch einiger Arzneimittel vermittelt[1].

Die NMR-Signale von ^{31}P unterscheiden sich in Abhängigkeit von seiner chemischen Umgebung, so daß z. B. die α, β und γ-Position im ATP eindeutig zuzuordnen und vom anorganischen Phosphat unterscheidbar ist. Auf der Grundlage der Entwicklung horizontaler supraleitender Magneten ist es möglich geworden, mit Phosphorylierungen

[1] Vgl. *H. P. Baer* et al. (Editors), Physiological and Regulatory Functions of Adenosine and Adenine Nucleotides (Raven Press, New York 1979).

verbundene Stoffwechselvorgänge direkt im menschlichen Organismus, z. B. bei der Arbeitsleistung im Muskel zu verfolgen[1].

10.2.2 Acyltransferasen

Von den Acyltransferasen werden Acylgruppen von einem Donator auf einen Akzeptor übertragen (vgl. S. 306). Das wichtigste Coenzym dieser Reihe ist das bei allen biochemischen Acylierungen wirksame *Coenzym A.*

Coenzym A enthält nach Untersuchungen von *Lipmann* und *Snell* folgende *Bausteine:* Adenin, D-Ribose, Pantothensäure, Thioethanolamin (Cysteamin) und 3 Moleküle Phosphorsäure. Interessant ist, daß in diesem Coenzym wieder ein Vitamin der B-Reihe, die *Pantothensäure*, auftritt. Das Coenzym A besitzt folgende Struktur.

Die im Coenzym A als Wirkgruppe erkannte SH-Gruppe des Cysteamins kann sich mit Carbonsäuren zu Thiolestern ($R-\underset{\underset{O}{\|}}{C}-S-CoA$) verbinden, wobei eine sehr *energiereiche* S-Acyl-Bindung entsteht. Bei ihrer hydrolytischen Spaltung werden etwa 34 kJ/Mol frei, das ist etwa der gleiche Energiebetrag, der beim Zerfall von Adenosintriphosphat auftritt.

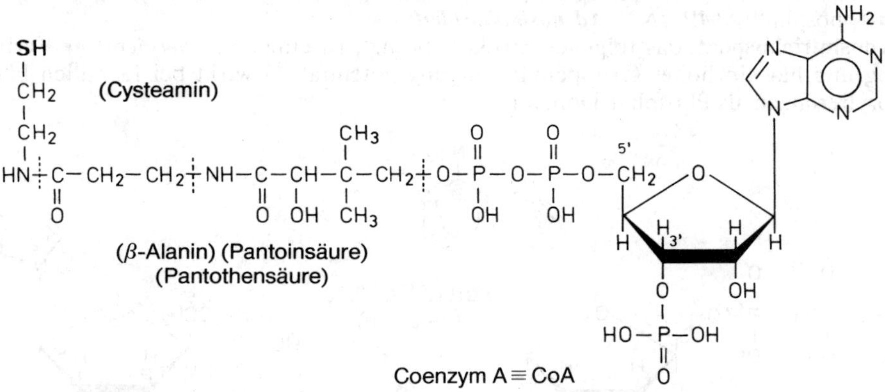

Coenzym A ≡ CoA

Außer beim Kohlenhydrat-Stoffwechsel (der Glykolyse) und beim Fettstoffwechsel steht Coenzym A auch am Schlüsselpunkt der Umwandlung von Kohlenhydraten in Fettsäuren sowie der Biosynthese von Terpenen und Steroiden und der über Polyketide verlaufenden Naturstoffsynthesen. Das Acetyl-Coenzym A („aktivierte Essigsäure“: $H_3C-\underset{\underset{O}{\|}}{C}-SCoA$) fungiert hierbei als Überträger der H_3CCO-Gruppe.

10.2.3 Aminotransferasen

Beim intermediären Aminosäurestoffwechsel kommt den Aminotransferasen, die in fast allen tierischen Organen vorkommen, große Bedeutung zu. Sie bewirken eine wechselseitige Aminierung und Desaminierung zwischen Ketosäuren (vornehmlich Brenztraubensäure) und der Glutaminsäure, ohne daß freies Ammoniak auftritt. Eine

[1] Vgl. *G. K. Radda*, The Use of NMR-Spectroscopy for the Understanding of Disease, Science *233*, 640 (1986).

derartige reversibel verlaufende Reaktion bezeichnet man als **Transaminierung**[1] (*Braunstein*, 1937), z. B.

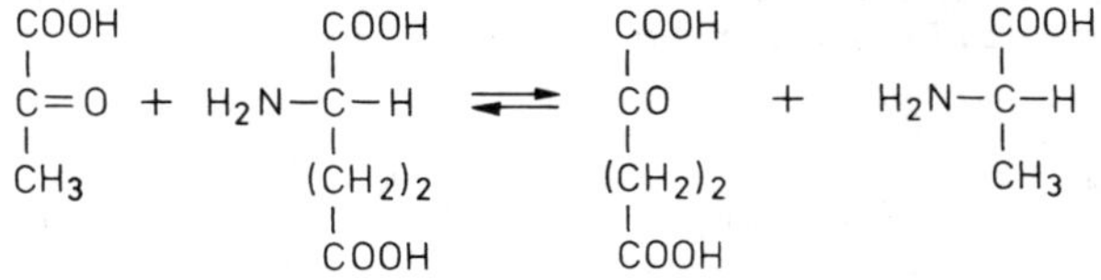

Brenztraubensäure L(+)-Glutaminsäure α-Ketoglutarsäure L(+)-Alanin

Die α-Ketoglutarsäure ist ein Zwischenprodukt des Citronensäurezyklus.
Als Coenzym der Aminotransferasen fungiert das **Pyridoxalphosphat** (vgl. Vitamin B_6):

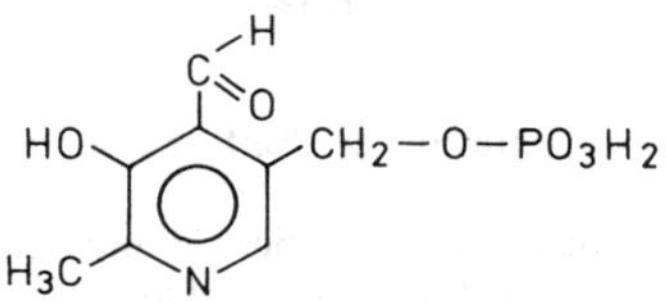

Pyridoxalphosphat

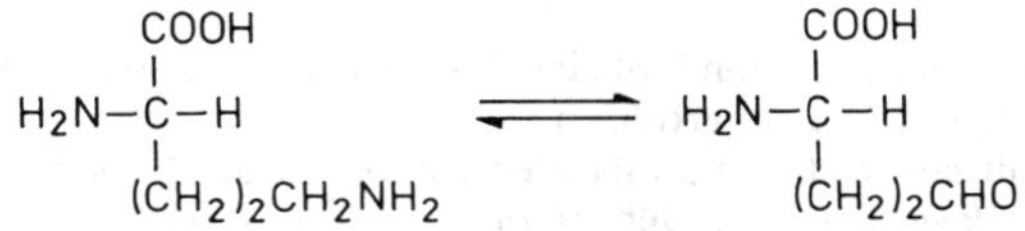

L-Ornithin L-Glutaminsäure-semialdehyd

Die Transaminierung spielt beim biochemischen Auf- und Abbau der Eiweißstoffe eine besondere Rolle. Bei der Synthese von Aminosäuren aus Ketosäuren fungiert im tierischen Organismus die L-Glutaminsäure als Stickstoffüberträger. Eine ähnliche Funktion übt die L-Asparaginsäure beim Aufbau der Aminosäuren in Pflanzen aus. *Ornithin* wird bei der Transaminierung vorwiegend an der δ-Aminogruppe angegriffen, und es entsteht *Glutaminsäuresemialdehyd* (δ-Transaminierung). Die Transaminierung verläuft sehr schnell, z. B. beträgt die Wechselzahl (Turnover) für die Umwandlung von Brenztraubensäure in L(+)-Alanin 66 000 min^{-1}, d. h. es werden 66 000 Moleküle pro Minute umgewandelt.

10.2.4 Methyl- und Formyl-transferasen

Von den **Methyltransferasen** ist der wichtigste Methyl-Donator das **S-Adenosylmethionin** („aktives Methyl"), das aus der schwefelhaltigen Aminosäure Methionin mit Adenosintriphosphat (ATP) gebildet wird (*Cantoni*) und folgende Struktur besitzt:

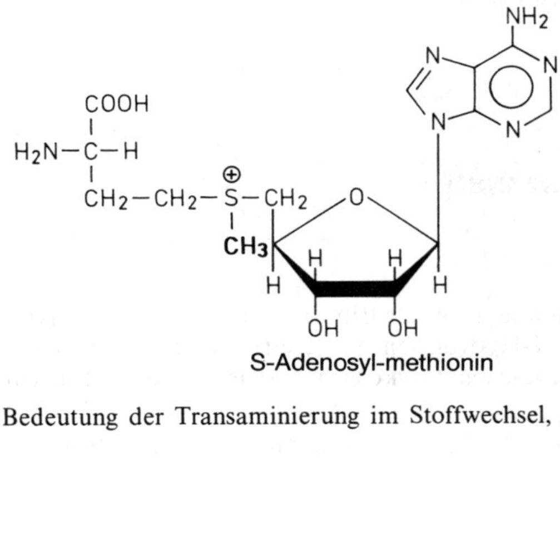

S-Adenosyl-methionin

[1] Vgl. *K. Heyns*, Die Bedeutung der Transaminierung im Stoffwechsel, Angew. Chem. *61*, 474 (1949).

Da die Methylgruppe im aktivierten S-Adenosyl-methionin an das positiv geladene Schwefelatom gebunden ist, kann sie leicht als *Carbenium-Ion* abgelöst und auf ein Atom mit einsamen Elektronenpaar, z. B. Stickstoff, übertragen werden. Als Beispiel sei die *enzymatische Transmethylierung der Guanidinoessigsäure zu Kreatin* angeführt:

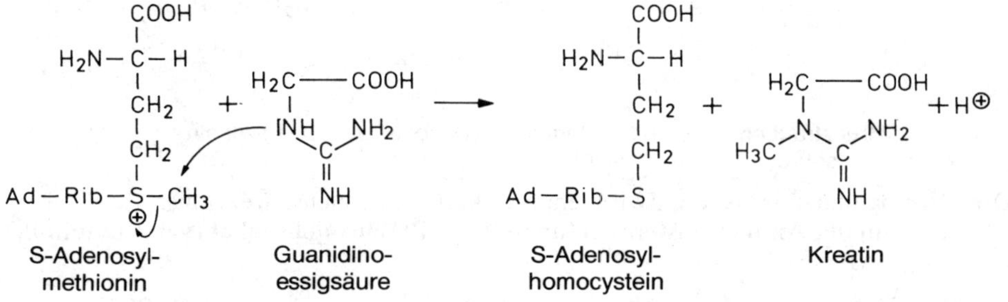

In analoger Reaktion läßt sich *2-Aminoethanol* (Colamin) im Organismus durch dreifache Methylierung in *Cholin* überführen.
Der in zahlreichen Naturstoffen vorkommende *Cyclopropanring* entsteht durch Übertragung einer *Methylengruppe* aus der *Methylgruppe* des S-Adenosylmethionins auf eine C=C-Doppelbindung[1]. So entsteht Dihydrosterculinsäure aus Ölsäure.

Die **Formyltransferasen,** die als C_1-Bruchstück die Formylgruppe übertragen, enthalten als prosthetische Gruppe die N^{10}-Formyl-5,6,7,8-tetrahydro-folsäure **(Coenzym F).** Sie wird im Organismus aus Folinsäure unter Mitwirkung von ATP gebildet und besitzt folgende Konstitution:

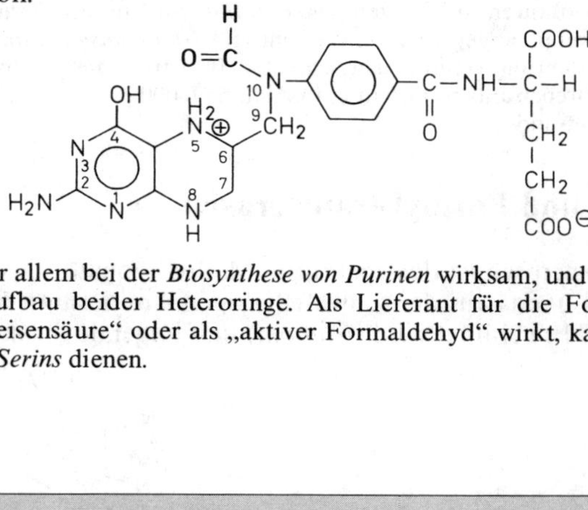

Diese Enzyme sind vor allem bei der *Biosynthese von Purinen* wirksam, und zwar beteiligt sich die Formylgruppe am Aufbau beider Heteroringe. Als Lieferant für die Formylgruppe, die entweder als „aktive Ameisensäure“ oder als „aktiver Formaldehyd“ wirkt, kann z. B. die Hydroxymethyl-Gruppe des L-*Serins* dienen.

10.3 Hydrolasen

Die Hydrolasen werden je nach der Bindungsart, die sie hydrolytisch spalten, in C–O-Hydrolasen und C–N-Hydrolasen eingeteilt. Nach der neuen Nomenklatur unterscheidet man Esterhydrolasen, Glykosidhydrolasen und Peptidhydrolasen.

[1] Vgl. *J. H. Law*, Biosynthesis of Cyclopropane Rings, Accounts Chem. Res. *4*, 199 (1971).

10.3.1 Esterhydrolasen

Je nachdem, ob diese Enzyme die Ester organischer oder anorganischer Säuren hydrolysieren, spricht man z. B. von Carboxylesterhydrolasen (Lipasen) bzw. Phosphohydrolasen (Phosphatasen) oder Sulfohydrolasen (Sulfatasen).

Lipasen sind fettspaltende Enzyme, die sich im Warmblüter vorwiegend im Pankreas, in der Darmwand und in der Leber finden. Sie bewirken die Hydrolyse der Fette unter Bildung freier Fettsäuren. Eine Reaktion, die auch durch andere Enzyme wie *Schweineleberesterase,* katalysiert wird. Lipasen sind in Mikroorganismen weit verbreitet und werden daraus technisch gewonnen. Derartige Enzyme ermöglichen die enantioselektive partielle Hydrolyse prochiraler Dicarbonsäurediester zu chiralen Synthesebausteinen, z. B.:

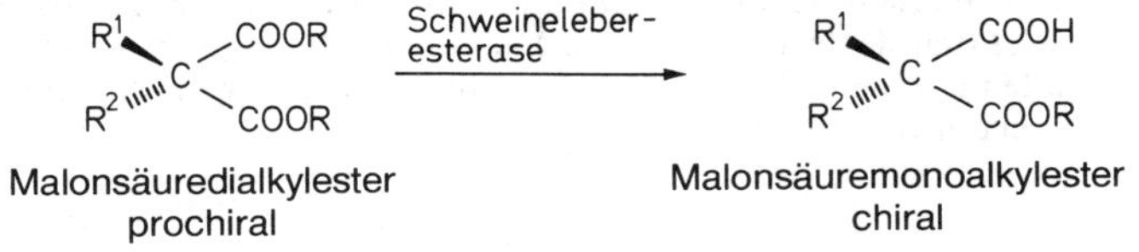

Die Enantiomerenreinheit (ee) erreicht 86%, wenn sich R^1 und R^2 in ihrer Größe erheblich unterscheiden[1].

Phosphohydrolasen treten in fast allen lebenden Zellen auf und spalten aus Nucleotiden, Phosphatiden und Zuckerphosphaten die esterartig gebundene Phosphorsäure ab. Ihre Wirkung ist stark *p*H-abhängig.

Sulfohydrolasen finden sich in allen tierischen Geweben, besonders reichlich in den Nieren, und besitzen die Fähigkeit, natürliche Schwefelsäureester, z. B. Phenol- oder Indoxylschwefelsäure, Chondroitinsulfat sowie Sinigrin, hydrolytisch zu spalten.

10.3.2 Glykosidhydrolasen

Diese Enzyme bewirken je nach ihrer Substratspezifität die Hydrolyse glykosidischer Bindungen in Mono-, Oligo- und Polysacchariden sowie von N- und S-glykosidischen Bindungen. Bei den Glykosidhydrolasen wurde erstmalig eine chemische *Stereoselektität* der Enzyme beobachtet, d. h. sie spalten entweder nur α- oder nur β-glykosidische Bindungen. Zu den wichtigsten Glykosidhydrolasen (Glykosidasen) rechnet man folgende Enzyme:

α-Glucosidase (Maltase), die im Pankreas- und Darmsaft sowie im Gerstenmalz vorkommt, spaltet vor allem die α-glucosidischen Bindungen der Maltose.

β-Glucosidase findet sich z. B. im *Enzymgemisch Emulsin* der bitteren Mandeln und hydrolysiert β-Glucoside, z. B. β-Methylglucosid, Amygdalin und Cellobiose.

β-Galactosidase (Lactase), die man aus dem Darmsaft junger Tiere oder aus bestimmten Hefen gewinnen kann, greift vornehmlich die β-galactosidische Bindung der Lactose an, wobei Glucose und Galactose gebildet werden.

β-Fructosidase (Saccharase, Invertase) hydrolysiert vor allem Rohrzucker in Glucose und Fructose, aber auch andere *furanoide* β-Fructoside, z. B. Raffinose. Auch dieses Enzym kommt in der Hefe und im Darmsaft vor.

β-Glucuronidasen sind im Tier- und Pflanzenreich weit verbreitet und spalten die Glucuronide, zu denen auch die Mucoide zählen.

---

[1] Vgl. *M. Schneider* et al., Angew. Chem. *96,* 54 (1984).

Enzyme

10

Zu den Glykosidhydrolasen, die Polysaccharide hydrolysieren, gehören vor allem die Amylasen, die Cellulase und Inulinase.

Amylasen spalten Stärke und Glykogen. Man hat zwischen der allgemein verbreiteten *α-Amylase*, die vorwiegend im Speichel und im Pankreassaft vorkommt, und der pflanzlichen *β-Amylase*, die besonders im keimenden Samen (Gerstenmalz) auftritt, zu unterscheiden. Das im Gerstenmalz auftretende Gemisch von α- und β-Amylase wurde früher als *Diastase* bezeichnet. Beide Amylasen sind in kristalliner Form isoliert worden (*K. H. Meyer*) und wirken sehr unterschiedlich auf das Stärkemolekül.

Während β-Amylase die Stärke vom Kettenende her abbaut, greift die α-Amylase die glucosidischen Bindungen ziemlich wahllos an. So wird *Amylose* durch β-Amylase vollständig zur Maltose „verzuckert", dagegen erfolgt durch α-Amylase eine irreguläre Aufspaltung über größere Kettenstücke hinweg zu höhermolekularen Abbauprodukten, den *Dextrinen*, und dann weiter zu Maltose. Im Gegensatz zur Amylose wird *Amylopektin* durch β-Amylase nur bis zu 60% zu Maltose unter Zurücklassen der „Grenzdextrine" abgebaut. Die α(1,6)-glucosidischen Verzweigungsstellen der Seitenketten werden hierbei nicht gespalten. Erst die α-Amylase baut die Grenzdextrine weiter zu vergärbaren Zuckern ab.

10.3.3 Peptidhydrolasen

Der Eiweißabbau, der durch proteolytische Enzyme (Proteasen, C–N-Hydrolasen) des Magen-Darm-Trakts eingeleitet wird, beginnt je nach der Substratspezifität der Enzyme im Innern der Polypeptidkette unter Bildung kleinerer Peptidbruchstücke, die dann vom Ende der jeweiligen Kette her weiter abgebaut werden können. Die erste Gruppe war früher unter dem Namen *Proteinasen* und die zweite als *Peptidasen* bekannt. Heute bezeichnet man die Enzyme, die hochmolekulare Proteine in Abhängigkeit von der Aminosäuresequenz nur an bestimmten Stellen im Innern der Peptidkette spalten, als *Peptid-peptid-hydrolasen.* Zu ihnen gehören die *Verdauungsenzyme*, nämlich das **Pepsin** der Magenschleimhaut, **Trypsin** und *INN:* ***Chymotrypsin*** aus dem Pankreas, der Enzymkomplex *Kathepsin*, der interzellular in tierischen Organen und Geweben wirksam ist, das Labferment *Rennin* aus dem Kälbermagen und *Papain* aus dem Milchsaft des Melonenbaumes (*Carica papaya*).

Bei den vornehmlich auf Oligo- oder Polypeptide spaltend wirkenden Enzymen, die ebenfalls im Magen-Darm-Trakt vorkommen, unterscheidet man zwischen α-Amino-peptid-aminosäurehydrolasen und α-Carboxy-peptid-aminosäurehydrolasen, die die Peptidkette entweder N-terminal oder C-terminal angreifen. Außerdem gibt es noch Dipeptidhydrolasen, die nur Dipeptide hydrolysieren. Von diesen Enzymen ist die Wirkungsweise des Chymotrypsins besonders gut untersucht[1].

[1] Vgl. *D. M. Blow*, Structure and Mechanism of Chymotrypsin, Accounts Chem. Res. *9*, 145 (1976).

10.4 Lyasen

Lyasen katalysieren die Spaltung verschiedener Bindungen. Ihre Einteilung erfolgt nach dem Bindungstyp, den sie zu spalten vermögen, und zwar unterscheidet man C–C-, C–O-, C–N-, C–S- und C-Halogen-Lyasen, von denen hier nur die beiden ersten behandelt werden sollen.

10.4.1 C–C-Lyasen

Eines der wichtigsten Enzyme dieser Art ist die *Pyruvat-decarboxylase.* Sie spaltet die bei der alkoholischen Gärung als Zwischenprodukt auftretende Brenztraubensäure in Acetaldehyd und Kohlendioxid (*Neuberg*):

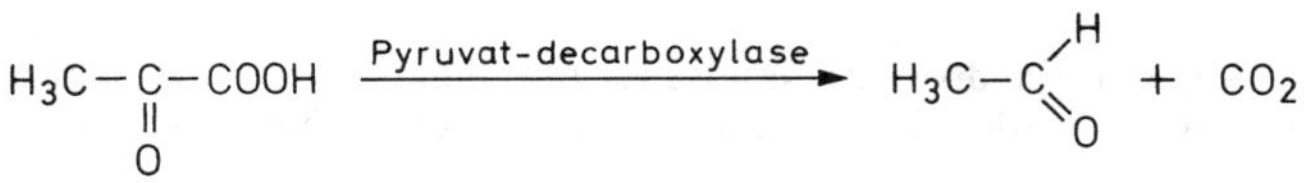

10.4.1.1 Als Coenzym dieser wichtigen *Decarboxylase* wurde im Jahre 1937 von *Lohmann* das aus der Hefe isolierte **Thiamindiphosphat (TDP)** erkannt, das folgendermaßen wirkt: Aus dem Thiamindiphosphat bildet sich zunächst ein „aktives Pyruvat“, das unter Decarboxylierung in den „aktiven Acetaldehyd“ übergeht[1]:

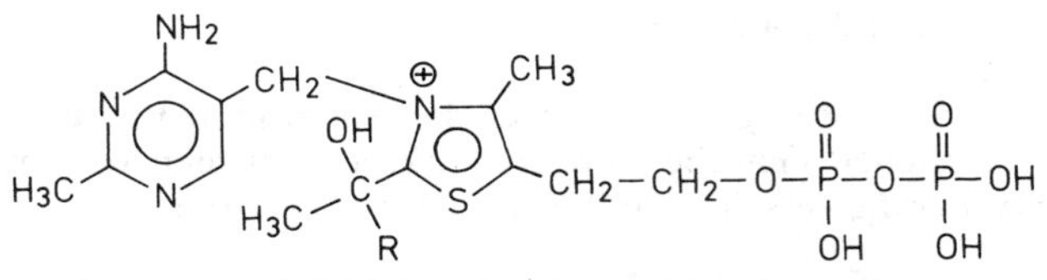

2-(α-Hydroxyethyl)-TDP („aktiver Acetaldehyd“) R = H
2-(α-Hydroxy-α-carboxy-ethyl)-TDP („aktives Pyruvat“) R = COOH

Im Organismus bleibt der Kohlenhydratabbau über die Brenztraubensäure jedoch nicht auf der Stufe des „aktiven Acetaldehyds“ stehen, sondern geht weiter bis zur „aktivierten Essigsäure“. Hierbei sind als dehydrierend wirkende Coenzyme die α-Liponsäure und das Nicotinamid-adenin-dinucleotid ($NAD^{\oplus}$) erforderlich.

10.4.1.2 α-Liponsäure[2], Thioctsäure oder Thioctansäure, die als *Wuchsstoff* für bestimmte Mikroorganismen aufgefunden wurde, enthält eine cyclische Disulfidgruppe, die sich leicht reduktiv aufspalten läßt:

[1] Vgl. *H. Holzer,* Wirkungsmechansimus von Thiaminpyrophosphat, Angew. Chem. *73,* 721 (1961).

[2] Vgl. *A. L. Fluharty,* Biochemistry of the Thiol Group in *S. Patai* (Editor), The Chemistry of the Thiol Group, S. 590 ff. (Wiley, New York 1974).

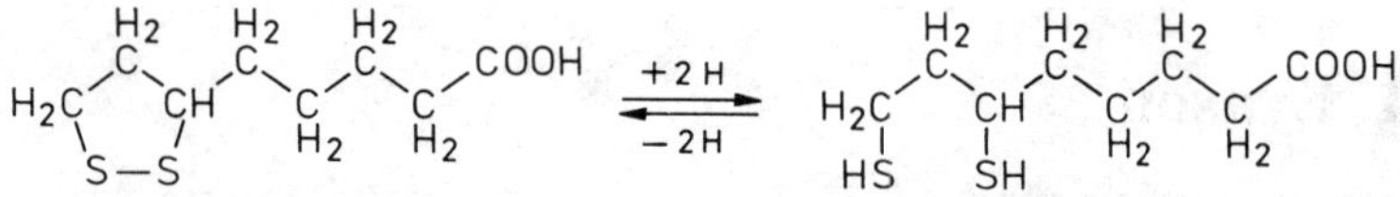

α-Liponsäure ($LipS_2$)   Dihydro-α-liponsäure [$Lip(SH)_2$]

Die freie Carboxylgruppe ist meist amidartig mit einem Protein verbunden.
Die α-Liponsäure kann also enzymatisch den Wasserstoff des „aktiven Acetaldehyds" übernehmen, wobei sich Acetyl-TDP und Dihydro-α-liponsäure bilden:

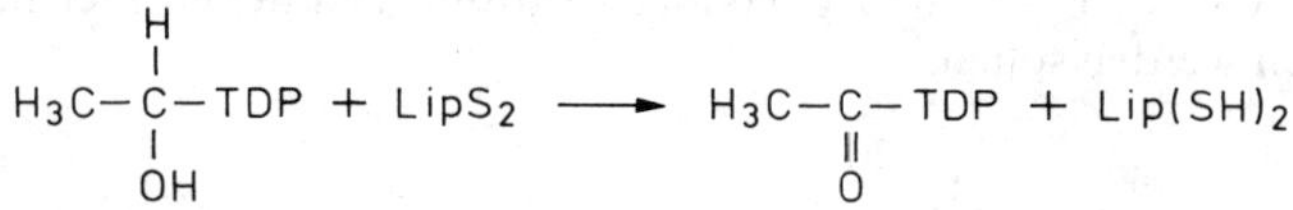

aktiver Acetaldehyd   Acetyl-TDP

Anschließend überträgt das Acetyl-TDP seine Acetylgruppe auf die Dihydro-α-liponsäure:

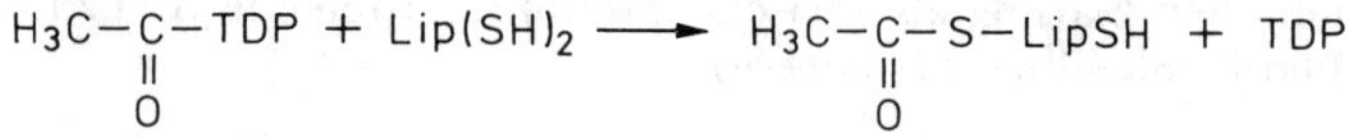

Die energiereiche 5-Acetyl-dihydro-α-liponsäure reagiert dann in einer weiteren Acyltransfer-Reaktion mit Coenzym A unter Bildung von Acetyl-Coenzym A und Dihydro-α-liponsäure:

Acetyl-Coenzym A

Die Oxidation der Dihydro-α-liponsäure zu α-Liponsäure wird durch $NAD^{\oplus}$ katalysiert:

$$Lip(SH)_2 + NAD^{\oplus} \longrightarrow LipS_2 + NADH + H^{\oplus}$$

10.4.1.3 Zu den C–C-Lyasen gehören ferner die **Aminosäuredecarboxylasen,** die im tierischen und pflanzlichen Gewebe sowie in Mikroorganismen vorkommen und die *anaerobe Decarboxylierung* verschiedener Aminosäuren bewirken:

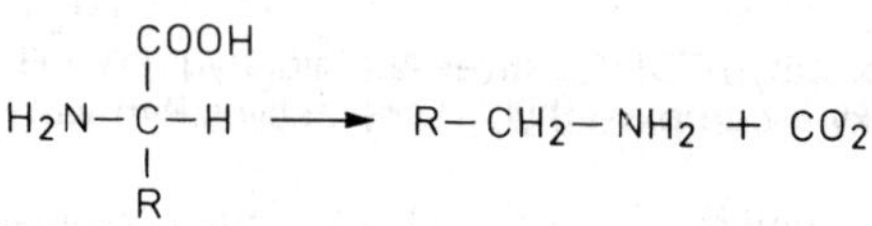

Derartige Amine entstehen auch bei der Fäulnis von Eiweiß.
Als prosthetische Gruppe dieser Enzyme fungiert das **Pyridoxalphosphat,** das auch bei der Transaminierung eine Rolle spielt. Es greift folgendermaßen in die Reaktion ein:

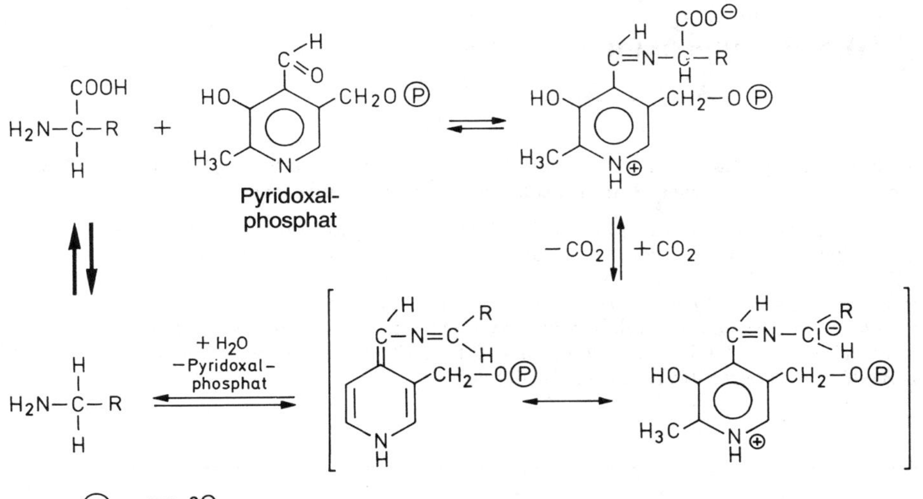

Der Austausch von CO_2 gegen $H^{\oplus}$ am α-Kohlenstoffatom der Aminosäure stellt eine *elektrophile Reaktion* an einem Atom dar, das allgemein als *Akzeptorzentrum nucleophil* angegriffen wird. Der biochemische Vorgang ist also mit einer *Umpolung des Akzeptorzentrums* in ein *Donatorzentrum* (vgl. die polare Grenzformel des Zwischenproduktes) verbunden[1].

10.4.2 C–O-Lyasen

Zu dieser Enzymgruppe zählen vor allem die Hydrolyasen, die eine C–O-Bindung unter Wasserabspaltung lösen. Derartige Enzyme sind z. B. bei der alkoholischen Gärung, der Glykolyse und beim Citronensäure-Zyklus wirksam.
Als Beispiel sei die *enzymatische Dehydratisierung der* L-*Äpfelsäure zu Fumarsäure* durch die L-*Malat-Hydrolyase* (*Fumarat-Hydratase*) angeführt:

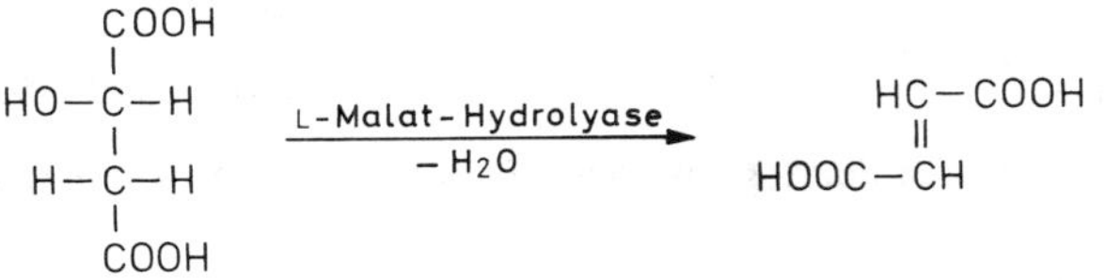

L-Äpfelsäure   Fumarsäure

[1] Vgl. S. 376; *D. Seebach* et al., Umpolung der Reaktivität von Aminen, Angew. Chem. *87*, 1 (1975).

10.5 Isomerasen

Die Isomerasen katalysieren intramolekulare Umlagerungen, und zwar unterscheidet man zwischen **Racemasen, Epimerasen** und *cis-trans*-**Isomerasen.**

Die katalytische Wirkung der Racemasen beschränkt sich auf die Überführung *optisch aktiver* Verbindungen, vorwiegend von Aminosäuren und Hydroxysäuren, z. B. Milchsäure, in ihre Racemformen (vgl. S. 828).
Als Beispiel für eine *Epimerisierung* sei die beim Photosynthese-Zyklus auftretende Gleichgewichtsreaktion zwischen D-Xylulose-5-phosphat und D-Ribulose-5-phosphat erwähnt.
Die bekannte *Z–E*-Umlagerung von Maleinsäure zu Fumarsäure ist *enzymatisch* mit Hilfe der aus Bakterien isolierten *Maleat-Isomerase* durchführbar.

10.6 Ligasen (Synthetasen)

Während die Lyasen bestimmte Bindungen lösen, besitzen die Ligasen die Fähigkeit, neue chemische Bindungen zu knüpfen. Als Beispiel sei die *enzymatische Carboxylierung* gewählt, die die Anwesenheit von *Biotin* und ATP erfordert. Als prosthetische Gruppe der Carboxylasen fungiert das **Carboxybiotin** (CO_2-Biotin), in dem die Carboxylgruppe an einem N-Atom des Imidazolidonringes haftet und die Carboxylgruppe der Seitenkette peptidartig mit dem betreffenden Enzym verbunden ist[1].
Die Bildung des Carboxybiotin-Enzyms verläuft wie folgt:

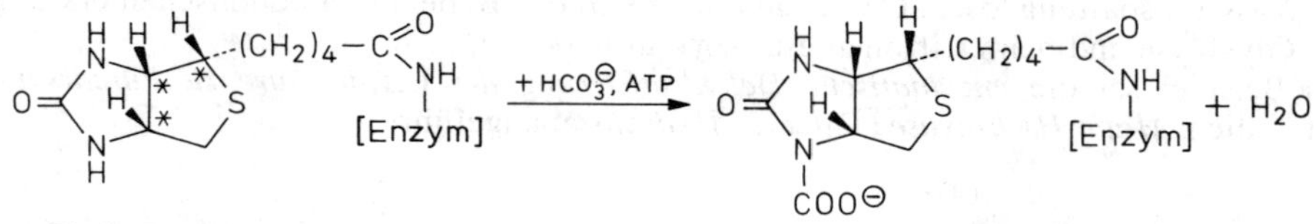

Biotin-Enzym **Carboxybiotin-Enzym**

Mit Hilfe dieses CO_2-aktiven Enzyms läßt sich z. B. das Acetyl-CoA zu Malonyl-CoA carboxylieren:

$$\text{CoA–S–}\underset{\underset{\text{O}}{\|}}{\text{C}}\text{–CH}_3 + \text{Carboxybiotin-Enzym} \xrightarrow{\text{ATP}} \text{CoA–S–}\underset{\underset{\text{O}}{\|}}{\text{C}}\text{–CH}_2\text{–COOH} + \text{Biotin-Enzym}$$

Acetyl-CoA (CoASAc) **Malonyl-CoA**

Beim Aufbau der Fettsäuren reagiert die aktive CH_2-Gruppe im Malonyl-CoA leicht mit Acyl-CoA, wobei unter Decarboxylierung die *β*-Ketosäure entsteht.

[1] Vgl. *F. Lynen* et al., Die biochemische Funktion des Biotins, Angew. Chem. *71,* 481 (1959); *F. Lynen,* Der Weg von der „aktivierten Essigsäure" zu den Terpenen und Fettsäuren, Angew. Chem. *77,* 929–944 (1965).

11 Stoffwechselvorgänge

Der Kohlenhydratstoffwechsel[1] spielt eine so wichtige Rolle in allen Organismen, daß er exemplarisch behandelt werden soll. Als Endprodukte der miteinander verbundenen Reaktionsketten des Stoffwechsels entstehen in erster Linie *Kohlendioxid* und *Wasser*. Zum überwiegenden Teil wird Kohlendioxid bei den Decarboxylierungen im Citronensäure-Zyklus frei; das Wasser wird bei der biochemischen Oxidation in der Atmungskette gebildet. Bei der Assimilation der Pflanzen erfolgt die Bildung der Kohlenhydrate umgekehrt aus Kohlendioxid in Gegenwart von Wasser. Die jährlich von den Pflanzen durch Photosynthese festgelegte Menge Kohlendioxid beträgt nach vorsichtiger Schätzung $7{,}5 \cdot 10^{11}$ t (nachwachsende Rohstoffe).
Die in den einzelnen Reaktionsphasen freiwerdende Energie wird entweder in Wärme bzw. Muskelarbeit übergeführt oder in energiereichen Verbindungen, z. B. in Form der Diphosphatbindung im Adenosintriphosphat (ATP), als chemische Energie gespeichert.

11.1 Photosynthese-Zyklus[2]

Bei der CO_2-Assimilation oder Photosynthese wird die Strahlungsenergie des Lichts in Gegenwart von Chlorophyll, das in den Pflanzen an Eiweiß gebunden ist, in chemische Energie umgewandelt. Nach der Bruttogleichung der Photosynthese

$$6\,CO_2 + 6\,H_2O \xrightarrow[\text{(Chlorophyll)}]{h\nu} (CH_2O)_6 + 6\,O_2 \quad \Delta H = 2830\,\text{kJ}$$

---

[1] Synonym mit *Stoffwechsel* ist das Wort *Metabolismus*, es ermöglicht die Differenzierung in *Katabolismus:* abbauender Stoffwechsel und *Anabolismus:* aufbauender Stoffwechsel, z. B. von Muskelproteinen.

[2] Vgl. *M. Calvin*, Der Weg des Kohlenstoffs in der Photosynthese, Angew. Chem. *74*, 165 (1962); *N. I. Bishop*, Photosyntheses, The Electron-transport System of Green Plants, Ann. Rev. Biochem. *40*, 197 (1971).

entstehen aus Kohlendioxid und Wasser die *Glucose* und molekularer *Sauerstoff*. Im Gegensatz zum pflanzlichen Organismus ist der tierische nicht imstande, Kohlenhydrate aus diesen einfachen anorganischen Verbindungen aufzubauen. Daher nimmt die Photosynthese im Energiehaushalt der Natur eine zentrale Stellung ein[1].
Nach *Blackman* (1906) hat man bei der Photosynthese *zwei Phasen* zu unterscheiden, nämlich die Licht- und die Dunkelreaktion.
In der ersten, photochemischen Phase (*Lichtreaktion*) bewirkt die Lichtenergie durch die als Energieüberträger fungierenden Assimilationspigmente eine Photolyse des Wassers. Hierbei werden zwei Elektronen und der Assimilationssauerstoff gebildet. Dieser stammt also nicht aus dem Kohlendioxid, sondern aus dem Wasser, was sich durch Versuche mit isolierten Chloroplasten (*Hill*, 1937) bzw. durch Verwendung des Sauerstoffisotops ^{18}O (*Ruben*, 1941) beweisen ließ.

$$H_2O \xrightarrow[\text{(Chlorophyll)}]{h\nu} 2\,H^{\oplus} + \tfrac{1}{2}\,O_2 + 2\,e$$

Die Reduktion des Kohlendioxids erfolgt durch ein Enzym mit der *Wirkgruppe* NADPH, das sich aus den bei der Lichtreaktion entstehenden Elektronen und $NADP^{\oplus}$ bildet. Bei der Reaktion entsteht ATP (*Vishniac* und *Ochoa*, 1951):

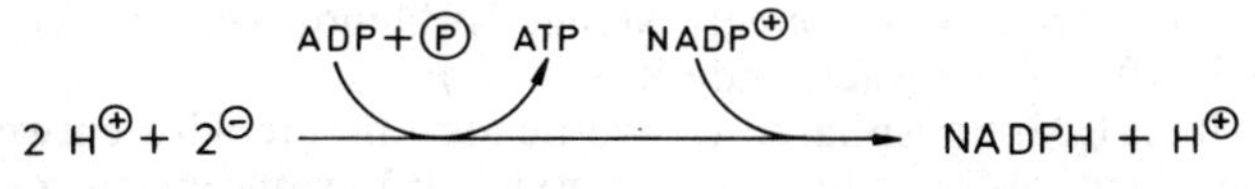

Damit ergibt sich aus der Bruttogleichung:

$$6\,CO_2 + 12\,NADPH + 12\,H^{\oplus} \rightarrow C_6H_{12}O_6 + 12\,NADP^{\oplus} + 6\,H_2O$$

Genauere Kenntnis über die zweite Reaktionsphase (*Dunkelreaktion*) haben die Assimilationsversuche von *M. Calvin* vermittelt, die in ^{14}C-markiertem Kohlendioxid an der einzelligen Grünalge *Chlorella pyrenoidosa* durchgeführt wurden. Schon nach kurzen Belichtungszeiten (einige Sekunden bis Minuten) konnte eine Anzahl von ^{14}C-markierten Verbindungen papierchromatographisch getrennt und autoradiographisch nachgewiesen werden, z. B. *3-Phospho-glycerinsäure*[2], D-*Ribulose-1,5-bisphosphat* und D-*Sedoheptulose-7-monophosphat*. Als weitere ^{14}C-markierte Verbindungen waren Phospho-*enol*-brenztraubensäure, Dihydroxyacetonphosphat, Glucose-, Mannose- und Fructosephosphat sowie Äpfelsäure, Citronensäure, Glycin, Alanin, Asparaginsäure u. a. nachweisbar (*Calvin* und *Benson*, 1955).

Mit Hilfe der „Tracer"-Methode konnte gezeigt werden, daß nicht das Kohlendioxid selbst, sondern die 3-Phospho-glycerinsäure reduziert wird. Sie entsteht aus Ribulose-1,5-bisphosphat als Substrat für die CO_2-Fixierung unter Wasseranlagerung. Die 3-Phospho-glycerinsäure wird durch das in der Lichtreaktion gebildete NADPH zu 3-Phospho-glycerinaldehyd reduziert, der sich zu

[1] Es gibt Bakterien, die ihren Bedarf an Kohlenstoffverbindungen ohne Lichteinwirkung aus Kohlendioxid decken können: bei der hier ablaufenden *Chemosynthese* (*Pfeffer* 1897) oder *Chemolithotrophie* kann z. B. Schwefelwasserstoff als Energiequelle genutzt werden:

$$CO_2 + H_2S + O_2 + H_2O \rightarrow [CH_2O] + H_2SO_4$$

Derartige Vorgänge laufen z. B. in der Tiefsee ab.

[2] Die in diesem Abschnitt beschriebenen Reaktionen laufen in den Zellen bei etwa pH 7 ab. Unter diesen Bedingungen liegen die *Carbonsäuren* fast vollständig als *Anionen* vor; sie werden aus Gründen der Übersichtlichkeit als Carbonsäuren formuliert.

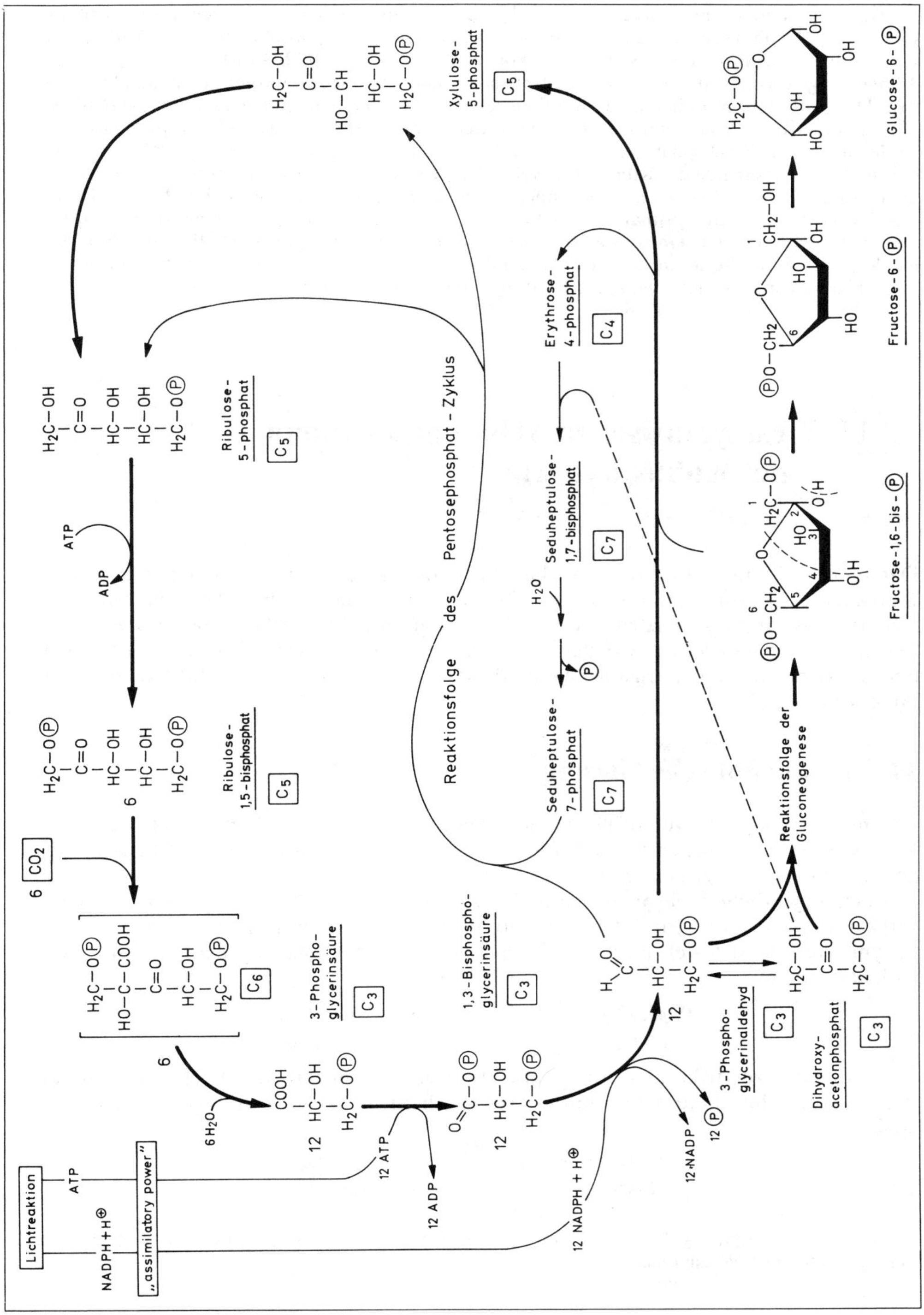

Abb. 137. Photosynthese-Zyklus (vgl. Vorwort zur 19. Auflage[1])

Stoffwechsel-vorgänge

11

Dihydroxyacetonphosphat isomerisiert. Aus beiden Triosephosphaten bildet sich mittels *Aldolase* Fructose-1,6-bisphosphat und daraus mit *Phosphatase* Fructose-6-phosphat, das zum Aufbau der Di- und Polysaccharide dient. Andererseits können durch *Transketolase* Fructose-6-phosphat und 3-Phospho-glycerinaldehyd in Erythrose-4-phosphat und Xylulose-5-phosphat umgewandelt werden. Dieses Pentosephosphat wird zu Ribulose-5-phosphat epimerisiert. Aus Erythrose-4-phosphat und Dihydroxyacetonphosphat entsteht mittels *Aldolase* Sedoheptulose-1,7-bisphosphat, das zu Sedoheptulose-7-phosphat dephosphoryliert wird. Dieses reagiert mit 3-Phosphoglycerinaldehyd zu den 5-Phosphaten der Ribose und Xylulose, die beide enzymatisch in Ribulose-5-phosphat übergeführt werden. Nochmalige Phosphorylierung unter Mitwirkung von ATP liefert das Ribulose-1,5-bisphosphat, den primären CO_2-Akzeptor, womit der Zyklus geschlossen ist. Nach *Bassham* und *Calvin* erfordert ein vollständiger Umlauf die in zwei Molekülen NADPH und drei Molekülen ATP gespeicherte Energie. Messungen des Quantenbedarfs der Photosynthese stützen die obige hier vereinfacht wiedergegebene Deutung ihres Ablaufs (s. Abb. 137)[1].

11.2 Enzymatischer Abbau und Aufbau der Kohlenhydrate

Der biochemische Abbau bzw. Aufbau der Kohlenhydrate ist einer der wichtigsten Stoffwechselvorgänge im Organismus. Die ersten Einblicke in diese komplizierten enzymatischen Prozesse wurden bei dem unter Luftabschluß verlaufenden (*anaeroben*) *Abbau der Kohlenhydrate* gewonnen, und zwar vor allem bei der *alkoholischen Gärung* und der *Glykolyse.* Die Ausgangspunkte dieses Kohlenhydratabbaus sind Glucose und Glykogen.

11.2.1 Alkoholische Gärung

Bei ihrer technischen Durchführung geht man nicht von reiner Glucose, sondern von Melasse bzw. von stärkereichen Naturprodukten, wie Kartoffeln oder Samenkörnern der verschiedenen Getreidearten, aus.

Vor dem eigentlichen Gärprozeß muß die *Stärke* enzymatisch in niedere Zucker übergeführt werden. Ihre hydrolytische Spaltung in das Disaccharid *Maltose* bewirkt das Enzym *Diastase,* das sich in dem bei der Keimung von Gerstenkörnern entstehenden *Grünmalz* findet:

$$\underset{\text{Stärke}}{(C_6H_{10}O_5)_n} + \frac{n}{2}\,H_2O \xrightarrow{\text{(Diastase)}} \frac{n}{2}\,\underset{\text{Maltose}}{C_{12}H_{22}O_{11}}$$

Nach dieser „Verzuckerung" der Stärke werden Hefe-Reinkulturen (Brennereihefe) zugesetzt und die Maltose wird mittels *Maltase* hydrolytisch in 2 Moleküle *Glucose* gespalten:

$$\underset{\text{Maltose}}{C_{12}H_{22}O_{11}} + H_2O \xrightarrow{\text{(Maltase)}} \underset{\text{Glucose}}{2\,C_6H_{12}O_6}$$

[1] Zum Pentosephosphatzyklus vgl. *D. Matthies,* Biochemische Formelsammlung (Akademische Verlagsgesellschaft, Wiesbaden 1979).

Die „Vergärung" der Hexosen durch Hefe zu *Ethanol* und *Kohlendioxid* kommt durch das Zusammenwirken vieler Einzelreaktionen zustande, die jeweils durch spezifisch wirkende Enzyme ausgelöst werden. Aus dem Enzymkomplex der Hefe, der *Zymase*, konnten bisher etwa 12 Enzyme isoliert werden, die an diesem Abbau beteiligt sind. Gewöhnliche Hefe vermag z. B. D-Glucose, D-Mannose und D-Fructose zu vergären.

Mechanismus der alkoholischen Gärung

Die alkoholische Gärung beginnt in der *Angärungsphase* mit der Phosphorylierung (Veresterung) der *Glucose*. Hierbei bildet sich zunächst aus der Glucose und Adenosintriphosphat (ATP) neben Adenosindiphosphat (ADP) das *Glucose-1-phosphat* (*Cori*-Ester), das sich in *Glucose-6-phosphat* (*Robison*-Ester, Glc-6-*p*) umlagert. Dieses isomerisiert sich mittels *Glucose-6-phosphat-isomerase* zu *Fructose-6-phosphat* (*Neuberg*-Ester), aus dem, katalysiert durch Phosphofructo-kinase, mit ATP das *Fructose-1,6-bisphosphat* (*Harden-Young*-Ester) entsteht.
Nach dieser Angärung beginnt die eigentliche *Gärungsphase*, bei der primär Fructose-1,6-bisphosphat (Hexose) mittels *Aldolase* in zwei Triosephosphate, nämlich in *Dihydroxyacetonphosphat* und *Glycerinaldehyd-3-phosphat*, gespalten wird. Beide stehen in einem reversiblen *Gleichgewicht*. Im nächsten Schritt geht *Glycerinaldehyd-3-phosphat* mit $NAD^{\oplus}$ in Gegenwart von anorganischem Phosphat in 1,3-Diphosphoglycerinsäure über. Dieses gemischte Anhydrid aus Phosphorsäure und Glycerinsäure wird durch ADP dephosphoryliert zu 3-Phospho-glycerinsäure, die sich in 2-Phosphoglycerinsäure umlagert. Dann erfolgt in Gegenwart von $Mg^{2\oplus}$-Ionen Wasserabspaltung zu Phospho-*enol*-brenztraubensäure, aus der unter Dephosphorylierung *Brenztraubensäure* (*Keto*-Form) entsteht. Unter Einwirkung der *Pyruvat-decarboxylase* wird diese zu *Acetaldehyd* decarboxyliert; das hierbei frei werdende *Kohlendioxid* stellt ein Endprodukt der alkoholischen Gärung dar. Dieser Vorgang ist nicht reversibel und bestimmt die Reaktionsgeschwindigkeit des Gesamtprozesses. Die letzte Stufe der Gärung, die Hydrierung des Acetaldehyds zu *Ethanol*, wird durch das oben erwähnte NADH bewirkt.
Der entscheidende Schritt in diesem Reaktionsablauf ist die *reversible Spaltung und Knüpfung* der Bindung zwischen den C-Atomen 3 und 4 des *Fructose-1,6-bisphosphats* durch die *Aldolase*. Dabei läuft eine *Aldoladdition* ab, bei der die *Methylenkomponente* durch Mitwirkung der *ε-Aminogruppe* eines *Lysinrestes* $(H_2N-R)_7$ erzeugt wird, welche im aktiven Zentrum des Enzyms vorhanden ist:

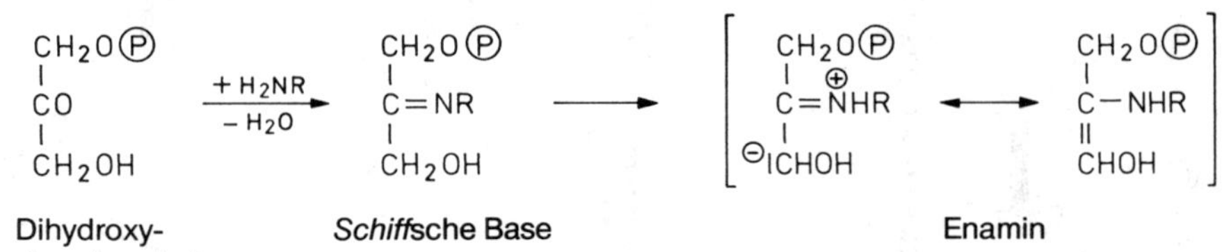

Dihydroxy-acetonphosphat — *Schiff*sche Base — Enamin

Es entsteht zunächst eine *Schiffsche Base*, die sich zu einem *Enamin umlagert* (vgl. S. 268 *f*.), dessen polare Grenzformel (*in einem neutralen Molekül*) die *Methylenkomponente* der Reaktion mit dem Glycerinaldehyd-3-phosphat beschreibt.

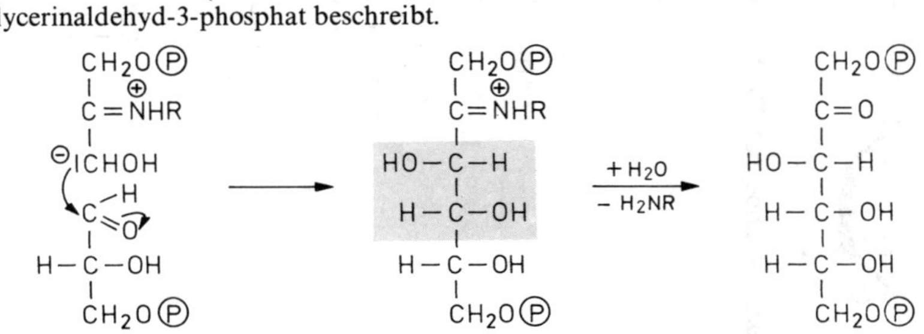

Glycerinaldehyd-3-phosphat — Fructose-1,6-bisphosphat

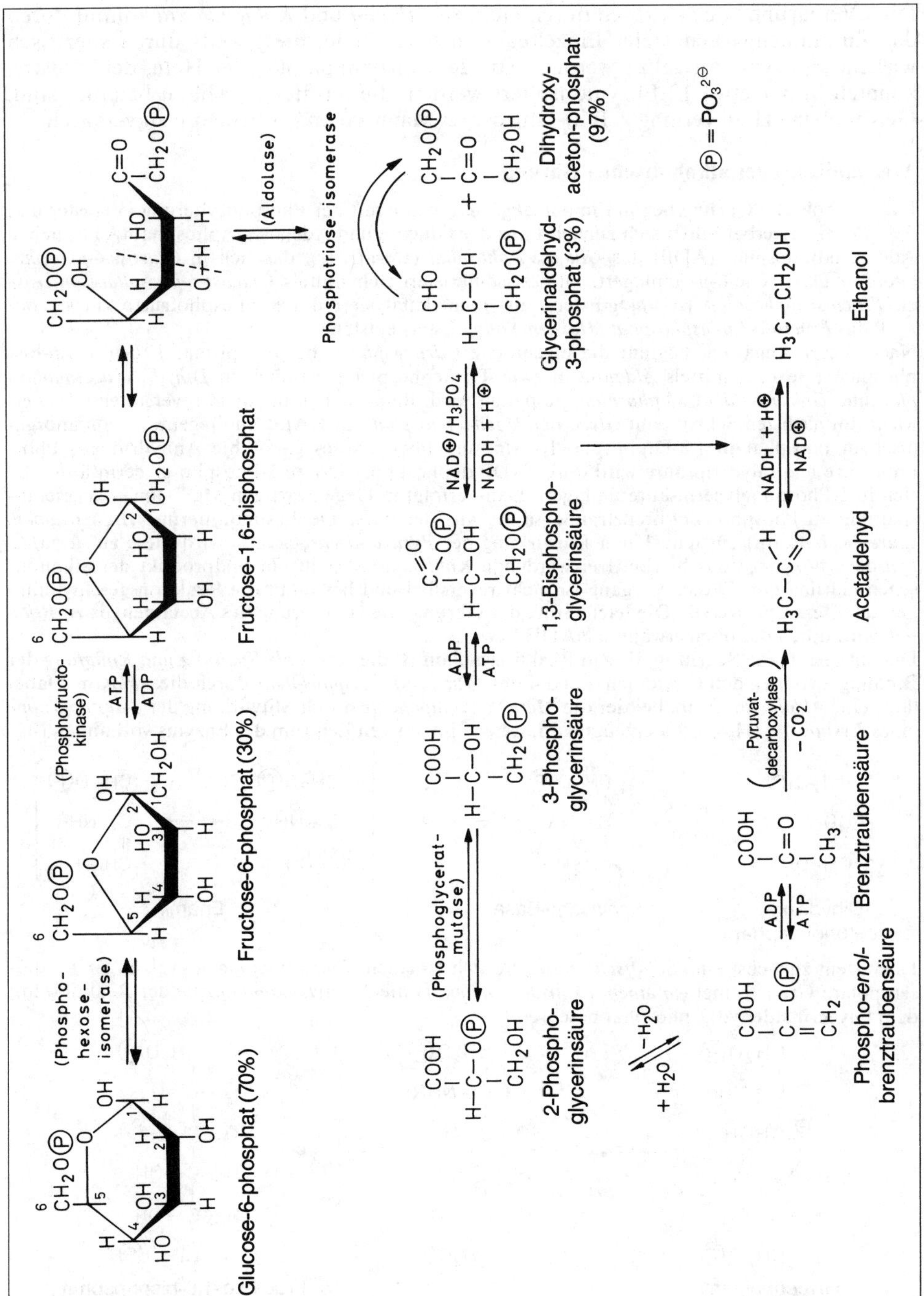
Glucose-6-phosphat (70%)
(Phospho-hexose-isomerase)
Fructose-6-phosphat (30%)
(Phosphofructo-kinase)
ATP
ADP
Fructose-1,6-bisphosphat
(Aldolase)
Phosphotriose-isomerase
Dihydroxy-aceton-phosphat (97%)
Glycerinaldehyd-3-phosphat (3%)
NAD⊕/H3PO4
NADH + H⊕
1,3-Bisphospho-glycerinsäure
3-Phospho-glycerinsäure
(Phosphoglycerat-mutase)
2-Phospho-glycerinsäure
+ H2O
−H2O
Phospho-enol-brenztraubensäure
Brenztraubensäure
(Pyruvat-decarboxylase)
−CO2
Acetaldehyd
Ethanol
Ⓟ = PO3 2⊖

Bei der Aldolreaktion sind zwei Chiralitätszentren betroffen (grau unterlegt), deren richtige Konfiguration durch das Zusammenwirken des Substrats und der inneren Oberfläche der Höhlung (Cavität) am aktiven Zentrum des Enzyms zustande kommt. Diese ist als Proteinoberfläche chiral und gewährleistet eine sterisch stets eindeutige und einheitliche Adsorption und Reaktion der Substratmoleküle im Zusammenwirken von **Chiralität** und **Cavität**[1].
Dieses Reaktionsschema wurde im Prinzip 1931 von *Ohle* aufgestellt und später von *Embden, Warburg, Meyerhof* und *Lohmann* experimentell bestätigt und ergänzt.
Als Nebenprodukt der alkoholischen Gärung tritt unter normalen Bedingungen stets *Glycerin* (etwa 3%) auf. Es entsteht durch Reduktion von Dihydroxyacetonphosphat oder Glycerinaldehyd-3-phosphat und anschließende Hydrolyse. Wahrscheinlich fungiert auch hierbei NADH als Wirkgruppe. Für diese Annahme spricht die Feststellung von *Neuberg,* daß beim Abfangen des Acetaldehyds mit Natriumhydrogensulfit der Prozentgehalt an Glycerin ansteigt. In diesem Fall steht mehr aktiver Wasserstoff (aus NADH) für die Reduktion der Triosephosphate zur Verfügung.

11.2.2 Glykolyse (Zuckerabbau im Organismus)

Der anaerobe Abbau des Glykogens, das als Kohlenhydratreserve im Muskel und in den übrigen tierischen Geweben vorkommt, beginnt mit der sukzessiven Spaltung der Polysaccharidkette unter Aufnahme von Phosphorsäure durch die *Phosphorylase.* Diese erste Reaktionsstufe, bei der sich *Glucose-1-phosphat* (*Cori*-Ester) bildet, ist also eine Phosphorylyse und wird als *Glykogenolyse* bezeichnet:

$$\text{Glykogen} + H_3PO_4 \xrightleftharpoons[H^{\oplus}]{\text{Phosphorylase}} \text{Glucose-1-phosphat}$$

Der weitere Abbau des Glucose-1-phosphats, die *Glykolyse,* vollzieht sich bis zur *Brenztraubensäure* analog dem Reaktionsablauf bei der alkoholischen Gärung (vgl. S. 898*f.*). Während die Brenztraubensäure dort mittels *Carboxylase* der Hefe in Acetaldehyd und Kohlendioxid gespalten wird, besitzt der Muskel ein derartiges Enzymsystem nicht. Statt dessen wird die Brenztraubensäure durch das in der Zwischenphase der Glykolyse entstandene NADH zu L(+)-*Milchsäure* (Fleischmilchsäure) hydriert:

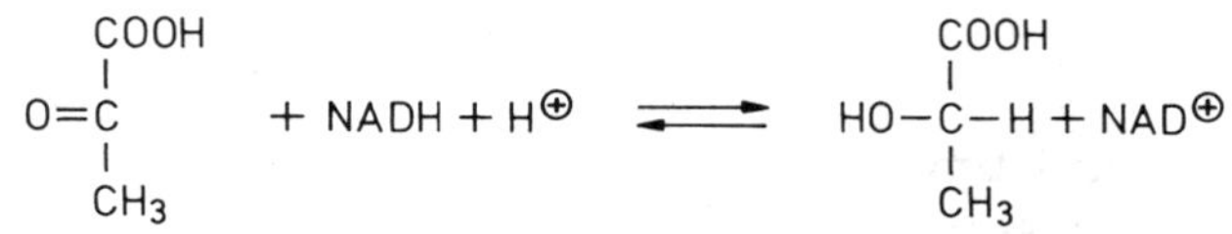

Brenztraubensäure — L(+)-Milchsäure

Die Milchsäuregärung vollzieht sich im arbeitenden Muskel anaerob und ist an dessen Energieerzeugung beteiligt. Umgekehrt erfolgt in der Leber unter dem Einfluß der Atmung erneut Aufbau von Glykogen aus L(+)-Milchsäure (*Glykogenese*). In Embryonalzellen spielt die Milchsäuregärung bis zur Geburt eine wesentliche Rolle, und auch die Krebszellen decken ihren Energiebedarf auf diese Weise.
Der *aerobe Kohlenhydratabbau* verläuft hauptsächlich über den nachstehenden Citronensäure-Zyklus.

[1] Vgl. *J. Rebek, jun.*, Model Studies in Molecular Recognition, Science *235*, 1478 (1987).

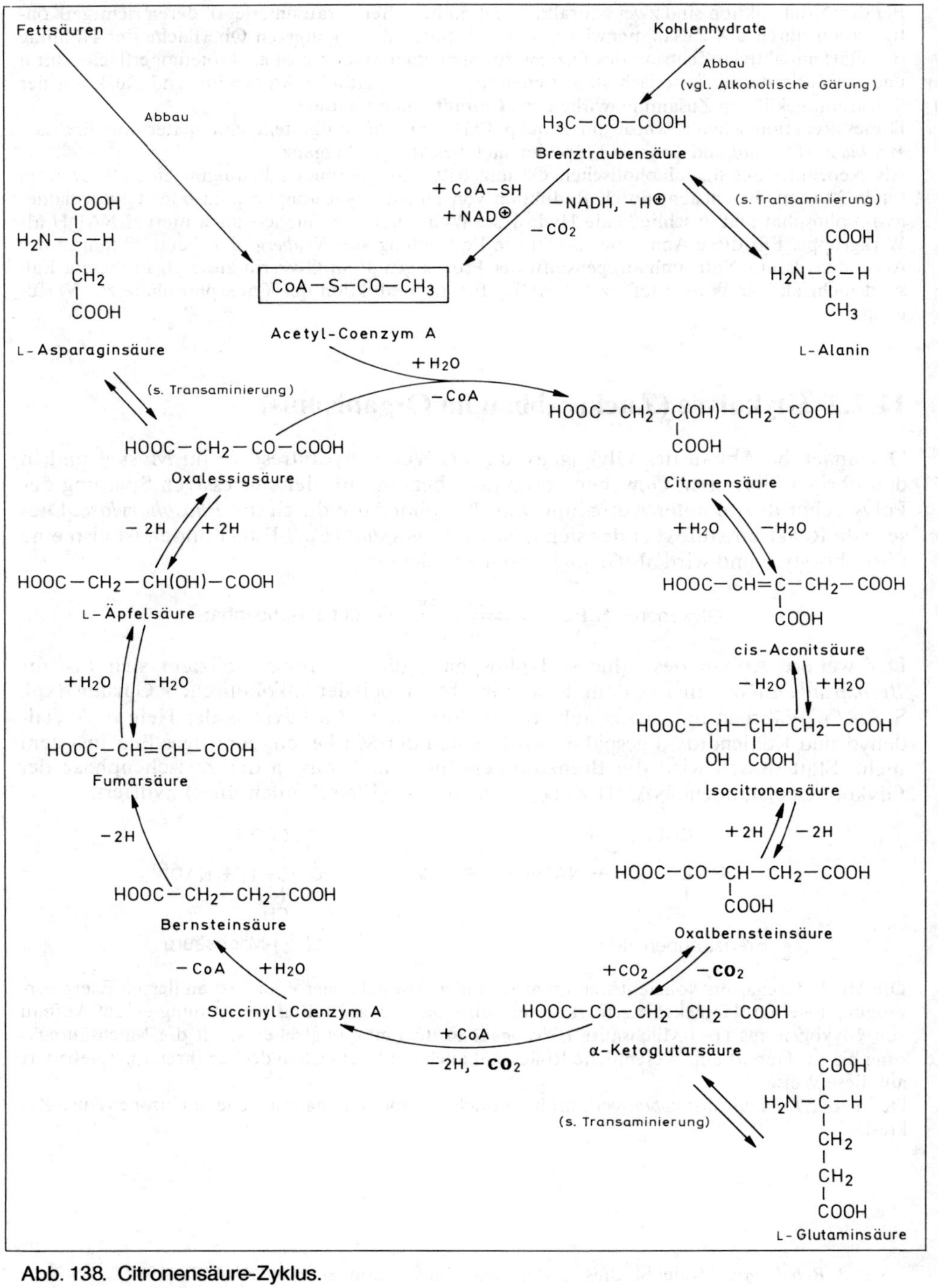

Abb. 138. Citronensäure-Zyklus.

11.2.3 Citronensäure-Zyklus

Die bei der Glykolyse als zentrales Zwischenprodukt auftretende Brenztraubensäure wird im tierischen Organismus in Gegenwart von Luftsauerstoff (Atmung) oxidativ vollständig zu *Kohlendioxid* und *Wasser* abgebaut. Aufgrund der Untersuchungen von *Knoop, Martius, Krebs* und *D. E. Green* kommt der Citronensäure beim aeroben Kohlenhydratstoffwechsel eine äußerst wichtige Funktion zu. Zunächst wird die *Brenztraubensäure* nicht wie bei der Glykolyse zu L-Milchsäure hydriert, sondern durch *dehydrierende Decarboxylierung* gespalten und der dabei entstehende Acetylrest vom Coenzym A als Acetyl-Coenzym A gebunden (*Lipmann*).

Diese Reaktion erfordert die Anwesenheit von Coenzym A und der Co-Faktoren Cocarboxylase, α-Liponsäure und Nicotinamid-adenin-dinucleotid ($NAD^{\oplus}$) als Wasserstoffakzeptor. Der Wasserstoff wird über weitere Enzymsysteme schließlich auf molekularen Sauerstoff übertragen, ein Vorgang, den man als *Atmungskette* bezeichnet.

Das Acetyl-Coenzym A reagiert *aldolartig* mit *Oxalessigsäure* (Oxobernsteinsäure) zu Citronensäure. Nun beginnt unter Mitwirkung verschiedener Enzymsysteme der eigentliche *Citronensäure-Zyklus*, dessen einzelne Reaktionsstufen aus Abb. 138 zu ersehen sind.

Zunächst geht die *Citronensäure* unter Wasserabspaltung in die *cis-Aconitsäure* über, aus der sich durch Wasseraufnahme die *Isocitronensäure* bildet. Diese wird zur *Oxalbernsteinsäure* (1-Oxo-propan-1,2,3-tricarbonsäure) dehydriert, die dann unter Decarboxylierung in *α-Keto-glutarsäure* übergeht. Aus dieser entsteht unter dehydrierender Decarboxylierung über das *Succinyl-Coenzym A* die *Bernsteinsäure.* Ihre Dehydrierung führt zur *Fumarsäure,* aus der unter Wasseranlagerung die *L-Äpfelsäure* gebildet wird. Diese wird dann zur *Oxalessigsäure* dehydriert, womit der Kreis geschlossen ist.

Im Endeffekt wird der aus der Brenztraubensäure stammende Acetylrest indirekt zu *Kohlendioxid* und *Wasser* verbrannt. Sieht man von dem in der Vorstufe sofort wieder verbrauchten Acetyl-Coenzym A ab, so werden im gesamten Zyklus 2 C-Atome als *Kohlendioxid* eliminiert und 8 H-Atome über die Atmungskette zu 4 Molekülen *Wasser,* von denen zwei wieder in den Reaktionsablauf eintreten, verbrannt. Hierbei findet zugleich die Resynthese von Adenosintriphosphat (ATP) statt. Der Gesamtprozeß verläuft mit einem geringen Energiegewinn, zumal bei der Verbrennung des abgespaltenen Wasserstoffs zu Wasser viel Energie frei wird.

Ursprünglich wurde der Citronensäure-Zyklus als Schema für die Oxidation der Kohlenhydrate entwickelt, jedoch stellte sich später heraus, daß auch die Oxidation der Proteine z. T. danach verläuft. So werden z. B. L-Alanin, L-Asparaginsäure und L-Glutaminsäure im Muskel sehr rasch oxidiert, wobei sich unter *Transaminierung* die betreffenden Ketosäuren bilden, die als Zwischenprodukte in den Citronensäure-Zyklus eingehen. Umgekehrt werden zur Synthese von Eiweiß vom Organismus ständig Ketosäuren aus dem Citronensäure-Zyklus entnommen, so daß dieser nur durch laufende Zufuhr von Oxalessigsäure aufrechterhalten werden kann.

Weiterhin besteht eine enge Beziehung zwischen dem Fettsäure-Zyklus und dem Citronensäure-Zyklus, denn sämtliche C-Atome der Fettsäuren werden als Acetyl-Coenzym A in den Zyklus eingeführt. Schließlich ist erwähnenswert, daß sich auch die Terpene und Steroide biochemisch aus Acetyl-Coenzym A aufbauen.

Somit besitzt der Citronensäure-Zyklus für den Stoffwechsel der Kohlenhydrate, Fette und Eiweißstoffe im tierischen und pflanzlichen Organismus sowie bei Mikroorganismen eine entscheidende Bedeutung.

Namenregister

Sachregister

Die Hinweisziffern zu Hauptstellen sind **fett**, zu Erklärungen von mehrfach erwähnten Abkürzungen und Akronymen *kursiv* gesetzt.

A

Sachregister

A

B

C

Sachregister

Sachregister

Sachregister

C

D

Sachregister

D

Sachregister

D

E

Sachregister

E

Sachregister

E

F

Sachregister

F

G

H

I

Sachregister

J

K

L

M

N

Sachregister

N

Sachregister

N

O

P

Sachregister

P

Q

R

S

T

U

V

W

X

Y

Z